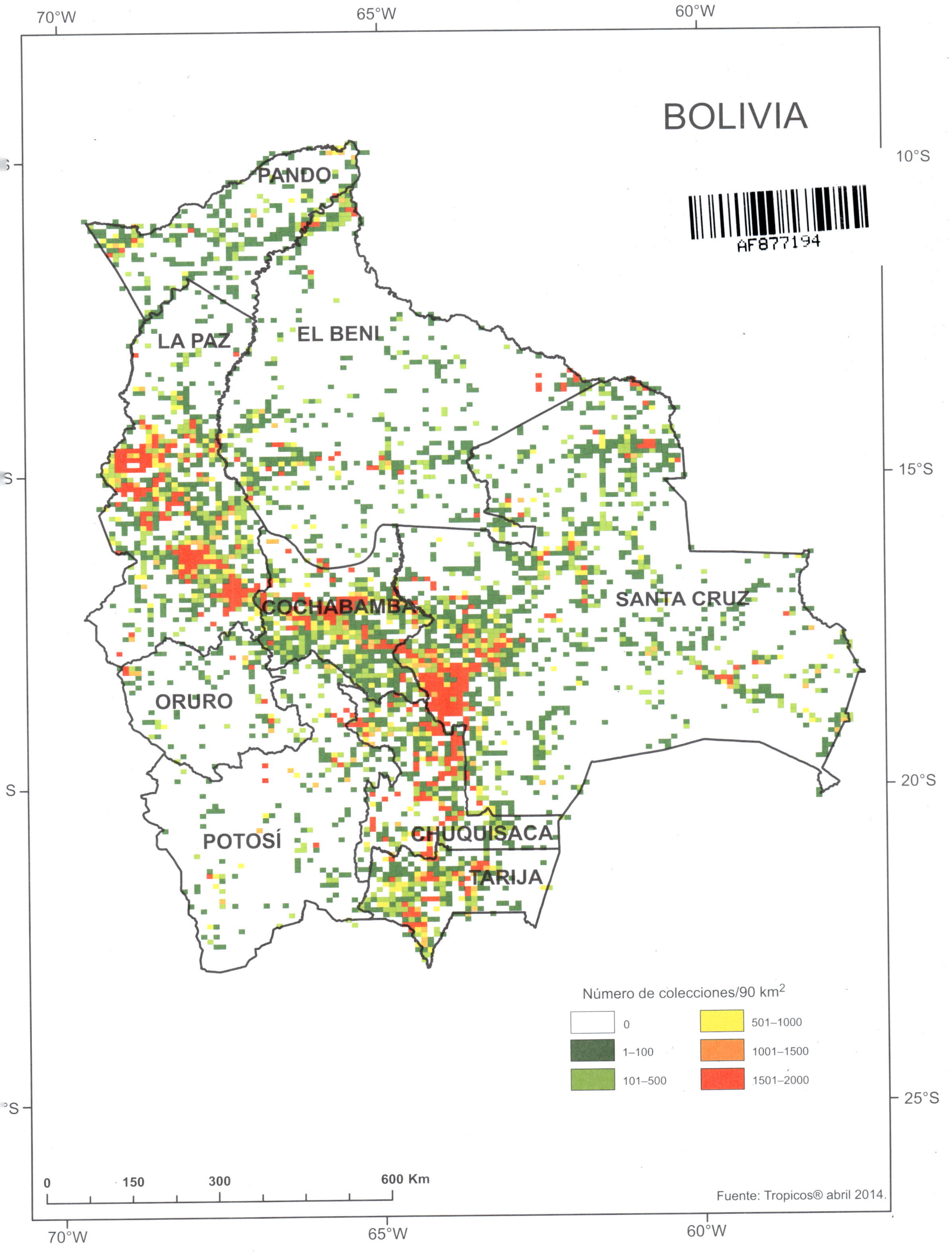
BOLIVIA
70°W
65°W
60°W
10°S
15°S
20°S
25°S
PANDO
LA PAZ
EL BENI
COCHABAMBA
SANTA CRUZ
ORURO
POTOSÍ
CHUQUISACA
TARIJA
Número de colecciones/90 km2
0
1–100
101–500
501–1000
1001–1500
1501–2000
0
150
300
600 Km
Fuente: Tropicos® abril 2014.

Catálogo de las Plantas Vasculares de Bolivia

Catálogo de las Plantas Vasculares de Bolivia

Peter Møller Jørgensen, Michael Harley Nee y Stephan Georg Beck, editores
Susana Arrázola y Mario Saldias, editores regionales
Suzanne Hirth, Vallery Swift, Juan Carlos Penagos y Carolina Romero, editores técnicos

Una colaboración entre Missouri Botanical Garden,
Herbario Nacional de Bolivia,
Herbario Nacional Forestal Martín Cárdenas,
Herbario del Oriente Boliviano y
The New York Botanical Garden

THE NEW YORK BOTANICAL GARDEN

MISSOURI BOTANICAL GARDEN

Centro de Biodiversidad y Genética
Universidad Mayor de San Simón
Facultad de Ciencias y Tecnología

Museo de Historia Natural
NOEL KEMPFF MERCADO U.A.G.R.M.

Herbario Nacional de Bolivia (LPB)

ISBN 978-1-930723-71-9
Library of Congress Control Number 2014950542
Monographs in Systematic Botany from the Missouri Botanical Garden, Volume 127
ISSN 0161-1542
This volume was printed on December 18th, 2014.

Authors' Addresses

Peter Møller Jørgensen
Missouri Botanical Garden
P.O. Box 299
St. Louis, Missouri 63166-0299, U.S.A.

Michael Harley Nee
The New York Botanical Garden
Current address:
26776 US Hwy 14
Richland Center, Wisconsin 53581, U.S.A.

Stephan Georg Beck
Herbario Nacional de Bolivia
Universidad Mayor de San Andrés
Casilla 10077-Correo Central, La Paz, Bolivia

P.O. Box 299
St. Louis, Missouri 63166-0299, U.S.A.
www.mbgpress.info

Cover illustration from Field Museum Photo #80850 of the mural by E. John Pfiffner, 1956.
Spine illustration from Monographie de l'Erythroxylon Coca by Louis-André Gosse, 1861. Illustration by Joseph de Jusseiu.

Tabla de Contenido

Prólogo

Con gran satisfacción y orgullo presento el Catálogo de las Plantas Vasculares de Bolivia a la comunidad botánica, a las autoridades gubernamentales, a las organizaciones conservacionistas y a otros usuarios interesados. Espero que sirva como un estímulo a la investigación y conservación de los recursos botánicos y otros recursos naturales en las múltiples disciplinas de la biología. Este Catálogo hace parte de los inventarios o listas anotadas usando la base de datos Tropicos® del Missouri Botanical Garden.

El Catálogo de las Plantas Vasculares de Bolivia constituye más que una lista de las especies de plantas registradas para el país; también incluye citas bibliográficas, sinónimos, información acerca de la distribución política, tipos de vegetación, distribución altitudinal y formas de vida. Adicionalmente, el Catálogo también se encuentra disponible en el Internet (http://tropicos.org/Project/BC). Este tipo de información permite que el Catálogo sea útil no solamente para taxónomos, sino también para ecólogos, conservacionistas y administradores de los recursos naturales. Además de la información ya mencionada que se encuentra incluida en el Catálogo, el acceso web a Tropicos® incluye gran cantidad de información adicional acerca de las especies de plantas enumeradas, tales como distribución al exterior de Bolivia, sinonimia adicional, colecciones adicionales tanto de Bolivia como de otros países, bibliografía complementaria, números cromosómicos, fotografías, entre otras. Toda esta información que se encuentra disponible en el Internet (www.tropicos.org) y contenida en Tropicos® continúa aumentando; por lo tanto, invito a todos aquellos interesados a hacer uso de este gran e importante recurso de información botánica.

El Catálogo de las Plantas Vasculares de Bolivia es el resultado de un esfuerzo conjunto entre el Herbario Nacional de Bolivia (LPB) de la Universidad Mayor de San Andrés, el Herbario Nacional Forestal (BOLV) de la Universidad de Cochabamba, el Herbario del Oriente (USZ) del Museo de Historia Natural Noel Kempff Mercado, The New York Botanical Garden (NY) y Missouri Botanical Garden (MO). El Catálogo incluye 15.345 especies aceptadas, de las cuales 2.343 son endémicas del país. El tamaño de la flora de Bolivia es comparable al número de especies encontrado en el Ecuador, Perú y Cono Sur; mientras que estas floras son ligeramente superadas por la flora de Colombia.

El presente Catálogo es la segunda enumeración de las plantas de Bolivia, la primera fue preparada por Foster en 1958 con base en especímenes conservados en los herbarios del Arnold Arboretum y el Gray Herbarium (de la Universidad de Harvard) y en una meticulosa revisión de la bibliografía disponible acerca de la flora de Bolivia en ese entonces. El catálogo de Foster incluía 9.431 especies. Foster mantenía un impresionante archivo que comprendía alrededor de 50.000 fichas informativas, tanto de las colecciones botánicas como de la bibliografía usada. Este archivo que nunca fue publicado, fue donado al Missouri Botanical Garden y ha sido incorporado en Tropicos® gracias al trabajo del personal y de un grupo de voluntarios del Herbario. El incremento en el número de especies de plantas registrado en Bolivia (Catálogo de Foster, 1958 – 9.431 especies; este Catálogo, 2014 –15.345), es de esperar después de más de 50 años de investigación y colección botánica en Bolivia; aunque también se encontró que alrededor de mil nombres usados por Foster habían sido mal aplicados. Las diferencias más frecuentes encontradas entre la lista del catálogo de Foster y la incluida en el presente Catálogo, radican en nombres anteriormente aceptados y que actualmente son considerados como reportes basados en material mal identificado o que hoy en día son nombres que han sido reducidos a sinónimos de otras especies.

Bolivia tiene una larga historia de expediciones y colecciones botánicas, a pesar de que por su posición geopolítica muchos de los primeros y más reconocidos exploradores y naturalistas nunca llegaron a Bolivia. La exploración de los recursos naturales en los trópicos y en particular en Bolivia aún no ha concluido; sin embargo, actualmente la investigación se concentra cada vez más en trabajos de laboratorio y sistemática molecular con cada vez menos énfasis en trabajo de campo, elemento indispensable para la generación de floras y listados florísticos a nivel nacional e incluso mundial. Es necesario apoyar tanto a los estudios basados en sistemática molecular, como a la exploración botánica que lleve al descubrimiento, la descripción de especies nuevas y la producción de revisiones, floras y catálogos, ya que en última instancia son estos estudios los que constituyen los cimientos necesarios para los estudios filogenéticos, de conservación y manejo sostenible de los recursos naturales.

La generación de bases de datos y catálogos concernientes a la biodiversidad de un país como Bolivia sería imposible sin la colaboración de muchas personas. Felicito a los 248 especialistas que han aportado sus conocimientos para obtener un trabajo de la calidad y el alcance que se presentan en este Catálogo, al igual que a los editores principales, al personal técnico, a los coordinadores de los diferentes herbarios, a los revisores y a los voluntarios. El Catálogo de las Plantas Vasculares de Bolivia es un gran logro cuyo alcance con seguridad se apreciará en los años por venir.

Peter Wyse Jackson
Presidente
Missouri Botanical Garden

Introducción

Por P.M. Jørgensen, M. Nee y S.G. Beck

El *Catálogo de las Plantas Vasculares de Bolivia*, con oficina editorial en el Missouri Botanical Garden (MO), es un esfuerzo de colaboración entre el Herbario Nacional de Bolivia (LPB) de la Universidad Mayor de San Andrés, el Herbario Nacional Forestal (BOLV) de la Universidad de Cochabamba, el Herbario del Oriente (USZ) del Museo de Historia Natural Noel Kempff Mercado, el Herbario Sucre (HSB) y The New York Botanical Garden (NY). Un total de 221 especialistas han participado en calidad de autores y 53 como revisores para documentar la riqueza de plantas de Bolivia.

El *Catálogo* documenta 15.345 especies y enumera otras 112 especies adicionales que posiblemente pueden ocurrir en el país. Del número total de especies 694 se consideran cultivadas, 267 adventicias y 221 son naturalizadas. De las 15.345 especies nativas, 2.343 son endémicas de Bolivia. Este Catálogo incluye todas las especies enumeradas en Foster (1958), Killeen et al. (1993), además de todas las especies registradas en Tropicos® (www.tropicos.org) con distribución y/o publicaciones basados en material colectado en Bolivia y todos los nombres incluido en The International Plant Names Index (IPNI) (www.ipni.org/index.html) con indicación de que fueron publicados basados en material de Bolivia. Adicionalmente, se incluyen todos los nombres de las especies registradas para Bolivia y se hizo un esfuerzo para incluir material presente en el Herbario Nacional de Bolivia y The New York Botanical Garden. El Catálogo proporciona una sinopsis de la flora vascular Boliviana, presentando para cada especie sus sinónimos, referencias bibliográficas relevantes para Bolivia, forma de vida, origen, distribución regional, zonas de vegetación, distribución altitudinal y política por departamentos, taxones infra-específicos y nombres comunes si los hubiere. Se citan 3.411 referencias bibliográficas relevantes para la flora de Bolivia y se enumeran 25.833 sinónimos.

El plan general de la obra se organizó en forma similar a los catálogos de Perú y Ecuador (Brako & Zarucchi 1993a; Jørgensen & León-Yánez 1999) y se espera sea la base para futuros estudios de las plantas vasculares presentes en Bolivia y particularmente para la preparación de la Flora de Bolivia. Esperamos que este Catálogo estimule la investigación botánica en Bolivia, facilitando la realización de estudios que permitan la compilación de más información sobre morfología, filogenia, distribución y usos de la flora boliviana.

La versión electrónica del *Catálogo de las Plantas Vasculares de Bolivia* se puede acceder en la página web del Missouri Botanical Garden (www.tropicos.org/Project/BC). Esta versión electrónica del Catálogo además de contener la misma información aquí publicada, está conectada al núcleo de la base de datos Tropicos® donde se puede encontrar información adicional acerca de las plantas enumeradas para Bolivia, tal como sinónimos no incluidos aquí, referencias bibliográficas complementarias, muestras de Bolivia y otos países, fotos y tipos. Esta base de datos permite también la inclusión permanente de actualizaciones, adiciones y/o correciones; manteniendo así una base de datos dinámica.

Las Regiones y Zonas de Vegetación

Por S.G. Beck

Haenke, uno de los primeros exploradores de Bolivia, elaboró descripciones y dibujos de plantas de los Yungas de La Paz, las pampas y bosques del Beni (Mojos), la Chiquitania, los Yuracarés en el Chapare y además una historia natural de Cochabamba y sus alrededores (Haenke 1799, Groussac 1900, Haenke & Ovando-Sanz 1974, Ibañez Montoya 1992).

La primera descripción de la vegetación de los Andes bolivianos y de sus llanuras, incluyendo mapas y perfiles, fue preparada por Herzog (1923) después de sus viajes en 1906–1907 y 1910–1912. En ella, Herzog presentaba un ordenamiento de las formaciones vegetales más importantes, acompañado de descripciones detalladas de la vegetación de las regiones visitadas.

Posteriormente, Cárdenas (1941a) preparó una sinopsis de la vegetación de Bolivia y un estudio independiente sobre las formaciones vegetales del Chaco (Cárdenas 1941b).

El primer mapa de los ecosistemas bolivianos (escala 1:1.000.000) con descripciones fue elaborado utilizando el sistema de Holdridge (Holdridge & Tosi 1972, Unzueta 1975), e incluía 48 "zonas de vida" con información sobre el "bioclima", fisiografía y suelos, vegetación y uso de la tierra. Este mapa indica la vegetación potencial y no la cobertura real, lo que resulta más evidente para el caso del "Bosque Húmedo Montano Subtropical", ubicado en el altiplano norte en las cercanías del Lago Titicaca, donde la cobertura hoy en día está dominada por un paisaje agrícola.

Ellenberg (1981) presentó 12 eco-regiones que abarcaban desde la selva húmeda hasta el piso alto-andino. Este sistema, que hizo uso de imágenes satelitales (Brockmann 1978), fue ampliamente aceptado y constituyó el fundamento para la posterior preparación de múltiples mapas y descripciones de la vegetación de Bolivia durante casi 20 años (Beck 1988, Beck et al. 1993, Ribera et al. 1996, Hanagarth & Beck 1996, Beck 1998a).

Navarro Sánchez (2002) describió las provincias biogeográficas y la vegetación de las regiones Amazónica, Brasileño-Paranense, Chaqueña y Andina, dividiendo dichas provincias en sectores o geoseries con base en factores edáficos, bioclimáticos, ecológicos y bio-cenóticos. Cada caracterización de las provincias biogeográficas está acompañada con perfiles y zonaciones muy ilustrativas de la vegetación, lista de especies características e inventarios fitosociológicos. En años posteriores, Navarro Sánchez (2011) provee una actualización de las provincias biogeográficas y para cada una de ellas propone una clasificación y descripciones detalladas de la vegetación que abarcaban desde la Amazonia hasta el Altiplano y la Puna, todas ellas acompañadas por fotografías de varias especies de plantas así como de cada uno de los diferentes tipos de vegetación.

Un escenario menos complejo para la enumeración y descripción de las unidades de vegetación se ofrece en las descripciones, fotos y mapas incluidos en el trabajo de Ibisch y Mérida (2003), y especialmente en el estudio concerniente a las eco-regiones de Bolivia (Ibisch et al. 2003). Estos autores dividen el país en tres grandes regiones: Tierras bajas, Vertiente oriental y valles interandinos, y Cordilleras altas y altiplano, que a su vez incluyen 12 eco-regiones de las cuales cinco fueron subdividas, estableciendo así un total de 23 regiones ecológicas. Las ecoregiones de Ibisch y colaboradores (2003) corresponden a Bosques del Sudoeste de la Amazonia, Cerrados, Sabanas Inundables, Bosque Seco Chiquitano, Gran Chaco, Yungas, Bosque Tucumano-Boliviano, Chaco Serrano, Bosques Secos Interandinos, Prepuna, Puna Norteña y Puna Sureña. Las divisiones aquí propuestas para la descripción de las unidades de vegetación se justifican con base en el concepto de ecoregión, que consiste en una agrupación característica de comunidades naturales que comparten muchos taxa, dinámicas ecológicas y condiciones ambientales, y con patrones comunes para la producción de biomasa, incluyendo la forestal y la agropecuaria (Beck & Ellenberg 1977, Ibisch et al. 2003).

MÉTODO Y PROBLEMAS PARA LA DESCRIPCIÓN DE LA VEGETACIÓN

Este *Catálogo* sigue un sistema simple y pragmático de unidades grandes de vegetación, que favorece la ubicación de colecciones botánicas antiguas sin localidad precisa. Dichas unidades de vegetación se basan en las descripciones y el mapa de la vegetación de Bolivia (Beck et al. 1993) publicados en la Guía de Árboles de Bolivia (Killeen et al. 1993). Este sistema fue levemente modificado, aumentando el número de sabanas (incluyendo campos cerrados y amazónicos) y agregando el páramo yungueño (Beck 1998a). El mapa de orientación a escala pequeña de ca. 1:36 millones (Beck 1998a) que se utilizó para el presente *Catálogo*, se entregó a los autores de los diferentes grupos taxonómicos. Las coordenadas y niveles de elevación indicados en este capítulo representan solamente una aproximación. A pesar del uso de un sistema simple para la descripción de la vegetación de Bolivia, su aplicación resultó compleja debido a la falta o deficiencia de información en los especímenes y a la carencia de conocimiento acerca de la vegetación de Bolivia por numerosos autores y/o colectores.

Para la categorización de las unidades de vegetación utilizadas en este *Catálogo*, se consideraron tres grandes regiones: **Altiplano**, **Andes** y **Zonas Bajas**, las cuales se subdividieron a su vez en 15 zonas de vegetación siguiendo las descripciones y los mapas simplificados de vegetación (véase la contraportada derecha). La región del **Altiplano** fue subdivida en **Puna Seca**, **Puna Húmeda** y **Bosque de *Polylepis***. La región de los **Andes** incluye las zonas de **Páramo Yungueño, Yungas, Valles Secos, Bosque Tucumano-Boliviano** y **Bosque Serrano Chaqueño;** y las **Zonas Bajas** se subdividen en **Bosque Húmedo, Campos Amazónicos, Sabanas Benianas del Norte, Sabanas Benianas del Sur, Campos Cerrados, Bosque Semideciduo Chiquitano** y **Bosque Seco Chaqueño**. Los rangos de elevación de 500 m se establecieron para delimitar la distribución de especies, que se refleja en las zonas de vegetación, y para mantener parámetros de comparación con Brako & Zarucchi (1993) y Jørgensen & León-Yánez (1999). Estas divisiones altitudinales representan rangos de elevación menores ubicados dentro de los amplios rangos altitudinales ocupados por cada zona de vegetación. En casi cada tipo de vegetación existen excepciones e inclusive franjas que contienen diferentes tipos de cobertura vegetal, situación que generalmente no se puede solventar en un ordenamiento a la escala utilizada en este *Catálogo*. A continuación, se presentan descripciones generales para cada región y zona de vegetación. Información adicional se encuentra disponible en Beck et al. (1993), Beck (1998), Ibisch et al. (2003), Ibisch & Mérida (2003), Navarro Sánchez (2002), Navarro Sánchez (2011) y Fuentes (2005 [2006]).Tanto la vegetación natural como los ecosistemas de Bolivia se encuentran actualmente amenazados. Ribera (2011) expone con mucho detalle el estado de conservación para los 19 bloques eco-regionales y sus numerosas subunidades actualmente reconocidos para Bolivia.

ALTIPLANO

Bajo este concepto se consideran las zonas ubicadas entre la Cordillera Occidental y la Cordillera Oriental, delimitadas al noroccidente por el Lago Titicaca, más al norte por la Cordillera de Apolobamba y la frontera peruana (14°52'S, 69°13'W) y al sur por las fronteras chilenas y argentinas (22°50'S, 67°40'W). Esta llanura, junto con sus numerosas serranías y colinas ubicadas por encima de los 3500 m, abarca uno de los más grandes lagos de agua dulce del mundo, el Lago Titicaca, y los enormes salares. Las cordilleras alcanzan elevaciones arriba de 6000 m, tal es el caso del antiguo volcán Sajama (6.542 m) cerca a la frontera con Chile. Las llanuras del Altiplano boliviano alcanzan una extensión occidental que llega hasta 17°17'S, 69°37'W. En el nororiente y oriente se encuentran algunos cerros como el Illampu (6.368 m) en la Cordillera Real que aloja extensos glaciares.La región del **Altiplano** abarca aproximadamente 164.000 km^2.

La temperatura media anual se reduce de 9°C cerca del Lago Titicaca a 2–5°C en el sur del **Altiplano** y llega hasta <0°C en las cumbres de los cerros. Las precipitaciones disminuyen de algo más de 1000 mm/año en el extremo nororiental de las cordilleras hasta menos de 50 mm/año en el suroccidente, el número de meses húmedos también se reduce de norte a sur y de oriente a occidente.

Este gradiente de humedad se manifiesta claramente en la vegetación. La cobertura vegetal cambia de pajonales y matorrales densos en el nororiente a vegetación esparcida y efímera en el extremo suroccidente del país.

El **Altiplano** incluye especies de altitud propias de las cordilleras, en donde las plantas vasculares pueden ocupar altitudes arriba de 5.000 m correspondiente a los niveles nival y subnival, cerca a los glaciares y a las nieves perpetuas. También se incluyen las especies propias de las cabeceras altas de los valles interandinos, si la mayoría de los registros florísticos se encuentran arriba de 3.500 m.

El **Altiplano** se caracteriza por una vegetación tropical de alta montaña y mayormente carece de árboles. Las tierras altas se denominan puna en el idioma Quechua. Cabrera (1957) presenta descripciones de las unidades de vegetación propias de las provincias biogeográficas del Altiplano, a saber la altoandina y la puneña, e incluye también listas de las especies de la puna argentina con numerosos dibujos, que en su gran mayoría también se encuentran en Bolivia. Las publicaciones de Troll (1959, 1968) son fundamentales para la clasificación climática y fitogeográfica de los Andes y su relación con otras cadenas montañosas; Troll (1959, 1968) diferencia entre la **Puna Húmeda**, la **Puna Seca**, la puna de suculentas (con espinas) y la puna desértica o de sal, que se acoplaron en este *Catálogo* bajo las categorías de **Puna Húmeda** y **Puna Seca,** siguiendo a Beck (1985) y García & Beck (2006).

La flora del **Altiplano** refleja afinidades laurásicas (holárticas) con familias y géneros comunes del hemisferio norte como Apiaceae, Brassicaceae, Caryophyllaceae, Malvaceae y Poaceae (particularmente *Festuca* y *Poa*; Gentry 1982). Alrededor de 30 géneros de plantas vasculares solamente se conocen de la puna y de la flora altoandina (García & Beck 2006), pero también incluye algunos elementos propios de los trópicos cálidos adaptados al clima diurno de alta montaña (Troll 1968) como *Paspalum pygmaeum*, *Peperomia parvifolia* y *P. peruviana*.

Aunque la **vegetación acuática** no se incluye dentro de las zonas de vegetación consideradas en este *Catálogo*, sí se encuentra bien representada por numerosas especies, particularmente en los lagos y lagunas del Altiplano y la Cordillera alta, sobre todo en el lago Titicaca y los lagos Uru Uru-Poopó como se puede ejemplarizar por los extensos totorales altos de *Schoenoplectus californicus*, a veces mezclados con *Juncus balticus*, que sirven como forraje para el ganado y también para la construcción de las famosas balsas de totora. En aguas menos profundas, así como en las orillas y áreas pantanosas, se ubican una multitud de especies; las flotantes, ubicadas hacia la superficie de los cuerpos de agua, tales como *Azolla filiculoides* y *Lemna gibba*, y las especies sumergidas, que incluyen *Myriophyllum quitense*, *Ranunculus trichophyllus*, *Stuckenia pectinata* y *Zannichellia andina.* En las áreas pantanosas también se encuentran especies ocasionalmente en los bofedales, y que ocupan extensas áreas en el Altiplano (Ruthsatz 2012). Los bofedales son humedales de manantiales o de percolación con vegetación en cojines y césped denso, parcialmente con pequeños pozos de agua y arroyos, y que se encuentran desde 3.500 hasta casi 5.000 m de altitud, desde el norte de Argentina hasta Colombia. En Bolivia plantas propias de los bofedales incluyen especies de Juncaceae (*Distichia muscoides*, *Oxychloe andina*, *Luzula*, *Patosia clandestina*), Cyperaceae (*Phylloscirpus deserticola*, *Zameioscirpus muticus*, *Carex*, *Eleocharis*), Poaceae (*Deyeuxia*, *Festuca*, *Poa*) y numerosas especies de Asteraceae, Caryophyllaceae y algunos miembros de Gentianaceae. En los pequeños pozos de agua y arroyos son comunes *Lilaea scilloides*, *Myriophyllum quitense*, *Ranunculus trichophyllus* y *Stuckenia filiformis*.

En las depresiones del **Altiplano** central y sur, en las llanuras áridas con un nivel freático alto como entre Caracollo y Oruro, se forman céspedes bajos con **halófitos** de *Distichlis humilis*, *Muhlenbergia fastigiata* y la pequeña hierba con hojas en rosetas *Baccharis acaulis*, y/o matorrales abiertos extensos de *Suaeda foliosa* (Ayala et al. 2009), así como también cojines de *Frankenia triandra.* Más al sur hacia los grandes Salares de Coipasa y Uyuni dominan en sus alrededores estos halófitos y otros como *Atriplex myriophylla* y *Sarcocornia pulvinata.*

Puna Seca

La **Puna Seca** cubre aproximadamente 137.000 km^2 e incluye la mayor parte del **Altiplano** y de la Cordillera Occidental con los grandes salares y áreas desérticas circundantes, además de las cabeceras de los valles áridos en el sur del país. Nombres alternativos para esta zona de vegetación son puna sureña (Ibisch et al. 2003) o puna xerofítica (Josse et al. 2009, Navarro Sánchez 2011).

Este tipo de vegetación se extiende por el norte desde los límites con el Perú (17°17'S, 69°37'W) y hacia las proximidades del Lago Titicaca (16°34'S, 69°23'W); por el occidente en la frontera con Chile; por el sur en la frontera con Chile, al sur de la Laguna Verde (22°55'S, 67°40'W) y por el oriente del norte de Potosí (17°48'S, 66°06'W) hacia la frontera con Argentina en Villazón (22°05'S, 65°35'W).

Su rango altitudinal se extiende desde el punto más bajo del altiplano en el salar de Uyuni a 3.660 m (Ahlfeld 1969) hasta el piso nival de los cerros de la Cordillera Occidental a 5.300 m.

La temperatura media anual varía entre <0–7°C, con temperaturas máximas que superan 30°C y mínimas por debajo de -20°C. La temporada de lluvias ocurre entre diciembre y marzo, y rara vez durante los otros meses del año, y la precipitación varía de

<50–400 mm. Esta zona de vegetación presenta 6–12 meses áridos.

Además de las referencias generales mencionadas arriba se encuentran descripciones de la **Puna Seca** en Navarro Sánchez (1993b), Zeballos et al. (2003) y García y Beck (2006), que describen las diferentes formaciones de la vegetación del departamento de Oruro y de la región suroccidental de Potosí, incluyendo tipos de vegetación azonales.

Las condiciones climáticas, el tipo del relieve y el grado de intervención antropogénica se manifiestan en diferentes formaciones vegetales, siendo las más comunes:

- Pajonales abiertos de *Festuca chrysophylla* y *F. orthophylla.*
- Matorrales de especies de *Parastrephia, Adesmia, Baccharis, Fabiana, Acantholippia, Junellia* y de *Lampayo castellanii*, esta última en arenales y dunas.
- Cardonales de *Trichocereus atacamensis* y de otras cactáceas.
- Comunidades de *Azorella compacta* (yaretales).
- Bosquecillos de *Polylepis tarapacana* y *P. tomentosa.*

A excepción de *Baccharis* y *Parastrephia* los arbustos pierden sus hojas durante la época seca y fría.

Escondidas entre pajas, arbustos y rocas crecen especies típicas como *Oriastrum revolutum*, *Montiopsis cumingii*, *Munroa andina*, *Puccinellia parvula* y *Junellia pappigera* (Navarro Sánchez 2011).

Una parásita de las raíces de *Parastrephia* merece mención especial, la Balanophoraceae, *Ombrophytum subterraneum* que permanece subterránea hasta que florece cuando su inflorescencia gruesa sale del suelo para poder ser polinizada.

La vegetación de la **Puna Seca** se encuentra amenazada principalmente por el incremento del pastoreo extensivo de llamas, ovejas, burros y vacas. Además, el auge en el mercado nacional e internacional de la quinua (*Chenopodium quinoa*) y el aumento de la mecanización han tenido como consecuencia una acelerada destrucción de los matorrales de *Parastrephia lepidophylla* (tolares) en el altiplano central y sur.

Puna Húmeda

Su distribución abarca el nororiente del Altiplano, las diferentes serranías de la Cordillera Oriental con vegetación alto-andina y su pie de monte en el **Altiplano**. En el norte colinda con el Lago Titicaca y las cordilleras de Apolobamba y con el Nevado Chaupi Orco (6.044 m, 14°52'S, 69°13'W) en la frontera con el Perú, por el sur se extiende hacia las cordilleras de Tunari y Tiraque (Cerro Tunari, 5.035 m, 17°15'S, 66°40'W), en el occidente limita con el pueblo de Desaguadero sobre el Lago Titicaca (16°34'S, 69°2'W), y por el oriente hacia las serranías altas que limitan la región del Chapare a aproximadamente 17°30'S, 65°W. Su rango altitudinal va desde las orillas del Lago Titicaca a 3.810 m hasta 5.200 m y el piso nival de las cordilleras orientales. Ocupa un área de aproximadamente 26.000 km^2. La temperatura media anual es <0–9°C, con temperaturas máximas >25°C y mínimas por debajo de -12°C. La precipitación promedio anual varía entre 400 y 1.200 mm e incluye de 3 a 6 meses áridos dependiendo de la ubicación.

La **Puna Húmeda** también se conoce como puna norteña e incluye parte de la puna semi-húmeda (Ibisch et al. 2003), también designada como puna mesofítica por Navarro Sánchez (2011). Una introducción útil a la flora y vegetación de una **Puna Húmeda** entre Cochabamba y La Paz a 3.800–4.500 m se encuentra en Pestalozzi y Torres (1998). Aquí, el autor diferencia 13 tipos de vegetación, por ejemplo: vegetación acuática, pradera y pajonal, arbustal de *Mutisia orbignyana* y vegetación de laderas esquistosas y de rocas; frecuentemente también incluye nombres locales de los tipos de vegetación.

Es posible que la vegetación que dio origen a la **Puna Húmeda** fuera de tipo boscoso (Ellenberg 1979, Kessler 1995a). Hoy en día se ven en las partes bajas, chacras con papas, ocas, cereales, cultivos de maíz y de habas (sobre todo en las cercanías del Lago Titicaca con un microclima más benigno), pero dominan extensas áreas en descanso. En estos campos de descanso se establecen numerosas gramíneas como *Jarava leptostachya* (frecuentemente confundida con *Jarava ichu*), que crece preferentemente en lugares más cálidos, varias especies de *Nassella*, *Muhlenbergia*, *Deyeuxia,* y comúnmente el "pasto bandera", *Bouteloua simplex*, asociado con hierbas nativas de especies de *Astragalus*, *Gamochaeta*, *Gnaphalium*, *Lepidium*, *Plantago*, y la naturalizada *Erodium cicutarium*, junto con arbustos de *Baccharis tola* y *Tetraglochin cristatum* (Ortuño et al. 2006).

Los pajonales y céspedes se distribuyen sobre todo en las áreas con capa freática alta, en las laderas de lomas y sobre las cimas de las cordilleras, se encuentran frecuentemente bajo la influencia de pastoreo por ganado vacuno, camélidos y ovejas. Los matorrales y arbustos más frecuentes corresponden a varias especies de *Baccharis*, de porte siempre verde, resinoso, llamado thola o chilca. Restos de la vegetación original se encuentran en los bordes de las chacras, sobre laderas y áreas rocosas. El estrato arbustivo está formado por varios géneros y especies de Asteraceae (*Ageratina*, *Baccharis*, *Chuquiraga jussieui*, *Lophopappus cuneatus*, *Senecio*), además de *Adesmia miraflorensis*, *A. spinosissima*, especies de *Agalinis*, *Buddleja*, *Clinopodium, Calceolaria*, *Solanum,* etc. La Bromeliaceae gigante, *Puya raimondii,* se encuentra registrada en 19 sitios en esta región (Ibisch et al. 1999a).

Las familias herbáceas dominantes corresponden a Asteraceae, Poaceae, Caryophyllaceae, Fabaceae (*Astragalus*, *Lupinus*, *Trifolium amabilis*, *T. peruvianum*), y varias Brassicaceae (García & Beck 2006).

En las serranías altas hacia el piso nival se destacan las manchas de especies de Poaceae como *Deyeuxia* (36 spp.), *Poa* (26 spp.) y *Festuca* (15 spp.) con varias especies endémicas. Creciendo entre rocas se encuentran varias especies de arbustos y hierbas de *Senecio*, la más común es *S. rufescens*. Se encuentran también rosetas de *Nototriche*, pequeñas hierbas erectas de *Gentianella*, varias Brassicaceae (*Aschersoniodoxa* (2 spp.), *Brayopsis* (4 spp.), *Descurainia* (2 spp.), *Draba* (8 spp.), *Weberbauera* (5 spp.)), y diversas especies de *Valeriana* y sus géneros segregados endémicos de los Andes, *Aretiastrum*, *Belonanthus*, *Phyllactis* y *Stangea*. Se destacan los cojines suaves de color beige de especies de *Pycnophyllum* y *Pycnophyllopsis*, ambos de las Caryophyllaceae, frecuentemente confundidos por musgos.

Bosque de *Polylepis*

El género *Polylepis* de las Rosaceae es endémicode los Andes desde Venezuela hasta Argentina. Los bosques siempre verdes de *Polylepis* representan la vegetación natural de los Andes centrales entre 3.500 y 4.400 m de elevación, con individuos que llegan hasta 5.250 m en la Cordillera Occidental. Su evolución ha sido dominada por las marcadas fluctuaciones climáticas durante el Pleistoceno, forzando a las especies a migrar repetidamente a localidades con condiciones ecológicas favorables, así como fragmentando las distribuciones de especies (Kessler 2006). En los últimos 500 años, y seguramente antes también, las poblaciones de *Polylepis* fueron reducidas por las quemas, la producción de carbón vegetal, el abastecimiento de leña, la habilitación de campos de cultivo y el sobrepastoreo (Ellenberg 1979). Kessler (1995a) describe la distribución y presenta eco-gramas de las especies de Bolivia: en su estudio las diferentes especies de *Polylepis* no forman extensiones grandes continuas, por este motivo no se pueden visibilizar en el mapa. Gracias a su extrema adaptación, existen especies que crecen en las laderas de suelo volcánico de la Cordillera Occidental hasta 5.250 m en la puna desértica con menos de 100 mm de precipitación y otra especie, *Polylepis pepei*, crece en áreas más húmedas con más de 2.000 mm/año de precipitación.

En la **Puna Seca** *Polylepis tarapacana* y *P. tomentella* están acompañados por *Azorella compacta*, *Parastrephia phyliciformis*, *Adesmia horrida*, *Mutisia lanata* y especies de *Baccharis* y *Fabiana*; en los lugares de menos altitud hacia los Valles Secos crecen junto con *Dasyphyllum hystrix*, *Buddleja aromatica*, *Kageneckia lanceolata* y varias especies de Cactaceae (*Trichocereus*, *Oreocereus*, *Opuntia*). En la **Puna Húmeda** crecen *Polylepis besseri*, *P. incarum*, *P. pacensis*, *P. subtusalbida*, y en el **Páramo Yungueño** se encuentran los bosques bajos de *Polylepis besseri*, *P. sericea*, *P. pauta*, *P. pepei*, junto con diferentes especies leñosas de *Baccharis*, *Berberis*, *Brachyotum*, *Buddleja*, *Citharexylum*, *Escallonia*, *Gynoxys*, *Oreopanax*, *Ribes*, etc.

Las especies de *Polylepis*, por debajo de 3.500 m en la región de los Andes, están incluidas en las zonas de vegetación correspondientes a **Valles Secos**, **Yungas** y **Bosque Tucumano-Boliviano**.Información adicional se encuentra en Navarro Sánchez et al. (2010), que caracterizan 26 comunidades de bosque de *Polylepis* con combinaciones florísticas y ornítecas, bioclima e intervalo altitudinal, zonas de distribución y estado de conservación preliminar para toda Bolivia.

ANDES

En el *Catálogo* se incluye bajo este nombre a

la región de la Cordillera Oriental delimitada en el noroccidente por la frontera con Perú (13°40'S, 69°W) y en el sur con la frontera Argentina en las alturas de Bermejo (22°40'S, 64°25'W). La región de los **Andes** comprende rangos altitudinales que se extienden desde elevaciones correspondientes a 1.000 m sobre el nivel del mar hasta una altura máxima de 3.500 m. Esta extensa región montañosa abarca aproximadamente un área de 205.000 km^2. La temperatura promedio anual es de 9–20°C, y las precipitaciones oscilan entre 300–>6.000 mm anuales. La región de los **Andes** presenta entre 0–10 meses áridos.

Ibisch et al. (2003) denominaron a esta región "Vertiente Oriental y Valles Interandinos". Posteriormente Navarro Sánchez (2011) incluyó a los **Andes** bajo el concepto amplio de "Vegetación de los Yungas" y "Vegetación de la Provincia Biogeográfica Boliviano-Tucumana en Bolivia".

Las faldas orientales de los Andes de Bolivia se constituyen como las áreas que resguardan la mayor diversidad de la flora del país. En estas zonas, las precipitaciones y temperaturas son altamente variables temporal y espacialmente, situación mayormente determinada por las amplias variaciones en el relieve, la geología y la composición edáfica. Esta heterogeneidad ha promovido un alto nivel de especiación, generando altos niveles de diversidad y endemismo. En el presente *Catálogo*, la región de los **Andes** ha sido dividida en cinco zonas de vegetación de acuerdo a su distribución altitudinal y gradiente de humedad, ellas son: **Páramo Yungueño y Ceja de Monte**, **Yungas**, **Bosque Tucumano-Boliviano**, **Valles Secos** y **Bosque Serrano Chaqueño**.

La parte superior de las vertientes húmedas orientales de los Andes fue diferenciada en Páramo Yungueño y Ceja de Monte. Las especies de las sabanas de montaña o del Cerrado Paceño (Ibisch et al. 2003) se consideran aquí bajo Yungas (Beck 1993a, Miranda et al. 2010). Las especies propias de los bosques secos localizados al interior de los Yungas se encuentran en los denominados Valles Secos, al igual que todas aquellas especies de los valles, las mesetas y las serranías secas de Cochabamba hacia el sur, por debajo de 3.500 m; solamente las serranías bajas hacia el sur se han denominado Bosque Serrano Chaqueño tal y como propuesto por Cabrera (1976).

Páramo Yungueño y Ceja de Monte

Esta unidad se extiende desde las zonas altas de los Yungas alrededor de (2.500–) 3.000–3.500 (–4.000) m junto a la frontera con el Perú (14°30'S, 69°W) hasta aproximadamente la latitud de 17°S y cubre un área de aproximadamente 11.000 km^2. Su límite occidental que colinda con la **Región del Altiplano** (en la zona de **Puna Húmeda**), marca el nivel de las precipitaciones inferiores e incluye una capa de vegetación menos densa. Hacia el oriente, en altitudes más bajas, la vegetación se distribuye en franjas verticales y forma manchas en los bosques yungueños. La parte superior de esta zona se conoce por lo general como el **Páramo Yungueño**, mientras que la parte más baja se denomina Ceja de Monte, aunque existen áreas transicionales y es posible encontrar páramos dentro de los bosques de ceja de monte e inclusive a elevaciones más bajas. La vegetación correspondiente al **Páramo Yungueño** no forma una franja horizontal continua tal y como se representa en el mapa adjunto, sino que más bien se presenta entremezclada o formando grupos aislados a lo largo de los Andes en los bolsones altos de acumulación de neblina y con lluvias vigentes durante el trascurso del año. Áreas relativamente pequeñas de **Páramo Yungueño** existen donde el bosque cerrado de la ceja de monte ha sido alterado o destruido, y se encuentran localmente hasta la región de Aconquija en el noroccidente de Argentina (Halloy 1997). El nombre de esta zona de vegetación surge por la similitud fisionómica y florística con el Páramo verdadero ubicado en el norte de los Andes (Venezuela, Colombia, Ecuador y Perú). Posiblemente la mayoría del **Páramo Yungueño** es de origen antropogénico como los páramos verdaderos del Norte de los Andes (Lægaard 1992).

Aunque en esta zona no existen estaciones meteorológicas permanentes, según los datos de Gerold et al. (2008) la temperatura media oscila entre 7–9°C, con una temperatura máxima de >25°C y una mínima de 0°C, la precipitación varía entre 3.000–>5.000 mm, no hay meses secos, y gran parte de la precipitación llega en forma de neblina.

La vegetación del **Páramo Yungueño** está compuesta de pajonales altos acompañados frecuentemente de arbustos y pequeños árboles siempre verdes. En algunos **Páramos Yungueños** se destacan especies como *Puya fosteriana* y *P. mollis* con el crecimiento típico de roseta sobre un tallo elevado conocido como "Schopfrosettenpflanzen"

(Rauh 1988) similar al de las especies de frailejones (*Espeletia*) del Páramo verdadero, y también son comunes pequeños helechos arbóreos como *Blechnum auratum* y *B. loxense*. En áreas de quemas frecuentes se ha establecido un césped bajo y denso (García & Beck 2006).

Son también frecuentes miembros de Poaceae, (varias especies restringidas de *Festuca*, *Poa*, *Deyeuxia* y *Chusquea* [*C. depauperata*, *C. tessellata* y miembros de la sección *Neurolepis*]), Cyperaceae (*Carex boliviensis*, *C. enneastachya*, *C. fecunda*, *Oreobolus obtusangulus*, *Rhynchospora macrochaeta*, *R. vulcani*) y helechos del género *Jamesonia*. Son también comunes hierbas y arbustos de Asteraceae (*Baccharis subalata*, *Gynoxys compressisima*, *Hieracium trichodontum*, *Laestadia lechleri*, *Loricaria thuyoides*, *Oritrophium peruvianum*, *Senecio plantaginifolia*, *Xenophyllum humilis*), Rubiaceae (*Arcytophyllum setosum*) y Melastomataceae (*Brachyotum microdon*, *Miconia chionophylla*). Árboles típicos de las zonas altas son *Polylepis pepei*, *Escallonia myrtilloides*, *Gynoxys asterotricha*, y en zonas más bajas se encuentran *Buddleja montana*, *Clethra ferruginea*, *Gaiadendron punctatum*, *Hesperomeles cuneata*, *H. obtusifolia*, *Morella pubescens*, *Myrsine dependens*, *Oreopanax ruizii*, *Saracha punctata* y especies de distribución restringida pertenecientes a los géneros *Ilex* (*I. imbricata* e *I. myricoides*) y *Symplocos* (*S. nana* y *S. polyphylla*).

La Ceja de Monte corresponde al límite superior con árboles de crecimiento bajo, hojas coriáceas, y tallos y ramas cubiertos de epífitas, sobre todo de musgos, hepáticas, líquenes y pteridófitas, aunque relativamente pocas epífitas de angiospermas (Beck et al. 1993, Ibisch et al. 2003). En esta zona no se distinguen fácilmente estratos verticales en la vegetación.

Las familias de plantas vasculares más importantes incluyen diferentes grupos de helechos: Cyatheaceae, Lycopodiaceae (*Diphasiastrum thyoides*, *Lycopodium clavatum*, *Phlegmariurus hippurideus*), Hymenophyllaceae, Dennstaedtiaceae (*Histiopteris incisa* e *Hypolepis obtusata*), Dryopteridaceae (*Elaphoglossum*, *Polystichum*) y Polypodiaceae (*Ceradenia*, *Pecluma*). Dentro de las angiospermas sobresalen especies de las familias Araliaceae (*Oreopanax*), Asteraceae (*Baccharis*, *Dendrophorbium*, *Diplostephium haenkei*, *Gynoxys*, *Llerasia*, *Nordenstamia repanda*, *Pentacalia*), Clethraceae (*Clethra*), Cunoniaceae (*Weinmannia*), Cyperaceae (*Carex fecunda* y *C. pichinchensis*), Ericaceae (*Demosthenesia*, *Disterigma*, *Gaultheria*, *Thibaudia*), Lauraceae (*Persea ruizii*), numerosas Orchidaceae, Oxalidaceae (*Oxalis flagellata* y *O. oulophora*), Melastomataceae (*Miconia recondita*) y Polygalaceae (*Monnina bridgesii*). En la ceja de monte se destacan las hierbas gigantes, caulirrósulas de *Greigia*, los helechos con tallo hasta 1,5 m de altura de Blechnaceae, y las numerosas especies de *Chusquea*, que se extienden hacia áreas de menor altitud. Localmente se forman matorrales densos con hojas espinosas de *Desfontainia* y se observan casualmente individuos de la palmera *Geonoma weberbaueri*.

En lugares alterados como bordes de caminos dominan arbustos de amplia distribución como *Baccharis pentlandii*, *Centropogon incanus*, *Lepechina heteromorpha* y *Morella pubescens*.

Los Yungas

En las faldas orientales de los Andes de Bolivia dominan los bosques húmedos siempre verdes, que se extienden desde la frontera con el Perú (13°40'S, 69°W) hacia el codo andino en las cercanías de Santa Cruz de la Sierra (18°S, 63°30'W). Por consiguiente, los **Yungas** se encuentran solamente en los departamentos de La Paz, Cochabamba y Santa Cruz. El límite occidental incluye las máximas elevaciones de 3.000 m y la frontera con el Perú (14°30'S, 69°W), y el límite oriental corresponde al rango inferior de 1.000 m de elevación, que en este *Catálogo* incluye también las zonas al occidente de la ciudad de Santa Cruz. Los **Yungas** abarcan un área total de aproximadamente 60.000 km^2. La temperatura promedio varía de 7–24°C, con temperaturas máximas >30°C y mínimas de 0°C. Las heladas suceden rara vez y ocurren hasta alturas de 2.300 m (Ibisch et al. 2003). La precipitación varía de 1.500–>5.000 mm con mayores niveles en los meses de diciembre a marzo, pero incluyendo 1–3 meses áridos.

Aunque existen diversas propuestas para la clasificación de los **Yungas** de acuerdo a sus rangos altitudinales, condiciones climáticas, cobertura vegetal, etc., dicha categorización resulta difícil debido a la presencia de hábitats altamente variables en un espacio reducido (Beck 1993a, Kessler & Beck 2001, Mueller et al. 2002, Navarro Sánchez 2002, Bach et al. 2003, Fuentes 2005, Killeen et al. 2005, Gerold et al. 2008). Los **Yungas** forman parte de la "Provincia Biogeográfica Yungueña Peruano-

Boliviana", la cual ha sido dividida en los sectores biogeográficos de "Yungas Cuenca Alta del Beni" y "Yungas Cuenca Alta del Ichilo" según Navarro Sánchez & Ferreira (2009). Navarro Sánchez (2011) presenta una clasificación de los **Yungas** en 31 unidades diferentes, subdividiendo éstas frecuentemente, e incluyendo las unidades xéricas y las sabanas de montaña.

Este *Catálogo* permite apreciar patrones de distribución latitudinal y altitudinal de especies de los **Yungas**. Latitudinalmente se reduce el número de familias, géneros y especies tropicales de norte a sur, por ejemplo existen cinco especies de *Brunellia* en el departamento de La Paz, dos en Cochabamba y una en Santa Cruz, tendencias similares se presentan en especies de *Freziera*, *Hedyosmum*, *Symplocos* y *Weinmannia*. Solamente fueron encontrados en los **Yungas** de La Paz especies de los géneros de Ericaceae (*Macleania*, *Psammisia*, *Satyria* y *Themistoclesia*), los cuales no se registraron más al sur. Miembros de la familia Cornaceae se registran sólo en los departamentos de La Paz y Cochabamba. Altitudinalmente los bosques de los **Yungas** se diferencian por su fisionomía y composición florística en dos grupos, aunque sin establecer límites fijos, sino que más bien están sujetos a las variaciones en las condiciones orográficas y del sustrato.

Los **Yungas** de (2.000–) 2.500–3.000 m por debajo de la ceja de monte presentan árboles más rectos y más altos, que llegan hasta 15 m; las epífitas criptogámicas son menos abundantes, mientras que son más vistosas las epífitas vasculares de Orchidaceae (*Epidendrum*, *Masdevallia* y *Pachyphyllum*), Ericaceae (*Orthaea* y *Sphyrospermum*), *Peperomia*, así como numerosos helechos (*Ceradenia*, *Melpomene* y *Pecluma*). Es común también la presencia de trepadoras, como por ejemplo varias especies de *Mikania*. Las palmeras (*Ceroxylon* y *Geonoma*) y también las coníferas nativas *Podocarpus* y *Prumnopitys* son elementos frecuentes. Aparte de las familias mencionadas arriba destacan Aquifoliaceae (*Ilex nervosa* e *I. teratopis*), Brunelliaceae (*Brunellia brittonii* y *B. sibundoya*), Chloranthaceae (*Hedyosmum*), Clusiaceae, Cunoniaceae (*Weinmannia davidsonii* y *W. yungasensis*), Theaceae (*Freziera lanata* y *Ternstroemia asymmetrica*), *Myrsine coriacea*, *Ocotea stenophylla*, *Saurauia*, Solanaceae (*Solanum inelegans*, *S. nutans* y *S. whalenii*) y *Symplocos denticulata*. Las manchas de bosques de *Alnus acuminata* solamente ocurren en áreas alteradas, derrumbadas y a veces al lado de los cauces de arroyos y ríos.

Algunas especies de *Polylepis* se encuentran en esta zona de vegetación, como *P. lanata*, *P. racemosa* y *P. sericea*. Entre las especies endémicas y más amenazadas de *Polylepis* se incluye a *P. lanata* y *P. neglecta*, esta última se encuentra también al sur en los Bosques Tucumano-Bolivianos (Navarro Sánchez et al. 2010).

Los **Yungas** de 1.000–2.500 m están representados por bosques húmedos que no se encuentran bajo la influencia de heladas, sino que están afectados por el dominio de los elementos tropicales de los Andes cálidos. Cuentan con tres o más estratos, el dosel varía entre 15 y 25 m de altura, en donde los árboles emergentes alcanzan alturas de hasta 30 m. Los árboles muy rara vez tienen aletones y son siempre verdes en su mayoría. Debido a la erosión hídrica y a la alta frecuencia de derrumbes naturales, los **Yungas** presentan un mosaico de distintas comunidades que exhiben diferentes etapas de sucesión. Los diferentes hábitats son muy heterogéneos en cuanto a la abundancia, frecuencia y dominancia de familias y especies, debido a la diversidad de condiciones climáticas, sustratos e historia de uso de la tierra, como lo demuestran varios trabajos realizados en la región del Madidi (Jørgensen et al. 2005b). Un indicador llamativo presente en la parte superior de este piso es *Cecropia elongata*, especie endémica de los bosques no intervenidos de los **Yungas**. Por lo general especies pertenecientes a *Cecropia* están relacionadas con áreas disturbadas y regiones aluviales de zonas bajas.

Estos bosques siempre verdes, aunque con presencia de algunas especies caducifolias, son los más diversos en Bolivia y cuentan con numerosas especies endémicas (Cornejo-Mejía et al. 2011). Las familias más ricas en especies, la mayoría propias de los Andes, son: Araceae, Asteraceae, Euphorbiaceae, Fabaceae, Lauraceae, Melastomataceae, Orchidaceae, Poaceae, Rubiaceae, Solanaceae, y numerosas familias de helechos, incluyendo los arbóreos de los géneros *Alsophila* y *Cyathea*. Aparte de las Orchidaceae, las Solanaceae (especialmente el género *Solanum* que incluye hierbas pequeñas hasta árboles) exhiben en los **Yungas** su más alta diversidad con presencia de numerosas especies endémicas. Llaman la atención las flores vistosas de varias especies de Acanthaceae (*Aphelandra*, *Justicia* y *Stenostephanus*), Begonias, Calceolarias y Fuchsias. Algunos elementos florísticos de la

Amazonia pueden llegar hasta los 2.000 m, pero la mayoría permanece por debajo de 1.000 m.

En algunas laderas o quebradas boscosas de la parte baja de los **Yungas** se destacan del dosel palmeras de *Astrocaryum murumuru*, *Dictyocaryum lamarckianum* e *Iriartea deltoidea*; en otras zonas dominan *Guatteria*, *Miconia*, *Poulsenia armata*, *Pseudolmedia laevis*, todas estas últimas especies más abundantes en los bosques húmedos de zonas bajas, incluyendo el pie de monte o bosque húmedo premontano. Géneros pequeños con pocas especies como *Meliosma*, *Saurauia* y *Styrax*, tienen en los **Yungas** su hábitat.

También forman parte de esta zona algunos elementos de bosques semi-deciduos como *Juglans boliviana*, *Ceiba speciosa* y *Myracrodruon urundeuva*, también crecen en el sotobosque varios geófitos de *Hippeastrum*, la Araceae de amplia distribución, *Spathantheum orbignyanum*, y la rara *Asterostigma pavonii*, así como hierbas adaptadas a sequía tales como especies de *Peperomia*, *Anthurium*, *Fosterella*, *Pitcairnia* y *Puya*. También crecen Cactaceae arbóreos del género *Cereus* y epífitas de los géneros *Pfeiffera* y *Rhipsalis*.

Dominan en muchas laderas los matorrales llamados localmente "chumis", causados por la destrucción de bosques y el abandono de las chacras de cultivo. Estos constituyen el hábitat de numerosas especies de Asteraceae (*Austroeupatorium*, *Baccharis*, *Campovassouria cruciata*, *Chromolaena*, *Lessingianthus*, *Munnozia*, *Oyedaea* y *Raulinoreitzia crenulata*), Fabaceae (*Chamaecrista*, *Collaea speciosa* y *Mimosa*), Lamiaceae (*Hyptis* y *Lepechinia*), Pteridophytae (*Pteridium*, *Lophosoria*, *Dicranopteris* y *Diplopterygium*) y Poaceae (*Chusquea* y *Melinis minutiflora*). Estos matorrales o chumis se pueden transformar con quemas frecuentes en sabanas de montaña, muy similares a las sabanas y cerrados de **Zonas Bajas**, con especies también registradas en la zona de Yungas en este *Catálogo*.

Bosque Tucumano–Boliviano

Las vertientes orientales de la región de los **Andes** conforman esta zona boscosa extensa y heterogénea, que se extiende desde Santa Cruz de la Sierra (18°00'S, 63°30'W) hasta la frontera con Argentina (22°40'S, 64°25'W) y que incluye numerosas serranías, pequeñas mesas y valles relativamente húmedos. El límite hacia el sur coincide casi con el límite de los trópicos. El **Bosque Tucumano-Boliviano** ocupa una franja altitudinal entre 1.000 y 3.500 m. No constituye una franja continua de vegetación, ya que también existen áreas aisladas más al norte como en el noroccidente de Cochabamba en las alturas de Independencia (provincia Ayopayay) y más al occidente como en la zona de El Palmar (Chuquisaca, no indicadas en el mapa) y donde se encuentra la población principal de la palmera endémica *Parajubaea torallyi* var. *torallyi*.

Esta formación ocupa un área total de aproximadamente 28.000 km^2. En comparación con los **Yungas**, en esta zona aumenta la estacionalidad, es menos húmeda y menos cálida según determina el promedio anual (Josse et al. 2009). La temperatura promedio es de 5–23°C, siendo la temperatura máxima >30°C y la mínima <0°C. El **Bosque Tucumano-Boliviano** está influenciado por los frentes fríos del sur (Surazos), sobre todo durante los meses de Junio a Agosto. La precipitación promedio anual es de 700–2.000 mm, la época lluviosa abarca los meses de octubre hasta abril, y se presentan 3–5 meses áridos al año.

La flora presenta más elementos Laurásicos y menos Gondwánicos. Dominan especies de las familias Betulaceae, Fabaceae, Lauraceae, Myrtaceae, Rhamnaceae, Rosaceae, aunque también ocurren localmente géneros Gondwánicos como *Escallonia*, *Fuchsia*, *Gunnera* y *Podocarpus*. Algunas familias típicas de las zonas bajas tropicales como Lecythidaceae, Melastomataceae, Myristicaceae y Siparunaceae que también están presentes en las partes más bajas de los **Yungas,** y algunas familias tropicales de los Andes de los **Yungas** como Actinidiaceae, Chloranthaceae y Columelliaceae, están completamente ausentes en los **Bosques Tucumano-Bolivianos** o se presentan con pocas especies, como por ejemplo las Melastomataceae *Tibouchina alpestris* y *T. paratropica*.

Cabrera & Willink (1973) denominaron a las selvas Tucumano-Bolivianas de Argentina "las Yungas", causando una confusión con los **Yungas** que son completamente diferentes con respecto a sus condiciones climáticas, orográficas, florísticas y con pocos elementos en común con estos bosques extra tropicales (Ibisch et al. 2003). En este *Catálogo* se sigue la clasificación tradicional de Cabrera (1976), Brown (1995) e Ibisch et al. (2003) para este tipo de vegetación, tampoco se acepta la denominación inversa "Bosque Boliviano–Tucumano" debido a su mayor extensión en Bolivia, así como tampoco se han incluido especies propias de la puna (Navarro

Sánchez 2002, 2011).

Un estudio de Lozano et al. (2011), presenta una descripción de la diversidad florística de la Serranía de los Milagros en el departamento de Chuquisaca entre 650 y 2300 m; asi como también los trabajos en el Área Protegida de Iñao del mismo departamento por Carretero et al. (2011a–b) y Jiménez et al. (2011). Liberman (1991) presenta una descripción desde las alturas hasta el fondo de los **Valles Secos** de los tipos de bosques de *Polylepis*, *Alnus acuminata*, *Morella chevalieri*, *Tipuana tipu*, *Schinus areira*, *Prosopis alba*, *Geoffroea decorticans*, *Vachellia caven* y *Prosopis alpataco*.

En las partes altas, a veces llegando a altitudes hasta 3.900 m, se encuentran los relictos de los bosques de *Polylepis crista-galli*, *P. hieronymi* y *P. neglecta*, que a veces forman una franja de bosques casi mono-específicos; más abajo, pero en sitios distintos, se localizan los bosques extensos de *Alnus acuminata* con algunos árboles y arbustos de especies de *Berberis bumeliifolia*, *Escallonia hypoglauca*, *Morella chevalieri*, *Rhamnus sphaerosperma* y herbáceas raras como *Philibertia boliviana*, *Schickendantziella trichosepala* y *Valeriana corymbulosa*.

En altitudes entre 2.000–2.500 m, y a veces llegando hasta 3.000 m, se presenta el bosque mayormente siempre verde con *Podocarpus parlatorei*, *Prunus tucumanensis* y *Azara salicifolia*. En el sotobosque se encuentran varias gramíneas usadas para el pastoreo de ganado vacuno y especies raras como *Fiebrigiella gracilis*; también es común encontrar orquídeas terrestres de *Habenaria bermejoensis* y *Pterichis boliviana*. Relictos de estos tipos de bosque llegan hasta el norte en las provincias Campero y Mizque en el departamento de Cochabamba. Algunos de estos bosques en los departamentos de Chuquisaca, Potosí y Santa Cruz albergan restos de bosque con *Podocarpus* y una especie de palmeras endémicas de Bolivia, *Parajubaea sunkha*, en la Provincia Vallegrande del departamento de Santa Cruz entre 1700–2200 m. Un pariente de esta palmera, *Parajubaea torallyi*, se encuentra en los **Valles Secos** bajo condiciones más áridas hasta 3400 m en los departamentos de Chuquisaca y Potosí (Moraes 2004). A alturas entre 2000–3000 m, la vegetación se caracteriza por la presencia de bosques extensos de Myrtaceae (*Blepharocalyx salicifolius*, *Myrcianthes callicoma*, *M. pseudomato*); aunque hacia el sur se pueden encontrar también otros miembros de Myrtaceae como *Myrcianthes mato* y *Siphoneugena occidentalis*. Igualmente forman parte de estos bosques especies más raras como *Crinodendron tucumanum* y *Weinmannia boliviensis*.

En el extremo sur del país el **Bosque Tucumano-Boliviano**, se halla frecuentemente reemplazado por matorrales y pajonales de *Elionurus muticus*, fisionómicamente semejantes a la puna húmeda, pero con otra composición florística, que también mantienen algunas especies endémicas de esta región biogeográfica (*Anthaenantiopsis fiebrigii*, *Deyeuxia colorata*). Son parte de la vegetación sobre pendientes rocosas varias Bromeliaceae (*Deuterocohnia*, *Puya* y *Tillandsia*), además de las Velloziaceae andinas *Barbaceniopsis boliviensis* y *B. castillonii*.

Entre 1.000–2.000 m en el piso submontano llamado actualmente por Navarro Sánchez (2011) "basimontano", frecuentemente bajo condiciones húmedas, crecen el cedro, *Cedrela angustifolia* y el nogal, *Juglans australis* frecuentemente asociado con *Ocotea porphyria*. Los bosques menos húmedos son el hábitat de árboles de *Erythrina falcata* y *Tipuana tipu*. Lastimosamente no se han conservado en la actualidad más que unos pocos bosques densos y continuos, siendo más frecuentes fisionomías con árboles aislados localizados en los matorrales y pastizales con vegetación secundaria que también forman parte de los **Valles Secos** (Beck et al. 2001).

Bosque Serrano Chaqueño

Estos bosques secos hasta sub-húmedos representan la continuación de esta formación vegetal proveniente del norte de Argentina y llegan hasta la altura de la ciudad de Santa Cruz a aproximadamente 18°S, 63°20´W (Cabrera & Willink 1973, Cabrera 1976). Se ubican entre las zonas de **BosqueTucumano-Boliviano** y **Bosque Seco Chaqueño**, sobre las serranías bajas de las últimas estribaciones de la Cordillera Oriental de los Andes, y representan una forma transicional entre estas dos unidades por las condiciones climáticas, orográficas y su composición florística.

Las altitudes varían entre (700–) 1.000–2.000 m, la temperatura media anual es 18–22°C, hay una influencia fuerte de vientos fríos del sur (Surazos), las precipitaciones son de 700–1000 mm/año, con varios meses áridos al año aunque también se presentan neblinas. Cubre un área de aproximadamente

28.000 km^2.

El **Bosque Serrano Chaqueño** forma parte de los **Bosques Tucumano-Bolivianos** según Navarro Sánchez (2002, 2011) con presencia de especies deciduas, aunque fue considerado bajo el complejo de Gran Chaco por Zuloaga et al. (2008h).

Los elementos típicos del **Bosque Serrano Chaqueño** incluyen especies de las familias Anacardiaceae (*Myracrodruon urundeuva*, *Schinopsis*, *Lithraea molleoides*), Malvaceae (*Ceiba chodatii*, *Pavonia*), Cactaceae (*Harrisia pomanensis*, *Pereskia sacharosa*, *Quiabentia verticillata*, *Samaipaticereus corroanus*), Euphorbiaceae (*Croton charaguensis*, *Euphorbia pentadactyla*), Fabaceae (*Anadenanthera colubrina*, *Caesalpinia argentina*, *Gleditsia amorphoides*, *Mimozyganthus carinatus*, *Senegalia*), Picrodendraceae (*Parodiodendron marginivillosum*), Rubiaceae (*Calycophyllum multiflorum*) y Zygophyllaceae (*Bulnesia rivas-martinezii*).

Valles Secos

Los **Valles Secos** se localizan entre la **Puna Seca**, el **Bosque Tucumano-Boliviano** y el **Bosque Serrano Chaqueño**, pero también incluyen áreas secas al interior de los **Yungas** gracias a las condiciones orográficas. Su nombre más apropiado es Bosques Secos de Valles Interandinos. En este *Catálogo* no se diferencia entre bosques secos del norte, centro y sur, ni la Prepuna como lo plantean Ibisch et al. (2003). Aquí, todas estas formaciones corresponden a los “Valles Secos Interandinos” (Beck 1993a) y a los “Bosques Secos Interandinos” (Ibisch et al. 2003). En Navarro Sánchez (2011) estos tipos de bosque fueron incluidos en las unidades colindantes con la vegetación de la puna y del altiplano, la vegetación de los Yungas, etc. Se encuentran en todas las áreas secas interandinas de los valles, mesetas y serranías andinas, que incluyen los bosques secos (y sus relictos), los matorrales y las áreas con poca vegetación; además los fondos de valles angostos en varias áreas aisladas de superficie reducida, no indicadas en el mapa, y también en áreas extensas en los valles y mesetas al norte de Apolo, donde estos bosques secos cubren 1.400 km^2 (Cornejo-Mejía et al. 2011).

Los **Valles Secos** se extienden por el norte hasta el pueblo de San Juan, provincia Franz Tamayo cerca de la provincia Iturralde en el departamento de La Paz, casi en los límites con el Perú a aproximadamente 14°30’S, y por el sur están delimitados por la frontera con Argentina a 22°S; el occidente confina una altura máxima de 3.500 m y en el oriente se extiende hasta alturas de 1.000 m. No forman una franja continua.

La temperatura promedio anual oscila entre 12–16°C, siendo la máxima >30°C y la mínima <0°C. La precipitación promedio varía de 500–700 mm/año y presenta 6–8 meses áridos. Estos bosques cubren una superficie de aproximadamente 77.000 km^2.

Casi todas las especies leñosas de los **Valles Secos** pierden sus hojas en la época de sequía, salvo la mayoría de las Myrtaceae y otras especies como por ejemplo *Aspidosperma quebracho-blanco*, *Jodina rhombifolia*, *Maytenus tunarina*, *Schinus andinus* y *S. areira*.

Miembros característicos de esta formación vegetal son: Amaranthaceae (*Gomphrena*), Amaryllidaceae (*Hippeastrum*), Anacardiaceae (*Astronium*, *Schinopsis*, *Schinus*), Apocynaceae (*Aspidosperma*, *Oxypetalum*, *Philibertia*), Asteraceae (*Baccharis*, *Campovassouria cruciata*, *Chromolaena*, *Dasyphyllum*, *Gochnatia*, *Kaunia*, *Senecio*, *Stevia*, *Stephanbeckia plumosa*, *Verbesina*, *Viguiera*), Bignoniaceae (*Jacaranda*, *Tecoma*), Boraginaceae (*Tournefortia*, *Varronia*), Bromeliaceae (*Deuterocohnia*, *Puya*, *Tillandsia*), Cactaceae (*Blossfeldia*, *Cereus*, *Cleistocactus*, *Corryocactus*, *Echinopsis*, *Harrisia*, *Lobivia*, *Neoraimondia herzogiana*, *Opuntia*, *Parodia*, *Rebutia*, *Sulcorebutia*, *Weingartia*), Cannabaceae (*Celtis*, *Trema*), Caryophyllaceae (*Cerastium*, *Stellaria*, *Silene*, *Spergularia*), Convolvulaceae (*Ipomoea*), Euphorbiaceae (*Acalypha*, *Croton*, *Euphorbia*, *Jatropha*), Fabaceae (*Acacia*, *Acaciella*, *Anadenanthera*, *Caesalpinia*, *Cercidium*, *Coursetia*, *Desmodium*, *Erythrina*, *Lupinus*, *Poissonia*, *Prosopis*, *Senegalia*, *Senna*, *Tipuana*, *Vachellia*), Lamiaceae (*Salvia*), Malvaceae (*Gaya*, *Sida*), Myrtaceae (*Eugenia*, *Myrcia*, *Myrcianthes*), Poaceae (*Aristida*, *Deyeuxia*, *Eragrostis*, *Jarava*, *Muhlenbergia*, *Nassella*, *Pappophorum*, *Paspalum*, *Pennisetum*, *Poa*), Solanaceae (*Nicotiana*, *Solanum* Sect. *Petota* y otras secciones, *Salpichroa*, *Vassobia*), Rubiaceae (*Richardia*, *Heterophyllaea lycioides*) y Ulmaceae (*Phyllostylon rhamnoides*) (véase también Wood 2005, Lara & Huaylla 2008).

Esta zona de vegetación es extensa y muestra una gran diversidad que varía según las condiciones ecológicas. El fondo de los valles (1.000–1.200 m) incluye vegetación típica del **Bosque Seco Cha-**

queño. Las laderas entre aproximadamente 1.200–2.200 m no son muy diferentes florísticamente del **Bosque Serrano Chaqueño** presentando las mismas especies típicas, aunque son áreas un poco degradadas. En las partes altas se encuentran elementos de **Bosque Tucumano-Boliviano**. Pasando hacia el interior y occidente (Sucre, Cochabamba), se reduce el tamaño y cobertura de la vegetación, son áreas más secas y tienen aspecto fisionómico que recuerda al de la **Puna Húmeda** aunque con especies diferentes como *Schinus areira*, *Baccharis ulicina*, *Kentrothamnus weddellianus*, *Lycianthes lycioides* y *Vassobia fasciculata* típicos de esta zona. La región de Tarabuco y partes del Valle Alto de Cochabamba se asemejan fisionómicamente a formaciones vegetales del altiplano por la explotación agraria y forestal a la que han sido expuestas durante cientos de años.

Especies de amplia distribución en las zonas altas de los **Valles Secos** y ubicadas entre 2.500–3.500 m son: *Adesmia miraflorensis*, *Baccharis latifolia*, *Buddleja aromatica*, *Dasyphyllum hystrix*, *Dodonaea viscosa*, *Kageneckia lanceolata* y *Nicotiana glauca*. Junto a estas especies crecen *Polylepis pacencis* en el centro y norte del país, *Polylepis tomentella* en el sur y asociados con diferentes especies de *Prosopis*, *Senegalia*, *Vachellia*, *Oreocereus* y *Trichocereus*.

En los valles centrales hasta el sur, se encuentran restos de un bosque mixto con *Schinopsis marginata* (antes *Schinopsis haenkeana*), *Aspidosperma quebracho-blanco, Vasconcellea quercifolia*, y varias especies de *Prosopis* y *Schinus*. Actualmente estos bosques han sido mayormente reemplazados por matorrales espinosos de *Vachellia aroma* y *V. macracantha*. En lugares más áridos al sur de la zona ocupada por los **Valles Secos**, el bosque de churqui (*Prosopis ferox*) seguramente formaba grandes extensiones con *Vachellia caven, Senegalia visco* y *Prosopis alba* (Beck et al. 2001). La mayoría de estos bosques secos fueron destruidos para dar paso a chacras o para la producción de carbón, durmientes y leña. Los bosques bajos y matorrales interandinos del centro y sur del país representan una vegetación muy particular por su abundancia, diversidad y endemismo de Cactaceae (Kiesling 1999). En estas áreas se destacan las cactáceas columnares de *Neoraimondia herzogiana*, *Samaipaticereus inquisivensis* y *Harrisia tetracantha,* así como las especies pequeñas al ras del suelo con flores vistosas del género *Sulcorebutia*, estas últimas con una multitud de especies descritas por botánicos aficionados a las cactáceas (231 nombres incluidos, pero solamente 19 son aceptados). Bromeliaceae endémicas como *Dyckia pulquinensis* y *Puya weddelliana* son también características de esta zona.

En el sur de Bolivia (20–22°S, a 2.000–3.500 m) en algunos valles de Chuquisaca, Potosí y Tarija se forma una unidad biogeográfica bien definida y separada, con numerosas especies endémicas de áreas semi-desérticas con lluvias estivales, relacionadas con la prepuna argentina (López Calderón 2000, López Calderón & Beck 2002). Estas formaciones corresponden a los chaparrales de Fabaceae, con el famoso Palqui (*Senegalia feddeana*), utilizado como reemplazo del café y de Khari (*Cercidium andicola*), también con la presencia de cactáceas columnares endémicas (*Trichocereus camarguensis, T. tacaquirensis*) y bosques abiertos de *Vachellia aroma* y *Prosopis ferox* junto con el arbusto endémico *Iochroma cardenasianum*, que en su mayoría están destruidos o fuertemente perturbados.

También existen pequeñas áreas de bosque de **Valle Seco** en los fondos de valles y en la sombra de lluvia. Este tipo de vegetación de especies caducifolias rodeado por los **Yungas** no figura en el mapa.

Los datos de la diversidad de especies proporcionados por inventarios rápidos y estudios de parcelas permanentes, indican que los bosques secos en la región de Madidi son los mejor conservados en América del Sur (Gentry 1995, Kessler & Helme 1999, Cayola et al. 2005). Dichos bosques albergan varias especies endémicas y nuevas para la ciencia como *Bauhinia tuichiensis*, *Cereus yungasensis*, *Passiflora madidiana* y *Weberbauerocereus madidiensis* (Fuentes & Quispe 2009, Jørgensen et al. 2010, Quispe & Fuentes 2010, Cayola & Fuentes 2012). Estos bosques del antiguo "arco pleistocénico" (Prado & Gibbs 1993, Bach et al. 1999, Kessler et al. 2000a) con *Anadenanthera colubrina* y *Phyllostylon rhamnoides*, poseen algunas de las especies presentes en las zonas bajas del **Bosque Tucumano-Boliviano**, el **Bosque Serrano Chaqueño** y la Chiquitania, tales como *Acanthocladus albicans*, *Amburana cearensis*, *Machaerium nyctitans*, *Schinopsis brasiliensis*, y especies parientes y alopátricas como *Luetzelburgia andina* (de los bosques secos del Parque Nacional Madidi en los Andes) y *Luetzelburgia sotoi* (del Bosque Semideciduo Chiquitano) (Wood et al. 2011, Cardoso et al. 2012, Wood & Beck 2013).

ZONAS BAJAS

Esta región se encuentra limitada por las fronteras con el Perú al occidente (13°40'S, 69°W), Brasil al norte (9°41'S, 65°26'W) y oriente (18°14'S, 57°27'W), por Paraguay y Argentina al sur (22°15'S, 62°40'W) y por la cota de 1.000 m hacia los Andes. El punto más bajo de elevación es 103 m.

Las **Zonas Bajas** ocupan una superficie total de aproximadamente 730.000 km^2. La temperatura promedio anual es de 20–28°C, incluyendo mínimas y máximas de 0°C y >30°C respectivamente. La precipitación es de un promedio de 400–>6.000 mm anual e incluye entre 0–10 meses áridos. En este *Catálogo*, se contemplan dentro de esta región tres grandes formaciones boscosas (el **Bosque Húmedo,** el **Bosque Seco Chaqueño** y en el intermedio el **Bosque Semideciduo Chiquitano**) y cuatro formaciones de sabanas dominadas por herbáceas (**Campos Cerrados**, **Campos Amazónicos, Sabanas Benianas del Norte** y **Sabanas Benianas del Sur**). Esta clasificación es el resultado del trabajo que incluye las descripciones y el mapa para este tipo de vegetación que hacen parte del libro de gramíneas de Bolivia (Renvoize 1998).

Bosque Húmedo

Los **Bosques Húmedos** incluyen todos aquellos que se encuentran en la cuenca amazónica por debajo de 1.000 m, con vegetación siempre verde y siempre verde estacional, aunque consideradas aquí como un solo tipo de vegetación. Su límite por el norte corresponde a la desembocadura del río Abuná en el río Madeira (9°40'S, 65°26'W) en la provincia Federico Román, departamento de Pando, y por el sur llega hasta las cercanías de la ciudad de Santa Cruz (18°S, 63°30'W). La extensión más occidental se ubica en el norte del departamento de La Paz, a 1.000 m en la frontera con el Perú (13°40'S, 69°W) y por el oriente en los bosques de la serranía de Huanchaca y de río Guaporé (Iténez), provincia Velasco en el departamento de Santa Cruz (14°36'S, 60°19'W).

La temperatura promedio anual es de 23–27°C, la temperatura máxima es >33°C y la mínima de 9°C, con influencia de los vientos fríos durante la época seca. La precipitación promedio es de 1.000–3.000 mm y la máxima precipitación llega arriba de 6.000 mm en Chipiriri (Chapare). Hay 0–3 meses áridos. La zona de **Bosque Húmedo** cubre una superficie de aproximadamente 345.000 km^2.

Los **Bosques Húmedos** albergan elementos biogeográficos característicos de la Amazonia como el Cacao (*Theobroma cacao*), la Goma (*Hevea brasiliensis*) y la Castaña (*Bertholettia excelsa*). Conjuntamente con los **Yungas** presentan una de las más complejas y más ricas zonas en especies de plantas en Bolivia.

Esta zona de vegetación forma parte de la masa de bosques del suroccidente de la Amazonia, que se caracteriza de norte a sur por un aumento de estacionalidad y una reducción de elementos florísticos amazónicos. Comprende diferentes formaciones boscosas húmedas que varían según las condiciones climáticas y edáficas, localizadas desde el Pando y el norte de Beni hasta el pie de los Andes en la altura de la ciudad de Santa Cruz.

Estos bosques húmedos mantienen un aspecto verde durante todo el año, lo que no implica la ausencia de especies que pierden temporalmente sus hojas, inclusive se pueden presentar manchones de bosque con especies deciduas.

Las familias típicas de esta formación vegetal son Burseraceae, Chrysobalanaceae, Fabaceae, Lauraceae, Lecythidaceae, Melastomataceae, Moraceae, Rubiaceae y Sapotaceae. Los inventarios florísticos de plantas leñosas indican un patrón de árboles oligo-dominantes y el resto compuesto por sólo unos pocos individuos de diferentes especies (Condit et al. 2002, Araujo-Murakami et al. 2005).

En esta zona boscosa también se encuentran formaciones con vegetación herbácea no indicada en el mapa, los pajonales a los bordes de los ríos o en depresiones, las pequeñas pampas con dominancia de Poaceae, Cyperaceae, y en ocasiones manchas grandes de "Patujusales" con especies de *Heliconia* y varias especies de Marantaceae.

Notables por su aspecto son los llamados "Tacuarales" debido a la dominancia casi exclusiva de una sola especie, particularmente especies leñosas de Bambusoideae como por ejemplo *Guadua angustifolia* o *Rhipidocladum racemiflorum*.

Existen descripciones de estos bosques basadas en su distribución regional y en las características del drenaje y duración de las inundaciones. Siguiendo estos parámetros, se categorizaron en bosques amazónicos de bajura (que incluye cuatro tipos) y bosques amazónicos de tierra firme según lo proponen Ibisch et al. (2003), y que se encuentran detallados en Navarro Sánchez (2011).

En los *Bosques Amazónicos de Bajura* de inundación de aguas blancas, también llamados "Várzea", ricos en material inorgánico suspendido de limos (p.ej. los de los ríos Beni, Mamoré y Madidi), crecen frecuentemente *Ceiba pentandra*, *Hura crepitans* y *Calycophyllum spruceanum*.

En los *Bosques Amazónicos de Bajura* de inundación de aguas negras o claras, también llamados "Igapó" (p.ej. los de los ríos Iténez, Negro-Pacahuaras y el Arroyo Bay), generalmente sin sedimentos inorgánicos en suspensión sino con presencia de sustancias húmicas ácidas que generan una menor fertilidad en los suelos, crecen frecuentemente *Macrolobium acaciifolium*, *Cariniana domestica* y *Eschweilera albiflora*.

Estas dos subunidades corresponden a bosques fuertemente marcados por épocas de inundaciones periódicas y su centro de diversidad se encuentra en la Amazonia central (Prance 1989a).

Además se incluyen los *Bosques Amazónicos de Bajura* de inundación aluvial, ubicados sobre todo en la parte alta de las cuencas de los ríos, con inundaciones frecuentes en periodos irregulares y breves, donde se presenta una sucesión de especies herbáceas hasta arbóreas de *Echinochloa polystachya*, *Tessaria integrifolia*, *Gynerium sagittatum*, *Cecropia membranacea*, hasta llegar a la formación del bosque tipo aluvial de *Ficus insipida*, *Hura crepitans* y varias especies de *Inga* (Maldonado & Beck 2004).

Como cuarto tipo se considera a los *Bosques Amazónicos de Bajura* de galería, con un ritmo de inundación menos regular y drástico, y localizados entre las sabanas y los bosques más secos de cerrado con presencia de *Calophyllum brasiliense* y *Licania longipetala*.

Los *Bosques Amazónicos de Tierra Firme* comprenden los ecosistemas boscosos sobre suelos bien drenados que no se inundan por las crecientes de los ríos o las lluvias. Ibisch et al. (2003) diferencian cuatro tipos:

Los *Bosques Amazónicos de la Faja Subandina* que suben hasta los 1.000 m en los Andes (algunas especies llegan hasta casi 2.000 m), se ubican en las zonas del pie de monte (también denominados "pisos colinares" o "basimontanos") al norte del codo de los Andes y que se extienden sobre las últimas estribaciones de los mismos hacia la llanura. Arboles característicos son *Cabralea canjerana*, *Cariniana estrellensis*, *Eschweilera andina*, *Poulsensia armata* y *Tetragastris altissima*.

Los *Bosques Amazónicos Preandinos* representan una zona netamente amazónica sobre colinas suaves, terrazas altas aluviales y pequeñas mesetas y planicies. Sin embargo, debe considerarse la influencia ecológica de los Andes que disminuye con la distancia hacia las serranías subandinas (p.ej. por aumento de la precipitación). El límite de los bosques preandinos es arbitrario, siendo definido en Ibisch et al. (2003) por una distancia de 100 km a partir de las últimas estribaciones andinas. Arboles típicos de estos bosques son *Eschweilera coriacea*, *Pourouma guianensis* y *Pouteria bilocularis*.

Los *Bosques Amazónicos de Pando* dominan en el norte del país, en los departamentos de Pando, Beni (provincias Vaca Díez, Mamoré, Iténez) y La Paz (provincia Iturralde). La llanura amazónica es aquí levemente ondulada en el occidente, mientras que hacia el oriente se presenta plana con afloramientos del escudo precámbrico. Esta formación vegetal corresponde a la zona más baja con más precipitaciones de la Amazonia boliviana. Los árboles característicos son *Bertholletia excelsa*, *Hevea brasiliensis*, y algunas especies netamente amazónicas como *Couratari macrosperma*, *Couroupita guianensis*, *Manilkara inundata* y *Martiodendron elatum*.

Los *Bosques Amazónicos de Beni y Santa Cruz* se ubican en los departamentos de Beni (provincias Iténez, Mamore) y Santa Cruz (provincias Ñuflo de Chávez, Velasco, Santiesteban, Sara, Ichilo) localizados sobre las planicies y la penillanura precámbrica. Estos bosques siempre verdes representan la transición hacia los bosques semideciduos estacionales del Bosque Seco Chiquitano. Arboles típicos son *Aniba cylindriflora*, *Apuleia leiocarpa* y *Pseudolmedia laevigata*.

Bosque Seco Chaqueño

Se extiende hasta el norte desde aproximadamente la latitud de la ciudad de Santa Cruz (18°S, 63°W) hasta el área trinacional de Argentina, Bolivia y Paraguay, en Esmeralda (22°15'S, 62°40'W) por el sur, en el occidentesu franja se extiende hacia los Andes y se une con el Bosque Serrano Chaqueño y en el oriente se encuentra hacia la frontera con el Brasil (19°30'S, 58°30'W). Según Navarro Sánchez (2011) es interrumpido por el **Bosque Semideciduo Chiquitano** y por los "Bañados de Otuquis", estos últimos forman parte de la unidad fisiográfica de **Sabanas Benianas del Sur** en la clasificación utilizada en este *Catálogo*.

La temperatura promedio es de 25–26°C, con una máxima hasta de 48°C y una mínima de 1°C. La precipitación promedio anual es de 400–900 mm, con 6–10 meses áridos. Las altitudes varían entre 200–600 m y cubre un superficie de aproximadamente 68.000 km^2.

Estos bosques deciduos de la llanura aluvial al sur de Santa Cruz con algunas elevaciones más altas forman parte de la cuenca de La Plata, mientras que las llanuras de los ríos Grande y Parapetí drenan a la cuenca de la Amazonia. Familias típicas e importantes son: Anacardiaceae, Apocynaceae, Bromeliaceae, Cactaceae, Cannabaceae, Capparaceae, Fabaceae, Poaceae, Rhamnaceae y Ulmaceae.

Según Navarro Sánchez (2011) estos bosques se pueden diferenciar según el drenaje en:

Bosques Chaqueños sobre suelos bien drenados, caracterizados por la presencia de numerosas especies espinosas. El sotobosque es denso con numerosas Bromeliaceae y Cactaceae. Las especies características son: *Aspidosperma quebracho-blanco*, *Ceiba chodatii*, *Schinopsis lorentzii*, *Salta triflora* y *Ziziphus mistol*.

Sobre los suelos arenosos crece un bosque abierto y pajonales con *Mimosa castanoclada*, *Schinopsis cornuta*, *Senegalia emilioana*, *Senna chloroclada* y varias Poaceae y Cactaceae como *Gymnocalycium anisitsii* y *Stetsonia coryne*.

Sobre las terrazas fluviales de los ríos Parapetí, Pilcomayo y Río Grande se encuentran los bosques de *Prosopis alba* y *P. chilensis*.

Bosques Chaqueños sobre suelos mal drenados, en donde las aguas lluvia se quedan estancadas sobre los suelos arcillosos. Las especies características son: *Aspidosperma triternatum*, *Bulnesia sarmientoi*, *Tabebuia nodosa* y la pequeña palmera *Trithrinax schizophylla*.

En lugares más lluviosos e inundables existen palmares con *Copernicia alba* y áreas de bosque inundable de los Bañados del Chaco con *Albizia inundata* y *Geoffroea spinosa* (ver **Sabanas Benianas del Sur**).

En el pie de la montaña, hacia el borde del Gran Chaco, donde entran los ríos grandes hacia la llanura, se encuentran extensos depósitos eólicos de arena que forman los campos de dunas y arenales de Guanaco, Yanahigua y Parapetí (Jordan 1983, Navarro Sánchez 2011). Las dunas de arena inestables presentan una flora peculiar compuesta de varios géneros de gramíneas que incluyen especies como *Axonopus suffultus*, *Bothriochloa springfieldii*, *Chloris*, *Digitaria*, *Eragrostis*, *Pappophorum philippianum*, *Paspalum*, y hierbas y sufrútices como *Chamaecrista*, *Crotalaria incana*, *Gaya albiflora*, *Melochia* y *Rhynchosia*.

Bosque Semideciduo Chiquitano

Se encuentra entre el **Bosque Húmedo** y el **Bosque Seco Chaqueño** en las planicies, serranías y lajas aisladas (inselbergs) sobre el escudo precámbrico, aunque también sobre las llanuras aluviales del departamento de Santa Cruz. Llega aproximadamente en el norte hasta 14°40'S, 62°30'W y en el sur hasta 19°S, y al occidente a las cercanías de la ciudad de Santa Cruz (18°S, 63°W) y el oriente hacia la frontera con el Brasil por las partes norteñas del Pantanal en la provincia Sandoval a 18°20'S, 57°40'W. Su rango altitudinal oscila entre 300–1000 m. La temperatura promedio anual varía de 21–28°C, con una máxima >33°C y una mínima de 3°C como consecuencia de los vientos fríos del sur. La precipitación promedio anual es de 600–2300 mm, con 3–8 meses áridos. Cubre una superficie de 142.000 km^2.

El **Bosque Semideciduo Chiquitano** presenta bosques medianamente altos, semideciduos, con un alto porcentaje de lianas. La vegetación incluye especies siempre verdes hasta caducifolias. También existen bosques de bambú (*Guadua paniculata*) y palmares extensos con cusi (*Attalea speciosa*). En las serranías se encuentran bosques prácticamente siempre verdes y poco conocidos que albergan relictos muy interesantes de especies como *Podocarpus sellowii*. En este *Catálogo* se incluyen aquí los bosques bajos, abiertos, mayormente caducifolios ubicados sobre arenales de Abayo y que se encuentran en el sur hacia los **Bosques Chaqueños**, y diferenciados como Cerrado Chaqueño en Ibisch et al. (2003) e incluidos en la Chiquitania por Navarro Sánchez (2011).

Los Bosques de la Chiquitania forman un mosaico complejo con las zonas de vegetación correspondientes a los **Campos Cerrados** y a las Sabanas

Inundables del Pantanal, estas últimas incorporadas aquí en la zona de **Sabanas Benianas del Sur**.

El Parque Nacional Noel Kempff Mercado se encuentra en esta región y fue explorado intensamente durante varios años; los informes producto de dichos estudios contienen también descripciones sobre sabanas de tierras altas, bosques deciduos y semideciduos, bosques húmedos de tierras altas, bosques inundados y ribereños, humedales de sabanas, lajas graníticas, areniscas y listas extensas de la flora, todos ellos correspondientes a esta zona de vegetación (Killeen & Schulenberg 1998). Aparte de las descripciones de la vegetación de la Chiquitania presentes en Navarro Sánchez (2011), existen también descripciones de esta flora en Centurión & Kraljevic (1996), Guillen et al. (2002), Jardim et al. (2003) y Wood et al. (2011).

Las familias botánicas importantes son Anacardiaceae, Apocynaceae, Asteraceae, Bignoniaceae, Chrysobalanaceae, Convolvulaceae, Euphorbiaceae, Fabaceae, Malpighiaceae, Melastomataceae, Orchidaceae, Poaceae, Rubiaceae, Sapindaceae, y también las Malvaceae con el género endémico recién descrito *Woodianthus*.

Campos Cerrados

Estas formaciones de vegetación se presentan como islas irregulares y de tamaño variable al interior del **Bosque Semideciduo Chiquitano**, aunque también ocurren sobre serranías o cerros de Laja aislados en los **Bosques Húmedos** de la Amazonia, y como islas en el Pantanal de las **Sabanas Benianas del Sur**. Los Cerrados en el norte de los Llanos de Mojos fueron considerados como una formación independiente y descritos bajo el nombre de **Sabanas Benianas del Norte**. Aquí se incluyen dentro de **Campos Cerrados** las formaciones fisionómicas y florísticas similares cerca de la ciudad de Santa Cruz, que tienen en parte un origen antropogénico por las quemas frecuentes y el sobrepastoreo. Similitudes florísticas presentan las sabanas de montaña en los Andes, que aquí no se diferencian de la región de los **Andes**, y que están dentro de los **Valles Secos** y **Yungas**.

Los **Campos Cerrados** incluyen áreas comprendidas entre aproximadamente 100–1000 m de altitud, aunque pocos cerros en la Chiquitania sobrepasan los 1000 m. Sus condiciones climáticas se ven reflejadas en el aspecto de las zonas de vegetación circundante, que son evidentemente más áridas por la reducida cobertura vegetal y las quemas frecuentes. Cubren un área total de aproximadamente 20.000 km^2.

Descripciones y usos de la flora de los **Campos Cerrados** se encuentran en Killeen & Nee (1991), Birk (1995), Guillen et al. (2002), Navarro Sánchez (2011) y Wood et al. (2011).

En los campos abiertos dominan especies resistentes a las quemas como lo son miembros de Poaceae (*Andropogon*, *Axonopus*, *Ctenium*, *Elionurus*, *Panicum*, *Paspalum*, *Thrasya, Trachypogon*), y Cyperaceae (*Bulbostylis*, *Rhynchospora, Scleria*). Los arbustos y sufrútices normalmente exhiben un xilopodio. Entre las familias bien representadas están Myrtaceae (*Eugenia*, *Myrcia, Psidium*), Euphorbiaceae (*Croton*), Melastomataceae (*Miconia* y *Tibouchina*), Asteraceae (*Acilepidopsis echitifolia*, *Calea*, *Chromolaena, Ichthyothere, Lessingianthus*), Erythroxylaceae (*Erythroxylum*), Fabaceae (*Chamaecrista* y *Mimosa*), Apocynaceae (*Mandevilla*), Malpighiaceae y Rubiaceae. Los árboles frecuentemente tienen troncos retorcidos, corteza corchosa o dura, hojas coriáceas, caducas, todos ellos caracteres que permiten su adaptación al fuego durante la época seca.

Las especies arbóreas características y ampliamente distribuidas de los **Campos Cerrados** incluyen a *Byrsonimia crassifolia*, *Curatella americana*, *Dipteryx alata*, *Qualea multiflora* y *Tabebuia aurea*; más raras son *Dilodendron bipinnatum* y *Magonia pubescens*.

Un hábitat muy distinto es el campo húmedo. Alberga varios grupos de plantas generalmente raros en Bolivia, pero típicos del escudo precámbrico de Brasil hasta los tepuis en Venezuela. La familia Eriocaulaceae es especialmente característica, pero existe también diversidad de *Utricularia* (Lentibulariaceae), *Hyptis* (Lamiaceae), Xyridaceae y *Burmannia* (Burmanniaceae).

Vale mencionar aquí los "inselbergs", que forman cerros aislados, y se observan como pequeñas serranías y mesetas, que se acercan más a la vegetación de Cerrado y que también se ubican en esta región. Ibisch et al. (1995) describen aspectos florísticos y biogeográficos de estos afloramientos rocosos del escudo precámbrico del oriente de Bolivia. La vegetación de estas áreas, aparte de elementos del cerrado, comprende varias especies terrestres de Bromeliaceae y un grupo de plantas poco conocidas en Bolivia, las Velloziaceae. Albergan igualmente varias especies endémicas, restringidas frecuentemente a uno o a muy pocos de estos "inselbergs" y mesetas (*Borreria velascoensis*, *Chamaecrista chiquitana*, *Gomphrena cardenasii*, *Thrasya crucensis* y *Ancistrotropis subhastata*).

Campos Amazónicos

Comprenden las sabanas al oeste del río Beni y se ubican en diversas áreas más húmedas con dominancia de herbáceas en el Bosque Amazónico, visible sólo parcialmente en el mapa. Su extensión más al norte llega hasta el departamento de Pando, y en el sur hasta las cercanías de la cordillera en la provincia Iturralde del departamento de La Paz. Su expresión típica se encuentra más al norte, en el Brasil, en las sabanas de Humaitá (Janssen 1986).

La temperatura promedio anual es de 25–28°C, la precipitación oscila entre 1600–2600 mm anual, y comprende 2–3 meses áridos en el año. La franja altitudinal ocupada por los **Campos Amazónicos** se encuentra entre 180–500 m y ocupan un área que cubre aproximadamente 13.000 km^2.

Ibisch et al. (2003) denomina a esta formación como "Cerrado Paceño" y lo incluye junto con las sabanas de montaña de Apolo, Coroico, etc.

Son sabanas de llanura sin afloramientos rocosos, con suelos pobres en nutrientes, presencia de montículos (sartenejal) e islotes de bosques, pantanos de ciperáceas y de palmeras, y que se encuentran dominadas por gramíneas duras, ciperáceas y arbustos (Haase & Beck 1989, Haase 1989, 1990, Hanagarth 1993).

Familias botánicas importantes de esta formación son: Arecaceae, Bignoniaceae, Cyperaceae, Eriocaulaceae, Fabaceae, Lentibulariaceae, Melastomataceae, Ochnaceae, Poaceae, Vochysiaceae y Xyridaceae. Es endémico el género *Boelckea* (Plantaginaceae).

Sabanas Benianas del Norte

Forman parte de los Llanos de Mojos (ver Beck & Moraes 1997), terminología mejor aplicable para las **Sabanas Benianas del Sur** en donde se desarrollaron las Culturas Hidráulicas Prehispánicas (Hanagarth & Beck 1996, Larrea-Alcázar et al. 2010).

Se ubican en el departamento del Beni con varias ramificaciones hacia los **Bosques Húmedos**, llegando en el norte a aproximadamente 11°S, 66°W y en el sur hasta la línea geotectónica Bala–Rogagua de los ríos Yata y Tapajoz a 13°30'S, 67°W (Hanagarth 1993). Su extensión al occidente va cerca al río Beni a 12°30'S, 67°W, y en el oriente hacia las cercanías del río Guaporé (12°30'S, 64°30'W).

Las temperaturas promedio anuales son de 26–27°C, mientras que la precipitación promedio anual va de 1500–2000 mm. Incluye 1–4 meses áridos. La altitud varía entre 100–200 m, y cubre un área de aproximadamente 24.000 km^2.

En el mapa biogeográfico presentado por Navarro Sánchez & Ferreira (2009) se distingue un "Sector Beniano Norte" y en Ibisch et al. (2003) se denomina "Cerrado Beniano". Estas formaciones no presentan afloramientos rocosos, pero se localizan sobre el escudo precámbrico.

Estas sabanas planas y onduladas con diferencias de nivel hasta más de 20 m en el norte, soportan un bosque siempre verde en las proximidades de quebradas; sobre las planicies se observan termiteros y montículos hechos por lombrices, las planicies se anegan por las lluvias. Los suelos están fuertemente meteorizados, son pobres en nutrientes, y contienen bancos de laterita y nódulos de pisolitas.

Estas sabanas cuentan con elementos característicos de los Cerrados, como los pajonales altos de *Trachypogon spicatus* en las alturas, en las depresiones *Anthaenantia lanata* con diversas Cyperaceae, y también la presencia de árboles de corteza corchosa, resistentes a las quemas frecuentes en los islotes de árboles.

Los elementos florísticos típicos a veces restringidos a estas sabanas son *Caraipa savannarum*, *Elionurus planifolius* y algunas especies de *Kielmeyera* y *Byrsonima*.

Sabanas Benianas del Sur

En Ibisch et al. (2003) se denominaron "Sabanas Inundables de los Llanos de Moxos" (=Mojos), en referencia a las culturas y obras hidráulicas precolombinas que se desarrollaron en esta región del Beni (Denevan 1966, Saavedra Arteaga 2008). Por sus afinidades florísticas y faunísticas, ésta formación fue fusionada con las Sabanas Inundables del Pantanal (Hanagarth & Beck 1996).

Las **Sabanas Benianas del Sur** se ubican en el departamento del Beni desde la línea geotectónica

Bala–Rogagua de los ríos Yata y Tapajoz a 13°30'S, 67°W en el norte y en el sur hacia las llanuras a los dos lados de río Mamoré llegando hacia aproximadamente 16°30'S, 65°20'W. Su extensión al occidente va cerca al río Beni a 14°20'S, 67°W, en la cercanía de Reyes, y en el oriente se incluyen varias sabanas aisladas en áreas estrechas en la provincia Velasco, el Alto Río Paragua y el Pantanal Boliviano (provincia Sandoval) hasta el extremo suroriental al límite con Brasil y Paraguay en los Bañados de Otuquis a 22°20'S, 58°W (provincia G. Busch).

Las temperaturas promedio anuales son de 22–28°C, la precipitación promedio anual varía de 700–2.000 mm, y existen 1–6 meses áridos. La altitud oscila entre 100–200 m. Esta zona de vegetación se extiende a lo largo de una superficie de aproximadamente 116.000 km^2.

Estas planicies incluyen un mosaico de alturas, semialturas y bajíos con suelos aluviales recientes, relativamente fértiles, neutros hasta básicos; se inundan sobre todo por desborde de los ríos Beni, Mamoré y sus afluentes (Pouilly et al. 2004). En estas llanuras pastorean miles de cabezas de ganado vacuno, que se alimentan mayormente de la flora nativa (Beck & Sanjinés Asturizaga 2006).

Las familias botánicas más representativas de esta formación son: Alismataceae, Arecaceae, Bignoniaceae, Cyperaceae, Fabaceae, Malvaceae, Poaceae y Pontederiaceae.

Se diferencian dentro de las **Sabanas Benianas del Sur** cuerpos de agua (lagos y lagunas) con plantas acuáticas (*Eichhornia*, *Nymphaea*, *Pontederia*, *Victoria amazonica*), pantanos de yomomo y de curichi (*Cyperus giganteus*, *Rhynchospora corymbosa*, *Thalia geniculata*), sabanas de inundación con Poaceae (*Luziola*, *Hymenachne*, *Paspalum*) y Cyperaceae (*Cyperus*, *Eleocharis*, *Rhynchospora*, *Scleria*). Zonas de semialtura y altura son dominadas por Poaceae (*Andropogon*, *Panicum*, *Paspalum*, *Schizachyrium*) y matorrales (*Hyptis*, *Lessingianthus*, *Ludwigia*, *Melochia*, *Myrcia*, *Psidium*). También contiene diferentes tipos de islas de bosque, bosques abiertos de tajibales (*Handroanthus heptaphyllus*, *H. impetigenosus*, *Tabebuia aurea*), palmares (*Acrocomia aculeata*, *Attalea phalerata*, *Copernicia alba*) e islas de árboles y herbáceas espinosas de tusecales (*Bromelia serra*, *Cereus braunii*, *Machaerium hirtum*,), así como también bosques siempre verdes continuos de galería ubicados a lo largo de los ríos y de franjas boscosas con árboles amazónicos (*Calophyllum brasiliense*, *Garcinia*, *Licania*).

Historia de las Colectas y Colectores

Por S.G. Beck & R. Lara

La exploración botánica de Bolivia comenzó casi al mismo tiempo que la de sus países vecinos, aunque el número de exploradores, así como el tiempo dedicado a la exploración del territorio boliviano fue, y probablemente sigue siendo, menor que la exploración botánica en países como Colombia, Ecuador y Perú, situación que hace de Bolivia uno de los países menos explorados, al menos en términos botánicos, en Suramérica.

Gracias a Funk & Mori (1989) se cuenta con información bibliográfica que documenta a 97 colectores de plantas en Bolivia hasta el año 1985. Este trabajo, bastante completo, enumera los colectores en orden alfabético, con fecha de nacimiento, años de actividad en Bolivia, el lugar donde los especímenes botánicos se encuentran, y adicionalmente incluye referencias específicas a las publicaciones del colector y de otros botánicos que revisaron sus colecciones o que escribieron acerca de su vida. La información contenida en esta publicación se basó en referencias bibliográficas generales acerca de publicaciones taxonómicas (Stafleu & Cowan 1976–1988), así como también en publicaciones referentes a índices de herbarios y colectores (Lanjouw & Stafleu 1954, 1957, Vegter 1976, 1983, Holmgren et al. 1981).

El presente capítulo resume en forma cronológica las más significativas contribuciones realizadas hasta la fecha acerca de la colección botánica en Bolivia, basado principalmente en la información contenida en Funk & Mori (1989), con información adicional respecto a los colectores antiguos, y nueva información reciente sobre los herbarios actuales en Bolivia. Además del trabajo de Funk & Mori (1989), esta breve reseña se basa en información tomada de Index Herbariorum (Thiers 2014, http://sweetgum.nybg.org/ih/), la base de datos Tropicos® del Missouri Botanical Garden (http://tropicos.org/Home.aspx), el Index Collectorum Herbarii Senckenbergiani (Conert 1999), el Index Collectorum Principalium Herbarii Gottingensis (Wagenitz 1982), el indice de botánicos del Harvard University Herbaria & Libraries (kiki.huh.harvard.edu/databases/botanist_index.html) y el portal Global Plants (plants.jstor.org).

La exploración botánica en Bolivia antes de la época Republicana

La llegada de los colonizadores españoles y europeos al Alto Perú data de fines del siglo XVI. Además de la cristianización de los pueblos indígenas y de la explotación de plata, oro y otros minerales preciosos, los colonos también se dedicaron a conocer y documentar las especies de plantas útiles de Bolivia (en ese entonces conocido como Alto Perú) para su catalogación y potencial explotación. En ésta época no se preparaban muestras de herbario propiamente dichas, sino que se enviaban plantas vivas, cortezas, tallos, raíces, semillas y otras partes de la planta que se consideraban útiles a España. Como testimonio de esta incipiente exploración botánica se conservan varios informes, acompañados algunas veces de ilustraciones, realizados por cronistas tales como Cieza de León (1553 [1962]), Garcilaso de la Vega (1609 [1723]) y Bernabé Cobo (1653 [1892]). Información más detallada acerca de la exploración en Bolivia antes del período Republicano se puede obtener en Mesa et al. (2003 y ediciones recientes) y en Eder (1772, reeditado en 1985).

Las muestras de herbario más antiguas conocidas en Bolivia procedentes de tiempos anteriores a la independencia de la República (acontecida el 6 de Agosto de 1825), corresponden a los siguientes colectores:

Feuillée, Louis (1660–1732)

Francés. Sacerdote, botánico y matemático.

Estudió plantas en Perú (incluyendo Bolivia), Chile y Argentina, entre 1709–1711. No se conservan colecciones de herbario suyas, pero existen descripciones e ilustraciones de plantas alimenticias y medicinales, algunas de las cuales probablemente eran de origen boliviano como por ejemplo la quinua, *Chenopodium quinoa* (Weberbauer 1945, Lack & Fuentes 2013).

Jussieu, Joseph (1704–1779)

Francés. Perteneció a una familia de ilustres botánicos, siendo los más famosos sus hermanos y su sobrino. Colecciones depositadas en: P.

Permaneció en Sudamérica por 36 años, principalmente en el Perú y Ecuador. Viajó al territorio actual de Bolivia en 1747 (incluyendo el Lago Titicaca y los Yungas) para estudiar la Coca (*Erythroxylum coca*), de allí pasó a la región de Beni (Mojos) a Santa Cruz y posteriormente a Potosí en 1749, donde se estableció por un período de cinco años. La gran mayoría de sus colecciones se perdió, pero algunas muestras existentes son de suma importancia para Bolivia y el Perú. Por ejemplo, la descripción de la Cantuta (*Cantua buxifolia*), flor nacional del Perú y una de las dos flores nacionales de Bolivia, se basó en material tipo proveniente de las colecciones botánicas que Jussieu realizó en el Perú, así como también el material tipo de la Coca que proviene de muestras originalmente colectadas por él en Bolivia: "Jussieu s.n.; 29 Junio 1749; Bolivie: Prov. SicaSica, cultivé par les Yungas", y actualmente depositado en los herbarios P y C.

Haenke, Thaddaeus Peregrinus Xaverius "Tadeo" (1761–1816)

Austro-Húngaro (Bohemia, Čechy). Botánico, naturalista y explorador. Colecciones depositadas en: AAH, BR, F, G, GOET, M, MA, MO, NY, PR, PRC, SI, U y W.

Nació en Chřibská en la república Checa (para esa época parte del Imperio Austro-Húngaro) bajo condiciones familiares modestas. Falleció en Cochabamba en 1816. Su afición hacia la botánica fue impulsada por las enseñanzas de sus maestros Josef Gottfried Mikan en Praga y Nikolas Joseph von Jacquin en Viena. Gracias a sus conocimientos en botánica, sus buenas relaciones con científicos y con gente de la alta sociedad, fue invitado por el rey Carlos IV de España para participar en el viaje de exploración por el Pacífico (1789–1794) bajo el comando de Alejandro Malaspina (Destefani & Cutter 1966).

Haenke fue el precursor del estudio científico de la flora de Bolivia, para lo cual estableció un jardín botánico en la villa de Oropeza (actual Ciudad de Cochabamba) en 1794. Aunque Haenke realizó varios viajes de exploración botánica en el territorio boliviano, todavía existen grandes vacíos de información acerca de sus expediciones. Según la documentación existente en el Jardín Botánico de Madrid viajó y coleccionó en Alto Sylvo del Eslabón, Apolo, Cavinas, Culi, Exaltación, Guarayos, Ixiamas, Loreto, Mamacona, Moxos, Partiapo, Pelechuco, Punasa, Reyes, Río Tuiche [Tuichi], Río Yacuma, Quatacay, San Pedro, Santa Ana, San Ignacio, Sorata, Tetillas, Tipuani, Totora, Tumupasa, Tusnaya, Ypachimoco y Yungas (departamentos de La Paz y Beni); Chilón, Chiquitos, Concepción, Samaipata, San Carlos de Buena Vista, San Ignacio, San Javier, San Rafael, Santa Ana, Santa Cruz, Santiago, Río Grande (departamento de Santa Cruz); y en las localidades de Asunción Yuracarés, Atispaya, Ayopaya, Calacala, Cherlapala, Cotacajes, Paranganí, Putintiri, Quilaquila a Tunintilla y Santa Cruz de Helicona (departamentos de Chuquisaca, Cochabamba y Potosí) (véase también Kühnel 1963, Gicklhorn 1966, Ibáñez Montoya 1992).

En sus descripciones e ilustraciones Haenke registró por primera vez en la historia de la exploración botánica de América del Sur la famosa *Victoria regia* durante sus viajes por el río Yacuma en 1801 (Gicklhorn 1961, 1966), y posiblemente también la *Puya raimondii*, como indica una ilustración que incluyó plantas grandes en rosetas en un paisaje montañoso (Gicklhorn 1964).

No es claro aún el destino de numerosos especímenes colectados por Haenke. Se sabe sinembargo, que su nombre como colector fue re-asignado a algunos de ellos por Louis Née (Gicklhorn 1966), mientras que otros especímenes fueron utilizados por Ruiz & Pavón para la descripción de especies en su *Flora Peruviana, et Chilensis* (1798–1802), y por De Candolle en el *Prodromus Systematis Naturalis Regni Vegetabilis* (1824–1839). Adicionalmente se ha asignado un origen incorrecto a algunos ejemplares de Haenke, por ejemplo, en el herbario de Munich (M) se encuentra el ejemplar correspondiente a *Manihot linearifolia* con la etiqueta que cita: "*Legit Th. Haenke in Peruvia*". Esta especie crece en los Cerrados de Santa Cruz y de Brasil, y posiblemente fue coleccionada por Haenke en la región de los Chiquitos en Bolivia y no en Perú como lo afirma la etiqueta. El trabajo más importante basado en plantas descubiertas y colectadas por Haenke fue la obra publicada por los hermanos Presl (1825–1830, 1831–1835) en la que describieron numerosas nuevas especies con base en colecciones de Haenke supuestamente enviadas directamente por él a Praga.

Haenke no solamente se interesó por la botánica; también estudió insectos, peces, aves y expresó gran interés en la utilidad de recursos naturales tales como plantas medicinales, las propiedades del agua mineral, salitre, pólvora, minas de plata, producción de vidrio, e inclusive también escribió acerca de las ruinas de Tiahuanaco.

Los más de 15.000 especímenes atribuidos a Haenke (según estimaciones en PR) rara vez tienen datos. Mucha de la información contenida en los ejemplares fue adicionada por diferentes personas como lo dan a entender la presencia de datos generales referentes a localidades tales como "*Montes Peruviae, Pl. Peruanae e vallibus cordilleriis, Plantae Mexicanae, Pl. Regiae Montanae*", en los que no se citan ni número, ni fecha de colección (Gicklhorn 1966).

La Exploración Botánica en Bolivia desde 1825 hasta la primera mitad del siglo XX

A continuación se citan los colectores más importantes por sus contribuciones al conocimiento de la flora de Bolivia durante la época posterior a la independencia y hasta la muerte de Martin Cárdenas.

D'Orbigny, (Alcide) Charles Victor Dessalines (1802–1857)

Francés. Naturalista, explorador, paleontólogo y docente.

Colecciones depositadas en: B?, BM, BR, F, G, G-DC, GH, H, K, LE, MO, MPU, NY, P, SGE, US y W. Un espécimen (*Cheilanthes pruinata*) en LPB.

Los numerosos trabajos de su autoría y de otros, documentan sus viajes de exploración a Argentina, Bolivia, Brasil, Paraguay y Perú entre 1826–1833. Permaneció en Bolivia de 1830–1833, donde recibió el apoyo del presidente de Bolivia. En el bicentenario de su nacimiento, el gobierno francés y varios autores bolivianos le rindieron homenaje en una serie de eventos (Arze Aguirre 2002) y se inauguró el Museo de Ciencias Naturales Alcide d'Orbigny en Cochabamba. Sus contribuciones se enfocaron más a la zoología, geología, y paleontología; sin embargo, durante sus viajes desde las zonas altas de Potosí hasta las llanuras del Beni y Santa Cruz, coleccionó numerosos especímenes botánicos. D'Orbigny realizó una descripción e ilustración de la palma de Cusi. Martius (1842) posteriormente le dio el nombre de *Palmetum Orbignianum* en uno de sus manuscritos y finalmente Endlicher publica el género *Orbignya* para esta especie, hoy en día sinonimizado bajo *Attalea.*

Weddell, Hugh (Hugo) Algernon (1819–1877)

Inglés–Francés. Botánico y médico. Colecciones depositadas en: B?, BM, BR, E, F, G, G-DC, L, M, MO, NY y P. Un espécimen (*Alnus acuminata*) en LPB.

Uno de los más importantes exploradores y colectores de la flora de Bolivia del siglo XIX, que como médico y botánico fue parte de la expedición científica de F. de Castelnau a Sudamérica. En 1849 presentó una descripción de sus viajes por Suramérica (1845–1847) en la que incluyó lugares, fechas y un mapa (resumido por Cárdenas 1952). En dichas crónicas, Weddell documentó e incluyó descripciones de los pueblos, condiciones climáticas, paisajes, vegetación y especies de plantas más destacadas que encontró durante sus viajes. En Bolivia visitó el Chaco, la Chiquitania, los valles y las serranías de Tarija y Chuquisaca, las alturas alrededor de Potosí, los Yungas de Chulumani y Coroico, el altiplano de La Paz, el lago Titicaca y en su segundo viaje exploró con más avidez la zona de la explotación de la quinina (*Cinchona*) por debajo de Sorata, el área de Tipuani, Guanay, etc. Durante todos estos recorridos, Weddell colectó muestras de herbario, entre éstas varias especies minúsculas y poco conocidas, como *Chaetanthera perpusilla*, de las cercanías de La Paz, la cual todavía no ha sido nuevamente recolectada. Durante sus dos viajes (1845–1847 y 1851) logró coleccionar alrededor de 4.750 números desde Brasil hasta Paraguay, Perú y Bolivia. Su excelente obra, valorada hasta nuestros días, *Chloris Andina* (Weddell 1855a, Weddell 1857b) mejoró el modelo de las descripciones botánicas propuesto por Kunth aproximadamente 40 años antes. En su obra, Weddell describió muchas especies alto andinas y citó también especímenes de otros colectores desde Nueva Granada (Colombia) hasta la Patagonia, aunque con énfasis en la parte central de los Andes. Otros trabajos de Weddell demuestran su interés por el estudio y conocimiento de la quinina (*Cinchona*) (Weddell 1849), las urticáceas (Weddell 1856–1857), podostemáceas (Weddell 1873), el género *Calamagrostris* (Weddell 1875), etc.

Pearce, Richard William (1835?–1868)

Inglés. Colector profesional y jardinero.

Colecciones depositadas en: BM y K.

Conocido por sus colecciones de plantas ornamentales, muchas de ellas introducidas por él en la jardinería, particularmente varias especies del género *Begonia* como *Begonia baumannii*, *B. pearcei*, *B. veitchii*; así como otras especies ornamentales a saber *Hippeastrum pardinum* e *H. leopoldii.* Pearce también es conocido por haber colectado especies raras de los bosques montanos como por ejemplo *Brunellia sibundoya*, *Daphnopsis boliviana* y *Symplocos nana*. Colectó en Bolivia entre los años 1864–1866 con algunas interrupciones; sus colecciones incluyeron semillas y ejemplares vivos de plantas con flores y follaje vistosos provenientes de Chile, Bolivia, Perú y Ecuador para la empresa de horticultura Veitch de Inglaterra (Veitch 1906). Existe poca información sobre sus viajes, aunque se sabe que viajó por los Yungas (Coroico, Huayconi, Moro Sandillani, Unduavi) y los valles de La Paz, y de allí hacia el Lago Titicaca, Escoma, Pelechuco, Pata y Buturo, aunque también se conoce que estuvo en Tarija (Chiquiacá, Caraparí y el río Bermejo).

Mandon, Gilbert (1799–1866)

Francés. Botánico y administrador de minera. Colecciones depositadas en: G, GOET, LP, MO, NY, P y W. Dos especímenes en LPB.

Botánico aficionado, con conocimientos de latín gracias a su carrera sacerdotal. Llegó a Sorata (Departamento La Paz) por recomendación de Weddell (Cárdenas, 1953b) para administrar las minas de oro de dicha zona. Sus colecciones, que abarcan aproximadamente unos 1800 números (fide Cárdenas 1953b), incluyen especímenes recolectados en las faldas y cerros de los alrededores de Sorata, y en los valles y en los Yungas hacia Mapiri. Mandon ordenó sus colectas, con numerosos duplicados, por familias y especies después de su retorno a Francia, lo cual era común en esta época, pero no siempre lo hizo consistentemente, es decir hay varios ejemplos del mismo número aplicado a especies diferentes.

Isern Batlló y Carrera, Juan (1821–1866)

Español. Botánico. Colecciones depositadas en: MA y US. Unas 20 colecciones en LPB.

Hizo parte de la Comisión Científica del Pacífico (1862–1865) por encargo del rey de España. Junto con otros naturalistas viajó por Canarias, Cabo Verde, Brasil, Uruguay, Argentina, Chile, Bolivia, Perú y Ecuador. La labor botánica de esta expedición fue responsabilidad de Isern y dio como resultado la colección de 8.176 especímenes. Amargo y Batlló entraron por el sendero que pasa por el volcán de Tacora hacia Santiago de Machaca, Nasacara, Viacha, La Paz, y salieron vía Laja, Tiahuanaco, Guaqui y Desaguadero hacia Perú. Isern solamente estuvo unos dos meses en el Altiplano y los alrededores de La Paz, en los que sorprendentemente recolectó sólo 89 muestras (Cuatrecasas 1935a, Blanco et al. 2006).

Kuntze, Carl (Karl) Ernst (Eduard) Otto (1843–1907)

Alemán. Botánico y explorador, fabricante. Colecciones depositadas en NY y algunas en B.

A pesar de los pocos meses que pasó en Bolivia en el año de 1892, Kuntze contribuyó con varias colecciones y descripciones de nuevas especies. La mayoría de estos especímenes se encuentra en NY y las especies nuevas que propuso fueron publicadas por él mismo (Kuntze 1898a), además de incluír su itinerario de viaje (pero véase también Funk & Mori 1989). Kuntze entró a Bolivia vía el desierto de Atacama, hasta Oruro, y desde Cochabamba viajó a Chapare, el Parque Nacional de Amboró (en donde colectó *Begonia juntasensis*) y los valles secos de Santa Cruz (en donde colectó *Prosopis kuntzei*) (Nee 2008).

Rusby, Henry Hurd (1855–1940)

Estadounidense. Médico, botánico y docente. Colecciones depositadas en: GH, K, MICH, NY, PH, US y W. Unos pocos duplicados en BOLV y LPB.

Las colecciones de Rusby durante sus dos expediciones a Bolivia (1885–1887 y 1921–1922) y las subsecuentes expediciones de Cárdenas, White, y Bang son esenciales para el conocimiento de la flora del país. Su centro de acción era New York, donde la mayoría de sus colecciones se encuentran depositadas en The New York Botanical Garden (NY). Sus viajes a Bolivia y países vecinos se realizaron con el fin de explorar y buscar nuevos fármacos (plantas medicinales), especialmente para profundizar en el estudio y las colecciones de material de la coca y la quinina, así como también para aprender los métodos curativos empleados por los nativos.

Sus viajes se concentraron en la región de los Yungas de La Paz y la cuenca Amazónica (Cárdenas 1953a). Rusby describió cientos de especies nuevas, varias con propiedades medicinales potenciales, muchas de las cuales actualmente son consideradas sinónimos de otras especies. Sus diarios de viajes se encuentran en NY. En sus publicaciones, Rusby no indicó al herbario de NY como el sitio donde se guardaban los holotipos sino hasta su publicación de 1927. En consecuencia, los nombres publicados antes de esta fecha deben ser lectotipificados. Para el caso de los tipos colectados por Rusby, la mayoría de las veces existen dos tipos en NY: uno transferido desde el Columbia College a NY (y así indicado) alrededor de 1900, y otro con sello del Columbia College of Pharmacy posteriormente transferido a NY. En algunos casos también existe un tercer duplicado con origen de la Universidad de Princeton.

Bang, Miguel (1853–1936)

Danés. Jardinero y colector profesional. Colecciones depositadas en: A, B?, BM, C, CORD, F, E, G, GH, HH, ISC, K, L, LE, M, MICH, MIN, MO, NY, PH, S, UC, UPS, US, W y WRSL.

Miguel Bang fue entrenado en el Royal Botanic Gardens (K) como jardinero y enviado a Bolivia en 1883 para coleccionar orquídeas vivas y colectar muestras de herbario (1889–1894). Después de su asociación con Kew, trabajó en Cochabamba como jardinero y conoció a Rusby. Bang se dedicó a la colecta profesional de muestras de herbario incluyendo numerosos duplicados con el fin de venderlas a herbarios en los Estados Unidos y Europa. Lastimosamente miles de sus colecciones carecen de datos concernientes al lugar de colección, fecha exacta, datos sobre el hábito de la planta, y a veces inclusive el número de colecta; lugares citados como "*Bolivian plateau, 12.000 feet*", "*vic. Cochabamba 1891*" son típicos en sus colecciones. A pesar de estas deficiencias de información, Britton y Rusby procesaron sus muestras, describieron cientos de sus colecciones como especies nuevas, y las distribuyeron como *Plantae Bolivianae, a Miguel Bang lectae, ex Herbario Collegii Columbiae, a N.L. Britton et H.H. Rusby distributae*. En Rusby (1893) se encuentra un listado de 20 suscriptores de las colecciones de Bang, de acuerdo con esta lista los primeros en ser enumerados recibieron grupos de colecciones más completos. Los especímenes colectados por Miguel Bang provienen de los alrededores de Cochabamba y de La Paz, pero mayormente de los Yungas de La Paz y algunos del Beni. En 1921, Rusby escribió a Bang proponiéndole el cargo de administrador de la *Mulford Expedition* en Rurrenabaque, donde conocía a Cárdenas. Miguel Bang vivía en la finca de su hermano Åge Bang, en la región de Bala cerca de Rurrenabaque, donde murió 15 años después (Cárdenas 1953a).

Williams, Robert Statham (1859–1945)

Estadounidense. Botánico. Colecciones depositadas en: BM, F, FH, H, K, MICH, MO, NY, UC y US.

Varios datos biográficos, así como el itinerario de sus viajes se encuentran en Dorr (1991, 1994).

Fries, Robert Elias "Klas" (1876–1966)

Sueco. Botánico y profesor de botánica. Colecciones depositadas en: BR, CORD, G, K, S, UPS y US.

Hizo parte de la expedición sueca al Chaco y a los Andes de Argentina y Bolivia en 1902. Coleccionó en el sur de Bolivia y en el norte de Argentina, describió la vegetación y publicó una serie de artículos sobre los especímenes de la flora coleccionados.

Fiebrig, Karl August Gustav (1879–1951)

Alemán. Botánico, colector de plantas e insectos en Bolivia y Paraguay, profesor de botánica y zoología en Asunción. Colecciones depositadas en: B, M, F, GOET, K, P, S, US y Z.

Sus *Exsiccatae*, que incluyen numerosos duplicados, fueron distribuidos como *Plantae austrobolíviensis* 1903–1904. Los especímenes colectados por Fiebrig provienen todos del Departamento de Tarija, del Altiplano de Tajzara, Valle Central, Bosque Tucumano Boliviano y algunos del Chaco. Sus colecciones fueron enviadas a Berlín y de allí distribuidas a varios herbarios. Las colecciones botánicas de Karl Fiebrig han sido reconocidas como valiosas contribuciones al conocimiento de la vegetación y la biogeografía del sur de Bolivia (Fiebrig 1911).

Asplund, Erik (1888–1974)

Sueco. Botánico, curador de Suramérica en el herbario S (Suecia) y docente. Colecciones depositadas en: B, F, GH, NY, S, UPS, US y W. Algunas muestras en LPB.

Conocido por sus colecciones provenientes del Altiplano de Bolivia, desde Uyuni hasta las Islas del Lago Titicaca realizadas entre 1920–1921. Frecuentemente sus especímenes incluyen plantas minúsculas, muchos hasta hoy en día no determinados. Promotor de Cárdenas (Cárdenas 1953c), coleccionó más intensamente en el Ecuador.

Herzog, Theodor Carl (Karl) Julius (1880–1961)

Alemán. Botánico, briólogo, profesor de botánica en Friedrich Schiller Universität Jena (Alemania) y montañista. Colecciones depositadas en: B?, G, JE, K, L, LP, S, W y Z. Un espécimen en LPB.

En su primer viaje colectó 790 especímenes de plantas vasculares y 500 briófitos; en su segundo viaje coleccionó 1.664 especímenes de plantas vasculares, 2.700 musgos y 100 líquenes. Su célebre libro *Die Pflanzenwelt der bolivischen Anden und ihres östlichen Vorlandes* (Herzog 1923), no figura en Funk & Mori (1989); mientras que su obra más popular *Vom Urwald zu den Gletschern der Kordillere: Zwei Forschungsreisen in Bolivia* que relata sus viajes y aventuras (Herzog 1913 [1921]) sí fue citado por dichos autores. Estos dos libros contienen información valiosa sobre sus itinerarios y colectas en Bolivia. Adiciones y correcciones a su libro de 1923 se encuentran en Herzog (1959). Ocho de diez artículos describiendo sus colecciones y especies nuevas fueron citadas por Funk & Mori (1989), los otros dos artículos restantes fueron elaborados por Epling (1950) y Cabrera (1952). Cárdenas (1953c) informó de los viajes de Herzog e identificó sus fotos de cactáceas. Herzog coleccionó en Santa Cruz, Chaco, Chiquitania, Amboró, Andes de Tarija, Potosí, Chuquisaca, y algunas zonas de La Paz. Fue uno de los primeros que subió las cimas de Amboró (Nee 2004, 2008).

Buchtien, Otto (1859–1946)

Alemán. Botánico, colector, profesor de colegio y director del Museo Nacional de Historia Natural de La Paz. Colecciones depositadas en: B?, GZU, HBG, NY, US, W y WRSL. Aproximadamente 150 especímenes en LPB.

Emigró a Chile en 1893, en donde colectó plantas en el sur y centro del país. Posiblemente llegó a La Paz en 1906. Fue contratado por el Ministerio de Colonización y Agricultura durante la administración de Manuel Vicente Ballivián para organizar el Museo Nacional de Historia Natural. Cuando ya no trabajaba para el Museo llevó sus plantas a casa. Su obra *Contribuciones a la flora de Bolivia* consiste en una lista de 1.052 taxa basada en sus colecciones, aunque sin indicar los números de colecta, pero citando los lugares de procedencia (Buchtien 1910). La lista contiene también nombres de especies no publicadas. Según Cárdenas (1972) era posible consultar las colecciones más o menos entre 1908–1922. En 1922 Buchtien vendió sus 44.653 especímenes al herbario US para poder costear su vida en Bolivia. Su hijo depositó 5.790 especímenes en el herbario HBG de los cuales LPB recibió 150 duplicados. Sus colecciones provienen de los alrededores de La Paz, del Altiplano, de los Sud Yungas (Pichu, Sirupaya, la Florida, Chaco cerca de Yanacachi, Unduavi), así como también de áreas más abajo de Tipuani, de las ex haciendas San Carlos, San Antonio, Charopampa hacia el río Mapiri y sobre el río Mapiri. Parte de las colecciones de Buchtien fueron distribuidas como *Exsiccate Herbarium Americanum* por el botánico C. Baenitz, quien vendió y canjeó muestras de herbario, y más adelante posiblemente por la casa Guenther de Sorata.

Werdermann, Erich (1892–1959)

Alemán. Botánico, especialista en Cactaceae, director del Botanischer Garten und Botanisches Museum Berlin-Dahlem (Alemania). Colecciones depositadas en: B, MO, S y US. Cerca de 245 especímenes en LPB.

Como parte de sus viajes efectuados entre los años 1923–1927 a Chile, Perú y Bolivia, visitó a Cochabamba, Santa Cruz y el Beni en 1926. La mayoría de sus colecciones provienen del sur del Beni y de la provincia Velasco en Santa Cruz.

Troll, Carl (Karl) (1899–1975)

Alemán. Geógrafo, botánico, montañista, profesor de la Universität Bonn y director del Instituto Geográfico. Colecciones depositadas en: B y M.

Como documentación de su trabajo botánico, existen en LPB listas no publicadas (recibido de B) de sus colecciones del *Iter Andinum* de Bolivia (1926–1927) y un mapa de sus viajes (copia recibida de H. Sleumer). El libro de sus diarios de viaje con fechas y lugares de visita, descripciones del paisaje y geología, mapas, croquis de sus viajes y observaciones, números de colecciones, dibujos, perfiles de vegetación y cartas (Troll 1985) fue publicado 10 años después de su muerte gracias a los esfuerzos de Felix e Ingeborg Monheim. El primer grupo de sus 3.401 colecciones se quemó durante el bombardeo de Berlín el 1 y 2 de marzo de 1943. Aunque los duplicados se salvaron de ser quemados, faltan varios números, sobre todo ejemplares correspondientes a las numeraciones entre 800–900. Troll realizó colecciones en el Altiplano, alrededores de La Paz, Lago Titicaca, cordillera de Quimza Cruz, alrededores del Illimani y Sud Yungas, valle de Araca, cordillera y Yungas de Muñecas, Mapiri, a lo largo del río Desaguadero, lago Poopo, Oruro, Carangas, Sajama, Uyuni, Atocha, Cotagaita y Potosí.

Steinbach, José (1875–1930)

Alemán-Boliviano. Naturalista, colector de plantas, mamíferos, aves, anfibios, reptiles, mariposas e insectos. Colecciones depositadas en: A, AMES, B, BA, BAF, BM, C, DAO, E, F, G, GB, GH, GOET, K, LIL, MO, NY, PH, S, SI, ST, U, UC, UPS, US, W y Z. Algunas muestras en LPB.

Steinbach coleccionó plantas vasculares, incluyendo numerosos duplicados, en las regiones de Cochabamba y Santa Cruz (en los bosques húmedos de zonas bajas y montanos), en los Yungas de San Mateo, Incacorral, el Chapare, Incachaca, sabanas y cerrados alrededor de Buena Vista y en el valle central de Cochabamba desde 1904 hasta 1930. Sus colecciones botánicas llegan hasta casi 10.000 números, todas excelentemente bien preparadas y con magnífica información adicional. Cincuenta y seis especies han sido nombradas en honor de Steinbach.

Su nieto Roy Steinbach empezó a colectar en la década de 1960, aunque con frecuencia en áreas disturbadas, y logró coleccionar alrededor de 1.000 números.

Cárdenas, Martin (1899–1973)

Boliviano. Colector y explorador, profesor en la Universidad Mayor de San Simón (Cochabamba). Colecciones depositadas en: BOLV, COCH, F, GH, K, LIL, NY y US.

Cárdenas (1953c) afirmó que su encuentro con Asplund en 1921 estimuló su interés y vocación para dedicarse a la botánica. Sus colecciones provienen de todo Bolivia, salvo el departamento de Pando. En sus primeros años como botánico, se concentró en la colecta y estudio de las papas silvestres, y posteriormente centró sus esfuerzos en las Amaryllidaceae y Cactaceae, aunque colectaba toda clase de material botánico de interés ornamental y económico. En la colecta y preparación de muestras de herbario durante su época como profesor en Cochabamba fueron sus colaboradores los ex-alumnos y asistentes Ana María Krüger, Elías Meneses y Raúl Lara. Bibliografía reciente sobre Martin Cárdenas se encuentra en Gioda (1998), Gioda & Arrázola (1999) y Rodríguez (2005). Martin Cárdenas coleccionó aproximadamente 6.500 números y describió más de 350 especies nuevas, especialmente de la familia Cactaceae.

Antes de su deceso acaecido en el año 1973, y por disposición testamentaria, Cárdenas donó su herbario personal compuesto por más de 6.000 ejemplares a la Fundación Miguel Lillo de Tucumán, Argentina. Cárdenas pensaba que los ejemplares serían fuente de estudio importante para muchos especialistas, taxónomos e investigadores que tuvieran acceso a un nutrido intercambio de muestras de todo el mundo. Esta donación, la hizo con el objeto de conservar el valor científico de su herbario.

Hno. Adolfo María Jiménez f.s.c. (1893–1983?)

Boliviano? Profesor de colegio y explorador. Colecciones depositadas en el Herbario La Salle de Cochabamba y en US.

Llegó a Cochabamba en 1954. Colectó plantas en múltiples excursiones desde 1954 a 1974. Creó el herbario La Salle en formato de medio oficio, ubicado en el museo del mismo nombre. Fue su amigo y colaborador el R. P. Juan Cañigueral Cid, quien contribuyó también con sus colecciones botánicas. El Hno. Adolfo publicó dos fascículos en 1962 y 1966 que incluían los nombres de plantas colectadas en el valle de Cochabamba (véase Funk & Mori 1989). Adicionalmente publicó las *Juncáceas de la Flora de Cochabamba* (Adolfo María 1969), *Gramíneas Bolivianas* (Adolfo María 1976) y la *Flora de Cochabamba* (Adolfo María 1984).

Época moderna

Las instituciones

En la actualidad, los herbarios bolivianos juegan un papel primordial en el conocimiento de la flora y vegetación de Bolivia. El estudio de la flora boliviana se impulsó de forma significativa con las creaciones del Herbario Nacional Forestal Martin Cárdenas (BOLV) de la Universidad Mayor de San Simón (UMSS) de Cochabamba (fundado en 1975), el Herbario Nacional de Bolivia (LPB) de La Paz (fundado en 1984) y el Herbario del Oriente Boliviano (USZ) del Museo de Historia Natural Noel Kempff Mercado de la Universidad Autónoma Gabriel René Moreno (UAGRM) de Santa Cruz (fundado en 1988).

El Herbario Nacional de Bolivia (que incluye las colecciones botánicas del Instituto de Ecología de la Universidad Mayor de San Andrés y del Museo Nacional de Historia Natural de La Paz) impulsó la creación del Herbario del Sur de Bolivia (HSB fundado 1998) de la Universidades de Sucre. LPB también ayudaba en el establecimiento de los herbarios de Oruro, Tarija, Cobija, Potosí, Riberalta y Trinidad, los cuales no han sido aún incluidos en Index Herbariorum, ya que no alcanzan el mínimo de 5.000 especímenes. El Herbario del Sur de Bolivia (HSB) ha crecido significativamente y actualmente contiene alrededor de 35.000 muestras (Serrano et al. 2011).

El Missouri Botanical Garden (MO) a contribuido de manera significativa al desarollo de la botánica en Bolivia. Desde 1979 ha apoyado los estudios florísticos del Herbario Nacional de La Paz; después se vinculó también con el Museo Noel Kempff Mercado y los herbarios en Sucre y Cochabamba, no solamente para apoyar inventarios florísticos, sino aún más importante, para la promoción y formación de botánicos bolivianos con cursos de corto a largo plazo. Vale destacar el Proyecto Madidi, que ha educado más de 40 estudiantes durante sus 13 años de actividades.

También importante es el papel que juegan otros herbarios del exterior en el aporte al conocimiento florístico de Bolivia, mediante el desarrollo conjunto de proyectos o inventarios florísticos. Entre estas instituciones se deberían nombrar The New York Botanical Garden (NY), el Royal Botanic Gardens Kew (K), el Instituto Botánico del Noreste de Corrientes (CTES), el Instituto Darwinion de Buenos Aires (SI), la Universidad de Göttingen (GOET) y en los últimos años el Botanischer Garten und Botanisches Museum Berlin (B).

Tabla 1. Colectores principales de la flora boliviana

Colector	Número estimado de colectas	Número de colectas en Tropicos®	Activo
S.G. Beck	30.000	7.420	si
M. Nee	20.000	18.577	si
J. Wood	20.000	1.745	si
A. Fuentes	18.000	17.333	si
J. Solomon	13.269	13.269	no
F. Zenteno	12.500	102	si
M. Kessler	12.000	3.345	no
M.A. Lewis	10.103	10.103	no
R. Seidel	10.000	2.228	si
I. Vargas	9.230	7.194	si
M. Serrano	8.100	2.312	si
L. Arroyo	7.000	5.505	si
E. García	6.000	150	si
M. Saldias	6.500	2.500	no
T. Killeen	7.000	6.514	no
I. Jiménez	6.000	1.709	si
A. Araujo-Murakami	6.000	4.764	si
N. Paniagua	6.000	1.596	si
R. Guillén	6.000	3.954	si
T. Feuerer	6.000	21	no
R. Vásquez	5.400	919	si
B. Mostacedo	5.400	3.986	si
R. Meneses	5.000	35	si
L. Cayola	5.000	4.971	si

Las Colectas

En la actualidad, existen más de 500.000 especímenes en los herbarios bolivianos, de los cuales el Herbario Nacional de Bolivia (LPB) cuenta con más de 300.000, representando el esfuerzo de aproximadamente 1.300 colectores. El Herbario del Oriente Boliviano (USZ) contiene más de 150.000 especímenes (477 colectores), el Herbario Nacional Forestal Martin Cárdenas (BOLV) más de 60.000 especímenes (445 colectores) y el Herbario del Sur de Bolivia (HSB) 35.000 especímenes (185 colectores). Este último herbario cuenta con datos detallados que incluyen números de especies, colectores, taxa y su distribución en el departamento de Chuquisaca (Serrano et al. 2011).

Muchas de las colecciones mencionadas incluyen duplicados en los diferentes herbarios de Bolivia y en el exterior. El número total de colecciones para Bolivia podría ser de 350.000 especímenes, y en el exterior existen tal vez 150.000 colecciones antiguas en su mayoría realizadas antes del establecimiento de las instituciones y reglamentos que requiere que todas las colectas hechas en territorio Boliviano sean depositadas en una o más instituciones nacionales.

Actualmente los herbarios de Bolivia cuentan con bases de datos sistematizadas. Dichas bases de datos se establecieron o fueron actualizadas en los últimos años, aunque aún continúa el proceso de incorporación de datos correspondientes a las colecciones que salvaguardan, y no son públicamente accesibles.

La base de datos Tropicos® registra hasta el momento 285.000 colectas hechas por aproximadamente 1.970 colectores en Bolivia desde los tiempos de Haenke.

Colectores

En cuanto a los colectores que han depositado material en los herbarios de Bolivia, se cuenta con al menos 1.300 colectores (probablemente supera los 2.000) profesionales y no profesionales, estudiantes de las Universidades de Bolivia y numerosos botánicos en el exterior. En la tabla 1, se presentan solamente 24 colectores modernos con más de 5000 colectas de Bolivia. Estos colectores han coleccionado más del 50% de los especímenes presentes en los herbarios del país. Esta tabla no incluye varios otros colectores como por ejemplo, A. Gentry, A. Krapovickas y Schinini, G. Navarro, o D.N. Smith, quienes realizaron colecciones generales de la flora Boliviana, algunos de ellos superando los 5.000 números, además de varios otros especialistas de diferentes grupos de plantas que están o estuvieron interesados en una área particular de Bolivia o un grupo específico de plantas, entre ellos están C. Acebey, B. Boom, G. Bourdy, T. Croat, A. Ferrucci, T. Krömer, J. Luteyn, M. Moraes, J. Müller, H. Pestalozzi y D. Wasshausen. Como ha sido documentado para otras regiones, la gran mayoría de las especies nuevas son descubiertas por pocos colectores (Whitfield 2012).

Una revisión de los colectores presente en Tropicos® revela que solamente 22 colectores han coleccionado más del 50% de los especímenes para Bolivia.

Numerosos colectores, sobre todo estudiantes nacionales y extranjeros no figuran en la tabla 1. Sus colecciones son producto de proyectos de corto y limitado alcance, tesis (que por lo general no se publican en Bolivia) y consultorías. Las consultorías son elaboradas para entidades del estado, cooperativas para proyectos de evaluación de la biodiversidad de Áreas Protegidas, ONGs, o empresas privadas, y mayormente consisten en informes sobre el impacto ambiental generado por la construcción de carreteras, represas, minas, y la explotación de petróleo o gas, aunque también se incluyen estudios forestales, etnobotánicos y ecológicos.

Múltiples publicaciones recientes (p. ej. Beck 1998b, 2003, 2009, García & Beck 2008, Sarmiento-Tavel et al. 2009, Meneses et al. 2013), expresan la necesidad de más inventarios florísticos para mejorar el estado de conocimiento de la flora de Bolivia, así como el conocimiento del potencial económico de dicha flora. También mencionan la necesidad de: 1) mejoramiento de las políticas de desarrollo sostenible del país, 2) fomento de las instituciones de investigación, 3) identificación de políticas ambientales deficientes o contraproducentes y 4) financiamiento para la realización de una *Flora de Bolivia*.

Formato del Catálogo

Por C. Romero y P.M. Jørgensen

El *Catálogo de las Plantas Vasculares de Bolivia* sigue el formato taxonómico de Smith et al. (2006) para los Pteridófitos, Christenhusz et al. (2011) para las Gimnospermas y *Angiosperm Phylogeny Group III* (Reveal & Chase 2011) para las Angiospermas, éste último con la única excepción del orden Santalales que sigue el sistema propuesto por Nickrent et al. (2010).

Cada nombre aceptado está listado seguido de las abreviaciones de autores de nombres botánicos que se citan de acuerdo con Brummitt y Powell (1992), sistema que se utiliza para la citación de autores subsecuentes. Este índice y sistema también se usó como base para estandarizar los nombres de colectores, aunque para ellos nunca se abrevian los apellidos. Las siglas de los herbarios se citan de acuerdo al *Index Herbariorum* (sciweb.nybg.org/science2/IndexHerbariorum.asp) y en algunos casos herbarios de carácter privado han sido indicados por la abreviatura "herb." seguida por el apellido del dueño.

El nombre de la familia se presenta en mayúsculas pequeñas y negrita, con el(los) autor(es) del nombre y la respectiva referencia a su protólogo. Todas las citaciones de protólogos siguen a *Taxonomic Literature, ed. 2* (Stafleu & Cowan 1976, 1978, 1981, 1983, 1985, 1986, 1998, Stafleu & Menega 1992, 1993, 1995, 1997, 1988, 2000, Dorr & Nicolson 2008, 2009) o a *Botanico Periodicum Huntianum, ed. 2* (Bridson et al. 2004). A continuación se enumeran los autores y revisores del tratamiento de la familia; en varias familias la autoría está dividida por géneros y ocasionalmente hay, en adición, una nota refiriéndose a la familia. Para cada familia se proporciona el número de géneros, especies y especies endémicas aceptadas. Cada género se presenta con su(s) correspondiente(s) autor(es) en negrita y la referencia al protólogo. Se indica el número de especies y especies endémicas aceptadas, y ocasionalmente una nota refriéndose al género.

Las especies aceptadas se presentan con sus autores en negrita y referencia a su protólogo, se incluyen nombres que han sido confirmados para Bolivia por una cita bibliográfica y/o por una o más muestras de herbario, una de las cuales se cita. Los sinónimos se presentan en cursiva en un párrafo después del nombre aceptado, y se encuentran también enumerados en el *Índice de Sinónimos* al final de la obra, pero no se presentan, en una entrada aparte, sinónimos dentro del cuerpo del texto. Para cada especie se ha hecho un esfuerzo de incluir todos sus sinónimos basados en material tipo recolectado en Bolivia y otros nombre 'relevantes', aquí relevante significa nombres usados para material de Bolivia en los herbarios consultados o en países aledaños, y siempre se incluye el basiónimo o nombre reemplazado. Los trabajos de Foster (1958), Killeen et al. (1993) y Nee (2004, 2008, 2011) han sido la base para la elaboración de este *Catálogo* y así se incluyen todos los nombres listados en estas publicaciones. Estas y otras referencias bibliográficas relevantes para cada una de las especies aceptadas se encuentran citadas en el siguiente párrafo (a continuación de la lista de sinónimos), y las referencias completas se encuentran en la Bibliografía Citada al final de la obra. El siguiente párrafo indica la forma o formas de vida registradas para cada especie (hierba, trepadora, liana, subarbusto, arbusto, arbolito, árbol, hemiepífita, epífita, parásita y acuática), seguida por el origen (endémica, nativa, introducida, cultivada, y/o adventicia), las regiones (Altiplano, Andes, y/o Zonas Bajas), las zonas de vegetación (Bosque Húmedo, Bosque Semideciduo Chiquitano, Bosque Seco Chaqueño, Campos Cerrados, Sabanas Benianas del Norte, Sabanas Benianas del Sur, Campos Amazónicos, Yungas, Bosque Tucumano-Boliviano, Bosque Serrano Chaqueño, Páramo Yungueño, Valles Secos, Puna Húmeda, Puna Seca y/o Bosque de *Polylepis*), y elevación en intervalos de 500 m de altitud. La distribución por departamentos (abreviados como Beni = BE, Chuquisaca = CH, Cochabamba = CO, La Paz = LP, Oruro = OR, Pando = PA, Potosí = PO, Santa Cruz = SC, Tarija = TA) se presenta en el siguiente párrafo. Se consultaron principalmente los herbarios LPB, MO y NY, y para familias específicas varios otros como por ejemplo BOLV, GOET, HSB, K, M, MA, P, US, USZ. Se cita una muestra por especie, y solamente se citan dos en los casos en que el tipo del nombre aceptado haya sido colectado en Bolivia, en caso cual también se cita el ejemplar tipo. En casos donde múltiples muestras se encuentran en una misma institución, se repite el acrónimo. Para las especies que así lo requieran, se enumeran los nombres infraespecíficos siempre y cuando estos taxa o taxones se encuentren en Bolivia y hayan sido aceptados por el autor o autores.

Para algunas especies se incluyen notas breves con el fin de indicar, por ejemplo, dudas sobre la identidad del material que documenta dicha especie en Bolivia, u otras dudas taxonómicas o concernientes a su distribución geográfica. Finalmente se listan, sin ser exhaustiva, los nombres vernáculos dados a ciertas especies cuando estos son conocidos para Bolivia.

Adicionalmente a los nombres aceptados se incluyen nombres dudosos (nombres cuya aplicación es provisoria debido bien a la imposibilidad de una tipificación satisfactoria o a la imposibilidad para establecer a qué taxón debe adjudicarse el tipo designado), así como también se incluyen nombres reportados con base en material mal identificado. El criterio para la inclusión de estos nombres en el *Catálogo* se fundamenta principalmente en su citación en Foster (1958) y Killeen et al. (1993), aunque también se incluyen bajo este criterio otras referencias sobre taxonomía y vegetación de Bolivia cuando ha sido posible verificar la exclusión de dichos nombres. Estos nombres se presentan entre corchetes, pero no se incluyen en los conteos totales que indican el número de especies.

Resultados

Por P.M. Jørgensen, M. Nee y S.G. Beck

Este capítulo analiza y compara las variables: grupos taxonómicos, formas de vida, regiones, departamentos, zonas de vegetación y elevación, para la flora de Bolivia. El número total de nombres incluido en el Catálogo es de 47.974 y el número de especies aceptadas es 15.345. Este último número incluye 12.165 especies nativas, 2.343 endémicas (6 de ellas dudosas), 694 cultivadas, 267 adventicias y 221 naturalizadas. Hay 94 especies nativas que también son cultivadas, y 3 especies que a su vez son endémicas y cultivadas. Se incluyen también 22.376 sinónimos y 1.225 especies anteriormente reportadas para Bolivia cuyo registro se basó en material mal identificado; así mismo se reportan 197 especies dudosas y 112 especies esperadas. El porcentaje de endemismo es de 15,2%.

Los números que se proveen dentro del cuerpo del Catálogo para las familias y géneros incluyen todas las especies aceptadas (es decir, tanto esperadas como adventicias y naturalizadas) y por lo tanto difieren ligeramente de los números que se proveen en este capítulo donde excluimos especies cultivadas, adventicias y naturalizadas.

Grupos taxonómicos

El número de pteridófitas aceptadas en el Catálogo es de 1.145 o 7,5% del total de especies, el de las gimnospermas es 43 (0,3%) y el de las angiospermas es 14.157 (92,3%).

El número de órdenes registrados es de 74 y el número de familias 286, de las cuales 15 están representadas solamente por especies cultivadas. El número más alto de especies se presenta en las familias Orchidaceae, Asteraceae, Fabaceae, Poaceae, Malvaceae, Rubiaceae, Cyperaceae, Solanaceae, Melastomataceae, Euphorbiaceae, Bromeliaceae, Apocynaceae, Cactaceae y Piperaceae (véase tabla 1). Estas 14 familias constituyen el 51% de las especies encontradas en Bolivia. Treinta y dos familias están representadas por una sola especie, dos de ellas, Koeberliniaceae y Tofieldiaceae, están representadas por una especie endémica. El número de especies endémicas es más alto en las familias Orchidaceae (412), Asteraceae (238), Bromeliaceae (146), Cactaceae (126) y Fabaceae (87). Endemismo, como porcentaje de las especies presentes, es particularmente alto en las familias monotípicas Koeberliniaceae (100%) y Tofieldiaceae (100%), así como también en Cactaceae (55%), Tropaeolaceae (50%), Thymelaeaceae (50%), Triuridaceae (50%), Amaryllidaceae (46%) y Begoniaceae (45%) (véase tabla 1); mientras un total de 148 familias no incluyen ninguna especie endémica.

El número de géneros registrados es de 2.782, de los cuales 267 están representados solamente por especies cultivadas. Los géneros *Solanum*, *Miconia*, *Epidendrum*, *Peperomia*, *Tillandsia* y *Elaphoglossum* se encuentran representados por más de 100 especies (véase tabla 2); 1.174 géneros incluyen una sola especie, 404 dos y 266 tres, mientras que 216 géneros tienen más de 15 especies (véase tabla 2 y fig. 1). Quince géneros contienen más del 10% de las especies, mientras que 239 géneros contienen más del 50% de las especies. Sesenta y cinco géneros están representados únicamente por especies endémicas, de los cuales doce son endémicos del país (ellos son *Boelckea*, *Cardenasiodendron*, *Gerritea*, *Incaea*, *Izozogia*, *Polyclita*, *Rusbya*, *Scelochiloides*, *Steinbachiella*, *Stephanbeckia*, *Sulcorebutia*, *Winterocereus* y *Woodianthus*).

La mayoría de familias y géneros están representados por unas pocas especies. Treinta y dos familias (11%) incluyen una sola especie, 29 (10%) dos especies y 159 familias (56%) tienen menos de 15 especies. En el caso de los géneros, 1.174 géneros (42%) están representados por una sola especie, 404 géneros (15 %) por dos especies y 2.540 géneros (91%) tienen menos de 15 especies (figura 1).

Hábitos

La mayoría de especies son hierbas (8.002 o 52%), seguido por arbustos (3.092 o 20%), árboles (2.642 o 17%), epífitas (1.768 o 12%), subarbustos (1.152 o 8%), arbolitos (988 o 6%), lianas (972 o 6%), trepadoras (967 o 6%), acuáticas (200 o 1%), hemiepífitas (150 o 1%), hemiparásitas (82 o 0,5%) y parásitas (25 o 0,2%). El promedio de hábitos asignados a una especie es de 1,3, con una variación estándar de 0,5. Esto quiere decir que muy pocas especies fueron asignadas a más de un hábito. Los hábitos más comúnmente compartidos por especies fueron hierba y epífita (con 1.383 especies compartiendo éstos hábitos y un índice de Sørensen de 0,28), seguido por árboles y arbustos (con 684 especies y un índice de Sørensen de 0,24), arbustos y subarbustos (con 358 especies y un índice

Tabla 1. Familias listadas en orden descendente según su número de especies, con el número de especies endémicas y porcentajes. Familias exclusivamente cultivadas se indican con un *.

Familia	No. de especies	%	No. de especies endémicas	% de especies endémicas
Pteridophytae				
Polypodiaceae	213	1,4	29	13,6
Dryopteridaceae	208	1,4	45	21,6
Pteridaceae	167	1,1	8	4,8
Thelypteridaceae	97	0,6	16	16,5
Hymenophyllaceae	74	0,5	2	2,7
Aspleniaceae	73	0,5	7	9,6
Blechnaceae	46	0,3	13	28,3
Lycopodiaceae	42	0,3	2	4,8
Selaginellaceae	36	0,2	4	11,1
Woodsiaceae	35	0,2	5	14,3
Dennstaedtiaceae	26	0,2	2	7,7
Gleicheniaceae	24	0,2	1	4,2
Anemiaceae	18	0,1	0	0,0
Tectariaceae	12	0,1	0	0,0
Lindsaeaceae	11	0,1	0	0,0
Davalliaceae	8	0,1	0	0,0
Ophioglossaceae	7	0,0	0	0,0
Isoetaceae	6	0,0	2	33,3
Marattiaceae	6	0,0	0	0,0
Lomariopsidaceae	5	0,0	0	0,0
Marsileaceae	4	0,0	0	0,0
Salviniaceae	4	0,0	0	0,0
Schizaeaceae	4	0,0	0	0,0
Equisetaceae	3	0,0	0	0,0
Oleandraceae	3	0,0	0	0,0
Saccolomataceae	3	0,0	0	0,0
Dicksoniaceae	2	0,0	0	0,0
Lygodiaceae	2	0,0	0	0,0
Osmundaceae	2	0,0	0	0,0
Culcitaceae	1	0,0	0	0,0
Loxsomataceae	1	0,0	0	0,0
Metaxyaceae	1	0,0	0	0,0
Psilotaceae	1	0,0	0	0,0
Gymnospermae				
Pinaceae*	12	0,1	0	0,0
Podocarpaceae	9	0,1	0	0,0
Cupressaceae*	8	0,1	0	0,0
Ephedraceae	4	0,0	0	0,0
Araucariaceae*	2	0,0	0	0,0
Cycadaceae*	2	0,0	0	0,0
Gnetaceae	2	0,0	0	0,0
Zamiaceae	2	0,0	0	0,0
Ginkgoaceae*	1	0,0	0	0,0
Taxaceae*	1	0,0	0	0,0
Angiospermae				
Orchidaceae	1263	8,2	412	32,6
Asteraceae	1256	8,2	238	18,9
Fabaceae	1114	7,3	87	7,8
Poaceae	962	6,3	79	8,2
Malvaceae	445	2,9	63	14,2
Rubiaceae	429	2,8	32	7,5
Cyperaceae	348	2,3	8	2,3
Solanaceae	341	2,2	60	17,6
Melastomataceae	325	2,1	53	16,3
Euphorbiaceae	322	2,1	38	11,8
Bromeliaceae	321	2,1	146	45,5
Apocynaceae	285	1,9	42	14,7
Cactaceae	229	1,5	126	55,0
Piperaceae	216	1,4	79	36,6
Lamiaceae	192	1,3	34	17,7
Acanthaceae	189	1,2	48	25,4
Convolvulaceae	175	1,1	10	5,7
Bignoniaceae	170	1,1	0	0,0
Araceae	151	1,0	17	11,3
Malpighiaceae	151	1,0	10	6,6
Sapindaceae	150	1,0	5	3,3
Myrtaceae	145	0,9	12	8,3
Amaranthaceae	140	0,9	14	10,0
Lauraceae	137	0,9	15	10,9
Verbenaceae	133	0,9	9	6,8
Rosaceae	126	0,8	21	16,7
Moraceae	111	0,7	2	1,8
Caryophyllaceae	105	0,7	9	8,6
Boraginaceae	102	0,7	7	6,9
Urticaceae	100	0,7	14	14,0
Brassicaceae	98	0,6	13	13,3
Annonaceae	96	0,6	5	5,2
Passifloraceae	95	0,6	18	18,9
Arecaceae	94	0,6	7	7,4
Gentianaceae	92	0,6	35	38,0
Plantaginaceae	83	0,5	7	8,4
Campanulaceae	74	0,5	32	43,2
Polygalaceae	74	0,5	18	24,3
Cucurbitaceae	70	0,5	3	4,3
Onagraceae	66	0,4	9	13,6
Gesneriaceae	65	0,4	16	24,6
Celastraceae	64	0,4	4	6,3
Oxalidaceae	63	0,4	14	22,2
Ericaceae	62	0,4	21	33,9
Amaryllidaceae	61	0,4	28	45,9

Polygonaceae	61	0,4	5	8,2
Apiaceae	60	0,4	7	11,7
Araliaceae	60	0,4	12	20,0
Primulaceae	60	0,4	4	6,7
Salicaceae	60	0,4	4	6,7
Marantaceae	59	0,4	4	6,8
Chrysobalanaceae	56	0,4	1	1,8
Iridaceae	55	0,4	15	27,3
Lythraceae	54	0,4	7	13,0
Rutaceae	54	0,4	3	5,6
Nyctaginaceae	53	0,3	12	22,6
Caprifoliaceae	51	0,3	1	2,0
Sapotaceae	51	0,3	0	0,0
Viscaceae	50	0,3	4	8,0
Begoniaceae	49	0,3	22	44,9
Commelinaceae	48	0,3	3	6,3
Dioscoreaceae	46	0,3	11	23,9
Orobanchaceae	45	0,3	6	13,3
Violaceae	45	0,3	4	8,9
Menispermaceae	42	0,3	0	0,0
Vochysiaceae	42	0,3	1	2,4
Cyatheaceae	41	0,3	2	4,9
Aristolochiaceae	40	0,3	11	27,5
Meliaceae	40	0,3	1	2,5
Anacardiaceae	39	0,3	2	5,1
Ochnaceae	38	0,2	5	13,2
Ranunculaceae	37	0,2	4	10,8
Alstroemeriaceae	35	0,2	3	8,6
Clusiaceae	35	0,2	3	8,6
Calceolariaceae	34	0,2	8	23,5
Lentibulariaceae	31	0,2	1	3,2
Loganiaceae	31	0,2	0	0,0
Eriocaulaceae	30	0,2	1	3,3
Phyllanthaceae	29	0,2	2	6,9
Combretaceae	28	0,2	0	0,0
Vitaceae	28	0,2	1	3,6
Burseraceae	26	0,2	1	3,8
Asparagaceae	25	0,2	3	12,0
Juncaceae	25	0,2	0	0,0
Myristicaceae	25	0,2	0	0,0
Xyridaceae	25	0,2	3	12,0
Scrophulariaceae	24	0,2	2	8,3
Elaeocarpaceae	23	0,1	1	4,3
Erythroxylaceae	23	0,1	3	13,0
Loranthaceae	23	0,1	6	26,1
Phytolaccaceae	23	0,1	1	4,3
Loasaceae	22	0,1	5	22,7
Rhamnaceae	22	0,1	0	0,0
Aquifoliaceae	21	0,1	2	9,5
Cunoniaceae	21	0,1	4	19,0
Dilleniaceae	21	0,1	0	0,0
Hypericaceae	21	0,1	2	9,5
Alismataceae	20	0,1	0	0,0
Crassulaceae	20	0,1	2	10,0
Oleaceae	20	0,1	2	10,0
Portulacaceae	20	0,1	4	20,0
Smilacaceae	20	0,1	0	0,0
Heliconiaceae	19	0,1	1	5,3
Lecythidaceae	19	0,1	0	0,0
Geraniaceae	18	0,1	3	16,7
Marcgraviaceae	18	0,1	0	0,0
Cleomaceae	17	0,1	1	5,9
Capparaceae	16	0,1	0	0,0
Symplocaceae	16	0,1	2	12,5
Berberidaceae	15	0,1	5	33,3
Ebenaceae	15	0,1	2	13,3
Pentaphylacaceae	15	0,1	5	33,3
Tropaeolaceae	14	0,1	7	50,0
Zygophyllaceae	14	0,1	3	21,4
Costaceae	13	0,1	0	0,0
Pontederiaceae	13	0,1	0	0,0
Proteaceae	13	0,1	5	38,5
Siparunaceae	13	0,1	0	0,0
Burmanniaceae	12	0,1	0	0,0
Calophyllaceae	12	0,1	0	0,0
Zingiberaceae	12	0,1	0	0,0
Montiaceae	11	0,1	0	0,0
Adoxaceae	10	0,1	0	0,0
Cannabaceae	10	0,1	0	0,0
Connaraceae	10	0,1	0	0,0
Linaceae	10	0,1	0	0,0
Aizoaceae	9	0,1	0	0,0
Caricaceae	9	0,1	0	0,0
Gunneraceae	9	0,1	1	11,1
Hydrocharitaceae	9	0,1	0	0,0
Nymphaeaceae	9	0,1	0	0,0
Potamogetonaceae	9	0,1	0	0,0
Sabiaceae	9	0,1	3	33,3
Clethraceae	8	0,1	2	25,0
Cyclanthaceae	8	0,1	2	25,0
Erythropalaceae	8	0,1	0	0,0
Escalloniaceae	8	0,1	1	12,5
Papaveraceae	8	0,1	0	0,0
Polemoniaceae	8	0,1	1	12,5
Styracaceae	8	0,1	0	0,0
Actinidiaceae	7	0,0	3	42,9

Balanophoraceae	7	0,0	0	0,0	Musaceae*	3	0,0	0	0,0
Bixaceae	7	0,0	0	0,0	Plumbaginaceae	3	0,0	0	0,0
Caryocaraceae	7	0,0	0	0,0	Theaceae	3	0,0	0	0,0
Chloranthaceae	7	0,0	1	14,3	Vivianiaceae	3	0,0	0	0,0
Grossulariaceae	7	0,0	2	28,6	Balsaminaceae*	2	0,0	0	0,0
Hydrangeaceae	7	0,0	0	0,0	Betulaceae	2	0,0	0	0,0
Picramniaceae	7	0,0	0	0,0	Casuarinaceae*	2	0,0	0	0,0
Simaroubaceae	7	0,0	0	0,0	Ceratophyllaceae	2	0,0	0	0,0
Velloziaceae	7	0,0	2	28,6	Haemodoraceae	2	0,0	0	0,0
Basellaceae	6	0,0	1	16,7	Hydroleaceae	2	0,0	0	0,0
Cannaceae	6	0,0	0	0,0	Ixonanthaceae	2	0,0	0	0,0
Humiriaceae	6	0,0	0	0,0	Krameriaceae	2	0,0	0	0,0
Linderniaceae	6	0,0	0	0,0	Magnoliaceae	2	0,0	0	0,0
Monimiaceae	6	0,0	0	0,0	Martyniaceae	2	0,0	0	0,0
Podostemaceae	6	0,0	2	33,3	Molluginaceae	2	0,0	0	0,0
Talinaceae	6	0,0	0	0,0	Myricaceae	2	0,0	0	0,0
Ulmaceae	6	0,0	0	0,0	Phrymaceae	2	0,0	0	0,0
Brunelliaceae	5	0,0	2	40,0	Phyllonomaceae	2	0,0	0	0,0
Buxaceae	5	0,0	2	40,0	Pittosporaceae*	2	0,0	0	0,0
Cervantesiaceae	5	0,0	1	20,0	Rapateaceae	2	0,0	0	0,0
Columelliaceae	5	0,0	0	0,0	Rhizophoraceae	2	0,0	0	0,0
Dichapetalaceae	5	0,0	0	0,0	Ruppiaceae	2	0,0	0	0,0
Droseraceae	5	0,0	0	0,0	Santalaceae	2	0,0	0	0,0
Hernandiaceae	5	0,0	0	0,0	Strelitziaceae	2	0,0	0	0,0
Icacinaceae	5	0,0	0	0,0	Triuridaceae	2	0,0	1	50,0
Juncaginaceae	5	0,0	0	0,0	Typhaceae	2	0,0	0	0,0
Schoepfiaceae	5	0,0	1	20,0	Alzateaceae	1	0,0	0	0,0
Trigoniaceae	5	0,0	1	20,0	Anacampserotaceae	1	0,0	0	0,0
Apodanthaceae	4	0,0	1	25,0	Cornaceae	1	0,0	0	0,0
Cardiopteridaceae	4	0,0	0	0,0	Corsiaceae	1	0,0	0	0,0
Hypoxidaceae	4	0,0	0	0,0	Coulaceae	1	0,0	0	0,0
Hypseocharitaceae	4	0,0	1	25,0	Dipentodontaceae	1	0,0	0	0,0
Juglandaceae	4	0,0	0	0,0	Elaeagnaceae*	1	0,0	0	0,0
Lacistemataceae	4	0,0	0	0,0	Frankeniaceae	1	0,0	0	0,0
Olacaceae	4	0,0	0	0,0	Goupiaceae	1	0,0	0	0,0
Opiliaceae	4	0,0	0	0,0	Hydnoraceae	1	0,0	0	0,0
Saxifragaceae	4	0,0	0	0,0	Koeberliniaceae	1	0,0	1	100,0
Thymelaeaceae	4	0,0	2	50,0	Melianthaceae*	1	0,0	0	0,0
Xanthorrhoeaceae	4	0,0	0	0,0	Moringaceae*	1	0,0	0	0,0
Achariaceae	3	0,0	0	0,0	Muntingiaceae	1	0,0	0	0,0
Achatocarpaceae	3	0,0	0	0,0	Pedaliaceae*	1	0,0	0	0,0
Aptandraceae	3	0,0	0	0,0	Picrodendraceae	1	0,0	0	0,0
Cabombaceae	3	0,0	0	0,0	Plagiogyriaceae	1	0,0	0	0,0
Calyceraceae	3	0,0	0	0,0	Putranjivaceae	1	0,0	0	0,0
Elatinaceae	3	0,0	0	0,0	Quillajaceae*	1	0,0	0	0,0
Haloragaceae	3	0,0	0	0,0	Resedaceae	1	0,0	0	0,0
Mayacaceae	3	0,0	0	0,0	Sphenocleaceae	1	0,0	0	0,0
Menyanthaceae	3	0,0	1	33,3	Staphyleaceae	1	0,0	0	0,0

Stemonuraceae	1	0,0	0	0,0
Tofieldiaceae	1	0,0	1	100,0
Tovariaceae	1	0,0	0	0,0
Ximeniaceae	1	0,0	0	0,0
Total	15345	100	2337	—

de Sørensen de 0,17) y hierbas y subarbustos (con 383 especies y un índice de Sørensen de 0,08). Las demás comparaciones rindieron valores del índice de Sørensen entre 0 y 0,04.

La tabla 3, lista las diez familias (cuando hay tales) y géneros más ricos en especies para cada hábito. Las familias Asteraceae y Fabacae se encuentran entre las más ricas de especies para siete hábitos diferentes, seguidas por Solanaceae y Rubiaceae para 5 hábitos; Apocynaceae, Euphorbiaceae y Malvaceae para 4 hábitos; Araceae, Convolvulaceae, Dryopteridaceae, Melastomataceae, Myrtaceae y Piperaceae para 3 hábitos; Bromeliaceae, Cactaceae, Lauraceae, Moraceae, Orchidaceae, Orobanchaceae, Passifloraceae y Poaceae para 2 hábitos, y 40 familias para un solo hábito. Similarmente, hay dos géneros *Solanum* y *Senna* entre los más ricos en especies para cuatro hábitos, seguidos por *Miconia*, *Piper* y *Senegalia* para 3 hábitos; *Castilleja*, *Elaphoglossum*, *Epidendrum*, *Ficus*, *Inga*, *Ipomoea*, *Machaerium*, *Mimosa*, *Palicourea*, *Paspalum*, *Passiflora*, *Peperomia*, *Psychotria*, *Senecio* y *Tillandsia* para dos hábitos y 73 géneros para un hábito (tabla 3).

Regiones

El número más alto de especies aceptadas se encontró en la región Andina con 9.253 especies (48%). Las Zonas Bajas contienen 8.453 especies (44%), mientras que el Altiplano solamente registra 1.565 (8%) especies. Debe mencionarse que para 173 especies no fue posible asignar una región. El promedio de regiones asignadas a una especie fue de 1,26 con una desviación estándar de 0,47.

Solamente 54 especies (0,4%) fueron registradas en las tres regiones, mientras que 4.030 (27%) se encuentran en dos regiones y 11.049 (73%) especies se encuentran únicamente en una región. Las regiones no comparten grandes números de especies, como se puede apreciar en la tabla 4, donde también se muestra el índice de similitud de Sørensen entre las regiones.

La tabla 5 lista las diez familias y géneros más ricos en especies por cada región. Las familias Asteraceae, Fabaceae, Malvaceae y Poaceae se encuentran entre las más ricas en especies para las tres regiones, mostrando alta plasticidad y capacidad de adaptación a una multitud de ambientes, seguidas por Cyperaceae, Orchidaceae, Rubiaceae y Solanaceae para dos regiones y Apocynaceae, Brassicaceae, Bromeliaceae, Cactaceae, Caryophyllaceae, Dryopteridaceae, Euphorbiaceae, Gentianaceae, Melastomataceae y Polypodiaceae para una región. Solamente el género *Solanum* se encuentra entre los más ricos en especies para las tres regiones

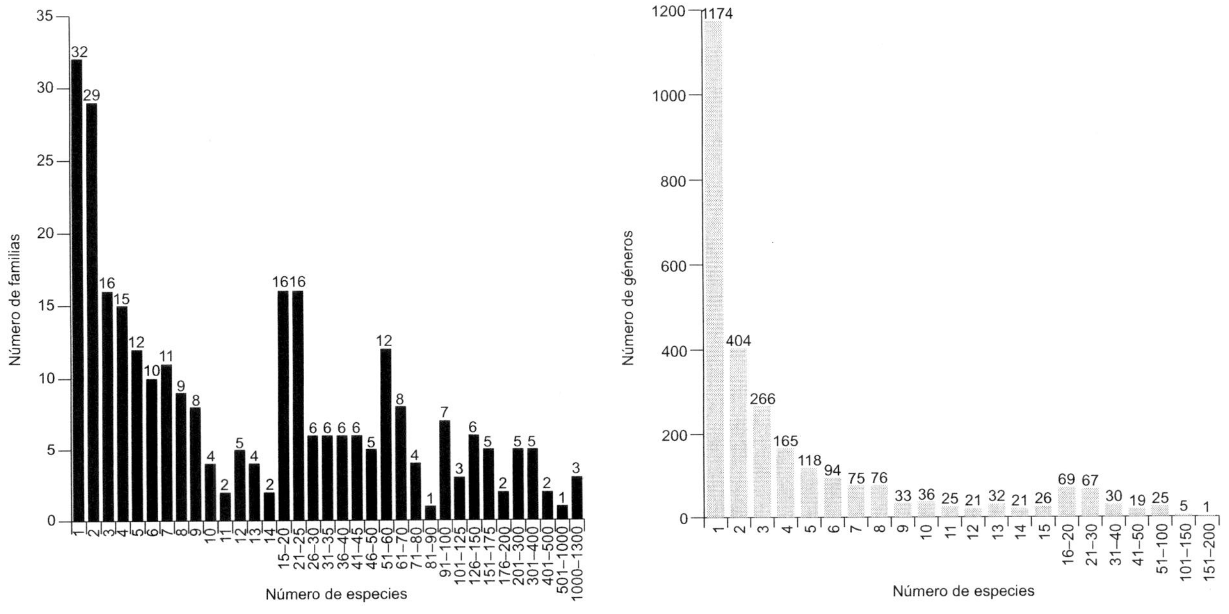

Figura 1. Número de familias (izquierda) y géneros (derecha) en comparación con su número de especies.

Tabla 2. Géneros enumerados en orden descendente según su número de especies, con el número de especies endémicas y porcentajes. Géneros exclusivamente cultivados se indican con un *.

Géneros	No. de especies	%	No. de especies endémicas	% de especies endémicas
Pteridophytae				
Elaphoglossum	127	0,8	32	25,2
Thelypteris	96	0,6	16	16,7
Asplenium	73	0,5	7	9,6
Adiantum	48	0,3	0	0,0
Blechnum	45	0,3	13	28,9
Hymenophyllum	38	0,2	2	5,3
Selaginella	36	0,2	4	11,1
Trichomanes	36	0,2	0	0,0
Diplazium	30	0,2	4	13,3
Phlegmariurus	30	0,2	2	6,7
Campyloneurum	25	0,2	1	4,0
Pteris	24	0,2	3	12,5
Ceradenia	23	0,1	10	43,5
Serpocaulon	22	0,1	2	9,1
Polystichum	21	0,1	7	33,3
Jamesonia	20	0,1	3	15,0
Sticherus	20	0,1	1	5,0
Pecluma	19	0,1	2	10,5
Anemia	18	0,1	0	0,0
Pleopeltis	18	0,1	3	16,7
Microgramma	17	0,1	0	0,0
Lellingeria	16	0,1	3	18,8
Melpomene	16	0,1	0	0,0
Megalastrum	15	0,1	6	40,0
Cheilanthes	13	0,1	1	7,7
Polybotrya	12	0,1	0	0,0
Doryopteris	11	0,1	0	0,0
Dennstaedtia	10	0,1	0	0,0
Hypolepis	10	0,1	2	20,0
Lindsaea	10	0,1	0	0,0
Alansmia	9	0,1	1	11,1
Tectaria	9	0,1	0	0,0
Moranopteris	8	0,1	1	12,5
Nephrolepis	8	0,1	0	0,0
Terpsichore	8	0,1	2	25,0
Ctenitis	7	0,0	0	0,0
Pityrogramma	7	0,0	0	0,0
Adiantopsis	6	0,0	0	0,0
Ascogrammitis	6	0,0	3	50,0
Isoetes	6	0,0	2	33,3
Niphidium	6	0,0	0	0,0
Radiovittaria	6	0,0	0	0,0
Danaea	5	0,0	0	0,0
Mickelia	5	0,0	0	0,0
Ophioglossum	5	0,0	0	0,0
Dryopteris	4	0,0	0	0,0
Grammitis	4	0,0	1	25,0
Lastreopsis	4	0,0	0	0,0
Lomariopsis	4	0,0	0	0,0
Palhinhaea	4	0,0	0	0,0
Polytaenium	4	0,0	0	0,0
Bolbitis	3	0,0	0	0,0
Cochlidium	3	0,0	0	0,0
Equisetum	3	0,0	0	0,0
Gymnogramma	3	0,0	1	33,3
Hemionitis	3	0,0	0	0,0
Marsilea	3	0,0	0	0,0
Myriopteris	3	0,0	0	0,0
Notholaena	3	0,0	0	0,0
Oleandra	3	0,0	0	0,0
Pellaea	3	0,0	0	0,0
Saccoloma	3	0,0	0	0,0
Schizaea	3	0,0	0	0,0
Stigmatopteris	3	0,0	0	0,0
Triplophyllum	3	0,0	0	0,0
Arachniodes	2	0,0	0	0,0
Athyrium	2	0,0	1	50,0
Austrolycopodium	2	0,0	0	0,0
Azolla	2	0,0	0	0,0
Botrychium	2	0,0	0	0,0
Cyclodium	2	0,0	0	0,0
Dicranoglossum	2	0,0	0	0,0
Dicranopteris	2	0,0	0	0,0
Enterosora	2	0,0	0	0,0
Lygodium	2	0,0	0	0,0
Phlebodium	2	0,0	0	0,0
Polypodium	2	0,0	0	0,0
Pseudolycopodiella	2	0,0	0	0,0
Pteridium	2	0,0	0	0,0
Salvinia	2	0,0	0	0,0
Vittaria	2	0,0	0	0,0
Zygophlebia	2	0,0	0	0,0
Acrostichum	1	0,0	0	0,0
Actinostachys	1	0,0	0	0,0
Ananthacorus	1	0,0	0	0,0
Anetium	1	0,0	0	0,0
Anogramma	1	0,0	0	0,0
Argyrochosma	1	0,0	0	0,0
Astrolepis	1	0,0	0	0,0

Blotiella	1	0,0	0	0,0
Cassebeera	1	0,0	0	0,0
Ceratopteris	1	0,0	0	0,0
Culcita	1	0,0	0	0,0
Cyclopeltis	1	0,0	0	0,0
Cystopteris	1	0,0	0	0,0
Dicksonia	1	0,0	0	0,0
Didymochlaena	1	0,0	0	0,0
Diphasiastrum	1	0,0	0	0,0
Diphasium	1	0,0	0	0,0
Diplopterygium	1	0,0	0	0,0
Eupodium	1	0,0	0	0,0
Gaga	1	0,0	0	0,0
Galactodenia	1	0,0	0	0,0
Gleichenella	1	0,0	0	0,0
Hecistopteris	1	0,0	0	0,0
Hemidictyum	1	0,0	0	0,0
Histiopteris	1	0,0	0	0,0
Lonchitis	1	0,0	0	0,0
Lophosoria	1	0,0	0	0,0
Loxsomopsis	1	0,0	0	0,0
Lycopodiella	1	0,0	0	0,0
Lycopodium	1	0,0	0	0,0
Macrothelypteris	1	0,0	0	0,0
Metaxya	1	0,0	0	0,0
Microlepia	1	0,0	0	0,0
Olfersia	1	0,0	0	0,0
Osmunda	1	0,0	0	0,0
Osmundastrum	1	0,0	0	0,0
Paesia	1	0,0	0	0,0
Pilularia	1	0,0	0	0,0
Platycerium	1	0,0	0	0,0
Psilotum	1	0,0	0	0,0
Rumohra	1	0,0	0	0,0
Salpichlaena	1	0,0	0	0,0
Stenogrammitis	1	0,0	0	0,0
Trachypteris	1	0,0	0	0,0
Woodsia	1	0,0	0	0,0
Gymnospermae				
*Pinus**	7	0,0	0	0,0
Podocarpus	6	0,0	0	0,0
Ephedra	4	0,0	0	0,0
*Cedrus**	3	0,0	0	0,0
*Cupressus**	3	0,0	0	0,0
*Araucaria**	2	0,0	0	0,0
*Cycas**	2	0,0	0	0,0
Gnetum	2	0,0	0	0,0
Prumnopitys	2	0,0	0	0,0
Zamia	2	0,0	0	0,0
*Abies**	1	0,0	0	0,0
*Chamaecyparis**	1	0,0	0	0,0
*Cryptomeria**	1	0,0	0	0,0
*Ginkgo**	1	0,0	0	0,0
*Juniperus**	1	0,0	0	0,0
*Picea**	1	0,0	0	0,0
*Platycladus**	1	0,0	0	0,0
Retrophyllum	1	0,0	0	0,0
*Sequoia**	1	0,0	0	0,0
*Taxus**	1	0,0	0	0,0
Angiospermae				
Solanum	192	1,3	44	22,9
Miconia	141	0,9	25	17,7
Epidendrum	128	0,8	23	18,0
Peperomia	123	0,8	51	41,5
Tillandsia	104	0,7	36	34,6
Senecio	99	0,6	15	15,2
Paspalum	95	0,6	6	6,3
Piper	93	0,6	28	30,1
Ipomoea	81	0,5	4	4,9
Croton	79	0,5	12	15,2
Inga	78	0,5	4	5,1
Cyperus	77	0,5	0	0,0
Passiflora	73	0,5	18	24,7
Justicia	72	0,5	23	31,9
Psychotria	72	0,5	6	8,3
Lepanthes	70	0,5	52	74,3
Rhynchospora	68	0,4	1	1,5
Puya	65	0,4	55	84,6
Baccharis	59	0,4	12	20,3
Maxillaria	58	0,4	12	20,7
Stevia	58	0,4	34	58,6
Oxalis	57	0,4	12	21,1
Serjania	57	0,4	2	3,5
Stelis	55	0,4	34	61,8
Mikania	54	0,4	19	35,2
Deyeuxia	53	0,3	7	13,2
Ficus	52	0,3	1	1,9
Lupinus	52	0,3	17	32,7
Mimosa	50	0,3	10	20,0
Begonia	49	0,3	22	44,9
Sida	49	0,3	8	16,3
Senna	48	0,3	2	4,2
Euphorbia	47	0,3	8	17,0
Dioscorea	46	0,3	11	23,9
Pavonia	46	0,3	6	13,0
Tibouchina	45	0,3	18	40,0

Gentianella	44	0,3	26	59,1	*Oncidium*	28	0,2	9	32,1
Eleocharis	43	0,3	1	2,3	*Rubus*	28	0,2	7	25,0
Poa	43	0,3	3	7,0	*Licania*	27	0,2	0	0,0
Siphocampylus	43	0,3	24	55,8	*Polygala*	27	0,2	1	3,7
Anthurium	42	0,3	9	21,4	*Aegiphila*	26	0,2	6	23,1
Eugenia	42	0,3	4	9,5	*Bauhinia*	26	0,2	2	7,7
Festuca	41	0,3	17	41,5	*Chamaecrista*	26	0,2	1	3,8
Panicum	41	0,3	0	0,0	*Cissus*	26	0,2	1	3,8
Pleurothallis	41	0,3	15	36,6	*Lippia*	26	0,2	3	11,5
Aristolochia	39	0,3	11	28,2	*Maytenus*	26	0,2	2	7,7
Habenaria	39	0,3	12	30,8	*Trichosalpinx*	26	0,2	7	26,9
Machaerium	38	0,2	3	7,9	*Utricularia*	26	0,2	0	0,0
Scleria	38	0,2	0	0,0	*Aeschynomene*	25	0,2	0	0,0
Nototriche	37	0,2	7	18,9	*Digitaria*	25	0,2	1	4,0
Valeriana	37	0,2	1	2,7	*Hieracium*	25	0,2	11	44,0
Ocotea	36	0,2	8	22,2	*Lessingianthus*	25	0,2	4	16,0
Carex	35	0,2	5	14,3	*Nassella*	25	0,2	5	20,0
Cyathea	35	0,2	2	5,7	*Alternanthera*	24	0,2	2	8,3
Eragrostis	35	0,2	2	5,7	*Axonopus*	24	0,2	2	8,3
Palicourea	35	0,2	1	2,9	*Hippeastrum*	24	0,2	16	66,7
Phoradendron	35	0,2	1	2,9	*Setaria*	24	0,2	1	4,2
Calceolaria	34	0,2	8	23,5	*Astragalus*	23	0,1	1	4,3
Chromolaena	34	0,2	7	20,6	*Cordia*	23	0,1	2	8,7
Desmodium	34	0,2	1	2,9	*Erythroxylum*	23	0,1	3	13,0
Myrcia	34	0,2	5	14,7	*Evolvulus*	23	0,1	1	4,3
Philodendron	34	0,2	0	0,0	*Fosterella*	23	0,1	17	73,9
Salvia	34	0,2	11	32,4	*Lachemilla*	23	0,1	5	21,7
Cuphea	33	0,2	5	15,2	*Lobivia*	23	0,1	17	73,9
Bomarea	32	0,2	2	6,3	*Mandevilla*	23	0,1	2	8,7
Masdevallia	32	0,2	25	78,1	*Monnina*	23	0,1	16	69,6
Nectandra	32	0,2	2	6,3	*Arachis*	22	0,1	12	54,5
Senegalia	32	0,2	3	9,4	*Byrsonima*	22	0,1	0	0,0
Gomphrena	31	0,2	8	25,8	*Catasetum*	22	0,1	8	36,4
Heteropterys	31	0,2	3	9,7	*Lantana*	22	0,1	1	4,5
Hyptis	31	0,2	4	12,9	*Verbesina*	22	0,1	10	45,5
Ludwigia	31	0,2	0	0,0	*Xyris*	22	0,1	3	13,6
Acalypha	30	0,2	6	20,0	*Casearia*	21	0,1	0	0,0
Borreria	30	0,2	4	13,3	*Cerastium*	21	0,1	1	4,8
Bulbostylis	30	0,2	1	3,3	*Clidemia*	21	0,1	0	0,0
Calathea	30	0,2	3	10,0	*Dendrophorbium*	21	0,1	5	23,8
Fridericia	30	0,2	0	0,0	*Ilex*	21	0,1	2	9,5
Paullinia	30	0,2	0	0,0	*Ouratea*	21	0,1	5	23,8
Pouteria	30	0,2	0	0,0	*Pilea*	21	0,1	4	19,0
Ruellia	30	0,2	6	20,0	*Pitcairnia*	21	0,1	13	61,9
Aristida	29	0,2	2	6,9	*Sloanea*	21	0,1	1	4,8
Lepidaploa	29	0,2	14	48,3	*Specklinia*	21	0,1	10	47,6
Philibertia	29	0,2	11	37,9	*Vochysia*	21	0,1	1	4,8
Annona	28	0,2	1	3,6	*Weinmannia*	21	0,1	4	19,0

Byttneria	20	0,1	0	0,0
Hibiscus	20	0,1	5	25,0
Portulaca	20	0,1	4	20,0
Prunus	20	0,1	1	5,0
Smilax	20	0,1	0	0,0
Strychnos	20	0,1	0	0,0
Cybianthus	19	0,1	1	5,3
Gnaphalium	19	0,1	0	0,0
Guzmania	19	0,1	1	5,3
Heliconia	19	0,1	1	5,3
Heliotropium	19	0,1	0	0,0
Hydrocotyle	19	0,1	4	21,1
Jacquemontia	19	0,1	1	5,3
Matelea	19	0,1	7	36,8
Oxypetalum	19	0,1	6	31,6
Pentacalia	19	0,1	5	26,3
Sulcorebutia	19	0,1	19	100,0
Trichilia	19	0,1	1	5,3
Wedelia	19	0,1	2	10,5
Wissadula	19	0,1	5	26,3
Arenaria	18	0,1	5	27,8
Aspidosperma	18	0,1	1	5,6
Coccoloba	18	0,1	3	16,7
Dioclea	18	0,1	0	0,0
Elleanthus	18	0,1	1	5,6
Gynoxys	18	0,1	7	38,9
Jatropha	18	0,1	2	11,1
Muhlenbergia	18	0,1	2	11,1
Ranunculus	18	0,1	2	11,1
Sisyrinchium	18	0,1	2	11,1
Sobralia	18	0,1	6	33,3
Tournefortia	18	0,1	2	11,1
Trichocereus	18	0,1	10	55,6
Varronia	18	0,1	3	16,7
Acronia	17	0,1	2	11,8
Bacopa	17	0,1	0	0,0
Bidens	17	0,1	1	5,9
Cleistocactus	17	0,1	14	82,4
Guatteria	17	0,1	1	5,9
Hirtella	17	0,1	1	5,9
Phyllanthus	17	0,1	1	5,9
Zanthoxylum	17	0,1	3	17,6
Andropogon	16	0,1	3	18,8
Cecropia	16	0,1	2	12,5
Centrosema	16	0,1	0	0,0
Clusia	16	0,1	2	12,5
Conyza	16	0,1	1	6,3
Dalechampia	16	0,1	1	6,3
Echinopsis	16	0,1	11	68,8
Endlicheria	16	0,1	0	0,0
Galactia	16	0,1	0	0,0
Glandularia	16	0,1	1	6,3
Lepidium	16	0,1	3	18,8
Melochia	16	0,1	0	0,0
Nicotiana	16	0,1	2	12,5
Oenothera	16	0,1	4	25,0
Oreopanax	16	0,1	3	18,8
Rhynchosia	16	0,1	0	0,0
Symplocos	16	0,1	2	12,5
Telipogon	16	0,1	10	62,5
Viola	16	0,1	4	25,0
Bactris	15	0,1	1	6,7
Berberis	15	0,1	5	33,3
Caiophora	15	0,1	4	26,7
Chusquea	15	0,1	3	20,0
Cleome	15	0,1	1	6,7
Combretum	15	0,1	0	0,0
Dendrophthora	15	0,1	3	20,0
Fuchsia	15	0,1	5	33,3
Gamochaeta	15	0,1	2	13,3
Hypochaeris	15	0,1	0	0,0
Juncus	15	0,1	0	0,0
Lycianthes	15	0,1	2	13,3
Munnozia	15	0,1	5	33,3
Neea	15	0,1	5	33,3
Parodia	15	0,1	13	86,7
Polylepis	15	0,1	5	33,3
Prosopis	15	0,1	0	0,0
Protium	15	0,1	1	6,7
Rudgea	15	0,1	1	6,7
Schefflera	15	0,1	3	20,0
Syngonanthus	15	0,1	0	0,0
Tachigali	15	0,1	0	0,0
Tagetes	15	0,1	2	13,3
Urochloa	15	0,1	0	0,0
Werneria	15	0,1	0	0,0
Acianthera	14	0,1	5	35,7
Agrostis	14	0,1	0	0,0
Alaticaulia	14	0,1	11	78,6
Amaranthus	14	0,1	0	0,0
Amphilophium	14	0,1	0	0,0
Atriplex	14	0,1	1	7,1
Besleria	14	0,1	5	35,7
Bignonia	14	0,1	0	0,0
Buddleja	14	0,1	2	14,3
Centropogon	14	0,1	7	50,0

Cestrum	14	0,1	2	14,3	*Faramea*	12	0,1	0	0,0
Crotalaria	14	0,1	1	7,1	*Galium*	12	0,1	1	8,3
Dichaea	14	0,1	4	28,6	*Gaya*	12	0,1	6	50,0
Diospyros	14	0,1	2	14,3	*Guadua*	12	0,1	1	8,3
Eryngium	14	0,1	6	42,9	*Halenia*	12	0,1	4	33,3
Panmorphia	14	0,1	1	7,1	*Leandra*	12	0,1	0	0,0
Plantago	14	0,1	1	7,1	*Lonchocarpus*	12	0,1	5	41,7
Scelochilus	14	0,1	14	100,0	*Myrsine*	12	0,1	0	0,0
Tropaeolum	14	0,1	7	50,0	*Stylosanthes*	12	0,1	0	0,0
Turnera	14	0,1	0	0,0	*Tarasa*	12	0,1	1	8,3
Vismia	14	0,1	2	14,3	*Tragia*	12	0,1	1	8,3
Achyrocline	13	0,1	0	0,0	*Urtica*	12	0,1	1	8,3
Agalinis	13	0,1	5	38,5	*Xylopia*	12	0,1	0	0,0
Allophylus	13	0,1	1	7,7	*Zygia*	12	0,1	3	25,0
Anemopaegma	13	0,1	0	0,0	*Aechmea*	11	0,1	1	9,1
Bartsia	13	0,1	1	7,7	*Alchornea*	11	0,1	0	0,0
Bromus	13	0,1	2	15,4	*Ayenia*	11	0,1	0	0,0
Capsicum	13	0,1	3	23,1	*Bougainvillea*	11	0,1	4	36,4
Commelina	13	0,1	2	15,4	*Calliandra*	11	0,1	1	9,1
Cyrtochilum	13	0,1	2	15,4	*Calyptranthes*	11	0,1	0	0,0
Cyrtopodium	13	0,1	0	0,0	*Cayaponia*	11	0,1	1	9,1
Geonoma	13	0,1	0	0,0	*Cereus*	11	0,1	5	45,5
Geranium	13	0,1	3	23,1	*Chloris*	11	0,1	0	0,0
Ichnanthus	13	0,1	0	0,0	*Cuscuta*	11	0,1	1	9,1
Malaxis	13	0,1	5	38,5	*Cyclopogon*	11	0,1	5	45,5
Manettia	13	0,1	3	23,1	*Doliocarpus*	11	0,1	0	0,0
Manihot	13	0,1	4	30,8	*Erythrina*	11	0,1	0	0,0
Mouriri	13	0,1	0	0,0	*Forsteronia*	11	0,1	1	9,1
Mutisia	13	0,1	2	15,4	*Indigofera*	11	0,1	0	0,0
Octomeria	13	0,1	3	23,1	*Macroptilium*	11	0,1	0	0,0
Ophryosporus	13	0,1	5	38,5	*Malvastrum*	11	0,1	4	36,4
Pennisetum	13	0,1	0	0,0	*Odontoglossum*	11	0,1	6	54,5
Persea	13	0,1	4	30,8	*Ormosia*	11	0,1	1	9,1
Polygonum	13	0,1	1	7,7	*Perezia*	11	0,1	0	0,0
Psidium	13	0,1	0	0,0	*Piptadenia*	11	0,1	1	9,1
Racinaea	13	0,1	2	15,4	*Sabicea*	11	0,1	3	27,3
Rhysolepis	13	0,1	2	15,4	*Tabernaemontana*	11	0,1	0	0,0
Schizachyrium	13	0,1	0	0,0	*Zornia*	11	0,1	0	0,0
Siparuna	13	0,1	0	0,0	*Aa*	10	0,1	5	50,0
Swartzia	13	0,1	1	7,7	*Adesmia*	10	0,1	1	10,0
Vernonanthura	13	0,1	2	15,4	*Aulonemia*	10	0,1	9	90,0
Virola	13	0,1	0	0,0	*Bellucia*	10	0,1	2	20,0
Aniba	12	0,1	0	0,0	*Calea*	10	0,1	5	50,0
Aphelandra	12	0,1	4	33,3	*Callianthe*	10	0,1	0	0,0
Banisteriopsis	12	0,1	0	0,0	*Columnea*	10	0,1	4	40,0
Canavalia	12	0,1	2	16,7	*Costus*	10	0,1	0	0,0
Dalbergia	12	0,1	0	0,0	*Coussarea*	10	0,1	1	10,0
Deuterocohnia	12	0,1	6	50,0	*Cranichis*	10	0,1	1	10,0

Dimerostemma	10	0,1	0	0,0
Duguetia	10	0,1	0	0,0
Gaultheria	10	0,1	1	10,0
Hybanthus	10	0,1	0	0,0
Luehea	10	0,1	3	30,0
Mabea	10	0,1	0	0,0
Mastigostyla	10	0,1	10	100,0
Odontocarya	10	0,1	0	0,0
Pachyphyllum	10	0,1	5	50,0
Paronychia	10	0,1	0	0,0
Pelexia	10	0,1	2	20,0
Phenax	10	0,1	2	20,0
Ponthieva	10	0,1	3	30,0
Prestonia	10	0,1	2	20,0
Prosthechea	10	0,1	1	10,0
Qualea	10	0,1	0	0,0
Schinus	10	0,1	0	0,0
Sporobolus	10	0,1	1	10,0
Tanaecium	10	0,1	0	0,0
Verbena	10	0,1	0	0,0
Vriesea	10	0,1	0	0,0
Xenophyllum	10	0,1	0	0,0
Xylosma	10	0,1	2	20,0
Abutilon	9	0,1	1	11,1
*Acacia**	9	0,1	0	0,0
Billbergia	9	0,1	4	44,4
Buchnera	9	0,1	0	0,0
Chomelia	9	0,1	1	11,1
Citharexylum	9	0,1	0	0,0
Cuspidaria	9	0,1	0	0,0
Draba	9	0,1	1	11,1
Echinodorus	9	0,1	0	0,0
Fleischmannia	9	0,1	4	44,4
Gunnera	9	0,1	1	11,1
Handroanthus	9	0,1	0	0,0
Kaunia	9	0,1	4	44,4
Mascagnia	9	0,1	1	11,1
Meliosma	9	0,1	3	33,3
Minthostachys	9	0,1	7	77,8
Monstera	9	0,1	0	0,0
Myrcianthes	9	0,1	0	0,0
Naucleopsis	9	0,1	0	0,0
Odontadenia	9	0,1	0	0,0
Olyra	9	0,1	1	11,1
Opuntia	9	0,1	0	0,0
Peltaea	9	0,1	2	22,2
Pfaffia	9	0,1	1	11,1
Scaphyglottis	9	0,1	1	11,1
Stellaria	9	0,1	0	0,0
Stenostephanus	9	0,1	7	77,8
Tetrapterys	9	0,1	0	0,0
Triumfetta	9	0,1	0	0,0
Vicia	9	0,1	0	0,0
Xanthosoma	9	0,1	2	22,2
Abuta	8	0,1	0	0,0
Acisanthera	8	0,1	1	12,5
Acmella	8	0,1	0	0,0
Ageratina	8	0,1	2	25,0
Albizia	8	0,1	1	12,5
Aloysia	8	0,1	1	12,5
Astrocaryum	8	0,1	0	0,0
Barnadesia	8	0,1	3	37,5
Bothriochloa	8	0,1	0	0,0
Brosimum	8	0,1	0	0,0
Bulbophyllum	8	0,1	3	37,5
Bunchosia	8	0,1	0	0,0
Caesalpinia	8	0,1	0	0,0
Chenopodium	8	0,1	0	0,0
Chrysophyllum	8	0,1	0	0,0
Cienfuegosia	8	0,1	1	12,5
Clavija	8	0,1	0	0,0
Clethra	8	0,1	2	25,0
Clitoria	8	0,1	0	0,0
Cortaderia	8	0,1	1	12,5
Coussapoa	8	0,1	1	12,5
Critoniopsis	8	0,1	5	62,5
Crocodeilanthe	8	0,1	3	37,5
Cupania	8	0,1	0	0,0
Cynanchum	8	0,1	2	25,0
Dasyphyllum	8	0,1	0	0,0
Dicliptera	8	0,1	2	25,0
Drymaria	8	0,1	0	0,0
Drymonia	8	0,1	1	12,5
Dysphania	8	0,1	1	12,5
Encyclia	8	0,1	2	25,0
Eriocaulon	8	0,1	1	12,5
Escallonia	8	0,1	1	12,5
Freziera	8	0,1	4	50,0
Galeandra	8	0,1	0	0,0
Galianthe	8	0,1	2	25,0
Gouania	8	0,1	0	0,0
Greigia	8	0,1	6	75,0
Guarea	8	0,1	0	0,0
Gymnocalycium	8	0,1	3	37,5
Heisteria	8	0,1	0	0,0
Iryanthera	8	0,1	0	0,0

Jacaranda	8	0,1	0	0,0
Jarava	8	0,1	0	0,0
Jungia	8	0,1	2	25,0
Kefersteinia	8	0,1	5	62,5
Leptochloa	8	0,1	0	0,0
Lycium	8	0,1	0	0,0
Maranta	8	0,1	0	0,0
Marsdenia	8	0,1	0	0,0
Muehlenbeckia	8	0,1	0	0,0
Myoxanthus	8	0,1	1	12,5
Niedenzuella	8	0,1	0	0,0
Nymphaea	8	0,1	0	0,0
Orthaea	8	0,1	3	37,5
Pariana	8	0,1	0	0,0
Pera	8	0,1	0	0,0
Pourouma	8	0,1	0	0,0
Pseudabutilon	8	0,1	3	37,5
Pterichis	8	0,1	4	50,0
Renealmia	8	0,1	0	0,0
Rorippa	8	0,1	0	0,0
Silene	8	0,1	0	0,0
Spigelia	8	0,1	0	0,0
Stachytarpheta	8	0,1	0	0,0
Stigmaphyllon	8	0,1	3	37,5
Styrax	8	0,1	0	0,0
Tassadia	8	0,1	0	0,0
Tephrosia	8	0,1	0	0,0
Tovomita	8	0,1	0	0,0
Trifolium	8	0,1	0	0,0
Vigna	8	0,1	1	12,5
Xylobium	8	0,1	1	12,5
Adenocalymma	7	0,0	0	0,0
Araujia	7	0,0	0	0,0
Asemeia	7	0,0	0	0,0
Ayapanopsis	7	0,0	4	57,1
Blepharodon	7	0,0	2	28,6
Bonamia	7	0,0	3	42,9
Bowlesia	7	0,0	0	0,0
Burmannia	7	0,0	0	0,0
Calandrinia	7	0,0	0	0,0
Campylocentrum	7	0,0	1	14,3
Chloraea	7	0,0	3	42,9
Cinchona	7	0,0	1	14,3
Cissampelos	7	0,0	0	0,0
Clematis	7	0,0	1	14,3
Clibadium	7	0,0	0	0,0
Clinopodium	7	0,0	4	57,1
Couepia	7	0,0	0	0,0
Datura	7	0,0	0	0,0
Dendropanax	7	0,0	2	28,6
Ditassa	7	0,0	3	42,9
Duranta	7	0,0	0	0,0
Dyckia	7	0,0	2	28,6
Erigeron	7	0,0	1	14,3
Eriosema	7	0,0	0	0,0
Gochnatia	7	0,0	2	28,6
Guettarda	7	0,0	0	0,0
Hedyosmum	7	0,0	1	14,3
Henriettea	7	0,0	1	14,3
Hoffmannia	7	0,0	0	0,0
Hordeum	7	0,0	0	0,0
Hypericum	7	0,0	0	0,0
Ixora	7	0,0	0	0,0
Kielmeyera	7	0,0	0	0,0
Lasiacis	7	0,0	0	0,0
Lepechinia	7	0,0	2	28,6
Licaria	7	0,0	0	0,0
Liparis	7	0,0	1	14,3
Lobelia	7	0,0	1	14,3
Marcgravia	7	0,0	0	0,0
Matayba	7	0,0	0	0,0
Mendoncia	7	0,0	0	0,0
Meriania	7	0,0	4	57,1
Merremia	7	0,0	0	0,0
Mormodes	7	0,0	3	42,9
Mucuna	7	0,0	0	0,0
Muellera	7	0,0	0	0,0
Nierembergia	7	0,0	1	14,3
Notopleura	7	0,0	0	0,0
Onoseris	7	0,0	2	28,6
Perebea	7	0,0	0	0,0
Physalis	7	0,0	0	0,0
Phytolacca	7	0,0	0	0,0
Piriqueta	7	0,0	0	0,0
Pseudobombax	7	0,0	2	28,6
Pterocaulon	7	0,0	0	0,0
Quiina	7	0,0	0	0,0
Rhipsalis	7	0,0	2	28,6
Ribes	7	0,0	2	28,6
Richardia	7	0,0	2	28,6
Rodriguezia	7	0,0	3	42,9
Roupala	7	0,0	2	28,6
Salacia	7	0,0	0	0,0
Sapium	7	0,0	0	0,0
Sicyos	7	0,0	1	14,3
Terminalia	7	0,0	0	0,0

Ternstroemia	7	0,0	1	14,3	*Habranthus*	6	0,0	4	66,7
Thibaudia	7	0,0	4	57,1	*Helicteres*	6	0,0	0	0,0
Tococa	7	0,0	0	0,0	*Hymenaea*	6	0,0	0	0,0
Tradescantia	7	0,0	0	0,0	*Ichthyothere*	6	0,0	1	16,7
Trixis	7	0,0	1	14,3	*Junellia*	6	0,0	0	0,0
Urera	7	0,0	1	14,3	*Lockhartia*	6	0,0	1	16,7
Weberbauera	7	0,0	1	14,3	*Lucilia*	6	0,0	0	0,0
Acaulimalva	6	0,0	3	50,0	*Luzula*	6	0,0	0	0,0
Alibertia	6	0,0	0	0,0	*Malva*	6	0,0	0	0,0
Anatherostipa	6	0,0	2	33,3	*Margaritopsis*	6	0,0	0	0,0
Andira	6	0,0	0	0,0	*Metastelma*	6	0,0	2	33,3
Asclepias	6	0,0	0	0,0	*Mirabilis*	6	0,0	1	16,7
Austrocylindropuntia	6	0,0	0	0,0	*Mollinedia*	6	0,0	0	0,0
Austroeupatorium	6	0,0	0	0,0	*Myrciaria*	6	0,0	0	0,0
Azorella	6	0,0	0	0,0	*Myriocarpa*	6	0,0	3	50,0
Boehmeria	6	0,0	0	0,0	*Myrosmodes*	6	0,0	1	16,7
Brachionidium	6	0,0	3	50,0	*Ocimum*	6	0,0	0	0,0
Bromelia	6	0,0	2	33,3	*Ossaea*	6	0,0	0	0,0
Buchenavia	6	0,0	0	0,0	*Passovia*	6	0,0	3	50,0
Canna	6	0,0	0	0,0	*Pectis*	6	0,0	0	0,0
Cardamine	6	0,0	1	16,7	*Peritassa*	6	0,0	1	16,7
Caryocar	6	0,0	0	0,0	*Pfeiffera*	6	0,0	4	66,7
Ceiba	6	0,0	0	0,0	*Piptocarpha*	6	0,0	0	0,0
Celtis	6	0,0	0	0,0	*Platystele*	6	0,0	1	16,7
Chaptalia	6	0,0	0	0,0	*Pycnophyllum*	6	0,0	1	16,7
Chelonanthus	6	0,0	0	0,0	*Randia*	6	0,0	0	0,0
Chuquiraga	6	0,0	0	0,0	*Rauvolfia*	6	0,0	0	0,0
Coccocypselum	6	0,0	0	0,0	*Rebutia*	6	0,0	3	50,0
Connarus	6	0,0	0	0,0	*Rinorea*	6	0,0	0	0,0
Convolvulus	6	0,0	0	0,0	*Rumex*	6	0,0	0	0,0
Copaifera	6	0,0	0	0,0	*Salpichroa*	6	0,0	1	16,7
Cosmos	6	0,0	1	16,7	*Saurauia*	6	0,0	3	50,0
Dalea	6	0,0	2	33,3	*Smallanthus*	6	0,0	0	0,0
Danthonia	6	0,0	1	16,7	*Sorghastrum*	6	0,0	1	16,7
Diplopterys	6	0,0	0	0,0	*Sorocea*	6	0,0	0	0,0
Echeveria	6	0,0	1	16,7	*Stachys*	6	0,0	0	0,0
Echinochloa	6	0,0	0	0,0	*Sterculia*	6	0,0	0	0,0
Epistephium	6	0,0	0	0,0	*Stryphnodendron*	6	0,0	0	0,0
Erythrodes	6	0,0	2	33,3	*Syagrus*	6	0,0	2	33,3
Eschweilera	6	0,0	0	0,0	*Tontelea*	6	0,0	0	0,0
*Eucalyptus**	6	0,0	0	0,0	*Triplaris*	6	0,0	1	16,7
Eustachys	6	0,0	0	0,0	*Tripogandra*	6	0,0	0	0,0
Frailea	6	0,0	2	33,3	*Vachellia*	6	0,0	0	0,0
Geissanthus	6	0,0	2	33,3	*Viburnum*	6	0,0	0	0,0
Gorgonidium	6	0,0	3	50,0	*Vitex*	6	0,0	0	0,0
Graffenrieda	6	0,0	0	0,0	*Waltheria*	6	0,0	1	16,7
Gurania	6	0,0	0	0,0	*Zygostates*	6	0,0	4	66,7
Gymnopogon	6	0,0	0	0,0	*Acaena*	5	0,0	2	40,0

Aciotis	5	0,0	0	0,0	*Heterosperma*	5	0,0	0	0,0
Alsophila	5	0,0	0	0,0	*Hieronyma*	5	0,0	1	20,0
Ambrosia	5	0,0	0	0,0	*Hillia*	5	0,0	0	0,0
Amicia	5	0,0	0	0,0	*Hoffmannseggia*	5	0,0	0	0,0
Anomospermum	5	0,0	0	0,0	*Hydrangea*	5	0,0	0	0,0
Anredera	5	0,0	1	20,0	*Imperata*	5	0,0	0	0,0
Aspidogyne	5	0,0	4	80,0	*Ischnosiphon*	5	0,0	0	0,0
Attalea	5	0,0	0	0,0	*Jaltomata*	5	0,0	0	0,0
Avena	5	0,0	0	0,0	*Jasminum**	5	0,0	0	0,0
Basistemon	5	0,0	1	20,0	*Kalanchoe**	5	0,0	0	0,0
Belloa	5	0,0	0	0,0	*Ladenbergia*	5	0,0	0	0,0
Biophytum	5	0,0	2	40,0	*Lemna*	5	0,0	1	20,0
Bouchea	5	0,0	2	40,0	*Lepidagathis*	5	0,0	0	0,0
Bouteloua	5	0,0	0	0,0	*Liabum*	5	0,0	1	20,0
Brassica	5	0,0	0	0,0	*Linum*	5	0,0	0	0,0
Bredemeyera	5	0,0	0	0,0	*Llerasia*	5	0,0	4	80,0
Brunellia	5	0,0	2	40,0	*Lundia*	5	0,0	0	0,0
Calopogonium	5	0,0	0	0,0	*Lycaste*	5	0,0	0	0,0
Camptosema	5	0,0	0	0,0	*Mansoa*	5	0,0	0	0,0
Cedrela	5	0,0	0	0,0	*Melica*	5	0,0	0	0,0
Cenchrus	5	0,0	0	0,0	*Melothria*	5	0,0	0	0,0
Chrysolaena	5	0,0	0	0,0	*Mesosetum*	5	0,0	0	0,0
*Citrus**	5	0,0	0	0,0	*Micropholis*	5	0,0	0	0,0
Cnidoscolus	5	0,0	2	40,0	*Microstachys*	5	0,0	0	0,0
Cordiera	5	0,0	0	0,0	*Monvillea*	5	0,0	0	0,0
Coryanthes	5	0,0	4	80,0	*Muscarella*	5	0,0	3	60,0
Crassula	5	0,0	0	0,0	*Neocuatrecasia*	5	0,0	5	100,0
Cumulopuntia	5	0,0	0	0,0	*Nothoscordum*	5	0,0	0	0,0
Cynophalla	5	0,0	0	0,0	*Ornithocephalus*	5	0,0	2	40,0
Davilla	5	0,0	0	0,0	*Otholobium*	5	0,0	0	0,0
Deguelia	5	0,0	0	0,0	*Ourisia*	5	0,0	2	40,0
Descurainia	5	0,0	0	0,0	*Oyedaea*	5	0,0	2	40,0
Dolichandra	5	0,0	0	0,0	*Pachira*	5	0,0	1	20,0
Drosera	5	0,0	0	0,0	*Parastrephia*	5	0,0	0	0,0
Dyschoriste	5	0,0	2	40,0	*Parinari*	5	0,0	0	0,0
Eichhornia	5	0,0	0	0,0	*Pereskia*	5	0,0	3	60,0
Elionurus	5	0,0	0	0,0	*Phalaris*	5	0,0	0	0,0
Enterolobium	5	0,0	0	0,0	*Picramnia*	5	0,0	0	0,0
Esenbeckia	5	0,0	0	0,0	*Plagiobothrys*	5	0,0	0	0,0
Fabiana	5	0,0	0	0,0	*Polypogon*	5	0,0	0	0,0
Fimbristylis	5	0,0	0	0,0	*Praxelis*	5	0,0	2	40,0
Floscopa	5	0,0	1	20,0	*Pseudolmedia*	5	0,0	1	20,0
Garcinia	5	0,0	0	0,0	*Pterocarpus*	5	0,0	0	0,0
Geophila	5	0,0	0	0,0	*Rhynchanthera*	5	0,0	0	0,0
Gongora	5	0,0	1	20,0	*Ruagea*	5	0,0	0	0,0
Guapira	5	0,0	1	20,0	*Sacciolepis*	5	0,0	0	0,0
Hesperomeles	5	0,0	0	0,0	*Salix*	5	0,0	0	0,0
Heteropsis	5	0,0	1	20,0	*Sauvagesia*	5	0,0	0	0,0

Schnella	5	0,0	0	0,0	*Conchocarpus*	4	0,0	0	0,0
Scutellaria	5	0,0	0	0,0	*Ctenium*	4	0,0	0	0,0
Securidaca	5	0,0	0	0,0	*Cucumis*	4	0,0	0	0,0
Seguieria	5	0,0	1	20,0	*Cucurbita**	4	0,0	0	0,0
Sparattanthelium	5	0,0	0	0,0	*Cyclanthera*	4	0,0	0	0,0
Suessenguthia	5	0,0	3	60,0	*Demosthenesia*	4	0,0	2	50,0
Tabebuia	5	0,0	0	0,0	*Desmoncus*	4	0,0	1	25,0
Talinum	5	0,0	0	0,0	*Diastema*	4	0,0	3	75,0
Talisia	5	0,0	0	0,0	*Dichondra*	4	0,0	0	0,0
Tecoma	5	0,0	0	0,0	*Dichorisandra*	4	0,0	0	0,0
Thalictrum	5	0,0	1	20,0	*Disterigma*	4	0,0	0	0,0
Theobroma	5	0,0	0	0,0	*Dryadella*	4	0,0	2	50,0
Triglochin	5	0,0	0	0,0	*Dulacia*	4	0,0	0	0,0
Trigonia	5	0,0	1	20,0	*Elaeagia*	4	0,0	1	25,0
Vasconcellea	5	0,0	0	0,0	*Eltroplectris*	4	0,0	1	25,0
Vellozia	5	0,0	1	20,0	*Eriochloa*	4	0,0	0	0,0
Veronica	5	0,0	0	0,0	*Eriochrysis*	4	0,0	0	0,0
Zapoteca	5	0,0	0	0,0	*Eriotheca*	4	0,0	0	0,0
Acinopetala	4	0,0	1	25,0	*Exhalimolobos*	4	0,0	0	0,0
Agonandra	4	0,0	0	0,0	*Ferdinandusa*	4	0,0	0	0,0
Anacardium	4	0,0	0	0,0	*Fevillea*	4	0,0	1	25,0
Anagallis	4	0,0	0	0,0	*Fraxinus**	4	0,0	0	0,0
Anathallis	4	0,0	0	0,0	*Fuertesimalva*	4	0,0	0	0,0
Aspicarpa	4	0,0	1	25,0	*Furcraea*	4	0,0	1	25,0
Banara	4	0,0	1	25,0	*Galinsoga*	4	0,0	1	25,0
Barbosella	4	0,0	2	50,0	*Gentiana*	4	0,0	1	25,0
Barjonia	4	0,0	0	0,0	*Gomphichis*	4	0,0	0	0,0
Brachyotum	4	0,0	0	0,0	*Gonolobus*	4	0,0	0	0,0
Brassia	4	0,0	0	0,0	*Gonzalagunia*	4	0,0	1	25,0
Brayopsis	4	0,0	2	50,0	*Gouinia*	4	0,0	0	0,0
Brunfelsia	4	0,0	1	25,0	*Harrisia*	4	0,0	1	25,0
Bulnesia	4	0,0	1	25,0	*Heteranthera*	4	0,0	0	0,0
Callisia	4	0,0	0	0,0	*Hiraea*	4	0,0	0	0,0
Callisthene	4	0,0	0	0,0	*Hypseocharis*	4	0,0	1	25,0
Campomanesia	4	0,0	0	0,0	*Hyptidendron*	4	0,0	0	0,0
Cantinoa	4	0,0	0	0,0	*Iochroma*	4	0,0	2	50,0
Capparidastrum	4	0,0	0	0,0	*Isertia*	4	0,0	0	0,0
Cariniana	4	0,0	0	0,0	*Isolepis*	4	0,0	0	0,0
Cassia	4	0,0	0	0,0	*Isostigma*	4	0,0	0	0,0
Castilleja	4	0,0	0	0,0	*Juglans*	4	0,0	0	0,0
Cattleya	4	0,0	0	0,0	*Koanophyllon*	4	0,0	0	0,0
Chaetocalyx	4	0,0	0	0,0	*Kyllinga*	4	0,0	0	0,0
Chamaedorea	4	0,0	0	0,0	*Lacistema*	4	0,0	0	0,0
Chlidanthus	4	0,0	3	75,0	*Lathyrus*	4	0,0	0	0,0
Chloroleucon	4	0,0	0	0,0	*Leonia*	4	0,0	0	0,0
Clerodendrum	4	0,0	0	0,0	*Lolium*	4	0,0	0	0,0
Cochlospermum	4	0,0	0	0,0	*Loricaria*	4	0,0	1	25,0
Cohniella	4	0,0	1	25,0	*Lueheopsis*	4	0,0	0	0,0

Luziola	4	0,0	0	0,0	*Rourea*	4	0,0	0	0,0
Macrocarpaea	4	0,0	4	100,0	*Ruizterania*	4	0,0	0	0,0
Macrolobium	4	0,0	0	0,0	*Ruprechtia*	4	0,0	0	0,0
Malachra	4	0,0	0	0,0	*Sagittaria*	4	0,0	0	0,0
Mauria	4	0,0	1	25,0	*Sambucus**	4	0,0	0	0,0
Mecardonia	4	0,0	0	0,0	*Schinopsis*	4	0,0	0	0,0
Medicago	4	0,0	0	0,0	*Scoparia*	4	0,0	0	0,0
Menodora	4	0,0	2	50,0	*Seemannia*	4	0,0	0	0,0
Mesosphaerum	4	0,0	0	0,0	*Simira*	4	0,0	1	25,0
Mitracarpus	4	0,0	1	25,0	*Sinningia*	4	0,0	1	25,0
Monotagma	4	0,0	0	0,0	*Sorghum*	4	0,0	0	0,0
Mormolyca	4	0,0	0	0,0	*Spergularia*	4	0,0	1	25,0
Murdannia	4	0,0	0	0,0	*Stemodia*	4	0,0	0	0,0
Myrocarpus	4	0,0	1	25,0	*Stenandrium*	4	0,0	1	25,0
Najas	4	0,0	0	0,0	*Stenia*	4	0,0	2	50,0
Noticastrum	4	0,0	0	0,0	*Stenorrhynchos*	4	0,0	1	25,0
Notylia	4	0,0	1	25,0	*Stenospermation*	4	0,0	1	25,0
Oenocarpus	4	0,0	0	0,0	*Struthanthus*	4	0,0	2	50,0
Olsynium	4	0,0	0	0,0	*Styloceras*	4	0,0	2	50,0
Oritrophium	4	0,0	0	0,0	*Tetrorchidium*	4	0,0	0	0,0
Orthosia	4	0,0	2	50,0	*Themistoclesia*	4	0,0	3	75,0
Oryza	4	0,0	0	0,0	*Thunbergia**	4	0,0	0	0,0
Oziroe	4	0,0	0	0,0	*Tocoyena*	4	0,0	0	0,0
Paepalanthus	4	0,0	0	0,0	*Trattinnickia*	4	0,0	0	0,0
Pappophorum	4	0,0	0	0,0	*Trichocentrum*	4	0,0	1	25,0
Pedersenia	4	0,0	1	25,0	*Turbina*	4	0,0	0	0,0
Pharus	4	0,0	0	0,0	*Tynanthus*	4	0,0	0	0,0
Piptochaetium	4	0,0	0	0,0	*Uncinia*	4	0,0	0	0,0
Pisonia	4	0,0	1	25,0	*Urvillea*	4	0,0	0	0,0
Plagiocheilus	4	0,0	1	25,0	*Voyria*	4	0,0	0	0,0
Platymiscium	4	0,0	0	0,0	*Weingartia*	4	0,0	3	75,0
*Plectranthus**	4	0,0	0	0,0	*Wolffiella*	4	0,0	0	0,0
Pleonotoma	4	0,0	0	0,0	*Abelmoschus**	3	0,0	0	0,0
Pleurothyrium	4	0,0	0	0,0	*Abolboda*	3	0,0	0	0,0
Pluchea	4	0,0	0	0,0	*Achatocarpus*	3	0,0	0	0,0
Podocoma	4	0,0	0	0,0	*Acroceras*	3	0,0	0	0,0
Polystachya	4	0,0	0	0,0	*Actinostemon*	3	0,0	0	0,0
Pontederia	4	0,0	0	0,0	*Adelobotrys*	3	0,0	0	0,0
*Populus**	4	0,0	0	0,0	*Adenostemma*	3	0,0	0	0,0
Porophyllum	4	0,0	0	0,0	*Ageratum*	3	0,0	0	0,0
Potamogeton	4	0,0	0	0,0	*Aiouea*	3	0,0	0	0,0
Pouzolzia	4	0,0	0	0,0	*Alstroemeria*	3	0,0	1	33,3
Psittacanthus	4	0,0	0	0,0	*Altensteinia*	3	0,0	0	0,0
Quechualia	4	0,0	2	50,0	*Ananas*	3	0,0	0	0,0
Rhetinantha	4	0,0	1	25,0	*Anaxagorea*	3	0,0	0	0,0
Rhipidocladum	4	0,0	0	0,0	*Anchietea*	3	0,0	0	0,0
Rhodospatha	4	0,0	0	0,0	*Ancistrotropis*	3	0,0	1	33,3
Rhodostemonodaphne	4	0,0	1	25,0	*Angelonia*	3	0,0	2	66,7

Anthaenantiopsis	3	0,0	0	0,0	*Corryocactus*	3	0,0	3	100,0
Anthericum	3	0,0	2	66,7	*Corytoplectus*	3	0,0	0	0,0
Apeiba	3	0,0	0	0,0	*Cotula*	3	0,0	0	0,0
Aphanes	3	0,0	0	0,0	*Coursetia*	3	0,0	0	0,0
Apinagia	3	0,0	2	66,7	*Cratylia*	3	0,0	0	0,0
Apodanthera	3	0,0	0	0,0	*Cremolobus*	3	0,0	2	66,7
Arthrostylidium	3	0,0	1	33,3	*Ctenanthe*	3	0,0	0	0,0
Astronium	3	0,0	0	0,0	*Cycnoches*	3	0,0	0	0,0
Axinaea	3	0,0	0	0,0	*Dacryodes*	3	0,0	0	0,0
Ayapana	3	0,0	0	0,0	*Dahlia**	3	0,0	0	0,0
Balbisia	3	0,0	0	0,0	*Declieuxia*	3	0,0	0	0,0
Barrosoa	3	0,0	0	0,0	*Deianira*	3	0,0	0	0,0
Baskervilla	3	0,0	1	33,3	*Desfontainia*	3	0,0	0	0,0
Bernardia	3	0,0	0	0,0	*Desmanthus*	3	0,0	0	0,0
Bixa	3	0,0	0	0,0	*Dichapetalum*	3	0,0	0	0,0
Blakea	3	0,0	0	0,0	*Dicranostyles*	3	0,0	0	0,0
Boerhavia	3	0,0	0	0,0	*Dieffenbachia*	3	0,0	0	0,0
Brassavola	3	0,0	0	0,0	*Dimorphandra*	3	0,0	0	0,0
Bronwenia	3	0,0	0	0,0	*Dipteryx*	3	0,0	0	0,0
Cabomba	3	0,0	0	0,0	*Disciphania*	3	0,0	0	0,0
Caladium	3	0,0	0	0,0	*Dorstenia*	3	0,0	0	0,0
Calycophyllum	3	0,0	0	0,0	*Dracontium*	3	0,0	0	0,0
Calydorea	3	0,0	0	0,0	*Duroia*	3	0,0	0	0,0
Calyptrocarya	3	0,0	0	0,0	*Echinolaena*	3	0,0	0	0,0
Cantua	3	0,0	1	33,3	*Elatine*	3	0,0	0	0,0
Caperonia	3	0,0	0	0,0	*Elephantopus*	3	0,0	0	0,0
Cardionema	3	0,0	0	0,0	*Elymus*	3	0,0	0	0,0
Cardiospermum	3	0,0	0	0,0	*Epilobium*	3	0,0	0	0,0
Cavendishia	3	0,0	0	0,0	*Erechtites*	3	0,0	0	0,0
Centaurea	3	0,0	0	0,0	*Eucharis*	3	0,0	0	0,0
Chaetocarpus	3	0,0	1	33,3	*Flourensia*	3	0,0	0	0,0
Chascolytrum	3	0,0	1	33,3	*Fuirena*	3	0,0	0	0,0
Chaubardia	3	0,0	0	0,0	*Funastrum*	3	0,0	1	33,3
Cheiloclinium	3	0,0	0	0,0	*Galipea*	3	0,0	0	0,0
Chersodoma	3	0,0	0	0,0	*Gustavia*	3	0,0	0	0,0
Chrysochlamys	3	0,0	0	0,0	*Gymnanthes*	3	0,0	0	0,0
Cinnamomum	3	0,0	0	0,0	*Gymneia*	3	0,0	0	0,0
Citronella	3	0,0	0	0,0	*Hebanthe*	3	0,0	0	0,0
Clarisia	3	0,0	0	0,0	*Hebe**	3	0,0	0	0,0
Cleidion	3	0,0	0	0,0	*Helogyne*	3	0,0	1	33,3
Clinanthus	3	0,0	1	33,3	*Hemipogon*	3	0,0	0	0,0
Codonanthe	3	0,0	0	0,0	*Herissantia*	3	0,0	0	0,0
Cojoba	3	0,0	1	33,3	*Herreria*	3	0,0	0	0,0
Colignonia	3	0,0	0	0,0	*Heterocondylus*	3	0,0	0	0,0
Condylocarpon	3	0,0	0	0,0	*Hevea*	3	0,0	0	0,0
Corchorus	3	0,0	1	33,3	*Himatanthus*	3	0,0	0	0,0
Cordyline	3	0,0	0	0,0	*Houlletia*	3	0,0	0	0,0
Coreopsis	3	0,0	0	0,0	*Hyaloseris*	3	0,0	1	33,3

Hydrocleys	3	0,0	0	0,0
Hypoxis	3	0,0	0	0,0
Iresine	3	0,0	0	0,0
Jaborosa	3	0,0	0	0,0
Jacaratia	3	0,0	0	0,0
Juanulloa	3	0,0	1	33,3
Kallstroemia	3	0,0	0	0,0
Koeleria	3	0,0	1	33,3
Koellensteinia	3	0,0	1	33,3
Laetia	3	0,0	0	0,0
Lafoensia	3	0,0	0	0,0
Lagenocarpus	3	0,0	0	0,0
Leptolobium	3	0,0	0	0,0
*Ligustrum**	3	0,0	0	0,0
Lipocarpha	3	0,0	0	0,0
*Lonicera**	3	0,0	0	0,0
Lophiaris	3	0,0	0	0,0
Luciliocline	3	0,0	0	0,0
Lycoseris	3	0,0	0	0,0
Lysipomia	3	0,0	0	0,0
Macairea	3	0,0	0	0,0
Macroclinium	3	0,0	2	66,7
Mancoa	3	0,0	1	33,3
Maquira	3	0,0	0	0,0
Markea	3	0,0	0	0,0
Matisia	3	0,0	0	0,0
Maxillariella	3	0,0	0	0,0
Mayaca	3	0,0	0	0,0
Melilotus	3	0,0	0	0,0
Mentzelia	3	0,0	0	0,0
Microtea	3	0,0	0	0,0
Morus	3	0,0	0	0,0
Munroa	3	0,0	0	0,0
*Musa**	3	0,0	0	0,0
Myriophyllum	3	0,0	0	0,0
Myrosma	3	0,0	0	0,0
Neodryas	3	0,0	3	100,0
Niphogeton	3	0,0	1	33,3
Nordenstamia	3	0,0	0	0,0
Nymphoides	3	0,0	1	33,3
Odontorrhynchus	3	0,0	1	33,3
Ombrophytum	3	0,0	0	0,0
Oreobolus	3	0,0	0	0,0
Oreocereus	3	0,0	0	0,0
Oriastrum	3	0,0	0	0,0
Ornithidium	3	0,0	1	33,3
Oxandra	3	0,0	0	0,0
Pabstiella	3	0,0	0	0,0
Pachystachys	3	0,0	0	0,0
Panopsis	3	0,0	2	66,7
Pappostipa	3	0,0	0	0,0
Paranephelius	3	0,0	1	33,3
Parapiptadenia	3	0,0	0	0,0
Parathesis	3	0,0	1	33,3
Parkia	3	0,0	0	0,0
Parodiophyllochloa	3	0,0	0	0,0
Parthenium	3	0,0	1	33,3
Peixotoa	3	0,0	0	0,0
*Pelargonium**	3	0,0	0	0,0
Periandra	3	0,0	0	0,0
Petalostelma	3	0,0	0	0,0
Petrea	3	0,0	0	0,0
Petunia	3	0,0	0	0,0
Phacelia	3	0,0	0	0,0
Phaseolus	3	0,0	0	0,0
Phragmipedium	3	0,0	0	0,0
Phylloscirpus	3	0,0	0	0,0
Pinguicula	3	0,0	1	33,3
Pleurophora	3	0,0	1	33,3
Pleurostachys	3	0,0	0	0,0
Plukenetia	3	0,0	0	0,0
Plumbago	3	0,0	0	0,0
Polypsecadium	3	0,0	1	33,3
Porlieria	3	0,0	1	33,3
Prescottia	3	0,0	0	0,0
Pseudogynoxys	3	0,0	0	0,0
Pterolepis	3	0,0	0	0,0
*Pyrus**	3	0,0	0	0,0
Quararibea	3	0,0	0	0,0
Restrepia	3	0,0	1	33,3
Rosa	3	0,0	0	0,0
Roucheria	3	0,0	0	0,0
Ryania	3	0,0	0	0,0
Saccharum	3	0,0	0	0,0
Sanchezia	3	0,0	0	0,0
Sarcocornia	3	0,0	0	0,0
Sarcoglottis	3	0,0	1	33,3
Scelochiloides	3	0,0	3	100,0
Schkuhria	3	0,0	0	0,0
Schoenoplectus	3	0,0	0	0,0
Schultesia	3	0,0	0	0,0
Schwenckia	3	0,0	0	0,0
Sesbania	3	0,0	0	0,0
Sessea	3	0,0	0	0,0
Sidastrum	3	0,0	0	0,0
Sigesbeckia	3	0,0	0	0,0

Sigmatostalix	3	0,0	1	33,3	*Acer**	2	0,0	0	0,0
Simaba	3	0,0	0	0,0	*Aciachne*	2	0,0	0	0,0
Sipanea	3	0,0	0	0,0	*Acicarpha*	2	0,0	0	0,0
Siphonandra	3	0,0	2	66,7	*Ada*	2	0,0	0	0,0
Siphoneugena	3	0,0	2	66,7	*Adelia*	2	0,0	0	0,0
Sisymbrium	3	0,0	0	0,0	*Aetheolaena*	2	0,0	0	0,0
Solidago	3	0,0	0	0,0	*Agenium*	2	0,0	0	0,0
Souroubea	3	0,0	0	0,0	*Aiphanes*	2	0,0	1	50,0
Sphaeralcea	3	0,0	0	0,0	*Airampoa*	2	0,0	1	50,0
Sphyrospermum	3	0,0	1	33,3	*Alectra*	2	0,0	0	0,0
Spondias	3	0,0	0	0,0	*Alicia*	2	0,0	0	0,0
Staelia	3	0,0	1	33,3	*Allionia*	2	0,0	0	0,0
Stanhopea	3	0,0	0	0,0	*Allium**	2	0,0	0	0,0
Steinchisma	3	0,0	0	0,0	*Alonsoa*	2	0,0	0	0,0
Stenomesson	3	0,0	0	0,0	*Alopecurus*	2	0,0	0	0,0
Stromanthe	3	0,0	1	33,3	*Ammannia*	2	0,0	0	0,0
Stuckenia	3	0,0	0	0,0	*Amorimia*	2	0,0	0	0,0
Stylogyne	3	0,0	0	0,0	*Ampelocera*	2	0,0	0	0,0
Symbolanthus	3	0,0	0	0,0	*Amsinckia*	2	0,0	0	0,0
Symphyotrichum	3	0,0	0	0,0	*Anadenanthera*	2	0,0	0	0,0
Syzygium	3	0,0	0	0,0	*Aniseia*	2	0,0	0	0,0
Teramnus	3	0,0	0	0,0	*Antidaphne*	2	0,0	0	0,0
Tessaria	3	0,0	0	0,0	*Apium**	2	0,0	0	0,0
Tetracera	3	0,0	0	0,0	*Apodanthes*	2	0,0	1	50,0
Tetraglochin	3	0,0	0	0,0	*Aquilegia**	2	0,0	0	0,0
Thevetia	3	0,0	0	0,0	*Aralia*	2	0,0	0	0,0
Thinouia	3	0,0	0	0,0	*Arcytophyllum*	2	0,0	0	0,0
*Tilia**	3	0,0	0	0,0	*Ardisia*	2	0,0	0	0,0
Tragus	3	0,0	0	0,0	*Aretiastrum*	2	0,0	0	0,0
Tridax	3	0,0	1	33,3	*Argemone*	2	0,0	0	0,0
Trigonidium	3	0,0	0	0,0	*Arracacia*	2	0,0	0	0,0
Trisetella	3	0,0	0	0,0	*Arthrosia*	2	0,0	0	0,0
Tristerix	3	0,0	1	33,3	*Artocarpus**	2	0,0	0	0,0
*Ulmus**	3	0,0	0	0,0	*Arundinella*	2	0,0	0	0,0
Unonopsis	3	0,0	0	0,0	*Aschersoniodoxa*	2	0,0	1	50,0
Vanilla	3	0,0	0	0,0	*Aspasia*	2	0,0	0	0,0
Vassobia	3	0,0	0	0,0	*Asplundia*	2	0,0	2	100,0
Verbascum	3	0,0	0	0,0	*Astraea*	2	0,0	0	0,0
Werauhia	3	0,0	1	33,3	*Austrobrickellia*	2	0,0	0	0,0
Xylophragma	3	0,0	0	0,0	*Bambusa**	2	0,0	0	0,0
Zephyranthes	3	0,0	2	66,7	*Barbaceniopsis*	2	0,0	1	50,0
Ziziphus	3	0,0	0	0,0	*Batemannia*	2	0,0	1	50,0
Abarema	2	0,0	1	50,0	*Bathysa*	2	0,0	0	0,0
Abatia	2	0,0	0	0,0	*Batocarpus*	2	0,0	0	0,0
Abrus	2	0,0	0	0,0	*Beilschmiedia*	2	0,0	0	0,0
Acantholippia	2	0,0	0	0,0	*Bifrenaria*	2	0,0	0	0,0
Acanthospermum	2	0,0	0	0,0	*Bletia*	2	0,0	1	50,0
Acanthosyris	2	0,0	1	50,0	*Bocageopsis*	2	0,0	0	0,0

Bowdichia	2	0,0	0	0,0	*Cryptantha*	2	0,0	0	0,0
Briza	2	0,0	0	0,0	*Cryptarrhena*	2	0,0	0	0,0
Browallia	2	0,0	0	0,0	*Cyathula*	2	0,0	0	0,0
Caamembeca	2	0,0	0	0,0	*Cymbopetalum*	2	0,0	0	0,0
Callaeum	2	0,0	0	0,0	*Cynodon*	2	0,0	0	0,0
Callitriche	2	0,0	0	0,0	*Cypella*	2	0,0	1	50,0
Camaridium	2	0,0	1	50,0	*Cyrtocymura*	2	0,0	0	0,0
*Camellia**	2	0,0	0	0,0	*Cytisus**	2	0,0	0	0,0
*Campanula**	2	0,0	0	0,0	*Dahlstedtia*	2	0,0	0	0,0
Campsiandra	2	0,0	0	0,0	*Daphnopsis*	2	0,0	1	50,0
Caraipa	2	0,0	0	0,0	*Daucus*	2	0,0	0	0,0
Carapichea	2	0,0	0	0,0	*Delosperma**	2	0,0	0	0,0
Carduus	2	0,0	0	0,0	*Desmoscelis*	2	0,0	1	50,0
Casimirella	2	0,0	0	0,0	*Dianthus**	2	0,0	0	0,0
Casselia	2	0,0	0	0,0	*Dicella*	2	0,0	0	0,0
*Casuarina**	2	0,0	0	0,0	*Dilodendron*	2	0,0	0	0,0
Celastrus	2	0,0	0	0,0	*Dimerocostus*	2	0,0	0	0,0
Centratherum	2	0,0	0	0,0	*Diodella*	2	0,0	0	0,0
Ceratophyllum	2	0,0	0	0,0	*Diogenesia*	2	0,0	2	100,0
Ceroxylon	2	0,0	0	0,0	*Diplacrum*	2	0,0	0	0,0
Cervantesia	2	0,0	0	0,0	*Diplokeleba*	2	0,0	1	50,0
Chamissoa	2	0,0	0	0,0	*Diplostephium*	2	0,0	0	0,0
Chevreulia	2	0,0	0	0,0	*Diplotropis*	2	0,0	0	0,0
Chimarrhis	2	0,0	0	0,0	*Diplusodon*	2	0,0	1	50,0
Chondrorhyncha	2	0,0	2	100,0	*Dipsacus*	2	0,0	0	0,0
Christianella	2	0,0	0	0,0	*Discocactus*	2	0,0	2	100,0
Chrysanthellum	2	0,0	0	0,0	*Discolobium*	2	0,0	0	0,0
*Chrysanthemum**	2	0,0	0	0,0	*Distichia*	2	0,0	0	0,0
Cipura	2	0,0	0	0,0	*Distichlis*	2	0,0	0	0,0
Cischweinfia	2	0,0	0	0,0	*Ditaxis*	2	0,0	0	0,0
Cladium	2	0,0	0	0,0	*Dolichopsis*	2	0,0	0	0,0
Cleistes	2	0,0	0	0,0	*Dunalia*	2	0,0	0	0,0
Cnicothamnus	2	0,0	0	0,0	*Dussia*	2	0,0	0	0,0
Cobaea	2	0,0	0	0,0	*Ecclinusa*	2	0,0	0	0,0
Cochlioda	2	0,0	1	50,0	*Egeria*	2	0,0	0	0,0
Coelorachis	2	0,0	0	0,0	*Eirmocephala*	2	0,0	0	0,0
Collaea	2	0,0	0	0,0	*Eleusine*	2	0,0	0	0,0
Colobanthus	2	0,0	1	50,0	*Eleutherine*	2	0,0	0	0,0
Colubrina	2	0,0	0	0,0	*Emilia*	2	0,0	0	0,0
Columellia	2	0,0	0	0,0	*Ennealophus*	2	0,0	1	50,0
Comparettia	2	0,0	1	50,0	*Enydra*	2	0,0	0	0,0
Conceveiba	2	0,0	0	0,0	*Eremanthus*	2	0,0	0	0,0
Condylostylis	2	0,0	1	50,0	*Eriope*	2	0,0	0	0,0
Corynostylis	2	0,0	0	0,0	*Eriopsis*	2	0,0	0	0,0
Couratari	2	0,0	0	0,0	*Erisma*	2	0,0	0	0,0
Coutarea	2	0,0	0	0,0	*Erodium*	2	0,0	0	0,0
Cremastosperma	2	0,0	1	50,0	*Erycina*	2	0,0	0	0,0
Crepis	2	0,0	0	0,0	*Espostoa*	2	0,0	2	100,0

Facelis	2	0,0	0	0,0	*Lampranthus**	2	0,0	0	0,0
Fischeria	2	0,0	0	0,0	*Lamprothyrsus*	2	0,0	0	0,0
Fragaria	2	0,0	0	0,0	*Lepanthopsis*	2	0,0	0	0,0
Fumaria	2	0,0	0	0,0	*Lepismium*	2	0,0	0	0,0
Galeottia	2	0,0	0	0,0	*Leptostelma*	2	0,0	0	0,0
Geissospermum	2	0,0	0	0,0	*Leucanthemum**	2	0,0	0	0,0
Genipa	2	0,0	0	0,0	*Lilaeopsis*	2	0,0	0	0,0
Genlisea	2	0,0	0	0,0	*Limnocharis*	2	0,0	0	0,0
Geoffroea	2	0,0	0	0,0	*Limosella*	2	0,0	0	0,0
Geum	2	0,0	0	0,0	*Lindernia*	2	0,0	0	0,0
Gloxinia	2	0,0	0	0,0	*Lophopappus*	2	0,0	0	0,0
Guazuma	2	0,0	0	0,0	*Lophopterys*	2	0,0	0	0,0
Guilleminea	2	0,0	0	0,0	*Lophostigma*	2	0,0	1	50,0
Gutierrezia	2	0,0	0	0,0	*Luetzelburgia*	2	0,0	2	100,0
Gymnosiphon	2	0,0	0	0,0	*Luffa*	2	0,0	0	0,0
Gypsophila	2	0,0	0	0,0	*Luzama*	2	0,0	2	100,0
Hagenbachia	2	0,0	0	0,0	*Lycopersicon*	2	0,0	0	0,0
Hamelia	2	0,0	0	0,0	*Lymanbensonia*	2	0,0	2	100,0
Hapalorchis	2	0,0	0	0,0	*Maclura*	2	0,0	0	0,0
Heimia	2	0,0	0	0,0	*Macradenia*	2	0,0	0	0,0
Helanthium	2	0,0	0	0,0	*Macrocnemum*	2	0,0	1	50,0
Helicostylis	2	0,0	0	0,0	*Magnolia*	2	0,0	0	0,0
Heterophyllaea	2	0,0	0	0,0	*Maihueniopsis*	2	0,0	0	0,0
Heteropogon	2	0,0	0	0,0	*Malanea*	2	0,0	0	0,0
Hexachlamys	2	0,0	1	50,0	*Malvaviscus*	2	0,0	0	0,0
Hilleria	2	0,0	0	0,0	*Manilkara*	2	0,0	0	0,0
Holocheilus	2	0,0	0	0,0	*Marila*	2	0,0	0	0,0
Homalium	2	0,0	0	0,0	*Marlierea*	2	0,0	0	0,0
Homalomena	2	0,0	0	0,0	*Maurandya*	2	0,0	0	0,0
Hortia	2	0,0	0	0,0	*Melanthera*	2	0,0	0	0,0
Hydrolea	2	0,0	0	0,0	*Melinis*	2	0,0	0	0,0
Hymenachne	2	0,0	0	0,0	*Mentha*	2	0,0	0	0,0
Hymenoxys	2	0,0	0	0,0	*Mezilaurus*	2	0,0	0	0,0
Hyparrhenia	2	0,0	0	0,0	*Mezobromelia*	2	0,0	0	0,0
Hypenia	2	0,0	0	0,0	*Microchloa*	2	0,0	0	0,0
Hyperbaena	2	0,0	0	0,0	*Microliabum*	2	0,0	1	50,0
Hypolytrum	2	0,0	0	0,0	*Microlicia*	2	0,0	0	0,0
Hysterionica	2	0,0	0	0,0	*Minaria*	2	0,0	0	0,0
*Impatiens**	2	0,0	0	0,0	*Montiopsis*	2	0,0	0	0,0
Ionopsis	2	0,0	0	0,0	*Morella*	2	0,0	0	0,0
Isachne	2	0,0	0	0,0	*Mulinum*	2	0,0	0	0,0
Jobinia	2	0,0	0	0,0	*Myosotis**	2	0,0	0	0,0
Klaprothia	2	0,0	0	0,0	*Myroxylon*	2	0,0	0	0,0
Klarobelia	2	0,0	1	50,0	*Myrteola*	2	0,0	0	0,0
Krameria	2	0,0	0	0,0	*Nama*	2	0,0	0	0,0
Krapovickasia	2	0,0	0	0,0	*Napeanthus*	2	0,0	1	50,0
Laestadia	2	0,0	0	0,0	*Nasa*	2	0,0	1	50,0
Lampayo	2	0,0	0	0,0	*Nautilocalyx*	2	0,0	0	0,0

Neptunia	2	0,0	0	0,0	*Psiguria*	2	0,0	0	0,0
Norantea	2	0,0	0	0,0	*Ptilochaeta*	2	0,0	0	0,0
Ocellochloa	2	0,0	0	0,0	*Puccinellia*	2	0,0	0	0,0
Ochthocosmus	2	0,0	0	0,0	*Pycnophyllopsis*	2	0,0	0	0,0
Oldenlandia	2	0,0	0	0,0	*Pyrolirion*	2	0,0	2	100,0
Operculina	2	0,0	0	0,0	*Quinchamalium*	2	0,0	0	0,0
Oplismenus	2	0,0	0	0,0	*Raphanus*	2	0,0	0	0,0
Oreomyrrhis	2	0,0	0	0,0	*Raulinoreitzia*	2	0,0	0	0,0
*Origanum**	2	0,0	0	0,0	*Reimarochloa*	2	0,0	0	0,0
Orleanesia	2	0,0	0	0,0	*Remijia*	2	0,0	0	0,0
Orthrosanthus	2	0,0	0	0,0	*Rhamnus*	2	0,0	0	0,0
Oryctanthus	2	0,0	0	0,0	*Rhynchosida*	2	0,0	1	50,0
Otachyrium	2	0,0	1	50,0	*Ronabea*	2	0,0	0	0,0
Otoba	2	0,0	0	0,0	*Rotala*	2	0,0	0	0,0
Otoglossum	2	0,0	0	0,0	*Ruppia*	2	0,0	0	0,0
Oxybasis	2	0,0	0	0,0	*Rusbyella*	2	0,0	1	50,0
*Pachyrhizus**	2	0,0	0	0,0	*Ruta**	2	0,0	0	0,0
*Papaver**	2	0,0	0	0,0	*Ruyschia*	2	0,0	0	0,0
Paradrymonia	2	0,0	1	50,0	*Rytidostylis*	2	0,0	0	0,0
Parajubaea	2	0,0	2	100,0	*Sacoglottis*	2	0,0	0	0,0
Parkinsonia	2	0,0	0	0,0	*Samaipaticereus*	2	0,0	2	100,0
Peltogyne	2	0,0	0	0,0	*Samanea*	2	0,0	0	0,0
Penducella	2	0,0	1	50,0	*Sarcopera*	2	0,0	0	0,0
*Penstemon**	2	0,0	0	0,0	*Satyria*	2	0,0	1	50,0
*Philadelphus**	2	0,0	0	0,0	*Saxifraga*	2	0,0	0	0,0
*Phoenix**	2	0,0	0	0,0	*Scaphosepalum*	2	0,0	0	0,0
Phyla	2	0,0	0	0,0	*Schaefferia*	2	0,0	1	50,0
Phyllonoma	2	0,0	0	0,0	*Schindleria*	2	0,0	0	0,0
Phytelephas	2	0,0	0	0,0	*Schoepfia*	2	0,0	1	50,0
Pilostyles	2	0,0	0	0,0	*Schomburgkia*	2	0,0	0	0,0
*Pittosporum**	2	0,0	0	0,0	*Schubertia*	2	0,0	0	0,0
Plectrophora	2	0,0	0	0,0	*Sciadotenia*	2	0,0	0	0,0
Pleuropetalum	2	0,0	0	0,0	*Sibthorpia*	2	0,0	0	0,0
Poincianella	2	0,0	0	0,0	*Sicydium*	2	0,0	0	0,0
Poiretia	2	0,0	0	0,0	*Simarouba*	2	0,0	0	0,0
Poissonia	2	0,0	0	0,0	*Siolmatra*	2	0,0	0	0,0
Polycarpaea	2	0,0	0	0,0	*Siphanthera*	2	0,0	0	0,0
Polycarpon	2	0,0	0	0,0	*Socratea*	2	0,0	0	0,0
Polycycnis	2	0,0	0	0,0	*Soliva*	2	0,0	0	0,0
Porcelia	2	0,0	1	50,0	*Sonchus*	2	0,0	0	0,0
Posoqueria	2	0,0	0	0,0	*Spergula*	2	0,0	0	0,0
*Primula**	2	0,0	0	0,0	*Spermacoce*	2	0,0	0	0,0
Pristimera	2	0,0	0	0,0	*Sphaeradenia*	2	0,0	0	0,0
Priva	2	0,0	0	0,0	*Sphagneticola*	2	0,0	0	0,0
Psammisia	2	0,0	0	0,0	*Stangea*	2	0,0	0	0,0
Pseudelephantopus	2	0,0	0	0,0	*Stellilabium*	2	0,0	2	100,0
Pseudopiptadenia	2	0,0	0	0,0	*Stillingia*	2	0,0	0	0,0
Pseudoxandra	2	0,0	0	0,0	*Stilpnopappus*	2	0,0	0	0,0

Stizophyllum	2	0,0	0	0,0	*Achyranthes*	1	0,0	0	0,0
Stomatanthes	2	0,0	0	0,0	*Acidoton*	1	0,0	0	0,0
Suaeda	2	0,0	0	0,0	*Acilepidopsis*	1	0,0	0	0,0
Syngonium	2	0,0	0	0,0	*Acosmium*	1	0,0	1	100,0
*Tanacetum**	2	0,0	0	0,0	*Acrocomia*	1	0,0	0	0,0
Tapirira	2	0,0	0	0,0	*Actinidia**	1	0,0	0	0,0
Tapura	2	0,0	0	0,0	*Actinocladum*	1	0,0	0	0,0
Tetragastris	2	0,0	0	0,0	*Adelphia*	1	0,0	0	0,0
Teucrium	2	0,0	0	0,0	*Adenaria*	1	0,0	0	0,0
Thyrsodium	2	0,0	0	0,0	*Aenigmatanthera*	1	0,0	0	0,0
Tinantia	2	0,0	0	0,0	*Aeonium**	1	0,0	0	0,0
Torenia	2	0,0	0	0,0	*Agarista*	1	0,0	0	0,0
Toulicia	2	0,0	0	0,0	*Agave**	1	0,0	0	0,0
Trachypogon	2	0,0	0	0,0	*Agouticarpa*	1	0,0	0	0,0
Trema	2	0,0	0	0,0	*Ajuga**	1	0,0	0	0,0
Tribulus	2	0,0	0	0,0	*Alatiglossum*	1	0,0	0	0,0
Trichloris	2	0,0	0	0,0	*Alcea**	1	0,0	0	0,0
Trichocline	2	0,0	0	0,0	*Alchorneopsis*	1	0,0	0	0,0
Trichogonia	2	0,0	1	50,0	*Allagoptera*	1	0,0	0	0,0
Trichopilia	2	0,0	0	0,0	*Allamanda**	1	0,0	0	0,0
Tripogon	2	0,0	0	0,0	*Allantoma*	1	0,0	0	0,0
Tripsacum	2	0,0	0	0,0	*Alloplectus*	1	0,0	0	0,0
Trischidium	2	0,0	0	0,0	*Alloschemone*	1	0,0	0	0,0
Typha	2	0,0	0	0,0	*Allosidastrum*	1	0,0	0	0,0
Uncaria	2	0,0	0	0,0	*Almeidea*	1	0,0	0	0,0
Vaccinium	2	0,0	0	0,0	*Alnus*	1	0,0	0	0,0
Vatairea	2	0,0	0	0,0	*Alocasia**	1	0,0	0	0,0
Villanova	2	0,0	0	0,0	*Aloe**	1	0,0	0	0,0
Vulpia	2	0,0	0	0,0	*Alophia*	1	0,0	0	0,0
Wahlenbergia	2	0,0	0	0,0	*Alpinia**	1	0,0	0	0,0
Warszewiczia	2	0,0	0	0,0	*Alseis*	1	0,0	0	0,0
Winterocereus	2	0,0	2	100,0	*Altoparadisium*	1	0,0	0	0,0
*Wisteria**	2	0,0	0	0,0	*Alvaradoa*	1	0,0	0	0,0
Wolffia	2	0,0	0	0,0	*Alysicarpus*	1	0,0	0	0,0
Xanthium	2	0,0	0	0,0	*Alzatea*	1	0,0	0	0,0
Zameioscirpus	2	0,0	0	0,0	*Amaioua*	1	0,0	0	0,0
Zannichellia	2	0,0	0	0,0	*Amanoa*	1	0,0	0	0,0
*Zea**	2	0,0	0	0,0	*Amasonia*	1	0,0	0	0,0
Zeyheria	2	0,0	0	0,0	*Amboroa*	1	0,0	1	100,0
Zootrophion	2	0,0	1	50,0	*Amburana*	1	0,0	0	0,0
Abildgaardia	1	0,0	0	0,0	*Ammi**	1	0,0	0	0,0
Acacallis	1	0,0	0	0,0	*Amomyrtella*	1	0,0	0	0,0
Acaciella	1	0,0	0	0,0	*Amphiodon*	1	0,0	0	0,0
Acanthocladus	1	0,0	0	0,0	*Amphipetalum*	1	0,0	0	0,0
Acanthostyles	1	0,0	0	0,0	*Amphirrhox*	1	0,0	0	0,0
*Acanthus**	1	0,0	0	0,0	*Amphiscirpus*	1	0,0	0	0,0
Acca	1	0,0	0	0,0	*Anacampseros*	1	0,0	0	0,0
*Achillea**	1	0,0	0	0,0	*Anchusa**	1	0,0	0	0,0

Ancipitia	1	0,0	0	0,0
Ancylotropis	1	0,0	0	0,0
Andeimalva	1	0,0	1	100,0
Aneilema	1	0,0	0	0,0
Anemone	1	0,0	0	0,0
Anetanthus	1	0,0	0	0,0
*Anethum**	1	0,0	0	0,0
Angostura	1	0,0	0	0,0
Anguloa	1	0,0	0	0,0
Anisantherina	1	0,0	0	0,0
Anisocapparis	1	0,0	0	0,0
Anoda	1	0,0	0	0,0
Antennaria	1	0,0	0	0,0
Anthaenantia	1	0,0	0	0,0
Anthemis	1	0,0	0	0,0
Anthephora	1	0,0	0	0,0
Anthodiscus	1	0,0	0	0,0
Anthodon	1	0,0	0	0,0
Anthoxanthum	1	0,0	0	0,0
*Antigonon**	1	0,0	0	0,0
*Antirrhinum**	1	0,0	0	0,0
Antonia	1	0,0	0	0,0
Apalanthe	1	0,0	0	0,0
Aparisthmium	1	0,0	0	0,0
Aphanactis	1	0,0	1	100,0
Aphanelytrum	1	0,0	0	0,0
Aphyllocladus	1	0,0	0	0,0
Appunia	1	0,0	0	0,0
Aptandra	1	0,0	0	0,0
*Aptenia**	1	0,0	0	0,0
Apteria	1	0,0	0	0,0
Apuleia	1	0,0	0	0,0
Apurimacia	1	0,0	0	0,0
Arachnitis	1	0,0	0	0,0
Araeococcus	1	0,0	0	0,0
*Argyranthemum**	1	0,0	0	0,0
Argythamnia	1	0,0	1	100,0
Arjona	1	0,0	0	0,0
*Armoracia**	1	0,0	0	0,0
*Artemisia**	1	0,0	0	0,0
Arthropogon	1	0,0	0	0,0
Arthrostemma	1	0,0	0	0,0
Arundo	1	0,0	0	0,0
Ascolepis	1	0,0	0	0,0
*Asparagus**	1	0,0	0	0,0
Asphodelus	1	0,0	0	0,0
*Aster**	1	0,0	0	0,0
*Aster*ostigma*	1	0,0	0	0,0
Astrocasia	1	0,0	0	0,0
*Asystasia**	1	0,0	0	0,0
Atamisquea	1	0,0	0	0,0
Ateleia	1	0,0	1	100,0
Athyana	1	0,0	0	0,0
Aureliana	1	0,0	0	0,0
*Averrhoa**	1	0,0	0	0,0
Averrhoidium	1	0,0	0	0,0
Azara	1	0,0	0	0,0
Baillonia	1	0,0	0	0,0
Baltimora	1	0,0	0	0,0
Barbieria	1	0,0	0	0,0
Bejaranoa	1	0,0	0	0,0
Bejaria	1	0,0	0	0,0
*Bellis**	1	0,0	0	0,0
Beloglottis	1	0,0	0	0,0
Belonanthus	1	0,0	0	0,0
*Bergenia**	1	0,0	0	0,0
Bertholletia	1	0,0	0	0,0
Bertiera	1	0,0	0	0,0
*Beta**	1	0,0	0	0,0
Bishovia	1	0,0	1	100,0
Blainvillea	1	0,0	0	0,0
Blepharocalyx	1	0,0	0	0,0
Blossfeldia	1	0,0	0	0,0
Bocconia	1	0,0	0	0,0
Boelckea	1	0,0	1	100,0
Bonyunia	1	0,0	0	0,0
*Borago**	1	0,0	0	0,0
Borismene	1	0,0	0	0,0
Bougueria	1	0,0	0	0,0
*Brachychiton**	1	0,0	0	0,0
Brachypodium	1	0,0	0	0,0
Brachystele	1	0,0	0	0,0
Brasiliopuntia	1	0,0	0	0,0
Brasilocycnis	1	0,0	0	0,0
Brenesia	1	0,0	0	0,0
*Breynia**	1	0,0	0	0,0
Brickellia	1	0,0	0	0,0
Briquetia	1	0,0	0	0,0
Brongniartia	1	0,0	0	0,0
*Broussonetia**	1	0,0	0	0,0
Browningia	1	0,0	0	0,0
Buchtienia	1	0,0	1	100,0
Buesiella	1	0,0	1	100,0
*Buxus**	1	0,0	0	0,0
Cabralea	1	0,0	0	0,0
*Cajanus**	1	0,0	0	0,0

Calatola	1	0,0	0	0,0	*Centrolobium*	1	0,0	0	0,0
*Calendula**	1	0,0	0	0,0	*Cephalostemon*	1	0,0	0	0,0
Callicarpa	1	0,0	0	0,0	*Ceratonia**	1	0,0	0	0,0
Callichlamys	1	0,0	0	0,0	*Ceratosanthes*	1	0,0	0	0,0
*Callistemon**	1	0,0	0	0,0	*Cercidium*	1	0,0	0	0,0
Calophyllum	1	0,0	0	0,0	*Cespedesia*	1	0,0	0	0,0
Calotropis	1	0,0	0	0,0	*Chaenomeles**	1	0,0	0	0,0
Caltha	1	0,0	0	0,0	*Chaetanthera*	1	0,0	0	0,0
Caluera	1	0,0	0	0,0	*Chamaecostus*	1	0,0	0	0,0
Calycera	1	0,0	0	0,0	*Chamaerops**	1	0,0	0	0,0
Calycobolus	1	0,0	0	0,0	*Chaunochiton*	1	0,0	0	0,0
Calycolpus	1	0,0	0	0,0	*Chelyocarpus*	1	0,0	0	0,0
Calycophysum	1	0,0	0	0,0	*Chenopodiastrum*	1	0,0	0	0,0
Campovassouria	1	0,0	0	0,0	*Chiliotrichiopsis*	1	0,0	0	0,0
*Campsis**	1	0,0	0	0,0	*Chiococca*	1	0,0	0	0,0
Campuloclinium	1	0,0	0	0,0	*Chionanthus*	1	0,0	0	0,0
*Cannabis**	1	0,0	0	0,0	*Chiropetalum*	1	0,0	0	0,0
Capanemia	1	0,0	0	0,0	*Chlorophytum**	1	0,0	0	0,0
Capirona	1	0,0	0	0,0	*Chondrodendron*	1	0,0	0	0,0
Capparicordis	1	0,0	0	0,0	*Chresta*	1	0,0	0	0,0
Capraria	1	0,0	0	0,0	*Christensonella*	1	0,0	0	0,0
Capsella	1	0,0	0	0,0	*Chrysopogon*	1	0,0	0	0,0
Cardenasiodendron	1	0,0	1	100,0	*Chysis*	1	0,0	0	0,0
Cardiopetalum	1	0,0	0	0,0	*Cicendia*	1	0,0	0	0,0
*Carica**	1	0,0	0	0,0	*Cicer**	1	0,0	0	0,0
*Carludovica**	1	0,0	0	0,0	*Cichorium**	1	0,0	0	0,0
Carolus	1	0,0	0	0,0	*Cinna*	1	0,0	0	0,0
*Carpinus**	1	0,0	0	0,0	*Cirsium*	1	0,0	0	0,0
*Carpobrotus**	1	0,0	0	0,0	*Citrullus**	1	0,0	0	0,0
Carpotroche	1	0,0	0	0,0	*Clarkia**	1	0,0	0	0,0
Caryodaphnopsis	1	0,0	0	0,0	*Clianthus**	1	0,0	0	0,0
Caryodendron	1	0,0	0	0,0	*Cliococca*	1	0,0	0	0,0
Caryomene	1	0,0	0	0,0	*Cochleanthes*	1	0,0	1	100,0
Cascaronia	1	0,0	0	0,0	*Cochliasanthus*	1	0,0	0	0,0
Cassipourea	1	0,0	0	0,0	*Cocos**	1	0,0	0	0,0
Cassytha	1	0,0	0	0,0	*Codiaeum**	1	0,0	0	0,0
Castela	1	0,0	0	0,0	*Coffea**	1	0,0	0	0,0
Castilla	1	0,0	0	0,0	*Coix**	1	0,0	0	0,0
Catabrosa	1	0,0	0	0,0	*Colletia*	1	0,0	0	0,0
Catapodium	1	0,0	0	0,0	*Colocasia**	1	0,0	0	0,0
*Catharanthus**	1	0,0	0	0,0	*Cologania*	1	0,0	0	0,0
Cathedra	1	0,0	0	0,0	*Comanthera*	1	0,0	0	0,0
Catopsis	1	0,0	0	0,0	*Commicarpus*	1	0,0	0	0,0
Cavanillesia	1	0,0	0	0,0	*Commiphora*	1	0,0	0	0,0
Cedrelinga	1	0,0	0	0,0	*Compsoneura*	1	0,0	0	0,0
Celosia	1	0,0	0	0,0	*Condalia*	1	0,0	0	0,0
Centella	1	0,0	0	0,0	*Condaminea*	1	0,0	0	0,0
*Centranthus**	1	0,0	0	0,0	*Condea*	1	0,0	0	0,0

Condylidium	1	0,0	0	0,0
Conium	1	0,0	0	0,0
Conobea	1	0,0	0	0,0
*Consolida**	1	0,0	0	0,0
Copernicia	1	0,0	0	0,0
*Coprosma**	1	0,0	0	0,0
*Coriandrum**	1	0,0	0	0,0
Cornus	1	0,0	0	0,0
Cornutia	1	0,0	0	0,0
Corrigiola	1	0,0	0	0,0
Corymborkis	1	0,0	0	0,0
Corynaea	1	0,0	0	0,0
Cosmibuena	1	0,0	0	0,0
*Cotoneaster**	1	0,0	0	0,0
Cottea	1	0,0	0	0,0
*Cotyledon**	1	0,0	0	0,0
Couma	1	0,0	0	0,0
Couroupita	1	0,0	0	0,0
Coutoubea	1	0,0	0	0,0
Craniolaria	1	0,0	0	0,0
Crateva	1	0,0	0	0,0
Crepidospermum	1	0,0	0	0,0
*Crescentia**	1	0,0	0	0,0
Cressa	1	0,0	0	0,0
Crinodendron	1	0,0	0	0,0
Critonia	1	0,0	0	0,0
*Crossandra**	1	0,0	0	0,0
Crossoglossa	1	0,0	1	100,0
Crudia	1	0,0	0	0,0
Crumenaria	1	0,0	0	0,0
Cryptocarpus	1	0,0	0	0,0
Cryptocentrum	1	0,0	0	0,0
Cryptochloa	1	0,0	0	0,0
Cuatrecasasiella	1	0,0	0	0,0
Cuatresia	1	0,0	0	0,0
Cucurbitella	1	0,0	0	0,0
*Cuminum**	1	0,0	0	0,0
Curarea	1	0,0	0	0,0
Curatella	1	0,0	0	0,0
Curculigo	1	0,0	0	0,0
*Curcuma**	1	0,0	0	0,0
Curtia	1	0,0	0	0,0
Cyanocephalus	1	0,0	0	0,0
Cybistax	1	0,0	0	0,0
Cyclanthus	1	0,0	0	0,0
Cyclolobium	1	0,0	0	0,0
Cyclospermum	1	0,0	0	0,0
*Cydonia**	1	0,0	0	0,0
Cylindropuntia	1	0,0	0	0,0
*Cymbalaria**	1	0,0	0	0,0
*Cymbopogon**	1	0,0	0	0,0
Cymbosema	1	0,0	0	0,0
*Cynara**	1	0,0	0	0,0
Cynoglossum	1	0,0	0	0,0
Cynometra	1	0,0	0	0,0
Dactylaena	1	0,0	0	0,0
*Dactylis**	1	0,0	0	0,0
Dactyloctenium	1	0,0	0	0,0
Darcyanthus	1	0,0	0	0,0
Dasycondylus	1	0,0	0	0,0
Deinacanthon	1	0,0	0	0,0
Delilia	1	0,0	0	0,0
*Delonix**	1	0,0	0	0,0
Dendrobangia	1	0,0	0	0,0
Deprea	1	0,0	1	100,0
Deschampsia	1	0,0	0	0,0
Dialium	1	0,0	0	0,0
Dialypetalanthus	1	0,0	0	0,0
Diastatea	1	0,0	0	0,0
Diatenopteryx	1	0,0	0	0,0
Diclidanthera	1	0,0	0	0,0
Dictyocaryum	1	0,0	0	0,0
Dictyoloma	1	0,0	0	0,0
Dictyostega	1	0,0	0	0,0
Dielsiochloa	1	0,0	0	0,0
Digitalis	1	0,0	0	0,0
Dilkea	1	0,0	0	0,0
*Dimorphotheca**	1	0,0	0	0,0
Dinoseris	1	0,0	0	0,0
Diodia	1	0,0	0	0,0
Diodonopsis	1	0,0	0	0,0
Dioicodendron	1	0,0	0	0,0
Diolena	1	0,0	1	100,0
Diplasia	1	0,0	0	0,0
Diploon	1	0,0	0	0,0
Diplotaxis	1	0,0	0	0,0
Diptychandra	1	0,0	0	0,0
Dirhamphis	1	0,0	0	0,0
Discocarpus	1	0,0	0	0,0
Discophora	1	0,0	0	0,0
Dodecastigma	1	0,0	0	0,0
Dodonaea	1	0,0	0	0,0
Draconanthes	1	0,0	0	0,0
Drypetes	1	0,0	0	0,0
Duchesnea	1	0,0	0	0,0
*Dypsis**	1	0,0	0	0,0

Dysopsis	1	0,0	0	0,0	*Excentradenia*	1	0,0	1	100,0
Dyssodia	1	0,0	0	0,0	*Exostema*	1	0,0	0	0,0
Eccremis	1	0,0	0	0,0	*Expedicula*	1	0,0	0	0,0
Echeandia	1	0,0	0	0,0	*Fagopyrum**	1	0,0	0	0,0
*Echinacea**	1	0,0	0	0,0	*Fiebrigiella*	1	0,0	0	0,0
Echinopepon	1	0,0	0	0,0	*Fissia*	1	0,0	0	0,0
Eclipta	1	0,0	0	0,0	*Fittonia**	1	0,0	0	0,0
Effusiella	1	0,0	0	0,0	*Flaveria*	1	0,0	0	0,0
Egletes	1	0,0	0	0,0	*Foeniculum**	1	0,0	0	0,0
Elachyptera	1	0,0	0	0,0	*Frankenia*	1	0,0	0	0,0
*Elaeagnus**	1	0,0	0	0,0	*Froelichia*	1	0,0	0	0,0
*Elaeis**	1	0,0	0	0,0	*Frondaria*	1	0,0	0	0,0
Elaeoluma	1	0,0	0	0,0	*Fusaea*	1	0,0	0	0,0
Elaphandra	1	0,0	0	0,0	*Gaiadendron*	1	0,0	0	0,0
Eleutheranthera	1	0,0	0	0,0	*Gaillardia**	1	0,0	0	0,0
Elodea	1	0,0	0	0,0	*Galactophora*	1	0,0	0	0,0
Elvasia	1	0,0	0	0,0	*Gallesia*	1	0,0	0	0,0
Elytraria	1	0,0	0	0,0	*Galphimia*	1	0,0	0	0,0
Emmeorhiza	1	0,0	0	0,0	*Garcilassa*	1	0,0	0	0,0
Emmotum	1	0,0	0	0,0	*Gardenia**	1	0,0	0	0,0
Encelia	1	0,0	0	0,0	*Gasteranthus*	1	0,0	0	0,0
Endopleura	1	0,0	0	0,0	*Gaylussacia*	1	0,0	0	0,0
Englerocharis	1	0,0	0	0,0	*Gazania**	1	0,0	0	0,0
Enneapogon	1	0,0	0	0,0	*Gelasine*	1	0,0	1	100,0
Entada	1	0,0	0	0,0	*Genista**	1	0,0	0	0,0
Ephedranthus	1	0,0	0	0,0	*Geogenanthus*	1	0,0	0	0,0
Epiphyllum	1	0,0	0	0,0	*Gerritea*	1	0,0	1	100,0
*Eranthemum**	1	0,0	0	0,0	*Gibasis*	1	0,0	0	0,0
Erato	1	0,0	0	0,0	*Gilia*	1	0,0	0	0,0
Ericentrodea	1	0,0	0	0,0	*Glebionis**	1	0,0	0	0,0
*Eriobotrya**	1	0,0	0	0,0	*Gleditsia*	1	0,0	0	0,0
Erioneuron	1	0,0	0	0,0	*Glinus*	1	0,0	0	0,0
Ertela	1	0,0	0	0,0	*Gliricidia**	1	0,0	0	0,0
Eruca	1	0,0	0	0,0	*Gloeospermum*	1	0,0	0	0,0
Erythrochiton	1	0,0	0	0,0	*Glossoloma*	1	0,0	0	0,0
*Erythrostemon**	1	0,0	0	0,0	*Glyceria*	1	0,0	0	0,0
*Eschscholzia**	1	0,0	0	0,0	*Glycine**	1	0,0	0	0,0
Escobedia	1	0,0	0	0,0	*Glycydendron*	1	0,0	0	0,0
Esterhazya	1	0,0	0	0,0	*Gmelina**	1	0,0	0	0,0
Euglypha	1	0,0	0	0,0	*Godmania*	1	0,0	0	0,0
Eulophia	1	0,0	0	0,0	*Godoya*	1	0,0	0	0,0
*Euonymus**	1	0,0	0	0,0	*Gomphocarpus*	1	0,0	0	0,0
Euphrasia	1	0,0	0	0,0	*Gordonia*	1	0,0	0	0,0
Euplassa	1	0,0	0	0,0	*Gossypium**	1	0,0	0	0,0
Eurystyles	1	0,0	0	0,0	*Goupia*	1	0,0	0	0,0
Eustephia	1	0,0	0	0,0	*Govenia*	1	0,0	0	0,0
Euterpe	1	0,0	0	0,0	*Grabowskia*	1	0,0	0	0,0
Evodianthus	1	0,0	0	0,0	*Graptophyllum**	1	0,0	0	0,0

Gratiola	1	0,0	0	0,0	*Hirschfeldia*	1	0,0	0	0,0
*Grevillea**	1	0,0	0	0,0	*Hofmeisterella*	1	0,0	0	0,0
Grindelia	1	0,0	0	0,0	*Holcus*	1	0,0	0	0,0
Guibourtia	1	0,0	0	0,0	*Holmbergia*	1	0,0	0	0,0
Gymnanthemum	1	0,0	0	0,0	*Holmskioldia**	1	0,0	0	0,0
Gymnocoronis	1	0,0	0	0,0	*Holocalyx*	1	0,0	0	0,0
Gymnophyton	1	0,0	0	0,0	*Homolepis*	1	0,0	0	0,0
Gynerium	1	0,0	0	0,0	*Hornungia*	1	0,0	0	0,0
Gyptis	1	0,0	0	0,0	*Houssayanthus*	1	0,0	0	0,0
Hackelia	1	0,0	0	0,0	*Huberodendron*	1	0,0	0	0,0
Hackelochloa	1	0,0	0	0,0	*Humiria*	1	0,0	0	0,0
Hancornia	1	0,0	0	0,0	*Humiriastrum*	1	0,0	0	0,0
Haplopappus	1	0,0	0	0,0	*Huntleya*	1	0,0	0	0,0
Harpalyce	1	0,0	0	0,0	*Hura*	1	0,0	0	0,0
Harperocallis	1	0,0	1	100,0	*Hyalis*	1	0,0	0	0,0
Hasseltia	1	0,0	0	0,0	*Hydrochorea*	1	0,0	0	0,0
Havetiopsis	1	0,0	1	100,0	*Hygrophila*	1	0,0	0	0,0
Haydenia	1	0,0	0	0,0	*Hylaeanthe*	1	0,0	0	0,0
Hebecarpa	1	0,0	1	100,0	*Hylenaea*	1	0,0	0	0,0
Hebeclinium	1	0,0	0	0,0	*Hylocereus*	1	0,0	0	0,0
Hebepetalum	1	0,0	0	0,0	*Hymenolobium*	1	0,0	0	0,0
Hedeoma	1	0,0	0	0,0	*Hymenostephium*	1	0,0	0	0,0
*Hedera**	1	0,0	0	0,0	*Hyospathe*	1	0,0	0	0,0
Hedychium	1	0,0	0	0,0	*Hypoestes**	1	0,0	0	0,0
Hedyotis	1	0,0	0	0,0	*Ibicella*	1	0,0	0	0,0
Helia	1	0,0	0	0,0	*Idiothamnus*	1	0,0	0	0,0
*Helianthus**	1	0,0	0	0,0	*Incaea*	1	0,0	1	100,0
*Helichrysum**	1	0,0	0	0,0	*Inulopsis*	1	0,0	0	0,0
Helicotropis	1	0,0	0	0,0	*Ipomopsis*	1	0,0	0	0,0
Helictotrichon	1	0,0	0	0,0	*Iriartea*	1	0,0	0	0,0
Helietta	1	0,0	0	0,0	*Iriartella*	1	0,0	0	0,0
Heliocarpus	1	0,0	0	0,0	*Iris**	1	0,0	0	0,0
Heliopsis	1	0,0	0	0,0	*Iseia*	1	0,0	0	0,0
Helosis	1	0,0	0	0,0	*Isochilus*	1	0,0	0	0,0
Hemarthria	1	0,0	0	0,0	*Ixophorus*	1	0,0	0	0,0
*Hemigraphis**	1	0,0	0	0,0	*Izozogia*	1	0,0	1	100,0
*Heracleum**	1	0,0	0	0,0	*Jacquiniella*	1	0,0	0	0,0
Herbertia	1	0,0	0	0,0	*Jaegeria*	1	0,0	0	0,0
Herniaria	1	0,0	0	0,0	*Jalcophila*	1	0,0	1	100,0
Herpetacanthus	1	0,0	0	0,0	*Janusia*	1	0,0	0	0,0
Herrania	1	0,0	0	0,0	*Jodina*	1	0,0	0	0,0
Hesperoxiphion	1	0,0	0	0,0	*Joosia*	1	0,0	0	0,0
Heterotaxis	1	0,0	0	0,0	*Kageneckia*	1	0,0	0	0,0
Hierochloe	1	0,0	0	0,0	*Kentrothamnus*	1	0,0	0	0,0
Hieronymiella	1	0,0	0	0,0	*Kerria**	1	0,0	0	0,0
Hieronymusia	1	0,0	0	0,0	*Kniphofia**	1	0,0	0	0,0
Hippobroma	1	0,0	0	0,0	*Kochia**	1	0,0	0	0,0
Hippocratea	1	0,0	0	0,0	*Koeberlinia*	1	0,0	1	100,0

Koernickanthe	1	0,0	0	0,0
Kraenzlinella	1	0,0	0	0,0
Kutchubaea	1	0,0	0	0,0
*Lablab**	1	0,0	0	0,0
*Laburnum**	1	0,0	0	0,0
Lachnagrostis	1	0,0	0	0,0
Lacmellea	1	0,0	0	0,0
*Lactuca**	1	0,0	0	0,0
Lacunaria	1	0,0	0	0,0
Laelia	1	0,0	0	0,0
Lagascea	1	0,0	0	0,0
*Lagenaria**	1	0,0	0	0,0
*Lagerstroemia**	1	0,0	0	0,0
Lamium	1	0,0	0	0,0
Langsdorffia	1	0,0	0	0,0
Lankesterella	1	0,0	0	0,0
Laportea	1	0,0	0	0,0
Lapsana	1	0,0	0	0,0
Larentia	1	0,0	0	0,0
Larrea	1	0,0	0	0,0
Laubertia	1	0,0	0	0,0
*Laurus**	1	0,0	0	0,0
*Lavandula**	1	0,0	0	0,0
*Lawsonia**	1	0,0	0	0,0
Laxoplumeria	1	0,0	0	0,0
Lecointea	1	0,0	0	0,0
Lecythis	1	0,0	0	0,0
Leersia	1	0,0	0	0,0
Leiothrix	1	0,0	0	0,0
Leonotis	1	0,0	0	0,0
Leonurus	1	0,0	0	0,0
Leptospron	1	0,0	0	0,0
Leptostigma	1	0,0	0	0,0
Leretia	1	0,0	0	0,0
Lethia	1	0,0	0	0,0
*Leucaena**	1	0,0	0	0,0
Leucheria	1	0,0	0	0,0
Leucocarpus	1	0,0	0	0,0
Leucochloron	1	0,0	1	100,0
Leucohyle	1	0,0	0	0,0
Libertia	1	0,0	0	0,0
Libidibia	1	0,0	0	0,0
Ligaria	1	0,0	0	0,0
Limnobium	1	0,0	0	0,0
Limnophila	1	0,0	0	0,0
Limnosipanea	1	0,0	0	0,0
*Linaria**	1	0,0	0	0,0
Lindackeria	1	0,0	0	0,0
Lindleyalis	1	0,0	0	0,0
Lissocarpa	1	0,0	0	0,0
Lithachne	1	0,0	0	0,0
Lithospermum	1	0,0	0	0,0
Lithraea	1	0,0	0	0,0
*Livistona**	1	0,0	0	0,0
Llagunoa	1	0,0	0	0,0
*Lobularia**	1	0,0	0	0,0
Lomanthus	1	0,0	0	0,0
Lophophytum	1	0,0	0	0,0
Lorentzianthus	1	0,0	0	0,0
Loudetia	1	0,0	0	0,0
Loudetiopsis	1	0,0	0	0,0
Lourtella	1	0,0	0	0,0
Loxopterygium	1	0,0	0	0,0
Lozanella	1	0,0	0	0,0
*Luma**	1	0,0	0	0,0
Lunania	1	0,0	0	0,0
*Lunaria**	1	0,0	0	0,0
Lythrum	1	0,0	0	0,0
Macbrideina	1	0,0	0	0,0
Machaonia	1	0,0	0	0,0
Macleania	1	0,0	0	0,0
Macoubea	1	0,0	0	0,0
Macroditassa	1	0,0	0	0,0
Macropharynx	1	0,0	0	0,0
Macroscepis	1	0,0	0	0,0
*Macrotyloma**	1	0,0	0	0,0
Magonia	1	0,0	0	0,0
Magoniella	1	0,0	0	0,0
Maieta	1	0,0	0	0,0
Mallotus	1	0,0	0	0,0
Malouetia	1	0,0	0	0,0
*Malus**	1	0,0	0	0,0
Malvella	1	0,0	0	0,0
Manaosella	1	0,0	0	0,0
Mandirola	1	0,0	0	0,0
*Mangifera**	1	0,0	0	0,0
Mapinguari	1	0,0	0	0,0
Maprounea	1	0,0	0	0,0
Marcgraviastrum	1	0,0	0	0,0
Margaritaria	1	0,0	0	0,0
Margyricarpus	1	0,0	0	0,0
Maripa	1	0,0	0	0,0
Marmaroxylon	1	0,0	0	0,0
Marrubium	1	0,0	0	0,0
Marsypianthes	1	0,0	0	0,0
Martinella	1	0,0	0	0,0

Martiodendron	1	0,0	0	0,0	*Mostacillastrum*	1	0,0	0	0,0
*Matricaria**	1	0,0	0	0,0	*Mourera*	1	0,0	0	0,0
*Matthiola**	1	0,0	0	0,0	*Moutabea*	1	0,0	0	0,0
Mauritia	1	0,0	0	0,0	*Mulguraea*	1	0,0	0	0,0
Mauritiella	1	0,0	0	0,0	*Muntingia*	1	0,0	0	0,0
Mayna	1	0,0	0	0,0	*Murraya**	1	0,0	0	0,0
Medusantha	1	0,0	0	0,0	*Myoporum**	1	0,0	0	0,0
*Melampodium**	1	0,0	0	0,0	*Myracrodruon*	1	0,0	0	0,0
*Melia**	1	0,0	0	0,0	*Nassauvia*	1	0,0	0	0,0
*Melianthus**	1	0,0	0	0,0	*Nasturtium*	1	0,0	0	0,0
Melicoccus	1	0,0	0	0,0	*Nealchornea*	1	0,0	0	0,0
*Melissa**	1	0,0	0	0,0	*Nelsonia*	1	0,0	0	0,0
Merostachys	1	0,0	1	100,0	*Neonotonia**	1	0,0	0	0,0
Mesadenella	1	0,0	0	0,0	*Neoraimondia*	1	0,0	1	100,0
Mesanthophora	1	0,0	0	0,0	*Neoraputia*	1	0,0	0	0,0
Mesechites	1	0,0	0	0,0	*Neowerdermannia*	1	0,0	0	0,0
Mesospinidium	1	0,0	0	0,0	*Nephradenia*	1	0,0	0	0,0
Metrodorea	1	0,0	0	0,0	*Nerium**	1	0,0	0	0,0
Mezia	1	0,0	1	100,0	*Nertera*	1	0,0	0	0,0
Micranthemum	1	0,0	0	0,0	*Neuontobotrys*	1	0,0	0	0,0
Microbriza	1	0,0	0	0,0	*Neurolaena*	1	0,0	0	0,0
Microchilus	1	0,0	0	0,0	*Nicandra*	1	0,0	0	0,0
Microlobius	1	0,0	0	0,0	*Nidema*	1	0,0	0	0,0
Microsteris	1	0,0	0	0,0	*Nigella**	1	0,0	0	0,0
Milleria	1	0,0	0	0,0	*Nissolia*	1	0,0	0	0,0
Miltoniopsis	1	0,0	0	0,0	*Nitidobulbon*	1	0,0	0	0,0
Mimozyganthus	1	0,0	0	0,0	*Nopalea**	1	0,0	0	0,0
Mimulus	1	0,0	0	0,0	*Nothotalisia*	1	0,0	0	0,0
Minquartia	1	0,0	0	0,0	*Novenia*	1	0,0	0	0,0
Mionandra	1	0,0	0	0,0	*Oblivia*	1	0,0	0	0,0
Misbrookea	1	0,0	0	0,0	*Ochoterenaea*	1	0,0	0	0,0
Misopates	1	0,0	0	0,0	*Ochroma*	1	0,0	0	0,0
Mitreola	1	0,0	0	0,0	*Ocyroe*	1	0,0	0	0,0
Mnesithea	1	0,0	0	0,0	*Odonellia*	1	0,0	0	0,0
Mniodes	1	0,0	0	0,0	*Odontonema**	1	0,0	0	0,0
Modiola	1	0,0	0	0,0	*Oeceoclades*	1	0,0	0	0,0
Modiolastrum	1	0,0	0	0,0	*Olea**	1	0,0	0	0,0
Mollia	1	0,0	0	0,0	*Oliveriana*	1	0,0	1	100,0
Mollugo	1	0,0	0	0,0	*Omphalea*	1	0,0	0	0,0
Momordica	1	0,0	0	0,0	*Onobrychis**	1	0,0	0	0,0
Monopyle	1	0,0	0	0,0	*Onychopetalum*	1	0,0	0	0,0
Montia	1	0,0	0	0,0	*Oocephalus*	1	0,0	0	0,0
Montrichardia	1	0,0	0	0,0	*Ophidion*	1	0,0	0	0,0
*Mora**	1	0,0	0	0,0	*Oplonia*	1	0,0	0	0,0
*Moringa**	1	0,0	0	0,0	*Oreithales*	1	0,0	0	0,0
Morisonia	1	0,0	0	0,0	*Oreobolopsis*	1	0,0	0	0,0
Moronobea	1	0,0	0	0,0	*Orites*	1	0,0	1	100,0
Mosannona	1	0,0	0	0,0	*Orthoclada*	1	0,0	0	0,0

Orthomene	1	0,0	0	0,0	*Phanera**	1	0,0	0	0,0
Orthopappus	1	0,0	0	0,0	*Phemeranthus*	1	0,0	0	0,0
Osmorhiza	1	0,0	0	0,0	*Phenakospermum*	1	0,0	0	0,0
Osteophloeum	1	0,0	0	0,0	*Philoglossa*	1	0,0	0	0,0
Ovidia	1	0,0	1	100,0	*Phleum*	1	0,0	0	0,0
Oxycaryum	1	0,0	0	0,0	*Photinia**	1	0,0	0	0,0
Oxychloe	1	0,0	0	0,0	*Phragmites*	1	0,0	0	0,0
Pachyptera	1	0,0	0	0,0	*Phyllactis*	1	0,0	0	0,0
Pachystroma	1	0,0	0	0,0	*Phyllostachys**	1	0,0	0	0,0
Pacouria	1	0,0	0	0,0	*Phyllostylon*	1	0,0	0	0,0
Pacourina	1	0,0	0	0,0	*Physaria*	1	0,0	0	0,0
Paederia	1	0,0	0	0,0	*Physocalymma*	1	0,0	0	0,0
Pagamea	1	0,0	0	0,0	*Physurus*	1	0,0	0	0,0
Pamianthe	1	0,0	0	0,0	*Picrasma*	1	0,0	0	0,0
*Pandorea**	1	0,0	0	0,0	*Picrosia*	1	0,0	0	0,0
Paphinia	1	0,0	0	0,0	*Pilocarpus*	1	0,0	0	0,0
Paracalia	1	0,0	1	100,0	*Pimenta*	1	0,0	0	0,0
Parahancornia	1	0,0	0	0,0	*Pimentelia*	1	0,0	0	0,0
Paramongaia	1	0,0	0	0,0	*Pimpinella**	1	0,0	0	0,0
Paraselinum	1	0,0	0	0,0	*Pineda*	1	0,0	1	100,0
*Paraserianthes**	1	0,0	0	0,0	*Pinzona*	1	0,0	0	0,0
Paratheria	1	0,0	0	0,0	*Piptadeniopsis*	1	0,0	0	0,0
Parietaria	1	0,0	0	0,0	*Pisoniella*	1	0,0	0	0,0
Parodiodendron	1	0,0	0	0,0	*Pistia*	1	0,0	0	0,0
Parodiolyra	1	0,0	0	0,0	*Pisum**	1	0,0	0	0,0
*Parthenocissus**	1	0,0	0	0,0	*Pityphyllum*	1	0,0	0	0,0
Pastinaca	1	0,0	0	0,0	*Pityrocarpa*	1	0,0	0	0,0
Patosia	1	0,0	0	0,0	*Plagiogyria*	1	0,0	0	0,0
Pausandra	1	0,0	0	0,0	*Plathymenia*	1	0,0	0	0,0
Paypayrola	1	0,0	0	0,0	*Platycyamus*	1	0,0	0	0,0
Pearcea	1	0,0	0	0,0	*Platypodium*	1	0,0	0	0,0
Pectocarya	1	0,0	0	0,0	*Plazia*	1	0,0	0	0,0
Peltanthera	1	0,0	0	0,0	*Plenckia*	1	0,0	0	0,0
Peltastes	1	0,0	0	0,0	*Pleradenophora*	1	0,0	0	0,0
*Peltophorum**	1	0,0	0	0,0	*Pleurobotryum*	1	0,0	0	0,0
Pennellia	1	0,0	0	0,0	*Plumeria**	1	0,0	0	0,0
Pentaplaris	1	0,0	0	0,0	*Podandrogyne*	1	0,0	0	0,0
Pepinia	1	0,0	0	0,0	*Podranea**	1	0,0	0	0,0
Perama	1	0,0	0	0,0	*Poecilanthe*	1	0,0	0	0,0
Perianthomega	1	0,0	0	0,0	*Poeppigia*	1	0,0	0	0,0
Peristeria	1	0,0	0	0,0	*Pogonophora*	1	0,0	0	0,0
Peristethium	1	0,0	0	0,0	*Pogonopus*	1	0,0	0	0,0
Pernettya	1	0,0	0	0,0	*Polyanthina*	1	0,0	0	0,0
Perrottetia	1	0,0	0	0,0	*Polyclita*	1	0,0	1	100,0
Petiveria	1	0,0	0	0,0	*Ponera*	1	0,0	0	0,0
Petroravenia	1	0,0	0	0,0	*Porroglossum*	1	0,0	1	100,0
*Petroselinum**	1	0,0	0	0,0	*Potalia*	1	0,0	0	0,0
Peyritschia	1	0,0	0	0,0	*Potentilla*	1	0,0	1	100,0

Poteranthera	1	0,0	0	0,0	*Reichenbachanthus*	1	0,0	0	0,0
Poulsenia	1	0,0	0	0,0	*Reichenbachia*	1	0,0	0	0,0
Pranceacanthus	1	0,0	0	0,0	*Reseda*	1	0,0	0	0,0
Praxeliopsis	1	0,0	0	0,0	*Restrepiopsis*	1	0,0	1	100,0
Preslianthus	1	0,0	0	0,0	*Retama**	1	0,0	0	0,0
Prestoea	1	0,0	0	0,0	*Rhabdadenia*	1	0,0	0	0,0
Priogymnanthus	1	0,0	0	0,0	*Rhamnidium*	1	0,0	0	0,0
Prionostemma	1	0,0	0	0,0	*Rheum**	1	0,0	0	0,0
Prockia	1	0,0	0	0,0	*Rhodocalyx*	1	0,0	0	0,0
Prosopanche	1	0,0	0	0,0	*Rhododendron**	1	0,0	0	0,0
Protoschwenkia	1	0,0	0	0,0	*Rhodophiala**	1	0,0	0	0,0
Proustia	1	0,0	0	0,0	*Rhytachne*	1	0,0	0	0,0
Prunella	1	0,0	0	0,0	*Richeria*	1	0,0	0	0,0
*Psathyrostachys**	1	0,0	0	0,0	*Ricinus**	1	0,0	0	0,0
Pseudananas	1	0,0	0	0,0	*Riencourtia*	1	0,0	0	0,0
*Pseudechinolaena**	1	0,0	0	0,0	*Rinoreocarpus*	1	0,0	0	0,0
Pseuderanthemum	1	0,0	0	0,0	*Rivina*	1	0,0	0	0,0
Pseudima	1	0,0	0	0,0	*Robinia**	1	0,0	0	0,0
Pseudocentrum	1	0,0	0	0,0	*Rodrigoa*	1	0,0	0	0,0
Pseudoconyza	1	0,0	0	0,0	*Rojasia*	1	0,0	0	0,0
Pseudocyclanthera	1	0,0	0	0,0	*Rolandra*	1	0,0	0	0,0
Pseudomalmea	1	0,0	0	0,0	*Romanoa*	1	0,0	0	0,0
Pseudonoseris	1	0,0	0	0,0	*Ronaldella*	1	0,0	0	0,0
Pseudorhipsalis	1	0,0	0	0,0	*Rosenbergiodendron*	1	0,0	0	0,0
Pseudosicydium	1	0,0	0	0,0	*Rosmarinus**	1	0,0	0	0,0
Psilochilus	1	0,0	0	0,0	*Rottboellia*	1	0,0	0	0,0
Psychopsis	1	0,0	0	0,0	*Roystonea**	1	0,0	0	0,0
Pterandra	1	0,0	0	0,0	*Rudbeckia**	1	0,0	0	0,0
Pterodon	1	0,0	0	0,0	*Ruizodendron*	1	0,0	0	0,0
Pterogastra	1	0,0	0	0,0	*Rusbya*	1	0,0	1	100,0
Pteroglossaspis	1	0,0	0	0,0	*Russelia**	1	0,0	0	0,0
Pterogyne	1	0,0	0	0,0	*Sacoila*	1	0,0	0	0,0
Pteropepon	1	0,0	0	0,0	*Sageretia*	1	0,0	0	0,0
Pterygota	1	0,0	0	0,0	*Sagina*	1	0,0	0	0,0
Pueraria	1	0,0	0	0,0	*Sagotia*	1	0,0	0	0,0
Pulchranthus	1	0,0	0	0,0	*Salmea*	1	0,0	0	0,0
Puna	1	0,0	0	0,0	*Salpinga*	1	0,0	0	0,0
*Punica**	1	0,0	0	0,0	*Salta*	1	0,0	0	0,0
*Pyracantha**	1	0,0	0	0,0	*Salvertia*	1	0,0	0	0,0
Pyrostegia	1	0,0	0	0,0	*Samolus*	1	0,0	0	0,0
Quiabentia	1	0,0	0	0,0	*Sandemania*	1	0,0	0	0,0
*Quillaja**	1	0,0	0	0,0	*Sanderella*	1	0,0	0	0,0
Raddiella	1	0,0	0	0,0	*Sanguisorba**	1	0,0	0	0,0
Rapatea	1	0,0	0	0,0	*Sanicula*	1	0,0	0	0,0
Rapistrum	1	0,0	0	0,0	*Sanvitalia*	1	0,0	0	0,0
Raputia	1	0,0	0	0,0	*Sapindus*	1	0,0	0	0,0
Rauia	1	0,0	0	0,0	*Saponaria*	1	0,0	0	0,0
Recordia	1	0,0	1	100,0	*Saracha*	1	0,0	0	0,0

Sarcaulus	1	0,0	0	0,0	*Sphaeropteris*	1	0,0	0	0,0
Sarcinula	1	0,0	0	0,0	*Sphenoclea*	1	0,0	0	0,0
Sarcotoxicum	1	0,0	0	0,0	*Sphinctanthus*	1	0,0	0	0,0
Sauroglossum	1	0,0	1	100,0	*Sphingiphila*	1	0,0	0	0,0
Sauvetrea	1	0,0	0	0,0	*Spilanthes*	1	0,0	0	0,0
Savia	1	0,0	0	0,0	*Spiraea**	1	0,0	0	0,0
*Scabiosa**	1	0,0	0	0,0	*Spiranthera*	1	0,0	0	0,0
Scaphispatha	1	0,0	0	0,0	*Spirodela*	1	0,0	0	0,0
Schaueria	1	0,0	0	0,0	*Spirotheca*	1	0,0	0	0,0
Schickendantziella	1	0,0	0	0,0	*Stachyarrhena*	1	0,0	0	0,0
Schiekia	1	0,0	0	0,0	*Stachycephalum*	1	0,0	0	0,0
Schistocarpha	1	0,0	0	0,0	*Staphylea*	1	0,0	0	0,0
Schizocalyx	1	0,0	0	0,0	*Staurogyne*	1	0,0	0	0,0
*Schizolobium**	1	0,0	0	0,0	*Steinbachiella*	1	0,0	1	100,0
Schlimmia	1	0,0	0	0,0	*Stenocephalum*	1	0,0	0	0,0
*Schlumbergera**	1	0,0	0	0,0	*Stenomeria*	1	0,0	0	0,0
Schoenobiblus	1	0,0	0	0,0	*Stenoptera*	1	0,0	0	0,0
Schradera	1	0,0	0	0,0	*Stenostomum*	1	0,0	0	0,0
Schwartzia	1	0,0	0	0,0	*Stenotaphrum**	1	0,0	0	0,0
Scirpus	1	0,0	0	0,0	*Stephanbeckia*	1	0,0	1	100,0
Scutia	1	0,0	0	0,0	*Stephostachys*	1	0,0	0	0,0
Sebastiania	1	0,0	0	0,0	*Sterigmapetalum*	1	0,0	0	0,0
*Sechium**	1	0,0	0	0,0	*Stetsonia*	1	0,0	0	0,0
Secondatia	1	0,0	0	0,0	*Stictophyllorchis*	1	0,0	0	0,0
Sedum	1	0,0	1	100,0	*Stigmatorthos*	1	0,0	0	0,0
Seegeriella	1	0,0	1	100,0	*Stigmatosema*	1	0,0	1	100,0
*Selenicereus**	1	0,0	0	0,0	*Stipecoma*	1	0,0	0	0,0
*Sesamum**	1	0,0	0	0,0	*Streblacanthus*	1	0,0	0	0,0
Sesuvium	1	0,0	0	0,0	*Strelitzia**	1	0,0	0	0,0
Sherardia	1	0,0	0	0,0	*Streptochaeta*	1	0,0	0	0,0
*Sicana**	1	0,0	0	0,0	*Streptogyna*	1	0,0	0	0,0
Sideroxylon	1	0,0	0	0,0	*Streptosolen**	1	0,0	0	0,0
Sievekingia	1	0,0	0	0,0	*Streptostachys*	1	0,0	0	0,0
Silybum	1	0,0	0	0,0	*Struchium*	1	0,0	0	0,0
Simsia	1	0,0	0	0,0	*Stuckertiella*	1	0,0	0	0,0
Soemmeringia	1	0,0	0	0,0	*Styphnolobium**	1	0,0	0	0,0
Sohnreyia	1	0,0	0	0,0	*Sutherlandia**	1	0,0	0	0,0
Solandra	1	0,0	0	0,0	*Sutrina*	1	0,0	1	100,0
Solenidium	1	0,0	0	0,0	*Sweetia*	1	0,0	0	0,0
Solenocentrum	1	0,0	1	100,0	*Swietenia*	1	0,0	0	0,0
Spananthe	1	0,0	0	0,0	*Symmeria*	1	0,0	0	0,0
Sparattosperma	1	0,0	0	0,0	*Symphonia*	1	0,0	0	0,0
*Sparrmannia**	1	0,0	0	0,0	*Symphytum**	1	0,0	0	0,0
*Spartium**	1	0,0	0	0,0	*Synandrospadix*	1	0,0	0	0,0
Spathantheum	1	0,0	0	0,0	*Synedrella*	1	0,0	0	0,0
Spathicarpa	1	0,0	0	0,0	*Synedrellopsis*	1	0,0	0	0,0
*Spathodea**	1	0,0	0	0,0	*Syringa**	1	0,0	0	0,0
Sphaereupatorium	1	0,0	0	0,0	*Taccarum*	1	0,0	0	0,0

Tachia	1	0,0	0	0,0	*Trisetum*	1	0,0	0	0,0
*Tamarindus**	1	0,0	0	0,0	*Tristicha*	1	0,0	0	0,0
Tamonea	1	0,0	0	0,0	*Trithrinax*	1	0,0	0	0,0
Tapeinostemon	1	0,0	0	0,0	*Triticum**	1	0,0	0	0,0
Tara	1	0,0	0	0,0	*Triuridopsis*	1	0,0	1	100,0
Taraxacum	1	0,0	0	0,0	*Triuris*	1	0,0	0	0,0
Temnadenia	1	0,0	0	0,0	*Trizeuxis*	1	0,0	0	0,0
*Tetragonia**	1	0,0	0	0,0	*Trophis*	1	0,0	0	0,0
Tetralocularia	1	0,0	0	0,0	*Tulasneantha*	1	0,0	0	0,0
Tetramerium	1	0,0	0	0,0	*Tweedia*	1	0,0	0	0,0
Tetrapollinia	1	0,0	0	0,0	*Ugni*	1	0,0	0	0,0
Tetrasida	1	0,0	0	0,0	*Ulex**	1	0,0	0	0,0
Tetrathylacium	1	0,0	0	0,0	*Ullucus**	1	0,0	0	0,0
Thalia	1	0,0	0	0,0	*Urena*	1	0,0	0	0,0
*Thespesia**	1	0,0	0	0,0	*Urolepis*	1	0,0	0	0,0
Thismia	1	0,0	0	0,0	*Urospatha*	1	0,0	0	0,0
Thlaspi	1	0,0	0	0,0	*Valerianella**	1	0,0	0	0,0
Thoracocarpus	1	0,0	0	0,0	*Vallea*	1	0,0	0	0,0
Thryallis	1	0,0	0	0,0	*Vallesia*	1	0,0	0	0,0
*Thymus**	1	0,0	0	0,0	*Vandellia*	1	0,0	0	0,0
Thyrsacanthus	1	0,0	0	0,0	*Vantanea*	1	0,0	0	0,0
Ticorea	1	0,0	0	0,0	*Vargasiella*	1	0,0	0	0,0
Tigridia	1	0,0	0	0,0	*Vasqueziella*	1	0,0	0	0,0
*Tipuana**	1	0,0	0	0,0	*Vataireopsis*	1	0,0	0	0,0
Tiquilia	1	0,0	0	0,0	*Victoria*	1	0,0	0	0,0
*Tithonia**	1	0,0	0	0,0	*Viguiera*	1	0,0	1	100,0
Tonina	1	0,0	0	0,0	*Villadia*	1	0,0	0	0,0
Torilis	1	0,0	0	0,0	*Vinca*	1	0,0	0	0,0
Touroulia	1	0,0	0	0,0	*Viposia*	1	0,0	0	0,0
Tourrettia	1	0,0	0	0,0	*Vitis**	1	0,0	0	0,0
Tovaria	1	0,0	0	0,0	*Warmingia*	1	0,0	1	100,0
Toxicodendron	1	0,0	0	0,0	*Warrea*	1	0,0	0	0,0
Toxosiphon	1	0,0	0	0,0	*Washingtonia**	1	0,0	0	0,0
*Trachycarpus**	1	0,0	0	0,0	*Weberbauerocereus*	1	0,0	1	100,0
Trevoria	1	0,0	0	0,0	*Wendlandiella*	1	0,0	0	0,0
Trianthema	1	0,0	0	0,0	*Wettinia*	1	0,0	0	0,0
Trichoceros	1	0,0	0	0,0	*Widgrenia*	1	0,0	0	0,0
Trichophorum	1	0,0	0	0,0	*Witheringia*	1	0,0	0	0,0
Trichospira	1	0,0	0	0,0	*Woodianthus*	1	0,0	1	100,0
Trichostigma	1	0,0	0	0,0	*Wulffia*	1	0,0	0	0,0
Trigynaea	1	0,0	0	0,0	*Wullschlaegelia*	1	0,0	0	0,0
Trihesperus	1	0,0	0	0,0	*Xerorchis*	1	0,0	0	0,0
Trimezia	1	0,0	0	0,0	*Ximenia*	1	0,0	0	0,0
Triniochloa	1	0,0	0	0,0	*Xiphidium*	1	0,0	0	0,0
Triodanis	1	0,0	0	0,0	*Yavia*	1	0,0	0	0,0
Triphora	1	0,0	0	0,0	*Yucca**	1	0,0	0	0,0
Tripleurospermum	1	0,0	0	0,0	*Zahleria*	1	0,0	0	0,0
Tripodanthus	1	0,0	0	0,0	*Zantedeschia**	1	0,0	0	0,0

Zeugites	1	0,0	0	0,0
Zexmenia	1	0,0	1	100,0
*Zingiber**	1	0,0	0	0,0
Zinnia	1	0,0	0	0,0
Zinowiewia	1	0,0	0	0,0
Zygopetalum	1	0,0	0	0,0
Zygostigma	1	0,0	0	0,0
Total	15.345	100	2.337	—

y solamente dos géneros, *Miconia* y *Peperomia,* se encuentran entre las más ricos en especies en dos regiones. Unos 23 géneros se encuentran entre los diez más ricos en una sola región, mostrando que muy pocos géneros tiene la misma plasticidad y capacidad de adaptación a diferentes ambientes (tabla 5).

Departamentos

A pesar de que las divisiones políticas por departamentos no coinciden con las divisiones fitogeográficas, hemos analizado los datos recopilados encontrando cierta cantidad de información relativa a la latitud y también en algunos casos a la distinción entre regiones. Hay 120 especies registradas en el Catálogo que no ha sido posible asignar a un departamento. El promedio de departamentos asignado por especies es de 2,3 con una desviación

Tabla 3. Las diez familias y géneros más ricos en especies por hábitos, con su correspondiente número de especies.

Familias	No.	Géneros	No.	Familias	No.	Géneros	No.
Hierbas				Arbustos			
Orchidaceae	1215	*Epidendrum*	124	Asteraceae	377	*Miconia*	88
Poaceae	930	*Peperomia*	113	Fabaceae	372	*Solanum*	80
Asteraceae	716	*Tillandsia*	103	Rubiaceae	226	*Psychotria*	68
Fabaceae	363	*Thelypteris*	96	Melastomataceae	195	*Piper*	64
Cyperaceae	345	*Paspalum*	95	Malvaceae	165	*Senna*	43
Bromeliaceae	317	*Elaphoglossum*	91	Solanaceae	153	*Baccharis*	43
Malvaceae	181	*Solanum*	87	Euphorbiaceae	142	*Croton*	40
Dryopteridaceae	160	*Cyperus*	77	Myrtaceae	75	*Tibouchina*	37
Pteridaceae	153	*Rhynchospora*	68	Verbenaceae	69	*Mimosa*	36
Solanaceae	145	*Senecio*	64	Piperaceae	64	*Palicourea*	33
Árbol				Epífita			
Fabaceae	466	*Inga*	73	Orchidaceae	991	*Epidendrum*	116
Lauraceae	126	*Miconia*	52	Polypodiaceae	199	*Tillandsia*	101
Moraceae	101	*Ficus*	48	Bromeliaceae	176	*Elaphoglossum*	85
Melastomataceae	92	*Ocotea*	31	Dryopteridaceae	86	*Lepanthes*	69
Myrtaceae	89	*Pouteria*	30	Piperaceae	67	*Peperomia*	67
Rubiaceae	86	*Nectandra*	30	Hymenophyllaceae	59	*Maxillaria*	57
Annonaceae	86	*Senna*	28	Aspleniaceae	39	*Stelis*	54
Euphorbiaceae	81	*Licania*	27	Araceae	25	*Pleurothallis*	41
Malvaceae	72	*Cyathea*	27	Cactaceae	22	*Asplenium*	39
Arecaceae	61	*Senegalia*	24	Ericaceae	21	*Hymenophyllum*	32
Subarbusto				Arbolito			
Asteraceae	205	*Mimosa*	27	Fabaceae	258	*Inga*	60
Fabaceae	168	*Solanum*	23	Rubiaceae	78	*Miconia*	30
Malvaceae	116	*Piper*	23	Solanaceae	43	*Solanum*	26
Rubiaceae	73	*Justicia*	23	Melastomataceae	37	*Piper*	23
Acanthaceae	62	*Pavonia*	21	Euphorbiaceae	31	*Senna*	17
Lamiaceae	42	*Senecio*	20	Rutaceae	31	*Ilex*	16
Apocynaceae	40	*Lupinus*	20	Myrtaceae	28	*Senegalia*	15
Solanaceae	38	*Senna*	19	Asteraceae	27	*Machaerium*	15
Euphorbiaceae	34	*Mandevilla*	17	Apocynaceae	27	*Palicourea*	12
Cactaceae	31	*Borreria*	16	Piperaceae	23	*Psychotria*	10

Liana				Trepadora			
Bignoniaceae	132	*Serjania*	57	Apocynaceae	147	*Mikania*	46
Fabaceae	125	*Passiflora*	51	Fabaceae	142	*Dioscorea*	45
Sapindaceae	98	*Aristolochia*	39	Asteraceae	112	*Ipomoea*	43
Malpighiaceae	95	*Fridericia*	30	Convolvulaceae	70	*Passiflora*	37
Apocynaceae	67	*Paullinia*	29	Cucurbitaceae	67	*Philibertia*	28
Passifloraceae	52	*Machaerium*	23	Dioscoreaceae	45	*Rubus*	26
Aristolochiaceae	40	*Heteropterys*	22	Passifloraceae	37	*Bomarea*	26
Convolvulaceae	38	*Ipomoea*	20	Rubiaceae	28	*Smilax*	18
Asteraceae	36	*Cissus*	19	Rosaceae	26	*Centrosema*	15
Celastraceae	23	*Senegalia*	18	Alstroemeriaceae	26	*Dalechampia*	15
Acuática				Hemiepífitas			
Alismataceae	18	*Utricularia*	11	Araceae	68	*Philodendron*	31
Poaceae	16	*Bacopa*	10	Moraceae	30	*Ficus*	30
Araceae	15	*Echinodorus*	9	Dryopteridaceae	12	*Anthurium*	16
Plantaginaceae	14	*Eriocaulon*	7	Urticaceae	8	*Polybotrya*	11
Lentibulariaceae	12	*Nymphaea*	7	Gesneriaceae	8	*Monstera*	9
Eriocaulaceae	12	*Calceolaria*	6	Solanaceae	7	*Coussapoa*	8
Pontederiaceae	12	*Paspalum*	5	Blechnaceae	4	*Columnea*	6
Hydrocharitaceae	9	*Isoetes*	5	Lomariopsidaceae	4	*Heteropsis*	5
Potamogetonaceae	9	*Eichhornia*	5	Clusiaceae	3	*Blechnum*	4
Nymphaeaceae	8	*Lemna*	5	Asteraceae	1	*Lomariopsis*	4
Hemiparásitas				Parásita			
Viscaceae	50	*Phoradendron*	35	Convolvulaceae	11	*Cuscuta*	11
Loranthaceae	22	*Dendrophthora*	15	Balanophoraceae	7	*Ombrophytum*	3
Orobanchaceae	6	*Passovia*	6	Apodanthaceae	4	*Apodanthes*	2
Opiliaceae	2	*Struthanthus*	4	Orobanchaceae	1	*Pilostyles*	2
Santalaceae	2	*Psittacanthus*	4	Lauraceae	1	*Castilleja*	1
		Castilleja	4	Hydnoraceae	1	*Cassytha*	1
		Agonandra	2			*Corynaea*	1
		Agalinis	2			*Helosis*	1
		Tristerix	2			*Langsdorffia*	1
		Oryctanthus	2			*Lophophytum*	1

estándar de 1,5.

El departamento de La Paz tiene registradas 9.272 especies, seguido por Santa Cruz, etc. (tabla 6). La Paz y Cochabamba comparten el mayor número de especies y un índice de Sørensen de 0,56, seguidas por Santa Cruz, Beni, etc. El departamento de Oruro comparte su flora con Potosí, pero no tiene mucho en común con los demás departamentos; mientras Potosí, además de Oruro, comparte especies con Tarija y Chuquisaca. Estas últimas comparten aparentemente la mayoría de su flora con un índice de Sørensen de 0,61.

Tabla 4. Área aproximada de las regiones, número de especies por región en **negrita**, número de especies compartidas entre regiones (abajo, izquierda en números enteros) y el índice de Sørensen (arriba, derecha en decimales).

	Altiplano	Andes	Zonas Bajas
Área aprox. (km^2)	164.000	205.000	730.000
Altiplano	**1565**	0,17	0,01
Andes	939	**9253**	0,36
Zonas Bajas	55	3198	**8453**

Las familias Fabaceae, Malvaceae y Poaceae están entre las familias más diversas en los nueve departamentos (tabla 7). Asteraceae está entre las más ricas en especies en ocho departamentos, solamente en Pando (donde tiene 39 especies) no figura entre ellas, seguida por Cyperaceae y

Tabla 5. Las diez familias y géneros más diversos en cada región, con su correspondiente número de especies.

Familias	No.	Géneros	No.
	Altiplano		
Asteraceae	299	*Senecio*	64
Poaceae	233	*Deyeuxia*	44
Fabaceae	95	*Nototriche*	36
Caryophyllaceae	65	*Lupinus*	34
Brassicaceae	48	*Poa*	31
Malvaceae	48	*Solanum*	27
Cyperaceae	46	*Gentianella*	26
Solanaceae	43	*Festuca*	25
Cactaceae	36	*Astragalus*	23
Gentianaceae	36	*Carex*	18
	Andes		
Orchidaceae	965	*Solanum*	143
Asteraceae	913	*Elaphoglossum*	113
Fabaceae	572	*Epidendrum*	112
Poaceae	566	*Peperomia*	102
Bromeliaceae	263	*Tillandsia*	98
Solanaceae	254	*Thelypteris*	83
Polypodiaceae	196	*Miconia*	80
Malvaceae	188	*Lepanthes*	69
Rubiaceae	188	*Asplenium*	67
Dryopteridaceae	185	*Puya*	63
	Zonas Bajas		
Fabaceae	835	*Miconia*	88
Poaceae	507	*Solanum*	87
Orchidaceae	419	*Piper*	77
Asteraceae	399	*Paspalum*	77
Rubiaceae	337	*Inga*	69
Malvaceae	307	*Ipomoea*	66
Euphorbiaceae	241	*Psychotria*	64
Cyperaceae	227	*Cyperus*	59
Melastomataceae	214	*Croton*	59
Apocynaceae	188	*Peperomia*	55

Solanaceae en siete departamentos; Rubiaceae en seis; Euphorbiaceae en cinco; Apocynaceae y Orchidaceae en cuatro; Bromeliaceae, Cactaceae y Melastomataceae en tres; Amaranthaceae, Bignoniaceae, Caryophyllaceae y Polypodiaceae en dos, y Annonaceae, Arecaceae, Brassicaceae, Dryopteridaceae y Moraceae en un sólo departamento. El género *Solanum* es el único entre los más ricos en especies en los nueve departamentos, seguido por *Tillandsia* en seis; *Baccharis*, *Cyperus*, *Miconia* y *Peperomia* en cinco; *Paspalum* y *Senecio* en cuatro; *Asplenium*, *Inga*, *Ipomoea*, *Piper* y *Thelypteris* en tres; *Croton*, *Deyeuxia*, *Elaphoglossum*, *Epidendrum*, *Festuca*, *Lobivia*, *Nototriche*, *Oxalis*, *Poa* y *Psychotria* en dos, y *Astragalus*, *Eleocharis*, *Ficus*, *Justicia*, *Lepanthes*, *Nassella*, *Passiflora*, *Philibertia*, *Philodendron*, *Pouteria*, *Senna* y *Stevia* en un departamento (tabla 7).

Zonas de elevación

En forma similar al análisis por departamentos, se calculó el número de especies encontradas en cada una de las diferentes zonas de 500 m de elevación. La riqueza de especies disminuye con el aumento en elevación, desde la zona de 0–500 m con 7.150 especies hasta solamente 33 especies encontradas sobre los 5000 m (tabla 8). En adición a estas cifras, hay 227 especies a las cuales no ha sido posible asignar un rango de elevación. En la tabla 8 se puede apreciar que las zonas de elevación adyacentes (más cerca a la diagonal) comparten el mayor número de especies, situación también expresada por el índice de Sørensen. El promedio de zonas de elevación por especies es de 2,2 con una variación estándar de 1,4; 6.445 especies (42%) han sido registradas en una sola zona de elevación,

Tabla 6. Área aproximada de los departamentos, número de especies por departamento en negrita, número de especies compartidas entre departamentos (abajo, izquierda en números enteros) y el índice de Sørensen (arriba, derecha en decimales).

	La Paz	Santa Cruz	Cochabamba	Beni	Chuquisaca	Tarija	Pando	Potosí	Oruro
Area aprox. (km^2)	120.000	357.000	52.000	288.000	46.000	35.000	60.000	98.000	43.000
La Paz	**9272**	0,47	0,56	0,37	0,25	0,25	0,23	0,12	0,07
Santa Cruz	4046	**7817**	0,44	0,48	0,35	0,31	0,27	0,07	0,02
Cochabamba	4125	2938	**5588**	0,29	0,38	0,35	0,19	0,19	0,09
Beni	2414	2730	1334	**3626**	0,16	0,15	0,48	0,02	0,00
Chuquisaca	1497	1841	1538	504	**2577**	0,61	0,08	0,27	0,09
Tarija	1463	1591	1444	452	1559	**2554**	0,07	0,30	0,13
Pando	1287	1307	729	1355	184	161	**2001**	0,01	0,01
Potosí	626	311	635	41	487	528	11	**997**	0,41
Oruro	364	65	273	7	133	196	8	293	**442**

Tabla 7. Las diez familias y géneros más ricos en especies por departamento, con su correspondiente número de especies.

Familias	No.	Géneros	No.	Familias	No.	Géneros	No.
		La Paz				Santa Cruz	
Orchidaceae	814	*Solanum*	124	Fabaceae	716	*Solanum*	103
Asteraceae	746	*Elaphoglossum*	112	Asteraceae	540	*Ipomoea*	67
Poaceae	573	*Peperomia*	104	Poaceae	498	*Paspalum*	66
Fabaceae	556	*Miconia*	98	Orchidaceae	452	*Croton*	63
Rubiaceae	251	*Epidendrum*	93	Malvaceae	284	*Miconia*	61
Solanaceae	221	*Thelypteris*	80	Rubiaceae	229	*Cyperus*	49
Melastomataceae	218	*Piper*	67	Euphorbiaceae	222	*Inga*	49
Cyperaceae	213	*Senecio*	65	Apocynaceae	214	*Peperomia*	47
Malvaceae	207	*Asplenium*	64	Cyperaceae	196	*Tillandsia*	46
Polypodiaceae	193	*Tillandsia*	60	Solanaceae	181	*Justicia*	45
		Cochabamba				Beni	
Orchidaceae	573	*Solanum*	94	Fabaceae	358	*Piper*	50
Asteraceae	456	*Elaphoglossum*	87	Poaceae	218	*Miconia*	44
Poaceae	348	*Peperomia*	70	Rubiaceae	155	*Inga*	39
Fabaceae	318	*Epidendrum*	70	Asteraceae	128	*Solanum*	37
Solanaceae	165	*Tillandsia*	56	Malvaceae	118	*Paspalum*	31
Polypodiaceae	139	*Thelypteris*	52	Cyperaceae	107	*Psychotria*	30
Dryopteridaceae	136	*Asplenium*	50	Melastomataceae	96	*Thelypteris*	29
Rubiaceae	131	*Lepanthes*	45	Bignoniaceae	90	*Cyperus*	28
Bromeliaceae	126	*Miconia*	41	Euphorbiaceae	88	*Asplenium*	24
Malvaceae	108	*Baccharis*	36	Apocynaceae	80	*Passiflora*	24
		Chuquisaca				Tarija	
Asteraceae	276	*Solanum*	53	Fabaceae	183	*Solanum*	42
Poaceae	221	*Tillandsia*	46	Asteraceae	343	*Tillandsia*	37
Fabaceae	212	*Baccharis*	27	Poaceae	255	*Baccharis*	31
Cactaceae	106	*Peperomia*	24	Orchidaceae	42	*Ipomoea*	26
Solanaceae	91	*Philibertia*	22	Malvaceae	95	*Cyperus*	26
Apocynaceae	88	*Ipomoea*	21	Rubiaceae	29	*Senecio*	26
Malvaceae	86	*Paspalum*	20	Euphorbiaceae	64	*Peperomia*	23
Bromeliaceae	76	*Cyperus*	20	Apocynaceae	65	*Paspalum*	19
Euphorbiaceae	68	*Croton*	20	Cyperaceae	64	*Stevia*	19
Cyperaceae	52	*Oxalis*	20	Solanaceae	91	*Oxalis*	17
		Pando				Potosi	
Fabaceae	219	*Piper*	35	Asteraceae	170	*Senecio*	25
Rubiaceae	87	*Inga*	33	Poaceae	152	*Solanum*	24
Poaceae	82	*Solanum*	27	Fabaceae	71	*Deyeuxia*	21
Bignoniaceae	64	*Psychotria*	26	Cactaceae	57	*Tillandsia*	20
Malvaceae	62	*Miconia*	25	Solanaceae	50	*Baccharis*	19
Moraceae	60	*Ficus*	19	Bromeliaceae	29	*Poa*	18
Melastomataceae	57	*Philodendron*	16	Malvaceae	27	*Festuca*	15
Arecaceae	49	*Pouteria*	14	Amaranthaceae	24	*Astragalus*	15
Annonaceae	49	*Cyperus*	13	Cyperaceae	23	*Nototriche*	12
Euphorbiaceae	48	*Senna*	13	Caryophyllaceae	23	*Lobivia*	11

Oruro			
Asteraceae	98	*Senecio*	17
Poaceae	81	*Deyeuxia*	16
Fabaceae	21	*Solanum*	13
Solanaceae	19	*Nototriche*	13
Brassicaceae	18	*Baccharis*	9
Malvaceae	17	*Poa*	9
Cyperaceae	15	*Nassella*	8
Caryophyllaceae	15	*Eleocharis*	6
Amaranthaceae	15	*Festuca*	6
Cactaceae	12	*Senecio*	17

3.733 (25%) en dos, 2.362 (16%) en tres, 1.415 (9%) en cuatro, 632 (4%) en cinco, 342 (2%) en seis, 107 (1%) en siete, 37 (0,2%) en ocho, 10 (0,1%) en nueve y 1 (0,0%) en 10. La gran mayoría de especies tiene una distribución limitada por elevación, 92,5% de las especies ocurre en cuatro o menos zonas de elevación.

Una comparación entre las zonas de elevación y las familias y géneros más diversos muestra que Asteraceae y Poaceae figuran entre las familias más ricas en especies en todas las 11 zonas de elevación; Fabaceae en 10; Malvaceae en ocho; Orchidaceae en siete; Solanaceae en seis; Bromeliaceae y Dryopteridaceae en cinco, Brassicaceae, Caryophyllaceae, Cyperaceae y Polypodiaceae en cuatro, Apocynaceae, Cactaceae, Euphorbiaceae, Melastomataceae, Rosaceae y Rubiaceae en tres; Gentianaceae en dos; Apiaceae, Bignoniaceae, Juncaceae y Piperaceae en una (tabla 9). Es notable el recambio de familias, por ejemplo la familia Bromeliaceae está entre las más ricas en especies desde 1000 m hasta 3500 m, mientras Euphorbiaceae está entra las más ricas en especies desde 0 m hasta 1500 m, Brassicaceae domina desde 3500 m hasta encima de 5000 m. Paralelamente para el caso de los géneros, *Solanum* figura entre los más ricos en especies en ocho zonas de elevación; *Elaphoglossum* y *Tillandsia*

Tabla 8. Área aproximada para cada zona altitudinal (primera línea), número de especies por zona altitudinal (en negrita), número de especies compartidas (abajo, izquierda en números enteros) e índice de similaridad de Sørensen (arriba, derecha en decimales).

	0–500 m	500–1000 m	1000–1500 m	1500–2000 m	2000–2500 m	2500–3000 m	3000–3500 m	3500–4000 m	4000–4500 m	4500–5000 m	>5000 m
Área aprox. (km²)	721.000	49.000	31.000	24.000	22.000	22.000	25.000	96.000	59.000	15.000	200
0–500 m	**7150**	0,59	0,37	0,25	0,14	0,08	0,04	0,01	0,00	0,00	0,00
500–1000 m	3593	**4972**	0,58	0,38	0,22	0,13	0,05	0,02	0,01	0,00	0,00
1000–1500 m	2147	2698	**4316**	0,61	0,38	0,24	0,12	0,05	0,02	0,00	0,00
1500–2000 m	1360	1673	2489	**3902**	0,58	0,38	0,20	0,10	0,03	0,01	0,00
2000–2500 m	757	931	1511	2175	**3536**	0,61	0,36	0,18	0,07	0,02	0,00
2500–3000 m	428	528	916	1378	2084	**3331**	0,55	0,31	0,11	0,03	0,00
3000–3500 m	173	209	422	669	1102	1658	**2650**	0,54	0,23	0,08	0,00
3500–4000 m	67	64	165	286	496	795	1226	**1855**	0,48	0,21	0,02
4000–4500 m	14	16	43	76	153	226	399	651	**881**	0,51	0,05
4500–5000 m	2	2	10	16	31	53	115	236	331	**410**	0,14
>5000 m	0	0	0	1	3	3	6	17	23	31	**33**

Tabla 9. Las diez familias y géneros más diversos en cada zona de elevación, con su correspondiente número de especies.

Familias	No.	Géneros	No.	Familias	No.	Géneros	No.
	0–500 m				500–1000 m		
Fabaceae	769	*Solanum*	73	Fabaceae	441	*Solanum*	58
Poaceae	457	*Paspalum*	70	Poaceae	348	*Paspalum*	54
Orchidaceae	311	*Inga*	67	Orchidaceae	274	*Miconia*	54
Asteraceae	307	*Miconia*	67	Asteraceae	234	*Piper*	48
Rubiaceae	275	*Piper*	67	Rubiaceae	187	*Peperomia*	48
Malvaceae	270	*Cyperus*	57	Malvaceae	153	*Thelypteris*	47
Cyperaceae	208	*Ipomoea*	54	Euphorbiaceae	128	*Ipomoea*	39
Euphorbiaceae	204	*Psychotria*	49	Melastomataceae	122	*Psychotria*	38
Melastomataceae	170	*Rhynchospora*	48	Bignoniaceae	121	*Inga*	37
Apocynaceae	162	*Croton*	45	Apocynaceae	120	*Tillandsia*	36
	1000–1500 m				1500–2000 m		
Orchidaceae	406	*Solanum*	61	Orchidaceae	415	*Solanum*	67
Fabaceae	364	*Peperomia*	57	Asteraceae	300	*Elaphoglossum*	58
Asteraceae	278	*Elaphoglossum*	46	Poaceae	262	*Tillandsia*	56
Poaceae	271	*Miconia*	45	Fabaceae	253	*Peperomia*	53
Bromeliaceae	127	*Tillandsia*	45	Solanaceae	120	*Epidendrum*	47
Rubiaceae	123	*Asplenium*	44	Bromeliaceae	110	*Asplenium*	40
Solanaceae	113	*Epidendrum*	44	Malvaceae	91	*Miconia*	33
Malvaceae	105	*Inga*	43	Apocynaceae	90	*Paspalum*	32
Melastomataceae	103	*Thelypteris*	42	Dryopteridaceae	87	*Maxillaria*	29
Euphorbiaceae	102	*Piper*	33	Polypodiaceae	86	*Inga*	28
	2000–2500 m				2500–3000 m		
Asteraceae	347	*Solanum*	80	Asteraceae	380	*Solanum*	77
Orchidaceae	313	*Elaphoglossum*	73	Orchidaceae	273	*Elaphoglossum*	66
Poaceae	219	*Tillandsia*	62	Poaceae	234	*Tillandsia*	57
Fabaceae	181	*Peperomia*	48	Fabaceae	163	*Epidendrum*	39
Solanaceae	139	*Epidendrum*	41	Solanaceae	130	*Baccharis*	39
Bromeliaceae	117	*Asplenium*	32	Bromeliaceae	101	*Peperomia*	34
Dryopteridaceae	101	*Baccharis*	31	Polypodiaceae	85	*Lepanthes*	29
Polypodiaceae	91	*Blechnum*	28	Dryopteridaceae	85	*Oxalis*	28
Malvaceae	78	*Thelypteris*	27	Cactaceae	75	*Stevia*	27
Piperaceae	70	*Hymenophyllum*	25	Malvaceae	57	*Hymenophyllum*	25
	3000–3500 m				3500–4000 m		
Asteraceae	347	*Elaphoglossum*	52	Asteraceae	350	*Senecio*	49
Poaceae	211	*Solanum*	49	Poaceae	225	*Solanum*	39
Orchidaceae	130	*Baccharis*	37	Fabaceae	92	*Lupinus*	35
Fabaceae	116	*Tillandsia*	28	Solanaceae	67	*Baccharis*	33
Solanaceae	87	*Oxalis*	28	Rosaceae	57	*Deyeuxia*	32
Rosaceae	77	*Calceolaria*	25	Caryophyllaceae	46	*Elaphoglossum*	26
Polypodiaceae	75	*Thelypteris*	24	Cyperaceae	46	*Festuca*	25
Dryopteridaceae	64	*Senecio*	24	Cactaceae	42	*Gentianella*	21
Bromeliaceae	59	*Puya*	23	Brassicaceae	40	*Oxalis*	20
Cactaceae	59	*Gentianella*	23	Dryopteridaceae	34	*Puya*	20

4000–4500 m				4500–5000 m			
Asteraceae	197	*Senecio*	49	Asteraceae	99	*Deyeuxia*	32
Poaceae	137	*Deyeuxia*	35	Poaceae	77	*Senecio*	28
Fabaceae	73	*Lupinus*	28	Caryophyllaceae	32	*Nototriche*	25
Caryophyllaceae	44	*Nototriche*	27	Malvaceae	26	*Poa*	14
Malvaceae	35	*Poa*	23	Brassicaceae	26	*Werneria*	12
Cyperaceae	31	*Festuca*	20	Fabaceae	22	*Gentianella*	11
Brassicaceae	30	*Gentianella*	19	Gentianaceae	17	*Astragalus*	11
Gentianaceae	25	*Astragalus*	19	Cyperaceae	9	*Festuca*	10
Apiaceae	17	*Cerastium*	14	Apiaceae	9	*Cerastium*	10
Rosaceae	16	*Baccharis*	13	Juncaceae	6	*Xenophyllum*	8
>5000 m							
Asteraceae	13	*Deyeuxia*	4				
Poaceae	7	*Senecio*	4				
Brassicaceae	3	*Werneria*	3				
Caryophyllaceae	2	*Xenophyllum*	3				
Ocho familias con	1	*Poa*	2				
		Hypochaeris	2				
		Aschersoniodoxa	2				
		13 géneros con	1				

en seis; *Baccharis*, *Peperomia* y *Senecio* en cinco; *Deyeuxia*, *Epidendrum*, *Gentianella*, *Inga*, *Miconia*, *Puya* y *Thelypteris* en cuatro; *Asplenium*, *Festuca*, *Oxalis*, *Paspalum*, *Poa* y *Piper* en tres; *Astragalus*, *Cerastium*, *Hymenophyllum*, *Ipomoea*, *Lupinus*, *Nototriche*, *Psychotria*, *Werneria* y *Xenophyllum* en dos; *Aschersoniodoxa*, *Blechnum*, *Calceolaria*, *Croton*, *Cyperus*, *Hypochaeris*, *Lepanthes*, *Maxillaria* y *Stevia* en una. Aquí también el recambio de géneros es notable, a parte de *Solanum* que está entre los más diversos desde 0 m hasta 4000 m, la mayoría de géneros son particulares de zonas bajas, intermedias o altas (tabla 9).

Zonas de vegetación

El número más alto de especies se encuentra en los Yungas con 6.073 o 40%, seguido por los Bosques Húmedos con 5.599 (37%) y Valles Secos con 3.236 (21%) (véase tabla 10 para las demás zonas de vegetación). Adicionalmente, hay 230 especies enumeradas en el *Catálogo* para las cuales no ha sido posible asignar una zona de vegetación. El promedio de zonas de vegetación asignadas a una especie es de 1,8, con una variación estándar de 1,3. Los valores del índice de Sørensen revelan algunas sorpresas, por ejemplo los Yungas tienen más similitud con los Bosques Húmedos de las zonas bajas que con los otros bosques de los Andes (Valles Secos, Tucumano-Boliviano, Serrano Chaqueño) aunque los bosque de la zona Andina claramente tienen más en común con los Yungas que ellos con las diferentes zonas de sabanas y punas. Es sorprendente que los Valles Secos tienen un valor más alto para el índice de Sørensen en comparación con los Bosques Húmedos. Por otro lado, no sorprende que el Bosque Semideciduo Chiquitano tenga valores más altos en comparación con los Campos Cerrados, Sabanas Benianas del Sur, Bosques Húmedos y Bosque Seco Chaqueño. Los Campos Cerrados, además de lo dicho anteriormente, tienen más en común con las Sabanas Benianas del Sur. El Bosque Tucumano-Boliviano comparte más especies con sus vecinos de los Valles Secos y el Bosque Serrano Chaqueño. Las dos zonas de Puna comparten 344 especies y menores valores con el Páramo Yungueño y los Bosques de *Polylepis*.

Una comparación de las zonas de vegetación y las familias y géneros más ricos en especies (tabla 11), revela que las familias Asteraceae, Fabaceae y Poaceae están entre las más ricas en todas las 15 zonas de vegetación. Estas familias se encuentran seguidas por Malvaceae en 11 zonas, Apocynaceae y Cyperaceae en ocho zonas, Solanaceae en

Tabla 10. Área aproximada para cada zona de vegetación (primera línea), número de especies por zona de vegetación (en negrita), número de especies compartidas (abajo, izquierda en npumeros enteros) e índice de similaridad de Sørensen (arriba, derecha en decimales).

	Los Yungas	Bosques Húmedos	Valles Secos	Bosque Semideciduo Chiquitano	Campos Cerrados	Bosque Tucumano-Boliviano	Sabanas Benianas del Sur	Puna Húmeda	Bosque Seco Chaqueño	Páramo Yungueño	Puna Seca	Bosque Serrano Chaqueño	Campos Amazónicos	Sabanas Benianas del Norte	Bosque de *Polylepis*
Área aprox. (km²)	61.000	345.000	77.000	142.000	21.000	28.000	117.000	26.000	68.000	11.000	137.000	28.000	13.000	24.000	NA
Los Yungas	**6073**	0,34	0,21	0,18	0,11	0,23	0,11	0,09	0,06	0,14	0,03	0,07	0,05	0,03	0,03
Bosques Húmedos	1986	**5599**	0,11	0,29	0,20	0,14	0,22	0,01	0,08	0,01	0,00	0,06	0,11	0,07	0,00
Valles Secos	983	506	**3236**	0,21	0,12	0,27	0,10	0,20	0,19	0,08	0,16	0,17	0,03	0,03	0,05
Bosque Semideciduo Chiquitano	750	1153	585	**2358**	0,34	0,22	0,31	0,01	0,27	0,02	0,01	0,17	0,11	0,10	0,00
Campos Cerrados	439	755	310	721	**1932**	0,11	0,32	0,01	0,12	0,01	0,00	0,09	0,21	0,18	0,00
Bosque Tucumano-Boliviano	866	506	651	444	191	**1623**	0,12	0,06	0,17	0,07	0,04	0,26	0,04	0,05	0,03
Sabanas Benianas del Sur	389	757	236	565	516	179	**1286**	0,01	0,15	0,01	0,00	0,10	0,25	0,24	0,00
Puna Húmeda	316	28	428	21	8	88	13	**1134**	0,01	0,27	0,37	0,02	0,01	0,01	0,17
Bosque Seco Chaqueño	207	280	397	453	184	230	173	9	**1025**	0,02	0,01	0,29	0,04	0,05	0,00
Páramo Yungueño	495	39	157	25	10	89	15	264	15	**838**	0,10	0,03	0,01	0,01	0,12
Puna Seca	102	10	324	15	3	45	5	344	6	65	**725**	0,02	0,00	0,00	0,17
Bosque Serrano Chaqueño	232	174	337	263	118	293	97	21	248	22	14	**657**	0,04	0,05	0,01
Campos Amazónicos	172	348	48	161	262	46	235	5	29	6	2	24	**598**	0,27	0,00
Sabanas Benianas del Norte	100	202	51	142	206	46	197	7	32	8	2	27	132	**381**	0,01
Bosque de *Polylepis*	93	6	94	6	3	29	3	116	3	63	80	5	1	3	**200**

siete, Euphorbiaceae y Orchidaceae en seis, Bignoniaceae, Bromeliaceae y Rubiaceae en cinco, Cactaceae en 4, Amaranthaceae, Caryophyllaceae, Melastomataceae y Polypodiaceae en 3. El recambio de familias, aparte de las casi omnipresentes, no presenta un patrón tan claro como para las zonas de elevación. De todas maneras tiene lógica que Cactaceae esté entre las familias más ricas en especies en la Puna Seca, los Valles Secos y el Bosque Serrano Chaqueño. Por otro lado es difícil explicar por qué Rubiaceae está entre las familias más ricas en especies en tres zonas de sabana y hay más ejemplos de este tipo.

Paralelamente para el caso de los géneros, *Solanum* figura entre los más ricos en especies en 11 zonas de vegetación; *Paspalum* en siete; *Inga* en seis; *Deyeuxia*, *Ipomoea* y *Tillandsia* en cinco; *Asplenium*, *Cyperus*, *Rhynchospora* y *Senecio* en cuatro. Aquí también el recambio de géneros es notable y también difícil de interpretar aunque tales patrones parecen tener lógica; por ejemplo, hay géneros como *Hyptis* que se encuentra entre los más ricos en especies en tres zonas de sabanas, mientras que *Miconia* es rico en Yungas y Campos Cerrados (aunque no figura entre los más ricos en especies para otras zonas).

Tabla 11. Las diez familias y géneros más diversos en cada zona de vegetación, con su correspondiente número de especies.

Familias	No.	Géneros	No.	Familias	No.	Géneros	No.
Los Yungas				Bosques Húmedos			
Orchidaceae	816	*Elaphoglossum*	108	Fabaceae	571	*Piper*	73
Asteraceae	507	*Epidendrum*	93	Orchidaceae	357	*Miconia*	72
Fabaceae	322	*Solanum*	93	Poaceae	286	*Inga*	68
Poaceae	299	*Peperomia*	87	Rubiaceae	271	*Psychotria*	61
Polypodiaceae	182	*Thelypteris*	79	Asteraceae	181	*Solanum*	59
Dryopteridaceae	177	*Miconia*	76	Melastomataceae	166	*Peperomia*	51
Melastomataceae	163	*Lepanthes*	66	Malvaceae	137	*Thelypteris*	37
Solanaceae	154	*Asplenium*	51	Apocynaceae	128	*Passiflora*	37
Rubiaceae	152	*Inga*	51	Bignoniaceae	127	*Serjania*	37
Piperaceae	134	*Stelis*	48	Piperaceae	124	*Ficus*	37
Valles Secos				Bosque Semideciduo Chiquitano			
Asteraceae	482	*Solanum*	58	Fabaceae	331	*Paspalum*	34
Fabaceae	355	*Tillandsia*	58	Poaceae	263	*Solanum*	28
Poaceae	325	*Stevia*	41	Asteraceae	163	*Tillandsia*	21
Cactaceae	132	*Senecio*	30	Malvaceae	111	*Ipomoea*	21
Solanaceae	123	*Baccharis*	27	Apocynaceae	78	*Serjania*	21
Bromeliaceae	99	*Senna*	24	Euphorbiaceae	71	*Sida*	20
Malvaceae	90	*Deyeuxia*	24	Solanaceae	47	*Eragrostis*	19
Apocynaceae	78	*Paspalum*	23	Orchidaceae	46	*Mimosa*	19
Amaranthaceae	78	*Oxalis*	23	Malpighiaceae	46	*Inga*	18
Euphorbiaceae	67	*Puya*	23	Bignoniaceae	44	*Panicum*	18
Campos Cerrados				Bosque Tucumano-Boliviano			
Fabaceae	257	*Paspalum*	38	*Asteraceae*	203	*Baccharis*	25
Poaceae	192	*Rhynchospora*	38	*Fabaceae*	137	*Tillandsia*	23
Asteraceae	161	*Ipomoea*	30	*Orchidaceae*	120	*Asplenium*	21
Cyperaceae	116	*Croton*	24	*Poaceae*	87	*Cyperus*	20
Euphorbiaceae	81	*Cyperus*	24	*Apocynaceae*	59	*Peperomia*	20
Apocynaceae	74	*Panicum*	23	*Bromeliaceae*	51	*Solanum*	19
Convolvulaceae	61	*Inga*	20	*Cyperaceae*	47	*Blechnum*	19
Malvaceae	57	*Utricularia*	18	*Malvaceae*	37	*Begonia*	15
Malpighiaceae	53	*Bulbostylis*	18	*Polypodiaceae*	32	*Stevia*	14
Bignoniaceae	43	*Hyptis*	18	*Solanaceae*	31	*Dioscorea*	13
Sabanas Benianas del Sur				Puna Húmeda			
Fabaceae	228	*Cyperus*	28	Asteraceae	245	*Senecio*	56
Poaceae	144	*Rhynchospora*	24	Poaceae	152	*Deyeuxia*	36
Cyperaceae	85	*Inga*	22	Fabaceae	63	*Lupinus*	27
Asteraceae	65	*Paspalum*	18	Caryophyllaceae	58	*Poa*	26
Malvaceae	53	*Bauhinia*	15	Brassicaceae	38	*Gentianella*	21
Apocynaceae	36	*Senna*	13	Cyperaceae	36	*Solanum*	19
Euphorbiaceae	34	*Ludwigia*	13	Gentianaceae	31	*Carex*	17
Rubiaceae	31	*Ipomoea*	13	Solanaceae	28	*Cerastium*	17
Bignoniaceae	24	*Solanum*	12	Malvaceae	26	*Gnaphalium*	15
Sapindaceae	23	*Panicum*	11	Plantaginaceae	26	*Festuca*	15

Bosque Seco Chaqueño				Páramo Yungueño			
Fabaceae	127	*Croton*	18	Orchidaceae	129	*Epidendrum*	25
Poaceae	94	*Ipomoea*	17	Asteraceae	85	*Puya*	20
Malvaceae	60	*Tillandsia*	16	Poaceae	81	*Lupinus*	16
Euphorbiaceae	55	*Solanum*	14	Fabaceae	40	*Gentianella*	16
Asteraceae	54	*Justicia*	14	Cyperaceae	32	*Carex*	14
Solanaceae	35	*Mimosa*	12	Bromeliaceae	27	*Deyeuxia*	13
Apocynaceae	35	*Sida*	12	Apiaceae	27	*Senecio*	12
Bromeliaceae	33	*Paspalum*	11	Rosaceae	26	*Lachemilla*	12
Cactaceae	32	*Prosopis*	11	Gentianaceae	25	*Elaphoglossum*	11
Amaranthaceae	30	*Jatropha*	10	Pteridaceae	20	*Siphocampylus*	11
Puna Seca				Bosque Serrano Chaqueño			
Poaceae	171	*Senecio*	23	Fabaceae	73	*Tillandsia*	18
Asteraceae	110	*Deyeuxia*	22	Asteraceae	54	*Croton*	11
Fabaceae	48	*Nototriche*	22	Malvaceae	34	*Anemia*	9
Caryophyllaceae	31	*Poa*	19	Bromeliaceae	30	*Solanum*	8
Malvaceae	25	*Astragalus*	19	Cactaceae	26	*Serjania*	8
Amaranthaceae	24	*Festuca*	18	Poaceae	25	*Justicia*	8
Solanaceae	23	*Solanum*	12	Euphorbiaceae	25	*Portulaca*	7
Cactaceae	22	*Nassella*	12	Verbenaceae	24	*Asplenium*	7
Brassicaceae	21	*Oxalis*	10	Acanthaceae	17	*Senegalia*	7
Cyperaceae	19	*Sisyrinchium*	9	Sapindaceae	16	*Pavonia*	7
Campos Amazónicos				Sabanas Benianas del Norte			
Fabaceae	79	*Rhynchospora*	18	Fabaceae	31	*Rhynchospora*	13
Cyperaceae	56	*Xyris*	16	Cyperaceae	24	*Paspalum*	5
Rubiaceae	49	*Inga*	15	Asteraceae	23	*Cuphea*	5
Poaceae	48	*Cyperus*	13	Poaceae	21	*Echinodorus*	5
Asteraceae	25	*Paspalum*	12	Bignoniaceae	12	*Hyptis*	4
Orchidaceae	19	*Eleocharis*	9	Rubiaceae	11	*Miconia*	4
Melastomataceae	19	*Phoradendron*	8	Apocynaceae	11	*Syngonanthus*	4
Xyridaceae	18	*Psychotria*	8	Araceae	11	*Mimosa*	4
Arecaceae	16	*Ipomoea*	7	Alismataceae	11	*Utricularia*	4
Malvaceae	15	*Hyptis*	7	Arecaceae	10	*Solanum*	4
Bosque de *Polylepis*							
Poaceae	31	*Deyeuxia*	9				
Asteraceae	16	*Agalinis*	6				
Apiaceae	15	*Elaphoglossum*	6				
Caryophyllaceae	13	*Nototriche*	5				
Orobanchaceae	11	*Asplenium*	4				
Fabaceae	10	*Bartsia*	4				
Dryopteridaceae	10	*Bromus*	4				
Polypodiaceae	9	*Pycnophyllum*	4				
Verbenaceae	7	*Parastrephia*	4				
Pteridaceae	6	*Bowlesia*	4				

Agradecimientos

El Catálogo de las Plantas Vasculares de Bolivia fue financiado inicialmente por Andrew W. Mellon Foundation. Agradecemos infinitamente su apoyo. Agradecemos también el apoyo financiero e institucional del Missouri Botanical Garden (MO), el Herbario Nacional de Bolivia (LPB), el Herbario del Oriente Boliviano (USZ), el Herbario Nacional Forestal Martín Cárdenas (BOLV) y The New York Botanical Garden (NY). Agradecemos a los curadores y el personal de BOLV, HSB, LPB, MO, NY y USZ quienes apoyaron este proyecto en sus diferentes etapas y en múltiples aspectos. Reconocemos el valioso apoyo de Magaly Mercado, Margot Atahuachi y Susana Arrázola (BOLV); Alejandro Araujo-Murakami, Luzmila Arroyo, Mario Saldias y Moisés Mendoza (USZ), y Martha Serrano, Julia Gutiérrez y Reynaldo Lozano (HSB).

Durante su primera fase, el proyecto se realizó gracias a la asistencia de Amada Pedroni-Gonzales, Nancy L. Hediger y Elizabeth Wiggins. El Catálogo no se hubiera podido completar sin la asistencia de Vallery Swift y Suzanne Hirth en su labor como editores técnicos durante la mayoría del proyecto. En la fase final la asistencia de Juan Carlos Penagos y Carolina Romero resultó crucial para la edición técnica. María Isabel Loza Rivera y Noel Ortuño colaboraron en la elaboración de los mapas que se presentan en las contraportadas. A cada uno de ellos ofrecemos nuestra más sincera gratitud y aprecio. S.G. Beck agradece en especial a Alfredo Fuentes, Carola Beck, John R.I. Wood y Rosy Chávez de Michel por las discusiones y comentarios a los capítulos correspondientes a la vegetación e historia de colectas botánicas en Bolivia. P.M. Jørgensen agradece a Carolina Romero por leer detalladamente la totalidad del texto aquí publicado.

La base de datos Tropicos® pasó por varias fases de desarrollo durante el proyecto, proceso que introdujo tanto problemas como nuevas ventajas, ya que la elaboración del Catálogo permitió cambios fundamentales en la estructura de la plataforma de esta base de datos, así como influyó en la manera de incorporar nueva información a la misma. Estamos muy agradecidos a Jay Paige, Heather Stimmel y Robert Magill por su ayuda y constante apoyo durante todo el proyecto. Reconocemos también el apoyo de múltiples personas del personal de MO y sus varios proyectos en varios países quienes día a día hacen uso de Tropicos® e impulsan la mejora tanto de la calidad como del aumento en la cantidad de información accesible en la base de datos para proyectos como el que aquí presentamos.

Agradecemos a todos los especialistas en Taxonomía que visitaron las instituciones participantes durante la duración del proyecto, quienes tomaron el tiempo para identificar material allí depositado, y de esta manera mejorar la calidad de la información presente en el Catálogo, así como también a los curadores de los herbarios AAU, B, CTES, GOET, K, M, MA, MO, NY, P, SI, US, W, WRSL y Z quienes apoyaron con determinaciones, canje de muestras y apoyo logístico a S.G. Beck y/o P.M. Jørgensen durante sus visitas.

Extendemos nuestro más sincero agradecimiento y aprecio a los autores y co-autores de los tratamientos de las familias:

Acebey, A. (LPB): Araceae.
Acevedo-Rodríguez, P. (US): Sapindaceae.
Achá, S. (LPB): Myristicaceae, Rosaceae.
Ackermann, M. (BONN): Loasaceae.
Aedo P., C. (MA): Geraniaceae.
Albesiano, A.S. (LP, UPTC): Cactaceae.
Al-Shehbaz, I. (MO): Brassicaceae.
Alverson, W.S. (WIS): Malvaceae.
Anónimo: Apocynaceae.
Antezana, C. (BOLV): Actinidiaceae.
Araujo, A.C. (K): Cyperaceae.
Arbelaez, A. (MO): Pteridaceae, Sabiaceae.
Arbo, M.M (CTES): Passifloraceae.
Arrázola, S. (BOLV): Aquifoliaceae, Casuarinaceae, Connaraceae, Elaeocarpaceae, Humiriaceae, Muntingiaceae, Symplocaceae.
Arroyo, L. (USZ): Combretaceae.
Atahuachi, M. (BOLV): Aptandraceae, Cervantesiaceae, Coulaceae, Erythropalaceae, Fabaceae, Krameriaceae, Magnoliaceae, Olacaceae.
Atha, D. (NY): Anacampserotaceae.
Aymard, G. (PORT): Buxaceae, Dilleniaceae.
Bacigalupo, N. (CTES): Rubiaceae.
Badillo, V.M.† (MY): Caricaceae.
Ballard, H.E. (BHO): Violaceae.
Balslev, H. (AAU): Juncaceae.
Barham, J. (K): Fabaceae.
Barriera, G. (G): Aquifoliaceae.
Batterman, M.R.W. (OSH): Campanulaceae.
Beck, S.G. (LPB): Aizoaceae, Asteraceae, Begoniaceae, Bixaceae, Calceolariaceae,

Caprifoliaceae, Clethraceae, Corsiaceae, Cyperaceae, Geraniaceae, Gunneraceae, Haloragaceae, Hydnoraceae, Hypseocharitaceae, Lentibulariaceae, Linderniaceae, Mayacaceae, Melianthaceae, Orobanchaceae, Oxalidaceae, Papaveraceae, Pedaliaceae, Phrymaceae, Phyllanthaceae, Phytolaccaceae, Plantaginaceae, Ranunculaceae, Rubiaceae, Salicaceae, Scrophulariaceae, Velloziaceae, Vivianiaceae.
Berg, C.C.† (L): Cannabaceae, Moraceae, Ulmaceae, Urticaceae.
Berry, P.E. (MICH): Euphorbiaceae, Onagraceae, Rapateaceae.
Bonifaz, C. (GUAY): Proteaceae.
Borchsenius, F. (AAU): Araliaceae.
Borsch, T. (B): Amaranthaceae.
Cabral, E. (CTES): Rubiaceae.
Calió, M.F. (SPF): Gentianaceae.
Callejas, R. (HUA): Piperaceae.
Camelbeke, K. (Arboretum Wespelaar): Cyperaceae.
Cardiel, J.M. (MA, MAUAM): Euphorbiaceae.
Carretero, A. (HSB): Phytolaccaceae.
Cayola, L. (LPB): Commelinaceae.
Celis, M. (COL): Iridaceae.
Chatrou, L. W. (WAG): Annonaceae.
Chávez, E. (USZ): Dichapetalaceae, Ebenaceae.
Clark, J.L. (UNA): Gesneriaceae.
Cochrane, T. (WIS): Cleomaceae.
Cornejo, X. (GUAY): Capparaceae.
Croat, T. (MO): Araceae.
Cusato, L. (BAA): Rhamnaceae.
Daly, D. (NY): Burseraceae.
Dias, P. (SPF): Rutaceae.
Dorr, L.J. (US): Malvaceae.
Dressler, S. (FR): Marcgraviaceae.
Duno, R. (CICY): Cardiopteridaceae, Droseraceae, Icacinaceae, Stemonuraceae.
Dutilh, J. (UEC): Alstroemeriaceae, Amaryllidaceae.
Emshwiller, E. (F, WIS): Hypseocharitaceae, Oxalidaceae.
Eriksson, R. (GB): Basellaceae, Cyclanthaceae.
Esser, H.-J. (M): Euphorbiaceae, Phyllanthaceae.
Feltz, E. (MO): Tovariaceae.
Fernández C., F.J. (MA): Euphorbiaceae, Loganiaceae.
Fernández, E. (BOLV): Commelinaceae.
Fernández, M. del P. (LPB): Ceratophyllaceae.
Ferrucci, M.S. (CTES): Sapindaceae.
Fleischmann, A. (M): Droseraceae.
Forero, E. (COL): Connaraceae.
Freire-Fierro, A. (PH): Crassulaceae, Hydrangeaceae, Polygalaceae, Saxifragaceae.
Fritsch, P.W. (CAS): Styracaceae.
Fryxell, P.A.† (TEX): Malvaceae.
Fuentes, A. (LPB): Apocynaceae, Bignoniaceae, Convolvulaceae, Cunoniaceae, Gnetaceae.
Galarza, I. (LPB): Amaranthaceae, Asparagaceae.
García, E. (LPB): Cardiopteridaceae, Icacinaceae, Rhamnaceae, Stemonuraceae.
Garvizu, M. (USZ): Alismataceae, Pontederiaceae, Typhaceae.
Gillespie, L.J. (CAN): Euphorbiaceae.
Gonzales, M.J. (LPB): Gleicheniaceae, Lycopodiaceae.
González, S. (CIIDIR): Cyperaceae.
Graham, S.A. (MO): Alzateaceae, Lythraceae.
Grant, J. (NEU): Gentianaceae.
Groppo, M. (SPFR): Rutaceae.
Guaglianone, E.† (SI): Cyperaceae, Smilacaceae.
Guerreiro, C. (SI): Poaceae.
Gutierrez, R. (ASU): Martyniaceae.
Harley, R. (K): Lamiaceae.
Harling, G.† (GB): Cunoniaceae.
Hausner, G. (WIES): Monimiaceae, Siparunaceae.
Hensold, N. (F): Eriocaulaceae.
Hiepko, P. (B): Opiliaceae.
Hinchliff, C. (WS): Cyperaceae.
Hinojosa, I. (LPB): Caryocaraceae.
Hirth, S. (MO): Dioscoreaceae, Pentaphylacaceae, Theaceae, Verbenaceae.
Holst, B. (SEL): Bromeliaceae, Myrtaceae.
Huaylla Limachi, L. (HSB): Cactaceae.
Ibáñez, D. (LPB): Asteraceae.
Ibisch, P.L. (Eberswalde University): Bromeliaceae, Orchidaceae, Velloziaceae.
Iltis, H.H. (WIS): Capparaceae.
Jardim, A. (USZ): Linaceae.
Jiménez, I. (LPB): Orchidaceae.
Jørgensen, P.M. (MO): Achariaceae, Achatocarpaceae, Actinidiaceae, Aptandraceae, Asteraceae, Balanophoraceae, Balsaminaceae, Burmanniaceae, Calyceraceae, Caprifoliaceae, Cervantesiaceae, Coulaceae, Elaeagnaceae, Erythropalaceae, Frankeniaceae, Haemodoraceae, Lentibulariaceae, Malpighiaceae, Menyanthaceae, Musaceae, Myrtaceae, Olacaceae, Papaveraceae, Passifloraceae, Phytolaccaceae, Pittosporaceae, Plantaginaceae, Platanaceae, Podostemaceae, Resedaceae, Salicaceae, Sapindaceae, Schoepfiaceae, Strelitziaceae, Triuridaceae, Tropaeolaceae, Vivianiaceae, Vochysiaceae, Ximeniaceae,

Zamiaceae, Zingiberaceae.
Kennedy, H. (UCR): Marantaceae.
Kessler, M. (Z): Anemiaceae, Aspleniaceae, Blechnaceae, Bromeliaceae, Davalliaceae, Dennstaedtiaceae, Dicksoniaceae, Dryopteridaceae, Equisetaceae, Gleicheniaceae, Hymenophyllaceae, Isoetaceae, Lindsaeaceae, Lomariopsidaceae, Loxsomataceae, Lygodiaceae, Marattiaceae, Marsileaceae, Metaxyaceae, Oleandraceae, Ophioglossaceae, Osmundaceae, Plagiogyriaceae, Polypodiaceae, Psilotaceae, Saccolomataceae, Salviniaceae, Schizaeaceae, Selaginellaceae, Tectariaceae, Thelypteridaceae, Woodsiaceae.
Kiesling, R. (MERL): Cactaceae.
Klitgaard, B. (K): Fabaceae.
Korotkova, N. (B): Cactaceae.
Kral, R.: Xyridaceae.
Krapovickas, A. (CTES): Malvaceae.
Krömer, T. (Centro de Investigaciones Tropicales, Universidad Veracruzana): Bromeliaceae.
Kuijt, J. (UVIC): Loranthaceae, Santalaceae, Viscaceae.
Lammers, T. (OSH): Campanulaceae, Sphenocleaceae.
Landolt, E. (ZT): Araceae.
Landrum, L.R. (ASU): Myrtaceae.
Lehnert, M. (STU): Culcitaceae, Cyatheaceae, Polypodiaceae.
León, B. (USM): Plantaginaceae.
Lepis, K.B. (Monmouth University): Gentianaceae.
Lewis, G. (K): Fabaceae.
Liesner, R. (MO): Adoxaceae, Caprifoliaceae, Celastraceae, Columelliaceae, Dipentodontaceae, Goupiaceae, Humiriaceae, Lamiaceae, Loganiaceae, Myristicaceae, Ochnaceae, Rhamnaceae, Urticaceae, Verbenaceae.
Lohmann, L. (USP): Bignoniaceae.
Loizeau, P.-A. (G): Aquifoliaceae.
Lombardi, J. (BHCB): Vitaceae.
López, M.G. (CTES): Cyperaceae.
López, R.P. (LPB): Betulaceae, Cornaceae, Juglandaceae, Salicaceae.
Luteyn, J.L. (NY): Ericaceae.
Luther, H.† (SEL): Bromeliaceae.
Maas, P.J.M. (WAG): Annonaceae.
Macía, M.J. (MA, UAM): Sapotaceae.
Maldonado, C. (LPB): Boraginaceae.
Mathieu, G. (GENT): Piperaceae.
Mayta, E. (LPB): Cannabaceae, Ulmaceae.
Meerow, A. (FLAS): Amaryllidaceae.
Mendoza, M. (USZ): Anacampserotaceae, Apiaceae, Araliaceae, Euphorbiaceae, Iridaceae, Montiaceae, Portulacaceae, Talinaceae.
Meneses, R.I. (LPB): Malvaceae, Onagraceae, Plantaginaceae, Quillajaceae, Rosaceae, Smilacaceae.
Mercado U., M. (BOLV): Lamiaceae.
Michel, R.C. de (LPB): Malvaceae.
Miller, J.S. (NY, MO): Boraginaceae.
Mitchell, J.D. (NY): Anacardiaceae.
Molina, A.M. (BAB): Poaceae.
Moraes R., M. (LPB): Achariaceae, Arecaceae, Chloranthaceae, Chrysobalanaceae, Erythroxylaceae, Lacistemataceae, Polygonaceae, Primulaceae, Salicaceae.
Morales, J.F. (UBT): Apocynaceae.
Mora-Osejo, L. E.† (COL): Gunneraceae.
Mori, S. (NY): Lecythidaceae.
Múlgura, M.E (SI): Amaranthaceae, Euphorbiaceae.
Müller, J. (JE): Asteraceae.
Müller, R. (Fundación Trópico): Passifloraceae.
Muruaga, N. (LIL): Cactaceae.
Navarro, G. (BOLV): Zygophyllaceae.
Nee, M. (NY): Amaranthaceae, Araucariaceae, Boraginaceae, Calophyllaceae, Clusiaceae, Columelliaceae, Cucurbitaceae, Cupressaceae, Cycadaceae, Dioscoreaceae, Ephedraceae, Ginkgoaceae, Gnetaceae, Hydroleaceae, Molluginaceae, Montiaceae, Moringaceae, Nyctaginaceae, Pinaceae, Podocarpaceae, Polygonaceae, Portulacaceae, Solanaceae, Talinaceae, Taxaceae, Trigoniaceae, Zamiaceae.
Negritto, M.A. (UTMC): Poaceae.
Neill, D. (ECUAMZ): Fabaceae.
Norman, E.M. (DLF): Scrophulariaceae.
Oakley, L. (UNR): Cactaceae.
Øllgaard, B. (AAU): Lycopodiaceae.
Orozco, C.I. (COL): Brunelliaceae.
Ortiz, R. del C. (MO): Menispermaceae.
Ortuño, T. (LPB): Amaranthaceae, Asparagaceae.
Paniagua, N. (LPB): Cannaceae, Costaceae, Plumbaginaceae, Zingiberaceae.
Parra-O., C. (COL): Myricaceae.
Paula-Souza, J. de (SPF): Violaceae.
Peichoto, C. (CTES): Poaceae.
Penagos Z., J.C (MO): Koeberliniaceae.
Pipoly III, J. (FLS, UF-IFAS/Broward County Extension-Parks & Recreation Division): Primulaceae.
Pirani, J.R. (SPF): Picramniaceae, Rutaceae, Simaroubaceae.
Pirie, M.D. (MJG): Annonaceae.
Porter, D.M. (VPI): Zygophyllaceae.

Prado, J. (SP): Pteridaceae.
Prance, G. (RNG): Caryocaraceae, Chrysobalanaceae, Dichapetalaceae, Rhizophoraceae.
Prather, L.A. (MSC): Polemoniaceae.
Pringle, J.S. (HAM): Gentianaceae, Menyanthaceae.
Pruski, J.F. (MO): Asteraceae.
Quispe, N. (LPB): Cactaceae.
Rainer, H. (WU): Annonaceae.
Renner, S.S. (M): Hernandiaceae, Melastomataceae, Monimiaceae, Siparunaceae.
Renvoize, S.A. (K): Poaceae.
Ricketson, J. (MO): Primulaceae.
Rico, L. (K): Fabaceae.
Riina, R. (MA): Euphorbiaceae.
Ritter, N. (CSU, Stanislaus Endangered Species Recovery Program): Alismataceae, Cabombaceae, Ceratophyllaceae, Elatinaceae, Hydrocharitaceae, Juncaginaceae, Lentibulariaceae, Menyanthaceae, Nymphaeaceae, Pontederiaceae, Potamogetonaceae, Ruppiaceae, Typhaceae.
Robinson, H. (US): Asteraceae.
Robson, N.K.B. (BM): Hypericaceae.
Rogers, Z.S. (MO): Thymelaeaceae.
Romero, C. (MO): Alstroemeriaceae, Amaryllidaceae, Asparagaceae, Fabaceae, Hypoxidaceae, Tofieldiaceae, Xanthorrhoeaceae.
Romoleroux, K. (QCA): Columelliaceae, Rosaceae.
Rúgolo, Z.E. (SI): Poaceae.
Saldias, M. (USZ): Moringaceae, Ochnaceae.
Salinas, N. (CUZ): Ixonanthaceae, Linaceae.
Sanchez, L. (MO, NY): Cleomaceae.
Schneider, J.V. (FR): Ochnaceae.
Secco, R.S. (MG): Euphorbiaceae, Phyllanthaceae.
Seidel, R. (LPB): Violaceae.
Serrano, M. (HSB): Myrtaceae.
Shortt, J. (LPB): Ranunculaceae.
Simão-Bianchini, R. (SP): Convolvulaceae.
Simmons, S.L. (TEX): Staphyleaceae, Tapisciaceae.
Simpson, B.B. (TEX): Krameriaceae.
Skog, L.E. (US): Gesneriaceae.
Smith, A.R. (UC): Isoetaceae.
Snow, N.W. (KSP): Myrtaceae.
Sosa, M.d.l.M. (CTES): Linderniaceae, Phrymaceae, Plantaginaceae, Scrophulariaceae.
Stace, C. (LTR): Combretaceae.
Ståhl, B. (UPS): Oleaceae, Primulaceae.
Struwe, L. (CHRB): Gentianaceae.
Tank, D. (ID): Orobanchaceae.
Taylor, C.M. (MO): Rubiaceae.
Thomas, W.W. (NY): Picramniaceae, Simaroubaceae.
Toledo, M. (Instituto Boliviano de Investigación Forestal): Meliaceae, Rhizophoraceae.
Tortosa, R. (BAA): Rhamnaceae.
Tucker, G.C. (EIU): Cyperaceae.
Ulloa Ulloa, C. (MO): Berberidaceae.
Van Ee, B. (BHSC): Euphorbiaceae.
Vargas, E. (K): Fabaceae.
Vásquez C., R. (herb. Vásquez.): Aristolochiaceae, Bromeliaceae, Heliconiaceae, Orchidaceae, Passifloraceae.
Vega, A.S. (BAA): Poaceae.
Villavicencio, X. (LPB): Moraceae, Poaceae, Urticaceae.
Wallnöfer, B. (W): Ebenaceae.
Wasshausen, D. (US): Acanthaceae, Begoniaceae.
Weberling, F.† (ULM): Caprifoliaceae.
Webster, G.L.† (DAV): Euphorbiaceae, Phyllanthaceae, Picrodendraceae, Putranjivaceae.
Weigend, M. (BONN): Escalloniaceae, Grossulariaceae, Loasaceae, Phyllonomaceae.
Werff, H. van der (MO): Lauraceae.
Wheeler, G.A. (MIN): Cyperaceae.
Wiersema, J.H. (BARC): Cabombaceae, Nymphaeaceae.
Wood, J.R.I. (OXF): Acanthaceae, Convolvulaceae, Lamiaceae.
Yatskievych, G. (MO): Apodanthaceae.
Zarate, M. (BOLV): Caprifoliaceae, Gentianaceae.
Zardini, E. (AS): Onagraceae.
Zeballos, M. (LPB): Iridaceae.
Zizka, G. (FR): Ochnaceae.

Finalmente, ofrecemos nuestro más sincero agradecimiento y aprecio a los revisores de los tratamientos de las familias:

Antunes, F. (MSB)
Balslev, H. (AAU)
Beck, S.G. (LPB)
Berry, P.E. (MICH)
Biral, L. (HRCP),
Borsch, T. (B)
Cavalcanti, T.B. (CEN)
Davidse, G. (MO)
de Michel, R.C. (LPB)
Eberwein, R. (KL)
Esser, H.-J. (M),
Fleischman, A. (M)
Fuentes C., A.F. (LPB)
Goldblatt, P. (MO)
Goyder, D. (K)

Grayum, M.H. (MO)
Hernández, P. (B)
Hickey, J. (MU)
Hirth, S. (MO)
Huamán, N.N. (LPB)
Huamantupo, I. (CUZ)
Jiménez, I. (LPB)
Jørgensen, P.M. (MO)
Kessler, M. (Z)
Kirkbride, J.H. (BARC)
Lægaard, S. (AAU)
Lara, R. (LPB)
León, B. (TEX)
Liesner, R. (MO)
Lombardi, J.A. (HRCP)
Maas, P.J.M. (U)
Meneses, R.I. (LPB)
Moran, R.C. (NY)
Nee, M. (NY)
Øllgaard, B. (AAU)
Ørgaard, M. (CP)
Penagos, J.C. (MO)
Pennington, T.D. (K)
Pfanzelt, S. (OLD)
Puppo, P. (PO)
Romero, C. (MO)
Ståhl, B. (UPS)
Stone, D.E. (DUKE)
Till, W. (WU)
Ulloa Ulloa, C. (MO)
Vásquez, R. (herb. Vásquez)
Villalobos, M. (LPB)
Wallnöfer, B. (W)
Weigend, M. (BONN)
Xifreda, C. (SI),
Zambrana-Torrelio, C.M. (LPB)
Zeballos, R. (LPB)
Zenteno-Ruiz, F.S. (LPB)

Pteridophytae

ANEMIACEAE Link, Fil. Spec. 23. 1841.
Por M. Kessler (Z); revisado por R.C. Moran (NY), I. Jiménez (LPB), P.M. Jørgensen (MO).
1 género, 18 especies, 0 especies endémicas.

Anemia Sw., Syn. Fil. 6, 155. 1806.
18 especies, 0 especies endémicas.

Anemia australis (Mickel) M. Kessler & A.R. Sm., Brittonia 59: 196. 2007.
Sin.: *Anemia tomentosa* var. *australis* Mickel
Ref.: Sundue (2011).
Hierba. Nativa. Zonas Bajas, Andes. Campos Cerrados, Bosque Serrano Chaqueño, Valles Secos, 0–3000 m.
Dept.: CH, CO, LP, SC, TA.
Muestra: *S.G. Beck 12056* (LPB, NY).

Anemia buniifolia (Gardner) T. Moore, Index Fil. 116. 1857.
Sin.: *Coptophyllum buniifolium* Gardner, *Mohria buniifolia* (Gardner) J. Sm., *Anemia dichotoma* Gardner ex C. Presl, *Anemia tenuifolia* C. Presl, *Hemianemia buniifolia* (Gardner) C.F. Reed
Ref.: Killeen & Schulenberg (1998), Wood et al. (2011).
Hierba. Nativa. Zonas Bajas, Andes. Campos Cerrados, Valles Secos, 0–1500 m.
Dept.: LP, SC.
Muestra: *L. Arroyo P. et al. 190* (LPB, USZ).

Anemia elegans (Gardner) C. Presl, Suppl. Tent. Pterid. 81. 1845.
Sin.: *Trochopteris elegans* Gardner, *Hemianemia elegans* (Gardner) C.F. Reed
Ref.: Killeen & Schulenberg (1998), Smith et al. (1999), Wood et al. (2011).
Hierba. Nativa. Zonas Bajas. Campos Cerrados, 500–1000 m.
Dept.: SC.
Muestra: *L. Arroyo P. et al. 192* (MO, NY, UC, USZ).

Anemia ferruginea Kunth, Nov. Gen. Sp. (quarto ed.) 1: 32–33. 1815 [1816].
Ref.: Mickel (1962), Tryon & Stolze (1989a), Schulenberg & Awbrey (1997), Serrano & Terán (1998 [2000]), Wood et al. (2011).
Hierba. Nativa. Zonas Bajas, Andes. Bosque Seco Chaqueño, Campos Cerrados, Bosque Tucumano-Boliviano, Valles Secos, 0–3000 m.
Dept.: CH, LP, SC.
Muestra: *M. Kessler 5606* (GOET, LPB, UC).
Infra: *Anemia ferruginea* var. *ferruginea*

Anemia flexuosa (Savigny) Sw., Syn. Fil. 156. 1806.
Sin.: *Osmunda flexuosa* Savigny, *Hemianemia flexuosa* (Savigny) C.F. Reed
Ref.: Foster (1958), Adolfo María (1966), Kessler et al. (2000b), Serrano & Terán (1998 [2000]), Arroyo Padilla et al. (2009), Sundue (2011).
Hierba. Nativa. Zonas Bajas, Andes. Bosque Semideciduo Chiquitano, Bosque Seco Chaqueño, Yungas, Bosque Tucumano-Boliviano, Bosque Serrano Chaqueño, 0–2500 m.
Dept.: BE, CH, CO, LP, SC, TA.
Muestra: *L.J. Dorr 6904* (LPB).
Nom. Vern.: Helecho.

Anemia herzogii Rosenst., Meded. Rijks-Herb. 19: 24. 1913.
Ref.: Foster (1958), Kessler et al. (2000b), Sundue (2011).
Hierba. Nativa. Zonas Bajas, Andes. Bosque Semideciduo Chiquitano, Bosque Tucumano-Boliviano, Bosque Serrano Chaqueño, Valles Secos, 0–1500 m.
Dept.: CH, SC, TA.
Tipo y muestra: *T. Herzog 1047* (IT: US), *M.H. Nee 50150* (LPB, MO, NY, USZ).

Anemia hirsuta (L.) Sw., Syn. Fil. 156. 1806.
Sin.: *Osmunda hirsuta* L.
Hierba. Nativa. Zonas Bajas, Andes. Campos Cerrados, Valles Secos, 500–2000 m.
Dept.: LP, SC.
Muestra: *A.F. Fuentes C. et al. 1823* (LPB, MO, USZ).

Anemia lanuginosa Brongn. ex J.W. Sturm, Fl. Bras. 1(2): 210. 1859.
Ref.: Wood et al. (2011).
Hierba. Nativa. Zonas Bajas. Campos Cerrados, 500–1000 m.
Dept.: SC.
Muestra: *Y. Uslar et al. 626* (USZ).

Anemia myriophylla Christ, Bull. Herb. Boissier 2(7): 793. 1907.
Sin.: *Hemianemia myriophylla* (Christ) C.F. Reed
Ref.: Foster (1958), Mickel (1962), Tryon & Stolze (1989a), Serrano & Terán (1998 [2000]).
Hierba. Nativa. Zonas Bajas, Andes. Bosque Semideciduo Chiquitano, Campos Cerrados, Bosque Tucumano-Boliviano, Bosque Serrano Chaqueño, Valles Secos, 0–3500 m.
Dept.: CH, CO, LP, PO, SC, TA.
Tipo y muestra: *K. Fiebrig 2541* (no localizado), *M. Liberman 1836* (LPB).

Anemia oblongifolia (Cav.) Sw., Syn. Fil. 156. 1806.
Sin.: *Osmunda humilis* Cav., *Osmunda oblongifolia* Cav., *Anemia humilis* (Cav.) Sw., *Anemia presliana* Prantl
Ref.: Tryon & Stolze (1989a), Killeen & Schulenberg (1998), Serrano & Terán (1998 [2000]).
Hierba. Nativa. Zonas Bajas, Andes. Campos Cerrados, Yungas, Bosque Serrano Chaqueño, Valles Secos, 500–2500 m.
Dept.: CH, LP, SC.
Muestra: *R. Seidel 1309* (LPB).

Anemia pastinacaria Moritz ex Prantl, Unters. Morph. Gefasskrypt. 2: 110. 1881.
Ref.: Tryon & Stolze (1989a), Killeen & Schulenberg (1998).
Hierba. Nativa. Zonas Bajas, Andes. Campos Cerrados, Valles Secos, 0–2000 m.
Dept.: LP, SC.
Muestra: *S.G. Beck 13539* (LPB).

Anemia phyllitidis (L.) Sw., Syn. Fil. 155. 1806.
Sin.: *Osmunda phyllitidis* L., *Anemia haenkei* C. Presl
Ref.: Foster (1958), Tryon & Stolze (1989a), Schulenberg & Awbrey (1997), González et al. (1999), Kessler et al. (2000b), Serrano & Terán (1998 [2000]), Arroyo Padilla et al. (2009), Sundue (2011).
Hierba. Nativa. Zonas Bajas, Andes. Bosque Semideciduo Chiquitano, Campos Cerrados, Sabanas Benianas del Sur, Yungas, Bosque Tucumano-Boliviano, Bosque Serrano Chaqueño, 0–3000 m.
Dept.: BE, CH, LP, SC, TA.
Muestra: *S.G. Beck 21355* (LPB).

Anemia rotundifolia Schrad., Gött. Gel. Anz. 1824: 865. 1824.
Ref.: Foster (1958).
Hierba. Nativa. Zonas Bajas, Andes. Bosque Semideciduo Chiquitano, Campos Cerrados, Bosque Serrano Chaqueño, 0–1500 m.
Dept.: CH, SC, TA.

Muestra: *L. Arroyo P. et al. 35* (LPB, MO, USZ).

Anemia smithii Brade, Bol. Mus. Nac. Rio de Janeiro 5(3): 95, t. 3. 1929.
Sin.: *Anemia clinata* Mickel
Ref.: Mickel (1962), Tryon & Stolze (1989a), Killeen & Schulenberg (1998).
Hierba. Nativa. Zonas Bajas, Andes. Bosque Semideciduo Chiquitano, Bosque Serrano Chaqueño, Valles Secos, 0–2000 m.
Dept.: CH, LP, SC, TA.
Muestra: *M. Kessler 4270* (AAU, LPB).

Anemia tomentosa (Savigny) Sw., Syn. Fil. 157. 1806.
Sin.: *Anemia anthriscifolia* Schrad., *Anemia ferruginea* var. *anthriscifolia* (Schrad.) Kunze, *Osmunda tomentosa* Savigny, *Anemia anthriscifolia* fo. *nana* Lindm., *Hemianemia anthriscifolia* fo. *nana* (Lindm.) C.F. Reed, *Hemianemia tomentosa* (Savigny) C.F. Reed
Ref.: Foster (1958), Mickel (1962), Killeen & Schulenberg (1998), Kessler et al. (2000b), Serrano & Terán (1998 [2000]), Arroyo Padilla et al. (2009).
Hierba. Nativa. Zonas Bajas, Andes. Bosque Semideciduo Chiquitano, Campos Cerrados, Yungas, Bosque Tucumano-Boliviano, Bosque Serrano Chaqueño, Valles Secos, 0–3000 m.
Dept.: CH, CO, LP, SC, TA.
Muestra: *I. Jiménez 2414* (GOET, LPB, UC).
Nom. Vern.: Tembladera.

Anemia trichorrhiza Gardner ex Hook., Icon. Pl. t. 876. 1852.
Ref.: Foster (1958).
Hierba. Nativa. Zonas Bajas. Campos Cerrados, 0–1500 m.
Dept.: SC.
Muestra: *P.H. Labiak et al. 2772* (LPB).

Anemia villosa Humb. & Bonpl. ex Willd., Sp. Pl. 5: 92. 1810.
Ref.: Mickel (1962), Tryon & Stolze (1989a), Smith et al. (1999), Kessler et al. (2000b), Serrano & Terán (1998 [2000]).
Hierba. Nativa. Andes. Bosque Tucumano-Boliviano, 1500–2500 m.
Dept.: CH, SC.
Muestra: *M. Kessler 6318* (LPB, UC).
Nom. Vern.: Gallo-gallito.

Anemia wettsteinii Christ, Denkschr. Kaiserl. Akad. Wiss., Math.-Naturwiss. Kl. 79: 54, t. 9. 1908.
Ref.: Foster (1958).
Hierba. Nativa. Zonas Bajas. Bosque Semideciduo Chiquitano, 0–500 m.
Dept.: SC.
Muestra: *T. Killeen 670* (LPB).

ASPLENIACEAE Newman, Hist. Brit. Ferns 6. 1840.

Por M. Kessler (Z); revisado por I. Jiménez (LPB), S.G. Beck (LPB), P.M. Jørgensen (MO).
1 género, 73 especies, 7 especies endémicas.

Asplenium L., Sp. Pl. 2: 1078–1082. 1753.

73 especies, 7 especies endémicas.

Asplenium abscissum Willd., Sp. Pl. 5(1): 321. 1810.
Ref.: Foster (1958), Tryon & Stolze (1993), Kessler et al. (1999a).
Epífita. Nativa. Zonas Bajas, Andes. Bosque Húmedo, Yungas, Bosque Tucumano-Boliviano, 0–2000 m.
Dept.: BE, CO, LP, SC.
Muestra: *A. Fay & L.E. Fay 2129* (LPB, MO, UC).
Infra: *Asplenium abscissum* var. *abscissum*, *Asplenium abscissum* var. *subaequilaterale* Rosenst.

Asplenium achalense Hieron., Bot. Jahrb. Syst. 22: 378. 1896.
Ref.: Sundue (2011).
Hierba, epífita. Nativa. Andes. Yungas, Bosque Tucumano-Boliviano, 1000–3500 m.
Dept.: CH, CO, LP, SC.
Muestra: *M. Kessler 5231* (LPB, UC).

Asplenium alatum Humb. & Bonpl. ex Willd., Sp. Pl. 5(1): 319. 1810.
Ref.: Foster (1958), Tryon & Stolze (1993), Kessler et al. (1999a), Kessler et al. (2000b), Sundue (2011).
Hierba. Nativa. Andes. Yungas, Bosque Tucumano-Boliviano, 1000–2000 m.
Dept.: CO, LP, SC.
Muestra: *M. Kessler 9888* (LPB, UC).

Asplenium angustum Sw., Kongl. Vetensk. Acad. Handl. 1817(1): 66, t. 4, f. 1. 1817.
Ref.: Ibisch (1996), Kessler et al. (1999a).
Epífita. Nativa. Zonas Bajas, Andes. Bosque Húmedo, Yungas, 0–2000 m.
Dept.: CO, LP, PA.
Muestra: *J.C. Solomon 9604* (LPB, MO).

[**Asplenium argentinum Hieron.**], Hedwigia 60: 249. 1918.
Ref.: Schulenberg & Awbrey (1997), González et al. (1999), Kessler et al. (1999a), Kessler et al. (2000b), Serrano & Terán (1998 [2000]).
Nota: El registro se basa en material mal identificado.

Asplenium auriculatum Sw., Kongl. Vetensk. Acad. Handl. 1817(1): 68. 1817.
Sin.: *Asplenium auricularium* Desv., *Asplenium auricularium* var. *acutidens* Rosenst., *Asplenium auricularium* var. *subintegerrimum* Rosenst., *Asplenium bangii* var. *subintegerrimum* (Rosenst.) Hieron.
Ref.: Foster (1958), Adolfo María (1966), Tryon & Stolze (1993), Ibisch (1996), Kessler et al. (1999a), Kessler et al. (2000b).
Epífita. Nativa. Zonas Bajas, Andes. Bosque Húmedo, Yungas, Bosque Tucumano-Boliviano, 0–3000 m.
Dept.: CH, CO, LP, SC.
Muestra: *A. Fay & L.E. Fay 2007* (LPB, MO).

Asplenium auritum Sw., J. Bot. (Schrader) 1800(2): 52. 1801.
Ref.: Foster (1958), de la Sota (1977), Tryon & Stolze (1993), Ibisch (1996), Killeen & Schulenberg (1998), González et al. (1999), Kessler et al. (1999a), Arroyo Padilla et al. (2009), Sundue (2011).
Epífita. Nativa. Zonas Bajas, Andes. Bosque Húmedo, Yungas, Bosque Tucumano-Boliviano, 0–2500 m.
Dept.: BE, CO, LP, PA, SC.
Muestra: *A. Fay & L.E. Fay 2687* (LPB, MO, UC).

Asplenium ayopayense M. Kessler & A.R. Sm., Candollea 61(2): 306. 2006.
Ref.: Kessler & Smith (2006b).
Hierba. Endémica. Andes. Yungas, 2000–2500, 3000–4000 m.
Dept.: CO, LP.
Tipo y muestra: *M. Kessler 9272* (HT: UC; IT: LPB), *M. Kessler 12539* (LPB, UC).

Asplenium bangii Hieron., Hedwigia 60: 245. 1918.
Sin.: *Asplenium bangii* Gand.
Ref.: Foster (1958), Tryon & Stolze (1993), Kessler et al. (2000b), Arroyo Padilla et al. (2009), Sundue (2011).
Hierba. Nativa. Zonas Bajas, Andes. Bosque Húmedo, Bosque Seco Chaqueño, Yungas, Bosque Tucumano-Boliviano, Valles Secos, 0–2500 m.
Dept.: BE, CH, LP, SC.
Tipo y muestra: *M. Bang 2419* (HT:

B; IT: F, GH, NY, NY, UC, US), *M. Kessler 6156* (LPB, UC).

Asplenium basiscopicum R.C. Moran & Sundue, Brittonia 56(2): 124–127, f. 1. 2004.
Ref.: Sundue (2011).
Hierba. Nativa. Zonas Bajas, Andes. Bosque Húmedo, Yungas, 500–2000 m.
Dept.: BE, LP, SC.
Tipo y muestra: *M.H. Nee 36020* (HT: NY; IT: LPB, MO), *R.S. Williams 1080* (NY).

Asplenium bolivianum M. Kessler & A.R. Sm., Candollea 61(2): 307. 2006.
Ref.: Kessler & Smith (2006b).
Hierba. Endémica. Andes. Yungas, 2500–3000 m.
Dept.: CO, LP.
Tipo y muestra: *M. Kessler 9335* (HT: UC; IT: LPB), *A.F. Fuentes C. 15031* (LPB, MO, UC).

Asplenium castaneum Schltdl. & Cham., Linnaea 5: 611. 1830.
Sin.: *Asplenium monanthes* var. *castaneum* (Schltdl. & Cham.) Stolze
Ref.: Foster (1958), Tryon & Stolze (1993), Kessler et al. (1999a).
Hierba. Nativa. Andes, Altiplano. Yungas, Páramo Yungueño, Puna Húmeda, Bosque de *Polylepis*, 2500–5000 m.
Dept.: CO, LP.
Muestra: *J.C. Solomon 13656* (LPB, MO).

Asplenium cirrhatum Rich. ex Willd., Sp. Pl. 5(1): 321. 1810.
Sin.: *Asplenium radicans* var. *cirrhatum* (Rich. ex Willd.) Rosenst.
Ref.: Foster (1958), Tryon & Stolze (1993), Kessler et al. (1999a), Sundue (2011).
Hierba, epífita. Nativa. Zonas Bajas, Andes. Bosque Húmedo, Yungas, 0–2500 m.
Dept.: BE, CO, LP.
Muestra: *M. Kessler 9944* (LPB, UC).

Asplenium claussenii Hieron., Hedwigia 60: 241. 1918.
Ref.: Foster (1958), Tryon & Stolze (1993), Killeen & Schulenberg (1998), Sundue (2011).
Hierba. Nativa. Zonas Bajas, Andes. Bosque Semideciduo Chiquitano, Yungas, Bosque Tucumano-Boliviano, 0–1500 m.
Dept.: LP, SC, TA.
Muestra: *L. Arroyo P. et al. 213* (GOET, LPB, MO, NY, UC, USZ).
Nota: La taxonomía de esta especies y otras cercanamente relacionadas como por ejemplo *A. argentinum* y *A. bangii* queda por resolver.

[**Asplenium congestum C. Chr.**], Index Filic. 105. 1905.
Ref.: Foster (1958).
Nota: El registro se basa en material mal identificado.

Asplenium cristatum Lam., Encycl. 2(1): 310. 1786.
Ref.: Foster (1958), Tryon & Stolze (1993), Killeen & Schulenberg (1998), Kessler et al. (2000b), Sundue (2011).
Hierba. Nativa. Zonas Bajas, Andes. Bosque Tucumano-Boliviano, Bosque Serrano Chaqueño, Valles Secos, 0–2000 m.
Dept.: CO, LP, SC.
Muestra: *M.H. Nee 38786* (LPB, MO, NY).

Asplenium cuneatum Lam., Encycl. 2(1): 309. 1786.
Epífita. Nativa. Zonas Bajas. Bosque Húmedo, 0–500 m.
Dept.: LP.
Muestra: *T. Krömer & A. Acebey 1040* (GOET, LPB, UC).

Asplenium cuspidatum Lam., Encycl. 2: 310. 1786.
Sin.: *Asplenium rigidum* Sw.
Ref.: Foster (1958), Tryon & Stolze (1993), Ibisch (1996), Schulenberg & Awbrey (1997), Kessler et al. (1999a), Kessler et al. (2000b), Serrano & Terán (1998 [2000]), Navarro Sánchez (2001), Arroyo Padilla et al. (2009), Sundue (2011).
Hierba, epífita. Nativa. Zonas Bajas, Andes. Bosque Húmedo, Yungas, Bosque Tucumano-Boliviano, 0–3500 m.
Dept.: BE, CH, CO, LP, SC, TA.
Muestra: *I.G. Vargas & A. Jardim 2940* (MO, USZ).

Asplenium davisii Stolze, Fieldiana, Bot., n.s. 32: 30. 1993.
Ref.: Sundue (2011).
Hierba. Nativa. Zonas Bajas, Andes. Bosque Húmedo, Yungas, Valles Secos, 500–1500 m.
Dept.: BE, CO, LP.
Muestra: *I. Jiménez 2613* (LPB, UC).

Asplenium delitescens (Maxon) L.D. Gómez, Brenesia 8: 52. 1976.
Sin.: *Diplazium delitescens* Maxon
Ref.: Murakami & Moran (1993), Smith et al. (1999).
Epífita. Nativa. Zonas Bajas. Bosque Húmedo, 0–1000 m.
Dept.: BE, LP.
Muestra: *A. Fay & L.E. Fay 2644* (LPB, MO).

Asplenium delitescens ×laetum, Ann. Missouri Bot. Gard. 80(1): 34. 1993.
Ref.: Murakami & Moran (1993).
Epífita. Nativa. Zonas Bajas. Bosque Húmedo, 0–1000 m.
Dept.: BE, LP.
Muestra: *S.G. Beck 13367* (F, LPB).

Asplenium depauperatum Fée, Mém. Foug. 7: 52, t. 15, f. 3. 1857.
Sin.: *Asplenium spinescens* Mett. ex Kuhn
Ref.: Foster (1958), de la Sota (1977), Kessler et al. (2000b), Sundue (2011).
Hierba. Nativa. Zonas Bajas, Andes. Bosque Seco Chaqueño, Bosque Tucumano-Boliviano, Bosque Serrano Chaqueño, Valles Secos, 0–3000 m.
Dept.: CH, CO, LP, SC, TA.
Muestra: *M.H. Nee 36148* (LPB, MO, NY).

Asplenium dimidiatum Sw., Prodr. 129. 1788.
Sin.: *Asplenium dimidiatum* var. *boliviense* Rosenst.
Ref.: Foster (1958).
Hierba, epífita. Nativa. Andes. Valles Secos, 1000–2000 m.
Dept.: LP.
Muestra: *M. Kessler 11033* (LPB, UC).

Asplenium discrepans Rosenst., Repert. Spec. Nov. Regni Veg. 12: 469. 1913.
Ref.: Foster (1958), Kessler et al. (2000b), Arroyo Padilla et al. (2009), Sundue (2011).
Hierba. Nativa. Zonas Bajas, Andes. Bosque Húmedo, Bosque Semideciduo Chiquitano, Bosque Tucumano-Boliviano, Bosque Serrano Chaqueño, Valles Secos, 0–3000 m.
Dept.: BE, CH, CO, LP, SC.
Tipo y muestra: *O. Buchtien 3341* (HT: B; IT: B, GH, US), *L. Arroyo P. 93* (MO, UC, USZ).

[**Asplenium divergens Mett. ex Baker**], Fl. Bras. 1(2): 445. 1870.
Ref.: Foster (1958).
Nota: Especie dudosa. Reporte de Foster (1958) no reconfirmado; la relación con *A. cuspidatum* no ha sido resuelta.

Asplenium drepanophyllum Kunze, Linnaea 9: 66. 1834.
Ref.: Tryon & Stolze (1993), Sundue (2011).
Hierba. Nativa. Zonas Bajas, Andes. Bosque Húmedo, Yungas, Bosque Tucumano-Boliviano, 0–2000 m.
Dept.: BE, CH, CO, LP, SC.

Muestra: *I.G. Vargas & P. Rojas G. 5073* (NY, USZ).

[**Asplenium erosum L.**], Syst. Nat. (ed. 10) 2: 1324. 1759.
Ref.: Foster (1958).
Nota: El registro se basa en material mal identificado.

Asplenium escaleroense Christ, Hedwigia 44: 366. 1905.
Ref.: Tryon & Stolze (1993), Ibisch (1996).
Hierba, epífita. Nativa. Zonas Bajas. Bosque Húmedo, elevación desconocida.
Dept.: LP.
Muestra: *R.S. Williams 1158* (NY, US).

[**Asplenium extensum Fée**], Mém. Foug. 7: 51, t. 13. 1857.
Ref.: Smith et al. (1999).
Nota: El registro se basa en material mal identificado.

Asplenium feei Kunze ex Fée, Mém. Foug. 5: 194. 1852.
Sin.: *Asplenium sanguinolentum* Kunze ex Mett.
Ref.: Foster (1958).
Epífita. Nativa. Zonas Bajas, Andes. Bosque Húmedo, Yungas, 500–1500 m.
Dept.: BE, LP.
Muestra: *A. Fay & L.E. Fay 2728A* (LPB, MO).

Asplenium flabellulatum Kunze, Linnaea 9: 71. 1834.
Sin.: *Asplenium flabellulatum* var. *partitum* Klotzsch, *Asplenium radicans* var. *partitum* (Klotzsch) Hieron., *Asplenium partitum* (Klotzsch) C. Chr.
Ref.: Foster (1958), Kessler et al. (1999a).
Epífita. Nativa. Zonas Bajas, Andes. Bosque Húmedo, Yungas, 500–2500 m.
Dept.: BE, CO, LP.
Muestra: *J.C. Solomon 17841* (LPB, MO, UC).

[**Asplenium fluminense Hieron.**], Hedwigia 61: 17. 1919.
Ref.: Foster (1958).
Nota: El registro se basa en material mal identificado.

Asplenium formosum Willd., Sp. Pl. 5(1): 329. 1810.
Ref.: Foster (1958), de la Sota (1977), Tryon & Stolze (1993), Ibisch (1996), Schulenberg & Awbrey (1997), Killeen & Schulenberg (1998), Kessler et al. (2000b), Serrano & Terán (1998 [2000]), Arroyo Padilla et al. (2009), Sundue (2011).
Hierba, epífita. Nativa. Zonas Bajas, Andes. Bosque Semideciduo Chiquitano, Bosque Tucumano-Boliviano, Valles Secos, 0–1500 m.
Dept.: CH, SC, TA.
Muestra: *I. Jiménez 2436* (LPB, UC).

Asplenium fragrans Sw., Prodr. 130. 1788.
Sin.: *Asplenium foeniculaceum* Kunth, *Asplenium abrotanoides* C. Presl, *Asplenium fragrans* var. *foeniculaceum* (Kunth) Hook., *Asplenium auritum* var. *tripinnatum* E. Fourn., *Asplenium auritum* fo. *diversifolium* Rosenst., *Asplenium auritum* var. *davallioides* Rosenst., *Asplenium cuspidatum* var. *foeniculaceum* (Kunth) C.V. Morton & Lellinger, *Asplenium cuspidatum* var. *tripinnatum* (E. Fourn.) C.V. Morton & Lellinger
Ref.: Foster (1958), Tryon & Stolze (1993), Kessler et al. (1999a), Sundue (2011).
Hierba, epífita. Nativa. Andes. Yungas, 2500–4000 m.
Dept.: CO, LP, SC.
Muestra: *J.C. Solomon 16388* (LPB, MO).

Asplenium hallbergii Mickel & Beitel, Mem. New York Bot. Gard. 46: 58. 1988.
Ref.: Smith et al. (1999).
Hierba. Nativa. Andes. Yungas, 3000–3500 m.
Dept.: CO.
Muestra: *M. Kessler 9239* (LPB, UC).

Asplenium hallii Hook., Sp. Fil. 3: 202. 1860.
Epífita. Nativa. Andes. Yungas, 1000–1500 m.
Dept.: LP.
Muestra: *L. Cayola et al. 2434* (LPB, MO, UC, USZ).

Asplenium harpeodes Kunze, Linnaea 18: 329. 1844 [1845].
Sin.: *Asplenium erectum* var. *incisum* Rosenst.
Ref.: Foster (1958), Tryon & Stolze (1993), Ibisch (1996), Kessler et al. (1999a), Sundue (2011).
Hierba, epífita. Nativa. Zonas Bajas, Andes. Bosque Húmedo, Yungas, 0–500, 1000–4000 m.
Dept.: CH, CO, LP, SC.
Muestra: *D.N. Smith et al. 13372* (LPB, MO, UC).
Infra: *Asplenium harpeodes* var. *incisum* Hieron.

Asplenium hastatum Klotzsch ex Kunze, Linnaea 23: 235, 305. 1850.
Ref.: Foster (1958), Killeen & Schulenberg (1998).
Hierba, epífita. Nativa. Andes. Yungas, 2000–2500 m.
Dept.: CO.
Muestra: *S. Altamirano 973C* (BOLV, NY).

Asplenium herzogii Rosenst., Meded. Rijks-Herb. 19: 12. 1913.
Ref.: Foster (1958), Tryon & Stolze (1993), Sundue (2011).
Hierba. Nativa. Andes. Yungas, 2500–3000 m.
Dept.: CO, SC.
Tipo y muestra: *T. Herzog 2211* (HT: B; IT: L, UC, US; fotos: F), *L. Arroyo P. et al. 2744* (MO, NY, USZ).

Asplenium inaequilaterale Willd., Sp. Pl. 5(1): 322. 1810.
Ref.: Schulenberg & Awbrey (1997), Smith et al. (1999), Kessler et al. (2000b), Serrano & Terán (1998 [2000]), Sundue (2011).
Hierba. Nativa. Andes. Bosque Tucumano-Boliviano, Valles Secos, 1000–2500 m.
Dept.: CH, LP, SC, TA.
Muestra: *M. Kessler 6283* (LPB, UC).

Asplenium incurvatum Fée, Crypt. Vasc. Brésil 1: 69, t. 18, f. 1. 1869.
Hierba. Nativa. Zonas Bajas, Andes. Bosque Húmedo, Yungas, 500–2500 m.
Dept.: BE, CO, LP.
Muestra: *M. Kessler 11291* (LPB, UC).

Asplenium juglandifolium Lam., Encycl. 2: 307. 1786.
Sin.: *Asplenium integerrimum* Spreng.
Ref.: Foster (1958), Tryon & Stolze (1993), Ibisch (1996), Kessler et al. (1999a).
Epífita. Nativa. Zonas Bajas, Andes. Bosque Húmedo, Yungas, 0–2000 m.
Dept.: BE, CO, LP, PA.
Muestra: *A. Fay & L.E. Fay 2807* (LPB, MO).

Asplenium laetum Sw., Syn. Fil. 79, 271. 1806.
Ref.: Foster (1958), de la Sota (1977), Murakami & Moran (1993), Tryon & Stolze (1993), González et al. (1999), Sundue (2011).
Hierba. Nativa. Zonas Bajas, Andes. Bosque Húmedo, Yungas, 500–1500 m.
Dept.: BE, CO, LP, SC.
Muestra: *T.B. Croat 51271* (LPB, MO).
Nota: Reporte de TA (Gonzáles et al. 1999) se basa en material mal identificado.

Asplenium lilloanum de la Sota, Darwiniana 18: 198. 1973.
Hierba. Nativa. Andes. Bosque

Tucumano-Boliviano, 1500–2500 m.
Dept.: SC, TA.
Muestra: *M.A. Sundue 590* (LPB, NY, USZ).

Asplenium lorentzii Hieron., Bot. Jahrb. Syst. 22: 375. 1896.
Ref.: Foster (1958), de la Sota (1993), Tryon & Stolze (1993), González et al. (1999), Serrano & Terán (1998 [2000]).
Hierba. Nativa. Andes. Bosque Tucumano-Boliviano, Bosque Serrano Chaqueño, 2000–3500 m.
Dept.: CH, LP, SC, TA.
Muestra: *I. Jiménez 2412* (LPB, UC).

[**Asplenium lunulatum Sw.**], J. Bot. (Schrader) 1800(2): 52. 1801.
Ref.: Foster (1958).
Nota: El registro se basa en material mal identificado.

Asplenium micropaleatum M. Kessler & A.R. Sm., Candollea 61(2): 308. 2006.
Ref.: Kessler & Smith (2006b).
Hierba, epífita. Nativa. Andes. Yungas, 1000–3500 m.
Dept.: CO, LP.
Tipo y muestra: *A. Fay & L.E. Fay 2899* (HT: UC; IT: LPB, MO), *I. Jiménez 1512* (LPB, UC).

Asplenium monanthes L., Mant. Pl. 1: 130. 1767.
Sin.: *Asplenium monanthes* var. *yungense* Rosenst.
Ref.: Foster (1958), de la Sota (1977), Tryon & Stolze (1993), López Vargas (1995), Ibisch (1996), Saravia Miranda (1996), González et al. (1999), Kessler et al. (1999a), Kessler et al. (2000b), Serrano & Terán (1998 [2000]), Sundue (2011).
Hierba. Nativa. Andes, Altiplano. Yungas, Bosque Tucumano-Boliviano, Páramo Yungueño, Bosque de *Polylepis*, 1500–4000 m.
Dept.: CH, CO, LP, SC, TA.
Muestra: *M.H. Nee 40323* (LPB, MO, NY).

Asplenium mosetenense M. Kessler, Candollea 61(2): 309. 2006.
Ref.: Kessler & Smith (2006b).
Hierba, epífita. Endémica. Andes. Yungas, 1500–2000 m.
Dept.: CO.
Tipo: *M. Kessler 13142* (HT: LPB; IT: MO, GOET, UC).
Nota: Conocido solamente del tipo.

[**Asplenium myriophyllum (Sw.) C. Presl**], Reliq. Haenk. 1(1): 48. 1825.
Sin.: *Caenopteris myriophylla* Sw.
Ref.: Adolfo María (1966), Tryon & Stolze (1993), Triana-Moreno & Murillo Aldana (2005).
Nota: El registro se basa en material mal identificado.

[**Asplenium obtusifolium L.**], Sp. Pl. 2: 1080. 1753.
Ref.: Foster (1958).
Nota: El registro se basa en material mal identificado.

Asplenium palmeri Maxon, Contr. U.S. Natl. Herb. 13(1): 39. 1909.
Ref.: Smith et al. (1999), Sundue (2011).
Hierba. Nativa. Andes. Bosque Serrano Chaqueño, Valles Secos, 1000–3000 m.
Dept.: CH, CO, LP, SC.
Muestra: *M. Kessler 5559* (LPB, UC).

Asplenium pearcei Baker, Syn. Fil. (ed. 2) 483. 1874.
Ref.: Smith et al. (1999).
Epífita. Nativa. Zonas Bajas. Bosque Húmedo, 0–500 m.
Dept.: LP.
Muestra: *M. Kessler 11119* (LPB, UC).

Asplenium peruvianum Desv., Mém. Soc. Linn. Paris 6: 271. 1827.
Sin.: *Asplenium fragile* C. Presl
Ref.: Foster (1958), Tryon & Stolze (1993), López Vargas (1995), Ibisch (1996), Saravia Miranda (1996).
Hierba. Nativa. Andes. Yungas, Páramo Yungueño, 2000–4000 m.
Dept.: CO, LP, SC, TA.
Muestra: *A. Fay & L.E. Fay 2237* (LPB, MO).

Asplenium poloense Rosenst., Repert. Spec. Nov. Regni Veg. 12: 469. 1913.
Ref.: Foster (1958), Sundue (2011).
Hierba. Endémica. Zonas Bajas, Andes. Bosque Húmedo, Yungas, Valles Secos, 0–1500 m.
Dept.: BE, CO, LP, PA.
Tipo y muestra: *O. Buchtien 3345* (HT: S; IT: B, UC, US), *M. Kessler 10760* (LPB, UC).

Asplenium polyphyllum Bertol., Novi Comment. Acad. Sci. Inst. Bononiensis 4: 443. 1840.
Hierba. Nativa. Andes, Altiplano. Yungas, Páramo Yungueño, Bosque de *Polylepis*, 3000–4000 m.
Dept.: CO, LP.
Muestra: *J.C. Solomon 8350* (LPB, MO, UC).

Asplenium praemorsum Sw., Prodr. 130. 1788.
Ref.: Foster (1958), de la Sota (1977), Tryon & Stolze (1993), Ibisch (1996), González et al. (1999), Kessler et al. (2000b), Navarro Sánchez (2001).
Hierba, epífita. Nativa. Andes. Bosque Tucumano-Boliviano, Bosque Serrano Chaqueño, Valles Secos, 1000–3500 m.
Dept.: CH, CO, LP, SC, TA.
Muestra: *M.A. Lewis 35043* (LPB, MO).

Asplenium pteropus Kaulf., Enum. Filic. 170. 1824.
Ref.: Tryon & Stolze (1993), Ibisch (1996), Kessler et al. (1999a), Sundue (2011).
Hierba, epífita. Nativa. Zonas Bajas, Andes. Bosque Húmedo, Yungas, 0–2500 m.
Dept.: BE, CO, LP, SC.
Muestra: *M. Kessler 8109* (LPB, UC).

Asplenium pulchellum Raddi, Opusc. Sci. 3: 291. 1819.
Ref.: Tryon & Stolze (1993), Kessler et al. (1999a).
Hierba. Nativa. Zonas Bajas. Bosque Húmedo, 0–1000 m.
Dept.: CO, LP, SC.
Muestra: *M. Kessler 8491* (LPB, UC).

Asplenium pumilum Sw., Prodr. 129. 1788.
Ref.: de la Sota (1977), Tryon & Stolze (1993), Ibisch (1996), Schulenberg & Awbrey (1997), Kessler et al. (2000b), Serrano & Terán (1998 [2000]).
Hierba. Nativa. Zonas Bajas, Andes. Bosque Seco Chaqueño, Bosque Serrano Chaqueño, 0–1000, 1500–2000 m.
Dept.: CH, SC.
Muestra: *M. Kessler 5307* (LPB, UC).

[**Asplenium purpurascens Mett. ex Kuhn**], Linnaea 36: 102. 1869.
Ref.: Murakami & Moran (1993), Smith et al. (1999).
Nota: El registro se basa en material mal identificado.

Asplenium raddianum Gaudich., Voy. Uranie 316. 1828.
Sin.: *Asplenium tocoraniense* Rosenst.
Ref.: Tryon & Stolze (1993), Kessler et al. (1999a), Smith et al. (1999), Kessler et al. (2000b), Sundue (2011).
Hierba. Nativa. Andes. Yungas, 1000–3500 m.
Dept.: CH, CO, LP, SC.
Muestra: *M. Kessler 9057* (LPB, UC).

[**Asplenium radicans L.**], Syst. Nat. (ed. 10) 2: 1323. 1759.
Ref.: Tryon & Stolze (1993), Ibisch (1996).
Nota: El registro se basa en material mal identificado.

Asplenium recumbens Gand., Bull. Soc. Bot. France 66: 305. 1920.
Ref.: Foster (1958).
Hierba. Endémica. Andes. Tipo de vegetación y elevación desconocidas.
Dept.: LP.
Tipo: *M. Bang 2285* (IT: MO).
Nota: Conocido solamente del tipo. Estado incierto.

Asplenium repandulum Kunze, Linnaea 9: 65. 1834.
Ref.: Tryon & Stolze (1993), Ibisch (1996).
Epífita. Nativa. Andes. Yungas, 1000–1500 m.
Dept.: LP.
Muestra: *M. Kessler 10027* (LPB, UC).

Asplenium repens Hook., Sec. Cent. Ferns t. 31. 1860.
Ref.: Tryon & Stolze (1993), Ibisch (1996), Kessler et al. (1999a).
Epífita. Nativa. Andes. Yungas, 1000–2000 m.
Dept.: CO, LP.
Muestra: *M. Kessler 10058* (LPB, UC).

Asplenium resiliens Kunze, Linnaea 18: 331. 1844 [1845].
Ref.: Foster (1958), Tryon & Stolze (1993), Sundue (2011).
Hierba. Nativa. Andes. Yungas, Bosque Tucumano-Boliviano, 1500–3500 m.
Dept.: CO, LP, SC, TA.
Muestra: *A. Fay & L.E. Fay 2564* (LPB, MO).

Asplenium ruizianum Klotzsch, Linnaea 20: 354. 1847.
Ref.: Killeen & Schulenberg (1998).
Hierba, epífita. Nativa. Zonas Bajas, Andes. Bosque Húmedo, Yungas, 0–1500 m.
Dept.: BE, LP.
Muestra: *I. Jiménez 5150* (BOLV, LPB, MO, UC).

Asplenium rutaceum (Willd.) Mett., Abh. Senckenberg. Naturf. Ges. 3: 173. 1858 [1859].
Sin.: *Aspidium rutaceum* Willd.
Ref.: Foster (1958), Parker & Bailey (1991), Tryon & Stolze (1993), Ibisch (1996), Kessler et al. (1999a).
Epífita. Nativa. Andes. Yungas, 1000–2500 m.
Dept.: CO, LP.
Muestra: *M. Kessler 7923* (LPB, UC).

Asplenium salicifolium L., Sp. Pl. 2: 1080. 1753.
Ref.: Killeen & Schulenberg (1998), Sundue (2011).
Epífita. Nativa. Zonas Bajas, Andes. Bosque Húmedo, Bosque Semideciduo Chiquitano, Yungas, 0–2500 m.
Dept.: CO, LP, SC.
Muestra: *T. Killeen 3783* (LPB, MO).

Asplenium serra Langsd. & Fisch., Pl. Voy. Russes Monde 1: 16, t. 19. 1810.
Ref.: Foster (1958), de la Sota (1977), Tryon & Stolze (1993), Ibisch (1996), Schulenberg & Awbrey (1997), González et al. (1999), Kessler et al. (1999a), Kessler et al. (2000b), Serrano & Terán (1998 [2000]), Sundue (2011).
Hierba, epífita. Nativa. Zonas Bajas, Andes. Bosque Húmedo, Yungas, 500–3500 m.
Dept.: CO, LP, SC, TA.
Muestra: *J. Gonzales R. 1891* (LPB, UC).
Nota: El reporte de CH (Serrano & Terán, 2000) se basa en material de *A. achalense*.

Asplenium serratum L., Sp. Pl. 2: 1079. 1753.
Sin.: *Asplenium serratum* var. *caudatum* Rosenst.
Ref.: Foster (1958), Tryon & Stolze (1993), Ibisch (1996), Killeen & Schulenberg (1998), Sundue (2011).
Epífita. Nativa. Zonas Bajas, Andes. Bosque Húmedo, Yungas, 0–1500 m.
Dept.: BE, CO, LP, PA, SC.
Muestra: *D.N. Smith et al. 12904* (LPB, MO).

Asplenium sessilifolium Desv., Ges. Naturf. Freunde Berlin Mag. Neuesten Entdeck. Gesammten Naturk. 5: 322. 1811.
Sin.: *Asplenium sessilifolium* var. *minus* Hieron.
Ref.: Foster (1958), Tryon & Stolze (1993).
Epífita. Nativa. Andes. Yungas, 2000–3500 m.
Dept.: CO, LP.
Muestra: *M. Kessler 12088* (LPB, UC).

[**Asplenium sprucei Baker**], Syn. Fil. 234. 1867.
Ref.: Serrano & Terán (1998 [2000]).
Nota: El registro se basa en material mal identificado.

Asplenium squamosum L., Sp. Pl. 2: 1082. 1753.
Sin.: *Asplenium tucumanense* Hieron.
Ref.: Foster (1958), de la Sota (1977), Tryon & Stolze (1993), Serrano & Terán (1998 [2000]), Sundue (2011).
Hierba. Nativa. Andes. Yungas, Bosque Tucumano-Boliviano, 1500–2500, 3000–3500 m.
Dept.: CH, CO, LP, SC, TA.
Muestra: *J.R.I. Wood 12709* (LPB, UC).

Asplenium stoloniferum Bory, Voy. Îles Afrique 1: 329. 1804.
Sin.: *Asplenium gilliesii* Hook.
Ref.: Foster (1958), de la Sota (1977), Tryon & Stolze (1993), Kessler et al. (1999a), Moran & Smith (2001), Sundue (2011).
Hierba. Nativa. Andes, Altiplano. Páramo Yungueño, Puna Húmeda, Bosque de *Polylepis*, 2000–4500 m.
Dept.: CO, LP, OR, PO, SC, TA.
Muestra: *M. de Boer 1155* (LPB, UC).

Asplenium stuebelianum Hieron., Hedwigia 47: 222. 1908.
Ref.: Tryon & Stolze (1993), Ibisch (1996), Killeen & Schulenberg (1998), Sundue (2011).
Epífita. Nativa. Zonas Bajas, Andes. Bosque Húmedo, Yungas, 0–500, 1000–1500 m.
Dept.: BE, LP, PA, SC.
Muestra: *J.C. Solomon 7800* (LPB, MO).

Asplenium tabinense Hieron., Hedwigia 60: 224. 1918.
Ref.: Tryon & Stolze (1993), Kessler et al. (1999a).
Hierba, epífita. Nativa. Andes. Yungas, 2500–3500 m.
Dept.: CO.
Muestra: *R.F. Steinbach 589* (MO, UC).

Asplenium theciferum (Kunth) Mett., Ann. Sci. Nat., Bot., sér. 5, 2: 227. 1864.
Sin.: *Davallia thecifera* Kunth, *Loxoscaphe thecifera* (Kunth) T. Moore
Epífita. Nativa. Andes. Bosque Tucumano-Boliviano, 1000–1500 m.
Dept.: SC.
Muestra: *M. Kessler 6024* (LPB, UC).

Asplenium tricholepis Rosenst., Repert. Spec. Nov. Regni Veg. 12: 468. 1913.
Sin.: *Asplenium rusbyanum* Domin
Ref.: Foster (1958), Tryon & Stolze (1993), Ibisch (1996), Kessler et al. (1999a).
Epífita. Nativa. Zonas Bajas, Andes.

Bosque Húmedo, Yungas, 0–2000 m.
Dept.: BE, CO, LP, PA.
Tipo y muestra: *O. Buchtien 3330* (HT: S; IT: US), *A. Fay & L.E. Fay 2713* (LPB, MO).

Asplenium trilobatum C. Chr., Ark. Bot. 20(A/7): 15, f. 1. 1926.
Ref.: Foster (1958), Tryon & Stolze (1993).
Hierba. Endémica. Andes. Tipo de vegetación desconocida, 1500–2000 m.
Dept.: LP.
Tipo: *E. Asplund 1297* (HT: C ?; IT: S, US frag.).
Nota: Conocido solamente del tipo.

Asplenium triphyllum C. Presl, Reliq. Haenk. 1(1): 45. 1825.
Sin.: *Asplenium triphyllum* var. *compactum* Hook.
Ref.: Foster (1958), de la Sota (1977), Tryon & Stolze (1993).
Hierba. Nativa. Andes, Altiplano. Páramo Yungueño, Puna Húmeda, 3000–>5000 m.
Dept.: CO, LP.
Muestra: *J.C. Solomon 12828* (LPB, MO, UC).

Asplenium triquetrum N. Murak. & R.C. Moran, Ann. Missouri Bot. Gard. 80: 31, f. 8b. 1993.
Ref.: Murakami & Moran (1993), Kessler et al. (1999a).
Hierba, epífita. Nativa. Zonas Bajas, Andes. Bosque Húmedo, Yungas, 0–2000 m.
Dept.: BE, CO, LP.
Tipo y muestra: *O. Buchtien 625* (HT: MO; IT: BM, K, NY, Z), *M. Kessler 7645* (LPB, UC).

Asplenium tunquiniense M. Kessler & A.R. Sm., Candollea 61(2): 309. 2006.
Ref.: Kessler & Smith (2006b).
Hierba, epífita. Endémica. Andes. Yungas, 1500–3000 m.
Dept.: LP.
Tipo y muestra: *D. Eberhardt 550* (HT: UC; IT: GOET, LPB, UC), *K. Bach 1412* (GOET, LPB, UC).

Asplenium uniseriale Raddi, Opusc. Sci. 3: 291. 1819.
Sin.: *Asplenium ballivianii* Rosenst., *Asplenium radicans* var. *uniseriale* (Raddi) L.D. Gómez, *Asplenium radicans* var. *uniseriale* (Raddi) Lellinger
Ref.: Foster (1958), Tryon & Stolze (1993), Kessler et al. (1999a).
Hierba. Nativa. Zonas Bajas, Andes. Bosque Húmedo, Yungas, 0–2500, 3000–3500 m.
Dept.: BE, CO, LP.
Muestra: *M. Kessler 7423* (LPB, UC).

BLECHNACEAE Newman, Hist. Brit. Ferns (ed. 2) 8. 1844.

Por M. Kessler (Z); revisado por R.C. Moran (NY), I. Jiménez (LPB), M. Nee (NY), P.M. Jørgensen (MO).
2 géneros, 46 especies, 13 especies endémicas.

Blechnum L., Sp. Pl. 2: 1077. 1753.

45 especies, 13 especies endémicas.
Nota: Hay nueve especies adicionales aún no descritas para Bolivia.

Blechnum acutum (Desv.) Mett., Ann. Sci. Nat., Bot., sér. 5, 2: 225. 1864.
Sin.: *Lomaria acuta* Desv., *Blechnum kunthianum* C. Chr., *Blechnum binervatum* subsp. *acutum* (Desv.) R.M. Tryon & Stolze
Ref.: Tryon & Stolze (1993), Ibisch (1996), Kessler et al. (1999a), Kessler et al. (2000b).
Hemiepífita. Nativa. Zonas Bajas, Andes. Bosque Húmedo, Yungas, Bosque Tucumano-Boliviano, 500–4000 m.
Dept.: CO, LP, SC.
Muestra: *A. Portugal 222* (LPB).

Blechnum andinum (Baker) C. Chr., Index Filic. 150. 1905.
Sin.: *Lomaria andina* Baker, *Blechnum subtile* Rosenst.
Ref.: Foster (1958), Tryon & Stolze (1993), Kessler et al. (1999a).
Hierba. Nativa. Andes. Yungas, Páramo Yungueño, 2500–4000 m.
Dept.: CO, LP.
Muestra: *S.G. Beck 22780* (LPB).

Blechnum anthracinum R.C. Moran, Novon 2(2): 132. 1992.
Ref.: Moran (1992).
Epífita. Endémica. Andes. Yungas, 3000–3500 m.
Tipo y muestra: *A. Fay & L.E. Fay 2446* (HT: MO; IT: LPB, MO), *S.G. Beck 7617* (AAU, LPB).

Blechnum appendiculatum Willd., Sp. Pl. 5(1): 410. 1810.
Sin.: *Blechnum glandulosum* Kaulf. ex Link
Ref.: Tryon & Stolze (1993), Schulenberg & Awbrey (1997), Kessler et al. (1999a), Kessler et al. (2000b), Serrano & Terán (1998 [2000]), Arroyo Padilla et al. (2009), Huaylla & Cervantes (2011), Sundue (2011).
Hierba. Nativa. Zonas Bajas, Andes. Bosque Húmedo, Bosque Semideciduo Chiquitano, Yungas, Bosque Tucumano-Boliviano, 500–3000 m.
Dept.: CH, CO, LP, SC.
Muestra: *M.A. Sundue 734* (LPB, NY, USZ).

Blechnum asplenioides Sw., Kongl. Vetensk. Acad. Handl. 1817(1): 72, t. 3, f. 3. 1817.
Sin.: *Blechnum delicatum* Maxon & C.V. Morton
Ref.: Foster (1958), Tryon & Stolze (1993), Killeen & Schulenberg (1998), Kessler et al. (1999a).
Hierba. Nativa. Zonas Bajas, Andes. Bosque Húmedo, Yungas, Bosque Tucumano-Boliviano, 0–3000 m.
Dept.: BE, CH, CO, LP, PA, SC.
Muestra: *T. Krömer 1420* (GOET, LPB, UC).

Blechnum auratum (Fée) R.M. Tryon & Stolze, Fieldiana, Bot., n.s. 32: 67. 1993.
Sin.: *Lomaria aurata* Fée, *Blechnum buchtienii* Rosenst.
Ref.: Foster (1958), Tryon & Stolze (1993), Kessler et al. (1999a), Sundue (2011).
Árbol. Nativa. Andes. Yungas, Páramo Yungueño, 2500–4000 m.
Dept.: CO, LP.
Muestra: *I. Jiménez 1852* (GOET, LPB, UC).

Blechnum australe L., Mant. Pl. 130. 1767.
Sin.: *Blechnum auriculatum* Cav., *Mesothema auriculatum* (Cav.) C. Presl, *Blechnum australe* fo. *genuinum* Hieron., *Blechnum australe* fo. *mucronatodentatum* Rosenst., *Blechnum australe* var. *genuina* (Hieron.) Hicken
Hierba. Nativa. Andes. Bosque Tucumano-Boliviano, 2500–3000 m.
Dept.: TA.
Muestra: *S.G. Beck 26083* (LPB, UC).
Infra: *Blechnum australe* subsp. *auriculatum* (Cav.) de la Sota

Blechnum austrobrasilianum de la Sota, Bol. Soc. Argent. Bot. 16: 248. 1975.
Ref.: de la Sota (1977).
Nota: Esperada.

Blechnum bicolor M. Kessler & A.R. Sm., Amer. Fern J. 97(2): 66. 2007.
Hierba. Endémica. Andes. Yungas, 2000–3500 m.

Dept.: CO, LP.
Tipo y muestra: *O. Buchtien 2690* (HT: UC), *I. Jiménez 1552* (GOET, LPB, UC).

[**Blechnum blechnoides Keyserl.**], Polyp. Herb. Bunge 65. 1873.
Sin.: *Lomaria blechnoides* Bory
Ref.: Smith et al. (1999), Kessler et al. (2000b).
Nota: El registro se basa en material mal identificado.

[**Blechnum blechnoides (Lag. ex Sw.) C. Chr.**], Index Filic. 151. 1905.
Sin.: *Asplenium blechnoides* Lag. ex Sw.
Ref.: Smith et al. (1999), Kessler et al. (2000b).
Nota: El registro se basa en material mal identificado.

Blechnum bolivianum M. Kessler & A.R. Sm., Amer. Fern J. 97(2): 69. 2007.
Ref.: Sundue (2011).
Hierba. Endémica. Andes. Yungas, 2000–3000 m.
Dept.: CO, LP.
Tipo y muestra: *K. Bach 1332* (HT: UC; IT: GOET, LPB), *E. García 4459* (LPB).

Blechnum brasiliense Desv., Mag. Neuesten Entdeck. Gesammten Naturk. Ges. Naturf. Freunde Berlin 5: 330. 1811.
Sin.: *Blechnum corcovadense* Raddi, *Blechnum nigrosquamatum* Gilbert
Ref.: Foster (1958), de la Sota (1977), Tryon & Stolze (1993).
Hierba. Nativa. Zonas Bajas, Andes. Bosque Húmedo, Campos Cerrados, Yungas, 500–2000 m.
Dept.: CO, LP, SC.
Muestra: *J. Cañigueral 1259* (LPB).

Blechnum bruneum M. Kessler & A.R. Sm., Amer. Fern J. 97(2): 71. 2007.
Ref.: Sundue (2011).
Hierba. Endémica. Andes. Yungas, 2000–2500 m.
Dept.: CO, LP.
Tipo y muestra: *M. Kessler 10481* (HT: UC; IT: GOET, LPB), *M. Kessler 9094* (GOET, LPB).

Blechnum ×caudatum Cav., Descr. Pl. 262. 1802.
Ref.: Tryon & Stolze (1993).
Hierba. Nativa. Andes. Yungas, 1000–2000, 3000–3500 m.
Dept.: CO, LP.
Muestra: *M. Kessler 7634* (LPB, UC).

Blechnum cochabambense M. Kessler & A.R. Sm., Amer. Fern J. 97(2): 72. 2007.
Hierba, epífita. Endémica. Andes, Altiplano. Yungas, Bosque de *Polylepis*, 3000–4000 m.
Dept.: CO.
Tipo y muestra: *B. Ståhl 5156B* (HT: AAU; IT: BOLV), *E. Fernández T. 521* (BOLV, LPB).

Blechnum confluens Schltdl. & Cham., Linnaea 5: 613. 1830.
Sin.: *Blechnum aduncum* Liebm.
Ref.: Tryon & Stolze (1993), Killeen & Schulenberg (1998), Arroyo Padilla et al. (2009).
Hierba. Nativa. Andes. Bosque Tucumano-Boliviano, 1000–1500 m.
Dept.: SC.
Muestra: *L. Arroyo P. et al. 3381* (MO, UC, USZ).

Blechnum cordatum (Desv.) Hieron., Hedwigia 47: 239. 1908.
Sin.: *Lomaria cordata* Desv., *Blechnum chilense* (Kaulf.) Mett.
Ref.: Foster (1958), Tryon & Stolze (1993), Kessler et al. (2000b), Triana-Moreno & Murillo Aldana (2005), Prada et al. (2008), Arroyo Padilla et al. (2009), Sundue (2011).
Hierba. Nativa. Zonas Bajas, Andes. Bosque Semideciduo Chiquitano, Yungas, Bosque Tucumano-Boliviano, 1000–3500 m.
Dept.: CH, CO, LP, SC.
Muestra: *A.L. Arbeláez A. et al. 961* (MO, USZ).

Blechnum divergens (Kunze) Mett., Ann. Sci. Nat., Bot., sér. 5, 2: 225. 1864.
Sin.: *Lomaria divergens* Kunze
Ref.: Tryon & Stolze (1993), Kessler et al. (1999a), Sundue (2011).
Hierba. Nativa. Andes. Yungas, 1000–3500 m.
Dept.: CO, LP.
Muestra: *I. Jiménez 1388* (GOET, LPB, UC).

Blechnum ensiforme (Liebm.) C. Chr., Index Filic. 153. 1905.
Sin.: *Lomaria ensiformis* Liebm.
Ref.: Tryon & Stolze (1993), Ibisch (1996), Sundue (2011).
Hemiepífita. Nativa. Andes. Yungas, 1000–3000 m.
Dept.: CO, LP, SC.
Muestra: *T.B. Croat 51325* (LPB, MO).

Blechnum fragile (Liebm.) C.V. Morton & Lellinger, Amer. Fern J. 57: 68. 1967.
Sin.: *Blechnum binervatum* subsp. *fragile* (Liebm.) Nissen, *Lomaria fragilis* Liebm.
Ref.: Ibisch (1996), Kessler et al. (1999a), Kessler et al. (2000b), Sundue (2011).
Hemiepífita, epífita. Nativa. Andes. Yungas, 1000–2500 m.
Dept.: CO, LP, SC.
Muestra: *K. Bach 1782* (LPB, UC).

Blechnum fuscosquamosum A. Rojas, Lankesteriana 5(1): 49–51, f. 1a, b. 2005.
Ref.: Rojas Alvarado (2005), Sundue (2011).
Hierba, Hemiepífita, epífita. Nativa. Andes. Yungas, 2000–3500 m.
Dept.: CO, LP, SC.
Muestra: *I. Jiménez 1847* (HSB, LPB, MO, UC).

Blechnum gracile Kaulf., Enum. Filic. 158. 1824.
Ref.: Foster (1958), Tryon & Stolze (1993), Killeen & Schulenberg (1998).
Hierba. Nativa. Zonas Bajas, Andes. Bosque Semideciduo Chiquitano, Yungas, 0–500, 1000–1500 m.
Dept.: LP, SC.
Muestra: *A. Fay & L.E. Fay 2218* (LPB, MO, UC).
Nota: El nombre *B. fraxineum* Willd. ha sido usado para esta especie por varios autores.

Blechnum gracilipes (Rosenst.) M. Kessler & A.R. Sm., Amer. Fern J. 97(2): 80. 2007.
Sin.: *Blechnum blechnoides* var. *gracilipes* Rosenst.
Ref.: Foster (1958), Huaylla & Cervantes (2011).
Hierba. Endémica. Zonas Bajas, Andes. Bosque Húmedo, Yungas, Bosque Tucumano-Boliviano, 500–2500 m.
Dept.: CH, CO, LP.
Tipo y muestra: *O. Buchtien 2217* (IT: NY, S, UC, US), *M. Kessler 7806* (LPB, UC).

Blechnum laevigatum Cav., Descr. Pl. 263. 1802.
Sin.: *Blechnum distans* C. Presl, *Blechnum occidentale* var. *distans* (C. Presl) Baker, *Blechnum glandulosum* var. *distans* (C. Presl) C. Chr.
Ref.: Smith et al. (1999), Kessler et al. (2000b), Serrano & Terán (1998 [2000]), Sundue (2011).
Hierba. Nativa. Andes. Yungas, Bosque Tucumano-Boliviano, 1500–2500 m.

Dept.: CH, CO, SC.
Muestra: *M. Kessler 6199* (LPB, UC).

Blechnum lanceola Sw., Kongl. Vetensk. Acad. Handl. 1817(1): 71, t. 3, f. 2. 1817.
Ref.: Foster (1958), Tryon & Stolze (1993), Schulenberg & Awbrey (1997), Killeen & Schulenberg (1998), Serrano & Terán (1998 [2000]), Sundue (2011).
Hierba. Nativa. Zonas Bajas, Andes. Bosque Húmedo, Yungas, Bosque Tucumano-Boliviano, 500–2000 m.
Dept.: CH, CO, LP, SC.
Muestra: *J. Steinbach 2988* (BAF, GH, LPB).

Blechnum lechleri Mett., Fil. Lechl. 2: 17. 1859.
Sin.: *Lomaria violacea* Fée, *Blechnum violaceum* (Fée) C. Chr.
Ref.: Kessler et al. (1999a), Kessler et al. (2000b), Sundue (2011).
Hierba. Nativa. Zonas Bajas, Andes. Bosque Húmedo, Yungas, 500–3500 m.
Dept.: CO, LP, SC.
Muestra: *M. Kessler 10463* (LPB, UC).

Blechnum lehmannii Hieron., Bot. Jahrb. Syst. 34: 473. 1904.
Hierba. Nativa. Andes. Yungas, 1500–2000 m.
Dept.: CO.
Muestra: *I. Jiménez 1508* (LPB, UC).

Blechnum lima Rosenst., Repert. Spec. Nov. Regni Veg. 11: 53. 1912.
Ref.: Foster (1958).
Hierba. Nativa. Andes. Yungas, Páramo Yungueño, 2000–2500, 3000–3500 m.
Dept.: CO, LP.
Tipo y muestra: *O. Buchtien 2691* (IT: S, UC, US), *K. Bach 1860* (LPB, UC).

Blechnum loxense (Kunth) Hook. ex Salomon, Nomencl. Gefässkrypt. 117. 1883.
Sin.: *Lomaria loxensis* Kunth
Ref.: Tryon & Stolze (1993), Sundue (2011).
Árbol. Nativa. Andes. Yungas, Páramo Yungueño, 3000–4000 m.
Dept.: CO, LP, SC.
Muestra: *M.A. Lewis 881666* (LPB, MO, UC).
Infra: *Blechnum loxense* var. *stenophyllum* (Klotzsch) Lellinger

Blechnum malacothrix Maxon & C.V. Morton, Bull. Torrey Bot. Club 66: 40. 1939.
Ref.: Foster (1958), Killeen & Schulenberg (1998), Kessler et al. (1999a), Kessler et al. (2000b).
Hierba. Endémica. Zonas Bajas, Andes. Bosque Húmedo, Yungas, Bosque Tucumano-Boliviano, 0–2000 m.
Dept.: CH, CO, LP, SC.
Tipo y muestra: *G.H.H. Tate 951* (HT: US; IT: NY), *M. Kessler 9984* (LPB, UC).

Blechnum monomorphum R.C. Moran & B. Øllg., Nordic J. Bot. 15(2): 177. 1995.
Hierba. Nativa. Andes. Yungas, 3000–3500 m.
Dept.: LP.
Muestra: *I. Jiménez 2943* (BOLV, LPB, MO, UC).

Blechnum obtusifolium Ettingsh., Denkschr. Kaiserl. Akad. Wiss., Wien Math.-Naturwiss. Kl. 23: 59, t. 8, f. 4. 1864.
Ref.: Smith et al. (1999), Kessler et al. (2000b).
Árbol. Nativa. Andes. Bosque Tucumano-Boliviano, 2000–2500 m.
Dept.: SC.
Muestra: *M. Kessler 6411* (LPB, UC).

Blechnum occidentale L., Sp. Pl. 2: 1077. 1753.
Ref.: Foster (1958), de la Sota (1977), Tryon & Stolze (1993), Schulenberg & Awbrey (1997), Killeen & Schulenberg (1998), González et al. (1999), Kessler et al. (1999a), Kessler (2000), Serrano & Terán (1998 [2000]), Huaylla & Cervantes (2011), Sundue (2011).
Hierba. Nativa. Zonas Bajas, Andes. Bosque Húmedo, Bosque Semideciduo Chiquitano, Campos Cerrados, Yungas, Bosque Tucumano-Boliviano, Bosque Serrano Chaqueño, 0–3000 m.
Dept.: BE, CH, CO, LP, SC, TA.
Muestra: *L. Arroyo P. & S.N. Panfil 1339* (MO, USZ).

Blechnum organense Brade, Arq. Inst. Biol. Veg. 2(1): 2–3, pl. 1, f. 3, pl. 3. 1935.
Ref.: Rojas Alvarado (2008a).
Hierba. Nativa. Andes. Yungas, 2000–2500 m.
Dept.: SC.
Muestra: *R. Núñez 756* (MO, NY, UC, USZ).

Blechnum pazense M. Kessler & A.R. Sm., Amer. Fern J. 97(2): 73. 2007.
Hierba. Endémica. Andes. Yungas, 2000–3000 m.
Dept.: LP.
Tipo y muestra: *I. Jiménez & S. Gallegos 752* (HT: UC; IT: LPB), *E. García 4460* (LPB).

Blechnum penna-marina (Poir.) Kuhn, Filic. Afr. 92. 1868.
Sin.: *Polypodium penna-marina* Poir., *Blechnum penna-marina* var. *bolivianum* Rosenst. ex Looser
Ref.: Foster (1958), Adolfo María (1966), de la Sota (1977), Tryon & Stolze (1993), Schulenberg & Awbrey (1997), González et al. (1999), Kessler et al. (1999a), Serrano & Terán (1998 [2000]), Sundue (2011).
Hierba. Nativa. Andes. Yungas, Bosque Tucumano-Boliviano, Páramo Yungueño, 2500–4000 m.
Dept.: CH, CO, LP, SC, TA.
Muestra: *S.G. Beck 7739* (LPB).

Blechnum polypodioides Raddi, Opusc. Sci. 3: 294. 1819.
Sin.: *Blechnum unilaterale* Sw.
Ref.: Killeen & Schulenberg (1998), Kessler et al. (1999a), Kessler et al. (2000b), Sundue (2011).
Hierba. Nativa. Zonas Bajas, Andes. Bosque Húmedo, Bosque Semideciduo Chiquitano, Campos Cerrados, Yungas, Bosque Tucumano-Boliviano, 0–2500 m.
Dept.: BE, CH, CO, LP, SC.
Muestra: *A. Portugal 431* (LPB, UC).

Blechnum proliferum Rosenst., Hedwigia 46: 91. 1906.
Ref.: Kessler et al. (1999a).
Hierba. Nativa. Andes. Yungas, 1500–2500 m.
Dept.: CO, LP.
Muestra: *M. Kessler 6970* (LPB, UC).

[**Blechnum raddianum Rosenst.**], Hedwigia 46: 91. 1906.
Ref.: Foster (1958).
Nota: El registro se basa en material mal identificado de *B. cordatum*.

Blechnum reflexum Rosenst. ex M. Kessler & A.R. Sm., Amer. Fern J. 97(2): 74. 2007.
Ref.: Kessler et al. (1999a).
Hierba. Endémica. Andes. Yungas, 3000–3500 m.
Dept.: CO, LP.
Tipo y muestra: *M. Kessler 6697A* (HT: UC; IT: LPB), *O. Buchtien 2681* (UC).

Blechnum repens M. Kessler & A.R. Sm., Amer. Fern J. 97(2): 75. 2007.
Epífita. Endémica. Andes. Yungas, 2000–2500 m.
Dept.: LP.
Tipo: *I. Jiménez 453* (HT: LPB).
Nota: Conocida solamente del tipo.

Blechnum schomburgkii (Klotzsch) C. Chr., Index Filic. 159. 1905.
Sin.: *Lomaria schomburgkii* Klotzsch
Ref.: Tryon & Stolze (1993), López Vargas (1995), Saravia Miranda (1996), Schulenberg & Awbrey (1997), Serrano & Terán (1998 [2000]), Huaylla & Cervantes (2011), Sundue (2011).
Árbol. Nativa. Andes. Yungas, Bosque Tucumano-Boliviano, 1000–3500 m.
Dept.: CH, CO, LP, SC, TA.
Muestra: *M.H. Nee 49878* (LPB, NY).

Blechnum serrulatum Rich., Actes Soc. Hist. Nat. Paris 1: 114. 1792.
Ref.: Tryon & Stolze (1993), Killeen & Schulenberg (1998).
Hierba. Nativa. Zonas Bajas. Bosque Húmedo, Bosque Semideciduo Chiquitano, 0–1000 m.
Dept.: BE, CO, LP, PA, SC.
Muestra: *N. Helme 672* (AAU, LPB).

Blechnum smilodon M. Kessler & Lehnert, Amer. Fern J. 97(2): 76. 2007.
Hierba. Endémica. Andes. Yungas, 2500–3500 m.
Dept.: CO, LP.
Tipo y muestra: *M. Kessler 11814* (HT: GOET; IT: LPB, UC), *I. Jiménez 1679* (GOET, LPB, UC).

Blechnum sprucei C. Chr., Index Filic. 160. 1905.
Sin.: *Lomaria caudata* Baker
Ref.: Foster (1958), Adolfo María (1966), de la Sota (1977), Tryon & Stolze (1993), Schulenberg & Awbrey (1997), González et al. (1999), Kessler et al. (1999a), Kessler et al. (2000b), Serrano & Terán (1998 [2000]), Sundue (2011).
Hierba. Nativa. Andes. Yungas, Bosque Tucumano-Boliviano, 2000–3500 m.
Dept.: CH, CO, LP, SC, TA.
Muestra: *L. Arroyo P. et al. 913* (MO, UC, USZ).

Blechnum squamatum M. Kessler & A.R. Sm., Amer. Fern J. 97(2): 78. 2007.
Hierba. Endémica. Andes. Yungas, 1000–4000 m.
Dept.: CO, LP.
Tipo y muestra: *M. Kessler 6790* (HT: UC; IT: GOET, LPB), *B. Herzog 438* (LPB).

Blechnum squamipes (Hieron.) M. Kessler & A.R. Sm., Amer. Fern J. 97(2): 80. 2007.
Sin.: *Blechnum lanceolatum* var. *squamipes* Hieron., *Blechnum mochaenum* var. *squamipes* (Hieron.) de la Sota
Hierba. Nativa. Andes. Bosque Tucumano-Boliviano, 2000–2500 m.
Dept.: CH, SC.
Muestra: *M. Serrano 712* (LPB).

[**Blechnum stipitellatum (Sodiro) C. Chr.**], Index Filic. 160. 1905.
Sin.: *Lomaria stipitellata* Sodiro
Ref.: Tryon & Stolze (1993).
Nota: El registro se basa en material mal identificado.

Blechnum vallegrandense M. Kessler & A.R. Sm., Amer. Fern J. 97(2): 79. 2007.
Hierba. Endémica. Andes. Bosque Tucumano-Boliviano, 2000–2500 m.
Dept.: SC.
Tipo: *M. Kessler 6474* (HT: UC; IT: GOET, LPB).
Nota: Conocida solamente del tipo.

Blechnum yungense J.P. Ramos, Novon 20(1): 68. 2010.
Hierba. Nativa. Andes. Bosque Tucumano-Boliviano, Valles Secos, 1000–3000 m.
Dept.: CH, SC, TA.
Muestra: *J. Steinbach 8259* (GH).

Salpichlaena J. Sm., J. Bot. (Hooker) 4: 168. 1841.
1 especie, 0 especies endémicas.

[**Salpichlaena hookeriana (Kuntze) Alston**], Bull. Misc. Inform. Kew 1932(7): 312. 1932.
Sin.: *Spicanta hookeriana* Kuntze
Ref.: Killeen & Schulenberg (1998).
Nota: El registro se basa en material mal identificado de *S. volubilis*.

Salpichlaena volubilis (Kaulf.) J. Sm., J. Bot. (Hooker) 4: 168. 1841.
Sin.: *Blechnum volubile* Kaulf.
Ref.: Foster (1958), Killeen & Schulenberg (1998), Kessler et al. (1999a).
Hierba, epífita. Nativa. Zonas Bajas, Andes. Bosque Húmedo, Yungas, 0–2000 m.
Dept.: BE, CO, LP, SC.
Muestra: *M. Kessler 11649* (LPB, UC).

CULCITACEAE Pic. Serm., Webbia 24: 702. 1970.
Por M. Lehnert (STU); revisado por M. Kessler (Z); I. Jiménez (LPB), P.M. Jørgensen (MO).
1 género, 1 especie, 0 especies endémicas.

Culcita C. Presl, Tent. Pterid. 135, t. 5, f. 5. 1836.
1 especie, 0 especies endémicas.

Culcita coniifolia (Hook.) Maxon, Rep. (Annual) Board Regents Smithsonian Inst. 1911: 488, t. 13C. 1912.
Sin.: *Dicksonia coniifolia* Hook.
Ref.: Tryon & Stolze (1989a), Lehnert (2006), Sundue (2011).
Hierba. Nativa. Andes. Yungas, Páramo Yungueño, 2000–3500 m.
Dept.: CO, LP, SC.
Muestra: *M. Lehnert 390* (GOET, LPB, UC).

CYATHEACEAE Kaulf., Wesen Farrenkr. 119. 1827.
Por M. Lehnert (STU); revisado por M. Kessler (Z), I. Jiménez (LPB), P.M. Jørgensen (MO).
3 géneros, 41 especies, 2 especies endémicas.

Alsophila R. Br., Prodr. 158. 1810.
5 especies, 0 especies endémicas.

Alsophila cuspidata (Kunze) D.S. Conant, J. Arnold Arbor. 64: 371. 1983.
Sin.: *Cyathea cuspidata* Kunze, *Cyathea oyapoka* Jenman, *Cyathea punctifera* Christ, *Cyathea hassleriana* Christ, *Nephelea cuspidata* (Kunze) R.M. Tryon
Ref.: Foster (1958), Gastony (1973), Conant (1983), Tryon & Stolze (1989a), García Estigarribia (1993b), Kessler et al. (1999a), Lehnert (2006), Lehnert (2011b), Sundue (2011).
Árbol. Nativa. Zonas Bajas, Andes. Bosque Húmedo, Yungas, 0–1500 m.
Dept.: BE, CO, LP, SC.
Muestra: *M. Kessler 7949* (LPB, UC).

Alsophila erinacea (H. Karst.) D.S. Conant, J. Arnold Arbor. 64: 371. 1983.
Sin.: *Cyathea erinacea* H. Karst., *Cyathea aureonitens* Christ, *Cyathea cuspidata* var. *rigida* Rosenst., *Nephelea aureonitens* (Christ) R.M. Tryon, *Nephelea erinacea* (H. Karst.) R.M. Tryon
Ref.: Foster (1958), Gastony (1973), Conant (1983), Tryon & Stolze (1989a), García Estigarribia (1993b), Kessler et al. (1999a), Lehnert (2006), Lehnert (2011b).
Árbol. Nativa. Andes. Yungas, 1000–3000 m.

Dept.: CO, LP.
Muestra: *M. Kessler 9121* (LPB, UC).

[Alsophila incana (H. Karst.) D.S. Conant], J. Arnold Arbor. 64: 371. 1983.
Sin.: *Cyathea incana* H. Karst.
Ref.: Schulenberg & Awbrey (1997), Kessler et al. (1999a), Kessler et al. (2000b), Serrano & Terán (1998 [2000]), Arroyo Padilla et al. (2009).
Nota: El registro se basa en material mal identificado. Previamente confundida en Bolivia con *A. odonelliana*. Especie no presente en el país.

Alsophila minervae Lehnert, Amer. Fern J. 93: 169. 2003.
Ref.: Lehnert (2006), Lehnert (2011b), Ministerio de Medio Ambiente y Agua (2012 [2013]).
Árbol. Nativa. Andes. Yungas, Páramo Yungueño, 2500–3500 m.
Dept.: CO, LP.
Tipo y muestra: *M. Kessler 11900* (IT: GOET, LPB), *S.G. Beck 1947* (LPB, UC).

Alsophila mostellaria Lehnert, Amer. Fern J. 93: 171. 2003.
Ref.: Lehnert (2006), Lehnert (2011b).
Árbol. Nativa. Andes. Yungas, 1000–1500 m.
Dept.: CO, LP.
Muestra: *M.J. Macía 7217* (LPB, UC).

Alsophila odonelliana (Alston) Lehnert, Brittonia 57(3): 231. 2005.
Sin.: *Cyathea odonelliana* Alston
Ref.: Gastony (1973), Conant (1983), García Estigarribia (1993b), Kessler et al. (2000b), Lehnert (2006), Sundue (2011).
Árbol. Nativa. Zonas Bajas, Andes. Bosque Húmedo, Yungas, Bosque Tucumano-Boliviano, 1000–2500 m.
Dept.: CH, CO, SC, TA.
Muestra: *M. Lehnert 731* (GOET, LPB, UC).
Nota: Previamente incluida en *A. incana*.
Nom. Vern.: Helecho árbol, peine peine.

Cyathea Sm., Mém. Acad. Roy. Sci. (Turin) 5: 416. 1793.
35 especies, 2 especies endémicas.

Cyathea andina (H. Karst.) Domin, Pteridophyta 263. 1929.
Sin.: *Hemitelia andina* H. Karst., *Hemitelia servitensis* H. Karst., *Hemitelia boryana* Mett. ex Kuhn, *Hemitelia escuquensis* H. Karst., *Hemitelia joadii* Baker, *Hemitelia leprieurii* Jenman, *Cyathea boryana* (Mett. ex Kuhn) Domin, *Cyathea escuquensis* (H. Karst.) Domin, *Cyathea joadii* (Baker) Domin, *Cyathea circumdentata* K.U. Kramer
Ref.: Tryon (1976), Tryon & Stolze (1989a), García Estigarribia (1993b), Kessler et al. (1999a), Lehnert (2006), Lehnert (2011a), Lehnert (2011b).
Árbol. Nativa. Andes. Yungas, 1000–2000 m.
Dept.: CO, LP.
Muestra: *A.H. Gentry 70980* (LPB, MO, UC).

Cyathea arnecornelii Lehnert, Amer. Fern J. 93: 178. 2003.
Ref.: Smith et al. (2005), Lehnert (2006), Lehnert (2011b), Ministerio de Medio Ambiente y Agua (2012 [2013]).
Árbol. Nativa. Andes. Yungas, 2500–3000 m.
Dept.: LP.
Tipo y muestra: *M. Lehnert 3* (HT: GOET; IT: LPB, UC), *M. Kessler 12092* (GOET, LPB, UC).

Cyathea austropallescens Lehnert, Bot. J. Linn. Soc. 158(4): 626. 2008.
Ref.: Lehnert (2011b), Sundue (2011).
Árbol. Nativa. Andes. Yungas, Páramo Yungueño, 2000–3500 m.
Dept.: CO, LP, SC.
Tipo y muestra: *M. Kessler et al. 11832* (HT: LPB; IT: GOET, UC), *M. Lehnert 14* (GOET, LPB, UC).
Nota: Previamente incluida en *C. pallescens*.

Cyathea bettinae Lehnert, Brittonia 56(3): 210–212. 2004.
Ref.: Lehnert (2006), Ministerio de Medio Ambiente y Agua (2012 [2013]).
Arbolito. Endémica. Andes. Yungas, 2500–3000 m.
Dept.: LP.
Tipo y muestra: *I. Jiménez & S. Gallegos 973* (HT: LPB; IT: UC), *I. Jiménez et al. 2958* (LPB, MO, UC).

Cyathea bipinnatifida (Baker) Domin, Pteridophyta 262. 1929.
Sin.: *Alsophila pubescens* Baker, *Alsophila bipinnatifida* Baker, *Polypodium bipinatifidum* (Baker) Jenman, *Cyathea pubens* Domin, *Trichipteris pubescens* (Baker) R.M. Tryon
Ref.: Foster (1958), Barrington (1978), Tryon & Stolze (1989a), García Estigarribia (1993b), Kessler et al. (1999a), Lehnert (2006), Lehnert (2011b), Lehnert (2012).
Arbolito. Nativa. Andes. Yungas, 1000–2500 m.
Dept.: CO, LP.
Muestra: *M. Kessler 11283* (GOET, LPB, UC).

[Cyathea caracasana (Klotzsch) Domin], Pteridophyta 262. 1929.
Sin.: *Alsophila caracasana* Klotzsch
Ref.: Tryon (1976), Tryon & Stolze (1989a), García Estigarribia (1993b), Killeen & Schulenberg (1998), Smith et al. (1999), Lehnert (2006), Lehnert (2009).
Nota: El registro se basa en material mal identificado. Previamente confundida en Bolivia con *C. catacampta*, *C. herzogii* y *C. squamipes*. *C. caracasana* no se encuentra en Bolivia.

Cyathea carolihenrici Lehnert, Amer. Fern J. 93: 180. 2003.
Ref.: Smith et al. (2005), Lehnert (2006), Lehnert (2011b), Ministerio de Medio Ambiente y Agua (2012 [2013]).
Árbol. Nativa. Andes. Yungas, Páramo Yungueño, 2500–3500 m.
Dept.: LP, SC.
Tipo y muestra: *M. Lehnert 11* (HT: GOET; IT: LPB, UC), *M. Lehnert 607* (GOET, LPB, UC).

Cyathea catacampta Alston, J. Wash. Acad. Sci. 48: 231. 1958.
Ref.: Fuentes Claros et al. (2009), Lehnert (2009), Lehnert (2011b).
Árbol. Nativa. Andes. Yungas, 2000–3000 m.
Dept.: LP.
Muestra: *M.A. Lewis 35324* (LPB, MO).
Nota: Previamente incluida en *C. caracasana*.

Cyathea conjugata (Spruce ex Hook.) Domin, Pteridophyta 262. 1929.
Sin.: *Alsophila conjugata* Spruce ex Hook., *Trichipteris conjugata* (Spruce ex Hook.) R.M. Tryon
Ref.: Tryon & Stolze (1989a), García Estigarribia (1993b), Kessler et al. (1999a), Lehnert (2006), Lehnert (2011b), Sundue (2011).
Árbol. Nativa. Andes. Yungas, 1000–3000 m.
Dept.: CO, LP, SC.
Muestra: *J.C. Solomon 8972* (LPB, MO).

Cyathea delgadii Sternb., Vers. Fl. Vorwelt 1: 47, t. B. 1820.
Sin.: *Cyathea vestita* Mart., *Cyathea hirtula* Mart., *Cyathea oligocarpa* Kunze, *Cyathea schanschin* Mart., *Cyathea denticulata* Goldm., *Cyathea abruptecaudata* Fée, *Cyathea*

sphaerocarpa Fée, *Cyathea pilosa* Baker, *Cyathea copelandii* Kuhn & Luerss., *Cyathea hypotricha* Christ, *Cyathea feei* Glaz., *Cyathea schanschin* var. *oligocarpa* (Kunze) Hieron., *Cyathea bahiensis* Rosenst., *Cyathea micromera* Rosenst., *Cyathea trindadensis* Brade
Ref.: Foster (1958), Tryon & Stolze (1989a), García Estigarribia (1993b), Killeen & Schulenberg (1998), Kessler et al. (1999a), Kessler et al. (2000b), Lehnert (2006), Lehnert (2011b), Sundue (2011).
Árbol. Nativa. Zonas Bajas, Andes. Bosque Semideciduo Chiquitano, Yungas, 500–3000 m.
Dept.: BE, CO, LP, SC.
Muestra: *M. Kessler 7649* (GOET, LPB, UC).

Cyathea dintelmanii Lehnert, Brittonia 58(3): 237. 2006.
Ref.: Lehnert (2008), Lehnert (2011b).
Árbol. Nativa. Andes. Yungas, 1000–3000 m.
Dept.: CO, LP, SC.
Tipo y muestra: *M. Kessler et al. 13012* (HT: LPB; IT: GOET, UC), *M.J. Macía & J. Fuertes 7268* (LPB, UC).

Cyathea dombeyi (Desv.) Lellinger, Amer. Fern J. 77(3): 94. 1987.
Sin.: *Alsophila dombeyi* Desv., *Alsophila armigera* Kunze, *Alsophila pycnocarpa* Kunze, *Alsophila peruviana* Klotzsch, *Alsophila floribunda* Baker, *Trichipteris floribunda* (Baker) R.M. Tryon, *Trichipteris dombeyi* (Desv.) Barrington
Ref.: Barrington (1978), Lehnert (2006), Lehnert (2011b).
Árbol. Nativa. Andes. Yungas, 500–1500 m.
Dept.: CO, LP.
Muestra: *C.R. Sperling et al. 5437* (GH, LPB, MO).
Nota: Previamente incluida en *C. pungens*.

Cyathea herzogii Rosenst., Meded. Rijks-Herb. 19: 7. 1913.
Ref.: Foster (1958), Smith et al. (2005), Lehnert (2006), Lehnert (2009), Lehnert (2011b), Sundue (2011).
Árbol. Nativa. Andes. Yungas, 1500–3000 m.
Dept.: CO, LP, SC.
Tipo y muestra: *T. Herzog 1990* (HT: L; IT: GH, S), *D.N. Smith & J.F. Smith 13101* (LPB, MO).
Nota: Previamente incluida en *C. caracasana*.

Cyathea kalbreyeri (Baker) Domin, Pteridophyta 262. 1929.
Sin.: *Alsophila podophylla* Baker, *Alsophila kalbreyeri* Baker, *Trichipteris kalbreyeri* (Baker) R.M. Tryon
Ref.: Barrington (1978), Tryon & Stolze (1989a), García Estigarribia (1993b), Killeen & Schulenberg (1998), Lehnert (2006), Lehnert (2011b).
Árbol. Nativa. Zonas Bajas. Bosque Húmedo, 500–1000 m.
Dept.: LP, SC.
Muestra: *O. Buchtien 289* (BM, MO, NY, UC, US).

Cyathea lasiosora (Mett. ex Kuhn) Domin, Pteridophyta 262. 1929.
Sin.: *Alsophila nigra* Mart., *Alsophila lasiosora* Mett. ex Kuhn, *Alsophila tarapotensis* Rosenst., *Alsophila mapiriensis* Rosenst., *Cyathea mapiriensis* Domin, *Alsophila killipii* Maxon, *Trichipteris lasiosora* (Mett. ex Kuhn) R.M. Tryon, *Trichipteris nigra* (Mart.) R.M. Tryon
Ref.: Foster (1958), Barrington (1978), Tryon & Stolze (1989a), García Estigarribia (1993b), Lehnert (2006), Lehnert (2011b).
Árbol. Nativa. Zonas Bajas, Andes. Bosque Húmedo, Yungas, 0–2000 m.
Dept.: CO, LP.
Muestra: *M. Kessler et al. 8827* (GOET, LPB, UC).

Cyathea lechleri Mett., Fil. Lechl. 2: 32. 1859.
Sin.: *Cyathea castanea* Baker, *Cyathea purpurea* C.V. Morton
Ref.: Foster (1958), Tryon (1976), Tryon & Stolze (1989a), García Estigarribia (1993b), Lehnert (2006), Lehnert (2011b).
Árbol. Nativa. Zonas Bajas, Andes. Bosque Húmedo, Yungas, 500–2000 m.
Dept.: LP.
Muestra: *A.H. Gentry & J.C. Solomon 44441* (LPB, MO, UC).

Cyathea leucolepismata Alston, J. Wash. Acad. Sci. 48: 231. 1958.
Sin.: *Cyathea amazonica* R.C. Moran
Ref.: Lehnert (2006), Arroyo Padilla et al. (2009), Lehnert (2011a), Lehnert (2011b), Sundue (2011).
Árbol. Nativa. Zonas Bajas, Andes. Bosque Húmedo, Yungas, 0–1500 m.
Dept.: BE, LP, SC.
Muestra: *A.H. Gentry & S. Estenssoro C. 70434* (LPB, MO).

Cyathea lindigii (Baker) Domin, Pteridophyta 264. 1929.
Sin.: *Hemitelia lindigii* Baker
Ref.: Tryon (1976), Tryon & Stolze (1989a), García Estigarribia (1993b), Killeen & Schulenberg (1998), Kessler et al. (1999a), Lehnert (2006), Lehnert (2011a), Lehnert (2011b), Sundue (2011).
Árbol. Nativa. Zonas Bajas, Andes. Bosque Húmedo, Yungas, 0–1500 m.
Dept.: BE, CO, LP.
Muestra: *J.C. Solomon 13955* (LPB, MO, UC).
Nota: Previamente incluida en *C. multiflora*.

Cyathea microdonta (Desv.) Domin, Pteridophyta 263. 1929.
Sin.: *Polypodium microdontum* Desv., *Polypodium aculeatum* Raddi, *Alsophila microdonta* (Desv.) Desv., *Alsophila armata* Mart., *Alsophila ferox* C. Presl, *Alsophila aculeata* (Raddi) J. Sm., *Alsophila rufa* Fée, *Trichipteris microdonta* (Desv.) R.M. Tryon
Ref.: Foster (1958), Barrington (1978), Tryon & Stolze (1989a), Smith et al. (1999), Lehnert (2006), Lehnert (2011b), Sundue (2011).
Árbol. Nativa. Zonas Bajas, Andes. Campos Cerrados, Sabanas Benianas del Sur, Yungas, 0–1000 m.
Dept.: BE, CO, LP, SC.
Muestra: *M. Lehnert 37* (GOET, LPB, UC).

Cyathea mucilagina R.C. Moran, Novon 1(2): 92, f. 4. 1991.
Sin.: *Alsophila alata* Sodiro
Ref.: Lehnert (2011b).
Arbolito. Nativa. Zonas Bajas. 500–1000 m.
Dept.: CO.
Muestra: *M. Kessler 8202* (LPB, UC).
Nota: Determinación tentativa.

[**Cyathea multiflora Sm.**], Mém. Acad. Roy. Sci. (Turin) 5(1790–1791): 416. 1793.
Ref.: Tryon (1976), Tryon & Stolze (1989a), García Estigarribia (1993b), Killeen & Schulenberg (1998), Kessler et al. (1999a), Lehnert (2006).
Nota: El registro se basa en material mal identificado. Previamente confundida en Bolivia con *C. lindigii*. Especie no presente en el país.

Cyathea obnoxia Lehnert, Brittonia 58(1): 4–6, f. 1a–f. 2006.
Ref.: Fuentes Claros et al. (2009).
Árbol. Nativa. Andes. Yungas, 2500–3000 m.
Dept.: LP.
Muestra: *A.F. Fuentes C. 10883* (BOLV, HSB, LPB, MO, USZ).

[**Cyathea pallescens (Sodiro) Domin**], Pteridophyta 263. 1929.
Sin.: *Alsophila pallescens* Sodiro

Ref.: Tryon (1976), Tryon & Stolze (1989a), Kessler et al. (1999a), Navarro Sánchez & Ferreira (2000), Lehnert (2006).
Nota: El registro se basa en material mal identificado. Previamente confundida en Bolivia con *C. austropallescens*. Especie no presente en el país.

Cyathea parvifolia Sodiro, Sert. Fl. Ecuad. Ser., Ser. 2 2: 7. 1908.
Sin.: *Cyathea brevistipes* R.C. Moran
Ref.: García Estigarribia (1993b), Lehnert (2006), Lehnert (2009), Lehnert (2011b).
Árbol. Nativa. Andes. Yungas, Páramo Yungueño, 3000–3500 m.
Dept.: LP.
Muestra: *M. Lehnert 590* (GOET, LPB, UC).

Cyathea phalerata Mart., Denkschr. Bayer. Bot. Ges. Regensburg 2: 146, t. 2–3. 1822.
Sin.: *Alsophila phalerata* Mart., *Alsophila blancheti* Trevis., *Alsophila blanchetiana* C. Presl, *Alsophila contracta* Fée, *Alsophila eriocarpa* Fée, *Alsophila ludoviciana* Fée, *Alsophila scrobiculata* Fée, *Alsophila unguis-cati* Fée, *Alsophila goyazensis* Christ, *Alsophila paulistana* Rosenst., *Cyathea contracta* Domin
Ref.: Barrington (1978), Lehnert (2006).
Árbol. Nativa. Zonas Bajas. Bosque Semideciduo Chiquitano, 500–1000 m.
Dept.: SC.
Muestra: *D.C. Daly 2137* (LPB, NY).

Cyathea poeppigii (Hook.) Domin, Pteridophyta 263. 1929.
Sin.: *Alsophila elongata* Hook., *Alsophila poeppigii* Hook., *Cyathea sprucei* Hook., *Alsophila impressa* Fée, *Alsophila bakeri* Sodiro, *Alsophila quitensis* C. Chr., *Alsophila coriacea* Rosenst., *Cyathea oreites* Domin, *Cyathea anacampta* Alston, *Sphaeropteris elongata* (Hook.) R.M. Tryon, *Trichipteris anacampta* (Alston) R.M. Tryon
Ref.: Windisch (1977), Tryon & Stolze (1989a), García Estigarribia (1993b), Kessler et al. (1999a), Kessler et al. (2000b), Lehnert (2006), Lehnert (2011b), Sundue (2011).
Árbol. Nativa. Zonas Bajas, Andes. Bosque Húmedo, Yungas, 0–1500 m.
Dept.: BE, CO, LP, SC.
Muestra: *M. Kessler 8456* (GOET, LPB, UC).

Cyathea pungens (Willd.) Domin, Pteridophyta 263. 1929.
Sin.: *Polypodium procerum* Willd., *Polypodium pungens* Willd., *Alsophila procera* (Willd.) Desv., *Alsophila infesta* Kunze, *Alsophila pungens* (Willd.) C. Presl, *Alsophila subaculeata* Splitg., *Alsophila obtusa* Klotzsch, *Alsophila pterorachis* Baker, *Alsophila eatonii* Jenman, *Alsophila pastazensis* Hieron., *Cyathea obtusata* Rosenst., *Alsophila gleasonii* Maxon, *Alsophila bulligera* Rosenst., *Cyathea pastazensis* (Hieron.) Domin, *Cyathea bulligera* (Rosenst.) Domin, *Cyathea eatonii* (Jenman) Domin, *Cyathea gleasonii* (Maxon) Domin, *Cyathea infesta* (Kunze) Domin, *Cyathea klotzschiana* Domin, *Cyathea willdenowiana* Domin, *Trichipteris bulligera* (Rosenst.) R.M. Tryon, *Trichipteris eatonii* (Jenman) R.M. Tryon, *Trichipteris infesta* (Kunze) R.M. Tryon, *Trichipteris obtusa* (Klotzsch) R.M. Tryon, *Trichipteris pastazensis* (Hieron.) R.M. Tryon, *Trichipteris procera* (Willd.) R.M. Tryon, *Trichipteris pungens* (Willd.) R.M. Tryon
Ref.: Foster (1958), Barrington (1978), Tryon & Stolze (1989a), García Estigarribia (1993b), Killeen & Schulenberg (1998), Kessler et al. (1999a), Lehnert (2006), Sundue (2011).
Árbol. Nativa. Zonas Bajas, Andes. Bosque Húmedo, Yungas, 0–1500 m.
Dept.: BE, CO, LP, PA, SC.
Muestra: *A. Fay & L.E. Fay 2324* (LPB, MO, UC).
Nota: *C. dombeyi* es una especie distinta previamente incluida en *C. pungens*.

Cyathea ruiziana Klotzsch, Linnaea 20: 439. 1847.
Sin.: *Cyathea boliviana* R.M. Tryon
Ref.: García Estigarribia (1993b), Kessler et al. (1999a), Navarro Sánchez & Ferreira (2000), Lehnert (2008), Lehnert (2011b), Sundue (2011).
Árbol. Nativa. Andes. Yungas, 2000–3500 m.
Dept.: CO, LP, SC.
Muestra: *M. Lehnert 724* (GOET, LPB, UC).

Cyathea squamipes H. Karst., Fl. Columb. 1: 199, t. 99. 1861.
Sin.: *Cyathea mexicana* var. *boliviensis* Rosenst., *Cyathea caracasana* var. *boliviensis* (Rosenst.) R.M. Tryon
Ref.: Foster (1958), Tryon (1976), Tryon & Stolze (1989a), García Estigarribia (1993b), Kessler et al. (1999a), Lehnert (2009), Lehnert (2011b).
Árbol. Nativa. Andes. Yungas, Páramo Yungueño, 1000–3000 m.
Dept.: CO, LP.
Muestra: *M. Lehnert 10* (GOET, LPB, UC).

Cyathea straminea H. Karst., Linnaea 28: 457. 1857.
Ref.: Tryon (1976), Lehnert (2008), Lehnert (2011b).
Árbol. Nativa. Andes. Yungas, 2000–3500 m.
Dept.: LP, SC.
Muestra: *I. Jiménez 1872* (LPB, MO, UC).

Cyathea subincisa (Kunze) Domin, Pteridophyta 264. 1929.
Sin.: *Cnemidaria speciosa* C. Presl, *Hemitelia subincisa* Kunze
Ref.: Foster (1958), Stolze (1974), Tryon & Stolze (1989a), García Estigarribia (1993b), Kessler et al. (1999a), Lehnert (2006), Lehnert (2011b), Lehnert (2012).
Hierba. Nativa. Zonas Bajas, Andes. Bosque Húmedo, Yungas, 0–2000 m.
Dept.: BE, CO, LP.
Muestra: *C.R. Sperling et al. 5423* (BM, GH, MO).

Cyathea subtropica Domin, Pteridophyta 263. 1929.
Sin.: *Alsophila lechleri* Mett., *Alsophila ulei* Christ, *Cyathea ulei* (Christ) Domin, *Trichipteris lechleri* (Mett.) R.M. Tryon
Ref.: Foster (1958), Barrington (1978), García Estigarribia (1993b), Kessler et al. (1999a), Lehnert (2006), Lehnert (2011b).
Árbol. Nativa. Andes. Yungas, 1000–2000 m.
Dept.: LP.
Muestra: *M. Kessler 9841* (GOET, LPB, UC).
Nota: Previamente conocida en Bolivia como *C. ulei*, un nombre sin prioridad.

Cyathea surinamensis (Miq.) Domin, Pteridophyta 264. 1929.
Sin.: *Hemitelia hirsuta* (Desv.) Weath., *Alsophila weigeltii* Roem., *Polypodium hirsutum* Desv., *Alsophila strigosa* J. Sm., *Hemitelia surinamensis* Miq., *Hemitelia parkeri* Hook., *Alsophila leprieuriana* Kunze, *Polypodium pauciflorum* Hook., *Alsophila surinamensis* (Miq.) J. Sm., *Alsophila piligera* Hieron., *Cyathea piligera* (Hieron.) Domin, *Hemitelia superba* Maxon, *Cyathea superba* (Maxon) Domin, *Hemitelia strigosa* (J. Sm.) Alston, *Sphaeropteris hirsuta* (Desv.) R.M. Tryon
Ref.: Windisch (1978).
Arbolito. Nativa. Zonas Bajas. Bosque Húmedo, 0–500 m.

Dept.: PA.
Muestra: *M. Cárdenas 3002* (F).
Nota: Determinación tentativa.

Cyathea uleana (Samp.) Lehnert, Brittonia 63: 43. 2011.
Sin.: *Hemitelia uleana* Samp., *Hemitelia maxonii* Rosenst., *Cyathea subarborescens* Domin, *Cnemidaria uleana* (Samp.) R.M. Tryon
Ref.: Stolze (1974), Tryon & Stolze (1989a), Kessler et al. (1999a), Smith et al. (1999), Lehnert (2006), Lehnert (2011b), Lehnert (2012).
Hierba. Nativa. Zonas Bajas, Andes. Bosque Húmedo, Yungas, 1000–2000 m.
Dept.: CO, LP.
Muestra: *A. Fay & L.E. Fay 2819* (AAU, LPB, MO, UC).

Cyathea vilhelmii Domin, Pteridophyta 264. 1929.
Sin.: *Cyathea heliophila* R.M. Tryon
Ref.: Lehnert (2011a), Lehnert (2011b).
Árbol. Nativa. Andes. Yungas, 2500–3000 m.
Dept.: LP.
Muestra: *A.F. Fuentes C. & M. Villalobos 14030* (LPB).

Cyathea villosa Humb. & Bonpl. ex Willd., Sp. Pl. 5: 495. 1810.
Sin.: *Chnoophora humboldtii* Kaulf., *Alsophila rigidula* Mart., *Alsophila vernicosa* Mett. ex Kuhn, *Trichipteris villosa* (Humb. & Bonpl. ex Willd.) R.M. Tryon
Ref.: Foster (1958), Barrington (1978), García Estigarribia (1993b), Killeen & Schulenberg (1998), Lehnert (2006).
Hierba. Nativa. Zonas Bajas, Andes. Bosque Semideciduo Chiquitano, Campos Cerrados, Yungas, 500–1000, 1500–2000 m.
Dept.: LP, SC.
Muestra: *L. Arroyo P. et al. 197* (GOET, LPB, MO, NY, UC, USZ).

Cyathea xenoxyla Lehnert, Amer. Fern J. 93: 175. 2003.
Ref.: Lehnert (2006).
Árbol. Nativa. Andes. Yungas, 1500–3000 m.
Dept.: CO, LP.
Tipo y muestra: *M. Lehnert 49* (HT: GOET; IT: LPB, UC), *I. Jiménez 952* (LPB, UC).

Cyathea zongoensis Lehnert, Amer. Fern J. 93: 172. 2003.
Ref.: Lehnert (2006), Fuentes Claros et al. (2009), Ministerio de Medio Ambiente y Agua (2012 [2013]).
Hierba. Endémica. Andes. Páramo Yungueño, 3000–3500 m.
Dept.: LP.
Tipo y muestra: *J.C. Solomon 8429* (HT: UC; IT: MO), *A.F. Fuentes C. et al. 10048* (LPB, MO).

Sphaeropteris Bernh., J. Bot. (Schrader) 1800(2): 122. 1801.
1 especie, 0 especies endémicas.

Sphaeropteris quindiuensis (H. Karst.) R.M. Tryon, Contr. Gray Herb. 200: 20. 1970.
Sin.: *Cyathea quindiuensis* H. Karst., *Cyathea crassipes* Sodiro, *Cyathea yungensis* C. Chr.
Ref.: Foster (1958), Tryon (1971), Tryon & Stolze (1989a), García Estigarribia (1993b), Kessler et al. (1999a), Lehnert (2006), Lehnert (2011b), Sundue (2011).
Árbol. Nativa. Andes. Yungas, 1000–3000 m.
Dept.: CO, LP, SC.
Muestra: *M. Lehnert 51* (GOET, LPB, UC).

Davalliaceae M.R. Schomb. ex A.B. Frank, Reis. Br.-Guiana 3: 883. 1848.
Por M. Kessler (Z); revisado por R.C. Moran (NY), S.G. Beck (LPB), M. Nee (NY), P.M. Jørgensen (MO).
1 género, 8 especies, 0 especies endémicas.

Nephrolepis Schott, Gen. Fil. pl. 3. 1834.
8 especies, 0 especies endémicas.

Nephrolepis biserrata (Sw.) Schott, Gen. Fil. pl. 3. 1834.
Sin.: *Aspidium biserratum* Sw.
Ref.: Foster (1958), Tryon & Stolze (1993), Nauman (1995), Ibisch (1996), Sundue (2011).
Epífita. Nativa. Zonas Bajas. Bosque Húmedo, 0–500 m.
Dept.: BE, CO, LP, PA, SC.
Muestra: *E. Villanueva & R.B. Foster 808* (F, LPB).

[**Nephrolepis brownii (Desv.) Hovenkamp & Miyam.**], Blumea 50(2): 293. 2005.
Ref.: Hovenkamp & Miyamoto (2005).
Nota: El registro se basa en material mal identificado.

Nephrolepis cordifolia (L.) C. Presl, Tent. Pterid. 79. 1836.
Sin.: *Polypodium cordifolium* L.
Ref.: Foster (1958), Tryon & Stolze (1993), Nauman (1995).
Hierba, epífita. Cultivada. Muestra: *J.C. Solomon 15490* (LPB, MO).
Nota: Reportes de esta especie como nativa se basan en material mal identificado.

Nephrolepis exaltata (L.) Schott, Gen. Fil. pl. 3. 1834.
Sin.: *Polypodium exaltatum* L.
Ref.: Foster (1958).
Hierba, epífita. Cultivada. Bosque Húmedo, Dept.: PA.
Muestra: *S.G. Beck 7032* (LPB, UC).

Nephrolepis obtusiloba A. Rojas, Mét. Ecol. Sist. 3(Supl. 1): 65–69, f. 4A, B. 2008.
Hierba, epífita. Nativa. Zonas Bajas. Bosque Semideciduo Chiquitano, 0–500 m.
Dept.: SC.
Muestra: *M.H. Nee 41704* (MO, NY, UC).

Nephrolepis pectinata (Willd.) Schott, Gen. Fil. pl. 3. 1834.
Sin.: *Aspidium pectinatum* Willd.
Ref.: Foster (1958), Tryon & Stolze (1993), Nauman (1995).
Hierba, epífita. Nativa. Andes. Yungas, 1000–1500 m.
Dept.: LP.
Muestra: *R.S. Williams 1107* (NY).

Nephrolepis pendula (Raddi) J. Sm., J. Bot. (Hooker) 4: 197. 1842 [1841].
Sin.: *Aspidium pendulum* Raddi, *Nephrolepis cordifolia* var. *pendula* (Raddi) Sodiro
Ref.: Foster (1958), Nauman (1995), Ibisch (1996), Kessler et al. (1999a), Rojas Alvarado (2008d), Arroyo Padilla et al. (2009), Sundue (2011).
Hierba, epífita. Nativa. Zonas Bajas, Andes. Bosque Húmedo, Bosque Semideciduo Chiquitano, Yungas, Bosque Tucumano-Boliviano, 0–2500 m.
Dept.: BE, CO, LP, SC.
Muestra: *M.A. Lewis 40245* (LPB, MO).

Nephrolepis rivularis (Vahl) Mett. ex Krug, Bot. Jahrb. Syst. 24: 122. 1897.
Sin.: *Polypodium rivulare* Vahl
Ref.: Tryon & Stolze (1993), Nauman (1995), Killeen & Schulenberg (1998), Kessler et al. (2000b), Sundue (2011).
Hierba, epífita. Nativa. Zonas Bajas, Andes. Bosque Húmedo, Yungas, 0–1500 m.
Dept.: BE, CO, LP, PA, SC.
Muestra: *R. Seidel 2028* (F, LPB, MO).

Nephrolepis undulata (Afzel. ex Sw.) J. Sm., Bot. Mag. 72(Companion): 35 bis. 1846.
Sin.: *Aspidium undulatum* Afzel. ex Sw., *Nephrolepis occidentalis* Kunze
Ref.: Nauman (1995), Killeen & Schulenberg (1998), Sundue (2011).
Epífita. Nativa. Zonas Bajas, Andes. Bosque Húmedo, Yungas, 0–500, 1000–1500 m.
Dept.: CO, LP, SC.
Muestra: *R. Guillén V. & R. Choré 3588* (GOET, K, MO, NY, UC, USZ).

DENNSTAEDTIACEAE Lotsy, Vortr. Bot. Stammesgesch. 2: 655. 1909.
Por M. Kessler (Z); revisado por R.C. Moran (NY), I. Jiménez (LPB), M. Nee (NY), P.M. Jørgensen (MO).
7 géneros, 26 especies, 2 especies endémicas.

Blotiella R.M. Tryon, Contr. Gray Herb. 191: 96. 1962.
1 especies, 0 especies endémicas.

Blotiella lindeniana (Hook.) R.M. Tryon, Contr. Gray Herb. 191: 99. 1962.
Sin.: *Lonchitis lindeniana* Hook.
Ref.: Tryon & Stolze (1989b), Kessler et al. (1999a).
Hierba. Nativa. Andes. Yungas, 1500–2500 m.
Dept.: CO, LP.
Muestra: *M. Kessler et al. 7154* (LPB, UC).

Dennstaedtia Bernh., J. Bot. (Schrader) 1800(2): 124. 1800 [1801].
10 especies, 0 especies endémicas.

[**Dennstaedtia arborescens (Willd.) Ekman ex Maxon**], Proc. Biol. Soc. Wash. 43: 88. 1930.
Sin.: *Davallia arborescens* Willd.
Ref.: Tryon & Stolze (1989b), Kessler et al. (1999a), Navarrete & Øllgaard (2000).
Nota: El registro se basa en material mal identificado.

Dennstaedtia auriculata H. Navarrete & B. Øllg., Nordic J. Bot. 20(3): 337, f. 5a–d. 2000.
Hierba. Nativa. Andes. Yungas, 2500–3000 m.
Dept.: CO, LP.
Muestra: *I. Jiménez 1345* (GOET, LPB, UC).

Dennstaedtia bipinnata (Cav.) Maxon, Proc. Biol. Soc. Wash. 51(8): 39. 1938.
Sin.: *Dicksonia bipinnata* Cav., *Dicksonia adiantoides* Humb. & Bonpl. ex Willd., *Dennstaedtia adiantoides* (Humb. & Bonpl. ex Willd.) T. Moore
Ref.: Foster (1958), Kessler et al. (1999a), Arrázola Rivero et al. (2000), Kessler et al. (2000b), Sundue (2011).
Hierba. Nativa. Zonas Bajas, Andes. Bosque Húmedo, Yungas, 0–1500 m.
Dept.: BE, CO, LP, SC.
Muestra: *D.N. Smith et al. 12893* (LPB, MO).

Dennstaedtia cicutaria (Sw.) T. Moore, Index Fil. 97. 1857.
Sin.: *Dicksonia cicutaria* Sw., *Dicksonia rubiginosa* Kaulf., *Dennstaedtia rubiginosa* (Kaulf.) T. Moore
Ref.: Foster (1958), Tryon & Stolze (1989b), Navarrete & Øllgaard (2000).
Hierba. Nativa. Zonas Bajas, Andes. Bosque Húmedo, Yungas, 0–2000 m.
Dept.: BE, LP.
Muestra: *A. Fay & L.E. Fay 2088* (LPB, MO).

Dennstaedtia cornuta (Kaulf.) Mett., Ann. Sci. Nat., Bot., sér. 5, 2: 260. 1864.
Sin.: *Dicksonia cornuta* Kaulf.
Ref.: Foster (1958), Kessler et al. (1999a), Navarrete & Øllgaard (2000), Sundue (2011).
Hierba. Nativa. Andes. Yungas, 1000–2500 m.
Dept.: CO, LP, SC.
Muestra: *A. Fay & L.E. Fay 2022* (LPB, MO, UC).

Dennstaedtia dissecta (Sw.) T. Moore, Index Fil. 305. 1861.
Sin.: *Dicksonia dissecta* Sw.
Ref.: Tryon & Stolze (1989b), Navarrete & Øllgaard (2000).
Hierba. Nativa. Andes. Yungas, 1000–2000 m.
Dept.: BE, LP.
Muestra: *M. Kessler 10728* (LPB, UC).

Dennstaedtia glauca (Cav.) C. Chr. ex Looser, Rev. Hist. Geog. Chile 69: 184. 1932.
Sin.: *Davallia glauca* Cav.
Ref.: Foster (1958), Tryon & Stolze (1989b), Serrano & Terán (1998 [2000]).
Hierba. Nativa. Andes. Yungas, 1500–3500 m.
Dept.: CO, LP.
Muestra: *S.G. Beck 9245* (LPB).

Dennstaedtia globulifera (Poir.) Hieron., Bot. Jahrb. Syst. 34: 455. 1904.
Sin.: *Polypodium globuliferum* Poir., *Dicksonia globuligera* Desv.
Ref.: Tryon & Stolze (1989b), González et al. (1999), Kessler et al. (2000b), Navarrete & Øllgaard (2000).
Hierba. Nativa. Andes. Yungas, Bosque Tucumano-Boliviano, 500–3000 m.
Dept.: CH, CO, LP, SC, TA.
Muestra: *I. Jiménez 2469* (LPB, UC).

Dennstaedtia mathewsii (Hook.) C. Chr., Index Filic. 218. 1905.
Sin.: *Deparia mathewsii* Hook.
Ref.: Foster (1958), Navarrete & Øllgaard (2000), Sundue (2011).
Hierba. Nativa. Zonas Bajas, Andes. Bosque Húmedo, Yungas, 0–2500 m.
Dept.: BE, CO, LP.
Muestra: *A. Fay & L.E. Fay 2756* (LPB, MO).

Dennstaedtia obtusifolia (Willd.) T. Moore, Index Fil. 306. 1861.
Sin.: *Dicksonia obtusifolia* Willd., *Dennstaedtia orbignyana* Kuhn
Ref.: Foster (1958), Kessler et al. (1999a), Kessler et al. (2000b), Navarrete & Øllgaard (2000).
Hierba. Nativa. Zonas Bajas, Andes. Bosque Húmedo, Yungas, 0–2000, 3000–3500 m.
Dept.: BE, CO, LP, SC.
Muestra: *M. Kessler et al. 5917* (LPB, UC).

Dennstaedtia sprucei T. Moore, Index Fil. 308. 1861.
Sin.: *Dicksonia sprucei* (T. Moore) Baker
Ref.: Kessler et al. (1999a), Smith et al. (1999).
Hierba. Nativa. Andes. Yungas, 2000–2500 m.
Dept.: CO.
Muestra: *M. Kessler et al. 7071* (LPB, UC).

Histiopteris (J. Agardh) J. Sm., Hist. Fil. 294. 1875.
1 especie, 0 especies endémicas.

Histiopteris incisa (Thunb.) J. Sm., Hist. Fil. 295. 1875.
Sin.: *Pteris incisa* Thunb.
Ref.: Foster (1958), Adolfo María (1966), Tryon & Stolze (1989b), Kessler et al. (1999a), Sundue (2011).
Hierba. Nativa. Zonas Bajas, Andes. Bosque Semideciduo Chiquitano, Yungas, 500–3500 m.
Dept.: CO, LP, SC.
Muestra: *J.C. Solomon 12342* (LPB, MO, NY).

Hypolepis Bernh., Neues J. Bot. 1(2): 34. 1805 [1806].
10 especies, 2 especies endémicas.
Nota: Tres especies adicionales aún sin describir son conocidas de Bolivia.

Hypolepis bogotensis H. Karst., Fl. Columb. 2: 91, t. 147. 1865.
Ref.: Tryon & Stolze (1989b), Kessler et al. (1999a), Sundue (2011).
Hierba. Nativa. Andes. Yungas, 1500–3500 m.
Dept.: CO, LP, SC.
Muestra: *S.G. Beck 1435* (LPB, M, UC).

Hypolepis hostilis (Kunze) C. Presl, Tent. Pterid. 162. 1836.
Sin.: *Cheilanthes hostilis* Kunze, *Hypolepis buchtienii* Rosenst.
Ref.: Foster (1958), Tryon & Stolze (1989b).
Hierba. Nativa. Zonas Bajas. Bosque Húmedo, 0–500 m.
Dept.: CO.
Muestra: *A. Fay & L.E. Fay 2347* (LPB, MO).

Hypolepis minima M. Kessler & A.R. Sm., Brittonia 59(2): 194. 2007.
Hierba. Endémica. Andes. Yungas, 2500–3000 m.
Dept.: LP.
Tipo: *I. Jiménez 972* (HT: UC; IT: GOET, LPB).
Nota: Conocido solamente del tipo.

Hypolepis nigrescens Hook., Sp. Fil. 2: t. 90, f. C. 1851.
Ref.: Tryon & Stolze (1989b), Kessler et al. (1999a).
Hierba. Nativa. Andes. Yungas, 1000–2500 m.
Dept.: CO, LP.
Muestra: *S.G. Beck 21293* (LPB, UC).

Hypolepis obtusata (C. Presl) Kuhn, Festschr. 50 Jähr. Jub. Königstädt. Realschule Berlin 347. 1882.
Sin.: *Cheilanthes obtusata* C. Presl
Hierba. Nativa. Andes, Altiplano. Yungas, Páramo Yungueño, Puna Húmeda, 3500–4500 m.
Dept.: LP.
Muestra: *I. Jiménez et al. 2802* (LPB, MO, UC).

Hypolepis parallelogramma (Kunze) C. Presl, Tent. Pterid. 162. 1836.
Sin.: *Cheilanthes parallelogramma* Kunze
Ref.: Tryon & Stolze (1989b), Kessler et al. (1999a).
Hierba. Nativa. Andes. Yungas, 500–2500 m.
Dept.: CO, LP.
Muestra: *A. Fay & L.E. Fay 2590* (LPB, MO).

Hypolepis poeppigii (Kunze) Mett. ex Maxon, Lilloa 6: 289. 1941.
Sin.: *Polypodium poeppigii* Kunze, *Hypolepis poeppigii* (Kunze) R. Rodr.
Ref.: Smith et al. (1999).
Hierba. Nativa. Andes. Yungas, Bosque Tucumano-Boliviano, 2000–3500 m.
Dept.: CH, CO, SC, TA.
Muestra: *J.R.I. Wood 15939* (LPB, UC).

Hypolepis repens (L.) C. Presl, Tent. Pterid. 162. 1836.
Sin.: *Lonchitis repens* L., *Cheilanthes repens* (L.) Kaulf.
Ref.: Adolfo María (1966), Moran (1995b), Kessler et al. (1999a).
Hierba. Nativa. Zonas Bajas. Bosque Húmedo, 500–1000 m.
Dept.: CO, LP.
Muestra: *O. Buchtien 1134* (GH, UC).

Hypolepis rigescens (Kunze & Mart.) T. Moore, Index Fil. 252. 1861.
Sin.: *Cheilanthes rigescens* Kunze & Mart.
Hierba. Nativa. Zonas Bajas, Andes. Bosque Húmedo, Yungas, 500–2500 m.
Dept.: CO, LP, SC.
Muestra: *I. Jiménez 1462* (LPB, UC).

Hypolepis scandens M. Kessler & A.R. Sm., Brittonia 59(2): 193. 2007.
Ref.: Sundue (2011).
Hierba. Endémica. Andes. Yungas, 1500–2500 m.
Dept.: CO, LP.
Tipo y muestra: *M. Kessler 12187* (HT: UC; IT: GOET, LPB), *M. Kessler 7355* (GOET, LPB, UC).

[**Hypolepis viscosa H. Karst.**], Fl. Columb. 2: 89, t. 145–146. 1869.
Ref.: Foster (1958), Smith et al. (1999).
Nota: El registro se basa en material mal identificado.

Microlepia C. Presl, Tent. Pterid. 124–125, pl. 4, f. 21–23. 1836.
1 especie, 0 especies endémicas.

Microlepia speluncae (L.) T. Moore, Index Fil. 93. 1857.
Sin.: *Polypodium speluncae* L., *Davallia speluncae* (L.) Baker
Ref.: Foster (1958), Smith et al. (1999).
Hierba. Naturalizada. Zonas Bajas. Bosque Húmedo, 0–500 m.
Dept.: LP.
Muestra: *M. Kessler et al. 11126* (LPB, UC).

Paesia J. St.-Hil., Voy. Distr. Diam. 1: 381. 1833.
1 especie, 0 especies endémicas.

Paesia glandulosa (Sw.) Kuhn, Festschr. 50 Jähr. Jub. Königstädt. Realschule Berlin 347. 1882.
Sin.: *Cheilanthes glandulosa* Sw., *Paesia viscosa* J. St.-Hil., *Gymnogramma glandulosa* (Sw.) Christ
Ref.: Foster (1958), Tryon & Stolze (1989b), Kessler et al. (1999a).
Hierba. Nativa. Andes. Yungas, 2000–3500 m.
Dept.: CO, LP.
Muestra: *D.N. Smith & J.F. Smith 13104* (LPB, MO).

Pteridium Gled. ex Scop., Fl. Carniol. 169–170. 1760.
2 especies, 0 especies endémicas.

[**Pteridium aquilinum (L.) Kuhn**], Bot. Ost-Afrika 3(3): 11. 1879.
Sin.: *Pteris aquilina* L.
Ref.: Moraes R. (1990), Parker & Bailey (1991), Killeen & Schulenberg (1998), Arroyo Padilla et al. (2009).
Nota: El registro se basa en material mal identificado.

Pteridium arachnoideum (Kaulf.) Maxon, J. Wash. Acad. Sci. 14: 89. 1924.
Sin.: *Pteris arachnoidea* Kaulf., *Pteris aquilina* var. *arachnoidea* (Kaulf.) D.C. Eaton, *Pteridium aquilinum* var. *arachnoideum* (Kaulf.) Brade, *Pteridium aquilinum* var. *arachnoideum* (Kaulf.) Herter
Ref.: Foster (1958), Tryon & Stolze (1989b), Schulenberg & Awbrey (1997), Killeen & Schulenberg (1998), Kessler et al. (1999a), Kessler et al. (2000b), Serrano & Terán (1998 [2000]), Arroyo Padilla et al. (2009), Sundue (2011).
Hierba. Nativa. Zonas Bajas, Andes. Bosque Semideciduo Chiquitano, Sabanas Benianas del Sur, Yungas, Bosque Tucumano-Boliviano, 0–4000 m.
Dept.: BE, CH, CO, LP, PA, SC, TA.
Muestra: *M.H. Nee 31838* (LPB, MO, NY, UC).

Pteridium caudatum (L.) Maxon, Proc. U.S. Natl. Mus. 23(1226): 631. 1901.
Sin.: *Pteris caudata* L., *Pteris aquilina* var. *caudata* (L.) Link, *Pteridium aquilinum* var. *caudatum* (L.) Sadeb., *Pteridium aquilinum* subsp. *caudatum* (L.) Bonap.

Ref.: Tryon & Stolze (1989b), Kessler et al. (2000b), Sundue (2011).
Hierba. Nativa. Andes. Yungas, 1000–2000 m.
Dept.: LP, SC.
Muestra: *M. Kessler et al. 9972* (LPB, UC).

DICKSONIACEAE M.R. Schomb., Reis. Br.-Guiana 3: 1047. 1848.

Por M. Kessler (Z); revisado por R.C. Moran (NY), S.G. Beck (LPB), M. Nee (NY), P.M. Jørgensen (MO).
2 géneros, 2 especies, 0 especies endémicas.

Dicksonia L'Hér., Sert. Angl. 30. 1788 [1789].

1 especies, 0 especies endémicas.

Dicksonia sellowiana Hook., Sp. Fil. 1: 67. 1844.
Sin.: *Balantium karstenianum* Klotzsch, *Dicksonia karsteniana* (Klotzsch) T. Moore, *Dicksonia gigantea* H. Karst., *Dicksonia spruceana* Kuhn, *Dicksonia ghiesbreghtii* Maxon
Ref.: Tryon & Stolze (1989a), García Estigarribia (1993c), Kessler et al. (1999a), Kessler et al. (2000b), Lehnert (2006), Arroyo Padilla et al. (2009), Sundue (2011).
Árbol. Nativa. Andes. Yungas, Bosque Tucumano-Boliviano, 1500–3000 m.
Dept.: CO, LP, SC.
Muestra: *M. Kessler et al. 7085* (LPB, UC).

Lophosoria C. Presl, Gefässbündel Farrn 36. 1847.

1 especie, 0 especies endémicas.

Lophosoria quadripinnata (J.F. Gmel.) C. Chr., Nat. Hist. Juan Fernandez 2: 16. 1920.
Sin.: *Polypodium glaucum* Sw., *Polypodium quadripinnatum* J.F. Gmel., *Polypodium pruinatum* Sw., *Alsophila pruinata* (Sw.) Kaulf. ex Kunze, *Lophosoria polypodioides* C. Presl, *Lophosoria discolor* C. Presl ex E. Fourn., *Lophosoria pruinata* C. Presl, *Trichosorus densus* Liebm., *Trichosorus frigidus* Liebm., *Trichosorus glaucescens* Liebm., *Trichosorus glaucescens* var. *major* Liebm., *Lophosoria densa* Klotzsch, *Lophosoria frigida* Klotzsch, *Lophosoria glaucescens* Klotzsch, *Alsophila schaffneriana* Fée, *Lophosoria acaulis* Fée, *Lophosoria prostrata* Fée, *Lophosoria schaffneriana* (Fée) E. Fourn., *Lophosoria warscewiczii* Klotzsch ex E. Fourn., *Lophosoria glauca* Kuhn, *Alsophila glauca* (Sw.) Hieron., *Alsophila quadripinnata* (J.F. Gmel.) C. Chr., *Alsophila pruinata* var. *tenuis* Christ, *Alsophila bilineata* Sodiro, *Cyathea quadripinnata* (J.F. Gmel.) Domin, *Cyathea schaffneriana* (Fée) Domin
Ref.: Foster (1958), Tryon & Stolze (1989a), García Estigarribia (1993c), Kessler et al. (1999a), Kessler et al. (2000b), Smith et al. (2006), Sundue (2011).
Árbol. Nativa. Andes. Yungas, Bosque Tucumano-Boliviano, 500–3500 m.
Dept.: CH, CO, LP, SC.
Muestra: *D.N. Smith et al. 13148* (LPB, MO).

DRYOPTERIDACEAE Herter, Revista Sudamer. Bot. 9: 15. 1949.

Por M. Kessler (Z); revisado por I. Jiménez (LPB), R.C. Moran (NY), P.M. Jørgensen (MO).
15 géneros, 208 especies, 45 especies endémicas.

Arachniodes Blume, Enum. Pl. Javae 2: 241–242. 1828.

2 especies, 0 especies endémicas.

Arachniodes denticulata (Sw.) Ching, Acta Bot. Sin. 10(3): 260. 1962.
Sin.: *Polypodium denticulatum* Sw., *Aspidium denticulatum* (Sw.) Sw., *Polystichum denticulatum* (Sw.) J. Sm., *Nephrodium denticulatum* (Sw.) Fée, *Lastrea denticulata* (Sw.) T. Moore, *Dryopteris denticulata* (Sw.) Kuntze, *Dryopteris denticulata* fo. *boliviensis* C. Chr., *Rumohra denticulata* (Sw.) Copel., *Byrsopteris denticulata* (Sw.) C.V. Morton
Ref.: Foster (1958), Tryon & Stolze (1991), Kessler et al. (1999a), Kessler et al. (2000b), Sundue (2011).
Hierba. Nativa. Andes. Yungas, Bosque Tucumano-Boliviano, 2000–3500 m.
Dept.: CO, LP, SC.
Muestra: *D.N. Smith et al. 13153* (LPB, MO).

Arachniodes ochropteroides (Baker) Lellinger, Amer. Fern J. 77(3): 101. 1987.
Sin.: *Nephrodium ochropteroides* Baker, *Dryopteris ochropteroides* (Baker) C. Chr., *Thelypteris ochropteroides* (Baker) Proctor, *Polystichopsis ochropteroides* (Baker) C.V. Morton
Ref.: Smith et al. (1999).
Hierba. Nativa. Andes. Yungas, 1500–2500 m.
Dept.: CO, LP.
Muestra: *M. Kessler 10116* (LPB, UC).

Bolbitis Schott, Gen. Fil. pl. 14. 1834.

3 especies, 0 especies endémicas.

Bolbitis aliena (Sw.) Alston, Bull. Misc. Inform. Kew 1932(7): 310. 1932.
Sin.: *Acrostichum alienum* Sw., *Gymnopteris aliena* (Sw.) C. Presl, *Anapausia aliena* (Sw.) C. Presl, *Leptochilus alienus* (Sw.) C. Chr.
Ref.: Hennipman (1977), Tryon & Stolze (1991).
Hierba. Nativa. Zonas Bajas. Bosque Húmedo, 0–1000 m.
Dept.: CO, LP, PA.
Muestra: *I. Jiménez 1960* (LPB, UC).

Bolbitis pandurifolia (Hook.) C. Chr., Index Filic., Suppl. 3, 49. 1934.
Sin.: *Gymnopteris pandurifolia* Hook.
Hierba. Nativa. Zonas Bajas. Bosque Húmedo, 500–1000 m.
Dept.: LP.
Muestra: *I. Jiménez 2581* (LPB, UC).

Bolbitis serratifolia (Mert. ex Kaulf.) Schott, Gen. Fil. t. 13. 1834 [1835].
Sin.: *Acrostichum serratifolium* Mert. ex Kaulf., *Poecilopteris crenata* C. Presl, *Leptochilus serratus* (Kuhn) C. Chr., *Leptochilus crenatus* (C. Presl) C. Chr., *Bolbitis crenata* (C. Presl) C. Chr.
Ref.: Foster (1958), Hennipman (1977), Tryon & Stolze (1991), Schulenberg & Awbrey (1997), González et al. (1999), Kessler et al. (1999a), Kessler et al. (2000b), Serrano & Terán (1998 [2000]), Sundue (2011).
Hierba. Nativa. Zonas Bajas, Andes. Bosque Húmedo, Yungas, Bosque Tucumano-Boliviano, 0–1500 m.
Dept.: BE, CH, CO, LP, SC, TA.
Muestra: *P. Weigelt 90316* (GOET, LPB, TUR).

Ctenitis (C. Chr.) C. Chr., Man. Pteridol. 544. 1938.

7 especies, 0 especies endémicas.

Ctenitis ampla (Humb. & Bonpl. ex Willd.) Ching, Sunyatsenia 5(4): 240. 1940.
Sin.: *Polypodium amplum* Humb. & Bonpl. ex Willd., *Aspidium catocarpum* Kunze, *Aspidium nemophilum* Kunze, *Nephrodium*

amplum (Humb. & Bonpl. ex Willd.) Baker, *Dryopteris ampla* (Humb. & Bonpl. ex Willd.) Kuntze, *Dryopteris catocarpa* (Kunze) Kuntze, *Aspidium amplum* (Humb. & Bonpl. ex Willd.) Christ, *Dryopteris nemophila* (Kunze) C. Chr., *Ctenitis nemophila* (Kunze) Ching
Ref.: Foster (1958), Tryon & Stolze (1991), Kessler et al. (2000b), Arroyo Padilla et al. (2009), Sundue (2011).
Hierba. Nativa. Zonas Bajas, Andes. Bosque Húmedo, Yungas, Bosque Tucumano-Boliviano, 0–2500 m.
Dept.: CH, LP, SC.
Muestra: *M. Kessler 6019* (LPB, UC).

Ctenitis excelsa (Desv.) Proctor, Rhodora 63: 34. 1961.
Sin.: *Polypodium excelsum* Desv.
Hierba. Nativa. Zonas Bajas. Bosque Semideciduo Chiquitano, 0–500 m.
Dept.: BE.
Muestra: *E. García 2172* (LPB, UC).

Ctenitis microchlaena (Fée) Stolze, Fieldiana, Bot., n.s. 27: 9. 1991.
Sin.: *Aspidium microchlaena* Fée, *Dryopteris microchlaena* (Fée) C. Chr.
Hierba. Nativa. Zonas Bajas, Andes. Bosque Semideciduo Chiquitano, Yungas, 500–1500 m.
Dept.: LP, SC.
Muestra: *J. Gonzáles R. 1893* (LPB, UC).

Ctenitis nigrovenia (Christ) Copel., Gen. Fil. (Copeland) 124. 1947.
Sin.: *Nephrodium nigrovenium* Christ, *Dryopteris nigrovenia* (Christ) C. Chr.
Ref.: Smith et al. (1999), Kessler et al. (2000b), Sundue (2011).
Hierba. Nativa. Zonas Bajas, Andes. Bosque Húmedo, Bosque Semideciduo Chiquitano, Yungas, 0–1500 m.
Dept.: LP, SC.
Muestra: *R. Seidel 7622* (LPB, UC).

[**Ctenitis pedicellata (Christ) Copel.**], Gen. Fil. (Copeland) 124. 1947.
Ref.: Smith et al. (1999), Kessler et al. (2000b).
Nota: El registro se basa en material mal identificado.

Ctenitis refulgens (Klotzsch ex Mett.) C. Chr. ex Vareschi, Fl. Venezuela 1: 404. 1969.
Sin.: *Polypodium refulgens* (Klotzsch ex Mett.) Baker, *Phegopteris refulgens* Klotzsch ex Mett., *Dryopteris refulgens* (Klotzsch ex Mett.) C. Chr.
Ref.: Smith et al. (1999).
Hierba. Nativa. Zonas Bajas. Bosque Húmedo, 500–1000 m.
Dept.: LP.
Muestra: *T. Krömer 50* (LPB, UC).

Ctenitis sloanei (Poepp. ex Spreng.) C.V. Morton, Amer. Fern J. 59: 66. 1969.
Sin.: *Polypodium sloanei* Poepp. ex Spreng.
Ref.: Killeen & Schulenberg (1998), Smith et al. (1999).
Hierba. Nativa. Zonas Bajas, Andes. Bosque Húmedo, Yungas, Bosque Tucumano-Boliviano, 0–500, 1000–1500, 2500–3000 m.
Dept.: BE, CH, LP, SC.
Muestra: *A. Fay & L.E. Fay 2810* (LPB, MO).

Ctenitis submarginalis (Langsd. & Fisch.) Ching, Sunyatsenia 5(4): 250. 1940.
Sin.: *Polypodium submarginale* Langsd. & Fisch., *Dryopteris submarginalis* (Langsd. & Fisch.) C. Chr.
Ref.: Foster (1958), Tryon & Stolze (1991), González et al. (1999), Kessler et al. (2000b), Sundue (2011).
Hierba. Nativa. Zonas Bajas, Andes. Yungas, Bosque Tucumano-Boliviano, 0–2500 m.
Dept.: CH, LP, SC, TA.
Muestra: *R. Seidel 794* (LPB, UC).

Cyclodium C. Presl, Tent. Pterid. 85, pl. 2, f. 20–21. 1836.
2 especies, 0 especies endémicas.

Cyclodium guianense (Klotzsch) van der Werff ex L.D. Gómez, Phytologia 60(5): 371. 1986.
Sin.: *Aspidium guianense* Klotzsch
Hierba. Nativa. Zonas Bajas. Bosque Semideciduo Chiquitano, 0–1000 m.
Dept.: CO, SC.
Muestra: *P. Weigelt 90147* (GOET, LPB, TUR).

Cyclodium meniscioides (Willd.) C. Presl, Tent. Pterid. 85. 1836.
Sin.: *Aspidium meniscioides* Willd., *Nephrodium meniscioides* (Willd.) J. Sm., *Dryopteris meniscioides* (Willd.) Kuntze, *Dryopteris meniscioides* var. *conferta* (Kaulf.) C.V. Morton, *Stigmatopteris meniscioides* (Willd.) K.U. Kramer
Ref.: Foster (1958), Tryon & Stolze (1991), Killeen & Schulenberg (1998), Smith et al. (1999).
Hierba. Nativa. Zonas Bajas. Bosque Húmedo, 0–1000 m.
Dept.: BE, LP, PA, SC.
Muestra: *I. Jiménez 1999* (LPB, UC).
Infra: *Cyclodium meniscioides* var. *meniscioides*

Didymochlaena Desv., Mag. Neuesten Entdeck. Gesammten Naturk. Ges. Naturf. Freunde Berlin 5: 303. 1811.
1 especie, 0 especies endémicas.

Didymochlaena truncatula (Sw.) J. Sm., J. Bot. (Hooker) 4: 196. 1842 [1841].
Sin.: *Adiantum lunulatum* Houtt., *Aspidium truncatulum* Sw.
Ref.: Foster (1958), Parker & Bailey (1991), Tryon & Stolze (1991), Kessler et al. (1999a).
Hierba. Nativa. Zonas Bajas, Andes. Bosque Húmedo, Yungas, 0–1500 m.
Dept.: CO, LP.
Muestra: *J.C. Solomon 14822* (LPB, MO).

Dryopteris Adans., Fam. Pl. 2: 20. 1763.
4 especies, 0 especies endémicas.

[**Dryopteris amplissima (C. Presl) Kuntze**], Revis. Gen. Pl. 2: 812. 1891.
Sin.: *Polystichum amplissimum* C. Presl
Ref.: Foster (1958).
Nota: El registro se basa en material mal identificado. Especímenes asociados a este nombre corresponden a una especie de *Thelypteris*, sin embargo la combinación bajo este género no ha sido publicada.

[**Dryopteris desvauxii Maxon & C.V. Morton**], Bull. Torrey Bot. Club 65: 369. 1938.
Ref.: Foster (1958).
Nota: El registro se basa en material mal identificado. Especímenes asociados a este nombre corresponden a una especie de *Thelypteris*, sin embargo la combinación bajo este género no ha sido publicada.

[**Dryopteris diplazioides Kuntze**], Revis. Gen. Pl. 2: 812. 1891.
Ref.: Foster (1958).
Nota: El registro se basa en material mal identificado. La aplicación de este nombre no es segura, el tipo no ha sido revisado.

Dryopteris flaccisquama A. Rojas, Revista Biol. Trop. 49(2): 436–439, f. 1. 2001.
Ref.: Rojas Alvarado (2001).
Hierba. Nativa. Andes. Yungas, 2000–2500 m.

Dept.: CO, LP.
Muestra: *M. Kessler 7119* (LPB, UC).

Dryopteris patula (Sw.) Underw., Native Ferns (ed. 4) 117. 1893.
Sin.: *Aspidium patulum* Sw., *Dryopteris patula* var. *serrata* (Mett.) C.V. Morton
Ref.: Foster (1958), Tryon & Stolze (1991), Killeen & Schulenberg (1998), Kessler et al. (1999a), Sundue (2011).
Hierba. Nativa. Zonas Bajas, Andes. Bosque Húmedo, Bosque Semideciduo Chiquitano, Yungas, 0–3500 m.
Dept.: CH, CO, LP, SC.
Muestra: *A.F. Fuentes C. 10406* (BOLV, LPB, MO, UC, USZ).

[**Dryopteris rotundata (Willd.) C. Chr.**], Index Filic. 289. 1905.
Ref.: Foster (1958).
Nota: El registro se basa en material mal identificado.

Dryopteris saffordii C. Chr., Amer. Fern J. 1: 94. 1911.
Ref.: Tryon & Stolze (1991).
Hierba. Nativa. Andes. Yungas, Bosque Tucumano-Boliviano, Páramo Yungueño, 2500–3000, 3500–4000 m.
Dept.: LP, TA.
Muestra: *B. Herzog 492* (LPB).

Dryopteris wallichiana (Spreng.) Hyl., Bot. Not. 1953(3): 352. 1953.
Sin.: *Aspidium paleaceum* Lag. ex Sw., *Aspidium paleaceum* D. Don, *Aspidium wallichianum* Spreng., *Aspidium parallelogrammum* Kunze, *Lastrea parallelogramma* (Kunze) Liebm., *Dichasium parallelogrammum* (Kunze) Fée, *Dryopteris paleacea* (T. Moore) Hand.-Mazz., *Dryopteris paleacea* (Lag. ex Sw.) C. Chr., *Dryopteris parallelogramma* (Kunze) Alston
Ref.: Foster (1958), Tryon & Stolze (1991), Schulenberg & Awbrey (1997), González et al. (1999), Kessler et al. (1999a), Kessler et al. (2000b), Serrano & Terán (1998 [2000]), Sundue (2011).
Hierba. Nativa. Andes, Altiplano. Yungas, Bosque Tucumano-Boliviano, Páramo Yungueño, Bosque de *Polylepis*, 2000–4000 m.
Dept.: CH, CO, LP, SC.
Muestra: *M.A. Lewis 37046* (LPB, MO).

Elaphoglossum Schott ex J. Sm., J. Bot. (Hooker) 4: 148. 1842.

127 especies, 32 especies endémicas.

Elaphoglossum accedens (Mett. ex Kuhn) Christ, Neue Denkschr. Allg. Schweiz. Ges. Gesammten Naturwiss. 91. 1899.
Sin.: *Acrostichum accedens* Mett. ex Kuhn, *Elaphoglossum orbignyanum* var. *tectiforme* Rosenst.
Ref.: Foster (1958), Ibisch (1996).
Hierba. Endémica. Zonas Bajas. Bosque Húmedo, 500–1000 m.
Dept.: LP.
Tipo y muestra: *G. Mandon 8 bis* (HT: B), *O. Buchtien 3457* (US).
Nota: *Brooke 6227*, citado por Ibisch (1996), fue erróneamente identificado.

[**Elaphoglossum actinotricum (Mart.) T. Moore**], Index Fil. 4. 1857.
Ref.: Foster (1958).
Nota: El registro se basa en material mal identificado.

Elaphoglossum acutifolium Rosenst., Repert. Spec. Nov. Regni Veg. 25: 60. 1928.
Ref.: Foster (1958), Sundue (2011).
Hierba. Nativa. Andes. Yungas, 1000–4000 m.
Dept.: CO, LP, SC.
Tipo y muestra: *O. Buchtien 7052* (IT: NY, S, US), *M.A. Sundue 555* (LPB, NY, USZ).

Elaphoglossum affine (M. Martens & Galeotti) T. Moore, Index Fil. 4. 1857.
Sin.: *Acrostichum affine* M. Martens & Galeotti
Epífita. Nativa. Andes. Yungas, 2000–2500, 3500–4000 m.
Dept.: CO, LP.
Muestra: *I. Jiménez & S. Gallegos 1096* (LPB, NY).

Elaphoglossum ambiguum (Mett. ex Christ) Alston, J. Wash. Acad. Sci. 48: 234. 1958.
Sin.: *Acrostichum ambiguum* Mett. ex Christ
Ref.: Kessler et al. (1999a), Smith et al. (1999).
Hierba. Nativa. Zonas Bajas, Andes. Bosque Húmedo, Yungas, 500–2500 m.
Dept.: CO, LP.
Muestra: *I. Jiménez 210* (LPB, NY, UC).

[**Elaphoglossum amphioxys Mickel**], Fieldiana, Bot., n.s. 27: 123. 1991.
Ref.: Kessler et al. (1999a), Smith et al. (1999).
Nota: El registro se basa en material mal identificado.

Elaphoglossum amplum Mickel, Fieldiana, Bot., n.s. 27: 123. 1991.
Ref.: Kessler et al. (1999a), Smith et al. (1999), Kessler et al. (2000b), Sundue (2011).
Hierba. Nativa. Andes. Yungas, 1500–2500, 3000–3500 m.
Dept.: CH, CO, LP, SC, TA.
Muestra: *M. Kessler 10412* (LPB, NY, UC).

Elaphoglossum andicola (Fée) T. Moore, Index Fil. 5. 1857.
Sin.: *Acrostichum andicola* Fée
Ref.: Sundue (2011).
Hierba, epífita. Nativa. Andes. Yungas, 2000–3500 m.
Dept.: CO, LP.
Muestra: *M. Kessler 9409* (LPB, NY, UC).

[**Elaphoglossum angustissimum (Fée) C. Chr.**], Ark. Bot. 20A(7): 25. 1926.
Ref.: Foster (1958).
Nota: Especie dudosa. Colección tipo no revisada.

Elaphoglossum angustius Mickel, Fieldiana, Bot., n.s. 27: 124. 1991.
Ref.: Smith et al. (1999), Kessler et al. (2000b).
Hierba, epífita. Nativa. Andes. Yungas, Bosque Tucumano-Boliviano, 1000–3000 m.
Dept.: CO, LP, SC.
Muestra: *D. Eberhardt 525* (GOET, LPB, NY, UC).

Elaphoglossum atrorubens Mickel, Brittonia 39(3): 314, f. 3D, E. 1987.
Hierba. Nativa. Andes. Páramo Yungueño, 3000–3500 m.
Dept.: LP.
Muestra: *I. Jiménez 1895* (GOET, LPB, MO, NY, UC).

Elaphoglossum auricomum (Kunze) T. Moore, Index Fil. 7. 1857.
Sin.: *Acrostichum auricomum* Kunze, *Acrostichum cladotrichium* Sodiro
Ref.: Mickel (1991).
Epífita. Nativa. Zonas Bajas, Andes. Bosque Húmedo, Yungas, 500–2000, 2500–3000 m.
Dept.: BE, LP.
Muestra: *A. Fay & L.E. Fay 2747* (LPB, MO, NY).

Elaphoglossum ayopayaense M. Kessler & Mickel, Brittonia 58(2): 93. 2006.
Hierba, epífita. Endémica. Andes.

Yungas, 2000–2500 m.
Dept.: CO.
Tipo: *I. Jiménez 1654* (HT: LPB).
Nota: Conocida solamente del tipo.

Elaphoglossum ballivianii Rosenst., Repert. Spec. Nov. Regni Veg. 12: 474. 1913.
Ref.: Foster (1958).
Epífita. Nativa. Zonas Bajas, Andes. Bosque Húmedo, Yungas, 500–3500 m.
Dept.: CO, LP.
Tipo y muestra: *O. Buchtien 3461* (IT: NY, UC), *I. Jiménez & S. Gallegos 1041* (LPB, NY, UC).

Elaphoglossum barbatum (H. Karst.) Hieron., Bot. Jahrb. Syst. 34: 553. 1904.
Sin.: *Acrostichum barbatum* H. Karst. *Elaphoglossum cordifolium* Rosenst., *Elaphoglossum lindbergii* var. *truncatum* Rosenst., *Elaphoglossum truncatum* Rosenst.
Ref.: Foster (1958), Mickel (1991), Kessler et al. (1999a), Kessler (2000), Sundue (2011).
Epífita. Nativa. Andes. Yungas, Bosque Tucumano-Boliviano, 1000–2500 m.
Dept.: CO, LP, SC.
Muestra: *M.A. Sundue 597* (LPB, NY, USZ).

Elaphoglossum bellermannianum (Klotzsch) T. Moore, Index Fil. 7. 1857.
Sin.: *Acrostichum bellermannianum* Klotzsch, *Elaphoglossum blandum* Rosenst.
Ref.: Foster (1958), Sundue (2011), Vasco Gutiérrez (2011).
Epífita. Nativa. Andes. Yungas, Bosque Tucumano-Boliviano, 1000–3000 m.
Dept.: CO, LP, SC.
Tipo y muestra: *O. Buchtien 3456* (LT: S; ILT: B, US), *I. Jiménez & S. Gallegos 1044* (LPB, NY).

Elaphoglossum brachyneuron (Fée) J. Sm., Cult. Ferns 26. 1857.
Sin.: *Acrostichum brachyneuron* Fée
Epífita. Nativa. Andes. Yungas, 1000–2000, 3000–3500 m.
Dept.: CO, LP.
Muestra: *M. Kessler 9773* (LPB, NY, UC).

Elaphoglossum buchtienii Rosenst., Repert. Spec. Nov. Regni Veg. 12: 475. 1913.
Ref.: Foster (1958), Sundue (2011).
Hierba. Nativa. Zonas Bajas, Andes. Bosque Húmedo, Yungas, 500–3500 m.
Dept.: CO, LP.
Tipo y muestra: *O. Buchtien 3453* (IT: S, US), *S.G. Beck 17490* (LPB, NY).

Elaphoglossum burchellii (Baker) C. Chr., Index Filic. 304. 1905.
Sin.: *Acrostichum burchellii* Baker, *Acrostichum praelongum* Fée, *Acrostichum tenerum* Fée ex Kuhn, *Elaphoglossum tenerum* (Fée ex Kuhn) Hieron., *Elaphoglossum balansae* C. Chr., *Elaphoglossum burchellii* var. *crenulato-dentata* Rosenst., *Elaphoglossum burchellii* var. *major* Rosenst., *Elaphoglossum dusenii* Christ, *Elaphoglossum praelongum* (Fée) C. Chr.
Ref.: Foster (1958), Vasco Gutiérrez et al. (2009), Sundue (2011).
Hierba, epífita. Nativa. Andes. Yungas, Bosque Tucumano-Boliviano, 1000–3000 m.
Dept.: CO, LP, SC.
Muestra: *M. Kessler 7395* (LPB, NY, UC).

Elaphoglossum cardenasii W.H. Wagner, Bull. Torrey Bot. Club 81: 62. 1954.
Ref.: Mickel (1991), Ibisch (1996), Kessler et al. (1999a).
Epífita. Endémica. Andes. Yungas, 2000–3500 m.
Dept.: CO, LP.
Tipo y muestra: *M. Cárdenas 795* (HT: GH), *J.C. Solomon 14930* (LPB, MO, NY).

Elaphoglossum cardioglossum Mickel, Brittonia 37(3): 266, f. 27. 1985.
Hierba. Endémica. Andes. Yungas, 3000–3500 m.
Dept.: LP.
Tipo y muestra: *S.G. Beck 587* (HT: NY; IT: LPB), *M. Kessler 11874* (LPB, NY, UC).

Elaphoglossum carrascoense M. Kessler & Mickel, Brittonia 58(2): 95. 2006.
Hierba. Endémica. Andes. Yungas, 3500–4000 m.
Dept.: CO.
Tipo y muestra: *M. Kessler et al. 6868* (HT: NY; IT: LPB, UC), *M. Kessler 6888* (GOET, LPB, NY, UC).

Elaphoglossum casanense Rosenst., Repert. Spec. Nov. Regni Veg. 25: 64. 1928.
Ref.: Foster (1958), Sundue (2011).
Epífita. Endémica. Andes. Yungas, 1000–3000 m.
Dept.: CO, LP.
Tipo y muestra: *O. Buchtien 7053* (IT: NY, S, UC, US), *I. Jiménez 1219* (LPB, NY, UC).

[**Elaphoglossum castaneum (Baker) Diels**], Nat. Pflanzenfam. 1(4): 333. 1899.
Ref.: Mickel (1991), Kessler et al. (1999a).
Nota: El registro se basa en material mal identificado.

Elaphoglossum choquetangae M. Kessler & Mickel, Brittonia 58(2): 95. 2006.
Hierba, epífita. Endémica. Andes. Yungas, 3000–3500 m.
Dept.: LP.
Tipo y muestra: *N. Salinas 2351* (HT: NY; IT: LPB), *K. Bach 1848* (GOET, LPB, NY, UC).

[**Elaphoglossum ciliatum (C. Presl) T. Moore**], Index Fil. 8. 1857.
Ref.: Kessler et al. (1999a), Smith et al. (1999), Kessler et al. (2000b).
Nota: El registro se basa en material mal identificado.

Elaphoglossum cotapatense M. Kessler & Mickel, Brittonia 58(2): 98. 2006.
Hierba, epífita. Endémica. Andes. Yungas, 2500–3500 m.
Dept.: LP.
Tipo y muestra: *K. Bach 985* (HT: GOET; IT: LPB, NY), *K. Bach 1503* (LPB).

Elaphoglossum crassipes (Hieron.) Diels, Nat. Pflanzenfam. 1(4): 334. 1899.
Sin.: *Acrostichum crassipes* Hieron.
Ref.: Foster (1958), de la Sota (1977), González et al. (1999), Kessler et al. (1999a), Kessler et al. (2000b), Carmen Lavalle & Rodríguez (2009), Sundue (2011).
Hierba, epífita. Nativa. Andes. Yungas, Bosque Tucumano-Boliviano, 2000–3500 m.
Dept.: CO, LP, SC, TA.
Muestra: *A. Fay & L.E. Fay 2262* (LPB, MO).

Elaphoglossum crispipalea M. Kessler & Mickel, Brittonia 58(2): 98. 2006.
Ref.: Sundue (2011).
Hierba, epífita. Endémica. Andes. Yungas, 1000–3000 m.
Dept.: CO, LP, SC.
Tipo y muestra: *O. Buchtien 5176* (HT: US), *I. Jiménez 1366* (LPB, NY).

Elaphoglossum cruzense M. Kessler & Mickel, Brittonia 58(2): 101. 2006.
Ref.: Sundue (2011).
Hierba. Endémica. Zonas Bajas, Andes. Bosque Húmedo, Bosque

Semideciduo Chiquitano, Yungas, 0–1500 m.
Dept.: SC.
Tipo y muestra: *M. Kessler et al. 6006* (HT: UC; IT: GOET, LPB, NY), *M. Kessler 8671* (GOET, LPB, NY, UC).

Elaphoglossum cuspidatum (Willd.) T. Moore, Index Fil. 16. 1857.
Sin.: *Acrostichum cuspidatum* Willd.
Ref.: Foster (1958), Mickel (1991), Ibisch (1996), Schulenberg & Awbrey (1997), Kessler et al. (1999a), Serrano & Terán (1998 [2000]), Sundue (2011).
Hierba, epífita. Nativa. Andes, Altiplano. Yungas, Bosque Tucumano-Boliviano, Bosque de *Polylepis*, 1500–4000 m.
Dept.: CH, CO, LP, SC, TA.
Muestra: *K. Bach 1651* (GOET, LPB, UC).

Elaphoglossum dannoritzeri M. Kessler, Phytotaxa 77(2): 35–37, f. 3. 2013.
Ref.: Foster (1958), Mickel (1991), Kessler et al. (1999a).
Hierba. Endémica. Andes, Altiplano. Yungas, Páramo Yungueño, Bosque de *Polylepis*, 2000–4500 m.
Dept.: CO, LP.
Tipo y muestra: *A.F. Fuentes C. 10578* (HT: UC; IT: LPB, MO), *S.G. Beck 8433* (LPB, NY).

Elaphoglossum decoratum (Kunze) T. Moore, Index Fil. 8. 1857.
Sin.: *Acrostichum decoratum* Kunze
Ref.: Foster (1958), Mickel (1991).
Epífita. Nativa. Andes. Yungas, 1500–2000 m.
Dept.: LP.
Muestra: *O. Buchtien 5168* (MO, NY).

Elaphoglossum delasotae Mickel, Brittonia 45: 216. 1993.
Ref.: Sundue (2011).
Hierba, epífita. Nativa. Andes. Yungas, 1500–3000 m.
Dept.: CO, LP, SC.
Muestra: *A. Fay & L.E. Fay 2904* (LPB, MO, NY).

[**Elaphoglossum dichroum Mickel**], Fieldiana, Bot., n.s. 27: 129–130. 1991.
Ref.: Smith et al. (1999).
Nota: El registro se basa en material mal identificado.

Elaphoglossum didymoglossoides C. Chr., Bot. Tidsskr. 26: 299. 1904.
Ref.: Foster (1958).
Hierba. Nativa. Andes. Yungas, 1000–2500 m.
Dept.: CO, LP.
Muestra: *I. Jiménez 1486* (LPB, NY, UC).

[**Elaphoglossum discolor (Kuhn) C. Chr.**], Index Filic. 306. 1905.
Nota: El registro se basa en material mal identificado. Esperada en la Amazonía boliviana.

Elaphoglossum dolichopus Mickel, Brittonia 39(3): 317, f. 6A, B. 1987.
Hierba, epífita. Nativa. Andes. Yungas, 1000–2000 m.
Dept.: LP.
Muestra: *S.G. Beck 503* (LPB, NY).

[**Elaphoglossum dombeyanum (Fée) T.B. Moore & Houlston**], Gard. Mag. Bot. 3: 95. 1851.
Ref.: Asplund (1926), Foster (1958).
Nota: El registro se basa en material mal identificado.

Elaphoglossum eatonianum (E. Britton) C. Chr., Index Filic. 306. 1905.
Sin.: *Acrostichum eatonianum* E. Britton, *Polypodium vittariiforme* Rosenst.
Ref.: Foster (1958), Ibisch (1996), Kessler et al. (1999a), Kessler et al. (2000b), Sundue (2011).
Hierba, epífita. Endémica. Andes. Yungas, 1000–3000 m.
Dept.: BE, CO, LP, SC.
Tipo y muestra: *H.H. Rusby 342* (IT: UC), *T. Krömer 853* (LPB, UC).

Elaphoglossum elegantipes Mickel, Fieldiana, Bot., n.s. 27: 131. 1991.
Ref.: Kessler et al. (1999a).
Hierba, epífita. Nativa. Andes. Yungas, 2000–3000 m.
Muestra: *M. Kessler 7112* p.p. (UC).

Elaphoglossum elkeae M. Kessler & Mickel, Brittonia 58(2): 102. 2006.
Hierba, epífita. Endémica. Andes. Yungas, 3000–3500 m.
Dept.: LP.
Tipo: *N. Salinas 3219* (HT: NY; IT: LPB).
Nota: Conocida solamente del tipo.

Elaphoglossum ellenbergianum M. Kessler & Mickel, Brittonia 58(2): 104. 2006.
Hierba, epífita. Endémica. Andes. Yungas, 2500–3500 m.
Dept.: CO, LP.
Tipo y muestra: *S.G. Beck 7173* (HT: NY; IT: LPB), *M. Kessler 12433* (LPB, NY, UC).

Elaphoglossum engelii (H. Karst.) Christ, Neue Denkschr. Allg. Schweiz. Ges. Gesammten Naturwiss. 36(1): 81. 1899.
Sin.: *Acrostichum engelii* H. Karst., *Elaphoglossum cristatum* Ballenth., Dudenh. & M. Kessler
Ref.: Foster (1958), Mickel (1991), Ibisch (1996), Kessler et al. (1999a), Sundue (2011), Vasco Gutiérrez (2011).
Hierba, epífita. Nativa. Andes, Altiplano. Yungas, Páramo Yungueño, Bosque de *Polylepis*, 3000–4000 m.
Dept.: CO, LP.
Muestra: *J.C. Solomon 11376* (LPB, MO, NY, UC).

Elaphoglossum erinaceum (Fée) T. Moore, Index Fil. 9. 1857.
Sin.: *Acrostichum erinaceum* Fée, *Elaphoglossum erinaceum* var. *boliviensis* Rosenst.
Ref.: Foster (1958), Mickel (1991), Ibisch (1996), Schulenberg & Awbrey (1997), Kessler et al. (1999a), Kessler et al. (2000b), Serrano & Terán (1998 [2000]), Sundue (2011).
Hierba, epífita. Nativa. Zonas Bajas, Andes. Bosque Húmedo, Yungas, 500–3500 m.
Dept.: CH, CO, LP, SC.
Muestra: *I. Jiménez 1140* (LPB, NY, UC).

Elaphoglossum eximium (Mett.) Christ, Neue Denkschr. Allg. Schweiz. Ges. Gesammten Naturwiss. 36(1): 107. 1899.
Sin.: *Acrostichum eximium* Mett.
Ref.: Ibisch (1996), Kessler et al. (1999a), Kessler et al. (2000b), Sundue (2011).
Hierba, epífita. Nativa. Zonas Bajas, Andes. Bosque Húmedo, Yungas, 500–3000 m.
Dept.: CH, LP, SC, TA.
Muestra: *R.C. Moran 5924* (AAU, LPB, NY, USZ).

Elaphoglossum filipes Rosenst., Repert. Spec. Nov. Regni Veg. 25: 62. 1928.
Ref.: Foster (1958).
Hierba. Endémica. Zonas Bajas, Andes. Bosque Húmedo, Yungas, 500–1500 m.
Dept.: LP.
Tipo y muestra: *O. Buchtien 284* (HT: C; IT: UC?), *S.G. Beck 4939* (LPB, NY).

Elaphoglossum flaccidum (Fée) T. Moore, Index Fil. 356. 1862.
Sin.: *Acrostichum flaccidum* Fée
Ref.: Mickel (1991), Ibisch (1996),

Kessler et al. (1999a).
Epífita. Nativa. Zonas Bajas, Andes. Bosque Húmedo, Yungas, 0–1500 m.
Dept.: CO, LP.
Muestra: *A. Acebey 664* (LPB, NY).

[**Elaphoglossum gardnerianum (Kunze ex Fée) T. Moore**], Index Fil. 16. 1857.
Ref.: Ibisch (1996).
Nota: El registro se basa en material mal identificado de *E. glabrescens*.

Elaphoglossum gayanum (Fée) T. Moore, Index Fil. 10. 1857.
Sin.: *Acrostichum gayanum* Fée, *Acrostichum leptophyllum* Fée, *Elaphoglossum leptophyllum* (Fée) T. Moore, *Elaphoglossum unduaviense* var. *leptophylloides* Rosenst.
Ref.: Foster (1958), de la Sota (1977), Mickel (1991), González et al. (1999), Kessler et al. (1999a), Kessler (2000), Sundue (2011).
Hierba, epífita. Nativa. Andes, Altiplano. Yungas, Bosque Tucumano-Boliviano, Páramo Yungueño, Bosque de *Polylepis*, 2000–4000 m.
Dept.: CO, LP, SC.
Muestra: *A. Fay & L.E. Fay 2264* (LPB, MO).

Elaphoglossum glabellum J. Sm., London J. Bot. 1: 197. 1842.
Ref.: Foster (1958), Mickel (1991), Ibisch (1996), Kessler et al. (1999a).
Epífita. Nativa. Zonas Bajas, Andes. Bosque Húmedo, Yungas, 0–1500 m.
Dept.: BE, CO, LP.
Muestra: *A. Fay & L.E. Fay 2344* (LPB, MO).

Elaphoglossum glabrescens A. Vasco, Blumea 56(2): 181, 183, f. 1f, 7, map 7. 2011.
Sin.: *Elaphoglossum engelii* var. *subnudum* Rosenst.
Hierba, epífita. Endémica. Andes. Yungas, 2000–4000 m.
Dept.: CO, LP, SC.
Tipo y muestra: *O. Buchtien 2725* (LT: S; ILT: US), *M. Kessler 6734* (LPB, NY, UC).

Elaphoglossum glaucescens Rosenst., Repert. Spec. Nov. Regni Veg. 25: 61. 1928.
Sin.: *Elaphoglossum subarborescens* var. *bolivianum* Rosenst.
Ref.: Foster (1958).
Hierba, epífita. Endémica. Zonas Bajas, Andes. Bosque Húmedo, Yungas, 0–3000 m.
Dept.: BE, CO, LP.
Tipo y muestra: *O. Buchtien 280* (HT: NY ?; IT: NY ?, US ?), *M. Kessler 10297* (LPB, NY, UC).

Elaphoglossum glossophyllum Hieron., Hedwigia 44: 180. 1905.
Sin.: *Elaphoglossum linguiforme* Hieron.
Ref.: Foster (1958), Kessler et al. (1999a), Smith et al. (1999).
Hierba. Nativa. Andes. Yungas, 1000–3500 m.
Dept.: CO, LP, SC.
Muestra: *M. Kessler 10604* (LPB, NY, UC).

Elaphoglossum gonzalesiae M. Kessler & Mickel, Brittonia 58(2): 104. 2006.
Hierba, epífita. Endémica. Zonas Bajas. Bosque Húmedo, 0–1000 m.
Dept.: BE, LP.
Tipo y muestra: *D.E. Williams 1138* (HT: NY; IT: LPB), *I. Jiménez 2678* (NY).

Elaphoglossum guentheri Rosenst., Repert. Spec. Nov. Regni Veg. 25: 61. 1928.
Ref.: Foster (1958).
Hierba. Nativa. Andes. Yungas, 1000–2500 m.
Dept.: CO, LP.
Tipo y muestra: *O. Buchtien 5193* (IT: NY, UC), *K. Bach 1294* (GOET, LPB, UC).

Elaphoglossum hartwegii (Fée) T. Moore, Index Fil. 16. 1857.
Sin.: *Acrostichum hartwegii* Fée
Ref.: Mickel (1991).
Hierba. Nativa. Andes. Yungas, Páramo Yungueño, 2000–5000 m.
Dept.: CO, LP.
Muestra: *M. Kessler 11783* (LPB, NY, UC).

Elaphoglossum haynaldii (Sodiro) I. Losch, Mitt. Bot. Staatssamml. München 1: 21. 1950.
Sin.: *Acrostichum haynaldii* Sodiro
Hierba, epífita. Nativa. Andes. Yungas, 1500–3000 m.
Dept.: CO, LP.
Muestra: *I. Jiménez & S. Gallegos 878* (LPB, NY, UC).

Elaphoglossum herpestes Mickel, Brittonia 37(3): 270, f. 31. 1985.
Sin.: *Elaphoglossum paxense* A. Rojas
Ref.: Kessler et al. (1999a), Smith et al. (1999).
Hierba. Nativa. Andes. Yungas, 2000–2500 m.
Dept.: CO, LP.
Muestra: *J.C. Solomon & B.A. Stein 11750* (LPB, MO, NY).

Elaphoglossum heteromorphum (Klotzsch) T. Moore, Index Fil. 10. 1857.
Sin.: *Acrostichum heteromorphum* Klotzsch
Ref.: Smith et al. (1999), Sundue (2011).
Epífita. Nativa. Andes. Yungas, 2000–3000 m.
Dept.: LP.
Muestra: *M. Kessler 10526* (GOET, LPB, NY, UC).

Elaphoglossum hickenii (Sodiro) C. Chr., Index Filic., Suppl. 1, 42. 1913.
Sin.: *Acrostichum hickenii* Sodiro
Ref.: Kessler et al. (1999a), Smith et al. (1999).
Hierba. Nativa. Andes. Yungas, Páramo Yungueño, 2000–3500 m.
Dept.: LP.
Muestra: *J.C. Solomon 16374* (LPB, MO, NY).

Elaphoglossum horridulum (Kaulf.) J. Sm., Bot. Voy. Herald 232. 1854.
Sin.: *Acrostichum horridulum* Kaulf.
Ref.: Foster (1958), Mickel (1991), Kessler et al. (1999a), Sundue (2011).
Hierba. Nativa. Zonas Bajas, Andes. Bosque Húmedo, Yungas, 500–1000, 1500–2000, 2500–3000 m.
Dept.: CO, LP, SC.
Muestra: *M.H. Nee & Ez. Chávez 51489* (LPB, MO, NY, USZ).

Elaphoglossum huacsaro (Ruiz) Christ, Neue Denkschr. Allg. Schweiz. Ges. Gesammten Naturwiss. 36(1): 96. 1899.
Sin.: *Acrostichum huacsaro* Ruiz, *Acrostichum calaguala* Klotzsch, *Elaphoglossum calaguala* (Klotzsch) T. Moore, *Elaphoglossum angustissimum* var. *minus* C. Chr., *Elaphoglossum ernestii* Brade
Ref.: Foster (1958), Mickel (1991), Ibisch (1996), Kessler et al. (1999a), Triana-Moreno & Murillo Aldana (2005), Vasco Gutiérrez et al. (2009).
Hierba. Nativa. Andes. Yungas, 2000–3500 m.
Dept.: CO, LP.
Muestra: *M. de Boer 1125* (LPB, NY, UC).

Elaphoglossum inaequalifolium (Jenman) C. Chr., Index Filic. 309. 1905.
Sin.: *Acrostichum inaequalifolium* Jenman, *Elaphoglossum floccosum* Mickel

Ref.: Ibisch (1996), Sundue (2011).
Hierba, epífita. Nativa. Andes. Yungas, 1000–3500 m.
Dept.: CO, LP.
Muestra: *I. Jiménez 1351* (LPB, NY, UC).

Elaphoglossum inquisitivum M. Kessler & Mickel, Brittonia 58(2): 106. 2006.
Ref.: Sundue (2011).
Hierba, epífita. Endémica. Andes. Yungas, 2000–4000 m.
Dept.: CO, LP, SC.
Tipo y muestra: *S.G. Beck 24397* (HT: NY; IT: LPB), *K. Bach 1884* (GOET, LPB, UC).

[**Elaphoglossum interruptum Rosenst.**], Repert. Spec. Nov. Regni Veg. 12: 474. 1913.
Ref.: Foster (1958).
Tipo: *O. Buchtien 3458* (HT: no localizado).
Nota: Especie dudosa. El material tipo no ha sido localizado, sin éste no es posible definir el estatus de la especie, pero es casi seguro que es un sinónimo de otra especie.

Elaphoglossum kessleri A. Rojas, Revista Biol. Trop. 50(3–4): 977–978, f. 5. 2002 [2003].
Ref.: Sundue (2011).
Epífita. Endémica. Andes. Yungas, 1000–3000 m.
Dept.: CH, CO, LP, SC.
Tipo y muestra: *M. Kessler 7345* (HT: UC; IT: LPB), *I. Jiménez 1320* (LPB, NY, UC).

Elaphoglossum killipii Mickel, Fieldiana, Bot., n.s. 27: 138. 1991.
Ref.: Smith et al. (1999).
Hierba. Nativa. Andes. Yungas, 1000–1500 m.
Dept.: LP.
Muestra: *S.G. Beck 13661* (LPB, NY).

Elaphoglossum laminarioides (Fée) T. Moore, Index Fil. 10. 1857.
Sin.: *Acrostichum laminarioides* Fée
Ref.: Smith et al. (1999).
Epífita. Nativa. Zonas Bajas. Bosque Húmedo, 0–1000 m.
Dept.: CO, LP.
Muestra: *T. Krömer 1067* (GOET, LPB, UC).

[**Elaphoglossum langsdorffii (Hook. & Grev.) T. Moore**], Index Fil. 11. 1857.
Ref.: Rojas Alvarado (2002).
Nota: El registro se basa en material mal identificado.

Elaphoglossum lasioglottis Mickel, Fieldiana, Bot., n.s. 27: 139. 1991.
Ref.: Mickel (1991), Kessler et al. (1999a).
Hierba. Nativa. Andes. Yungas, Páramo Yungueño, 2000–2500, 3000–4000 m.
Dept.: CO, LP.
Muestra: *M.A. Lewis 38938* (MO).

[**Elaphoglossum latifolium (Sw.) J. Sm.**], London J. Bot. 1: 197. 1842.
Sin.: *Acrostichum latifolium* Sw.
Ref.: Mickel (1991), Ibisch (1996), Kessler et al. (1999a), Kessler et al. (2000b).
Nota: El registro se basa en material mal identificado. Aquí se usa un concepto estricto de esta especie considerando a *E. latifolium* como una especie del Caribe.

Elaphoglossum laxepaleaceum Rosenst., Repert. Spec. Nov. Regni Veg. 11: 59. 1912.
Sin.: *Elaphoglossum meladenium* Mickel
Ref.: Foster (1958), Kessler et al. (1999a), Smith et al. (1999).
Hierba. Nativa. Andes, Altiplano. Yungas, Páramo Yungueño, Bosque de *Polylepis*, 2000–2500, 3000–4000 m.
Dept.: CO, LP.
Tipo y muestra: *O. Buchtien 2719* (IT: UC), *M. Kessler 9291* (LPB, NY, UC).

Elaphoglossum lechlerianum (Mett.) T. Moore, Index Fil. 11. 1857.
Sin.: *Acrostichum lechlerianum* Mett.
Ref.: Kessler et al. (1999a), Smith et al. (1999).
Hierba, epífita. Nativa. Andes. Yungas, 1500–3000 m.
Dept.: CO, LP.
Muestra: *K. Bach 1654* (GOET, LPB, UC).

Elaphoglossum lindbergii (Mett. ex Kuhn) Rosenst., Hedwigia 46: 153. 1907.
Sin.: *Acrostichum lindbergii* Mett. ex Kuhn
Ref.: de la Sota (1977), González et al. (1999), Carmen Lavalle & Rodríguez (2009).
Epífita. Nativa. Andes. Bosque Tucumano-Boliviano, 1500–2000 m.
Dept.: CH, TA.
Muestra: *M. Kessler 5103B* (AAU, LPB, NY).

Elaphoglossum lindenii (Bory ex Fée) T. Moore, Index Fil. 16. 1857.
Sin.: *Acrostichum lindenii* Bory ex Fée
Ref.: Mickel (1991).
Hierba. Nativa. Andes. Yungas, Páramo Yungueño, 2000–4500 m.
Dept.: CO, LP.
Muestra: *M. Kessler 9449* (LPB, NY, UC).

Elaphoglossum lingua (C. Presl) Brack., U.S. Expl. Exped., Filic. 16: 74. 1854.
Sin.: *Olfersia lingua* C. Presl
Ref.: Ibisch (1996), Kessler et al. (1999a), Sundue (2011).
Hierba. Nativa. Zonas Bajas, Andes. Bosque Húmedo, Yungas, 500–4000 m.
Dept.: BE, CO, LP, SC.
Muestra: *D. Eberhardt 435* (GOET, LPB, UC).

[**Elaphoglossum litanum (Sodiro) C. Chr.**], Index Filic. 310. 1905.
Ref.: Smith et al. (1999).
Nota: El registro se basa en material mal identificado.

Elaphoglossum lloense (Hook.) T. Moore, Index Fil. 11. 1857.
Sin.: *Acrostichum lloense* Hook., *Elaphoglossum rhynchophyllum* Christ, *Elaphoglossum ensiforme* Mickel, *Elaphoglossum teleglottis* Mickel, *Elaphoglossum serpentinum* A. Rojas & Rodr.-Duque
Ref.: Kessler et al. (1999a), Smith et al. (1999), Sundue (2011), Vasco Gutiérrez et al. (2013).
Epífita. Nativa. Andes. Yungas, 1500–3500 m.
Dept.: CO, LP.
Muestra: *K. Bach 1650* (GOET, LPB, UC).

[**Elaphoglossum lonchophyllum (Fée) T. Moore**], Index Fil. 11. 1857.
Ref.: Kessler et al. (1999a).
Nota: El registro se basa en material mal identificado de probablemente *E. crispipalea*.

Elaphoglossum lorentzii (Hieron.) Christ, Neue Denkschr. Allg. Schweiz. Ges. Gesammten Naturwiss. 36: 121. 1899.
Sin.: *Acrostichum lorentzii* Hieron.
Ref.: de la Sota (1977), Carmen Lavalle & Rodríguez (2009).
Hierba. Nativa. Andes. Valles Secos, 3500–4000 m.
Dept.: LP.
Muestra: *T. Herzog 2133* (UC).

Elaphoglossum luridum (Fée) Christ, Neue Denkschr. Allg. Schweiz. Ges. Gesammten Naturwiss. 36(1): 33. 1899.
Sin.: *Acrostichum luridum* Fée, *Acrostichum schomburgkii* Fée, *Elaphoglossum schomburgkii* (Fée) T. Moore, *Elaphoglossum micropus* Rosenst., *Elaphoglossum micropus* var. *majus* Rosenst.
Ref.: Foster (1958), Mickel (1991), Killeen & Schulenberg (1998), Kessler et al. (1999a), Sundue (2011).
Epífita. Nativa. Zonas Bajas, Andes. Bosque Húmedo, Yungas, 0–1500 m.
Dept.: BE, CO, LP, SC.
Muestra: *M.H. Nee 36007* (LPB, NY, USZ).

[**Elaphoglossum macrophyllum (Mett. ex Kuhn) Christ**], Bull. Herb. Boissier, sér. 2, 5(1): 10. 1905.
Ref.: Killeen & Schulenberg (1998).
Nota: El registro se basa en material mal identificado de probablemente *E. andicola* o *E. buchtienii*.

Elaphoglossum madidiense M. Kessler & Mickel, Brittonia 58(2): 108. 2006.
Hierba, epífita. Endémica. Andes. Yungas, 3000–4000 m.
Dept.: LP.
Tipo y muestra: *I. Jiménez 1832* (HT: NY; IT: LPB, MO, UC), *I. Jiménez 1804* (LPB, MO, NY, UC).

Elaphoglossum mandonii (Mett. ex Kuhn) Christ, Neue Denkschr. Allg. Schweiz. Ges. Gesammten Naturwiss. 36: 128. 1899.
Sin.: *Acrostichum mandonii* Mett. ex Kuhn
Ref.: Foster (1958).
Hierba. Endémica. Andes. Yungas, 3000–4000 m.
Dept.: LP.
Tipo y muestra: *G. Mandon 12* (HT: B; IT: BM), *G. Mandon 1544* (NY).

[**Elaphoglossum mathewsii (Fée) T. Moore**], Index Fil. 12. 1857.
Sin.: *Acrostichum mathewsii* Fée
Ref.: Foster (1958), Mickel (1991), Kessler et al. (1999a).
Nota: El registro se basa en material mal identificado de *E. dannoritzeri*.

Elaphoglossum megalurum Mickel, Fieldiana, Bot., n.s. 27: 145. 1991.
Ref.: Smith et al. (1999), Sundue (2011).
Epífita. Nativa. Zonas Bajas, Andes. Bosque Húmedo, Yungas, Bosque Tucumano-Boliviano, 0–2000 m.
Dept.: BE, CH, LP, SC.
Muestra: *M. Kessler 8674* (LPB, NY, UC).

Elaphoglossum melancholicum Vareschi, Acta Bot. Venez. 1: 109, t. 10B. 1966.
Sin.: *Elaphoglossum megarhizon* Rosenst. ex Mickel
Ref.: Mickel (1991), Sundue (2011).
Hierba, epífita. Nativa. Andes. Yungas, 1500–4000 m.
Dept.: CO, LP.
Muestra: *I. Jiménez 1151* (LPB, NY).

[**Elaphoglossum melanopus (Kunze) T. Moore**], Index Fil. 12. 1857.
Sin.: *Acrostichum melanopus* Kunze
Ref.: Smith et al. (1999), Kessler et al. (2000b).
Nota: El registro se basa en material mal identificado de *E. tambillense*.

Elaphoglossum meridense (Klotzsch) T. Moore, Index Fil. 12. 1857.
Sin.: *Acrostichum meridense* Klotzsch
Ref.: Foster (1958), Rojas Alvarado (2002).
Hierba. Nativa. Zonas Bajas. Bosque Húmedo, 500–1000 m.
Dept.: CO.
Muestra: *A. Acebey 490* (LPB, NY).

Elaphoglossum minutum (Pohl ex Fée) T. Moore, Index Fil. 12. 1857.
Sin.: *Acrostichum minutum* Pohl ex Fée, *Acrostichum revolutum* Liebm., *Elaphoglossum revolutum* (Liebm.) T. Moore, *Acrostichum rampans* Baker, *Elaphoglossum rampans* (Baker) Christ, *Elaphoglossum elegantulum* Rosenst., *Elaphoglossum macilentum* Mickel, *Elaphoglossum xiphoides* Mickel
Ref.: Foster (1958), Kessler et al. (1999a), Smith et al. (1999), Vasco Gutiérrez et al. (2013).
Epífita. Nativa. Zonas Bajas. Bosque Húmedo, 500–1000 m.
Dept.: BE, CO, LP.
Muestra: *A. Acebey 566* (LPB, UC).

Elaphoglossum molle (Sodiro) C. Chr., Index Filic., Suppl. 1, 42. 1913.
Sin.: *Acrostichum molle* Sodiro, *Elaphoglossum meridense* var. *boliviense* Rosenst.
Ref.: Sundue (2011).
Hierba, epífita. Nativa. Andes. Yungas, 1500–3000 m.
Dept.: CO, LP.
Muestra: *M. Kessler 9510* (LPB, NY, UC).

Elaphoglossum moorei (E. Britton) Christ, Bull. Herb. Boissier, sér. 2, 3(2): 148. 1903.
Sin.: *Acrostichum moorei* E. Britton, *Rhipidopteris rusbyi* Christ, *Elaphoglossum bangii* Christ, *Microstaphyla bangii* (Christ) Hieron., *Microstaphyla moorei* (E. Britton) Underw., *Microstaphyla columbiana* Maxon, *Peltapteris peruviana* L.D. Gómez, *Peltapteris columbiana* (Maxon) L.D. Gómez, *Peltapteris moorei* (E. Britton) L.D. Gómez, *Elaphoglossum columbianum* (Maxon) Mickel, *Elaphoglossum peruvianum* (L.D. Gómez) Mickel
Ref.: Foster (1958), Adolfo María (1966), Mickel (1991), Ibisch (1996), Kessler et al. (1999a), Smith et al. (1999), Vasco Gutiérrez et al. (2013).
Epífita. Nativa. Andes. Yungas, 1000–3000 m.
Dept.: CO, LP.
Muestra: *K. Bach 1584* (GOET, LPB, UC).

Elaphoglossum murinum M. Kessler & Mickel, Brittonia 58(2): 109. 2006.
Hierba, epífita. Endémica. Andes. Yungas, 1000–4500 m.
Dept.: CO, LP, SC.
Tipo y muestra: *N. Salinas 2199* (HT: NY; IT: LPB), *M. Kessler 9470* (LPB, NY, UC).

[**Elaphoglossum muscosum (Sw.) T. Moore**], Index Fil. 12. 1857.
Ref.: Kessler et al. (1999a), Smith et al. (1999).
Nota: El registro se basa en material mal identificado.

Elaphoglossum neei M. Kessler & Mickel, Brittonia 58(2): 111. 2006.
Hierba, epífita. Endémica. Andes. Yungas, 1500–3500 m.
Dept.: CO, LP.
Tipo y muestra: *M.H. Nee 49764* (HT: NY; IT: LPB, MO, USZ, UT), *I. Jiménez et al. 2882* (LPB, MO).

Elaphoglossum nidiforme Mickel, Fieldiana, Bot., n.s. 27: 148. 1991.
Ref.: Kessler et al. (1999a), Vasco Gutiérrez et al. (2013).
Epífita. Nativa. Zonas Bajas, Andes. Bosque Húmedo, Yungas, 500–1500 m.
Dept.: CO, LP.
Muestra: *I. Jiménez 2191* (LPB, NY, UC).

Elaphoglossum nigrescens (Hook.) T. Moore ex Diels, Nat. Pflanzenfam. 1(4): 332. 1899.
Sin.: *Acrostichum nigrescens* Hook. *Acrostichum pallidum* Baker ex Jenman, *Acrostichum sherringii* Baker, *Elaphoglossum pallidum* (Baker ex Jenman) C. Chr., *Elaphoglossum sherringii* (Baker) C. Chr., *Elaphoglossum wacketii* Rosenst., *Elaphoglossum palmense* Christ, *Elaphoglossum williamsii* Vareschi
Ref.: Kessler et al. (1999a), Smith et al. (1999), Vasco Gutiérrez et al. (2009).
Epífita. Nativa. Zonas Bajas, Andes. Bosque Húmedo, Yungas, 500–1500, 2000–2500 m.
Dept.: CO, LP.
Muestra: *I. Jiménez 1448* (LPB, NY, UC).

Elaphoglossum nigrocostatum Mickel, Brittonia 39(3): 322, f. 3F–H. 1987.
Hierba. Nativa. Andes. Yungas, 2000–2500 m.
Dept.: CO.
Muestra: *M. Kessler 9453* (LPB, NY, UC).

[**Elaphoglossum nivosum (Kunze) Mickel**], Fieldiana, Bot., n.s. 27: 148. 1991.
Ref.: Mickel (1991).
Nota: El registro se basa en material mal identificado.

Elaphoglossum notatum (Fée) T. Moore, Index Fil. 12. 1857.
Sin.: *Acrostichum notatum* Fée, *Acrostichum albescens* Sodiro, *Elaphoglossum albescens* (Sodiro) Christ, *Elaphoglossum glabromarginatum* A. Rojas
Ref.: Foster (1958), Kessler et al. (1999a).
Hierba, epífita. Nativa. Andes. Yungas, 1500–3500 m.
Dept.: CO, LP.
Tipo y muestra: *D'Orbigny s.n.* (HT: P), *M. Kessler 11804* (LPB, MO, NY).

Elaphoglossum obovatum Mickel, Brittonia 39: 322, f. 7A–C. 1987.
Epífita. Nativa. Zonas Bajas. Bosque Húmedo, 0–500 m.
Dept.: BE.
Muestra: *W.R. Anderson 11818* (NY).

[**Elaphoglossum obtusum Mickel**], Fieldiana, Bot., n.s. 27: 149. 1991.
Ref.: Smith et al. (1999).
Nota: El registro se basa en material mal identificado de *E. obovatum*.

[**Elaphoglossum oculatum Mickel**], Fieldiana, Bot., n.s. 27: 150. 1991.
Ref.: Kessler et al. (1999a), Smith et al. (1999), Kessler et al. (2000b).
Nota: El registro se basa en material mal identificado.

Elaphoglossum odontolepis Mickel, Fieldiana, Bot., n.s. 27: 150. 1991.
Epífita. Nativa. Andes. Yungas, 3000–3500 m.
Dept.: CO, LP.
Muestra: *I. Jiménez 1787* (LPB, MO, NY, UC).

Elaphoglossum oophyllum Mickel, Fieldiana, Bot., n.s. 27: 150. 1991.
Hierba, epífita. Nativa. Zonas Bajas, Andes. Bosque Semideciduo Chiquitano, Yungas, 500–1500 m.
Dept.: LP, SC.
Muestra: *T. Killeen 1392* (LPB, MO, NY).

Elaphoglossum orbignyanum (Fée) T. Moore, Index Fil. 16. 1857.
Sin.: *Acrostichum orbignyanum* Fée
Ref.: Foster (1958), Mickel (1991), Ibisch (1996), Kessler et al. (1999a), Kessler et al. (2000b), Sundue (2011).
Hierba, epífita. Nativa. Andes. Yungas, 1000–3000 m.
Dept.: CO, LP, SC.
Tipo y muestra: *D'Orbigny 138* (HT: P), *J.L. Luteyn 13727* (LPB, NY).

[**Elaphoglossum ortegae Mickel**], Brittonia 39(3): 323, f. 2E–F. 1987.
Ref.: Rojas Alvarado (2002).
Nota: Especie dudosa. Colecciones citadas no revisadas.

[**Elaphoglossum ovalifolium (Fée) Christ**], Bull. Herb. Boissier, sér. 2, 2: 361. 1902.
Ref.: Foster (1958).
Nota: El registro se basa en material mal identificado.

Elaphoglossum pachyphyllum (Kunze) C. Chr., Index Filic. 312. 1905.
Sin.: *Acrostichum pachyphyllum* Kunze, *Hymenodium kunzeanum* Fée, *Elaphoglossum brausei* Rosenst.
Ref.: Foster (1958).
Hierba. Nativa. Andes. Yungas, 1000–2000 m.
Dept.: LP.
Muestra: *S.G. Beck 23090* (LPB, NY).

Elaphoglossum paleaceum (Hook. & Grev.) Sledge, Bull. Brit. Mus. (Nat. Hist.), Bot. 4(2): 95. 1967.
Sin.: *Acrostichum vestitum* Hook. & Grev., *Acrostichum paleaceum* Hook. & Grev.
Ref.: Mickel (1991), Ibisch (1996), Kessler et al. (1999a).
Hierba, epífita. Nativa. Andes. Yungas, 1500–3500 m.
Dept.: CO, LP.
Muestra: *A. Fay & L.E. Fay 2930* (LPB, MO, NY).

Elaphoglossum palmarum M. Kessler & Mickel, Brittonia 58(2): 112. 2006.
Hierba, epífita. Nativa. Zonas Bajas, Andes. Bosque Húmedo, Yungas, 500–2000 m.
Dept.: CO, LP.
Tipo y muestra: *M. Kessler et al. 7967* (HT: NY; IT: LPB, UC), *M. Kessler 7796* (GOET, LPB, NY, UC).

Elaphoglossum pannosum M. Kessler & Mickel, Brittonia 58(2): 114. 2006.
Hierba, epífita. Endémica. Andes. Yungas, 1500–2500 m.
Dept.: CO, LP.
Tipo y muestra: *I. Jiménez 1634* (HT: NY; IT: GOET, LPB, UC), *I. Jiménez 1555* (LPB, NY).

Elaphoglossum papillosum (Baker) Christ, Neue Denkschr. Allg. Schweiz. Ges. Gesammten Naturwiss. 36: 130. 1899.
Sin.: *Acrostichum papillosum* Baker
Ref.: Mickel (1991), Kessler et al. (1999a), Sundue (2011).
Hierba. Nativa. Andes. Yungas, 1000–3500 m.
Dept.: CO, LP.
Muestra: *A.F. Fuentes C. et al. 4692* (BOLV, LPB, MO, NY, USZ).

Elaphoglossum pattersoniae Mickel, Amer. Fern J. 80: 110. 1990.
Ref.: Sundue (2011).
Hierba. Nativa. Andes. Yungas, 2500–3500 m.
Dept.: CO, LP.
Muestra: *A. Fay & L.E. Fay 2436* (MO).

Elaphoglossum paucinervium M. Kessler & Mickel, Brittonia 58(2): 115. 2006.
Hierba. Endémica. Andes. Yungas, 1500–2000 m.
Dept.: LP.
Tipo: *R.S. Williams 1375* (HT: NY).
Nota: Conocida solamente del tipo.

Elaphoglossum peltatum (Sw.) Urb., Symb. Antill. 4: 60. 1903.
Sin.: *Osmunda peltata* Sw., *Acrostichum peltatum* (Sw.) Sw., *Acrostichum flabellatum* Humb. & Bonpl. ex Willd., *Rhipidopteris peltata* (Sw.) Schott ex Fée, *Peltapteris peltata* (Sw.) C.V. Morton
Hierba, epífita. Nativa. Andes. Yungas, 1500–2000 m.
Dept.: LP.
Muestra: *A. Portugal 239* (LPB, UC).
Infra: *Elaphoglossum peltatum* fo. *flabellatum* (Humb. & Bonpl. ex Willd.) Mickel

[**Elaphoglossum perelegans (Fée) T. Moore**], Index Fil. xvi. 1857.
Ref.: Foster (1958).
Nota: El registro se basa en material mal identificado.

[**Elaphoglossum petiolatum (Sw.) Urb.**], Symb. Antill. 4: 61. 1903.
Ref.: Foster (1958), Killeen & Schulenberg (1998), Kessler et al. (2000b).
Nota: El registro se basa en material mal identificado de probablemente *E. burchellii*.

Elaphoglossum petiolosum (Desv.) T. Moore, Index Fil. 12. 1857.
Sin.: *Acrostichum acuminatum* Poir., *Acrostichum petiolosum* Desv., *Acrostichum caudatum* Hook., *Elaphoglossum caudatum* T. Moore
Ref.: Ibisch (1996), Kessler et al. (1999a).
Epífita. Nativa. Andes. Yungas, 2000–4000 m.
Dept.: CO, LP.
Muestra: *M. Kessler 10602* (LPB, NY, UC).

Elaphoglossum piloselloides (C. Presl) T. Moore, Index Fil. 13. 1857.
Sin.: *Acrostichum spathulatum* Bory, *Acrostichum piloselloides* C. Presl, *Acrostichum jamesonii* Hook. & Grev., *Elaphoglossum jamesonii* (Hook. & Grev.) T. Moore, *Elaphoglossum spatulatum* (Bory) T. Moore
Ref.: Foster (1958), de la Sota (1977), Mickel (1991), Schulenberg & Awbrey (1997), González et al. (1999), Kessler et al. (2000b), Serrano & Terán (1998 [2000]), Carmen Lavalle & Rodríguez (2009), Sundue (2011).
Hierba. Nativa. Andes. Yungas, Bosque Tucumano-Boliviano, 1000–3500 m.
Dept.: CH, CO, LP, SC, TA.
Muestra: *M.H. Nee 34061* (LPB, MO, NY, USZ).

Elaphoglossum pilosius Mickel, Brittonia 39: 324, f. 1E. 1987.
Ref.: Kessler et al. (1999a), Smith et al. (1999).
Hierba. Nativa. Andes. Páramo Yungueño, 3500–4000 m.
Dept.: CO.
Muestra: *M. Kessler 6879* (LPB, UC).

Elaphoglossum plumosum (Fée) T. Moore, Index Fil. 364. 1862.
Sin.: *Acrostichum plumosum* Fée
Ref.: Killeen & Schulenberg (1998).
Hierba, epífita. Nativa. Zonas Bajas. Bosque Húmedo, 500–1000 m.
Dept.: SC.
Muestra: *L. Arroyo P. et al. 225* (MO, NY, UC, USZ).
Nota: Colecciones de CO citadas por Kessler et al. (1999a) y Smith et al. (1999) pertenecen a *E. pulchrum*.

Elaphoglossum polyblepharum Mickel, Ann. Missouri Bot. Gard. 78(1): 260, f. 1A. 1991.
Hierba. Nativa. Zonas Bajas. Campos Cerrados, 500–1000 m.
Dept.: SC.
Muestra: *L. Arroyo P. et al. 810* (MO, NY, UC, USZ).

Elaphoglossum praetrepidans M. Kessler, Bot. J. Linn. Soc. 157(2): 165, 167. 2008.
Hierba, epífita. Endémica. Zonas Bajas. Bosque Húmedo, 0–500 m.
Dept.: BE.
Tipo: *C. Paz 30A* (HT: LPB).
Nota: Conocida solamente del tipo.

Elaphoglossum productum Rosenst., Repert. Spec. Nov. Regni Veg. 6: 315. 1909.
Ref.: Foster (1958).
Hierba, epífita. Nativa. Zonas Bajas, Andes. Bosque Húmedo, Yungas, 500–2000 m.
Dept.: BE, CO, LP.
Tipo y muestra: *O. Buchtien 1079* (HT: S), *D. Eberhardt 408* (GOET, LPB, UC).

Elaphoglossum pteropus C. Chr., Index Filic. 314. 1905.
Hierba, epífita. Nativa. Zonas Bajas. Bosque Semideciduo Chiquitano, 500–1000 m.
Dept.: SC.
Muestra: *L. Arroyo P. et al. 223* (LPB, MO, NY, USZ).

Elaphoglossum puberulentum M. Kessler & Mickel, Brittonia 58(2): 115. 2006.
Ref.: Sundue (2011).
Hierba, epífita. Endémica. Andes. Yungas, 1000–3000 m.
Dept.: CO, LP.
Tipo y muestra: *S.G. Beck 28386* (HT: NY; IT: LPB), *I. Jiménez 1393* (LPB, NY, UC).

Elaphoglossum pulchrum M. Kessler & Mickel, Brittonia 58(2): 116. 2006.
Hierba, epífita. Endémica. Andes. Yungas, 1000–3000 m.
Dept.: CO, LP.
Tipo y muestra: *M. Kessler et al. 7249* (HT: NY; IT: LPB, UC), *L. Cayola et al. 2437* (LPB, MO, UC, USZ).

Elaphoglossum pumilio Mickel, Fieldiana, Bot., n.s. 27: 156. 1991.
Ref.: Smith et al. (1999), Kessler et al. (2000b).
Hierba. Nativa. Andes. Valles Secos, 2500–3000 m.
Dept.: LP.
Muestra: *T. Feuerer 6727* (NY).

Elaphoglossum raywaense (Jenman) Alston, Bol. Soc. Brot., sér. 2, 32: 24. 1958.
Sin.: *Acrostichum apodum* var. *sprucei* Baker, *Acrostichum raywaense* Jenman, *Elaphoglossum amazonicum* L. Atehortúa ex Mickel
Ref.: Mickel (1991), Kessler et al. (1999a), Smith et al. (1999), Sundue (2011).
Epífita. Nativa. Zonas Bajas. Bosque Húmedo, 0–1000 m.
Dept.: BE, CO, LP, SC.
Muestra: *T. Krömer 1044* (LPB).

Elaphoglossum rimbachii (Sodiro) Christ, Neue Denkschr. Allg. Schweiz. Ges. Gesammten Naturwiss. 36: 126, f. 70. 1899.
Sin.: *Acrostichum rimbachii* Sodiro
Ref.: Kessler et al. (1999a).
Epífita. Nativa. Andes. Yungas, 2500–3500 m.
Dept.: LP.
Muestra: *K. Bach 1450* (LPB).

Elaphoglossum rosenstockii Christ ex Rosenst., Repert. Spec. Nov. Regni Veg. 4: 6. 1907.
Sin.: *Elaphoglossum pseudohirtum* Rosenst.
Ref.: Foster (1958), Ibisch (1996), Kessler et al. (1999a).
Hierba. Nativa. Andes. Yungas, 2000–4000 m.
Dept.: CO, LP.
Muestra: *S.G. Beck 22529* (LPB, NY).

Elaphoglossum rosettum R.C. Moran & Mickel, Brittonia 56(3): 201. 2004.
Hierba, epífita. Endémica. Andes. Yungas, 2500–3000 m.
Dept.: LP.
Tipo: *G.H.H. Tate 618* (HT: NY; IT: US).
Nota: Conocida solamente del tipo.

Elaphoglossum ruficomum Mickel, Fieldiana, Bot., n.s. 27: 159. 1991.
Ref.: Vasco Gutiérrez (2011).
Hierba, epífita. Nativa. Andes. Yungas, 3000–4000 m.
Dept.: LP.
Muestra: *J.C. Solomon 13687* (LPB, MO, NY).

[**Elaphoglossum scolopendrifolium (Raddi) J. Sm.**], Bot. Mag. 72: 17. 1846.
Ref.: Foster (1958).
Nota: El registro se basa en material mal identificado.

Elaphoglossum semisubulatum R.C. Moran & Mickel, Brittonia 56(3): 203. 2004.
Hierba. Nativa. Altiplano. Bosque de *Polylepis*, 2000–3500 m.
Dept.: LP.
Tipo y muestra: *M. Kessler 4311* (HT: NY; IT: AAU, GOET, LPB, UC), *M. Kessler 10465* (LPB, NY, UC).

Elaphoglossum setigerum (Sodiro) Diels, Nat. Pflanzenfam. 1(4): 333. 1899.
Sin.: *Acrostichum setigerum* Sodiro
Ref.: Kessler et al. (1999a), Smith et al. (1999), Sundue (2011).
Epífita. Nativa. Andes. Yungas, 2000–3000 m.
Dept.: CO, LP.
Muestra: *S.G. Beck 21896* (LPB, NY).

Elaphoglossum smithii (Baker) Christ, Neue Denkschr. Allg. Schweiz. Ges. Gesammten Naturwiss. 36(1): 106. 1899.
Sin.: *Acrostichum smithii* Baker
Ref.: Smith et al. (1999).
Epífita. Nativa. Andes. Yungas, 1500–2000 m.
Dept.: CO, LP.
Muestra: *I. Jiménez 1520* (LPB, NY).

Elaphoglossum solomonii A. Rojas, Revista Biol. Trop. 50(3–4): 983–984, f. 10. 2002 [2003].
Ref.: Rojas Alvarado (2002).
Epífita. Endémica. Andes. Yungas, 1500–2500 m.
Dept.: CO, LP.
Tipo y muestra: *J.C. Solomon 18827* (HT: UC; IT: LPB, MO), *I. Jiménez 1547* (LPB, NY, UC).

[**Elaphoglossum sporadolepis (Kunze ex Kuhn) T. Moore**], Index Fil. 367. 1862.
Ref.: Rojas Alvarado (2002).
Nota: El registro se basa en material mal identificado.

Elaphoglossum squamipes (Hook.) T. Moore, Index Fil. 15. 1857.
Sin.: *Acrostichum squamipes* Hook., *Acrostichum ovatum* Liebm., *Elaphoglossum subaequale* T. Moore, *Acrostichum craspedariaeforme* Fée, *Elaphoglossum craspedariiforme* (Fée) Brade ex Alston
Ref.: Foster (1958), Mickel (1991), Sundue (2011), Vasco Gutiérrez et al. (2013).
Epífita. Nativa. Andes. Yungas, 2000–3500 m.
Dept.: CO, LP, SC.
Muestra: *I. Jiménez et al. 2888* (LPB, MO, UC).

Elaphoglossum squarrosum (Klotzsch) T. Moore, Index Fil. 15. 1857.
Sin.: *Acrostichum squarrosum* Klotzsch, *Acrostichum diversifolium* Sodiro, *Elaphoglossum diversifrons* C. Chr.
Ref.: Sundue (2011).
Epífita. Nativa. Andes. Yungas, 2000–3000 m.
Dept.: CO, LP.
Muestra: *M. Kessler 12000* (LPB, NY, UC).

[**Elaphoglossum strictum (Raddi) T. Moore**], Index Fil. 15. 1857.
Ref.: Ibisch (1996).
Nota: El registro se basa en material mal identificado.

Elaphoglossum subarborescens Rosenst., Repert. Spec. Nov. Regni Veg. 4: 295. 1907.
Ref.: Foster (1958).
Hierba. Nativa. Andes. Yungas, 2000–2500 m.
Dept.: LP.
Muestra: *I. Jiménez 809* (LPB, NY).
Infra: *Elaphoglossum subarborescens* var. *bolivianum* Rosenst.

Elaphoglossum sunduei M. Kessler & Mickel, Brittonia 58(2): 117. 2006.
Hierba, epífita. Endémica. Andes. Yungas, 1500–2000 m.
Dept.: LP.
Tipo y muestra: *M.A. Sundue et al. 608* (HT: NY; IT: F, GOET, LPB, MO, UC, USZ), *I. Jiménez 2240* (LPB, MO, UC).

Elaphoglossum tabanense André ex Christ, Neue Denkschr. Allg. Schweiz. Ges. Gesammten Naturwiss. 36: 125, t. 2. 1899.
Ref.: Kessler et al. (1999a).
Epífita. Nativa. Andes. Yungas, 1500–3500 m.
Dept.: CO, LP.
Muestra: *I. Jiménez & S. Gallegos 899* (LPB, NY, UC).

Elaphoglossum tambillense (Hook.) T. Moore, Index Fil. 15. 1857.
Sin.: *Acrostichum tambillense* Hook.
Hierba. Nativa. Andes. Yungas, Bosque Tucumano-Boliviano, 1000–1500, 2000–4000 m.
Dept.: CO, LP, SC.
Muestra: *M. Kessler 9300* (LPB, NY, UC).

Elaphoglossum tantalinum Mickel, Brittonia 39(3): 328, f. 2G, H. 1987.
Epífita. Nativa. Zonas Bajas. Bosque Semideciduo Chiquitano, 500–1000 m.
Dept.: SC.
Muestra: *L. Arroyo P. & K.D. Keil 201* (LPB, MO, USZ).

Elaphoglossum tectum (Humb. & Bonpl. ex Willd.) T. Moore, Index Fil. 15. 1857.
Sin.: *Acrostichum tectum* Humb. & Bonpl. ex Willd., *Acrostichum elongatum* Kunze, *Elaphoglossum elongatum* (Kunze) T. Moore
Ref.: Foster (1958), Mickel (1991), Sundue (2011).
Hierba. Nativa. Zonas Bajas, Andes. Bosque Húmedo, Yungas, 500–1000 m.
Dept.: BE, LP.
Muestra: *A. Fay & L.E. Fay 2038* (LPB, MO).

Elaphoglossum tenuiculum (Fée) T. Moore ex C. Chr., Index Filic. 317. 1905.
Sin.: *Acrostichum tenuiculum* Fée
Ref.: Foster (1958), Mickel (1991), Kessler et al. (1999a), Kessler et al. (2000b), Sundue (2011).
Hierba. Nativa. Zonas Bajas, Andes. Bosque Húmedo, Yungas, Bosque Tucumano-Boliviano, Páramo Yungueño, 500–4000 m.
Dept.: CH, CO, LP, SC.
Muestra: *J.C. Solomon 18907* (LPB, MO).

[**Elaphoglossum trianae Christ**], Neue Denkschr. Allg. Schweiz. Ges. Gesammten Naturwiss. 36: 91. 1899.
Ref.: Ibisch (1996).
Nota: El registro se basa en material mal identificado.

Elaphoglossum unduaviense Rosenst., Repert. Spec. Nov. Regni Veg. 11: 58. 1912.
Sin.: *Elaphoglossum atrosquamatum* Mickel
Ref.: Foster (1958), Sundue (2011).
Hierba, epífita. Nativa. Andes. Yungas, 2000–4000 m.
Dept.: CO, LP.
Tipo y muestra: *O. Buchtien 2722* (IT: UC), *M. Kessler 9550* (LPB, NY, UC).

[**Elaphoglossum vagans (Mett.) Hieron.**], Bot. Jahrb. Syst. 34: 543. 1904.
Ref.: Rojas Alvarado (2002).
Nota: El registro se basa en material mal identificado.

[**Elaphoglossum vulcanicum Christ**], Neue Denkschr. Allg. Schweiz. Ges. Gesammten Naturwiss. 36(1): 131. 1899.
Ref.: Mickel (1991), Kessler et al. (1999a).
Nota: El registro se basa en material mal identificado.

Elaphoglossum wardiae Mickel, Brittonia 37(3): 277, f. 23. 1985.
Ref.: Mickel (1991), Ibisch (1996), Kessler et al. (1999a).
Epífita. Nativa. Andes. Yungas, 1500–3000 m.
Dept.: CO, LP.
Tipo y muestra: *Mic.S. Foster 79-179* (HT: UC), *I. Jiménez 1519* (LPB, MO, NY, UC).

Elaphoglossum yungense de la Sota, Darwiniana 18: 246, f. 5. 1973.
Ref.: Kessler et al. (2000b), Arroyo Padilla et al. (2009), Carmen Lavalle & Rodríguez (2009), Sundue (2011).
Hierba, epífita. Nativa. Andes. Bosque Semideciduo Chiquitano, Yungas, Bosque Tucumano-Boliviano, Valles Secos, 1000–3000 m.
Dept.: CH, CO, LP, SC.
Muestra: *M.H. Nee 48373* (LPB, MO, NY, USZ).

Elaphoglossum zebrinum Mickel, Fieldiana, Bot., n.s. 27: 165. 1991.
Ref.: Kessler et al. (1999a), Smith et al. (1999).
Epífita. Nativa. Zonas Bajas. Bosque Húmedo, 0–500 m.
Dept.: CO.
Muestra: *M. Kessler 8489* (LPB, NY, UC).

Lastreopsis Ching, Bull. Fan Mem. Inst. Biol., Bot. 8(4): 157–159. 1938.
4 especies, 0 especies endémicas.

Lastreopsis amplissima (C. Presl) Tindale, Victoria Naturalist 73: 185. 1957.
Sin.: *Polystichum amplissimum* C. Presl
Ref.: Foster (1958), Tryon & Stolze (1991).
Hierba. Nativa. Andes. Yungas, 1000–1500, 2500–3000 m.
Dept.: LP.
Muestra: *J.C. Solomon 9576* (MO).

Lastreopsis effusa (Sw.) Tindale, Victoria Naturalist 73: 184. 1957.
Sin.: *Polypodium effusum* Sw., *Phegopteris effusa* (Sw.) Fée, *Aspidium effusum* (Sw.) Griseb., *Nephrodium effusum* (Sw.) Baker, *Polystichum effusum* (Sw.) Keyserl., *Aspidium effusum* (Sw.) J. Bommer & Christ, *Dryopteris effusa* (Sw.) Urb., *Dryopteris ulvensis* Hieron., *Parapolystichum effusum* (Sw.) Ching, *Ctenitis effusa* (Sw.) Copel.
Ref.: Foster (1958), Tryon & Stolze (1991), Schulenberg & Awbrey (1997), Kessler (2000), Serrano & Terán (1998 [2000]).
Hierba. Nativa. Zonas Bajas, Andes. Bosque Húmedo, Yungas, 0–2500 m.
Dept.: BE, CH, CO, LP, SC.
Muestra: *M. Kessler 5924* (LPB, UC).
Infra: *Lastreopsis effusa* subsp. *divergens* (Willd. ex Schkuhr) Tindale

Lastreopsis exculta (Mett.) Tindale, Victoria Naturalist 73: 185. 1957.
Sin.: *Aspidium excultum* Mett.
Hierba. Nativa. Andes. Yungas, 1000–1500 m.
Dept.: LP.
Muestra: *F. Miranda & A.F. Fuentes C. 166* (LPB, MO, UC).

Lastreopsis killipii (C. Chr. & Maxon) Tindale, Victoria Naturalist 73: 185. 1957.
Sin.: *Dryopteris killipii* C. Chr. & Maxon, *Parapolystichum killipii* (C. Chr. & Maxon) Ching
Ref.: Smith et al. (1999).
Hierba. Nativa. Andes. Yungas, 2000–3500 m.
Dept.: CO, LP.
Muestra: *M. Kessler 12133* (LPB, UC).

Megalastrum Holttum, Gard. Bull. Straits Settlem., ser. 3, 39(2): 161. 1986.
15 especies, 6 especies endémicas.

Megalastrum adenopteris (C. Chr.) A.R. Sm. & R.C. Moran, Amer. Fern J. 77(4): 127. 1987.
Sin.: *Dryopteris adenopteris* C. Chr.
Ref.: Christensen (1920), Smith et al. (1999), Kessler et al. (2000b), Kessler & Smith (2006a).
Hierba. Nativa. Andes. Bosque Tucumano-Boliviano, 1000–2000 m.
Dept.: SC, TA.
Muestra: *M. Kessler 5971* (LPB, UC).

Megalastrum alticola M. Kessler & A.R. Sm., Amer. Fern J. 96(1): 36, f. 1 A–C. 2006.
Hierba. Endémica. Andes. Yungas, 2500–3000 m.
Dept.: CO, LP.
Tipo y muestra: *M. Kessler 11945* (HT: UC; IT: GOET, LPB), *M. Kessler 6539* (GOET, LPB, UC).

Megalastrum aureisquama M. Kessler & A.R. Sm., Amer. Fern J. 96(1): 37, f. 1 H–K. 2006.
Hierba. Endémica. Andes. Yungas, 1000–3500 m.
Dept.: CO.
Tipo y muestra: *M. Kessler 7379* (HT: UC; IT: GOET, LPB), *M. Kessler 6908* (GOET, LPB, UC).

Megalastrum biseriale (Baker) A.R. Sm. & R.C. Moran, Amer. Fern J. 77(4): 127. 1987 [1988].
Sin.: *Polypodium biseriale* Baker, *Nephrodium biseriale* (Baker) Diels, *Dryopteris biserialis* (Baker) C. Chr., *Ctenitis biserialis* (Baker) Lellinger
Ref.: Christensen (1920), Kessler & Smith (2006a).
Hierba. Nativa. Andes. Yungas, 1500–3000 m.
Dept.: LP.
Muestra: *A. Portugal 250* (LPB, UC).

Megalastrum bolivianum M. Kessler & A.R. Sm., Amer. Fern J. 96(1): 33, f. D–F. 2006.
Ref.: Rojas Alvarado (2008c).
Hierba. Nativa. Andes. Yungas, 1000–2000 m.
Dept.: CO, LP.
Tipo y muestra: *M. Kessler et al. 7630A* (HT: UC; IT: GOET, LPB), *A. Portugal 246* (LPB, UC).

Megalastrum ciliatum M. Kessler & A.R. Sm., Amer. Fern J. 96(1): 38, f. 2 A–C. 2006.
Hierba. Endémica. Andes. Yungas, 1500–2000 m.
Dept.: LP.
Tipo: *J.P. Schmitt 422* (HT: UC; IT: LPB).
Nota: Conocida solamente del tipo.

Megalastrum connexum (Kaulf.) A.R. Sm. & R.C. Moran, Amer. Fern J. 77(4): 127. 1987.
Sin.: *Polypodium connexum* Kaulf.
Ref.: Christensen (1920), Kessler et al. (1999a), Smith et al. (1999).
Hierba. Nativa. Andes. Yungas, 1000–1500 m.
Dept.: CO.
Muestra: *M. Kessler 13070* (LPB, UC).

Megalastrum honestum (Kunze) A.R. Sm. & R.C. Moran, Amer. Fern J. 77(4): 128. 1987.
Sin.: *Polypodium honestum* Kunze, *Dryopteris honesta* (Kunze) C. Chr., *Ctenitis honesta* (Kunze) R.M. Tryon & A.F. Tryon
Ref.: Christensen (1920), Foster (1958), Tryon & Stolze (1991), Kessler et al. (1999a), Kessler & Smith (2006a), Sundue (2011).
Hierba. Nativa. Zonas Bajas, Andes. Bosque Húmedo, Yungas, 500–2000 m.
Dept.: BE, CO, LP, SC.
Muestra: *A. Portugal 364* (LPB, UC).

Megalastrum marginatum M. Kessler & A.R. Sm., Amer. Fern J. 96(1): 40, f. 2 D–F. 2006.
Hierba. Endémica. Andes. Yungas, 1500–2000 m.
Dept.: LP.
Tipo y muestra: *A. Portugal 538* (HT: UC; IT: LPB), *G. Schmitt 440* (LPB).

Megalastrum pulverulentum (Poir.) A.R. Sm. & R.C. Moran, Amer. Fern J. 77(4): 129. 1987.
Sin.: *Polypodium pulverulentum* Poir., *Aspidium pulverulentum* (Poir.) Desv., *Dryopteris pulverulenta* (Poir.) C. Chr., *Ctenitis pulverulenta* (Poir.) Copel.
Ref.: Christensen (1920), Tryon & Stolze (1991), Kessler et al. (1999a), Kessler et al. (2000b), Kessler & Smith (2006a), Sundue (2011).
Hierba. Nativa. Andes. Yungas, Bosque Tucumano-Boliviano, 1500–3000 m.
Dept.: CH, CO, SC.
Muestra: *R.C. Moran 5911* (LPB, MO, UC).

Megalastrum rupicola M. Kessler & A.R. Sm., Amer. Fern J. 96(1): 41, f. 6. 2006.
Hierba. Endémica. Andes. Yungas, 1000–2000 m.
Dept.: CO, LP.
Tipo y muestra: *D. De la Quintana 41* (HT: UC; IT: GOET, LPB), *M. Kessler 7751* (LPB, UC).

Megalastrum subincisum (Willd.) A.R. Sm. & R.C. Moran, Amer. Fern J. 77(4): 129. 1987 [1988].
Sin.: *Polypodium subincisum* Willd., *Phegopteris subincisa* (Willd.) Fée, *Nephrodium villosum* var. *subincisum* (Willd.) Hook. ex Sodiro, *Nephrodium villosum* var. *subincisum* (Willd.) Jenman, *Dryopteris subincisa* (Willd.) Urb., *Aspidium subincisum* (Willd.) Christ, *Ctenitis subincisa* (Willd.) Ching
Ref.: Christensen (1920), Foster (1958), Tryon & Stolze (1991), Kessler et al. (1999a), Kessler & Smith (2006a).
Hierba. Nativa. Zonas Bajas, Andes. Bosque Húmedo, Yungas, 0–1500 m.
Dept.: BE, CO, LP, SC.
Muestra: *S.G. Beck 1705* (LPB, UC).

Megalastrum vastum (Kunze) A.R. Sm. & R.C. Moran, Amer. Fern J. 77(4): 129. 1987.
Sin.: *Polypodium vastum* Kunze, *Dryopteris vasta* (Kunze) Hieron.
Ref.: Christensen (1920), Foster (1958), Tryon & Stolze (1991), Kessler & Smith (2006a).
Hierba. Nativa. Andes. Yungas, 1000–1500 m.
Dept.: LP.
Muestra: *O. Buchtien 3588* (R).

Megalastrum villosulum (C. Chr.) A.R. Sm. & R.C. Moran, Amer. Fern J. 77: 129. 1987.
Sin.: *Ctenitis villosula* (C. Chr.) Ching, *Dryopteris villosa* var. *inaequalis* Gilbert, *Dryopteris villosula* C. Chr.
Ref.: Christensen (1920), Foster (1958), Kessler et al. (2000b), Kessler & Smith (2006a), Sundue (2011).
Hierba. Nativa. Andes. Yungas, Bosque Tucumano-Boliviano, 2000–2500 m.
Dept.: LP, SC.
Muestra: *I. Jiménez 877* (LPB).

Megalastrum yungense (Christ & Rosenst.) A.R. Sm. & R.C. Moran, Amer. Fern J. 77(4): 129. 1987.
Sin.: *Dryopteris yungensis* Christ & Rosenst.
Ref.: Christensen (1920), Foster (1958), Tryon & Stolze (1991), Kessler & Smith (2006a).
Hierba. Endémica. Andes. Yungas, 2000–2500 m.
Dept.: BE, LP.
Tipo y muestra: *O. Buchtien 493* (HT: P; IT: MO frag., US), *A. Fay & L.E. Fay 2205* (MO).

Mickelia R.C. Moran, Labiak & Sundue, Brittonia 62(4): 338(–339). 2010.
5 especies, 0 especies endémicas.

Mickelia bernoullii (Kuhn ex Christ) R.C. Moran, Labiak & Sundue, Brittonia 62: 342. 2010.
Sin.: *Acrostichum bernoullii* Kuhn ex Christ
Hierba. Nativa. Zonas Bajas. Bosque Húmedo, 500–1000 m.
Dept.: LP.
Muestra: *I. Jiménez 2510* (LPB, UC).

Mickelia guianensis (Aubl.) R.C. Moran, Sundue & Labiak, Brittonia 62: 345. 2010.
Sin.: *Polypodium guianense* Aubl., *Leptochilus guianensis* (Aubl.) C. Chr., *Lomagramma guianensis* (Aubl.) Ching, *Bolbitis guianensis* (Aubl.) K.U. Kramer ex Vareschi
Ref.: Tryon & Stolze (1991), Ibisch (1996), Killeen & Schulenberg (1998), Kessler et al. (1999a).
Hierba. Nativa. Zonas Bajas. Bosque Húmedo, 0–1000 m.
Dept.: BE, CO, LP, PA, SC.
Muestra: *A.F. Fuentes C. et al. 1707* (MO, USZ).

Mickelia lindigii (Mett.) ex R.C. Moran, Labiak & Sundue, Brittonia 62: 347. 2010.
Sin.: *Chrysodium lindigii* Mett., *Acrostichum lindigii* (Mett.) Baker, *Leptochilus lindigii* (Mett.) C. Chr., *Bolbitis lindigii* (Mett.) C. Chr.
Ref.: Hennipman (1977), Tryon & Stolze (1991), Kessler et al. (1999a), Sundue (2011).
Hierba. Nativa. Zonas Bajas. Bosque Húmedo, 0–1000 m.
Dept.: BE, CO, LP, SC.
Muestra: *M. Kessler 8106* (LPB, UC).

Mickelia nicotianifolia (Sw.) R.C. Moran, Labiak & Sundue, Brittonia 62: 347. 2010.
Sin.: *Acrostichum nicotianifolium* Sw., *Gymnopteris nicotianifolia* (Sw.) C. Presl, *Anapausia nicotianifolia* (Sw.) C. Presl, *Bolbitis nicotianifolia* (Sw.) Alston

Ref.: Kessler et al. (1999a), Smith et al. (1999), Sundue (2011).
Hierba. Nativa. Zonas Bajas, Andes. Bosque Húmedo, Yungas, 0–1500 m.
Dept.: BE, CO, LP, SC.
Muestra: *A. Fay & L.E. Fay 2805* (MO).

Mickelia oligarchica (Baker) R.C. Moran, Labiak & Sundue, Brittonia 62: 350. 2010.
Sin.: *Acrostichum oligarchicum* Baker, *Hypoderris stuebelii* Hieron., *Leptochilus stuebelii* (Hieron.) Maxon, *Bolbitis stuebelli* (Hieron.) C. Chr., *Bolbitis oligarchica* (Baker) Hennipman
Ref.: Foster (1958), Hennipman (1977), Tryon & Stolze (1991), Kessler et al. (1999a), Labiak & Prado (2007).
Hierba. Nativa. Zonas Bajas, Andes. Bosque Húmedo, Yungas, 500–1500 m.
Dept.: BE, CO, LP.
Muestra: *M. Kessler 8185* (LPB, UC).

Olfersia Raddi, Opusc. Sci. 3: 283, t. 11, f. b. 1819.
1 especie, 0 especies endémicas.

Olfersia cervina (L.) Kunze, Flora 7: 312. 1824.
Sin.: *Osmunda cervina* L., *Acrostichum cervinum* (L.) Sw., *Polybotrya cervina* (L.) Kaulf., *Olfersia cervina* (L.) C. Presl, *Elaphoglossum cinctum* Rosenst.
Ref.: Foster (1958), Moran (1986), Parker & Bailey (1991), Tryon & Stolze (1991), Ibisch (1996), Kessler et al. (1999a).
Hemiepífita. Nativa. Zonas Bajas, Andes. Bosque Húmedo, Yungas, 500–2000 m.
Dept.: BE, CO, LP.
Muestra: *D.N. Smith et al. 14036* (LPB, MO).

Polybotrya Humb. & Bonpl. ex Willd., Sp. Pl. 5(1): 99. 1810.
12 especies, 0 especies endémicas.

Polybotrya aequatoriana R.C. Moran, Bull. Illinois Nat. Hist. Surv. 34: 94, f. 43, map 15. 1987.
Ref.: Moran (1991), Tryon & Stolze (1991).
Hemiepífita. Nativa. Andes. Yungas, 2000–2500 m.
Dept.: LP.
Muestra: *S.G. Beck 3060* (LPB, NY).

Polybotrya alfredii Brade, Bradea 1(1): 12, t. 1, f. 2. 1969.
Ref.: Moran (1991), Tryon & Stolze (1991).
Hemiepífita. Nativa. Andes. Yungas, 1000–1500 m.
Dept.: LP.
Muestra: *O. Buchtien 5164* (GH, US).

Polybotrya attenuata R.C. Moran, Bull. Illinois Nat. Hist. Surv. 34: 74, f. 33, map 7. 1987.
Ref.: Tryon & Stolze (1991), Kessler et al. (1999a), Smith et al. (1999).
Hemiepífita. Nativa. Andes. Yungas, 1000–2000 m.
Muestra: *M. Kessler 7706* (LPB, UC).

Polybotrya botryoides (Baker) C. Chr., Index Filic. 504. 1906.
Sin.: *Acrostichum botryoides* Baker
Ref.: Tryon & Stolze (1991), Kessler et al. (1999a), Smith et al. (1999).
Hemiepífita. Nativa. Andes. Yungas, 1500–2500 m.
Dept.: CO, LP.
Muestra: *M. Kessler 7531* (LPB, UC).

Polybotrya caudata Kunze, Linnaea 9: 23. 1834.
Sin.: *Olfersia caudata* (Kunze) Kunze, *Psomiocarpa caudata* (Kunze) C. Presl, *Acrostichum caudatum* (Kunze) Hook.
Ref.: Foster (1958), Moraes R. (1990), Moran (1991), Tryon & Stolze (1991), Kessler et al. (1999a), Triana-Moreno & Murillo Aldana (2005), Sundue (2011).
Hemiepífita. Nativa. Zonas Bajas, Andes. Bosque Húmedo, Yungas, 0–1000 m.
Dept.: BE, CO, LP, PA, SC.
Muestra: *A. Fay & L.E. Fay 2076* (LPB, MO).

Polybotrya crassirhizoma Lellinger, Amer. Fern J. 62: 49, f. 1, 8. 1972.
Ref.: Moran (1991), Kessler et al. (1999a).
Hemiepífita. Nativa. Zonas Bajas, Andes. Bosque Húmedo, Yungas, 0–500, 1000–1500 m.
Dept.: CO.
Muestra: *S.G. Beck 1635* (LPB, NY).

Polybotrya fractiserialis (Baker) J. Sm., Hist. Fil. 133. 1875.
Sin.: *Acrostichum fractiseriale* Baker
Ref.: Moran (1991), Tryon & Stolze (1991), Killeen & Schulenberg (1998), Kessler et al. (1999a), Sundue (2011).
Hierba. Nativa. Zonas Bajas, Andes. Bosque Húmedo, Yungas, 0–1500 m.
Dept.: BE, CO, LP, SC.
Muestra: *J.C. Solomon 13881* (LPB, MO).

Polybotrya goyazensis Brade, Bradea 1: 24, t. 1, f. 1. 1969.
Ref.: Moran (1991).
Nota: Esperada. Conocida del Brasil cerca de la frontera con Bolivia.

Polybotrya hickeyi R.C. Moran, Bull. Illinois Nat. Hist. Surv. 34: 88, f. 40, map 13. 1987.
Ref.: Moran (1991), Tryon & Stolze (1991), Kessler et al. (1999a).
Hemiepífita. Nativa. Andes. Yungas, 1000–2500 m.
Dept.: CO.
Muestra: *M. Kessler 7411* (LPB, UC).

Polybotrya lechleriana Mett., Fil. Lechl. 1: 4, t. 1, f. 1–5. 1854.
Sin.: *Acrostichum lechlerianum* (Mett.) Hook.
Ref.: Moran (1991), Tryon & Stolze (1991), Kessler et al. (1999a).
Hemiepífita. Nativa. Andes. Yungas, 1000–2500 m.
Dept.: CO, LP.
Muestra: *M. Kessler 9847* (LPB, UC).

Polybotrya osmundacea Humb. & Bonpl. ex Willd., Sp. Pl. 5(1): 99. 1810.
Sin.: *Acrostichum osmundaceum* (Humb. & Bonpl. ex Willd.) Hook.
Ref.: Moran (1991), Tryon & Stolze (1991), Kessler et al. (1999a).
Hemiepífita. Nativa. Zonas Bajas, Andes. Bosque Húmedo, Yungas, 500–1500 m.
Dept.: CO, LP.
Muestra: *A.H. Gentry & S.G. Beck 70910* (LPB, MO).

Polybotrya pubens Mart., Icon. Pl. Crypt. 87, t. 25. 1834.
Sin.: *Acrostichum caudatum* var. *pubens* (Mart.) Baker, *Dryopteris guentheri* Rosenst.
Ref.: Foster (1958), Moran (1991), Tryon & Stolze (1991).
Hemiepífita. Nativa. Andes. Yungas, 1000–1500 m.
Dept.: LP.
Muestra: *S.G. Beck 4924* (F, LPB).

Polybotrya puberulenta R.C. Moran, Bull. Illinois Nat. Hist. Surv. 34: 90, f. 41, map 13. 1987.
Ref.: Moran (1991), Tryon & Stolze (1991), Kessler et al. (1999a).
Hemiepífita. Nativa. Andes. Yungas, 1500–2000 m.
Dept.: CO, LP.
Muestra: *M. Kessler 7261* (LPB, UC).

[**Polybotrya serratifolia (Fée) Klotzsch**], Linnaea 20: 430. 1847.
Ref.: Ibisch (1996).
Nota: El registro se basa en material mal identificado.

Polystichum Roth, Tent. Fl. Germ. 3(1): 31, 69–70. 1800.
21 especies, 7 especies endémicas.

Polystichum albomarginatum M. Kessler & A.R. Sm., Brittonia 57(3): 205–227, f. 5a. 2005.
Hierba. Endémica. Zonas Bajas, Andes. Bosque Húmedo, Yungas, 500–1500 m.
Dept.: LP.
Tipo y muestra: *M. Kessler 10164* (HT: UC; IT: GOET, LPB), *O. Buchtien 97* (UC).

Polystichum amboroense M. Kessler & A.R. Sm., Brittonia 57(3): 205–227, f. 5d. 2005.
Ref.: Sundue (2011).
Hierba. Endémica. Andes. Yungas, 1500–2500 m.
Dept.: SC.
Tipo y muestra: *M.A. Sundue 549* (HT: NY; IT: GOET), *R.C. Moran 5908* (AAU, LPB, MO).

Polystichum bachii M. Kessler & A.R. Sm., Brittonia 57(3): 205–227, f. 2a. 2005.
Hierba. Endémica. Andes. Yungas, 3000–3500 m.
Dept.: CO.
Tipo: *M. Kessler 12412* (HT: UC; IT: LPB).
Nota: Conocida solamente del tipo.

Polystichum chaparensis M. Kessler & A.R. Sm., Brittonia 57(3): 205–227, f. 7. 2005.
Hierba. Endémica. Andes. Yungas, 1000–2000 m.
Dept.: CO.
Tipo y muestra: *M. Kessler 7836* (HT: UC; IT: GOET, LPB), *J.R.I. Wood 14873* (LPB).

Polystichum cochleatum (Klotzsch) Hieron., Bot. Jahrb. Syst. 34: 452. 1904.
Sin.: *Polypodium cochleatum* Klotzsch, *Aspidium gelidum* Kunze ex Klotzsch, *Polystichum gelidum* (Kunze ex Klotzsch) Fée, *Aspidium cochleatum* (Buch.-Ham. ex D. Don) Christ, *Polystichum pflanzii* Hieron.
Ref.: Kessler et al. (2005).
Hierba. Nativa. Andes, Altiplano. Yungas, Puna Húmeda, 1500–2000, 3000–4500 m.
Dept.: CO, LP.
Muestra: *M. Kessler 7244* (LPB, UC).

Polystichum congestum M. Kessler & A.R. Sm., Brittonia 57(3): 205–227, f. 2b. 2005.
Hierba. Endémica. Andes. Yungas, 1000–2000 m.
Dept.: LP.
Tipo: *J.C. Solomon 10782* (HT: UC; IT: LPB, MO).
Nota: Conocida solamente del tipo.

Polystichum dubium (H. Karst.) Diels, Nat. Pflanzenfam. 1(4): 194. 1899.
Sin.: *Phegopteris dubia* H. Karst., *Polypodium dubium* (H. Karst.) Hook., *Phegopteris dictyophylla* Mett. ex Kuhn, *Cyrtomium dubium* (H. Karst.) R.M. Tryon & A.F. Tryon
Ref.: Foster (1958), Tryon & Stolze (1991), Kessler et al. (2005).
Hierba. Nativa. Andes. Yungas, 2000–3000 m.
Dept.: CO, LP.
Muestra: *J.C. Solomon 9106* (LPB, MO).

Polystichum hartwegii (Klotzsch) Hieron., Hedwigia 46: 355. 1907.
Sin.: *Aspidium hartwegii* Klotzsch
Ref.: Kessler et al. (2005).
Hierba. Nativa. Andes. Yungas, 2500–3000 m.
Dept.: LP.
Muestra: *T.B. Croat 51470* (LPB, MO, UC).

Polystichum lehmannii Hieron., Bot. Jahrb. Syst. 34(4): 452. 1904.
Sin.: *Polystichum yungense* Rosenst.
Ref.: Foster (1958), Kessler et al. (1999a), Kessler et al. (2005).
Hierba. Nativa. Andes. Yungas, 2000–3500 m.
Dept.: CO, LP.
Muestra: *M.A. Lewis 38320* (LPB, MO).

Polystichum lepidotum Sundue & M. Kessler, Brittonia 57(3): 205–227, f. 1a–j. 2005.
Hierba. Endémica. Andes. Páramo Yungueño, 4000–4500 m.
Dept.: LP.
Tipo: *G.H.H. Tate 55* (HT: NY).
Nota: Conocida solamente del tipo.

Polystichum maximum M. Kessler & A.R. Sm., Brittonia 59(2): 197. 2007.
Sin.: *Polystichum giganteum* M. Kessler & A.R. Sm.
Hierba. Endémica. Andes. Yungas, 2500–3000, 3500–4000 m.
Dept.: LP.
Tipo y muestra: *J.C. Solomon 17485* (HT: UC; IT: LPB, MO, MO), *T. Feuerer 9361* (LPB).

Polystichum mexiae Copel., Univ. Calif. Publ. Bot. 19(9): 299, t. 55. 1941.
Ref.: Foster (1958), Kessler et al. (2005), Sundue (2011).
Hierba. Nativa. Andes. Yungas, 2000–2500 m.
Dept.: CO, LP, SC.
Muestra: *J.C. Solomon & M.H. Nee 15980* (MO).

Polystichum montevidense (Spreng.) Rosenst., Hedwigia 46: 111. 1906.
Sin.: *Polypodium montevidense* Spreng.
Ref.: Foster (1958), Tryon & Stolze (1991), López Vargas (1995), Saravia Miranda (1996), González et al. (1999), Kessler et al. (1999a), Kessler et al. (2000b), Kessler et al. (2005), Sundue (2011).
Hierba. Nativa. Andes, Altiplano. Yungas, Bosque Tucumano-Boliviano, Bosque de *Polylepis*, 1000–4500 m.
Dept.: CH, CO, LP, SC, TA.
Muestra: *M. Kessler 6287* (LPB, UC).
Nom. Vern.: K'ita chorillo.

[**Polystichum muricatum (L.) Fée**], Mém. Foug. 5: 278. 1852.
Ref.: Foster (1958).
Nota: El registro se basa en material mal identificado.

Polystichum nudicaule Rosenst., Repert. Spec. Nov. Regni Veg. 11: 56. 1912.
Sin.: *Polystichum wolfii* Hieron., *Polystichum montevidense* var. *nudicale* (Rosenst.) R.M. Tryon
Ref.: Foster (1958), Tryon & Stolze (1991), Schulenberg & Awbrey (1997), Kessler et al. (1999a), Serrano & Terán (1998 [2000]), Kessler et al. (2005).
Hierba. Nativa. Andes, Altiplano. Yungas, Bosque Tucumano-Boliviano, Páramo Yungueño, Bosque de *Polylepis*, 2000–4500 m.
Dept.: CH, CO, LP, PO.
Tipo y muestra: *O. Buchtien 2657* (IT: US), *A.F. Fuentes C. 10238* (LPB, MO).

Polystichum orbiculatum (Desv.) J. Rémy & Fée, Fl. Chil. 6: 515. 1853.
Sin.: *Aspidium orbiculatum* Desv., *Nephrodium polyphyllum* C. Presl, *Polypodium rigidum* Hook. & Grev., *Polystichum polyphyllum* (C. Presl) C. Presl, *Jamesonia paleacea* Kunze, *Aspidium pycnolepis* Kunze ex Klotzsch, *Polypodium crenatodentatum* Klotzsch, *Polypodium*

saxatile Klotzsch, *Polystichum pycnolepis* (Kunze ex Klotzsch) T. Moore, *Polystichum sodiroi* Christ, *Polystichum boboense* Hieron., *Polystichum pygmaeum* Copel.
Ref.: Foster (1958), Tryon & Stolze (1991), Kessler et al. (1999a), Serrano & Terán (1998 [2000]), Kessler et al. (2005).
Hierba. Nativa. Andes, Altiplano. Yungas, Páramo Yungueño, Puna Húmeda, Bosque de *Polylepis*, 2500–5000 m.
Dept.: CH, CO, LP.
Muestra: *M.A. Lewis 38215* (LPB, MO).

Polystichum paramicola M. Kessler & A.R. Sm., Brittonia 57(3): 205–227, f. 5c. 2005.
Hierba. Nativa. Andes. Páramo Yungueño, 3500–4000 m.
Dept.: CO.
Tipo: *M. Kessler 6891* (HT: UC; IT: GOET, LPB).
Nota: Conocida en Bolivia solamente del tipo.

Polystichum platyphyllum (Willd.) C. Presl, Tent. Pterid. 84. 1836.
Sin.: *Aspidium platyphyllum* Willd., *Nephrodium platyphyllum* (Willd.) Desv., *Aspidium aculeatum* var. *platyphyllum* (Willd.) Baker, *Phegopteris platyphylla* (Willd.) Mett., *Polypodium platyphyllum* (Willd.) Hook., *Aspidium aculeatum* var. *platyphyllum* (Willd.) Griseb.
Ref.: Foster (1958), Tryon & Stolze (1991), González et al. (1999), Kessler et al. (1999a), Kessler et al. (2000b), Kessler et al. (2005), Sundue (2011).
Hierba. Nativa. Zonas Bajas, Andes. Bosque Húmedo, Yungas, Bosque Tucumano-Boliviano, 500–2500 m.
Dept.: BE, CH, CO, LP, SC, TA.
Muestra: *R.C. Moran 5919* (LPB, MO, UC).

[**Polystichum rigidum C. Chr.**], Ark. Bot. 20A(7): 13. 1926.
Ref.: Foster (1958).
Nota: El registro se basa en material mal identificado.

Polystichum rufum M. Kessler & A.R. Sm., Brittonia 57(3): 205–227, f. 2d. 2005.
Ref.: Sundue (2011).
Hierba. Nativa. Zonas Bajas, Andes. Bosque Húmedo, Yungas, 1000–2000 m.
Dept.: CO, LP, SC.
Tipo y muestra: *A. Portugal 558* (HT: UC; IT: LPB), *A. Acebey 663* (LPB, UC).

Polystichum solomonii M. Kessler & A.R. Sm., Brittonia 57(3): 205–227, f. 5b. 2005.
Ref.: Sundue (2011).
Hierba. Nativa. Andes. Yungas, 2000–3000 m.
Dept.: CO, LP, SC.
Tipo y muestra: *J.C. Solomon 8750* (HT: UC; IT: LPB, MO), *D.N. Smith et al. 13370* (LPB, MO, UC).

Polystichum stuebelii Hieron., Hedwigia 46: 355, t. 8, f. 21. 1907.
Ref.: Kessler et al. (2005).
Hierba. Nativa. Andes. Yungas, 1000–2500 m.
Dept.: CO, LP.
Muestra: *I. Jiménez 1657* (GOET, LPB, UC).

Polystichum turrialbae Christ, Bull. Herb. Boissier, sér. 2, 6(2): 163. 1906.
Ref.: Smith et al. (1999), Kessler et al. (2005).
Hierba. Nativa. Andes. Yungas, 3000–3500 m.
Dept.: CO.
Muestra: *M. Kessler 9443* (LPB, UC).

Rumohra Raddi, Opusc. Sci. 3: 290. 1819.
1 especie, 0 especies endémicas.

Rumohra adiantiformis (G. Forst.) Ching, Sinensia 5: 70. 1934.
Sin.: *Polypodium adiantiforme* G. Forst., *Polystichum adiantiforme* (G. Forst.) J. Sm.
Ref.: Foster (1958), Tryon & Stolze (1991), Kessler et al. (2000b), Sundue (2011).
Hierba, epífita. Nativa. Zonas Bajas, Andes. Bosque Húmedo, Yungas, Bosque Tucumano-Boliviano, 500–1000, 1500–2500 m.
Dept.: CO, LP, SC, TA.
Muestra: *I. Jiménez 686* (LPB, UC).

Stigmatopteris C. Chr., Bot. Tidsskr. 29: 292. 1909.
3 especies, 0 especies endémicas.

Stigmatopteris lechleri (Mett.) C. Chr., Kongel. Danske Vidensk. Selsk. Skr., Naturvidensk. Math. Afd., ser. 8 6: 28. 1919.
Sin.: *Phegopteris lechleri* Mett.
Ref.: Smith et al. (1999).
Hierba. Nativa. Andes. Yungas, 1000–1500 m.
Dept.: LP.
Muestra: *M. Kessler 11645* (LPB, UC).

Stigmatopteris longicaudata (Liebm.) C. Chr., Bot. Tidsskr. 29: 300. 1909.
Sin.: *Polypodium longicaudatum* Liebm., *Dryopteris longicaudata* (Liebm.) Maxon
Ref.: Tryon & Stolze (1991), Kessler et al. (1999a).
Hierba. Nativa. Zonas Bajas, Andes. Bosque Húmedo, Yungas, 0–1500 m.
Dept.: BE, CO, LP.
Muestra: *J.C. Solomon 18469* (LPB, MO).

Stigmatopteris pellucidopunctata (C. Chr.) C. Chr., Bot. Tidsskr. 29: 304. 1909.
Sin.: *Polypodium macrophyllum* Hook., *Phegopteris macrophylla* (C. Chr.) J. Sm., *Dryopteris pellucidopunctata* C. Chr.
Ref.: Tryon & Stolze (1991).
Hierba. Nativa. Andes. Yungas, 1000–1500 m.
Dept.: LP.
Muestra: *S.G. Beck 8500* (LPB, UC).

EQUISETACEAE Michx. ex DC., Essai Propr. Méd. Pl. 49. 1804.
Por M. Kessler (Z); revisado por R.C. Moran (NY), S.G. Beck (LPB), M. Nee (NY), P.M. Jørgensen (MO).
1 género, 3 especies, 0 especies endémicas.

Equisetum L., Sp. Pl. 2: 1061–1062. 1753.
3 especies, 0 especies endémicas.

Equisetum arvense L., Sp. Pl. 2: 1061. 1753.
Ref.: Arroyo Padilla et al. (2009).
Hierba. Nativa. Andes. Bosque Tucumano-Boliviano, 1000–1500 m.
Dept.: SC.
Muestra: *L. Arroyo P. et al. 3360* (GB, MO, NY, UC, USZ).
Nom. Vern.: Cola de caballo chico.

Equisetum bogotense Kunth, Nov. Gen. Sp. (quarto ed.) 1: 42. 1815 [1816].
Ref.: Foster (1958), Tryon & Stolze (1994), López Vargas (1995), Schulenberg & Awbrey (1997), González et al. (1999), Kessler et al. (1999a), Kessler et al. (2000b), Serrano & Terán (1998 [2000]), Arroyo Padilla et al. (2009), Sundue (2011).
Hierba. Nativa. Zonas Bajas, Andes, Altiplano. Bosque Semideciduo Chiquitano, Yungas, Bosque Tucumano-Boliviano, Valles Secos,

Bosque de *Polylepis*, 500–4000 m.
Dept.: CH, CO, LP, SC, TA.
Muestra: *A. Fay & L.E. Fay 2871* (LPB, MO).
Nom. Vern.: Cola de caballo, cola de caballo grande.

Equisetum giganteum L., Syst. Nat. (ed. 10) 2: 1318. 1759.
Sin.: *Equisetum pyramidale* Goldm., *Equisetum bolivianum* Gand.
Ref.: Foster (1958), Adolfo María (1966), Tryon & Stolze (1994), González et al. (1999), Kessler et al. (2000b), Serrano & Terán (1998 [2000]), Sundue (2011).
Hierba. Nativa. Zonas Bajas, Andes. Bosque Semideciduo Chiquitano, Yungas, Bosque Tucumano-Boliviano, Bosque Serrano Chaqueño, Valles Secos, 0–3000 m.
Dept.: BE, CH, CO, LP, SC, TA.
Muestra: *T. Killeen 3776* (LPB, MO).
Nom. Vern.: Cola de caballo, colaicaballo.

GLEICHENIACEAE C. Presl, Reliq. Haenk. 1: 70. 1825.

Por J. Gonzales (LPB) y M. Kessler (Z); revisado por R.C. Moran (NY), I. Jiménez (LPB), M. Nee (NY), P.M. Jørgensen (MO).
4 géneros, 24 especies, 1 especie endémica.

Dicranopteris Bernh., Neues J. Bot. 1(2): 38–39. 1805.

2 especies, 0 especies endémicas.

Dicranopteris flexuosa (Schrad.) Underw., Bull. Torrey Bot. Club 34(5): 254. 1907.
Sin.: *Mertensia flexuosa* Schrad., *Mertensia pumila* Mart., *Gleichenia flexuosa* (Schrad.) Mett., *Mertensia scalpturata* Fée, *Dicranopteris rigida* (Kunze) Nakai
Ref.: Foster (1958), Tryon & Stolze (1989a), Moran (1995a), Killeen & Schulenberg (1998), Sundue (2011).
Hierba. Nativa. Zonas Bajas, Andes. Bosque Húmedo, Campos Amazónicos, Yungas, 0–2500 m.
Dept.: CH, CO, LP, SC, TA.
Muestra: *A. Fay & L.E. Fay 2010* (LPB, MO).

Dicranopteris nervosa (Kaulf.) Maxon, Contr. U.S. Natl. Herb. 24(2): 49. 1922.
Sin.: *Mertensia nervosa* Kaulf., *Gleichenia nervosa* (Kaulf.) Spreng.
Ref.: Foster (1958), Tryon & Stolze (1989a), Sundue (2011).
Hierba. Nativa. Andes. Yungas, 1500–3000 m.
Dept.: BE, CO, LP, SC.
Muestra: *I.G. Vargas 302* (MO, USZ).

Diplopterygium (Diels) Nakai, Bull. Natl. Sci. Mus. 29: 47–49. 1950.

1 especie, 0 especies endémicas.

Diplopterygium bancroftii (Hook.) A.R. Sm., Amer. Fern J. 70(1): 26. 1980.
Sin.: *Gleichenia bancroftii* Hook., *Gleichenia brunei* Christ, *Dicranopteris bancroftii* (Hook.) Underw., *Dicranopteris grandis* (Fée) Nakai
Ref.: Foster (1958), Moran (1995a), Kessler et al. (1999a).
Hierba. Nativa. Andes. Yungas, 1500–3000 m.
Dept.: CO, LP.
Muestra: *I. Jiménez 1464* (LPB, UC).

Gleichenella Ching, Sunyatsenia 5: 276. 1940.

1 especie, 0 especies endémicas.

Gleichenella pectinata (Willd.) Ching, Sunyatsenia 5(4): 276. 1940.
Sin.: *Mertensia pectinata* Willd., *Mertensia glaucescens* Humb. & Bonpl. ex Willd., *Mertensia brasiliana* Desv., *Gleichenia pectinata* (Willd.) C. Presl, *Mertensia emarginata* Raddi, *Mertensia elata* Desv., *Mertensia glaucescens* var. *mexicana* Fée, *Gleichenia linearis* var. *depauperata* Christ, *Gleichenia pectinata* var. *sublinearis* Christ, *Dicranopteris pectinata* (Willd.) Underw., *Dicranopteris nitida* (C. Presl) Nakai
Ref.: Foster (1958), Tryon & Stolze (1989a), Moran (1995a), Killeen & Schulenberg (1998), Kessler et al. (1999a), Kessler et al. (2000b).
Hierba. Nativa. Zonas Bajas, Andes. Bosque Húmedo, Campos Amazónicos, Yungas, 0–3500 m.
Dept.: BE, CO, LP, SC.
Muestra: *S.G. Beck 13625* (AAU, LPB, USZ).

Sticherus C. Presl, Tent. Pterid. 51–52. 1836.

20 especies, 1 especie endémica.

Sticherus aurantiacus E.Ø. Andersen & B. Øllg., Fl. Ecuador 66: 124, f. 34. 2001.
Ref.: Andersen & Øllgaard (2001), Gonzáles R. & Kessler (2011).
Hierba. Nativa. Andes. Yungas, 1000–3000 m.
Dept.: LP.
Muestra: *A. Fay & L.E. Fay 2827* (LPB, MO).

Sticherus bifidus (Willd.) Ching, Sunyatsenia 5(4): 282. 1940.
Sin.: *Mertensia bifida* Willd., *Gleichenia bifida* (Willd.) Spreng., *Dicranopteris bifida* (Willd.) Maxon, *Sticherus pubescens* (Humb. & Bonpl. ex Willd.) Nakai
Ref.: Foster (1958), Tryon & Stolze (1989a), Killeen & Schulenberg (1998), Kessler et al. (1999a), Kessler et al. (2000b), Gonzáles R. & Kessler (2011).
Hierba. Nativa. Zonas Bajas, Andes. Bosque Húmedo, Yungas, 500–2500 m.
Dept.: CO, LP, SC.
Muestra: *J.C. Solomon 18853* (LPB, MO).

Sticherus boliviensis (Maxon & C.V. Morton) J. Gonzáles, Phytotaxa 31: 20–21, 9. 2011.
Sin.: *Dicranopteris boliviensis* Maxon & C.V. Morton, *Gleichenia boliviensis* (Maxon & C.V. Morton) Lellinger
Ref.: Foster (1958), Gonzáles R. (2003).
Hierba. Nativa. Andes. Yungas, 1000–3500 m.
Dept.: CO, LP, SC.
Tipo y muestra: *G.H.H. Tate 351* (HT: NY; IT: US), *D.N. Smith & J.F. Smith 13126* (LPB, MO).

Sticherus brevitomentosus E.Ø. Andersen & B. Øllg., Fl. Ecuador 66: 132, f. 37. 2001.
Hierba. Nativa. Andes. Yungas, Páramo Yungueño, 1500–2000 m.
Dept.: LP.
Muestra: *A.F. Fuentes C. et al. 6041* (LPB, MO, UC).

Sticherus decurrens (Raddi) J. Gonzáles, Phytotaxa 31: 23. 2011.
Sin.: *Mertensia decurrens* Raddi, *Mertensia trifurcans* Fée, *Sticherus mathewsii* (Hook.) Nakai
Ref.: Raddi (1825), Gonzáles R. (2003).
Hierba. Nativa. Zonas Bajas, Andes. Bosque Húmedo, Campos Amazónicos, Yungas, 0–1500 m.
Dept.: BE, CO, LP.
Muestra: *M. Kessler 10826* (LPB, UC).

Sticherus jacha J. Gonzáles, Phytotaxa 31: 29–30, f. 11. 2011.
Ref.: Gonzáles R. (2003).
Hierba. Endémica. Andes. Yungas, 1500–3000 m.
Dept.: CO, LP.
Tipo y muestra: *M. Kessler 11971* (HT:

UC; IT: GOET, LPB), *A. Fay & L.E. Fay 2875* (AAU, LPB, MO, NY, UC, US).

Sticherus lanosus (Christ) J. Gonzáles, Phytotaxa 31: 32. 2011.
Sin.: *Gleichenia lanosa* Christ, *Gleichenia buchtienii* Christ & Rosenst., *Sticherus buchtienii* (Christ & Rosenst.) Copel.
Ref.: Foster (1958).
Hierba. Nativa. Zonas Bajas, Andes. Bosque Húmedo, Yungas, 500–2500 m.
Dept.: CO, LP, SC.
Muestra: *A. Fay & L.E. Fay 2578* (LPB, MO).

Sticherus lanuginosus (Fée) Nakai, Bull. Natl. Sci. Mus. 29: 20. 1950.
Sin.: *Gleichenia pennigera* var. *lanuginosa* T. Moore, *Gleichenia lanuginosa* Fée
Ref.: Gonzáles R. & Kessler (2011), Sundue (2011).
Hierba. Nativa. Andes. Yungas, Bosque Tucumano-Boliviano, 1000–2500 m.
Dept.: CH, LP, SC.
Muestra: *M. Kessler 6359* (GOET, LPB, UC).

Sticherus lechleri (Mett. ex Kuhn) Nakai, Bull. Natl. Sci. Mus. 29: 21. 1950.
Sin.: *Gleichenia lechleri* Mett. ex Kuhn, *Gleichenia leucocarpa* Sodiro, *Gleichenia yungensis* Rosenst., *Dicranopteris yungensis* (Rosenst.) Maxon, *Sticherus yungensis* (Rosenst.) Copel., *Sticherus leucocarpus* (Sodiro) Nakai
Ref.: Foster (1958), Kessler et al. (1999a), Gonzáles R. & Kessler (2011), Sundue (2011).
Hierba. Nativa. Andes, Altiplano. Yungas, Páramo Yungueño, Bosque de *Polylepis*, 2000–4000 m.
Dept.: CO, LP, SC.
Muestra: *D.N. Smith et al. 13477* (LPB, MO).

Sticherus melanoblastus (Alston) E.Ø. Andersen & B. Øllg., Fl. Ecuador 66: 144, f. 31a, 43. 2001.
Sin.: *Gleichenia melanoblasta* Alston
Ref.: Andersen & Øllgaard (2001), Gonzáles R. & Kessler (2011).
Hierba. Nativa. Andes. Yungas, 2000–2500 m.
Dept.: LP.
Muestra: *A. Fay & L.E. Fay 2852* (MO).

Sticherus nervatus J. Gonzáles, Phytotaxa 31: 36–38, f. 13. 2011.
Hierba. Nativa. Andes. Yungas, 1000–3000 m.
Dept.: CO, LP, SC.
Tipo y muestra: *M. Kessler 12113* (HT: UC; IT: GOET, LPB), *J.R. Abbott & A. Jardim 17212* (MO, USZ).

Sticherus nigropaleaceus (Sturm) J. Prado & Lellinger, Amer. Fern J. 86(3): 98–101, f. 1A–B. 1996.
Sin.: *Mertensia nigropaleacea* Sturm, *Gleichenia bifida* var. *nigropaleacea* (Sturm) Rosenst., *Sticherus longipinnatus* var. *nigropaleaceus* (Sturm) Nakai
Ref.: Sturm (1859), Gonzáles R. & Kessler (2011).
Hierba. Nativa. Andes. Yungas, 1000–1500 m.
Dept.: LP.
Muestra: *M. Cárdenas 800* (GH).

Sticherus pallescens (Mett.) Vareschi, Fl. Venezuela 1: 180. 1969.
Sin.: *Gleichenia pallescens* Mett.
Hierba. Nativa. Andes. Yungas, 1000–2000 m.
Dept.: LP.
Muestra: *A.F. Fuentes C. et al. 11248A* (LPB).

Sticherus peruvianus (Maxon) A.R. Sm., M. Kessler & J. Gonzáles, Amer. Fern J. 89(4): 260. 1999.
Sin.: *Dicranopteris peruviana* Maxon
Ref.: Lellinger (1989), Gonzáles R. & Kessler (2011).
Hierba. Nativa. Andes. Yungas, Páramo Yungueño, 2000–3500 m.
Dept.: CO, LP.
Muestra: *A. Fay & L.E. Fay 2386* (LPB, MO, UC, US).

Sticherus pruinosus (Mart.) Ching, Sunyatsenia 5(4): 284. 1940.
Sin.: *Mertensia pennigera* Mart., *Mertensia pruinosa* Mart., *Mertensia angusta* Klotzsch ex Sturm, *Gleichenia pennigera* (Mart.) T. Moore, *Gleichenia pruinosa* (Mart.) Mett., *Gleichenia longipes* (Fée) Christ, *Dicranopteris pruinosa* (Mart.) Maxon, *Sticherus penniger* (Mart.) Copel.
Ref.: Killeen & Schulenberg (1998), Kessler et al. (1999a), Kessler et al. (2000b), Sundue (2011).
Hierba. Nativa. Andes. Yungas, 2000–2500 m.
Dept.: LP.
Muestra: *M.H. Nee 49659* (AAU, LPB, MO, NY, USZ).

Sticherus remotus (Kaulf.) Chrysler, Amer. J. Bot. 31(8): 483. 1944.
Sin.: *Mertensia remota* Kaulf., *Gleichenia remota* (Kaulf.) Spreng., *Gleichenia trachyrhizoma* Christ, *Dicranopteris remota* (Kaulf.) Maxon
Ref.: Gonzáles R. & Kessler (2011).
Hierba. Nativa. Zonas Bajas, Andes. Sabanas Benianas del Sur, Yungas, 500–2500 m.
Dept.: BE, LP.
Muestra: *S.G. Beck 16378* (AAU, F, LPB).

Sticherus revolutus (Kunth) Ching, Sunyatsenia 5(4): 285. 1940.
Sin.: *Gleichenia revoluta* Kunth, *Mertensia revoluta* (Kunth) Desv., *Gleichenia affinis* Kuhn, *Gleichenia subandina* Sodiro, *Dicranopteris costaricensis* Underw., *Gleichenia affinis* var. *bogotensis* Hieron., *Gleichenia affinis* var. *packensis* Hieron., *Gleichenia costaricensis* (Underw.) C. Chr., *Dicranopteris affinis* (Kuhn) Maxon, *Sticherus costaricensis* (Underw.) Chrysler, *Sticherus affinis* (Kuhn) Nakai, *Sticherus subandinus* (Sodiro) Nakai
Ref.: Kessler et al. (1999a), Gonzáles R. & Kessler (2011).
Hierba. Nativa. Andes. Yungas, Páramo Yungueño, 3000–3500 m.
Dept.: LP.
Muestra: *A.F. Fuentes C. 11849* (LPB, MO, UC).

Sticherus rubiginosus (Mett.) Nakai, Bull. Natl. Sci. Mus. 29: 28. 1950.
Sin.: *Gleichenia rubiginosa* Mett., *Dicranopteris rubiginosa* (Mett.) Maxon
Ref.: Gonzáles R. & Kessler (2011), Sundue (2011).
Hierba. Nativa. Andes. Yungas, 1000–1500 m.
Dept.: CO, LP, SC.
Muestra: *M. Kessler 11505* (LPB, UC).

Sticherus tomentosus (Cav. ex Sw.) A.R. Sm., Ann. Missouri Bot. Gard. 77: 255. 1990.
Sin.: *Mertensia tomentosa* Cav. ex Sw., *Gleichenia tomentosa* (Cav. ex Sw.) Spreng.
Ref.: Foster (1958), Kessler et al. (1999a).
Hierba. Nativa. Andes. Yungas, 2000–2500 m.
Dept.: LP.
Muestra: *M.A. Lewis 40563* (MO).
Nota: La mayor parte de las colecciones que estuvieron identificadas bajo *S. tomentosus* fueron revisadas y ahora están bajo *S. lanosus* y algunas bajo *S. velatus*.

Sticherus velatus (Kunze) Copel., Gen. Fil. 28. 1947.
Sin.: *Mertensia velata* Kunze, *Gleichenia velata* (Kunze) Mett., *Dicranopteris velata* (Kunze) Maxon
Ref.: Foster (1958), Gonzáles R. & Kessler (2011).
Hierba. Nativa. Andes. Yungas, 1000–3000 m.
Dept.: LP.
Muestra: *R. Seidel & E. Richter 866* (LPB).

HYMENOPHYLLACEAE Mart., Consp. Regn. Veg. 3. 1835.

Por M. Kessler (Z); revisado por R.C. Moran (NY), S.G. Beck (LPB), M. Nee (NY), P.M. Jørgensen (MO).
2 géneros, 74 especies, 2 especies endémicas.

Hymenophyllum Sm., Mém. Acad. Roy. Sci. (Turin) 5: 418, pl. 9, f. 8. 1793.

38 especies, 2 especies endémicas.
Nota: Adicionalmente se conocen cinco especies aún no descritas para Bolivia.

[**Hymenophyllum abietinum Hook. & Grev.**], Icon. Filic. t. 127. 1829.
Epífita. Nativa. Andes. 3000–3500 m.
Muestra: *W.M.A. Brooke 6165* (MO).
Nota: Especie dudosa. El único ejemplar disponible para esta especie (*Brooke 6165*) no indica localidad exacta en Bolivia.

Hymenophyllum amabile C.V. Morton, J. Wash. Acad. Sci. 22: 63. 1932.
Ref.: Smith et al. (1999).
Epífita. Nativa. Andes. Yungas, 2000–4000 m.
Dept.: LP.
Muestra: *M. Kessler et al. 11738* (LPB, UC).

Hymenophyllum angustum Bosch, Ned. Kruidk. Arch. 5(2): 183. 1861.
Epífita. Nativa. Zonas Bajas. Bosque Húmedo, 0–1000 m.
Dept.: BE, CO, LP.
Muestra: *A. Fay & L.E. Fay 2763* (LPB, MO, UC).

Hymenophyllum apiculatum Mett. ex Kuhn, Linnaea 35: 391. 1868.
Sin.: *Mecodium apiculatum* (Mett. ex Kuhn) Vareschi
Ref.: Tryon & Stolze (1989a), Ibisch (1996), Kessler et al. (1999a).
Epífita. Nativa. Zonas Bajas, Andes. Bosque Húmedo, Campos Cerrados, Yungas, 500–3500 m.
Dept.: CO, LP.
Muestra: *T. Krömer & A. Acebey 808* (LPB, UC).

Hymenophyllum apteryx M. Kessler & Sundue, Blumea 50: 555. 2005.
Ref.: Sundue (2011).
Hierba, epífita. Nativa. Andes. Yungas, 2000–3500 m.
Dept.: CO, LP, SC.
Tipo y muestra: *M.A. Sundue et al. 646* (HT: USZ; IT: LPB, NY, UC), *R. Núñez & H. Huaylla 272* (NY, USZ).

Hymenophyllum assurgens M. Kessler & A.R. Sm., Blumea 50: 557. 2005.
Hierba, epífita. Nativa. Andes. Yungas, 2500–3500 m.
Dept.: CO, LP.
Tipo y muestra: *M. Kessler et al. 6705* (HT: UC; IT: GOET, LPB), *M. Kessler et al. 10509* (GOET, LPB, UC).

Hymenophyllum axillare Sw., J. Bot. (Schrader) 1800(2): 101. 1801 [1802].
Sin.: *Hymenophyllum endiviifolium* Desv., *Hymenophyllum myriocarpum* Hook., *Sphaerocionium nigricans* C. Presl ex Klotzsch, *Hymenophyllum nigricans* (C. Presl ex Klotzsch) Kunze, *Hymenophyllum nigrescens* Liebm., *Hymenophyllum apicale* Bosch, *Hymenophyllum laciniosum* Christ, *Hymenophyllum multiflorum* Rosenst., *Hymenophyllum nigrescens* var. *gracile* Rosenst., *Mecodium multiflorum* (Rosenst.) Copel., *Mecodium myriocarpum* (Hook.) Copel., *Mecodium endiviifolium* (Desv.) Pic. Serm.
Ref.: Foster (1958), Tryon & Stolze (1989a), Sundue (2011).
Hierba, epífita. Nativa. Andes. Yungas, Bosque Tucumano-Boliviano, 1000–4000 m.
Dept.: CH, CO, LP, SC.
Muestra: *D.N. Smith et al. 13364* (LPB, MO).

Hymenophyllum brevistipes Liebm., Kongel. Danske Vidensk. Selsk. Skr., Naturvidensk. Math. Afd., ser. 5 1: 290. 1849.
Sin.: *Hymenophyllum dendritis* Rosenst., *Mecodium dendritis* (Rosenst.) Copel.
Ref.: Foster (1958).
Epífita. Nativa. Zonas Bajas, Andes. Bosque Húmedo, Yungas, 0–2000 m.
Dept.: BE, CO, LP, SC.
Muestra: *T. Krömer 319* (LPB, UC).

Hymenophyllum capurroi de la Sota, Darwiniana 17: 54, f. 5a–c, pl. 1, 2. 1972.
Ref.: Schulenberg & Awbrey (1997), Serrano & Terán (1998 [2000]).
Epífita. Nativa. Andes. Bosque Tucumano-Boliviano, 2000–2500 m.
Dept.: CH, SC.
Muestra: *L. Arroyo P. et al. 941* (UC, USZ).

Hymenophyllum crispum Kunth, Nov. Gen. Sp. (quarto ed.) 1: 26. 1815 [1816].
Sin.: *Sphaerocionium crispum* (Kunth) Klotzsch, *Hymenophyllum orbignianum* Bosch
Ref.: Morton (1947), Foster (1958), Tryon & Stolze (1989a), Schulenberg & Awbrey (1997), Kessler et al. (1999a), Serrano & Terán (1998 [2000]), Sundue (2011).
Hierba, epífita. Nativa. Andes. Yungas, 1000–3500 m.
Dept.: CH, CO, LP, SC.
Muestra: *J.C. Solomon 10711* (LPB, MO, UC).

Hymenophyllum cristatum Hook. & Grev., Icon. Filic. 2: t. 148. 1829.
Sin.: *Buesia cristata* (Hook. & Grev.) Copel.
Epífita. Nativa. Andes. Yungas, 3000–3500 m.
Dept.: LP.
Muestra: *J.C. Solomon 8418* (LPB, MO, UC).

Hymenophyllum elegans Spreng., Syst. Veg. 4: 133. 1827.
Sin.: *Hymenophyllum tenerrimum* Bosch, *Sphaerocionium elegans* (Spreng.) Copel., *Sphaerocionium tenerrimum* (Bosch) Pic. Serm.
Ref.: Morton (1947), Foster (1958), Tryon & Stolze (1989a), Ibisch (1996), Kessler et al. (1999a), Kessler et al. (2000b).
Hierba, epífita. Nativa. Andes. Yungas, 500–2500 m.
Dept.: CO, LP.
Muestra: *I. Jiménez 1059* (GOET, LPB, UC).

Hymenophyllum fendlerianum J.W. Sturm, Fl. Bras. 1(2): 291. 1859.
Sin.: *Hymenophyllum contortum* Bosch, *Hymenophyllum polycarpum* Kuhn, *Mecodium contortum* (Bosch) Copel., *Mecodium fendlerianum*

(J.W. Sturm) Copel., *Hymenophyllum undulatum* var. *fendlerianum* (J.W. Sturm) Stolze
Ref.: Tryon & Stolze (1989a).
Hierba, epífita. Nativa. Andes. Yungas, 1000–1500 m.
Dept.: LP.
Muestra: *M. Kessler et al. 10039* (LPB, UC).

Hymenophyllum ferax Bosch, Ned. Kruidk. Arch. 4: 392. 1859 [1858].
Sin.: *Mecodium ferax* (Bosch) Copel.
Epífita. Nativa. Andes. Yungas, 2000–3500 m.
Dept.: CO, LP.
Muestra: *M. Kessler et al. 7077* (LPB, UC).

Hymenophyllum fragile (Hedw.) C.V. Morton, Contr. U.S. Natl. Herb. 29(3): 172. 1947.
Sin.: *Trichomanes fragile* Hedw., *Sphaerocionium fragile* (Hedw.) Pic. Serm.
Ref.: Morton (1947), Foster (1958), Tryon & Stolze (1989a), Kessler et al. (1999a).
Hierba. Nativa. Andes. Yungas, 1000–2500 m.
Dept.: CO, LP.
Muestra: *M.A. Lewis 86-2013* (LPB, MO, UC).

Hymenophyllum fucoides (Sw.) Sw., J. Bot. (Schrader) 1800(2): 99. 1801.
Sin.: *Trichomanes fucoides* Sw., *Hymenophyllum fuscoides* Sw., *Hymenophyllum peruvianum* Hook. & Grev., *Leptocionium fucoides* (Sw.) C. Presl, *Hymenophyllum pedicellatum* Kunze ex Klotzsch, *Hymenophyllum calodictyon* Bosch, *Leptocionium pedicellatum* (Kunze ex Klotzsch) E. Fourn., *Hymenophyllum fucoides* var. *pedicellatum* (Kunze ex Klotzsch) Hieron., *Hymenophyllum fucoides* var. *calodictyon* (Bosch) Stolze, *Hymenophyllum fucoides* var. *chachapoyense* Stolze
Ref.: Foster (1958), Adolfo María (1966), Tryon & Stolze (1989a), Ibisch (1996), Kessler et al. (1999a), Kessler et al. (2000b), Sundue (2011).
Epífita. Nativa. Andes. Yungas, 1000–3500 m.
Dept.: CO, LP, SC.
Muestra: *R.C. Moran 5896* (LPB, MO).
Infra: *Hymenophyllum fucoides* var. *pedicellatum* (Kunze ex Klotzsch) Hieron.

[**Hymenophyllum helicoideum Sodiro**], Anales Univ. Centr. Ecuador 6: 150. 1892.
Ref.: Foster (1958).
Nota: El registro se basa en material mal identificado.

Hymenophyllum hemidimorphum R.C. Moran & B. Øllg., Nordic J. Bot. 15(2): 183. 1995.
Ref.: Kessler et al. (1999a), Smith et al. (1999).
Epífita. Nativa. Andes. Yungas, 1500–2000 m.
Dept.: CO.
Muestra: *M. Kessler 7180* (LPB, UC).

Hymenophyllum herzogii Rosenst., Meded. Rijks-Herb. 19: 5. 1913.
Ref.: Foster (1958).
Epífita. Endémica. Altiplano. Puna Húmeda, 4000–4500 m.
Dept.: CO.
Tipo: *T. Herzog 2375* (IT: UC).
Nota: Conocido solamente del tipo.

Hymenophyllum hirsutum (L.) Sw., J. Bot. (Schrader) 1800(2): 99. 1801.
Sin.: *Trichomanes hirsutum* L., *Trichomanes ciliatum* Sw., *Hymenophyllum ciliatum* (Sw.) Sw., *Sphaerocionium ciliatum* (Sw.) C. Presl, *Sphaerocionium hirsutum* (L.) C. Presl
Ref.: Morton (1947), Foster (1958), Tryon & Stolze (1989a), Ibisch (1996), Kessler et al. (1999a).
Hierba. Nativa. Zonas Bajas, Andes. Bosque Húmedo, Yungas, 500–2000 m.
Dept.: CO, LP.
Muestra: *A. Fay & L.E. Fay 2736* (LPB, MO, UC).

Hymenophyllum interruptum Kunze, Linnaea 9: 107. 1834.
Sin.: *Sphaerocionium interruptum* (Kunze) C. Presl
Ref.: Morton (1947), Foster (1958), Kessler et al. (1999a), Sundue (2011).
Hierba. Nativa. Zonas Bajas, Andes. Bosque Húmedo, Yungas, 500–3500 m.
Dept.: CO, LP.
Muestra: *A. Fay & L.E. Fay 2189* (LPB, MO, UC).

Hymenophyllum latisorum M. Kessler & A.R. Sm., Blumea 50: 558. 2005.
Epífita. Endémica. Andes. Yungas, 2000–3000 m.
Dept.: CO, SC.
Tipo y muestra: *M. Kessler 6552* (HT: UC; IT: GOET, LPB), *M. Kessler 6394* (LPB, UC).

Hymenophyllum lehmannii Hieron., Bot. Jahrb. Syst. 34(4): 428. 1904.
Epífita. Nativa. Zonas Bajas. Bosque Húmedo, 0–500 m.
Dept.: LP.
Muestra: *T. Krömer & A. Acebey 1101* (LPB, UC).

Hymenophyllum matthewsii Bosch, Ned. Kruidk. Arch. 5(2): 162. 1861.
Ref.: Smith et al. (1999).
Epífita. Nativa. Andes. Yungas, 2500–3500 m.
Dept.: CO, LP.
Muestra: *M. Kessler 9330* (LPB, UC).

Hymenophyllum microcarpum Desv., Mém. Soc. Linn. Paris 6: 333. 1827.
Sin.: *Hymenophyllum beyrichianum* Kunze, *Mecodium microcarpum* (Desv.) Copel., *Sphaerocionium microcarpum* (Desv.) Copel.
Ref.: Morton (1947), Foster (1958), Tryon & Stolze (1989a), Ibisch (1996), Kessler et al. (1999a), Sundue (2011).
Hierba, epífita. Nativa. Zonas Bajas, Andes. Bosque Húmedo, Yungas, 500–3000 m.
Dept.: CO, LP.
Muestra: *M. Kessler 7673* (LPB, UC).

Hymenophyllum peltatum (Poir.) Desv., Mém. Soc. Linn. Paris 6: 333. 1827.
Sin.: *Trichomanes peltatum* Poir., *Hymenophyllum megachilum* C. Presl
Ref.: Foster (1958), Tryon & Stolze (1989a), Sundue (2011).
Hierba, epífita. Nativa. Andes. Yungas, Páramo Yungueño, 2500–4000 m.
Dept.: CO, LP, SC.
Muestra: *M.A. Lewis 39739* (LPB, MO).
Nota: Las colecciones bolivianas difieren del tipo; es necesaria una revisión para determinar si son conespecíficas.

Hymenophyllum plumieri Hook. & Grev., Icon. Filic. t. 123. 1829.
Sin.: *Sphaerocionium plumieri* (Hook. & Grev.) C. Presl
Ref.: Tryon & Stolze (1989a), Ibisch (1996), Sundue (2011).
Hierba, epífita. Nativa. Andes. Yungas, 1500–3000 m.
Dept.: CO, LP.
Muestra: *A. Fay & L.E. Fay 2968* (LPB, MO, UC).

Hymenophyllum plumosum Kaulf., Enum. Filic. 267. 1824.
Sin.: *Sphaerocionium plumosum* (Kaulf.) Copel.

Ref.: Morton (1947), Foster (1958), Tryon & Stolze (1989a), Ibisch (1996).
Hierba. Nativa. Andes. Yungas, 1000–2500 m.
Dept.: LP.
Muestra: *J.C. Solomon & M. Moraes R. 17244* (LPB, MO, UC).

Hymenophyllum polyanthos (Sw.) Sw., J. Bot. (Schrader) 1800(2): 102. 1801.
Sin.: *Trichomanes polyanthos* Sw., *Mecodium polyanthos* (Sw.) Copel., *Mecodium mexiae* Copel., *Hymenophyllum mexiae* (Copel.) C.V. Morton
Ref.: Foster (1958), Ibisch (1996), Schulenberg & Awbrey (1997), Killeen & Schulenberg (1998), Kessler et al. (1999a), Kessler et al. (2000b), Serrano & Terán (1998 [2000]), Sundue (2011).
Epífita. Nativa. Zonas Bajas, Andes. Bosque Húmedo, Yungas, Bosque Tucumano-Boliviano, 0–3000 m.
Dept.: BE, CH, CO, LP, SC.
Muestra: *B. Holst et al. 4643* (UC, USZ).

[**Hymenophyllum protrusum Hook.**], Sp. Fil. 1: 104, pl. 37–b. 1844.
Ref.: Foster (1958).
Nota: El registro se basa en material mal identificado de *H. mathewsii*.

Hymenophyllum pyramidatum Desv., Mém. Soc. Linn. Paris 6: 332. 1827.
Ref.: Morton (1947), Tryon & Stolze (1989a), Ibisch (1996), Kessler et al. (1999a).
Hierba. Nativa. Zonas Bajas, Andes. Bosque Húmedo, Yungas, 500–3000 m.
Dept.: CO, LP.
Muestra: *M.A. Lewis 86-1861A* (LPB, MO).

Hymenophyllum ruizianum (Klotzsch) Kunze, Bot. Zeitung (Berlin) 5: 199. 1847.
Sin.: *Sphaerocionium ruizianum* Klotzsch
Ref.: Morton (1947), Foster (1958), Tryon & Stolze (1989a), Ibisch (1996), Kessler et al. (1999a).
Hierba, epífita. Nativa. Andes. Yungas, 1500–3500 m.
Dept.: CO, LP.
Muestra: *M. Kessler 6556* (LPB, UC).

Hymenophyllum speciosum Bosch, Ned. Kruidk. Arch. 5(2): 181. 1861.
Sin.: *Hymenophyllum spectabile* Mett., *Sphaerocionium spectabile* (Mett.) Copel.
Ref.: Morton (1947), Foster (1958), Tryon & Stolze (1989a), Ibisch (1996), Kessler et al. (2000b), Sundue (2011).
Hierba, epífita. Nativa. Andes. Yungas, Bosque Tucumano-Boliviano, 1500–3500 m.
Dept.: CO, LP, SC.
Muestra: *M. Kessler 6392* (LPB, UC).

Hymenophyllum tegularis (Desv.) Proctor & Lourteig, Bradea 5(40): 385. 1990.
Sin.: *Davallia tegularis* Desv., *Hymenophyllum elegantulum* Bosch, *Hymenophyllum buchtienii* Rosenst., *Sphaerocionium elegantulum* (Bosch) Copel.
Ref.: Morton (1947), Foster (1958), Tryon & Stolze (1989a).
Epífita. Nativa. Andes. Yungas, 2500–3500 m.
Dept.: LP.
Muestra: *T. Krömer & A. Acebey 812* (LPB, UC).

Hymenophyllum trapezoidale Liebm., Kongel. Danske Vidensk. Selsk. Skr., Naturvidensk. Math. Afd., ser. 5 1: 293. 1849.
Ref.: Smith et al. (1999), Sundue (2011).
Epífita. Nativa. Andes. Yungas, 2000–3000 m.
Dept.: CO, LP.
Muestra: *M. Kessler et al. 9101* (LPB, UC).

Hymenophyllum trichomanoides Bosch, Ned. Kruidk. Arch. 5(2): 158. 1861.
Sin.: *Hymenophyllum trianae* Hieron., *Mecodium trichomanoides* (Bosch) Pic. Serm.
Ref.: Foster (1958), Tryon & Stolze (1989a), Ibisch (1996), Kessler et al. (1999a).
Epífita. Nativa. Andes. Yungas, 500–3000 m.
Dept.: CO, LP.
Muestra: *K. Bach 1100* (LPB, UC).

Hymenophyllum trichophyllum Kunth, Nov. Gen. Sp. (quarto ed.) 1: 27. 1815 [1816].
Sin.: *Hymenophyllum procerum* Bosch, *Sphaerocionium trichophyllum* (Kunth) Copel.
Ref.: Morton (1947), Foster (1958), Tryon & Stolze (1989a), Kessler et al. (1999a), Sundue (2011).
Hierba. Nativa. Andes. Yungas, 2500–3500 m.
Dept.: CO, LP.
Muestra: *J.C. Solomon 16644* (MO).

Hymenophyllum tunbrigense (L.) Sm., Mém. Acad. Roy. Sci. (Turin) 5(1790–1791): 418. 1793 [1790–1791].
Sin.: *Trichomanes tunbrigense* L.
Ref.: González et al. (1999), Kessler et al. (1999a), Kessler et al. (2000b), Sundue (2011).
Hierba, epífita. Nativa. Andes. Yungas, Bosque Tucumano-Boliviano, 2000–3500 m.
Dept.: CH, CO, LP, SC, TA.
Muestra: *J.C. Solomon 17428* (LPB, MO, UC).

Hymenophyllum undulatum (Sw.) Sw., J. Bot. (Schrader) 1800(2): 101. 1801.
Sin.: *Trichomanes undulatum* Sw., *Hymenophyllum reniforme* Hook., *Hymenophyllum rimbachii* Sodiro, *Mecodium undulatum* (Sw.) Copel.
Ref.: Foster (1958), Tryon & Stolze (1989a), Ibisch (1996), Kessler et al. (1999a).
Hierba, epífita. Nativa. Andes. Yungas, 1500–3500 m.
Dept.: CO, LP.
Muestra: *K. Bach 1188* (LPB, UC).
Infra: *Hymenophyllum undulatum* var. *regenerans* C. Chr.

Hymenophyllum valvatum Hook. & Grev., Icon. Filic. 2: t. 219. 1831.
Sin.: *Hymenophyllum crispatulum* Bosch, *Hymenophyllum platylobum* Bosch, *Sphaerocionium valvatum* (Hook. & Grev.) Copel.
Ref.: Morton (1947), Foster (1958), Tryon & Stolze (1989a), Ibisch (1996), Kessler et al. (1999a), Kessler et al. (2000b), Sundue (2011).
Epífita. Nativa. Andes. Yungas, 1000–2500 m.
Dept.: CO, LP, SC.
Muestra: *M. Kessler 9102B* (LPB, UC).

Hymenophyllum verecundum C.V. Morton, Contr. U.S. Natl. Herb. 29(3): 183. 1947.
Ref.: Morton (1947), Foster (1958), Tryon & Stolze (1989a), Ibisch (1996), Kessler et al. (1999a).
Hierba, epífita. Nativa. Andes. Yungas, 1500–3000 m.
Dept.: CO, LP.
Muestra: *E. García 4485* (LPB, UC).

Trichomanes L., Sp. Pl. 2: 1097–1099. 1753.
36 especies, 0 especies endémicas.
Nota: Adicionalmente se conoce una especie aún no descrita para Bolivia.

Trichomanes accedens C. Presl, Abh. Königl. Böhm. Ges. Wiss., ser. 5 6: 374. 1851.
Sin.: *Ptilophyllum accedens* (C. Presl) Prantl
Ref.: Killeen & Schulenberg (1998).
Hierba. Nativa. Zonas Bajas. Bosque Semideciduo Chiquitano, 500–1000 m.
Dept.: SC.
Muestra: *L. Arroyo P. et al. 227* (LPB, UC, USZ).

Trichomanes anadromum Rosenst., Repert. Spec. Nov. Regni Veg. 21(21–25): 344. 1925.
Sin.: *Trichomanes polypodioides* var. *incisum* Farw.
Ref.: Pacheco M. (1995).
Hierba, epífita. Nativa. Andes. Yungas, 2000–2500 m.
Dept.: LP.
Muestra: *H.H. Rusby 138* (NY, UC).

Trichomanes angustatum Carmich., Trans. Linn. Soc. London 12: 513. 1819.
Sin.: *Trichomanes tenerum* Spreng., *Trichomanes subexsertum* Bosch, *Trichomanes angustatum* var. *subexsertum* (Bosch) C. Chr., *Vandenboschia tenera* (Spreng.) Copel., *Vandenboschia angustata* (Carmich.) Copel., *Polyphlebium angustatum* (Carmich.) Ebihara & Dubuisson
Ref.: Foster (1958), Adolfo María (1966), Tryon & Stolze (1989a), Ibisch (1996), Schulenberg & Awbrey (1997), González et al. (1999), Kessler et al. (1999a), Kessler et al. (2000b), Sundue (2011).
Epífita. Nativa. Zonas Bajas, Andes. Bosque Húmedo, Bosque Semideciduo Chiquitano, Yungas, Bosque Tucumano-Boliviano, 500–3000 m.
Dept.: BE, CH, CO, LP, SC, TA.
Muestra: *T.B. Croat et al. 84319* (LPB, MO).

Trichomanes angustifrons (Fée) Wess. Boer, Fl. Netherl. Antilles 1(Pterid.): 17. 1962.
Sin.: *Didymoglossum angustifrons* Fée
Ref.: Sundue (2011).
Epífita. Nativa. Zonas Bajas, Andes. Bosque Húmedo, Yungas, 0–1500 m.
Dept.: CO, SC.
Muestra: *A. Acebey 682* (LPB, UC).

Trichomanes ankersii C. Parker ex Hook. & Grev., Icon. Filic. 2(11): t. 201. 1831.
Sin.: *Lacostea ankersii* (C. Parker ex Hook. & Grev.) Prantl
Ref.: Foster (1958), Tryon & Stolze (1989a).
Epífita. Nativa. Zonas Bajas, Andes. Bosque Húmedo, Yungas, 0–1500 m.
Dept.: BE, CO, LP.
Muestra: *M. Kessler 8847* (LPB, UC).

Trichomanes borbonicum Bosch, Ned. Kruidk. Arch. 5(2): 158. 1861.
Sin.: *Trichomanes debile* Bosch, *Polyphlebium borbonicum* (Bosch) Ebihara & Dubuisson
Epífita. Nativa. Andes. Yungas, 1000–2500 m.
Dept.: CO, LP.
Muestra: *T. Krömer 1753* (LPB, UC).

Trichomanes capillaceum L., Sp. Pl. 2: 1099. 1753.
Sin.: *Vandenboschia capillacea* (L.) Copel., *Polyphlebium capillaceum* (L.) Ebihara & Dubuisson
Ref.: Ibisch (1996), Kessler et al. (1999a).
Epífita. Nativa. Andes. Yungas, 1500–2500 m.
Dept.: CO, LP.
Muestra: *M.A. Lewis 86-2014* (LPB, MO, UC).

Trichomanes collariatum Bosch, Ned. Kruidk. Arch. 4: 368. 1859 [1858].
Ref.: Sundue (2011).
Epífita. Nativa. Zonas Bajas, Andes. Bosque Húmedo, Yungas, 0–1500, 2000–2500 m.
Dept.: BE, CO, LP, SC.
Muestra: *A. Fay & L.E. Fay 2015* (LPB, MO).

[**Trichomanes crispum L.**], Sp. Pl. 2: 1097. 1753.
Ref.: Foster (1958).
Nota: El registro se basa en material mal identificado.

Trichomanes cristatum Kaulf., Enum. Filic. 265. 1824.
Sin.: *Trichomanes sellowianum* C. Presl
Ref.: Foster (1958), Tryon & Stolze (1989a), Windisch (1992), Ibisch (1996), Sundue (2011).
Hierba. Nativa. Zonas Bajas, Andes. Bosque Húmedo, Bosque Semideciduo Chiquitano, Yungas, 0–1500 m.
Dept.: LP, SC.
Muestra: *L. Arroyo P. & E. Gutiérrez C. 380* (LPB, MO, UC, USZ).

Trichomanes delicatum Bosch, Ned. Kruidk. Arch. 5(2): 145. 1861.
Sin.: *Trichomanes alatum* subsp. *delicatum* (Bosch) Domin, *Trichomanes daguense* Weath.
Ref.: Foster (1958), Windisch (1992), Kessler et al. (1999a).
Epífita. Nativa. Andes. Yungas, 1500–2000 m.
Dept.: CO, LP.
Muestra: *M. Kessler et al. 7179* (LPB, UC).

Trichomanes diaphanum Kunth, Nov. Gen. Sp. (quarto ed.) 1: 25. 1815 [1816].
Sin.: *Polyphlebium diaphanum* (Kunth) Ebihara & Dubuisson
Ref.: Kessler et al. (1999a), Sundue (2011).
Epífita. Nativa. Andes. Yungas, 500–3000 m.
Dept.: CO, LP.
Muestra: *M. Kessler 7313* (LPB, UC).

Trichomanes diversifrons (Bory) Mett. ex Sadeb., Nat. Pflanzenfam. I(4): 108. 1899.
Sin.: *Hymenostachys diversifrons* Bory, *Feea diversifrons* (Bory) Copel.
Ref.: Foster (1958), Tryon & Stolze (1989a), Kessler et al. (1999a), Sundue (2011).
Hierba. Nativa. Zonas Bajas. Bosque Húmedo, 0–1000 m.
Dept.: CO, LP, SC.
Muestra: *A. Fay & L.E. Fay 2320* (LPB, MO).

Trichomanes elegans Rich., Actes Soc. Hist. Nat. Paris 1: 114. 1792.
Sin.: *Davalliopsis elegans* (Rich.) Copel.
Ref.: Tryon & Stolze (1989a), Ibisch (1996), Kessler et al. (1999a).
Hierba, epífita. Nativa. Zonas Bajas, Andes. Bosque Húmedo, Yungas, 0–1500 m.
Dept.: BE, CO, LP.
Muestra: *A. Fay & L.E. Fay 2318* (LPB, MO).

Trichomanes herzogii Rosenst., Meded. Rijks-Herb. 19: 5. 1913.
Ref.: Foster (1958), Kessler et al. (1999a).
Epífita. Nativa. Andes. Yungas, 1000–2000 m.
Dept.: CO, LP.
Tipo y muestra: *T. Herzog 2539* (IT: UC, US), *I. Jiménez 1071* (LPB, UC).

Trichomanes hostmannianum (Klotzsch) Kunze, Bot. Zeitung (Berlin) 5: 352. 1847.
Sin.: *Neurophyllum hostmannianum* Klotzsch, *Odontomanes hostmannianum* (Klotzsch) C. Presl, *Ptilophyllum hostmannianum* (Klotzsch) Prantl

Ref.: Killeen & Schulenberg (1998), Smith et al. (1999).
Hierba. Nativa. Zonas Bajas. Bosque Húmedo, 0–1000 m.
Dept.: BE, PA, SC.
Muestra: *M. Garvizu & A.M. Carrión 217* (MO, UC, USZ).

Trichomanes hymenoides Hedw., Fil. Gen. Sp. t. 3, f. 3d–e. 1799.
Sin.: *Hemiphlebium hymenoides* (Hedw.) Prantl, *Didymoglossum hymenoides* (Hedw.) Copel.
Ref.: Wessels Boer (1962), Tryon & Stolze (1989a), Sundue (2011).
Epífita. Nativa. Zonas Bajas, Andes. Bosque Húmedo, Bosque Semideciduo Chiquitano, Yungas, 0–2500 m.
Dept.: LP, SC, TA.
Muestra: *M.A. Lewis 85-1188* (LPB, MO, UC).

Trichomanes hymenophylloides Bosch, Ned. Kruidk. Arch. 5(2): 209. 1863.
Sin.: *Polyphlebium hymenophylloides* (Bosch) Ebihara & Dubuisson
Epífita. Nativa. Andes. Yungas, 1000–2000 m.
Dept.: CO, LP.
Muestra: *A. Portugal 204* (LPB, UC).

Trichomanes kapplerianum J.W. Sturm, Fl. Bras. 1(2): 276. 1859.
Sin.: *Hemiphlebium kapplerianum* (J.W. Sturm) Prantl, *Microgonium kapplerianum* (J.W. Sturm) Pic. Serm.
Ref.: Tryon & Stolze (1989a).
Epífita. Nativa. Zonas Bajas. Bosque Húmedo, 0–1000 m.
Dept.: BE, CO, PA.
Muestra: *I. Jiménez 2011* (LPB, UC).

Trichomanes krausii Hook. & Grev., Icon. Filic. 2: pl. 149. 1830.
Sin.: *Didymoglossum krausii* (Hook. & Grev.) C. Presl, *Hemiphlebium krausii* (Hook. & Grev.) Prantl
Ref.: Foster (1958), Wessels Boer (1962), Tryon & Stolze (1989a), González et al. (1999), Sundue (2011).
Hierba. Nativa. Zonas Bajas, Andes. Bosque Húmedo, Yungas, 0–1000, 1500–2000 m.
Dept.: BE, CO, LP, TA.
Muestra: *M. Kessler 8862* (LPB, UC).

Trichomanes lucens Sw., Prodr. 136. 1788.
Sin.: *Trichomanes lambertianum* Hook., *Trichomanes splendidum* Bosch, *Trichomanes auratum* Fée, *Ptilophyllum lambertianum* (Hook.) Prantl, *Ptilophyllum splendidum* (Bosch) Prantl
Ref.: Windisch (1992), Ibisch (1996), Sundue (2011).
Hierba, epífita. Nativa. Andes. Yungas, 1000–3000 m.
Dept.: CO, LP.
Muestra: *M. Kessler 9117* (LPB, UC).

Trichomanes membranaceum L., Sp. Pl. 2: 1097. 1753.
Sin.: *Lecanium membranaceum* (L.) C. Presl, *Hemiphlebium membranaceum* (L.) Prantl, *Didymoglossum membranaceum* (L.) Vareschi, *Lecanolepis membranacea* (L.) Pic. Serm.
Ref.: Foster (1958), Tryon & Stolze (1989a), Ibisch (1996).
Hierba, epífita. Nativa. Zonas Bajas. Bosque Húmedo, 500–1000 m.
Dept.: LP.
Muestra: *M. de Boer 1317* (LPB, UC).

Trichomanes ovale (E. Fourn.) Wess. Boer, Acta Bot. Neerl. 11: 296. 1962.
Sin.: *Didymoglossum ovale* E. Fourn.
Ref.: Smith et al. (1999).
Hierba, epífita. Nativa. Zonas Bajas. Bosque Semideciduo Chiquitano, 0–1000 m.
Dept.: SC.
Muestra: *M.A. Lewis 85-1217* (LPB, MO, UC).

Trichomanes pilosum Raddi, Opusc. Sci. 3: 296. 1819.
Sin.: *Trichomanes langsdorffii* Bosch, *Ptilophyllum pilosum* (Raddi) Prantl
Ref.: Windisch (1992), Killeen & Schulenberg (1998), Kessler et al. (1999a), Kessler et al. (2000b), Sundue (2011).
Epífita. Nativa. Zonas Bajas, Andes. Bosque Húmedo, Bosque Semideciduo Chiquitano, Yungas, 0–2000 m.
Dept.: BE, CO, LP, SC.
Muestra: *L. Arroyo P. 236* (LPB, MO, UC, USZ).

Trichomanes pinnatum Hedw., Fil. Gen. Sp. t. 4, f. 1. 1799.
Sin.: *Neurophyllum pinnatum* (Hedw.) C. Presl, *Ptilophyllum pinnatum* (Hedw.) Prantl
Ref.: Foster (1958), Tryon & Stolze (1989a), Moraes R. (1990), Killeen & Schulenberg (1998), Kessler et al. (1999a).
Hierba. Nativa. Zonas Bajas, Andes. Bosque Húmedo, Bosque Semideciduo Chiquitano, Yungas, 0–1500 m.
Dept.: BE, CO, LP, PA, SC.
Muestra: *J.C. Solomon 7802* (LPB, MO).

Trichomanes plumosum Kunze, Linnaea 9: 104. 1834.
Sin.: *Ptilophyllum plumosum* (Kunze) Prantl
Ref.: Foster (1958), Windisch (1992), Ibisch (1996), Kessler et al. (1999a).
Hierba, epífita. Nativa. Zonas Bajas, Andes. Bosque Húmedo, Yungas, 500–2000 m.
Dept.: BE, CO, LP.
Muestra: *M. Kessler 7670* (LPB, UC).

Trichomanes polypodioides L., Sp. Pl. 2: 1098. 1753.
Sin.: *Trichomanes sinuosum* Rich. ex Willd.
Ref.: Foster (1958), Tryon & Stolze (1989a), Kessler et al. (1999a).
Epífita. Nativa. Zonas Bajas, Andes. Bosque Húmedo, Yungas, 0–1500 m.
Dept.: BE, CO, LP.
Muestra: *M. Kessler 8173* (LPB, UC).

Trichomanes punctatum Poir., Encycl. 8: 64. 1808.
Sin.: *Trichomanes sphenoides* Kunze, *Didymoglossum sphenoides* (Kunze) C. Presl, *Hemiphlebium sphenoides* (Kunze) Prantl
Ref.: Wessels Boer (1962), Tryon & Stolze (1989a), Ibisch (1996).
Epífita. Nativa. Zonas Bajas, Andes. Bosque Húmedo, Yungas, 0–1500 m.
Dept.: BE, LP.
Muestra: *A. Fay & L.E. Fay 2671* (LPB, MO).
Infra: *Trichomanes punctatum* subsp. *sphenoides* (Kunze) Wess. Boer

Trichomanes pyxidiferum L., Sp. Pl. 2: 1098. 1753.
Sin.: *Trichomanes junceum* Christ, *Vandenboschia pyxidifera* (L.) Copel., *Polyphlebium pyxidiferum* (L.) Ebihara & Dubuisson
Ref.: Foster (1958), Tryon & Stolze (1989a).
Epífita. Nativa. Zonas Bajas. Bosque Húmedo, 0–500 m.
Dept.: LP.
Muestra: *T. Krömer 1028* (LPB, UC).

Trichomanes radicans Sw., J. Bot. (Schrader) 1800(2): 97. 1801.
Sin.: *Trichomanes scandens* Hedw., *Trichomanes kunzeanum* Hook., *Vandenboschia radicans* (Sw.) Copel., *Crepidomanes radicans* (Sw.) K. Iwats.
Ref.: Foster (1958), Tryon & Stolze (1989a), Ibisch (1996), Kessler et al. (1999a).
Epífita. Nativa. Zonas Bajas, Andes. Bosque Húmedo, Yungas, 0–2000 m.
Dept.: CO, LP.
Muestra: *M. Kessler 7737* (LPB, UC).

Trichomanes reptans Sw., Prodr. 136. 1788.
Sin.: *Trichomanes montanum* Hook., *Didymoglossum reptans* (Sw.) C. Presl, *Hemiphlebium reptans* (Sw.) C. Presl, *Hemiphlebium reptans* (Sw.) Prantl
Ref.: Foster (1958), Kessler et al. (1999a), Kessler et al. (2000b), Sundue (2011).
Hierba, epífita. Nativa. Andes. Bosque Tucumano-Boliviano, 500–2500 m.
Dept.: CH, CO, LP, SC.
Muestra: *I.G. Vargas & E. Vargas 697* (LPB, MO, USZ).

Trichomanes rigidum Sw., Prodr. 137. 1788.
Sin.: *Selenodesmium rigidum* (Sw.) Copel.
Ref.: Foster (1958), Tryon & Stolze (1989a), Ibisch (1996), Killeen & Schulenberg (1998), Kessler et al. (1999a), Kessler et al. (2000b), Sundue (2011).
Hierba, epífita. Nativa. Zonas Bajas, Andes. Bosque Húmedo, Yungas, 0–2500 m.
Dept.: BE, CO, LP, PO.
Muestra: *L. Arroyo P. et al. 709* (LPB, MO, UC, USZ).

Trichomanes rupestre (Raddi) Bosch, Ned. Kruidk. Arch. 4: 370. 1859 [1858].
Sin.: *Hymenophyllum rupestre* Raddi
Ref.: Foster (1958), Tryon & Stolze (1989a), Ibisch (1996), Kessler & Croat (1999), Sundue (2011).
Epífita. Nativa. Zonas Bajas, Andes. Bosque Húmedo, Yungas, 500–1500 m.
Dept.: BE, CO, LP, SC.
Muestra: *T. Killeen 3733* (LPB, MO).

Trichomanes tanaicum J.W. Sturm, Fl. Bras. 1(2): 260. 1859.
Epífita. Nativa. Zonas Bajas. Bosque Húmedo, 0–500 m.
Dept.: LP.
Muestra: *J. Gonzales R. 4349* (LPB, UC).

Trichomanes trollii Bergdolt, Flora 127: 256, 264, f. 3. 1933.
Sin.: *Feea trollii* (Bergdolt) Vareschi
Ref.: Foster (1958), Tryon & Stolze (1989a).
Hierba. Nativa. Zonas Bajas, Andes. Bosque Húmedo, Yungas, 500–1500 m.
Dept.: LP.
Muestra: *O. Buchtien 86* (UC).

Trichomanes vandenboschii P.G. Windisch, Bradea 5(4): 58. 1988.
Sin.: *Trichomanes undulatum* Bosch
Ref.: Tryon & Stolze (1989a), Ibisch (1996).
Hierba. Nativa. Andes. Yungas, 1000–1500 m.
Dept.: LP.
Muestra: *J.C. Solomon 10785* (LPB, MO).

Trichomanes vittaria DC. ex Poir., Encycl. 8: 65. 1808.
Sin.: *Neurophyllum vittaria* (DC. ex Poir.) C. Presl
Hierba. Nativa. Zonas Bajas. Bosque Húmedo, 0–500 m.
Dept.: BE, PA.
Muestra: *B.M. Boom 4023* (LPB, NY).

[**Trichomanes windischianum Lellinger**], Amer. Fern J. 81(1): 34, f. 13. 1991.
Ref.: Killeen & Schulenberg (1998).
Nota: El registro se basa en material mal identificado de *T. rigidum*.

ISOETACEAE Dumort., Anal. Fam. Pl. 67. 1829.
Por M. Kessler (Z) & A.R. Smith (UC); revisado por J. Hickey (MU), B. Øllgaard (AAU), M. Nee (NY), P.M. Jørgensen (MO).
1 género, 6 especies, 2 especies endémicas.

Isoetes L., Sp. Pl. 2: 1100. 1753.
6 especies, 2 especies endémicas.

Isoetes andicola (Amstutz) L.D. Gómez, Brenesia 18: 4. 1980.
Sin.: *Stylites andicola* Amstutz, *Stylites gemmifera* Rauh, *Isoetes andicola* var. *gemmifera* (Rauh) L.D. Gómez
Ref.: Hickey (1994).
Hierba. Nativa. Andes. Puna Húmeda, 4000–4500 m.
Dept.: LP.
Muestra: *T. Feuerer 5948* (LPB).

Isoetes boliviensis U. Weber, Hedwigia 63: 247. 1922.
Ref.: Foster (1958), Hickey (1994).
Hierba, acuática. Nativa. Andes. Puna Húmeda, 3500–5000 m.
Dept.: CO, LP.
Tipo y muestra: *G. Mandon 1532* (HT: G; IT: BM, G), *J.E. Keeley & S. C. Keeley 10062* (MO).

Isoetes eshbaughii Hickey, Syst. Bot. 11(2): 310, f. 2–7. 1986.
Hierba, acuática. Endémica. Andes. Puna Húmeda, 4000–4500 m.
Dept.: CO.
Tipo y muestra: *R.J. Hickey & W.H. Eshbaugh 823* (HT: GH; IT: AAU, MO), *R.J. Hickey & W.H. Eshbaugh 824* (GH, MU).

[**Isoetes gardneriana Kunze ex Mett.**], Fil. Lechl. 2: 36. 1859.
Ref.: Smith et al. (1999).
Nota: El registro se basa en material mal identificado.

Isoetes herzogii U. Weber, Hedwigia 63: 250. 1922.
Ref.: Foster (1958), Sundue (2011).
Hierba, acuática. Endémica. Andes. Puna Húmeda, 2500–5000 m.
Dept.: CO, LP.
Tipo y muestra: *T. Herzog 2083* (HT: G; IT: L, M), *J.C. Solomon 8310* (LPB, MO).

Isoetes lechleri Mett., Fil. Lechl. 2: 36. 1859.
Sin.: *Isoetes socia* A. Br., *Isoetes laevis* U. Weber, *Isoetes peruviana* U. Weber, *Isoetes glacialis* Aspl.
Ref.: Foster (1958), Hickey (1994).
Hierba, acuática. Andes. Puna Húmeda, 4000–5000 m.
Dept.: CO, LP.
Muestra: *J.C. Solomon 15585* (LPB, MO).

Isoetes panamensis Maxon & C.V. Morton, Ann. Missouri Bot. Gard. 26(4): 272. 1939.
Sin.: *Isoetes pacifica* Svenson, *Isoetes savannarum* L.D. Gómez
Hierba, acuática. Zonas Bajas. Bosque Semideciduo Chiquitano, 0–500 m.
Dept.: BE, SC.
Muestra: *N.P. Ritter et al. 3568* (LPB, MO, NHA, USZ).

LINDSAEACEAE C. Presl ex M.R. Schomb., Reis. Br.-Guiana 3: 883, 1048. 1848.
Por M. Kessler (Z); revisado por M. Nee (NY), I. Jiménez (LPB), P.M. Jørgensen (MO).
2 géneros, 11 especies, 0 especies endémicas.

Lindsaea Dryand. ex Sm., Mém. Acad. Roy. Sci. (Turin) 5: 413, pl. 9, f. 4. 1793.
10 especies, 0 especies endémicas.

Lindsaea arcuata Kunze, Linnaea 9: 86. 1834.
Sin.: *Lindsaea horizontalis* Hook.
Ref.: Kramer (1957), Foster (1958), Tryon & Stolze (1989b).
Hierba. Nativa. Zonas Bajas, Andes. Bosque Húmedo, Yungas, 0–2000 m.
Dept.: BE, CO, LP.
Muestra: *T.B. Croat et al. 84261* (LPB, MO).

Lindsaea divaricata Klotzsch, Linnaea 18: 547. 1844 [1845].
Ref.: Kramer (1957), Tryon & Stolze (1989b), Killeen & Schulenberg (1998).
Hierba. Nativa. Zonas Bajas, Andes. Bosque Húmedo, Yungas, 0–1000 m.
Dept.: BE, CO, LP, PA, SC.
Muestra: *L. Arroyo P. et al. 436* (MO, NY, UC, USZ).

Lindsaea falcata Dryand., Trans. Linn. Soc. London 3: 41, t. 7, f. 2. 1797.
Sin.: *Lindsaea lancea* var. *falcata* (Dryand.) Rosenst.
Ref.: Kramer (1957), Foster (1958), Tryon & Stolze (1989b).
Hierba. Nativa. Zonas Bajas. Bosque Húmedo, 0–1000 m.
Dept.: CO, LP.
Muestra: *H. Huaylla 1345* (LPB, UC).

Lindsaea guianensis (Aubl.) Dryand., Trans. Linn. Soc. London 3: 42. 1797.
Sin.: *Adiantum guianense* Aubl.
Hierba. Nativa. Zonas Bajas. Bosque Húmedo, 0–500 m.
Dept.: PA.
Muestra: *L. Vargas 1038* (F, LPB, USZ).
Infra: *Lindsaea guianensis* subsp. *lanceastrum* K.U. Kramer

Lindsaea lancea (L.) Bedd., Suppl. Ferns S. Ind. 6. 1876.
Sin.: *Adiantum lanceum* L.
Ref.: Kramer (1957), Foster (1958), Tryon & Stolze (1989b), Kessler et al. (1999a).
Hierba. Nativa. Zonas Bajas, Andes. Bosque Húmedo, Bosque Semideciduo Chiquitano, Yungas, 0–1500 m.
Dept.: BE, CO, LP, PA, SC.
Muestra: *M. Saldias et al. 3020* (MO, UC, USZ).

Lindsaea phassa K.U. Kramer, Bot. Helv. 101: 227. 1991.
Hierba. Nativa. Zonas Bajas. Bosque Húmedo, 0–500 m.
Dept.: CO.
Muestra: *P. Weigelt 90085* (GOET, LPB, TUR).

Lindsaea portoricensis Desv., Ges. Naturf. Freunde Berlin Mag. Neuesten Entdeck. Gesammten Naturk. 5: 326. 1811.
Ref.: Kramer (1957), Tryon & Stolze (1989b), Killeen & Schulenberg (1998).
Hierba. Nativa. Zonas Bajas, Andes. Bosque Húmedo, Campos Cerrados, Yungas, 0–1000 m.
Dept.: BE, CO, LP, SC.
Muestra: *J.C. Solomon 16994* (LPB, MO, UC).

Lindsaea quadrangularis Raddi, Opusc. Sci. 3: 294. 1819.
Ref.: Kramer (1957), Killeen & Schulenberg (1998), Kessler et al. (1999a).
Hierba. Nativa. Zonas Bajas. Bosque Húmedo, Bosque Semideciduo Chiquitano, 0–1000 m.
Dept.: BE, CO, SC.
Muestra: *L. Arroyo P. et al. 712* (MO, UC, USZ).

Lindsaea stricta (Sw.) Dryand., Trans. Linn. Soc. London 3: 42. 1797.
Sin.: *Adiantum strictum* Sw., *Lindsaea rigescens* Willd.
Ref.: Foster (1958), Tryon & Stolze (1989b), Killeen & Schulenberg (1998), Sundue (2011).
Hierba. Nativa. Zonas Bajas, Andes. Bosque Semideciduo Chiquitano, Campos Cerrados, Yungas, 0–1500 m.
Dept.: LP, SC.
Muestra: *A.F. Fuentes C. & R. Cuevas Escalante 5878* (LPB, MO, UC).
Infra: *Lindsaea stricta* var. *stricta*

Lindsaea taeniata K.U. Kramer, Acta Bot. Neerl. 6(2): 208, f. 62. 1957.
Ref.: Kessler et al. (1999a), Smith et al. (1999).
Hierba. Nativa. Zonas Bajas. Bosque Húmedo, 0–1000 m.
Dept.: CO.
Muestra: *M. Kessler et al. 8310* (LPB, UC).

Lonchitis L., Sp. Pl. 2: 1078. 1753.
1 especie, 0 especies endémicas.

Lonchitis hirsuta L., Sp. Pl. 2: 1078. 1753.
Sin.: *Pteris hirsuta* (L.) J. Sm.
Ref.: Foster (1958), Tryon & Stolze (1989b), Kessler et al. (1999a), Sundue (2011).
Hierba. Nativa. Zonas Bajas, Andes. Bosque Húmedo, Yungas, 0–1500 m.
Dept.: CO, LP, SC.
Muestra: *I. Jiménez & H. Huaylla 2584* (LPB, NY, UC).

LOMARIOPSIDACEAE Alston, Taxon 5: 25. 1956.
Por M. Kessler (Z); revisado por I. Jiménez (LPB), P.M. Jørgensen (MO).
2 géneros, 5 especies, 0 especies endémicas.

Cyclopeltis J. Sm., Bot. Mag. 72: 36. 1846.
1 especie, 0 especies endémicas.

Cyclopeltis semicordata (Sw.) J. Sm., Bot. Mag. 72: Comp. 36. 1846.
Sin.: *Polypodium semicordatum* Sw., *Aspidium semicordatum* (Sw.) Sw., *Nephrodium semicordatum* (Sw.) C. Presl, *Lastrea semicordata* (Sw.) C. Presl, *Polystichum semicordatum* (Sw.) T. Moore, *Dryopteris semicordata* (Sw.) Kuntze
Ref.: Foster (1958), Parker & Bailey (1991), Tryon & Stolze (1991), Killeen & Schulenberg (1998), Alverson et al. (2000).
Hierba. Nativa. Zonas Bajas. Bosque Húmedo, 0–500 m.
Dept.: BE, CO, LP, PA, SC.
Muestra: *A. Fay & L.E. Fay 2669* (MO).

Lomariopsis Fée, Mém. Foug. 2: 10–12. 1845.
4 especies, 0 especies endémicas.

[**Lomariopsis fendleri D.C. Eaton**], Mem. Amer. Acad. Arts, n.s. 8: 195. 1860.
Ref.: Foster (1958), Tryon & Stolze (1991), Moran (2000).
Nota: El registro se basa en material mal identificado.

Lomariopsis japurensis (Mart.) J. Sm., Hist. Fil. 140. 1875.
Sin.: *Acrostichum japurense* Mart., *Acrostichum phlebodes* Kunze, *Olfersia japurensis* (Mart.) C. Presl, *Lomariopsis phlebodes* (Kunze) Fée, *Stenochlaena japurensis* (Mart.) Griseb.
Ref.: Foster (1958), Adolfo María (1966), Parker & Bailey (1991), Tryon & Stolze (1991), Ibisch (1996), Kessler et al. (1999a), Alverson et al. (2000), Moran (2000).
Hemiepífita. Nativa. Zonas Bajas. Bosque Húmedo, Bosque Semideciduo Chiquitano, 0–1000 m.
Dept.: BE, CO, LP, PA, SC.
Muestra: *L.R.C. de Michel 2488* (LPB).

Lomariopsis nigropaleata Holttum, Bull. Misc. Inform. Kew 1939: 618. 1940.
Ref.: Tryon & Stolze (1991), Moran (2000).
Hemiepífita. Nativa. Zonas Bajas. Bosque Húmedo, 0–500 m.
Dept.: BE, CO, PA, SC.
Muestra: *S.G. Beck 1522* (F, LPB).

Lomariopsis prieuriana Fée, Mém. Foug. 2: 66, pl. 25, f. 1. 1845.
Sin.: *Stenochlaena prieuriana* (Fée) Underw.
Hemiepífita. Nativa. Zonas Bajas, Andes. Bosque Húmedo, Bosque Serrano Chaqueño, 0–2000 m.
Dept.: BE, CO, LP, PA.
Muestra: *P. Weigelt 90579* (GOET, LPB, TUR, Z).

Lomariopsis salicifolia (Kunze) Lellinger, Amer. Fern J. 93(3): 148. 2003.
Sin.: *Lomaria salicifolia* Kunze
Hemiepífita. Nativa. Zonas Bajas, Andes. Bosque Húmedo, Bosque Serrano Chaqueño, 0–1500 m.
Dept.: BE, CO, LP, SC.
Muestra: *T. Krömer 49* (LPB, UC).

LOXSOMATACEAE C. Presl, Gefässbündel Farrn 31. 1847.

Por M. Kessler (Z); revisado por R.C. Moran (NY), S.G. Beck (LPB), M. Nee (NY), P.M. Jørgensen (MO).
1 género, 1 especie, 0 especies endémicas.

Loxsomopsis Christ, Bull. Herb. Boissier, sér. 2, 4(5): 399. 1904.

1 especie, 0 especies endémicas.

Loxsomopsis pearcei (Baker) Maxon, Proc. Biol. Soc. Wash. 46: 105. 1933.
Sin.: *Dicksonia pearcei* Baker, *Loxsomopsis costaricensis* Christ, *Loxsomopsis lehmannii* Hieron., *Dennstaedtia pearcei* (Baker) C. Chr., *Loxsomopsis notabilis* Sloss.
Ref.: Tryon & Stolze (1989a), Kessler et al. (1999a), Lehnert et al. (2001).
Hierba. Nativa. Andes. Yungas, 2000–3500 m.
Dept.: CO, LP.
Muestra: *M. Lehnert 32* (GOET, LPB, UC).

LYCOPODIACEAE P. Beauv. ex Mirb., Hist. Nat. Vég. 4: 293. 1802.

Por B. Øllgaard (AAU) y J. Gonzales (LPB); revisado por I. Jiménez (LPB), R.C. Moran (NY), P.M. Jørgensen (MO).
8 géneros, 42 especies, 2 especies endémicas.

Austrolycopodium Holub, Folia Geobot. Phytotax. 26(1): 90. 1991.

2 especies, 0 especies endémicas.

Austrolycopodium erectum (Phillipi) Holub, Folia Geobot. Phytotax. 26(1): 91. 1991.
Sin.: *Lycopodium looseri* Herter, *Lycopodium erectum* Phillipi, *Lycopodium assurgens* Fée, *Lycopodium magellanicum* var. *erectum* (Phillipi) Looser
Ref.: Arana & Øllgaard (2012).
Hierba. Nativa. Andes. Yungas, 3000–3500 m.
Dept.: SC.
Muestra: *R. Núñez & M.A. Sundue 315* (MO, USZ).

Austrolycopodium magellanicum (P. Beauv.) Holub, Folia Geobot. Phytotax. 26(1): 91. 1991.
Sin.: *Lepidotis magellanica* P. Beauv., *Lycopodium magellanicum* (P. Beauv.) Sw., *Lycopodium spurium* Willd., *Lycopodium pichinchense* Hook.
Ref.: Øllgaard (1988), Øllgaard (1994), Kessler et al. (1999a), Sundue (2011).
Hierba. Nativa. Andes. Páramo Yungueño, 3000–4000 m.
Dept.: CO, LP.
Muestra: *M. Kessler 9295* (AAU, LPB).

Diphasiastrum Holub, Preslia 47(2): 104–105. 1975.

1 especie, 0 especies endémicas.

Diphasiastrum thyoides (Humb. & Bonpl. ex Willd.) Holub, Preslia 47(2): 108. 1975.
Sin.: *Lycopodium thyoides* Humb. & Bonpl. ex Willd., *Lycopodium complanatum* var. *tropicum* Spring, *Lycopodium complanatum* var. *thyoides* (Humb. & Bonpl. ex Willd.) Christ
Ref.: Øllgaard (1988), Øllgaard (1994), Schulenberg & Awbrey (1997), Kessler et al. (1999a), Kessler et al. (2000b), Serrano & Terán (1998 [2000]), Arroyo Padilla et al. (2009), Huaylla & Cervantes (2011), Sundue (2011).
Hierba. Nativa. Andes. Yungas, 1000–3500 m.
Dept.: CH, CO, LP, SC.
Muestra: *M. Kessler 2975* (AAU, LPB).

Diphasium C. Presl ex Rothm., Repert. Spec. Nov. Regni Veg. Beih. 54: 64. 1951.

1 especie, 0 especies endémicas.

Diphasium jussiaei (Desv. ex Poir.) Rothm., Feddes Repert. Spec. Nov. Regni Veg. 54: 65. 1944.
Sin.: *Lycopodium jussiaei* Desv. ex Poir.
Ref.: Foster (1958), Øllgaard (1988), Øllgaard (1994), Kessler et al. (1999a), Sundue (2011).
Hierba. Nativa. Andes. Yungas, 1500–3500 m.
Dept.: CO, LP, SC.
Muestra: *S.G. Beck 7818* (AAU, LPB, MO, NY, SI, UC, USZ).

Lycopodiella Holub, Preslia 36: 20, 22. 1964.

1 especie, 0 especies endémicas.

Lycopodiella andicola B. Øllg., Nordic J. Bot. 23(1): 42–45, f. 8a–b. 2004.
Sin.: *Lycopodium alopecuroides* L., *Lycopodiella alopecuroides* (L.) Cranfill
Ref.: Øllgaard (1992), Øllgaard (1994), Killeen & Schulenberg (1998).
Hierba. Nativa. Zonas Bajas, Andes. Bosque Húmedo, Bosque Semideciduo Chiquitano, Sabanas Benianas del Norte, Yungas, 0–2500 m.
Dept.: BE, LP, SC.
Muestra: *S.G. Beck 13265* (AAU, LPB).

Lycopodium L., Sp. Pl. 2: 1100–1106. 1753.

1 especie, 0 especies endémicas.

Lycopodium clavatum L., Sp. Pl. 2: 1101. 1753.
Sin.: *Lycopodium aristatum* Humb. & Bonpl. ex Willd., *Lycopodium contiguum* Klotzsch
Ref.: Foster (1958), Øllgaard (1988), Stolze et al. (1994), Schulenberg & Awbrey (1997), Kessler et al. (1999a), Kessler et al. (2000b), Serrano & Terán (1998 [2000]), Sundue (2011).
Hierba. Nativa. Andes. Yungas, Páramo Yungueño, 1500–4000 m.
Dept.: CH, CO, LP, SC.
Muestra: *M. Kessler 5241* (AAU, LPB).
Infra: *Lycopodium clavatum* subsp. *clavatum*, *Lycopodium clavatum* subsp. *contiguum* (Klotzsch) B. Øllg.

Palhinhaea Franco & Vasc., Bol. Soc. Brot., sér. 2, 41: 24. 1967.

4 especies, 0 especies endémicas.

Palhinhaea camporum (B. Øllg. & P.G. Windisch) Holub, Folia Geobot. Phytotax. 26: 93. 1991.
Sin.: *Lycopodiella camporum* B. Øllg. & P.G. Windisch
Ref.: Øllgaard (1994), Arana & Øllgaard (2012).

Hierba. Nativa. Zonas Bajas. Bosque Húmedo, Bosque Semideciduo Chiquitano, Sabanas Benianas del Norte, Sabanas Benianas del Sur, Campos Amazónicos, 0–1000 m.
Dept.: BE, LP, SC.
Muestra: *T. Killeen 1596* (LPB, MO, USZ).

Palhinhaea cernua (L.) Vasc. & Franco, Bol. Soc. Brot., sér. 2, 41: 25. 1967.
Sin.: *Lycopodium cernuum* L., *Lycopodiella cernua* (L.) Pic. Serm.
Ref.: Foster (1958), Øllgaard (1988), Moraes R. (1990), Øllgaard (1994), Killeen & Schulenberg (1998), Kessler et al. (1999a), Kessler et al. (2000b), Arroyo Padilla et al. (2009), Sundue (2011).
Hierba. Nativa. Zonas Bajas, Andes. Bosque Húmedo, Bosque Semideciduo Chiquitano, Yungas, Valles Secos, 0–3000 m.
Dept.: BE, CH, CO, LP, PA, SC.
Muestra: *N.P. Ritter & G.E. Crow 2301* (BOLV, LPB, MO, NHA).
Nota: Ocurre generalmente en hábitats disturbados como las orillas de los caminos.

Palhinhaea glaucescens (C. Presl) Holub, Folia Geobot. Phytotax. 26: 93. 1991.
Sin.: *Lycopodium glaucescens* C. Presl, *Lycopodiella glaucescens* (C. Presl) B. Øllg.
Ref.: Øllgaard (1988), Øllgaard (1992), Øllgaard (1994).
Hierba. Nativa. Andes. Yungas, 2500–3000 m.
Dept.: CO.
Muestra: *M. Lehnert 510* (AAU, LPB).

Palhinhaea pendulina (Hook.) Holub, Folia Geobot. Phytotax. 20: 79. 1985.
Sin.: *Lycopodium pendulinum* Hook., *Lycopodiella pendulina* (Hook.) B. Øllg.
Ref.: Øllgaard (1988), Øllgaard (1992), Øllgaard (1994), Killeen & Schulenberg (1998).
Hierba. Nativa. Andes. Yungas, Páramo Yungueño, 3000–3500 m.
Dept.: LP, SC.
Muestra: *G.H.H. Tate 302* (LPB, NY, US).

Phlegmariurus (Herter) Holub, Preslia 36(1): 17, 21. 1964.

30 especies, 2 especies endémicas.

Phlegmariurus acerosus (Sw.) B. Øllg., Rodriguésia 63(2): 480. 2012.
Sin.: *Lycopodium acerosum* Sw., *Huperzia acerosa* (Sw.) Holub
Ref.: Øllgaard (1988), Øllgaard (1992).
Epífita. Nativa. Andes. Yungas, 2000–3500 m.
Dept.: LP.
Muestra: *A.F. Fuentes C. et al. 13016* (AAU, LPB, MO, UC).

Phlegmariurus acutus (Rolleri) B. Øllg., Phytotaxa 57: 11. 2012.
Sin.: *Lycopodium acutum* Rolleri, *Huperzia acuta* (Rolleri) Rolleri & Deferrari
Ref.: Øllgaard (1992).
Hierba. Endémica. Andes. Yungas, 3000–3500 m.
Dept.: LP.
Tipo y muestra: *G.H.H. Tate 374* (HT: US; IT: AAU), *J. Müller & J. Heinrichs 6118* (LPB).

Phlegmariurus andinus (Rosenst.) B. Øllg., Phytotaxa 57: 12. 2012.
Sin.: *Lycopodium andinum* Rosenst., *Huperzia andina* (Rosenst.) Holub
Ref.: Foster (1958), Øllgaard (1994), Kessler et al. (1999a).
Hierba. Nativa. Andes, Altiplano. Páramo Yungueño, Puna Húmeda, 3500–5000 m.
Dept.: CO, LP.
Muestra: *M.A. Lyle 616* (LPB).

Phlegmariurus attenuatus (Spring) B. Øllg., Phytotaxa 57: 12. 2012.
Sin.: *Lycopodium attenuatum* Spring, *Huperzia attenuata* (Spring) Trevis.
Ref.: Øllgaard (1988), Øllgaard (1992), Øllgaard (1994).
Hierba. Nativa. Andes. Tipo de vegetación y elevación desconocidas.
Dept.: LP.
Muestra: *G. Mandon 1527B* (P).

Phlegmariurus brongniartii (Spring) B. Øllg., Phytotaxa 57: 12. 2012.
Sin.: *Lycopodium brongniartii* Spring, *Huperzia brongniartii* (Spring) Trevis.
Ref.: Foster (1958), Øllgaard (1988), Øllgaard (1992), Øllgaard (1994), Kessler et al. (2000b).
Hierba. Nativa. Andes. Yungas, 2500–3500 m.
Dept.: LP, SC.
Muestra: *J.C. Solomon & L.K. Escobar 12444* (AAU, LPB, MO, NY, UC).

Phlegmariurus capillaris (Sodiro) B. Øllg., Rodriguésia 63(2): 480. 2012.
Sin.: *Lycopodium capillare* Sodiro, *Lycopodium underwoodianum* Maxon, *Lycopodium guatemalense* Maxon, *Huperzia capillaris* (Sodiro) Holub
Ref.: Øllgaard (1992), Øllgaard (1994), Smith et al. (1999).
Epífita. Nativa. Andes. Yungas, 1000–2000 m.
Dept.: LP.
Muestra: *M. Kessler 11294* (AAU, LPB).

Phlegmariurus crassus (Humb. & Bonpl. ex Willd.) B. Øllg., Phytotaxa 57: 13. 2012.
Sin.: *Lycopodium crassum* Humb. & Bonpl. ex Willd., *Huperzia crassa* (Humb. & Bonpl. ex Willd.) Rothm., *Huperzia crassa* var. *gelida* B. Øllg.
Ref.: Øllgaard (1988), Øllgaard (1992), Øllgaard (1994).
Hierba. Nativa. Altiplano. Puna Húmeda, 4000–4500 m.
Dept.: LP.
Muestra: *S.G. Beck 8445* (AAU, BOLV, CUZ, LPB, MO, SI, UC, USZ).
Infra: *Phlegmariurus crassus* var. *gelidus* (B. Øllg.) B. Øllg., *Phlegmariurus crassus* var. *manus-diaboli* (B. Øllg.) B. Øllg.

Phlegmariurus darwinianus (Herter ex Nessel) B. Øllg., Phytotaxa 57: 14. 2012.
Sin.: *Urostachys darwinianus* Herter ex Nessel, *Huperzia darwiniana* (Herter ex Nessel) B. Øllg.
Ref.: Øllgaard (1992).
Hierba. Nativa. Andes. Páramo Yungueño, 3000–4000 m.
Dept.: CO, LP.
Muestra: *I. Jiménez & A.F. Fuentes C. 2777* (BOLV, HSB, LPB, MO, UC, USB).

Phlegmariurus dichotomus (Jacq.) W.H. Wagner, Novon 3(3): 305. 1993.
Sin.: *Lycopodium dichotomum* Jacq., *Huperzia dichotoma* (Jacq.) Trevis.
Ref.: Foster (1958), Øllgaard (1988), Øllgaard (1992), Øllgaard (1994), Sundue (2011).
Epífita. Nativa. Zonas Bajas, Andes. Bosque Húmedo, Yungas, 500–1500 m.
Dept.: LP, SC.
Muestra: *T. Krömer 462* (AAU, GOET, LPB).

Phlegmariurus ericifolius (C. Presl) B. Øllg., Phytotaxa 57: 14. 2012.
Sin.: *Lycopodium ericifolium* C. Presl, *Huperzia ericifolia* (C. Presl) Holub
Ref.: Øllgaard (1988), Øllgaard (1992), Øllgaard (1994), Ibisch (1996).
Epífita. Nativa. Andes. Yungas, 1000–2000 m.
Dept.: LP.
Muestra: *M. Kessler 9809* (AAU, LPB).

Phlegmariurus eversus (Poir.) B. Øllg., Phytotaxa 57: 15. 2012.
Sin.: *Lycopodium eversum* Poir., *Lycopodium ecuadoricum* Herter, *Huperzia ecuadorica* (Herter) Holub, *Huperzia eversa* (Poir.) B. Øllg.
Ref.: Øllgaard (1988), Øllgaard (1992), Øllgaard (1994), Kessler et al. (1999a), Sundue (2011).
Hierba. Nativa. Andes. Yungas, 1500–3500 m.
Dept.: CO, LP.
Muestra: *J.C. Solomon 17598* (AAU, LPB, MO).

Phlegmariurus filiformis (Sw.) W.H. Wagner, Contr. Univ. Michigan Herb. 20: 242. 1995.
Sin.: *Lycopodium filiforme* Sw., *Huperzia filiformis* (Sw.) Holub
Ref.: Øllgaard (1988), Øllgaard (1992), Sundue (2011).
Epífita. Nativa. Andes. Yungas, 3500–4000 m.
Dept.: SC.
Muestra: *J. Steinbach 8450* p.p. (NY, UC).

[**Phlegmariurus hartwegianus (Spring) B. Øllg.**], Phytotaxa 57: 15. 2012.
Sin.: *Lycopodium hartwegianum* Spring, *Huperzia hartwegiana* (Spring) Trevis.
Ref.: Schulenberg & Awbrey (1997), Serrano & Terán (1998 [2000]).
Nota: El registro se basa en material mal identificado de *Huperzia* aff. *hartwegiana*.

Phlegmariurus hippurideus (Christ) B. Øllg., Rodriguésia 63(2): 480. 2012.
Sin.: *Lycopodium hippurideum* Christ, *Lycopodium lechleri* Hieron., *Lycopodium bolivianum* Rosenst., *Lycopodium bolivianum* var. *teretiusculum* Rosenst., *Huperzia hippuridea* (Christ) Holub, *Huperzia lechleri* (Hieron.) Holub, *Huperzia boliviana* (Rosenst.) Rolleri & Deferrari
Ref.: Foster (1958), Øllgaard (1988), Øllgaard (1992), Øllgaard (1994), Kessler et al. (1999a).
Hierba. Nativa. Andes. Yungas, Páramo Yungueño, 2000–4000 m.
Dept.: CO, LP.
Muestra: *J.C. Solomon 16141* (LPB, MO).

Phlegmariurus hypogaeus (B. Øllg.) B. Øllg., Phytotaxa 57: 16. 2012.
Sin.: *Huperzia hypogaea* B. Øllg.
Ref.: Øllgaard (1988), Øllgaard (1992), Øllgaard (1994).
Hierba. Nativa. Altiplano. Puna Húmeda, 4000–4500 m.
Dept.: LP.
Muestra: *J.C. Solomon & R. Chevalier 16571* (AAU, LPB, MO, UC).

Phlegmariurus linifolius (L.) B. Øllg., Rodriguésia 63(2): 480. 2012.
Sin.: *Lycopodium linifolium* L., *Huperzia linifolia* (L.) Trevis., *Lycopodium jenmanii* Underw. & F.E. Lloyd, *Urostachys linifolius* var. *tenuifolius* Nessel, *Huperzia jenmanii* (Underw. & F.E. Lloyd) Holub, *Huperzia linifolia* var. *jenmanii* (Underw. & F.E. Lloyd) B. Øllg. & P.G. Windisch, *Huperzia linifolia* var. *tenuifolia* (Nessel) B. Øllg., *Huperzia linifolia* var. *planifolia* B. Øllg.
Ref.: Foster (1958), Øllgaard (1988), Øllgaard (1992), Øllgaard (1994), Ibisch (1996), Kessler et al. (1999a), Huaylla & Cervantes (2011), Sundue (2011).
Epífita. Nativa. Zonas Bajas, Andes. Bosque Húmedo, Yungas, 0–3000 m.
Dept.: BE, CO, LP, SC.
Muestra: *I. Jiménez & A. Moguel 1503* (BOLV, GOET, LPB, UC).
Infra: *Phlegmariurus linifolius* var. *jenmanii* (Underw. & F.E. Lloyd) B. Øllg., *Phlegmariurus linifolius* var. *planifolius* (B. Øllg.) B. Øllg., *Phlegmariurus linifolius* var. *tenuifolius* (Nessel) B. Øllg.

Phlegmariurus mollicomus (Spring) B. Øllg., Rodriguésia 63(2): 481. 2012.
Sin.: *Lycopodium dichotomum* subsp. *mollicomum* Spring, *Lycopodium mollicomum* (Spring) Spring, *Lycopodium flaccidum* Fée, *Lycopodium williamsii* Underw. & F.E. Lloyd, *Huperzia flaccida* (Fée) Holub, *Huperzia mollicoma* (Spring) Holub
Ref.: Foster (1958), Øllgaard (1988), Øllgaard (1992), Øllgaard (1994), Ibisch (1996), Moran & Øllgaard (1998).
Epífita. Nativa. Andes. Yungas, 1000–2000 m.
Dept.: LP.
Muestra: *M. Kessler 10038* (AAU, LPB).

[**Phlegmariurus myrsinites (Lam.) B. Øllg.**], Phytotaxa 57: 17. 2012.
Sin.: *Lycopodium myrsinites* Lam., *Huperzia myrsinites* (Lam.) Trevis.
Ref.: Øllgaard (1988), Øllgaard (1992), Øllgaard (1994).
Nota: El registro se basa en material mal identificado de *P. phylicifolius*.

Phlegmariurus pearcei (Baker) B. Øllg., Phytotaxa 57: 17. 2012.
Sin.: *Lycopodium pearcei* Baker, *Huperzia pearcei* (Baker) Holub
Ref.: Foster (1958), Øllgaard (1992).
Hierba. Endémica. Zonas Bajas. Bosque Húmedo, 0–500 m.
Dept.: SC.
Tipo: *R.W. Pearce s.n.* (HT: K).
Nota: Conocido solamente del tipo.

Phlegmariurus pflanzii (Nessel) B. Øllg., Phytotaxa 57: 17. 2012.
Sin.: *Urostachys pflanzii* Nessel, *Lycopodium pflanzii* (Nessel) Lellinger, *Huperzia pflanzii* (Nessel) Rolleri & Deferrari
Ref.: Foster (1958), Øllgaard (1992).
Hierba. Nativa. Andes. Yungas, Páramo Yungueño, 3000–4000 m.
Dept.: CO, LP.
Tipo y muestra: *K. Pflanz s.n.* (ST: BONN; IST: US), *S.G. Beck et al. 21522* (LPB).

Phlegmariurus phylicifolius (Desv. ex Poir.) B. Øllg., Phytotaxa 57: 17. 2012.
Sin.: *Lycopodium phylicifolium* Desv. ex Poir., *Lycopodium nubigenum* Herzog, *Lycopodium mettenii* Hieron., *Huperzia phylicifolia* (Desv. ex Poir.) Holub
Ref.: Foster (1958), Øllgaard (1988), Øllgaard (1992), Øllgaard (1994), Ibisch (1996), Kessler et al. (2000b), Huaylla & Cervantes (2011), Sundue (2011).
Epífita. Nativa. Andes. Yungas, Bosque Tucumano-Boliviano, 1500–3500 m.
Dept.: CO, LP, SC, TA.
Muestra: *M.H. Nee 49633* (LPB, MO, NY, USZ).

Phlegmariurus polycarpos (Kunze) B. Øllg., Phytotaxa 57: 18. 2012.
Sin.: *Lycopodium polycarpum* Kunze, *Huperzia polycarpos* (Kunze) B. Øllg.
Ref.: Øllgaard (1988), Øllgaard

(1992), Øllgaard (1994), Killeen & Schulenberg (1998).
Epífita. Nativa. Andes. Yungas, 1500–2000 m.
Dept.: LP, SC.
Muestra: *S.G. Beck 28517* (AAU, LPB).

Phlegmariurus reflexus (Lam.) B. Øllg., Rodriguésia 63(2): 481. 2012.
Sin.: *Lycopodium reflexum* Lam., *Lycopodium bifidum* Humb. & Bonpl. ex Willd., *Huperzia reflexa* (Lam.) Trevis.
Ref.: Foster (1958), Øllgaard (1988), Øllgaard (1992), Øllgaard (1994), Kessler et al. (1999a), Kessler et al. (2000b), Arroyo Padilla et al. (2009), Sundue (2011), Wood et al. (2011).
Hierba. Nativa. Zonas Bajas, Andes. Bosque Húmedo, Bosque Semideciduo Chiquitano, Yungas, 500–3000 m.
Dept.: BE, CH, CO, LP, SC.
Muestra: *M.H. Nee 49643* (LPB, MO, NY, USZ).

Phlegmariurus saururus (Lam.) B. Øllg., Phytotaxa 57: 18. 2012.
Sin.: *Lycopodium saururus* Lam., *Huperzia saururus* (Lam.) Trevis., *Huperzia sanctae-barbarae* (Rolleri) Rolleri & Deferrari
Ref.: Foster (1958), Øllgaard (1992), Øllgaard (1994), Kessler et al. (1999a), Serrano & Terán (1998 [2000]), Sundue (2011).
Hierba. Nativa. Andes, Altiplano. Páramo Yungueño, Puna Húmeda, Bosque de *Polylepis*, 2500–5000 m.
Dept.: CH, CO, LP, SC, TA.
Muestra: *S.G. Beck 11256* (AAU, CUZ, LPB, MO, SI, UC).

Phlegmariurus sotae (Rolleri) B. Øllg., Phytotaxa 57: 19. 2012.
Sin.: *Lycopodium sotae* Rolleri, *Huperzia sotae* (Rolleri) Holub
Ref.: Øllgaard (1992), Øllgaard (1994), Ibisch (1996), Sundue (2011).
Epífita. Nativa. Andes. Yungas, Bosque Tucumano-Boliviano, 1500–3000 m.
Dept.: CO, LP, TA.
Muestra: *M. Kessler 9304* (AAU, LPB).

Phlegmariurus subulatus (Desv. ex Poir.) B. Øllg., Phytotaxa 57: 19. 2012.
Sin.: *Lycopodium subulatum* Desv. ex Poir., *Huperzia subulata* (Desv. ex Poir.) Holub
Ref.: Foster (1958), Øllgaard (1988), Øllgaard (1992), Øllgaard (1994), Ibisch (1996), Smith et al. (1999).
Epífita. Nativa. Andes. Yungas, 1000–3000 m.
Dept.: CO, LP, TA.
Muestra: *J. Müller & J. Heinrichs 6624* (AAU, GOET, LPB).

Phlegmariurus talpiphilus (B. Øllg.) B. Øllg., Phytotaxa 57: 19. 2012.
Sin.: *Huperzia talpiphila* B. Øllg.
Ref.: Øllgaard (1988), Sundue (2011).
Hierba. Nativa. Andes. Bosque Tucumano-Boliviano, Páramo Yungueño, 2000–2500 m.
Dept.: CO, SC.
Muestra: *M.A. Sundue 822* (LPB, NY).

Phlegmariurus taxifolius (Sw.) Á. Löve & D. Löve, Taxon 26(2–3): 324. 1977.
Sin.: *Lycopodium taxifolium* Sw., *Lycopodium passerinoides* Kunth, *Huperzia passerinoides* (Kunth) Trevis., *Huperzia taxifolia* (Sw.) Trevis.
Ref.: Foster (1958), Øllgaard (1988), Øllgaard (1992), Øllgaard (1994), Ibisch (1996).
Epífita. Nativa. Andes. Yungas, 1000–2500 m.
Dept.: CO, LP.
Muestra: *T. Krömer 881* (GOET, LPB).

Phlegmariurus tenuis (Humb. & Bonpl. ex Willd.) B. Øllg., Phytotaxa 57: 19. 2012.
Sin.: *Lycopodium tenue* Humb. & Bonpl. ex Willd., *Huperzia tenuis* (Humb. & Bonpl. ex Willd.) Trevis.
Ref.: Øllgaard (1988), Øllgaard (1992), Øllgaard (1994), Smith et al. (1999).
Epífita. Nativa. Andes. Yungas, 3000–4000 m.
Dept.: CO.
Muestra: *M. Cárdenas 3221* (GH).

Phlegmariurus tetragonus (Hook. & Grev.) B. Øllg., Phytotaxa 57: 19. 2012.
Sin.: *Lycopodium tetragonum* Hook. & Grev., *Huperzia tetragona* (Hook. & Grev.) Trevis.
Ref.: Foster (1958), Øllgaard (1988), Øllgaard (1992), Øllgaard (1994).
Hierba. Nativa. Andes. Páramo Yungueño, 3000–3500 m.
Dept.: LP.
Muestra: *G. Mandon 1527A* (LG, P, S, US).

Phlegmariurus weddellii (Herter) B. Øllg., Phytotaxa 57: 20. 2012.
Sin.: *Lycopodium weddellii* Herter, *Huperzia weddellii* (Herter) Holub
Ref.: Øllgaard (1988), Øllgaard (1992), Øllgaard (1994).
Hierba. Nativa. Andes. Yungas, 3000–3500 m.
Dept.: LP.
Muestra: *M. Cárdenas 1066* (GH).

Phlegmariurus wilsonii (Underw. & F.E. Lloyd) B. Øllg., Rodriguésia 63(2): 481. 2012.
Sin.: *Lycopodium wilsonii* Underw. & F.E. Lloyd, *Huperzia wilsonii* (Underw. & F.E. Lloyd) B. Øllg.
Ref.: Øllgaard (1988), Øllgaard (1992), Øllgaard (1994), Kessler et al. (1999a), Smith et al. (1999).
Epífita. Nativa. Andes. Yungas, 1500–2000 m.
Dept.: CO, LP, SC.
Muestra: *M. Kessler 7772* (LPB).

Pseudolycopodiella Holub, Folia Geobot. Phytotax. 18(4): 441. 1983.
2 especies, 0 especies endémicas.

Pseudolycopodiella carnosa (Silveira) Holub, Folia Geobot. Phytotax. 20: 79. 1985.
Sin.: *Lycopodium carnosum* Silveira, *Lycopodiella carnosa* (Silveira) B. Øllg.
Ref.: Øllgaard (1992).
Hierba. Nativa. Zonas Bajas. Bosque Semideciduo Chiquitano, Campos Cerrados, Sabanas Benianas del Sur, 500–1000 m.
Dept.: SC.
Muestra: *J.R.I. Wood 16475* (LPB, UC).

Pseudolycopodiella caroliniana (L.) Holub, Folia Geobot. Phytotax. 18(4): 442. 1983.
Sin.: *Lycopodium carolinianum* L., *Lycopodium meridionale* Underw. & F.E. Lloyd, *Lycopodiella caroliniana* (L.) Pic. Serm., *Pseudolycopodiella meridionalis* (Underw. & F.E. Lloyd) Holub, *Lycopodiella caroliniana* var. *mesetarum* B. Øllg.
Ref.: Foster (1958), Øllgaard (1992), Killeen & Schulenberg (1998).
Hierba. Nativa. Zonas Bajas, Andes. Bosque Húmedo, Bosque Semideciduo Chiquitano, Sabanas Benianas del Norte, Yungas, 0–1500 m.
Dept.: LP, SC.
Muestra: *S.G. Beck 13281* (AAU, LPB).
Infra: *Pseudolycopodiella caroliniana* var. *meridionalis* (Underw. & F.E. Lloyd) B. Øllg., *Pseudolycopodiella caroliniana* var. *mesetarum* (B. Øllg.) B. Øllg.

LYGODIACEAE M. Roem., Handb. Allg. Bot. 3: 520. 1840.
Por M. Kessler (Z); revisado por R.C. Moran (NY), I. Jiménez (LPB), P.M. Jørgensen (MO).
1 género, 2 especies, 0 especies endémicas.

Lygodium Sw., J. Bot. (Schrader) 1800(2): 7, 106. 1801.
2 especies, 0 especies endémicas.

[**Lygodium polymorphum (Cav.) Kunth**], Nov. Gen. Sp. (quarto ed.) 1: 31. 1815.
Ref.: Foster (1958).
Nota: El registro se basa en material mal identificado.

Lygodium venustum Sw., J. Bot. (Schrader) 1801(2): 303. 1803.
Ref.: Foster (1958), Tryon & Stolze (1989a), Moraes R. (1990), Killeen & Schulenberg (1998), Kessler et al. (2000b), Sundue (2011).
Trepadora. Nativa. Zonas Bajas, Andes. Bosque Húmedo, Bosque Semideciduo Chiquitano, Campos Cerrados, Valles Secos, 0–1500 m.
Dept.: BE, CO, LP, PA, SC.
Muestra: *M.H. Nee 37852* (MO, NY, USZ).

Lygodium volubile Sw., J. Bot. (Schrader) 1801(2): 304. 1803.
Sin.: *Hydroglossum volubile* (Sw.) Willd., *Lygodium micans* J.W. Sturm
Ref.: Foster (1958), Tryon & Stolze (1989a).
Trepadora. Nativa. Zonas Bajas. Bosque Húmedo, 0–1000 m.
Dept.: LP, PA, SC.
Muestra: *I. Jiménez & A. Apaza 2029* (GOET, LPB, NY, UC).

MARATTIACEAE Kaulf., Enum. Filic. 31. 1824.

Por M. Kessler (Z); revisado por R.C. Moran (NY), I. Jiménez (LPB), S.G. Beck (LPB), M. Nee (NY), P.M. Jørgensen (MO).
2 géneros, 6 especies, 0 especies endémicas.

Danaea Sm., Mém. Acad. Roy. Sci. (Turin) 5(1790–1791): 420, t. 9, f. 11. 1793.
5 especies, 0 especies endémicas.
Nota: Además de las especies listadas crece una especie aún no descrita en Bolivia.

Danaea arbuscula Christenh. & Tuomisto, Kew Bull. 61(1): 18, f. 1A–E, 2. 2006.
Hierba. Nativa. Zonas Bajas. Bosque Húmedo, 500–1000 m.
Dept.: LP.
Muestra: *O. Buchtien 2134* (US).

Danaea cartilaginea Christenh. & Tuomisto, Kew Bull. 61(1): 18, 21–23, f. 3A–E. 2006.
Hierba. Nativa. Zonas Bajas. Bosque Húmedo, 0–500 m.
Dept.: PA.
Muestra: *P. Weigelt 90542* (GOET, LPB, TUR, Z).

[**Danaea elliptica Sm.**], Cycl. 11: n. 2. 1808.
Ref.: Kessler et al. (1999a), Tuomisto & Moran (2001).
Nota: El registro se basa en material mal identificado de *D. geniculata*.

Danaea geniculata Raddi, Opusc. Sci. 3: 281. 1819.
Ref.: Sundue (2011).
Hierba. Nativa. Zonas Bajas. Bosque Húmedo, Bosque Semideciduo Chiquitano, 0–1000 m.
Dept.: CO, SC.
Muestra: *A. Fay & L.E. Fay 2298* (LPB, MO).

[**Danaea humilis T. Moore**], Index Fil. 286. 1861.
Ref.: Tryon & Stolze (1989a), Tuomisto & Moran (2001).
Nota: El registro se basa en material mal identificado.

Danaea moritziana C. Presl, Suppl. Tent. Pterid. 35. 1845.
Ref.: Foster (1958), Kessler et al. (1999a), Tuomisto & Moran (2001), Sundue (2011).
Hierba. Nativa. Zonas Bajas, Andes. Bosque Húmedo, Yungas, 500–3000 m.
Dept.: BE, CO, LP, SC.
Muestra: *M. Kessler 11448* (LPB, UC).

Danaea nigrescens Jenman, Gard. Chron., ser. 3 24: 413. 1898.
Hierba. Nativa. Zonas Bajas, Andes. Bosque Húmedo, Yungas, 0–1500 m.
Dept.: BE, CO, LP, PA, SC.
Muestra: *I. Jiménez 1979* (GOET, LPB, UC).

[**Danaea nodosa (L.) Sm.**], Mém. Acad. Roy. Sci. (Turin) 5(1790–1791): 420, t. 9, f. 11. 1793.
Ref.: Parker & Bailey (1991), Kessler et al. (1999a), Smith et al. (1999), Tuomisto & Moran (2001), Sundue (2011).
Nota: El registro se basa en material mal identificado de *D. nigrescens*.

Eupodium J. Sm., J. Bot. (Hooker) 4: 190. 1841.
1 especie, 0 especies endémicas.

Eupodium laeve (Sm.) Murdock, Taxon 57(3): 744. 2008.
Sin.: *Marattia alata* Sw., *Marattia laevis* Sm., *Marattia kaulfussii* J. Sm., *Eupodium kaulfussii* (J. Sm.) Hook., *Marattia pittieri* Maxon, *Marattia alata* var. *laevis* (Sm.) Farw.
Ref.: Foster (1958), Tryon & Stolze (1989a), Kessler et al. (1999a), Kessler et al. (2000b), Lavalle (2003), Sundue (2011).
Hierba. Nativa. Andes. Yungas, 1000–2500 m.
Dept.: CO, LP, SC.
Muestra: *D.N. Smith et al. 13346* (LPB, MO).

MARSILEACEAE Mirb., Hist. Nat. Vég. 5: 126. 1802.

Por M. Kessler (Z); revisado por R.C. Moran (NY), I. Jiménez (LPB), M. Nee (NY), P.M. Jørgensen (MO).
2 géneros, 4 especies, 0 especies endémicas.

Marsilea L., Sp. Pl. 2: 1099–1100. 1753.
3 especies, 0 especies endémicas.

Marsilea ancylopoda A. Braun, Monatsber. Konigl. Preuss. Akad. Wiss. Berlin 1863: 434. 1864.
Sin.: *Marsilea concinna* Baker
Ref.: Adolfo María (1966), Johnson (1986b).
Nota: Esperado. Los registros publicados se basan en material mal identificado.

Marsilea crotophora D.M. Johnson, Syst. Bot. Monogr. 11: 46. 1986.
Ref.: Johnson (1986b).
Hierba. Nativa. Zonas Bajas. Sabanas Benianas del Sur, 0–500 m.
Dept.: BE, SC.
Muestra: *L. Arroyo P. 36* (F, LPB, MO, NY, USZ).

Marsilea mollis B.L. Rob. & Fernald, Proc. Amer. Acad. Arts 30: 123. 1895.
Sin.: *Marsilea punae* de la Sota
Ref.: Tryon & Stolze (1994).
Hierba. Nativa. Altiplano. Puna Húmeda, Puna Seca, 3000–4000 m.
Dept.: CO, LP, TA.
Muestra: *N.P. Ritter 939* (LPB, MO, NHA).

Marsilea polycarpa Hook. & Grev., Icon. Filic. 2: pl. 160. 1831.
Ref.: Killeen & Schulenberg (1998).

Hierba. Nativa. Zonas Bajas. Sabanas Benianas del Sur, 0–500 m.
Dept.: BE, SC.
Muestra: *S.G. Beck 3243* (F, LPB).

Pilularia L., Sp. Pl. 2: 1100. 1753.
1 especie, 0 especies endémicas.

Pilularia americana A. Braun, Monatsber. Konigl. Preuss. Akad. Wiss. Berlin 1863: 435. 1863.
Sin.: *Pilularia mandonii* A. Br.
Ref.: Foster (1958), Tryon & Stolze (1994).
Hierba. Nativa. Altiplano. Puna Húmeda, 4000–4500 m.
Dept.: CO, LP.
Muestra: *N.P. Ritter 1341* (LPB).

METAXYACEAE Pic. Serm., Webbia 24(2): 701–702. 1970.

Por M. Kessler (Z); revisado por R.C. Moran (NY), S.G. Beck (LPB), M. Nee (NY), P.M. Jørgensen (MO).
1 género, 1 especie, 0 especies endémicas.

Metaxya C. Presl, Tent. Pterid. 59. 1836.
1 especie, 0 especies endémicas.

Metaxya rostrata (Kunth) C. Presl, Tent. Pterid. 60, t. 1, f. 5. 1836.
Sin.: *Aspidium rostratum* Kunth, *Alsophila rostrata* (Kunth) Mart.
Ref.: Foster (1958), Stolze (1976), Tryon (1976), Tryon & Stolze (1989a), Parker & Bailey (1991), García Estigarribia (1993g), Killeen & Schulenberg (1998).
Hierba. Nativa. Zonas Bajas. Bosque Húmedo, 0–1000 m.
Dept.: BE, CO, LP, SC.
Muestra: *L. Arroyo P. et al. 713* (MO, UC, USZ).

OLEANDRACEAE Ching ex Pic. Serm., Webbia 20(2): 745. 1965.

Por M. Kessler (Z); revisado por I. Jiménez (LPB), R.C. Moran (NY), P.M. Jørgensen (MO).
1 género, 3 especies, 0 especies endémicas.

Oleandra Cav., Anales Hist. Nat. 1(2): 115. 1799.
3 especies, 0 especies endémicas.

Oleandra articulata (Sw.) C. Presl, Tent. Pterid. 78, t. 2, f. 12. 1836.
Sin.: *Aspidium articulatum* Sw., *Polypodium articulatum* (Sw.) Poir.
Epífita. Nativa. Andes. Yungas, 1000–2000 m.
Dept.: CO, LP.
Muestra: *M. Kessler 13166* (GOET, LPB, UC).

Oleandra pilosa Hook., Gen. Fil. t. 45B. 1840.
Epífita. Nativa. Zonas Bajas, Andes. Bosque Húmedo, Yungas, 0–2000 m.
Dept.: BE, CO, LP.
Muestra: *M. Kessler 9679* (LPB, UC).

Oleandra zapatana Lellinger, Proc. Biol. Soc. Wash. 89(61): 719, f. 3. 1977.
Epífita. Nativa. Zonas Bajas. Bosque Húmedo, 500–1000 m.
Dept.: BE, LP.
Muestra: *A. Fay & L.E. Fay 2761* (LPB, MO).

OPHIOGLOSSACEAE Martinov, Tekhno-Bot. Slovar. 438. 1820.

Por M. Kessler (Z); revisado por R.C. Moran (NY), S.G. Beck (LPB), M. Nee (NY), P.M. Jørgensen (MO).
2 géneros, 7 especies, 0 especies endémicas.

Botrychium Sw., J. Bot. (Schrader) 1800(2): 8, 110. 1800 [1801].
2 especies, 0 especies endémicas.

Botrychium schaffneri Underw., Bull. Torrey Bot. Club 30: 51. 1903.
Sin.: *Botrychium pusillum* Underw., *Sceptridium pusillum* (Underw.) Lyon, *Sceptridium schaffneri* (Underw.) Lyon, *Botrychium schaffneri* var. *pusillum* (Underw.) R.T. Clausen
Ref.: Foster (1958), Tryon & Stolze (1989b), Sundue (2011).
Hierba. Nativa. Andes. Páramo Yungueño, 2000–4000 m.
Dept.: CO, LP, SC.
Muestra: *J.C. Solomon 18316* (LPB, MO).

Botrychium virginianum (L.) Sw., J. Bot. (Schrader) 1800(2): 111. 1800 [1801].
Sin.: *Osmunda virginiana* L., *Osmunda cicutaria* Savigny, *Botrychium cicutarium* (Savigny) Sw., *Botrychium virginianum* var. *mexicanum* Hook. & Grev., *Botrychium virginianum* var. *meridionale* Butters
Ref.: Foster (1958), Tryon & Stolze (1989b), Kessler et al. (2000b), Triana-Moreno & Murillo Aldana (2005), Sundue (2011).
Hierba. Nativa. Andes. Yungas, Bosque Tucumano-Boliviano, 2000–3500 m.
Dept.: CO, LP, SC, TA.
Muestra: *M.A. Sundue 851* (NY, USZ).

Ophioglossum L., Sp. Pl. 2: 1062–1063. 1753.
5 especies, 0 especies endémicas.

Ophioglossum crotalophoroides Walter, Fl. Carol. 256. 1788.
Ref.: Foster (1958), Tryon & Stolze (1989a), Serrano & Terán (1998 [2000]).
Hierba. Nativa. Andes, Altiplano. Páramo Yungueño, Puna Húmeda, 3500–4500 m.
Dept.: CH, CO, LP.
Muestra: *H.U. Pestalozzi 633* (BOLV, LPB).

[**Ophioglossum lusitanicum L.**], Sp. Pl. 2: 1063. 1753.
Ref.: Foster (1958), Tryon & Stolze (1989b).
Nota: El registro se basa en material mal identificado.

Ophioglossum nudicaule L. f., Suppl. Pl. 443. 1781 [1782].
Sin.: *Ophioglossum ellipticum* Hook. & Grev., *Ophioglossum tenerum* Mett. ex Prantl, *Ophioglossum nudicaule* var. *tenerum* (Mett. ex Prantl) R.T. Clausen
Ref.: Foster (1958).
Hierba. Nativa. Altiplano. Puna Húmeda, 3500–4000 m.
Dept.: LP.
Muestra: *S.G. Beck 15443* (LPB, UC).

Ophioglossum palmatum L., Sp. Pl. 2: 1063. 1753.
Sin.: *Cheiroglossa palmata* (L.) C. Presl
Ref.: Ibisch (1996), González et al. (1999), Kessler et al. (1999a), Sundue (2011).
Epífita. Nativa. Andes. Yungas, 1000–3000 m.
Dept.: CO, LP, SC, TA.
Muestra: *D.N. Smith et al. 13386* (LPB, MO).

Ophioglossum reticulatum L., Sp. Pl. 2: 1063. 1753.
Sin.: *Ophioglossum peruvianum* C. Presl
Ref.: Foster (1958), Tryon & Stolze (1989a), Arroyo Padilla et al. (2009), Sundue (2011).

Hierba. Nativa. Zonas Bajas, Andes. Bosque Semideciduo Chiquitano, Sabanas Benianas del Sur, Bosque Tucumano-Boliviano, 0–500, 1000–2000 m.
Dept.: BE, SC.
Muestra: *S.G. Beck 3394* (LPB, NY).

Ophioglossum scariosum R.T. Clausen, Mem. Torrey Bot. Club 19(2): 153, f. 33. 1938.
Ref.: Foster (1958), Tryon & Stolze (1989a).
Hierba. Nativa. Altiplano. Puna Húmeda, Bosque de *Polylepis*, 3000–4500 m.
Dept.: CO, LP.
Muestra: *I. Hensen 560* (LPB).

OSMUNDACEAE Martinov, Tekhno-Bot. Slovar. 445. 1820.

Por M. Kessler (Z); revisado por R.C. Moran (NY), S.G. Beck (LPB), M. Nee (NY), P.M. Jørgensen (MO).
2 géneros, 2 especies, 0 especies endémicas.

Osmunda L., Sp. Pl. 2: 1063–1067. 1753.

1 especie, 0 especies endémicas.

Osmunda regalis L., Sp. Pl. 2: 1065–1066. 1753.
Sin.: *Osmunda spectabilis* Willd., *Osmunda palustris* Schrad., *Osmunda spectabilis* var. *brasiliensis* Hook. & Grev., *Osmunda regalis* var. *spectabilis* (Willd.) A. Gray, *Osmunda mexicana* Fée, *Osmunda palmeri* A.E. Bobrov, *Osmunda regalis* subsp. *palustris* (Schrad.) Á. Löve & D. Löve, *Osmunda regalis* var. *brasiliensis* (Hook. & Grev.) Pic. Serm.
Ref.: Øllgaard (2001).
Hierba. Nativa. Andes. Bosque Tucumano-Boliviano, 1000–1500 m.
Dept.: CH, SC.
Muestra: *Huaylla & R. Millares 306* (HSB, LPB).
Infra: *Osmunda regalis* var. *spectabilis* (Willd.) A. Gray

Osmundastrum C. Presl, Gefässbündel Farrn 18. 1847.

1 especie, 0 especies endémicas.

Osmundastrum cinnamomeum (L.) C. Presl, Gefässbündel Farrn 18. 1847.
Sin.: *Osmunda cinnamomea* L.
Ref.: Øllgaard (2001), Fuentes Claros et al. (2009).
Hierba. Nativa. Andes. Bosque Húmedo, 1000–2000 m.
Dept.: LP.
Muestra: *A. Fuentes et al. 5944* (LPB, MO, UC).

PLAGIOGYRIACEAE Bower, Ann. Bot. (Oxford) 40: 484. 1926.

Por M. Kessler (Z); revisado por R.C. Moran (NY), I. Jiménez (LPB), P.M. Jørgensen (MO).
1 género, 1 especie, 0 especies endémicas.

Plagiogyria (Kunze) Mett., Abh. Senckenberg. Naturf. Ges. 2: 1, 268. 1858.

1 especie, 0 especies endémicas.

Plagiogyria pectinata (Liebm.) Lellinger, Amer. Fern J. 61: 115. 1971.
Sin.: *Lomaria pectinata* Liebm., *Lomaridium semicordatum* C. Presl, *Lomaria arguta* Fée, *Plagiogyria biserrata* Mett., *Plagiogyria aequidentata* E. Fourn., *Plagiogyria semicordata* (C. Presl) Christ, *Plagiogyria arguta* (Fée) Copel., *Plagiogyria denticulata* Copel., *Plagiogyria latifolia* Copel., *Plagiogyria truncata* Mickel & Beitel
Ref.: Copeland (1929), Foster (1958), Lellinger (1971), Zhang & Nooteboom (1998), Kessler et al. (1999a), Kessler et al. (2000b), Sundue (2011).
Hierba. Nativa. Andes. Yungas, 2000–4000 m.
Dept.: CO, LP, SC, TA.
Muestra: *M.H. Nee 50616* (LPB, MO, NY).

POLYPODIACEAE J. Presl & C. Presl, Delic. Prag. 159. 1822.

Por M. Kessler (Z) y M. Lehnert (STU); revisado por R.C. Moran (NY), I. Jiménez (LPB), M. Nee (NY), P.M. Jørgensen (MO).
23 géneros, 213 especies, 29 especies endémicas.

Alansmia M. Kessler, Moguel, Sundue & Labiak, Brittonia 63(2): 238–239. 2011.

9 especies, 1 especie endémica.

Alansmia contacta (Copel.) Moguel & M. Kessler, Brittonia 63(2): 239. 2011.
Sin.: *Ctenopteris contacta* Copel.
Ref.: Moguel Velázquez & Kessler (2013).
Hierba. Endémica. Andes. Yungas, 1000–2500 m.
Dept.: CO, LP.
Tipo y muestra: *M. Bang 483* (IT: NY; LT: US; ILT: B, F, K, MO, NY, NY), *A.F. Fuentes et al. 3633* (LPB, MO).

[Alansmia cultrata (Willd.) Moguel & M. Kessler], Brittonia 63(2): 239. 2011.
Sin.: *Polypodium cultratum* Willd., *Terpsichore cultrata* (Willd.) A.R. Sm.
Nota: El registro se basa en material mal identificado.

Alansmia diaphana (Moguel & M. Kessler) Moguel & M. Kessler, Brittonia 63(2): 240. 2011.
Sin.: *Terpsichore diaphana* Moguel & M. Kessler
Ref.: Sundue (2011), Moguel Velázquez & Kessler (2013).
Epífita. Nativa. Andes. Yungas, Páramo Yungueño, 2000–4000 m.
Dept.: CO, LP.
Tipo y muestra: *A. Fay & L.E. Fay 3031* (HT: LPB; IT: LPB, MO, NY, UC), *A.F. Fuentes & H. Huaylla 13631* (BOLV, LPB, MA, MO, UC, USZ).

Alansmia elastica (Bory ex Willd.) Moguel & M. Kessler, Brittonia 63(2): 240. 2011.
Sin.: *Polypodium elasticum* Bory ex Willd., *Polypodium mollissimum* Fée, *Ctenopteris elastica* (Bory ex Willd.) Copel., *Ctenopteris mollissima* (Fée) Copel., *Xiphopteris elastica* (Bory ex Willd.) Alston, *Grammitis mollissima* (Fée) Proctor, *Terpsichore mollissima* (Fée) A.R. Sm., *Terpsichore elastica* (Bory ex Willd.) A.R. Sm.
Ref.: Smith et al. (1999), Moguel Velázquez & Kessler (2013).
Epífita. Nativa. Andes. Yungas, 1000–1500 m.
Dept.: CO, LP.
Muestra: *M. Kessler 11676* (LPB, UC).

Alansmia heteromorpha (Hook. & Grev.) Moguel & M. Kessler, Brittonia 63(2): 240. 2011.
Sin.: *Polypodium heteromorphum* Hook. & Grev., *Terpsichore heteromorpha* (Hook. & Grev.) A.R. Sm.
Ref.: Tryon & Stolze (1993), Moguel Velázquez & Kessler (2013).
Epífita. Nativa. Andes. Yungas, 3500–4000 m.
Dept.: LP.
Muestra: *I. Jiménez 3039* (LPB, MO, UC).

Alansmia immixta (Stolze) Moguel & M. Kessler, Brittonia 63(2): 240. 2011.
Sin.: *Grammitis immixta* Stolze, *Terpsichore immixta* (Stolze) A.R. Sm.
Ref.: Moguel Velázquez & Kessler (2013).
Epífita. Nativa. Andes, Altiplano. Yungas, Bosque de *Polylepis*, 3000–4500 m.
Dept.: LP.
Muestra: *I. Jiménez & A.F. Fuentes 2922* (AAU, LPB, MO, UC).

[**Alansmia lanigera (Desv.) Moguel & M. Kessler**], Brittonia 63(2): 240–241. 2011.
Sin.: *Polypodium lanigerum* Desv., *Polypodium sericeolanatum* Hook., *Ctenopteris lanigera* (Desv.) Copel., *Grammitis lanigera* (Desv.) C.V. Morton, *Terpsichore lanigera* (Desv.) A.R. Sm.
Nota: El registro se basa en material mal identificado.

Alansmia laxa (C. Presl) Moguel & M. Kessler, Brittonia 63(2): 241. 2011.
Sin.: *Polypodium laxum* C. Presl, *Grammitis laxa* (C. Presl) C.V. Morton, *Terpsichore laxa* (C. Presl) A.R. Sm.
Ref.: Foster (1958), Smith (1993), Tryon & Stolze (1993), Ibisch (1996), Kessler et al. (1999a), Kessler et al. (2000b), Moguel Velázquez & Kessler (2013).
Epífita. Nativa. Zonas Bajas, Andes. Bosque Húmedo, Yungas, Bosque Tucumano-Boliviano, 0–3500 m.
Dept.: CO, LP, SC.
Muestra: *M. Kessler 6367* (LPB, UC).

[**Alansmia longa (C. Chr.) Moguel & M. Kessler**], Brittonia 63(2): 241. 2011.
Sin.: *Polypodium longum* C. Chr., *Xiphopteris longa* (C. Chr.) Alston, *Ctenopteris longa* (C. Chr.) Copel., *Terpsichore longa* (C. Chr.) A.R. Sm.
Ref.: Foster (1958).
Nota: El registro se basa en material mal identificado.

Alansmia senilis (Fée) Moguel & M. Kessler, Brittonia 63(2): 241–242. 2011.
Sin.: *Polypodium senile* Fée, *Polypodium subflabelliforme* Rosenst., *Polypodium senile* var. *minor* Rosenst., *Ctenopteris senilis* (Fée) Copel., *Grammitis senilis* (Fée) C.V. Morton, *Grammitis subflabelliformis* (Rosenst.) C.V. Morton, *Terpsichore senilis* (Fée) A.R. Sm.
Ref.: Foster (1958), Smith (1993), Tryon & Stolze (1993), Ibisch (1996), Sundue (2011), Moguel Velázquez & Kessler (2013).
Epífita. Nativa. Andes. Yungas, 1500–3500 m.
Dept.: CO, LP, SC.
Muestra: *A. Fay & L.E. Fay 2186* (LPB, MO, UC).

Alansmia smithii (A. Rojas) Moguel & M. Kessler, Brittonia 63(2): 242. 2011.
Sin.: *Terpsichore smithii* A. Rojas
Ref.: Sundue (2011), Moguel Velázquez & Kessler (2013).
Epífita. Nativa. Andes. Yungas, 1000–3000 m.
Dept.: CO, LP, SC.
Muestra: *I. Jiménez 1652* (LPB, UC).

Alansmia stella (Copel.) Moguel & M. Kessler, Brittonia 63(2): 242. 2011.
Sin.: *Ctenopteris fabispora* Copel., *Ctenopteris stella* Copel., *Terpsichore fabispora* (Copel.) A. Rojas, *Terpsichore stella* (Copel.) Moguel & M. Kessler
Ref.: Moguel Velázquez & Kessler (2013).
Epífita. Nativa. Andes. Yungas, 2000–3500 m.
Dept.: CO, LP.
Muestra: *M. Kessler 11852* (LPB, UC).
Infra: *Alansmia stella* var. *stella*

Ascogrammitis Sundue, Brittonia 62(4): 357–399. 2010.

6 especies, 3 especies endémicas.

Ascogrammitis anfractuosa (Kunze ex Klotzsch) Sundue, Brittonia 62(4): 365–370, f. 3, 13D, 17H–K. 2010.
Sin.: *Polypodium anfractuosum* Kunze ex Klotzsch, *Ctenopteris anfractuosa* (Kunze ex Klotzsch) Copel., *Grammitis anfractuosa* (Kunze ex Klotzsch) Proctor, *Melpomene anfractuosa* (Kunze ex Klotzsch) A.R. Sm. & R.C. Moran, *Terpsichore anfractuosa* (Kunze ex Klotzsch) B. León & A.R. Sm.
Ref.: Kessler et al. (1999a), Smith et al. (1999).
Epífita. Nativa. Andes. Yungas, 1500–3000 m.
Dept.: CO, LP.
Muestra: *M. Kessler 7094* (LPB, UC).

Ascogrammitis athyrioides (Hook.) Sundue, Brittonia 62(4): 371, f. 1C–D, 4, 15A–D. 2010.
Sin.: *Polypodium athyrioides* Hook., *Polypodium yungense* Rosenst., *Ctenopteris athyrioides* (Hook.) Copel., *Xiphopteris yungensis* (Rosenst.) Crabbe, *Grammitis athyrioides* (Hook.) C.V. Morton, *Terpsichore athyrioides* (Hook.) A.R. Sm.
Ref.: Foster (1958), Smith (1993), Tryon & Stolze (1993), Ibisch (1996), Kessler et al. (1999a).
Epífita. Nativa. Andes. Yungas, 2000–4000 m.
Dept.: CO, LP, SC.
Muestra: *J. Gonzáles R. 1552* (LPB, UC).

Ascogrammitis clathrata (Sundue & M. Kessler) Sundue, Brittonia 62(4): 373, f. 5, 17D–G. 2010.
Sin.: *Terpsichore clathrata* Sundue & M. Kessler
Epífita. Endémica. Andes. Yungas, 1500–2000 m.
Dept.: LP.
Tipo: *T. Krömer & A. Acebey 1237* (HT: UC; IT: LPB).
Nota: Conocida solamente del tipo.

Ascogrammitis david-smithii (Stolze) Sundue, Brittonia 62(4): 376–378, f. 7, 16A–C. 2010.
Sin.: *Grammitis david-smithii* Stolze, *Terpsichore david-smithii* (Stolze) A.R. Sm.
Ref.: Smith (1993), Tryon & Stolze (1993), Ibisch (1996), Kessler et al. (1999a), Sundue (2011).
Hierba, epífita. Nativa. Andes. Yungas, 1500–3500 m.
Dept.: CO, LP, SC.
Muestra: *I. Jiménez 1352* (LPB, UC).

Ascogrammitis dilatata (Sundue & M. Kessler) Sundue, Brittonia 62(4): 378–380, f. 8, 12B, D. 2010.
Sin.: *Lellingeria carrascoensis* M. Kessler & A.R. Sm., *Terpsichore dilatata* Sundue & M. Kessler
Ref.: Sundue (2011).
Epífita. Endémica. Andes. Yungas, 2500–3500 m.
Dept.: CO, LP, SC.
Tipo y muestra: *R. Núñez 644* (HT: NY; IT: MO, UC, USZ), *M. Kessler 9049* (LPB, UC).

Ascogrammitis nana (Sundue & M. Kessler) Sundue, Brittonia 62(4): 381, f. 10. 2010.
Sin.: *Terpsichore nana* Sundue & M.

Kessler
Ref.: Sundue (2011).
Epífita. Endémica. Andes. Yungas, 2500–3500 m.
Dept.: CO, LP, SC.
Tipo y muestra: *M.A. Sundue et al. 866* (HT: NY; IT: LPB, USZ), *J.C. Solomon 8656* (LPB, MO).

Campyloneurum C. Presl, Tent. Pterid. 189. 1836.

25 especies, 1 especie endémica.

Campyloneurum abruptum (Lindm.) B. León, Fieldiana, Bot., n.s. 32: 172. 1993.
Sin.: *Polypodium repens* var. *abruptum* Lindm., *Campyloneurum nitidissimum* var. *abruptum* (Lindm.) B. León
Ref.: Killeen & Schulenberg (1998).
Hierba. Nativa. Zonas Bajas. Bosque Húmedo, 0–1000 m.
Dept.: LP, SC.
Muestra: *S.G. Beck 3784* (F, LPB).

Campyloneurum aglaolepis (Alston) de la Sota, Opera Lilloana 5: 96. 1960.
Sin.: *Polypodium aglaolepis* Alston
Ref.: León (1993), Ibisch (1996), Schulenberg & Awbrey (1997), González et al. (1999), Kessler et al. (2000b), Serrano & Terán (1998 [2000]), Navarro Sánchez (2001), Arroyo Padilla et al. (2009), Huaylla & Cervantes (2011), Sundue (2011).
Hierba, epífita. Nativa. Andes. Yungas, Bosque Tucumano-Boliviano, 1000–3000 m.
Dept.: CH, CO, LP, SC, TA.
Muestra: *J.C. Solomon 10350* (LPB, MO, UC).

Campyloneurum amphostenon (Kunze ex Klotzsch) Fée, Mém. Foug. 5: 258. 1852.
Sin.: *Polypodium amphostenon* Kunze ex Klotzsch, *Polypodium leuconeuron* var. *latifolium* Rosenst., *Campyloneurum irregulare* Lellinger
Ref.: Foster (1958), León (1993), Sundue (2011).
Hierba, epífita. Nativa. Zonas Bajas, Andes, Altiplano. Bosque Húmedo, Yungas, Bosque Tucumano-Boliviano, Páramo Yungueño, Puna Húmeda, 500–4000 m.
Dept.: BE, CH, CO, LP, SC.
Muestra: *J.C. Solomon & M.H. Nee 15991* (LPB, MO).
Infra: *Campyloneurum amphostenon* var. *amphostenon*, *Campyloneurum amphostenon* var. *irregulare* (Lellinger) B. León

Campyloneurum angustifolium (Sw.) Fée, Mém. Foug. 5: 257. 1852.
Sin.: *Polypodium angustifolium* Sw., *Polypodium leuconeuron* var. *angustifolium* Rosenst.
Ref.: Foster (1958), León (1993), López Vargas (1995), Ibisch (1996), Saravia Miranda (1996), Killeen & Schulenberg (1998), Kessler et al. (1999a), Kessler et al. (2000b), Serrano & Terán (1998 [2000]), Arroyo Padilla et al. (2009), Sundue (2011).
Epífita. Nativa. Zonas Bajas, Andes. Bosque Semideciduo Chiquitano, Yungas, Bosque Tucumano-Boliviano, 0–4000 m.
Dept.: BE, CH, CO, LP, SC, TA.
Muestra: *L. Arroyo P. et al. 219* (LPB, MO, USZ).
Nom. Vern.: Kita chorillo.

Campyloneurum angustipaleatum (Alston) M. Mey. ex Lellinger, Amer. Fern J. 74(2): 56. 1984.
Sin.: *Polypodium angustipaleatum* Alston
Ref.: Foster (1958), León (1993), Ibisch (1996), Sundue (2011).
Epífita. Nativa. Zonas Bajas, Andes. Bosque Húmedo, Yungas, Bosque Tucumano-Boliviano, 500–2500 m.
Dept.: CO, LP, SC, TA.
Tipo y muestra: *M. Bang 1288* (HT: BM; IT: B destr.?, F, GH, MO, NY, NY, NY, UC, US), *L. Cayola et al. 3229* (LPB, MA, MO, UC, USZ).

Campyloneurum aphanophlebium (Kunze) T. Moore, Index Fil. 223. 1861.
Sin.: *Polypodium aphanophlebium* Kunze, *Polypodium occultum* Christ, *Campyloneurum occultum* (Christ) L.D. Gómez
Ref.: León (1993), Kessler et al. (1999a).
Epífita. Nativa. Zonas Bajas. Bosque Húmedo, 500–1000 m.
Dept.: CO, LP.
Muestra: *I. Jiménez 2608* (LPB, UC).

Campyloneurum asplundii (C. Chr.) Ching, Sunyatsenia 5(4): 263. 1940.
Sin.: *Polypodium asplundii* C. Chr.
Ref.: Foster (1958), León (1993), Ibisch (1996), Kessler et al. (1999a), Serrano & Terán (1998 [2000]), Sundue (2011).
Hierba, epífita. Nativa. Andes. Yungas, 1000–2500 m.
Dept.: CH, CO, LP.
Tipo y muestra: *E. Asplund 282* (HT: S; IT: BM), *D.N. Smith & V. García E. 13884* (LPB, MO).

Campyloneurum austrobrasilianum (Alston) de la Sota, Opera Lilloana 5: 99. 1960.
Sin.: *Polypodium austrobrasilianum* Alston
Ref.: León (1993), Ibisch (1996), Arroyo Padilla et al. (2009).
Hierba, epífita. Nativa. Zonas Bajas, Andes. Bosque Húmedo, Yungas, Bosque Tucumano-Boliviano, 500–1500 m.
Dept.: BE, LP, SC.
Muestra: *D.N. Smith et al. 13290* (LPB, MO, UC).

Campyloneurum brevifolium (Lodd. ex Link) Link, Fil. Spec. 124. 1841.
Sin.: *Polypodium brevifolium* Lodd. ex Link, *Campyloneurum latum* T. Moore, *Polypodium phyllitidis* var. *latum* (T. Moore) Hook., *Polypodium latum* (T. Moore) T. Moore ex Sodiro
Ref.: Foster (1958), León (1993), Kessler et al. (1999a), Kessler et al. (2000b).
Hierba, epífita. Nativa. Zonas Bajas, Andes. Bosque Húmedo, Yungas, 500–2500 m.
Dept.: CO, LP, PA, SC.
Muestra: *I. Jiménez 1310* (BOLV, GOET, LPB, UC).

Campyloneurum chlorolepis Alston, Bull. Jard. Bot. État Bruxelles 27: 56. 1957.
Sin.: *Polypodium angustifolium* var. *heterolepis* Rosenst.
Ref.: León (1993), Ibisch (1996), Sundue (2011).
Epífita. Nativa. Zonas Bajas, Andes. Bosque Húmedo, Yungas, 0–1500 m.
Dept.: BE, CO, LP.
Muestra: *D.N. Smith et al. 13294* (F, LPB, MO).

Campyloneurum coarctatum (Kunze) Fée, Mém. Foug. 5: 258. 1852.
Sin.: *Polypodium coarctatum* Kunze
Ref.: León (1993), Ibisch (1996), Kessler et al. (1999a), Sundue (2011).
Epífita. Nativa. Zonas Bajas, Andes. Bosque Húmedo, Yungas, 0–2000 m.
Dept.: BE, CO, LP.
Muestra: *M. Kessler 8622* (LPB, UC).

Campyloneurum densifolium (Hieron.) Lellinger, Amer. Fern J. 78(1): 19. 1988.
Sin.: *Polypodium angustifolium* fo. *densifolium* Hieron.
Ref.: León (1993), Kessler et al. (1999a).
Hierba, epífita. Nativa. Andes,

Altiplano. Yungas, Páramo Yungueño, Puna Húmeda, 2500–4500 m.
Dept.: CO, LP.
Muestra: *J.C. Solomon 8386* (LPB, MO, UC).

[**Campyloneurum ensifolium (Willd.) J. Sm.**], Cult. Ferns 12. 1857.
Sin.: *Polypodium ensifolium* Willd.
Ref.: Ibisch (1996).
Nota: El registro se basa en material mal identificado.

Campyloneurum fuscosquamatum Lellinger, Amer. Fern J. 78(1): 21, f. 4, 10. 1988.
Ref.: León (1993), Ibisch (1996), Killeen & Schulenberg (1998), Sundue (2011).
Hierba, epífita. Nativa. Zonas Bajas, Andes. Bosque Húmedo, Yungas, 0–2000 m.
Dept.: BE, CO, LP, SC.
Muestra: *L. Cayola et al. 442* (LPB, MO).

Campyloneurum lorentzii (Hieron.) Ching, Sunyatsenia 5(4): 263. 1940.
Sin.: *Polypodium lorentzii* Hieron.
Ref.: Foster (1958), León (1993), Ibisch (1996), Kessler et al. (1999a), Sundue (2011).
Hierba, epífita. Nativa. Andes. Yungas, Bosque Tucumano-Boliviano, 2000–4000 m.
Dept.: CO, LP, SC.
Muestra: *M. Kessler 12443* (LPB, UC).

Campyloneurum nitidissimum (Mett.) Ching, Sunyatsenia 5(4): 263. 1940.
Sin.: *Polypodium nitidissimum* Mett., *Polypodium nitidissimum* var. *latius* Rosenst.
Ref.: Foster (1958), León (1993), Sundue (2011).
Hierba. Nativa. Zonas Bajas, Andes. Bosque Húmedo, Yungas, 0–2000 m.
Dept.: CH, CO, LP, SC, TA.
Muestra: *I. Jiménez 1446* (GOET, LPB, UC).
Infra: *Campyloneurum nitidissimum* var. *nitidissimum*, *Campyloneurum nitidissimum* var. *latior* (Rosenst.) B. León

Campyloneurum nitidum (Kaulf.) C. Presl, Tent. Pterid. 190. 1836.
Sin.: *Polypodium nitidum* Kaulf., *Campyloneurum leuconeuron* Fée, *Polypodium phyllitidis* fo. *minor* Hieron., *Polypodium leuconeuron* (Fée) Christ, *Polypodium phyllitidis* fo. *major* Hieron. ex Hicken, *Campyloneurum major* (Hieron. ex Hicken) Lellinger
Ref.: León (1993).
Hierba, epífita. Nativa. Zonas Bajas. Bosque Húmedo, 0–1000 m.
Dept.: CO, LP.
Muestra: *N. Helme 790* (LPB).

Campyloneurum ophiocaulon (Klotzsch) Fée, Mém. Foug. 258. 1852.
Sin.: *Polypodium ophiocaulon* Klotzsch
Ref.: León (1993), Ibisch (1996), Kessler et al. (1999a), Arroyo Padilla et al. (2009), Sundue (2011).
Hierba, epífita. Nativa. Zonas Bajas, Andes. Bosque Húmedo, Yungas, Bosque Tucumano-Boliviano, 500–3000 m.
Dept.: CO, LP, SC.
Muestra: *A.F. Fuentes et al. 4527* (BOLV, CTES, HSB, LPB, MA, MO, USZ).

Campyloneurum pascoense R.M. Tryon & A.F. Tryon, Rhodora 84: 125. 1982.
Ref.: León (1993), Ibisch (1996), Schulenberg & Awbrey (1997), Serrano & Terán (1998 [2000]), Sundue (2011).
Hierba. Nativa. Andes. Yungas, Bosque Tucumano-Boliviano, 2000–2500 m.
Dept.: CH, CO, LP, SC.
Muestra: *A. Fay & L.E. Fay 2907* (F, LPB, MO).

Campyloneurum phyllitidis (L.) C. Presl, Tent. Pterid. 190. 1836.
Sin.: *Polypodium phyllitidis* L.
Ref.: Foster (1958), León (1993), Ibisch (1996), Killeen & Schulenberg (1998), Kessler et al. (1999a), Monteiro de Assis & Labiak (2009), Sundue (2011).
Hierba, epífita. Nativa. Zonas Bajas, Andes. Bosque Húmedo, Yungas, Bosque Tucumano-Boliviano, 0–2500 m.
Dept.: BE, CH, CO, LP, PA, SC.
Muestra: *C.R. Sperling & S.R. King 6456* (LPB, MO).

Campyloneurum poloense (Rosenst.) B. León, Phytotaxa 119(1): 59–60. 2013.
Sin.: *Polypodium poloense* Rosenst.
Ref.: Foster (1958).
Hierba, epífita. Endémica. Zonas Bajas, Andes. Bosque Húmedo, Yungas, 500–1500 m.
Dept.: CO, LP.
Tipo y muestra: *O. Buchtien 3525* (LT: S; ILT: MO, US), *M. Kessler 11386* (LPB).

Campyloneurum repens (Aubl.) C. Presl, Tent. Pterid. 190. 1836.
Sin.: *Polypodium repens* Aubl., *Polypodium fasciale* Humb. & Bonpl. ex Willd., *Campyloneurum fasciale* (Humb. & Bonpl. ex Willd.) C. Presl
Ref.: Foster (1958), León (1993), Ibisch (1996), Killeen & Schulenberg (1998), Kessler et al. (1999a), Arroyo Padilla et al. (2009), Sundue (2011).
Hierba, epífita. Nativa. Zonas Bajas, Andes. Bosque Húmedo, Bosque Semideciduo Chiquitano, Yungas, 0–2500 m.
Dept.: BE, CO, LP, PA, SC.
Muestra: *A.F. Fuentes & C. Aldana 6674* (LPB, MO).

Campyloneurum serpentinum (Christ) Ching, Sunyatsenia 5(4): 263. 1940.
Sin.: *Polypodium serpentinum* Christ
Ref.: León (1993).
Epífita. Nativa. Andes. Yungas, 1000–1500 m.
Dept.: LP.
Muestra: *A.F. Fuentes et al. 5954B* (LPB, MO, UC).

Campyloneurum solutum (Klotzsch) Fée, Mém. Foug. 258. 1852.
Sin.: *Polypodium solutum* Klotzsch
Ref.: León (1993), Kessler et al. (1999a), Smith et al. (1999).
Epífita. Nativa. Andes. Yungas, 2500–3500 m.
Dept.: BE, CO, LP.
Muestra: *M.A. Lewis 39967* (LPB, MO, UC).

Campyloneurum sphenodes (Kunze ex Klotzsch) Fée, Mém. Foug. 5: 258. 1852.
Sin.: *Polypodium sphenodes* Kunze ex Klotzsch
Ref.: Foster (1958), León (1993), Ibisch (1996), Arroyo Padilla et al. (2009), Sundue (2011).
Hierba, epífita. Nativa. Zonas Bajas, Andes. Bosque Húmedo, Bosque Semideciduo Chiquitano, Yungas, 500–1500 m.
Dept.: BE, CO, LP, SC.
Muestra: *M. Kessler 12321* (LPB, UC).

[**Campyloneurum tucumanense (Hieron.) Ching**], Sunyatsenia 5: 263. 1940.
Sin.: *Polypodium tucumanense* Hieron.
Ref.: Lellinger (1988).
Nota: El registro se basa en material mal identificado.

Campyloneurum vulpinum (Lindm.) Ching, Sunyatsenia 5(4): 263. 1940.
Sin.: *Polypodium vulpinum* Lindm.
Ref.: León (1993), Ibisch (1996), Kessler et al. (1999a).
Epífita. Nativa. Zonas Bajas, Andes. Bosque Húmedo, Yungas, 500–1500 m.
Dept.: CO, LP.
Muestra: *M. Kessler 7902* (LPB, UC).

Ceradenia L.E. Bishop, Amer. Fern J. 78(1): 2. 1988.

23 especies, 10 especies endémicas.
Nota: Además de las especies listadas existen varias especies aún no descritas en Bolivia.

Ceradenia ayopayana M. Kessler & A.R. Sm., Organisms Divers. Evol. 8(3): 167. 2008.
Epífita. Endémica. Andes. Yungas, 3000–3500 m.
Dept.: CO, LP.
Tipo y muestra: *I. Jiménez 1114* (HT: LPB; IT: GOET, UC), *K. Bach 1050* (LPB).

Ceradenia bishopii (Stolze) A.R. Sm., Novon 3(2): 185. 1993.
Sin.: *Grammitis bishopii* Stolze
Ref.: Tryon & Stolze (1993), Kessler et al. (1999a).
Epífita. Nativa. Andes. Yungas, 2500–3000 m.
Dept.: CO, LP.
Muestra: *M. Kessler 6638* (LPB, UC).

Ceradenia clavipila L.E. Bishop ex M. Kessler & A.R. Sm., Organisms Divers. Evol. 8(3): 167. 2008.
Ref.: Sundue (2011).
Epífita. Nativa. Andes. Yungas, 1500–3500 m.
Dept.: CO, LP, SC.
Tipo y muestra: *J.C. Solomon 16155* (HT: NY; IT: LPB, MO, UC), *I. Jiménez & S. Gallegos 914* (LPB, UC).

Ceradenia comosa L.E. Bishop, Amer. Fern J. 79(1): 16. 1989.
Epífita. Endémica. Andes. Yungas, 2500–3500 m.
Dept.: LP.
Tipo y muestra: *G.H.H. Tate 337* (HT: NY; IT: LPB, US), *I. Jiménez 6* (GOET, LPB).

Ceradenia discolor (Hook.) L.E. Bishop, Amer. Fern J. 78(1): 4. 1988.
Sin.: *Polypodium discolor* Hook., *Ctenopteris discolor* (Hook.) J. Sm., *Grammitis discolor* (Hook.) C.V. Morton
Ref.: Tryon & Stolze (1993).
Epífita. Nativa. Andes. Yungas, 1500–2500 m.
Dept.: LP.
Muestra: *T. Krömer 1612* (GOET, LPB).

Ceradenia glabra M. Kessler & A.R. Sm., Organisms Divers. Evol. 8(3): 167. 2008.
Epífita. Nativa. Andes. Yungas, 2500–3500 m.
Dept.: LP.
Tipo y muestra: *I. Jiménez 7* (HT: UC; IT: LPB), *M. Kessler 12096* (GOET, LPB, UC).

Ceradenia intricata (C.V. Morton) L.E. Bishop ex A.R. Sm., Novon 3(2): 185. 1993.
Sin.: *Grammitis intricata* C.V. Morton
Epífita. Nativa. Andes, Altiplano. Yungas, Puna Seca, 2500–3000, 4000–4500 m.
Dept.: CO, LP.
Muestra: *A.F. Fuentes 12556* (LPB, MO, UC).

Ceradenia jimenezii M. Kessler & A.R. Sm., Organisms Divers. Evol. 8(3): 168. 2008.
Epífita. Endémica. Andes. Yungas, 3000–3500 m.
Dept.: LP.
Tipo y muestra: *I. Jiménez 371* (HT: UC; IT: LPB), *I. Jiménez 1844* (BOLV, GOET, LPB, MO, UC).

Ceradenia jungermannioides (Klotzsch) L.E. Bishop, Amer. Fern J. 78(1): 4. 1988.
Sin.: *Polypodium jungermannioides* Klotzsch, *Grammitis jungermannioides* (Klotzsch) Ching
Epífita. Nativa. Andes. Yungas, 1000–1500 m.
Dept.: CO, LP.
Muestra: *M. Kessler 13326* (GOET, LPB, UC).

Ceradenia kalawayae M. Kessler & A.R. Sm., Organisms Divers. Evol. 8(3): 168. 2008.
Hierba, epífita. Endémica. Andes. Yungas, 3000–3500 m.
Dept.: LP.
Tipo y muestra: *M. Kessler 10645* (HT: LPB; IT: GOET, UC), *I. Jiménez 3047* (BOLV, HSB, LPB, UC, USZ).

Ceradenia kookenamae (Jenman) L.E. Bishop, Amer. Fern J. 78(1): 5. 1988.
Sin.: *Polypodium kookenamae* Jenman, *Ctenopteris kookenamae* (Jenman) Copel.
Epífita. Nativa. Andes. Yungas, 2000–2500 m.
Dept.: CO.
Muestra: *P.L. Ibisch 93.1079* (AAU, LPB).

Ceradenia madidiensis M. Kessler & A.R. Sm., Organisms Divers. Evol. 8(3): 168. 2008.
Epífita. Endémica. Andes. Yungas, 3500–4000 m.
Dept.: LP.
Tipo y muestra: *I. Jiménez 1801* (HT: UC; IT: GOET, LPB, MO), *I. Jiménez & S. Gallegos 1089* (LPB, UC).

Ceradenia mirabilis L.E. Bishop, Amer. Fern J. 79(1): 22, f. 2B. 1989.
Sin.: *Grammitis mirabilis* (L.E. Bishop) Stolze
Ref.: Tryon & Stolze (1993).
Epífita. Nativa. Andes. Yungas, 2000–2500 m.
Dept.: LP.
Tipo: *W.M.A. Brooke 6134* (HT: BM; IT: NY, U, US).
Nota: Conocida en Bolivia solamente del tipo.

Ceradenia nudicarpa (Copel.) L.E. Bishop, Amer. Fern J. 78(1): 5. 1988.
Sin.: *Ctenopteris nudicarpa* Copel.
Ref.: Copeland (1956).
Epífita. Endémica. Andes. Yungas, 1000–1500 m.
Dept.: LP.
Tipo: *O. Buchtien 5253* (HT: US).
Nota: Conocida solamente del tipo.

Ceradenia pearcei (Baker) L.E. Bishop, Amer. Fern J. 78(1): 4. 1988.
Sin.: *Polypodium pearcei* Baker, *Ctenopteris amylacea* Copel., *Grammitis amylacea* (Copel.) C.V. Morton, *Grammitis curvata* subsp. *pearcei* (Baker) Stolze
Ref.: Foster (1958), Tryon & Stolze (1993), Ibisch (1996).
Epífita. Nativa. Andes. Yungas, 2000–3000 m.
Dept.: LP.
Muestra: *M. Kessler 12095* (GOET, LPB, UC).

Ceradenia pilipalaea M. Kessler & A.R. Sm., Organisms Divers. Evol. 8(3): 168. 2008.
Ref.: Sundue (2011).

Epífita. Endémica. Andes. Yungas, 2500–3000 m.
Dept.: CO, SC.
Tipo y muestra: *M. Kessler 9204* (HT: GOET; IT: LPB, UC), *P.H. Labiak 2848* (LPB, NY).

Ceradenia pilipecten L.E. Bishop ex M. Kessler & A.R. Sm., Organisms Divers. Evol. 8(3): 168. 2008.
Hierba, epífita. Nativa. Andes. Yungas, 1000–3000 m.
Dept.: CO, LP.
Tipo y muestra: *I. Jiménez 1533* (HT: UC; IT: GOET, LPB), *I. Jiménez 1667* (LPB, UC).

Ceradenia pilipes (Hook.) L.E. Bishop, Amer. Fern J. 78(1): 4. 1988.
Sin.: *Polypodium pilipes* Hook., *Polypodium decipiens* Hook., *Grammitis pilipes* (Hook.) C.V. Morton
Epífita. Nativa. Andes. Yungas, 3000–3500 m.
Dept.: LP.
Muestra: *I. Jiménez 2932* (BOLV, LPB, MO, UC).

Ceradenia setosa M. Kessler & A.R. Sm., Organisms Divers. Evol. 8(3): 168. 2008.
Epífita. Endémica. Andes. Yungas, 2000–2500 m.
Dept.: LP.
Tipo: *T. Krömer 1370* (HT: UC; IT: GOET, LPB).
Nota: Conocida solamente del tipo.

Ceradenia similis M. Kessler & A.R. Sm., Organisms Divers. Evol. 8(3): 168. 2008.
Epífita. Endémica. Andes. Yungas, 2000–2500 m.
Dept.: LP.
Tipo: *T. Krömer 1655* (HT: LPB; IT: GOET, UC).
Nota: Conocida solamente del tipo.

Ceradenia spixiana (Mart. ex Mett.) L.E. Bishop, Amer. Fern J. 78(1): 5. 1988.
Sin.: *Polypodium spixianum* Mart. ex Mett., *Polypodium radicale* Moritz ex Baker, *Polypodium transiens* Lindm., *Grammitis transiens* (Lindm.) F. Seym.
Ref.: Sundue (2011).
Hierba, epífita. Nativa. Andes. Yungas, 1000–3000 m.
Dept.: CO, LP.
Muestra: *M. Kessler 10125* (LPB, UC).

Ceradenia tryonorum B. León & A.R. Sm., Amer. Fern J. 93(2): 81–84, f. 1. 2003.
Epífita. Nativa. Andes. Yungas, 3000–3500 m.
Dept.: LP.
Muestra: *I. Jiménez 5571* (LPB).

Ceradenia tunquiniensis M. Kessler & A.R. Sm., Organisms Divers. Evol. 8(3): 168. 2008.
Epífita. Endémica. Andes. Yungas, 1500–2000 m.
Dept.: LP.
Tipo y muestra: *T. Krömer 1386* (HT: UC; IT: LPB), *T. Krömer 1316* (GOET, LPB).

Cochlidium Kaulf., Berlin. Jahrb. Pharm. Verbundenen Wiss. 21: 36. 1820.
3 especies, 0 especies endémicas.

Cochlidium linearifolium (Desv.) Maxon ex C. Chr., Dansk Bot. Ark. 6(3): 23. 1929.
Sin.: *Monogramma linearifolia* Desv., *Grammitis linearifolia* (Desv.) Steud., *Pleurogramme immersa* Fée, *Pleurogramme linearifolia* (Desv.) T. Moore
Epífita. Nativa. Zonas Bajas. Bosque Semideciduo Chiquitano, 500–1000 m.
Dept.: SC.
Muestra: *L. Arroyo P. et al. 746* (MO, USZ).

Cochlidium pumilum Massee ex C. Chr., Dansk Bot. Ark. 6(3): 19, t. 3, f. 3. 1929.
Sin.: *Grammitis pumila* (Massee ex C. Chr.) Stolze
Ref.: Bishop (1978), Tryon & Stolze (1993), Ibisch (1996).
Epífita. Nativa. Andes. Yungas, 1500–2000 m.
Dept.: LP.
Muestra: *M. Bang 907B* (NY, US).

Cochlidium serrulatum (Sw.) L.E. Bishop, Amer. Fern J. 68(3): 80. 1978.
Sin.: *Acrostichum serrulatum* Sw., *Grammitis serrulata* (Sw.) Sw., *Asplenium serrulatum* (Sw.) Sw., *Gymnopteris serrulata* (Sw.) Bernh., *Micropteris serrulata* (Sw.) Desv., *Xiphopteris serrulata* (Sw.) Kaulf., *Polypodium serrulatum* (Sw.) Mett., *Xiphopteris extensa* Fée, *Polypodium duale* Maxon, *Xiphopteris auyantepuiensis* Vareschi
Ref.: Foster (1958), Tryon & Stolze (1993), Ibisch (1996), Killeen & Schulenberg (1998), Kessler et al. (1999a), Sundue (2011).
Epífita. Nativa. Zonas Bajas, Andes. Bosque Húmedo, Yungas, 500–1500 m.
Dept.: CO, LP, SC.
Muestra: *J.C. Solomon 10774* (LPB, MO).

Dicranoglossum J. Sm., Bot. Voy. Herald 232. 1854.
2 especies, 0 especies endémicas.

Dicranoglossum desvauxii (Klotzsch) Proctor, Rhodora 63: 35. 1961.
Sin.: *Taenitis desvauxii* Klotzsch, *Eschatogramme desvauxii* (Klotzsch) C. Chr.
Ref.: Foster (1958), Tryon & Stolze (1993), Ibisch (1996), Killeen & Schulenberg (1998), Kessler et al. (1999a).
Epífita. Nativa. Zonas Bajas. Bosque Húmedo, Bosque Semideciduo Chiquitano, 0–1000 m.
Dept.: CO, LP, SC.
Muestra: *D.N. Smith et al. 12942* (LPB, MO).

[**Dicranoglossum panamense (C. Chr.) L.D. Gómez**], Brenesia 8: 46. 1976.
Sin.: *Eschatogramme panamensis* C. Chr.
Nota: El registro se basa en material mal identificado de *D. desvauxii.*

Dicranoglossum subnudum (C. Chr.) Stolze, Fieldiana, Bot., n.s. 32: 147, f. 9a–c. 1993.
Sin.: *Eschatogramme furcata* var. *subnuda* C. Chr., *Eschatogramme subnuda* (C. Chr.) Copel.
Ref.: Foster (1958), Ibisch (1996).
Epífita. Nativa. Zonas Bajas, Andes. Bosque Húmedo, Yungas, Valles Secos, 500–1500 m.
Dept.: BE, LP.
Tipo y muestra: *O. Buchtien 3586* (HT: US; IT: F, K, MO), *M. Kessler 9824* (LPB, UC).

Enterosora Baker, Timehri 5: 218. 1886.
2 especies, 0 especies endémicas.

Enterosora parietina (Klotzsch) L.E. Bishop, Syst. Bot. 17(3): 357, f. 2J–L. 1992.
Sin.: *Polypodium parietinum* Klotzsch, *Grammitis parietina* (Klotzsch) Fée
Epífita. Nativa. Andes. Yungas, 2000–2500 m.
Dept.: LP.
Muestra: *A.F. Fuentes et al. 11798* (LPB, MO).

Enterosora trifurcata (L.) L.E. Bishop, Syst. Bot. 17(3): 353, f. 2A–C. 1992.
Sin.: *Polypodium trifurcatum* L., *Polypodium comptoniifolium* Desv., *Polypodium scolopendrioides* Hook. ex Grev., *Goniopteris trifurcata* (L.) T. Moore, *Polypodium trifurcatum* var. *brevipes* Hieron., *Grammitis trifurcata* (L.) Copel., *Ctenopteris trifurcata* (L.) Pic. Serm., *Glyphotaenium trifurcatum* (L.) Lellinger
Ref.: Tryon & Stolze (1993), Ibisch (1996).
Epífita. Nativa. Andes. Yungas, 1000–2000 m.
Dept.: LP.
Muestra: *T. Krömer & A. Acebey 1280* (LPB, UC).

Galactodenia Sundue & Labiak, Syst. Bot. 37(2): 340. 2012.
1 especie, 0 especies endémicas.

Galactodenia subscabra (Klotzsch) Sundue & Labiak, Syst. Bot. 37(2): 341, 345, f. 1C, J–L, 2E–H, 3A–C, 4. 2012.
Sin.: *Polypodium subscabrum* Klotzsch, *Terpsichore subscabra* (Klotzsch) B. León & A.R. Sm.
Epífita. Nativa. Andes. Yungas, 3000–4000 m.
Dept.: LP.
Muestra: *I. Jiménez 1808* (LPB, MO, UC).

Grammitis Sw., J. Bot. (Schrader) 2: 3, 17. 1800 [1801].
4 especies, 1 especie endémica.

Grammitis bryophila (Maxon) F. Seym., Phytologia 31(2): 172. 1975.
Sin.: *Polypodium bryophilum* Maxon
Ref.: Bishop (1977), Tryon & Stolze (1993), Ibisch (1996).
Epífita. Nativa. Andes. Yungas, 1500–2500 m.
Dept.: LP.
Muestra: *K. Bach 990* (LPB, UC).

Grammitis limbata Fée, Mém. Foug. 5: 233. 1852.
Sin.: *Polypodium nigrolimbatum* Spruce ex Jenman
Ref.: Foster (1958), Bishop (1977), Tryon & Stolze (1993), Kessler et al. (1999a).
Epífita. Nativa. Andes. Yungas, 1000–3000 m.
Dept.: CO, LP.
Muestra: *M. Kessler 7093* (LPB, UC).

Grammitis paramicola L.E. Bishop, Amer. Fern J. 67(4): 105. 1977.
Hierba. Nativa. Andes. Yungas, 2500–3000 m.
Dept.: LP.
Muestra: *I. Jiménez & S. Gallegos 966* (LPB, UC).

Grammitis setosora M. Kessler & A.R. Sm., Organisms Divers. Evol. 8(3): 169. 2008.
Epífita. Endémica. Andes. Yungas, 2500–3000 m.
Dept.: LP.
Tipo y muestra: *I. Jiménez 593* (HT: UC; IT: LPB), *A.F. Fuentes 13729* (LPB, MO, UC).

Lellingeria A.R. Sm. & R.C. Moran, Amer. Fern J. 81(3): 76. 1991.
16 especies, 3 especies endémicas.

Lellingeria affinis Labiak, Fl. Neotrop. 111: 14–16, f. 6. 2013.
Ref.: Labiak (2013).
Epífita. Nativa. Andes. Yungas, 1000–3000 m.
Dept.: CO, LP, SC.
Tipo y muestra: *I. Jiménez 1627* (HT: UC; IT: GOET, LPB), *I. Jiménez 912a* (LPB).

Lellingeria apiculata (Kunze ex Klotzsch) A.R. Sm. & R.C. Moran, Amer. Fern J. 81(3): 83. 1991.
Sin.: *Polypodium apiculatum* Kunze ex Klotzsch, *Polypodium pecten* Fée, *Ctenopteris apiculata* (Kunze ex Klotzsch) Copel., *Grammitis apiculata* (Kunze ex Klotzsch) F. Seym., *Xiphopteris apiculata* (Kunze ex Klotzsch) Copel.
Ref.: Tryon & Stolze (1993), Labiak (2013).
Epífita. Nativa. Andes. Yungas, 2500–3500 m.
Dept.: LP.
Muestra: *I. Jiménez & A. Moguel 588* (GOET, LPB, UC, UPCB).

Lellingeria calolepis Labiak, Fl. Neotrop. 111: 32, f. 19. 2013.
Ref.: Labiak (2013).
Hierba, epífita. Nativa. Andes. Yungas, 3000–3500 m.
Dept.: CO.
Tipo y muestra: *I. Jiménez & A. Moguel 1749* (HT: LPB; IT: UC), *M. Kessler 6738* (LPB, UC).

Lellingeria ciliolepis (C. Chr.) A.R. Sm., Novon 5(1): 20. 1995.
Sin.: *Polypodium ciliolepis* C. Chr., *Ctenopteris ciliaris* (Fée) Copel., *Grammitis ciliolepis* (C. Chr.) Lellinger
Ref.: Labiak (2013).
Epífita. Nativa. Andes. Yungas, 3000–3500 m.
Dept.: LP.
Tipo y muestra: *E. Asplund 1501* (LT: S; ILT: US), *G.H.H. Tate 617* (NY).

Lellingeria flagellipinnata M. Kessler & A.R. Sm., Organisms Divers. Evol. 8(3): 169. 2008.
Ref.: Sundue (2011), Labiak (2013).
Epífita. Nativa. Andes. Yungas, 2000–3500 m.
Dept.: CO, LP, SC.
Tipo y muestra: *M. Kessler 12901* (HT: LPB; IT: AAU, GOET, NY, UC), *I. Jiménez 1588* (LPB, UC).

Lellingeria humilis (Mett.) A.R. Sm. & R.C. Moran, Amer. Fern J. 81(3): 84. 1991.
Sin.: *Polypodium humile* Mett.
Ref.: Labiak (2013).
Epífita. Nativa. Andes. Yungas, 3000–3500 m.
Dept.: LP.
Muestra: *M. Kessler 11891* (LPB, UC).

Lellingeria jimenezii Labiak, Fl. Neotrop. 111: 53, f. 35. 2013.
Ref.: Labiak (2013).
Epífita. Endémica. Zonas Bajas, Andes. Bosque Húmedo, Yungas, 500–1000, 1500–2000 m.
Dept.: LP.
Tipo y muestra: *I. Jiménez & M. Alem 2139* (HT: NY; IT: LPB, UC), *M. Lehnert 466* (LPB, UC).

Lellingeria major (Copel.) A.R. Sm. & R.C. Moran, Amer. Fern J. 81(3): 84. 1991.
Sin.: *Polypodium tenuiculum* var. *acrosorum* Hieron., *Ctenopteris major* Copel., *Grammitis major* (Copel.) C.V. Morton
Ref.: Kessler et al. (1999a), Smith et al. (1999), Sundue (2011), Labiak (2013).
Epífita. Nativa. Andes. Yungas, 3000–3500 m.
Dept.: CO.
Muestra: *M. Kessler 6738* (LPB, UC).

[**Lellingeria myosuroides (Sw.) A.R. Sm. & R.C. Moran**], Amer. Fern J. 81(3): 85. 1991.
Ref.: Kessler et al. (1999a), Smith et al. (1999), Sundue (2011).
Nota: El registro se basa en material mal identificado de *Stenogrammitis jamesonii*.

Lellingeria oreophila (Maxon) A.R. Sm. & R.C. Moran, Amer. Fern J. 81(3): 85. 1991.
Sin.: *Polypodium oreophilum* Maxon, *Ctenopteris oreophila* (Maxon) Copel.
Ref.: Labiak (2013).
Epífita. Nativa. Andes. Yungas, 1500–2000 m.
Dept.: LP.
Muestra: *M. Kessler 12604* (LPB, UC).

[**Lellingeria pendula (Sw.) A.R. Sm. & R.C. Moran**], Amer. Fern J. 81(3): 86. 1991.
Sin.: *Polypodium pendulum* Sw.
Ref.: Foster (1958), Labiak (2013).
Nota: El registro se basa en material mal identificado.

Lellingeria phlegmaria (J. Sm.) A.R. Sm. & R.C. Moran, Amer. Fern J. 81(3): 86. 1991.
Sin.: *Polypodium phlegmaria* J. Sm., *Grammitis phlegmaria* (J. Sm.) Proctor
Ref.: Kessler et al. (1999a), Smith et al. (1999), Labiak & Prado (2007), Labiak (2013).
Epífita. Nativa. Andes. Yungas, 2500–3000 m.
Dept.: CO, LP.
Muestra: *M. Kessler 6966* (LPB, UC).
Infra: *Lellingeria phlegmaria* var. *phlegmaria*

Lellingeria pseudocapillaris (Rosenst.) A.R. Sm. & R.C. Moran, Amer. Fern J. 81(3): 86. 1991.
Sin.: *Polypodium pseudocapillare* Rosenst., *Grammitis pseudocapillaris* (Rosenst.) C.V. Morton
Ref.: Foster (1958), Tryon & Stolze (1993), Ibisch (1996), Labiak (2013).
Epífita. Nativa. Andes. Yungas, 2500–3500 m.
Dept.: CO, LP.
Tipo y muestra: *T. Herzog 2190A* (HT: L; IT: UC, US), *I. Jiménez 570* (LPB, UC).

Lellingeria pseudotenuicula Labiak, Fl. Neotrop. 111: 84–85, f. 59. 2013.
Ref.: Labiak (2013).
Hierba. Endémica. Andes. Valles Secos, 1500–2500 m.
Dept.: CH, SC, TA.
Tipo y muestra: *I. Jiménez 2417* (HT: UC; IT: LPB), *M. Kessler 6455* (GOET, UC).

Lellingeria simacensis (Rosenst.) A.R. Sm. & R.C. Moran, Amer. Fern J. 81(3): 87. 1991.
Sin.: *Polypodium simacense* Rosenst., *Ctenopteris simacensis* (Rosenst.) Copel.
Ref.: Foster (1958).
Epífita. Endémica. Andes. Yungas, 1000–1500 m.
Dept.: LP.
Tipo y muestra: *O. Buchtien 5259* (HT: S; IT: UC, US), *M. Kessler 10231* (LPB).

Lellingeria subsessilis (Baker) A.R. Sm. & R.C. Moran, Amer. Fern J. 81(3): 87. 1991.
Sin.: *Polypodium pteropus* Hook., *Polypodium subsessile* Baker, *Polypodium pendulum* var. *subsessile* (Baker) Baker, *Polypodium chiricanum* Maxon, *Polypodium pendulum* var. *boliviense* Rosenst., *Ctenopteris obovata* Copel., *Ctenopteris subsessilis* (Baker) Copel., *Grammitis subsessilis* (Baker) C.V. Morton, *Lellingeria obovata* (Copel.) A.R. Sm. & R.C. Moran
Ref.: Foster (1958), Tryon & Stolze (1993), Ibisch (1996), Schulenberg & Awbrey (1997), Kessler et al. (1999a), Kessler et al. (2000b), Serrano & Terán (1998 [2000]), Labiak (2013).
Epífita. Nativa. Andes. Yungas, Bosque Serrano Chaqueño, 1000–2500 m.
Dept.: CH, CO, LP, SC.
Muestra: *M. Kessler 10106* (LPB, UC).

Lellingeria suspensa (L.) A.R. Sm. & R.C. Moran, Amer. Fern J. 81(3): 87. 1991.
Sin.: *Polypodium suspensum* L., *Polypodium jubaeforme* Kaulf., *Polypodium saccatum* Fée, *Polypodium pendulum* var. *jubiforme* (Kaulf.) Griseb., *Ctenopteris jubiformis* (Kaulf.) J. Sm., *Polypodium subcapillare* Christ, *Ctenopteris rhizophorae* Copel., *Ctenopteris suspensa* (L.) Copel., *Grammitis suspensa* (L.) Proctor, *Grammitis subcapillaris* (Christ) F. Seym.
Ref.: Ibisch (1996), Kessler et al. (1999a), Smith et al. (1999), Labiak (2013).
Epífita. Nativa. Andes. Bosque Húmedo, Yungas, 500–1500 m.
Dept.: CO, LP.
Muestra: *M. Kessler 8141* (LPB, UC).

Lellingeria tunguraguae (Rosenst.) A.R. Sm. & R.C. Moran, Amer. Fern J. 81(3): 88. 1991.
Sin.: *Polypodium tunguraguae* Rosenst., *Ctenopteris tunguraguae* (Rosenst.) Copel., *Grammitis tunguraguae* (Rosenst.) C.V. Morton
Ref.: Kessler et al. (1999a), Smith et al. (1999), Labiak (2013).
Epífita. Nativa. Andes. Yungas, 2000–2500 m.
Dept.: CO.
Muestra: *M. Kessler 8208* (LPB, UC).

Melpomene A.R. Sm. & R.C. Moran, Novon 2(4): 426. 1992.
16 especies, 0 especies endémicas.

Melpomene albicans Lehnert, Amer. Fern J. 98(4): 216. 2008.
Ref.: Sundue (2011), Lehnert (2013).
Hierba, epífita. Nativa. Andes. Yungas, 2000–3500 m.
Dept.: CO, LP, SC.
Tipo y muestra: *M. Lehnert 714* (HT: GOET; IT: LPB, UC), *M.A. Lewis 39952* (LPB, MO).

Melpomene allosuroides (Rosenst.) A.R. Sm. & R.C. Moran, Novon 2(4): 429. 1992.
Sin.: *Polypodium allosuroides* Rosenst., *Ctenopteris allosuroides* (Rosenst.) Copel., *Grammitis allosuroides* (Rosenst.) Lellinger
Ref.: Foster (1958), Lehnert (2013).
Hierba. Nativa. Altiplano. Puna Húmeda, 3500–4500 m.
Dept.: CO, LP.
Tipo y muestra: *T. Herzog 2373* (HT: S; IT: UC, US), *J.C. Solomon 12829* (LPB, MO, UC).

Melpomene caput-gorgonis Lehnert, Amer. Fern J. 98(4): 218. 2008.
Ref.: Lehnert (2013).
Hierba, epífita. Nativa. Andes. Yungas, 2500–3500 m.
Dept.: LP.
Tipo y muestra: *M. Lehnert 367* (HT: LPB; IT: GOET, UC), *M. Kessler 11921* (GOET, LPB, UC).

Melpomene erecta (C.V. Morton) A.R. Sm. & R.C. Moran, Novon 2(4): 429. 1992.
Sin.: *Polypodium moniliforme* var. *bogotense* Hieron., *Grammitis erecta* C.V. Morton
Ref.: Sundue (2011), Lehnert (2013).
Hierba. Nativa. Andes. Páramo Yungueño, 2500–3500 m.
Dept.: CO, LP, SC.
Muestra: *R. Núñez 25* (MA, MO, NY, UC, USZ).

Melpomene firma (J. Sm.) A.R. Sm. & R.C. Moran, Novon 2(4): 430. 1992.
Sin.: *Polypodium firmum* Klotzsch, *Ctenopteris firma* J. Sm., *Polypodium*

aromaticum Maxon, *Polypodium herzogii* Rosenst., *Ctenopteris aromatica* (Maxon) Copel., *Grammitis aromatica* (Maxon) Proctor, *Grammitis firma* (J. Sm.) C.V. Morton, *Xiphopteris aromatica* (Maxon) Crabbe
Ref.: Foster (1958), Tryon & Stolze (1993), Ibisch (1996), Kessler et al. (1999a), Sundue (2011), Lehnert (2013).
Hierba, epífita. Nativa. Andes. Yungas, Páramo Yungueño, Bosque de *Polylepis*, 1000–3500 m.
Dept.: CO, LP, SC.
Muestra: *J.C. Solomon et al. 11924* (LPB, MO).

Melpomene flabelliformis (Poir.) A.R. Sm. & R.C. Moran, Novon 2(4): 430. 1992.
Sin.: *Polypodium flabelliforme* Poir., *Polypodium rigescens* Bory ex Willd., *Ctenopteris rigescens* (Bory ex Willd.) J. Sm., *Grammitis flabelliformis* (Poir.) C.V. Morton, *Xiphopteris flabelliformis* (Poir.) Schelpe, *Grammitis rigescens* (Bory ex Willd.) Lellinger, *Grammitis katasophistes* Mickel & Beitel
Ref.: Tryon & Stolze (1993), Ibisch (1996), Sundue (2011), Lehnert (2013).
Hierba, epífita. Nativa. Andes, Altiplano. Yungas, Bosque de *Polylepis*, 3000–4000 m.
Dept.: CO, LP, SC.
Muestra: *A.F. Fuentes 10544* (LPB, MO, UC).
Infra: *Melpomene flabelliformis* var. *flabelliformis*

Melpomene flagellata Lehnert, Amer. Fern J. 98(4): 222. 2008.
Ref.: Lehnert (2013).
Hierba, epífita. Nativa. Andes. Yungas, 1500–3500 m.
Dept.: CO, LP.
Tipo y muestra: *M. Kessler & M. Kelschebach 107* (HT: LPB; IT: GOET), *T. Krömer & A. Acebey 1368* (GOET, LPB, UC).

Melpomene gracilis (Hook.) A.R. Sm., Novon 5(1): 21. 1995.
Sin.: *Polypodium gracile* Hook., *Ctenopteris gracilis* (Hook.) J. Sm., *Grammitis gracilis* (Hook.) Stolze
Ref.: Smith & Moran (1992), Lehnert (2013).
Hierba. Nativa. Andes, Altiplano. Yungas, Páramo Yungueño, Bosque de *Polylepis*, 3000–4000 m.
Dept.: LP.
Muestra: *R.S. Williams 2622* (NY).

Melpomene jimenezii Lehnert, Amer. Fern J. 98(4): 227. 2008.
Ref.: Lehnert (2013).
Hierba, epífita. Nativa. Andes. Yungas, Páramo Yungueño, 3000–3500 m.
Dept.: LP.
Tipo y muestra: *I. Jiménez 1859* (HT: LPB; IT: GOET, MO, UC), *I. Jiménez 1891* (LPB, MO, UC).

Melpomene melanosticta (Kunze) A.R. Sm. & R.C. Moran, Novon 2(4): 430. 1992.
Sin.: *Polypodium melanostictum* Kunze, *Polypodium calvum* Maxon, *Ctenopteris calva* (Maxon) Copel., *Ctenopteris melanosticta* (Kunze) Copel., *Grammitis melanosticta* (Kunze) F. Seym.
Ref.: Tryon & Stolze (1993), Lehnert (2013).
Epífita. Nativa. Zonas Bajas, Andes. Bosque Húmedo, Yungas, 500–1500 m.
Dept.: BE, LP.
Muestra: *I. Jiménez & H. Huaylla 2651* (GOET, LPB, UC).

Melpomene michaelis Lehnert, Amer. Fern J. 98(4): 229. 2008.
Ref.: Sundue (2011), Lehnert (2013).
Hierba, epífita. Nativa. Andes. Yungas, 2000–3500 m.
Dept.: CO, LP, SC.
Tipo y muestra: *M. Lehnert 519* (HT: GOET; IT: LPB, UC), *M.H. Nee 50639* (LPB, MO, NY, UC).

Melpomene moniliformis (Lag. ex Sw.) A.R. Sm. & R.C. Moran, Novon 2(4): 430. 1992.
Sin.: *Polypodium moniliforme* Lag. ex Sw., *Polypodium subcrenatum* Hook., *Polypodium angustissimum* Fée, *Ctenopteris moniliformis* (Lag. ex Sw.) J. Sm., *Grammitis moniliformis* (Lag. ex Sw.) Proctor, *Xiphopteris moniliformis* (Lag. ex Sw.) Crabbe
Ref.: Foster (1958), Tryon & Stolze (1993), Ibisch (1996), Kessler et al. (1999a), Sundue (2011), Lehnert (2013).
Hierba. Nativa. Andes, Altiplano. Yungas, Páramo Yungueño, Puna Húmeda, Bosque de *Polylepis*, 2500–4000 m.
Dept.: CO, LP, SC.
Muestra: *M. Lehnert 603* (GOET, LPB, UC).
Infra: *Melpomene moniliformis* var. *moniliformis*, *Melpomene moniliformis* var. *minor* (Christ) Lehnert

Melpomene paradoxa Lehnert, Amer. Fern J. 98(4): 235. 2008.
Ref.: Lehnert (2013).
Hierba, epífita. Nativa. Andes. Yungas, 2000–3500 m.
Dept.: CO, LP.
Tipo y muestra: *M. Kessler et al. 11717* (HT: LPB; IT: GOET, UC), *M. Kessler 6569* (LPB, UC).

Melpomene personata Lehnert, Amer. Fern J. 98(4): 237, 9, 12B. 2008.
Ref.: Lehnert (2013).
Hierba, epífita. Nativa. Andes, Altiplano. Yungas, Páramo Yungueño, Puna Húmeda, 2500–4500 m.
Dept.: CO, LP.
Tipo y muestra: *M. Kessler 10606* (HT: UC; IT: GOET, LPB), *A.F. Fuentes & H. Huaylla 13633* (AAU, BOLV, LPB, MA, MO, UC, USZ).

Melpomene peruviana (Desv.) A.R. Sm. & R.C. Moran, Novon 2(4): 430. 1992.
Sin.: *Polypodium peruvianum* Desv., *Ctenopteris peruviana* (Desv.) J. Sm., *Polypodium peruvianum* var. *subgibbosum* Rosenst., *Grammitis peruviana* (Desv.) C.V. Morton, *Xiphopteris peruviana* (Desv.) Crabbe, *Melpomene zempoaltepetlensis* (Mickel & Beitel) A.R. Sm.
Ref.: Foster (1958), Schulenberg & Awbrey (1997), González et al. (1999), Kessler et al. (1999a), Kessler et al. (2000b), Serrano & Terán (1998 [2000]), Huaylla & Cervantes (2011), Lehnert (2013).
Hierba. Nativa. Andes, Altiplano. Bosque Tucumano-Boliviano, Valles Secos, Puna Húmeda, 1000–5000 m.
Dept.: CH, CO, LP, SC, TA.
Muestra: *M. Lehnert 751* (GOET, LPB, UC).

[**Melpomene pilosissima (M. Martens & Galeotti) A.R. Sm. & R.C. Moran**], Novon 2(4): 431. 1992.
Sin.: *Polypodium pilosissimum* M. Martens & Galeotti, *Grammitis pilosissima* (M. Martens & Galeotti) C.V. Morton
Nota: El registro se basa en material mal identificado.

[**Melpomene vernicosa (Maxon ex Copel.) A.R. Sm. & R.C. Moran**], Novon 2(4): 431. 1992.
Sin.: *Ctenopteris vernicosa* Maxon ex Copel., *Grammitis vernicosa* (Maxon ex Copel.) C.V. Morton
Ref.: Smith et al. (1999).
Nota: El registro se basa en material mal identificado.

Melpomene xiphopteroides (Liebm.) A.R. Sm. & R.C. Moran, Novon 2(4): 431. 1992.
Sin.: *Polypodium xiphopteroides* Liebm., *Polypodium rigens* Maxon, *Ctenopteris megaloura* Copel., *Ctenopteris rigens* (Maxon) Copel., *Grammitis xiphopteroides* (Liebm.) A.R. Sm.
Ref.: Tryon & Stolze (1993), Ibisch (1996), Kessler et al. (1999a), Sundue (2011), Lehnert (2013).
Epífita. Nativa. Zonas Bajas, Andes. Bosque Húmedo, Yungas, 500–2500 m.
Dept.: BE, CO, LP, SC.
Muestra: *M. Kessler et al. 12596* (GOET, LPB, UC).
Infra: *Melpomene xiphopteroides* var. *xiphopteroides*, *Melpomene xiphopteroides* var. *acrodontia* (Fée) Lehnert

Microgramma C. Presl, Tent. Pterid. 213. 1836.
17 especies, 0 especies endémicas.

Microgramma acatallela Alston, J. Wash. Acad. Sci. 48: 232. 1958.
Epífita. Nativa. Zonas Bajas, Andes. Bosque Húmedo, Yungas, 500–1500 m.
Dept.: LP.
Muestra: *T. Krömer 323* (LPB, UC).

Microgramma baldwinii Brade, Arch. Jard. Bot. Rio de Janeiro 18: 30, t. 1. 1965.
Epífita. Nativa. Zonas Bajas. Bosque Húmedo, 0–500 m.
Dept.: BE.
Muestra: *T. Krömer 1454* (LPB, UC).

Microgramma bifrons (Hook.) Lellinger, Amer. Fern J. 67(2): 59. 1977.
Sin.: *Polypodium bifrons* Hook., *Solanopteris bifrons* (Hook.) Copel.
Epífita. Nativa. Andes. Yungas, 1500–2000 m.
Dept.: LP.
Muestra: *A.F. Fuentes & J. Salas 14212* (LPB, MO, UC).

Microgramma dictyophylla (Kunze ex Mett.) de la Sota, Novon 17(1): 27–28. 2007.
Sin.: *Polypodium dictyophyllum* Kunze ex Mett., *Polypodium fuscopunctatum* Hook., *Microgramma fuscopunctata* (Hook.) Vareschi, *Pleopeltis fuscopunctata* (Hook.) R.M. Tryon & A.F. Tryon
Ref.: Foster (1958), Tryon & Stolze (1993), Ibisch (1996), Kessler et al. (1999a).
Hierba, epífita. Nativa. Zonas Bajas, Andes. Bosque Húmedo, Yungas, 0–2000 m.
Dept.: CO, LP, PA.
Muestra: *M. Kessler 7552* (LPB, UC).

Microgramma latevagans (Maxon & C. Chr.) Lellinger, Amer. Fern J. 74(2): 59. 1984.
Sin.: *Polypodium latevagans* Maxon & C. Chr.
Ref.: Foster (1958), Tryon & Stolze (1993), Sundue (2011).
Hierba, epífita. Nativa. Andes. Yungas, 2000–3500 m.
Dept.: CO, LP, SC.
Muestra: *D.N. Smith et al. 13487* (LPB, MO, UC).

Microgramma lycopodioides (L.) Copel., Ann. Cryptog. Phytopathol. 5: 185. 1947.
Sin.: *Polypodium lycopodioides* L., *Drynaria lycopodioides* (L.) Fée, *Anapeltis lycopodioides* (L.) J. Sm., *Niphobolus lycopodioides* (L.) Keyserl., *Phymatodes lycopodioides* (L.) Millsp., *Phymatodes prominula* Maxon, *Polypodium prominulum* (Maxon) C. Chr.
Ref.: Foster (1958), Tryon & Stolze (1993), Ibisch (1996), Killeen & Schulenberg (1998), Kessler et al. (1999a).
Epífita. Nativa. Zonas Bajas, Andes. Bosque Húmedo, Bosque Semideciduo Chiquitano, Yungas, 0–1500 m.
Dept.: BE, CO, LP, SC.
Muestra: *L. Arroyo P. et al. 179* (LPB, MO, USZ).

Microgramma megalophylla (Desv.) de la Sota, Bol. Soc. Argent. Bot. 10: 158. 1963.
Sin.: *Polypodium megalophyllum* Desv.
Ref.: Ibisch (1996), Killeen & Schulenberg (1998), Smith et al. (1999).
Epífita. Nativa. Zonas Bajas. Bosque Húmedo, Bosque Semideciduo Chiquitano, 0–1000 m.
Dept.: BE, PA, SC.
Muestra: *L. Arroyo P. et al. 607* (MO, NY, UC, USZ).

Microgramma mortoniana de la Sota, Amer. Fern J. 63: 64. 1973.
Ref.: Ibisch (1996), Smith et al. (1999), Monteiro de Assis & Labiak (2009).
Epífita. Nativa. Zonas Bajas, Andes. Sabanas Benianas del Sur, Valles Secos, 0–1500 m.
Dept.: BE, LP.
Muestra: *M. Kessler 11005* (LPB, UC).

Microgramma percussa (Cav.) de la Sota, Physis (Buenos Aires) 44(106C): 28. 1986.
Sin.: *Polypodium percussum* Cav., *Pleopeltis percussa* (Cav.) Hook. & Grev.
Ref.: Foster (1958), Moraes R. (1990), Tryon & Stolze (1993), Ibisch (1996), Kessler et al. (1999a), Sundue (2011).
Epífita. Nativa. Zonas Bajas, Andes. Bosque Húmedo, Yungas, Bosque Tucumano-Boliviano, 0–2000 m.
Dept.: BE, CO, LP, PA, SC.
Muestra: *A. Fay & L.E. Fay 2683* (LPB, MO).

Microgramma persicariifolia (Schrad.) C. Presl, Tent. Pterid. 214. 1836.
Sin.: *Polypodium persicariifolium* Schrad., *Pleopeltis persicariifolia* (Schrad.) T. Moore, *Microsorum persicariifolium* (Schrad.) Alston
Ref.: Foster (1958), Tryon & Stolze (1993), Ibisch (1996), Killeen & Schulenberg (1998), Sundue (2011).
Epífita. Nativa. Zonas Bajas, Andes. Bosque Húmedo, Yungas, 0–1500 m.
Dept.: BE, CO, LP, PA, SC.
Muestra: *M. Toledo et al. 1423* (MO, UC, USZ).

Microgramma reptans (Cav.) A.R. Sm., Proc. Calif. Acad. Sci., ser. 4, 40(8): 230. 1975.
Sin.: *Acrostichum reptans* Cav., *Polypodium ciliatum* Willd., *Polypodium piloselloides* var. *ciliatum* (Willd.) Sodiro, *Marginaria ciliata* (Willd.) Alston, *Microgramma ciliata* (Willd.) Alston
Ref.: Foster (1958), Tryon & Stolze (1993), Ibisch (1996), Kessler et al. (1999a), Sundue (2011).
Epífita. Nativa. Zonas Bajas, Andes. Bosque Húmedo, Yungas, 0–1500 m.
Dept.: BE, CO, LP, PA.
Muestra: *T. Killeen 4006* (LPB, MO).

Microgramma rosmarinifolia (Kunth) R.M. Tryon & A.F. Tryon, Rhodora 84: 129. 1982.
Sin.: *Polypodium rosmarinifolium* Kunth
Ref.: Smith et al. (1999).
Hierba, epífita. Nativa. Andes. Yungas, 3000–3500 m.
Dept.: CO.
Muestra: *M. Kessler 12354* (LPB, UC).

Microgramma squamulosa (Kaulf.) de la Sota, Opera Lilloana 5: 59, f. 2, 3, 6, 7. 1961.
Sin.: *Polypodium squamulosum* Kaulf.
Ref.: Foster (1958), Tryon & Stolze

(1993), Ibisch (1996), Schulenberg & Awbrey (1997), González et al. (1999), Kessler et al. (2000b), Serrano & Terán (1998 [2000]), Navarro Sánchez (2001), Arroyo Padilla et al. (2009), Huaylla & Cervantes (2011), Sundue (2011).
Hierba, epífita. Nativa. Zonas Bajas, Andes. Bosque Semideciduo Chiquitano, Bosque Seco Chaqueño, Bosque Tucumano-Boliviano, Valles Secos, 0–3000 m.
Dept.: CH, CO, LP, SC, TA.
Muestra: *J.C. Solomon 9919* (LPB, MO, UC).

Microgramma tecta (Kaulf.) Alston, J. Wash. Acad. Sci. 48: 232. 1958.
Sin.: *Polypodium tectum* Kaulf., *Acrostichum nanum* Liebm., *Polypodium piloselloides* var. *tectum* (Kaulf.) Baker, *Marginaria tecta* (Kaulf.) Alston
Ref.: Foster (1958), Tryon & Stolze (1993), Ibisch (1996), Kessler et al. (1999a).
Epífita. Nativa. Zonas Bajas, Andes. Bosque Húmedo, Yungas, 0–2500 m.
Dept.: BE, CO, LP, PA, SC.
Muestra: *J.C. Solomon 17372* (LPB, MO).
Infra: *Microgramma tecta* var. *nana* (Liebm.) Mickel & Beitel

Microgramma thurnii (Baker) R.M. Tryon & Stolze, Fieldiana, Bot., n.s. 32: 156. 1993.
Sin.: *Drynaria acuminata* Fée, *Polypodium thurnii* Baker, *Polypodium loretense* Maxon
Epífita. Nativa. Zonas Bajas. Bosque Húmedo, 0–500 m.
Dept.: LP.
Muestra: *N. Helme 506A* (LPB).

Microgramma ulei (Ule) Stolze, Fieldiana, Bot., n.s. 32: 156. 1993.
Sin.: *Polypodium ulei* Ule
Ref.: Sundue (2011).
Epífita. Nativa. Zonas Bajas. Bosque Semideciduo Chiquitano, 0–500 m.
Dept.: SC.
Muestra: *W.M.A. Brooke 5748* (BM).

Microgramma vacciniifolia (Langsd. & Fisch.) Copel., Gen. Fil. (Copeland) 185. 1947.
Sin.: *Polypodium vacciniifolium* Langsd. & Fisch., *Marginaria vacciniifolia* (Langsd. & Fisch.) C. Presl, *Goniophlebium vacciniifolium* (Langsd. & Fisch.) J. Sm. ex Hook., *Craspedaria vacciniifolia* (Langsd. & Fisch.) Link, *Anapeltis vacciniifolia* (Langsd. & Fisch.) J. Sm., *Lopholepis vacciniifolia* (Langsd. & Fisch.) J. Sm., *Niphobolus vacciniifolius* (Langsd. & Fisch.) Keyserl., *Lepicystis vacciniifolia* (Langsd. & Fisch.) Diels
Ref.: Foster (1958), Tryon & Stolze (1993), Ibisch (1996), Kessler et al. (2000b), Navarro Sánchez (2001), Sundue (2011).
Hierba, epífita. Nativa. Zonas Bajas, Andes. Bosque Semideciduo Chiquitano, Valles Secos, 0–2500 m.
Dept.: BE, CO, LP, SC.
Muestra: *M.H. Nee 46707* (LPB, MO, NY).

Moranopteris R.Y. Hirai & J. Prado, Taxon 60(4): 1127–1128. 2011.

8 especies, 1 especie endémica.

Moranopteris aphelolepis (C.V. Morton) R.Y. Hirai & J. Prado, Taxon 60(4): 1128. 2011.
Sin.: *Grammitis aphelolepis* C.V. Morton, *Micropolypodium aphelolepis* (C.V. Morton) A.R. Sm.
Epífita. Nativa. Andes. Yungas, 2000–3500 m.
Dept.: LP.
Muestra: *A. Fay & L.E. Fay 2602* (LPB, MO).

Moranopteris basiattenuata (Jenman) R.Y. Hirai & J. Prado, Taxon 60(4): 1128, f. 2H, f. 3A, C–D. 2011.
Sin.: *Polypodium basiattenuatum* Jenman, *Xiphopteris basiattenuata* (Jenman) Copel., *Grammitis basiattenuata* (Jenman) Proctor, *Micropolypodium basiattenuatum* (Jenman) A.R. Sm.
Epífita. Nativa. Andes. Yungas, 2500–3000 m.
Dept.: LP.
Muestra: *I. Jiménez 1004* (LPB, MO, UC).

Moranopteris blepharidea (Copel.) R.Y. Hirai & J. Prado, Taxon 60(4): 1131. 2011.
Sin.: *Polypodium blepharideum* Copel., *Polypodium buesii* Maxon, *Xiphopteris blepharidea* (Copel.) Copel., *Xiphopteris buesii* (Maxon) Copel., *Grammitis buesii* (Maxon) Lellinger, *Micropolypodium blepharideum* (Copel.) A.R. Sm.
Ref.: Kessler et al. (1999a), Smith et al. (1999).
Epífita. Nativa. Andes. Yungas, 2000–3500 m.
Dept.: CO, LP.
Muestra: *A.F. Fuentes 12127* (LPB, MO).

Moranopteris caucana (Hieron.) R.Y. Hirai & J. Prado, Taxon 60(4): 1131. 2011.
Sin.: *Polypodium caucanum* Hieron., *Xiphopteris caucana* (Hieron.) Copel., *Grammitis caucana* (Hieron.) C.V. Morton, *Micropolypodium caucanum* (Hieron.) A.R. Sm.
Ref.: Kessler et al. (1999a), Smith et al. (1999).
Epífita. Nativa. Andes. Yungas, 2000–2500 m.
Dept.: CO.
Muestra: *M. Kessler 7143* (LPB, UC).

Moranopteris longisetosa (Hook.) R.Y. Hirai & J. Prado, Taxon 60(4): 1131. 2011.
Sin.: *Polypodium longisetosum* Hook., *Grammitis myriophylla* (Mett. ex Baker) C.V. Morton, *Polypodium myriophyllum* Mett. ex Baker, *Ctenopteris myriophylla* (Mett. ex Baker) Copel., *Xiphopteris myriophylla* (Mett. ex Baker) Crabbe, *Terpsichore longisetosa* (Hook.) A.R. Sm.
Ref.: Foster (1958), Smith (1993), Tryon & Stolze (1993), Ibisch (1996), Kessler et al. (1999a).
Epífita. Nativa. Andes. Yungas, 3000–4000 m.
Dept.: CO, LP.
Muestra: *I. Jiménez 1770* (LPB, MO, UC).

Moranopteris taenifolia (Jenman) R.Y. Hirai & J. Prado, Taxon 60(4): 1132. 2011.
Sin.: *Grammitis blepharodes* (Maxon) F. Seym., *Polypodium taenifolium* Jenman, *Polypodium daguense* Hieron., *Polypodium sintenisii* Hieron., *Polypodium blepharolepis* C. Chr., *Polypodium blepharodes* Maxon, *Xiphopteris blepharodes* (Maxon) Copel., *Xiphopteris blepharolepis* (C. Chr.) Copel., *Xiphopteris daguensis* (Hieron.) Copel., *Xiphopteris taenifolia* (Jenman) Copel., *Grammitis taenifolia* (Jenman) Proctor, *Grammitis blepharolepis* (C. Chr.) C.V. Morton, *Grammitis daguensis* (Hieron.) C.V. Morton, *Micropolypodium taenifolium* (Jenman) A.R. Sm.
Ref.: Hirai & Prado (2012).
Epífita. Nativa. Andes. Yungas, 1500–2000 m.
Dept.: LP.
Muestra: *G.H.H. Tate 1055* (US).

Moranopteris truncicola (Klotzsch) R.Y. Hirai & J. Prado, Taxon 60(4): 1132. 2011.
Sin.: *Polypodium truncicola* Klotzsch, *Grammitis truncicola* (Klotzsch) C.V.

Morton, *Micropolypodium truncicola* (Klotzsch) A.R. Sm.
Ref.: Tryon & Stolze (1993), Kessler et al. (1999a), Smith et al. (1999).
Epífita. Nativa. Andes. Yungas, 1500–3500 m.
Dept.: CO, LP.
Muestra: *M. Kessler 7177* (LPB, UC).

Moranopteris williamsii (Maxon) R.Y. Hirai & J. Prado, Taxon 60(4): 1132. 2011.
Sin.: *Polypodium andinum* Hook., *Polypodium williamsii* Maxon, *Grammitis andina* (Hook.) Ching, *Xiphopteris williamsii* (Maxon) Copel., *Grammitis williamsii* (Maxon) Lellinger, *Micropolypodium williamsii* (Maxon) A.R. Sm.
Ref.: Foster (1958), Kessler et al. (1999a).
Epífita. Endémica. Andes. Yungas, 1500–2500 m.
Dept.: CO, LP.
Tipo y muestra: *R.S. Williams 1167* (IT: NY), *M. Kessler 7173* (LPB, UC).

Niphidium J. Sm., Hist. Fil. 99. 1875.

6 especies, 0 especies endémicas.

Niphidium albopunctatissimum Lellinger, Amer. Fern J. 62: 109, f. 2 & 15. 1972.
Sin.: *Polypodium albopunctatissimum* Linden, *Pleuridium albopunctatissimum* J. Sm., *Polypodium crassifolium* var. *longipes* Rosenst., *Pessopteris albopunctatissima* (Lellinger) Pic. Serm.
Ref.: Foster (1958), Tryon & Stolze (1993), Kessler et al. (1999a), Kessler et al. (2000b), Triana-Moreno & Murillo Aldana (2005), Arroyo Padilla et al. (2009), Sundue (2011).
Hierba, epífita. Nativa. Zonas Bajas, Andes. Bosque Húmedo, Yungas, Bosque Tucumano-Boliviano, 0–3500 m.
Dept.: CO, LP, SC.
Tipo y muestra: *R.S. Williams 1062* (HT: NY; IT: GH, NY, US), *A. Fay & L.E. Fay 2876* (LPB, MO, UC).

Niphidium anocarpos (Kunze) Lellinger, Amer. Fern J. 62: 120. 1972.
Sin.: *Polypodium acrosorum* Kunze, *Polypodium anocarpos* Kunze
Ref.: Tryon & Stolze (1993), Ibisch (1996), Kessler et al. (1999a), Kessler et al. (2000b), Huaylla & Cervantes (2011), Sundue (2011).
Epífita. Nativa. Zonas Bajas, Andes. Bosque Semideciduo Chiquitano, Yungas, 500–3000 m.
Dept.: CO, LP, SC.
Muestra: *J.C. Solomon & M. Moraes R. 17213* (LPB, MO).

Niphidium carinatum Lellinger, Amer. Fern J. 62: 113, f. 4–16. 1972.
Ref.: Tryon & Stolze (1993), Ibisch (1996).
Epífita. Nativa. Zonas Bajas, Andes. Bosque Húmedo, Yungas, 500–1500 m.
Dept.: BE, CO, LP, SC.
Muestra: *M. Kessler 11072* (LPB, UC).

Niphidium crassifolium (L.) Lellinger, Amer. Fern J. 62: 106. 1972.
Sin.: *Polypodium crassifolium* L., *Anaxetum crassifolium* (L.) Schott, *Drynaria crassifolia* (L.) J. Sm., *Dipteris crassifolia* (L.) J. Sm.
Ref.: Foster (1958), Tryon & Stolze (1993), Ibisch (1996), Killeen & Schulenberg (1998), Kessler et al. (2000b), Huaylla & Cervantes (2011), Sundue (2011).
Hierba, epífita. Nativa. Andes. Yungas, Bosque Tucumano-Boliviano, 1000–3500 m.
Dept.: CH, CO, LP, SC.
Muestra: *M. Kessler 11234* (LPB, UC).

Niphidium rufosquamatum Lellinger, Amer. Fern J. 62: 115, f. 5 & 17. 1972.
Ref.: Smith et al. (1999).
Epífita. Nativa. Zonas Bajas. Bosque Húmedo, 500–1000 m.
Dept.: BE.
Muestra: *D.N. Smith et al. 13293* (LPB, MO, US).

Niphidium vittaria (Mett.) Lellinger, Amer. Fern J. 62: 119. 1972.
Sin.: *Polypodium vittaria* Mett.
Epífita. Nativa. Andes. Yungas, 2000–2500 m.
Dept.: LP, SC.
Muestra: *S.G. Beck 1237* (LPB).

Pecluma M.G. Price, Amer. Fern J. 73(4): 109. 1983.

19 especies, 2 especies endémicas.

Pecluma absidata (A.M. Evans) M.G. Price, Amer. Fern J. 73(4): 113. 1983.
Sin.: *Polypodium absidatum* A.M. Evans
Ref.: Tryon & Stolze (1993), Ibisch (1996).
Hierba, epífita. Nativa. Andes. Yungas, Bosque Tucumano-Boliviano, 2000–3500 m.
Dept.: CH, CO, LP, TA.
Muestra: *M. Kessler 9242* (LPB, UC).

Pecluma camptophyllaria (Fée) M.G. Price, Amer. Fern J. 73(4): 113. 1983.
Sin.: *Polypodium camptophyllarium* Fée, *Polypodium cinerascens* Lindm., *Polypodium lachniferum* Hieron., *Polypodium camptophyllarium* var. *lachniferum* (Hieron.) A.M. Evans
Ref.: Foster (1958), Tryon & Stolze (1993), Ibisch (1996), Kessler et al. (2000b), Sundue (2011).
Hierba, epífita. Nativa. Andes. Yungas, 1000–4000 m.
Dept.: CH, CO, LP, SC.
Muestra: *M. Kessler 6060* (LPB, UC).
Infra: *Pecluma camptophyllaria* var. *camptophyllaria*, *Pecluma camptophyllaria* var. *lachnifera* (Hieron.) Lellinger

Pecluma choquetangensis (Rosenst.) M.G. Price, Amer. Fern J. 73(4): 113. 1983.
Sin.: *Polypodium choquetangense* Rosenst.
Ref.: Foster (1958), Ibisch (1996), González et al. (1999), Sundue (2011).
Epífita. Endémica. Andes, Altiplano. Yungas, Bosque de *Polylepis*, 2000–4000 m.
Dept.: CH, CO, LP, SC.
Tipo y muestra: *T. Herzog 2387* (HT: L; IT: S, UC, US), *M.A. Lewis 37058* (LPB, MO).

Pecluma consimilis (Mett.) M.G. Price, Amer. Fern J. 73(4): 113. 1983.
Sin.: *Polypodium consimile* Mett.
Epífita. Nativa. Zonas Bajas. Bosque Húmedo, 0–500 m.
Dept.: LP.
Muestra: *I. Jiménez 2640* (LPB, UC).

Pecluma curvans (Mett.) M.G. Price, Amer. Fern J. 73(4): 114. 1983.
Sin.: *Polypodium curvans* Mett., *Polypodium circinatum* Sodiro
Ref.: Foster (1958), Tryon & Stolze (1993), Ibisch (1996).
Hierba, epífita. Nativa. Andes. Yungas, 3000–3500 m.
Dept.: LP.
Muestra: *M.A. Lewis 881726* (LPB, MO).

Pecluma dispersa (A.M. Evans) M.G. Price, Amer. Fern J. 73(4): 114. 1983.
Sin.: *Polypodium dispersum* A.M. Evans
Ref.: Monteiro de Assis & Labiak (2009).
Epífita. Nativa. Zonas Bajas. Bosque Húmedo, 500–1000 m.
Dept.: LP, SC.
Muestra: *T. Herzog 1496* (S).

Pecluma divaricata (E. Fourn.) Mickel & Beitel, Mem. New York Bot. Gard. 46: 269. 1988.
Sin.: *Polypodium divaricatum* E. Fourn., *Polypodium bolivianum* Rosenst., *Polypodium bolivianum* var. *brevipes* Rosenst., *Pecluma boliviana* (Rosenst.) M.G. Price
Ref.: Foster (1958), Tryon & Stolze (1993), Ibisch (1996), Kessler et al. (2000b), Serrano & Terán (1998 [2000]), Triana-Moreno & Murillo Aldana (2005), Sundue (2011).
Epífita. Nativa. Andes. Yungas, 1000–4000 m.
Dept.: CH, CO, LP, SC.
Muestra: *M. Kessler 6074* (LPB, UC).

Pecluma eurybasis (C. Chr.) M.G. Price, Amer. Fern J. 73(4): 114. 1983.
Sin.: *Polypodium lachniferum* var. *glabrescens* Rosenst., *Polypodium eurybasis* C. Chr., *Polypodium eurybasis* var. *villosum* A.M. Evans
Ref.: Foster (1958), Tryon & Stolze (1993), Ibisch (1996), Schulenberg & Awbrey (1997), Kessler et al. (1999a), Kessler et al. (2000b), Serrano & Terán (1998 [2000]), Huaylla & Cervantes (2011).
Hierba, epífita. Nativa. Zonas Bajas, Andes. Bosque Húmedo, Yungas, Bosque Tucumano-Boliviano, 500–3500 m.
Dept.: CH, CO, LP, SC, TA.
Muestra: *A.F. Fuentes et al. 10321* (BOLV, LPB, MO, UC, USZ).
Infra: *Pecluma eurybasis* var. *glabrescens* (Rosenst.) Lellinger, *Pecluma eurybasis* var. *villosa* (A.M. Evans) Lellinger

Pecluma filicula (Kaulf.) M.G. Price, Amer. Fern J. 73(4): 114. 1983.
Sin.: *Polypodium filiculum* Kaulf., *Polypodium taxifolium* var. *filiculum* (Kaulf.) Sodiro
Ref.: Foster (1958), Tryon & Stolze (1993), Ibisch (1996), González et al. (1999), Kessler et al. (2000b), Navarro Sánchez (2001), Arroyo Padilla et al. (2009), Monteiro de Assis & Labiak (2009), Huaylla & Cervantes (2011), Sundue (2011).
Hierba, epífita. Nativa. Zonas Bajas, Andes. Bosque Semideciduo Chiquitano, Yungas, Bosque Tucumano-Boliviano, Valles Secos, 0–2000 m.
Dept.: CH, CO, LP, SC, TA.
Muestra: *J.C. Solomon 9988* (LPB, MO).

Pecluma hygrometrica (Splitg.) M.G. Price, Amer. Fern J. 73(4): 115. 1983.
Sin.: *Polypodium hygrometricum* Splitg., *Polypodium truncatulum* Rosenst.
Ref.: Foster (1958), Tryon & Stolze (1993), Ibisch (1996), Kessler et al. (1999a), Serrano & Terán (1998 [2000]), Huaylla & Cervantes (2011), Sundue (2011).
Hierba, epífita. Nativa. Zonas Bajas, Andes. Bosque Húmedo, Yungas, 0–1500 m.
Dept.: BE, CH, CO, SC.
Muestra: *A.F. Fuentes et al. 3713* (LPB, MO, NY, UC).

Pecluma macedoi (Brade) M. Kessler & A.R. Sm., Candollea 60(1): 281. 2005.
Sin.: *Polypodium macedoi* Brade, *Polypodium camptophyllarium* var. *macedoi* (Brade) A.M. Evans, *Pecluma camptophyllaria* var. *macedoi* (Brade) Salino
Ref.: Evans (1968 [1969]), Monteiro de Assis & Labiak (2009).
Hierba, epífita. Nativa. Andes. Yungas, 1000–1500 m.
Dept.: LP, SC.
Muestra: *O. Buchtien 3505* (US).

Pecluma oranensis (de la Sota) de la Sota, Hickenia 2(31): 137. 1995.
Sin.: *Polypodium oranense* de la Sota
Epífita. Nativa. Andes. Bosque Tucumano-Boliviano, 1000–1500 m.
Dept.: CH.
Muestra: *M. Serrano 6930* (BOLV, UC).

[**Pecluma paradiseae (Langsd. & Fisch.) M.G. Price**], Amer. Fern J. 73(4): 115. 1983.
Sin.: *Polypodium paradiseae* Langsd. & Fisch.
Ref.: Foster (1958).
Nota: El registro se basa en material mal identificado.

Pecluma pectinata (L.) M.G. Price, Amer. Fern J. 73(4): 115. 1983.
Sin.: *Polypodium pectinatum* L.
Ref.: Foster (1958).
Hierba, epífita. Nativa. Zonas Bajas. Bosque Húmedo, Bosque Semideciduo Chiquitano, 0–1000 m.
Dept.: BE, SC.
Muestra: *A.F. Fuentes 5508* (LPB, MO, UC).

Pecluma perpinnata M. Kessler & A.R. Sm., Candollea 60(1): 272, f. 1A–C. 2005.
Hierba, epífita. Endémica. Andes. Yungas, 1000–2000 m.
Dept.: CO, LP.
Tipo y muestra: *T. Krömer 1499* (HT: UC; IT: GOET, LPB), *I. Jiménez 1511* (LPB, UC).

Pecluma pilosa (A.M. Evans) M. Kessler & A.R. Sm., Candollea 60(1): 281. 2005.
Sin.: *Polypodium ptiloton* var. *pilosum* A.M. Evans
Ref.: Evans (1968 [1969]).
Hierba, epífita. Nativa. Zonas Bajas, Andes. Bosque Húmedo, Yungas, 0–3000 m.
Dept.: CO, LP.
Muestra: *J. Gonzáles R. 1902* (LPB, UC).

Pecluma plumula (Humb. & Bonpl. ex Willd.) M.G. Price, Amer. Fern J. 73(4): 115. 1983.
Sin.: *Polypodium plumula* Humb. & Bonpl. ex Willd., *Ctenopteris plumula* (Humb. & Bonpl. ex Willd.) J. Sm.
Ref.: Foster (1958), Tryon & Stolze (1993), Ibisch (1996), Killeen & Schulenberg (1998), Kessler et al. (1999a), Monteiro de Assis & Labiak (2009), Sundue (2011).
Hierba, epífita. Nativa. Zonas Bajas, Andes. Bosque Húmedo, Yungas, Bosque Tucumano-Boliviano, 0–2000 m.
Dept.: BE, CO, LP, PA, SC.
Muestra: *L. Cayola et al. 1381* (LPB, MO, UC).

Pecluma ptilota (Kunze) M.G. Price, Amer. Fern J. 73(4): 115. 1983.
Sin.: *Polypodium ptiloton* Kunze
Ref.: Evans (1968 [1969]), Tryon & Stolze (1993), Ibisch (1996), Kessler et al. (1999a).
Hierba. Nativa. Zonas Bajas, Andes. Bosque Húmedo, Yungas, 500–1500 m.
Dept.: CO, LP.
Muestra: *R. Seidel 780* (LPB).
Infra: *Pecluma ptilota* var. *ptilota*

Pecluma robusta (Fée) M. Kessler & A.R. Sm., Candollea 60(1): 281. 2005.
Sin.: *Polypodium robustum* Fée, *Polypodium ptiloton* var. *robustum* (Fée) A.M. Evans
Ref.: Evans (1968 [1969]).
Hierba, epífita. Nativa. Andes. Yungas, 1000–2000 m.
Dept.: CO, LP.
Muestra: *H. Huaylla 1339* (LPB, UC).

[**Pecluma sicca (Lindm.) M.G. Price**], Amer. Fern J. 73(4): 115. 1983.
Sin.: *Polypodium siccum* Lindm.
Ref.: Ibisch (1996).
Nota: El registro se basa en material mal identificado.

[**Pecluma singeri (de la Sota) M.G. Price**], Amer. Fern J. 73(4): 115. 1983.
Sin.: *Polypodium singeri* de la Sota
Ref.: Ibisch (1996).
Nota: El registro se basa en material mal identificado.

Pecluma venturii (de la Sota) M.G. Price, Amer. Fern J. 73(4): 115. 1983.
Sin.: *Polypodium venturii* de la Sota
Ref.: Ibisch (1996), González et al. (1999), Kessler et al. (2000b).
Hierba, epífita. Nativa. Andes. Yungas, Bosque Tucumano-Boliviano, 1500–2500 m.
Dept.: CO, LP, SC.
Muestra: *M. Kessler 6223* (LPB, UC).

Phlebodium (R. Br.) J. Sm., J. Bot. (Hooker) 4: 58. 1841.
2 especies, 0 especies endémicas.

[**Phlebodium aureum (L.) J. Sm.**], J. Bot. (Hooker) 4: 59. 1841.
Sin.: *Polypodium aureum* L., *Polypodium leucatomos* Poir.
Ref.: Foster (1958), Tryon & Stolze (1993).
Nota: El registro se basa en material mal identificado.

Phlebodium decumanum (Willd.) J. Sm., J. Bot. (Hooker) 4: 59. 1841.
Sin.: *Polypodium decumanum* Willd., *Chrysopteris decumana* (Willd.) Fée
Ref.: Foster (1958), Tryon & Stolze (1993), Ibisch (1996), Killeen & Schulenberg (1998), Kessler et al. (1999a), Sundue (2011).
Hierba, epífita. Nativa. Zonas Bajas, Andes. Bosque Húmedo, Yungas, 0–2000 m.
Dept.: BE, CO, LP, PA, SC.
Muestra: *R. Seidel 2027* (LPB, UC).

Phlebodium pseudoaureum (Cav.) Lellinger, Amer. Fern J. 77(3): 101. 1987.
Sin.: *Polypodium pseudoaureum* Cav., *Polypodium areolatum* Humb. & Bonpl. ex Willd., *Polypodium aureum* var. *areolatum* (Humb. & Bonpl. ex Willd.) Baker
Ref.: Foster (1958), Schulenberg & Awbrey (1997), Killeen & Schulenberg (1998), González et al. (1999), Kessler et al. (1999a), Kessler et al. (2000b), Serrano & Terán (1998 [2000]), Monteiro de Assis & Labiak (2009), Sundue (2011).
Hierba, epífita. Nativa. Zonas Bajas, Andes. Bosque Semideciduo Chiquitano, Yungas, 500–2500 m.
Dept.: CH, CO, LP, SC, TA.
Muestra: *F. Mamani & A. Jardim 1263* (MO, USZ).

Platycerium Desv., Mém. Soc. Linn. Paris 6: 213. 1827.
1 especie, 0 especies endémicas.

Platycerium andinum Baker, Ann. Bot. (Oxford) 5: 496. 1891.
Ref.: Foster (1958), Hennipman & Roos (1982), Parker & Bailey (1991), Tryon & Stolze (1993), Ibisch (1996), Ministerio de Medio Ambiente y Agua (2012 [2013]).
Epífita. Nativa. Andes. Valles Secos, 1000–1500 m.
Dept.: LP.
Muestra: *A.H. Gentry & R.B. Foster 71141* (LPB, MO).

Pleopeltis Humb. & Bonpl. ex Willd., Sp. Pl. 5: 211. 1810.
18 especies, 3 especies endémicas.

Pleopeltis appressa M. Kessler & A.R. Sm., Candollea 60(1): 273, f. 1D–G. 2005.
Ref.: Huaylla & Cervantes (2011), Sundue (2011).
Hierba, epífita. Endémica. Andes. Bosque Tucumano-Boliviano, 2000–3000 m.
Dept.: CH, SC, TA.
Tipo y muestra: *M.A. Sundue 565* (HT: UC; IT: LPB, MO, NY, USZ), *P.L. Ibisch 931255* (LPB).

Pleopeltis astrolepis (Liebm.) E. Fourn., Mexic. Pl. 1: 87. 1872.
Sin.: *Polypodium astrolepis* Liebm., *Pleopeltis revoluta* (Spreng. ex Willd.) A.R. Sm.
Ref.: Tryon & Stolze (1993), Ibisch (1996), Kessler et al. (1999a), Kessler et al. (2000b), Monteiro de Assis & Labiak (2009), Sundue (2011).
Hierba, epífita. Nativa. Zonas Bajas, Andes. Bosque Húmedo, Yungas, 0–1500 m.
Dept.: CO, LP, SC.
Muestra: *M. Kessler 5370* (GOET, LPB, UC).

Pleopeltis ballivianii (Rosenst.) A.R. Sm., Candollea 60(1): 281. 2005.
Sin.: *Polypodium ballivianii* Rosenst., *Polypodium ballivianii* fo. *semilacera* Rosenst.
Ref.: Foster (1958), Ibisch (1996), Kessler et al. (1999a).
Hierba, epífita. Endémica. Zonas Bajas, Andes. Bosque Húmedo, Yungas, 500–2000 m.
Dept.: CO, LP, TA.
Tipo y muestra: *O. Buchtien 2169* (IT: UC, US), *J.C. Solomon 9190* (LPB, MO).

Pleopeltis bombycina (Maxon) A.R. Sm., Candollea 60(1): 281. 2005.
Sin.: *Polypodium bombycinum* Maxon, *Polypodium apagolepis* de la Sota, *Marginaria bombycina* (Maxon) Pic. Serm.
Ref.: Tryon & Stolze (1993), Ibisch (1996).
Epífita. Nativa. Zonas Bajas. Bosque Húmedo, 0–1000 m.
Dept.: BE, CO, LP, PA.
Muestra: *A. Jardim 770* (MO, UC, USZ).

Pleopeltis buchtienii (Christ & Rosenst.) A.R. Sm., Candollea 60(1): 281. 2005.
Sin.: *Polypodium buchtienii* Christ & Rosenst., *Polypodium rusbyi* Maxon, *Polypodium pycnocarpum* var. *buchtienii* (Christ & Rosenst.) R.M. Tryon & Stolze
Ref.: Foster (1958), López Vargas (1995), Saravia Miranda (1996), Kessler et al. (1999a), Kessler et al. (2000b), Huaylla & Cervantes (2011), Sundue (2011).
Hierba, epífita. Nativa. Andes. Yungas, 2000–3500 m.
Dept.: CO, LP, SC.
Tipo y muestra: *O. Buchtien 880* (IT: UC, US), *R.C. Moran 5903* (LPB, MO, UC).
Nom. Vern.: Sacha coca coca.

Pleopeltis disjuncta M. Kessler & A.R. Sm., Candollea 60(1): 274, f. 2A–C. 2005.
Ref.: Kessler & Smith (2005), Sundue (2011).
Hierba, epífita. Nativa. Zonas Bajas, Andes. Bosque Húmedo, Yungas, Valles Secos, 500–1500 m.
Dept.: LP, SC.
Tipo y muestra: *M. Kessler 10268* (HT: UC; IT: GOET, LPB), *M.A. Lewis 40368* (LPB, MO).

Pleopeltis fraseri (Mett. ex Kuhn) A.R. Sm., Candollea 60(1): 281. 2005.
Sin.: *Polypodium fraseri* Mett. ex Kuhn
Ref.: Sundue (2011).
Hierba, epífita. Nativa. Andes. Yungas, 1000–2000 m.
Dept.: CO, LP.
Muestra: *A. Portugal 422* (LPB, UC).

[**Pleopeltis hirsutissima (Raddi) de la Sota**], Darwiniana 45(2): 239. 2008.
Sin.: *Polypodium hirsutissimum* Raddi
Ref.: Foster (1958), Monteiro de Assis & Labiak (2009).
Nota: El registro se basa en material mal identificado de probablemente *P. bombycina*.

Pleopeltis intermedia M. Kessler & A.R. Sm., Candollea 60(1): 275, f. 2D–G. 2005.
Ref.: Sundue (2011).
Hierba, epífita. Endémica. Zonas Bajas, Andes. Bosque Húmedo, Yungas, Bosque Tucumano-Boliviano, 0–2500 m.
Dept.: BE, CH, CO, LP, SC.
Tipo y muestra: *T. Krömer 1415* (HT: UC; IT: GOET, LPB, SEL), *L. Cayola et al. 2389* (BOLV, LPB, MO).

Pleopeltis macrocarpa (Bory ex Willd.) Kaulf., Berlin. Jahrb. Pharm. Verbundenen Wiss. 21: 41. 1820.
Sin.: *Polypodium lanceolatum* L., *Polypodium macrocarpum* Bory ex Willd., *Pleopeltis lanceolata* (L.) C. Presl, *Phlebodium lanceolatum* (L.) J. Sm., *Niphobolus lanceolatus* (L.) Keyserl., *Lepicystis lanceolata* (L.) Diels
Ref.: Tryon & Stolze (1993), Ibisch (1996), Schulenberg & Awbrey (1997), González et al. (1999), Kessler et al. (2000b), Serrano & Terán (1998 [2000]), Arroyo Padilla et al. (2009), Huaylla & Cervantes (2011), Sundue (2011).
Hierba, epífita. Nativa. Zonas Bajas, Andes. Bosque Húmedo, Yungas, Bosque Tucumano-Boliviano, 0–3500 m.
Dept.: BE, CH, CO, LP, SC, TA.
Muestra: *J.C. Solomon 17380* (LPB, MO).
Infra: *Pleopeltis macrocarpa* var. *macrocarpa*

Pleopeltis megalolepis (Maxon & C.V. Morton) A.R. Sm., Candollea 60(1): 281. 2005.
Sin.: *Polypodium megalolepis* Maxon & C.V. Morton
Ref.: Foster (1958), Tryon & Stolze (1993).
Hierba, epífita. Nativa. Andes, Altiplano. Yungas, Bosque de *Polylepis*, 3500–4500 m.
Dept.: CO, LP.
Muestra: *D.N. Smith 14163* p.p. (LPB, MO, UC).

Pleopeltis minima (Bory) J. Prado & R.Y. Hirai, Amer. Fern J. 100(4): 191. 2010 [2011].
Sin.: *Polypodium minimum* Aubl., *Marginaria minima* Bory, *Polypodium squalidum* Vell., *Polypodium microlepis* Fée, *Goniophlebium incanum* var. *minus* Fée, *Polypodium incanum* var. *squalidum* (Vell.) Baker, *Polypodium minimum* (Bory) Herter, *Polypodium polypodioides* var. *minus* (Fée) Weath., *Pleopeltis squalida* (Vell.) de la Sota
Ref.: Foster (1958), Monteiro de Assis & Labiak (2009), Sundue (2011).
Hierba, epífita. Nativa. Zonas Bajas, Andes. Bosque Semideciduo Chiquitano, Bosque Seco Chaqueño, Bosque Tucumano-Boliviano, Valles Secos, 0–2500 m.
Dept.: BE, CH, LP, SC, TA.
Muestra: *M. Kessler 12319* (LPB, UC).

Pleopeltis polypodioides (L.) E.G. Andrews & Windham, Contr. Univ. Michigan Herb. 19: 46. 1993.
Sin.: *Acrostichum polypodioides* L., *Polypodium polypodioides* (L.) Watt, *Polypodium incanum* var. *burchelli* Baker, *Polypodium polypodioides* var. *burchellii* (Baker) Weath.
Ref.: Foster (1958), Moraes R. (1990), Parker & Bailey (1991), Tryon & Stolze (1993), Ibisch (1996), Killeen & Schulenberg (1998), Kessler et al. (1999a), Navarro Sánchez (2001).
Epífita. Nativa. Zonas Bajas, Andes. Bosque Húmedo, Bosque Semideciduo Chiquitano, Yungas, Bosque Tucumano-Boliviano, Valles Secos, 0–2500 m.
Dept.: BE, CH, CO, LP, PA, SC.
Muestra: *A. Jardim 581* (GOET, MO, NY, UC, USZ).
Infra: *Pleopeltis polypodioides* var. *burchellii* (Baker) A.R. Sm.

Pleopeltis pycnocarpa (C. Chr.) A.R. Sm., Candollea 60(1): 282. 2005.
Sin.: *Polypodium macrocarpum* C. Presl, *Polypodium pycnocarpum* C. Chr., *Polypodium bryopodum* Maxon, *Marginaria bryopoda* (Maxon) Pic. Serm.
Ref.: Foster (1958), Tryon & Stolze (1993), Ibisch (1996), Serrano & Terán (1998 [2000]), Navarro Sánchez (2001), Huaylla & Cervantes (2011).
Hierba, epífita. Nativa. Andes, Altiplano. Yungas, Páramo Yungueño, Valles Secos, Bosque de *Polylepis*, 1000–4500 m.
Dept.: CH, CO, LP, SC, TA.
Muestra: *J.C. Solomon 7435* (LPB, MO).

Pleopeltis remota (Desv.) A.R. Sm., Candollea 60(1): 282. 2005.
Sin.: *Polypodium remotum* Desv., *Polypodium leucorhizon* Kunze ex Klotzsch, *Polypodium leucosticton* Kunze ex Klotzsch
Ref.: Foster (1958), Tryon & Stolze (1993), Ibisch (1996), Kessler et al. (1999a), Sundue (2011).
Hierba, epífita. Nativa. Andes. Yungas, Valles Secos, 1000–2500 m.
Dept.: BE, CO, LP, SC.
Muestra: *A. Fay & L.E. Fay 2495* (LPB, MO, UC).

Pleopeltis stolzei A.R. Sm., Candollea 60(1): 282. 2005.
Sin.: *Pleopeltis macrocarpa* var. *laciniata* Stolze
Ref.: Kessler et al. (1999a).
Hierba, epífita. Nativa. Zonas Bajas. Bosque Húmedo, 0–500 m.
Dept.: BE, CO.
Muestra: *M. Kessler 8401* (LPB, UC).

Pleopeltis subvestita (Maxon) A.R. Sm., Candollea 60(1): 282. 2005.
Sin.: *Polypodium subvestitum* Maxon
Ref.: Foster (1958), Tryon & Stolze (1993).
Hierba, epífita. Nativa. Andes. Valles Secos, 2000–4000 m.
Dept.: CO, LP.
Muestra: *M.A. Lewis 35302* (LPB, MO).

Pleopeltis thyssanolepis (A. Braun ex Klotzsch) E.G. Andrews & Windham, Contr. Univ. Michigan Herb. 19: 46. 1993.
Sin.: *Polypodium thyssanolepis* A. Braun ex Klotzsch, *Goniophlebium thyssanolepis* (A. Braun ex Klotzsch) T. Moore, *Marginaria thyssanolepis* (A. Braun ex Klotzsch) Farw.
Ref.: Foster (1958), Tryon & Stolze (1993).
Hierba, epífita. Nativa. Andes. Valles Secos, 1000–3000 m.
Dept.: CO, LP.
Muestra: *M. Kessler 5581* (LPB, UC).

Pleopeltis tweediana (Hook.) A.R. Sm., Candollea 60(1): 282. 2005.
Sin.: *Polypodium tweedianum* Hook.
Ref.: Foster (1958), López Vargas (1995), Saravia Miranda (1996), González et al. (1999), Kessler et al.

(2000b), Huaylla & Cervantes (2011), Sundue (2011).
Epífita. Nativa. Andes. Bosque Tucumano-Boliviano, Valles Secos, 1000–3000 m.
Dept.: CO, LP, SC, TA.
Muestra: *A. Jardim & N. Rosas-Hurtado 1567* (MO, UC, USZ).

Polypodium L., Sp. Pl. 2: 1082. 1753.
2 especies, 0 especies endémicas.

Polypodium chrysolepis Hook., Icon. Pl. 8: pl. 721. 1845.
Sin.: *Polypodium bangii* Baker, *Microgramma chrysolepis* (Hook.) Crabbe
Ref.: Foster (1958), Tryon & Stolze (1993), Ibisch (1996), González et al. (1999), Kessler et al. (1999a), Sundue (2011).
Epífita. Nativa. Andes, Altiplano. Yungas, Bosque Tucumano-Boliviano, Bosque de *Polylepis*, 2500–4000 m.
Dept.: CH, CO, LP, TA.
Muestra: *J.C. Solomon 13742* (LPB, MO, UC).

Polypodium dulce Poir., Encycl. 5: 523. 1804.
Sin.: *Polypodium sororium* Humb. & Bonpl. ex Willd., *Chrysopteris dulcis* (Poir.) Fée, *Polypodium endresii* Baker
Ref.: Kessler et al. (1999a).
Hierba, epífita. Nativa. Andes. Yungas, 500–1500 m.
Dept.: BE, CO, LP.
Muestra: *T. Krömer 1569* (LPB, UC).

[**Polypodium fulgens Hieron.**], Hedwigia 48: 268. 1909.
Ref.: Foster (1958).
Nota: Especie dudosa.

[**Polypodium furfuraceum Schltdl. & Cham.**], Linnaea 5: 607. 1830.
Ref.: Tryon & Stolze (1993), Ibisch (1996).
Nota: El registro se basa en material mal identificado.

[**Polypodium plebeium Schltdl. & Cham.**], Linnaea 5: 607. 1830.
Ref.: Ibisch (1996).
Nota: El registro se basa en material mal identificado.

Serpocaulon A.R. Sm., Taxon 55(4): 924–927, f. 3–4. 2006.
22 especies, 2 especies endémicas.

[**Serpocaulon adnatum (Kunze ex Klotzsch) A.R. Sm.**], Taxon 55(4): 927. 2006.
Sin.: *Polypodium adnatum* Kunze ex Klotzsch
Ref.: Ibisch (1996), Kessler et al. (1999a), Kessler et al. (2000b).
Nota: El registro se basa en material mal identificado de *S. richardii*.

Serpocaulon appressum (Copel.) A.R. Sm., Taxon 55(4): 927. 2006.
Sin.: *Polypodium rhizocaulon* var. *hirsutulum* Rosenst., *Polypodium appressum* Copel.
Ref.: Foster (1958), Hensen (1990).
Epífita. Endémica. Andes. Yungas, 1000–2000 m.
Dept.: LP.
Tipo y muestra: *Y.E.J. Mexia 7812* (HT: UC; IT: GH, LPB, MO, US), *L. Cayola et al. 2890* (BOLV, HSB, LPB, MA, MO, NY, UC, USZ).

Serpocaulon attenuatum (C. Presl) A.R. Sm., Taxon 55(4): 927–928. 2006.
Sin.: *Polypodium attenuatum* Humb. & Bonpl. ex Willd., *Goniophlebium attenuatum* C. Presl.
Ref.: Killeen & Schulenberg (1998).
Hierba, epífita. Nativa. Zonas Bajas. Bosque Semideciduo Chiquitano, 500–1000 m.
Dept.: SC.
Muestra: *L. Arroyo P. et al. 660* (MO, UC, USZ).

Serpocaulon caceresii (Sodiro) A.R. Sm., Taxon 55(4): 928, f. 3A. 2006.
Sin.: *Polypodium caceresii* Sodiro
Ref.: Foster (1958), Hensen (1990), Tryon & Stolze (1993), Ibisch (1996).
Epífita. Nativa. Zonas Bajas, Andes. Bosque Húmedo, Yungas, 500–1500 m.
Dept.: BE, LP.
Muestra: *A.F. Fuentes et al. 3826* (LPB, MO, NY, UC).

Serpocaulon concolorum (M. Kessler & A.R. Sm.) A.R. Sm., Taxon 55(4): 928. 2006.
Sin.: *Polypodium concolorum* M. Kessler & A.R. Sm.
Ref.: Kessler & Smith (2005).
Epífita. Nativa. Andes. Yungas, 2000–3000 m.
Dept.: CO, LP.
Tipo y muestra: *M. Kessler 11922* (HT: UC; IT: GOET, LPB), *A.F. Fuentes & M. Villalobos 14037* (LPB, MO, UC).

Serpocaulon crystalloneuron (Rosenst.) A.R. Sm., Taxon 55(4): 928. 2006.
Sin.: *Polypodium crystalloneuron* Rosenst.
Ref.: Foster (1958), Hensen (1990), Tryon & Stolze (1993), Ibisch (1996), Kessler et al. (1999a), Sundue (2011).
Hierba, epífita. Nativa. Andes. Yungas, 2000–4000 m.
Dept.: CO, LP, SC.
Tipo y muestra: *O. Buchtien 2773-2775* (LT: B [s.n.]; ST: BM, L, P, UC), *M.A. Lewis 38531* (LPB, MO).

[**Serpocaulon dasypleuron (Kunze) A.R. Sm.**], Taxon 55(4): 928, f. 3D. 2006.
Sin.: *Polypodium dasypleuron* Kunze
Ref.: Ibisch (1996).
Nota: El registro se basa en material mal identificado.

[**Serpocaulon dissimile (L.) A.R. Sm.**], Taxon 55(4): 928, f. 3B,H, f. 4A–C. 2006.
Sin.: *Polypodium dissimile* L.
Ref.: Ibisch (1996).
Nota: El registro se basa en material mal identificado.

Serpocaulon fraxinifolium (Jacq.) A.R. Sm., Taxon 55(4): 928, f. 3C,G, f. 4G–K. 2006.
Sin.: *Polypodium fraxinifolium* Jacq., *Polypodium rhizocaulon* Willd., *Goniophlebium fraxinifolium* (Jacq.) T. Moore
Ref.: Foster (1958), Hensen (1990), Tryon & Stolze (1993), Ibisch (1996), Kessler et al. (1999a), Kessler et al. (2000b), Arroyo Padilla et al. (2009), Huaylla & Cervantes (2011), Sundue (2011).
Hierba, epífita. Nativa. Zonas Bajas, Andes. Bosque Húmedo, Yungas, Bosque Tucumano-Boliviano, 0–3000 m.
Dept.: BE, CO, LP, SC.
Muestra: *D.N. Smith et al. 13441* (LPB, MO).

Serpocaulon funckii (Mett.) A.R. Sm., Taxon 55(4): 928. 2006.
Sin.: *Polypodium funckii* Mett.
Ref.: Ibisch (1996), Kessler et al. (1999a), Sundue (2011).
Hierba, epífita. Nativa. Andes. Yungas, 2500–3500 m.
Dept.: CO, LP.
Muestra: *M. Kessler 6615* (LPB, UC).

Serpocaulon giganteum (Desv.) A.R. Sm., Taxon 55(4): 928. 2006.
Sin.: *Polypodium giganteum* Desv., *Polypodium fendleri* D.C. Eaton,

Campyloneurum magnificum T. Moore, *Polypodium magnificum* (T. Moore) Hieron.
Ref.: León (1993).
Hierba, epífita. Nativa. Zonas Bajas, Andes. Bosque Húmedo, Yungas, 0–2500 m.
Dept.: CO, LP, SC.
Muestra: *J.C. Solomon 17620* (LPB, MO).

Serpocaulon gilliesii (C. Chr.) A.R. Sm., Taxon 55(4): 928. 2006.
Sin.: *Polypodium gilliesii* C. Chr.
Ref.: Foster (1958), Kessler et al. (1999a).
Hierba, epífita. Nativa. Andes. Bosque Tucumano-Boliviano, Valles Secos, 1000–3500 m.
Dept.: CO, LP, TA.
Muestra: *I. Jiménez 2488* (BOLV, GOET, LPB, NY, UC).

Serpocaulon intricatum (M. Kessler & A.R. Sm.) A.R. Sm., Taxon 55(4): 928. 2006.
Sin.: *Polypodium intricatum* M. Kessler & A.R. Sm.
Ref.: Sundue (2011).
Epífita. Nativa. Andes. Yungas, 1000–3500 m.
Dept.: CO, LP, SC.
Tipo y muestra: *M. Kessler 9429* (HT: UC; IT: LPB), *I.G. Vargas et al. 1480* (LPB, MO, NY, USZ).

Serpocaulon lasiopus (Klotzsch) A.R. Sm., Taxon 55(4): 928. 2006.
Sin.: *Polypodium lasiopus* Klotzsch, *Goniophlebium lasiopus* (Klotzsch) T. Moore
Ref.: Hensen (1990), Tryon & Stolze (1993), Ibisch (1996), González et al. (1999), Kessler et al. (2000b), Arroyo Padilla et al. (2009), Sundue (2011).
Hierba, epífita. Nativa. Zonas Bajas, Andes. Bosque Semideciduo Chiquitano, Yungas, Bosque Tucumano-Boliviano, Valles Secos, 500–2500, 3000–3500 m.
Dept.: CH, CO, LP, SC, TA.
Muestra: *J.C. Solomon 10106* (LPB, MO, UC).

Serpocaulon latipes (Langsd. & L. Fisch.) A.R. Sm., Taxon 55(4): 928. 2006.
Sin.: *Polypodium latipes* Langsd. & L. Fisch.
Ref.: Foster (1958), Hensen (1990), Schulenberg & Awbrey (1997), Kessler et al. (1999a), Kessler et al. (2000b), Serrano & Terán (1998 [2000]), Sundue (2011).
Hierba, epífita. Nativa. Andes. Yungas, Bosque Tucumano-Boliviano, 1000–3000 m.
Dept.: CH, CO, LP, SC.
Muestra: *L. Arroyo P. et al. 923* (USZ).

Serpocaulon latissimum (R.C. Moran & B. Øllg.) A.R. Sm., Taxon 55(4): 928. 2006.
Sin.: *Polypodium latissimum* R.C. Moran & B. Øllg.
Ref.: Kessler et al. (1999a).
Epífita. Nativa. Andes. Yungas, 1000–3000 m.
Dept.: CO, LP.
Muestra: *M. Kessler 7399* (LPB, UC).

Serpocaulon levigatum (Cav.) A.R. Sm., Taxon 55(4): 928, f. 3E. 2006.
Sin.: *Polypodium levigatum* Cav., *Polypodium glaucophyllum* Kunze ex Klotzsch, *Goniophlebium glaucophyllum* (Kunze ex Klotzsch) Fée
Ref.: Foster (1958), Hensen (1990), Tryon & Stolze (1993), Ibisch (1996), Sundue (2011).
Hierba. Nativa. Andes. Yungas, 1000–3000 m.
Dept.: CO, LP, SC.
Muestra: *J.L. Luteyn & L.J. Dorr 13734* (LPB, MO, NY).

[**Serpocaulon loriceum (L.) A.R. Sm.**], Taxon 55(4): 928. 2006.
Sin.: *Polypodium loriceum* L.
Ref.: Foster (1958), Hensen (1990), Tryon & Stolze (1993), Ibisch (1996), Kessler et al. (1999a).
Nota: El registro se basa en material mal identificado de *S. intricatum*.

[**Serpocaulon menisciifolium (Langsd. & Fisch.) A.R. Sm.**], Taxon 55(4): 928. 2006.
Sin.: *Polypodium menisciifolium* Langsd. & Fisch.
Ref.: Foster (1958).
Nota: El registro se basa en material mal identificado.

Serpocaulon polystichum (Link) A.R. Sm., Taxon 55(4): 928. 2006.
Sin.: *Polypodium polystichum* Link
Ref.: Sundue (2011).
Hierba, epífita. Nativa. Zonas Bajas, Andes. Bosque Húmedo, Yungas, 500–1500 m.
Dept.: CO, LP, SC.
Muestra: *M. Kessler 8166* (LPB, UC).

Serpocaulon ptilorhizon (Christ) A.R. Sm., Taxon 55(4): 929. 2006.
Sin.: *Polypodium ptilorhizon* Christ
Ref.: Sundue (2011).
Hierba, epífita. Nativa. Andes. Yungas, 2000–3500 m.
Dept.: CO, LP.
Muestra: *M. Kessler 9135* (LPB, UC).

Serpocaulon richardii (Klotzsch) A.R. Sm., Taxon 55(4): 929. 2006.
Sin.: *Polypodium richardii* Klotzsch
Ref.: Ibisch (1996).
Epífita. Nativa. Zonas Bajas, Andes. Bosque Húmedo, Yungas, 0–1500 m.
Dept.: BE, CO, LP, SC.
Muestra: *D.N. Smith et al. 13041* (LPB, MO).

Serpocaulon sessilifolium (Desv.) A.R. Sm., Taxon 55(4): 929. 2006.
Sin.: *Polypodium sessilifolium* Desv.
Ref.: Adolfo María (1966), Hensen (1990), Tryon & Stolze (1993), Ibisch (1996), Kessler et al. (1999a).
Hierba, epífita. Nativa. Andes. Yungas, 1000–4000 m.
Dept.: CO, LP.
Muestra: *M. Kessler 9527* (LPB, UC).

Serpocaulon silvulae (M. Kessler & A.R. Sm.) A.R. Sm., Taxon 55(4): 929. 2006.
Sin.: *Polypodium silvulae* M. Kessler & A.R. Sm.
Ref.: Kessler & Smith (2005).
Epífita. Endémica. Andes. Yungas, 3000–4000 m.
Dept.: LP.
Tipo y muestra: *I. Jiménez 1093* (HT: LPB; IT: GOET frag. ex LPB), *M. Kessler 10623* (LPB, UC).

Serpocaulon subandinum (Sodiro) A.R. Sm., Taxon 55(4): 929. 2006.
Sin.: *Polypodium subandinum* Sodiro
Hierba, epífita. Nativa. Andes. Yungas, 2500–3000 m.
Dept.: SC.
Muestra: *P.H. Labiak 2870* (LPB, UPCB).

Serpocaulon triseriale (Sw.) A.R. Sm., Taxon 55(4): 929, f. 3F, f. 4L–O. 2006.
Sin.: *Polypodium triseriale* Sw., *Polypodium preslianum* Spreng., *Polypodium preslianum* var. *immersum* Rosenst., *Goniophlebium triseriale* (Sw.) Wherry, *Goniophlebium triseriale* (Sw.) Pic. Serm.
Ref.: Foster (1958), Hensen (1990), Tryon & Stolze (1993), Killeen & Schulenberg (1998).
Hierba, epífita. Nativa. Zonas Bajas, Andes. Bosque Húmedo, Yungas, 0–1500 m.
Dept.: BE, LP, PA, SC.
Muestra: *S.G. Beck 19637* (COL, LPB, PORT, Q, UC).

Serpocaulon vacillans (Link) A.R. Sm., Taxon 55(4): 929. 2006.
Sin.: *Polypodium vacillans* Link, *Goniophlebium vacillans* (Link) Fée

Ref.: Hensen (1990), Monteiro de Assis & Labiak (2009).
Epífita. Nativa. Andes. Yungas, 1500–2000 m.
Dept.: LP.
Muestra: *A.F. Fuentes 5811* (LPB, MO, UC).

Stenogrammitis Labiak, Brittonia 63(1): 141–145, f. 1A–M, 2A–F. 2011.

1 especie, 0 especies endémicas.

Stenogrammitis jamesonii (Hook.) Labiak, Brittonia 63(1): 146. 2011.
Sin.: *Xiphopteris jamesonii* Hook., *Polypodium serrulatum* var. *strictissimum* Hook., *Polypodium serrulatum* var. *majus* Mett., *Polypodium jamesonii* (Hook.) Jenman, *Polypodium strictissimum* (Hook.) Hieron., *Polypodium skutchii* Maxon, *Xiphopteris skutchii* (Maxon) Copel., *Grammitis jamesonii* (Hook.) C.V. Morton, *Xiphopteris strictissima* (Hook.) Vareschi, *Grammitis skutchii* (Maxon) F. Seym.
Ref.: Labiak (2013).
Epífita. Nativa. Andes. Yungas, 2500–3500 m.
Dept.: CO, LP.
Muestra: *A.F. Fuentes et al. 13831* (LPB, MO, UC).

Terpsichore A.R. Sm., Novon 3(4): 479. 1993.

8 especies, 2 especies endémicas.
Nota: Además de las especies listadas existen tres especies aún no descritas en Bolivia.

Terpsichore alsopteris (C.V. Morton) A.R. Sm., Novon 3(4): 485. 1993.
Sin.: *Grammitis alsopteris* C.V. Morton
Ref.: Ibisch (1996), Kessler et al. (1999a), Sundue (2011).
Hierba, epífita. Nativa. Andes. Yungas, 1500–3000 m.
Dept.: LP.
Muestra: *E. Fernández T. et al. 2518* (BOLV, MO, NY).

Terpsichore asplenifolia (L.) A.R. Sm., Novon 3(4): 479. 1993.
Sin.: *Polypodium asplenifolium* L., *Polypodium laxifrons* Liebm., *Ctenopteris asplenifolia* (L.) Copel., *Grammitis asplenifolia* (L.) Proctor
Ref.: Foster (1958), Tryon & Stolze (1991), Smith (1993), Tryon & Stolze (1993), Ibisch (1996), Labiak & Prado (2007).
Epífita. Nativa. Andes. Yungas, 1500–2500 m.
Dept.: CO, LP.
Muestra: *I. Jiménez 1548* (GOET, LPB, UC).

Terpsichore chrysleri (Proctor ex Copel.) A.R. Sm., Novon 3(4): 486. 1993.
Sin.: *Ctenopteris chrysleri* Proctor ex Copel., *Grammitis chrysleri* (Proctor ex Copel.) Proctor
Ref.: Smith (1993).
Epífita. Nativa. Andes. Yungas, 1000–2000 m.
Dept.: CO, LP.
Muestra: *A.F. Fuentes et al. 5955* (LPB, MO, UC).

[**Terpsichore dependens (Baker) A.R. Sm.**], Novon 3(4): 486. 1993.
Ref.: Smith (1993), Ibisch (1996).
Nota: El registro se basa en material mal identificado de *Hymenophyllum undulatum*.

Terpsichore longicaulis Sundue & M. Kessler, Organisms Divers. Evol. 8(2): 163–164. 2008.
Epífita. Endémica. Andes. Yungas, 2500–3500 m.
Dept.: LP.
Tipo y muestra: *I. Jiménez & J.M. Quisbert 373* (HT: UC; IT: LPB), *K. Bach 1824* (LPB, UC).

Terpsichore praeceps Sundue & M. Kessler, Organisms Divers. Evol. 8(2): 163–164. 2008.
Epífita. Endémica. Andes. Yungas, 2500–3500 m.
Dept.: CO, LP, SC.
Tipo y muestra: *I. Jiménez 2173* (HT: UC; IT: GOET, LPB), *M. Kessler 11951* (LPB, UC).

Terpsichore semihirsuta (Klotzsch) A.R. Sm., Novon 3(4): 488. 1993.
Sin.: *Polypodium semihirsutum* Klotzsch, *Polypodium gratum* Fée, *Ctenopteris semihirsuta* (Klotzsch) Copel., *Grammitis semihirsuta* (Klotzsch) C.V. Morton
Ref.: Foster (1958), Smith (1993), Tryon & Stolze (1993), Ibisch (1996), Kessler et al. (1999a), Sundue (2011).
Hierba. Nativa. Andes. Yungas, 1500–3000 m.
Dept.: CO, LP.
Muestra: *J.C. Solomon 17342* (LPB, MO).

Terpsichore subtilis (Kunze ex Klotzsch) A.R. Sm., Novon 3(4): 488. 1993.
Sin.: *Polypodium subtile* Kunze ex Klotzsch, *Ctenopteris subtilis* (Kunze ex Klotzsch) J. Sm., *Grammitis subtilis* (Kunze ex Klotzsch) C.V. Morton
Epífita. Nativa. Andes. Yungas, 1500–2000 m.
Dept.: LP.
Muestra: *T. Krömer & A. Acebey 1546* (LPB, UC).

Terpsichore taxifolia (L.) A.R. Sm., Novon 3(4): 488. 1993.
Sin.: *Polypodium taxifolium* L., *Ctenopteris taxifolia* (L.) Copel., *Grammitis taxifolia* (L.) Proctor
Ref.: Tryon & Stolze (1993), Ibisch (1996), Kessler et al. (1999a).
Epífita. Nativa. Zonas Bajas, Andes. Bosque Húmedo, Yungas, 500–1500 m.
Dept.: CO, LP.
Muestra: *M. Kessler 8111* (LPB, UC).

[**Terpsichore xanthotrichia (Klotzsch) A.R. Sm.**], Novon 3(4): 488. 1993.
Sin.: *Polypodium xanthotrichium* Klotzsch
Ref.: Foster (1958).
Nota: El registro se basa en material mal identificado.

Zygophlebia L.E. Bishop, Amer. Fern J. 79(3): 107. 1989.

2 especies, 0 especies endémicas.

Zygophlebia dudleyi L.E. Bishop, Amer. Fern J. 79(3): 113, f. 2. 1989.
Sin.: *Grammitis dudleyi* (L.E. Bishop) Stolze
Epífita. Nativa. Andes. Yungas, 3000–3500 m.
Dept.: LP.
Muestra: *I. Jiménez 520* (LPB, UC).

Zygophlebia mathewsii (Kunze ex Mett.) L.E. Bishop, Amer. Fern J. 79(3): 108. 1989.
Sin.: *Polypodium mathewsii* Kunze ex Mett., *Grammitis mathewsii* (Kunze ex Mett.) C.V. Morton
Ref.: Foster (1958), Bishop (1989), Tryon & Stolze (1993), Ibisch (1996).
Epífita. Nativa. Andes. Yungas, 2500–3500 m.
Dept.: LP.
Muestra: *A.F. Fuentes et al. 12265* (LPB, MO, UC, USZ).

PSILOTACEAE J.W. Griff. & Henfr., Microgr. Dict. 540. 1855.

Por M. Kessler (Z); revisado por R.C. Moran (NY), S.G. Beck (LPB), M. Nee (NY), P.M. Jørgensen (MO).
1 género, 1 especie, 0 especies endémicas.

Psilotum Sw., J. Bot. (Schrader) 1800(2): 8, 109. 1801.

1 especie, 0 especies endémicas.

Psilotum nudum (L.) P. Beauv., Prodr. Aethéogam. 106, 112. 1805.
Sin.: *Lycopodium nudum* L.
Ref.: Foster (1958), Ibisch (1996), Killeen & Schulenberg (1998), Arroyo Padilla et al. (2009), Sundue (2011).
Hierba, epífita. Nativa. Zonas Bajas. Bosque Húmedo, Bosque Semideciduo Chiquitano, 0–1000 m.
Dept.: BE, LP, SC.
Muestra: *M. Lehnert 73* (GOET, LPB, UC).

Pteridaceae E.D.M. Kirchn., Schul-Bot. 109. 1831.

Por J. Prado (SP) y A. Arbelaez (MO); revisado por R.C. Moran (NY), I. Jiménez (LPB), M. Nee (NY), P.M. Jørgensen (MO).
26 géneros, 166 especies, 8 especies endémicas.

Acrostichum L., Sp. Pl. 2: 1067. 1753.

1 especie, 0 especies endémicas.

Acrostichum danaeifolium Langsd. & Fisch., Pl. Voy. Russes Monde 1: 5, pl. 1. 1810.
Ref.: Killeen & Schulenberg (1998), Sundue (2011).
Hierba. Nativa. Zonas Bajas. Bosque Húmedo, 0–500 m.
Dept.: SC.
Muestra: *M. Garvizu & N.P. Ritter 172* (MO, USZ).

Adiantopsis Fée, Mém. Foug. 5: 145. 1852.

6 especies, 0 especies endémicas.

Adiantopsis chlorophylla (Sw.) Fée, Mém. Foug. 5: 145. 1852.
Sin.: *Cheilanthes chlorophylla* Sw.
Ref.: Schulenberg & Awbrey (1997), González et al. (1999), Kessler et al. (2000b), Serrano & Terán (1998 [2000]), Arroyo Padilla et al. (2009), Sundue (2011).
Hierba. Nativa. Zonas Bajas, Andes. Bosque Semideciduo Chiquitano, Campos Cerrados, Bosque Tucumano-Boliviano, Bosque Serrano Chaqueño, Valles Secos, 0–2500 m.
Dept.: CH, CO, SC, TA.
Muestra: *T. Killeen & M. Toledo 8003* (MO, USZ).

Adiantopsis orbignyana (Kuhn) Ponce & Scataglini, Novon 22(1): 62–66. 2012.
Sin.: *Cheilanthes orbignyana* Kuhn
Ref.: Ponce & Scataglini (2012).
Hierba. Nativa. Zonas Bajas, Andes. Bosque Semideciduo Chiquitano, Páramo Yungueño, Valles Secos, 0–500, 2000–2500 m.
Dept.: CH, LP, SC.
Tipo y muestra: *D'Orbigny 388* (HT: B; IT: G, P; fotos: US), *L.J. Dorr 6766* p.p. (US).

Adiantopsis radiata (L.) Fée, Mém. Foug. 5: 145. 1852.
Sin.: *Adiantum radiatum* L., *Cheilanthes radiata* (L.) J. Sm., *Adiantopsis ternata* Prantl
Ref.: Foster (1958), Ibisch (1996), Schulenberg & Awbrey (1997), Killeen & Schulenberg (1998), González et al. (1999), Kessler et al. (2000b), Serrano & Terán (1998 [2000]), Link-Pérez & Hickey (2011), Sundue (2011).
Hierba. Nativa. Zonas Bajas, Andes. Bosque Húmedo, Bosque Semideciduo Chiquitano, Campos Cerrados, Sabanas Benianas del Sur, Yungas, Bosque Tucumano-Boliviano, 0–2000 m.
Dept.: BE, CH, LP, SC, TA.
Muestra: *A.L. Arbeláez A. et al. 670* (MO, USZ).
Nom. Vern.: Canastillo.

Adiantopsis senae (Baker) Schuettp. & Al. Davila, Taxon 63(2): 262. 2014.
Sin.: *Adiantum senae Baker.*
Ref.: Labiak & Prado (2007).
Hierba. Nativa. Zonas Bajas. Campos Cerrados, 0–500 m.
Dept.: SC.
Muestra: *M.C. Peña & R.B. Foster 316* (F, LPB).

Adiantopsis trifurcata (Baker) Link-Pérez & Hickey, Syst. Bot. 36(3): 580–581. 2011.
Sin.: *Cheilanthes trifurcata* Baker
Hierba. Nativa. Zonas Bajas, Andes. Bosque Húmedo, Yungas, 0–1500 m.
Dept.: BE, CO, LP, SC.
Muestra: *A. Fay & L.E. Fay 2764* (MO).

Adiantopsis tweediana (Hook.) Link-Pérez & Hickey, Taxon 60(5): 1266. 2011.
Sin.: *Cheilanthes tweediana* Hook.
Ref.: Smith et al. (1999), Ponce & Scataglini (2012).
Hierba. Nativa. Zonas Bajas, Andes. Bosque Húmedo, Bosque Semideciduo Chiquitano, Bosque Seco Chaqueño, Valles Secos, 0–500, 1000–3000 m.
Dept.: CH, CO, SC.
Muestra: *M.H. Nee 45394* (NY).

Adiantum L., Sp. Pl. 2: 1094. 1753.

48 especies, 0 especies endémicas.

Adiantum anceps Maxon & C.V. Morton, Amer. Fern J. 24: 15. 1934.
Ref.: Labiak & Prado (2007).
Hierba. Nativa. Zonas Bajas. Bosque Húmedo, 500–1000 m.
Dept.: LP.
Muestra: *D. Lara 95* (LPB).

Adiantum argutum Splitg., Tijdschr. Nat. Geschied. 7: 427, f. 1–2. 1840.
Ref.: Prado & Lellinger (2002), Sundue (2011).
Hierba. Nativa. Zonas Bajas. Bosque Húmedo, 0–500 m.
Dept.: BE, CO, LP, PA, SC.
Muestra: *S.G. Beck 6594* (LPB).

[**Adiantum baenitzii Rosenst.**], Repert. Spec. Nov. Regni Veg. 5: 230. 1908.
Ref.: Foster (1958).
Nota: El registro se basa en material mal identificado de *A. raddianum*.

[**Adiantum brasiliense Link**], Hort. Berol. 2: 13. 1833.
Ref.: Killeen & Schulenberg (1998).
Nota: El registro se basa en material mal identificado de *A. pectinatum*.

Adiantum cajennense Willd. ex Klotzsch, Linnaea 18: 552. 1844 [1845].
Ref.: Smith et al. (1999).
Hierba. Nativa. Zonas Bajas. Campos Cerrados, 0–500 m.
Dept.: CO, LP.
Muestra: *M. Kessler et al. 8826* (LPB).

[**Adiantum calcareum Gardner**], Icon. Pl. pl. 467. 1842.
Ref.: Killeen & Schulenberg (1998).
Nota: El registro se basa en material mal identificado de *A. senae*. *A. calcareum* es endémica del Brasil.

Adiantum camptorachis Sundue, J. Prado & A.R. Sm., Amer. Fern J. 100(4): 196. 2010.
Hierba. Nativa. Andes. Yungas, Bosque Tucumano-Boliviano, Páramo

Yungueño, 3000–3500 m.
Dept.: CO, TA.
Tipo y muestra: *M. Serrano et al. 6148* (HT: NY; IT: HSB, MO), *M. Kessler et al. 9240* (LPB, UC).

[**Adiantum chilense Kaulf.**], Enum. Filic. 207–208. 1824.
Ref.: Foster (1958).
Nota: El registro se basa en material mal identificado de probablemente *A. poiretii*.

Adiantum dawsonii Lellinger & J. Prado, Amer. Fern J. 91(1): 6–8, f. 3. 2001.
Hierba. Nativa. Zonas Bajas. Sabanas Benianas del Sur, 500–1000 m.
Dept.: SC.
Muestra: *L. Arroyo P. & K.D. Keil 200* (MO, NY, USZ).

Adiantum deflectens Mart., Icon. Pl. Crypt. 94. 1834.
Sin.: *Adiantum filiforme* Gardner
Ref.: Smith et al. (1999), Giudice (2001).
Hierba. Nativa. Zonas Bajas. Bosque Seco Chaqueño, Campos Cerrados, 0–500 m.
Dept.: SC.
Muestra: *L. Arroyo P. 10* (F, LPB, MO).

Adiantum delicatulum Mart., Icon. Pl. Crypt. 93, pl. 56, f. 2. 1834.
Hierba. Nativa. Zonas Bajas. Bosque Semideciduo Chiquitano, 0–1000 m.
Dept.: SC.
Muestra: *J.R.I. Wood & D.J. Goyder 15685* (LPB, USZ).

Adiantum digitatum Hook., Sp. Fil. 2: 38. 1858.
Ref.: Foster (1958), Tryon & Stolze (1989b), López Vargas (1995), Saravia Miranda (1996), Serrano & Terán (1998 [2000]), Sundue (2011).
Hierba. Nativa. Andes. Bosque Tucumano-Boliviano, Páramo Yungueño, 1500–3000 m.
Dept.: CH, CO, LP, TA.
Muestra: *S.G. Beck 16254* (LPB).
Nom. Vern.: Jatun doraldillo.

Adiantum diogoanum Glaz. ex Baker, J. Bot. 20: 310. 1882.
Ref.: Labiak & Prado (2007).
Hierba. Nativa. Zonas Bajas. Bosque Húmedo, Bosque Semideciduo Chiquitano, Bosque Seco Chaqueño, 0–1000 m.
Dept.: BE, LP, SC.
Muestra: *A. Acebey 20* (LPB).

Adiantum dolosum Kunze, Linnaea 21: 219. 1848.
Ref.: Labiak & Prado (2007).
Hierba. Nativa. Zonas Bajas. Bosque Húmedo, 0–500 m.
Dept.: PA.
Muestra: *I. Jiménez 2023* (LPB).

Adiantum glaucescens Klotzsch, Linnaea 18: 552. 1844 [1845].
Hierba. Nativa. Zonas Bajas. Bosque Húmedo, 0–500 m.
Dept.: BE, LP.
Muestra: *J.C. Solomon 16955* (MO).

Adiantum humile Kunze, Linnaea 9: 80. 1834.
Ref.: Smith et al. (1999).
Hierba. Nativa. Zonas Bajas. Bosque Húmedo, 0–1000 m.
Dept.: PA.
Muestra: *M. Moraes R. 215* (LPB).
Nota: Smith (1999) incluyó material de *A. squamulosum* y *A. solomonii*.

Adiantum incertum Lindm., Ark. Bot. 1: 204. 1903.
Ref.: Labiak & Prado (2007).
Hierba. Nativa. Zonas Bajas. Bosque Húmedo, 0–500 m.
Dept.: BE, CO, SC.
Muestra: *M. Kessler 8534* (LPB).

Adiantum latifolium Lam., Encycl. 1: 43. 1783.
Ref.: Foster (1958), Killeen & Schulenberg (1998), Kessler et al. (1999a), Sundue (2011).
Hierba. Nativa. Zonas Bajas. Bosque Húmedo, 0–500 m.
Dept.: BE, CO, LP, PA, SC.
Muestra: *S.G. Beck 6593* (LPB).

Adiantum lorentzii Hieron., Bot. Jahrb. Syst. 22: 393. 1896.
Ref.: González et al. (1999), Arroyo Padilla et al. (2009), Sundue (2011).
Hierba. Nativa. Zonas Bajas, Andes. Bosque Húmedo, Bosque Semideciduo Chiquitano, Campos Cerrados, Yungas, Bosque Tucumano-Boliviano, Valles Secos, 0–2500 m.
Dept.: CH, CO, LP, SC, TA.
Muestra: *N.Y. Paniagua 1537* (LPB).

Adiantum lucidum (Cav.) Sw., Syn. Fil. 121. 1806.
Sin.: *Pteris lucida* Cav.
Hierba. Nativa. Zonas Bajas. Bosque Húmedo, 0–500 m.
Dept.: BE.
Muestra: *L.R.C. de Michel 2267* (LPB).

Adiantum macrocladum Klotzsch, Linnaea 18: 554. 1844 [1845].
Hierba. Nativa. Zonas Bajas. Bosque Húmedo, 0–500 m.
Dept.: LP.
Muestra: *N.Y. Paniagua et al. 5046* (BOLV, LPB, MO, SP, UC, USZ).

Adiantum macrophyllum Sw., Prodr. 135. 1788.
Ref.: Foster (1958), Kessler et al. (1999a), Sundue (2011).
Hierba. Nativa. Andes. Yungas, 1000–2500 m.
Dept.: CO, LP.
Muestra: *S.G. Beck 12971* (LPB).

Adiantum mathewsianum Hook., Sp. Fil. 2: 35. 1851.
Hierba. Nativa. Zonas Bajas, Andes. Bosque Semideciduo Chiquitano, Bosque Serrano Chaqueño, 0–1500 m.
Dept.: SC.
Muestra: *I.G. Vargas 750* (LPB, MO, NY, USZ).

Adiantum multisorum A. Samp., Relat. Commiss. Linhas. Estrateg. Matto Grosso Amazonas 5(Bot. pt. 7): 11, pl. 1, f. 1. 1916.
Hierba. Nativa. Zonas Bajas. Bosque Húmedo, 0–500 m.
Dept.: LP, PA.
Muestra: *I. Jiménez 2025* (LPB, NY).

Adiantum obliquum Willd., Sp. Pl. 5(1): 429. 1810.
Ref.: Foster (1958).
Hierba. Nativa. Zonas Bajas. Bosque Húmedo, 0–1000 m.
Dept.: BE, CO, LP, SC.
Muestra: *A. Acebey 575* (LPB).

Adiantum orbignyanum Kuhn, Linnaea 36: 78. 1869.
Ref.: Foster (1958), de la Sota (1977), López Vargas (1995), Saravia Miranda (1996), Giudice (1999).
Hierba. Nativa. Andes, Altiplano. Yungas, Puna Húmeda, 1000–4000 m.
Dept.: CO, LP, TA.
Tipo y muestra: *G. Mandon 52* (LT: B; ILT: BM, NY frag.; fotos: BR ex BM, GH ex B), *S.G. Beck 3537* (LPB).
Nom. Vern.: Doraldillo, ork'o doradillo.

Adiantum ornithopodum C. Presl, Tent. Pterid. 158. 1836.
Ref.: Labiak & Prado (2007).
Hierba. Nativa. Zonas Bajas. Campos Cerrados, 0–500 m.
Dept.: SC.
Muestra: *S.G. Beck 12397* (LPB).

Adiantum paraense Hieron., Hedwigia 48: 233, pl. 11, f. 10. 1909.
Sin.: *Adiantum amazonicum* A.R. Sm.
Ref.: Smith et al. (1999).
Hierba. Nativa. Andes. Yungas, 1000–1500 m.
Dept.: LP.
Muestra: *M. Kessler 11380* (LPB, UC).

Adiantum patens Willd., Sp. Pl. 5(1): 439. 1810.
Ref.: Mickel & Beitel (1988), Moran et al. (1995), Mickel & Smith (2004).
Hierba. Nativa. Zonas Bajas, Andes. Bosque Húmedo, Yungas, 500–2000 m.
Dept.: CO, LP.
Muestra: *J. Steinbach 9076* (BM, MO).

Adiantum pectinatum Kunze ex Baker, Syn. Fil. 120. 1867.
Ref.: Schulenberg & Awbrey (1997), Killeen & Schulenberg (1998), González et al. (1999), Kessler et al. (2000b), Serrano & Terán (1998 [2000]), Sundue (2011).
Hierba. Nativa. Zonas Bajas. Bosque Semideciduo Chiquitano, 0–1000 m.
Dept.: BE, CH, LP, SC, TA.
Muestra: *M.H. Nee 36002* (LPB, MO, NY).

Adiantum peruvianum Klotzsch, Linnaea 18: 555. 1844 [1845].
Ref.: Foster (1958).
Hierba. Nativa. Zonas Bajas. Bosque Húmedo, 0–1000 m.
Dept.: CO, SC.
Muestra: *J.R.I. Wood 14999* (LPB, USZ).

Adiantum petiolatum Desv., Ges. Naturf. Freunde Berlin Mag. Neuesten Entdeck. Gesammten Naturk. 5: 326. 1811.
Ref.: Foster (1958), Killeen & Schulenberg (1998), Kessler et al. (1999a).
Hierba. Nativa. Zonas Bajas. Bosque Húmedo, Sabanas Benianas del Sur, 0–500 m.
Dept.: BE, CO, LP, PA, SC.
Muestra: *S.G. Beck 8097* (LPB).

Adiantum philippense L., Sp. Pl. 2: 1094. 1753.
Sin.: *Adiantum lunulatum* Burm. f.
Ref.: Killeen & Schulenberg (1998), Smith et al. (1999), Giudice (2001).
Hierba. Nativa. Zonas Bajas. Bosque Húmedo, 500–1000 m.
Dept.: BE, SC.
Muestra: *M. Kessler 10896* (UC).

Adiantum platyphyllum Sw., Kongl. Svenska Vetensk. Acad. Handl., n.s. 1817(1): 74, t. 3, f. 6. 1817.
Ref.: Foster (1958), Killeen & Schulenberg (1998), Kessler et al. (1999a), Sundue (2011).
Hierba. Nativa. Zonas Bajas. Bosque Húmedo, 0–1000 m.
Dept.: BE, CO, LP, SC.
Muestra: *R. Seidel et al. 9120* (LPB, MO).

Adiantum poeppigianum (Kuhn) Hieron., Hedwigia 48: 231. 1909.
Sin.: *Adiantum lucidum* var. *poeppigianum* Kuhn
Ref.: Labiak & Prado (2007).
Hierba. Nativa. Zonas Bajas. Bosque Húmedo, 0–500 m.
Dept.: BE, LP.
Muestra: *R. Seidel 7642* (LPB).

Adiantum poiretii Wikstr., Kongl. Vetensk. Acad. Handl. 1825: 443. 1826.
Sin.: *Adiantum thalictroides* Willd. ex Schltdl.
Ref.: Foster (1958), Kessler et al. (1999a), Kessler et al. (2000b), Serrano & Terán (1998 [2000]), Sundue (2011).
Hierba. Nativa. Andes. Yungas, Bosque Tucumano-Boliviano, 2000–4000 m.
Dept.: CH, CO, LP, SC, TA.
Muestra: *A. Fay & L.E. Fay 2481* (MO, NY).
Nom. Vern.: Culantrillo, yana chaqui.

[**Adiantum polyphyllum Willd.**], Sp. Pl. 5: 454. 1810.
Ref.: Foster (1958).
Nota: El registro se basa en material mal identificado.

Adiantum pulverulentum L., Sp. Pl. 2: 1096. 1753.
Ref.: Foster (1958), Kessler et al. (1999a), Sundue (2011).
Hierba. Nativa. Zonas Bajas. Bosque Húmedo, 0–500 m.
Dept.: BE, CO, LP, PA, SC.
Muestra: *A. Fay & L.E. Fay 2091* (MO, NY).

Adiantum raddianum C. Presl, Tent. Pterid. 158. 1836.
Sin.: *Adiantum cuneatum* Langsd. & Fisch., *Adiantum tinctum* Moore, *Adiantum moorei* Baker, *Adiantum decorum* var. *quadripinnatum* Rosenst.
Ref.: Foster (1958), Schulenberg & Awbrey (1997), Killeen & Schulenberg (1998), Kessler et al. (2000b), Serrano & Terán (1998 [2000]), Sundue (2011).
Hierba. Nativa. Zonas Bajas, Andes. Bosque Húmedo, Bosque Semideciduo Chiquitano, Bosque Seco Chaqueño, Yungas, Bosque Tucumano-Boliviano, 0–3000 m.
Dept.: BE, CH, CO, LP, SC, TA.
Muestra: *H. Huaylla & A.F. Fuentes 2780* (BOLV, LPB, MO, UC, USZ).
Nom. Vern.: Culantrillo, yana chaqui.

Adiantum rufopunctatum Mett. ex Kuhn, Jahrb. Königl. Bot. Gart. Berlin 1: 350. 1881.
Sin.: *Adiantum boliviense* C. Chr. & Rosenst.
Ref.: Sundue et al. (2010), Sundue (2011).
Hierba. Nativa. Zonas Bajas, Andes. Bosque Húmedo, Bosque Semideciduo Chiquitano, Yungas, Valles Secos, 500–2000 m.
Dept.: LP.
Tipo y muestra: *D'Orbigny 165* (LT: B; ILT: F frag., NY frag., P; fotos: GH, MNHN, MO, US), *F.T. Grifo 741* (MO, NY).

Adiantum ruizianum Klotzsch, Linnaea 18: 551. 1844 [1845].
Ref.: Smith et al. (1999), Labiak & Prado (2007).
Hierba. Nativa. Andes. Yungas, 1500–2000 m.
Dept.: CO.
Muestra: *M. Kessler 7210* (LPB, UC).

Adiantum scalare R.M. Tryon, Amer. Fern J. 47: 141, pl. 15. 1957.
Ref.: Labiak & Prado (2007).
Hierba. Nativa. Zonas Bajas. Bosque Húmedo, 500–1000 m.
Dept.: LP.
Muestra: *S.G. Beck 24080* (LPB).

Adiantum serratodentatum Humb. & Bonpl. ex Willd., Sp. Pl. 5: 445. 1810.
Sin.: *Adiantum obtusum* Desv.
Ref.: Killeen & Schulenberg (1998), Giudice (1999).
Hierba. Nativa. Zonas Bajas. Bosque Húmedo, Campos Cerrados, Sabanas Benianas del Sur, 0–500 m.
Dept.: BE, LP.
Muestra: *S.G. Beck 9888* (F, LPB).

Adiantum sinuosum Gardner, Icon. Pl. 6: pl. 504. 1843.
Ref.: Labiak & Prado (2007).
Hierba. Nativa. Zonas Bajas. Campos Cerrados, 0–500 m.
Dept.: SC.
Muestra: *B. Mostacedo et al. 1498* (USZ).

Adiantum solomonii J. Prado, Brittonia 58(4): 379. 2006.
Hierba. Nativa. Zonas Bajas. Bosque Húmedo, 0–500 m.
Dept.: CO, LP, SC.
Tipo: *J.C. Solomon 7818A* (IT: NY).
Nota: Conocida en Bolivia solamente del tipo.

Adiantum squamulosum J. Prado & A.R. Sm., Amer. Fern J. 92(2): 105. 2002.
Ref.: Rojas Alvarado (2008b).
Hierba. Nativa. Zonas Bajas. Bosque Húmedo, 0–500 m.
Dept.: BE.
Tipo y muestra: *J.C. Solomon 7818* (HT: MO), *T.B. Croat et al. 84561* (MO).

Adiantum subvolubile Mett. ex Kuhn, Linnaea 36: 77. 1869.
Ref.: Tryon & Stolze (1989b), Smith et al. (1999).
Hierba. Nativa. Andes. Yungas, 2500–3500 m.
Dept.: CO, LP.
Muestra: *M. Kessler 9516* (GOET, LPB, UC).

Adiantum terminatum Kunze ex Miq., Verslagen Meded. Vier Kl. Kon. Ned. Inst. Wetensch. Letterk. Schoone Kunsten 1842: 187. 1843.
Ref.: Killeen & Schulenberg (1998).
Hierba. Nativa. Zonas Bajas. Bosque Húmedo, Sabanas Benianas del Sur, 0–1000 m.
Dept.: BE, CO, LP, PA, SC.
Muestra: *R.C. Moran 5882* (MO, NY, USZ).

Adiantum tetraphyllum Humb. & Bonpl. ex Willd., Sp. Pl. 5(1): 441. 1810.
Ref.: Kessler et al. (2000b).
Hierba. Nativa. Zonas Bajas. Bosque Húmedo, Bosque Semideciduo Chiquitano, 0–1000 m.
Dept.: BE, CO, LP, SC.
Muestra: *J.C. Solomon 13927* (MO).

Adiantum tomentosum Klotzsch, Linnaea 18: 553. 1844 [1845].
Hierba. Nativa. Zonas Bajas. Bosque Húmedo, 0–1000 m.
Dept.: BE, LP, PA.
Muestra: *B.M. Boom 5061* (LPB, MO, NY).

Adiantum tuomistoanum J. Prado, Brittonia 58(4): 384. 2006.
Hierba. Nativa. Zonas Bajas. Bosque Húmedo, 0–1000 m.
Dept.: LP.
Muestra: *D. Lara 543* (LPB).

Adiantum villosissimum Mett. ex Kuhn, Linnaea 36: 73. 1869.
Ref.: Smith et al. (1999), Sundue (2011).
Hierba. Nativa. Zonas Bajas. Bosque Húmedo, 500–1000 m.
Dept.: BE, LP.
Muestra: *A. Fay & L.E. Fay 2779* (MO).

Adiantum windischii J. Prado, Kew Bull. 1: 119–121, f. 2. 2005
Hierba. Nativa. Zonas Bajas. Bosque Húmedo, 0–500 m.
Dept.: BE, CO, PA, SC.
Muestra: *I. Jiménez 1977* (LPB, UC).

Ananthacorus Underw. & Maxon, Contr. U.S. Natl. Herb. 10: 487. 1908.
1 especie, 0 especies endémicas.

Ananthacorus angustifolius (Sw.) Underw. & Maxon, Contr. U.S. Natl. Herb. 10: 487. 1908.
Sin.: *Pteris angustifolia* Sw., *Taenitis angustifolia* (Sw.) R. Br., *Pteropsis angustifolia* (Sw.) Desv., *Taenitis angustifolia* (Sw.) Spreng., *Vittaria costata* Kunze, *Vittaria angustifolia* (Sw.) Baker
Ref.: Foster (1958), Tryon & Stolze (1989b), Ibisch (1996), Killeen & Schulenberg (1998), Kessler et al. (1999a), Sundue (2011).
Epífita. Nativa. Zonas Bajas, Andes. Bosque Húmedo, Bosque Semideciduo Chiquitano, Yungas, 0–1500 m.
Dept.: BE, CO, LP, PA, SC.
Muestra: *R. Guillén V. & R. Choré 3565* (MO, UC, USZ).

Anetium Splitg., Tijdschr. Nat. Geschied. 7: 395. 1840.
1 especie, 0 especies endémicas.

Anetium citrifolium (L.) Splitg., Tijdschr. Nat. Geschied. 7: 395. 1840.
Sin.: *Acrostichum citrifolium* L., *Hemionitis citrifolia* (L.) Hook., *Pteridanetium citrifolium* (L.) Copel.
Ref.: Foster (1958), Tryon & Stolze (1989b), Ibisch (1996), Kessler et al. (1999a), Sundue (2011).
Epífita. Nativa. Zonas Bajas, Andes. Bosque Húmedo, Yungas, 0–1500 m.
Dept.: BE, CO, LP.
Muestra: *A. Fay & L.E. Fay 2119* (LPB, MO).

Anogramma Link, Fil. Spec. 137. 1841.
1 especies, 0 especies endémicas.

Anogramma chaerophylla (Desv.) Link, Fil. Spec. 138. 1841.
Sin.: *Gymnogramma chaerophylla* Desv.
Ref.: Kessler et al. (2000b).
Hierba. Nativa. Zonas Bajas, Andes. Bosque Semideciduo Chiquitano, Bosque Tucumano-Boliviano, 0–2000 m.
Dept.: BE, CH, SC, TA.
Muestra: *M. Kessler 6304* (LPB, UC).

[Anogramma leptophylla (L.) Link], Fil. Spec. 137. 1841.
Sin.: *Polypodium leptophyllum* L.
Ref.: Foster (1958).
Nota: El reporte de Foster (1958) no ha sido reconfirmado, y podria ser basado en material mal identificado.

Argyrochosma (J. Sm.) Windham, Amer. Fern J. 77(2): 38. 1987.
1 especie, 0 especies endémicas.

Argyrochosma nivea (Poir.) Windham, Amer. Fern J. 77(2): 41. 1987.
Sin.: *Pteris nivea* Poir., *Pellaea tenera* (Gillies ex Hook.) Prantl
Ref.: Foster (1958), Kessler et al. (2000b), Arroyo Padilla et al. (2009).
Hierba. Nativa. Zonas Bajas, Andes, Altiplano. Bosque Semideciduo Chiquitano, Yungas, Bosque Tucumano-Boliviano, Bosque Serrano Chaqueño, Páramo Yungueño, Valles Secos, Puna Seca, 500–4500 m.
Dept.: CH, CO, LP, PO, SC, TA.
Muestra: *J.C. Solomon 16330* (LPB, MO).
Infra: *Argyrochosma nivea* var. *nivea*, *Argyrochosma nivea* var. *flava* (Hook.) Ponce, *Argyrochosma nivea* var. *tenera* (Gillies ex Hook.) Ponce

Astrolepis D.M. Benham & Windham, Amer. Fern J. 82(2): 55. 1992.
1 especie, 0 especies endémicas.

Astrolepis sinuata (Lag. ex Sw.) D.M. Benham & Windham, Amer. Fern J. 82(2): 56. 1992.
Sin.: *Acrostichum sinuatum* Lag. ex Sw., *Notholaena sinuata* (Lag. ex Sw.) Kaulf.
Ref.: Sundue (2011).
Hierba. Nativa. Andes. Yungas, Bosque Tucumano-Boliviano, Bosque Serrano Chaqueño, 1000–3000 m.
Dept.: CO, LP, SC, TA.
Muestra: *C. Antezana V. 560* (BOLV).

Cassebeera Kaulf., Enum. Filic. 216. 1824.

1 especie, 0 especies endémicas.

Cassebeera pinnata Kaulf., Enum. Filic. 217, t. 1, f. 11. 1824.
Sin.: *Pellaea pinnata* (Kaulf.) Prantl
Ref.: Killeen & Schulenberg (1998).
Hierba. Nativa. Zonas Bajas, Andes. Bosque Semideciduo Chiquitano, Valles Secos, 0–2000 m.
Dept.: BE, CO, SC.
Muestra: *T. Killeen & Grinwood 7825* (LPB, USZ).

Ceratopteris Brongn., Bull. Sci. Soc. Philom. Paris 1821: 186. 1822.

1 especie, 0 especies endémicas.

Ceratopteris pteridoides (Hook.) Hieron., Bot. Jahrb. Syst. 34(5): 561. 1905.
Sin.: *Parkeria pteridoides* Hook.
Ref.: Killeen & Schulenberg (1998).
Hierba. Nativa. Zonas Bajas. Bosque Húmedo, Bosque Semideciduo Chiquitano, Bosque Seco Chaqueño, 0–500 m.
Dept.: BE, CO, PA, SC.
Muestra: *J.C. Solomon 7651* (MO).

Cheilanthes Sw., Syn. Fil. 5, 126. 1806.

13 especies, 1 especie endémica.

Cheilanthes buchtienii (Rosenst.) R.M. Tryon, Fieldiana, Bot., n.s. 22(2): 34. 1989.
Sin.: *Notholaena buchtienii* Rosenst.
Ref.: Foster (1958), de la Sota (1977), Ponce (1992), Sundue (2011).
Hierba. Nativa. Andes. Yungas, Bosque Tucumano-Boliviano, Valles Secos, 1500–3000 m.
Dept.: CO, LP, SC, TA.
Tipo y muestra: *O. Buchtien 472* (HT: C?; IT: NY, UC, US), *M. Kessler 5735* (LPB).

[**Cheilanthes eriophora (Fée) Mett.**], Abh. Senckenberg. Naturf. Ges. (Cheilanthes) 14. 1859.
Ref.: Killeen & Schulenberg (1998).
Nota: El registro se basa en material mal identificado.

Cheilanthes fraseri Mett. ex Kuhn, Linnaea 36: 83. 1869.
Sin.: *Notholaena fraseri* (Mett. ex Kuhn) Baker, *Cheilanthes boliviana* C. Chr.
Ref.: Foster (1958), Adolfo María (1966), López Vargas (1995), Saravia Miranda (1996), Kessler et al. (2000b).
Hierba. Nativa. Andes, Altiplano. Yungas, Bosque Tucumano-Boliviano, Valles Secos, Puna Húmeda, 1500–4000 m.
Dept.: CO, LP, SC, TA.
Muestra: *M. Kessler 6449* (LPB, UC).

Cheilanthes glutinosa M. Kessler & A.R. Sm., Brittonia 59(2): 188. 2007.
Hierba. Endémica. Andes. Yungas, Páramo Yungueño, 2500–4000 m.
Dept.: CO, LP.
Tipo y muestra: *M. Kessler 6750* (HT: UC; IT: GOET, LPB), *J.C. Solomon et al. 11902* (LPB, MO).

Cheilanthes goyazensis (Taub.) Domin, Biblioth. Bot. 85(1): 133. 1913.
Sin.: *Notholaena goyazensis* Taub.
Hierba. Nativa. Zonas Bajas. Bosque Semideciduo Chiquitano, 0–1000 m.
Dept.: SC.
Muestra: *L. Arroyo P. & G. Navarro 21* (LPB, MO, USZ).

Cheilanthes hieronymi Herter, Anales Mus. Hist. Nat. Montevideo 1: 360. 1925.
Ref.: Foster (1958).
Hierba. Nativa. Región, tipo de vegetación y elevación desconocidas.
Dept.: Bolivia.
Nota: Citada para Bolivia por Foster (1958). No hay ejemplares de herbario confirmados.

Cheilanthes incarum Maxon, Smithsonian Misc. Collect. 65(8): 5. 1915.
Hierba. Nativa. Andes, Altiplano. Valles Secos, Puna Húmeda, 3500–4500 m.
Dept.: CH, CO, LP.
Muestra: *P. Gutte & B. Herzog 570* (LPB).

Cheilanthes micropteris Sw., Syn. Fil. 126. 1806.
Hierba. Nativa. Andes. Valles Secos, 2000–3000 m.
Dept.: CH, CO.
Muestra: *M. Kessler 4662* (AAU, LPB, UC).

Cheilanthes obducta Mett. ex Kuhn, Linnaea 36: 83. 1869.
Sin.: *Notholaena obducta* (Mett. ex Kuhn) Baker, *Notholaena herzogii* Rosenst.
Ref.: Foster (1958), de la Sota (1977), Serrano & Terán (1998 [2000]).
Hierba. Nativa. Zonas Bajas, Andes. Bosque Semideciduo Chiquitano, Bosque Seco Chaqueño, Bosque Serrano Chaqueño, 0–1500 m.
Dept.: CH, LP, SC, TA.
Tipo y muestra: *D'Orbigny 386* (HT: B), *M.H. Nee & I.I. Linneo 54098* (LPB, MO, NY, USZ).
Nom. Vern.: Ala de sacre, tembladera.

Cheilanthes pilosa Goldm., Nov. Actorum Acad. Caes. Leop.-Carol. Nat. Cur. 19(Suppl. 1): 455. 1843.
Ref.: Foster (1958), De la Barra (1997), Kessler et al. (1999a), Serrano & Terán (1998 [2000]).
Hierba. Nativa. Andes, Altiplano. Yungas, Valles Secos, Puna Húmeda, 2000–5000 m.
Dept.: CH, CO, LP.
Muestra: *D.N. Smith 14166* (LPB, MO).

Cheilanthes poeppigiana Kuhn, Linnaea 36: 84. 1869.
Ref.: Foster (1958), Adolfo María (1966), Schulenberg & Awbrey (1997), González et al. (1999), Serrano & Terán (1998 [2000]).
Hierba. Nativa. Andes. Bosque Tucumano-Boliviano, Valles Secos, 2000–3500 m.
Dept.: CH, CO, TA.
Muestra: *M. Liberman et al. 1948* (LPB).

Cheilanthes pruinata Kaulf., Enum. Filic. 210. 1824.
Sin.: *Cheilanthes mathewsii* Kunze, *Cheilanthes fasciculata* Goldm.
Ref.: Foster (1958), López Vargas (1995), Saravia Miranda (1996), De la Barra (1997), González et al. (1999), Serrano & Terán (1998 [2000]).
Hierba. Nativa. Andes, Altiplano. Yungas, Bosque Tucumano-Boliviano, Páramo Yungueño, Valles Secos, Puna Húmeda, Puna Seca, Bosque de *Polylepis*, 2500–4500 m.
Dept.: CH, CO, LP, OR, PO, TA.
Muestra: *A. Fay & L.E. Fay 2421* (LPB, MO).

Cheilanthes rufopunctata Rosenst., Meded. Rijks-Herb. 19: 9. 1913.
Ref.: Foster (1958).
Hierba. Nativa. Andes, Altiplano. Yungas, Bosque de *Polylepis*, 3000–4000 m.
Dept.: LP.
Tipo y muestra: *T. Herzog 2366* (HT: B destr.?; IT: L, US frag.), *M.A. Lewis 37011* (LPB, MO).

Cheilanthes scariosa (Sw.) C. Presl, Reliq. Haenk. 1(1): 65. 1825.
Sin.: *Acrostichum scariosum* Sw.
Ref.: Adolfo María (1966).
Hierba. Nativa. Andes. Valles Secos, 2500–3000 m.

Dept.: CH, CO, PO.
Muestra: *I.I. Linneo 824* (LPB, MO, USZ).

Doryopteris J. Sm., J. Bot. (Hooker) 3: 404–405. 1841.

11 especies, 0 especies endémicas.

Doryopteris adornata Yesilyurt, Bot. J. Linn. Soc. 158(1): 73–77, f. 1. 2008.
Ref.: Sundue (2011).
Hierba. Nativa. Zonas Bajas. Bosque Semideciduo Chiquitano, 0–500 m.
Dept.: SC.
Tipo y muestra: *J. Steinbach 14912* (HT: S), *T. Killeen 1050* (GH, LPB, MO, NY, UC).
Nota: Se acepta pero sin certeza debido a que no hay suficiente material disponible.

Doryopteris collina (Raddi) J. Sm., J. Bot. (Hooker) 4: 163. 1841.
Sin.: *Pteris collina* Raddi
Ref.: Smith et al. (1999), Kessler et al. (2000b).
Hierba. Nativa. Zonas Bajas. Bosque Semideciduo Chiquitano, 0–500 m.
Dept.: SC.
Muestra: *J.R. Abbott 16375* (MO, UC).

Doryopteris concolor (Langsd. & Fisch.) Kuhn, Reisen Ost-Afr. 3(3): 19. 1879.
Sin.: *Pteris concolor* Langsd. & Fisch., *Cheilanthes concolor* (Langsd. & Fisch.) R.M. Tryon & A.F. Tryon
Ref.: Foster (1958), Schulenberg & Awbrey (1997), González et al. (1999), Serrano & Terán (1998 [2000]), Arroyo Padilla et al. (2009), Sundue (2011).
Hierba. Nativa. Zonas Bajas, Andes. Bosque Húmedo, Bosque Semideciduo Chiquitano, Bosque Seco Chaqueño, Sabanas Benianas del Norte, Yungas, Bosque Serrano Chaqueño, Valles Secos, 0–2500 m.
Dept.: BE, CH, LP, SC, TA.
Muestra: *M.H. Nee 34318* (LPB, MO, NY).

Doryopteris crenulans (Fée) Christ, Pl. Nov. Mineir. 2: 26. 1900.
Sin.: *Pellaea crenulans* Fée
Ref.: Foster (1958), Schulenberg & Awbrey (1997), Kessler et al. (2000b), Serrano & Terán (1998 [2000]), Sundue (2011).
Hierba. Nativa. Andes. Yungas, Bosque Tucumano-Boliviano, 1000–2500 m.
Dept.: CH, CO, LP, SC.
Muestra: *T.B. Miranda et al. 890* (LPB, MO).

Doryopteris lorentzii (Hieron.) Diels, Nat. Pflanzenfam. 1(4): 270. 1899.
Sin.: *Pellaea lorentzii* Hieron.
Ref.: Foster (1958), de la Sota (1977), Schulenberg & Awbrey (1997), González et al. (1999), Serrano & Terán (1998 [2000]), Arroyo Padilla et al. (2009), Sundue (2011).
Hierba, epífita. Nativa. Andes. Yungas, Valles Secos, 1000–2000 m.
Dept.: CH, LP, SC, TA.
Muestra: *N.Y. Paniagua 1410* (BOLV, LPB, UC).

[**Doryopteris majestosa Yesilyurt, Jovita Cislinski**], Amer. Fern J. 97(4): 212–219, 1–4. 2008.
Ref.: Huaylla & Cervantes (2011).
Nota: El registro se basa en material mal identificado. *D. majestosa* es un nombre supérfluo. Yesilyurt citó entre los paratipos un isotipo de una especie descrita por Christ.

[**Doryopteris nobilis (T. Moore) C. Chr.**], Index Filic. 244. 1905.
Sin.: *Litobrochia nobilis* T. Moore
Ref.: Foster (1958), de la Sota (1977), Schulenberg & Awbrey (1997), González et al. (1999), Serrano & Terán (1998 [2000]).
Nota: El registro se basa en material mal identificado.

Doryopteris ornithopus (Mett.) J. Sm., Hist. Fil. 289. 1875.
Sin.: *Pteris ornithopus* Mett.
Ref.: Foster (1958).
Hierba. Nativa. Zonas Bajas. Bosque Semideciduo Chiquitano, 0–500 m.
Dept.: SC.
Muestra: *P.H. Labiak et al. 2773* (UPCB).

Doryopteris palmata (Willd.) J. Sm., J. Bot. (Hooker) 4: 163. 1841.
Sin.: *Pteris palmata* Willd., *Doryopteris pedata* subsp. *palmata* (Willd.) Hassl.
Ref.: Foster (1958), Sundue (2011).
Hierba. Nativa. Zonas Bajas, Andes. Bosque Semideciduo Chiquitano, Bosque Seco Chaqueño, Yungas, Bosque Tucumano-Boliviano, Valles Secos, 0–1500 m.
Dept.: LP, SC, TA.
Muestra: *I.G. Vargas et al. 3581* (F, LPB, MO, USZ).

[**Doryopteris pedata (L.) Fée**], Mém. Foug. 5: 133. 1852.
Ref.: Foster (1958), de la Sota (1977), Schulenberg & Awbrey (1997), Serrano & Terán (1998 [2000]), Arroyo Padilla et al. (2009).
Nota: El registro se basa en material mal identificado.

Doryopteris pentagona Pic. Serm., Webbia 60(1): 231, f. 42. 2005.
Hierba. Nativa. Andes. Bosque Tucumano-Boliviano, 1000–1500 m.
Dept.: SC.
Muestra: *M. Kessler 12233* (LPB, UC).

Doryopteris raddiana (C. Presl) Fée, Mem. Foug., Gen. Filic. 133. 1850.
Sin.: *Litobrochia raddiana* C. Presl
Ref.: Foster (1958), de la Sota (1977), Schulenberg & Awbrey (1997), Serrano & Terán (1998 [2000]), Wood et al. (2011).
Hierba. Nativa. Zonas Bajas, Andes. Bosque Semideciduo Chiquitano, Valles Secos, 0–1500 m.
Dept.: CH, LP.
Muestra: *A. Carretero 863* (MO).

Doryopteris stierii Rosenst., Hedwigia 46: 86. 1906.
Hierba. Nativa. Zonas Bajas, Andes. Bosque Semideciduo Chiquitano, Valles Secos, 0–2000 m.
Dept.: CH, LP, SC.
Muestra: *M. Serrano et al. 1366* (BOLV, MO, NY, USZ).

Doryopteris triphylla (Lam.) Christ, Bull. Herb. Boissier, sér. 2, 2: 546. 1902.
Sin.: *Adiantum triphyllum* Lam., *Cassebeera triphylla* (Lam.) Kaulf.
Ref.: Sundue (2011).
Hierba. Nativa. Andes. Valles Secos, 1000–2000 m.
Dept.: CH, CO, SC.
Muestra: *M.A. Sundue 585* (LPB, NY, USZ).

Gaga Pryer, F.W. Li & Windham, Syst. Bot. 37(4): 855. 2012.

1 especie, 0 especies endémicas.

Gaga marginata (Kunth) F.W. Li & Windham, Syst. Bot. 37(4): 857. 2012.
Sin.: *Cheilanthes marginata* Kunth
Ref.: Foster (1958), Adolfo María (1966), González et al. (1999), Kessler et al. (2000b).
Hierba. Nativa. Andes. Valles Secos, 1000–3500 m.
Dept.: CH, CO, LP, SC, TA.
Muestra: *J.R.I. Wood 16228* (LPB).

Gymnogramma Desv., Ges. Naturf. Freunde Berlin Mag. Neuesten Entdeck. Gesammten Naturk. 5: 304. 1811.

3 especies, 1 especie endémica.

Gymnogramma herzogii Rosenst., Meded. Rijks-Herb. 19: 21. 1913.
Ref.: Foster (1958).
Hierba. Endémica. Andes. Tipo de vegetación desconocida, 1000–1500 m.
Dept.: Bolivia.
Tipo: *T. Herzog 2000* (HT: B).
Nota: Conocida solamente del tipo.

Gymnogramma hookeri J. Sm. ex Baker, Syn. Fil. 381. 1868.
Ref.: Foster (1958).
Hierba. Nativa. Región, tipo de vegetación y elevación desconocidas.
Dept.: Bolivia.
Muestra: *G. Mandon 1547* (B).
Nota: Citada para Bolivia por Foster (1958). No hay ejemplares de herbario confirmados.

Gymnogramma scandens (Fée) Baker, J. Linn. Soc., Bot. 14: 25. 1873.
Sin.: *Neurogramma scandens* Fée
Ref.: Foster (1958).
Hierba. Nativa. Región, tipo de vegetación y elevación desconocidas.
Dept.: Bolivia.
Nota: Citada para Bolivia por Foster (1958). No hay ejemplares de herbario confirmados.

Hecistopteris J. Sm., London J. Bot. 1: 193. 1842.
1 especie, 0 especies endémicas.

Hecistopteris pumila (Spreng.) J. Sm., London J. Bot. 1: 193. 1842.
Sin.: *Gymnogramma pumila* Spreng.
Ref.: Tryon & Stolze (1989b), Ibisch (1996).
Epífita. Nativa. Zonas Bajas, Andes. Bosque Húmedo, Yungas, 0–1500 m.
Dept.: CO, LP.
Muestra: *M.A. Lewis 86-1888* (LPB, MO, UC).

Hemionitis L., Sp. Pl. 2: 1077. 1753.
3 especies, 0 especies endémicas.

Hemionitis palmata L., Sp. Pl. 2: 1077–1078. 1753.
Ref.: Foster (1958).
Hierba. Nativa. Zonas Bajas. Bosque Húmedo, Sabanas Benianas del Sur, 0–1000 m.
Dept.: BE, LP, SC.
Muestra: *A. Fay & L.E. Fay 2672* (MO).

Hemionitis rufa (L.) Sw., J. Bot. (Schrader) 1800(2): 16. 1801.
Sin.: *Pteris rufa* L.
Ref.: Killeen & Schulenberg (1998), Sundue (2011).
Hierba. Nativa. Zonas Bajas. Bosque Húmedo, Bosque Semideciduo Chiquitano, Sabanas Benianas del Sur, 0–500 m.
Dept.: BE, SC.
Muestra: *A.F. Fuentes 437* (LPB, USZ).

Hemionitis tomentosa (Lam.) Raddi, Opusc. Sci. 3: 284. 1819.
Sin.: *Asplenium tomentosum* Lam., *Gymnopteris tomentosa* (Lam.) Underw.
Ref.: Foster (1958), de la Sota (1977), Schulenberg & Awbrey (1997), González et al. (1999), Kessler et al. (2000b), Serrano & Terán (1998 [2000]), Huaylla & Cervantes (2011), Sundue (2011).
Hierba. Nativa. Zonas Bajas, Andes. Bosque Húmedo, Bosque Semideciduo Chiquitano, Bosque Seco Chaqueño, Sabanas Benianas del Sur, Yungas, Bosque Tucumano-Boliviano, 0–1500 m.
Dept.: BE, CH, LP, SC, TA.
Muestra: *M.H. Nee 43342* (LPB, NY).

Jamesonia Hook. & Grev., Pl. Voy. Russes Monde 2: t. 178. 1830.
20 especies, 3 especies endémicas.

Jamesonia alstonii A.F. Tryon, Contr. Gray Herb. 191: 168, f. 11. 1962.
Hierba. Nativa. Altiplano. Puna Húmeda, 4000–4500 m.
Dept.: LP.
Muestra: *J.C. Solomon & R. Chevalier 16585* (LPB, MO).

Jamesonia angusta (M. Kessler & A.R. Sm.) Christenh., Phytotaxa 19: 20. 2011.
Sin.: *Eriosorus angustus* M. Kessler & A.R. Sm.
Ref.: Kessler & A.R. Smith (2007).
Hierba. Endémica. Andes. Yungas, Páramo Yungueño, 3000–3500 m.
Dept.: LP.
Tipo: *I. Jiménez 1889* (HT: UC; IT: LPB).
Nota: Conocida solamente del tipo.

Jamesonia ascendens (A.R. Sm. & M. Kessler) Christenh., Phytotaxa 19: 20. 2011.
Sin.: *Eriosorus ascendens* A.R. Sm. & M. Kessler
Ref.: Kessler & A.R. Smith (2007).
Hierba. Endémica. Andes. Yungas, Páramo Yungueño, 2500–3500 m.
Dept.: CO, LP.
Tipo y muestra: *A. Fay & L.E. Fay 2619* (HT: UC; IT: LPB, MO), *M. Lehnert 593* (GOET, LPB, MO).

Jamesonia blepharum A.F. Tryon, Contr. Gray Herb. 191: 190. 1962.
Hierba. Nativa. Andes. Yungas, 3000–3500 m.
Dept.: LP.
Muestra: *J.C. Solomon 18201* (LPB, MO).

Jamesonia brasiliensis Christ, Farnkr. Erde 75. 1897.
Ref.: Adolfo María (1966), Kessler et al. (1999a), Sundue (2011).
Hierba. Nativa. Altiplano. Puna Húmeda, 3500–4000 m.
Dept.: CO, LP.
Muestra: *P.M. Peterson 13174* (LPB).

Jamesonia cheilanthoides (Sw.) Christenh., Phytotaxa 19: 20. 2011.
Sin.: *Grammitis cheilanthoides* Sw., *Eriosorus cheilanthoides* (Sw.) A.F. Tryon
Ref.: Kessler et al. (1999a), Sundue (2011).
Hierba. Nativa. Andes, Altiplano. Yungas, Puna Húmeda, Bosque de *Polylepis*, 2000–4500 m.
Dept.: CO, LP, SC.
Muestra: *M.H. Nee 50620* (LPB, MO, NY).

Jamesonia elongata (Grev. & Hook.) J. Sm., Hist. Fil. 168. 1875.
Sin.: *Gymnogramma elongata* Grev. & Hook., *Eriosorus elongatus* (Grev. & Hook.) Copel.
Ref.: Foster (1958), Adolfo María (1966), Ibisch (1996), Sundue (2011).
Hierba. Nativa. Andes. Yungas, Páramo Yungueño, 2000–3500 m.
Dept.: CO, LP, SC.
Muestra: *J.C. Solomon 8012* (LPB, MO).

Jamesonia flabellata (Grev. & Hook.) Christenh., Phytotaxa 19: 21. 2011.
Sin.: *Gymnogramma flabellata* Grev. & Hook., *Psilogramme flabellata* (Grev. & Hook.) Kuhn, *Eriosorus flabellatus* (Grev. & Hook.) Copel.
Ref.: Sundue (2011).
Hierba. Nativa. Andes. Yungas, 2500–3000 m.
Dept.: SC.
Muestra: *E. Fernández T. et al. 2482* (BOLV, MO, NY).

Jamesonia flexuosa (Kunth) Christenh., Phytotaxa 19: 21. 2011.
Sin.: *Gymnogramma flexuosa* Desv., *Grammitis flexuosa* Kunth, *Eriosorus flexuosus* (Kunth) Copel.
Ref.: Adolfo María (1966), Kessler et al. (1999a), Sundue (2011).
Hierba. Nativa. Andes. Yungas, Páramo Yungueño, 1500–3500 m.
Dept.: CO, LP, SC.

Muestra: *A. Fay & L.E. Fay 2448* (LPB, MO).

Jamesonia goudotii (Hieron.) C. Chr., Index Filic. 373. 1905.
Sin.: *Gymnogramma goudotii* Hieron.
Hierba. Nativa. Andes. Páramo Yungueño, 3500–4000 m.
Dept.: CO, LP.
Muestra: *S.G. Beck 21524* (LPB, UC).

Jamesonia hirta (Kunth) Christenh., Phytotaxa 19: 21. 2011.
Sin.: *Grammitis hirta* Kunth, *Eriosorus hirtus* (Kunth) Copel.
Ref.: Kessler et al. (1999a), Sundue (2011).
Hierba. Nativa. Andes. Yungas, 2000–2500 m.
Dept.: CO.
Muestra: *M. Kessler 6425* (LPB, UC).

[**Jamesonia imbricata (Sw.) Hook. & Grev.**], Icon. Filic. 2(add.): 2, t. 178. 1831.
Ref.: Foster (1958), Ibisch (1996).
Nota: El registro se basa en material mal identificado.

Jamesonia madidiensis (M. Kessler & A.R. Sm.) Christenh., Phytotaxa 19: 21. 2011.
Sin.: *Eriosorus madidiensis* M. Kessler & A.R. Sm.
Ref.: Kessler & A.R. Smith (2007).
Hierba. Endémica. Andes. Yungas, Páramo Yungueño, 2500–3000 m.
Dept.: LP.
Tipo: *I. Jiménez & S. Gallegos 945* (HT: UC; IT: LPB).
Nota: Conocida solamente del tipo.

Jamesonia novogranatensis (A.F. Tryon) Christenh., Phytotaxa 19: 21. 2011.
Sin.: *Eriosorus novogranatensis* A.F. Tryon
Hierba. Nativa. Andes. Yungas, 2500–3000 m.
Dept.: CO.
Muestra: *M. Kessler 6598* (LPB, UC).
Nota: Identificación tentativa. Smith et al. (1999) cuestionan la identificación correcta del ejemplar *Kessler 6598*, y consideran que probablemente esta especie no se encuentra en Bolivia.

Jamesonia orbignyana (Mett. ex Kuhn) Christenh., Phytotaxa 19: 21. 2011.
Sin.: *Gymnogramma orbignyana* Mett. ex Kuhn, *Gymnogramma prehensibilis* Baker, *Eriosorus orbignyanus* (Mett. ex Kuhn) A.F. Tryon
Ref.: Foster (1958), Kessler et al. (1999a).
Hierba. Nativa. Andes. Yungas, 2000–3500 m.
Dept.: CO, LP.
Tipo y muestra: *D'Orbigny 174* (HT: B), *A. Fay & L.E. Fay 2523* (LPB, MO).

Jamesonia peruviana A.F. Tryon, Contr. Gray Herb. 191: 167. 1962.
Hierba. Nativa. Andes. Yungas, Páramo Yungueño, 2000–4000 m.
Dept.: CO, LP, SC.
Muestra: *I. Jiménez & A.F. Fuentes 2775* (BOLV, CTES, HSB, LPB, MO, UC, USZ).

Jamesonia rufescens (Fée) Christenh., Phytotaxa 19: 21. 2011.
Sin.: *Gymnogramma rufescens* Fée, *Eriosorus rufescens* (Fée) A.F. Tryon
Hierba. Nativa. Andes, Altiplano. Yungas, Puna Húmeda, 2000–4000 m.
Dept.: CO, LP.
Muestra: *J.C. Solomon 16157* (LPB, MO).

Jamesonia scalaris Kunze, Bot. Zeitung (Berlin) 2: 738. 1844.
Ref.: Sundue (2011).
Hierba. Nativa. Andes. Yungas, Páramo Yungueño, 2500–4000 m.
Dept.: CO, LP, SC.
Muestra: *S.G. Beck 11264* (LPB, UC).

Jamesonia scammaniae A.F. Tryon, Contr. Gray Herb. 191: 164, f. 9. 1962.
Ref.: Kessler et al. (1999a).
Hierba. Nativa. Andes, Altiplano. Páramo Yungueño, Puna Húmeda, 3000–4000 m.
Dept.: CO, LP.
Muestra: *M.A. Lewis 35158* (LPB, MO).

Jamesonia stuebelii (Hieron.) Christenh., Phytotaxa 19: 21. 2011.
Sin.: *Gymnogramma stuebelii* Hieron., *Eriosorus stuebelii* (Hieron.) A.F. Tryon
Hierba. Nativa. Andes. Yungas, 2500–3000 m.
Dept.: LP.
Muestra: *I. Jiménez et al. 2960* (LPB, MO, UC, USZ).

Jamesonia verticalis Kunze, Bot. Zeitung (Berlin) 2: 739. 1844.
Hierba. Nativa. Región, tipo de vegetación y elevación desconocidas.
Dept.: Bolivia.
Infra: *Jamesonia verticalis* var. *humilis* H. Karst.
Nota: La var. *humilis* fue citada para Bolivia por Foster (1958). No hay ejemplares de herbario confirmados.

Myriopteris Fée, Mém. Foug. 148. 1852.

3 especies, 0 especies endémicas.

Myriopteris aurea (Poir.) Grusz & Windham, PhytoKeys 32: 55–56. 2013.
Sin.: *Pteris aurea* Poir., *Acrostichum bonariense* Willd., *Notholaena ferruginea* (Desv.) Desv., *Notholaena ferruginea* (Willd. ex Link) Hook., *Notholaena bonariensis* (Willd.) C. Chr., *Cheilanthes bonariensis* (Willd.) Proctor
Ref.: Foster (1958), González et al. (1999), Serrano & Terán (1998 [2000]), Sundue (2011).
Hierba. Nativa. Andes, Altiplano. Yungas, Bosque Tucumano-Boliviano, Páramo Yungueño, Puna Húmeda, Bosque de *Polylepis*, 1500–4000 m.
Dept.: CH, CO, LP, TA.
Muestra: *J.C. Solomon 10300* (LPB, MO).

Myriopteris microphylla (Sw.) Grusz & Windham, PhytoKeys 32: 59. 2013.
Sin.: *Adiantum microphyllum* Sw., *Cheilanthes microphylla* (Sw.) Sw., *Cheilanthes moritziana* Kunze
Hierba. Nativa. Andes. Valles Secos, 2000–4000 m.
Dept.: CO, LP.
Muestra: *M. Saravia 967* (BOLV).

Myriopteris myriophylla (Desv.) Sm., Bot. Voy. Herald 233, 340. 1854.
Sin.: *Cheilanthes elegans* Desv., *Cheilanthes myriophylla* Desv., *Cheilanthes paleacea* M. Martens & Galeotti, *Myriopteris intermedia* E. Fourn., *Cheilanthes intermedia* Baker, *Cheilanthes myriophylla* var. *elegans* (Desv.) Sodiro
Ref.: Foster (1958), Saravia Miranda (1996), De la Barra (1997), Serrano & Terán (1998 [2000]), Sundue (2011).
Hierba. Nativa. Andes, Altiplano. Yungas, Bosque Tucumano-Boliviano, Bosque Serrano Chaqueño, Puna Húmeda, Bosque de *Polylepis*, 1500–4000 m.
Dept.: CH, CO, LP, SC, TA.
Muestra: *M.A. Lewis 35405* (LPB, MO).

Notholaena R. Br., Prodr. 145. 1810.

3 especies, 0 especies endémicas.

Notholaena affinis (Mett.) T. Moore, Index Fil. 233. 1861.
Sin.: *Cheilanthes affinis* Mett.

Ref.: Arroyo Padilla et al. (2009).
Hierba. Nativa. Andes. Bosque Tucumano-Boliviano, 1000–1500 m.
Dept.: SC.
Muestra: *L.S. Torrico 294* (USZ).

[Notholaena aurea (Poir.) Desv.], Mém. Soc. Linn. Paris 6: 219. 1827.
Ref.: Foster (1958).
Nota: El registro se basa en material mal identificado.

[Notholaena flavens (Sw.) T. Moore], Index Fil. 65. 1857.
Ref.: López Vargas (1995).
Nota: El registro se basa en material mal identificado. Citada como *N. flavens* Desv. en López Vargas (1995).

Notholaena squamosa (Gillies & Hook. ex Grev.) Lowe, Ferns 1: 49. 1856.
Sin.: *Cheilanthes squamosa Gillies & Hook. ex Grev.*
Ref.: Foster (1958), de la Sota (1977), Schulenberg & Awbrey (1997), González et al. (1999), Serrano & Terán (1998 [2000]).
Hierba. Nativa. Andes. Yungas, Páramo Yungueño, Valles Secos, 2500–4000 m.
Dept.: CO, TA.
Muestra: *E.F. Saravia 42GN* (BOLV).

Notholaena sulphurea (Cav.) J. Sm., Bot. Voy. Herald 233. 1854.
Sin.: *Pteris sulphurea* Cav.
Ref.: Adolfo María (1966), De la Barra (1997).
Hierba. Nativa. Andes. Yungas, 2500–3000 m.
Dept.: CO.
Muestra: *N. de la Barra 238* (BOLV).

Pellaea Link, Fil. Spec. 59. 1841.
3 especies, 0 especies endémicas.

Pellaea ovata (Desv.) Weath., Contr. Gray Herb. 114: 34. 1936.
Sin.: *Pteris ovata* Desv.
Ref.: Sundue (2011).
Hierba. Nativa. Andes. Valles Secos, 1000–2500 m.
Dept.: CH, CO, LP.
Muestra: *M.A. Lewis 35188* (LPB, MO).

Pellaea sagittata (Cav.) Link, Fil. Spec. 60. 1841.
Sin.: *Pteris sagittata* Cav.
Ref.: Foster (1958).
Hierba. Nativa. Andes. Valles Secos, 1500–3000 m.
Dept.: CH, LP.
Muestra: *M. Kessler 5094* (AAU, LPB).
Infra: *Pellaea sagittata* var. *sagittata*

Pellaea ternifolia (Cav.) Link, Fil. Spec. 59. 1841.
Sin.: *Pteris ternifolia* Cav., *Pellaea weddelliana* Fée
Ref.: Foster (1958), Adolfo María (1966), López Vargas (1995), Saravia Miranda (1996), González et al. (1999), Kessler et al. (2000b), Serrano & Terán (1998 [2000]).
Hierba. Nativa. Andes, Altiplano. Valles Secos, Bosque de *Polylepis*, 1500–4000 m.
Dept.: CH, CO, LP, OR, PO, SC, TA.
Muestra: *J.C. Solomon 7167* (LPB, MO).
Infra: *Pellaea ternifolia* var. *petiolulata* C. Chr.

Pityrogramma Link, Handbuch 3: 19–20. 1833.
7 especies, 0 especies endémicas.

Pityrogramma adiantoides (H. Karst.) Domin, Spisy Přír. Fak. Karlovy Univ. 88: 8. 1928.
Sin.: *Gymnogramma adiantoides* H. Karst.
Hierba. Nativa. Región, tipo de vegetación y elevación desconocidas.
Dept.: Bolivia.
Nota: Citada para Bolivia por Foster (1958). No hay ejemplares de herbario confirmados.

Pityrogramma calomelanos (L.) Link, Handbuch 3: 20. 1833.
Sin.: *Acrostichum calomelanos* L., *Gymnogramma calomelanos* var. *aureoflava* Hook., *Pityrogramma austroamericana* Domin
Ref.: Foster (1958), Moraes R. (1990), Killeen & Schulenberg (1998), González et al. (1999), Kessler et al. (1999a), Alverson et al. (2000), Kessler et al. (2000b), Sundue (2011).
Hierba. Nativa. Zonas Bajas, Andes. Bosque Húmedo, Bosque Semideciduo Chiquitano, Campos Cerrados, Yungas, Bosque Tucumano-Boliviano, 0–3000 m.
Dept.: BE, CH, CO, LP, PA, SC, TA.
Muestra: *A. Fay & L.E. Fay 2272* (LPB, MO).
Infra: *Pityrogramma calomelanos* var. *aureoflava* (Hook.) Weath. ex L.H. Bailey, *Pityrogramma calomelanos* var. *austroamericana* (Domin) Farw.

Pityrogramma chrysoconia (Desv.) Maxon ex Domin, Spisy Přír. Fak. Karlovy Univ. 88: 10. 1928.
Sin.: *Acrostichum chrysoconium* Desv., *Allosorus farinosus* Kunze, *Gymnogramma ornithopteris* Klotzsch, *Pityrogramma ornithopteris* (Klotzsch) Maxon ex R. Knuth
Ref.: Foster (1958).
Hierba. Nativa. Andes. Yungas, 3000–3500 m.
Dept.: LP.
Muestra: *A. Fay & L.E. Fay 2567* (LPB, MO).

Pityrogramma ebenea (L.) Proctor, Brit. Fern Gaz. 9(6): 219. 1965.
Sin.: *Acrostichum ebeneum* L., *Acrostichum tartareum* Cav., *Pityrogramma tartarea* (Cav.) Maxon
Ref.: Foster (1958), Kessler et al. (1999a), Kessler et al. (2000b), Prado & Smith (2011), Sundue (2011).
Hierba. Nativa. Andes. Yungas, 1500–3500 m.
Dept.: CO, LP, SC.
Muestra: *J.C. Solomon 17559* (BOLV, LPB, MO).
Nota: *A. ebeneum* (el basiónimo para este nombre) ha sido propuesto como nom. cons. sobre *A. tartareum* (Prado & Smith, 2011).

Pityrogramma ochracea (C. Presl) Domin, Spisy Přír. Fak. Karlovy Univ. 88: 8. 1928.
Sin.: *Gymnogramma ochracea* C. Presl, *Gymnogramma ballivianii* Rosenst., *Pityrogramma ballivianii* (Rosenst.) Domin
Ref.: Foster (1958), Kessler et al. (1999a), Sundue (2011).
Hierba. Nativa. Zonas Bajas, Andes. Bosque Húmedo, Yungas, 0–3000 m.
Dept.: BE, CO, LP, SC.
Muestra: *A. Fay & L.E. Fay 2004* (LPB, MO).

Pityrogramma presliana Domin, Spisy Přír. Fak. Karlovy Univ. 88: 6. 1928.
Ref.: Sundue (2011).
Hierba. Nativa. Andes. Yungas, Bosque Tucumano-Boliviano, 1000–2000 m.
Dept.: CH, CO, SC.
Muestra: *M. Kessler 7791* (LPB, UC).

Pityrogramma trifoliata (L.) R.M. Tryon, Contr. Gray Herb. 189: 68. 1962.
Sin.: *Acrostichum trifoliatum* L., *Trismeria trifoliata* (L.) Diels
Ref.: Foster (1958), González et al. (1999), Sundue (2011).
Hierba. Nativa. Zonas Bajas, Andes. Bosque Húmedo, Bosque Semideciduo Chiquitano, Sabanas Benianas del Sur, Bosque Tucumano-Boliviano, Valles Secos, 0–2000 m.
Dept.: BE, CH, CO, LP, SC, TA.
Muestra: *J.C. Solomon & S. Urcullo 14065* (LPB, MO).

Polytaenium Desv., Mém. Soc. Linn. Paris 6: 174, 218. 1827.
4 especies, 0 especies endémicas.

Polytaenium brasilianum (Desv.) Benedict, Bull. Torrey Bot. Club 38: 169. 1911.
Sin.: *Hemionitis brasiliana* Desv.
Epífita. Nativa. Andes. Yungas, 1000–1500 m.
Dept.: CO.
Muestra: *M. Kessler 13351* (GOET, LPB, UC).

Polytaenium cajenense (Desv.) Benedict, Bull. Torrey Bot. Club 38: 169. 1911.
Sin.: *Hemionitis cajenensis* Desv., *Antrophyum cajenense* (Desv.) Spreng., *Antrophyum discoideum* Kunze
Ref.: Foster (1958), Tryon & Stolze (1989b), Kessler et al. (1999a), Sundue (2011).
Epífita. Nativa. Zonas Bajas, Andes. Bosque Húmedo, Yungas, 0–1500 m.
Dept.: BE, CO, LP.
Muestra: *A. Portugal 635* (LPB, UC).

Polytaenium guayanense (Hieron.) Alston, Kew Bull. 1932(7): 134. 1932.
Sin.: *Antrophyum guayanense* Hieron.
Ref.: Ibisch (1996).
Epífita. Nativa. Zonas Bajas. Bosque Húmedo, 0–1000 m.
Dept.: BE, CO, LP.
Muestra: *M. Kessler 8848* (LPB, UC).

Polytaenium lineatum (Sw.) J. Sm., J. Bot. (Hooker) 4: 68. 1841.
Sin.: *Hemionitis lineata* Sw., *Vittaria lanceolata* Sw., *Antrophyum lineatum* (Sw.) Kaulf., *Loxogramme lineata* (Sw.) C. Presl
Ref.: Foster (1958), Tryon & Stolze (1989b), Ibisch (1996), Kessler et al. (1999a), Sundue (2011).
Epífita. Nativa. Zonas Bajas, Andes. Bosque Húmedo, Yungas, 0–2500 m.
Dept.: BE, CH, CO, LP, SC.
Muestra: *T. Killeen 3790* (LPB, MO).

Pteris L., Sp. Pl. 2: 1073. 1753.
24 especies, 3 especies endémicas.

Pteris altissima Poir., Encycl. 5: 722. 1804.
Ref.: Kessler et al. (1999a), Sundue (2011).
Hierba. Nativa. Zonas Bajas, Andes. Bosque Húmedo, Sabanas Benianas del Sur, Yungas, 0–2000 m.
Dept.: BE, CO, LP, SC.
Muestra: *D.N. Smith & V. García E. 13833* (MO).

Pteris bakeri C. Chr., Index Filic. 593. 1906.
Ref.: Prado & Smith (2002).
Hierba. Nativa. Andes. Yungas, 2000–2500 m.
Dept.: CO.
Muestra: *M. Kessler et al. 7064* (LPB, UC).

Pteris boliviensis J. Prado & A.R. Sm., Amer. Fern J. 92(2): 107. 2002.
Hierba. Endémica. Andes. Yungas, 1500–2000 m.
Dept.: CO.
Tipo y muestra: *J. Steinbach 9327* (HT: UC; IT: MO), *M. Kessler 7393* (UC).

Pteris buchtienii Rosenst., Repert. Spec. Nov. Regni Veg. 6: 309. 1909.
Hierba. Endémica. Zonas Bajas. Bosque Húmedo, 0–500 m.
Dept.: BE.
Tipo: *O. Buchtien 1068* (IT: BM, K, S, SPF, US frag.).
Nota: Conocida solamente del tipo. Tal vez un sinónimo de *P. lechleri*.

Pteris consanguinea Mett. ex Kuhn, Linnaea 36: 89. 1869.
Ref.: Kessler et al. (1999a), Smith et al. (1999).
Hierba. Nativa. Andes. Yungas, 1000–1500 m.
Dept.: CO, LP.
Muestra: *M. Kessler 11395* (LPB, UC).

Pteris deflexa Link, Hort. Berol. 2: 30. 1833.
Sin.: *Pteris polita* Link
Ref.: Schulenberg & Awbrey (1997), González et al. (1999), Kessler et al. (1999a), Kessler et al. (2000b), Serrano & Terán (1998 [2000]), Arroyo Padilla et al. (2009), Martínez & Prado (2011), Sundue (2011).
Hierba. Nativa. Zonas Bajas, Andes. Bosque Semideciduo Chiquitano, Campos Cerrados, Yungas, Bosque Tucumano-Boliviano, Páramo Yungueño, Valles Secos, 0–3500 m.
Dept.: CH, CO, LP, SC, TA.
Muestra: *J.C. Solomon et al. 19031* (LPB, MO).

Pteris denticulata Sw., Prodr. 129. 1788.
Ref.: Foster (1958), de la Sota (1977), Schulenberg & Awbrey (1997), Killeen & Schulenberg (1998), González et al. (1999), Kessler et al. (2000b), Martínez (2011), Sundue (2011).
Hierba. Nativa. Zonas Bajas, Andes. Bosque Húmedo, Campos Cerrados, Yungas, Valles Secos, 0–2000 m.
Dept.: CH, LP, SC, TA.
Muestra: *M.H. Nee 50272* (MO, NY).

Pteris grandifolia L., Sp. Pl. 2: 1073–1074. 1753.
Ref.: Smith et al. (1999), Sundue (2011).
Hierba. Nativa. Zonas Bajas. Bosque Húmedo, 0–1000 m.
Dept.: LP, SC.
Muestra: *M.H. Nee 40919* (LPB, MO, NY).

Pteris haenkeana C. Presl, Reliq. Haenk. 1(1): 55. 1825.
Ref.: Foster (1958), Kessler et al. (2000b), Sundue (2011).
Hierba. Nativa. Zonas Bajas, Andes. Bosque Húmedo, Bosque Tucumano-Boliviano, 0–1500 m.
Dept.: BE, LP, SC.
Muestra: *M.H. Nee 35883* (LPB, MO, NY).

Pteris inermis (Rosenst.) de la Sota, Darwiniana 17: 99. 1972.
Sin.: *Pteris muricata* var. *inermis* Rosenst.
Ref.: de la Sota (1977), Martínez & Prado (2011).
Hierba. Nativa. Andes. Yungas, Páramo Yungueño, 3000–3500 m.
Dept.: CO, LP, SC.
Tipo y muestra: *O. Buchtien 2784* (HT: S; IT: US), *I. Jiménez 1118* (LPB).

Pteris lechleri Mett., Fil. Lechl. 2: 13. 1859.
Hierba. Nativa. Zonas Bajas, Andes. Sabanas Benianas del Sur, Yungas, 500–1500 m.
Dept.: BE, LP.
Muestra: *J.C. Solomon 10739* (MO).

Pteris lellingeri A.R. Sm. & J. Prado, Brittonia 56(1): 84. 2004.
Hierba. Endémica. Andes. Yungas, 1500–2000 m.
Dept.: LP.
Tipo: *K. Bach & Wunderlich 962* (HT: UC; IT: LPB).
Nota: Conocida solamente del tipo.

Pteris livida Mett., Ann. Sci. Nat., Bot., sér. 5, 2: 222. 1864.
Ref.: Kessler et al. (1999a), Triana-Moreno & Murillo Aldana (2005), Sundue (2011).
Hierba. Nativa. Andes. Yungas, 1500–3000 m.
Dept.: CO, LP.
Muestra: *S.G. Beck 9246* (LPB).

Pteris longipetiolulata Lellinger, Proc. Biol. Soc. Wash. 89(61): 727, f. 7. 1977.
Hierba. Nativa. Andes. Yungas, 2500–3000 m.
Dept.: CO, LP.
Muestra: *I. Jiménez 1135* (LPB).

Pteris multifida Poir., Encycl. 5: 714. 1804.
Hierba. Adventicia. Zonas Bajas. Bosque Húmedo, 0–500 m.
Dept.: LP, SC.
Muestra: *M.H. Nee 49479* (MO, NY).

Pteris muricata Hook., Sp. Fil. 2: 193, pl. 123B. 1858.
Ref.: López Vargas (1995), Saravia Miranda (1996), Kessler et al. (1999a), Kessler et al. (2000b), Triana-Moreno & Murillo Aldana (2005), Sundue (2011).
Hierba. Nativa. Zonas Bajas, Andes. Bosque Semideciduo Chiquitano, Yungas, 0–3500 m.
Dept.: CH, CO, LP, SC.
Muestra: *A. Fay & L.E. Fay 2490* (MO).

Pteris muricatopedata Arbeláez, Brittonia 47(2): 175–177, f. 1. 1995.
Hierba. Nativa. Andes. Yungas, 2500–3000 m.
Dept.: CO.
Muestra: *A.L. Arbeláez A. & S.P. Churchill 887* (USZ).

Pteris pearcei Baker, Ann. Bot. (Oxford) 5(18): 218. 1891.
Ref.: Smith et al. (1999).
Hierba. Nativa. Zonas Bajas. Bosque Húmedo, 500–1000 m.
Dept.: BE.
Muestra: *A. Fay & L.E. Fay 2711* (MO).

Pteris podophylla Sw., J. Bot. (Schrader) 1800(2): 67. 1801.
Ref.: Kessler et al. (1999a), Sundue (2011).
Hierba. Nativa. Zonas Bajas, Andes. Bosque Húmedo, Yungas, Páramo Yungueño, Valles Secos, 0–3500 m.
Dept.: CO, LP, SC.
Muestra: *J.C. Solomon 17407* (MO).

Pteris propinqua J. Agardh, Recens. Spec. Pter. 65. 1839.
Ref.: Killeen & Schulenberg (1998), Kessler et al. (1999a), Sundue (2011).
Hierba. Naturalizada. Zonas Bajas. Bosque Húmedo, Sabanas Benianas del Sur, 0–500 m.
Dept.: BE, CO, LP, SC.
Muestra: *A. Fay & L.E. Fay 2070* (MO).

Pteris pungens Willd., Sp. Pl. 5: 387. 1810.
Ref.: Killeen & Schulenberg (1998), Kessler et al. (1999a), Arroyo Padilla et al. (2009).
Hierba. Nativa. Zonas Bajas. Bosque Húmedo, Bosque Semideciduo Chiquitano, Campos Cerrados, Campos Amazónicos, 0–1000 m.
Dept.: BE, CO, LP, PA, SC.
Muestra: *S.G. Beck & R.B. Foster 18289* (LPB).

Pteris quadriaurita Retz., Observ. Bot. 6: 38–39. 1791.
Sin.: *Pteris plumula* Desv.
Ref.: Foster (1958), de la Sota (1977), Killeen & Schulenberg (1998), González et al. (1999), Kessler et al. (2000b), Prado & Windisch (2000), Serrano & Terán (1998 [2000]), Sundue (2011).
Hierba. Nativa. Zonas Bajas, Andes. Bosque Húmedo, Bosque Semideciduo Chiquitano, Campos Cerrados, Bosque Tucumano-Boliviano, Valles Secos, 0–2500 m.
Dept.: CH, SC, TA.
Muestra: *L. Cayola et al. 808* (LPB, MO, UC).

[**Pteris quadripinnata Forssk.**], Fl. Aegypt.-Arab. 186. 1775.
Ref.: Kessler et al. (1999a).
Nota: El registro se basa en material mal identificado de *P. plumula*. Un error ortográfico para *P. quadriaurita*.

Pteris tripartita Sw., J. Bot. (Schrader) 1800(2): 67. 1801.
Ref.: Smith et al. (1999).
Hierba. Nativa. Zonas Bajas. Bosque Húmedo, 0–500 m.
Dept.: CO.
Muestra: *M. Kessler 8829* (LPB, UC).

Pteris websteri A.R. Sm. & J. Prado, Brittonia 56(1): 87, f. 2e–h. 2004.
Hierba. Nativa. Andes. Yungas, 2000–2500 m.
Dept.: CO.
Muestra: *M. Kessler 7127* (GOET, LPB, SP, UC).

Radiovittaria (Benedict) E.H. Crane, Syst. Bot. 22(3): 514–515. 1997 [1998].
6 especies, 0 especies endémicas.

Radiovittaria gardneriana (Fée) E.H. Crane, Syst. Bot. 22(3): 515. 1997 [1998].
Sin.: *Vittaria gardneriana* Fée
Ref.: Tryon & Stolze (1989b), Ibisch (1996), Kessler et al. (1999a), Sundue (2011).
Hierba, epífita. Nativa. Andes. Yungas, 1000–4000 m.
Dept.: CO, LP, SC.
Muestra: *M.H. Nee 50617* (LPB, NY).

Radiovittaria latifolia (Benedict) E.H. Crane, Syst. Bot. 22(3): 515. 1997 [1998].
Sin.: *Vittaria latifolia* Benedict
Ref.: Foster (1958), Tryon & Stolze (1989b), Ibisch (1996), Killeen & Schulenberg (1998), Kessler et al. (1999a).
Epífita. Nativa. Andes. Yungas, 1500–2000 m.
Dept.: CO, LP.
Tipo y muestra: *R.S. Williams 1337* (HT: NY; IT: GH, US), *M. Kessler 7396* (LPB, UC).

Radiovittaria moritziana (Mett.) E.H. Crane, Syst. Bot. 22(3): 515. 1997 [1998].
Sin.: *Vittaria moritziana* Mett., *Vittaria orbignyana* Kuhn
Ref.: Tryon & Stolze (1989b), Ibisch (1996), Sundue (2011).
Epífita. Nativa. Andes. Yungas, 1500–3000 m.
Dept.: CO, LP, SC.
Muestra: *M. Kessler 9174* (LPB, UC).

Radiovittaria remota (Fée) E.H. Crane, Syst. Bot. 22(3): 515. 1997 [1998].
Sin.: *Vittaria remota* Fée, *Vittaria williamsii* Benedict, *Radiovittaria williamsii* (Benedict) E.H. Crane
Ref.: Foster (1958), Ibisch (1996), Kessler et al. (1999a), Sundue (2011).
Epífita. Nativa. Andes. Yungas, 1000–3000 m.
Dept.: CO, LP, SC.
Muestra: *A. Portugal 312* (LPB, UC).

Radiovittaria ruiziana (Fée) E.H. Crane, Syst. Bot. 22(3): 515. 1997 [1998].
Sin.: *Pteropsis vittarioides* Desv., *Vittaria ruiziana* Fée, *Vittaria vittarioides* (Desv.) Weath.
Ref.: Foster (1958), Tryon & Stolze (1989b), Ibisch (1996), Sundue (2011).
Epífita. Nativa. Andes. Yungas, 2500–3000 m.
Dept.: CO, LP, SC.
Muestra: *I.G. Vargas & A. Jardim 3008* (LPB, NY, USZ).

Radiovittaria stipitata (Kunze) E.H. Crane, Syst. Bot. 22(3): 515. 1997 [1998].
Sin.: *Vittaria stipitata* Kunze,

Taeniopsis stipitata (Kunze) T. Moore
Ref.: Foster (1958), Tryon & Stolze (1989b), Ibisch (1996), Kessler et al. (1999a), Arroyo Padilla et al. (2009).
Epífita. Nativa. Andes. Yungas, Bosque Tucumano-Boliviano, 1000–2000 m.
Dept.: BE, CO, LP, SC.
Muestra: *C.B. Maldonado et al. 2448* (LPB, MO).

Trachypteris André ex Christ, Neue Denkschr. Allg. Schweiz. Ges. Gesammten Naturwiss. 36: 150. 1899.

1 especie, 0 especies endémicas.

Trachypteris pinnata (Hook. f.) C. Chr., Index Filic. 634. 1906.
Sin.: *Hemionitis pinnata* Hook. f.
Ref.: de la Sota (1977).
Hierba. Nativa. Zonas Bajas, Andes. Bosque Húmedo, Yungas, Bosque Serrano Chaqueño, 0–1500 m.
Dept.: CH, LP, SC.
Muestra: *M.H. Nee 36356* (LPB, MO, NY).

Vittaria Sm., Mém. Acad. Roy. Sci. (Turin) 5: 413, pl. 9, f. 5. 1793.

2 especies, 0 especies endémicas.

Vittaria graminifolia Kaulf., Enum. Filic. 192. 1824.
Sin.: *Vittaria filifolia* Fée
Ref.: Foster (1958), Tryon & Stolze (1989b), Ibisch (1996), Killeen & Schulenberg (1998), Kessler et al. (1999a), Sundue (2011).
Epífita. Nativa. Zonas Bajas, Andes. Bosque Húmedo, Yungas, 0–2500 m.
Dept.: BE, CO, LP, SC.
Muestra: *M. Lehnert 96* (GOET, LPB, UC).

Vittaria lineata (L.) Sm., Mém. Acad. Roy. Sci. (Turin) 5(1790–1791): 421, pl. 9, f. 5. 1793.
Sin.: *Pteris lineata* L., *Vittaria lineata* (L.) Sw., *Vittaria filiformis* Cav.
Ref.: Foster (1958), Tryon & Stolze (1989b), Ibisch (1996), Killeen & Schulenberg (1998), Kessler et al. (1999a), Sundue (2011).
Epífita. Nativa. Zonas Bajas. Bosque Húmedo, 0–1000 m.
Dept.: BE, CO, LP, PA, SC.
Muestra: *A. Jardim 578* (MO, UC, USZ).

SACCOLOMATACEAE Doweld & Reveal, Phytologia 90: 417. 2008.

Por M. Kessler (Z); revisado por R.C. Moran (NY), I. Jiménez (LPB), M. Nee (NY), P.M. Jørgensen (MO).
1 género, 3 especies, 0 especies endémicas.

Saccoloma Kaulf., Berlin. Jahrb. Pharm. Verbundenen Wiss. 21: 51. 1820.

3 especies, 0 especies endémicas.

Saccoloma elegans Kaulf., Berlin. Jahrb. Pharm. Verbundenen Wiss. 21: 51. 1820.
Sin.: *Davallia saccoloma* Spreng.
Ref.: Foster (1958), Tryon & Stolze (1989b).
Hierba. Nativa. Zonas Bajas, Andes. Bosque Húmedo, Yungas, 0–2000 m.
Dept.: LP, PA.
Muestra: *I. Jiménez 2193* (BOLV, GOET, LPB, NY, UC).
Infra: *Saccoloma elegans* subsp. *chartaceum* G.B. Nair ex Cremers & K.U. Kramer

Saccoloma inaequale (Kunze) Mett., Ann. Sci. Nat., Bot., sér. 4, 15: 80. 1861.
Sin.: *Davallia inaequalis* Kunze, *Microlepia inaequalis* (Kunze) C. Presl, *Saccoloma brasiliense* Mett., *Saccoloma inaequale* var. *caudatum* Hieron., *Saccoloma guentheri* Rosenst., *Orthiopteris inaequalis* (Kunze) Copel.
Ref.: Foster (1958), Tryon & Stolze (1989b), Killeen & Schulenberg (1998), Kessler et al. (1999a), Kessler et al. (2000b).
Hierba. Nativa. Zonas Bajas, Andes. Bosque Húmedo, Yungas, 0–2000 m.
Dept.: CO, LP, SC.
Muestra: *J.C. Solomon 9594* (LPB, MO).

Saccoloma nigrescens (Mett.) A. Rojas, Mét. Ecol. Sist. 5(1): 7, f. 2A. 2010.
Sin.: *Saccoloma inaequale* var. *nigrescens* Mett., *Saccoloma inaequale* var. *dimorphum* Christ
Hierba. Nativa. Andes. Yungas, 2000–2500 m.
Dept.: LP.
Muestra: *D. Alanes et al. 241* (LPB, MO, UC).

SALVINIACEAE Martinov, Tekhno-Bot. Slovar. 559. 1820.

Por M. Kessler (Z); revisado por R.C. Moran (NY), P.M. Jørgensen (MO).
2 géneros, 4 especies, 0 especies endémicas.

Azolla Lam., Encycl. 1(1): 343. 1783.

2 especies, 0 especies endémicas.

Azolla filiculoides Lam., Encycl. 1(1): 343. 1783.
Sin.: *Azolla caroliniana* Willd.
Ref.: Adolfo María (1966), Foster (1958), Killeen & Schulenberg (1998), Tryon & Stolze (1994).
Acuática. Nativa. Zonas Bajas, Andes, Altiplano. Bosque Húmedo, Bosque Semideciduo Chiquitano, Sabanas Benianas del Norte, Sabanas Benianas del Sur, Yungas, Bosque Tucumano-Boliviano, Puna Húmeda, 0–4500 m.
Dept.: BE, CH, CO, LP, SC, TA.
Muestra: *M. Franken 703* (LPB).

Azolla microphylla Kaulf., Enum. Filic. 273. 1824.
Sin.: *Azolla mexicana* C. Presl
Ref.: Foster (1958), Killeen & Schulenberg (1998), Tryon & Stolze (1994).
Acuática. Nativa. Zonas Bajas, Andes, Altiplano. Bosque Húmedo, Bosque Semideciduo Chiquitano, Sabanas Benianas del Norte, Sabanas Benianas del Sur, Yungas, Bosque Tucumano-Boliviano, Puna Húmeda, 0–500, 1500–2000, 3500–4000 m.
Dept.: BE, CO, LP, OR, PA, SC, TA.
Muestra: *N. Ritter 3318* (LPB, MO, UC).

Salvinia Ség., Fl. Veron. 3: 52. 1754.

2 especies, 0 especies endémicas.

Salvinia auriculata Aubl., Hist. Pl. Guiane 2: 969, pl. 367. 1775.
Sin.: *Salvinia rotundifolia* Willd., *Salvinia hispida* Kunth
Ref.: Foster (1958), Killeen & Schulenberg (1998), Tryon & Stolze (1994).
Acuática. Nativa. Zonas Bajas. Bosque Semideciduo Chiquitano, Sabanas Benianas del Norte, Sabanas Benianas del Sur, 0–500 m.
Dept.: BE, SC.
Muestra: *T. Killeen et al. 6824* (LPB, MO, NY, UC).

Salvinia minima Baker, J. Bot. 24: 98. 1886.
Ref.: Killeen & Schulenberg (1998), Tryon & Stolze (1994).
Acuática. Nativa. Zonas Bajas. Bosque Semideciduo Chiquitano, Sabanas Benianas del Norte, Sabanas Benianas del Sur, 0–500 m.
Dept.: BE, LP, PA, SC.
Muestra: *A. Fay & L.E. Fay 2079* (LPB, MO).

SCHIZAEACEAE Kaulf., Wesen Farrenkr. 119. 1827.

Por M. Kessler (Z); revisado por R.C. Moran (NY), I. Jiménez (LPB), P.M. Jørgensen (MO).
2 géneros, 4 especies, 0 especies endémicas.

Actinostachys Wall., Numer. List 1. 1829.

1 especie, 0 especies endémicas.

Actinostachys pennula (Sw.) Hook., Gen. Fil. t. 111A. 1842.
Sin.: *Schizaea pennula* Sw., *Acrostichum pennulum* (Sw.) Poir. ex Lam.
Ref.: Tryon & Stolze (1989a).
Hierba. Nativa. Zonas Bajas. Bosque Húmedo, 0–500 m.
Dept.: BE, LP.
Muestra: *J.C. Solomon 17007* (LPB, MO).

Schizaea Sm., Mém. Acad. Roy. Sci. (Turin) 5: 419, pl. 9, f. 9. 1793.

3 especies, 0 especies endémicas.

Schizaea elegans (Vahl) Sw., J. Bot. (Schrader) 1800(2): 103. 1801.
Sin.: *Acrostichum elegans* Vahl, *Schizaea elegans* (Vahl) Sm., *Lophidium elegans* (Vahl) C. Presl
Ref.: Tryon & Stolze (1989a), Killeen & Schulenberg (1998), Sundue (2011).
Hierba. Nativa. Zonas Bajas, Andes. Bosque Húmedo, Campos Cerrados, Sabanas Benianas del Norte, Yungas, 0–2500 m.
Dept.: LP, SC.
Muestra: *S.G. Beck 10180* (LPB).

Schizaea fluminensis Miers ex J.W. Sturm, Fl. Bras. 1(2): 184, pl. 15, f. 2. 1859.
Hierba. Nativa. Zonas Bajas. Bosque Húmedo, 500–1000 m.
Dept.: LP.
Muestra: *O. Buchtien 14* (UC).

Schizaea poeppigiana J.W. Sturm, Fl. Bras. 1(2): 181. 1859.
Ref.: Tryon & Stolze (1989a), Sundue (2011).
Hierba. Nativa. Andes. Yungas, 1000–1500 m.
Dept.: SC.
Muestra: *T. Herzog 91* (US).

SELAGINELLACEAE Willk., Anleit. Stud. Bot. 2: 163. 1854.

Por M. Kessler (Z); revisado por I. Jiménez (LPB), M. Nee (NY), P.M. Jørgensen (MO).
1 género, 36 especies, 4 especies endémicas.
Nota: Existen dos especies adicionales no descritas en Bolivia.

Selaginella P. Beauv., Prodr. Aethéogam. 101. 1805.

37 especies, 4 especies endémicas.

Selaginella alampeta M. Kessler & A.R. Sm., Edinburgh J. Bot. 63(1): 86, f. 1–2. 2006.
Hierba. Endémica. Andes. Yungas, 1000–2000 m.
Dept.: LP.
Tipo y muestra: *M. Kessler 10101* (HT: UC; IT: GOET, LPB), *L. Cayola et al. 2436* (LPB, MO, UC).

Selaginella anceps (C. Presl) C. Presl, Abh. Königl. Böhm. Ges. Wiss., ser. 5 3: 581. 1845.
Sin.: *Lycopodium gracile* Desv. ex Poir., *Lycopodium anceps* C. Presl, *Selaginella gracilis* (Desv. ex Poir.) Hieron.
Ref.: Foster (1958), Parker & Bailey (1991), Tryon & Stolze (1994), Kessler et al. (1999a), Sundue (2011).
Hierba. Nativa. Zonas Bajas. Bosque Húmedo, 0–1000 m.
Dept.: BE, CO, LP.
Muestra: *D.N. Smith et al. 13937* (LPB, MO).

Selaginella arenaria Underw., Bull. Torrey Bot. Club 25(3): 129. 1898.
Hierba. Nativa. Zonas Bajas. Bosque Húmedo, 0–1000 m.
Dept.: SC.
Muestra: *J.R.I. Wood et al. 18244* ().

Selaginella arroyoana M. Kessler & A.R. Sm., Edinburgh J. Bot. 63: 87. 2006.
Sin.: *Selaginella chiquitana* M. Kessler & A.R. Sm.
Ref.: Huaylla et al. (2010b).
Hierba. Endémica. Zonas Bajas. Bosque Semideciduo Chiquitano, 500–1000 m.
Dept.: SC.
Tipo y muestra: *L. Arroyo P. & K.D. Keil 202* (HT: LPB; IT: MO, UC, USZ), *M. Lehnert 631* (GOET, LPB, UC).

[**Selaginella articulata (Kunze) Spring**], Flora 21: 182. 1838.
Ref.: Tryon & Stolze (1994).
Nota: El registro se basa en material mal identificado.

Selaginella asperula Spring, Fl. Bras. 1(2): 127. 1840.
Ref.: Alston et al. (1981), Tryon & Stolze (1994).
Hierba. Nativa. Zonas Bajas. Bosque Húmedo, 500–1000 m.
Dept.: LP.
Muestra: *I. Jiménez 2660* (BOLV, GOET, HSB, LPB, NY, UC).

[**Selaginella brevifolia Baker**], J. Bot. 21(3): 83. 1883.
Ref.: Serrano & Terán (1998 [2000]).
Dept.: CH.
Nota: Determinación no confirmada.

Selaginella bryophila M. Kessler & A.R. Sm., Edinburgh J. Bot. 63(1): 91, f. 1, 4. 2006.
Hierba, epífita. Endémica. Andes. Yungas, 2000–2500 m.
Dept.: LP.
Tipo: *I. Jiménez & S. Gallegos 825* (HT: LPB).
Nota: Conocido solamente del tipo.

Selaginella calosticha Spring, Mém. Acad. Roy. Sci. Belgique 24: 206. 1850.
Ref.: Kessler et al. (1999a), Smith et al. (1999).
Hierba. Nativa. Andes. Yungas, 1500–2000 m.
Dept.: CO.
Muestra: *M. Kessler 7370* (LPB, UC).

Selaginella cavifolia A. Braun, Ann. Sci. Nat., Bot., sér. 5, 3: 272. 1865.
Sin.: *Selaginella moritziana* var. *elongata* A. Braun
Ref.: Smith et al. (1999).
Hierba. Nativa. Andes. Yungas, 3000–3500 m.
Dept.: LP.
Muestra: *I. Jiménez et al. 2938* (BOLV, LPB, MO, UC).

Selaginella chionoloma Alston ex Crabbe & Jermy, Amer. Fern J. 63(3): 137. 1973.
Ref.: Alston et al. (1981), Valdespino Quintero (1995).
Hierba. Nativa. Andes. Yungas, 1500–2000 m.
Dept.: LP.
Muestra: *R.J. Hickey & W.H. Eshbaugh 768* (AAU, GH).

Selaginella chrysoleuca Spring, Bull. Acad. Roy. Sci. Bruxelles 10(1): 226. 1843.
Sin.: *Selaginella sprucei* Hook., *Selaginella centipediformis* L.D. Gómez
Ref.: Alston et al. (1981), Tryon & Stolze (1994).
Hierba. Nativa. Andes. Yungas, 1000–2000 m.
Dept.: LP.

Muestra: *J.C. Solomon 9265* (LPB, MO, NY, UC).

Selaginella convoluta (Arn.) Spring, Fl. Bras. 1(2): 131. 1840.
Sin.: *Lycopodium convolutum* Arn., *Lycopodium hygrometricum* Mart., *Lycopodium revolutum* Hook. & Grev., *Selaginella hygrometrica* (Mart.) Spring
Ref.: Alston et al. (1981), Killeen & Schulenberg (1998), Arroyo Padilla et al. (2009).
Hierba. Nativa. Zonas Bajas, Andes. Bosque Semideciduo Chiquitano, Valles Secos, 0–1500 m.
Dept.: CO, SC.
Muestra: *T. Killeen 2346* (LPB, NY).

Selaginella diffusa (C. Presl) Spring, Bull. Acad. Roy. Sci. Bruxelles 10(1): 143. 1843.
Sin.: *Lycopodium diffusum* C. Presl, *Selaginella macrophylla* A. Br., *Selaginella polycephala* Baker, *Selaginella eggersii* Sodiro, *Selaginella atirrensis* Hieron.
Ref.: Foster (1958), Alston et al. (1981), Tryon & Stolze (1994), Kessler et al. (1999a).
Hierba. Nativa. Andes. Yungas, 500–2000 m.
Dept.: CO, LP.
Muestra: *M.H. Nee 45131* (LPB, MO, NY).

Selaginella erythropus (Mart.) Spring, Fl. Bras. 1(2): 125. 1840.
Sin.: *Lycopodium erythropus* Mart.
Ref.: Alston et al. (1981), Tryon & Stolze (1994), Killeen & Schulenberg (1998).
Hierba. Nativa. Zonas Bajas. Bosque Húmedo, Bosque Semideciduo Chiquitano, 0–1000 m.
Dept.: BE, LP, SC.
Muestra: *J.R. Abbott 16309* (LPB, MO, UC, USZ).

Selaginella exaltata (Kunze) Spring, Bull. Acad. Roy. Sci. Bruxelles 10(1): 234. 1843.
Sin.: *Lycopodium exaltatum* Kunze, *Selaginella strobilifera* Christ
Ref.: Tryon & Stolze (1994), Alverson et al. (2000).
Hierba. Nativa. Zonas Bajas. Bosque Húmedo, 0–500 m.
Dept.: PA.
Muestra: *M.H. Nee 31681* (LPB, MO, NY).

Selaginella flagellata Spring, Bull. Acad. Roy. Sci. Bruxelles 10(1): 228. 1843.
Sin.: *Selaginella ambigua* A. Braun, *Selaginella leptostachya* A. Braun, *Selaginella regularis* Baker, *Selaginella rhizophora* Baker, *Selaginella reptans* Sodiro, *Selaginella ambigua* var. *fallax* Hieron., *Selaginella ambigua* var. *minor* Hieron., *Selaginella othmeri* Hieron., *Selaginella purdiei* Hieron.
Ref.: Alston et al. (1981), Tryon & Stolze (1994), Valdespino Quintero (1995), Kessler et al. (1999a), Sundue (2011).
Hierba. Nativa. Zonas Bajas, Andes. Bosque Húmedo, Yungas, 0–2000 m.
Dept.: CO, LP, SC.
Muestra: *M.H. Nee 38868* (LPB, MO, NY).

Selaginella flexuosa Spring, Flora 21: 197. 1838.
Sin.: *Selaginella tarapotensis* Baker
Ref.: Alston et al. (1981).
Hierba. Nativa. Andes. Yungas, 1000–1500 m.
Dept.: LP.
Muestra: *M. Kessler 11595* (LPB, UC).

Selaginella glossophylla Alston ex Crabbe & Jermy, Fern Gaz. 11: 259. 1976.
Ref.: Alston et al. (1981), Valdespino Quintero (1995).
Hierba. Endémica. Andes. Yungas, 3000–3500 m.
Dept.: CO.
Tipo: *W.M.A. Brooke 6783* (HT: BM; IT: F).
Nota: Conocido solamente del tipo.

Selaginella haematodes (Kunze) Spring, Fl. Bras. 1(2): 126. 1840.
Sin.: *Lycopodium haematodes* Kunze, *Selaginella filiciana* Spring
Ref.: Foster (1958), Alston et al. (1981), Tryon & Stolze (1994), Kessler et al. (1999a), Sundue (2011).
Hierba. Nativa. Zonas Bajas, Andes. Bosque Húmedo, Yungas, 0–1500 m.
Dept.: BE, CO, LP.
Muestra: *T.B. Croat et al. 84399* (LPB, MO, UC).

Selaginella haenkeana Spring, Bull. Acad. Roy. Sci. Belgique 10: 225. 1843.
Sin.: *Selaginella dimorpha* Klotzsch, *Selaginella leptoblepharis* A. Br.
Ref.: Foster (1958), Alston et al. (1981), Tryon & Stolze (1994), Kessler et al. (1999a).
Hierba. Nativa. Andes. Yungas, 1000–2500 m.
Dept.: CO, LP.
Muestra: *A. Fay & L.E. Fay 2536a* (LPB, MO, UC).

Selaginella horizontalis (C. Presl) Spring, Bull. Acad. Roy. Sci. Bruxelles 10(1): 226. 1843.
Sin.: *Lycopodium horizontale* C. Presl
Hierba. Nativa. Zonas Bajas. Bosque Húmedo, 0–500 m.
Dept.: SC.
Muestra: *M.A. Lewis 37577A* (LPB, MO).

Selaginella leucoloma Alston ex Crabbe & Jermy, Fern Gaz. 11: 262, f. 4c. 1976.
Ref.: Alston et al. (1981), Valdespino Quintero (1995).
Hierba. Nativa. Andes. Yungas, 1000–2000 m.
Dept.: LP.
Tipo y muestra: *O. Buchtien 5280* (HT: BM; IT: US), *J.C. Solomon 7557* (LPB, MO, UC).

[**Selaginella lingulata Spring**], Mém. Acad. Roy. Sci. Belgique 24: 224. 1849.
Ref.: Alston et al. (1981), Tryon & Stolze (1994), Triana-Moreno & Murillo Aldana (2005).
Nota: El registro se basa en material mal identificado.

Selaginella marginata (Humb. & Bonpl. ex Willd.) Spring, Flora 21: 194. 1838.
Sin.: *Lycopodium marginatum* Humb. & Bonpl. ex Willd.
Ref.: Alston et al. (1981), Killeen & Schulenberg (1998), Kessler et al. (2000b), Sundue (2011).
Hierba. Nativa. Zonas Bajas, Andes. Bosque Húmedo, Yungas, 0–1000 m.
Dept.: SC.
Muestra: *M.H. Nee 35426* (LPB, MO, NY).

Selaginella microphylla (Kunth) Spring, Bull. Acad. Roy. Sci. Bruxelles 10(1): 234. 1843.
Sin.: *Lycopodium microphyllum* Kunth
Ref.: Foster (1958), Alston et al. (1981), Tryon & Stolze (1994), Killeen & Schulenberg (1998), González et al. (1999), Kessler et al. (2000b), Sundue (2011).
Hierba. Nativa. Zonas Bajas, Andes. Bosque Semideciduo Chiquitano, Bosque Serrano Chaqueño, Valles Secos, 0–3000 m.
Dept.: CO, LP, SC, TA.
Muestra: *M.H. Nee 43377* (LPB, MO, NY).

Selaginella minima Spring, Bull. Acad. Roy. Sci. Bruxelles 10(1): 139. 1843.
Sin.: *Selaginella cruegeri* Jenman, *Selaginella tropidophora* Mickel & Beitel
Ref.: Valdespino Quintero (1995).
Hierba. Nativa. Zonas Bajas. Bosque Húmedo, 0–500 m.
Dept.: SC.
Muestra: *M.C. Peña & R.B. Foster 210* (F, USZ).

Selaginella moritziana Spring ex Klotzsch, Linnaea 20: 436. 1847.
Ref.: Kessler et al. (1999a), Smith et al. (1999).
Hierba. Nativa. Andes. Yungas, 1500–3500 m.
Dept.: CO, LP.
Muestra: *M. Kessler 6550* (LPB, UC).
Infra: *Selaginella moritziana* var. *moritziana*

Selaginella novae-hollandiae (Sw.) Spring, Bull. Acad. Roy. Sci. Bruxelles 10(1): 234. 1843.
Sin.: *Lycopodium novae-hollandiae* Sw., *Selaginella increscentifolia* Spring, *Selaginella pearcei* Baker
Ref.: Tryon & Stolze (1994), Schulenberg & Awbrey (1997), González et al. (1999), Kessler et al. (1999a), Kessler et al. (2000b), Serrano & Terán (1998 [2000]), Arroyo Padilla et al. (2009), Sundue (2011).
Hierba. Nativa. Zonas Bajas, Andes. Bosque Húmedo, Bosque Semideciduo Chiquitano, Yungas, Bosque Tucumano-Boliviano, 0–3500 m.
Dept.: BE, CH, CO, LP, SC, TA.
Muestra: *A. Fay & L.E. Fay 2037* (LPB, MO, UC).

Selaginella peruviana (Milde) Hieron., Hedwigia 39: 307–308. 1900.
Sin.: *Selaginella rupestris* fo. *peruviana* Milde, *Selaginella peruviana* var. *dombeyana* Hieron.
Ref.: Foster (1958), Alston et al. (1981), Tryon & Stolze (1994), Saravia Miranda (1996), Sundue (2011).
Hierba. Nativa. Andes, Altiplano. Valles Secos, Puna Seca, 2500–5000 m.
Dept.: CH, CO, LP, PO, TA.
Muestra: *E.F. Saravia 548* (BOLV).

Selaginella popayanensis Hieron., Hedwigia 43: 9. 1904.
Sin.: *Selaginella anisoclada* Alston ex Crabbe & Jermy, *Selaginella disticha* Mickel & Beitel
Ref.: Alston et al. (1981), Valdespino Quintero (1995), Kessler et al. (1999a).
Hierba. Nativa. Andes. Yungas, 1500–3000 m.
Dept.: CO, LP.
Muestra: *M. Kessler 7364* (LPB, UC).

Selaginella producta Baker, J. Bot. 21(8): 243. 1883.
Hierba. Nativa. Zonas Bajas. Bosque Húmedo, 0–500 m.
Dept.: PA.
Muestra: *I. Jiménez 1990* (GOET, LPB, NY, UC).

[**Selaginella radiata Baker**], J. Bot. 22: 374. 1884.
Ref.: Foster (1958).
Nota: El registro se basa en material mal identificado.

Selaginella revoluta Baker, J. Bot. 21(5): 141. 1883.
Sin.: *Selaginella demissa* Christ
Ref.: Smith et al. (1999).
Hierba. Nativa. Zonas Bajas. Bosque Húmedo, 0–500 m.
Dept.: CO.
Muestra: *M. Kessler 8820* (LPB, UC).

[**Selaginella sartorii Hieron.**], Hedwigia 39: 304. 1900.
Ref.: Alston et al. (1981).
Nota: El registro se basa en material mal identificado.

Selaginella sellowii Hieron., Hedwigia 39: 306. 1900.
Sin.: *Selaginella mildei* Hieron.
Ref.: Foster (1958), Adolfo María (1966), Alston et al. (1981), Tryon & Stolze (1994), Arroyo Padilla et al. (2009), Sundue (2011).
Hierba. Nativa. Zonas Bajas, Andes. Bosque Semideciduo Chiquitano, Bosque Seco Chaqueño, Bosque Serrano Chaqueño, Valles Secos, 0–3500 m.
Dept.: CH, CO, LP, SC, TA.
Muestra: *J.R. Abbott 16360* (LPB, MO, UC).
Nom. Vern.: Musgo.

Selaginella silvestris Aspl., Ark. Bot. 20A(7): 30, f. 3–5. 1926.
Ref.: Foster (1958), Alston et al. (1981), Tryon & Stolze (1994), Sundue (2011).
Hierba. Nativa. Andes. Yungas, 1500–3500 m.
Dept.: CO, LP, SC.
Tipo y muestra: *E. Asplund 1140* (HT: UPS; IT: BM, S frag.), *M. Kessler 11931* (LPB, UC).

Selaginella simplex Baker, J. Bot. 23: 293. 1885.
Ref.: Alston et al. (1981), Valdespino Quintero (1995).
Hierba. Nativa. Zonas Bajas. Tipo de vegetación desconocida, 0–500 m.
Dept.: SC.
Muestra: *R.S. Williams 2657* (BM, NY, US).

Selaginella sulcata (Desv. ex Poir.) Spring ex Mart., Flora 20(2): 126. 1837.
Sin.: *Lycopodium sulcatum* Desv. ex Poir., *Selaginella rubescens* Hieron.
Ref.: Foster (1958), Alston et al. (1981), Schulenberg & Awbrey (1997), Kessler et al. (1999a), Kessler et al. (2000b), Serrano & Terán (1998 [2000]), Sundue (2011).
Hierba. Nativa. Zonas Bajas, Andes. Bosque Húmedo, Yungas, Bosque Tucumano-Boliviano, Valles Secos, 0–1500 m.
Dept.: BE, CH, CO, LP, SC, TA.
Muestra: *M.H. Nee 37317* (LPB, MO, NY).

Selaginella trisulcata Aspl., Ark. Bot. 20A(7): 34, f. 6. 1926.
Sin.: *Selaginella poeppigiana* var. *peruviana* A. Braun
Ref.: Foster (1958), Alston et al. (1981), Tryon & Stolze (1994), Kessler et al. (1999a), Arroyo Padilla et al. (2009).
Hierba. Nativa. Zonas Bajas, Andes. Bosque Semideciduo Chiquitano, Yungas, 500–3000 m.
Dept.: CO, LP, SC.
Tipo y muestra: *E. Asplund 1482* (HT: GH; IT: UPS), *J.C. Solomon & M.H. Nee 12663* (LPB, MO).

Selaginella truncata H. Karst. ex A. Braun, Index Sem. (Berlin) 1857(Appendix): 15. 1857.
Sin.: *Selaginella weberbaueri* E.M. Knox
Ref.: Tryon & Stolze (1994), Kessler et al. (1999a).
Hierba. Nativa. Zonas Bajas, Andes. Bosque Húmedo, Yungas, 0–1000 m.
Dept.: BE, CO, LP.
Muestra: *M. Kessler 8175* (LPB, UC).

TECTARIACEAE Panigrahi, J. Orissa Bot. Soc. 8: 41. 1986.

Por M. Kessler (Z); revisado por I. Jiménez (LPB), R.C. Moran (NY), M. Nee (NY), P.M. Jørgensen (MO).
2 géneros, 12 especies, 0 especies endémicas.

Tectaria Cav., Anales Hist. Nat. 1(2): 115. 1799.
9 especies, 0 especies endémicas.

Tectaria antioquoiana (Baker) C. Chr., Index Filic., Suppl. 3, 177. 1934.
Sin.: *Nephrodium antioquoianum* Baker, *Aspidium buchtienii* Rosenst., *Tectaria buchtienii* (Rosenst.) Maxon
Ref.: Smith et al. (1999).
Hierba. Nativa. Zonas Bajas, Andes. Bosque Húmedo, Yungas, 0–2000 m.
Dept.: CO, LP.
Muestra: *M. Kessler 8540* (LPB, UC).

Tectaria brauniana (H. Karst.) C. Chr., Index Filic., Suppl. 3, 177. 1934.
Sin.: *Aspidium braunianum* H. Karst.
Ref.: Tryon & Stolze (1991).
Hierba. Nativa. Zonas Bajas. Bosque Húmedo, 0–500 m.
Dept.: CO.
Muestra: *A.F. Fuentes C. et al. 7771* (BOLV, CTES, HSB, LPB, MO, UC, USZ).

Tectaria draconoptera (D.C. Eaton) Copel., Philipp. J. Sci. 2C: 410. 1907.
Sin.: *Aspidium draconopterum* D.C. Eaton, *Polypodium draconopterum* (D.C. Eaton) Hook., *Phegopteris draconopterum* (D.C. Eaton) Shimek
Ref.: Labiak & Prado (2007).
Hierba. Nativa. Zonas Bajas. Bosque Húmedo, 0–500 m.
Dept.: LP.
Muestra: *M. Kessler 11195* (LPB, UC).

Tectaria incisa Cav., Descr. Pl. 249. 1802.
Sin.: *Aspidium martinicense* Spreng., *Nephrodium andinum* Baker, *Nephrodium macrophyllum* var. *viviparum* Jenman, *Tectaria martinicensis* (Spreng.) Copel., *Tectaria andina* (Baker) C. Chr.
Ref.: Foster (1958), Tryon & Stolze (1991), Killeen & Schulenberg (1998), Kessler et al. (1999a), Kessler et al. (2000b).
Hierba. Nativa. Zonas Bajas, Andes. Bosque Húmedo, Yungas, Bosque Tucumano-Boliviano, 0–1500 m.
Dept.: BE, CO, LP, SC.
Muestra: *A. Acebey 77* (LPB, UC).
Infra: *Tectaria incisa* fo. *incisa*, *Tectaria incisa* fo. *vivipara* (Jenman) C.V. Morton

Tectaria jimenezii M. Kessler & A.R. Sm., Brittonia 59(2): 195. 2007.
Hierba. Nativa. Zonas Bajas, Andes. Bosque Húmedo, Yungas, 500–2000 m.
Dept.: BE, CO, LP.
Tipo y muestra: *I. Jiménez 2638* (HT: UC; IT: LPB), *M. Kessler 10942* (LPB, UC).

Tectaria lizarzaburui (Sodiro) C. Chr., Index Filic., Suppl. 3, 181. 1934.
Sin.: *Nephrodium lizarzaburui* Sodiro, *Aspidium lizarzaburui* (Sodiro) C. Chr.
Ref.: Smith et al. (1999).
Hierba. Nativa. Andes. Yungas, 1000–1500 m.
Dept.: LP.
Muestra: *M. Kessler 11443* (LPB, UC).

Tectaria pilosa (Fée) R.C. Moran, Novon 2(2): 138. 1992.
Sin.: *Cardiochlaena pilosa* Fée, *Nephrodium macrophyllum* var. *pilosum* (Fée) Jenman, *Tectaria incisa* var. *pilosa* (Fée) C.V. Morton
Ref.: Tryon & Stolze (1991), Kessler et al. (1999a), Smith et al. (1999), Sundue (2011).
Hierba. Nativa. Zonas Bajas, Andes. Bosque Húmedo, Yungas, 0–2000 m.
Dept.: BE, CO, LP.
Muestra: *D. Eberhardt 141* (GOET, LPB, UC).

Tectaria plantaginea (Jacq.) Maxon, Contr. U.S. Natl. Herb. 10: 494. 1908.
Sin.: *Polypodium plantagineum* Jacq.
Hierba. Nativa. Andes. Yungas, 500–1000 m.
Dept.: CO.
Muestra: *A. Acebey 588* (LPB, UC).

Tectaria sodiroi (Baker) Maxon, Proc. Biol. Soc. Wash. 43: 88. 1930.
Sin.: *Nephrodium sodiroi* Baker, *Aspidium sodiroi* (Baker) Hieron.
Hierba. Nativa. Andes. Yungas, 1000–2000 m.
Dept.: CO, LP.
Muestra: *A. Portugal 599* (LPB, UC).

Triplophyllum Holttum, Kew Bull. 41(2): 239. 1986.
3 especies, 0 especies endémicas.

Triplophyllum boliviense J. Prado & R.C. Moran, Brittonia 60(2): 106. 2008.
Hierba. Nativa. Zonas Bajas. Bosque Húmedo, 0–500 m.
Dept.: PA, SC.
Tipo y muestra: *I. Jiménez 1947* (HT: NY; IT: GOET, LPB), *J.C. Solomon 17108* (LPB, MO).

Triplophyllum funestum (Kunze) Holttum, Kew Bull. 41(2): 255. 1986.
Sin.: *Aspidium funestum* Kunze, *Nephrodium funestum* (Kunze) Hook., *Dryopteris funesta* (Kunze) Hieron., *Dryopteris protensa* var. *funesta* (Kunze) C. Chr., *Thelypteris funesta* (Kunze) Alston, *Ctenitis protensa* var. *funesta* (Kunze) Proctor, *Triplophyllum acutilobum* Holttum
Ref.: Tryon & Stolze (1991), Killeen & Schulenberg (1998), Prado & Moran (2008).
Hierba. Nativa. Zonas Bajas. Bosque Húmedo, Bosque Semideciduo Chiquitano, 0–1000 m.
Dept.: BE, CO, LP, PA, SC.
Muestra: *I. Jiménez 2022* (GOET, LPB, NY).

Triplophyllum perpilosum (Holttum) J. Prado & R.C. Moran, Brittonia 60(2): 126. 2008.
Sin.: *Triplophyllum funestum* var. *perpilosum* Holttum
Hierba. Nativa. Zonas Bajas. Bosque Semideciduo Chiquitano, 500–1000 m.
Dept.: SC.
Muestra: *L. Arroyo P. et al. 705* (MO, USZ).

THELYPTERIDACEAE Ching ex Pic. Serm., Webbia 24: 709. 1970.

Por M. Kessler (Z); revisado por R.C. Moran (NY), I. Jiménez (LPB), S.G. Beck (LPB), M. Nee (NY), P.M. Jørgensen (MO).
2 géneros, 97 especies, 16 especies endémicas.

Macrothelypteris (H. Itô) Ching, Acta Phytotax. Sin. 8(4): 308–309. 1963.
1 especie, 0 especies endémicas.

Macrothelypteris torresiana (Gaudich.) Ching, Acta Phytotax. Sin. 8(4): 310. 1963.
Sin.: *Polystichum torresianum* Gaudich., *Aspidium uliginosum* Kunze, *Dryopteris uliginosa* (Kunze) C. Chr., *Thelypteris torresiana* (Gaudich.) Alston
Ref.: Smith (1992), Kessler et al. (1999a), Kessler et al. (2000b), Sundue (2011).
Hierba. Naturalizada. Zonas Bajas, Andes. 0–2000 m.
Dept.: BE, CH, CO, LP, SC, TA.
Muestra: *L. Arroyo P. et al. 2510* (K, MA, MO, NY, UC, USZ).

Thelypteris Schmidel, Icon. Pl. 3, 45–48, t. 11, 13. 1763.
96 especies, 16 especies endémicas.
Nota: Se conocen 20 especies aún no descritas de Bolivia.

Thelypteris abrupta (Desv.) Proctor, Rhodora 61(732): 305–306. 1959 [1960].
Sin.: *Polypodium abruptum* Desv., *Goniopteris pyramidata* Fée, *Dryopteris pyramidata* (Fée) Maxon
Ref.: Smith (1992), Kessler et al. (2000b), Sundue (2011).
Hierba. Nativa. Zonas Bajas, Andes. Bosque Húmedo, Yungas, 0–1500 m.
Dept.: BE, LP, SC.
Muestra: *J.C. Solomon 12415* (LPB, MO, UC).

Thelypteris achalensis (Hieron.) Abbiatti, Darwiniana 13: 566. 1964.
Sin.: *Aspidium achalense* Hieron., *Aspidium siambonense* Hieron., *Dryopteris achalensis* (Hieron.) C. Chr., *Dryopteris siambonensis* (Hieron.) C. Chr., *Nephrodium achalense* (Hieron.) Hicken, *Nephrodium siambonense* (Hieron.) Hicken, *Nephrodium argentinum* var. *major* Hicken, *Thelypteris siambonensis* (Hieron.) Hieron.
Ref.: Ponce (1987).
Hierba. Nativa. Andes. Bosque Tucumano-Boliviano, 2000–2500 m.
Dept.: CH, TA.
Muestra: *M. Kessler et al. 4781* (LPB, UC).

Thelypteris amphioxypteris (Sodiro) A.R. Sm., Fl. Ecuador 18: 17. 1983.
Sin.: *Nephrodium amphioxypteris* Sodiro
Ref.: Smith et al. (1999).
Hierba. Nativa. Andes. Yungas, 500–2000 m.
Dept.: BE, LP.
Muestra: *D. Eberhardt et al. 420* (LPB, UC).

Thelypteris ancyriothrix (Rosenst.) A.R. Sm., Fl. Ecuador 18: 140. 1983.
Sin.: *Dryopteris ancyriothrix* Rosenst.
Hierba. Nativa. Zonas Bajas. Bosque Húmedo, 0–500 m.
Dept.: CO, LP.
Muestra: *A.F. Fuentes C. 4368* (GOET, LPB, MO, UC).

Thelypteris andicola A.R. Sm., Fieldiana, Bot., n.s. 29: 16. 1992.
Ref.: Kessler et al. (1999a), Smith et al. (1999).
Hierba. Nativa. Andes. Yungas, Páramo Yungueño, 2500–4000 m.
Dept.: CH, CO, LP.
Muestra: *S.G. Beck 4176A* (LPB, UC).

Thelypteris angustifolia (Willd.) Proctor, Bull. Inst. Jamaica, Sci. Ser. 5: 57. 1953.
Sin.: *Polypodium salicifolium* Vahl, *Meniscium angustifolium* Willd., *Dryopteris angustifolia* (Willd.) Urb.
Ref.: Foster (1958), Smith (1992), Kessler et al. (1999a), Sundue (2011).
Hierba. Nativa. Zonas Bajas, Andes. Bosque Húmedo, Yungas, 0–1500 m.
Dept.: BE, CO, LP, SC.
Muestra: *A. Fay & L.E. Fay 2054* (LPB, MO).

Thelypteris arborescens (Humb. & Bonpl. ex Willd.) C.V. Morton, Contr. U.S. Natl. Herb. 38: 50. 1967.
Sin.: *Meniscium arborescens* Humb. & Bonpl. ex Willd., *Phegopteris mollis* Mett., *Dryopteris permollis* Maxon & C.V. Morton
Ref.: Foster (1958), Smith (1992), Killeen & Schulenberg (1998).
Hierba. Nativa. Zonas Bajas, Andes. Bosque Húmedo, Yungas, 0–2000 m.
Dept.: BE, CO, LP, PA, SC.
Muestra: *F. Miranda & A.F. Fuentes C. 147* (LPB, MO, UC).

Thelypteris arcana (Maxon & C.V. Morton) C.V. Morton, Contr. U.S. Natl. Herb. 38: 42. 1967.
Sin.: *Dryopteris arcana* Maxon & C.V. Morton
Ref.: Smith (1992).
Hierba. Nativa. Zonas Bajas. Bosque Húmedo, 500–1000 m.
Dept.: LP.
Muestra: *C.R. Sperling & S.R. King 5518* (LPB, MO).

[**Thelypteris argentina (Hieron.) Abbiatti**], Revista Mus. La Plata, Secc. Bot. 9(36–37): 19. 1958.
Ref.: Foster (1958), Ponce (1987), González et al. (1999).
Nota: El registro se basa en material mal identificado.

Thelypteris aspidioides (Willd.) R.M. Tryon, Rhodora 69(777): 5. 1967.
Sin.: *Ceterach aspidioides* Willd., *Dryopteris aspidioides* (Willd.) C. Chr., *Dryopteris aspidioides* var. *subhastata* C. Chr.
Ref.: Foster (1958), Smith (1992), Killeen & Schulenberg (1998), Kessler et al. (1999a), Sundue (2011).
Hierba. Nativa. Zonas Bajas, Andes. Bosque Húmedo, Yungas, 0–1000 m.
Dept.: BE, CO, LP, SC.
Muestra: *M. Kessler et al. 8502* (LPB, UC).

Thelypteris aymarae A.R. Sm. & M. Kessler, Brittonia 60(1): 49. 2008.
Hierba. Endémica. Andes. Yungas, 1500–3500 m.
Dept.: LP.
Tipo y muestra: *I. Jiménez & S. Gallegos 943* (HT: UC; IT: LPB), *I. Jiménez 1869* (GOET, LPB, MO, UC).

Thelypteris balbisii (Spreng.) Ching, Bull. Fan Mem. Inst. Biol., Bot. 10: 250. 1941.
Sin.: *Polypodium balbisii* Spreng
Hierba. Nativa. Zonas Bajas. Bosque Húmedo, 500–1000 m.
Dept.: LP.
Muestra: *L. Cayola et al. 925* (LPB, MO, UC).

Thelypteris biformata (Rosenst.) R.M. Tryon, Rhodora 69(777): 5. 1967.
Sin.: *Dryopteris biformata* Rosenst.
Ref.: Kessler et al. (2000b).
Hierba. Nativa. Zonas Bajas, Andes. Bosque Húmedo, Yungas, 0–2000 m.
Dept.: BE, CO, LP, SC.
Muestra: *M. Kessler et al. 10854* (LPB, UC).

Thelypteris biolleyi (Christ) Proctor, Bull. Inst. Jamaica, Sci. Ser. 5: 58. 1953.
Sin.: *Nephrodium nemorale* Sodiro, *Aspidium biolleyi* Christ, *Dryopteris asterothrix* Rosenst., *Thelypteris nemoralis* (Sodiro) R.M. Tryon, *Thelypteris sodiroi* C.F. Reed, *Goniopteris biolleyi* (Christ) Pic. Serm.
Ref.: Smith et al. (1999).
Hierba. Nativa. Andes. Yungas, 1000–1500 m.
Dept.: LP.
Muestra: *M. Kessler et al. 10344* (LPB, UC).

Thelypteris brausei (Hieron.) Alston, J. Wash. Acad. Sci. 48: 233. 1958.
Sin.: *Dryopteris brausei* Hieron.
Ref.: Smith (1992).
Hierba. Nativa. Andes. Yungas, 2000–4000 m.
Dept.: CO, LP.
Muestra: *J.P. Schmitt 231* (LPB, UC).

Thelypteris buchtienii A.R. Sm., Univ. Calif. Publ. Bot. 76: 10. 1980.
Hierba. Endémica. Andes. Yungas, 500–2500 m.
Dept.: LP.
Tipo y muestra: *O. Buchtien 258* (HT: GH; IT: UC, US), *H.H. Rusby 426* (BM, G, NY).

Thelypteris canadasii (Sodiro) Alston, J. Wash. Acad. Sci. 48: 234. 1958.
Sin.: *Nephrodium canadasii* Sodiro, *Nephrodium macradenium* Sodiro, *Dryopteris canadasii* (Sodiro) C. Chr., *Dryopteris andina* C.V. Morton, *Thelypteris andina* (C.V. Morton) C.V. Morton
Ref.: Foster (1958), Smith (1992), Kessler et al. (1999a).
Hierba. Nativa. Andes. Yungas, 2000–3500 m.
Dept.: CO, LP.
Muestra: *J.C. Solomon 17536* (LPB, MO, UC).

Thelypteris caucaensis (Hieron.) Alston, J. Wash. Acad. Sci. 48: 233. 1958.
Sin.: *Nephrodium caucaense* Hieron., *Dryopteris millei* C. Chr., *Thelypteris millei* (C. Chr.) C.F. Reed
Ref.: Smith (1992), Kessler et al. (1999a).
Hierba. Nativa. Andes. Yungas, 2500–4000 m.
Dept.: CO, LP.
Muestra: *M. Kessler et al. 6834* (LPB, UC).

Thelypteris chaparensis A.R. Sm. & M. Kessler, Brittonia 60(1): 51. 2008.
Hierba. Endémica. Andes. Yungas, 3000–3500 m.
Dept.: CO.
Tipo y muestra: *M. Kessler 6774* (HT: LPB; IT: UC), *M. Kessler 6736* (LPB, UC).

Thelypteris cheilanthoides (Kunze) Proctor, Bull. Inst. Jamaica, Sci. Ser. 5: 58. 1953.
Sin.: *Aspidium cheilanthoides* Kunze, *Lastrea cheilanthoides* (Kunze) T. Moore, *Nephrodium resinosofoetidum* Hook., *Dryopteris pterifolia* (Mett. ex Kuhn) Kuntze, *Dryopteris resinosofoetida* (Hook.) Kuntze, *Dryopteris cheilanthoides* (Kunze) C. Chr., *Dryopteris cheilanthoides* var. *resinosofoetida* (Hook.) C. Chr., *Thelypteris resinosofoetida* (Hook.) Ching, *Dryopteris densa* Maxon, *Thelypteris cheilanthoides* var. *resinosofoetida* (Hook.) Proctor, *Thelypteris densa* (Maxon) R.M. Tryon, *Amauropelta cheilanthoides* (Kunze) Á. Löve & D. Löve
Ref.: Foster (1958), Smith (1992), Kessler et al. (1999a), Sundue (2011).
Hierba. Nativa. Andes. Yungas, 500–2500 m.
Dept.: BE, CO, LP, SC.
Muestra: *S.G. Beck 13257* (LPB, UC).

Thelypteris chrysodioides (Fée) C.V. Morton, Contr. U.S. Natl. Herb. 38: 51. 1967.
Sin.: *Meniscium chrysodioides* Fée, *Dryopteris chrysodioides* (Fée) Maxon & C.V. Morton, *Dryopteris chrysodioides* var. *goyazensis* Maxon & C.V. Morton
Ref.: Smith (1992), Killeen & Schulenberg (1998).
Hierba. Nativa. Zonas Bajas, Andes. Bosque Húmedo, Yungas, 0–1500 m.
Dept.: BE, CO, SC.
Muestra: *S. Eissing 220* (UC).
Infra: *Thelypteris chrysodioides* var. *goyazensis* (Maxon & C.V. Morton) C.V. Morton

Thelypteris cinerea (Sodiro) A.R. Sm., Phytologia 34: 233. 1976.
Sin.: *Nephrodium cinereum* Sodiro
Hierba. Nativa. Andes. Yungas, 500–1000 m.
Dept.: BE, LP.
Muestra: *A. Fay & L.E. Fay 2195* (LPB, MO).

Thelypteris clivalis A.R. Sm., Fieldiana, Bot., n.s. 29: 45. 1992.
Sin.: *Dryopteris oligophylla* var. *aequatorialis* C. Chr., *Thelypteris grandis* var. *aequatorialis* (C. Chr.) A.R. Sm.
Ref.: Foster (1958).
Hierba. Nativa. Andes. Yungas, 1000–1500 m.
Dept.: LP.
Muestra: *A. Fay & L.E. Fay 2635* (LPB, MO).

Thelypteris comptula A.R. Sm., Fieldiana, Bot., n.s. 29: 23. 1992.
Ref.: Kessler et al. (1999a).
Hierba. Nativa. Zonas Bajas. Bosque Húmedo, 0–500 m.
Dept.: CO, LP.
Muestra: *M. Kessler et al. 8449* (LPB, UC).

Thelypteris concinna (Willd.) Ching, Bull. Fan Mem. Inst. Biol., Bot. 10: 251. 1941.
Sin.: *Polypodium concinnum* Willd., *Dryopteris concinna* (Willd.) Kuntze, *Amauropelta concinna* (Willd.) Pic. Serm.
Ref.: Foster (1958), Smith (1992), Kessler et al. (2000b), Arroyo Padilla et al. (2009), Sundue (2011).
Hierba. Nativa. Zonas Bajas, Andes. Bosque Húmedo, Bosque Semideciduo Chiquitano, Yungas, Bosque Tucumano-Boliviano, 0–2000 m.
Dept.: CH, CO, SC.
Muestra: *M. Kessler et al. 8596* (LPB, UC).

Thelypteris conspersa (Schrad.) A.R. Sm., Univ. Calif. Publ. Bot. 59: 60. 1971.
Sin.: *Nephrodium conspersum* Schrad., *Dryopteris bangii* C. Chr., *Thelypteris bangii* (C. Chr.) R.M. Tryon
Ref.: Foster (1958), Smith (1992).
Hierba. Nativa. Zonas Bajas, Andes. Bosque Semideciduo Chiquitano, Valles Secos, 0–500, 1000–1500 m.
Dept.: LP, SC.
Muestra: *J.R. Abbott 16773* (UC, USZ).

Thelypteris corazonensis (Baker) A.R. Sm., Fl. Ecuador 18: 38. 1983.
Sin.: *Nephrodium corazonense* Baker, *Dryopteris corazonensis* (Baker) C. Chr.
Hierba. Nativa. Andes. Yungas, 2000–2500, 3000–3500 m.
Dept.: LP.
Muestra: *I. Jiménez 741* (LPB).

Thelypteris decurtata (Kunze) de la Sota, Lilloa 36(1): 65. 1983.
Sin.: *Athyrium decurtatum* (Kunze) C. Presl, *Asplenium decurtatum* Kunze, *Athyrium decurtatum* (Kunze) Fée
Hierba. Nativa. Región desconocida. Tipo de vegetación desconocida, 1000–1500 m.
Dept.: TA.
Muestra: *H. Huaylla et al. 1781* (HSB, MO, UC).
Infra: *Thelypteris decurtata* subsp. *decurtata*

Thelypteris decussata (L.) Proctor, Bull. Inst. Jamaica, Sci. Ser. 5: 59. 1953.
Sin.: *Polypodium decussatum* L., *Glaphyropteris decussata* (L.) Fée, *Dryopteris decussata* (L.) Urb., *Dryopteris mapiriensis* Rosenst., *Dryopteris tatei* Maxon & C.V. Morton, *Thelypteris tatei* (Maxon &

C.V. Morton) C.V. Morton
Ref.: Foster (1958), Smith (1980), Smith (1992), Smith et al. (1999).
Hierba. Nativa. Zonas Bajas, Andes. Bosque Húmedo, Yungas, 500–1500 m.
Dept.: CO, LP.
Muestra: *J.C. Solomon 9583* (LPB, MO, UC).
Infra: *Thelypteris decussata* var. *decussata*, *Thelypteris decussata* var. *brasiliensis* (C. Chr.) A.R. Sm., *Thelypteris decussata* var. *mapiriensis* (Rosenst.) A.R. Sm., *Thelypteris decussata* var. *velutina* (Sodiro) A.R. Sm.

Thelypteris deflexa (C. Presl) R.M. Tryon, Rhodora 69(777): 5. 1967.
Sin.: *Nephrodium deflexum* C. Presl, *Dryopteris lindigii* C. Chr., *Dryopteris assurgens* Maxon, *Amauropelta deflexa* (C. Presl) Á. Löve & D. Löve, *Thelypteris assurgens* (Maxon) R.M. Tryon
Ref.: Kessler et al. (1999a), Smith et al. (1999), Kessler et al. (2000b), Sundue (2011).
Hierba. Nativa. Andes. Yungas, Bosque Tucumano-Boliviano, 2000–3000 m.
Dept.: CO, LP, SC.
Muestra: *M. Kessler et al. 5238* (LPB, UC).

Thelypteris demissa A.R. Sm., Fieldiana, Bot., n.s. 29: 21. 1992.
Ref.: Smith et al. (1999).
Hierba. Nativa. Andes. Yungas, 2500–3500 m.
Dept.: CO, LP.
Muestra: *M. Kessler et al. 9534* (LPB, UC).

Thelypteris dentata (Forssk.) E.P. St. John, Amer. Fern J. 26(2): 44. 1936.
Sin.: *Polypodium dentatum* Forssk., *Polypodium molle* Jacq., *Dryopteris mollis* (Sw.) Hieron., *Dryopteris dentata* (Forssk.) C. Chr., *Cyclosorus dentatus* (Forssk.) Ching, *Christella dentata* (Forssk.) Brownsey & Jermy
Ref.: Foster (1958), Smith (1971), Smith (1992), Sundue (2011).
Hierba. Naturalizada. Zonas Bajas, Andes. Bosque Húmedo, Yungas, 0–1500 m.
Dept.: CO, SC.
Muestra: *L. Cayola et al. 809* (LPB, MO, UC).

Thelypteris eggersii (Hieron.) C.F. Reed, Phytologia 17(4): 274. 1968.
Sin.: *Nephrodium eggersii* Hieron., *Dryopteris eggersii* (Hieron.) C. Chr., *Goniopteris eggersii* (Hieron.) Alston
Ref.: Kessler et al. (1999a), Smith et al. (1999).
Hierba. Nativa. Andes. Yungas, 1000–1500 m.
Dept.: CO.
Muestra: *M. Kessler et al. 8038* (LPB, UC).

Thelypteris ensiformis (C. Chr.) R.M. Tryon, Rhodora 69(777): 6. 1967.
Sin.: *Dryopteris ensiformis* C. Chr.
Ref.: Kessler et al. (1999a), Smith et al. (1999).
Hierba. Nativa. Andes. Yungas, 1000–1500 m.
Dept.: CO, LP.
Muestra: *J.R.I. Wood 16435* (LPB, UC).

Thelypteris euchlora (Sodiro) C.F. Reed, Phytologia 17(4): 275. 1968.
Sin.: *Polypodium euchlorum* Sodiro, *Dryopteris euchlora* (Sodiro) C. Chr., *Dryopteris herzogii* Rosenst., *Thelypteris herzogii* (Rosenst.) R.M. Tryon
Ref.: Foster (1958), Smith (1992), Kessler et al. (1999a), Sundue (2011).
Hierba. Nativa. Andes. Yungas, 1000–3500 m.
Dept.: CO, LP, SC.
Muestra: *A. Fay & L.E. Fay 2462* (LPB, MO).

Thelypteris exuta A.R. Sm., Fl. Ecuador 18: 44. 1983.
Ref.: Smith et al. (1999).
Hierba. Nativa. Andes. Yungas, 1000–2000 m.
Dept.: CO, LP.
Muestra: *M. Kessler et al. 11266* (LPB, UC).

Thelypteris falcata (Liebm.) R.M. Tryon, Rhodora 69(777): 6. 1967.
Sin.: *Meniscium falcatum* Liebm., *Meniscium jurgensenii* Fée, *Dryopteris jurgensenii* (Fée) Maxon & C.V. Morton
Ref.: Foster (1958), Smith (1992), Arroyo Padilla et al. (2009).
Hierba. Nativa. Zonas Bajas, Andes. Bosque Húmedo, Yungas, Bosque Tucumano-Boliviano, 0–2000 m.
Dept.: LP, SC.
Muestra: *M. Kessler et al. 11197* (LPB, UC).

Thelypteris fasciola A.R. Sm. & M. Kessler, Brittonia 60(1): 51. 2008.
Hierba. Endémica. Andes. Yungas, 3000–3500 m.
Dept.: LP.
Tipo: *I. Jiménez 1781* (HT: UC; IT: GOET, LPB).
Nota: Conocido solamente del tipo.

Thelypteris fayorum A.R. Sm. & M. Kessler, Brittonia 60(1): 53. 2008.
Hierba. Endémica. Andes. Yungas, 2000–2500 m.
Dept.: LP.
Tipo: *A. Fay & L.E. Fay 2206* (HT: LPB; IT: MO).
Nota: Conocido solamente del tipo.

Thelypteris funckii (Mett.) Alston, J. Wash. Acad. Sci. 48: 233. 1958.
Sin.: *Aspidium funckii* Mett.
Ref.: Smith et al. (1999).
Hierba. Nativa. Andes. Yungas, 2500–3500 m.
Dept.: LP.
Muestra: *M. Kessler et al. 12011* (LPB, UC).

Thelypteris furva (C.V. Morton) R.M. Tryon, Rhodora 69(777): 6. 1977.
Sin.: *Dryopteris furva* C.V. Morton
Hierba. Nativa. Andes. Yungas, 2500–3000 m.
Dept.: LP.
Muestra: *K. Graf 968* (LPB, UC).

Thelypteris gardneriana (Baker) C.F. Reed, Phytologia 17(4): 278. 1968.
Sin.: *Nephrodium gardnerianum* Baker, *Dryopteris densiloba* C. Chr., *Dryopteris supralineata* Rosenst., *Steiropteris gardneriana* (Baker) Pic. Serm.
Ref.: Smith (1992), Kessler et al. (1999a), Sundue (2011).
Hierba. Nativa. Andes. Yungas, 500–2500 m.
Dept.: CO, LP.
Muestra: *A. Fay & L.E. Fay 2817* (LPB, MO).

Thelypteris glandulosolanosa (C. Chr.) R.M. Tryon, Rhodora 69(777): 6. 1967.
Sin.: *Dryopteris glandulosolanosa* C. Chr.
Ref.: Smith (1992).
Hierba. Nativa. Andes, Altiplano. Yungas, Bosque de *Polylepis*, 2500–4000 m.
Dept.: CH, CO, LP, PO, SC.
Muestra: *E. Fernández T. et al. 433* (BOLV, LPB, MO).

Thelypteris grandis A.R. Sm., Univ. Calif. Publ. Bot. 59: 96. 1971.
Sin.: *Aspidium abruptum* Kunze,

Lastrea abrupta C. Presl, *Nephrodium kunzeanum* Hook., *Dryopteris oligophylla* var. *kunzeana* (Hook.) C. Chr.
Ref.: Foster (1958), Smith (1992), Kessler et al. (1999a), Kessler et al. (2000b), Arroyo Padilla et al. (2009).
Hierba. Nativa. Zonas Bajas, Andes. Bosque Húmedo, Yungas, Bosque Tucumano-Boliviano, 0–2500 m.
Dept.: BE, CO, LP, SC, TA.
Muestra: *A. Fay & L.E. Fay 2811* (LPB, MO).
Infra: *Thelypteris grandis* var. *kunzeana* (Hook.) A.R. Sm.

Thelypteris hispidula (Decne.) C.F. Reed, Phytologia 17(4): 283. 1968.
Sin.: *Aspidium hispidulum* Decne., *Nephrodium quadrangulare* Fée, *Dryopteris parasitica* var. *glanduligera* Rosenst., *Dryopteris quadrangularis* (Fée) Alston, *Thelypteris quadrangularis* (Fée) Schelpe, *Christella hispidula* (Decne.) Holttum
Ref.: Smith (1971), Smith (1992), Schulenberg & Awbrey (1997), Killeen & Schulenberg (1998), Kessler et al. (1999a), Kessler et al. (2000b), Serrano & Terán (1998 [2000]), Sundue (2011).
Hierba. Nativa. Zonas Bajas, Andes. Bosque Húmedo, Yungas, Bosque Tucumano-Boliviano, 0–3000 m.
Dept.: BE, CH, CO, LP, SC, TA.
Muestra: *A. Fay & L.E. Fay 2269* (LPB, MO).

Thelypteris inaequilateralis A.R. Sm. & M. Kessler, Brittonia 60(1): 53. 2008.
Hierba. Endémica. Zonas Bajas. Bosque Húmedo, 500–1000 m.
Dept.: BE.
Tipo y muestra: *J.C. Solomon 13887* (HT: UC; IT: LPB, MO), *A. Fay & L. Fay 2031* (LPB, MO).

Thelypteris interrupta (Willd.) K. Iwats., J. Jap. Bot. 38(10): 314. 1963.
Sin.: *Pteris interrupta* Willd., *Polypodium tottum* Thunb., *Aspidium gongylodes* Schkuhr, *Cyclosorus gongylodes* (Schkuhr) Link, *Dryopteris gongylodes* (Schkuhr) Kuntze, *Thelypteris gongylodes* (Schkuhr) Kuntze ex Small, *Thelypteris totta* (Thunb.) Schelpe
Ref.: Beck (1984), Smith (1992), Killeen & Schulenberg (1998), Sundue (2011).
Hierba. Nativa. Zonas Bajas, Andes. Bosque Semideciduo Chiquitano, Sabanas Benianas del Sur, Bosque Tucumano-Boliviano, 0–1500 m.
Dept.: BE, CH, SC.
Muestra: *R. Seidel 701* (LPB, UC).

Thelypteris jamesonii (Hook.) R.M. Tryon, Rhodora 69(777): 6. 1967.
Sin.: *Nephrodium jamesonii* Hook., *Dryopteris macrotis* var. *nephrodioides* Rosenst., *Dryopteris jamesonii* (Hook.) C. Chr., *Dryopteris nephrodioides* var. *glandulosa* C. Chr. & Rosenst., *Dryopteris warmingii* C. Chr.
Ref.: Smith (1992), Kessler et al. (1999a), Kessler et al. (2000b), Sundue (2011).
Hierba. Nativa. Zonas Bajas, Andes. Bosque Húmedo, Yungas, 0–1500 m.
Dept.: BE, CO, LP, SC.
Muestra: *A. Fay & L.E. Fay 2808* (LPB, MO).

Thelypteris juruensis (C. Chr.) R.M. Tryon & D.S. Conant, Acta Amazon. 5: 33. 1975.
Sin.: *Dryopteris juruensis* C. Chr., *Goniopteris juruensis* (C. Chr.) Brade
Ref.: Smith (1992).
Hierba. Nativa. Zonas Bajas. Bosque Húmedo, 0–1000 m.
Dept.: BE, LP, PA.
Muestra: *S.G. Beck 16463* (LPB).

Thelypteris lancea A.R. Sm., Fieldiana, Bot., n.s. 3: 74. 1992.
Ref.: Smith (1992), Kessler et al. (1999a), Sundue (2011).
Hierba. Nativa. Zonas Bajas, Andes. Bosque Húmedo, Yungas, 0–1500 m.
Dept.: BE, CO, LP, SC.
Muestra: *M.H. Nee & M. Saldias 35982* (LPB, MO, NY, UC).

Thelypteris leoniae A.R. Sm., Fieldiana, Bot., n.s. 29: 18. 1992.
Ref.: Smith (1992).
Hierba. Nativa. Andes. Yungas, 3000–3500 m.
Dept.: LP.
Muestra: *I. Jiménez 1841* (LPB, MO, UC).

Thelypteris leprieurii (Hook.) R.M. Tryon, Rhodora 69(777): 6. 1967.
Sin.: *Nephrodium leprieurii* Hook., *Dryopteris leprieurii* (Hook.) Kuntze, *Steiropteris leprieurii* (Hook.) Pic. Serm.
Ref.: Foster (1958), Smith (1980), Smith (1992), Kessler et al. (1999a).
Hierba. Nativa. Zonas Bajas, Andes. Bosque Húmedo, Yungas, 0–1500 m.
Dept.: BE, CO, LP.
Muestra: *M. Kessler et al. 9936* (LPB, UC).
Infra: *Thelypteris leprieurii* var. *leprieurii*, *Thelypteris leprieurii* var. *glandifera* A.R. Sm.

Thelypteris linkiana (C. Presl) R.M. Tryon, Rhodora 69(777): 6. 1967.
Sin.: *Gymnogramma diplazioides* Desv., *Gymnogramma polypodioides* Link, *Grammitis linkiana* C. Presl, *Dryopteris diplazioides* (Desv.) Urb., *Dryopteris linkiana* (C. Presl) Maxon, *Thelypteris diplazioides* (Desv.) Proctor, *Amauropelta diplazioides* (Desv.) Pic. Serm.
Ref.: Foster (1958), Smith (1992), Kessler et al. (1999a), Triana-Moreno & Murillo Aldana (2005), Sundue (2011).
Hierba. Nativa. Andes. Yungas, 500–3500 m.
Dept.: BE, CO, LP, SC.
Muestra: *J.C. Solomon 8761* (LPB, MO, UC).

Thelypteris longipilosa (Sodiro) C.F. Reed, Phytologia 17(4): 290. 1968.
Sin.: *Nephrodium longipilosum* Sodiro
Ref.: Smith et al. (1999).
Hierba. Nativa. Andes. Yungas, 1000–3000 m.
Dept.: LP.
Muestra: *M. Kessler 12012* (LPB, UC).

Thelypteris lugubriformis (Rosenst.) R.M. Tryon, Rhodora 69(777): 7. 1967.
Sin.: *Dryopteris lugubriformis* Rosenst.
Ref.: Smith (1992).
Hierba. Nativa. Zonas Bajas, Andes. Bosque Húmedo, Yungas, 500–1000 m.
Dept.: LP.
Muestra: *I. Jiménez 1901* (LPB, MO, UC).

Thelypteris lumbricoides A.R. Sm. & M. Kessler, Brittonia 60(1): 54. 2008.
Hierba. Endémica. Andes. Yungas, 2500–3500 m.
Dept.: LP.
Tipo y muestra: *M. Kessler 11942* (HT: UC; IT: LPB), *I. Jiménez 1901* (LPB, MO, UC).

Thelypteris madidiensis A.R. Sm. & M. Kessler, Brittonia 60(1): 54. 2008.
Hierba. Endémica. Andes. Yungas, 2000–2500 m.
Dept.: LP.
Tipo: *A.F. Fuentes C. et al. 5077* (HT: LPB; IT: GOET, MO, UC).
Nota: Conocido solamente del tipo.

Thelypteris maxoniana A.R. Sm., Fieldiana, Bot., n.s. 29: 71. 1992.
Sin.: *Dryopteris desvauxii* fo. *glandulosa* Maxon & C.V. Morton, *Thelypteris longifolia* fo. *glandulosa* (Maxon & C.V. Morton) C.V. Morton
Ref.: Foster (1958).
Hierba. Nativa. Zonas Bajas, Andes. Bosque Húmedo, Yungas, 0–1500 m.
Dept.: CO, LP.
Muestra: *M. Kessler 3702* (LPB, UC).

Thelypteris membranacea (Mett.) R.M. Tryon, Rhodora 69(777): 7. 1967.
Sin.: *Phegopteris membranacea* Mett., *Nephrodium lechleri* Hieron., *Dryopteris lechleri* (Hieron.) C. Chr.
Ref.: Kessler et al. (1999a), Smith et al. (1999), Labiak & Prado (2007).
Hierba. Nativa. Andes. Yungas, 500–1000 m.
Dept.: CO.
Muestra: *M. Kessler et al. 8293* (LPB, UC).

Thelypteris minima A.R. Sm. & M. Kessler, Brittonia 60(1): 55. 2008.
Hierba. Nativa. Andes. Yungas, 1500–2000 m.
Dept.: LP.
Tipo: *A.F. Fuentes C. & C. Aldana 6512* (HT: UC; IT: LPB, MO).
Nota: Conocida en Bolivia solamente del tipo.

Thelypteris nephelium A.R. Sm. & M. Kessler, Brittonia 60(1): 57. 2008.
Hierba. Endémica. Andes. Yungas, 2500–3000 m.
Dept.: CO.
Tipo: *I. Jiménez 1631* (HT: UC; IT: GOET, LPB).
Nota: Conocido solamente del tipo.

Thelypteris nitens (Desv.) R.M. Tryon, Rhodora 69(777): 7. 1967.
Sin.: *Polypodium nitens* Desv., *Dryopteris multiformis* C. Chr., *Dryopteris nitens* (Desv.) C. Chr., *Lastrea nitens* (Desv.) Copel., *Thelypteris multiformis* (C. Chr.) C.F. Reed
Ref.: Smith et al. (1999).
Hierba. Nativa. Andes. Yungas, 3500–4000 m.
Dept.: LP.
Muestra: *T. Feuerer 6369* (F, UC).

Thelypteris nubicola de la Sota, Darwiniana 18: 225, pl. 4, 8b. 1973.
Ref.: Smith et al. (1999), Kessler et al. (2000b), Sundue (2011).
Hierba. Nativa. Andes. Bosque Tucumano-Boliviano, 1500–2500 m.
Dept.: CH, SC.
Muestra: *I. Jiménez 2385* (LPB, UC).

Thelypteris oligocarpa (Humb. & Bonpl. ex Willd.) Ching, Bull. Fan Mem. Inst. Biol., Bot. 10: 253. 1941.
Sin.: *Polypodium oligocarpum* Humb. & Bonpl. ex Willd., *Aspidium oligocarpum* var. *crassistipitatum* Hieron., *Dryopteris oligocarpa* (Humb. & Bonpl. ex Willd.) Kuntze, *Dryopteris stenophylla* (Sodiro) C. Chr., *Aspidium navarrense* Christ, *Dryopteris columbiana* C. Chr., *Dryopteris rivulariformis* Rosenst., *Dryopteris lomatosora* Copel., *Thelypteris lomatosora* (Copel.) C.F. Reed, *Thelypteris rivulariformis* (Rosenst.) C.F. Reed, *Thelypteris oligocarpa* var. *crassistipitata* (Hieron.) C.F. Reed, *Amauropelta oligocarpa* (Humb. & Bonpl. ex Willd.) Pic. Serm.
Ref.: Foster (1958), Smith (1992), Ponce (1998), Kessler et al. (2000b), Sundue (2011).
Hierba. Nativa. Andes. Yungas, 500–2500 m.
Dept.: BE, CH, CO, LP, SC.
Muestra: *J.C. Solomon 8832* (LPB, MO).

Thelypteris opposita (Vahl) Ching, Bull. Fan Mem. Inst. Biol., Bot. 10: 253. 1941.
Sin.: *Polypodium oppositum* Vahl, *Aspidium conterminum* Willd., *Aspidium rivulorum* (Raddi) Link, *Aspidium coarctatum* Kunze, *Dryopteris contermina* (Willd.) Kuntze, *Dryopteris opposita* (Vahl) Urb., *Dryopteris coarctata* (Kunze) C. Chr., *Dryopteris rivulorum* (Raddi) Hieron., *Dryopteris leucothrix* C. Chr., *Dryopteris leucothrix* var. *glanduligera* C. Chr. & Rosenst., *Thelypteris coarctata* (Kunze) R.M. Tryon, *Thelypteris contermina* (Willd.) C.F. Reed, *Amauropelta opposita* (Vahl) Pic. Serm., *Amauropelta rivulorum* (Raddi) Pic. Serm., *Thelypteris leucothrix* (C. Chr.) R.M. Tryon
Ref.: Foster (1958), Smith (1992), Kessler et al. (1999a), Sundue (2011).
Hierba. Nativa. Zonas Bajas, Andes. Bosque Húmedo, Yungas, 0–1500 m.
Dept.: BE, CO, LP, SC.
Muestra: *A. Fay & L.E. Fay 2631* (LPB, MO).

Thelypteris opulenta (Kaulf.) Fosberg, Smithsonian Contr. Bot. 8: 3–6. 1972.
Sin.: *Aspidium opulentum* Kaulf., *Aspidium extensum* Blume, *Dryopteris extensa* (Blume) Kuntze, *Thelypteris extensa* (Blume) C.V. Morton, *Amphineuron opulentum* (Kaulf.) Holttum
Ref.: Smith et al. (1999), Labiak & Prado (2007).
Hierba. Naturalizada. Zonas Bajas, Andes. Bosque Húmedo, Yungas, 0–1000 m.
Dept.: BE, LP.
Muestra: *I. Jiménez 1983* (GOET, LPB, UC).

Thelypteris pachyrhachis (Kunze ex Mett.) Ching, Bull. Fan Mem. Inst. Biol., Bot. 10: 253. 1941.
Sin.: *Aspidium pachyrhachis* Kunze ex Mett., *Dryopteris pachyrachis* (Kunze ex Mett.) Kuntze, *Nephrodium crassipes* Sodiro, *Dryopteris vattuonei* Hicken, *Thelypteris vattuonei* (Hicken) Abbiatti, *Thelypteris catamarcensis* de la Sota
Ref.: Kessler et al. (1999a), Smith et al. (1999).
Hierba. Nativa. Andes. Yungas, Bosque Tucumano-Boliviano, 1000–3000 m.
Dept.: CH, CO, LP, TA.
Muestra: *I. Jiménez & M. Serrano 2395* (GOET, LPB, UC).

Thelypteris parva A.R. Sm. & M. Kessler, Brittonia 60(1): 57. 2008.
Ref.: Sundue (2011).
Hierba. Endémica. Andes. Yungas, 1000–2000 m.
Dept.: CO, LP, SC.
Tipo y muestra: *Mic.S. Foster 79-156* (HT: UC), *C.R. Sperling et al. 5429* (MO).

Thelypteris patens (Sw.) Small, Ferns S. E. States 243–245, 475. 1938.
Sin.: *Polypodium patens* Sw., *Aspidium stipulare* Willd., *Aspidium macrourum* Kaulf., *Dryopteris patens* (Sw.) Kuntze
Ref.: Foster (1958), Smith (1971), Smith (1992), Kessler et al. (2000b), Sundue (2011).
Hierba. Nativa. Zonas Bajas, Andes. Bosque Húmedo, Yungas, 0–1500 m.
Dept.: BE, CH, CO, LP, SC.
Muestra: *A. Fay & L.E. Fay 2399* (LPB, MO).
Infra: *Thelypteris patens* var. *patens*

Thelypteris pavoniana (Klotzsch) R.M. Tryon, Rhodora 69(777): 7. 1967.
Sin.: *Polypodium pavonianum* Klotzsch, *Polypodium crossii* Baker, *Dryopteris pavoniana* (Klotzsch) C. Chr., *Dryopteris pavoniana* var. *contracta* Hieron.
Ref.: Foster (1958), Smith (1992).
Hierba. Nativa. Andes. Yungas, 2000–4000 m.
Dept.: CO, LP.
Muestra: *M. Kessler et al. 10530* (LPB, UC).

Thelypteris pelludia A.R. Sm. & M. Kessler, Brittonia 60(1): 58. 2008.
Hierba. Endémica. Andes. Yungas, 2500–3500 m.
Dept.: CO, LP.
Tipo y muestra: *M. Kessler 12030* (HT: UC; IT: LPB), *J.C. Solomon 15344* (LPB, MO, UC).

[**Thelypteris peruviana (Rosenst.) R.M. Tryon**], Rhodora 69(777): 7. 1967.
Ref.: Smith (1992).
Nota: El registro se basa en material mal identificado.

Thelypteris phacelothrix (C. Chr. & Rosenst.) R.M. Tryon, Rhodora 69(777): 7. 1967.
Sin.: *Dryopteris phacelothrix* C. Chr. & Rosenst.
Ref.: Foster (1958), Smith (1992).
Hierba. Nativa. Andes. Yungas, 3000–3500 m.
Dept.: LP.
Tipo y muestra: *O. Buchtien 2709* (IT: UC), *J.C. Solomon et al. 18952* (LPB, MO, UC).

Thelypteris pilonensis A.R. Sm. & M. Kessler, Brittonia 60(1): 58. 2008.
Hierba. Endémica. Zonas Bajas. Bosque Húmedo, 500–1000 m.
Dept.: BE.
Tipo: *A. Fay & L.E. Fay 2047* (HT: MO; IT: LPB).
Nota: Conocido solamente del tipo.

Thelypteris pilosohispida (Hook.) Alston, J. Wash. Acad. Sci. 48: 233. 1958.
Sin.: *Nephrodium pilosohispidum* Hook., *Nephrodium retrorsum* Sodiro, *Dryopteris retrorsa* (Sodiro) C. Chr., *Dryopteris pilosohispida* (Hook.) C. Chr., *Dryopteris dumetorum* Maxon, *Thelypteris dumetorum* (Maxon) R.M. Tryon, *Thelypteris retrorsa* (Sodiro) A.R. Sm.
Ref.: Foster (1958), Smith (1992).
Hierba. Nativa. Andes. Yungas, 2000–2500 m.
Dept.: LP.
Muestra: *A. Fay & L.E. Fay 2533* (MO, UC).

Thelypteris pilosula (Klotzsch & H. Karst. ex Mett.) R.M. Tryon, Rhodora 69: 7. 1967.
Sin.: *Aspidium pilosulum* Klotzsch & H. Karst. ex Mett., *Dryopteris pilosula* (Klotzsch & H. Karst. ex Mett.) Hieron., *Dryopteris rimbachii* Rosenst., *Dryopteris macbridei* C. Chr. & Maxon, *Thelypteris macbridei* (C. Chr. & Maxon) R.M. Tryon, *Amauropelta pilosula* (Klotzsch & H. Karst. ex Mett.) Á. Löve & D. Löve
Ref.: Smith (1992), Sundue (2011).
Hierba. Nativa. Andes. Yungas, Bosque Tucumano-Boliviano, 1500–3500 m.
Dept.: CH, CO, LP, SC.
Muestra: *M.A. Lewis 35075* (LPB, MO, UC).

Thelypteris pinnatifida A.R. Sm., Fl. Ecuador 18: 110. 1983.
Ref.: Smith (1992).
Hierba. Nativa. Andes. Yungas, 500–1000 m.
Dept.: LP.
Muestra: *R.S. Williams 1247A* (NY).

Thelypteris poiteana (Bory) Proctor, Bull. Inst. Jamaica, Sci. Ser. 5: 63. 1953.
Sin.: *Polypodium crenatum* Sw., *Lastrea poiteana* Bory, *Dryopteris poiteana* (Bory) Urb., *Goniopteris poiteana* (Bory) Ching
Ref.: Smith et al. (1999).
Hierba. Nativa. Zonas Bajas. Bosque Húmedo, 0–1000 m.
Dept.: BE, CO, LP.
Muestra: *M. Kessler et al. 10852* (LPB, UC).

Thelypteris ptarmiciformis (C. Chr. & Rosenst. ex Rosenst.) C.F. Reed, Phytologia 17: 307. 1968.
Sin.: *Dryopteris ptarmiciformis* C. Chr. & Rosenst. ex Rosenst.
Ref.: Foster (1958), Smith (1992).
Hierba. Nativa. Andes. Yungas, 500–1000 m.
Dept.: CO.
Tipo y muestra: *O. Buchtien 3435* (IT: UC, US), *O. Buchtien 2236* (UC).

Thelypteris pusilla (Mett.) Ching, Bull. Fan Mem. Inst. Biol., Bot. 10: 254. 1941.
Sin.: *Aspidium pusillum* Mett., *Dryopteris pusilla* (Mett.) Kuntze
Ref.: Smith (1992), Kessler et al. (1999a).
Hierba. Nativa. Andes. Yungas, 2500–3000 m.
Dept.: CO, LP.
Muestra: *M.A. Lewis 881753* (LPB, MO, UC).

Thelypteris resinifera (Desv.) Proctor, Bull. Inst. Jamaica, Sci. Ser. 5: 63. 1953.
Sin.: *Polypodium resiniferum* Desv.
Ref.: Schulenberg & Awbrey (1997), Kessler et al. (2000b).
Hierba. Nativa. Zonas Bajas. Bosque Húmedo, 0–500 m.
Dept.: CO, LP.
Muestra: *M. Kessler 8452* (LPB, UC).

Thelypteris rivularioides (Fée) Abbiatti, Revista Mus. La Plata 9(36–37): 19. 1958.
Sin.: *Aspidium rivularioides* Fée, *Aspidium arechavaletae* Hieron., *Aspidium pseudomontanum* Hieron., *Nephrodium pseudothelypteris* Rosenst., *Nephrodium pseudothelypteris* var. *crenatum* Rosenst., *Dryopteris pseudothelypteris* (Rosenst.) C. Chr., *Dryopteris rivularioides* (Fée) C. Chr., *Dryopteris rivularioides* var. *arechavaletae* (Hieron.) C. Chr., *Dryopteris rivularioides* var. *pseudothelypteris* (Rosenst.) Osten & Herter, *Lastrea rivularioides* (Fée) Copel., *Thelypteris rivularioides* var. *arechavaletae* (Hieron.) Abbiatti, *Thelypteris rivularioides* var. *pseudomontana* (Hieron.) Abbiatti
Ref.: Foster (1958).
Hierba. Nativa. Andes. Yungas, 1000–1500 m.
Dept.: LP.
Muestra: *R.S. Williams 1305* (UC).

Thelypteris rosulata A.R. Sm. & M. Kessler, Brittonia 60(1): 60. 2008.
Hierba. Endémica. Andes. Yungas, 3000–3500 m.
Dept.: LP.
Tipo y muestra: *S.G. Beck 7629* (HT: LPB), *S.G. Beck 21397* (LPB, UC).

Thelypteris rudis (Kunze) Proctor, Bull. Inst. Jamaica, Sci. Ser. 5: 64. 1953.
Sin.: *Polypodium rude* Kunze,

Dryopteris nervosa (Klotzsch) C. Chr., *Dryopteris rudis* (Kunze) C. Chr., *Dryopteris boqueronensis* Hieron., *Dryopteris engelii* Hieron., *Dryopteris rusbyi* C. Chr., *Dryopteris rusbyi* var. *major* Rosenst., *Lastrea rudis* (Kunze) Copel., *Amauropelta rudis* (Kunze) Pic. Serm.
Ref.: Foster (1958), Smith (1992), Kessler et al. (1999a), Sundue (2011).
Hierba. Nativa. Andes. Yungas, 1000–3500 m.
Dept.: CO, LP.
Muestra: *I. Jiménez 1468* (LPB, UC).

Thelypteris rufa (Poir.) A.R. Sm., Fl. Ecuador 18: 77. 1983.
Sin.: *Polypodium rufum* Poir., *Dryopteris rufa* (Poir.) C. Chr., *Dryopteris subandina* C. Chr. & Rosenst., *Dryopteris limaensis* Copel., *Thelypteris subandina* (C. Chr. & Rosenst.) R.M. Tryon, *Thelypteris limaensis* (Copel.) C.F. Reed
Ref.: Foster (1958), Smith (1992), Sundue (2011).
Hierba. Nativa. Andes. Yungas, Bosque Tucumano-Boliviano, 2000–3500 m.
Dept.: CH, CO, LP, SC.
Muestra: *J.C. Solomon 17427* (MO).

Thelypteris salzmannii (Fée) C.V. Morton, Los Angeles County Mus. Contr. Sci. 35: 7. 1960.
Sin.: *Meniscium salzmannii* Fée, *Dryopteris salzmannii* (Fée) Maxon & C.V. Morton
Ref.: Foster (1958), Smith (1992), Sundue (2011).
Hierba. Nativa. Zonas Bajas, Andes. Bosque Húmedo, Yungas, 0–1500 m.
Dept.: LP, SC.
Muestra: *A. Fay & L.E. Fay 2820* (LPB, MO).

Thelypteris sapechoana A.R. Sm. & M. Kessler, Brittonia 60(1): 60. 2008.
Hierba. Endémica. Zonas Bajas. Bosque Húmedo, 500–1000 m.
Dept.: LP.
Tipo: *A. Acebey 104* (HT: UC; IT: LPB).
Nota: Conocido solamente del tipo.

Thelypteris schizotis (Hook.) M. Kessler & A.R. Sm., Monogr. Syst. Bot. Missouri Bot. Gard. 127: 1272. 2014.
Sin.: *Nephrodium schizotis* Hook., *Thelypteris patens* var. *smithiana* Ponce
Ref.: Smith (1971), Smith (1992), Schulenberg & Awbrey (1997).
Hierba. Nativa. Zonas Bajas, Andes. Bosque Húmedo, Yungas, 0–2500 m.
Dept.: BE, CH, CO, LP, SC.
Muestra: *A. Fay & L.E. Fay 2107* (LPB, MO).

Thelypteris schunkei A.R. Sm., Fieldiana, Bot., n.s. 29: 63. 1992.
Hierba. Nativa. Zonas Bajas, Andes. Bosque Húmedo, Yungas, 0–2000 m.
Dept.: LP.
Muestra: *R. Seidel 9039* (LPB, MO, UC).

Thelypteris serrata (Cav.) Alston, Bull. Misc. Inform. Kew 1932(7): 309. 1932.
Sin.: *Meniscium serratum* Cav., *Dryopteris serrata* (Cav.) C. Chr.
Ref.: Foster (1958), Smith (1992), Sundue (2011).
Hierba. Nativa. Zonas Bajas. Bosque Húmedo, 0–1000 m.
Dept.: BE, CO, LP, PA, SC.
Muestra: *D.C. Daly & M.J. Balick 2110* (LPB, NY).

Thelypteris standleyi (Maxon & C.V. Morton) R.M. Tryon, Rhodora 69(777): 8. 1967.
Sin.: *Dryopteris standleyi* Maxon & C.V. Morton
Ref.: Foster (1958).
Hierba. Nativa. Andes. Yungas, 500–1000 m.
Muestra: *O. Buchtien 228* (G).
Nota: El estatus taxonómico no está claro.

Thelypteris stephanii A.R. Sm. & M. Kessler, Brittonia 60(1): 61. 2008.
Ref.: Sundue (2011).
Hierba. Endémica. Zonas Bajas, Andes. Bosque Húmedo, Yungas, 500–1500 m.
Dept.: BE, SC.
Tipo y muestra: *M. Kessler 12288* (HT: UC; IT: GOET, LPB), *M. Kessler 11067* (LPB, UC).

Thelypteris tamandarei (Rosenst.) Ponce, Novon 8(3): 277. 1998.
Sin.: *Dryopteris tamandarei* Rosenst.
Ref.: Smith et al. (1999), Kessler et al. (2000b).
Hierba. Nativa. Andes. Yungas, 1500–2500 m.
Dept.: CO, LP, SC.
Muestra: *D. Eberhardt et al. 247* (LPB, UC).

Thelypteris tetragona (Sw.) Small, Ferns S. E. States 256. 1938.
Sin.: *Polypodium tetragonum* Sw., *Goniopteris tetragona* (Sw.) C. Presl, *Dryopteris tetragona* (Sw.) Urb.
Hierba. Nativa. Zonas Bajas. Bosque Húmedo, 0–1000 m.
Dept.: BE, LP.
Muestra: *S. Eissing 451* (LPB, UC).

Thelypteris thomsonii (Jenman) Proctor, Bull. Inst. Jamaica, Sci. Ser. 5: 65. 1953.
Sin.: *Polypodium thomsonii* Jenman, *Dryopteris thomsonii* (Jenman) C. Chr., *Dryopteris stuebelii* Hieron., *Dryopteris boliviensis* C.V. Morton, *Thelypteris boliviensis* (C.V. Morton) C.V. Morton, *Amauropelta thomsonii* (Jenman) Pic. Serm.
Ref.: Kessler et al. (1999a), Smith et al. (1999), Sundue (2011).
Hierba. Nativa. Andes. Yungas, 3000–3500 m.
Dept.: CO, LP, SC.
Muestra: *J.C. Solomon 17337* (LPB, MO, UC).

Thelypteris tristis (Kunze) R.M. Tryon, Rhodora 69(777): 8. 1967.
Sin.: *Polypodium triste* Kunze, *Dryopteris tristis* (Kunze) Kuntze, *Dryopteris tristis* var. *auriculata* C. Chr. & Rosenst., *Goniopteris tristis* (Kunze) Brade
Ref.: Foster (1958), Smith (1992), Sundue (2011).
Hierba. Nativa. Zonas Bajas, Andes. Bosque Húmedo, Yungas, 0–1500 m.
Dept.: BE, CH, LP, PA, SC.
Muestra: *M. Kessler et al. 12277* (LPB, UC).

Thelypteris tryonorum A.R. Sm., Fieldiana, Bot., n.s. 29: 62. 1992.
Hierba. Nativa. Andes. Yungas, 500–1000 m.
Dept.: LP.
Muestra: *I. Jiménez 2521* (LPB, UC).

Thelypteris yungensis A.R. Sm. & M. Kessler, Brittonia 60(1): 61. 2008.
Hierba. Endémica. Andes. Yungas, 1500–3500 m.
Dept.: CO, LP.
Tipo y muestra: *M. Kessler 7008* (HT: UC; IT: LPB), *M. Kessler 12090* (LPB, UC).

WOODSIACEAE Herter, Revista Sudamer. Bot. 9: 14. 1949.

Por M. Kessler (Z); revisado por R.C. Moran (NY), I. Jiménez (LPB), S.G. Beck (LPB), M. Nee (NY), P.M. Jørgensen (MO).
5 géneros, 35 especies, 5 especies endémicas.

Nota: Se conoce una especie adicional aún no descrita de Bolivia.

Athyrium Roth, Tent. Fl. Germ. 3(1): 31, 58–59. 1800.

2 especies, 1 especie endémica.

Athyrium dombeyi Desv., Mém. Soc. Linn. Paris 6: 266. 1827.
Ref.: Foster (1958), Tryon & Stolze (1991), Kessler et al. (1999a), Sundue (2011).
Hierba. Nativa. Andes. Yungas, 2000–4000 m.
Dept.: CO, LP, SC.
Muestra: *A. Fay & L.E. Fay 2450* (LPB, MO).

Athyrium latinervatum M. Kessler & A.R. Sm., Brittonia 59(2): 186. 2007.
Hierba. Endémica. Andes. Yungas, 2500–3000 m.
Dept.: LP.
Tipo: *I. Jiménez 971* (HT: UC; IT: GOET, LPB).
Nota: Conocido solamente del tipo.

Cystopteris Bernh., Neues J. Bot. 1(2): 26. 1805.

1 especie, 0 especies endémicas.

Cystopteris fragilis (L.) Bernh., Neues J. Bot. 1(2): 27. 1806 [1805].
Sin.: *Polypodium fragile* L., *Filix fragilis* (L.) Gilib., *Aspidium fragile* (L.) Sw., *Polypodium diaphanum* Bory, *Aspidium dentatum* Sw., *Cystopteris dentata* (Sw.) Desv., *Cystopteris fragilis* subsp. *diaphana* (Bory) Litard., *Cystopteris diaphana* (Bory) Blasdell
Ref.: Foster (1958), Blasdell (1963), Tryon & Stolze (1991), González et al. (1999), Kessler et al. (1999a), Kessler et al. (2000b), Serrano & Terán (1998 [2000]), Sundue (2011).
Hierba. Nativa. Andes, Altiplano. Yungas, Bosque Tucumano-Boliviano, Páramo Yungueño, Puna Húmeda, Bosque de *Polylepis*, 2000–5000 m.
Dept.: CH, CO, LP, SC, TA.
Muestra: *M.A. Lewis 39105* (LPB, MO).

Diplazium Sw., J. Bot. (Schrader) 1800(2): 4, 61. 1801.

30 especies, 4 especies endémicas.

Diplazium alienum (Mett.) Hieron., Hedwigia 59: 336. 1918.
Sin.: *Asplenium alienum* Mett.
Ref.: Tryon & Stolze (1991), Kessler et al. (1999a).
Hierba. Nativa. Andes. Yungas, 500–3000 m.
Dept.: CO, LP.
Muestra: *D. Eberhardt 318* (LPB, UC).

Diplazium ambiguum Raddi, Opusc. Sci. 3: 292. 1819.
Sin.: *Athyrium ambiguum* (Raddi) Milde
Ref.: Foster (1958), Tryon & Stolze (1991), Castro (1998), Kessler et al. (1999a), Kessler et al. (2000b).
Hierba. Nativa. Andes. Yungas, 500–2000 m.
Dept.: BE, CO, LP, SC.
Muestra: *M. Kessler 11636* (GOET, LPB, UC).

Diplazium andinum (L. Pacheco & R.C. Moran) M. Kessler & A.R. Sm., Brittonia 59(2): 197. 2007.
Sin.: *Callipteris andina* L. Pacheco & R.C. Moran
Ref.: Pacheco M. & Moran (1999).
Hierba. Nativa. Zonas Bajas, Andes. Bosque Húmedo, Yungas, 0–2000 m.
Dept.: CO, LP.
Muestra: *M. Kessler 7374A* (AAU, GOET, LPB, UC).

Diplazium ballivianii Rosenst., Repert. Spec. Nov. Regni Veg. 6: 311. 1909.
Sin.: *Diplazium grandifolium* var. *andicola* Stolze
Ref.: Sundue (2011).
Hierba. Nativa. Zonas Bajas, Andes. Bosque Húmedo, Yungas, 0–1500 m.
Dept.: CO, LP, SC.
Muestra: *L. Arroyo P. et al. 2481* (GOET, MA, MO, NY, UC, USZ).

Diplazium bicolor Stolze, Fieldiana, Bot., n.s. 27: 74. 1991.
Ref.: Tryon & Stolze (1991).
Hierba. Nativa. Andes. Yungas, 1000–1500 m.
Dept.: CO, LP.
Muestra: *M. Kessler 7853* (LPB, UC).

Diplazium bipinnatum M. Kessler & A.R. Sm., Brittonia 59(2): 188. 2007.
Hierba. Endémica. Andes. Yungas, Bosque Serrano Chaqueño, 1000–1500 m.
Dept.: LP.
Tipo: *A. Fay & L.E. Fay 2019* (HT: LPB).
Nota: Conocido solamente del tipo.

Diplazium bolivianum M. Kessler & A.R. Sm., Brittonia 59(2): 190. 2007.
Hierba. Endémica. Andes. Yungas, Bosque Serrano Chaqueño, 2000–2500 m.
Dept.: CO.
Tipo: *I. Jiménez 1337* (HT: UC; IT: GOET, LPB).
Nota: Conocido solamente del tipo.

Diplazium bombonasae Rosenst., Repert. Spec. Nov. Regni Veg. 7: 294. 1909.
Hierba. Nativa. Andes. Yungas, 1500–2000 m.
Dept.: LP.
Muestra: *J.C. Solomon 17406* (LPB, MO).

Diplazium buchtienii Rosenst., Repert. Spec. Nov. Regni Veg. 6: 312. 1909.
Ref.: Foster (1958), Tryon & Stolze (1991), Sundue (2011).
Hierba. Nativa. Andes. Yungas, 500–1000, 2000–2500 m.
Dept.: CO, LP.
Tipo y muestra: *O. Buchtien 1136* (HT: B destr.?; IT: NY, US), *M. Kessler 9087* (LPB, UC).

Diplazium cristatum (Desr.) Alston, J. Bot. 74: 173. 1936.
Sin.: *Meniscium cristatum* Desr.
Ref.: Foster (1958), Adolfo María (1966), Tryon & Stolze (1991), Kessler et al. (2000b), Sundue (2011).
Hierba. Nativa. Andes. Yungas, Bosque Tucumano-Boliviano, 500–2000 m.
Dept.: BE, CH, CO, SC, TA.
Muestra: *M.H. Nee 50271* (LPB, MO, NY).

Diplazium cuneifolium Rosenst., Repert. Spec. Nov. Regni Veg. 12: 470. 1913.
Ref.: Foster (1958), Tryon & Stolze (1991), Kessler et al. (1999a), Sundue (2011).
Hierba. Nativa. Zonas Bajas, Andes. Bosque Húmedo, Yungas, 0–1000 m.
Dept.: BE, CO, LP, SC.
Tipo y muestra: *O. Buchtien 3390* (HT: S; IT: GH, P, US), *T.B. Croat 51622* (LPB, MO, UC).
Nota: Holotipo en S, no reconfirmado.

Diplazium diplazioides (Klotzsch & H. Karst.) Alston, J. Bot. 74: 174. 1936.
Sin.: *Lotzea diplazioides* Klotzsch & H. Karst.
Ref.: Kessler et al. (1999a), Smith et al. (1999).
Hierba. Nativa. Andes. Yungas, 500–2000 m.
Dept.: CO, LP.
Muestra: *M. Kessler 7764* (LPB, UC).

Diplazium divergens Rosenst., Repert. Spec. Nov. Regni Veg. 12: 471. 1913.
Ref.: Foster (1958), Tryon & Stolze (1991), Sundue (2011).
Hierba. Nativa. Andes. Yungas, 1000–1500 m.
Dept.: LP.
Tipo y muestra: *O. Buchtien 3393* (HT: B; IT: GH, P, S, UC, US), *M. Kessler 11603* (LPB, UC).

Diplazium expansum Willd., Sp. Pl. 5(1): 354. 1810.
Ref.: Kessler et al. (1999a), Smith et al. (1999), Kessler et al. (2000b), Sundue (2011).
Hierba. Nativa. Andes. Yungas, Bosque Tucumano-Boliviano, 500–2500 m.
Dept.: BE, CO, LP, SC.
Muestra: *A. Fay & L.E. Fay 2784* (LPB, MO).

Diplazium hians Kunze ex Klotzsch, Linnaea 20: 361. 1847.
Sin.: *Athyrium lilloi* (Hicken) Alston, *Dryopteris lilloi* Hicken
Ref.: Tryon & Stolze (1991), Schulenberg & Awbrey (1997), Castro (1998), González et al. (1999), Kessler et al. (1999a), Serrano & Terán (1998 [2000]).
Hierba. Nativa. Zonas Bajas, Andes. Bosque Húmedo, Yungas, Bosque Tucumano-Boliviano, 500–2500 m.
Dept.: BE, CH, CO, LP, SC, TA.
Muestra: *M. Kessler 7132* (LPB, UC).

Diplazium lilloi (Hicken) R.M. Tryon & A.F. Tryon, Rhodora 84: 127. 1982.
Sin.: *Nephrodium lilloi* Hicken
Hierba. Nativa. Andes. Bosque Tucumano-Boliviano, 1000–1500 m.
Dept.: TA.
Muestra: *H. Huaylla et al. 1684* (HSB, MO).

Diplazium lindbergii (Mett.) Christ, Prim. Fl. Costaric. 3(1): 27–28. 1901.
Sin.: *Asplenium lindbergii* Mett.
Ref.: Foster (1958), Tryon & Stolze (1991), Kessler et al. (1999a).
Hierba. Nativa. Andes. Yungas, 1000–2000 m.
Dept.: CO, LP.
Muestra: *M. Kessler 7975* (LPB, UC).

[**Diplazium lonchophyllum Kunze**], Linnaea 13: 141. 1839.
Ref.: Smith et al. (1999).
Nota: El registro se basa en material mal identificado.

Diplazium macrophyllum Desv., Mém. Soc. Linn. Paris 6: 280. 1827.
Ref.: Tryon & Stolze (1991), Kessler et al. (1999a), Sundue (2011).
Hierba. Nativa. Andes. Yungas, 500–1500 m.
Dept.: BE, CO, LP.
Muestra: *H. Huaylla 1367* (LPB, UC).

Diplazium mapiriense Rosenst., Repert. Spec. Nov. Regni Veg. 6: 310. 1909.
Ref.: Foster (1958).
Hierba. Endémica. Zonas Bajas, Andes. Bosque Húmedo, Yungas, 0–1500 m.
Dept.: BE, CO, LP.
Tipo y muestra: *O. Buchtien 1018* (HT: S; IT: NY, S, UC, US), *A. Fay & L.E. Fay 2299* (MO).

[**Diplazium moccennianum (Sodiro) C. Chr.**], Index Filic. 236. 1905.
Ref.: Smith et al. (1999).
Nota: El registro se basa en material mal identificado.

Diplazium moritzianum Stolze, Fieldiana, Bot., n.s. 27: 73. 1991.
Ref.: Tryon & Stolze (1991), Sundue (2011).
Hierba. Nativa. Andes. Yungas.
Dept.: CO, SC.
Muestra: *M. Kessler 6817* (GOET, LPB, UC).

Diplazium petiolulatum (Stolze) A.R. Sm., Brittonia 59(2): 197. 2007.
Sin.: *Diplazium bombonasae* var. *petiolulatum* Stolze
Ref.: Sundue (2011).
Hierba. Nativa. Zonas Bajas, Andes. Bosque Húmedo, Yungas, 0–2000 m.
Dept.: BE, CO, LP, SC.
Muestra: *A.F. Fuentes C. et al. 4049* (GOET, LPB, MO, UC).

Diplazium pinnatifidum Kunze, Linnaea 9: 72. 1834.
Sin.: *Anisogonium pinnatifidum* (Kunze), *Callipteris pinnatifida* (Kunze) Fée, *Asplenium kunzei* Mett., *Athyrium pinnatifidum* (Kunze) Milde
Ref.: Foster (1958), Tryon & Stolze (1991), Kessler et al. (1999a), Pacheco M. & Moran (1999).
Hierba. Nativa. Andes. Yungas, 1000–2000 m.
Dept.: CO, LP.
Muestra: *S.G. Beck 9248* (F, LPB).

Diplazium plantaginifolium (L.) Urb., Symb. Antill. 4: 31. 1903.
Sin.: *Asplenium plantaginifolium* L., *Asplenium plantagineum* L., *Diplazium plantagineum* (L.) Sw.
Ref.: Foster (1958), Tryon & Stolze (1991).
Hierba. Nativa. Andes. Yungas, 1000–1500 m.
Dept.: LP.
Muestra: *I. Jiménez 2215* (BOLV, GOET, LPB, NY, UC).

Diplazium praestans (Copel.) C.V. Morton, Contr. U.S. Natl. Herb. 38: 41. 1967.
Sin.: *Athyrium praestans* Copel.
Ref.: Tryon & Stolze (1991).
Hierba. Nativa. Zonas Bajas. Bosque Húmedo, 0–500 m.
Dept.: LP.
Muestra: *J. Weigelt 90373* (LPB, TUR, UC, Z).
Nota: Estudios moleculares muestran que esta especie pertenece a la familia Aspleniaceae.

Diplazium remotum Fée, Crypt. Vasc. Brésil 1: 81, t. 24, f. 1. 1869.
Sin.: *Diplazium yungense* Christ & Rosenst.
Ref.: Foster (1958), Kessler et al. (1999a), Sundue (2011).
Hierba. Nativa. Andes. Yungas, 1000–3000 m.
Dept.: CO, LP.
Muestra: *M. Kessler 6540* (LPB, UC).

Diplazium striatum (L.) C. Presl, Tent. Pterid. 114. 1836.
Sin.: *Asplenium striatum* L., *Diplazium obtusum* Desv.
Ref.: Tryon & Stolze (1991).
Hierba. Nativa. Andes. Yungas, 500–1000 m.
Dept.: CO.
Muestra: *A. Acebey 601* (LPB, UC).

Diplazium stuebelianum (Hieron.) Stolze, Fieldiana, Bot., n.s. 27: 80. 1991.
Sin.: *Diplazium shepherdii* var. *stuebelianum* Hieron.
Ref.: Tryon & Stolze (1991), Kessler et al. (1999a), Sundue (2011).
Hierba. Nativa. Andes. Yungas, 500–1500 m.
Dept.: BE, CO, LP, SC.
Muestra: *M. Kessler 7641* (LPB, UC).

Diplazium tabalosense Hieron., Hedwigia 47: 214, t. 1, f. 4. 1908.
Ref.: Tryon & Stolze (1991).
Hierba. Nativa. Zonas Bajas. Bosque Húmedo, 0–500 m.
Dept.: BE, SC.
Muestra: *A. Fay & L.E. Fay 2809* (LPB, MO).

Diplazium wolfii Hieron., Hedwigia 47: 220, t. 2, f. 6. 1908.
Hierba. Nativa. Andes. Yungas, 2000–2500 m.
Dept.: CO.
Muestra: *I. Jiménez 1639* (LPB, UC).

Diplazium yuyoense M. Kessler & A.R. Sm., Brittonia 59(2): 190. 2007.
Hierba. Endémica. Andes. Yungas, 1000–1500 m.
Dept.: LP.
Tipo: *M. Kessler 10002* (HT: UC; IT: LPB).
Nota: Conocido solamente del tipo.

Hemidictyum C. Presl, Tent. Pterid. 110–111, t. 3, f. 24–26. 1836.

1 especie, 0 especies endémicas.

Hemidictyum marginatum (L.) C. Presl, Tent. Pterid. 111, t. 3, f. 24. 1836.
Sin.: *Asplenium marginatum* L., *Diplazium marginatum* (L.) Diels
Ref.: Foster (1958), Tryon & Stolze (1993), Smith et al. (1999), Sundue (2011).
Hierba. Nativa. Zonas Bajas, Andes. Bosque Húmedo, Yungas, 0–2000 m.
Dept.: BE, CO, LP, SC.
Muestra: *M. Kessler 11212* (LPB, UC).

Woodsia R. Br., Prodr. 158, Obs. 4. 1810.

1 especie, 0 especies endémicas.

Woodsia montevidensis (Spreng.) Hieron., Bot. Jahrb. Syst. 22: 363. 1896.
Sin.: *Dicksonia montevidensis* Spreng., *Cheilanthes crenata* Kunze, *Woodsia montevidensis* var. *fuscipes* Hieron.
Ref.: Foster (1958), Tryon & Stolze (1991), López Vargas (1995), Saravia Miranda (1996), González et al. (1999), Kessler et al. (1999a), Serrano & Terán (1998 [2000]), Sundue (2011).
Hierba. Nativa. Andes, Altiplano. Yungas, Bosque Tucumano-Boliviano, Páramo Yungueño, Puna Húmeda, Bosque de *Polylepis*, 2000–4500 m.
Dept.: CH, CO, LP, SC, TA.
Muestra: *M.A. Lewis 35241* (LPB, MO).

Gymnospermae

ARAUCARIACEAE Henkel & W. Hochst., Syn. Nadelhölz. 17: 1. 1865.

Por M. Nee (NY); revisado por J.C. Penagos (MO), S.G. Beck (LPB), P.M. Jørgensen (MO).
1 género, 2 especies, 0 especies endémicas.

Araucaria Juss., Gen. Pl. 413. 1789.

2 especies, 0 especies endémicas.

Araucaria angustifolia (Bertol.) Kuntze, Revis. Gen. Pl. 3(3): 375. 1898.
Sin.: *Columbea angustifolia* Bertol.
Ref.: Arroyo Padilla (1993a).
Árbol. Cultivada. Altiplano. Puna Seca, 3500–4000 m.
Dept.: LP.
Muestra: *J.C. Solomon & R. Zeballos 15459* (LPB, MO, NY).

[**Araucaria excelsa (Lamb.) R. Br.**], Hort. Kew. (ed. 2) 5: 412. 1813.
Ref.: Arroyo Padilla (1993a).
Nota: El registro se basa en material mal identificado de *A. heterophylla*.

Araucaria heterophylla (Salisb.) Franco, Anais Inst. Super. Agron. 19: 11–12. 1952.
Sin.: *Eutassa heterophylla* Salisb.
Árbol. Cultivada. Andes. Valles Secos, 3500–4000 m.
Dept.: LP.
Muestra: *J.C. Solomon & R. Zeballos 15465* (LPB, MO, NY).

CUPRESSACEAE Gray, Nat. Arr. Brit. Pl. 2: 222, 225. 1822.

Por M. Nee (NY); revisado por J.C. Penagos (MO), S.G. Beck (LPB), P.M. Jørgensen (MO).
6 géneros, 8 especies, 0 especies endémicas.

Chamaecyparis Spach, Hist. Nat. Vég. 11: 329. 1841.

1 especie, 0 especies endémicas.

Chamaecyparis lawsoniana (A. Murray) Parl., Ann. Mus. Imp. Fis. Firenze n.s. 1: 181. (preimpreso p. 29). 1865 [1864].
Sin.: *Cupressus lawsoniana* A. Murray
Árbol. Cultivada. Andes. Valles Secos, 3000–3500 m.
Dept.: LP.
Muestra: *J.C. Solomon 15557* (LPB, NY).

Cryptomeria D. Don, Ann. Nat. Hist. 1(3): 233. 1838.

1 especie, 0 especies endémicas.

Cryptomeria japonica (Thunb. ex L. f.) D. Don, Trans. Linn. Soc. London 18: 167, pl. 13, f. 1. 1839.
Sin.: *Cupressus japonica* Thunb. ex L. f.
Árbol. Cultivada. Andes. Valles Secos, 3500–4000 m.
Dept.: LP.
Muestra: *J.C. Solomon & R. Zeballos 15447* (LPB, MO, NY).

Cupressus L., Sp. Pl. 2: 1002–1003. 1753.

3 especies, 0 especies endémicas.

[**Cupressus funebris Endl.**], Syn. Conif. 58. 1847.
Ref.: Miranda Moreira (1993).
Nota: El registro se basa en material mal identificado de *C. sargentii*.

[**Cupressus goveniana Gordon**], J. Hort. Soc. London 4: 295. 1849.
Ref.: Miranda Moreira (1993).
Nota: El registro se basa en material mal identificado.

Cupressus lusitanica Mill., Gard. Dict. (ed. 8) no. 3. 1768.
Sin.: *Cupressus benthamii* Endl., *Callitropsis lusitanica* (Mill.) D.P. Little, *Hesperocyparis lusitanica* (Mill.) Bartel
Ref.: Miranda Moreira (1993), Nee (2011).
Árbol. Cultivada. Zonas Bajas, Andes, Altiplano. Bosque Semideciduo Chiquitano, Yungas, Bosque Tucumano-Boliviano, Valles Secos, Puna Húmeda, Puna Seca, 0–1000, 1500–3500 m.
Dept.: CO, LP, SC, TA.
Muestra: *M.H. Nee & I.G. Vargas 37453* (LPB, MO, NY).
Infra: *Cupressus lusitanica* var. *benthamii* (Endl.) Carrière

[**Cupressus macrocarpa Hartw. ex Gordon**], J. Hort. Soc. London 4: 296. 1849.
Ref.: Miranda Moreira (1993).
Nota: El registro se basa en material mal identificado de posiblemente *C. sargentii*.

Cupressus sargentii Jeps., Fl. Calif. 1(1): 61. 1909.
Sin.: *Callitropsis sargentii* (Jeps.) D.P. Little
Ref.: Miranda Moreira (1993), Nee (2011).
Árbol. Cultivada. Andes, Altiplano. Valles Secos, Puna Seca, 2000–4000 m.
Dept.: CH, CO, LP, OR, SC.
Muestra: *J.C. Solomon 5939* (LPB, MO, NY).

Cupressus sempervirens L., Sp. Pl. 2: 1002–1003. 1753.
Árbol. Cultivada. Andes, Altiplano. Valles Secos, Puna Seca, 3000–3500 m.
Dept.: LP, OR.
Muestra: *J.C. Solomon 15703* (LPB, MO, NY).

Juniperus L., Sp. Pl. 2: 1038–1040. 1753.

1 especie, 0 especies endémicas.

Juniperus chinensis L., Mant. Pl. 1: 127. 1767.
Ref.: Miranda Moreira (1993).
Árbol. Cultivada. Andes. Valles Secos, 2500–4000 m.
Dept.: CO, LP.
Muestra: *J.C. Solomon & R. Zeballos 15458* (LPB, MO).

Platycladus Spach, Hist. Nat. Vég. 11: 333. 1841.

1 especie, 0 especies endémicas.

Platycladus orientalis (L.) Franco, Portugaliae Acta Biol., Sér. B, Sist. Julio Henriques: 33–34. 1949.
Sin.: *Thuja orientalis* L., *Biota orientalis* (L.) Endl.
Ref.: Miranda Moreira (1993).
Árbol. Cultivada. Andes, Altiplano. Valles Secos, Puna Seca, 2500–4000 m.
Dept.: CH, CO, LP.
Muestra: *J.C. Solomon 12800* (LPB, MO, NY).

Sequoia Endl., Syn. Conif. 197. 1847.

1 especie, 0 especies endémicas.

Sequoia sempervirens (D. Don) Endl., Syn. Conif. 198. 1847.
Sin.: *Taxodium sempervirens* D. Don
Árbol. Cultivada. Andes. Valles Secos, 2500–3000, 3500–4000 m.
Dept.: CO, LP.
Muestra: *J.C. Solomon & R. Zeballos 15451* (LPB, MO, NY).

CYCADACEAE Pers., Syn. Pl. 2: 630. 1807.

Por M. Nee (NY); revisado por S.G. Beck (LPB), P.M. Jørgensen (MO).
1 género, 2 especies, 0 especies endémicas.

Cycas L., Sp. Pl. 2: 1188. 1753.
2 especies, 0 especies endémicas.

Cycas circinalis L., Sp. Pl. 2: 1188. 1753.
Hierba. Cultivada. Zonas Bajas, Andes. 0–500, 2500–3000 m.
Dept.: CO, SC.
Muestra: *M.H. Nee 47483* (LPB, MO, NY, USZ).

Cycas revoluta Thunb., Verh. Holl. Maatsch. Weetensch. Haarlem 20(2): 424, 426–427. 1782.
Hierba. Cultivada. Andes. 1500–2000 m.
Dept.: LP.
Muestra: *S.G. Beck 24459* (LPB).

EPHEDRACEAE Dumort., Anal. Fam. Pl. 11, 12. 1829.

Por M. Nee (NY); revisado por J.C. Penagos (MO), S.G. Beck (LPB), P.M. Jørgensen (MO).
1 género, 4 especies, 0 especies endémicas.

Ephedra L., Sp. Pl. 2: 1040. 1753.
4 especies, 0 especies endémicas.

Ephedra americana Humb. & Bonpl. ex Willd., Sp. Pl. 4(2): 860. 1806.
Sin.: *Ephedra andina* Poepp. ex C.A. Mey., *Ephedra americana* var. *humboldtii* Stapf
Ref.: Hunziker (1949), Foster (1958), López Vargas (1995), Saravia Miranda (1996), De la Barra (1997), López (2000), Serrano & Terán (1998 [2000]), Nee (2011).
Arbusto. Nativa. Andes. Valles Secos, 2000–4000 m.
Dept.: CH, CO, LP, PO, SC, TA.
Muestra: *M.H. Nee 34155* (MO, NY).
Nota: *E. americana* var. *andina* (Poepp. ex C.A. Mey.) Stapf no se encuentra en Bolivia, este nombre ha sido una mala aplicación de *E. andina* Poepp. ex C.A. Mey.
Nom. Vern.: P'isgo simi, sanu sanu.

Ephedra breana Phil., Anales Univ. Chile 91: 519. 1895.
Ref.: Hunziker (1949), Foster (1958).
Subarbusto. Nativa. Altiplano. Puna Seca, 3500–4000 m.
Dept.: OR, PO.
Muestra: *S.G. Beck 21601* (LPB, NY).

Ephedra rupestris Benth., Pl. Hartw. 253. 1846.
Sin.: *Ephedra humilis* Wedd., *Ephedra andina* var. *humilis* (Wedd.) Parl., *Ephedra americana* var. *rupestris* (Benth.) Ball.
Ref.: Hunziker (1949), Foster (1958).
Subarbusto. Nativa. Altiplano. Puna Seca, 3500–5000 m.
Dept.: CO, LP, OR.
Muestra: *M.H. Nee 30436* (LPB, MO, NY).
Nom. Vern.: Pinko pinko.

Ephedra triandra Tul., Ann. Sci. Nat., Bot., sér. 4, 10: 126. 1858.
Ref.: Hunziker (1949), Foster (1958), Nee (2011).
Arbusto. Nativa. Andes. Valles Secos, 1000–2000, 2500–3500 m.
Dept.: CO, SC, TA.
Muestra: *M.H. Nee 44706* (LPB, MO, NY, USZ).

GINKGOACEAE Engl., Nat. Pflanzenfam. 1: 19. 1897.

Por M. Nee (NY); revisado por J.C. Penagos (MO), S.G. Beck (LPB) y P.M. Jørgensen (MO).
1 género, 1 especies, 0 especies endémicas.

Ginkgo L., Mant. Pl. 2: 313. 1771.
1 especie, 0 especies endémicas.

Ginkgo biloba L., Mant. Pl. 2: 313–314. 1771.
Árbol. Cultivada. Andes. Yungas, Valles Secos, 1500–2000, 2500–3000 m.
Dept.: CO.
Muestra: *Anonymous s.n.* (USZ).

GNETACEAE Blume, Nov. Pl. Expos. 23. 1833.

Por A. Fuentes (LPB) y M. Nee (NY); revisado por S.G. Beck (LPB), P.M. Jørgensen (MO).
1 género, 2 especies, 0 especies endémicas.

Gnetum L., Syst. Nat. (ed. 12) 2: 612, 637. 1767.
2 especies, 0 especies endémicas.

Gnetum leyboldii Tul., Ann. Sci. Nat., Bot., sér. 4, 10: 115–116. 1858.
Ref.: Macbride (1936e), Markgraf (1965).
Liana. Nativa. Zonas Bajas. Bosque Húmedo, 0–500 m.
Dept.: PA.
Muestra: *N.Y. Paniagua et al. 629* (BOLV, F, FCQ, LPB, MO, USZ).

Gnetum nodiflorum Brongn., Voy. Monde 1: 12. 1829.
Ref.: Macbride (1936e), Markgraf (1965).
Liana. Nativa. Zonas Bajas. Bosque Húmedo, 0–500 m.
Dept.: PA, SC.
Muestra: *M. Garvizu & A.F. Fuentes C. 282* (BOLV, MO, USZ).

[**Gnetum schwackeanum Taub. ex Markgr.**], Bull. Jard. Bot. Buitenzorg, sér. 3, 10: 450–451. 1930.
Ref.: Killeen & Schulenberg (1998).
Nota: El registro se basa en material mal identificado de *G. nodiflorum*.

PINACEAE Spreng. ex Rudolphi, Syst. Orb. Veg. 35. 1830.

Por M. Nee (NY); revisado por J.C. Penagos (MO), S.G. Beck (LPB) y P.M. Jørgensen (MO).
4 géneros, 12 especies, 0 especies endémicas.

Abies Mill., Gard. Dict. Abr. (ed. 4) vol. 1. 1754.
1 especie, 0 especies endémicas.

Abies pinsapo Boiss., Biblioth. Universelle Sci., Sci. Arts 13: 406. 1838.
Árbol. Cultivada. Altiplano. Puna Seca, 3500–4000 m.
Dept.: LP.
Muestra: *J.C. Solomon & R. Zeballos 15463* (LPB, MO, NY).

Cedrus Trew, Cedr. Lib. Hist. 6. 1757.
3 especies, 0 especies endémicas.

Cedrus atlantica (Endl.) Manetti ex Carrière, Traité Gén. Conif. 2: 374. 1867.
Sin.: *Pinus atlantica* Endl.
Árbol. Cultivada. Andes. Valles Secos, 3500–4000 m.
Dept.: LP.
Muestra: *J.C. Solomon 15683* (BOLV, LPB, MO).

Cedrus deodara (Roxb. ex D. Don) G. Don, Hort. Brit. 388, no. 23637. 1830.
Sin.: *Pinus deodara* Roxb. ex D. Don
Árbol. Cultivada. Andes. Valles Secos, 1500–2000, 3500–4000 m.
Dept.: LP, TA.
Muestra: *J.C. Solomon & R. Zeballos 15442* (BOLV, LPB, MO, NY).

Cedrus libani A. Rich., Dict. Class. Hist. Nat. 3: 299. 1823.
Árbol. Cultivada. Andes. Valles Secos, 1500–2000 m.
Dept.: TA.
Muestra: *C. Ruíz s.n.* (LPB, NY).

Picea A. Dietr., Fl. Berlin 1(2): 794. 1824.
1 especie, 0 especies endémicas.

Picea smithiana (Wall.) Boiss., Fl. Orient. 5: 700. 1884.
Sin.: *Pinus smithiana* Wall.
Árbol. Cultivada. Andes. Valles Secos, 3500–4000 m.
Dept.: LP.
Muestra: *J.C. Solomon & R. Zeballos 15464* (BOLV, LPB, MO, NY).

Pinus L., Sp. Pl. 2: 1000. 1753.
7 especies, 0 especies endémicas.

Pinus ayacahuite C. Ehrenb. ex Schltdl., Linnaea 12: 492–493. 1838.
Árbol. Cultivada. Andes. Valles Secos, 3000–3500 m.
Dept.: LP.
Muestra: *J.C. Solomon & R. Zeballos 15500* (LPB, MO, NY).

Pinus caribaea Morelet, Rev. Hort. Cote d'Or 1: 107. 1851.
Árbol. Cultivada. Zonas Bajas, Andes. Bosque Semideciduo Chiquitano, Yungas, Valles Secos, 0–500 m.
Dept.: CO, LP, SC, TA.
Muestra: *M.H. Nee 56224* (MO, NY, USZ).

Pinus montezumae Lamb., Descr. Pinus (ed. 3) 1: 39, t. 22. 1832.
Árbol. Cultivada. Andes. Yungas, Valles Secos, 3000–3500 m.
Dept.: LP.
Muestra: *J.C. Solomon 15744* (LPB, MO, NY).

Pinus patula Schltdl. & Cham., Linnaea 6: 354. 1831.
Ref.: Nee (2011).
Árbol. Adventicia, Cultivada. Andes. Bosque Tucumano-Boliviano, 1500–2000, 3000–4000 m.
Dept.: CH, LP, SC.
Muestra: *M.H. Nee 48582* (MO, NY, USZ).
Nom. Vern.: Pino.

Pinus pseudostrobus Lindl., Edwards's Bot. Reg. 25: Misc. 63. 1839.
Árbol. Cultivada. Andes. Valles Secos, 2500–3500 m.
Dept.: CO, LP.
Muestra: *J.C. Solomon 7573* (LPB, MO, NY).

Pinus radiata D. Don, Trans. Linn. Soc. London 17: 442. 1836.
Ref.: Nee (2011).
Árbol. Cultivada. Andes. Valles Secos, 2000–2500, 3000–3500 m.
Dept.: CH, LP, OR, SC.
Muestra: *J.C. Solomon 12801* (LPB, MO, NY).

Pinus taeda L., Sp. Pl. 2: 1000. 1753.
Árbol. Cultivada. Zonas Bajas. Bosque Semideciduo Chiquitano, 0–500 m.
Dept.: SC.
Muestra: *M.H. Nee 48662* (LPB, MO, NY, USZ).

PODOCARPACEAE Endl., Syn. Conif. 203. 1847.
Por M. Nee (NY); revisado por J.C. Penagos (MO), S.G. Beck (LPB), P.M. Jørgensen (MO).
3 géneros, 9 especies, 0 especies endémicas.

Podocarpus L'Hér. ex Pers., Syn. Pl. 2(2): 580. 1807.
6 especies, 0 especies endémicas.

Podocarpus ballivianensis Silba, J. Int. Conifer Preserv. Soc. 15(1): 1–2, Fig. 1. 2008.
Ref.: Ministerio de Medio Ambiente y Agua (2012 [2013]).
Árbol. Nativa. Andes. Yungas, 500–1000, 1500–2000 m.
Dept.: BE, LP.
Tipo y muestra: *S.G. Beck 16381* (HT: LPB; IT: MO, SYR), *L. Cayola et al. 358* (LPB, MO).

[**Podocarpus celatus de Laub.**], Fl. Venezuela 11(2): 35. 1982.
Ref.: Anze Martín (1993b), Eckenwalder (2009).
Nota: Especie dudosa. Posiblemente un sinónimo de otra especie.

Podocarpus glomeratus D. Don, Descr. Pinus (ed. 2) 21. 1824.
Sin.: *Podocarpus cardenasii* J. Buchholz & N.E. Gray
Ref.: Foster (1958), Anze Martín (1993b), Zárate et al. (1999), Eckenwalder (2009), Nee (2011), Ministerio de Medio Ambiente y Agua (2012 [2013]).
Árbol. Nativa. Andes. Yungas, 2500–3500 m.
Dept.: CO, SC.
Muestra: *S.G. Beck & R. Seidel 14462* (LPB, M, NY, SI, SYR).
Nom. Vern.: Pino de monte.

Podocarpus ingensis de Laub., Bol. Lima 13(73): 58–59, f. 1. 1991.
Ref.: Anze Martín (1993b), Ministerio de Medio Ambiente y Agua (2012 [2013]).
Árbol. Nativa. Zonas Bajas, Andes. Bosque Húmedo, Yungas, 500–1000, 1500–3500 m.
Dept.: CO, LP.
Muestra: *A.F. Fuentes et al. 5128* (LPB, MO, NY, SYR, USZ).

[**Podocarpus magnifolius J. Buchholz & N.E. Gray**], J. Arnold Arbor. 29(2): 133–134. 1948.
Ref.: Foster (1958), Anze Martín (1993b), Eckenwalder (2009), Ministerio de Medio Ambiente y Agua (2012 [2013]).
Nota: El registro se basa en material mal identificado de a *P. ingensis*.

[**Podocarpus oleifolius D. Don ex Lamb.**], Descr. Pinus 2: 20. 1824.
Ref.: Foster (1958), Anze Martín (1993b), Zárate et al. (1999), Eckenwalder (2009), Nee (2011), Ministerio de Medio Ambiente y Agua (2012 [2013]).
Nota: El registro se basa en material mal identificado de *P. ingensis*.

Podocarpus parlatorei Pilg., Pflanzenr. 4.5(18): 86. 1903.
Ref.: Foster (1958), Anze Martín (1993b), López Vargas (1995), Saravia Miranda (1996), Schulenberg & Awbrey (1997), González et al. (1999), Zárate et al. (1999), Vargas Caballero et al. (2000), Eckenwalder (2009), Ministerio de Medio Ambiente y Agua (2012 [2013]).
Árbol. Nativa. Andes. Yungas, Bosque Tucumano-Boliviano, 1500–3500 m.
Dept.: CH, CO, PO, SC, TA.
Tipo y muestra: *T.C. Bridges s.n.* (T: B), *M.H. Nee & M. Saldias 36220* (F, FHO, LP, LPB, MO, NY, RSA, US).
Nom. Vern.: K'ito pino, pino, pino blanco, pino bruto, pino de cerro, pino de monte, pino lomero, pino morocho.

Podocarpus rusbyi J. Buchholz & N.E. Gray, J. Arnold Arbor. 29(2): 134, pl. 4, f. 1. 1948.
Ref.: Foster (1958), Anze Martín (1993b), Vargas Caballero et al. (2000), Nee (2011), Ministerio de Medio Ambiente y Agua (2012 [2013]).
Árbol. Nativa. Andes. Yungas, 2000–3500 m.
Dept.: CO, LP, SC.
Tipo y muestra: *H.H. Rusby 2463* (HT: NY; IT: GH, ILL, MICH, PH, UC, US), *M.H. Nee 50614* (LPB, MEXU, MO, NSW, NY, USZ).
Nom. Vern.: Chonga pino, pino amarillo.

Podocarpus sellowii Klotzsch ex Endl., Syn. Conif. 209. 1847.
Ref.: Jardim et al. (2003), Wood et al. (2011).
Arbusto, árbol. Nativa. Zonas Bajas. Bosque Semideciduo Chiquitano, 500–1000 m.
Dept.: SC.
Muestra: *R. Guillén V. 5291* (USZ).

Prumnopitys Phil., Linnaea 30: 731. 1860 [1861].
2 especies, 0 especies endémicas.

Prumnopitys exigua de Laub. ex Silba, Phytologia Mem. 7: 68. 1984.
Ref.: Anze Martín (1993b), Zárate et al. (1999), Serrano & Terán (1998 [2000]), Vargas Caballero et al. (2000), Nee (2011), Ministerio de Medio Ambiente y Agua (2012 [2013]).
Árbol. Nativa. Andes. Yungas, 1500–3500 m.
Dept.: CH, CO, SC.
Tipo y muestra: *M. Cárdenas 4879* (HT: US), *C.G. Jordán 226* (MO, NY).
Nom. Vern.: Pino castilla, pino colorado, pino negro.

Prumnopitys harmsiana (Pilg.) de Laub., Blumea 24(1): 190. 1978.
Sin.: *Podocarpus harmsianus* Pilg., *Podocarpus utilior* Pilg., *Stachycarpus harmsiana* (Pilg.) Gaussen
Ref.: Foster (1958), Anze Martín (1993b), Eckenwalder (2009), Nee (2011), Ministerio de Medio Ambiente y Agua (2012 [2013]).
Árbol. Nativa. Andes. Yungas, 1000–2500 m.
Dept.: LP.
Muestra: *C.B. Maldonado et al. 2463* (LPB, MO, SYR).
Nom. Vern.: Romerillo hembra.

Retrophyllum C.N. Page, Notes Roy. Bot. Gard. Edinburgh 45: 379. 1989.
1 especie, 0 especies endémicas.

Retrophyllum rospigliosii (Pilg.) C.N. Page, Notes Roy. Bot. Gard. Edinburgh 45: 380. 1989.
Sin.: *Podocarpus rospigliosii* Pilg., *Decussocarpus rospigliosii* (Pilg.) de Laub., *Nageia rospigliosii* (Pilg.) de Laub.
Ref.: Ministerio de Medio Ambiente y Agua (2012 [2013]).
Árbol. Nativa. Andes. Yungas, 1000–2000 m.
Dept.: LP.
Muestra: *F. Zenteno & R. Cuevas 1499* (LPB).

TAXACEAE Gray, Nat. Arr. Brit. Pl. 2: 222, 226. 1822.

Por M. Nee (NY); revisado por J.C. Penagos (MO), S.G. Beck (LPB), P.M. Jørgensen (MO).
1 género, 1 especie, 0 especies endémicas.

Taxus L., Sp. Pl. 2: 1040. 1753.
1 especie, 0 especies endémicas.

Taxus baccata L., Sp. Pl. 2: 1040. 1753.
Árbol. Cultivada. Andes. Valles Secos, 3500–4000 m.
Dept.: LP, OR.
Muestra: *J.C. Solomon & R. Zeballos 15551* (BOLV, LPB, MO).

ZAMIACEAE Horan., Prim. Lin. Syst. Nat. 45. 1834.

Por M. Nee (NY) y P.M. Jørgensen (MO); revisado por S.G. Beck (LPB).
1 género, 2 especies, 0 especies endémicas.

Zamia L., Sp. Pl. (ed. 2) 2: 1659. 1763.
2 especies, 0 especies endémicas.

Zamia boliviana (Brongn.) A. DC., Prodr. 16(2): 540. 1868.
Sin.: *Ceratozamia boliviana* Brongn.
Ref.: Foster (1958), Parker & Bailey (1991), Killeen & Schulenberg (1998), Stevenson (2004), Nee (2011).
Hierba. Nativa. Zonas Bajas. Bosque Húmedo, Bosque Semideciduo Chiquitano, Campos Cerrados, Sabanas Benianas del Norte, Sabanas Benianas del Sur, 0–1000 m.
Dept.: BE, CO, LP, SC.
Tipo y muestra: *A.C.V.D. d'Orbigny 663* (LT: P; ILT: P, W), *A.F. Fuentes C. 5531* (LPB, MO).

Zamia ulei Dammer, Verh. Bot. Vereins Prov. Brandenburg 48: 117. 1907.
Ref.: Stevenson (2004).
Hierba. Nativa. Zonas Bajas. Bosque Húmedo, 0–500 m.
Dept.: PA.
Muestra: *C. Gutiérrez & J.C. Rodriguez 674* (USZ).

Angiospermae familias A–M

ACANTHACEAE **Juss.**, Gen. Pl. 102–103. 1789.

Por D. Wasshausen (US) y J.R.I. Wood (OXF); revisado por S.G. Beck (LPB), I. Jiménez (LPB), M. Nee (NY), P.M. Jørgensen (MO).
40 géneros, 189 especies, 48 especies endémicas.

Acanthus L., Sp. Pl. 2: 639. 1753.
1 especie, 0 especies endémicas.

Acanthus mollis L., Sp. Pl. 2: 639, as 939. 1753.
Ref.: Wasshausen & Wood (2004a).
Subarbusto. Cultivada. Andes. Yungas, 3000–3500 m.
Dept.: LP.
Muestra: *J.C. Solomon 17299* (LPB, MO, NY).

Aphelandra R. Br., Prodr. 475. 1810.
12 especies, 4 especies endémicas.

Aphelandra aurantiaca (Scheidw.) Lindl., Edwards's Bot. Reg. 31: pl. 12. 1845.
Sin.: *Hemisandra aurantiaca* Scheidw., *Aphelandra acutifolia* Tafalla ex Nees, *Aphelandra simplex* Lindau
Ref.: Foster (1958), Parker & Bailey (1991), Wasshausen & Wood (2004a).
Hierba. Nativa. Zonas Bajas, Andes. Bosque Húmedo, Yungas, 500–1000 m.
Dept.: BE, CO, LP, SC.
Muestra: *D.C. Wasshausen et al. 2072* (K, LPB, US).

Aphelandra castaneifolia Britton ex Rusby, Bull. Torrey Bot. Club 27: 76. 1900.
Sin.: *Aphelandra peruviana* Wassh.
Ref.: Foster (1958), Wasshausen & Wood (2004a).
Arbusto, arbolito. Nativa. Andes. Yungas, 2000–2500 m.
Dept.: CO, LP, SC.
Tipo y muestra: *H.H. Rusby 1098* (ST: NY; IST: CAS), *J.R.I. Wood 11019* (K, LPB, US).

Aphelandra glabrata Willd. ex Nees, Prodr. 11: 296. 1847.
Ref.: Wasshausen & Wood (2004a).
Subarbusto, arbusto. Nativa. Zonas Bajas. Bosque Húmedo, 0–1000 m.
Dept.: LP, PA.
Muestra: *D.C. Wasshausen & J.R.I. Wood 2149* (CAS, GOET, K, LPB, NY, US).

Aphelandra hieronymi Griseb., Symb. Fl. Argent. 260. 1879.
Sin.: *Odontophyllum hieronymi* (Griseb.) Sreem.
Ref.: Foster (1958), Schulenberg & Awbrey (1997), Kessler et al. (2000b), Serrano & Terán (1998 [2000]), Wasshausen & Wood (2004a).
Subarbusto, arbusto. Nativa. Andes. Yungas, Bosque Serrano Chaqueño, 1000–2500 m.
Dept.: CH, CO, SC, TA.
Tipo y muestra: *P.G. Lorentz & G. Hieronymus 918* (ST: B destr., CORD, GH, NY, S; fotos: F), *D.C. Wasshausen et al. 2034* (CAS, CORD, K, LPB, NY, US).

Aphelandra inaequalis Lindau, Bull. Herb. Boissier 3: 368. 1895.
Ref.: Foster (1958), Wasshausen & Wood (2004a).
Arbusto. Nativa. Zonas Bajas. Bosque Húmedo, 0–500 m.
Dept.: CO, SC.
Tipo y muestra: *O. Kuntze s.n.* (HT: B destr.; IT: NY; fotos: F ex B, GH), *M.H. Nee & M. Saldias 37266* (LPB, NY, US).

Aphelandra kolobantha Lindau, Annuaire Conserv. Jard. Bot. Genève 2: 39. 1898.
Ref.: Foster (1958), Wasshausen & Wood (2004a).
Subarbusto. Endémica. Andes. Yungas, 2500–3000 m.
Dept.: CO, LP.
Tipo y muestra: *G. Mandon 300* (HT: B destr.; IT: GH, K, P, US, W; fotos: F ex B, MO ex B), *J.R.I. Wood & A.B. Ortuño 19370A* (LPB).

Aphelandra longiflora (Lindl.) Profice, Bradea 10(1): 18. 2004.
Sin.: *Geissomeria longiflora* Lindl., *Geissomeria tetragona* Lindau
Ref.: Killeen & Schulenberg (1998), Wasshausen & Wood (2004a).
Hierba, subarbusto. Nativa. Zonas Bajas. Bosque Semideciduo Chiquitano, 0–500 m.
Dept.: SC.
Muestra: *J.R.I. Wood 12520* (K, LPB, US).

Aphelandra macrosiphon Lindau, Bull. Herb. Boissier 3: 367. 1895.
Sin.: *Aphelandra longibracteolata* Lindau
Ref.: Foster (1958), Wasshausen & Wood (2004a).
Arbusto. Endémica. Andes. Yungas, 1000–1500 m.
Dept.: CO, LP.
Tipo y muestra: *O. Kuntze s.n.* (HT: B destr.; IT: NY; fotos: F, GH), *M. Kessler 7618* (LPB, US).

Aphelandra macrostachya Nees, Fl. Bras. 9: 88. 1847.
Ref.: Wasshausen & Wood (2004a).
Arbusto. Nativa. Zonas Bajas. Bosque Húmedo, 0–500 m.
Dept.: PA.
Muestra: *S.G. Beck 19405* (COL, LPB).

Aphelandra maculata (Tafalla ex Nees) Voss, Vilm. Blumengärtn. (ed. 3) 1: 819. 1894.
Sin.: *Lagochilium maculatum* Tafalla ex Nees, *Aphelandra goodspeedii* Standl. & F.A. Barkley
Ref.: Parker & Bailey (1991), Wasshausen & Wood (2004a).
Hierba. Nativa. Zonas Bajas. Bosque Húmedo, 0–500 m.
Dept.: LP.
Muestra: *R.S. Williams 298* (NY).

Aphelandra rubra Wassh., Phytologia 25: 494. 1973.
Ref.: Wasshausen & Wood (2004a).
Arbusto. Endémica. Zonas Bajas. Bosque Húmedo, 0–1000 m.
Dept.: BE, LP.
Tipo y muestra: *B.A. Krukoff 10146* (HT: US; IT: K, MO-1242918, NY), *S.G. Beck 8505* (LPB, NY, US).

Aphelandra rusbyi Britton ex Rusby, Bull. Torrey Bot. Club 27: 77. 1900.
Sin.: *Aphelandra cryptantha* Rusby
Ref.: Foster (1958), Kessler et al. (2000b), Wasshausen & Wood (2004a).
Hierba. Endémica. Zonas Bajas. Bosque Húmedo, Bosque Semideciduo Chiquitano, 0–1000 m.
Dept.: BE, SC.
Tipo y muestra: *H.H. Rusby 1108* (HT: NY; IT: GH, K, MO-1994462, P, WIS), *M.H. Nee 49545* (LPB, MO, NY, USZ).

[Aphelandra tetragona (Vahl) Nees], Prodr. 11: 295. 1847.
Ref.: Foster (1958).
Nota: El registro se basa en material mal identificado de *A. glabrata*.

Asystasia Blume, Bijdr. Fl. Ned. Ind. 14: 796. 1826.
1 especie, 0 especies endémicas.

Asystasia gangetica (L.) T. Anderson, Enum. Pl. Zeyl. 235–236. 1860.
Sin.: *Justicia gangetica* L.
Ref.: Wasshausen & Wood (2004a).
Hierba, subarbusto. Cultivada. Zonas Bajas. 0–500 m.
Dept.: CO, SC.

Beloperone Nees, Pl. Asiat. Rar. 3: 76, 102. 1832.
0 especies, 0 especies endémicas.

[Beloperone amherstiae Nees], Pl. Asiat. Rar. 3: 76, 102. 1832.
Ref.: Foster (1958).
Nota: El registro se basa en material mal identificado de *Justicia corumbensis*.

Crossandra Salisb., Parad. Lond. sub t. 12. 1805.
1 especie, 0 especies endémicas.

Crossandra infundibuliformis (L.) Nees, Pl. Asiat. Rar. 3: 98. 1832.
Sin.: *Justicia infundibuliformis* L.
Hierba, subarbusto. Cultivada. Zonas Bajas. 0–500 m.
Dept.: SC.
Muestra: *J.R.I. Wood 25055* (USZ).

Dianthera L., Sp. Pl. 1: 27. 1753.
0 especies, 0 especies endémicas.

[Dianthera resupinata (Vahl) R.C. Foster], Contr. Gray Herb. 184: 189. 1958.
Ref.: Foster (1958).
Nota: El registro se basa en material mal identificado.

Dicliptera Juss., Ann. Mus. Natl. Hist. Nat. 9: 267–269. 1807.
8 especies, 2 especies endémicas.

Dicliptera ciliaris Juss., Ann. Mus. Natl. Hist. Nat. 9: 268. 1807.
Ref.: Wood (2012).
Hierba. Nativa. Zonas Bajas. Bosque Seco Chaqueño, Campos Cerrados, 0–500 m.
Dept.: SC.
Muestra: *J.R.I. Wood et al. 25007* (K, LPB, UB, USZ).

Dicliptera cochabambensis Lindau, Bull. Herb. Boissier 3: 479. 1895.
Sin.: *Diapedium multicaule* Rusby
Ref.: Foster (1958), Serrano & Terán (1998 [2000]), Wasshausen & Wood (2004a), Lara Rico & Huaylla (2009).
Hierba. Endémica. Andes. Valles Secos, 1500–2500 m.
Dept.: CH, CO, PO, SC.
Tipo y muestra: *O. Kuntze s.n.* (HT: B destr.; IT: GH, NY, US; fotos: F ex B), *D.C. Wasshausen et al. 2031* (CORD, K, LPB, NY, US).

Dicliptera jujuyensis Lindau, Ark. Bot. 1: 395,398. 1903.
Ref.: Wasshausen & Wood (2004a).
Hierba. Nativa. Zonas Bajas, Andes. Bosque Semideciduo Chiquitano, Bosque Seco Chaqueño, Valles Secos, 500–2500 m.
Dept.: CH, SC, TA.
Muestra: *J.R.I. Wood & H. Huaylla 20281* (LPB, MO).

Dicliptera palmariensis Wassh. & J.R.I. Wood, Contr. U.S. Natl. Herb. 49: 23. 2004.
Ref.: Wasshausen & Wood (2004a).
Hierba. Endémica. Zonas Bajas. Bosque Húmedo, 500–1000 m.
Dept.: CO.
Tipo y muestra: *J.R.I. Wood 12403* (HT: K; IT: LPB, US), *M. Kessler 8115* (GOET, LPB, US).

Dicliptera purpurascens Wassh. & J.R.I. Wood, Contr. U.S. Natl. Herb. 49: 23. 2004.
Ref.: Wasshausen & Wood (2004a).
Hierba. Nativa. Zonas Bajas. Bosque Húmedo, 0–1000 m.
Dept.: CO, PA, SC.
Tipo y muestra: *D.C. Wasshausen et al. 2067* (HT: US; IT: K, LPB), *I.G. Vargas 673* (LPB, MO, NY, USZ).

Dicliptera scutellata Griseb., Abh. Königl. Ges. Wiss. Göttingen 19: 226–227. 1874.
Sin.: *Diapedium scutellatum* (Griseb.) Kuntze, *Diapedium scutellatum* var. *coeruleum* Kuntze, *Diapedium scutellatum* var. *flavum* Kuntze
Ref.: Foster (1958), Wasshausen & Wood (2004a).
Hierba. Nativa. Andes. Valles Secos, 2000–3000 m.
Dept.: CO, LP.
Muestra: *J.R.I. Wood & M. Zárate 16211* (K, LPB, US).

Dicliptera sexangularis (L.) Juss., Ann. Mus. Natl. Hist. Nat. 9: 269. 1807.
Sin.: *Justicia sexangularis* L.
Ref.: Wasshausen & Wood (2004a).
Hierba. Nativa. Zonas Bajas. Bosque Semideciduo Chiquitano, Sabanas Benianas del Sur, 0–500 m.
Dept.: BE, SC.
Muestra: *E. Werdermann 2350* (K, LPB, MO).

Dicliptera squarrosa Nees, Fl. Bras. 9: 161. 1847.
Sin.: *Dicliptera sericea* Nees, *Dicliptera tweediana* Nees, *Dicliptera niederleiniana* Lindau, *Diapedium niederleinianum* (Lindau) Kuntze
Ref.: Foster (1958), Schulenberg & Awbrey (1997), Kessler et al. (2000b), Serrano & Terán (1998 [2000]), Wasshausen & Wood (2004a), Wasshausen & Wood (2004b), Lara Rico & Huaylla (2009).
Hierba. Nativa. Zonas Bajas, Andes. Bosque Semideciduo Chiquitano, Yungas, Bosque Tucumano-Boliviano, Bosque Serrano Chaqueño, Valles Secos, 0–2500 m.
Dept.: BE, CH, CO, LP, PA, SC, TA.
Muestra: *D.C. Wasshausen et al. 2039* (CAS, CORD, GOET, K, LPB, US).

Dyschoriste Nees, Pl. Asiat. Rar. 3: 75, 81. 1832.
5 especies, 2 especies endémicas.

Dyschoriste axillaris Wassh. & J.R.I. Wood, Brittonia 55(1): 11. 2003.
Ref.: Wasshausen & Wood (2003c), Wasshausen & Wood (2004a).
Hierba. Nativa. Andes. Bosque Tucumano-Boliviano, 2000–2500 m.
Dept.: CH, SC.
Tipo y muestra: *J.R.I. Wood et al. 15324* (HT: K; IT: LPB, US), *J.R.I. Wood & H. Huaylla 21014* (HSB, LPB).

Dyschoriste boliviana Wassh. & J.R.I. Wood, Brittonia 55(1): 13. 2003.
Ref.: Wasshausen & Wood (2003c), Wasshausen & Wood (2004a), Arroyo Padilla & Villarroel Segarra (2009), Lara Rico & Huaylla (2009).
Hierba. Endémica. Andes. Bosque Tucumano-Boliviano, Valles Secos, 1500–3000 m.
Dept.: CH, CO, PO, SC, TA.
Tipo y muestra: *J.R.I. Wood & D.J. Goyder 15819* (HT: K; IT: BOL, LPB, MO-5342499, US, USZ), *J.R.I. Wood 9350* (CAS, K, LPB, US).

[Dyschoriste hygrophyllodes (Nees) Kuntze], Revis. Gen. Pl. 2: 486. 1891.
Sin.: *Calophanes hygrophiloides* Nees
Ref.: Kessler et al. (2000b), Serrano & Terán (1998 [2000]).
Nota: El registro se basa en material mal identificado de *D. boliviana*.

Dyschoriste prostrata Wassh. & J.R.I. Wood, Brittonia 55(1): 15. 2003.
Ref.: Wasshausen & Wood (2003c), Wasshausen & Wood (2004a).
Hierba. Endémica. Andes. Valles Secos, 2500–3000 m.
Dept.: CH, CO.
Tipo y muestra: *J.R.I. Wood 11890* (HT: K; IT: LPB, US), *J.R.I. Wood 8958* (CAS, K, LPB, US).

Dyschoriste trichanthera Kobuski, Ann. Missouri Bot. Gard. 15: 29. 1928.
Ref.: Wasshausen & Wood (2004a).
Hierba. Nativa. Zonas Bajas. Campos Cerrados, 0–500 m.
Dept.: SC.
Muestra: *J.R.I. Wood et al. 13154* (K, LPB, MO, US).

Dyschoriste venturii Leonard, Lilloa 6(2): 436. 1941.
Ref.: Serrano & Terán (1998 [2000]), Wasshausen & Wood (2004a).
Hierba. Nativa. Zonas Bajas, Andes. Bosque Seco Chaqueño, Valles Secos, 0–1000, 1500–2000 m.
Dept.: CH, CO, SC.
Muestra: *S.G. Beck 6440* (LPB, US).

Ecbolium Kuntze, Revis. Gen. Pl. 2: 486. 1891.
0 especies, 0 especies endémicas.

[Ecbolium lindavianum Kuntze], Revis. Gen. Pl. 3(3): 248. 1898.
Sin.: *Justicia hookeriana* Lindau ex Kuntze
Ref.: Foster (1958).
Nota: Especie dudosa. *Nom. nud.*

Elytraria Michx., Fl. Bor.-Amer. 1: 8–9, pl. 1. 1803.
1 especie, 0 especies endémicas.

Elytraria imbricata (Vahl) Pers., Syn. Pl. 1: 23. 1805.
Sin.: *Justicia imbricata* Vahl, *Verbena squamosa* Jacq., *Elytraria squamosa* (Jacq.) Lindau
Ref.: Foster (1958), Killeen & Schulenberg (1998), Wasshausen & Wood (2004a).
Hierba. Nativa. Zonas Bajas. Bosque Semideciduo Chiquitano, Bosque Seco Chaqueño, 0–1000 m.
Dept.: BE, SC, TA.
Muestra: *J.R.I. Wood 12537* (K, LPB, US).

Eranthemum L., Sp. Pl. 1: 9. 1753.
1 especies, 0 especies endémicas.

[Eranthemum cordatum Nees], Bot. Voy. Sulphur 147. 1846.
Ref.: Foster (1958).
Nota: El registro se basa en material mal identificado de probablemente *Streblacanthus dubiosum*.

Eranthemum pulchellum Andrews, Bot. Repos. 2: pl. 88. 1800.
Ref.: Wasshausen & Wood (2004a).
Subarbusto. Cultivada. Zonas Bajas. 0–500 m.
Dept.: SC.

Fittonia Coem., J. Gén. Hort. 15: 185–186. 1862–1865 [1865].
1 especie, 0 especies endémicas.

Fittonia albivenis (Lindl. ex Veitch) Brummitt, Curtis's Bot. Mag., New Ed. 182(4): 165. 1979.
Sin.: *Adelaster albivenis* Lindl. ex Veitch, *Fittonia argyroneura* Coem.
Ref.: Wasshausen & Wood (2004a).
Hierba. Nativa, cultivada. Zonas Bajas. Bosque Húmedo, 0–500 m.
Dept.: BE, LP, PA.
Muestra: *S. DeWalt 27* (LPB, MO, US, USZ).

Geissomeria Lindl., Bot. Reg. 13: t. 1045. 1827.
0 especies, 0 especies endémicas.

[Geissomeria cincinnata Nees], Fl. Bras. 9: 81. 1847.
Ref.: Foster (1958).
Nota: El registro se basa en material mal identificado.

Graptophyllum Nees, Pl. Asiat. Rar. 3: 76, 102. 1832.
1 especie, 0 especies endémicas.

Graptophyllum pictum (L.) Griff., Not. Pl. Asiat. 4: 139–140. 1854.
Sin.: *Justicia picta* L.
Hierba, subarbusto. Cultivada. Zonas Bajas. Bosque Semideciduo Chiquitano, Bosque Seco Chaqueño, 0–1000 m.
Dept.: BE, SC.
Muestra: *A.N. Schmidt-Lebuhn 93* (LPB).

Habracanthus Nees, Prodr. 11: 312. 1847.
0 especies, 0 especies endémicas.

[Habracanthus sanguineus Willd. ex Nees], Prodr. 11: 312. 1847.
Ref.: Foster (1958).
Nota: El registro se basa en material mal identificado.

Hemigraphis Nees, Prodr. 11: 722–723. 1847.
1 especie, 0 especies endémicas.

Hemigraphis alternata (Burm. f.) T. Anderson, J. Proc. Linn. Soc., Bot. 7: 114. 1864.
Sin.: *Ruellia alternata* Burm. f.
Ref.: Wasshausen & Wood (2004a).
Hierba. Cultivada. Zonas Bajas. 0–500 m.
Dept.: BE.
Muestra: *G. Oviedo 29* (LPB, US).

Herpetacanthus Nees, Pl. Nouv. Amer. 159. 1846 [1847].
1 especie, 0 especies endémicas.

Herpetacanthus rotundatus (Lindau) Bremek., Meded. Bot. Mus. Herb. Rijks Univ. Utrecht 47: 164. 1938.
Sin.: *Juruasia rotundata* Lindau
Ref.: Wasshausen & Wood (2004a).
Hierba, subarbusto. Nativa. Zonas Bajas. Bosque Húmedo, Sabanas Benianas del Sur, 0–500 m.
Dept.: BE, SC.
Muestra: *I. Guareco 488* (LPB, US).

Hygrophila R. Br., Prodr. 479. 1810.
1 especie, 0 especies endémicas.

Hygrophila costata Nees & T. Nees, Pl. Hort. Bonn. Icon. 2: 7–8, pl. 3. 1824.
Sin.: *Hygrophila guianensis* Nees
Ref.: Wasshausen & Wood (2004a), Arroyo Padilla & Villarroel Segarra (2009).
Hierba, acuática. Nativa. Zonas Bajas, Andes. Bosque Húmedo, Bosque Semideciduo Chiquitano, Sabanas Benianas del Sur, Yungas, 0–1500 m.
Dept.: BE, CO, LP, SC.
Muestra: *R.F. Steinbach 422* (LPB, MO).

Hypoestes Sol. ex R. Br., Prodr. 474. 1810.
1 especie, 0 especies endémicas.

Hypoestes phyllostachya Baker, J. Linn. Soc., Bot. 22(149): 511. 1887.
Ref.: Wasshausen & Wood (2004a).
Hierba. Cultivada. Andes. Yungas, Bosque Tucumano-Boliviano, 1500–2000 m.
Dept.: LP, TA.
Muestra: *J.R.I. Wood 8609* (LPB).

Justicia L., Sp. Pl. 1: 15–16. 1753.
72 especies, 23 especies endémicas.

Justicia adhaerens Wassh. & J.R.I. Wood, Kew Bull. 58(4): 809. 2003 [2004].
Ref.: Wasshausen & Wood (2004a), Mamani M. et al. (2010), Wood et al. (2011).
Subarbusto. Endémica. Zonas Bajas. Bosque Semideciduo Chiquitano, 500–1000 m.
Dept.: SC.
Tipo: *J.R.I. Wood & K. Wendelberger 17229* (HT: K; IT: CAS, LPB, MO-5731510, US, USZ).
Nota: Conocido solamente del tipo.

Justicia aequilabris (Nees) Lindau, Nat. Pflanzenfam. 4(3b): 350. 1895.
Sin.: *Orthotactus aequilabris* Nees, *Jacobinia glabribracteata* Lindau, *Justicia glabribracteata* (Lindau) V.A.W. Graham
Ref.: Foster (1958), Serrano & Terán (1998 [2000]), Wasshausen & Wood (2004a).
Hierba. Endémica. Zonas Bajas, Andes. Bosque Húmedo, Bosque Semideciduo Chiquitano, Bosque Seco Chaqueño, Valles Secos, 0–2000 m.
Dept.: CH, CO, SC.
Muestra: *D.C. Wasshausen 2053* (CAS, CORD, GOET, LPB, US).
Infra: *Justicia aequilabris* subsp. *aequilabris*, *Justicia aequilabris* subsp. *glabribracteata* (Lindau) Wassh. & J.R.I. Wood, *Justicia aequilabris* subsp. *riograndina* Wassh. & J.R.I. Wood

Justicia albadenia (Rusby) Wassh. & J.R.I. Wood, Kew Bull. 58(4): 823. 2003.
Sin.: *Aphelandra albadenia* Rusby
Ref.: Foster (1958), Wasshausen & Wood (2004a).
Hierba, arbusto. Endémica. Zonas Bajas. Bosque Húmedo, 0–1000 m.
Dept.: BE, LP.
Tipo y muestra: *H.H. Rusby 1125* (LT: NY), *D.C. Wasshausen 2194* (CAS, GOET, K, LPB, NY).

Justicia appendiculata (Ruiz & Pav.) Vahl, Enum. Pl. 1: 59. 1805.
Sin.: *Dianthera appendiculata* Ruiz & Pav., *Beloperone denudata* Nees
Ref.: Foster (1958), Wasshausen & Wood (2004a).
Arbusto. Nativa. Zonas Bajas. Bosque Húmedo, 0–1000 m.
Dept.: BE, CO, LP, PA, SC.
Muestra: *D.C. Wasshausen et al. 2161* (K, LPB, US).

Justicia arcuata Wassh. & J.R.I. Wood, Kew Bull. 58(4): 815. 2003 [2004].
Ref.: Wasshausen & Wood (2004a).
Hierba. Endémica. Zonas Bajas. Bosque Húmedo, 0–1000 m.
Dept.: CO, LP, SC.
Tipo y muestra: *J.R.I. Wood 15006* (HT: K; IT: BOLV, US), *J.C. Solomon & S. Urcullo 14098* (LPB, MO, NY, US).

Justicia asclepiadea (Nees) Wassh. & C. Ezcurra, Candollea 52(1): 172. 1997.
Sin.: *Simonisia asclepiadea* Nees, *Justicia alboreticulata* Lindau
Ref.: Killeen & Schulenberg (1998), Wasshausen & Wood (2004a), Wood et al. (2011).
Hierba. Nativa. Zonas Bajas. Campos Cerrados, 500–1000 m.
Dept.: SC.
Muestra: *T. Killeen et al. 5435* (MO, US, USZ).

Justicia beckii Wassh. & J.R.I. Wood, Kew Bull. 58(4): 820. 2003.
Ref.: Wasshausen & Wood (2004a).
Arbusto. Endémica. Zonas Bajas, Andes. Bosque Húmedo, Yungas, 0–1500 m.
Dept.: BE, LP.
Tipo y muestra: *D.C. Wasshausen et al. 2152* (HT: US; IT: LPB), *S.G. Beck 1694* (LPB, US).

Justicia boliviana Rusby, Mem. Torrey Bot. Club 6: 104. 1896.
Sin.: *Justicia reisensis* Rusby, *Justicia subintegrifolia* Rusby
Ref.: Foster (1958), Killeen & Schulenberg (1998), Serrano & Terán (1998 [2000]), Wasshausen & Wood (2003a), Wasshausen & Wood (2004a).
Hierba. Nativa. Zonas Bajas, Andes. Bosque Húmedo, Bosque Semideciduo Chiquitano, Yungas, Bosque Tucumano-Boliviano, 0–2000 m.
Dept.: BE, CH, CO, LP, SC, TA.
Tipo y muestra: *M. Bang 1225* (HT: NY; IT: GH, K, MO, US, WIS), *R.F. Steinbach 785* (LPB, MO, US).
Infra: *Justicia boliviana* subsp. *boliviana*, *Justicia boliviana* subsp. *subintegrifolia* (Rusby) Wassh. & J.R.I. Wood

Justicia boliviensis (Bremek.) V.A.W. Graham, Kew Bull. 43(4): 613. 1988.
Sin.: *Adhatoda nuda* Nees, *Beloperone nuda* Rusby, *Jacobinia rusbyi* Britton ex Rusby, *Justicia nuda* (Nees) O. Schwartz, *Sarotheca boliviensis* Bremek., *Justicia viscosa* V.A.W. Graham
Ref.: Foster (1958), Wasshausen & Wood (2004a).
Hierba. Endémica, Nativa. Andes. Yungas, 1000–2000 m.
Dept.: BE, LP, SC.
Tipo y muestra: *W.M.A. Brooke 6548* (HT: BM; IT: NY), *D.C. Wasshausen 2096* (CAS, CORD, GOET, K, LPB, US).

Justicia brandegeeana Wassh. & L.B. Sm., Fl. Il. Catarin. 1(Acanthaceae): 102. 1969.
Sin.: *Beloperone guttata* Brandegee
Ref.: Wasshausen & Wood (2004a).
Subarbusto. Cultivada. Zonas Bajas. 0–500 m.
Dept.: SC.
Muestra: *M.H. Nee 47024* (NY).

Justicia calycina (Nees) V.A.W. Graham, Kew Bull. 43(4): 610. 1988.
Sin.: *Beloperone calycina* Nees, *Justicia acuminatissima* (Miq.) Bremek.
Ref.: Killeen & Schulenberg (1998), Wasshausen & Wood (2004a).
Hierba. Nativa. Zonas Bajas. Bosque Húmedo, 0–500 m.
Dept.: BE, PA, SC.
Muestra: *J.R.I. Wood et al. 16571* (K, LPB, US).

Justicia carnea Lindl., Edwards's Bot. Reg. 17: pl. 1397. 1831.
Ref.: Wasshausen & Wood (2004a).
Hierba, subarbusto. Cultivada. Andes. Valles Secos, 2500–3000 m.
Dept.: CO.
Muestra: *J.R.I. Wood 10439* (K, LPB).

Justicia chacoensis Wassh. & C. Ezcurra, Candollea 52(1): 178. 1997.
Sin.: *Beloperone riparia* S. Moore
Ref.: Wasshausen & Wood (2004a).
Subarbusto, arbusto. Nativa. Zonas Bajas. Bosque Seco Chaqueño, 0–500 m.
Dept.: SC.
Muestra: *N.P. Ritter et al. 4225* (NHA, US).

Justicia chapadensis S. Moore, Trans. Linn. Soc. London, Bot. 4: 431. 1895.
Ref.: Wasshausen & Wood (2004a).
Hierba. Nativa. Zonas Bajas. Bosque Semideciduo Chiquitano, 0–500 m.
Dept.: SC.
Muestra: *J.R.I. Wood 12560* (K, LPB, US).

Justicia chapareensis Wassh. & J.R.I. Wood, Kew Bull. 58(4): 774. 2003.
Ref.: Wasshausen & Wood (2004a).
Hierba. Endémica. Zonas Bajas, Andes. Bosque Húmedo, Yungas, 0–1500 m.
Dept.: CO.
Tipo y muestra: *J.R.I. Wood 12406* (HT: K; IT: BOLV, LPB, US), *J.R.I. Wood 8510* (K, LPB, US).

Justicia chuquisacensis Wassh. & J.R.I. Wood, Kew Bull. 58(4): 785. 2003.
Ref.: Wasshausen & Wood (2004a).
Hierba. Endémica. Andes. Bosque Tucumano-Boliviano, 2000–3000 m.
Dept.: CH, SC.
Tipo y muestra: *J.R.I. Wood 12728* (HT: K; IT: HSB, MO-5699384), *M.H. Nee 40311* (LPB, NY).

Justicia comata (L.) Lam., Encycl. 1: 632. 1785.
Sin.: *Dianthera comata* L., *Leptostachya parviflora* Nees, *Justicia parviflora* (Nees) Lindau, *Ecbolium minimiflorum* Kuntze
Ref.: Foster (1958), Serrano & Terán (1998 [2000]), Wasshausen & Wood (2004a).
Hierba, acuática. Nativa. Zonas Bajas. Bosque Húmedo, Sabanas Benianas del Norte, Sabanas Benianas del Sur, Campos Amazónicos, 0–1000 m.
Dept.: BE, CH, LP, SC.
Muestra: *J.R.I. Wood & F. Mamani 13491* (K, LPB, USZ).

Justicia consanguinea (Lindau) Wassh. & C. Ezcurra, Candollea 52(1): 174. 1997.
Sin.: *Beloperone consanguinea* Lindau, *Beloperone consanguinea* var. *pubescens* Lindau
Ref.: Foster (1958), Serrano & Terán (1998 [2000]), Wasshausen & Wood (2004a).
Subarbusto. Endémica. Andes. Valles Secos, 1000–3000 m.
Dept.: CH, CO, PO, SC.
Tipo y muestra: *G. Mandon 298* p.p. (ST: B destr.; IST: BM, G, K, P; fotos: F), *R.F. Steinbach 705* (LPB, MO, US).
Infra: *Justicia consanguinea* var. *pubescens* (Lindau) Wassh. & C. Ezcurra
Nom. Vern.: Yana manka paki.

Justicia corumbensis (Lindau) Wassh. & C. Ezcurra, Candollea 52(1): 178. 1997.
Sin.: *Beloperone corumbensis* Lindau, *Justicia leonardii* De Marco & T. Ruiz, *Justicia jujuyensis* C. Ezcurra
Ref.: Wasshausen & Wood (2004a).
Arbusto. Nativa. Zonas Bajas, Andes. Bosque Seco Chaqueño, Yungas, Bosque Serrano Chaqueño, Valles Secos, 0–1500 m.
Dept.: CH, CO, LP, SC, TA.
Muestra: *J.R.I. Wood & D.J. Goyder 15636* (K, LPB, US).

Justicia cuzcoensis Lindau, Bot. Jahrb. Syst. 37: 643. 1906.
Ref.: Wasshausen & Wood (2004a).
Subarbusto, arbusto. Nativa. Zonas Bajas. Bosque Húmedo, Campos Amazónicos, 0–500 m.
Dept.: PA.
Muestra: *M. Prescott & J.M. Cardiel 26* (K, LPB, MO).

Justicia dryadum Wassh. & J.R.I. Wood, Kew Bull. 58(4): 813. 2003.
Ref.: Wasshausen & Wood (2004a).
Hierba. Endémica. Zonas Bajas, Andes. Bosque Húmedo, Yungas, 0–2000 m.
Dept.: LP.
Tipo y muestra: *D.C. Wasshausen & J.R.I. Wood 2196* (HT: US; IT: K, LPB), *S.G. Beck & R.B. Foster 18477* (LPB, US).

Justicia dubiosa Lindau, Bull. Herb. Boissier, sér. 2, 4: 413. 1904.
Ref.: Killeen & Schulenberg (1998), Wasshausen & Wood (2004a).
Hierba. Nativa. Zonas Bajas. Bosque Húmedo, 0–500 m.
Dept.: BE, PA, SC.
Muestra: *M. Saldias et al. 2911* (MO, US, USZ).

Justicia dumetorum Morong, Ann. New York Acad. Sci. 7: 193–194. 1893.
Sin.: *Beloperone albomarginata* Lindau
Ref.: Kessler et al. (2000b), Wasshausen & Wood (2004a).
Hierba. Nativa. Zonas Bajas. Bosque Seco Chaqueño, 0–500 m.
Dept.: SC.
Muestra: *J.R.I. Wood 13403* (K, LPB, USZ).

Justicia floribunda (C. Koch) Wassh., Darwiniana 35: 151. 1998.
Sin.: *Libonia floribunda* C. Koch
Ref.: Wasshausen & Wood (2004a).
Arbusto. Cultivada. Andes. Valles Secos, 2500–3000 m.
Muestra: *J.R.I. Wood 13409* (K, LPB).

Justicia fuentesii J.R.I. Wood, Kew Bull. 65(1): 77. 2010.
Subarbusto. Endémica. Andes. Yungas, 2000–2500 m.
Dept.: LP.
Tipo: *A.F. Fuentes C. 11845* (HT: LPB; IT: MO).
Nota: Conocido solamente del tipo.

Justicia glaziovii Lindau, Bull. Herb. Boissier 3: 483. 1895.
Sin.: *Justicia velascana* Lindau
Ref.: Foster (1958), Moraes R. (1990), Killeen & Schulenberg (1998), Wasshausen & Wood (2004a).
Hierba, subarbusto. Nativa. Zonas Bajas. Bosque Semideciduo Chiquitano, 0–500 m.
Dept.: SC.
Muestra: *J.R.I. Wood et al. 16586* (K, LPB, US).

Justicia glutinosa (Bremek.) V.A.W. Graham, Kew Bull. 43(4): 613. 1988.
Sin.: *Sarotheca elegans* Nees, *Sarotheca glutinosa* Bremek., *Justicia sarotheca* V.A.W. Graham
Ref.: Kessler et al. (2000b), Serrano & Terán (1998 [2000]), Wasshausen & Wood (2004a).
Hierba. Nativa. Zonas Bajas. Bosque Serrano Chaqueño, 500–1000 m.
Dept.: CH, SC.
Tipo y muestra: *W.M.A. Brooke 5677* (HT: BM), *J.C. Solomon & S. Urcullo 14148* (LPB, MO, US).

Justicia goudotii V.A.W. Graham, Kew Bull. 43(4): 603. 1988.
Sin.: *Chaetothylax umbrosus* Nees, *Chaetothylax boliviensis* Lindau
Ref.: Foster (1958), González et al. (1999), Serrano & Terán (1998 [2000]), Wasshausen & Wood (2004a).
Hierba. Nativa. Zonas Bajas, Andes. Bosque Semideciduo Chiquitano, Bosque Seco Chaqueño, Bosque Serrano Chaqueño, Valles Secos, 0–2500 m.
Dept.: CH, CO, SC, TA.
Muestra: *J.R.I. Wood 10006* (K, LPB, US).
Nom. Vern.: Alfilla, ramoneo.

Justicia hassleri (Lindau) V.A.W. Graham, Kew Bull. 43(4): 615. 1988.
Sin.: *Beloperone hassleri* Lindau
Ref.: Wasshausen & Wood (2004a), Wood et al. (2011).
Hierba. Nativa. Zonas Bajas. Bosque Semideciduo Chiquitano, 0–1000 m.
Dept.: SC.
Muestra: *J.R.I. Wood 16462* (K, LPB, US).

Justicia israelvargasii Wassh. & J.R.I. Wood, Kew Bull. 58(4): 808. 2003.
Ref.: Wasshausen & Wood (2004a).
Hierba. Endémica. Zonas Bajas. Bosque Húmedo, 0–500 m.
Dept.: SC.
Tipo y muestra: *J.R.I. Wood 10011* (HT: K; IT: LPB, US), *E. Frey & K.U. Kramer 649* (USZ, Z).

Justicia kessleri Wassh. & J.R.I. Wood, Kew Bull. 58(4): 787. 2003 [2004].
Ref.: Wasshausen & Wood (2004a).
Hierba. Endémica. Andes. Valles Secos, 500–1500 m.
Dept.: LP.
Tipo y muestra: *D.C. Wasshausen et al. 2275* (HT: K; IT: LPB, US), *A. Araujo M. et al. 1975* (BOLV, LPB, MO, RSA, USZ).

Justicia kuntzei Lindau, Bull. Herb. Boissier 3: 483. 1895.
Sin.: *Justicia robusta* Rusby, *Lophothecium boliviense* Bremek.
Ref.: Foster (1958), González et al. (1999), Kessler et al. (2000b), Serrano & Terán (1998 [2000]), Wasshausen & Wood (2003a), Wasshausen & Wood (2004a), Arroyo Padilla & Villarroel Segarra (2009).
Hierba. Nativa. Zonas Bajas, Andes. Yungas, Bosque Serrano Chaqueño, 0–2000 m.
Dept.: CH, LP, SC, TA.
Tipo y muestra: *O. Kuntze s.n.* (HT: B destr.; IT: NY), *M. Cárdenas 5695* (BOL, K, LIL, US).
Infra: *Justicia kuntzei* subsp. *kuntzei*, *Justicia kuntzei* subsp. *robusta* (Rusby) Wassh. & J.R.I. Wood

[Justicia laeta (Nees) Lindau], Nat. Pflanzenfam. 4(3b): 350. 1895.
Sin.: *Rhytiglossa laeta* Nees
Ref.: Foster (1958).
Nota: El registro se basa en material mal identificado.

Justicia laevilinguis (Nees) Lindau, Bot. Jahrb. Syst. 19(Beibl. 48): 20. 1894.
Sin.: *Rhytiglossa laevilinguis* Nees, *Rhytiglossa obtusifolia* Nees, *Justicia obtusifolia* (Nees) Lindau, *Dianthera graminifolia* Rusby
Ref.: Foster (1958), Killeen & Schulenberg (1998), Wasshausen & Wood (2004a).
Hierba, acuática. Nativa. Zonas Bajas. Sabanas Benianas del Sur, 0–500 m.
Dept.: BE, SC.
Muestra: *S.G. Beck 13151* (LPB, US).

Justicia lineolata Ruiz & Pav., Fl. Peruv. Prodr. 1: 9. 1798.
Sin.: *Justicia flavidiflora* Lindau
Ref.: Wasshausen & Wood (2004a).
Subarbusto. Nativa. Zonas Bajas. Bosque Húmedo, 0–500 m.
Dept.: LP, PA.
Muestra: *G.T. Prance et al. 6214* (K, NY, US).

Justicia longiacuminata Rusby, Bull. Torrey Bot. Club 27: 78. 1900.
Ref.: Foster (1958), Ministerio de Medio Ambiente y Agua (2012 [2013]).
Hierba. Endémica. Andes. Yungas, 2000–3000 m.
Dept.: LP.
Tipo y muestra: *H.H. Rusby 2411* (HT: NY), *S.G. Beck 3046* (LPB, US).

Justicia lutensis Wassh. & J.R.I. Wood, Kew Bull. 58(4): 782. 2003.
Ref.: Wasshausen & Wood (2004a).
Hierba. Nativa. Zonas Bajas. Bosque Seco Chaqueño, 0–500 m.
Dept.: SC.
Tipo y muestra: *J.R.I. Wood & D.J. Goyder 15652* (HT: K; IT: LPB), *A.F. Fuentes C. & G. Navarro 2434A* (USZ).

Justicia mandonii (Lindau) Wassh. & C. Ezcurra, Candollea 52(1): 174. 1997.
Sin.: *Beloperone mandonii* Lindau
Ref.: Foster (1958), Wasshausen & Wood (2004a).
Subarbusto. Endémica. Andes. Yungas, Valles Secos, 1500–2500 m.
Dept.: CO, LP, SC.
Tipo y muestra: *G. Mandon 297* p.p. (HT: B destr.; IT: BM, GH, K, P; fotos: F ex B), *D.C. Wasshausen et al. 2032* (CAS, GOET, LPB, NY, US).

Justicia megalantha Wassh. & J.R.I. Wood, Kew Bull. 58(4): 801. 2003.
Ref.: Wasshausen & Wood (2004a).
Liana. Nativa. Zonas Bajas. Bosque Húmedo, 0–500 m.
Dept.: CO.
Muestra: *S.G. Beck 1619* (LPB, US).

Justicia mendax (Lindau) Wassh., Monogr. Syst. Bot. Missouri Bot. Gard. 45: 1253. 1993.
Sin.: *Jacobinia mendax* Lindau
Ref.: Wasshausen & Wood (2004a).
Hierba. Nativa. Andes. Yungas, 1000–1500 m.
Dept.: LP.
Muestra: *D.C. Wasshausen et al. 2091* (CAS, GOET, LPB, US).

Justicia mesetarum Wassh. & J.R.I. Wood, Kew Bull. 58(4): 792. 2003.
Ref.: Wasshausen & Wood (2004a), Wood (2010), Wood et al. (2011).
Hierba. Nativa. Zonas Bajas. Bosque Semideciduo Chiquitano, 0–1000 m.
Dept.: SC.
Tipo y muestra: *D.C. Wasshausen et al. 2236* (HT: K; IT: LPB), *J.R.I. Wood 16461* (K, LPB, US, USZ).
Infra: *Justicia mesetarum* subsp. *chiquitana* J.R.I. Wood

Justicia miguelii V.A.W. Graham, Kew Bull. 43(4): 605. 1988.
Sin.: *Chaetochlamys lindauii* Rusby
Ref.: Foster (1958), Wasshausen & Wood (2004a).
Hierba. Endémica. Zonas Bajas. Bosque Húmedo, 0–1000 m.
Dept.: LP.
Tipo y muestra: *M. Bang 2546* (HT: NY; IT: GH, K, US), *D.C. Wasshausen et al. 2113* (CAS, CORD, K, LPB, US).

Justicia monopleurantha (Lindau) Wassh., Monogr. Syst. Bot. Missouri Bot. Gard. 45: 1253. 1993.
Sin.: *Beloperone monopleurantha* Lindau
Ref.: Wasshausen & Wood (2004a).
Arbusto. Nativa. Zonas Bajas, Andes. Bosque Húmedo, Yungas, 500–1500 m.
Dept.: LP.
Muestra: *D.C. Wasshausen et al. 2121* (CAS, GOET, K, LPB, US).

Justicia nodicaulis (Nees) Leonard, Los Angeles County Mus. Contr. Sci. 32: 13. 1959.
Sin.: *Beloperone nodicaulis* Nees
Ref.: Wasshausen & Wood (2004a).
Hierba, subarbusto. Nativa. Zonas Bajas. Campos Cerrados, 500–1000 m.
Dept.: SC.
Muestra: *T. Killeen et al. 5042* (MO, US, USZ).

Justicia obovata Wassh. & J.R.I. Wood, Kew Bull. 58(4): 825. 2003.
Ref.: Wasshausen & Wood (2004a).
Subarbusto. Nativa. Zonas Bajas. Bosque Húmedo, 0–500 m.
Dept.: PA.
Muestra: *L. Vargas et al. 580* (LPB).

Justicia oranensis De Marco & T. Ruiz, Publ. Espec. Inst. Miguel Lillo 46, f. 1, pl. 1–2. 1976.
Ref.: Kessler et al. (2000b), Serrano & Terán (1998 [2000]), Wasshausen & Wood (2004a).

Arbusto. Nativa. Andes. Bosque Serrano Chaqueño, 500–1500 m.
Dept.: CH, SC, TA.
Muestra: *D.C. Wasshausen et al. 2050* (K, LPB, US).

Justicia oreadum S. Moore, Trans. Linn. Soc. London, Bot. 2(4): 429. 1895.
Sin.: *Ecbolium oreadum* (S. Moore) Kuntze
Ref.: Wasshausen & Wood (2004a).
Arbusto. Nativa. Zonas Bajas. Campos Cerrados, 0–500 m.
Dept.: SC.
Muestra: *O. Kuntze s.n.* (NY).
Nota: Conocida en Bolivia solamente por la muestra citada.

Justicia pectoralis Jacq., Enum. Syst. Pl. 11. 1760.
Sin.: *Justicia stuebelii* Lindau
Ref.: Killeen & Schulenberg (1998), Wasshausen & Wood (2004a).
Hierba. Nativa. Zonas Bajas, Andes. Bosque Semideciduo Chiquitano, Valles Secos, 0–1000, 2000–2500 m.
Dept.: BE, LP, SC.
Muestra: *A.F. Fuentes C. et al. 4914* (BOLV, LPB, MO, USZ).

Justicia phyllocalyx (Lindau) Wassh. & C. Ezcurra, Candollea 52(1): 175. 1997.
Sin.: *Poikilacanthus phyllocalyx* Lindau
Ref.: Wasshausen & Wood (2004a), Wood et al. (2011).
Hierba. Nativa. Zonas Bajas. Campos Cerrados, 0–1000 m.
Dept.: SC.
Muestra: *J.R.I. Wood 13101* (K, LPB, US).

Justicia pilosa (Ruiz ex Nees) Lindau, Nat. Pflanzenfam. 4(3b): 350. 1895.
Sin.: *Adhatoda pilosa* Ruiz ex Nees
Ref.: Wasshausen & Wood (2004a).
Hierba. Nativa. Zonas Bajas. Bosque Húmedo, 0–500 m.
Dept.: BE, LP, PA, SC.
Muestra: *S.G. Beck 17109* (LPB, US).

Justicia pluriformis Wassh. & J.R.I. Wood, Kew Bull. 58(4): 786. 2003.
Ref.: Wasshausen & Wood (2004a).
Subarbusto. Endémica. Andes. Valles Secos, 2000–3000 m.
Dept.: CO, LP.
Tipo y muestra: *J.R.I. Wood 15985* (HT: K; IT: BOLV, LPB, MO-5731511, US), *M.A. Lewis 35097* (LPB, MO).

Justicia praetermissa Wassh. & J.R.I. Wood, Kew Bull. 58(4): 779. 2003.
Ref.: Wasshausen & Wood (2004a).
Hierba. Nativa. Zonas Bajas. Bosque Seco Chaqueño, 500–1000 m.
Dept.: SC.
Tipo y muestra: *J.R.I. Wood et al. 16855* (HT: K; IT: BOLV, MO), *Paredo s.n.* (LIL, US).

Justicia ramulosa (Morong) C. Ezcurra, Bol. Soc. Argent. Bot. 25: 350. 1988.
Sin.: *Beloperone ramulosa* Morong, *Beloperone tetramerioides* Lindau, *Beloperone velascana* Lindau, *Beloperone cochabambensis* Rusby, *Beloperone pseudociliata* Mildbr., *Justicia magentea* V.A.W. Graham, *Justicia ramulosa* (Morong) V.A.W. Graham, *Justicia tetramerioides* (Lindau) V.A.W. Graham
Ref.: Foster (1958), González et al. (1999), Kessler et al. (2000b), Serrano & Terán (1998 [2000]), Wasshausen & Wood (2004a).
Subarbusto. Nativa. Zonas Bajas, Andes. Bosque Semideciduo Chiquitano, Bosque Seco Chaqueño, Yungas, Bosque Tucumano-Boliviano, 0–1500 m.
Dept.: BE, CH, LP, SC, TA.
Muestra: *D.C. Wasshausen et al. 2047* (CAS, CORD, GOET, K, LPB, NY, US).

Justicia rhomboidea Wassh. & J.R.I. Wood, Kew Bull. 58(4): 828. 2003.
Ref.: Wasshausen & Wood (2004a).
Hierba. Nativa. Zonas Bajas. Bosque Húmedo, 0–500 m.
Dept.: PA.
Tipo: *G.T. Prance 5730* (HT: K; IT: INPA, NY, US).
Nota: Conocido en Bolivia solamente del tipo. Coleccionado en la frontera con Brasil.

Justicia riedeliana (Nees) V.A.W. Graham, Kew Bull. 43(4): 605. 1988.
Sin.: *Simonisia riedeliana* Nees, *Chaetochlamys macrosiphon* Lindau, *Beloperone bangii* Rusby, *Justicia macrosiphon* (Lindau) V.A.W. Graham
Ref.: Foster (1958), Wasshausen & Wood (2004a).
Hierba, subarbusto, arbusto. Nativa. Zonas Bajas, Andes. Bosque Húmedo, Yungas, 0–1500 m.
Dept.: BE, CO, LP, PA, SC.
Muestra: *D.C. Wasshausen et al. 2052* (CAS, CORD, GOET, LPB, NY, US).

[Justicia riojana Lindau], Bot. Jahrb. Syst. 19(Beibl. 48): 19. 1894.
Ref.: Foster (1958).
Nota: El registro se basa en material mal identificado.

Justicia rusbyana Lindau, Mem. Torrey Bot. Club 4: 243. 1895.
Ref.: Foster (1958), Wasshausen & Wood (2004a).
Hierba, subarbusto, arbusto. Endémica. Andes. Yungas, 1000–2000 m.
Tipo y muestra: *M. Bang 379* (HT: NY; IT: BM, GH, K, MO-1994064, US), *D.C. Wasshausen 2307* (K, LPB, US).

Justicia rusbyi (Lindau) V.A.W. Graham, Kew Bull. 43(4): 605–606. 1988.
Sin.: *Ruellia lanceolata* Morong, *Chaetochlamys rusbyi* Lindau, *Beloperone matthewsii* Lindau, *Justicia matthewsii* (Lindau) Rusby ex Dyer
Ref.: Foster (1958), Killeen & Schulenberg (1998), Kessler et al. (2000b), Wasshausen & Wood (2004a).
Hierba, subarbusto. Nativa. Zonas Bajas, Andes. Bosque Húmedo, Bosque Semideciduo Chiquitano, Bosque Seco Chaqueño, Yungas, 0–1500 m.
Dept.: BE, LP, SC.
Tipo y muestra: *H.H. Rusby 1117* (HT: B destr.; IT: BM, MO, US), *D.C. Wasshausen et al. 2117* (CAS, CORD, GOET, LPB, US).

Justicia saltensis T. Ruiz & De Marco, Lilloa 35(2): 13. 1980.
Ref.: Serrano & Terán (1998 [2000]), Wasshausen & Wood (2004a).
Hierba. Nativa. Zonas Bajas, Andes. Bosque Seco Chaqueño, Valles Secos, 500–1500 m.
Dept.: CH, CO, SC, TA.
Muestra: *J.R.I. Wood 10663* (K, LPB, US).

Justicia scheidweileri V.A.W. Graham, Kew Bull. 43: 617. 1988.
Sin.: *Porphyrocoma lanceolata* Scheidw. ex Hook.
Ref.: Wasshausen & Wood (2004a).
Hierba, subarbusto. Cultivada.

Justicia sprucei V.A.W. Graham, Kew Bull. 43(4): 606. 1988.
Sin.: *Chaetochlamys ciliata* Lindau
Ref.: Wasshausen & Wood (2004a).
Subarbusto. Nativa. Zonas Bajas. Bosque Húmedo, 0–500 m.
Dept.: PA.
Muestra: *J.M. Cardiel & M. Prescott 82* (LPB, MO).

Justicia squalida Wassh. & J.R.I. Wood, Kew Bull. 58(4): 795. 2003.
Ref.: Wasshausen & Wood (2004a).
Hierba. Nativa. Zonas Bajas. Bosque Húmedo, Bosque Seco Chaqueño, Campos Amazónicos, 0–500 m.
Dept.: BE, PA, SC.
Tipo y muestra: *J.R.I. Wood 17172* (HT: K; IT: LPB), *S.G. Beck 2568* (LPB, US).

Justicia squarrosa Griseb., Abh. Königl. Ges. Wiss. Göttingen 19: 226. 1874.
Ref.: Serrano & Terán (1998 [2000]), Wasshausen & Wood (2004a).
Hierba, subarbusto. Nativa. Zonas Bajas, Andes. Bosque Seco Chaqueño, Valles Secos, 500–1500 m.
Dept.: CH, CO, SC, TA.
Muestra: *J.R.I. Wood 11731* (K, LPB, US).

Justicia steinbachiorum Wassh. & J.R.I. Wood, Kew Bull. 58(4): 777. 2003.
Ref.: Wasshausen & Wood (2004a).
Hierba. Endémica. Andes. Yungas, 1000–2500 m.
Dept.: CO, SC.
Tipo y muestra: *J. Steinbach 8423* (HT: K; IT: BM, E, GH, MO, NY), *B. Ståhl 5197* (BOLV).

Justicia tenuistachys (Rusby) Wassh. & J.R.I. Wood, Kew Bull. 58(4): 818. 2003.
Sin.: *Jacobinia tenuistachys* Rusby, *Beloperone baenitzii* H. Winkl., *Beloperone viridissima* Rusby, *Justicia baenitzii* (H. Winkl.) C. Ezcurra
Ref.: Foster (1958), González et al. (1999), Wasshausen & Wood (2004a).
Hierba. Nativa. Zonas Bajas, Andes. Bosque Húmedo, Yungas, 500–1500 m.
Dept.: BE, CO, LP, SC, TA.
Tipo y muestra: *M. Bang 1441* (HT: NY; IT: E, F, GH, GH, K, NY, US), *D.C. Wasshausen & J.R.I. Wood 2141* (CAS, K, LPB, US).

Justicia thunbergioides (Lindau) Leonard, Los Angeles County Mus. Contr. Sci. 32: 10. 1959.
Sin.: *Beloperone thunbergioides* Lindau
Ref.: Kessler et al. (2000b), Serrano & Terán (1998 [2000]), Wasshausen & Wood (2003a), Wasshausen & Wood (2004a), Arroyo Padilla & Villarroel Segarra (2009).
Hierba, subarbusto. Nativa. Zonas Bajas, Andes. Bosque Semideciduo Chiquitano, Bosque Seco Chaqueño, Bosque Serrano Chaqueño, Valles Secos, 0–2000 m.
Dept.: CH, SC, TA.
Muestra: *J.R.I. Wood 10672* (K, LPB, US).

Justicia tocantina (Nees) V.A.W. Graham, Kew Bull. 43(4): 604. 1988.
Sin.: *Chaetothylax tocantinus* Nees
Ref.: Foster (1958), Serrano & Terán (1998 [2000]), Wasshausen & Wood (2004a), Arroyo Padilla & Villarroel Segarra (2009).
Hierba. Nativa. Andes. Bosque Serrano Chaqueño, Valles Secos, 1000–2000 m.
Dept.: CH, CO, SC.
Muestra: *J.R.I. Wood 9442* (K, LPB, US).
Infra: *Justicia tocantina* subsp. *andina* Wassh. & J.R.I. Wood

Justicia tweediana (Nees) Griseb., Abh. Königl. Ges. Wiss. Göttingen 19: 225. 1874.
Sin.: *Adhatoda tweediana* Nees, *Justicia tweediana* (Nees) Benth. & Hook. f., *Justicia lorentziana* Lindau, *Ecbolium lorentzianum* (Lindau) Kuntze
Ref.: Foster (1958), López (2000), Serrano & Terán (1998 [2000]), Wasshausen & Wood (2004a).
Subarbusto. Nativa. Andes. Valles Secos, 2500–3500 m.
Dept.: CH, CO, PO, TA.
Muestra: *J.R.I. Wood 10485* (K, LPB, US).

Justicia umbricola Wassh. & J.R.I. Wood, Kew Bull. 58(4): 799. 2003.
Ref.: Wasshausen & Wood (2004a).
Hierba. Endémica. Andes. Yungas, 1000–2000 m.
Dept.: LP.
Tipo y muestra: *S.G. Beck & R.B. Foster 18551* (HT: US; IT: LPB), *A. Araujo M. et al. 698* (LPB, MO).

Justicia vernalis Wassh. & J.R.I. Wood, Kew Bull. 58(4): 778. 2003.
Ref.: Wasshausen & Wood (2004a), Arroyo Padilla & Villarroel Segarra (2009).
Hierba. Endémica. Zonas Bajas, Andes. Bosque Seco Chaqueño, Bosque Serrano Chaqueño, 500–2000 m.
Dept.: CH, SC.
Tipo y muestra: *J.R.I. Wood 14229* (HT: K; IT: LPB, MO, US), *J.R.I. Wood et al. 12665* (K, LPB, US, USZ).

Justicia xylosteoides Griseb., Abh. Königl. Ges. Wiss. Göttingen 19: 225. 1874.
Ref.: Wasshausen & Wood (2004a).
Arbusto. Nativa. Andes. Valles Secos, 3000–3500 m.
Dept.: PO, TA.
Muestra: *K. Fiebrig 3112* (A, BM, GH, K, P, US).

Justicia yungensis Wassh. & J.R.I. Wood, Kew Bull. 58(4): 811. 2003.
Ref.: Wasshausen & Wood (2004a).
Hierba. Endémica. Zonas Bajas, Andes. Bosque Húmedo, Yungas, 500–2000 m.
Dept.: LP.
Tipo y muestra: *J.R.I. Wood et al. 14571* (HT: K; IT: LPB, US), *B.A. Krukoff 10095* (GH, K, MO, NY, US).

Justicia yurimaguensis Lindau, Bull. Herb. Boissier, sér. 2, 4: 411. 1904.
Ref.: Wasshausen & Wood (2004a).
Subarbusto. Nativa. Zonas Bajas. Bosque Húmedo, 0–1000 m.
Dept.: PA.
Muestra: *M. Prescott & J.M. Cardiel 8* (LPB, MO).

Justicia yuyoensis Wassh. & J.R.I. Wood, Kew Bull. 58(4): 825. 2003.
Ref.: Wasshausen & Wood (2004a).
Hierba. Endémica. Andes. Yungas, 1000–1500 m.
Dept.: LP.
Tipo y muestra: *M. Kessler et al. 10248* (HT: US; IT: LPB), *S.G. Beck & R.B. Foster 18488* (LPB, US).

Lepidagathis Willd., Sp. Pl. 3(1): 400. 1800.
5 especies, 0 especies endémicas.

Lepidagathis alopecuroidea (Vahl) R. Br. ex Griseb., Fl. Brit. W. I. 453. 1862.
Sin.: *Ruellia alopecuroidea* Vahl, *Teliostachya alopecuroidea* (Vahl) Nees
Ref.: Wasshausen & Wood (2004a).
Hierba. Nativa. Zonas Bajas. Bosque Húmedo, Bosque Semideciduo Chiquitano, 0–500 m.
Dept.: BE, CO, SC.
Muestra: *J.R.I. Wood 10017* (K, LPB, US).

Lepidagathis alverezia (Nees) Kameyama ex Wassh. & J.R.I. Wood, Contr. U.S. Natl. Herb. 49: 86. 2004.
Sin.: *Lophostachys alvarezia* Nees, *Lophostachys conferta* Rusby
Ref.: Wasshausen & Wood (2004a).
Hierba, subarbusto. Nativa. Zonas Bajas, Andes. Bosque Húmedo, Bosque Semideciduo Chiquitano, Yungas, 0–1500 m.

Dept.: BE, LP, SC.
Muestra: *S.G. Beck 13343* (LPB, US).

Lepidagathis floribunda (Pohl) Kameyama, Bol. Bot. Univ. São Paulo 14: 197. 1995.
Sin.: *Lophostachys floribunda* Pohl
Ref.: Wood (2012).
Hierba. Nativa. Zonas Bajas. Bosque Semideciduo Chiquitano, 0–500 m.
Dept.: SC.
Muestra: *J.R.I. Wood & P. Pozo 25991* (K, LPB, UB, USZ).

Lepidagathis riedeliana Nees, Fl. Bras. 7: 71. 1847.
Sin.: *Acanthura mattogrossensis* Lindau
Ref.: Wasshausen & Wood (2004a).
Hierba. Nativa. Zonas Bajas. Campos Cerrados, 0–500 m.
Dept.: SC.
Muestra: *T. Killeen 7611* (MO, USZ).

Lepidagathis sessilifolia (Pohl) Kameyama ex Wassh. & J.R.I. Wood, Contr. U.S. Natl. Herb. 49: 86. 2004.
Sin.: *Lophostachys sessilifolia* Pohl, *Lophostachys pubiflora* Lindau
Ref.: Killeen & Schulenberg (1998), Wasshausen & Wood (2004a), Wood et al. (2011).
Hierba. Nativa. Zonas Bajas. Campos Cerrados, 0–500 m.
Dept.: SC.
Muestra: *T. Killeen et al. 6237* (MO, US, USZ).

Mendoncia Vell. ex Vand., Fl. Lusit. Bras. Spec. 43, f. 22. 1788.
7 especies, 0 especies endémicas.

Mendoncia aspera Ruiz & Pav., Syst. Veg. Fl. Peruv. Chil. 158. 1798.
Ref.: Moraes R. (1990), Killeen & Schulenberg (1998), Wasshausen & Wood (2004a).
Trepadora, liana. Nativa. Zonas Bajas. Bosque Húmedo, Bosque Semideciduo Chiquitano, 0–1000 m.
Dept.: BE, CO, LP, PA, SC.
Muestra: *D.C. Wasshausen & J.R.I. Wood 2193* (CAS, GOET, K, LPB, NY, US).

Mendoncia bivalvis (L. f.) Merr., J. Arnold Arbor. 29(2): 213. 1948.
Sin.: *Besleria bivalvis* L. f., *Mendoncia hirsuta* Poepp. & Endl.
Ref.: Foster (1958), Killeen & Schulenberg (1998), Wasshausen & Wood (2004a).
Trepadora, liana. Nativa. Zonas Bajas. Bosque Húmedo, Bosque Semideciduo Chiquitano, 0–1000 m.
Dept.: BE, CO, LP, PA, SC.
Muestra: *D.C. Wasshausen & J.R.I. Wood 2202* (CAS, GOET, K, LPB, US).

Mendoncia gigas Lindau, Notizbl. Bot. Gart. Berlin–Dahlem 6: 192. 1914.
Ref.: Wasshausen & Wood (2004a).
Trepadora. Nativa. Zonas Bajas. Bosque Húmedo, 0–500 m.
Dept.: LP.
Muestra: *A.H. Gentry & S. Estenssoro C. 70373* (LPB, MO, US).

Mendoncia glabra Poepp. & Endl., Nov. Gen. Sp. Pl. 3: 10. 1845.
Ref.: Foster (1958), Wasshausen & Wood (2004a).
Trepadora. Nativa. Zonas Bajas, Andes. Bosque Húmedo, Yungas, 0–1500 m.
Dept.: BE, LP, SC.
Muestra: *M. Saldias et al. 2763* (MO, US, USZ).

Mendoncia lindavii Rusby, Mem. Torrey Bot. Club 4(3): 241–242. 1895.
Ref.: Foster (1958), Alverson et al. (2000), Wasshausen & Wood (2004a).
Trepadora. Nativa. Zonas Bajas, Andes. Bosque Húmedo, Yungas, 0–2000 m.
Dept.: BE, CO, LP, PA.
Tipo y muestra: *M. Bang 532* (LT: NY; ILT: BM, GH, MO, US, WIS), *J.R.I. Wood & D.J. Goyder 15379* (K, LPB, US).

Mendoncia meyeniana Nees, Fl. Bras. 9(7): 11. 1847.
Ref.: Wasshausen & Wood (2004a).
Trepadora. Nativa. Zonas Bajas. Bosque Húmedo, 0–500 m.
Dept.: BE, PA, SC.
Muestra: *J.C. Solomon 7681* (LPB, MO, US).

[Mendoncia puberula Mart.], Nov. Gen. Sp. Pl. 3: 24. 1829.
Ref.: Foster (1958).
Nota: El registro se basa en material mal identificado.

Mendoncia robusta Rusby, Mem. New York Bot. Gard. 7: 361. 1927.
Ref.: Foster (1958), Wasshausen & Wood (2004a).
Trepadora. Nativa. Zonas Bajas. Bosque Húmedo, 0–1000 m.
Dept.: BE, CO, LP.
Tipo y muestra: *M. Cárdenas 808* (HT: NY; IT: US), *A. Araujo M. et al. 1606* (LPB, MO, RSA).
Infra: *Mendoncia robusta* var. *alba* Rusby

[Mendoncia schomburgkiana Nees], Prodr. 11: 50. 1847.
Ref.: Foster (1958).
Nota: El registro se basa en material mal identificado de *M. aspera*.

[Mendoncia sprucei Lindau], Bull. Herb. Boissier 5(8): 647. 1897.
Ref.: Moraes R. (1990).
Nota: El registro se basa en material mal identificado.

[Mendoncia velloziana Nees], Prodr. 11: 52. 1847.
Ref.: Foster (1958).
Nota: El registro se basa en material mal identificado.

Nelsonia R. Br., Prodr. 480–481. 1810.
1 especie, 0 especies endémicas.

Nelsonia canescens (Lam.) Spreng., Syst. Veg. 1: 42. 1825 [1824].
Sin.: *Justicia canescens* Lam.
Ref.: Wasshausen & Wood (2004a).
Hierba. Nativa. Zonas Bajas. Bosque Húmedo, Campos Cerrados, 0–500 m.
Dept.: PA, SC.
Muestra: *J.R.I. Wood et al. 23491* (K, LPB, UB, USZ).

Odontonema Nees, Linnaea 16(3): 300. 1842.
1 especie, 0 especies endémicas.

Odontonema cuspidatum (Nees) Kuntze, Revis. Gen. Pl. 2: 494. 1891.
Sin.: *Thyrsacanthus cuspidatus* Nees
Ref.: Wasshausen & Wood (2004a).
Subarbusto, arbusto. Cultivada. Zonas Bajas. 0–500 m.
Dept.: SC.
Muestra: *R.F. Steinbach 829* (LPB, MO, US).

Oplonia Raf., Fl. Tellur. 4: 64. 1836 [1838].
1 especie, 0 especies endémicas.

Oplonia jujuyensis Wassh. & C. Ezcurra, Novon 3(1): 89, f. 1A–E. 1993.
Ref.: González et al. (1999), Serrano & Terán (1998 [2000]), Wasshausen & Wood (2004a).
Subarbusto, arbusto. Nativa. Andes. Yungas, Bosque Serrano Chaqueño, 500–1500 m.
Dept.: CH, LP, TA.
Muestra: *J.R.I. Wood 12594* (K, LPB, MO, US).

Pachystachys Nees, Fl. Bras. 9: 99. 1847.
3 especies, 0 especies endémicas.

Pachystachys lutea Nees, Prodr. 11: 320. 1847.
Ref.: Wasshausen & Wood (2004a).
Subarbusto, arbusto. Cultivada. Zonas Bajas. Bosque Semideciduo Chiquitano, 0–500 m.
Dept.: SC.
Muestra: *J.R.I. Wood 8622* (K, LPB).

Pachystachys ossolae Wassh., Proc. Biol. Soc. Wash. 99: 180. 1986.
Ref.: Wasshausen & Wood (2004a).
Arbusto. Nativa. Zonas Bajas, Andes. Bosque Húmedo, Yungas, 0–1500 m.
Dept.: LP.
Muestra: *D.C. Wasshausen & J.R.I. Wood 2175* (CAS, GOET, K, LPB, NY, US).

Pachystachys spicata (Ruiz & Pav.) Wassh., Proc. Biol. Soc. Wash. 99: 175. 1986.
Sin.: *Justicia spicata* Ruiz & Pav., *Pachystachys riedeliana* Nees
Ref.: Foster (1958), Moraes R. (1990), Parker & Bailey (1991), Wasshausen & Wood (2004a).
Subarbusto, arbusto. Nativa. Zonas Bajas, Andes. Bosque Húmedo, Yungas, 0–1000 m.
Dept.: BE, CO, LP, PA.
Muestra: *D.C. Wasshausen & J.R.I. Wood 2170* (K, LPB, US).

Pranceacanthus Wassh., Brittonia 36(1): 1–7, f. 1–3. 1984.
1 especie, 0 especies endémicas.

Pranceacanthus coccinea Wassh., Brittonia 36(1): 1–7, f. 1–3. 1984.
Ref.: Wasshausen & Wood (2004a).
Hierba. Nativa. Zonas Bajas. Bosque Húmedo, 0–500 m.
Dept.: PA.
Muestra: *L. Vargas et al. 850* (F, LPB, US).

Pseuderanthemum Radlk., Sitzungsber. Math.-Phys. Cl. Königl. Bayer. Akad. Wiss. München 13(2): 282. 1883.
1 especie, 0 especies endémicas.

Pseuderanthemum congestum (S. Moore) Wassh., Prodr. Fl. Matogrossensis, Ser. B 1: 3. 1998.
Sin.: *Eranthemum congestum* S. Moore, *Pseuderanthemum bolivianum* Britton ex Rusby
Ref.: Foster (1958), Moraes R. (1990), Killeen & Schulenberg (1998), Wasshausen & Wood (2004a).
Hierba, subarbusto, arbusto. Nativa. Zonas Bajas. Bosque Húmedo, Bosque Semideciduo Chiquitano, Sabanas Benianas del Sur, 0–500 m.
Dept.: BE, LP, SC.
Muestra: *D.C. Wasshausen & J.R.I. Wood 2237* (CAS, GOET, K, LPB, US).

Pulchranthus V.M. Baum, Reveal & Nowicke, Syst. Bot. 8(2): 212. 1983.
1 especie, 0 especies endémicas.

Pulchranthus adenostachyus (Lindau) V.M. Baum, Reveal & Nowicke, Syst. Bot. 8(2): 215. 1983.
Sin.: *Odontonema adenostachyum* Lindau
Ref.: Wasshausen & Wood (2004a).
Hierba. Nativa. Zonas Bajas. Bosque Húmedo, 0–500 m.
Dept.: CO, PA.
Muestra: *T. Killeen 4531* (LPB, MO, US).

Ruellia L., Sp. Pl. 2: 634–635. 1753.
30 especies, 6 especies endémicas.

Ruellia antiquorum Wassh. & J.R.I. Wood, Proc. Biol. Soc. Wash. 116(2): 269–271, f. 4A–C. 2003.
Ref.: Wasshausen & Wood (2004a), Arroyo Padilla & Villarroel Segarra (2009).
Hierba. Endémica. Andes. Bosque Serrano Chaqueño, Valles Secos, 1000–2000 m.
Dept.: SC.
Tipo y muestra: *J.R.I. Wood 9419* (HT: K; IT: LPB, US), *S.G. Beck 6769* (LPB, US).

[Ruellia bahiensis (Nees) Morong], Ann. New York Acad. Sci. 7: 192. 1893.
Sin.: *Dipteracanthus bahiensis* Nees
Ref.: Foster (1958).
Nota: El registro se basa en material mal identificado.

Ruellia beckii Wassh. & J.R.I. Wood, Proc. Biol. Soc. Wash. 116(2): 271–272, (f. 5A–D). 2003.
Ref.: Wasshausen & Wood (2004a), Ministerio de Medio Ambiente y Agua (2012 [2013]).
Liana. Endémica. Andes. Yungas, 1000–1500 m.
Dept.: LP.
Tipo: *S.G. Beck 9298* (HT: US; IT: LPB).
Nota: Conocido solamente del tipo.

Ruellia beniana J.R.I. Wood, Kew Bull. 67: 259. 2012.
Subarbusto. Endémica. Zonas Bajas. Bosque Húmedo, 0–500 m.
Dept.: BE.
Tipo: *A.F. Fuentes C. 5520* (HT: LPB; IT: MO).
Nota: Conocido solamente del tipo.

Ruellia blechum L., Syst. Nat. (ed. 10) 2: 1120. 1759.
Sin.: *Barleria pyramidata* Lam., *Blechum brownei* Juss., *Blechum pyramidatum* (Lam.) Urb., *Blechum brownei* fo. *puberulum* Leonard
Ref.: Wasshausen & Wood (2004a).
Hierba. Nativa. Zonas Bajas. Sabanas Benianas del Norte, 0–500 m.
Dept.: BE, SC.
Muestra: *S.G. Beck 2688* (LPB, NY, US).

Ruellia brachysiphon (Nees) Benth. & Hook. f. ex Hiern, Nat. Pflanzenfam. 4, Abt. 3b: 310. 1895.
Sin.: *Dipteracanthus brachysiphon* Nees
Ref.: Wasshausen & Wood (2004a), Wood et al. (2011).
Hierba. Nativa. Zonas Bajas. Campos Cerrados, 500–1000 m.
Dept.: SC.
Muestra: *J.R.I. Wood & E. Guzmán 17451* (K, LPB, US).

Ruellia brevifolia (Pohl) C. Ezcurra, Darwiniana 29: 278. 1989.
Sin.: *Ruellia ventricosa* Kunth, *Stephanophysum brevifolium* Pohl, *Stephanophysum ventricosum* (Kunth) Nees, *Ruellia amoena* Nees ex Rusby, *Ruellia serratitheca* Rusby, *Ruellia graecizans* Backer, *Stephanophysum macrandrum* Bremek.
Ref.: Foster (1958), Moraes R. (1990), Parker & Bailey (1991), Killeen & Schulenberg (1998), González et al. (1999), Kessler et al. (2000b), Serrano & Terán (1998 [2000]), Wasshausen & Wood (2004a).
Hierba, subarbusto. Nativa. Zonas Bajas, Andes. Bosque Semideciduo Chiquitano, Yungas, Bosque Tucumano-Boliviano, 0–1500 m.
Dept.: BE, CH, LP, PA, SC, TA.
Muestra: *M.H. Nee 49230* (LPB, MO, NY, US).

Ruellia bulbifera Lindau, Nat. Pflanzenfam. IV(3b): 311. 1895.
Ref.: Wasshausen & Wood (2004a), Wood et al. (2011).
Hierba. Nativa. Zonas Bajas. Campos Cerrados, 0–1000 m.
Dept.: CH, SC.
Muestra: *J.R.I. Wood 12760* (K, LPB, US).

Ruellia ciliatiflora Hook., Bot. Mag. 66: pl. 3718. 1840.
Sin.: *Ruellia lorentziana* Griseb.
Ref.: Foster (1958), Serrano & Terán (1998 [2000]), Wasshausen & Wood (2004a).
Hierba. Nativa. Zonas Bajas. Bosque Seco Chaqueño, Valles Secos, 0–1500 m.
Dept.: CH, SC, TA.
Muestra: *M. Cárdenas 4718* (LIL, US).

Ruellia dolichosiphon Wassh. & J.R.I. Wood, Proc. Biol. Soc. Wash. 116(2): 273–274, 270, f. 4D–E. 2003.
Ref.: Wasshausen & Wood (2004a).
Hierba. Endémica. Zonas Bajas. Bosque Húmedo, 0–500 m.
Dept.: PA.
Tipo: *J. Balcázar S. et al. 2422* (HT: USZ).
Nota: Conocido solamente del tipo.

Ruellia erythropus (Nees) Lindau, Nat. Pflanzenfam. 4(3b): 311. 1895.
Sin.: *Blechum tweedii* Nees, *Siphonacanthus erythropus* Nees, *Ruellia tweedii* (Nees) T. Anderson ex Morong & Britton, *Ruellia velascana* Lindau
Ref.: Foster (1958), Serrano & Terán (1998 [2000]), Wasshausen & Wood (2004a).
Subarbusto. Nativa. Zonas Bajas. Bosque Semideciduo Chiquitano, Bosque Seco Chaqueño, Sabanas Benianas del Sur, Bosque Serrano Chaqueño, 0–1000 m.
Dept.: BE, CH, SC, TA.
Muestra: *J.R.I. Wood 14175* (K, LPB, US).
Nom. Vern.: Cuetillo.

Ruellia filicalyx Lindau, Bull. Herb. Boissier 3: 362. 1895.
Ref.: Foster (1958), Wasshausen & Wood (2004a).
Subarbusto. Nativa. Zonas Bajas. Bosque Seco Chaqueño, 0–500 m.
Dept.: SC.
Tipo y muestra: *O. Kuntze s.n.* (IT: NY), *I.G. Vargas & E. Tapia 1042* (MO, NY, US, USZ).

Ruellia geminiflora Kunth, Nov. Gen. Sp. (quarto ed.) 2: 240. 1817 [1818].
Sin.: *Ruellia elliptica* Rusby, *Ruellia hypericifolia* Rusby
Ref.: Foster (1958), Killeen & Schulenberg (1998), González et al. (1999), Kessler et al. (2000b), Serrano & Terán (1998 [2000]), Wasshausen & Wood (2004a), Arroyo Padilla & Villarroel Segarra (2009), Wood et al. (2011).
Hierba. Nativa. Zonas Bajas, Andes. Bosque Semideciduo Chiquitano, Campos Cerrados, Sabanas Benianas del Sur, Yungas, Bosque Tucumano-Boliviano, 0–1500 m.
Dept.: BE, CH, CO, LP, SC, TA.
Muestra: *D.C. Wasshausen & J.R.I. Wood 2182* (CAS, GOET, K, LPB, US).

Ruellia glischrocalyx Lindau, Bull. Herb. Boissier, sér. 2, 4: 321. 1904.
Ref.: Wasshausen & Wood (2004a).
Subarbusto. Nativa. Zonas Bajas. Bosque Húmedo, 0–500 m.
Dept.: PA.
Muestra: *J.C. Solomon 17106* (LPB, MO).

Ruellia gracilis Rusby, Mem. Torrey Bot. Club 6: 102. 1896.
Ref.: Foster (1958), Wasshausen & Wood (2004a).
Hierba. Endémica. Andes. Yungas, 0–500 m.
Dept.: LP.
Tipo y muestra: *M. Bang 1449* (HT: NY; IT: BM, GH, K, MO-1994693, NY, US), *A. Araujo M. et al. 1660* (LPB, MO).

Ruellia haenkeana (Nees) Wassh., Beitr. Biol. Pflanzen 63: 423. 1988.
Sin.: *Stemonacanthus willdenovianus* Nees, *Arrhostoxylum haenkeanum* Nees, *Stemonacanthus pearcei* Hook. f., *Ruellia euantha* Lindau, *Ruellia willdenoviana* (Nees) Lindau ex Rusby
Ref.: Foster (1958), Wasshausen & Wood (2003b), Wasshausen & Wood (2004a).
Subarbusto. Nativa. Zonas Bajas, Andes. Bosque Húmedo, Yungas, Páramo Yungueño, 0–2500 m.
Dept.: BE, CO, LP.
Muestra: *D.C. Wasshausen & J.R.I. Wood 2145* (K, LPB, US).
Infra: *Ruellia haenkeana* var. *haenkeana*, *Ruellia haenkeana* fo. *lutea* Wassh. & J.R.I. Wood, *Ruellia haenkeana* fo. *purpurea* Wassh. & J.R.I. Wood, *Ruellia haenkeana* var. *pilosa* Wassh. & J.R.I. Wood

[Ruellia humboldtiana (Nees) Lindau], Bull. Herb. Boissier 3(8): 366. 1895.
Sin.: *Stemonacanthus humboldtianus* Nees
Ref.: Foster (1958).
Nota: El registro se basa en material mal identificado.

Ruellia hygrophila Mart., Flora 24(Beibl.): 65. 1841.
Sin.: *Ruellia chiquitensis* Baill.
Ref.: Foster (1958), Wasshausen & Wood (2004a), Wood et al. (2011).
Hierba. Nativa. Zonas Bajas. Bosque Seco Chaqueño, Campos Cerrados, Sabanas Benianas del Sur, 0–500 m.
Dept.: BE, SC, TA.
Muestra: *J.R.I. Wood & D.J. Goyder 15725* (K, LPB, US).

Ruellia inflata Rich., Actes Soc. Hist. Nat. Paris 1: 110. 1792.
Ref.: Wasshausen & Wood (2004a).
Arbusto. Nativa. Zonas Bajas. Bosque Húmedo, 0–500 m.
Dept.: CO, LP, PA.
Muestra: *D.C. Wasshausen et al. 2063* (LPB, US).

Ruellia jussieuoides Schltdl. & Cham., Linnaea 6: 370–371. 1831.
Sin.: *Dipteracanthus puri* Nees, *Tacoanthus pearcei* (Benth.) Baill., *Ruellia puri* (Nees) Mart. ex B.D. Jacks., *Ruellia bangii* Rusby, *Ruellia lechleri* Britton ex Rusby, *Ruellia lechleri* var. *grandifolia* Britton ex Rusby
Ref.: Foster (1958), Killeen & Schulenberg (1998), Wasshausen & Wood (2004a).
Hierba, subarbusto. Nativa. Zonas Bajas, Andes. Bosque Húmedo, Yungas, 500–1500 m.
Dept.: BE, CO, LP, SC.
Muestra: *D.C. Wasshausen & R.K. Brummitt 2125* (K, LPB, US).

Ruellia longipedunculata Lindau, Bull. Herb. Boissier 3: 365. 1895.
Ref.: Foster (1958), Kessler et al. (2000b), Serrano & Terán (1998 [2000]), Wasshausen & Wood (2004a), Arroyo Padilla & Villarroel Segarra (2009).
Hierba, subarbusto. Nativa. Zonas Bajas. Bosque Seco Chaqueño, Bosque Serrano Chaqueño, 500–1500, 2500–3000 m.
Dept.: CH, SC, TA.
Tipo y muestra: *O. Kuntze s.n.* (HT: B destr.; IT: GH, NY, US; fotos: F), *J.R.I. Wood 13750* (K, LPB, US).

Ruellia macrosolen Lillo ex C. Ezcurra, Syst. Bot. 14(3): 297. 1989.
Ref.: Serrano & Terán (1998 [2000]), Wasshausen & Wood (2004a).
Hierba. Nativa. Zonas Bajas. Bosque Seco Chaqueño, 0–1000 m.
Dept.: CH, SC, TA.
Muestra: *J.R.I. Wood & D.J. Goyder 16850* (K, LPB, US).
Nota: Muestras de CH no vistas.

Ruellia menthoides (Nees) Hiern, Vidensk. Meddel. Dansk Naturhist. Foren. Kjøbenhavn 1877: 72. 1878.
Sin.: *Dipteracanthus menthoides* Nees

Ref.: Wasshausen & Wood (2004a).
Hierba. Nativa. Zonas Bajas. Bosque Húmedo, 0–500 m.
Dept.: BE, SC.
Muestra: *R.C. Quevedo et al. 998* (MO, US, USZ).

[Ruellia morongii Britton], Ann. New York Acad. Sci. 7: 192. 1893.
Ref.: Foster (1958).
Nota: El registro se basa en material mal identificado.

Ruellia nitida (Nees) Wassh. & J.R.I. Wood, Proc. Biol. Soc. Wash. 116(2): 269. 2003.
Sin.: *Arrhostoxylum nitidum* Nees
Ref.: Wasshausen & Wood (2004a).
Hierba. Nativa. Zonas Bajas. Bosque Húmedo, 0–500 m.
Dept.: BE, PA, SC.
Muestra: *D.C. Wasshausen & J.R.I. Wood 2254* (K, LPB, US).

Ruellia nobilis (S. Moore) Lindau, Repert. Spec. Nov. Regni Veg. 7: 67. 1909.
Sin.: *Salpingacanthus nobilis* S. Moore, *Ruellia herzogii* Lindau
Ref.: Foster (1958), Wasshausen & Wood (2004a).
Subarbusto. Nativa. Zonas Bajas. Bosque Semideciduo Chiquitano, 0–500 m.
Dept.: BE, SC.
Muestra: *J.R.I. Wood 17327* (K, LPB, US).

[Ruellia paniculata L.], Sp. Pl. 2: 635. 1753.
Ref.: Foster (1958).
Nota: El registro se basa en material mal identificado.

Ruellia pearcei Rusby, Bull. New York Bot. Gard. 4: 429. 1907.
Ref.: Foster (1958), Wasshausen & Wood (2003b), Wasshausen & Wood (2004a).
Hierba, subarbusto. Nativa. Zonas Bajas, Andes. Bosque Húmedo, Yungas, 500–1500 m.
Dept.: BE, CO, LP, SC.
Tipo y muestra: *M. Bang 2056* (HT: NY; IT: US), *D.C. Wasshausen & J.R.I. Wood 2139* (CAS, GOET, LPB, US).

Ruellia proxima Lindau, Bull. Herb. Boissier 3: 365. 1895.
Sin.: *Ruellia thyrsostachya* Lindau
Ref.: Foster (1958), Parker & Bailey (1991), Wasshausen & Wood (2004a).
Hierba, subarbusto, arbusto. Nativa. Zonas Bajas. Bosque Húmedo, 0–1000 m.
Dept.: BE, CO, LP, PA.
Muestra: *D.C. Wasshausen & J.R.I. Wood 2165* (CAS, K, LPB, US).

Ruellia ruiziana (Nees) Lindau, Nat. Pflanzenfam. IV(Abt. 3b): 311. 1895.
Sin.: *Stephanophysum ruizianum* Nees
Ref.: Foster (1958), Wasshausen & Wood (2004a).
Hierba, subarbusto. Nativa. Andes. Yungas, Bosque Serrano Chaqueño, 1000–2000 m.
Dept.: CO, LP, SC.
Muestra: *M. Cárdenas 4357* (LIL, US).

Ruellia saccata Schmidt-Leb. & E.A. Tripp, Novon 19(4): 516. 2009.
Hierba. Endémica. Zonas Bajas. Bosque Húmedo, 0–500 m.
Dept.: BE.
Tipo: *A.N. Schmidt-Lebuhn 60* (HT: LPB; IT: GOET, US).
Nota: Conocido solamente del tipo.

Ruellia sanguinea Griseb., Abh. Königl. Ges. Wiss. Göttingen 24: 260. 1879.
Sin.: *Ruellia kuntzei* Lindau, *Arrhostoxylum kuntzei* (Lindau) Bremek.
Ref.: Foster (1958), Schulenberg & Awbrey (1997), González et al. (1999), Kessler et al. (2000b), Serrano & Terán (1998 [2000]), Wasshausen & Wood (2004a).
Hierba, subarbusto. Nativa. Andes. Yungas, Bosque Serrano Chaqueño, 1000–2500 m.
Dept.: CH, CO, SC, TA.
Muestra: *D.C. Wasshausen et al. 2037* (CAS, GOET, K, LPB, US).

[Ruellia tarapotana Lindau], Bull. Herb. Boissier, sér. 2, 4: 318. 1904.
Ref.: Parker & Bailey (1991).
Nota: El registro se basa en material mal identificado.

[Ruellia tuberosa L.], Sp. Pl. 2: 635. 1753.
Ref.: Foster (1958).
Nota: El registro se basa en material mal identificado.

Ruellia tweediana Griseb., Abh. Königl. Ges. Wiss. Göttingen 24: 259. 1879.
Sin.: *Ruellia coerulea* Morong
Ref.: Wasshausen & Wood (2004a).
Hierba. Nativa. Zonas Bajas. Bosque Seco Chaqueño, Sabanas Benianas del Sur, 0–1000 m.
Dept.: BE, CH, SC.
Muestra: *J.R.I. Wood & D.J. Goyder 16865* (K, LPB, US).

Ruellia yurimaguensis Lindau, Bull. Herb. Boissier, sér. 2, 4: 317. 1904.
Ref.: Wasshausen & Wood (2004a).
Hierba, subarbusto. Nativa. Zonas Bajas. Bosque Húmedo, 0–1000 m.
Dept.: BE, CO, LP, PA.
Muestra: *D.C. Wasshausen et al. 2087* (K, LPB, US).

Sanchezia Ruiz & Pav., Fl. Peruv. Prodr. 5, t. 32. 1794.
3 especies, 0 especies endémicas.

Sanchezia oblonga Ruiz & Pav., Fl. Peruv. 1: 7, pl. 8, f. b. 1798.
Sin.: *Ancylogyne peruviana* DC., *Sanchezia peruviana* (DC.) Rusby
Ref.: Foster (1958), Parker & Bailey (1991), Wasshausen & Wood (2004a).
Hierba, subarbusto, arbusto. Nativa. Andes. Yungas, 0–1500 m.
Dept.: LP, PA.
Muestra: *D.C. Wasshausen & J.R.I. Wood 2302* (LPB, US).

Sanchezia parvibracteata Sprague & Hutch., Bull. Misc. Inform. Kew 1908: 253–254. 1908.
Ref.: Wasshausen & Wood (2004a).
Hierba, subarbusto. Cultivada. 0–500 m.
Dept.: BE, CO, SC.
Muestra: *M.H. Nee 41089* (LPB, NY, US).

Sanchezia putumayensis Leonard, Contr. U.S. Natl. Herb. 31(1): 55, f. 20. 1951.
Ref.: Wasshausen & Wood (2004a).
Subarbusto. Nativa. Zonas Bajas. Bosque Húmedo, 0–500 m.
Dept.: PA.
Muestra: *S.G. Beck et al. 19228* (LPB, US).

Schaueria Nees, Del. Sem. Hort. Vratisl. 3. 1838.
1 especie, 0 especies endémicas.

Schaueria azaleiflora Rusby, Mem. New York Bot. Gard. 7: 365. 1927.
Ref.: Foster (1958), González et al. (1999), Serrano & Terán (1998 [2000]), Wasshausen & Wood (2004a), Arroyo Padilla & Villarroel Segarra (2009).
Subarbusto, arbusto. Nativa. Zonas Bajas, Andes. Bosque Seco Chaqueño, Yungas, 0–2000 m.
Dept.: CH, LP, SC, TA.
Tipo y muestra: *O.E. White 990* (HT: NY), *J.R.I. Wood 12593* (K, LPB, MO, US).

Staurogyne Wall., Pl. Asiat. Rar. 2: 80. 1831.
1 especie, 0 especies endémicas.

Staurogyne diantheroides Lindau, Bull. Herb. Boissier 5(8): 645. 1897.
Sin.: *Lepidagathis justicioides* Britton ex Rusby
Ref.: Foster (1958), Parker & Bailey (1991), Killeen & Schulenberg (1998), Wasshausen & Wood (2004a).
Hierba, subarbusto. Nativa. Zonas Bajas. Campos Cerrados, Sabanas Benianas del Sur, 0–500 m.
Dept.: BE, LP, SC.
Tipo y muestra: *O. Kuntze s.n.* (HT: B destr.; IT: GH, NY, US; fotos: F ex B), *J.R.I. Wood & D.C. Wasshausen 13836* (K, LPB, US).

[Staurogyne spraguei Wassh.], Novon 2(2): 149. 1992.
Ref.: Killeen & Schulenberg (1998).
Nota: El registro se basa en material mal identificado de *S. diantheroides*.

Stenandrium Nees, Nat. Syst. Bot. 444. 1836.
4 especies, 1 especie endémica.

[Stenandrium breviflorum Bridar.], Notas Mus. La Plata, Bot. 13(62): 82. 1948.
Ref.: Serrano & Terán (1998 [2000]).
Nota: El registro se basa en material mal identificado.

Stenandrium dulce (Cav.) Nees, Prodr. 11: 282. 1847.
Sin.: *Ruellia dulcis* Cav., *Stenandrium trinerve* Nees
Ref.: Foster (1958), Saravia Miranda (1996), González et al. (1999), López (2000), Serrano & Terán (1998 [2000]), Wasshausen & Wood (2004a), Lara Rico & Huaylla (2009).
Hierba. Nativa. Andes. Yungas, Bosque Tucumano-Boliviano, Valles Secos, 1000–1500, 2000–3500 m.
Dept.: CH, CO, LP, PO, SC, TA.
Muestra: *S.G. Beck 6800* (LPB, US).
Nom. Vern.: Pampa rosita.

Stenandrium mandioccanum Nees, Nat. Syst. Bot. 444. 1836.
Ref.: Foster (1958), Serrano & Terán (1998 [2000]), Wasshausen & Wood (2004a).
Hierba. Nativa. Zonas Bajas, Andes. Bosque Seco Chaqueño, Yungas, Bosque Serrano Chaqueño, 0–1500 m.
Dept.: CH, LP, SC, TA.
Muestra: *J.R.I. Wood & E. Guzmán 17386* (K, LPB, US).

Stenandrium pohlii Nees, Fl. Bras. 9: 75. 1847.
Ref.: Wasshausen & Wood (2004a), Wood et al. (2011).
Hierba. Nativa. Zonas Bajas. Campos Cerrados, 500–1000 m.
Dept.: SC.
Muestra: *J.R.I. Wood 17632* (K, LPB, US).

Stenandrium villarroelii J.R.I. Wood, Kew Bull. 67: 257. 2012.
Ref.: Mamani M. et al. (2010).
Hierba. Endémica. Zonas Bajas. Campos Cerrados, 0–500 m.
Dept.: SC.
Tipo: *J.R.I. Wood & D. Villarroel 25472* (HT: K; IT: LPB, UB, USZ).
Nota: Conocido solamente del tipo.

Stenostephanus Nees, Fl. Bras. 9: 91. 1847.
9 especies, 7 especies endémicas.

Stenostephanus cochabambensis Wassh., Harvard Pap. Bot. 4(1): 282. 1999.
Ref.: Wasshausen & Wood (2004a), Ministerio de Medio Ambiente y Agua (2012 [2013]).
Hierba. Endémica. Andes. Yungas, 2000–2500 m.
Dept.: CO.
Tipo y muestra: *J.R.I. Wood & N.P. Ritter 9939* (HT: US; IT: K, LPB), *M. Kessler et al. 7101* (LPB, US).

Stenostephanus crenulatus (Britton ex Rusby) Wassh., Harvard Pap. Bot. 4(1): 288. 1999.
Sin.: *Hansteinia crenulata* Britton ex Rusby
Ref.: Foster (1958), Wasshausen (1999), Wasshausen & Wood (2001), Wasshausen & Wood (2004a).
Hierba, subarbusto. Endémica. Andes. Yungas, 1000–2000 m.
Dept.: LP.
Tipo y muestra: *M. Bang 641* (LT: NY; ILT: F, GH, GH, US; fotos: F), *D.C. Wasshausen & J.R.I. Wood 2306* (LPB, US).
Infra: *Stenostephanus crenulatus* var. *longiflorus* Wassh. & J.R.I. Wood

Stenostephanus davidsonii Wassh., Harvard Pap. Bot. 4(1): 285–288, f. 4, 6. 1999.
Ref.: Wasshausen & Wood (2004a).
Hierba. Nativa. Andes. Yungas, 2000–3000 m.
Dept.: CO, LP.
Tipo y muestra: *C. Davidson 4973* (HT: LAM), *M.A. Lewis 39111* (LPB, MO, US).

Stenostephanus krukoffii Wassh., Harvard Pap. Bot. 4(1): 282, f. 2, 5B. 1999.
Ref.: Wasshausen & Wood (2004a), Ministerio de Medio Ambiente y Agua (2012 [2013]).
Hierba. Endémica. Andes. Bosque Húmedo, Yungas, 500–1500 m.
Dept.: LP.
Tipo y muestra: *B.A. Krukoff 10400* (HT: US; IT: A, MO, NY), *D.C. Wasshausen & J.R.I. Wood 2210* (CAS, GOET, LPB, NY, US).

Stenostephanus longistaminus (Ruiz & Pav.) V.M. Baum, Brittonia 34(4): 433. 1982.
Sin.: *Justicia longistamina* Ruiz & Pav., *Stenostephanus bolivianus* Rusby
Ref.: Foster (1958), Wasshausen & Wood (2004a).
Hierba, subarbusto. Nativa. Zonas Bajas. Bosque Húmedo, 0–500 m.
Dept.: LP.
Muestra: *M. Cárdenas 1905* (K, NY).
Nota: Conocida en Bolivia solamente por la muestra citada.

Stenostephanus lyman-smithii Wassh., Harvard Pap. Bot. 4(1): 281. 1999.
Ref.: Wasshausen & Wood (2004a).
Hierba. Endémica. Zonas Bajas, Andes. Bosque Húmedo, Yungas, 500–2000 m.
Dept.: BE, CO, LP, SC.
Tipo y muestra: *D.C. Wasshausen 2155* (HT: US; IT: LPB, US), *D.C. Wasshausen & J.R.I. Wood 2195* (CAS, K, LPB, NY, US).

Stenostephanus pyramidalis (Lindau) Wassh., Harvard Pap. Bot. 4(1): 288. 1999.
Sin.: *Habracanthus pyramidalis* Lindau
Ref.: Foster (1958), Wasshausen & Wood (2004a).
Hierba, subarbusto. Endémica. Andes. Páramo Yungueño, 2000–3000 m.
Dept.: CO, SC.
Tipo y muestra: *O. Kuntze s.n.* (HT: B destr.; IT: NY; fotos: F ex B), *J.R.I. Wood & M. Serrano 14872* (K, LPB, US).

Stenostephanus spicatus Wassh. & J.R.I. Wood, Harvard Pap. Bot. 6(2): 450, (f. 1A–E; 2A). 2001.
Ref.: Wasshausen & Wood (2004a), Ministerio de Medio Ambiente y Agua (2012 [2013]).
Hierba. Endémica. Zonas Bajas, Andes. Bosque Húmedo, Yungas, 500–1500 m.
Dept.: CO.

Tipo y muestra: *J.R.I. Wood 12408* (HT: K; IT: LPB, US), *J.R.I. Wood 13664* (K, LPB, US).

Stenostephanus tenellus Wassh. & J.R.I. Wood, Harvard Pap. Bot. 6(2): 450–452, (f. 1F–J, 2B). 2001.
Ref.: Wasshausen & Wood (2004a).
Hierba. Endémica. Zonas Bajas, Andes. Bosque Húmedo, Yungas, 0–1500 m.
Dept.: LP, SC.
Tipo y muestra: *J.R.I. Wood 16101* (HT: K; IT: LPB, US), *J.R.I. Wood 12210* (K, LPB, US).

Streblacanthus Kuntze, Revis. Gen. Pl. 1: 497. 1891.
1 especie, 0 especies endémicas.

Streblacanthus dubiosus (Lindau) V.M. Baum, Brittonia 34(4): 433. 1982.
Sin.: *Odontonema dubiosum* Lindau, *Streblacanthus boliviensis* Lindau
Ref.: Foster (1958), Moraes R. (1990), Kessler et al. (2000b), Wasshausen & Wood (2004a).
Hierba. Nativa. Zonas Bajas, Andes. Bosque Semideciduo Chiquitano, Sabanas Benianas del Sur, Campos Amazónicos, Yungas, 0–1500 m.
Dept.: BE, CO, LP, PA, SC.
Muestra: *D.C. Wasshausen & J.R.I. Wood 2263* (CAS, LPB, US).

Suessenguthia Merxm., Mitt. Bot. Staatssamml. München 6: 178. 1953.
5 especies, 3 especies endémicas.

Suessenguthia barthleniana Schmidt-Leb., Candollea 58(1): 118–120, f. 10, 16. 2003.
Ref.: Wasshausen & Wood (2004a).
Arbusto. Nativa. Zonas Bajas, Andes. Bosque Húmedo, Yungas, 500–2000 m.
Dept.: LP.
Tipo y muestra: *A.N. Schmidt-Lebuhn 29* (HT: GOET; IT: LPB), *D.C. Wasshausen & J.R.I. Wood 2140* (CAS, GOET, K, LPB, US).

Suessenguthia koessleri Schmidt-Leb., Candollea 58(1): 126–127, f. 14, 16. 2003.
Ref.: Wasshausen & Wood (2004a).
Arbusto. Endémica. Zonas Bajas. Bosque Húmedo, 0–500 m.
Dept.: PA.
Tipo y muestra: *A.N. Schmidt-Lebuhn 50* (HT: GOET; IT: LPB), *D.C. Daly et al. 2038* (LPB, MO, NY, US).

Suessenguthia multisetosa (Rusby) Wassh. & J.R.I. Wood, Proc. Biol. Soc. Wash. 116(2): 269. 2003.
Sin.: *Ruellia multisetosa* Rusby
Ref.: Foster (1958), Fuentes Claros (1998), Schmidt-Lebuhn (2003), Wasshausen & Wood (2004a).
Arbusto, arbolito. Endémica. Zonas Bajas. Bosque Húmedo, Bosque Semideciduo Chiquitano, 0–1000 m.
Dept.: BE, LP, SC.
Tipo y muestra: *O.E. White 437* (LT: NY; ILT: MO), *J.R.I. Wood 14978* (K, LPB, US).

Suessenguthia trochilophila Merxm., Mitt. Bot. Staatssamml. München 6: 178. 1953.
Sin.: *Sanchezia leucerythra* Leonard & L.B. Sm., *Suessenguthia leucerythra* (Leonard & L.B. Sm.) Wassh.
Ref.: Foster (1958), Schmidt-Lebuhn (2003), Wasshausen & Wood (2004a).
Arbusto. Nativa. Zonas Bajas, Andes. Bosque Húmedo, Yungas, 0–2000 m.
Dept.: BE, LP, PA.
Tipo y muestra: *A. Niethammer 208* (HT: M), *S.G. Beck 13898* (LPB, US).

Suessenguthia wenzelii Schmidt-Leb., Candollea 58(1): 112–114, f. 7, 15. 2003.
Ref.: Wasshausen & Wood (2004a).
Arbusto, arbolito. Endémica. Zonas Bajas. Bosque Húmedo, 500–1000 m.
Dept.: BE.
Tipo y muestra: *A.N. Schmidt-Lebuhn 63* (HT: GOET; IT: LPB), *D.C. Wasshausen & J.R.I. Wood 2157* (GOET, LPB, US).
Nota: Esta especie podría ser un híbrido.

Tetramerium Nees, Bot. Voy. Sulphur 147–148, pl. 48. 1844 [1846].
1 especie, 0 especies endémicas.

Tetramerium wasshausenii T.F. Daniel, Syst. Bot. Monogr. 12: 71–74, f. 39, 64–69. 1986.
Ref.: Wasshausen & Wood (2004a).
Hierba, subarbusto. Nativa. Andes. Valles Secos, 1000–2000 m.
Dept.: CO, LP, SC, TA.
Muestra: *J.R.I. Wood 13620* (K, LPB, US).

Thunbergia Retz., Physiogr. Sälsk. Handl. 1(3): 163. 1776 [1780].
4 especies, 0 especies endémicas.

Thunbergia alata Bojer ex Sims, Bot. Mag. 52: pl. 2591. 1825.
Ref.: Wasshausen & Wood (2004a).
Hierba, trepadora. Naturalizada, cultivada. Zonas Bajas, Andes. Bosque Semideciduo Chiquitano, Sabanas Benianas del Sur, Yungas, 0–500, 1500–2000 m.
Dept.: BE, LP, SC.
Muestra: *S.G. Beck 21294* (LPB, US).

Thunbergia fragrans Roxb., Pl. Coromandel 1(3): 47–48, pl. 67. 1795 [1796].
Ref.: Wasshausen & Wood (2004a).
Hierba, trepadora. Cultivada. 0–500 m.
Dept.: PA.
Muestra: *Fernández & A. Susanna 8351* (MO).

Thunbergia grandiflora Roxb., Bot. Reg. 6: pl. 495. 1820.
Ref.: Wasshausen & Wood (2004a).
Trepadora, arbolito. Cultivada. Zonas Bajas. Bosque Húmedo, Sabanas Benianas del Sur, 0–500 m.
Dept.: BE.
Muestra: *S.G. Beck 5360* (LPB, MO).

Thunbergia laurifolia Lindl., Gard. Chron. 1856: 260. 1856.
Ref.: Wasshausen & Wood (2004a).
Trepadora. Cultivada. Andes. Yungas, 1500–2000 m.
Dept.: LP.
Muestra: *J.R.I. Wood 8606* (K, LPB).

Thyrsacanthus Moric., Pl. Nouv. Amer. 9: 165. 1847.
1 especie, 0 especies endémicas.

Thyrsacanthus boliviensis (Nees) A.L. Côrtes & Rapini, Taxon 59(3): 967. 2010.
Sin.: *Adhatoda orbigniana* Nees, *Drejera boliviensis* Nees, *Jacobinia caducifolia* Griseb., *Schaueria caduciflora* Griseb., *Jacobinia boliviensis* (Nees) Woodrow, *Anisacanthus caducifolius* (Griseb.) Lindau, *Anisacanthus caduciflorus* (Griseb.) Ariza, *Anisacanthus boliviensis* (Nees) Wassh.
Ref.: Kessler et al. (2000b), Serrano & Terán (1998 [2000]), Wasshausen & Wood (2004a).
Hierba, arbusto. Nativa. Zonas Bajas, Andes. Bosque Semideciduo Chiquitano, Bosque Seco Chaqueño, Sabanas Benianas del Sur, Valles Secos, 0–2000 m.
Dept.: CH, CO, SC, TA.
Tipo y muestra: *d'Orbigny 786* (LT: G; ILT: GZU), *R.K. Brummitt et al. 19227* (K, LPB, US).

ACERACEAE Juss., Gen. Pl. 250. 1789.

Nota: Parte de Sapindaceae (APG III 2009).

ACHARIACEAE Harms, Nat. Pflanzenfam. 1: 256. 1897.

Por M. Moraes R. (LPB) y P.M. Jørgensen (MO); revisado por S.G. Beck (LPB).
3 géneros, 3 especies, 0 especies endémicas.

Carpotroche Endl., Gen. Pl. 918. 1839.

1 especie, 0 especies endémicas.

Carpotroche longifolia (Poepp.) Benth., J. Proc. Linn. Soc., Bot. 5(Suppl. 2): 82. 1861.
Sin.: *Mayna longifolia* Poepp.
Ref.: Sleumer (1980a).
Arbolito, árbol. Nativa. Zonas Bajas. Bosque Húmedo, 0–500 m.
Dept.: CO, PA.
Muestra: *A.H. Gentry et al. 77601* (LPB, MO).

Lindackeria C. Presl, Reliq. Haenk. 2(2): 89. 1835.

1 especie, 0 especies endémicas.

Lindackeria paludosa (Benth.) Gilg, Nat. Pflanzenfam. (ed. 2) 21: 404. 1925.
Sin.: *Mayna paludosa* Benth.
Ref.: Sleumer (1980a), Moraes R. (1990), Parker & Bailey (1991), Moraes R. (1993d).
Arbusto, árbol. Nativa. Zonas Bajas. Bosque Húmedo, 0–500 m.
Dept.: BE, LP, PA.
Muestra: *S.G. Beck 20033* (LPB, MO).

Mayna Aubl., Hist. Pl. Guiane 2: 921, t. 352. 1775.

1 especie, 0 especies endémicas.

Mayna odorata Aubl., Hist. Pl. Guiane 2: 921–922, t. 352. 1775.
Ref.: Sleumer (1980a), Parker & Bailey (1991), Moraes R. (1993d), Alverson et al. (2000).
Arbusto. Nativa. Zonas Bajas, Andes. Bosque Húmedo, Yungas, 0–1000, 1500–2000 m.
Dept.: BE, LP, PA.
Muestra: *A. Araujo M. et al. 1552* (LPB, MO, NY).

ACHATOCARPACEAE Heimerl, Nat. Pflanzenfam. (ed. 2) 16c: 174. 1934.

Por P.M. Jørgensen (MO); revisado por S.G. Beck (LPB), M. Nee (NY).
1 género, 3 especies, 0 especies endémicas.

Achatocarpus Triana, Ann. Sci. Nat., Bot., sér. 4, 9: 45. 1858.

3 especies, 0 especies endémicas.

Achatocarpus microcarpus Schinz & Autran, Bull. Herb. Boissier 1: 8. 1893.
Ref.: Valenzuela Celis (1993a).
Árbol. Nativa. Zonas Bajas. Bosque Seco Chaqueño, 500–1000 m.
Dept.: TA.
Muestra: *T. Herzog 1058* (S).

Achatocarpus nigricans Triana, Ann. Sci. Nat., Bot., sér. 4, 9: 46. 1858.
Ref.: Eliasson (1993b), Valenzuela Celis (1993a).
Árbol. Nativa. Zonas Bajas, Andes. Bosque Semideciduo Chiquitano, Sabanas Benianas del Sur, Valles Secos, 0–2000 m.
Dept.: BE, CO, LP, SC.
Muestra: *S.G. Beck 5174* (DAV, LPB, M, NY).

Achatocarpus praecox Griseb., Abh. Königl. Ges. Wiss. Göttingen 24: 32. 1879.
Sin.: *Achatocarpus bicornutus* Schinz & Autran
Ref.: Foster (1958), Digilio (1974), Valenzuela Celis (1993a), López Vargas (1995), González et al. (1999), Serrano & Terán (1998 [2000]), Jardim et al. (2003), Nee (2004).
Arbusto, árbol. Nativa. Zonas Bajas, Andes. Bosque Semideciduo Chiquitano, Bosque Seco Chaqueño, Sabanas Benianas del Sur, Bosque Serrano Chaqueño, Valles Secos, 0–2000 m.
Dept.: BE, CH, CO, LP, SC, TA.
Muestra: *G. Navarro 1654* (LPB, MO, USZ).
Nom. Vern.: Mataco, negrito, palo mataco.

ACTINIDIACEAE Gilg & Werderm., Nat. Pflanzenfam. (ed. 2) 21: 36. 1925.

Por P.M. Jørgensen (MO) y C. Antezana (BOLV); revisado por S.G. Beck (LPB).
2 géneros, 7 especies, 3 especies endémicas.

Actinidia Lindl., Intr. Nat. Syst. Bot. (ed. 2) 439. 1836.

1 especie, 0 especies endémicas.

Actinidia chinensis Planch., London J. Bot. 6: 303. 1847.
Trepadora. Cultivada. Andes. Yungas, 1500–2000 m.
Dept.: LP.
Muestra: *S.G. Beck 23619* (BOLV, LPB).

Saurauia Willd., Ges. Naturf. Freunde Berlin Neue Schriften 3: 407, t. 4. 1801.

6 especies, 3 especies endémicas.

Saurauia chaparensis Soejarto, Bot. Mus. Leafl. 22: 270. 1969.
Ref.: Soejarto (1980), Antezana Valera (1993a), Navarro Sánchez & Ferreira (2000), Navarro Sánchez & Maldonado (2002), Nee (2008), Ministerio de Medio Ambiente y Agua (2012 [2013]).
Árbol. Endémica. Andes. Yungas, 2000–2500, 3000–3500 m.
Dept.: CO, LP, SC.
Tipo y muestra: *J. Steinbach 8920* (HT: GH; IT: F, NY, S), *M. Zárate 389* (BOLV).

[Saurauia excelsa Willd.], Ges. Naturf. Freunde Berlin Mag. Neuesten Entdeck. Gesammten Naturk. 3: 407, t. 4. 1801.
Ref.: Foster (1958).
Nota: El registro se basa en material mal identificado de *S. natalicia*.

Saurauia glabra (Ruiz & Pav.) Soejarto, Fieldiana Bot., n.s. 2: 32–33. 1980.
Sin.: *Palaua glabra* Ruiz & Pav.
Ref.: Foster (1958), Soejarto (1980), Brako (1993a).
Arbusto, árbol. Nativa. Andes. Yungas, 2500–3000 m.
Dept.: LP.
Muestra: *S.G. Beck 1819* (LPB, M).

Saurauia natalicia Sleumer, Notizbl. Bot. Gart. Berlin–Dahlem 12: 144. 1934.
Sin.: *Saurauia pseudoparviflora* var. *rusbyana* Buscal.
Ref.: Soejarto (1980), Antezana Valera (1993a), Brako (1993a).
Arbusto, árbol. Nativa. Andes. Yungas, 1000–2500 m.
Dept.: CO.
Muestra: *T.B. Croat 51312* (LPB, MO).

[Saurauia parviflora Triana & Planch.], Ann. Sci. Nat., Bot., sér. 4, 18: 268. 1862.
Ref.: Rusby (1893b), Foster (1958).
Nota: El registro se basa en material mal identificado de *S. peruviana*.

Saurauia peruviana Buscal., Malpighia 25: 11. 1912.
Sin.: *Saurauia pseudoparviflora* Buscal., *Saurauia coroicana* Buscal., *Saurauia coroicoana* Buscal., *Saurauia floribunda* var. *peruviana* Buscal., *Saurauia scabra* var. *boliviana* Buscal., *Saurauia pyramidata* Sleumer
Ref.: Foster (1958), Soejarto (1980), Antezana Valera (1993a), Navarro Sánchez & Ferreira (2000), Nee (2008).
Arbusto, árbol. Nativa. Andes. Yungas, 1000–3000 m.
Dept.: CO, LP, SC.
Muestra: *M. Bang 387A* (F, G, GH, K, MICH, MO, NY, US).

Saurauia rusbyi Britton, Bull. Torrey Bot. Club 16: 64. 1889.
Ref.: Foster (1958), Soejarto (1980), Antezana Valera (1993a), Navarro Sánchez & Maldonado (2002).
Arbusto, arbolito, árbol. Endémica. Andes. Yungas, 1500–4000 m.
Dept.: LP.
Tipo y muestra: *H.H. Rusby 482* (LT: MICH; ILT: NY, P), *J.C. Solomon 8456* (LPB, MO).

[Saurauia serrata DC.], Mém. Soc. Phys. Genève 1: 420, t. 3. 1822.
Ref.: Foster (1958).
Nota: El registro se basa en material mal identificado de *S. rusbyi*, véase Soejarto (1980, p. 32).

Saurauia spectabilis Hook., Bot. Mag. 69: pl. 3982. 1842.
Sin.: *Saurauia aequatoriensis* var. *boliviana* Buscal., *Saurauia rusbyi* var. *glabrata* Buscal., *Saurauia rusbyi* var. *spectabilis* Buscal., *Saurauia brevipes* Rusby, *Saurauia rusbyi* fo. *macrophylla* Buscal., *Saurauia rusbyi* fo. *veranii* Buscal.
Ref.: Soejarto (1980), Antezana Valera (1993a).
Arbusto, arbolito, árbol. Endémica. Zonas Bajas, Andes. Bosque Húmedo, Yungas, 500–2500 m.
Dept.: LP.
Muestra: *T. Killeen 3005* (F, LPB, MO, USZ).
Nota: El tipo es la ilustración citada. El sinónimo *S. aequatoriensis* var. *boliviana* es ubicado aquí y bajo *S. glabra* en Soejarto (1980), sin una lectotipificación formal es imposible decidir a qué especie pertenece.

[Saurauia trolliana Sleumer], Notizbl. Bot. Gart. Berlin–Dahlem 12: 148. 1934.
Ref.: Foster (1958), Antezana Valera (1993a).
Nota: Especie dudosa. Listada por Soejarto (1980) como un taxón imperfectamente conocido y sugiere que es un sinónimo de *S. rusbyi*.

ADOXACEAE E. Mey., Preuss. Pfl.-Gatt. 198. 1839.

Por R. Liesner (MO); revisado por M. Nee (NY), S.G. Beck (LPB), P.M. Jørgensen (MO).
2 géneros, 10 especies, 0 especies endémicas.

Sambucus L., Sp. Pl. 1: 269–270. 1753.
4 especies, 0 especies endémicas.

[Sambucus australis Cham. & Schltdl.], Linnaea 3: 140. 1828.
Ref.: Burkart (1974), Fernández Calatayud (1993b).
Nota: El registro se basa en material mal identificado de *S. canadensis*.

Sambucus canadensis L., Sp. Pl. 1: 269. 1753.
Ref.: Fernández Calatayud (1993b).
Arbolito. Cultivada. Zonas Bajas, Andes, Altiplano. Bosque Húmedo, Yungas, Bosque Tucumano-Boliviano, Puna Húmeda, 0–500, 1000–1500, 3000–4000 m.
Dept.: LP, SC, TA.
Muestra: *J.C. Solomon 11173* (LPB, MO).
Infra: *Sambucus canadensis* var. *canadensis*, *Sambucus canadensis* var. *laciniata* A. Gray

Sambucus nigra L., Sp. Pl. 1: 269–270. 1753.
Arbusto. Cultivada. Altiplano. Puna Húmeda, 3500–4000 m.
Dept.: LP.
Muestra: *J.C. Solomon & R. Zeballos 15538* (BOLV, LPB, MO).
Nota: Este nombre se ha aplicado incorrectamente a otras especies.

Sambucus peruviana Kunth, Nov. Gen. Sp. (quarto ed.) 3: 429. 1818 [1820].
Ref.: Foster (1958), Fernández Calatayud (1993b), Schulenberg & Awbrey (1997), González et al. (1999), Mostacedo C. & Uslar (1999), Serrano & Terán (1998 [2000]).
Arbusto, arbolito. Nativa, cultivada. Andes, Altiplano. Yungas, Bosque Tucumano-Boliviano, Puna Húmeda, 1000–4000 m.
Dept.: CH, CO, LP, SC, TA.
Muestra: *I.G. Vargas & A. Jardim 2974* (BOLV, LPB, USZ).
Nom. Vern.: Sabuquillo, sauco.

Sambucus racemosa L., Sp. Pl. 1: 270. 1753.
Ref.: Fernández Calatayud (1993b).
Arbusto. Naturalizada, cultivada. Andes. Yungas, 1500–2000 m.
Dept.: LP.
Muestra: *S.G. Beck 14790* (LPB, MO).

Viburnum L., Sp. Pl. 1: 267–268. 1753.
6 especies, 0 especies endémicas.

Viburnum ayavacense Kunth, Nov. Gen. Sp. (quarto ed.) 3: 428. 1818.
Ref.: Foster (1958), Arroyo Padilla & Villarroel Segarra (2009).
Arbusto, arbolito, árbol. Nativa. Andes. Yungas, Bosque Tucumano-Boliviano, 1000–3000 m.
Dept.: CH, CO, LP, SC.
Muestra: *I.G. Vargas et al. 2365* (BOLV, LPB, USZ).

[Viburnum glabratum Kunth], Nov. Gen. Sp. (quarto ed.) 3: 428. 1818 [1820].
Ref.: Rusby (1893b), Foster (1958).
Nota: El registro se basa en material mal identificado.

Viburnum hallii (Oerst.) Killip & A.C. Sm., Bull. Torrey Bot. Club 57(4): 251. 1931.
Sin.: *Oreinotinus hallii* Oerst., *Viburnum incarum* Graebn.
Arbusto. Nativa. Andes. Yungas, 1500–3500 m.
Dept.: CO, LP.
Muestra: *M.A. Lewis 38820* (LPB, MO).

[Viburnum lasiophyllum Benth.], Pl. Hartw. 189. 1845.
Ref.: Rusby (1893b), Foster (1958).
Nota: El registro se basa en material mal identificado de *V. seemenii*.

Viburnum seemenii Graebn., Bot. Jahrb. Syst. 37: 435–436. 1906.
Sin.: *Viburnum seemenii* fo. *bolivianum* (Gand.) Killip & A.C. Sm., *Viburnum seemenii* fo. *minus* Killip & A.C. Sm.
Ref.: Foster (1958), Cabrera (1993d), Fernández Calatayud (1993b), Schulenberg & Awbrey (1997), González et al. (1999), Serrano & Terán (1998 [2000]), Arroyo Padilla & Villarroel Segarra (2009).

Arbusto, arbolito, árbol. Nativa. Zonas Bajas, Andes. Bosque Húmedo, Bosque Semideciduo Chiquitano, Yungas, Bosque Tucumano-Boliviano, Bosque Serrano Chaqueño, 500–3000 m.
Dept.: CH, LP, SC, TA.
Tipo y muestra: *M. Bang 371* (HT: B destr.; IT: F, GH, NY, US; fotos: F ex B), *J.C. Solomon 10120* (BOLV, F, LPB, MO).
Nom. Vern.: Cierdillo.

Viburnum spruceanum Rusby, Bull. New York Bot. Gard. 8(28): 121. 1912.
Ref.: Foster (1958).
Arbusto. Nativa. Andes. Yungas, 1500–3000 m.
Dept.: LP.
Tipo y muestra: *R.S. Williams 2451* (HT: NY; IT: US), *J.C. Solomon 5198* (LPB, MO).

[Viburnum tinoides L. f.], Suppl. Pl. 184. 1781 [1782].
Ref.: Foster (1958).
Nota: El registro se basa en material mal identificado.

Viburnum triphyllum Benth., Pl. Hartw. 189. 1845.
Arbusto, árbol. Nativa. Andes. Yungas, 1000–2000 m.
Dept.: SC.
Muestra: *M.A. Lewis 37771* (LPB, MO).

Viburnum witteanum Graebn., Bot. Jahrb. Syst. 37: 434. 1906.
Ref.: Fernández Calatayud (1993b).
Árbol. Nativa. Andes. Yungas, 1500–2500 m.
Dept.: CO, SC.
Muestra: *D.N. Smith et al. 13323* (BOLV, LPB, MO, USZ).

AGAVACEAE Dumort., Anal. Fam. Pl. 57, 58. 1829.

Nota: Parte de Asparagaceae (APG III 2009).

AIZOACEAE Martinov, Tekhno-Bot. Slovar. 15. 1820.

Por S. G. Beck (LPB); revisado por M. Nee (NY), P.M. Jørgensen (MO).
7 géneros, 9 especies, 0 especies endémicas.

Aptenia N.E. Br., Gard. Chron., ser. 3 78: 412. 1925.
1 especie, 0 especies endémicas.

Aptenia cordifolia (L. f.) Schwantes, Gartenflora 77: 69. 1928.
Sin.: *Mesembryanthemum cordifolium* L. f.
Ref.: Eliasson (1996b), León-Yánez (1999a), Xifreda (1999a).
Hierba. Naturalizada, cultivada. Andes. Valles Secos, 1000–1500, 3000–4000 m.
Dept.: LP, SC.
Muestra: *E. Geyger s.n.* (BOLV, LPB, M, NY, SI).

Carpobrotus N.E. Br., Gard. Chron., ser. 3 78: 433. 1925.
1 especie, 0 especies endémicas.

Carpobrotus edulis (L.) N.E. Br., Gen. S. Afr. Fl. Pl. 249. 1926.
Sin.: *Mesembryanthemum edule* L.
Ref.: Eliasson (1996b), León-Yánez (1999a), Xifreda (1999a).
Hierba. Adventicia, cultivada. Andes. Valles Secos, 3000–3500 m.
Dept.: LP.
Muestra: *J.C. Solomon 15754* (BOLV, LPB, MO).
Nota: Identificación dudosa.

Delosperma N.E. Br., Gard. Chron., ser. 3 78: 412. 1925.
2 especies, 0 especies endémicas.

Delosperma echinatum (Lam.) Schwantes, Möller's Deutsche Gärtn.-Zeitung 42: 258. 1927.
Sin.: *Mesembryanthemum echinatum* Lam.
Subarbusto. Cultivada. Andes. Valles Secos, 3500–4000 m.
Dept.: LP.
Muestra: *J.C. Solomon 15716* (LPB, MO).

Delosperma obtusum L. Bolus, Notes Mesembrianthemum 2: 388. 1933.
Arbusto. Adventicia, cultivada. Andes. Valles Secos, 3000–3500 m.
Dept.: LP.
Muestra: *J.C. Solomon 15752* (LPB, MO, USZ).

Lampranthus N.E. Br., Gard. Chron. 87: 71 211. 1930.
2 especies, 0 especies endémicas.

Lampranthus amoenus N.E. Br., Gard. Chron., ser. 3 87: 211. 1930.
Hierba, subarbusto. Cultivada. Andes. Valles Secos, 3000–3500 m.
Dept.: LP.
Muestra: *J.C. Solomon 15753* (LPB, MO, USZ).
Nota: Identificación dudosa.

Lampranthus coccineus (Haw.) N.E. Br., Gard. Chron., ser. 3 87: 212. 1930.
Sin.: *Mesembryanthemum coccineum* Haw.
Hierba. Cultivada. Andes. Valles Secos, 3000–3500 m.
Dept.: LP.
Muestra: *J.C. Solomon 12791* (LPB, MO).
Nota: Identificación tentativa.

Sesuvium L., Syst. Nat. (ed. 10) 2: 1052, 1058, 1371. 1759.
1 especie, 0 especies endémicas.

Sesuvium portulacastrum (L.) L., Syst. Nat. (ed. 10) 2: 1058. 1759.
Sin.: *Portulaca portulacastrum* L., *Sesuvium sessile* Pers.
Ref.: Eliasson (1996b), León-Yánez (1999a), Xifreda (1999a).
Hierba. Nativa. Zonas Bajas, Andes. Bosque Seco Chaqueño, Valles Secos, 0–500, 2500–3000 m.
Dept.: CO, SC.
Muestra: *A.F. Fuentes C. & G. Navarro 2237* (LPB, MO, USZ).

Tetragonia L., Sp. Pl. 1: 480. 1753.
1 especie, 0 especies endémicas.

Tetragonia tetragonoides (Pall.) Kuntze, Revis. Gen. Pl. 1: 264. 1891.
Sin.: *Demidovia tetragonoides* Pall., *Tetragonia expansa* Murray
Ref.: Eliasson (1996b), León-Yánez (1999a), Xifreda (1999a).
Hierba. Adventicia, cultivada. Andes. Valles Secos, 2000–2500 m.
Dept.: CO.
Muestra: *R.F. Steinbach 42* (MO, NY).
Nom. Vern.: Espinaca.

Trianthema L., Sp. Pl. 1: 223–224. 1753.
1 especie, 0 especies endémicas.

Trianthema portulacastrum L., Sp. Pl. 1: 223–224. 1753.
Ref.: Eliasson (1996b), Kiesling & Márquez (1999), León-Yánez (1999a), Xifreda (1999a).
Hierba. Nativa. Zonas Bajas. Bosque Seco Chaqueño, 0–1000 m.
Dept.: SC, TA.
Muestra: *M.H. Nee 44662* (LPB, NY, SI).

ALISMATACEAE Vent., Tabl. Regn. Veg. 2: 157. 1799.

Por N. Ritter (CSU, Stanislaus Endangered Species Recovery

Program) [*Alisma, Echinodorus, Helanthium, Hydrocleys, Limnocharis, Sagittaria*] y M. Garvizu (USZ) [*Echinodorus, Helanthium, Sagittaria*]; revisado por S.G. Beck (LPB), M. Nee (NY), P.M. Jørgensen (MO).
6 géneros, 20 especies, 0 especies endémicas.

Alisma L., Sp. Pl. 1: 342–343. 1753.
0 especies, 0 especies endémicas.

[Alisma plantago-aquatica L.], Sp. Pl. 1: 342. 1753.
Ref.: Lehtonen (2006).
Nota: El registro se basa en material mal identificado de *Helanthium bolivianum*.

Echinodorus Rich., Mém. Mus. Hist. Nat. 1: 365. 1815.
9 especies, 0 especies endémicas.

[Echinodorus aschersonianus Graebn.], Bot. Jahrb. Syst. 45: 433. 1911.
Ref.: Killeen & Nee (1991), Haynes & Holm-Nielsen (1994).
Nota: El registro se basa en material mal identificado.

Echinodorus berteroi (Spreng.) Fassett, Rhodora 57(677): 139. 1955.
Sin.: *Alisma berteroi* Spreng., *Echinodorus rostratus* var. *lanceolatus* Engelm. ex S. Watson & J.M. Coult.
Ref.: Correa (1969b), Haynes (1984), Haynes & Holm-Nielsen (1994), Lot H. & Novelo Retano (1994).
Hierba, acuática. Nativa. Zonas Bajas. Bosque Semideciduo Chiquitano, 0–500 m.
Dept.: SC.
Muestra: *R. Seidel 136* (LPB).
Nota: No reportada para Bolivia en Haynes & Holm-Nielsen (1994) aunque la muestra fue revisada por Holm-Nielsen en 1991.

Echinodorus emersus Lehtonen, Kew Bull. 63(4): 538. 2008.
Hierba, acuática. Nativa. Zonas Bajas. Sabanas Benianas del Sur, 0–500 m.
Dept.: BE.
Muestra: *S. Lehtonen 181* (LPB, TUR).

Echinodorus floribundus (Seub.) Seub., Vidensk. Meddel. Dansk Naturhist. Foren. Kjøbenhavn 6–9: 345. 1872.
Sin.: *Alisma floribundum* Seub., *Echinodorus grandiflorus* var. *aureus* Fassett, *Echinodorus grandiflorus* subsp. *aureus* (Fassett) R.R. Haynes & Holm-Niels.
Ref.: Lehtonen (2008).
Hierba, acuática. Nativa. Zonas Bajas, Andes. Bosque Húmedo, Sabanas Benianas del Sur, 0–1500 m.
Dept.: BE, SC.
Muestra: *M.H. Nee 39349* (LPB, MO, NY, USZ).

Echinodorus glaucus Rataj, Stud. Československ. Akad. Ved 69. 1975.
Ref.: Lehtonen (2008).
Hierba, acuática. Nativa. Zonas Bajas. Sabanas Benianas del Sur, 0–500 m.
Dept.: SC.
Muestra: *N.P. Ritter 4457* (LPB, MO, UNA).

Echinodorus grandiflorus (Cham. & Schltdl.) Micheli, Monogr. Phan. 3: 57. 1881.
Sin.: *Alisma grandiflorum* Cham. & Schltdl., *Echinodorus grandiflorus* var. *ovatus* Micheli, *Echinodorus sellowianus* Buchenau
Ref.: Foster (1958), Correa (1969b), Cabrera & Zardini (1978e), Beck (1984), Gómez P. (1984), Haynes (1984), Haynes & Holm-Nielsen (1986a), Holm-Nielsen & Haynes (1986e), Haase (1989), Killeen & Nee (1991), Hanagarth (1993), Haynes & Holm-Nielsen (1994), Lot H. & Novelo Retano (1994), Velásquez (1994), Killeen & Schulenberg (1998), Haynes & Holm-Nielsen (2001), Lehtonen (2008).
Hierba, acuática. Nativa. Zonas Bajas. Bosque Húmedo, Bosque Semideciduo Chiquitano, Campos Cerrados, Sabanas Benianas del Norte, Sabanas Benianas del Sur, 0–1000 m.
Dept.: BE, PA, SC.
Muestra: *R. Guillén V. & S. Coria 1605* (MO, USZ).
Infra: *Echinodorus grandiflorus* subsp. *grandiflorus*

Echinodorus grisebachii Small, N. Amer. Fl. 17(1): 46. 1909.
Sin.: *Echinodorus amazonicus* Rataj, *Echinodorus parviflorus* Rataj
Ref.: Foster (1958), Beck (1984), Holm-Nielsen & Haynes (1986), Haase (1989), Haase & Beck (1989), Haase (1990), Hanagarth (1993), Haynes & Holm-Nielsen (1994), Lot H. & Novelo Retano (1994), Killeen & Schulenberg (1998), Haynes & Holm-Nielsen (2001), Lehtonen (2008).
Hierba, acuática. Nativa. Zonas Bajas. Bosque Húmedo, Sabanas Benianas del Norte, Sabanas Benianas del Sur, 0–500 m.
Dept.: BE, CO, LP, PA, SC.
Muestra: *N.P. Ritter et al. 4368* (LPB, MO, NHA, USZ).

Echinodorus macrophyllus (Kunth) Micheli, Monogr. Phan. 3: 50. 1881.
Sin.: *Alisma macrophyllum* Kunth, *Echinodorus scaber* Rataj
Ref.: Cabrera & Zardini (1978e), Gómez P. (1984), Haynes & Holm-Nielsen (1986e), Haynes & Holm-Nielsen (1994), Lot H. & Novelo Retano (1994), Velásquez (1994), Killeen & Schulenberg (1998), Haynes & Holm-Nielsen (2001).
Hierba, acuática. Nativa. Zonas Bajas. Bosque Húmedo, Sabanas Benianas del Norte, Sabanas Benianas del Sur, 0–500 m.
Dept.: BE, SC.
Muestra: *N.P. Ritter & P.F. Foster 2432* (MO, NHA, USZ).
Infra: *Echinodorus macrophyllus* subsp. *macrophyllus*, *Echinodorus macrophyllus* subsp. *scaber* (Rataj) R.R. Haynes & Holm-Niels.

Echinodorus paniculatus Micheli, Monogr. Phan. 3: 51. 1881.
Ref.: Gómez P. (1984), Haynes (1984), Haynes & Holm-Nielsen (1986e), Haynes & Holm-Nielsen (1994), Lot H. & Novelo Retano (1994), Velásquez (1994), Killeen & Schulenberg (1998), Haynes & Holm-Nielsen (2001), Lehtonen (2008).
Hierba, acuática. Nativa. Zonas Bajas. Bosque Húmedo, Bosque Semideciduo Chiquitano, Bosque Seco Chaqueño, Campos Cerrados, Sabanas Benianas del Norte, Sabanas Benianas del Sur, 0–1000 m.
Dept.: BE, LP, SC.
Muestra: *M. Saldias et al. 3250* (MO, USZ).
Nom. Vern.: Taraqui.

Echinodorus subalatus (Mart.) Griseb., Cat. Pl. Cub. 218. 1866.
Sin.: *Alisma subalatum* Mart., *Echinodorus intermedius* (Mart.) Griseb., *Echinodorus andrieuxii* (Hook. & Arn.) Small, *Echinodorus subalatus* subsp. *andrieuxii* (Hook. & Arn.) R.R. Haynes & Holm-Niels.
Ref.: Gómez P. (1984), Haynes (1984), Haynes & Holm-Nielsen (1986e), Navarro Sánchez (1993a), Haynes & Holm-Nielsen (1994), Lot H. & Novelo Retano (1994), Velásquez (1994), Killeen & Schulenberg (1998), Haynes & Holm-Nielsen (2001), Lehtonen (2008), Wood et al. (2011).
Hierba, acuática. Nativa. Zonas Bajas. Bosque Húmedo, Bosque Semideciduo Chiquitano, Campos Cerrados,

Sabanas Benianas del Norte, Sabanas Benianas del Sur, 0–500 m.
Dept.: BE, LP, SC.
Muestra: *I.G. Vargas 639* (LPB, MO, NY, USZ).

Helanthium (Benth. & Hook. f.) Engelm. ex J.G. Sm., Manual (ed. 2) 54. 1905.

2 especies, 0 especies endémicas.

Helanthium bolivianum (Rusby) Lehtonen & Myllys, Cladistics 24(2): 228. 2008.
Sin.: *Alisma tenellum* fo. *latifolium* Seub., *Alisma bolivianum* Rusby, *Echinodorus tenellus* var. *latifolius* (Seub.) Fassett, *Echinodorus latifolius* (Seub.) Rataj, *Echinodorus bolivianus* (Rusby) Holm-Niels.
Ref.: Rusby (1927), Foster (1958), Holm-Nielsen (1979), Beck (1984), Gómez P. (1984), Haynes & Holm-Nielsen (1986e), Killeen & Nee (1991), Haynes & Holm-Nielsen (1994), Lot H. & Novelo Retano (1994), Velásquez (1994), Killeen & Schulenberg (1998), Lehtonen & Gordon (2010).
Hierba, acuática. Nativa. Zonas Bajas. Bosque Húmedo, Bosque Semideciduo Chiquitano, Campos Cerrados, Sabanas Benianas del Norte, Sabanas Benianas del Sur, 0–1000 m.
Dept.: BE, LP, SC.
Tipo y muestra: *H.H. Rusby & O.E. White 1540* (LT: NY; ILT: GH, K, NY, US), *J.C. Solomon 18520* (LPB, MO).

Helanthium tenellum (Mart. ex Schult. & Schult. f.) Britton, Man. Fl. N. States (ed. 2) 54. 1905.
Sin.: *Alisma tenellum* Mart. ex Schult. & Schult. f., *Echinodorus subulatus* (L.) Engelm., *Echinodorus tenellus* (Mart. ex Schult. & Schult. f.) Buchenau
Ref.: Foster (1958), Haynes (1984), Holm-Nielsen & Haynes (1986), Navarro Sánchez (1993a), Haynes & Holm-Nielsen (1994), Lot H. & Novelo Retano (1994), Cook (1996), Killeen & Schulenberg (1998).
Hierba, acuática. Nativa. Zonas Bajas. Bosque Húmedo, Sabanas Benianas del Norte, Sabanas Benianas del Sur, 0–1000 m.
Dept.: BE, LP, SC.
Muestra: *N.P. Ritter et al. 4367* (LPB, MO, NHA, USZ).

Hydrocleys Rich., Mém. Mus. Hist. Nat. 1: 368. 1815.

3 especies, 0 especies endémicas.

Hydrocleys mattogrossensis (Kuntze) Holm-Niels. & R.R. Haynes, Phytologia 57(6): 423. 1985.
Sin.: *Limnocharis mattogrossensis* Kuntze, *Hydrocleys cryptopetala* R.E. Fr.
Ref.: Foster (1958), Holm-Nielsen & Haynes (1985a), Haynes & Holm-Nielsen (1992), Haynes & Holm-Nielsen (1998).
Hierba, acuática. Nativa. Zonas Bajas. Bosque Seco Chaqueño, 0–500 m.
Dept.: TA.
Muestra: *R.E. Fries 1396* (P, S, UPS, US).
Nota: Probablemente también ocurre en BE.

Hydrocleys nymphoides (Willd.) Buchenau, Index Crit. Butom. Alism. Juncag. 9. 1868.
Sin.: *Stratiotes nymphoides* Willd.
Ref.: Foster (1958), Holm-Nielsen & Haynes (1985a), Haynes & Holm-Nielsen (1986a), Haynes & Holm-Nielsen (1992), Haynes & Holm-Nielsen (1998), Killeen & Schulenberg (1998), Galán de Mera & Linares Perea (2008).
Hierba, acuática. Nativa. Zonas Bajas. Bosque Húmedo, Bosque Semideciduo Chiquitano, Bosque Seco Chaqueño, Campos Cerrados, Sabanas Benianas del Sur, 0–500 m.
Dept.: SC.
Muestra: *N.P. Ritter 2801* (BOLV, LPB, MO, NHA, W).

Hydrocleys parviflora Seub., Fl. Bras. 3(1): 117. 1847.
Ref.: Beck (1984), Holm-Nielsen & Haynes (1985a), Haynes & Holm-Nielsen (1986a), Haynes & Holm-Nielsen (1992), Haynes & Holm-Nielsen (1998), Killeen & Schulenberg (1998).
Hierba, acuática. Nativa. Zonas Bajas. Bosque Húmedo, Bosque Semideciduo Chiquitano, Campos Cerrados, Sabanas Benianas del Norte, Sabanas Benianas del Sur, 0–500 m.
Dept.: BE, LP, SC.
Muestra: *M. Saldias & J. Balcázar S. 5306* (MO, USZ).

Limnocharis Bonpl., Pl. Aequinoct. 1: 116. 1808 [1807].

2 especies, 0 especies endémicas.

Limnocharis flava (L.) Buchenau, Index Crit. Butom. Alism. Juncag. 13. 1868.
Sin.: *Alisma flava* L.
Ref.: Beck (1984), Haynes & Holm-Nielsen (1986a), Haynes & Holm-Nielsen (1992), Haynes & Holm-Nielsen (1998), Fuentes Claros & Navarro (2000), De la Barra (2003).
Hierba. Nativa. Zonas Bajas. Bosque Húmedo, Bosque Semideciduo Chiquitano, Campos Cerrados, Sabanas Benianas del Norte, Sabanas Benianas del Sur, 0–500 m.
Dept.: BE, CO, LP, PA, SC.
Muestra: *I.G. Vargas 5773* (MO, USZ).

Limnocharis laforestii Griseb., Bonplandia (Hannover) 6(1): 11. 1858.
Ref.: Haynes & Holm-Nielsen (1986a), Haynes & Holm-Nielsen (1992), Haynes & Holm-Nielsen (1998), Wood et al. (2011).
Hierba. Nativa. Zonas Bajas. Bosque Húmedo, Bosque Semideciduo Chiquitano, Campos Cerrados, Sabanas Benianas del Sur, 0–500 m.
Dept.: BE, LP, SC.
Muestra: *A.F. Fuentes C. 588* (LPB, MO, USZ).

Sagittaria L., Sp. Pl. 2: 993. 1753.

4 especies, 0 especies endémicas.

Sagittaria guayanensis Kunth, Nov. Gen. Sp. (quarto ed.) 1: 250. 1815 [1816].
Sin.: *Lophotocarpus seubertianus* (Mart. ex Seub.) Buchenau
Ref.: Foster (1958), Beck (1984), Gómez P. (1984), Holm-Nielsen & Haynes (1986), Haase & Beck (1989), Parker & Bailey (1991), Haynes & Holm-Nielsen (1994), Lot H. & Novelo Retano (1994), Velásquez (1994), Killeen & Schulenberg (1998), Galán de Mera & Linares Perea (2008).
Hierba, acuática. Nativa. Zonas Bajas. Bosque Húmedo, Bosque Semideciduo Chiquitano, Campos Cerrados, Sabanas Benianas del Sur, Campos Amazónicos, 0–500 m.
Dept.: BE, LP, SC.
Muestra: *N.P. Ritter & S. Arias 1979* (BOLV, LPB, MO, NHA, W).
Infra: *Sagittaria guayanensis* subsp. *guayanensis*

[Sagittaria lancifolia L.], Syst. Nat. (ed. 10) 2: 1270. 1759.
Ref.: Foster (1958), Haynes & Holm-Nielsen (1994).
Nota: El registro se basa en material mal identificado de *Echinodorus paniculatus*. *Sagittaria lancifolia* se restringe a una franja más o menos costera.

Sagittaria latifolia Willd., Sp. Pl. 4(1): 409. 1805.
Ref.: Gómez P. (1984), Haynes & Holm-Nielsen (1994).
Hierba, acuática. Nativa. Zonas Bajas. Sabanas Benianas del Norte, 0–500 m.
Dept.: LP.
Muestra: *N.Y. Paniagua & S.G. Beck 901* (F, LPB).
Nota: Conocida de Bolivia solamente por la muestra citada, no vista.

Sagittaria montevidensis Cham. & Schltdl., Linnaea 2: 156. 1827.
Ref.: Foster (1958), Correa (1969b), Cabrera & Zardini (1978e), Gómez P. (1984), de Lucca & Zalles A. (1992), Haynes & Holm-Nielsen (1994), Lot H. & Novelo Retano (1994).
Hierba, acuática. Nativa. Zonas Bajas. Bosque Semideciduo Chiquitano, 0–500 m.
Dept.: BE, LP, SC, TA.
Muestra: *N.P. Ritter & G.E. Crow 2250* (BOLV, LPB, MO, NHA, W).
Infra: *Sagittaria montevidensis* subsp. *montevidensis*
Nom. Vern.: Saeta.

Sagittaria rhombifolia Cham., Linnaea 10: 219. 1835.
Ref.: Beck (1984), Gómez P. (1984), Haase & Beck (1989), Killeen & Nee (1991), Navarro Sánchez (1993a), Haynes & Holm-Nielsen (1994), Killeen & Schulenberg (1998).
Hierba, acuática. Nativa. Zonas Bajas. Bosque Húmedo, Bosque Semideciduo Chiquitano, Campos Cerrados, Sabanas Benianas del Norte, Sabanas Benianas del Sur, 0–1000 m.
Dept.: BE, LP, SC.
Muestra: *N.P. Ritter et al. 3597* (MO, NHA, UNA, USZ, W).

ALSTROEMERIACEAE Dumort., Anal. Fam. Pl. 57, 58. 1829.

Por J. Dutilh (UEC) y C. Romero (MO); revisado por M. Nee (NY), S.G. Beck (LPB), P.M. Jørgensen (MO).
2 géneros, 35 especies, 3 especies endémicas.

Alstroemeria L., Pl. Alströmeria 8. 1762.

3 especies, 1 especie endémica.
Nota: Además, potentialmente una nueva especie.

Alstroemeria aurantiaca D. Don, Brit. Fl. Gard., ser. 2, t. 205. 1835.
Hierba. Cultivada. Andes. Valles Secos, 2500–3500 m.
Dept.: LP.
Muestra: *V.H. Vidaurre & P.J. Vidaurre 29* (LPB).

Alstroemeria fiebrigiana Kraenzl., Bot. Jahrb. Syst. 40: 237. 1908.
Ref.: Foster (1958).
Hierba. Endémica. Andes. Valles Secos, 3500–4000 m.
Dept.: TA.
Tipo y muestra: *K. Fiebrig 3013* (HT: B; IT: US; fotos: F, MO), *J. West 8233* (GH).

Alstroemeria pygmaea Herb., Amaryllidaceae 100, 397, t. 8. 1837.
Sin.: *Schickendantzia pygmaea* (Herb.) Speg.
Ref.: Foster (1958).
Hierba. Nativa. Andes, Altiplano. Páramo Yungueño, Puna Húmeda, 3500–5000 m.
Dept.: CO, LP.
Muestra: *H.U. Pestalozzi 79* (BOLV, LPB).

Bomarea Mirb., Hist. Nat. Vég. 9: 71. 1802.

32 especies, 2 especies endémicas.

Bomarea acutifolia (Link & Otto) Herb., Amaryllidaceae 112. 1837.
Sin.: *Alstroemeria acutifolia* Link & Otto
Ref.: Foster (1958).
Hierba, trepadora. Adventicia. Andes, Altiplano. Yungas, Puna Húmeda, 3500–4000 m.
Dept.: LP.
Muestra: *M. Bang 593B* (GH).
Nota: Nativa de Centro América.

Bomarea andimarcana (Herb.) Baker, J. Bot. 20: 201. 1882.
Sin.: *Collania andimarcana* Herb., *Bomarea bridgesiana* Beauverd
Ref.: Foster (1958), Hofreiter & Tillich (2003).
Hierba, trepadora. Nativa. Andes. Yungas, Valles Secos, 3000–4000 m.
Dept.: CO, LP, PO.
Muestra: *M.A. Lewis 881660* (LPB, MO).

Bomarea angulata Benth., Pl. Hartw. 156. 1845.
Sin.: *Bomarea calyculata* Kraenzl.
Ref.: Foster (1958).
Trepadora. Nativa. Región, tipo de vegetación y elevación desconocidas.
Dept.: Bolivia.
Muestra: *S.A. Pearce 205* (K).

Bomarea aurantiaca Herb., Amaryllidaceae 399, t. 46, f. 2. 1837.
Sin.: *Bomarea trachypetala* Kraenzl.
Ref.: Foster (1958), Hofreiter & Rodríguez (2006).
Hierba, trepadora. Nativa. Andes, Altiplano. Yungas, Páramo Yungueño, 2500–4000 m.
Dept.: CO, LP.
Muestra: *M.A. Lewis 37359* (MO).

Bomarea boliviensis Baker, Bull. Torrey Bot. Club 29: 700. 1902.
Sin.: *Bomarea flava* Baker
Ref.: Foster (1958), Hofreiter & Rodríguez (2006).
Hierba, trepadora. Nativa. Andes, Altiplano. Valles Secos, Puna Húmeda, 3000–4000 m.
Dept.: CO, LP, PO, TA.
Tipo y muestra: *H.H. Rusby 573* (HT: NY; IT: US), *J.C. Solomon 6654* (LPB, MO).

Bomarea brevis (Herb.) Baker, J. Bot. 20: 202. 1882.
Sin.: *Sphaerine brevis* Herb.
Ref.: Foster (1958), Hofreiter (2006a), Hofreiter & Rodríguez (2006).
Hierba. Nativa. Andes. Yungas, 2000–4000 m.
Dept.: CO, LP, SC.
Muestra: *J.C. Solomon 16469* (LPB, MO).

Bomarea campylophylla Killip, J. Wash. Acad. Sci. 25: 374. 1935.
Hierba, trepadora. Nativa. Andes. Yungas, 2000–2500 m.
Dept.: LP.
Muestra: *S.G. Beck 4721* (CUZ, LPB, M, MO).

Bomarea chaparensis Hofreiter, Harvard Pap. Bot. 9(2): 354. 2005.
Ref.: Hofreiter & Rodríguez (2006).
Hierba, trepadora. Endémica. Andes. Yungas, 2000–3500 m.
Dept.: CO, LP.
Tipo y muestra: *J. Steinbach 8897* (HT: B; IT: BM, E, GH, K, LPB, MO-976025, U), *P.L. Ibisch 94.0430* (LPB).

[Bomarea coccinea (Ruiz & Pav.) Baker], J. Bot. 20: 202. 1882.
Sin.: *Alstroemeria coccinea* Ruiz & Pav.
Ref.: Foster (1958).
Nota: El registro se basa en material mal identificado.

Bomarea cornuta Herb., Amaryllidaceae 14, t. 17, f. 4. 1837.
Ref.: Hofreiter & Rodríguez (2006).
Hierba, trepadora. Nativa. Andes.

Yungas, 2000–3000 m.
Dept.: LP.
Muestra: *A.F. Fuentes 17664* (LPB, MO).

Bomarea crocea (Ruiz & Pav.) Herb., Amaryllidaceae 119. 1837.
Sin.: *Alstroemeria crocea* Ruiz & Pav.
Ref.: Foster (1958), Hofreiter (2008).
Hierba. Nativa. Andes, Altiplano. Valles Secos, Puna Húmeda, Puna Seca, 3000–4000 m.
Dept.: CO, LP.
Muestra: *M. Zárate 2133* (BOLV, LPB).

Bomarea distichifolia (Ruiz & Pav.) Baker, J. Bot. 2: 202. 1882.
Sin.: *Alstroemeria distichifolia* Ruiz & Pav.
Ref.: Foster (1958), Hofreiter & Rodríguez (2006).
Hierba. Nativa. Andes, Altiplano. Yungas, Puna Húmeda, 1500–3000 m.
Dept.: CO, LP.
Muestra: *J.L. Luteyn & L.J. Dorr 13656* (LPB, MO, US).

Bomarea dulcis (Hook.) Beauverd, Bull. Soc. Bot. Genève 14: 172. 1922.
Sin.: *Alstroemeria dulcis* Hook., *Alstroemeria uniflora* Mathews ex Herb., *Collania dulcis* (Hook.) Herb., *Collania puberula* Herb., *Wichuraea acicularis* M. Roem., *Bomarea petraea* Kraenzl., *Bomarea puberula* (Herb.) Kraenzl., *Collania guadelupensis* Kraenzl., *Collania herzogiana* Kraenzl., *Bomarea uniflora* (Mathews ex Herb.) Killip, *Bomarea zosterifolia* Killip, *Bomarea biflora* C. Vargas C.
Ref.: Foster (1958), Hofreiter & Rodríguez (2006).
Hierba, trepadora. Nativa. Andes, Altiplano. Yungas, Páramo Yungueño, Puna Húmeda, 3000–5000 m.
Dept.: CO, LP, PO.
Muestra: *S.G. Beck 2219* (CUZ, GB, LPB, M, MO).
Nom. Vern.: Sara-sara.

Bomarea edulis (Tussac) Herb., Amaryllidaceae 111. 1837.
Sin.: *Alstroemeria edulis* Tussac
Ref.: Foster (1958), Killeen & Schulenberg (1998).
Hierba, trepadora. Nativa. Zonas Bajas, Andes, Altiplano. Bosque Húmedo, Bosque Semideciduo Chiquitano, Yungas, Valles Secos, Puna Seca, 0–1000, 1500–3000 m.
Dept.: BE, CO, LP, PA, SC, TA.
Muestra: *J.C. Solomon 9039* (LPB, MO).

Bomarea formosissima (Ruiz & Pav.) Herb., Amaryllidaceae 111. 1837.
Sin.: *Alstroemeria formosissima* Ruiz & Pav., *Bomarea sanguinea* Kraenzl.
Ref.: Foster (1958), Hofreiter & Rodríguez (2006).
Hierba, trepadora. Nativa. Andes. Yungas, Bosque Tucumano-Boliviano, Páramo Yungueño, Valles Secos, 1500–3500 m.
Dept.: CH, CO, LP, SC.
Muestra: *J.C. Solomon 17261* (LPB, MO).

Bomarea glaucescens (Kunth) Baker, J. Bot. 20: 201. 1882.
Sin.: *Wichuraea glaucescens* (Kunth) M. Roem., *Alstroemeria glaucescens* Kunth
Ref.: Foster (1958).
Hierba, trepadora. Nativa. Andes, Altiplano. Valles Secos, Puna Húmeda, Puna Seca, 2000–2500, 5000 m.
Dept.: LP, PO.
Muestra: *H. Knoche 11* (no localizada).

Bomarea herbertiana Baker, Handb. Amaryll. 155. 1888.
Ref.: Foster (1958).
Hierba, trepadora. Nativa. Andes. Yungas, 1000–1500 m.
Dept.: LP.
Muestra: *M. Bang 724B* (NY).

Bomarea involucrosa (Herb.) Baker, J. Bot. 20: 201. 1882.
Sin.: *Collania involucrosa* Herb.
Ref.: Foster (1958).
Hierba, trepadora. Nativa. Andes, Altiplano. Yungas, Puna Húmeda, 3000–4000 m.
Dept.: CH, LP.
Muestra: *J.C. Solomon 13282* (LPB, MO).

Bomarea macrocephala Pax, Bot. Jahrb. Syst. 11: 331. 1890.
Sin.: *Bomarea fiebrigiana* Kraenzl.
Ref.: Foster (1958).
Hierba. Nativa. Andes. Valles Secos, 2500–3000 m.
Dept.: CH, CO.
Muestra: *J.R.I. Wood et al. 22163* (K, LPB).

Bomarea macusanii Hofreiter & E. Rodr., Revista Peruana Biol. 13(1): 37–38, f. 2e; 34a, d. 2006.
Ref.: Hofreiter & Rodríguez (2006).
Hierba, trepadora. Nativa. Andes. Yungas, Páramo Yungueño, 3000–4000 m.
Dept.: LP.
Muestra: *B. Eriksen & U. Molau 503* (GB, LPB).

Bomarea multiflora (L. f.) Mirb., Hist. Nat. Vég. 9: 72. 1802.
Sin.: *Alstroemeria multiflora* L. f.
Ref.: Foster (1958), Hofreiter (2008).
Hierba, trepadora. Nativa. Andes. Yungas, 1500–2000 m.
Dept.: LP.
Muestra: *H.H. Rusby 564* (NY).

Bomarea ovata (Cav.) Mirb., Hist. Nat. Pl. 9: 72. 1804.
Sin.: *Alstroemeria ovata* Cav., *Bomarea tomentosa* (Ruiz & Pav.) Herb., *Bomarea polyphylla* Kraenzl., *Bomarea subsessilis* Killip
Ref.: Foster (1958), Adolfo María (1966), Franquemont et al. (1990), Hofreiter & Rodríguez (2006).
Hierba, trepadora. Nativa. Andes. Yungas, Bosque Tucumano-Boliviano, 1500–3500 m.
Dept.: CH, CO, LP, PO.
Muestra: *J.C. Solomon & L.K. Escobar 12506* (MO).

Bomarea petiolata Rusby, Mem. New York Bot. Gard. 7: 216. 1927.
Ref.: Foster (1958).
Hierba, trepadora. Endémica. Zonas Bajas, Andes. Bosque Húmedo, Yungas, 0–500, 1500–2000 m.
Dept.: CO, PA.
Tipo y muestra: *M. Cárdenas 2071* (HT: NY; IT: GH, US), *J. Steinbach 9028* (GH).

Bomarea praeusta Kraenzl., Ann. Nat. Hofm. Wien 27: 155. 1913.
Hierba, trepadora. Nativa. Andes. Yungas, 2500–3000 m.
Dept.: LP.
Muestra: *Y.E.J. Mexia 7791* (GH).

Bomarea pumila Griseb. ex Baker, Handb. Amaryll. 145. 1888.
Ref.: Hofreiter & Rodríguez (2006).
Hierba. Nativa. Andes. Yungas, 2500–3500 m.
Dept.: LP.
Muestra: *S.G. Beck 18674* (LPB).

Bomarea rosea (Ruiz & Pav.) Herb., Amaryllidaceae 118. 1837.
Sin.: *Alstroemeria rosea* Ruiz & Pav., *Bomarea fimbriata* (Ruiz & Pav.) Herb.
Ref.: Foster (1958).
Hierba, trepadora. Nativa. Andes. Yungas, Páramo Yungueño, 2000–3500 m.
Dept.: CO, LP, SC.
Muestra: *S.G. Beck 8732* (LPB, MO).

Bomarea salsilla (L.) Mirb., Hist. Nat. Pl. 9: 71. 1804.
Sin.: *Alstroemeria salsilla* L.
Ref.: Foster (1958).
Hierba, trepadora. Nativa. Andes. Yungas, 1000–1500 m.
Dept.: CO.
Muestra: *M. Bang 2039* (no localizada).

Bomarea setacea (Ruiz & Pav.) Herb., Amaryllidaceae 117. 1837.
Sin.: *Alstroemeria setacea* Ruiz & Pav.
Ref.: Hofreiter (2006b), Hofreiter (2008).
Hierba, trepadora. Nativa. Andes. Yungas, 3000–4000 m.
Dept.: LP.
Muestra: *A.F. Fuentes et al. 8731* (BOLV, GB, LPB, MO, USZ).

Bomarea speciosa Killip, J. Wash. Acad. Sci. 22: 61. 1932.
Hierba, trepadora. Nativa. Andes. Yungas, 1000–1500, 2000–2500, 3000–3500 m.
Dept.: LP.
Muestra: *J.C. Solomon 15623* (GB, LPB, MA, MO).

Bomarea stans Kraenzl., Bot. Jahrb. Syst. 40: 231. 1908.
Ref.: Foster (1958).
Hierba, trepadora. Nativa. Andes. Valles Secos, 1500–2000 m.
Dept.: CH, TA.
Tipo y muestra: *K. Fiebrig 2405* (HT: B; IT: GH; fotos: F ex B), *S.G. Beck 847* (GB, LPB).

Bomarea superba Herb., Amaryllidaceae 117, t. 6, f. 1. 1837.
Ref.: Foster (1958), Hofreiter (2008).
Hierba, trepadora. Nativa. Altiplano. Puna Seca, 3500–4000 m.
Dept.: LP.
Muestra: *T. Herzog 2430* (L).

Bomarea tarmensis Kraenzl., Bot. Jahrb. Syst. 40: 233. 1908.
Ref.: Hofreiter & Rodríguez (2006).
Hierba, trepadora. Nativa. Andes. Yungas, Bosque Tucumano-Boliviano, Bosque Serrano Chaqueño, 1000–2000, 2500–3500 m.
Dept.: CO, LP, SC, TA.
Muestra: *J.C. Solomon 9346* (LPB, MO).

Bomarea velascoana Vargas, Natl. Hort. Mag. 22: 130. 1943.
Ref.: Hofreiter & Rodríguez (2006).
Hierba. Nativa. Andes. Yungas, 3500–4000 m.
Dept.: LP.
Muestra: *P. Holt 30* (LPB).

ALZATEACEAE S.A. Graham, Ann. Missouri Bot. Gard. 71(3): 775. 1984.

Por S.A. Graham (MO); revisado por T.B. Cavalcanti (CEN), S.G. Beck (LPB), P.M. Jørgensen (MO).
1 género, 1 especie, 0 especies endémicas.

Alzatea Ruiz & Pav., Fl. Peruv. Prodr. 40. 1794.

1 especie, 0 especies endémicas.

Alzatea verticillata Ruiz & Pav., Syst. Veg. Fl. Peruv. Chil. 1: 72–73. 1798.
Ref.: Quevedo Sopepí (1993b), Graham (1995).
Árbol. Nativa. Andes. Yungas, 1500–3000 m.
Dept.: LP.
Muestra: *S.G. Beck et al. BMA706* (LPB, M, MO, NY).
Infra: *Alzatea verticillata* subsp. *verticillata*
Nota: *A. verticillata* subsp. *amplifolia* S. A. Graham se aplica a plantas de Colombia a Costa Rica. Solamente *A. verticillata* susp. *verticillata* está presente en Bolivia.

AMARANTHACEAE Juss., Gen. Pl. 87–88. 1789.

Por T. Borsch (B), M. Nee (NY), T. Ortuño (LPB) [*Achyranthes, Alternanthera, Amaranthus, Celosia, Chamissoa, Cyathula, Froelichia, Gomphrena, Guilleminea, Hebanthe, Iresine, Pedersenia, Pfaffia, Pleuropetalum*], M.E. Múlgura (SI) e I. Galarza (LPB) [*Atriplex, Beta, Chenopodium, Chenopodiastrum, Dysphania, Holmbergia, Kochia, Oxybasis, Sarcocornia, Suaeda*]; revisado por S.G. Beck (LPB), M. Nee (NY), P.M. Jørgensen (MO).
24 géneros, 140 especies, 14 especies endémicas.
Nota: Los autores reconocen Amaranthaceae y Chenopodiaceae como familias independientes. Sin embargo, aquí se adopta el sistema del Angiosperm Phylogeny Group III (2009).

Achyranthes L., Sp. Pl. 1: 204. 1753.

1 especie, 0 especies endémicas.

Achyranthes aspera L., Sp. Pl. 1: 204. 1753.
Sin.: *Achyranthes aspera* var. *indica* L., *Achyranthes indica* (L.) Mill.
Ref.: Foster (1958), Moraes R. (1990), Borsch (2001).
Hierba. Nativa. Zonas Bajas. Bosque Húmedo, 0–500 m.
Dept.: BE.
Muestra: *M. Moraes R. 168* (CTES, LPB).

Alternanthera Forssk., Fl. Aegypt.-Arab. 28, 59. 1775.

24 especies, 2 especies endémicas.

Alternanthera albida (Moq.) Griseb., Pl. Lorentz. 36. 1874.
Sin.: *Telanthera albida* Moq.
Ref.: Serrano & Terán (1998 [2000]).
Hierba. Nativa. Zonas Bajas. Bosque Seco Chaqueño, 0–500 m.
Dept.: CH, SC.
Muestra: *A.F. Fuentes & G. Navarro 2599* (LPB, MO, USZ).

Alternanthera altacruzensis Suess., Mitt. Bot. Staatssamml. München 1: 3. 1950.
Ref.: Foster (1958), Nee (2004), Sánchez del-Pino et al. (2012).
Subarbusto. Endémica. Andes. Bosque Serrano Chaqueño, Valles Secos, 1500–2000 m.
Dept.: SC, TA.
Tipo y muestra: *I. Peredo s.n.* (HT: LIL; IT: M, MO-1630271), *T. Borsch & T. Ortuño 3628* (B, LPB).
Nota: Los límites entre *A. piptantha* y *A. rufa* no son muy claros.

Alternanthera aquatica (D. Parodi) Chodat, Bull. Soc. Bot. Genève 18: 257, 292. 1927.
Sin.: *Mogiphanes aquatica* D. Parodi
Hierba. Nativa. Zonas Bajas. Campos Cerrados, Sabanas Benianas del Norte, Sabanas Benianas del Sur, 0–500 m.
Dept.: BE, SC.
Muestra: *A. Sanjinés et al. 201* (LPB).

Alternanthera bettzickiana (Regel) G. Nicholson, Ill. Dict. Gard. 1: 59. 1884.
Sin.: *Telanthera bettzickiana* Regel
Ref.: Moraes R. (1990), Borsch (2001).
Hierba. Cultivada. Zonas Bajas. Bosque Húmedo, 0–500 m.
Dept.: BE, PA.
Muestra: *M.H. Nee 31322* (LPB, MO, NY).

Alternanthera brasiliana (L.) Kuntze, Revis. Gen. Pl. 2: 537. 1891.
Sin.: *Gomphrena brasiliana* L., *Telanthera brasiliana* var. *villosa* Moq., *Telanthera moquinii* Webb ex

Moq., *Alternanthera moquinii* (Webb ex Moq.) Dusén, *Alternanthera ramosissima* (Mart.) Chodat, *Alternanthera ramosissima* var. *missionum* Pedersen, *Alternanthera ramosissima* var. *reptans* Pedersen
Ref.: Foster (1958), Killeen & Schulenberg (1998), Borsch (2001).
Hierba. Nativa. Zonas Bajas. Bosque Húmedo, 0–500 m.
Dept.: SC.
Muestra: *S.G. Beck 25011* (B, LPB, NY).
Infra: *Alternanthera brasiliana* var. *villosa* (Moq.) Kuntze

Alternanthera caracasana Kunth, Nov. Gen. Sp. (quarto ed.) 2(7): 205. 1817 [1818].
Ref.: Pedersen (1967), López Vargas (1995), Borsch (2001).
Hierba. Nativa. Andes. Valles Secos, 2500–4000 m.
Dept.: CO, LP, PO.
Muestra: *J.C. Solomon 7194* (LPB, MO).

Alternanthera coriacea Herzog, Meded. Rijks-Herb. 46: 6. 1922.
Ref.: Foster (1958).
Hierba, subarbusto. Endémica. Andes. Valles Secos, 3000–3500 m.
Dept.: LP.
Tipo: *T. Herzog 2323* (HT: JE; IT: Z).
Nota: Conocida solamente del tipo. Probablemente un sinónimo de *A. flavescens*.

Alternanthera elongata (Willd. ex Roem. & Schult.) Schinz, Nat. Pflanzenfam. (ed. 2) 16c: 75. 1934.
Sin.: *Gomphrena elongata* Willd. ex Roem. & Schult.
Ref.: Sánchez del-Pino et al. (2012).
Hierba, subarbusto, arbusto. Nativa. Andes. Bosque Tucumano-Boliviano, Valles Secos, 2000–3000 m.
Dept.: CH, CO, LP.
Muestra: *S.G. Beck 11078* (LPB, MO, NY).
Nota: Los límites entre *A. elongata* y *A. porrigens* no son muy claros.

Alternanthera ficoidea (L.) P. Beauv., Fl. Oware 2: 66. 1807 [1818].
Sin.: *Alternanthera paronychioides* subsp. *pilosa* Pedersen, *Alternanthera paronychioides* var. *paronichyoides*, *Gomphrena ficoidea* L., *Gomphrena polygonoides* L., *Alternanthera ficoidea* (L.) R. Br., *Alternanthera polygonoides* (L.) R. Br., *Alternanthera ficoidea* (L.) Sm., *Alternanthera paronychioides* A. St.-Hil., *Alternanthera pilosa* Moq., *Alternanthera chacoensis* Morong ex Morong & Britton, *Alternanthera boliviana* Rusby, *Alternanthera paronychioides* var. *amazonica* Huber, *Achyranthes boliviana* (Rusby) Standl., *Alternanthera paronychioides* var. *pilosa* (Moq.) Suess., *Alternanthera paronychioides* var. *boliviana* (Rusby) Pedersen, *Alternanthera paronychioides* var. *chacoensis* (Morong ex Morong & Britton) Pedersen, *Alternanthera ficoidea* subsp. *chacoensis* (Morong ex Morong & Britton) Pedersen
Ref.: Foster (1958), Pedersen (1967), Pedersen (1999), Serrano & Terán (1998 [2000]), Borsch (2001), Nee (2004).
Hierba. Nativa. Zonas Bajas, Andes. Bosque Húmedo, Bosque Semideciduo Chiquitano, Bosque Seco Chaqueño, Sabanas Benianas del Sur, Yungas, Valles Secos, 0–1000, 2500–3000 m.
Dept.: BE, CH, CO, LP, PA, SC, TA.
Muestra: *M.H. Nee 42115* (LPB, MO, NY).

Alternanthera flavescens Kunth, Nov. Gen. Sp. (quarto ed.) 2(7): 207–208. 1817 [1818].
Ref.: Pedersen (1976), Moraes R. (1990), Schulenberg & Awbrey (1997), Serrano & Terán (1998 [2000]).
Hierba, subarbusto, arbusto. Nativa. Zonas Bajas, Andes. Bosque Húmedo, Yungas, Bosque Tucumano-Boliviano, Valles Secos, 0–3000 m.
Dept.: BE, CH, CO, LP, PA, SC, TA.
Muestra: *S.G. Beck 13503* (CTES, LPB, NY).

Alternanthera inaccessa Pedersen, Adansonia, sér. 3, 19: 219. 1997.
Nota: Esperada. Posiblemente en áreas de Bosque Semideciduo Chiquitano o de Bosque Seco Chaqueño.

Alternanthera kurtzii Schinz ex Pedersen, Darwiniana 14: 435. 1967.
Ref.: Pedersen (2000), Nee (2004), Sánchez del-Pino et al. (2012).
Hierba. Nativa. Zonas Bajas. Bosque Semideciduo Chiquitano, Bosque Seco Chaqueño, 0–500 m.
Dept.: SC.
Muestra: *T. Borsch & T. Ortuño 3629* (B, LPB).
Infra: *Alternanthera kurtzii* subsp. *kurtzii*

Alternanthera lanceolata (Benth.) Schinz, Nat. Pflanzenfam. (ed. 2) 16c: 75. 1934.
Sin.: *Brandesia lanceolata* Benth., *Telanthera microcephala* Moq., *Alternanthera mexicana* (Schltdl.) Hieron., *Mogiphanes soratensis* Rusby, *Alternanthera mexicana* fo. *lanuginosa* Suess., *Alternanthera microcephala* (Moq.) Schinz
Ref.: Foster (1958), Eliasson (1967), Schulenberg & Awbrey (1997), Killeen & Schulenberg (1998), Serrano & Terán (1998 [2000]), Borsch (2001), Nee (2004).
Hierba. Nativa. Andes. Yungas, Bosque Tucumano-Boliviano, Valles Secos, 1500–3500 m.
Dept.: CO, LP, SC, TA.
Muestra: *M.A. Lewis 35395* (AAU, B, GB, LPB, MO, NY).
Nota: Especie probablemente restringida a Centro América, Colombia y Venezuela. El material de Bolivia podría estar relacionado con *A. porrigens*.

Alternanthera meyeriana (Regel & Körn.) Suess., Lilloa 4: 127. 1939.
Sin.: *Telanthera meyeriana* Regel & Körn.
Ref.: Pedersen (2000).
Hierba. Nativa. Región, tipo de vegetación y elevación desconocidas.
Dept.: CO.
Tipo: *H. Cuming s.n.* (HT: LE).
Nota: Conocida en Bolivia solamente del tipo.

Alternanthera microphylla R.E. Fr., Nova Acta Regiae Soc. Sci. Upsal., ser. 4, 1(1): 154. 1905.
Ref.: Foster (1958), Pedersen (1999).
Hierba. Nativa. Andes. Valles Secos, 3500–4000 m.
Dept.: TA.
Muestra: *S.G. Beck 26940* (B, LPB).

Alternanthera nodifera (Moq.) Griseb., Abh. Königl. Ges. Wiss. Göttingen 24: 36. 1879.
Sin.: *Telanthera nodifera* Moq.
Ref.: De la Barra (1997).
Subarbusto, arbusto. Nativa. Andes. Valles Secos, 2500–3000 m.
Dept.: CO.
Muestra: *N. de la Barra 632* (BOLV).

Alternanthera pennelliana Mears ex Pedersen, Adansonia 19(2): 221. 1997.
Hierba. Nativa. Andes. Valles Secos, 1500–2000 m.
Dept.: SC.
Muestra: *M.H. Nee & J.C. Solomon 36570* (LPB, MO, NHA, NY).

Alternanthera philoxeroides (Mart.) Griseb., Abh. Königl. Ges. Wiss. Göttingen 24: 36. 1879.
Sin.: *Bucholzia philoxeroides* Mart.
Ref.: Foster (1958), Moraes R. (1990), Pedersen (1997), Nee (2004).

Hierba, Acuática. Nativa. Zonas Bajas, Andes. Bosque Húmedo, Sabanas Benianas del Sur, Yungas, 0–500, 1500–2500 m.
Dept.: BE, LP, SC, TA.
Muestra: *M.H. Nee 40811* (LPB, NY).

Alternanthera porrigens (Jacq.) Kuntze, Revis. Gen. Pl. 2: 538. 1891.
Sin.: *Achyranthes porrigens* Jacq., *Alternanthera paniculata* Kunth, *Telanthera luzuloides* Moq., *Telanthera bangii* Rusby, *Mogiphanes paniculata* Rusby, *Achyranthes bangii* (Rusby) Standl.
Ref.: Foster (1958), Eliasson (1987), Nee (2004).
Hierba, subarbusto. Nativa. Andes. Yungas, Valles Secos, 2000–3500 m.
Dept.: CH, CO, PO, SC, TA.
Muestra: *M.H. Nee & J.C. Solomon 34087* (LPB, MO, NY).
Infra: *Alternanthera porrigens* var. *porrigens*

[Alternanthera pubiflora (Benth.) Kuntze], Revis. Gen. Pl. 2: 538. 1891.
Sin.: *Brandesia pubiflora* Benth.
Ref.: Foster (1958), López Vargas (1995), De la Barra (1997), Borsch (2001).
Nota: El registro se basa en material mal identificado de *A. porrigens*.

Alternanthera pungens Kunth, Nov. Gen. Sp. (quarto ed.) 2(7): 206. 1817.
Sin.: *Achyranthes repens* L., *Alternanthera repens* (L.) Link
Ref.: Foster (1958), Saravia Miranda (1996), Serrano & Terán (1998 [2000]), Borsch (2001), Nee (2004).
Hierba. Nativa. Zonas Bajas, Andes. Bosque Húmedo, Yungas, Bosque Serrano Chaqueño, Valles Secos, 0–1000, 1500–3000 m.
Dept.: CH, CO, LP, OR, PO, SC, TA.
Muestra: *R.F. Steinbach 132* (BOLV, CTES, K, LIL, LPB, MO, NY, QCNE, USZ).
Nom. Vern.: Llutu-llutu, ojo de pollo.

Alternanthera reineckii Briq., Annuaire Conserv. Jard. Bot. Genève 3: 151. 1899.
Ref.: Pedersen (1967).
Hierba. Nativa. Zonas Bajas. Bosque Semideciduo Chiquitano, 0–500 m.
Dept.: SC.
Muestra: *N.P. Ritter & D. Nash 1981* (LPB, MO, NHA).

Alternanthera scandens Herzog, Meded. Rijks-Herb. 46: 7. 1922.
Ref.: Foster (1958), González et al. (1999), Nee (2004).
Hierba. Nativa. Zonas Bajas, Andes. Bosque Húmedo, Bosque Seco Chaqueño, Yungas, 500–1500 m.
Dept.: BE, CO, LP, SC, TA.
Tipo y muestra: *T. Herzog 1062* (HT: M; IT: F, GH, MO), *S.G. Beck 8594* (CTES, LPB, M, MO, NY, USZ).

Alternanthera sessilis (L.) R. Br. ex DC., Cat. Pl. Horti Monsp. 77. 1813.
Sin.: *Gomphrena sessilis* L.
Hierba. Adventicia. Zonas Bajas. Bosque Húmedo, 0–500 m.
Dept.: BE.
Muestra: *J.C. Solomon 6266* (MO).

Alternanthera tenella Colla, Mem. Reale Accad. Sci. Torino 33: 131–132, t. 9, f. 1–13. 1829.
Ref.: Moraes R. (1990), Borsch (2001).
Hierba. Nativa. Zonas Bajas. Bosque Húmedo, Bosque Semideciduo Chiquitano, 0–500 m.
Dept.: BE, SC.
Muestra: *J.C. Solomon 13508* (LPB, MO).

[Alternanthera tomentosa (Moq.) Schinz], Nat. Pflanzenfam. (ed. 2) 16c: 76. 1934.
Sin.: *Telanthera tomentosa* Moq.
Ref.: Foster (1958).
Nota: El registro se basa en material mal identificado. Ocurre solamente en el norte del Perú. El nombre aceptado es *A. villosa*.

Alternanthera tucumana Lillo, Prim. Reun. Nac. Soc. Argentina Ci. Nat. 227. 1916 [1919].
Ref.: González et al. (1999), Serrano & Terán (1998 [2000]).
Hierba. Nativa. Andes. Bosque Tucumano-Boliviano, Valles Secos, 1000–2500 m.
Dept.: CH, TA.
Muestra: *M. Serrano et al. 7316* (B, HSB, MO).

Amaranthus L., Sp. Pl. 2: 989. 1753.

14 especies, 0 especies endémicas.

Amaranthus asplundii Thell., Repert. Spec. Nov. Regni Veg. 21: 322. 1925.
Sin.: *Amaranthus affinis* Thell., *Amaranthus buchtienianus* Thell.
Ref.: Foster (1958), Hunziker (1966), Pedersen (1999).
Hierba. Nativa. Andes. Valles Secos, 2500–3000 m.
Dept.: CO, LP, PO.
Tipo y muestra: *E. Asplund 4071* (HT: S; IT: CORD frag.), *R. Baar 311* (LPB, NY).

Amaranthus blitum L., Sp. Pl. 2: 990. 1753.
Sin.: *Amaranthus lividus* L.
Ref.: Moraes R. (1990).
Hierba. Adventicia. Zonas Bajas, Andes. Bosque Húmedo, Bosque Tucumano-Boliviano, 0–500, 1000–1500 m.
Dept.: BE, TA.
Muestra: *D.E. Williams 1031* (LPB, MO, NY).

Amaranthus cardenasianus Hunz., Bol. Soc. Argent. Bot. 4(1–2): 136. 1951.
Ref.: Foster (1958), Pedersen (1999), Bayon & Peláez (2012).
Hierba. Nativa. Andes. Valles Secos, 1500–2000, 3000–3500 m.
Dept.: CH, LP.
Muestra: *S.G. Beck 7988* (CTES, LPB, M, MO, NY, USZ).

Amaranthus caudatus L., Sp. Pl. 2: 990. 1753.
Ref.: Foster (1958).
Hierba. Nativa. Andes. Yungas, Valles Secos, 1500–2000, 2500–3500 m.
Dept.: CH, LP, PO, TA.
Muestra: *E. García 804* (LPB).

Amaranthus deflexus L., Mant. Pl. 2: 295. 1771.
Hierba. Nativa. Andes. Valles Secos, 2500–3000, 3500–4000 m.
Dept.: CO, LP.
Muestra: *J.C. Solomon 14523* (LPB, MO).

Amaranthus hybridus L., Sp. Pl. 2: 990. 1753.
Sin.: *Amaranthus hypochondriacus* L., *Amaranthus cruentus* L., *Amaranthus paniculatus* L., *Amaranthus chlorostachys* Willd., *Amaranthus quitensis* Kunth, *Amaranthus hybridus* var. *quitensis* (Kunth) Covas
Ref.: Adolfo María (1966), Hunziker (1966), Eliasson (1987), López (2000), Serrano & Terán (1998 [2000]), Borsch (2001), Nee (2004).
Hierba. Nativa, cultivada. Zonas Bajas, Andes. Bosque Húmedo, Bosque Semideciduo Chiquitano, Bosque Seco Chaqueño, Yungas, Valles Secos, 0–1000, 1500–2000, 2500–3500 m.
Dept.: BE, CH, CO, LP, PA, SC, TA.
Muestra: *M.H. Nee 33510* (LPB, MO, NY).
Infra: *Amaranthus hybridus* subsp. *hybridus*, *Amaranthus hybridus* var. *hypochondriacus* (L.) B.L. Rob., *Amaranthus hybridus* subsp. *cruentus* (L.) Thell.
Nom. Vern.: Caruro colorado, hat'ago, hataco.

Amaranthus muricatus (Moq.) Hieron., Bol. Acad. Nac. Ci. 4(2): 421. 1882.
Sin.: *Euxolus muricatus* Moq.
Ref.: Foster (1958), López (2000), Nee (2004).
Hierba. Nativa. Andes. Valles Secos, 1500–3000 m.
Dept.: CO, PO, TA.
Muestra: *J.C. Solomon 14522* (LPB, MO).

Amaranthus peruvianus (Schauer) Standl., Publ. Field Mus. Nat. Hist., Bot. Ser. 13(2/2): 487. 1937.
Sin.: *Mengea peruviana* Schauer
Ref.: Foster (1958), Pedersen (1999).
Hierba. Nativa. Altiplano. Puna Húmeda, 4000–4500 m.
Dept.: CO.
Muestra: *H.U. Pestalozzi 938* (B, LPB).

Amaranthus powellii S. Watson, Proc. Amer. Acad. Arts 10: 347. 1875.
Sin.: *Amaranthus hypochondriacus* var. *powellii* (S. Watson) Pedersen
Hierba. Adventicia. Andes, Altiplano. Valles Secos, Puna Seca, 2500–4000 m.
Dept.: LP.
Muestra: *S.G. Beck 1396* (CTES, LPB, M, MO, SI, US).

Amaranthus retroflexus L., Sp. Pl. 2: 991. 1753.
Ref.: Foster (1958).
Hierba. Nativa. Andes. Valles Secos, 3000–3500 m.
Dept.: LP.
Muestra: *K. Pflanz 399* (MO).

Amaranthus spinosus L., Sp. Pl. 2: 991. 1753.
Ref.: Moraes R. (1990), Nee (2004).
Hierba. Nativa. Zonas Bajas. Bosque Húmedo, Bosque Semideciduo Chiquitano, Bosque Seco Chaqueño, Sabanas Benianas del Sur, 0–1000 m.
Dept.: BE, LP, PA, SC, TA.
Muestra: *M.H. Nee 33509* (LPB, MO, NY).

Amaranthus standleyanus Parodi ex Covas, Darwiniana 5: 339. 1941.
Sin.: *Amaranthus vulgatissimus* sensu Thell. non Spegazz., *Amaranthus parodii* Standl.
Ref.: Pedersen (1987), Borsch (2008).
Hierba. Nativa. Zonas Bajas. Bosque Seco Chaqueño, 0–1000 m.
Dept.: CH, SC, TA.
Muestra: *M.H. Nee 52984* (LPB, MO, NY).

Amaranthus urceolatus Benth., Bot. Voy. Sulphur 158. 1844 [1846].
Ref.: Bayon & Peláez (2012).
Hierba. Nativa. Andes. Valles Secos, 2000–2500 m.
Dept.: CH, CO.
Muestra: *J.R.I. Wood et al. 19432* (K, LPB, USZ).

Amaranthus viridis L., Sp. Pl. (ed. 2) 2: 1405. 1763.
Ref.: Moraes R. (1990), Killeen & Schulenberg (1998), Serrano & Terán (1998 [2000]), Nee (2004).
Hierba. Nativa. Zonas Bajas, Andes. Bosque Húmedo, Bosque Semideciduo Chiquitano, Bosque Seco Chaqueño, Sabanas Benianas del Sur, Yungas, Valles Secos, 0–1000, 2000–2500 m.
Dept.: BE, CH, CO, LP, PA, SC, TA.
Muestra: *S.G. Beck 5008* (CTES, LPB, NY, US).
Nom. Vern.: Caruro blanco.

Atriplex L., Sp. Pl. 2: 1052. 1753.
14 especies, 1 especie endémica.

Atriplex asplundii Standl., Publ. Field Mus. Nat. Hist., Bot. Ser. 11(3): 125. 1931.
Ref.: Foster (1958).
Hierba. Endémica. Altiplano. Puna Seca, 3500–4500 m.
Dept.: LP, OR.
Tipo y muestra: *E. Asplund 6295* (HT: US), *S.G. Beck 22678* (E, LPB, SI).

Atriplex cordobensis Gand. & Stuck., Bull. Soc. Bot. France 54: 584. 1908.
Hierba. Nativa, cultivada. Altiplano. Puna Seca, 3500–4000 m.
Dept.: OR.
Muestra: *S.G. Beck 25229* (E, LPB, SI).

Atriplex eximium A. Soriano, Darwiniana 7: 398, f. 2. 1947.
Arbusto. Nativa. Zonas Bajas. Bosque Seco Chaqueño, 0–500 m.
Dept.: TA.
Muestra: *A. Krapovickas & A. Schinini 39137* (CTES, LPB).

Atriplex imbricata (Moq.) D. Dietr., Syn. Pl. 5: 536. 1852.
Sin.: *Obione imbricata* Moq., *Atriplex microphylla* Phil., *Atriplex axillaris* Phil., *Atriplex salaris* Phil.
Ref.: Foster (1958), Múlgura de Romero (1981), Rosas (1989), Ministerio de Medio Ambiente y Agua (2012 [2013]).
Arbusto. Nativa. Andes, Altiplano. Valles Secos, Puna Seca, 2000–3000, 3500–4000 m.
Dept.: PO.
Tipo y muestra: *d'Orbigny s.n.* (HT: G), *S.G. Beck 21609* (E, LPB, SI).

[Atriplex lampa (Moq.) D. Dietr.], Syn. Pl. 5: 536. 1852.
Ref.: Foster (1958).
Nota: El registro se basa en material mal identificado.

Atriplex madariagae Phil., Anales Mus. Nac. Santiago de Chile 8: 73. 1891.
Ref.: Rosas (1989).
Hierba. Nativa. Región, tipo de vegetación y elevación desconocidas.
Dept.: Bolivia.
Nota: Según Index Kewensis está en Bolivia.

Atriplex montevidensis Spreng., Syst. Veg. 3: 918. 1826.
Sin.: *Obione montevidensis* (Spreng.) Moq., *Atriplex grisebachii* Kurtz ex Gand., *Atriplex montevidensis* fo. *conferta* Hicken
Ref.: Múlgura de Romero (1984), Múlgura de Romero (1999a).
Hierba. Nativa. Andes, Altiplano. Valles Secos, Puna Seca, 3500–4000 m.
Dept.: LP.
Muestra: *S.G. Beck 11128* (BOLV, CTES, E, LPB, M, MO, SI).

Atriplex myriophylla Phil., Anales Mus. Nac. Santiago de Chile 74. 1891.
Sin.: *Obione pusilla* Wedd., *Atriplex pusilla* Phil., *Atriplex cristata* var. *depauperata* Kuntze, *Atriplex cristata* var. *pulvinata* Kuntze, *Atriplex andina* R.E. Fr., *Atriplex serpyllifolia* Herzog, *Atriplex lilloi* Hauman, *Atriplex herzogii* Standl.
Ref.: Standley (1931a), Foster (1958), Múlgura de Romero (1984).
Hierba. Nativa. Andes, Altiplano. Valles Secos, Puna Seca, 2000–2500, 3000–4500 m.
Dept.: LP, OR, PO, TA.
Muestra: *S.G. Beck 14369* (E, LPB, M, MO, SI).

Atriplex nitrophiloides A. Soriano ex Múlgura, Darwiniana 25: 238. 1984.
Ref.: Múlgura de Romero (1984), Ministerio de Medio Ambiente y Agua (2012 [2013]).
Hierba. Nativa. Altiplano. Puna Seca, 3500–4500 m.
Dept.: LP, OR, PO.
Tipo y muestra: *C.M. Hicken s.n.* (HT: SI), *S.G. Beck 981* (LPB, MO, SI).

Atriplex nummularia Lindl., J. Exped. Trop. Australia 64. 1848.
Hierba. Adventicia, cultivada. Andes. Bosque Tucumano-Boliviano, 2000–2500 m.
Dept.: TA.
Muestra: *S.G. Beck et al. 31668* (LPB, SI).

[Atriplex oreophila Phil.], Anales Univ. Chile 91: 427. 1895.
Ref.: Múlgura de Romero (1999a).
Nota: Especie dudosa. No se encuentra en Bolivia.

[Atriplex pentandra (Jacq.) Standl.], N. Amer. Fl. 21(1): 54. 1916.
Ref.: Foster (1958).
Nota: El registro se basa en material mal identificado de *A. myriophylla*.

Atriplex prostrata Boucher ex DC., Fl. Franç. (ed. 3) 3: 387. 1805.
Sin.: *Atriplex hastata* L., *Atriplex microsperma* Waldst. & Kit., *Atriplex hastata* var. *salina* Wallr., *Atriplex platensis* Speg.
Ref.: Abrams (1944).
Hierba. Nativa. Andes. Valles Secos, 2500–3000 m.
Dept.: LP.
Muestra: *S.G. Beck 17845* (LPB, M, SI).

Atriplex rosea L., Sp. Pl. (ed. 2) 2: 1493. 1763.
Ref.: Abrams (1944).
Hierba. Adventicia. Andes, Altiplano. Valles Secos, Bosque de *Polylepis*, 3000–4000, 4500–5000 m.
Dept.: LP.
Muestra: *J.C. Solomon 6689* (LPB, MO).
Infra: *Atriplex rosea* var. *subintegra* C.A. Mey., *Atriplex rosea* var. *stipitata* F. Muell.

Atriplex rusbyi Britton ex Rusby, Mem. Torrey Bot. Club 4(3): 250. 1895.
Ref.: Standley (1931a), Foster (1958).
Subarbusto, arbusto. Nativa. Andes, Altiplano. Valles Secos, Puna Seca, 2000–4000 m.
Dept.: LP.
Tipo y muestra: *M. Bang 181* (ST: F, GH, MO, US, W), *J.C. Solomon & M.H. Nee 16074* (LPB, MO, SI, TAMU).

Atriplex semibaccata R. Br., Prodr. 406. 1810.
Sin.: *Atriplex stuckertii* Gand., *Atriplex semibaccata* var. *biformis* Aellen, *Atriplex semibaccata* var. *gracilis* Aellen
Ref.: Foster (1958), Múlgura de Romero (1982), De la Barra (1997), López (2000).
Hierba, subarbusto, arbusto. Adventicia. Andes, Altiplano. Valles Secos, Puna Seca, 1500–2000, 2500–4000 m.
Dept.: CO, LP, PO, TA.
Muestra: *S.G. Beck 8411* (E, LPB, SI).

Atriplex suberecta I. Verd., Bothalia 6(2): 418–421, f. 2, 3(2). 1954.
Sin.: *Atriplex muelleri* Benth.
Ref.: Múlgura de Romero (1982), De la Barra (1997), Nee (2004).
Hierba. Adventicia. Andes. Valles Secos, 2500–4000 m.
Dept.: CO, LP.
Muestra: *S.G. Beck 3497* (LPB, MO, SI).

Beta L., Sp. Pl. 1: 222. 1753.
1 especie, 0 especies endémicas.

Beta vulgaris L., Sp. Pl. 1: 222. 1753.
Sin.: *Beta vulgaris* var. *cicla* L.
Hierba. Cultivada. Andes. Valles Secos, 2500–3500 m.
Dept.: LP.
Muestra: *J.C. Solomon & M.H. Nee 18178* (BOLV, LPB, MO).
Infra: *Beta vulgaris* subsp. *cicla* (L.) W.D.J. Koch
Nom. Vern.: Acelga.

Celosia L., Sp. Pl. 1: 205. 1753.
1 especie, 0 especies endémicas.

Celosia argentea L., Sp. Pl. 1: 205. 1753.
Sin.: *Celosia cristata* L.
Ref.: Adolfo María (1966), Moraes R. (1990), Killeen & Schulenberg (1998), Borsch (2001).
Hierba. Nativa. Zonas Bajas. Bosque Húmedo, Bosque Seco Chaqueño, Campos Amazónicos, 0–1000 m.
Dept.: BE, CO, LP, SC.
Muestra: *M.H. Nee 41523* (LPB, NY).
Infra: *Celosia argentea* var. *cristata* (L.) Kuntze

Chamissoa Kunth, Nov. Gen. Sp. (folio ed.) 2: 196. 1817.
2 especies, 0 especies endémicas.

Chamissoa acuminata Mart., Nova Acta Phys.-Med. Acad. Caes. Leop.-Carol. Nat. Cur. 13: 286–287. 1826.
Sin.: *Chamissoa maximiliani* Mart. ex Moq., *Chamissoa celosioides* Griseb.
Ref.: Foster (1958), Sohmer (1977), Schulenberg & Awbrey (1997), Killeen & Schulenberg (1998), Serrano & Terán (1998 [2000]), Nee (2004), Arroyo Padilla & Villarroel Segarra (2009).
Hierba, subarbusto. Nativa. Zonas Bajas, Andes. Bosque Húmedo, Bosque Semideciduo Chiquitano, Bosque Seco Chaqueño, Campos Cerrados, Sabanas Benianas del Sur, Bosque Tucumano-Boliviano, 0–2000 m.
Dept.: BE, CH, LP, SC, TA.
Muestra: *S.G. Beck 13524* (CTES, LPB, NY).
Infra: *Chamissoa acuminata* var. *maximiliani* (Mart. ex Moq.) Sohmer
Nom. Vern.: Caruru.

Chamissoa altissima (Jacq.) Kunth, Nov. Gen. Sp. (quarto ed.) 2(7): 197, t. 125. 1817 [1818].
Sin.: *Achyranthes altissima* Jacq., *Chamissoa altissima* subsp. *albo-grisea* Suess.
Ref.: Foster (1958), Sohmer (1977), Moraes R. (1990), Parker & Bailey (1991), González et al. (1999), Serrano & Terán (1998 [2000]), Arroyo Padilla & Villarroel Segarra (2009).
Liana. Nativa. Zonas Bajas, Andes. Bosque Húmedo, Bosque Semideciduo Chiquitano, Bosque Seco Chaqueño, Sabanas Benianas del Sur, Yungas, Bosque Tucumano-Boliviano, Valles Secos, 0–2000 m.
Dept.: BE, CH, CO, LP, PA, SC, TA.
Muestra: *S.G. Beck et al. 11576* (BOLV, CTES, LPB, MO, NY, US, USZ).
Infra: *Chamissoa altissima* var. *rubella* Suess.
Nom. Vern.: Bejuco colorado.

Chenopodiastrum S. Fuentes, Uotila & Borsch, Willdenowia 42(1): 14. 2012.
1 especie, 0 especies endémicas.

Chenopodiastrum murale (L.) S. Fuentes, Uotila & Borsch, Willdenowia 42(1): 14. 2012.
Sin.: *Chenopodium murale* L., *Chenopodium triangulare* Forssk., *Chenopodium lucidum* Gilib., *Chenopodium murale* var. *albescens* Moq., *Chenopodium murale* var. *carthagenense* Moq., *Chenopodium biforme* Nees, *Chenopodium congestum* Hook. f., *Chenopodium murale* var. *biforme* (Nees) Moq., *Rhagodia baccata* (Labill.) Moq., *Rhagodia congesta* (Hook. f.) Moq., *Chenopodium murale* var. *spissidentatum* Murr, *Chenopodium murale* var. *acutidentatum* Aellen, *Chenopodium longidjawense* Peter
Ref.: Foster (1958), De la Barra (1997), Serrano & Terán (1998 [2000]), Nee (2004), Fuentes-Bazan et al. (2012a), Fuentes-Bazan et al. (2012b).

Hierba, subarbusto. Nativa. Andes, Altiplano. Valles Secos, Puna Húmeda, 1500–4000 m.
Dept.: CH, CO, LP, SC, TA.
Muestra: *S.G. Beck 22970* (B, H, LPB, SI).
Nom. Vern.: Akara, khachi yullu, yuyo negro.

Chenopodium L., Sp. Pl. 1: 218. 1753.

8 especies, 0 especies endémicas.

Chenopodium album L., Sp. Pl. 1: 219. 1753.
Sin.: *Chenopodium album* var. *hastatum* C. Klinggr., *Chenopodium album* subsp. *hastatum* (C. Klinggr.) Graebn., *Chenopodium zobelli* A. Ludw. & Aellen, *Chenopodium album* var. *polymorphum* Aellen
Ref.: Giusti (1997), González et al. (1999), López (2000), Nee (2004), Pinto et al. (2008), Rojas et al. (2008).
Hierba. Nativa. Andes, Altiplano. Valles Secos, Puna Húmeda, Puna Seca, 1500–4000 m.
Dept.: CO, LP, SC, TA.
Muestra: *E. Valenzuela 349* (B, LPB, SI).
Nom. Vern.: Ajara blanca, quinilla, quinra.

Chenopodium atrovirens Rydb., Mem. New York Bot. Gard. 1: 131. 1900.
Ref.: Fuentes-Bazan et al. (2012a).
Hierba. Nativa. Andes, Altiplano. Valles Secos, Puna Seca, 3000–4000 m.
Dept.: LP.
Muestra: *S.G. Beck 11328* (B, H, LPB, MO, SI).
Nom. Vern.: Ajara blanca, quinilla, quinra.

Chenopodium carnosulum Moq., Prodr. 13(2): 64. 1849.
Sin.: *Chenopodium patagonicum* Phil., *Chenopodium fueguianum* Speg.
Ref.: Aellen & Just (1943), Foster (1958), Múlgura de Romero (1999a).
Hierba. Nativa. Andes, Altiplano. Valles Secos, Puna Húmeda, Puna Seca, 2000–2500, 3500–4000 m.
Dept.: LP, PO.
Muestra: *S.G. Beck 21743* (CUZ, LPB, NY, SI).

Chenopodium hircinum Schrad., Index Sem. (Gottingen) 1833: 2. 1833.
Sin.: *Chenopodium bonariense* Ten., *Chenopodium hircinum* var. *typicum* A. Ludw. & Aellen
Ref.: Aellen & Just (1943), Foster (1958), Adolfo María (1966), Múlgura de Romero (1999a), Pinto et al. (2008), Rojas et al. (2008), Mamani et al. (2009).
Hierba. Nativa. Andes, Altiplano. Valles Secos, Puna Húmeda, Puna Seca, 2500–4000 m.
Dept.: CO, LP.
Muestra: *H. Gandarillas 2* (SI).
Infra: *Chenopodium hircinum* subsp. *hircinum*, *Chenopodium hircinum* subsp. *catamarcensis* Aellen, *Chenopodium hircinum* subsp. *eu-hircinum* Aellen, *Chenopodium hircinum* var. *andinum* Aellen, *Chenopodium hircinum* var. *rhombicum* Aellen

Chenopodium pallidicaule Aellen, Repert. Spec. Nov. Regni Veg. 26: 126. 1929.
Ref.: Standley (1937), Foster (1958), International Plant Genetic Resources Institute et al. (2005), Pinto (2011), Fuentes-Bazan et al. (2012a).
Hierba. Nativa, cultivada. Andes, Altiplano. Valles Secos, Puna Húmeda, Puna Seca, 1500–5000 m.
Dept.: CO, LP, OR, PO, TA.
Muestra: *S.G. Beck 31939* (B, LPB).
Nom. Vern.: Apharu cañahua, cañahua, illama, illamancu, q'ita cañahua.

Chenopodium petiolare Kunth, Nov. Gen. Sp. (quarto ed.) 2: 191. 1817 [1818].
Sin.: *Chenopodium album* var. *andinum* J. Rémy, *Chenopodium paniculatum* Hook., *Chenopodium paniculatum* Hook. ex Moq., *Chenopodium sparsiflorum* Phil., *Chenopodium bolivianum* Murr, *Chenopodium paniculatum* var. *reniforme* Murr, *Chenopodium paniculatum* var. *incanum* (S. Watson) Murr, *Chenopodium petiolare* fo. *hastatum* (Phil.) Aellen, *Chenopodium petiolare* fo. *scutatum* Aellen, *Chenopodium petiolare* fo. *trilobum* Aellen
Ref.: Aellen (1929), Standley (1931a), Foster (1958), Giusti (1997), Múlgura de Romero (1999a), López (2000), Fuentes-Bazan et al. (2012a).
Hierba, subarbusto. Nativa. Andes, Altiplano. Valles Secos, Puna Húmeda, 2000–4000 m.
Dept.: CO, LP, OR.
Muestra: *L.R.C. de Michel 2873* (B, H, LPB).
Infra: *Chenopodium petiolare* var. *leptophylloides* Murr, *Chenopodium petiolare* var. *sinuatum* Murr, *Chenopodium petiolare* fo. *hookeri* Aellen, *Chenopodium petiolare* fo. *incanum* Aellen, *Chenopodium petiolare* fo. *reniforme* Aellen

Chenopodium pilcomayense Aellen, Repert. Spec. Nov. Regni Veg. 26: 152. 1929.
Ref.: Múlgura de Romero (1999a).
Hierba. Nativa. Andes. Valles Secos, 3000–3500 m.
Dept.: LP.
Muestra: *M. Cárdenas 3584* (SI).

Chenopodium quinoa Willd., Sp. Pl. 1(2): 1301–1302. 1797.
Sin.: *Chenopodium purpurascens* var. *punctulatum* Moq., *Chenopodium album* subvar. *leucospermum* (Schrad.) Kuntze, *Chenopodium nuttalliae* Saff., *Chenopodium hircinum* subsp. *milleanum* Aellen, *Chenopodium hircinum* var. *quinoa* (Willd.) Aellen, *Chenopodium quinoa* fo. *purpureum* Aellen
Ref.: Standley (1931a), Foster (1958), Pinto et al. (2008), Rojas et al. (2008), Fuentes-Bazan et al. (2012a), Lack & Fuentes-Bazan (2013).
Hierba. Nativa, cultivada. Andes, Altiplano. Yungas, Valles Secos, Puna Húmeda, Puna Seca, 1000–4500 m.
Dept.: CH, CO, LP, OR, PO.
Muestra: *J.C. Solomon 13348* (LPB, MO).
Infra: *Chenopodium quinoa* var. *quinoa*, *Chenopodium quinoa* subsp. *milleanum* (Aellen) Aellen, *Chenopodium quinoa* var. *melanospermum* Hunz.

Cyathula Blume, Bijdr. Fl. Ned. Ind. 548. 1826.

2 especies, 0 especies endémicas.

Cyathula achyranthoides (Kunth) Moq., Prodr. 13(2): 326–327. 1849.
Sin.: *Desmochaeta achyranthoides* Kunth
Ref.: Foster (1958), Moraes R. (1990).
Hierba, subarbusto. Adventicia. Zonas Bajas, Andes. Bosque Húmedo, Sabanas Benianas del Sur, Yungas, 0–1500 m.
Dept.: BE, CO, LP, PA, SC.
Muestra: *G. Caity 245* (CTES, LPB, M, NY, USZ).

Cyathula prostrata (L.) Blume, Bijdr. Fl. Ned. Ind. 11: 549. 1826.
Sin.: *Achyranthes prostrata* L.
Ref.: Moraes R. (1990), Nee (2004).
Hierba. Adventicia. Zonas Bajas. Bosque Húmedo, 0–500 m.
Dept.: BE, CO, PA.
Muestra: *S.G. Beck 17134* (CTES, LPB, M, NY).

Dysphania R. Br., Prodr. 411. 1810.

8 especies, 1 especie endémica.

Dysphania ambrosioides (L.) Mosyakin & Clemants, Ukrajins'k. Bot. Žurn. 59(4): 382. 2002.
Sin.: *Chenopodium ambrosioides* L., *Atriplex ambrosioides* (L.) Crantz, *Chenopodium suffruticosum* Willd., *Ambrina ambrosioides* (L.) Spach, *Ambrina spathulata* Moq., *Chenopodium spathulatum* (Moq.) Sieber ex Moq., *Chenopodium ambrosioides* var. *genuinum* Willk., *Chenopodium ambrosioides* var. *pinnatifidum* Willk., *Chenopodium ambrosioides* var. *dentata* Fenzl, *Chenopodium ambrosioides* var. *integrifolium* Fenzl, *Ambrina parvula* Phil., *Chenopodium ambrosioides* var. *typicum* Speg., *Blitum ambrosioides* (L.) Beck, *Chenopodium ambrosioides* var. *suffruticosum* (Willd.) Graebn., *Chenopodium ambrosioides* fo. *genuinum* (Willk.) Aellen, *Chenopodium ambrosioides* fo. *spathulathum* (Sieber ex Moq.) Aellen, *Chenopodium ambrosioides* subsp. *euambrosioides* Aellen, *Chenopodium ambrosioides* var. *querciforme* (Murr) Aellen, *Chenopodium ambrosioides* var. *typicum* (Speg.) Aellen, *Chenopodium ambrosioides* fo. *dentatum* (Fenzl) Aellen, *Chenopodium integrifolium* Vorosch., *Chenopodium suffruticosum* subsp. *remotum* Vorosch., *Chenopodium ambrosioides* fo. *integrifolium* (Fenzl) Aellen, *Chenopodium ambrosioides* fo. *pinnatifidum* (Willk.) Aellen, *Chenopodium ambrosioides* fo. *rotundatum* Aellen, *Chenopodium ambrosioides* var. *costei* Aellen
Ref.: Foster (1958), Moraes R. (1990), López Vargas (1995), Killeen & Schulenberg (1998), López (2000), Serrano & Terán (1998 [2000]), Nee (2004), Arroyo Padilla & Villarroel Segarra (2009).
Hierba, subarbusto. Nativa. Zonas Bajas, Andes, Altiplano. Bosque Húmedo, Bosque Semideciduo Chiquitano, Bosque Seco Chaqueño, Sabanas Benianas del Sur, Yungas, Valles Secos, Puna Húmeda, Bosque de *Polylepis*, 0–4000 m.
Dept.: BE, CH, CO, LP, PA, PO, SC, TA.
Muestra: *I. Guareco 420* (B, H, LPB).
Nom. Vern.: Care, paico, paico maiacho, paigo, sicoco.

Dysphania botrys (L.) Mosyakin & Clemants, Ukrajins'k. Bot. Žurn. 59(4): 383. 2002.
Sin.: *Chenopodium botrys* L., *Ambrina botrys* (L.) Moq., *Neobotrydium botrys* (L.) Moldenke
Hierba. Nativa. Andes. Bosque Tucumano-Boliviano, Valles Secos, 1000–1500, 3000–3500 m.
Dept.: LP, TA.
Muestra: *J.C. Solomon 18290* (LPB, MO).
Nota: Determinación tentativa.

Dysphania carinata (R. Br.) Mosyakin & Clemants, Ukrajins'k. Bot. Žurn. 59(4): 382. 2002.
Sin.: *Chenopodium carinatum* R. Br.
Hierba. Adventicia. Zonas Bajas. Campos Cerrados, 0–500 m.
Dept.: SC.
Muestra: *M.H. Nee 49089* (CTES, LPB, MO, NY, USZ).

Dysphania chilensis (Schrad.) Mosyakin & Clemants, Ukrajins'k. Bot. Žurn. 59(4): 382. 2002.
Sin.: *Ambrina andicola* Phil., *Ambrina denudata* Phil., *Chenopodium ambrosioides* fo. *angustatum* (Moq.) Aellen, *Chenopodium ambrosioides* var. *denudatum* (Phil.) Aellen, *Chenopodium ambrosioides* var. *angustifolium* Moq., *Chenopodium ambrosioides* var. *chilense* (Schrad.) Griseb., *Chenopodium andicola* (Phil.) Reiche, *Chenopodium anthelminticum* var. *chilense* (Schrad.) Griseb., *Chenopodium chilense* var. *angustifolium* Moq., *Chenopodium querciforme* Murr, *Chenopodium chilense* Schrad., *Chenopodium vagans* Standl., *Chenopodium ambrosioides* fo. *minus* Aellen, *Chenopodium ambrosioides* subsp. *chilense* (Schrad.) Aellen, *Chenopodium ambrosioides* var. *andicola* (Phil.) Aellen, *Chenopodium ambrosioides* var. *euchilense* Aellen, *Chenopodium ambrosioides* fo. *angustifolium* (Moq.) Aellen, *Chenopodium ambrosioides* fo. *normale* Aellen, *Chenopodium sooanum* Aellen
Ref.: Aellen & Just (1943), Foster (1958).
Hierba. Nativa. Andes. Yungas, 2500–3000 m.
Dept.: LP.
Muestra: *J.C. Solomon & M.H. Nee 16075* (LPB, MO).

Dysphania graveolens (Willd.) Mosyakin & Clemants, Ukrajins'k. Bot. Žurn. 59(4): 383. 2002.
Sin.: *Chenopodium ambrosioides* var. *graveolens* (Willd.) Speg., *Chenopodium graveolens* Willd., *Teloxys graveolens* (Willd.) W.A. Weber
Ref.: Fuentes-Bazan et al. (2012a).
Hierba. Nativa. Andes. Tipo de vegetación desconocida, 3000–3500 m.
Dept.: CO.
Muestra: *E. Thomas 258* (B, LPB).

Dysphania mandonii (S. Watson) Mosyakin & Clemants, J. Bot. Res. Inst. Texas 2(1): 429. 2008.
Sin.: *Teloxys mandonii* S. Watson, *Chenopodium incisum* var. *bangii* Murr, *Chenopodium mandonii* (S. Watson) Aellen, *Chenopodium graveolens* var. *bangii* (Murr) Aellen
Ref.: Foster (1958), López (2000).
Hierba. Endémica. Andes. Valles Secos, 3000–3500 m.
Dept.: LP.
Tipo y muestra: *G. Mandon 1026* (T: GH), *J.C. Solomon 13802* (LPB, MO).
Nota: Los límites con *D. graveolens* no son muy claros.

Dysphania multifida (L.) Mosyakin & Clemants, Ukrajins'k. Bot. Žurn. 59(4): 382. 2002.
Sin.: *Chenopodium multifidum* L., *Roubieva multifida* (L.) Moq., *Ambrina pinnatisecta* Spach, *Chenopodium multifidum* fo. *latisectum* Bontea & Aellen, *Chenopodium multifidum* fo. *intermedium* Aellen, *Chenopodium multifidum* fo. *spatulathum* Aellen, *Chenopodium multifidum* fo. *typicum* Aellen
Subarbusto. Nativa. Andes. Valles Secos, 3000–3500 m.
Dept.: LP.
Muestra: *E. Valenzuela 134* (LPB, SI).

[Dysphania oblanceolata (Speg.) Mosyakin & Clemants], J. Bot. Res. Inst. Texas 2(1): 428. 2008.
Sin.: *Chenopodium ambrosioides* var. *oblanceolata* Speg., *Chenopodium oblanceolatum* (Speg.) Giusti
Ref.: De la Barra (1997).
Nota: El registro se basa en material mal identificado. No hay ejemplares de herbario confirmados.

Froelichia **Moench**, Methodus 50. 1794.
1 especie, 0 especies endémicas.

Froelichia chacoensis Chodat, Bull. Soc. Bot. Genève 18: 291–292, f. 33–35 & 20. 1926 [1927].
Ref.: Pedersen (1999).
Nota: Esperada. Especie del chaco Paraguayo (Boquerón), en la frontera con Bolivia.

Froelichia tomentosa (Mart.) Moq., Prodr. 13(2): 421. 1849.
Sin.: *Oplotheca tomentosa* Mart.
Hierba. Nativa. Zonas Bajas. Bosque Seco Chaqueño, 0–500 m.
Dept.: CH, SC.
Muestra: *L.R.C. de Michel 2499* (LPB, PACA).

Gomphrena L., Sp. Pl. 1: 224. 1753.
31 especies, 8 especies endémicas.

Gomphrena bicolor Mart., Nov. Actorum Acad. Caes. Leop.-Carol. Nat. Cur. 13: 300. 1826.
Ref.: Holzhammer (1956), López Vargas (1995), Saravia Miranda (1996), Serrano & Terán (1998 [2000]).
Hierba. Nativa. Andes, Altiplano. Valles Secos, Puna Seca, 3000–4000 m.
Dept.: CH, CO, OR.
Tipo y muestra: *T. Haenke s.n.* (T: M), *T. Borsch & T. Ortuño 3558* (B, LPB).

Gomphrena boliviana Moq., Prodr. 13(2): 401. 1849.
Sin.: *Gomphrena tarijensis* R.E. Fr., *Gomphrena boliviana* fo. *leiantha* Pedersen, *Gomphrena boliviana* var. *tarijensis* (R.E. Fr.) Pedersen
Ref.: Foster (1958), Hunziker (1971), Pedersen (1990), De la Barra (1997), Pedersen (1997), Serrano & Terán (1998 [2000]).
Hierba. Nativa. Zonas Bajas, Andes. Bosque Seco Chaqueño, Valles Secos, 500–2500 m.
Dept.: CH, CO, TA.
Tipo y muestra: *Gay s.n.* (HT: FI; IT: P; fotos: F), *T. Borsch 3623* (B, LPB).

Gomphrena cardenasii Standl. ex E. Holzh., Mitt. Bot. Staatssamml. München 2: 187. 1955.
Ref.: Wood et al. (2011).
Hierba. Endémica. Zonas Bajas. Campos Cerrados, 0–500 m.
Dept.: SC.
Tipo y muestra: *M. Cárdenas 2953* (HT: M; IT: F, LIL), *J.R.I. Wood 20678* (B, K, LPB).

Gomphrena celosioides Mart., Nova Acta Phys.-Med. Acad. Caes. Leop.-Carol. Nat. Cur. 13(1): 301–302. 1826.
Sin.: *Gomphrena decumbens* fo. *albiflora* Chodat, *Gomphrena hygrophila* fo. *luteiflora* Herzog, *Gomphrena hygrophila* fo. *subecristata* Herzog, *Gomphrena celosioides* fo. *aureiflora* (Chodat) Pedersen, *Gomphrena celosioides* fo. *roseiflora* (Chodat) Pedersen
Ref.: Holzhammer (1956), Foster (1958), Beck (1984), Eliasson (1987), Moraes R. (1990), Pedersen (1997).
Hierba. Nativa. Zonas Bajas. Bosque Semideciduo Chiquitano, Sabanas Benianas del Sur, 0–500 m.
Dept.: BE, SC.
Muestra: *M.H. Nee 34275* (LPB, NY).

Gomphrena discolor R.E. Fr., Ark. Bot. 16(12): 34. 1920.
Ref.: Holzhammer (1956), Foster (1958).
Hierba. Nativa. Zonas Bajas, Andes. Bosque Seco Chaqueño, Bosque Serrano Chaqueño, Valles Secos, 0–1000, 1500–2000 m.
Dept.: CH, SC, TA.
Tipo y muestra: *R.E. Fries 1101* (HT: S; IT: CORD, G, P, S; fotos: F), *J.R.I. Wood 9503* (HSB, K, LPB).

Gomphrena elegans Mart., Nov. Gen. Sp. Pl. 2: 17, t. 119. 1826.
Ref.: Holzhammer (1956), Foster (1958), Borsch (1993), De la Barra (1997).
Subarbusto. Nativa. Zonas Bajas. Bosque Húmedo, Sabanas Benianas del Sur, 0–500 m.
Dept.: BE, PA, SC.
Muestra: *I. Guareco 286* (B, LPB).
Nom. Vern.: Viyoicore.

Gomphrena ferruginea Pedersen, Darwiniana 20(1–2): 273, f. 1. 1976.
Ref.: Pedersen (1976).
Hierba. Nativa. Andes. Valles Secos, 1000–2000 m.
Dept.: TA.
Muestra: *T. Borsch & T. Ortuño 3650* (B, LPB).
Infra: *Gomphrena ferruginea* var. *rustica* Pedersen

Gomphrena fuscipellita T. Ortuño & Borsch, Novon 15(1): 181–183, f. 1, 3A, 3C, 4A, 4C. 2005.
Ref.: Ministerio de Medio Ambiente y Agua (2012 [2013]).
Hierba. Endémica. Andes. Valles Secos, 2000–3000 m.
Dept.: CO, PO.
Tipo y muestra: *T. Borsch & T. Ortuño 3594* (HT: LPB; IT: B, BOLV, K, MO), *J.R.I. Wood et al. 19239* (BOLV, K, LPB).

[Gomphrena gardneri Moq.], Prodr. 13(2): 404. 1849.
Ref.: Foster (1958).
Nota: El registro se basa en material mal identificado.

Gomphrena globosa L., Sp. Pl. 1: 224. 1753.
Ref.: Moraes R. (1990), Borsch (2001).
Hierba. Cultivada. Zonas Bajas. Bosque Húmedo, Bosque Semideciduo Chiquitano, 0–500 m.
Dept.: LP, PA.
Muestra: *M.H. Nee 31601* (LPB, NY).

Gomphrena haenkeana Mart., Nov. Act. Nat. Cur. 13: 299. 1826.
Sin.: *Gomphrena pulchella* var. *rosea* Stuchlík
Ref.: Foster (1958), Pedersen (1976), De la Barra (1997), López (2000), Serrano & Terán (1998 [2000]), Nee (2004).
Hierba. Nativa. Zonas Bajas, Andes. Bosque Seco Chaqueño, Yungas, Valles Secos, 500–3000 m.
Dept.: CH, CO, LP, SC, TA.
Muestra: *T. Borsch et al. 3963* (B, LPB).

Gomphrena holosericea (Mart.) Moq., Prodr. 13(2): 386. 1849.
Sin.: *Hebanthe holosericea* Mart., *Pfaffia holosericea* (Mart.) Standl.
Ref.: Holzhammer (1956), Foster (1958), Borsch (1993).
Liana. Nativa. Zonas Bajas, Andes. Bosque Húmedo, Yungas, 0–2000 m.
Dept.: CO, LP, SC.
Muestra: *S.G. Beck 9218* (BOLV, CTES, LPB, MO, NY, SI, USZ).

Gomphrena lanigera Pohl, Prodr. 13(2): 406. 1849.
Hierba. Nativa. Zonas Bajas. Campos Cerrados, 500–1000 m.
Dept.: SC.
Muestra: *J.R.I. Wood 19964* (B, K, LPB, USZ).

Gomphrena mandonii R.E. Fr., Ark. Bot. 16(12): 22. 1921.
Sin.: *Pfaffia soratensis* Rusby, *Gomphrena elegans* var. *mandonioides* Suess.
Ref.: Holzhammer (1956), Foster (1958), De la Barra (1997).
Hierba, subarbusto. Nativa. Andes. Yungas, Valles Secos, 2500–3000 m.
Dept.: CO, LP.
Tipo y muestra: *G. Mandon 1016* (HT: S; IT: BM, GH, K, NY), *S.G. Beck 18720* (B, CTES, LPB, NY).
Nom. Vern.: Tonko tonko.

Gomphrena martiana Gillies ex Moq., Prodr. 13(2): 400. 1849.
Sin.: *Gomphrena glutinosa* R.E. Fr., *Gomphrena martiana* var. *glutinosa* (R.E. Fr.) Pedersen
Ref.: Foster (1958), Hunziker (1971), Pedersen (1990), Pedersen (1997), Serrano & Terán (1998 [2000]), Nee (2004).
Hierba. Nativa. Zonas Bajas, Andes. Bosque Semideciduo Chiquitano, Bosque Seco Chaqueño, Valles Secos, 0–3000 m.
Dept.: CH, CO, SC, TA.
Muestra: *S.G. Beck 6421* (CTES, LPB, NY).
Nom. Vern.: Capianti, moco-moco.

[Gomphrena mendocina (Phil.) R.E. Fr.], Ark. Bot. 16(12): 33, f. 9, t. 4(1). 1920.
Sin.: *Chnoanthus mendocinus* Phil.
Ref.: De la Barra (1997).
Nota: El registro se basa en material mal identificado.

Gomphrena meyeniana Walp., Nov. Actorum Acad. Caes. Leop.-Carol. Nat. Cur. 19(Supt. 1): 404. 1843.
Sin.: *Gomphrena acaulis* J. Rémy, *Gomphrena conwayi* Rusby
Ref.: Holzhammer (1956), Foster (1958), Pedersen (1990), Saravia Miranda (1996), De la Barra (1997), López (2000).
Hierba. Nativa. Andes, Altiplano. Valles Secos, Puna Húmeda, Puna Seca, Bosque de *Polylepis*, 3000–5000 m.
Dept.: CH, CO, LP, OR, PO, TA.
Muestra: *J.C. Solomon et al. 11794* (LPB, MO).
Infra: *Gomphrena meyeniana* var. *genuina* Stuchlík, *Gomphrena meyeniana* var. *conwayi* (Rusby) Suess., *Gomphrena meyeniana* var. *flaccida* Pedersen

Gomphrena mizqueensis T. Ortuño & Borsch, Novon 15(1): 183–187, f. 2, 3B, 3D, 4B, 4D. 2005.
Hierba. Endémica. Andes. Valles Secos, 3000–3500 m.
Dept.: CO.
Tipo y muestra: *T. Borsch & T. Ortuño 3614* (HT: LPB; IT: B, BOLV, K, MO), *T. Borsch & T. Ortuño 3584* (B, BOLV, LPB).

Gomphrena oligocephala Remy, Ann. Sci. Nat., Bot., sér. 3, 6: 350. 1846.
Ref.: Holzhammer (1956), Foster (1958).
Hierba. Endémica. Andes. Valles Secos, 2500–3000 m.
Dept.: CH, CO.
Tipo y muestra: *d'Orbigny 1158* (HT: P; IT: P; fotos: F), *T. Borsch & T. Ortuño 3760* (B, LPB).
Infra: *Gomphrena oligocephala* var. *oligocephala*

Gomphrena pallida (Suess.) Pedersen, Darwiniana 20(1–2): 282, f. 2. 1976.
Sin.: *Gomphrena decumbens* var. *boliviana* Stuchlík, *Gomphrena oligocephala* var. *pallida* Suess.
Ref.: Foster (1958), Pedersen (1976).
Hierba. Nativa. Andes. Valles Secos, 1500–3000 m.
Dept.: CH, CO, PO, TA.
Muestra: *T. Borsch et al. 3724* (B, LPB).
Infra: *Gomphrena pallida* fo. *pallida*

Gomphrena paranensis R.E. Fr., Ark. Bot. 16(12): 36. 1920.
Hierba. Nativa. Zonas Bajas. Campos Cerrados, 0–1000 m.
Dept.: SC.
Muestra: *J.R.I. Wood & A. Haigh 21913* (BOLV, K, LPB, USZ).

Gomphrena perennis L., Sp. Pl. 1: 224. 1753.
Sin.: *Gomphrena perennis* var. *saxatilis* R.E. Fr., *Gomphrena perennis* var. *suffruticosa* (Griseb.) R.E. Fr., *Gomphrena subalpina* Herzog, *Gomphrena cinnabarina* Suess., *Gomphrena perennis* var. *subalpina* (Herzog) Suess.
Ref.: Holzhammer (1956), Foster (1958), Adolfo María (1966), Pedersen (1976), Pedersen (1999), Nee (2004), Arroyo Padilla & Villarroel Segarra (2009).
Hierba. Nativa. Zonas Bajas, Andes. Bosque Semideciduo Chiquitano, Bosque Seco Chaqueño, Campos Cerrados, Bosque Tucumano-Boliviano, Bosque Serrano Chaqueño, Valles Secos, 0–500, 1500–2500 m.
Dept.: CO, SC, TA.
Muestra: *T. Borsch & J. Coimbra 3523* (B, LPB).

Gomphrena phaeotricha Pedersen, Darwiniana 20(1–2): 286, f. 3. 1976.
Ref.: López (2000).
Hierba. Nativa. Andes. Bosque Tucumano-Boliviano, 2500–3500 m.
Dept.: TA.
Muestra: *T. Borsch & T. Ortuño 3652* (B, LPB).

Gomphrena platycephala R.E. Fr., Ark. Bot. 12: 25. 1920.
Ref.: Pedersen (1997).
Hierba. Nativa. Zonas Bajas. Bosque Seco Chaqueño, 0–1000 m.
Dept.: SC, TA.
Muestra: *A. Krapovickas & L. Mroginski 19199* (CTES, LPB).

Gomphrena potosiana Suess. & Benl, Mitt. Bot. Staatssamml. München 1: 6. 1950.
Ref.: Holzhammer (1956), Foster (1958).
Hierba. Endémica. Andes, Altiplano. Valles Secos, Puna Seca, 3000–4000 m.
Dept.: PO.
Tipo y muestra: *M. Cárdenas 107* (HT: GH; IT: LIL), *T. Borsch & T. Ortuño 3672* (B, LPB).

Gomphrena pulchella Mart., Nov. Actorum Acad. Caes. Leop.-Carol. German. Nat. Cur. (1): 302. 1826.
Sin.: *Gomphrena perennis* var. *boliviana* Stuchlík, *Gomphrena pulchella* fo. *nana* Suess.
Ref.: Holzhammer (1956), Foster (1958), Adolfo María (1966).
Hierba. Nativa. Andes. Bosque Tucumano-Boliviano, Valles Secos, 1500–2000, 2500–3000 m.
Dept.: CO, SC, TA.
Muestra: *R.F. Steinbach 3* (MO).

Gomphrena serrata L., Sp. Pl. 1: 224. 1753.
Sin.: *Gomphrena decumbens* Jacq., *Gomphrena ixiamensis* Rusby, *Gomphrena lutea* Rusby
Ref.: Holzhammer (1956), Foster (1958), Adolfo María (1966), Eliasson (1987), Nee (2004).
Hierba. Nativa. Zonas Bajas. Bosque Húmedo, Sabanas Benianas del Norte, 0–500 m.
Dept.: BE, CO, SC.
Muestra: *M.H. Nee 31860* (LPB, MO, NY).

Gomphrena spissa Pedersen, Adansonia, sér. 3, 19(2): 232. 1997.
Ref.: Pedersen (1990).
Hierba. Endémica. Altiplano. Puna Seca, 3500–4000 m.
Dept.: OR.
Tipo y muestra: *W.M.A. Brooke 5248* (HT: BM; IT: NY), *L.S. Torrico & G.A. Castillo 745* (LPB).

Gomphrena stellata T. Ortuño & Borsch, Kew Bull. 61(4): 566. 2007.
Subarbusto. Endémica. Andes. Valles Secos, 1000–1500 m.
Dept.: CH.
Tipo y muestra: *J.R.I. Wood et al. 19600* (HT: LPB; IT: BOLV, HSB, K), *J.R.I. Wood & H. Huaylla 21062* (B, HSB, K, LPB).

Gomphrena tomentosa (Griseb.) R.E. Fr., Ark. Bot. 16(12): 34. 1920.
Sin.: *Gossypianthus tomentosus* Griseb.
Ref.: Holzhammer (1956).
Hierba. Nativa. Zonas Bajas, Andes. Bosque Seco Chaqueño, Valles Secos, 0–1000, 1500–2000, 2500–3500 m.
Dept.: CH, PO, SC, TA.
Muestra: *J.R.I. Wood 11939* (K, LPB).

Gomphrena trollii Suess., Repert. Spec. Nov. Regni Veg. 35: 315. 1934.
Ref.: Holzhammer (1956), Foster (1958), Pedersen (1976), Ministerio de Medio

Ambiente y Agua (2012 [2013]).
Hierba. Endémica. Andes. Valles Secos, 2500–3000 m.
Dept.: PO.
Tipo y muestra: *C. Troll 3355* (HT: B; IT: M), *T. Ortuño et al. 1255* (B, LPB).

Gomphrena umbellata Remy, Ann. Sci. Nat., Bot., sér. 3, 6: 349. 1846.
Ref.: Foster (1958), Pedersen (1999).
Hierba. Nativa. Andes, Altiplano. Valles Secos, Puna Seca, 3000–4500 m.
Dept.: CH, LP, OR, PO, TA.
Tipo y muestra: *d'Orbigny 1523* (HT: P; IT: P, P; fotos: F), *M. Liberman 309* (CTES, LPB, NY).

Gomphrena vaga Mart., Nov. Gen. Sp. Pl. 2: 17, t. 120. 1826.
Sin.: *Gomphrena gnaphiotricha* Griseb.
Ref.: Holzhammer (1956), Foster (1958), Borsch (1993), López Vargas (1995), De la Barra (1997), Serrano & Terán (1998 [2000]), Nee (2004).
Arbusto. Nativa. Zonas Bajas, Andes. Bosque Seco Chaqueño, Valles Secos, 0–1500, 2000–3000 m.
Dept.: CH, CO, SC, TA.
Muestra: *M.H. Nee 35389* (MO, NY).
Nom. Vern.: M'ogo m'ogo.

Guilleminea Kunth, Nov. Gen. Sp. (quarto ed.) 6: 40, pl. 518. 1823.
2 especies, 0 especies endémicas.

Guilleminea densa (Humb. & Bonpl. ex Schult.) Moq., Prodr. 13(2): 338. 1849.
Sin.: *Illecebrum densum* Humb. & Bonpl. ex Schult., *Gomphrena gracilis* M. Martens & Galeotti
Ref.: Foster (1958), Henrickson (1987), De la Barra (1997), López (2000), Pedersen (2000), Serrano & Terán (1998 [2000]), Borsch (2001), Nee (2004).
Hierba. Nativa. Zonas Bajas, Andes. Bosque Semideciduo Chiquitano, Bosque Serrano Chaqueño, Valles Secos, 0–500, 2000–3500 m.
Dept.: CH, CO, LP, PO, SC, TA.
Muestra: *J.C. Solomon 7193* (LPB, MO).
Infra: *Guilleminea densa* var. *gracilis* (R.E. Fr.) Mears
Nom. Vern.: Llapa-llapa.

Guilleminea hirsuta Pedersen, Bonplandia (Corrientes) 10(1–4): 99–101, f.8. 2000.
Hierba. Nativa. Zonas Bajas. Bosque Semideciduo Chiquitano, 500–1000 m.
Dept.: CH.
Muestra: *S. Toledo et al. 11417* (CTES).

Hebanthe Mart., Nov. Gen. Sp. Pl. 2: 42. 1826.
3 especies, 0 especies endémicas.

Hebanthe grandiflora (Hook.) Borsch & Pedersen, Sendtnera 4: 20. 1997.
Sin.: *Iresine grandiflora* Hook., *Pfaffia grandiflora* (Hook.) R.E. Fr., *Pfaffia grandiflora* var. *prominulifera* O. Stützer
Ref.: Stützer (1935), Foster (1958), Moraes R. (1990), Killeen & Schulenberg (1998).
Liana. Nativa. Zonas Bajas, Andes. Bosque Húmedo, Bosque Semideciduo Chiquitano, Bosque Seco Chaqueño, Bosque Serrano Chaqueño, 0–1500 m.
Dept.: CH, LP, SC.
Muestra: *R.S. Williams 1586* (K).

Hebanthe occidentalis (R.E. Fr.) Borsch & Pedersen, Sendtnera 4: 21. 1997.
Sin.: *Pfaffia bangii* R.E. Fr., *Pfaffia occidentalis* R.E. Fr., *Pfaffia brachiata* Chodat, *Pfaffia brachiata* var. *grandiflora* O. Stützer
Ref.: Foster (1958), Nee (2004), Arroyo Padilla & Villarroel Segarra (2009).
Trepadora, liana, arbusto. Nativa. Zonas Bajas, Andes. Bosque Húmedo, Bosque Seco Chaqueño, Yungas, Bosque Tucumano-Boliviano, Valles Secos, 0–500, 1000–3000 m.
Dept.: BE, CH, CO, LP, PA, SC, TA.
Muestra: *J.C. Solomon 11260* (LPB, MO).
Infra: *Hebanthe occidentalis* var. *occidentalis*, *Hebanthe occidentalis* var. *bangii* (R.E. Fr.) Borsch & Pedersen

Hebanthe paniculata Mart., Nov. Gen. Sp. Pl. 2: 43–44, t. 140, 142. 1826.
Sin.: *Pfaffia paniculata* (Mart.) Kuntze
Ref.: Foster (1958), Borsch & Pedersen (1997).
Liana. Nativa. Zonas Bajas. Bosque Seco Chaqueño, 0–500 m.
Dept.: SC.
Muestra: *J. Steinbach 2918* (GH).
Nota: Material no encontrado, incluído con base en las referencias bibliográficas.

Holmbergia Hicken, Apuntes Hist. Nat. 1: 65. 1909.
1 especie, 0 especies endémicas.

Holmbergia tweedii (Moq.) Speg., Physis (Buenos Aires) 2(10): 177. 1916.
Sin.: *Chenopodium tweedii* Moq.
Ref.: Múlgura de Romero (1999a), Nee (2004).
Arbusto. Nativa. Andes. Bosque Tucumano-Boliviano, 1500–2000 m.
Dept.: SC.
Muestra: *M.H. Nee & J.C. Solomon 36528* (LPB, MO, NY).

Iresine P. Browne, Civ. Nat. Hist. Jamaica 358–359. 1756.
3 especies, 0 especies endémicas.

Iresine angustifolia Euphrasén, Beskr. St. Barthél. 165. 1795.
Ref.: Foster (1958).
Hierba. Nativa. Andes. Yungas, 1000–1500 m.
Dept.: LP.
Muestra: *H.H. Rusby 1508* (NY).

Iresine diffusa Humb. & Bonpl. ex Willd., Sp. Pl. 4(2): 765. 1806.
Sin.: *Celosia paniculata* L., *Iresine celosia* L., *Iresine celosioides* L., *Iresine celosioides* var. *macrophylla* Griseb., *Iresine spiculigera* Seub., *Iresine paniculata* (L.) Kuntze, *Iresine spiculigera* var. *pauciglandulosa* Herzog, *Iresine celosioides* var. *nicotianoides* Suess.
Ref.: Foster (1958), Adolfo María (1966), Pedersen (1990), López Vargas (1995), Saravia Miranda (1996), De la Barra (1997), Schulenberg & Awbrey (1997), López (2000), Serrano & Terán (1998 [2000]), Borsch (2001), Nee (2004), Arroyo Padilla & Villarroel Segarra (2009).
Hierba, subarbusto, arbusto, arbolito. Nativa. Zonas Bajas, Andes. Bosque Húmedo, Bosque Semideciduo Chiquitano, Bosque Seco Chaqueño, Yungas, Bosque Tucumano-Boliviano, Bosque Serrano Chaqueño, Valles Secos, 0–3500 m.
Dept.: BE, CH, CO, LP, PA, SC, TA.
Muestra: *T. Borsch & T. Ortuño 3508* (B, LPB).
Infra: *Iresine diffusa* var. *diffusa*, *Iresine diffusa* var. *spiculigera* (Seub.) Eliasson, *Iresine diffusa* var. *macrophylla* (Griseb.) Pedersen

Iresine herbstii Hook., Gard. Chron. 1864: 654. 1864.
Ref.: Moraes R. (1990), Borsch (2001).
Hierba. Cultivada. Zonas Bajas. Bosque Húmedo, 0–500 m.
Dept.: PA.
Muestra: *M.H. Nee 31602* (LPB, MO, NY).

Kochia Roth, J. Bot. (Schrader) 1800(1): 307. 1801.
1 especie, 0 especies endémicas.

Kochia scoparia (L.) Schrad., Neues J. Bot. 3: 85. 1809.
Sin.: *Chenopodium scoparium* L., *Kochia parodii* Aellen, *Kochia parodii* var. *contracta* Aellen, *Kochia parodii* var. *densa* Aellen, *Kochia parodii* var. *elongata* Aellen, *Bassia scoparia* (L.) A.J. Scott
Subarbusto. Cultivada. Andes. Valles Secos, 1500–2000 m.
Dept.: SC.
Muestra: *M.H. Nee 40626* (LPB, NY).
Infra: *Kochia scoparia* fo. *densiflora* Moq., *Kochia scoparia* fo. *remotiflora* Beck, *Kochia scoparia* subsp. *densiflora* Aellen, *Kochia scoparia* subsp. *scoparia*, *Kochia scoparia* var. *angustifolia* Turcz., *Kochia scoparia* var. *culta* Farw., *Kochia scoparia* var. *pubescens* Fenzl, *Kochia scoparia* var. *scoparia*, *Kochia scoparia* var. *suaedaefolia* Kitag., *Kochia scoparia* var. *subvillosa* Moq., *Kochia scoparia* var. *sieversiana* (Pall.) Ulbr. ex Asch. & Graebn., *Kochia scoparia* var. *alata* Blom, *Kochia scoparia* var. *albovillosa* Kitag., *Kochia scoparia* fo. *suaedaefolia* (Kitag.) K.P. Ma

Oxybasis Kar. & Kir., Bull. Soc. Imp. Naturalistes Moscou 14: 738–739. 1841.
2 especies, 0 especies endémicas.

Oxybasis chenopodioides (L.) S. Fuentes, Uotila & Borsch, Willdenowia 42(1): 15. 2012.
Sin.: *Blitum chenopodioides* var. *chenopodioides*, *Blitum rubrum* var. *crassicaule* Moq., *Blitum chenopodioides* L., *Chenopodium botryodes* Sm., *Chenopodium crassifolium* Hornem., *Chenopodium astrachanicum* Ledeb., *Blitum polymorphum* C.A. Mey., *Blitum polymorphum* var. *crassifolium* (Hornem.) Moq., *Oxybasis minutiflora* Kar. & Kir., *Chenopodium rubrum* var. *botryoides* Asch. & Graebn., *Chenopodium chenopodioides* (L.) Aellen
Hierba. Adventicia. Andes. Valles Secos, 2500–3000 m.
Dept.: LP.
Muestra: *J.C. Solomon & M.H. Nee 16083* (LPB, MO).

Oxybasis macrosperma (Hook. f.) S. Fuentes, Uotila & Borsch, Willdenowia 42(1): 15. 2012.
Sin.: *Blitum salsum* Phil., *Chenopodium macrospermum* subsp. *macrospermum*, *Chenopodium macrospermum* subsp. *salsum* (Phil.) A. Tronc., *Chenopodium macrospermum* Hook. f., *Chenopodium halophilum* Phil., *Chenopodium murale* var. *farinosum* S. Watson, *Chenopodium farinosum* (S. Watson) Standl., *Chenopodium macrospermum* fo. *angustius* Thell. & Aellen, *Chenopodium macrospermum* fo. *nanum* Aellen, *Chenopodium macrospermum* subsp. *halophilum* (Phil.) Aellen, *Chenopodium macrospermum* var. *halophilum* (Phil.) Standl.
Ref.: Foster (1958), De la Barra (1997).
Hierba. Nativa. Andes, Altiplano. Valles Secos, Puna Seca, 2500–4000 m.
Dept.: CO, LP.
Muestra: *S.G. Beck 22562* (LPB, SI).

Pedersenia Holub, Preslia 70(2): 181. 1998.
4 especies, 1 especie endémica.

Pedersenia argentata (Mart.) Holub, Preslia 70(2): 181. 1998.
Sin.: *Trommsdorffia argentata* Mart., *Trommsdorffia aurata* Mart., *Iresine argentata* (Mart.) D. Dietr., *Pfaffia aurata* (Mart.) Borsch
Ref.: Nee (2004).
Liana. Nativa. Zonas Bajas. Bosque Húmedo, 0–500 m.
Dept.: BE, SC.
Muestra: *I. Guareco 552* (B, LPB).

Pedersenia cardenasii (Standl.) Holub, Preslia 70(2): 181. 1998.
Sin.: *Iresine cardenasii* Standl., *Trommsdorffia cardenasii* (Standl.) Pedersen
Ref.: Foster (1958), Pedersen (1997).
Arbusto, arbolito. Endémica. Andes. Valles Secos, 1500–3000 m.
Dept.: CO, LP.
Tipo y muestra: *M. Cárdenas 3210* (HT: F; IT: LIL), *S.G. Beck 4758* (CTES, LPB, MO, NY, USZ).

Pedersenia hassleriana (Chodat) Pedersen, Bonplandia (Corrientes) 10: 108. 2000.
Sin.: *Iresine hassleriana* Chodat, *Iresine hassleriana* var. *guaranoides* Suess.
Ref.: Foster (1958).
Liana. Nativa. Zonas Bajas. Bosque Húmedo, 0–500 m.
Dept.: BE, SC.
Muestra: *S.G. Beck et al. 16714* (BOLV, CTES, MO, NY, USZ).

Pedersenia volubilis Borsch, T. Ortuño & M. Nee, Willdenowia 41(1): 7–10, f. 1. 2011.
Liana. Nativa. Andes. Bosque Tucumano-Boliviano, 1500–2000 m.
Dept.: CH, SC, TA.
Tipo y muestra: *T. Borsch & J. Coimbra 3537* (HT: LPB; IT: B, USZ), *M.H. Nee 45266* (C, LPB, MEXU, MO, NSW, NY, SI, USZ).

Pfaffia Mart., Beitr. Amarantac. 103. 1825.
9 especies, 1 especie endémica.

Pfaffia dunaliana (Moq.) Schinz, Nat. Pflanzenfam. (ed. 2) 16(c): 68. 1934.
Sin.: *Gomphrena dunaliana* Moq., *Pfaffia fiebrigii* Suess.
Ref.: Stützer (1935), Foster (1958), Pedersen (1967).
Hierba. Nativa. Andes. Yungas, Bosque Tucumano-Boliviano, Valles Secos, 1500–3000 m.
Dept.: CH, CO, TA.
Tipo y muestra: *d'Orbigny 1273* (HT: P; fotos: F), *S.G. Beck & N.Y. Paniagua 27197* (B, LPB).

Pfaffia fruticulosa Suess., Repert. Spec. Nov. Regni Veg. 35: 330. 1934.
Ref.: Stützer (1935), Foster (1958), Pedersen (2000).
Subarbusto, arbusto. Nativa. Zonas Bajas, Andes. Bosque Semideciduo Chiquitano, Bosque Seco Chaqueño, Bosque Tucumano-Boliviano, 0–2500 m.
Dept.: CH, SC.
Tipo y muestra: *C. Troll 150* (HT: B), *M.H. Nee 38995* (LPB, MO, NY).
Infra: *Pfaffia fruticulosa* var. *diffusa* Pedersen

Pfaffia glabrata Mart., Nov. Gen. Sp. Pl. 2: 21 t. 122. 1826.
Sin.: *Gomphrena glabrata* (Mart.) Moq.
Ref.: Foster (1958).
Hierba. Nativa. Zonas Bajas, Andes. Bosque Semideciduo Chiquitano, Yungas, 0–500, 1000–1500 m.
Dept.: LP, SC.
Muestra: *N.P. Ritter et al. 4478* (MO).

Pfaffia gleasonii Suess., Repert. Spec. Nov. Regni Veg. 44: 41. 1938.
Ref.: Pedersen (2000).
Nota: Esperada. Indicada por Pedersen (2000) como presente en Bolivia, pero no hemos visto material que lo reconfirme.

Pfaffia glomerata (Spreng.) Pedersen, Darwiniana 14: 450–453. 1967.
Sin.: *Iresine glomerata* Spreng., *Gomphrena stenophylla* Spreng., *Sertuernera glauca* Mart., *Pfaffia*

stenophylla (Spreng.) Stuchlík
Ref.: Foster (1958), Adolfo María (1966), Serrano & Terán (1998 [2000]), Nee (2004), Arroyo Padilla & Villarroel Segarra (2009).
Hierba. Nativa. Zonas Bajas, Andes. Bosque Semideciduo Chiquitano, Bosque Seco Chaqueño, Campos Cerrados, Sabanas Benianas del Sur, Campos Amazónicos, Yungas, 0–1500 m.
Dept.: BE, CH, PA, SC.
Muestra: *M.H. Nee 39494* (LPB, MO, NY).
Infra: *Pfaffia glomerata* var. *glomerata*

Pfaffia gnaphaloides (L. f.) Mart., Nov. Gen. Sp. Pl. 2: 24. 1826.
Sin.: *Celosia gnaphaloides* L. f., *Gomphrena gnaphaloides* var. *floccosa* Seub.
Ref.: Stützer (1935), Foster (1958), Nee (2004), Arroyo Padilla & Villarroel Segarra (2009).
Hierba. Nativa. Zonas Bajas, Andes. Bosque Seco Chaqueño, Campos Cerrados, Valles Secos, 0–500, 1000–2000 m.
Dept.: CH, SC.
Muestra: *J.R.I. Wood 14156* (K, LPB).

Pfaffia helichrysoides (Mart.) Kuntze, Revis. Gen. Pl. 2: 544. 1891.
Sin.: *Gomphrena helichrysoides* Mart.
Ref.: Pedersen (1967).
Nota: Esperada.

[Pfaffia iresinoides (Kunth) Spreng.], Syst. Veg. 4(2): 106. 1827.
Sin.: *Alternanthera iresinoides* Kunth
Ref.: Nee (2004).
Nota: El registro se basa en material mal identificado. Especie de Ecuador, Colombia y Venezuela, disyunta en Oaxaca (Mexico). Es poco probable que ocurra en Bolivia.

Pfaffia jubata Mart., Nov. Gen. Sp. Pl. 2: 24. 1826.
Ref.: Stützer (1935), Wood et al. (2011).
Hierba. Nativa. Zonas Bajas. Bosque Semideciduo Chiquitano, 0–500 m.
Dept.: SC.
Muestra: *T. Killeen 1153* (F, LPB).

Pfaffia luzuliflora (Mart.) D. Dietr., Syn. Pl. 1: 868. 1839.
Sin.: *Sertuernera luzuliflora* Mart., *Gomphrena luzuliflora* (Mart.) Moq.
Ref.: Stützer (1935), Foster (1958), Pedersen (1967).
Hierba. Nativa. Zonas Bajas. Sabanas Benianas del Sur, 0–500 m.
Dept.: BE.
Muestra: *G. Chauviere 33* (LPB).
Infra: *Pfaffia luzulaeflora* fo. *gracilis* O. Stützer

Pfaffia rotundifolia Pedersen, Adansonia, sér. 3, 19(2): 239. 1997.
Hierba. Endémica. Zonas Bajas. Bosque Semideciduo Chiquitano, 500–1000 m.
Dept.: SC.
Tipo y muestra: *D.C. Daly et al. 6290* (HT: C; IT: LPB, NY, USZ), *J.R.I. Wood & P. Pozo 26038* (K, MO, USZ).

Pfaffia sericea Mart., Nov. Gen. Sp. Pl. 2: 22. 1826.
Sin.: *Gomphrena sericea* Spreng.
Ref.: Stützer (1935).
Hierba. Nativa. Región, tipo de vegetación y elevación desconocidas.
Dept.: SC.
Muestra: *Anónimo 970* (W).

Pleuropetalum Hook. f., London J. Bot. 5: 108. 1846.
2 especies, 0 especies endémicas.

Pleuropetalum pleiogynum (Kuntze) Standl., J. Wash. Acad. Sci. 13(16): 369. 1923.
Sin.: *Celosia pleiogyna* Kuntze, *Pleuropetalum standleyi* Suess.
Arbolito. Nativa. Zonas Bajas. Bosque Semideciduo Chiquitano, 500–1000 m.
Dept.: LP.
Muestra: *J.R. Uzquiano et al. 172B* (BOLV, LPB, MO, USZ).

Pleuropetalum sprucei (Hook. f.) Standl., N. Amer. Fl. 21(2): 96. 1917.
Sin.: *Melanocarpum sprucei* Hook. f., *Pleuropetalum tucurriquense* Donn. Sm., *Pleuropetalum calospermum* Standl.
Ref.: Foster (1958), Borsch (2001).
Arbolito. Nativa. Zonas Bajas. Bosque Húmedo, 500–1000 m.
Dept.: LP.
Muestra: *S.G. Beck s.n.* (CTES, LPB, NY).

Sarcocornia (Duval-Jouve ex Moss) A.J. Scott, Bot. J. Linn. Soc. 75(4): 366. 1977 [1978].
3 especies, 0 especies endémicas.

Sarcocornia ambigua (Michx.) M.Á. Alonso & M.B. Crespo, Ann. Bot. Fenn. 45(4): 247. 2008.
Sin.: *Salicornia ambigua* Michx., *Arthrocnemum ambiguum* (Michx.) Moq.
Ref.: Foster (1958).
Arbusto. Nativa. Zonas Bajas. Bosque Seco Chaqueño, 0–500 m.
Dept.: CH.
Muestra: *R. Lara s.n.* (LPB).

Sarcocornia andina (Phil.) Freitag, M.Á. Alonso & M.B. Crespo, Ann. Bot. Fenn. 45(2): 248. 2008.
Sin.: *Salicornia andina* Phil., *Salicornia peruviana* var. *andina* (Phil.) Reiche, *Salicornia fruticosa* var. *andina* (Phil.) Gunckel
Ref.: Alonso & Crespo (2008).
Arbusto. Nativa. Altiplano. Puna Seca, 3500–4500 m.
Dept.: OR.
Muestra: *E. García et al. 600* (KAS, LPB, M, SI).

[Sarcocornia perennis (Mill.) A.J. Scott], Bot. J. Linn. Soc. 75(4): 367. 1977 [1978].
Sin.: *Salicornia perennis* Mill.
Ref.: Foster (1958).
Nota: El registro se basa en material mal identificado de *S. andina*.

Sarcocornia pulvinata (R.E. Fr.) A.J. Scott, Bot. J. Linn. Soc. 75(4): 369. 1977 [1978].
Sin.: *Salicornia pulvinata* R.E. Fr.
Ref.: Foster (1958), Múlgura de Romero (1999a), Alonso & Crespo (2008).
Hierba. Nativa. Andes, Altiplano. Valles Secos, Puna Húmeda, Puna Seca, 2000–4500 m.
Dept.: LP, OR, PO, TA.
Muestra: *S.G. Beck 14357* (CTES, KAS, LPB, M, SI).

Suaeda Forssk. ex J.F. Gmel., Onomat. Bot. Compl. 8: 797. 1776.
2 especies, 0 especies endémicas.

Suaeda divaricata Moq., Chenop. Monogr. Enum. 123. 1840.
Ref.: López (2000), Schütze et al. (2003).
Subarbusto. Nativa. Andes. Valles Secos, 2500–3000 m.
Dept.: CH, LP, PO.
Tipo y muestra: *d'Orbigny 1145* (HT: P; fotos: F), *S.G. Beck 24916* (LPB).

Suaeda foliosa Moq., Prodr. 13(2): 156. 1849.
Sin.: *Suaeda fruticosa* var. *crassifolia* Moq.
Ref.: Foster (1958), De la Barra (1997), López (2000).
Subarbusto. Nativa. Andes, Altiplano. Valles Secos, Puna Seca, 2500–4000 m.
Dept.: CH, CO, OR.
Muestra: *S.G. Beck 14362* (LPB, MO, SI).
Infra: *Suaeda foliosa* var. *foliosa*, *Suaeda foliosa* var. *tenuifolia* (Phil.) Standl.
Nom. Vern.: Cauchi.

AMARYLLIDACEAE J. St.-Hil., Expos. Fam. Nat. 1: 134. 1805.

Por A. Meerow (FLAS), J. Dutilh (UEC) [*Hippeastrum*] & C. Romero (MO), revisado por M. Nee (NY), R. Lara (LPB), R. Vásquez (herb. Vásquez), S.G. Beck (LPB), P.M. Jørgensen (MO).
20 géneros, 61 especies, 28 especies endémicas.

Allium L., Sp. Pl. 1: 294. 1753.

2 especies, 0 especies endémicas.

Allium schoenoprasum L., Sp. Pl. 1: 301. 1753.
Sin.: *Allium schoenoprasum* var. *sibiricum* (L.) Hartm., *Allium sibiricum* L., *Allium buhseanum* Regel, *Allium schoenoprasum* var. *buhseanum* (Regel) Boiss., *Allium schoenoprasum* var. *laurentianum* Fernald
Ref.: Grayum (2003a).
Hierba. Cultivada. Andes. Valles Secos, 3000–3500 m.
Dept.: LP.
Muestra: *J.C. Solomon 12747* (MO).

Allium tuberosum Rottler ex Spreng., Syst. Veg. 2: 38. 1825.
Sin.: *Allium sulvia* Buch.-Ham. ex D. Don, *Allium uliginosum* G. Don, *Allium tuberosum* Roxb., *Allium roxburghii* Kunth, *Allium chinense* Maxim., *Allium clarkei* Hook. f., *Allium argyi* H. Lév., *Allium yesoense* Nakai
Hierba. Cultivada. Andes. Valles Secos, 3000–3500 m.
Dept.: LP.
Muestra: *J.C. Solomon 20101* (MO).
Nota: Nativa de China.

Amaryllis L., Sp. Pl. 1: 292. 1753.

0 especies, 0 especies endémicas.

[Amaryllis belladonna L.], Sp. Pl. 1: 293. 1753.
Ref.: Foster (1958).
Nota: El registro se basa en material mal identificado de *Hippeastrum puniceum*. *A. belladonna* es nativa de Suráfrica.

Chlidanthus Herb., Appendix 46. 1821.

4 especies, 3 especies endémicas.

Chlidanthus boliviensis Traub & I.S. Nelson, Pl. Life 13: 71. 1957.
Hierba. Endémica. Región, tipo de vegetación y elevación desconocidas.
Dept.: CO.
Tipo: *H.P. Traub 529a* (HT: MO).
Nota: Conocido solamente del tipo. Posiblemente distinta de *C. fragrans*.

Chlidanthus cardenasii Traub, Pl. Life 26: 63. 1970.
Hierba. Endémica. Andes. Valles Secos, 3000–3500 m.
Dept.: PO.
Tipo: *M. Cárdenas s.n.* (HT: MO).
Nota: Conocido solamente del tipo.

Chlidanthus fragrans Herb., Appendix 46. 1821.
Sin.: *Castellanoa marginata* (R.E. Fr.) Traub, *Amaryllis marginata* Jacq., *Hippeastrum marginatum* R.E. Fr., *Sanmartina marginata* (R.E. Fr.) Traub, *Chlidanthus marginatus* (R.E. Fr.) Ravenna
Ref.: Foster (1958), Ravenna (1967).
Hierba. Nativa. Andes. Valles Secos, 2000–3500 m.
Dept.: CH, LP, PO.
Muestra: *M. Cárdenas 5544* (MO).
Nota: Utilizado como ornamental.
Nom. Vern.: Chacaltuya.

Chlidanthus soratensis (Baker) Ravenna, Pl. Life 27: 72. 1971.
Sin.: *Hippeastrum soratense* Baker, *Amaryllis soratensis* (Baker) Traub & Uphof
Ref.: Foster (1958).
Hierba. Endémica. Andes. Yungas, 1000–1500, 2000–3000 m.
Dept.: LP.
Tipo y muestra: *G. Mandon 1194* p.p. (IT: K), *A.F. Fuentes C. et al. 13366* (LPB, MO).

Clinanthus Herb., Appendix 40. 1821.

3 especies, 1 especie endémica.

Clinanthus chihuanhuayu (Cárdenas) Meerow, Syst. Bot. 25: 723. 2000.
Sin.: *Haylockia chihuanhuayu* Cárdenas, *Stenomesson chihuanhuayu* (Cárdenas) Ravenna
Hierba. Endémica. Altiplano. Puna Seca, 4000–4500 m.
Dept.: PO.
Tipo: *M. Cárdenas 6336* (T: BOLV).
Nota: Conocido solamente del tipo. Es discutible si *C. chihuanhuayu* es distinta de *C. humilis*.

Clinanthus humilis (Herb.) Meerow, Syst. Bot. 25(4): 723. 2000.
Sin.: *Clitanthes humilis* Herb., *Crocopsis fulgens* Pax, *Zephyranthes pseudocolchicum* Kraenzl., *Haylockia pseudocolchicum* (Kraenzl.) Hume
Ref.: Foster (1958).
Hierba. Nativa. Andes, Altiplano. Valles Secos, Puna Seca, Bosque de *Polylepis*, 3500–4500 m.
Dept.: CO, LP, OR, TA.
Muestra: *T. Johns 8219* (MO).

Clinanthus incarnatus (Kunth) Meerow, Syst. Bot. 25: 723. 2000.
Sin.: *Pancratium incarnatum* Kunth, *Chrysiphiala incarnata* (Kunth) Schult., *Pancratium quitense* Schult., *Coburgia incarnata* (Kunth) Sweet, *Stenomesson incarnatum* (Kunth) Baker
Ref.: Baker (1888), Foster (1958).
Hierba. Nativa, cultivada. Andes. Tipo de vegetación desconocida, 2500–3000 m.
Dept.: Bolivia.
Nota: Identificación tentativa. Citada para Bolivia por Baker (1888) y Foster (1958), no hay ejemplares de herbario confirmados.

Collania Schult. & Schult. f., Syst. Veg. 7(2): LIII, 893. 1830.

0 especies, 0 especies endémicas.

[Collania subverticillata Kraenzl.], Ann. K.K. Naturhist. Hofmus. 27: 152. 1913.
Ref.: Foster (1958), Hofreiter & Tillich (2003).
Nota: El registro se basa en material mal identificado. *Collania* es un sinónimo de *Bomarea*. De acuerdo a Hofreiter & Tillich (2003), probablemente un sinónimo de *B. involucrosa*.

Eucharis Planch., Cat. Pl. Exot. 8: 3. 1853.

3 especies, 0 especies endémicas.

Eucharis cyaneosperma Meerow, Sida 12: 39. 1987.
Ref.: Meerow (1989).
Hierba. Nativa. Zonas Bajas. Bosque Húmedo, 0–1000 m.
Dept.: LP.
Muestra: *I.S. Nelson s.n.* (MO).

Eucharis plicata Meerow, Brittonia 36: 18. 1984.
Ref.: Meerow (1989).
Hierba. Nativa. Zonas Bajas. Bosque Húmedo, 0–500 m.
Dept.: BE.
Muestra: *A.W. Meerow 1143* (FLAS).
Infra: *Eucharis plicata* subsp. *brevidentata* Meerow
Nota: El tipo de *Eucharis plicata* subsp. *brevidentata* (*Meerow 1143*) fue tomado de plantas cultivadas en el Fairchild Tropical Garden, que a su vez provenían de colecciones de Fred Fuchs hechas en BE.

Eucharis ulei Kraenzl., Bot. Jahrb. Syst. 50(Beibl. 111): 4. 1913.
Sin.: *Urceolina ulei* (Kraenzl.) Traub, *Urceolina ipariensis* Ravenna, *Urceolina moana* Ravenna, *Eucharis ipariensis* (Ravenna) Ravenna, *Eucharis moana* (Ravenna) Ravenna, *Eucharis boliviensis* Ravenna
Ref.: Meerow (1989).
Hierba. Nativa. Zonas Bajas. Bosque Húmedo, 0–500 m.
Dept.: BE, LP, PA.
Muestra: *J.C. Solomon 6482* (MO).

Eustephia Cav., Icon. 3: 20. 1795.
1 especie, 0 especies endémicas.

Eustephia coccinea Cav., Icon. 3: 20, t. 238. 1794.
Sin.: *Eustephia macleanica* Herb., *Eustephia coccinea* var. *multiflora* Vargas
Ref.: Macbride (1936a), Ministerio de Medio Ambiente y Agua (2012 [2013]).
Hierba. Nativa. Andes. Páramo Yungueño, 3000–3500 m.
Dept.: LP.
Muestra: *A.F. Fuentes C. et al. 13368* (FTG, LPB, MO).

Habranthus Herb., Bot. Mag. 51: pl. 2464. 1824.
6 especies, 4 especies endémicas.

Habranthus brachyandrus (Baker) Sealy, J. Roy. Hort. Soc. 62: 208. 1937.
Sin.: *Hippeastrum brachyandrum* Baker, *Zephyranthes porphyrospila* E. Holmb.
Ref.: Foster (1958).
Hierba. Nativa. Zonas Bajas. Bosque Húmedo, 0–500 m.
Dept.: SC.
Muestra: *T. Herzog 1202* (B).
Nota: Identificación tentativa, posiblemente escapada de plantas en cultivo.

Habranthus cardenasianus Traub & I.S. Nelson, Pl. Life 13: 69. 1957.
Hierba. Endémica. Zonas Bajas. Bosque Húmedo, 0–500 m.
Dept.: SC.
Tipo y muestra: *H.P. Traub 542* (HT: MO-3150510), *H.P. Traub 492* (MO).
Nota: El tipo de esta especie proviene de una planta cultivada en California, cuyos bulbos fueron colectados por Ira S. Nelson cerca de 35 km al Este de Santa Cruz, Bolivia. Posiblemente un *H. robustus* naturalizado, especie nativa de Argentina y Brasil.

Habranthus leptandrus Ravenna, Pl. Life 34: 87. 1978.
Ref.: Ravenna (1981).
Hierba. Endémica. Altiplano. Puna Húmeda, 3500–4000 m.
Dept.: CO.
Tipo: *P.F. Ravenna 2212* (HT: herb. Ravenna destr?).
Nota: Conocido solamente del tipo.

Habranthus microcarpus (Rusby) Ravenna, Pl. Life 34: 89. 1978.
Sin.: *Atamosco microcarpa* Rusby
Ref.: Foster (1958).
Hierba. Endémica. Zonas Bajas. Sabanas Benianas del Sur, 0–500 m.
Dept.: BE.
Tipo: *M. Cárdenas 1396* (HT: NY; IT: BKL, K).
Nota: Conocido solamente del tipo.

Habranthus millarensis Ravenna, Pl. Life 37: 66. 1981.
Ref.: Ravenna (1981).
Hierba. Endémica. Andes. Valles Secos, 2500–3000 m.
Dept.: PO.
Tipo: *P.F. Ravenna 3062* (T: herb. Ravenna destr?).
Nota: Conocido solamente del tipo.

Habranthus tubispathus (L'Hér.) Traub, Pl. Life 7: 42. 1951.
Sin.: *Amaryllis tubispatha* L'Hér., *Zephyranthes tubispatha* (L'Hér.) Herb.
Ref.: Foster (1958).
Hierba. Nativa. Zonas Bajas, Andes. Bosque Semideciduo Chiquitano, Valles Secos, 0–500, 1000–1500 m.
Dept.: BE, LP, TA.
Muestra: *E. Werdermann 2463* (MO).

Hieronymiella Pax, Bot. Jahrb. Syst. 11: 327. 1890.
1 especie, 0 especies endémicas.

Hieronymiella marginata (Pax) Hunz., Kurtziana 5: 355. 1969.
Sin.: *Eustephia argentina* Pax, *Eustephia marginata* Pax, *Eustephia pamiana* Stapf, *Eustephiopsis latifolia* R.E. Fr., *Eustephiopsis marginata* (Pax) R.E. Fr., *Hieronymiella marginata* var. *latifolia* (R.E. Fr.) Hunz., *Eustephia latifolia* (R.E. Fr.) Traub, *Eustephiopsis marginata* subsp. *latifolia* (R.E. Fr.) Ravenna, *Hieronymiella latifolia* (R.E. Fr.) Di Fulvio & Hunz., *Hieronymiella pamiana* (Stapf) Hunz., *Androstephanos tarijensis* Fern. Casas & R. Lara, *Hieronymiella argentina* (Pax) Hunz. & Arroyo-Leuenb., *Hieronymiella tarijensis* (Fern. Casas & R. Lara) Fern. Casas & R. Lara, *Hieronymiella angacoana* Ravenna, *Hieronymiella ferruginea* Ravenna
Ref.: Arroyo-Leuenberger & Leuenberger (2005), Arroyo-Leuenberger & Dutilh (2008).
Hierba. Nativa. Andes. Valles Secos, 1000–1500 m.
Dept.: TA.
Muestra: *R. Lara 1842* (G, MA, NY).

Hippeastrum Herb., Appendix 31. 1821.
24 especies, 16 especies endémicas.

[Hippeastrum aglaiae (A. Cast.) Hunz. & Cocucci], Bol. Acad. Nac. Ci. 41: 12. 1959.
Sin.: *Amaryllis aglaiae* A. Cast.
Ref.: Foster (1958).
Nota: El registro se basa en material mal identificado. Especie endémica de Argentina.

Hippeastrum caupolicanense (Cárdenas) Van Scheepen, Taxon 46(1): 17. 1997.
Sin.: *Amaryllis caupolicanensis* Cárdenas
Ref.: Meerow et al. (1997).
Hierba. Endémica. Andes. Yungas, 1000–1500 m.
Dept.: LP.
Tipo: *M. Cárdenas 3623* (T: BOLV).
Nota: Conocido solamente del tipo.

Hippeastrum cybister (Herb.) Benth. & Hook. f., Gen. Pl. 3: 725. 1883.
Sin.: *Sprekelia cybister* Herb., *Amaryllis cybister* (Herb.) Planch., *Lepidopharynx deflexa* Rusby, *Hippeastrum deflexum* (Rusby) L.B. Sm.
Ref.: Foster (1958), Ibisch (1996), Serrano & Terán (1998 [2000]).
Hierba. Nativa. Andes. Yungas, Bosque Tucumano-Boliviano, Valles Secos, 1000–3500 m.
Dept.: CH, CO, LP, SC, TA.
Muestra: *M.A. Lewis 40426* (MO).

Hippeastrum divijulianum (Cárdenas) Meerow, Taxon 46: 17. 1997.
Sin.: *Amaryllis divijulianus* Cárdenas
Ref.: Ministerio de Medio Ambiente y Agua (2012 [2013]).
Hierba. Endémica. Andes. Yungas, 1500–2000 m.
Dept.: CO.
Tipo: *M. Cárdenas 6321* (T: herb. Cárdenas).
Nota: Conocido solamente del tipo.

Hippeastrum elegans (Spreng.) H.E. Moore, Baileya 11(1): 16. 1963.
Sin.: *Amaryllis elegans* Spreng., *Amaryllis solandriflora* Lindl., *Hippeastrum solandriflorum* (Lindl.) Herb., *Amaryllis longiflora* Steud.
Ref.: Foster (1958), Wood et al. (2011).
Hierba. Nativa. Zonas Bajas, Andes. Campos Cerrados, Bosque Serrano Chaqueño, 0–500, 1000–1500 m.
Dept.: SC.
Muestra: *J.L. Doran 1225b* (MO).
Infra: *Hippeastrum elegans* var. *divifrancisci* (Cárdenas) H.E. Moore

Hippeastrum evansiae (Traub & I.S. Nelson) H.E. Moore, Baileya 11: 16. 1963.
Sin.: *Amaryllis evansiae* Traub & I.S. Nelson, *Amaryllis anzaldoi* Cárdenas, *Hippeastrum anzaldoi* (Cárdenas) Van Scheepen
Ref.: Cárdenas Hermosa (1972), Serrano & Terán (1998 [2000]).
Hierba. Endémica. Zonas Bajas, Andes. Bosque Seco Chaqueño, Yungas, Bosque Tucumano-Boliviano, Bosque Serrano Chaqueño, 500–1500 m.
Dept.: CH, SC.
Tipo y muestra: *I.S. Nelson & H.P. Traub 414* (HT: MO-3150298), *L.R.C. de Michel et al. 328* (MO).
Nota: El HT (*Traub 414*) de *A. evansiae* fue cultivado a partir de bulbos colectados en Bolivia el 18 de Sep. de 1954 por Ira S. Nelson (s.n.) en alrededores de Santa Cruz.
Nom. Vern.: Campanilla.

Hippeastrum fragrantissimum (Cárdenas) Meerow, Taxon 46(1): 17. 1997.
Sin.: *Amaryllis fragrantissima* Cárdenas, *Amaryllis chionedyantha* Cárdenas, *Hippeastrum chionedyanthum* (Cárdenas) Van Scheepen
Ref.: Cárdenas Hermosa (1960), Ministerio de Medio Ambiente y Agua (2012 [2013]).
Hierba. Endémica. Andes. Yungas, 1500–2000 m.
Dept.: CO, LP, SC.
Tipo: *M. Cárdenas 5512* (HT: herb. Cárdenas; IT: K).

Hippeastrum incachacanum (Cárdenas) Van Scheepen, Taxon 46(1): 17. 1997.
Sin.: *Amaryllis incachacana* Cárdenas
Ref.: Vásquez C. (2001).
Hierba. Endémica. Zonas Bajas. Bosque Húmedo, 500–1000 m.
Dept.: SC.
Muestra: *A. Molina 308* (MO, USZ).

Hippeastrum lapacense (Cárdenas) Van Scheepen, Taxon 46(1): 17. 1997.
Sin.: *Amaryllis lapacensis* Cárdenas
Hierba. Endémica. Zonas Bajas, Andes. Bosque Húmedo, Yungas, 0–500, 1000–2500 m.
Dept.: BE, LP.
Tipo y muestra: *M. Cárdenas 6325* (T: BOLV), *A.F. Fuentes C. & C. Aldana 6759* (LPB, MO).

Hippeastrum leopoldii (T. Moore) Dombrain, Floral Mag. 9: t. 475–476. 1870.
Sin.: *Amaryllis leopoldii* T. Moore
Ref.: Macbride (1936a), Brako (1993b).
Hierba. Nativa. Andes. Yungas, 1500–3000 m.
Dept.: CO, LP.
Muestra: *A.F. Fuentes C. & E. Cuevas Escalante 8623* (LPB, MO).

Hippeastrum mandonii Baker, Handb. Amaryll. 49. 1888.
Sin.: *Amaryllis mandonii* (Baker) Traub & Uphof
Ref.: Foster (1958), Ministerio de Medio Ambiente y Agua (2012 [2013]).
Hierba. Endémica. Andes, Altiplano. Yungas, Valles Secos, Puna Húmeda, 1500–4000 m.
Dept.: LP.
Tipo y muestra: *G. Mandon 1195* (HT: K; IT: GH), *M. Cárdenas 6099* (MO).

Hippeastrum menesesii R. Vásquez & R. Lara, Revista Soc. Boliv. Bot. 5(1): 44. 2011.
Hierba. Endémica. Andes. Yungas, 1000–1500 m.
Dept.: LP.
Tipo y muestra: *R. Vásquez C. et al. 5401* (HT: LPB; IT: BOLV), *R. Vásquez C. et al. 5393* (LPB, MO).
Nota: Probablemente un sinónimo de *H. pardinum*.

Hippeastrum mollevillquense (Cárdenas) Van Scheepen, Taxon 46(1): 18. 1997.
Sin.: *Amaryllis mollevillquensis* Cárdenas, *Amaryllis pilcomaica* Ravenna, *Hippeastrum pilcomaicum* (Ravenna) Meerow
Ref.: Meerow et al. (1997).
Hierba. Endémica. Andes. Valles Secos, 2000–2500 m.
Dept.: CO, PO.
Tipo y muestra: *M. Cárdenas 5145* (IT: K, MO), *P.F. Ravenna 3043* (K, TRA).

Hippeastrum nelsonii (Cárdenas) Van Scheepen, Taxon 46(1): 18. 1997.
Sin.: *Amaryllis nelsonii* Cárdenas
Hierba. Endémica. Zonas Bajas. Bosque Húmedo, 500–1000 m.
Dept.: LP.
Tipo y muestra: *E. Meneces 6320* (T: BOLV), *Cutler 6230* (MO).

Hippeastrum paquichanum (Cárdenas) Van Scheepen, Taxon 46(1): 18. 1997.
Sin.: *Amaryllis paquichana* Cárdenas
Ref.: Fuentes Claros et al. (2009).
Hierba. Endémica. Andes. Yungas, Valles Secos, 1000–1500 m.
Dept.: LP.
Tipo y muestra: *E. Meneces 6332* (T: BOLV), *A.F. Fuentes C. & C. Aldana 6372* (LPB, MO).

Hippeastrum pardinum Dombrain, Floral Mag. 6: t. 344. 1867.
Sin.: *Amaryllis pseudopardina* Cárdenas
Hierba. Nativa. Zonas Bajas. Bosque Semideciduo Chiquitano, 500–1000 m.
Dept.: LP.
Muestra: *A. Araujo M. et al. 2008* (LPB, MO).

Hippeastrum parodii Hunz. & Cocucci, Bol. Acad. Nac. Ci. 41(1): 5–16. 1959.
Sin.: *Amaryllis parodii* (Hunz. & Cocucci) Traub
Ref.: Serrano & Terán (1998 [2000]), Huaylla & Wood (2009).
Hierba. Nativa. Andes. Bosque Tucumano-Boliviano, Valles Secos, 1500–2000 m.
Dept.: CH.
Muestra: *J.R.I. Wood & H. Huaylla 21160* (HSB, K, LPB).

Hippeastrum puniceum (Lam.) Voss, Vilm. Blumengärtn. (ed. 3) 1: 1033. 1895.
Sin.: *Amaryllis punicea* Lam. *Hippeastrum puniceum* Herb, *Amaryllis roezli* Regel, *Hippeastrum roezli* (Regel) Baker, *Hippeastrum puniceum* (Lam.) Kuntze, *Hippeastrum puniceum* (Lam.) Urb., *Hippeastrum soratense* Rusby, *Hippeastrum crociflorum* Rusby, *Amaryllis crociflora* (Rusby) Traub & Uphof, *Amaryllis haywardii* Traub & Uphof, *Amaryllis belladonna* var. *haywardii* (Traub & Uphof) Traub & Moldenke
Ref.: Foster (1958), Cárdenas Hermosa (1973), Marais (1975), Killeen & Schulenberg (1998), Wood et al. (2011).

Hierba. Nativa. Zonas Bajas, Andes. Bosque Húmedo, Bosque Semideciduo Chiquitano, Yungas, Páramo Yungueño, 0–3000 m.
Dept.: BE, CO, LP, SC.
Muestra: *T. Killeen & R. Guillén V. 6697* (MO, USZ).
Nom. Vern.: Jarajoreche, jarajorechi, túa, tupa are.

Hippeastrum scopulorum Baker, Handb. Amaryll. 49. 1888.
Sin.: *Amaryllis scopulorum* (Baker) Traub & Uphof
Ref.: Foster (1958), Ministerio de Medio Ambiente y Agua (2012 [2013]).
Hierba. Endémica. Andes. Páramo Yungueño, 2000–3000 m.
Dept.: LP.
Tipo y muestra: *G. Mandon 1193* (HT: K; IT: BM), *A.F. Fuentes C. et al. 15123* (LPB, MO, USZ).

Hippeastrum umabisanum (Cárdenas) Meerow, Taxon 46(1): 18. 1997.
Sin.: *Amaryllis umabisana* Cárdenas
Hierba. Endémica. Andes. Valles Secos, 2000–2500 m.
Dept.: CO, PO.
Tipo y muestra: *M. Cárdenas 6100* (HT: herb. Cárdenas), *H.C. Cutler s.n.* (MO).

Hippeastrum variegatum (Vargas) Gereau & Brako, Novon 3(1): 29. 1993.
Sin.: *Amaryllis variegata* Vargas
Ref.: Brako (1993b).
Hierba. Nativa. Andes. Yungas, 1500–2000, 2500–3000 m.
Dept.: LP.
Muestra: *M.I. Loza et al. 1359* (LPB, MO).

Hippeastrum viridiflorum Rusby, Bull. New York Bot. Gard. 6(22): 491. 1910.
Sin.: *Amaryllis viridiflora* (Rusby) Traub & Uphof
Ref.: Foster (1958).
Hierba. Endémica. Andes. Yungas, 1000–2000 m.
Dept.: LP.
Tipo y muestra: *R.S. Williams 1618* (HT: NY; IT: K), *A.F. Fuentes C. 15221* (BOLV, LPB, MO, USZ).

Hippeastrum vittatum (L'Hér.) Herb., Appendix 31. 1821.
Sin.: *Amaryllis vittata* L'Hér., *Amaryllis lineata* Colla, *Amaryllis harrisonii* Lindl., *Hippeastrum arechavaletae* Baker, *Hippeastrum harrisonii* (Lindl.) Hook. f., *Amaryllis vittata* var. *tweediana* (Herb.) Traub, *Amaryllis vittata* subsp. *guarapuavae* Ravenna, *Hippeastrum guarapuavicum* (Ravenna) Van Scheepen
Ref.: Arroyo-Leuenberger & Dutilh (2008).
Hierba. Nativa. Andes. Yungas, Valles Secos, 1000–1500 m.
Dept.: LP.
Muestra: *A.F. Fuentes C. et al. 13367* (LPB).

[Hippeastrum warscewiczianum A. Dietr.], Allg. Gartenzeitung 23: 1. 1855.
Hierba. Endémica. Región, tipo de vegetación y elevación desconocidas.
Dept.: Bolivia.
Nota: Especie dudosa. Conocida solamente por la descripción en el protólogo, no existe un ejemplar tipo.

Hippeastrum wilsoniae L.J. Doran & F.W. Meyer, Herbertia 43(1): 10. 1987.
Ref.: Ministerio de Medio Ambiente y Agua (2012 [2013]).
Hierba. Endémica. Andes. Valles Secos, 3500–4000 m.
Dept.: LP.
Tipo: *Ecker et al. GI-1* (HT: K; IT: MO).
Nota: Conocido solamente del tipo.

Hippeastrum yungacense (Cárdenas & I.S. Nelson) Meerow, Taxon 46(1): 18. 1997.
Sin.: *Amaryllis yungacensis* Cárdenas & I.S. Nelson, *Amaryllis escobaruriae* Cárdenas, *Hippeastrum escobaruriae* (Cárdenas) Van Scheepen
Hierba. Endémica. Andes. Yungas, 1000–2500 m.
Dept.: LP.
Tipo y muestra: *M. Cárdenas & I.S. Nelson 6093* (HT: herb. Cárdenas?), *J.C. Solomon & M. Uehling 12179* (MO).

Ismene Salisb. ex Herb., Appendix 45. 1821.
0 especies, 0 especies endémicas.

[Ismene narcissiflora (Jacq.) M. Roem.], Fam. Nat. Syn. Monogr. 4: 186. 1847.
Sin.: *Pancratium narcissiflorum* Jacq., *Hymenocallis narcissiflora* (Jacq.) J.F. Macbr.
Ref.: Foster (1958).
Nota: El registro se basa en material mal identificado. Mencionada para Bolivia en Foster (1958) como *Hymenocallis narcissiflora* un sinónimo de *I. narcissiflora*.

Leptochiton Sealy, Bot. Mag. 160: t. 9491. 1937.
0 especies, 0 especies endémicas.

[Leptochiton quitoensis (Herb.) Sealy], Bot. Mag. 160: t. 9491. 1937.
Sin.: *Hymenocallis quitoensis* Herb.
Ref.: Foster (1958).
Nota: El registro se basa en material mal identificado de *Ismene* sp.

Nothoscordum Kunth, Enum. Pl. 4: 457. 1843.
5 especies, 0 especies endémicas.

Nothoscordum andicola Kunth, Enum. Pl. 4: 463. 1843.
Sin.: *Milla andicola* Baker, *Allium andicola* Regel, *Allium bivalve* var. *andicola* (Kunth) Kuntze, *Allium bivalve* var. *bangii* Kuntze
Ref.: Beck (1985).
Hierba. Nativa. Andes, Altiplano. Yungas, Valles Secos, Puna Húmeda, 1500–2000, 3000–4000 m.
Dept.: CH, CO, LP.
Muestra: *S.G. Beck 4285* (LPB).
Nom. Vern.: Añas siwaillu, punsilla.

Nothoscordum bivalve (L.) Britton, Ill. Fl. N. U.S. 1: 415. 1896.
Sin.: *Ornithogalum bivalve* L., *Allium striatum* Jacq., *Nothoscordum flavescens* Kunth, *Allium bivalve* (L.) Kuntze
Ref.: Foster (1958), Govaerts et al. (2012).
Hierba. Nativa. Región, tipo de vegetación y elevación desconocidas.
Dept.: TA.
Muestra: *R.E. Fries 1175* (S, UPS).

Nothoscordum boliviense Ravenna, Pl. Life 34: 136, f. 26. 1978.
Ref.: De la Barra (1997).
Hierba. Nativa. Andes. Yungas, 2500–3000 m.
Dept.: CO.
Tipo y muestra: *P.F. Ravenna 2131* (HT: herb. Ravenna; IT: SI, TRA), *N. de la Barra 33* (BOLV, MO).

Nothoscordum gracile (Aiton) Stearn, Taxon 35(2): 338. 1986.
Sin.: *Allium gracile* Aiton, *Allium fragrans* Vent., *Nothoscordum fragrans* (Vent.) Kunth, *Nothoscordum inodorum* (Aiton) Asch. & Graebn.
Ref.: González et al. (1999).
Hierba. Nativa. Andes. Valles Secos, 2500–3000 m.
Dept.: CH, TA.
Muestra: *S.G. Beck 8844* (MO).

Nothoscordum nudicaule (Lehm.) Guagl., Darwiniana 17: 209, f. 17–19. 1972.
Sin.: *Allium nudicaule* Lehm., *Allium euosmon* Link & Otto, *Nothoscordum euosmum* (Link & Otto) Kunth, *Nothoscordum inodorum* var. *euosmum* (Link & Otto) Beauverd
Ref.: Guaglianone (1972).
Hierba. Nativa. Región, tipo de vegetación y elevación desconocidas.
Dept.: CO.
Muestra: *J. Steinbach 6015* (SI).

Pamianthe Stapf, Gard. Chron. ser. 3. 93: 106. 1933.
1 especie, 0 especies endémicas.

Pamianthe peruviana Anonymous, Bot. Mag. 156: t. 9315. 1933.
Sin.: *Pamianthe cardenasii* Traub
Ref.: Traub (1972).
Hierba, epífita. Nativa. Andes. Yungas, 1000–1500 m.
Dept.: CO.
Muestra: *M. Cárdenas 1018* (MO).

Paramongaia Velarde, Lilloa 17: 489. 1949.
1 especie, 0 especies endémicas.

Paramongaia weberbaueri Velarde, Lilloa 17: 489. 1949 [1948].
Sin.: *Paramongaia superba* Ravenna
Ref.: Ravenna (1982a).
Hierba. Nativa. Altiplano. Puna Húmeda, 3500–4000 m.
Dept.: LP.
Muestra: *E. Krach 8194* (M).

Pyrolirion Herb., Appendix 37. 1821.
2 especies, 2 especies endémicas.

Pyrolirion boliviense (Baker) Sealy, J. Roy. Hort. Soc. 62: 208. 1937.
Sin.: *Zephyranthes boliviensis* Baker, *Zephyranthes xiphopetala* Baker, *Zephyranthes viridilutea* Kraenzl., *Pyrolirion xiphopetalum* (Baker) Sealy, *Habranthus viridiluteus* (Kraenzl.) Traub
Ref.: Foster (1958).
Hierba. Endémica. Andes, Altiplano. Valles Secos, Puna Húmeda, 2000–4500 m.
Dept.: CO, LP.
Tipo y muestra: *G. Mandon 1194* p.p. (IT: GH, K), *A.F. Fuentes C. & C. Aldana 6705* (LPB, MO).

Pyrolirion cutleri (Cárdenas) Ravenna, Pl. Life 34: 84. 1978.
Sin.: *Zephyranthes cutleri* Cárdenas
Hierba. Endémica. Andes. Valles Secos, 2500–3000 m.
Dept.: CO.
Tipo: *M. Cárdenas 6333* (T: herb. Cárdenas, US).
Nota: Conocido solamente del tipo.

Rhodophiala C. Presl, Abh. Böhm. Ges. Wiss. 3: 545. 1845.
1 especie, 0 especies endémicas.

Rhodophiala bifida (Herb.) Traub, Euclides 13: 156. 1952.
Sin.: *Habranthus bifidus* Herb., *Amaryllis bifida* (Herb.) Spreng., *Hippeastrum bifidum* (Herb.) Baker, *Hippeastrum platense* E. Holmb., *Hippeastrum pulchrum* E. Holmb.
Ref.: Fabris (1968).
Hierba. Cultivada. Andes. Valles Secos, 1000–2000 m.
Dept.: CH.
Muestra: *J. Villalobos 328* (HSB, MO).
Nota: Identificación tentativa, posiblemente escapada de cultivo.

Schickendantziella Speg., Anales Mus. Nac. Hist. Nat. Buenos Aires ser. 3. 2: 8. 1903.
1 especie, 0 especies endémicas.

Schickendantziella trichosepala (Speg.) Speg., Anales Mus. Nac. Buenos Aires 3(2): 8. 1903.
Sin.: *Schickendantzia trichosepala* Speg.
Ref.: Negritto et al. (2010).
Hierba. Nativa. Andes. Bosque Tucumano-Boliviano, 2500–3000 m.
Dept.: TA.
Muestra: *S.G. Beck & M. Liberman 16050* (LPB, US).

Stenomesson Herb., Appendix 40. 1821.
3 especies, 0 especies endémicas.

Stenomesson miniatum (Herb.) Ravenna, Pl. Life 34: 69. 1978.
Sin.: *Sphaerotele peruviana* C. Presl, *Pentlandia miniata* Herb., *Pentlandia miniata* var. *lacunosa* Herb., *Pentlandia miniata* var. *sulivanica* Herb., *Sphaerotele coccinea* Link, Klotzsch & Otto, *Urceolina miniata* (Herb.) Benth. & Hook. f., *Urceolina peruviana* (C. Presl) J.F. Macbr.
Ref.: Ravenna (1978).
Hierba. Nativa. Andes. Páramo Yungueño, Valles Secos, 2500–4000 m.
Dept.: LP.
Muestra: *L. Cayola et al. 1524* (LPB, MO).

Stenomesson pearcei Baker, Refug. Bot. 5: t. 308. 1873.
Ref.: Foster (1958).
Hierba. Nativa. Andes. Páramo Yungueño, 3000–3500 m.
Dept.: LP.
Tipo: *G. Mandon 1198* (LT: K; ILT: K).
Nota: Conocida en Bolivia solamente del tipo.

Stenomesson recurvatum (Ruiz & Pav.) Baker, Ref. Bot. 5: t. 308. 1872.
Sin.: *Pancratium recurvatum* Ruiz & Pav.
Ref.: Baker (1888), Foster (1958).
Hierba. Nativa. Andes. Tipo de vegetación y elevación desconocidas.
Dept.: Bolivia.
Nota: Identificación tentativa. Citada para Bolivia por Baker (1888) y Foster (1958), no hay ejemplares de herbario confirmados.

Zephyranthes Herb., Appendix 36. 1821.
3 especies, 2 especies endémicas.

Zephyranthes albolilacinus Cárdenas, Pl. Life 29. 39. 1973.
Ref.: Cárdenas Hermosa (1973).
Hierba. Endémica. Altiplano. Puna Húmeda, 3500–4000 m.
Dept.: CO.
Tipo: *M. Cárdenas 6334* (HT: herb. Cárdenas).
Nota: Conocido solamente del tipo.

Zephyranthes andina (R.E. Fr.) Traub, Pl. Life 7: 42. 1951.
Sin.: *Haylockia andina* R.E. Fr., *Haylockia pseudocrocus* Solms, *Haylockia parvula* (Killip) H.H. Hume, *Zephyranthes pseudocrocus* (Solms) Traub, *Haylockia cochabambensis* Cárdenas, *Habranthus nullipes* Ravenna, *Zephyranthes challensis* Ravenna, *Zephyranthes cochabambensis* (Cárdenas) Ravenna, *Zephyranthes fragrans* Ravenna
Ref.: Foster (1958), Arroyo-Leuenberger & Leuenberger (2009).
Hierba. Nativa. Andes, Altiplano. Bosque Tucumano-Boliviano, Bosque Serrano Chaqueño, Valles Secos, Puna Seca, 2500–4500 m.
Dept.: CH, CO, LP, PO.
Muestra: *J.R.I. Wood 22157A* (HSB).

Zephyranthes rosalensis Ravenna, Pl. Life 30: 38. 1974.
Hierba. Endémica. Andes. Valles Secos, 1500–2000 m.
Dept.: CH.
Tipo: *W.M.A. Brooke 5728* (IT: NY).
Nota: Conocido solamente del tipo.

Anacampserotaceae Eggli & Nyffeler, Taxon 59(1): 232–233. 2010.

Por M. Mendoza (USZ) y D. Atha (NY); revisado por S.G. Beck (LPB), P.M. Jørgensen (MO).
1 género, 1 especie, 0 especies endémicas.

Anacampseros L., Opera Var. 232. 1758.
1 especie, 0 especies endémicas.

Anacampseros kurtzii Bacigalupo, Bol. Soc. Argent. Bot. 26(3–4): 197–199, f. 1–2, 3A–B. 1990.
Ref.: Bacigalupo (1990).
Hierba. Nativa. Altiplano. Puna Húmeda, Puna Seca, 3500–4000 m.
Dept.: PO, TA.
Muestra: *S.G. Beck 11059* (LPB).

Anacardiaceae R. Br., Narr. Exped. Zaire 431. 1818.

Por J.D. Mitchell (NY); revisado por S.G. Beck (LPB), M. Nee (NY), P.M. Jørgensen (MO).
15 géneros, 39 especies, 2 especies endémicas.

Anacardium L., Sp. Pl. 1: 383. 1753.
4 especies, 0 especies endémicas.

Anacardium giganteum W. Hancock ex Engl., Fl. Bras. 12(2): 409. 1876.
Ref.: Vidaurre & Seidel (2009).
Árbol. Nativa. Zonas Bajas. Bosque Húmedo, 0–500 m.
Dept.: BE, PA.
Muestra: *E. Meneces 886* (BOLV, LPB, MO).

Anacardium humile A. St.-Hil., Ann. Sci. Nat. (Paris) 23: 272. 1831.
Ref.: Killeen & Schulenberg (1998), Mostacedo C. & Uslar (1999), Vidaurre & Seidel (2009), Wood et al. (2011).
Subarbusto, arbusto, árbol. Nativa. Zonas Bajas. Campos Cerrados, 0–1000 m.
Dept.: SC.
Muestra: *A.M. Carrión et al. 422* (MO, NY, USZ).
Nom. Vern.: Cayú.

Anacardium occidentale L., Sp. Pl. 1: 383. 1753.
Ref.: Foster (1958), Moraes R. (1990), Vargas Salazar (1993a), Killeen & Schulenberg (1998).
Árbol. Nativa, Naturalizada, cultivada. Zonas Bajas. Bosque Húmedo, Sabanas Benianas del Norte, 0–1000 m.
Dept.: BE, CO, LP, PA, SC.
Muestra: *M.H. Nee 41130* (MO, NY, USZ).
Nom. Vern.: Cayú.

Anacardium spruceanum Benth. ex Engl., Fl. Bras. 12(2): 410. 1876.
Árbol. Nativa. Zonas Bajas. Bosque Húmedo, 0–500 m.
Dept.: PA.
Muestra: *G.T. Prance 5864* (MO, NY).

Astronium Jacq., Enum. Syst. Pl. 10. 1760.
3 especies, 0 especies endémicas.

Astronium fraxinifolium Schott ex Spreng., Syst. Veg. 4(2, app.): 404. 1827.
Sin.: *Astronium fraxinifolium* fo. *glaberrimum* Mattick, *Astronium fraxinifolium* fo. *mollissimum* Mattick, *Astronium fraxinifolium* fo. *subglabrium* Mattick
Ref.: Foster (1958), Vargas Salazar (1993a), Killeen & Schulenberg (1998), Jardim et al. (2003), Wood et al. (2011).
Árbol. Nativa. Zonas Bajas, Andes. Bosque Semideciduo Chiquitano, Campos Cerrados, Sabanas Benianas del Norte, Valles Secos, 0–1500 m.
Dept.: BE, LP, SC.
Muestra: *S. Ortiz 176* (MO, NY).
Nom. Vern.: Cuchi falso, cuta acuchisada, cuta-cuchi, cuta de la pampa, mara, pototó.

Astronium graveolens Jacq., Enum. Syst. Pl. 33. 1760.
Ref.: Parker & Bailey (1991), Vargas Salazar (1993a), Killeen & Schulenberg (1998), Alverson et al. (2000).
Arbusto, árbol. Nativa. Zonas Bajas, Andes. Bosque Húmedo, Bosque Semideciduo Chiquitano, Yungas, 0–1500 m.
Dept.: BE, LP, PA, SC.
Muestra: *A. Perry 223* (LPB, NY).

Astronium lecointei Ducke, Arch. Jard. Bot. Rio de Janeiro 3: 202. 1922.
Ref.: Killeen & Schulenberg (1998).
Árbol. Nativa. Zonas Bajas, Andes. Bosque Húmedo, Yungas, 0–1500 m.
Dept.: LP, PA, SC.
Muestra: *M. Saldias et al. 3156* (USZ).

Cardenasiodendron F.A. Barkley, Lloydia 17: 242. 1954.
1 especie, 1 especie endémica.

Cardenasiodendron brachypterum (Loes.) F.A. Barkley, Lloydia 17: 242. 1954.
Sin.: *Loxopterygium brachypterum* Loes.
Ref.: Foster (1958), Vargas Salazar (1993a), López Vargas (1995), Schulenberg & Awbrey (1997), Serrano & Terán (1998 [2000]), Ministerio de Medio Ambiente y Agua (2012 [2013]).
Árbol. Endémica. Andes. Bosque Serrano Chaqueño, 1000–2500 m.
Dept.: CH, CO, SC, TA.
Muestra: *I.G. Vargas 7125* (AAU, E, LPB, MA, MO, NY, US).
Nom. Vern.: Mara, mara soto, mora, sotomara.

Lithraea Miers, Trav. Chile 2: 529. 1826.
1 especie, 0 especies endémicas.
Nota: *Lithrea* es una variedad ortográfica de *Lithraea*.

Lithraea molleoides (Vell.) Engl., Fl. Bras. 12(2): 394, pl. 83. 1876.
Sin.: *Lithrea ternifolia* Brkl. & Rom., *Schinus molleoides* Vell., *Lithraea ternifolia* (Gillies ex Hook. & Arn.) F.A. Barkley
Ref.: Foster (1958), Barkley (1962), Vargas Salazar (1993a), Saravia Miranda (1996), Zárate et al. (1999), Serrano & Terán (1998 [2000]), Vargas Caballero et al. (2000).
Arbusto. Nativa. Andes. Bosque Serrano Chaqueño, Valles Secos, 2000–3000 m.
Dept.: CH, CO, LP, PO, SC.
Muestra: *D.N. Smith et al. 13593* (AAU, BOLV, F, K, LPB, MICH, MO, NY).
Nom. Vern.: Lloke, lloohke, lloque, lloque negro, lloquei, montecillo, wallpa chaqui.

Loxopterygium Hook. f., Gen. Pl. 1: 419. 1862.
1 especie, 0 especies endémicas.

Loxopterygium grisebachii Hieron. & H. Lorentz, Nat. Pflanzenfam. 5: 173. 1893.
Ref.: Vargas Salazar (1993a), López Vargas (1995), González et al. (1999), Serrano & Terán (1998 [2000]), Arroyo Padilla & Villarroel Segarra (2009), Ministerio de Medio Ambiente y Agua (2012 [2013]).
Árbol. Nativa. Zonas Bajas, Andes.

Bosque Semideciduo Chiquitano, Bosque Seco Chaqueño, Bosque Serrano Chaqueño, 0–2500 m.
Dept.: CH, CO, PO, SC, TA.
Muestra: *J.R.I. Wood 10592* (K, LPB).
Nom. Vern.: Mara hembra, mara macho, mara negra, soto mara.

[Loxopterygium huasango Spruce ex Engl.], Monogr. Phan. 4: 461. 1883.
Ref.: Foster (1958).
Nota: El registro se basa en material mal identificado de *L. grisebachii*. Foster (1958) aceptó esta especie bajo el nombre genérico *Lithraea*.

Mangifera L., Sp. Pl. 1: 200. 1753.
1 especie, 0 especies endémicas.

Mangifera indica L., Sp. Pl. 1: 200. 1753.
Ref.: Moraes R. (1990), Vargas Salazar (1993a).
Árbol. Cultivada. Zonas Bajas, Andes. Bosque Húmedo, Yungas, Valles Secos, 0–1500 m.
Dept.: BE, LP, PA, SC.
Muestra: *M.H. Nee 35161* (F, LPB, MO, NY, USZ).
Nom. Vern.: Mango.

Mauria Kunth, Ann. Sci. Nat. (Paris) 2: 338–339. 1824.
4 especies, 1 especie endémica.

Mauria boliviana Herzog, Repert. Spec. Nov. Regni Veg. 7: 60. 1909.
Ref.: Foster (1958).
Arbusto. Endémica. Andes. Yungas, 1500–2500 m.
Dept.: SC.
Tipo: *T. Herzog 718* (HT: L).
Nota: Conocido solamente del tipo.

[Mauria ferruginea Tul.], Ann. Sci. Nat., Bot., sér. 3, 6: 366. 1846.
Ref.: Foster (1958).
Nota: El registro se basa en material mal identificado.

Mauria heterophylla Kunth, Nov. Gen. Sp. (quarto ed.) 7: 13–14, t. 606. 1824.
Sin.: *Mauria suaveolens* Poepp. & Endl., *Mauria biringo* Tul., *Mauria heterophylla* var. *puberula* (Tul.) Engl., *Mauria biringo* var. *weberbaueri* Loes., *Bursera amplifolia* Rusby, *Schinus maurioides* Rusby
Ref.: Foster (1958), Vargas Salazar (1993a), Arroyo Padilla & Villarroel Segarra (2009).
Arbusto, árbol. Nativa. Zonas Bajas, Andes. Bosque Húmedo, Bosque Semideciduo Chiquitano, Bosque Seco Chaqueño, Yungas, 0–3000 m.
Dept.: CH, CO, LP, SC.
Muestra: *B.A. Krukoff 10311* (GH, K, LPB, MO, NY).

Mauria subserrata Loes., Bot. Jahrb. Syst. 37: 572. 1906.
Sin.: *Schinus tomentosa* Rusby
Ref.: Barkley (1944), Foster (1958), Fuentes Claros et al. (2009).
Arbusto, arbolito, árbol. Nativa. Andes. Yungas, 1000–2500 m.
Dept.: LP, SC.
Muestra: *R.S. Williams 1603* (BM, GH, NY, US).

Mauria thaumatophylla Loes., Bot. Jahrb. Syst. 37: 573. 1906.
Ref.: Foster (1958), Vargas Salazar (1993a), González et al. (1999), Serrano & Terán (1998 [2000]), Arroyo Padilla & Villarroel Segarra (2009).
Arbusto, árbol. Nativa. Andes. Bosque Tucumano-Boliviano, Valles Secos, 1000–3000 m.
Dept.: CH, CO, SC, TA.
Tipo y muestra: *K. Fiebrig 2169* (HT: B; IT: F, NY, US), *J.R.I. Wood 12727* (K, LPB).
Nom. Vern.: Polvorín.

Myracrodruon Allemão, Trab. Comm. Sci. Expl. Bot. 1: 3, t. 1, 2. 1862.
1 especie, 0 especies endémicas.

Myracrodruon urundeuva Allemão, Trab. Comm. Sci. Expl. Bot. 1: 3. 1862.
Sin.: *Astronium urundeuva* (Allemão) Engl., *Astronium urundeuva* var. *candollei* (Engl.) Mattick
Ref.: Foster (1958), Vargas Salazar (1993a), López Vargas (1995), Schulenberg & Awbrey (1997), Killeen & Schulenberg (1998), González et al. (1999), Serrano & Terán (1998 [2000]), Vargas Caballero et al. (2000), Jardim et al. (2003), Arroyo Padilla & Villarroel Segarra (2009), Zenteno Ruiz & López (2010).
Árbol. Nativa. Zonas Bajas, Andes. Bosque Semideciduo Chiquitano, Bosque Seco Chaqueño, Yungas, Bosque Tucumano-Boliviano, Bosque Serrano Chaqueño, Valles Secos, 0–2500 m.
Dept.: BE, CH, CO, LP, SC, TA.
Muestra: *C. Antezana V. 1314* (BOLV, MO, NY).
Nom. Vern.: Cuchi, cuchi colorado, cüquirr, quichi, sotillo, urundel.

Ochoterenaea F.A. Barkley, Bull. Torrey Bot. Club 69: 442. 1942.
1 especie, 0 especies endémicas.

Ochoterenaea colombiana F.A. Barkley, Bull. Torrey Bot. Club 69(6): 442–444, f. 1–6. 1942.
Ref.: Vargas Salazar (1993a).
Arbolito, árbol. Nativa. Zonas Bajas, Andes. Bosque Húmedo, Yungas, 500–1500 m.
Dept.: LP.
Muestra: *S.G. Beck 13632* (BOLV, CTES, LPB, M, NY).

Schinopsis Engl., Fl. Bras. 12(2): 403. 1876.
4 especies, 0 especies endémicas.

[Schinopsis balansae Engl.], Bot. Jahrb. Syst. 6: 286. 1885.
Ref.: Foster (1958), Serrano & Terán (1998 [2000]).
Nota: El registro se basa en material mal identificado de *S. cornuta*.

Schinopsis brasiliensis Engl., Fl. Bras. 12(2): 404. 1876.
Sin.: *Schinopsis glabra* Burkl. ex Mey., *Schinopsis brasiliensis* var. *glabra* Engl.
Ref.: Vargas Salazar (1993a), Killeen & Schulenberg (1998), Jardim et al. (2003), Wood et al. (2011).
Árbol. Nativa. Zonas Bajas, Andes. Bosque Semideciduo Chiquitano, Yungas, 0–2000 m.
Dept.: LP, SC.
Muestra: *J.R.I. Wood 13695* (K).
Nom. Vern.: Soto.

Schinopsis cornuta Loes. ex Herzog, Meded. Rijks-Herb. 27: 86. 1915.
Ref.: Foster (1958), Serrano & Terán (1998 [2000]).
Árbol. Nativa. Zonas Bajas. Bosque Seco Chaqueño, 0–1000 m.
Dept.: CH, SC.
Tipo y muestra: *T. Herzog 1148* (ST: B, L, Z), *S.G. Beck & M. Liberman 9780* (K, LPB, M, MO, MOL, NY, SI, USZ).
Nom. Vern.: Sotillo, soto negro, taguaire.

Schinopsis lorentzii (Griseb.) Engl., Bot. Jahrb. Syst. 1: 46. 1881.
Sin.: *Loxopterygium lorentzii* Griseb.
Ref.: Hunziker (1998).
Árbol. Nativa. Zonas Bajas, Andes. Bosque Seco Chaqueño, Bosque Serrano Chaqueño, Valles Secos, 0–1000, 1500–2000 m.
Dept.: CH, LP, SC, TA.
Muestra: *T. Killeen et al. 4195* (MO).
Nom. Vern.: Quebracho colorado, soto.

Schinopsis marginata Engl., Monogr. Phan. 4: 464. 1883.
Sin.: *Schinopsis lorentzii* var. *marginata* (Engl.) Cabrera, *Schinopsis haenkeana* Engl.
Ref.: Foster (1958), Adolfo María (1966), Vargas Salazar (1993a), López Vargas (1995), Saravia Miranda (1996), De la Barra (1997), Hunziker (1998), González et al. (1999), Serrano & Terán (1998 [2000]), Vargas Caballero et al. (2000), Arroyo Padilla & Villarroel Segarra (2009), Ministerio de Medio Ambiente y Agua (2012 [2013]).
Árbol. Nativa. Zonas Bajas, Andes. Bosque Semideciduo Chiquitano, Bosque Tucumano-Boliviano, Bosque Serrano Chaqueño, Valles Secos, 500–3000 m.
Dept.: CH, CO, LP, PO, SC, TA.
Muestra: *J.R.I. Wood 10377* (K).
Nota: Flores et al. (2013. Darwiniana, n.s. 1(1): 25–38) tratan a *S. marginata* como un sinónimo de *S. lorentzii*.
Nom. Vern.: Quebracho, soto, tiguira (Quechua).

[Schinopsis quebracho-colorado (Schltdl.) F.A. Barkley & T. Mey.], Bol. Soc. Argent. Bot. 3: 156. 1950.
Sin.: *Aspidosperma quebracho-colorado* Schltdl.
Ref.: Foster (1958), Vargas Salazar (1993a), Hunziker (1998), Serrano & Terán (1998 [2000]).
Nota: Especie dudosa. Hunziker (1998) trata a *S. quebracho-colorado* como un nombre dudoso. Muchos especímenes que deberían ser *S. lorentzii* han sido identificados como *S. quebracho-colorado*.

Schinus L., Sp. Pl. 1: 388. 1753.
10 especies, 0 especies endémicas.

Schinus areira L., Sp. Pl. 1: 389. 1753.
Sin.: *Schinus molle* var. *areira* (L.) DC.
Árbol. Nativa, cultivada. Andes. Yungas, Valles Secos, 1000–3500 m.
Dept.: CH, CO, LP, PO, SC, TA.
Muestra: *J.C. Solomon 10578* (LPB, MO, NY).
Nom. Vern.: Molle.

[Schinus engleri F.A. Barkley], Brittonia 5: 178. 1944.
Ref.: Barkley (1944), Barkley (1957), Foster (1958).
Nota: El registro se basa en material mal identificado.

Schinus fasciculata (Griseb.) I.M. Johnst., J. Arnold Arbor. 19: 257. 1938.
Sin.: *Duvaua fasciculata* Griseb.
Ref.: Foster (1958), Vargas Salazar (1993a), López Vargas (1995), Saravia Miranda (1996), De la Barra (1997), Serrano & Terán (1998 [2000]).
Arbusto. Nativa. Andes. Bosque Tucumano-Boliviano, Valles Secos, 500–1000, 1500–2500 m.
Dept.: CH, CO, SC, TA.
Muestra: *I.G. Vargas 335* (LPB, MO, USZ).
Nom. Vern.: Chirimolle, luyu luyu.

[Schinus ferox Hassl.], Repert. Spec. Nov. Regni Veg. 12: 373. 1913.
Ref.: Barkley (1944), Foster (1958), Vargas Salazar (1993a).
Nota: El registro se basa en material mal identificado de *S. microphylla* I.M. Johnst.

[Schinus longifolia (Lindl.) Speg.], Cat. Descr. Maderas 413. 1910.
Sin.: *Duvaua longifolia* Lindl.
Ref.: Vargas Caballero et al. (2000).
Nota: El registro se basa en material mal identificado de *S. fasciculata*.

Schinus meyeri F.A. Barkley, Lilloa 33: 295. 1973.
Ref.: Vargas Salazar (1993a), González et al. (1999).
Arbusto, arbolito. Nativa. Andes. Bosque Tucumano-Boliviano, 1500–2500 m.
Dept.: TA.
Muestra: *J.C. Solomon 10927* (F, LPB, MO).
Nom. Vern.: Huislulu.

Schinus microphylla I.M. Johnst., J. Arnold Arbor. 19: 258. 1938.
Sin.: *Schinus dependens* var. *crenata* Engl., *Schinus dependens* var. *andina* Engl., *Schinus huyngan* var. *subtridentata* Kuntze, *Schinus andina* (Engl.) I.M. Johnst., *Schinus andina* var. *subtridentata* (Kuntze) F.A. Barkley
Ref.: Barkley (1944), Foster (1958), López Vargas (1995), Saravia Miranda (1996), Serrano & Terán (1998 [2000]).
Arbusto. Nativa. Andes. Yungas, Valles Secos, 2500–4000 m.
Dept.: CH, CO, LP, PO, SC, TA.
Muestra: *J.C. Solomon 6747* (LPB, MO, NY).
Nom. Vern.: Chiri molle, huislulu, luyu luyu.

[Schinus molle L.], Sp. Pl. 1: 388–389. 1753.
Ref.: Rusby (1893b), Barkley (1944), Foster (1958), Adolfo María (1966), Vargas Salazar (1993a), López Vargas (1995), Saravia Miranda (1996), De la Barra (1997), López (2000), Serrano & Terán (1998 [2000]), Vargas Caballero et al. (2000).
Nota: El registro se basa en material mal identificado. Posiblemente introducida, *S. molle* no ocurre naturalmente en Bolivia. Varios especímenes de *S. areira* han sido erróneamente identificados como *S. molle*.

Schinus myrtifolia (Griseb.) Cabrera, Obr. Centen. Mus. La Plata 2: 269. 1937.
Sin.: *Cybianthus myrtifolius* Griseb., *Schinus dependens* fo. *grandifolia* Loes.
Ref.: Barkley (1944), Foster (1958), Schulenberg & Awbrey (1997), Serrano & Terán (1998 [2000]).
Arbusto, arbolito. Nativa. Andes. Yungas, Bosque Tucumano-Boliviano, 1000–1500, 2000–3500 m.
Dept.: CH, CO, LP, SC, TA.
Muestra: *M.A. Lewis 35286* (LPB, MO, NY).
Nom. Vern.: Huislulu, luyo luyo, yulo-yulo.

Schinus pearcei Engl., Bot. Jahrb. Syst. 1: 423. 1881.
Sin.: *Schinus diversifolia* Rusby
Ref.: Barkley (1944), Foster (1958), Vargas Salazar (1993a), De la Barra (1997).
Árbol. Nativa, cultivada. Andes. Yungas, 2500–3500 m.
Dept.: CO, LP.
Muestra: *J.C. Solomon 15709* (LPB, MO, NY).

Schinus pilifera I.M. Johnst., J. Arnold Arbor. 19: 256. 1938.
Sin.: *Duvaua dependens* var. *subintegra* (Engl.) Rusby, *Schinus dependens* var. *tomentosa* R.E. Fr., *Schinus fasciculata* var. *boliviensis* F.A. Barkley
Ref.: Barkley (1944), Barkley (1957), Muñoz (1999), Serrano & Terán (1998 [2000]).
Arbusto. Nativa. Andes. Valles Secos, 2000–2500, 3000–4000 m.
Dept.: CH, CO, LP.
Muestra: *M. Bang 981* (GH, MO, NY).
Infra: *Schinus pilifera* var. *boliviensis* (F.A. Barkley) F.A. Barkley, *Schinus pilifera* var. *cabrerae* (F.A. Barkley) F.A. Barkley
Nom. Vern.: Chirimolle.

Schinus polygama (Cav.) Cabrera, Obr. Centen. Mus. La Plata 2: 269. 1937.
Sin.: *Amyris polygama* Cav., *Schinus dependens* var. *parviflora* Marchand
Ref.: Barkley (1944), Foster (1958), Serrano & Terán (1998 [2000]).
Arbusto. Nativa. Andes. Bosque Tucumano-Boliviano, Valles Secos, 1500–2000 m.
Dept.: TA.
Muestra: *J.C. Solomon 10912* (LPB, MO, NY).
Infra: *Schinus polygama* fo. *parviflora* Cabrera
Nom. Vern.: Chirimolle.

Schinus terebinthifolia Raddi, Mem. Mat. Fis. Soc. Ital. Sci. Modena, Pt. Mem. Fis. 18(2): 399–400. 1820.
Árbol. Cultivada. Zonas Bajas. Bosque Seco Chaqueño, 0–500 m.
Dept.: TA.
Muestra: *M.H. Nee 53271* (LPB, MO, NY).

Schinus venturii F.A. Barkley, Brittonia 5(2): 179. 1944.
Ref.: Barkley (1944), Foster (1958), Vargas Salazar (1993a).
Árbol. Nativa. Andes. Bosque Tucumano-Boliviano, Valles Secos, 1000–1500, 2000–2500 m.
Dept.: CH, TA.
Tipo y muestra: *K. Fiebrig 2291* (HT: MO-896886; IT: F, GH, NY), *M. Serrano et al. 1435* (USZ).

Spondias L., Sp. Pl. 1: 371. 1753.
3 especies, 0 especies endémicas.

Spondias mombin L., Sp. Pl. 1: 371. 1753.
Sin.: *Spondias lutea* L.
Ref.: Parker & Bailey (1991), Vargas Salazar (1993a), Killeen & Schulenberg (1998), Mostacedo C. & Uslar (1999), Alverson et al. (2000), Jardim et al. (2003).
Árbol. Nativa. Zonas Bajas. Bosque Húmedo, Bosque Semideciduo Chiquitano, 0–1000 m.
Dept.: BE, LP, PA, SC.
Muestra: *M.J. Macía et al. 6638* (LPB, MA, NY).
Nom. Vern.: Acaya, adrito, azucaró, azucaró del monte, cedrillo, cuchi, diji, orococillo, zucá.

Spondias purpurea L., Sp. Pl. (ed. 2) 1: 613. 1762.
Ref.: Killeen & Schulenberg (1998).
Árbol. Cultivada. Zonas Bajas. Bosque Semideciduo Chiquitano, 0–500 m.
Dept.: SC.
Muestra: *R.C. Quevedo et al. 2548* (USZ).

Spondias testudinis J.D. Mitch. & D.C. Daly, Brittonia 50(4): 448–451, f. 1–2. 1998.
Árbol. Nativa. Zonas Bajas. Bosque Húmedo, 0–500 m.
Dept.: PA.
Muestra: *E. Meneces & Vega 690* (BOLV).
Nom. Vern.: Casharana de monte.

[Spondias venosa Mart. ex Colla], Herb. Pedem. 2: 37. 1834.
Ref.: Moraes R. (1990), Vargas Salazar (1993a).
Nota: Especie dudosa.

[Spondias venulosa (Engl.) Engl.], Monogr. Phan. 4: 245. 1883.
Sin.: *Spondias purpurea* var. *venulosa* Engl.
Ref.: Vargas Salazar (1993a).
Nota: El registro se basa en material mal identificado. Especie restringida al oriente de Brasil.

Tapirira Aubl., Hist. Pl. Guiane 1: 470, t. 188. 1775.
2 especies, 0 especies endémicas.

Tapirira guianensis Aubl., Hist. Pl. Guiane 1: 470, t. 188. 1775.
Sin.: *Tapirira pearcei* Rusby
Ref.: Foster (1958), Parker & Bailey (1991), Vargas Salazar (1993a), Killeen & Schulenberg (1998), Alverson et al. (2000), Arrázola Rivero et al. (2000).
Arbusto, árbol. Nativa. Zonas Bajas, Andes. Bosque Húmedo, Campos Amazónicos, Yungas, 0–2500 m.
Dept.: BE, CO, LP, PA, SC.
Muestra: *I.G. Vargas et al. 4077* (LPB, MO, NY, USZ).
Infra: *Tapirira guianensis* subsp. *guianensis*, *Tapirira guianensis* subsp. *subandina* Barfod & Holm-Niels.
Nom. Vern.: Algodoncillo, chino macho.

Tapirira obtusa (Benth.) J.D. Mitch., Novon 3(1): 66. 1993.
Sin.: *Mauria obtusa* Benth., *Tapirira marchandii* Engl., *Tapirira peckoltiana* Engl.
Árbol. Nativa. Zonas Bajas. Bosque Húmedo, 0–500 m.
Dept.: LP, PA.
Muestra: *T. Killeen 4502* (LPB, MO, NY).
Nom. Vern.: Coloadillo.

Thyrsodium Salzm. ex Benth., Hooker's J. Bot. Kew Gard. Misc. 4: 17. 1852.
2 especies, 0 especies endémicas.

Thyrsodium bolivianum J.D. Mitch. & D.C. Daly, Brittonia 45(2): 120–122, f. 2–3. 1993.
Árbol. Nativa. Zonas Bajas. Bosque Húmedo, 0–500 m.
Dept.: PA.
Tipo y muestra: *C.R. Sperling 6633* (HT: NY; IT: LPB, MO-6079540), *E. Meneces 797* (MO, NY).
Nom. Vern.: Sucupira.

[Thyrsodium herrerense Encarn.], Candollea 39: 1. 1984.
Ref.: Vargas Salazar (1993a).
Nota: El registro se basa en material mal identificado de *T. bolivianum*.

[Thyrsodium paraense Huber], Bull. Soc. Bot. Genève 6: 183. 1915.
Ref.: Vargas Salazar (1993a).
Nota: El registro se basa en material mal identificado de *T. bolivianum*.

Thyrsodium rondonianum J.D. Mitch. & D.C. Daly, Brittonia 45(2): 118–120, f. 1–2. 1993.
Ref.: Killeen & Schulenberg (1998).
Árbol. Nativa. Zonas Bajas. Bosque Húmedo, 0–500 m.
Dept.: PA, SC.
Muestra: *A. Perry 851* (LPB, MO, NY).

Toxicodendron Mill., Gard. Dict. Abr. (ed. 4) vol. 3. 1754.
1 especie, 0 especies endémicas.

Toxicodendron striatum (Ruiz & Pav.) Kuntze, Revis. Gen. Pl. 1: 153. 1891.
Sin.: *Rhus striata* Ruiz & Pav.
Ref.: Arrázola Rivero et al. (2000).
Arbolito, árbol. Nativa. Zonas Bajas. Bosque Húmedo, 0–1000 m.
Dept.: BE.
Muestra: *B.M. Boom 4976* (NY).
Nom. Vern.: Xëtshitsa.

ANNONACEAE Juss., Gen. Pl. 283. 1789.

Por L.W. Chatrou (WAG), M.D. Pirie (MJG), H. Rainer (WU), P.J.M. Maas (WAG); revisado por M. Nee (NY), S.G. Beck (LPB), P.M. Jørgensen (MO).
23 géneros, 96 especies, 5 especies endémicas.

Anaxagorea A. St.-Hil., Nouv. Bull. Sci. Soc. Philom. Paris 1825: 91. 1825.
3 especies, 0 especies endémicas.

Anaxagorea brevipes Benth., Hooker's J. Bot. Kew Gard. Misc. 5: 8. 1853.
Sin.: *Anaxagorea minor* Diels ex R.E. Fr., *Anaxagorea krukoffii* R.E. Fr.
Ref.: Maas & Westra (1984), Saldias Paz (1993a).
Árbol. Nativa. Zonas Bajas. Bosque Húmedo, 0–500 m.
Dept.: CO, PA.
Muestra: *R.T. Pennington et al. 37* (K, LPB, U).

Anaxagorea crassipetala Hemsl., Diagn. Pl. Nov. Mexic. 1: 2. 1878.
Sin.: *Anaxagorea clavata* R.E. Fr.
Ref.: Maas & Westra (1984), Saldias Paz (1993a).
Árbol. Nativa. Zonas Bajas. Bosque Húmedo, 0–500 m.
Dept.: PA.
Muestra: *C.R. Sperling & S.R. King 6564* (LPB).

Anaxagorea dolichocarpa Sprague & Sandwith, Bull. Misc. Inform. Kew 1930: 475. 1930.
Sin.: *Anaxagorea megalophylla* R.E. Fr., *Anaxagorea mutica* R.E. Fr.
Ref.: Maas & Westra (1984), Saldias Paz (1993a), Arrázola Rivero et al. (2000).
Árbol. Nativa. Zonas Bajas. Bosque Húmedo, 0–1000 m.
Dept.: BE, CO, LP, PA.
Muestra: *D.N. Smith et al. 13972* (LPB, MO).

Annona L., Sp. Pl. 1: 536. 1753.
28 especies, 1 especie endémica.

Annona amazonica R.E. Fr., Acta Horti Berg. 10: 266. 1931.
Ref.: Fries (1931).
Árbol. Nativa. Zonas Bajas. Bosque Húmedo, 0–1000 m.
Dept.: BE, CO, PA.
Muestra: *L.W. Chatrou et al. 407* (F, LPB, MO, U, WU).

Annona ambotay Aubl., Hist. Pl. Guiane 1: 616, t. 249. 1775.
Ref.: Saldias Paz (1993a).
Árbol. Nativa. Zonas Bajas. Bosque Húmedo, 0–500 m.
Dept.: BE, PA.
Muestra: *L. Vargas 574* (LPB, MO, U).

Annona boliviana (R.E. Fr.) H. Rainer, Ann. Naturhist. Mus. Wien, Ser. B, Bot. Zool. 108: 193. 2007.
Sin.: *Rollinia boliviana* R.E. Fr.
Ref.: Maas & Westra (1992), Rainer (2007).
Árbol. Endémica. Zonas Bajas, Andes. Bosque Húmedo, Yungas, 500–2500 m.
Dept.: LP.
Tipo y muestra: *B.A. Krukoff 11258* (HT: S; IT: A, F, MO-1247373, NY, U), *R. Sonco et al. 85* (BOLV, LPB, MO, USZ, WU).

Annona cherimola Mill., Gard. Dict. (ed. 8) no. 5. 1768.
Sin.: *Annona tripetala* Aiton, *Annona pubescens* Salisb.
Ref.: Fries (1931), Foster (1958), Adolfo María (1966), Saldias Paz (1993a), Nee (2004).
Árbol. Naturalizada, cultivada. Andes. Yungas, Valles Secos, 2000–3000 m.
Dept.: CO, LP, SC.
Muestra: *I.G. Vargas 2029* (F, LPB, USZ).
Nom. Vern.: Chirimoya.

Annona cordifolia (Szyszył.) R.E. Fr., Publ. Field Mus. Nat. Hist., Bot. Ser. 13(2/3): 754. 1938.
Sin.: *Annona cordifolia* Poepp. ex Szyszył., *Rollinia cordifolia* Szyszył., *Annona scandens* var. *polychyla* Diels
Ref.: Fries (1938).
Liana, árbol. Nativa. Zonas Bajas. Bosque Húmedo, 0–500 m.
Dept.: PA.
Muestra: *K. Izawa 37* (MO).

Annona coriacea Mart., Fl. Bras. 13(1): 6, pl. 1. 1841.
Sin.: *Annona geraensis* Barb. Rodr.
Ref.: Fries (1931), Killeen & Schulenberg (1998), De la Barra (2009).
Arbusto, árbol. Nativa. Zonas Bajas. Bosque Húmedo, 0–1000 m.
Dept.: SC.
Muestra: *L.W. Chatrou et al. 331* (U, USZ, WU).

Annona cornifolia A. St.-Hil., Fl. Bras. Merid. (quarto ed.) 1: 33. 1824.
Sin.: *Annona walkeri* S. Moore
Ref.: Fries (1931).
Arbusto. Nativa. Zonas Bajas. Sabanas Benianas del Sur, 0–500 m.
Dept.: SC.
Muestra: *L.W. Chatrou et al. 343* (LPB, U, USZ, WU).

Annona dioica A. St.-Hil., Fl. Bras. Merid. (quarto ed.) 1: 34. 1825.
Sin.: *Aberemoa dioica* (A. St.-Hil.) Barb. Rodr., *Annona cuyabaensis* Barb. Rodr.
Ref.: Fries (1931), Foster (1958), Killeen & Schulenberg (1998), Mostacedo C. & Uslar (1999), Rainer (2001).
Arbusto. Nativa. Zonas Bajas. Campos Cerrados, Sabanas Benianas del Norte, Sabanas Benianas del Sur, Campos Amazónicos, 0–1000 m.
Dept.: BE, LP, PA, SC.
Muestra: *L.W. Chatrou et al. 377* (LPB, MO, U, USZ, WU).

Annona emarginata (Schltdl.) H. Rainer, Ann. Naturhist. Mus. Wien, Ser. B, Bot. Zool. 108: 194. 2007.
Sin.: *Rollinia emarginata* Schltdl., *Rollinia hassleriana* R.E. Fr., *Rollinia intermedia* R.E. Fr., *Rollinia longipetala* R.E. Fr., *Rollinia hassleriana* var. *vestita* R.E. Fr., *Rollinia occidentalis* R.E. Fr.
Ref.: Foster (1958), Maas & Westra (1992), Saldias Paz (1993a), González et al. (1999), Rainer (2007).
Hierba. Nativa. Zonas Bajas. Bosque Semideciduo Chiquitano, 500–1000 m.
Dept.: CH, SC, TA.
Muestra: *L. Cayola et al. 1863* (LPB, MA, MO, USZ).

Annona excellens R.E. Fr., Acta Horti Berg. 10: 215, t. 10. 1931.
Ref.: Fries (1931), Killeen & Schulenberg (1998).
Arbusto, árbol. Nativa. Zonas Bajas. Sabanas Benianas del Norte, Sabanas Benianas del Sur, Campos Amazónicos, 0–500 m.
Dept.: BE, LP, SC.
Muestra: *R.C. Quevedo et al. 918* (USZ).

Annona exsucca DC. ex Dunal, Monogr. Fam. Anonac. 77. 1817.
Sin.: *Rollinia exsucca* (DC. ex Dunal) A. DC., *Rollinia incurva* S. Moore, *Rollinia brevipes* R.E. Fr., *Rollinia procera* R.E. Fr.
Ref.: Maas & Westra (1992), Rainer (2007).
Árbol. Nativa. Zonas Bajas. Bosque Húmedo, Campos Cerrados, 0–1000 m.
Dept.: BE.
Muestra: *L.W. Chatrou et al. 426* (LPB, U, WU).

Annona foetida Mart., Fl. Bras. 13(1): 16. 1841.
Sin.: *Annona trunciflora* R.E. Fr.
Ref.: Fries (1931).
Árbol. Nativa. Zonas Bajas. Bosque

Húmedo, 0–500 m.
Dept.: PA.
Muestra: *S. Altamirano & E. Ramos 4154* (BOLV, LPB).

Annona herzogii (R.E. Fr.) H. Rainer, Ann. Naturhist. Mus. Wien, Ser. B, Bot. Zool. 108: 195. 2007.
Sin.: *Rollinia herzogii* R.E. Fr.
Ref.: Foster (1958), Maas & Westra (1992), Saldias Paz (1993a), Mostacedo C. & Uslar (1999), Jardim et al. (2003), Nee (2004), Rainer (2007).
Árbol. Nativa. Zonas Bajas. Bosque Semideciduo Chiquitano, Campos Cerrados, Sabanas Benianas del Sur, 0–1000 m.
Dept.: BE, SC.
Tipo y muestra: *T. Herzog 1368* (HT: L; IT: B, G, S, W), *L.W. Chatrou et al. 347* (LPB, U).
Nom. Vern.: Chirimoya, chirimoya de gato, chirimoya del monte, chirimoyita, cuguchi, cuhuchi falso.

Annona hypoglauca Mart., Fl. Bras. 13: 13. 1841.
Ref.: Fries (1931), Foster (1958), Saldias Paz (1993a), Alverson et al. (2000), Rainer (2001).
Liana, arbusto, árbol. Nativa. Zonas Bajas. Bosque Húmedo, Campos Amazónicos, 0–500 m.
Dept.: BE, LP, PA.
Muestra: *J.C. Solomon 16808* (LPB, MO).

Annona macrocalyx R.E. Fr., Acta Horti Berg. 10: 246, t. 17. 1931.
Ref.: Fries (1931), De la Barra (2009).
Árbol. Nativa. Zonas Bajas. Bosque Húmedo, 0–500 m.
Dept.: PA.
Muestra: *S.G. Beck 17130* (CTES, LPB, U, W).

Annona montana Macfad., Fl. Jamaica 1: 7. 1837.
Sin.: *Annona muricata* Vell., *Annona marcgravii* Mart., *Annona pisonis* Mart., *Annona sphaerocarpa* Splitg.
Ref.: Fries (1931), Saldias Paz (1993a), Killeen & Schulenberg (1998).
Árbol. Nativa, Naturalizada, cultivada. Zonas Bajas. Bosque Húmedo, 0–500 m.
Dept.: BE, CO, LP, PA, SC.
Muestra: *N. de la Barra et al. 1512* (BOLV, LPB).
Nom. Vern.: Sinini.

Annona monticola Mart., Fl. Bras. 13: 7. 1871.
Sin.: *Annona grandifolia* A. St.-Hil. & Tul.
Ref.: Fries (1931), De la Barra (2009).
Arbusto. Nativa. Zonas Bajas. Sabanas Benianas del Sur, 0–500 m.
Dept.: SC.
Muestra: *F. Mamani & A. Jardim 1206* (LPB, MO, USZ).

Annona mucosa Jacq., Observ. Bot. 1: 16. 1764.
Sin.: *Rollinia mucosa* (Jacq.) Baill., *Rollinia curvipetala* R.E. Fr.
Ref.: Maas & Westra (1992), Rainer (2007).
Árbol. Naturalizada, cultivada. Zonas Bajas, Andes. Bosque Húmedo, Bosque Semideciduo Chiquitano, Campos Cerrados, Yungas, 0–1500 m.
Dept.: BE, LP, SC.
Muestra: *R.C. Quevedo et al. 1049* (MO, USZ).

Annona muricata L., Sp. Pl. 1: 536. 1753.
Sin.: *Annona bonplandiana* Kunth, *Guanabanus muricatus* (L.) M. Gómez, *Annona cearensis* Barb. Rodr., *Annona macrocarpa* Wercklé
Ref.: Fries (1931), Saldias Paz (1993a), Killeen & Schulenberg (1998), Mostacedo C. & Uslar (1999), Nee (2004).
Árbol. Naturalizada, cultivada. Zonas Bajas. Bosque Húmedo, Bosque Semideciduo Chiquitano, Campos Cerrados, 0–500 m.
Dept.: BE, CO, LP, PA, SC.
Muestra: *M. Moraes R. 1675* (LPB).
Nom. Vern.: Sinini.

Annona neoulei H. Rainer, Ann. Naturhist. Mus. Wien, Ser. B, Bot. Zool. 108: 200. 2007.
Sin.: *Annona microcarpa* Ruiz & Pav. ex G. Don, *Rollinia ulei* Diels, *Rollinia microcarpa* R.E. Fr.
Ref.: Maas & Westra (1992), Rainer (2007).
Árbol. Nativa. Zonas Bajas. Bosque Húmedo, 500–1000 m.
Dept.: BE.
Muestra: *D.N. Smith et al. 14096* (MO).

Annona nutans (R.E. Fr.) R.E. Fr., Bull. Herb. Boissier, sér. 2, 4: 1171. 1904.
Sin.: *Annona spinescens* var. *nutans* R.E. Fr., *Annona nano-fruticosa* Herzog
Ref.: Fries (1931), Foster (1958), Saldias Paz (1993a), Mostacedo C. & Uslar (1999), Serrano & Terán (1998 [2000]), Wood et al. (2011).
Arbusto. Nativa. Zonas Bajas. Bosque Seco Chaqueño, Campos Cerrados, 0–1000 m.
Dept.: CH, SC.
Muestra: *N. de la Barra et al. 1533* (BOLV, LPB).
Nom. Vern.: Aratico, chirimoya de campo, sinini de la pampa.

Annona papilionella (Diels) H. Rainer, Ann. Naturhist. Mus. Wien, Ser. B, Bot. Zool. 108: 197. 2007.
Sin.: *Rollinia pittieri* Saff., *Rollinia papilionella* Diels, *Rollinia microsepala* Standl.
Ref.: Parker & Bailey (1991), Maas & Westra (1992), Nee (2004), Rainer (2007).
Árbol. Nativa. Zonas Bajas. Bosque Húmedo, Bosque Semideciduo Chiquitano, Campos Cerrados, 0–500 m.
Dept.: BE, LP, SC.
Muestra: *D.N. Smith et al. 14075* (LPB, MO, U).

Annona reticulata L., Sp. Pl. 1: 537. 1753.
Ref.: Fries (1931), Foster (1958), Saldias Paz (1993a), Killeen & Schulenberg (1998).
Arbusto, árbol. Naturalizada, cultivada. Zonas Bajas. Bosque Húmedo, 0–500 m.
Dept.: BE, SC.
Muestra: *M.H. Nee 41124* (LPB, NY).

Annona scandens Diels, Verh. Bot. Vereins Prov. Brandenburg 47: 134. 1905.
Ref.: Fries (1931).
Liana, arbusto. Nativa. Zonas Bajas. Bosque Húmedo, Campos Cerrados, 0–1000 m.
Dept.: BE, LP.
Muestra: *L.W. Chatrou et al. 418* (LPB, MO, U, USZ, WU).

Annona sericea Dunal, Monogr. Fam. Anonac. 69, t. 5. 1817.
Sin.: *Annona jenmanii* Saff.
Ref.: Rainer (2002), De la Barra (2009).
Árbol. Nativa. Zonas Bajas. Bosque Húmedo, Campos Cerrados, 0–500 m.
Dept.: BE, CO, PA.
Muestra: *L.W. Chatrou et al. 360* (LPB, U, WU).

Annona squamosa L., Sp. Pl. 1: 537. 1753.
Sin.: *Annona glabra* Forssk., *Annona cinerea* Dunal, *Annona forskahlii* DC., *Xylopia frutescens* Sieb. ex Presl, *Guanabanus squamosus* (L.) M. Gómez
Ref.: Fries (1931), Mostacedo C. & Uslar (1999).
Árbol. Naturalizada, cultivada. Zonas Bajas. Bosque Húmedo, 0–500 m.
Dept.: BE, SC.
Muestra: *S.G. Beck 23392* (LPB).
Nom. Vern.: Chirimoya.

Annona tomentosa R.E. Fr., Ark. Bot. 5(4): 18, pl. 3, f. 5–7. 1905.
Ref.: Fries (1931), De la Barra (2009).
Arbusto. Nativa. Zonas Bajas. Sabanas Benianas del Sur, 0–500 m.
Dept.: SC.
Muestra: *W.W. Thomas et al. 5737* (LPB, MO, NY, U, USZ).

Annona williamsii (Rusby ex R.E. Fr.) H. Rainer, Ann. Naturhist. Mus. Wien, Ser. B, Bot. Zool. 108: 198. 2007.
Sin.: *Rollinia williamsii* Rusby ex R.E. Fr.
Ref.: Foster (1958), Maas & Westra (1992), Rainer (2007).
Árbol. Nativa. Zonas Bajas. Bosque Húmedo, Bosque Semideciduo Chiquitano, Campos Cerrados, Campos Amazónicos, 0–1000 m.
Dept.: BE, LP, PA, SC.
Tipo y muestra: *R.S. Williams 370* (LT: NY; ILT: K, S), *M. Moraes R. 1019* (LPB, MO, U, USZ).

Bocageopsis R.E. Fr., Acta Horti Berg. 10: 143, f. 1e, 2. 1931.
2 especies, 0 especies endémicas.

Bocageopsis mattogrossensis (R.E. Fr.) R.E. Fr., Acta Horti Berg. 10: 147, f. 2b. 1931.
Sin.: *Bocagea mattogrossensis* R.E. Fr.
Ref.: Fries (1931), Maas et al. (2007).
Árbol. Nativa. Zonas Bajas. Bosque Semideciduo Chiquitano, 500–1000 m.
Dept.: SC.
Muestra: *L. Arroyo P. et al. 349* (MO, USZ).

Bocageopsis multiflora (Mart.) R.E. Fr., Acta Horti Berg. 10: 145, f. 2a. 1931.
Sin.: *Bocagea multiflora* Mart.
Ref.: Fries (1931), Saldias Paz (1993a), Maas et al. (2007).
Árbol. Nativa. Zonas Bajas. Bosque Húmedo, 0–500 m.
Dept.: BE, PA.
Muestra: *J.C. Solomon 6368* (LPB, MO).
Nom. Vern.: Piraquina.

Cardiopetalum Schltdl., Linnaea 9: 328. 1835.
1 especie, 0 especies endémicas.

Cardiopetalum calophyllum Schltdl., Linnaea 9: 328. 1834 [1835].
Sin.: *Hexalobus brasiliensis* A. St.-Hil. & Tul., *Duguetia schlechtendaliana* Mart., *Cymbopetalum parvifolium* Rusby
Ref.: Foster (1958), Saldias Paz (1993a), Johnson & Murray (1995), Killeen & Schulenberg (1998).
Árbol. Nativa. Zonas Bajas. Bosque Húmedo, Bosque Semideciduo Chiquitano, Campos Cerrados, Campos Amazónicos, 0–500 m.
Dept.: BE, LP, PA, SC.
Muestra: *A.M. Carrión et al. 509* (MO, USZ).

Cremastosperma R.E. Fr., Acta Horti Berg. 10: 46. 1931.
2 especies, 1 especie endémica.

Cremastosperma leiophyllum (Diels) R.E. Fr., Acta Horti Berg. 10(2): 328. 1931.
Sin.: *Guatteria leiophylla* Diels
Ref.: Fries (1931), Foster (1958), Parker & Bailey (1991), Saldias Paz (1993a), Nee (2004), Pirie (2005).
Árbol. Endémica. Zonas Bajas. Bosque Húmedo, Bosque Semideciduo Chiquitano, 0–1000 m.
Dept.: BE, CO, LP, SC.
Tipo y muestra: *O. Buchtien 705* (HT: B; IT: MO, US), *R. Seidel & M. Schulte 2265* (CTES, K, LPB, M, MBM, MO, NY, U, USZ).

Cremastosperma monospermum (Rusby) R.E. Fr., Acta Horti Berg. 10: 327. 1931.
Sin.: *Cymbopetalum monospermum* Rusby, *Guatteria lucida* Rusby, *Guatteria rusbyi* J.F. Macbr.
Ref.: Fries (1931), Foster (1958), Saldias Paz (1993a), Pirie (2005).
Árbol. Nativa. Zonas Bajas. Bosque Húmedo, 0–500 m.
Dept.: BE, LP, PA.
Tipo y muestra: *R.S. Williams 670* (HT: NY; IT: K), *D.C. Daly et al. 6573* (LPB, MO).

Cymbopetalum Benth., J. Proc. Linn. Soc., Bot. 5: 69. 1860.
2 especies, 0 especies endémicas.

Cymbopetalum brasiliense (Vell.) Benth. ex Baill., Hist. Pl. 1: 240. 1868.
Sin.: *Uvaria brasiliensis* Vell., *Unona viridiflora* Splitg. ex de Vriese, *Uvaria viridiflora* (Splitg. ex de Vriese) Walp., *Eschweilera simplex* Miers, *Cymbopetalum odoratissimum* Barb. Rodr., *Uva brasiliensis* (Vell.) Kuntze, *Trigynaea anastomosans* Rusby
Ref.: Murray (1993), Saldias Paz (1993a).
Árbol. Nativa. Zonas Bajas. Bosque Húmedo, 0–500 m.
Dept.: BE, CO, PA.
Muestra: *B. Mostacedo et al. 3029* (USZ).

Cymbopetalum fosteri N.A. Murray, Syst. Bot. Monogr. 40: 77, f. 25, 26f–g. 1993.
Nota: Esperado. Conocida de Madre de Dios (Perú), podría encontrarse en la frontera con Bolivia (LP y PA).

Cymbopetalum longipes Benth. ex Diels, Verh. Bot. Vereins Prov. Brandenburg 47: 132. 1905.
Sin.: *Cymbopetalum longipes* var. *minus* R.E. Fr.
Ref.: Foster (1958), Murray (1993), Nee (2004).
Árbol. Nativa. Zonas Bajas. Bosque Húmedo, Campos Cerrados, 0–1000 m.
Dept.: BE, LP, PA, SC.
Muestra: *E. Thomas 2132* (LPB).

Diclinanona Diels, Notizbl. Bot. Gart. Berlin–Dahlem 10: 174. 1927.
0 especies, 0 especies endémicas.
Nota: Esperado, no se ha encontrado documentación acerca de especies de este género en Bolivia, excepto por la de Killeen & Schulenberg (1998).

Duguetia A. St.-Hil., Fl. Bras. Merid. (quarto ed.) 1: 28. 1825 [1824].
10 especies, 0 especies endémicas.

Duguetia flagellaris Huber, Bol. Mus. Goeldi Hist. Nat. Ethnogr. 5: 355. 1909.
Sin.: *Duguetia heteroclada* R.E. Fr., *Duguetia trichostemon* R.E. Fr.
Ref.: Maas et al. (2003).
Árbol. Nativa. Zonas Bajas. Bosque Húmedo, 0–500 m.
Dept.: PA.
Muestra: *C.R. Sperling & S.R. King 6619* (LPB, MO).

Duguetia furfuracea (A. St.-Hil.) Saff., Contr. U.S. Natl. Herb. 18: 61. 1914.
Sin.: *Annona furfuracea* A. St.-Hil., *Duguetia coriacea* Sond., *Duguetia furfuracea* (A. St.-Hil.) Benth. & Hook. f., *Aberemoa furfuracea* (A. St.-Hil.) Baill., *Duguetia hemmendorffii* R.E. Fr.
Ref.: Maas et al. (2003), Wood et al. (2011).
Arbusto. Nativa. Zonas Bajas. Bosque Semideciduo Chiquitano, Campos Cerrados, Sabanas Benianas del Sur, 0–1000 m.
Dept.: SC.
Muestra: *E. Gutiérrez C. et al. 816* (MO, USZ).

Duguetia hadrantha (Diels) R.E. Fr., Acta Horti Berg. 12: 65. 1934.
Sin.: *Aberemoa hadrantha* Diels
Ref.: Maas et al. (2003).
Árbol. Nativa. Zonas Bajas. Bosque Húmedo, 0–1000 m.
Dept.: LP, PA.
Muestra: *A.H. Gentry & A. Perry 77876* (LPB, MO).

Duguetia lucida Urb., Symb. Antill. 1: 308. 1899.
Ref.: Maas et al. (2003).
Árbol. Nativa. Zonas Bajas, Andes. Bosque Húmedo, Campos Cerrados, Campos Amazónicos, Yungas, 0–1500 m.
Dept.: BE, CO, LP, PA.
Muestra: *S.G. Beck & R. Haase 10047* (LPB, U, USZ).

[Duguetia macrophylla R.E. Fr.], Acta Horti Berg. 12: 63. 1934.
Ref.: Saldias Paz (1993a).
Nota: El registro se basa en material mal identificado de *D. spixiana*.

Duguetia marcgraviana Mart., Fl. Bras. 13: 25. 1841.
Sin.: *Aberemoa brevipedunculata* R.E. Fr.
Ref.: Killeen & Schulenberg (1998), Maas et al. (2003).
Árbol. Nativa. Zonas Bajas. Bosque Semideciduo Chiquitano, Campos Cerrados, Sabanas Benianas del Sur, 0–1000 m.
Dept.: SC.
Muestra: *A. Jardim & F. Mamani 3716* (MO, USZ, WU).

Duguetia phaeoclados (Mart.) Maas & Rainer, Bot. Jahrb. Syst. 121: 481. 1999.
Sin.: *Annona phaeoclados* Mart., *Aberemoa laevis* R.E. Fr.
Ref.: Maas (1999), Maas et al. (2003).
Arbusto. Nativa. Zonas Bajas. Bosque Semideciduo Chiquitano, Sabanas Benianas del Sur, 0–1000 m.
Dept.: SC.
Muestra: *M.H. Nee 33371* (LPB, MO).

Duguetia quitarensis Benth., London J. Bot. 2: 361. 1843.
Sin.: *Duguetia ibonensis* Rusby, *Duguetia tessmannii* R.E. Fr.
Ref.: Foster (1958), Parker & Bailey (1991), Saldias Paz (1993a), Jardim et al. (2003), Maas et al. (2003).
Árbol. Nativa. Zonas Bajas. Bosque Húmedo, 0–1000 m.
Dept.: BE, LP, PA.
Muestra: *D.A. Neill & R.C. Quevedo 9333* (MO).
Nom. Vern.: Piraquina.

Duguetia riparia Huber, Bol. Mus. Paraense Hist. Nat. Ethnogr. 3: 416. 1902.
Sin.: *Duguetia insculpta* R.E. Fr.
Ref.: Maas et al. (2003).
Árbol. Nativa. Zonas Bajas. Bosque Húmedo, Campos Cerrados, 0–500 m.
Dept.: PA.
Muestra: *L. Vargas et al. 873* (F, LPB, U).

Duguetia spixiana Mart., Fl. Bras. 13: 23, t. 5, f. 3. 1841.
Ref.: Maas et al. (2003).
Árbol. Nativa. Zonas Bajas. Bosque Húmedo, 0–1000 m.
Dept.: BE, LP, PA.
Muestra: *D.N. Smith et al. 14344* (LPB, MO).

Duguetia stelechantha (Diels) R.E. Fr., Acta Horti Berg. 6: 17. 1919.
Sin.: *Aberemoa stelechantha* Diels
Ref.: Altamirano Azurduy & Ramos de Sousa (2009).
Arbolito. Nativa. Zonas Bajas. Bosque Húmedo, 0–500 m.
Dept.: PA.
Muestra: *S. Altamirano & H. Ramos 4250* (BOLV, HRA).

Ephedranthus S. Moore, Trans. Linn. Soc. London, Bot. 4: 296, pl. 21. 1895.
1 especie, 0 especies endémicas.

[Ephedranthus amazonicus R.E. Fr.], Acta Horti Berg. 12: 200. 1934.
Ref.: Saldias Paz (1993a).
Nota: El registro se basa en material mal identificado de *E. boliviensis*.

Ephedranthus boliviensis Chatrou & Pirie, Revista Soc. Boliv. Bot. 4: 25, f. 1, 2. 2003.
Ref.: Chatrou & Pirie (2003).
Árbol. Nativa. Zonas Bajas. Bosque Húmedo, Bosque Semideciduo Chiquitano, 0–500 m.
Dept.: BE, PA, SC.
Tipo y muestra: *L.W. Chatrou et al. 420* (HT: LPB; IT: AAU, K, MO-04861124, U, USZ, WU), *J.C. Solomon 6484* (LPB, MO, U).

Fusaea (Baill.) Saff., Contr. U.S. Natl. Herb. 18: 64. 1914.
1 especie, 0 especies endémicas.

Fusaea longifolia (Aubl.) Saff., Contr. U.S. Natl. Herb. 18(1): 65. 1914.
Sin.: *Annona rhombipetala* Ruiz & Pav. ex G. Don, *Annona longifolia* Aubl., *Uvaria spectabilis* DC., *Aberemoa longifolia* (Aubl.) Baill., *Duguetia longifolia* (Aubl.) Baill., *Fusaea rhombipetala* (Ruiz & Pav. ex G. Don) J.F. Macbr., *Fusaea decurrens* R.E. Fr.
Ref.: Saldias Paz (1993a), Chatrou & He (1999).
Árbol. Nativa. Zonas Bajas. Bosque Húmedo, 0–1000 m.
Dept.: BE, CO, PA.
Muestra: *L.W. Chatrou et al. 391* (LPB, MO, U).

Guatteria Ruiz & Pav., Fl. Peruv. Prodr. 85. 1794.
17 especies, 1 especie endémica.

Guatteria blepharophylla Mart., Fl. Bras. 13: 38. 1841.
Sin.: *Guatteriopsis blepharophylla* (Mart.) R.E. Fr., *Guatteria brevicuspis* R.E. Fr.
Ref.: Maas & Westra (2011).
Árbol. Nativa. Zonas Bajas. Sabanas Benianas del Norte, 0–500 m.
Dept.: BE, LP.
Muestra: *G. Meyer 136* (U, Z).

[Guatteria chrysophylla Maas & Setten], Proc. Kon. Ned. Akad. Wetensch., C 91: 252, f. 10. 1988.
Nota: El registro se basa en material mal identificado de *G. discolor*.

Guatteria citriodora Ducke, Arch. Jard. Bot. Rio de Janeiro 5: 104, t. 2. 1930.
Ref.: Fries (1939).
Árbol. Nativa. Zonas Bajas. Bosque Húmedo, 0–500 m.
Dept.: BE, CO, PA.
Muestra: *M. Zárate & H. Villca 2920* (BOLV, LPB, MO).

Guatteria discolor R.E. Fr., Acta Horti Berg. 12: 509, f. 33a. 1939.
Ref.: Fries (1939), Saldias Paz (1993a).
Árbol. Nativa. Zonas Bajas. Bosque Húmedo, 0–1000 m.
Dept.: BE, LP.
Muestra: *A. Perry 1114* (AAU, LPB, MO, U, WU).
Nom. Vern.: Piraquina blanca.

Guatteria duodecima Maas & Westra, Blumea 53: 483, f. 6. 2008.
Ref.: Erkens & Maas (2008), Maas & Westra (2011).
Árbol. Nativa. Zonas Bajas. Bosque Húmedo, 0–1000 m.
Dept.: BE, LP, PA, SC.
Muestra: *L.W. Chatrou 392* (LPB, MO, U).

Guatteria dura R.E. Fr., Acta Horti Berg. 12: 499. 1939.
Sin.: *Guatteria kuhlmannii* R.E. Fr.
Ref.: Maas & Westra (2011).

Árbol. Nativa. Zonas Bajas. Bosque Húmedo, 0–500 m.
Dept.: BE.
Muestra: *R. Guillén V. & P. Solíz 3833* (L, MO, NY, OWU, U, USZ).

Guatteria foliosa Benth., London J. Bot. 2: 360. 1843.
Ref.: Fries (1939).
Árbol. Nativa. Zonas Bajas. Bosque Húmedo, Bosque Semideciduo Chiquitano, 0–1000 m.
Dept.: BE, SC.
Muestra: *L.W. Chatrou et al. 325* (LPB, MO, U, WAG).

Guatteria glauca Ruiz & Pav., Syst. Veg. Fl. Peruv. Chil. 1: 145. 1798.
Sin.: *Guatteria pleiocarpa* Diels, *Guatteria buchtienii* R.E. Fr., *Guatteria lasiocalyx* R.E. Fr., *Guatteria rhamnoides* R.E. Fr.
Ref.: Fries (1939), Foster (1958), Saldias Paz (1993a), Maas & Westra (2010).
Árbol. Nativa. Zonas Bajas, Andes. Bosque Húmedo, Bosque Semideciduo Chiquitano, Yungas, 0–1500 m.
Dept.: BE, CO, LP, PA, SC.
Muestra: *A.F. Fuentes C. et al. 7239* (BOLV, HSB, LPB, MO, U, USZ).
Nom. Vern.: Chia, chirimoya del monte, chocolatillo negro, laurel canelón, laurel macho, midha dhahua (Tacana), palo pancho verde, piraquina, piraquina de barbecho, piraquina negra.

Guatteria hirsuta Ruiz & Pav., Syst. Veg. Fl. Peruv. Chil. 1: 146. 1798.
Sin.: *Guatteria alutacea* Diels, *Guatteria guentheriana* Diels, *Guatteria alutacea* var. *steinbachii* R.E. Fr.
Ref.: Fries (1939), Saldias Paz (1993a).
Árbol. Nativa. Zonas Bajas. Bosque Húmedo, Bosque Semideciduo Chiquitano, 0–1000 m.
Dept.: BE, CO, LP, SC.
Muestra: *L.W. Chatrou et al. 346* (LPB, MO, U, WAG).

Guatteria inundata Mart., Fl. Bras. 13(1): 36. 1841.
Nota: Esperado. Ampliamente distribuida en la Amazonía de Brasil y Perú.

Guatteria maypurensis Kunth, Nov. Gen. Sp. (quarto ed.) 5: 64. 1821.
Ref.: Fries (1939).
Árbol. Nativa. Zonas Bajas. Bosque Semideciduo Chiquitano, Sabanas Benianas del Sur, 0–500 m.
Dept.: BE, SC.
Muestra: *M.H. Nee 41177* (LPB, MO, NY, U, USZ).

Guatteria megalophylla Diels, Verh. Bot. Vereins Prov. Brandenburg 47: 127. 1905.
Ref.: Fries (1939), Saldias Paz (1993a).
Árbol. Nativa. Zonas Bajas. Bosque Húmedo, 0–500 m.
Dept.: BE, LP, PA.
Muestra: *L.W. Chatrou et al. 387* (LPB, U).

Guatteria oblongifolia Rusby, Bull. New York Bot. Gard. 4: 320. 1907.
Ref.: Fries (1939), Foster (1958), Saldias Paz (1993a), Fuentes Claros et al. (2009).
Arbolito, árbol. Endémica. Andes. Yungas, 1000–2500 m.
Dept.: LP.
Tipo y muestra: *M. Bang 2232* (HT: NY; IT: F, G, GH, K, MO-2177467, NY, NY, US, US), *A. Araujo M. et al. 3254* (LPB, MA, MO, WAG).

[Guatteria pogonopus Mart.], Fl. Bras. 13(1): 34. 1841.
Ref.: Rusby (1893b).
Nota: El registro se basa en material mal identificado de *G. glauca*.

Guatteria sanctaecrucis Maas & Westra, Blumea 55: 271, f. 9, map 2. 2010.
Ref.: Maas & Westra (2010).
Árbol. Nativa. Zonas Bajas. Bosque Húmedo, 0–500 m.
Dept.: SC.
Tipo y muestra: *M.H. Nee 37331* (HT: LPB; IT: MO, NY, SC, U), *D.A. Neill & R.C. Quevedo 9357* (MO).

Guatteria schomburgkiana Mart., Fl. Bras. 13: 38. 1841.
Ref.: Fries (1939), Saldias Paz (1993a).
Árbol. Nativa. Zonas Bajas. Bosque Húmedo, Bosque Semideciduo Chiquitano, 0–500 m.
Dept.: BE, PA, SC.
Muestra: *R. Guillén V. & R. Choré 2411* (MO, U, USZ, WU).

Guatteria scytophylla Diels, Verh. Bot. Vereins Prov. Brandenburg 47: 127. 1905.
Sin.: *Guatteria hyposericea* Diels
Ref.: Fries (1939).
Árbol. Nativa. Zonas Bajas. Bosque Húmedo, Bosque Semideciduo Chiquitano, 0–500 m.
Dept.: BE, SC.
Muestra: *L.W. Chatrou et al. 429* (LPB, MO, U).
Nom. Vern.: Ahuabaca (Chácobo), peraquina negra, piraquina, xahui (Chácobo).

Guatteria subsessilis Mart., Fl. Bras. 13: 29. 1841.
Ref.: Fries (1939).
Árbol. Nativa. Zonas Bajas. Bosque Húmedo, 0–500 m.
Dept.: BE.
Muestra: *P.J.M. Maas et al. 8684* (LPB, MO, U).

Guatteria tomentosa Rusby, Bull. New York Bot. Gard. 6: 504. 1910.
Sin.: *Guatteria trichoclonia* Diels, *Guatteria setosa* Rusby
Ref.: Fries (1939), Foster (1958), Saldias Paz (1993a).
Árbol. Nativa. Zonas Bajas, Andes. Bosque Húmedo, Campos Cerrados, Yungas, 0–1500 m.
Dept.: CO, LP, PA.
Tipo y muestra: *R.S. Williams 453* (HT: NY), *T. Killeen 4450* (LPB, MO).
Nota: Una especie compleja que incluye *G. trichoclonia*.

Guatteria ucayalina Huber, Bol. Mus. Goeldi 4: 560. 1906.
Sin.: *Guatteria boliviana* H. Winkl.
Ref.: Fries (1939), Foster (1958), Saldias Paz (1993a), Nee (2004).
Árbol. Nativa. Zonas Bajas, Andes. Bosque Húmedo, Yungas, 0–1500 m.
Dept.: LP, PA.
Muestra: *J.C. Solomon 9606* (LPB, MO, U).
Nom. Vern.: Chosñamora, piraquina negra.

Klarobelia Chatrou, Ch. Gen. Syst. Stud. Neotrop. W. Afric. Annonaceae 121. 1998.
2 especies, 1 especie endémica.

Klarobelia candida Chatrou, Ch. Gen. Syst. Stud. Neotrop. W. Afric. Annonaceae 127, f. 3, pl. 3D. 1998.
Ref.: Chatrou (1998).
Nota: Esperado. Conocida de Madre de Dios (Perú), podría encontrarse en la frontera con Bolivia (LP y PA).

Klarobelia inundata Chatrou, Ch. Gen. Syst. Stud. Neotrop. W. Afric. Annonaceae 131, pl. 3B. 1998.
Ref.: Chatrou (1998).
Árbol. Nativa. Zonas Bajas. Bosque Húmedo, 0–500 m.
Dept.: PA.
Muestra: *J.C. Solomon 17062* (LPB, MO, USZ).

Klarobelia pandoensis Chatrou, Revista Soc. Boliv. Bot. 4: 28. 2003.
Ref.: Chatrou & Pirie (2003).
Árbol. Endémica. Zonas Bajas. Bosque Húmedo, 0–500 m.
Dept.: PA.
Tipo y muestra: *F.J. Fernández Casas & A. Susanna 8291* (HT: LPB; IT: MA, MO, NY), *K. Izawa 51* (MO, U).

Malmea R.E. Fr., Ark. Bot. 5: 3. 1905.
0 especies, 0 especies endémicas.

Malmea dielsiana Saff. ex R.E. Fr., Acta Horti Berg. 10: 42, f. 5b. 1930.
Nota: Esperado. Conocida de Acre (Brasil), y de San Martín a Madre de Dios (Perú).

Mosannona Chatrou, Ch. Gen. Syst. Stud. Neotrop. W. Afric. Annonaceae 155. 1998.
1 especie, 0 especies endémicas.

Mosannona parva Chatrou, Ch. Gen. Syst. Stud. Neotrop. W. Afric. Annonaceae 175, pl. 4D. 1998.
Ref.: Chatrou (1998), Fuentes Claros et al. (2009).
Arbolito, árbol. Nativa. Zonas Bajas. Bosque Húmedo, 0–500 m.
Dept.: BE, CO, LP.
Muestra: *A.H. Gentry & S. Estenssoro C. 70714* (LPB, MO).

Onychopetalum R.E. Fr., Acta Horti Berg. 10: 148, f. 2. 1931.
1 especie, 0 especies endémicas.

Onychopetalum periquino (Rusby) D.M. Johnson & N.A. Murray, Brittonia 47: 290. 1995.
Sin.: *Trigynaea periquino* Rusby
Ref.: Foster (1958), Johnson & Murray (1995), Maas et al. (2007).
Árbol. Nativa. Zonas Bajas. Bosque Húmedo, Bosque Semideciduo Chiquitano, Campos Cerrados, 0–1000 m.
Dept.: BE, PA, SC.
Tipo y muestra: *O.E. White s.n.* (HT: NY), *L.W. Chatrou et al. 425* (LPB, MO, U).
Nom. Vern.: Cotibi, piraquina, xahuisi.

Oxandra A. Rich., Hist. Phys. Cuba, Pl. Vasc. 45. 1845.
3 especies, 0 especies endémicas.

Oxandra espintana (Spruce ex Benth.) Baill., Hist. Pl. 1: 207. 1868.
Sin.: *Bocagea espintana* Spruce ex Benth.
Ref.: Fries (1931), Foster (1958), Parker & Bailey (1991).
Árbol. Nativa. Zonas Bajas. Bosque Húmedo, 0–1000 m.
Dept.: LP.
Muestra: *M.J. Macía et al. 7651* (LPB, MA, MO, U, USZ).

Oxandra mediocris Diels, Verh. Bot. Vereins Berlin Brandenburg 47: 125. 1905.
Sin.: *Oxandra acuminata* Diels
Ref.: Parker & Bailey (1991).
Árbol. Nativa. Zonas Bajas. Bosque Húmedo, 0–1000 m.
Dept.: LP.
Muestra: *M.J. Macía & J.M. Quisbert 5777* (LPB, MA).

Oxandra xylopioides Diels, Notizbl. Bot. Gart. Berlin–Dahlem 10: 172. 1927.
Ref.: Fries (1931), Altamirano Azurduy & Ramos de Sousa (2009).
Árbol. Nativa. Zonas Bajas. Bosque Húmedo, 0–500 m.
Dept.: LP, PA.
Muestra: *A.H. Gentry & S. Estenssoro C. 70526* (LPB, MO).

Porcelia Ruiz & Pav., Fl. Peruv. Prodr. 84, t. 16. 1794.
2 especies, 1 especie endémica.

Porcelia ponderosa (Rusby) Rusby, Mem. New York Bot. Gard. 7: 245. 1927.
Sin.: *Guatteria ponderosa* Rusby, *Porcelia saffordiana* Rusby
Ref.: Murray (1993).
Árbol. Nativa. Zonas Bajas, Andes. Bosque Húmedo, Campos Cerrados, Yungas, 0–1500 m.
Dept.: BE, CO, LP.
Tipo y muestra: *R.S. Williams 1479* (HT: NY; IT: NY, NY), *D.C. Daly 6365* (LPB, NY).

Porcelia steinbachii (Diels) R.E. Fr., Acta Horti Berg. 10: 35. 1930.
Sin.: *Cymbopetalum steinbachii* Diels
Ref.: Foster (1958), Murray (1993), Nee (2004).
Árbol. Endémica. Zonas Bajas. Sabanas Benianas del Sur, 0–500 m.
Dept.: SC.
Tipo y muestra: *J. Steinbach 6661* (HT: B; IT: F, F, G, MO; fotos: F ex G), *E. Werdermann 2672* (B, LPB, MO).

Pseudomalmea Chatrou, Ch. Gen. Syst. Stud. Neotrop. W. Afric. Annonaceae 180. 1998.
1 especie, 0 especies endémicas.

Pseudomalmea diclina (R.E. Fr.) Chatrou, Ch. Gen. Syst. Stud. Neotrop. W. Afric. Annonaceae 183. 1998.
Sin.: *Malmea diclina* R.E. Fr.
Ref.: Chatrou (1998).
Árbol. Nativa. Zonas Bajas. Bosque Húmedo, 0–1000 m.
Dept.: BE, LP.
Muestra: *D.N. Smith et al. 14070* (LPB, MO).

Pseudoxandra R.E. Fr., Acta Horti Berg. 12: 222. 1937.
2 especies, 0 especies endémicas.

Pseudoxandra lucida R.E. Fr., Acta Horti Berg. 12: 230, f. 3a–e. 1937.
Ref.: Maas & Westra (2003).
Árbol. Nativa. Zonas Bajas. Bosque Húmedo, 0–500 m.
Dept.: LP, PA, SC.
Muestra: *L.W. Chatrou et al. 449* (LPB, MO, U).

Pseudoxandra polyphleba (Diels) R.E. Fr., Acta Horti Berg. 12: 230. 1937.
Sin.: *Unonopsis polyphleba* Diels
Ref.: Maas et al. (1993), Maas & Westra (2003).
Árbol. Nativa. Zonas Bajas. Bosque Húmedo, 0–500 m.
Dept.: BE, PA, SC.
Muestra: *P.F. Foster et al. 114* (MO, U, USZ).

Ruizodendron R.E. Fr., Ark. Bot. 28B: 3. 1936.
1 especie, 0 especies endémicas.

Ruizodendron ovale (Ruiz & Pav.) R.E. Fr., Ark. Bot. 28B(4): 3. 1936.
Sin.: *Guatteria ovalis* Ruiz & Pav.
Ref.: Fries (1939), Foster (1958), Parker & Bailey (1991), Saldias Paz (1993a), Nee (2004).
Árbol. Nativa. Zonas Bajas. Bosque Húmedo, Bosque Semideciduo Chiquitano, Campos Cerrados, 0–500 m.
Dept.: BE, LP, PA, SC.
Muestra: *D.N. Smith & Ed. García 14160* (LPB, MO).

Trigynaea Schltdl., Linnaea 9: 328. 1834 [1835].
1 especie, 0 especies endémicas.

Trigynaea duckei (R.E. Fr.) R.E. Fr., Ark. Bot. 33A: 14. 1946.
Sin.: *Hornschuchia duckei* R.E. Fr., *Hornschuchia guianensis* R.E. Fr., *Trigynaea ecuadorensis* R.E. Fr.,

Trigynaea guianensis (R.E. Fr.) R.E. Fr.
Ref.: Johnson & Murray (1995).
Árbol. Nativa. Zonas Bajas. Bosque Húmedo, 500–1000 m.
Dept.: LP.
Muestra: *J.C. Solomon & M.H. Nee 12609* (LPB, MO).

Unonopsis R.E. Fr., Kongl. Svenska Vetensk. Acad. Handl., n.s. 34(5): 26, t. IV, 3–8. 1900.

3 especies, 0 especies endémicas.

Unonopsis floribunda Diels, Notizbl. Bot. Gart. Berlin–Dahlem 9: 137. 1924.
Ref.: Fries (1937), Parker & Bailey (1991), Saldias Paz (1993a), Killeen & Schulenberg (1998), Alverson et al. (2000), Arrázola Rivero et al. (2000), Maas et al. (2007).
Árbol. Nativa. Zonas Bajas. Bosque Húmedo, Campos Cerrados, Sabanas Benianas del Norte, Sabanas Benianas del Sur, 0–1000 m.
Dept.: BE, LP, PA, SC.
Muestra: *D.A. Neill & R.C. Quevedo 9437* (LPB, MO, QAME, USZ).
Nom. Vern.: Chocolatillo, chocolatillo blanco, huabu midha (Tacana), meña, piraquina negro.

Unonopsis guatterioides (A. DC.) R.E. Fr., Acta Horti Berg. 12: 241. 1937.
Sin.: *Uvaria guatterioides* A. DC., *Trigynaea matthewsii* Benth., *Trigynaea boliviensis* Britton, *Unonopsis boliviensis* (Britton) R.E. Fr., *Unonopsis lindmanii* R.E. Fr., *Unonopsis matthewsii* (Benth.) R.E. Fr., *Unonopsis guaraya* Herzog, *Unonopsis buchtienii* R.E. Fr.
Ref.: Fries (1937), Maas et al. (2007).
Árbol. Nativa. Zonas Bajas. Bosque Húmedo, Bosque Semideciduo Chiquitano, Campos Cerrados, Sabanas Benianas del Sur, 0–1000 m.
Dept.: BE, PA, SC.
Muestra: *J.C. Solomon 12420* (LPB, MO).
Nom. Vern.: Bilibëte (Yuracare), čocolate-ambwér (Sirionó), chocolatillo, laurel, midha dhahua (Tacana), monte-chirimoya, piraquina, xahuisi (Chácobo).

Unonopsis spectabilis Diels, Verh. Bot. Vereins Prov. Brandenburg 47: 131. 1905.
Ref.: Fries (1937), Maas et al. (2007).
Árbol. Nativa. Zonas Bajas. Bosque Húmedo, 0–1000 m.
Dept.: LP.
Muestra: *A.P. Antezana et al. 691* (LPB, MA, MO).

Xylopia L., Syst. Nat. (ed. 10) 2: 1241, 1250, 1378. 1759.

12 especies, 0 especies endémicas.

Xylopia aromatica (Lam.) Mart., Fl. Bras. 13: 43. 1841.
Sin.: *Uvaria aromatica* Lam.
Ref.: Fries (1930), Saldias Paz (1993a), Killeen & Schulenberg (1998), Wood et al. (2011).
Árbol. Nativa. Zonas Bajas. Bosque Húmedo, Bosque Semideciduo Chiquitano, Campos Cerrados, Sabanas Benianas del Norte, Campos Amazónicos, 0–1000 m.
Dept.: BE, LP, SC.
Muestra: *L.W. Chatrou et al. 310* (LPB, MO, U).

Xylopia benthamii R.E. Fr., Kongl. Svenska Vetensk. Acad. Handl., n.s. 10: 35, t. 5. 1900.
Sin.: *Xylopia ulei* Diels
Ref.: Fries (1930), Saldias Paz (1993a), Killeen & Schulenberg (1998), Jardim et al. (2003), Nee (2004).
Árbol. Nativa. Zonas Bajas. Bosque Húmedo, 0–1000 m.
Dept.: BE, PA, SC.
Muestra: *J.C. Solomon 7901* (LPB, MO).
Nom. Vern.: Piraquina.

Xylopia calophylla R.E. Fr., Acta Horti Berg. 12: 563. 1939.
Ref.: Fries (1930), Saldias Paz (1993a).
Árbol. Nativa. Zonas Bajas. Bosque Húmedo, Bosque Semideciduo Chiquitano, 0–1000 m.
Dept.: BE, SC.
Muestra: *R.B. Wallace 45* (MO, USZ).

Xylopia cuspidata Diels, Notizbl. Bot. Gart. Berlin–Dahlem 10: 175. 1927.
Ref.: Fries (1930), Parker & Bailey (1991), Alverson et al. (2000).
Árbol. Nativa. Zonas Bajas. Bosque Húmedo, 0–500 m.
Dept.: BE, LP, PA.
Muestra: *D.C. Daly et al. 6265* (LPB, MO).

Xylopia emarginata Mart., Fl. Bras. 13: 42. 1841.
Ref.: Fries (1930).
Árbol. Nativa. Zonas Bajas. Bosque Húmedo, 0–500 m.
Dept.: BE, PA, SC.
Muestra: *S. Altamirano 4104* (BOLV, MO).

Xylopia frutescens Aubl., Hist. Pl. Guiane 1: 602, t. 242. 1775.
Sin.: *Xylopia setosa* Poir., *Xylopia muricata* Vell.
Ref.: Fries (1930), Parker & Bailey (1991).
Árbol. Nativa. Zonas Bajas. Campos Cerrados, Sabanas Benianas del Norte, 0–500 m.
Dept.: BE, SC.
Muestra: *P.F. Foster et al. 668* (MO, U, USZ, WU).

Xylopia ligustrifolia Humb. & Bonpl. ex Dunal, Monogr. Fam. Anonac. 121, t.18. 1817.
Sin.: *Xylopia ruscifolia* Humb. & Bonpl. ex Dunal, *Xylopia usitata* Diels
Ref.: Fries (1930), Saldias Paz (1993a), Killeen & Schulenberg (1998), Alverson et al. (2000), Arrázola Rivero et al. (2000).
Árbol. Nativa. Zonas Bajas. Bosque Húmedo, 0–500 m.
Dept.: BE, LP.
Muestra: *D.N. Smith et al. 14207* (LPB, MO, U).

Xylopia multiflora R.E. Fr., Ark. Bot., n.s., 3: 605. 1957.
Ref.: Altamirano Azurduy & Ramos de Sousa (2009).
Árbol. Nativa. Zonas Bajas. Bosque Húmedo, 0–500 m.
Dept.: PA.
Muestra: *S. Altamirano & H. Ramos 4079* (BOLV, HRA, MO, U).

Xylopia parviflora Spruce, J. Proc. Linn. Soc., Bot. 5: 6. 1861.
Sin.: *Xylopia neglecta* R.E. Fr.
Ref.: Fries (1930), Altamirano Azurduy & Ramos de Sousa (2009).
Árbol. Nativa. Zonas Bajas. Bosque Húmedo, 0–500 m.
Dept.: BE, LP.
Muestra: *S. Altamirano 3322* (BOLV, LPB, MO).

Xylopia peruviana R.E. Fr., Acta Horti Berg. 10: 117, f. 10. 1930.
Ref.: Saldias Paz (1993a).
Árbol. Nativa. Zonas Bajas. Bosque Húmedo, 0–500 m.
Dept.: BE.
Muestra: *B.M. Boom 4125* (LPB, NY).

Xylopia polyantha R.E. Fr., Acta Horti Berg. 12: 208. 1934.
Ref.: Saldias Paz (1993a).
Árbol. Nativa. Zonas Bajas. Bosque Húmedo, 0–500 m.
Dept.: BE.
Muestra: *B.M. Boom 4195* (LPB, NY).

Xylopia sericea A. St.-Hil., Pl. Usuel. Bras. 1: t. 33. 1824 [1825].
Sin.: *Unona carminativa* Arruda, *Mayna sericea* Spreng., *Unona fluminensis* Vell., *Xylopicrum carminativum* (Arruda) Kuntze, *Xylopia carminativa* (Arruda) R.E. Fr.
Ref.: Fries (1930), Killeen & Schulenberg (1998), Arrázola Rivero et al. (2000).
Árbol. Nativa. Zonas Bajas. Bosque Húmedo, Bosque Semideciduo Chiquitano, 0–500 m.
Dept.: BE, PA, SC.
Muestra: *W. Terceros 1369* (BOLV, LPB).
Nom. Vern.: Piraquina negra.

APIACEAE Lindl., Intr. Nat. Syst. Bot. (ed. 2) 21. 1836.

Por M. Mendoza (USZ); revisado S.G. Beck (LPB) y P.M. Jørgensen (MO).
28 géneros, 60 especies, 7 especies endémicas.

Ammi L., Sp. Pl. 1: 243. 1753.
1 especie, 0 especies endémicas.

Ammi majus L., Sp. Pl. 1: 243. 1753.
Sin.: *Selinum ammoides* E.H.L. Krause, *Carum majus* (L.) Koso-Pol.
Ref.: Mathias & Constance (1944), Lombardo (1982), Correa (1988).
Hierba. Cultivada. Andes. Valles Secos, 2000–2500 m.
Dept.: SC.
Muestra: *M. Saldias 560* (MO, UC, USZ).

Anethum L., Sp. Pl. 1: 263. 1753.
1 especie, 0 especies endémicas.

Anethum graveolens L., Sp. Pl. 1: 263. 1753.
Ref.: Mathias et al. (1972), Tutin (1980).
Hierba. Cultivada. Andes. Valles Secos, 0–500, 3000–3500 m.
Dept.: LP.
Muestra: *J.C. Solomon 12892* (MO).

Apium L., Sp. Pl. 1: 264. 1753.
2 especies, 0 especies endémicas.

Apium graveolens L., Sp. Pl. 1: 264–265. 1753.
Ref.: Mathias & Constance (1944), Matuda (1958), Sánchez Sánchez (1969).
Hierba. Cultivada. Andes. Valles Secos, 2000–3000 m.
Dept.: LP.
Muestra: *T. Feuerer 10992-A* (UC).

Apium sellowianum H. Wolff, Pflanzenr. IV 228(Heft 90): 30. 1927.
Ref.: Pontiroli (1965b), Irgang (1970), Lombardo (1982).
Hierba. Cultivada. Andes. Yungas, Valles Secos, 2000–3000 m.
Dept.: LP, TA.
Muestra: *J.C. Solomon 10259* (LPB, MO, UC).

Arracacia Bancr., Verh. Vereins. Beförd. Gartenbaues Königl. Preuss. Staaten 4(2): 386–389. 1828.
2 especies, 0 especies endémicas.

Arracacia peruviana (H. Wolff) Constance, Bull. Torrey Bot. Club 76: 45. 1949.
Sin.: *Velaea peruviana* H. Wolff
Ref.: Mathias & Constance (1962b), Zarucchi (1993a).
Hierba. Nativa. Andes. Valles Secos, 3000–3500 m.
Dept.: TA.
Muestra: *I.I. Linneo 961* (MO, SI, USZ).

Arracacia xanthorrhiza Bancr., Trans. Agric. Soc. Jamaica 1825: 5. 1825.
Sin.: *Conium arracacha* Hook., *Arracacia esculenta* DC., *Arracacia andina* Britton
Ref.: Mathias & Constance (1944), Constance (1949), Foster (1958), Mathias & Constance (1962b).
Hierba. Nativa. Andes. Yungas, Páramo Yungueño, 2000–3500 m.
Dept.: CH, CO, LP, PO.
Muestra: *S.G. Beck 22304* (LPB, MO, USZ).

Azorella Lam., Encycl. 1(1): 344. 1783.
6 especies, 0 especies endémicas.

Azorella biloba (Schltdl.) Wedd., Chlor. Andina 2: 195–196, t. 66B. 1860.
Sin.: *Fragosa biloba* Schltdl., *Azorella biloba* var. *strigosa* Wedd., *Azorella bovei* Speg.
Ref.: Foster (1958), Mathias & Constance (1962b), Martínez (1993), Pestalozzi & Torres (1998), Serrano & Terán (1998 [2000]).
Hierba. Nativa. Andes, Altiplano. Yungas, Páramo Yungueño, Puna Húmeda, Bosque de *Polylepis*, 2000–5000 m.
Dept.: CH, CO, LP, PO, SC.
Muestra: *M. Liberman 464* (LPB, M, SI, UC).

Azorella compacta Phil., Anales Mus. Nac. Santiago de Chile 8: 28. 1891.
Sin.: *Laretia compacta* (Phil.) Reiche, *Azorella prismatoclada* Domin, *Azorella columnaris* H. Wolff
Ref.: Wolff (1908b), Foster (1958), Pestalozzi & Torres (1998), Ministerio de Medio Ambiente y Agua (2012 [2013]).
Hierba. Nativa. Altiplano. Puna Húmeda, Puna Seca, 3000–5000 m.
Dept.: CO, LP, OR, PO, TA.
Muestra: *J.M. Mendoza 45* (BOLV, LPB, MO, NY, USZ).

Azorella diapensioides A. Gray, U.S. Expl. Exped., Musci 1: 702. 1854.
Ref.: Foster (1958), Mathias & Constance (1962b), Pestalozzi & Torres (1998).
Hierba. Nativa. Altiplano. Puna Húmeda, Puna Seca, 2500–4500 m.
Dept.: CO, LP, OR.
Muestra: *S.G. Beck 3981* (LPB, UC).
Infra: *Azorella diapensioides* var. *denticulata* Wedd.
Nom. Vern.: Llareta, vareta.

Azorella multifida (Ruiz & Pav.) Pers., Syn. Pl. 1: 303. 1805.
Sin.: *Fragosa multifida* Ruiz & Pav.
Ref.: Foster (1958), Mathias & Constance (1962b), Adolfo María (1966).
Hierba. Nativa. Andes, Altiplano. Yungas, Puna Húmeda, Bosque de *Polylepis*, 3000–4500 m.
Dept.: CH, CO, LP.
Muestra: *S.G. Beck 11182* (LPB, UC, USZ).

Azorella pulvinata Wedd., Chlor. Andina 2: 194, pl. 66A. 1860.
Ref.: Mathias & Constance (1957), Foster (1958), Mathias & Constance (1962b).
Hierba. Nativa. Altiplano. Puna Húmeda, Puna Seca, 4000–5000 m.
Dept.: LP.
Tipo y muestra: *H.A. Weddell 4331* (HT: P), *J.C. Solomon & R. Chevalier 16611* (LPB, MO, UC).

Azorella reniformis (Ruiz & Pav.) Pers., Syn. Pl. 1: 303. 1805.
Sin.: *Fragosa reniformis* Ruiz & Pav.
Hierba. Nativa. Andes. Páramo Yungueño, 3500–4000 m.
Dept.: LP.
Muestra: *S.G. Beck 22527* (LPB, UC).

Bowlesia Ruiz & Pav., Fl. Peruv. Prodr. 44, pl. 34 [bottom]. 1794.
7 especies, 0 especies endémicas.

Bowlesia flabilis J.F. Macbr., Publ. Field Mus. Nat. Hist., Bot. Ser. 11(1): 32. 1931.
Sin.: *Bowlesia geraniifolia* Cham. & Schltdl.
Ref.: Mathias & Constance (1962b), Mathias & Constance (1965), Adolfo María (1966), Martínez (1997), Martínez (1999).
Hierba. Nativa. Andes, Altiplano. Yungas, Páramo Yungueño, Valles Secos, Puna Húmeda, Bosque de *Polylepis*, 1000–1500, 2000–4500 m.
Dept.: CH, CO, LP, PO.
Muestra: *J.C. Solomon 7449* (LPB, MO, UC).

Bowlesia lobata Ruiz & Pav., Fl. Peruv. 3: 28, pl. 251, f. b. 1802.
Sin.: *Bowlesia nodiflora* C. Presl ex DC., *Bowlesia acutiloba* H. Wolff
Ref.: Foster (1958), Mathias & Constance (1962b), Mathias & Constance (1965), Martínez (1999).
Hierba. Nativa. Andes, Altiplano. Yungas, Páramo Yungueño, Puna Húmeda, Bosque de *Polylepis*, 1000–5000 m.
Dept.: CO, LP, PO, TA.
Muestra: *O. Buchtien 660* (GH, NY, UC).

Bowlesia palmata Ruiz & Pav., Fl. Peruv. 3: 28, t. 251, f. a. 1802.
Ref.: Rusby (1893b), Mathias & Constance (1944), Foster (1958), Mathias & Constance (1965), Sánchez Sánchez (1969).
Hierba. Nativa. Andes, Altiplano. Páramo Yungueño, Valles Secos, Puna Húmeda, 2500–4000 m.
Dept.: CH, CO, LP, PO.
Muestra: *M. Bang 196* (F, GH, MO, NY, US).
Infra: *Bowlesia palmata* var. *acutangula* Kuntze, *Bowlesia palmata* var. *lacerata* Kuntze

Bowlesia platanifolia H. Wolff, Bot. Jahrb. Syst. 40: 284. 1908.
Sin.: *Bowlesia rotundifolia* Phil.
Ref.: Wolff (1908b), Foster (1958), Mathias & Constance (1965), Martínez (1999).
Hierba. Nativa. Andes. Yungas, 2000–3500 m.
Dept.: CH, CO, LP, SC.
Muestra: *J.C. Solomon 17883* (MO, NY, UC, USZ).

Bowlesia sodiroana H. Wolff, Bot. Jahrb. Syst. 40(Beibl. 91): 49. 1907.
Ref.: Mathias & Constance (1962b), Mathias & Constance (1965).
Hierba. Nativa. Andes. Yungas, Páramo Yungueño, 3000–4000 m.
Dept.: LP.
Muestra: *J.C. Solomon 13077* (LPB, MO, NY, UC).

Bowlesia tenella Meyen, Reise Erde 1: 466. 1834.
Sin.: *Bowlesia mandonii* Rusby
Ref.: Mathias & Constance (1962b), Mathias & Constance (1965), Pestalozzi & Torres (1998), Serrano & Terán (1998 [2000]).
Hierba. Nativa. Andes, Altiplano. Yungas, Páramo Yungueño, Bosque de *Polylepis*, 3000–4000 m.
Dept.: CH, CO, LP.
Muestra: *J.C. Solomon 16250* (LPB, MO, NY, UC, US).

Bowlesia tropaeolifolia Gillies & Hook., Bot. Misc. 1: 325. 1830.
Sin.: *Bowlesia pulchella* Wedd., *Bowlesia cirrosa* Phil., *Bowlesia tropaeolifolia* var. *heterophylla* Speg., *Bowlesia tropaeolifolia* var. *gayana* Domin
Ref.: Mathias & Constance (1965), Navas (1976).
Hierba. Nativa. Andes, Altiplano. Yungas, Páramo Yungueño, Puna Húmeda, Puna Seca, Bosque de *Polylepis*, 3000–5000 m.
Dept.: CO, LP, OR, PO, TA.
Muestra: *J.R.I. Wood 8193* (K, LPB).

Centella L., Sp. Pl. (ed. 2) 2: 1393. 1763.
1 especie, 0 especies endémicas.

Centella asiatica (L.) Urb., Fl. Bras. 11(1): 287. 1879.
Sin.: *Hydrocotyle asiatica* L., *Hydrocotyle triflora* Ruiz & Pav., *Centella hirtella* Nannf., *Centella triflora* (Ruiz & Pav.) Nannf.
Ref.: Pérez-Moreau (1949), Irgang (1970), Martínez (1999).
Hierba. Nativa. Zonas Bajas, Andes. Bosque Húmedo, Bosque Semideciduo Chiquitano, Bosque Tucumano-Boliviano, Bosque Serrano Chaqueño, Valles Secos, 0–500, 1500–2000 m.
Dept.: SC, TA.
Muestra: *J.M. Mendoza & D. Vidal 1271* (HSB, K, LPB, MO, NY, USZ).

Conium L., Sp. Pl. 1: 243. 1753.
1 especie, 0 especies endémicas.

Conium maculatum L., Sp. Pl. 1: 243. 1753.
Sin.: *Conium cicuta* Neck., *Cicuta major* Lam., *Sium conium* Vest
Ref.: Rusby (1893b), Mathias & Constance (1944), Foster (1958), Mathias & Constance (1962b), Adolfo María (1966), Correa (1988), López Vargas (1995), Saravia Miranda (1996).
Hierba, subarbusto. Naturalizada, adventicia. Andes, Altiplano. Valles Secos, Puna Húmeda, Bosque de *Polylepis*, 2500–4000 m.
Dept.: CH, CO, LP, PO, SC.
Muestra: *J.M. Mendoza 32* (BOLV, LPB, MO, NY, USZ).
Nom. Vern.: Jama jama cicuta.

Coriandrum L., Sp. Pl. 1: 256. 1753.
1 especie, 0 especies endémicas.

Coriandrum sativum L., Sp. Pl. 1: 256. 1753.
Sin.: *Selinum coriandrum* Krause
Ref.: Mathias & Constance (1944), Mathias & Constance (1962b), Irgang (1970).
Hierba. Cultivada. Andes. Yungas, Valles Secos, 1500–3500 m.
Dept.: LP, SC.
Muestra: *I.G. Vargas 976* (LPB, MO, NY, USZ).

Cuminum L., Sp. Pl. 1: 254. 1753.
1 especie, 0 especies endémicas.

Cuminum cyminum L., Sp. Pl. 1: 254. 1753.
Ref.: Mathias & Constance (1944).
Hierba. Cultivada. Andes. Valles Secos, 1500–2000 m.
Dept.: SC.
Muestra: *J.M. Mendoza & E. Guzmán 553* (LPB, USZ).
Nom. Vern.: Cumino.

Cyclospermum Lag., Amen. Nat. Españ. 1(2): 101. 1821.
1 especie, 0 especies endémicas.

Cyclospermum leptophyllum (Pers.) Sprague ex Britton & P. Wilson, Bot. Porto Rico 6(1): 52. 1925.
Sin.: *Pimpinella leptophylla* Pers., *Apium leptophyllum* (Pers.) F. Muell. ex Benth., *Oreosciadium andinum* Rusby
Ref.: Rusby (1893b), Foster (1958), Correa (1988), González et al. (1999), Serrano & Terán (1998 [2000]), Constance (2001), Arroyo Padilla &

Villarroel Segarra (2009).
Hierba. Nativa. Zonas Bajas, Andes, Altiplano. Bosque Húmedo, Bosque Semideciduo Chiquitano, Bosque Seco Chaqueño, Campos Cerrados, Sabanas Benianas del Norte, Sabanas Benianas del Sur, Yungas, Bosque Tucumano-Boliviano, Bosque Serrano Chaqueño, Páramo Yungueño, Puna Húmeda, Puna Seca, Bosque de *Polylepis*, 0–4500 m.
Dept.: BE, CH, CO, LP, OR, PA, PO, SC, TA.
Muestra: *M.H. Nee 35649* (LPB, MO, NY, TEX, UC).
Nom. Vern.: K'ita perejil.

Daucus L., Sp. Pl. 1: 242. 1753.

2 especies, 0 especies endémicas.

Daucus carota L., Sp. Pl. 1: 242. 1753.
Ref.: Mathias & Constance (1944), Navas (1976), Correa (1988).
Hierba. Cultivada. Andes, Altiplano. Yungas, Valles Secos, Puna Húmeda, 1500–4000 m.
Dept.: CH, CO, LP, PO, SC, TA.
Muestra: *J.M. Mendoza 98* (BOLV, LPB, MO, NY, USZ).
Nom. Vern.: Zanahoria.

Daucus montanus Humb. & Bonpl. ex Spreng., Syst. Veg. (ed. 15 bis) 6: 482. 1820.
Sin.: *Daucus toriloides* DC., *Torilis peruviana* C. Presl
Ref.: Rusby (1893b), Mathias & Constance (1944), Foster (1958), Correa (1988), López Vargas (1995), Saravia Miranda (1996), Serrano & Terán (1998 [2000]).
Hierba. Nativa. Andes, Altiplano. Yungas, Páramo Yungueño, Valles Secos, Puna Húmeda, Bosque de *Polylepis*, 1000–4000 m.
Dept.: CH, CO, LP, SC.
Muestra: *J.R. Abbott & A. Jardim 17182* (BOLV, USZ).
Nom. Vern.: Pampa zanahoria.

Eryngium L., Sp. Pl. 1: 232. 1753.

14 especies, 6 especies endémicas.

Eryngium andicolum H. Wolff, Bot. Jahrb. Syst. 40: 296. 1908.
Ref.: Wolff (1913), Foster (1958), Wörz (1999).
Hierba. Endémica. Andes. Bosque Tucumano-Boliviano, 2500–3000 m.
Dept.: TA.
Tipo y muestra: *K. Fiebrig 2952* (HT: B destr.; fotos: F ex B), *J.M. Mendoza 1446* (MO, USZ).

Eryngium beckii M. Mend., Candollea 63(1): 13–15, f. 5. 2008.
Hierba. Endémica. Andes. Bosque Tucumano-Boliviano, Valles Secos, 2000–3000 m.
Dept.: SC.
Tipo y muestra: *J.R.I. Wood et al. 19640* (HT: USZ; IT: K, LPB, NY), *J.R.I. Wood et al. 20368* (K, LPB, NY, USZ).

Eryngium bolivianum M. Mend., Candollea 63(1): 9–13, f. 3. 2008.
Hierba. Endémica. Andes. Valles Secos, Bosque de *Polylepis*, 2500–4000 m.
Dept.: CO.
Tipo y muestra: *J.M. Mendoza 1535* (HT: USZ; IT: BOLV, K, LPB, NY), *E. Fernández T. 367* (BOLV, USZ).

Eryngium buchtienii H. Wolff, Repert. Spec. Nov. Regni Veg. 6: 24. 1908.
Ref.: Wolff (1908a), Foster (1958), Wörz (1999).
Hierba. Endémica. Andes, Altiplano. Páramo Yungueño, Puna Húmeda, 2500–4000 m.
Dept.: CO, LP.
Muestra: *S.G. Beck 13084* (LPB, UC, USZ).

Eryngium ebracteatum Lam., Encycl. 4(2): 759. 1798.
Ref.: Wolff (1913), Foster (1958), Mathias et al. (1972), Schulenberg & Awbrey (1997), Killeen & Schulenberg (1998), Wörz (1999), Serrano & Terán (1998 [2000]), Arroyo Padilla & Villarroel Segarra (2009).
Hierba. Nativa. Zonas Bajas, Andes. Bosque Semideciduo Chiquitano, Campos Cerrados, Sabanas Benianas del Norte, Sabanas Benianas del Sur, Yungas, Valles Secos, 0–3500 m.
Dept.: BE, CH, CO, LP, SC, TA.
Muestra: *T. Killeen 1215* (CH, LPB, NY, TEX, USZ).
Infra: *Eryngium ebracteatum* var. *poterioides* Urb., *Eryngium ebracteatum* var. *plicatum* Beauverd ex Wolff
Nom. Vern.: Garabatillo.

Eryngium elegans Cham. & Schltdl., Linnaea 1: 348. 1826.
Ref.: Chamisso & Schlechtendal (1826), Rusby (1893b), Wolff (1913), Foster (1958), Parker & Bailey (1991), Schulenberg & Awbrey (1997), Killeen & Schulenberg (1998), Wörz (1999), Serrano & Terán (1998 [2000]), Arroyo Padilla & Villarroel Segarra (2009), Wood et al. (2011).
Hierba. Nativa. Zonas Bajas, Andes. Bosque Semideciduo Chiquitano, Campos Cerrados, Sabanas Benianas del Norte, Sabanas Benianas del Sur, Yungas, Bosque Tucumano-Boliviano, Páramo Yungueño, Valles Secos, 0–2500 m.
Dept.: BE, CH, CO, LP, SC, TA.
Muestra: *J.M. Mendoza 104* (LPB, MO, NY, USZ).
Infra: *Eryngium elegans* var. *macrocephalum* Urb., *Eryngium elegans* var. *boliviense* Urb.
Nom. Vern.: Kiska.

Eryngium foetidum L., Sp. Pl. 1: 232. 1753.
Sin.: *Eryngium antihystericum* Rottb.
Ref.: Wolff (1913), Foster (1958), Mathias & Constance (1962b), Moraes R. (1990), Wörz (1999), Alverson et al. (2000), Constance (2001).
Hierba. Nativa. Zonas Bajas. Bosque Húmedo, Campos Amazónicos, 0–1000 m.
Dept.: BE, LP, PA.
Muestra: *H.H. Rusby 905* (CH, GH, MO, NY).
Nom. Vern.: Chicoria, culantro.

Eryngium glossophyllum H. Wolff, Bot. Jahrb. Syst. 40: 301. 1908.
Ref.: Wolff (1908b), Wolff (1913), Foster (1958), Wörz (1999).
Hierba. Nativa. Andes. Páramo Yungueño, 3500–4500 m.
Dept.: TA.
Tipo y muestra: *K. Fiebrig 3176* (HT: CH; IT: MO), *E. García 2474* (LPB).

Eryngium neei M. Mend., Candollea 63(1): 7–9, f. 1. 2008.
Hierba. Endémica. Andes. Yungas, Valles Secos, 2000–3000 m.
Dept.: CH, CO, SC.
Tipo y muestra: *J.M. Mendoza 907* (HT: USZ; IT: K, LPB, NY), *J.R.I. Wood 19702* (K, LPB, USZ).

Eryngium nudicaule Lam., Encycl. 4: 759. 1796.
Ref.: Wolff (1913), Foster (1958), Mathias & Constance (1962b), Lombardo (1982), López Vargas (1995), Saravia Miranda (1996), Wörz (1999), Serrano & Terán (1998 [2000]).
Hierba. Nativa. Andes, Altiplano. Páramo Yungueño, Valles Secos, Bosque de *Polylepis*, 1500–4000 m.
Dept.: CH, CO, LP, PO, SC, TA.
Muestra: *J.M. Mendoza 100* (BOLV, MO, NY, USZ).
Infra: *Eryngium nudicaule* var. *peruvianum* Urb., *Eryngium nudicaule* var. *pinnatifidum* Urb.

Nom. Vern.: Algo algo, algó-quiska, pampa espuelita.

Eryngium pristis Cham. & Schltdl., Linnaea 1: 337. 1826.
Ref.: Chamisso & Schlechtendal (1826), Wolff (1913), Mathias et al. (1972), Killeen & Schulenberg (1998), Wörz (1999), Wood et al. (2011).
Hierba. Nativa. Zonas Bajas, Andes. Bosque Semideciduo Chiquitano, Campos Cerrados, Sabanas Benianas del Norte, 0–1500 m.
Dept.: BE, LP, SC.
Muestra: *R.B. Foster et al. 13819* (F, LPB, NY, USZ).

Eryngium rauhianum Mathias & Constance, Bull. Torrey Bot. Club 84: 192, f. 3. 1957.
Ref.: Mathias & Constance (1957), Mathias & Constance (1962b), Wörz (1999).
Hierba. Nativa. Andes. Yungas, Páramo Yungueño, 1500–3000 m.
Dept.: CH, CO, LP, SC.
Muestra: *J.R.I. Wood et al. 20885* (BOLV, K, KL, USZ).

Eryngium weberbaueri H. Wolff, Bot. Jahrb. Syst. 40: 294. 1908.
Ref.: Wolff (1913), Mathias & Constance (1962b), Mathias & Constance (1962b), Wörz (1999).
Hierba. Nativa. Altiplano. Puna Húmeda, 3000–3500 m.
Dept.: CO.
Muestra: *N.P. Ritter & G.E. Crow 2169* (BOLV, LPB, MO, NHA).

Eryngium woodii M. Mend., Candollea 63(1): 13, f. 4. 2008.
Hierba. Endémica. Andes. Valles Secos, 2500–3500 m.
Dept.: CH.
Tipo y muestra: *J.R.I. Wood & M. Serrano 14666* (HT: USZ; IT: HSB, K, LPB), *J.R.I. Wood et al. 22602* (HSB, K, LPB, USZ).

Foeniculum Mill., Gard. Dict. Abr. (ed. 4) vol. 1. 1754.
1 especie, 0 especies endémicas.

Foeniculum vulgare Mill., Gard. Dict. (ed. 8) Foeniculum no. 1. 1768.
Sin.: *Anethum foeniculum* L., *Ligusticum foeniculum* (L.) Crantz, *Foeniculum officinale* All.
Ref.: Mathias & Constance (1944), Pontiroli (1965b), Lombardo (1982).
Hierba. Cultivada. Andes, Altiplano. Yungas, Valles Secos, Puna Seca, 1000–4000 m.
Dept.: CO, LP, SC.
Muestra: *R. Guillén V. 237* (BOLV, LPB).
Nom. Vern.: Hinojo.

Gymnophyton Clos, Fl. Chil. 3(1): 102–105, t. 32, f. 1. 1847 [1848].
1 especie, 0 especies endémicas.

Gymnophyton polycephalum (Gillies & Hook.) Clos, Fl. Chil. 3(1): 103, t. 32, f. 1. 1847 [1848].
Sin.: *Asteriscium polycephalum* Gillies & Hook.
Ref.: Martínez (1999).
Hierba. Nativa. Andes. Valles Secos, 2000–2500 m.
Dept.: CH.
Muestra: *J.R.I. Wood 15974* (HSB, K, LPB, USZ).

Heracleum L., Sp. Pl. 1: 249. 1753.
1 especie, 0 especies endémicas.

Heracleum sphondylium L., Sp. Pl. 1: 249. 1753.
Ref.: Chamisso & Schlechtendal (1826), Dimitri (1972), Tutin (1980).
Hierba. Cultivada. Andes. Valles Secos, 1500–2000 m.
Dept.: CO.
Muestra: *C. Antezana V. 291* (BOLV).

Lilaeopsis Greene, Pittonia 2(10B): 192. 1891.
2 especies, 0 especies endémicas.

Lilaeopsis macloviana (Gand.) A.W. Hill, J. Linn. Soc., Bot. 47: 545. 1927.
Sin.: *Crantzia lineata* var. *subulata* Wedd., *Crantzia macloviana* Gand., *Lilaeopsis andina* var. *inundata* A.W. Hill, *Lilaeopsis andina* fo. *subulata* (Wedd.) Pérez-Mor.
Ref.: Pérez-Moreau (1937), Affolter (1985), Correa (1988), Squeo et al. (1994).
Hierba. Nativa. Andes, Altiplano. Páramo Yungueño, Puna Húmeda, Puna Seca, 3000–5000 m.
Dept.: CO, LP, OR, PO.
Muestra: *N.P. Ritter 1310* (BOLV, LPB, MO).

Lilaeopsis schaffneriana (Schltdl.) J.M. Coult. & Rose, Bot. Gaz. 24: 48. 1897.
Sin.: *Crantzia schaffneriana* Schltdl., *Crantzia schaffneriana* fo. *aquatica* Schltdl., *Crantziola schaffneriana* (Schltdl.) Koso-Pol., *Lilaeopsis schaffneriana* var. *aquatica* (Schltdl.) A.W. Hill
Ref.: Pérez-Moreau (1937), Mathias & Constance (1944), Sánchez Sánchez (1969), Affolter (1985).
Hierba. Nativa. Andes, Altiplano. Páramo Yungueño, Puna Húmeda, 3000–4500 m.
Dept.: CO, LP, OR, PO.
Muestra: *J.C. Solomon 12837* (LPB, MO, NY, UC).

Mulinum Pers., Syn. Pl. 1: 309. 1805.
2 especies, 0 especies endémicas.

Mulinum spinosum (Cav.) Pers., Syn. Pl. 1: 309. 1805.
Sin.: *Selinum spinosum* Cav.
Ref.: Pontiroli (1965b), Correa (1988), Pestalozzi & Torres (1998).
Arbusto. Nativa. Andes, Altiplano. Puna Seca, 3500–5000 m.
Dept.: CO, LP, OR, TA.
Muestra: *S.G. Beck 21726* (LPB, USZ).

Mulinum ulicinum Gillet & Hook., Bot. Misc. 1: 328, t. 64. 1830.
Ref.: Martínez (1999).
Nativa. Altiplano. Puna Seca, 3500–5000 m.
Dept.: LP, PO.
Muestra: *S.G. Beck 27506* (LPB).

Niphogeton Schltdl., Linnaea 28(4): 481. 1856 [1857].
3 especies, 1 especie endémica.

Niphogeton boliviana Mathias & Constance, Brittonia 14(2): 152–154, f. 3. 1962.
Ref.: Mathias & Constance (1962a).
Hierba. Endémica. Andes. Bosque Húmedo, Páramo Yungueño, 3000–3500 m.
Dept.: CO.
Tipo: *W.M.A. Brooke 6087* (HT: BM; IT: UC).
Nota: Conocida solamente del tipo.

Niphogeton dissecta (Benth.) J.F. Macbr., Publ. Field Mus. Nat. Hist., Bot. Ser. 8(2): 126. 1930.
Sin.: *Petroselinum dissectum* Benth., *Niphogeton andicola* Schltdl., *Oreosciadium dissectum* (Benth.) Wedd.
Ref.: Mathias & Constance (1951), Foster (1958), Mathias & Constance (1962a), Mathias & Constance (1971).
Hierba. Nativa. Andes, Altiplano. Yungas, Páramo Yungueño, Puna Húmeda, Bosque de *Polylepis*, 2500–4500 m.
Dept.: CO, LP.
Muestra: *M.A. Lewis 88332* (LPB, MO, NY, UC).

Niphogeton scabra (H. Wolff) J.F. Macbr., Candollea 5: 395. 1934.
Sin.: *Ligusticum peucedanoides* C. Presl, *Oreosciadium scabrum* H. Wolff, *Apium scabrum* (H. Wolff) H. Wolff
Ref.: Mathias & Constance (1951), Mathias & Constance (1962a).
Hierba. Nativa. Altiplano. Puna Húmeda, Puna Seca, 4500–5000 m.
Dept.: LP.
Muestra: *X. Menhofer X-2032* (LPB).

Oreomyrrhis Endl., Gen. Pl. 787. 1839.
2 especies, 0 especies endémicas.

Oreomyrrhis andicola (Kunth) Endl. ex Hook. f., Fl. Antarct. 1(2): 288, t. 101. 1846.
Sin.: *Myrrhis andicola* Kunth, *Caldasia andicola* Lag. ex DC., *Oreomyrrhis lasiopetala* A. Gray
Ref.: Mathias & Constance (1955), Foster (1958), Mathias & Constance (1962b), Pestalozzi & Torres (1998).
Hierba. Nativa. Andes, Altiplano. Yungas, Páramo Yungueño, Puna Húmeda, Bosque de *Polylepis*, 2500–4500 m.
Dept.: CH, CO, LP, PO, SC, TA.
Muestra: *J.M. Mendoza 46* (MO, NY, USZ).

Oreomyrrhis hookeri Mathias & Constance, Univ. Calif. Publ. Bot. 27: 369, f. 4A–B. 1955.
Sin.: *Azorella daucoides* d'Urv., *Caldasia daucoides* Hook. f., *Oreomyrrhis daucoides* Urb.
Ref.: Mathias & Constance (1955), Correa (1988).
Hierba. Nativa. Andes, Altiplano. Páramo Yungueño, Valles Secos, Puna Húmeda, Bosque de *Polylepis*, 3000–4000 m.
Dept.: CH, CO, LP, SC.
Muestra: *J.R.I. Wood 19112* (K, LPB, USZ).

Osmorhiza Raf., Amer. Monthly Mag. & Crit. Rev. 4(3): 192. 1819.
1 especie, 0 especies endémicas.

Osmorhiza mexicana Griseb., Abh. Königl. Ges. Wiss. Göttingen 24: 147. 1879.
Sin.: *Uraspermum aristatum* subsp. *brevistyle* (DC.) Kuntze, *Washingtonia mexicana* (Griseb.) Rose
Ref.: Mathias & Constance (1944), Constance (1948), Sánchez Sánchez (1969).
Hierba. Nativa. Andes, Altiplano. Yungas, Páramo Yungueño, Puna Húmeda, Bosque de *Polylepis*, 2500–4000 m.
Dept.: CO, LP, SC.
Muestra: *J.M. Mendoza et al. 2064* (LPB, MO, USZ).

Paraselinum H. Wolff, Repert. Spec. Nov. Regni Veg. 17: 174. 1921.
1 especie, 0 especies endémicas.

Paraselinum weberbaueri H. Wolff, Repert. Spec. Nov. Regni Veg. 17: 174. 1921.
Ref.: Mathias & Constance (1957), Mathias & Constance (1962b).
Hierba. Nativa. Andes. Yungas, Páramo Yungueño, 3000–4500 m.
Dept.: LP, SC.
Muestra: *J.M. Mendoza 618* (LPB, NY, USZ).

Pastinaca L., Sp. Pl. 1: 262. 1753.
1 especie, 0 especies endémicas.

Pastinaca sativa L., Sp. Pl. 1: 262. 1753.
Ref.: Pontiroli (1965b), Tutin (1980), Lombardo (1982).
Hierba. Adventicia. Andes. Valles Secos, 2000–3500 m.
Dept.: CO, LP, TA.
Muestra: *J.M. Mendoza 91* (BOLV, LPB, MO, NY, USZ).

Petroselinum Hill, Brit. Herb. 424–425, pl. 60. 1756.
1 especie, 0 especies endémicas.

Petroselinum crispum (Mill.) Nyman ex A.W. Hill, Hand-list Herb. Pl. Kew, ed. 3 122. 1925.
Sin.: *Apium petroselinum* L., *Apium crispum* Mill., *Petroselinum hortense* Hoffm., *Petroselinum vulgare* Lag.
Ref.: Mathias & Constance (1944), Mathias & Constance (1962b), Tutin (1980).
Hierba. Cultivada. Andes. Yungas, Bosque Serrano Chaqueño, Páramo Yungueño, Valles Secos, 500–4000 m.
Dept.: CH, CO, LP, PO, SC, TA.
Muestra: *M.H. Nee 37061* (LPB, MO, NY).
Nom. Vern.: Perejil.

Pimpinella L., Sp. Pl. 1: 263. 1753.
1 especie, 0 especies endémicas.

Pimpinella anisum L., Sp. Pl. 1: 264. 1753.
Sin.: *Apium anisum* (L.) Crantz, *Anisum vulgare* Gaertn., *Seseli gilliesii* Hook. & Arn., *Selinum anisum* (L.) E.H.L. Krause
Ref.: Mathias & Constance (1944), Dimitri (1972), Mathias et al. (1972), Martínez (1999).
Hierba. Cultivada. Andes. Valles Secos, 2000–2500 m.
Dept.: CH, SC.
Muestra: *S.G. Beck 22810* (LPB).
Nom. Vern.: Anís.

Sanicula L., Sp. Pl. 1: 235. 1753.
1 especie, 0 especies endémicas.

Sanicula liberta Cham. & Schltdl., Linnaea 1: 353. 1826.
Sin.: *Sanicula mexicana* DC.
Ref.: Mathias & Constance (1944), Foster (1958), Mathias & Constance (1962b), Mathias & Constance (1971), Arroyo Padilla & Villarroel Segarra (2009).
Hierba. Nativa. Zonas Bajas, Andes. Bosque Húmedo, Yungas, Bosque Tucumano-Boliviano, Páramo Yungueño, 1000–3500 m.
Dept.: CO, LP, SC.
Muestra: *M.H. Nee 49689* (LPB, MO, NY).

Spananthe Jacq., Collectanea 3: 247. 1789 [1791].
1 especie, 0 especies endémicas.

Spananthe paniculata Jacq., Icon. Pl. Rar. 2(6): t. 350. 1791.
Sin.: *Hydrocotyle spananthe* Willd., *Spananthe setosa* Moench, *Spananthe angulosa* Turcz.
Ref.: Mathias & Constance (1944), Foster (1958), Constance (2001).
Hierba. Nativa. Andes. Yungas, Páramo Yungueño, 1000–4000 m.
Dept.: LP.
Muestra: *J.M. Mendoza 66* (BOLV, LPB, MO, NY, USZ).

Torilis Adans., Fam. Pl. 2: 99, 612. 1763.
1 especie, 0 especies endémicas.

Torilis nodosa (L.) Gaertn., Fruct. Sem. Pl. 1: 82. 1788.
Sin.: *Tordylium nodosum* L.
Ref.: Pontiroli (1965b), Irgang (1970), Cabrera & Zardini (1978a).
Hierba. Adventicia. Altiplano. Puna Húmeda, 2500–3000 m.
Dept.: LP.
Muestra: *J. Krach 7372* (LPB, UC).

APOCYNACEAE Juss., Gen. Pl. 143–144. 1789.

Por A. Fuentes (LPB), J.F. Morales

(UBT) [*Allamanda*, *Aspidosperma*, *Catharanthus*, *Condylocarpon*, *Couma*, *Forsteronia*, *Galactophora*, *Geissospermum*, *Hancornia*, *Himatanthus*, *Lacmellea*, *Laubertia*, *Laxoplumeria*, *Macoubea*, *Macropharynx*, *Macrosiphonia*, *Malouetia*, *Mandevilla*, *Mesechites*, *Nerium*, *Odontodenia*, *Pacouria*, *Parahancornia*, *Peltastes*, *Plumeria*, *Prestonia*, *Rauvolfia*, *Rhabdadenia*, *Secondatia*, *Stipecoma*, *Tabernaemontana*, *Temnadenia*, *Thevetia*, *Vallesia*, *Vinca*] y anónimo [*Araujia*, *Asclepias*, *Barjonia*, *Blepharodon*, *Calotropis*, *Cynanchum*, *Ditassa*, *Fischeria*, *Funastrum*, *Gomphocarpus*, *Gonolobus*, *Hemipogon*, *Jobinia*, *Macroditassa*, *Macroscepis*, *Marsdenia*, *Matelea*, *Metastelma*, *Mitostigma*, *Morrenia*, *Minaria*, *Nephradenia*, *Orthosia*, *Oxypetalum*, *Petalostelma*, *Philibertia*, *Rojasia*, *Schistogyne*, *Schubertia*, *Stenomeria*, *Tassadia*, *Tweedia*, *Vincetoxicum*, *Widgrenia*]; revisado por D. Goyder (K), M. Nee (NY), S.G. Beck (LPB), P.M. Jørgensen (MO).
69 géneros, 285 especies, 42 especies endémicas.

Allamanda L., Mant. Pl. 2: 146, 214, (576). 1771.
1 especie, 0 especies endémicas.

Allamanda cathartica L., Mant. Pl. 2: 214–215. 1771.
Ref.: Sakane & Shepherd (1986), Killeen & Schulenberg (1998).
Trepadora, subarbusto, arbusto. Nativa, cultivada. Zonas Bajas, Andes. Bosque Húmedo, Bosque Semideciduo Chiquitano, Sabanas Benianas del Sur, Yungas, 0–2000 m.
Dept.: BE, CO, LP, PA, SC.
Muestra: *J.C. Solomon 14673* (LPB, MO).

Araujia Brot., Trans. Linn. Soc. London 12: 62–70, pl. 4–5. 1817.
7 especies, 0 especies endémicas.

Araujia brachystephana (Griseb.) Fontella & Goyder, Phytotaxa 26: 11. 2011.
Sin.: *Morrenia brachystephana* Griseb.
Ref.: Foster (1958), Serrano & Terán (1998 [2000]), Goyder (2003), Rapini et al. (2011).
Trepadora. Nativa. Zonas Bajas. Bosque Húmedo, Bosque Seco Chaqueño, Campos Cerrados, 0–1000 m.
Dept.: CH, SC.
Muestra: *M.H. Nee et al. 51961* (MO, NY).

Araujia herzogii (Schltr.) Fontella & Goyder, Phytotaxa 26: 11. 2011.
Sin.: *Morrenia herzogii* Schltr.
Ref.: Foster (1958), Goyder (2003), Rapini et al. (2011).
Trepadora. Nativa. Zonas Bajas. Bosque Semideciduo Chiquitano, Campos Cerrados, 0–500 m.
Dept.: CH, SC.
Tipo y muestra: *T. Herzog 1049* (HT: B destr.; LT: W; ILT: F, G, L, S, Z; fotos: F ex W, F ex G), *J.R.I. Wood et al. 15742* (K, LPB, USZ).

Araujia odorata (Hook. & Arn.) Fontella & Goyder, Phytotaxa 26: 11. 2011.
Sin.: *Cynanchum odoratum* Hook. & Arn., *Morrenia odorata* (Hook. & Arn.) Lindl.
Ref.: Foster (1958), López Vargas (1995), De la Barra (1997), Mostacedo C. & Uslar (1999), Serrano & Terán (1998 [2000]), Goyder (2003), Arroyo Padilla & Villarroel Segarra (2009), Rapini et al. (2011).
Trepadora. Nativa. Zonas Bajas, Andes. Bosque Semideciduo Chiquitano, Bosque Seco Chaqueño, Bosque Tucumano-Boliviano, Valles Secos, 0–3000 m.
Dept.: CH, CO, LP, SC, TA.
Muestra: *J.C. Solomon & M.H. Nee 17944* (MO).
Nom. Vern.: Charqui mura, uruma.

Araujia plumosa Schltr., Oesterr. Bot. Z. 45: 449–50. 1895.
Ref.: Foster (1958), Ezcurra (1999).
Trepadora. Nativa. Zonas Bajas, Andes. Bosque Húmedo, Yungas, 0–2500 m.
Dept.: CH, LP, SC, TA.
Muestra: *M.A. Lewis 882158* (LPB, MO).

Araujia stormiana Morong, Ann. New York Acad. Sci. 7: 161. 1893.
Sin.: *Morrenia incana* S. Moore, *Morrenia stormiana* (Morong) Malme
Ref.: Goyder (2003), Rapini et al. (2011).
Trepadora. Nativa. Zonas Bajas. Bosque Seco Chaqueño, Campos Cerrados, 0–500 m.
Dept.: SC.
Muestra: *S.L.M. Moore 1060* (BM).
Nota: Registro basado en el tipo de *M. incana*.

Araujia stuckertiana (Kurtz ex Heger) Fontella & Goyder, Phytotaxa 26: 12. 2011.
Sin.: *Choristigma stuckertianum* Kurtz ex Heger, *Morrenia grandiflora* Malme, *Morrenia stuckertiana* (Kurtz ex Heger) Malme, *Morrenia stuckertiana* subsp. *grandiflora* (Malme) Goyder
Ref.: Foster (1958), Goyder (2003), Rapini et al. (2011).
Trepadora. Nativa. Zonas Bajas. Bosque Seco Chaqueño, 0–500 m.
Dept.: SC, TA.
Muestra: *A.F. Fuentes & G. Navarro 2228* (MO, USZ).
Infra: *Araujia stuckertiana* subsp. *grandiflora* (Malme) Fontella & Goyder

Araujia variegata (Griseb.) Fontella & Goyder, Phytotaxa 26: 12. 2011.
Sin.: *Oxypetalum variegatum* Griseb., *Morrenia variegata* (Griseb.) T. Mey.
Ref.: Serrano & Terán (1998 [2000]), Goyder (2003), Arroyo Padilla & Villarroel Segarra (2009), Rapini et al. (2011).
Trepadora. Nativa. Zonas Bajas, Andes. Bosque Semideciduo Chiquitano, Bosque Tucumano-Boliviano, 0–2000 m.
Dept.: CH, SC, TA.
Muestra: *I.G. Vargas et al. 1895* (MO, USZ).

Asclepias L., Sp. Pl. 1: 214. 1753.
6 especies, 0 especies endémicas.

Asclepias barjoniifolia E. Fourn., Ann. Sci. Nat., Bot., sér. 6, 14: 372–373. 1882.
Sin.: *Asclepias ramosa* E. Fourn., *Asclepias cochabambensis* Rusby, *Asclepias kuntzei* Schltr., *Asclepias fiebrigii* Schltr.
Ref.: Foster (1958), De la Barra (1997), Ezcurra (1999), López (2000), Serrano & Terán (1998 [2000]), Goyder (2007).
Hierba, subarbusto. Nativa. Andes. Valles Secos, 1000–3500 m.
Dept.: CH, CO, PO, SC, TA.
Tipo y muestra: *T.C. Bridges 118* (LT: LE; ILT: P), *J. Steinbach 8299* (BA, BM, CAS, E, F, G, GH, K, MO, NY, PH, S, U).

Asclepias boliviensis E. Fourn., Ann. Sci. Nat., Bot., sér. 6, 14: 381. 1883.
Sin.: *Asclepias bridgesii* E. Fourn., *Asclepias weddellii* E. Fourn.
Ref.: Foster (1958), López Vargas (1995), Ezcurra (1999), Serrano & Terán (1998 [2000]).
Hierba. Nativa. Zonas Bajas, Andes. Bosque Húmedo, Bosque Semideciduo Chiquitano, Campos Cerrados, Bosque Tucumano-Boliviano, Bosque Serrano Chaqueño, Valles Secos, 500–2500 m.
Dept.: CH, CO, PO, SC, TA.

Tipo y muestra: *T.C. Bridges 37* (ST: P), *R. Lozano & M. Serrano 1870* (HSB, MO).

Asclepias candida Vell., Fl. Flumin. 118; 3, t. 65. 1829.
Sin.: *Asclepias marginata* Decne.
Ref.: Foster (1958), Ezcurra (1999), Wood et al. (2011).
Hierba. Nativa. Zonas Bajas. Campos Cerrados, 500–1000 m.
Dept.: SC.
Muestra: *R. Guillén V. et al. 4826* (USZ).

Asclepias curassavica L., Sp. Pl. 1: 215. 1753.
Ref.: Woodson (1954), Moraes R. (1990), González et al. (1999), Serrano & Terán (1998 [2000]), Arroyo Padilla & Villarroel Segarra (2009).
Hierba. Nativa. Zonas Bajas, Andes. Bosque Húmedo, Bosque Semideciduo Chiquitano, Bosque Seco Chaqueño, Sabanas Benianas del Sur, Yungas, Bosque Tucumano-Boliviano, Bosque Serrano Chaqueño, Valles Secos, 0–3000 m.
Dept.: BE, CH, CO, LP, PA, SC, TA.
Muestra: *I.G. Vargas 513* (MO, USZ).

Asclepias mellodora A. St.-Hil., Hist. Pl. Remarq. Bresil 227. 1826.
Sin.: *Asclepias campestris* Vell., *Asclepias nervosa* Decne.
Ref.: Foster (1958), Meyer & Bacigalupo (1979), Killeen & Schulenberg (1998), Ezcurra (1999), Serrano & Terán (1998 [2000]), Wood et al. (2011).
Hierba. Nativa. Zonas Bajas, Andes. Bosque Húmedo, Bosque Semideciduo Chiquitano, Yungas, 0–2000 m.
Dept.: BE, CH, CO, LP, SC, TA.
Muestra: *T. Killeen et al. 6988* (MO, USZ).

Asclepias pilgeriana Schltr., Bot. Jahrb. Syst. 37: 608. 1906.
Sin.: *Asclepias campestris* var. *flava* Kuntze, *Asclepias flava* (Kuntze) Lillo
Ref.: Foster (1958), González et al. (1999), Goyder (2007).
Hierba, subarbusto. Nativa. Andes. Valles Secos, 1000–3000 m.
Dept.: CH, PO, TA.
Tipo y muestra: *K. Fiebrig 2058* (IT: BM, E, G, GH, GOET, HBG, K, L, LY, M, MO, S, U, US, W; fotos: F ex M), *H. Huaylla & I. Guachalla 939* (HSB, MO).

Aspidosperma Mart. & Zucc., Flora 7(1, Beibl. 4): 135. 1824.
18 especies, 1 especie endémica.

[Aspidosperma album (Vahl) Benoist ex Pichon], Bull. Mus. Natl. Hist. Nat., sér. 2 19: 367. 1947.
Sin.: *Macaglia alba* Vahl
Ref.: Killeen & Schulenberg (1998).
Nota: El registro se basa en material mal identificado de *A. spruceanum*.

Aspidosperma australe Müll. Arg., Fl. Bras. 6(1): 58–59. 1860.
Sin.: *Aspidosperma argenteum* Müll. Arg., *Aspidosperma australe* var. *longepetiolatum* Hassl., *Aspidosperma missionum* Speg., *Aspidosperma occidentale* Malme
Ref.: Woodson (1951), Foster (1958), Ezcurra (1981), Marcondes-Ferreira (1988), Michel (1993a), Saravia Miranda (1996), Serrano & Terán (1998 [2000]), Simões & Kinoshita (2002).
Árbol. Nativa. Zonas Bajas, Andes. Bosque Semideciduo Chiquitano, Bosque Seco Chaqueño, Campos Cerrados, Bosque Tucumano-Boliviano, Bosque Serrano Chaqueño, Valles Secos, 0–1000, 1500–2500 m.
Dept.: CH, CO, SC.
Muestra: *A.F. Fuentes & G. Navarro 2320* (INB, MO, USZ).
Nom. Vern.: Naranjillo.

Aspidosperma cuspa (Kunth) S.F. Blake ex Pittier, Man. Pl. Usual. Venez. 110. 1926.
Sin.: *Conoria cuspa* Kunth
Ref.: Marcondes-Ferreira (1988), Fuentes Claros (1998).
Subarbusto, arbusto, arbolito. Nativa. Zonas Bajas. Bosque Semideciduo Chiquitano, Bosque Seco Chaqueño, Campos Cerrados, 0–500 m.
Dept.: SC.
Muestra: *A. Jardim & F. Mamani 3675* (MO, USZ).

Aspidosperma cylindrocarpon Müll. Arg., Fl. Bras. 6(1): 54–55. 1860.
Sin.: *Aspidosperma brevifolium* Rusby
Ref.: Woodson (1951), Foster (1958), Marcondes-Ferreira (1988), Michel (1993a), Killeen & Schulenberg (1998), Simões & Kinoshita (2002), Jardim et al. (2003), Arroyo Padilla & Villarroel Segarra (2009).
Árbol. Nativa. Zonas Bajas, Andes. Bosque Húmedo, Bosque Semideciduo Chiquitano, Campos Cerrados, Sabanas Benianas del Sur, Bosque Tucumano-Boliviano, Valles Secos, 0–3000 m.
Dept.: BE, CH, CO, LP, SC.
Muestra: *R.C. Quevedo et al. 2494* (LPB, USZ).
Nom. Vern.: Jichituriqui rosado.

[Aspidosperma discolor A. DC.], Prodr. 8: 398. 1844.
Ref.: Killeen & Schulenberg (1998).
Nota: El registro se basa en material mal identificado de *A. multiflorum*.

Aspidosperma excelsum Benth., J. Bot. (Hooker) 3: 245. 1841.
Sin.: *Aspidosperma nitidum* Benth. ex Müll. Arg., *Aspidosperma marcgravianum* Woodson
Ref.: Foster (1958), Marcondes-Ferreira (1988), Parker & Bailey (1991), Michel (1993a), Killeen & Schulenberg (1998).
Árbol. Nativa. Zonas Bajas, Andes. Bosque Húmedo, Yungas, 0–1500 m.
Dept.: BE, CO, LP, PA, SC.
Muestra: *T. Killeen 3991* (LPB, MO).

Aspidosperma macrocarpon Mart., Nov. Gen. Sp. Pl. 1: 59. 1824.
Ref.: Woodson (1951), Foster (1958), Marcondes-Ferreira (1988), Michel (1993a), Killeen & Schulenberg (1998), Alverson et al. (2000), Arrázola Rivero et al. (2000), Wood et al. (2011).
Arbolito, árbol. Nativa. Zonas Bajas, Andes. Bosque Húmedo, Bosque Semideciduo Chiquitano, Campos Cerrados, Yungas, Valles Secos, 0–1500 m.
Dept.: BE, CO, LP, PA, SC.
Muestra: *M.H. Nee 31881* (LPB, MO).
Nom. Vern.: Leche leche.

Aspidosperma melanocalyx Müll. Arg., Fl. Bras. 6(1): 52. 1860.
Sin.: *Aspidosperma steinbachii* Markgr.
Árbol. Nativa. Zonas Bajas, Andes. Bosque Húmedo, Yungas, 0–1500 m.
Dept.: BE, LP, PA, SC.
Muestra: *B.A. Krukoff 10290* (A, LPB, MO, NY).

Aspidosperma multiflorum A. DC., Prodr. 8: 397. 1844.
Ref.: Marcondes-Ferreira (1988), Killeen & Schulenberg (1998), Justiniano & Toledo (2001).
Arbolito, árbol. Nativa. Zonas Bajas. Bosque Húmedo, Bosque Semideciduo Chiquitano, Campos Cerrados, Sabanas Benianas del Sur, 0–1000 m.
Dept.: BE, SC.
Muestra: *T. Killeen et al. 6814* (INB, MO, USZ).

[Aspidosperma nanum Markgr.], Bradea 3(11): 79. 1980.
Ref.: Killeen & Schulenberg (1998).
Nota: El registro se basa en material mal identificado de *Kielmeyera* sp. (Clusiaceae).

Aspidosperma nobile Müll. Arg., Fl. Bras. 6(1): 44, t. 13, f. 1. 1860.
Ref.: Michel (1993a), Killeen & Schulenberg (1998), Wood et al. (2011).
Arbolito. Nativa. Zonas Bajas. Campos Cerrados, 0–1000 m.
Dept.: SC.
Muestra: *T. Killeen 1092* (F, LPB, NY, USZ).

Aspidosperma parvifolium A. DC., Prodr. 8: 398. 1844.
Sin.: *Aspidosperma vargasii* A. DC., *Aspidosperma tambopatense* A.H. Gentry
Ref.: Marcondes-Ferreira (1988), Parker & Bailey (1991), Michel (1993a), Killeen & Schulenberg (1998).
Árbol. Nativa. Zonas Bajas. Bosque Húmedo, Bosque Semideciduo Chiquitano, 0–1000 m.
Dept.: BE, CO, LP, PA, SC.
Muestra: *C.R. Sperling & S.R. King 6457* (LPB, MO).

[Aspidosperma polyneuron Müll. Arg.], Fl. Bras. 6(1): 57. 1860.
Ref.: Killeen & Schulenberg (1998), Justiniano & Toledo (2001).
Nota: El registro se basa en material mal identificado de *A. spruceanum*.

Aspidosperma pyrifolium Mart., Nov. Gen. Sp. Pl. 1: 60. 1824.
Sin.: *Aspidosperma guarantiacum* Malme
Ref.: Marcondes-Ferreira (1988), Michel (1993a), López Vargas (1995), Serrano & Terán (1998 [2000]), Jardim et al. (2003).
Arbusto, arbolito, árbol. Nativa. Zonas Bajas. Bosque Semideciduo Chiquitano, Bosque Seco Chaqueño, 0–1000 m.
Dept.: SC.
Muestra: *M.H. Nee & G. Coimbra 39965* (LPB, MO, NY).
Nom. Vern.: Jichituiqui amarillo, lima lima, naranjillo.

Aspidosperma quebracho-blanco Schltdl., Bot. Zeitung (Berlin) 19: 137. 1861.
Sin.: *Aspidosperma quebracho-blanco* fo. *malmeana* Markgr.
Ref.: Woodson (1951), Foster (1958), Ezcurra (1981), Marcondes-Ferreira (1988), López Vargas (1995), Serrano & Terán (1998 [2000]), Vargas Caballero et al. (2000).
Arbolito, árbol. Nativa. Zonas Bajas, Andes. Bosque Semideciduo Chiquitano, Bosque Seco Chaqueño, Sabanas Benianas del Sur, Bosque Serrano Chaqueño, Valles Secos, 0–3000 m.
Dept.: BE, CH, CO, LP, PO, SC, TA.
Muestra: *I.G. Vargas & S. Ortiz 3231* (F, LPB, MO, USZ).
Nom. Vern.: Cacha-cacha, quebracho-blanco, k'acha k'acha.

Aspidosperma quirandy Hassl., Repert. Spec. Nov. Regni Veg. 12: 259. 1913.
Arbolito, árbol. Nativa. Zonas Bajas. Bosque Húmedo, Bosque Semideciduo Chiquitano, Bosque Seco Chaqueño, Campos Cerrados, 0–1000 m.
Dept.: BE, SC.
Muestra: *T. Killeen & M. Toledo 7904* (MO, USZ).

Aspidosperma ramiflorum Müll. Arg., Fl. Bras. 6(1): 55. 1860.
Ref.: Woodson (1951), Foster (1958), Michel (1993a), Arrázola Rivero et al. (2000).
Árbol. Nativa. Zonas Bajas, Andes. Bosque Húmedo, Yungas, 0–2000 m.
Dept.: CO, LP, PA, SC.
Muestra: *H.H. Rusby 2649* (GH, NY, US).
Nom. Vern.: Gabetillo.

Aspidosperma resonans H.J. Will. & Goyder, Kew Bull. 60(2): 313–317, f. 1, map 1. 2005.
Ref.: Ministerio de Medio Ambiente y Agua (2012 [2013]).
Arbusto. Endémica. Andes. Valles Secos, 2000–3500 m.
Dept.: CH, CO, PO.
Tipo y muestra: *J.R.I. Wood 8771* (HT: K; IT: LPB), *J.R.I. Wood 21302* (BOLV, K, LPB, USZ).

Aspidosperma rigidum Rusby, Mem. New York Bot. Gard. 7: 323. 1927.
Sin.: *Aspidosperma rauwolfioides* Markgr., *Aspidosperma jaunechense* A.H. Gentry
Ref.: Woodson (1951), Foster (1958), Marcondes-Ferreira (1988), Michel (1993a), Justiniano (1998), Killeen & Schulenberg (1998), Montambault (2002).
Árbol. Nativa. Zonas Bajas, Andes. Bosque Húmedo, Bosque Semideciduo Chiquitano, Campos Cerrados, Sabanas Benianas del Sur, Yungas, 0–1500 m.
Dept.: BE, CO, LP, SC.
Tipo y muestra: *H.H. Rusby 593* (HT: NY), *M.H. Nee 42219* (LPB, MO, NY, USZ).

[Aspidosperma spruceanum Benth. ex Müll. Arg.], Fl. Bras. 6(1): 52–53. 1860.
Sin.: *Aspidosperma cruentum* Woodson
Ref.: Foster (1958), Marcondes-Ferreira (1988), Michel (1993a).
Nota: El registro se basa en material mal identificado de *A. melanocalyx*.

Aspidosperma subincanum Mart. ex A. DC., Prodr. 8: 397–398. 1844.
Ref.: Jardim et al. (2003).
Árbol. Nativa. Zonas Bajas. Bosque Húmedo, Bosque Semideciduo Chiquitano, Campos Cerrados, Sabanas Benianas del Sur, 0–1000 m.
Dept.: PA, SC.
Muestra: *R. Guillén V. & S. Coria 1653* (MO, USZ).
Nom. Vern.: Jichituriqui blanco.

Aspidosperma tomentosum Mart., Nov. Gen. Sp. Pl. 1: 58, t. 34. 1824.
Ref.: Woodson (1951), Foster (1958), Michel (1993a), Killeen & Schulenberg (1998), Simões & Kinoshita (2002), Jardim et al. (2003), Arroyo Padilla & Villarroel Segarra (2009).
Arbolito, árbol. Nativa. Zonas Bajas, Andes. Bosque Semideciduo Chiquitano, Campos Cerrados, Bosque Tucumano-Boliviano, 0–1500 m.
Dept.: BE, SC.
Muestra: *L. Arroyo P. et al. 3335* (K, MO, USZ).
Nom. Vern.: Jichituriqui amarillo.

Aspidosperma triternatum Rojas Acosta, Essai d'une Therapeutique vegetale de Corrientes 21. 1913.
Sin.: *Aspidosperma horko-kebracho* Speg.
Ref.: Marcondes-Ferreira (1988), Michel (1993a), Fuentes Claros (1998).
Árbol. Nativa. Zonas Bajas. Bosque Semideciduo Chiquitano, Bosque Seco Chaqueño, Campos Cerrados, 0–500 m.
Dept.: SC.
Muestra: *A.F. Fuentes 672* (INB, LPB, USZ).

Barjonia Decne., Prodr. 8: 512. 1844.
4 especies, 0 especies endémicas.

Barjonia chlorifolia Decne., Prodr. 8: 512. 1844.
Ref.: Marquete Ferreira da Silva (1979).
Hierba. Nativa. Zonas Bajas. Bosque Semideciduo Chiquitano, Campos Cerrados, 0–1000 m.
Dept.: SC.
Muestra: *A.F. Fuentes et al. 1775* (MO, USZ).

Barjonia cymosa E. Fourn., Fl. Bras. 6(4): 206. 1885.
Ref.: Marquete Ferreira da Silva (1979).
Hierba. Nativa. Zonas Bajas. Campos Cerrados, 500–1000 m.
Dept.: SC.
Muestra: *J.R.I. Wood et al. 25634* (K, LPB, USZ).
Nota: Material de esta especie no visto.

Barjonia erecta (Vell.) K. Schum., Nat. Pflanzenfam. 4(2): 285. 1895.
Sin.: *Apocynum erectum* Vell.
Ref.: Marquete Ferreira da Silva (1979), Killeen & Schulenberg (1998).
Hierba. Nativa. Zonas Bajas. Campos Cerrados, 0–500 m.
Dept.: SC.
Muestra: *E. Gutiérrez C. et al. 718A* (MO, USZ).

Barjonia laxa Malme, Ark. Bot. 4(14): 8, t. 1, f. 1. 1905.
Ref.: Marquete Ferreira da Silva (1979).
Hierba. Nativa. Zonas Bajas. Campos Cerrados, 500–1000 m.
Dept.: SC.
Muestra: *J.R.I. Wood et al. 25168* (K, LPB, USZ).
Nota: Material de esta especie no visto.

Blepharodon Decne., Prodr. 8: 603. 1844.
7 especies, 2 especies endémicas.

Blepharodon amazonicum (Benth.) Fontella & Marquete, Bradea 2(26): 181. 1977.
Sin.: *Peplonia amazonica* Benth.
Trepadora. Nativa. Zonas Bajas. Bosque Húmedo, 0–500 m.
Dept.: BE.
Muestra: *J. Balcázar S. & C. Oliver 1428* (MO, USZ).

Blepharodon bicuspidatum E. Fourn., Fl. Bras. 6(4): 306. 1885.
Trepadora. Nativa. Zonas Bajas. Campos Cerrados, 500–1000 m.
Dept.: SC.
Muestra: *B. Mostacedo 2461* (MO, USZ).

Blepharodon crabronum Goyder, Kew Bull. 64(1): 179. 2009.
Ref.: Wood et al. (2011).
Hierba. Endémica. Zonas Bajas. Bosque Semideciduo Chiquitano, 500–1000 m.
Dept.: SC.
Tipo y muestra: *J.R.I. Wood & D.J. Goyder 16956* (HT: K; IT: LPB, USZ), *J.R.I. Wood 17339* (K, LPB, USZ).

Blepharodon lineare (Decne.) Decne., Prodr. 8: 603. 1844.
Sin.: *Matelea linearis* Decne.
Ref.: Ezcurra (1999), Wood et al. (2011).
Hierba. Nativa. Zonas Bajas. Campos Cerrados, 500–1000 m.
Dept.: LP, SC.
Muestra: *R. Guillén V. et al. 4801* (MO, USZ).

[Blepharodon mucronatum (Schltdl.) Decne.], Prodr. 8: 603–604. 1844.
Sin.: *Astephanus mucronatus* Schltdl.
Ref.: Foster (1958).
Nota: El registro se basa en material mal identificado. Probablemente basado en una mala identificación por Rusby (1896) de *Bang 1275*, muestra que posteriormente (1898) se convirtió en el sintipo de *Vailia mucronata* Rusby, nombre actualmente considerado como un sinónimo de *B. salicinum*.

Blepharodon philibertioides Schltr., Repert. Spec. Nov. Regni Veg. 13: 440. 1914.
Ref.: Foster (1958), Wood et al. (2011).
Trepadora. Endémica. Zonas Bajas. Bosque Semideciduo Chiquitano, 500–1000 m.
Dept.: SC.
Tipo y muestra: *T. Herzog 497* (IT: L), *B. Mostacedo & J.R. Abbott 2863* (MO, USZ).

Blepharodon pictum (Vahl) W.D. Stevens, Novon 10(3): 242. 2000.
Sin.: *Cynanchum pictum* Vahl, *Blepharodon nitidum* (Vell.) J.F. Macbr.
Ref.: Wood et al. (2011).
Trepadora. Nativa. Zonas Bajas, Andes. Bosque Húmedo, Bosque Semideciduo Chiquitano, Yungas, Bosque Tucumano-Boliviano, 0–2000 m.
Dept.: BE, LP, SC.
Muestra: *F. Mamani 603* (MO, USZ).

Blepharodon salicinum Decne., Prodr. 8: 604. 1844.
Sin.: *Vailia mucronata* Rusby, *Blepharodon bolivianum* Malme, *Vailia salicina* (Decne.) Morillo
Ref.: Foster (1958).
Trepadora. Nativa. Zonas Bajas, Andes. Bosque Húmedo, Yungas, 0–2000 m.
Dept.: BE, CO, LP, SC.
Muestra: *A.F. Fuentes et al. 4859* (BOLV, LPB, MO, USZ).

Calotropis R. Br., Mem. Wern. Nat. Hist. Soc. 1: 39(preprint). 1810.
1 especie, 0 especies endémicas.

Calotropis procera (Aiton) W.T. Aiton, Hort. Kew. (ed. 2) 2: 78. 1811.
Sin.: *Asclepias procera* Aiton
Ref.: Rahman & Wilcock (1991).
Arbusto, arbolito. Naturalizada. Zonas Bajas. Bosque Seco Chaqueño, 0–1000 m.
Dept.: CH, SC, TA.
Muestra: *M.H. Nee 48144* (K, MO, NY, USZ).

Catharanthus G. Don, Gen. Hist. 4: 71, 94–95. 1837.
1 especie, 0 especies endémicas.

Catharanthus roseus (L.) G. Don, Gen. Hist. 4: 95. 1837.
Sin.: *Vinca rosea* L., *Lochnera rosea* (L.) Rchb. ex Endl.
Ref.: van Bergen (1996), Killeen & Schulenberg (1998).
Hierba. Cultivada. Zonas Bajas. Bosque Húmedo, Sabanas Benianas del Sur, 0–1000 m.
Dept.: BE, LP, PA, SC.
Muestra: *M.H. Nee 41120* (LPB, NY, USZ).

Condylocarpon Desf., Mém. Mus. Hist. Nat. 8: 119–120. 1822.
3 especies, 0 especies endémicas.

Condylocarpon amazonicum (Markgr.) Ducke, Trop. Woods 76: 28. 1943.
Sin.: *Anechites amazonicus* Markgr.
Trepadora. Nativa. Zonas Bajas. Bosque Húmedo, 0–500 m.
Dept.: BE.
Muestra: *H.H. Rusby 2599* (K).
Nota: Material de esta especie no visto.

Condylocarpon myrtifolium (Miq.) Müll. Arg., Fl. Bras. 6(1): 65. 1860.
Sin.: *Hortsmania myrtifolia* Miq.
Ref.: Fallen (1983).
Liana. Nativa. Zonas Bajas. Bosque Húmedo, 0–500 m.
Dept.: BE, PA.
Muestra: *J.C. Solomon 6353* (LPB, MO).

Condylocarpon pubiflorum Müll. Arg., Fl. Bras. 6(1): 67. 1860.
Liana. Nativa. Zonas Bajas. Bosque Húmedo, 0–500 m.
Dept.: SC.
Muestra: *L. Arroyo P. & L. Montenegro 2622* (INB, MO, USZ).

Couma Aubl., Hist. Pl. Guiane 2(Suppl.): 39, t. 392. 1775.

1 especie, 0 especies endémicas.

Couma macrocarpa Barb. Rodr., Vellosia (ed. 2) 1: 32–33, t. 1, f. b. 1891.
Ref.: Morales & Fuentes Claros (2004a).
Árbol. Nativa. Zonas Bajas. Bosque Húmedo, 0–500 m.
Dept.: PA.
Muestra: *L. Vargas et al. 988* (F, LPB, USZ).

Cynanchum L., Sp. Pl. 1: 212. 1753.

8 especies, 2 especies endémicas.

Cynanchum beckii Morillo, Ernstia, ser. 2 4(1–2): 3–4, 9. 1994.
Sin.: *Scyphostelma beckii* (Morillo) Liede & Meve
Ref.: Ministerio de Medio Ambiente y Agua (2012 [2013]).
Trepadora. Endémica. Andes. Yungas, Páramo Yungueño, 2500–4000 m.
Dept.: LP.
Tipo y muestra: *S.G. Beck 13819* (HT: LPB; IT: K, MERF), *J.C. Solomon et al. 11946* (K, MO).

Cynanchum bonariense (Decne.) T. Mey., Gen. Sp. Pl. Argent. 2: 153–154, t. 72. 1944.
Sin.: *Ditassa bonariensis* Decne.
Ref.: Foster (1958), López Vargas (1995), Saravia Miranda (1996), De la Barra (1997), Serrano & Terán (1998 [2000]).
Trepadora, liana. Nativa. Andes. Bosque Tucumano-Boliviano, Valles Secos, 1500–3000 m.
Dept.: CH, CO, LP, SC.
Muestra: *J. Gutiérrez R. 707* (HSB, MO).

Cynanchum formosum N.E. Br., Bull. Misc. Inform. Kew 1895: 112. 1895.
Sin.: *Dicarpophora mazzuchii* Speg., *Cynanchum mazzuchii* (Speg.) Liede
Trepadora. Cultivada. Andes. Valles Secos, 3000–3500 m.
Dept.: PO.
Muestra: *Mazzuchi s.n.* (no localizada).

Cynanchum montevidense Spreng., Syst. Veg. 1: 851. 1825 [1824].
Sin.: *Roulinia montevidensis* (Spreng.) Malme, *Roulinia mannii* Rusby
Ref.: Sundell (1981), Killeen & Schulenberg (1998).
Trepadora. Nativa. Zonas Bajas. Bosque Húmedo, 0–1000 m.
Dept.: BE, CO, PA, SC, TA.
Muestra: *S.G. Beck 15126* (LPB, MO).

Cynanchum pichinchense K. Schum., Bot. Jahrb. Syst. 25: 727–728. 1898.
Trepadora. Nativa. Andes. Páramo Yungueño, 3000–3500 m.
Dept.: CO, LP.
Muestra: *J.C. Solomon 13852* (MO).

Cynanchum roulinioides (E. Fourn.) Rapini, Bol. Bot. Univ. São Paulo 19: 100. 2001.
Sin.: *Telminostelma roulinioides* E. Fourn.
Hierba. Nativa. Andes. Yungas, Bosque Tucumano-Boliviano, 1000–1500 m.
Dept.: CH, LP.
Muestra: *J.R.I. Wood et al. 13300* (HSB, K, LPB).

Cynanchum rusbyi Malme, Ark. Bot. 25A(7): 9. 1932.
Sin.: *Vincetoxicum umbellatum* Rusby, *Oxypetalum rusbyi* (Malme) Liede & Meve
Ref.: Foster (1958).
Trepadora. Nativa. Andes. Yungas, Páramo Yungueño, 2500–4000 m.
Dept.: CO, LP.
Tipo y muestra: *M. Bang 1620* (ST: F, GH, MICH, MO-2487119, NY, US, US), *M.A. Lewis 35031* (K, LPB, MO).
Nota: Los especímenes provenientes de la zona Quime/Inquisivi podrían representar una especie diferente.

[Cynanchum trifurcatum (Griseb.) Lillo], Physis (Buenos Aires) 4: 423. 1919.
Ref.: De la Barra (1997).
Nota: El registro se basa en material mal identificado. Citada como *C.* cf. *trifurcatum* en De la Barra (1997).

Cynanchum trollii Liede & Meve, Novon 7(1): 39–41. 1997.
Ref.: Liede & Meve (1997).
Trepadora. Endémica. Andes. Yungas, 1500–2000 m.
Dept.: LP.
Tipo: *C. Troll 1675* (HT: M).
Nota: Conocida solamente del tipo.

Ditassa R. Br., Asclepiadeae 38. 1810.

7 especies, 3 especies endémicas.

Ditassa crassa Schltr., Bot. Jahrb. Syst. 37: 611–612. 1906.
Trepadora. Nativa. Andes. Yungas, 2000–2500 m.
Dept.: LP.
Muestra: *A.F. Fuentes et al. 6922* (BOLV, LPB, MO, USZ).

Ditassa fiebrigii Malme, Ark. Bot. 28A(5): 22–23. 1936.
Ref.: Foster (1958).
Trepadora. Endémica. Andes. Valles Secos, 1500–2500 m.
Dept.: LP, TA.
Tipo y muestra: *K. Fiebrig 2757* (HT: B), *S. Liede & J. Conrad 3122* (K, LPB, MO, MSUN, ULM).

Ditassa gracilipes Schltr., Bot. Jahrb. Syst. 37: 612–613. 1906.
Trepadora. Nativa. Zonas Bajas, Andes. Bosque Húmedo, Yungas, 0–2000 m.
Dept.: LP, SC.
Muestra: *J.C. Solomon et al. 11991* (MO).

Ditassa lanceolata Decne., Prodr. 8: 576. 1844.
Ref.: Foster (1958).
Trepadora. Nativa. Zonas Bajas. Campos Cerrados, 0–500 m.
Dept.: SC.
Muestra: *M.H. Nee 49121* (MO, NY).

Ditassa mandonii Rusby, Descr. S. Amer. Pl. 97–98. 1920.
Ref.: Foster (1958).
Trepadora. Endémica. Andes. Yungas, 1000–2000 m.
Dept.: LP.
Tipo y muestra: *R.S. Williams 2453* (ST: NY), *A.F. Fuentes et al. 9675* (LPB, MO).

Ditassa racemosa Britton, Bull. Torrey Bot. Club 25: 498–499. 1898.
Sin.: *Ditassa montana* Schltr., *Ditassa schlechteri* J.F. Macbr.
Ref.: Foster (1958), Serrano & Terán (1998 [2000]).
Trepadora. Nativa. Andes. Yungas, Bosque Tucumano-Boliviano, Valles Secos, 1000–3000 m.
Dept.: CH, LP, SC, TA.
Tipo y muestra: *H.H. Rusby 2546* (ST: NY, NY), *A. Carretero et al. 1131* (HSB, MO).

Ditassa subalpina Schltr., Repert. Spec. Nov. Regni Veg. 13: 439–440. 1914.
Ref.: Foster (1958).
Trepadora. Endémica. Andes. Bosque Tucumano-Boliviano, Bosque Serrano Chaqueño, 1000–1500 m.
Dept.: CH, CO, SC.
Tipo y muestra: *T. Herzog 1742* (IT: S, Z), *M.H. Nee 51948* (MO, NY).

[Ditassa taxifolia Decne.], Prodr. 8: 578. 1844.
Ref.: Killeen & Schulenberg (1998).
Nota: El registro se basa en material mal identificado.

[Ditassa weberbaueri Schltr.], Bot. Jahrb. Syst. 37: 613–614. 1906.
Ref.: López Vargas (1995).
Nota: El registro se basa en material mal identificado. Citada como *D.* aff. *weberbaueri* en López Vargas (1995).

Fischeria DC., Cat. Pl. Horti Monsp. 112. 1813.
2 especies, 0 especies endémicas.

Fischeria polytricha Decne., Prodr. 8: 600. 1844.
Sin.: *Fischeria aequatorialis* subsp. *cardenasii* Spellman
Ref.: Murphy (1986).
Trepadora. Nativa. Andes. Valles Secos, 1500–2500 m.
Dept.: CO, LP.
Muestra: *J. Terán et al. 3040* (BOLV, MO).

Fischeria stellata (Vell.) E. Fourn., Fl. Bras. 6(4): 301. 1885.
Sin.: *Cynanchum stellatum* Vell., *Fischeria calycina* Decne., *Fischeria martiana* Decne., *Fischeria boliviana* S.F. Blake
Ref.: Murphy (1986).
Trepadora. Nativa. Zonas Bajas, Andes. Bosque Húmedo, Bosque Semideciduo Chiquitano, Campos Cerrados, Yungas, Valles Secos, 0–1500 m.
Dept.: BE, LP, SC, TA.
Muestra: *M. Saldias 535* (MO, USZ).

Forsteronia G. Mey., Prim. Fl. Esseq. 133–134. 1818.
11 especies, 1 especie endémica.

Forsteronia acouci (Aubl.) A. DC., Prodr. 8: 439. 1844.
Sin.: *Apocynum acouci* Aubl., *Forsteronia benthamiana* Müll. Arg.
Ref.: Killeen & Schulenberg (1998).
Liana, árbol. Nativa. Zonas Bajas. Bosque Húmedo, 0–500 m.
Dept.: BE, SC.
Muestra: *N.P. Ritter & M. Garvizu 3097* (INB, MO, NHA, USF, USZ).

Forsteronia affinis Müll. Arg., Fl. Bras. 6(1): 100, pl. 30. 1860.
Sin.: *Forsteronia mediocris* Woodson
Ref.: Hansen (1985).
Liana. Nativa. Zonas Bajas. Bosque Húmedo, Campos Cerrados, Sabanas Benianas del Sur, 0–1000 m.
Dept.: LP, SC.
Muestra: *P.F. Foster et al. 476* (INB, MO, USF, USZ).

Forsteronia amblybasis S.F. Blake, J. Wash. Acad. Sci. 14: 292. 1924.
Ref.: Foster (1958), Hansen (1985), Killeen & Schulenberg (1998).
Liana. Nativa. Zonas Bajas, Andes. Bosque Húmedo, Sabanas Benianas del Norte, Sabanas Benianas del Sur, Yungas, 0–1500 m.
Dept.: BE, LP, PA, SC.
Tipo y muestra: *M. Bang 1689* (HT: GH), *M.H. Nee 39637* (LPB, MO, NY, USF, USZ).

Forsteronia australis Müll. Arg., Fl. Bras. 6(1): 103. 1860.
Ref.: Hansen (1985), Morales & Fuentes Claros (2004a), Arroyo Padilla & Villarroel Segarra (2009).
Liana. Nativa. Andes. Bosque Tucumano-Boliviano, 1000–1500 m.
Dept.: SC.
Muestra: *M.H. Nee 48238* (MO, NY, USF).

Forsteronia glabrescens Müll. Arg., Fl. Bras. 6(1): 102. 1860.
Ref.: Foster (1958), Ezcurra (1981), Hansen (1985), Schulenberg & Awbrey (1997), González et al. (1999), Serrano & Terán (1998 [2000]).
Arbusto. Nativa. Andes. Bosque Tucumano-Boliviano, Valles Secos, 1000–2000 m.
Dept.: CH, TA.
Muestra: *J.C. Solomon 9964* (LPB, MO, USF).

Forsteronia graciloides Woodson, Ann. Missouri Bot. Gard. 22(2): 163–165. 1935.
Ref.: Morales & Fuentes Claros (2004a).
Liana. Nativa. Zonas Bajas. Bosque Húmedo, 0–500 m.
Dept.: LP.
Muestra: *N.Y. Paniagua 5099* (BOLV, CTES, LPB, MA, MO, USZ).

[Forsteronia guyanensis Müll. Arg.], Linnaea 30: 414. 1860.
Ref.: Killeen & Schulenberg (1998).
Nota: El registro se basa en material mal identificado.

Forsteronia mollis Rusby, Mem. Torrey Bot. Club 4(3): 218–219. 1895.
Sin.: *Forsteronia foliosa* Rusby
Ref.: Foster (1958), Hansen (1985).
Liana. Endémica. Andes. Yungas, 1000–1500 m.
Dept.: LP.
Tipo y muestra: *M. Bang 274* (ST: GH, NY, NY), *A.P. Antezana 909* (INB, LPB).
Infra: *Forsteronia mollis* var. *mollis*, *Forsteronia mollis* var. *foliosa* (Rusby) Woodson

Forsteronia paludosa Woodson, Ann. Missouri Bot. Gard. 21(4): 620–621. 1934.
Liana, arbusto. Nativa. Zonas Bajas. Bosque Húmedo, 0–500 m.
Dept.: SC.
Muestra: *J.R.I. Wood et al. 20016* (K, LPB, USZ).
Nota: Material de esta especie no visto.

Forsteronia pubescens A. DC., Prodr. 8: 436. 1844.
Ref.: Foster (1958), Ezcurra (1981), Hansen (1985), Arroyo Padilla & Villarroel Segarra (2009).
Liana. Nativa. Zonas Bajas, Andes. Bosque Húmedo, Bosque Semideciduo Chiquitano, Bosque Seco Chaqueño, Campos Cerrados, Sabanas Benianas del Norte, Sabanas Benianas del Sur, Yungas, Bosque Tucumano-Boliviano, Bosque Serrano Chaqueño, Valles Secos, 0–2000 m.
Dept.: BE, CH, LP, SC, TA.
Muestra: *S.G. Beck 12426* (LPB, M, MO, SI, USF).

[Forsteronia spicata (Jacq.) G. Mey.], Prim. Fl. Esseq. 135. 1818.
Ref.: Parker & Bailey (1991).
Nota: El registro se basa en material mal identificado.

Forsteronia tarapotensis K. Schum. ex Ule & Woodson, Ann. Missouri Bot. Gard. 22(2): 195–196. 1935.
Ref.: Hansen (1985), Killeen & Schulenberg (1998).
Trepadora, liana. Nativa. Zonas Bajas. Bosque Húmedo, 0–500 m.
Dept.: BE, SC.
Muestra: *S.G. Beck 20467* (LPB, MO).

Forsteronia thyrsoidea (Vell.) Müll. Arg., Fl. Bras. 6(1): 105. 1860.
Sin.: *Echites thyrsoideus* Vell., *Forsteronia multinervia* var. *glabriuscula* A. DC., *Forsteronia obscura* Rusby, *Forsteronia thyrsoidea* var. *glabriuscula* (A. DC.) Woodson
Ref.: Ezcurra (1981), Hansen (1985).
Liana. Nativa. Andes. Yungas, 1500–2000 m.
Dept.: LP.
Muestra: *M. Bang 855* (NY).

Funastrum E. Fourn., Ann. Sci. Nat., Bot., sér. 6, 14: 388. 1882.
3 especies, 1 especie endémica.

Funastrum clausum (Jacq.) Schltr., Repert. Spec. Nov. Regni Veg. 13(363/367): 283. 1914.
Sin.: *Asclepias clausa* Jacq., *Cynanchum clausum* (Jacq.) Jacq., *Sarcostemma clausum* (Jacq.) Schult., *Sarcostemma bonariense* Hook. & Arn., *Philibertia clausa* (Jacq.) K. Schum., *Philibertella clausa* (Jacq.) Vail, *Philibertia bonariensis* (Hook. & Arn.) Malme, *Funastrum bonariense* (Hook. & Arn.) Schltr., *Funastrum fragile* Rusby, *Funastrum lanceolatum* Rusby
Ref.: Foster (1958), Ezcurra (1999).
Trepadora. Nativa. Zonas Bajas. Bosque Húmedo, Bosque Semideciduo Chiquitano, 0–500 m.
Dept.: BE, CO, SC.
Muestra: *I.G. Vargas 530* (LPB, MO, NY, USZ).

Funastrum gracile (Decne.) Schltr., Repert. Spec. Nov. Regni Veg. 13: 285. 1914.
Sin.: *Sarcostemma gracile* Decne.
Ref.: Ezcurra (1999), Serrano & Terán (1998 [2000]).
Trepadora. Nativa. Zonas Bajas, Andes. Bosque Semideciduo Chiquitano, Bosque Tucumano-Boliviano, 0–2000 m.
Dept.: CH, CO, PO, SC, TA.
Muestra: *I.G. Vargas 413* (LPB, MO, USZ).

Funastrum rupicola Goyder, Kew Bull. 63: 331–333. 2008.
Hierba. Endémica. Andes. Valles Secos, 1000–2500 m.
Dept.: CH, CO, SC.
Tipo y muestra: *J.R.I. Wood & H. Huaylla 20277* (HT: K; IT: HSB, LPB), *J.R.I. Wood 10641* (K, LPB, USZ).

Galactophora Woodson, Ann. Missouri Bot. Gard. 19(1): 49. 1932.
1 especie, 0 especies endémicas.

Galactophora crassifolia (Müll. Arg.) Woodson, Ann. Missouri Bot. Gard. 19(1): 50. 1932.
Sin.: *Amblyanthera crassifolia* Müll. Arg., *Dipladenia calycina* Huber ex Ducke, *Galactophora calycina* (Huber ex Ducke) Woodson
Ref.: Morales & Fuentes Claros (2004a).
Arbusto. Nativa. Zonas Bajas. Bosque Húmedo, Campos Cerrados, Campos Amazónicos, 0–500 m.
Dept.: LP, SC.
Muestra: *R. Guillén V. et al. 2545* (INB, MO, USZ).

Geissospermum Allemão, Pl. Novas Brasil 707. 1846.
2 especies, 0 especies endémicas.

[Geissospermum laeve (Vell.) Miers], Apocyn. S. Am. 84. 1878.
Sin.: *Tabernaemontana laevis* Vell.
Ref.: Michel (1993a), Killeen & Schulenberg (1998).
Nota: El registro se basa en material mal identificado.

Geissospermum reticulatum A.H. Gentry, Ann. Missouri Bot. Gard. 71(4): 1078. 1984.
Ref.: Killeen & Schulenberg (1998).
Árbol. Nativa. Zonas Bajas. Bosque Húmedo, 0–500 m.
Dept.: BE, PA, SC.
Muestra: *T. Killeen 4380* (MO, USZ).

Geissospermum urceolatum A.H. Gentry, Ann. Missouri Bot. Gard. 71(4): 1078–1079. 1984.
Árbol. Nativa. Zonas Bajas. Bosque Húmedo, 0–500 m.
Dept.: BE.
Muestra: *W.R. Anderson 11925* (K, MO).
Nota: Material de esta especie no visto.

Gomphocarpus R. Br., Mem. Wern. Nat. Hist. Soc. 1: 37(preprint). 1810.
1 especie, 0 especies endémicas.

Gomphocarpus physocarpus E. Mey., Comm. Pl. Afr. Austr. 202. 1838.
Sin.: *Gomphocarpus brasiliensis* E. Fourn., *Asclepias physocarpa* (E. Mey.) Schltr., *Asclepias brasiliensis* (E. Fourn.) Schltr.
Ref.: Foster (1958), Goyder & Nicholas (2001).
Hierba. Naturalizada. Zonas Bajas, Andes. Bosque Húmedo, Valles Secos, 0–3500 m.
Dept.: CO, LP, SC.
Muestra: *M.H. Nee 48612* (K, MO, NY).

Gonolobus Michx., Fl. Bor.-Amer. 1: 119. 1803.
4 especies, 0 especies endémicas.

[Gonolobus andinus Malme], Ark. Bot. 25A(7): 21–22, t. 1. 1932.
Ref.: Foster (1958).
Nota: El registro se basa en material mal identificado de *Matelea boliviana*.

Gonolobus denticulatus (Vahl) W.D. Stevens, Phytologia 64: 334. 1988.
Sin.: *Cynanchum denticulatum* Vahl, *Cynanchum viridiflorum* G. Mey., *Gonolobus viridiflorus* Schult., *Vincetoxicum viridiflorum* Standl., *Matelea viridiflora* (Standl.) Woodson, *Matelea denticulata* (Vahl) Fontella & E.A. Schwarz
Trepadora. Nativa. Zonas Bajas. Bosque Húmedo, Bosque Semideciduo Chiquitano, 0–500 m.
Dept.: LP, SC.
Muestra: *M.H. Nee 48442* (K, MO, NSW, NY).

Gonolobus parviflorus Decne., Prodr. 8: 597–598. 1844.
Sin.: *Gonolobus brittonii* Rusby, *Gonolobus floribundus* Malme
Ref.: Foster (1958).
Trepadora. Nativa. Zonas Bajas, Andes. Bosque Húmedo, Yungas, Valles Secos, 500–1500 m.
Dept.: CH, CO, LP, SC.
Muestra: *A. Carretero et al. 1047* (HSB, MO).

Gonolobus patens Decne., Prodr. 8: 594–595. 1844.
Sin.: *Philibertia rotata* Griseb., *Exolobus patens* (Decne.) E. Fourn.
Ref.: López Vargas (1995), Saravia Miranda (1996), González et al. (1999).
Trepadora, liana. Nativa. Zonas Bajas, Andes. Bosque Húmedo, Bosque Semideciduo Chiquitano, Bosque Seco Chaqueño, Campos Cerrados, Yungas, Bosque Tucumano-Boliviano, Valles Secos, 0–2500 m.
Dept.: CH, CO, LP, SC, TA.
Muestra: *M. Serrano & J. Villalobos 5300* (HSB, MO).

Gonolobus selloanus (E. Fourn.) Bacigalupo, Fl. Il. Entre Ríos 5: 144, f. 64. 1979.
Sin.: *Exolobus selloanus* E. Fourn., *Pseudibatia herzogii* Schltr.
Trepadora. Nativa. Zonas Bajas, Andes. Bosque Húmedo, Bosque Semideciduo Chiquitano, Sabanas Benianas del Sur, Yungas, 0–1500 m.
Dept.: BE, LP, SC.
Muestra: *M.H. Nee 33736* (CAS, MO, NY).

Hancornia Gomes, Mem. Math. Phis. Acad. Real Sci. Lisboa 3: 51. 1812.
1 especie, 0 especies endémicas.

Hancornia speciosa Gomes, Mem. Math. Phis. Acad. Real Sci. Lisboa 2: 1, pl. 1. 1803.
Ref.: Monachino (1945), Michel (1993a), Killeen & Schulenberg (1998), Mostacedo C. & Uslar (1999),

Wood et al. (2011).
Arbusto, arbolito, árbol. Nativa. Zonas Bajas. Bosque Húmedo, Campos Cerrados, Sabanas Benianas del Norte, 0–1000 m.
Dept.: BE, SC.
Muestra: *R.C. Quevedo et al. 953* (LPB, MO, NY, USZ).

Hemipogon Decne., Prodr. 8: 509. 1844.
3 especies, 0 especies endémicas.

Hemipogon acerosus Decne., Prodr. 8: 509. 1844.
Ref.: Killeen & Schulenberg (1998), Wood et al. (2011).
Hierba. Nativa. Zonas Bajas. Bosque Húmedo, Bosque Semideciduo Chiquitano, Campos Cerrados, 0–1000 m.
Dept.: SC.
Muestra: *A. Jardim & F. Mamani 3626* (MO, USZ).

Hemipogon peruvianus E. Fourn., Ann. Sci. Nat., Bot., sér. 6, 14: 368. 1882.
Sin.: *Hemipogon andinum* Rusby
Ref.: Foster (1958).
Hierba. Nativa. Andes. Yungas, 1500–2000 m.
Dept.: LP.
Muestra: *T.B. Miranda et al. 830* (LPB, MO).

Hemipogon sprucei E. Fourn., Fl. Bras. 6(4): 197. 1885.
Sin.: *Hemipogon exaltatus* Malme, *Hemipogon williamsii* Rusby, *Astephanus sprucei* (E. Fourn.) Fontella
Ref.: Foster (1958), Killeen & Schulenberg (1998), Arroyo Padilla & Villarroel Segarra (2009), Wood et al. (2011).
Hierba, trepadora. Nativa. Andes. Bosque Húmedo, Bosque Semideciduo Chiquitano, Campos Cerrados, Yungas, Bosque Tucumano-Boliviano, 0–2000 m.
Dept.: LP, SC.
Muestra: *B. Mostacedo et al. 1546* (MO, USZ).

Himatanthus Willd. ex Schult., Syst. Veg. (ed. 15 bis) 5: xiii–xiv, 221. 1819.
3 especies, 0 especies endémicas.

Himatanthus articulatus (Vahl) Woodson, Ann. Missouri Bot. Gard. 25(1): 196–197, 193. 1938 [1937].
Sin.: *Plumeria articulata* Vahl, *Plumeria sucuuba* Spruce ex Müll. Arg., *Himatanthus sucuuba* (Spruce ex Müll. Arg.) Woodson
Ref.: Woodson (1938 [1937]), Foster (1958), Parker & Bailey (1991), Plumel (1991), Michel (1993a), Killeen & Schulenberg (1998), Alverson et al. (2000), Arrázola Rivero et al. (2000), Morales & Fuentes Claros (2004a), Spina (2004), Wood et al. (2011).
Arbusto, arbolito, árbol. Nativa. Zonas Bajas. Bosque Húmedo, Campos Cerrados, Sabanas Benianas del Sur, Campos Amazónicos, 0–1000 m.
Dept.: BE, CO, LP, PA, SC.
Muestra: *G.A. Parada 995* (INB, MO, NY, USZ).
Nom. Vern.: Susuuba.

[Himatanthus attenuatus (Benth.) Woodson], Ann. Missouri Bot. Gard. 25(1): 197. 1938 [1937].
Sin.: *Plumeria attenuata* Benth.
Ref.: Michel (1993a).
Nota: El registro se basa en material mal identificado.

[Himatanthus bracteatus (A. DC.) Woodson], Ann. Missouri Bot. Gard. 25(1): 200. 1938 [1937].
Sin.: *Plumeria bracteata* A. DC.
Ref.: Foster (1958).
Nota: El registro se basa en material mal identificado.

Himatanthus obovatus (Müll. Arg.) Woodson, Ann. Missouri Bot. Gard. 25(1): 201. 1938 [1937].
Sin.: *Plumeria obovata* Müll. Arg., *Plumeria puberula* Müll. Arg., *Plumeria velutina* Müll. Arg., *Plumeria velutina* var. *boliviana* Kuntze
Ref.: Woodson (1938 [1937]), Foster (1958), Plumel (1991), Michel (1993a), Killeen & Schulenberg (1998), Wood et al. (2011).
Subarbusto, arbusto. Nativa. Zonas Bajas. Bosque Húmedo, Bosque Semideciduo Chiquitano, Campos Cerrados, Sabanas Benianas del Norte, Sabanas Benianas del Sur, Campos Amazónicos, 0–1000 m.
Dept.: BE, SC.
Muestra: *A. Jardim & P.F. Foster 3049* (MO, USZ).
Infra: *Himatanthus obovatus* var. *puberulus* (Müll. Arg.) Woodson, *Himatanthus obovatus* var. *velutinus* (Müll. Arg.) Plumel

[Himatanthus phagedaenicus (Mart.) Woodson], Ann. Missouri Bot. Gard. 25(1): 199. 1938 [1937].
Sin.: *Plumeria phagedaenica* Mart.
Ref.: Killeen & Schulenberg (1998).
Nota: El registro se basa en material mal identificado.

Himatanthus tarapotensis (K. Schum. ex Markgr.) Plumel, Compt. Rend. Séances Soc. Biogéogr. 66(3): 112. 1990.
Sin.: *Plumeria tarapotensis* K. Schum. ex Markgr.
Ref.: Plumel (1991), Michel (1993a), Spina (2004).
Arbusto, arbolito, árbol. Nativa. Zonas Bajas. Bosque Húmedo, Campos Cerrados, Sabanas Benianas del Sur, Campos Amazónicos, 0–1000 m.
Dept.: BE, CO, LP, PA, SC.
Muestra: *M.H. Nee 41491* (LPB, MO, NY).
Nom. Vern.: Susuuba.

Jobinia E. Fourn., Fl. Bras. 6(4): 327, pl. 97. 1885.
2 especies, 0 especies endémicas.

Jobinia chlorantha (K. Schum.) Malme, Ark. Bot. 25A(7): 3. 1932.
Sin.: *Roulinia chlorantha* K. Schum.
Ref.: Foster (1958).
Trepadora. Nativa. Andes. Yungas, 2500–3000 m.
Dept.: LP.
Muestra: *E. Asplund 1748* (S).

Jobinia lindbergii E. Fourn., Fl. Bras. 6(4): 327. 1885.
Trepadora. Nativa. Andes. Bosque Tucumano-Boliviano, 1500–2000 m.
Dept.: CH.
Muestra: *R. Lozano 1190* (HSB, MO).

Lacmellea H. Karst., Linnaea 28: 449. 1856 [1857].
1 especie, 0 especies endémicas.

Lacmellea arborescens (Müll. Arg.) Markgr., Notizbl. Bot. Gart. Berlin–Dahlem 15(4): 626. 1941.
Sin.: *Zschokkea arborescens* Müll. Arg.
Ref.: Morales & Fuentes Claros (2004a).
Arbolito. Nativa. Zonas Bajas. Bosque Húmedo, 0–500 m.
Dept.: PA.
Muestra: *L. Vargas et al. 1066* (F, LPB, MO, USZ).

Laubertia A. DC., Prodr. 8: 486. 1844.
1 especie, 0 especies endémicas.

Laubertia boissieri A. DC., Prodr. 8: 487. 1844.
Sin.: *Echites dichotomus* Kunth
Ref.: Morales (2002).
Liana. Nativa. Zonas Bajas, Andes. Bosque Húmedo, Yungas, 500–2000 m.
Dept.: LP, SC.
Muestra: *R. Seidel & E.C. Vargas 1103* (LPB, MO, P, SI, USF, USZ).

Laxoplumeria Markgr., Notizbl. Bot. Gart. Berlin–Dahlem 9(89): 981–982. 1926.
1 especie, 0 especies endémicas.

Laxoplumeria tessmannii Markgr., Notizbl. Bot. Gart. Berlin–Dahlem 9(89): 981–982. 1926.
Ref.: Killeen & Schulenberg (1998).
Árbol. Nativa. Zonas Bajas. Bosque Húmedo, 0–500 m.
Dept.: BE, SC.
Muestra: *T. Killeen et al. 6810* (MO, USZ).

Macoubea Aubl., Hist. Pl. Guiane 2(Suppl.): 17–18, t. 378. 1775.
1 especie, 0 especies endémicas.

Macoubea guianensis Aubl., Hist. Pl. Guiane 2(Suppl.): 18, t. 378. 1775.
Ref.: Killeen & Schulenberg (1998), Morales & Fuentes Claros (2004a).
Árbol. Nativa. Zonas Bajas. Bosque Húmedo, 0–500 m.
Dept.: SC.
Muestra: *A. Soto et al. 401* (MO, USZ).

Macroditassa Malme, Ark. Bot. 21A(3): 9–10. 1927.
1 especie, 0 especies endémicas.

Macroditassa adnata (E. Fourn.) Malme, Ark. Bot. 21A(3): 10. 1927.
Sin.: *Ditassa adnata* E. Fourn., *Ditassa tassadioides* Schltr., *Macroditassa tassadioides* (Schltr.) Malme
Ref.: Foster (1958), Arroyo Padilla & Villarroel Segarra (2009), Fuentes Claros et al. (2009).
Trepadora, liana. Nativa. Zonas Bajas, Andes. Bosque Semideciduo Chiquitano, Yungas, 500–2500 m.
Dept.: CH, LP, SC.
Muestra: *M.H. Nee 49400* (MO, NY).

Macropharynx Rusby, Mem. New York Bot. Gard. 7: 327, t. 6. 1927.
1 especie, 0 especies endémicas.

Macropharynx spectabilis (Stadelm.) Woodson, Ann. Missouri Bot. Gard. 18(4): 552. 1931.
Sin.: *Echites spectabilis* Stadelm., *Macropharynx fistulosa* Rusby, *Macropharynx strigillosa* Woodson
Ref.: Foster (1958), Morales (1997 [1998]), Killeen & Schulenberg (1998).
Liana. Nativa. Zonas Bajas. Bosque Húmedo, 0–1000 m.
Dept.: BE, CO, LP, PA, SC.
Muestra: *J.C. Solomon 17688* (LPB, MO, USF, USZ).

Macroscepis Kunth, Nov. Gen. Sp. (quarto ed.) 3: 200–201, t. 233. 1818 [1819].
1 especie, 0 especies endémicas.

Macroscepis aurea E. Fourn., Fl. Bras. 6(4): 301–302. 1885.
Ref.: Ezcurra (1999).
Trepadora. Nativa. Andes. Bosque Tucumano-Boliviano, 1000–1500 m.
Dept.: CH, TA.
Muestra: *M. Serrano et al. 5652* (HSB, MO).

Malouetia A. DC., Prodr. 8: 378. 1844.
1 especie, 0 especies endémicas.

Malouetia peruviana Woodson, Ann. Missouri Bot. Gard. 22(2): 259–261. 1935.
Ref.: Killeen & Schulenberg (1998).
Arbusto. Nativa. Zonas Bajas. Bosque Húmedo, 0–500 m.
Dept.: SC.
Muestra: *R. Guillén V. & P. Solíz 3830* (INB, MO, USZ).

Mandevilla Lindl., Edwards's Bot. Reg. 26: pl. 7. 1840.
23 especies, 2 especies endémicas.

[Mandevilla albo-viridis (Rusby) Woodson], Ann. Missouri Bot. Gard. 19(1): 69. 1932.
Sin.: *Dipladenia albo-viridis* Rusby
Ref.: López Vargas (1995), Saravia Miranda (1996), Serrano & Terán (1998 [2000]).
Nota: El registro se basa en material mal identificado de *M. subcordata*.

Mandevilla alexicaca (Mart. ex Stadelm.) J.F. Morales & A. Fuentes Monogr. Syst. Bot. Missouri Bot. Gard. 127: 1271. 2014.
Sin.: *Echites alexicaca* Mart. ex Stadelm., *Dipladenia tetradenia* Rusby
Hierba, subarbusto. Nativa. Andes. Yungas, Valles Secos, 1000–2500 m.
Dept.: LP, SC.
Muestra: *S.G. Beck 17890* (LPB, MO, SI, USF).

Mandevilla andina J.F. Morales & A. Fuentes, Candollea 59(1): 168–172, f. 1. 2004.
Ref.: Morales & Fuentes Claros (2004b), Ministerio de Medio Ambiente y Agua (2012 [2013]).
Trepadora, subarbusto. Endémica. Andes. Bosque Tucumano-Boliviano, Valles Secos, 1000–2000 m.
Dept.: CH, SC.
Tipo y muestra: *J.R.I. Wood 14217* (HT: LPB; IT: K), *N. de la Barra et al. 1546A* (LPB).

Mandevilla angustifolia (Malme) Woodson, Ann. Missouri Bot. Gard. 20(4): 710. 1933.
Sin.: *Dipladenia angustifolia* Malme, *Mandevilla minor* Woodson
Ref.: Woodson (1933), Killeen & Schulenberg (1998), Serrano & Terán (1998 [2000]), Arroyo Padilla & Villarroel Segarra (2009).
Trepadora, liana, subarbusto. Nativa. Zonas Bajas, Andes. Bosque Húmedo, Bosque Semideciduo Chiquitano, Bosque Seco Chaqueño, Campos Cerrados, Sabanas Benianas del Sur, Bosque Tucumano-Boliviano, Valles Secos, 0–2000 m.
Dept.: CH, SC, TA.
Muestra: *E. Gutiérrez C. et al. 1464* (MO, USZ).

[Mandevilla angustissima Markgr.], Acta Bot. Venez. 13: 354–355. 1978.
Ref.: Killeen & Schulenberg (1998).
Nota: El registro se basa en material mal identificado.

Mandevilla boliviensis (Hook. f.) Woodson, Ann. Missouri Bot. Gard. 20(4): 716. 1933.
Sin.: *Dipladenia boliviensis* Hook. f., *Mandevilla cereola* Woodson
Ref.: Woodson (1933), Foster (1958), Morales (1995).
Trepadora, subarbusto. Nativa. Andes. Yungas, 1000–2000 m.
Dept.: LP, SC.
Tipo y muestra: *R.W. Pearce 708* (HT: K; fotos: MO), *A.H. Gentry & J.C. Solomon 44754* (INB, LPB, MO, USF).

Mandevilla brachyloba (Müll. Arg.) K. Schum., Nat. Pflanzenfam. 4(2): 171. 1895.
Sin.: *Amblyanthera brachyloba* Müll. Arg.

Ref.: Woodson (1933), Foster (1958).
Trepadora, subarbusto. Nativa. Zonas Bajas, Andes. Bosque Húmedo, Yungas, Bosque Tucumano-Boliviano, Valles Secos, 500–3000 m.
Dept.: CH, CO, LP, SC, TA.
Muestra: *S.G. Beck 9227* (HBG, LPB, MO, USF).

Mandevilla callista Woodson, Ann. Missouri Bot. Gard. 20(4): 700–701. 1933.
Trepadora. Nativa. Andes. Yungas, 1000–1500 m.
Dept.: LP.
Muestra: *J.R.I. Wood & D.J. Goyder 15414* (LPB).

Mandevilla emarginata (Vell.) C. Ezcurra, Candollea 47(1): 92. 1992.
Sin.: *Echites emarginatus* Vell., *Echites erectus* Vell., *Mandevilla erecta* (Vell.) Woodson
Ref.: Foster (1958), Ezcurra (1981), De la Barra (1997).
Subarbusto. Nativa. Andes. Bosque Tucumano-Boliviano, Valles Secos, 1000–2500 m.
Dept.: CH, CO.
Muestra: *A. Jardim 264* (INB, MO, USZ).

Mandevilla fragilis Woodson, Ann. Missouri Bot. Gard. 19(1): 59–60. 1932.
Ref.: Woodson (1933), Foster (1958).
Trepadora, subarbusto. Endémica. Andes. Yungas, Bosque Tucumano-Boliviano, 1500–3000 m.
Dept.: CO, LP, SC.
Tipo y muestra: *M. Bang 2271* (HT: K; fotos: MO ex K), *L.J. Dorr et al. 6692* (INB, LPB, MO, NY, USF).

Mandevilla glandulosa (Ruiz & Pav.) Woodson, Ann. Missouri Bot. Gard. 19(1): 66. 1932.
Sin.: *Echites glandulosus* Ruiz & Pav.
Ref.: Woodson (1933).
Liana. Nativa. Andes. Yungas, Bosque Tucumano-Boliviano, 1500–3000 m.
Dept.: CH, CO, LP.
Muestra: *J.C. Solomon & J. Kuijt 11563* (INB, LPB, MO).

Mandevilla hirsuta (Rich.) K. Schum., Nat. Pflanzenfam. 4(2): 171. 1895.
Sin.: *Echites hirsutus* Rich., *Mandevilla rusbyi* Britton
Ref.: Woodson (1933), Foster (1958), Parker & Bailey (1991), Morales (1998), Morales (2007a).
Trepadora, subarbusto. Nativa. Zonas Bajas, Andes. Bosque Húmedo, Bosque Semideciduo Chiquitano, Campos Cerrados, Yungas, Valles Secos, 0–1500 m.
Dept.: BE, CO, LP, SC.
Muestra: *O. Colque 332* (MO, NY, USZ, Z).

Mandevilla illustris (Vell.) Woodson, Ann. Missouri Bot. Gard. 20(4): 727. 1933.
Sin.: *Echites illustris* Vell., *Dipladenia illustris* (Vell.) A. DC.
Ref.: Woodson (1933), Wood et al. (2011).
Hierba, subarbusto. Nativa. Zonas Bajas. Campos Cerrados, 0–1000 m.
Dept.: SC.
Muestra: *T. Killeen & O. Peña 7162* (USZ).

Mandevilla laxa (Ruiz & Pav.) Woodson, Ann. Missouri Bot. Gard. 19(1): 68. 1932.
Sin.: *Echites laxus* Ruiz & Pav., *Mandevilla suaveolens* Lindl., *Amblyanthera bridgesii* Müll. Arg., *Mandevilla bangii* Rusby, *Mandevilla mandonii* Rusby, *Mandevilla bridgesii* (Müll. Arg.) Woodson, *Mandevilla grata* Woodson
Ref.: Woodson (1933), Foster (1958), Ezcurra (1981), López Vargas (1995), Saravia Miranda (1996), Schulenberg & Awbrey (1997), González et al. (1999), Serrano & Terán (1998 [2000]).
Trepadora, liana, subarbusto. Nativa. Andes. Yungas, Bosque Tucumano-Boliviano, Bosque Serrano Chaqueño, Valles Secos, 1000–3500 m.
Dept.: CH, CO, LP, PO, SC, TA.
Muestra: *M.A. Lewis 881762* (C, INB, LPB, MO, NY).
Nom. Vern.: Margarita.

Mandevilla longiflora (Desf.) Pichon, Bull. Mus. Natl. Hist. Nat., sér. 2 20: 107. 1948.
Sin.: *Echites longiflorus* Desf., *Macrosiphonia longiflora* (Desf.) Müll. Arg.
Ref.: Foster (1958), Killeen & Schulenberg (1998), Simões & Kinoshita (2002), Simões et al. (2007), Arroyo Padilla & Villarroel Segarra (2009), Wood et al. (2011).
Hierba, subarbusto. Nativa. Zonas Bajas, Andes. Bosque Semideciduo Chiquitano, Campos Cerrados, Campos Amazónicos, Bosque Tucumano-Boliviano, 0–1000, 1500–2500 m.
Dept.: BE, CH, CO, SC.
Muestra: *R. Guillén V. et al. 4788* (MO, USZ).

Mandevilla matogrossana J.F. Morales, Sida 21(3): 1551. 2005.
Ref.: Morales (2005a).
Liana. Nativa. Zonas Bajas. Bosque Semideciduo Chiquitano, 0–500 m.
Dept.: SC.
Muestra: *J.R.I. Wood et al. 13118* (K, LPB, USZ).

Mandevilla pentlandiana (A. DC.) Woodson, Ann. Missouri Bot. Gard. 19(1): 63. 1932.
Sin.: *Laseguea pentlandiana* A. DC., *Laseguea mandonii* Britton ex Rusby
Ref.: Woodson (1933), Foster (1958), Ezcurra (1981), De la Barra (1997), Serrano & Terán (1998 [2000]).
Liana. Nativa. Andes. Yungas, Bosque Tucumano-Boliviano, Bosque Serrano Chaqueño, Valles Secos, 1500–3500 m.
Dept.: CH, CO, LP, PO, SC, TA.
Tipo y muestra: *J.B. Pentland s.n.* (HT: P), *M.A. Lewis 35371* (INB, LPB, MO, NY).
Nom. Vern.: Sach'a.

Mandevilla petrea (A. St.-Hil.) Pichon, Bull. Mus. Natl. Hist. Nat., sér. 2 20: 107. 1948.
Sin.: *Echites petreus* A. St.-Hil., *Echites pinifolius* A. St.-Hil., *Macrosiphonia petrea* (A. St.-Hil.) K. Schum., *Macrosiphonia petrea* var. *pinifolia* (A. St.-Hil.) Woodson
Ref.: Meyer (1979), Ezcurra (1981), Simões et al. (2007), Wood et al. (2011).
Hierba, subarbusto. Nativa. Zonas Bajas. Bosque Húmedo, Bosque Semideciduo Chiquitano, Campos Cerrados, 0–1000 m.
Dept.: BE, SC.
Muestra: *M. Menacho Viruez et al. 336* (MO, USZ).

Mandevilla pohliana (Stadelm.) A.H. Gentry, Ann. Missouri Bot. Gard. 71(4): 1079. 1984.
Sin.: *Echites pohlianus* Stadelm., *Echites velutinus* Mart. ex Stadelm., *Dipladenia piladenia* Rusby, *Dipladenia rotundifolia* Rusby, *Mandevilla velutina* (Mart. ex Stadelm.) Woodson
Ref.: Woodson (1933), Ezcurra (1981), Gentry (1984 [1985]), Simões & Kinoshita (2002), Wood et al. (2011).
Hierba, subarbusto. Nativa. Zonas Bajas. Bosque Húmedo, Bosque Semideciduo Chiquitano, Bosque Seco Chaqueño, Campos Cerrados, 0–1000 m.
Dept.: BE, LP, SC.
Muestra: *D.C. Daly et al. 6301* (LPB,

MO, NY, USZ, WAG).
Infra: *Mandevilla pohliana* var. *pohliana*, *Mandevilla pohliana* var. *velutina* (Mart. ex Stadelm.) A.H. Gentry

Mandevilla rugellosa (Rich.) L. Allorge, Phytologia 84(4): 305. 1998 [1999].
Sin.: *Echites rugellosus* Rich., *Echites antennaceus* A. DC., *Echites bolivianus* Britton ex Rusby, *Mandevilla antennacea* (A. DC.) K. Schum., *Mandevilla boliviana* (Britton ex Rusby) Rusby, *Echites altescandens* H. Winkl., *Mandevilla tenuicarpa* Rusby, *Echites bracteosus* Rusby, *Mandevilla bracteosa* (Rusby) Woodson
Ref.: Foster (1958), Moraes R. (1990), Killeen & Schulenberg (1998).
Trepadora, subarbusto. Nativa. Zonas Bajas, Andes. Bosque Húmedo, Bosque Semideciduo Chiquitano, Campos Cerrados, Campos Amazónicos, Yungas, 0–1500 m.
Dept.: BE, CO, LP, PA, SC.
Muestra: *A. Araujo M. 2603* (BOLV, CTES, INB, LPB, MA, MO, USZ).

Mandevilla scabra (Hoffmanns. ex Roem. & Schult.) K. Schum., Nat. Pflanzenfam. 4(2): 171. 1895.
Sin.: *Echites scaber* Hoffmanns. ex Roem. & Schult., *Echites rugosus* Benth., *Mandevilla rugosa* (Benth.) Woodson, *Mandevilla rutila* Woodson
Ref.: Foster (1958), Killeen & Schulenberg (1998).
Hierba, trepadora, subarbusto. Nativa. Zonas Bajas, Andes. Bosque Húmedo, Campos Cerrados, Campos Amazónicos, Yungas, 0–1500 m.
Dept.: LP, SC.
Muestra: *A. Jardim & G. Chamos 94* (F, MO, NY, USZ).

Mandevilla spigeliiflora (Stadelm.) Woodson, Ann. Missouri Bot. Gard. 20(4): 736. 1933.
Sin.: *Echites spigeliiflorus* Stadelm.
Ref.: Woodson (1933), Simões & Kinoshita (2002), Wood et al. (2011).
Hierba, subarbusto. Nativa. Zonas Bajas. Bosque Semideciduo Chiquitano, Campos Cerrados, 0–500 m.
Dept.: SC.
Muestra: *T. Killeen 576* (LPB, USZ).

Mandevilla subcordata Rusby, Bull. New York Bot. Gard. 4: 315. 1907.
Sin.: *Mandevilla superba* Herzog, *Dipladenia glabra* Rusby, *Dipladenia oblongifolia* Woodson, *Mandevilla glabra* (Rusby) Woodson, *Mandevilla oblongifolia* (Woodson) Woodson, *Mandevilla collium* Woodson, *Mandevilla pulchra* Woodson
Ref.: Woodson (1933), Foster (1958), Morales & Fuentes Claros (2004b).
Trepadora, subarbusto. Nativa. Andes. Yungas, Bosque Serrano Chaqueño, Valles Secos, 1000–3000 m.
Dept.: CH, CO, LP, PO, SC.
Tipo y muestra: *M. Bang 1120* (HT: NY; IT: C, F, US; fotos: MO ex NY), *L.J. Dorr et al. 6914* (LPB, MO, NY, US).

Mandevilla symphitocarpa (G. Mey.) Woodson, Ann. Missouri Bot. Gard. 19(1): 70. 1932.
Sin.: *Echites symphitocarpus* G. Mey.
Ref.: Woodson (1933), Morales & Fuentes Claros (2004a).
Trepadora, liana. Nativa. Zonas Bajas. Bosque Húmedo, 0–500 m.
Dept.: SC.
Muestra: *R.A. Foster et al. 13733* (LPB, USZ).

Mandevilla tenuifolia (J.C. Mikan) Woodson, Ann. Missouri Bot. Gard. 20(4): 679. 1933.
Sin.: *Echites tenuifolius* J.C. Mikan
Ref.: Killeen & Schulenberg (1998), Wood et al. (2011).
Hierba. Nativa. Zonas Bajas. Bosque Húmedo, Campos Cerrados, Sabanas Benianas del Sur, 0–1000 m.
Dept.: SC.
Muestra: *T. Killeen 6143* (F, K, MO, NY, USZ).

Marsdenia R. Br., Prodr. 460. 1810.

8 especies, 0 especies endémicas.

Marsdenia altissima (Jacq.) Dugand, Mutisia 9: 1. 1952.
Sin.: *Asclepias altissima* Jacq., *Marsdenia mollissima* E. Fourn.
Ref.: Killeen & Schulenberg (1998), González et al. (1999), Serrano & Terán (1998 [2000]), Arroyo Padilla & Villarroel Segarra (2009), Wood et al. (2011).
Trepadora, liana. Nativa. Zonas Bajas, Andes. Bosque Semideciduo Chiquitano, Campos Cerrados, Yungas, 0–2000 m.
Dept.: CH, LP, SC, TA.
Muestra: *M.H. Nee 38647* (MO).

Marsdenia castillonii Lillo ex T. Mey., Gen. Sp. Pl. Argent. 2: 248–249, t. 116B. 1944.
Sin.: *Marsdenia beckii* Morillo, *Marsdenia boliviana* Morillo
Ref.: Ezcurra (1999).
Trepadora, liana. Nativa. Zonas Bajas, Andes. Sabanas Benianas del Sur, Valles Secos, 500–2000 m.
Dept.: BE, CH, CO, LP, SC, TA.
Muestra: *S.G. Beck 3344* (LPB, MO).

Marsdenia hassleriana Malme, Bull. Herb. Boissier, sér. 2 3: 241. 1903.
Liana, arbusto. Nativa. Zonas Bajas. Bosque Semideciduo Chiquitano, 0–500 m.
Dept.: SC.
Muestra: *P.L. Ibisch et al. 930674* (MO).

Marsdenia hilariana E. Fourn., Fl. Bras. 6(4): 322. 1885.
Ref.: Foster (1958), Wood et al. (2011).
Trepadora. Nativa. Zonas Bajas. Campos Cerrados, 500–1000 m.
Dept.: SC.
Muestra: *F. Mamani & A. Jardim 1299* (USZ).
Nota: Material de esta especie no visto.

[Marsdenia inelegans Rusby], Descr. S. Amer. Pl. 100. 1920.
Ref.: López Vargas (1995).
Nota: El registro se basa en material mal identificado.

Marsdenia macrophylla (Humb. & Bonpl. ex Schult.) E. Fourn., Fl. Bras. 6(4): 321. 1885.
Sin.: *Asclepias macrophylla* Humb. & Bonpl. ex Schult.
Ref.: Ezcurra (1999).
Liana. Nativa. Zonas Bajas. Bosque Húmedo, Bosque Semideciduo Chiquitano, 0–1000 m.
Dept.: LP, SC.
Muestra: *A.H. Gentry & B. Mostacedo 73718* (MO).

Marsdenia malmeana W. Rothe, Bot. Jahrb. Syst. 52: 422. 1915.
Trepadora. Nativa. Zonas Bajas. Bosque Semideciduo Chiquitano, 0–500 m.
Dept.: SC.
Muestra: *J.R.I. Wood et al. 20058* (HSB, K, LPB).
Nota: Material de esta especie no visto.

Marsdenia spiralis W. Rothe, Bot. Jahrb. Syst. 52: 423. 1915.
Liana. Nativa. Zonas Bajas. Bosque Seco Chaqueño, 0–500 m.
Dept.: SC.
Muestra: *A.H. Gentry et al. 75193* (MO).

Marsdenia weddellii (E. Fourn.) Malme, Kongl. Svenska Vetensk. Acad. Handl., n.s. 34(7): 94. 1900.
Sin.: *Verlotia weddellii* E. Fourn.
Trepadora. Nativa. Zonas Bajas.

Bosque Húmedo, Campos Cerrados, 0–500 m.
Dept.: SC, TA.
Muestra: *T. Killeen et al. 6769* (MO, USZ).

Matelea Aubl., Hist. Pl. Guiane 277–278, pl. 109, f. 1. 1775.

19 especies, 7 especies endémicas.

Matelea asplundii (Malme) Morillo, Anales Jard. Bot. Madrid 43: 239. 1986.
Sin.: *Gonolobus asplundii* Malme
Ref.: Foster (1958).
Trepadora. Endémica. Andes. Valles Secos, 1500–2000 m.
Dept.: LP.
Tipo: *E. Asplund 1238* (HT: S).
Nota: Conocida solamente del tipo.

Matelea attenuata (Rusby) Morillo, Ernstia 18: 2. 1983.
Sin.: *Gonolobus attenuatus* Rusby
Ref.: Foster (1958).
Trepadora. Endémica. Andes. Bosque Tucumano-Boliviano, 2000–2500 m.
Dept.: CH, CO.
Tipo y muestra: *M. Bang s.n.* (HT: NY), *J. Gutiérrez R. et al. 530* (HSB, MO).

Matelea boliviana Morillo, Anales Jard. Bot. Madrid 47: 355. 1989 [1990].
Trepadora. Endémica. Andes. Yungas, 1000–2000 m.
Dept.: LP.
Tipo y muestra: *E. Asplund 1703* (HT: S), *J.C. Solomon 17649* (MO).

Matelea boliviensis (Schltr.) Goyder, Kew Bull. 61: 31. 2006.
Sin.: *Pseudibatia boliviensis* Schltr., *Gonolobus boliviensis* (Schltr.) T. Mey., *Ibatia boliviensis* (Schltr.) Morillo
Trepadora, subarbusto. Nativa. Andes. Bosque Tucumano-Boliviano, 2000–3000 m.
Dept.: CH, CO, TA.
Tipo y muestra: *K. Fiebrig 2364* (LT: K), *K. Fiebrig 3555* (B).

Matelea chacoensis Goyder, Kew Bull. 61(1): 32. 2006.
Sin.: *Gonolobus hirtus* Griseb., *Pseudibatia hirta* Malme, *Gonolobus hirtus* var. *longipedunculatus* T. Mey.
Hierba. Nativa. Zonas Bajas. Bosque Seco Chaqueño, 500–1000 m.
Dept.: SC, TA.
Muestra: *J.R.I. Wood & D.J. Goyder 16828* (K, LPB).
Nota: Material de esta especie no visto.

Matelea dasytricha (Schltr.) Fontella, Bradea 4(9): 55. 1984.
Sin.: *Gonolobus dasytrichus* Schltr., *Phaeostemma grandifolia* Rusby
Ref.: Foster (1958).
Trepadora, liana. Nativa. Zonas Bajas. Bosque Húmedo, 0–500 m.
Dept.: BE, PA, SC.
Tipo y muestra: *R.S. Williams 797* (HT: NY; IT: BM, K), *M.H. Nee 31679* (LPB, MO, NY).
Nota: Anteriormente confundida con *M. macrocarpa*, una especie propia de elevaciones altas distribuida desde Colombia hasta el centro del Perú.

Matelea diversifolia (E. Fourn.) Morillo & Fontella, Ernstia 57: 2. 1990.
Sin.: *Ibatia diversifolia* E. Fourn.
Hierba. Nativa. Zonas Bajas. Campos Cerrados, 500–1000 m.
Dept.: SC.
Muestra: *J.R.I. Wood et al. 19924* (BOLV, K, LPB).
Infra: *Matelea diversifolia* var. *surgens* (Malme) Morillo & Fontella
Nota: Material de esta especie no visto.

Matelea elliptica (Rusby) Morillo, Ernstia, ser. 2, 2(3–4): 69. 1992.
Sin.: *Gonolobus ellipticus* Rusby
Ref.: Foster (1958).
Trepadora. Endémica. Andes. Valles Secos, 2500–3000 m.
Dept.: CH, CO.
Tipo y muestra: *M. Bang 992* (HT: NY; IT: BM, K, MANCH, MO, US), *N.P. Ritter 2747* (BOLV, LPB, MO).

Matelea fiebrigii (Schltr.) Goyder, Kew Bull. 61: 31. 2006.
Sin.: *Gonolobus fiebrigii* Schltr., *Gonolobus argentinensis* T. Mey., *Matelea argentinensis* (T. Mey.) Pontir.
Ref.: Foster (1958).
Trepadora. Nativa. Andes. Bosque Tucumano-Boliviano, 1500–2000 m.
Dept.: CH, SC, TA.
Tipo y muestra: *K. Fiebrig 2671* (HT: B), *E. Bastian 1235* (LPB, MO).

Matelea friesii (Malme) Goyder, Kew Bull. 61: 31. 2006.
Sin.: *Pseudibatia friesii* Malme, *Gonolobus friesii* (Malme) T. Mey.
Trepadora. Nativa. Zonas Bajas. Bosque Semideciduo Chiquitano, Bosque Seco Chaqueño, 0–1000 m.
Dept.: SC, TA.
Tipo y muestra: *R.E. Fries 1443* (LT: S), *M.H. Nee 48669* (LPB, MO, NY).

Matelea glandulosa (Poepp. ex Decne.) Morillo, Ernstia 24: 35. 1984.
Sin.: *Gonolobus glandulosus* Poepp. ex Decne., *Matelea ruiz-pavonii* Morillo, *Matelea woodii* Morillo
Ref.: Morillo (2012).
Trepadora. Nativa. Zonas Bajas. Bosque Húmedo, 500–1000 m.
Dept.: CO.
Muestra: *J.R.I. Wood 11198* (BOLV, K, LPB, MO, NY).

Matelea hirsutissima (Schltr.) Goyder, Kew Bull. 61(1): 32. 2006.
Sin.: *Gonolobus hirsutissimus* Schltr., *Gonolobus lilloanus* T. Mey., *Matelea lilloana* (T. Mey.) Pontir.
Ref.: Foster (1958), De la Barra (1997).
Hierba. Nativa. Andes. Tipo de vegetación desconocida, 1500–3000 m.
Dept.: CH, CO, TA.
Tipo y muestra: *K. Fiebrig 2571* (HT: B destr.?; LT: K; ILT: BM), *O. Apaza et al. 67* (HSB, MO).

Matelea lanosa (E. Fourn.) Morillo & Fontella, Ernstia 57: 1. 1990.
Sin.: *Ibatia lanosa* E. Fourn., *Ibatia selloana* E. Fourn., *Pseudibatia lanosa* (E. Fourn.) Malme, *Pseudibatia selloana* (E. Fourn.) Malme
Ref.: Wood et al. (2011).
Hierba. Nativa. Zonas Bajas. Sabanas Benianas del Sur, 0–500 m.
Dept.: BE, SC.
Muestra: *M. Moraes R. et al. 1616* (K, LPB, MO).

Matelea leucoderma (Rusby) Morillo, Ernstia 18: 9. 1983.
Sin.: *Gonolobus leucodermis* Rusby
Ref.: Foster (1958).
Trepadora. Endémica. Andes. Valles Secos, 2500–3000 m.
Dept.: CO.
Tipo: *M. Bang s.n.* (NY).
Nota: Conocida solamente del tipo.

[Matelea macrocarpa (Poepp.) Morillo], Ernstia 24: 37. 1984.
Sin.: *Fischeria macrocarpa* Poepp.
Ref.: Moraes R. (1990).
Nota: El registro se basa en material mal identificado.

Matelea neei Morillo, Pittieria 36: 40, 42, f. 13. 2012.
Trepadora. Endémica. Andes. Bosque Tucumano-Boliviano, 1000–1500 m.
Dept.: SC.
Tipo y muestra: *M.H. Nee 50409* (HT: NY; IT: K, LPB, MO), *M.H. Nee 46162* (LPB, MO, NY).

Matelea purpurea (Decne.) Goyder, Kew Bull. 61(1): 32. 2006.
Sin.: *Chthamalia purpurea* Decne.
Ref.: Goyder (2006).
Trepadora. Nativa. Zonas Bajas. Campos Cerrados, 0–500 m.
Dept.: SC.
Muestra: *J.R.I. Wood et al. 20149* (K, LPB, NY).
Nota: Citada por Goyder (2006) de Brasil, Paraguay y el este de Bolivia, pero ningún espécimen vista.

Matelea rivularis Woodson, Ann. Missouri Bot. Gard. 47(1): 80. 1960.
Hierba. Nativa. Zonas Bajas. Bosque Húmedo, 0–500 m.
Dept.: LP, SC.
Muestra: *M.H. Nee 38140* (LPB, MO, NY, USZ).

Matelea sartago-diaboli Goyder, Kew Bull. 63(2): 335–337. 2008.
Arbusto. Endémica. Andes. Valles Secos, 1000–2000 m.
Dept.: CH, CO, SC.
Tipo y muestra: *J.R.I. Wood & J.M. Mendoza 19143* (HT: K; IT: LPB, USZ), *J. Balcázar S. 95* (K, MO, USZ).

Matelea schreiteri (T. Mey.) Pontir., Fl. Prov. Jujuy 8: 171. 1983.
Sin.: *Gonolobus schreiterii* T. Mey., *Ibatia schreiteri* (T. Mey.) Morillo
Ref.: Serrano & Terán (1998 [2000]).
Trepadora. Nativa. Zonas Bajas. Bosque Seco Chaqueño, 0–500 m.
Dept.: CH, SC, TA.
Muestra: *M.H. Nee & I.I. Linneo 54142* (MO, NY).

[Matelea stenopetala Sandwith], Bull. Misc. Inform. Kew 1931: 485. 1931.
Ref.: Moraes R. (1990).
Nota: El registro se basa en material mal identificado.

Mesechites Müll. Arg., Fl. Bras. 6(1): 150–151. 1860.
1 especie, 0 especies endémicas.

[Mesechites acuminatus (Ruiz & Pav.) Müll. Arg.], Linnaea 30: 446. 1860.
Sin.: *Echites acuminatus* Ruiz & Pav.
Ref.: Woodson (1933), Foster (1958).
Nota: El registro se basa en material mal identificado.

[Mesechites mansoanus (A. DC.) Woodson], Ann. Missouri Bot. Gard. 20(4): 636. 1933.
Sin.: *Echites mansoanus* A. DC.
Ref.: Woodson (1933), Foster (1958), Killeen & Schulenberg (1998), Simões & Kinoshita (2002).
Nota: El registro se basa en material mal identificado.

Mesechites trifidus (Jacq.) Müll. Arg., Fl. Bras. 6(1): 151–152. 1860.
Sin.: *Echites trifidus* Jacq., *Echites sanctaecrucis* S. Moore, *Echites rigidus* Rusby, *Mesechites sanctaecrucis* (S. Moore) Woodson
Ref.: Foster (1958), Parker & Bailey (1991), Killeen & Schulenberg (1998), Morales (2006a).
Trepadora, liana, subarbusto. Nativa. Zonas Bajas, Andes. Bosque Húmedo, Bosque Seco Chaqueño, Campos Cerrados, Sabanas Benianas del Norte, Sabanas Benianas del Sur, Campos Amazónicos, Yungas, Bosque Tucumano-Boliviano, Valles Secos, 0–1500 m.
Dept.: BE, CO, LP, PA, SC.
Muestra: *A.F. Fuentes 3906* (BOLV, CTES, HSB, LPB, MA, MO, USZ).

Metastelma R. Br., Asclepiadeae 41. 1810.
6 especies, 2 especies endémicas.

[Metastelma diffusum (Gillies ex Hook. & Arn.) Decne.], Prodr. 8: 516. 1844.
Sin.: *Ionidium diffusum* Gillies ex Hook. & Arn.
Ref.: Serrano & Terán (1998 [2000]).
Nota: El registro se basa en material mal identificado. Citada como *M.*aff. *diffusum* Gill. ex Hook. en Serrano & Terán (2000).

Metastelma fiebrigii Schltr., Bot. Jahrb. Syst. 37: 609. 1906.
Ref.: Foster (1958), Serrano & Terán (1998 [2000]).
Trepadora. Endémica. Andes. Bosque Tucumano-Boliviano, Valles Secos, 1500–2000 m.
Dept.: CH, SC, TA.
Tipo y muestra: *K. Fiebrig 2676* (HT: B; IT: BM, K, M), *A.E. Lliully et al. 631* (HSB, MO).

Metastelma mathewsii Rusby, Bull. Torrey Bot. Club 25: 497–498. 1898.
Ref.: Foster (1958).
Trepadora. Nativa. Andes. Yungas, 1500–2500 m.
Dept.: LP, SC.
Tipo y muestra: *H.H. Rusby 2543* (ST: NY), *M. Bang 2090* (BM, GH, K, MO, NY, US, WU).

Metastelma oranense Lillo ex T. Mey., Lilloa 6: 279–280, t. 2. 1941.
Trepadora. Nativa. Zonas Bajas. Bosque Húmedo, Bosque Seco Chaqueño, 0–500 m.
Dept.: SC, TA.
Muestra: *M.H. Nee 44279* (MO, NY, USZ).

Metastelma parviflorum (Sw.) R. Br. ex Schult., Syst. Veg. (ed. 15 bis) 6: 120. 1820.
Sin.: *Cynanchum parviflorum* Sw.
Ref.: Foster (1958).
Trepadora. Nativa. Zonas Bajas. Bosque Seco Chaqueño, 0–500 m.
Dept.: SC.
Muestra: *G. Navarro 1741* (MO).

Metastelma schlechteri J.F. Macbr., Publ. Field Mus. Nat. Hist., Bot. Ser. 11(1): 34. 1931.
Sin.: *Metastelma ditassoides* Schltr.
Ref.: Foster (1958).
Trepadora. Endémica. Zonas Bajas. Campos Cerrados, 500–1000 m.
Dept.: SC.
Tipo: *T. Herzog 1280* (IT: W, Z).
Nota: Conocida solamente del tipo.

Metastelma tubatum Griseb., Abh. Königl. Ges. Wiss. Göttingen 24: 227. 1879.
Sin.: *Metastelma herzogii* Schltr.
Ref.: Foster (1958).
Trepadora. Nativa. Andes. Valles Secos, 1000–3000 m.
Dept.: CO, PO, SC, TA.
Muestra: *E. García et al. 585* (LPB, MO).
Nota: *M. tubatum* es una versión de hojas pequeñas y de altas elevaciones similares a las que presenta *M. parviflorum*. Estas son las únicas especies del género con la corona adnada al tubo de la corola y posiblemente en el futuro ambas serán consideradas bajo *M. parviflorum*.

Minaria T.U.P. Konno & Rapini, Taxon 55(2): 424–430, f. 2–3, 4 [mapa], 5. 2006.
2 especies, 0 especies endémicas.

Minaria acerosa (Mart.) T.U.P. Konno & Rapini, Taxon 55(2): 428. 2006.
Sin.: *Ditassa acerosa* Mart.
Ref.: Konno et al. (2006), Wood et al. (2011).
Subarbusto. Nativa. Zonas Bajas. Bosque Semideciduo Chiquitano, 500–1000 m.
Dept.: SC.
Muestra: *R. Guillén V. et al. 4822* (MO, USZ).
Nota: El uso de este nombre es tentativo.

Minaria cordata (Turcz.) T.U.P. Konno & Rapini, Taxon 55(2): 429. 2006.
Sin.: *Metastelma cordatum* Turcz., *Ditassa virgata* E. Fourn., *Ditassa cordata* (Turcz.) Fontella
Ref.: Konno et al. (2006), Wood et al. (2011).
Subarbusto. Nativa. Zonas Bajas. Campos Cerrados, 500–1000 m.
Dept.: SC.
Muestra: *A. Rodríguez & J. Surubí 590* (MO, USZ).

Mitostigma Decne., Prodr. 8: 507. 1844.

0 especies, 0 especies endémicas.

[Mitostigma niveum (Griseb.) Griseb.], Abh. Königl. Ges. Wiss. Göttingen 24: 226. 1879.
Sin.: *Oxypetalum niveum* Griseb.
Ref.: Foster (1958).
Nota: El registro se basa en material mal identificado.

[Mitostigma subniveum Malme], Ark. Bot. 3(1): 9–10, t. 1, f. 5. 1904.
Ref.: Foster (1958).
Nota: El registro se basa en material mal identificado.

Nephradenia Decne., Prodr. 8: 604. 1844.

1 especie, 0 especies endémicas.

Nephradenia linearis Benth. ex E. Fourn., Fl. Bras. 6(5): 330. 1885.
Sin.: *Nephradenia pendula* Rusby
Ref.: Foster (1958), Killeen & Schulenberg (1998), Wood et al. (2011).
Hierba, trepadora. Nativa. Zonas Bajas. Bosque Húmedo, 0–1000 m.
Dept.: LP, SC.
Muestra: *A. Jardim & G. Chamos 92* (MO, USZ).

Nerium L., Sp. Pl. 1: 209. 1753.

1 especie, 0 especies endémicas.

Nerium oleander L., Sp. Pl. 1: 209. 1753.
Ref.: Pagen (1987).
Arbusto, arbolito. Cultivada. Andes. Valles Secos, 2000–2500, 3000–3500 m.
Dept.: LP, SC.
Muestra: *J.C. Solomon 15741* (LPB, MO).

Odontadenia Benth., J. Bot. (Hooker) 3: 242. 1841.

9 especies, 0 especies endémicas.

Odontadenia anomala (Van Heurck & Müll. Arg.) J.F. Macbr., Publ. Field Mus. Nat. Hist., Bot. Ser. 11(1): 35. 1931.
Sin.: *Anisolobus anomalus* Van Heurck & Müll. Arg.
Ref.: Moraes R. (1990), Morales (1999b), Morales & Fuentes Claros (2004a).
Liana. Nativa. Zonas Bajas, Andes. Bosque Húmedo, Yungas, 0–500, 1000–1500 m.
Dept.: BE, LP, PA, SC.
Muestra: *M. Moraes R. 528* (LPB, MO, P, SI).

Odontadenia geminata (Hoffmanns. ex Roem. & Schult.) Müll. Arg., Fl. Bras. 6(1): 119. 1860.
Sin.: *Echites geminatus* Hoffmanns. ex Roem. & Schult.
Ref.: Killeen & Schulenberg (1998), Morales (1999b).
Liana. Nativa. Zonas Bajas. Bosque Húmedo, Sabanas Benianas del Norte, Sabanas Benianas del Sur, 0–500 m.
Dept.: PA, SC.
Muestra: *L. Vargas et al. 1056* (F, LPB, USZ).

Odontadenia hypoglauca (Stadelm.) Müll. Arg., Fl. Bras. 6(1): 118, t. 35, f. 1. 1860.
Sin.: *Echites hypoglaucus* Stadelm.
Ref.: Killeen & Schulenberg (1998), Morales (1999b), Wood et al. (2011).
Liana. Nativa. Zonas Bajas. Campos Cerrados, Sabanas Benianas del Sur, 0–1000 m.
Dept.: SC.
Muestra: *M.H. Nee 41538* (NY, USZ).

Odontadenia laxiflora (Rusby) Woodson, Ann. Missouri Bot. Gard. 19(4): 386. 1932.
Sin.: *Laubertia laxiflora* Rusby, *Codonechites laxiflora* (Rusby) Pichon
Ref.: Foster (1958), Moraes R. (1990), Killeen & Schulenberg (1998), Morales (1999b).
Liana. Nativa. Zonas Bajas, Andes. Bosque Húmedo, Yungas, 0–1500 m.
Dept.: BE, CO, LP, PA, SC.
Tipo y muestra: *M. Bang 2056* (HT: NY; IT: K, US), *D.N. Smith et al. 13970* (LPB, MO).

Odontadenia lutea (Vell.) Markgr., Repert. Spec. Nov. Regni Veg. 20: 24. 1924.
Sin.: *Echites luteus* Vell., *Dipladenia cuspidata* Rusby, *Dipladenia mollis* Rusby, *Odontadenia cuspidata* (Rusby) Rusby, *Mandevilla cuspidata* (Rusby) Woodson
Ref.: Woodson (1933), Foster (1958), Killeen & Schulenberg (1998), Morales (1999b), Arroyo Padilla & Villarroel Segarra (2009), Wood et al. (2011).
Hierba, trepadora, liana, subarbusto, arbusto. Nativa. Zonas Bajas, Andes. Bosque Húmedo, Bosque Semideciduo Chiquitano, Campos Cerrados, Sabanas Benianas del Sur, Campos Amazónicos, Yungas, Valles Secos, 0–2000 m.
Dept.: BE, LP, SC.
Muestra: *J.C. Solomon 6245* (LPB, MO).

Odontadenia matogrossana J.F. Morales, Bull. Jard. Bot. Belg. 67(1): 450–452, f. 17. 1999.
Liana. Nativa. Zonas Bajas, Andes. Bosque Húmedo, Bosque Semideciduo Chiquitano, Yungas, 0–1500 m.
Dept.: SC.
Muestra: *J.R.I. Wood et al. 17289* (INB, K, LPB).

Odontadenia nitida (Vahl) Müll. Arg., Fl. Bras. 6(1): 118. 1860.
Sin.: *Echites nitidus* Vahl, *Odontadenia angustifolia* A. DC.
Ref.: Killeen & Schulenberg (1998), Morales (1999b).
Liana, árbol. Nativa. Zonas Bajas. Bosque Húmedo, Sabanas Benianas del Sur, Campos Amazónicos, 0–500 m.
Dept.: BE, SC.
Muestra: *J.C. Solomon 7636* (LPB, MO).

Odontadenia puncticulosa (Rich.) Pulle, Enum. Vasc. Pl. Surinam 383. 1906.
Sin.: *Echites puncticulosus* Rich., *Odontadenia boliviana* Rusby
Ref.: Foster (1958), Morales (1999b), Wood et al. (2011).
Liana. Nativa. Zonas Bajas, Andes. Bosque Húmedo, Bosque Semideciduo Chiquitano, Campos Cerrados, Sabanas Benianas del Sur, Yungas, 0–1500 m.
Dept.: BE, LP, PA, SC.
Muestra: *F. Mamani & A. Jardim 1253* (INB, MO, NY, USZ).

Odontadenia verrucosa (Willd. ex Roem. & Schult.) K. Schum. ex Markgr., Fl. Suriname 4(1): 53. 1932.
Sin.: *Echites verrucosus* Willd. ex Roem. & Schult., *Echites cognatus* Stadelm., *Odontadenia cognata* (Stadelm.) Woodson, *Odontadenia lauretiana* Woodson & Steyerm.

Ref.: Moraes R. (1990), López Vargas (1995), Saravia Miranda (1996), Killeen & Schulenberg (1998), Morales (1999b).
Liana. Nativa. Zonas Bajas. Bosque Húmedo, 0–1000 m.
Dept.: CO, PA, SC.
Muestra: *C.R. Sperling 6482* (LPB, MO, NY).

Orthosia Decne., Prodr. 8: 526–527. 1844.
4 especies, 2 especies endémicas.

Orthosia guilleminiana (Decne.) Liede & Meve, Novon 18(2): 205. 2008.
Sin.: *Vincetoxicum guilleminianum* Decne., *Metastelma trifurcatum* Griseb., *Metastelma myrianthum* Schltr., *Metastelma retinaculatum* Schltr., *Metastelma guilleminianum* (Decne.) Malme
Ref.: Foster (1958), Serrano & Terán (1998 [2000]).
Trepadora. Nativa. Zonas Bajas, Andes. Bosque Húmedo, Yungas, Bosque Tucumano-Boliviano, 500–2500 m.
Dept.: CH, CO, LP, SC, TA.
Muestra: *S.G. Beck 6357* (LPB, MO).

Orthosia pearcei (Rusby) Liede & Meve, Novon 18(2): 207. 2008.
Sin.: *Amphistelma pearcei* Rusby
Ref.: Foster (1958).
Trepadora. Endémica. Andes. Yungas, Valles Secos, 1500–2500 m.
Dept.: CH, CO, LP, SC.
Tipo y muestra: *M. Bang 2089* (HT: NY; IT: BM, GH, K, M, MO-2761087, US, WU), *J.R.I. Wood et al. 22806* (K, LPB).

Orthosia scoparia (Nutt.) Liede & Meve, Novon 18(2): 207. 2008.
Sin.: *Cynanchum scoparium* Nutt.
Trepadora. Nativa. Andes. Valles Secos, 2500–3500 m.
Dept.: CO, LP, SC.
Muestra: *E. Fernández T. et al. 3574* (BOLV, MO).

Orthosia woodii Meve & Liede, Novon 18(2): 203–204, f. 1. 2008.
Trepadora. Endémica. Andes. Bosque Tucumano-Boliviano, 2000–2500 m.
Dept.: CH.
Tipo y muestra: *J.R.I. Wood 10369* (HT: K; IT: BOLV, LPB, UBT), *M. Serrano 1029* (LPB, MO).

Oxypetalum R. Br., Asclepiadeae 30. 1810.
19 especies, 6 especies endémicas.

Oxypetalum arnottianum H. Buek, Gen. Sp. Synon. Cand. 3: VIII. 1858.
Hierba. Nativa. Andes. Valles Secos, 2000–2500 m.
Dept.: CH.
Muestra: *J.R.I. Wood & H. Huaylla 21195* (K, LPB).
Nota: Material de esta especie no visto.

Oxypetalum attenuatum (Rusby) Malme, Ark. Bot. 25A(14): 15. 1934.
Sin.: *Schistogyne attenuata* Rusby, *Schistogyne oxypetaloides* Schltr., *Oxypetalum schlechteri* Malme
Ref.: Foster (1958), Adolfo María (1966).
Trepadora. Endémica. Andes. Bosque Tucumano-Boliviano, Valles Secos, 1500–3000 m.
Dept.: CO, PO, SC.
Tipo y muestra: *M. Bang 1254* (HT: NY; IT: BM, GH, K, MO-2760631), *M. Vargas et al. 476* (MO, USZ).

Oxypetalum balansae Malme, Kongl. Svenska Vetensk. Acad. Handl. 34(n.7): 51. 1900.
Sin.: *Gothofreda apoloensis* Rusby, *Oxypetalum pauciflorum* Occhioni, *Oxypetalum apoloense* (Rusby) Dorr
Ref.: Serrano & Terán (1998 [2000]), Goyder & Fontella (2005).
Trepadora. Nativa. Zonas Bajas, Andes. Bosque Seco Chaqueño, Valles Secos, 0–1500 m.
Dept.: BE, CH, LP, SC, TA.
Muestra: *M.H. Nee 45085* (LPB, MO).

Oxypetalum boliviense Schltr., Bot. Jahrb. Syst. 37: 622. 1906.
Ref.: Foster (1958).
Hierba. Endémica. Andes. Bosque Tucumano-Boliviano, Valles Secos, 2000–2500 m.
Dept.: CH, CO, SC, TA.
Tipo y muestra: *K. Fiebrig 2554* (HT: B; IT: G, S), *I.G. Vargas & M. Toledo 3069* (K, MO, NY, USZ).

Oxypetalum brachystemma Malme, Ark. Bot. 3(8): 2–3, t. 1, f. 3. 1904.
Sin.: *Oxypetalum albiflorum* Schltr., *Corollonema boliviense* Schltr.
Ref.: Foster (1958), Morillo (1997), Goyder (2004b), Arroyo Padilla & Villarroel Segarra (2009).
Trepadora, liana. Nativa. Zonas Bajas, Andes. Bosque Seco Chaqueño, Bosque Tucumano-Boliviano, Bosque Serrano Chaqueño, Valles Secos, 500–2000 m.
Dept.: CH, LP, SC, TA.
Tipo y muestra: *R.E. Fries 1376* (ST: S), *J.C. Solomon 10000* (LIL, MO).

Oxypetalum capitatum Mart., Nov. Gen. Sp. Pl. 1: 50. 1824.
Sin.: *Oxypetalum proboscideum* E. Fourn., *Gothofreda andina* Rusby, *Oxypetalum clavigerum* S. Moore, *Gothofreda consimilis* Rusby, *Gothofreda macroglossa* Rusby
Ref.: Serrano & Terán (1998 [2000]), Wood et al. (2011).
Hierba. Nativa. Andes. Campos Cerrados, Yungas, 1000–2000 m.
Dept.: BE, CH, CO, LP, PO, SC.
Tipo y muestra: *M. Bang 394A* (ST: NY), *T.B. Miranda et al. 248* (LPB, MO).

Oxypetalum crispum Wight ex Hook. & Arn., J. Bot. (Hooker) 1: 288. 1834.
Sin.: *Oxypetalum albiflorum* Decne.
Ref.: Foster (1958), Serrano & Terán (1998 [2000]), Wood et al. (2011).
Hierba. Nativa. Zonas Bajas. Bosque Húmedo, Bosque Semideciduo Chiquitano, Bosque Seco Chaqueño, Campos Cerrados, 0–1000 m.
Dept.: BE, CH, SC.
Muestra: *M. Menacho Viruez & E. Gutiérrez C. 629* (MO, USZ).

Oxypetalum dactylostelma Goyder, Kew Bull. 59(2): 302. 2004.
Sin.: *Dactylostelma boliviense* Schltr.
Ref.: Foster (1958), Goyder (2004b).
Trepadora. Endémica. Andes. Yungas, 1000–2500 m.
Dept.: CO.
Tipo y muestra: *O. Kuntze s.n. 1892* (LT: NY), *R.N. Ledezma 104* (MO, USZ).

Oxypetalum dombeyanum Decne., Prodr. 8: 583. 1844.
Sin.: *Gothofreda dombeyana* (Decne.) Kuntze
Ref.: Serrano & Terán (1998 [2000]).
Trepadora. Nativa. Andes. Yungas, Bosque Tucumano-Boliviano, Valles Secos, 1000–2500 m.
Dept.: BE, CH, CO, LP, SC.
Muestra: *D. Villarroel et al. 293* (MO, USZ).

Oxypetalum erectum Mart., Nov. Gen. Sp. Pl. 1: 50. 1824.
Hierba. Nativa. Zonas Bajas. Bosque Húmedo, Campos Cerrados, 500–1000 m.
Dept.: SC.
Muestra: *A. Soto et al. 479* (MO, USZ).

Oxypetalum erianthum Decne., Prodr. 8: 584. 1844.
Sin.: *Gothofreda eriantha* (Decne.) Kuntze
Trepadora. Nativa. Zonas Bajas.

Bosque Húmedo, Bosque Semideciduo Chiquitano, 0–500 m.
Dept.: BE, SC.
Muestra: *N. Raes & Iraipi 149* (LPB, MO, NY, U).

Oxypetalum fiebrigii (Malme) Goyder & Rapini, Phytotaxa 26: 12. 2011.
Sin.: *Schistogyne fiebrigii* Malme
Ref.: Foster (1958), Pontiroli (1983), Rapini et al. (2011).
Trepadora. Nativa. Andes. Bosque Tucumano-Boliviano, Valles Secos, 1000–2500 m.
Dept.: CH, SC, TA.
Tipo y muestra: *K. Fiebrig 2669* (HT: S; IT: B destr., BM, K, US), *M. Serrano et al. 5224* (HSB, MO).

Oxypetalum flavopurpureum Goyder & Fontella, Kew Bull. 60(1): 97–99. 2005.
Ref.: Goyder & Fontella (2005).
Trepadora. Nativa. Zonas Bajas. Bosque Húmedo, 0–1000 m.
Dept.: SC.
Tipo: *J.R.I. Wood 11002* (HT: K; IT: LPB).
Nota: Conocida en Bolivia solamente del tipo.

Oxypetalum fuscum Goyder & Fontella, Kew Bull. 60(1): 95–97. 2005.
Ref.: Goyder & Fontella (2005).
Trepadora. Endémica. Zonas Bajas, Andes. Bosque Semideciduo Chiquitano, Bosque Tucumano-Boliviano, 500–2500 m.
Dept.: CH, SC, TA.
Tipo y muestra: *J.R.I. Wood & D.J. Goyder 16860* (HT: K; IT: LPB), *L. Arroyo P. et al. 3304* (MO, USZ).

Oxypetalum heptalobum Goyder & Rapini, Phytotaxa 26: 12. 2011.
Sin.: *Schistogyne boliviensis* Schltr.
Trepadora. Endémica. Andes. Bosque Tucumano-Boliviano, Valles Secos, 1000–3000 m.
Dept.: CH, SC.
Tipo y muestra: *T. Herzog 1630* (HT: B destr.; LT: L; ILT: E, F), *J.R.I. Wood & M. Serrano 14435* (HSB, K, LPB, NY).
Nota: Material de esta especie no visto.

Oxypetalum martii E. Fourn., Fl. Bras. 6(4): 280. 1885.
Ref.: Wood et al. (2011).
Hierba. Nativa. Zonas Bajas. Bosque Semideciduo Chiquitano, 500–1000 m.
Dept.: SC.
Muestra: *R. Guillén V. et al. 4802* (MO, USZ).

Oxypetalum pearsonii (Rusby) Goyder & Fontella, Kew Bull. 60(1): 99. 2005.
Sin.: *Gothofreda pearsonii* Rusby
Trepadora. Endémica. Zonas Bajas. Bosque Húmedo, Bosque Semideciduo Chiquitano, 0–500 m.
Dept.: BE, SC.
Tipo y muestra: *M. Cárdenas 2035* (HT: NY; IT: GH), *A. Krapovickas 34640* (CTES, MO).

Oxypetalum pentasetum (Rusby) Goyder & Rapini, Phytotaxa 26: 13. 2011.
Sin.: *Schistogyne pentaseta* Rusby, *Schistogyne mandonii* Malme, *Schistogyne mandonii* var. *peruviana* Malme
Ref.: Foster (1958), Arroyo Padilla & Villarroel Segarra (2009), Rapini et al. (2011).
Trepadora, liana. Nativa. Andes. Yungas, Valles Secos, 1000–3000 m.
Dept.: CO, LP.
Tipo y muestra: *M. Bang s.n.* (HT: NY), *A.F. Fuentes et al. 9295* (LPB, MO).

Oxypetalum pubescens (Malme) Goyder & Rapini, Phytotaxa 26: 13. 2011.
Sin.: *Schistogyne pubescens* Malme
Trepadora. Nativa.
Nota: Esperada.

Oxypetalum retusum (Markgr.) Goyder, Kew Bull. 59: 303. 2004.
Sin.: *Macroscepis retusa* Markgr., *Metoxypetalum retusum* (Markgr.) Morillo, *Metoxypetalum vogelii* Morillo
Ref.: Goyder (2004b).
Liana. Nativa. Andes. Yungas, 2000–3000 m.
Dept.: CO, LP, SC.
Muestra: *M. Muñoz 107* (MO).

[Oxypetalum streptanthum (Malme) Liede & G.H. Rua], Novon 7(1): 41. 1997.
Sin.: *Cynanchum streptanthum* Malme
Ref.: Liede & Meve (1997).
Nota: El registro se basa en material mal identificado de *Cynanchum rusbyi*.

Pacouria Aubl., Hist. Pl. Guiane 268. 1775.
1 especie, 0 especies endémicas.

Pacouria boliviensis (Markgr.) A. Chev., Rev. Int. Bot. Appl. Agric. Trop. 28: 455. 1948.
Sin.: *Landolphia boliviensis* Markgr.
Ref.: Monachino (1945), Foster (1958), Parker & Bailey (1991), Killeen & Schulenberg (1998).
Liana, árbol. Nativa. Zonas Bajas. Bosque Húmedo, 0–1000 m.
Dept.: LP, SC.
Tipo y muestra: *J. Steinbach 6537* (T: B; fotos: F ex B, GH), *M.H. Nee 39168* (LPB, NY, USZ).

Parahancornia Ducke, Arch. Jard. Bot. Rio de Janeiro 3: 242. 1922.
1 especie, 0 especies endémicas.

Parahancornia fasciculata (Poir.) Benoist, Arch. Bot. Mém. 5: 274. 1933.
Sin.: *Tabernaemontana fasciculata* Poir.
Ref.: Altamirano Azurduy & Ramos de Sousa (2009).
Árbol. Nativa. Zonas Bajas. Bosque Húmedo, 0–500 m.
Dept.: PA.
Muestra: *S. Altamirano 4106* (BOLV, MO).

Peltastes Woodson, Ann. Missouri Bot. Gard. 19(4): 375–376. 1932.
1 especie, 0 especies endémicas.

Peltastes giganteus Woodson, Ann. Missouri Bot. Gard. 19(4): 378. 1932.
Sin.: *Peltastes ampliflorus* Woodson
Ref.: Foster (1958), Morales (2005b).
Liana. Nativa. Andes. Yungas, 1000–2500 m.
Dept.: LP, SC.
Tipo y muestra: *M. Bang 2804* (HT: MO-4386; IT: C, F, MO-1806614, NY, US), *S.G. Beck 17810* (LPB, MO, NY, P, USF).

Petalostelma E. Fourn., Fl. Bras. 6(4): 328, pl. 98. 1885.
3 especies, 0 especies endémicas.

Petalostelma martianum (Decne.) E. Fourn., Fl. Bras. 6(4): 328. 1885.
Sin.: *Metastelma martianum* Decne.
Trepadora. Nativa. Zonas Bajas. Bosque Húmedo, Campos Cerrados, 0–500 m.
Dept.: SC.
Muestra: *R. Guillén V. et al. 1111* (K, MO, USZ).

Petalostelma robertii (S. Moore) Liede & Meve, Novon 11(2): 176. 2001.
Sin.: *Vincetoxicum robertii* S. Moore, *Metastelma robertii* (S. Moore) Malme, *Cynanchum robertii* (S. Moore) Malme
Trepadora. Nativa. Zonas Bajas. Bosque Seco Chaqueño, 0–500 m.

Dept.: CH, SC.
Muestra: *J.R.I. Wood & J.D. Soto 27122* (K, USZ).
Nota: Material de esta especie no visto.

Petalostelma sarcostemma (Lillo) Liede & Meve, Novon 11(2): 176. 2001.
Sin.: *Cynanchum sarcostemma* Lillo
Trepadora, liana. Nativa. Zonas Bajas, Andes. Bosque Húmedo, Yungas, Valles Secos, 0–1500, 2000–2500 m.
Dept.: BE, CO, LP, SC, TA.
Muestra: *D. Choque et al. 31* (K, LPB, MO).

Philibertia Kunth, Nov. Gen. Sp. (quarto ed.) 3: 195, pl. 230. 1819.
29 especies, 11 especies endémicas.

Philibertia alba Goyder, Kew Bull. 63: 323–325. 2008.
Trepadora. Endémica. Andes. Bosque Tucumano-Boliviano, 2000–2500 m.
Dept.: CH.
Tipo: *J.R.I. Wood et al. 22363* (HT: K; IT: HSB, LPB, MO).
Nota: Conocida solamente del tipo.

Philibertia amblystigma Goyder, Kew Bull. 59(3): 439. 2004.
Sin.: *Amblystigma hypoleucum* Benth.
Ref.: Foster (1958), Morillo (1997), Serrano & Terán (1998 [2000]), Goyder (2004a).
Trepadora. Endémica. Andes. Valles Secos, 2500–3500 m.
Dept.: CH, CO, LP.
Tipo y muestra: *T.C. Bridges s.n.* (HT: K; IT: BM, BR, TCD), *N.P. Ritter 700* (BOLV, MO, NHA).

Philibertia bicornuta (Griseb.) Goyder, Kew Bull. 59(3): 437. 2004.
Sin.: *Melinia bicornuta* Griseb., *Aphanostelma bicornutum* (Griseb.) Malme
Ref.: Goyder (2004a).
Trepadora, subarbusto. Nativa. Andes. Bosque Tucumano-Boliviano, 3000–3500 m.
Dept.: CH, CO.
Muestra: *J.R.I. Wood 9291* (K, LPB, MO).

Philibertia boliviana (Baill.) Goyder, Kew Bull. 59(3): 438. 2004.
Sin.: *Podandra boliviana* Baill., *Amblystigma pilosum* Malme, *Steleostemma pulchellum* Schltr., *Podandra pilosa* (Malme) Morillo
Ref.: Foster (1958), Morillo (1997), Goyder (2004a).
Trepadora. Nativa. Andes. Bosque Tucumano-Boliviano, 2500–3000 m.
Dept.: CH, SC, TA.
Tipo y muestra: *H.A. Weddell 3722* (HT: P), *H. Huaylla & I. Guachalla 963* (HSB, K, LPB, MO).

Philibertia boliviensis (Schltr.) Goyder, Kew Bull. 59(3): 442. 2004.
Sin.: *Mitostigma boliviense* Schltr.
Ref.: Foster (1958), Serrano & Terán (1998 [2000]).
Trepadora. Nativa. Andes. Bosque Tucumano-Boliviano, 1500–3000 m.
Dept.: CH, CO, SC, TA.
Tipo y muestra: *K. Fiebrig 2370* (T: B, BM, E, G, GH, GOET, K, S, US; fotos: F ex G, MO ex G), *M.H. Nee 40339* (LPB, MO, NY, USZ).

Philibertia campanulata (Lindl.) G. Nicholson, Ill. Dict. Gard. 3: 96. 1886.
Sin.: *Sarcostemma campanulatum* Lindl., *Philibertia hypoleuca* Schltr.
Ref.: Foster (1958), López Vargas (1995), Saravia Miranda (1996), De la Barra (1997), Goyder (2004a).
Trepadora. Nativa. Andes. Yungas, 1500–3500 m.
Dept.: CH, CO, PO, SC, TA.
Muestra: *J.C. Solomon & R.M. King 15918* (LPB, MO).
Nom. Vern.: Monte layu.

Philibertia discolor (Schltr.) Goyder, Kew Bull. 59(3): 437. 2004.
Sin.: *Melinia discolor* Schltr.
Ref.: Foster (1958), Goyder (2004a).
Trepadora. Nativa. Andes. Valles Secos, 2500–3000 m.
Dept.: TA.
Tipo y muestra: *K. Fiebrig 2444* (T: B, BM, E, GH, K, M posib. HT, P, S, US; fotos: F ex M, MO), *S.G. Beck & M. Liberman 16162* (K, LPB).

Philibertia fiebrigii (Schltr.) Liede, Novon 7(1): 44. 1997.
Sin.: *Stelmatocodon fiebrigii* Schltr.
Ref.: Foster (1958), Liede & Meve (1997), Goyder (2004a).
Trepadora. Endémica. Andes. Yungas, Valles Secos, 1000–2000, 2500–3000 m.
Dept.: LP, TA.
Tipo y muestra: *K. Fiebrig 2678* (T: B destr.; fotos: F ex B, GH ex B, MO ex B), *S.G. Beck 1364* (LPB, ULM).

Philibertia fontellae Goyder, Kew Bull. 59(3): 433. 2004.
Sin.: *Fontellaea boliviana* Morillo
Ref.: Goyder (2004a).
Trepadora. Endémica. Andes. Valles Secos, 2000–3500 m.
Dept.: CO, LP.
Tipo y muestra: *W.M.A. Brooke 5295* (HT: BM destr.?; IT: F), *M.A. Lewis 37115* (MO).

Philibertia gilliesii Hook. & Arn., J. Bot. (Hooker) 1: 290. 1835.
Sin.: *Sarcostemma gilliesii* (Hook. & Arn.) Decne.
Ref.: Foster (1958), Goyder (2004a).
Trepadora. Nativa. Andes. Valles Secos, 1000–3000 m.
Dept.: CH, CO, LP, SC, TA.
Muestra: *R. Ehrich 485* (B, LPB, MO).

Philibertia globiflora Goyder, Kew Bull. 59(3): 431–433. 2004.
Ref.: Goyder (2004a), Goyder (2008).
Hierba, trepadora. Endémica. Andes. Valles Secos, 2000–3000 m.
Dept.: CH, CO, SC.
Tipo y muestra: *J.R.I. Wood 15803* (HT: K; IT: K, LPB, NY), *J.A. Peñaranda 364* (HSB, MO).

Philibertia latiflora (Griseb.) Goyder, Kew Bull. 59(3): 440. 2004.
Sin.: *Mitostigma latiflorum* Griseb.
Ref.: Goyder (2004a).
Trepadora. Nativa. Andes. Bosque Tucumano-Boliviano, 1000–3000 m.
Dept.: CH, CO, SC, TA.
Muestra: *S.G. Beck 6241* (LPB, MO, NY).

Philibertia longistyla Goyder, Kew Bull. 59(3): 442. 2004.
Sin.: *Mitostigma grandiflorum* Schltr.
Ref.: Foster (1958), Serrano & Terán (1998 [2000]), Goyder (2004a).
Trepadora. Nativa. Andes. Valles Secos, 1000–2000 m.
Dept.: TA.
Muestra: *J.R.I. Wood 15816* (K, LPB).

Philibertia lysimachioides (Wedd.) T. Mey., Gen. Sp. Pl. Argent. 2: 177–178, t. 82. 1944.
Sin.: *Lugonia lysimachioides* Wedd., *Sarcostemma lysimachioides* (Wedd.) R.W. Holm
Ref.: Foster (1958), González et al. (1999), Serrano & Terán (1998 [2000]), Goyder (2004a).
Trepadora, subarbusto. Nativa. Andes, Altiplano. Yungas, Bosque Tucumano-Boliviano, Páramo Yungueño, Valles Secos, Puna Húmeda, 2000–4500 m.
Dept.: CH, CO, LP, PO, SC, TA.
Tipo y muestra: *H.A. Weddell 4136* (ILT: MO-1599951), *J.C. Solomon 11346* (LPB, MO, NY).

Philibertia multiflora (T. Mey.) Goyder, Kew Bull. 59(3): 439. 2004.
Sin.: *Astephanus multiflorus* T. Mey.
Ref.: Goyder (2004a).
Trepadora. Nativa. Andes. Valles

Secos, 1500–3000 m.
Dept.: CH, CO, TA.
Muestra: *J.R.I. Wood 14466* (HSB, K, LPB, UBT, USZ).

Philibertia parviflora (Malme) Goyder, Kew Bull. 59(3): 436. 2004.
Sin.: *Melinia campanulata* Schltr., *Mitostigma parviflorum* Malme, *Aphanostelma parviflorum* (Malme) Malme, *Melinia parviflora* (Malme) Krapov. & S. Cáceres, *Philibertia parviflora* var. *brevituba* Goyder, *Philibertia peruviana* (Schltr.) Goyder
Ref.: Foster (1958), Serrano & Terán (1998 [2000]), Goyder (2004a).
Trepadora, subarbusto. Nativa. Andes. Valles Secos, 3000–4000 m.
Dept.: CH, LP, OR, PO, TA.
Muestra: *J.C. Solomon 15756* (K, LPB, MO).
Infra: *Philibertia parviflora* var. *parviflora*

Philibertia peduncularis (Benth.) Goyder, Kew Bull. 59(3): 433. 2004.
Sin.: *Amblystigma pedunculare* Benth.
Ref.: Serrano & Terán (1998 [2000]), Goyder (2004a).
Trepadora. Endémica. Andes. Valles Secos, 2500–3500 m.
Dept.: CH, LP.
Tipo y muestra: *G. Mandon 353* (HT: K), *S.G. Beck 18735* (LPB, MO).

Philibertia picta Schltr., Bot. Jahrb. Syst. 37: 606–607. 1906.
Ref.: Foster (1958), Serrano & Terán (1998 [2000]), Goyder (2004a).
Trepadora. Nativa. Andes. Valles Secos, 1500–3500 m.
Dept.: CH, CO, LP, SC, TA.
Tipo y muestra: *K. Fiebrig 3084* (IT: BM, F, G, K, M, P, S, U, W), *J.C. Solomon & M.H. Nee 16057* (LPB, MO).

Philibertia religiosa Goyder, Kew Bull. 59(3): 443–444. 2004.
Ref.: Probatova (2000), Goyder (2004a), Goyder (2008), Ministerio de Medio Ambiente y Agua (2012 [2013]).
Hierba, trepadora, subarbusto. Endémica. Andes. Valles Secos, 2500–3000 m.
Dept.: CH, CO.
Tipo y muestra: *J.R.I. Wood & D.J. Goyder 17100* (HT: K; IT: LPB), *A. Krapovickas 8749* (LIL).

Philibertia solanoides Kunth, Nov. Gen. Sp. (quarto ed.) 3: 196–197, pl. 230. 1818 [1819].
Sin.: *Sarcostemma solanoides* (Kunth) Decne., *Blepharodon rahmeri* Phil.
Ref.: Foster (1958), Goyder (2004a).
Trepadora. Nativa. Andes. Yungas, 2500–3500 m.
Dept.: LP.
Muestra: *G. Mandon 360* (BM, K, NY, P, PR, S, W).

Philibertia speciosa (Malme) Goyder, Kew Bull. 59(3): 440. 2004.
Sin.: *Mitostigma speciosum* Malme, *Mitostigma herzogii* Schltr.
Ref.: Foster (1958), Serrano & Terán (1998 [2000]), Goyder (2004a).
Trepadora. Nativa. Andes. Bosque Tucumano-Boliviano, 1000–2500 m.
Dept.: CH, SC, TA.
Muestra: *A. Jardim et al. 341* (K, MO, USZ).

Philibertia stipitata Lillo, Physis (Buenos Aires) 4: 429. 1919.
Sin.: *Sarcostemma stipitatum* (Lillo) R.W. Holm
Ref.: Goyder (2004a).
Trepadora. Nativa. Andes. Bosque Tucumano-Boliviano, 1500–2500 m.
Dept.: CH, SC, TA.
Muestra: *J.R.I. Wood 15312* (HSB, K, LPB).

Philibertia suberecta Goyder, Kew Bull. 59(3): 443. 2004.
Sin.: *Mitostigma fiebrigii* Schltr.
Ref.: Foster (1958), Serrano & Terán (1998 [2000]), Goyder (2004a).
Trepadora, subarbusto. Nativa. Andes. Valles Secos, 2000–4000 m.
Dept.: CH, CO, LP, TA.
Tipo y muestra: *K. Fiebrig 2462* (ST: G), *S.G. Beck 2265* (BOLV, LPB, MO, USZ).

Philibertia tactila Goyder, Kew Bull. 59(3): 439–441. 2004.
Ref.: Goyder (2004a).
Hierba, trepadora. Endémica. Andes. Valles Secos, 1500–2500 m.
Dept.: TA.
Tipo y muestra: *J.R.I. Wood & D.J. Goyder 15853* (HT: K; IT: LPB), *J.R.I. Wood 16392* (K, LPB).

Philibertia tomentosa (Decne.) Goyder, Kew Bull. 59(3): 442. 2004.
Sin.: *Mitostigma tomentosum* Decne.
Trepadora. Nativa. Andes. Bosque Tucumano-Boliviano, 500–2000 m.
Dept.: CH, SC.
Muestra: *J.R.I. Wood 13324* (K, LPB, USZ).

Philibertia urceolata Goyder, Kew Bull. 63: 325–328. 2008.
Hierba. Endémica. Andes. Valles Secos, 2500–3500 m.
Dept.: CH, SC.
Tipo y muestra: *J.R.I. Wood & J.M. Mendoza 21464* (HT: K; IT: LPB), *J.R.I. Wood & D.J. Goyder 15608* (K, LPB).

Philibertia vaileae (Rusby) Liede, Syst. Bot. 21: 43. 1996.
Sin.: *Oxystelma vaileae* Rusby, *Sarcostemma vaileae* (Rusby) R.W. Holm
Ref.: Goyder (2004a).
Trepadora. Nativa. Andes. Valles Secos, 1500–3500 m.
Dept.: CH, CO, LP, SC.
Tipo y muestra: *M. Bang 985* (IT: MO-2760393), *I.G. Vargas 898* (LPB, MO, USZ).

Philibertia velutina Goyder, Kew Bull. 59(3): 434, f. 5. 2004.
Ref.: Goyder (2004a).
Hierba, trepadora. Endémica. Andes. Valles Secos, 2000–3000 m.
Dept.: CH, CO.
Tipo y muestra: *J.R.I. Wood et al. 13327* (HT: K; IT: LPB), *S.G. Beck 6232* (K, LPB).

Philibertia zongoensis Goyder, Kew Bull. 63: 328–327. 2008.
Ref.: Ministerio de Medio Ambiente y Agua (2012 [2013]).
Trepadora. Endémica. Andes. Yungas, 2500–3000 m.
Dept.: LP.
Tipo: *J.R.I. Wood et al. 20896* (HT: K; IT: HSB, LPB, USZ).
Nota: Conocida solamente del tipo.

Plumeria L., Sp. Pl. 1: 209. 1753.
1 especie, 0 especies endémicas.

Plumeria rubra L., Sp. Pl. 1: 209–210. 1753.
Sin.: *Plumeria tricolor* Ruiz & Pav., *Plumeria acutifolia* Poir.
Ref.: Woodson (1938 [1937]), Michel (1993a).
Arbolito, árbol. Cultivada. Zonas Bajas, Andes. Bosque Húmedo, Yungas, 0–2000 m.
Dept.: BE, LP, SC.
Muestra: *M.H. Nee & G. Coimbra 37000* (LPB, MO, NY).

Prestonia R. Br., Asclepiadeae 58. 1810.
10 especies, 2 especies endémicas.

[Prestonia annularis (L. f.) G. Don], Gen. Hist. 4: 84. 1837.
Sin.: *Echites annularis* L. f., *Prestonia phenax* Woodson
Nota: El registro se basa en material mal identificado.

Prestonia boliviana J.F. Morales & A. Fuentes, Sida 21(1): 166–168, f. 1. 2004.
Ref.: Morales & Fuentes Claros (2004a), Ministerio de Medio Ambiente y Agua (2012 [2013]).
Trepadora, liana. Endémica. Andes. Bosque Tucumano-Boliviano, 1000–2000 m.
Dept.: CH.
Tipo y muestra: *J.R.I. Wood 7970* (HT: LPB; IT: INB, K), *M. Serrano et al. 7023* (HSB, INB, MO, USF).

Prestonia coalita (Vell.) Woodson, Ann. Missouri Bot. Gard. 18(4): 552. 1931.
Sin.: *Echites coalitus* Vell.
Ref.: Ezcurra (1981), Killeen & Schulenberg (1998).
Liana. Nativa. Zonas Bajas. Bosque Húmedo, Bosque Semideciduo Chiquitano, Campos Cerrados, 0–500 m.
Dept.: BE, SC.
Muestra: *R. Seidel 170* (LPB, MO, P).

Prestonia cyaniphylla (Rusby) Woodson, Ann. Missouri Bot. Gard. 23(2): 284. 1936.
Sin.: *Echites cyaniphyllus* Rusby, *Prestonia hassleri* Woodson
Ref.: Woodson (1936), Foster (1958).
Trepadora, subarbusto. Nativa. Zonas Bajas, Andes. Bosque Húmedo, Bosque Semideciduo Chiquitano, Yungas, Bosque Tucumano-Boliviano, Valles Secos, 0–1500 m.
Dept.: LP, SC.
Tipo y muestra: *M. Bang 2267* (T: MO-1452), *S.G. Beck 17306* (LPB, MO, SI, USF).

Prestonia lagoensis (Müll. Arg.) Woodson, Ann. Missouri Bot. Gard. 23(2): 293. 1936.
Sin.: *Haemadictyon lagoense* Müll. Arg.
Ref.: Morales & Fuentes Claros (2004a).
Trepadora, subarbusto. Nativa. Zonas Bajas. Bosque Semideciduo Chiquitano, Campos Cerrados, 0–500 m.
Dept.: SC.
Muestra: *R. Guillén V. & J. Surubí 1251* (MO, USZ).

A. Fuentes & J.F. Morales, Novon 20(3): 278–281, f. 1. 2010.
Liana. Endémica. Andes. Yungas, 1000–2000 m.
Dept.: LP.
Tipo y muestra: *A.F. Fuentes et al. 11225* (HT: LPB; IT: BOLV, INB, LPB, MO, NY, USZ), *A.F. Fuentes et al. 11052* (BOLV, CTES, HSB, INB, LPB, MA, MO, USF, USZ).

Prestonia plumierifolia Markgr., Notizbl. Bot. Gart. Berlin–Dahlem 10: 1038. 1930.
Liana. Nativa. Zonas Bajas. Bosque Húmedo, 0–500 m.
Dept.: BE, PA.
Muestra: *G.T. Prance 8653* (K, MO, NY, P, U).

Prestonia quinquangularis (Jacq.) Spreng., Syst. Veg. 1: 637. 1825 [1824].
Sin.: *Echites quinquangularis* Jacq., *Haemadictyon acutifolium* Benth. ex Müll. Arg., *Prestonia acutifolia* (Benth. ex Müll. Arg.) K. Schum., *Echites bangii* Rusby
Ref.: Woodson (1936), Foster (1958), Killeen & Schulenberg (1998), Morales (2006b).
Trepadora. Nativa. Zonas Bajas, Andes. Bosque Húmedo, Bosque Semideciduo Chiquitano, Sabanas Benianas del Norte, Sabanas Benianas del Sur, Yungas, 0–1500 m.
Dept.: BE, LP, PA, SC.
Muestra: *S.G. Beck 8304* (LPB, MO, NY, USF).

Prestonia riedelii (Müll. Arg.) Markgr., Repert. Spec. Nov. Regni Veg. 20: 26. 1924.
Sin.: *Haemadictyon riedelii* Müll. Arg., *Prestonia muelleri* Rusby
Ref.: Woodson (1936), Foster (1958), Ezcurra (1981), Pire (1989), Arroyo Padilla & Villarroel Segarra (2009).
Liana. Nativa. Zonas Bajas, Andes. Bosque Húmedo, Bosque Semideciduo Chiquitano, Campos Cerrados, Yungas, Bosque Tucumano-Boliviano, Bosque Serrano Chaqueño, Valles Secos, 0–2000 m.
Dept.: CH, LP, SC, TA.
Muestra: *D. Villarroel 1662* (INB, MO, USZ).

Prestonia robusta Rusby, Descr. S. Amer. Pl. 91. 1920.
Ref.: Woodson (1936), Foster (1958).
Liana. Nativa. Zonas Bajas. Bosque Húmedo, Bosque Semideciduo Chiquitano, Bosque Seco Chaqueño, 0–1000 m.
Dept.: BE, CO, LP, SC.
Tipo y muestra: *R.S. Williams 571* (ST: NY), *M.H. Nee 37237* (INB, LPB, MO, NY, USF).

Prestonia tomentosa R. Br., Mem. Wern. Nat. Hist. Soc. 1: 70. 1811.
Sin.: *Prestonia cephalantha* Rusby, *Prestonia cornutisepala* Rusby
Ref.: Foster (1958), Ezcurra (1981), Killeen & Schulenberg (1998), Simões & Kinoshita (2002), Arroyo Padilla & Villarroel Segarra (2009).
Trepadora, liana. Nativa. Zonas Bajas, Andes. Bosque Húmedo, Bosque Semideciduo Chiquitano, Bosque Seco Chaqueño, Campos Cerrados, Sabanas Benianas del Sur, Yungas, Valles Secos, 0–1500 m.
Dept.: CO, LP, SC, TA.
Muestra: *S.G. Beck et al. 11645* (HBG, LPB, MO, SI, USF).

Rauvolfia L., Sp. Pl. 1: 208. 1753.
6 especies, 0 especies endémicas.

Rauvolfia ligustrina Willd. ex Roem. & Schult., Syst. Veg. (ed. 15 bis) 4: 805. 1819.
Sin.: *Rauvolfia heterophylla* Willd. ex Roem. & Schult., *Rauvolfia ternifolia* Kunth, *Rauvolfia mollis* S. Moore, *Rauvolfia divergens* Markgr.
Ref.: Rao (1956), Foster (1958), Michel (1993a), Morales & Fuentes Claros (2004a).
Subarbusto, arbusto, árbol. Nativa. Zonas Bajas. Bosque Húmedo, Bosque Semideciduo Chiquitano, Campos Cerrados, Sabanas Benianas del Norte, Sabanas Benianas del Sur, 0–500 m.
Dept.: BE, PA, SC.
Muestra: *M.H. Nee 39492* (LPB, NY).

Rauvolfia praecox K. Schum. ex Markgr., Repert. Spec. Nov. Regni Veg. 20: 119. 1924.
Ref.: Killeen & Schulenberg (1998), Wood et al. (2011).
Arbolito, árbol. Nativa. Zonas Bajas, Andes. Bosque Húmedo, Yungas, 0–1500 m.
Dept.: BE, LP, SC.
Muestra: *M.H. Nee 45017* (K, MO, NY, USZ).

Rauvolfia schuelii Speg., Physis (Buenos Aires) 3: 337. 1917.
Sin.: *Rauvolfia boliviana* Markgr.
Ref.: Rao (1956), Ezcurra (1981), Michel (1993a).
Arbusto. Nativa. Zonas Bajas, Andes. Bosque Húmedo, Yungas, Bosque Tucumano-Boliviano, 0–1500 m.
Dept.: BE, LP, PA, SC, TA.
Muestra: *S.G. Beck 9763* (HBG, LPB, MO, NY, P, SI, USZ).

Rauvolfia sellowii Müll. Arg., Fl. Bras. 6(1): 33. 1860.
Árbol. Nativa. Zonas Bajas. Bosque Húmedo, 0–500 m.
Dept.: SC.
Muestra: *J. Steinbach 6536* (K, MO, W).
Nota: Material de esta especie no visto.

Rauvolfia sprucei Müll. Arg., Fl. Bras. 6(1): 34, pl. 10, f. 1. 1860.
Sin.: *Rauvolfia laurentiana* Woodson
Árbol. Nativa. Zonas Bajas, Andes. Bosque Húmedo, Yungas, 0–500, 1000–1500 m.
Dept.: LP, PA.
Muestra: *F. Miranda & A.F. Fuentes 184* (BOLV, CTES, LPB, MO, USZ).

Rauvolfia tetraphylla L., Sp. Pl. 1: 208. 1753.
Arbusto. Nativa. Zonas Bajas. Bosque Semideciduo Chiquitano, 0–500 m.
Dept.: SC.
Muestra: *J.R.I. Wood & D. Villarroel 25512* (no localizada).
Nota: Material de esta especie no visto.

Rhabdadenia Müll. Arg., Fl. Bras. 6(1): 173–174. 1860.
1 especie, 0 especies endémicas.

[Rhabdadenia biflora (Jacq.) Müll. Arg.], Fl. Bras. 6(1): 175. 1860.
Sin.: *Echites biflorus* Jacq.
Ref.: Killeen & Schulenberg (1998).
Nota: El registro se basa en material mal identificado.

Rhabdadenia madida (Vell.) Miers, Apocyn. S. Am. 121. 1878.
Sin.: *Echites madidus* Vell., *Echites macrostomus* Benth., *Rhabdadenia macrostoma* (Benth.) Müll. Arg., *Rhabdadenia pohlii* Müll. Arg., *Rhabdadenia mamorensis* Rusby
Ref.: Woodson (1936), Killeen & Schulenberg (1998), Morales (2009), Wood et al. (2011).
Liana, subarbusto. Nativa. Zonas Bajas. Bosque Húmedo, Bosque Semideciduo Chiquitano, Bosque Seco Chaqueño, Campos Cerrados, Sabanas Benianas del Norte, Sabanas Benianas del Sur, 0–500 m.
Dept.: BE, CO, LP, SC.
Muestra: *S. Jiménez & E. Gutiérrez C. 1429* (LPB, MO, USZ).

Rhodocalyx Müll. Arg., Fl. Bras. 6(1): 172. 1860.
1 especie, 0 especies endémicas.

Rhodocalyx rotundifolius Müll. Arg., Fl. Bras. 6(1): 173, pl. 51. 1860.
Sin.: *Echites erectus* A. DC., *Rhodocalyx erectus* Malme, *Prestonia erecta* (Malme) J.F. Morales
Ref.: Killeen & Schulenberg (1998), Morales (1999a), Simões & Kinoshita (2002), Wood et al. (2011).
Hierba, subarbusto. Nativa. Zonas Bajas. Bosque Húmedo, Bosque Semideciduo Chiquitano, Campos Cerrados, Sabanas Benianas del Sur, 0–1000 m.
Dept.: BE, SC.
Muestra: *A.H. Gentry & R.B. Foster 75455* (INB, MO, USZ).

Rojasia Malme, Ark. Bot. 4(14): 10–11, t. 2, f. 4. 1905.
1 especie, 0 especies endémicas.

Rojasia gracilis (Morong) Malme, Ark. Bot. 4(14): 1011, t. 2, f. 4. 1905.
Sin.: *Gothofreda gracilis* Morong
Trepadora. Nativa. Zonas Bajas. Bosque Semideciduo Chiquitano, Bosque Seco Chaqueño, 0–500 m.
Dept.: SC.
Muestra: *M.H. Nee 40207* (LPB, MO, NY).

Schistogyne Hook. & Arn., J. Bot. (Hooker) 1: 292. 1835.
0 especies, 0 especies endémicas.

[Schistogyne sylvestris Hook. & Arn.], J. Bot. (Hooker) 1: 292. 1835.
Ref.: Serrano & Terán (1998 [2000]).
Nota: El registro se basa en material mal identificado.

Schubertia Mart., Nov. Gen. Sp. Pl. 1: 55. 1824.
2 especies, 0 especies endémicas.

Schubertia grandiflora Mart., Nov. Gen. Sp. Pl. 1: 57. 1824.
Sin.: *Schubertia hamata* E. Fourn., *Schubertia muricata* Silva Manso ex E. Fourn., *Araujia grandiflora* (Mart.) Morong
Ref.: Foster (1958), Killeen & Schulenberg (1998), Serrano & Terán (1998 [2000]), Wood et al. (2011).
Trepadora, liana. Nativa. Zonas Bajas, Andes. Bosque Semideciduo Chiquitano, Campos Cerrados, Yungas, 0–1500 m.
Dept.: BE, CH, LP, SC.
Muestra: *F. Mamani et al. 1362* (MO, USZ).

Schubertia schreiteri Descole & T. Mey., Darwiniana 5: 53–56, t. 1–4. 1941.
Sin.: *Schubertia peredoi* T. Mey.
Ref.: Serrano & Terán (1998 [2000]).
Trepadora, liana. Nativa. Zonas Bajas, Andes. Bosque Semideciduo Chiquitano, Yungas, Bosque Tucumano-Boliviano, 0–2000 m.
Dept.: CH, SC, TA.
Muestra: *S.G. Beck 6494* (K, LPB, MO).

Secondatia A. DC., Prodr. 8: 445. 1844.
1 especie, 0 especies endémicas.

Secondatia densiflora A. DC., Prodr. 8: 445. 1844.
Sin.: *Secondatia peruviana* Poepp., *Angadenia elliptica* Miers
Ref.: Foster (1958), Killeen & Schulenberg (1998), Morales (2003b).
Liana, arbusto. Nativa. Zonas Bajas, Andes. Bosque Húmedo, Bosque Semideciduo Chiquitano, Campos Cerrados, Yungas, 0–1500 m.
Dept.: LP, SC.
Muestra: *T. Killeen et al. 8141* (LPB, MO, USZ).

Stenomeria Turcz., Bull. Soc. Imp. Naturalistes Moscou 25(2): 312. 1852.
1 especie, 0 especies endémicas.

Stenomeria decalepis Turcz., Bull. Soc. Imp. Naturalistes Moscou 25(2): 312. 1852.
Sin.: *Lorostelma struthianthus* E. Fourn., *Tassadia hutchisoniana* Rusby, *Tassadia rhombifolia* Rusby
Ref.: Foster (1958), Morillo (1990).
Trepadora, liana. Nativa. Zonas Bajas. Bosque Húmedo, 0–1000 m.
Dept.: CO, LP, SC.
Muestra: *J. Steinbach 7919* (A, BM, F, K, MO).

Stipecoma Müll. Arg., Fl. Bras. 6(1): 175. 1860.
1 especie, 0 especies endémicas.

Stipecoma peltigera (Stadelm.) Müll. Arg., Fl. Bras. 6(1): 176. 1860.
Sin.: *Echites peltiger* Stadelm.
Ref.: Morales & Fuentes Claros (2004a), Morales (2005b).
Liana. Nativa. Zonas Bajas. Campos Cerrados, 500–1000 m.
Dept.: SC.
Muestra: *J.R.I. Wood & S. Landívar 17548* (K, LPB).

Tabernaemontana L., Sp. Pl. 1: 210. 1753.
11 especies, 0 especies endémicas.

[Tabernaemontana amygdalifolia Jacq.], Enum. Syst. Pl. 14. 1760.
Ref.: Killeen & Schulenberg (1998).
Nota: El registro se basa en material mal identificado.

[Tabernaemontana angulata Mart. ex Müll. Arg.], Fl. Bras. 6(1): 72. 1860.
Ref.: Michel (1993a).
Nota: Especie dudosa.

Tabernaemontana catharinensis A. DC., Prodr. 8: 365. 1844.
Sin.: *Peschiera affinis* var. *acuminata* L. Allorge, *Tabernaemontana affinis* Müll. Arg., *Tabernaemontana australis* Müll. Arg., *Peschiera affinis* (Müll. Arg.) Miers, *Peschiera australis* (Müll. Arg.) Miers, *Peschiera catharinensis* (A. DC.) Miers
Ref.: Moraes R. (1990), Michel (1993a), Leeuwenberg (1994), Simões & Kinoshita (2002).
Arbusto, arbolito, árbol. Nativa. Zonas Bajas. Bosque Húmedo, Bosque Semideciduo Chiquitano, Campos Cerrados, 0–1000 m.
Dept.: CO, LP, PA, SC.
Muestra: *M.H. Nee 39343* (LPB, NY, USZ).

[Tabernaemontana coriacea Link ex Roem. & Schult.], Syst. Veg. (ed. 15 bis) 4: 431. 1819.
Ref.: Michel (1993a).
Nota: El registro se basa en material mal identificado.

Tabernaemontana cuspidata Rusby, Descr. S. Amer. Pl. 83–84. 1920.
Sin.: *Anacampta coriacea* (Link ex Roem. & Schult.) Markgr.
Ref.: Leeuwenberg (1994).
Arbusto. Nativa. Zonas Bajas. Bosque Húmedo, 0–500 m.
Dept.: BE, PA.
Muestra: *G. Meyer 354* (MO, Z).

Tabernaemontana cymosa Jacq., Enum. Syst. Pl. 14. 1760.
Sin.: *Tabernaemontana arcuata* Ruiz & Pav., *Tabernaemontana buchtienii* H. Winkl., *Tabernaemontana mapirensis* Rusby, *Peschiera arcuata* (Ruiz & Pav.) Markgr., *Peschiera buchtienii* (H. Winkl.) Markgr., *Peschiera cymosa* (Jacq.) Dugand
Ref.: Foster (1958), Moraes R. (1990), Michel (1993a), Leeuwenberg (1994), Arrázola Rivero et al. (2000), Jardim et al. (2003).
Arbolito, árbol. Nativa. Zonas Bajas, Andes. Bosque Húmedo, Bosque Semideciduo Chiquitano, Campos Cerrados, Sabanas Benianas del Sur, Yungas, Valles Secos, 0–1500 m.
Dept.: BE, CO, LP, PA, SC.
Muestra: *L. Arroyo P. et al. 3657* (INB, MO, NY, USZ).

Tabernaemontana divaricata (L.) R. Br. ex Roem. & Schult., Syst. Veg. (ed. 15 bis) 4: 427. 1819.
Sin.: *Nerium divaricatum* L., *Nerium coronarium* Jacq., *Ervatamia coronaria* (Jacq.) Stapf, *Ervatamia divaricata* (L.) Burkill
Ref.: Leeuwenberg (1994).
Arbolito. Cultivada. Zonas Bajas. Bosque Húmedo, Bosque Semideciduo Chiquitano, 0–1000 m.
Dept.: BE, PA, SC.
Muestra: *J.M. Mendoza 165* (LPB, MO, USZ).

Tabernaemontana flavicans Willd. ex Roem. & Schult., Syst. Veg. (ed. 15 bis) 4: 797. 1819.
Sin.: *Anartia flavicans* (Willd. ex Roem. & Schult.) Miers
Ref.: Leeuwenberg (1994), Killeen & Schulenberg (1998).
Arbusto, arbolito. Nativa. Zonas Bajas. Bosque Húmedo, Campos Cerrados, 0–1000 m.
Dept.: SC.
Muestra: *E. Gutiérrez C. et al. 979* (F, K, LPB, USZ).

[Tabernaemontana grandiflora Jacq.], Enum. Syst. Pl. 14. 1760.
Sin.: *Stemmadenia grandiflora* (Jacq.) Miers
Ref.: Allorge-Boiteau (1985), Michel (1993a).
Nota: El registro se basa en material mal identificado.

Tabernaemontana heterophylla Vahl, Eclog. Amer. 2: 22. 1798.
Sin.: *Stenosolen heterophyllus* (Vahl) Markgr., *Stenosolen holothuria* Markgr., *Stenosolen grandifolius* Markgr.
Ref.: Leeuwenberg (1994).
Arbusto, arbolito. Nativa. Zonas Bajas. Bosque Húmedo, 0–500 m.
Dept.: PA.
Muestra: *J.C. Solomon 17121* (LPB, MO, WAG).

Tabernaemontana linkii A. DC., Prodr. 8: 364. 1844.
Sin.: *Tabernaemontana multiflora* Link ex Roem. & Schult., *Tabernaemontana benthamiana* Müll. Arg., *Tabernaemontana myriantha* Britton ex Rusby, *Peschiera benthamiana* (Müll. Arg.) Markgr., *Peschiera benthamiana* var. *myriantha* (Britton ex Rusby) L. Allorge
Ref.: Foster (1958), Michel (1993a), Leeuwenberg (1994).
Arbolito, árbol. Nativa. Zonas Bajas. Bosque Húmedo, 0–500 m.
Dept.: BE, LP, PA, SC.
Muestra: *J.C. Solomon 7619* (LPB, MO, WAG).

Tabernaemontana macrocalyx Müll. Arg., Linnaea 30: 403. 1860.
Ref.: Leeuwenberg (1994).
Arbolito. Nativa. Zonas Bajas. Bosque Húmedo, 0–500 m.
Dept.: LP.
Muestra: *A.H. Gentry et al. 70215* (LPB, MO, WAG).

Tabernaemontana odontadeniiflora A.O. Simões & M.E. Endress, Taxon 59(3): 787. 2010.
Sin.: *Bignonia obovata* Hook. & Arn., *Stemmadenia mollis* Benth., *Stemmadenia pubescens* Benth., *Stemmadenia obovata* K. Schum., *Stemmadenia obovata* var. *mollis* (Benth.) Woodson
Ref.: Foster (1958), Michel (1993a), Leeuwenberg (1994), Morales (2005b).
Arbusto. Nativa. Andes. Yungas, Valles Secos, 1000–1500 m.
Dept.: CO, LP.
Muestra: *H.H. Rusby 1163* (NY).

[Tabernaemontana sananho Ruiz & Pav.], Fl. Peruv. 2: 22, pl. 144. 1799.
Ref.: Michel (1993a).
Nota: El registro se basa en material mal identificado.

Tabernaemontana siphilitica (L. f.) Leeuwenb., J. Ethnopharmacol. 10: 17. 1984.
Sin.: *Echites siphiliticus* L. f., *Bonafousia juruana* Markgr., *Bonafousia siphilitica* (L. f.) L. Allorge, *Bonafousia siphilitica* var. *juruana* (Markgr.) L. Allorge
Ref.: Foster (1958), Moraes R. (1990), Michel (1993a), Leeuwenberg (1994), Killeen & Schulenberg (1998), Alverson et al. (2000), Wood et al. (2011).
Subarbusto, arbusto, arbolito, árbol. Nativa. Zonas Bajas. Bosque Húmedo, Sabanas Benianas del Norte, Sabanas Benianas del Sur, Campos Amazónicos, 0–500 m.
Dept.: BE, CO, LP, PA, SC.
Muestra: *S.G. Beck 5711* (LPB, MO, P).

[Tabernaemontana undulata Vahl], Eclog. Amer. 2: 20–21. 1798.
Ref.: Foster (1958).
Nota: El registro se basa en material mal identificado.

Tabernaemontana vanheurckii Müll. Arg., Observ. Bot. 168. 1871.
Sin.: *Tabernaemontana macrosiphon*

Herzog, *Tabernaemontana unguiculata* Rusby, *Stenosolen macrosiphon* (Herzog) Markgr., *Peschiera vanheurckii* (Müll. Arg.) L. Allorge
Ref.: Foster (1958), Michel (1993a), Leeuwenberg (1994).
Arbolito, árbol. Nativa. Zonas Bajas. Bosque Húmedo, Bosque Semideciduo Chiquitano, Sabanas Benianas del Sur, Campos Amazónicos, 0–1000 m.
Dept.: BE, CO, LP, PA, SC.
Muestra: *J.C. Solomon 10864* (LPB, MO).

Tassadia Decne., Prodr. 8: 579. 1844.
8 especies, 0 especies endémicas.

Tassadia aristata (Benth. ex E. Fourn.) Fontella, Arch. Jard. Bot. Rio de Janeiro 21: 335. 1977.
Sin.: *Ditassa aristata* Benth. ex E. Fourn.
Ref.: Foster (1958), Fontella (1977).
Trepadora, liana. Nativa. Zonas Bajas, Andes. Bosque Húmedo, Yungas, 500–2000 m.
Dept.: BE, LP.
Muestra: *R.N. Ledezma et al. 961* (MO, USZ).

Tassadia berteroana (Spreng.) W.D. Stevens, Phytologia 64(5): 335. 1988.
Sin.: *Oxypetalum berteroanum* Spreng., *Metastelma berteroanum* (Spreng.) Decne., *Metastelma stenolobum* Decne., *Cynanchum stenolobum* (Decne.) Morillo
Ref.: Fontella (1977).
Trepadora, liana. Nativa. Zonas Bajas. Bosque Húmedo, Bosque Seco Chaqueño, Campos Cerrados, 0–500 m.
Dept.: CO, LP, SC.
Muestra: *A.F. Fuentes 3904* (BOLV, CTES, LPB, MA, MO, USZ).

Tassadia capitata W.D. Stevens, Novon 12(3): 408–410. 2002.
Trepadora, liana. Nativa. Zonas Bajas. Campos Cerrados, 0–500 m.
Dept.: SC.
Tipo y muestra: *A.M. Carrión et al. 360* (HT: MO-5333450; IT: K, USZ), *M. Garvizu et al. 184* (K, MO, USZ).

Tassadia grazielae Fontella, Arch. Jard. Bot. Rio de Janeiro 21: 315. 1977.
Ref.: Fontella (1977).
Trepadora, liana. Nativa. Zonas Bajas, Andes. Bosque Húmedo, Yungas, 0–2000 m.
Dept.: CO, LP.
Muestra: *N.P. Ritter 1439* (BOLV, LPB, MO).

Tassadia kamaensis (Morillo) Morillo, Ernstia 51: 13. 1989.
Sin.: *Cynanchum kamaense* Morillo
Trepadora, liana. Nativa. Zonas Bajas, Andes. Bosque Húmedo, Yungas, 0–1500 m.
Dept.: CO, LP.
Muestra: *J.C. Solomon & M.H. Nee 12701* (K, MO).

Tassadia obovata Decne., Prodr. 8: 579–580. 1844.
Sin.: *Tassadia recurva* Rusby, *Tassadia apocynella* Gleason & Moldenke, *Cynanchum apocynellum* (Gleason & Moldenke) Spellman, *Cynanchum recurvum* (Rusby) Spellman
Ref.: Fontella (1977).
Trepadora, liana. Nativa. Zonas Bajas, Andes. Bosque Húmedo, Yungas, 0–1500 m.
Dept.: BE, CO, LP, SC.
Muestra: *S.G. Beck 7327* (LPB, MO).

Tassadia ovalifolia (E. Fourn.) Fontella, Arch. Jard. Bot. Rio de Janeiro 21: 329. 1977.
Sin.: *Glaziostelma ovalifolium* E. Fourn.
Ref.: Fontella (1977).
Trepadora, liana. Nativa. Zonas Bajas. Bosque Húmedo, 0–500 m.
Dept.: BE, PA, SC.
Muestra: *F.J. Fernández Casas & A. Susanna 8469* (MO, NY).

Tassadia propinqua Decne., Prodr. 8: 579. 1844.
Sin.: *Tassadia sprucei* E. Fourn., *Tassadia rusbyi* J.F. Macbr., *Tassadia angustifolia* Malme
Ref.: Foster (1958), Fontella (1977).
Trepadora, liana. Nativa. Zonas Bajas. Bosque Húmedo, 0–500 m.
Dept.: CO, LP, SC.
Muestra: *E. Gutiérrez C. et al. 474* (K, MO, USZ).

Telminostelma E. Fourn., Fl. Bras. 6(4): 218. 1885.
0 especies, 0 especies endémicas.

[Telminostelma foetidum (Cav.) Fontella & E.A. Schwarz], Bol. Mus. Bot. Munic. 45: 6. 1981.
Ref.: Serrano & Terán (1998 [2000]).
Nota: El registro se basa en material mal identificado.

Temnadenia Miers, Apocyn. S. Am. 207. 1878.
1 especie, 0 especies endémicas.

Temnadenia ornata (Hoehne) Woodson, Ann. Missouri Bot. Gard. 19(4): 383. 1932.
Sin.: *Echites ornatus* Hoehne
Ref.: Killeen & Schulenberg (1998).
Trepadora, liana. Nativa. Zonas Bajas. Bosque Húmedo, 0–500 m.
Dept.: BE, PA, SC.
Muestra: *J. Sperling & S.R. King 6642* (LPB).

Thevetia L., Opera Var. 212. 1758.
3 especies, 0 especies endémicas.

Thevetia amazonica Ducke, Arch. Jard. Bot. Rio de Janeiro 3: 247, t. 16c. 1922.
Ref.: Gensel (1969), Killeen & Schulenberg (1998), Justiniano & Toledo (2001), Wood et al. (2011).
Hierba, subarbusto, arbusto. Nativa. Zonas Bajas. Bosque Semideciduo Chiquitano, Sabanas Benianas del Norte, Sabanas Benianas del Sur, 0–500 m.
Dept.: BE, SC.
Muestra: *R. Guillén V. & S. Coria 1584* (MO, USZ).

Thevetia bicornuta Müll. Arg., Linnaea 30: 392–393. 1860.
Ref.: Gensel (1969), Justiniano & Toledo (2001).
Subarbusto, arbusto. Nativa. Zonas Bajas. Sabanas Benianas del Sur, 0–500 m.
Dept.: BE, SC.
Muestra: *E. Werdermann 2594* (LPB, MO).

Thevetia peruviana K. Schum., Nat. Pflanzenfam. 4(2): 159. 1895.
Sin.: *Cerbera thevetia* L., *Cerbera peruviana* Pers., *Thevetia neriifolia* Juss. ex Steud., *Cascabela peruviana* (Pers.) Raf., *Cascabela thevetia* (L.) Lippold
Ref.: Gensel (1969), Michel (1993a), Killeen & Schulenberg (1998).
Arbusto, arbolito, árbol. Nativa, cultivada. Zonas Bajas. Bosque Húmedo, Bosque Semideciduo Chiquitano, Bosque Seco Chaqueño, Sabanas Benianas del Sur, 0–500 m.
Dept.: BE, SC.
Muestra: *M.H. Nee 47401* (MO, NY, USZ).

Tweedia Hook. & Arn., J. Bot. (Hooker) 1: 291. 1835.
1 especie, 0 especies endémicas.

Tweedia brunonis Hook. & Arn., J. Bot. (Hooker) 1: 292. 1834.
Ref.: Foster (1958), Ezcurra (1999), Goyder (2004a).

Trepadora. Nativa. Zonas Bajas. Bosque Seco Chaqueño, 0–1000 m.
Dept.: TA.
Muestra: *R.E. Fries 1180* (S).

Vallesia Ruiz & Pav., Fl. Peruv. Prodr. 2: 26. 1794.
1 especie, 0 especies endémicas.

Vallesia glabra (Cav.) Link, Enum. Hort. Berol. Alt. 1: 207. 1821.
Sin.: *Rauvolfia glabra* Cav., *Vallesia cymbifolia* Ortega, *Vallesia dichotoma* Ruiz & Pav.
Ref.: Meyer (1955), Foster (1958), Michel (1993a), Serrano & Terán (1998 [2000]).
Arbusto, arbolito, árbol. Nativa. Zonas Bajas, Andes. Bosque Húmedo, Bosque Seco Chaqueño, Bosque Tucumano-Boliviano, Bosque Serrano Chaqueño, Valles Secos, 0–3500 m.
Dept.: CH, CO, PO, SC, TA.
Muestra: *M.H. Nee 35550* (LPB, MO, NY).
Nom. Vern.: Amarguillo, ancoche, leche leche, luntu luntu, picantilla.

Vinca L., Sp. Pl. 1: 209. 1753.
1 especie, 0 especies endémicas.

Vinca major L., Sp. Pl. 1: 209. 1753.
Hierba. Naturalizada. Andes. Yungas, Valles Secos, 2500–4000 m.
Dept.: CO, LP.
Muestra: *J.C. Solomon 5919* (LPB, MO).

Vincetoxicum Wolf, Gen. Pl. 130. 1776.
0 especies, 0 especies endémicas.

[Vincetoxicum cuspidatum Rusby], Mem. New York Bot. Gard. 7(3): 333. 1927.
Ref.: Foster (1958).
Nota: Especie dudosa. Homónimo, no se han observado especímenes, ciertamente una especie de *Matelea*.

[Vincetoxicum unguiculatum Britton], Bull. Torrey Bot. Club 25: 499. 1898.
Ref.: Foster (1958).
Nota: Especie dudosa. Publicada como una combinación con base en *Cynanchum unguiculatum* R. & P. un nombre no publicado en esa época, pero posteriormente publicado como *Cynanchum unguiculatum* Markgr. con base en la colección de Ruiz & Pavon vista por Britton; ninguno de los sintipos (Rusby 1044, 2518) del nombre de Britton han sido observados y ningún espécimen proveniente de Bolivia y observado es similar al tipo de Perú del nombre de Markgraf; si Rusby 1044 y/o 2518 son similares al tipo de Markgraf un nuevo nombre en *Cynanchum* será necesario para el nombre de Britton.

Widgrenia Malme, Kongl. Svenska Vetensk. Acad. Handl., n.s. 34(7): 69–70, t. 2, f. 4. 1900.
1 especie, 0 especies endémicas.

Widgrenia corymbosa Malme, Kongl. Svenska Vetensk. Acad. Handl., n.s. 34(7): 69–70, t. 2, f. 4. 1900.
Sin.: *Melinia iberae* J. Fontana, *Melinia corymbosa* (Malme) Fontella & Farinaccio
Hierba. Nativa. Zonas Bajas. Bosque Húmedo, 0–500 m.
Dept.: SC.
Muestra: *A.F. Fuentes 297* (MO, USZ).

APODANTHACEAE Tiegh. & Takht., Sist. Magnol. 42. 1987.

Por G. Yatskievych (MO), revisado por S.G. Beck (LPB), M. Nee (NY), P.M. Jørgensen (MO).
2 géneros, 4 especies, 1 especie endémica.

Apodanthes Poit., Ann. Sci. Nat. (Paris) 3: 422. 1824.
2 especies, 1 especie endémica.

Apodanthes caseariae Poit., Ann. Sci. Nat. (Paris) 3: 422, t. 26. 1824.
Ref.: Eliasson (1994), Killeen & Schulenberg (1998).
Parásita. Nativa. Zonas Bajas. Bosque Húmedo, 500–1000 m.
Dept.: SC.
Muestra: *L. Arroyo P. et al. 755* (USZ).

Apodanthes tribracteata Rusby, Descr. S. Amer. Pl. 15. 1920.
Ref.: Rusby (1920), Foster (1958), Dorr (1991).
Parásita. Endémica. Zonas Bajas, Andes. Bosque Húmedo, Yungas, 500–2000 m.
Dept.: BE, LP.
Tipo y muestra: *R.S. Williams 1580* (HT: NY), *D.N. Smith et al. 14057* (BOLV, F, K, LPB, MA, MO, USZ).

Pilostyles Guill., Ann. Sci. Nat., Bot., sér. 2, 2: 21. 1834.
2 especies, 0 especies endémicas.

Pilostyles berteroi Guill., Ann. Sci. Nat., Bot., sér. 2, 2: 21. 1834.
Ref.: Vattimo (1970 [1971]).
Parásita. Nativa. Andes. Valles Secos, elevación desconocida.
Dept.: LP.
Muestra: *Rose 18849* (GH, NY).

Pilostyles ulei Solms, Organogr. Pfl. (ed. 2) 1: 434, f. 292. 1900.
Parásita. Nativa. Andes. Valles Secos, 1000–1500 m.
Dept.: SC.
Muestra: *M.H. Nee et al. 48695* (LPB, MO, NSW, NY, SI, USZ).

APTANDRACEAE Miers, Veg. Kingd. (ed. 3) 447a. 1853.

Por P.M. Jørgensen (MO) y M. Atahuachi (BOLV); revisado por C. Ulloa Ulloa (MO), M. Nee (NY), S.G. Beck (LPB).
3 géneros, 3 especies, 0 especies endémicas.
Nota: Para el orden Santalales se sigue el sistema de Nickrent et al. (2010).

Aptandra Miers, Ann. Mag. Nat. Hist., ser. 2, 7: 201. 1851.
1 especie, 0 especies endémicas.

Aptandra tubicina (Poepp.) Benth. ex Miers, Ann. Mag. Nat. Hist., ser. 3 4: 360. 1859.
Sin.: *Heisteria tubicina* Poepp.
Ref.: Sleumer (1984), Atahuachi Burgos (1993b), Jørgensen & Ulloa Ulloa (2002).
Arbolito, árbol. Nativa. Zonas Bajas. Bosque Húmedo, 0–500 m.
Dept.: BE, PA.
Muestra: *G.T. Prance et al. 6092* (C, INPA, K, L, M, NY, US).

Cathedra Miers, Ann. Mag. Nat. Hist., ser. 2, 7: 452. 1852.
1 especie, 0 especies endémicas.

Cathedra acuminata (Benth.) Miers, Ann. Mag. Nat. Hist., ser. 3 4: 361. 1859.
Sin.: *Diplocrater acuminatus* Benth.
Ref.: Sleumer (1984), Killeen & Schulenberg (1998), Jørgensen & Ulloa Ulloa (2002).
Arbusto, árbol. Nativa. Zonas Bajas. Campos Cerrados, 0–500 m.
Dept.: SC.
Muestra: *R.C. Quevedo et al. 1955* (USZ).
Nota: Identificación tentativa.

Chaunochiton Benth., Gen. Pl. 1: 996. 1867.
1 especie, 0 especies endémicas.

Chaunochiton kappleri (Sagot ex Engl.) Ducke, Arch. Jard. Bot. Rio de Janeiro 3: 41. 1922.
Sin.: *Heisteria kappleri* Sagot ex Engl.
Ref.: Sleumer (1984), Killeen & Schulenberg (1998).
Árbol. Nativa. Zonas Bajas. Bosque Húmedo, Campos Cerrados, 0–500 m.
Dept.: PA, SC.
Muestra: *R. Guillén V. et al. 4007* (MA, MO, USZ).

AQUIFOLIACEAE Bercht. & J. Presl, Prir. Rostlin 2(110): 440, 438. 1825.

Por G. Barriera (G), P.-A. Loizeau (G) y S. Arrázola (BOLV); revisado por S.G. Beck (LPB), P.M. Jørgensen (MO).
1 género, 21 especies, 2 especies endémicas.

Ilex L., Sp. Pl. 1: 125. 1753.
21 especies, 2 especies endémicas.

Ilex affinis Gardner, Hooker's Icon. Pl. 5: tab. 465. 1842.
Ref.: Haase & Beck (1989), Arrázola Rivero (1993a), Wood et al. (2011).
Arbusto, arbolito. Nativa. Zonas Bajas. Bosque Semideciduo Chiquitano, Campos Cerrados, Campos Amazónicos, 0–1000 m.
Dept.: LP, SC.
Muestra: *S.G. Beck & R. Haase 9947* (BACP, G, LPB, MO, NA, NY).

Ilex aggregata (Ruiz & Pav.) Loes., Notizbl. Bot. Gart. Berlin–Dahlem 11: 95. 1931.
Sin.: *Izquierdia aggregata* Ruiz & Pav., *Ilex amygdalifolia* Rusby
Ref.: Foster (1958), Arrázola Rivero (1993a), Loizeau (1994).
Arbusto, arbolito. Nativa. Andes. Yungas, 1000–2500 m.
Dept.: LP, SC.
Tipo y muestra: *M. Bang 842* (HT: NY; IT: BM, G, K, MO-2532009, NY, US, WIS), *L. Cayola et al. 287* (G, LPB, MO).

Ilex amplifolia Rusby, Mem. Torrey Bot. Club 6: 20. 1896.
Ref.: Loesener (1901), Foster (1958), Arrázola Rivero (1993a).
Arbolito, árbol. Nativa. Zonas Bajas, Andes. Bosque Húmedo, Yungas, 500–1500 m.
Dept.: LP.
Tipo y muestra: *M. Bang 1682* (IT: BM, G, GH, GH, K, MO-1916510, NY, S, US, Z), *B.A. Krukoff 11198* (G, K, MO, NY, S).

[Ilex amygdalina Reissek ex Loes.], Nova Acta Acad. Caes. Leop.–Carol. German. Nat. Cur. 78: 299. 1901.
Ref.: Loizeau (1994).
Nota: El registro se basa en material mal identificado de *I. affinis*.

Ilex andicola Loes., Nova Acta Acad. Caes. Leop.–Carol. German. Nat. Cur. 78: 161. 1901.
Ref.: Foster (1958), Arrázola Rivero (1993a), Loizeau (1994).
Arbolito. Nativa. Andes. Yungas, Páramo Yungueño, 2500–4000 m.
Dept.: CO, LP, SC.
Tipo y muestra: *R.W. Pearce s.n.* (HT: K), *N. Skinner et al. 64* (G, LPB, MO).

Ilex ardisiifrons Reissek, Fl. Bras. 11(1): 58. 1861.
Ref.: Loesener (1901), Arrázola Rivero (1993a).
Arbusto, arbolito. Nativa. Zonas Bajas, Andes. Bosque Húmedo, Campos Cerrados, Yungas, 0–1000 m.
Dept.: LP, SC.
Muestra: *S.G. Beck et al. 10150* (G, LPB, M, NA, NY, USZ).

Ilex argentina Lillo, Anales Soc. Ci. Argent. 72: 171. 1911.
Sin.: *Ilex herzogii* Loes.
Ref.: Foster (1958), Arrázola Rivero (1993a), Giberti (1994), López Vargas (1995), Saravia Miranda (1996), Schulenberg & Awbrey (1997), González et al. (1999), Zárate et al. (1999), Serrano & Terán (1998 [2000]), Giberti (2006), Arroyo Padilla & Villarroel Segarra (2009).
Arbusto, arbolito, árbol. Nativa. Zonas Bajas, Andes. Bosque Semideciduo Chiquitano, Bosque Tucumano-Boliviano, 1000–2500 m.
Dept.: CH, CO, SC, TA.
Muestra: *A. Jardim et al. 2031* (G, MO, USZ).

Ilex boliviana Britton, Mem. Torrey Bot. Club 3(3): 15. 1893.
Sin.: *Ilex boliviana* var. *acutata* Loes., *Ilex boliviana* var. *brittoniana* Loes., *Ilex boliviana* var. *rusbyana* Loes., *Ilex amboroica* Loes.
Ref.: Foster (1958), Arrázola Rivero (1993a), Loizeau (1994).
Arbusto, arbolito. Nativa. Andes. Bosque Húmedo, Yungas, 1000–3000 m.
Dept.: LP, SC.
Tipo y muestra: *M. Bang 450* (HT: NY; IT: BM, GH, K, NY, US, US, US, W, Z; fotos: F), *B.A. Krukoff 11210* (G, GH, K, LPB, NY, S).

[Ilex brevicuspis Reissek], Fl. Bras. 11(1): 56. 1861.
Ref.: Killeen & Schulenberg (1998).
Nota: El registro se basa en material mal identificado.

Ilex goudotii Loes., Nova Acta Acad. Caes. Leop.–Carol. German. Nat. Cur. 78: 400, pl. 12. 1901.
Ref.: Arrázola Rivero (1993a).
Arbolito, árbol. Nativa. Andes. Yungas, 2000–2500 m.
Dept.: LP, SC.
Muestra: *T.B. Miranda et al. 513* (BOLV, G, HSB, LPB, MA, MO, USZ).
Nota: Citada tentativamente, tipo no revisado.

Ilex guayusa Loes., Nova Acta Acad. Caes. Leop.–Carol. German. Nat. Cur. 78: 310. 1901.
Árbol. Nativa. Zonas Bajas, Andes. Bosque Húmedo, Yungas, 500–1500 m.
Dept.: LP.
Muestra: *B.A. Krukoff 11271* (GH, MO).

[Ilex guianensis (Aubl.) Kuntze], Revis. Gen. Pl. 1: 113. 1891.
Ref.: Arrázola Rivero (1993).
Nota: El registro se basa en material mal identificado.

Ilex hippocrateoides Kunth, Nov. Gen. Sp. (quarto ed.) 7: 72. 1824.
Arbolito, árbol. Nativa. Andes. Yungas, 1500–2500 m.
Dept.: LP, SC.
Muestra: *J.C. Solomon & M. Moraes R. 17198* (G, LPB, MO).

Ilex hualgayoca Loizeau & Spichiger, Boissiera 48: 183. 1994.
Árbol. Nativa. Andes. Yungas, 2000–2500 m.
Dept.: LP.
Muestra: *F. Zenteno 1533* (G, LPB).

Ilex inundata Poepp. ex Reissek, Fl. Bras. 11(1): 43, pl. 11, f. 5. 1861.
Ref.: Arrázola Rivero (1993a), Loizeau (1994), Killeen & Schulenberg (1998).
Arbolito, árbol. Nativa. Zonas Bajas. Bosque Húmedo, Campos Cerrados, 0–500 m.
Dept.: BE, CO, SC.
Muestra: *M. Moraes R. 966* (G, LPB).

[Ilex jenmanii Loes.], Nova Acta Acad. Caes. Leop.–Carol. German. Nat. Cur. 78: 412. 1901.
Ref.: Killeen & Schulenberg (1998).
Nota: El registro se basa en material mal identificado.

Ilex laurina Kunth, Nov. Gen. Sp. (quarto ed.) 7: 73. 1824.
Ref.: Loizeau (1994).
Árbol. Nativa. Andes. Yungas, 2000–2500 m.
Dept.: LP.
Muestra: *F. Zenteno 1530* (G, LPB).

Ilex mandonii Loes., Nova Acta Acad. Caes. Leop.–Carol. German. Nat. Cur. 78: 226. 1901.
Sin.: *Ilex buxifolioides* Loes., *Ilex buxifolioides* var. *fastigiata* Loes.
Ref.: Foster (1958), Arrázola Rivero (1993a), Loizeau (1994), Ministerio de Medio Ambiente y Agua (2012 [2013]).
Arbusto, arbolito. Nativa. Andes. Páramo Yungueño, 3000–4000 m.
Dept.: CO, LP, SC.
Tipo y muestra: *G. Mandon 1498* (HT: K; IT: G, NY, P, S), *M.A. Lewis 38493* (G, LPB, MO).

[Ilex microsticta Loes.], Repert. Spec. Nov. Regni Veg. 1: 164. 1905.
Ref.: Arrázola Rivero (1993a).
Nota: El registro se basa en material mal identificado.

Ilex myricoides Kunth, Nov. Gen. Sp. (quarto ed.) 7: 72. 1825.
Arbusto, arbolito. Nativa. Andes. Yungas, Páramo Yungueño, 2000–3500 m.
Dept.: LP, SC.
Muestra: *J.A. Carrasco et al. 171* (G, MO, USZ).

Ilex nervosa Triana, Ann. Sci. Nat., Bot., sér. 5, 16: 377. 1872.
Sin.: *Ilex nervosa* var. *aequatoriensis* Loes.
Ref.: Arrázola Rivero (1993a), Loizeau (1994), Ministerio de Medio Ambiente y Agua (2012 [2013]).
Arbolito, árbol. Nativa. Andes. Yungas, 1500–3000 m.
Dept.: LP.
Muestra: *S.G. Beck 3147* (LPB, SI).
Nota: Citada tentativamente, difiere de *I. nervosa* en el margen de la hoja, tipo de inflorescencia y el número de piezas florales.

Ilex petiolaris Benth., Hooker's J. Bot. Kew Gard. Misc. 4: 11–12. 1852.
Sin.: *Ilex parviflora* Benth.
Ref.: Foster (1958).
Árbol. Nativa. Zonas Bajas, Andes. Bosque Húmedo, Yungas, 500–1500 m.
Dept.: CO, LP, SC.
Muestra: *B.A. Krukoff 10844* (F, G, K, MO, NY, S).

Ilex pseudoebenacea Loes., Nova Acta Acad. Caes. Leop.–Carol. German. Nat. Cur. 78: 386. 1901.
Ref.: Foster (1958), Arrázola Rivero (1993a).
Arbusto, arbolito. Endémica. Andes. Páramo Yungueño, 2000–3500 m.
Dept.: LP.
Tipo y muestra: *R.W. Pearce s.n.* (HT: K), *J.C. Solomon 18692* (G, LPB, MA, MO, NY).

Ilex sessiliflora Triana & Planch., Ann. Sci. Nat., Bot., sér. 5, 16: 378. 1872.
Sin.: *Ilex sessiliflora* var. *genuina* Loes., *Ilex sessiliflora* var. *pearcei* Loes.
Ref.: Foster (1958), Arrázola Rivero (1993a), Loizeau (1994).
Arbusto, arbolito. Nativa. Andes. Páramo Yungueño, 2500–4000 m.
Dept.: LP, SC.
Tipo y muestra: *R.W. Pearce s.n.* (LT: K), *S.G. Beck 17711* (CTES, G, LPB, M, MO).
Infra: *Ilex sessiliflora* var. *genuina* Loes.

Ilex teratopis Loes., Nova Acta Acad. Caes. Leop.–Carol. German. Nat. Cur. 78: 93. 1901.
Ref.: Foster (1958), Arrázola Rivero (1993a), Loizeau (1994), Ministerio de Medio Ambiente y Agua (2012 [2013]).
Arbusto, arbolito. Nativa. Andes. Páramo Yungueño, 2500–3500 m.
Dept.: LP.
Tipo y muestra: *R.W. Pearce s.n.* (HT: K), *J.C. Solomon & B.A. Stein 11680* (G, LPB, MO, P).

Ilex trichoclada Loes., Nova Acta Acad. Caes. Leop.–Carol. German. Nat. Cur. 78: 178. 1901.
Sin.: *Ilex minimifolia* Loes., *Ilex imbricata* Rusby
Ref.: Foster (1958), Jiménez (1984), Arrázola Rivero (1993a), Loizeau (1994), Ministerio de Medio Ambiente y Agua (2012 [2013]).
Arbusto. Endémica. Andes. Páramo Yungueño, 3000–4000 m.
Dept.: CO, LP, SC.
Tipo y muestra: *R.W. Pearce s.n.* (HT: K; IT: B frag.; fotos: F ex B), *J.C. Solomon 18197* (G, LPB, MO).
Nota: Citada como *I. ovatifolia* Dav. (Jiménez, 1984), pero este nombre no existe.

ARACEAE Juss., Gen. Pl. 23. 1789.

Por T. Croat (MO) y A. Acebey (LPB) [*Alloschemone*, *Alocasia*, *Anthurium*, *Asterostigma*, *Caladium*, *Colocasia*, *Dieffenbachia*, *Dracontium*, *Gorgonidium*, *Heteopsis*, *Homalomena*, *Monstera*, *Montrichardia*, *Philodendron*, *Pistia*, *Rhodospatha*, *Scaphispatha*, *Spathicarpa*, *Stenospermation*, *Synandrospadix*, *Syngonium*, *Taccarum*, *Urospatha*, *Xanthosoma*, *Zantedeschia*], E. Landolt (ZT) [*Lemna*, *Spirodela*, *Wolffia*, *Wolffiella*]; revisado por M. Nee (NY), S.G. Beck (LPB), P.M. Jørgensen (MO).
30 géneros, 151 especies, 17 especies endémicas.

Alloschemone Schott, Gen. Aroid. 99. 1858.

1 especie, 0 especies endémicas.

Alloschemone occidentalis (Poepp.) Engl. & K. Krause, Pflanzenr. 23B(Heft 37): 117. 1908.
Sin.: *Scindapsus occidentalis* Poepp., *Alloschemone poeppigiana* Schott, *Monstera occidentalis* (Poepp.) K. Koch ex Ender
Ref.: Mayol et al. (1997), Kessler & Croat (1999), Bogner (2007).
Hemiepífita. Nativa. Zonas Bajas. Bosque Húmedo, 0–500 m.
Dept.: PA.
Muestra: *J.C. Solomon 17114* (LPB, MO).

Alocasia (Schott) G. Don, Hort. Brit. (ed. 3) 631. 1839.

1 especie, 0 especies endémicas.

Alocasia macrorrhizos (L.) G. Don, Hort. Brit. (ed. 3) 631. 1839.
Sin.: *Arum macrorrhizum* L.
Ref.: Kessler & Croat (1999).
Hierba. Cultivada. Zonas Bajas. Bosque Húmedo, 0–500 m.
Dept.: BE, LP.
Muestra: *D. Flores 43* (LPB, MO).
Nom. Vern.: Gualusa.

Anthurium Schott, Wiener Z. Kunst 1829(3): 828. 1829.

42 especies, 9 especies endémicas.

Anthurium acebeyae Croat, Novon 15(1): 80, f. 1. 2005.
Hemiepífita, epífita. Endémica. Andes. Yungas, 1000–2500 m.
Dept.: CO, LP.
Tipo y muestra: *J.C. Solomon et al. 12090* (HT: MO; IT: K, US), *T.B. Croat et al. 84274* (B, COL, MO, NY, USM).

Anthurium amoenum Kunth & Bouché, Index Sem. (Berlin) 1848: 1. 1848.
Sin.: *Anthurium humile* Schott
Ref.: Kessler & Croat (1999).
Hierba, hemiepífita. Nativa. Andes. Yungas, 1000–2500 m.
Dept.: CO, LP.
Muestra: *T.B. Croat et al. 84731* (LPB, MO).
Infra: *Anthurium amoenum* var. *humile* (Schott) Engl.

Anthurium andraeanum Linden, Ill. Hort. 24: 43–44, pl. 271. 1877.
Hierba, hemiepífita. Cultivada. Andes. Yungas, 1000–2500 m.
Dept.: LP.
Muestra: *F. Fonturbel 21* (LPB).

Anthurium arisaemoides Madison, Selbyana 2(2–3): 249. 1978.
Hierba. Nativa. Andes. Yungas, 2000–2500 m.
Dept.: LP.
Muestra: *A.F. Fuentes C. et al. 8938* (LPB, MO).

Anthurium atropurpureum R.E. Schult. & Maguire, Bot. Mus. Leafl. 16(4): 60. 1953.
Ref.: Croat (1991), Ibisch (1996), Killeen & Schulenberg (1998), Kessler & Croat (1999).
Hierba, epífita. Nativa. Zonas Bajas, Andes. Bosque Húmedo, Sabanas Benianas del Sur, Campos Amazónicos, Yungas, Bosque Tucumano-Boliviano, 0–2000 m.
Dept.: BE, LP, SC.
Muestra: *M. Kessler et al. 6249* (LPB, MO).
Infra: *Anthurium atropurpureum* var. *arenicola* Croat, *Anthurium atropurpureum* var. *thomasii* Croat

Anthurium beckii Croat & Acebey, Novon 15(1): 82, f. 2A. 2005.
Epífita. Endémica. Zonas Bajas, Andes. Bosque Húmedo, Yungas, 500–2000 m.
Dept.: CO, LP.
Tipo y muestra: *T.B. Croat et al. 84387* (HT: MO; IT: K, LPB), *M. Kessler et al. 9732* (LPB, MO).

Anthurium besseae Croat, Novon 15(1): 84–85, f. 2B, C. 2005.
Hierba. Endémica. Zonas Bajas. Bosque Húmedo, 0–500 m.
Dept.: CO.
Tipo y muestra: *T.B. Croat 79380* (HT: MO; IT: B), *S.W. Ingram & D. Atwood 972* (MO, SEL).

Anthurium brevipedunculatum Madison, Selbyana 2(2,3): 275. 1978.
Ref.: Madison (1978), Killeen & Schulenberg (1998), Kessler & Croat (1999).
Hierba, hemiepífita. Nativa. Zonas Bajas. Bosque Húmedo, 0–1000 m.
Dept.: BE, LP, SC.
Muestra: *T.B. Croat et al. 84547* (CAS, LPB, MO).

Anthurium breviscapum Kunth, Enum. Pl. 3: 78. 1841.
Sin.: *Anthurium indecorum* Schott, *Anthurium acrobates* Sodiro, *Anthurium huamaliesense* Engl., *Anthurium igarapeum* G.S. Bunting
Ref.: Foster (1958), Ibisch (1996), Kessler & Croat (1999).
Hierba, hemiepífita. Nativa. Andes. Yungas, 1000–2000 m.
Dept.: LP.
Muestra: *M. Kessler 11425* (LPB, MO).

Anthurium buchtienii K. Krause, Bot. Jahrb. Syst. 44: Beibl. 101, 10. 1910.
Ref.: Foster (1958), Madison (1978), Kessler & Croat (1999).
Hemiepífita. Endémica. Andes. Yungas, 500–1000 m.
Dept.: BE.
Tipo y muestra: *O. Buchtien 347* (HT: B destr.), *O. Buchtien 1291* (HBG, US).

Anthurium clavigerum Poepp., Nov. Gen. Sp. Pl. 3: 84. 1845.
Sin.: *Anthurium panduratum* Mart. ex Schott, *Anthurium holtonianum* Schott, *Anthurium repandum* Schott, *Anthurium wendlandii* Schott, *Anthurium kalbreyeri* Mast., *Anthurium panduratum* var. *burchellianum* Engl., *Anthurium obovatum* Gleason, *Anthurium burchellianum* (Engl.) J.F. Macbr., *Anthurium monsteroides* Steyerm.
Ref.: Madison (1978), Parker & Bailey (1991), Ibisch (1996), Killeen & Schulenberg (1998), Kessler & Croat (1999), Alverson et al. (2000).
Hemiepífita. Nativa. Zonas Bajas, Andes. Bosque Húmedo, Yungas, 0–1500 m.
Dept.: BE, CO, LP, PA, SC.
Muestra: *T.B. Croat et al. 84510* (F, LPB, MO).

Anthurium conjunctum K. Krause, Notizbl. Bot. Gart. Berlin–Dahlem 11: 612. 1932.
Ref.: Foster (1958), Kessler & Croat (1999).
Hierba. Endémica. Zonas Bajas. Bosque Húmedo, 500–1000 m.
Dept.: LP.
Tipo: *O. Buchtien 1303* (HT: B; IT: NY; fotos: F ex B).
Nota: Conocido solamente del tipo.

Anthurium coripatense N.E. Br. ex Engl., Pflanzenr. 255. 1905.
Ref.: Ibisch (1996).
Hierba, epífita. Nativa. Andes. Yungas, 2000–3000 m.
Dept.: CO, LP, SC.
Tipo y muestra: *M. Bang 2311* (IT: MO-2131269), *M. Cornejo et al. 1248* (CUVC, HUA, MO).

Anthurium croatii Madison, Selbyana 2(2,3): 268, t. 4. 1978.
Ref.: Madison (1978), Parker & Bailey (1991), Kessler & Croat (1999).
Hierba. Nativa. Zonas Bajas, Andes. Bosque Húmedo, Yungas, 0–1500 m.
Dept.: BE, CO, LP, SC.
Muestra: *J.C. Solomon 17723* (LPB, MO).

Anthurium eminens Schott, Oesterr. Bot. Wochenbl. 5: 273. 1855.
Sin.: *Anthurium wittianum* Engl.
Ref.: Madison (1978), Parker & Bailey (1991).
Hemiepífita. Nativa. Zonas Bajas, Andes. Bosque Húmedo, Yungas, 500–1500 m.
Dept.: CO, LP.
Muestra: *T.B. Croat et al. 84395* (F, LPB, MO, UB, US).

Anthurium ernestii Engl., Pflanzenr. IV 23B(Heft 21): 80. 1905.
Ref.: Croat (1991), Parker & Bailey (1991), Kessler & Croat (1999).
Epífita. Nativa. Andes. Yungas, 1000–1500 m.
Dept.: CO, LP, SC.
Muestra: *R. Seidel et al. 9207* (LPB, MO).

Anthurium flavescens Poepp., Nov. Gen. Sp. Pl. 3: 83. 1845.
Sin.: *Anthurium parile* N.E. Br. ex Engl.
Ref.: Macbride (1936b), Foster (1958).
Epífita. Nativa. Zonas Bajas, Andes. Bosque Húmedo, Yungas, 0–2000 m.
Dept.: CO, LP.
Muestra: *T.B. Croat et al. 84794* (LPB, MO).

Anthurium gracile (Rudge) Schott, Wiener Z. Kunst 1829(3): 828. 1829.
Sin.: *Pothos gracilis* Rudge, *Pothos scolopendrinus* Desv. ex Ham., *Anthurium gracile* (Rudge) Lindl., *Anthurium scolopendrinum* (Desv. ex Ham.) Kunth, *Anthurium rudgeanum* Schott
Ref.: Foster (1958), Ibisch (1996),

Killeen & Schulenberg (1998), Kessler & Croat (1999).
Epífita. Nativa. Zonas Bajas, Andes. Bosque Húmedo, Yungas, 0–1500 m.
Dept.: BE, CO, LP, PA, SC.
Muestra: *S.G. Beck 22647* (LPB, MO).

Anthurium grande N.E. Br. ex Engl., Pflanzenr. 23B(Heft 37): 204. 1905.
Ref.: Foster (1958), Ibisch (1996), Kessler & Croat (1999).
Hierba, epífita. Nativa. Andes. Yungas, 1000–3000 m.
Dept.: CO, LP.
Tipo y muestra: *M. Bang 2312* (HT: K; IT: G, MO, NY), *T.B. Croat et al. 84262* (LPB, MO).

Anthurium harlingianum Croat, Ann. Missouri Bot. Gard. 78(3): 659, f. 7, 16, 149–150, 154–155. 1991.
Ref.: Croat (1991).
Epífita. Nativa. Zonas Bajas, Andes. Bosque Húmedo, Yungas, 500–1500 m.
Dept.: BE, CO, LP.
Muestra: *T.B. Croat et al. 84672* (LPB, MO).

[Anthurium incurvatum Engl.], Bot. Jahrb. Syst. 25: 445. 1898.
Ref.: Foster (1958).
Nota: El registro se basa en material mal identificado de *A. coripatense*.

Anthurium kunthii Poepp., Nov. Gen. Sp. Pl. 3: 84. 1845.
Sin.: *Anthurium hoffmannseggii* Schott
Ref.: Madison (1978), Parker & Bailey (1991), Ibisch (1996), Kessler & Croat (1999).
Hemiepífita. Nativa. Zonas Bajas, Andes. Bosque Húmedo, Yungas, 0–1500 m.
Dept.: BE, CO, LP, PA, SC.
Muestra: *M. Kessler et al. 8493* (LPB, MO).
Infra: *Anthurium kunthii* var. *cylindricum* Croat

Anthurium lechlerianum Schott, Prodr. Syst. Aroid. 534. 1860.
Sin.: *Anthurium peruvianum* Engl., *Anthurium apiculatum* K. Krause, *Anthurium mapiriense* K. Krause
Ref.: Foster (1958), Kessler & Croat (1999).
Hierba, epífita. Nativa. Andes. Yungas, 1000–3000 m.
Dept.: CO, LP.
Muestra: *J.C. Solomon 14876* (LPB, MO).

Anthurium macleanii Schott, Oesterr. Bot. Z. 350. 1858.
Ref.: Kessler & Croat (1999).
Hierba, hemiepífita. Nativa. Zonas Bajas, Andes. Bosque Húmedo, Yungas, 500–2000 m.
Dept.: CO, LP.
Muestra: *J.C. Solomon 12998* (LPB, MO).

Anthurium microspadix Schott, Oesterr. Bot. Z. 8(6): 180. 1858.
Ref.: Croat et al. (2009).
Epífita. Nativa. Andes. Yungas, 1500–2500 m.
Dept.: CO, LP.
Muestra: *A.F. Fuentes C. et al. 4676* (LPB, MO, USZ).

Anthurium obtusum (Engl.) Grayum, Phytologia 82(1): 35. 1997.
Sin.: *Anthurium trinerve* Miq., *Anthurium trinerve* var. *obtusum* Engl., *Anthurium trinerve* var. *angustifolium* K. Krause
Ref.: Ibisch (1996), Kessler & Croat (1999), Croat et al. (2009).
Epífita. Nativa. Zonas Bajas, Andes. Bosque Húmedo, Yungas, 500–1500 m.
Dept.: CO, LP.
Muestra: *A. Acebey 502* (LPB, MO).

Anthurium ottobuchtienii Croat & Acebey, Novon 15(1): 85, f. 3A, B. 2005.
Hierba, epífita. Endémica. Andes. Yungas, 1000–3000 m.
Dept.: CO, LP.
Tipo y muestra: *J.C. Solomon 10749* (HT: MO; IT: B, K, NY, US, USM), *T.B. Croat et al. 84733* (K, LPB, M, MO).

Anthurium ottonis K. Krause, Notizbl. Bot. Gart. Berlin–Dahlem 11: 609. 1932.
Ref.: Foster (1958), Croat (1991), Ibisch (1996), Kessler & Croat (1999).
Hierba. Nativa. Andes. Yungas, Valles Secos, 1000–2500 m.
Dept.: CO, LP, SC.
Tipo y muestra: *O. Buchtien 387* (HT: B; fotos: GH, MO), *M. Kessler et al. 10556* (MO).

Anthurium oxycarpum Poepp., Nov. Gen. Sp. Pl. 3: 83. 1845.
Sin.: *Anthurium strictum* N.E. Br. ex Engl.
Ref.: Croat (1991), Ibisch (1996), Kessler & Croat (1999).
Hierba. Nativa. Zonas Bajas, Andes. Bosque Húmedo, Yungas, 0–1500 m.
Dept.: BE, LP.
Muestra: *T. Krömer & A. Acebey 1135* (LPB, MO).

Anthurium paraguayense Engl., Bot. Jahrb. Syst. 25: 361. 1898.
Sin.: *Anthurium rusticum* N.E. Br. ex Engl., *Anthurium rodrigoi* A.D. Hawkes
Ref.: Foster (1958), Croat & Mount (1988), Moraes R. (1990), Croat (1991), Ibisch (1996), Killeen & Schulenberg (1998), Kessler & Croat (1999), Arroyo Padilla & Villarroel Segarra (2009), Wood et al. (2011).
Hierba, epífita. Nativa. Zonas Bajas, Andes. Bosque Húmedo, Bosque Semideciduo Chiquitano, Sabanas Benianas del Norte, Sabanas Benianas del Sur, Yungas, Bosque Tucumano-Boliviano, Bosque Serrano Chaqueño, Valles Secos, 0–2500 m.
Dept.: BE, CO, LP, PA, SC.
Muestra: *J.C. Solomon 8560* (MO).
Infra: *Anthurium paraguayense* var. *paraguayense*, *Anthurium paraguayense* var. *coroicoanum* Croat

Anthurium pentaphyllum (Aubl.) G. Don, Hort. Brit. (ed. 3) 633. 1839.
Sin.: *Dracontium pentaphyllum* Aubl., *Anthurium undatum* Schott
Ref.: Madison (1978), Moraes R. (1990), Ibisch (1996), Kessler & Croat (1999).
Hemiepífita. Nativa. Zonas Bajas, Andes. Bosque Húmedo, Sabanas Benianas del Norte, Sabanas Benianas del Sur, Yungas, 0–1500 m.
Dept.: BE, CO, LP, PA, SC.
Muestra: *T.B. Croat et al. 84493* (LPB, MO).
Infra: *Anthurium pentaphyllum* var. *pentaphyllum*

Anthurium plowmanii Croat, Candollea 42(2): 811. 1987.
Ref.: Croat (1991), Ibisch (1996), Killeen & Schulenberg (1998), Kessler & Croat (1999), Navarro Sánchez (2001).
Hierba, epífita. Nativa. Zonas Bajas, Andes. Bosque Húmedo, Bosque Semideciduo Chiquitano, Campos Cerrados, Sabanas Benianas del Norte, Sabanas Benianas del Sur, Yungas, 0–1000, 1500–2000 m.
Dept.: BE, CO, LP, PA, SC.
Muestra: *M. Kessler 3976* (LPB, MO).

Anthurium polydactylum Madison, Selbyana 2(2,3): 275. 1978.
Ref.: Madison (1978), Kessler & Croat (1999).
Hemiepífita. Nativa. Andes. Yungas, 1000–1500 m.
Dept.: LP.
Muestra: *M. Kessler et al. 5779* (K, LPB, MO).

Anthurium polyschistum R.E. Schult. & Idrobo, Bot. Mus. Leafl. 18(6): 310–311, pl. 60. 1959.
Ref.: Madison (1978).
Hierba, hemiepífita. Nativa. Zonas Bajas. Bosque Húmedo, 0–500 m.

Dept.: BE.
Muestra: *O.E. White 1277* (MO, NY).

Anthurium scandens (Aubl.) Engl., Fl. Bras. 3(2): 78. 1878.
Sin.: *Dracontium scandens* Aubl., *Pothos violacea* Sw., *Anthurium violaceum* (Sw.) Schott, *Anthurium scandens* var. *violaceum* (Sw.) Engl., *Anthurium scandens* fo. *angustifolium* Engl., *Anthurium scandens* var. *sodiroi* Engl.
Ref.: Foster (1958), Ibisch (1996), Kessler & Croat (1999), Croat et al. (2009).
Epífita. Nativa. Zonas Bajas, Andes. Bosque Húmedo, Yungas, 500–3000 m.
Dept.: CO, LP, SC.
Muestra: *S.G. Beck 17488* (LPB, M, MO).
Infra: *Anthurium scandens* subsp. *scandens*

Anthurium solomonii Croat, Ann. Missouri Bot. Gard. 78(3): 730, f. 296, 345–346. 1991.
Ref.: Croat (1991), Kessler & Croat (1999).
Hierba. Endémica. Andes. Yungas, 1000–1500 m.
Dept.: LP.
Tipo y muestra: *J.C. Solomon & L. Escobar 12494* (HT: MO-3247529, MO-3247530; IT: LPB, MO-358674, MO-358675, MO-358676), *T.B. Croat et al. 84803* (LPB, MO, UB).

Anthurium soukupii Croat, Ann. Missouri Bot. Gard. 78(3): 730, f. 294. 1991.
Ref.: Croat (1991), Kessler & Croat (1999).
Hierba. Nativa. Andes. Yungas, 1500–2500 m.
Dept.: CO, LP.
Muestra: *T. Krömer & A. Acebey 1598* (GOET, LPB, MO).

Anthurium stephanii Croat & Acebey, Novon 15(1): 87, f. 3C. 2005.
Hemiepífita, epífita. Endémica. Andes. Yungas, 1500–2500 m.
Dept.: LP.
Tipo y muestra: *T. Krömer & A. Acebey 994* (HT: MO-5650250; IT: B, F, K, LPB, NY, US, USM, VEN), *K. Bach & C. Wegner 968* (MO).

Anthurium triphyllum Brongn. ex Schott, Prodr. Syst. Aroid. 548. 1860.
Sin.: *Anthurium pastazae* Sodiro
Ref.: Foster (1958), Ibisch (1996), Kessler & Croat (1999).
Hemiepífita. Nativa. Andes. Yungas, 1500–3000 m.
Dept.: CO, LP.
Tipo y muestra: *d'Orbigny 412* (HT: P; fotos: SEL ex P), *J.C. Solomon 9280* (MO).

Anthurium uleanum Engl., Pflanzenr. IV. 23B(Heft 21): 74. 1905.
Sin.: *Anthurium tenuispadix* Engl., *Anthurium tessmannii* K. Krause
Ref.: Croat (1991), Kessler & Croat (1999).
Epífita. Nativa. Zonas Bajas, Andes. Bosque Húmedo, Yungas, 0–500, 1000–1500 m.
Dept.: CO, LP.
Muestra: *M. Kessler et al. 9731* (MO).
Infra: *Anthurium uleanum* var. *uleanum*

Anthurium versicolor Sodiro, Anales Univ. Centr. Ecuador 15(108): 13. 1901.
Sin.: *Anthurium hylaeum* Sodiro, *Anthurium briosianum* Sodiro, *Anthurium leucostachyum* Sodiro, *Anthurium livescens* Sodiro
Ref.: Sodiro (1901), Kessler & Croat (1999), Croat et al. (2009).
Hierba, hemiepífita. Nativa. Andes. Yungas, 1000–2500 m.
Dept.: CO, LP.
Muestra: *M. Kessler et al. 7564* (LPB, MO).

Anthurium weberbaueri Engl., Pflanzenr. IV. 23B(Heft 21): 81. 1905.
Ref.: Macbride (1936b), Ibisch (1996), Kessler & Croat (1999).
Hierba. Nativa. Andes. Yungas, 2000–3000 m.
Dept.: LP.
Muestra: *T.B. Croat 51530* (LPB, MO).

Anthurium yungasense Croat & Acebey, Novon 15(1): 88, f. 4. 2005.
Hierba. Endémica. Andes. Yungas, 1000–3000 m.
Dept.: CO, LP.
Tipo y muestra: *T.B. Croat et al. 84782* (HT: MO-5185105; IT: B, LPB), *T.B. Croat et al. 84264* (LPB, MO).

Asterostigma Fisch. & C.A. Mey., Bull. Cl. Phys.-Math. Acad. Imp. Sci. Saint-Pétersbourg 3: 148. 1845.
1 especie, 0 especies endémicas.

Asterostigma pavonii Schott, Prodr. Syst. Aroid. 339. 1860.
Ref.: Macbride (1936b), Foster (1958), Bogner & Nicolson (1988), Kessler & Croat (1999).
Hierba. Nativa. Andes. Yungas, 1000–3000 m.
Dept.: LP.
Muestra: *J.C. Solomon 9400* (MO).

Caladium Vent., Mag. Encycl. 4: 463. 1800 [1801].
3 especies, 0 especies endémicas.

Caladium bicolor Vent., Mag. Encycl. 4(16): 464–471. 1801.
Sin.: *Arum bicolor* Aiton, *Caladium sororium* Schott, *Caladium* ×*hortulanum* Birdsey
Ref.: Foster (1958), Madison (1981), Killeen & Schulenberg (1998), Kessler & Croat (1999), Wood et al. (2011).
Hierba. Nativa. Zonas Bajas, Andes. Bosque Húmedo, Campos Cerrados, Sabanas Benianas del Sur, Yungas, 0–2000 m.
Dept.: BE, CO, LP, SC.
Muestra: *S.G. Beck 4857* (LPB, M, MO, USZ).

Caladium clavatum Hett., Bogner & J. Boos, Aroideana 32: 126, pl. 1. 2009.
Ref.: Hetterscheid et al. (2009).
Epífita. Naturalizada. Región, tipo de vegetación y elevación desconocidas.
Dept.: Bolivia.
Nota: Citada para Bolivia por Hetterscheid et al. (2009). No hay ejemplares de herbario confirmados.

Caladium tuberosum (S. Moore) Bogner & S.J. Mayo, Willdenowia 21(1–2): 45. 1991.
Sin.: *Aphyllarum tuberosum* S. Moore
Ref.: Madison (1981), Bogner & Nicolson (1991).
Hierba. Nativa. Zonas Bajas. Sabanas Benianas del Norte, Campos Amazónicos, 0–500 m.
Dept.: LP.
Muestra: *S.G. Beck & R. Haase 10034* (LPB, M, MO).

Colocasia Schott, Melet. Bot. 18. 1832.
1 especie, 0 especies endémicas.

Colocasia esculenta (L.) Schott, Melet. Bot. 18. 1832.
Sin.: *Arum esculentum* L.
Ref.: Crisci & Katinas (1997), Kessler & Croat (1999).
Hierba. Cultivada. Zonas Bajas, Andes. Bosque Húmedo, Yungas, 0–1500 m.
Dept.: LP.
Muestra: *S.G. Beck 25235* (LPB, MO).
Nom. Vern.: Papa japonesa.

Dieffenbachia Schott, Wiener Z. Kunst 1829(3): 803. 1829.
3 especies, 0 especies endémicas.

Dieffenbachia humilis Poepp., Nov. Gen. Sp. Pl. 3: 90. 1845.
Ref.: Parker & Bailey (1991).
Nota: Esperado. Esta especie se encuentra en Acre (Brasil), adyacente a PA.

Dieffenbachia parvifolia Engl., Pflanzenr. 23Dc(Heft 64): 59. 1915.
Ref.: Bunting (1979), Kessler & Croat (1999).
Hierba. Nativa. Zonas Bajas. Bosque Húmedo, 0–1000 m.
Dept.: CO.
Muestra: *M. Kessler et al. 8803* (LPB, MO).

Dieffenbachia seguine (Jacq.) Schott, Wiener Z. Kunst 3: 803. 1829.
Sin.: *Arum seguine* Jacq., *Dieffenbachia maculata* (Lodd.) G. Don, *Dieffenbachia picta* Schott, *Dieffenbachia maculata* (Lodd.) G.S. Bunting
Ref.: Bunting (1979).
Hierba. Nativa. Zonas Bajas. Bosque Húmedo, 0–500 m.
Dept.: PA, SC.
Muestra: *M.H. Nee 41364* (MO, NY).

Dieffenbachia williamsii Croat, Novon 15(1): 90, f. 4B. 2005.
Hierba. Nativa. Zonas Bajas, Andes. Bosque Húmedo, Yungas, 0–1500 m.
Dept.: BE, CO, LP, SC.
Tipo y muestra: *T.B. Croat et al. 84385* (HT: MO; IT: B, LPB), *J.C. Solomon 8562* (CM, LPB, MO).

Dracontium L., Sp. Pl. 2: 967. 1753.
3 especies, 0 especies endémicas.

Dracontium amazonense G.H. Zhu & Croat, Ann. Missouri Bot. Gard. 91(4): 607–611, f. 3A, 4. 2004.
Hierba. Nativa. Zonas Bajas. Bosque Húmedo, 500–1000 m.
Dept.: SC.
Muestra: *P.L. Ibisch & R. Vásquez C. 98.0076* (LPB, USZ).

Dracontium margaretae Bogner, Aroideana 4: 87, f. 1–6. 1981.
Ref.: Kessler & Croat (1999).
Hierba. Nativa. Zonas Bajas. Sabanas Benianas del Sur, 0–500 m.
Dept.: BE.
Muestra: *S.G. Beck 15078* (LPB, M).

Dracontium ulei K. Krause, Notizbl. Bot. Gart. Berlin–Dahlem 6: 115. 1914.
Ref.: Kessler & Croat (1999).
Hierba. Nativa. Zonas Bajas. Bosque Húmedo, 0–500 m.
Dept.: PA, SC.
Muestra: *M.H. Nee 31734* (LPB, MO, NY).

Gorgonidium Schott, Ann. Mus. Bot. Lugduno-Batavi 1: 282. 1864.
6 especies, 3 especies endémicas.

Gorgonidium beckianum Bogner, Willdenowia 38: 195–200, f. 1a–g, 2, 3a–b. 2008.
Hierba. Nativa. Andes. Bosque Tucumano-Boliviano, 1500–2500 m.
Dept.: CH.
Tipo y muestra: *J.R.I. Wood 8796* (HT: LPB; IT: K), *M. Kessler et al. 4823* (LPB, MO).

Gorgonidium bulbostylum Bogner & E.G. Gonç., Willdenowia 32(2): 326–329, f. 3–4. 2002.
Ref.: Bogner & Gonçalves (2002).
Hierba. Nativa. Andes. Bosque Tucumano-Boliviano, 1500–2500 m.
Dept.: CH, SC, TA.
Tipo y muestra: *M. Liberman et al. 1857* (HT: LPB; IT: M), *M. Kessler et al. 4823* (LPB, MO).

Gorgonidium cardenasianum (Bogner) E.G. Gonç., Aroideana 26: 2425. 2003.
Sin.: *Taccarum cardenasianum* Bogner
Ref.: Bogner (1989), Kessler & Croat (1999).
Hierba. Endémica. Andes. Yungas, 2000–3000 m.
Dept.: CO.
Tipo: *M. Cárdenas 5630* (HT: US; IT: K; fotos: MO).
Nota: Conocido solamente del tipo.

Gorgonidium mirabile Schott, Ann. Mus. Bot. Lugduno-Batavi 1: 282. 1863.
Ref.: Bogner & Nicolson (1988), Saravia Miranda (1996), Schulenberg & Awbrey (1997), Kessler & Croat (1999), Serrano & Terán (1998 [2000]).
Hierba. Endémica. Andes. Yungas, Valles Secos, 2500–3500 m.
Dept.: CH, CO, LP.
Tipo y muestra: *d'Orbigny 484* (HT: L), *M. Kessler et al. 9275* (LPB, MO).
Nom. Vern.: Katari papa.

Gorgonidium striatum Hett., Ibisch & E.G. Gonç., Brittonia 55(1): 37. 2003.
Ref.: Hetterscheid et al. (2003).
Hierba. Endémica. Andes. Yungas, 1500–3500 m.
Dept.: CH, CO, LP, SC.
Tipo y muestra: *W.L.A. Hetterscheid 245-T* (HT: L), *J.C. Solomon 10337* (MO).

Gorgonidium vermicidum (Speg.) Bogner & Nicolson, Bot. Jahrb. Syst. 109(4): 548. 1988.
Sin.: *Staurostigma vermicida* Speg., *Asterostigma vermicida* (Speg.) Hauman & Vanderv., *Asterostigma lorentzianum* Engl., *Asterostigma fabrisii* Crisci
Ref.: Bogner & Nicolson (1988), Kessler & Croat (1999).
Hierba. Nativa. Andes. Bosque Tucumano-Boliviano, 1000–2500 m.
Dept.: CH, LP, SC, TA.
Muestra: *M.H. Nee & I.G. Vargas 43471* (NY).

Heteropsis Kunth, Enum. Pl. 3: 59. 1841.
5 especies, 1 especie endémica.

Heteropsis boliviana Rusby, Bull. New York Bot. Gard. 6(22): 493. 1910.
Ref.: Foster (1958).
Hemiepífita. Endémica. Zonas Bajas. Bosque Húmedo, 0–500 m.
Dept.: LP.
Tipo y muestra: *R.S. Williams 721* (HT: NY; IT: K), *C. Foster et al. 12539* (F, LPB).

Heteropsis flexuosa (Kunth) G.S. Bunting, Revista Fac. Agron. (Maracay) 10: 201. 1979.
Sin.: *Pothos flexuosus* Kunth, *Heteropsis jenmanii* Oliv.
Ref.: Kessler & Croat (1999).
Hemiepífita. Nativa. Zonas Bajas. Bosque Húmedo, 0–500 m.
Dept.: PA.
Muestra: *A.H. Gentry & A. Perry 77987* (LPB, MO).

Heteropsis oblongifolia Kunth, Enum. Pl. 3: 60. 1841.
Ref.: Parker & Bailey (1991), Ibisch (1996), Kessler & Croat (1999).
Hemiepífita. Nativa. Zonas Bajas. Bosque Húmedo, 0–500 m.
Dept.: PA.
Muestra: *S.G. Beck et al. 19378* (LPB).

Heteropsis peruviana K. Krause, Notizbl. Bot. Gart. Berlin–Dahlem 9: 270. 1925.
Ref.: Fuentes Claros et al. (2009).
Hemiepífita. Nativa. Zonas Bajas. Bosque Húmedo, 0–500 m.
Dept.: LP.
Muestra: *A.F. Fuentes C. 3922* (LPB, MO).

Heteropsis tenuispadix G.S. Bunting, Phytologia 60(5): 306. 1986.
Ref.: Bunting (1986), Kessler & Croat

(1999), Fuentes Claros et al. (2009).
Hemiepífita. Nativa. Zonas Bajas. Bosque Húmedo, 0–500 m.
Dept.: LP, PA.
Muestra: *D. De la Quintana et al. 203* (LPB, MO).

Homalomena Schott, Melet. Bot. 20. 1832.

2 especies, 0 especies endémicas.

Homalomena crinipes Engl., Bot. Jahrb. Syst. 37: 124. 1905.
Hierba. Nativa. Zonas Bajas, Andes. Bosque Húmedo, Yungas, 0–1500 m.
Dept.: BE, CO, LP.
Muestra: *T.B. Croat 51282* (CUVC, HUA, MO, USZ).

Homalomena wendlandii Schott, Prodr. Syst. Aroid. 308–309. 1860.
Ref.: Kessler & Croat (1999).
Hierba. Nativa. Zonas Bajas, Andes. Bosque Húmedo, Yungas, 0–1500 m.
Dept.: BE, CO, LP.
Muestra: *T.B. Croat et al. 84421* (LPB, MO).

Lemna L., Sp. Pl. 2: 970. 1753.

5 especies, 1 especie endémica.

Lemna aequinoctialis Welw., Apont. 578. 1858 [1859].
Sin.: *Lemna paucicostata* Hegelm.
Ref.: Landolt (1986), Landolt (1999), Serrano & Terán (1998 [2000]).
Acuática. Nativa. Zonas Bajas, Andes. Bosque Húmedo, Bosque Semideciduo Chiquitano, Bosque Seco Chaqueño, Campos Cerrados, Sabanas Benianas del Norte, Sabanas Benianas del Sur, Campos Amazónicos, Bosque Tucumano-Boliviano, Bosque Serrano Chaqueño, 0–2000 m.
Dept.: BE, CH, CO, LP, PA, SC.
Muestra: *M.H. Nee 37616* (LPB, MO, NY, ZT).
Nota: Puede ser encontrada también en las Zonas Bajas de TA.

Lemna gibba L., Sp. Pl. 2: 970. 1753.
Sin.: *Lemna parodiana* Giardelli
Ref.: Foster (1958), Landolt (1986), De la Barra (1997), Landolt (1999).
Acuática. Nativa. Andes, Altiplano. Bosque Serrano Chaqueño, Páramo Yungueño, Valles Secos, Puna Húmeda, Puna Seca, Bosque de *Polylepis*, 2000–4500 m.
Dept.: CH, CO, LP, OR, PO, SC, TA.
Muestra: *S.G. Beck 12901* (LPB).

Lemna minuta Kunth, Nov. Gen. Sp. (quarto ed.) 1: 372. 1815 [1816].
Sin.: *Lemna minima* Phil., *Lemna minuscula* Herter
Ref.: Landolt (1986), Landolt (1999).
Acuática. Nativa. Andes, Altiplano. Bosque Serrano Chaqueño, Valles Secos, Puna Húmeda, Puna Seca, Bosque de *Polylepis*, 1500–4500 m.
Dept.: CH, CO, LP, OR, PO.
Muestra: *S.G. Beck 1042* (LPB).

Lemna valdiviana Phil., Linnaea 33: 239. 1864.
Ref.: Foster (1958), Landolt (1986), Landolt (1999).
Acuática. Nativa. Zonas Bajas, Andes, Altiplano. Bosque Húmedo, Sabanas Benianas del Norte, Sabanas Benianas del Sur, Bosque Tucumano-Boliviano, Páramo Yungueño, Puna Húmeda, Bosque de *Polylepis*, 0–4000 m.
Dept.: BE, CH, CO, LP, OR, PA, SC.
Muestra: *S.G. Beck 19238* p.p. (LPB, ZT).

Lemna yungensis Landolt, Bull. Geobot. Inst. ETH 64: 18. 1998.
Ref.: Landolt (1998).
Acuática. Endémica. Andes. Yungas, 1000–2500 m.
Dept.: LP.
Tipo y muestra: *E. Landolt 1/96* (HT: LPB; IT: ZT), *J.C. Solomon 8101* (LPB, MO).

Monstera Adans., Fam. Pl. 2: 470. 1763.

9 especies, 0 especies endémicas.

Monstera adansonii Schott, Wiener Z. Kunst 4: 1028. 1830.
Sin.: *Dracontium pertusum* L., *Monstera pertusa* (L.) de Vriese, *Monstera klotzschiana* Schott, *Tornelia laniata* Schott, *Monstera ecuadorensis* Engl. & K. Krause
Ref.: Madison (1977), Ibisch (1996), Killeen & Schulenberg (1998), Kessler & Croat (1999).
Hemiepífita. Nativa. Zonas Bajas, Andes. Bosque Húmedo, Yungas, 0–1500 m.
Dept.: BE, CO, LP, PA, SC.
Muestra: *T.B. Croat et al. 84409* (MO).
Infra: *Monstera adansonii* var. *klotzschiana* (Schott) Madison

Monstera boliviana Rusby, Bull. New York Bot. Gard. 6(22): 494. 1910.
Ref.: Foster (1958), Madison (1977).
Hemiepífita. Nativa. Zonas Bajas, Andes. Bosque Húmedo, Yungas, 0–1500 m.
Dept.: BE, CO, LP, SC.
Tipo y muestra: *R.S. Williams 676* (LT: NY), *M. Kessler et al. 10868* (MO).

Monstera dubia (Kunth) Engl. & K. Krause, Pflanzenr. 23B(Heft 37): 117. 1908.
Sin.: *Marcgravia dubia* Kunth, *Monstera acreana* K. Krause
Ref.: Madison (1977), Parker & Bailey (1991), Ibisch (1996), Kessler & Croat (1999).
Hemiepífita. Nativa. Zonas Bajas, Andes. Bosque Húmedo, Yungas, 0–1500 m.
Dept.: BE, CO, LP, PA, SC.
Muestra: *T.B. Croat et al. 84406* (LPB, MO).

Monstera kessleri Croat, Novon 15(1): 91, f. 4C, D, 5A. 2005.
Hemiepífita. Nativa. Zonas Bajas. Bosque Húmedo, 0–500 m.
Dept.: CO, LP.
Tipo y muestra: *M. Kessler 8479* (HT: MO), *N. Helme 252* (LPB, MO).

Monstera lechleriana Schott, Prodr. Syst. Aroid. 366. 1860.
Sin.: *Monstera egregia* Schott, *Monstera maxima* Engl. & K. Krause, *Monstera henripittieri* G.S. Bunting
Ref.: Madison (1977), Ibisch (1996), Kessler & Croat (1999).
Hemiepífita. Nativa. Zonas Bajas, Andes. Bosque Húmedo, Yungas, 0–2000 m.
Dept.: BE, CO, LP, PA, SC.
Muestra: *T. Krömer 1080* (LPB, MO).

Monstera obliqua Miq., Linnaea 18: 79. 1844.
Sin.: *Monstera microstachys* Schott, *Monstera expilata* Schott, *Monstera falcifolia* Engl., *Monstera fendleri* Engl., *Monstera sagotiana* Engl., *Monstera unilatera* Rusby, *Monstera snethlagei* K. Krause, *Monstera falcifolia* var. *latifolia* K. Krause, *Monstera killipii* K. Krause
Ref.: Foster (1958), Madison (1977), Moraes R. (1990), Parker & Bailey (1991), Ibisch (1996), Killeen & Schulenberg (1998), Kessler & Croat (1999).
Hemiepífita. Nativa. Zonas Bajas, Andes. Bosque Húmedo, Yungas, 0–1500 m.
Dept.: BE, CO, LP, PA, SC.
Muestra: *J.C. Solomon 6193* (LPB, MO).
Infra: *Monstera obliqua* var. *obliqua*, *Monstera obliqua* var. *expilata* (Schott) Engl.

Monstera pinnatipartita Schott, Oesterr. Bot. Wochenbl. 7(25): 197–198. 1857.
Sin.: *Scindapsus dilaceratus* K. Koch & Sello, *Monstera dilacerata* (K. Koch & Sello) K. Koch
Ref.: Madison (1977), Kessler & Croat (1999).

Hemiepífita. Nativa. Zonas Bajas. Bosque Húmedo, 0–1000 m.
Dept.: BE, CO.
Muestra: *A. Acebey 697* (LPB, MO).

Monstera spruceana (Schott) Engl., Fl. Bras. 3(2): 115. 1878.
Sin.: *Tornelia spruceana* Schott, *Monstera steyermarkii* G.S. Bunting
Ref.: Madison (1977), Ibisch (1996), Kessler & Croat (1999).
Hemiepífita. Nativa. Zonas Bajas. Bosque Húmedo, 0–500 m.
Dept.: BE, LP, PA, SC.
Muestra: *M. Kessler et al. 11130* (MO).

Monstera subpinnata (Schott) Engl., Monogr. Phan. 2: 267. 1879.
Sin.: *Tornelia subpinnata* Schott, *Monstera uleana* Engl., *Monstera latiloba* K. Krause
Ref.: Madison (1977), Parker & Bailey (1991), Ibisch (1996), Kessler & Croat (1999).
Hemiepífita. Nativa. Zonas Bajas, Andes. Bosque Húmedo, Yungas, 0–1500 m.
Dept.: BE, CO, LP, PA.
Muestra: *J.C. Solomon et al. 6608* (MO).

Montrichardia Crueg., Bot. Zeitung (Berlin) 12: 25. 1854.
1 especie, 0 especies endémicas.

Montrichardia arborescens (L.) Schott, Arac. Betreff. 1: 4. 1854.
Sin.: *Arum arborescens* L., *Caladium aculeatum* G. Mey., *Montrichardia aculeata* (G. Mey.) Crueg., *Montrichardia arborescens* var. *aculeata* (G. Mey.) Engl.
Ref.: Bunting (1979).
Hierba, acuática. Nativa. Zonas Bajas. Bosque Húmedo, 0–500 m.
Dept.: BE.
Muestra: *N.P. Ritter 3767* (MO).

Philodendron Schott, Wiener Z. Kunst 1829(3): 780. 1829.
34 especies, 0 especies endémicas.

Philodendron acreanum K. Krause, Pflanzenr. 23Db(Heft 60): 22. 1913.
Ref.: Parker & Bailey (1991), Grayum (1996), Ibisch (1996), Kessler & Croat (1999).
Hemiepífita. Nativa. Zonas Bajas, Andes. Bosque Húmedo, Yungas, 0–1500 m.
Dept.: BE, LP, PA, SC.
Tipo y muestra: *E.H.G. Ule 9238* (LT: B; ILT: F, U), *T. Krömer & A. Acebey 336* (LPB, MO).

[Philodendron acutissimum Engl.]
Ref.: Ibisch (1996).
Nota: El registro se basa en material mal identificado. El variante ortográfica *P. acutissimum* nunca fue publicada. Posiblemente una nueva especie de *Philodendron*.

Philodendron bipinnatifidum Schott ex Endl., Gen. Pl. 1(3): 237. 1837.
Sin.: *Arum pinnatifidum* Vell.
Ref.: Mayo (1991), Crisci & Katinas (1997), Kessler & Croat (1999).
Hemiepífita. Nativa. Zonas Bajas. Campos Cerrados, Sabanas Benianas del Sur, 0–500 m.
Dept.: SC.
Muestra: *M.H. Nee 33398* (LPB, MO, NY).

Philodendron brandtianum K. Krause, Pflanzenr. fam. 23(Db): 46. 1913.
Ref.: Foster (1958), Kessler & Croat (1999).
Hemiepífita. Nativa. Zonas Bajas, Andes. Bosque Húmedo, Yungas, 0–2000 m.
Dept.: BE, CO, LP, PA.
Muestra: *T.B. Croat et al. 84685* (F, LPB, M, MO, NY, QCNE, RSA, UB, US, USM, VEN, W).

Philodendron brevispathum Schott, Bonplandia (Hannover) 7: 29. 1859.
Sin.: *Philodendron arcuatum* K. Krause, *Philodendron holmquistii* G.S. Bunting, *Philodendron brevispathum* subsp. *holmquistii* (G.S. Bunting) G.S. Bunting
Ref.: Foster (1958), Croat (1997), Kessler & Croat (1999).
Hierba, hemiepífita. Nativa. Zonas Bajas. Bosque Húmedo, 0–500 m.
Dept.: BE, LP, PA, SC.
Muestra: *S.G. Beck et al. 20160* (LPB, M, MO).

Philodendron camposportoanum G.M. Barroso, Arch. Jard. Bot. Rio de Janeiro 14: 269, t. 1956.
Ref.: Killeen & Schulenberg (1998), Kessler & Croat (1999).
Hemiepífita. Nativa. Zonas Bajas, Andes. Bosque Húmedo, Bosque Semideciduo Chiquitano, Yungas, Bosque Tucumano-Boliviano, Bosque Serrano Chaqueño, 0–1500 m.
Dept.: BE, CH, CO, LP, PA, SC.
Muestra: *A. Acebey 40* (LPB, MO).

Philodendron caudatum K. Krause, Pflanzenr. 23Db(Heft 60): 13. 1913.
Ref.: Foster (1958), Grayum (1996), Kessler & Croat (1999).
Hemiepífita. Nativa. Zonas Bajas. Bosque Húmedo, 0–1000 m.
Dept.: BE, CO, LP.
Tipo y muestra: *O. Buchtien 2037* (LT: B; fotos: F ex B), *T.B. Croat et al. 84302* (COCH, MO, UB).

Philodendron chinchamayense Engl., Bot. Jahrb. Syst. 37: 125. 1905.
Ref.: Grayum (1996), Kessler & Croat (1999).
Hemiepífita. Nativa. Zonas Bajas. Bosque Húmedo, 0–500 m.
Dept.: BE, CO, LP.
Muestra: *T.B. Croat et al. 84508* (MO).

Philodendron cotapatense Croat & Acebey, Novon 15(1): 93, f. 5B. 2005.
Hemiepífita. Nativa. Andes. Yungas, 1500–2000 m.
Dept.: LP.
Tipo y muestra: *T. Krömer & A. Acebey 1558* (HT: MO-5207999; IT: LPB), *K. Bach et al. 1717* (MO).

[Philodendron crassinervium Lindl.], Edwards's Bot. Reg. 23: t. 1958. 1837.
Sin.: *Philodendron lanceolatum* Schott
Ref.: Montambault (2002).
Nota: El registro se basa en material mal identificado. Citada erróneamente por Montambault (2002) para Bolivia como *P. lanceolatum*, que es endémica del este del Brasil.

Philodendron deltoideum Poepp., Nov. Gen. Sp. Pl. 3: 87, pl. 298. 1845.
Ref.: Engler & Krause (1913), Kessler & Croat (1999).
Hemiepífita. Nativa. Andes. Yungas, 1000–2000 m.
Dept.: LP.
Muestra: *T.B. Croat et al. 84263* (LPB, MO).

Philodendron distantilobum K. Krause, Pflanzenr. IV 23Db(Heft 60): 115. 1913.
Ref.: Killeen & Schulenberg (1998), Kessler & Croat (1999).
Hemiepífita. Nativa. Zonas Bajas. Bosque Húmedo, 0–500 m.
Dept.: BE, LP, PA, SC.
Muestra: *T.B. Croat et al. 84549* (COL, LPB, M, MO, PMA, QCA, QCNE, UB, W).

Philodendron divaricatum K. Krause, Notizbl. Bot. Gart. Berlin–Dahlem 11: 618. 1932.
Ref.: Macbride (1936b), Kessler & Croat (1999).
Hemiepífita. Nativa. Zonas Bajas.

Bosque Húmedo, 0–1000 m.
Dept.: LP.
Muestra: *T.B. Croat et al. 84428* (MO, UB).

Philodendron ernestii Engl., Bot. Jahrb. Syst. 37: 126. 1905.
Ref.: Engler & Krause (1913), Parker & Bailey (1991), Kessler & Croat (1999), Alverson et al. (2000), Montambault (2002).
Hemiepífita. Nativa. Zonas Bajas, Andes. Bosque Húmedo, Yungas, 0–1500 m.
Dept.: BE, LP, PA.
Muestra: *T. Krömer 1057* (LPB, MO).

[Philodendron exile G.S. Bunting], Phytologia 60(5): 319. 1986.
Ref.: Bunting (1986), Grayum (1996).
Nota: El registro se basa en material mal identificado. Especie del Ecuador y del norte del Perú.

Philodendron fragrantissimum (Hook.) G. Don, Hort. Brit. (ed. 3) 632. 1839.
Sin.: *Caladium fragrantissimum* Hook.
Hemiepífita. Nativa. Zonas Bajas. Bosque Húmedo, 0–500 m.
Dept.: PA.
Muestra: *L. Vargas et al. 893* (F, LPB).

Philodendron guttiferum Kunth, Enum. Pl. 3: 51. 1841.
Nota: Esperado. Nativa del Perú, Brasil, Colombia y Ecuador, posiblemente se encuentra en la frontera Brasil-Bolivia ó Perú-Bolivia. Hasta el momento no hay ejemplares confirmados.

Philodendron hederaceum (Jacq.) Schott, Wiener Z. Kunst 1829(3): 780. 1829.
Sin.: *Arum hederaceum* Jacq., *Philodendron scandens* K. Koch & Sello
Ref.: Ibisch (1996), Croat (1997), Kessler & Croat (1999).
Hemiepífita. Nativa. Zonas Bajas, Andes. Bosque Húmedo, Yungas, 0–1500 m.
Dept.: CO, LP, SC.
Muestra: *T.B. Croat et al. 84826* (LPB, MO).

[Philodendron heleniae Croat], Ann. Missouri Bot. Gard. 84(3): 465–467. 1997.
Ref.: Croat & Shah (2001).
Nota: El registro se basa en material mal identificado de *P. huaynacapacense*.

Philodendron heterophyllum Poepp., Nov. Gen. Sp. Pl. 3: 86, pl. 297. 1845.
Ref.: Macbride (1936b), Kessler & Croat (1999).
Hemiepífita. Nativa. Zonas Bajas, Andes. Bosque Húmedo, Yungas, 0–1500 m.
Dept.: CO, LP, PA, SC.
Muestra: *M. Kessler et al. 8717* (LPB, MO).

Philodendron huaynacapacense Croat, Willdenowia 36: 886, f. 1a–d, f.2c. 2006.
Trepadora, hemiepífita. Nativa. Zonas Bajas, Andes. Bosque Húmedo, Yungas, 0–1500 m.
Dept.: CO, LP.
Muestra: *A. Acebey 531* (LPB, MO).

Philodendron hylaeae G.S. Bunting, Acta Bot. Venez. 10: 298. 1975.
Ref.: Moraes R. (1990), Ibisch (1996), Kessler & Croat (1999).
Hemiepífita. Nativa. Zonas Bajas. Bosque Húmedo, 0–500 m.
Dept.: BE, LP, PA.
Muestra: *T.B. Croat et al. 84578* (LPB, MO, W).

Philodendron imbe Schott ex Endl., Gen. Pl. 1: 237. 1837.
Sin.: *Calostigma imbe* Schott, *Philodendron sellowianum* Kunth
Ref.: Engler & Krause (1913), Crisci & Katinas (1997), Killeen & Schulenberg (1998), Kessler & Croat (1999).
Hemiepífita. Nativa. Zonas Bajas. Bosque Húmedo, Bosque Semideciduo Chiquitano, Campos Cerrados, 0–500 m.
Dept.: BE, SC.
Muestra: *J.C. Solomon 16787* (LPB, MO, US).

Philodendron inaequilaterum Liebm., Vidensk. Meddel. Dansk Naturhist. Foren. Kjøbenhavn 1849: 16. 1849.
Hemiepífita. Nativa. Andes. Yungas, 1000–1500 m.
Dept.: LP.
Muestra: *M. Kessler et al. 9914* (LPB).

Philodendron kroemeri Croat & Acebey, Novon 15(1): 93, f. 5C, D, 6A. 2005.
Hemiepífita. Nativa. Andes. Yungas, 1500–2500 m.
Dept.: LP.
Tipo y muestra: *T.B. Croat et al. 84820* (HT: MO; IT: B, LPB), *T. Krömer & A. Acebey 1590* (LPB, MO).

Philodendron lechlerianum Schott, Prodr. Syst. Aroid. 250. 1860.
Ref.: Engler & Krause (1913), Foster (1958), Ibisch (1996), Kessler & Croat (1999).
Hemiepífita. Nativa. Zonas Bajas, Andes. Bosque Húmedo, Yungas, 0–2000 m.
Dept.: CO, LP, SC.
Muestra: *J.C. Solomon 8776* (MO).

Philodendron leucanthum K. Krause, Pflanzenr. IV 23Db(Heft 60): 18. 1913.
Ref.: Grayum (1996).
Hemiepífita. Nativa. Zonas Bajas. Bosque Húmedo, 0–500 m.
Dept.: LP, PA.
Muestra: *R. Seidel & M. Schulte 2248* (LPB, MO).

Philodendron linnaei Kunth, Enum. Pl. 3: 47. 1841.
Sin.: *Philodendron notabile* hort. ex W. Bull, *Philodendron decurrens* K. Krause
Ref.: Engler & Krause (1913).
Epífita. Nativa. Zonas Bajas. Bosque Húmedo, 0–500 m.
Dept.: BE.
Muestra: *T.B. Croat et al. 84579* (COL, LPB, MO, US).

Philodendron maximum K. Krause, Pflanzenr. 23Db(Heft 60): 49. 1913.
Ref.: Engler & Krause (1913), Ibisch (1996), Kessler & Croat (1999).
Epífita. Nativa. Zonas Bajas. Bosque Húmedo, Bosque Semideciduo Chiquitano, Sabanas Benianas del Sur, 0–1000 m.
Dept.: BE, LP, PA, SC.
Muestra: *J.C. Solomon 17067* (B, LPB, MO).

Philodendron megalophyllum Schott, Prodr. Syst. Aroid. 279. 1860.
Sin.: *Anthurium stahelii* A.D. Hawkes
Ref.: Engler & Krause (1913), Ibisch (1996), Killeen & Schulenberg (1998), Kessler & Croat (1999).
Hemiepífita. Nativa. Zonas Bajas, Andes. Bosque Húmedo, Yungas, Valles Secos, 0–2000 m.
Dept.: BE, CO, LP, PA, SC.
Muestra: *M. Kessler et al. 5760* (LPB, MO).

Philodendron oblongum (Vell.) Kunth, Enum. Pl. 3: 51. 1841.
Sin.: *Arum oblongum* Vell.
Ref.: Montambault (2002).
Hemiepífita. Nativa. Región, tipo de vegetación y elevación desconocidas.
Dept.: LP.

Nota: Citada para Bolivia por Montanbault (2002). No hay ejemplares de herbario confirmados.

Philodendron ornatum Schott, Oesterr. Bot. Wochenbl. 3: 378. 1853.
Sin.: *Zantedeschia asperata* (K. Koch) K. Koch, *Philodendron asperatum* K. Koch, *Philodendron rubens* Schott, *Philodendron tobagense* Engl., *Philodendron muschlerianum* K. Krause
Ref.: Engler & Krause (1913), Foster (1958), Kessler & Croat (1999).
Hemiepífita. Nativa. Zonas Bajas, Andes. Bosque Húmedo, Yungas, 0–2000 m.
Dept.: BE, CO, LP, SC.
Muestra: *T.B. Croat et al. 84291* (F, LPB, MO, US).

Philodendron paxianum K. Krause, Pflanzenr. 23Db(Heft 60): 31. 1913.
Ref.: Engler & Krause (1913), Foster (1958), Ibisch (1996), Kessler & Croat (1999).
Hemiepífita. Nativa. Zonas Bajas, Andes. Bosque Húmedo, Yungas, 0–1500 m.
Dept.: BE, CO, LP, SC.
Muestra: *M. Kessler et al. 11455* (LPB, MO).

Philodendron pedatum (Hook.) Kunth, Enum. Pl. 3: 49. 1841.
Sin.: *Caladium pedatum* Hook., *Philodendron weddellianum* Engl.
Ref.: Engler & Krause (1913), Killeen & Schulenberg (1998), Kessler & Croat (1999).
Hemiepífita. Nativa. Zonas Bajas. Bosque Húmedo, 0–1000 m.
Dept.: BE, PA, SC.
Muestra: *T. Killeen 3905* (LPB, MO).

Philodendron quinquelobum K. Krause, Pflanzenr. IV 23Db(Heft 60): 111. 1913.
Ref.: Kessler & Croat (1999).
Hemiepífita. Nativa. Zonas Bajas. Bosque Húmedo, 0–500 m.
Dept.: BE, LP, PA.
Muestra: *T.B. Croat et al. 84553* (F, GH, IBE, LPB, MEXU, MO, NY, SEL, US).

Philodendron ruizii Schott, Oesterr. Bot. Wochenbl. 4: 418. 1854.
Sin.: *Philodendron buchtienii* K. Krause
Ref.: Engler & Krause (1913), Foster (1958), Kessler & Croat (1999).
Hierba, epífita. Nativa. Zonas Bajas, Andes. Bosque Húmedo, Yungas, 500–1500 m.
Dept.: CO, LP.
Muestra: *M. Kessler et al. 7566* (LPB, MO).

Philodendron solimoesense A.C. Sm., J. Arnold Arbor. 20: 289. 1939.
Ref.: Mayo (1991).
Hemiepífita. Nativa. Zonas Bajas. Bosque Húmedo, 0–500 m.
Dept.: BE, PA.
Muestra: *T.B. Croat et al. 84550* (LPB, MO, W).

Philodendron tortum M.L. Soares & S.J. Mayo, Feddes Repert. 112: 42. 2001.
Ref.: Soares & Mayo (2001).
Hemiepífita. Nativa. Zonas Bajas. Bosque Húmedo, 0–500 m.
Dept.: BE, PA, SC.
Muestra: *M.H. Nee 41193* (MO, NY).

[Philodendron tripartitum (Jacq.) Schott], Wiener Z. Kunst 1829(3): 780. 1829.
Sin.: *Arum tripartitum* Jacq.
Ref.: Foster (1958), Ibisch (1996), Alverson et al. (2000), Montambault (2002).
Nota: El registro se basa en material mal identificado. *P. tripartitum* se distribuye de Mexico a Colombia. Especímenes de *P. camposportoanum* son con frecuencia erróneamente identificados como *P. tripartitum*.

Philodendron undulatum Engl., Monogr. Phan. 2: 428. 1879.
Ref.: Mayo (1991), Schulenberg & Awbrey (1997), Kessler & Croat (1999), Serrano & Terán (1998 [2000]), Navarro Sánchez (2001).
Hemiepífita. Nativa. Zonas Bajas, Andes. Bosque Semideciduo Chiquitano, Bosque Tucumano-Boliviano, 0–1500 m.
Dept.: CH, SC, TA.
Muestra: *M.H. Nee 51360* (MO, NY).

Pistia L., Sp. Pl. 2: 963. 1753.
1 especie, 0 especies endémicas.

Pistia stratiotes L., Sp. Pl. 2: 963. 1753.
Ref.: Foster (1958), Adolfo María (1966), Moraes R. (1990), Killeen & Schulenberg (1998), Kessler & Croat (1999), Alverson et al. (2000).
Hierba, acuática. Nativa. Zonas Bajas. Campos Cerrados, Sabanas Benianas del Norte, Sabanas Benianas del Sur, Campos Amazónicos, 0–1000 m.
Dept.: BE, CO, PA, SC.
Muestra: *S.G. Beck 6920* (LPB, MO).
Nom. Vern.: Repollo de agua.

Rhodospatha Poepp., Nov. Gen. Sp. Pl. 3: 91. 1845.
4 especies, 0 especies endémicas.

Rhodospatha boliviensis Engl. & K. Krause, Bot. Jahrb. Syst. 44(Beibl. 101): 13. 1910.
Ref.: Foster (1958), Kessler & Croat (1999).
Hemiepífita. Nativa. Andes. Yungas, 1000–1500 m.
Dept.: LP.
Tipo y muestra: *O. Buchtien 1297* (IT: US), *A.H. Gentry 70941* (LPB, MO).

Rhodospatha brachypoda G.S. Bunting, Phytologia 64(6): 479. 1988.
Ref.: Kessler & Croat (1999).
Hemiepífita. Nativa. Zonas Bajas, Andes. Bosque Húmedo, Yungas, 500–1500 m.
Dept.: BE, CO, LP.
Muestra: *M. Kessler et al. 7891* (LPB, MO).

Rhodospatha latifolia Poepp., Nov. Gen. Sp. Pl. 3: 91, pl. 300. 1845.
Sin.: *Rhodospatha lechleriana* Schott
Ref.: Ibisch (1996), Kessler & Croat (1999).
Hemiepífita. Nativa. Zonas Bajas, Andes. Bosque Húmedo, Yungas, 0–1500 m.
Dept.: BE, CO, LP, PA, SC.
Muestra: *T.B. Croat et al. 84277* (MO).

Rhodospatha mukuntakia Croat, Novon 15(1): 95–96, f. 6B, C. 2005.
Hierba. Nativa. Zonas Bajas, Andes. Bosque Húmedo, Yungas, 0–1000 m.
Dept.: BE, CO, LP.
Tipo y muestra: *T.B. Croat et al. 84386* (HT: MO; IT: B, LPB), *T.B. Croat et al. 84666* (LPB, MO).

Scaphispatha Brongn. ex Schott, Prodr. Syst. Aroid. 214. 1860.
1 especie, 0 especies endémicas.

Scaphispatha gracilis Brongn. ex Schott, Prodr. Syst. Aroid. 214. 1860.
Ref.: Foster (1958), Bogner (1980).
Hierba. Nativa. Zonas Bajas. Bosque Semideciduo Chiquitano, 0–500 m.
Dept.: SC.
Tipo y muestra: *d'Orbigny s.n.* (HT: P), *d'Orbigny 1043* (MO).

Spathantheum Schott, Bonplandia (Hannover) 7: 164. 1859.
1 especie, 0 especies endémicas.

Spathantheum orbignyanum Schott, Bonplandia (Hannover) 7: 165. 1859.
Sin.: *Spathantheum heterandrum* (Baker) N.E. Br., *Spathantheum fallax* Hett., Ibisch & E.G. Gonç.
Ref.: Foster (1958), López Vargas (1995), Saravia Miranda (1996), Crisci & Katinas (1997), Killeen & Schulenberg (1998), Kessler & Croat (1999), Serrano & Terán (1998 [2000]), Hetterscheid et al. (2003).
Hierba. Nativa. Andes. Yungas, Bosque Tucumano-Boliviano, Valles Secos, 1500–3500 m.
Dept.: CH, CO, LP, SC, TA.
Tipo y muestra: *Anonymous s.n.* (HT: G; IT: L, MO), *P. Saravia 543* (BOLV).
Nom. Vern.: Catari papa, katari papa, papa de culebra, papa de víbora.

Spathicarpa Hook., Bot. Misc. 2: 146. 1831.
1 especie, 0 especies endémicas.

Spathicarpa hastifolia Hook., Bot. Misc. 2: 146. 1831.
Sin.: *Aropsis palustris* Rojas
Ref.: Foster (1958), Crisci & Katinas (1997), González et al. (1999), Kessler & Croat (1999), Serrano & Terán (1998 [2000]).
Hierba. Nativa. Zonas Bajas, Andes. Bosque Semideciduo Chiquitano, Bosque Seco Chaqueño, Bosque Tucumano-Boliviano, Bosque Serrano Chaqueño, 0–1500 m.
Dept.: CH, SC, TA.
Muestra: *M.H. Nee 51338* (LPB, MO, NY).

Spirodela Schleid., Linnaea 13: 391. 1839.
1 especie, 0 especies endémicas.

Spirodela intermedia W. Koch, Ber. Schweiz. Bot. Ges. 41(1): 113–115, f. 1. 1932.
Sin.: *Spirodela biperforata* W. Koch
Ref.: Landolt (1986), Killeen & Schulenberg (1998), Landolt (1999).
Acuática. Nativa. Zonas Bajas, Andes. Bosque Húmedo, Sabanas Benianas del Norte, Sabanas Benianas del Sur, Campos Amazónicos, Bosque Tucumano-Boliviano, 0–2000 m.
Dept.: BE, LP, SC, TA.
Muestra: *J.C. Solomon 11191* (LPB, MO).

Stenospermation Schott, Gen. Aroid. 70. 1858.
4 especies, 1 especie endémica.

Stenospermation dictyoneurum Croat & Acebey, Novon 15(1): 97, f. 7C, D, 8A. 2005.
Epífita. Endémica. Andes. Yungas, 1000–2000 m.
Dept.: LP.
Tipo y muestra: *T.B. Croat et al. 84270* (HT: MO; IT: K), *M. Kessler et al. 11348* (MO).

Stenospermation flavescens Engl., Bot. Jahrb. Syst. 37: 111. 1905.
Ref.: Engler (1905).
Epífita. Nativa. Andes. Yungas, 1000–1500 m.
Dept.: LP.
Muestra: *J.C. Solomon 10840* (LPB, MO).

Stenospermation rusbyi N.E. Br., Bull. New York Bot. Gard. 4: 461. 1907.
Ref.: Foster (1958), Kessler & Croat (1999).
Hierba. Nativa. Andes. Yungas, 1000–3000 m.
Dept.: CO, LP.
Muestra: *T.B. Croat et al. 84280* (MO).

[Stenospermation wallisii Mast.], Gard. Chron., n.s., 1: 558, f. 116. 1875.
Ref.: Ibisch (1996).
Nota: Especie dudosa.

[Stenospermation weberbaueri Engl.], Bot. Jahrb. Syst. 37: 110. 1905.
Ref.: Engler (1905).
Nota: Especie dudosa.

Stenospermation zeacarpium Madison, Phytologia 37: 66, f. 1977.
Sin.: *Stenospermation killipii* Croat & A.P. Gómez
Ref.: Ibisch (1996).
Hemiepífita, epífita. Nativa. Andes. Yungas, 1000–2500 m.
Dept.: CO, LP.
Muestra: *A.F. Fuentes C. et al. 14242* (LPB, MO).

Synandrospadix Engl., Bot. Jahrb. Syst. 4: 61. 1883.
1 especie, 0 especies endémicas.

Synandrospadix vermitoxicus (Griseb.) Engl., Bot. Jahrb. Syst. 4: 62. 1883.
Sin.: *Asterostigma vermitoxicum* Griseb.
Ref.: Foster (1958), López Vargas (1995), Crisci & Katinas (1997), González et al. (1999), Kessler & Croat (1999), Serrano & Terán (1998 [2000]).
Hierba. Nativa. Zonas Bajas, Andes. Bosque Seco Chaqueño, Bosque Tucumano-Boliviano, Bosque Serrano Chaqueño, 0–2000 m.
Dept.: CH, CO, SC, TA.
Muestra: *S.G. Beck 22818* (LPB, M, MO).
Nota: Citada como *S. vermitoxicus* (Chris.) Engl. en Serrano & Terán (2000).
Nom. Vern.: Choclo de zorro, katari papa.

Syngonium Schott, Wiener Z. Kunst 1829(3): 780. 1829.
2 especies, 0 especies endémicas.

Syngonium podophyllum Schott, Bot. Zeitung (Berlin) 9(5): 85. 1851.
Ref.: Ibisch (1996), Killeen & Schulenberg (1998), Alverson et al. (2000).
Hemiepífita. Nativa. Zonas Bajas, Andes. Bosque Húmedo, Campos Cerrados, Sabanas Benianas del Sur, Yungas, 0–1500 m.
Dept.: BE, CO, LP, PA, SC.
Muestra: *D.N. Smith & V. García E. 13820* (LPB, MO).

Syngonium yurimaguense Engl., Bot. Jahrb. Syst. 37: 141. 1905.
Sin.: *Syngonium apurense* G.S. Bunting, *Syngonium atrovirens* G.S. Bunting
Ref.: Croat (1981 [1982]), Ibisch (1996), Kessler & Croat (1999).
Hemiepífita. Nativa. Zonas Bajas. Bosque Húmedo, 0–500 m.
Dept.: BE, LP, PA.
Muestra: *T.B. Croat et al. 84554* (F, IBE, LPB, MO).

Taccarum Brongn. ex Schott, Oesterr. Bot. Wochenbl. 7: 221. 1857.
1 especie, 0 especies endémicas.

Taccarum caudatum Rusby, Mem. New York Bot. Gard. 7: 210. 1927.
Sin.: *Taccarum weddellianum* Brongn. ex Schott, *Taccarum hasslerianum* Chodat
Ref.: Foster (1958), Killeen & Schulenberg (1998), Kessler & Croat (1999), Wood et al. (2011).
Hierba. Nativa. Zonas Bajas. Bosque Húmedo, Bosque Semideciduo Chiquitano, 0–500 m.
Dept.: BE, CH, CO, LP, PA, SC.
Muestra: *J.C. Solomon 13519* (MO).
Nom. Vern.: Solimán.

Urospatha Schott, Aroideae 3, t. 7. 1853.
1 especie, 0 especies endémicas.

Urospatha sagittifolia (Rudge) Schott, Aroideae 1: 4. 1853.
Sin.: *Pothos sagittifolius* Rudge
Ref.: Killeen & Schulenberg (1998), Kessler & Croat (1999).
Hierba, acuática. Nativa. Zonas Bajas. Campos Cerrados, Campos Amazónicos, 0–1000 m.
Dept.: BE, PA, SC.
Muestra: *S.G. Beck et al. 20266* (MO).

Wolffia Horkel ex Schleid., Beitr. Bot. 1: 233. 1844.
2 especies, 0 especies endémicas.

Wolffia brasiliensis Wedd., Ann. Sci. Nat., Bot., sér. 3, 12(3): 170, pl. 8, f. 1–23. 1849.
Sin.: *Wolffia punctata* Griseb., *Wolffia papulifera* C.H. Thomps.
Ref.: Landolt (1986), Landolt (1999).
Acuática. Nativa. Zonas Bajas, Andes. Bosque Semideciduo Chiquitano, Sabanas Benianas del Sur, Bosque Tucumano-Boliviano, Bosque Serrano Chaqueño, 0–2000 m.
Dept.: BE, CH, CO, SC.
Muestra: *E. Landolt 46/94* p.p. (LPB, ZT).

Wolffia columbiana H. Karst., Bot. Untersuch. (Berlin) 1: 103, f. 11. 1865.
Ref.: Landolt (1986), Landolt (1999).
Acuática. Nativa. Zonas Bajas, Andes. Bosque Semideciduo Chiquitano, Sabanas Benianas del Sur, Bosque Tucumano-Boliviano, Bosque Serrano Chaqueño, 0–3000 m.
Dept.: BE, CH, CO, SC.
Muestra: *E. Landolt 44/94* (LPB, ZT).

Wolffiella Hegelm., Bot. Jahrb. Syst. 21(3): 303. 1895.
4 especies, 0 especies endémicas.

Wolffiella caudata Landolt, Ber. Geobot. Inst. ETH Stiftung Rübel 58: 121. 1992.
Ref.: Landolt (1992), Landolt (1999).
Acuática. Nativa. Zonas Bajas. Bosque Húmedo, 0–500 m.
Dept.: BE, PA.
Tipo y muestra: *S.G. Beck 16922* p.p. (HT: LPB; IT: ZT), *S.G. Beck 19238* p.p. (LPB, ZT).

Wolffiella lingulata (Hegelm.) Hegelm., Bot. Jahrb. Syst. 21(3): 303. 1895.
Sin.: *Wolffia lingulata* Hegelm.
Ref.: Landolt (1986), Landolt (1999).
Acuática. Nativa. Zonas Bajas, Andes. Bosque Húmedo, Sabanas Benianas del Norte, Sabanas Benianas del Sur, Campos Amazónicos, Bosque Tucumano-Boliviano, Bosque Serrano Chaqueño, 0–1500 m.
Dept.: BE, SC.
Muestra: *S.G. Beck 15322* p.p. (LPB, ZT).

Wolffiella oblonga (Phil.) Hegelm., Bot. Jahrb. Syst. 21(3): 303. 1895.
Sin.: *Lemna oblonga* Phil.
Ref.: Landolt (1986), Landolt (1999).
Acuática. Nativa. Zonas Bajas, Andes, Altiplano. Bosque Semideciduo Chiquitano, Sabanas Benianas del Norte, Sabanas Benianas del Sur, Bosque Tucumano-Boliviano, Bosque Serrano Chaqueño, Puna Húmeda, 500–4500 m.
Dept.: BE, CO, LP, OR, SC.
Muestra: *E. Landolt 59/94* (LPB, ZT).

Wolffiella welwitschii (Hegelm.) Monod, Mém. Soc. Hist. Nat. Afrique N., Hors Se|er. 2: 229, f. 1–46. 1949.
Sin.: *Wolffia welwitschii* Hegelm., *Wolffiopsis welwitschii* (Hegelm.) Hartog & Plas
Ref.: Landolt (1999).
Acuática. Nativa. Zonas Bajas. Sabanas Benianas del Sur, 0–500 m.
Dept.: SC.
Muestra: *V.J. Pott 9182* (LPB, ZT).

Xanthosoma Schott, Melet. Bot. 19. 1832.
9 especies, 2 especies endémicas.

Xanthosoma hylaeae Engl. & K. Krause, Notizbl. Bot. Gart. Berlin–Dahlem 6: 115. 1914.
Ref.: Engler & Krause (1914), Foster (1958).
Hierba. Nativa. Zonas Bajas, Andes. Bosque Húmedo, Yungas, 0–1500, 2000–2500 m.
Dept.: BE, CO, LP, SC.
Tipo y muestra: *E.H.G. Ule 9240* (LT: K; ILT: G), *T.B. Croat 51261* (LPB, MO).

Xanthosoma poeppigii Schott, Oesterr. Bot. Wochenbl. 4: 417. 1854.
Sin.: *Xanthosoma mafaffa* var. *poeppigii* (Schott) Engl.
Ref.: Foster (1958), Crisci & Katinas (1997), Kessler & Croat (1999).
Hierba. Nativa. Zonas Bajas, Andes. Bosque Húmedo, Yungas, 0–1500 m.
Dept.: BE, LP, PA, SC.
Muestra: *M.H. Nee 38170* (MO, NY).

Xanthosoma pottii E.G. Gonç., Aroideana 22: 3–6. 1999.
Ref.: Gonçalves (1999).
Hierba. Nativa. Zonas Bajas. Sabanas Benianas del Sur, 0–500 m.
Dept.: SC.
Muestra: *R. Guillén V. & V. Roca 3017* (USZ).

Xanthosoma puberulum Croat, Novon 15(1): 99–102, f. 8B–D, 9A. 2005.
Hierba. Endémica. Andes. Yungas, 1000–3000 m.
Dept.: LP.
Tipo y muestra: *T.B. Croat et al. 84253* (HT: MO; IT: K, LPB), *S.G. Beck 22477* (LPB, MO).

Xanthosoma pubescens Poepp., Nov. Gen. Sp. Pl. 3: 89, t. 299. 1845.
Sin.: *Caladium pubescens* N.E. Br., *Xanthosoma buchtienii* Engl.
Ref.: Macbride (1936b), Foster (1958), Madison (1981), Parker & Bailey (1991), Kessler & Croat (1999).
Hierba. Nativa. Zonas Bajas, Andes. Bosque Húmedo, Yungas, 0–1500 m.
Dept.: CO, LP, SC.
Muestra: *M.H. Nee 39213* (MO, NY).

Xanthosoma pulchrum E.G. Gonç., Aroideana 25: 28, 30, f. 16–17. 2002 [2003].
Nota: Esperado. Nativa de Mato Grosso en Brasil, posiblemente se encuentra en SC.

Xanthosoma sagittifolium (L.) Schott, Melet. Bot. 19. 1832.
Sin.: *Arum sagittifolium* L.
Ref.: Dodson et al. (1985).
Hierba. Cultivada. Zonas Bajas, Andes. Bosque Húmedo, Yungas, 0–500, 1500–2000 m.
Dept.: BE, LP, SC.
Muestra: *S.G. Beck 24816* (LPB, MO).

Xanthosoma seidelii Croat, Novon 15(1): 102, f. 9B. 2005.
Hierba. Endémica. Zonas Bajas, Andes. Bosque Húmedo, Yungas, 0–500, 1000–1500 m.
Dept.: BE, LP, SC.
Tipo y muestra: *M.H. Nee & I.G. Vargas 44910* (HT: MO-04639110; IT: LPB, NY, USZ), *R. Seidel & E. Richter 1198* (MO).

Xanthosoma striatipes (Kunth & C.D. Bouché) Madison, Selbyana 5(3–4): 364. 1981.
Sin.: *Philodendron striatipes* Kunth & C.D. Bouché, *Caladium striatipes* (Kunth & C.D. Bouché) Schott, *Caladium heterotypicum* S. Moore
Ref.: Madison (1981), Kessler & Croat (1999), Wood et al. (2011).
Hierba. Nativa. Zonas Bajas. Sabanas Benianas del Norte, Sabanas Benianas

del Sur, 0–500 m.
Dept.: BE, SC.
Muestra: *S.G. Beck 13206* (LPB, MO).

Xanthosoma syngoniifolium Rusby, Mem. New York Bot. Gard. 7: 209. 1927.
Ref.: Foster (1958), Crisci (1968), Kessler & Croat (1999).
Hierba. Nativa. Zonas Bajas. Bosque Semideciduo Chiquitano, 0–500 m.
Dept.: BE, SC.
Tipo y muestra: *M. Cárdenas 1436* (HT: NY; IT: MO), *A.F. Fuentes C. 1403* (MO, USZ, WCS).

Zantedeschia Spreng., Syst. Veg. 3: 756, 765. 1826.
1 especie, 0 especies endémicas.

Zantedeschia aethiopica (L.) Spreng., Syst. Veg. 3: 765. 1826.
Sin.: *Calla aethiopica* L.
Ref.: Kessler & Croat (1999).
Hierba. Cultivada. Andes. Yungas, Valles Secos, 1500–3500 m.
Dept.: LP, SC.
Muestra: *J.C. Solomon 8190* (LPB, MO).

ARALIACEAE Juss., Gen. Pl. 217. 1789.

Por M. Mendoza (USZ) [*Aralia, Dendropanax, Hedera, Hydrocotyle, Oreopanax, Schefflera*] y F. Borchsenius (AAU) [*Aralia, Dendropanax, Hedera, Oreopanax, Schefflera*]; revisado por S.G. Beck (LPB), M. Nee (NY), P.M. Jørgensen (MO).
6 géneros, 60 especies, 12 especies endémicas.

Aralia L., Sp. Pl. 1: 273. 1753.
2 especies, 0 especies endémicas.

Aralia soratensis Marchal, Bull. Acad. Roy. Sci. Belgique, ser. 2, 47(1): 75–76. 1879.
Sin.: *Pentapanax angelicifolius* Griseb.
Ref.: Foster (1958), Saravia Miranda (1993a), López Vargas (1995), Saravia Miranda (1996), González et al. (1999), Serrano & Terán (1998 [2000]), Arroyo Padilla & Villarroel Segarra (2009), Wen (2011).
Árbol. Nativa. Andes. Yungas, Bosque Serrano Chaqueño, Valles Secos, 1000–3000 m.
Dept.: CH, CO, LP, OR, PO, SC, TA.
Tipo y muestra: *G. Mandon 570* (LT: P; ILT: K), *M.H. Nee 40304* (LPB, MO, NY, USZ).
Nom. Vern.: Aro, cruz cruz, k'ita mara, mara, mara blanca, waca waca.

Aralia warmingiana (Marchal) J. Wen, Brittonia 45(1): 54. 1993.
Sin.: *Coemansia warmingiana* Marchal, *Coudenbergia warmingiana* (Marchal) Marchal, *Pentapanax warmingianus* (Marchal) Harms
Ref.: Fuentes Claros (1998), Jardim et al. (2003).
Árbol. Nativa. Zonas Bajas. Bosque Semideciduo Chiquitano, 0–500 m.
Dept.: SC.
Muestra: *F. Mamani & A. Jardim 1164* (MO, USZ).

Dendropanax Decne. & Planch., Rev. Hort., sér. 4, 3: 107. 1854.
7 especies, 2 especies endémicas.

Dendropanax arboreus (L.) Decne. & Planch., Rev. Hort. 16: 107. 1854.
Sin.: *Aralia arborea* L., *Gilibertia arborea* (L.) Marchal
Ref.: Foster (1958), Parker & Bailey (1991), Saravia Miranda (1993a), Killeen & Schulenberg (1998), Alverson et al. (2000), Arroyo Padilla & Villarroel Segarra (2009).
Árbol. Nativa. Zonas Bajas, Andes. Bosque Húmedo, Bosque Semideciduo Chiquitano, Sabanas Benianas del Norte, Sabanas Benianas del Sur, Campos Amazónicos, Yungas, Bosque Tucumano-Boliviano, 0–2500 m.
Dept.: BE, CO, LP, PA, SC.
Muestra: *E. Meneces et al. 245* (BOLV, MO, USZ).

Dendropanax bolivianus Gand., Bull. Soc. Bot. France 65: 33. 1918.
Ref.: Foster (1958), Saravia Miranda (1993a).
Árbol. Endémica. Andes. Yungas, 1500–2000 m.
Dept.: LP.
Tipo y muestra: *M. Bang 2245* (HT: P; IT: F, GH, MO, NY, NY, NY, NY), *M.H. Nee 54215* (MO, NY, USZ).

Dendropanax cuneatus (DC.) Decne. & Planch., Rev. Hort. 16: 107. 1854.
Sin.: *Hedera cuneata* DC., *Gilibertia cuneata* (DC.) Marchal
Ref.: Saravia Miranda (1993a), Killeen & Schulenberg (1998).
Árbol. Nativa. Zonas Bajas, Andes. Bosque Húmedo, Sabanas Benianas del Sur, Campos Amazónicos, Yungas, 0–2500 m.
Dept.: BE, CO, LP, SC.
Muestra: *J.C. Solomon 18419* (BOLV, LPB, MO).

Dendropanax macropodus (Harms) Harms, Notizbl. Bot. Gart. Berlin–Dahlem 15(5): 693. 1942.
Sin.: *Gilibertia macropoda* Harms
Ref.: Saravia Miranda (1993a).
Árbol. Nativa.

Dendropanax oblongifolius Rusby, Bull. New York Bot. Gard. 4: 366. 1907.
Ref.: Foster (1958), Saravia Miranda (1993a), Fuentes Claros et al. (2009), Ministerio de Medio Ambiente y Agua (2012 [2013]).
Arbolito. Endémica. Andes. Yungas, 2000–2500 m.
Dept.: LP.
Tipo y muestra: *M. Bang 2345* (HT: NY; IT: F, GH, MO-2532041, NY, US), *A.F. Fuentes C. et al. 8774* (LPB, MO).

Dendropanax umbellatus (Ruiz & Pav.) Decne. & Planch., Rev. Hort. 3: 107. 1854.
Sin.: *Gilibertia umbellata* Ruiz & Pav.
Ref.: Saravia Miranda (1993a).
Arbolito. Nativa. Zonas Bajas. Bosque Húmedo, 0–500 m.
Dept.: CO.

Dendropanax williamsii (Harms) Harms, Notizbl. Bot. Gart. Berlin–Dahlem 15(5): 693. 1942.
Sin.: *Gilibertia williamsii* Harms
Árbol. Nativa. Zonas Bajas. Bosque Húmedo, 0–500 m.
Dept.: CO.
Muestra: *D.N. Smith et al. 13012* (AAU, BOLV, CTES, K, LPB, MA, MO, NY, US, USZ).

Hedera L., Sp. Pl. 1: 202. 1753.
1 especie, 0 especies endémicas.

Hedera helix L., Sp. Pl. 1: 202. 1753.
Liana. Cultivada. Zonas Bajas, Andes, Altiplano. Tipo de vegetación desconocida, 0–4500 m.
Dept.: BE, CH, CO, LP, OR, PO, SC, TA.
Muestra: *J.C. Solomon 18368* (LPB, MO, NY).

Hydrocotyle L., Sp. Pl. 1: 234. 1753.
19 especies, 4 especies endémicas.

Hydrocotyle acuminata Urb., Fl. Bras. 11(1): 273, pl. 72. IV. 1879.
Ref.: Rusby (1893b), Mathias (1936), Foster (1958), Mathias & Constance (1962b), Mendoza (2013a).
Hierba. Nativa. Andes. Yungas, Páramo Yungueño, Valles Secos, 500–2000 m.
Dept.: LP.

Muestra: *J.C. Solomon 18839* (LPB, MO, USZ).

Hydrocotyle apolobambensis M. Mend. & A. Fuentes, Novon 20(3): 303, f. 1. 2010.
Ref.: Mendoza & Fuentes Claros (2010).
Hierba. Nativa. Andes. Yungas, 2500–4000 m.
Dept.: LP.
Tipo y muestra: *J.M. Mendoza & A.F. Fuentes C. 2062* (HT: USZ; IT: K, LPB, MO, NY, US), *N.Y. Paniagua et al. 5748* (LPB).

Hydrocotyle boliviana (Kuntze) Mathias, Brittonia 2(3): 210–211. 1936.
Sin.: *Hydrocotyle acuminata* var. *boliviana* Kuntze
Ref.: Mathias (1936), Foster (1958), Mendoza (2013a).
Hierba. Endémica. Andes. Yungas, 1000–2000 m.
Dept.: CO.
Tipo y muestra: *O. Kuntze s.n.* (HT: US; IT: NY), *J. Terán et al. 2715* (BOLV, MO, USZ).

Hydrocotyle bonariensis Lam., Encycl. 3(1): 153–154. 1789.
Sin.: *Hydrocotyle multiflora* Ruiz & Pav., *Hydrocotyle bonariensis* var. *multiflora* (Ruiz & Pav.) Don, *Hydrocotyle yucatanensis* Millsp.
Ref.: Mathias (1936), Pérez-Moreau (1938), Mathias & Constance (1944), González et al. (1999).
Hierba. Nativa. Zonas Bajas, Andes. Bosque Seco Chaqueño, Yungas, Bosque Serrano Chaqueño, Páramo Yungueño, Valles Secos, 500–3000 m.
Dept.: CH, CO, LP, SC, TA.
Muestra: *J.M. Mendoza & C.E. Hughes 744* (K, LPB, NY, USZ).

Hydrocotyle bonplandii A. Rich., Ann. Gén. Sci. Phys. 4: 192, t. 54, f. 7. 1820.
Ref.: Mathias (1936), Pérez-Moreau (1938), Mathias & Constance (1962b).
Hierba. Nativa. Andes, Altiplano. Yungas, Páramo Yungueño, Bosque de *Polylepis*, 2500–4000 m.
Dept.: CO, LP, TA.
Muestra: *S.G. Beck & N.Y. Paniagua 27471* (LPB).

Hydrocotyle coriacea M. Mend., Revista Soc. Boliv. Bot. 7(1): 61. 2013.
Hierba. Endémica. Andes. Yungas, 2500–3000 m.
Dept.: LP.
Tipo: *A.F. Fuentes C. & E. Cuevas Escalante 8627* (HT: LPB; IT: MO).
Nota: Conocida solamente del tipo.

Hydrocotyle eccentrica Britton, Bull. Torrey Bot. Club 18: 36. 1891.
Ref.: Rusby (1893b), Foster (1958), Mendoza (2013a).
Hierba. Nativa. Andes. Yungas, Páramo Yungueño, Valles Secos, 1500–3500 m.
Dept.: CH, CO, LP, SC.
Tipo y muestra: *H.H. Rusby 1761* (HT: NY; IT: US), *J.M. Mendoza & A.F. Fuentes C. 2079* (LPB, MO, NY, USZ).
Infra: *Hydrocotyle eccentrica* var. *pubescens* (Mathias & Constance) M. Mend.

Hydrocotyle filipes Mathias, Brittonia 2(3): 230–231. 1936.
Sin.: *Hydrocotyle poeppigii* DC., *Hydrocotyle poeppigii* var. *filipes* Griseb., *Hydrocotyle bonplandii* var. *filipes* (Griseb.) Pérez-Mor.
Ref.: Mathias (1936), Foster (1958), Mathias & Constance (1971), Mathias & Constance (1975).
Hierba. Nativa. Andes. Yungas, Páramo Yungueño, Valles Secos, 1500–3500 m.
Dept.: CH, CO, LP, TA.
Tipo y muestra: *G. Mandon 572* (IT: NY), *S.G. Beck & R. Seidel 14447* (LPB, UC).

Hydrocotyle grossulariifolia Rusby, Descr. S. Amer. Pl. 73. 1920.
Ref.: Mathias (1936), Foster (1958).
Hierba. Nativa. 3000–3500 m.
Dept.: LP.
Muestra: *O. Buchtien 2926* (NY, US).
Infra: *Hydrocotyle grossulariifolia* var. *buchtienii* Mathias

Hydrocotyle incrassata Ruiz & Pav., Fl. Peruv. 3: 26. 1802.
Ref.: Mathias (1936), Foster (1958).
Hierba. Nativa. Andes, Altiplano. Yungas, Páramo Yungueño, Puna Húmeda, 3000–4000 m.
Dept.: LP.
Muestra: *J.C. Solomon 15621* (LPB, MO, NY).

Hydrocotyle leucocephala Cham. & Schltdl., Linnaea 1: 364. 1826.
Sin.: *Hydrocotyle maxonii* Rose
Ref.: Mathias (1936), Pérez-Moreau (1938), Mathias & Constance (1944), Foster (1958), Serrano & Terán (1998 [2000]).
Hierba. Nativa. Zonas Bajas, Andes. Bosque Húmedo, Yungas, 500–3000 m.
Dept.: CO, LP.
Muestra: *R.F. Steinbach 507* (F, LPB, MO, UC, US).
Nota: Mathias (1936) cita como posible sinónimo a *H. citiriodora* Ruiz & Pav. anteponiendo un ? La descripción original cita caracteres que la distinguen, por esto se decide mantener su identidad.

Hydrocotyle longipedunculata M. Mend., Revista Soc. Boliv. Bot. 7(1): 66. 2013.
Hierba. Endémica. Andes. Yungas, 2500–3000 m.
Dept.: LP.
Tipo y muestra: *J.M. Mendoza & A.F. Fuentes C. 2081* (HT: USZ; IT: LPB, MO), *J.M. Mendoza et al. 2073* (K, LPB, MO, USZ).

Hydrocotyle peruviana H. Wolff, Bot. Jahrb. Syst. 40: 283. 1908.
Ref.: Mathias (1936), Foster (1958), Mathias & Constance (1962b).
Hierba. Nativa. Andes. Yungas, Páramo Yungueño, 2000–3500 m.
Dept.: LP.
Muestra: *M.H. Nee 30218* (LPB, MO, NY, UC).

Hydrocotyle pseudoboliviana M. Mend., Revista Soc. Boliv. Bot. 7(1): 68. 2013.
Hierba. Endémica. Andes. Yungas, 2000–3000 m.
Dept.: LP.
Tipo y muestra: *J.M. Mendoza 3900* (HT: USZ; IT: K, LPB, MO, NY), *J.C. Solomon 14955* (LPB, MO, NY).

Hydrocotyle pusilla A. Rich., Ann. Gén. Sci. Phys. 4: 167–168, t. 52, f. 2. 1820.
Sin.: *Hydrocotyle costaricensis* Rose
Ref.: Mathias (1936), Pérez-Moreau (1938), Foster (1958), Lombardo (1982).
Hierba. Nativa. Andes. Yungas, Páramo Yungueño, Valles Secos, 1000–3000 m.
Dept.: CO, LP, SC.
Muestra: *J.M. Mendoza 55* (LPB, MO, NY, USZ).

Hydrocotyle ranunculoides L. f., Suppl. Pl. 177. 1781 [1782].
Sin.: *Hydrocotyle americana* Walter, *Hydrocotyle natans* Cirillo, *Hydrocotyle cymbalarifolia* Muhl., *Hydrocotyle batrachioides* DC., *Hydrocotyle nutans* G. Don ex Loudon, *Hydrocotyle adoensis* Hochst., *Hydrocotyle ranunculoides* var. *genuina* Urb., *Hydrocotyle ranunculoides* var. *natans* (Cirillo) Urb., *Hydrocotyle ranunculoides* fo. *minima* Kuntze
Ref.: Mathias (1936), Pérez-Moreau (1938), Foster (1958), Mathias & Constance (1971), Killeen &

Schulenberg (1998), Serrano & Terán (1998 [2000]).
Hierba, acuática. Nativa. Zonas Bajas, Andes, Altiplano. Bosque Húmedo, Sabanas Benianas del Norte, Sabanas Benianas del Sur, Campos Amazónicos, Yungas, Bosque Tucumano-Boliviano, Páramo Yungueño, Valles Secos, Puna Húmeda, 0–4500 m.
Dept.: BE, CH, CO, LP, PA, SC, TA.
Muestra: *C.R. Sperling & S.R. King 6555* (CH, LPB, MO, NY, UC).
Infra: *Hydrocotyle ranunculoides* fo. *minima* Kuntze

Hydrocotyle tenerrima Rose ex Mathias, Brittonia 2(3): 208–209. 1936.
Ref.: Mathias (1936), Foster (1958).
Hierba. Nativa. Andes. Bosque Tucumano-Boliviano, Bosque Serrano Chaqueño, 1000–2500 m.
Dept.: TA.
Muestra: *J.C. Solomon 10032* (LPB, MO, UC).
Infra: *Hydrocotyle tenerrima* var. *puberula* Mathias

Hydrocotyle umbellata L., Sp. Pl. 1: 234. 1753.
Sin.: *Hydrocotyle incrassata* Raf., *Hydrocotyle vulgaris* Bory ex A. Rich., *Hydrocotyle quinqueradiata* Thouars ex DC.
Ref.: Mathias (1936), Foster (1958), Matuda (1958), Mathias & Constance (1971).
Hierba. Nativa. Zonas Bajas. Sabanas Benianas del Norte, 0–500 m.
Dept.: BE, SC.
Muestra: *J.M. Mendoza & M.H. Nee 3536* (LPB, NY, USZ).

Hydrocotyle verticillata Thunb., Hydrocotyle 2, 5–6, pl. s.n.[2]. 1798.
Sin.: *Hydrocotyle prolifera* Kellogg, *Hydrocotyle canbyi* J.M. Coult. & Rose, *Hydrocotyle australis* J.M. Coult. & Rose, *Hydrocotyle cuneata* J.M. Coult. & Rose
Ref.: Mathias (1936), Pérez-Moreau (1938), Mathias & Constance (1944).
Hierba. Nativa. Zonas Bajas. Bosque Semideciduo Chiquitano, 0–500 m.
Dept.: SC.
Muestra: *S.G. Beck 6707* (LPB, M, UC, USZ).

Oreopanax Decne. & Planch., Rev. Hort., sér. 4, 3: 107–108. 1854.
16 especies, 3 especies endémicas.

Oreopanax artocarpoides Standl., Publ. Field Mus. Nat. Hist., Bot. Ser. 17(2): 205. 1937.
Ref.: Foster (1958), Saravia Miranda (1993a), Navarro Sánchez & Ferreira (2000).
Árbol. Nativa. Andes, Altiplano. Yungas, Puna Húmeda, 3500–4000 m.
Dept.: CO, LP.
Tipo: *M. Cárdenas 3350* (HT: F).
Nota: Conocida en Bolivia solamente del tipo.

Oreopanax atopanthus Harms, Notizbl. Bot. Gart. Berlin–Dahlem 9: 1040. 1926.
Ref.: Foster (1958), Saravia Miranda (1993a).
Árbol. Nativa. Andes, Altiplano. Yungas, Puna Húmeda, 1500–3500 m.
Dept.: CO, LP.
Tipo y muestra: *J. Steinbach 5711* (HT: B?; IT: A, F, GH, MO-910468; fotos: F ex B), *N.P. Ritter 3396* (LPB, MO).
Nota: Tal vez un sinónimo de *O. boliviensis*. Killeen et al. (1993) incluyeron *O. boliviensis* Seem. como sinónimo de *O. atopanthus*. No podemos aclarar con seguridad si es correcto. En este caso *O. boliviensis* es el nombre más antiguo.

Oreopanax boliviensis Seem., J. Bot. 3: 272. 1865.
Ref.: Foster (1958), Schulenberg & Awbrey (1997), Serrano & Terán (1998 [2000]), Ministerio de Medio Ambiente y Agua (2012 [2013]).
Árbol. Nativa. Andes. Yungas, 2000–3000 m.
Dept.: CH, LP, SC.
Tipo y muestra: *G. Mandon 569* (HT: P), *M. Saldias & A. Susanna 4603* (USZ).

Oreopanax capitatus (Jacq.) Decne. & Planch., Rev. Hort. 16: 108. 1854.
Sin.: *Aralia capitata* Jacq.
Ref.: Saravia Miranda (1993a).
Árbol. Nativa. Zonas Bajas, Andes. Bosque Húmedo, Campos Amazónicos, Yungas, 0–1000, 2000–2500 m.
Dept.: BE, PA.
Muestra: *S.G. Beck 1679* (LPB, M, MO).

[Oreopanax fulvum Marchal], Fl. Bras. 11(1): 254. 1878.
Ref.: Foster (1958).
Nota: Especie dudosa. Killeen et al. (1993) citaron *O. grosseseratus* como sinónimo de *O. fulvum,* pero las dos son distintas, y bajo este último incluyeron a *H. Rusby 1822* (NY), el holotipo de *Tournefortia andina.* No tenemos ninguna evidencia de la presencia de *O. fulvum* en Bolivia.

Oreopanax grosseserratus Rusby, Bull. New York Bot. Gard. 4: 367. 1907.
Ref.: Foster (1958), Saravia Miranda (1993a).
Árbol. Endémica. Región, tipo de vegetación y elevación desconocidas.
Dept.: LP.
Tipo: *M. Bang 1822* (HT: NY; IT: GH, K, MO-2531952, US).
Nota: Conocida solamente del tipo. Posiblemente un sinónimo de *O. ilicifolius.*

Oreopanax herzogii Harms, Notizbl. Bot. Gart. Berlin–Dahlem 15: 686. 1942.
Ref.: Foster (1958), Saravia Miranda (1993a).
Árbol. Endémica. Andes. Yungas, 2000–2500 m.
Dept.: CO.
Tipo: *T. Herzog 2314* (IT: L).
Nota: Conocida solamente del tipo. Killeen et al. (1993) citaron el tipo de esta especie bajo *O. capitatus*, pero igual trataban *O. herzogii* como una especie distinta.

Oreopanax ilicifolius Marchal, Bull. Acad. Roy. Sci. Belgique, ser. 2, 47(1): 82–83. 1879.
Árbol. Endémica. Región, tipo de vegetación y elevación desconocidas.
Dept.: CO.
Tipo: *G. Mandon 568* (HT: P; fotos: F, GH).
Nota: Conocida solamente del tipo.

Oreopanax kuntzei Harms, Revis. Gen. Pl. 3(3): 116. 1898.
Ref.: Foster (1958), Saravia Miranda (1993a), González et al. (1999), Serrano & Terán (1998 [2000]).
Árbol. Nativa. Andes. Yungas, Bosque Tucumano-Boliviano, 1500–3500 m.
Dept.: CH, CO, LP, SC, TA.
Tipo y muestra: *O. Kuntze s.n.* (HT: B destr.?; IT: NY; fotos: F), *D.N. Smith et al. 13412* (LPB, MO, USZ).

Oreopanax macrocephalus Decne. & Planch. ex Wedd., Chlor. Andina 2: 207. 1861.
Ref.: Foster (1958), Saravia Miranda (1993a), Navarro Sánchez & Ferreira (2000).
Árbol. Nativa. Andes. Yungas, 3000–3500 m.
Dept.: CO, LP, SC.
Tipo y muestra: *G. Mandon 20571* (HT: MO-1657262), *S.G. Beck & R. Seidel 14544* (BOLV, LPB, M, MO, NY).

Oreopanax membranaceus Rusby, Mem. Torrey Bot. Club 3(3): 42. 1893.
Ref.: Rusby (1893b), Foster (1958), Saravia Miranda (1993a).
Árbol. Nativa. Andes. Yungas, 1500–3000 m.
Dept.: LP.
Tipo y muestra: *M. Bang 716* (HT: NY; IT: GH, MO, NY, NY, US, WIS), *J.C. Solomon 13111* (LPB, MO).

Oreopanax pentlandianus Decne. & Planch. ex Wedd., Chlor. Andina 2: 207. 1861.
Ref.: Foster (1958), Saravia Miranda (1993a).
Árbol. Nativa. Andes, Altiplano. Yungas, Puna Húmeda, 3000–4000 m.
Dept.: CO, LP.
Tipo y muestra: *H.A. Weddell s.n.* (HT: P), *S.G. Beck 11100* (LPB, M, MO, NY).

Oreopanax ruizii Decne. & Planch. ex Harms, Repert. Spec. Nov. Regni Veg. 15: 248. 1918.
Árbol. Nativa. Andes. Páramo Yungueño, 3000–3500 m.
Dept.: LP.
Muestra: *A.F. Fuentes C. & R. Cuevas 8385* (AAU, K, LPB, MO).

Oreopanax rusbyi Britton, Bull. Torrey Bot. Club 18(2): 38. 1891.
Ref.: Rusby (1893b), Foster (1958), Saravia Miranda (1993a), Navarro Sánchez & Ferreira (2000), Ministerio de Medio Ambiente y Agua (2012 [2013]).
Árbol. Nativa. Andes, Altiplano. Yungas, Puna Húmeda, 1500–4000 m.
Dept.: CO, LP, SC.
Tipo y muestra: *H.H. Rusby 2654* (IT: MICH, NY), *J.C. Solomon 15373* (LPB, MO).

Oreopanax steinbachianus Harms, Notizbl. Bot. Gart. Berlin–Dahlem 9: 1041. 1926.
Ref.: Foster (1958), Saravia Miranda (1993a), Navarro Sánchez & Ferreira (2000), Arroyo Padilla & Villarroel Segarra (2009).
Arbolito, árbol. Nativa. Andes. Yungas, 2000–3000 m.
Dept.: CO, LP, SC.
Tipo y muestra: *J. Steinbach 5790* (HT: B; IT: A, G, K; fotos: F ex B), *A. Jardim et al. 1997* (MO, USZ).

Oreopanax thaumasiophyllus Harms, Notizbl. Bot. Gart. Berlin–Dahlem 11: 291. 1931.
Ref.: Foster (1958), Saravia Miranda (1993a), Ministerio de Medio Ambiente y Agua (2012 [2013]).
Árbol. Nativa. Andes. Yungas, 3000–4000 m.
Dept.: LP.
Tipo y muestra: *C. Troll 2228* (HT: B destr.; IT: GH), *J.C. Solomon 12376* (LPB, MO).

Oreopanax trollii Harms, Notizbl. Bot. Gart. Berlin–Dahlem 11: 292. 1931.
Ref.: Foster (1958), Saravia Miranda (1993a).
Árbol. Nativa. Zonas Bajas, Andes. Bosque Húmedo, Yungas, 500–3000 m.
Dept.: CO, LP.
Tipo y muestra: *C. Troll 2724* (IT: GH), *S.G. Beck 1409* (LPB, MO, NY).

Schefflera J.R. Forst. & G. Forst., Char. Gen. Pl. 23. 1775.
15 especies, 3 especies endémicas.

Schefflera allocotantha (Harms) Frodin, World Checkl. Bibliogr. Araliaceae 322. 2003.
Sin.: *Didymopanax allocotanthus* Harms
Ref.: Foster (1958), Saravia Miranda (1993a), Ministerio de Medio Ambiente y Agua (2012 [2013]).
Árbol. Nativa. Andes. Yungas, 2000–3000 m.
Dept.: CO, SC.
Tipo y muestra: *J. Steinbach 9143* (IT: GH, MO-975901, NY), *J.C. Solomon 14387* (LPB, MO).

Schefflera bangii Harms, Notizbl. Bot. Gart. Berlin–Dahlem 11: 285. 1931.
Ref.: Foster (1958), Saravia Miranda (1993a), Ministerio de Medio Ambiente y Agua (2012 [2013]).
Árbol. Endémica. Andes. Yungas, 2500–3000 m.
Dept.: LP.
Tipo y muestra: *M. Bang 548* (IT: NY, NY, US), *S.G. Beck 3055* (LPB, US).

Schefflera buchtienii Harms, Notizbl. Bot. Gart. Berlin–Dahlem 11: 286. 1931.
Ref.: Foster (1958), Saravia Miranda (1993a).
Arbolito, árbol. Nativa. Andes. Yungas, 500–1000, 1500–2000 m.
Dept.: LP.
Tipo y muestra: *O. Buchtien 1170* (HT: B destr.; IT: GH, US; fotos: F ex B), *S.G. Beck 18482* (AAU, CTES, F, LPB, MO).

Schefflera distractiflora (Harms) Frodin, World Checkl. Bibliogr. Araliaceae 335. 2003 [2004].
Sin.: *Didymopanax distractiflorus* Harms
Ref.: Saravia Miranda (1993a).
Árbol. Nativa. Zonas Bajas. Bosque Húmedo, Campos Cerrados, Sabanas Benianas del Norte, Campos Amazónicos, 0–1000 m.
Dept.: BE, LP, SC.
Muestra: *B. Mostacedo et al. 2087* (LPB, MO, USZ).

Schefflera herzogii Harms, Meded. Rijks-Herb. 29: 6. 1916.
Ref.: Foster (1958), Saravia Miranda (1993a).
Árbol. Nativa. Andes. Yungas, 1500–3000 m.
Dept.: CO, LP.
Tipo y muestra: *T. Herzog 2270* (HT: B destr.; IT: GH, Z; fotos: F), *D.N. Smith & V. García E. 13731* (AAU, BOLV, LPB, MO, USZ).

Schefflera inambarica Harms, Bot. Jahrb. Syst. 42(1): 150. 1908.
Ref.: Macbride (1959a), Fuentes Claros et al. (2009).
Árbol. Nativa. Andes. Yungas, 1000–2500 m.
Dept.: LP.
Muestra: *A.F. Fuentes C. et al. 8802* (AAU, BOLV, LPB, MO, USZ).

Schefflera kuntzei (Harms ex Kuntze) Frodin, Monogr. Syst. Bot. Missouri Bot. Gard. 45: 1253. 1993.
Sin.: *Didymopanax kuntzei* Harms ex Kuntze
Ref.: Foster (1958), Saravia Miranda (1993a).
Árbol. Nativa. Andes. Yungas, 2500–3000 m.
Dept.: CO.
Tipo: *O. Kuntze s.n.* (T: NY; fotos: GH).
Nota: Conocida solamente del tipo.

Schefflera morototoni (Aubl.) Maguire, Steyerm. & Frodin, Mem. New York Bot. Gard. 38: 51. 1984.
Sin.: *Panax morototoni* Aubl., *Didymopanax morototoni* (Aubl.) Decne. & Planch., *Sciodaphyllum paniculatum* Britton
Ref.: Foster (1958), Parker & Bailey (1991), Saravia Miranda (1993a), Killeen & Schulenberg (1998), Alverson et al. (2000), Arrázola Rivero et al. (2000), Jardim et al. (2003).
Árbol. Nativa. Zonas Bajas, Andes. Bosque Húmedo, Bosque Semideciduo Chiquitano, Campos

Cerrados, Sabanas Benianas del Norte, Sabanas Benianas del Sur, Campos Amazónicos, Yungas, 0–3000 m.
Dept.: BE, CO, LP, PA, SC.
Muestra: *I.G. Vargas et al. 2552* (LPB, MO, NY, USZ).
Infra: *Schefflera morototoni* var. *morototoni*
Nom. Vern.: Guitarrero.

Schefflera nebularum (Harms) Frodin, World Checkl. Bibliogr. Araliaceae 360. 2003 [2004].
Sin.: *Didymopanax nebularum* Harms
Ref.: Foster (1958), Saravia Miranda (1993a).
Arbolito. Endémica. Andes. Yungas, 3000–3500 m.
Dept.: LP.
Tipo: *C. Troll 1803* (HT: B destr.; fotos: F, GH).
Nota: Conocida solamente del tipo.

Schefflera nephelophila Harms, Notizbl. Bot. Gart. Berlin–Dahlem 11: 286. 1931.
Ref.: Foster (1958), Saravia Miranda (1993a).
Árbol. Endémica. Andes. Yungas, 2500–3000 m.
Dept.: LP.
Tipo y muestra: *C. Troll 2229* (HT: B destr.; IT: M?; fotos: F, GH), *M. Bang 2292* (GH, MO).

Schefflera patula (Rusby) Harms, Nat. Pflanzenfam. 3(8): 37. 1894.
Sin.: *Sciadophyllum patulum* Rusby
Ref.: Rusby (1893b), Foster (1958), Saravia Miranda (1993a).
Árbol. Nativa. Andes. Yungas, 500–2000 m.
Dept.: LP.
Tipo y muestra: *M. Bang 548b* (HT: NY; IT: MO-2531933, MO-2531934, NY), *S.G. Beck & R.B. Foster 18531* (AAU, CTES, LPB, M, MO, USZ).

Schefflera pentandra (Pav.) Harms, Nat. Pflanzenfam. 3(8): 36. 1894.
Sin.: *Actinophyllum pentandrum* Pav., *Actinophyllum pentandrum* Ruiz & Pav., *Sciodaphyllum pentandrum* (Pav.) Poir.
Ref.: Rusby (1893b), Foster (1958), Saravia Miranda (1993a), Ibisch (1996).
Árbol. Nativa. Zonas Bajas, Andes. Bosque Húmedo, Campos Cerrados, Yungas, 500–3500 m.
Dept.: LP.
Muestra: *J.C. Solomon 10755* (LPB, MO).

Schefflera tipuanica Harms, Notizbl. Bot. Gart. Berlin–Dahlem 11: 287. 1931.
Ref.: Foster (1958), Saravia Miranda (1993a), Ibisch (1996).
Árbol. Nativa. Andes. Yungas, 1000–2500 m.
Dept.: CO, LP.
Tipo y muestra: *O. Buchtien 5509* (HT: B destr.?; IT: GH, NY, US), *J.C. Solomon 10812* (LPB, MO, NY).

Schefflera trollii Harms, Notizbl. Bot. Gart. Berlin–Dahlem 11: 287. 1931.
Ref.: Foster (1958), Saravia Miranda (1993a).
Árbol. Nativa. Andes. Yungas, 3000–3500 m.
Dept.: LP.
Tipo y muestra: *C. Troll 1781* (HT: B destr.; IT: GH, MO), *J.C. Solomon 17315* (LPB, MO).

Schefflera vinosa (Cham. & Schltdl.) Frodin & Fiaschi, World Checkl. Bibliogr. Araliaceae 384. 2003.
Sin.: *Panax vinosus* Cham. & Schltdl., *Didymopanax vinosus* (Cham. & Schltdl.) Marchal
Ref.: Killeen & Schulenberg (1998), Wood et al. (2011).
Árbol. Nativa. Zonas Bajas. Campos Cerrados, 0–1000 m.
Dept.: SC.
Muestra: *Y. Uslar et al. 599* (MO, USZ).

Arecaceae Bercht. & J. Presl, Prir. Rostlin 266. 1820.

Por M. Moraes (LPB), revisado por H. Balslev (AAU), M. Nee (NY), S.G. Beck (LPB), P.M. Jørgensen (MO).
37 géneros, 94 especies, 7 especies endémicas.

Acrocomia Mart., Palm. Fam. 22. 1824.

1 especie, 0 especies endémicas.

Acrocomia aculeata (Jacq.) Lodd. ex Mart., Hist. Nat. Palm. 3(8): 286. 1845.
Sin.: *Acrocomia cubensis* Lodd. ex H. Wendl., *Acrocomia glaucophylla* Drude, *Acrocomia horrida* Lodd. ex Mart., *Acrocomia intumescens* Drude, *Acrocomia mokayayba* Barb. Rodr., *Acrocomia tenuifrons* Lodd. ex Mart., *Bactris pavoniana* Mart., *Cocos aculeata* Jacq., *Palma spinosa* Mill., *Bactris globosa* Gaertn., *Cocos fusiformis* Sw., *Acrocomia sclerocarpa* Mart., *Acrocomia fusiformis* (Sw.) Sweet, *Acrocomia sphaerocarpa* Desf., *Acrocomia guianensis* Lodd. ex G. Don, *Acrocomia minor* Lodd. ex G. Don, *Acrocomia totai* Mart., *Acrocomia mexicana* Karw. ex Mart., *Acrocomia lasiospatha* Mart., *Acrocomia vinifera* Oerst., *Acrocomia antioquensis* Posada-Arango, *Acrocomia zapotecis* Karw. ex H. Wendl., *Astrocaryum sclerocarpum* hort. ex H. Wendl., *Acrocomia sclerocarpa* var. *wallaceana* Drude, *Acrocomia microcarpa* Barb. Rodr., *Acrocomia odorata* Barb. Rodr., *Acrocomia media* O.F. Cook, *Acrocomia erioacantha* Barb. Rodr., *Acrocomia wallaceana* (Drude) Becc., *Acrocomia ulei* Dammer, *Acrocomia pilosa* León, *Acrocomia belizensis* L.H. Bailey, *Acrocomia chunta* Covas & Ragonese, *Acrocomia hospes* L.H. Bailey, *Acrocomia ierensis* L.H. Bailey, *Acrocomia karukerana* L.H. Bailey, *Acrocomia panamensis* L.H. Bailey, *Acrocomia quisqueyana* L.H. Bailey, *Acrocomia subinermis* León ex L.H. Bailey, *Acrocomia antiguana* L.H. Bailey, *Acrocomia christopherensis* L.H. Bailey, *Acrocomia grenadana* L.H. Bailey, *Acrocomia viegasii* L.H. Bailey
Ref.: Foster (1958), Balslev & Moraes R. (1989), Moraes R. (1989), Moraes R. (1993f), Henderson (1995), Henderson et al. (1995), Killeen & Schulenberg (1998), González et al. (1999), Moraes R. (1999b), Mostacedo C. & Uslar (1999), Jardim et al. (2003), Moraes R. (2004), Moreno & Moreno (2006), Pintaud et al. (2008).
Árbol. Nativa. Zonas Bajas. Bosque Semideciduo Chiquitano, Sabanas Benianas del Norte, Sabanas Benianas del Sur, 0–500 m.
Dept.: BE, LP, SC, TA.
Muestra: *M. Saldias et al. 223* (LPB, MO, NY, USZ).
Nom. Vern.: Cachinovi, cayará, chonta, chunta, mbocayá, mbocaye, orotaich, tacuapari, totaí, totaí barrigudo.

Aiphanes Willd., Samml. Deutsch. Abh. Köningl. Akad. Wiss. Berlin 1803: 250. 1806.

2 especies, 1 especie endémica.

Aiphanes horrida (Jacq.) Burret, Notizbl. Bot. Gart. Berlin–Dahlem 11(107): 575. 1932.
Sin.: *Aiphanes aculeata* Willd., *Caryota horrida* Jacq., *Martinezia caryotifolia* Kunth, *Euterpe aculeata*

(Willd.) Spreng., *Bactris praemorsa* Poepp. ex Mart., *Martinezia aculeata* (Willd.) Klotzsch, *Martinezia aiphanes* Mart., *Marara bicuspidata* H. Karst., *Martinezia elegans* Linden & H. Wendl., *Marara aculeata* (Willd.) H. Karst. ex H. Wendl., *Marara caryotifolia* (Kunth) H. Karst. ex H. Wendl., *Aiphanes caryotifolia* (Kunth) H. Wendl., *Aiphanes elegans* (Linden & H. Wendl.) H. Wendl. ex Kerch., *Tilmia caryotifolia* (Kunth) O.F. Cook, *Martinezia ulei* Dammer, *Aiphanes ernestii* (Burret) Burret, *Aiphanes killipii* (Burret) Burret, *Aiphanes orinocensis* Burret, *Aiphanes praemorsa* (Poepp. ex Mart.) Burret, *Martinezia ernestii* Burret, *Martinezia killipii* Burret
Ref.: Foster (1958), Balslev & Moraes R. (1989), Moraes R. (1989), Moraes R. (1993f), Moraes R. (1999a), Moraes R. (1999b), Alverson et al. (2000), Moraes R. (2004), Govaerts & Dransfield (2005), Borchsenius Kristensen & Moraes R. (2006), Pintaud et al. (2008).
Árbol. Nativa. Zonas Bajas. Bosque Húmedo, 0–500 m.
Dept.: BE, CO, LP, PA, SC.
Muestra: *M.H. Nee et al. 36870* (LPB, MO, NY).
Nom. Vern.: Chonta loro, chontaloro.

Aiphanes truncata (Brongn. ex Mart.) H. Wendl., Palmiers 230. 1878.
Sin.: *Martinezia truncata* Brongn. ex Mart.
Ref.: Moreno & Moreno (2006).
Árbol. Endémica. Zonas Bajas, Andes. Bosque Húmedo, Yungas, 0–2500 m.
Dept.: CO, LP, SC.
Muestra: *H. Balslev et al. 8291* (AAU, LPB, USZ).
Nom. Vern.: Chonta loro, cocos rura.

Allagoptera Nees, Flora 4: 296. 1821.
1 especie, 0 especies endémicas.

Allagoptera leucocalyx (Drude) Kuntze, Revis. Gen. Pl. 2: 726. 1891.
Sin.: *Diplothemium campestre* var. *orbignyi* Drude, *Diplothemium leucocalyx* Drude, *Diplothemium jangadense* S. Moore, *Allagoptera campestris* var. *orbignyi* (Drude) Kuntze, *Diplothemium anisitsii* Barb. Rodr., *Diplothemium hasslerianum* Barb. Rodr.
Ref.: Balslev & Moraes R. (1989), Moraes R. (1989), Parker & Bailey (1991), Moraes R. (1996a), Killeen & Schulenberg (1998), Moraes R. (1999b), Mostacedo C. & Uslar (1999), Jardim et al. (2003), Moraes R. (2004), Moreno & Moreno (2006), Pintaud et al. (2008), Wood et al. (2011).
Subarbusto. Nativa. Zonas Bajas. Bosque Semideciduo Chiquitano, Campos Cerrados, Sabanas Benianas del Norte, Sabanas Benianas del Sur, 0–1000 m.
Dept.: BE, LP, SC.
Muestra: *M. Moraes R. et al. 1461* (LPB).
Nom. Vern.: Chonta de la pampa, escoba, mosuncotos, motachú enano, motacú-chí, motacuchí, totaicillo, yatay-pony.

Astrocaryum G. Mey., Prim. Fl. Esseq. 265–266. 1818.
8 especies, 0 especies endémicas.

[Astrocaryum acaule Mart.], Hist. Nat. Palm. 2: 78. 1824.
Nota: El registro se basa en material mal identificado de *A. campestre*.

Astrocaryum aculeatum G. Mey., Prim. Fl. Esseq. 265. 1818.
Sin.: *Astrocaryum tucuma* Mart., *Astrocaryum aureum* Griseb., *Astrocaryum candescens* Barb. Rodr., *Astrocaryum princeps* Barb. Rodr., *Astrocaryum jucuma* Linden, *Astrocaryum manaoense* Barb. Rodr., *Astrocaryum macrocarpum* Huber
Ref.: Balslev & Moraes R. (1989), Moraes R. (1989), Moraes R. (1990), Moraes R. (1993f), Henderson (1995), Killeen & Schulenberg (1998), Jardim et al. (2003), Moraes R. (2004), Moreno & Moreno (2006), Kahn (2008).
Árbol. Nativa. Zonas Bajas. Bosque Húmedo, 0–500 m.
Dept.: BE, PA, SC.
Muestra: *M.H. Nee 31458* (LPB, MO, NY).
Nom. Vern.: Chonta, chonta grande, chontilla, panima, tucumo.

Astrocaryum campestre Mart., Hist. Nat. Palm. 2: 79, pl. 63, f. 4. 1824.
Sin.: *Bactris bradei* Burret
Ref.: Henderson et al. (1995), Killeen & Schulenberg (1998), Moraes R. (1999b), Moraes R. (2004), Moreno & Moreno (2006), Kahn (2008), Wood et al. (2011).
Subarbusto. Nativa. Zonas Bajas. Campos Cerrados, 0–1000 m.
Dept.: BE, PA, SC.
Muestra: *W.W. Thomas et al. 5627* (LPB, MO, NY).

Astrocaryum chonta Mart., Voy. Amér. Mér. 10: 84 t. 4, f. 1, 2; t. 29C. 1847.
Ref.: Kahn & Millán (1992), Kahn (2008).
Árbol. Nativa. Zonas Bajas. Bosque Húmedo, Sabanas Benianas del Sur, Campos Amazónicos, 0–500 m.
Dept.: BE, SC.
Muestra: *M.H. Nee 36034* (LPB, MO, NY).
Nom. Vern.: Chonta, chonta-negra, chonta-de-macallo.

Astrocaryum gratum F. Kahn & B. Millán, Bull. Inst. Franc. Etud. Andines 21(2): 520–522, f. 51. 1992.
Ref.: Kahn & Millán (1992), Kahn (2008).
Árbol. Nativa. Zonas Bajas. Bosque Húmedo, Bosque Semideciduo Chiquitano, 0–1000 m.
Dept.: BE, CO, LP, SC.
Muestra: *A.J. Henderson et al. 534* (LPB, MO, NY).
Nom. Vern.: Chonta, chonta-negra, chonta-de-macallo.

Astrocaryum gynacanthum Mart., Hist. Nat. Palm. 2: 73. 1824.
Sin.: *Astrocaryum gynacanthum* var. *munbaca* (Mart.) Trail ex Drude, *Astrocaryum munbaca* Mart., *Astrocaryum gymnopus* Burret, *Astrocaryum dasychaetum* (Burret) Burret, *Astrocaryum gynacanthum* var. *dasychaetum* Burret
Ref.: Moraes R. (2004), Moreno & Moreno (2006), Kahn (2008), Pintaud et al. (2008).
Arbusto, árbol. Nativa. Zonas Bajas. Bosque Húmedo, 0–500 m.
Dept.: BE, PA.
Muestra: *L. Vargas & R.B. Foster 726* (F, LPB).

Astrocaryum huaimi Mart., Voy. Amér. Mér. 86, t. 13, f. 3, t. 30a. 1847.
Sin.: *Astrocaryum leiospatha* Barb. Rodr.
Ref.: Foster (1958), Balslev & Moraes R. (1989), Moraes R. (1993f), Henderson (1995), Killeen & Schulenberg (1998), Moraes R. (2004), Moreno & Moreno (2006), Kahn (2008), Pintaud et al. (2008).
Árbol. Nativa. Zonas Bajas. Sabanas Benianas del Norte, Sabanas Benianas del Sur, Campos Amazónicos, 0–500 m.
Dept.: BE, LP, SC.
Tipo y muestra: *d'Orbigny 23* (HT: P), *S.G. Beck & R. Haase 9992* (LPB, MO, NY, US).
Nota: *A. huaimi* var. *orbignyi* Drude es probablemente un sinónimo de *A. vulgare* Mart.

Nom. Vern.: Chonta, chontilla, huaimitococa, uapium-uassú.

Astrocaryum jauari Mart., Hist. Nat. Palm. 2: 76, pl. 52, 65, f. 1. 1823.
Sin.: *Astrocaryum guara* Burret
Ref.: Moraes R. (2004), Pintaud et al. (2008).
Árbol. Nativa. Zonas Bajas. Bosque Húmedo, 0–500 m.
Dept.: BE.
Muestra: *M. Moraes R. 1688A* (LPB).

[Astrocaryum murumuru Mart.], Hist. Nat. Palm. 2: 70, pl. 58–59. 1824.
Ref.: Balslev & Moraes R. (1989), Moraes R. (1993f), Henderson (1995), Moraes R. (1999a), Alverson et al. (2000), Arrázola Rivero et al. (2000), Moraes R. (2004), Borchsenius Kristensen & Moraes R. (2006), Moreno & Moreno (2006), Pintaud et al. (2008).
Nota: Según Kahn (2008) los registros se basan en material mal identificado. Esta especie solamente se encuentra en Guyanas y en la zona central de la cuenca amazónica de Brasil.

[Astrocaryum tucumoides Drude], Fl. Bras. 3(2): 381. 1881.
Ref.: Moraes R. (1993f).
Nota: El registro se basa en material mal identificado.

Astrocaryum ulei Burret, Repert. Spec. Nov. Regni Veg. 35: 147. 1934.
Ref.: Kahn & Millán (1992), Kahn (2008).
Árbol. Nativa. Zonas Bajas. Bosque Húmedo, 0–500 m.
Dept.: PA.
Muestra: *T. Ely et al. 31* (LPB, NY).
Nom. Vern.: Chonta loro.

[Astrocaryum vulgare Mart.], Hist. Nat. Palm. 2: 74, pl. 62–63. 1824.
Ref.: Balslev & Moraes R. (1989).
Nota: El registro se basa en material mal identificado.

Attalea Kunth, Nov. Gen. Sp. (quarto ed.) 1: 309–310. 1815 [1816].
5 especies, 0 especies endémicas.

Attalea butyracea (Mutis ex L. f.) Wess. Boer, Pittieria 17: 292. 1988.
Sin.: *Cocos butyracea* Mutis ex L. f., *Attalea cephalotes* Poepp. ex Mart., *Attalea blepharopus* Mart., *Scheelea cephalotes* (Poepp. ex Mart.) H. Karst., *Attalea humboldtiana* Spruce, *Scheelea butyracea* (Mutis ex L. f.) H. Karst. ex H. Wendl., *Attalea wallisii* Huber, *Scheelea bassleriana* Burret, *Scheelea blepharopus* (Mart.) Burret, *Scheelea brachyclada* Burret, *Scheelea huebneri* Burret, *Scheelea macrolepis* Burret, *Scheelea passargei* Burret, *Scheelea stenorhyncha* Burret, *Scheelea tessmannii* Burret, *Scheelea wallisii* (Huber) Burret, *Attalea pycnocarpa* Wess. Boer, *Attalea bassleriana* (Burret) Zona
Ref.: Foster (1958), Balslev & Moraes R. (1989), Alverson et al. (2000), Moraes R. (2004), Moreno & Moreno (2006), Pintaud et al. (2008).
Árbol. Nativa. Zonas Bajas. Bosque Húmedo, Campos Amazónicos, 0–500 m.
Dept.: BE, CO, LP, PA, SC.
Muestra: *N. Helme 750* (LPB).
Nom. Vern.: Cusi bajio, falso motacú, mutacú, palla.

Attalea eichleri (Drude) A.J. Hend., Palms Amazon 143. 1995.
Sin.: *Orbignya humilis* Mart., *Orbignya eichleri* Drude
Ref.: Foster (1958), Balslev & Moraes R. (1989), Henderson (1995), Glassman (1999), Moraes R. (2004), Moreno & Moreno (2006), Pintaud et al. (2008).
Subarbusto. Nativa. Zonas Bajas. Campos Cerrados, 0–500 m.
Dept.: SC.
Muestra: *S.G. Beck 27966* (LPB).
Nom. Vern.: Caai cusi, cusi chico,cusicito, cusisillo, palmera de chiquitos.

Attalea maripa (Aubl.) Mart., Voy. Amér. Mér. 123. 1844.
Sin.: *Palma maripa* Aubl., *Maximiliana regia* Mart., *Maximiliana elegans* H. Karst., *Maximiliana martiana* H. Karst., *Maximiliana caribaea* Griseb. & H. Wendl. ex Griseb., *Scheelea maripa* hort. ex H. Wendl., *Maximiliana maripa* (Aubl.) Drude, *Maximiliana tetrasticha* Drude, *Englerophoenix caribaeum* (Griseb. & H. Wendl. ex Griseb.) Kuntze, *Englerophoenix maripa* (Aubl.) Kuntze, *Englerophoenix regia* (Mart.) Kuntze, *Maximiliana longirostrata* Barb. Rodr., *Englerophoenix longirostrata* (Barb. Rodr.) Barb. Rodr., *Maximiliana macrogyne* Burret, *Maximiliana macropetala* Burret, *Maximiliana stenocarpa* Burret, *Scheelea tetrasticha* (Drude) Burret, *Temenia regia* (Mart.) O.F. Cook, *Ethnora maripa* (Aubl.) O.F. Cook, *Attalea macropetala* (Burret) Wess. Boer, *Attalea cryptanthera* Wess. Boer
Ref.: Henderson (1995), Moraes R. (2004), Moreno & Moreno (2006), Pintaud et al. (2008).
Árbol. Nativa. Zonas Bajas. Bosque Húmedo, Sabanas Benianas del Norte, Campos Amazónicos, 0–500 m.
Dept.: BE, LP, PA, SC.
Muestra: *I.G. Vargas 625* (LPB, USZ).
Nom. Vern.: Casicusi, cusi, cusimacho, huacava, motacusillo, xëbichoqui.

Attalea phalerata Mart. ex Spreng., Syst. Veg. 2: 624. 1825.
Sin.: *Attalea excelsa* Mart. ex Spreng., *Attalea princeps* Mart., *Scheelea princeps* (Mart.) H. Karst., *Attalea hoehnei* Burret, *Scheelea martiana* Burret, *Scheelea phalerata* (Mart. ex Spreng.) Burret, *Scheelea weberbaueri* Burret, *Scheelea microspadix* Burret
Ref.: Foster (1958), Balslev & Moraes R. (1989), Moraes R. (1989), Moraes R. (1990), Moraes R. (1993f), Henderson (1995), Killeen & Schulenberg (1998), Glassman (1999), Moraes R. (1999a), Moraes R. (1999b), Mostacedo C. & Uslar (1999), Alverson et al. (2000), Montambault (2002), Jardim et al. (2003), Moraes R. (2004), Borchsenius Kristensen & Moraes R. (2006), Moreno & Moreno (2006), Pintaud et al. (2008), Paniagua Zambrana & Moraes R. (2009).
Árbol. Nativa. Zonas Bajas. Bosque Húmedo, Sabanas Benianas del Norte, Sabanas Benianas del Sur, Campos Amazónicos, 0–1000 m.
Dept.: BE, CO, LP, PA, SC.
Muestra: *C.R. Sperling & R.M. King 6548* (LPB, NY).
Infra: *Attalea phalerata* var. *concinna* L.R. Moreno
Nota: El tipo de *A. phalerata* var. *concinna*, es de PA, *Moreno 252* (HT: JBSC).
Nom. Vern.: Achere, cachi, chujam, eriquiriete, kisia, mana'i, motacú, mutacú, nomotaquich, palla, palmito, rucuri, toma, ubito, urucurí, xëbini.

Attalea speciosa Mart. ex Spreng., Syst. Veg. ii: 138. 1825.
Sin.: *Attalea pixuna* Barb. Rodr., *Orbignya pixuna* (Barb. Rodr.) Barb. Rodr., *Attalea spectabilis* var. *polyandra* Drude, *Orbignya lydiae* Drude, *Orbignya phalerata* Mart., *Orbignya speciosa* (Mart. ex Spreng.) Barb. Rodr., *Orbignya martiana* Barb. Rodr., *Attalea lydiae* (Drude) Barb. Rodr., *Orbignya huebneri* Burret, *Orbignya macropetala* Burret, *Orbignya barbosiana* Burret
Ref.: Foster (1958), Balslev & Moraes R. (1989), Moraes R. (1989), Moraes R. (1990), Moraes R. (1993f), Henderson (1995), Killeen & Schulenberg (1998), Glassman (1999), Mostacedo C. & Uslar (1999),

Toledo et al. (1999), Jardim et al. (2003), Moraes R. (2004), Moreno & Moreno (2006), Pintaud et al. (2008).
Árbol. Nativa. Zonas Bajas. Bosque Semideciduo Chiquitano, Campos Amazónicos, 0–1000 m.
Dept.: BE, PA, SC.
Muestra: *M.H. Nee 31901* (LPB, MO, NY).
Nom. Vern.: Babazu, cusi, cusich, palma real, rucusich, urucuriguazú.

Bactris Jacq. ex Scop., Intr. Hist. Nat. 70. 1777.

15 especies, 1 especie endémica.

Bactris acanthocarpa Mart., Hist. Nat. Palm. 2: 92, t. 70, 71. 1826.
Sin.: *Astrocaryum humile* Wallace, *Bactris interruptepinnata* Barb. Rodr., *Bactris acanthocarpa* var. *crispata* Drude, *Bactris aculeifera* Drude, *Bactris tarumanensis* Barb. Rodr., *Bactris fragae* Lindm., *Bactris humilis* (Wallace) Burret, *Bactris macrocalyx* Burret, *Bactris microcalyx* Burret, *Bactris pinnatisecta* Burret, *Bactris leptochaete* Burret, *Bactris devia* H.E. Moore
Ref.: Balslev & Moraes R. (1989), Henderson (1995), Killeen & Schulenberg (1998), Henderson (2000), Moraes R. (2004), Moreno & Moreno (2006), Pintaud et al. (2008).
Subarbusto. Nativa. Zonas Bajas. Bosque Húmedo, 0–500 m.
Dept.: BE, PA, SC.
Muestra: *B.M. Boom 4462* (LPB, NY).
Infra: *Bactris acanthocarpa* var. *exscapa* Barb. Rodr., *Bactris acanthocarpa* var. *intermedia* A.J. Hend., *Bactris acanthocarpa* var. *trailiana* (Barb. Rodr.) A.J. Hend.
Nom. Vern.: Cana huanima, marajá.

Bactris brongniartii Mart., Voy. Amér. Mér. 7(3): 59–60, t. 7, f. 2, t. 28a. 1844.
Sin.: *Bactris pallidispina* Mart., *Guilielma tenera* H. Karst., *Bactris rivularis* Barb. Rodr., *Bactris tenera* (H. Karst.) H. Wendl., *Bactris piscatorum* Wedd. ex Drude, *Bactris cuyabensis* Barb. Rodr., *Bactris strictacantha* Burret, *Pyrenoglyphis brongnartii* (Mart.) Burret, *Pyrenoglyphis pallidispina* (Mart.) Burret, *Pyrenoglyphis piscatorum* (Wedd. ex Drude) Burret, *Pyrenoglyphis rivularis* (Barb. Rodr.) Burret, *Pyrenoglyphis tenera* (H. Karst.) Burret, *Bactris burretii* Glassman
Ref.: Moraes R. (1990), Killeen & Schulenberg (1998), Moraes R. (1999b), Henderson (2000), Moraes R. (2004), Moreno & Moreno (2006), Pintaud et al. (2008).
Árbol. Nativa. Zonas Bajas. Bosque Húmedo, 0–500 m.
Dept.: LP, PA, SC.
Muestra: *I.G. Vargas et al. 1860* (LPB, USZ).
Nom. Vern.: Ma-rayaú, pupuña.

Bactris chaveziae A.J. Hend., Fl. Neotrop. 79: 49. 2000.
Sin.: *Bactris concinna* var. *sigmoides* A.J. Hend.
Ref.: Henderson (2000), Moraes R. (2004), Pintaud et al. (2008).
Arbusto. Nativa. Zonas Bajas. Bosque Húmedo, 0–500 m.
Dept.: CO, LP, SC.
Muestra: *A. Araujo M. et al. 1371* (AAU, LPB, MO).

Bactris concinna Mart., Hist. Nat. Palm. 2: 99, pl. 72, f. 4–6. 1823.
Sin.: *Bactris concinna* var. *depauperata* (Trail) Drude, *Bactris concinna* var. *inundata* Spruce, *Bactris concinna* subsp. *depauperata* Trail, *Pyrenoglyphis concinna* (Mart.) Burret, *Pyrenoglyphis concinna* var. *depauperata* (Trail) Burret, *Pyrenoglyphis concinna* var. *inundata* (Spruce) Burret
Ref.: Killeen & Schulenberg (1998), Alverson et al. (2000), Henderson (2000), Moraes R. (2004), Moreno & Moreno (2006), Pintaud et al. (2008).
Árbol. Nativa. Zonas Bajas. Bosque Húmedo, 0–500 m.
Dept.: LP, PA, SC.
Muestra: *S.G. Beck et al. 19152* (COL, LPB, PORT, Q).
Nom. Vern.: Marajá, marayaú, siyai, waisi.

Bactris corossilla H. Karst., Linnaea 28: 407. 1857.
Sin.: *Bactris corazillo* hort. ex H. Wendl., *Bactris cuesco* Engl., *Bactris elegantissima* Burret, *Bactris duplex* H.E. Moore, *Bactris duidae* Steyerm., *Bactris venezuelensis* Steyerm.
Ref.: Moreno & Moreno (2006).
Subarbusto. Nativa. Zonas Bajas. Bosque Húmedo, 0–500 m.
Dept.: BE, PA.
Muestra: *L.R. Moreno & O. Moreno 170* (JBSC, NY).

Bactris elegans Barb. Rodr., Enum. Palm. Nov. 35. 1875.
Ref.: Henderson (2000), Moraes R. (2004), Pintaud et al. (2008).
Subarbusto. Nativa. Zonas Bajas. Bosque Húmedo, 0–500 m.
Dept.: PA.
Muestra: *L. Vargas et al. 865* (F, LPB).

Bactris faucium Mart., Voy. Amér. Mér. 60, t. 6, f. 2, t. 28B. 1844.
Ref.: Foster (1958), Balslev & Moraes R. (1989), Moraes R. (1999a), Moraes R. (1999b), Henderson (2000), Moraes R. (2004), Moreno & Moreno (2006), Pintaud et al. (2008).
Subarbusto, arbusto. Endémica. Zonas Bajas. Bosque Húmedo, 0–500 m.
Dept.: BE, CO, LP, SC.
Tipo y muestra: *d'Orbigny 41* (HT: P), *M. Moraes R. et al. 1868* (LPB, NY).
Nom. Vern.: Caqui, marayaucillo, palmita.

Bactris gasipaes Kunth, Nov. Gen. Sp. (quarto ed.) 1: 302, pl. 700. 1815 [1816].
Sin.: *Martinezia ciliata* Ruiz & Pav., *Bactris ciliata* (Ruiz & Pav.) Mart., *Guilielma speciosa* Mart., *Guilielma insignis* Mart., *Guilielma macana* Mart., *Guilielma chontaduro* H. Karst. & Triana, *Bactris caribaea* H. Karst., *Bactris speciosa* (Mart.) H. Karst., *Guilielma utilis* Oerst., *Guilielma speciosa* var. *coccinea* Barb. Rodr., *Guilielma speciosa* var. *flava* Barb. Rodr., *Guilielma caribaea* (H. Karst.) H. Wendl., *Guilielma ciliata* (Ruiz & Pav.) H. Wendl. ex Kerch., *Guilielma speciosa* var. *mitis* Drude, *Bactris utilis* (Oerst.) Benth. & Hook. f. ex Hemsl., *Guilielma speciosa* var. *ochracea* Barb. Rodr., *Bactris insignis* (Mart.) Baill., *Guilielma mattogrossensis* Barb. Rodr., *Guilielma microcarpa* Huber, *Bactris coccinea* Barb. Rodr., *Bactris macana* (Mart.) Pittier, *Guilielma gasipaes* (Kunth) L.H. Bailey, *Guilielma gasipaes* var. *flava* (Barb. Rodr.) L.H. Bailey, *Bactris dahlgreniana* Glassman
Ref.: Foster (1958), Balslev & Moraes R. (1989), Moraes R. (1993f), Killeen & Schulenberg (1998), Mostacedo C. & Uslar (1999), Alverson et al. (2000), Henderson (2000), Jardim et al. (2003), Moraes R. (2004), Moreno & Moreno (2006), Pintaud et al. (2008).
Árbol. Nativa, cultivada. Zonas Bajas, Andes. Bosque Húmedo, Yungas, 0–1500 m.
Dept.: BE, CO, LP, PA, SC.
Muestra: *M. Saldias 1076* (LPB, NY, USZ).
Infra: *Bactris gasipaes* var. *gasipaes*, *Bactris gasipaes* var. *chichagui* (H. Karst.) A.J. Hend.
Nom. Vern.: Anoa, chima, chonta de castilla, chonta de comer, chonta fina, copopon, huanima, palma real, siiribá, siriba, tembé, woy, yunka tisi.

Bactris glaucescens Drude, Fl. Bras. 3(2): 345. 1881.
Sin.: *Bactris glaucescens* var. *melanacantha* Drude, *Bactris anisitsii* Barb. Rodr., *Bactris tucum* Burret
Ref.: Balslev & Moraes R. (1989), Moraes R. & Sarmiento (1992), Moraes R. (1993f), Killeen & Schulenberg (1998), Henderson (2000), Jardim et al. (2003), Moraes R. (2004), Pintaud et al. (2008).
Árbol. Nativa. Zonas Bajas. Bosque Húmedo, Sabanas Benianas del Sur, Campos Amazónicos, 0–500 m.
Dept.: BE, LP, SC.
Muestra: *M. Moraes R. et al. 1091* (FTG, LPB, NY).
Nom. Vern.: Chontilla, marayaú.

Bactris hirta Mart., Hist. Nat. Palm. 2: 104, pl. 60, 74, f. 1–3. 1826.
Sin.: *Bactris longipes* Poepp., *Bactris pectinata* Mart., *Bactris integrifolia* Wallace, *Bactris hylophila* Spruce, *Bactris microcarpa* Spruce, *Bactris turbinata* Spruce, *Bactris linearifolia* Barb. Rodr., *Bactris setipinnata* Barb. Rodr., *Bactris pectinata* var. *spruceana* Trail, *Bactris pectinata* var. *subintegrifolia* Trail, *Bactris pectinata* subsp. *hylophila* (Spruce) Trail, *Bactris pectinata* subsp. *microcarpa* (Spruce) Trail, *Bactris pectinata* subsp. *turbinata* (Spruce) Trail, *Bactris pectinata* var. *nana* Trail, *Bactris pectinata* var. *setipinnata* (Barb. Rodr.) Trail, *Bactris geonomoides* Drude, *Bactris geonomoides* var. *setosa* Drude, *Bactris hylophila* var. *glabrescens* Drude, *Bactris hylophila* var. *macrocarpa* Drude, *Bactris hylophila* var. *nana* (Trail) Drude, *Bactris formosa* Barb. Rodr., *Amylocarpus formosus* (Barb. Rodr.) Barb. Rodr., *Amylocarpus geonomoides* (Drude) Barb. Rodr., *Amylocarpus hirtus* (Mart.) Barb. Rodr., *Amylocarpus hylophilus* (Spruce) Barb. Rodr., *Amylocarpus linearifolius* (Barb. Rodr.) Barb. Rodr., *Amylocarpus pectinatus* (Mart.) Barb. Rodr., *Amylocarpus setipinnatus* (Barb. Rodr.) Barb. Rodr., *Amylocarpus hylophilus* var. *glabrescens* (Drude) Barb. Rodr., *Amylocarpus hylophilus* var. *macrocarpus* (Drude) Barb. Rodr., *Amylocarpus hylophilus* var. *nanus* Barb. Rodr., *Bactris atrox* Burret, *Bactris hoppii* Burret, *Bactris huebneri* Burret
Ref.: Alverson et al. (2000), Henderson (2000), Moraes R. (2004), Moreno & Moreno (2006), Pintaud et al. (2008).
Árbol. Nativa. Zonas Bajas. Bosque Húmedo, 0–500 m.
Dept.: LP, PA.
Muestra: *N. Helme 878* (LPB).
Infra: *Bactris hirta* var. *spruceana* A.J. Hend.

Bactris macroacantha Mart., Hist. Nat. Palm. 2: 95, pl. 73. 1826.
Sin.: *Bactris confluens* var. *acanthospatha* Trail, *Bactris acanthospatha* (Trail) Drude, *Bactris platyacantha* Burret
Ref.: Moreno & Moreno (2006).
Subarbusto. Nativa. Zonas Bajas. Bosque Húmedo, 0–500 m.
Dept.: BE.
Muestra: *L.R. Moreno et al. 274* (JBSC, NY).

Bactris major Jacq., Select. Stirp. Amer. Hist. (ed. 1780–1781) 135, t. 263, f. 88. 1780.
Sin.: *Bactris socialis* Mart., *Bactris infesta* Mart., *Augustinea major* (Jacq.) H. Karst., *Pyrenoglyphis major* (Jacq.) H. Karst., *Bactris exaltata* Barb. Rodr., *Bactris nemorosa* Barb. Rodr., *Bactris socialis* subsp. *curuena* Trail, *Bactris curuena* (Trail) Trail ex Drude, *Bactris gaviona* (Trail) Trail ex Drude, *Bactris chapadensis* Barb. Rodr., *Bactris mattogrossensis* Barb. Rodr., *Bactris socialis* subsp. *gaviona* Trail, *Pyrenoglyphis chapadensis* (Barb. Rodr.) Burret, *Pyrenoglyphis curuena* (Trail) Burret, *Pyrenoglyphis exaltata* (Barb. Rodr.) Burret, *Pyrenoglyphis gaviona* (Trail) Burret, *Pyrenoglyphis hoppii* Burret, *Pyrenoglyphis infesta* (Mart.) Burret, *Pyrenoglyphis mattogrossensis* (Barb. Rodr.) Burret, *Pyrenoglyphis nemorosa* (Barb. Rodr.) Burret, *Pyrenoglyphis socialis* (Mart.) Burret, *Bactris pyrenoglyphoides* A.D. Hawkes
Ref.: Balslev & Moraes R. (1989), Moraes R. (1989), Moraes R. (1999a), Mostacedo C. & Uslar (1999), Arrázola Rivero et al. (2000), Henderson (2000), Moraes R. (2004), Moreno & Moreno (2006), Pintaud et al. (2008).
Subarbusto, arbusto. Nativa. Zonas Bajas. Bosque Húmedo, 0–500 m.
Dept.: BE, CO, LP, PA, SC.
Muestra: *J.C. Solomon 17182* (LPB, MO).
Infra: *Bactris major* var. *infesta* (Mart.) Drude, *Bactris major* var. *socialis* (Mart.) Drude
Nom. Vern.: Ajacu, carapue, ereiba, majo, marallao, marayaú.

Bactris maraja Mart., Hist. Nat. Palm. 2(4): 93, t. 71, f. 1. 1826.
Sin.: *Bactris maraja* subsp. *maraja*, *Bactris sanctae-paulae* Engl., *Bactris granariuscarpa* Barb. Rodr., *Bactris monticola* Barb. Rodr., *Bactris paucijuga* Barb. Rodr., *Bactris sylvatica* Barb. Rodr., *Bactris umbraticola* Barb. Rodr., *Bactris umbrosa* Barb. Rodr., *Bactris maraja* subsp. *limnaia* Trail, *Bactris maraja* subsp. *sobralensis* Trail, *Bactris juruensis* Trail, *Bactris piranga* Trail, *Bactris maraja* var. *limnaia* (Trail) Drude, *Bactris maraja* var. *sobralensis* (Trail) Drude, *Bactris penicillata* Barb. Rodr., *Bactris sobralensis* (Trail) Barb. Rodr., *Bactris sobralensis* var. *limnaia* (Trail) Barb. Rodr., *Bactris gymnospatha* Burret, *Bactris bella* Burret, *Bactris sigmoidea* Burret, *Pyrenoglyphis maraja* (Mart.) Burret, *Bactris chlorocarpa* Burret, *Bactris microspadix* Burret, *Bactris divisicupula* L.H. Bailey, *Bactris fuscospina* L.H. Bailey, *Bactris maraja* var. *trailii* A.D. Hawkes
Ref.: Balslev & Moraes R. (1989), Killeen & Schulenberg (1998), Moraes R. (1999a), Alverson et al. (2000), Henderson (2000), Moraes R. (2004), Moreno & Moreno (2006), Pintaud et al. (2008).
Árbol. Nativa. Zonas Bajas. Bosque Húmedo, Sabanas Benianas del Sur, 0–500 m.
Dept.: BE, CO, LP, PA, SC.
Muestra: *A.F. Fuentes C. et al. 3981* (LPB, MO).
Infra: *Bactris maraja* var. *maraja*, *Bactris maraja* var. *juruensis* (Trail) A.J. Hend., *Bactris maraja* var. *trichospatha* (Trail) A.J. Hend.
Nom. Vern.: Conguillo, chontilla, erei baté, shinishëoxo.

Bactris riparia Mart., Hist. Nat. Palm. 2: 97, pl. 71, f. 4. 1823.
Sin.: *Bactris inundata* Mart., *Bactris littoralis* Barb. Rodr.
Ref.: Foster (1958), Balslev & Moraes R. (1989), Killeen & Schulenberg (1998), Alverson et al. (2000), Henderson (2000), Moraes R. (2004), Moreno & Moreno (2006), Pintaud et al. (2008).
Árbol. Nativa. Zonas Bajas. Bosque Húmedo, Sabanas Benianas del Sur, Campos Amazónicos, 0–500 m.
Dept.: BE, CO, LP, PA, SC.
Muestra: *E. Oviedo et al. 4* (LPB).
Nom. Vern.: Chonta, chontilla, marayaú, tucumba-ivi.

Bactris simplicifrons Mart., Hist. Nat. Palm. 2: 103. 1826.
Sin.: *Bactris tenuissimis* (Barb. Rodr.) Burret, *Bactris acanthocnemis* Mart., *Bactris tenuis* Wallace, *Bactris*

brevifolia Spruce, *Bactris carolensis* Spruce, *Bactris negrensis* Spruce, *Bactris negrensis* var. *minor* Spruce, *Bactris uaupensis* Spruce, *Bactris arenaria* Barb. Rodr., *Bactris inermis* Trail ex Barb. Rodr., *Bactris inermis* var. *tenuissimis* Barb. Rodr., *Bactris microspatha* Barb. Rodr., *Bactris xanthocarpa* Barb. Rodr., *Bactris mitis* subsp. *inermis* Trail, *Bactris mitis* subsp. *tenuis* (Wallace) Trail, *Bactris mitis* subsp. *uaupensis* (Spruce) Trail, *Bactris simplicifrons* var. *subpinnata* Trail, *Bactris juruensis* var. *lissospatha* Trail, *Bactris simplicifrons* var. *carolensis* (Spruce) Trail, *Bactris simplicifrons* var. *negrensis* (Spruce) Trail, *Bactris cuspidata* var. *tenuis* (Wallace) Drude, *Bactris simplicifrons* var. *acanthocnemis* (Mart.) Drude, *Amylocarpus acanthocnemis* (Mart.) Barb. Rodr., *Amylocarpus arenarius* (Barb. Rodr.) Barb. Rodr., *Amylocarpus microspathus* (Barb. Rodr.) Barb. Rodr., *Amylocarpus simplicifrons* (Mart.) Barb. Rodr., *Amylocarpus tenuissimus* (Barb. Rodr.) Barb. Rodr., *Amylocarpus xanthocarpus* (Barb. Rodr.) Barb. Rodr., *Amylocarpus inermis* (Trail ex Barb. Rodr.) Barb. Rodr., *Bactris pulchra* var. *inermis* Dammer, *Amylocarpus angustifolius* Huber, *Yuyba essequiboensis* L.H. Bailey, *Amylocarpus luetzelburgii* (Burret) Burret, *Bactris luetzelburgii* Burret, *Bactris huberiana* Burret, *Bactris luetzelburgii* var. *anacantha* Burret, *Bactris naevia* Poepp. ex Burret, *Bactris negrensis* var. *carolensis* (Spruce) Burret, *Bactris paucisecta* Burret, *Bactris simplex* Burret, *Bactris tenuis* var. *inermis* (Trail ex Barb. Rodr.) Burret, *Bactris ulei* Burret, *Bactris kuhlmannii* Burret, *Bactris kuhlmannii* var. *aculeata* Burret, *Yuyba simplicifrons* (Mart.) L.H. Bailey, *Yuyba trinitensis* L.H. Bailey, *Yuyba dakamana* L.H. Bailey ex Maguire, *Yuyba maguirei* L.H. Bailey, *Yuyba stahelii* L.H. Bailey, *Yuyba gleasonii* L.H. Bailey, *Bactris maguirei* (L.H. Bailey) Steyerm., *Bactris sororopanae* Steyerm., *Bactris dakamana* (L.H. Bailey ex Maguire) Glassman, *Bactris essequiboensis* (L.H. Bailey) Glassman, *Bactris gleasonii* (L.H. Bailey) Glassman, *Bactris stahelii* (L.H. Bailey) Glassman, *Bactris trinitensis* (L.H. Bailey) Glassman
Ref.: Balslev & Moraes R. (1989), Killeen & Schulenberg (1998), Henderson (2000), Moraes R. (2004), Pintaud et al. (2008).
Subarbusto. Nativa. Zonas Bajas. Bosque Húmedo, 0–500 m.
Dept.: BE, LP, PA, SC.
Muestra: *L.R.C. de Michel et al. 2023* (LPB).

Ceroxylon Bonpl. ex DC., Bull. Sci. Soc. Philom. Paris 3: 239. 1804.

2 especies, 0 especies endémicas.

Ceroxylon parvifrons (Engel) H. Wendl., Palmiers 239. 1878.
Sin.: *Klopstockia parvifrons* Engel, *Ceroxylon latisectum* Burret, *Ceroxylon sclerophyllum* Dugand, *Ceroxylon mooreanum* Galeano & R. Bernal
Ref.: Balslev & Moraes R. (1989), Henderson & Galeano (1996), Moraes R. (1999a), Serrano & Terán (1998 [2000]), Moraes R. (2004), Borchsenius Kristensen & Moraes R. (2006), Moreno & Moreno (2006), Pintaud et al. (2008), Sanín Pérez & Galeano (2011), Ministerio de Medio Ambiente y Agua (2012 [2013]).
Árbol. Nativa. Andes. Yungas, 2500–3500 m.
Dept.: CH, LP.
Muestra: *A.F. Fuentes C. et al. 5150* (AAU, LPB, MO).
Nom. Vern.: Palma, palma real.

[Ceroxylon parvum Galeano], Caldasia 17(82–85): 403. 1995.
Ref.: Henderson & Galeano (1996), Vargas Caballero et al. (2000), Moraes R. (2004), Moreno & Moreno (2006), Pintaud et al. (2008), Sanín Pérez & Galeano (2011).
Nota: El registro se basa en material mal identificado. Especie endémica de Ecuador.

Ceroxylon pityrophyllum (Mart.) Mart. ex H. Wendl., Palmiers 239. 1878.
Sin.: *Cocos pityrophylla* Mart., *Ceroxylon weberbaueri* Burret
Ref.: Foster (1958), Balslev & Moraes R. (1989), Moraes R. (1989), Moraes R. (1993f), Sanín Pérez & Galeano (2011), Ministerio de Medio Ambiente y Agua (2012 [2013]).
Árbol. Nativa. Andes. Yungas. 1000–3000 m.
Dept.: CH, CO, LP, SC.
Tipo y muestra: *N. Salinas 2440* (NT: LPB), *M. Moraes R. & H. Balslev 850* (AAU, COL, LPB, US).
Nom. Vern.: Palma, palma amarilla, palma lisa, palma real, ramo, vicuña palmito.

[Ceroxylon vogelianum (Engel) H. Wendl.], Palmiers 239. 1878.
Sin.: *Klopstockia vogeliana* Engel, *Klopstockia coarctata* Engel, *Ceroxylon verruculosum* Burret
Ref.: Henderson & Galeano (1996), Moraes R. (2004), Pintaud et al. (2008), Sanín Pérez & Galeano (2011).
Nota: El registro se basa en material mal identificado de *C. pityrophyllum*.

Chamaedorea Willd., Sp. Pl. 4(2): 638, 800. 1806.

4 especies, 0 especies endémicas.

Chamaedorea angustisecta Burret, Notizbl. Bot. Gart. Berlin–Dahlem 11: 318. 1932.
Sin.: *Chamaedorea leonis* H.E. Moore
Ref.: Balslev & Moraes R. (1989), Moraes R. (1989), Henderson (1995), Moraes R. (1999a), Moraes R. (2004), Borchsenius Kristensen & Moraes R. (2006), Moreno & Moreno (2006).
Árbol. Nativa. Zonas Bajas, Andes. Bosque Húmedo, Sabanas Benianas del Norte, Sabanas Benianas del Sur, Campos Amazónicos, Yungas, 0–1500 m.
Dept.: BE, LP, PA.
Muestra: *R. Seidel et al. 4444* (LPB).
Nom. Vern.: Palmita, siyaya, seyeye, siyeye, siyeyi.

[Chamaedorea fragrans (Ruiz & Pav.) Mart.], Hist. Nat. Palm. 2: 4, t. 3, f. 1, 2. 1849.
Sin.: *Nunnezharia fragrans* Ruiz & Pav.
Ref.: Foster (1958), Balslev & Moraes R. (1989).
Nota: El registro se basa en material mal identificado de *C. angustisecta*.

Chamaedorea linearis (Ruiz & Pav.) Mart., Hist. Nat. Palm. 2: 5. 1823.
Sin.: *Morenia fragrans* Ruiz & Pav., *Martinezia linearis* Ruiz & Pav., *Kunthia montana* Bonpl., *Morenia poeppigiana* Mart., *Morenia corallina* H. Karst., *Morenia lindeniana* H. Wendl., *Chamaedorea formosa* W. Bull, *Nunnezharia formosa* (W. Bull) Kuntze, *Nunnezharia lindeniana* (H. Wendl.) Kuntze, *Nunnezharia linearis* (Ruiz & Pav.) Kuntze, *Nunnezharia montana* (Bonpl.) Kuntze, *Nunnezharia morenia* Kuntze, *Nunnezharia poeppigiana* (Mart.) Kuntze, *Morenia linearis* (Ruiz & Pav.) Burret, *Morenia montana* (Bonpl.) Burret, *Chamaedorea polyclada* Burret, *Morenia caudata* Burret, *Morenia macrocarpa* Burret, *Morenia robusta* Burret, *Morenia microspadix* Burret, *Chamaedorea*

megaphylla A.H. Gentry, *Chamaedorea poeppigiana* (Mart.) A.H. Gentry
Ref.: Balslev & Moraes R. (1989), Henderson (1995), Moraes R. (1999a), Moraes R. (2004), Moreno & Moreno (2006), Pintaud et al. (2008).
Arbusto, árbol. Nativa. Andes. Yungas, 1000–1500 m.
Dept.: BE, CO, LP, SC.
Muestra: *M. Moraes R. et al. 1873* (LPB, NY).

Chamaedorea pauciflora Mart., Hist. Nat. Palm. 2: 5, t. 3, f. 3. 1823.
Sin.: *Morenia integrifolia* Trail, *Chamaedorea amazonica* Linden, *Morenia pauciflora* (Mart.) Drude, *Nunnezharia amazonica* (Linden) Kuntze, *Nunnezharia integrifolia* (Trail) Kuntze, *Nunnezharia pauciflora* (Mart.) Kuntze, *Chamaedorea lechleriana* H. Wendl., *Chamaedorea integrifolia* (Trail) Dammer, *Chamaedorea amazonica* Dammer
Ref.: Henderson (1995), Moraes R. (1999b), Moraes R. (2004), Moreno & Moreno (2006), Pintaud et al. (2008).
Arbusto. Nativa. Zonas Bajas. Bosque Húmedo, 0–500 m.
Dept.: LP, PA.
Muestra: *L. Vargas et al. 579* (LPB, NY).

Chamaedorea pinnatifrons (Jacq.) Oerst., Vidensk. Meddel. Dansk Naturhist. Foren. Kjøbenhavn 1858(1–4): 14. 1859.
Sin.: *Borassus pinnatifrons* Jacq., *Martinezia lanceolata* Ruiz & Pav., *Chamaedorea gracilis* Willd., *Chamaedorea concolor* Mart., *Chamaedorea lanceolata* (Ruiz & Pav.) Kunth, *Hyospathe montana* Mart., *Chamaedorea conocarpa* Mart., *Chamaedorea bartlingiana* H. Wendl., *Chamaedorea brevifrons* H. Wendl., *Chamaedorea flavovirens* H. Wendl., *Chamaedorea bifurcata* Oerst., *Chamaedorea bracteata* H. Wendl., *Chamaedorea membranacea* Oerst., *Chamaedorea pacaya* Oerst., *Nunnezharia geonomoides* Spruce, *Chamaedorea geonomoides* (Spruce) Drude, *Nunnezharia bartlingiana* (H. Wendl.) Kuntze, *Nunnezharia bifurcata* (Oerst.) Kuntze, *Nunnezharia bracteata* (H. Wendl.) Kuntze, *Nunnezharia brevifrons* (H. Wendl.) Kuntze, *Nunnezharia flavovirens* (H. Wendl.) Kuntze, *Nunnezharia lanceolata* (Ruiz & Pav.) Kuntze, *Nunnezharia membranacea* (Oerst.) Kuntze, *Nunnezharia pacaya* (Oerst.) Kuntze, *Chamaedorea boliviensis* Dammer, *Chamaedorea depauperata* Dammer, *Chamaedorea minor* Burret, *Chamaedorea concinna* Burret, *Chamaedorea dryanderae* Burret, *Chamaedorea heilbornii* Burret, *Chamaedorea herrerae* Burret, *Chamaedorea holmgrenii* Burret, *Chamaedorea hoppii* Burret, *Chamaedorea kalbreyeriana* H. Wendl. ex Burret, *Chamaedorea macroloba* Burret, *Chamaedorea micrantha* Burret, *Chamaedorea rhombea* Burret, *Chamaedorea oerstedii* O.F. Cook & Doyle, *Docanthe alba* O.F. Cook, *Chamaedorea aguilariana* Standl. & Steyerm.
Ref.: Foster (1958), Balslev & Moraes R. (1989), Moraes R. (1989), Parker & Bailey (1991), Henderson (1995), Killeen & Schulenberg (1998), Alverson et al. (2000), Moraes R. (2004), Moreno & Moreno (2006), Pintaud et al. (2008).
Arbusto. Nativa. Zonas Bajas, Andes. Bosque Húmedo, Yungas, 0–1500 m.
Dept.: BE, CO, LP, PA, SC.
Muestra: *R. Seidel et al. 2821* (LPB).
Nom. Vern.: Jatatilla, piterita, tactilla.

Chamaerops L., Sp. Pl. 2: 1187. 1753.
1 especie, 0 especies endémicas.

Chamaerops humilis L., Sp. Pl. 2: 1187. 1753.
Sin.: *Phoenix humilis* (L.) Royle
Ref.: Balslev & Moraes R. (1989), Govaerts & Dransfield (2005).
Árbol. Cultivada. Andes. Valles Secos, 2500–3000 m.
Dept.: CO.
Muestra: *S.G. Beck 7033* (LPB, US).

Chelyocarpus Dammer, Notizbl. Bot. Gart. Berlin–Dahlem 7: 51[395]. 1920.
1 especie, 0 especies endémicas.

Chelyocarpus chuco (Mart.) H.E. Moore, Principes 16(3): 73. 1972.
Sin.: *Thrinax chuco* Mart., *Trithrinax chuco* (Mart.) Walp., *Acanthorrhiza chuco* (Mart.) Drude, *Tessmanniophoenix chuco* (Mart.) Burret, *Tessmanniodoxa chuco* (Mart.) Burret
Ref.: Foster (1958), Balslev & Moraes R. (1989), Moraes R. (1989), Moraes R. (1990), Moraes R. (1993f), Henderson (1995), Moraes R. (1999b), Moraes R. (2004), Moreno & Moreno (2006), Pintaud et al. (2008).
Árbol. Nativa. Zonas Bajas. Bosque Húmedo, 0–500 m.
Dept.: BE, PA.
Muestra: *M. Moraes R. & G. Takaná 1855* (AAU, LPB, NY).
Nom. Vern.: Chuco, hoja grande, hoja redonda, huechichao, iriai, sawa.

Cocos L., Sp. Pl. 2: 1188. 1753.
1 especie, 0 especies endémicas.

Cocos nucifera L., Sp. Pl. 2: 1188. 1753.
Sin.: *Palma cocos* Mill., *Cocos indica* Royle, *Cocos nana* Griff., *Calappa nucifera* (L.) Kuntze
Ref.: Balslev & Moraes R. (1989), Moraes R. (1990), Govaerts & Dransfield (2005).
Árbol. Cultivada. Zonas Bajas. Bosque Húmedo, 0–500 m.
Dept.: BE, CO, LP, PA, SC.
Muestra: *M. Moraes R. 1047* (LPB).
Nom. Vern.: Coco.

Copernicia Mart. ex Endl., Gen. Pl. 253. 1837.
1 especie, 0 especies endémicas.

Copernicia alba Morong, Ann. New York Acad. Sci. 7: 246. 1893.
Sin.: *Copernicia nigra* Morong, *Copernicia rubra* Morong, *Copernicia australis* Becc., *Coryphomia tectorum* N. Rojas, *Copernicia ramulosa* Burret
Ref.: Foster (1958), Balslev & Moraes R. (1989), Moraes R. (1989), Moraes R. (1991), Moraes R. (1993f), Moraes R. (1999b), Jardim et al. (2003), Moraes R. (2004), Moreno & Moreno (2006), Pintaud et al. (2008).
Árbol. Nativa. Zonas Bajas, Andes. Bosque Seco Chaqueño, Sabanas Benianas del Norte, Sabanas Benianas del Sur, Campos Amazónicos, Bosque Serrano Chaqueño, 0–1500 m.
Dept.: BE, CH, SC, TA.
Muestra: *M. Moraes R. 1090* (LPB, NY, USZ).
Nom. Vern.: Achanetach, caranda negra, carandaá, carandahí, caranday, caryá-hú, diquis, huajerema, palma, palma blanca, palma negra, palma real, quais, quechahuaca, tema.

Desmoncus Mart., Palm. Fam. 20. 1824.
4 especies, 1 especie endémica.

[Desmoncus giganteus A.J. Hend.], Palms Amazon 225. 1995.
Ref.: Moreno & Moreno (2006).
Trepadora. Nativa. Zonas Bajas. Bosque Húmedo, 0–500 m.
Dept.: PA.
Muestra: *L.R. Moreno & O.I. Moreno 183* (JBSC).

Nota: Especie dudosa. Según Henderson (2011 [A revision of *Desmoncus* (Arecaceae). Phytotaxa 35: 1–88]) correspondería a un morfotipo grande de *D. polyacanthos*.

Desmoncus horridus Splitg. ex Mart., Voy. Amér. Mér. 51. 1844.
Sin.: *Desmoncus palustris* Trail, *Atitara palustris* (Trail) Kuntze
Ref.: Henderson (2011a).
Liana. Nativa. Zonas Bajas. Bosque Húmedo, 0–500 m.
Dept.: SC.
Muestra: *R. Guillén V. & S. Coria 1559* (LPB, MO, NY, USZ).
Infra: *Desmoncus horridus* subsp. *prostratus* (Lindm.) A.J. Hend.

Desmoncus latisectus Burret, Repert. Spec. Nov. Regni Veg. 36: 215. 1934.
Sin.: *Desmoncus kuhlmannii* Burret
Ref.: Henderson (2011a).
Liana. Endémica. Zonas Bajas. Bosque Húmedo, Campos Amazónicos, 0–500 m.
Dept.: BE.
Tipo y muestra: *E. Werdermann 2508* (HT: B destr.; LT: S; ILT: MO-1000107), *L.R. Moreno 19* (JBSC, NY).

Desmoncus mitis Mart., Hist. Nat. Palm. 2: 90. 1824.
Sin.: *Desmoncus mitis* var. *rurrenabaquensis* A.J. Hend.
Ref.: Balslev & Moraes R. (1989), Moraes R. (1989), Henderson (1995), Moraes R. (1999a), Moraes R. (2004), Moreno & Moreno (2006), Pintaud et al. (2008), Henderson (2011a).
Trepadora. Nativa. Zonas Bajas. Bosque Húmedo, 0–1000 m.
Dept.: BE, CO, LP, PA, SC.
Muestra: *L. Vargas 867* (LPB, NY).
Infra: *Desmoncus mitis* subsp. *ecirratus* A.J. Hend., *Desmoncus mitis* subsp. *rurrenabaquensis* (A.J. Hend.) A.J. Hend.

[Desmoncus orthacanthos Mart.], Hist. Nat. Palm. 2(3): 87, t. 69, 98. 1824.
Ref.: Foster (1958), Balslev & Moraes R. (1989), Henderson (1995), Killeen & Schulenberg (1998), Moraes R. (2004), Moreno & Moreno (2006), Pintaud et al. (2008).
Nota: El registro se basa en material mal identificado. Según Henderson (2011 [A revision of *Desmoncus* (Arecaceae). Phytotaxa 35: 1–88]) esta especie solamente se encuentra en la Mata Atlántica de Brasil.

[Desmoncus phoenicocarpus Barb. Rodr.], Enum. Palm. Nov. 24. 1875.
Ref.: Moreno & Moreno (2006), Pintaud et al. (2008).
Nota: El registro se basa en material mal identificado.

Desmoncus polyacanthos Mart., Hist. Nat. Palm. 2(3): 85–86, t. 68. 1824.
Sin.: *Desmoncus oxyacanthos* Mart., *Desmoncus polyacanthos* var. *oxyacanthos* (Mart.) Drude, *Desmoncus philippianus* Barb. Rodr., *Atitara oxyacanthos* (Mart.) Kuntze, *Atitara phengophylla* (Drude) Kuntze, *Atitara polyacanthos* (Mart.) Kuntze, *Desmoncus ulei* Dammer, *Desmoncus campylacanthus* Burret, *Desmoncus prestoei* L.H. Bailey, *Desmoncus peraltus* L.H. Bailey, *Desmoncus maguirei* L.H. Bailey, *Desmoncus mirandanus* L.H. Bailey
Ref.: Balslev & Moraes R. (1989), Moraes R. (1989), Henderson (1995), Killeen & Schulenberg (1998), Moraes R. (1999a), Moraes R. (2004), Moreno & Moreno (2006), Pintaud et al. (2008), Henderson (2011a).
Trepadora. Nativa. Zonas Bajas. Bosque Húmedo, Sabanas Benianas del Sur, 0–1000 m.
Dept.: BE, CO, LP, PA, SC.
Muestra: *L. Vargas et al. 1046* (LPB, NY).
Nom. Vern.: Junco de Buena Vista, palma trepadora, palma uña de gato.

Dictyocaryum H. Wendl., Bonplandia (Hannover) 8(6): 106. 1860.
1 especie, 0 especies endémicas.

Dictyocaryum lamarckianum (Mart.) H. Wendl., Bot. Zeitung (Berlin) 21(16): 131. 1863.
Sin.: *Iriartea lamarckiana* Mart., *Deckeria lamarckiana* (Mart.) H. Karst., *Dictyocaryum platysepalum* Burret, *Dictyocaryum schultzei* Burret, *Dictyocaryum globiferum* Dugand, *Dictyocaryum superbum* Burret
Ref.: Foster (1958), Balslev & Moraes R. (1989), Moraes R. (1989), Henderson (1990), Parker & Bailey (1991), Moraes R. (1993f), Moraes R. (1999a), Moraes R. (2004), Borchsenius Kristensen & Moraes R. (2006), Moreno & Moreno (2006), Pintaud et al. (2008).
Árbol. Nativa. Andes. Yungas, 1000–2000 m.
Dept.: CO, LP, SC.
Muestra: *M. Moraes R. et al. 841* (AAU, LPB).
Nom. Vern.: Icho.

Dypsis Noronha ex Mart., Hist. Nat. Palm. 3: 180. 1838.
1 especie, 0 especies endémicas.

Dypsis lutescens (H. Wendl.) Beentje & J. Dransf., Palms Madagascar 212. 1995.
Sin.: *Chrysalidocarpus lutescens* H. Wendl.
Ref.: Balslev & Moraes R. (1989).
Árbol. Cultivada. Zonas Bajas. Bosque Húmedo, Bosque Semideciduo Chiquitano.
Dept.: BE, CO, SC.

Elaeis Jacq., Select. Stirp. Amer. Hist. 280–282, pl. 172. 1763.
1 especie, 0 especies endémicas.

Elaeis guineensis Jacq., Select. Stirp. Amer. Hist. 280–282, pl. 172. 1763.
Sin.: *Palma oleosa* Mill., *Elaeis melanococca* Gaertn., *Elaeis melanococca* var. *semicircularis* Oerst., *Elaeis dybowskii* Hua, *Elaeis guineensis* var. *madagascariensis* Jum. & H. Perrier, *Elaeis madagascariensis* (Jum. & H. Perrier) Becc., *Elaeis macrophylla* A. Chev.
Ref.: Balslev & Moraes R. (1989), Moraes R. (1990).
Árbol. Cultivada. Zonas Bajas. Bosque Húmedo, 0–500 m.
Dept.: BE, LP, PA.
Muestra: *M.H. Nee 31882* (LPB, MO, NY).

Euterpe Mart., Hist. Nat. Palm. 2(1): 28. 1823.
1 especie, 0 especies endémicas.

[Euterpe luminosa A.J. Hend., Galeano & E. Meza], Brittonia 43(3): 178. 1991.
Ref.: Moraes R. (2004), Paniagua Zambrana (2005).
Nota: El registro se basa en material mal identificado.

Euterpe precatoria Mart., Voy. Amér. Mér. 7(3): 10–11, t. 8, f. 2, t. 18a. 1842.
Sin.: *Euterpe longevaginata* Mart., *Euterpe macrospadix* Oerst., *Euterpe karsteniana* Engel, *Euterpe leucospadix* H. Wendl. ex Hemsl., *Plectis oweniana* O.F. Cook, *Euterpe kalbreyeri* Burret, *Euterpe microcarpa* Burret, *Euterpe panamensis* Burret, *Rooseveltia frankliniana* O.F. Cook, *Euterpe rhodoxyla* Dugand
Ref.: Foster (1958), Balslev & Moraes R. (1989), Moraes R. (1989), Moraes R. (1990), Parker & Bailey (1991),

Moraes R. (1993f), Henderson (1995), Killeen & Schulenberg (1998), Moraes R. (1999a), Moraes R. (1999b), Mostacedo C. & Uslar (1999), Alverson et al. (2000), Arrázola Rivero et al. (2000), Montambault (2002), Moraes R. (2004), Borchsenius Kristensen & Moraes R. (2006), Moreno & Moreno (2006), Pintaud et al. (2008), Velarde & Moraes R. (2009).
Árbol. Nativa. Zonas Bajas, Andes. Bosque Húmedo, Yungas, 0–2000 m.
Dept.: BE, CO, LP, PA, SC.
Tipo y muestra: *d'Orbigny 27* (HT: M), *T. Killeen 3903* (LPB, MO, NY).
Infra: *Euterpe precatoria* var. *precatoria*, *Euterpe precatoria* var. *longevaginata* (Mart.) A.J. Hend.
Nom. Vern.: Asaí, así, dudiba, palmito, palma de rosario, panabí, tumio.

Geonoma Willd., Sp. Pl. 4(1): 174, 593. 1805.
13 especies, 0 especies endémicas.

Geonoma brongniartii Mart., Voy. Amér. Mér. 7(3): 24, pl. 12. 1843.
Sin.: *Geonoma metensis* H. Karst., *Geonoma cuneifolia* Burret
Ref.: Foster (1958), Balslev & Moraes R. (1989), Moraes R. et al. (1995), Moraes R. (1999a), Moraes R. (2004), Pintaud et al. (2008), Henderson (2011b).
Arbusto. Nativa. Zonas Bajas, Andes. Bosque Húmedo, Yungas, 0–1500 m.
Dept.: BE, CO, LP, SC.
Tipo y muestra: *d'Orbigny 39* (HT: P; IT: F), *D.N. Smith et al. 13752* (LPB, MO).
Nom. Vern.: Jatata.

Geonoma deversa (Poit.) Kunth, Enum. Pl. 3: 231. 1841.
Sin.: *Gynestum deversum* Poit., *Geonoma paniculigera* Mart., *Geonoma desmarestii* Mart., *Geonoma longepetiolata* Oerst., *Geonoma microspatha* Spruce, *Geonoma paniculigera* subvar. *gramineifolia* Trail, *Geonoma paniculigera* var. *cosmiophylla* Trail, *Geonoma paniculigera* var. *microspatha* (Spruce) Trail, *Geonoma flaccida* H. Wendl., *Geonoma myriantha* Dammer, *Geonoma leptostachys* Burret, *Geonoma macropoda* Burret, *Geonoma major* Burret, *Geonoma killipii* Burret
Ref.: Foster (1958), Balslev & Moraes R. (1989), Moraes R. (1989), Moraes R. (1990), Parker & Bailey (1991), Moraes R. (1993f), Henderson (1995), Killeen & Schulenberg (1998), Moraes R. (1999a), Moraes R. (1999b), Moraes R. & Sarmiento (1999), Alverson et al. (2000), Arrázola Rivero et al. (2000), Henderson (2000), Montambault (2002), Moraes R. (2004), Moraes R. & Paniagua Zambrana (2006), Moreno & Moreno (2006), Pintaud et al. (2008), Henderson (2011b).
Arbusto. Nativa. Zonas Bajas. Bosque Húmedo, 0–1000 m.
Dept.: BE, CO, LP, PA, SC.
Muestra: *J. Sarmiento et al. MDD9* (LPB).
Infra: *Geonoma deversa* subsp. *deversa*
Nom. Vern.: Jatata, tailero.

[Geonoma elegans Mart.], Hist. Nat. Palm. 2: 144. 1823 [1826].
Ref.: Balslev & Moraes R. (1989).
Nota: El registro se basa en material mal identificado. Según Henderson (2011 [A revision of *Geonoma* (Arecaceae). Phytotaxa 17: 1–271]) esta especie se encuentra solamente en Brasil.

Geonoma euspatha Burret, Notizbl. Bot. Gart. Berlin–Dahlem 11: 10. 1930.
Sin.: *Geonoma karuaiana* Steyerm.
Ref.: Henderson (2011b).
Arbusto. Nativa. Zonas Bajas. Bosque Húmedo, 0–500 m.
Dept.: CO, LP.
Muestra: *L.M. Moreno & L.R. Moreno 223* (JBSC, NY).

Geonoma interrupta (Ruiz & Pav.) Mart., Hist. Nat. Palm. 2(1): 8–9, t. 7. 1823.
Sin.: *Martinezia interrupta* Ruiz & Pav.
Ref.: Balslev & Moraes R. (1989), Henderson (1995), Montambault (2002), Moraes R. (2004), Moreno & Moreno (2006), Pintaud et al. (2008), Henderson (2011b).
Arbusto. Nativa. Zonas Bajas. Bosque Húmedo, 0–500 m.
Dept.: BE, CO, LP, SC.
Muestra: *B.A. Krukoff 10982* (F, GH, LPB, MO, NY).
Infra: *Geonoma interrupta* var. *interrupta*
Nom. Vern.: Bobori, jatata, jatata macho, jatata mala.

Geonoma laxiflora Mart., Hist. Nat. Palm. 2: 12, pl. 11. 1823.
Sin.: *Geonoma laxiflora* var. *depauperata* Trail
Ref.: Henderson (1995), Moraes R. (2004), Moreno & Moreno (2006), Pintaud et al. (2008), Henderson (2011b).
Arbusto. Nativa. Zonas Bajas. Bosque Húmedo, 0–500 m.
Dept.: BE, PA.
Muestra: *J.C. Solomon 17060* (LPB, MO, NY).

Geonoma leptospadix Trail, J. Bot. 14: 327, pl. 183, f. 2. 1876.
Sin.: *Geonoma saramaccana* L.H. Bailey
Ref.: Balslev & Moraes R. (1989), Henderson (1995), Moraes R. (2004), Moreno & Moreno (2006), Pintaud et al. (2008), Henderson (2011b).
Arbusto. Nativa. Zonas Bajas. Bosque Húmedo, 0–500 m.
Dept.: BE, PA.
Muestra: *J.C. Solomon 6292* (LPB, MO, NY).

Geonoma macrostachys Mart., Hist. Nat. Palm. 2: 19, pl. 20. 1823.
Sin.: *Geonoma acaulis* Mart., *Geonoma acaulis* subsp. *tapajotensis* Trail, *Geonoma tamandua* Trail, *Geonoma tapajotensis* (Trail) Drude, *Taenianthera acaulis* (Mart.) Burret, *Taenianthera macrostachys* (Mart.) Burret, *Taenianthera tamandua* (Trail) Burret, *Taenianthera tapajotensis* (Trail) Burret, *Taenianthera oligosticha* Burret, *Geonoma macrostachys* var. *acaulis* (Mart.) A.J. Hend., *Geonoma atrovirens* Borchs. & Balslev, *Geonoma supracostata* Svenning, *Geonoma ecuadoriensis* A.J. Hend., Borchs. & Balslev
Ref.: Foster (1958), Balslev & Moraes R. (1989), Moraes R. (1989), Henderson (1995), Moraes R. (1999a), Moraes R. (2004), Moreno & Moreno (2006), Pintaud et al. (2008), Henderson (2011b).
Arbusto. Nativa. Zonas Bajas. Bosque Húmedo, 0–1000 m.
Dept.: BE, CO, PA, SC.
Muestra: *C.R. Sperling et al. 6611* (LPB, NY).
Nom. Vern.: Asai del Chapare, tibaera.

Geonoma maxima (Poit.) Kunth, Enum. Pl. 3: 229. 1841.
Sin.: *Geonoma spruceana* var. *spruceana*, *Gynestum maximum* Poit., *Geonoma densiflora* var. *monticola* Spruce, *Geonoma chelidoneura* Spruce, *Geonoma densiflora* Spruce, *Geonoma personata* Spruce, *Geonoma tuberculata* Spruce, *Geonoma spruceana* Trail, *Geonoma spruceana* var. *compta* Trail, *Geonoma spruceana* var. *heptasticha* Trail, *Geonoma spruceana* var. *intermedia* Trail, *Geonoma spruceana* var. *major* Trail, *Geonoma spruceana* var. *tuberculata* (Spruce) Trail, *Geonoma juruana* Dammer, *Geonoma longisecta* Burret, *Geonoma parvisecta* Burret, *Geonoma camptoneura* Burret, *Geonoma maxima* subsp. *camptoneura* (Burret) A.J. Hend.
Ref.: Balslev & Moraes R. (1989),

Henderson (1995), Moraes R. (2004), Moreno & Moreno (2006), Pintaud et al. (2008), Henderson (2011b).
Arbusto. Nativa. Zonas Bajas. Bosque Húmedo, 0–500 m.
Dept.: BE, LP, PA.
Muestra: *A. Araujo M. et al. 943* (LPB, MO).
Infra: *Geonoma maxima* subsp. *camptoneura* (Burret) A.J. Hend., *Geonoma maxima* subsp. *chelidoneura* (Spruce) A.J. Hend., *Geonoma maxima* subsp. *compta* (Trail) A.J. Hend.
Nom. Vern.: Jatata grande, tanaë.

Geonoma occidentalis (A.J. Hend.) A.J. Hend., Phytotaxa 17: 106. 2011.
Sin.: *Geonoma brevispatha* Barb. Rodr., *Geonoma brevispatha* var. *occidentalis* A.J. Hend.
Ref.: Balslev & Moraes R. (1989), Moraes R. (1989), Henderson (1995), Killeen & Schulenberg (1998), Moraes R. (1999a), Moraes R. (2004), Henderson (2011b).
Arbusto. Nativa. Zonas Bajas. Bosque Húmedo, 0–1000 m.
Dept.: BE, CO, LP, PA, SC.
Muestra: *S.G. Beck et al. 16550* (LPB, NY).
Nom. Vern.: Jatata, jatata macho, jatata mala para techos.

Geonoma orbignyana Mart., Voy. Amér. Mér. 7(3): 22–23, t. 11, f. 1, t. 22a. 1843.
Sin.: *Geonoma jussieuana* Mart., *Geonoma lindeniana* H. Wendl., *Geonoma linearifolia* H. Karst., *Geonoma pumila* Linden & H. Wendl., *Geonoma margyraffia* Engel, *Geonoma ramosa* Engel, *Geonoma aulacophylla* Burret, *Geonoma goniocarpa* Burret, *Geonoma lepidota* Burret, *Geonoma microclada* Burret, *Geonoma pachydicrana* Burret, *Geonoma paleacea* Burret, *Geonoma plicata* Burret, *Geonoma wilsonii* Galeano & R. Bernal
Ref.: Foster (1958), Balslev & Moraes R. (1989), Moraes R. (1989), Moraes R. et al. (1995), Moraes R. (1999a), Moraes R. (1999b), Moraes R. (2004), Borchsenius Kristensen & Moraes R. (2006), Moreno & Moreno (2006), Pintaud et al. (2008), Henderson (2011b), Ministerio de Medio Ambiente y Agua (2012 [2013]).
Árbol. Nativa. Zonas Bajas, Andes. Bosque Húmedo, Yungas, 500–2500 m.
Dept.: BE, CO, LP, SC.
Tipo y muestra: *d'Orbigny 44* (HT: P), *A.H. Gentry & J.C. Solomon 44560* (LPB, MO).
Infra: *Geonoma orbignyana* subsp. *orbignyana*

[Geonoma poeppigiana Mart.], Voy. Amér. Mér. 35. 1847.
Ref.: Moreno & Moreno (2006), Henderson (2011b).
Nota: El registro se basa en material mal identificado. Según Henderson (2011 [A revision of *Geonoma* (Arecaceae). Phytotaxa 17: 1–271]) los ejemplares bolivianos identificados previamente como *G. poeppigiana* son probablemente híbridos de otra especie.

Geonoma pohliana Mart., Hist. Nat. Palm. 2: 142. 1826.
Sin.: *Geonoma schottiana* var. *palustris* Warm. ex Drude, *Geonoma weddelliana* H. Wendl., *Geonoma caudulata* Loes., *Geonoma stenoschista* Burret, *Geonoma plurinervia* Burret, *Geonoma warmingii* A.D. Hawkes, *Geonoma telesana* Lorenzi
Ref.: Henderson (2011b).
Arbusto. Nativa. Zonas Bajas. Bosque Semideciduo Chiquitano, Campos Cerrados, 0–500 m.
Dept.: SC.
Muestra: *L. Arroyo P. et al. 608* (MO, USZ).
Infra: *Geonoma pohliana* subsp. *weddelliana* (H. Wendl.) A.J. Hend.

Geonoma stricta (Poit.) Kunth, Enum. Pl. 3: 232. 1841.
Sin.: *Gynestum strictum* Poit., *Geonoma arundinacea* Mart., *Geonoma pycnostachys* Mart., *Geonoma piscicauda* Dammer, *Geonoma trauniana* Dammer, *Geonoma uleana* Dammer, *Geonoma wittiana* Dammer, *Geonoma dasystachys* Burret, *Geonoma bella* Burret, *Geonoma stricta* var. *trailii* (Burret) A.J. Hend.
Ref.: Moraes R. (1989), Henderson (1995), Alverson et al. (2000), Moraes R. (2004), Moreno & Moreno (2006), Pintaud et al. (2008), Henderson (2011b).
Arbusto. Nativa. Zonas Bajas. Bosque Húmedo, 0–500 m.
Dept.: CO, LP, PA.
Muestra: *L. Vargas et al. 863* (F, LPB, NY).
Infra: *Geonoma stricta* subsp. *arundinacea* (Mart.) A.J. Hend.
Nom. Vern.: Jatata buena.

[Geonoma triglochin Burret], Notizbl. Bot. Gart. Berlin–Dahlem 11: 8. 1930.
Ref.: Moreno & Moreno (2006), Altamirano Azurduy & Ramos de Sousa (2009).
Nota: El registro se basa en material mal identificado. Según Henderson (2011 [A revision of *Geonoma* (Arecaceae). Phytotaxa 17: 1–271]) esta especie se distribuye hasta el sur de Perú y no llega a Bolivia.

Geonoma undata Klotzsch, Linnaea 20: 452–453. 1847.
Sin.: *Geonoma densa* Linden & H. Wendl., *Geonoma barthia* Engel, *Geonoma margaritoides* Engel, *Geonoma iodolepis* Burret, *Geonoma megalospatha* Burret, *Geonoma weberbaueri* Dammer ex Burret
Ref.: Balslev & Moraes R. (1989), Moraes R. (1993f), Henderson et al. (1995), Moraes R. et al. (1995), Moraes R. (1999a), Henderson (2000), Moraes R. (2004), Borchsenius Kristensen & Moraes R. (2006), Moreno & Moreno (2006), Pintaud et al. (2008), Henderson (2011b), Ministerio de Medio Ambiente y Agua (2012 [2013]).
Árbol. Nativa. Andes. Yungas, 1000–3000 m.
Dept.: CO, LP, SC.
Muestra: *M. Moraes R. & H. Balslev 849* (AAU, LPB, US).
Infra: *Geonoma undata* subsp. *undata*

Hyospathe Mart., Hist. Nat. Palm. 2(1): 1. 1823.
1 especie, 0 especies endémicas.

Hyospathe elegans Mart., Hist. Nat. Palm. 2(1): 1–2, t. 1–2. 1823.
Sin.: *Hyospathe filiformis* H. Wendl. ex Drude, *Hyospathe gracilis* H. Wendl. ex Drude, *Hyospathe brevipedunculata* Dammer, *Hyospathe ulei* Dammer, *Hyospathe micropetala* Burret, *Hyospathe tessmannii* Burret, *Hyospathe weberbaueri* Dammer ex Burret, *Hyospathe lehmannii* Burret, *Hyospathe simplex* Burret, *Hyospathe schultzeae* Burret, *Hyospathe pallida* H.E. Moore ex L.H. Bailey, *Hyospathe maculata* Steyerm.
Ref.: Balslev & Moraes R. (1989), Moraes R. (1989), Parker & Bailey (1991), Henderson (1995), Moraes R. (1999a), Moraes R. (1999b), Alverson et al. (2000), Moraes R. (2004), Pintaud et al. (2008).
Arbusto. Nativa. Zonas Bajas. Bosque Húmedo, 0–1000 m.
Dept.: BE, CO, LP, PA, SC.
Muestra: *A. Acebey 569* (LPB).
Infra: *Hyospathe elegans* subsp. *elegans*

Iriartea Ruiz & Pav., Fl. Peruv. Prodr. 149. 1794.
1 especie, 0 especies endémicas.

Iriartea deltoidea Ruiz & Pav., Syst. Veg. Fl. Peruv. Chil. 298. 1798.
Sin.: *Deckeria phaeocarpa* (Mart.) H. Karst., *Iriartea ventricosa* Mart., *Iriartea phaeocarpa* Mart., *Deckeria corneto* H. Karst., *Deckeria ventricosa* (Mart.) H. Karst., *Iriartea corneto* (H. Karst.) H. Wendl., *Iriartea robusta* hort. ex H. Wendl., *Iriartea gigantea* H. Wendl. ex Burret, *Iriartea megalocarpa* Burret, *Iriartea weberbaueri* Burret
Ref.: Balslev & Moraes R. (1989), Moraes R. (1989), Henderson (1990), Moraes R. (1990), Parker & Bailey (1991), Moraes R. (1993f), Moraes R. (1999a), Moraes R. (1999b), Alverson et al. (2000), Arrázola Rivero et al. (2000), Montambault (2002), Moraes R. (2004), Borchsenius Kristensen & Moraes R. (2006), Moreno & Moreno (2006), Pintaud et al. (2008).
Árbol. Nativa. Zonas Bajas, Andes. Bosque Húmedo, Yungas, 0–1500 m.
Dept.: BE, CO, LP, PA, SC.
Muestra: *D.N. Smith et al. 13276* (BOLV, LPB, MO, NY, USZ).
Nom. Vern.: Acuna, copa, manoco, pachubilla, pachiuva petacuda, pachuvilla, palma zancuda, tuamo, vina, yu.

Iriartella H. Wendl., Bonplandia (Hannover) 8: 103, 106. 1860.
1 especie, 0 especies endémicas.

[Iriartella setigera (Mart.) H. Wendl.], Bonplandia (Hannover) 8: 104. 1860.
Sin.: *Iriartea setigera* Mart.
Ref.: Alverson et al. (2000).
Nota: El registro se basa en material mal identificado de *I. stenocarpa*.

Iriartella stenocarpa Burret, Notizbl. Bot. Gart. Berlin–Dahlem 11: 233. 1931.
Sin.: *Iriartea stenocarpa* (Burret) J.F. Macbr., *Iriartella ferreyrae* H.E. Moore
Ref.: Moraes R. (2004), Pintaud et al. (2008).
Arbusto. Nativa. Zonas Bajas. Bosque Húmedo, 0–500 m.
Dept.: PA.
Muestra: *J. Urrelo et al. 275* (F, LPB).
Nom. Vern.: Jatata, pachubiña.

Livistona R. Br., Prodr. 267–268. 1810.
1 especie, 0 especies endémicas.

Livistona chinensis (Jacq.) R. Br. ex Mart., Hist. Nat. Palm. 3: 240. 1838.
Sin.: *Latania chinensis* Jacq., *Saribus chinensis* (Jacq.) Blume
Ref.: Balslev & Moraes R. (1989).
Árbol. Cultivada. Zonas Bajas. Bosque Húmedo, 0–500 m.
Dept.: CO, LP, SC, TA.
Muestra: *G. Moscoso et al. 130* (USZ).

Mauritia L. f., Suppl. Pl. 70, 454. 1781 [1782].
1 especie, 0 especies endémicas.

Mauritia flexuosa L. f., Suppl. Pl. 454. 1781 [1782].
Sin.: *Mauritia vinifera* Mart., *Mauritia sagus* Schult. f., *Mauritia setigera* Griseb. & H. Wendl. ex Griseb., *Saguerus americanus* H. Wendl., *Mauritia sphaerocarpa* Burret, *Mauritia minor* Burret
Ref.: Foster (1958), Balslev & Moraes R. (1989), Moraes R. (1989), Parker & Bailey (1991), Moraes R. (1993f), Henderson (1995), Killeen & Schulenberg (1998), Moraes R. (1999a), Moraes R. (1999b), Mostacedo C. & Uslar (1999), Alverson et al. (2000), Jardim et al. (2003), Moraes R. (2004), Moreno & Moreno (2006), Pintaud et al. (2008), Wood et al. (2011).
Árbol. Nativa. Zonas Bajas. Bosque Húmedo, Sabanas Benianas del Norte, Sabanas Benianas del Sur, Campos Amazónicos, 0–500 m.
Dept.: BE, LP, PA, SC.
Muestra: *S.G. Beck et al. 10181* (LPB).
Nom. Vern.: Borití, carunday-guazú, caryay guazú, huaich, ideni, kikyuri, palma real, verijoboca.

Mauritiella Burret, Notizbl. Bot. Gart. Berlin–Dahlem 12: 609. 1935.
1 especie, 0 especies endémicas.

[Mauritiella aculeata (Kunth) Burret], Notizbl. Bot. Gart. Berlin–Dahlem 12: 609. 1935.
Ref.: Foster (1958), Balslev & Moraes R. (1989), Moraes R. (1993f).
Nota: El registro se basa en material mal identificado de *M. armata* (Mart.) Burret.

Mauritiella armata (Mart.) Burret, Notizbl. Bot. Gart. Berlin–Dahlem 12: 611. 1935.
Sin.: *Mauritia aculeata* Mart., *Mauritia armata* Mart., *Mauritia pumila* Wallace, *Mauritia martiana* Spruce, *Mauritia subinermis* Spruce, *Lepidococcus armatus* (Mart.) H. Wendl. & Drude, *Orophoma subinermis* (Spruce) Drude, *Mauritia peruviana* Becc., *Mauritia huebneri* Burret, *Mauritia intermedia* Burret, *Mauritiella duckei* Burret, *Mauritiella huebneri* (Burret) Burret, *Mauritiella intermedia* (Burret) Burret, *Mauritiella martiana* (Spruce) Burret, *Mauritiella peruviana* (Becc.) Burret, *Mauritiella pumila* (Wallace) Burret, *Mauritiella subinermis* (Spruce) Burret, *Mauritiella campylostachys* Burret, *Mauritiella macrospadix* Burret, *Mauritiella nannostachys* Burret, *Lepidococcus duckei* (Burret) H. Wendl. & Drude ex A.D. Hawkes, *Lepidococcus huebneri* (Burret) H. Wendl. & Drude ex A.D. Hawkes, *Lepidococcus intermedius* (Burret) H. Wendl. & Drude ex A.D. Hawkes, *Lepidococcus martianus* (Spruce) H. Wendl. & Drude ex A.D. Hawkes, *Lepidococcus peruvianus* (Becc.) H. Wendl. & Drude ex A.D. Hawkes, *Lepidococcus pumilus* (Wallace) H. Wendl. & Drude ex A.D. Hawkes, *Lepidococcus subinermis* (Spruce) A.D. Hawkes, *Mauritia campylostachys* (Burret) Balick, *Mauritia duckei* (Burret) Balick, *Mauritia macrospadix* (Burret) Balick, *Mauritia nannostachys* (Burret) Balick
Ref.: Foster (1958), Balslev & Moraes R. (1989), Henderson (1995), Killeen & Schulenberg (1998), Moraes R. (1999b), Moraes R. (2004), Moreno & Moreno (2006), Pintaud et al. (2008).
Árbol. Nativa. Zonas Bajas. Bosque Húmedo, Campos Cerrados, Sabanas Benianas del Norte, Sabanas Benianas del Sur, Campos Amazónicos, 0–1000 m.
Dept.: BE, LP, PA, SC.
Muestra: *R. Guillén V. & S. Coria 1470* (MO, USZ).
Nom. Vern.: Buriticillo, huatiquiobo, palma chica, palmilla.

Oenocarpus Mart., Hist. Nat. Palm. 2(1): 21–22. 1823.
4 especies, 0 especies endémicas.

[Oenocarpus bacaba Mart.], Hist. Nat. Palm. 2: 24, pl. 26, f. 1–2. 1823.
Ref.: Balslev & Moraes R. (1989), Moraes R. (1990), Moraes R. (1993f).
Nota: El registro se basa en material mal identificado de *O. distichus* Mart.

Oenocarpus balickii F. Kahn, Candollea 45: 351. 1990.
Sin.: *Oenocarpus bacaba* var. *parvus* Wess. Boer
Ref.: Henderson (1995), Moraes R. (2004), Pintaud et al. (2008).
Árbol. Nativa. Zonas Bajas. Bosque Húmedo, Campos Amazónicos, 0–500 m.
Dept.: BE, PA.
Muestra: *T. Ely et al. 12* (K, LPB).
Nom. Vern.: Bacaba, majillo.

Oenocarpus bataua Mart., Hist. Nat. Palm. 2(1): 23–24, t. 24–25. 1823.
Sin.: *Oenocarpus batawa* Wallace, *Jessenia polycarpa* H. Karst., *Jessenia repanda* Engl., *Jessenia bataua* (Mart.) Burret, *Jessenia weberbaueri* Burret
Ref.: Balslev & Moraes R. (1989), Moraes R. (1989), Parker & Bailey (1991), Moraes R. (1993f), Henderson (1995), Moraes R. (1999a), Moraes R. (1999b), Mostacedo C. & Uslar (1999), Alverson et al. (2000), Arrázola Rivero et al. (2000), Borchsenius Kristensen & Moraes R. (2006), Moreno & Moreno (2006), Pintaud et al. (2008), Miranda et al. (2009).
Árbol. Nativa. Zonas Bajas. Bosque Húmedo, 0–1000 m.
Dept.: BE, CO, LP, PA, SC.
Muestra: *T. Killeen 3940* (LPB, MO).
Infra: *Oenocarpus bataua* var. *bataua*
Nom. Vern.: Guiayguatsu, itsama, majo, margarita.

Oenocarpus distichus Mart., Hist. Nat. Palm. 2: 22–23, pl. 22–23. 1823.
Sin.: *Oenocarpus tarampabo* Mart., *Oenocarpus discolor* Barb. Rodr.
Ref.: Foster (1958), Balslev & Moraes R. (1989), Henderson (1995), Killeen & Schulenberg (1998), Moraes R. (2004), Pintaud et al. (2008).
Árbol. Nativa. Zonas Bajas. Bosque Húmedo, Campos Amazónicos, 0–500 m.
Dept.: BE, PA, SC.
Muestra: *M.H. Nee 31631* (LPB, MO, NY).
Nom. Vern.: Bacaba, tarampabo, trampabo.

Oenocarpus mapora H. Karst., Linnaea 28: 274–275. 1856 [1857].
Sin.: *Oenocarpus multicaulis* Spruce, *Oenocarpus dryanderae* Burret, *Oenocarpus panamanus* L.H. Bailey, *Oenocarpus macrocalyx* Burret, *Oenocarpus mapora* subsp. *dryanderae* (Burret) Balick
Ref.: Balslev & Moraes R. (1989), Parker & Bailey (1991), Moraes R. (1993f), Henderson (1995), Moraes R. (1999a), Alverson et al. (2000), Montambault (2002), Moraes R. (2004), Moreno & Moreno (2006), Pintaud et al. (2008).
Árbol. Nativa. Zonas Bajas. Bosque Húmedo, 0–1000 m.
Dept.: BE, LP, PA.
Muestra: *E. Oviedo et al. MDD8* (LPB, NY).
Infra: *Oenocarpus mapora* subsp. *mapora*
Nom. Vern.: Bacaba, bacabi, bacabiña, majillo, quëboitsama.

Parajubaea Burret, Notizbl. Bot. Gart. Berlin–Dahlem 11: 48. 1930.
2 especies, 2 especies endémicas.

Parajubaea sunkha M. Moraes, Novon 6(1): 85, f. 1a–g. 1996.
Ref.: Moraes R. (1996b), Mostacedo C. & Uslar (1999), Vargas Caballero et al. (2000), Moraes R. (2004), Borchsenius Kristensen & Moraes R. (2006), Moreno & Moreno (2006), Pintaud et al. (2008), Ministerio de Medio Ambiente y Agua (2012 [2013]).
Árbol. Endémica. Andes. Valles Secos, 1500–2500 m.
Dept.: SC.
Tipo y muestra: *M. Moraes R. et al. 1805* (HT: LPB; IT: AAU, NY, QCA, US, USZ), *A.J. Henderson et al. 760* (LPB, NY).
Nom. Vern.: Corocera, corozo, palma amarilla, palma sunkha, palma zunkha, sunca, sunkha, zunkha.

Parajubaea torallyi (Mart.) Burret, Notizbl. Bot. Gart. Berlin–Dahlem 11: 50. 1930.
Sin.: *Diplothemium torallyi* Mart., *Jubaea torallyi* (Mart.) H. Wendl., *Allagoptera torallyi* (Mart.) Kuntze, *Polyandrococos torallyi* (Mart.) Barb. Rodr.
Ref.: Foster (1958), Balslev & Moraes R. (1989), Moraes R. (1989), Moraes R. & Henderson (1990), Moraes R. (1993f), Moraes R. (1996b), Serrano & Terán (1998 [2000]), Moraes R. (2004), Borchsenius Kristensen & Moraes R. (2006), Moreno & Moreno (2006), Pintaud et al. (2008), Thompson B. et al. (2009), Moraes R. (2011), Ministerio de Medio Ambiente y Agua (2012 [2013]).
Árbol. Endémica. Andes. Valles Secos, 2000–3500 m.
Dept.: CH, PO, SC.
Tipo y muestra: *d'Orbigny 51* (HT: P), *M. Moraes R. & I.G. Vargas 1814* (AAU, LPB, NY, QCA, US, USZ).
Infra: *Parajubaea torallyi* var. *torallyi*, *Parajubaea torallyi* var. *microcarpa* M. Moraes
Nom. Vern.: Corozo, janchi-coco, janchicoco, manzana, palma de fruto chico, palma loro, palma zunca, palmera de pasopaya.

Phoenix L., Sp. Pl. 2: 1188. 1753.
2 especies, 0 especies endémicas.

Phoenix canariensis Chabaud, Prov. Agric. Hort. Ill. 19: 293, f. 66–68. 1882.
Sin.: *Phoenix dactylifera* var. *jubae* Webb & Berthel., *Phoenix tenuis* Verschaff., *Phoenix cycadifolia* Regel, *Phoenix jubae* (Webb & Berthel.) Webb ex Christ, *Phoenix vigieri* Naudin, *Phoenix erecta* Sauv., *Phoenix macrocarpa* Sauv.
Ref.: Balslev & Moraes R. (1989).
Árbol. Cultivada. Andes. Valles Secos, 2000–2500, 3000–3500 m.
Dept.: CH, CO, LP, OR, SC, TA.
Muestra: *I.G. Vargas 258* (LPB, USZ).

Phoenix dactylifera L., Sp. Pl. 2: 1188. 1753.
Sin.: *Palma major* Garsault, *Palma dactylifera* (L.) Mill., *Phoenix excelsior* Cav., *Phoenix dactylifera* var. *cylindrocarpa* Mart., *Phoenix dactylifera* var. *gonocarpa* Mart., *Phoenix dactylifera* var. *oocarpa* Mart., *Phoenix dactylifera* var. *oxysperma* Mart., *Phoenix dactylifera* var. *sphaerocarpa* Mart., *Phoenix dactylifera* var. *sylvestris* Mart., *Phoenix dactylifera* var. *adunca* D.H. Christ ex Becc., *Phoenix dactylifera* var. *costata* Becc., *Phoenix atlantica* var. *maroccana* A. Chev., *Phoenix chevalieri* D. Rivera, S. Ríos & Obón, *Phoenix iberica* D. Rivera, S. Ríos & Obón
Ref.: Balslev & Moraes R. (1989).
Árbol. Cultivada. Zonas Bajas. Bosque Húmedo, Bosque Semideciduo Chiquitano, 0–500 m.
Dept.: CH, CO, LP, SC, TA.
Muestra: *M.H. Nee 35920* (LPB, MO, NY).
Nom. Vern.: Dátil.

Phytelephas Ruiz & Pav., Syst. Veg. Fl. Peruv. Chil. 299–301. 1798.
2 especies, 0 especies endémicas.

Phytelephas macrocarpa Ruiz & Pav., Syst. Veg. Fl. Peruv. Chil. 301–302. 1798.
Sin.: *Phytelephas microcarpa* Ruiz & Pav., *Elephantusia macrocarpa* (Ruiz & Pav.) Willd., *Elephantusia microcarpa* (Ruiz & Pav.) Willd., *Phytelephas karstenii* O.F. Cook, *Yarina microcarpa* (Ruiz & Pav.) O.F. Cook
Ref.: Balslev & Moraes R. (1989), Moraes R. (1989), Parker & Bailey (1991), Moraes R. (1993f), Henderson (1995), Moraes R. (1999a), Moraes R. (1999b), Montambault (2002), Moraes R. (2004), Moreno & Moreno (2006), Pintaud et al. (2008).
Árbol. Nativa. Zonas Bajas. Bosque Húmedo, 0–500 m.
Dept.: BE, LP, PA.
Muestra: *N.Y. Paniagua 1140* (LPB).
Nom. Vern.: Marfil, marfil vegetal, palmera marfil.

Phytelephas tenuicaulis (Barfod) A.J. Hend., Palms Amazon 291. 1995.
Sin.: *Phytelephas macrocarpa* subsp. *tenuicaulis* Barfod
Árbol. Nativa. Zonas Bajas. Bosque Húmedo, 0–500 m.
Dept.: LP.
Muestra: *M. Moraes R. & V. Choque 2497* (LPB).
Nom. Vern.: Marfil, marfil vegetal, palmera marfil.

Prestoea Hook. f., Gen. Pl. 3: 875, 899. 1883.
1 especie, 0 especies endémicas.

Prestoea acuminata (Willd.) H.E. Moore, Gentes Herb. 9(3): 286. 1963.
Sin.: *Euterpe globosa* C.F. Gaertn., *Oreodoxa acuminata* Willd., *Aiphanes praga* Kunth, *Oreodoxa frigida* Kunth, *Euterpe praga* (Kunth) Spreng., *Oenocarpus frigidus* (Kunth) Spreng., *Euterpe andicola* Brongn. ex Mart., *Euterpe haenkeana* Brongn. ex Mart., *Oenocarpus utilis* Klotzsch, *Euterpe brevivaginata* Mart., *Oenocarpus calaber* hort. ex H. Wendl., *Oenocarpus glaucus* Lodd. ex H. Wendl., *Euterpe purpurea* Engel, *Euterpe acuminata* (Willd.) H. Wendl., *Euterpe antioquensis* Linden, *Euterpe frigida* (Kunth) Burret, *Euterpe chaunostachys* Burret, *Euterpe megalochlamys* Burret, *Euterpe oocarpa* Burret, *Euterpe andina* Burret, *Euterpe aphanolepis* Burret, *Euterpe trichoclada* Burret, *Euterpe microspadix* Burret, *Euterpe zephyria* Dugand, *Prestoea megalochlamys* (Burret) H.E. Moore, *Prestoea allenii* H.E. Moore, *Prestoea trichoclada* (Burret) Balslev & A.J. Hend.
Ref.: Foster (1958), Balslev & Moraes R. (1989), Moraes R. et al. (1995), Henderson & Galeano (1996), Moraes R. (1999a), Moraes R. (2004), Borchsenius Kristensen & Moraes R. (2006), Moreno & Moreno (2006).
Árbol. Nativa. Zonas Bajas. Bosque Húmedo, 500–1000 m.
Dept.: CO, LP, SC.
Muestra: *D.N. Smith et al. 13990* (LPB, MO, NY).
Infra: *Prestoea acuminata* var. *acuminata*
Nom. Vern.: Palma ramosilla, ramilla, ramo, ramosilla, suripalma, tibaera.

Roystonea O.F. Cook, Science 12(300): 479. 1900.
1 especie, 0 especies endémicas.

Roystonea oleracea (Jacq.) O.F. Cook, Bull. Torrey Bot. Club 28(10): 554. 1901.
Sin.: *Areca oleracea* Jacq., *Euterpe caribaea* Spreng., *Oreodoxa oleracea* (Jacq.) Mart., *Kentia oleraceae* (Jacq.) Seem. ex H. Wendl., *Oreodoxa caribaea* (Spreng.) Dammer, *Roystonea caribaea* (Spreng.) P. Wilson, *Oreodoxa regia* var. *jenmanii* Waby, *Gorgasia oleracea* (Jacq.) O.F. Cook, *Roystonea venezuelana* L.H. Bailey, *Roystonea oleracea* var. *jenmanii* (Waby) Zona
Árbol. Cultivada. Zonas Bajas. 0–500 m.
Dept.: BE, PA, SC.
Muestra: *G. Moscoso et al. 147* (USZ).

Socratea H. Karst., Linnaea 28: 263–264. 1856 [1857].
2 especies, 0 especies endémicas.

Socratea exorrhiza (Mart.) H. Wendl., Bonplandia (Hannover) 8(6): 103. 1860.
Sin.: *Iriartea exorrhiza* Mart., *Socratea macrochlamys* Burret, *Iriartea orbigniana* Mart., *Socratea elegans* H. Karst., *Socratea orbigniana* (Mart.) H. Karst., *Iriartea durissima* Oerst., *Socratea durissima* (Oerst.) H. Wendl., *Iriartea philonotia* Barb. Rodr., *Socratea philonotia* (Barb. Rodr.) Hook. f., *Socratea hoppii* Burret, *Socratea gracilis* Burret, *Socratea albolineata* Steyerm.
Ref.: Balslev & Moraes R. (1989), Moraes R. (1989), Henderson (1990), Moraes R. (1990), Parker & Bailey (1991), Moraes R. (1993f), Killeen & Schulenberg (1998), Moraes R. (1999a), Moraes R. (1999b), Alverson et al. (2000), Arrázola Rivero et al. (2000), Montambault (2002), Moraes R. (2004), Moreno & Moreno (2006), Pintaud et al. (2008).
Árbol. Nativa. Zonas Bajas. Bosque Húmedo, 0–1000 m.
Dept.: BE, CO, LP, PA, SC.
Muestra: *M.H. Nee 38804* (LPB, MO, NY).
Nom. Vern.: Acuna, onipa, pachiuba, pachiubilla, pachubilla, pona, sanchapona, yu.

Socratea salazarii H.E. Moore, Principes 7: 112. 1963.
Ref.: Moraes R. et al. (1995), Moraes R. (2004), Moreno & Moreno (2006), Pintaud et al. (2008).
Árbol. Nativa. Zonas Bajas. Bosque Húmedo, 0–500 m.
Dept.: LP.
Muestra: *O. Moreno 65* (JBSC, LPB, NY).

Syagrus Mart., Palm. Fam. 18–19. 1824.
6 especies, 2 especies endémicas.

[Syagrus botryophora (Mart.) Mart.], Voy. Amér. Mér. 133. 1834 [1847].
Ref.: Balslev & Moraes R. (1989), Moraes R. (2004).
Nota: El registro se basa en material mal identificado. Conocido solamente de Brasil.

Syagrus cardenasii Glassman, Fieldiana, Bot. 31(9): 238. 1967.
Ref.: Balslev & Moraes R. (1989), Serrano & Terán (1998 [2000]), Moraes R. (2004), Moraes R. (2005), Moreno & Moreno (2006), Pintaud et al. (2008), Moraes R. (2011), Ministerio de Medio Ambiente y Agua (2012 [2013]).
Arbusto. Endémica. Zonas Bajas, Andes. Sabanas Benianas del Sur, Bosque Tucumano-Boliviano, 0–1500 m.
Dept.: CH, SC.
Tipo y muestra: *M. Cárdenas 5500* (HT: BH; IT: US), *M. Moraes R. & A.J. Henderson 1314A* (LPB).
Nom. Vern.: Corocito, janchicoco, palma.

Syagrus comosa (Mart.) Mart., Voy. Amér. Mér. 134. 1834 [1847].
Sin.: *Cocos comosa* Mart., *Cocos plumosa* Lodd. ex Hook., *Cocos acaulis* var. *glabra* Drude, *Cocos acaulis* Drude, *Calappa acaulis* (Drude) Kuntze, *Calappa comosa* (Mart.) Kuntze, *Syagrus acaulis* (Drude) Becc.
Ref.: Killeen & Schulenberg (1998), Moraes R. (2004), Moreno & Moreno (2006), Pintaud et al. (2008).
Árbol. Nativa. Zonas Bajas. Campos Cerrados, 500–1000 m.
Dept.: SC.
Muestra: *M. Saldias et al. 3462* (MO, NY, USZ).

Syagrus oleracea (Mart.) Becc., Agric. Colon. 10: 467. 1916.
Sin.: *Cocos flexuosa* Mart., *Cocos oleracea* Mart., *Cocos oleracea* var. *platyphylla* Drude, *Cocos picrophylla* (Barb. Rodr.) Barb. Rodr., *Calappa oleraceae* (Mart.) Kuntze, *Syagrus flexuosa* (Mart.) Becc., *Syagrus gomesii* Glassman
Ref.: Balslev & Moraes R. (1989), Moraes R. (2004), Moraes R. (2005), Moreno & Moreno (2006).
Árbol. Nativa. Zonas Bajas. Campos Cerrados, 0–500 m.
Dept.: SC.
Muestra: *R. Guillén V. 1943* (MO, NY, USZ).

Syagrus petraea (Mart.) Becc., Agric. Colon. 10: 467. 1916.
Sin.: *Cocos petraea* Mart., *Cocos rupestris* Barb. Rodr., *Calappa petraea* (Mart.) Kuntze, *Cocos glazioviana* Dammer, *Syagrus glazioviana* (Dammer) Becc., *Syagrus loefgrenii* Glassman, *Syagrus rachidii* Glassman, *Parajubaea torallyi* var. *microcarpa* M. Moraes
Ref.: Foster (1958), Balslev & Moraes R. (1989), Moraes R. (1989), Killeen & Schulenberg (1998), Moraes R. (2004), Moraes R. (2005), Moreno & Moreno (2006), Pintaud et al. (2008), Wood et al. (2011).
Arbusto. Nativa. Zonas Bajas. Campos Cerrados, 0–1000 m.
Dept.: SC.
Tipo y muestra: *d'Orbigny 21* (HT: P; IT: M), *M.H. Nee 41168* (LPB, MO, NY).
Infra: *Syagrus petraea* var. *petraea*
Nom. Vern.: Coquillo, itacuchí, motacú-chí, palma de las rocas.

Syagrus sancona H. Karst., Linnaea 28: 247. 1857.
Sin.: *Oreodoxa sancona* Kunth, *Oenocarpus sancona* (Kunth) Spreng., *Palma sancona* (Kunth) Kunth, *Platenia chiragua* H. Karst., *Cocos argentea* Engel, *Syagrus chiragua* (H. Karst.) H. Wendl., *Cocos sancona* (H. Karst.) Hook. f., *Cocos chiragua* (H. Karst.) Becc., *Calappa sancona* (Kunth) Kuntze, *Syagrus argentea* (Engel) Becc., *Syagrus ecuadorensis* Becc., *Butia argentea* (Engel) Nehrl., *Syagrus tessmannii* Burret
Ref.: Balslev & Moraes R. (1989), Moraes R. (1989), Moraes R. (1993f), Henderson (1995), Killeen & Schulenberg (1998), Moraes R. (1999a), Moraes R. (1999b), Jardim et al. (2003), Moraes R. (2004), Moraes R. (2005), Borchsenius Kristensen & Moraes R. (2006), Moreno & Moreno (2006), Pintaud et al. (2008).
Árbol. Nativa. Zonas Bajas. Bosque Húmedo, Sabanas Benianas del Norte, Sabanas Benianas del Sur, Campos Amazónicos, 0–1000 m.
Dept.: BE, CO, LP, PA, SC.
Muestra: *M. Moraes R. & H. Balslev 843* (AAU, LPB, US).
Nom. Vern.: Mumuquich, ouricuri, sumuqué, sumuquich, tiba, yataí.

Syagrus yungasensis M. Moraes, Novon 6(1): 89, f. 3a–g. 1996.
Ref.: Moraes R. (2004), Moraes R. (2005), Pintaud et al. (2008), Blacutt & Moraes R. (2011), Ministerio de Medio Ambiente y Agua (2012 [2013]).
Árbol. Endémica. Zonas Bajas, Andes. Bosque Húmedo, Yungas, 500–1500 m.
Dept.: LP.
Tipo y muestra: *M. Moraes R. 1874* (HT: LPB; IT: FTG, NY), *S.G. Beck 12636* (LPB).

Trachycarpus H. Wendl., Bull. Soc. Bot. France 8: 429. 1863.
1 especie, 0 especies endémicas.

Trachycarpus fortunei (Hook.) H. Wendl., Bull. Soc. Bot. France 8: 429. 1861.
Sin.: *Chamaerops fortunei* Hook., *Trachycarpus caespitosus* Becc., *Trachycarpus wagnerianus* Becc.
Ref.: Balslev & Moraes R. (1989).
Árbol. Cultivada. Andes. Valles Secos, 3000–3500 m.
Dept.: CH, CO, LP.
Muestra: *J.C. Solomon 8241* (LPB, MO).

Trithrinax Mart., Hist. Nat. Palm. 2: 149. 1837.
1 especie, 0 especies endémicas.

[Trithrinax brasiliensis Mart.], Hist. Nat. Palm. 2: 150. 1823.
Ref.: Balslev & Moraes R. (1989), Henderson et al. (1995), Moraes R. (2004).
Nota: El registro se basa en material mal identificado. Especie endémica del Brasil.

Trithrinax schizophylla Drude, Fl. Bras. 3(2): 551, pl. 130. 1882.
Sin.: *Diodosperma burity* H. Wendl., *Trithrinax biflabellata* Barb. Rodr.
Ref.: Foster (1958), Balslev & Moraes R. (1989), Moraes R. (1993f), Moraes R. (2004), Moreno & Moreno (2006), Pintaud et al. (2008), Moraes R. (2011).
Árbol. Nativa. Zonas Bajas, Andes. Bosque Seco Chaqueño, Bosque Serrano Chaqueño, 500–2000 m.
Dept.: CH, SC, TA.
Muestra: *M.H. Nee & G. Coimbra 39931* (LPB, MO, NY).
Nom. Vern.: Carunday-mi, caryay-mí, caryay-tí, palma chica, palma chuco, palma de sao, palmerita, saó, saro.

Washingtonia H. Wendl., Bot. Zeitung (Berlin) 37(5): 68. 1879.
1 especie, 0 especies endémicas.

Washingtonia filifera (Linden ex André) H. Wendl. ex de Bary, Bot. Zeitung (Berlin) 37: lxi, 68. 1880.
Sin.: *Brahea dulcis* J.G. Cooper, *Pritchardia filifera* Linden ex André, *Pritchardia filamentosa* Franceschi, *Brahea filifera* (Linden ex André) hort. ex S. Watson, *Brahea filamentosa* (Franceschi) Kuntze, *Livistona filamentosa* (Franceschi) Pfister, *Neowashingtonia filamentosa* (Franceschi) Sudw., *Washingtonia filamentosa* (Franceschi) Kuntze, *Washingtonia filifera* var. *microsperma* Becc., *Neowashingtonia filifera* (Linden ex André) Sudw.
Ref.: Balslev & Moraes R. (1989).
Árbol. Cultivada. Andes. Valles Secos, 3000–3500 m.
Dept.: CH, CO, LP, TA.
Muestra: *J.C. Solomon 15491* (LPB, MO).
Nota: Cultivada como ornamental.

Wendlandiella Dammer, Bot. Jahrb. Syst. 36(Beibl. 80): 31. 1905.
1 especie, 0 especies endémicas.

Wendlandiella gracilis Dammer, Bot. Jahrb. Syst. 36(Beibl. 80): 32. 1905.
Sin.: *Wendlandiella simplicifrons* Burret
Ref.: Henderson et al. (1995), Moraes R. (1999b), Moraes R. (2004), Moreno & Moreno (2006), Pintaud et al. (2008).
Hierba. Nativa. Zonas Bajas. Bosque Húmedo, 0–500 m.
Dept.: LP.
Muestra: *L.R. Moreno 37* (LPB, NY).
Infra: *Wendlandiella gracilis* var. *simplicifrons* (Burret) A.J. Hend.

Wettinia Poepp., Gen. Pl. 243. 1837.
1 especie, 0 especies endémicas.

Wettinia augusta Poepp. & Endl., Nov. Gen. Sp. Pl. 2: 39, pl. 153–154. 1838.
Sin.: *Wettinia poeppigii* Kunth, *Wettinia weberbaueri* Burret
Ref.: Bernal González (1995), Henderson et al. (1995), Moraes R. (1999a), Moraes R. (1999b), Moraes R. (2004), Moreno & Moreno (2006), Pintaud et al. (2008).
Árbol. Nativa. Zonas Bajas. Bosque Húmedo, 0–500 m.
Dept.: LP.
Muestra: *A.H. Gentry et al. 79783* (LPB, MO).

ARISTOLOCHIACEAE Juss., Gen. Pl. 72–73. 1789.

Por R. Vásquez C. (herb. Vásquez), revisado por S.G. Beck (LPB), M. Nee (NY), P.M. Jørgensen (MO).
2 géneros, 40 especies, 11 especies endémicas.

Aristolochia L., Sp. Pl. 2: 960. 1753.
39 especies, 11 especies endémicas.

Aristolochia andina F. González & I. Vargas, Kew Bull. 55(4): 911–914, f. 3. 2000.
Ref.: González Garavito (2000), González Garavito (2001).
Trepadora, liana. Endémica. Andes. Valles Secos, 1500–2500 m.
Dept.: CH, CO, SC.
Tipo y muestra: *I.G. Vargas 5417* (HT: LPB; IT: COL, K), *M. Atahuachi B. 150* (BOLV, LPB).
Nom. Vern.: Vejiguitas.

Aristolochia angustifolia Cham., Linnaea 7: 211, t. 5. 1832.
Sin.: *Aristolochia longifolia* (Cham.) Hauman
Ref.: Hoehne (1942), Foster (1958), Ahumada (1967).
Nota: Esperado. Posiblemente nativa en el Chaco Boliviano.

Aristolochia apoloensis Rusby, Bull. New York Bot. Gard. 6(22): 502. 1910.
Ref.: Hoehne (1942), Foster (1958), Dorr (1991 [1992]).
Liana. Endémica. Andes. Yungas, 1500–2000 m.
Dept.: LP.
Tipo y muestra: *R.S. Williams 1567* (HT: NY), *H.H. Rusby 1367* (GH).

Aristolochia argentina Griseb., Abh. Königl. Ges. Wiss. Göttingen 19: 156. 1874.
Sin.: *Aristolochia parviflora* Griseb., *Aristolochia glaberrima* Hassl.
Ref.: Hoehne (1942), Ahumada (1967).
Liana. Nativa. Zonas Bajas, Andes. Bosque Semideciduo Chiquitano, Bosque Seco Chaqueño, Campos Cerrados, Valles Secos, 0–1500 m.
Dept.: CH, SC.
Muestra: *L.R.C. de Michel et al. 487* (LPB, MO).

Aristolochia boliviensis Kuntze, Revis. Gen. Pl. 3(3): 271. 1898.
Ref.: Hoehne (1942), Foster (1958).
Liana. Nativa. Zonas Bajas, Andes. Bosque Semideciduo Chiquitano, Valles Secos, 0–2000 m.
Dept.: CH, LP, SC, TA.
Tipo y muestra: *Anonymous s.n.* (T: NY), *M.A. Lewis 37509* (AAU, COL, F, LPB, MO, NY, USZ).

Aristolochia buchtienii O.C. Schmidt, Repert. Spec. Nov. Regni Veg. 27: 292. 1930.
Ref.: Hoehne (1942), Foster (1958), Ministerio de Medio Ambiente y Agua (2012 [2013]).
Liana. Endémica. Andes. Yungas, 1000–1500 m.
Dept.: LP.
Tipo: *O. Buchtien 7278* (HT: B; IT: US; fotos: F).
Nota: Conocido solamente del tipo.

Aristolochia burelae Herzog, Meded. Rijks-Herb. 40: 2. 1921.
Sin.: *Aristolochia pettibractea* W. Hoehne
Ref.: Hoehne (1942), Foster (1958), Ahumada (1967), Brako (1993c), López Vargas (1995), González Garavito (2001), Nee (2004), Arroyo Padilla & Villarroel Segarra (2009), Ahumada (2010).
Liana. Nativa. Zonas Bajas, Andes. Bosque Húmedo, Bosque Tucumano-Boliviano, Valles Secos, 0–2500 m.
Dept.: CO, LP, PA, SC.
Tipo y muestra: *T. Herzog 233* (T: Z), *A.F. Fuentes C. & G. Navarro 2609* (LPB, USZ).
Nom. Vern.: Yuraj wijuco.

Aristolochia ceresensis Kuntze, Revis. Gen. Pl. 3(3): 272. 1898.
Sin.: *Aristolochia jorgensenii* Hauman, *Aristolochia ceresensis* var. *jorgensenii* (Hauman) W. Hoehne
Ref.: Hoehne (1942), Foster (1958), Ahumada (1967), Toursarkissian (1973), Ahumada (2010).
Liana. Nativa. Zonas Bajas. Bosque Seco Chaqueño, 0–500 m.
Dept.: TA.
Muestra: *K. Pflanz 4057* (US).

Aristolochia chiquitensis Duch., Ann. Sci. Nat., Bot., sér. 4, 2: 49–50. 1854.
Ref.: Hoehne (1942), Foster (1958), Ahumada (1967), López Vargas (1995), Wood et al. (2011).
Liana. Endémica. Zonas Bajas, Andes. Bosque Semideciduo Chiquitano, Yungas, 0–1500 m.
Dept.: BE, CO, LP, SC.
Tipo y muestra: *H.A. Weddell 3441* (HT: P), *R. Vásquez C. et al. 4377* (LPB, USZ).
Nom. Vern.: Buco-buco, wijuco.

[Aristolochia cymbifera Mart. & Zucc.], Nov. Gen. Sp. Pl. 1: 76, t. 49. 1823.
Sin.: *Howardia cymbifera* (Mart. & Zucc.) Klotzsch
Ref.: Foster (1958).
Nota: El registro se basa en material mal identificado. El registro de Foster (1958) de *A. cymbifera* var. *abbreviata* también corresponde a una identificación errónea.

Aristolochia didyma S. Moore, J. Bot. 53: 7, t. 535. 1915.
Sin.: *Aristolochia rodriguesii* Hoehne
Ref.: Hoehne (1942), Foster (1958).
Liana. Nativa. Zonas Bajas. Bosque Húmedo, 0–500 m.
Dept.: PA.
Muestra: *E.H.G. Ule 9338* (B).

Aristolochia disticha Mast., Fl. Bras. 4: 110. 1875.
Ref.: Hoehne (1942), Brako (1993c), López Vargas (1995), Saravia Miranda (1996).
Liana. Nativa. Zonas Bajas, Andes. Bosque Húmedo, Valles Secos, 0–3000 m.
Dept.: BE, CO.
Muestra: *J.C. Solomon 16699* (LPB, MO).
Nom. Vern.: Wijuco, yyuraj wijucu.

Aristolochia elegans Mast., Gard. Chron., n.s., 24(610): 301, t. 64. 1885.
Sin.: *Aristolochia hassleriana* Chodat
Ref.: Ahumada (2010).
Liana. Nativa. Zonas Bajas. Bosque Semideciduo Chiquitano, 0–500 m.
Dept.: SC.
Muestra: *I.G. Vargas et al. 3358* (F, USZ).

[Aristolochia eriantha Mart. & Zucc.], Nov. Gen. Sp. Pl. 1: 78, t. 53. 1824.
Ref.: Herzog (1913 [1921]), Hoehne (1942), Foster (1958).
Nota: El registro se basa en material mal identificado de *A. ridicula*.

Aristolochia esperanzae Kuntze, Revis. Gen. Pl. 3(3): 272. 1898.
Ref.: Hoehne (1942), Foster (1958), Ahumada (1967), Nee (2004), Ahumada (2010).
Liana. Nativa. Zonas Bajas, Andes. Bosque Semideciduo Chiquitano, Bosque Seco Chaqueño, Yungas, Bosque Tucumano-Boliviano, 0–2000 m.
Dept.: LP, SC, TA.
Muestra: *I.G. Vargas 1889* (LPB, USZ).
Nom. Vern.: Buco-buco.

Aristolochia fimbriata Cham. & Schltdl., Linnaea 7: 210, pl. 100, f. 2. 1832.
Sin.: *Howardia fimbriata* (Cham. & Schltdl.) Klotzsch
Ref.: Hoehne (1942).
Liana. Nativa. Zonas Bajas, Andes. Bosque Seco Chaqueño, Bosque Serrano Chaqueño, Valles Secos, 0–2500 m.
Dept.: CH, SC.
Muestra: *J. Balcázar S. 384* (LPB, USZ).
Nom. Vern.: Jacacia, janq'owaje, wajis.

Aristolochia gibertii Hook., Bot. Mag. 88: t. 5345. 1862.
Sin.: *Aristolochia esperanzae* var. *cobra* (Chodat) Chodat, *Aristolochia*

ipemi D. Parodi, *Aristolochia cobra* Chodat
Ref.: Hoehne (1942), Foster (1958), Ahumada (1967), Wood et al. (2011).
Liana. Nativa. Zonas Bajas, Andes. Campos Cerrados, Bosque Tucumano-Boliviano, Bosque Serrano Chaqueño, 0–1500 m.
Dept.: SC.
Muestra: *M.H. Nee 45401* (LPB, MO).

Aristolochia guentheri O.C. Schmidt, Repert. Spec. Nov. Regni Veg. 27: 292. 1930.
Sin.: *Aristolochia putumayensis* O.C. Schmidt
Ref.: Hoehne (1942), Foster (1958), González Garavito (1990), González Garavito (1994), Vásquez Martínez (1997), González Garavito (1999a).
Liana. Nativa. Andes. Yungas, 1000–1500 m.
Dept.: LP.
Tipo y muestra: *O. Buchtien 685* (HT: B destr.?; IT: HBG; fotos: COL, F ex B, GH, MO-1668889, NY), *S.G. Beck 4931* (LPB, M, NY).

Aristolochia hoehneana O.C. Schmidt, Notizbl. Bot. Gart. Berlin–Dahlem 12: 390. 1935.
Ref.: Hoehne (1942), Foster (1958), Vásquez C. (1997), Nee (2004).
Liana. Nativa. Zonas Bajas. Bosque Húmedo, 0–1000 m.
Dept.: BE, LP, SC.
Tipo y muestra: *O. Buchtien 2034* (HT: US), *D. Lara & M. Hinojoso 759* (LPB).

Aristolochia holostylis F. González, Revista Acad. Colomb. Ci. Exact. 23(88): 338. 1999.
Sin.: *Holostylis reniformis* Duch., *Duchartrella reniformis* (Duch.) Kuntze, *Holostylis reniformis* fo. *minor* Chodat & Hassl., *Aristolochia reniformis* (Duch.) F. González
Ref.: Hoehne (1942), González Garavito (1999b).
Liana. Nativa. Zonas Bajas. Bosque Semideciduo Chiquitano, 0–500 m.
Dept.: SC.
Muestra: *R. Vásquez C. 3828* (herb. Vásquez, LPB, USZ).

Aristolochia juruana Ule, Verh. Bot. Vereins Prov. Brandenburg 47: 118. 1905.
Liana. Nativa. Zonas Bajas. Bosque Húmedo, 0–500 m.
Dept.: CO.
Muestra: *J.R.I. Wood 11524* (K, LPB).
Nota: Identificación tentativa.

Aristolochia lindneri A. Berger, Notizbl. Bot. Gart. Berlin–Dahlem 10: 129. 1927.
Ref.: Hoehne (1942), Foster (1958), Ahumada (2010).
Liana. Endémica. Zonas Bajas. Bosque Semideciduo Chiquitano, 0–500 m.
Dept.: SC.
Tipo y muestra: *P. Lindner s.n.* (HT: M; fotos: F ex M, GH), *R. Vásquez Martínez et al. 4376* (herb. Vásquez, LPB, USZ).

Aristolochia lingulata Ule, Verh. Bot. Vereins Prov. Brandenburg 47: 123. 1905.
Ref.: Macbride (1937a), Hoehne (1942), Foster (1958), González Garavito (1994), González Garavito (1999a).
Liana. Nativa. Zonas Bajas. Bosque Húmedo, Bosque Semideciduo Chiquitano, 0–500 m.
Dept.: BE, SC.
Muestra: *E. Villanueva & R.B. Foster 764* (LPB).
Infra: *Aristolochia lingulata* var. *parviflora* Herzog

Aristolochia lozaniana F. González, Revista Acad. Colomb. Ci. Exact. 25(95): 226–227, f. 1. 2001.
Ref.: González Garavito (2001).
Liana. Endémica. Andes. Valles Secos, 1500–2500 m.
Dept.: CO, TA.
Tipo y muestra: *J.R.I. Wood 9542* (HT: K; IT: COL, LPB), *C. Antezana V. 681* (BOLV).

[Aristolochia macroura B.A. Gomes], Obs. Bot.-Med. Non. Bras. Pl. 2: 27–34, t. 4. 1803.
Ref.: Foster (1958).
Nota: El registro se basa en material mal identificado.

Aristolochia maxima Jacq., Enum. Syst. Pl. 30. 1760.
Sin.: *Howardia maxima* (Jacq.) Klotzsch, *Aristolochia sprucei* Mast., *Aristolochia asperifolia* Ule
Ref.: Hoehne (1942), Foster (1958), González Garavito (1990), Cook (2001).
Liana. Nativa. Zonas Bajas. Bosque Húmedo, 0–1000 m.
Dept.: BE, LP, PA.
Muestra: *B.A. Krukoff 10531* (A, MO).

Aristolochia mishuyacensis O.C. Schmidt, Repert. Spec. Nov. Regni Veg. 32: 96. 1933.
Liana. Nativa. Zonas Bajas. Bosque Húmedo, 0–500 m.
Dept.: SC.
Muestra: *R. Guillén V. & R. Choré 3273* (AAU, F, K, LPB, MO, NY, USZ).

Aristolochia odoratissima L., Sp. Pl. (ed. 2) 2: 1362. 1763.
Sin.: *Aristolochia pandurata* Jacq., *Aristolochia rimbachii* O.C. Schmidt
Ref.: Hoehne (1942), Foster (1958), López Vargas (1995), Saravia Miranda (1996), Nee (2004), Ahumada (2010).
Liana. Nativa. Zonas Bajas. Bosque Semideciduo Chiquitano, Campos Cerrados, 0–1000 m.
Dept.: BE, CO, LP, SC.
Muestra: *A.F. Fuentes C. 1561* (LPB, USZ).
Nom. Vern.: Wijuco.

[Aristolochia peruviana O.C. Schmidt], Notizbl. Bot. Gart. Berlin–Dahlem 9: 136. 1924.
Ref.: Foster (1958).
Nota: El registro se basa en material mal identificado.

Aristolochia pilosa Kunth, Nov. Gen. Sp. (quarto ed.) 2: 146–147, t. 113. 1817.
Sin.: *Howardia pilosa* (Kunth) Klotzsch, *Aristolochia pannosa* Mast., *Aristolochia amazonica* Ule, *Aristolochia eggersii* Hoehne
Ref.: Hoehne (1942), Foster (1958), Brako (1993c), González Garavito (1994), Nee (2004).
Liana. Nativa. Zonas Bajas. Bosque Húmedo, Bosque Semideciduo Chiquitano, 0–500 m.
Dept.: BE, CO, SC.
Muestra: *D.N. Smith 13249* (LPB, MO).

Aristolochia prostrata Duch., Ann. Sci. Nat., Bot., sér. 4, 2: 63–65. 1854.
Sin.: *Aristolochia trollii* O.C. Schmidt, *Aristolochia cardenasii* Standl.
Ref.: Hoehne (1942), Foster (1958), Ahumada (1967), López Vargas (1995), Saravia Miranda (1996), Serrano & Terán (1998 [2000]), González Garavito (2001), Nee (2004), Ahumada (2010).
Hierba, liana. Nativa. Zonas Bajas, Andes. Bosque Seco Chaqueño, Bosque Tucumano-Boliviano, Bosque Serrano Chaqueño, 0–2500 m.
Dept.: CH, CO, SC, TA.
Tipo y muestra: *H.A. Weddell 3698* (HT: P), *L.R.C. de Michel et al. 309* (LPB, MO, NY).
Nom. Vern.: Waje, wijuku.

Aristolochia pseudo-triangularis O.C. Schmidt, Repert. Spec. Nov. Regni Veg. 38: 110. 1935.
Ref.: Herzog (1913 [1921]), Hoehne (1942), Foster (1958).
Liana. Endémica. Zonas Bajas. Campos Cerrados, 0–500 m.
Dept.: SC.
Tipo y muestra: *J. Steinbach 2631* (HT: B), *T. Herzog 1495* (L).

Aristolochia ridicula N.E. Br., Gard. Chron., n.s., 26: 360, f. 73. 1886.
Ref.: Ahumada (2010).
Liana. Nativa. Zonas Bajas. Bosque Seco Chaqueño, 500–1000 m.
Dept.: SC.
Muestra: *A.F. Fuentes C. 2404* (LPB, MO, USZ).

Aristolochia ringens Vahl, Symb. Bot. 3: 99. 1794.
Sin.: *Aristolochia grandiflora* Vahl, *Aristolochia turbacensis* Kunth, *Howardia ringens* (Vahl) Klotzsch, *Aristolochia globiflora* Mutis
Ref.: Hoehne (1942), González Garavito (1990).
Liana. Nativa. Andes. Bosque Serrano Chaqueño, 1000–1500 m.
Dept.: SC.
Muestra: *A. Jardim 1534* (MO, USZ).
Nota: Identificación tentativa.

Aristolochia rugosa Lam., Encycl. 1: 252. 1783.
Sin.: *Aristolochia obtusata* Sw., *Aristolochia dictyantha* Duch., *Aristolochia eurystoma* Duch.
Ref.: Pfeifer (1966).
Liana. Nativa. Zonas Bajas. Bosque Húmedo, Bosque Semideciduo Chiquitano, 0–500 m.
Dept.: SC.
Muestra: *R. Guillén V. & V. Choré 3696* (LPB, MO, USZ).

Aristolochia schreiteri Ahumada, Opera Lilloana 16: 101, f. 34. 1967.
Liana. Nativa. Andes. Valles Secos, 1000–2000 m.
Dept.: SC.
Muestra: *A. Krapovickas 8968* (LIL).

[Aristolochia sessilifolia (Klotzsch) Duch.], Prodr. 15(1): 464. 1864.
Sin.: *Howardia sessilifolia* Klotzsch
Ref.: Foster (1958).
Nota: El registro se basa en material mal identificado.

Aristolochia stenocarpa Kuntze, Revis. Gen. Pl. 3(3): 271. 1898.
Ref.: Foster (1958).
Liana. Endémica. Región, tipo de vegetación y elevación desconocidas.
Dept.: LP.
Tipo: *O. Kuntze s.n.* (T: NY).
Nota: Conocido solamente del tipo.

Aristolochia stuckertii Speg., Comun. Inst. Nac. Invest. Ci. Nat., Ser. Ci. Bot. 1: 84. 1899.
Liana. Nativa. Andes. Valles Secos, 2000–2500 m.
Dept.: CO.
Muestra: *C. Antezana V. 643* (BOLV).

Aristolochia triangularis Cham., Linnaea 7: 209, pl. 7. 1832.
Sin.: *Howardia sellowiana* Klotzsch, *Aristolochia sellowiana* (Klotzsch) Duch., *Cathcartia betonicifolia* (Franch.) Prain
Ref.: Hoehne (1942), Foster (1958), Killeen & Schulenberg (1998).
Liana. Nativa. Zonas Bajas, Andes. Bosque Húmedo, Valles Secos, 0–500, 2000–2500 m.
Dept.: CO, SC.
Muestra: *C. Antezana V. 722* (BOLV).

Aristolochia urupaensis Hoehne, Arch. Bot. São Paulo 1: 11, pl. 3. 1925.
Ref.: Hoehne (1942).
Liana. Nativa. Zonas Bajas. Bosque Semideciduo Chiquitano, Campos Cerrados, 0–500 m.
Dept.: SC.
Muestra: *R. Vásquez Martínez et al. 4330* (herb. Vásquez, LPB, USZ).

Aristolochia weddellii Duch., Ann. Sci. Nat., Bot., sér. 4, 2: 62–63. 1854.
Sin.: *Aristolochia longecaudata* Mast., *Aristolochia jauruensis* Hoehne
Ref.: Hoehne (1942), Foster (1958).
Liana. Nativa. Región, tipo de vegetación y elevación desconocidas.
Dept.: Bolivia.
Muestra: *H.A. Weddell 3396* (P).

Aristolochia werdermanniana O.C. Schmidt, Repert. Spec. Nov. Regni Veg. 30: 67. 1932.
Ref.: Hoehne (1942), Foster (1958), Nee (2004).
Liana. Endémica. Andes. Bosque Tucumano-Boliviano, 1000–1500 m.
Dept.: SC.
Tipo: *C. Troll 1017* (T: B destr.).
Nota: Conocido solamente del tipo.

Aristolochia williamsii Rusby, Bull. New York Bot. Gard. 6(22): 501. 1910.
Ref.: Hoehne (1942), Foster (1958), Dorr (1991 [1992]).
Liana. Endémica. Andes. Yungas, 1500–2000 m.
Dept.: LP.
Tipo: *R.S. Williams 70* (HT: NY).
Nota: Conocido solamente del tipo.

Aristolochia yungasensis Rusby, Bull. New York Bot. Gard. 4: 437. 1907.
Ref.: Foster (1958).
Liana. Endémica. Andes. Yungas, 1500–2000 m.
Dept.: LP.
Tipo y muestra: *M. Bang 2199* (HT: NY; IT: GH, NY, US), *S.G. Beck 21647* (LPB, NY).

Euglypha Chodat & Hassl., Bull. Herb. Boissier, sér. 2, 6: 138. 1906.
1 especie, 0 especies endémicas.

Euglypha rojasiana Chodat & Hassl., Bull. Herb. Boissier, sér. 2, 6: 138. 1906.
Sin.: *Aristolochia rojasiana* (Chodat & Hassl.) F. González
Ref.: Hoehne (1942), Ahumada (2010).
Liana. Nativa. Zonas Bajas. Bosque Seco Chaqueño, 0–500 m.
Dept.: SC, TA.
Muestra: *R. Vásquez C. & D. Ric 4005* (LPB).

ASCLEPIADACEAE Borkh., Bot. Wörterb. 1: 31. 1797.

Nota: Parte de Apocynaceae (APG III 2009).

ASPARAGACEAE Juss., Gen. Pl. 40. 1789.

Por T. Ortuño (LPB) e I. Galarza (LPB) [*Agave*, *Furcraea*, *Yucca*], C. Romero (MO) [*Anthericum*, *Asparagus*, *Chlorophytum*, *Cordyline*, *Echeandia*, *Hagenbachia*, *Herreria*, *Oziroe*, *Trihesperus*], revisado por M. Nee (NY), S.G. Beck (LPB), P.M. Jørgensen (MO).
12 géneros, 25 especies, 3 especies endémicas.

Agave L., Sp. Pl. 1: 323. 1753.
1 especie, 0 especies endémicas.

Agave americana L., Sp. Pl. 1: 323. 1753.
Ref.: Huanca Cabezas (1993a), Serrano & Terán (1998 [2000]).
Hierba. Adventicia, cultivada. Andes, Altiplano. Bosque Tucumano-Boliviano, Valles Secos, Puna Húmeda, 2000–2500, 3000–4000 m.

Dept.: CH, LP, SC.
Muestra: *I.G. Vargas 931* (LPB, USZ).
Infra: *Agave americana* var. *marginata* Trel.
Nom. Vern.: Chunta, chuchawi tika, magué, maguey, pajpa, pita-pita, sábila, siglo.

Anthericum L., Sp. Pl. 1: 310. 1753.
3 especies, 2 especies endémicas.

Anthericum eccremorrhizum Ruiz & Pav., Fl. Peruv. 3: 67, t. 301. 1802.
Ref.: Foster (1958).
Hierba. Nativa. Andes. Bosque Tucumano-Boliviano, 2000–2500 m.
Dept.: TA.
Muestra: *K. Fiebrig 2389* (GH).

Anthericum pratense Ravenna, Onira 1(3): 25. 1988.
Hierba. Endémica. Andes. Valles Secos, 3500–4000 m.
Dept.: TA.
Tipo: *R. Ehrich 127* (HT: LPB no depositado; IT: LPB).
Nota: Conocido solamente del tipo.

Anthericum tunarianum Ravenna, Onira 1(3): 24. 1988.
Ref.: Ravenna (1988).
Hierba. Endémica. Altiplano. Puna Húmeda, 4000–4500 m.
Dept.: CO.
Tipo: *M. Bang 1061* (HT: NY).
Nota: Conocido solamente del tipo.

Asparagus L., Sp. Pl. 1: 313. 1753.
1 especie, 0 especies endémicas.

Asparagus officinalis L., Sp. Pl. 1: 313. 1753.
Ref.: Gereau (2001), Grayum (2003b)), Guaglianone (2009).
Hierba. Adventicia, cultivada. Andes. Valles Secos, 2000–3000 m.
Dept.: CH, SC, TA.
Muestra: *I.G. Vargas 18* (MO, USZ).
Nom. Vern.: Espárrago.

Chlorophytum Ker Gawl., Bot. Mag. 27: t. 1071. 1807.
1 especie, 0 especies endémicas.

Chlorophytum comosum (Thunb.) Jacques, J. Soc. Imp. Centr. Hort. 8: 345. 1862.
Sin.: *Anthericum comosum* Thunb.
Hierba. Cultivada. Andes. Yungas, 1500–2500 m.
Dept.: LP.
Muestra: *J.C. Solomon 8198* (LPB, MO).

Cordyline Comm. ex R. Br., Prodr. 280. 1810.
3 especies, 0 especies endémicas.

Cordyline australis Hook. f., Gard. Chron. 792. 1860.
Sin.: *Cordyline australis* Nadeaud & Joanoa
Ref.: Huanca Cabezas (1993a).
Árbol. Cultivada. Andes. Valles Secos, 3000–3500 m.
Dept.: LP.
Muestra: *J.C. Solomon 15493* (LPB, MO, USZ).

Cordyline dracaenoides Kunth, Abh. Königl. Akad. Wiss. Berlin 30. 1988.
Ref.: Foster (1958), Huanca Cabezas (1993a), González et al. (1999), Serrano & Terán (1998 [2000]).
Arbusto, arbolito, árbol. Nativa. Zonas Bajas, Andes. Bosque Semideciduo Chiquitano, Campos Cerrados, Yungas, Bosque Tucumano-Boliviano, Bosque Serrano Chaqueño, Valles Secos, 500–2500 m.
Dept.: CH, SC, TA.
Muestra: *I.G. Vargas 748* (LPB, MO, NY, USZ).

Cordyline fruticosa (L.) A. Chev., Jard. Bot. Saigon 66. 1919.
Sin.: *Convallaria fruticosa* L.
Ref.: Correa A. et al. (2004).
Hierba. Adventicia, cultivada. Zonas Bajas. Bosque Húmedo, 0–500 m.
Dept.: SC.
Muestra: *M.H. Nee 41590* (NY).

Echeandia Ortega, Nov. Pl. Descr. Dec. 135. 1800.
1 especie, 0 especies endémicas.

Echeandia ciliata (Kunth) Cruden, Phytologia 59(6): 380. 1986.
Sin.: *Phalangium ciliatum* Kunth, *Anthericum peruvianum* Willd. ex Kunth
Ref.: Foster (1958).
Hierba. Nativa. Andes. Valles Secos, 1500–3500 m.
Dept.: TA.
Muestra: *R.E. Fries 1096* (S, UPS).

Furcraea Vent., Bull. Sci. Soc. Philom. Paris 1: 65. 1793.
4 especies, 1 especie endémica.

Furcraea andina Trel., Stand. Cycl. Hort. 3: 1305. 1915.
Sin.: *Furcraea deledevanti* C. Rivière
Ref.: Huanca Cabezas (1993a).
Hierba. Nativa. Andes. Yungas, 1500–2000 m.
Dept.: LP.
Nota: No hay ejemplares de herbario confirmados para Bolivia.
Nom. Vern.: Cabuya, chuchau, kkawara, maguey blanco, pajpa.

Furcraea boliviensis Ravenna, Pl. Life 34: 151. 1978.
Ref.: Huanca Cabezas (1993a).
Hierba. Endémica. Zonas Bajas, Andes. Bosque Húmedo, Bosque Semideciduo Chiquitano, Yungas, Valles Secos, 500–2000, 2500–3500 m.
Dept.: CO, LP, SC.
Tipo y muestra: *P.F. Ravenna 2305* (HT: herb. Ravenna), *M.H. Nee 50581* (LPB, MO, NY, USZ).

Furcraea foetida (L.) Haw., Syn. Pl. Succ. 73. 1812.
Sin.: *Agave foetida* L., *Furcraea gigantea* Vent.
Ref.: Cárdenas Hermosa (1969), Huanca Cabezas (1993a), Wunderlin (1998), Hokche et al. (2008).
Hierba. Nativa. Andes. Valles Secos, 1500–3000 m.
Dept.: LP.
Muestra: *S.G. Beck 21061* (LPB, MEXU).
Nom. Vern.: Cabuya sin espinas, fique hembra.

Furcraea occidentalis Trel., Bot. Jahrb. Syst. 50(Beibl. 111): 5. 1913.
Ref.: Macbride (1936a), Brako (1993b).
Hierba. Nativa. Andes. Yungas, 2500–3000 m.
Dept.: LP.
Muestra: *S.G. Beck 19870* (LPB, MEXU).

Hagenbachia Nees & Mart., Nova Acta Phys.-Med. Acad. Caes. Leop.-Carol. Nat. Cur. 11: 18. 1823.
2 especies, 0 especies endémicas.

Hagenbachia brasiliensis Nees & Mart., Nova Acta Phys.-Med. Acad. Caes. Leop.-Carol. Nat. Cur. 11(1): 19, t. 2. 1823.
Ref.: Cruden (1987).
Hierba. Nativa. Zonas Bajas. Bosque Húmedo, 0–500 m.
Dept.: SC.
Muestra: *M.H. Nee 45000* (LPB, MO, NY, USZ).

Hagenbachia matogrossensis (Poelln.) Ravenna, Phytologia 57: 328. 1985.
Sin.: *Anthericum brasiliense* Baker, *Anthericum boliviense* Poelln., *Anthericum matogrossense* Poelln., *Hagenbachia angusta* Ravenna, *Hagenbachia boliviensis* (Poelln.) Ravenna

Ref.: Foster (1958).
Hierba. Nativa. Zonas Bajas. Bosque Húmedo, 0–500 m.
Dept.: SC.
Muestra: *L. Arroyo P. et al. 3796* (AAU, MA, MO, NY, USZ).

Herreria Ruiz & Pav., Fl. Peruv. Prodr. 48, t. 35. 1794.

3 especies, 0 especies endémicas.

Herreria glaziovii Lecomte, Bull. Soc. Bot. France 56: 347. 1909.
Ref.: Lopes & Andreata (2012).
Trepadora. Nativa. Zonas Bajas. Bosque Semideciduo Chiquitano, Campos Cerrados, 0–500 m.
Dept.: SC.
Muestra: *I.G. Vargas 591* (LPB, MO, NY, USZ).

Herreria latifolia Woodson, Ann. Missouri Bot. Gard. 37(3): 397. 1950.
Liana. Nativa. Zonas Bajas. Bosque Húmedo, Bosque Semideciduo Chiquitano, 0–1000 m.
Dept.: SC.
Muestra: *I.G. Vargas 3392* (F, LPB, USZ).

Herreria montevidensis Klotzsch ex Griseb., Fl. Bras. 3(1): 24. 1842.
Ref.: Foster (1958), Serrano & Terán (1998 [2000]).
Liana. Nativa. Zonas Bajas, Andes. Bosque Húmedo, Bosque Semideciduo Chiquitano, Bosque Seco Chaqueño, Yungas, Bosque Tucumano-Boliviano, Bosque Serrano Chaqueño, Valles Secos, 0–2500 m.
Dept.: CH, CO, LP, SC, TA.
Muestra: *M.J. Macía et al. 7624* (BOLV, LPB, MA, MO, NY, USZ).
Nom. Vern.: Caja guastana, zarza, zarzaparrilla.

Oziroe Raf., Fl. Tellur. 3: 53. 1836 [1837].

4 especies, 0 especies endémicas.

Oziroe acaulis (Baker) Speta, Phyton (Horn) 38: 56. 1998.
Sin.: *Scilla acaulis* Baker, *Nothoscordum fictile* J.F. Macbr., *Fortunatia acaulis* (Baker) Guagl. & Arroyo-Leuenb., *Oziroe sessilis* (R.E. Fr.) Ravenna
Ref.: De la Barra (1997), Guaglianone & Arroyo-Leuenberger (2002).
Hierba. Nativa. Andes, Altiplano. Valles Secos, Puna Húmeda, 3000–4000 m.
Dept.: CO, LP.
Muestra: *O. Buchtien 825* (HBG, NY, SI, US).

Oziroe argentinensis (Lillo & Hauman) Speta, Phyton (Horn) 38: 56. 1998.
Sin.: *Scilla argentinensis* Lillo & Hauman, *Fortunatia argentinensis* (Lillo & Hauman) Ravenna
Ref.: Ravenna (1982b), Guaglianone & Arroyo-Leuenberger (2002).
Hierba. Nativa. Andes. Bosque Tucumano-Boliviano, Valles Secos, 1500–2000, 2500–3500 m.
Dept.: CH, CO, PO, SC, TA.
Muestra: *J.R.I. Wood 21855* (LPB, MO).

Oziroe biflora (Ruiz & Pav.) Speta, Phyton (Horn) 38: 56. 1998.
Sin.: *Scilla biflora* Ruiz & Pav., *Fortunatia biflora* (Ruiz & Pav.) J.F. Macbr., *Camassia biflora* (Ruiz & Pav.) Cocucci
Ref.: Cocucci (1969).
Hierba. Nativa. Andes. Bosque Tucumano-Boliviano, Valles Secos, 1500–2500 m.
Dept.: CO, SC.
Muestra: *C. Antezana V. 1023* (BOLV, MO).

Oziroe pomensis Ravenna, Onira 3: 41. 1998.
Sin.: *Oziroe totorensis* Ravenna
Ref.: Guaglianone & Arroyo-Leuenberger (2002).
Hierba. Nativa. Andes. Yungas, Bosque Tucumano-Boliviano, 1500–4000 m.
Dept.: CO, TA.
Muestra: *M. Sigle 177* (LPB, SI).

Trihesperus Herb., Bot. Reg. 30(Misc.): 90. 1844.

1 especie, 0 especies endémicas.

Trihesperus glaucus (Ruiz & Pav.) Herb., Edwards's Bot. Reg. 30(Misc.): 90. 1844.
Sin.: *Anthericum glaucum* Ruiz & Pav., *Phalangium glaucum* (Ruiz & Pav.) Poir., *Bidwillia glauca* (Ruiz & Pav.) G. Don, *Anthericum glaucum* var. *ancachsense* Poelln., *Anthericum glaucum* var. *andinum* Poelln., *Anthericum glaucum* var. *tarmaense* Poelln.
Ref.: Foster (1958).
Hierba. Nativa. Andes. Valles Secos, 2000–2500, 3000–3500 m.
Dept.: CO, TA.
Muestra: *K. Fiebrig 2586* (GH).

Yucca L., Sp. Pl. 1: 319. 1753.

1 especie, 0 especies endémicas.

Yucca aloifolia L., Sp. Pl. 1: 319. 1753.
Ref.: Huanca Cabezas (1993a).
Arbusto. Cultivada. Zonas Bajas, Andes. Valles Secos, 500–1000, 3000–4000 m.
Dept.: LP, SC.
Muestra: *R. Hurtado 316* (LPB).
Nom. Vern.: Yuca.

ASTERACEAE Bercht. & J. Presl, Prir. Rostlin 254. 1820.

Por S.G. Beck (LPB) y D. Ibáñez (LPB) [*Achillea, Achyrocline, Aetheolaena, Antennaria, Anthemis, Aster, Belloa, Chersodoma, Chevreulia, Chrysanthemum, Cuatrecasasiella, Cynara, Dendrophorbium, Echinacea, Emilia, Encelia, Erato, Erechtites, Facelis, Gamochaeta, Glebionis, Gnaphalium, Gynoxys, Haplopappus, Helichrysum, Inulopsis, Jalcophila, Lapsana, Lomanthus, Loricaria, Lucilia, Luciliocline, Mniodes, Nordenstamia, Noticastrum, Novenia, Ocyroe, Oriastrum, Oritrophium, Paracalia, Parastrephia, Pentacalia, Plagiocheilus, Pluchea, Podocoma, Pseudogynoxys, Pterocaulon, Senecio, Silybum, Solidago, Stuckertiella, Tessaria*], P.M. Jørgensen (MO) [*Argyranthemum, Artemisia, Bellis, Calendula, Carduus, Centaurea, Chiliotrichiopsis, Cichorium, Cirsium, Conyza, Cotula, Crepis, Dahlia, Dimorphotheca, Diplostephium, Egletes, Erigeron, Gaillardia, Garcilassa, Gazania, Grindelia, Gutierrezia, Helianthus, Hieracium, Hysterionica, Lactuca, Laestadia, Leptostelma, Leucanthemum, Llerasia, Matricaria, Melanthera, Milleria, Misbrookea, Neurolaena, Pappobolus, Picrosia, Pseudoconyza, Rudbeckia, Soliva, Sonchus, Stachycephalum, Symphyotrichum, Tanacetum, Taraxacum, Tripleurospermum, Werneria, Xenophyllum, Zexmenia*], J. Müller (JE) [*Baccharis*], J.F. Pruski (MO) [*Aphyllocladus, Barnadesia, Chaetanthera, Chaptalia, Chuquiraga, Cnicothamnus, Cyclolepis, Dasyphyllum, Dinoseris, Gochnatia, Holocheilus, Hyalis, Hyaloseris, Jungia, Leucheria, Lophopappus, Lycoseris, Mutisia, Nassauvia, Onoseris, Perezia, Plazia, Proustia, Trichocline, Trixis*], H. Robinson (US) [*Acanthospermum, Acanthostyles, Acilepidopsis, Acmella, Adenostemma, Ageratina, Ageratum, Amboroa, Ambrosia, Aphanactis, Austrobrickellia, Austroeupatorium, Ayapana, Ayapanopsis, Baltimora, Barrosoa, Bejaranoa, Bidens, Bishovia,*

Blainvillea, Brickellia, Calea, Campovassouria, Campuloclinium, Centratherum, Chresta, Chromolaena, Chrysanthellum, Chrysolaena, Clibadium, Condylidium, Coreopsis, Cosmos, Critonia, Critoniopsis, Cyrtocymura, Dasycondylus, Delilia, Dimerostemma, Dyssodia, Eclipta, Eirmocephala, Elaphandra, Elephantopus, Eleutheranthera, Enydra, Erato, Eremanthus, Ericentrodea, Eupatorium, Flaveria, Fleischmannia, Flourensia, Galinsoga, Gymnanthemum, Gymnocoronis, Gyptis, Hebeclinium, Heliopsis, Helogyne, Heterocondylus, Heterosperma, Hymenostephium, Hymenoxys, Ichthyothere, Idiothamnus, Isostigma, Jaegeria, Kaunia, Koanophyllon, Lagascea, Lepidaploa, Lessingianthus, Liabum, Lorentzianthus, Melampodium, Mesanthophora, Microliabum, Mikania, Munnozia, Neocuatrecasia, Oblivia, Ophryosporus, Orthopappus, Oyedaea, Pacourina, Paranephelius, Parthenium, Pectis, Philoglossa, Piptocarpha, Polyanthina, Porophyllum, Praxeliopsis, Praxelis, Pseudelephantopus, Pseudonoseris, Quechualia, Raulinoreitzia, Rhysolepis, Riencourtia, Rolandra, Salmea, Sanvitalia, Schistocarpha, Schkuhria, Sigesbeckia, Simsia, Smallanthus, Sphaereupatorium, Sphagneticola, Spilanthes, Stenocephalum, Stephanbeckia, Stevia, Stilpnopappus, Stomatanthes, Struchium, Synedrella, Synedrellopsis, Tagetes, Tithonia, Trichogonia, Trichospira, Tridax, Urolepis, Verbesina, Vernonanthura, Vernonia, Viguiera, Villanova, Wedelia, Wulffia, Xanthium, Zinnia], E. Urtubey (SI), K. Tremetsberger (WHB) y T. Stuessy (WU) [*Hypochaeris*]; revisado por S.G. Beck (LPB), M. Nee (NY), P. M. Jørgensen (MO).

260 géneros, 1256 especies, 238 especies endémicas.

Acanthospermum Schrank, Pl. Rar. Hort. Monac. 2(6): pl. 53. 1819 [1820].

2 especies, 0 especies endémicas.

Acanthospermum australe (Loefl.) Kuntze, Revis. Gen. Pl. 1: 303. 1891.
Sin.: *Melampodium australe* Loefl., *Centrospermum xanthioides* Kunth, *Acanthospermum xanthioides* (Kunth) DC.
Ref.: Rusby (1893b), Foster (1958), Killeen & Schulenberg (1998), Arroyo Padilla & Villarroel Segarra (2009).
Hierba, arbusto. Nativa. Zonas Bajas, Andes. Bosque Húmedo, Campos Cerrados, Bosque Tucumano-Boliviano, 0–500, 1000–1500 m.
Dept.: CO, LP, PA, SC.
Muestra: *B. Mostacedo et al. 1547* (LPB, MO, US, USZ).

Acanthospermum hispidum DC., Prodr. 5: 522. 1836.
Ref.: Foster (1958), Adolfo María (1966), Serrano & Terán (1998 [2000]).
Hierba. Nativa. Zonas Bajas, Andes. Bosque Húmedo, Bosque Semideciduo Chiquitano, Bosque Seco Chaqueño, Valles Secos, 0–3000 m.
Dept.: CH, CO, LP, SC, TA.
Muestra: *M.H. Nee 37619* (LPB, MO, NY, US).
Nom. Vern.: Toro-toro.

Acanthostyles R.M. King & H. Rob., Phytologia 22: 111. 1971.

1 especie, 0 especies endémicas.

Acanthostyles buniifolius (Hook. ex Arn.) R.M. King & H. Rob., Phytologia 22: 111. 1971.
Sin.: *Eupatorium buniifolium* Hook. ex Arn.
Ref.: Foster (1958), Cabrera (1978a), López Vargas (1995), Saravia Miranda (1996), Serrano & Terán (1998 [2000]).
Subarbusto, arbusto. Nativa. Andes. Bosque Tucumano-Boliviano, Valles Secos, 2000–3000 m.
Dept.: CH, CO, SC, TA.
Muestra: *I.G. Vargas 972* (USZ).
Nom. Vern.: Pichana, romerillo.

Achillea L., Sp. Pl. 2: 896. 1753.

1 especie, 0 especies endémicas.

Achillea millefolium L., Sp. Pl. 2: 899. 1753.
Hierba. Cultivada. Andes. Yungas, Valles Secos, 1500–2000, 3000–3500 m.
Dept.: LP.
Muestra: *V.H. Vidaurre & P.J. Vidaurre 7* (LPB).
Nom. Vern.: Salvia de Virgen.

Achyrocline (Less.) DC., Prodr. 6: 219. 1837 [1838].

13 especies, 0 especies endémicas.

Achyrocline alata (Kunth) DC., Prodr. 6: 221. 1837 [1838].
Sin.: *Gnaphalium alatum* Kunth, *Gnaphalium incanum* Kunth, *Gnaphalium pellitum* Kunth, *Gnaphalium rufescens* Kunth, *Achyrocline madioides* Meyen & Walp.
Ref.: Weddell (1855 [1855–1857]), Rusby (1907), Foster (1958), Dillon & Sagástegui Alva (1991b), Freire (1995), Saravia Miranda (1996), Cabrera & Freire (1998), Serrano & Terán (1998 [2000]), Hind & Jeffrey (2001), Arroyo Padilla & Villarroel Segarra (2009).
Hierba. Nativa. Andes, Altiplano. Yungas, Bosque Tucumano-Boliviano, Bosque Serrano Chaqueño, Páramo Yungueño, Valles Secos, Puna Húmeda, 1000–4500 m.
Dept.: CH, CO, LP, SC, TA.
Muestra: *S.G. Beck 11842* (BOLV, CUZ, M, NY, QAME, SI, US).
Nom. Vern.: Ork'o t'hian t'hian.

Achyrocline celosioides (Kunth) DC., Prodr. 6: 221. 1837 [1838].
Sin.: *Gnaphalium celosioides* Kunth
Ref.: Rusby (1907), Foster (1958), Hind & Jeffrey (2001).
Hierba. Nativa. Altiplano. Puna Húmeda, 4000–4500 m.
Dept.: LP.
Muestra: *M. Bang 2022* (NY).
Nota: Conocido en Bolivia de una sola colección, determinación dudosa.

Achyrocline flaccida (Weinm.) DC., Prodr. 6: 220. 1837 [1838].
Sin.: *Gnaphalium flaccidum* Weinm., *Achyrocline citrina* Griseb.
Ref.: Cabrera (1978a), Freire (1995), Cabrera & Freire (1998).
Hierba. Nativa. Zonas Bajas, Andes, Altiplano. Sabanas Benianas del Sur, Yungas, Bosque Tucumano-Boliviano, Valles Secos, Puna Húmeda, 0–500, 1000–4000 m.
Dept.: BE, CH, CO, LP, SC, TA.
Muestra: *S.G. Beck 11389* (BOLV, CTES, CUZ, M, NY, QAME, SI).

Achyrocline hyperchlora S.F. Blake, Bot. Gaz. 74: 415. 1922.
Ref.: Foster (1958), Cabrera (1978a), Freire (1995), Serrano & Terán (1998 [2000]).
Hierba. Nativa. Andes. Bosque Tucumano-Boliviano, 2000–2500, 3500–4000 m.
Dept.: CH, CO, TA.
Muestra: *R. Ehrich 218* (B, LPB).
Nom. Vern.: Oque hierbita.

Achyrocline latifolia Wedd., Chlor. Andina 1(4–6): 148. 1855 [1856].
Ref.: Foster (1958), Schulenberg & Awbrey (1997), Serrano & Terán (1998 [2000]).
Hierba. Nativa. Andes, Altiplano. Yungas, Valles Secos, Puna Húmeda, 3000–4500 m.

Dept.: CO, LP.
Tipo y muestra: *H.A. Weddell 4024* (HT: P; IT: F), *J.C. Solomon 15047* (LPB, MO).

Achyrocline ramosissima Britton ex Rusby, Mem. Torrey Bot. Club 3(3): 57. 1893.
Sin.: *Gnaphalium ramosissimum* Sch. Bip., *Achyrocline brittoniana* Deble & Marchiori
Ref.: Rusby (1893b), Cuatrecasas (1935a), Foster (1958), Cabrera (1961), Cabrera (1978b), Dillon & Sagástegui Alva (1991a), Freire (1995), De la Barra (1997), Serrano & Terán (1998 [2000]).
Hierba. Nativa. Andes, Altiplano. Yungas, Bosque Tucumano-Boliviano, Valles Secos, Puna Húmeda, Puna Seca, 1500–4500 m.
Dept.: CH, CO, LP, OR, PO, SC, TA.
Tipo y muestra: *W. Lechler 1780* (HT: P; IT: F; fotos: F ex F), *G. Navarro 192* (BOLV, LPB).

Achyrocline rufescens DC., Prodr. 6: 220–221. 1837 [1838].
Ref.: Cuatrecasas (1935a), Foster (1958).
Hierba. Nativa. Andes. Yungas, 3500–4000 m.
Muestra: *M. Bang s.n.* (NY).
Nota: El único ejemplar disponible no contiene información suficiente que permita establecer su distribución.

Achyrocline rupestris Cabrera, Darwiniana 9(1): 43. 1949.
Ref.: Cabrera (1949a), Cabrera (1978a), Freire (1995), Pruski (1997), Rangel et al. (2000).
Hierba. Nativa. Altiplano. Puna Húmeda, 3500–4500 m.
Dept.: LP, TA.
Muestra: *L. Muriel 300* (BOLV, LPB).

Achyrocline satureioides (Lam.) DC., Prodr. 6: 220. 1837 [1838].
Sin.: *Gnaphalium satureioides* Lam., *Achyrocline candicans* (Kunth) DC., *Gnaphalium satureioides* var. *candicans* (Kunth) Kuntze
Ref.: Rusby (1893b), Foster (1958), Cabrera (1963a), Dillon & Sagástegui Alva (1991a), Freire (1995), López Vargas (1995), Schulenberg & Awbrey (1997), Cabrera & Freire (1998), Killeen & Schulenberg (1998), Rangel et al. (2000), Serrano & Terán (1998 [2000]), Hind & Jeffrey (2001), Arroyo Padilla & Villarroel Segarra (2009).
Hierba. Nativa. Zonas Bajas, Andes, Altiplano. Bosque Húmedo, Bosque Semideciduo Chiquitano, Campos Cerrados, Bosque Tucumano-Boliviano, Bosque Serrano Chaqueño, Puna Húmeda, Puna Seca, 0–1000, 1500–4000 m.
Dept.: CH, CO, LP, OR, SC, TA.
Muestra: *M.H. Nee 35530* (LPB, MO, NY).
Nom. Vern.: Thian thian macho.

Achyrocline tomentosa Rusby, Bull. New York Bot. Gard. 4(14): 388. 1907.
Sin.: *Achyrocline polycephala* Rusby
Ref.: Foster (1958), Gianguolani (1976), Cabrera (1978a), Freire (1995), Serrano & Terán (1998 [2000]).
Hierba. Nativa. Andes, Altiplano. Yungas, Bosque Serrano Chaqueño, Puna Húmeda, 1500–2000, 2500–4000 m.
Dept.: CH, CO, LP, SC.
Tipo y muestra: *M. Bang 2124* (HT: NY; IT: GH, MO-5484225, NY, US), *I.G. Vargas 978* (USZ).

Achyrocline vargasiana DC., Prodr. 6: 220. 1837 [1838].
Sin.: *Achyrocline satureioides* var. *vargasiana* (DC.) Baker
Hierba. Nativa. Zonas Bajas, Andes. Bosque Semideciduo Chiquitano, Yungas, 0–500, 2500–3000 m.
Dept.: SC.
Muestra: *R.M. King & L.E. Bishop 7644* (MO).

Achyrocline vauthieriana DC., Prodr. 6: 220. 1837 [1838].
Ref.: Foster (1958).
Hierba. Nativa. Andes. Valles Secos, 2500–3000 m.
Dept.: TA.
Muestra: *S.G. Beck 821* (LPB, SI).

Achyrocline venosa Rusby, Mem. Torrey Bot. Club 3(3): 57. 1893.
Ref.: Rusby (1893b), Foster (1958), Cabrera (1978a), Freire (1995), López Vargas (1995), Saravia Miranda (1996), Cabrera & Freire (1998), Serrano & Terán (1998 [2000]).
Hierba. Nativa. Zonas Bajas, Andes, Altiplano. Bosque Semideciduo Chiquitano, Yungas, Bosque Tucumano-Boliviano, Valles Secos, Puna Húmeda, 0–500, 1000–1500, 2000–4000 m.
Dept.: CH, CO, LP, SC, TA.
Tipo y muestra: *M. Bang 99A* (IT: NY), *R. Ehrich 312* (LPB, SI, USZ).
Nom. Vern.: Wira wira.

Acilepidopsis H. Rob., Phytologia 67(4): 291. 1989.
1 especie, 0 especies endémicas.

Acilepidopsis echitifolia (Mart. ex DC.) H. Rob., Phytologia 67(4): 291. 1989.
Sin.: *Vernonia echitifolia* Mart. ex DC., *Cacalia hieronymii* Kuntze
Ref.: Foster (1958).
Subarbusto, arbusto. Nativa. Zonas Bajas. Campos Cerrados, 0–500 m.
Dept.: SC.
Muestra: *S. Halloy 4366* (US).

Acmella Pers., Syn. Pl. 2: 472. 1807.
8 especies, 0 especies endémicas.

[Acmella alba (L'Hér.) R.K. Jansen], Syst. Bot. Monogr. 8: 62. 1985.
Sin.: *Spilanthes alba* L'Hér., *Spilanthes ocymifolia* (Lam.) A.H. Moore
Nota: El registro se basa en material mal identificado. Nativa de Centro América.

Acmella alpestris (Griseb.) R.K. Jansen, Syst. Bot. Monogr. 8: 92. 1985.
Sin.: *Spilanthes alpestris* Griseb.
Ref.: López Vargas (1995).
Hierba. Nativa. Andes. Bosque Tucumano-Boliviano, Valles Secos, 2000–3000 m.
Dept.: CO, TA.
Muestra: *E. Bastian 921* (LPB, US).

Acmella bellidioides (Sm.) R.K. Jansen, Syst. Bot. Monogr. 8: 86. 1985.
Sin.: *Rudbeckia bellidioides* Sm., *Spilanthes arnicoides* DC.
Ref.: De la Barra et al. (1999).
Hierba. Nativa. Andes. Valles Secos, 2500–3000 m.
Dept.: CO.
Muestra: *N. de la Barra et al. 785* (BOLV).

Acmella brachyglossa Cass., Dict. Sci. Nat. (ed. 2) 50: 258–259. 1827.
Sin.: *Spilanthes ocymifolia* fo. *radiifera* A.H. Moore
Ref.: Foster (1958), Moraes R. (1990).
Hierba. Nativa. Zonas Bajas, Andes. Bosque Húmedo, Bosque Seco Chaqueño, Yungas, Bosque Tucumano-Boliviano, Valles Secos, 0–500, 1000–2500 m.
Dept.: BE, LP, PA, SC, TA.
Muestra: *O. Buchtien 5627* (GH, US).

Acmella ciliata (Kunth) Cass., Dict. Sci. Nat. (ed. 2) 24: 331. 1822.
Sin.: *Spilanthes ciliata* Kunth
Ref.: Moraes R. (1990), Arroyo Padilla & Villarroel Segarra (2009).
Hierba. Nativa. Zonas Bajas, Andes. Bosque Húmedo, Bosque

Semideciduo Chiquitano, Yungas, Bosque Tucumano-Boliviano, Valles Secos, 0–500, 1000–2000 m.
Dept.: BE, CO, LP, PA, SC.
Muestra: *O. Buchtien 5626* (GH, MO, US).

Acmella oleracea (L.) R.K. Jansen, Syst. Bot. Monogr. 8: 65. 1985.
Sin.: *Spilanthus oleracea* L.
Hierba. Adventicia, cultivada. Zonas Bajas. Sabanas Benianas del Sur, 0–500 m.
Dept.: BE.
Muestra: *E. Rivero 417* (CTES, LPB, US).

Acmella radicans (Jacq.) R.K. Jansen, Syst. Bot. Monogr. 8: 69. 1985.
Sin.: *Spilanthes radicans* Jacq., *Spilanthes mandonii* Sch. Bip.
Ref.: Jansen (1985), Pruski (1997).
Hierba. Nativa. Andes. Yungas, 2500–3000 m.
Dept.: LP.
Muestra: *G. Mandon 63* (BM, G, GH, MICH, MO, MPU, NY, P, S, U, W).
Infra: *Acmella radicans* var. *debilis* (Kunth) R.K. Jansen

Acmella repens (Walter) Rich., Syn. Pl. 2: 473. 1807.
Sin.: *Anthemis repens* Walter
Hierba. Nativa. Andes. Yungas, Bosque Tucumano-Boliviano, 2000–2500 m.
Dept.: CO, LP, SC.
Muestra: *J.C. Solomon 8605* (LPB, MO).

Acmella uliginosa (Sw.) Cass., Dict. Sci. Nat. (ed. 2) 24: 331. 1822.
Sin.: *Spilanthes uliginosa* Sw.
Hierba. Nativa. Zonas Bajas. Bosque Semideciduo Chiquitano, 0–500 m.
Dept.: SC.
Muestra: *J.R. Abbott & F. Mamani 16204* (MO, US, USZ).

Adenostemma J.R. Forst. & G. Forst., Char. Gen. Pl. 45, pl. 45. 1775.
3 especies, 0 especies endémicas.

Adenostemma brasilianum (Pers.) Cass., Dict. Sci. Nat. (ed. 2) 25: 363. 1822.
Sin.: *Verbesina brasiliana* Pers., *Adenostemma triangulare* DC., *Adenostemma viscosum* var. *brasilianum* (Pers.) Benth., *Adenostemma viscosum* var. *brasilianum* (Pers.) Baker
Ref.: Rusby (1893b), Foster (1958).
Hierba. Nativa. Zonas Bajas, Andes. Bosque Húmedo, Yungas, Bosque Tucumano-Boliviano, 0–1500, 2000–2500 m.
Dept.: CH, CO, LP, SC, TA.
Muestra: *J.C. Solomon 5268* (LPB, MO, US).

Adenostemma involucratum R.M. King & H. Rob., Phytologia 29: 7–8. 1974.
Hierba. Nativa. Zonas Bajas, Andes. Bosque Seco Chaqueño, Yungas, Valles Secos, 500–1500 m.
Dept.: LP, TA.
Muestra: *J.C. Solomon 9867* (LPB, MO).

[Adenostemma lavenia (L.) Kuntze], Revis. Gen. Pl. 1: 304. 1891.
Sin.: *Verbesina lavenia* L.
Ref.: Foster (1958).
Nota: El registro se basa en material mal identificado.

Adenostemma platyphyllum Cass., Dict. Sci. Nat. (ed. 2) 25: 363–364. 1822.
Ref.: Arroyo Padilla & Villarroel Segarra (2009).
Hierba. Nativa. Zonas Bajas, Andes. Bosque Semideciduo Chiquitano, Yungas, Valles Secos, 0–500, 1000–1500, 2000–2500 m.
Dept.: BE, CO, LP, PA, SC.
Muestra: *R.M. King 7694* (MO, US).

Aetheolaena Cass., Dict. Sci. Nat. (ed. 2) 48: 447, 453. 1827.
2 especies, 0 especies endémicas.

Aetheolaena campanulata (Sch. Bip. ex Klatt) B. Nord., Opera Bot. 44: 54. 1978.
Sin.: *Senecio campanulatus* Sch. Bip. ex Klatt, *Senecio campanulatus* var. *glabrescens* Cabrera, *Senecio campanellifer* Cuatrec., *Lasiocephalus campanulatus* (Sch. Bip. ex Klatt) Cuatrec.
Ref.: Foster (1958), Cabrera (1978a), Cabrera (1985).
Liana. Nativa. Andes. Yungas, Páramo Yungueño, 2000–3500 m.
Dept.: CO, LP.
Tipo y muestra: *G. Mandon 121* (HT: P; IT: G, GH, K, LP, NY, NY, NY, S, US; fotos: F exf B, F), *M. Kessler 2868* (BOLV, LPB, M, SI, USM).

Aetheolaena loeseneri (Hieron.) B. Nord., Opera Bot. 44: 54. 1978.
Sin.: *Senecio loeseneri* Hieron., *Lasiocephalus loeseneri* (Hieron.) Cuatrec.
Ref.: Cabrera (1985).
Hierba, trepadora. Nativa. Andes. Yungas, 2500–3500 m.
Dept.: LP.
Muestra: *S.G. Beck 4665* (LPB, SI).

Ageratina Spach, Hist. Nat. Vég. 10: 286. 1841.
8 especies, 2 especies endémicas.

Ageratina acevedoi H. Rob., Phytologia 88(2): 171–174, f. 7. 2006.
Hierba. Endémica. Andes. Yungas, 2000–3000 m.
Dept.: CO, LP.
Tipo y muestra: *P. Acevedo-Rodríguez et al. 6577* (HT: US; IT: LPB), *S.G. Beck 22434* (LPB, US).

Ageratina glechonophylla (Less.) R.M. King & H. Rob., Phytologia 19: 214. 1970.
Sin.: *Eupatorium glechonophyllum* Less., *Eupatorium azangaroense* Sch. Bip. ex Wedd., *Ageratina azangaroensis* (Sch. Bip. ex Wedd.) R.M. King & H. Rob.
Ref.: Foster (1958), Saravia Miranda (1996), Schulenberg & Awbrey (1997), Serrano & Terán (1998 [2000]), Arroyo Padilla & Villarroel Segarra (2009).
Hierba. Nativa. Andes, Altiplano. Valles Secos, Puna Húmeda, Puna Seca, Bosque de *Polylepis*, 2000–4500 m.
Dept.: CH, CO, LP, OR, PO, SC.
Muestra: *B. Holst et al. 4715* (US, USZ).

Ageratina gloeoclada (B.L. Rob.) R.M. King & H. Rob., Phytologia 19: 222. 1970.
Sin.: *Eupatorium gloeocladum* B.L. Rob.
Ref.: Foster (1958), Valenzuela Celis (1993b).
Árbol. Endémica. Andes, Altiplano. Yungas, Páramo Yungueño, Puna Húmeda, 1500–4000 m.
Dept.: LP.
Tipo y muestra: *G. Mandon 258* (HT: GH; IT: GH, GH, MO-1991448, NY, NY), *J.C. Solomon 10725* (LPB, MO).

Ageratina lorentzii (Hieron.) R.M. King & H. Rob., Phytologia 19: 215. 1970.
Sin.: *Eupatorium lorentzii* Hieron., *Eupatorium calderillense* Hieron.
Ref.: Foster (1958).
Hierba. Nativa. Andes. Bosque Tucumano-Boliviano, 2000–3500 m.
Dept.: TA.
Muestra: *J.C. Solomon 10226* (LPB, MO).

Ageratina pentlandiana (DC.) R.M. King & H. Rob., Phytologia 19: 225. 1970.
Sin.: *Eupatorium pentlandianum* DC.

Ref.: Foster (1958).
Arbusto. Nativa. Andes, Altiplano. Páramo Yungueño, Puna Húmeda, 3000–4500 m.
Dept.: LP.
Tipo y muestra: *J.B. Pentland s.n.* (T: G; fotos: G), *J.C. Solomon 13287* (LPB, MO).

Ageratina scopulorum (Wedd.) R.M. King & H. Rob., Phytologia 19: 217. 1970.
Sin.: *Eupatorium scopulorum* Wedd.
Ref.: Serrano & Terán (1998 [2000]).
Hierba. Nativa. Altiplano. Puna Húmeda, 3500–4500 m.
Dept.: CO, LP.
Muestra: *M.A. Lewis 88933* (LPB, MO, US).

Ageratina sternbergiana (DC.) R.M. King & H. Rob., Phytologia 19: 217. 1970.
Sin.: *Eupatorium sternbergianum* DC.
Ref.: Foster (1958), López Vargas (1995).
Subarbusto. Nativa. Andes, Altiplano. Yungas, Valles Secos, Puna Húmeda, 2000–5000 m.
Dept.: CH, CO, LP, SC.
Muestra: *M.A. Lewis 88603* (LPB, MO).

Ageratina tenuis (R.E. Fr.) R.M. King & H. Rob., Phytologia 19: 217. 1970.
Sin.: *Eupatorium tenue* R.E. Fr., *Eupatorium camachense* Hieron., *Ageratina camachensis* (Hieron.) R.M. King & H. Rob.
Ref.: Foster (1958), Schulenberg & Awbrey (1997), Serrano & Terán (1998 [2000]).
Hierba, subarbusto. Nativa. Andes. Bosque Tucumano-Boliviano, Valles Secos, 1500–2500 m.
Dept.: CH, SC, TA.
Muestra: *B. Holst et al. 4729* (MO, US, USZ).

Ageratum L., Sp. Pl. 2: 839. 1753.
3 especies, 0 especies endémicas.

Ageratum conyzoides L., Sp. Pl. 2: 839. 1753.
Sin.: *Carelia conyzoides* (L.) Kuntze, *Ageratum conyzoides* var. *inaequipaleaceum* Hieron.
Ref.: Rusby (1893b), Foster (1958), Moraes R. (1990), González et al. (1999), Serrano & Terán (1998 [2000]), Arroyo Padilla & Villarroel Segarra (2009).
Hierba. Naturalizada. Zonas Bajas, Andes. Bosque Semideciduo Chiquitano, Yungas, 500–2500 m.
Dept.: BE, CH, CO, LP, SC, TA.
Muestra: *M.H. Nee & Ez. Chávez 48934* (NY, US).

Ageratum fastigiatum (Gardner) R.M. King & H. Rob., Phytologia 24: 114. 1972.
Sin.: *Isocarpha fastigiata* Gardner
Hierba. Nativa. Zonas Bajas. Bosque Semideciduo Chiquitano, 0–500 m.
Dept.: SC.
Muestra: *J.R. Abbott & L. C. Isaacs 16372* (BEREA, MO, US, USZ).

Ageratum houstonianum Mill., Gard. Dict. (ed. 8) no. 2. 1768.
Hierba. Adventicia. Andes. Yungas, Valles Secos, 1500–3000 m.
Dept.: LP, SC.
Muestra: *M.H. Nee & D.E. Atha 50057* (F, MO, NY, US).

Amboroa Cabrera, Bol. Soc. Argent. Bot. 6: 91. 1956.
1 especie, 1 especie endémica.

Amboroa geminata Cabrera, Bol. Soc. Argent. Bot. 6: 92. 1956.
Hierba. Endémica. Zonas Bajas, Andes. Bosque Húmedo, Yungas, 500–2000 m.
Dept.: SC.
Tipo y muestra: *J. Steinbach 3202* (HT: LP; IT: GH, LPB, NY), *J.C. Solomon & S. Urcullo 14057* (LPB, MO, US).

Ambrosia L., Sp. Pl. 2: 987. 1753.
5 especies, 0 especies endémicas.

Ambrosia arborescens Mill., Gard. Dict. (ed. 8) no. 5. 1768.
Sin.: *Franseria artemisioides* Willd., *Franseria conwayi* Rusby
Ref.: Rusby (1893b), Foster (1958), De la Barra (1997), Serrano & Terán (1998 [2000]).
Subarbusto. Nativa. Andes, Altiplano. Yungas, Valles Secos, Puna Húmeda, 1500–4000 m.
Dept.: CH, CO, LP, PO, SC.
Muestra: *M.A. Lewis 881774* (LPB, MO, US).

Ambrosia artemisiifolia L., Sp. Pl. 2: 988. 1753.
Sin.: *Ambrosia elatior* L., *Ambrosia artemisiifolia* var. *elatior* (L.) Descourt.
Ref.: Foster (1958).
Hierba. Adventicia. Andes. Bosque Tucumano-Boliviano, 3000–3500 m.
Dept.: TA.
Muestra: *R.E. Fries 1667* (S).

Ambrosia artemisioides Meyen & Walp., Nov. Actorum Acad. Caes. Leop.-Carol. Nat. Cur. 19(suppl. 1): 268. 1843.
Sin.: *Franseria recurva* Rusby
Ref.: Foster (1958).
Arbusto. Nativa. Andes. Valles Secos, 3500–4000 m.
Dept.: LP.
Muestra: *J.C. Solomon 4804* (LPB, MO).

Ambrosia peruviana Willd., Sp. Pl. 4(1): 377. 1805.
Hierba. Nativa. Zonas Bajas, Andes. Sabanas Benianas del Sur, Valles Secos, 0–500, 2500–3000 m.
Dept.: BE, CO.
Muestra: *S.G. Beck 2556* (LPB, SI, US).

Ambrosia tenuifolia Spreng., Syst. Veg. 3: 851. 1826.
Ref.: Serrano & Terán (1998 [2000]).
Hierba. Nativa. Zonas Bajas, Andes. Sabanas Benianas del Sur, Valles Secos, 0–500, 1000–1500 m.
Dept.: BE, CH.
Muestra: *G. Schmitt & D. Schmitt 157* (LPB, MO).
Nom. Vern.: Alta-misa.

Antennaria Gaertn., Fruct. Sem. Pl. 2(3): 410, pl. 167, f. 3. 1791.
1 especie, 0 especies endémicas.

Antennaria linearifolia Wedd., Chlor. Andina 1(4–6): 150. 1855 [1856].
Sin.: *Gnaphalium antennarioides* DC., *Leontopodium linearifolium* (Wedd.) Benth. & Hook. f., *Gnaphalium linearifolium* (Wedd.) Franch., *Leontopodium linearifolium* (Wedd.) Britton
Ref.: Cabrera (1957), Foster (1958), Aristeguieta (1964), Dillon & Sagástegui Alva (1991b).
Hierba. Nativa. Andes, Altiplano. Yungas, Páramo Yungueño, Puna Húmeda, 3000–4500 m.
Dept.: LP.
Muestra: *M.A. Lewis 39734* (LPB, MO).

Anthemis L., Sp. Pl. 2: 893. 1753.
1 especie, 0 especies endémicas.

Anthemis cotula L., Sp. Pl. 2: 894–895. 1753.
Ref.: Rusby (1893b), Foster (1958).
Hierba. Nativa. Andes, Altiplano. Valles Secos, Puna Húmeda, 3000–4000 m.
Dept.: LP.
Muestra: *J.C. Solomon 15775* (LPB, MO).

Aphanactis Wedd., Chlor. Andina 1(4–6): 142. 1855 [1856].
1 especie, 0 especies endémicas.

Aphanactis boliviana H. Rob., Brittonia 49: 75. 1997.
Hierba. Endémica. Altiplano. Puna Húmeda, 4000–4500 m.
Dept.: LP.
Tipo: *X. Menhofer X-2124* (HT: US; IT: LPB, P).
Nota: Conocida solamente del tipo.

Aphyllocladus Wedd., Chlor. Andina 1(1): 11. 1855.
1 especie, 0 especies endémicas.

Aphyllocladus spartioides Wedd., Chlor. Andina 1(1): 11–12, pl. 3, A. 1855.
Sin.: *Hyalis spartioides* (Wedd.) Benth. & Hook. f. ex Griseb., *Plazia spartioides* (Wedd.) Kuntze
Ref.: Cabrera (1951), Foster (1958), Katinas et al. (2008), Ministerio de Medio Ambiente y Agua (2012 [2013]).
Arbusto. Nativa. Andes. Valles Secos, 2500–3500 m.
Dept.: CH, PO.
Tipo y muestra: *H.A. Weddell s.n.* (HT: P), *L. Cárdenas 3732* (SI).

Argyranthemum Webb ex Sch. Bip., Hist. Nat. Îles Canaries 3(2.2): 245, 258–259. 1844.
1 especie, 0 especies endémicas.

Argyranthemum frutescens (L.) Sch. Bip., Hist. Nat. Îles Canaries 3(2.2): 264. 1844.
Sin.: *Chrysanthemum frutescens* L.
Arbusto. Cultivada. Andes. Valles Secos, 2000–2500, 3000–4000 m.
Dept.: CO, LP.
Muestra: *J.C. Solomon 12735* (LPB, MO).

Artemisia L., Sp. Pl. 2: 845. 1753.
1 especie, 0 especies endémicas.

Artemisia absinthium L., Sp. Pl. 2: 848. 1753.
Ref.: Rusby (1893b), Foster (1958), Dillon (1981), Dillon & Hensold (1993).
Hierba. Adventicia, cultivada. Andes. Valles Secos, Puna Húmeda, 2000–4000 m.
Dept.: LP, SC.
Muestra: *S. Cocarico 832* (LPB).
Nom. Vern.: Ajenjo.

Aster L., Sp. Pl. 2: 872. 1753.
1 especie, 0 especies endémicas.

Aster amellus L., Sp. Pl. 2: 873. 1753.
Hierba. Cultivada. Andes. Yungas, Puna Seca, 1500–2000, 3500–4000 m.
Dept.: LP, PO.
Muestra: *R. Zeballos & M.R. Zeballos 3132* (BOLV, LPB).

[Aster exilis Elliott], Sketch Bot. S. Carolina 2(4): 344. 1824 [1823].
Ref.: Foster (1958), Nesom (1994 [1995]).
Infra: *Aster exilis* fo. *subalpinus* R.E. Fr.
Nota: Especie dudosa. Tipo de USA; sin embargo, el tipo de *Aster exilis* fo. *subalpinus* es de Bolivia.

Austrobrickellia R.M. King & H. Rob., Phytologia 24: 72. 1972.
2 especies, 0 especies endémicas.

Austrobrickellia arnottii (Baker) R.M. King & H. Rob., Phytologia 24: 73. 1972.
Sin.: *Eupatorium arnottii* Baker
Ref.: Serrano & Terán (1998 [2000]).
Liana, subarbusto. Nativa. Zonas Bajas, Andes. Bosque Semideciduo Chiquitano, Valles Secos, 0–500, 2000–3000 m.
Dept.: CH, SC.
Muestra: *E. Fernández T. & J.P. Altamirano 3271* (BOLV).

Austrobrickellia patens (D. Don ex Hook. & Arn.) R.M. King & H. Rob., Phytologia 24: 73. 1972.
Sin.: *Eupatorium patens* D. Don ex Hook. & Arn., *Eupatorium patens* var. *rhodolaenum* Griseb., *Eupatorium patens* var. *tomentosum* Hieron.
Ref.: Foster (1958), López (2000), Serrano & Terán (1998 [2000]).
Trepadora, arbusto. Nativa. Zonas Bajas, Andes. Bosque Seco Chaqueño, Campos Cerrados, Bosque Tucumano-Boliviano, Bosque Serrano Chaqueño, Valles Secos, 0–500, 1500–2500 m.
Dept.: CH, CO, SC, TA.
Muestra: *R.K. Brummitt et al. 19221* (K, LPB, US).

Austroeupatorium R.M. King & H. Rob., Phytologia 19(7): 433. 1970.
6 especies, 0 especies endémicas.

Austroeupatorium albescens (Gardner) H. Rob., Monogr. Syst. Bot. Missouri Bot. Gard. 127: 1271. 2014.
Sin.: *Eupatorium albescens* Gardner
Hierba. Nativa. Zonas Bajas, Andes. Campos Cerrados, Valles Secos, 0–500, 1500–2000 m.
Dept.: SC.
Muestra: *M.H. Nee 49329* (LPB, MO, NY, US).

Austroeupatorium chaparense (B.L. Rob.) R.M. King & H. Rob., Phytologia 19: 433. 1970.
Sin.: *Eupatorium chaparense* B.L. Rob.
Ref.: Foster (1958).
Hierba. Nativa. Andes. Valles Secos, 2000–3000 m.
Dept.: CO, SC.
Muestra: *D.N. Smith et al. 13484* (LPB, MO, US).

Austroeupatorium decemflorum (DC.) R.M. King & H. Rob., Phytologia 45(6): 465. 1980.
Sin.: *Eupatorium decemflorum* DC., *Eupatorium mapiriense* Hieron.
Ref.: Foster (1958).
Hierba. Nativa. Zonas Bajas, Andes. Bosque Semideciduo Chiquitano, Campos Cerrados, Yungas, Valles Secos, 0–2000 m.
Dept.: LP, SC, TA.
Muestra: *J.C. Solomon 13513* (MO, US).

Austroeupatorium inulifolium (Kunth) R.M. King & H. Rob., Phytologia 19(7): 434. 1970.
Sin.: *Eupatorium inulifolium* Kunth, *Eupatorium suaveolens* Kunth, *Eupatorium inulifolium* fo. *suaveolens* (Kunth) Hieron.
Ref.: Foster (1958).
Hierba. Nativa. Zonas Bajas, Andes. Bosque Húmedo, Campos Cerrados, Yungas, Valles Secos, 0–500, 1000–3000 m.
Dept.: CH, CO, LP, SC, TA.
Muestra: *M.H. Nee & L.A. Bohs 49780* (LPB, MO, NY, US).

Austroeupatorium neglectum (B.L. Rob.) R.M. King & H. Rob., Phytologia 19: 434. 1970.
Sin.: *Eupatorium neglectum* B.L. Rob.
Subarbusto. Nativa. Zonas Bajas. Campos Cerrados, 0–500 m.
Dept.: SC.
Muestra: *M.H. Nee 49114* (LPB, MO, NY).

Austroeupatorium silphiifolium (Mart.) R.M. King & H. Rob., Phytologia 51(3): 179. 1982.
Sin.: *Eupatorium silphiifolium* Mart.
Hierba. Nativa. Zonas Bajas. Bosque Húmedo, 0–500 m.
Dept.: SC.
Muestra: *M.H. Nee 49336* (LPB, MO, NY, US).

Ayapana Spach, Hist. Nat. Vég. 10: 290. 1841.
3 especies, 0 especies endémicas.

Ayapana amygdalina (Lam.) R.M. King & H. Rob., Phytologia 20(3): 211. 1970.
Sin.: *Eupatorium amygdalinum* Lam.
Ref.: Foster (1958), Parker & Bailey (1991), Killeen & Schulenberg (1998), Arroyo Padilla & Villarroel Segarra (2009), Wood et al. (2011).
Hierba. Nativa. Zonas Bajas, Andes. Bosque Húmedo, Bosque Semideciduo Chiquitano, Campos Cerrados, Sabanas Benianas del Norte, Sabanas Benianas del Sur, Campos Amazónicos, Yungas, Bosque Tucumano-Boliviano, 0–2500 m.
Dept.: BE, LP, SC.
Muestra: *M.H. Nee 38635* (LPB, MO, NY, US).

Ayapana lanceolata R.M. King & H. Rob., Phytologia 34: 59–60. 1976.
Hierba. Nativa. Zonas Bajas. Bosque Húmedo, 500–1000 m.
Dept.: LP.
Muestra: *B.A. Krukoff 10353* (GH, MO, NY, US).

Ayapana stenolepis (Steetz) R.M. King & H. Rob., Phytologia 32(3): 284. 1975.
Sin.: *Eupatorium stenolepis* Steetz, *Eupatorium pyramidale* Klatt, *Eupatorium amygdalinum* fo. *angustifolium* Hieron. ex Kuntze, *Eupatorium pyramidale* fo. *angustifolium* (Hieron. ex Kuntze) B.L. Rob., *Ayapana pyramidalis* R.M. King & H. Rob.
Ref.: Foster (1958).
Hierba, subarbusto. Nativa. Zonas Bajas. Sabanas Benianas del Norte, Sabanas Benianas del Sur, Campos Amazónicos, 0–500 m.
Dept.: BE, LP, SC.
Muestra: *E. García 2044* (LPB, US).

Ayapanopsis R.M. King & H. Rob., Phytologia 24: 382. 1972.
7 especies, 4 especies endémicas.

Ayapanopsis adenophora R.M. King & H. Rob., Phytologia 24: 383. 1972.
Hierba. Nativa. Andes. Yungas, 1000–1500 m.
Dept.: LP.
Tipo: *O. Buchtien 7540* (HT: US).
Nota: Conocida en Bolivia solamente del tipo.

Ayapanopsis beckii H. Rob., BioLlania (Ed. Espec.) 6: 509–510. 1997.
Subarbusto. Endémica. Andes. Valles Secos, 1500–2500 m.
Dept.: LP.
Tipo y muestra: *L. Rea et al. 49* (HT: US; IT: LPB, M), *T.B. Croat 51409* (LPB, MO).

Ayapanopsis euphyes (B.L. Rob.) R.M. King & H. Rob., Phytologia 24: 384. 1972.
Sin.: *Eupatorium euphyes* B.L. Rob.
Hierba. Endémica. Andes. Valles Secos, 3000–3500 m.
Dept.: CO, LP.
Tipo y muestra: *O. Buchtien 3029* (HT: GH; IT: US), *M. Cárdenas 3267* (GH, US).

Ayapanopsis latipaniculata (Rusby) R.M. King & H. Rob., Phytologia 24: 385. 1972.
Sin.: *Eupatorium latipaniculatum* Rusby
Ref.: Foster (1958), Valenzuela Celis (1993b).
Hierba, árbol. Endémica. Andes. Yungas, 1500–2000 m.
Dept.: LP.
Tipo y muestra: *M. Bang 2386* (T: F, GH, K, MO-47618, NY, NY, US), *S.G. Beck 17818* (LPB, MO, US).

Ayapanopsis triosteifolia (Rusby) R.M. King & H. Rob., Phytologia 24: 385. 1972.
Sin.: *Eupatorium triosteifolium* Rusby
Ref.: Foster (1958), Valenzuela Celis (1993b).
Arbusto, árbol. Endémica. Andes. Yungas, Valles Secos, 1000–3000 m.
Dept.: LP, SC.
Tipo y muestra: *M. Bang 2380* (HT: NY; IT: F, GH, K, MO-47619, NY, NY, US), *M.H. Nee 45329* (LPB, NY, US).

Ayapanopsis trixioides (Mart. ex Baker) R.M. King & H. Rob., Phytologia 24: 385. 1972.
Sin.: *Eupatorium trixioides* Mart. ex Baker
Hierba. Nativa. Andes. Yungas, 1000–2000 m.
Dept.: LP, SC.
Muestra: *F. Canqui et al. 7* (LPB, MO).

Ayapanopsis tucumanensis (Lillo & B.L. Rob.) R.M. King & H. Rob., Phytologia 24: 385. 1972.
Sin.: *Eupatorium tucumanense* Lillo & B.L. Rob.
Ref.: Foster (1958).
Arbusto. Nativa. Andes. Valles Secos, 1000–2000 m.
Dept.: SC, TA.
Muestra: *M.H. Nee 49916* (LPB, MO, NY, US).

Baccharis L., Sp. Pl. 2: 860. 1753.
59 especies, 12 especies endémicas.

Baccharis acaulis (Wedd. ex R.E. Fr.) Cabrera, Bol. Soc. Argent. Bot. 16: 255. 1975.
Sin.: *Heterothalamus acaulis* Wedd. ex R.E. Fr., *Pseudobaccharis acaulis* (Wedd. ex R.E. Fr.) Cabrera
Ref.: Teodoro Luis (1952), Cabrera (1978a), Müller (2006).
Hierba. Nativa. Andes, Altiplano. Valles Secos, Puna Húmeda, Puna Seca, 3000–4500 m.
Dept.: CO, LP, OR, PO, TA.
Muestra: *B.B.S. Vuilleumier 317* (GH, MO, NY, US).

Baccharis alpina Kunth, Nov. Gen. Sp. (folio ed.) 4: 38. 1820 [1818].
Sin.: *Baccharis alpina* var. *serpyllifolia* Decne. ex Wedd., *Baccharis alpina* var. *imbricatifolia* Sch. Bip., *Baccharis alpina* var. *nummuloides* Heering, *Baccharis caespitosa* var. *alpina* (Kunth) Cuatrec., *Baccharis caespitosa* var. *nummuloides* (Heering) Cuatrec.
Ref.: Rusby (1893b), Teodoro Luis (1952), Foster (1958), Cabrera (1978a), Torrico Pardo (1991), Müller (2006).
Arbusto. Nativa. Andes, Altiplano. Páramo Yungueño, Puna Húmeda, Puna Seca, 3000–5000 m.
Dept.: CH, CO, LP, OR, PO, TA.
Muestra: *H.H. Rusby 1632* (G, GH, MICH, MO, NY, P, W).
Nom. Vern.: Pampa thola.

Baccharis aphylla (Vell.) DC., Prodr. 5: 424. 1836.
Sin.: *Chrysocoma aphylla* Vell., *Baccharis aphylla* var. *boliviensis* Sch. Bip.
Ref.: Rusby (1893b), Foster (1958), Barroso (1976), Müller (2006), Arroyo Padilla & Villarroel Segarra (2009).
Hierba, subarbusto. Nativa. Zonas Bajas, Andes. Bosque Semideciduo Chiquitano, Yungas, Bosque Tucumano-Boliviano, 500–3000 m.
Dept.: LP, SC.
Muestra: *O. Buchtien 750* (E, G, GH, HBG, NY).

Baccharis arguta Gillies ex Hook. & Arn., J. Bot. (Hooker) 3: 35. 1840.
Sin.: *Baccharis pulchella* Sch. Bip. ex Griseb., *Baccharis laxiflora* Rusby, *Baccharis sternbergiana* var. *pubescens* Perkins, *Neomolina pulchella* (Sch. Bip. ex Griseb.) F.H. Hellw.
Ref.: Foster (1958), Cabrera (1978a), Müller (2006).
Arbusto. Nativa. Andes, Altiplano. Bosque Tucumano-Boliviano, Valles Secos, Puna Húmeda, 1500–4500 m.
Dept.: CH, CO, LP, SC.

Muestra: *G. Mandon 185* (BR, G, GH, GOET, HBG, MO, NY, P, W).

Baccharis articulata (Lam.) Pers., Syn. Pl. 2: 425. 1807.
Sin.: *Conyza articulata* Lam., *Molina articulata* (Lam.) Less., *Pingraea articulata* (Lam.) F.H. Hellw.
Ref.: Foster (1958), Ariza Espinar (1973), Barroso (1976), Cabrera (1978a), Serrano & Terán (1998 [2000]), Müller (2006), Arroyo Padilla & Villarroel Segarra (2009).
Arbusto. Nativa. Andes. Bosque Semideciduo Chiquitano, Bosque Tucumano-Boliviano, 1000–3000 m.
Dept.: CH, SC.
Muestra: *J. Steinbach 8241* (E, G, GH, GOET, MO).
Nom. Vern.: Carqueja, carqueja chica, carqueja macho, caraparecito, thulilla, tres cantos.

Baccharis beckii Joch. Müll., Syst. Bot. Monogr. 76: 232. 2006.
Arbusto. Endémica. Andes. Valles Secos, 3000–4000 m.
Dept.: CH, PO, TA.
Tipo y muestra: *J. Müller 9061* (HT: JE; IT: BR, E, G, GH, GOET, HBG, LPB, MICH, MO-04756232, NY, P, UPS), *K. Fiebrig 3053* (A, G, M, P).

Baccharis boliviensis (Wedd.) Cabrera, Bol. Soc. Argent. Bot. 16: 256. 1975.
Sin.: *Heterothalamus boliviensis* Wedd., *Pseudobaccharis boliviensis* (Wedd.) Cabrera, *Psila boliviensis* (Wedd.) Cabrera, *Baccharis boliviensis* (Wedd.) Cuatrec.
Ref.: Cabrera (1978a), López (2000), Müller (2006).
Arbusto. Nativa. Andes, Altiplano. Valles Secos, Puna Seca, 2500–4500 m.
Dept.: CO, LP, OR, PO, TA.
Tipo y muestra: *d'Orbigny 1389* (LT: P; ILT: BR, F, G, P), *M. Bang 28* (BR, MICH, MO, NY, W).
Nom. Vern.: Jamachi thola, romero thola, thola negra.

Baccharis buchtienii H. Rob., Phytologia 65: 38. 1988.
Ref.: Robinson (1988a), Müller (2006).
Arbusto, arbolito. Nativa. Andes. Yungas, 1000–4000 m.
Dept.: CO, LP, SC.
Tipo y muestra: *O. Buchtien 9082* p.p. (HT: US), *J. Steinbach 8497* (E, G, GH, GOET, MO, NY).
Nom. Vern.: Chilca de yunga.

[Baccharis buxifolia (Lam.) Pers.], Syn. Pl. 2: 424. 1807.
Ref.: Serrano & Terán (1998 [2000]).
Nota: El registro se basa en material mal identificado de *B. papillosa* subsp. *australis* o subsp. *integrifolia*.

Baccharis caespitosa (Ruiz & Pav.) Pers., Syn. Pl. 2: 425. 1807.
Sin.: *Molina caespitosa* Ruiz & Pav., *Baccharis microphylla* subvar. *prostrata* Wedd., *Baccharis odorata* fo. *spathulata* Wedd., *Baccharis incarum* fo. *prostrata* Cuatrec., *Baccharis tricuneata* var. *minifolia* Cuatrec.
Ref.: Foster (1958), Torrico Pardo (1991), Müller (2006).
Arbusto. Nativa. Andes, Altiplano. Páramo Yungueño, Puna Húmeda, 3000–>5000 m.
Dept.: CO, LP, OR, PO, TA.
Muestra: *J.C. Solomon 18276* (G, JE, LPB, MO).
Infra: *Baccharis caespitosa* subsp. *caespitosa*

Baccharis cana Joch. Müll., Syst. Bot. Monogr. 76: 151. 2006.
Arbusto. Endémica. Andes. Valles Secos, 2000–2500 m.
Dept.: CH.
Tipo: *J.R.I. Wood 12601* (HT: LPB; IT: K).
Nota: Conocida solamente del tipo.

Baccharis capitalensis Heering, Jahrb. Hamburg. Wiss. Anst. Beih. 31(3): 102. 1914 [1916].
Ref.: Foster (1958), Cabrera (1978a), Müller (2006).
Arbusto. Nativa. Andes. Bosque Tucumano-Boliviano, 1500–3500 m.
Dept.: SC, TA.
Muestra: *R.M. King et al. 7624* (K, MO, US).

[Baccharis caprariifolia DC.], Prodr. 5: 416. 1836.
Ref.: Foster (1958).
Nota: El registro se basa en material mal identificado.

Baccharis coridifolia DC., Prodr. 5: 422. 1836.
Ref.: Foster (1958), Ariza Espinar (1973), Barroso (1976), Cabrera (1978a), Müller (2006), Arroyo Padilla & Villarroel Segarra (2009).
Subarbusto, arbusto. Nativa. Andes. Yungas, Bosque Tucumano-Boliviano, Páramo Yungueño, 1000–4000 m.
Dept.: CH, CO, LP, SC, TA.
Muestra: *K. Fiebrig 2667* (A, E, G, GH, GOET, HBG, M, P, W).
Infra: *Baccharis coridifolia* subsp. *coridifolia*, *Baccharis coridifolia* subsp. *bicolor* Joch. Müll.
Nom. Vern.: Romerillo.

Baccharis darwinii Hook. & Arn., J. Bot. (Hooker) 3: 39. 1841.
Sin.: *Baccharis heterothalamoides* Britton, *Neomolina darwinii* (Hook. & Arn.) F.H. Hellw.
Ref.: Teodoro Luis (1952), Cabrera (1971a), Ariza Espinar (1973), Cabrera (1974a), Müller (2006).
Arbusto. Nativa. Andes. Valles Secos, 2000–4000 m.
Dept.: CO, LP, PO.
Muestra: *J.C. Solomon 8227* (MO, NY, US).

Baccharis decussata (Klatt) Hieron., Bot. Jahrb. Syst. 28: 589. 1901.
Sin.: *Pluchea decussata* Klatt, *Baccharis jelskii* Hieron.
Ref.: Cuatrecasas (1967), Müller (2006).
Trepadora. Nativa. Andes. Yungas, 2000–3000 m.
Dept.: CO, LP.
Muestra: *G. Mandon 204* (G, GH, MO, P, W).
Infra: *Baccharis decussata* subsp. *jelskii* (Hieron.) Joch. Müll.

Baccharis densiflora Wedd., Chlor. Andina 1(4–6): 175. 1855 [1856].
Sin.: *Baccharis conwayi* Rusby, *Baccharis densifolia* Rusby
Ref.: Teodoro Luis (1952), Foster (1958), Adolfo María (1966), Schulenberg & Awbrey (1997), Serrano & Terán (1998 [2000]), Müller (2006), Arroyo Padilla & Villarroel Segarra (2009).
Hierba, arbusto. Nativa. Andes. Valles Secos, 1500–2000, 2500–4000 m.
Dept.: CH, CO, LP.
Tipo y muestra: *H.A. Weddell 4090* (T: P), *O. Buchtien 114* (B, BR, G, GH, HBG, M, MO, NY).
Infra: *Baccharis densiflora* subsp. *densiflora*

Baccharis dracunculifolia DC., Prodr. 5: 421. 1836.
Sin.: *Baccharis pulverulenta* Klatt, *Baccharis dracunculifolia* fo. *subviscosa* Kuntze, *Baccharis dracunculifolia* var. *integerrima* Kuntze
Ref.: Foster (1958), Adolfo María (1966), Ariza Espinar (1973), Barroso (1976), Cabrera (1978a), Torrico Pardo (1991), Valenzuela Celis (1993b), López Vargas (1995), Saravia Miranda (1996), Schulenberg & Awbrey (1997), Zárate et al. (1999), Serrano & Terán (1998 [2000]), Vargas Caballero et

al. (2000), Balderrama & Ramírez (2001), Müller (2006), Arroyo Padilla & Villarroel Segarra (2009).
Hierba, arbusto. Nativa. Andes. Campos Cerrados, Yungas, Bosque Tucumano-Boliviano, 1000–4000 m.
Dept.: CH, CO, LP, OR, PO, SC, TA.
Muestra: *J. Steinbach 9805* (G, GH, GOET, MO, NY, UC).
Nom. Vern.: China thola, jatun thola, orkho thola, romerillo, thola, thula, tula, yuraq thola.

Baccharis effusa Griseb., Abh. Königl. Ges. Wiss. Göttingen 19: 177. 1874.
Ref.: Foster (1958), Ariza Espinar (1973), Cabrera (1978a), Müller (2006).
Arbusto. Nativa. Andes. Bosque Tucumano-Boliviano, Valles Secos, 1500–2500 m.
Dept.: CO, PO, TA.
Muestra: *K. Fiebrig 3505* (A, G, GH, GOET, HBG, P, W).

[Baccharis gaudichaudiana DC.], Prodr. 5: 424. 1836.
Ref.: Serrano & Terán (1998 [2000]).
Nota: El registro se basa en material mal identificado de *B. articulata* o *B. genistelloides* subsp. *crispa*.

Baccharis genistelloides (Lam.) Pers., Syn. Pl. 2: 425. 1807.
Sin.: *Conyza genistelloides* Lam., *Baccharis crispa* Spreng., *Molina crispa* (Spreng.) Less., *Molina cylindrica* Less., *Molina trimera* Less., *Baccharis cylindrica* (Less.) DC., *Baccharis myriocephala* DC., *Baccharis trimera* (Less.) DC., *Baccharis genistelloides* var. *crispa* (Spreng.) Baker, *Baccharis genistelloides* var. *trimera* (Less.) Baker, *Pingraea crispa* (Spreng.) F.H. Hellw.
Ref.: Rusby (1893b), Foster (1958), Cuatrecasas (1967), Barroso (1976), Cabrera (1978a), López Vargas (1995), Saravia Miranda (1996), Schulenberg & Awbrey (1997), Serrano & Terán (1998 [2000]), Müller (2006), Arroyo Padilla & Villarroel Segarra (2009).
Hierba, arbusto. Nativa. Andes, Altiplano. Yungas, Bosque Tucumano-Boliviano, Páramo Yungueño, Puna Húmeda, 1000–5000 m.
Dept.: CH, CO, LP, OR, SC, TA.
Muestra: *G. Mandon 203* (G, GH, NY, P, W).
Infra: *Baccharis genistelloides* subsp. *genistelloides*, *Baccharis genistelloides* subsp. *crispa* (Spreng.) Joch. Müll.
Nom. Vern.: Carqueja, carqueja grande, quimza kuchu, quinsa k'uchu.

[Baccharis gilliesii A. Gray], Proc. Amer. Acad. Arts 5: 123. 1861.
Ref.: Fries (1906b), Foster (1958).
Nota: El registro se basa en material mal identificado de *B. tola* subsp. *fimbriata*.

Baccharis glomerata Joch. Müll., Syst. Bot. Monogr. 76: 127. 2006.
Arbusto. Endémica. Andes, Altiplano. Valles Secos, Puna Húmeda, 3500–4500 m.
Dept.: LP.
Tipo y muestra: *J. Müller 7197* (HT: JE; IT: BR, LPB, NY), *J.C. Solomon 15766* (BOLV, LPB, M, MO, NY).

Baccharis glutinosa Pers., Syn. Pl. 2: 425. 1807.
Sin.: *Molina viscosa* Ruiz & Pav., *Baccharis medullosa* DC., *Baccharis pingraea* DC., *Baccharis viscosa* (Ruiz & Pav.) Kuntze
Ref.: Rusby (1893b), Foster (1958), Ariza Espinar (1973), Barroso (1976), Cabrera (1978a), Torrico Pardo (1991), Müller (2006).
Hierba. Nativa. Zonas Bajas, Andes. Bosque Semideciduo Chiquitano, Bosque Tucumano-Boliviano, Valles Secos, 0–3500 m.
Dept.: CH, CO, LP, SC, TA.
Muestra: *J. Steinbach 8792* (E, G, GH, GOET, MO).

Baccharis gnidiifolia Kunth, Nov. Gen. Sp. (folio ed.) 4: 48. 1820 [1818].
Sin.: *Baccharis semiserrata* DC., *Baccharis hemiprionoides* H. Buek, *Baccharis sternbergiana* Steud., *Neomolina gnidiifolia* (Kunth) F.H. Hellw.
Ref.: Foster (1958), Robinson (1988a), Müller (2006).
Arbusto. Nativa. Andes. Valles Secos, 3000–4000 m.
Dept.: LP.
Muestra: *S.G. Beck 17541* (JE, LPB, US).

[Baccharis grandicapitulata Hieron.], Bot. Jahrb. Syst. 36: 481. 1905.
Ref.: Foster (1958).
Nota: El registro se basa en material mal identificado.

Baccharis grisebachii Hieron., Bol. Acad. Ci. (Cordoba) 4: 36. 1881.
Sin.: *Baccharis abientina* Kuntze
Ref.: Foster (1958), Ariza Espinar (1973), Cabrera (1978a), Müller (2006).
Arbusto. Nativa. Andes, Altiplano. Valles Secos, Puna Seca, 3000–4500 m.
Dept.: PO, TA.
Muestra: *K. Fiebrig 3020* (B, G, GH, HBG, JE, M, W).

[Baccharis heterophylla Kunth], Nov. Gen. Sp. (folio ed.) 4: 48–49. 1820 [1818].
Ref.: Serrano & Terán (1998 [2000]).
Dept.: TA.
Nota: El registro se basa en material mal identificado de *B. linearifolia* subsp. *polycephala* mayormente.

[Baccharis illinita DC.], Prodr. 5: 412. 1836.
Ref.: Arroyo Padilla & Villarroel Segarra (2009).
Nota: El registro se basa en material mal identificado de *B. tridentata*.

Baccharis juncea (Lehm.) Desf., Tabl. École Bot. (ed. 3) 163. 1829.
Sin.: *Stephananthus junceus* Lehm., *Arrhenachne juncea* Cass., *Baccharis subulata* D. Don
Ref.: Foster (1958), Cabrera (1978a), Torrico Pardo (1991), De la Barra (1997), Müller (2006).
Hierba. Nativa. Andes, Altiplano. Valles Secos, Puna Seca, 2500–4000 m.
Dept.: CO, LP, OR, PO, TA.
Muestra: *K. Fiebrig 3040* (A, E, G, GH, HBG, P, W).
Infra: *Baccharis juncea* subsp. *clavata* Joch. Müll.

Baccharis lapidosa Deble & A.S. Oliveira, Bonplandia (Corrientes) 20(1): 33. 2011.
Sin.: *Baccharis saxatilis* Joch. Müll.
Ref.: Müller (2006).
Arbusto. Endémica. Andes. Bosque Serrano Chaqueño, 1500–2000 m.
Dept.: CH, SC.
Tipo y muestra: *J. Müller 9344* (HT: JE; IT: BR, G, GH, HBG, LPB, MO, NY), *J.C. Cornejo 89* (JE, USZ).
Nom. Vern.: Olivo.

Baccharis latifolia (Ruiz & Pav.) Pers., Syn. Pl. 2: 424. 1807.
Sin.: *Molina latifolia* Ruiz & Pav., *Baccharis floribunda* Kunth, *Baccharis riparia* Kunth, *Pluchea glabra* Griseb., *Pingraea latifolia* (Ruiz & Pav.) F.H. Hellw.
Ref.: Foster (1958), Cuatrecasas (1967), Cabrera (1978a), Valenzuela Celis (1993b), López Vargas (1995), Saravia Miranda (1996), Serrano & Terán (1998 [2000]).
Arbusto. Nativa. Andes, Altiplano. Yungas, Bosque Tucumano-Boliviano, Valles Secos, Puna Húmeda, 1000–4500 m.
Dept.: CH, CO, LP, SC, TA.

Muestra: *O. Buchtien 9077* (B, G, GH, HBG, MO, NY).
Nom. Vern.: Huma chillca, chilca, chilka.

[Baccharis leptophylla DC.], Prodr. 5: 423. 1836.
Ref.: Saravia Miranda (1996), Serrano & Terán (1998 [2000]).
Nota: El registro se basa en material mal identificado. Considerada un sinónimo de *B. linearifolia* subsp. *linearifolia*; no ocurre en Bolivia.

Baccharis lewisii (H. Rob.) Joch. Müll., Syst. Bot. Monogr. 76: 186. 2006.
Sin.: *Archibaccharis lewisii* H. Rob.
Ref.: Robinson (1997).
Trepadora, arbusto. Endémica. Andes. Yungas, Valles Secos, 2500–3000 m.
Dept.: LP.
Tipo: *M.A. Lewis 881072* (HT: US; IT: LPB, MO, MO, MO, US).
Nota: Conocida solamente del tipo.

Baccharis lilloi Heering, Jahrb. Hamburg. Wiss. Anst. 31: 78. 1913.
Ref.: Cabrera (1978a), Müller (2006).
Arbusto. Nativa. Andes. Bosque Tucumano-Boliviano, 2500–4000 m.
Dept.: TA.
Muestra: *S.G. Beck et al. 27390* (JE, LPB).

Baccharis linearifolia (Lam.) Pers., Syn. Pl. 2: 425. 1807.
Sin.: *Baccharis humilis* Sch. Bip. ex Baker, *Conyza linearifolia* Lam., *Baccharis prostrata* (Ruiz & Pav.) Pers., *Baccharis chilco* Kunth, *Baccharis leptocephala* DC., *Baccharis paucidentata* DC., *Baccharis subdentata* DC., *Baccharis tridentata* var. *pluridentata* DC., *Baccharis polycephala* Wedd., *Baccharis microphylla* var. *linearifolia* Wedd. ex Sch. Bip., *Baccharis pedalis* Sch. Bip. ex Griseb., *Baccharis microphylla* var. *pulverulenta* Rusby, *Baccharis pflanzii* Perkins, *Baccharis pseudotridentata* Heering
Ref.: Teodoro Luis (1952), Foster (1958), Cabrera (1978a), Parker & Bailey (1991), Torrico Pardo (1991), López Vargas (1995), Saravia Miranda (1996), Schulenberg & Awbrey (1997), Killeen & Schulenberg (1998), Serrano & Terán (1998 [2000]), Müller (2006), Arroyo Padilla & Villarroel Segarra (2009), Wood et al. (2011).
Subarbusto, arbusto. Nativa. Zonas Bajas, Andes, Altiplano. Bosque Semideciduo Chiquitano, Sabanas Benianas del Sur, Yungas, Bosque Tucumano-Boliviano, Bosque Serrano Chaqueño, Valles Secos, Puna Húmeda, 0–4500 m.
Dept.: BE, CH, CO, LP, PO, SC, TA.
Muestra: *R.F. Steinbach 208* (GH, LPB, MICH, NY).
Infra: *Baccharis linearifolia* subsp. *chilco* (Kunth) Joch. Müll., *Baccharis linearifolia* subsp. *polycephala* (Wedd.) Joch. Müll.
Nota: Cabrera (1978a) usaba el nombre *B. neaei* para esta especie.
Nom. Vern.: Kuti thola, tholilla.

Baccharis mandonii Sch. Bip. ex Klatt, Leopoldina 25: 108. 1889.
Sin.: *Baccharis markoi* H. Rob.
Ref.: Teodoro Luis (1952), Foster (1958), López Vargas (1995), Robinson (1997), Müller (2006).
Arbusto. Endémica. Andes. Yungas, Páramo Yungueño, 3000–4000 m.
Dept.: CO, LP.
Tipo y muestra: *G. Mandon 199* (HT: GH; IT: B, G, GH, GH, MPU, MPU, NY, P, W), *J. Müller 7134* (MO).

Baccharis microdonta DC., Prodr. 5: 416. 1836.
Ref.: Barroso (1976), Cabrera (1978a), Müller (2006).
Arbusto. Nativa. Andes. Bosque Tucumano-Boliviano, 1000–3500 m.
Dept.: CH, CO, SC, TA.
Muestra: *I.G. Vargas 14* (LPB, MO, NY, US, USZ).
Nom. Vern.: Thola.

Baccharis multiflosculosa Heering, Jahrb. Hamburg. Wiss. Anst. 31(Beiheft 3): 79. 1915.
Ref.: Heering (1916), Müller (2006).
Arbusto. Nativa. Andes. Bosque Tucumano-Boliviano, 2500–3000 m.
Dept.: TA.
Muestra: *S.G. Beck 22184* (JE, LPB).

[Baccharis neaei DC.], Prodr. 5: 411. 1836.
Nota: El registro se basa en material mal identificado de *B. linearifolia* subsp. *polycephala*.

Baccharis nitida (Ruiz & Pav.) Pers., Syn. Pl. 2: 425. 1807.
Sin.: *Molina nitida* Ruiz & Pav.
Ref.: Foster (1958), Cuatrecasas (1967), Valenzuela Celis (1993b), Zárate et al. (1999), Müller (2006).
Arbusto, arbolito. Nativa. Andes. Yungas, Bosque Tucumano-Boliviano, 1000–3000 m.
Dept.: CH, CO, LP, SC, TA.
Muestra: *O. Buchtien 209* (E, G, GH, NY).

Baccharis oblongifolia (Ruiz & Pav.) Pers., Syn. Pl. 2: 424. 1807.
Sin.: *Baccharis brachylaenoides* var. *brachylaenoides*, *Molina oblongifolia* Ruiz & Pav., *Baccharis brachylaenoides* DC., *Baccharis bupleuroides* Gardner, *Baccharis oblanceolata* Rusby, *Baccharis brachylaenoides* var. *ligustrina* (DC.) Maguire & Wurdack, *Psila brachylaenoides* (DC.) Aristeg., *Baccharis brachylaenoides* var. *oblanceolata* (Hieron.) Cuatrec.
Ref.: Teodoro Luis (1952), Cuatrecasas (1967), Barroso (1976), Pruski (1997), Giuliano (1999), Müller (2006).
Arbusto. Nativa. Andes. Yungas, 1000–4000 m.
Dept.: CO, LP, SC.
Muestra: *H.H. Rusby 1579* (G, GH, MICH, MO, P, W, WIS).

[Baccharis obtusifolia Kunth], Nov. Gen. Sp. (folio ed.) 4: 40. 1820 [1818].
Ref.: Foster (1958), López Vargas (1995), Saravia Miranda (1996), Serrano & Terán (1998 [2000]), Balderrama & Ramírez (2001).
Nota: El registro se basa en material mal identificado de *B. papillosa* subsp. *papillosa*.

[Baccharis odorata Kunth], Nov. Gen. Sp. (folio ed.) 4: 40–41. 1820 [1818].
Ref.: Foster (1958).
Nota: El registro se basa en material mal identificado.

Baccharis orbignyana Klatt, Abh. Naturf. Ges. Halle 15(2): 327. 1881 [1882].
Sin.: *Baccharis multisulcata* Baker
Ref.: Foster (1958), Barroso (1976), Müller (2006), Wood et al. (2011).
Hierba, subarbusto. Nativa. Zonas Bajas. Bosque Semideciduo Chiquitano, 500–1000 m.
Dept.: SC.
Tipo y muestra: *d'Orbigny 883* (IT: GH, P, W; fotos: W ex P), *R. Guillén V. et al. 4816* (MO, USZ).

Baccharis papillosa Rusby, Bull. New York Bot. Gard. 8(28): 129–130. 1912.
Sin.: *Baccharis odorata* var. *latifolia* Wedd., *Baccharis microphylla* var. *integrifolia* Wedd. ex Sch. Bip., *Baccharis microphylla* var. *rhomboidea* Wedd., *Baccharis vitis-idaea* Kuntze, *Baccharis resinosa* var. *truncatifolia* Perkins, *Baccharis kuntzeana* Malag.

Ref.: Teodoro Luis (1952), Foster (1958), Torrico Pardo (1991), López Vargas (1995), Saravia Miranda (1996), Müller (2006).
Arbusto, arbolito. Nativa. Andes, Altiplano. Yungas, Páramo Yungueño, Valles Secos, Puna Seca, 2500–4500 m.
Dept.: CH, CO, LP, PO, SC.
Tipo y muestra: *R.S. Williams 2347* (HT: NY; IT: US), *O. Buchtien 585* (A, E, G, GH, HBG).
Infra: *Baccharis papillosa* subsp. *papillosa*, *Baccharis papillosa* subsp. *australis* Joch. Müll., *Baccharis papillosa* subsp. *chaparensis* Joch. Müll., *Baccharis papillosa* subsp. *integrifolia* Joch. Müll., *Baccharis papillosa* subsp. *kessleri* Joch. Müll., *Baccharis papillosa* subsp. *longipedicellata* Joch. Müll., *Baccharis papillosa* subsp. *yungensis* Joch. Müll.
Nom. Vern.: Chua chua, jatun thola, munti thola, muyu thola, orkho thola, palta thola, suinomya, thola, thola de altura, thola macho.

Baccharis pedunculata (Mill.) Cabrera, Bol. Soc. Argent. Bot. 7(3–4): 240. 1959.
Sin.: *Conyza pedunculata* Mill.
Ref.: Cuatrecasas (1967), Müller (2006).
Subarbusto. Nativa. Zonas Bajas, Andes. Bosque Húmedo, Sabanas Benianas del Sur, Yungas, 0–2000 m.
Dept.: BE, CO, LP, SC.
Muestra: *D.N. Smith 1810* (BOLV, LPB).

Baccharis pentlandii DC., Prodr. 5: 416. 1836.
Sin.: *Baccharis sculpta* Griseb., *Baccharis fallax* Kuntze, *Baccharis rubricaulis* Rusby, *Baccharis vernicoso-splendida* Herzog
Ref.: Foster (1958), Cabrera (1978a), Torrico Pardo (1991), Valenzuela Celis (1993b), López Vargas (1995), Saravia Miranda (1996), Müller (2006).
Arbusto. Nativa. Andes, Altiplano. Yungas, Bosque Tucumano-Boliviano, Valles Secos, Puna Húmeda, 2500–4500 m.
Dept.: CH, CO, LP, OR, PO, TA.
Tipo y muestra: *J.B. Pentland s.n.* (HT: G; IT: GH; fotos: F), *M.A. Lewis 881005* (G, LPB, MO, NY).
Infra: *Baccharis pentlandii* subsp. *pentlandii*, *Baccharis pentlandii* subsp. *sculpta* (Griseb.) Joch. Müll.
Nota: Fue tratado en Torrico (1991) como *B. perulata*.
Nom. Vern.: Chilca.

[Baccharis perulata Kuntze], Revis. Gen. Pl. 3(3): 133. 1898.
Ref.: Foster (1958), Serrano & Terán (1998 [2000]).
Nota: El registro se basa en material mal identificado. Este especie es ahora considerada *B. densiflora* subsp. *perulata* (Kuntze) Joch. Müller y no ocurre en Bolivia.

[Baccharis peruviana Cuatrec.], Caldasia 10(46): 23–25. 1967.
Ref.: Fernández et al. (2001).
Nota: El registro se basa en material mal identificado de *B. papillosa* subsp. *integrifolia* o *B. phylicoides*.

Baccharis phylicoides Kunth, Nov. Gen. Sp. (folio ed.) 4: 39. 1820 [1818].
Ref.: Müller (2006).
Arbusto. Nativa. Andes. Yungas, Páramo Yungueño, 2500–4000 m.
Dept.: LP.
Muestra: *J.C. Solomon 12302* (LPB, MO).
Nom. Vern.: Ñaca.

Baccharis platypoda DC., Prodr. 5: 409. 1836.
Sin.: *Baccharis syncephala* Sch. Bip. ex Rusby, *Baccharis condensata* Rusby
Ref.: Teodoro Luis (1952), Barroso (1976), Müller (2006).
Arbusto. Nativa. Andes. Yungas, 1000–3000 m.
Dept.: LP.
Muestra: *M. Bang 2261* (E, GH, NY, UPS).

Baccharis polifolia Griseb., Abh. Königl. Ges. Wiss. Göttingen 19: 176–177. 1874.
Ref.: Ariza Espinar (1973), Cabrera (1978a), Müller (2006).
Arbusto. Nativa. Andes. Valles Secos, 3500–4000 m.
Dept.: TA.
Muestra: *S.G. Beck et al. 23712* (JE, LPB).

Baccharis potosiensis H. Rob., BioLlania (Ed. Espec.) 6: 504–505. 1997.
Ref.: Robinson (1997), Müller (2006).
Arbusto. Endémica. Andes. Valles Secos, 2000–3500 m.
Dept.: CH, PO.
Tipo y muestra: *G. Torrico & C. Peca 287* (HT: US; IT: BOLV, LPB), *K. Fiebrig 3110* (G, HBG, JE, M, W).

Baccharis pumila Joch. Müll., Syst. Bot. Monogr. 76: 124. 2006.
Arbusto. Endémica. Andes. Bosque Tucumano-Boliviano, Valles Secos, 3500–4000 m.
Dept.: TA.
Tipo: *J. Müller 9241* (HT: JE; IT: BR, LPB, NY).
Nota: Conocida solamente del tipo.

Baccharis punctulata DC., Prodr. 5: 405. 1836.
Sin.: *Baccharis oxyodonta* var. *punctulata* (DC.) Baker
Ref.: Barroso (1976), Cabrera (1978a), Müller (2006).
Arbolito. Nativa. Andes. Bosque Tucumano-Boliviano, 1000–2500 m.
Dept.: CH, SC.
Muestra: *I.G. Vargas et al. 1991* (F, LPB, MO, NY, USZ).

Baccharis quitensis Kunth, Nov. Gen. Sp. (folio ed.) 4: 44–45. 1820 [1818].
Sin.: *Baccharis flexuosa* Baker, *Baccharis mapirensis* Rusby, *Pingraea flexuosa* (Baker) F.H. Hellw.
Ref.: Foster (1958), Barroso (1976), Cabrera (1978a), López Vargas (1995), Saravia Miranda (1996), González et al. (1999), Serrano & Terán (1998 [2000]), Müller (2006).
Trepadora. Nativa. Zonas Bajas, Andes. Bosque Húmedo, Campos Cerrados, Yungas, Bosque Tucumano-Boliviano, Bosque Serrano Chaqueño, 0–3000 m.
Dept.: CH, CO, LP, SC, TA.
Muestra: *O. Buchtien 3939* (GH, HBG, NY).

[Baccharis ramosissima Gardner], London J. Bot. 7: 84. 1848.
Ref.: Arroyo Padilla & Villarroel Segarra (2009).
Nota: El registro se basa en material mal identificado.

[Baccharis retusa DC.], Prodr. 5: 412. 1836.
Ref.: Rusby (1893b), Foster (1958), Serrano & Terán (1998 [2000]).
Nota: El registro se basa en material mal identificado de *B. linearifolia* subsp. *chilco*.

[Baccharis rufescens Spreng.], Syst. Veg. 3: 464. 1826.
Ref.: López Vargas (1995), Serrano & Terán (1998 [2000]).
Nota: El registro se basa en material mal identificado de *B. linearifolia* subsp. *polycephala*. Considerada como un sinónimo de *B. linearifolia* subsp. *linearifolia*; no occure en Bolivia.

Baccharis sagittalis (Less.) DC., Prodr. 5: 425. 1836.
Sin.: *Molina sagittalis* Less., *Pingraea sagittalis* (Less.) F.H. Hellw.
Ref.: Cabrera (1971a), Diesel (1987), Müller (2006).
Hierba. Nativa. Andes. Yungas, 2000–3000 m.
Dept.: CO, LP, SC.

Muestra: *J.C. Solomon & M.H. Nee 16006* (LPB, MO, NY).
Nom. Vern.: Carqueja, quinsa cuchu.

Baccharis salicifolia (Ruiz & Pav.) Pers., Syn. Pl. 2: 425. 1807.
Sin.: *Molina salicifolia* Ruiz & Pav., *Baccharis lanceolata* Kunth, *Baccharis coerulescens* DC., *Baccharis marginalis* DC., *Baccharis viminea* DC., *Baccharis viscosa* var. *nigricans* Kuntze, *Baccharis marginalis* var. *coerulescens* (DC.) Heering, *Baccharis marginalis* var. *viminea* (DC.) Heering ex Reiche, *Pingraea salicifolia* (Ruiz & Pav.) F.H. Hellw.
Ref.: Foster (1958), Cuatrecasas (1967), Ariza Espinar (1973), Cabrera (1978a), Parker & Bailey (1991), Torrico Pardo (1991), Valenzuela Celis (1993b), López Vargas (1995), De la Barra (1997), Serrano & Terán (1998 [2000]), Müller (2006).
Arbusto. Nativa. Zonas Bajas, Andes. Bosque Seco Chaqueño, Sabanas Benianas del Sur, Bosque Tucumano-Boliviano, Bosque Serrano Chaqueño, Valles Secos, 0–4000 m.
Dept.: BE, CH, CO, LP, PO, SC, TA.
Muestra: *M. Bang 754* (E, G, GH, MO, NY, W).
Infra: *Baccharis salicifolia* subsp. *salicifolia*
Nom. Vern.: Chillca, mucsumu aqui, palo corazón, sinta.

Baccharis saliens Rusby, Bull. New York Bot. Gard. 4: 387. 1907.
Sin.: *Baccharis solomonii* H. Rob.
Ref.: Teodoro Luis (1952), Foster (1958), Robinson (1988a), Müller (2006).
Trepadora. Nativa. Andes. Yungas, 2000–3500 m.
Dept.: CO, LP, SC.
Tipo y muestra: *M. Bang 2493* (LT: NY; ILT: F, GH, MICH, MO-2757092, NY, US), *J.C. Solomon 10707* (MO, NY).
Infra: *Baccharis saliens* var. *saliens*, *Baccharis saliens* var. *solomonii* (H. Rob.) Joch. Müll.

Baccharis samensis Joch. Müll., Syst. Bot. Monogr. 76: 121. 2006.
Arbusto. Nativa. Andes. Bosque Tucumano-Boliviano, 3000–4000 m.
Dept.: TA.
Tipo y muestra: *J.R.I. Wood 15965* (HT: LPB; IT: JE, K), *J.R.I. Wood 15964* (JE, LPB).

[Baccharis scandens (Ruiz & Pav.) Pers.], Syn. Pl. 2: 424. 1807.
Ref.: Foster (1958).
Nota: El registro se basa en material mal identificado de *B. serranoi*.

Baccharis serranoi H. Rob., BioLlania (Ed. Espec.) 6: 505–506. 1997.
Ref.: Robinson (1997), Serrano & Terán (1998 [2000]), Müller (2006).
Trepadora. Endémica. Andes. Yungas, 2000–3500 m.
Dept.: CH, CO, LP, SC.
Tipo y muestra: *S.G. Beck 19885* (HT: US; IT: JE, LPB), *G. Mandon 195* (G, GH, GOET, HBG, NY, P, US, W).
Nom. Vern.: Lankho lankho.

[Baccharis serrulata (Lam.) Pers.], Syn. Pl. 2: 423. 1807.
Ref.: Foster (1958).
Nota: El registro se basa en material mal identificado. Esta especie occure en el este de América del sur, del sudeste de Venezuela hasta el noreste de Argentina.

Baccharis sessiliflora Vahl, Symb. Bot. 3: 97. 1794.
Ref.: Barroso (1976), Müller (2006), Wood et al. (2011).
Subarbusto. Nativa. Zonas Bajas. Campos Cerrados, 500–1000 m.
Dept.: SC.
Muestra: *D.C. Daly 6321* (LPB, NY, USZ).

[Baccharis singularis (Vell.) G.M. Barroso], Rodriguésia 28(40): 96. 1976.
Sin.: *Baccharis cassinifolia* DC., *Baccharis cassinoides* DC.
Ref.: Rusby (1893b), Foster (1958), Valenzuela Celis (1993b).
Nota: El registro se basa en material mal identificado de *B. nitida* o *B. papillosa*.

[Baccharis spartea Benth.], Bot. Voy. Sulphur 114. 1844 [1845].
Ref.: Foster (1958).
Nota: El registro se basa en material mal identificado de *B. subalata*.

Baccharis subalata Wedd., Chlor. Andina 1(4–6): 174. 1855 [1856].
Ref.: Rusby (1893b), Teodoro Luis (1952), Foster (1958), Müller (2006).
Arbusto. Nativa. Andes. Yungas, Bosque Tucumano-Boliviano, Páramo Yungueño, 2500–4000 m.
Dept.: CH, CO, LP, SC.
Tipo y muestra: *H.A. Weddell s.n.* (HT: P), *M. Bang 690* (E, G, GH, MICH, MO, NY, W).
Infra: *Baccharis subalata* var. *subalata*, *Baccharis subalata* var. *vargasii* Joch. Müll.
Nom. Vern.: China thola, romerillo, thola, thola del monte.

[Baccharis subpenninervis Sch. Bip.], Linnaea 34: 532. 1865.
Ref.: Foster (1958).
Nota: El registro se basa en material mal identificado. *Nom. nud.* basado en colecciones de *B. latifolia* o *B. pentlandii* subsp. *pentlandii*.

Baccharis tola Phil., Fl. Atacam. 30. 1860.
Sin.: *Baccharis santelicis* subsp. *santelicis*, *Baccharis incarum* Wedd., *Baccharis microphylla* var. *incarum* Wedd., *Baccharis santelicis* Phil., *Baccharis magellanica* var. *subviscosa* Kuntze, *Baccharis magellanica* var. *viscosissima* Kuntze, *Baccharis incarum* (Wedd.) Perkins, *Baccharis incarum* (Wedd.) Cuatrec., *Baccharis santelicis* subsp. *chrysophylla* F.H. Hellw., *Baccharis tola* subsp. *altiplanicola* F.H. Hellw.
Ref.: Foster (1958), Cabrera (1978a), Hellwig (1990), López (2000), Serrano & Terán (1998 [2000]), Müller (2006).
Arbusto. Nativa. Andes, Altiplano. Valles Secos, Puna Húmeda, Puna Seca, Bosque de *Polylepis*, 2500–5000 m.
Dept.: CH, CO, LP, OR, PO, TA.
Muestra: *M.A. Lewis 871159* (G, LPB, MO, NY).
Infra: *Baccharis tola* subsp. *tola*, *Baccharis tola* var. *tola*, *Baccharis tola* subsp. *fimbriata* Joch. Müll., *Baccharis tola* subsp. *sanctelicis* (Phil.) Joch. Müll., *Baccharis tola* var. *chrysophylla* (F.H. Hellw.) Joch. Müll., *Baccharis tola* var. *incarum* (Wedd.) Joch. Müll., *Baccharis tola* var. *viscosissima* (Kuntze) Joch. Müll.
Nota: Cabrera (1978a) usaba el nombre *B. incarum* para este especie.
Nom. Vern.: Choqo thola, kh'achu chua chua, ñana thola, sauco, thola.

[Baccharis tomentosa (Ruiz & Pav.) Pers.], Syn. Pl. 2: 424. 1807.
Ref.: Foster (1958).
Nota: El registro se basa en material mal identificado de *B. quitensis*.

Baccharis torricoi Joch. Müll., Syst. Bot. Monogr. 76: 228. 2006.
Arbusto. Endémica. Andes. Valles Secos, 2500–4000 m.
Dept.: CO, PO, TA.
Tipo y muestra: *J. Müller 9020* (HT: JE; IT: BR, E, G, GH, GOET, HBG, L, LPB, M, MICH, MO-04756240, NY, P, UPS), *G. Torrico & C. Peca 209* (BOLV, JE, LPB, US).
Nom. Vern.: Maskia.

[Baccharis tricuneata (L. f.) Pers.], Syn. Pl. 2: 424. 1807.
Sin.: *Erigeron tricuneatus* L. f., *Baccharis microphylla* Kunth
Nota: El registro se basa en material mal identificado. Los especímenes bolivianos identificados como *B. microphylla* o *B. tricuneata* pertenecen a *B. caespitosa*, *B. linearifolia* subsp. *polycephala*, *B. papillosa* subsp. *integrifolia* y *B. tola* var. *incarum*.

Baccharis tridentata Vahl, Symb. Bot. 3: 98. 1794.
Sin.: *Baccharis subopposita* DC., *Baccharis tridentata* var. *subopposita* (DC.) Cabrera
Ref.: Foster (1958), Barroso (1976), Cabrera (1978a), Müller (2006).
Subarbusto. Nativa. Zonas Bajas, Andes. Sabanas Benianas del Sur, Bosque Tucumano-Boliviano, Valles Secos, 0–3500 m.
Dept.: CH, CO, SC, TA.
Muestra: *P. Acevedo-Rodríguez et al. 4557* (LPB, NY, US, USZ).
Nom. Vern.: Orkho thola, thola romero.

Baccharis trinervis Pers., Syn. Pl. 2: 423. 1807.
Sin.: *Conyza trinervis* Lam., *Baccharis rhexioides* Kunth, *Molina rhexioides* (Kunth) Less., *Baccharis trichoclada* DC., *Heterothalamus trinervis* (Pers.) Hook. & Arn., *Baccharis trinervis* var. *rhexioides* (Kunth) Baker, *Baccharis debilis* Rusby, *Pseudobaccharis rhexioides* (Kunth) V.M. Badillo, *Pseudobaccharis trinervis* (Pers.) V.M. Badillo, *Psila trinervis* (Pers.) Cabrera
Ref.: Rusby (1893b), Teodoro Luis (1952), Foster (1958), Cuatrecasas (1967), Barroso (1976), Cabrera (1978a), Pruski (1997), Killeen & Schulenberg (1998), González et al. (1999), Serrano & Terán (1998 [2000]), Müller (2006).
Trepadora. Nativa. Zonas Bajas, Andes. Bosque Húmedo, Bosque Semideciduo Chiquitano, Sabanas Benianas del Sur, Yungas, Bosque Serrano Chaqueño, 0–2500 m.
Dept.: BE, CH, CO, LP, PA, SC, TA.
Muestra: *M. Bang 512* (G, GH, M, MICH, MO, NY, W).
Infra: *Baccharis trinervis* var. *rhexioides* (Kunth) Baker, *Baccharis trinervis* var. *debilis* (Rusby) Joch. Müll.
Nom. Vern.: Bejuco hoja de olivo, chilca blanca, laurel olivo, paisane macho, yetsacdyes.

Baccharis tucumanensis Hook. & Arn., J. Bot. (Hooker) 3: 34. 1841.
Sin.: *Baccharis myrtilloides* Griseb., *Baccharis myrtilloides* fo. *angustifolia* Heering, *Baccharis tucumanensis* var. *angustifolia* (Heering) Cabrera, *Baccharis tucumanensis* var. *myrtilloides* (Griseb.) Cabrera
Ref.: Foster (1958), Ariza Espinar (1973), Cabrera (1978a), Müller (2006).
Arbusto. Nativa. Andes. Bosque Tucumano-Boliviano, 2000–3000 m.
Dept.: TA.
Muestra: *K. Fiebrig 2866* (A, G, GH, GOET, HBG, P, W).

Baccharis ulicina Hook. & Arn., J. Bot. (Hooker) 3(17): 38. 1840.
Sin.: *Vittadinia multifida* Griseb., *Baccharis ulicina* var. *multifida* (Griseb.) Kuntze, *Neomolina ulicina* (Hook. & Arn.) F.H. Hellw.
Ref.: Foster (1958), Ariza Espinar (1973), Cabrera (1978a), López Vargas (1995), Saravia Miranda (1996), Serrano & Terán (1998 [2000]), Müller (2006).
Subarbusto. Nativa. Andes. Bosque Tucumano-Boliviano, Valles Secos, 1000–4000 m.
Dept.: CH, CO, PO, SC, TA.
Muestra: *K. Fiebrig 2521* (A, E, GH, GOET, HBG, K, NY, P, W).
Nom. Vern.: Pinchanilla, suico suico.

[Baccharis uniflora (Ruiz & Pav.) Pers.], Syn. Pl. 2: 425. 1807.
Sin.: *Molina uniflora* Ruiz & Pav., *Baccharis grindeliifolia* Wedd.
Ref.: Foster (1958).
Nota: El registro se basa en material mal identificado de *B. salicifolia* subsp. *salicifolia*.

Baccharis woodii Joch. Müll., Syst. Bot. Monogr. 76: 236. 2006.
Arbusto. Endémica. Andes. Valles Secos, 2000–3000 m.
Dept.: PO.
Tipo y muestra: *J. Müller 9366* (HT: JE; IT: BR, E, G, GH, GOET, HBG, LPB, M, MICH, MO-04756233, NY, P, UPS), *J.R.I. Wood 12822* (JE, LPB).

Baccharis zongoensis Joch. Müll., Syst. Bot. Monogr. 76: 242. 2006.
Arbusto. Endémica. Andes. Yungas, 3000–4000 m.
Dept.: CO, LP.
Tipo y muestra: *J. Müller 7434* (HT: JE; IT: BR, LPB, MO-04756239, NY), *J.C. Solomon 16649* (JE, LPB, MO, NY).

Baltimora L., Mant. Pl. 2: 158, 288. 1771.
1 especie, 0 especies endémicas.

Baltimora geminata (Brandegee) Stuessy, Fieldiana, Bot. 36(3): 42. 1973.
Sin.: *Melampodium geminata* Brandegee
Hierba. Nativa. Zonas Bajas. Bosque Semideciduo Chiquitano, Campos Cerrados, Sabanas Benianas del Sur, 0–500 m.
Dept.: BE, SC.
Muestra: *M.H. Nee 47576* (LPB, NY, US).

Barnadesia Mutis ex L. f., Suppl. Pl. 55, 348. 1781 [1782].
8 especies, 3 especies endémicas.

Barnadesia caryophylla (Vell.) S.F. Blake, Proc. Biol. Soc. Wash. 38: 86. 1925.
Sin.: *Xenophontia caryophylla* Vell., *Barnadesia laxa* D. Don, *Barnadesia rosea* Lindl.
Ref.: Chung (1965), Urtubey (1999), Hind (2001).
Arbusto. Nativa. Andes. Yungas, 1500–3000 m.
Dept.: LP, SC.
Muestra: *G.E. White 258* (F, NY, US).

Barnadesia corymbosa (Ruiz & Pav.) D. Don, Trans. Linn. Soc. London 16: 278. 1830.
Sin.: *Bacasia corymbosa* Ruiz & Pav., *Barnadesia venosa* Rusby
Ref.: Foster (1958), Chung (1965), Valenzuela Celis (1993b), Urtubey (1999), Hind (2001), Arroyo Padilla & Villarroel Segarra (2009).
Arbusto, arbolito, árbol. Nativa. Zonas Bajas, Andes. Bosque Semideciduo Chiquitano, Yungas, Bosque Tucumano-Boliviano, 500–3000 m.
Dept.: CH, CO, SC.
Muestra: *M. Bang 1205* (BM, BR, C, F, G, GH, K, MO, NY, US).

Barnadesia glomerata Kuntze, Revis. Gen. Pl. 3(3): 135. 1898.
Ref.: Foster (1958), Chung (1965), Valenzuela Celis (1993b), Urtubey (1999), Hind (2001).
Arbusto, árbol. Endémica. Andes. Yungas, 2000–3000 m.
Dept.: CO, LP, SC.
Tipo y muestra: *O. Kuntze s.n.* (HT: NY; IT: B, NY, US; fotos: F), *J. Steinbach 8400* (BM, F, GH, MO, NY, US).
Infra: *Barnadesia glomerata* var. *glomerata*, *Barnadesia glomerata* var. *mucronata* I.C. Chung

[Barnadesia horrida Muschl.], Bot. Jahrb. Syst. 50(2/3, Beibl. 111): 100–101. 1913.
Ref.: Adolfo María (1966), Valenzuela Celis (1993b).
Nota: El registro se basa en material mal identificado de *B. pycnophylla*.

Barnadesia macrocephala Kuntze, Revis. Gen. Pl. 3(3): 135. 1898.
Ref.: Foster (1958), Chung (1965), Valenzuela Celis (1993b), Urtubey (1999), Hind (2001).
Arbusto, árbol. Endémica, Nativa. Andes. Yungas, Páramo Yungueño, 2500–4000 m.
Dept.: CO, PO.
Tipo y muestra: *O. Kuntze s.n.* (HT: NY; fotos: F ex B, F ex NY), *J. Steinbach 8723* (GH, MO).

Barnadesia odorata Griseb., Abh. Königl. Ges. Wiss. Göttingen 24: 210. 1879.
Ref.: Chung (1965), Valenzuela Celis (1993b), López Vargas (1995), Saravia Miranda (1996), González et al. (1999), Urtubey (1999), Zárate et al. (1999), Serrano & Terán (1998 [2000]), Hind (2001), Hind (2009).
Arbusto, árbol. Nativa. Andes. Yungas, Bosque Tucumano-Boliviano, 1000–3500 m.
Dept.: CH, CO, SC, TA.
Muestra: *K. Fiebrig 2459* (GH, NY).
Nom. Vern.: Chiñi-kiska, jatun misi ullu, sunchu-kiska, zunchukisca.

Barnadesia polyacantha Wedd., Chlor. Andina 1(1): 13–14, pl. 1a. 1855.
Sin.: *Barnadesia hirsuta* Sch. Bip., *Barnadesia polyacantha* var. *velutina* I.C. Chung
Ref.: Rusby (1893b), Foster (1958), Adolfo María (1966), Valenzuela Celis (1993b), Urtubey (1999), Hind (2001), Hind (2009).
Arbusto, árbol. Nativa. Andes, Altiplano. Yungas, Páramo Yungueño, Puna Húmeda, 2000–4500 m.
Dept.: CO, LP, SC.
Tipo y muestra: *H.A. Weddell 4468* (LT: P; ILT: F, GH; fotos: F of P), *M. Bang 718* (BM, F, G, GH, MO, NY, US).
Infra: *Barnadesia polyacantha* var. *polyacantha*

Barnadesia pycnophylla Muschl., Bot. Jahrb. Syst. 50(2/3, Beibl. 111): 101–102. 1913.
Sin.: *Barnadesia berberoides* Sch. Bip.
Ref.: Chung (1965), Valenzuela Celis (1993b), Urtubey (1999), Hind (2001), Hind (2009).
Subarbusto, arbusto. Nativa. Andes. Yungas, Páramo Yungueño, 2500–4000 m.
Dept.: CO, LP.
Muestra: *J. Steinbach 193* (F, G, GH, K, MO, NY).

[Barnadesia spinosa L. f.], Suppl. Pl. 348. 1781 [1782].
Ref.: Foster (1958).
Nota: El registro se basa en material mal identificado.

Barnadesia woodii D.J.N. Hind, Kew Bull. 56(3): 705–709, f. 1. 2001.
Ref.: Fuentes Claros et al. (2009), Hind (2009).
Subarbusto, arbusto. Endémica. Andes. Yungas, Valles Secos, 1500–2000 m.
Dept.: LP.
Tipo y muestra: *J.R.I. Wood & D.C. Wasshausen 16594* (HT: K; IT: LPB), *A.F. Fuentes & Ra. Cuevas 7980* (BOLV, CTES, HSB, LPB, MA, MO, USZ).

Barrosoa R.M. King & H. Rob., Phytologia 21: 26. 1971.
3 especies, 0 especies endémicas.

Barrosoa betoniciformis (DC.) R.M. King & H. Rob., Phytologia 21: 27. 1971.
Sin.: *Conoclinium betoniciforme* DC., *Eupatorium betoniciforme* (DC.) Baker
Ref.: Foster (1958).
Hierba. Nativa. Andes. Valles Secos, 1000–1500 m.
Dept.: TA.
Muestra: *P.G. Lorentz & G. Hieronymus 943* (GOET, K).

Barrosoa candolleana (Hook. & Arn.) R.M. King & H. Rob., Phytologia 21: 27. 1971.
Sin.: *Eupatorium candolleanum* Hook. & Arn.
Hierba. Nativa. Zonas Bajas. Bosque Húmedo, Bosque Semideciduo Chiquitano, Bosque Seco Chaqueño, Sabanas Benianas del Sur, 0–500 m.
Dept.: BE, SC.
Muestra: *M.H. Nee 47460* (LPB, NY, US).

Barrosoa confluentis (B.L. Rob.) R.M. King & H. Rob., Phytologia 49: 3. 1981.
Sin.: *Eupatorium confluentis* B.L. Rob.
Ref.: Foster (1958), Killeen & Schulenberg (1998).
Hierba. Nativa. Zonas Bajas. Bosque Húmedo, Campos Cerrados, Sabanas Benianas del Sur, 0–500 m.
Dept.: BE, CO, LP, SC.
Tipo y muestra: *H.H. Rusby 1656* (HT: GH; IT: K, MO, NY, US), *N.P. Ritter & M. Ritter 3362* (NHA, US).

Bejaranoa R.M. King & H. Rob., Phytologia 40: 52. 1978.
1 especie, 0 especies endémicas.

Bejaranoa balansae (Hieron.) R.M. King & H. Rob., Phytologia 40: 53. 1978.
Sin.: *Eupatorium balansae* Hieron.
Arbusto. Nativa. Zonas Bajas, Andes. Bosque Semideciduo Chiquitano, Bosque Seco Chaqueño, Campos Cerrados, Valles Secos, 0–1000, 1500–2500 m.
Dept.: PO, SC.
Muestra: *M.H. Nee 38014* (LPB, MO, NY, US).

Bellis L., Sp. Pl. 2: 886. 1753.
1 especie, 0 especies endémicas.

Bellis perennis L., Sp. Pl. 2: 886. 1753.
Ref.: Marticorena & Quezada (1985).
Hierba. Cultivada. Andes. Yungas, 3000–3500 m.
Dept.: LP.
Muestra: *J.C. Solomon 8238* (MO).

Belloa J. Rémy, Fl. Chil. 3(3): 336–338, t. 38, f. 2. 1847.
5 especies, 0 especies endémicas.

Belloa kunthiana (DC.) Anderb. & S.E. Freire, Bot. J. Linn. Soc. 106(2): 189. 1991.
Sin.: *Conyza pusilla* Kunth, *Conyza kunthiana* DC., *Lucilia affinis* Wedd., *Lucilia conoidea* Wedd., *Lucilia violacea* Wedd., *Lucilia lehmannii* Hieron., *Gnaphalium kunthianum* (DC.) Kuntze, *Lucilia pusilla* Hieron., *Lucilia kunthiana* (DC.) Zardini
Ref.: Anderberg & Freire (1991).
Hierba. Nativa. Altiplano. Páramo Yungueño, Puna Húmeda, 3000–4500 m.
Dept.: CO, LP.
Muestra: *A.F. Fuentes et al. 8415* (LPB, MO).

Belloa longifolia (Cuatrec. & Aristeg.) Sagást. & M.O. Dillon, Phytologia 58: 396. 1985.
Sin.: *Lucilia longifolia* Cuatrec. & Aristeg.
Ref.: Freire (1986c), Dillon & Sagástegui Alva (1991b), Rangel et al. (2000), Serrano & Terán (1998 [2000]).
Hierba. Nativa. Andes, Altiplano. Yungas, Valles Secos, Puna Húmeda, 2000–

2500, 3000–3500, 4000–4500 m.
Dept.: CH, CO, LP, TA.
Muestra: *M. Serrano 976* (LPB, SI, US).

Belloa pickeringii (A. Gray) Sagást. & M.O. Dillon, Phytologia 58: 396. 1985.
Sin.: *Lucilia pickeringii* A. Gray
Ref.: Freire (1986c), Dillon & Sagástegui Alva (1991b), Freire (1995), Beck et al. (2010).
Hierba. Nativa. Andes, Altiplano. Valles Secos, Puna Húmeda, Puna Seca, 3500–4000, 4500–5000 m.
Dept.: CO, LP, OR.
Muestra: *E. Jordan 132* (LPB, M, SI).

Belloa piptolepis (Wedd.) Cabrera, Bol. Soc. Argent. Bot. 7: 81. 1958.
Sin.: *Lucilia piptolepis* Wedd., *Merope piptolepis* Wedd., *Gnaphalium piptolepis* (Wedd.) Griseb.
Ref.: Weddell (1855 [1855–1857]), Cabrera (1978a), Freire (1986c), Dillon & Sagástegui Alva (1991b), Freire (1995), Rangel et al. (2000), Beck et al. (2010).
Hierba. Nativa. Andes, Altiplano. Valles Secos, Puna Húmeda, Puna Seca, 3000–5000 m.
Dept.: CO, LP, OR.
Muestra: *S.G. Beck 9122* (F, LPB, M, SI).

Belloa schultzii (Wedd.) Cabrera, Revista Invest. Agríc. 11: 404. 1957.
Sin.: *Merope caespitita* Wedd., *Merope schultzii* Wedd., *Merope virescens* Wedd., *Merope argentea* Wedd., *Lucilia schultzii* (Wedd.) A. Gray, *Belloa virescens* (Wedd.) Cabrera, *Belloa caespitita* (Wedd.) Cabrera, *Belloa argentea* (Wedd.) Cabrera, *Luciliocline schultzii* (Wedd.) M.O. Dillon & Sagást.
Ref.: Weddell (1855 [1855–1857]), Cabrera (1939a), Cabrera (1958), Foster (1958), Cabrera (1978a), Freire (1986c), Anderberg & Freire (1991), Dillon & Sagástegui Alva (1991b), Freire (1995), Beck et al. (2010).
Hierba. Nativa. Altiplano. Puna Húmeda, Puna Seca, Bosque de *Polylepis*, 3500–5000 m.
Dept.: CO, LP, OR, PO.
Muestra: *E. Jordan 129* (LPB, SI).

Bidens L., Sp. Pl. 2: 831. 1753.
17 especies, 1 especie endémica.

Bidens alba (L.) DC., Prodr. 5: 605. 1836.
Sin.: *Coreopsis alba* L.
Hierba. Nativa. Andes. Valles Secos, 2000–3000 m.
Dept.: LP, SC.
Muestra: *I.G. Vargas 945* (LPB, USZ).

Bidens andicola Kunth, Nov. Gen. Sp. (folio ed.) 4: 186. 1820 [1818].
Sin.: *Bidens macrantha* Griseb., *Bidens andicola* var. *heterophylla* Kuntze
Ref.: Rusby (1893b), Foster (1958), López Vargas (1995), Saravia Miranda (1996), Schulenberg & Awbrey (1997), Serrano & Terán (1998 [2000]), Balderrama & Ramírez (2001).
Hierba. Nativa. Andes, Altiplano. Yungas, Valles Secos, Puna Húmeda, 1500–4500 m.
Dept.: CH, CO, LP, OR, PO, TA.
Muestra: *M.A. Lewis 88330* (MO, US).
Infra: *Bidens andicola* var. *andicola*, *Bidens andicola* var. *decomposita* Kuntze, *Bidens andicola* fo. *dissecta* Sherff, *Bidens andicola* var. *tarijensis* Sherff
Nom. Vern.: Chillkiwa, muni.

Bidens bipontina Sherff, Bot. Gaz. 85(1): 10. 1928.
Sin.: *Bidens grandiflora* var. *longiloba* Kuntze
Ref.: Foster (1958).
Hierba. Nativa. Región, tipo de vegetación y elevación desconocidas.
Dept.: CO.
Muestra: *O. Kuntze s.n.* (NY).

Bidens buchtienii Sherff, Bot. Gaz. 76: 150. 1923.
Sin.: *Bidens andicola* fo. *buchtienii* (Sherff) Sherff
Ref.: Foster (1958).
Hierba. Endémica. Altiplano. Puna Húmeda, 3500–4000 m.
Dept.: LP.
Tipo: *O. Buchtien 4304* (HT: F; IT: F, NY, US).
Nota: Conocida solamente del tipo.

Bidens cosmantha Griseb., Abh. Königl. Ges. Wiss. Göttingen 19: 185–186. 1874.
Sin.: *Bidens andicola* var. *cosmantha* (Griseb.) Sherff
Ref.: Foster (1958).
Hierba. Nativa. Andes. Yungas, Valles Secos, 1500–4000 m.
Dept.: LP.
Muestra: *J.C. Solomon 16309* (MO, US).

Bidens cynapiifolia Kunth, Nov. Gen. Sp. (folio ed.) 4: 185. 1820 [1818].
Ref.: Killeen & Schulenberg (1998).
Hierba. Nativa. Zonas Bajas. Bosque Semideciduo Chiquitano, Campos Cerrados, Sabanas Benianas del Sur, 500–1000 m.
Dept.: BE, CH, LP, PA, PO, SC, TA.
Muestra: *J.R. Abbott et al. 16700* (BEREA, US, USZ).

Bidens exigua Sherff, Bot. Gaz. 70: 89, t. 11. 1920.
Hierba. Nativa. Altiplano. Puna Húmeda, 3500–4000 m.
Dept.: LP, TA.
Muestra: *E. Bastian 1159* (LPB, US).

Bidens gardneri Baker, Fl. Bras. 6(3): 246. 1884.
Ref.: Wood et al. (2011).
Hierba. Nativa. Zonas Bajas. Bosque Semideciduo Chiquitano, Campos Cerrados, 0–500 m.
Dept.: SC.
Muestra: *R. Seidel 161* (LPB, US).

[Bidens grandiflora Balb.], Hort. Taur. Stirp. 19. 1812.
Ref.: Foster (1958).
Infra: *Bidens grandiflora* var. *longiloba* Kuntze
Nota: Especie dudosa. El tipo del nombre infraespecífico es de Bolivia, pero no ha sido examinado.

Bidens mandonii (Sherff) Cabrera, Fl. Prov. Jujuy 13(10): 419. 1978.
Sin.: *Bidens andicola* var. *mandonii* Sherff
Ref.: Foster (1958), López Vargas (1995).
Hierba. Nativa. Andes, Altiplano. Yungas, Valles Secos, Puna Húmeda, 1500–3500, 4000–4500 m.
Dept.: CH, CO, LP, SC, TA.
Tipo y muestra: *G. Mandon 48* (T: BM, G, K, P, W), *T. Feuerer 22219a* (US).
Nom. Vern.: Muni.

Bidens odorata Cav., Icon. 1(1): 9, pl. 13. 1791.
Ref.: Saravia Miranda (1996).
Hierba. Nativa. Andes. Yungas, 2000–3500 m.
Dept.: CO, LP.
Muestra: *P. Saravia 1110* (BOLV).
Nom. Vern.: Muni.

Bidens pilosa L., Sp. Pl. 2: 832. 1753.
Sin.: *Bidens alausensis* Kunth, *Bidens scandicina* Kunth, *Bidens sundaica* var. *minor* Blume, *Bidens pilosa* fo. *radiata* Sch. Bip., *Bidens pilosa* var. *radiata* (Sch. Bip.) J.A. Schmidt, *Bidens pilosa* var. *minor* (Blume) Sherff
Ref.: Foster (1958), De la Barra (1997), Schulenberg & Awbrey (1997), Serrano & Terán (1998 [2000]), Arroyo Padilla & Villarroel Segarra (2009).
Hierba. Nativa. Zonas Bajas, Andes. Bosque Semideciduo Chiquitano, Yungas, Bosque Tucumano-Boliviano, Valles Secos, 0–4000 m.
Dept.: BE, CH, CO, LP, PO, SC, TA.
Muestra: *J.C. Solomon 12900* (LPB, MO, US).
Infra: *Bidens pilosa* var. *pilosa*, *Bidens*

pilosa fo. *scandicina* (Kunth) Sherff, *Bidens pilosa* var. *alausensis* (Kunth) Sherff
Nom. Vern.: Chjilikiua.

Bidens pseudocosmos Sherff, Bot. Gaz. 76: 151. 1923.
Ref.: Foster (1958), Schulenberg & Awbrey (1997), Serrano & Terán (1998 [2000]).
Hierba. Nativa. Andes. Yungas, Valles Secos, 2000–2500, 3000–3500 m.
Dept.: CH, CO, LP.
Tipo y muestra: *O. Buchtien 815* (HT: F; IT: F, GH, NY, US), *J.C. Solomon & M.R. Crosby 4829* (MO, US).

Bidens reptans (L.) G. Don, Hort. Brit. (ed. 3) 360. 1839.
Sin.: *Coreopsis reptans* L., *Bidens squarrosa* Kunth
Ref.: Foster (1958), Arroyo Padilla & Villarroel Segarra (2009).
Hierba, trepadora, arbusto. Nativa. Zonas Bajas, Andes. Bosque Húmedo, Campos Cerrados, Sabanas Benianas del Sur, Yungas, Bosque Tucumano-Boliviano, Valles Secos, 0–3000 m.
Dept.: CO, LP, SC, TA.
Muestra: *M.A. Lewis 35058* (LPB, MO, US).

[Bidens rubifolia Kunth], Nov. Gen. Sp. (folio ed.) 4: 186–187, t. 381. 1820 [1818].
Ref.: Foster (1958).
Nota: El registro se basa en material mal identificado.

Bidens segetum Mart. ex Colla, Herb. Pedem. 3: 307. 1834.
Sin.: *Bidens patula* Gardner, *Bidens pallida* Rusby, *Bidens longipetiolata* Rusby
Ref.: Foster (1958).
Hierba. Nativa. Andes. Bosque Semideciduo Chiquitano, Bosque Tucumano-Boliviano, Valles Secos, 1000–2500 m.
Dept.: CO, LP, SC.
Muestra: *M.H. Nee 48956* (MO, NY, US).
Infra: *Bidens segetum* var. *patula* (Gardner) Sherff

Bidens subalternans DC., Prodr. 5: 600. 1836.
Ref.: Killeen & Schulenberg (1998), Serrano & Terán (1998 [2000]).
Hierba. Nativa. Zonas Bajas. Bosque Semideciduo Chiquitano, 0–500 m.
Dept.: CH, SC.
Muestra: *M.H. Nee 49043* (LPB, MO, NY, US).
Nom. Vern.: Saitilla.

Bidens tenera O.E. Schulz, Bot. Jahrb. Syst. 50(Suppl.): 186. 1914.
Ref.: Foster (1958).
Hierba. Nativa. Zonas Bajas, Andes. Bosque Seco Chaqueño, Valles Secos, 500–1500 m.
Dept.: LP, SC.
Muestra: *L.R.C. de Michel et al. 363* (LPB, SI, US, USZ).
Infra: *Bidens tenera* var. *tetracera* Sherff

Bidens triplinervia Kunth, Nov. Gen. Sp. (folio ed.) 4: 182. 1820 [1818].
Sin.: *Bidens humilis* Kunth, *Bidens mollis* Poepp., *Bidens humilis* var. *macrantha* Wedd., *Bidens humilis* var. *tenuifolius* Sch. Bip., *Bidens grandiflora* var. *breviloba* Kuntze, *Bidens triplinervia* fo. *octoradiata* Sherff
Ref.: Foster (1958), Serrano & Terán (1998 [2000]).
Hierba. Nativa. Andes, Altiplano. Yungas, Valles Secos, Puna Húmeda, 2500–5000 m.
Dept.: CH, LP, OR, PO, TA.
Muestra: *J.C. Solomon 9223* (LPB, MO, US).
Infra: *Bidens triplinervia* var. *macrantha* (Wedd.) Sherff, *Bidens triplinervia* var. *mollis* (Poepp.) Sherff
Nom. Vern.: Saka.

Bishovia R.M. King & H. Rob., Phytologia 39: 339. 1978.
1 especie, 1 especie endémica.

Bishovia boliviensis R.M. King & H. Rob., Phytologia 39: 340. 1978.
Arbusto. Endémica. Andes. Valles Secos, 1500–2500 m.
Dept.: SC, TA.
Tipo y muestra: *R.M. King & L.E. Bishop 7625* (HT: US; IT: MO-2615915), *M.H. Nee & J.C. Solomon 36574* (LPB, MO, NY, USZ).

Blainvillea Cass., Dict. Sci. Nat. (ed. 2) 29: 493–494. 1823.
1 especie, 0 especies endémicas.

[Blainvillea acmella (L.) Philipson], Blumea 6(2): 350–351. 1950.
Sin.: *Verbesina acmella* L.
Ref.: Foster (1958).
Nota: El registro se basa en material mal identificado. Nativa de Asia.

Blainvillea dichotoma (Murray) Stewart, Proc. Calif. Acad. Sci., ser. 4, 2: 149. 1911.
Sin.: *Verbesina dichotoma* Murray, *Blainvillea rhomboidea* Cass.
Subarbusto, arbusto. Nativa. Zonas Bajas. Bosque Semideciduo Chiquitano, 500–1000 m.
Dept.: SC.
Muestra: *M.H. Nee 49059* (LPB, MO, NY, US).

Brickellia Elliott, Sketch Bot. S. Carolina 2(3): 290. 1824 [1823].
1 especie, 0 especies endémicas.

Brickellia diffusa (Vahl) A. Gray, Smithsonian Contr. Knowl. 3(5): 86. 1852.
Sin.: *Eupatorium diffusum* Vahl, *Coleosanthus diffusus* (Vahl) Kuntze
Ref.: Serrano & Terán (1998 [2000]), Arroyo Padilla & Villarroel Segarra (2009).
Hierba. Nativa. Zonas Bajas, Andes. Bosque Semideciduo Chiquitano, Bosque Seco Chaqueño, Campos Cerrados, Bosque Tucumano-Boliviano, Bosque Serrano Chaqueño, Valles Secos, 0–1500 m.
Dept.: CH, SC, TA.
Muestra: *T. Killeen et al. 4229* (LPB, MO, US).

[Brickellia paucidentata Klatt], Abh. Naturf. Ges. Halle 15(2): 326. 1881 [1882].
Ref.: Foster (1958).
Arbusto. Endémica. Región, tipo de vegetación y elevación desconocidas.
Dept.: SC.
Tipo: *d'Orbigny 558* (HT: W; IT: GH, P; fotos: F ex W).
Nota: Especie dudosa.

Calea L., Sp. Pl. (ed. 2) 2: 1179. 1763.
10 especies, 5 especies endémicas.

Calea anomala Hassl., Repert. Spec. Nov. Regni Veg. 7: 356. 1909.
Ref.: Foster (1958), Pruski (2013).
Subarbusto, arbusto. Nativa. Zonas Bajas. Bosque Semideciduo Chiquitano, 500–1000 m.
Dept.: SC.
Tipo y muestra: *T. Herzog 616* (HT: G), *M.H. Nee 37843* (MO, NY).

Calea coriacea DC., Prodr. 5: 675. 1836.
Sin.: *Calea robusta* Britton
Ref.: Rusby (1893b), Foster (1958), Arroyo Padilla & Villarroel Segarra (2009), Pruski (2013).
Arbusto. Endémica. Zonas Bajas, Andes. Bosque Húmedo, Yungas, Bosque Tucumano-Boliviano, 500–2500 m.
Dept.: CH, CO, LP, SC.
Tipo y muestra: *T. Haenke s.n.* (T: M), *J.C. Solomon & S. Urcullo 14147* (LPB, MO, NY, US).

[Calea cymosa Less.], Linnaea 5(1): 158–159. 1830.
Ref.: Foster (1958).
Nota: El registro se basa en material mal identificado de *C. rhombifolia*.

Calea dalyi Pruski & Urbatsch, Brittonia 39: 201, f. 1. 1987.
Sin.: *Calea woodii* P. Pozo & D.J.N. Hind
Ref.: Wood et al. (2011), Pozo & Hind (2013), Pruski (2013).
Hierba, subarbusto. Endémica. Zonas Bajas. Bosque Semideciduo Chiquitano, 500–1000 m.
Dept.: SC.
Tipo y muestra: *D.C. Daly et al. 2172* (HT: NY; IT: K, LPB, UB, US), *J.R.I. Wood et al. 25875* (K, LPB, USZ).

Calea huanchacana Pruski, Phytoneuron 2013–72: 6, figs. 3–4. 2013.
Hierba. Endémica. Zonas Bajas. Campos Cerrados, 0–500 m.
Dept.: SC.
Tipo y muestra: *B. Mostacedo et al. 1684* (HT: MO; IT: USZ), *E. Gutiérrez C. et al. 958* (MO, USZ).

Calea lantanoides Gardner, London J. Bot. 7: 416. 1848.
Sin.: *Calea subrotunda* Gardner, *Calea brevifolia* Rusby
Ref.: Foster (1958), Pruski (2013).
Subarbusto. Nativa. Zonas Bajas. Bosque Semideciduo Chiquitano, Yungas, Valles Secos, 0–1500 m.
Dept.: LP, SC.
Muestra: *J.R. Abbott 16325* (BEREA, US, USZ).

Calea lutea Pruski & Urbatsch, Brittonia 40(4): 353–355, f. 5. 1988.
Sin.: *Calea saddiana* G.M. Barroso
Ref.: Pruski (1998), Pruski (2013).
Subarbusto. Nativa. Zonas Bajas. Campos Cerrados, 0–500 m.
Dept.: SC.
Muestra: *B. Mostacedo et al. 2139* (K, MO, RB, US, USZ).

Calea nematophylla Pruski, Kew Bull. 53(3): 684–687, f. 1. 1998.
Ref.: Pruski (1998), Wood et al. (2011), Pruski (2013).
Hierba. Endémica. Zonas Bajas. Campos Cerrados, 0–500 m.
Dept.: SC.
Tipo y muestra: *E. Gutiérrez C. et al. 899* (HT: US; IT: MO, USZ), *M.C. Peña & R.B. Foster 350* (F, LPB, MO, NY, US, USZ).

Calea papposa Malme, Ark. Bot. 24A(8): 50. 1932.
Ref.: Pruski & Urbatsch (1988), Pruski (2013).
Arbusto. Nativa. Zonas Bajas. Campos Amazónicos, 0–500 m.
Dept.: LP.
Muestra: *F. Zenteno et al. 9364* (LPB, MO).

Calea rhombifolia S.F. Blake, Proc. Biol. Soc. Wash. 36: 53. 1923.
Ref.: Foster (1958), Killeen & Schulenberg (1998), Arroyo Padilla & Villarroel Segarra (2009), Wood et al. (2011), Pruski (2013).
Hierba. Endémica. Zonas Bajas. Campos Cerrados, Sabanas Benianas del Sur, 0–500, 1000–1500 m.
Dept.: BE, SC.
Tipo y muestra: *H.H. Rusby 2164* (HT: US; IT: NY, NY), *T. Killeen et al. 7045* (MO, USZ).

Calea solidaginea Kunth, Nov. Gen. Sp. (folio ed.) 4: 231–232, t. 407. 1820 [1818].
Sin.: *Calea scandens* Griseb.
Ref.: Foster (1958), Schulenberg & Awbrey (1997), Serrano & Terán (1998 [2000]), Arroyo Padilla & Villarroel Segarra (2009), Pruski (2013).
Hierba, trepadora, arbusto. Nativa. Zonas Bajas, Andes. Bosque Semideciduo Chiquitano, Campos Cerrados, Bosque Tucumano-Boliviano, Bosque Serrano Chaqueño, Valles Secos, 500–2000 m.
Dept.: CH, SC, TA.
Muestra: *M.H. Nee 49021* (LPB, NY, USZ).
Infra: *Calea solidaginea* subsp. *solidaginea*

Calendula L., Sp. Pl. 2: 921. 1753.
1 especie, 0 especies endémicas.

Calendula officinalis L., Sp. Pl. 2: 921. 1753.
Hierba. Cultivada. Andes. Valles Secos, 3000–3500 m.
Dept.: LP.
Muestra: *J.C. Solomon 5918* (LPB, MO).

Campovassouria R.M. King & H. Rob., Phytologia 22: 121. 1971.
1 especie, 0 especies endémicas.

Campovassouria cruciata (Vell.) R.M. King & H. Rob., Phytologia 49: 3. 1981.
Sin.: *Eupatorium bupleurifolium* var. *bupleurifolium*, *Chrysocoma cruciata* Vell., *Eupatorium bupleurifolium* DC., *Campovassouria bupleurifolia* (DC.) R.M. King & H. Rob.
Ref.: Foster (1958), Cabrera (1978a), Schulenberg & Awbrey (1997), Serrano & Terán (1998 [2000]), Arroyo Padilla & Villarroel Segarra (2009).
Arbusto. Nativa. Andes. Yungas, Bosque Tucumano-Boliviano, Valles Secos, 1000–2500, 3000–3500 m.
Dept.: CH, CO, LP, SC, TA.
Muestra: *M.H. Nee 42067* (MO, NY, US).
Nom. Vern.: Yareta.

Campuloclinium DC., Prodr. 5: 136. 1836.
1 especie, 0 especies endémicas.

Campuloclinium macrocephalum (Less.) DC., Prodr. 5: 137. 1836.
Sin.: *Eupatorium macrocephalum* Less.
Ref.: Foster (1958), Serrano & Terán (1998 [2000]), Arroyo Padilla & Villarroel Segarra (2009).
Hierba. Nativa. Zonas Bajas, Andes. Bosque Húmedo, Bosque Semideciduo Chiquitano, Campos Cerrados, Bosque Tucumano-Boliviano, 0–2000, 2500–3000 m.
Dept.: CH, SC, TA.
Muestra: *J.R. Abbott & B. Mostacedo 15873* (BEREA, LPB, US, USZ).

Carduus L., Sp. Pl. 2: 820. 1753.
2 especies, 0 especies endémicas.

Carduus nutans L., Sp. Pl. 2: 821. 1753.
Hierba. Adventicia. Altiplano. Puna Húmeda, 3500–4000 m.
Dept.: LP.
Muestra: *E. Valenzuela 117* (LPB, M).

Carduus tenuiflorus Curtis, Fl. Londin. 2(6,61): pl. 55. 1789.
Sin.: *Carduus pycnocephalus* var. *tenuiflorus* (Curtis) Fiori
Hierba. Adventicia. Altiplano. Puna Húmeda, 3500–4000 m.
Dept.: LP.
Muestra: *J.C. Solomon 7459* (LPB, MO).

Centaurea L., Sp. Pl. 2: 909. 1753.
3 especies, 0 especies endémicas.

Centaurea cineraria L., Sp. Pl. 2: 912. 1753.
Hierba. Adventicia, cultivada. Andes. Valles Secos, 3000–3500 m.
Dept.: LP.
Muestra: *J.C. Solomon 12733* (LPB, MO).

Centaurea melitensis L., Sp. Pl. 2: 917. 1753.
Hierba. Adventicia. Andes. Yungas, 2000–3000 m.

Dept.: LP.
Muestra: *S.G. Beck 18713* (BOLV, CUZ, LPB, M, S, US).

Centaurea solstitialis L., Sp. Pl. 2: 917. 1753.
Hierba. Adventicia. Andes. Valles Secos, 2500–3000 m.
Dept.: SC.
Muestra: *G. Coimbra 2581* (LPB).

Centratherum Cass., Bull. Sci. Soc. Philom. Paris 1817: 31. 1817.
2 especies, 0 especies endémicas.

Centratherum cardenasii H. Rob., Phytologia 46(7): 444. 1980.
Ref.: Wood et al. (2011).
Hierba. Nativa. Zonas Bajas. Campos Amazónicos, 0–1000 m.
Dept.: SC.
Tipo y muestra: *M. Cárdenas 6253* (HT: US; IT: NY), *J.R. Abbott & B. Mostacedo 16135* (US).

Centratherum punctatum Cass., Dict. Sci. Nat. (ed. 2) 7: 384. 1817.
Sin.: *Spixia violacea* Schrank, *Ampherephis mutica* Kunth, *Ampherephis intermedia* Link, *Centratherum intermedium* (Link) Less., *Centratherum muticum* (Kunth) Less., *Baccharoides punctatum* (Cass.) Kuntze, *Centratherum punctatum* subsp. *camporum* Hassl., *Centratherum violaceum* (Schrank) Gleason, *Centratherum camporum* (Hassl.) Malme
Ref.: Pruski (1997), Killeen & Schulenberg (1998), Wood et al. (2011).
Hierba. Nativa. Zonas Bajas. Bosque Semideciduo Chiquitano, Campos Cerrados, Campos Amazónicos, 0–500 m.
Dept.: PA, SC.
Muestra: *M.H. Nee 41600* (LPB, MO, NY, US).
Infra: *Centratherum punctatum* subsp. *punctatum*

Chaetanthera Ruiz & Pav., Fl. Peruv. Prodr. 106, pl. 23. 1794.
1 especie, 0 especies endémicas.

Chaetanthera perpusilla (Wedd.) Anderb. & Freire, Taxon 39: 431. 1990.
Sin.: *Luciliopsis perpusilla* Wedd.
Ref.: Foster (1958), Katinas et al. (2008), Hind (2009).
Hierba. Nativa. Altiplano. Puna Húmeda, 4500–5000 m.
Dept.: LP.
Tipo: *H.A. Weddell s.n.* (HT: P).
Nota: Conocida en Bolivia solamente del tipo.

Chaptalia Vent., Descr. Pl. Nouv. sub t. 61. 1802.
6 especies, 0 especies endémicas.

[Chaptalia cordata Hieron.], Bot. Jahrb. Syst. 21: 370. 1896.
Nota: El registro se basa en material mal identificado.

Chaptalia exscapa (Pers.) Baker, Fl. Bras. 6(3): 379. 1884.
Sin.: *Tussilago exscapa* Pers.
Nota: Esperada.

Chaptalia integerrima (Vell.) Burkart, Darwiniana 6(4): 576. 1944.
Sin.: *Leria integrifolia* Cass., *Tussilago integerrima* Vell., *Leria nutans* var. *integrifolia* Less., *Chaptalia integrifolia* (Cass.) Baker, *Thyrsanthema integrifolia* (Cass.) Kuntze, *Chaptalia microdonta* Greene
Ref.: Foster (1958), Adolfo María (1966), Cabrera (1978a), Ferreyra (1995), De la Barra (1998), Serrano & Terán (1998 [2000]), Arroyo Padilla & Villarroel Segarra (2009), Hind (2009).
Hierba. Nativa. Zonas Bajas, Andes. Campos Cerrados, Yungas, Bosque Tucumano-Boliviano, 0–2000 m.
Dept.: CH, CO, LP, PO, SC, TA.
Muestra: *M. Bang 2095* (F, GH, K, M, MICH, MO, NY, US).

Chaptalia mandonii Burkart, Darwiniana 6(4): 551. 1944.
Sin.: *Leria mandonii* Sch. Bip.
Ref.: González et al. (1999), Hind (2009).
Hierba. Nativa. Yungas, Páramo Yungueño, 1500–3000 m.
Dept.: CO, LP.
Tipo y muestra: *G. Mandon 11* (ST: B, BR, GH, K, NY, NY, P, P; fotos: F, MO-1696491), *S.G. Beck & Rugola 19938* (LPB).

Chaptalia nutans (L.) Pol., Linnaea 41: 582. 1877 [1878].
Sin.: *Tussilago nutans* L., *Leria nutans* (L.) DC., *Leria lyrata* Cass., *Gerbera nutans* (L.) Sch. Bip., *Thyrsanthema nutans* (L.) Kuntze, *Thyrsanthema ebracteata* Kuntze, *Chaptalia ebracteata* (Kuntze) K. Schum., *Chaptalia majuscula* Greene, *Chaptalia subcordata* Greene
Ref.: Rusby (1893b), Foster (1958), López Vargas (1995), Saravia Miranda (1996), Schulenberg & Awbrey (1997), González et al. (1999), Serrano & Terán (1998 [2000]), Arroyo Padilla & Villarroel Segarra (2009), Hind (2009).
Hierba. Nativa. Zonas Bajas, Andes. Bosque Húmedo, Bosque Semideciduo Chiquitano, Campos Cerrados, Sabanas Benianas del Sur, Yungas, Bosque Tucumano-Boliviano, 0–3000 m.
Dept.: CH, CO, LP, SC, TA.
Muestra: *H.H. Rusby 1677* (NY, US).
Nom. Vern.: Org'o wira-wira, yuraj-yuraj.

[Chaptalia piloselloides (Vahl) Baker], Fl. Bras. 6(3): 378. 1884.
Ref.: Foster (1958).
Nota: El registro se basa en material mal identificado.

Chaptalia rotundifolia D. Don, Trans. Linn. Soc. London 16: 242. 1830.
Sin.: *Perdicium ovale* Ruiz & Pav. ex D. Don, *Thyrsanthema rotundifolia* (D. Don) Kuntze, *Trichocline ovalis* (D. Don) Hieron., *Chaptalia cordata* var. *ferrugineotomentosa* Hieron.
Ref.: Foster (1958).
Hierba. Nativa. Altiplano. Puna Húmeda, 3500–4500 m.
Dept.: LP.
Muestra: *G. Mandon 12* (LE).

Chaptalia runcinata Kunth, Nov. Gen. Sp. (folio ed.) 4: 5, t. 303. 1820 [1818].
Sin.: *Loxodon longipes* Cass., *Oxydon bicolor* Less.
Hierba. Nativa. Zonas Bajas, Andes. Bosque Húmedo, Sabanas Benianas del Sur, Yungas, 0–500, 1000–2000 m.
Dept.: BE, CO, SC.
Muestra: *J. Steinbach 2785* (B, LIL).

Chaptalia similis R.E. Fr., Nova Acta Regiae Soc. Sci. Upsal. 1(1): 95, t. 7, f. 3–6. 1905.
Ref.: Serrano & Terán (1998 [2000]).
Hierba. Nativa. Andes, Altiplano. Valles Secos, Puna Húmeda, 3000–4000 m.
Dept.: CH, CO, LP, TA.
Muestra: *K. Fiebrig 3197* (B, GH, LE, LIL, MO, SI).

[Chaptalia sinuata (DC.) Baker], Fl. Bras. 6(3): 378. 1884.
Ref.: Serrano & Terán (1998 [2000]).
Nota: Especie dudosa.

Chersodoma Phil., Anales Mus. Nac. Santiago de Chile 1: 33. 1891.
3 especies, 0 especies endémicas.

Chersodoma antennaria (Wedd.) Cabrera, Revista Mus. La Plata 6: 352. 1946.
Sin.: *Senecio antennaria* Wedd., *Senecio diclinus* Wedd., *Chersodoma*

diclina (Wedd.) Cabrera
Ref.: Rusby (1907), Foster (1958), Nordenstam (1978), Dillon & Sagástegui Alva (1986).
Hierba. Nativa. Altiplano. Puna Húmeda, 4000–5000 m.
Dept.: CO, LP.
Muestra: *S.G. Beck 11172* (LPB, M, S, SI, US).

Chersodoma candida Phil., Anales Mus. Nac. Santiago de Chile 8: 33. 1891.
Sin.: *Senecio oxyodon* Phil., *Senecio chersodomus* Reiche
Ref.: Foster (1958), Cabrera (1978a), Cabrera et al. (1999).
Hierba. Nativa. Altiplano. Puna Húmeda, Puna Seca, 3500–4500 m.
Dept.: CO, LP, OR, PO.
Muestra: *M. Liberman 208* (LPB, SI).

Chersodoma jodopappa (Sch. Bip.) Cabrera, Revista Mus. La Plata, Secc. Bot. 6: 350. 1946.
Sin.: *Senecio iodopappus* Sch. Bip., *Senecio jodopappus* Sch. Bip.
Ref.: Foster (1958), Cabrera (1978a).
Hierba. Nativa. Andes, Altiplano. Valles Secos, Puna Húmeda, 3500–4500 m.
Dept.: LP, OR, TA.
Muestra: *J.C. Solomon 6088* (LPB, MO).

Chevreulia Cass., Bull. Sci. Soc. Philom. Paris 1817: 69. 1817.
2 especies, 0 especies endémicas.

Chevreulia acuminata Less., Linnaea 5: 261. 1830.
Sin.: *Chevreulia filiformis* Hook. & Arn., *Chevreulia longipes* Wedd., *Chevreulia elegans* Rusby
Ref.: Foster (1958), Cabrera (1959a), Aristeguieta (1964), Cabrera (1978a), Anderberg & Freire (1991), Rangel et al. (2000), Serrano & Terán (1998 [2000]).
Hierba. Nativa. Andes, Altiplano. Yungas, Bosque Tucumano-Boliviano, Valles Secos, Puna Húmeda, 1500–2500, 3000–4000 m.
Dept.: CH, LP, TA.
Muestra: *S.G. Beck 14948* (LPB, M, US).

Chevreulia sarmentosa (Pers.) S.F. Blake, Proc. Biol. Soc. Wash. 38: 85. 1925.
Sin.: *Tussilago sarmentosa* Pers., *Gnaphalium calycinum* Poir., *Xeranthemum cespitosum* Thouars, *Chevreulia stolonifera* Cass., *Leria cespitosa* (Thouars) Spreng., *Chevreulia thouarsii* J. Rémy
Ref.: Foster (1958), Cabrera (1978a), Anderberg & Freire (1991), Freire (1995), Serrano & Terán (1998 [2000]).
Hierba. Nativa. Andes. Bosque Tucumano-Boliviano, Valles Secos, 2000–2500 m.
Dept.: CH, TA.
Muestra: *J.C. Solomon 10941* (LPB, MO).

Chiliotrichiopsis Cabrera, Notas Mus. La Plata, Bot. 2: 172. 1937.
1 especie, 0 especies endémicas.

Chiliotrichiopsis keidelii Cabrera, Notas Mus. La Plata, Bot. 2: 172, f. 1. 1937.
Ref.: Foster (1958), Bonifacino (2009).
Arbusto. Nativa. Andes, Altiplano. Valles Secos, Puna Seca, 3500–4000 m.
Dept.: PO, TA.
Muestra: *N. Massy 396* (LPB, US).

Chresta Vell. ex DC., Prodr. 5: 85. 1836.
1 especie, 0 especies endémicas.

Chresta exsucca DC., Prodr. 5: 85. 1836.
Ref.: Killeen & Schulenberg (1998).
Subarbusto, arbusto. Nativa. Zonas Bajas. Campos Cerrados, 0–1000 m.
Dept.: SC.
Muestra: *R. Guillén V. et al. 4147* (US, USZ).

Chromolaena DC., Prodr. 5: 133. 1836.
34 especies, 7 especies endémicas.

Chromolaena arnottiana (Griseb.) R.M. King & H. Rob., Phytologia 20: 198. 1970.
Sin.: *Eupatorium arnottianum* Griseb.
Ref.: Foster (1958), Killeen & Schulenberg (1998), Wood et al. (2011).
Hierba. Nativa. Zonas Bajas, Andes. Campos Cerrados, Valles Secos, 500–1000, 2000–2500 m.
Dept.: CO, SC, TA.
Muestra: *R.M. King & L.E. Bishop 7560* (MO, US).

Chromolaena asperrima (Sch. Bip. ex Baker) R.M. King & H. Rob., Phytologia 47: 230. 1980.
Sin.: *Eupatorium asperrimum* Sch. Bip. ex Baker
Arbusto. Nativa. Zonas Bajas. Bosque Semideciduo Chiquitano, Bosque Seco Chaqueño, 0–500 m.
Dept.: SC.
Muestra: *R. Seidel 627* (LPB, US).

Chromolaena austera (B.L. Rob.) R.M. King & H. Rob., Phytologia 20: 199. 1970.
Sin.: *Eupatorium austerum* B.L. Rob.
Ref.: Foster (1958).
Arbusto. Endémica. Andes. Yungas, 1000–1500 m.
Dept.: SC.
Tipo: *T. Herzog 1610* (HT: G; IT: GH frag., L).
Nota: Conocida solamente del tipo. Cerca de, pero no igual a, *C. mucronata* (Gardn.) R.M. King & H. Rob.

Chromolaena bangii (Rusby) R.M. King & H. Rob., Phytologia 20: 199. 1970.
Sin.: *Eupatorium bangii* Rusby
Ref.: Foster (1958).
Arbusto. Endémica. Andes. Bosque Tucumano-Boliviano, 1500–2500 m.
Dept.: CO, TA.
Tipo y muestra: *M. Bang 1133* (HT: NY; IT: GH, GH, MO-5484263, NY, US), *E. Bastian 435* (LPB, US).

Chromolaena beckii R.M. King & H. Rob., Phytologia 51: 172. 1982.
Arbusto. Endémica. Zonas Bajas. Bosque Seco Chaqueño, 500–1000 m.
Dept.: SC.
Tipo: *S.G. Beck 6502* (HT: US; IT: LPB).
Nota: Conocida solamente del tipo.

Chromolaena campestris (DC.) R.M. King & H. Rob., Phytologia 20: 200. 1970.
Sin.: *Eupatorium campestre* DC.
Hierba. Nativa. Zonas Bajas. Sabanas Benianas del Sur, 0–500 m.
Dept.: BE.
Muestra: *W. Hanagarth & C. Rosales 169* (LPB, US).

Chromolaena chaseae (B.L. Rob.) R.M. King & H. Rob., Phytologia 20: 200. 1970.
Sin.: *Eupatorium chaseae* B.L. Rob.
Arbusto. Nativa. Zonas Bajas. Campos Cerrados, 500–1000 m.
Dept.: SC.
Muestra: *S.N. Panfil 88* (US, USZ).

Chromolaena christieana (Baker) R.M. King & H. Rob., Phytologia 20: 200. 1970.
Sin.: *Eupatorium christieanum* Baker
Ref.: Serrano & Terán (1998 [2000]).
Subarbusto. Nativa. Zonas Bajas. Bosque Semideciduo Chiquitano, Campos Cerrados, 0–500 m.
Dept.: CH, SC.
Muestra: *M.H. Nee 42116* (MO, NY, US).

Chromolaena connivens (Rusby) R.M. King & H. Rob., Phytologia 20: 200. 1970.
Sin.: *Eupatorium connivens* Rusby, *Eupatorium cochabambense* Hieron.
Ref.: Foster (1958), Schulenberg & Awbrey (1997), Serrano & Terán (1998 [2000]), Arroyo Padilla & Villarroel Segarra (2009).
Arbusto. Nativa. Andes. Yungas, Bosque Tucumano-Boliviano, Valles Secos, 1500–3000 m.
Dept.: CH, CO, LP, SC.
Tipo y muestra: *M. Bang 1114* (HT: NY; IT: B destr.?, GH, MO-104748, NY, US), *R.M. King & J.C. Solomon 9645* (LPB, MO, US).

Chromolaena densiflora (Morong) R.M. King & H. Rob., Phytologia 20: 200. 1970.
Sin.: *Eupatorium densiflorum* Morong
Subarbusto. Nativa. Zonas Bajas. Bosque Semideciduo Chiquitano, Campos Cerrados, 0–500 m.
Dept.: SC.
Muestra: *M.H. Nee 48787* (LPB, NY, US).

Chromolaena desmocephala (B.L. Rob.) R.M. King & H. Rob., Phytologia 49: 4. 1981.
Sin.: *Eupatorium desmocephalum* B.L. Rob.
Ref.: Foster (1958).
Hierba. Endémica. Andes. Valles Secos, 1000–1500 m.
Dept.: SC.
Tipo: *T. Herzog 1739* (HT: G; IT: GH frag.; fotos: GH ex G).
Nota: Conocida solamente del tipo.

Chromolaena epaleacea Gardner, London J. Bot. 6: 436. 1847.
Ref.: Wood et al. (2011).
Arbusto. Nativa. Zonas Bajas. Bosque Semideciduo Chiquitano, 0–500 m.
Dept.: SC.
Muestra: *B. Bruderreck 403* (LPB, US).

Chromolaena extensa (Gardner) R.M. King & H. Rob., Phytologia 20: 201. 1970.
Sin.: *Eupatorium extensum* Gardner
Ref.: Foster (1958), Killeen & Schulenberg (1998), Arroyo Padilla & Villarroel Segarra (2009).
Trepadora, subarbusto, arbusto. Nativa. Zonas Bajas, Andes. Bosque Húmedo, Bosque Semideciduo Chiquitano, Bosque Tucumano-Boliviano, 0–500, 1500–2000 m.
Dept.: BE, LP, SC.
Muestra: *R. Guillén V. & V. Choré 3685* (US, USZ).

Chromolaena herzogii (B.L. Rob.) R.M. King & H. Rob., Phytologia 20: 201. 1970.
Sin.: *Eupatorium herzogii* B.L. Rob.
Ref.: Foster (1958).
Arbusto. Endémica. Andes. Valles Secos, 1500–2000 m.
Dept.: SC.
Tipo: *T. Herzog 694* (HT: Z; IT: GH).
Nota: Conocida solamente del tipo.

Chromolaena hirsuta (Hook. & Arn.) R.M. King & H. Rob., Phytologia 20: 201. 1970.
Sin.: *Eupatorium hirsutum* Hook. & Arn., *Eupatorium phyllocephalum* Klatt
Ref.: Foster (1958).
Hierba. Nativa. Zonas Bajas. Bosque Seco Chaqueño, 500–1000 m.
Dept.: CH.
Muestra: *J. Steinbach 1780* (GH).

Chromolaena hookeriana (Griseb.) R.M. King & H. Rob., Phytologia 47: 231. 1980.
Sin.: *Eupatorium ciliatum* Hook. & Arn., *Eupatorium hookerianum* Griseb., *Eupatorium conyzoides* var. *ciliatum* (Hook. & Arn.) Hieron.
Ref.: Foster (1958), López Vargas (1995), Saravia Miranda (1996), González et al. (1999), Serrano & Terán (1998 [2000]).
Arbusto. Nativa. Andes. Bosque Tucumano-Boliviano, Valles Secos, 1500–2500 m.
Dept.: CH, CO, SC, TA.
Muestra: *P. Saravia 1037* (BOLV, LPB, US).
Nom. Vern.: Chillca, org'o salvia.

Chromolaena ivifolia (L.) R.M. King & H. Rob., Phytologia 20(3): 202. 1970.
Sin.: *Eupatorium ivifolium* L., *Eupatorium ivifolium* var. *extrorsum* Baker, *Eupatorium guanaiense* Britton, *Eupatorium luquense* Chodat
Ref.: Rusby (1893b), Foster (1958), Killeen & Schulenberg (1998), Wood et al. (2011).
Hierba. Nativa. Zonas Bajas, Andes. Bosque Húmedo, Bosque Semideciduo Chiquitano, Campos Cerrados, Sabanas Benianas del Sur, Yungas, 0–500, 1000–2000 m.
Dept.: BE, LP, SC.
Muestra: *M.H. Nee 41496* (LPB, MO, NY, US).

Chromolaena jujuiensis (Hieron.) R.M. King & H. Rob., Phytologia 20: 202. 1970.
Sin.: *Eupatorium jujuiense* Hieron.
Subarbusto. Nativa. Andes. Bosque Tucumano-Boliviano, Valles Secos, 2000–2500 m.
Dept.: TA.
Muestra: *M. Liberman et al. 1799* (LPB, US).

Chromolaena laevigata (Lam.) R.M. King & H. Rob., Phytologia 20(3): 202. 1970.
Sin.: *Eupatorium laevigatum* Lam., *Eupatorium laevigatum* fo. *albiflorum* Kuntze, *Eupatorium laevigatum* fo. *flavidum* Kuntze, *Eupatorium laevigatum* fo. *lilacinum* Kuntze, *Eupatorium laevigatulum* B.L. Rob.
Ref.: Gleason & Killip (1939), Foster (1958), Killeen & Schulenberg (1998), Serrano & Terán (1998 [2000]), Arroyo Padilla & Villarroel Segarra (2009).
Hierba, arbusto. Nativa. Zonas Bajas, Andes. Bosque Húmedo, Bosque Semideciduo Chiquitano, Campos Cerrados, Yungas, Bosque Tucumano-Boliviano, Valles Secos, 0–2000 m.
Dept.: BE, CH, LP, SC.
Muestra: *M.H. Nee 49340* (LPB, MO, NY, US).
Nom. Vern.: Chillca.

Chromolaena leptocephala (DC.) R.M. King & H. Rob., Phytologia 20: 202. 1970.
Sin.: *Eupatorium leptocephalum* DC., *Eupatorium leptocephalum* var. *hypomalacum* B.L. Rob.
Ref.: Foster (1958).
Subarbusto. Nativa. Andes. Yungas, 1500–2500 m.
Dept.: LP.
Muestra: *M.H. Nee & L.A. Bohs 49761* (LPB, NY, US).

Chromolaena mallota (B.L. Rob.) R.M. King & H. Rob., Phytologia 20: 203. 1970.
Sin.: *Eupatorium mallotum* B.L. Rob., *Eupatorium mallotum* var. *aporum* B.L. Rob.
Ref.: Foster (1958), Arroyo Padilla & Villarroel Segarra (2009).
Hierba, arbusto. Endémica. Andes. Bosque Tucumano-Boliviano, Valles Secos, 2000–3000 m.
Dept.: CO, LP, SC.
Tipo y muestra: *G. Mandon 249* (HT: GH; IT: GH, NY), *M.H. Nee & I.G. Vargas 43435* (LPB, MO, NY, US).

Chromolaena mattogrossensis (Hieron.) R.M. King & H. Rob., Phytologia 20: 203. 1970.
Sin.: *Eupatorium mattogrossense* Hieron.
Nativa. Región, tipo de vegetación y

elevación desconocidas.
Dept.: Bolivia.
Muestra: *R. Seidel & S.G. Beck 397* (LPB, M, SI, US).

Chromolaena mucronata (Gardner) R.M. King & H. Rob., Phytologia 37: 457. 1977.
Sin.: *Eupatorium mucronatum* Gardner
Subarbusto, arbusto. Nativa. Andes. Yungas, Bosque Tucumano-Boliviano, Bosque Serrano Chaqueño, Valles Secos, 1000–2000 m.
Dept.: SC, TA.
Muestra: *A. Jardim & M. Coro Ramírez 374* (USZ).

Chromolaena odorata (L.) R.M. King & H. Rob., Phytologia 20(3): 204. 1970.
Sin.: *Eupatorium odoratum* L.
Ref.: Killeen & Schulenberg (1998), González et al. (1999), Arroyo Padilla & Villarroel Segarra (2009), Wood et al. (2011).
Hierba, subarbusto, arbusto. Nativa. Zonas Bajas, Andes. Bosque Húmedo, Bosque Semideciduo Chiquitano, Campos Cerrados, Sabanas Benianas del Sur, Yungas, Bosque Serrano Chaqueño, Valles Secos, 0–1500, 2000–2500 m.
Dept.: BE, CO, LP, SC, TA.
Muestra: *S.G. Beck 22917* (LPB, M, S, SI, US).

Chromolaena oxylepis (DC.) R.M. King & H. Rob., Phytologia 20: 204. 1970.
Sin.: *Eupatorium oxylepis* DC.
Ref.: Killeen & Schulenberg (1998).
Hierba, subarbusto. Nativa. Zonas Bajas. Bosque Húmedo, Campos Cerrados, 0–500 m.
Dept.: SC.
Muestra: *L. Sánchez et al. 325* (LPB, MO, US, USZ).

Chromolaena oyadensis (Hieron.) R.M. King & H. Rob., Phytologia 20: 204. 1970.
Sin.: *Eupatorium oyadense* Hieron.
Subarbusto. Nativa. Zonas Bajas. Bosque Semideciduo Chiquitano, Campos Cerrados, 0–1000 m.
Dept.: SC.
Muestra: *M.H. Nee 48886* (LPB, MO, NY, US).

Chromolaena roseorum (B.L. Rob.) R.M. King & H. Rob., Phytologia 20: 205. 1970.
Sin.: *Eupatorium roseorum* B.L. Rob.
Ref.: Moraes R. (1990).
Arbusto. Nativa. Zonas Bajas, Andes. Bosque Húmedo, Valles Secos, 0–500, 2000–2500 m.
Dept.: SC.
Muestra: *M.H. Nee & R.C. Moran 45222* (LPB, NY, US).

Chromolaena squalida (DC.) R.M. King & H. Rob., Phytologia 20: 206. 1970.
Sin.: *Chromolaena synalida* R.M. King & H. Rob., *Eupatorium squalidum* DC., *Eupatorium squalidum* var. *rusbyanum* B.L. Rob.
Ref.: Foster (1958), Killeen & Schulenberg (1998).
Hierba, arbusto. Nativa. Zonas Bajas. Bosque Húmedo, Campos Cerrados, Sabanas Benianas del Sur, 0–1000 m.
Dept.: BE, LP, SC.
Muestra: *M.H. Nee 49720* (F, MO, NY, US).

Chromolaena squarroso-ramosa (Hieron.) R.M. King & H. Rob., Phytologia 20: 206. 1970.
Sin.: *Eupatorium squarroso-ramosum* Hieron.
Ref.: Foster (1958), Serrano & Terán (1998 [2000]).
Arbusto. Nativa. Zonas Bajas. Bosque Seco Chaqueño, 500–1000 m.
Dept.: CH.
Muestra: *C. Saravia et al. 11575* (CTES, US).

Chromolaena stachyophylla (Spreng.) R.M. King & H. Rob., Phytologia 20: 206. 1970.
Sin.: *Eupatorium stachyophyllum* Spreng.
Ref.: Foster (1958).
Arbusto. Nativa. Zonas Bajas. Campos Cerrados, Sabanas Benianas del Norte, 0–500 m.
Dept.: BE, SC.
Muestra: *S.G. Beck 20562* (LPB, US).

Chromolaena subscandens (Hieron.) R.M. King & H. Rob., Phytologia 20: 206. 1970.
Sin.: *Eupatorium subscandens* Hieron.
Ref.: Foster (1958), Arroyo Padilla & Villarroel Segarra (2009).
Trepadora, liana, subarbusto. Nativa. Zonas Bajas, Andes. Bosque Húmedo, Bosque Semideciduo Chiquitano, Campos Cerrados, Yungas, Bosque Tucumano-Boliviano, Valles Secos, 0–2000 m.
Dept.: BE, CO, LP, SC.
Muestra: *C. Antezana V. 1117* (BOLV, MO, US).

Chromolaena tenuicapitulata (Hieron.) R.M. King & H. Rob., Phytologia 20: 207. 1970.
Sin.: *Eupatorium tenuicapitulatum* Hieron.
Subarbusto, arbusto. Nativa. Andes, Altiplano. Yungas, Valles Secos, Puna Húmeda, 1500–3000, 4000–5000 m.
Dept.: LP.
Muestra: *L. Cayola et al. 1497* (CTES, LPB).

Chromolaena toldensis (Hieron.) R.M. King & H. Rob., Phytologia 20: 207. 1970.
Sin.: *Eupatorium toldense* Hieron.
Ref.: Foster (1958).
Subarbusto, arbusto. Nativa. Andes. Bosque Tucumano-Boliviano, Valles Secos, 2000–3000 m.
Dept.: CH.
Muestra: *J.R.I. Wood 20469* (HSB, K, LPB).
Nota: El tipo fue coleccionado en Toldos hoy ubicado en la provincia de Salta, Argentina.

Chromolaena tunariensis (Hieron.) R.M. King & H. Rob., Phytologia 20: 207. 1970.
Sin.: *Eupatorium conyzoides* var. *tunariense* Hieron., *Eupatorium tunariense* (Hieron.) B.L. Rob.
Ref.: Foster (1958), Cabrera (1978a), De la Barra (1997).
Arbusto. Endémica. Zonas Bajas, Andes. Campos Cerrados, Valles Secos, 0–500, 1000–1500, 2000–3000 m.
Dept.: CH, CO, LP, SC.
Tipo y muestra: *O. Kuntze s.n.* (T: NY, NY), *D. Ugent & M. Cárdenas 4873* (MO, US).

Chrysanthellum Rich., Syn. Pl. 2: 471. 1807.

2 especies, 0 especies endémicas.

[Chrysanthellum americanum (L.) Vatke], Abh. Naturwiss. Vereins Bremen 9: 122. 1885.
Sin.: *Anthemis americanum* L.
Ref.: Foster (1958), Adolfo María (1966).
Nota: El registro se basa en material mal identificado de *C. indicum*.

Chrysanthellum indicum DC., Prodr. 5: 631. 1836.
Sin.: *Chrysanthellum procumbens* Rich., *Plagiocheilus erectus* Rusby
Hierba. Nativa. Andes. Bosque Serrano Chaqueño, Valles Secos, 1000–2500 m.
Dept.: CO, LP, SC, TA.
Muestra: *M.H. Nee 48637* (MO, NY, US).

Infra: *Chrysanthellum indicum* subsp. *afroamericanum* B.L. Turner, *Chrysanthellum indicum* var. *afroamericanum* B.L. Turner

Chrysanthellum tuberculatum (Hook. & Arn.) Cabrera, Bol. Soc. Argent. Bot. 15: 117. 1973.
Sin.: *Adenospermum tuberculatum* Hook. & Arn.
Hierba. Nativa. Andes. Yungas, Valles Secos, 1500–2500 m.
Dept.: SC.
Muestra: *M.H. Nee 43084* (LPB, NY, US).

Chrysanthemum L., Sp. Pl. 2: 887. 1753.
2 especies, 0 especies endémicas.

Chrysanthemum indicum L., Sp. Pl. 2: 889. 1753.
Hierba. Cultivada. Zonas Bajas. 0–500 m.
Dept.: SC.
Muestra: *M.H. Nee 40441* (LPB, MO, NY).

Chrysanthemum morifolium Ramat., J. Hist. Nat. 2: 240. 1792.
Sin.: *Dendranthema grandiflorum* (Ramat.) Kitam.
Hierba. Cultivada. Zonas Bajas. Bosque Húmedo, 0–500 m.
Dept.: BE.
Muestra: *J. Balderama 619* (BOLV, CTES, HSB, LPB, M, US).

Chrysolaena H. Rob., Proc. Biol. Soc. Wash. 101(4): 956. 1988.
5 especies, 0 especies endémicas.

Chrysolaena desertorum (Mart. ex DC.) M. Dematteis, Ann. Bot. Fenn. 44: 62, 4, 7. 2007.
Sin.: *Vernonia desertorum* Mart. ex DC., *Lessingianthus desertorum* (Mart. ex DC.) H. Rob.
Ref.: Killeen & Schulenberg (1998), Dematteis (2009), Wood et al. (2011).
Hierba. Nativa. Zonas Bajas. Campos Cerrados, Sabanas Benianas del Sur, 0–1000 m.
Dept.: BE, SC.
Muestra: *W.W. Thomas et al. 5632* (LPB, NY, US).

Chrysolaena hatschbachii H. Rob., Proc. Biol. Soc. Wash. 105(4): 658. 1992.
Ref.: Robinson (1999b).
Nota: Citada por Robinson (1999b) para Bolivia. No hay ejemplares de herbario.

Chrysolaena obovata (Less.) M. Dematteis, Bol. Soc. Argent. Bot. 44(1–2): 142. 2009.
Sin.: *Chrysocoma herbacea* Vell., *Vernonia obovata* Less., *Vernonia paucifolia* Rusby, *Vernonia herbacea* (Vell.) Rusby, *Chrysolaena herbacea* (Vell.) H. Rob.
Ref.: Foster (1958), Killeen & Schulenberg (1998), Arroyo Padilla & Villarroel Segarra (2009), Wood et al. (2011).
Hierba. Nativa. Zonas Bajas, Andes. Campos Cerrados, Sabanas Benianas del Norte, Campos Amazónicos, Yungas, 0–1500, 2000–2500 m.
Dept.: BE, CH, LP, SC.
Muestra: *W.W. Thomas et al. 5575* (LPB, NY, US).

Chrysolaena platensis (Spreng.) H. Rob., Proc. Biol. Soc. Wash. 101(4): 957. 1988.
Sin.: *Conyza platensis* Spreng.
Hierba. Nativa. Andes. Valles Secos, 1000–1500 m.
Dept.: SC.
Muestra: *M.H. Nee 35215* (NY).

Chrysolaena simplex (Less.) M. Dematteis, Ann. Bot. Fenn. 44(1): 62. 2007.
Sin.: *Vernonia simplex* Less., *Lessingianthus simplex* (Less.) H. Rob.
Ref.: Foster (1958), Killeen & Schulenberg (1998), Dematteis (2009), Wood et al. (2011).
Hierba. Nativa. Zonas Bajas, Andes. Bosque Semideciduo Chiquitano, Campos Cerrados, Sabanas Benianas del Norte, Yungas, 500–1000, 1500–2000 m.
Dept.: BE, LP, SC.
Muestra: *W.W. Thomas et al. 5624* (NY, US).

Chuquiraga Juss., Gen. Pl. 178. 1789.
6 especies, 0 especies endémicas.

Chuquiraga acanthophylla Wedd., Chlor. Andina 1(1): 5. 1855.
Sin.: *Chuquiraga punensis* Gaspar
Ref.: Foster (1958), Ezcurra (1985), López (2000), Hind (2009), Ministerio de Medio Ambiente y Agua (2012 [2013]).
Arbusto. Nativa. Altiplano. Bosque Tucumano-Boliviano, 3500–4000 m.
Dept.: CH, TA.
Tipo y muestra: *H.A. Weddell 3974* (HT: P), *K. Fiebrig 3109* (A, NY, US).
Nom. Vern.: Kishkatola.

Chuquiraga atacamensis Kuntze, Revis. Gen. Pl. 3(3): 141. 1898.
Sin.: *Chuquiraga glabra* Phil.
Ref.: Ezcurra (1985).
Arbusto. Nativa. Andes, Altiplano. Valles Secos, Puna Seca, 3000–4500 m.
Dept.: PO.
Muestra: *L. Cárdenas 3725* (US).
Nom. Vern.: Candela, ram aramilla san pedro.

Chuquiraga jussieui J.F. Gmel., Syst. Nat. 1205. 1792.
Sin.: *Chuquiraga peruviana* J. St.-Hil., *Johannia insignis* Willd., *Chuquiraga insignis* (Willd.) Bonpl., *Chuquiraga lancifolia* Bonpl., *Chuquiraga microphylla* Bonpl., *Chuquiraga insignis* var. *armata* Wedd., *Chuquiraga insignis* var. *lancifolia* (Bonpl.) Wedd., *Chuquiraga insignis* var. *microphylla* (Bonpl.) Wedd., *Chuquiraga pseudoruscifolia* Muschl., *Chuquiraga jussieui* var. *lancifolia* (Bonpl.) J. Kost.
Ref.: Foster (1958), Ezcurra (1985), Hind (2009).
Arbusto. Nativa. Altiplano. Puna Húmeda, 3500–4500 m.
Dept.: LP.
Muestra: *B. Herzog 2477* (LP).

Chuquiraga longiflora (Griseb.) Hieron., Bol. Acad. Nac. Ci. 4: 359. 1882.
Sin.: *Chuquiraga chrysantha* var. *longiflora* Griseb.
Ref.: Foster (1958), Ezcurra (1985), López (2000), Ministerio de Medio Ambiente y Agua (2012 [2013]).
Arbusto. Nativa. Andes. Valles Secos, 2000–4000 m.
Dept.: TA.
Muestra: *K. Fiebrig 3185* (GH, US).

[Chuquiraga oppositifolia D. Don], Philos. Mag. J. 11: 392. 1832.
Ref.: Rusby (1893b), Foster (1958), Ezcurra (1985), Saravia Miranda (1996), Serrano & Terán (1998 [2000]).
Nota: El registro se basa en material mal identificado de *C. parviflora*.

Chuquiraga parviflora (Griseb.) Hieron., Bot. Jahrb. Syst. 49: 231. 1913.
Sin.: *Chuquiraga oppositifolia* var. *microcephala* Wedd., *Chuquiraga spinosa* var. *parviflora* Griseb.
Ref.: Hind (2009).
Arbusto. Nativa. Andes. Valles Secos, 2000–3500 m.
Dept.: CH, CO, LP, PO, SC, TA.
Muestra: *M. Bang 138* (A, GH, MO, NY, US).

Chuquiraga spinosa Less., Linnaea 5: 259. 1830.
Sin.: *Chuquiraga rotundifolia* Wedd.
Ref.: Ezcurra (1985), Hind (2009).
Arbusto. Nativa. Altiplano. Puna Seca, 3500–4500 m.
Dept.: LP, OR, PO.
Muestra: *B.B.S. Vuilleumier 401* (GH, US).
Infra: *Chuquiraga spinosa* subsp. *australis* C. Ezcurra, *Chuquiraga spinosa* subsp. *rotundifolia* (Wedd.) C. Ezcurra
Nom. Vern.: Chapillixa.

Cichorium L., Sp. Pl. 2: 813. 1753.
1 especie, 0 especies endémicas.

Cichorium intybus L., Sp. Pl. 2: 813. 1753.
Hierba. Adventicia, cultivada. Andes. Valles Secos, 2000–2500 m.
Dept.: SC.
Muestra: *I.G. Vargas 308* (LPB, USZ).
Nom. Vern.: Cicoria.

Cirsium Mill., Gard. Dict. Abr. (ed. 4) 1. 1754.
1 especie, 0 especies endémicas.

Cirsium vulgare (Savi) Ten., Fl. Napol. 5: 209. 1835–1836.
Sin.: *Carduus vulgaris* Savi, *Cirsium vulgare* (Savi) Airy Shaw
Hierba. Naturalizada, adventicia. Andes, Altiplano. Yungas, Valles Secos, Puna Húmeda, 3000–4000 m.
Dept.: CO, LP.
Muestra: *J.C. Solomon 7255* (LPB, MO).

Clibadium F. Allam. ex L., Mant. Pl. 2: 161, 294. 1771.
7 especies, 0 especies endémicas.

Clibadium armanii (Balb.) Sch. Bip. ex O.E. Schulz, Bot. Jahrb. Syst. 46: 616. 1912.
Sin.: *Eupatorium armanii* Balb., *Clibadium armanii* (Balb.) Sch. Bip. ex Baker
Ref.: Killeen & Schulenberg (1998).
Arbusto. Nativa. Zonas Bajas. Campos Cerrados, Sabanas Benianas del Norte, Campos Amazónicos, 0–500 m.
Dept.: BE, LP, SC.
Muestra: *S. Jiménez et al. 1207* (US, USZ).

Clibadium divaricatum S.F. Blake, Contr. Gray Herb. 52: 7. 1917.
Sin.: *Clibadium rimachii* H. Rob.
Trepadora, arbusto. Nativa. Zonas Bajas, Andes. Bosque Húmedo, Yungas, 500–1500 m.
Dept.: BE, LP.
Muestra: *T. Killeen 3774* (LPB, MO, US).

Clibadium micranthum O.E. Schulz, Bot. Jahrb. Syst. 46: 625. 1912.
Arbusto. Nativa. Andes. Yungas, 1000–1500 m.
Dept.: LP.
Muestra: *H.H. Rusby 2146* (NY, US).

Clibadium peruvianum Poepp. ex DC., Prodr. 5: 505. 1836.
Ref.: Foster (1958).
Arbusto. Nativa. Zonas Bajas, Andes. Bosque Húmedo, Yungas, 0–500, 1000–2000 m.
Dept.: CO, LP, PA.
Muestra: *R.M. King & L.E. Bishop 7701* (MO, US).

Clibadium remotiflorum O.E. Schulz, Bot. Jahrb. Syst. 46: 621. 1912.
Sin.: *Clibadium heterotrichum* S.F. Blake
Ref.: Foster (1958).
Arbusto. Nativa. Andes. Yungas, 1000–2000 m.
Dept.: LP, SC.
Muestra: *J.C. Solomon 7515* (MO, US).

Clibadium surinamense L., Mant. Pl. 2: 294. 1771.
Sin.: *Baillieria aspera* Aubl., *Clibadium asperum* (Aubl.) DC., *Clibadium surinamense* var. *asperum* (Aubl.) Baker, *Clibadium vargasianum* H. Rob.
Ref.: Rusby (1893b), Foster (1958).
Arbusto. Nativa. Zonas Bajas, Andes. Bosque Húmedo, Bosque Semideciduo Chiquitano, Valles Secos, 0–1500 m.
Dept.: BE, CO, LP, SC.
Muestra: *M.H. Nee 40998* (MO, NY, US).

Clibadium sylvestre (Aubl.) Baill., Hist. Pl. 8: 307. 1886.
Sin.: *Baillieria sylvestris* Aubl.
Ref.: Arriagada Mathieu (2003).
Arbusto. Nativa. Andes. Valles Secos, 1000–1500 m.
Dept.: TA.
Muestra: *J.C. Solomon 10025* (LPB, MO).

Cnicothamnus Griseb., Abh. Königl. Ges. Wiss. Göttingen 19: 196. 1874.
2 especies, 0 especies endémicas.

Cnicothamnus azafran (Cabrera) Cabrera, Notas Mus. La Plata, Bot. 9(46): 256. 1944.
Sin.: *Cnicothamnus lorentzii* var. *azafran* Cabrera
Ref.: Foster (1958), Valenzuela Celis (1993b), López Vargas (1995), Serrano & Terán (1998 [2000]), Arroyo Padilla & Villarroel Segarra (2009).
Arbusto, arbolito, árbol. Nativa. Zonas Bajas, Andes. Bosque Semideciduo Chiquitano, Bosque Tucumano-Boliviano, 0–3000 m.
Dept.: CH, CO, PO, SC, TA.
Muestra: *R.F. Steinbach 719* (MO).
Nom. Vern.: Azafrán, jatun yuraj yuraj.

Cnicothamnus lorentzii Griseb., Abh. Königl. Ges. Wiss. Göttingen 19: 197. 1874.
Sin.: *Lefrovia rhaponticoides* Franch.
Ref.: Foster (1958), Schulenberg & Awbrey (1997), González et al. (1999), Serrano & Terán (1998 [2000]), Arroyo Padilla & Villarroel Segarra (2009).
Arbusto, árbol. Nativa. Zonas Bajas, Andes. Bosque Semideciduo Chiquitano, Campos Cerrados, Bosque Tucumano-Boliviano, 0–3000 m.
Dept.: CH, CO, SC, TA.
Muestra: *G. Coimbra 628* (MO, NY).
Nom. Vern.: Azafrán, azafrán del campo.

Condylidium R.M. King & H. Rob., Phytologia 24(5): 380–381. 1972.
1 especie, 0 especies endémicas.

Condylidium iresinoides (Kunth) R.M. King & H. Rob., Phytologia 24(5): 381. 1972.
Sin.: *Eupatorium iresinoides* Kunth
Ref.: Foster (1958).
Hierba, trepadora, subarbusto. Nativa. Andes. Valles Secos, 3000–3500 m.
Dept.: LP.
Muestra: *H.H. Rusby 1637* (NY).

Conyza Less., Syn. Gen. Compos. 203–204. 1832.
16 especies, 1 especie endémica.

Conyza altoandina Cabrera, Bol. Soc. Argent. Bot. 14(4): 347. 1972.
Sin.: *Laennecia altoandina* (Cabrera) G.L. Nesom
Ref.: Cabrera (1978a), Bartoli et al. (2008).
Hierba. Nativa. Altiplano. Puna Húmeda, 4000–4500 m.
Dept.: LP.
Muestra: *S.G. Beck 22690* (CUZ, LPB, M, US).

Conyza artemisioides Meyen & Walp., Nov. Actorum Acad. Caes. Leop.-Carol. Nat. Cur. 19(Suppl. 1): 262. 1843.
Sin.: *Conyza artemisiifolia* Meyen & Walp., *Erigeron senecioides* Wedd., *Erigeron artemisiifolius* (Meyen & Walp.) Sch. Bip., *Erigeron artemisioides* (Meyen & Walp.) Sch.

Bip., *Conyza andicola* Phil., *Laennecia artemisiifolia* (Meyen & Walp.) G.L. Nesom, *Laennecia artemisioides* (Meyen & Walp.) G.L. Nesom
Ref.: Foster (1958).
Hierba. Nativa. Andes, Altiplano. Yungas, Valles Secos, Puna Húmeda, Puna Seca, 3000–4000 m.
Dept.: LP, OR.
Muestra: *J.C. Solomon 13248* (LPB, MO).

Conyza bonariensis (L.) Cronquist, Bull. Torrey Bot. Club 70(6): 632. 1943.
Sin.: *Erigeron bonariensis* L., *Conyza floribunda* Kunth, *Conyza hispida* Kunth, *Conyza albida* Willd. ex Spreng., *Erigeron floribundus* (Kunth) Sch. Bip.
Ref.: Rusby (1893b), Foster (1958), Cuatrecasas (1969), Pruski (1997), Killeen & Schulenberg (1998), Serrano & Terán (1998 [2000]).
Hierba. Nativa. Zonas Bajas, Andes, Altiplano. Bosque Húmedo, Bosque Semideciduo Chiquitano, Campos Cerrados, Sabanas Benianas del Sur, Yungas, Puna Húmeda, 0–4000 m.
Dept.: BE, CH, CO, LP, SC.
Muestra: *M.H. Nee 33447* (LPB, MO, NY).

Conyza canadensis (L.) Cronquist, Bull. Torrey Bot. Club 70(6): 632. 1943.
Sin.: *Erigeron canadensis* L.
Ref.: Rusby (1893b), Foster (1958), Cuatrecasas (1969), Dillon et al. (2001).
Hierba. Naturalizada. Andes. Yungas, 3000–3500 m.
Dept.: LP.
Muestra: *T. Feuerer 4237* (LPB).
Infra: *Conyza canadensis* var. *canadensis*

Conyza coronopifolia Kunth, Nov. Gen. Sp. (folio ed.) 4: 55. 1820 [1818].
Sin.: *Conyza obtusa* Kunth, *Erigeron variifolius* S.F. Blake
Ref.: Foster (1958), Cabrera (1978a).
Hierba. Nativa. Altiplano. Puna Húmeda, 4000–4500 m.
Dept.: LP.
Muestra: *S.G. Beck 1001* (LPB).

Conyza deserticola Phil., Anales Mus. Nac. Santiago de Chile 8: 38. 1891.
Sin.: *Erigeron canescens* Sch. Bip.
Ref.: Zardini (1976), Cabrera (1978a).
Hierba. Nativa. Andes, Altiplano. Valles Secos, Puna Húmeda, Bosque de *Polylepis*, 3500–4000, 4500–5000 m.
Dept.: CO, LP, OR.
Muestra: *T. Johns 82-54* (LPB, MO).

Conyza gnaphalioides Kunth, Nov. Gen. Sp. (folio ed.) 4: 57, t. 327. 1820 [1818].
Sin.: *Laennecia gnaphalioides* (Kunth) Cass., *Conyza evacioides* Rusby
Ref.: Foster (1958).
Hierba. Nativa. Andes. Yungas, Valles Secos, 2500–4000 m.
Dept.: CH, CO, LP, TA.
Muestra: *J.C. Solomon 13268* (LPB, MO).

Conyza laevigata (Rich.) Pruski, Brittonia 50(4): 475, f. 1. 1998.
Sin.: *Erigeron laevigatus* Rich., *Erigeron chinensis* Jacq., *Conyza apurensis* Kunth
Ref.: Cuatrecasas (1969), Moraes R. (1990).
Hierba. Nativa. Zonas Bajas. Bosque Húmedo, 0–500 m.
Dept.: BE, LP, PA.
Muestra: *M.H. Nee 31580* (LPB, NY).

Conyza lignescens Rusby, Bull. New York Bot. Gard. 4: 385. 1907.
Ref.: Foster (1958).
Subarbusto. Endémica. Región, tipo de vegetación y elevación desconocidas.
Dept.: Bolivia.
Tipo: *M. Bang 2873* (HT: NY; IT: GH, MO-3729260, NY, US).
Nota: Conocida solamente del tipo.

Conyza primulifolia (Lam.) Cuatrec. & Lourteig, Phytologia 58(7): 475. 1985.
Sin.: *Inula primulifolia* Lam., *Conyza chilensis* Spreng., *Conyza scabiosifolia* J. Rémy, *Conyza yungasensis* Rusby
Ref.: Rusby (1893b), Foster (1958), Moraes R. (1990), Serrano & Terán (1998 [2000]), Arroyo Padilla & Villarroel Segarra (2009).
Hierba. Nativa. Zonas Bajas, Andes. Bosque Semideciduo Chiquitano, Campos Cerrados, Sabanas Benianas del Sur, Yungas, Valles Secos, 0–3000 m.
Dept.: BE, CH, CO, LP, SC, TA.
Muestra: *M.H. Nee 36424* (LPB, MO, NY).

Conyza sophiifolia Kunth, Nov. Gen. Sp. (folio ed.) 4: 56, t. 326. 1820 [1818].
Sin.: *Conyza pulchella* Kunth, *Laennecia sophiifolia* (Kunth) G.L. Nesom
Ref.: De la Barra (1997).
Hierba. Nativa. Andes. Yungas, Valles Secos, 2500–3500 m.
Dept.: CO, LP, TA.
Muestra: *J.C. Solomon 13805* (MO).

Conyza spiciformis (Griseb.) Zardini, Bol. Soc. Argent. Bot. 17: 45. 1976.
Sin.: *Erigeron spiciformis* Griseb.
Ref.: Zardini (1976).
Hierba. Nativa. Andes, Altiplano. Valles Secos, Bosque de *Polylepis*, 3500–4000 m.
Dept.: CO.
Muestra: *I. Hensen 422* (BOLV, LPB).

Conyza spiculosa (Hook. & Arn.) Zardini, Bol. Soc. Argent. Bot. 17: 39. 1976.
Sin.: *Erigeron spiculosus* Hook. & Arn.
Ref.: Zardini (1976).
Hierba. Nativa. Andes. Valles Secos, 3000–3500 m.
Dept.: LP.
Muestra: *M. Bang 100* (GH, MO).
Nota: Determinación no reconfirmada.

Conyza suffruticosa Phil., Linnaea 28: 735. 1858.
Ref.: Foster (1958), Marticorena & Quezada (1985).
Hierba. Nativa. Andes. Yungas, 3500–4000 m.
Dept.: LP.
Muestra: *K. Pflanz 405* (B).
Nota: Muestra no vista.

Conyza sumatrensis (Retz.) E. Walker, J. Jap. Bot. 46(3): 72. 1971.
Sin.: *Erigeron sumatrensis* Retz.
Ref.: Pruski & Sancho (2006).
Hierba. Nativa. Zonas Bajas, Andes. Bosque Húmedo, Bosque Semideciduo Chiquitano, Yungas, Valles Secos, 0–3500 m.
Dept.: CO, LP, SC.
Muestra: *J.R. Abbott 17018* (MO, US, USZ).
Infra: *Conyza sumatrensis* var. *sumatrensis*, *Conyza sumatrensis* var. *leiotheca* (S.F. Blake) Pruski & G. Sancho

Conyza tunariensis (Kuntze) Zardini, Bol. Soc. Argent. Bot. 17: 45. 1976.
Sin.: *Erigeron tunariensis* Kuntze
Ref.: Foster (1958), Zardini (1976), Cabrera (1978a), Schulenberg & Awbrey (1997), Serrano & Terán (1998 [2000]).
Hierba. Nativa. Andes. Yungas, 2000–2500, 3000–3500 m.
Dept.: CH, CO, LP.
Tipo y muestra: *O. Kuntze s.n.* (HT: NY; IT: B destr.?, US; fotos: F ex B), *J.C. Solomon 13676* (MO).

Coreopsis L., Sp. Pl. 2: 907. 1753.
3 especies, 0 especies endémicas.

Coreopsis fasciculata Wedd., Chlor. Andina 1(3): 71. 1855 [1856].
Ref.: Foster (1958), López Vargas

(1995), Saravia Miranda (1996).
Arbusto. Nativa. Andes. Valles Secos, 3000–4000 m.
Dept.: CO, LP.
Muestra: *P. Saravia 131* (BOLV).

Coreopsis pickeringii A. Gray, Proc. Amer. Acad. Arts 5: 124. 1861.
Sin.: *Coreopsis boliviana* S.F. Blake
Ref.: Foster (1958), López Vargas (1995), Saravia Miranda (1996), Serrano & Terán (1998 [2000]).
Arbusto. Nativa. Andes. Valles Secos, 2500–3000 m.
Dept.: CH, CO, LP.
Muestra: *M.A. Lewis 35212* (LPB, MO, US).
Nom. Vern.: Jatun sunch'u.

[Coreopsis spectablilis A. Gray], Proc. Amer. Acad. Arts 5: 125. 1861.
Ref.: Foster (1958).
Nota: El registro se basa en material mal identificado de *C. pickeringii*.

Coreopsis townsendii S.F. Blake, Contr. U.S. Natl. Herb. 22(8): 643–644. 1924.
Ref.: Foster (1958).
Arbusto. Nativa. Andes. Tipo de vegetación desconocida, 3000–3500 m.
Dept.: TA.
Muestra: *K. Fiebrig 3476* (no localizada).

Cosmos Cav., Icon. 1(1): 9–10, pl. 14. 1791.
6 especies, 1 especie endémica.

Cosmos bipinnatus Cav., Icon. 1(1): 10, pl. 14. 1791.
Hierba. Cultivada. Andes. Bosque Tucumano-Boliviano, Valles Secos, 1000–1500, 2000–2500 m.
Dept.: LP, SC, TA.
Muestra: *I.G. Vargas 943* (US, USZ).

Cosmos caudatus Kunth, Nov. Gen. Sp. (folio ed.) 4: 188. 1820 [1818].
Ref.: Foster (1958), López Vargas (1995).
Hierba. Naturalizada. Zonas Bajas, Andes. Bosque Húmedo, Bosque Semideciduo Chiquitano, Sabanas Benianas del Sur, Yungas, 0–500, 1000–1500 m.
Dept.: CO, LP, SC.
Muestra: *R.M. King & L.E. Bishop 7453* (MO, US).
Nom. Vern.: Muni.

Cosmos diversifolius Otto ex Knowles & Westc., Fl. Cab. 2: 3, t. 47. 1838.
Ref.: Foster (1958).
Hierba. Adventicia. Andes, Altiplano. Yungas, Bosque de *Polylepis*, 2500–3000, 3500–4000 m.
Dept.: CO, PO.
Muestra: *M. Cárdenas 605* (GH).

Cosmos herzogii Sherff, Bot. Gaz. 96: 148. 1934.
Sin.: *Bidens herzogii* (Sherff) D.J.N. Hind
Ref.: Foster (1958), Wood et al. (2011).
Subarbusto. Endémica. Zonas Bajas. Campos Cerrados, 500–1000 m.
Dept.: SC.
Tipo y muestra: *T. Herzog 496* (HT: B destr.; LT: G), *J.R.I. Wood 24685* (K, LPB, USZ).

Cosmos peucedanifolius Wedd., Chlor. Andina 1(3): 70. 1855 [1856].
Sin.: *Cosmos integrifolius* Wedd., *Cosmos pulcherrimus* Sch. Bip., *Cosmos marginatus* Klatt, *Bidens peucedanifolia* (Wedd.) Kuntze, *Bidens peucedanifolia* var. *cochabambensis* Kuntze, *Bidens peucedanifolia* var. *soratensis* Kuntze, *Bidens peucedanifolia* var. *tiraquensis* Kuntze
Ref.: Foster (1958), López Vargas (1995), Saravia Miranda (1996), Serrano & Terán (1998 [2000]), Balderrama & Ramírez (2001), Fernández et al. (2001).
Hierba. Nativa. Andes, Altiplano. Yungas, Bosque Tucumano-Boliviano, Bosque de *Polylepis*, 2500–5000 m.
Dept.: CH, CO, LP, PO, TA.
Tipo y muestra: *H.A. Weddell 3737* (HT: P; IT: F), *M.A. Lewis 37021* (MO).
Infra: *Cosmos peucedanifolius* var. *cochabambensis* (Kuntze) Sherff, *Cosmos peucedanifolius* var. *tiraquensis* (Kuntze) Sherff
Nom. Vern.: Org'o th'ica.

Cosmos sulphureus Cav., Icon. 1(3): 56, pl. 79. 1791.
Hierba. Adventicia. Zonas Bajas. Bosque Húmedo, Sabanas Benianas del Sur, 0–500 m.
Dept.: BE, SC.
Muestra: *E. Rivero 278* (LPB, US).

Cotula L., Sp. Pl. 2: 891. 1753.
3 especies, 0 especies endémicas.

Cotula australis (Sieber ex Spreng.) Hook. f., Fl. Nov.-Zel. 1: 128. 1852.
Sin.: *Anacyclus australis* Sieber ex Spreng., *Cotula villosa* DC.
Ref.: Cabrera (1978a), Dillon (1981), Marticorena & Quezada (1985).
Hierba. Naturalizada. Andes, Altiplano. Yungas, Valles Secos, Puna Húmeda, 2000–4000 m.
Dept.: CO, LP, SC.
Muestra: *J.C. Solomon 7189* (LPB, MO).

Cotula coronopifolia L., Sp. Pl. 2: 892. 1753.
Sin.: *Lancisia coronopifolia* (L.) Rydb.
Ref.: Dillon (1981), Marticorena & Quezada (1985).
Hierba. Naturalizada. Andes, Altiplano. Yungas, Valles Secos, Puna Seca, 2500–4500 m.
Dept.: CH, CO, LP, OR, SC.
Muestra: *M.H. Nee 30442* (MO, NY).

Cotula mexicana (DC.) Cabrera, Bol. Soc. Argent. Bot. 8: 207. 1960.
Sin.: *Hippia minuta* L. f., *Soliva pedicellata* Ruiz & Pav., *Soliva pygmaea* Kunth, *Gymnostyles minuta* (L. f.) Spreng., *Gymnostyles peruviana* Spreng., *Soliva minuta* (L. f.) Sweet, *Soliva mexicana* DC., *Soliva pedunculata* R. & P. ex Steud., *Cotula pygmaea* (Kunth) Benth. & Hook. f. ex Hemsl., *Cotula minuta* (L. f.) Schinz, *Lancisia minuta* (L. f.) Rydb., *Cotula pedicellata* (Ruiz & Pav.) Cabrera, *Cotula cabrerae* Caro
Ref.: Foster (1958), Cabrera (1978a), Dillon (1981), Marticorena & Quezada (1985).
Hierba. Nativa. Andes, Altiplano. Yungas, Páramo Yungueño, Puna Húmeda, Puna Seca, 2500–5000 m.
Dept.: CH, CO, LP, OR.
Muestra: *J.C. Solomon & S.G. Beck 6635* (MO).

Crepis L., Sp. Pl. 2: 805. 1753.
2 especies, 0 especies endémicas.

Crepis capillaris (L.) Wallr., Linnaea 14(6): 657–658. 1840.
Sin.: *Lapsana capillaris* L.
Hierba. Adventicia. Andes. Valles Secos, 3000–3500 m.
Dept.: LP.
Muestra: *S.G. Beck 11666* (B, BOLV, CTES, CUZ, G, K, M, MO, S, SI, US).

Crepis heterophylla Klatt, Ann. K.K. Naturhist. Hofmus. 9: 368. 1894.
Ref.: Foster (1958).
Hierba. Nativa. Región, tipo de vegetación y elevación desconocidas.
Dept.: Bolivia.
Tipo: *G. Mandon s.n.* (ST: W).
Nota: Conocida en Bolivia solamente del tipo. Probablemente un sinónimo de una especie de *Hieracium*.

Critonia P. Browne, Civ. Nat. Hist. Jamaica 490, 314–315, t. 34, f. 1. 1756.
1 especie, 0 especies endémicas.

Critonia morifolia (Mill.) R.M. King & H. Rob., Phytologia 22(1): 49. 1971.
Sin.: *Eupatorium morifolium* Mill.
Ref.: Foster (1958), Valenzuela Celis (1993b), Schulenberg & Awbrey (1997), Killeen & Schulenberg (1998), Serrano & Terán (1998 [2000]), Arroyo Padilla & Villarroel Segarra (2009).
Hierba, arbusto. Nativa. Zonas Bajas, Andes. Bosque Húmedo, Bosque Semideciduo Chiquitano, Yungas, Bosque Tucumano-Boliviano, Valles Secos, 0–2000 m.
Dept.: CH, LP, SC, TA.
Muestra: *M.H. Nee 35197* (LPB, NY, US).

Critoniopsis Sch. Bip., Jahresber. Pollichia 20–21: 430–431. 1863.
8 especies, 5 especies endémicas.

Critoniopsis boliviana (Britton) H. Rob., Proc. Biol. Soc. Wash. 106(3): 609. 1993.
Sin.: *Vernonia boliviana* Britton, *Vernonia paucisquamata* Rusby
Ref.: Foster (1958), Arrázola Rivero et al. (2000).
Trepadora. Nativa. Andes. Yungas, 1000–2500 m.
Dept.: CO, LP.
Tipo y muestra: *H.H. Rusby 1729* (T: GH, WIS), *A.H. Gentry & J.C. Solomon 44691* (MO).

Critoniopsis cajamarcaensis (H. Rob.) H. Rob., Proc. Biol. Soc. Wash. 106(3): 610. 1993.
Sin.: *Vernonia cajamarcensis* H. Rob.
Trepadora. Nativa. Andes. Yungas, 1000–1500 m.
Dept.: LP.
Muestra: *M.A. Lewis 881152* (LPB, MO, US).

Critoniopsis choquetangensis H. Rob., Phytologia 78(5): 386. 1995.
Ref.: Ministerio de Medio Ambiente y Agua (2012 [2013]).
Árbol. Endémica. Andes. Yungas, 2500–3500 m.
Dept.: LP.
Tipo y muestra: *N. Salinas 3187* (HT: US; IT: LPB, M), *M.A. Lewis 38677* (LPB, MO, US).

Critoniopsis jubifera (Rusby) H. Rob., Proc. Biol. Soc. Wash. 106(3): 615. 1993.
Sin.: *Vernonia jubifera* Rusby, *Vernonia conwayi* Rusby
Ref.: Foster (1958).
Arbusto. Endémica. Zonas Bajas, Andes. Bosque Húmedo, Yungas, 500–1500 m.
Dept.: LP.
Tipo y muestra: *M. Bang 1554* (HT: NY; IT: A, F, GH, GH, MO-2125378, NY, US), *P. Acevedo-Rodríguez et al. 4457* (LPB, MO, NY, US).

Critoniopsis lewisii H. Rob., Proc. Biol. Soc. Wash. 106(3): 615. 1993.
Trepadora. Endémica. Andes. Yungas, 3000–4000 m.
Dept.: LP.
Tipo y muestra: *M.A. Lewis 39696* (HT: US; IT: LPB, MO), *N. Salinas 2565* (LPB, US).

Critoniopsis pycnantha (Benth.) H. Rob., Phytologia 46(7): 441. 1980.
Sin.: *Vernonia pycnantha* Benth.
Ref.: Foster (1958), Robinson (1999b).
Subarbusto. Nativa. Zonas Bajas, Andes. Bosque Seco Chaqueño, Yungas, 0–500, 1500–2000 m.
Dept.: LP, SC.
Muestra: *A.F. Fuentes & G. Navarro 2337* (MO, USZ).

Critoniopsis steinbachii H. Rob., Proc. Biol. Soc. Wash. 106(3): 622. 1993.
Arbusto. Endémica. Zonas Bajas, Andes. Bosque Húmedo, Yungas, Valles Secos, 500–1500 m.
Dept.: LP, SC.
Tipo y muestra: *J.C. Solomon & S. Urcullo 14171* (HT: US; IT: LPB, MO, NY), *J.C. Solomon 10737* (MO, US).

Critoniopsis yungasensis (Britton) H. Rob., Proc. Biol. Soc. Wash. 106(3): 626. 1993.
Sin.: *Vernonia yungasensis* Britton
Ref.: Foster (1958).
Trepadora, arbusto. Endémica. Andes. Bosque Húmedo, Yungas, 500–1000, 1500–2500 m.
Dept.: LP.
Tipo y muestra: *H.H. Rusby 1732* (LT: NY), *M.A. Lewis 40236* (LPB, MO, US).

Cuatrecasasiella H. Rob., Fl. Neotrop. 39: 14. 1986.
1 especie, 0 especies endémicas.

Cuatrecasasiella argentina (Cabrera) H. Rob., Fl. Neotrop. 2(Suppl.): 15. 1985.
Sin.: *Luciliopsis argentina* Cabrera
Ref.: Cabrera (1949a), Robinson (1985), Freire (1995).
Hierba. Nativa. Altiplano. Puna Húmeda, 3500–4500 m.
Dept.: LP.
Muestra: *D.K. Ávila 19* (LPB).

Cyclolepis D. Don, Philos. Mag. Ann. Chem. 11: 392. 1832.
0 especies, 0 especies endémicas.

Cyclolepis genistoides D. Don, Philos. Mag. Ann. Chem. 11: 392. 1832.
Nota: Esperada.

Cynara L., Sp. Pl. 2: 827. 1753.
1 especie, 0 especies endémicas.

Cynara cardunculus L., Sp. Pl. 2: 827–828. 1753.
Hierba. Cultivada. Andes. Valles Secos, 3000–4000 m.
Dept.: LP.
Muestra: *S. Cocarico 70* (LPB).

Cyrtocymura H. Rob., Proc. Biol. Soc. Wash. 100(4): 849–851. 1987.
2 especies, 0 especies endémicas.

Cyrtocymura cincta (Griseb.) H. Rob., Proc. Biol. Soc. Wash. 100(4): 851. 1987.
Sin.: *Vernonia cincta* Griseb., *Vernonia scorpioides* var. *cincta* (Griseb.) Cabrera
Arbusto. Nativa. Zonas Bajas, Andes. Campos Cerrados, Yungas, Valles Secos, 0–2000 m.
Dept.: CH, LP, SC, TA.
Muestra: *M.H. Nee 45927* (MO, NY, US).

Cyrtocymura scorpioides (Lam.) H. Rob., Proc. Biol. Soc. Wash. 100(4): 852–853. 1987.
Sin.: *Conyza scorpioides* Lam., *Vernonia scorpioides* (Lam.) Pers., *Cacalia scorpioides* var. *tomentosa* Kuntze, *Vernonia breviramosa* Rusby
Ref.: Rusby (1893b), Foster (1958), López Vargas (1995), Saravia Miranda (1996), González et al. (1999), Serrano & Terán (1998 [2000]).
Subarbusto, arbusto. Nativa. Zonas Bajas, Andes. Bosque Semideciduo Chiquitano, Campos Cerrados, Yungas, Valles Secos, 0–2500 m.
Dept.: BE, CO, LP, SC, TA.
Muestra: *M.A. Lewis 881144* (LPB, MO, US).

Dahlia Cav., Icon. 1(3): 56–57. 1791.
3 especies, 0 especies endémicas.

Dahlia coccinea Cav., Icon. 3(2): 33–34, t. 266. 1794 [1795–1796].
Hierba. Adventicia, cultivada. Andes. Valles Secos, 2500–3000 m.
Dept.: CH.
Muestra: *D.M. Spooner et al. 6664* (LPB, TEX, WIS).

Dahlia imperialis Roezl ex Ortgies, Gartenflora 12: 243, t. 407–408. 1863.
Ref.: Dillon et al. (2001).
Hierba. Adventicia, cultivada. Andes. Valles Secos, 2000–2500 m.
Dept.: SC.
Muestra: *I.G. Vargas 93* (MO, USZ).

Dahlia pinnata Cav., Icon. 1(3): 57, t. 80. 1791.
Ref.: Breedlove (1986), Strother (1999).
Hierba. Cultivada. Andes. Yungas, Valles Secos, 3000–3500 m.
Dept.: LP.
Muestra: *J.C. Solomon 11547* (LPB, MO).

Dasycondylus R.M. King & H. Rob., Phytologia 24: 188. 1972.
1 especie, 0 especies endémicas.

Dasycondylus lobbii (Klatt) R.M. King & H. Rob., Phytologia 24: 190. 1972.
Sin.: *Eupatorium lobbii* Klatt
Ref.: Foster (1958).
Subarbusto, arbusto. Nativa. Zonas Bajas. Bosque Húmedo, 500–1000 m.
Dept.: LP.
Muestra: *O. Buchtien 1518* (GH, US).

Dasyphyllum Kunth, Nov. Gen. Sp. (folio ed.) 4: 13–14. 1820 [1818].
8 especies, 0 especies endémicas.

Dasyphyllum armatum (J. Kost.) Cabrera, Revista Mus. La Plata, Secc. Bot. 9(38): 51. 1959.
Sin.: *Chuquiraga armata* J. Kost., *Flotovia armata* (J. Kost.) Tovar
Ref.: Foster (1958), Cabrera (1959b), Valenzuela Celis (1993b), Serrano & Terán (1998 [2000]), Hind (2009).
Arbolito, árbol. Nativa. Andes. Valles Secos, 2000–3000 m.
Dept.: CH, CO, LP, PO, SC, TA.
Tipo y muestra: *T. Herzog 2023* (HT: L; IT: LP, S), *S.G. Beck 14485* (LPB, US).
Nom. Vern.: Kiska kiska, sunchillo.

Dasyphyllum brasiliense (Spreng.) Cabrera, Revista Mus. La Plata, Secc. Bot. 9(38): 72, 74. 1959.
Sin.: *Johannia brasiliensis* Spreng., *Barnadesia divaricata* Griseb., *Chuquiraga glabra* var. *varians* (Gardner) Baker, *Flotovia divaricata* (Griseb.) Hieron., *Chuquiraga brasiliensis* (Spreng.) Kuntze, *Chuquiraga brasiliensis* var. *divaricata* (Griseb.) Kuntze, *Chuquiraga varians* (Gardner) Rusby, *Flotovia barnadesioides* Tovar
Ref.: Foster (1958), Cabrera (1959b), Moraes R. (1990), Valenzuela Celis (1993b), López Vargas (1995), Saravia Miranda (1996), Schulenberg & Awbrey (1997), Killeen & Schulenberg (1998), Serrano & Terán (1998 [2000]), Arroyo Padilla & Villarroel Segarra (2009), Hind (2009).
Trepadora, arbusto. Nativa. Zonas Bajas, Andes. Bosque Húmedo, Yungas, Bosque Tucumano-Boliviano, 0–3000 m.
Dept.: BE, CH, CO, LP, PA, SC, TA.
Muestra: *M. Bang 2335* (GH, MO, NY, US).
Infra: *Dasyphyllum brasiliense* var. *barnadesioides* (Tovar) Cabrera, *Dasyphyllum brasiliense* var. *divaricatum* (Griseb.) Cabrera, *Dasyphyllum brasiliense* var. *varians* (Gardner) Cabrera
Nota: Sinónimo de *Chuquiraga varians* (Gardner) Rusby según Cabrera (1959b).
Nom. Vern.: Misi ullu, misullu.

[Dasyphyllum candolleanum (Gardner) Cabrera], Revista Mus. La Plata, Secc. Bot. 9(38): 86. 1959.
Sin.: *Chuquiraga urceolata* Mattf., *Flotovia candolleana* Gardner, *Chuquiraga candolleana* (Gardner) Baker
Ref.: Cabrera (1959b), Killeen & Schulenberg (1998), Hind (2009).
Nota: El registro se basa en material mal identificado.

Dasyphyllum ferox (Wedd.) Cabrera, Revista Mus. La Plata, Secc. Bot. 9(38): 54. 1959.
Sin.: *Flotovia ferox* Wedd., *Chuquiraga ferox* (Wedd.) Britton, *Barnadesia seleriana* Muschl.
Ref.: Rusby (1893b), Foster (1958), Valenzuela Celis (1993b), Ferreyra (1995), Hind (2009).
Arbusto. Nativa. Andes. Valles Secos, 2500–4000 m.
Dept.: LP, SC.
Tipo y muestra: *d'Orbigny 1533* (ST: BR, G, P, W), *O. Buchtien 4810* (C, LP, MO, S, US).

Dasyphyllum hystrix (Wedd.) Cabrera, Revista Mus. La Plata, Secc. Bot. 9(38): 51. 1959.
Sin.: *Flotovia hystrix* Wedd.
Ref.: Cabrera (1959b), López (2000), Serrano & Terán (1998 [2000]), Hind (2009).
Arbusto, arbolito. Nativa. Andes. Valles Secos, 3000–4000 m.
Dept.: CH, PO, SC, TA.
Tipo y muestra: *d'Orbigny 1381* (ST: P, P), *K. Fiebrig 3038* (A, GH, US).
Infra: *Dasyphyllum hystrix* var. *hystrix*
Nom. Vern.: Oque kiska.

Dasyphyllum inerme (Rusby) Cabrera, Revista Mus. La Plata, Secc. Bot. 9(38): 64. 1959.
Sin.: *Barnadesia inermis* Rusby
Ref.: Foster (1958), Cabrera (1959b), González et al. (1999), Hind (2009).
Trepadora, arbusto. Nativa. Andes. Valles Secos, 1000–2000 m.
Dept.: CH, LP, SC, TA.
Tipo y muestra: *M. Bang 2372* (HT: NY; IT: F, F, GH, MO, NY, US; fotos: F), *M.H. Nee 40722* (LPB, MO, NY).

Dasyphyllum latifolium (Gardner) Cabrera, Revista Mus. La Plata, Secc. Bot. 9(38): 88. 1959.
Sin.: *Flotovia latifolia* Gardner, *Chuquiraga latifolia* (Gardner) Baker
Ref.: Hind (2009).
Arbusto. Nativa. Zonas Bajas. Campos Cerrados, 0–1000 m.
Dept.: SC.
Muestra: *E. Gutiérrez C. et al. 1381* (MO, US, USZ).

Dasyphyllum leiocephalum (Wedd.) Cabrera, Revista Mus. La Plata, Secc. Bot. 9(38): 50. 1959.
Sin.: *Flotovia leiocephala* Wedd.
Ref.: Hind (2009).
Arbusto. Nativa. Andes. Valles Secos, 2500–3000 m.
Dept.: PO, SC.
Muestra: *J.R.I. Wood et al. 21960* (BOLV, K, LPB).
Nota: Frecuentemente confundida con *D. armatum*.

[Dasyphyllum tomentosum (Spreng.) Cabrera], Revista Mus. La Plata, Secc. Bot. 9(38): 69. 1959.
Sin.: *Flotovia tomentosa* Spreng.
Ref.: Serrano & Terán (1998 [2000]).
Nota: Especie dudosa. Serrano & Terán (1998) citan *D. tomentosum* var. *tomentosum*. No hay ejemplares de herbario confirmados.

Dasyphyllum velutinum (Baker) Cabrera, Revista Mus. La Plata, Secc. Bot. 9(38): 84. 1959.
Sin.: *Chuquiraga velutina* Baker
Ref.: Killeen & Schulenberg (1998), Hind (2009).
Hierba, arbusto. Nativa. Zonas Bajas. Campos Cerrados, 500–1000 m.
Dept.: SC.
Muestra: *A. Jardim et al. 67* (MO, US, USZ).

Delilia Spreng., Bull. Sci. Soc. Philom. Paris 1823: 54. 1823.
1 especie, 0 especies endémicas.

Delilia biflora (L.) Kuntze, Revis. Gen. Pl. 1: 333. 1891.
Sin.: *Milleria biflora* L., *Elvira biflora* (L.) DC.
Ref.: Rusby (1893b), Foster (1958), Delprete (1995), Serrano & Terán (1998 [2000]).
Hierba. Nativa. Zonas Bajas, Andes. Bosque Semideciduo Chiquitano, Yungas, Valles Secos, 0–2000 m.
Dept.: CH, LP, SC, TA.
Muestra: *J.R. Abbott 16663* (BEREA, LPB, MO, US, USZ).

Dendrophorbium (Cuatrec.) C. Jeffrey, Kew Bull. 47(1): 65. 1992.
21 especies, 5 especies endémicas.

Dendrophorbium acuminatissimum (Cabrera) D.J.N. Hind, Kew Bull. 63(3): 515. 2008.
Sin.: *Senecio acuminatissimus* Cabrera
Ref.: Cabrera (1985), Hind (2008).
Hierba, subarbusto. Nativa. Andes. Yungas, Páramo Yungueño, 3000–4000 m.
Dept.: LP.
Tipo y muestra: *O. Buchtien 9119* (HT: MO-1297401), *S.G. Beck 14678* (G, LPB, M, SI, US, USM).

Dendrophorbium ayopayense (Cuatrec.) D.J.N. Hind, Kew Bull. 63(3): 515. 2008.
Sin.: *Senecio ayopayensis* Cuatrec.
Ref.: Cuatrecasas (1951b), Foster (1958), Cabrera (1985), Ibisch (1996), Hind (2008).
Hierba, liana, arbusto. Endémica. Andes. Yungas, 2000–3000 m.
Dept.: CO, LP.
Tipo y muestra: *M. Cárdenas 3272* (HT: US; IT: A, GH, MO-1273298; fotos: F), *J.C. Solomon & M.H. Nee 14252* (LPB, MO).

Dendrophorbium biacuminatum (Rusby) C. Jeffrey, Kew Bull. 47(1): 65. 1992.
Sin.: *Senecio biacuminatus* Rusby
Ref.: Rusby (1907).
Arbusto. Nativa. Andes. Yungas, 2000–2500 m.
Dept.: LP.
Tipo y muestra: *M. Bang 2879* (HT: NY; IT: G, GH, K, LP frag., MO-2965468, NY, US, WIS; fotos: LP), *D.N. Smith & J.F. Smith 13093* (LPB, MO).

Dendrophorbium biserrifolium (Kuntze) D.J.N. Hind, Kew Bull. 63(3): 515. 2008.
Sin.: *Senecio biserrifolius* Kuntze
Ref.: Foster (1958), Cabrera (1985), Hind (2008).
Subarbusto. Nativa. Andes. Yungas, 2000–3500 m.
Dept.: CO, LP.
Tipo y muestra: *O. Kuntze s.n.* (HT: NY; IT: B destr.?; fotos: F ex B), *J.C. Solomon 15427* (LPB, MO).

Dendrophorbium bomanii (R.E. Fr.) C. Jeffrey, Kew Bull. 47(1): 65. 1992.
Sin.: *Senecio bomanii* R.E. Fr.
Ref.: Fries (1906b), Cabrera (1939a), Cabrera (1978a), Cabrera (1985).
Subarbusto, arbusto. Nativa. Andes. Bosque Tucumano-Boliviano, 1000–2000 m.
Dept.: CH, TA.
Muestra: *S.G. Beck & M. Liberman 9380* (LPB, M, QCNE, S, SI, USZ).

Dendrophorbium buchtienii (Greenm.) C. Jeffrey, Kew Bull. 47(1): 65. 1992.
Sin.: *Senecio buchtienii* Greenm., *Pentacalia buchtienii* (Greenm.) Cuatrec.
Ref.: Greenman (1923), Cuatrecasas (1981), Cabrera (1985).
Trepadora, arbusto. Nativa. Andes. Yungas, 3000–3500 m.
Dept.: LP.
Tipo y muestra: *O. Buchtien 3087* (LT: US; ILT: GH, MO frag., NY; fotos: F ex US?, MO-895544, NY), *S.G. Beck et al. 18756* (LPB).

Dendrophorbium cabrerae (Cuatrec.) C. Jeffrey, Kew Bull. 47(1): 66. 1992.
Sin.: *Senecio myrianthus* Cheesman, *Senecio myrianthus* Klatt, *Senecio cabrerae* Cuatrec.
Ref.: Cuatrecasas (1951b), Foster (1958), Cabrera (1985), Valenzuela Celis (1993b).
Arbusto, arbolito. Nativa. Andes. Yungas, Bosque Tucumano-Boliviano, Páramo Yungueño, 1500–2000, 3000–3500 m.
Dept.: CO, LP, TA.
Tipo y muestra: *O. Buchtien 3085* (HT: US; IT: NY), *J.C. Solomon 10992* (LPB, MO, SI).

Dendrophorbium cabrerianum (Greenm. & Cuatrec.) C. Jeffrey, Kew Bull. 47(1): 66. 1992.
Sin.: *Senecio williamsii* Rusby, *Senecio cabrerianus* Greenm. & Cuatrec.
Ref.: Rusby (1912), Foster (1958), Nordenstam (1978), Cabrera (1985).
Arbusto. Nativa. Andes. Valles Secos, 1500–2000 m.
Dept.: SC.
Tipo: *R.S. Williams 1460* (HT: US; IT: G, K, LP, MO, NY).
Nota: Conocida solamente del tipo.

Dendrophorbium chaenocephalum (Cabrera) C. Jeffrey, Kew Bull. 47(1): 66. 1992.
Sin.: *Senecio chaenocephalus* Cabrera
Ref.: Cabrera (1944), Foster (1958), Cabrera (1985).
Arbusto. Nativa. Zonas Bajas, Andes. Bosque Seco Chaqueño, Bosque Tucumano-Boliviano, 0–1500 m.
Dept.: TA.
Tipo y muestra: *J. Steinbach 2705* (HT: LP; IT: BAF, SI), *S.G. Beck et al. 11583* (LPB, SI).

Dendrophorbium chulumanicum (Cabrera) S. Beck & D. Ibáñez, Monogr. Syst. Bot. Missouri Bot. Gard. 127: 1271. 2014.
Sin.: *Senecio chulumanicus* Cabrera
Trepadora, subarbusto. Endémica. Andes. Yungas, 1500–2000 m.
Dept.: LP.
Tipo: *S.G. Beck 4875* (HT: SI; IT: LPB, M).
Nota: Conocida solamente del tipo.

Dendrophorbium coroicense (Rusby) C. Jeffrey, Kew Bull. 47(1): 66. 1992.
Sin.: *Senecio coroicensis* Rusby
Ref.: Rusby (1907), Foster (1958), Valenzuela Celis (1993b).
Trepadora. Endémica. Andes. Yungas, 3000–3500 m.
Dept.: LP.
Tipo y muestra: *M. Bang 2435* (HT: NY?; IT: GH, MO-2965474, NY, WIS), *M.A. Lewis 40213* (LPB, MO).

Dendrophorbium curvidens (Sch. Bip.) C. Jeffrey, Kew Bull. 47(1): 66. 1992.
Sin.: *Senecio curvidens* Sch. Bip. ex Klatt, *Senecio liabifolius* Rusby
Ref.: Rusby (1907), Foster (1958), Cabrera (1985), Valenzuela Celis (1993b).
Trepadora, arbusto. Nativa. Andes. Yungas, 2000–3500 m.
Dept.: CO, LP, SC.
Muestra: *S.G. Beck 13570* (LPB, M, SI, USM).

Dendrophorbium fortunatum (Cuatrec.) C. Jeffrey, Kew Bull. 47(1): 66. 1992.
Sin.: *Senecio fortunatus* Cuatrec.
Ref.: Cuatrecasas (1951b).
Arbusto. Nativa. Andes. Yungas, 2500–3000 m.
Dept.: LP.
Muestra: *A. Fournet 767* (LPB, US).

Dendrophorbium krukoffii (Cuatrec.) C. Jeffrey, Kew Bull. 47(1): 67. 1992.
Sin.: *Senecio krukoffii* Cuatrec., *Pentacalia krukoffii* (Cuatrec.) Cuatrec.
Ref.: Foster (1958), Cuatrecasas (1981), Cabrera (1985).
Hierba. Nativa. Andes. Yungas, 1000–2000 m.
Dept.: LP.
Tipo: *B.A. Krukoff 10715* (HT: NY; IT: GH, K, LIL, LP, MO-1250144, S, US; fotos: F ex NY).
Nota: Conocida solamente del tipo.

Dendrophorbium longilinguae (Cuatrec.) C. Jeffrey, Kew Bull. 47(1): 67. 1992.
Sin.: *Senecio longilinguae* Cuatrec.
Ref.: Cuatrecasas (1951b), Foster (1958), Cabrera (1985), Valenzuela Celis (1993b).
Subarbusto, arbusto. Nativa. Andes. Yungas, Páramo Yungueño, 2500–3500 m.
Dept.: CO, LP.
Tipo y muestra: *M. Bang 2495* (ST: US; fotos: F ex US), *S.G. Beck 571* (LPB, M, SI, US).

Dendrophorbium medullosum (Sch. Bip. ex Greenm.) C. Jeffrey, Kew Bull. 47(1): 67. 1992.
Sin.: *Senecio oblanceolatus* Rusby, *Senecio medullosus* Sch. Bip. ex Greenm., *Pentacalia medullosa* (Sch. Bip. ex Greenm.) Cuatrec.
Ref.: Rusby (1907), Greenman (1923), Foster (1958), Cuatrecasas (1981), Cabrera (1985).
Hierba. Nativa. Andes. Yungas, 2000–3500 m.
Dept.: LP.
Tipo y muestra: *G. Mandon 147* (HT: GH; IT: MO frag., NY, NY; fotos: F ex W, F ex W, MO), *S.G. Beck 4287* (CTES, LPB, M, SI).

Dendrophorbium multinerve (Sch. Bip. ex Klatt) C. Jeffrey, Kew Bull. 47(1): 67. 1992.
Sin.: *Senecio multinervis* Sch. Bip. ex Klatt, *Senecio unduavianus* Cuatrec., *Senecio submultinervis* Cuatrec., *Senecio sandemannii* Cuatrec.
Ref.: Rusby (1907), Foster (1958), Cabrera (1985).
Subarbusto, arbusto. Nativa. Andes. Yungas, Páramo Yungueño, 2000–3500 m.
Dept.: CO, LP, SC.
Tipo y muestra: *G. Mandon 142* (HT: P; IT: G, GH, K, LP, NY, S, US frag.), *M.H. Nee et al. 52411* (LPB, NY).

Dendrophorbium peregrinum (Griseb.) C. Jeffrey, Kew Bull. 47(1): 68. 1992.
Sin.: *Senecio peregrinus* Griseb.
Ref.: Grisebach (1879), Cabrera (1939a), Cabrera (1985), Serrano & Terán (1998 [2000]).
Subarbusto, arbusto. Nativa. Andes. Bosque Tucumano-Boliviano, 1000–1500 m.
Dept.: CH, TA.
Tipo y muestra: *P.G. Lorentz & G. Hieronymus 645* (ST: B destr.?, GOET), *A. Jardim & J.R. Abbott 2062* (USZ).

Dendrophorbium tabacifolium (Rusby) C. Jeffrey, Kew Bull. 47(1): 68. 1992.
Sin.: *Senecio tabacifolius* Rusby
Ref.: Rusby (1907), Foster (1958), Cabrera (1985), Valenzuela Celis (1993b).
Arbusto, arbolito. Nativa. Andes. Yungas, 1500–3500 m.
Dept.: CO, LP.
Tipo y muestra: *M. Bang 2385* (HT: NY; IT: C, G, GH, GH frag. ex WIS, K, MO-2965451, NY, US, WIS), *M.A. Lewis 881125* (LPB, MO).

Dendrophorbium yungasense (Britton) C. Jeffrey, Kew Bull. 47(1): 69. 1992.
Sin.: *Senecio yungasensis* Britton, *Pentacalia yungasensis* (Britton) Cuatrec.
Ref.: Britton (1892a), Foster (1958), Cabrera (1985).
Subarbusto, arbusto. Endémica. Andes. Yungas, 1000–2000 m.
Dept.: LP.
Tipo y muestra: *H.H. Rusby 1719* (HT: NY; IT: GH, MO, NY, NY, P, US; fotos: F), *J.C. Solomon 8842* (LPB, MO).

Dendrophorbium zongoense (Cabrera) D.J.N. Hind, Kew Bull. 63(3): 515. 2008.
Sin.: *Senecio zongoensis* Cabrera
Ref.: Hind (2008).
Subarbusto. Endémica. Andes. Yungas, 2000–2500 m.
Dept.: LP.
Tipo y muestra: *S.G. Beck 2180* (HT: LPB), *S.G. Beck 22274* (LPB, M, USM).

Dimerostemma Cass., Bull. Sci. Soc. Philom. Paris 1817: 11. 1817.
10 especies, 0 especies endémicas.

Dimerostemma apense (Chodat) M.D. Moraes, Phytologia 89(1): 117. 2007.
Sin.: *Aspilia apensis* Chodat, *Zexmenia apensis* (Chodat) Hassl., *Angelphytum apense* (Chodat) Pruski, *Angelphytum apensis* (Chodat) A.A. Sáenz
Hierba. Nativa. Zonas Bajas. Bosque Seco Chaqueño, 0–500 m.
Dept.: SC.
Muestra: *A.F. Fuentes & G. Navarro 2280* (LPB, USZ).

Dimerostemma asperatum S.F. Blake, Contr. Gray Herb. 52: 12. 1917.
Ref.: Foster (1958), Killeen & Schulenberg (1998), Wood et al. (2011).
Hierba. Nativa. Zonas Bajas. Bosque Húmedo, Bosque Semideciduo Chiquitano, Campos Cerrados, 0–500 m.
Dept.: BE, SC.
Muestra: *T. Killeen & J. Wellens 6553* (LPB, US, USZ).

Dimerostemma aspilioides (Griseb.) M.D. Moraes, Phytologia 89(1): 117. 2007.
Sin.: *Verbesina aspilioides* Griseb., *Zexmenia aspilioides* (Griseb.) Hassl., *Angelphytum aspilioides* (Griseb.) H. Rob.
Ref.: Serrano & Terán (1998 [2000]).
Hierba. Nativa. Zonas Bajas. Bosque Seco Chaqueño, 0–1000 m.
Dept.: CH, SC.
Muestra: *L.R.C. de Michel 2761* (LPB, US).

Dimerostemma brasilianum Cass., Bull. Soc. Philom. Paris 58. 1818.
Ref.: Killeen & Schulenberg (1998).
Subarbusto, arbusto. Nativa. Zonas Bajas. Bosque Húmedo, Campos Cerrados, 0–1000 m.
Dept.: SC.
Muestra: *S. Jiménez et al. 1259* (LPB, US, USZ).

Dimerostemma grisebachii (Baker) M.D. Moraes, Phytologia 89(1): 118. 2007.
Sin.: *Verbesina grisebachii* Baker, *Angelphytum grisebachii* (Baker) H. Rob.
Hierba. Nativa. Zonas Bajas. Bosque Seco Chaqueño, 0–500 m.
Dept.: CH.

Muestra: *B. Mostacedo et al. 390* (MO, USZ).

Dimerostemma herzogii (Hassl.) M.D. Moraes, Phytologia 89(1): 118. 2007.
Sin.: *Zexmenia herzogii* Hassl., *Angelphytum herzogii* (Hassl.) Pruski
Ref.: Foster (1958), Killeen & Schulenberg (1998), Pruski (1999).
Hierba, subarbusto, arbusto. Nativa. Zonas Bajas, Andes. Bosque Húmedo, Bosque Semideciduo Chiquitano, Campos Cerrados, Bosque Tucumano-Boliviano, Valles Secos, 0–1000, 1500–2000 m.
Dept.: SC.
Tipo y muestra: *T. Herzog 704* (HT: G), *M.H. Nee 48071* (MO, NY, US).

Dimerostemma indutum (Chodat) M.D. Moraes, Phytologia 89(1): 118. 2007.
Sin.: *Aspilia induta* Chodat
Liana, arbusto. Nativa. Zonas Bajas. Bosque Húmedo, 0–500 m.
Dept.: SC.
Muestra: *A. Perry & E. Cuéllar 667* (LPB, MO).

Dimerostemma pseudosilphoides (Hassl.) M.D. Moraes, Phytologia 89(1): 118. 2007.
Sin.: *Zexmenia pseudosilphioides* Hassl., *Angelphytum pseudosilphioides* (Hassl.) H. Rob.
Hierba, subarbusto. Nativa. Zonas Bajas, Andes. Bosque Semideciduo Chiquitano, Bosque Serrano Chaqueño, 0–500, 1000–1500 m.
Dept.: SC.
Muestra: *M.H. Nee 44617* (NY, US).

Dimerostemma vestitum (Baker) S.F. Blake, Contr. Gray Herb. 52: 11. 1917.
Sin.: *Oyedaea vestita* Baker
Subarbusto, arbusto. Nativa. Andes. Bosque Semideciduo Chiquitano, 0–500 m.
Dept.: SC.
Muestra: *T. Killeen & M. Toledo 7870* (MO, US, USZ).

Dimerostemma virgosum H. Rob., Proc. Biol. Soc. Wash. 97: 625–626. 1984.
Hierba, subarbusto. Nativa. Zonas Bajas. Bosque Semideciduo Chiquitano, 0–500 m.
Dept.: SC.
Muestra: *T. Killeen 1060* (LPB, US, USZ).

Dimorphotheca Moench, Methodus 585–586. 1794.
1 especie, 0 especies endémicas.

Dimorphotheca pluvialis (L.) Moench, Methodus 585. 1794.
Sin.: *Calendula pluvialis* L.
Arbusto. Cultivada. Andes. Valles Secos, 3000–4000 m.
Dept.: LP.
Muestra: *J.C. Solomon 12779* (LPB, MO).

Dinoseris Griseb., Symb. Fl. Argent. 213–214. 1879.
1 especie, 0 especies endémicas.

Dinoseris salicifolia Griseb., Symb. Fl. Argent. 214. 1879.
Sin.: *Hyaloseris salicifolia* (Griseb.) Hieron., *Dinoseris salicifolia* var. *araneosa* Kuntze, *Dinoseris salicifolia* var. *normalis* Kuntze, *Hyaloseris boliviensis* J. Kost.
Ref.: Foster (1958), Valenzuela Celis (1993b), Serrano & Terán (1998 [2000]), Katinas et al. (2008), Arroyo Padilla & Villarroel Segarra (2009).
Arbusto, arbolito. Nativa. Andes. Bosque Tucumano-Boliviano, Bosque Serrano Chaqueño, Valles Secos, 1000–3000 m.
Dept.: CH, CO, SC, TA.
Muestra: *J.T. Koster 1798* (L, LP, S).

Diplostephium Kunth, Nov. Gen. Sp. (folio ed.) 4: 75, t. 335. 1820 [1818].
2 especies, 0 especies endémicas.

Diplostephium cinereum Cuatrec., Caldasia 2: 228. 1943.
Ref.: Beck et al. (2010), Ministerio de Medio Ambiente y Agua (2012 [2013]).
Arbusto. Nativa. Andes, Altiplano. Puna Seca, Bosque de Polylepis, 4000–4500 m.
Dept.: LP, OR.
Muestra: *S.G. Beck 30670* (LPB).

Diplostephium haenkei (DC.) Wedd., Chlor. Andina 1(7): 203. 1855 [1857].
Sin.: *Simblocline haenkei* DC., *Diplostephium mandonii* Sch. Bip., *Aster sejaensis* Kuntze, *Diplostephium atropurpureum* Rusby, *Diplostephium liabiodes* Rusby, *Diplostephium mandonii* Rusby, *Diplostephium sejaense* (Kuntze) S.F. Blake
Ref.: Foster (1958), Dillon & Hensold (1993).
Arbusto. Nativa. Andes. Yungas, Páramo Yungueño, 1500–2000, 3000–4000 m.
Dept.: CO, LP, SC.
Muestra: *C.B. Maldonado et al. 3252* (BOLV, CTES, LPB, MA, MO, USZ).

Dyssodia Cav., Descr. Pl. 202. 1801 [1802].
1 especie, 0 especies endémicas.

Dyssodia papposa (Vent.) Hitchc., Trans. Acad. Sci. St. Louis 5(3–4): 503. 1891 [1892].
Sin.: *Tagetes papposa* Vent., *Dyssodia fastigiata* DC.
Ref.: Foster (1958).
Hierba. Adventicia. Andes. Bosque Tucumano-Boliviano, 3000–3500 m.
Dept.: CH, TA.
Muestra: *M. Cárdenas 4123* (LIL, US).

Echinacea Moench, Methodus 591. 1794.
1 especie, 0 especies endémicas.

Echinacea purpurea (L.) Moench, Methodus 591. 1794.
Sin.: *Rudbeckia purpurea* L.
Hierba. Cultivada. Andes, Altiplano. Yungas, Puna Húmeda, 1500–2500, 3500–4000 m.
Dept.: LP.
Muestra: *S.G. Beck 14797* (LPB).

Eclipta L., Mant. Pl. 2: 157 [159], 286. 1771.
1 especie, 0 especies endémicas.

Eclipta prostrata (L.) L., Mant. Pl. 2: 286. 1771.
Sin.: *Verbesina alba* L., *Verbesina prostrata* L., *Eclipta alba* (L.) Hassk.
Ref.: Foster (1958), Moraes R. (1990), Parker & Bailey (1991), Killeen & Schulenberg (1998), González et al. (1999), Serrano & Terán (1998 [2000]).
Hierba. Nativa. Zonas Bajas, Andes. Bosque Húmedo, Bosque Semideciduo Chiquitano, Bosque Seco Chaqueño, Campos Cerrados, Sabanas Benianas del Sur, Bosque Tucumano-Boliviano, Valles Secos, 0–2000 m.
Dept.: BE, CH, CO, LP, PA, SC, TA.
Muestra: *J.C. Solomon 6141* (MO, US).

Egletes Cass., Bull. Sci. Soc. Philom. Paris 1817: 153. 1817.
1 especie, 0 especies endémicas.

Egletes viscosa (L.) Less., Syn. Gen. Compos. 252. 1832.
Sin.: *Cotula viscosa* L.
Ref.: Foster (1958), Moraes R. (1990), Dillon & Hensold (1993), Robinson (1999a), Dillon et al. (2001).
Hierba. Nativa. Zonas Bajas. Bosque Húmedo, Sabanas Benianas del Sur, 0–500 m.
Dept.: BE, SC.
Muestra: *M. Moraes R. 535* (LPB, US).

Eirmocephala H. Rob., Proc. Biol. Soc. Wash. 100(4): 853–854. 1987.
2 especies, 0 especies endémicas.

[Eirmocephala brachiata (Benth.) H. Rob.], Proc. Biol. Soc. Wash. 100(4): 854, f. 1–4. 1987.
Sin.: *Vernonia brachiata* Benth.
Ref.: Parker & Bailey (1991).
Nota: El registro se basa en material mal identificado de *E. megaphylla*.

Eirmocephala cainarachensis (Hieron.) H. Rob., Proc. Biol. Soc. Wash. 100(4): 854. 1987.
Sin.: *Vernonia cainarachensis* Hieron.
Ref.: Robinson (1987), Robinson (1999b).
Arbusto. Nativa. Zonas Bajas, Andes. Bosque Húmedo, Yungas, 0–500, 1000–1500 m.
Dept.: BE, CO.
Muestra: *G. Schmitt & D. Schmitt 129* (LPB, MO).

Eirmocephala megaphylla (Hieron.) H. Rob., Proc. Biol. Soc. Wash. 100(4): 854. 1987.
Sin.: *Vernonia megaphylla* Hieron., *Vernonia digitata* Rusby
Subarbusto, arbusto, arbolito. Nativa. Zonas Bajas. Bosque Húmedo, Bosque Semideciduo Chiquitano, 0–1000 m.
Dept.: CO, LP, SC.
Muestra: *M.H. Nee 38837* (MO, NY, US).

Elaphandra Strother, Syst. Bot. Monogr. 33: 17. 1991.
1 especie, 0 especies endémicas.

Elaphandra ulei (Hieron.) H. Rob., Phytologia 72(2): 148. 1992.
Sin.: *Aspilia ulei* Hieron., *Aspilia lucidula* S.F. Blake, *Aspilia steinbachii* H. Rob. & Brettell
Ref.: Foster (1958), Moraes R. (1990), Schulenberg & Awbrey (1997).
Hierba. Nativa. Zonas Bajas. Bosque Húmedo, 0–500 m.
Dept.: BE, CO, LP, PA.
Muestra: *G. Caity 271* (CTES, K, LPB, M, US).

Elephantopus L., Sp. Pl. 2: 814. 1753.
3 especies, 0 especies endémicas.

Elephantopus mollis Kunth, Nov. Gen. Sp. (folio ed.) 4: 20–21. 1820 [1818].
Ref.: Schulenberg & Awbrey (1997), Killeen & Schulenberg (1998), Serrano & Terán (1998 [2000]), Arroyo Padilla & Villarroel Segarra (2009).
Hierba. Nativa. Zonas Bajas, Andes. Bosque Húmedo, Bosque Semideciduo Chiquitano, Campos Cerrados, Sabanas Benianas del Sur, Yungas, Bosque Tucumano-Boliviano, Valles Secos, 0–2500 m.
Dept.: BE, CH, LP, PA, SC, TA.
Muestra: *D. Villarroel et al. 484* (MO, USZ).

Elephantopus palustris Gardner, London J. Bot. 5: 237. 1846.
Ref.: Robinson (1999b), Wood et al. (2011).
Subarbusto. Nativa. Zonas Bajas. Bosque Húmedo, Bosque Semideciduo Chiquitano, 0–500 m.
Dept.: SC.
Muestra: *J. Steinbach 6968* (GH).

[Elephantopus scaber L.], Sp. Pl. 2: 814. 1753.
Ref.: Foster (1958).
Nota: El registro se basa en material mal identificado.

Elephantopus tomentosus L., Sp. Pl. 2: 814. 1753.
Ref.: Rusby (1893b), Foster (1958).
Hierba. Adventicia. Andes. Yungas, Bosque Tucumano-Boliviano, 1500–2000 m.
Dept.: LP, TA.
Muestra: *R.E. Fries 1329* (S).
Nota: Nativa de Norte América y norte de Centro América.

Eleutheranthera Poit., Bull. Sci. Soc. Philom. Paris 3(66): 137. 1802.
1 especie, 0 especies endémicas.

Eleutheranthera ruderalis (Sw.) Sch. Bip., Bot. Zeitung (Berlin) 24(21): 165. 1866.
Sin.: *Melampodium ruderale* Sw.
Ref.: Rusby (1893b), Foster (1958).
Hierba. Nativa. Zonas Bajas, Andes. Bosque Húmedo, Sabanas Benianas del Sur, Yungas, 0–500, 1000–2000 m.
Dept.: BE, LP.
Muestra: *J.C. Solomon 6268* (MO, US).

Emilia Cass., Bull. Sci. Soc. Philom. Paris 1817: 68. 1817.
2 especies, 0 especies endémicas.

Emilia fosbergii Nicolson, Phytologia 32(1): 34. 1975.
Ref.: Cabrera et al. (1999).
Hierba. Naturalizada. Zonas Bajas. Bosque Húmedo, 0–500 m.
Dept.: SC.
Muestra: *R. Seidel 684* (CTES, LPB, M, S, SI, US, USZ).

Emilia sonchifolia (L.) DC., Contr. Bot. India 24. 1834.
Sin.: *Cacalia sonchifolia* L., *Senecio sonchifolius* (L.) Moench, *Crassocephalum sonchifolium* (L.) Less., *Emilia rigidula* DC., *Emilia sinica* Miq.
Hierba. Naturalizada. Zonas Bajas. Bosque Húmedo, 0–500 m.
Dept.: SC.
Muestra: *J.R. Abbott 16161* (BEREA, LPB, USZ).

Encelia Adans., Fam. Pl. 2: 128. 1763.
1 especie, 0 especies endémicas.

Encelia canescens Lam., Encycl. 2: 356. 1786.
Hierba. Nativa. Andes. Valles Secos, 2000–2500 m.
Dept.: LP.
Muestra: *S.G. Beck et al. 29364* (CTES, LPB, M, SPF, US).

Enydra Lour., Fl. Cochinch. 2: 510–511. 1790.
2 especies, 0 especies endémicas.

Enydra anagallis Gardner, London J. Bot. 7: 409. 1848.
Hierba. Nativa. Zonas Bajas. Bosque Húmedo, Bosque Semideciduo Chiquitano, Sabanas Benianas del Sur, 0–500 m.
Dept.: BE, SC.
Muestra: *N.P. Ritter & M. Ritter 3296* (MO).

Enydra fluctuans Lour., Fl. Cochinch. 2: 511. 1790.
Hierba. Nativa. Zonas Bajas. Bosque Húmedo, Bosque Semideciduo Chiquitano, Sabanas Benianas del Sur, 0–1000 m.
Dept.: BE, CO, PA, SC, TA.
Muestra: *M.A. Lewis 37583* (LPB, MO, US).
Infra: *Enydra fluctuans* var. *fluctuans*

Erato DC., Prodr. 5: 317–318. 1836.
1 especie, 0 especies endémicas.

Erato polymnioides DC., Prodr. 5: 318. 1836.
Hierba, subarbusto. Nativa. Andes. Yungas, 1500–2000 m.
Dept.: CO, LP.
Muestra: *R.M. King & L.E. Bishop 7702* (MO, US).

Erechtites Raf., Fl. Ludov. 65. 1817.
3 especies, 0 especies endémicas.

Erechtites goyazensis (Gardner) Cabrera, Brittonia 7(2): 54. 1950.
Sin.: *Senecio goyazensis* Gardner
Hierba, subarbusto. Nativa. Zonas Bajas. Bosque Semideciduo Chiquitano, 0–1000 m.
Dept.: SC.
Muestra: *J.R.I. Wood & H. Huaylla 20800* (K, LPB, USZ).

Erechtites hieraciifolius (L.) Raf. ex DC., Prodr. 6: 294. 1837 [1838].
Sin.: *Senecio hieraciifolius* L., *Senecio cacalioides* Fisch. ex Spreng., *Erechtites cacalioides* (Fisch. ex Spreng.) Less., *Erechtites carduifolius* (Cass.) DC.
Ref.: Rusby (1907), Foster (1958), Adolfo María (1966), Cabrera (1974a), Cabrera (1978a), Moraes R. (1990), Dillon & Hensold (1993), Killeen & Schulenberg (1998), Cabrera et al. (1999), Robinson (1999a).
Hierba, subarbusto. Nativa. Zonas Bajas, Andes, Altiplano. Bosque Húmedo, Bosque Semideciduo Chiquitano, Campos Amazónicos, Yungas, Puna Húmeda, 0–1000, 1500–2500, 4000–4500 m.
Dept.: BE, CO, LP, PA, SC.
Muestra: *R. Seidel et al. 1155* (LPB, M, S, US).
Infra: *Erechtites hieraciifolius* var. *hieraciifolius*, *Erechtites hieraciifolius* var. *cacalioides* (Fisch. ex Spreng.) Griseb.

Erechtites valerianifolius (Link ex Spreng.) DC., Prodr. 6: 295. 1837 [1838].
Sin.: *Cacalia prenanthoides* Kunth, *Senecio valerianifolius* Link ex Spreng., *Erechtites ambiguus* DC., *Erechtites prenanthoides* (Kunth) Greenm. & Hieron.
Ref.: Rusby (1907), Cabrera (1974a), Dillon & Hensold (1993), Cabrera et al. (1999), Robinson (1999a).
Hierba. Nativa. Zonas Bajas, Andes. Bosque Húmedo, Yungas, 500–1500, 2500–3000 m.
Dept.: LP.
Muestra: *S.G. Beck 9157* (CTES, LPB, M, S, US).

Eremanthus Less., Linnaea 4: 317. 1829.
2 especies, 0 especies endémicas.

Eremanthus mattogrossensis Kuntze, Revis. Gen. Pl. 3(3): 145. 1898.
Ref.: Killeen & Schulenberg (1998).
Arbusto. Nativa. Zonas Bajas. Campos Cerrados, 0–500 m.
Dept.: SC.
Muestra: *E. Gutiérrez C. et al. 1357* (LPB, MO, US, USZ).

[Eremanthus rivularis Taub.], Bot. Jahrb. Syst. 21: 453. 1896.
Ref.: Killeen & Schulenberg (1998).
Nota: El registro se basa en material mal identificado de *E. rondoniensis*.

Eremanthus rondoniensis MacLeish & T. Schumach., Syst. Bot. 9: 89. 1984.
Ref.: Killeen & Schulenberg (1998).
Arbusto. Nativa. Zonas Bajas. Campos Amazónicos, 0–500 m.
Dept.: SC.
Muestra: *B. Mostacedo et al. 1675* (LPB, USZ).

Ericentrodea S.F. Blake & Sherff, J. Wash. Acad. Sci. 13(6): 104–105, f. 1b, 1c. 1923.
1 especie, 0 especies endémicas.

Ericentrodea davidsmithii H. Rob., Novon 3(1): 75–77, f. 1A, D–E. 1993.
Ref.: Robinson (1993).
Trepadora. Nativa. Andes. Yungas, 2000–2500 m.
Dept.: SC.
Tipo y muestra: *D.N. Smith et al. 13419* (HT: US; IT: LPB, MO-5783026), *T. Killeen & I.G. Vargas 4072* (LPB, MO, US).

Erigeron L., Sp. Pl. 2: 863. 1753.
7 especies, 1 especie endémica.

Erigeron andicola DC., Prodr. 5: 287. 1836.
Ref.: Solbrig (1962), Cabrera (1971a), Marticorena & Quezada (1985).
Hierba. Nativa. Altiplano. Puna Húmeda, 3500–4000 m.
Dept.: LP.
Muestra: *J.C. Solomon & B.A. Stein 11664* (MO).
Nota: Identificación tentativa.

Erigeron canescens Hook. & Arn., Companion Bot. Mag. 2: 50. 1836.
Ref.: Foster (1958).
Nota: No confirmado.

Erigeron chionophilus Wedd., Chlor. Andina 1(7): 191. 1855 [1857].
Ref.: Robinson (1999a).
Hierba. Nativa. Altiplano. Puna Húmeda, 3500–5000 m.
Dept.: LP.
Muestra: *J.C. Solomon 13214* (LPB, MO).
Nota: Pertenece a *Orithrophium* pero no sabemos a qué especie (Solbrig 1962).

Erigeron hillii Domke, Notizbl. Bot. Gart. Berlin-Dahlem 13: 244. 1936.
Ref.: Foster (1958).
Hierba. Endémica. Altiplano. Puna Húmeda, 4000–4500 m.
Dept.: LP.
Tipo y muestra: *A.W. Hill 273* (HT: K), *C. Ostria 37* (LPB, SI).

Erigeron lanceolatus Wedd., Chlor. Andina 1(7): 193. 1855 [1857].
Ref.: Foster (1958), Solbrig (1962), Cabrera (1978a), Serrano & Terán (1998 [2000]).
Hierba. Nativa. Andes. Yungas, Valles Secos, 2500–3000 m.
Dept.: CH, CO, SC, TA.
Tipo y muestra: *H.A. Weddell 4117* (HT: P), *I.G. Vargas et al. 4171* (LPB, US, USZ).
Infra: *Erigeron lanceolatus* var. *subacaulis* Wedd.

Erigeron laxiflorus Baker, Fl. Bras. 6(3): 31. 1882.
Ref.: Foster (1958).
Hierba. Nativa. Zonas Bajas. Bosque Húmedo, 0–500 m.
Dept.: SC.
Muestra: *O. Kuntze s.n.* (NY).

Erigeron pazensis Sch. Bip. ex Rusby, Mem. Torrey Bot. Club 3(3): 54. 1893.
Ref.: Rusby (1893b), Foster (1958), Solbrig (1962), Dillon & Hensold (1993).
Hierba. Nativa. Andes, Altiplano. Valles Secos, Puna Húmeda, Puna Seca, 2500–4500 m.
Dept.: CO, LP, OR.
Tipo y muestra: *M. Bang 14* (IT: MO-1767134), *J.C. Solomon 15108* (LPB, MO).

Erigeron rosulatus Wedd., Chlor. Andina 1(7): 193. 1855 [1857].
Sin.: *Erigeron pulvinatus* Wedd., *Erigeron brittonianus* Rusby
Ref.: Rusby (1893b), Foster (1958), Solbrig (1962), Cabrera (1978a), Marticorena & Quezada (1985), Dillon & Hensold (1993).
Hierba. Nativa. Altiplano. Puna Húmeda, 3500–5000 m.
Dept.: LP, OR.
Tipo y muestra: *d'Orbigny s.n.* (HT: P), *J.C. Solomon 12285* (LPB, MO).

Facelis Cass., Bull. Sci. Soc. Philom. Paris 1819: 94. 1819.
2 especies, 0 especies endémicas.

Facelis lasiocarpa (Griseb.) Cabrera, Physis (Buenos Aires) 10: 280. 1931.
Sin.: *Filago lasiocarpa* Griseb., *Facelis capillaris* Rusby, *Facelis schultziana* P. Beauv.
Ref.: Foster (1958), Adolfo María (1966), Cabrera (1978a), Anderberg & Freire (1991), Dillon & Sagástegui Alva (1991b), Freire (1995), Serrano & Terán (1998 [2000]).
Hierba. Nativa. Andes, Altiplano. Yungas, Valles Secos, Puna Húmeda, 2500–4500 m.
Dept.: CH, CO, LP, TA.
Muestra: *J.C. Solomon 15250* (LPB, MO).

Facelis plumosa (Wedd.) Sch. Bip., Linnaea 34: 532. 1866.
Sin.: *Lucilia plumosa* Wedd., *Facelis weddelliana* P. Beauv.
Ref.: Cabrera (1978a), Anderberg & Freire (1991), Dillon & Sagástegui Alva (1991b), Freire (1995), Serrano & Terán (1998 [2000]).
Hierba. Nativa. Andes, Altiplano. Valles Secos, Puna Húmeda, 1500–2000, 3000–4500 m.
Dept.: CH, CO, LP, OR, TA.
Muestra: *J.C. Solomon & M. Moraes R. 13412* (LPB, MO).

Flaveria Juss., Gen. Pl. 186–187. 1789.

1 especie, 0 especies endémicas.

Flaveria bidentis (L.) Kuntze, Revis. Gen. Pl. 3(3): 148. 1898.
Sin.: *Ethulia bidentis* L., *Eupatorium chilense* Molina, *Flaveria chilensis* (Molina) J.F. Gmel., *Milleria contrayerba* Cav., *Flaveria contrayerba* (Cav.) Pers.
Ref.: Rusby (1893b), Foster (1958), López (2000), Serrano & Terán (1998 [2000]).
Hierba. Nativa. Zonas Bajas, Andes. Campos Cerrados, Yungas, Valles Secos, 0–500, 1000–3000 m.
Dept.: CH, CO, LP, SC, TA.
Muestra: *M.A. Lewis et al. 8872* (MO, US).

Fleischmannia Sch. Bip., Flora 33(27): 417–418. 1850.

9 especies, 4 especies endémicas.

Fleischmannia bridgesii (B.L. Rob.) R.M. King & H. Rob., Phytologia 19: 203. 1970.
Sin.: *Eupatorium bridgesii* B.L. Rob.
Ref.: Foster (1958).
Subarbusto. Endémica. Andes. Yungas, 2500–3000 m.
Dept.: CH, CO.
Tipo y muestra: *M. Bridges s.n.* (HT: K; IT: GH), *E.W.D. Holway 373* (GH, US).

[Fleischmannia marginata (Poepp.) R.M. King & H. Rob.], Phytologia 19: 204. 1970.
Sin.: *Eupatorium marginatum* Poepp.
Ref.: Foster (1958).
Nota: El registro se basa en material mal identificado.

Fleischmannia microstemon (Cass.) R.M. King & H. Rob., Phytologia 19(4): 204. 1970.
Sin.: *Eupatorium microstemon* Cass., *Eupatorium guadalupense* Spreng.
Ref.: Rusby (1893b), Foster (1958).
Hierba. Nativa. Zonas Bajas, Andes. Bosque Húmedo, Campos Cerrados, Yungas, Valles Secos, 0–500, 1000–1500 m.
Dept.: CO, LP, SC.
Muestra: *M.H. Nee & I.G. Vargas 43307* (LPB, NY, US).

Fleischmannia prasiifolia (Griseb.) R.M. King & H. Rob., Phytologia 19: 205. 1970.
Sin.: *Eupatorium prasiifolium* Griseb.
Ref.: De la Barra (1997).
Subarbusto. Nativa. Zonas Bajas, Andes. Bosque Seco Chaqueño, Valles Secos, 500–1000, 1500–3000 m.
Dept.: CH, CO, TA.
Muestra: *J.C. Solomon 10601* (LPB, MO, US).

Fleischmannia pratensis (Klatt) R.M. King & H. Rob., Phytologia 19(4): 205. 1970.
Sin.: *Eupatorium pratense* Klatt
Subarbusto. Nativa. Andes. Yungas, 1000–1500 m.
Dept.: LP.
Muestra: *J.C. Solomon 8514* (LPB, MO, US).

Fleischmannia pycnocephala (Less.) R.M. King & H. Rob., Phytologia 19(4): 205. 1970.
Sin.: *Eupatorium pycnocephalum* Less., *Eupatorium polopolense* B.L. Rob., *Fleischmannia polopolensis* (B.L. Rob.) R.M. King & H. Rob.
Ref.: Foster (1958), Arroyo Padilla & Villarroel Segarra (2009).
Hierba. Nativa. Zonas Bajas, Andes. Bosque Semideciduo Chiquitano, Yungas, Bosque Tucumano-Boliviano, Valles Secos, 0–3000 m.
Dept.: LP, SC.
Muestra: *M.H. Nee 49278* (NY).

Fleischmannia schickendantzii (Hieron.) R.M. King & H. Rob., Phytologia 19: 205. 1970.
Sin.: *Eupatorium schickendantzii* Hieron.
Ref.: Arroyo Padilla & Villarroel Segarra (2009).
Subarbusto. Nativa. Zonas Bajas, Andes. Bosque Húmedo, Bosque Semideciduo Chiquitano, Bosque Tucumano-Boliviano, Valles Secos, 500–2000 m.
Dept.: SC, TA.
Muestra: *J.C. Solomon 10333* (LPB, MO, US).

Fleischmannia soratae (Sch. Bip. ex B.L. Rob.) R.M. King & H. Rob., Phytologia 19: 206. 1970.
Sin.: *Eupatorium soratae* Sch. Bip. ex B.L. Rob.
Ref.: Foster (1958).
Trepadora, subarbusto. Endémica. Andes. Yungas, Valles Secos, 2000–2500 m.
Dept.: LP.
Tipo y muestra: *G. Mandon 251* (HT: NY; IT: GH frag. ex NY, GH, W; fotos: F ex W), *J.C. Solomon & M.H. Nee 18152* (BOLV, LPB, MO, US).

Fleischmannia tamboensis (Hieron.) R.M. King & H. Rob., Phytologia 19: 206. 1970.
Sin.: *Eupatorium tamboense* Hieron.
Ref.: Foster (1958).
Subarbusto. Endémica. Zonas Bajas, Andes. Bosque Semideciduo Chiquitano, Yungas, Valles Secos, 500–1000, 1500–2000 m.
Dept.: LP, SC, TA.
Tipo y muestra: *G. Hieronymus & P.G. Lorentz 888* (HT: B destr.), *E.C. Vargas & R. Seidel 457* (LPB, US).

Fleischmannia yungasensis (B.L. Rob.) R.M. King & H. Rob., Phytologia 19: 206. 1970.
Sin.: *Eupatorium yungasense* B.L. Rob.
Ref.: Foster (1958).
Hierba. Endémica. Andes. Yungas, Valles Secos, 1000–3000 m.
Dept.: LP.
Tipo y muestra: *O. Buchtien 4407* (HT: GH; IT: US), *M.A. Lewis 40569* (MO).

Flourensia DC., Prodr. 5: 592–593. 1836.

3 especies, 0 especies endémicas.

Flourensia fiebrigii S.F. Blake, Bot. Jahrb. Syst. 54: 47. 1916.
Ref.: Foster (1958), López (2000).
Arbusto. Nativa. Andes. Valles Secos, 3000–3500 m.
Dept.: PO, TA.
Tipo y muestra: *K. Fiebrig 3050* (HT: B destr.; IT: BM, F, GH, GH frag. ex B, MO-896883, US; fotos: F ex B, F ex BM), *D.M. Spooner et al. 6560* (LPB, TEX, USZ).

Flourensia heterolepis S.F. Blake, Contr. Gray Herb. 54: 186. 1918.
Sin.: *Viguiera glutinosa* Rusby
Ref.: Foster (1958), López Vargas (1995).
Arbusto. Nativa. Andes. Yungas, 1500–3000 m.
Dept.: CO, SC.
Tipo y muestra: *M. Bang 977* (HT: NY; IT: A, B, BM, G, GH, MO-52390, NY, US; fotos: F ex BM), *L.J. Dorr & L.C. Barnett 6993* (LPB, NY, US).

Flourensia riparia Griseb., Abh. Königl. Ges. Wiss. Göttingen 24: 196. 1879.
Ref.: Serrano & Terán (1998 [2000]).
Subarbusto. Nativa. Andes. Bosque Tucumano-Boliviano, Valles Secos, 1500–2500 m.
Dept.: CH, CO, SC, TA.
Muestra: *M.H. Nee 33953* (F, NY, US).
Nom. Vern.: Terma.

Gaillardia Foug., Observ. Phys. 29: 55. 1786.
1 especie, 0 especies endémicas.

Gaillardia pulchella Foug., Hist. Acad. Roy. Sci. Mém. Math. Phys. (Paris, 4) 1786: 5, f. 1. 1788.
Hierba. Cultivada. Andes. Yungas, 3000–3500 m.
Dept.: LP.
Muestra: *J.C. Solomon 12741* (MO).

Galinsoga Ruiz & Pav., Fl. Peruv. Prodr. 110, pl. 24. 1794.
4 especies, 1 especie endémica.

Galinsoga boliviensis Canne-Hill., Rhodora 79(819): 365–366, f. 15, 16 [map]. 1977.
Ref.: Canne-Hilliker (1992).
Hierba. Endémica. Andes. Valles Secos, 2500–3000 m.
Dept.: CH.
Tipo y muestra: *D. Ugent & M. Cárdenas 4944* (HT: WIS), *J.M. Canne-Hilliker 2773* (LPB).

Galinsoga parviflora Cav., Icon. 3(2): 41–42, pl. 281. 1794 [1795–1796].
Ref.: Foster (1958), Serrano & Terán (1998 [2000]).
Hierba, subarbusto. Nativa. Zonas Bajas, Andes, Altiplano. Bosque Húmedo, Bosque Semideciduo Chiquitano, Campos Amazónicos, Yungas, Puna Húmeda, 0–4000 m.
Dept.: BE, CH, CO, LP, PA, PO, SC, TA.
Muestra: *M.H. Nee 43036* (MO, NY, US).

Galinsoga quadriradiata Ruiz & Pav., Syst. Veg. Fl. Peruv. Chil. 1: 198–199. 1798.
Sin.: *Wiborgia urticifolia* Kunth, *Adventina ciliata* Raf., *Galinsoga parviflora* var. *hispida* DC., *Vargasia caracasana* DC., *Galinsoga urticifolia* (Kunth) Benth., *Galinsoga caracasana* (DC.) Sch. Bip., *Galinsoga ciliata* (Raf.) S.F. Blake, *Ageratum perplexans* M.F. Johnson
Ref.: Foster (1958), González et al. (1999), López (2000).
Hierba. Nativa. Andes. Yungas, Bosque Tucumano-Boliviano, Bosque Serrano Chaqueño, Valles Secos, 1000–3500 m.
Dept.: CO, LP, SC, TA.
Muestra: *J.C. Solomon 11267* (LPB, MO, US).

Galinsoga unxioides Griseb., Abh. Königl. Ges. Wiss. Göttingen 24: 198. 1879.
Sin.: *Galinsoga mandonii* Sch. Bip., *Stemmatella congesta* Wedd. ex O. Hoffm., *Galinsoga calva* Rusby, *Galinsoga purpurea* H. St. John & D. White
Ref.: Foster (1958).
Hierba. Nativa. Andes. Yungas, Valles Secos, 2000–4000 m.
Dept.: CH, CO, LP, PO.
Muestra: *J.C. Solomon 5282* (LPB, MO, US).

Gamochaeta Wedd., Chlor. Andina 1(4–6): 151. 1855 [1856].
15 especies, 2 especies endémicas.

Gamochaeta americana (Mill.) Wedd., Chlor. Andina 1(4–6): 151. 1855 [1856].
Sin.: *Gnaphalium americanum* Mill., *Gnaphalium consanguineum* Gaudich., *Gamochaeta americana* var. *alpina* Wedd., *Gnaphalium purpureum* var. *americanum* (Mill.) Klatt, *Gnaphalium guatemalense* Gand., *Gnaphalium rosaceum* I.M. Johnst., *Gamochaeta guatemalensis* (Gand.) Cabrera
Ref.: Foster (1958), Cabrera (1961), Cabrera (1963a), Aristeguieta (1964), Cabrera (1978a), Nesom (1990), Dillon & Sagástegui Alva (1991b), Freire & Iharlegui (1997), Cabrera & Freire (1998), Rangel et al. (2000), Serrano & Terán (1998 [2000]), Freire & Urtubey (2013).
Hierba. Nativa. Zonas Bajas, Andes, Altiplano. Bosque Húmedo, Yungas, Valles Secos, Puna Húmeda, 0–4000 m.
Dept.: CH, CO, LP, OR, PA, SC, TA.
Muestra: *S.G. Beck 21759* (LPB, US).
Nom. Vern.: Chiñi keto.

Gamochaeta beckii Urtubey & S.E. Freire, Syst. Bot. Monogr. 38(1): 260. 2013.
Hierba. Endémica. Andes. Páramo Yungueño, Puna Húmeda, 3500–4000 m.
Dept.: LP.
Tipo: *Urtubey et al. 508* (HT: SI).
Nota: Conocida solamente del tipo.

Gamochaeta calviceps (Fernald) Cabrera, Bol. Soc. Argent. Bot. 9: 368. 1961.
Ref.: Cabrera (1978a), Freire & Urtubey (2013).
Hierba. Nativa. Andes. Valles Secos, 1500–2000, 2500–3000 m.
Dept.: LP, TA.
Muestra: *J.C. Solomon & M.H. Nee 16080* (LPB, MO, US).

Gamochaeta coarctata (Willd.) Kerguélen, Lejeunia 120: 104. 1987.
Sin.: *Gnaphalium spicatum* Lam., *Gnaphalium coarctatum* Willd., *Gamochaeta spicata* Cabrera
Ref.: Cabrera (1978a).
Hierba. Nativa. Andes. Yungas, Páramo Yungueño, Puna Húmeda, 3000–4000 m.
Dept.: LP.
Muestra: *M. Liberman 461* (LP, LPB).

Gamochaeta deserticola Cabrera, Revista Invest. Agríc. 11(4): 405. 1957.
Ref.: Cabrera (1961), Cabrera (1978a), Freire (1995), Freire & Iharlegui (1997).
Hierba. Nativa. Andes, Altiplano. Puna Húmeda, Puna Seca, 2500–3000, 3500–5000 m.
Dept.: CO, LP, OR, TA.
Muestra: *J.C. Solomon 16209* (LPB, MO).

Gamochaeta erythractis (Wedd.) Cabrera, Fl. Prov. Jujuy 309. 1978.
Sin.: *Merope erythractis* Wedd., *Gnaphalium erythractis* (Wedd.) Griseb., *Belloa erythractis* (Wedd.) Cabrera
Ref.: Cabrera (1958), Cabrera (1978a), López Vargas (1995), Saravia Miranda (1996).
Hierba. Nativa. Altiplano. Puna Húmeda, 3500–5000 m.
Dept.: CO, LP, TA.
Muestra: *J.C. Solomon 15817* (LPB, MO).
Nom. Vern.: T'inku t'inku.

Gamochaeta filaginea (DC.) Cabrera, Bol. Soc. Argent. Bot. 9: 371. 1961.
Sin.: *Gnaphalium filagineum* DC.
Ref.: Cabrera (1961), Cabrera (1963a), Freire (1995), Freire & Iharlegui (1997).
Hierba. Nativa. Andes, Altiplano. Valles Secos, Puna Húmeda, 3000–4000 m.
Dept.: LP.
Muestra: *J.C. Solomon 6725* (LPB, MO).

Gamochaeta humilis Wedd., Chlor. Andina 1(4–6): 153. 1855 [1856].
Sin.: *Gnaphalium weddellianum* Kuntze
Ref.: Cuatrecasas (1935a), Dillon & Sagástegui Alva (1991b), Freire & Iharlegui (1997).
Hierba. Nativa. Altiplano. Puna Húmeda, 3500–5000 m.
Dept.: LP.
Tipo y muestra: *H.A. Weddell s.n.* (HT: P), *J.C. Solomon & R. Chevalier 16572* (LPB, MO).

Gamochaeta longipedicellata Cabrera, Bol. Soc. Argent. Bot. 15(4): 330, f. 5. 1974.
Ref.: Cabrera (1974b), Cabrera (1978a), Freire (1995), Freire & Iharlegui (1997).
Hierba. Nativa. Altiplano. Puna Húmeda, 3500–5000 m.
Dept.: LP.
Muestra: *X. Menhofer 1068* (LPB).

Gamochaeta lulioana S.E. Freire & Iharlgui, Novon 7(1): 32–34, f. 1. 1997.
Ref.: Freire & Iharlegui (1997), Freire & Urtubey (2013).
Hierba. Endémica. Altiplano. Puna Seca, 4500–5000 m.
Dept.: LP.
Tipo y muestra: *A. Krapovickas & A. Fuchs de Krapovickas 6763* (HT: LP), *Urtubey et al. 480* (LPB, SI).

[Gamochaeta monticola (Phil. ex Reiche) Cabrera], Bol. Soc. Argent. Bot. 9: 374. 1961.
Sin.: *Gnaphalium monticola* Phil. ex Reiche
Ref.: Foster (1958), Freire & Urtubey (2013).
Nota: El registro se basa en material mal identificado.

Gamochaeta pensylvanica (Willd.) Cabrera, Bol. Soc. Argent. Bot. 9: 375. 1961.
Sin.: *Gnaphalium spathulatum* Lam., *Gnaphalium pensylvanicum* Willd., *Gnaphalium purpureum* var. *spathulatum* Baker, *Gnaphalium peregrinum* Fernald
Ref.: Cabrera (1961), Cabrera (1963a), Cabrera (1978a), Nesom (1990), Dillon & Sagástegui Alva (1991b), Freire (1995), López Vargas (1995), Saravia Miranda (1996), Freire & Iharlegui (1997), Cabrera & Freire (1998).
Hierba. Nativa. Zonas Bajas, Andes, Altiplano. Bosque Húmedo, Yungas, Bosque Tucumano-Boliviano, Bosque Serrano Chaqueño, Valles Secos, Puna Húmeda, 0–1500, 2000–4000 m.
Dept.: BE, CO, LP, PA, PO, SC, TA.
Muestra: *S.G. Beck et al. 11425* (CTES, K, LPB, M, SI, US).
Nom. Vern.: Jatun Huira Huira, Jatun Wira Wira.

Gamochaeta purpurea (L.) Cabrera, Bol. Soc. Argent. Bot. 9: 377. 1961.
Sin.: *Gnaphalium purpureum* L.
Ref.: Foster (1958), Freire & Urtubey (2013).
Hierba. Nativa. Andes, Altiplano. Yungas, Páramo Yungueño, Puna Húmeda, 3000–4500 m.
Dept.: CO, LP.
Muestra: *M.A. Lewis 38127* (MO).

Gamochaeta simplicicaulis (Willd. ex Spreng.) Cabrera, Bol. Soc. Argent. Bot. 9: 379. 1961.
Sin.: *Gnaphalium simplicicaule* Willd. ex Spreng., *Gnaphalium purpureum* var. *simplicicaule* (Willd. ex Spreng.) Klatt
Ref.: Cabrera (1961), Cabrera (1963a), Cabrera (1978a), Freire (1995), Freire & Iharlegui (1997), Cabrera & Freire (1998), Serrano & Terán (1998 [2000]).
Hierba. Nativa. Andes, Altiplano. Yungas, Bosque Serrano Chaqueño, Valles Secos, Puna Húmeda, 2000–4500 m.
Dept.: CH, CO, LP, PO, TA.
Muestra: *J.C. Solomon 14507* (LPB, MO).

Gamochaeta sphacelata (Kunth) Cabrera, Bol. Soc. Argent. Bot. 9: 380. 1961.
Sin.: *Gnaphalium sphacelatum* Kunth, *Gnaphalium sphacelatum* var. *legitimum* DC., *Gamochaeta americana* var. *linearifolia* Wedd., *Gnaphalium purpureum* var. *sphacelatum* (Kunth) Speg., *Gnaphalium pedunculosum* I.M. Johnst.
Ref.: Foster (1958), Cabrera (1961), Cabrera (1963a), Cabrera (1978a), Nesom (1990), Saravia Miranda (1996), Freire & Iharlegui (1997).
Hierba. Nativa. Andes, Altiplano. Yungas, Valles Secos, Puna Húmeda, Puna Seca, 2000–2500, 3000–4500 m.
Dept.: CO, LP, PO, TA.
Muestra: *P.L. Ibisch 791* (BOLV, LPB).

Gamochaeta subfalcata (Cabrera) Cabrera, Bol. Soc. Argent. Bot. 9: 383. 1961.
Sin.: *Gnaphalium subfalcatum* Cabrera
Ref.: Cabrera (1961), Cabrera (1963a), Cabrera (1978a), Freire (1995), Freire & Iharlegui (1997).
Hierba. Nativa. Andes, Altiplano. Valles Secos, Puna Húmeda, 3000–4500 m.
Dept.: CO, LP.
Muestra: *S.G. Beck 13082a* (LPB, M, SI, US).

Garcilassa Poepp., Nov. Gen. Sp. Pl. 3(5–6): 45–46, t. 251. 1843.
1 especie, 0 especies endémicas.

Garcilassa rivularis Poepp., Nov. Gen. Sp. Pl. 3: 45, pl. 251. 1843.
Sin.: *Hymenostephium rivularis* (Poepp.) E.E. Schill. & Panero
Hierba. Nativa. Andes. Yungas, 1000–1500 m.
Dept.: LP.
Muestra: *S.G. Beck 21618* (CTES, LPB, M, US).

Gazania Gaertn., Fruct. Sem. Pl. 2(3): 451–452, pl. 173, f. 2. 1791.
1 especie, 0 especies endémicas.

Gazania rigens (L.) Gaertn., Fruct. Sem. Pl. 2: 451. 1791.
Sin.: *Gorteria rigens* L.
Hierba. Cultivada. Andes, Altiplano. Yungas, Valles Secos, Puna Húmeda, 3000–4000 m.
Dept.: LP.
Muestra: *J.C. Solomon 6053* (LPB, MO).

Glebionis Cass., Dict. Sci. Nat. (ed. 2) 41: 41–43. 1826.
1 especie, 0 especies endémicas.

Glebionis coronaria (L.) Cass. ex Spach, Hist. Nat. Vég. 10: 181. 1841.
Sin.: *Chrysanthemum coronarium* L., *Matricaria coronaria* (L.) Desr.
Ref.: Dillon (1981), Turner (1996).
Hierba. Cultivada. Andes. Valles Secos, 3000–3500 m.
Dept.: LP.
Muestra: *J.C. Solomon 12773* (LPB, MO).

Gnaphalium L., Sp. Pl. 2: 850. 1753.
19 especies, 0 especies endémicas.

Gnaphalium badium Wedd., Chlor. Andina 1(4–6): 145. 1855 [1856].
Ref.: Foster (1958), Cabrera (1978a), Dillon & Sagástegui Alva (1991b), Freire (1995), Serrano & Terán (1998 [2000]).

Hierba. Nativa. Altiplano. Puna Húmeda, Puna Seca, 3500–4500 m.
Dept.: CH, CO, LP, PO, TA.
Tipo y muestra: *d'Orbigny s.n.* (HT: P; fotos: F ex P), *M. Liberman 1073* (LPB, SI).

Gnaphalium cheiranthifolium Lam., Encycl. 2: 752. 1786.
Sin.: *Pseudognaphalium cheiranthifolium* (Lam.) Hilliard & B.L. Burtt
Ref.: Rusby (1893b), Rusby (1907), Cuatrecasas (1935a), Foster (1958), Cabrera (1963a), Dillon & Sagástegui Alva (1991b), Freire (1995).
Hierba. Nativa. Andes, Altiplano. Yungas, Valles Secos, Puna Húmeda, 2000–4500 m.
Dept.: CH, CO, LP, OR, PO, TA.
Muestra: *S.G. Beck et al. 11705* (LPB, SI).
Infra: *Gnaphalium cheiranthifolium* var. *multiflorum* J. Kost.

Gnaphalium cymatoides Kunze ex DC., Prodr. 6: 225. 1837 [1838].
Ref.: Rusby (1907), Foster (1958).
Hierba. Nativa. Andes. Valles Secos, 3500–4000 m.
Dept.: LP.
Muestra: *M. Bang 2040* (GH, MO).

Gnaphalium dombeyanum DC., Prodr. 6: 225. 1837 [1838].
Ref.: Dillon & Sagástegui Alva (1991b), López Vargas (1995), Saravia Miranda (1996), Rangel et al. (2000), Balderrama & Ramírez (2001).
Hierba. Nativa. Andes, Altiplano. Yungas, Valles Secos, Puna Húmeda, 2000–2500, 3000–4500 m.
Dept.: CO, LP.
Muestra: *J.L. Luteyn et al. 13535* (LPB, NY).
Nom. Vern.: Jatun wira wira, wira wira.

Gnaphalium dysodes Spreng., Syst. Veg. 3: 476. 1826.
Sin.: *Gnaphalium graveolens* Kunth
Ref.: Cabrera (1978a), Dillon & Sagástegui Alva (1991b), Freire (1995), Hind & Jeffrey (2001).
Hierba. Nativa. Andes, Altiplano. Yungas, Valles Secos, Puna Húmeda, 2500–3000, 4000–4500 m.
Dept.: CO, LP.
Muestra: *J.C. Solomon & R. Chevalier 16621* (LPB, MO).

Gnaphalium ecuadorense Hieron., Bot. Jahrb. Syst. 21: 347. 1895.
Ref.: Cuatrecasas (1935a), Foster (1958).
Hierba. Nativa. Altiplano. Puna Húmeda, 4000–4500 m.
Dept.: LP.
Muestra: *Isern y Batilló 386* (MA).
Infra: *Gnaphalium ecuadoriensis* var. *boliviensis* Cuatrec.

Gnaphalium frigidum Wedd., Chlor. Andina 1(4–6): 147, t. 24a. 1855 [1856].
Ref.: Foster (1958), Cabrera (1978a), Dillon & Sagástegui Alva (1991a), Freire (1995).
Hierba. Nativa. Altiplano. Puna Húmeda, Puna Seca, 3000–5000 m.
Dept.: LP, OR, PO.
Tipo y muestra: *d'Orbigny 1372* (ST: P), *S.G. Beck 2901* (LPB, SI).
Nom. Vern.: Hanuk'aru (Aymara), wira-wira (Quechua y Aymara).

Gnaphalium gaudichaudianum DC., Prodr. 6: 226. 1837 [1838].
Sin.: *Gnaphalium mandonii* Sch. Bip., *Pseudognaphalium gaudichaudianum* (DC.) Anderb.
Ref.: Fries (1906b), Foster (1958), Cabrera (1978a), Cabrera & Freire (1998), Serrano & Terán (1998 [2000]).
Hierba. Nativa. Andes, Altiplano. Yungas, Bosque Tucumano-Boliviano, Valles Secos, Puna Húmeda, 2000–4000 m.
Dept.: CH, CO, LP, TA.
Muestra: *J.C. Solomon 10612* (LPB, MO).
Nom. Vern.: Wira-wira (Aymara).

Gnaphalium glandulosum Klatt, Linnaea 42: 129. 1878.
Ref.: Dillon & Sagástegui Alva (1991b), Freire (1995), Serrano & Terán (1998 [2000]).
Hierba. Nativa. Andes, Altiplano. Yungas, Valles Secos, Puna Húmeda, 2500–3000, 3500–5000 m.
Dept.: CH, CO, LP.
Muestra: *J.C. Solomon & J. Kuijt 11499* (LPB, MO).
Nom. Vern.: Huira-huira.

Gnaphalium helichrysoides Wedd., Chlor. Andina 1(4–6): 146. 1855 [1856].
Ref.: Foster (1958).
Hierba. Nativa. Altiplano. Puna Seca, 4000–4500 m.
Dept.: OR.
Tipo: *d'Orbigny 1377* (ST: P).
Nota: Conocida en Bolivia solamente del tipo.

Gnaphalium jujuyense Cabrera, Fl. Prov. Jujuy 13(10): 285. 1978.
Ref.: Cabrera (1978a), Freire (1995).
Hierba. Nativa. Andes, Altiplano. Valles Secos, Puna Húmeda, 3000–4000 m.
Dept.: LP.
Muestra: *J.C. Solomon 15183* (LPB, MO).

Gnaphalium lacteum Meyen & Walp., Nov. Actorum Acad. Caes. Leop.-Carol. Nat. Cur. 19: 276. 1843.
Sin.: *Gnaphalium argyrolepis* Phil.
Ref.: Foster (1958), Cabrera (1978a), Dillon & Sagástegui Alva (1991b).
Hierba. Nativa. Andes, Altiplano. Valles Secos, Puna Húmeda, 3500–4500 m.
Dept.: CO, LP, OR, TA.
Muestra: *S.G. Beck 11802* (BOLV, LPB, M, SI, US).

Gnaphalium leucopeplum Cabrera, Bol. Soc. Argent. Bot. 9: 383. 1961.
Ref.: Cabrera (1961), Cabrera (1963a), Cabrera (1978a), Freire (1995).
Hierba. Nativa. Altiplano. Puna Húmeda, 3500–4000 m.
Dept.: LP.
Muestra: *X. Villavicencio 32* (LPB).

Gnaphalium luteoalbum L., Sp. Pl. 2: 851. 1753.
Hierba. Cultivada. Andes. Valles Secos, 3000–3500 m.
Dept.: LP.
Muestra: *M. Bang 192* (GH, MO).

Gnaphalium melanosphaeroides Sch. Bip. ex Wedd., Chlor. Andina 1(4–6): 148. 1855 [1856].
Ref.: Foster (1958), Dillon & Sagástegui Alva (1991b), Freire (1995).
Hierba. Nativa. Andes, Altiplano. Bosque Tucumano-Boliviano, Valles Secos, Puna Húmeda, 2500–4500 m.
Dept.: CH, LP, TA.
Muestra: *J.C. Solomon 16216* (LPB, MO).
Nom. Vern.: Chucu-chucu (Aymara).

Gnaphalium polium Wedd., Chlor. Andina 1(4–6): 147. 1855 [1856].
Ref.: Dillon & Sagástegui Alva (1991b).
Hierba. Nativa. Altiplano. Puna Húmeda, 4000–4500 m.
Dept.: CO, LP.
Muestra: *T. Johns 82-79* (F, LPB, MICH, MO).

Gnaphalium polycaulon Pers., Syn. Pl. 2: 421. 1807.
Sin.: *Gnaphalium multicaule* Willd., *Gnaphalium strictum* Roxb., *Gnaphalium schomburgkii* Sch. Bip.
Ref.: Moraes R. (1990).
Hierba. Nativa. Zonas Bajas. Bosque Húmedo, Bosque Semideciduo Chiquitano, 0–500 m.
Dept.: PA, SC.
Muestra: *J.R. Abbott 17270* (US, USZ).

Gnaphalium tarapacanum Phil., Anales Mus. Nac. Santiago de Chile 8: 46. 1891.
Ref.: Cabrera (1978a), Freire (1995).
Hierba. Nativa. Andes, Altiplano. Bosque Tucumano-Boliviano, Valles Secos, Puna Húmeda, 1500–2500, 3500–4000, 4500–5000 m.
Dept.: BE, CO, LP, TA.
Muestra: *R. Ehrich 9* (LPB).

Gnaphalium versatile Rusby, Mem. Torrey Bot. Club 6(1): 62. 1896.
Ref.: Foster (1958), Cabrera (1978a), Freire (1995), López Vargas (1995).
Hierba. Nativa. Altiplano. Puna Húmeda, 3500–4500 m.
Dept.: CO, LP, TA.
Tipo y muestra: *M. Bang 1035* (T: GH, MO, NY, NY, US), *E. Bastian 611* (LPB).
Nom. Vern.: Ismu huagachi.

Gochnatia Kunth, Nov. Gen. Sp. (folio ed.) 4: 15–16. 1820 [1818].
7 especies, 2 especies endémicas.

Gochnatia angustifolia G. Sancho, S.E. Freire & Katinas, Taxon 54(1): 89–90, f. 2, f. 3c, d. 2005.
Ref.: Katinas et al. (2008), Hind (2009), Ministerio de Medio Ambiente y Agua (2012 [2013]).
Subarbusto, arbusto. Endémica. Andes. Valles Secos, 2500–3000 m.
Dept.: PO.
Tipo: *G. Torrico & C. Peca 336* (HT: LPB; IT: LP, US).
Nota: Conocida solamente del tipo.

[Gochnatia argentina (Cabrera) Cabrera], Notas Mus. La Plata, Bot. 15: 42. 1950.
Ref.: Cabrera (1971c), Serrano & Terán (1998 [2000]).
Nota: Especie dudosa.

[Gochnatia barrosii Cabrera], Notas Mus. La Plata, Bot. 15: 46. 1950.
Ref.: Wood et al. (2011).
Nota: El registro se basa en material mal identificado de *G. rusbyana*.

Gochnatia boliviana S.F. Blake, Contr. U.S. Natl. Herb. 22(8): 651–652. 1924.
Ref.: Foster (1958), Adolfo María (1966), Cabrera (1971c), López Vargas (1995), Saravia Miranda (1996), Serrano & Terán (1998 [2000]), Vargas Caballero et al. (2000), Katinas et al. (2008), Arroyo Padilla & Villarroel Segarra (2009), Hind (2009).
Subarbusto, arbusto. Endémica. Andes. Valles Secos, 1000–3000 m.
Dept.: CH, CO, PO, SC.
Tipo y muestra: *O. Kuntze s.n.* (HT: US; IT: NY), *J. Steinbach 8247* (GH, MO).
Nom. Vern.: Chiñi melendre, melendrillo, melendre amarillo, q'ita melendre, yuraj yuraj.

Gochnatia cardenasii S.F. Blake, J. Wash. Acad. Sci. 25(7): 324. 1935.
Ref.: Foster (1958), Cabrera (1971c), López (2000), Serrano & Terán (1998 [2000]), Katinas et al. (2008), Hind (2009).
Subarbusto, arbusto. Nativa. Andes. Valles Secos, 2500–3500 m.
Dept.: CH, PO.
Tipo y muestra: *M. Cárdenas 326* (HT: US; IT: GH, LL), *L. Cárdenas 3730* (SI, US).

Gochnatia curviflora (Griseb.) O. Hoffm., Nat. Pflanzenfam. 4(5): 337. 1894.
Sin.: *Moquinia curviflora* Griseb.
Ref.: Foster (1958), Cabrera (1971c), Katinas et al. (2008).
Subarbusto, arbusto. Nativa. Andes. Valles Secos, 1000–2500 m.
Dept.: CH, CO, PO, SC, TA.
Tipo y muestra: *P.G. Lorentz & G. Hieronymus 879* (HT: GOET; IT: CORD), *K. Fiebrig 2838* (GH, LP, MO, NY, SI, US).

Gochnatia floribunda Cabrera, Revista Mus. La Plata, Secc. Bot. 12(66): 125. 1971.
Arbusto. Nativa. Zonas Bajas, Andes. Campos Cerrados, 0–2000 m.
Dept.: LP, SC.
Muestra: *R. Guillén V. et al. 4158* (LPB, MO, US, USZ).

Gochnatia glutinosa (D. Don) D. Don ex Hook. & Arn., Companion Bot. Mag. 1: 108–109. 1835.
Sin.: *Pentaphorus glutinosus* D. Don
Ref.: Cabrera (1971c).
Nota: Esperada. Especie nativa de la Argentina, crece en Jujuy y Salta, cerca de la frontera con Bolivia.

Gochnatia palosanto Cabrera, Notas Mus. La Plata, Bot. 1: 62. 1935.
Ref.: Cabrera (1971c), Valenzuela Celis (1993b), Fuentes Claros (1998), Serrano & Terán (1998 [2000]), Vargas Caballero et al. (2000), Hind (2009).
Árbol. Nativa. Zonas Bajas, Andes. Bosque Semideciduo Chiquitano, Bosque Seco Chaqueño, Valles Secos, 0–500, 1500–3000 m.
Dept.: CH, CO, SC, TA.
Muestra: *J. Steinbach 8577* (F, K, MO, NY, S).
Nom. Vern.: Melendre, palo santo.

[Gochnatia polymorpha (Less.) Cabrera], Notas Mus. La Plata, Bot. 15: 43. 1950.
Sin.: *Spadonia polymorpha* Less.
Ref.: Killeen & Schulenberg (1998).
Nota: El registro se basa en material mal identificado de *G. floribunda*.

[Gochnatia pulchra Cabrera], Revista Mus. La Plata, Secc. Bot. 12(66): 106. 1971.
Ref.: Killeen & Schulenberg (1998).
Nota: El registro se basa en material mal identificado.

Gochnatia rusbyana Cabrera, Notas Mus. La Plata, Bot. 15: 41. 1950.
Sin.: *Moquinia boliviana* Rusby
Ref.: Foster (1958), Sancho (2000), Katinas et al. (2008), Arroyo Padilla & Villarroel Segarra (2009).
Subarbusto, arbusto. Nativa. Zonas Bajas, Andes. Bosque Húmedo, Yungas, Bosque Tucumano-Boliviano, 500–3000 m.
Dept.: CH, LP, SC.
Tipo y muestra: *M. Bang 2252* (HT: NY; IT: BM, G, GH, K, LP, M, MICH, MO, NY, US, W), *M.A. Lewis 37346* (LPB, MO, US).

Grindelia Willd., Mag. Neuesten Entdeck. Gesammten Naturk. Ges. Naturf. Freunde Berlin 1(4): 259–261. 1807.
1 especie, 0 especies endémicas.

Grindelia boliviana Rusby, Mem. Torrey Bot. Club 6(1): 60. 1896.
Ref.: Foster (1958), Adolfo María (1966), Dillon & Hensold (1993), Bartoli & Tortosa (1999).
Hierba, subarbusto, arbusto. Nativa. Andes. Valles Secos, 2500–4000 m.
Dept.: CH, CO, LP, PO, TA.
Tipo y muestra: *M. Bang 1055* (HT: NY; IT: GH, LP frag., MO, NY, US; fotos: LP), *S.G. Beck 18040* (LPB, SI).

Gutierrezia Lag., Gen. Sp. Pl. 30. 1816.
2 especies, 0 especies endémicas.

Gutierrezia gilliesii Griseb., Abh. Königl. Ges. Wiss. Göttingen 19: 173. 1874.
Arbusto. Nativa. Andes, Altiplano. Valles Secos, Puna Seca, 3000–4000 m.
Dept.: PO.
Muestra: *J. West 8225* (MO).

Gutierrezia mandonii (Sch. Bip.) Solbrig, Contr. Gray Herb. 197: 20. 1966.
Sin.: *Brachyris mandonii* Sch. Bip., *Gutierrezia gilliesii* var. *scabriuscula* Griseb.
Ref.: Foster (1958), Solbrig (1966), López (2000).
Subarbusto, arbusto. Nativa. Andes, Altiplano. Valles Secos, Puna Seca, 2500–4000 m.
Dept.: LP, OR, PO, TA.
Tipo y muestra: *G. Mandon 228* (HT: P; IT: B destr.?, F, F, GH, GH, GH, NY, NY, NY, US; fotos: F ex P, F ex B), *J.R.I. Wood et al. 21315* (BOLV, K, LPB).
Infra: *Gutierrezia mandonii* subsp. *mandonii*

Gymnanthemum Cass., Bull. Sci. Soc. Philom. Paris 1817: 10. 1817.

1 especie, 0 especies endémicas.

Gymnanthemum amygdalinum (Delile) Sch. Bip. ex Walp., Repert. Bot. Syst. 2: 948. 1843.
Sin.: *Vernonia amygdalina* Delile, *Vernonia condensata* Baker, *Vernonanthura condensata* (Baker) H. Rob.
Ref.: Robinson (1992).
Hierba. Nativa. Zonas Bajas. Bosque Húmedo, 0–500 m.
Dept.: SC.
Muestra: *M.H. Nee 41123* (NY).

Gymnocoronis DC., Prodr. 5: 106. 1836.

1 especie, 0 especies endémicas.

Gymnocoronis spilanthoides (D. Don ex Hook. & Arn.) DC., Prodr. 7: 266. 1838.
Sin.: *Alomia spilanthoides* D. Don ex Hook. & Arn.
Hierba. Nativa. Zonas Bajas. Bosque Húmedo, Bosque Semideciduo Chiquitano, Campos Cerrados, Sabanas Benianas del Norte, Sabanas Benianas del Sur, Campos Amazónicos, 0–500 m.
Dept.: BE, PA, SC.
Muestra: *C.R. Sperling & S.R. King 6556* (US).

Gynoxys Cass., Dict. Sci. Nat. (ed. 2) 48: 455. 1827.

18 especies, 7 especies endémicas.

Gynoxys alternifolia Sch. Bip. ex Rusby, Mem. Torrey Bot. Club 6(1): 67. 1896.
Sin.: *Gynoxys alternifolia* Sch. Bip., *Senecio alternifolius* (Sch. Bip. ex Rusby) Greenm.
Ref.: Foster (1958).
Arbusto. Nativa. Andes. Yungas, 2000–2500 m.
Dept.: LP.
Tipo y muestra: *M. Bang 1574* (HT: NY; IT: A, MO-2965463, NY; fotos: MO-1984045), *O. Buchtien 3078* (GH, MO).

Gynoxys asterotricha Sch. Bip., Linnaea 34: 529. 1865.
Ref.: Valenzuela Celis (1993b).
Arbusto, árbol. Endémica. Andes. Yungas, Páramo Yungueño, Valles Secos, 2500–4000 m.
Dept.: CH, CO, LP.
Tipo y muestra: *G. Mandon 84* (HT: P; IT: GH, GH, NY, US frag.), *S.G. Beck 14677* (CUZ, LPB, M, SI, US).
Nom. Vern.: Yuraq vallera.

Gynoxys baccharoides (Kunth) Cass., Dict. Sci. Nat. (ed. 2) 48: 455. 1827.
Sin.: *Senecio baccharoides* Kunth
Ref.: Foster (1958).
Arbusto, árbol. Nativa. Andes. Yungas, 2500–3000 m.
Dept.: LP.
Muestra: *H.H. Rusby 1676* (US).

Gynoxys boliviana (Klatt) S.F. Blake, Contr. Gray Herb. 53: 28. 1918.
Sin.: *Liabum bolivianum* Klatt
Ref.: Foster (1958).
Arbusto. Endémica. Andes. Yungas, 3000–3500 m.
Tipo y muestra: *H. Cuming s.n.* (HT: W; IT: K; fotos: F), *T. Herzog 2731* (L, LP).

Gynoxys cochabambensis Cabrera, Notas Mus. La Plata 14: 194. 1949.
Ref.: Cabrera (1949b), Foster (1958), Valenzuela Celis (1993b).
Arbusto, árbol. Endémica. Andes, Altiplano. Yungas, Valles Secos, Puna Húmeda, 3000–3500 m.
Dept.: CO, LP.
Tipo y muestra: *T. Herzog 2214* (HT: L; IT: LP, S, Z), *S.G. Beck 9031* (BOLV, LPB, M, SI, US).

Gynoxys compressissima Cuatrec., Fieldiana, Bot. 27(2): 4. 1951.
Ref.: Ministerio de Medio Ambiente y Agua (2012 [2013]).
Arbusto, arbolito, árbol. Nativa. Andes, Altiplano. Páramo Yungueño, Puna Húmeda, 3500–4500 m.
Dept.: LP.
Muestra: *A.F. Fuentes et al. 11318* (BOLV, CTES, HSB, LPB, MA, MO, USZ).

Gynoxys cruzensis Cuatrec., Collect. Bot. (Barcelona) 3(3): 295. 1953.
Ref.: Foster (1958), Valenzuela Celis (1993b).
Arbusto, árbol. Nativa. Andes. Yungas, 2000–3000 m.
Dept.: CO.
Muestra: *A.L. Cabrera & M. M. Gutiérrez 33718* (LPB, SI).

Gynoxys foliosa (Rusby) S.F. Blake, Contr. U.S. Natl. Herb. 24: 86. 1922.
Sin.: *Diplostephium foliosum* Rusby
Ref.: Foster (1958).
Subarbusto, arbusto. Nativa. Andes. Yungas, 2500–3500 m.
Dept.: LP.
Tipo y muestra: *R.S. Williams 1529* (HT: NY; IT: US), *J.L. Clark 6663* (LPB, US).
Nota: Posiblemente un sinónimo de *G. megacephala*.

[Gynoxys hallii Hieron.], Bot. Jahrb. Syst. 19: 64. 1894.
Ref.: Foster (1958).
Nota: El registro se basa en material mal identificado de *G. neovelutina*.

Gynoxys hoffmannii Kuntze, Revis. Gen. Pl. 3(3): 156. 1898.
Ref.: Foster (1958).
Arbusto. Endémica. Andes. Yungas, 3000–3500 m.
Dept.: CO.
Tipo: *O. Kuntze s.n.* (HT: NY; fotos: F ex NY).
Nota: Conocida solamente del tipo.

Gynoxys hypomalaca S.F. Blake, Bot. Gaz. 74: 427. 1922.
Ref.: Foster (1958).
Arbusto. Nativa. Andes. Yungas, elevación desconocida.
Dept.: LP.
Tipo: *E.W.D. Holway & M.M. Holway 567* (HT: NY; IT: GH; fotos: F).
Nota: Conocida en Bolivia solamente del tipo.

[Gynoxys laurifolia (Kunth) Cass.], Dict. Sci. Nat. (ed. 2) 48: 455. 1827.
Sin.: *Senecio laurifolius* Kunth
Ref.: Foster (1958).
Nota: El registro se basa en material mal identificado de *G. soratensis*.

Gynoxys longifolia Wedd., Chlor. Andina 1(3): 79. 1855 [1856].
Ref.: Valenzuela Celis (1993b).
Arbusto. Nativa. Andes. Valles Secos,

3500–4000 m.
Dept.: LP.
Muestra: *S.G. Beck 11354* (CTES, K, LPB, M, SI, US).

Gynoxys mandonii Sch. Bip. ex Rusby, Mem. Torrey Bot. Club 6(1): 67. 1896.
Ref.: Foster (1958).
Arbusto. Nativa. Andes. Yungas, Páramo Yungueño, 2500–4000 m.
Dept.: CO, LP.
Tipo y muestra: *M. Bang 1196* (HT: NY; IT: F, GH, MO-3729269, US; fotos: F), *M.A. Lewis 881029* (LPB, MO).

Gynoxys megacephala Rusby, Bull. New York Bot. Gard. 4: 398. 1907.
Ref.: Foster (1958).
Arbusto. Nativa. Andes. Yungas, 2500–3000 m.
Dept.: LP.
Tipo y muestra: *M. Bang 1959* (HT: NY; IT: GH, MO-3729270, NY, US), *S.G. Beck 21462* (CTES, K, LPB, M, MO, US).

Gynoxys neovelutina Cuatrec., Fieldiana, Bot. 27(2): 11. 1951.
Ref.: Foster (1958).
Arbusto. Endémica. Andes. Yungas, 3000–3500 m.
Dept.: CO.
Tipo y muestra: *O. Kuntze s.n.* (HT: NY; fotos: F), *M. Kessler 2905* (GOET, LPB).

Gynoxys psilophylla Klatt, Ann. K.K. Naturhist. Hofmus. 9: 367. 1894.
Sin.: *Gynoxys glabriuscula* Rusby
Ref.: Foster (1958), Valenzuela Celis (1993b), Fernández et al. (2001).
Arbusto, árbol. Nativa. Andes, Altiplano. Yungas, Páramo Yungueño, Bosque de *Polylepis*, 2500–4000 m.
Dept.: CO, LP, PO.
Tipo y muestra: *M. Bang 1116* (HT: W destr.?; IT: A, GH, GH, NY, NY, US), *M.A. Lewis 88647* (LPB, MO).

Gynoxys rusbyi Cuatrec., Fieldiana, Bot. 27(2): 10. 1951.
Ref.: Foster (1958).
Arbusto. Nativa. Andes. Yungas, 3500–4000 m.
Dept.: LP.
Tipo y muestra: *H.H. Rusby 3* (HT: US; IT: MO, NY; fotos: F), *M.A. Lewis 38940* (LPB, MO, US).

Gynoxys soratensis Cuatrec., Fieldiana, Bot. 27(2): 12. 1951.
Ref.: Foster (1958).
Arbolito. Endémica. Andes. Yungas, Valles Secos, 3000–4000 m.
Dept.: LP.
Tipo: *H.H. Rusby 1638* (HT: NY).
Nota: Conocida solamente del tipo.

Gynoxys tablaensis Cabrera, Blumea 7: 197. 1952.
Ref.: Foster (1958).
Arbolito. Endémica. Andes. Yungas, Páramo Yungueño, 3000–3500 m.
Dept.: CO.
Tipo: *T. Herzog 2201* (HT: LP?; IT: L?, Z).
Nota: Conocida solamente del tipo.

Gyptis Cass., Bull. Sci. Soc. Philom. Paris 1818: 139. 1818.
1 especie, 0 especies endémicas.

Gyptis crassipes (Hieron.) R.M. King & H. Rob., Phytologia 37: 458. 1977.
Sin.: *Eupatorium crassipes* Hieron., *Eupatorium lanigerum* Hook. & Arn., *Eupatorium alternifolium* Sch. Bip. ex Baker, *Eupatorium lanigerum* var. *longicuneatum* B.L. Rob., *Eupatorium alternifolium* fo. *nitidum* J. Kost.
Ref.: Foster (1958), Cabrera (1978a).
Subarbusto. Nativa. Andes. Valles Secos, 1000–1500 m.
Dept.: SC.
Muestra: *T. Herzog 1750* (GH, L).
Infra: *Eupatorium alternifolium* fo. *nitidum* J. Kost.

Haplopappus Cass., Dict. Sci. Nat. (ed. 2) 56: 168. 1828.
1 especies, 0 especie endémica.

Haplopappus rigidus Phil., Fl. Atacam. 204. 1860.
Arbusto. Nativa. Altiplano. Puna Seca, 3500–4000 m.
Dept.: PO.
Muestra: *S.G. Beck 21613* (LPB, M, US).

Hebeclinium DC., Prodr. 5: 136. 1836.
1 especie, 0 especies endémicas.

Hebeclinium macrophyllum (L.) DC., Prodr. 5: 136. 1836.
Sin.: *Eupatorium macrophyllum* L.
Ref.: Foster (1958), Killeen & Schulenberg (1998).
Hierba. Nativa. Zonas Bajas, Andes. Bosque Húmedo, Bosque Semideciduo Chiquitano, Yungas, Valles Secos, 0–1500, 3000–3500 m.
Dept.: BE, CO, LP, SC.
Muestra: *M.H. Nee 47952* (NY, US).

Helianthus L., Sp. Pl. 2: 904. 1753.
1 especie, 0 especies endémicas.

Helianthus annuus L., Sp. Pl. 2: 904–905. 1753.
Ref.: Dillon & Hensold (1993).
Hierba. Adventicia, cultivada. Zonas Bajas, Andes. Campos Cerrados, Valles Secos, 0–500, 2500–3000 m.
Dept.: BE, CO, LP, SC.
Muestra: *J.C. Solomon & M.H. Nee 18183* (MO).

[Helianthus floribundus E. Watson], Pap. Michigan Acad. Sci. 9: 405, pl. 59. 1929.
Tipo: *K. Fiebrig 2768* (HT: B).
Nota: Especie dudosa. Tal vez un sinónimo de *Viguiera australis*.

Helichrysum Mill., Gard. Dict. Abr. (ed. 4) vol. 2. 1754.
1 especie, 0 especies endémicas.

Helichrysum bracteatum (Vent.) Andrews, Bot. Repos. 6: pl. 428. 1805.
Sin.: *Xeranthemum bracteatum* Vent., *Xerochrysum bracteatum* (Vent.) Tzvelev, *Bracteantha bracteata* (Vent.) Anderb. & Haegi
Hierba. Cultivada. Andes. Valles Secos, 3000–3500 m.
Dept.: LP, PO.
Muestra: *J.C. Solomon 8188* (LPB, MO).

Heliopsis Pers., Syn. Pl. 2: 473. 1807.
1 especie, 0 especies endémicas.

Heliopsis buphthalmoides (Jacq.) Dunal, Mém. Mus. Hist. Nat. 5: 57. 1819.
Sin.: *Anthemis buphthalmoides* Jacq., *Heliopsis canescens* Kunth, *Stemmodontia elongata* Rusby, *Heliopsis oppositifolia* (Lam.) S. Díaz
Ref.: Rusby (1893b), Foster (1958), Saravia Miranda (1996), Serrano & Terán (1998 [2000]).
Hierba. Nativa. Andes. Yungas, Bosque Tucumano-Boliviano, 1500–3500 m.
Dept.: CH, CO, LP, SC.
Muestra: *M.A. Lewis 882028* (LPB, MO, US).
Nom. Vern.: Huari sunchu.

[Heliopsis oppositifolia (L.) Druce], Bot. Exch. Club Soc. Brit. Isles 3(5): 419. 1913 [1914].
Sin.: *Rudbeckia oppositifolia* L.
Ref.: López Vargas (1995).
Nota: El registro se basa en material mal identificado de *H. buphthalmoides*, probablemente debido a una confusión con *H. oppositifolia* (Lam.) S. Díaz.

Helogyne **Nutt.**, Trans. Amer. Philos. Soc., n.s. 7: 449. 1841.
3 especies, 1 especie endémica.

Helogyne straminea (DC.) B.L. Rob., Proc. Amer. Acad. Arts 55: 88. 1919.
Sin.: *Eupatorium stramineum* DC., *Helogyne fiebrigii* Hieron.
Ref.: Foster (1958), López (2000).
Arbusto. Nativa. Andes. Valles Secos, 2000–4000 m.
Dept.: CH, CO, LP, PO, TA.
Muestra: *J.C. Solomon 8226* (LPB, MO, US).

Helogyne tacaquirensis Hieron., Bot. Jahrb. Syst. 40: 369. 1908.
Sin.: *Eupatorium dejectum* B.L. Rob., *Eupatorium tacaquirense* (Hieron.) B.L. Rob.
Ref.: Foster (1958).
Arbusto. Nativa. Andes, Altiplano. Valles Secos, Puna Seca, 2500–4000 m.
Dept.: PO, TA.
Tipo y muestra: *K. Fiebrig 3885* (T: B destr.), *G. Torrico et al. s.n.* (LPB, US).

Helogyne virgata (Rusby) B.L. Rob., Proc. Amer. Acad. Arts 42: 31. 1906.
Sin.: *Addisonia virgata* Rusby, *Addisonia boliviana* Rusby
Ref.: Foster (1958).
Arbusto. Endémica. Andes. Valles Secos, 2500–3500 m.
Dept.: CO.
Tipo y muestra: *M. Bang 868* (HT: NY; IT: B destr., GH, GH, NY, US frag.; fotos: F ex B), *M. Bang s.n.* (US).

Heterocondylus **R.M. King & H. Rob.**, Phytologia 24(5): 389–390. 1972.
3 especies, 0 especies endémicas.

Heterocondylus alatus (Vell.) R.M. King & H. Rob., Phytologia 49: 5. 1981.
Sin.: *Chrysocoma alata* Vell., *Eupatorium vauthierianum* DC., *Heterocondylus vauthierianus* (DC.) R.M. King & H. Rob.
Hierba. Nativa. Zonas Bajas. Bosque Húmedo, 0–500 m.
Dept.: SC.
Muestra: *M.H. Nee 37358* (LPB, MO, NY).

Heterocondylus didymus (Klatt) R.M. King & H. Rob., Phytologia 65(6): 487. 1989.
Sin.: *Eupatorium didymum* Klatt, *Eupatorium didymum* var. *glandulitectum* B.L. Rob., *Ayapanopsis didyma* (Klatt) R.M. King & H. Rob.
Ref.: Foster (1958), Cabrera (1978a).
Subarbusto. Nativa. Andes. Bosque Tucumano-Boliviano, Valles Secos, 1000–1500, 2500–3000 m.
Dept.: LP, SC.
Tipo y muestra: *H. Cuming s.n.* (HT: W; fotos: F), *F.R. Fosberg 28606* (US).

Heterocondylus vitalbae (DC.) R.M. King & H. Rob., Phytologia 24(5): 391. 1972.
Sin.: *Eupatorium vitalbae* DC.
Ref.: Foster (1958), Moraes R. (1990).
Trepadora, subarbusto, arbusto. Nativa. Zonas Bajas, Andes. Bosque Húmedo, Bosque Semideciduo Chiquitano, Campos Cerrados, Sabanas Benianas del Sur, Yungas, Valles Secos, 0–2000 m.
Dept.: BE, LP, PA, SC.
Muestra: *T. Killeen & W.A. Palacios 3436* (LPB, MO, US).

Heterosperma **Cav.**, Icon. 3(2): 34. 1794 [1795–1796].
5 especies, 0 especies endémicas.

Heterosperma diversifolium Kunth, Nov. Gen. Sp. (folio ed.) 4: 193–194, t. 384. 1820 [1818].
Sin.: *Heterospermum diversifolium* Kunth
Ref.: Foster (1958).
Hierba. Nativa. Andes. Valles Secos, 2000–4000 m.
Dept.: CO, LP, SC, TA.
Muestra: *J.C. Solomon 15016* (LPB, MO, US).

Heterosperma nanum (Nutt.) Sherff, Bot. Gaz. 91: 312. 1931.
Sin.: *Microdonta nana* Nutt.
Ref.: López (2000).
Hierba. Nativa. Andes, Altiplano. Valles Secos, Puna Seca, 3500–4000 m.
Dept.: LP, PO, TA.
Muestra: *E. Bastian 1090* (LPB, US).

Heterosperma ovatifolium Cav., Descr. Pl. 204. 1802.
Sin.: *Heterosperma ovatum* Willd., *Heterosperma maritimum* Kunth, *Heterosperma rhombifolium* (Sch. Bip.) Griseb., *Heterosperma pinnatum* var. *ovatifolium* (Cav.) Kuntze
Ref.: Foster (1958).
Hierba. Nativa. Andes, Altiplano. Yungas, Valles Secos, Puna Húmeda, 1000–2000, 2500–4000 m.
Dept.: LP, SC, TA.
Muestra: *J.C. Solomon 13302* (MO, US).

Heterosperma pinnatum Cav., Icon. 3(2): 34, pl. 267. 1794 [1795–1796].
Ref.: Foster (1958).
Hierba. Adventicia. Andes. Valles Secos, 3000–3500 m.
Dept.: LP, TA.
Muestra: *R.E. Fries 1090* (S).
Infra: *Heterosperma pinnatum* var. *biternatum* Kuntze
Nota: Nativa de Centro América.

Heterosperma tenuisectum (Griseb.) Cabrera, Fl. Prov. Jujuy 13(10): 404. 1978.
Sin.: *Heterosperma diversifolium* var. *tenuisectum* Griseb.
Ref.: De la Barra (1997), López (2000), Serrano & Terán (1998 [2000]).
Hierba. Nativa, cultivada. Andes. Valles Secos, 1500–2500 m.
Dept.: CH, CO, SC, TA.
Muestra: *R. Ehrich 479* (LPB, US).

Hieracium **L.**, Sp. Pl. 2: 799. 1753.
25 especies, 11 especies endémicas.

Hieracium adenocephalum (Sch. Bip.) Arv.-Touv., Spicil. Rar. Nov. Hierac. 8. 1881.
Sin.: *Pilosella adenocephala* Sch. Bip., *Hieracium mandonii* Britton
Ref.: Zahn (1922), Sleumer (1956), Foster (1958), Schulenberg & Awbrey (1997), Serrano & Terán (1998 [2000]).
Hierba. Nativa. Andes. Yungas, 2500–4000 m.
Dept.: CH, LP.
Tipo y muestra: *G. Mandon 272* p.p. (HT: P; IT: BM, G, GH, K, NY, NY, NY, S), *J.C. Solomon 4884* (MO, US).

Hieracium apoloensis Rusby, Bull. New York Bot. Gard. 8(28): 135. 1912.
Ref.: Sleumer (1956), Foster (1958).
Hierba. Endémica. Andes. Valles Secos, 1500–2000 m.
Dept.: LP.
Tipo y muestra: *R.S. Williams 130* (LT: NY), *T.B. Miranda et al. 400* (MO).

Hieracium argentinense Zahn, Pflanzenr. 4(280): 1140. 1922.
Hierba. Nativa. Andes. Bosque Tucumano-Boliviano, 2500–3000 m.
Dept.: SC.
Muestra: *J.R.I. Wood & D.J. Goyder 15603* (K, LPB, M, USZ).

Hieracium asplundii Sleumer, Bot. Jahrb. Syst. 77: 137. 1956.
Hierba. Endémica. Andes. Puna Húmeda, 3500–4000 m.
Dept.: LP.
Tipo y muestra: *E. Asplund 2306* (HT: S), *E. Asplund 3797* (S).

Hieracium boliviense (Wedd.) Sch. Bip., Bonplandia (Hannover) 9: 173. 1861.
Sin.: *Crepis boliviensis* Wedd.

Ref.: Zahn (1922), Sleumer (1956), Foster (1958).
Hierba. Nativa. Altiplano. Puna Húmeda, 3500–4000 m.
Dept.: CH, LP.
Tipo y muestra: *H.A. Weddell s.n.* (HT: P), *A.H. Gentry et al. 44375* (LPB, MO, US).
Infra: *Hieracium boliviense* subsp. *boliviense*

Hieracium dasychaetocomum Zahn, Pflanzenr. 280(Heft 79): 1093. 1922.
Ref.: Zahn (1922), Sleumer (1956), Cabrera (1978a).
Hierba. Nativa. Andes. Bosque Serrano Chaqueño, 3000–3500 m.
Dept.: TA.
Muestra: *G. Meyer 17294* (LIL, M).

[Hieracium eriocephalum (Benth.) Wedd.], Chlor. Andina 1(7): 226. 1855 [1857].
Sin.: *Onoseris eriocephala* Benth.
Ref.: Weddell (1855 [1855–1857]), Sleumer (1956), Foster (1958).
Nota: El registro se basa en material mal identificado. Se interpreta este taxón como una combinación siguiendo CIN 41.3, por lo tanto la lectotipificación de Sleumer (1956) se ignora, y se considera un sinónimo de *H. erianthum* Kunth. Weddell (1855) incluyó tambien en esta especie *D'Orbigny 1192*, esta colección no pertenece a *H. erianthum* (Sleumer 1956) y probablemente representa una nueva especie.

Hieracium fimbriatum Arv.-Touv., Spicil. Rar. Nov. Hierac. 6. 1881.
Ref.: Zahn (1922), Sleumer (1956), Foster (1958).
Hierba. Endémica. Andes. Yungas, 2500–3000 m.
Dept.: LP.
Tipo: *G. Mandon 272* p.p. (HT: G; IT: K, P).
Nota: Conocida solamente del tipo.

Hieracium fulvipes Wedd., Chlor. Andina 1(7): 224. 1855 [1857].
Sin.: *Pilosella fulvipes* (Wedd.) F.W. Schultz & Sch. Bip., *Hieracium fiebrigianum* Zahn
Ref.: Sleumer (1956), Cabrera (1978a).
Hierba. Nativa. Andes. Bosque Serrano Chaqueño, Valles Secos, 1500–2500 m.
Dept.: CH, SC, TA.
Tipo y muestra: *H.A. Weddell 3673 bis* (HT: P), *K. Fiebrig 2379a* (B, GH).

Hieracium hauthalianum Zahn, Pflanzenr. 4(280): 1090. 1922.
Ref.: Zahn (1922), Foster (1958).
Hierba. Endémica. Andes. Valles Secos, 3500–4000 m.
Dept.: LP.
Tipo: *R. Hauthal 185* (HT: B destr.; fotos: F ex B).
Nota: Conocida solamente del tipo.

Hieracium herzogianum Beauverd ex Sleumer, Bot. Jahrb. Syst. 77: 106. 1956.
Hierba. Endémica. Andes. Yungas, 3000–4000 m.
Dept.: CO.
Tipo y muestra: *T. Herzog 2046b* (HT: L; IT: MO), *M. Cárdenas 2350* (US).

[Hieracium lagopus D. Don], Trans. Linn. Soc. London 16: 176. 1830.
Ref.: Foster (1958).
Nota: El registro se basa en material mal identificado de *H. fulvipes.*

Hieracium mandonii (Sch. Bip.) Arv.-Touv., Spicil. Rar. Nov. Hierac. 16. 1881.
Sin.: *Hieracium eriosphaerophorum* Zahn, *Pilosella mandonii* Sch. Bip., *Pilosella mandonii* var. *soratae* Sch. Bip., *Stenotheca mandonii* (Sch. Bip.) Sennikov
Ref.: Zahn (1922), Sleumer (1956), Foster (1958), Cabrera (1978a), Bartoli et al. (2008).
Hierba. Nativa. Andes, Altiplano. Yungas, Valles Secos, Puna Húmeda, 3000–4500 m.
Dept.: CO, LP.
Tipo y muestra: *G. Mandon 272 ter* (ST: P; IST: GH), *A.H. Gentry 44167* (LPB, MO).

Hieracium mapirense Britton, Bull. Torrey Bot. Club 19: 371. 1892.
Ref.: Sleumer (1956), Foster (1958).
Hierba. Nativa. Andes. Yungas, Bosque Tucumano-Boliviano, Valles Secos, 2000–2500, 3000–3500 m.
Dept.: LP, SC, TA.
Tipo y muestra: *H.H. Rusby 1694* (HT: NY; IT: US), *M.H. Nee 46653* (NY).

Hieracium megalochaetum Zahn, Pflanzenr. 280(Heft 79): 1144. 1922.
Ref.: Sleumer (1956), Foster (1958).
Hierba. Nativa. Andes. Valles Secos, 2000–3000 m.
Dept.: TA.
Tipo y muestra: *K. Fiebrig 2376* p.p. (T: B), *G. Meyer 17373* (LIL, M).

Hieracium microcephalum Sch. Bip., Bonplandia (Hannover) 9: 326. 1861.
Sin.: *Hieracium bangii* subsp. *bangii*, *Hieracium bangii* Rusby, *Hieracium bangii* subsp. *austroboliviense* Zahn, *Hieracium leptocephalium* var. *microcephalum* (Sch. Bip.) Zahn
Ref.: Rusby (1893b), Zahn (1922), Sleumer (1956), Foster (1958), Cabrera (1978a).
Hierba. Nativa. Andes. Yungas, Bosque Tucumano-Boliviano, Páramo Yungueño, Valles Secos, 1000–4000 m.
Dept.: CH, LP, TA.
Muestra: *J.C. Solomon 6693* (LPB, MO, US).
Infra: *Hieracium microcephalum* var. *subglandulosum* Sleumer

Hieracium padcayense Sleumer, Bot. Jahrb. Syst. 77(1): 112. 1956.
Hierba. Endémica. Andes. Bosque Serrano Chaqueño, 2000–2500 m.
Dept.: TA.
Tipo y muestra: *K. Fiebrig 2376* p.p. (HT: S; IT: BM, G, G, M, P, U), *F. Zenteno 3582* (LPB, US).

Hieracium pazense S.F. Blake, Bot. Gaz. 74: 429. 1922.
Ref.: Foster (1958).
Hierba. Endémica. Andes. Valles Secos, 3500–4000 m.
Dept.: LP.
Tipo y muestra: *O. Buchtien 3097* (HT: US; IT: NY), *S.G. Beck 13800* (LPB, M).

Hieracium pongoense Sleumer, Bot. Jahrb. Syst. 77: 146. 1956.
Sin.: *Hieracium adenocephalum* Britton
Hierba. Endémica. Andes. Yungas, 3500–4000 m.
Dept.: LP.
Tipo y muestra: *G.H.H. Tate 250* p.p. (HT: NY), *S.G. Beck 11268* (LPB, M).

Hieracium psychroadenium Sleumer, Bot. Jahrb. Syst. 77: 148. 1956.
Hierba. Endémica. Andes. Yungas, 3000–4000 m.
Dept.: LP.
Tipo y muestra: *C. Joseph 1144* (HT: US), *S.G. Beck 3702* (CTES, L, LPB, M, US).

Hieracium schreiteri Sleumer, Bot. Jahrb. Syst. 77(1): 147. 1956.
Hierba. Nativa. Altiplano. Puna Seca, 4000–4500 m.
Dept.: OR.
Muestra: *d'Orbigny 1427* (P, SI).

Hieracium stachyoideum Arv.-Touv., Spicil. Rar. Nov. Hierac. 21. 1881.
Sin.: *Mandonia pilosella* Sch. Bip.
Ref.: Sleumer (1956), Foster (1958).
Hierba. Nativa. Altiplano. Puna Húmeda, 3500–4000 m.

Dept.: CO, LP.
Tipo y muestra: *G. Mandon 274* (HT: P; IT: BM), *E. Asplund 3507* (S).

Hieracium streptochaetum Zahn, Pflanzenr. 4(280): 1092. 1922.
Hierba. Nativa. Altiplano. Puna Húmeda, 3500–4000 m.
Dept.: LP.
Muestra: *S.G. Beck 22503* (LPB, M, US).

[Hieracium strigosum D. Don], Trans. Linn. Soc. London 16: 175. 1830.
Ref.: Perkins (1912), Foster (1958).
Nota: Especie dudosa. Una especie de Centro América.

Hieracium subargentinense Zahn, Pflanzenr. IV. 280(Heft 79): 1141. 1922.
Hierba. Nativa. Andes. Bosque Tucumano-Boliviano, 2000–2500 m.
Dept.: TA.
Muestra: *S.G. Beck & M. Liberman 16220* (LPB, M).

Hieracium tacense Hieron., Bot. Jahrb. Syst. 21: 375. 1896.
Sin.: *Hieracium trollii* Sleumer
Ref.: Zahn (1922), Sleumer (1956), Foster (1958).
Hierba. Endémica. Andes. Yungas, Páramo Yungueño, 3000–4000 m.
Dept.: LP.
Tipo y muestra: *A. Stübel 50* p.p. (HT: B destr.), *J.C. Solomon 11338* (LPB, MO, US).

Hieracium trichodontum (Sch. Bip.) Arv.-Touv., Spicil. Rar. Nov. Hierac. 16. 1881.
Sin.: *Pilosella trichodonta* Sch. Bip., *Hieracium trichodontum* Rusby
Ref.: Sleumer (1956), Foster (1958).
Hierba. Endémica. Andes. Yungas, Páramo Yungueño, 3000–4000 m.
Dept.: LP.
Tipo y muestra: *G. Mandon 270* (HT: P), *A.F. Fuentes et al. 8359* (LPB, MO).

Hieracium tucumanicum (Zahn) Sleumer, Bot. Jahrb. Syst. 77(1): 144. 1956.
Sin.: *Hieracium boliviense* subsp. *tucumanicum* Zahn
Hierba. Nativa. Andes. Yungas, 2500–3000 m.
Dept.: SC.
Muestra: *C. Patzi 476* (MO).

Holocheilus Cass., Bull. Sci. Soc. Philom. Paris 1818: 73. 1818.
2 especies, 0 especies endémicas.

Holocheilus fabrisii Cabrera, Revista del Museo de La Plata, Nueva Serie, Botánica 11: 9. 1968.
Ref.: Cabrera (1968).
Hierba. Nativa. Andes. Bosque Tucumano-Boliviano, 2000–2500 m.
Dept.: CH.
Muestra: *J.R.I. Wood et al. 15344* (K, LPB).

Holocheilus hieracioides (D. Don) Cabrera, Revista Mus. La Plata, Secc. Bot. 11: 7. 1968.
Sin.: *Cleanthes hieracioides* D. Don
Ref.: Cabrera (1968).
Hierba. Nativa. Zonas Bajas. Bosque Seco Chaqueño, 500–1000 m.
Dept.: TA.
Muestra: *S.G. Beck et al. 11508* (LPB, SI).

Hyalis D. Don ex Hook. & Arn., Companion Bot. Mag. 1: 108. 1835.
1 especie, 0 especies endémicas.

Hyalis lancifolia Baker, Fl. Bras. 6(3): 368. 1884.
Sin.: *Hyalis lorentzii* Hieron., *Plazia acaciifolia* J. Kost.
Ref.: Cabrera (1951), Foster (1958), Cabrera (1978a), Serrano & Terán (1998 [2000]), Katinas et al. (2008), Hind (2009).
Subarbusto. Nativa. Zonas Bajas. Bosque Seco Chaqueño, 0–1000 m.
Dept.: CH, SC, TA.
Muestra: *T. Herzog 1608* (L, M).

Hyaloseris Griseb., Symb. Fl. Argent. 212–213. 1879.
3 especies, 1 especie endémica.

Hyaloseris camataquiensis Hieron. ex Fiebrig, Bot. Jahrb. Syst. 45: 43. 1911.
Ref.: Fiebrig (1911), Foster (1958), López (2000), Katinas et al. (2008), Ministerio de Medio Ambiente y Agua (2012 [2013]).
Arbusto, arbolito. Nativa. Andes. Valles Secos, 2500–3500 m.
Dept.: CH, CO, PO.
Tipo y muestra: *K. Fiebrig 3067* (T: A, GH, GOET, M, US), *M. Cárdenas 11* (GH, LP).
Nota: El epíteto fue mal escrito por Fiebrig como *catamaquiensis*, la especie fue nombrada por Camataqui, ahora conocido como Villa Abecia.

Hyaloseris longicephala B.L. Turner, Phytologia 59(5): 317. 1986.
Ref.: Hind (2009).
Arbusto. Nativa. Andes. Valles Secos, 2000–3000 m.
Dept.: CH.
Tipo y muestra: *T. Feuerer & N. Hoehne 4576* (HT: TEX; IT: HBG, LPB), *M.H. Nee 52746* (MO, NY).
Nota: El protólogo indica *Feuerer & N. Holme 45762*, aquí corregido conforme con la muestra.

Hyaloseris quadriflora J. Kost., Blumea 5: 667. 1945.
Ref.: Foster (1958), Adolfo María (1966), Serrano & Terán (1998 [2000]), Katinas et al. (2008), Hind (2009), Ministerio de Medio Ambiente y Agua (2012 [2013]).
Arbusto. Endémica, Nativa. Andes. Valles Secos, 2000–3000 m.
Dept.: CH, CO, PO, SC.
Tipo y muestra: *T. Herzog 2461* (HT: L; IT: B, CONC, JE, L, LP, S), *I.G. Vargas 7122* (MO).
Nom. Vern.: Llave.

Hymenostephium Benth., Gen. Pl. 2: 382. 1873.
1 especie, 0 especies endémicas.

Hymenostephium debile (Cabrera) Cabrera, Fl. Prov. Jujuy 13(10): 352. 1978.
Sin.: *Wulffia debilis* Cabrera, *Viguiera cabrerae* H. Rob., *Viguiera debilis* (Cabrera) Ariza
Hierba. Nativa. Zonas Bajas, Andes. Bosque Semideciduo Chiquitano, Bosque Tucumano-Boliviano, 500–1500, 2000–2500 m.
Dept.: CH, SC, TA.
Muestra: *L.R.C. de Michel 126* (LPB, US).

Hymenoxys Cass., Dict. Sci. Nat. (ed. 2) 55: 278–279. 1828.
2 especies, 0 especies endémicas.

Hymenoxys anthemoides (Juss.) Cass., Dict. Sci. Nat. (ed. 2) 55: 278. 1828.
Sin.: *Hymenopappus anthemoides* Juss., *Hymenoxys haenkeana* DC., *Actinea haenkeana* (DC.) Kuntze
Hierba. Nativa. Andes, Altiplano. Valles Secos, Puna Seca, 3500–4000 m.
Dept.: CO, PO.
Muestra: *M. Cárdenas 242* (GH, MO).

Hymenoxys robusta (Rusby) K.F. Parker, Leafl. W. Bot. 9: 207. 1962.
Sin.: *Cephalophora robusta* Rusby
Ref.: Rusby (1893b), Foster (1958), De la Barra (1997).
Hierba. Nativa. Andes. Valles Secos, 2500–3000, 3500–4000 m.
Dept.: CO, LP, OR, PO.
Tipo y muestra: *M. Bang 925* (HT: NY; IT: GH, MO-1987331, NY, US), *J.C. Solomon & M.H. Nee 17889* (MO, US).

Hypochaeris L., Sp. Pl. 2: 810. 1753.
15 especies, 0 especies endémicas.

[Hypochaeris acaulis (J. Rémy) Britton], Bull. Torrey Bot. Club 19(12): 371. 1892.
Sin.: *Achyrophorus acaulis* J. Rémy
Ref.: Foster (1958).
Nota: El registro se basa en material mal identificado.

Hypochaeris albiflora (Kuntze) Azevêdo-Gonç. & Matzenb., Compositae Newslett. 42: 3. 2005.
Sin.: *Hypochaeris brasiliensis* var. *albiflora* Kuntze, *Hypochaeris microcephala* var. *albiflora* (Kuntze) Cabrera
Ref.: Cabrera (1978a).
Hierba. Nativa. Andes. Yungas, Bosque Tucumano-Boliviano, 1000–2000 m.
Dept.: LP, SC.
Muestra: *S.G. Beck 9345a* (LPB, M, QAME, SI).

Hypochaeris argentina Cabrera, Bol. Soc. Argent. Bot. 15(2): 337. 1974.
Ref.: Cabrera (1978a), Schulenberg & Awbrey (1997), Serrano & Terán (1998 [2000]).
Hierba. Nativa. Andes. Bosque Tucumano-Boliviano, Valles Secos, 2000–2500 m.
Dept.: CH, CO, LP.
Muestra: *M. Serrano 835* (LPB).

Hypochaeris chillensis (Kunth) Britton, Bull. Torrey Bot. Club 19(12): 371. 1892.
Sin.: *Apargia chillensis* Kunth, *Porcellites brasiliensis* Less., *Seriola brasiliensis* (Less.) Less., *Seriola brasiliensis* subvar. *hirsutula* Hook. & Arn., *Seriola tweediei* Hook. & Arn., *Leontodon chillense* (Kunth) DC., *Achyrophorus brasiliensis* (Less.) Sch. Bip., *Achyrophorus chillensis* (Kunth) Sch. Bip., *Hypochaeris brasiliensis* (Less.) Benth. & Hook. f. ex Griseb., *Hypochaeris brasiliensis* var. *tweediei* (Hook. & Arn.) Baker, *Hypochaeris brasiliensis* var. *sulfurea* Kuntze, *Hypochaeris chillensis* (Kunth) Hieron., *Hypochaeris tweediei* (Hook. & Arn.) Cabrera
Ref.: Foster (1958), Serrano & Terán (1998 [2000]).
Hierba. Nativa. Zonas Bajas, Andes. Bosque Semideciduo Chiquitano, Yungas, Valles Secos, 0–500, 1000–3500 m.
Dept.: CH, CO, LP, SC, TA.
Muestra: *R. Guillén V. 414* (LPB).

Hypochaeris chondrilloides (A. Gray) Cabrera, Notas Mus. La Plata, Bot. 9(46): 259. 1944.
Sin.: *Achyrophorus glaucus* Phil., *Achyrophorus chondrilloides* A. Gray, *Achyrophorus deserticola* Phil., *Hypochaeris glauca* (Phil.) Reiche, *Hypochaeris glauca* fo. *halophila* Hauman, *Hypochaeris halophila* (Hauman) Cabrera
Ref.: Cabrera (1978a).
Nota: Esperada.

Hypochaeris echegarayi Hieron., Bol. Acad. Ci. (Cordoba) 4(1): 51. 1881.
Sin.: *Achyrophorus setosus* Wedd., *Hypochaeris setosa* (Wedd.) Rusby, *Hypochaeris ornata* J. Kost., *Hypochaeris meyeniana* var. *leucantha* Cabrera
Ref.: Foster (1958), Cabrera (1978a).
Hierba. Nativa. Altiplano. Puna Húmeda, Puna Seca, 3500–5000 m.
Dept.: CO, LP, OR, PO.
Muestra: *T.F. Stuessy et al. 18503* (LP, LPB, WU).

Hypochaeris elata (Wedd.) Benth. & Hook. f. ex Griseb., Abh. Königl. Ges. Wiss. Göttingen 19: 199. 1874.
Sin.: *Achyrophorus elatus* Wedd.
Ref.: Rusby (1893b), Foster (1958), Cabrera (1978a), López Vargas (1995), Saravia Miranda (1996), Serrano & Terán (1998 [2000]).
Hierba. Nativa. Andes, Altiplano. Yungas, Bosque Tucumano-Boliviano, Valles Secos, Puna Seca, 2000–4500 m.
Dept.: CH, CO, LP, OR, PO, SC, TA.
Tipo y muestra: *d'Orbigny 1424* (HT: P), *M. Liberman 377* (LPB, US).

Hypochaeris eremophila Cabrera, Notas Mus. La Plata, Bot. 13(56): 22. 1948.
Sin.: *Distoecha taraxacoides* Phil.
Ref.: Cabrera (1978a), Urtubey et al. (2009).
Hierba. Nativa. Andes, Altiplano. Yungas, Bosque de *Polylepis*, 3500–4500 m.
Dept.: CO, OR.
Muestra: *R.I. Meneses PG 02-6* (LPB).

Hypochaeris eriolaena (Sch. Bip.) Reiche, Anales Univ. Chile 116: 589. 1905.
Sin.: *Achyrophorus cryptocephalus* Sch. Bip., *Achyrophorus eriolaenus* Sch. Bip., *Hypochaeris spinneri* Beauverd
Ref.: Marticorena & Quezada (1985), Dillon & Hensold (1993), Urtubey et al. (2009).
Hierba. Nativa. Altiplano. Puna Húmeda, Puna Seca, 3500–>5000 m.
Dept.: CO, LP.
Muestra: *S.G. Beck 11914* (LPB, SI).

Hypochaeris hohenackeri (Sch. Bip.) Domke, Notizbl. Bot. Gart. Berlin–Dahlem 13: 251 in obs. 1936.
Sin.: *Achyrophorus hohenackeri* Sch. Bip., *Hypochaeris parvifolia* J. Kost.
Ref.: Foster (1958), Urtubey et al. (2009).
Hierba. Nativa. Altiplano. Puna Húmeda, 3500–4500 m.
Dept.: CO, LP.
Muestra: *X. Menhofer 1832* (LPB, SI).

Hypochaeris meyeniana (Walp.) Benth. & Hook. f. ex Griseb., Abh. Königl. Ges. Wiss. Göttingen 19: 199. 1874.
Sin.: *Oreophila meyeniana* Walp., *Achyrophorus meyenianus* (Walp.) Walp., *Achyrophorus meyenianus* var. *ciliatus* Wedd., *Hypochaeris meyeniana* var. *ciliata* (Wedd.) Perkins, *Hypochaeris meyeniana* var. *eriolaenoides* Cabrera, *Hypochaeris meyeniana* var. *brachylepis* Cabrera
Ref.: Foster (1958), Cabrera (1978a), Urtubey et al. (2009).
Hierba. Nativa. Altiplano. Puna Húmeda, Puna Seca, Bosque de *Polylepis*, 2500–5000 m.
Dept.: CH, CO, LP, OR, PO, TA.
Muestra: *J.C. Solomon 9700* (MO, US).

Hypochaeris microcephala (Sch. Bip.) Cabrera, Notas Mus. La Plata, Bot. 2(16): 200. 1937.
Sin.: *Seriola brasiliensis* var. *parviflora* Hook. & Arn., *Achyrophorus microcephalus* Sch. Bip., *Hypochaeris brasiliensis* var. *microcephala* (Sch. Bip.) Baker
Ref.: Cabrera (1978a).
Hierba. Nativa. Andes. Yungas, 1500–2000 m.
Dept.: LP.
Muestra: *S.G. Beck 9345a* (LPB, M, QAME, SI).

Hypochaeris mucida Domke, Notizbl. Bot. Gart. Berlin–Dahlem 13: 250. 1936.
Sin.: *Hypochaeris mucida* var. *integrifolia* Cuatrec.
Ref.: Urtubey et al. (2009).
Hierba. Nativa. Altiplano. Puna Húmeda, 4000–5000 m.
Dept.: LP.
Tipo y muestra: *A.W. Hill 299* (LT: K), *X. Menhofer 2197* (LPB).

Hypochaeris parodii Cabrera, Bol. Soc. Argent. Bot. 10: 183, f. 7. 1963.
Ref.: Cabrera (1963b).
Hierba. Adventicia. Andes. Valles Secos, 3000–3500 m.
Dept.: LP.
Muestra: *T.F. Stuessy et al. 18522* (LPB, WU).

Hypochaeris radicata L., Sp. Pl. 2: 811. 1753.
Hierba. Adventicia. Andes, Altiplano. Valles Secos, Puna Húmeda, 2000–2500, 3500–4000 m.
Dept.: LP, SC.
Muestra: *T.F. Stuessy et al. 18509* (LPB, WU).

Hypochaeris sessiliflora Kunth, Nov. Gen. Sp. (folio ed.) 4: 1. 1820 [1818].
Sin.: *Hypochaeris sonchoides* Kunth, *Oreophila sessiliflora* (Kunth) D. Don, *Achyrophorus sessiliflorus* (Kunth) DC., *Achyrophorus sonchoides* (Kunth) DC., *Achyrophorus quitensis* var. *sonchoides* (Kunth) Wedd., *Achyrophorus barbatus* Sch. Bip., *Achyrophorus sessiliflorus* var. *barbatus* (Sch. Bip.) A. Gray, *Hypochaeris stuebelii* Hieron., *Hypochaeris barbata* (Sch. Bip.) Reiche
Ref.: Foster (1958), Urtubey et al. (2009).
Hierba. Nativa. Altiplano. Puna Húmeda, 3500–4500 m.
Dept.: CO, LP.
Muestra: *J. Krach 9408* (LPB, SI).

Hypochaeris taraxacoides Ball, J. Linn. Soc., Bot. 22: 48. 1885.
Sin.: *Oreophila taraxacifolia* Meyen & Walp., *Achyrophorus taraxacoides* Walp., *Achyrophorus stenocephalus* A. Gray ex Wedd., *Hypochaeris stenocephala* (A. Gray ex Wedd.) Kuntze, *Hypochaeris stenocephala* var. *integrifolia* Kuntze
Ref.: Foster (1958), Cabrera (1978a), Urtubey et al. (2009).
Hierba. Nativa. Andes, Altiplano. Páramo Yungueño, Puna Húmeda, Puna Seca, 3000–>5000 m.
Dept.: CO, LP, OR, PO, TA.
Muestra: *S.G. Beck 1973* (LPB, SI).

Hysterionica Willd., Ges. Naturf. Freunde Berlin Mag. Neuesten Entdeck. Gesammten Naturk. 1(2): 140. 1807.
2 especies, 0 especies endémicas.

Hysterionica jasionoides Willd., Ges. Naturf. Freunde Berlin Mag. Neuesten Entdeck. Gesammten Naturk. 1(2): 140–141. 1807.
Ref.: Freire et al. (1999).
Hierba. Nativa. Andes. Bosque Serrano Chaqueño, 2000–2500 m.
Dept.: TA.
Muestra: *M. Coro Ramírez & F. Rojas 1632* (LPB, SI).

Hysterionica nidorelloides (DC.) Baker, Fl. Bras. 6(3): 12. 1882.
Sin.: *Neja nidorelloides* DC.
Ref.: Perkins (1912), Foster (1958).
Subarbusto. Nativa. Andes. Yungas, 3500–4000 m.
Dept.: LP.
Muestra: *K. Pflanz 128* (B).

Ichthyothere Mart., Repert. Pharm. 35: 195. 1830.
6 especies, 1 especie endémica.

Ichthyothere davidsei H. Rob., Phytologia 49: 11. 1981.
Hierba, subarbusto. Nativa. Zonas Bajas. Bosque Húmedo, Bosque Semideciduo Chiquitano, 500–1000 m.
Dept.: SC.
Muestra: *S.N. Panfil & K.D. Keil 27* (MO, US, USZ).

Ichthyothere hirsuta Gardner, Sert. Pl. sub. t. 9. 1844.
Hierba. Nativa. Región, tipo de vegetación y elevación desconocidas.
Dept.: SC.
Muestra: *B. Mostacedo & J.R. Abbott 2876* (BOL, K, MO, USZ).

Ichthyothere rufa Gardner, Sert. Pl. t. 9. 1844.
Ref.: Frisby & Hind (2013).
Subarbusto. Nativa. Zonas Bajas. Campos Cerrados, 0–1000 m.
Dept.: SC.
Muestra: *J.R. Abbott & B. Mostacedo 16126* (BEREA, US, USZ).

Ichthyothere suffruticosa Gardner, Sert. Pl. t. 8. 1844.
Hierba. Nativa. Zonas Bajas. Bosque Húmedo, 0–500 m.
Dept.: BE.
Muestra: *D.N. Smith et al. 13209* (LPB, MO, USZ).

Ichthyothere terminalis (Spreng.) S.F. Blake, J. Wash. Acad. Sci. 11: 301. 1921.
Sin.: *Rolandra terminalis* Spreng., *Broteroa trinervata* DC.
Ref.: Killeen & Schulenberg (1998), Wood et al. (2011).
Hierba. Nativa. Zonas Bajas. Campos Cerrados, Sabanas Benianas del Norte, 0–1000 m.
Dept.: SC.
Muestra: *S. Jiménez & E. Gutiérrez C. 1328* (US, USZ).

Ichthyothere woodii S. Frisby & D.J.N. Hind, Kew Bull. 68(3): 498. 2013.
Hierba. Endémica. Zonas Bajas. Campos Cerrados, 500–1000 m.
Dept.: SC.
Tipo y muestra: *J.R.I. Wood & D.J. Goyder 16917* (HT: K; IT: LPB, USZ), *B. Mostacedo & J.R. Abbott 2876* (BOL, K, MO, USZ).

Idiothamnus R.M. King & H. Rob., Phytologia 32: 277. 1975.
1 especie, 0 especies endémicas.

Idiothamnus lilloi (B.L. Rob.) R.M. King & H. Rob., Phytologia 32: 279. 1975.
Sin.: *Eupatorium lilloi* B.L. Rob.
Arbolito. Nativa. Andes. Valles Secos, 1000–1500 m.
Dept.: CH, SC.
Muestra: *J.C. Solomon & M.H. Nee 18031* (LPB, MO, US).

Inulopsis O. Hoffmann in Engler & Prantl, Nat. Pflanzenfam. 4(5): 145, 149. 1890.
1 especie, 0 especies endémicas.

Inulopsis camporum (Gardner) G.L. Nesom, Phytologia 76(2): 120. 1994.
Sin.: *Aster camporum* Gardner
Hierba. Nativa. Zonas Bajas. Campos Cerrados, 0–500 m.
Dept.: SC.
Muestra: *T. Killeen 1191* (LPB).

Isostigma Less., Linnaea 6: 513. 1831.
4 especies, 0 especies endémicas.

Isostigma acaule (Baker) Chodat, Bull. Herb. Boissier, sér. 2 1: 417. 1901.
Sin.: *Bidens acaulis* Baker
Hierba. Nativa. Zonas Bajas. Campos Cerrados, 0–500 m.
Dept.: SC.
Muestra: *J.R.I. Wood et al. 25663* (K, LPB, USZ).

Isostigma herzogii Hassl., Repert. Spec. Nov. Regni Veg. 7: 358. 1909.
Ref.: Foster (1958), Péter (2004).
Hierba. Nativa. Zonas Bajas. Bosque Seco Chaqueño, 500–1000 m.
Dept.: SC, TA.
Tipo y muestra: *T. Herzog 617* (HT: L), *A.F. Fuentes 2394* (CTES, LPB, USZ).

Isostigma hoffmannii Kuntze, Revis. Gen. Pl. 3(3): 160. 1898.
Ref.: Foster (1958), Péter (2004).

Hierba. Nativa. Zonas Bajas. Bosque Semideciduo Chiquitano, 0–500 m.
Dept.: SC.
Tipo y muestra: *O. Kuntze s.n.* (HT: NY; IT: B destr., US; fotos: BBB ex US), *M.H. Nee 42157* (LPB, NY, US).

Isostigma peucedanifolium (Spreng.) Less., Linnaea 6: 514. 1831.
Sin.: *Tragoceros peucedanifolium* Spreng.
Ref.: Killeen & Schulenberg (1998).
Hierba. Nativa. Zonas Bajas. Campos Cerrados, 500–1000 m.
Dept.: SC.
Muestra: *M. Saldias & L. Arroyo P. 3545* (MO, US, USZ).
Infra: *Isostigma peucedanifolium* var. *peucedanifolium*

Jaegeria Kunth, Nov. Gen. Sp. (folio ed.) 4: 218. 1820 [1818].
1 especie, 0 especies endémicas.

Jaegeria hirta (Lag.) Less., Syn. Gen. Compos. 223. 1832.
Sin.: *Acmella hirta* Lag.
Ref.: Rusby (1893b), Foster (1958), Torres (1968).
Hierba. Nativa. Andes. Yungas, Bosque Tucumano-Boliviano, 1000–3500 m.
Dept.: CO, LP, SC, TA.
Muestra: *R.K. Brummitt et al. 19278* (K, US).

Jalcophila M.O. Dillon & Sagást., Brittonia 38(2): 162. 1986.
1 especie, 1 especie endémica.

Jalcophila boliviensis Anderb. & S.E. Freire, Brittonia 42(2): 139. 1990.
Sin.: *Gamochaeta boliviensis* (Anderb. & S.E. Freire) M.O. Dillon & Sagást.
Ref.: Freire & Urtubey (2013).
Hierba. Endémica. Altiplano. Puna Húmeda, 4000–4500 m.
Dept.: LP.
Tipo y muestra: *G. Mandon 179* (HT: S), *Urtubey et al. 486* (LPB, SI).

Jungia L. f., Suppl. Pl. 58, 380. 1781 [1782].
8 especies, 2 especies endémicas.

Jungia beckii Harling, Novon 7(3): 246–248, f. 1. 1997.
Ref.: Harling (1997), Katinas et al. (2008), Hind (2009).
Liana. Endémica, Nativa. Andes. Yungas, 2500–3000 m.
Dept.: LP.
Tipo y muestra: *S.G. Beck 18672* (HT: LPB; IT: GB, LPB), *S.G. Beck 21737* (GB, LPB).

[Jungia ferruginea L. f.], Suppl. Pl. 390. 1781 [1782].
Ref.: Foster (1958).
Nota: El registro se basa en material mal identificado.

Jungia floribunda Less., Linnaea 5: 38. 1830.
Sin.: *Jungia affinis* Gardner, *Jungia floribunda* var. *affinis* (Gardner) Baker, *Jungia pubescens* var. *tomentosa* (Sch. Bip.) Kuntze
Ref.: Rusby (1893b), Foster (1958), Harling (1995).
Hierba, trepadora, arbusto. Nativa. Zonas Bajas, Andes. Campos Cerrados, Yungas, 0–1000, 1500–2000 m.
Dept.: LP, SC.
Muestra: *J. Steinbach 7076* (BA, GH, MO).
Nom. Vern.: Higo del bosque.

Jungia pauciflora Rusby, Bull. New York Bot. Gard. 4(14): 401. 1907.
Sin.: *Jungia mandonii* Sch. Bip., *Jungia pubescens* var. *boliviensis* Kuntze, *Jungia orbicularis* Rusby
Ref.: Foster (1958), Harling (1995), López Vargas (1995), Saravia Miranda (1996), Schulenberg & Awbrey (1997), Serrano & Terán (1998 [2000]), Katinas et al. (2008).
Hierba, subarbusto, arbusto. Nativa. Andes. Yungas, Bosque Tucumano-Boliviano, 1000–4000 m.
Dept.: CH, CO, LP, PO, SC, TA.
Tipo y muestra: *M. Bang 2048* (HT: NY; IT: P; fotos: LP ex P), *M. Bang 673* (F, GH, MO, NY, US).

Jungia polita Griseb., Abh. Königl. Ges. Wiss. Göttingen 24: 215. 1879.
Sin.: *Jungia divaricata* Rusby, *Jungia polita* var. *divaricata* (Rusby) Kuntze, *Jungia polita* var. *glabra* Kuntze, *Jungia polita* var. *tomentosa* Kuntze, *Jungia grossulariaefolia* Rusby
Ref.: Foster (1958), Harling (1995), López Vargas (1995), Saravia Miranda (1996), Schulenberg & Awbrey (1997), González et al. (1999), Serrano & Terán (1998 [2000]), Katinas et al. (2008), Arroyo Padilla & Villarroel Segarra (2009).
Subarbusto, arbusto. Nativa. Zonas Bajas, Andes. Bosque Húmedo, Bosque Tucumano-Boliviano, Valles Secos, 500–3000 m.
Dept.: CH, CO, LP, SC, TA.
Tipo y muestra: *P.G. Lorentz & G. Hieronymus 952* (HT: GOET), *M. Bang 1115* (A, BM, GH, K, M, MO, NY, WIS).
Nom. Vern.: Cohetillo, cuetillo.

Jungia rugosa Less., Linnaea 5(1): 36–37. 1830.
Sin.: *Jungia bullata* Turcz., *Jungia malvifolia* Muschl.
Ref.: Harling (1995).
Liana, arbusto. Nativa. Andes. Yungas, Páramo Yungueño, 2500–3500 m.
Dept.: LP.
Muestra: *T. Feuerer 23054* (LPB, US).

Jungia sordida J. Kost., Blumea 5(3): 683. 1945.
Sin.: *Jungia pubescens* var. *grandistipulata* Kuntze
Ref.: Foster (1958), Harling (1995), Katinas et al. (2008).
Hierba, subarbusto, arbusto. Nativa. Andes. Bosque Tucumano-Boliviano, 1000–3000 m.
Dept.: CH, CO, TA.
Tipo y muestra: *T. Herzog 1839* (LT: L; ILT: L), *J.C. Solomon 10075* (LPB, MO, NY).

Jungia weberbaueri Cerrate, Publ. Mus. Hist. Nat. Javier Prado, Ser. B, Bot. 4: 22. 1951.
Ref.: Harling (1995).
Liana, subarbusto, arbusto. Nativa. Andes. Yungas, 1500–2500 m.
Dept.: LP, SC.
Muestra: *M. Bang 2308* (GH, MO, NY, US).

Jungia woodii D.J.N. Hind, Bull. Misc. Inform. Kew 59(2): 311–313, f. 1. 2004.
Ref.: Hind (2004), Katinas et al. (2008), Hind (2009).
Hierba, liana, subarbusto, arbusto. Endémica. Andes. Yungas, 2500–3000 m.
Dept.: LP.
Tipo: *J.R.I. Wood 15029* (HT: K; IT: LPB).
Nota: Conocida solamente del tipo.

Kaunia R.M. King & H. Rob., Phytologia 47: 258. 1980.
9 especies, 4 especies endémicas.

Kaunia catamaquiensis (Hieron.) R.M. King & H. Rob., Phytologia 47: 259. 1980.
Sin.: *Eupatorium catamaquiense* Hieron., *Eupatorium grossidentatum* Hieron., *Kaunia grossidentata* (Hieron.) R.M. King & H. Rob.
Ref.: Foster (1958), Valenzuela Celis (1993b).
Arbusto, arbolito. Endémica. Zonas Bajas, Andes. Bosque Semideciduo Chiquitano, Yungas, Valles Secos, 500–1000, 1500–2500 m.

Dept.: CH, CO, PO, SC, TA.
Tipo y muestra: *K. Fiebrig 3069* p.p. (HT: B), *C. Antezana V. 1307* (BOLV, MO, US).

Kaunia endyta (B.L. Rob.) R.M. King & H. Rob., Phytologia 47: 259. 1980.
Sin.: *Eupatorium sordescens* var. *bolivianum* Rusby, *Eupatorium endytum* B.L. Rob.
Ref.: Foster (1958).
Arbusto. Nativa. Zonas Bajas, Andes. Bosque Húmedo, Yungas, Valles Secos, 500–1500 m.
Dept.: LP.
Muestra: *S.G. Beck 12046* (CTES, LPB, M, US).

Kaunia gynoxymorpha (Rusby ex B.L. Rob.) R.M. King & H. Rob., Phytologia 47: 259. 1980.
Sin.: *Eupatorium gynoxioides* Rusby, *Eupatorium gynoxymorphum* Rusby ex B.L. Rob.
Ref.: Foster (1958), Valenzuela Celis (1993b).
Árbol. Endémica. Andes. Yungas, Bosque Tucumano-Boliviano, Valles Secos, 1000–3000 m.
Dept.: LP, SC.
Tipo y muestra: *M. Bang 2194* (HT: US; IT: MO-47615), *J.C. Solomon 8035* (MO, US).

Kaunia hosanensis (B.L. Rob.) R.M. King & H. Rob., Phytologia 47: 259. 1980.
Sin.: *Eupatorium hosanense* B.L. Rob.
Ref.: Foster (1958).
Arbusto. Endémica. Andes. Valles Secos, 1000–1500 m.
Dept.: SC.
Tipo: *J. Steinbach 3368* (HT: B destr.; IT: GH frag.).
Nota: Conocida solamente del tipo.

Kaunia ignorata (Hieron.) R.M. King & H. Rob., Phytologia 47: 259. 1980.
Sin.: *Eupatorium ignoratum* Hieron.
Ref.: Foster (1958).
Arbusto. Endémica. Andes. Valles Secos, 1500–2000 m.
Dept.: PO, SC.
Tipo y muestra: *O. Kuntze s.n.* (HT: B destr.; IT: F, NY), *M.H. Nee & D.E. Atha 50035* (MO, NY, US).

Kaunia lasiophthalma (Griseb.) R.M. King & H. Rob., Phytologia 47: 259. 1980.
Sin.: *Eupatorium lasiophthalmum* Griseb.
Ref.: Foster (1958), Valenzuela Celis (1993b), De la Barra (1997), Schulenberg & Awbrey (1997), Serrano & Terán (1998 [2000]).
Arbusto, arbolito. Nativa. Andes. Yungas, Bosque Tucumano-Boliviano, Valles Secos, 1500–3000 m.
Dept.: CH, CO, PO, TA.
Muestra: *J.C. Solomon 10462* (MO, US).
Nom. Vern.: Phusa-phusa.

Kaunia longipetiolata (Sch. Bip. ex Rusby) R.M. King & H. Rob., Phytologia 47: 259. 1980.
Sin.: *Eupatorium longipetiolatum* Sch. Bip. ex Rusby, *Eupatorium uber* B.L. Rob.
Ref.: Rusby (1893b), Foster (1958), Valenzuela Celis (1993b).
Subarbusto, arbusto. Nativa. Andes. Yungas, Valles Secos, 1000–4000 m.
Dept.: CO, LP, SC.
Tipo y muestra: *M. Bang 867* (HT: NY; IT: MO-47617, US), *S.G. Beck 24469* (LPB, US).

Kaunia rufescens (P.W. Lund ex DC.) R.M. King & H. Rob., Phytologia 47: 260. 1980.
Sin.: *Eupatorium rufescens* P.W. Lund ex DC., *Eupatorium rufescens* var. *glabratum* Hieron. ex B.L. Rob.
Ref.: Foster (1958).
Hierba. Nativa. Andes. Valles Secos, 3000–3500 m.
Dept.: CO.
Muestra: *O. Kuntze s.n.* (GH, NY, US).

Kaunia saltensis (Hieron.) R.M. King & H. Rob., Phytologia 47: 260. 1980.
Sin.: *Eupatorium saltense* Hieron., *Eupatorium eucosmum* B.L. Rob.
Ref.: Foster (1958), Valenzuela Celis (1993b), López Vargas (1995), Saravia Miranda (1996), Serrano & Terán (1998 [2000]).
Arbusto. Nativa. Andes. Yungas, Bosque Tucumano-Boliviano, Valles Secos, 1000–3000 m.
Dept.: CH, CO, SC, TA.
Muestra: *M.H. Nee 50715* (MO, NY, US).
Nom. Vern.: Laphilla, salancachi.

Koanophyllon Arruda, Trav. Brazil 495–496. 1816.
4 especies, 0 especies endémicas.

Koanophyllon isillumense (B.L. Rob.) R.M. King & H. Rob., Phytologia 32: 259. 1975.
Sin.: *Eupatorium isillumense* B.L. Rob.
Hierba, trepadora, subarbusto. Nativa. Zonas Bajas. Bosque Semideciduo Chiquitano, 500–1000 m.
Dept.: SC.
Muestra: *M.H. Nee 34214* (LPB, MO, NY, US).

Koanophyllon jugipaniculatum (Rusby) R.M. King & H. Rob., Phytologia 32: 259. 1975.
Sin.: *Eupatorium jugipaniculatum* Rusby
Ref.: Foster (1958), Valenzuela Celis (1993b).
Arbusto. Nativa. Andes. Yungas, Valles Secos, 1000–2000 m.
Dept.: LP.
Tipo y muestra: *M. Bang 2471* (HT: NY; IT: GH, K, MO-47621), *S.G. Beck 25544* (F, LPB, M, MO, US).

Koanophyllon solidaginoides (Kunth) R.M. King & H. Rob., Phytologia 22(3): 151. 1971.
Sin.: *Eupatorium solidaginoides* Kunth, *Eupatorium stipuliferum* Rusby, *Koanophyllon stipuliferum* (Rusby) R.M. King & H. Rob.
Ref.: Robinson (1920), Foster (1958), Valenzuela Celis (1993b), Arroyo Padilla & Villarroel Segarra (2009).
Hierba, arbusto. Nativa. Zonas Bajas, Andes. Bosque Semideciduo Chiquitano, Campos Cerrados, Yungas, Bosque Tucumano-Boliviano, Bosque Serrano Chaqueño, Valles Secos, 0–2000 m.
Dept.: CH, LP, SC, TA.
Muestra: *M.H. Nee et al. 49191* (NY, USZ).

Koanophyllon tinctorium Arruda, Trav. Brazil 495–496. 1816.
Sin.: *Eupatorium laeve* DC., *Eupatorium simillimum* B.L. Rob., *Koanophyllon simillimum* (B.L. Rob.) R.M. King & H. Rob.
Ref.: Foster (1958), Valenzuela Celis (1993b).
Arbusto. Nativa. Zonas Bajas. Bosque Semideciduo Chiquitano, 0–500 m.
Dept.: SC.
Muestra: *M. Cárdenas 5179* (US).

Lactuca L., Sp. Pl. 2: 795. 1753.
1 especie, 0 especies endémicas.

Lactuca sativa L., Sp. Pl. 2: 795. 1753.
Hierba. Cultivada. Andes. Yungas, Valles Secos, 1000–1500, 2000–2500, 3000–4000 m.
Dept.: LP, SC.
Muestra: *I.G. Vargas 776* (LPB, USZ).
Nom. Vern.: Lechuga.

Laestadia Kunth ex Less., Syn. Gen. Compos. 203. 1832.
2 especies, 0 especies endémicas.

Laestadia lechleri Wedd., Chlor. Andina 1(4–6): 184. 1855 [1856].
Ref.: Foster (1958).
Hierba. Nativa. Andes, Altiplano.

Páramo Yungueño, Puna Húmeda, 3500–4000 m.
Dept.: LP.
Muestra: *C.B. Maldonado et al. 3347* (LPB, MO).

Laestadia muscicola Wedd., Chlor. Andina 1(4–6): 184. 1855 [1856].
Hierba. Nativa. Andes, Altiplano. Páramo Yungueño, Puna Húmeda, 3000–4000 m.
Dept.: LP.
Muestra: *C.B. Maldonado et al. 3346* (LPB, MO).

Lagascea Cav., Anales Ci. Nat. 6(18): 331–333, pl. 44. 1803.
1 especie, 0 especies endémicas.

Lagascea mollis Cav., Anales Ci. Nat. 6(18): 332–333, t. 44. 1803.
Sin.: *Nocca mollis* (Cav.) Jacq.
Ref.: Foster (1958), Serrano & Terán (1998 [2000]).
Hierba, subarbusto. Nativa. Zonas Bajas. Bosque Semideciduo Chiquitano, Bosque Seco Chaqueño, 0–1000 m.
Dept.: CH, LP, SC.
Muestra: *J.R. Abbott & A. Jardim 16643* (BEREA, US, USZ).

Lapsana L., Sp. Pl. 2: 811. 1753.
1 especie, 0 especies endémicas.

Lapsana communis L., Sp. Pl. 2: 811. 1753.
Hierba. Naturalizada. Andes. Valles Secos, 3500–4000 m.
Dept.: LP.
Muestra: *K. Graf 482* (LPB).

Lepidaploa (Cass.) Cass., Dict. Sci. Nat. (ed. 2) 36: 20. 1825.
29 especies, 14 especies endémicas.

Lepidaploa acutangula (Gardner) H. Rob., Proc. Biol. Soc. Wash. 103(2): 481. 1990.
Sin.: *Vernonia acutangula* Gardner
Ref.: Robinson (1990), Robinson (1999b).
Hierba. Nativa. Zonas Bajas. Campos Cerrados, 0–500 m.
Dept.: SC.
Muestra: *M. Menacho Viruez & E. Gutiérrez C. 438B* (LPB, USZ).

Lepidaploa arborescens (L.) H. Rob., Proc. Biol. Soc. Wash. 103(2): 481. 1990.
Sin.: *Conyza arborescens* L., *Vernonia arborescens* (L.) Sw.
Ref.: Foster (1958), Keeley (1982), Rzedowski & Calderón de Rzedowski (1995).
Arbusto. Adventicia. Andes. Bosque Tucumano-Boliviano, 1000–1500 m.
Dept.: SC.
Muestra: *W.A. Haber 1250* (MO).
Nota: Nativa de Centro América y el Caribe.

Lepidaploa aristosquamosa (Britton) H. Rob., Proc. Biol. Soc. Wash. 103(2): 482. 1990.
Sin.: *Vernonia aristosquamosa* Britton
Hierba. Endémica. Andes. Yungas, 2500–3000 m.
Dept.: LP.
Tipo y muestra: *H.H. Rusby 1657* (HT: NY), *O. Buchtien 1529* (US).

Lepidaploa aurea (Mart. ex DC.) H. Rob., Proc. Biol. Soc. Wash. 103(2): 482. 1990.
Sin.: *Vernonia aurea* Mart. ex DC.
Ref.: Robinson (1990), Robinson (1999b).
Hierba. Nativa. Zonas Bajas. Bosque Semideciduo Chiquitano, 0–500 m.
Dept.: SC.
Muestra: *J.R. Abbott & B. Mostacedo 16130* (MO).

Lepidaploa bakerana (Britton) H. Rob., Proc. Biol. Soc. Wash. 103(2): 482. 1990.
Sin.: *Vernonia bakerana* Britton
Ref.: Foster (1958).
Hierba. Endémica. Andes. Yungas, 1000–1500 m.
Dept.: LP.
Muestra: *A.F. Fuentes et al. 7042* (LPB, MO).

Lepidaploa beckii H. Rob., Proc. Biol. Soc. Wash. 103(2): 482. 1990.
Sin.: *Vernonia beckii* (H. Rob.) D.J.N. Hind
Ref.: Robinson (1990), Robinson (1999b), Hind (2008).
Subarbusto, arbusto. Endémica. Andes. Yungas, 1000–2000 m.
Dept.: LP.
Tipo y muestra: *S.G. Beck 13640* (HT: US; IT: K, LPB, M), *J.C. Solomon 7563* (LPB, MO).

Lepidaploa buchtienii (Gleason) H. Rob., Proc. Biol. Soc. Wash. 103(2): 483. 1990.
Sin.: *Vernonia buchtienii* Gleason
Ref.: Foster (1958), Robinson (1990), Robinson (1999b).
Hierba. Endémica. Zonas Bajas. Bosque Húmedo, 500–1000 m.
Dept.: LP.
Tipo y muestra: *O. Buchtien 1528* (HT: NY), *S.G. Beck 29463* (CTES, LPB).

Lepidaploa canescens (Kunth) H. Rob., Proc. Biol. Soc. Wash. 103(2): 483. 1990.
Sin.: *Vernonia canescens* Kunth, *Vernonia cordiifolia* Kunth, *Vernonia mollis* Kunth, *Vernonia arborescens* var. *cuneifolia* Britton, *Vernonia patuliflora* Rusby, *Vernonia cuneifolia* (Britton) Gleason, *Vernonia pseudomollis* Gleason, *Vernonia rusbyi* Gleason
Ref.: Foster (1958), Killeen & Schulenberg (1998).
Subarbusto, arbusto. Nativa. Zonas Bajas, Andes. Bosque Semideciduo Chiquitano, Yungas, 500–2000 m.
Dept.: LP, SC.
Muestra: *S.G. Beck 12108* (LPB, US).
Infra: *Lepidaploa canescens* var. *canescens*

Lepidaploa costata (Rusby) H. Rob., Proc. Biol. Soc. Wash. 103(2): 486. 1990.
Sin.: *Vernonia costata* Rusby
Ref.: Foster (1958).
Arbusto. Nativa. Zonas Bajas, Andes. Bosque Húmedo, Yungas, 500–1500 m.
Dept.: LP.
Tipo y muestra: *M. Bang 1472* (HT: NY; IT: A, GH, MO-2966571, US), *D.C. Wasshausen & J.R.I. Wood 2173* (LPB, US).

Lepidaploa crassifolia (Rusby) H. Rob., Proc. Biol. Soc. Wash. 103(2): 486. 1990.
Sin.: *Vernonia crassifolia* Rusby
Ref.: Foster (1958).
Arbusto. Endémica. Andes. Valles Secos, 1500–2000 m.
Dept.: LP.
Tipo: *R.S. Williams 1513* (HT: NY).
Nota: Conocida solamente del tipo.

Lepidaploa deflexa (Rusby) H. Rob., Proc. Biol. Soc. Wash. 103(2): 486. 1990.
Sin.: *Vernonia deflexa* Rusby
Ref.: Foster (1958).
Subarbusto. Endémica. Andes. Yungas, 2000–2500 m.
Dept.: LP.
Tipo y muestra: *M. Bang 2038* (HT: NY; IT: GH, GH, MO-2524434, WIS), *S.G. Beck 22758* (CTES, LPB, M, US).

Lepidaploa densipaniculata (Rusby) H. Rob., Proc. Biol. Soc. Wash. 103(2): 486. 1990.
Sin.: *Vernonia densipaniculata* Rusby
Ref.: Foster (1958).
Arbusto. Endémica. Andes. Yungas, 1000–1500, 2500–3000 m.
Dept.: LP.

Tipo y muestra: *R.S. Williams 1534* (HT: NY, NY; IT: NY), *J.C. Solomon 10740* (LPB, MO, US).

Lepidaploa eriolepis (Gardner) H. Rob., Proc. Biol. Soc. Wash. 103(2): 487. 1990.
Sin.: *Vernonia eriolepis* Gardner, *Vernonia riedelii* Sch. Bip. ex Baker
Ref.: Killeen & Schulenberg (1998).
Hierba. Nativa. Zonas Bajas. Campos Cerrados, 500–1000 m.
Dept.: SC.
Muestra: *E. Gutiérrez C. et al. 1425* (BEREA, MO, US, USZ).

Lepidaploa fournetii (H. Rob. & B. Kahn) H. Rob., Proc. Biol. Soc. Wash. 103(2): 487. 1990.
Sin.: *Vernonia fournetii* H. Rob. & B. Kahn
Arbusto. Endémica. Andes. Yungas, 2000–3000 m.
Dept.: LP.
Tipo y muestra: *J. Fournet 429* (HT: US; IT: LPB), *J.C. Solomon 15657* (LPB, MO, US).

Lepidaploa krukovii H. Rob., Phytologia 78(5): 394. 1995.
Sin.: *Vernonia krukovii* (H. Rob.) D.J.N. Hind
Ref.: Hind (2008).
Subarbusto, arbusto. Endémica. Zonas Bajas. Bosque Húmedo, 500–1000 m.
Dept.: LP.
Tipo: *B.A. Krukoff 11010* (HT: US; IT: NY).
Nota: Conocida solamente del tipo.

[Lepidaploa lehmannii (Hieron.) H. Rob.], Proc. Biol. Soc. Wash. 103(2): 489. 1990.
Sin.: *Vernonia lehmannii* Hieron.
Ref.: Foster (1958).
Nota: El registro se basa en material mal identificado. Una especie del norte de Sur América. Citada por Foster (1958) como *Vernonia lehmannii* Hieron., el basiónimo de *Lepidaploa lehmannii* (Hieron.) H. Rob.

Lepidaploa lewisii H. Rob., Phytologia 78(5): 394. 1995.
Sin.: *Vernonia lewisii* (H. Rob.) D.J.N. Hind
Ref.: Hind (2008).
Arbusto. Endémica. Andes. Yungas, 2500–3000 m.
Dept.: LP.
Tipo y muestra: *M.A. Lewis 37356* (HT: US; IT: LPB, MO), *M.A. Lewis 37358* (LPB, MO, US).

Lepidaploa mandonii (Sch. Bip. ex Gleason) H. Rob., Proc. Biol. Soc. Wash. 103(2): 489. 1990.
Sin.: *Vernonia mandonii* Sch. Bip. ex Gleason
Ref.: Foster (1958).
Arbusto. Endémica. Andes. Yungas, 2500–3000 m.
Dept.: LP.
Tipo y muestra: *G. Mandon 234* (HT: B destr.; IT: GH, NY, NY, NY, NY; fotos: F), *T. Feuerer 22229a* (US).

Lepidaploa mapirensis (Gleason) H. Rob., Proc. Biol. Soc. Wash. 103(2): 489. 1990.
Sin.: *Vernonia mapirensis* Gleason
Ref.: Foster (1958).
Arbusto. Nativa. Zonas Bajas, Andes. Bosque Húmedo, Yungas, 500–1000, 2000–3000 m.
Dept.: LP.
Tipo y muestra: *O. Buchtien 1533* (ST: GH, NY, US), *W.G. D'Arcy 13938* (MO).

Lepidaploa myriocephala (DC.) H. Rob., Proc. Biol. Soc. Wash. 103(2): 490. 1990.
Sin.: *Vernonia myriocephala* DC.
Ref.: Foster (1958), Schulenberg & Awbrey (1997), Serrano & Terán (1998 [2000]).
Arbusto. Nativa. Zonas Bajas, Andes. Bosque Semideciduo Chiquitano, Campos Cerrados, Valles Secos, 0–2000 m.
Dept.: CH, CO, LP, SC.
Muestra: *M.H. Nee 35378* (LPB, MO, NY).

Lepidaploa persicifolia (Desf.) H. Rob., Proc. Biol. Soc. Wash. 103(2): 490. 1990.
Sin.: *Vernonia persicifolia* Desf., *Vernonia acutifolia* Hook.
Ref.: Arroyo Padilla & Villarroel Segarra (2009).
Hierba. Nativa. Andes. Valles Secos, 1000–1500 m.
Dept.: SC.
Muestra: *D. Villarroel et al. 1736* (USZ).

Lepidaploa remotiflora (Rich.) H. Rob., Proc. Biol. Soc. Wash. 103(2): 491. 1990.
Sin.: *Vernonia remotiflora* Rich., *Vernonia tricholepis* DC., *Vernonia remotiflora* var. *tricholepis* (DC.) Baker, *Vernonia setosquamosa* Hieron.
Ref.: Foster (1958), Killeen & Schulenberg (1998).
Hierba. Nativa. Zonas Bajas, Andes. Bosque Húmedo, Bosque Semideciduo Chiquitano, Bosque Seco Chaqueño, Campos Cerrados, Valles Secos, 0–2000 m.
Dept.: SC, TA.
Muestra: *L. Arroyo P. et al. 3271* (MO, NY, USZ).

Lepidaploa retrosetosa (H. Rob.) H. Rob., Proc. Biol. Soc. Wash. 103(2): 491. 1990.
Sin.: *Vernonia retrosetosa* H. Rob.
Ref.: Robinson (1990), Robinson (1999b).
Hierba. Nativa. Andes. Yungas, 2000–2500 m.
Dept.: CO.
Muestra: *N.P. Ritter & J.R.I. Wood 3386* (LPB, US).

Lepidaploa salzmannii (DC.) H. Rob., Proc. Biol. Soc. Wash. 103(2): 492. 1990.
Sin.: *Vernonia salzmannii* DC., *Vernonia argyropappa* H. Buek
Ref.: Foster (1958).
Hierba. Nativa. Zonas Bajas, Andes. Campos Cerrados, Sabanas Benianas del Sur, Yungas, 500–1500 m.
Dept.: BE, LP, SC.
Muestra: *I.G. Vargas 458* (MO, US).

Lepidaploa solomonii H. Rob., Proc. Biol. Soc. Wash. 103(2): 493. 1990.
Sin.: *Vernonia solomonii* (H. Rob.) D.J.N. Hind
Ref.: Hind (2008).
Arbusto. Endémica. Andes. Valles Secos, 1000–1500 m.
Dept.: LP.
Tipo: *J.C. Solomon 10780* (HT: US; IT: K, LPB, MO).
Nota: Conocida solamente del tipo.

Lepidaploa sordidopapposa (Hieron.) H. Rob., Proc. Biol. Soc. Wash. 103(2): 493. 1990.
Sin.: *Vernonia sordidopapposa* Hieron.
Ref.: Foster (1958).
Arbusto. Nativa. Andes. Yungas, 3000–3500 m.
Dept.: LP.
Muestra: *J.L. Luteyn 13557* (LPB, MO, NY, US).

Lepidaploa sororia (DC.) H. Rob., Proc. Biol. Soc. Wash. 103(2): 493. 1990.
Sin.: *Vernonia sororia* DC., *Vernonia scorpioides* var. *sororia* (DC.) Baker
Ref.: Foster (1958).
Arbusto. Nativa. Zonas Bajas, Andes. Bosque Semideciduo Chiquitano, Valles Secos, 0–500, 1500–2000 m.
Dept.: SC.
Muestra: *J. Steinbach 6254* (GH).

Lepidaploa tarijensis (Griseb.) H. Rob., Proc. Biol. Soc. Wash. 103(2): 495. 1990.
Sin.: *Vernonia sericea* var. *tarijensis* Griseb., *Vernonia tarijensis* (Griseb.) Hieron.
Ref.: Schulenberg & Awbrey (1997), Arroyo Padilla & Villarroel Segarra (2009).
Hierba. Endémica. Zonas Bajas, Andes. Bosque Semideciduo Chiquitano, Bosque Seco Chaqueño, Bosque Tucumano-Boliviano, Bosque Serrano Chaqueño, 500–1500 m.
Dept.: CH, SC, TA.
Tipo y muestra: *G. Hieronymus & P.G. Lorentz 634* (HT: B), *M.H. Nee et al. 49844* (MO, NY, US).

Lepidaploa tristis (Hieron.) H. Rob., Proc. Biol. Soc. Wash. 103(2): 496. 1990.
Sin.: *Vernonia tristis* Hieron.
Ref.: Foster (1958), Robinson (1990), Robinson (1999b).
Hierba. Endémica. Andes. Yungas, 1000–1500 m.
Dept.: CO.
Tipo: *O. Kuntze s.n.* (HT: NY).
Nota: Conocida solamente del tipo.

Lepidaploa virentiformis (Malme) H. Rob., Proc. Biol. Soc. Wash. 103(2): 496. 1990.
Sin.: *Vernonia virentiformis* Malme
Ref.: Robinson (1990), Robinson (1999b).
Hierba. Nativa. Zonas Bajas. Bosque Húmedo, 0–500 m.
Dept.: BE.
Muestra: *J.C. Solomon 16683* (LPB, MO).

Leptostelma D. Don, Brit. Fl. Gard., ser. 2 38. 1830.
2 especies, 0 especies endémicas.

Leptostelma maximum D. Don, Brit. Fl. Gard., ser. 2 1: t. 38. 1831.
Ref.: Arroyo Padilla & Villarroel Segarra (2009).
Hierba. Nativa. Andes. Valles Secos, 1000–1500 m.
Dept.: SC.
Muestra: *D. Villarroel et al. 1522* (MO, USZ).

Leptostelma tweediei (Hook. & Arn.) D.J.N. Hind & G.L. Nesom, Kew Bull. 57(2): 478. 2002.
Sin.: *Erigeron tweediei* Hook. & Arn., *Erigeron seneciiformis* S.F. Blake
Ref.: Foster (1958), Solbrig (1962), Wood et al. (2011).
Hierba. Nativa. Zonas Bajas. Campos Cerrados, Sabanas Benianas del Sur, 500–1000 m.
Dept.: BE, SC.
Muestra: *J. Steinbach 6712* (BM, GH, MO).

Lessingianthus H. Rob., Proc. Biol. Soc. Wash. 101(4): 939–940. 1988.
25 especies, 4 especies endémicas.

Lessingianthus asteriflorus (Mart. ex DC.) H. Rob., Proc. Biol. Soc. Wash. 101(4): 940. 1988.
Sin.: *Vernonia asteriflora* Mart. ex DC., *Vernonia kuntzei* Hieron., *Vernonia asterifolia* Baker, *Vernonia centauropsidea* Hieron.
Ref.: Foster (1958), López Vargas (1995), Saravia Miranda (1996), Serrano & Terán (1998 [2000]).
Subarbusto. Nativa. Zonas Bajas, Andes. Bosque Semideciduo Chiquitano, Bosque Tucumano-Boliviano, Valles Secos, 500–1000, 2000–3000 m.
Dept.: CH, CO, SC.
Muestra: *R.M. King & L.E. Bishop 7640* (MO, US).
Nom. Vern.: Orgo yuraj yuraj.

Lessingianthus bardanoides (Less.) H. Rob., Proc. Biol. Soc. Wash. 101(4): 940. 1988.
Sin.: *Vernonia bardanoides* Less.
Ref.: Killeen & Schulenberg (1998), Wood et al. (2011).
Arbusto. Nativa. Zonas Bajas. Campos Cerrados, 500–1000 m.
Dept.: SC.
Muestra: *S. Jiménez et al. 1260* (LPB, MO, US, USZ).

Lessingianthus brevipetiolatus (Sch. Bip. ex Baker) H. Rob., Proc. Biol. Soc. Wash. 101(4): 941. 1988.
Sin.: *Vernonia brevipetiolata* Sch. Bip. ex Baker
Ref.: Foster (1958).
Hierba. Nativa. Andes. Valles Secos, 1500–2000 m.
Dept.: LP.
Muestra: *M. Bang 2886* (GH).

Lessingianthus coriaceus (Less.) H. Rob., Proc. Biol. Soc. Wash. 101(4): 942. 1988.
Sin.: *Vernonia coriacea* Less.
Ref.: Foster (1958).
Hierba. Nativa. Andes. Valles Secos, 1000–1500 m.
Dept.: LP.
Muestra: *J.D. Boeke 1435* (NY, US).

Lessingianthus coriarius M.B. Angulo, Ann. Bot. Fenn. 49: 245. 2012.
Arbusto. Endémica. Bosque Seco Chaqueño, 0–500 m.
Dept.: CH, SC.
Tipo y muestra: *M. Dematteis et al. 3660* (HT: CTES; IT: K, LPB), *S.G. Beck 6252* (CTES, LPB).

Lessingianthus durus (Mart. ex DC.) H. Rob., Proc. Biol. Soc. Wash. 101(4): 942. 1988.
Sin.: *Vernonia dura* Mart. ex DC.
Subarbusto. Nativa. Zonas Bajas. Campos Cerrados, 500–1000 m.
Dept.: SC.
Muestra: *J.R.I. Wood 24703* (K, LPB, USZ).

Lessingianthus elegans (Gardner) H. Rob., Proc. Biol. Soc. Wash. 101(4): 942. 1988.
Sin.: *Vernonia elegans* Gardner
Ref.: Robinson (1988b), Robinson (1999b).
Hierba. Nativa. Zonas Bajas. Bosque Húmedo, 0–500 m.
Dept.: SC.
Muestra: *J. Steinbach 1164* (GH).

Lessingianthus glabratus (Less.) H. Rob., Proc. Biol. Soc. Wash. 101(4): 943. 1988.
Sin.: *Vernonia glabrata* Less.
Ref.: Wood et al. (2011).
Hierba. Nativa. Zonas Bajas. Campos Cerrados, Sabanas Benianas del Sur, 0–500 m.
Dept.: BE, SC.
Muestra: *J.R. Abbott 16320* (BEREA, US, USZ).

Lessingianthus grandiflorus (Less.) H. Rob., Proc. Biol. Soc. Wash. 101(4): 943. 1988.
Sin.: *Vernonia grandiflora* Less.
Ref.: Foster (1958), Killeen & Schulenberg (1998), Wood et al. (2011).
Hierba. Nativa. Zonas Bajas. Campos Cerrados, 0–500 m.
Dept.: SC.
Muestra: *M. Cárdenas 5644* (US).

Lessingianthus ixiamensis (Rusby) H. Rob., Proc. Biol. Soc. Wash. 101(4): 944. 1988.
Sin.: *Vernonia ixiamensis* Rusby
Ref.: Foster (1958), Killeen & Schulenberg (1998).
Hierba. Endémica. Zonas Bajas. Bosque Húmedo, Bosque Semideciduo Chiquitano, 500–1000 m.
Dept.: LP, SC.

Tipo y muestra: *R.S. Williams 284* (HT: NY; IT: US), *A. Rodríguez et al. 576* (US, USZ).

Lessingianthus laevigatus (Mart. ex DC.) H. Rob., Proc. Biol. Soc. Wash. 101(4): 944. 1988.
Sin.: *Vernonia laevigata* Mart. ex DC.
Ref.: Killeen & Schulenberg (1998).
Hierba. Nativa. Zonas Bajas. Campos Cerrados, Sabanas Benianas del Sur, 0–500 m.
Dept.: BE, SC.
Muestra: *B. Mostacedo et al. 1464* (MO, US, USZ).

Lessingianthus laurifolius (DC.) H. Rob., Proc. Biol. Soc. Wash. 101(4): 944. 1988.
Sin.: *Vernonia laurifolia* DC.
Ref.: Rusby (1893b), Foster (1958).
Arbusto. Nativa. Andes. Yungas, 1000–3000 m.
Dept.: LP.
Muestra: *V.W. Torrez 439* (BOLV, LPB, MO, US, USM, USZ).

Lessingianthus ligulifolius (Mart. ex DC.) H. Rob., Proc. Biol. Soc. Wash. 101(4): 944. 1988.
Sin.: *Vernonia ligulifolia* Mart. ex DC.
Ref.: Foster (1958), Killeen & Schulenberg (1998).
Hierba, subarbusto. Nativa. Zonas Bajas. Campos Cerrados, 0–1000 m.
Dept.: SC.
Muestra: *T. Killeen et al. 4823* (LPB, MO, US, USZ).

Lessingianthus macrophyllus (Less.) H. Rob., Proc. Biol. Soc. Wash. 101(4): 944. 1988.
Sin.: *Vernonia macrophylla* Less.
Ref.: Robinson (1988b), Parker & Bailey (1991), Robinson (1999b).
Hierba, arbusto. Nativa. Zonas Bajas. Bosque Húmedo, 0–500 m.
Dept.: LP, SC.
Muestra: *M. Saldias et al. 3270* (USZ).

Lessingianthus membranifolius M.B. Angulo, Ann. Bot. Fenn. 49: 245–246. 2012.
Arbusto. Endémica. Andes. Valles Secos, 1000–2000 m.
Dept.: SC.
Tipo y muestra: *M. Dematteis et al. 2383* (HT: CTES; IT: G, SI), *M. Dematteis et al. 2362* (CTES).

Lessingianthus obtusatus (Less.) H. Rob., Proc. Biol. Soc. Wash. 101(4): 946. 1988.
Sin.: *Vernonia obtusata* Less., *Vernonia subacuminata* Hieron.
Ref.: Foster (1958), Killeen & Schulenberg (1998).
Hierba. Nativa. Zonas Bajas, Andes. Bosque Húmedo, Bosque Semideciduo Chiquitano, Campos Cerrados, Yungas, 0–1000, 1500–2000 m.
Dept.: LP, SC.
Muestra: *S.G. Beck 18519* (LPB, US).

Lessingianthus onopordioides (Baker) H. Rob., Proc. Biol. Soc. Wash. 101(4): 946. 1988.
Sin.: *Vernonia onopordioides* Baker
Ref.: Killeen & Schulenberg (1998).
Arbusto. Nativa. Zonas Bajas. Campos Cerrados, Sabanas Benianas del Norte, Campos Amazónicos, 0–1000 m.
Dept.: BE, SC.
Muestra: *M. Saldias et al. 3785* (MO, US, USZ).

Lessingianthus psilophyllus (DC.) H. Rob., Proc. Biol. Soc. Wash. 101(4): 947. 1988.
Sin.: *Vernonia psilophylla* DC.
Ref.: Killeen & Schulenberg (1998).
Arbusto. Nativa. Zonas Bajas. Campos Cerrados, 0–500 m.
Dept.: SC.
Muestra: *E. Gutiérrez C. et al. 930* (MO, US, USZ).

Lessingianthus robustus (Rusby) H. Rob., Proc. Biol. Soc. Wash. 101(4): 947. 1988.
Sin.: *Vernonia robusta* Rusby
Ref.: Foster (1958), Wood et al. (2011).
Arbusto. Endémica. Andes. Yungas, 1000–2000 m.
Dept.: LP.
Tipo y muestra: *M. Bang 1424* (HT: NY; IT: A, GH, MO-2966971, US), *S.G. Beck 1742* (LPB, US).

Lessingianthus rubricaulis (Bonpl.) H. Rob., Proc. Biol. Soc. Wash. 101(4): 948. 1988.
Sin.: *Vernonia rubricaulis* Bonpl., *Vernonia rubricaulis* var. *pseudoincana* Hieron., *Vernonia pseudoincana* (Hieron.) Cabrera
Ref.: Foster (1958), Killeen & Schulenberg (1998), Dematteis (2004).
Hierba, subarbusto. Nativa. Zonas Bajas. Campos Cerrados, Sabanas Benianas del Sur, Campos Amazónicos, 0–500 m.
Dept.: BE, LP, SC.
Muestra: *A.F. Fuentes 622* (US, USZ).

Lessingianthus saltensis (Hieron.) H. Rob., Proc. Biol. Soc. Wash. 101(4): 948. 1988.
Sin.: *Vernonia saltensis* Hieron.
Ref.: Foster (1958), López Vargas (1995), Saravia Miranda (1996), Serrano & Terán (1998 [2000]), Arroyo Padilla & Villarroel Segarra (2009), Angulo & Dematteis (2012).
Arbusto. Nativa. Zonas Bajas, Andes. Campos Cerrados, Bosque Tucumano-Boliviano, Bosque Serrano Chaqueño, Valles Secos, 0–500, 1500–2500 m.
Dept.: CH, CO, SC, TA.
Muestra: *M.H. Nee 49372* (F, MO, NY, US).
Nom. Vern.: Orgo uri uri, ori ori, uri uri.

Lessingianthus scabrifoliatus (Hieron.) H. Rob., Phytologia 76(1): 29. 1994.
Sin.: *Vernonia scabrifoliata* Hieron., *Vernonia velascens* Hieron. ex H. Rob.
Ref.: Killeen & Schulenberg (1998).
Hierba. Nativa. Zonas Bajas. Campos Cerrados, Campos Amazónicos, 0–1000 m.
Dept.: SC.
Muestra: *E. Gutiérrez C. et al. 848* (MO, US, USZ).

Lessingianthus subobscurus (Malme) H. Rob., Proc. Biol. Soc. Wash. 101(4): 948. 1988.
Sin.: *Vernonia subobscura* Malme
Arbusto. Nativa. Zonas Bajas. Campos Cerrados, 0–500 m.
Dept.: SC.
Muestra: *G.J. Seijo 3248* (CTES, LPB).

Lessingianthus varroniifolius (DC.) H. Rob., Proc. Biol. Soc. Wash. 101(4): 949. 1988.
Sin.: *Vernonia varroniifolia* DC.
Ref.: Foster (1958).
Arbusto. Nativa. Zonas Bajas. Campos Cerrados, Sabanas Benianas del Norte, 0–500 m.
Dept.: BE, SC.
Muestra: *J.C. Solomon 7715* (MO, US).

[Lessingianthus velascensis H. Rob. ex T. Killeen & Schulenberg], RAP Working Papers 10: 240. 1998.
Ref.: Killeen & Schulenberg (1998).
Nota: El registro se basa en material mal identificado de *L. scabrifolia*. *Nom. nud.*

Lessingianthus virgulatus (Mart. ex DC.) H. Rob., Proc. Biol. Soc. Wash. 101(4): 950. 1988.
Sin.: *Vernonia virgulata* Mart. ex DC.
Hierba. Nativa. Zonas Bajas. Campos Cerrados, 500–1000 m.
Dept.: SC.
Muestra: *J.R.I. Wood 26986* (K, LPB, USZ).

Leucanthemum Mill., Gard. Dict. Abr. (ed. 4) vol. 2. 1754.
2 especies, 0 especies endémicas.

Leucanthemum maximum (Ramond) DC., Prodr. 6: 46. 1837 [1838].
Sin.: *Chrysanthemum maximum* Ramond, *Chrysanthemum* ×*superbum* Bergmans ex J.W. Ingram, *Leucanthemum* ×*superbum* (Bergmans ex J.W. Ingram) D.H. Kent
Hierba. Cultivada. Andes, Altiplano. Yungas, Valles Secos, Puna Húmeda, 3000–4500 m.
Dept.: LP.
Muestra: *J.C. Solomon 15489* (LPB, MO).

Leucanthemum vulgare Lam., Fl. Franç. 2: 137. 1778 [1779].
Sin.: *Chrysanthemum leucanthemum* L.
Hierba. Cultivada. Andes. Yungas, Valles Secos, 3000–3500 m.
Dept.: LP.
Muestra: *J.C. Solomon 12793* (LPB, MO).

Leucheria Lag., Amen. Nat. Españ. 1(1): 32. 1811.
1 especie, 0 especies endémicas.

Leucheria daucifolia (D. Don) Crisci, Darwiniana 20(1–2): 52. 1976.
Sin.: *Ptilurus daucifolius* D. Don, *Chabraea daucifolia* (D. Don) Wedd., *Chabraea laciniata* Wedd.
Ref.: Ferreyra (1995), Hind (2009).
Hierba. Nativa. Altiplano. Puna Húmeda, 4000–5000 m.
Dept.: LP, OR, PO.
Muestra: *J. Conrad 2677* (MO).
Nom. Vern.: Flor de uturunco.

Liabum Adans., Fam. Pl. 2: 131, 570. 1763.
5 especies, 1 especie endémica.

Liabum acuminatum Rusby, Descr. S. Amer. Pl. 161–162. 1920.
Ref.: Foster (1958), Arroyo Padilla & Villarroel Segarra (2009).
Hierba. Nativa. Zonas Bajas. Bosque Húmedo, 0–1000 m.
Dept.: LP, SC.
Tipo y muestra: *R.S. Williams 1605* (HT: NY; IT: US), *J.C. Solomon & S. Urcullo 14118* (LPB, MO).

Liabum amplexicaule Poepp., Nov. Gen. Sp. Pl. 3: 43. 1843.
Hierba. Nativa. Zonas Bajas, Andes. Bosque Húmedo, Yungas, Valles Secos, 500–1500 m.
Dept.: BE, LP, SC.
Muestra: *S.G. Beck 12711* (LPB, US).

Liabum eriocaulon Poepp., Nov. Gen. Sp. Pl. 3: 43, t. 249. 1843.
Hierba. Nativa. Zonas Bajas. Bosque Húmedo, 500–1000 m.
Dept.: BE.
Muestra: *D.N. Smith & V. García E. 13766* (LPB, MO, US).

Liabum solidagineum (Kunth) Less., Linnaea 6(4): 700. 1831.
Sin.: *Andromachia solidaginea* Kunth, *Liabum fulvotomentosum* Kuntze, *Liabum acutifolium* Cuatrec.
Ref.: Foster (1958).
Subarbusto. Nativa. Andes. Yungas, 1500–3000 m.
Dept.: LP, SC.
Muestra: *O. Kuntze s.n.* (F, NY, US).

Liabum steinbachii H. Rob., Phytologia 35(6): 489. 1977.
Ref.: Robinson (1983), Serrano & Terán (1998 [2000]).
Subarbusto. Endémica. Andes. Yungas, 1000–1500 m.
Dept.: CH, LP, SC.
Tipo y muestra: *J. Steinbach 8152* (HT: K; IT: MO, NY, US frag. ex K; fotos: F ex MO, F ex NY, NY, US ex K), *S.G. Beck 13899* (LPB, US).

Llerasia Triana, Ann. Sci. Nat., Bot., sér. 4, 9: 37. 1858.
5 especies, 4 especies endémicas.

Llerasia beckii Cabrera, Hickenia 1(53): 281–284, f. 1. 1982.
Arbusto. Endémica. Andes. Yungas, 3000–3500 m.
Dept.: LP.
Tipo: *S.G. Beck 1846* (HT: SI; IT: LPB, M).
Nota: Conocida solamente del tipo.

Llerasia boliviensis (Cabrera) Cuatrec., Biotropica 2: 43. 1970.
Sin.: *Haplopappus boliviensis* Cabrera
Ref.: Cuatrecasas (1970b).
Liana, arbusto. Endémica. Andes. Yungas, 3000–3500 m.
Dept.: CO.
Tipo: *T. Herzog 2186* (HT: LP; IT: L).
Nota: Conocida solamente del tipo.

Llerasia ledifolia (S.F. Blake) Cuatrec., Biotropica 2: 45. 1970.
Sin.: *Haplopappus ledifolius* S.F. Blake
Ref.: Cuatrecasas (1970b).
Arbusto. Endémica. Andes, Altiplano. Yungas, Puna Seca, 3000–3500 m.
Dept.: LP, OR.
Tipo y muestra: *R. Pearce s.n.* (HT: K; IT: US frag.; fotos: US), *J.C. Solomon 10693* (LPB, MO).

Llerasia macrocephala (Rusby) Pruski, Sida 21(4): 2033–2034. 2005.
Sin.: *Moquinia macrocephala* Rusby, *Haplopappus lucidulus* S.F. Blake, *Gochnatia macrocephala* (Rusby) Cabrera, *Llerasia lucidula* (S.F. Blake) Cuatrec.
Ref.: Rusby (1920), Foster (1958), Cuatrecasas (1970b).
Trepadora, liana, subarbusto. Nativa. Andes. Yungas, 2500–3500 m.
Dept.: LP.
Tipo y muestra: *O. Buchtien 3080* (HT: NY; IT: MO, US; fotos: MO), *A.F. Fuentes et al. 10623* (BOLV, LPB, MO, USZ).

Llerasia soratensis (S.F. Blake) Cuatrec., Biotropica 2: 43. 1970.
Sin.: *Haplopappus soratensis* S.F. Blake
Ref.: Cuatrecasas (1970b).
Arbusto. Endémica. Andes. Yungas, 3000–4000 m.
Dept.: LP.
Tipo y muestra: *G. Mandon 233* (HT: GH; IT: K, US frag.; fotos: US ex GH), *X. Menhofer 1526* (F, LPB, US).

Lomanthus B. Nord. & Pelser, Compositae Newslett. 47: 34. 2009.
1 especie, 0 especies endémicas.

Lomanthus bangii (Rusby) B. Nord. & Pelser, Compositae Newslett. 47: 37. 2009.
Sin.: *Senecio bangii* Rusby
Ref.: Rusby (1893b), Foster (1958), Cabrera (1985).
Subarbusto. Nativa. Andes. Yungas, Valles Secos, 2500–4000 m.
Dept.: LP, OR.
Tipo y muestra: *M. Bang 778* (HT: NY; IT: F, F, GH, GH, K, MO-2965467, US; fotos: F ex NY), *S.G. Beck 3527* (BOLV, G, LPB, M, S, SI, US, USM).

Lophopappus Rusby, Bull. Torrey Bot. Club 21: 487. 1894.
2 especies, 0 especies endémicas.

Lophopappus cuneatus R.E. Fr., Ark. Bot. 5(13): 29, t. 1, f. 5–9. 1906.
Ref.: Foster (1958), López (2000), Serrano & Terán (1998 [2000]), Katinas et al. (2008).
Arbusto. Nativa. Andes, Altiplano. Valles Secos, Puna Seca, 3000–4000 m.
Dept.: CH, CO, SC, TA.
Tipo y muestra: *R.E. Fries 1045* (HT: S; IT: US; fotos: LP, MO), *I.I. Linneo 760* (MO).
Nota: Distinta, pero muy similar a *L. tarapacanus* (Phil.) Cabrera, la cual tiene prioridad.

Lophopappus foliosus Rusby, Bull. Torrey Bot. Club 21(11): 487–488, pl. 223 [225]. 1894.
Sin.: *Proustia foliosa* (Rusby) Ferreyra
Ref.: Foster (1958), López (2000), Katinas et al. (2008).
Subarbusto, arbusto. Nativa. Andes. Valles Secos, 3000–4000 m.
Dept.: CO, LP, PO.
Tipo y muestra: *M. Bang 791* (ST: NY, NY), *O. Buchtien 598* (GH, LP, MO).

Lorentzianthus R.M. King & H. Rob., Phytologia 32: 273. 1975.
1 especie, 0 especies endémicas.

Lorentzianthus viscidus (Hook. & Arn.) R.M. King & H. Rob., Phytologia 32: 274. 1975.
Sin.: *Eupatorium viscidum* Hook. & Arn., *Eupatorium santacruzense* Hieron.
Ref.: Foster (1958), López Vargas (1995), Saravia Miranda (1996).
Subarbusto. Nativa. Andes. Bosque Tucumano-Boliviano, Valles Secos, 1500–3000 m.
Dept.: CO, LP, SC, TA.
Muestra: *M.H. Nee et al. 48998* (LPB, NY, US).

Loricaria Wedd., Chlor. Andina 1(4): 165. 1855 [1856].
4 especies, 1 especie endémica.

Loricaria graveolens (Sch. Bip.) Wedd., Chlor. Andina 1(4–6): 167. 1855 [1856].
Sin.: *Baccharis graveolens* Sch. Bip.
Ref.: Foster (1958).
Arbusto. Nativa. Altiplano. Puna Húmeda, 4500–5000 m.
Dept.: LP.
Muestra: *J.B. Pentland s.n.* (P).
Nota: Determinación no confirmada.

Loricaria lucida Cuatrec., Feddes Repert. Spec. Nov. Regni Veg. 56: 163. 1954.
Ref.: Cuatrecasas (1954b), Dillon & Sagástegui Alva (1991b).
Arbusto. Nativa. Andes. Yungas, Páramo Yungueño, 3500–4000 m.
Dept.: LP.
Muestra: *S.G. Beck 21761* (LPB, US).

Loricaria thuyoides (Lam.) Sch. Bip., Bonplandia (Hannover) 8: 258. 1860.
Sin.: *Conyza thuyoides* Lam.
Ref.: Cuatrecasas (1954b), Foster (1958), Cabrera (1960), Dillon & Sagástegui Alva (1991b), Rangel et al. (2000), Ministerio de Medio Ambiente y Agua (2012 [2013]).
Arbusto. Nativa. Andes, Altiplano. Yungas, Páramo Yungueño, Puna Húmeda, 3500–4500 m.
Dept.: LP.
Muestra: *X. Menhofer 2315* (LPB, MO).
Infra: *Loricaria thuyoides* var. *thuyoides*, *Loricaria thuyoides* var. *stuebelii* (Hieron.) Cuatrec.

Loricaria unduaviensis Cuatrec., Feddes Repert. Spec. Nov. Regni Veg. 56: 170–171. 1954.
Ref.: Cuatrecasas (1954b), Foster (1958), Ministerio de Medio Ambiente y Agua (2012 [2013]).
Arbusto. Endémica. Andes, Altiplano. Yungas, Páramo Yungueño, Puna Húmeda, 3500–4500 m.
Dept.: LP.
Tipo y muestra: *H.H. Rusby 1565* (HT: NY; IT: NY), *M.A. Lyle 615* (LPB).

Lucilia Cass., Bull. Sci. Soc. Philom. Paris 1817: 32. 1817.
6 especies, 0 especies endémicas.

Lucilia acutifolia (Poir.) Cass., Dict. Sci. Nat. (ed. 2) 27: 264. 1823.
Sin.: *Serratula acutifolia* Poir., *Lucilia jamesonii* Baker
Ref.: Fries (1906b), Foster (1958), Cabrera (1963a), Freire (1986c), Freire (1995), López Vargas (1995), Saravia Miranda (1996), Cabrera & Freire (1998), Serrano & Terán (1998 [2000]), Arroyo Padilla & Villarroel Segarra (2009).
Hierba. Nativa. Andes. Bosque Tucumano-Boliviano, Bosque Serrano Chaqueño, Valles Secos, 1500–3000 m.
Dept.: CH, CO, LP, SC, TA.
Muestra: *C. Antezana V. 1270* (BOLV, LPB).
Nom. Vern.: Huira-huira, pampa k'oa.

Lucilia gnaphalioides Less., Linnaea 5: 363. 1830.
Hierba. Nativa. Andes. Valles Secos, 1500–2000 m.
Dept.: LP.
Muestra: *J. Müller & J. Heinrichs 6192* (LPB).

Lucilia linearifolia Baker, Fl. Bras. 6(3): 114. 1882.
Hierba. Nativa. Andes. Yungas, 2000–3000 m.
Dept.: LP.
Muestra: *M.A. Lewis 40647* (LPB, MO, US).

Lucilia lycopodioides (Less.) S.E. Freire, Taxon 38(2): 298. 1989.
Sin.: *Oligandra lycopodioides* Less., *Lucilia flagelliformis* Wedd.
Ref.: Foster (1958), Cabrera (1978a), Freire (1986b), Serrano & Terán (1998 [2000]), Arroyo Padilla & Villarroel Segarra (2009).
Hierba. Nativa. Andes. Yungas, Bosque Tucumano-Boliviano, Bosque Serrano Chaqueño, Valles Secos, 1000–3500 m.
Dept.: CH, LP, SC, TA.
Muestra: *S.G. Beck 17853* (LPB, US).
Nom. Vern.: Chiñi wira-wira.

Lucilia recurva Wedd., Chlor. Andina 1(4–6): 156, pl. 25b. 1855 [1856].
Ref.: Foster (1958), Cabrera (1978a), Freire (1986c), Freire (1995), López Vargas (1995), Saravia Miranda (1996), Serrano & Terán (1998 [2000]).
Hierba. Nativa. Andes, Altiplano. Valles Secos, Puna Húmeda, 2000–3000, 3500–4000 m.
Dept.: CH, CO, PO, TA.
Tipo y muestra: *H.A. Weddell s.n.* (LT: P; ILT: P), *S.G. Beck 14063* (LPB, M, US).
Nom. Vern.: K'oa, pamap k'oa, wira-wira.

Lucilia tomentosa Wedd., Chlor. Andina 1(4–6): 157. 1855 [1856].
Sin.: *Lucilia squarrosa* Baker
Ref.: Foster (1958), Freire (1986c).
Hierba. Nativa. Andes. Yungas, elevación desconocida.
Dept.: LP.
Tipo y muestra: *J.B. Pentland s.n.* (HT: P), *O. Buchtien 7579* (US).

Luciliocline Anderb. & S.E. Freire, Bot. J. Linn. Soc. 106(2): 187. 1991.
3 especies, 0 especies endémicas.

Luciliocline lopezmirandae (Cabrera) Anderb. & S.E. Freire, Bot. J. Linn. Soc. 106(2): 188. 1991.
Sin.: *Belloa lopezmirandae* Cabrera, *Lucilia lopezmirandae* (Cabrera) S.E. Freire
Ref.: Cabrera (1978a), Freire (1986c), Dillon & Sagástegui Alva (1991a), Freire (1995).
Hierba. Nativa. Andes, Altiplano. Valles Secos, Puna Húmeda, 3000–4500 m.
Dept.: CO, LP.
Muestra: *J.C. Solomon 15097* (LPB, MO, US).

Luciliocline santanica (Cabrera) Anderb. & S.E. Freire, Bot. J. Linn. Soc. 106(2): 188. 1991.
Sin.: *Gnaphalium santanicum* Cabrera, *Belloa santanica* (Cabrera) Cabrera
Ref.: Cabrera (1958), Cabrera (1978a), Freire (1986c), Freire (1995), Beck et al. (2010).

Hemiepífita. Nativa. Altiplano. Puna Húmeda, Puna Seca, 3500–5000 m.
Dept.: LP, OR, TA.
Muestra: *S.G. Beck 7951* (LPB).

Luciliocline subspicata (Wedd.) Anderb. & S.E. Freire, Bot. J. Linn. Soc. 106(2): 189. 1991.
Sin.: *Belloa subspicata* Wedd., *Lucilia subspicata* (Wedd.) Hieron., *Gnaphalium punae* Cabrera, *Belloa punae* (Cabrera) Cabrera
Ref.: Weddell (1855 [1855–1857]), Cabrera (1939a), Foster (1958), Cabrera (1978a), Freire (1986c), Dillon & Sagástegui Alva (1991b), Freire (1995), Beck et al. (2010).
Hierba. Nativa. Andes, Altiplano. Valles Secos, Puna Húmeda, Puna Seca, 3000–5000 m.
Dept.: CO, LP, OR, PO, TA.
Muestra: *S.G. Beck 11179* (M, QAME, SI, US).

Lycoseris Cass., Dict. Sci. Nat. (ed. 2) 33: 463, 474. 1824.
3 especies, 0 especies endémicas.

Lycoseris boliviana Britton, Bull. Torrey Bot. Club 19: 266. 1892.
Ref.: Foster (1958), Egeröd & Ståhl (1991), Katinas et al. (2008).
Trepadora, subarbusto. Nativa. Zonas Bajas, Andes. Bosque Semideciduo Chiquitano, Valles Secos, 0–1500 m.
Dept.: LP, SC.
Tipo y muestra: *H.H. Rusby 1557* (HT: NY; IT: GH, K, NY, NY, P, US; fotos: LP), *A.H. Gentry & R.B. Foster 71179* (MO).

Lycoseris eggersii Hieron., Bot. Jahrb. Syst. 29: 75. 1900.
Ref.: Katinas et al. (2008).
Trepadora, arbusto. Nativa. Zonas Bajas. Bosque Seco Chaqueño, 0–500 m.
Dept.: SC.
Muestra: *A. Krapovickas & A. Schinini 32419* (CTES).
Nota: Colección citada no vista, su presencia en Bolivia es dudosa, probablemente endémica de Ecuador.

Lycoseris retroflexa J. Kost., Blumea 5: 664. 1945.
Ref.: Foster (1958), Egeröd & Ståhl (1991), Katinas et al. (2008).
Trepadora, subarbusto. Nativa. Zonas Bajas. Bosque Serrano Chaqueño, 500–1000 m.
Dept.: SC.
Tipo: *T. Herzog 1263* (HT: L).
Nota: Conocida en Bolivia solamente del tipo.

[Lycoseris squarrosa Benth.], Bot. Voy. Sulphur 121. 1844 [1845].
Ref.: Jørgensen et al. (2005a).
Nota: El registro se basa en material mal identificado de *L. boliviana*.

Matricaria L., Sp. Pl. 2: 890. 1753.
1 especie, 0 especies endémicas.

Matricaria chamomilla L., Sp. Pl. 2: 891. 1753.
Sin.: *Chamomilla recutita* (L.) Rauschert
Ref.: Applequist (2002).
Hierba. Adventicia, cultivada. Andes. Yungas, Valles Secos, 2000–3500 m.
Dept.: CO, LP, SC.
Muestra: *I.G. Vargas 231* (LPB, MO, USZ).
Infra: *Matricaria chamomilla* var. *chamomilla*, *Matricaria chamomilla* var. *coronata* Boiss., *Matricaria chamomilla* var. *recutita* (L.) Fiori
Nom. Vern.: Manzanilla.

Melampodium L., Sp. Pl. 2: 921. 1753.
1 especie, 0 especies endémicas.

Melampodium divaricatum (Rich.) DC., Prodr. 5: 520. 1836.
Sin.: *Dysodium divaricatum* Rich.
Hierba. Cultivada. Zonas Bajas. Bosque Húmedo, 0–500 m.
Dept.: BE, LP.
Muestra: *D.E. Williams 744* (LPB, NY, US).

Melanthera Rohr, Skr. Naturhist.-Selsk. 2(1): 213–214. 1792.
2 especies, 0 especies endémicas.

Melanthera latifolia (Gardner) Cabrera, Darwiniana 16: 411. 1970.
Sin.: *Echinocephalum latifolia* Gardner
Ref.: Killeen & Schulenberg (1998).
Hierba. Nativa. Zonas Bajas, Andes. Bosque Húmedo, Bosque Semideciduo Chiquitano, Sabanas Benianas del Sur, Valles Secos, 0–500, 1000–2000 m.
Dept.: BE, CH, SC, TA.
Muestra: *M.H. Nee 48690* (NY, US).

Melanthera nivea (L.) Small, Fl. S.E. U.S. 1251, 1340. 1903.
Sin.: *Bidens nivea* L.
Ref.: Killeen & Schulenberg (1998).
Hierba. Nativa. Zonas Bajas. Bosque Semideciduo Chiquitano, 0–500 m.
Dept.: SC.
Muestra: *E. Gutiérrez C. et al. 535* (MO, US, USZ).

Mesanthophora H. Rob., Novon 2(2): 172, f. 1–11. 1992.
1 especie, 0 especies endémicas.

Mesanthophora rojasii (Cabrera) H. Rob., Smithsonian Contr. Bot. 89: 76. 1999.
Sin.: *Vernonia rojasii* Cabrera
Subarbusto, arbusto. Nativa. Zonas Bajas. Bosque Seco Chaqueño, 0–500 m.
Dept.: SC.
Muestra: *J.R. Abbott & B. Mostacedo 16061* (BEREA, US, USZ).

Microliabum Cabrera, Bol. Soc. Argent. Bot. 5: 211. 1955.
2 especies, 1 especie endémica.

Microliabum mulgediifolium (Muschl.) H. Rob., Syst. Bot. 15(4): 743. 1990.
Sin.: *Liabum mulgediifolium* Muschl., *Austroliabum mulgediifolium* (Muschl.) H. Rob. & Brettell
Ref.: Foster (1958).
Hierba. Endémica. Andes. Bosque Tucumano-Boliviano, Valles Secos, 2500–3000 m.
Dept.: TA.
Tipo y muestra: *K. Fiebrig 2870* (HT: B; IT: US), *R. Ehrich 544* (LPB, US).

Microliabum polymnioides (R.E. Fr.) H. Rob., Syst. Bot. 15(4): 743. 1990.
Sin.: *Liabum polymnioides* R.E. Fr., *Austroliabum polymnioides* (R.E. Fr.) H. Rob. & Brettell
Ref.: Adolfo María (1966).
Hierba. Nativa. Zonas Bajas. Bosque Semideciduo Chiquitano, Bosque Seco Chaqueño, 0–1000 m.
Dept.: CO, SC, TA.
Muestra: *S.G. Beck 9552* (LPB, SI, US).

Mikania Willd., Sp. Pl. 3(3): 1481, 1742. 1803.
54 especies, 19 especies endémicas.

Mikania amazonica Baker, Fl. Bras. 6(2): 266. 1876.
Sin.: *Willoughbya amazonica* (Baker) Kuntze, *Mikania baccharoidea* Rusby
Ref.: Foster (1958), Arroyo Padilla & Villarroel Segarra (2009).
Trepadora. Nativa. Andes. Yungas, Valles Secos, 1500–3000 m.
Dept.: LP, SC.
Muestra: *M.H. Nee 45319* (LPB, NY, US).

Mikania angularis Bonpl., Pl. Aequinoct. 2(13): 87. 1809 [1811].
Trepadora. Nativa. Andes. Yungas, Bosque Tucumano-Boliviano, 1000–1500, 2500–3000 m.
Dept.: SC, TA.

Muestra: *J.C. Solomon 11276* (LPB, MO, US).

Mikania aschersonii Hieron., Bot. Jahrb. Syst. 28(5): 577–578. 1901.
Ref.: Killeen & Schulenberg (1998).
Trepadora, liana. Nativa. Zonas Bajas. Bosque Húmedo, Bosque Semideciduo Chiquitano, Campos Cerrados, 0–1000 m.
Dept.: SC.
Muestra: *T. Killeen et al. 7469* (LPB, MO, US, USZ).

Mikania banisteriae DC., Prodr. 5: 193. 1836.
Sin.: *Mikania lanuginosa* DC., *Willoughbya banisteriae* (DC.) Kuntze, *Willoughbya lanuginosa* (DC.) Kuntze, *Mikania antioquiensis* Hieron.
Ref.: Foster (1958), Killeen & Schulenberg (1998).
Trepadora, liana. Nativa. Zonas Bajas, Andes. Bosque Húmedo, Campos Cerrados, Yungas, Valles Secos, 500–1500, 2000–3000 m.
Dept.: LP, SC.
Muestra: *M.H. Nee 45291* (MO, NY).

Mikania biformis DC., Prodr. 5: 202. 1836.
Ref.: Arroyo Padilla & Villarroel Segarra (2009).
Liana. Nativa. Andes. Bosque Tucumano-Boliviano, 1000–1500 m.
Dept.: SC.
Muestra: *D. Villarroel et al. 155* (MO, NY, USZ).

Mikania buchtienii B.L. Rob., Contr. Gray Herb. 64: 7. 1922.
Ref.: Foster (1958).
Trepadora. Endémica. Andes. Yungas, Páramo Yungueño, 1000–2500, 3000–3500 m.
Dept.: LP, SC.
Tipo y muestra: *O. Buchtien 3935* (HT: NY; IT: GH frag., GH, M, US), *M.A. Lewis 40247* (BOLV, LPB, MO, US).

Mikania cercifolia W.C. Holmes, Phytologia 51: 233. 1982.
Hierba. Endémica. Andes. Yungas, 2500–3000 m.
Dept.: CO, LP.
Tipo y muestra: *W.M.A. Brooke 6442* (HT: BM), *W.J. Eyerdam 24771* (GH, UC).

Mikania cochabambana B.L. Rob., Contr. Gray Herb. 90: 33. 1930.
Ref.: Foster (1958).
Liana, arbusto. Endémica. Andes. Yungas, 1500–2000 m.
Dept.: CO.
Tipo: *J. Steinbach 9878* (HT: GH; IT: MO-975021).
Nota: Conocida solamente del tipo.

Mikania comarapensis B.L. Rob., Contr. Gray Herb. 90: 34. 1930.
Ref.: Foster (1958).
Liana, arbusto. Endémica. Andes. Yungas, 2500–3000 m.
Dept.: LP, SC.
Tipo y muestra: *J. Steinbach 8545* (HT: GH; IT: MO-976359), *S.G. Beck 1823* (BAYLU, LPB, M, SI, US).

Mikania congesta DC., Prodr. 5: 197. 1836.
Sin.: *Mikania micrantha* fo. *congesta* (DC.) B.L. Rob.
Ref.: Killeen & Schulenberg (1998).
Trepadora. Nativa. Zonas Bajas. Bosque Húmedo, Campos Cerrados, Sabanas Benianas del Norte, Sabanas Benianas del Sur, 0–1000 m.
Dept.: BE, CO, PA, SC, TA.
Muestra: *J.C. Solomon 7633* (LPB, MO, US).

Mikania cordifolia (L. f.) Willd., Sp. Pl. 3(3): 1746. 1803.
Sin.: *Cacalia cordifolia* L. f., *Willoughbya cordifolia* (L. f.) Kuntze
Ref.: Rusby (1893b), Foster (1958), Moraes R. (1990), Serrano & Terán (1998 [2000]), Wood et al. (2011).
Trepadora. Nativa. Zonas Bajas, Andes. Bosque Húmedo, Bosque Semideciduo Chiquitano, Bosque Seco Chaqueño, Campos Cerrados, Sabanas Benianas del Sur, Yungas, Bosque Tucumano-Boliviano, Bosque Serrano Chaqueño, Valles Secos, 0–3000 m.
Dept.: BE, CH, LP, SC, TA.
Muestra: *T. Killeen et al. 4214A* (LPB, MO, US).

Mikania decora Poepp., Nov. Gen. Sp. Pl. 3: 53. 1845.
Sin.: *Willoughbya bangii* Rusby
Ref.: Foster (1958).
Trepadora. Nativa. Zonas Bajas, Andes. Bosque Húmedo, Yungas, 0–500, 1000–2500 m.
Dept.: BE, CO, LP, SC.
Muestra: *J.C. Solomon 9556* (LPB, MO, US).

Mikania desmocephala B.L. Rob., Contr. Gray Herb. 64: 7. 1922.
Ref.: Foster (1958).
Trepadora. Nativa. Andes. Yungas, Valles Secos, 1000–3000 m.
Dept.: LP, SC.
Tipo y muestra: *H.H. Rusby 1740* (HT: NY; IT: GH frag., US; fotos: GH), *M.H. Nee 45339* (LPB, NY, US).

Mikania dictyota B.L. Rob., Contr. Gray Herb. 68: 37. 1923.
Ref.: Foster (1958).
Trepadora. Endémica. Andes. Yungas, Páramo Yungueño, 3000–3500 m.
Dept.: CO, LP.
Tipo y muestra: *O. Buchtien 4762* (HT: GH; IT: US), *F.T. Grifo & J.C. Solomon 714* (MO, US).

Mikania dioscoreoides (Rusby) B.L. Rob., Contr. Gray Herb. 64: 97. 1922.
Sin.: *Willoughbya dioscoreoides* Rusby, *Mikania cinnamomifolia* Lingelsh.
Ref.: Foster (1958), Arroyo Padilla & Villarroel Segarra (2009).
Trepadora. Endémica. Zonas Bajas, Andes. Bosque Húmedo, Bosque Semideciduo Chiquitano, Yungas, Bosque Tucumano-Boliviano, Valles Secos, 0–2000 m.
Dept.: CO, LP, SC.
Tipo y muestra: *M. Bang 1256* (HT: NY; IT: F, GH, MO-106831, NY), *M.H. Nee et al. 49166* (MO, NY, USZ).

Mikania eucosma B.L. Rob., Contr. Gray Herb. 64: 9. 1922.
Ref.: Foster (1958).
Trepadora. Endémica. Andes. Yungas, Valles Secos, 1500–2000, 2500–3500 m.
Dept.: CO, LP.
Tipo y muestra: *H.H. Rusby 1736* (HT: GH; IT: GH frag., NY, US; fotos: GH), *J.C. Solomon 10664* (MO, US).

Mikania ferruginea (Rusby) Buchtien, Contr. Fl. Bolivia 1: 190. 1910.
Sin.: *Willoughbya ferruginea* Rusby, *Mikania ferruginea* (Rusby) B.L. Rob.
Ref.: Foster (1958).
Trepadora. Endémica. Zonas Bajas, Andes. Bosque Húmedo, Yungas, Valles Secos, 500–3000 m.
Dept.: LP.
Tipo y muestra: *M. Bang 1419* (HT: NY; IT: F, GH, GH, NY, US), *N. Salinas 3135* (LPB, US).
Infra: *Mikania ferruginea* var. *subglabra* B.L. Rob.

Mikania flaccida B.L. Rob., Contr. Gray Herb. 64: 9. 1922.
Ref.: Foster (1958).
Trepadora. Endémica. Zonas Bajas, Andes. Bosque Húmedo, Yungas, 500–1500 m.
Dept.: LP.
Tipo y muestra: *O. Buchtien 3951* (HT: NY; IT: US; fotos: GH), *O. Buchtien 1960* (NY, US).

Mikania guaco Bonpl., Pl. Aequinoct. 2(13): 84, t. 105. 1809 [1811].
Ref.: Foster (1958), Killeen & Schulenberg (1998).
Trepadora. Nativa. Zonas Bajas, Andes. Bosque Húmedo, Bosque Semideciduo Chiquitano, Sabanas Benianas del Sur, Yungas, 0–1500 m.
Dept.: BE, CO, LP, PA, SC.
Muestra: *A.H. Gentry et al. 77544* (LPB, MO, US).

Mikania haenkeana DC., Prodr. 5: 196. 1836.
Ref.: Foster (1958).
Trepadora, liana. Nativa. Zonas Bajas, Andes. Bosque Húmedo, Bosque Semideciduo Chiquitano, Yungas, Bosque Tucumano-Boliviano, Valles Secos, 0–2500 m.
Dept.: BE, CH, LP, SC, TA.
Muestra: *M.H. Nee 47084* (LPB, MO, NY, US).

Mikania hookeriana DC., Prodr. 5: 195. 1836.
Sin.: *Mikania platyphylla* DC., *Mikania hookeriana* var. *platyphylla* (DC.) B.L. Rob.
Ref.: Foster (1958).
Trepadora. Nativa. Zonas Bajas, Andes. Bosque Húmedo, Sabanas Benianas del Sur, Yungas, 0–1500, 2500–3000 m.
Dept.: CO, LP.
Muestra: *O. Buchtien 1581* (US).

Mikania leiostachya Benth., Pl. Hartw. 201. 1845.
Liana. Nativa. Zonas Bajas. Bosque Húmedo, 0–500 m.
Dept.: LP.
Muestra: *S. DeWalt et al. 116* (LPB, MO, USZ).

Mikania leucophylla (Rusby) B.L. Rob., Proc. Amer. Acad. Arts 47(6): 196. 1912 [1911].
Sin.: *Willoughbya leucophylla* Rusby
Ref.: Foster (1958), Schulenberg & Awbrey (1997), Serrano & Terán (1998 [2000]).
Trepadora. Endémica. Andes. Yungas, Bosque Tucumano-Boliviano, Páramo Yungueño, 2000–3500 m.
Dept.: CH, CO, LP, SC.
Tipo y muestra: *M. Bang 2241* (HT: NY; IT: F, GH, MO-47717, NY, US), *J.C. Solomon 6021* (LPB, MO, US).

Mikania lindbergii Baker, Fl. Bras. 6(2): 232. 1876.
Trepadora. Nativa. Zonas Bajas, Andes. Bosque Húmedo, Yungas, 500–2000 m.
Dept.: LP.
Muestra: *S.G. Beck 9172* (LPB, US).

Mikania lindleyana DC., Prodr. 5: 195. 1836.
Sin.: *Mikania acrensis* B.L. Rob.
Ref.: Killeen & Schulenberg (1998).
Trepadora, liana. Nativa. Zonas Bajas, Andes. Bosque Húmedo, Bosque Semideciduo Chiquitano, Yungas, 0–1500 m.
Dept.: BE, CO, LP, PA, SC.
Muestra: *A. Jardim 883* (MO, USZ).

Mikania longiacuminata (Rusby) Buchtien, Contr. Fl. Bolivia 1: 190. 1910.
Sin.: *Willoughbya longiacuminata* Rusby, *Mikania longiacuminata* (Rusby) B.L. Rob.
Ref.: Foster (1958).
Trepadora, liana. Nativa. Andes. Yungas, 1000–1500 m.
Dept.: LP.
Tipo y muestra: *M. Bang 1504* (HT: NY; IT: F, GH, GH, GH, MO-47706, NY, US), *J.C. Solomon 10746* (LPB, MO, US).

Mikania longiflora (Rusby) B.L. Rob., Proc. Amer. Acad. Arts 47(6): 196. 1912 [1911].
Sin.: *Willoughbya longiflora* Rusby
Ref.: Foster (1958).
Trepadora. Endémica. Andes. Yungas, 1000–1500, 2000–2500 m.
Dept.: LP.
Tipo y muestra: *M. Bang 2325* (ST: F, F, GH, GH, MO-47719, NY, NY, US), *S.G. Beck 4717* (LPB, US).

Mikania micrantha Kunth, Nov. Gen. Sp. (folio ed.) 4: 105. 1820 [1818].
Sin.: *Mikania sinuata* Rusby
Ref.: Foster (1958), Killeen & Schulenberg (1998), González et al. (1999).
Trepadora. Nativa. Zonas Bajas, Andes. Bosque Húmedo, Bosque Semideciduo Chiquitano, Campos Cerrados, Yungas, Valles Secos, 0–2000 m.
Dept.: BE, CH, CO, LP, SC, TA.
Muestra: *M.A. Lewis 37205* (LPB, MO, P, US).

Mikania microdonta DC., Prodr. 5: 200. 1836.
Trepadora. Nativa. Zonas Bajas. Campos Amazónicos, 0–500 m.
Dept.: LP.
Muestra: *J.C. Solomon 17246* (LPB, MO, US, USZ).

Mikania microptera DC., Prodr. 5: 196. 1836.
Ref.: Foster (1958).
Trepadora. Nativa. Andes. Yungas, 1500–2500 m.
Dept.: LP.
Muestra: *S.G. Beck 4890* (LPB, US).

Mikania nemorosa Klatt, Bot. Jahrb. Syst. 8(1): 36. 1886.
Sin.: *Mikania nigropunctulata* Hieron.
Trepadora. Nativa. Andes. Yungas, 2500–3000 m.
Dept.: LP.
Muestra: *J. Müller 7510* (BAYLU, JE, LPB).

Mikania ochroleuca B.L. Rob., Contr. Gray Herb. 80: 38. 1928.
Trepadora. Nativa. Región, tipo de vegetación y elevación desconocidas.
Muestra: *S.G. Beck et al. 16360* (LPB, US).
Nota: Identificación tentativa.

Mikania officinalis Mart., Reise Bras. 1: 283. 1823.
Sin.: *Willoughbya officinalis* (Mart.) Kuntze
Ref.: Rusby (1893b), Foster (1958), Parker & Bailey (1991), Killeen & Schulenberg (1998), Wood et al. (2011).
Hierba. Nativa. Zonas Bajas, Andes. Bosque Húmedo, Bosque Semideciduo Chiquitano, Campos Cerrados, Sabanas Benianas del Norte, Campos Amazónicos, Yungas, Valles Secos, 0–2000 m.
Dept.: BE, LP, SC.
Muestra: *W.W. Thomas et al. 5661* (LPB, NY, US).

Mikania oreimeles B.L. Rob., Contr. Gray Herb. 68: 39. 1923.
Ref.: Foster (1958).
Trepadora. Endémica. Andes. Yungas, 2500–3500 m.
Dept.: CO, LP, SC.
Tipo y muestra: *M. Bang 1267* (HT: GH; IT: F, GH, MO-106830, NY, PH, US), *J.C. Solomon & M.H. Nee 16005* (LPB, MO, US).

Mikania parodii Cabrera, Revista Mus. La Plata, Secc. Bot. 4: 46. 1941.
Ref.: Killeen & Schulenberg (1998).
Trepadora, liana. Nativa. Zonas Bajas, Andes. Campos Cerrados, Sabanas Benianas del Sur, Valles Secos, 0–1000, 1500–2000 m.
Dept.: BE, SC, TA.
Muestra: *T. Killeen et al. 5442* (LPB, MO, US, USZ).

Mikania parviflora (Aubl.) H. Karst., Deut. Fl. 1061. 1880–1883 [1883].
Sin.: *Eupatorium parviflorum* Aubl.,

Mikania amara Willd.
Ref.: Killeen & Schulenberg (1998).
Trepadora, liana. Nativa. Zonas Bajas. Bosque Húmedo, Bosque Semideciduo Chiquitano, Campos Cerrados, Campos Amazónicos, 0–500 m.
Dept.: BE, PA, SC.
Muestra: *L. Arroyo P. 1350* (US, USZ).

Mikania pennellii B.L. Rob., Contr. Gray Herb. 61: 19. 1920.
Ref.: Foster (1958).
Trepadora. Nativa. Andes. Yungas, 1000–1500 m.
Dept.: LP.
Muestra: *O. Buchtien 1554* (GH).

Mikania periplocifolia Hook. & Arn., Companion Bot. Mag. 1: 243. 1835.
Ref.: Foster (1958).
Trepadora. Nativa. Zonas Bajas, Andes. Campos Cerrados, Sabanas Benianas del Sur, Yungas, 0–1500 m.
Dept.: BE, SC, TA.
Muestra: *A.H. Gentry & A. Perry 77508* (LPB, MO).

Mikania perstipulata W.C. Holmes, Phytologia 58: 243. 1985.
Liana. Endémica. Andes. Yungas, 2000–2500 m.
Dept.: CO.
Tipo: *W.M.A. Brooke 6717* (HT: BM).
Nota: Conocida solamente del tipo.

Mikania psilostachya DC., Prodr. 5: 190. 1836.
Ref.: Foster (1958), Killeen & Schulenberg (1998).
Trepadora. Nativa. Zonas Bajas, Andes. Bosque Húmedo, Campos Cerrados, Yungas, 0–500, 1000–2000 m.
Dept.: BE, CO, LP, SC.
Muestra: *M.H. Nee 46005* (LPB, MO, NY, US).

Mikania rimachii W.C. Holmes & McDaniel, Phytologia 41: 195–196. 1978 [1979].
Trepadora. Nativa. Zonas Bajas. Bosque Húmedo, Campos Cerrados, Sabanas Benianas del Sur, 0–500 m.
Dept.: BE, CO, SC.
Muestra: *M. Mercado & R. Navia s.n.* (US).

Mikania rubella Lingelsh., Repert. Spec. Nov. Regni Veg. 7: 250. 1909.
Ref.: Foster (1958).
Trepadora. Endémica. Zonas Bajas. Bosque Húmedo, 500–1000 m.
Dept.: LP.
Tipo: *O. Buchtien 1552* (HT: B; IT: F, GH frag., NY; fotos: F ex B).
Nota: Conocida solamente del tipo.

Mikania rusbyi B.L. Rob., Contr. Gray Herb. 64: 18. 1922.
Ref.: Foster (1958).
Trepadora. Endémica. Andes. Yungas, Valles Secos, 2000–3500 m.
Dept.: LP.
Tipo y muestra: *H.H. Rusby 1737* (HT: GH; IT: GH frag., NY; fotos: GH), *S.G. Beck 24906* (LPB, US).

Mikania saltensis Hieron., Bot. Jahrb. Syst. 22: 794. 1897.
Liana, subarbusto. Nativa. Andes. Yungas, 2000–2500 m.
Dept.: SC.
Muestra: *C. Patzi 18* (BOLV).

Mikania schultzii B.L. Rob., Contr. Gray Herb. 64: 19. 1922.
Ref.: Foster (1958).
Trepadora. Endémica. Andes. Yungas, Páramo Yungueño, Valles Secos, 3000–3500 m.
Dept.: CO, LP, SC.
Tipo y muestra: *G. Mandon 265* (HT: GH; IT: F, NY), *M. Saldias 301* (MO).

Mikania simpsonii W.C. Holmes & McDaniel, Phytologia 37: 473. 1977.
Trepadora. Nativa. Zonas Bajas. Bosque Húmedo, 500–1000 m.
Dept.: LP.
Muestra: *T. Killeen 3755* (LPB, MO).

Mikania speciosa DC., Prodr. 5: 196. 1836.
Sin.: *Willoughbya hieronymi* Rusby
Ref.: Foster (1958).
Trepadora. Nativa. Andes. Yungas, Bosque Tucumano-Boliviano, Valles Secos, 1000–2000 m.
Dept.: LP, SC.
Muestra: *D. Villarroel & M. Vargas 174* (USZ).

Mikania steinbachii B.L. Rob., Contr. Gray Herb. 80: 40–41. 1928.
Ref.: Foster (1958).
Trepadora. Endémica. Zonas Bajas. Bosque Húmedo, Bosque Semideciduo Chiquitano, 0–1000 m.
Dept.: LP, SC.
Tipo y muestra: *J. Steinbach 6257* (HT: K; IT: F frag. ex K, GH, GH frag. ex K; fotos: GH ex K), *D.A. Neill & R.C. Quevedo 9378* (LPB, MO, US).

Mikania stygia B.L. Rob., Contr. Gray Herb. 90: 36. 1930.
Ref.: Foster (1958).
Trepadora. Nativa. Zonas Bajas. Bosque Húmedo, 500–1000 m.
Dept.: LP.
Tipo: *O. Buchtien 1874* (HT: GH; IT: GH, US).
Nota: Conocida en Bolivia solamente del tipo.

Mikania ternata (Vell.) B.L. Rob., Proc. Amer. Acad. Arts 47: 198. 1911.
Sin.: *Cacalia ternata* Vell., *Willoughbya trifolia* Rusby, *Mikania trifolia* (Rusby) B.L. Rob.
Ref.: Foster (1958).
Trepadora. Nativa. Andes. Yungas, 2000–3000 m.
Dept.: CO, LP, SC.
Muestra: *J.C. Solomon 13736* (LPB, MO, US).

Mikania urticifolia Hook. & Arn., Companion Bot. Mag. 1: 244. 1835.
Sin.: *Mikania phyllopoda* Griseb., *Mikania fiebrigii* Hieron.
Ref.: Foster (1958), Serrano & Terán (1998 [2000]).
Trepadora. Nativa. Andes. Yungas, Valles Secos, 1000–2500 m.
Dept.: CH, LP, SC, TA.
Muestra: *S.G. Beck 6256* (LPB, US).

Mikania vitifolia DC., Prodr. 5: 202. 1836.
Sin.: *Mikania boliviensis* Lingelsh., *Mikania vitifolia* fo. *boliviensis* (Lingelsh.) B.L. Rob.
Ref.: Foster (1958), Killeen & Schulenberg (1998).
Trepadora. Nativa. Zonas Bajas, Andes. Bosque Húmedo, Bosque Semideciduo Chiquitano, Campos Cerrados, Sabanas Benianas del Norte, Sabanas Benianas del Sur, Yungas, Bosque Serrano Chaqueño, Valles Secos, 0–1500 m.
Dept.: BE, LP, SC, TA.
Muestra: *M.A. Lewis & R. Clark 37738* (LPB, MO, US).
Infra: *Mikania vitifolia* fo. *boliviensis* (Lingelsh.) B.L. Rob.

Mikania werdermannii B.L. Rob., Contr. Gray Herb. 104: 47–48. 1934.
Ref.: Foster (1958).
Trepadora. Endémica. Zonas Bajas. Bosque Húmedo, 0–500 m.
Dept.: BE.
Tipo: *E. Werdermann 2235* (HT: S; IT: GH frag., MO-1000101; fotos: GH).
Nota: Conocida solamente del tipo.

Mikania williamsii B.L. Rob., Contr. Gray Herb. 64: 19. 1922.
Ref.: Foster (1958).
Trepadora. Endémica. Zonas Bajas, Andes. Bosque Húmedo, Campos Amazónicos, Yungas, 0–1000, 2000–2500 m.
Dept.: LP, PA, SC.
Tipo y muestra: *R.S. Williams 696* (HT: NY; IT: GH frag.; fotos: GH), *B.A. Krukoff 10749* (NY, US).

Milleria L., Sp. Pl. 2: 919. 1753.
1 especie, 0 especies endémicas.

Milleria quinqueflora L., Sp. Pl. 2: 919. 1753.
Ref.: Robinson (1979).
Hierba. Nativa. Andes. Yungas, 1000–1500 m.
Dept.: LP.
Muestra: *J.C. Solomon & M.H. Nee 12708* (MO).

Misbrookea V.A. Funk, Brittonia 49(1): 111. 1997.
1 especie, 0 especies endémicas.

Misbrookea strigosissima (A. Gray) V.A. Funk, Brittonia 49(1): 111. 1997.
Sin.: *Werneria strigosissima* A. Gray, *Werneria setosa* Wedd. ex Sch. Bip., *Werneria boraginifolia* Kuntze
Ref.: Rockhausen (1939), Foster (1958), Funk (1997).
Hierba. Nativa. Andes, Altiplano. Yungas, Valles Secos, Puna Húmeda, 1500–2000, 2500–5000 m.
Dept.: CO, LP.
Muestra: *X. Menhofer 2086* (LPB, US).

Mniodes (A. Gray) A. Gray ex Benth. & Hook. f., Gen. Pl. 2: 301. 1873.
1 especie, 0 especies endémicas.

Mniodes aretioides (Wedd.) Cuatrec., Folia Biol. Andina (Puno) 1(Separato): 3. 1954.
Sin.: *Merope aretioides* Wedd., *Baccharis aretioides* Sch. Bip., *Antennaria aretioides* (Wedd.) A. Gray
Ref.: Weddell (1855 [1855–1857]), Dillon & Sagástegui Alva (1991a).
Hierba. Nativa. Altiplano. Puna Seca, 4500–5000 m.
Dept.: OR.
Muestra: *X. Menhofer 1514* (LPB).

Munnozia Ruiz & Pav., Fl. Peruv. Prodr. 108, t. 23. 1794.
15 especies, 5 especies endémicas.

Munnozia cardenasii (Cabrera) H. Rob. & Brettell, Phytologia 28: 54. 1974.
Sin.: *Liabum cardenasii* Cabrera
Ref.: Foster (1958).
Arbusto. Endémica. Andes. Yungas, 2000–2500 m.
Dept.: CO.
Tipo: *M. Cárdenas 784* (HT: LP).
Nota: Conocida solamente del tipo.

Munnozia foliosa Rusby, Bull. Torrey Bot. Club 54: 312. 1927.
Sin.: *Munnozia chrysanthemoidea* Rusby, *Liabum herrerae* Cabrera, *Liabum foliosum* (Rusby) Ferreyra, *Liabum foliosum* (Rusby) Cabrera
Ref.: Foster (1958).
Hierba. Nativa. Andes. Yungas, 2500–4000 m.
Dept.: CO, LP.
Tipo y muestra: *M. Bang 1195* (HT: NY; IT: MO, NY), *M.A. Lewis 881020* (LPB, MO, US).

Munnozia fournetii H. Rob., Phytologia 63: 407. 1987.
Hierba. Endémica. Andes. Yungas, 2500–3000 m.
Dept.: LP.
Tipo y muestra: *A. Fournet 623* (HT: US; IT: LPB), *A. Fournet 616* (LPB, MO).

Munnozia gigantea (Rusby) Rusby, Bull. Torrey Bot. Club 54: 312. 1927.
Sin.: *Liabum giganteum* Rusby
Ref.: Foster (1958).
Hierba. Nativa. Andes. Yungas, 2000–3000 m.
Dept.: CO, LP, SC.
Tipo y muestra: *M. Bang 2379* (T: F, GH, MO, NY, NY, NY, US), *A. Fournet 439* (LPB, P, US).

Munnozia glandulosa (Kuntze) Rusby, Bull. Torrey Bot. Club 54: 314. 1927.
Sin.: *Liabum glandulosum* Kuntze
Hierba. Endémica. Andes. Yungas, 1000–1500 m.
Dept.: CO, LP.
Tipo y muestra: *O. Kuntze s.n.* (HT: B destr.; IT: NY), *S.G. Beck 4698* (LPB, SI).
Nota: Tal vez igual a *M. trinervis*.

Munnozia hastifolia (Poepp.) H. Rob. & Brettell, Phytologia 28: 55. 1974.
Sin.: *Liabum hastifolium* Poepp., *Heterotheca deltoidea* Klatt
Ref.: Foster (1958).
Subarbusto. Nativa. Zonas Bajas, Andes. Bosque Húmedo, Yungas, Bosque Serrano Chaqueño, 500–2500 m.
Dept.: CO, LP, SC, TA.
Muestra: *J.C. Solomon 18739* (LPB, MO).

Munnozia hirta (Kuntze) Rusby, Bull. Torrey Bot. Club 54: 314. 1927.
Sin.: *Liabum hirtum* Kuntze
Ref.: Foster (1958).
Subarbusto, arbusto. Endémica. Andes. Yungas, 2500–3500 m.
Dept.: CO, SC.
Tipo y muestra: *O. Kuntze s.n.* (HT: NY; IT: US), *R.F. Steinbach 633* (US).

Munnozia longifolia Rusby, Bull. Torrey Bot. Club 54: 313. 1927.
Sin.: *Liabum hexagonum* S.F. Blake, *Liabum longifolium* (Rusby) S.F. Blake
Ref.: Foster (1958).
Arbusto. Nativa. Andes. Yungas, 2500–3500 m.
Dept.: LP.
Tipo y muestra: *O. Buchtien 3079* (HT: NY; fotos: F), *J.C. Solomon 8462* (F, LPB, MO, US).

Munnozia maronii (André) H. Rob., Phytologia 35(3): 200. 1977.
Sin.: *Andromachia maronii* André, *Liabum corymbosum* Sch. Bip. ex Klatt, *Munnozia klattii* H. Rob. & Brettell
Ref.: Foster (1958).
Subarbusto, arbusto. Nativa. Zonas Bajas, Andes. Bosque Seco Chaqueño, Yungas, 500–1500, 2000–3000 m.
Dept.: CO, LP, TA.
Muestra: *M.A. Lewis 40210* (LPB, MO, US).

Munnozia oxyphylla (Cuatrec.) H. Rob. & Brettell, Phytologia 28: 55. 1974.
Arbusto. Nativa. Andes. Yungas, 2500–3000 m.
Dept.: LP.
Muestra: *L.R.C. de Michel BMA414* (LPB, US).

Munnozia pinnulosa (Kuntze) H. Rob. & Brettell, Phytologia 28: 56. 1974.
Sin.: *Liabum pinnulosum* Kuntze, *Munnozia deltoidea* Rusby, *Munnozia muricata* Rusby
Ref.: Foster (1958), Valenzuela Celis (1993b).
Hierba. Nativa. Andes. Yungas, 2500–3500 m.
Dept.: CO, LP.
Tipo y muestra: *O. Kuntze s.n.* (HT: NY), *E.W.D. Holway & M.M. Holway 616* (GH, US).

Munnozia rusbyi (Britton) Rusby, Bull. Torrey Bot. Club 54: 312. 1927.
Sin.: *Liabum rusbyi* Britton
Ref.: Foster (1958).
Subarbusto. Endémica. Andes. Yungas, 3000–3500 m.
Dept.: LP.
Tipo: *H.H. Rusby 1745* (HT: NY; IT: NY, NY; fotos: F ex NY).
Nota: Conocida solamente del tipo.

Munnozia senecionidis Benth., Pl. Hartw. 134–135. 1844.
Sin.: *Liabum megacephalum* Sch. Bip., *Liabum sagittatum* Sch. Bip.,

Munnozia sagittata Wedd., *Liabum hastatum* Britton, *Munnozia hastata* Wedd., *Liabum angustum* S.F. Blake, *Liabum isodontum* S.F. Blake, *Liabum taeniotrichum* S.F. Blake, *Munnozia attenuata* Rusby, *Munnozia filipes* Rusby, *Munnozia laxiflora* Rusby, *Munnozia strigulosa* Rusby, *Munnozia angusta* (S.F. Blake) H. Rob. & Brettell
Ref.: Rusby (1893b), Foster (1958).
Subarbusto, arbusto. Nativa. Andes. Yungas, Bosque Serrano Chaqueño, 2500–3500 m.
Dept.: CO, LP.
Muestra: *V.A. Funk 11343* (LPB, US).

Munnozia subviridis (S.F. Blake) H. Rob. & Brettell, Phytologia 28: 56. 1974.
Sin.: *Liabum subviride* S.F. Blake
Ref.: Foster (1958).
Hierba. Nativa. Andes. Yungas, 1500–2000 m.
Dept.: LP.
Muestra: *S.G. Beck 17809* (CTES, LPB, M, US).

Munnozia venosissima Ruiz & Pav., Syst. Veg. Fl. Peruv. Chil. 195. 1798.
Sin.: *Liabum venosissimum* (Ruiz & Pav.) Sch. Bip., *Liabum pulchrum* S.F. Blake
Subarbusto, arbusto. Nativa. Andes. Yungas, 2500–3000 m.
Dept.: LP.
Muestra: *V.A. Funk 11322* (LPB, US).

Mutisia L. f., Suppl. Pl. 57, 373. 1781 [1782].
13 especies, 2 especies endémicas.

Mutisia acuminata Ruiz & Pav., Syst. Veg. Fl. Peruv. Chil. 1: 192. 1798.
Sin.: *Mutisia hirsuta* Meyen, *Mutisia peduncularis* Cav., *Mutisia viciifolia* Cav., *Mutisia candolleana* Gardner, *Mutisia viciifolia* var. *candolleana* (Gardner) Wedd., *Mutisia viciifolia* var. *hirsuta* (Meyen) Wedd., *Mutisia viciifolia* var. *paucijuga* Griseb., *Mutisia viciifolia* fo. *intermedia* Cuatrec., *Mutisia acuminata* var. *paucijuga* (Griseb.) Cabrera
Ref.: Rusby (1893b), Foster (1958), Cabrera (1965b), López Vargas (1995), Saravia Miranda (1996), Serrano & Terán (1998 [2000]).
Arbusto. Nativa. Andes. Yungas, Bosque Tucumano-Boliviano, 2500–4000 m.
Dept.: CH, CO, LP, OR, PO, TA.
Muestra: *O. Buchtien 596* (F, GH, MO, S, UPS, US).
Infra: *Mutisia acuminata* var. *bicolor* Cabrera, *Mutisia acuminata* var. *candolleana* (Gardner) Cabrera, *Mutisia acuminata* var. *hirsuta* (Meyen) Cabrera
Nom. Vern.: Chinchercoma.

Mutisia anderssonii Sodiro ex Hieron., Bot. Jahrb. Syst. 29: 80. 1900.
Ref.: Cabrera (1965b), Navarro Sánchez & Ferreira (2000).
Trepadora, arbusto. Nativa. Andes, Altiplano. Páramo Yungueño, Puna Húmeda, 3500–4500 m.
Dept.: LP.
Muestra: *H.H. Rusby 39* (NY, US).

[Mutisia campanulata Less.], Linnaea 5: 269. 1830.
Ref.: Schulenberg & Awbrey (1997), Serrano & Terán (1998 [2000]).
Nota: El registro se basa en material mal identificado.

[Mutisia clematis L. f.], Suppl. Pl. 373. 1781 [1782].
Ref.: Foster (1958).
Nota: El registro se basa en material mal identificado de probablemente *M. lanata*.

Mutisia cochabambensis Hieron., Bot. Jahrb. Syst. 19: 74. 1894.
Sin.: *Mutisia isernii* Phil., *Mutisia camptosorifolia* Rusby, *Mutisia comptosorifolia* Rusby, *Mutisia flagellaria* J. Kost.
Ref.: Foster (1958), Cabrera (1965b), Navarro Sánchez & Ferreira (2000), Katinas et al. (2008).
Liana, subarbusto, arbusto. Nativa. Andes, Altiplano. Valles Secos, Puna Húmeda, 3000–4500 m.
Dept.: CO, LP.
Tipo y muestra: *M. Bang 881* (HT: B destr.; IT: GH, MO, NY, NY, US, WIS), *J.T. Koster 2362* (L, LP, S).

Mutisia comptoniifolia Rusby, Mem. Torrey Bot. Club 3(3): 65. 1893.
Ref.: Rusby (1893b), Foster (1958), Cabrera (1965b), Katinas et al. (2008).
Subarbusto, arbusto. Endémica. Andes. Valles Secos, 3500–4000 m.
Dept.: LP.
Tipo: *M. Bang 795* (HT: NY; IT: GH, MO, NY, US, WIS).
Nota: Conocida solamente del tipo.

Mutisia friesiana Cabrera, Notas Mus. La Plata, Bot. 13: 19. 1948.
Ref.: Cabrera (1965b).
Trepadora, subarbusto, arbusto. Nativa. Andes, Altiplano. Valles Secos, Puna Seca, 3500–4500 m.
Dept.: CH, OR, PO, TA.
Muestra: *J. West 6093* (GH, MO, US).

Mutisia hamata Reiche, Anales Univ. Chile 115: 103. 1904.
Sin.: *Mutisia microphylla* Phil., *Mutisia philippii* R.E. Fr.
Ref.: Cabrera (1965b).
Trepadora, subarbusto. Nativa. Andes. Valles Secos, 2500–3500 m.
Dept.: CH, PO, TA.
Muestra: *E. Asplund 3057* (MO, S, UPS).

[Mutisia hastata Cav.], Icon. 5: 64, t. 494. 1799.
Ref.: Rusby (1893b), Foster (1958).
Nota: El registro se basa en material mal identificado.

Mutisia homoeantha Wedd., Chlor. Andina 1(1): 21. 1855.
Ref.: Foster (1958), Cabrera (1965b), Katinas et al. (2008).
Subarbusto, arbusto. Nativa. Andes. Valles Secos, 3000–4000 m.
Dept.: CH, PO, TA.
Tipo y muestra: *H.A. Weddell 4075* (HT: P), *R.M. King & L.E. Bishop 7672* (MO).

Mutisia kurtzii R.E. Fr., Nova Acta Regiae Soc. Sci. Upsal. 1(1): 94. 1905.
Ref.: Cabrera (1965b).
Nota: Esperada.

Mutisia lanata Ruiz & Pav., Syst. Veg. Fl. Peruv. Chil. 1: 192. 1798.
Sin.: *Mutisia bipontina* Mandon ex Rusby, *Mutisia lanata* var. *bipontina* (Mandon ex Rusby) Beauverd ex Herzog
Ref.: Foster (1958), Cabrera (1965b), Navarro Sánchez & Ferreira (2000), Serrano & Terán (1998 [2000]), Katinas et al. (2008), Arroyo Padilla & Villarroel Segarra (2009).
Liana, subarbusto, arbusto. Nativa. Andes. Yungas, Páramo Yungueño, 1500–4000 m.
Dept.: CH, CO, LP, SC, TA.
Muestra: *M. Bang 1253* (CORD, F, GH, L, MO, NY, UC, UPS).

Mutisia lanigera Wedd., Chlor. Andina 1(1): 16. 1855.
Ref.: Foster (1958), Cabrera (1965b), Katinas et al. (2008), Ministerio de Medio Ambiente y Agua (2012 [2013]).
Trepadora, subarbusto. Nativa. Altiplano. Puna Seca, 3500–4500 m.
Dept.: LP, OR.
Tipo y muestra: *d'Orbigny 1341* (HT: P; IT: BR, G, GH; fotos: F ex B, F, LP), *E. Asplund 395* (S, UPS).

Mutisia ledifolia Decne. ex Wedd., Chlor. Andina 1(1): 20. 1855.
Sin.: *Mutisia ledifolia* fo. *glabrata* Cuatrec., *Mutisia ledifolia* fo. *longiflora* J. Kost., *Mutisia ledifolia* fo. *dentata* Cabrera
Ref.: Foster (1958), Cabrera (1965b), Katinas et al. (2008), Hind (2009).
Subarbusto, arbusto. Nativa. Andes, Altiplano. Valles Secos, Puna Seca, 3500–4500 m.
Dept.: CH, CO, LP, OR, PO.
Tipo y muestra: *d'Orbigny 1272* (LT: P; ILT: GH; fotos: F, LP), *J. Steinbach 9889* (BA, F, GH, LP, MO, NY, S, UC).

Mutisia mandoniana Wedd. ex Cabrera, Opera Lilloana 13: 163. 1965.
Sin.: *Mutisia mandoniana* Wedd. ex Sch. Bip.
Ref.: Katinas et al. (2008).
Trepadora, arbusto. Nativa. Andes. Valles Secos, 3500–4000 m.
Dept.: CO, LP.
Tipo y muestra: *G. Mandon 8* (HT: NY; IT: F, P, S; fotos: LP), *J. Terán 536* (BOLV, MO).

Mutisia orbignyana Wedd., Chlor. Andina 1(1): 22. 1855.
Ref.: Rusby (1893b), Foster (1958), Cabrera (1965b), López (2000), Katinas et al. (2008).
Subarbusto, arbusto. Nativa. Andes, Altiplano. Valles Secos, Puna Húmeda, 3000–4500 m.
Dept.: CH, CO, LP, OR, PO, TA.
Tipo y muestra: *d'Orbigny 1387* (HT: P; fotos: LP), *M. Bang 816* (CORD, F, GH, MO, NY, US).

[Mutisia subulata Ruiz & Pav.], Syst. Veg. Fl. Peruv. Chil. 1: 193. 1798.
Ref.: Foster (1958).
Nota: El registro se basa en material mal identificado.

Mutisia vicia J. Kost., Blumea 5: 670. 1945.
Ref.: Foster (1958), Cabrera (1965b), Katinas et al. (2008).
Subarbusto, arbusto. Endémica. Andes. Yungas, Bosque Tucumano-Boliviano, 2000–4000 m.
Dept.: CO, SC.
Tipo y muestra: *T. Herzog 1974* (HT: L; IT: LP), *J. Steinbach 8659* (F, GH, MO, NY, S).
Infra: *Mutisia vicia* var. *vicia*, *Mutisia vicia* var. *glabra* Cabrera

Nassauvia Comm. ex Juss., Gen. Pl. 175. 1789.
1 especie, 0 especies endémicas.

Nassauvia axillaris (Lag. ex Spreng.) D. Don, Philos. Mag. 11: 390. 1832.
Sin.: *Nassauvia axillaris* var. *axillaris*, *Triptilion axillare* Lag. ex Spreng., *Acanthophyllum axillare* (Lag. ex Spreng.) Hook. & Arn., *Strongyloma axillare* (Lag. ex Spreng.) DC.
Ref.: Cabrera (1982).
Arbusto. Nativa. Altiplano. Puna Seca, 4000–4500 m.
Dept.: PO, TA.
Muestra: *K. Fiebrig 3114* (LIL, LP, SI).

Neocuatrecasia R.M. King & H. Rob., Phytologia 20: 332. 1970.
5 especies, 5 especies endémicas.

Neocuatrecasia feuereri R.M. King & H. Rob., Phytologia 65(1): 65–66, f. s.n. [p. 70]. 1988.
Hierba. Endémica. Andes. Yungas, 3000–3500 m.
Dept.: LP.
Tipo: *T. Feuerer 11469a* (HT: US).
Nota: Conocida solamente del tipo.

Neocuatrecasia lobata (B.L. Rob.) R.M. King & H. Rob., Phytologia 20: 332. 1970.
Sin.: *Eupatorium lobatum* B.L. Rob.
Ref.: Foster (1958).
Hierba. Endémica. Andes. Páramo Yungueño, 3500–4000 m.
Dept.: LP.
Tipo: *M. Bang 1912* (ST: GH, MO-104747, NY, US).
Nota: Solamente conocida de los dos sintipos (*Mandon 263* (ST: GH, NY)).

Neocuatrecasia thymifolia (Britton) R.M. King & H. Rob., Phytologia 20: 333. 1970.
Sin.: *Eupatorium thymifolium* Britton
Ref.: Foster (1958).
Hierba. Endémica. Andes. Valles Secos, 2000–2500, 3000–3500 m.
Dept.: LP.
Tipo y muestra: *H.H. Rusby 1747* (HT: NY; IT: GH, NY), *R.S. Williams 1521* (NY).

Neocuatrecasia tysonii H. Rob., Novon 12(3): 389–390, f. 1A–D. 2002.
Ref.: Robinson (2002).
Hierba. Endémica. Zonas Bajas. Campos Cerrados, Sabanas Benianas del Sur, 0–500 m.
Dept.: BE, SC.
Tipo y muestra: *E.L. Tyson & M. Kuns 997* (HT: MO-3594281), *T. Killeen & J. Wellens 6368* (LPB, US, USZ).

Neocuatrecasia yungasensis H. Rob., Novon 12(3): 391, f. 1E–H. 2002.
Ref.: Robinson (2002).
Hierba. Endémica. Andes. Yungas, 2000–2500 m.
Dept.: LP.
Tipo: *E. Vargas & R. Seidel 505* (HT: US; IT: LPB).
Nota: Conocida solamente del tipo.

Neurolaena R. Br., Observ. Compositae 120. 1817.
1 especie, 0 especies endémicas.

Neurolaena lobata (L.) Cass., Dict. Sci. Nat. (ed. 2) 34: 501–502. 1825.
Sin.: *Conyza lobata* L.
Hierba. Nativa. Zonas Bajas. Bosque Húmedo, 500–1000 m.
Dept.: LP.
Muestra: *B.A. Krukoff 10471* (NY, US).

Nordenstamia Lundin, Compositae Newslett. 44: 15–16, f. 1. 2006.
3 especies, 0 especies endémicas.

Nordenstamia fabrisii (Cabrera) B. Nord., Compositae Newslett. 44: 20. 2006.
Sin.: *Gynoxys fabrisii* Cabrera, *Aequatorium fabrisii* (Cabrera) C. Jeffrey
Ref.: Cabrera (1974b), López Vargas (1995), Saravia Miranda (1996).
Arbusto. Nativa. Andes. Bosque Tucumano-Boliviano, Bosque Serrano Chaqueño, 1500–3000 m.
Dept.: CO.
Muestra: *N. Altamirano 648* (BOLV, LPB).

Nordenstamia kingii (H. Rob. & Cuatrec.) B. Nord., Compositae Newslett. 44: 20. 2006.
Sin.: *Aequatorium kingii* H. Rob. & Cuatrec.
Ref.: Robinson & Cuatrecasas (1992).
Arbusto, arbolito. Nativa. Andes. Páramo Yungueño, 2500–3500 m.
Dept.: CO, SC.
Tipo y muestra: *R.M. King & L.E. Bishop 7680* (HT: US; IT: MO), *J.C. Solomon & M.H. Nee 18067* (BOLV, LPB, MO, US).

Nordenstamia repanda (Wedd.) Lundin, Compositae Newslett. 44: 16. 2006.
Sin.: *Gynoxys repanda* Wedd., *Schistocarpha triangularis* Rusby, *Aequatorium repandum* (Wedd.) C. Jeffrey

Ref.: Weddell (1855 [1855–1857]), Foster (1958), Valenzuela Celis (1993b), Schulenberg & Awbrey (1997), Serrano & Terán (1998 [2000]).
Trepadora, subarbusto, arbolito, árbol. Nativa. Andes. Yungas, Páramo Yungueño, Valles Secos, 2500–4000 m.
Dept.: CH, CO, LP, SC.
Tipo y muestra: *H.A. Weddell s.n.* (HT: P; IT: F), *A.F. Fuentes et al. 8436* (BOLV, CTES, LPB, MO, USZ).

Noticastrum DC., Prodr. 5: 279. 1836.

4 especies, 0 especies endémicas.

Noticastrum argenteum Cabrera, Bol. Soc. Argent. Bot. 15(4): 326. 1974.
Sin.: *Aster marginatus* var. *argenteus* Wedd.
Ref.: Cabrera (1974b), Zardini (1985).
Hierba. Nativa. Andes, Altiplano. Valles Secos, Puna Húmeda, 3500–4000 m.
Dept.: CO, TA.
Muestra: *H.U. Pestalozzi 787* (LPB).

Noticastrum gnaphalioides (Baker) Cuatrec., Phytologia 25(4): 250. 1973.
Sin.: *Leucopsis gnaphalioides* Baker, *Aster gnaphalioides* (Baker) Hassl.
Hierba. Nativa. Zonas Bajas. Bosque Húmedo, 0–500 m.
Dept.: SC.
Muestra: *S.G. Beck 16811* (LPB).

Noticastrum jujuyense Cabrera, Bol. Soc. Argent. Bot. 15(4): 328. 1974.
Ref.: Cabrera (1974b).
Hierba. Nativa. Andes, Altiplano. Yungas, Bosque Tucumano-Boliviano, Puna Húmeda, 1500–4000 m.
Dept.: LP, SC.
Muestra: *S.G. Beck 4142* (LPB, M, SI).

Noticastrum marginatum (Kunth) Cuatrec., Webbia 24: 47. 1969.
Sin.: *Aster marginatus* var. *acaulis* (Wedd.) Sch. Bip., *Aster marginatus* Kunth, *Noticastrum erectum* J. Rémy, *Aster acaulis* Wedd., *Aster marginatus* var. *tomentosus* Wedd., *Noticastrum philippi* Sch. Bip., *Aster marginalis* (Phil.) Kuntze, *Aster perezii* Cuatrec., *Aster argentinensis* Cabrera, *Noticastrum marginatum* fo. *acaulis* (Wedd.) Cuatrec.
Ref.: Rusby (1893b), Foster (1958), Bartoli et al. (2008).
Hierba. Nativa. Andes, Altiplano. Yungas, Valles Secos, Puna Húmeda, 1500–5000 m.
Dept.: CO, LP, SC, TA.
Muestra: *J.C. Solomon & S.G. Beck 6634* (LPB, MO).

Novenia S.E. Freire, Bol. Soc. Argent. Bot. 24(3–4): 296. 1986.

1 especie, 0 especies endémicas.

Novenia tunariensis (Kuntze) S.E. Freire, Bol. Soc. Argent. Bot. 24(3–4): 296. 1986.
Sin.: *Gnaphalium tunariense* Kuntze, *Lucilia tunariensis* (Kuntze) K. Schum., *Mniodes tunariensis* (Kuntze) Hieron. ex Weberb., *Novenia acaulis* (Benth. & Hook. f. ex B.D. Jacks.) S.E. Freire & F.H. Hellw.
Ref.: Foster (1958), Cabrera (1978a), Freire (1986a), Freire (1995).
Hierba. Nativa. Altiplano. Puna Húmeda, 3500–4500 m.
Dept.: LP.
Tipo y muestra: *O. Kuntze s.n.* (HT: NY), *S.G. Beck 7479* (LPB, M, SI, US).

Oblivia Strother, Syst. Bot. 14(4): 541. 1989.

1 especie, 0 especies endémicas.

Oblivia mikanioides (Britton) Strother, Syst. Bot. 14(4): 541. 1989.
Sin.: *Zexmenia mikanioides* var. *mikanioides*, *Salmea mikanioides* Britton, *Zexmenia mikanioides* (Britton) S.F. Blake
Ref.: Foster (1958), Anderson et al. (1979), Strother (1989), Arroyo Padilla & Villarroel Segarra (2009).
Trepadora. Nativa. Zonas Bajas, Andes. Bosque Húmedo, Bosque Semideciduo Chiquitano, Yungas, 0–1500 m.
Dept.: BE, LP, SC.
Tipo y muestra: *H.H. Rusby 1739* (HT: NY; IT: GH frag., NY, WIS), *N. Salinas 2994* (CTES, K, LPB, M, US).

Ocyroe Phil., Anales Mus. Nac. Santiago de Chile 33. 1891.

1 especie, 0 especies endémicas.

Ocyroe armata (Wedd.) Bonif., Brittonia 60(3): 207. 2008.
Sin.: *Dolichogyne armata* Wedd., *Ocyroe spinosa* Phil., *Nardophyllum armatum* (Wedd.) Reiche
Ref.: Cabrera (1954b), Foster (1958), Cabrera (1978a), López (2000).
Arbusto. Nativa. Andes, Altiplano. Valles Secos, Puna Seca, 3000–4000 m.
Dept.: CH, PO, TA.
Tipo y muestra: *H.A. Weddell s.n.* (HT: P), *S.G. Beck & N.Y. Paniagua 26938* (LPB).

Onoseris Willd., Sp. Pl. 3(3): 1702. 1803.

7 especies, 2 especies endémicas.

Onoseris acerifolia Kunth, Nov. Gen. Sp. (folio ed.) 4: 6–7. 1820 [1818].
Sin.: *Seris acerifolia* (Kunth) Kunth
Ref.: Ferreyra (1944), Foster (1958), Katinas et al. (2008), Arroyo Padilla & Villarroel Segarra (2009).
Hierba, subarbusto. Nativa. Zonas Bajas, Andes. Bosque Semideciduo Chiquitano, Bosque Tucumano-Boliviano, 500–2000 m.
Dept.: CH, SC.
Muestra: *J. Steinbach 8200* (GH, MO, UC, US).

Onoseris alata Rusby, Descr. S. Amer. Pl. 163. 1920.
Ref.: Ferreyra (1944), Foster (1958), De la Barra (1997), Serrano & Terán (1998 [2000]), Katinas et al. (2008), Arroyo Padilla & Villarroel Segarra (2009).
Hierba, subarbusto. Nativa. Zonas Bajas, Andes. Bosque Semideciduo Chiquitano, Campos Cerrados, Bosque Tucumano-Boliviano, Valles Secos, 500–2500 m.
Dept.: CH, CO, LP, SC, TA.
Tipo y muestra: *M. Bang 2365* (HT: NY; IT: B, F, GH, K, MO, MO, NY, US; fotos: LP ex K, LP ex GH), *M.H. Nee 35157* (LPB, MO, NY).
Nom. Vern.: Rijun-rijun.

Onoseris albicans (D. Don) Ferreyra, J. Arnold Arbor. 25(3): 389. 1944.
Sin.: *Centroclinium adpressum* Hook., *Centroclinium reflexum* Hook., *Onoseris reflexa* (Hook.) Less., *Centroclinium albicans* D. Don, *Onoseris integrifolia* Less., *Seris adpressa* (Hook.) Kuntze, *Seris integrifolia* (Less.) Kuntze, *Seris reflexa* (Hook.) Kuntze, *Onoseris warszewiczii* Hieron.
Ref.: Foster (1958).
Hierba. Nativa. Andes. Yungas, Valles Secos, 2500–3000 m.
Dept.: LP.
Muestra: *M. Bang 1811* (GH, MO, NY, US).

Onoseris fraterna S.F. Blake, J. Wash. Acad. Sci. 33: 368. 1943.
Ref.: Ferreyra (1944), Foster (1958), Katinas et al. (2008).
Hierba, subarbusto, arbusto. Endémica. Zonas Bajas. Bosque Húmedo, 500–1000 m.
Dept.: LP.
Tipo y muestra: *B.A. Krukoff 10266* (HT: US; IT: GH, LPB, MO-1247766,

US, US), *J.R.I. Wood & D.C. Wasshausen 13908* (LPB).

Onoseris gnaphalioides Muschl., Bot. Jahrb. Syst. 50(2/3, Beibl. 111): 94–95. 1913.
Sin.: *Onoseris hyssopifolia* var. *teretifolia* Wedd.
Ref.: Ferreyra (1944), Foster (1958), Hind (2009).
Hierba. Nativa. Andes. Valles Secos, 2000–3500 m.
Dept.: CO.
Muestra: *R.M. King & S. Bishop 7569* (MO, US).

Onoseris hastata Wedd., Chlor. Andina 1(1): 8, t. 7. 1855.
Sin.: *Seris hastata* (Wedd.) Kuntze
Ref.: Ferreyra (1944), Foster (1958), Katinas et al. (2008).
Hierba, subarbusto. Nativa. Zonas Bajas, Andes. Bosque Semideciduo Chiquitano, Bosque Tucumano-Boliviano, Valles Secos, 500–1500, 2500–3000 m.
Dept.: CH, SC, TA.
Tipo y muestra: *H.A. Weddell 3763* (HT: P; IT: F, F, GH, P, P), *R.F. Steinbach 297* (MO).

[Onoseris hyssopifolia Kunth], Nov. Gen. Sp. (folio ed.) 4: 7–8, t. 306. 1820 [1818].
Ref.: Foster (1958), Hind (2009).
Nota: El registro se basa en material mal identificado de probablemente *O. gnaphalioides*.

Onoseris sagittata (Rusby) Rusby, Descr. S. Amer. Pl. 164. 1920.
Sin.: *Seris sagittatus* Rusby
Ref.: Ferreyra (1944), Foster (1958), Katinas et al. (2008).
Hierba, subarbusto. Endémica, Nativa. Andes. Valles Secos, 2000–3000 m.
Dept.: CO.
Tipo y muestra: *M. Bang 1139* (HT: NY; IT: BM, BR, G, GH, GH, K, MO, NY, NY, NY, US), *F.R. Fosberg 28652* (US).

Ophryosporus Meyen, Reise Erde 1: 402. 1834.
13 especies, 5 especies endémicas.

Ophryosporus angustifolius B.L. Rob., Contr. Gray Herb. 90: 3. 1930.
Ref.: Foster (1958).
Arbusto. Endémica. Andes. Yungas, Valles Secos, 1000–2000 m.
Dept.: CH, SC.
Tipo y muestra: *J. Steinbach 8187* (HT: GH; IT: GH, GH, MO, US), *F.R. Fosberg 28607* (US).

Ophryosporus axilliflorus (Griseb.) Hieron., Bot. Jahrb. Syst. 22: 706. 1897.
Sin.: *Eupatorium axilliflorum* Griseb.
Arbusto. Nativa. Andes. Yungas, Valles Secos, 2000–3500 m.
Dept.: CO, LP, TA.
Muestra: *M.A. Lewis 88638* (LPB, MO, US).

[Ophryosporus burkartii Cabrera], Bol. Soc. Argent. Bot. 15: 114. 1973.
Ref.: Serrano & Terán (1998 [2000]).
Nota: Especie dudosa. No hay ejemplares de herbario confirmados.

Ophryosporus charua (Griseb.) Hieron., Bot. Jahrb. Syst. 22: 705. 1897.
Sin.: *Mikania charua* Griseb.
Arbusto. Nativa. Andes. Valles Secos, 3500–4000 m.
Dept.: CO, LP.
Muestra: *J.C. Solomon 14501* (LPB, MO, US).

Ophryosporus clavulatus Griseb., Abh. Königl. Ges. Wiss. Göttingen 24: 173. 1879.
Subarbusto, arbusto. Nativa. Andes. Valles Secos, 2000–2500 m.
Dept.: CH, CO.
Muestra: *L. Kruger M-4* (US).

Ophryosporus cumingii Benth. ex Baker, Fl. Bras. 6(2): 188. 1876.
Sin.: *Mikania cumingii* Sch. Bip., *Ophryosporus cumingii* (Sch. Bip.) Benth. & Hook. f.
Arbusto. Endémica. Andes. Yungas, Bosque Tucumano-Boliviano, 2000–4000 m.
Dept.: CO, LP, TA.
Tipo y muestra: *G. Mandon 264* (HT: K; IT: GH, MO), *M. Serrano et al. 6146* (HSB, MO).

Ophryosporus eleutherantherus (Rusby) B.L. Rob., Contr. Gray Herb. 61: 27. 1920.
Sin.: *Eupatorium eleutherantherum* Rusby
Ref.: Foster (1958).
Arbusto. Nativa. Andes. Yungas, Valles Secos, 3000–3500 m.
Dept.: LP.
Tipo y muestra: *M. Bang 27* (LT: NY; ILT: GH, MO-47642, US; fotos: E, K), *C. Joseph 1133* (US).

Ophryosporus heptanthus (Sch. Bip. ex Wedd.) R.M. King & H. Rob., Phytologia 58(4): 258. 1985.
Sin.: *Eupatorium origanoides* Meyen & Walp., *Eupatorium heptanthum* Sch. Bip. ex Wedd., *Ophryosporus origanoides* (Meyen & Walp.) Hieron., *Ophryosporus origanoides* var. *microcephalus* Hieron.
Ref.: Foster (1958), Fernández et al. (2001).
Arbusto. Nativa. Andes, Altiplano. Valles Secos, Puna Húmeda, Puna Seca, 2000–4500 m.
Dept.: CH, CO, LP, OR, PO.
Tipo y muestra: *H.A. Weddell s.n.* (ST: P), *J.C. Solomon 15271* (LPB, MO, US).

Ophryosporus kuntzei Hieron., Bot. Jahrb. Syst. 22: 707. 1897.
Ref.: Foster (1958), Schulenberg & Awbrey (1997), Serrano & Terán (1998 [2000]).
Trepadora. Endémica. Andes. Yungas, Valles Secos, 2000–3500 m.
Dept.: CH, CO, LP, SC.
Tipo y muestra: *O. Kuntze s.n.* (HT: B destr.; IT: GH frag., US; fotos: F ex B, GH), *I.G. Vargas & L. Vargas 1078* (MO, US, USZ).

Ophryosporus lorentzii Hieron., Bot. Jahrb. Syst. 22: 706. 1897.
Arbusto. Nativa. Andes. Yungas, 3000–3500 m.
Dept.: LP.
Muestra: *J.C. Solomon 12349* (LPB, MO).

Ophryosporus macrodon Griseb., Abh. Königl. Ges. Wiss. Göttingen 24: 173. 1879.
Sin.: *Eupatorium kuntzei* Hieron.
Ref.: Foster (1958), Serrano & Terán (1998 [2000]).
Subarbusto. Nativa. Andes. Bosque Tucumano-Boliviano, Valles Secos, 2500–3000 m.
Dept.: CH, SC, TA.
Muestra: *S.G. Beck et al. 26067* (LPB, US).

Ophryosporus piquerioides (DC.) Benth. ex Baker, Fl. Bras. 6(2): 188. 1876.
Sin.: *Eupatorium piquerioides* DC., *Mikania mandonii* Sch. Bip. ex Baker
Ref.: Foster (1958), Schulenberg & Awbrey (1997), Serrano & Terán (1998 [2000]).
Trepadora, arbusto. Nativa. Andes. Yungas, Bosque Tucumano-Boliviano, Valles Secos, 1000–3500 m.
Dept.: CH, CO, LP, SC, TA.
Muestra: *M.H. Nee 49239* (MO, NY, US).

Ophryosporus steinbachii B.L. Rob., Contr. Gray Herb. 77: 5–6. 1926.
Ref.: Foster (1958).
Arbusto. Endémica. Andes. Valles Secos, 2500–3000 m.
Dept.: CO.

Tipo y muestra: *J. Steinbach 5726* (HT: F; IT: B destr., F, GH frag., MO-911189; fotos: F ex B, GH), *M. Serrano 1021* (HSB, LPB, US).

Ophryosporus venosissimus (Rusby) B.L. Rob., Proc. Amer. Acad. Arts 41: 271. 1906 [1905].
Sin.: *Eupatorium venosissimum* Rusby
Ref.: Foster (1958).
Subarbusto. Endémica. Andes. Yungas, Valles Secos, 2500–3500 m.
Dept.: CO, LP.
Tipo y muestra: *M. Bang 1113* (LT: NY; ILT: MO-104733, NY, US; fotos: GH, K, M, Z), *D. Ugent 4613* (US).

Oriastrum Poepp., Nov. Gen. Sp. Pl. 3: 50. 1843.
3 especies, 0 especies endémicas.

Oriastrum polymallum Phil., Anales Univ. Chile 87: 17. 1894.
Sin.: *Oriastrum sphaeroidale* Reiche, *Chaetanthera pulvinata* var. *polymalla* (Phil.) Hicken, *Chaetanthera sphaeroidalis* (Reiche) Hicken
Ref.: Ministerio de Medio Ambiente y Agua (2012 [2013]).
Hierba. Nativa. Altiplano. Puna Seca, 4500–5000 m.
Dept.: PO.
Muestra: *G. Navarro 498* (LPB).

Oriastrum revolutum (Phil.) A.M.R. Davies, Chaetanthera & Oriastrum 268. 2010.
Sin.: *Egania revoluta* Phil., *Chaetanthera revoluta* (Phil.) Cabrera
Hierba. Nativa. Altiplano. Puna Seca, 4000–4500 m.
Dept.: PO.
Muestra: *H. Salm 66* (LPB).

Oriastrum stuebelii (Hieron.) A.M.R. Davies, Chaetanthera & Oriastrum 272. 2010.
Sin.: *Chaetanthera stuebelii* Hieron., *Chaetanthera stuebelii* var. *stuebelii*, *Chaetanthera boliviensis* J. Kost.
Ref.: Cabrera (1937), Foster (1958), Katinas et al. (2008), Hind (2009).
Hierba. Nativa. Altiplano. Puna Húmeda, Puna Seca, 3500–5000 m.
Dept.: LP, OR, PO.
Tipo y muestra: *S.G. Beck 21142* (NT: LPB), *T. Herzog 2339* (L, M, MO).

Oritrophium (Kunth) Cuatrec., Ciencia (Mexico) 21: 21. 1961.
4 especies, 0 especies endémicas.

Oritrophium ferrugineum (Wedd.) Cuatrec., Ciencia (Mexico) 21: 26. 1961.
Sin.: *Erigeron ferrugineus* Wedd.
Ref.: Foster (1958), Cuatrecasas (1961b), Dillon & Hensold (1993).
Hierba. Nativa. Andes. Yungas, Páramo Yungueño, 3000–4000 m.
Dept.: CO, LP.
Tipo y muestra: *H.A. Weddell s.n.* (HT: P), *M.A. Lewis 39723* (LPB, MO).

Oritrophium hieracioides (Wedd.) Cuatrec., Ciencia (Mexico) 21: 26. 1961.
Sin.: *Erigeron hieracioides* Wedd.
Ref.: Foster (1958), Cuatrecasas (1961b).
Hierba. Nativa. Andes, Altiplano. Yungas, Páramo Yungueño, Puna Húmeda, 3500–4500 m.
Dept.: LP.
Muestra: *J.C. Solomon 13145* (LPB, MO).

Oritrophium limnophilum (Sch. Bip.) Cuatrec., Ciencia (Mexico) 21: 27. 1961.
Sin.: *Erigeron frigidus* Wedd., *Erigeron limnophilus* Sch. Bip., *Aster sodiroi* Hieron., *Erigeron sodiroi* Hieron., *Aster limnophilus* (Sch. Bip.) Hemsl. & H. Pearson, *Aster mutisianus* Cuatrec.
Ref.: Foster (1958), Cuatrecasas (1961b), Dillon & Hensold (1993).
Hierba. Nativa. Altiplano. Puna Húmeda, 4000–5000 m.
Dept.: LP.
Muestra: *S.G. Beck 3821* (LPB, SI).

Oritrophium peruvianum (Lam.) Cuatrec., Ciencia (Mexico) 21: 22. 1961.
Sin.: *Doronicum peruvianum* Lam., *Arnica peruviana* (Lam.) Pers., *Aster pellitus* Kunth, *Liabum erigeroides* Benth., *Erigeron pellitus* (Kunth) Wedd., *Celmisia pellita* (Kunth) Sch. Bip., *Erigeron lehmannii* Hieron., *Erigeron hybridus* Hieron., *Erigeron loxensis* Hieron., *Erigeron stuebelii* Hieron., *Aster peruvianus* (Lam.) Cabrera, *Erigeron peruvianus* (Lam.) Cuatrec., *Chrysactinium erigeroides* (Benth.) H. Rob. & Brettell
Ref.: Dillon & Hensold (1993), Robinson (1999a).
Hierba. Nativa. Andes. Páramo Yungueño, 3500–4000 m.
Dept.: LP.
Muestra: *S.G. Beck et al. 21528* (LPB, US).

Orthopappus Gleason, Bull. New York Bot. Gard. 4(13): 237–238. 1906.
1 especie, 0 especies endémicas.

Orthopappus angustifolius (Sw.) Gleason, Bull. New York Bot. Gard. 4(13): 238–239. 1906.
Sin.: *Elephantopus angustifolius* Sw.
Ref.: Rusby (1893b), Foster (1958), Killeen & Schulenberg (1998), Arroyo Padilla & Villarroel Segarra (2009).
Hierba. Nativa. Zonas Bajas, Andes. Bosque Semideciduo Chiquitano, Campos Cerrados, Sabanas Benianas del Sur, Campos Amazónicos, Yungas, Bosque Serrano Chaqueño, 0–500, 1000–1500 m.
Dept.: BE, LP, SC.
Muestra: *J.C. Solomon 14685* (MO, US).

Oyedaea DC., Prodr. 5: 576. 1836.
5 especies, 2 especies endémicas.

Oyedaea boliviana Britton, Bull. Torrey Bot. Club 19: 149. 1892.
Sin.: *Helianthus mandonii* Sch. Bip., *Oyedaea pearcei* Rusby
Ref.: Rusby (1893b), Foster (1958), Valenzuela Celis (1993b), Serrano & Terán (1998 [2000]), Arroyo Padilla & Villarroel Segarra (2009), Wood et al. (2011).
Arbusto, árbol. Nativa. Zonas Bajas, Andes. Bosque Semideciduo Chiquitano, Yungas, Bosque Tucumano-Boliviano, Valles Secos, 0–3000 m.
Dept.: CH, CO, LP, SC, TA.
Tipo y muestra: *H.H. Rusby 2143* (HT: NY; IT: NY), *V.W. Torrez 494* (CTES, LPB, MICH, MO).

Oyedaea bullata J. Kost., Blumea 6: 269. 1948.
Ref.: Foster (1958).
Arbusto. Endémica. Andes. Bosque Tucumano-Boliviano, 2000–2500 m.
Dept.: PO.
Tipo: *T. Herzog 2244* (HT: L).
Nota: Conocida solamente del tipo.

Oyedaea lanceolata (Rusby) S.F. Blake, Contr. U.S. Natl. Herb. 20: 416. 1921.
Sin.: *Calea lanceolata* Rusby
Ref.: Foster (1958), Valenzuela Celis (1993b).
Arbusto. Nativa. Andes. Valles Secos, 1000–1500 m.
Dept.: LP.
Tipo y muestra: *R.S. Williams 1408* (HT: NY; IT: US), *R.S. Williams 317* (NY, US).

Oyedaea neei Pruski, Compositae Newslett. 34: 5, f. 1. 1999.
Ref.: Pruski (1999).
Arbusto. Endémica. Andes. Valles Secos, 2000–2500 m.
Dept.: SC.
Tipo: *M.H. Nee & I.G. Vargas 43442* (HT: US; IT: LPB, NY, USZ).
Nota: Conocida solamente del tipo.

Oyedaea rusbyi S.F. Blake, Contr. U.S. Natl. Herb. 20: 416. 1921.
Ref.: Foster (1958), Valenzuela Celis (1993b).
Arbusto. Nativa. Zonas Bajas, Andes. Bosque Húmedo, Yungas, 0–2000 m.
Dept.: BE, LP.
Tipo y muestra: *H.H. Rusby 2138* (HT: US; IT: MO, GH), *J. Fournet 485* (LPB, P).

Pacourina Aubl., Hist. Pl. Guiane 2: 800, t. 316. 1775.
1 especie, 0 especies endémicas.

Pacourina edulis Aubl., Hist. Pl. Guiane 2: 800–802, t. 316. 1775.
Hierba. Nativa. Zonas Bajas. Sabanas Benianas del Sur, Campos Amazónicos, 0–500 m.
Dept.: BE, SC.
Muestra: *S.G. Beck 2646* (LPB, SI, US).

Pappobolus S.F. Blake, Hooker's Icon. Pl. pl. 3057. 1916.
0 especies, 0 especies endémicas.

[Pappobolus macranthus S.F. Blake], Hooker's Icon. Pl. 31: pl. 3057. 1916.
Ref.: Foster (1958), Panero (1992).
Nota: Especie dudosa. No se encuentra en Bolivia. La localidad del tipo, atribuido a Bolivia por Foster (1958), se encuentra en Huánuco en Perú.

Paracalia Cuatrec., Brittonia 12: 183. 1960.
1 especie, 1 especie endémica.

Paracalia pentamera (Cuatrec.) Cuatrec., Brittonia 12: 183. 1960.
Sin.: *Senecio pentamerus* Cuatrec.
Ref.: Foster (1958).
Trepadora. Endémica. Zonas Bajas. Bosque Húmedo, 500–1000 m.
Dept.: LP.
Tipo: *B.A. Krukoff 11150* (HT: NY; IT: A, MO-1240504; fotos: F).
Nota: Conocida solamente del tipo.

Paranephelius Poepp., Nov. Gen. Sp. Pl. 3: 42. 1843.
3 especies, 1 especie endémica.

Paranephelius asperifolius (Muschl.) H. Rob. & Brettell, Phytologia 28(1): 59. 1974.
Sin.: *Liabum asperifolium* Muschl.
Hierba. Endémica. Andes, Altiplano. Yungas, Bosque Tucumano-Boliviano, Puna Húmeda, Puna Seca, 2500–4500 m.
Dept.: CH, CO, LP, PO.
Tipo y muestra: *K. Fiebrig 3538* (ST: B destr., US; fotos: F), *M. Cárdenas 355* (US).

[Paranephelius jelskii (Hieron.) H. Rob. & Brettell], Phytologia 28(1): 59. 1974.
Sin.: *Liabum jelskii* Hieron.
Ref.: Foster (1958), Robinson (1983).
Nota: El registro se basa en material mal identificado.

Paranephelius ovatus A. Gray ex Wedd., Chlor. Andina 1: 214. 1855.
Sin.: *Liabum ovatum* (A. Gray ex Wedd.) Ball, *Liabum ovatum* var. *hirtum* Perkins
Ref.: Foster (1958).
Hierba. Nativa. Andes, Altiplano. Yungas, Puna Húmeda, 2000–2500, 3000–4000 m.
Dept.: CH, LP.
Tipo y muestra: *H.A. Weddell s.n.* (ST: P), *H.H. Rusby 1633* (GH, NY, US).

Paranephelius uniflorus Poepp., Nov. Gen. Sp. Pl. 3: 42, pl. 248. 1843.
Sin.: *Liabum uniflorum* (Poepp.) Sch. Bip.
Ref.: Foster (1958).
Hierba. Nativa. Andes, Altiplano. Puna Húmeda, 3500–4500 m.
Dept.: CO, LP.
Muestra: *M.A. Lewis 37144* (LPB, MO, US).

Parastrephia Nutt., Trans. Amer. Philos. Soc., n.s. 7: 449–450. 1841.
5 especies, 0 especies endémicas.

Parastrephia lepidophylla (Wedd.) Cabrera, Notas Mus. La Plata, Bot. 17: 57. 1954.
Sin.: *Dolichogyne lepidophylla* Wedd., *Lepidophyllum tola* Cabrera
Ref.: Cabrera (1954a), Foster (1958), Cabrera (1978a), Beck et al. (2010), Ministerio de Medio Ambiente y Agua (2012 [2013]).
Arbusto. Nativa. Altiplano. Puna Húmeda, Puna Seca, Bosque de *Polylepis*, 3500–5000 m.
Dept.: LP, OR, PO, TA.
Muestra: *S.G. Beck 27514* (LPB, SI).

Parastrephia lucida (Meyen) Cabrera, Notas Mus. La Plata, Bot. 17: 57. 1954.
Sin.: *Baccharis lucida* Meyen, *Vernonia phyliciformis* var. *resinosa* Walp., *Dolichogyne rigida* Wedd., *Lepidophyllum rigidum* (Wedd.) Benth. & Hook. f., *Polyclados abietinus* Phil., *Dolichogyne glabra* Phil., *Lepidophyllum abietinum* (Phil.) Reiche, *Lepidophyllum phyliciforme* var. *resinosum* (Walp.) S.F. Blake, *Lepidophyllum lucidum* (Meyen) Cabrera, *Diplostephium tovarii* Cuatrec.
Ref.: Cabrera (1945), Cabrera (1954a), Foster (1958), Cabrera (1978a), Dillon & Hensold (1993), Nesom (1993), Bonifacino (2009), Beck et al. (2010).
Subarbusto, arbusto. Nativa. Andes, Altiplano. Valles Secos, Puna Húmeda, Puna Seca, Bosque de *Polylepis*, 3000–5000 m.
Dept.: CO, LP, OR, PO, TA.
Muestra: *S.G. Beck 11010* (CUZ, F, G, LPB, MO, S, SI, US).
Nom. Vern.: Thola (Quechua), uma thola (Aymara).

Parastrephia phyliciformis (Meyen) Cabrera, Notas Mus. La Plata, Bot. 17: 57. 1954.
Sin.: *Baccharis phyliciformis* Meyen, *Parastrephia ericoides* Nutt., *Vernonia phyliciformis* (Meyen) Walp., *Dolichogyne rupestris* Wedd., *Lepidophyllum phyliciforme* (Meyen) Hieron.
Ref.: Cabrera (1945), Cabrera (1978a), Dillon & Hensold (1993).
Arbusto. Nativa. Altiplano. Puna Húmeda, Puna Seca, Bosque de *Polylepis*, 3500–5000 m.
Dept.: LP, OR, PO, TA.
Muestra: *E. Jordan 83* (LPB).

Parastrephia quadrangularis (Meyen) Cabrera, Notas Mus. La Plata, Bot. 17: 57. 1954.
Sin.: *Baccharis quadrangularis* Meyen, *Polyclados cupressinus* Phil., *Lepidophyllum meyeni* A. Gray, *Lepidophyllum quadrangulare* (Meyen) Benth. & Hook. f., *Lepidophyllum cupressinum* (Phil.) Kuntze
Ref.: Cuatrecasas (1935a), Cabrera (1945), Cabrera (1954a), Foster (1958), Cabrera (1978a), Nesom (1993), Bonifacino (2009), Beck et al. (2010), Ministerio de Medio Ambiente y Agua (2012 [2013]).
Arbusto. Nativa. Altiplano. Puna Húmeda, Puna Seca, Bosque de *Polylepis*, 3500–5000 m.

Dept.: LP, OR, PO, TA.
Muestra: *T. Johns 82-30* (F, LPB, MICH, MO).
Nom. Vern.: Choa thola, khoa t'ola (Aymara), thola pulika, tití t'hola (Quechua).

Parastrephia teretiuscula (Kuntze) Cabrera, Notas Mus. La Plata, Bot. 17: 57. 1954.
Sin.: *Lepidophyllum teretiusculum* Kuntze
Ref.: Cabrera (1945), Cabrera (1954a), Foster (1958), Nesom (1993), Ministerio de Medio Ambiente y Agua (2012 [2013]).
Arbusto. Nativa. Altiplano. Puna Seca, 3500–4000 m.
Dept.: PO.
Tipo y muestra: *O. Kuntze s.n.* (HT: NY), *G. Torrico 507* (LPB, M, S, SI, US).
Nom. Vern.: Koa (Quechua?).

Parthenium L., Sp. Pl. 2: 988. 1753.

3 especies, 1 especie endémica.

Parthenium cineraceum Rollins, Contr. Gray Herb. 170: 32, t. 1. 1950.
Ref.: Foster (1958), Fuentes Claros (1998).
Arbusto. Nativa. Zonas Bajas, Andes. Bosque Semideciduo Chiquitano, Valles Secos, 0–1500 m.
Dept.: SC.
Muestra: *M.H. Nee 50317* (MO, NY, US).

Parthenium glomeratum Rollins, Contr. Gray Herb. 172: 59. 1950.
Ref.: Foster (1958).
Hierba. Endémica. Andes. Bosque Tucumano-Boliviano, Valles Secos, 2000–2500, 3500–4000 m.
Dept.: CO, TA.
Tipo y muestra: *K. Fiebrig 3017* (HT: GH; IT: CM, MO), *S.G. Beck & N.Y. Paniagua 26981* (LPB, SI, US).

Parthenium hysterophorus L., Sp. Pl. 2: 988. 1753.
Ref.: Rusby (1893b), Foster (1958), López Vargas (1995), Serrano & Terán (1998 [2000]).
Hierba. Nativa. Zonas Bajas, Andes. Bosque Semideciduo Chiquitano, Campos Cerrados, Yungas, Valles Secos, 0–1000, 1500–3000, 3500–4000 m.
Dept.: CH, CO, LP, PO, SC, TA.
Muestra: *R. Frey et al. 575* (MO, US).

Pectis L., Syst. Nat. (ed. 10) 2: 1189, 1221, 1376. 1759.

6 especies, 0 especies endémicas.

Pectis bonplandiana Kunth, Nov. Gen. Sp. (folio ed.) 4: 206. 1820 [1818].
Sin.: *Pectis swartziana* Less.
Ref.: Foster (1958).
Hierba. Nativa. Zonas Bajas. Campos Cerrados, 0–500 m.
Dept.: SC.
Muestra: *M.H. Nee 43102* (NY).

Pectis linifolia L., Syst. Nat. (ed. 10) 2: 1221. 1759.
Ref.: Foster (1958).
Hierba. Nativa. Zonas Bajas. Bosque Húmedo, 0–500 m.
Dept.: SC.
Muestra: *O. Kuntze s.n.* (NY).

Pectis odorata Griseb., Abh. Königl. Ges. Wiss. Göttingen 24: 200. 1879.
Ref.: Foster (1958), Serrano & Terán (1998 [2000]).
Hierba. Nativa. Zonas Bajas. Bosque Seco Chaqueño, 0–500 m.
Dept.: CH, SC.
Muestra: *I.G. Vargas et al. 1927* (US, USZ).

Pectis rigida Baker, Fl. Bras. 6(3): 288. 1884.
Hierba. Nativa. Zonas Bajas. Campos Cerrados, 0–500 m.
Dept.: SC.
Muestra: *S.G. Beck 23522* (LPB, US).

Pectis sessiliflora (Less.) Sch. Bip., Bot. Voy. Herald 309. 1856.
Sin.: *Lorentea sessiliflora* Less.
Ref.: Rusby (1893b), Foster (1958), De la Barra (1997), López (2000), Serrano & Terán (1998 [2000]).
Hierba. Nativa. Andes. Valles Secos, 1500–3000 m.
Dept.: CH, CO, LP, SC, TA.
Muestra: *J.C. Solomon & M.H. Nee 17984* (MO, US).

Pectis substriata Rusby, Bull. New York Bot. Gard. 4: 390. 1907.
Ref.: Foster (1958).
Hierba. Nativa. Andes. Yungas, 1500–2000 m.
Dept.: LP.
Tipo y muestra: *M. Bang 2117* (HT: NY; IT: GH, MO-2020740, NY, UC, US, US, US, WIS), *S.G. Beck 21094* (LPB).

Pentacalia Cass., Dict. Sci. Nat. (ed. 2) 48: 461. 1827.

19 especies, 5 especies endémicas.

Pentacalia beckii (Cabrera) Cuatrec., Phytologia 69: 314. 1990.
Sin.: *Senecio beckii* Cabrera
Ref.: Cabrera (1984), Cabrera (1985).
Trepadora. Endémica. Andes. Yungas, 2000–3000 m.
Dept.: LP.
Tipo y muestra: *S.G. Beck 1822* (HT: SI; IT: LPB, M, US), *J.C. Solomon & L.K. Escobar 12451* (LPB, MO).

Pentacalia brittoniana (Hieron.) Cuatrec., Phytologia 49(3): 244. 1981.
Sin.: *Senecio sprucei* Britton, *Senecio brittonianus* Hieron.
Ref.: Hieronymus (1900), Cuatrecasas (1981), Cabrera (1985).
Trepadora, arbusto. Nativa. Andes. Yungas, 1000–1500 m.
Dept.: LP.
Tipo y muestra: *H.H. Rusby 1695* (LT: NY), *S.G. Beck 22603* (CTES, LPB, M, MO, S, US).

Pentacalia cardenasii (Cuatrec.) Cuatrec., Phytologia 49(3): 253. 1981.
Sin.: *Senecio cardenasii* Cuatrec.
Ref.: Cuatrecasas (1951b), Foster (1958), Cuatrecasas (1981), Cabrera (1985).
Liana. Endémica. Andes. Yungas, 2500–3000 m.
Dept.: CO.
Tipo: *M. Cárdenas 3988* (HT: US; IT: F).
Nota: Conocida solamente del tipo.

Pentacalia comarapensis (Cabrera) Cuatrec., Phytologia 49(3): 245. 1981.
Sin.: *Senecio comarapensis* Cabrera
Ref.: Cabrera (1954c), Foster (1958), Cuatrecasas (1981), Cabrera (1985).
Trepadora. Endémica. Zonas Bajas, Andes. Bosque Semideciduo Chiquitano, Yungas, 500–1500 m.
Dept.: SC.
Tipo y muestra: *J. Steinbach 8519* (HT: LIL; IT: MO-990266, S), *M.A. Lewis & R. Clark 37719* (LPB, MO).

Pentacalia dictyophlebia (Greenm.) Cuatrec., Phytologia 49(3): 245. 1981.
Sin.: *Senecio dictyophlebius* Greenm.
Ref.: Greenman (1938), Cabrera (1954c), Foster (1958), Cuatrecasas (1981).
Trepadora, liana, arbusto. Nativa. Andes. Yungas, 3000–3500 m.
Dept.: CO, LP.
Tipo y muestra: *G. Mandon 146* (HT: K; IT: G, GH, NY, P, S, W), *J.C. Solomon 15398* (LPB, MO).

Pentacalia epiphytica (Kuntze) Cuatrec., Phytologia 49(3): 246. 1981.
Sin.: *Senecio epiphyticus* Kuntze, *Senecio steinbachianus* Cuatrec.

Ref.: Cabrera (1954c), Foster (1958), Cuatrecasas (1981), Cabrera (1985), Dillon & Hensold (1993), Schulenberg & Awbrey (1997), Serrano & Terán (1998 [2000]).
Trepadora, arbusto. Endémica. Andes. Yungas, Bosque Tucumano-Boliviano, 2500–3500 m.
Dept.: CH, CO, LP, SC.
Tipo y muestra: *O. Kuntze s.n.* (LT: NY; ILT: US; fotos: F ex US), *S.G. Beck 12011* (LPB, M, S, SI, US, USM).

Pentacalia floccosa (Britton) Cuatrec., Phytologia 49(3): 246. 1981.
Sin.: *Senecio floccosus* Britton
Ref.: Britton (1892a), Foster (1958), Cuatrecasas (1981), Cabrera (1985), Valenzuela Celis (1993b).
Trepadora, arbusto. Nativa. Andes. Yungas, 2500–3500 m.
Dept.: CO, LP.
Tipo y muestra: *H.H. Rusby 1680* (LT: NY), *S.G. Beck 8607* (LPB, M, S, SI, US).

Pentacalia herzogii (Cabrera) Cuatrec., Phytologia 49(3): 246. 1981.
Sin.: *Senecio herzogii* Cabrera
Ref.: Cabrera (1954c), Foster (1958), Cuatrecasas (1981), Cabrera (1985).
Trepadora, arbusto. Nativa. Andes. Yungas, 2000–3500 m.
Dept.: CO, LP, SC.
Tipo y muestra: *T. Herzog 2145* (HT: L), *J.C. Solomon 15340* (LPB, MO).

Pentacalia inquisiviensis H. Rob. & Cuatrec., Novon 3(3): 300. 1993.
Ref.: Robinson & Cuatrecasas (1993).
Liana. Endémica. Andes. Yungas, 3000–4000 m.
Dept.: LP.
Tipo: *M.A. Lewis 38950* (HT: US; IT: LPB, MO-4360411, MO-4360412).
Nota: Conocida solamente del tipo.

Pentacalia jelskii (Hieron.) Cuatrec., Phytologia 49(3): 247. 1981.
Sin.: *Senecio jelskii* Hieron., *Senecio prunioides* Rusby
Ref.: Hieronymus (1905), Cabrera (1954c), Foster (1958), Cuatrecasas (1981), Cabrera (1985).
Trepadora, arbusto. Nativa. Andes. Yungas, Páramo Yungueño, 2500–3500 m.
Dept.: LP.
Muestra: *J.C. Solomon & M.H. Nee 14254* (LPB, MO).

Pentacalia lewisii H. Rob. & Cuatrec., Novon 3(3): 301. 1993.
Ref.: Robinson & Cuatrecasas (1993).
Trepadora. Nativa. Andes. Páramo Yungueño, 3000–4000 m.
Dept.: LP.
Tipo y muestra: *M.A. Lewis 38520* (HT: US; IT: LPB, MO-4362069), *M.A. Lewis 38524* (LPB, MO, US).

Pentacalia marinii (Cabrera) Cuatrec., Phytologia 49(3): 248. 1981.
Sin.: *Gynoxys discolor* Rusby, *Senecio marinii* Cabrera
Ref.: Rusby (1907), Cabrera (1954c), Cabrera (1985).
Trepadora, arbusto. Nativa. Andes. Yungas, 1500–2000 m.
Dept.: Bolivia.
Muestra: *M. Bang 2280* (GH, K, L, MO, NY, P, WIS).
Nota: El único ejemplar disponible no posee información del Departamento.

Pentacalia miguelii (Cuatrec.) Cuatrec., Phytologia 49(3): 248. 1981.
Sin.: *Senecio miguelii* Cuatrec.
Ref.: Cuatrecasas (1951b), Cabrera (1954c), Foster (1958), Cuatrecasas (1981), Cabrera (1985).
Trepadora, arbusto. Nativa. Región, tipo de vegetación y elevación desconocidas.
Tipo: *M. Bang 2039* (HT: F; IT: C, K, MO, US, US; fotos: LP).
Nota: Conocida solamente del tipo.

Pentacalia oronocensis (DC.) Cuatrec., Phytologia 49(3): 248. 1981.
Sin.: *Senecio oronocensis* DC., *Senecio baccharidiflorus* Rusby, *Senecio cuzcoensis* Cabrera, *Senecio ramonii* Cuatrec.
Ref.: Cuatrecasas (1951b), Cabrera (1954c), Foster (1958), Cuatrecasas (1981), Cabrera (1985).
Liana. Nativa. Andes. Yungas, 2500–3500 m.
Dept.: LP.
Tipo y muestra: *T. Haenke s.n.* (HT: PR; IT: P), *C. Antezana V. 1498* (BOLV, LPB).

Pentacalia psidiifolia (Rusby) Cuatrec., Phytologia 49(3): 249. 1981.
Sin.: *Senecio psidiifolius* Rusby
Ref.: Rusby (1896), Cabrera (1954c), Foster (1958), Cuatrecasas (1981), Cabrera (1985).
Trepadora, arbusto. Nativa. Zonas Bajas, Andes. Bosque Húmedo, Yungas, 500–2500 m.
Dept.: LP.
Tipo y muestra: *M. Bang 1532* (HT: NY; IT: A, G, GH, K, LP, MO-2965461, NY, US, US; fotos: F ex US), *S.G. Beck 17777* (LPB, S, SI, US).

Pentacalia reflexa (Kunth) Cuatrec., Phytologia 49(3): 258. 1981.
Sin.: *Senecio reflexus* Kunth
Subarbusto. Nativa. Andes. Yungas, 1000–1500 m.
Dept.: LP.
Muestra: *R. Seidel & E.C. Vargas 1090* (LPB, M, S, SI, US).

Pentacalia sailapatensis (Cuatrec.) Cuatrec., Phytologia 49(3): 249. 1981.
Sin.: *Senecio sailapatensis* Cuatrec.
Ref.: Cuatrecasas (1951b), Cabrera (1954c), Foster (1958), Cuatrecasas (1981).
Trepadora, arbusto. Nativa. Andes. Yungas, 2000–2500, 3000–3500 m.
Dept.: CO, LP, SC.
Tipo y muestra: *M. Cárdenas 3273* (HT: US; IT: LP), *J.C. Solomon 18745* (LPB, MO).

Pentacalia subglomerosa (Greenm.) Cuatrec., Phytologia 49(3): 250. 1981.
Sin.: *Senecio subglomerosus* Greenm.
Ref.: Greenman (1923), Cabrera (1954c), Foster (1958), Cuatrecasas (1981), Cabrera (1985).
Arbusto. Nativa. Andes. Yungas, 2000–2500 m.
Dept.: LP.
Tipo y muestra: *M. Bang 2459* (HT: NY; IT: GH frag. ex WIS, K, MO-2965450, NY, US, WIS; fotos: F ex US?, LP), *S.G. Beck 4883* (LPB, M, S, SI, US).

Pentacalia tablensis (Cabrera) Cuatrec., Phytologia 49(3): 250. 1981.
Sin.: *Senecio tablensis* Cabrera
Ref.: Foster (1958), Cuatrecasas (1981), Cabrera (1985).
Trepadora, arbusto. Nativa. Andes. Yungas, 3000–3500 m.
Dept.: CO, LP.
Tipo y muestra: *T. Herzog 2204* (HT: L; IT: LP), *M.A. Lewis 881000* (LPB, MO).

Perezia Lag., Amen. Nat. Españ. 1(1): 31. 1811.

11 especies, 0 especies endémicas.

Perezia carduncelloides Griseb., Abh. Königl. Ges. Wiss. Göttingen 19: 198. 1874.
Ref.: Foster (1958), Hind (2009).
Hierba. Nativa. Andes. Tipo de vegetación desconocida, 2500–3000 m.
Dept.: TA.
Muestra: *K. Fiebrig 3157A* (GH, M).

Perezia ciliaris D. Don, Companion Bot. Mag. 1(2): 34. 1835.
Sin.: *Clarionea ciliaris* (D. Don) DC., *Homoianthus nivalis* Phil., *Perezia foliosa* Rusby, *Perezia scalpellifolia* J. Kost., *Perezia scalpellifolia* var. *parvifolia* J. Kost., *Perezia coriacea* Tovar
Ref.: Foster (1958), Adolfo María (1966), Simpson (1969 [1970]), Hind (2009).
Hierba. Nativa. Andes. Tipo de vegetación desconocida, 2500–3500 m.
Dept.: CO, OR.
Muestra: *T. Herzog 1915* (L).

Perezia ciliosa (Phil.) Reiche, Anales Univ. Chile 116: 426. 1905.
Sin.: *Clarionea ciliosa* Phil., *Perezia abbiattii* Cabrera
Ref.: Vuilleumier (1969), Katinas (2012).
Hierba. Nativa. Altiplano. Puna Seca, 4000–4500 m.
Dept.: CO, LP, PO, TA.
Muestra: *J. West 6076* (GH).

Perezia coerulescens Wedd., Chlor. Andina 1(2): 39, t. 10a. 1855.
Sin.: *Perezia cirsiifolia* Wedd., *Perezia integrifolia* Wedd., *Perezia nivalis* Wedd., *Perezia violacea* Wedd., *Perezia nitidifolia* J. Kost., *Perezia burkartii* Cabrera, *Perezia coerulescens* var. *amplibracteata* Tovar
Ref.: Rusby (1893b), Foster (1958), Adolfo María (1966), Vuilleumier (1969), Hind (2009).
Hierba. Nativa. Andes, Altiplano. Páramo Yungueño, Puna Húmeda, 3500–5000 m.
Dept.: CO, LP, OR, PO, TA.
Tipo y muestra: *H.A. Weddell s.n.* (HT: P), *M. Bang 915* (F, GH, NY, US).

Perezia mandonii Rusby, Mem. Torrey Bot. Club 3(3): 66. 1893.
Sin.: *Perezia laurifolia* Kuntze
Ref.: Foster (1958), Vuilleumier (1969), Katinas et al. (2008), Hind (2009).
Hierba. Nativa. Andes, Altiplano. Valles Secos, Puna Húmeda, 2500–4500 m.
Dept.: CO, LP, OR, TA.
Tipo y muestra: *M. Bang 777* (LT: NY; ILT: BR, E, GH, MO, NY, US, WIS; fotos: LP), *S.G. Beck 9083* (LPB, MO).

Perezia multiflora (Bonpl.) Less., Linnaea 5: 19. 1830.
Sin.: *Chaetanthera multiflora* Bonpl., *Homanthis multiflorus* (Bonpl.) Kunth, *Clarionea polycephala* Cass., *Homoianthus multiflorus* (Bonpl.) Spreng., *Perezia bidentata* Meyen, *Perezia acanthoides* Hook. & Arn., *Perezia glomerata* Rusby, *Perezia multiflora* var. *achalensis* Kuntze
Ref.: Rusby (1893b), Foster (1958), Adolfo María (1966), Vuilleumier (1969), Hind (2009), Katinas (2012).
Hierba. Nativa. Andes, Altiplano. Páramo Yungueño, Puna Húmeda, 3000–4500 m.
Dept.: CH, CO, LP, OR, PO, TA.
Muestra: *J. West 6374* (GH, MO).
Infra: *Perezia multiflora* subsp. *multiflora*

Perezia pinnatifida (Bonpl.) Wedd., Chlor. Andina 1(2): 40. 1855.
Sin.: *Chaetanthera pinnatifida* Bonpl., *Homanthis pinnatifidus* (Bonpl.) Kunth, *Homoianthus pinnatifidus* (Bonpl.) Spreng.
Ref.: Rusby (1893b), Foster (1958), Adolfo María (1966), Vuilleumier (1969), Katinas et al. (2008), Hind (2009), Katinas (2012).
Hierba. Nativa. Andes, Altiplano. Páramo Yungueño, Valles Secos, Puna Húmeda, 3000–5000 m.
Dept.: CO, LP, PO, TA.
Muestra: *G. Mandon 20* (GH, US).

Perezia pungens (Bonpl.) Less., Linnaea 5: 20. 1830.
Sin.: *Chaetanthera pungens* Bonpl., *Homanthis pungens* (Bonpl.) Kunth, *Drozia dicephala* Cass., *Homoianthus pungens* (Bonpl.) Spreng., *Clarionea pungens* (Bonpl.) D. Don, *Homoianthus scaber* Benth., *Leucheria fasciata* Klatt, *Perezia pungens* var. *cernua* Rusby, *Perezia stuebelii* Hieron., *Perezia elongata* Kuntze, *Perezia weberbaueri* Hieron. ex Domke, *Perezia aracensis* J. Kost., *Perezia obtusisquama* J. Kost., *Perezia conaicaensis* Tovar, *Perezia fosbergii* Tovar
Ref.: Rusby (1893b), Foster (1958), Adolfo María (1966), Vuilleumier (1969), Simpson (1969 [1970]), Cabrera (1978a), Hind (2009), Katinas (2012).
Hierba. Nativa. Andes, Altiplano. Páramo Yungueño, Valles Secos, Puna Húmeda, Puna Seca, 2500–5000 m.
Dept.: CO, LP, OR, PO, TA.
Muestra: *J.C. Solomon & B.A. Stein 11661* (LPB, MO).

Perezia purpurata Wedd., Chlor. Andina 1(2): 43. 1855.
Sin.: *Clarionea atacamensis* Phil., *Perezia hunzikeri* Cabrera
Ref.: Foster (1958), Vuilleumier (1969), Katinas et al. (2008), Hind (2009).
Hierba. Nativa. Andes, Altiplano. Páramo Yungueño, Puna Húmeda, 4000–5000 m.
Dept.: PO, TA.
Tipo y muestra: *d'Orbigny 1420* (HT: P; IT: GH, W; fotos: F, LP), *B.B.S. Vuilleumier 492* (GH).

Perezia pygmaea Wedd., Chlor. Andina 1(2): 40. 1855.
Ref.: Foster (1958), Vuilleumier (1969), Hind (2009).
Hierba. Nativa. Andes, Altiplano. Páramo Yungueño, Puna Húmeda, 4000–5000 m.
Dept.: LP.
Tipo y muestra: *H.A. Weddell s.n.* (HT: P; fotos: F, LP), *J.C. Solomon 9634* (LPB, MO).

Perezia sublyrata Domke, Notizbl. Bot. Gart. Berlin–Dahlem 13: 248. 1936.
Hierba. Nativa. Andes, Altiplano. Páramo Yungueño, Puna Húmeda, 4000–5000 m.
Dept.: LP.
Muestra: *J.C. Solomon 9802* (LPB, MO).

[Perezia virens (D. Don) Hook. & Arn.], Companion Bot. Mag. 1: 34. 1835.
Sin.: *Clarionea virens* D. Don, *Perezia poeppigii* Less.
Ref.: Cabrera (1978a).
Nota: El registro se basa en material mal identificado de *P. coerulescens*.

Philoglossa DC., Prodr. 5: 567. 1836.
1 especie, 0 especies endémicas.

Philoglossa mimuloides (Hieron.) H. Rob. & Cuatrec., Phytologia 26(5): 384. 1973.
Sin.: *Jaumea mimuloides* Hieron., *Jaumeopsis mimuloides* Hieron., *Philoglossa mimuloides* fo. *subintegrifolia* Hieron. ex H. Rob. & Cuatrec.
Hierba. Nativa. Andes. Yungas, 2500–3500 m.
Dept.: LP.
Muestra: *S.G. Beck 18202* (LPB, M, US).

Picrosia D. Don, Trans. Linn. Soc. London 16: 183. 1830.
1 especie, 0 especies endémicas.

Picrosia longifolia D. Don, Trans. Linn. Soc. London 16: 184. 1830.
Ref.: Rusby (1893b), Foster (1958), Adolfo María (1966).
Hierba. Nativa. Andes. Yungas, Bosque Tucumano-Boliviano, 2000–3000 m.
Dept.: CO, PO, SC.
Muestra: *I.G. Vargas 789* (LPB, NY, USZ).

Piptocarpha R. Br., Observ. Compositae 121. 1817.
6 especies, 0 especies endémicas.

Piptocarpha asterotrichia (Poepp.) Baker, Fl. Bras. 6(2): 126. 1873.
Sin.: *Vernonia asterotrichia* Poepp.
Trepadora. Nativa. Zonas Bajas, Andes. Bosque Húmedo, Yungas, 0–1500 m.
Dept.: LP, SC.
Muestra: *O. Buchtien 1757* (GH, US).

Piptocarpha lechleri (Sch. Bip.) Baker, Fl. Bras. 6(2): 127. 1873.
Sin.: *Carphobolus lechleri* Sch. Bip.
Ref.: Foster (1958), Valenzuela Celis (1993b), Arrázola Rivero et al. (2000).
Trepadora. Nativa. Zonas Bajas. Bosque Húmedo, 0–1000 m.
Dept.: CO, LP.
Muestra: *B.A. Krukoff 11038* (A, MO, NY, US).

Piptocarpha matogrossensis H. Rob., Phytologia 44(4): 300–301, f. s.n. 1979.
Ref.: Killeen & Schulenberg (1998).
Liana. Nativa. Zonas Bajas. Bosque Húmedo, 0–500 m.
Dept.: PA, SC.
Muestra: *R.C. Quevedo et al. 2350* (USZ).

Piptocarpha opaca (Benth.) Baker, Fl. Bras. 6(2): 124. 1873.
Sin.: *Vernonia opaca* Benth.
Ref.: Valenzuela Celis (1993b).
Arbolito. Nativa. Zonas Bajas. Sabanas Benianas del Norte, 0–1000 m.
Dept.: BE.
Muestra: *J.C. Solomon 6236* (LPB, MO).

Piptocarpha poeppigiana (DC.) Baker, Fl. Bras. 6(2): 131. 1873.
Sin.: *Vernonia poeppigiana* DC., *Piptocarpha laxa* Rusby
Ref.: Foster (1958), Killeen & Schulenberg (1998).
Liana. Nativa. Zonas Bajas, Andes. Bosque Húmedo, Yungas, 0–1500 m.
Dept.: BE, LP, PA, SC.
Muestra: *A. Jardim 2331* (LPB, US, USZ).

Piptocarpha rotundifolia (Less.) Baker, Fl. Bras. 6(2): 125, t. 28. 1873.
Sin.: *Vernonia rotundifolia* Less.
Ref.: Killeen & Schulenberg (1998).
Arbusto, arbolito. Nativa. Zonas Bajas. Bosque Húmedo, Bosque Semideciduo Chiquitano, Campos Cerrados, 0–1000 m.
Dept.: BE, SC.
Muestra: *S.N. Panfil 493* (US, USZ).

Plagiocheilus Arn. ex DC., Prodr. 6: 142. 1837 [1838].
4 especies, 1 especie endémica.

Plagiocheilus ciliaris Wedd., Chlor. Andina 1(7): 227. 1855 [1857].
Ref.: Foster (1958), Dillon (1981).
Hierba. Endémica. Andes. Páramo Yungueño, 3500–4000 m.
Dept.: LP.
Tipo y muestra: *G. Mandon s.n.* (HT: P), *S.G. Beck 32505* (LPB, REG).
Nota: Tal vez solamente una forma de *P. soliviformis*.

Plagiocheilus peduncularis (Kunth) Wedd., Chlor. Andina 1(3): 61. 1855 [1856].
Sin.: *Hippia peduncularis* Kunth
Hierba. Nativa. Andes. Yungas, Páramo Yungueño, 3500–4000 m.
Dept.: LP.
Muestra: *S.G. Beck 2763* (LPB, SI).

Plagiocheilus soliviformis DC., Prodr. 6: 142. 1837 [1838].
Ref.: Foster (1958), Dillon (1981).
Hierba. Nativa. Andes. Yungas, Páramo Yungueño, 3500–4000 m.
Dept.: LP.
Tipo y muestra: *J.B. Pentland s.n.* (HT: P; fotos: F ex P), *J.C. Solomon 8320* (LPB, MO).

Plagiocheilus tanacetoides Haenke ex DC., Prodr. 6: 142. 1837 [1838].
Hierba. Nativa. Zonas Bajas. Bosque Semideciduo Chiquitano, 0–500 m.
Dept.: SC.
Muestra: *A.F. Fuentes 743* (MO).

Plazia Ruiz & Pav., Prodr. Pl. Cap. 104. 1794.
1 especie, 0 especies endémicas.

[Plazia argentea (D. Don ex Hook. & Arn.) Kuntze], Rev. Gén. Bot. 3(3): 167. 1898.
Ref.: Foster (1958).
Nota: El registro se basa en material mal identificado. El nombre es un sinónimo de *Hyalis argentea* D. Don ex Hook. & Arn.

Plazia daphnoides Wedd., Chlor. Andina 1(1): 13, t. 2b. 1855.
Sin.: *Plazia daphnoides* var. *glabrescens* Wedd., *Harthamnus boliviensis* H. Rob.
Ref.: Cabrera (1951), Foster (1958), Cabrera (1978a), López Vargas (1995), Saravia Miranda (1996), Serrano & Terán (1998 [2000]), Katinas et al. (2008).
Arbusto. Nativa. Andes, Altiplano. Valles Secos, Puna Húmeda, Bosque de *Polylepis*, 3000–4500 m.
Dept.: CH, CO, PO, SC, TA.
Tipo y muestra: *H.A. Weddell s.n.* (LT: P), *M. Bang 1147* (A, GH, MO, WIS).
Nom. Vern.: Nak'a th'ula.

Pluchea Cass., Bull. Sci. Soc. Philom. Paris 1817: 31. 1817.
4 especies, 0 especies endémicas.

Pluchea absinthioides (Hook. & Arn.) H. Rob., Phytologia 27: 284. 1973.
Sin.: *Tessaria absinthioides* (Hook. & Arn.) DC., *Baccharis absinthioides* Hook. & Arn.
Ref.: Rusby (1893b), Fries (1906b), Foster (1958), Cabrera (1963a), Cabrera (1978a), Dillon & Sagástegui Alva (1991b), Freire (1995), López Vargas (1995), De la Barra (1997), Cabrera & Freire (1998).
Subarbusto, arbusto. Nativa. Andes. Valles Secos, 2000–3000 m.
Dept.: CO, PO.
Muestra: *M. Schulte 115* (F, LPB, M, SI, US).

Pluchea fiebrigii H. Rob. & Cuatrec., Phytologia 27(4): 284. 1973.
Arbusto. Nativa. Andes. Bosque Serrano Chaqueño, 2500–3000 m.
Dept.: CH.
Tipo: *K. Fiebrig 3073* (HT: US).
Nota: Conocida en Bolivia solamente del tipo.

Pluchea microcephala R.K. Godfrey, J. Elisha Mitchell Sci. Soc. 68(2): 270, pl. 23, f. 18–19. 1952.
Ref.: Cabrera (1978a).
Nota: Esperada. Aparte de la referencia citada ninguna documentación ha sido localizada.

Pluchea odorata (L.) Cass., Dict. Sci. Nat. (ed. 2) 42: 3. 1826.
Sin.: *Conyza odorata* L.
Ref.: Rusby (1893b).
Hierba. Nativa. Andes. Valles Secos, 1000–1500, 2000–3000 m.
Dept.: CH, CO, LP.
Muestra: *O. Buchtien 166* (GH).

Pluchea sagittalis (Lam.) Cabrera, Bol. Soc. Argent. Bot. 3(1): 36. 1949.
Sin.: *Conyza sagittalis* Lam., *Gnaphalium suaveolens* Vell., *Pluchea quitoc* DC., *Pluchea suaveolens* (Vell.) Kuntze
Ref.: Foster (1958), Cabrera (1959a), Cabrera (1963a), Cabrera (1978a), De la Barra (1997), Pruski (1997), Killeen & Schulenberg (1998), Serrano & Terán (1998 [2000]).
Arbusto. Nativa. Zonas Bajas, Andes. Bosque Húmedo, Bosque Semideciduo Chiquitano, Bosque Seco Chaqueño, Yungas, Bosque Tucumano-Boliviano, Bosque Serrano Chaqueño, Valles Secos, 0–3000 m.
Dept.: BE, CH, CO, LP, SC, TA.
Muestra: *S.G. Beck 9960* (CUZ, G, LPB, M, MO, SI, US, USZ).

Podocoma Cass., Bull. Sci. Soc. Philom. Paris 1817: 137. 1817.
4 especies, 0 especies endémicas.

Podocoma blanchetiana Baker, Fl. Bras. 6(3): 15. 1882.
Ref.: Sancho et al. (2010).
Hierba. Nativa. Andes. 1000–1500 m.
Dept.: SC.
Muestra: *A.F. Fuentes 353* (MO, USZ).

Podocoma hieraciifolia (Poir.) Cass., Dict. Sci. Nat. (ed. 2) 42: 60. 1826.
Sin.: *Erigeron hieraciifolius* Poir.
Ref.: Foster (1958).
Hierba. Nativa. Andes. Bosque Tucumano-Boliviano, 1500–2000 m.
Dept.: SC.
Muestra: *T. Herzog 1897c* (L).

Podocoma hirsuta (Hook. & Arn.) Baker, Fl. Bras. 6(3): 15. 1882.
Sin.: *Podopappus hirsutus* Hook. & Arn.
Ref.: Sancho et al. (2010).
Hierba. Nativa. Región, tipo de vegetación y elevación desconocidas.
Dept.: Bolivia.
Muestra: *M. Bang 2878* (GH, MO).

Podocoma notobellidiastrum (Griseb.) G.L. Nesom, Phytologia 76: 112. 1994.
Sin.: *Conyza notobellidiastrum* Griseb., *Conyza notobellidiastrum* var. *oblongifolia* Griseb., *Erigeron notobellidiastrum* (Griseb.) S.F. Blake, *Baccharidastrum notobellidiastrum* (Griseb.) Herter, *Exostigma notobellidiastrum* (Griseb.) G. Sancho
Ref.: Fries (1906b), Cabrera (1978a), Schulenberg & Awbrey (1997), González et al. (1999), Serrano & Terán (1998 [2000]), Arroyo Padilla & Villarroel Segarra (2009).
Hierba. Nativa. Zonas Bajas, Andes. Bosque Semideciduo Chiquitano, Campos Cerrados, Sabanas Benianas del Sur, Bosque Tucumano-Boliviano, 0–2000 m.
Dept.: BE, CH, SC, TA.
Muestra: *J.C. Solomon 11014* (LPB, MO).

Polyanthina R.M. King & H. Rob., Phytologia 20(3): 213. 1970.
1 especie, 0 especies endémicas.

Polyanthina nemorosa (Klatt) R.M. King & H. Rob., Phytologia 20(3): 213. 1970.
Sin.: *Eupatorium nemorosum* Klatt, *Eupatorium rusbyi* Britton, *Baccharis oppositifolia* Kuntze, *Eupatorium pteropodum* Hieron.
Hierba. Nativa. Zonas Bajas, Andes. Bosque Húmedo, Yungas, 500–2500 m.
Dept.: CO, LP.
Muestra: *R.M. King & L.E. Bishop 7432* (MO, US).

Porophyllum Guett., Hist. Acad. Roy. Sci. Mém. Math. Phys. (Paris, 4) 1750: 377–378. 1754.
4 especies, 0 especies endémicas.

Porophyllum lanceolatum DC., Prodr. 5: 649. 1836.
Ref.: Foster (1958), López Vargas (1995), De la Barra (1997).
Subarbusto. Nativa. Zonas Bajas, Andes. Bosque Húmedo, Campos Cerrados, Valles Secos, 0–1000, 2000–3500 m.
Dept.: CO, SC, TA.
Muestra: *M.C. Ramírez 64* (MO, US).

Porophyllum obscurum (Spreng.) DC., Prodr. 5: 651. 1836.
Sin.: *Kleinia obscura* Spreng., *Porophyllum lineare* DC.
Hierba. Nativa. Andes. Valles Secos, 2000–2500 m.
Dept.: TA.
Muestra: *K. Fiebrig 3079* (GH, MO).

Porophyllum oppositifolium (Poir.) DC., Prodr. 5: 651. 1836.
Sin.: *Cacalia oppositifolia* Poir., *Porophyllum oppositifolium* Kuntze, *Porophyllum platyphyllum* Chodat
Ref.: Foster (1958), Wood et al. (2011).
Hierba. Nativa. Zonas Bajas, Andes. Bosque Semideciduo Chiquitano, Valles Secos, 500–1500 m.
Dept.: SC.
Muestra: *M.H. Nee 50087* (NY).

Porophyllum ruderale (Jacq.) Cass., Dict. Sci. Nat. (ed. 2) 43: 56. 1826.
Sin.: *Porophyllum ruderale* var. *ruderale*, *Cacalia porophyllum* L., *Kleinia ruderalis* Jacq., *Kleinia porophyllum* (L.) Willd., *Porophyllum ellipticum* Cass., *Porophyllum oblanceolatum* Rusby, *Porophyllum ruderale* var. *angustifolia* Hassl., *Porophyllum ruderale* var. *ellipticum* (Cass.) A. Gray ex B.L. Rob.
Ref.: Foster (1958), Moraes R. (1990), Killeen & Schulenberg (1998), Serrano & Terán (1998 [2000]).
Hierba, subarbusto. Nativa. Zonas Bajas, Andes. Bosque Húmedo, Bosque Semideciduo Chiquitano, Campos Cerrados, Yungas, Valles Secos, 0–500, 1000–3000 m.
Dept.: BE, CH, CO, LP, SC, TA.
Muestra: *M.A. Lewis 35460* (LPB, MO, US).
Infra: *Porophyllum ruderale* subsp. *ruderale*
Nom. Vern.: Quilquina.

Praxeliopsis G.M. Barroso, Arq. Jard. Bot. Rio de Janeiro 9: 176. 1949.
1 especie, 0 especies endémicas.

Praxeliopsis mattogrossensis G.M. Barroso, Arch. Jard. Bot. Rio de Janeiro 9: 176. 1949.
Ref.: Killeen & Schulenberg (1998).
Hierba. Nativa. Zonas Bajas. Bosque Húmedo, Campos Cerrados, 0–1000 m.
Dept.: SC.
Muestra: *E. Gutiérrez C. et al. 1020* (LPB, MO, US, USZ).

Praxelis Cass., Dict. Sci. Nat. (ed. 2) 43: 261. 1826.
5 especies, 2 especies endémicas.

[Praxelis asperulacea (Baker) R.M. King & H. Rob.], Phytologia 20: 194. 1970.
Sin.: *Eupatorium asperulaceum* Baker
Ref.: Killeen & Schulenberg (1998).
Nota: El registro se basa en material mal identificado de *P. chiquitensis*.

Praxelis chiquitensis (B.L. Rob.) R.M. King & H. Rob., Phytologia 37: 458. 1977.
Sin.: *Eupatorium chiquitense* B.L. Rob., *Eupatorium porophylloides* B.L. Rob., *Chromolaena porophylloides* (B.L. Rob.) R.M. King & H. Rob.
Ref.: Killeen & Schulenberg (1998), Wood et al. (2011).
Hierba. Endémica. Zonas Bajas. Bosque Húmedo, Bosque Semideciduo Chiquitano, Campos Cerrados, 0–1000 m.
Dept.: SC.

Tipo y muestra: *T. Herzog 25* (HT: ZT; IT: GH frag.), *R. Guillén V. et al. 1100* (MO, US, USZ).

Praxelis clematidea R.M. King & H. Rob., Phytologia 20(3): 194. 1970.
Sin.: *Eupatorium clematideum* Griseb.
Ref.: Moraes R. (1990), Arroyo Padilla & Villarroel Segarra (2009).
Hierba. Nativa. Zonas Bajas, Andes. Bosque Húmedo, Bosque Semideciduo Chiquitano, Bosque Seco Chaqueño, Campos Cerrados, Yungas, Bosque Tucumano-Boliviano, Bosque Serrano Chaqueño, Valles Secos, 0–2500, 3000–3500 m.
Dept.: BE, CH, CO, LP, SC, TA.
Muestra: *L.R.C. de Michel 513* (LPB, US).

Praxelis conoclinanthia (Hieron.) R.M. King & H. Rob., Phytologia 20: 194. 1970.
Sin.: *Eupatorium conoclinanthium* Hieron.
Hierba. Endémica. Andes. Valles Secos, 1500–3000 m.
Dept.: LP, SC, TA.
Tipo y muestra: *K. Fiebrig 3152* (ST: B, GH, US), *G. Mandon 261* (GH, P, US).

Praxelis insignis (Malme) R.M. King & H. Rob., Phytologia 20: 195. 1970.
Sin.: *Eupatorium insigne* Malme
Ref.: Killeen & Schulenberg (1998).
Hierba. Nativa. Zonas Bajas. Campos Cerrados, 0–1000 m.
Dept.: SC.
Muestra: *T. Killeen 2463* (LPB, US).

Praxelis kleinioides (Kunth) Sch. Bip., Jahresber. Pollichia 22–24: 254. 1866.
Sin.: *Eupatorium kleinioides* Kunth
Hierba. Nativa. Zonas Bajas. Bosque Húmedo, Campos Cerrados, Sabanas Benianas del Sur, 0–500 m.
Dept.: BE, LP, SC.
Muestra: *S.G. Beck 6964* (LPB, US).

Proustia Lag., Amen. Nat. Españ. 1(1): 33. 1811.
1 especie, 0 especies endémicas.

Proustia cuneifolia D. Don, Trans. Linn. Soc. London 16: 202. 1830.
Sin.: *Proustia pungens* Poepp. ex Less., *Proustia cuneifolia* var. *integrifolia* Hook. & Arn., *Proustia cuneifolia* var. *spinulosa* Hook. & Arn., *Proustia angustifolia* Wedd., *Proustia pungens* var. *cuneifolia* (D. Don) Wedd., *Proustia pungens* var. *oblongifolia* Wedd., *Proustia angustifolia* var. *mollis* Kuntze, *Proustia pungens* var. *heterophylla* Kuntze, *Proustia cuneifolia* fo. *angustifolia* (Wedd.) Fabris, *Proustia cuneifolia* fo. *oblongifolia* (Wedd.) Fabris
Ref.: Foster (1958), López Vargas (1995), De la Barra (1997), López (2000).
Arbusto. Nativa. Andes. Bosque Tucumano-Boliviano, Valles Secos, 2500–4000 m.
Dept.: CH, CO, LP, SC, TA.
Muestra: *K. Fiebrig 3048* (GH).
Infra: *Proustia cuneifolia* var. *cuneifolia*, *Proustia cuneifolia* var. *mollis* (Kuntze) Cabrera
Nom. Vern.: Aicha canca.

Pseudelephantopus Rohr, Skr. Naturhist.-Selsk. 2(1): 214–216. 1792.
2 especies, 0 especies endémicas.

Pseudelephantopus spicatus (Juss. ex Aubl.) C.F. Baker, Trans. Acad. Sci. St. Louis 12(5): 55. 1902.
Sin.: *Elephantopus spicatus* Juss. ex Aubl.
Ref.: Rusby (1893b), Foster (1958).
Hierba. Adventicia. Andes. Yungas, 1000–1500 m.
Dept.: LP.
Muestra: *M. Bang 357* (GH, MO).
Nota: Nativa de Centro América.

Pseudelephantopus spiralis (Less.) Cronquist, Madroño 20: 255. 1970.
Sin.: *Distreptus spiralis* Less., *Elephantopus crispus* D. Dietr., *Elephantopus spiralis* (Less.) Clonts
Ref.: Moraes R. (1990), Parker & Bailey (1991), González et al. (1999).
Hierba. Nativa. Zonas Bajas, Andes. Bosque Húmedo, Sabanas Benianas del Sur, Yungas, Bosque Tucumano-Boliviano, 0–2000 m.
Dept.: BE, LP, PA, SC, TA.
Muestra: *O. Buchtien 5607* (GH, US).

Pseudoconyza Cuatrec., Ciencia (Mexico) 21(1): 30–31, f. 4a–i. 1961.
1 especie, 0 especies endémicas.

Pseudoconyza viscosa (Mill.) D'Arcy, Phytologia 25(5): 281. 1973.
Sin.: *Conyza viscosa* Mill., *Conyza lyrata* Kunth, *Blumea lyrata* (Kunth) V.M. Badillo, *Pseudoconyza lyrata* (Kunth) Cuatrec., *Blumea viscosa* (Mill.) V.M. Badillo
Ref.: Foster (1958), Robinson (1999a), Dillon et al. (2001).
Hierba. Nativa. Andes. Yungas, 1500–2000 m.
Dept.: CO.
Muestra: *O. Kuntze s.n.* (MO, NY).

Pseudogynoxys (Greenm.) Cabrera, Brittonia 7(2): 54. 1950.
3 especies, 0 especies endémicas.

Pseudogynoxys cabrerae H. Rob. & Cuatrec., Phytologia 36(3): 182. 1977.
Sin.: *Pseudogynoxys benthamii* Cabrera
Ref.: Foster (1958), Robinson & Cuatrecasas (1977), Cabrera (1978a), González et al. (1999), Perret & Martini (2001).
Liana, arbusto. Nativa. Zonas Bajas. Bosque Seco Chaqueño, Campos Cerrados, 0–1000 m.
Dept.: SC, TA.
Muestra: *M. Serrano et al. 5853* (HSB, MO).

Pseudogynoxys lobata Pruski, Syst. Bot. 21(1): 104, f. 1. 1996.
Ref.: Pruski (1996a), Killeen & Schulenberg (1998).
Trepadora. Nativa. Zonas Bajas. Bosque Húmedo, 0–500 m.
Dept.: SC.
Muestra: *D.C. Wasshausen et al. 2257* (LPB, US).

Pseudogynoxys sonchoides (Kunth) Cuatrec., Brittonia 8: 157. 1955.
Sin.: *Senecio sonchoides* Kunth
Ref.: Robinson & Cuatrecasas (1977), Pruski (1996a).
Arbusto. Nativa. Zonas Bajas. Tipo de vegetación desconocida, 500–1000 m.
Dept.: Bolivia.
Muestra: *O.L. Haught 3311* (MO).
Nota: El único ejemplar conocido de Bolivia, sin lugar de colección.

Pseudonoseris H. Rob. & Brettell, Phytologia 28(1): 59. 1974.
1 especie, 0 especies endémicas.

Pseudonoseris discolor (Muschl.) H. Rob. & Brettell, Phytologia 28(1): 60. 1974.
Sin.: *Onoseris discolor* Muschl.
Ref.: Hind (2009), Pruski (2012).
Hierba. Nativa. Andes. Yungas, Páramo Yungueño, 2500–3500 m.
Dept.: LP.
Muestra: *A.F. Fuentes & E. Cuevas Escalante 8624* (K, LPB, MO).

Pterocaulon Elliott, Sketch Bot. S. Carolina 2(4): 323–324. 1824 [1823].
7 especies, 0 especies endémicas.

Pterocaulon alopecuroides (Lam.) DC., Prodr. 5: 454. 1836.
Sin.: *Conyza alopecuroides* Lam., *Pterocaulon interruptum* DC., *Pterocaulon latifolium* Kuntze,

Pterocaulon alopecuroides var. *glabrescens* Chodat
Ref.: Fries (1906b), Foster (1958), Cabrera & Ragonese (1978), Dillon & Sagástegui Alva (1991b), Freire (1995), Cabrera & Freire (1998), Serrano & Terán (1998 [2000]), Arroyo Padilla & Villarroel Segarra (2009).
Hierba. Nativa. Zonas Bajas, Andes. Bosque Húmedo, Bosque Semideciduo Chiquitano, Bosque Seco Chaqueño, Yungas, Bosque Tucumano-Boliviano, Valles Secos, 0–500, 1500–2500 m.
Dept.: CH, CO, LP, SC, TA.
Muestra: *S.G. Beck 21846* (LPB, M, US).

Pterocaulon angustifolium DC., Prodr. 5: 454. 1836.
Ref.: Bartoli et al. (2008).
Hierba. Nativa. Andes. Bosque Serrano Chaqueño, 1000–1500 m.
Dept.: SC.
Muestra: *L.R.C. de Michel 178* (LPB, US).

Pterocaulon balansae Chodat, Bull. Herb. Boissier, sér. 2 2: 388. 1902.
Ref.: Bartoli et al. (2008).
Hierba. Nativa. Zonas Bajas. Bosque Semideciduo Chiquitano, 0–500 m.
Dept.: SC.
Muestra: *M.H. Nee 46082* (LPB, MO, NY).

Pterocaulon lanatum Kuntze, Revis. Gen. Pl. 3(3): 169. 1898.
Sin.: *Pterocaulon hassleri* Chodat
Ref.: Foster (1958), Cabrera & Ragonese (1978), Freire (1995).
Hierba. Nativa. Zonas Bajas. Bosque Semideciduo Chiquitano, 500–1000 m.
Dept.: SC.
Muestra: *S.G. Beck 6515* (LPB, SI).

Pterocaulon lorentzii Malme, Bih. Kongl. Svenska Vetensk.-Akad. Handl. 27(3–12): 22. 1901.
Sin.: *Pterocaulon malmeanum* Chodat
Ref.: Foster (1958), Cabrera (1963a), Cabrera & Ragonese (1978), Freire (1995), Cabrera & Freire (1998).
Hierba. Nativa. Zonas Bajas. Bosque Semideciduo Chiquitano, 0–500 m.
Dept.: SC.
Muestra: *E. Werdermann 2602* (LPB, M, MO).

Pterocaulon purpurascens Malme, Bih. Kongl. Svenska Vetensk.-Akad. Handl. 27(3–12): 13. 1901.
Ref.: Foster (1958), Freire (1995).
Hierba. Nativa. Zonas Bajas. Bosque Húmedo, 0–500 m.
Dept.: SC.
Muestra: *A.F. Fuentes 1388* (US, USZ).

Pterocaulon virgatum (L.) DC., Prodr. 5: 454. 1836.
Sin.: *Gnaphalium virgatum* L., *Conyza rugosa* Vahl, *Pterocaulon subvirgatum* Malme, *Pterocaulon rugosum* (Vahl) Malme, *Pterocaulon subspicatum* Malme ex Chodat, *Pterocaulon pilcomayense* Malme
Ref.: Rusby (1893b), Foster (1958), Aristeguieta (1964), Cabrera (1978b), Cabrera & Ragonese (1978), Freire (1995), Cabrera & Freire (1998), Rangel et al. (2000), Serrano & Terán (1998 [2000]), Arroyo Padilla & Villarroel Segarra (2009).
Hierba. Nativa. Zonas Bajas. Bosque Húmedo, Sabanas Benianas del Sur, 0–500 m.
Dept.: BE, CH, LP, SC.
Muestra: *M.H. Nee 34301* (LPB, MO, NY).

Quechualia H. Rob., Proc. Biol. Soc. Wash. 106(4): 780. 1993.
4 especies, 2 especies endémicas.

Quechualia cardenasii (H. Rob.) H. Rob., Proc. Biol. Soc. Wash. 106(4): 783. 1993.
Sin.: *Vernonia cardenasii* H. Rob.
Subarbusto, arbusto. Endémica. Andes. Yungas, 2500–3000 m.
Dept.: CO.
Tipo: *M. Cárdenas 2079* (HT: US).
Nota: Conocida solamente del tipo.

Quechualia fulta (Griseb.) H. Rob., Proc. Biol. Soc. Wash. 106(4): 783. 1993.
Sin.: *Vernonia fulta* Griseb., *Vernonia senecionaefolia* Britton, *Vernonia fulta* fo. *tomentosa* J. Kost.
Ref.: Foster (1958), González et al. (1999), Arroyo Padilla & Villarroel Segarra (2009).
Liana. Nativa. Zonas Bajas, Andes. Bosque Húmedo, Bosque Semideciduo Chiquitano, Yungas, 0–3000 m.
Dept.: BE, LP, SC, TA.
Muestra: *M. Saldias 4722* (US, USZ).

Quechualia smithii H. Rob., Proc. Biol. Soc. Wash. 106(4): 784. 1993.
Trepadora. Endémica. Andes. Yungas, 2000–3000 m.
Dept.: CO, SC.
Tipo y muestra: *D.N. Smith et al. 13451* (HT: US; IT: LPB, MO), *R. Renejal 12* (US).

Quechualia trixioides (Rusby) H. Rob., Proc. Biol. Soc. Wash. 106(4): 783. 1993.
Sin.: *Vernonia trixioides* Rusby
Subarbusto. Nativa. Zonas Bajas, Andes. Bosque Húmedo, Yungas, 500–1500 m.
Dept.: LP.
Tipo y muestra: *M. Bang 1484* (HT: NY; IT: F, GH, MO-2966994, US), *M. Bang 1486* (A, GH).

Raulinoreitzia R.M. King & H. Rob., Phytologia 22(2): 113–114. 1971.
2 especies, 0 especies endémicas.

Raulinoreitzia crenulata (Spreng.) R.M. King & H. Rob., Phytologia 22(2): 114. 1971.
Sin.: *Baccharis crenulata* Spreng., *Eupatorium crenulatum* (Spreng.) Spreng. ex Hieron.
Ref.: Robinson (1920), Foster (1958), Arroyo Padilla & Villarroel Segarra (2009), Wood et al. (2011).
Arbusto. Nativa. Zonas Bajas, Andes. Bosque Húmedo, Campos Cerrados, Sabanas Benianas del Norte, Yungas, Valles Secos, 0–500, 1000–3500 m.
Dept.: BE, LP, SC.
Muestra: *M.A. Lewis 37243* (LPB, MO, US).

Raulinoreitzia tremula (Hook. & Arn.) R.M. King & H. Rob., Phytologia 22(2): 114. 1971.
Sin.: *Eupatorium tremulum* Hook. & Arn.
Ref.: Arroyo Padilla & Villarroel Segarra (2009).
Arbusto. Nativa. Zonas Bajas, Andes. Bosque Húmedo, Bosque Tucumano-Boliviano, 0–500, 1000–1500 m.
Dept.: SC.
Muestra: *J.R. Abbott 16470* (FLAS).

Rhysolepis S.F. Blake, Contr. Gray Herb. 52: 36. 1917.
13 especies, 2 especies endémicas.

Rhysolepis anchusifolia (DC.) H. Rob. & A.J. Moore, Proc. Biol. Soc. Wash. 117(3): 425. 2004.
Sin.: *Leighia anchusifolia* DC., *Leighia dissitifolia* DC., *Leighia immarginata* DC., *Leighia lomatoneura* DC., *Leighia baldwiniana* Nutt., *Leighia stenophylla* Hook. & Arn., *Viguiera stenophylla* (Hook. & Arn.) Griseb., *Viguiera anchusifolia* (DC.) Baker
Ref.: Foster (1958).
Subarbusto. Nativa. Andes. Bosque Serrano Chaqueño, 1000–1500 m.
Dept.: TA.
Muestra: *R.E. Fries 1203* (S).

Rhysolepis australis (S.F. Blake) H. Rob. & A.J. Moore, Proc. Biol. Soc. Wash. 117(3): 425. 2004.
Sin.: *Viguiera australis* S.F. Blake
Ref.: Foster (1958).
Subarbusto, arbusto. Nativa. Andes. Valles Secos, 2500–4000 m.
Dept.: CH, CO, LP, PO, SC.
Muestra: *M.A. Lewis 35360* (LPB, MO, US).

Rhysolepis bishopii (H. Rob.) H. Rob. & A.J. Moore, Proc. Biol. Soc. Wash. 117(3): 426. 2004.
Sin.: *Viguiera bishopii* H. Rob.
Hierba. Endémica. Andes. Valles Secos, 2500–3000 m.
Dept.: CO.
Tipo y muestra: *R.M. King & L.E. Bishop 7574* (HT: US; IT: MO-2615861), *R.M. King & L.E. Bishop 7570* (MO, US).

Rhysolepis emaciata H. Rob. & A.J. Moore, Proc. Biol. Soc. Wash. 117(3): 434. 2004.
Sin.: *Viguiera emaciata* (H. Rob. & A.J. Moore) D.J.N. Hind & Magenta
Ref.: Hind (2008).
Arbusto. Endémica. Andes. Valles Secos, 2000–2500 m.
Dept.: CO.
Tipo: *C. Antezana V. 1276* (HT: US; IT: MO).
Nota: Conocida solamente del tipo.

Rhysolepis fusiformis (S.F. Blake) H. Rob. & A.J. Moore, Proc. Biol. Soc. Wash. 117(3): 426. 2004.
Sin.: *Viguiera fusiformis* S.F. Blake
Ref.: Foster (1958).
Hierba. Nativa. Andes. Yungas, Valles Secos, 1500–4000 m.
Dept.: CH, CO, LP, SC.
Tipo y muestra: *G. Mandon 49* (IT: BM, F, GH, GH frag., K, M, W; fotos: F ex W), *I.G. Vargas 909* (LPB, US, USZ).

Rhysolepis helianthoides (Rich.) H. Rob. & A.J. Moore, Proc. Biol. Soc. Wash. 117(3): 427. 2004.
Sin.: *Sanvitalia helianthoides* Rich., *Helianthus procumbens* Pers., *Viguiera pazensis* Rusby, *Viguiera pflanzii* Perkins, *Viguiera punensis* S.F. Blake, *Encelia soratensis* Rusby, *Viguiera procumbens* (Pers.) S.F. Blake
Ref.: Rusby (1893b), Foster (1958), López Vargas (1995), Saravia Miranda (1996), De la Barra (1997), López (2000), Balderrama & Ramírez (2001).
Subarbusto, arbusto. Nativa. Andes, Altiplano. Yungas, Valles Secos, Puna Húmeda, 1500–4000 m.
Dept.: CH, CO, LP, OR, PO, SC.
Muestra: *J.C. Solomon 15224* (LPB, MO, US).

Rhysolepis incana (Pers.) H. Rob. & A.J. Moore, Proc. Biol. Soc. Wash. 117(3): 427. 2004.
Sin.: *Helianthus incanus* Pers., *Helianthus aureus* Kunth, *Harpalium aureum* (Kunth) Cass., *Viguiera chimboensis* Hieron., *Viguiera aurea* (Kunth) Hieron., *Viguiera lehmannii* Hieron., *Viguiera incana* (Pers.) S.F. Blake
Hierba. Nativa. Zonas Bajas. Bosque Húmedo, 0–500 m.
Dept.: BE.
Muestra: *S. Leigh-Hunt et al. 15* (E, LPB, USZ).

Rhysolepis lanceolata (Britton) H. Rob. & A.J. Moore, Proc. Biol. Soc. Wash. 17(3): 429. 2004.
Sin.: *Viguiera lanceolata* Britton, *Viguiera mandonii* Sch. Bip. ex Rusby, *Helianthus szyszylowiczii* Hieron.
Ref.: Rusby (1893b), Foster (1958), López Vargas (1995), Saravia Miranda (1996), Serrano & Terán (1998 [2000]).
Subarbusto. Nativa. Andes. Yungas, 1500–2500, 3000–3500 m.
Dept.: CH, CO, LP.
Tipo y muestra: *H.H. Rusby 2140* (HT: NY), *J.C. Solomon & M.H. Nee 14282* (MO, US).
Nom. Vern.: Sunchu.

Rhysolepis macrorhiza (Baker) H. Rob. & A.J. Moore, Proc. Biol. Soc. Wash. 117(3): 429. 2004.
Sin.: *Viguiera macrorhiza* Baker
Ref.: Foster (1958).
Hierba. Nativa. Zonas Bajas. Bosque Semideciduo Chiquitano, 0–500 m.
Dept.: SC.
Muestra: *O. Kuntze s.n.* (NY).

Rhysolepis mollis (Griseb.) H. Rob. & A.J. Moore, Proc. Biol. Soc. Wash. 117(3): 429. 2004.
Sin.: *Viguiera mollis* Griseb., *Helianthus argentinus* A.A. Sáenz
Ref.: Saravia Miranda (1996), De la Barra (1997), Serrano & Terán (1998 [2000]).
Arbusto. Nativa. Andes. Bosque Tucumano-Boliviano, Valles Secos, 1500–2000 m.
Dept.: CH, CO, TA.
Muestra: *M. Subieta 167* (LPB, US).
Nom. Vern.: Sunchu.

Rhysolepis retroflexa (S.F. Blake) H. Rob. & A.J. Moore, Proc. Biol. Soc. Wash. 117(3): 431. 2004.
Sin.: *Viguiera retroflexa* S.F. Blake
Ref.: Foster (1958).
Subarbusto. Nativa. Andes. Valles Secos, 1000–1500, 2500–3000 m.
Dept.: CH, LP, PO, TA.
Tipo y muestra: *R. Pearce s.n.* (ST: B, GH frag., K, M; fotos: GH), *G. Torrico & C. Peca 465* (LPB, US).

Rhysolepis squalida (S. Moore) H. Rob. & A.J. Moore, Proc. Biol. Soc. Wash. 117(3): 431. 2004.
Sin.: *Viguiera squalida* S. Moore
Ref.: Wood et al. (2011).
Arbusto. Nativa. Zonas Bajas. Bosque Semideciduo Chiquitano, 500–1000 m.
Dept.: SC.
Muestra: *F. Mamani & A. Jardim 1224* (USZ).

Rhysolepis tucumanensis (Hook. & Arn.) H. Rob. & A.J. Moore, Proc. Biol. Soc. Wash. 117(3): 432. 2004.
Sin.: *Leighia tucumanensis* Hook. & Arn., *Viguiera tucumanensis* (Hook. & Arn.) Griseb., *Viguiera stenophylla* var. *discoidea* Griseb., *Viguiera discoidea* (Griseb.) S.F. Blake, *Viguiera oligodonta* S.F. Blake
Ref.: Saravia Miranda (1996), De la Barra (1997).
Subarbusto. Nativa. Andes. Bosque Tucumano-Boliviano, Valles Secos, 1500–2500 m.
Dept.: CH, CO, TA.
Muestra: *E. Bastian 1123* (LPB, US).
Infra: *Viguiera tucumanensis* var. *oligodonta* (S.F. Blake) Cabrera, *Viguiera tucumanensis* var. *tucumanensis*

Riencourtia Cass., Dict. Sci. Nat. (ed. 2) 45: 466. 1827.
1 especie, 0 especies endémicas.

Riencourtia oblongifolia Gardner, London J. Bot. 7: 287. 1848.
Ref.: Killeen & Schulenberg (1998).
Hierba. Nativa. Zonas Bajas. Campos Cerrados, Sabanas Benianas del Norte, 0–500 m.
Dept.: BE, SC.
Muestra: *E. Gutiérrez C. et al. 484* (MO, USZ).

Rolandra Rottb., Soc. Med. Havn. Collect. 2: 256. 1775.
1 especie, 0 especies endémicas.

Rolandra fruticosa (L.) Kuntze, Revis. Gen. Pl. 1: 360. 1891.
Sin.: *Echinops fruticosus* L.
Subarbusto. Nativa. Zonas Bajas. Bosque Húmedo, 0–500 m.
Dept.: PA.
Muestra: *G. Gonzáles 27* (LPB, US).

Rudbeckia L., Sp. Pl. 2: 906. 1753.
1 especie, 0 especies endémicas.

Rudbeckia laciniata L., Sp. Pl. 2: 906. 1753.
Hierba. Adventicia, cultivada. Zonas Bajas. Campos Cerrados, 0–500 m.
Dept.: SC.
Muestra: *M.H. Nee 38204* (NY).

Salmea DC., Cat. Pl. Horti Monsp. 140. 1813.
1 especie, 0 especies endémicas.

Salmea scandens (L.) DC., Cat. Pl. Horti Monsp. 141. 1813.
Sin.: *Bidens scandens* L.
Ref.: Foster (1958), Moraes R. (1990).
Trepadora. Nativa. Zonas Bajas. Bosque Húmedo, Bosque Semideciduo Chiquitano, Bosque Seco Chaqueño, 0–1000 m.
Dept.: BE, CH, CO, LP, SC, TA.
Muestra: *M.H. Nee 35489* (MO, NY, US).

Sanvitalia Lam., J. Hist. Nat. 2: 176–178, pl. 33. 1792.
1 especie, 0 especies endémicas.

Sanvitalia versicolor Griseb., Abh. Königl. Ges. Wiss. Göttingen 24: 189. 1879.
Ref.: Foster (1958), Serrano & Terán (1998 [2000]).
Hierba. Nativa. Zonas Bajas, Andes. Bosque Seco Chaqueño, Bosque Serrano Chaqueño, Valles Secos, 500–2500 m.
Dept.: CH, CO, SC, TA.
Muestra: *J.C. Solomon & M.H. Nee 17993* (MO).

Schistocarpha Less., Linnaea 6: 409. 1831.
1 especie, 0 especies endémicas.

Schistocarpha eupatorioides (Fenzl) Kuntze, Revis. Gen. Pl. 3(3): 170. 1898.
Sin.: *Neilreichia eupatorioides* Fenzl, *Zycona oppositifolia* Kuntze, *Schistocarpha hoffmannii* Kuntze, *Schistocarpha oppositifolia* (Kuntze) Rydb.
Ref.: Foster (1958).
Hierba. Nativa. Zonas Bajas, Andes. Bosque Húmedo, Bosque Seco Chaqueño, Yungas, Bosque Tucumano-Boliviano, Bosque Serrano Chaqueño, Valles Secos, 0–2000 m.
Dept.: BE, CO, LP, SC, TA.
Muestra: *S.G. Beck 9197* (BOLV, K, LPB, M, NY, S, SI, US).

[Schistocarpha paniculata Klatt], Bull. Soc. Roy. Bot. Belgique 31(1): 210–211. 1892 [1893].
Ref.: Foster (1958).
Nota: El registro se basa en material mal identificado.

Schkuhria Roth, Catal. Bot. 1: 116. 1797.
3 especies, 0 especies endémicas.

Schkuhria degenerica (Kuntze) R.E. Fr., Ark. Bot. 5(13): 22. 1906.
Sin.: *Rothia degenerica* Kuntze
Ref.: Foster (1958), De la Barra (1997), López (2000), Serrano & Terán (1998 [2000]).
Hierba. Nativa. Andes. Valles Secos, 2000–3000 m.
Dept.: CH, CO, TA.
Tipo y muestra: *O. Kuntze s.n.* (HT: NY; IT: B destr.; fotos: F ex B), *M. Bang 966* (GH, MO, NY, US).

Schkuhria multiflora Hook. & Arn., J. Bot. (Hooker) 3(22): 322. 1841.
Sin.: *Schkuhria pusilla* var. *major* Sch. Bip., *Schkuhria pusilla* Wedd., *Rothia intermedia* Kuntze
Ref.: Rusby (1893b), Foster (1958), López (2000), Serrano & Terán (1998 [2000]).
Hierba. Nativa. Andes. Bosque Tucumano-Boliviano, 1500–2000, 3500–4000 m.
Dept.: CH, CO, LP, PO, SC, TA.
Muestra: *J.C. Solomon & M.H. Nee 17985* (MO, US).
Infra: *Schkuhria multiflora* var. *pusilla* (Wedd.) Cabrera

Schkuhria pinnata (Lam.) Kuntze ex Thell., Repert. Spec. Nov. Regni Veg. 11(16/20): 308. 1912.
Sin.: *Pectis pinnata* Lam., *Schkuhria abrotanoides* Roth, *Schkuhria octoaristata* DC.
Ref.: Rusby (1893b), Foster (1958), López Vargas (1995), De la Barra (1997), Serrano & Terán (1998 [2000]), Arroyo Padilla & Villarroel Segarra (2009).
Hierba. Nativa. Andes. Bosque Tucumano-Boliviano, Bosque Serrano Chaqueño, Valles Secos, 1000–1500, 2000–3000, 3500–4000 m.
Dept.: CH, CO, LP, SC.
Muestra: *D. Ugent & M. Cárdenas 4871* (US).
Infra: *Schkuhria pinnata* var. *abrotanoides* (Roth) Cabrera, *Schkuhria pinnata* var. *octoaristata* (DC.) Cabrera
Nom. Vern.: Jayaj pichana, piqui-pichana.

Senecio L., Sp. Pl. 2: 866. 1753.
99 especies, 15 especies endémicas.

Senecio adamantinus Bong., Bull. Sci. Acad. Imp. Sci. Saint-Pétersbourg 5: 97. 1838.
Ref.: Foster (1958).
Hierba. Nativa. Andes. Yungas, 2500–3000 m.
Dept.: SC.
Muestra: *O. Kuntze s.n.* (NY).

Senecio adenophyllus Meyen & Walp., Nov. Actorum Acad. Caes. Leop.-Carol. Nat. Cur. 19(Suppl. 1): 282. 1843.
Sin.: *Senecio adenophyllus* var. *oblongifolius* Wedd., *Senecio adenophyllus* var. *stipulata* Domke
Ref.: Domke (1936), Cabrera (1949c), Foster (1958), Cabrera (1985).
Subarbusto. Nativa. Altiplano. Puna Húmeda, Puna Seca, 3500–>5000 m.
Dept.: LP, OR, PO.
Muestra: *G. Navarro 426* (BOLV, LPB).

Senecio agapatensis Sch. Bip., Bonplandia (Hannover) 4: 52, 55. 1856.
Sin.: *Senecio ayapatensis* Sch. Bip. ex Wedd.
Ref.: Foster (1958), Cabrera (1985).
Hierba. Nativa. Andes, Altiplano. Yungas, Bosque Tucumano-Boliviano, Puna Húmeda, 2000–2500, 3500–4500 m.
Dept.: LP, TA.
Muestra: *S.G. Beck 2076* (LPB, SI).

Senecio algens Wedd., Chlor. Andina 1(3): 104. 1855 [1856].
Ref.: Cabrera (1939b), Cabrera (1949c), Foster (1958), Cabrera (1978a), Cabrera (1985).
Hierba. Nativa. Andes, Altiplano. Valles Secos, Puna Húmeda, Puna Seca, 3000–5000 m.
Dept.: LP, PO.
Tipo y muestra: *d'Orbigny 1405* (HT: P), *A.H. Gentry & J.C. Solomon 44731* (LPB, MO).

Senecio alniphilus Cabrera, Darwiniana 26: 175. 1985.
Ref.: Cabrera (1985), Schulenberg & Awbrey (1997), Serrano & Terán (1998 [2000]).
Arbusto. Nativa. Andes. Bosque Tucumano-Boliviano, Valles Secos, 2000–2500 m.

Dept.: CH, TA.
Tipo y muestra: *S.G. Beck & M. Liberman 9655* (HT: SI; IT: LPB, M), *M. Serrano 746* (LPB, S, US).

Senecio apolobambensis Cabrera, Hickenia 2(4): 14. 1984.
Ref.: Cabrera (1984), Cabrera (1985).
Arbusto. Endémica. Altiplano. Puna Húmeda, 4000–4500 m.
Dept.: LP.
Tipo y muestra: *X. Menhofer 1082* (HT: SI; IT: LPB), *X. Menhofer 2038* (SI).

Senecio aquilaris Cabrera, Notas Mus. La Plata, Bot. 15(75): 74, f. 2. 1950.
Ref.: Cabrera (1950), Cabrera (1978a), Cabrera (1985).
Hierba. Nativa. Altiplano. Puna Húmeda, 4500–5000 m.
Dept.: LP.
Muestra: *E. Jordan 119* (LPB).

Senecio attenuatus Sch. Bip. ex Rusby, Mem. Torrey Bot. Club 3(3): 63–64. 1893.
Ref.: Rusby (1893b), Foster (1958), Cabrera (1985).
Subarbusto. Nativa. Andes, Altiplano. Valles Secos, Puna Seca, 3000–4000 m.
Dept.: LP, PO.
Tipo y muestra: *M. Bang 180* (LT: NY; ILT: K, MO-2965465, US), *S.G. Beck 7837* (LPB, M, S, SI).

Senecio boliviensis Sch. Bip. ex Klatt, Leopoldina 24: 127. 1888.
Sin.: *Senecio pectioides* Rusby
Ref.: Foster (1958), Cabrera (1985), López Vargas (1995).
Hierba. Endémica. Andes, Altiplano. Yungas, Páramo Yungueño, Puna Húmeda, 3000–4500 m.
Dept.: CO, LP.
Tipo y muestra: *G. Mandon 134* (LT: S; ILT: B destr.?, G, GH, K, LP, NY, NY, P, US; fotos: F ex B, F ex G), *S.G. Beck et al. 14572* (LPB, M, S, SI, US, USM).

Senecio brasiliensis (Spreng.) Less., Linnaea 6: 249. 1831.
Sin.: *Cineraria brasiliensis* Spreng., *Senecio tripartitus* DC., *Senecio megapotamicus* H. Buek, *Senecio cannabinifolius* Hook. & Arn.
Ref.: Cabrera (1950), Cabrera (1974a), Cabrera (1985), López Vargas (1995), Saravia Miranda (1996), Arroyo Padilla & Villarroel Segarra (2009).
Hierba. Nativa. Andes. Bosque Tucumano-Boliviano, Valles Secos, 1000–1500 m.
Dept.: CO, SC.
Muestra: *D.M. Spooner et al. 6655* (LPB, TEX, WIS).
Infra: *Senecio brasiliensis* var. *tripartitus* (DC.) Baker
Nom. Vern.: Mayu huaich'a.

Senecio breviscapus DC., Prodr. 6: 418. 1837 [1838].
Sin.: *Senecio chamaecephalus* Wedd., *Senecio wernerioides* Wedd., *Senecio acaulis* Phil., *Werneria cortusifolia* Griseb., *Werneria wernerioides* (Wedd.) Kuntze
Ref.: Cabrera (1939b), Cabrera (1949c), Cabrera (1985).
Hierba. Nativa. Altiplano. Puna Húmeda, 3500–4500 m.
Dept.: CO, LP, TA.
Muestra: *C. Barcena 1* (LPB).

Senecio bridgesii Hook. & Arn., Bot. Beechey Voy. 57. 1832.
Hierba. Nativa. Andes. Valles Secos, 2500–3000 m.
Dept.: TA.
Muestra: *K. Fiebrig 2226* (A, GH).

Senecio burkartii Cabrera, Notas Prelim. Mus. La Plata 3: 111. 1934.
Sin.: *Senecio hygrophilus* Cuatrec.
Ref.: Cabrera (1939b), Cabrera (1985).
Hierba. Nativa. Andes. Yungas, Páramo Yungueño, 3500–4000 m.
Dept.: CO.
Muestra: *J. Steinbach 9564* (GH, K, LIL, MO, S).

Senecio candollei Wedd., Chlor. Andina 1(3): 106. 1855 [1856].
Sin.: *Culcitium humile* DC., *Culcitium glaciale* Meyen & Walp., *Senecio mandonianus* Wedd., *Senecio anacephalus* Griseb., *Senecio glacialis* (Meyen & Walp.) Cuatrec.
Ref.: Cabrera (1939b), Foster (1958), Cabrera (1966), Cabrera (1985), López Vargas (1995), Saravia Miranda (1996).
Hierba. Nativa. Altiplano. Puna Húmeda, Puna Seca, 4000–5000 m.
Dept.: CO, LP, OR, PO.
Tipo y muestra: *T. Haenke s.n.* (HT: G; IT: M; fotos: F ex G, F ex M), *J.C. Solomon 13372* (LPB, MO).
Nota: Tipo de Perú o Bolivia.
Nom. Vern.: Org'o lechugita.

Senecio canescens (Bonpl.) Cuatrec., Fieldiana, Bot. 27: 43. 1950.
Sin.: *Culcitium canescens* Bonpl., *Culcitium canescens* var. *monocephalum* Wedd.
Ref.: Foster (1958), Cabrera (1985), Ministerio de Medio Ambiente y Agua (2012 [2013]).
Hierba. Nativa. Altiplano. Puna Húmeda, 4000–5000 m.
Dept.: LP.
Muestra: *M. Liberman 231* (LPB, M, S, SI, US, USM).
Infra: *Senecio canescens* var. *monocephalus* (Wedd.) Cuatrec.

Senecio chionogeton Wedd., Chlor. Andina 1(3): 91. 1855 [1856].
Ref.: Fuentes Claros et al. (2009).
Hierba. Nativa. Andes. Páramo Yungueño, 3000–3500 m.
Dept.: LP.
Muestra: *C.B. Maldonado et al. 3255* (BOLV, LPB, MO, USZ).

Senecio chodatianus Cuatrec., Collect. Bot. (Barcelona) 3(3): 278. 1953.
Ref.: Cuatrecasas (1953), Foster (1958), Cabrera (1985).
Hierba. Endémica. Andes. Valles Secos, 2500–3000 m.
Dept.: CO.
Tipo y muestra: *M. Cárdenas 3114* (HT: US), *J. Müller 7294* (JE, LPB).

Senecio choroensis Cuatrec., Brittonia 12: 193. 1960.
Ref.: Cuatrecasas (1960), Cabrera (1985).
Hierba. Endémica. Andes, Altiplano. Yungas, Páramo Yungueño, Puna Húmeda, 3000–4500 m.
Dept.: CO, LP.
Tipo y muestra: *W.M.A. Brooke 6156* (HT: NY), *M.A. Lewis 39346A* (LPB, MO).

Senecio chrysolepis Phil., Reise Atacama 206. 1860.
Ref.: Cabrera (1949c), Cabrera (1985).
Subarbusto, arbusto. Nativa. Altiplano. Puna Seca, 4000–5000 m.
Dept.: PO.
Muestra: *V. García E. 1111* (LPB).
Nom. Vern.: Romerillo.

Senecio clarioneifolius J. Rémy, Fl. Chil. 4(2): 156. 1849.
Arbusto. Nativa. Altiplano. Puna Húmeda, Puna Seca, 3500–4000 m.
Dept.: LP, PO.
Muestra: *O. Buchtien 571* (MO).

Senecio clivicola Wedd., Chlor. Andina 1(3): 130. 1855 [1856].
Sin.: *Senecio pampae* Lingelsh., *Senecio pampae* var. *penicillatus* Lingelsh., *Senecio fiebrigianus* Cabrera
Ref.: Rusby (1893b), Cuatrecasas (1935b), Cabrera (1939b), Foster (1958), Cabrera (1978a), Cabrera (1985), López Vargas (1995), Saravia Miranda (1996), Schulenberg & Awbrey (1997), Serrano & Terán (1998 [2000]), Balderrama & Ramírez (2001).

Arbusto. Nativa. Andes, Altiplano. Valles Secos, Puna Húmeda, Puna Seca, 1500–4500 m.
Dept.: CH, CO, LP, OR, PO, TA.
Tipo y muestra: *H.A. Weddell 1854* (LT: P), *S.G. Beck 9041* (LPB, M, S, SI).
Infra: *Senecio clivicola* var. *clivicola*, *Senecio clivicola* var. *pampae* (Lingelsh.) Cabrera
Nom. Vern.: Chama, huaycha (Quechua), maycha.

Senecio cochabambensis Cabrera, Blumea 7: 201. 1952.
Ref.: Foster (1958), Cabrera (1985).
Arbusto. Nativa. Andes, Altiplano. Páramo Yungueño, Puna Húmeda, 3500–4500 m.
Dept.: CO, LP.
Tipo y muestra: *T. Herzog 2093* (HT: L; IT: LP), *M.A. Lewis 37274* (LPB, MO).

Senecio colaminus Cuatrec., Fieldiana, Bot. 27(2): 58. 1951.
Ref.: Foster (1958), Cabrera (1985).
Hierba. Endémica. Andes. Páramo Yungueño, 2500–4000 m.
Dept.: CO.
Tipo: *M. Cárdenas 3654* (HT: US; IT: LIL, SI).
Nota: Conocida solamente del tipo.

Senecio collinus DC., Prodr. 6: 420. 1837 [1838].
Hierba. Nativa. Altiplano. Puna Húmeda, 3500–4000 m.
Dept.: LP.
Muestra: *E.W.D. Holway & M.M. Holway 487* (GH).

Senecio comosus Sch. Bip., Bonplandia (Hannover) 4: 52, 55. 1856.
Sin.: *Senecio culcitioides* Sch. Bip. ex Wedd., *Senecio culcitioides* Sch. Bip., *Senecio comosus* var. *culcitioides* (Sch. Bip.) Cabrera
Ref.: Cuatrecasas (1935b), Foster (1958), Cabrera (1985).
Hierba. Nativa. Andes, Altiplano. Yungas, Puna Húmeda, 3500–4500 m.
Dept.: LP.
Muestra: *S.G. Beck 8431* (BOLV, G, LPB, M, SI, US).
Infra: *Senecio comosus* var. *comosus*, *Senecio comosus* var. *culcitioides* (Sch. Bip.) Cabrera

Senecio crepidifolius DC., Prodr. 6: 425–426. 1837 [1838].
Ref.: Cabrera (1985).
Hierba. Nativa. Andes, Altiplano. Bosque Tucumano-Boliviano, Valles Secos, Puna Húmeda, 1500–4000 m.
Dept.: LP, TA.
Muestra: *R. Ehrich 263* (LPB, M, MO, S, SI, US, USM).

Senecio deferens Griseb., Abh. Königl. Ges. Wiss. Göttingen 19: 193. 1874.
Sin.: *Senecio stenopteris* Griseb.
Ref.: Cabrera (1939b), González et al. (1999).
Hierba. Nativa. Zonas Bajas. Bosque Seco Chaqueño, 0–500 m.
Dept.: SC, TA.
Muestra: *G. Bourdy 1938* (LPB).
Nom. Vern.: Cabopaye (Izoceño y Guaraní), cardo santo.

Senecio divaricoides Cabrera, Fl. Patagónica 8(7): 250. 1971.
Subarbusto. Nativa. Andes. Valles Secos, 1500–2000 m.
Dept.: SC.
Muestra: *P. Acevedo-Rodríguez et al. 4496* (MO).

Senecio dombeyanus DC., Prodr. 6: 418. 1837 [1838].
Ref.: Cabrera (1985).
Hierba. Nativa. Andes. Bosque Tucumano-Boliviano, Valles Secos, 1500–3000 m.
Dept.: CH, CO, SC, TA.
Muestra: *M. Liberman 9672* (LPB, M, S, SI, US, USM).
Nom. Vern.: Lampazo (Español).

Senecio dryophyllus Meyen & Walp., Nov. Actorum Acad. Caes. Leop.-Carol. Nat. Cur. 19(suppl. 1): 283. 1843.
Sin.: *Senecio amphibolus* Wedd., *Senecio socialis* Wedd., *Senecio tarapacanus* Phil., *Senecio subvulgaris* Kuntze, *Senecio amphibolus* var. *socialis* (Wedd.) Cabrera
Ref.: Cabrera (1949c), Foster (1958), Cabrera (1985).
Hierba, subarbusto. Nativa. Altiplano. Puna Húmeda, Puna Seca, 3500–5000 m.
Dept.: LP, OR, PO.
Muestra: *M. Liberman 47* (LPB, M, MO, S, SI, US).
Nom. Vern.: Huaychu-huaychu (Aymara), kory-huaicha (Quechua).

Senecio evacoides Sch. Bip., Bonplandia (Hannover) 4: 52, 55. 1856.
Ref.: Cuatrecasas (1935b), Foster (1958), Cabrera (1985).
Hierba. Nativa. Altiplano. Puna Húmeda, 4000–5000 m.
Dept.: LP.
Muestra: *T. Feuerer 11562* (LPB).

Senecio expansus Wedd., Chlor. Andina 1(3): 107. 1855 [1856].
Ref.: Foster (1958), Cabrera (1966), Cabrera (1985).
Hierba. Nativa. Altiplano. Puna Húmeda, 4000–5000 m.
Dept.: LP.
Tipo y muestra: *d'Orbigny 1418* (HT: P), *X. Menhofer 1338* (LPB, SI).

Senecio filaginoides DC., Prodr. 6: 413. 1837 [1838].
Sin.: *Senecio albicaulis* Hook. & Arn.
Arbusto. Nativa. Andes. Bosque Serrano Chaqueño, 3000–3500 m.
Dept.: TA.
Muestra: *S.G. Beck 23725* (LPB, M).

Senecio formosus Kunth, Nov. Gen. Sp. (folio ed.) 4: 138–139. 1820 [1818].
Ref.: Foster (1958).
Hierba. Nativa. Andes. Yungas, 1500–2000 m.
Dept.: LP.
Muestra: *H.H. Rusby 1672* (NY).
Nota: Determinación dudosa, especie del norte de los Andes.

Senecio grisebachii Baker, Fl. Bras. 6(3): 313. 1884.
Ref.: Cabrera (1947), Cabrera (1950), Arroyo Padilla & Villarroel Segarra (2009).
Trepadora. Nativa. Zonas Bajas, Andes. Bosque Húmedo, Campos Cerrados, Yungas, Bosque Tucumano-Boliviano, Valles Secos, 0–2500 m.
Dept.: CO, SC.
Muestra: *J.L. Clark & E. Rodríguez 6713* (LPB, US).

Senecio hastatifolius Cabrera, Notas Mus. La Plata, Bot. 18(89): 231, f. 11. 1955.
Ref.: Cabrera (1985).
Arbusto. Nativa. Altiplano. Puna Húmeda, 3500–5000 m.
Dept.: LP.
Muestra: *G. Mandon 124* (G, K, P).

Senecio helgae Cabrera, Bol. Soc. Argent. Bot. 15: 336. 1974.
Hierba. Nativa. Altiplano. Puna Seca, 4000–4500 m.
Dept.: PO.
Muestra: *S.G. Beck 27511* (LPB, SI).

Senecio helianthemoides Wedd., Chlor. Andina 1(3): 115. 1855 [1856].
Ref.: Foster (1958), Cabrera (1985).
Subarbusto, arbusto. Nativa. Altiplano. Puna Húmeda, 3500–4500 m.
Dept.: CH, LP.

Tipo y muestra: *d'Orbigny 1186* (HT: P), *S.G. Beck 11285* (LPB).
Nota: Determinación tentativa.

Senecio herrerae Cabrera, Notas Mus. La Plata, Bot. 9: 199. 1944.
Ref.: Cabrera (1985), López Vargas (1995), Saravia Miranda (1996).
Hierba. Nativa. Altiplano. Puna Húmeda, 3500–4000 m.
Dept.: CO, LP.
Muestra: *E. Asplund 2285* (S, US).

Senecio heterotrichius DC., Prodr. 6: 419. 1837 [1838].
Ref.: Foster (1958).
Hierba. Nativa. Andes. Yungas, 3000–3500 m.
Dept.: CO.
Muestra: *O. Kuntze s.n.* (NY).

Senecio hieronymi Griseb., Abh. Königl. Ges. Wiss. Göttingen 24: 205. 1879.
Sin.: *Senecio charaguensis* Cuatrec.
Ref.: Cabrera (1939b), Foster (1958), Cabrera (1978a), Cabrera (1985), Serrano & Terán (1998 [2000]), Arroyo Padilla & Villarroel Segarra (2009).
Hierba, subarbusto. Nativa. Zonas Bajas, Andes, Altiplano. Bosque Húmedo, Yungas, Bosque Tucumano-Boliviano, Puna Húmeda, 500–2000, 2500–4000 m.
Dept.: CH, LP, SC, TA.
Muestra: *S.G. Beck et al. 11636* (G, LPB, M, S, SI, USZ).

Senecio hohenackeri Sch. Bip., Bonplandia (Hannover) 4: 52, 55. 1856.
Sin.: *Senecio hohenackeri* Sch. Bip. ex Wedd., *Senecio antaicochensis* Cuatrec.
Ref.: Weddell (1855 [1855–1857]), Rusby (1907), Foster (1958), Cabrera (1985).
Hierba, subarbusto. Nativa. Altiplano. Puna Húmeda, 3500–4500 m.
Dept.: LP.
Muestra: *S.G. Beck 2892* (BOLV, LPB, M, SI, US).

Senecio hualtata Bertero ex DC., Prodr. 6: 417. 1837 [1838].
Ref.: Fries (1906b), Foster (1958).
Hierba. Nativa. Andes. Valles Secos, 1500–2000 m.
Dept.: TA.
Muestra: *R.E. Fries 1127* (S).
Nota: Tal vez pertenece a *S. smithioides*.

Senecio humillimus Sch. Bip., Bonplandia (Hannover) 4: 52, 55. 1856.
Sin.: *Senecio humillimus* Sch. Bip. ex Wedd., *Senecio humillimus* var. *fruticulosus* Wedd., *Senecio humillimus* var. *melanolepis* Wedd., *Senecio pulviniformis* Hieron.
Ref.: Weddell (1855 [1855–1857]), Cuatrecasas (1935b), Foster (1958), Cabrera (1985).
Hierba. Nativa. Altiplano. Puna Húmeda, Puna Seca, 3000–5000 m.
Dept.: CO, LP, OR, PO, TA.
Muestra: *M. Liberman 821* (LPB, US).

Senecio icoglossus DC., Prodr. 6: 420. 1837 [1838].
Ref.: Foster (1958).
Hierba. Nativa. Andes. Valles Secos, 2000–2500 m.
Dept.: SC.
Muestra: *O. Kuntze s.n.* (NY).
Infra: *Senecio icoglossus* var. *araneosus* DC.

Senecio jarae Phil., Anales Mus. Nac. Santiago de Chile 8: 44. 1891.
Ref.: Cabrera (1939b), Cabrera (1949c), Foster (1958), Cabrera (1985).
Hierba. Nativa. Andes, Altiplano. Valles Secos, Puna Húmeda, 3500–5000 m.
Dept.: CH, OR, PO, TA.
Muestra: *S.G. Beck 17231* (BOLV, G, LPB, M, MO, QCNE, SI, US, USM).

[Senecio klattii Greenm.], Ann. Missouri Bot. Gard. 1: 281, pl. 13. 1914.
Sin.: *Senecio roseus* Klatt
Ref.: Foster (1958).
Nota: El registro se basa en material mal identificado.

Senecio kosterae Cabrera, Blumea 7: 201. 1952.
Ref.: Foster (1958), Cabrera (1985).
Arbusto. Endémica. Andes. Valles Secos, 2500–3000 m.
Dept.: CO, LP.
Tipo y muestra: *T. Herzog 2040* (HT: L; IT: LP, Z), *M.A. Lewis 38482* (LPB, MO, US).

Senecio larecajensis Cabrera, Bol. Soc. Argent. Bot. 10: 32. 1962.
Ref.: Cabrera (1985).
Hierba. Nativa. Andes. Valles Secos, 3000–3500 m.
Dept.: LP.
Tipo: *G. Mandon 137* (HT: K; IT: P).
Nota: Conocida en Bolivia solamente del tipo.

Senecio leuceria Cabrera, Blumea 7: 202. 1952.
Ref.: Foster (1958), Cabrera (1985).
Subarbusto. Endémica. Andes. Valles Secos, 2000–2500 m.
Dept.: SC.
Tipo: *T. Herzog 1908* (HT: L; IT: LP).
Nota: Conocida solamente del tipo.

Senecio loayzanus Cabrera, Hickenia 2(4): 19. 1984.
Ref.: Cabrera (1985).
Hierba. Endémica. Andes. Yungas, 3500–4000 m.
Dept.: LP.
Tipo y muestra: *S.G. Beck 6055* (HT: SI; IT: LPB, M, US), *S.G. Beck 8469* (BOLV, G, LPB, M, NY, S, SI, US, USM).

Senecio lorentzii Griseb., Abh. Königl. Ges. Wiss. Göttingen 19: 193–194. 1874.
Ref.: Cabrera (1939b).
Hierba. Nativa. Andes. Yungas, Bosque Tucumano-Boliviano, 3000–4000 m.
Dept.: LP, TA.
Muestra: *R. Ehrich 552* (LPB, US, USZ).

Senecio melanolepis DC., Prodr. 6: 424. 1837 [1838].
Ref.: Fries (1906b), Foster (1958).
Hierba. Nativa. Andes. Valles Secos, 2000–2500 m.
Dept.: TA.
Muestra: *R.E. Fries 1041* (S).

Senecio mikanioides Otto ex Walp., Allg. Gartenzeitung 13(6): 42. 1845.
Ref.: Cabrera (1949c), Cabrera (1950).
Trepadora. Adventicia. Andes. Yungas, 1500–2000 m.
Dept.: LP.
Muestra: *S.G. Beck 12106* (LPB).

Senecio modestus Wedd., Chlor. Andina 1(3): 105, pl. 18b. 1855 [1856].
Ref.: Foster (1958), Cabrera (1985).
Hierba. Nativa. Altiplano. Páramo Yungueño, Puna Húmeda, 4000–5000 m.
Dept.: LP.
Tipo y muestra: *d'Orbigny 335* (LT: P), *A.F. Fuentes et al. 9965* (LPB, MO).

Senecio neeanus Cuatrec., Fieldiana, Bot. 27: 44. 1950.
Sin.: *Culcitium nivale* var. *neaei* DC., *Culcitium neaei* (DC.) Sch. Bip. ex Wedd.
Ref.: Weddell (1855 [1855–1857]), Cuatrecasas (1950), Foster (1958), Cabrera (1985).
Hierba. Nativa. Altiplano. Puna

Húmeda, Puna Seca, 4000–5000 m.
Dept.: LP, OR, TA.
Muestra: *M. Liberman 811* (CTES, LPB, M, US).

[Senecio nivalis (Kunth) Cuatrec.], Fieldiana, Bot. 27: 44. 1950.
Sin.: *Culcitium nivale* Kunth
Ref.: Foster (1958).
Nota: El registro se basa en material mal identificado de *S. neeanus*.

Senecio nutans Sch. Bip., Bonplandia (Hannover) 4: 51–52, 55. 1856.
Sin.: *Senecio graveolens* Wedd., *Senecio nutans* Sch. Bip. ex Wedd., *Senecio psychrophilus* Wedd., *Senecio graveolens* var. *psiloachaenius* Cabrera
Ref.: Cabrera (1939b), Cabrera (1949c), Foster (1958), Cabrera (1985).
Arbusto. Nativa. Altiplano. Puna Húmeda, Puna Seca, 3500–5000 m.
Dept.: LP, OR, PO.
Muestra: *S.G. Beck 21589* (LPB, S, US).

Senecio octolepis Griseb., Abh. Königl. Ges. Wiss. Göttingen 24: 204. 1879.
Ref.: De la Barra (1997).
Hierba. Nativa. Andes. Yungas, 2500–3000 m.
Dept.: CO.
Muestra: *En. Zurita 423* (BOLV, MO).

Senecio octophyllus Sch. Bip. ex Rusby, Bull. New York Bot. Gard. 4: 393. 1907.
Ref.: Foster (1958), Cabrera (1985).
Subarbusto. Nativa. Altiplano. Puna Húmeda, 3500–4500 m.
Dept.: LP.
Tipo: *M. Bang s.n.* (HT: NY).
Nota: Conocida en Bolivia solamente del tipo.

Senecio otopterus Griseb., Abh. Königl. Ges. Wiss. Göttingen 19: 192. 1874.
Hierba. Nativa. Andes. Valles Secos, 3500–4000 m.
Dept.: TA.
Muestra: *S.G. Beck & N.Y. Paniagua 27402* (LPB).

Senecio pampeanus Cabrera, Revista Mus. La Plata, Secc. Bot. 4: 303. 1941.
Ref.: Adolfo María (1966), Cabrera (1985).
Hierba, subarbusto. Nativa. Andes, Altiplano. Bosque Serrano Chaqueño, Valles Secos, Puna Húmeda, 2000–3500, 4000–4500 m.
Dept.: CH, CO, TA.
Muestra: *S.G. Beck 8868* (LPB, M, S, SI, US, USZ).
Infra: *Senecio pampeanus* fo. *pampeanus*, *Senecio pampeanus* fo. *serratus* Cabrera

Senecio pensilis Greenm., Ann. Missouri Bot. Gard. 25: 813. 1938.
Ref.: Foster (1958), Cabrera (1985).
Subarbusto. Nativa. Andes, Altiplano. Páramo Yungueño, Puna Húmeda, 3500–4500 m.
Dept.: LP.
Tipo y muestra: *R. Pearce s.n.* (HT: K; IT: BM), *S.G. Beck 2074* (LPB, M, S, SI).

Senecio pentapterus Cabrera, Hickenia 1(53): 284. 1982.
Ref.: Cabrera (1985).
Hierba. Nativa. Andes. Yungas, Bosque Tucumano-Boliviano, Valles Secos, 2000–3000 m.
Dept.: CO, LP, SC, TA.
Tipo y muestra: *M. Cárdenas 5296* (HT: LIL), *D.M. Spooner et al. 6725* (LPB, TEX, WIS).

Senecio pentlandianus DC., Prodr. 6: 421. 1837 [1838].
Sin.: *Senecio vallestris* DC.
Ref.: Rusby (1907), Foster (1958), Cabrera (1985).
Hierba. Nativa. Altiplano. Puna Húmeda, 3500–4500 m.
Dept.: LP.
Tipo y muestra: *J.B. Pentland s.n.* (HT: G; fotos: F ex G, GH), *S.G. Beck 7864* (LPB, M, S, SI, US, USM).

Senecio pflanzii (Perkins) Cuatrec., Fieldiana, Bot. 27: 44. 1950.
Sin.: *Culcitium pflanzii* Perkins
Ref.: Foster (1958), Cabrera (1985).
Hierba. Nativa. Altiplano. Puna Húmeda, 4000–4500 m.
Dept.: LP.
Tipo y muestra: *K. Pflanz 235a* (HT: B destr.; fotos: F ex B), *J.C. Solomon 15161* (LPB, MO).

Senecio phylloleptus Cuatrec., Collect. Bot. (Barcelona) 3: 272. 1953.
Ref.: Cabrera (1985).
Arbusto. Nativa. Altiplano. Puna Húmeda, Puna Seca, 3500–4500 m.
Dept.: OR, PO.
Muestra: *S.G. Beck 11801* (LPB, M, NY, S, SI).
Infra: *Senecio phylloleptus* var. *phylloleptus*, *Senecio phylloleptus* var. *pectinatus* Cabrera

Senecio pinnatilobatus Sch. Bip., Bonplandia (Hannover) 4: 52, 55. 1856.
Ref.: Cabrera (1985).
Subarbusto. Nativa. Altiplano. Puna Húmeda, Puna Seca, 4000–5000 m.
Dept.: LP, OR.
Muestra: *E. Asplund 2845* (S, US).

Senecio pongoensis Cuatrec., Fieldiana, Bot. 27: 44. 1950.
Ref.: Foster (1958), Cabrera (1985).
Subarbusto. Nativa. Altiplano. Puna Húmeda, 3500–4500 m.
Dept.: LP.
Tipo y muestra: *H.H. Rusby 16* (HT: NY), *S.G. Beck 4574* (LPB, M, SI, US).

Senecio potosianus Klatt, Abh. Naturf. Ges. Halle 15(2): 331. 1881 [1882].
Sin.: *Senecio attenuatus* var. *microphyllus* Britton, *Senecio clavifolius* Rusby
Ref.: Rusby (1893b), Foster (1958), Cabrera (1985).
Arbusto. Endémica. Andes, Altiplano. Valles Secos, Puna Húmeda, Puna Seca, 3000–4500 m.
Dept.: LP, OR, PO, TA.
Tipo y muestra: *d'Orbigny 1336* (HT: W), *M.H. Nee 34156* (LPB, NY).

Senecio praeruptorum Sch. Bip. ex Klatt, Leopoldina 24: 127. 1888.
Ref.: Foster (1958), Cabrera (1985).
Hierba. Nativa. Andes, Altiplano. Páramo Yungueño, Puna Húmeda, 3000–4000 m.
Dept.: LP.
Tipo y muestra: *G. Mandon 115* (HT: B destr.; LT: S; ILT: G, GH, K, LP, NY, NY, NY, NY, P, US; fotos: F ex B), *S.G. Beck 8425* (LPB, M, S, SI, US).

[Senecio prunifolius Wedd.], Chlor. Andina 1(3): 102. 1855 [1856].
Ref.: Foster (1958).
Nota: El registro se basa en material mal identificado. El tipo es de Colombia, no se ha localizado documentación para Bolivia.

Senecio puchii Phil., Anales Mus. Nac. Santiago de Chile 8: 45. 1891.
Ref.: Cabrera (1985), Cabrera et al. (1999).
Subarbusto. Nativa. Altiplano. Puna Húmeda, Puna Seca, 4000–>5000 m.
Dept.: CO, LP, OR, PO.
Muestra: *G. Navarro 427* (BOLV, LPB).

Senecio quinquelepis Hieron. ex Cabrera, Hickenia 2(4): 19. 1984.
Ref.: Cabrera (1985).

Arbusto. Endémica. Andes. Valles Secos, 2000–2500 m.
Dept.: TA.
Tipo: *K. Fiebrig 3062* (IT: F, G, M, MO, S; fotos: F ex B, MO-1039915).
Nota: Conocida solamente del tipo.

Senecio reicheanus Cabrera, Lilloa 15: 403. 1938.
Ref.: Foster (1958).
Subarbusto. Nativa. Altiplano. Puna Seca, 3500–4000 m.
Dept.: OR.
Muestra: *T. Herzog 2458* (L).

[Senecio repens DC.], Prodr. 6: 423. 1837 [1838].
Ref.: Foster (1958).
Nota: Especie dudosa.

Senecio rhizomatus Rusby, Mem. Torrey Bot. Club 6(1): 66. 1896.
Sin.: *Senecio erosus* Wedd., *Senecio weddellii* Cabrera
Ref.: Foster (1958), Cabrera (1985).
Hierba. Nativa. Andes, Altiplano. Páramo Yungueño, Puna Húmeda, 3000–5000 m.
Dept.: CO, LP.
Tipo y muestra: *M. Bang 1050* (HT: NY; IT: GH, K, MO-2965446, US; fotos: F, US), *S.G. Beck 2940* (LPB, M, S, SI, US).

Senecio rosmarinus Phil., Anales Mus. Nac. Santiago de Chile 1891: 41. 1891.
Ref.: Cabrera et al. (1999).
Hierba. Nativa. Altiplano. Puna Seca, 4000–4500 m.
Dept.: PO.
Muestra: *S.G. Beck 27505* (LPB, SI).

Senecio rudbeckiifolius Meyen & Walp., Nov. Actorum Acad. Caes. Leop.-Carol. German. Nat. Cur. 19(Suppl. 1): 283. 1843.
Ref.: Foster (1958), Cabrera (1985), Serrano & Terán (1998 [2000]).
Subarbusto. Nativa. Andes, Altiplano. Bosque Tucumano-Boliviano, Valles Secos, Puna Húmeda, Puna Seca, 1000–4000 m.
Dept.: CH, CO, LP, PO, SC, TA.
Muestra: *S.G. Beck 6396* (LPB, M, SI, USM).
Infra: *Senecio rudbeckiifolius* fo. *foliangusta* Cuatrec.
Nom. Vern.: Amaicha, huaicha, maicha.

Senecio rufescens DC., Prodr. 6: 413. 1837 [1838].
Sin.: *Culcitium rufescens* Bonpl., *Senecio adenophylloides* Sch. Bip., *Senecio glacialis* var. *adenophylloides* (Sch. Bip.) Perkins, *Senecio austrorufescens* Cuatrec., *Senecio rufescens* (Bonpl.) Cuatrec.
Ref.: Cuatrecasas (1935b), Cabrera (1939b), Cabrera (1949c), Foster (1958), Cabrera (1985).
Arbusto. Nativa. Altiplano. Puna Húmeda, 3500–>5000 m.
Dept.: LP, PO.
Muestra: *J.L. Luteyn et al. 13524* (BOLV, LPB, MO, NY, S, SI).
Nom. Vern.: Khela (Aymara).

Senecio scorzonerifolius Meyen & Walp., Nov. Actorum Acad. Caes. Leop.-Carol. Nat. Cur. 19(Suppl. 1): 282. 1843.
Sin.: *Senecio armeriifolius* Phil.
Ref.: Cabrera (1985).
Hierba. Nativa. Altiplano. Puna Húmeda, Puna Seca, 4000–5000 m.
Dept.: CO, LP, OR, PO.
Muestra: *E. Jordan 61* (LPB, SI).

[Senecio senecioides (Kunth) Kuntze], Revis. Gen. Pl. 3(3): 177. 1898.
Sin.: *Cacalia senecioides* Kunth, *Aetheolaena senecioides* (Kunth) B. Nord.
Ref.: Foster (1958).
Nota: El registro se basa en material mal identificado.

Senecio sepium Sch. Bip. ex Rusby, Bull. New York Bot. Gard. 4: 394. 1907.
Ref.: Foster (1958), Cabrera (1985).
Hierba. Nativa. Andes. Yungas, Valles Secos, 2500–3500 m.
Dept.: LP.
Tipo y muestra: *G. Mandon 133* (LT: NY; ILT: G, K, LP, NY, P, S), *S.G. Beck 11369* (CUZ, LPB, M, S, US, USM).

Senecio serratifolius (Meyen & Walp.) Cuatrec., Fieldiana, Bot. 27(1): 45. 1950.
Sin.: *Culcitium serratifolium* Meyen & Walp., *Senecio cernuus* Phil., *Senecio cernuiflorus* Cabrera
Ref.: Foster (1958), Cabrera (1966), Cabrera (1985).
Hierba. Nativa. Andes, Altiplano. Yungas, Puna Húmeda, 3500–5000 m.
Dept.: LP, PO.
Muestra: *S.G. Beck 1276* (LPB, M, USM).

Senecio sinapoides Rusby, Mem. Torrey Bot. Club 6(1): 65. 1896.
Ref.: Foster (1958), Adolfo María (1966), Cabrera (1985).
Hierba. Endémica. Altiplano. Puna Húmeda, 3500–4000 m.
Dept.: CO, LP.
Tipo y muestra: *M. Bang 1135* (HT: NY; IT: K, MO-2965454, US; fotos: F ex US), *T. Feuerer 8345* (LPB).

[Senecio smithii DC.], Prodr. 6: 412. 1837 [1838].
Sin.: *Cineraria gigantea* Sm.
Ref.: Rusby (1907), Foster (1958).
Nota: El registro se basa en material mal identificado de *S. smithioides*.

Senecio smithioides Cabrera, Hickenia 2(4): 21. 1984.
Ref.: Cabrera (1985).
Hierba. Nativa. Andes, Altiplano. Valles Secos, Puna Húmeda, 3500–4500 m.
Dept.: CO, LP, PO, TA.
Tipo y muestra: *S.G. Beck 2836* (HT: SI; IT: LPB, M, US), *S.G. Beck 7831* (BOLV, LPB, M, S, SI, US, USM).

Senecio soratae Sch. Bip., Linnaea 34: 531. 1865.
Hierba. Endémica. Altiplano. Puna Húmeda, 4500–5000 m.
Dept.: LP.
Tipo: *G. Mandon 138* (T: B).
Nota: Conocida solamente del tipo.

Senecio spinosus DC., Prodr. 6: 420. 1837 [1838].
Ref.: Weddell (1855 [1855–1857]), Cabrera (1985).
Arbusto. Nativa. Andes, Altiplano. Valles Secos, Puna Húmeda, 3000–5000 m.
Dept.: CO, LP, TA.
Muestra: *S.G. Beck 11286* (LPB, MO, QCNE, S, SI, US).
Nom. Vern.: Peque k'ara (Quechua).

Senecio stylotrichus Cabrera, Notas Mus. La Plata, Bot. 15: 107. 1950.
Ref.: Foster (1958), Cabrera (1985).
Hierba. Endémica. Zonas Bajas, Andes. Bosque Semideciduo Chiquitano, Yungas, 500–1500 m.
Dept.: SC.
Tipo y muestra: *J. Steinbach 3363* (HT: LIL), *J.R.I. Wood 3363* (K, LPB, USZ).

Senecio sublutescens Cuatrec., Fieldiana, Bot. 27(2): 68. 1951.
Trepadora. Nativa. Andes. Yungas, Páramo Yungueño, 3500–4000 m.
Dept.: LP.
Muestra: *J.L. Luteyn 13772* (BOLV, LPB, MO, NY, USM).

Senecio subulatus D. Don ex Hook. & Arn., J. Bot. (Hooker) 3: 330. 1841.
Sin.: *Senecio innovans* Klatt
Ref.: Foster (1958), Cabrera (1985).
Arbusto. Nativa. Andes. Valles Secos, 2000–2500 m.
Dept.: PO.

Muestra: *d'Orbigny 1335* (P).
Infra: *Senecio subulatus* var. *salsus* (Griseb.) Cabrera

Senecio sundtii Phil., Anales Univ. Chile 88: 7. 1894.
Hierba. Nativa. Altiplano. Puna Seca, 4000–4500 m.
Dept.: PO.
Muestra: *R. Sánchez 514* (MO).

Senecio tacorensis Cabrera, Bol. Soc. Argent. Bot. 10(1): 38–39. 1962.
Hierba. Nativa. Altiplano. Puna Seca, 4000–4500 m.
Dept.: OR.
Muestra: *X. Menhofer 1522* (F, LPB).

Senecio tarijensis Cabrera, Hickenia 2(4): 23. 1984.
Ref.: Cabrera (1985).
Hierba, subarbusto. Endémica. Andes. Valles Secos, 2000–2500 m.
Dept.: TA.
Tipo: *A. Krapovickas et al. 18850* (HT: LP; IT: CTES).
Nota: Conocida solamente del tipo.

Senecio tenuicaulis Sch. Bip. ex Klatt, Leopoldina 24: 128. 1888.
Ref.: Foster (1958), Cabrera (1985).
Subarbusto. Nativa. Andes. Yungas, 3500–4000 m.
Dept.: LP.
Tipo: *G. Mandon 127* (HT: B destr.; NT: P; INT: G, GH, K, S; fotos: F ex B).
Nota: Conocida en Bolivia solamente del tipo.

Senecio tephrosioides Turcz., Bull. Soc. Imp. Naturalistes Moscou 24(2): 92. 1851.
Sin.: *Senecio subdecurrens* Sch. Bip. ex Wedd.
Ref.: Foster (1958), Cabrera (1985).
Hierba. Nativa. Andes, Altiplano. Páramo Yungueño, Puna Húmeda, 3000–4500 m.
Dept.: LP.
Muestra: *S.G. Beck 19989* (LPB).

Senecio trifurcifolius Hieron., Bot. Jahrb. Syst. 21: 358. 1895.
Ref.: Cabrera (1985).
Nota: Esperada.

Senecio vegetus (Wedd.) Cabrera, Notas Mus. La Plata, Bot. 18: 221. 1955.
Sin.: *Senecio humillimus* var. *vegetus* Wedd., *Senecio vegetus* var. *lobatus* Cabrera
Ref.: Cabrera (1985).
Hierba. Nativa. Altiplano. Puna Húmeda, 4000–5000 m.
Dept.: LP.
Muestra: *J.C. Solomon & J. Kuijt 11501* (LPB, MO).

Senecio violifolius Cabrera, Darwiniana 10: 577. 1954.
Ref.: Cabrera (1985).
Hierba. Nativa. Altiplano. Puna Húmeda, 4500–>5000 m.
Dept.: LP.
Muestra: *X. Menhofer 18* (LPB, S, SI).

Senecio viridilacus Cabrera, Blumea 7: 199. 1952.
Ref.: Foster (1958), Cabrera (1985).
Subarbusto. Endémica. Andes. Yungas, 2500–3000 m.
Dept.: CO, SC.
Tipo y muestra: *T. Herzog 1943* (HT: L; IT: S, Z), *T. Herzog 2024* (L).

Senecio viridis Phil., Anales Mus. Nac. Santiago de Chile 8: 43. 1891.
Ref.: Cabrera (1949c), Cabrera (1985).
Arbusto. Nativa. Altiplano. Puna Seca, 3000–4000 m.
Dept.: OR, PO, TA.
Muestra: *S.G. Beck 21610* (LPB, M, US, USM).
Infra: *Senecio viridis* var. *viridis*

Senecio vulgaris L., Sp. Pl. 2: 867. 1753.
Ref.: Rusby (1893b), Foster (1958), Cabrera (1971a), Cabrera (1974a), Cabrera (1985).
Hierba. Naturalizada. Andes, Altiplano. Yungas, Valles Secos, Puna Húmeda, 2500–5000 m.
Dept.: CO, LP, OR, PO.
Muestra: *C. Antezana V. 58* (BOLV, LPB).

Senecio wedglacialis Cuatrec., Fieldiana, Bot. 27: 45. 1950.
Sin.: *Senecio glacialis* Wedd.
Ref.: Cuatrecasas (1951a), Cabrera (1985).
Arbusto. Nativa. Altiplano. Puna Húmeda, 3500–5000 m.
Dept.: LP.
Tipo y muestra: *H.A. Weddell 1851* (LT: P), *S.G. Beck 8421* (BOLV, CTES, K, LPB, M, MO, QCNE, S, SI).

Senecio yunguyensis Cuatrec., Collect. Bot. (Barcelona) 3: 279. 1953.
Hierba. Nativa. Altiplano. Puna Húmeda, 3500–4500 m.
Dept.: LP.
Muestra: *J. Cañigueral 382* (LPB).

[Senecio yurensis Rusby], Bull. New York Bot. Gard. 8(28): 133–134. 1912.
Ref.: Foster (1958).
Nota: Especie dudosa. Los sintipos son de Yura, Arequipa, Perú.

Senecio zoellneri Martic. & Quezada, Bol. Soc. Biol. Concepción 48: 102, f. 1974.
Sin.: *Culcitium albifolium* Zöllner
Ref.: Cabrera (1985).
Hierba. Nativa. Altiplano. Puna Húmeda, 4500–5000 m.
Dept.: LP.
Muestra: *N. Salinas et al. 3289* (LPB).
Nota: Determinación tentativa.

Sigesbeckia L., Sp. Pl. 2: 900. 1753.
3 especies, 0 especies endémicas.

Sigesbeckia flosculosa L'Hér., Stirp. Nov. 2: 37–38, t. 19. 1784 [1785–1786].
Ref.: Foster (1958), Robinson (1999a).
Hierba. Nativa. Andes. Yungas, 2500–3000 m.
Dept.: CO.
Muestra: *O. Kuntze s.n.* (NY).

Sigesbeckia jorullensis Kunth, Nov. Gen. Sp. (folio ed.) 4: 223. 1820 [1818].
Sin.: *Sigesbeckia cordifolia* Kunth, *Sigesbeckia mandonii* Sch. Bip., *Sigesbeckia melanolepsis* Sch. Bip.
Ref.: Schulenberg & Awbrey (1997), Serrano & Terán (1998 [2000]).
Hierba. Nativa. Andes. Yungas, 1000–1500, 2000–3500 m.
Dept.: CH, CO, LP, TA.
Muestra: *J.C. Solomon 17881* (MO).

[Sigesbeckia orientalis L.], Sp. Pl. 2: 900. 1753.
Ref.: Foster (1958).
Nota: El registro se basa en material mal identificado de *S. jorullensis*. Nativa de Asia y Madagascar.

Sigesbeckia serrata DC., Prodr. 5: 496. 1836.
Hierba. Nativa. Andes. Yungas, 1500–2500 m.
Dept.: LP, SC.
Muestra: *R.M. King & L.E. Bishop 7458* (MO, US).

Silybum Vaill., Konigl. Akad. Wiss. Paris Phys. Abh. 5: 173, 605. 1754.
1 especie, 0 especies endémicas.

Silybum marianum (L.) Gaertn., Fruct. Sem. Pl. 2(3): 378. 1791.
Sin.: *Carduus marianus* L.
Hierba. Adventicia. Andes. Yungas, 1500–2000 m.
Dept.: LP.
Muestra: *E. García 782* (LPB).

Simsia Pers., Syn. Pl. 2: 478. 1807.
1 especie, 0 especies endémicas.

Simsia dombeyana DC., Prodr. 5: 578. 1836.
Sin.: *Encelia hirsuta* Kuntze
Ref.: Foster (1958).
Hierba. Nativa. Andes. Valles Secos, 1500–2500 m.
Dept.: CH, CO, SC, TA.
Muestra: *S.G. Beck et al. 26208* (LPB, US).

Smallanthus Mack., Man. S.E. Fl. 1406, 1509. 1933.
6 especies, 0 especies endémicas.

Smallanthus connatus (Spreng.) H. Rob., Phytologia 39: 49. 1978.
Sin.: *Gymnolomia connatum* Spreng., *Polymnia silphioides* DC., *Polymnia macroscypha* Baker, *Polymnia connata* (Spreng.) S.F. Blake, *Smallanthus macroscyphus* (Baker) A. Grau
Ref.: De la Barra (1997).
Subarbusto. Nativa. Andes. Bosque Tucumano-Boliviano, Valles Secos, 1000–1500 m.
Dept.: CH, SC, TA.
Muestra: *R. Ehrich 426* (LPB, S, SI, US, USZ).

Smallanthus glabratus (DC.) H. Rob., Phytologia 39(1): 49. 1978.
Sin.: *Polymnia glabrata* DC.
Ref.: Foster (1958).
Arbusto. Nativa. Andes. Yungas, 1500–3000 m.
Dept.: LP.
Muestra: *A.F. Fuentes et al. 10065* (BOLV, CTES, LPB, MO, USZ).

Smallanthus parviceps (S.F. Blake) H. Rob., Phytologia 39: 51. 1978.
Sin.: *Polymnia parviceps* S.F. Blake
Ref.: Wells (1965), Valenzuela Celis (1993b).
Arbusto. Nativa. Andes. Yungas, 1500–3000 m.
Dept.: LP.
Muestra: *J.C. Solomon 18921* (LPB, MO, US).

Smallanthus riparius (Kunth) H. Rob., Phytologia 39(1): 51. 1978.
Sin.: *Polymnia riparia* Kunth
Ref.: Wells (1965).
Dept.: LP, OR.
Nota: Wells (1965) reporta LP y OR. No hay muestras al sur de Ecuador.

Smallanthus siegesbeckia (DC.) H. Rob., Phytologia 39: 51. 1978.
Sin.: *Polymnia siegesbeckia* DC.
Ref.: Foster (1958), Wells (1965).
Hierba. Nativa. Andes. Yungas, 1000–2000 m.
Dept.: LP, SC.
Muestra: *J.C. Solomon 4842* (MO).

Smallanthus sonchifolius (Poepp.) H. Rob., Phytologia 39: 51. 1978.
Sin.: *Polymnia sonchifolia* Poepp., *Polymnia edulis* Wedd.
Ref.: Foster (1958), Wells (1965).
Subarbusto. Nativa, cultivada. Zonas Bajas, Andes. Bosque Húmedo, Yungas, Bosque Tucumano-Boliviano, 500–1500, 2000–3500 m.
Dept.: CO, LP, SC, TA.
Muestra: *M. Bang 1229* (GH, MO, NY, US).
Nom. Vern.: Aricoma (Aymara), Llanchou, Yacon (Quechua).

Solidago L., Sp. Pl. 2: 878. 1753.
3 especies, 0 especies endémicas.

Solidago argentinensis López Laphitz, Rita María & Semple, Novon 21(2): 223. 2011.
Hierba. Nativa. Andes. Yungas, 2500–3000 m.
Dept.: CO.
Muestra: *J. Steinbach 8795* (GH, MO, UC).

Solidago chilensis Meyen, Reise Erde 1: 311. 1834.
Sin.: *Solidago linearifolia* DC., *Solidago microglossa* var. *linearifolia* (DC.) Baker, *Solidago linearifolia* var. *brachypoda* Speg.
Ref.: Cabrera (1971b), Cabrera (1978a), Jiménez (1984), Serrano & Terán (1998 [2000]).
Hierba, subarbusto. Nativa. Zonas Bajas, Andes. Bosque Húmedo, Bosque Semideciduo Chiquitano, Yungas, Valles Secos, 0–3000 m.
Dept.: CH, CO, LP, SC, TA.
Muestra: *S.G. Beck 22479* (CTES, G, LPB, M, S, US).
Infra: *Solidago chilensis* var. *chilensis*, *Solidago chilensis* var. *megapotamica* (DC.) Cabrera

[Solidago microglossa DC.], Prodr. 5: 332. 1836.
Ref.: Fries (1906b), Foster (1958).
Nota: El registro se basa en material mal identificado de *S. chilensis*.

Solidago polyglossa DC., Prodr. 5: 332. 1836.
Ref.: Rusby (1893b), Foster (1958).
Hierba. Nativa. Andes. Yungas, Valles Secos, 1000–2000 m.
Dept.: LP.
Muestra: *M. Bang 449* (GH, MO).

Soliva Ruiz & Pav., Fl. Peruv. Prodr. 113, pl. 24. 1794.
2 especies, 0 especies endémicas.

Soliva sessilis Ruiz & Pav., Fl. Peruv. Prodr. 113, pl. 24. 1794.
Sin.: *Gymnostyles pterosperma* Juss., *Gymnostyles alata* Spreng., *Soliva pterosperma* (Juss.) Less., *Soliva alata* (Spreng.) DC., *Soliva neglecta* Cabrera
Ref.: Cabrera (1978a).
Hierba. Nativa, Adventicia. Andes, Altiplano. Yungas, Puna Húmeda, 3000–4500 m.
Dept.: LP.
Muestra: *J.C. Solomon 9763* (MO).

Soliva stolonifera (Brot.) Sweet, Hort. Brit. 243. 1826.
Sin.: *Hippia stolonifera* Brot., *Gymnostyles stolonifera* (Brot.) Tutin
Hierba. Adventicia. Altiplano. Puna Húmeda, 3500–4000 m.
Dept.: LP.
Muestra: *S.G. Beck 8808* (LPB, M, S, SAAR, US).

Sonchus L., Sp. Pl. 2: 793. 1753.
2 especies, 0 especies endémicas.

Sonchus asper (L.) Hill, Herb. Brit. 1: 47. 1769.
Sin.: *Sonchus oleraceus* var. *asper* L., *Sonchus asper* (L.) Vill.
Ref.: Rusby (1893b), Foster (1958), De la Barra (1997).
Hierba. Adventicia. Andes, Altiplano. Yungas, Valles Secos, Puna Húmeda, 2500–4000 m.
Dept.: CO, LP, OR.
Muestra: *N. de la Barra 724* (BOLV).

Sonchus oleraceus L., Sp. Pl. 2: 794. 1753.
Ref.: Foster (1958), Adolfo María (1966), Moraes R. (1990), López Vargas (1995), Serrano & Terán (1998 [2000]).
Hierba. Adventicia. Zonas Bajas, Andes. Campos Cerrados, Yungas, Valles Secos, 0–500, 2000–4000 m.
Dept.: CH, CO, LP, SC, TA.
Muestra: *M. Moraes R. 327* (LPB).
Nom. Vern.: K'ana leche-leche.

Sphaereupatorium (O. Hoffm.) Kuntze ex B.L. Rob., Contr. Gray Herb. 61: 24. 1920.
1 especie, 0 especies endémicas.

Sphaereupatorium scandens (Gardner) R.M. King & H. Rob., Phytologia 53: 392. 1983.
Sin.: *Conoclinium scandens* Gardner, *Eupatorium sphaerocephalum* Sch.

Bip., *Eupatorium hoffmannii* Kuntze, *Sphaereupatorium hoffmannii* (Kuntze) B.L. Rob.
Subarbusto. Nativa. Zonas Bajas. Campos Cerrados, 0–500 m.
Dept.: SC.
Muestra: *O. Kuntze s.n.* (NY).

Sphagneticola O. Hoffm., Notizbl. Königl. Bot. Gart. Berlin 3(22): 36. 1900.

2 especies, 0 especies endémicas.

Sphagneticola brachycarpa (Baker) Pruski, Novon 6(4): 411. 1996.
Sin.: *Wedelia brachycarpa* Baker
Ref.: Foster (1958), Pruski (1996b).
Hierba. Nativa. Zonas Bajas. Campos Cerrados, Sabanas Benianas del Norte, Sabanas Benianas del Sur, 0–500 m.
Dept.: BE, SC.
Muestra: *M.H. Nee 34612* (NY).

Sphagneticola trilobata (L.) Pruski, Mem. New York Bot. Gard. 87: 114. 1996.
Sin.: *Silphium trilobatum* L., *Acmella brasiliensis* Spreng., *Wedelia trilobata* (L.) Hitchc., *Wedelia brasiliensis* (Spreng.) S.F. Blake
Hierba. Nativa. Zonas Bajas. Bosque Húmedo, Bosque Semideciduo Chiquitano, 0–500 m.
Dept.: BE, PA, SC.
Muestra: *M.H. Nee 42286* (LPB, NY).
Nom. Vern.: Pegapinto.

Spilanthes Jacq., Enum. Syst. Pl. 8, 28. 1760.

1 especie, 0 especies endémicas.

[Spilanthes acmella (L.) L.], Syst. Veg. (ed. 13) 610. 1774.
Ref.: Foster (1958).
Nota: El registro se basa en material mal identificado de *Achmella ciliata*.

[Spilanthes alpestris Griseb.], Abh. Königl. Ges. Wiss. Göttingen 19: 185. 1874.
Ref.: López Vargas (1995).
Nota: El registro se basa en material mal identificado de *Achmella* sp.

Spilanthes nervosa Chodat, Bull. Herb. Boissier, sér. 2 3: 724. 1903.
Ref.: Killeen & Schulenberg (1998).
Hierba. Nativa. Zonas Bajas. Campos Cerrados, Sabanas Benianas del Norte, 0–500 m.
Dept.: BE, SC.
Muestra: *A. Soto et al. 325* (US, USZ).

[Spilanthes oppositifolia (Lam.) D'Arcy], Ann. Missouri Bot. Gard. 62(4): 1143. 1975 [1976].
Sin.: *Acmella oppositifolia* var. *oppositifolia*, *Anthemis oppositifolia* Lam., *Acmella mutisii* Cass., *Acmella oppositifolia* (Lam.) R.K. Jansen
Ref.: Jansen (1985), González et al. (1999), Serrano & Terán (1998 [2000]).
Nota: El registro se basa en material mal identificado de *Achmella* sp.

Stachycephalum Sch. Bip. ex Benth., Hooker's Icon. Pl. t. 1102. 1872.

1 especie, 0 especies endémicas.

Stachycephalum argentinum Griseb., Abh. Königl. Ges. Wiss. Göttingen 24: 188. 1879.
Ref.: González et al. (1999).
Hierba. Nativa. Región, tipo de vegetación y elevación desconocidas.
Dept.: TA.

Stenocephalum Sch. Bip., Jahresber. Pollichia 20–21: 385–386. 1863.

1 especie, 0 especies endémicas.

Stenocephalum apiculatum (Mart. ex DC.) Sch. Bip., Jahresber. Pollichia 20–21: 387. 1863.
Sin.: *Vernonia apiculata* Mart. ex DC.
Ref.: Foster (1958).
Hierba. Nativa. Andes. Yungas, 1500–2000 m.
Dept.: LP.
Muestra: *M. Bang 2166* (GH, NY, US).

Stephanbeckia H. Rob. & V.A. Funk, Brittonia 63: 78, f. 1,2. 2011.

1 especie, 1 especie endémica.

Stephanbeckia plumosa H. Rob. & V.A. Funk, Brittonia 63(1): 78, f. 1, 2. 2011.
Hierba. Endémica. Andes. Valles Secos, 2500–3000 m.
Dept.: PO, TA.
Tipo y muestra: *S.G. Beck & N.Y. Paniagua 27047* (HT: US; IT: LPB), *S.G. Beck 33921* (LPB, US).

Stevia Cav., Icon. 4(1): 32, pl. 354. 1797.

58 especies, 34 especies endémicas.

Stevia achalensis Hieron., Bot. Jahrb. Syst. 22: 712. 1897.
Hierba. Nativa. Andes. Bosque Tucumano-Boliviano, Valles Secos, 2000–2500 m.
Dept.: CH.
Muestra: *M. Serrano 658* (HSB, LPB, US).

Stevia beckii R.M. King & H. Rob., Phytologia 51: 173. 1982.
Hierba. Endémica. Andes. Valles Secos, 1500–2000 m.
Dept.: SC.
Tipo: *S.G. Beck 6777* (HT: US; IT: LPB, M).
Nota: Conocida solamente del tipo.

Stevia benderi Perkins, Bot. Jahrb. Syst. 49: 221. 1913.
Ref.: Foster (1958).
Hierba. Endémica. Andes, Altiplano. Valles Secos, Puna Seca, 3000–4000 m.
Dept.: PO.
Tipo y muestra: *H. Bender 24* (HT: B destr.; IT: GH; fotos: F, GH), *M. Cárdenas 480* (GH).
Infra: *Stevia benderi* var. *cardenasii* B.L. Rob.

Stevia bermejensis Hieron., Bot. Jahrb. Syst. 40: 361. 1908.
Ref.: Foster (1958).
Hierba. Endémica. Andes. Bosque Serrano Chaqueño, Valles Secos, 1000–2000 m.
Dept.: TA.
Tipo y muestra: *K. Fiebrig 2326* (T: B destr., GH), *J.C. Solomon 10151* (MO).

Stevia boliviensis Sch. Bip. ex Griseb., Abh. Königl. Ges. Wiss. Göttingen 24: 166. 1879.
Sin.: *Stevia brevipapposa* Hieron., *Stevia schultzii* Hieron.
Ref.: Rusby (1893b), Foster (1958), Serrano & Terán (1998 [2000]), Arroyo Padilla & Villarroel Segarra (2009).
Hierba. Nativa. Andes, Altiplano. Yungas, Valles Secos, Puna Húmeda, 1000–5000 m.
Dept.: CH, CO, LP, PO, SC.
Tipo y muestra: *M. Bang 260* (IT: GH, MO, MO-131193), *J.C. Solomon 13679* (LPB, MO, US).

Stevia breviaristata Hook. & Arn., Companion Bot. Mag. 1: 238. 1835.
Hierba. Nativa. Andes. Valles Secos, 1500–2000, 2500–3000 m.
Dept.: SC, TA.
Muestra: *E. Bastian 483* (LPB, US).

Stevia bridgesii Rusby, Bull. New York Bot. Gard. 4: 377. 1907.
Ref.: Foster (1958).
Hierba. Endémica. Andes. Valles Secos, 2000–2500 m.
Dept.: CO.
Tipo y muestra: *M. Bang 2047* (HT: NY; IT: GH frag. ex NY, NY, US; fotos: GH), *E. Thomas 379B* (LPB).

Stevia calderillensis Hieron., Bot. Jahrb. Syst. 40: 356. 1908.
Ref.: Foster (1958), Schulenberg & Awbrey (1997), Serrano & Terán (1998 [2000]).
Hierba. Endémica. Andes. Bosque Tucumano-Boliviano, Bosque Serrano Chaqueño, Valles Secos, 2000–2500, 3000–3500 m.
Dept.: CH, TA.
Tipo y muestra: *K. Fiebrig 2959* (HT: B destr.; IT: GH frag. ex B; fotos: F ex B, GH), *M. Serrano 949* (HSB, LPB, SI, US).

Stevia camachensis Hieron., Bot. Jahrb. Syst. 40: 359. 1908.
Ref.: Foster (1958).
Hierba. Endémica. Andes. Bosque Tucumano-Boliviano, 2500–3000 m.
Dept.: TA.
Tipo y muestra: *K. Fiebrig 2868a* p.p. (T: A, GH), *R. Ehrich 177* (LPB, US).

Stevia cardiatica Perkins, Bot. Jahrb. Syst. 49: 222. 1913.
Ref.: Foster (1958).
Hierba. Endémica. Andes, Altiplano. Valles Secos, Puna Seca, 3000–4000 m.
Dept.: PO.
Tipo: *H. Bender 22* (HT: B destr.; IT: GH frag. ex B; fotos: F, GH).
Nota: Conocida solamente del tipo.

Stevia chacoensis R.E. Fr., Ark. Bot. 5(13): 7. 1906.
Ref.: Foster (1958).
Hierba. Endémica. Zonas Bajas. Bosque Seco Chaqueño, 0–500 m.
Dept.: TA.
Tipo: *R.E. Fries 1388* (HT: S; IT: GH frag., US; fotos: GH).
Nota: Conocida solamente del tipo.

Stevia chamaedrys Griseb., Abh. Königl. Ges. Wiss. Göttingen 24: 167. 1879.
Ref.: Foster (1958), López Vargas (1995), Saravia Miranda (1996).
Hierba. Nativa. Andes. Yungas, Valles Secos, 2500–3000 m.
Dept.: CO.
Muestra: *A. López & E.F. Saravia 307* (LPB, US).

Stevia clivicola B.L. Rob., Contr. Gray Herb. 100: 4. 1932.
Ref.: Foster (1958).
Hierba. Endémica. Andes, Altiplano. Yungas, Puna Húmeda, 3000–4000 m.
Dept.: CO, LP.
Tipo y muestra: *G. Mandon 243* p.p. (HT: GH; IT: GH), *M. Mercado 2170* (NY).

Stevia cochabambensis Hieron., Bot. Jahrb. Syst. 22: 726. 1897.
Ref.: Foster (1958).
Hierba. Endémica. Andes. Yungas, Valles Secos, 3000–4000 m.
Dept.: CO, LP.
Tipo y muestra: *O. Kuntze s.n.* (HT: B destr.; IT: NY; fotos: F ex B, GH), *S.G. Beck 21758* (LPB, US).

[Stevia compacta Benth.], Pl. Hartw. 197. 1845.
Ref.: Rusby (1893b).
Nota: El registro se basa en material mal identificado de *S. bangii*.

Stevia copiosa J. Kost., Blumea 5: 645. 1945.
Ref.: Foster (1958).
Hierba. Endémica. Andes. Valles Secos, 1500–2000 m.
Dept.: LP.
Tipo: *T. Herzog 1800* (HT: L).
Nota: Conocida solamente del tipo.

Stevia discolor B.L. Rob., Contr. Gray Herb. 100: 5. 1932.
Ref.: Foster (1958).
Hierba. Endémica. Andes. Valles Secos, 2500–3500 m.
Dept.: CO, LP, SC.
Tipo y muestra: *G. Mandon 242* p.p. (HT: GH; IT: B destr., GH), *P. Acevedo-Rodríguez 6584* (LPB, US).

Stevia eclipes B.L. Rob., Contr. Gray Herb. 96: 5. 1931.
Ref.: Foster (1958).
Hierba. Endémica. Andes. Valles Secos, 2000–2500 m.
Dept.: TA.
Tipo y muestra: *K. Fiebrig 3126* (HT: GH; IT: F, GH, MO, MO-897755, US), *R. Kiesling 3779* (LPB, SI).

Stevia effusa Hieron., Bot. Jahrb. Syst. 22: 710. 1897.
Arbusto. Nativa. Región, tipo de vegetación y elevación desconocidas.
Dept.: CO.
Muestra: *E. Fernández T. & J.P. Altamirano 3257* (BOLV, LPB, MO).

[Stevia elatior Kunth], Nov. Gen. Sp. (folio ed.) 4: 113. 1820 [1818].
Ref.: Foster (1958).
Nota: El registro se basa en material mal identificado.

Stevia fiebrigii Hieron., Bot. Jahrb. Syst. 40: 365. 1908.
Ref.: Foster (1958), De la Barra (1997), Serrano & Terán (1998 [2000]).
Hierba. Nativa. Andes. Bosque Tucumano-Boliviano, Valles Secos, 1500–2000 m.
Dept.: CH, CO, SC, TA.
Tipo y muestra: *K. Fiebrig 2330a* (HT: B; fotos: F ex B, GH ex B), *R. Pearce s.n.* (K).

Stevia filipes Rusby, Bull. New York Bot. Gard. 8(28): 126. 1912.
Ref.: Foster (1958), Arroyo Padilla & Villarroel Segarra (2009).
Hierba. Endémica. Andes. Yungas, Valles Secos, 1000–2000 m.
Dept.: LP, SC.
Tipo y muestra: *R.S. Williams 124* (HT: NY; IT: GH frag., US; fotos: GH), *M.H. Nee 50421* (LPB, NY, USZ).

Stevia fruticosa Griseb., Abh. Königl. Ges. Wiss. Göttingen 24: 167. 1879.
Ref.: Foster (1958), Schulenberg & Awbrey (1997), Serrano & Terán (1998 [2000]).
Hierba, subarbusto. Nativa. Andes. Bosque Tucumano-Boliviano, Valles Secos, 1500–2500 m.
Dept.: CH, SC, TA.
Muestra: *B. Holst et al. 4720* (US, USZ).

Stevia galeopsidifolia Hieron., Bot. Jahrb. Syst. 22: 719. 1897.
Ref.: Foster (1958).
Hierba. Nativa. Andes. Valles Secos, 1500–2000, 3500–4000 m.
Dept.: CO.
Tipo y muestra: *O. Kuntze s.n.* (HT: NY; IT: GH frag.; fotos: GH), *C. Antezana V. 1115* (BOLV, MO, US).

Stevia glanduloso-pubescens Hieron., Bot. Jahrb. Syst. 40: 360. 1908.
Ref.: Foster (1958), Serrano & Terán (1998 [2000]), Ministerio de Medio Ambiente y Agua (2012 [2013]).
Hierba. Endémica. Andes. Valles Secos, 2000–2500 m.
Dept.: CH, TA.
Tipo y muestra: *K. Fiebrig 3486* (HT: B; IT: GH; fotos: F, GH), *E. Bastian 1341* (LPB, US).

Stevia glomerata Hieron., Bot. Jahrb. Syst. 40: 357. 1908.
Ref.: Foster (1958).
Hierba. Endémica. Andes. Valles Secos, 2500–3000, 3500–4000 m.
Dept.: CO, TA.
Tipo: *K. Fiebrig 2868a* p.p. (HT: B destr.?; fotos: F ex B, GH ex B).
Nota: Conocida solamente del tipo.

Stevia grisebachiana Hieron., Bot. Jahrb. Syst. 22: 716. 1897.
Ref.: Schulenberg & Awbrey (1997), Serrano & Terán (1998 [2000]).
Hierba. Nativa. Andes. Bosque Tucumano-Boliviano, Valles Secos,

1000–1500, 2000–3500 m.
Dept.: CH, SC, TA.
Muestra: *M. Liberman et al. 1950* (LPB, M, MO, SI, US).

Stevia jujuyensis Cabrera, Bol. Soc. Argent. Bot. 15: 322. 1974.
Ref.: Serrano & Terán (1998 [2000]).
Hierba. Nativa. Andes. Bosque Tucumano-Boliviano, Valles Secos, 2000–2500 m.
Dept.: CH.
Muestra: *S.G. Beck 6265* (LPB, US).

Stevia kuhnioides Rusby ex B.L. Rob., Contr. Gray Herb. 96: 7. 1931.
Ref.: Foster (1958).
Hierba. Endémica. Andes. Yungas, Páramo Yungueño, 2500–3500 m.
Dept.: CO, LP.
Tipo y muestra: *G.H.H. Tate 870* (HT: NY; IT: GH, NY; fotos: GH), *J.C. Solomon & M.H. Nee 18076* (MO).

Stevia kuntzei Hieron., Bot. Jahrb. Syst. 22: 733. 1897.
Ref.: Foster (1958), De la Barra (1997).
Hierba. Endémica. Andes. Yungas, Valles Secos, 2500–3000 m.
Dept.: CO.
Tipo y muestra: *O. Kuntze s.n.* (HT: B destr.; IT: GH frag. ex NY, NY; fotos: F ex B, GH), *N. de la Barra 227* (BOLV).

Stevia lilloi B.L. Rob., Contr. Gray Herb. 90: 14. 1930.
Ref.: Serrano & Terán (1998 [2000]).
Hierba. Nativa. Andes. Bosque Tucumano-Boliviano, 2000–2500 m.
Dept.: CH, TA.
Muestra: *J.C. Solomon 10329* (MO, US).

Stevia macbridei B.L. Rob., Contr. Gray Herb. 96: 9. 1931.
Sin.: *Stevia macbridei* var. *anomala* B.L. Rob.
Hierba. Nativa. Andes. Valles Secos, 2500–3000 m.
Dept.: CO.
Muestra: *R.F. Steinbach 5* (MO).

Stevia maimarensis (Hieron.) Cabrera, Fl. Prov. Jujuy 10: 81. 1978.
Sin.: *Stevia satureifolia* var. *maimarensis* Hieron., *Stevia mercedensis* var. *glanditecta* B.L. Rob.
Ref.: López Vargas (1995), Saravia Miranda (1996).
Hierba. Nativa. Andes. Yungas, Valles Secos, 1500–4000 m.
Dept.: CO, LP, OR, PO, SC, TA.
Muestra: *M.A. Lewis 35373* (LPB, MO, US).

Stevia mandonii Sch. Bip., Linnaea 34: 535. 1865.
Sin.: *Stevia mandonii* Sch. Bip. ex B.L. Rob.
Ref.: Foster (1958), López Vargas (1995), Serrano & Terán (1998 [2000]).
Hierba. Nativa. Andes, Altiplano. Yungas, Puna Húmeda, Puna Seca, 3500–4000 m.
Dept.: CH, CO, LP, PO, TA.
Tipo y muestra: *G. Mandon 246* (HT: B destr.; IT: BM, F frag. ex G, GH, K, NY, NY, NY, NY; fotos: F ex B, GH), *R.M. King & L.E. Bishop 7537* (MO).

Stevia melancholica B.L. Rob., Contr. Gray Herb. 90: 15. 1930.
Ref.: Foster (1958).
Hierba. Endémica. Andes. Yungas, 2000–3000 m.
Dept.: CO, LP.
Tipo y muestra: *T.C. Bridges s.n.* (HT: BM; fotos: GH, GH), *S.G. Beck 12692* (LPB, US).

Stevia mercedensis Hieron., Bot. Jahrb. Syst. 22: 735. 1897.
Ref.: Foster (1958), López Vargas (1995).
Hierba. Nativa. Andes, Altiplano. Yungas, Valles Secos, Puna Seca, 2000–3000, 3500–4000 m.
Dept.: CH, CO, PO, TA.
Muestra: *M. Schulte 87* (LPB, M, SI, US).
Nom. Vern.: Th'ica pascualita.

Stevia minor Griseb., Abh. Königl. Ges. Wiss. Göttingen 19: 166. 1874.
Sin.: *Stevia bangii* Rusby, *Stevia tapacariensis* Hieron.
Ref.: Foster (1958), Serrano & Terán (1998 [2000]).
Hierba. Endémica. Andes, Altiplano. Yungas, Valles Secos, Puna Húmeda, 2500–4000 m.
Dept.: CH, CO, LP, OR, PO.
Muestra: *J.C. Solomon 17585* (BOLV, LPB, MO).

Stevia neglecta Rusby, Mem. Torrey Bot. Club 4(3): 209–210. 1895.
Ref.: Foster (1958), Serrano & Terán (1998 [2000]).
Hierba. Endémica. Andes. Yungas, Valles Secos, 1500–4000 m.
Dept.: CH, CO, LP.
Tipo y muestra: *M. Bang 611* (HT: NY; IT: F, GH, GH, NY, US), *J.C. Solomon 18252* (LPB, MO).

Stevia obovata Rusby, Mem. Torrey Bot. Club 6(1): 55. 1896.
Sin.: *Stevia humilis* Hieron.
Ref.: Foster (1958), Adolfo María (1966).
Hierba. Endémica. Andes. Yungas, Valles Secos, 2500–4000 m.
Dept.: CO.
Tipo y muestra: *M. Bang 1027* (HT: NY; IT: F, GH, GH, MO-131189, NY, US, WIS), *R.M. King & L.E. Bishop 7678* (MO, US).
Infra: *Stevia obovata* var. *aristifera* B.L. Rob.

Stevia pauciflora J. Kost., Blumea 6: 266. 1948.
Ref.: Foster (1958).
Hierba. Endémica. Andes. Valles Secos, 1000–1500, 2000–2500 m.
Dept.: SC.
Tipo y muestra: *T. Herzog 1228* (HT: L), *G.H.H. Tate 669* (GH).

Stevia polyphylla DC., Prodr. 5: 123. 1836.
Hierba. Nativa. Andes. Valles Secos, 2500–3000 m.
Dept.: CO.
Muestra: *R.M. King & J.C. Solomon 9637* (LPB, MO, US).

Stevia potosiensis R.M. King & H. Rob., Phytologia 51: 173. 1982.
Hierba. Endémica. Altiplano. Puna Seca, 3500–4000 m.
Dept.: PO.
Tipo: *S.G. Beck 6153* (HT: US; IT: LPB, M).
Nota: Conocida solamente del tipo.

Stevia potrerensis Hieron., Bot. Jahrb. Syst. 22: 715. 1897.
Ref.: Serrano & Terán (1998 [2000]).
Hierba. Nativa. Andes. Bosque Tucumano-Boliviano, 2000–2500 m.
Dept.: CH.
Muestra: *M. Serrano 658a* (LPB, US).

Stevia reclinata Rusby, Bull. New York Bot. Gard. 8(28): 127. 1912.
Ref.: Foster (1958).
Hierba. Endémica. Andes. Yungas, 1500–2000 m.
Dept.: LP.
Tipo: *R.S. Williams 1468* (HT: NY; IT: GH frag., US; fotos: GH).
Nota: Conocida solamente del tipo.

Stevia samaipatensis B.L. Rob., Contr. Gray Herb. 96: 15. 1931.
Ref.: Foster (1958), López Vargas (1995), Saravia Miranda (1996), Serrano & Terán (1998 [2000]), Balderrama & Ramírez (2001).
Hierba. Endémica. Andes. Valles Secos, 1500–3500 m.
Dept.: CH, CO, SC.
Tipo y muestra: *J. Steinbach 3761* (HT: B destr.; IT: GH frag.; fotos: GH), *R.M. King & L.E. Bishop 7616* (MO, US).
Nom. Vern.: Miki-miki.

Stevia sanguinea Hieron., Bot. Jahrb. Syst. 22: 714. 1897.
Hierba. Nativa. Andes. Bosque Tucumano-Boliviano, 2000–2500 m.
Dept.: TA.
Muestra: *J.C. Solomon 10194* (MO, US).

Stevia santacruzensis Hieron., Bot. Jahrb. Syst. 22: 731. 1897.
Ref.: Foster (1958).
Hierba. Endémica. Andes. Yungas, 2500–3500 m.
Dept.: CO, SC.
Tipo y muestra: *O. Kuntze s.n.* (HT: B destr.; IT: GH, NY; fotos: F ex B, GH), *J.C. Solomon & M.H. Nee 18087* (BOLV, LPB, MO, US).

Stevia sarensis B.L. Rob., Contr. Gray Herb. 100: 9. 1932.
Ref.: Foster (1958).
Hierba. Endémica. Zonas Bajas, Andes. Bosque Húmedo, Bosque Semideciduo Chiquitano, Campos Cerrados, Valles Secos, 0–500, 1500–3000 m.
Dept.: SC.
Tipo y muestra: *J. Steinbach 7048* (HT: GH; IT: B, F, G, GH frag., GH, K, MO-935965), *S.G. Beck 6522* (LPB, US).
Infra: *Stevia sarensis* var. *dissiticeps* B.L. Rob.

[Stevia satureifolia (Lam.) Cav.], Anales Ci. Nat. 6(18): 317. 1803.
Sin.: *Eupatorium satureifolium* Lam.
Ref.: López Vargas (1995).
Nota: El registro se basa en material mal identificado.

Stevia schreiteri B.L. Rob., Contr. Gray Herb. 90: 19. 1930.
Arbusto. Nativa. Andes. Yungas, 2000–2500 m.
Dept.: SC.
Muestra: *E. Fernández T. 2156* (BOLV, LPB).

Stevia setifera Rusby ex B.L. Rob., Contr. Gray Herb. 100: 10. 1932.
Ref.: Foster (1958).
Hierba. Endémica. Andes, Altiplano. Yungas, Bosque Tucumano-Boliviano, Valles Secos, Puna Húmeda, Puna Seca, 1500–4000 m.
Dept.: CO, LP, OR, PO, SC.
Tipo y muestra: *O.E. White 168* (HT: NY; IT: GH, GH), *M.A. Lewis 881048* (LPB, MO, US).

Stevia soratensis Hieron., Bot. Jahrb. Syst. 28: 560. 1901.
Sin.: *Stevia stenocephala* Sch. Bip., *Stevia grandidentata* Sch. Bip. ex Rusby, *Stevia grandidentata* var. *subeglandulosa* Hieron.
Ref.: Foster (1958).
Hierba. Nativa. Andes. Yungas, Valles Secos, 2500–3000 m.
Dept.: CO, LP, SC.
Tipo y muestra: *G. Mandon 245* p.p. (T: GH), *R.F. Steinbach 261* (US).
Infra: *Stevia soratensis* var. *subeglandulosa* (Hieron.) Hieron., *Stevia soratensis* var. *mecoyensis* B.L. Rob.

Stevia stuebelii Hieron., Bot. Jahrb. Syst. 21: 328. 1895.
Ref.: Foster (1958).
Hierba. Endémica. Andes. Yungas, Valles Secos, 2500–3500 m.
Dept.: CO, LP.
Tipo y muestra: *A. Stübel 52d* (HT: B destr.; IT: GH frag. ex B; fotos: GH), *M.A. Lewis 88727* (MO, US).

Stevia tarijensis Hieron., Bot. Jahrb. Syst. 40: 362. 1908.
Ref.: Foster (1958), Serrano & Terán (1998 [2000]).
Hierba. Nativa. Andes, Altiplano. Bosque Tucumano-Boliviano, Valles Secos, Puna Húmeda, Puna Seca, 2500–4000 m.
Dept.: CH, OR, PO, TA.
Tipo y muestra: *K. Fiebrig 2647* (HT: B; IT: GH; fotos: F), *F.J. Fernández Casas & Molero 6482* (MO).

Stevia totorensis B.L. Rob., Contr. Gray Herb. 96: 16. 1931.
Ref.: Foster (1958).
Hierba. Endémica. Andes. Yungas, 2500–3000 m.
Dept.: CO.
Tipo: *J. Steinbach 3953* (HT: B destr.; IT: GH frag. ex B; fotos: GH ex B).
Nota: Conocida solamente del tipo.

Stevia triaristata Hieron., Bot. Jahrb. Syst. 40: 358. 1908.
Ref.: Foster (1958).
Hierba. Endémica. Región, tipo de vegetación y elevación desconocidas.
Dept.: TA.
Tipo: *K. Fiebrig 3541* (HT: B destr.?; IT: GH frag.; fotos: GH).
Nota: Conocida solamente del tipo.

Stevia tunariensis Hieron., Bot. Jahrb. Syst. 22: 713. 1897.
Ref.: Foster (1958), Adolfo María (1966).
Hierba. Endémica. Andes. Yungas, Valles Secos, 2000–2500, 3000–4000 m.
Dept.: CO, LP.
Tipo y muestra: *O. Kuntze s.n.* (HT: B destr.?; IT: GH, NY; fotos: GH), *S.G. Beck 22427* (LPB, M, S, SI, US).

Stevia urticifolia Thunb., Pl. Bras. 1: 13. 1817.
Sin.: *Stevia claussenii* var. *boliviensis* Hieron.
Ref.: Foster (1958).
Hierba. Nativa. Andes. Yungas, Bosque Tucumano-Boliviano, Valles Secos, 1000–3500 m.
Dept.: CH, LP, SC.
Muestra: *M.H. Nee 50600* (NY, US).
Infra: *Stevia urticifolia* var. *pallidiflora* B.L. Rob., *Stevia urticifolia* var. *boliviensis* (Hieron.) B.L. Rob.

Stevia vaccinioides J. Kost., Blumea 5: 646. 1945.
Ref.: Foster (1958).
Hierba. Endémica. Andes. Valles Secos, 1500–2000 m.
Dept.: SC.
Tipo y muestra: *T. Herzog 1770* (HT: L), *S.G. Beck 6772* (LPB, US).

Stevia yaconensis Hieron., Bot. Jahrb. Syst. 22: 724. 1897.
Ref.: Foster (1958), Schulenberg & Awbrey (1997), González et al. (1999), Serrano & Terán (1998 [2000]).
Hierba. Nativa. Andes. Yungas, Bosque Tucumano-Boliviano, Valles Secos, 1000–1500, 2000–3000 m.
Dept.: CH, CO, LP, SC, TA.
Muestra: *L. Arroyo P. et al. 882* (US, USZ).
Infra: *Stevia yaconensis* var. *subeglandulosa* Hieron.

Stevia yalae Cabrera, Bol. Soc. Argent. Bot. 15: 324. 1974.
Hierba. Nativa. Zonas Bajas. Bosque Húmedo, 0–500 m.
Dept.: LP.
Muestra: *A. Fournet 430* (LPB, US).

Stilpnopappus Mart. ex DC., Prodr. 5: 75. 1836.
2 especies, 0 especies endémicas.

Stilpnopappus glomeratus Gardner, London J. Bot. 6: 423. 1847.
Ref.: Killeen & Schulenberg (1998).
Hierba, subarbusto. Nativa. Zonas Bajas. Campos Cerrados, 500–1000 m.
Dept.: SC.
Muestra: *T. Killeen et al. 6502* (MO, US, USZ).

Stilpnopappus speciosus (Less.) Baker, Fl. Bras. 6(2): 138. 1873.
Sin.: *Vernonia speciosa* Less., *Strophopappus speciosus* (Less.) R. Esteves
Ref.: Killeen & Schulenberg (1998).
Subarbusto, arbusto. Nativa. Zonas Bajas. Campos Cerrados, 0–500 m.

Dept.: SC.
Muestra: *B. Mostacedo et al. 1697* (MO, US, USZ).

Stomatanthes R.M. King & H. Rob., Phytologia 19: 430. 1970.
2 especies, 0 especies endémicas.

Stomatanthes corumbensis (B.L. Rob.) H. Rob., Phytologia 20: 336. 1970.
Sin.: *Eupatorium corumbense* B.L. Rob.
Subarbusto. Nativa. Zonas Bajas. Campos Cerrados, 0–500 m.
Dept.: SC.
Muestra: *J.R.I. Wood et al. 24606* (K, LPB, USZ).

[Stomatanthes dentatus (Gardner) H. Rob.], Phytologia 20: 336. 1970.
Sin.: *Eupatorium dentatum* Gardner
Ref.: Foster (1958), Robinson (1970).
Nota: El registro se basa en material mal identificado.

Stomatanthes trigonus (Gardner) H. Rob., Phytologia 20: 337. 1970.
Sin.: *Eupatorium trigonum* Gardner
Ref.: Killeen & Schulenberg (1998).
Hierba. Nativa. Zonas Bajas. Campos Cerrados, Sabanas Benianas del Norte, 0–1000 m.
Dept.: BE, SC.
Muestra: *T. Killeen & Grinwood 7781* (MO, USZ).

Struchium P. Browne, Civ. Nat. Hist. Jamaica 312–313, pl. 34, f. 2. 1756.
1 especie, 0 especies endémicas.

Struchium sparganophorum (L.) Kuntze, Revis. Gen. Pl. 1: 366. 1891.
Sin.: *Ethulia sparganophora* L., *Sparganophorus vaillantii* Crantz, *Sparganophorus struchium* (Sw.) Pers.
Hierba. Nativa. Zonas Bajas. Bosque Húmedo, Campos Amazónicos, 0–500 m.
Dept.: CO, LP, SC.
Muestra: *N.P. Ritter et al. 4234* (MO, NHA).

Stuckertiella Beauverd, Bull. Soc. Bot. Genève 5: 205. 1913.
1 especie, 0 especies endémicas.

Stuckertiella capitata (Wedd.) Beauverd, Bull. Soc. Bot. Genève 5: 206. 1913.
Sin.: *Gamochaeta capitata* Wedd., *Gnaphalium capitatum* (Wedd.) Griseb., *Gnaphalium weddellianum* Rusby, *Gnaphalium weddellianum* var. *nanum* Cuatrec.
Ref.: Cuatrecasas (1935a), Foster (1958), Cabrera (1978a), Serrano & Terán (1998 [2000]).
Subarbusto. Nativa. Andes, Altiplano. Yungas, Bosque Tucumano-Boliviano, Puna Húmeda, 2000–3000, 3500–4500 m.
Dept.: CH, CO, LP, TA.
Tipo y muestra: *H.A. Weddell s.n.* (ST: P), *L. Cayola et al. 1432* (LPB, MO, USZ).

Symphyotrichum Nees, Gen. Sp. Aster. 9–10, 135–136. 1832.
3 especies, 0 especies endémicas.

Symphyotrichum graminifolium (Spreng.) G.L. Nesom, Phytologia 77(3): 283. 1994 [1995].
Sin.: *Conyza graminifolia* Spreng., *Aster divaricatus* var. *graminifolius* (Spreng.) Baker, *Aster squamatus* var. *graminifolius* (Spreng.) Hieron., *Conyzanthus graminifolius* (Spreng.) Tamamsch.
Ref.: Foster (1958), Nesom (1994 [1995]).
Hierba. Nativa. Zonas Bajas, Andes. Campos Cerrados, Valles Secos, 0–500, 3000–3500 m.
Dept.: LP, SC.
Muestra: *J.R.I. Wood 12204* (K, LPB).

Symphyotrichum subulatum (Michx.) G.L. Nesom, Phytologia 77(3): 293. 1994 [1995].
Sin.: *Aster subulatus* Michx., *Conyza squamata* Spreng., *Erigeron semiamplexicaulis* Meyen, *Tripolium conspicuum* Lindl. ex DC., *Aster bangii* Rusby, *Aster squamatus* (Spreng.) Hieron., *Aster exilis* fo. *subalpinus* R.E. Fr., *Conyzanthus squamatus* (Spreng.) Tamamsch., *Symphyotrichum squamatum* (Spreng.) G.L. Nesom
Ref.: Foster (1958), Nesom (1994 [1995]).
Hierba. Nativa. Zonas Bajas, Andes. Bosque Húmedo, Yungas, Bosque Tucumano-Boliviano, Valles Secos, 0–1000, 1500–3000 m.
Dept.: CO, LP, PO, SC, TA.
Muestra: *N.P. Ritter 1677* (LPB, MO).

Symphyotrichum vahlii (Gaudich.) G.L. Nesom, Phytologia 77(3): 294. 1994 [1995].
Sin.: *Erigeron vahlii* Gaudich., *Aster vahlii* (Gaudich.) Hook. & Arn.
Ref.: Rusby (1893b), Foster (1958), Nesom (1994 [1995]).
Arbusto. Nativa. Andes. Valles Secos, 3000–3500 m.
Dept.: CO, LP.
Muestra: *H.H. Rusby 2720* (NY).

Synedrella Gaertn., Fruct. Sem. Pl. 2(3): 456–457, pl. 171, f. 7. 1791.
1 especie, 0 especies endémicas.

Synedrella nodiflora (L.) Gaertn., Fruct. Sem. Pl. 2(3): 456. 1791.
Sin.: *Verbesina nodiflora* L.
Ref.: Moraes R. (1990).
Hierba. Nativa. Zonas Bajas. Bosque Húmedo, 0–1000 m.
Dept.: BE, LP, PA.
Muestra: *J.C. Solomon 16759* (LPB, MO, US).

Synedrellopsis Hieron. & Kuntze ex Kuntze, Revis. Gen. Pl. 3(3): 180. 1898.
1 especie, 0 especies endémicas.

Synedrellopsis grisebachii Hieron. & Kuntze, Revis. Gen. Pl. 3(3): 180. 1898.
Ref.: Foster (1958), Cabrera (1978a).
Hierba. Nativa. Zonas Bajas, Andes. Bosque Semideciduo Chiquitano, Bosque Seco Chaqueño, Campos Cerrados, Valles Secos, 0–2000 m.
Dept.: SC, TA.
Muestra: *M.H. Nee 44567* (LPB, NY, US).

Tagetes L., Sp. Pl. 2: 887. 1753.
15 especies, 2 especies endémicas.

Tagetes argentina Cabrera, Notas Mus. La Plata, Bot. 2: 187, f. 6; pl. 3. 1937.
Hierba. Nativa. Andes. Valles Secos, 3000–4000 m.
Dept.: LP.
Muestra: *E. Valenzuela 316* (LPB, UC).

Tagetes campanulata Griseb., Abh. Königl. Ges. Wiss. Göttingen 19: 188. 1874.
Hierba. Nativa. Andes. Valles Secos, 3000–3500 m.
Dept.: TA.
Muestra: *R. Ehrich 553* (LPB, M, US).

Tagetes daucoides Schrad., Sem. Hort. Bot. Hamburg. 5. 1833.
Ref.: Foster (1958).
Hierba. Nativa. Andes. Yungas, 2500–3000 m.
Dept.: CO.
Muestra: *O. Kuntze s.n.* (NY).

Tagetes erecta L., Sp. Pl. 2: 887. 1753.
Hierba. Adventicia, cultivada. Zonas Bajas, Andes. Campos Cerrados, Valles Secos, 0–500, 3000–3500 m.
Dept.: LP, SC, TA.
Muestra: *J.C. Solomon 14879* (MO).
Nom. Vern.: Rosa amarilla.

Tagetes filifolia Lag., Gen. Sp. Pl. 28. 1816.
Sin.: *Tagetes pusilla* Kunth, *Tagetes foeniculacea* Desf., *Tagetes congesta* Hook. & Arn., *Tagetes silenoides* Meyen & Walp.
Ref.: Rusby (1893b), Foster (1958), Saravia Miranda (1996), González et al. (1999), Serrano & Terán (1998 [2000]).
Hierba. Nativa. Andes. Yungas, Valles Secos, 1000–1500, 2000–4000 m.
Dept.: CH, CO, LP, SC, TA.
Muestra: *I.G. Vargas 950* (LPB, US, USZ).
Nom. Vern.: Anis anis, pampa anis.

Tagetes iltisiana H. Rob., Phytologia 26(5): 378. 1973.
Hierba. Endémica. Andes. Yungas, Valles Secos, 2500–3000 m.
Dept.: CO, LP.
Tipo y muestra: *D. Ugent 4598* (HT: US; IT: WIS), *T. Feuerer 22302* (US).

Tagetes laxa Cabrera, Notas Mus. La Plata, Bot. 2: 189. 1937.
Hierba. Nativa. Andes. Yungas, Valles Secos, 2000–4000 m.
Dept.: CO, LP, SC, TA.
Muestra: *J.C. Solomon 16336* (MO, US).

Tagetes mandonii Sch. Bip. ex Klatt, Leopoldina 25: 109. 1889.
Sin.: *Tagetes mandonii* Sch. Bip., *Tagetes maxima* Kuntze
Ref.: Foster (1958), Adolfo María (1966).
Hierba. Nativa. Andes. Yungas, Valles Secos, 2000–3500 m.
Dept.: CO, LP.
Tipo y muestra: *G. Mandon 68* (HT: GH; IT: G, GH, K, NY, NY, US), *S.G. Beck 14542* (BOLV, F, LPB, M, QCNE, S, SI, UC, US).

Tagetes micrantha Cav., Icon. 4(1): 31, pl. 352. 1797.
Ref.: Foster (1958).
Hierba. Nativa. Andes. Yungas, 3500–4000 m.
Dept.: LP.
Muestra: *O. Buchtien 3076* (GH).

Tagetes minuta L., Sp. Pl. 2: 887. 1753.
Ref.: López Vargas (1995), Serrano & Terán (1998 [2000]).
Hierba. Nativa. Zonas Bajas, Andes. Bosque Semideciduo Chiquitano, Campos Cerrados, Valles Secos, 0–1000, 1500–2000 m.
Dept.: CH, CO, LP, SC, TA.
Muestra: *M. Saldias & Y. Roca 1376* (US, USZ).
Nom. Vern.: Kita suico.

Tagetes multiflora Kunth, Nov. Gen. Sp. (folio ed.) 4: 154. 1820 [1818].
Sin.: *Tagetes multiflora* var. *rupestris* Wedd., *Tagetes erythrocephala* Rusby
Ref.: Rusby (1893b), Foster (1958), López Vargas (1995), López (2000).
Hierba. Nativa. Andes, Altiplano. Valles Secos, Puna Húmeda, Puna Seca, 3500–4500 m.
Dept.: CO, LP, OR, PO, TA.
Muestra: *J.C. Solomon 13354* (MO, US).
Nom. Vern.: Suico.

Tagetes ostenii Hicken, Physis (Buenos Aires) 1: 181. 1913.
Hierba. Nativa. Andes. Valles Secos, 1500–2000 m.
Dept.: SC.
Muestra: *I.G. Vargas et al. 2283* (USZ).

Tagetes patula L., Sp. Pl. 2: 887. 1753.
Hierba. Cultivada. Zonas Bajas, Andes. Bosque Semideciduo Chiquitano, Campos Cerrados, Sabanas Benianas del Sur, Yungas, 0–1000, 1500–2000 m.
Dept.: CO, LP, SC.
Muestra: *M.H. Nee 33674* (MO, NY).

Tagetes praetermissa (Strother) H. Rob., Phytologia 26(5): 380. 1973.
Sin.: *Vilobia praetermissa* Strother
Ref.: Strother (1968).
Hierba. Endémica. Andes. Valles Secos, 3000–3500 m.
Dept.: CH.
Tipo y muestra: *E.K. Balls B-6183* (HT: UC; IT: BM, E, K, US), *J.R.I. Wood 20489* (K, LPB).

Tagetes terniflora Kunth, Nov. Gen. Sp. (folio ed.) 4: 154. 1820 [1818].
Sin.: *Tagetes graveolens* L'Hér. ex DC., *Tagetes gigantea* Carrière
Ref.: Rusby (1893b), Foster (1958), Saravia Miranda (1996), Schulenberg & Awbrey (1997), Serrano & Terán (1998 [2000]).
Hierba. Nativa, cultivada. Andes, Altiplano. Yungas, Puna Húmeda, 1500–4000 m.
Dept.: CH, CO, LP, SC, TA.
Muestra: *J.R. Abbott 17135* (MO, USZ).
Nom. Vern.: Huacataya, suico, suiko.

Tanacetum L., Sp. Pl. 2: 843. 1753.
2 especies, 0 especies endémicas.

Tanacetum parthenium (L.) Sch. Bip., Tanaceteen 55. 1844.
Sin.: *Matricaria parthenium* L., *Chrysanthemum parthenium* (L.) Bernh., *Chrysanthemum parthenium* (L.) Pers.
Ref.: Rusby (1893b), Foster (1958).
Hierba. Cultivada. Andes. Yungas, Valles Secos, 1500–3500 m.
Dept.: CO, LP, TA.
Muestra: *J.C. Solomon 8208* (LPB, MO).

Tanacetum ptarmiciflorum (Webb & Berthel.) Sch. Bip., Ueber Tanaceteen 50. 1844.
Sin.: *Pyrethrum ptarmiciflorum* Webb & Berthel.
Hierba. Cultivada. Andes. Yungas, Valles Secos, 3500–4000 m.
Dept.: LP.
Muestra: *J.C. Solomon & R. Zeballos 15453* (LPB, MO).

Taraxacum F.H. Wigg., Prim. Fl. Holsat. 56. 1780.
1 especie, 0 especies endémicas.

Taraxacum officinale F.H. Wigg., Prim. Fl. Holsat. 56. 1780.
Sin.: *Taraxacum subspathulatum* A.J. Richards
Ref.: López Vargas (1995), Serrano & Terán (1998 [2000]), Bartoli et al. (2008).
Hierba. Adventicia. Zonas Bajas, Andes. Campos Cerrados, Bosque Tucumano-Boliviano, Valles Secos, 0–500, 2000–4000 m.
Dept.: CH, CO, LP, SC, TA.
Muestra: *I.G. Vargas & M. Rioja 4614* (NY, USZ).
Nom. Vern.: Diente de León, leche-leche.

Tessaria Ruiz & Pav., Fl. Peruv. Prodr. 112, t. 24, center. 1794.
3 especies, 0 especies endémicas.

Tessaria dodonaeifolia (Hook. & Arn.) Cabrera, Lilloa 4: 184. 1939.
Sin.: *Eupatorium dodonaeifolium* Hook. & Arn., *Conyza straminea* Chodat, *Tessaria straminea* (Chodat) Hassl., *Tessaria viscosa* Lillo, *Pluchea dodonaeifolia* (Hook. & Arn.) H. Rob. & Cuatrec.
Ref.: Cabrera (1978a), Cabrera & Freire (1998).
Arbusto. Nativa. Zonas Bajas, Andes. Bosque Semideciduo Chiquitano, Bosque Seco Chaqueño, Valles Secos, 0–500, 1500–3500 m.
Dept.: CO, PO, SC, TA.
Muestra: *A. Krapovickas & A. Schinini 39132* (CTES, LPB).

Tessaria fastigiata (Griseb.) Cabrera, Fl. Prov. Jujuy 13(10): 254. 1978.
Sin.: *Pluchea fastigiata* Griseb., *Pluchea odorata* var. *ferruginea* Rusby
Ref.: Fries (1906b), Foster (1958), Cabrera (1978a), Freire (1995), López Vargas (1995), Cabrera & Freire (1998),

Serrano & Terán (1998 [2000]).
Arbusto, arbolito. Nativa. Zonas Bajas, Andes, Altiplano. Bosque Húmedo, Bosque Seco Chaqueño, Yungas, Bosque Tucumano-Boliviano, Bosque Serrano Chaqueño, Valles Secos, Puna Húmeda, 0–4000 m.
Dept.: CH, CO, LP, SC, TA.
Muestra: *S.G. Beck et al. 11519* (CUZ, LPB, M, QCNE, SI, US, USZ).
Nom. Vern.: San Marcos.

Tessaria integrifolia Ruiz & Pav., Syst. Veg. Fl. Peruv. Chil. 213. 1798.
Sin.: *Tessaria ambigua* DC., *Tessaria dentata* Ruiz & Pav., *Tessaria mucronata* DC.
Ref.: Fries (1906b), Foster (1958), Cabrera (1960), Cabrera (1963a), Cabrera (1978a), Moraes R. (1990), Dillon & Sagástegui Alva (1991b), Parker & Bailey (1991), Valenzuela Celis (1993b), Freire (1995), Cabrera & Freire (1998), González et al. (1999), Alverson et al. (2000).
Arbusto. Nativa. Zonas Bajas, Andes. Bosque Húmedo, Bosque Semideciduo Chiquitano, Sabanas Benianas del Norte, Sabanas Benianas del Sur, Yungas, Bosque Tucumano-Boliviano, Valles Secos, 0–3000 m.
Dept.: BE, CO, LP, PA, PO, SC, TA.
Muestra: *S.G. Beck 443* (LPB, M, MO, QCNE, S, SI, US).
Infra: *Tessaria integrifolia* var. *integrifolia*, *Tessaria integrifolia* var. *obtusifolia* Hassl., *Tessaria integrifolia* var. *ambigua* (DC.) S.E. Freire
Nom. Vern.: Cahuara (Tacana y Español), mwirai (Guaraní), pájaro bobo, palo bonito, sihtá (Mosetén), sinta.

Tithonia Desf. ex Juss., Gen. Pl. 189. 1789.
1 especie, 0 especies endémicas.

Tithonia rotundifolia (Mill.) S.F. Blake, Contr. Gray Herb. 52: 41. 1917.
Sin.: *Tagetes rotundifolia* Mill., *Verbesina szyszylowiczii* (Kuntze) Hieron.
Hierba, arbusto. Adventicia, cultivada. Zonas Bajas, Andes. Campos Cerrados, Yungas, 0–1000, 2500–3000 m.
Dept.: BE, CO, SC.
Muestra: *I.G. Vargas 72* (MO, US, USZ).

Trichocline Cass., Bull. Sci. Soc. Philom. Paris 1817: 13. 1817.
2 especies, 0 especies endémicas.

Trichocline auriculata (Wedd.) Hieron., Bot. Jahrb. Syst. 21: 369. 1896.
Sin.: *Bichenia auriculata* Wedd., *Trichocline auriculata* var. *breviscapa* Zardini
Ref.: Zardini (1975), Katinas et al. (2008).
Hierba. Nativa. Altiplano. Puna Seca, 3500–4000 m.
Dept.: PO, TA.
Tipo y muestra: *d'Orbigny 1429* (HT: P; fotos: F, SI), *J. West 6351* (GH, MO, UC).

[Trichocline incana (Lam.) Cass.], Dict. Sci. Nat. (ed. 2) 55: 216. 1828.
Ref.: Foster (1958).
Nota: El registro se basa en material mal identificado.

Trichocline reptans (Wedd.) B.L. Rob., Proc. Amer. Acad. Arts 49: 515. 1913.
Sin.: *Bichenia reptans* Wedd., *Gerbera incana* fo. *aurantiaca* Kuntze, *Gerbera incana* fo. *pallida* Kuntze, *Gerbera incana* var. *intermedia* Kuntze, *Gerbera incana* var. *reptans* (Wedd.) Kuntze
Ref.: Foster (1958), Zardini (1975), Serrano & Terán (1998 [2000]), Katinas et al. (2008).
Hierba. Nativa. Zonas Bajas, Andes. Bosque Seco Chaqueño, Valles Secos, 500–1000, 2500–3000 m.
Dept.: CH.
Tipo y muestra: *d'Orbigny 1214* (HT: P), *E. Cervantes 104* (HSB, MO).

Trichogonia (DC.) Gardner, London J. Bot. 5: 459. 1846.
2 especies, 1 especie endémica.

Trichogonia capitata (Rusby) B.L. Rob., Proc. Amer. Acad. Arts 47(6): 193. 1912 [1911].
Sin.: *Eupatorium capitatum* Rusby, *Trichogonia bishopii* R.M. King & H. Rob.
Ref.: Foster (1958), López Vargas (1995), Saravia Miranda (1996), Roque et al. (2012).
Hierba. Endémica. Zonas Bajas, Andes. Bosque Semideciduo Chiquitano, Yungas, Bosque Serrano Chaqueño, Valles Secos, 0–2000 m.
Dept.: CO, LP, SC.
Tipo y muestra: *M. Bang 2114* (HT: NY; IT: GH, MO-3729252, US, WIS), *O. Buchtien 4761* (GH, US).

Trichogonia salviifolia Gardner, London J. Bot. 5: 460. 1846.
Ref.: Roque et al. (2012).
Hierba. Nativa. Zonas Bajas. Bosque Semideciduo Chiquitano, 0–1000 m.
Dept.: SC.
Muestra: *J.R. Abbott & B. Mostacedo 15952* (LPB, US, USZ).

Trichospira Kunth, Nov. Gen. Sp. (folio ed.) 4: 21–22. 1820 [1818].
1 especie, 0 especies endémicas.

Trichospira verticillata (L.) S.F. Blake, Torreya 15(5): 106. 1915.
Sin.: *Bidens verticillata* L., *Trichospira menthoides* Kunth
Hierba. Nativa. Zonas Bajas. Sabanas Benianas del Norte, Sabanas Benianas del Sur, Campos Amazónicos, 0–500 m.
Dept.: BE, PA, SC.
Muestra: *A.F. Fuentes & L. Rojas 1360* (LPB, US, USZ).

Tridax L., Sp. Pl. 2: 900. 1753.
3 especies, 1 especie endémica.

Tridax boliviensis (Wedd.) R.E. Fr., Ark. Bot. 5(13): 21. 1906.
Sin.: *Mandonia boliviensis* Wedd., *Tridax mandonii* Sch. Bip.
Ref.: Foster (1958), Powell (1965).
Hierba. Endémica. Andes. Yungas, 1500–3000 m.
Dept.: CO, LP, TA.
Tipo y muestra: *G. Mandon 289* (HT: P; IT: F, GH, NY, US, W; fotos: NY), *E. Bastian 692* (LPB, US).

Tridax paraguayensis Kuntze, Revis. Gen. Pl. 3(3): 182. 1898.
Sin.: *Calea paraguayensis* (Kuntze) Deble
Hierba. Nativa. Zonas Bajas. Bosque Semideciduo Chiquitano, 0–500 m.
Dept.: SC.
Muestra: *J.H. Hunziker & A.F. Wulff 12941* (MO).

Tridax procumbens L., Sp. Pl. 2: 900. 1753.
Sin.: *Amellus pedunculatus* Ortega ex Willd., *Balbisia elongata* Willd., *Balbisia canescens* Pers., *Balbisia pedunculata* Ortega ex Hoffmanns., *Balbisia divaricata* Cass., *Tridax procumbens* var. *canescens* (Pers.) DC., *Chrysanthemum procumbens* (L.) Sessé & Moc., *Tridax procumbens* var. *ovatifolia* B.L. Rob. & Greenm.
Ref.: Foster (1958), Powell (1965).
Hierba. Nativa. Zonas Bajas, Andes. Campos Cerrados, Valles Secos, 0–500, 1500–2000 m.
Dept.: LP, SC.
Muestra: *J.C. Solomon & M.H. Nee 14314* (LPB, MO).

Tripleurospermum Sch. Bip., Tanaceteen 31–34. 1844.
1 especie, 0 especies endémicas.

Tripleurospermum maritimum (L.) W.D.J. Koch, Syn. Fl. Germ. Helv. (ed. 2) 3: 1026. 1845.
Sin.: *Matricaria maritima* L., *Matricaria inodora* L., *Tripleurospermum inodorum* (L.) Sch. Bip.
Ref.: Adolfo María (1966), Applequist (2002).
Hierba. Adventicia. Región, tipo de vegetación y elevación desconocidas.
Dept.: CO.
Infra: *Tripleurospermum maritimum* subsp. *inodorum* (L.) Appleq.

Trixis P. Browne, Civ. Nat. Hist. Jamaica 312, t. 33, f. 1. 1756.
7 especies, 1 especie endémica.

Trixis aggregata Rusby, Mem. Torrey Bot. Club 6(1): 71. 1896.
Sin.: *Trixis rigida* J. Kost.
Ref.: Cabrera (1936), Foster (1958), Katinas (1996).
Arbusto. Endémica. Andes. Valles Secos, 2000–3500 m.
Dept.: CH, CO, PO.
Tipo y muestra: *M. Bang 1150* (HT: NY; IT: BM, BR, GH, GH, K, MO, NY, TEX, US, WIS), *J. Steinbach 9705* (BM, GH, K, MO).

Trixis cacalioides (Kunth) D. Don, Trans. Linn. Soc. London 16: 187. 1830.
Sin.: *Perdicium cacalioides* Kunth, *Trixis paradoxa* Cass., *Trixis papillosa* Gillies ex Don, *Trixis neaeana* DC., *Trixis hexantha* S. Moore, *Trixis subparadoxa* B. Herrera
Ref.: Cabrera (1936), Katinas (1996).
Arbusto. Nativa. Zonas Bajas, Andes. Bosque Seco Chaqueño, Campos Cerrados, Yungas, Bosque Tucumano-Boliviano, 500–1500, 2500–3000 m.
Dept.: CH, CO, LP, SC, TA.
Muestra: *M.H. Nee 35325* (MO, NY).

Trixis divaricata (Kunth) Spreng., Syst. Veg. 3: 501. 1826.
Sin.: *Perdicium divaricatum* Kunth, *Prionanthes antimenorrhoea* Schrank, *Trixis discolor* D. Don, *Trixis antimenorrhoea* (Schrank) Mart. ex Kuntze, *Trixis antimenorrhoea* var. *heterophylla* Kuntze, *Trixis antimenorrhoea* var. *petiolata* Kuntze, *Trixis diffusa* Rusby, *Trixis antimenorrhoea* var. *auriculata* Cabrera
Ref.: Cabrera (1936), Foster (1958), Moraes R. (1990), López Vargas (1995), Katinas (1996), Killeen & Schulenberg (1998).
Trepadora, arbusto. Nativa. Zonas Bajas, Andes. Bosque Húmedo, Bosque Seco Chaqueño, Yungas, Bosque Tucumano-Boliviano, 0–2500 m.
Dept.: BE, CH, LP, PA, SC, TA.
Muestra: *J. Steinbach 7178* (A, GH, MO).
Infra: *Trixis divaricata* subsp. *discolor* (D. Don) Katinas
Nota: Cabrera (1936) considera a esta especie como sinónimo de *T. antimenorrhoea* (Schrank) Mart. ex Kuntze.
Nom. Vern.: Thian thian.

Trixis grisebachii Kuntze, Revis. Gen. Pl. 3(3): 183. 1898.
Sin.: *Trixis frutescens* var. *cacalioides* Griseb.
Ref.: Cabrera (1936), López Vargas (1995), Katinas (1996), Saravia Miranda (1996), Serrano & Terán (1998 [2000]).
Subarbusto, arbusto. Nativa. Andes. Bosque Tucumano-Boliviano, Valles Secos, 2000–2500 m.
Dept.: CH, TA.
Muestra: *J.C. Solomon 10303* (K, LPB, MO).
Nom. Vern.: Uchu-sacha.

Trixis ophiorhiza Gardner, London J. Bot. 6: 461. 1847.
Sin.: *Trixis hoffmannii* Taub., *Trixis chionopappa* Sch. Bip. ex Baker, *Trixis ophiorhiza* var. *glandulifera* Hassl., *Trixis cerroleonensis* Soria & Zardini, *Trixis ophiorhiza* subsp. *glandulifera* (Hassl.) Katinas
Ref.: Cabrera (1936), Katinas (1996), Killeen & Schulenberg (1998).
Subarbusto, arbusto. Nativa. Zonas Bajas. Campos Cerrados, 0–1000 m.
Dept.: SC.
Muestra: *M.J.G. Hopkins 55* (LPB, MO, NY).

Trixis proustioides Hieron., Bot. Jahrb. Syst. 28: 653. 1901.
Sin.: *Trixis ragonesei* Cabrera, *Trixis matisiana* S. Díaz & Vélez, C., *Trixis montesecoensis* Sagást. & M.O. Dillon
Ref.: Katinas (1996), Katinas et al. (2008).
Liana. Nativa. Andes. Bosque Tucumano-Boliviano, 1000–1500 m.
Dept.: TA.
Muestra: *J.C. Solomon 11058* (LPB, MO, US).

Trixis spicata Gardner, London J. Bot. 6: 462. 1847.
Ref.: Katinas (1996), Katinas et al. (2008).
Subarbusto. Nativa. Zonas Bajas. Campos Cerrados, 0–500 m.
Dept.: SC.
Muestra: *S.G. Beck 25719* (LPB, MO).
Nota: Talvez un sinónimo de *T. pallida* Less.

Urolepis (DC.) R.M. King & H. Rob., Phytologia 21: 304. 1971.
1 especie, 0 especies endémicas.

Urolepis hecatantha (DC.) R.M. King & H. Rob., Phytologia 21: 305. 1971.
Sin.: *Hebeclinium hecatanthum* DC., *Eupatorium hecatanthum* (DC.) Baker
Hierba. Nativa. Zonas Bajas, Andes. Bosque Húmedo, Bosque Semideciduo Chiquitano, Bosque Seco Chaqueño, Sabanas Benianas del Norte, Sabanas Benianas del Sur, Yungas, Valles Secos, 0–1500 m.
Dept.: BE, LP, SC, TA.
Muestra: *R. Ehrich 515* (LPB, US).

Verbesina L., Sp. Pl. 2: 901. 1753.
22 especies, 10 especies endémicas.

Verbesina allophylla S.F. Blake, Amer. J. Bot. 12: 633. 1925.
Ref.: Serrano & Terán (1998 [2000]).
Subarbusto, arbusto. Nativa. Zonas Bajas, Andes. Bosque Húmedo, Bosque Semideciduo Chiquitano, Yungas, Bosque Tucumano-Boliviano, Bosque Serrano Chaqueño, 0–2000 m.
Dept.: CH, LP, SC, TA.
Muestra: *J.C. Solomon & S. Urcullo 14179* (LPB, MO).

Verbesina benderi Perkins, Bot. Jahrb. Syst. 49: 227. 1913.
Ref.: Foster (1958).
Hierba. Endémica. Andes. Bosque Tucumano-Boliviano, 3000–3500 m.
Dept.: PO.
Tipo: *H. Bender 7* (HT: B destr.; IT: GH; fotos: F, GH).
Nota: Conocida solamente del tipo.

Verbesina boliviana Klatt, Ann. K.K. Naturhist. Hofmus. 9: 361. 1894.
Sin.: *Verbesina mandonii* Sch. Bip., *Verbesina bridgesii* Rusby, *Verbesina mandonii* Sch. Bip. ex B.L. Rob. & Greenm.
Ref.: Foster (1958).
Hierba. Endémica. Andes. Yungas, 3000–4000 m.
Dept.: CO, LP.
Tipo y muestra: *H. Cuming s.n.* (T: W), *S.G. Beck 2361* (LPB, MO, US).

Verbesina cinerea Rusby, Mem. Torrey Bot. Club 6(1): 63. 1896.
Ref.: Foster (1958), López Vargas

(1995), Saravia Miranda (1996), Serrano & Terán (1998 [2000]).
Subarbusto, arbusto. Endémica. Andes. Yungas, Bosque Tucumano-Boliviano, 2000–3500 m.
Dept.: CH, CO, PO, SC.
Tipo y muestra: *M. Bang 1092* (HT: NY; IT: GH, GH, MO-2525036, NY, US, WIS), *M. Serrano 624* (HSB, LPB, SI, US).
Nom. Vern.: María aycha.

Verbesina cumingii Sch. Bip. ex S.F. Blake, Amer. J. Bot. 12: 634. 1925.
Ref.: Foster (1958).
Arbusto, arbolito. Endémica. Andes. Yungas, 2500–3500 m.
Dept.: LP.
Tipo y muestra: *G. Mandon 56* (HT: GH; IT: B destr., GH frag., NY, NY, P, US; fotos: F ex B, GH), *M.A. Lewis 881057* (LPB, MO, US).

Verbesina diversifolia DC., Prodr. 5: 615. 1836.
Hierba. Nativa. Zonas Bajas, Andes. Campos Cerrados, Yungas, 500–1500 m.
Dept.: SC.
Tipo y muestra: *d'Orbigny 677* (HT: G; IT: GH frag.; fotos: GH), *H.H. Rusby 2135* (NY).

Verbesina elegans Kunth, Nov. Gen. Sp. (folio ed.) 4: 160. 1820 [1818].
Ref.: Foster (1958).
Hierba. Nativa. Andes. Yungas, 1000–1500, 3500–4000 m.
Dept.: CO, SC.
Muestra: *O. Kuntze s.n.* (NY).

Verbesina encelioides (Cav.) Benth. & Hook. f. ex A. Gray, Bot. California 1: 350. 1876.
Sin.: *Ximenesia encelioides* Cav., *Verbesina australis* Baker
Ref.: Foster (1958), De la Barra (1997), Serrano & Terán (1998 [2000]).
Hierba. Naturalizada. Andes. Bosque Tucumano-Boliviano, 1500–2000 m.
Dept.: CH, CO.
Muestra: *J.C. Solomon & M.H. Nee 17964* (MO, US).

Verbesina flavovirens R.E. Fr., Ark. Bot. 5(13): 19, t. 3. 1906.
Ref.: Foster (1958).
Arbusto. Endémica. Andes. Valles Secos, 1500–2500 m.
Dept.: CO, SC, TA.
Tipo y muestra: *R.E. Fries 1292* (HT: S), *J.C. Solomon & R.M. King 15943* (MO, US).

Verbesina grandifolia S.F. Blake, Bull. Torrey Bot. Club 51: 432. 1924.
Arbusto. Nativa. Andes. Yungas, 2000–2500 m.
Dept.: LP.
Muestra: *M.A. Lewis 40221* (LPB, MO).

Verbesina jelskii Hieron., Bot. Jahrb. Syst. 36: 493. 1905.
Arbusto. Nativa. Andes. Yungas, 1000–1500 m.
Dept.: CO.
Muestra: *R. Renjel 2300* (MO).

Verbesina lapazii Panero, Contr. Univ. Michigan Herb. 19: 183. 1993.
Subarbusto, arbusto. Endémica. Andes. Yungas, 1500–2500 m.
Dept.: LP.
Tipo y muestra: *S.G. Beck 17629* (HT: US; IT: LPB), *J.C. Solomon & M.E. Uehling 12239* (MO, US).

Verbesina leucactinota B.L. Rob., Proc. Amer. Acad. Arts 47: 213. 1911.
Ref.: Foster (1958).
Subarbusto. Endémica. Andes. Yungas, 1000–1500 m.
Dept.: LP.
Tipo y muestra: *M. Bang 2135* (HT: GH; IT: GH, MO-2525037, NY, NY, US), *R.K. Brummitt & D.C. Wasshausen 19399* (US).

Verbesina lilloi S.F. Blake, Amer. J. Bot. 12: 633. 1925.
Ref.: Serrano & Terán (1998 [2000]).
Subarbusto, arbusto. Nativa. Andes. Bosque Serrano Chaqueño, 1000–1500 m.
Dept.: CH, SC.
Muestra: *A. Krapovickas & A. Schinini 31380* (MO).

Verbesina macrophylla (Cass.) S.F. Blake, Bull. Torrey Bot. Club 51: 430. 1924.
Sin.: *Ditrichum macrophyllum* Cass.
Ref.: Foster (1958).
Arbusto. Nativa. Zonas Bajas, Andes. Bosque Húmedo, Yungas, 0–500, 1500–2000 m.
Dept.: SC.
Muestra: *M.H. Nee 36414* (LPB, MO, NY).

Verbesina nelidae Cabrera, Notas Mus. La Plata, Bot. 18: 61, f. 2. 1955.
Ref.: López Vargas (1995), Saravia Miranda (1996), González et al. (1999).
Arbusto. Nativa. Zonas Bajas, Andes. Bosque Semideciduo Chiquitano, Campos Cerrados, Valles Secos, 0–3000 m.
Dept.: CO, SC, TA.
Muestra: *J.R. Abbott 16668* (BEREA, MO, US, USZ).

Verbesina pflanzii Perkins, Bot. Jahrb. Syst. 49: 227. 1913.
Ref.: Foster (1958).
Hierba. Endémica. Andes. Yungas, 3500–4000 m.
Dept.: LP.
Tipo y muestra: *K. Pflanz 47* (HT: B destr.; fotos: F ex B, GH), *Isern y Batilló 471* (MA).

Verbesina rhomboidea J. Kost., Blumea 6: 270. 1948.
Ref.: Foster (1958).
Arbusto. Endémica. Andes. Valles Secos, 2500–3000 m.
Dept.: SC.
Tipo: *T. Herzog 1984* (HT: L).
Nota: Conocida solamente del tipo.

Verbesina semidecurrens Kuntze, Revis. Gen. Pl. 3(3): 183. 1898.
Sin.: *Verbesina soratae* Sch. Bip., *Verbesina soratae* Sch. Bip. ex B.L. Rob. & Greenm.
Ref.: Foster (1958).
Arbusto. Nativa. Andes. Yungas, Valles Secos, 2000–4000 m.
Dept.: CO, LP, OR.
Tipo y muestra: *O. Kuntze s.n.* (HT: NY; IT: US), *M.A. Lewis 88108* (MO, US).

Verbesina spooneri Panero, Brittonia 51(1): 92, f. 3. 1999.
Arbusto. Endémica. Andes. Yungas, 2500–3000 m.
Dept.: CO.
Tipo: *D.M. Spooner et al. 6639* (HT: TEX; IT: LPB, WIS).
Nota: Conocida solamente del tipo.

Verbesina subcordata DC., Prodr. 5: 614. 1836.
Ref.: Foster (1958).
Arbusto. Nativa. Andes. Yungas, 1000–1500, 3000–3500 m.
Dept.: CO, SC.
Muestra: *O. Kuntze s.n.* (NY).

Verbesina suncho (Griseb.) S.F. Blake, Amer. J. Bot. 12: 633. 1925.
Sin.: *Chaenocephalus suncho* Griseb.
Ref.: Schulenberg & Awbrey (1997), González et al. (1999), Serrano & Terán (1998 [2000]).
Arbusto. Nativa. Zonas Bajas, Andes. Bosque Húmedo, Bosque Serrano Chaqueño, Valles Secos, 0–1500 m.
Dept.: BE, CH, SC, TA.
Muestra: *B. Holst et al. 4926* (US, USZ).

Vernonanthura H. Rob., Phytologia 73(2): 66. 1992.

13 especies, 2 especies endémicas.

Vernonanthura amplexicaulis H. Rob., Phytologia 73(2): 68. 1992.
Sin.: *Vernonia amplexicaulis* R.E. Fr., *Vernonia canaminina* Gleason
Ref.: Foster (1958).
Hierba. Nativa. Zonas Bajas. Bosque Seco Chaqueño, Campos Amazónicos, 0–500 m.
Dept.: SC.
Muestra: *M.H. Nee 35088* (LPB, NY).

Vernonanthura auriculata (Griseb.) H. Rob., Phytologia 73(2): 69. 1992.
Sin.: *Vernonia auriculata* Griseb.
Ref.: Foster (1958).
Hierba. Nativa. Zonas Bajas. Campos Amazónicos, 0–500 m.
Dept.: SC.
Tipo y muestra: *G. Hieronymus & P.G. Lorentz 874* (HT: GOET), *M.H. Nee 45389* (LPB, MO, NY, US).

Vernonanthura brasiliana (L.) H. Rob., Phytologia 73(2): 69. 1992.
Sin.: *Baccharis brasiliana* L., *Vernonia scabra* Pers., *Vernonia brasiliana* (L.) Druce
Ref.: Foster (1958), Killeen & Schulenberg (1998).
Subarbusto, arbusto. Nativa. Zonas Bajas. Bosque Semideciduo Chiquitano, Sabanas Benianas del Sur, 0–500 m.
Dept.: BE, SC.
Muestra: *M.H. Nee 49729* (MO, NY, US).

Vernonanthura ferruginea (Less.) H. Rob., Phytologia 73(2): 70. 1992.
Sin.: *Vernonia ferruginea* Less., *Vernonia polycephala* A. DC.
Ref.: Foster (1958), Valenzuela Celis (1993b), Schulenberg & Awbrey (1997), Killeen & Schulenberg (1998), Serrano & Terán (1998 [2000]).
Arbusto. Nativa. Zonas Bajas, Andes. Bosque Húmedo, Bosque Semideciduo Chiquitano, Campos Cerrados, Sabanas Benianas del Sur, Yungas, Bosque Tucumano-Boliviano, 0–1500 m.
Dept.: BE, CH, LP, SC.
Muestra: *S.G. Beck 13867* (LPB, M, SI, US).

Vernonanthura membranacea (Gardner) H. Rob., Phytologia 73(2): 71. 1992.
Sin.: *Vernonia membranacea* Gardner, *Vernonia ruficoma* Schltdl. ex Baker, *Vernonia rufopapposa* var. *latifolia* Hieron., *Vernonia squamipes* Rusby
Ref.: Rusby (1893b), Foster (1958), Killeen & Schulenberg (1998).
Hierba, subarbusto, arbusto. Nativa. Zonas Bajas, Andes. Campos Cerrados, Campos Amazónicos, Yungas, 0–1500 m.
Dept.: CO, LP, SC.
Muestra: *T. Killeen & J. Wellens 6562* (BEREA, MO, US, USF, USZ).

Vernonanthura patens (Kunth) H. Rob., Phytologia 73(2): 72. 1992.
Sin.: *Vernonia baccharoides* Kunth, *Vernonia patens* Kunth, *Vernonia pacchensis* Benth., *Vernonia bangii* Rusby, *Vernonia mattogrossensis* Hieron.
Ref.: Foster (1958), Moraes R. (1990), Parker & Bailey (1991), Valenzuela Celis (1993b), Killeen & Schulenberg (1998), Alverson et al. (2000), Arrázola Rivero et al. (2000).
Hierba, subarbusto, arbusto, arbolito. Nativa. Zonas Bajas, Andes. Bosque Húmedo, Bosque Semideciduo Chiquitano, Yungas, 0–2500 m.
Dept.: BE, CH, CO, LP, PA, SC, TA.
Muestra: *M.A. Lewis 40290* (LPB, MO, US).

Vernonanthura phosphorica (Vell.) H. Rob., Phytologia 73(2): 73. 1992.
Sin.: *Chrysocoma phosphorica* Vell., *Vernonia polyanthes* (Spreng.) Less.
Ref.: Killeen & Schulenberg (1998).
Arbusto, arbolito. Nativa. Zonas Bajas, Andes. Bosque Húmedo, Campos Cerrados, Bosque Tucumano-Boliviano, Bosque Serrano Chaqueño, Valles Secos, 0–1000, 1500–2500 m.
Dept.: SC, TA.
Muestra: *M.H. Nee 45282* (NY, US).

Vernonanthura pinguis (Griseb.) H. Rob., Phytologia 73(2): 73. 1992.
Sin.: *Vernonia pinguis* Griseb.
Ref.: Foster (1958), González et al. (1999), Serrano & Terán (1998 [2000]), Arroyo Padilla & Villarroel Segarra (2009).
Subarbusto, árbol. Nativa. Andes. Bosque Tucumano-Boliviano, 1500–2000 m.
Dept.: CH, SC, TA.
Muestra: *M.H. Nee et al. 49899* (NY, US).

Vernonanthura prenanthoides (Gleason) H. Rob., Phytologia 73(2): 73. 1992.
Sin.: *Vernonia prenanthoides* Gleason
Ref.: Foster (1958), Robinson (1992), Robinson (1999b).
Subarbusto. Endémica. Zonas Bajas. Bosque Húmedo, 0–1000 m.
Dept.: BE, LP.
Tipo y muestra: *H.H. Rusby 756* (HT: NY), *H.H. Rusby 757* (NY).

Vernonanthura santacruzensis (Hieron.) H. Rob., Phytologia 76(1): 29. 1994.
Sin.: *Vernonia santacruzensis* Hieron.
Ref.: Foster (1958).
Arbusto. Endémica. Zonas Bajas, Andes. Bosque Semideciduo Chiquitano, Valles Secos, 500–1500 m.
Dept.: SC.
Tipo y muestra: *O. Kuntze s.n.* (HT: B destr.; IT: NY), *M.H. Nee 40868* (MO, NY, US).

Vernonanthura squamulosa (Hook. & Arn.) H. Rob., Phytologia 73(2): 74. 1992.
Sin.: *Vernonia squamulosa* Hook. & Arn.
Ref.: Foster (1958), López Vargas (1995), Saravia Miranda (1996), Serrano & Terán (1998 [2000]), Arroyo Padilla & Villarroel Segarra (2009).
Arbusto. Nativa. Andes. Bosque Tucumano-Boliviano, Valles Secos, 1000–2500 m.
Dept.: CO, SC, TA.
Muestra: *P. Acevedo-Rodríguez et al. 6560* (MO, US).
Nom. Vern.: Hierba cisar.

Vernonanthura tweedieana (Baker) H. Rob., Phytologia 73(2): 74. 1992.
Sin.: *Vernonia tweediana* Baker
Arbusto. Nativa. Andes. Bosque Tucumano-Boliviano, Valles Secos, 1000–2000 m.
Dept.: SC, TA.
Muestra: *J.C. Solomon 11247* (MO, US).

Vernonanthura yurimaguasensis (Hieron.) H. Rob., Phytologia 73(2): 74. 1992.
Sin.: *Vernonia yurimaguasensis* Hieron.
Subarbusto. Nativa. Zonas Bajas. Bosque Húmedo, Bosque Semideciduo Chiquitano, 0–500 m.
Dept.: LP, PA, SC.
Muestra: *M. Moraes R. 519* (LPB, US).

Viguiera Kunth, Nov. Gen. Sp. (folio ed.) 4: 176–177, pl. 379. 1820 [1818].

1 especie, 1 especie endémica.

Viguiera coraniana A.A. Sáenz, Parodiana 5(1): 26. 1987.
Hierba. Endémica. Andes. Valles Secos, 3000–3500 m.
Dept.: CO.
Tipo: *A. Krapovickas 8671* (HT: LIL).
Nota: Conocida solamente del tipo.

Villanova Lag., Gen. Sp. Pl. 31. 1816.

2 especies, 0 especies endémicas.

Villanova oppositifolia Lag., Gen. Sp. Pl. 31. 1816.
Sin.: *Vasquezia oppositifolia* (Lag.) S.F. Blake
Ref.: Rusby (1907), Foster (1958), Adolfo María (1966).
Hierba. Nativa. Andes, Altiplano. Yungas, Puna Húmeda, 2500–3500, 4000–4500 m.
Dept.: LP.
Muestra: *H.H. Rusby 1707* (GH, MO).

Villanova titicacensis (Meyen & Walp.) Walp., Nov. Actorum Acad. Caes. Leop.-Carol. Nat. Cur. 19(suppl. 1): 296. 1843.
Sin.: *Wedelia titicacensis* Meyen & Walp., *Vasquezia titicacensis* (Meyen & Walp.) S.F. Blake
Hierba. Nativa. Andes, Altiplano. Yungas, Puna Húmeda, 2500–4500 m.
Dept.: LP.
Muestra: *J.C. Solomon 17572* (LPB, MO, US).

Wedelia Jacq., Enum. Syst. Pl. 8, 28. 1760.

19 especies, 2 especies endémicas.

Wedelia attenuata (Gardner) B.L. Turner, Phytologia 72(5): 391. 1992.
Sin.: *Aspilia attenuata* (Gardner) Baker, *Viguiera attenuata* Gardner
Ref.: Killeen & Schulenberg (1998).
Hierba. Nativa. Zonas Bajas. Campos Cerrados, 500–1000 m.
Dept.: SC.
Muestra: *A.M. Carrión & M. Garvizu 82* (MO, US, USZ).

Wedelia aurantiaca (Griseb.) B.L. Turner, Phytologia 72(5): 391. 1992.
Sin.: *Aspilia aurantiaca* Griseb.
Hierba. Nativa. Andes. Bosque Tucumano-Boliviano, 2000–2500 m.
Dept.: CH, TA.
Muestra: *M. Liberman et al. 2092* (LPB, US).

Wedelia brachylepis Griseb., Abh. Königl. Ges. Wiss. Göttingen 24: 190. 1879.
Sin.: *Zexmenia brachylepis* (Griseb.) Cabrera
Ref.: Serrano & Terán (1998 [2000]).
Arbusto. Nativa. Zonas Bajas. Bosque Húmedo, Bosque Semideciduo Chiquitano, 0–1000 m.
Dept.: BE, SC.
Muestra: *L.R.C. de Michel 2496* (LPB, US).

Wedelia cardenasii (H. Rob.) B.L. Turner, Phytologia 72(5): 391. 1992.
Sin.: *Aspilia cardenasii* H. Rob.
Ref.: Wood et al. (2011).
Hierba, subarbusto. Endémica. Zonas Bajas. Bosque Semideciduo Chiquitano, 500–1000 m.
Dept.: SC.
Tipo y muestra: *M. Cárdenas 4563* (HT: US), *D.C. Daly et al. 2173* (LPB, NY, US).

Wedelia floribunda (Gardner) B.L. Turner, Phytologia 72(5): 392. 1992.
Sin.: *Aspilia floribunda* (Gardner) Baker, *Viguiera floribunda* Gardner, *Aspilia elata* Pilg.
Ref.: Killeen & Schulenberg (1998).
Hierba. Nativa. Zonas Bajas. Bosque Semideciduo Chiquitano, Campos Cerrados, Sabanas Benianas del Norte, 0–500 m.
Dept.: BE, SC.
Muestra: *J. Steinbach 7056* (GH, US).

Wedelia glauca (Ortega) O. Hoffm. ex Hicken, Apuntes Hist. Nat. 2: 254. 1910.
Sin.: *Pascalia glauca* Ortega, *Seruneum glaucum* (Ortega) Kuntze
Ref.: Serrano & Terán (1998 [2000]).
Hierba. Nativa. Andes. Valles Secos, 2500–3000 m.
Dept.: CH, CO.
Muestra: *M.H. Nee 30378* (LPB, MO, NY).
Nom. Vern.: Sunchillo.

Wedelia helianthoides Kunth, Nov. Gen. Sp. (folio ed.) 4: 169–170, t. 372. 1820 [1818].
Subarbusto. Nativa. Andes. Yungas, 2500–3000 m.
Dept.: LP.
Muestra: *E.W.D. Holway & M.M. Holway 570* (US).

Wedelia holwayi S.F. Blake, Bot. Gaz. 74: 420. 1922.
Ref.: Foster (1958), Serrano & Terán (1998 [2000]).
Arbusto. Nativa. Andes. Valles Secos, 1500–2000, 2500–3000 m.
Dept.: CH, CO, LP.
Tipo y muestra: *E.W.D. Holway & M.M. Holway 376* (HT: US; IT: GH), *T. Feuerer 22273a* (US).
Nom. Vern.: Sunchu del monte.

Wedelia isolepis S.F. Blake, Bot. Gaz. 74: 421. 1922.
Ref.: Foster (1958).
Hierba. Endémica. Andes. Yungas, 2500–3000 m.
Dept.: LP.
Tipo y muestra: *E.W.D. Holway & M.M. Holway 517* (HT: US; IT: GH), *H.H. Rusby 1690* (GH, MO).

Wedelia latifolia DC., Prodr. 5: 542. 1836.
Subarbusto. Nativa. Andes. Yungas, 1000–1500 m.
Dept.: LP.
Muestra: *S.G. Beck 22651* (CTES, LPB, M, US).

Wedelia leucoglossa (Malme) B.L. Turner, Phytologia 72(5): 393. 1992.
Sin.: *Aspilia leucoglossa* Malme
Ref.: Wood et al. (2011).
Hierba. Nativa. Zonas Bajas. Campos Cerrados, 0–1000 m.
Dept.: SC.
Muestra: *A. Rodríguez et al. 507* (US, USZ).

Wedelia pseudoviguiera (H. Rob.) B.L. Turner, Phytologia 72(5): 394. 1992.
Sin.: *Aspilia pseudoviguiera* H. Rob.
Subarbusto. Nativa. Zonas Bajas. Campos Cerrados, 0–500 m.
Dept.: SC.
Muestra: *S.G. Beck 25843* (LPB, M, SPF, US).

Wedelia ramosissima (Gardner) B.L. Turner, Phytologia 72(5): 394. 1992.
Sin.: *Viguiera ramosissima* Gardner
Subarbusto. Nativa. Zonas Bajas. Bosque Húmedo, Campos Cerrados, 0–500 m.
Dept.: SC.
Muestra: *R. Seidel 721* (CUZ, LPB, SI, US, USZ).

Wedelia rudis (Baker) H. Rob., Phytologia 82: 61. 1997.
Sin.: *Zexmenia rudis* Baker
Subarbusto. Nativa. Zonas Bajas. Bosque Húmedo, 0–500 m.
Dept.: BE, PA.
Muestra: *M.H. Nee 37541* (LPB, NY, US).

Wedelia saltensis Cabrera, Notas Mus. La Plata, Bot. 2: 180, f. 3. 1937.
Ref.: González et al. (1999), Serrano & Terán (1998 [2000]).
Hierba, subarbusto. Nativa. Andes. Bosque Tucumano-Boliviano, 1000–1500 m.
Dept.: CH, TA.
Muestra: *S. Marquardt 712* (LPB, US).

Wedelia silphioides (Hook. & Arn.) B.L. Turner, Phytologia 72(5): 394. 1992.
Sin.: *Leighia silphioides* Hook. & Arn.

Hierba. Nativa. Zonas Bajas. Campos Cerrados, 0–500 m.
Dept.: SC.
Muestra: *A.M. Carrión & E. Ramos 704* (MO, US, USZ).

Wedelia subvelutina DC., Prodr. 5: 540. 1836.
Hierba. Nativa. Zonas Bajas. Bosque Seco Chaqueño, 0–500 m.
Dept.: SC.
Muestra: *A.F. Fuentes 1468* (US, USZ).

Wedelia trichostephia DC., Prodr. 5: 540. 1836.
Ref.: Wood et al. (2011).
Hierba. Nativa. Zonas Bajas. Bosque Semideciduo Chiquitano, 0–500 m.
Dept.: SC.
Muestra: *B. Bruderreck 28* (CTES, LPB, M, NY, US, USZ).

Wedelia vieirae (H. Rob.) B.L. Turner, Phytologia 72(5): 395. 1992.
Sin.: *Aspilia vieirae* H. Rob.
Ref.: Killeen & Schulenberg (1998).
Hierba. Nativa. Zonas Bajas. Campos Cerrados, 500–1000 m.
Dept.: SC.
Muestra: *A. Rodríguez et al. 650* (US, USZ).

Werneria Kunth, Nov. Gen. Sp. (folio ed.) 4: 148–149. 1820 [1818].
15 especies, 0 especies endémicas.

Werneria apiculata Sch. Bip., Bonplandia (Hannover) 4: 52. 1856.
Ref.: Rockhausen (1939), Foster (1958).
Hierba. Nativa. Altiplano. Puna Húmeda, Puna Seca, 3500–5000 m.
Dept.: CO, LP, PO, TA.
Muestra: *X. Menhofer 2060* (LPB, MO).

Werneria aretioides Wedd., Chlor. Andina 1(3): 86. 1855 [1856].
Ref.: Rockhausen (1939), Cabrera (1948), Foster (1958).
Hierba. Nativa. Altiplano. Puna Seca, 4000–4500 m.
Dept.: OR, PO.
Tipo y muestra: *d'Orbigny 1400* (HT: P; fotos: F), *P.M. Peterson et al. 12952* (LPB, US).

Werneria caespitosa Wedd., Chlor. Andina 1(3): 83. 1855 [1856].
Sin.: *Werneria caespitosa* var. *haenkei* Wedd.
Ref.: Rockhausen (1939), Foster (1958).
Hierba. Nativa. Altiplano. Puna Húmeda, 3500–4000 m.
Dept.: CO, LP.
Muestra: *J.C. Solomon 9631* (MO).

Werneria glaberrima Phil., Anales Mus. Nac. Santiago de Chile 1891: 40. 1891.
Ref.: Bartoli et al. (2008).
Hierba. Nativa. Altiplano. Puna Seca, 4500–5000 m.
Dept.: PO.
Muestra: *M. Liberman 158* (LPB, S, US).

Werneria heteroloba Wedd., Chlor. Andina 1(3): 88, t. 16a. 1855 [1856].
Ref.: Rockhausen (1939), Cabrera (1948), Foster (1958).
Hierba. Nativa. Altiplano. Puna Húmeda, Puna Seca, 4000–>5000 m.
Dept.: LP, OR, PO.
Tipo y muestra: *d'Orbigny 1415* (HT: P), *X. Menhofer 2018* (LPB).

Werneria melanandra Wedd., Chlor. Andina 1(3): 88. 1855 [1856].
Ref.: Rockhausen (1939), Foster (1958).
Hierba. Nativa. Altiplano. Puna Húmeda, 4000–5000 m.
Dept.: LP.
Tipo y muestra: *H.A. Weddell s.n.* (HT: P), *X. Menhofer 1901* (LPB, US).

Werneria nubigena Kunth, Nov. Gen. Sp. (folio ed.) 4: 151. 1820 [1818].
Ref.: Rockhausen (1939), Foster (1958).
Hierba. Nativa. Andes, Altiplano. Páramo Yungueño, Puna Húmeda, 3000–5000 m.
Dept.: CO, LP, TA.
Muestra: *C.B. Maldonado et al. 3345* (LPB, MO).

Werneria orbignyana Wedd., Chlor. Andina 1(3): 85. 1855 [1856].
Sin.: *Werneria mandoniana* Wedd. ex Sch. Bip., *Werneria mandoniana* Wedd. ex Klatt
Ref.: Rockhausen (1939), Foster (1958).
Hierba. Nativa. Andes, Altiplano. Páramo Yungueño, Puna Húmeda, 3500–5000 m.
Dept.: CO, LP.
Tipo y muestra: *d'Orbigny 338* (HT: P), *X. Menhofer 2143* (LPB).

Werneria pectinata Lingelsh., Repert. Spec. Nov. Regni Veg. 8: 6. 1910.
Sin.: *Werneria ciliata* Wedd. ex Sch. Bip., *Werneria knocheae* Perkins
Ref.: Rockhausen (1939), Foster (1958).
Hierba. Nativa. Altiplano. Puna Húmeda, 4000–>5000 m.
Dept.: LP.
Tipo y muestra: *O. Buchtien 1596* (HT: B destr.?; IT: US), *R. Lara 1675* (LPB).

Werneria plantaginifolia Wedd. ex Klatt, Ann. K.K. Naturhist. Hofmus. 9: 367. 1894.
Ref.: Rockhausen (1939), Foster (1958).
Hierba. Nativa. Andes, Altiplano. Páramo Yungueño, Puna Húmeda, 3500–4000 m.
Dept.: LP.
Tipo y muestra: *G. Mandon 89* p.p. (HT: W; IT: B, GH, P; fotos: F ex B), *J.C. Solomon et al. 16510* (LPB, MO).

Werneria pygmaea Gillies ex Hook. & Arn., J. Bot. (Hooker) 3: 348. 1841.
Sin.: *Werneria minima* Walp., *Werneria graminifolia* Benth., *Werneria rhizoma* J. Rémy, *Werneria brachypappa* Sch. Bip., *Werneria cornea* S.F. Blake
Ref.: Rockhausen (1939), Cabrera (1948), Foster (1958), Serrano & Terán (1998 [2000]).
Hierba. Nativa. Andes, Altiplano. Valles Secos, Puna Húmeda, Puna Seca, 3000–5000 m.
Dept.: CH, CO, LP, OR, PO.
Muestra: *X. Menhofer 2047* (LPB).

Werneria solivifolia Sch. Bip., Bonplandia (Hannover) 4: 53. 1856.
Ref.: Rockhausen (1939), Foster (1958).
Hierba. Nativa. Altiplano. Puna Húmeda, Puna Seca, 4500–5000 m.
Dept.: LP, PO.
Muestra: *V.A. Funk & N. Bernal 11288* (LPB, US).

Werneria spathulata Wedd., Chlor. Andina 1(3): 85, t. 17a. 1855 [1856].
Ref.: Rockhausen (1939), Foster (1958).
Hierba. Nativa. Altiplano. Puna Húmeda, Puna Seca, 4000–5000 m.
Dept.: LP, OR, PO.
Tipo y muestra: *H.A. Weddell s.n.* (HT: P), *V.A. Funk 11350* (LPB, US).

Werneria staticifolia Sch. Bip., Bonplandia (Hannover) 4: 53. 1856.
Sin.: *Werneria nubigena* var. *caulescens* Wedd., *Werneria canaliculata* Sch. Bip., *Werneria caulescens* (Wedd.) Hieron., *Werneria caulescens* (Wedd.) Rusby
Ref.: Rockhausen (1939), Foster (1958).
Hierba. Nativa. Andes, Altiplano. Páramo Yungueño, Puna Húmeda, 3500–5000 m.
Dept.: LP.
Muestra: *G. Mandon 104* (GH).

Werneria villosa A. Gray, Proc. Amer. Acad. Arts 5: 139. 1861.
Sin.: *Werneria caulescens* Griseb.
Ref.: Rockhausen (1939), Cabrera

(1948), Foster (1958).
Hierba. Nativa. Altiplano. Puna Húmeda, Puna Seca, 3500–>5000 m.
Dept.: CO, LP, TA.
Muestra: *R. Lara 1702* (LPB).

Wulffia Neck. ex Cass., Dict. Sci. Nat. (ed. 2) 29: 491. 1823.

1 especie, 0 especies endémicas.

Wulffia baccata (L.) Kuntze, Revis. Gen. Pl. 1: 373. 1891.
Sin.: *Tilesia baccata* var. *baccata*, *Coreopsis baccata* L., *Gymnolomia maculata* Ker Gawl., *Wulffia maculata* (Ker Gawl.) DC., *Wulffia scandens* DC., *Wulffia stenoglossa* (Cass.) DC., *Tilesia baccata* (L.) Pruski
Ref.: Rusby (1893b), Foster (1958), Killeen & Schulenberg (1998), Alverson et al. (2000).
Hierba, liana, subarbusto, arbusto. Nativa. Zonas Bajas, Andes. Bosque Húmedo, Bosque Semideciduo Chiquitano, Sabanas Benianas del Sur, Yungas, Valles Secos, 0–3000 m.
Dept.: BE, CO, LP, PA, SC, TA.
Muestra: *J.C. Solomon 14818* (MO, US).
Nom. Vern.: Roborodo.

Xanthium L., Sp. Pl. 2: 987. 1753.

2 especies, 0 especies endémicas.

Xanthium spinosum L., Sp. Pl. 2: 987. 1753.
Sin.: *Xanthium catharticum* Kunth
Ref.: Rusby (1893b), Foster (1958), Adolfo María (1966), López Vargas (1995), López (2000), Serrano & Terán (1998 [2000]).
Hierba, arbusto. Nativa. Zonas Bajas, Andes, Altiplano. Campos Cerrados, Valles Secos, Puna Húmeda, 0–500, 1000–1500, 2000–2500, 3000–4000 m.
Dept.: CH, CO, LP, SC, TA.
Muestra: *J. Krach & T. Feuerer 9461b* (LPB, US).
Nom. Vern.: Abrojo, amor-seco, ch'oge ch'api, mani-quipu.

Xanthium strumarium L., Sp. Pl. 2: 987. 1753.
Sin.: *Xanthium orientale* L., *Xanthium cavanillesii* Schouw
Ref.: Foster (1958).
Arbusto. Nativa. Zonas Bajas, Andes. Bosque Seco Chaqueño, Bosque Tucumano-Boliviano, 0–1500 m.
Dept.: TA.
Muestra: *R.E. Fries 1256* (S, US).

Xenophyllum V.A. Funk, Novon 7(3): 235. 1997.

10 especies, 0 especies endémicas.

Xenophyllum ciliolatum (A. Gray) V.A. Funk, Novon 7(3): 239. 1997.
Sin.: *Werneria ciliolata* A. Gray, *Werneria juniperina* Hieron.
Ref.: Rockhausen (1939), Foster (1958).
Hierba. Nativa. Altiplano. Puna Húmeda, 4500–>5000 m.
Dept.: LP.
Muestra: *X. Menhofer 10* (LPB, SI).

Xenophyllum dactylophyllum (Sch. Bip.) V.A. Funk, Novon 7(3): 239. 1997.
Sin.: *Werneria dactylophylla* Sch. Bip., *Werneria dactylophylla* fo. *glabriuscula* Rockh.
Ref.: Rockhausen (1939), Foster (1958).
Subarbusto. Nativa. Altiplano. Puna Húmeda, Puna Seca, 3500–>5000 m.
Dept.: CO, LP, PO.
Muestra: *A.F. Fuentes et al. 6721* (LPB, MO, USZ).

Xenophyllum digitatum (Wedd.) V.A. Funk, Novon 7(3): 239. 1997.
Sin.: *Werneria digitata* Wedd.
Ref.: Rockhausen (1939), Foster (1958), Ministerio de Medio Ambiente y Agua (2012 [2013]).
Hierba. Nativa. Altiplano. Puna Seca, 4000–5000 m.
Dept.: PO.
Tipo y muestra: *d'Orbigny 1407* (LT: P; ILT: BR, G, P), *M. Liberman 191* (LPB, M, SI).

Xenophyllum humile (Kunth) V.A. Funk, Novon 7(3): 239. 1997.
Sin.: *Werneria humilis* Kunth
Ref.: Rockhausen (1939).
Hierba. Nativa. Andes, Altiplano. Páramo Yungueño, Puna Húmeda, 3500–4000, 4500–5000 m.
Dept.: CO, LP.
Muestra: *S.G. Beck 18750* (LPB, US).

Xenophyllum incisum (Phil.) V.A. Funk, Novon 7(3): 239. 1997.
Sin.: *Werneria incisa* Phil.
Ref.: Rockhausen (1939), Cabrera (1948).
Hierba. Nativa. Altiplano. Puna Seca, 4000–4500 m.
Dept.: PO.
Muestra: *M. Liberman 206* (LPB, M, SI).

Xenophyllum lycopodioides (S.F. Blake) V.A. Funk, Novon 7(3): 240. 1997.
Sin.: *Werneria lycopodioides* S.F. Blake
Ref.: Rockhausen (1939), Beck et al. (2010).
Hierba. Nativa. Altiplano. Puna Seca, 4500–>5000 m.
Dept.: OR, PO.
Muestra: *S.G. Beck 32750* (BOLV, K, LPB, US).

Xenophyllum marcidum (S.F. Blake) V.A. Funk, Novon 7(3): 240. 1997.
Sin.: *Werneria marcida* S.F. Blake, *Werneria sedoides* S.F. Blake
Ref.: Rockhausen (1939).
Subarbusto. Nativa. Altiplano. Puna Húmeda, 4500–5000 m.
Dept.: LP.
Muestra: *X. Menhofer 1461* (F, LPB, SI, US).

Xenophyllum poposum (Phil.) V.A. Funk, Novon 7(3): 240. 1997.
Sin.: *Werneria poposa* Phil.
Ref.: Rockhausen (1939), Cabrera (1948), Ministerio de Medio Ambiente y Agua (2012 [2013]).
Subarbusto. Nativa. Altiplano. Puna Seca, 4000–5000 m.
Dept.: OR, PO.
Muestra: *V.A. Funk 11351* (LPB, US).

Xenophyllum rosenii (R.E. Fr.) V.A. Funk, Novon 7(3): 240. 1997.
Sin.: *Werneria rosenii* R.E. Fr.
Ref.: Rockhausen (1939), Ministerio de Medio Ambiente y Agua (2012 [2013]).
Hierba. Nativa. Altiplano. Puna Seca, 4000–5000 m.
Dept.: OR.
Muestra: *M. Liberman 352* (LPB).

Xenophyllum staffordiae (Sandwith) V.A. Funk, Novon 7(3): 240. 1997.
Sin.: *Werneria staffordiae* Sandwith
Nota: Esperada.

Xenophyllum weddellii (Phil.) V.A. Funk, Novon 7(3): 240. 1997.
Sin.: *Werneria weddellii* Phil., *Werneria decumbens* Hieron.
Ref.: Rockhausen (1939).
Hierba. Nativa. Altiplano. Puna Seca, 4000–4500 m.
Dept.: OR.
Muestra: *M.A. Steubel 100c* (B, F, GH, NY, US).
Nota: Lugar de colecta de la muestra es en Chile o Bolivia.

Zexmenia La Llave, Nov. Veg. Descr. 1: 13. 1824.

1 especie, 1 especie endémica.

Zexmenia foliosa Rusby ex W.W. Jones, Proc. Amer. Acad. Arts 41: 162. 1905.
Ref.: Foster (1958).
Subarbusto. Endémica. Andes. Yungas, 1000–1500 m.
Dept.: LP.
Tipo: *M. Bang 1340* (HT: GH; IT: GH,

MICH, MO-2218111, NY, NY, US).
Nota: Conocida solamente del tipo.

Zinnia L., Syst. Nat. (ed. 10) 2: 1189, 1221, 1377. 1759.

1 especie, 0 especies endémicas.

Zinnia peruviana (L.) L., Syst. Nat. (ed. 10) 2: 1221. 1759.
Sin.: *Chrysogonum peruvianum* L., *Zinnia multiflora* L., *Zinnia pauciflora* L.
Ref.: Rusby (1893b), Foster (1958), Torres (1963), López Vargas (1995), Saravia Miranda (1996), Serrano & Terán (1998 [2000]).
Hierba. Nativa. Zonas Bajas, Andes. Bosque Semideciduo Chiquitano, Bosque Seco Chaqueño, Campos Cerrados, Bosque Serrano Chaqueño, Valles Secos, 0–3000 m.
Dept.: BE, CH, CO, LP, SC, TA.
Muestra: *D.E. Williams et al. 654* (LPB, NY, US).
Nom. Vern.: Llog'alla llog'alla, lloqualla t'ika.

BALANOPHORACEAE Rich., Mém. Mus. Hist. Nat. 8: 429. 1822.

Por P.M. Jørgensen (MO); revisado por R. Eberwein (KL), S.G. Beck (LPB), M. Nee (NY).
5 géneros, 7 especies, 0 especies endémicas.
Nota: Para el orden Santalales se sigue el sistema de Nickrent et al. (2010).

Corynaea Hook. f., Trans. Linn. Soc. London 22: 31, 54. 1856.

1 especie, 0 especies endémicas.

Corynaea crassa Hook. f., Trans. Linn. Soc. London 22: 31, 54, t. 13. 1856.
Sin.: *Corynaea purdiei* Hook. f., *Corynaea sphaerica* Hook. f., *Corynaea sprucei* Eichler
Ref.: Hansen (1980), Hansen (1983).
Parásita. Nativa. Andes. Yungas, 2000–3000 m.
Dept.: CO, LP.
Muestra: *M. Zárate & J. Balderrama 642* (BOLV).
Infra: *Corynaea crassa* var. *sprucei* (Eichler) B. Hansen

Helosis Rich., Mém. Mus. Hist. Nat. 8: 416, 432. 1822.

1 especie, 0 especies endémicas.

Helosis cayennensis (Sw.) Spreng., Syst. Veg. 3: 765. 1826.
Sin.: *Cynomorium cayennense* Sw., *Helosis guyanensis* Rich., *Helosis brasiliensis* Schott & Endl.
Ref.: Macbride (1937b), Hansen (1980), Hansen (1983).
Parásita. Nativa. Zonas Bajas. Bosque Húmedo, 0–500 m.
Dept.: BE, PA, SC.
Muestra: *B. Mostacedo & R.B. Foster 69* (F, USZ).
Infra: *Helosis cayennensis* var. *cayennensis*

Langsdorffia Mart., J. Brasil. 2: 179. 1818.

1 especie, 0 especies endémicas.

Langsdorffia hypogaea Mart., J. Brasil. 2: 179, t. 5. 1818.
Ref.: Macbride (1937b), Hansen (1980), Hansen (1983), Killeen & Schulenberg (1998).
Parásita. Nativa. Zonas Bajas, Andes. Bosque Húmedo, Campos Cerrados, Yungas, 500–2000 m.
Dept.: CH, LP, SC.
Muestra: *J.C. Solomon 14864* (LPB, MO, NY).

Lophophytum Schott & Endl., Melet. Bot. 1. 1832.

1 especie, 0 especies endémicas.

Lophophytum mirabile Schott & Endl., Melet. Bot. 1, t. 1. 1832.
Sin.: *Lophophytum bolivianum* Wedd.
Ref.: Foster (1958), Hansen (1980), Hansen (1987), Serrano & Terán (1998 [2000]).
Parásita. Nativa. Zonas Bajas. Bosque Seco Chaqueño, 0–500 m.
Dept.: CH, CO, LP, SC.
Muestra: *A.F. Fuentes C. & G. Navarro 2422* (USZ).
Infra: *Lophophytum mirabile* subsp. *bolivianum* (Wedd.) B. Hansen

Ombrophytum Poepp. ex Endl., Gen. Pl. 73. 1836.

3 especies, 0 especies endémicas.

Ombrophytum microlepis B. Hansen, Fl. Neotrop. 23: 60, f. 8, 23–25. 1980.
Ref.: Hansen (1980).
Parásita. Nativa. Zonas Bajas. Bosque Seco Chaqueño, 0–500 m.
Dept.: SC.
Muestra: *A. Jardim et al. 1185* (MO, USZ).

Ombrophytum peruvianum Poepp. & Endl., Nov. Gen. Sp. Pl. 2: 40, pl. 155. 1838.
Sin.: *Ombrophytum zamioides* Wedd.
Ref.: Macbride (1937b), Foster (1958), Hansen (1980), Hansen (1983).
Parásita. Nativa. Zonas Bajas. Bosque Húmedo, Bosque Semideciduo Chiquitano, 0–500 m.
Dept.: SC.
Muestra: *M.H. Nee 37346* (LPB, MO, NY, USZ).

Ombrophytum subterraneum (Aspl.) B. Hansen, Fl. Neotrop. 23: 62. 1980.
Sin.: *Juelia subterranea* Aspl., *Juelia lilloana* Sleumer, *Juelia meyeri* Sleumer
Ref.: Foster (1958), Hansen (1980).
Parásita. Nativa. Andes, Altiplano. Yungas, Puna Húmeda, Puna Seca, 3500–4000 m.
Dept.: CO, LP, OR, PO.
Muestra: *S.G. Beck 21060* (LPB).

BALSAMINACEAE A. Rich., Dict. Class. Hist. Nat. 2: 173. 1822.

Por P.M. Jørgensen (MO); revisado por S.G. Beck (LPB) y M. Nee (NY).
1 género, 2 especies, 0 especies endémicas.

Impatiens L., Sp. Pl. 2: 937–938. 1753.

2 especies, 0 especies endémicas.

Impatiens balsamina L., Sp. Pl. 2: 938. 1753.
Ref.: Barringer (1991), Jørgensen (1999a), Barnett & Dorr (2001).
Hierba. Cultivada. Zonas Bajas, Andes. Bosque Húmedo, Yungas, 0–500, 2000–2500 m.
Dept.: BE, CO, LP.
Muestra: *J.C. Solomon 7364* (LPB, MO, NY).

Impatiens walleriana Hook. f., Fl. Trop. Afr. 1: 302. 1868.
Sin.: *Impatiens sultanii* Hook. f.
Ref.: Barringer (1991), Jørgensen (1999a), Barnett & Dorr (2001).
Hierba. Naturalizada, cultivada. Zonas Bajas, Andes. Bosque Húmedo, Yungas, Valles Secos, 0–2000 m.
Dept.: CO, LP, SC.
Muestra: *J.C. Solomon et al. 18961* (LPB, MO).

BASELLACEAE Raf., Fl. Tellur. 3: 44. 1837.

Por R. Eriksson (GB); revisado por S.G. Beck (LPB), M. Nee (NY), P.M. Jørgensen (MO).
2 géneros, 6 especies, 1 especie endémica.

Anredera Juss., Gen. Pl. 84. 1789.
5 especies, 1 especie endémica.

Anredera aspera Sperling, Phytologia 79(1): 3. 1995.
Ref.: Sperling (1987), Sperling (1995), Eriksson (2007).
Trepadora. Endémica. Andes. Yungas, 2500–3500 m.
Dept.: LP.
Tipo y muestra: *C.R. Sperling & R.M. King 5412* (HT: GH; IT: LPB), *M.A. Lewis 882034A* (GB, LPB, MO).

[Anredera baselloides (Kunth) Baill.], Hist. Pl. 9: 147. 1887.
Sin.: *Boussingaultia baselloides* Kunth
Ref.: Foster (1958).
Nota: El registro se basa en material mal identificado.

Anredera cordifolia (Ten.) Steenis, Fl. Malesiana, Ser. 1, Spermatoph. 5(3): 303. 1957.
Sin.: *Boussingaultia cordifolia* Ten.
Ref.: Sperling (1987), Schulenberg & Awbrey (1997), Serrano & Terán (1998 [2000]), Nee (2004), Eriksson (2007).
Trepadora. Nativa, cultivada. Zonas Bajas, Andes. Bosque Seco Chaqueño, Campos Cerrados, Valles Secos, 0–3000 m.
Dept.: CH, CO, LP, SC, TA.
Muestra: *A.H. Gentry et al. 73618* (GB, LPB, MO).
Nota: A veces cultivada como ornamental.

Anredera krapovickasii (Villa) Sperling, Phytologia 79(1): 3. 1995.
Sin.: *Boussingaultia krapovickasii* Villa
Ref.: Sperling (1987), González et al. (1999), Nee (2004), Eriksson (2007).
Trepadora. Nativa. Andes. Valles Secos, 1000–2500 m.
Dept.: CH, CO, LP, SC, TA.
Muestra: *M.A. Lewis 35425* (GB, LPB, MO).

Anredera ramosa (Moq.) Eliasson, Madroño 20(5): 266. 1970.
Sin.: *Tandonia ramosa* Moq., *Boussingaultia ramosa* var. *boliviensis* Hauman, *Boussingaultia boliviensis* (Hauman) J.F. Macbr., *Anredera boliviensis* (Hauman) Govaerts
Ref.: Hauman (1925), Ulbrich (1934), Foster (1958), Sperling (1987), Eriksson (2007).
Trepadora. Nativa. Andes. Yungas, 2500–3000 m.
Dept.: LP.
Muestra: *C.R. Sperling & R.M. King 5411* (GH, LPB).
Infra: *Anredera ramosa* subsp. *ramosa*

Anredera tucumanensis (Lillo & Hauman) Sperling, Phytologia 79(1): 3. 1995.
Sin.: *Boussingaultia tucumanensis* Lillo & Hauman
Ref.: Hauman (1925), Ulbrich (1934), Foster (1958), Sperling (1987), Sperling (1995), Nee (2004), Eriksson (2007), Arroyo Padilla & Villarroel Segarra (2009).
Trepadora. Nativa. Zonas Bajas, Andes. Bosque Húmedo, Yungas, 0–3500 m.
Dept.: CO, LP, SC, TA.
Tipo y muestra: *G. Mandon 1028* (LT: K; ILT: BM, G, GH, MA, MO, NY, P, S; fotos: F), *D.N. Smith et al. 13495* (GB, LPB, MO).

Ullucus Caldas, Sem. Nuev. Granad. 2: 185. 1809.
1 especie, 0 especies endémicas.

Ullucus tuberosus Caldas, Sem. Nuev. Granad. 2: 185. 1809.
Sin.: *Ullucus tuberosus* fo. *albiflorus* Kuntze, *Ullucus tuberosus* fo. *rubriflorus* Kuntze, *Ullucus aborigineus* Brücher
Ref.: Ulbrich (1934), Foster (1958), Brücher (1967), Sperling (1987), López Vargas (1995), Nee (2004), Eriksson (2007).
Hierba, trepadora. Nativa, cultivada. Andes, Altiplano. Yungas, Páramo Yungueño, Puna Húmeda, Puna Seca, 2500–4500 m.
Dept.: CH, CO, LP, PO, SC.
Muestra: *E. Asplund 1828* (S, UPS).
Infra: *Ullucus tuberosus* subsp. *tuberosus*, *Ullucus tuberosus* subsp. *aborigineus* (Brücher) Sperling
Nom. Vern.: Lisa, monte lisa, olluco, papa lisa silvestre, papalisa, ullucu.

BEGONIACEAE C. Agardh, Aphor. Bot. 200. 1824.

Por D. Wasshausen (US) y S.G. Beck (LPB); revisado por M. Nee (NY), P.M. Jørgensen (MO).
1 género, 49 especies, 22 especies endémicas.

Begonia L., Sp. Pl. 2: 1056. 1753.
49 especies, 22 especies endémicas.

Begonia altoperuviana A. DC., Ann. Sci. Nat., Bot. 11: 123. 1859.
Ref.: Smith & Schubert (1945 [1944]), Ibisch (1996).
Hierba, epífita. Nativa. Andes. Yungas, 1000–1500, 2000–2500 m.
Dept.: CO, LP.
Tipo y muestra: *H.A. Weddell 4556* (HT: P), *S.G. Beck 2188* (LPB, US).
Nota: Observada casualmente como epífita.

Begonia andina Rusby, Bull. New York Bot. Gard. 8(28): 108. 1912.
Ref.: Smith & Schubert (1945), Foster (1958), Dorr (1991 [1992]), Ministerio de Medio Ambiente y Agua (2012 [2013]).
Hierba. Nativa. Andes. Yungas, 1500–2000 m.
Dept.: LP.
Tipo y muestra: *R.S. Williams 1566* (HT: NY), *A. Araujo M. & N. Chapi 4022* (LPB, MO, NOLS, US).

Begonia bangii Kuntze, Revis. Gen. Pl. 3(3): 105. 1898.
Ref.: Smith & Schubert (1945 [1944]), Foster (1958).
Hierba. Endémica. Andes. Yungas, 1000–2000 m.
Dept.: CO, LP.
Tipo y muestra: *M. Bang 406* (HT: B; IT: F, GH, NY, US), *S.G. Beck 23132* (LPB, US).

Begonia baumannii Lemoine, Jardin 4: 273, pl. 1890.
Sin.: *Begonia baumannii* Lemoine ex Wittm., *Begonia odoratissima* hort.
Ref.: Smith & Schubert (1945 [1944]), Foster (1958), Ministerio de Medio Ambiente y Agua (2012 [2013]).
Hierba. Endémica. Andes, Altiplano. Yungas, Páramo Yungueño, Puna Húmeda, 2500–3000, 3500–4000 m.
Dept.: CO, LP, PO.
Muestra: *S.G. Beck 7786* (LPB, US).
Nota: El tipo de *B. baumannii* proviene de semillas cultivadas por Lemoine y colectadas en Bolivia. El tipo es la imagen publicada en el protólogo.

Begonia boliviensis A. DC., Ann. Sci. Nat., Bot., sér. 4, 11: 122. 1859.
Sin.: *Begonia argentinensis* Speg.
Ref.: Smith & Schubert (1941), Smith & Schubert (1945 [1944]), Foster (1958), López Vargas (1995), Saravia Miranda (1996), González et al. (1999), Serrano & Terán (1998 [2000]), Arroyo Padilla & Villarroel Segarra (2009).
Hierba. Nativa. Andes. Bosque Tucumano-Boliviano, 1000–1500, 2500–3000 m.
Dept.: CH, CO, SC, TA.
Tipo y muestra: *H.A. Weddell 4032* (T: G), *E.F. Saravia 123* (BOLV).
Nota: Existe un espécimen cultivado de 1883 en P sin número y referencia de Weddell.
Nom. Vern.: Begonia, orgho k'illusira.

Begonia bracteosa A. DC., Ann. Sci. Nat., Bot. 11: 132. 1859.
Hierba. Nativa. Andes, Altiplano. Yungas, Páramo Yungueño, Puna Húmeda, 1000–1500, 4000–5000 m.
Dept.: LP.
Muestra: *M.A. Lewis 40378* (LPB, MO).

Begonia bridgesii A. DC., Ann. Sci. Nat., Bot., sér. 4, 11: 132. 1859.
Ref.: Smith & Schubert (1945 [1944]), Foster (1958), Adolfo María (1966), Smith et al. (1986), Golding & Wasshausen (2002).
Hierba. Endémica. Andes. Bosque Tucumano-Boliviano, 1000–1500, 2500–3000 m.
Dept.: CO.
Tipo y muestra: *T.C. Bridges s.n.* (T: Herb. Lindl.), *M. Cárdenas 685* (LIL, US).
Nom. Vern.: Begonia.

Begonia buchtienii Irmsch., Bot. Jahrb. Syst. 74: 595. 1949.
Ref.: Smith et al. (1986), Golding & Wasshausen (2002).
Hierba. Endémica. Zonas Bajas, Andes. Bosque Húmedo, Bosque Tucumano-Boliviano, 0–500, 1500–2000 m.
Dept.: CO, SC.
Tipo y muestra: *O. Buchtien 2263* (ST: B, US), *S.G. Beck 9228* (LPB, M, US).

Begonia chaetocarpa Kuntze, Revis. Gen. Pl. 3(3): 105. 1898.
Ref.: Smith & Schubert (1945 [1944]), Foster (1958), Nee (2008).
Hierba. Endémica. Zonas Bajas, Andes. Bosque Húmedo, Yungas, 500–1000, 1500–2000 m.
Dept.: CO, LP, SC.
Tipo y muestra: *O. Kuntze s.n.* (ST: B, MO, NY, NY; fotos: F ex B, F), *D.C. Wasshausen et al. 2078* (K, LPB, NY, US).
Infra: *Begonia chaetocarpa* var. *chaetocarpa*, *Begonia chaetocarpa* var. *glabriflora* L.B. Sm. & B.G. Schub.

Begonia cinnabarina Hook., Bot. Mag. 75, pl. 4483. 1849.
Ref.: Smith & Schubert (1945 [1944]), Foster (1958).
Hierba. Nativa. Andes. Bosque Tucumano-Boliviano, 1000–1500, 2000–2500 m.
Dept.: CH, SC, TA.
Tipo y muestra: *M. Bridges s.n.* (HT: K), *L.R.C. de Michel 16* (LPB, US).
Nota: El tipo es la lámina citada en el protólogo.

Begonia clarkei Hook. f., Bot. Mag. 93, pl. 5675. 1867.
Ref.: Smith & Schubert (1945 [1944]), Foster (1958).
Hierba. Nativa. Andes. Yungas, Bosque Tucumano-Boliviano, 1500–2000, 3500–4000 m.
Dept.: CH, CO, LP, PO, SC, TA.
Tipo y muestra: *G. Mandon 1090* (HT: K; IT: GH, K), *N.P. Ritter 555* (LPB, MO).

Begonia comata Kuntze, Revis. Gen. Pl. 3(3): 105. 1898.
Ref.: Smith & Schubert (1945 [1944]), Foster (1958).
Hierba. Endémica. Andes. Yungas, 1000–2000 m.
Dept.: CO, LP.
Tipo y muestra: *O. Kuntze s.n.* (HT: B; IT: NY, NY, US; fotos: F), *S.G. Beck 8596* (LPB, MO, US).

Begonia cremnophila Tebbitt, Brittonia 66(2): 142. 2013.
Ref.: Nee (2008).
Hierba. Endémica. Zonas Bajas, Andes. Bosque Húmedo, Bosque Tucumano-Boliviano, 500–1500 m.
Dept.: SC.
Tipo y muestra: *M.H. Nee 34217* (HT: LPB; IT: MO, NY, US), *J.R.I. Wood 16105* (K, LPB, USZ).

Begonia crinita Oliv. ex Hook. f., Bot. Mag. 97: pl. 5897. 1871.
Ref.: Smith & Schubert (1945 [1944]), Foster (1958).
Hierba. Endémica. Andes. Yungas, 2500–3000 m.
Dept.: LP.
Tipo y muestra: *D. Oliver s.n.* (T: K), *C.M. Ochoa & A. Salas 15494* (US).

Begonia cucullata Willd., Sp. Pl. 4(1): 414. 1805.
Ref.: Smith & Schubert (1941), Killeen & Schulenberg (1998).
Hierba. Nativa. Zonas Bajas, Andes. Bosque Húmedo, Bosque Semideciduo Chiquitano, Bosque Tucumano-Boliviano, Bosque Serrano Chaqueño, 0–1500 m.
Dept.: BE, CO, SC, TA.
Muestra: *D.C. Wasshausen et al. 2085* (LPB, US).
Infra: *Begonia cucullata* var. *cucullata*
Nota: Casualmente cultivada.

Begonia cyathophora Poepp. & Endl., Nov. Gen. Sp. Pl. 1: 7, t. 11. 1835.
Ref.: Nee (2008).
Hierba. Nativa. Andes. Yungas, 1500–2000 m.
Dept.: BE, LP, SC.
Muestra: *D.C. Wasshausen et al. 2041* (K, LPB, NY, US).
Nom. Vern.: Beno-beno, vino vino.

Begonia denticulata Kunth, Nov. Gen. Sp. (quarto ed.) 7: 139 [folio], 182 [quarto]. 1825.
Sin.: *Begonia fagopyroides* Kunth & Bouché
Ref.: Rusby (1893b), Golding & Wasshausen (2002).
Hierba. Nativa. Zonas Bajas, Andes. Bosque Húmedo, Yungas, 500–2000 m.
Dept.: LP.
Muestra: *T.B. Croat et al. 84780* (LPB, MO).

Begonia erythrocarpa A. DC., Ann. Sci. Nat., Bot., sér. 4, 11: 121. 1859.
Ref.: Smith et al. (1986).
Hierba. Nativa. Andes. Yungas, 2000–3000 m.
Dept.: LP.
Tipo y muestra: *H.A. Weddell 4729* (HT: P), *S.G. Beck 21119* (LPB, US).

Begonia fischeri Schrank, Pl. Rar. Hort. Monac. 2: t. 59. 1819 [1820].
Sin.: *Begonia tovarensis* Klotzsch
Ref.: Foster (1958), Killeen & Schulenberg (1998).
Hierba. Nativa. Zonas Bajas, Andes. Bosque Húmedo, Bosque Semideciduo Chiquitano, Sabanas Benianas del Sur, Bosque Tucumano-Boliviano, 0–1500 m.
Dept.: BE, CO, PA, SC.
Muestra: *N.P. Ritter & M. Garvizu 4677* (MO, NHA, US).
Infra: *Begonia fischeri* var. *fischeri*

Begonia fissistyla Irmsch., Bot. Jahrb. Syst. 74: 591. 1949.
Ref.: Foster (1958), Smith et al. (1986).
Hierba. Endémica. Andes. Yungas, 2000–2500 m.
Dept.: LP.
Tipo y muestra: *Bro. Julio 438* (ST: B, US), *S.G. Beck 13827* (LPB, US).

[Begonia fulgens Lem.], Hort. Lemaire n. 123. 1893.
Ref.: Smith & Schubert (1945 [1944]), Foster (1958).
Nota: El registro se basa en material mal identificado.

[Begonia geraniifolia Hook.], Bot. Mag. 62, pl. 3387. 1835.
Ref.: Adolfo María (1966).
Nota: El registro se basa en material mal identificado.

Begonia glabra Aubl., Hist. Pl. Guiane 2: 916–917, t. 349. 1775.
Sin.: *Begonia scandens* Sw.
Ref.: Smith & Schubert (1945 [1944]), Foster (1958), Parker & Bailey (1991), Nee (2008).

Hierba, trepadora. Nativa. Zonas Bajas, Andes. Bosque Húmedo, Yungas, 0–2000 m.
Dept.: BE, CO, LP, SC.
Muestra: *D.C. Wasshausen & J.R.I. Wood 2168* (GOET, K, LPB, NY, US).
Infra: *Begonia glabra* var. *glabra*

Begonia herrerae L.B. Sm. & B.G. Schub., Revista Univ. (Cuzco) 33(87): 91, t. 15. 1945.
Hierba. Nativa. Andes. Yungas, 1500–2000 m.
Dept.: LP.
Muestra: *M.A. Lewis 40706* (LPB, MO).

Begonia hirtella Link, Enum. Hort. Berol. Alt. 2: 396. 1822.
Ref.: Smith et al. (1986), Golding & Wasshausen (2002).
Hierba. Nativa. Zonas Bajas, Andes. Bosque Seco Chaqueño, Bosque Tucumano-Boliviano, Valles Secos, 500–2500 m.
Dept.: TA.
Muestra: *M. Liberman et al. 2148* (LPB, US).
Infra: *Begonia hirtella* var. *hirtella*

Begonia juntasensis Kuntze, Revis. Gen. Pl. 3(3): 106. 1898.
Sin.: *Begonia subrectangula* Rusby
Ref.: Smith & Schubert (1945 [1944]), Foster (1958), Schulenberg & Awbrey (1997), Serrano & Terán (1998 [2000]), Nee (2008), Arroyo Padilla & Villarroel Segarra (2009).
Hierba. Endémica. Zonas Bajas, Andes. Bosque Húmedo, Yungas, Bosque Tucumano-Boliviano, 500–3000 m.
Dept.: CH, CO, LP, SC.
Tipo y muestra: *O. Kuntze s.n.* (HT: NY; IT: MO), *D.C. Wasshausen 2208* (K, LPB, US).

[Begonia krystofii Halda], Acta Mus. Richnov. Sect. Nat. 14(4): 107. 2007.
Hierba. Endémica. Andes. Valles Secos, 1500–2000 m.
Dept.: CH.
Tipo: *J.J. Halda JJH07112003* (HT: PR).
Nota: Especie dudosa. Conocida solamente del tipo, posiblemente un sinónimo de *B. pearcei* Hook.

Begonia leathermaniae O'Reilly & Kareg., Begonian 50(11–12): 146, f. 1983.
Sin.: *Begonia platanifolia* var. *acuminatissima* Kuntze
Ref.: Nee (2008).
Hierba. Endémica. Andes. Yungas, 1000–1500, 2000–2500 m.
Dept.: CO, SC.
Tipo y muestra: *O. Kuntze s.n.* (HT: B; IT: NY), *M. Moraes R. 1056* (BOLV, LPB, US, USZ).

Begonia leptostyla Irmsch., Bot. Jahrb. Syst. 74: 609. 1949.
Ref.: Smith et al. (1986).
Hierba. Endémica. Zonas Bajas, Andes. Bosque Húmedo, Yungas, 500–1500 m.
Dept.: CO, LP.
Tipo y muestra: *R.S. Williams 455* (HT: NY; IT: US), *D.C. Wasshausen & J.R.I. Wood 2172* (CAS, GOET, K, LPB, NY, US).

Begonia lindmanii Brade, Arch. Jard. Bot. Rio de Janeiro 12: 8, pl. 2, 5, f. 7–14. 1952.
Ref.: Forzza (2010), Wood et al. (2011).
Hierba. Nativa. Zonas Bajas. Campos Cerrados, 500–1000 m.
Dept.: SC.
Muestra: *J.R.I. Wood et al. 25847* (K, LPB, USZ).
Nota: Determinación tentativa.

Begonia lophoptera Rolfe, Bull. Misc. Inform. Kew 1914: 28. 1914.
Ref.: Smith et al. (1986).
Hierba. Nativa. Andes. Yungas, 1000–1500 m.
Dept.: LP.
Muestra: *D.C. Wasshausen & J.R.I. Wood 2214* (K, LPB).

Begonia micranthera Griseb., Abh. Königl. Ges. Wiss. Göttingen 19: 148. 1874.
Ref.: Smith & Schubert (1941), Smith & Schubert (1945 [1944]), Foster (1958), Adolfo María (1966), López Vargas (1995), Saravia Miranda (1996), Schulenberg & Awbrey (1997), González et al. (1999), López (2000), Serrano & Terán (1998 [2000]).
Hierba. Nativa. Andes. Yungas, Bosque Tucumano-Boliviano, Valles Secos, 1000–3500 m.
Dept.: CH, CO, LP, SC, TA.
Muestra: *J.C. Solomon 10443* (LPB, MO, NOLS, US).
Infra: *Begonia micranthera* var. *micranthera*, *Begonia micranthera* var. *fimbriata* L.B. Sm. & B.G. Schub., *Begonia micranthera* var. *foliosa* L.B. Sm. & B.G. Schub., *Begonia micranthera* var. *hieronymi* (Lindau) L.B. Sm. & B.G. Schub., *Begonia micranthera* var. *nana* L.B. Sm. & B.G. Schub., *Begonia micranthera* var. *venturii* L.B. Sm. & B.G. Schub.
Nom. Vern.: Jachanckara, k'illusira.

Begonia monadelpha (Klotzsch) Ruiz & Pav. ex A. DC., Prodr. 15(1): 286. 1864.
Sin.: *Barya monadelpha* Klotzsch
Nota: Esperado. Crece en el límite con Perú, cerca a Sandia.

Begonia oblanceolata Rusby, Descr. S. Amer. Pl. 65. 1920.
Ref.: Smith & Schubert (1945 [1944]), Foster (1958).
Hierba. Endémica. Zonas Bajas, Andes. Bosque Húmedo, Yungas, 500–1500 m.
Dept.: CO.
Tipo: *O. Buchtien 2283* (HT: NY; IT: MO, US).
Nota: Conocido solamente del tipo.

Begonia obtecticaulis Irmsch., Bot. Jahrb. Syst. 74(4): 600–602. 1949.
Hierba. Nativa. Andes. Valles Secos, 3000–3500 m.
Dept.: LP.
Muestra: *M.A. Lewis 37123* (LPB, MO).

Begonia octopetala L'Hér., Stirp. Nov. 101. 1788.
Ref.: Foster (1958).
Hierba. Nativa. Andes. Yungas, 3500–4000 m.
Dept.: LP.
Muestra: *M. Cárdenas 3829* (GH).
Nota: Determinación no confirmada.

Begonia parodiana L.B. Sm. & B.G. Schub., Darwiniana 5: 88, f. 3. 1941.
Ref.: Smith & Schubert (1941), González et al. (1999).
Hierba. Nativa. Zonas Bajas, Andes. Bosque Húmedo, Valles Secos, 500–1500 m.
Dept.: LP, SC, TA.
Muestra: *S.G. Beck & M. Liberman 9607* (LPB, US).

Begonia parviflora Poepp. & Endl., Nov. Gen. Sp. Pl. 1: 7, t. 12. 1835.
Sin.: *Begonia micrantha* Steud., *Begonia myriantha* Britton
Ref.: Rusby (1893b), Smith & Schubert (1945 [1944]), Foster (1958), Parker & Bailey (1991), Nee (2008), Arroyo Padilla & Villarroel Segarra (2009).
Hierba, arbolito. Nativa. Zonas Bajas, Andes. Bosque Húmedo, Yungas, Bosque Tucumano-Boliviano, Valles Secos, 500–3000 m.
Dept.: CO, LP, SC, TA.
Muestra: *D.C. Wasshausen et al. 2044* (K, LPB, US).

Begonia pearcei Hook., Bot. Mag. 91: pl. 5545. 1865.
Ref.: Foster (1958), Smith et al. (1986), Ministerio de Medio Ambiente y

Agua (2012 [2013]).
Hierba. Endémica. Andes. Yungas, Bosque Tucumano-Boliviano, 1000–2500 m.
Dept.: CH, LP, TA.
Tipo y muestra: *R.W. Pearce s.n.* (T: K), *J.R.I. Wood & D.J. Goyder 15872* (K, LPB).
Nota: Conocido solamente del tipo.

Begonia peruviana A. DC., Ann. Sci. Nat., Bot. 11: 133. 1859.
Ref.: Smith et al. (1986), Golding & Wasshausen (2002).
Hierba. Nativa. Andes. Yungas, 1500–2500 m.
Dept.: LP.
Muestra: *A.F. Fuentes C. et al. 4906* (LPB, MO, NOLS, US).

Begonia pleiopetala A. DC., Ann. Sci. Nat., Bot. 11: 121. 1859.
Sin.: *Begonia pusilla* A. DC., *Begonia warburgiana* Hieron.
Ref.: Smith & Schubert (1945 [1944]), Foster (1958).
Hierba. Nativa. Andes. Yungas, Páramo Yungueño, 3000–4000 m.
Dept.: LP.
Muestra: *S.G. Beck 2753* (LPB, US).

Begonia rosiflora Hook. f., Bot. Mag. 93: pl. 5680. 1867.
Ref.: Golding & Wasshausen (2002).
Hierba. Nativa. Andes. Yungas, 2500–3000 m.
Dept.: LP.
Muestra: *M.A. Lewis 37044* (LPB, MA, MO, NOLS, US).
Nota: Considerado por algunos autores como sinónimo de *B. veitchii.*

Begonia rubricaulis Hook., Bot. Mag. 70: pl. 4131. 1844.
Ref.: Smith & Schubert (1941), González et al. (1999), Serrano & Terán (1998 [2000]).
Hierba. Nativa. Andes. Yungas, Bosque Tucumano-Boliviano, 2000–3000 m.
Dept.: CH, LP, TA.
Muestra: *M. Liberman 2000* (LPB, US).
Infra: *Begonia rubricaulis* var. *rubricaulis*, *Begonia rubricaulis* var. *vulcanensis* L.B. Sm. & B.G. Schub.
Nom. Vern.: Jachanckara.

Begonia santarosensis Kuntze, Revis. Gen. Pl. 3(3): 106. 1898.
Ref.: Smith & Schubert (1945 [1944]), Foster (1958).
Hierba. Endémica. Andes. Yungas, 1500–3000 m.
Dept.: CO, SC.
Tipo y muestra: *O. Kuntze s.n.* (T: NY), *E. Fernández T. 4037* (BOLV, LPB, MO).

Begonia subcaudata Rusby ex L.B. Sm. & B.G. Schub., Revista Univ. (Cuzco) 33(87): 81, pl. 14. 1945.
Ref.: Smith & Schubert (1945 [1944]), Foster (1958).
Hierba. Endémica. Andes. Yungas, 1000–2500 m.
Dept.: LP.
Tipo y muestra: *H.H. Rusby 683* (T: NY), *S.G. Beck 4710* (LPB, M, NY, SI, US).

[Begonia subvillosa Klotzsch], Abh. Königl. Akad. Wiss. Berlin 1854: 152. 1855.
Ref.: Smith & Schubert (1945 [1944]), Foster (1958).
Nota: El registro se basa en material mal identificado.

Begonia suprafastigiata Irmsch., Bot. Jahrb. Syst. 74(4): 590–591. 1949.
Ref.: Golding & Wasshausen (2002).
Hierba. Nativa. Andes. Yungas, 1500–2000 m.
Dept.: LP.
Muestra: *S.G. Beck 17813* (LPB, US).

Begonia tenuicaulis A. DC., Ann. Sci. Nat., Bot., sér. 4, 11: 120. 1859.
Ref.: Smith et al. (1986).
Hierba. Endémica. Región, tipo de vegetación y elevación desconocidas.
Dept.: Bolivia.
Tipo: *H.A. Weddell 4592* (HT: P; IT: K).
Nota: Conocido solamente del tipo. Especie similar a *B. pleiopetala.*

Begonia unduavensis Rusby, Descr. S. Amer. Pl. 64. 1920.
Sin.: *Begonia lignosa* Rusby
Ref.: Smith & Schubert (1945 [1944]), Foster (1958).
Hierba. Endémica. Andes. Yungas, 2000–3000 m.
Dept.: CO, LP.
Tipo y muestra: *H.H. Rusby 677* (ST: F, NY, US; fotos: F), *S.G. Beck 19886* (BOLV, G, HSB, LPB, M, MO, US).

Begonia unilateralis Rusby, Phytologia 1: 68. 1934.
Ref.: Foster (1958), Smith et al. (1986).
Hierba. Endémica. Andes. Yungas, 2000–2500 m.
Dept.: LP.
Tipo y muestra: *G.H.H. Tate 657* (HT: NY), *M.I. Loza et al. 574* (BOLV, LPB, MO, USZ).

Begonia varistyla Irmsch., Bot. Jahrb. Syst. 76: 80. 1953.
Ref.: Foster (1958), Nee (2008), Arroyo Padilla & Villarroel Segarra (2009).
Hierba. Endémica. Zonas Bajas, Andes. Bosque Húmedo, Yungas, Bosque Tucumano-Boliviano, 0–1500 m.
Dept.: CO, SC.
Tipo y muestra: *J. Steinbach 3360* (HT: B; IT: LIL), *M.H. Nee & G. Coimbra 35213* (LPB, MO, NY, US).

Begonia veitchii Hook. f., Gard. Chron. 734. 1867.
Sin.: *Begonia coriacea* A. DC., *Begonia tominana* Golding, *Begonia barborkae* Halda
Ref.: Smith & Schubert (1945 [1944]), Foster (1958).
Hierba. Nativa. Andes. Yungas, Valles Secos, 2500–3000, 3500–4000 m.
Dept.: CH, CO, LP, TA.
Muestra: *A.F. Fuentes C. et al. 12020* (LPB, MO, US).

Begonia weddelliana A. DC., Ann. Sci. Nat., Bot., sér. 4, 11: 122. 1859.
Sin.: *Begonia davisii* Veitch ex Hook. f.
Ref.: Smith & Schubert (1945 [1944]), Foster (1958), Nee (2008), Tebbitt (2013).
Hierba. Endémica. Andes. Yungas, 1000–2000 m.
Dept.: LP.
Tipo y muestra: *H.A. Weddell 4294* (HT: G; IT: P; fotos: F, F ex P), *S.G. Beck 8723* (BOLV, LPB, M, MO, US).

Begonia wollnyi Herzog, Repert. Spec. Nov. Regni Veg. 7: 63. 1909.
Sin.: *Begonia williamsii* Rusby & Nash, *Begonia acrensis* Irmsch.
Ref.: Smith & Schubert (1945 [1944]), Foster (1958), Dorr (1991 [1992]), Killeen & Schulenberg (1998), Nee (2008).
Hierba. Endémica. Zonas Bajas, Andes. Bosque Húmedo, Yungas, 0–1000 m.
Dept.: CH, CO, LP, SC, TA.
Tipo y muestra: *T. Herzog 86* (HT: Z), *S.G. Beck 4822* (LPB, US).

BERBERIDACEAE Juss., Gen. Pl. 286. 1789.

Por C. Ulloa Ulloa (MO); revisado por M. Nee (NY), S.G. Beck (LPB), P.M. Jørgensen (MO).
1 género, 15 especies, 5 especies endémicas.

Berberis L., Sp. Pl. 1: 330–331. 1753.
15 especies, 5 especies endémicas.

Berberis agapatensis Lechl., Berberid. Amer. Austr. 44. 1857.
Ref.: Schneider (1904), Macbride (1938a), Foster (1958), Ahrendt (1961), López Vargas (1995).

Arbusto. Nativa. Andes. Páramo Yungueño, 2500–3500 m.
Dept.: CO, LP.
Muestra: *J.C. Solomon & M. Moraes R. 11435* (LPB, MO).
Nom. Vern.: K'ellu k'isca.

[Berberis andeana Job], Lilloa 17: 81. 1949.
Ref.: Fernández Calatayud (1993a).
Nota: El registro se basa en material mal identificado de probablemente *B. ciliaris*.

[Berberis argentinensis Hosseus], Bol. Acad. Ci. (Cordoba) 26. 1921.
Sin.: *Berberis pseudo-spinulosa* Job
Ref.: Foster (1958), Fernández Calatayud (1993a), González et al. (1999).
Nota: El registro se basa en material mal identificado de probablemente *B. commutata*.

Berberis boliviana Lechl., Berberid. Amer. Austr. 21. 1857.
Sin.: *Berberis weddellii* Lechl., *Berberis conferta* var. *boliviana* (Lechl.) C.K. Schneid., *Berberis chrysacantha* C.K. Schneid.
Ref.: Rusby (1893b), Schneider (1904), Macbride (1938a), Foster (1958), Ahrendt (1961), Fernández Calatayud (1993a), López Vargas (1995), Saravia Miranda (1996).
Arbusto. Nativa, cultivada. Andes. Valles Secos, 2500–3500 m.
Dept.: CH, CO, LP, OR, PO, SC, TA.
Tipo y muestra: *J.B. Pentland 47* (LT: P; IT: F frag. ex P; fotos: F ex P, MO ex P), *J.C. Solomon 6707* (LPB, MO).
Nom. Vern.: K'ellu k'isca.

Berberis bumeliifolia C.K. Schneid., Bull. Herb. Boissier, sér. 2, 5(9): 818. 1905.
Ref.: Foster (1958), Ahrendt (1961), Fernández Calatayud (1993a), López Vargas (1995), Saravia Miranda (1996), Serrano & Terán (1998 [2000]), Nee (2004).
Arbusto. Nativa. Andes. Yungas, 1500–2500 m.
Dept.: CH, CO, SC, TA.
Tipo y muestra: *W.A. Cumming 191* (HT: W), *I.G. Vargas 813* (LPB, MO, NY, USZ).
Nom. Vern.: Cruz k'isca, guino-guino, janacachi, palo amarillo, pato de gallina, pie de gallina.

Berberis carinata Lechl., Berberid. Amer. Austr. 41. 1857.
Ref.: Macbride (1938a), Foster (1958).
Arbusto. Nativa. Andes. Páramo Yungueño, 3000–4000 m.
Dept.: CH, CO, LP.
Muestra: *S.G. Beck 27788* (LPB, M, MO).

Berberis ciliaris Lindl., J. Hort. Soc. London 5: 5. 1850.
Sin.: *Berberis laxiflora* Citerne, *Berberis densifolia* Rusby, *Berberis edentata* Rusby
Ref.: Lechler (1857), Schneider (1904), Foster (1958), Ahrendt (1961).
Arbusto. Endémica. Andes. Yungas, Bosque Tucumano-Boliviano, Páramo Yungueño, 2500–3500 m.
Dept.: CO, LP, SC, TA.
Tipo y muestra: *T.C. Bridges s.n.* (HT: CGE; IT: K), *M.A. Lewis 38059* (LPB, MO, NY).
Infra: *Berberis ciliaris* var. *ciliaris*, *Berberis ciliaris* var. *obtusata* Ahrendt
Nom. Vern.: Khello khello, yana yana.

Berberis commutata Eichler, Fl. Bras. 13(1): 231. 1864.
Sin.: *Berberis divaricata* Rusby, *Berberis trollii* Diels
Ref.: Schneider (1904), Macbride (1938a), Foster (1958), Ahrendt (1961), Fernández Calatayud (1993a), López Vargas (1995), Saravia Miranda (1996), Serrano & Terán (1998 [2000]), Trauth-Nare (2001), Nee (2004).
Arbusto. Nativa, cultivada. Andes. Valles Secos, Puna Húmeda, Puna Seca, 2500–4000 m.
Dept.: CH, CO, LP, PO, SC, TA.
Tipo y muestra: *H.A. Weddell 3775* (HT: P; IT: F), *S.G. Beck 27789* (LPB, MO).
Nom. Vern.: Janacachi, tawa k'iscayoi, tinta tinta, yana yana.

Berberis ferruginea Lechl., Berberid. Amer. Austr. 9. 1857.
Sin.: *Berberis wettsteiniana* C.K. Schneid.
Ref.: Schneider (1904), Foster (1958), Ahrendt (1961), Serrano & Terán (1998 [2000]), Nee (2004).
Arbusto. Nativa. Andes. Yungas, Bosque Tucumano-Boliviano, 2000–3000 m.
Dept.: CH, CO, LP, SC.
Tipo y muestra: *H.A. Weddell 3736* (HT: P; IT: F, P), *M.H. Nee 40312* (GH, LPB, MO, NY).
Nom. Vern.: Janacachi.

Berberis fiebrigi C.K. Schneid., Bot. Jahrb. Syst. 42: 85. 1908.
Ref.: Foster (1958), Ahrendt (1961), Schulenberg & Awbrey (1997), Serrano & Terán (1998 [2000]).
Arbusto. Endémica. Andes. 1500–2000 m.
Dept.: CH, SC, TA.
Tipo y muestra: *K. Fiebrig 2508* (T: B; fotos: A, F, MO), *A. Andia 410* (LPB, MO).

[Berberis hieronymi C.K. Schneid.], Bull. Herb. Boissier, sér. 2, 5: 394. 1905.
Ref.: Serrano & Terán (1998 [2000]).
Nota: El registro se basa en material mal identificado.

Berberis keissleriana C.K. Schneid., Bull. Herb. Boissier, sér. 2, 5: 808. 1905.
Ref.: Foster (1958), Ahrendt (1961).
Arbusto. Endémica, cultivada. Andes. Yungas, 3500–4000 m.
Dept.: LP, SC.
Tipo y muestra: *W.A. Cumming 192* (HT: W; IT: G, MO; fotos: F), *A. Jardim & J.R. Abbott 2103* (MO, USZ).

[Berberis laurina Thunb.], Pl. Bras. 1: 8. 1817.
Ref.: Lechler (1857), Foster (1958).
Nota: El registro se basa en material mal identificado de *B. commutata*.

Berberis lutea Ruiz & Pav., Fl. Peruv. 3: 51, t. 280. 1802.
Sin.: *Berberis conferta* var. *lobbiana* C.K. Schneid., *Berberis lobbiana* (C.K. Schneid.) C.K. Schneid.
Arbusto. Nativa. Región, tipo de vegetación y elevación desconocidas.
Muestra: *W. Lobb s.n.* (F, MO, W).
Nota: Dudosamente en Bolivia.

Berberis ovalifolia Rusby, Descr. S. Amer. Pl. 16. 1920.
Ref.: Foster (1958), Ahrendt (1961).
Arbusto. Endémica. Andes. Yungas, 3000–3500 m.
Dept.: LP.
Tipo y muestra: *O. Buchtien 2844* (HT: NY; IT: GH), *M.A. Lewis 881709* (LPB, MO).

[Berberis parvifolia Sprague], Bull. Misc. Inform. Kew 445. 1908.
Ref.: Adolfo María (1966).
Nota: El registro se basa en material mal identificado.

Berberis phyllacantha Rusby, Mem. Torrey Bot. Club 6: 4. 1896.
Sin.: *Berberis paucidentata* Rusby, *Berberis rusbyana* Ahrendt
Ref.: Foster (1958), Ahrendt (1961), Nee (2004).
Arbusto. Nativa. Andes. Yungas, Páramo Yungueño, 3000–4000 m.
Dept.: CO, LP, SC.
Tipo y muestra: *M. Bang 1614* (HT: NY; IT: A, BM, GH, MO-1932654, NY, US), *J.C. Solomon 14420* (LPB, MO, NY).

Nom. Vern.: Kello kello grande, khello khello, yana yana.

Berberis rariflora Lechl., Berberid. Amer. Austr. 33. 1857.
Sin.: *Berberis rectinervia* Rusby
Ref.: Rusby (1893b), Schneider (1904), Foster (1958), Ahrendt (1961), Serrano & Terán (1998 [2000]).
Arbusto. Nativa. Andes, Altiplano. Valles Secos, Puna Húmeda, Puna Seca, 3000–4000 m.
Dept.: CO, LP, PO.
Tipo y muestra: *J.B. Pentland s.n.* (ST: MB, MB, P, P; fotos: F ex P, MO ex P), *J.C. Solomon 14448* (MO).

Berberis rechingeri C.K. Schneid., Bull. Herb. Boissier, sér. 2, 5: 808. 1905.
Ref.: Foster (1958), Ahrendt (1961).
Arbusto. Endémica. Andes. Yungas, 2500–3000 m.
Dept.: CO, LP.
Tipo y muestra: *G. Mandon 863* (T: G, MO; fotos: F), *B. Maguire et al. 44483* (MO).

Berberis saxicola Lechl., Berberid. Amer. Austr. 42. 1857.
Arbusto. Nativa. Andes. Páramo Yungueño, 3000–4000 m.
Dept.: CH, CO, LP.
Muestra: *M.A. Lewis et al. 39357* (LPB, MO).

BETULACEAE Gray, Nat. Arr. Brit. Pl. 2: 222, 243. 1822.

Por R.P. López (LPB); revisado por S.G. Beck (LPB), M. Nee (NY), P.M. Jørgensen (MO).
2 géneros, 2 especies, 0 especies endémicas.

Alnus Mill., Gard. Dict. Abr. (ed. 4) vol. 1. 1754.
1 especie, 0 especies endémicas.

Alnus acuminata Kunth, Nov. Gen. Sp. (quarto ed.) 2: 20. 1817.
Sin.: *Alnus ferruginea* Kunth, *Alnus mirbelii* Spach, *Alnus jorullensis* var. *ferruginea* (Kunth) Kuntze, *Alnus jorullensis* var. *mirbelii* (Spach) Winkl.
Ref.: Foster (1958), Furlow (1979a), Furlow (1979b), López Calderón (1993a), López Vargas (1995), Saravia Miranda (1996), Schulenberg & Awbrey (1997), González et al. (1999), Zárate et al. (1999), Serrano & Terán (1998 [2000]), Vargas Caballero et al. (2000), Nee (2004), Arroyo Padilla & Villarroel Segarra (2009).
Arbusto, árbol. Nativa. Andes, Altiplano. Yungas, Bosque Tucumano-Boliviano, Valles Secos, Bosque de *Polylepis*, 1000–4000 m.
Dept.: CH, CO, LP, PO, SC, TA.
Muestra: *M. Liberman 482* (CTES, LPB, NY, SI).
Infra: *Alnus acuminata* subsp. *acuminata*
Nom. Vern.: Aliso, aliso blanco, aliso colorado.

Carpinus L., Sp. Pl. 2: 998. 1753.
1 especie, 0 especies endémicas.

Carpinus americana Michx., Fl. Bor.-Amer. 2: 201. 1803.
Ref.: López Calderón (1993a).
Arbolito. Cultivada. Andes. Valles Secos, 2500–3000 m.
Dept.: CO.
Muestra: *J.C. Solomon 7572* (LPB, MO, NY).

BIGNONIACEAE Juss., Gen. Pl. 137. 1789.

Por L. Lohmann (USP) y A.F. Fuentes (LPB, MO), revisado por M. Nee (NY), S.G. Beck (LPB), P.M. Jørgensen (MO).
36 géneros, 170 especies, 0 especies endémicas.

Adenocalymma Mart. ex Meisn., Pl. Vasc. Gen. 1: 300; 2: 208. 1840.
7 especies, 0 especies endémicas.

Adenocalymma bipinnatum (S. Moore) L.G. Lohmann, Ann. Missouri Bot. Gard. 99(3): 388. 2013 [2014].
Sin.: *Macfadyena bipinnata* S. Moore, *Memora bipinnata* (S. Moore) A.H. Gentry
Ref.: Killeen & Schulenberg (1998), Wood et al. (2011), Lohmann & Taylor (2013 [2014]).
Liana. Nativa. Zonas Bajas. Campos Cerrados, 0–1000 m.
Dept.: SC.
Muestra: *A. Rodríguez 641* (K, MO, USZ).

Adenocalymma biternatum (A. Samp.) L.G. Lohmann, Ann. Missouri Bot. Gard. 99(3): 388. 2014.
Sin.: *Memora biternata* A. Samp.
Ref.: Lohmann & Taylor (2013 [2014]).
Liana. Nativa. Zonas Bajas. Bosque Húmedo, 0–500 m.
Dept.: PA.
Muestra: *G.T. Prance et al. 6101* (INPA, MO, NY).

Adenocalymma bracteatum (Cham.) DC., Prodr. 9: 200. 1845.
Sin.: *Bignonia bracteata* Cham.
Ref.: Foster (1958), Lohmann & Taylor (2013 [2014]).
Liana. Nativa. Zonas Bajas. Bosque Semideciduo Chiquitano, Campos Cerrados, Sabanas Benianas del Norte, Sabanas Benianas del Sur, 0–1000 m.
Dept.: BE, LP, SC.
Muestra: *R. Seidel & S.G. Beck 289* (LPB, MO, USZ).

Adenocalymma bracteolatum DC., Prodr. 9: 200. 1845.
Ref.: Killeen & Schulenberg (1998), Lohmann & Taylor (2013 [2014]).
Liana. Nativa. Zonas Bajas. Bosque Húmedo, Bosque Semideciduo Chiquitano, Campos Cerrados, 0–1000 m.
Dept.: BE, LP, SC, TA.
Tipo y muestra: *d'Orbigny 758* (LT: P; ILT: BR, G, MO, P, P, P; fotos: F ex G, K ex G, MO ex G, MO ex P, MO ex P, MO ex P, MO ex P), *F. Canqui et al. 213* (LPB, MA, MO, USZ).

Adenocalymma impressum (Rusby) Sandwith, Recueil Trav. Bot. Néerl. 34: 212. 1937.
Sin.: *Bignonia impressa* Rusby
Ref.: Parker & Bailey (1991), Killeen & Schulenberg (1998), Lohmann & Taylor (2013 [2014]).
Liana. Nativa. Zonas Bajas. Bosque Húmedo, 0–1000 m.
Dept.: CO, LP, PA, SC.
Tipo y muestra: *M. Bang 1321* (LT: NY; ILT: G, G, G, K, M, MICH, MO; fotos: F, US, US), *P.F. Foster et al. 641* (LPB, MO, USZ).

[Adenocalymma marginatum (Cham.) DC.], Prodr. 9: 200. 1845.
Ref.: Killeen & Schulenberg (1998).
Nota: El registro se basa en material mal identificado.

Adenocalymma purpurascens Rusby, Descr. S. Amer. Pl. 121. 1920.
Sin.: *Anemopaegma huachianum* Rusby
Ref.: Foster (1958), Parker & Bailey (1991), Killeen & Schulenberg (1998), Lohmann & Taylor (2013 [2014]).
Liana. Nativa. Zonas Bajas. Bosque Húmedo, Bosque Semideciduo Chiquitano, Campos Cerrados, Sabanas Benianas del Norte, Sabanas

Benianas del Sur, 0–1000 m.
Dept.: BE, CH, LP, PA, SC.
Muestra: *M.H. Nee 35657* (LPB, MO).

Adenocalymma uleanum Kraenzl., Notizbl. Königl. Bot. Gart. Berlin 6: 372–373. 1915.
Sin.: *Adenocalymma latifolium* Rusby
Ref.: Foster (1958), Parker & Bailey (1991), Lohmann & Taylor (2013 [2014]).
Liana. Nativa. Zonas Bajas. Bosque Húmedo, 0–500 m.
Dept.: LP, PA.
Muestra: *J.C. Solomon 17072* (LPB, MO).

Amphilophium Kunth, J. Phys. Chim. Hist. Nat. Arts 87: 451. 1818.

14 especies, 0 especies endémicas.

Amphilophium aschersonii Ule, Festschr. Ascherson 549. 1904.
Ref.: Killeen & Schulenberg (1998), Arroyo Padilla & Villarroel Segarra (2009), Lohmann & Taylor (2013 [2014]).
Liana. Nativa. Zonas Bajas, Andes. Bosque Húmedo, Bosque Tucumano-Boliviano, 0–2000 m.
Dept.: CH, LP, PA, SC.
Muestra: *J. Villalobos 427* (HSB, MO).

Amphilophium carolinae (Lindl.) L.G. Lohmann, Ann. Missouri Bot. Gard. 99(3): 402. 2013 [2014].
Sin.: *Bignonia carolinae* Lindl., *Pithecoctenium cynanchoides* DC., *Pithecoctenium carolinae* (Lindl.) G. Nicholson
Ref.: Foster (1958), Serrano & Terán (1998 [2000]), Pool (2007).
Liana. Nativa. Zonas Bajas, Andes. Bosque Seco Chaqueño, Bosque Tucumano-Boliviano, elevación desconocida.
Dept.: CH, SC.
Muestra: *S.G. Beck & M. Liberman 9422* (CTES, HSB, LPB, M, MO, USZ).

Amphilophium crucigerum (L.) L.G. Lohmann, Nuevo Cat. Fl. Vasc. Venez. 270. 2008.
Sin.: *Bignonia crucigera* L., *Bignonia echinata* Jacq., *Pithecoctenium lundii* DC., *Pithecoctenium echinatum* (Jacq.) Baill., *Pithecoctenium echinatum* K. Schum., *Pithecoctenium glaucum* Rusby, *Pithecoctenium crucigerum* (L.) A.H. Gentry
Ref.: Foster (1958), Parker & Bailey (1991), Killeen & Schulenberg (1998), González et al. (1999), Pool (2007), Lohmann & Taylor (2013 [2014]).
Liana. Nativa. Zonas Bajas, Andes. Bosque Húmedo, Bosque Semideciduo Chiquitano, Yungas, 0–2000 m.
Dept.: BE, CH, LP, PA, SC, TA.
Muestra: *M.H. Nee 33550* (LPB, MO, NY, TEX).

Amphilophium cuneifolium (DC.) L.G. Lohmann, Ann. Missouri Bot. Gard. 99(3): 402. 2013 [2014].
Sin.: *Pithecoctenium cuneifolium* DC., *Distictella cuneifolia* (DC.) Sandwith
Ref.: Killeen & Schulenberg (1998), Pool (2009).
Liana, arbusto. Nativa. Zonas Bajas. Bosque Semideciduo Chiquitano, Campos Cerrados, Sabanas Benianas del Norte, Sabanas Benianas del Sur, 0–1000 m.
Dept.: BE, SC.
Muestra: *R. Guillén V. & V. Roca 3212* (LPB, MO, USZ).

[Amphilophium dasytrichum (Sandwith) L.G. Lohmann], Nuevo Cat. Fl. Vasc. Venez. 270. 2008.
Sin.: *Distictella dasytricha* Sandwith
Ref.: Pool (2009), Lohmann & Taylor (2013 [2014]).
Nota: Especie dudosa.

[Amphilophium elongatum (Vahl) L.G. Lohmann], Nuevo Cat. Fl. Vasc. Venez. 270. 2008.
Sin.: *Bignonia elongata* Vahl, *Distictella elongata* (Vahl) Urb.
Ref.: Parker & Bailey (1991), Killeen & Schulenberg (1998), Lohmann & Taylor (2013 [2014]).
Nota: El registro se basa en material mal identificado de *A. mansoanum*.

Amphilophium falcatum (Vell.) L.G. Lohmann, Ann. Missouri Bot. Gard. 99(3): 404. 2013 [2014].
Sin.: *Bignonia falcata* Vell., *Pithecoctenium falcatum* (Vell.) A. Pool
Ref.: Pool (2007).
Liana. Nativa. Zonas Bajas. Bosque Húmedo, 0–500 m.
Dept.: SC.
Muestra: *M.C. Peña Chocarro & L. Arroyo P. 154* (MO, USZ).

Amphilophium granulosum (Bureau & K. Schum.) L.G. Lohmann, Nuevo Cat. Fl. Vasc. Venez. 270. 2008.
Sin.: *Pithecoctenium granulosum* Klotzsch, *Distictis granulosa* Bureau & K. Schum., *Distictella granulosa* (Bureau & K. Schum.) Urb., *Anomoctenium granulosum* (Bureau & K. Schum.) Sandwith, *Amphilophium granulosum* (Bureau & K. Schum.) L.G. Lohmann
Liana. Nativa. Zonas Bajas. Bosque Húmedo, 0–1000 m.
Dept.: LP.
Muestra: *A.H. Gentry & S. Estenssoro C. 70258* (LPB, MO).

Amphilophium mansoanum (DC.) L.G. Lohmann, Ann. Missouri Bot. Gard. 99(3): 406. 2013 [2014].
Sin.: *Bignonia mansoana* DC., *Distictis mansoana* (DC.) Bureau ex Benth., *Distictella mansoana* (DC.) Urb.
Ref.: Pool (2009), Wood et al. (2011).
Liana. Nativa. Zonas Bajas, Andes. Bosque Semideciduo Chiquitano, Campos Cerrados, Campos Amazónicos, Yungas, 0–1500 m.
Dept.: BE, LP, SC.
Muestra: *S.G. Beck & R. Haase 10003* (CTES, M, MO, USZ).

Amphilophium nunezii (A.H. Gentry) L.G. Lohmann, Ann. Missouri Bot. Gard. 99(3): 406. 2013 [2014].
Sin.: *Haplolophium nunezii* A.H. Gentry
Liana. Nativa. Zonas Bajas. Bosque Semideciduo Chiquitano, 0–500 m.
Dept.: SC.
Muestra: *A.H. Gentry & N. Limpias 74083* (LPB, MO).

Amphilophium occidentale (A.H. Gentry) L.G. Lohmann, Ann. Missouri Bot. Gard. 99(3): 406. 2013 [2014].
Sin.: *Distictis occidentalis* A.H. Gentry
Ref.: Parker & Bailey (1991), Killeen & Schulenberg (1998).
Liana. Nativa. Zonas Bajas. Bosque Húmedo, 0–1000 m.
Dept.: LP, SC.
Muestra: *F. Billiet & B. Jadin 5986* (BR).

Amphilophium paniculatum (L.) Kunth, Nov. Gen. Sp. (quarto ed.) 3: 149. 1818 [1819].
Sin.: *Bignonia paniculata* L., *Amphilophium molle* Schltdl. & Cham., *Amphilophium vauthieri* A. DC.
Ref.: Foster (1958), Parker & Bailey (1991), González et al. (1999), Arroyo Padilla & Villarroel Segarra (2009).
Liana. Nativa. Zonas Bajas, Andes. Bosque Húmedo, Bosque Semideciduo Chiquitano, Bosque Seco Chaqueño, Campos Cerrados, Sabanas Benianas del Norte, Sabanas Benianas del Sur, Bosque Tucumano-Boliviano, Bosque Serrano Chaqueño, 0–3000 m.
Dept.: BE, CH, LP, PA, SC, TA.
Muestra: *M.H. Nee 48165* (LPB, MO, NY).

Infra: *Amphilophium paniculatum* var. *paniculatum*, *Amphilophium paniculatum* var. *molle* (Schltdl. & Cham.) Standl.

Amphilophium pannosum (DC.) Bureau & K. Schum., Fl. Bras. 8(2): 209. 1896.
Sin.: *Bignonia pannosa* DC.
Ref.: González et al. (1999).
Liana. Nativa. Zonas Bajas, Andes. Bosque Húmedo, Yungas, Bosque Tucumano-Boliviano, 500–1500 m.
Dept.: LP, TA.
Muestra: *J.C. Solomon 10438* (LPB, MO).

Amphilophium racemosum (Bureau & K. Schum.) L.G. Lohmann, Ann. Missouri Bot. Gard. 99(3): 408. 2013 [2014].
Sin.: *Distictis racemosa* Bureau & K. Schum., *Bignonia rusbyi* Britton ex Rusby, *Distictella racemosa* (Bureau & K. Schum.) Urb.
Ref.: Pool (2009).
Liana. Nativa. Zonas Bajas. Bosque Húmedo, Campos Amazónicos, 0–500 m.
Dept.: LP, PA.
Muestra: *S.G. Beck & R. Haase 10132* (CTES, LPB, MO).

Amphilophium rodriguesii (A.H. Gentry) L.G. Lohmann, Ann. Missouri Bot. Gard. 99(3): 408. 2013 [2014].
Sin.: *Haplolophium rodriguesii* A.H. Gentry
Liana. Nativa. Zonas Bajas. Bosque Húmedo, 0–1000 m.
Dept.: BE, PA.
Muestra: *A.H. Gentry & A. Perry 77784* (LPB, MO).

Amphilophium sandwithii Fabris, Darwiniana 13: 456, f. 3. 1964.
Ref.: Serrano & Terán (1998 [2000]), Lohmann & Taylor (2013 [2014]).
Liana. Nativa. Andes. Bosque Serrano Chaqueño, 1500–2500 m.
Dept.: CH, LP, SC, TA.
Muestra: *I.G. Vargas et al. 1374* (MO, NY, USZ).
Nom. Vern.: Batea bejuco, bejuco, laso-laso.

Anemopaegma Mart. ex Meisn., Pl. Vasc. Gen. 1: 300; 2: 208. 1840.
13 especies, 0 especies endémicas.

Anemopaegma acutifolium DC., Prodr. 9: 188. 1845.
Ref.: Lohmann & Taylor (2013 [2014]).
Arbusto. Nativa. Zonas Bajas. Campos Cerrados, 0–500 m.
Dept.: SC.
Muestra: *A. Jardim et al. 3696* (LPB, MO, USZ).

Anemopaegma arvense (Vell.) Stellfeld ex J.F. Souza, Tribuna Farm. 13: 275. 1945.
Sin.: *Bignonia arvensis* Vell., *Bignonia miranda* Cham., *Anemopaegma mirandum* (Cham.) Mart. ex DC.
Ref.: Killeen & Schulenberg (1998), Wood et al. (2011), Lohmann & Taylor (2013 [2014]).
Liana, arbusto. Nativa. Zonas Bajas. Campos Cerrados, 0–1000 m.
Dept.: SC.
Muestra: *D. Villarroel et al. 2063* (LPB, MO, USZ).

Anemopaegma chamberlaynii (Sims) Bureau & K. Schum., Fl. Bras. 8(2): 128. 1896.
Sin.: *Bignonia chamberlaynii* Sims, *Bignonia aequinoctialis* var. *chamberlaynii* (Sims) Ker Gawl.
Ref.: Lohmann & Taylor (2013 [2014]).
Liana. Nativa. Zonas Bajas. Bosque Húmedo, 0–1000 m.
Dept.: SC.
Muestra: *F. Mamani et al. 1153* (LPB, USZ).

Anemopaegma chrysoleucum (Kunth) Sandwith, Lilloa 3: 459–460. 1938.
Sin.: *Bignonia chrysoleuca* Kunth
Ref.: Parker & Bailey (1991), Lohmann & Taylor (2013 [2014]).
Liana. Nativa. Zonas Bajas. Bosque Húmedo, 0–1000 m.
Dept.: LP, PA.
Muestra: *A.H. Gentry et al. 78006* (LPB, MO).

Anemopaegma flavum Morong, Ann. New York Acad. Sci. 7: 188–189. 1892.
Sin.: *Anemopaegma symmetricum* Rusby
Ref.: Foster (1958), Moraes R. (1990), Killeen & Schulenberg (1998), Lohmann & Taylor (2013 [2014]).
Liana. Nativa. Zonas Bajas. Bosque Húmedo, Sabanas Benianas del Norte, Sabanas Benianas del Sur, 0–1000 m.
Dept.: BE, LP, PA, SC.
Muestra: *S.G. Beck et al. 20260* (LPB, MO).

Anemopaegma floridum Mart. ex DC., Prodr. 9: 188. 1845.
Ref.: Lohmann & Taylor (2013 [2014]).
Liana. Nativa. Zonas Bajas. Bosque Húmedo, 0–1000 m.
Dept.: BE, LP, SC.
Muestra: *S.G. Beck & R.B. Foster 18589* (LPB, MO).

Anemopaegma glaucum Mart. ex DC., Prodr. 9: 188. 1845.
Ref.: Killeen & Schulenberg (1998), Wood et al. (2011), Lohmann & Taylor (2013 [2014]).
Arbusto. Nativa. Zonas Bajas. Campos Cerrados, Sabanas Benianas del Norte, Sabanas Benianas del Sur, Campos Amazónicos, 0–1000 m.
Dept.: BE, SC.
Muestra: *D.C. Daly et al. 6271* (LPB, MO).

Anemopaegma insculptum (Sandwith) A.H. Gentry, Ann. Missouri Bot. Gard. 63(1): 67. 1976.
Sin.: *Pseudopaegma insculptum* Sandwith
Ref.: Killeen & Schulenberg (1998), Lohmann & Taylor (2013 [2014]).
Liana. Nativa. Zonas Bajas. Bosque Húmedo, 0–1000 m.
Dept.: LP, PA, SC.
Muestra: *R.M. Rueda 915* (LPB, MO).

Anemopaegma longipetiolatum Sprague, Bull. Herb. Boissier, sér. 2 5: 82. 1905.
Ref.: Wood et al. (2011), Lohmann & Taylor (2013 [2014]).
Liana. Nativa. Zonas Bajas. Bosque Húmedo, Campos Cerrados, 0–1000 m.
Dept.: SC.
Muestra: *A.F. Fuentes 514* (LPB, USZ).

Anemopaegma paraense Bureau & K. Schum., Fl. Bras. 8(2): 131. 1896.
Ref.: Lohmann & Taylor (2013 [2014]).
Liana. Nativa. Zonas Bajas. Bosque Húmedo, 500–1000 m.
Dept.: PA.
Muestra: *T. Killeen 4378* (LPB, MO).

Anemopaegma parkeri Sprague, Bull. Herb. Boissier, sér. 2 6: 375. 1906.
Ref.: Lohmann & Taylor (2013 [2014]).
Liana. Nativa. Zonas Bajas. Bosque Húmedo, 0–500 m.
Dept.: LP.
Muestra: *M. Cárdenas 1339* (NY).

Anemopaegma patelliforme A.H. Gentry, Ann. Missouri Bot. Gard. 63(1): 69. 1976.
Ref.: Lohmann & Taylor (2013 [2014]).
Liana. Nativa. Zonas Bajas. Bosque Húmedo, 0–1000 m.
Dept.: SC.
Muestra: *A.H. Gentry et al. 73898* (MO).

Anemopaegma prostratum DC., Prodr. 9: 189. 1845.
Ref.: Killeen & Schulenberg (1998), Lohmann & Taylor (2013 [2014]).
Liana. Nativa. Zonas Bajas. Bosque

Húmedo, Campos Cerrados, 0–1000 m.
Dept.: SC.
Muestra: *F. Mamani 595* (MO, USZ).

Bignonia L., Sp. Pl. 2: 622. 1753.

14 especies, 0 especies endémicas.

Bignonia aequinoctialis L., Sp. Pl. 2: 623. 1753.
Sin.: *Cydista aequinoctialis* (L.) Miers, *Levya nicaraguensis* Bureau ex Baill.
Ref.: Parker & Bailey (1991), Killeen & Schulenberg (1998), Lohmann & Taylor (2013 [2014]).
Liana. Nativa. Zonas Bajas. Bosque Húmedo, Bosque Semideciduo Chiquitano, 0–1000 m.
Dept.: BE, LP, PA, SC.
Muestra: *S.G. Beck 13215* (COL, LPB, MO, PORT, Q, USZ).

Bignonia binata Thunb., Pl. Bras. 3: 35. 1821.
Sin.: *Petastoma laurifolium* Kraenzl., *Petastoma multiglandulosum* Benth. ex Kraenzl., *Clytostoma binatum* (Thunb.) Sandwith
Ref.: Foster (1958), Lohmann & Taylor (2013 [2014]).
Liana. Nativa. Zonas Bajas. Bosque Semideciduo Chiquitano, Campos Cerrados, 0–1000 m.
Dept.: BE, SC.
Muestra: *J.C. Solomon 12403* (LPB, MO).

Bignonia bracteomana (K. Schum.) L.G. Lohmann, Ann. Missouri Bot. Gard. 99(3): 417–418. 2013 [2014].
Sin.: *Cydista bracteomana* K. Schum., *Roentgenia bracteomana* (K. Schum.) Urb.
Ref.: Parker & Bailey (1991), Hauk (2002), Lohmann & Taylor (2013 [2014]).
Liana. Nativa. Zonas Bajas. Bosque Húmedo, 0–1000 m.
Dept.: BE, LP.
Muestra: *A. Araujo M. et al. 1565* (LPB, MO, NY).

Bignonia callistegioides Cham., Linnaea 7: 712. 1832 [1833].
Sin.: *Cuspidaria callistegioides* (Cham.) A. DC., *Clytostoma callistegioides* (Cham.) Bureau ex Griseb., *Pithecoctenium callistegioides* (Cham.) Niederl.
Ref.: Lohmann & Taylor (2013 [2014]).
Liana. Nativa. Zonas Bajas. Bosque Semideciduo Chiquitano, Campos Cerrados, 0–1000 m.
Dept.: SC, TA.
Muestra: *F. Billiet et al. 6153* (BR, MO).

Bignonia campanulata Cham., Linnaea 7: 711. 1832 [1833].
Sin.: *Clytostoma campanulatum* (Cham.) Bureau & K. Schum.
Ref.: Lohmann & Taylor (2013 [2014]).
Liana. Nativa. Zonas Bajas. Bosque Húmedo, 0–1000 m.
Dept.: BE, LP.
Muestra: *A.H. Gentry et al. 70257* (MO).

[Bignonia capreolata L.], Sp. Pl. 2: 624. 1753.
Ref.: Foster (1958).
Nota: El registro se basa en material mal identificado.

Bignonia convolvuloides (Bureau & K. Schum.) L.G. Lohmann, Ann. Missouri Bot. Gard. 99(3): 418. 2013 [2014].
Sin.: *Clytostoma convolvuloides* Bureau & K. Schum.
Liana. Nativa. Zonas Bajas. Bosque Semideciduo Chiquitano, 0–1000 m.
Dept.: SC.
Muestra: *A.H. Gentry et al. 73964* (MO).

Bignonia corymbosa (Vent.) L.G. Lohmann, Nuevo Cat. Fl. Vasc. Venez. 272. 2008.
Sin.: *Spathodea corymbosa* Vent., *Macfadyena corymbosa* (Vent.) Griseb., *Phryganocydia corymbosa* (Vent.) Bureau ex K. Schum., *Macfadyena bangii* Rusby
Ref.: Foster (1958), Killeen & Schulenberg (1998), Lohmann & Taylor (2013 [2014]).
Liana. Nativa. Zonas Bajas. Bosque Húmedo, Campos Amazónicos, 0–1000 m.
Dept.: BE, LP, PA, SC.
Muestra: *S.G. Beck & R. Haase 10128* (CTES, LPB, M, MBM, MO, NY).

Bignonia decora (S. Moore) L.G. Lohmann, Ann. Missouri Bot. Gard. 99(3): 419. 2013 [2014].
Sin.: *Anemopaegma decorum* S. Moore, *Clytostoma decorum* (S. Moore) Bureau & K. Schum., *Arrabidaea decora* (S. Moore) Hassl., *Clytostomanthus decorus* (S. Moore) Pichon, *Cydista decora* (S. Moore) A.H. Gentry
Ref.: Parker & Bailey (1991), Killeen & Schulenberg (1998), Lohmann & Taylor (2013 [2014]).
Liana. Nativa. Zonas Bajas. Bosque Húmedo, Bosque Semideciduo Chiquitano, 0–1000 m.
Dept.: LP, PA, SC.
Muestra: *S.G. Beck et al. 19371* (AMAZ, COL, CTES, LPB, MG, O, PORT, USZ).

Bignonia hyacinthina (Standl.) L.G. Lohmann, Nuevo Cat. Fl. Vasc. Venez. 272. 2008.
Sin.: *Tynanthus hyacinthinus* Standl., *Mussatia hyacinthina* (Standl.) Sandwith
Ref.: Foster (1958), Parker & Bailey (1991), Killeen & Schulenberg (1998), Lohmann & Taylor (2013 [2014]).
Liana. Nativa. Zonas Bajas. Bosque Húmedo, 0–1000 m.
Dept.: BE, LP, PA, SC.
Muestra: *M. Saldias et al. 2934* (LPB, MO, USZ).

Bignonia lilacina (A.H. Gentry) L.G. Lohmann, Nuevo Cat. Fl. Vasc. Venez. 272. 2008.
Sin.: *Cydista lilacina* A.H. Gentry
Ref.: Parker & Bailey (1991), Hauk (1997), Killeen & Schulenberg (1998), Lohmann & Taylor (2013 [2014]).
Liana. Nativa. Zonas Bajas. Bosque Húmedo, Bosque Semideciduo Chiquitano, 0–1000 m.
Dept.: BE, LP, PA, SC.
Muestra: *S.G. Beck et al. 4155* (CTES, F, G, LPB, M, MBM, MO, USZ).

[Bignonia nivea Kraenzl.], Bot. Jahrb. Syst. 54, Beibl. 119: 26. 1916.
Ref.: Foster (1958).
Tipo: *K. Pflanz 677* (HT: no localizado).
Nota: Especie dudosa.

Bignonia nocturna (Barb. Rodr.) L.G. Lohmann, Nuevo Cat. Fl. Vasc. Venez. 272. 2008.
Sin.: *Osmhydrophora nocturna* Barb. Rodr., *Tanaecium nocturnum* (Barb. Rodr.) Bureau & K. Schum.
Ref.: Moraes R. (1990), Parker & Bailey (1991), Killeen & Schulenberg (1998), Lohmann & Taylor (2013 [2014]).
Liana. Nativa. Zonas Bajas. Bosque Húmedo, 0–500 m.
Dept.: BE, LP, PA, SC.
Muestra: *M. Schulte 1005* (LPB, MO).

Bignonia prieurii DC., Prodr. 9: 154. 1845.
Sin.: *Mussatia prieurii* (DC.) Bureau ex K. Schum., *Anemopaegma brachycalyx* Bureau ex K. Schum., *Micropaegma brachycalyx* (Bureau ex K. Schum.) Pichon
Ref.: Killeen & Schulenberg (1998), Lohmann & Taylor (2013 [2014]).
Liana. Nativa. Zonas Bajas. Bosque Húmedo, 0–1000 m.
Dept.: PA, SC.

Muestra: *A.H. Gentry & A. Perry 77984* (MO).

Bignonia sciuripabulum (K. Schum.) L.G. Lohmann, Nuevo Cat. Fl. Vasc. Venez. 272–273. 2008.
Sin.: *Arrabidaea sciuripabulum* K. Schum., *Clytostoma sciuripabulum* (K. Schum.) Bureau & K. Schum.
Ref.: Parker & Bailey (1991), Killeen & Schulenberg (1998), Lohmann & Taylor (2013 [2014]).
Liana. Nativa. Zonas Bajas. Bosque Húmedo, Bosque Semideciduo Chiquitano, Campos Cerrados, Sabanas Benianas del Norte, Sabanas Benianas del Sur, 0–1000 m.
Dept.: BE, CO, LP, PA, SC.
Muestra: *M.H. Nee 39822* (LPB, MO, NY, USZ).

Bignonia uleana (Kraenzl.) L.G. Lohmann, Ann. Missouri Bot. Gard. 99(3): 422–423. 2013 [2014].
Sin.: *Clytostoma uleanum* Kraenzl., *Macfadyena violacea* Rusby
Ref.: Foster (1958), Parker & Bailey (1991), Killeen & Schulenberg (1998), Lohmann & Taylor (2013 [2014]).
Liana. Nativa. Zonas Bajas. Bosque Húmedo, 0–1000 m.
Dept.: BE, LP, PA, SC.
Muestra: *M.J. Macía et al. 7648* (BOLV, LPB, MA, MO, SPF, USZ).

[Bignonia violacea DC.], Prodr. 9: 156. 1845.
Tipo: *d'Orbigny s.n.* (HT: P).
Nota: Especie dudosa. Conocida solamente del tipo. Probablemente sinónimo de otra especie.

Callichlamys Miq., Linnaea 18: 254. 1844 [1845].
1 especie, 0 especies endémicas.

Callichlamys latifolia (Rich.) K. Schum., Nat. Pflanzenfam. 4(3b): 223. 1894.
Sin.: *Bignonia latifolia* Rich., *Tabebuia latifolia* (Rich.) DC., *Callichlamys riparia* Miq.
Ref.: Foster (1958), Parker & Bailey (1991), Killeen & Schulenberg (1998), Lohmann (2003).
Liana. Nativa. Zonas Bajas. Bosque Húmedo, 0–1000 m.
Dept.: BE, LP, PA, SC.
Muestra: *D. Choque et al. 70* (BOLV, LPB, MA, MO, USZ).

Campsis Lour., Fl. Cochinch. 2: 358, 377. 1790.
1 especie, 0 especies endémicas.

Campsis grandiflora (Thunb.) K. Schum., Nat. Pflanzenfam. 4(3b): 230. 1894.
Sin.: *Bignonia chinensis* Lam., *Bignonia grandiflora* Thunb.
Liana. Cultivada. Zonas Bajas. 0–1000 m.
Dept.: LP.
Muestra: *R. Zeballos 1005* (BOLV, CTES, LPB, M, MO, USZ).

Crescentia L., Sp. Pl. 2: 626. 1753.
1 especie, 0 especies endémicas.

Crescentia cujete L., Sp. Pl. 2: 626. 1753.
Ref.: Foster (1958), Gentry (1980), Vargas Salazar (1993b).
Árbol. Cultivada. Zonas Bajas, Andes. Bosque Húmedo, Yungas, 0–1500 m.
Dept.: BE, CO, LP, SC.
Muestra: *J.C. Solomon 6407* (MO).

Cuspidaria DC., Biblioth. Universelle Geneve sér. 2. 17: 125. 1838.
9 especies, 0 especies endémicas.

Cuspidaria convoluta (Vell.) A.H. Gentry, Taxon 24: 343. 1975.
Sin.: *Bignonia convoluta* Vell., *Bignonia pterocarpa* Cham., *Cuspidaria pterocarpa* (Cham.) DC., *Nouletia pterocarpa* (Cham.) Pichon
Ref.: Lohmann & Taylor (2013 [2014]).
Liana. Nativa. Zonas Bajas. Bosque Semideciduo Chiquitano, 0–1000 m.
Dept.: SC.
Muestra: *I.G. Vargas et al. 3440* (F, MO, USZ).

Cuspidaria emmonsii A.H. Gentry, Novon 2(2): 160. 1992.
Ref.: Lohmann & Taylor (2013 [2014]).
Liana. Nativa. Zonas Bajas. Bosque Húmedo, 0–1000 m.
Dept.: SC.
Muestra: *M.H. Nee 38178* (LPB, MO).

Cuspidaria floribunda (DC.) A.H. Gentry, Brittonia 25: 232. 1973.
Sin.: *Adenocalymma floribundum* DC., *Arrabidaea macrocarpa* Kuntze
Ref.: Foster (1958), Parker & Bailey (1991), Lohmann & Taylor (2013 [2014]).
Liana. Nativa. Zonas Bajas, Andes. Bosque Húmedo, Bosque Semideciduo Chiquitano, Campos Cerrados, Sabanas Benianas del Norte, Sabanas Benianas del Sur, Campos Amazónicos, Yungas, 0–2000 m.
Dept.: BE, LP, PA, SC.
Tipo y muestra: *d'Orbigny 583* (HT: P; IT: G), *R. Seidel & A. Hirschle 2593* (K, LPB, M, MO, USZ).

Cuspidaria inaequalis (DC. ex Splitg.) L.G. Lohmann, Nuevo Cat. Fl. Vasc. Venez. 272. 2008.
Sin.: *Bignonia inaequalis* DC. ex Splitg., *Pleonotoma inaequalis* (DC. ex Splitg.) Miers, *Arrabidaea inaequalis* (DC. ex Splitg.) Bureau ex K. Schum., *Tetrastichella inaequalis* (DC. ex Splitg.) Pichon
Ref.: Killeen & Schulenberg (1998), Lohmann & Taylor (2013 [2014]).
Liana. Nativa. Zonas Bajas. Bosque Húmedo, Campos Cerrados, 0–1000 m.
Dept.: BE, PA, SC.
Muestra: *E. Gutiérrez C. et al. 604* (LPB, MO, USZ).

Cuspidaria lachnaea (Bureau) L.G. Lohmann, Nuevo Cat. Fl. Vasc. Venez. 272. 2008.
Sin.: *Cremastus lachnaeus* Bureau, *Arrabidaea lachnaea* (Bureau) Sandwith
Ref.: Lohmann & Taylor (2013 [2014]).
Liana, arbusto. Nativa. Zonas Bajas. Campos Cerrados, 0–1000 m.
Dept.: SC.
Muestra: *P. Acevedo-Rodríguez 4643* (MO).

Cuspidaria lateriflora (Mart.) DC., Prodr. 9: 179. 1845.
Sin.: *Tecoma lateriflora* Mart., *Saldanhaea confertiflora* Bureau, *Saldanhaea lateriflora* (Mart.) Bureau
Ref.: Foster (1958), Moraes R. (1990), Parker & Bailey (1991), Killeen & Schulenberg (1998), Lohmann & Taylor (2013 [2014]).
Liana. Nativa. Zonas Bajas, Andes. Bosque Húmedo, Bosque Semideciduo Chiquitano, Campos Cerrados, Campos Amazónicos, Bosque Serrano Chaqueño, 0–1500 m.
Dept.: BE, CH, LP, PA, SC.
Muestra: *R. Haase 620* (CTES, LPB, M, MBM, MO, USZ).

Cuspidaria pulchra (Cham.) L.G. Lohmann, Ann. Missouri Bot. Gard. 99(3): 428. 2013 [2014].
Sin.: *Bignonia pulchra* Cham., *Cremastus pulcher* (Cham.) Bureau, *Arrabidaea pulchra* (Cham.) Sandwith
Ref.: Foster (1958), Moraes R. (1990), Lohmann & Taylor (2013 [2014]).
Liana, arbusto. Nativa. Zonas Bajas. Campos Cerrados, Sabanas Benianas del Norte, Sabanas Benianas del Sur, 0–1000 m.
Dept.: BE, SC.
Muestra: *T.B. Croat et al. 84854* (LPB, MO).

Cuspidaria sceptrum (Cham.) L.G. Lohmann, Ann. Missouri Bot. Gard. 99(3): 428. 2013 [2014].
Sin.: *Bignonia sceptrum* Cham., *Bignonia glutinosa* DC., *Petastoma sceptrum* (Cham.) Miers, *Cremastus sceptrum* (Cham.) Bureau & K. Schum., *Arrabidaea sceptrum* (Cham.) Sandwith
Ref.: Foster (1958), Moraes R. (1990), Killeen & Schulenberg (1998), Lohmann & Taylor (2013 [2014]).
Liana, arbusto. Nativa. Zonas Bajas. Campos Cerrados, Sabanas Benianas del Norte, Sabanas Benianas del Sur, 0–1000 m.
Dept.: BE, LP, SC.
Muestra: *M.H. Nee 31702* (LPB, MO, NY).

Cuspidaria simplicifolia DC., Biblioth. Universelle Geneve sér. 2. 17: 125. 1838.
Sin.: *Cuspidaria bracteata* Bureau ex Baill., *Setilobus bracteatus* Baill. ex Bureau & K. Schum.
Ref.: Lohmann & Taylor (2013 [2014]).
Liana. Nativa. Zonas Bajas. Bosque Semideciduo Chiquitano, 0–500 m.
Dept.: SC.
Muestra: *F. Mamani et al. 1449* (LPB, MO, USZ).

Cybistax Mart. ex Meisn., Pl. Vasc. Gen. 2: 208. 1840.
1 especie, 0 especies endémicas.

Cybistax antisyphilitica (Mart.) Mart., Syst. Mat. Med. Veg. Bras. 66. 1843.
Sin.: *Bignonia antisyphilitica* Mart., *Bignonia quinquefolia* Vell., *Bignonia viridiflora* Lodd., *Phryganocydia antisyphilitica* Mart. ex A. DC., *Yangua tinctoria* Spruce, *Cybistax sprucei* K. Schum., *Cybistax subtomentosa* K. Schum., *Cybistax antisyphilitica* var. *coriacea* Bureau & K. Schum., *Cybistax antisyphilitica* var. *subtomentosa* Bureau & K. Schum., *Cybistax antisyphilitica* var. *trochocalyx* Bureau & K. Schum., *Cybistax coriacea* var. *barbatula* Corr. Méllo, *Cybistax coriacea* var. *septenfoliata* Corr. Méllo, *Cybistax intermedia* Corr. Méllo ex Stellfeld, *Cybistax quinquefolia* (Vell.) J.F. Macbr.
Ref.: Gentry (1992), Killeen & Schulenberg (1998), Jardim et al. (2003), Wood et al. (2011).
Árbol. Nativa. Zonas Bajas, Andes. Bosque Semideciduo Chiquitano, Campos Cerrados, Yungas, 0–2000 m.
Dept.: LP, SC.
Muestra: *S.G. Beck 8573* (BOLV, CTES, F, G, HSB, LPB, M, MBM, MO, NY, SI, USZ).
Nom. Vern.: Tajibillo, tajibo blanco.

Dolichandra Cham., Linnaea 7: 657. 1832.
5 especies, 0 especies endémicas.

Dolichandra chodatii (Hassl.) L.G. Lohmann, Ann. Missouri Bot. Gard. 99(3): 429–430. 2013 [2014].
Sin.: *Paradolichandra chodatii* Hassl., *Parabignonia chodatii* (Hassl.) A.H. Gentry
Liana. Nativa. Zonas Bajas. Bosque Húmedo, 0–1000 m.
Dept.: BE, CH, SC, TA.
Muestra: *A.H. Gentry et al. 73602* (F, LPB, MO).

Dolichandra cynanchoides Cham., Linnaea 7: 658. 1832 [1833].
Sin.: *Macfadyena cynanchoides* (Cham.) Morong
Ref.: Serrano & Terán (1998 [2000]), Lohmann & Taylor (2013 [2014]).
Liana. Nativa. Zonas Bajas. Bosque Húmedo, Bosque Seco Chaqueño, 0–500 m.
Dept.: CH, SC.
Muestra: *A.F. Fuentes 1554* (USZ).

Dolichandra quadrivalvis (Jacq.) L.G. Lohmann, Nuevo Cat. Fl. Vasc. Venez. 273. 2008.
Sin.: *Bignonia quadrivalvis* Jacq., *Bignonia populifolia* DC., *Melloa populifolia* (DC.) Britton, *Melloa quadrivalvis* (Jacq.) A.H. Gentry
Ref.: Foster (1958), Parker & Bailey (1991), Killeen & Schulenberg (1998), Lohmann & Taylor (2013 [2014]).
Liana. Nativa. Zonas Bajas. Bosque Húmedo, Bosque Semideciduo Chiquitano, Bosque Seco Chaqueño, 0–1000 m.
Dept.: BE, CH, CO, LP, SC, TA.
Muestra: *A. Araujo M. 2140* (BOLV, CTES, HSB, LPB, MA, MO, SPF, USZ).

Dolichandra uncata (Andrews) L.G. Lohmann, Nuevo Cat. Fl. Vasc. Venez. 273. 2008.
Sin.: *Bignonia uncata* Andrews, *Bignonia uncinata* G. Mey., *Spathodea uncata* (Andrews) Spreng., *Spathodea uncinata* (G. Mey.) Spreng., *Macfadyena uncinata* (G. Mey.) A. DC., *Macfadyena fenzliana* (Miq.) Miq., *Doxantha uncata* (Andrews) Miers, *Macfadyena undulata* K. Schum., *Macfadyena uncata* (Andrews) Sprague & Sandwith
Ref.: Foster (1958), Parker & Bailey (1991), Lohmann & Taylor (2013 [2014]).
Liana. Nativa. Zonas Bajas, Andes. Bosque Húmedo, Bosque Tucumano-Boliviano, 0–1500 m.
Dept.: BE, CO, LP, SC, TA.
Muestra: *S.G. Beck 2651* (LPB, MO).
Nom. Vern.: Uña de gato.

Dolichandra unguis-cati (L.) L.G. Lohmann, Nuevo Cat. Fl. Vasc. Venez. 273. 2008.
Sin.: *Bignonia unguis-cati* L., *Doxantha unguis-cati* (L.) Miers, *Macfadyena unguis-cati* (L.) A.H. Gentry
Ref.: Foster (1958), Parker & Bailey (1991), Killeen & Schulenberg (1998), González et al. (1999), Arroyo Padilla & Villarroel Segarra (2009), Lohmann & Taylor (2013 [2014]).
Liana. Nativa. Zonas Bajas, Andes. Bosque Húmedo, Bosque Semideciduo Chiquitano, Bosque Tucumano-Boliviano, 0–1500 m.
Dept.: CH, LP, PA, SC, TA.
Muestra: *M.H. Nee 35265* (F, LPB, MO, NY, TEX, US).
Nom. Vern.: Uña de chuubi, uña de gato.

Fridericia Mart., Nova Acta Phys.-Med. Acad. Caes. Leop.-Carol. Nat. Cur. 13(2): 7. 1827.
30 especies, 0 especies endémicas.

Fridericia artherion (Mart.) L.G. Lohmann, Ann. Missouri Bot. Gard. 99(3): 433. 2013 [2014].
Sin.: *Bignonia arthrerion* Mart., *Distictis arthrerion* (Mart.) DC., *Arrabidaea arthrerion* (Mart.) Bureau ex K. Schum.
Ref.: Killeen & Schulenberg (1998).
Liana. Nativa. Zonas Bajas. Bosque Húmedo, 0–1000 m.
Dept.: PA, SC.
Muestra: *M.H. Nee 40823* (LPB, MO).

Fridericia candicans (Rich.) L.G. Lohmann, Ann. Missouri Bot. Gard. 99(3): 433. 2013 [2014].
Sin.: *Bignonia candicans* Rich., *Arrabidaea candicans* (Rich.) DC., *Arrabidaea orbignyana* DC., *Arrabidaea pachycalyx* Sprague
Ref.: Foster (1958).
Liana. Nativa. Zonas Bajas, Andes. Bosque Húmedo, Campos Cerrados, Sabanas Benianas del Sur, Yungas, 0–2500 m.
Dept.: BE, LP, SC.
Muestra: *L. Cayola 1737* (LPB, MO, NY, USZ).

Fridericia caudigera (S. Moore) L.G. Lohmann, Ann. Missouri Bot. Gard. 99(3): 434. 2013 [2014].
Sin.: *Bignonia caudigera* S. Moore, *Arrabidaea caudigera* (S. Moore) A.H. Gentry
Ref.: Killeen & Schulenberg (1998).
Liana. Nativa. Zonas Bajas. Bosque Húmedo, Campos Cerrados, 0–1000 m.
Dept.: SC.
Muestra: *M.H. Nee 47606* (LPB, MO, NY).

Fridericia chica (Bonpl.) L.G. Lohmann, Ann. Missouri Bot. Gard. 99(3): 434. 2013 [2014].
Sin.: *Bignonia chica* Bonpl., *Lundia chica* (Bonpl.) Seem., *Arrabidaea chica* (Bonpl.) B. Verl.
Ref.: Parker & Bailey (1991), Killeen & Schulenberg (1998), Lohmann & Taylor (2013 [2014]).
Liana. Nativa. Zonas Bajas. Bosque Húmedo, Campos Cerrados, Sabanas Benianas del Sur, Campos Amazónicos, 0–1000 m.
Dept.: BE, LP, PA, SC.
Muestra: *M.H. Nee 47835* (LPB, MO, NY).

Fridericia cinerea (Bureau ex K. Schum.) L.G. Lohmann, Ann. Missouri Bot. Gard. 99(3): 434–435. 2013 [2014].
Sin.: *Arrabidaea cinerea* Bureau ex K. Schum.
Liana. Nativa. Zonas Bajas. Bosque Húmedo, 0–1000 m.
Dept.: SC.
Muestra: *I.G. Vargas et al. 1033* (F, MO, NY, USZ).

Fridericia cinnamomea (DC.) L.G. Lohmann, Ann. Missouri Bot. Gard. 99(3): 435. 2013 [2014].
Sin.: *Bignonia cinnamomea* DC., *Arrabidaea cinnamomea* (DC.) Sandwith
Ref.: Killeen & Schulenberg (1998).
Liana. Nativa. Zonas Bajas. Bosque Húmedo, 0–1000 m.
Dept.: PA, SC.
Muestra: *T. Killeen et al. 8145* (LPB, MO, USZ).

Fridericia conjugata (Vell.) L.G. Lohmann, Ann. Missouri Bot. Gard. 99(3): 435. 2013 [2014].
Sin.: *Bignonia conjugata* Vell., *Arrabidaea conjugata* (Vell.) Mart.
Ref.: Parker & Bailey (1991).
Liana. Nativa. Zonas Bajas. Bosque Húmedo, 0–1000 m.
Dept.: BE, LP.
Muestra: *A.H. Gentry 71155* (F, LPB, MO).

Fridericia craterophora (DC.) L.G. Lohmann, Ann. Missouri Bot. Gard. 99(3): 436. 2013 [2014].
Sin.: *Bignonia craterophora* DC., *Arrabidaea craterophora* (DC.) Bureau
Liana. Nativa. Zonas Bajas. Bosque Húmedo, Campos Cerrados, 0–1000 m.
Dept.: LP, SC.
Muestra: *E. Gutiérrez C. et al. 945* (MO, USZ).

Fridericia dichotoma (Jacq.) L.G. Lohmann, Ann. Missouri Bot. Gard. 99(3): 436–437. 2013 [2014].
Sin.: *Bignonia dichotoma* Jacq., *Bignonia corallina* Jacq., *Arrabidaea obovata* A. DC., *Bignonia boliviana* Rusby, *Arrabidaea corallina* (Jacq.) Sandwith
Ref.: Foster (1958), Moraes R. (1990), Parker & Bailey (1991), Killeen & Schulenberg (1998), Serrano & Terán (1998 [2000]), Wood et al. (2011).
Liana. Nativa. Zonas Bajas. Bosque Húmedo, Campos Cerrados, Sabanas Benianas del Norte, Sabanas Benianas del Sur, Campos Amazónicos, 0–1000 m.
Dept.: BE, CH, LP, PA, SC, TA.
Muestra: *L.R.C. de Michel et al. 425* (CTES, LPB, M, MO, NY, USZ).

Fridericia egensis (Bureau & K. Schum.) L.G. Lohmann, Ann. Missouri Bot. Gard. 99(3): 437. 2013 [2014].
Sin.: *Arrabidaea egensis* Bureau & K. Schum., *Bignonia egensis* Poepp. ex Bureau & K. Schum.
Liana. Nativa. Zonas Bajas, Andes. Bosque Húmedo, Yungas, 0–1500 m.
Dept.: LP.
Muestra: *M.I. Loza et al. 68* (LPB, MA, MO, SPF).

Fridericia fagoides (Cham.) L.G. Lohmann, Ann. Missouri Bot. Gard. 99(3): 438. 2013 [2014].
Sin.: *Bignonia fagoides* Cham., *Arrabidaea fagoides* (Cham.) Bureau
Liana. Nativa. Zonas Bajas. Bosque Húmedo, Bosque Semideciduo Chiquitano, Campos Amazónicos, 0–1000 m.
Dept.: SC.
Muestra: *S.G. Beck & R. Seidel 12419* (CTES, K, LPB, M, MBM, MO, NY, USZ).

Fridericia fanshawei (Sandwith) L.G. Lohmann, Ann. Missouri Bot. Gard. 99(3): 438. 2013 [2014].
Sin.: *Arrabidaea fanshawei* Sandwith
Ref.: Killeen & Schulenberg (1998).
Liana. Nativa. Zonas Bajas. Bosque Húmedo, 0–1000 m.
Dept.: PA, SC.
Muestra: *A. Jardim 1036* (MO, USZ).

Fridericia florida (DC.) L.G. Lohmann, Ann. Missouri Bot. Gard. 99(3): 438. 2013 [2014].
Sin.: *Arrabidaea florida* DC., *Arrabidaea cardenasii* Rusby
Ref.: Foster (1958), Parker & Bailey (1991), Killeen & Schulenberg (1998), Wood et al. (2011).
Liana. Nativa. Zonas Bajas. Bosque Húmedo, 0–1000 m.
Dept.: BE, LP, PA, SC.
Muestra: *R. Seidel et al. 2601* (LPB, M, MO).

Fridericia japurensis (DC.) L.G. Lohmann, Ann. Missouri Bot. Gard. 99(3): 439. 2013 [2014].
Sin.: *Tabebuia japurensis* DC., *Macfadyena japurensis* (DC.) Miers, *Arrabidaea japurensis* (DC.) Bureau & K. Schum.
Ref.: Killeen & Schulenberg (1998).
Liana. Nativa. Zonas Bajas. Bosque Húmedo, 0–1000 m.
Dept.: BE, LP, PA, SC.
Muestra: *R.C. Quevedo et al. 1061* (LPB, USZ).

Fridericia leucopogon (Cham.) L.G. Lohmann, Ann. Missouri Bot. Gard. 99(3): 440. 2013 [2014].
Sin.: *Bignonia leucopogon* Cham., *Arrabidaea leucopogon* (Cham.) Sandwith
Liana. Nativa. Zonas Bajas. Bosque Húmedo, 0–500 m.
Dept.: SC.
Muestra: *I.G. Vargas 378* (LPB, MO, USZ).

Fridericia nicotianiflora (Kraenzl.) L.G. Lohmann, Ann. Missouri Bot. Gard. 99(3): 440–441. 2013 [2014].
Sin.: *Arrabidaea nicotianiflora* Kraenzl.
Liana. Nativa. Zonas Bajas. Bosque Húmedo, Campos Amazónicos, 0–1000 m.
Dept.: LP, PA.
Muestra: *S. Stab B26* (LPB, M, MO).

Fridericia nigrescens (Sandwith) L.G. Lohmann, Ann. Missouri Bot. Gard. 99(3): 441. 2013 [2014].
Sin.: *Arrabidaea nigrescens* Sandwith
Liana. Nativa. Zonas Bajas. Bosque Húmedo, 0–500 m.
Dept.: LP.
Muestra: *T.B. Miranda et al. 165* (LPB, MO).

Fridericia ornithophila (A.H. Gentry) L.G. Lohmann, Ann. Missouri Bot. Gard. 99(3): 441. 2013 [2014].
Sin.: *Arrabidaea ornithophila* A.H. Gentry
Ref.: Moraes R. (1990).
Liana. Nativa. Zonas Bajas. Bosque Húmedo, 0–1000 m.
Dept.: BE, PA.
Muestra: *M.H. Nee 31416* (LPB, MO).

Fridericia patellifera (Schltdl.) L.G. Lohmann, Ann. Missouri Bot. Gard. 99(3): 442. 2013 [2014].
Sin.: *Bignonia patellifera* Schltdl., *Petastoma patelliferum* (Schltdl.) Miers, *Arrabidaea pentstemonoides* Kraenzl., *Arrabidaea patellifera* (Schltdl.) Sandwith
Ref.: Foster (1958), Parker & Bailey (1991), Killeen & Schulenberg (1998).
Liana. Nativa. Zonas Bajas. Bosque Húmedo, 0–1000 m.
Dept.: BE, LP, PA, SC.
Muestra: *S.G. Beck 8306* (CTES, F, G, LPB, M, MBM, MO, USZ).

Fridericia pearcei (Rusby) L.G. Lohmann, Ann. Missouri Bot. Gard. 99(3): 442. 2013 [2014].
Sin.: *Bignonia pearcei* Rusby, *Arrabidaea pearcei* (Rusby) K. Schum. ex Urb.
Ref.: Foster (1958), Parker & Bailey (1991), Killeen & Schulenberg (1998).
Liana. Nativa. Zonas Bajas. Bosque Húmedo, 0–1000 m.
Dept.: BE, CO, LP, PA, SC.
Tipo y muestra: *M. Bang 1391* (HT: NY; IT: G, G, K, M, MICH, MO-2005581; fotos: F, US, US, US), *S.G. Beck 13306* (CTES, LPB, M, MBM, MO, USZ).

Fridericia platyphylla (Cham.) L.G. Lohmann, Ann. Missouri Bot. Gard. 99(3): 442–443. 2013 [2014].
Sin.: *Bignonia platyphylla* Cham., *Bignonia brachypoda* DC., *Bignonia brachypoda* var. *platyphylla* (Cham.) DC., *Arrabidaea brachypoda* Bureau, *Arrabidaea platyphylla* (Cham.) Bureau & K. Schum., *Arrabidaea bangii* Sprague
Ref.: Foster (1958), Parker & Bailey (1991), Killeen & Schulenberg (1998).
Liana, arbusto. Nativa. Zonas Bajas. Bosque Húmedo, 0–1000 m.
Dept.: BE, LP, PA, SC.
Muestra: *D. De la Quintana et al. 141* (BOLV, CTES, LPB, MA, MO, USZ).

Fridericia poeppigii (DC.) L.G. Lohmann, Ann. Missouri Bot. Gard. 99(3): 443. 2013 [2014].
Sin.: *Anemopaegma poeppigii* DC., *Petastoma poeppigii* (DC.) Sandwith, *Arrabidaea poeppigii* (DC.) Sandwith
Ref.: Parker & Bailey (1991), Lohmann (2003).
Liana, arbusto. Nativa. Zonas Bajas. Bosque Húmedo, 0–1000 m.
Dept.: CH, LP, SC.
Muestra: *D.C. Daly et al. 6468* (LPB, MO).

Fridericia pubescens (L.) L.G. Lohmann, Ann. Missouri Bot. Gard. 99(3): 443–444. 2013 [2014].
Sin.: *Bignonia pubescens* L., *Arrabidaea pleei* A. DC., *Petastoma pubescens* (L.) Miers, *Arrabidaea pubescens* (L.) A.H. Gentry
Liana, arbusto. Nativa. Zonas Bajas. Bosque Húmedo, 0–1000 m.
Dept.: BE, LP, SC.
Muestra: *M.A. Lewis 40718* (LPB, MO).

Fridericia schumanniana (Loes.) L.G. Lohmann, Ann. Missouri Bot. Gard. 99(3): 444. 2013 [2014].
Sin.: *Paragonia schumanniana* Loes., *Adenocalymma verrucosum* Standl., *Martinella verrucosa* (Standl.) Standl., *Scobinaria verrucosa* (Standl.) Seibert, *Arrabidaea verrucosa* (Standl.) A.H. Gentry
Ref.: Parker & Bailey (1991), Killeen & Schulenberg (1998).
Liana. Nativa. Zonas Bajas. Bosque Húmedo, 0–1000 m.
Dept.: BE, LP, SC.
Muestra: *A. Araujo M. et al. 4221* (BOLV, HSB, LPB, MA, MO, SPF, USZ).

Fridericia spicata (Bureau & K. Schum.) L.G. Lohmann, Ann. Missouri Bot. Gard. 99(3): 445. 2013 [2014].
Sin.: *Arrabidaea spicata* Bureau & K. Schum.
Ref.: Killeen & Schulenberg (1998).
Liana. Nativa. Zonas Bajas. Bosque Húmedo, Sabanas Benianas del Sur, 0–1000 m.
Dept.: BE, LP, SC.
Muestra: *S.G. Beck 5835* (LPB, MO).

Fridericia trailii (Sprague) L.G. Lohmann, Ann. Missouri Bot. Gard. 99(3): 446. 2013 [2014].
Sin.: *Arrabidaea trailii* Sprague
Liana. Nativa. Zonas Bajas. Bosque Húmedo, 0–1000 m.
Dept.: BE, PA.
Muestra: *S.G. Beck 19508* (LPB).

Fridericia triplinervia (Mart. ex DC.) L.G. Lohmann, Ann. Missouri Bot. Gard. 99(3): 446. 2013 [2014].
Sin.: *Bignonia triplinervia* Mart. ex DC., *Arrabidaea triplinervia* (Mart. ex DC.) Baill. ex Bureau
Ref.: Killeen & Schulenberg (1998).
Liana. Nativa. Zonas Bajas. Bosque Húmedo, Bosque Semideciduo Chiquitano, 0–1000 m.
Dept.: SC.
Muestra: *A.F. Fuentes et al. 2327* (LPB, MO, USZ).

Fridericia truncata (Sprague) L.G. Lohmann, Ann. Missouri Bot. Gard. 99(3): 446. 2013 [2014].
Sin.: *Mansoa truncata* Sprague, *Petastoma truncatum* (Sprague) Hassl., *Arrabidaea truncata* (Sprague) Sandwith
Ref.: Foster (1958), Serrano & Terán (1998 [2000]).
Liana. Nativa. Zonas Bajas. Bosque Semideciduo Chiquitano, Bosque Seco Chaqueño, Campos Cerrados, 0–1000 m.
Dept.: CH, SC, TA.
Muestra: *L.R.C. de Michel et al. 474* (HSB, LPB, M, MO, NY, USZ).

Fridericia tuberculata (DC.) L.G. Lohmann, Ann. Missouri Bot. Gard. 99(3): 446. 2013 [2014].
Sin.: *Arrabidaea tuberculata* DC.
Ref.: Killeen & Schulenberg (1998).
Liana. Nativa. Zonas Bajas. Bosque Húmedo, 0–1000 m.
Dept.: BE, SC.
Muestra: *I. Hinojosa & J. Canchi 1034* (LPB, MO).

Fridericia whitei (Rusby) L.G. Lohmann, Ann. Missouri Bot. Gard. 99(3): 447. 2013 [2014].
Sin.: *Anemopaegma whitei* Rusby, *Petastoma whitei* (Rusby) Sandwith, *Arrabidaea whitei* (Rusby) Sandwith
Ref.: Foster (1958).
Liana. Nativa. Zonas Bajas. Bosque Húmedo, Bosque Semideciduo Chiquitano, 0–1000 m.
Dept.: BE, SC.
Tipo y muestra: *O.E. White 955* (HT: NY; IT: MICH; fotos: MO), *J.R. De Sloover 168* (MO).

Godmania Hemsl., Diagn. Pl. Nov. Mexic. 2: 35. 1879.
1 especie, 0 especies endémicas.

Godmania aesculifolia (Kunth) Standl., Lista Pl. Salvador 200. 1925.
Sin.: *Bignonia aesculifolia* Kunth,

Tecoma digitata Kunth, *Tecoma aesculifolia* (Kunth) A. DC., *Tecoma fuscata* Moc. ex A. DC., *Cybistax macrocarpa* Benth., *Godmania macrocarpa* (Benth.) Hemsl., *Tabebuia aesculifolia* (Kunth) Hemsl., *Tabebuia fuscata* (Moc. ex A. DC.) Hemsl., *Tabebuia globiflora* Ernst, *Godmania uleana* Kraenzl.
Ref.: Foster (1958), Gentry (1992).
Árbol. Nativa. Zonas Bajas. Bosque Húmedo, 0–1000 m.
Dept.: SC.
Muestra: *M.H. Nee 39546* (LPB, MO).

Handroanthus Mattos, Loefgrenia 50: 1. 1970.

9 especies, 0 especies endémicas.

Handroanthus barbatus (E. Mey.) Mattos, Loefgrenia 50: 4. 1970.
Sin.: *Bignonia barbata* E. Mey., *Tabebuia barbata* (E. Mey.) Sandwith
Ref.: Gentry (1992), Grose & Olmstead (2007).
Árbol. Nativa. Zonas Bajas. Bosque Húmedo, 0–500 m.
Dept.: PA.
Muestra: *S. Altamirano & H. Ramos 4306* (BOLV, LPB, MO).

Handroanthus capitatus (Bureau & K. Schum.) Mattos, Loefgrenia 50: 4. 1970.
Sin.: *Tecoma leucoxylon* var. *miquelii* A. DC., *Tecoma capitata* Bureau & K. Schum., *Tabebuia glomerata* Urb., *Tabebuia hypolepra* Sprague & Sandwith, *Tabebuia capitata* (Bureau & K. Schum.) Sandwith
Ref.: Moraes R. (1990), Gentry (1992), Vargas Salazar (1993b), Grose & Olmstead (2007).
Árbol. Nativa. Zonas Bajas. Bosque Húmedo, 0–500 m.
Dept.: BE, CH, CO, PA, SC.
Muestra: *J.C. Solomon 17123* (LPB, MO).

Handroanthus heptaphyllus (Vell.) Mattos, Loefgrenia 50: 2. 1970.
Sin.: *Bignonia heptaphylla* Vell., *Tecoma ipe* Mart., *Tecoma eximia* Miq., *Tecoma curialis* Saldanha, *Tecoma ipe* Mart. ex K. Schum., *Tecoma ipe* fo. *grandiflora* Sprague, *Tecoma ipe* fo. *parviflora* Sprague, *Tecoma ipe* var. *desinens* Sprague, *Tabebuia ipe* (Mart. ex K. Schum.) Standl., *Tabebuia eximia* (Miq.) Sandwith, *Tabebuia avellanedae* var. *paulensis* Toledo, *Tabebuia heptaphylla* (Vell.) Toledo, *Tabebuia impetiginosa* var. *lepidota* (Bureau) Toledo, *Handroanthus eximius* (Miq.) Mattos, *Handroanthus impetiginosus* var. *lepidotus* (Bureau) Mattos
Ref.: Gentry (1992), Vargas Salazar (1993b), Killeen & Schulenberg (1998), Grose & Olmstead (2007).
Árbol. Nativa. Zonas Bajas. Bosque Húmedo, Sabanas Benianas del Sur, 0–500 m.
Dept.: BE, SC.
Muestra: *S.G. Beck 2596* (CTES, K, LPB, M, MO, NY, USZ).

Handroanthus impetiginosus (Mart. ex DC.) Mattos, Loefgrenia 50: 2. 1970.
Sin.: *Tecoma impetiginosa* Mart. ex DC., *Tabebuia palmeri* Rose, *Tecoma adenophylla* Bureau ex K. Schum., *Gelseminum avellanedae* (Lorentz ex Griseb.) Kuntze, *Tecoma ipe* var. *integrifolia* Hassl., *Tecoma ipe* var. *integra* Sprague, *Tecoma avellanedae* (Lorentz ex Griseb.) Speg., *Tecoma ipe* fo. *leucotricha* Hassl., *Tabebuia nicaraguensis* S.F. Blake, *Tecoma avellanedae* var. *alba* Lillo, *Tecoma integra* (Sprague) Chodat, *Tabebuia dugandii* Standl., *Tabebuia impetiginosa* (Mart. ex DC.) Standl., *Tabebuia ipe* var. *integra* (Sprague) Sandwith, *Handroanthus avellanedae* (Lorentz ex Griseb.) Mattos
Ref.: Foster (1958), Parker & Bailey (1991), Gentry (1992), Vargas Salazar (1993b), Killeen & Schulenberg (1998), González et al. (1999), Serrano & Terán (1998 [2000]), Vargas Caballero et al. (2000), Jardim et al. (2003), Arroyo Padilla & Villarroel Segarra (2009), Wood et al. (2011).
Árbol. Nativa. Zonas Bajas, Andes. Bosque Húmedo, Bosque Semideciduo Chiquitano, Sabanas Benianas del Sur, Bosque Tucumano-Boliviano, 0–2000 m.
Dept.: BE, CH, LP, PA, SC, TA.
Muestra: *M. Moraes R. 1842* (BOLV, HSB, LPB, MO, NY, USZ).
Nom. Vern.: Lapacho, tajibo, tajibo morado, tajibo negro, tajibo rosado.

Handroanthus incanus (A.H. Gentry) S.O. Grose, Syst. Bot. 32: 665. 2007.
Sin.: *Tabebuia incana* A.H. Gentry
Ref.: Parker & Bailey (1991).
Árbol. Nativa. Zonas Bajas. Bosque Húmedo, 0–500 m.
Dept.: LP.
Muestra: *A.H. Gentry & S. Estenssoro C. 70414* (F, LPB, MO).

Handroanthus lapacho (K. Schum.) S.O. Grose, Syst. Bot. 32: 665. 2007.
Sin.: *Tabebuia flavescens* (Vell.) Benth. & Hook. f. ex Griseb., *Tecoma lapacho* K. Schum., *Tabebuia lapacho* (K. Schum.) Sandwith
Ref.: Gentry (1992), Vargas Salazar (1993b), Schulenberg & Awbrey (1997), González et al. (1999), Serrano & Terán (1998 [2000]), Vargas Caballero et al. (2000), Arroyo Padilla & Villarroel Segarra (2009), Ministerio de Medio Ambiente y Agua (2012 [2013]).
Árbol. Nativa. Zonas Bajas, Andes. Bosque Semideciduo Chiquitano, Campos Cerrados, Bosque Tucumano-Boliviano, 0–2000 m.
Dept.: CH, SC, TA.
Muestra: *T. Killeen & I.G. Vargas 4150* (LPB, MO, USZ).
Nom. Vern.: Lapacho, lapacho amarillo, tajibo amarillo.

Handroanthus ochraceus (Cham.) Mattos, Loefgrenia 50: 2. 1970.
Sin.: *Tecoma ochracea* Cham., *Bignonia tomentosa* Pav. ex DC., *Tecoma heteropoda* A. DC., *Tecoma hypodictyon* A. DC., *Tecoma hassleri* Sprague, *Tecoma campinae* Kraenzl., *Tecoma grandiceps* Kraenzl., *Tecoma hemmendorffiana* Kraenzl., *Tabebuia hypodictyon* (A. DC.) Standl., *Tabebuia ochracea* (Cham.) Standl., *Tabebuia ochracea* subsp. *heteropoda* (A. DC.) A.H. Gentry
Ref.: Parker & Bailey (1991), Gentry (1992), Vargas Salazar (1993b), Killeen & Schulenberg (1998), Jardim et al. (2003), Arroyo Padilla & Villarroel Segarra (2009), Wood et al. (2011).
Árbol. Nativa. Zonas Bajas, Andes. Bosque Semideciduo Chiquitano, Campos Cerrados, Sabanas Benianas del Sur, Yungas, 0–1500 m.
Dept.: BE, CH, LP, SC, TA.
Muestra: *L. Cayola et al. 855* (BOLV, CTES, LPB, MO, NY, USZ).
Infra: *Handroanthus ochraceus* subsp. *ochraceus*
Nom. Vern.: Tajibo amarillo.

Handroanthus selachidentatus (A.H. Gentry) S.O. Grose, Syst. Bot. 32: 666. 2007.
Sin.: *Tabebuia selachidentata* A.H. Gentry
Ref.: Fuentes Claros (1998).
Árbol. Nativa. Zonas Bajas. Campos Cerrados, 0–500 m.
Dept.: SC.
Muestra: *A.F. Fuentes & G. Navarro 2047* (USZ).

Handroanthus serratifolius (Vahl) S.O. Grose, Syst. Bot. 32: 666. 2007.
Sin.: *Bignonia serratifolia* Vahl, *Bignonia flavescens* Vell., *Bignonia araliacea* Cham., *Tecoma serratifolia* (Vahl) G. Don, *Bignonia conspicua* Rich. ex DC., *Tecoma araliacea* (Cham.) A. DC., *Tecoma conspicua* A. DC., *Tecoma flavescens* (Vell.) Mart. ex A. DC., *Tecoma patrisiana* DC., *Tecoma speciosa* A. DC., *Tecoma nigricans* Klotzsch, *Tabebuia serratifolia* (Vahl) G. Nicholson, *Tabebuia araliacea* (Cham.) Morong & Britton, *Tecoma atractocarpa* Bureau & K. Schum., *Gelseminum araliaceum* (Cham.) Kuntze, *Gelseminum speciosum* (A. DC.) Kuntze, *Tabebuia monticola* Pittier, *Handroanthus araliaceus* (Cham.) Mattos, *Handroanthus atractocarpus* (Bureau & K. Schum.) Mattos, *Handroanthus flavescens* (Vell.) Mattos
Ref.: Foster (1958), Parker & Bailey (1991), Gentry (1992), Vargas Salazar (1993b), Killeen & Schulenberg (1998), Jardim et al. (2003).
Árbol. Nativa. Zonas Bajas. Bosque Húmedo, 0–1000 m.
Dept.: BE, CO, LP, PA, SC.
Muestra: *S.G. Beck 12184* (BOLV, CTES, K, LPB, M, MO, USZ).
Nom. Vern.: Tajibo amarillo.

Jacaranda Juss., Gen. Pl. 138. 1789.
8 especies, 0 especies endémicas.

[Jacaranda acutifolia Bonpl.], Pl. Aequinoct. 1: 59, pl. 17. 1805 [1808].
Ref.: Foster (1958), Killeen & Schulenberg (1998).
Nota: El registro se basa en material mal identificado. Endémica del Perú.

Jacaranda campinae A.H. Gentry & Morawetz, Phytologia 57(3): 244–246. 1985.
Ref.: Altamirano Azurduy & Ramos de Sousa (2009).
Arbusto. Nativa. Zonas Bajas. Bosque Húmedo, 0–500 m.
Dept.: PA.
Muestra: *S. Altamirano 4113* (BOLV, LPB, MO).

Jacaranda copaia (Aubl.) D. Don, Edinburgh Philos. J. 9(18): 267. 1823.
Sin.: *Bignonia copaia* Aubl., *Jacaranda procera* (Willd.) R. Br., *Jacaranda spectabilis* Mart. ex DC., *Jacaranda copaia* var. *spectabilis* (Mart. ex DC.) Bureau ex Bureau & K. Schum., *Jacaranda copaia* var. *paraensis* Huber, *Jacaranda superba* Pittier, *Jacaranda paraensis* (Huber) Vattimo, *Jacaranda amazonensis* Vattimo
Ref.: Foster (1958), Moraes R. (1990), Parker & Bailey (1991), Gentry (1992), Vargas Salazar (1993b), Killeen & Schulenberg (1998), Alverson et al. (2000), Arrázola Rivero et al. (2000), Montambault (2002).
Árbol. Nativa. Zonas Bajas. Bosque Húmedo, 0–1000 m.
Dept.: BE, CO, LP, PA, SC.
Muestra: *M. Saldias & R. Guillén V. 3341* (LPB, MO, USZ).
Infra: *Jacaranda copaia* subsp. *copaia*, *Jacaranda copaia* subsp. *spectabilis* (Mart. ex DC.) A.H. Gentry
Nom. Vern.: Chepereke, cheperequi.

Jacaranda cuspidifolia Mart., Flora 24(2 Beibl.): 51. 1841.
Sin.: *Jacaranda cuspidifolia* Kuntze, *Jacaranda chapadensis* Barb. Rodr.
Ref.: Foster (1958), Parker & Bailey (1991), Gentry (1992), Vargas Salazar (1993b), Killeen & Schulenberg (1998), Serrano & Terán (1998 [2000]), Jardim et al. (2003), Arroyo Padilla & Villarroel Segarra (2009), Wood et al. (2011).
Árbol. Nativa. Zonas Bajas, Andes. Bosque Semideciduo Chiquitano, Yungas, Bosque Tucumano-Boliviano, 0–2000 m.
Dept.: BE, CH, LP, SC, TA.
Muestra: *A. Araujo M. 2605* (BOLV, LPB, MO, SPF, USZ).
Nom. Vern.: Jacarandá, pajpacu, paraparaú, tarco.

Jacaranda decurrens Cham., Linnaea 7: 544. 1832.
Sin.: *Jacaranda pteroides* Silva Manso, *Jacaranda robertii* S. Moore, *Jacaranda decurrens* var. *glabrata* Hassl.
Ref.: Gentry (1992), Killeen & Schulenberg (1998), Wood et al. (2011).
Arbusto. Nativa. Zonas Bajas. Campos Cerrados, 0–1000 m.
Dept.: SC.
Muestra: *M. Garvizu et al. 212* (MO, USZ).

Jacaranda glabra (A. DC.) Bureau & K. Schum., Fl. Bras. 8(2): 394. 1897.
Sin.: *Pteropodium glabrum* A. DC., *Jacaranda cauliflora* Bureau & K. Schum., *Jacaranda rachidoptera* Bureau & K. Schum., *Jacaranda longiflora* Britton ex Rusby, *Jacaranda intermedia* Huber, *Jacaranda atropurpurea* Rusby
Ref.: Foster (1958), Parker & Bailey (1991), Gentry (1992), Vargas Salazar (1993b), Killeen & Schulenberg (1998).
Árbol. Nativa. Zonas Bajas, Andes. Bosque Húmedo, Campos Amazónicos, Yungas, 0–1500 m.
Dept.: BE, LP, PA, SC.
Muestra: *M.A. Lewis 40406* (LPB, MO).

Jacaranda mimosifolia D. Don, Bot. Reg. 8: 631, pl. 631. 1822.
Sin.: *Jacaranda ovalifolia* R. Br., *Jacaranda chelonia* Griseb.
Ref.: Gentry (1992), Vargas Salazar (1993b), López Vargas (1995), Saravia Miranda (1996), González et al. (1999), Serrano & Terán (1998 [2000]), Vargas Caballero et al. (2000), Ministerio de Medio Ambiente y Agua (2012 [2013]).
Árbol. Nativa, cultivada. Zonas Bajas, Andes. Bosque Húmedo, Bosque Semideciduo Chiquitano, Yungas, Bosque Tucumano-Boliviano, 0–3000 m.
Dept.: CH, CO, SC, TA.
Muestra: *J.C. Solomon 14518* (LPB, MO).
Nom. Vern.: Jacarandá, jark'a, tarco, tarko.

Jacaranda obtusifolia Bonpl., Pl. Aequinoct. 1: 62, pl. 18. 1808 [1805].
Sin.: *Jacaranda lasiogyne* Bureau & K. Schum.
Ref.: Gentry (1992), Vargas Salazar (1993b).
Árbol. Nativa. Zonas Bajas. Bosque Húmedo, Sabanas Benianas del Norte, Sabanas Benianas del Sur, Campos Amazónicos, 0–1000 m.
Dept.: BE, PA.
Muestra: *J.C. Solomon 17122* (LPB, MO).
Infra: *Jacaranda obtusifolia* subsp. *obtusifolia*

Jacaranda rufa Silva Manso, Enum. Subst. Braz. 40. 1836.
Sin.: *Pteropodium hirsutum* A. DC.
Ref.: Gentry (1992), Vargas Salazar (1993b), Killeen & Schulenberg (1998), Wood et al. (2011).
Árbol. Nativa. Zonas Bajas. Bosque Húmedo, 0–1000 m.
Dept.: BE, SC.
Muestra: *J.C. Solomon 7732* (LPB, MO).

Lundia DC., Biblioth. Universelle Geneve sér. 2. 17: 127–128. 1838.
5 especies, 0 especies endémicas.

Lundia corymbifera (Vahl) Sandwith, Recueil Trav. Bot. Néerl. 34: 229. 1937.
Sin.: *Bignonia corymbifera* Vahl, *Cuspidaria corymbifera* (Vahl) Baill. ex K. Schum.

Ref.: Killeen & Schulenberg (1998), Lohmann & Taylor (2013 [2014]).
Liana. Nativa. Zonas Bajas. Bosque Húmedo, 0–1000 m.
Dept.: BE, CH, LP, PA, SC.
Muestra: *M.H. Nee et al. 44974* (LPB, MO).

Lundia densiflora DC., Prodr. 9: 181. 1845.
Sin.: *Lundia phaseolifolia* Rusby, *Lundia stricta* Klotzsch ex Bureau & K. Schum., *Lundia truncata* Rusby
Ref.: Foster (1958), Killeen & Schulenberg (1998), Lohmann & Taylor (2013 [2014]).
Liana. Nativa. Zonas Bajas. Bosque Húmedo, 0–1000 m.
Dept.: BE, LP, PA, SC.
Muestra: *A.F. Fuentes 6173* (BOLV, CTES, LPB, MO, USZ).

Lundia erionema DC., Prodr. 9: 181. 1845.
Ref.: Lohmann & Taylor (2013 [2014]).
Liana. Nativa. Zonas Bajas. Bosque Húmedo, 0–500 m.
Dept.: BE.
Muestra: *Fleischmann 239* (MO).

Lundia puberula Pittier, Contr. U.S. Natl. Herb. 18(6): 258. 1917.
Ref.: Gentry (1977), Lohmann & Taylor (2013 [2014]).
Liana. Nativa. Zonas Bajas. Bosque Húmedo, 0–500 m.
Dept.: BE, SC.
Muestra: *A.H. Gentry & B. Mostacedo 75532A* (MO).

Lundia spruceana Bureau, Adansonia 8: 279. 1868.
Ref.: Gentry (1977), Lohmann & Taylor (2013 [2014]).
Liana. Nativa. Zonas Bajas, Andes. Bosque Húmedo, Bosque Semideciduo Chiquitano, Yungas, 0–1500 m.
Dept.: BE, LP, PA, SC.
Muestra: *A. Araujo M. et al. 1416* (BOLV, LPB, MA, MO, NY, USZ).

Manaosella J.C. Gomes, Arch. Jard. Bot. Rio de Janeiro 9: 83. 1949.

1 especie, 0 especies endémicas.

Manaosella cordifolia (DC.) A.H. Gentry, Ann. Missouri Bot. Gard. 65(2): 733–734. 1978 [1979].
Sin.: *Bignonia cordifolia* DC., *Manaosella platidactyla* (Barb. Rodr.) J.C. Gomes
Ref.: Lohmann & Taylor (2013 [2014]).
Liana. Nativa. Zonas Bajas. Bosque Húmedo, 0–1000 m.
Dept.: BE, LP, PA, SC.
Muestra: *J.C. Solomon 16915* (LPB, MO).

Mansoa DC., Biblioth. Universelle Geneve sér. 2. 17: 128–129. 1838.

5 especies, 0 especies endémicas.

Mansoa alliacea (Lam.) A.H. Gentry, Ann. Missouri Bot. Gard. 66(4): 782. 1979 [1980].
Sin.: *Bignonia alliacea* Lam., *Pachyptera alliacea* (Lam.) A.H. Gentry
Ref.: Lohmann & Taylor (2013 [2014]).
Liana. Nativa. Zonas Bajas. Bosque Húmedo, 0–1000 m.
Dept.: BE, LP.
Muestra: *J.C. Solomon 12430* (LPB, MO).

Mansoa difficilis (Cham.) Bureau & K. Schum., Fl. Bras. 8(2): 201–202. 1896.
Sin.: *Bignonia difficilis* Cham.
Ref.: Parker & Bailey (1991), Lohmann & Taylor (2013 [2014]).
Liana. Nativa. Zonas Bajas. Bosque Húmedo, 0–1000 m.
Dept.: BE, LP, SC.
Muestra: *M.H. Nee 38235* (LPB, MO).

Mansoa parvifolia (A.H. Gentry) A.H. Gentry, Ann. Missouri Bot. Gard. 66(4): 783. 1979.
Sin.: *Pachyptera parvifolia* A.H. Gentry
Ref.: Parker & Bailey (1991), Lohmann (2003).
Liana. Nativa. Zonas Bajas. Bosque Húmedo, 0–1000 m.
Dept.: BE, LP, SC.
Muestra: *S.G. Beck 1720* (LPB, M, MO, NY, USZ).

Mansoa standleyi (Steyerm.) A.H. Gentry, Ann. Missouri Bot. Gard. 66(4): 783. 1979.
Sin.: *Pseudocalymma standleyi* Steyerm., *Pachyptera standleyi* (Steyerm.) A.H. Gentry
Ref.: Parker & Bailey (1991), Lohmann & Taylor (2013 [2014]).
Liana. Nativa. Zonas Bajas. Bosque Húmedo, 0–1000 m.
Dept.: LP.
Muestra: *A.H. Gentry et al. 70852* (LPB, MO).

Mansoa verrucifera (Schltdl.) A.H. Gentry, Ann. Missouri Bot. Gard. 63(1): 62. 1976.
Sin.: *Bignonia verrucifera* Schltdl., *Adenocalymma verruciferum* (Schltdl.) Miers, *Adenocalymma seleri* Loes., *Onohualcoa seleri* (Loes.) Lundell, *Onohualcoa verrucifera* (Schltdl.) A.H. Gentry
Ref.: Parker & Bailey (1991), Lohmann & Taylor (2013 [2014]).
Liana. Nativa. Zonas Bajas. Bosque Húmedo, 0–1000 m.
Dept.: LP, SC.
Muestra: *M.H. Nee 35621* (LPB, MO, NY).

Martinella Baill., Hist. Pl. 10: 30–31. 1891 [1888].

1 especie, 0 especies endémicas.

Martinella obovata (Kunth) Bureau & K. Schum., Fl. Bras. 8(2): 161, tab. 84. 1896.
Sin.: *Spathodea obovata* Kunth, *Bignonia martinii* DC., *Macfadyena obovata* (Kunth) Miers, *Martinella martinii* (DC.) Baill. ex K. Schum., *Anemopaegma leptosiphon* Rusby
Ref.: Foster (1958), Killeen & Schulenberg (1998), Lohmann & Taylor (2013 [2014]).
Liana. Nativa. Zonas Bajas. Bosque Húmedo, 0–1000 m.
Dept.: BE, LP, PA, SC.
Muestra: *P.F. Foster et al. 408* (MO, USZ).

Pachyptera DC. ex Meisn., Pl. Vasc. Gen. 1: 299. 1840.

1 especie, 0 especies endémicas.

Pachyptera kerere (Aubl.) Sandwith, Recueil Trav. Bot. Néerl. 34: 219. 1937.
Sin.: *Bignonia kerere* Aubl., *Pachyptera foveolata* DC., *Bignonia benensis* Britton ex Rusby, *Mansoa kerere* (Aubl.) A.H. Gentry
Ref.: Foster (1958), Moraes R. (1990), Lohmann (2003).
Liana. Nativa. Zonas Bajas. Bosque Húmedo, 0–1000 m.
Dept.: BE, PA.
Muestra: *H.H. Rusby 1143* (MICH, NY, US).

Pandorea (Endl.) Spach, Hist. Nat. Vég. 9: 136. 1840.

1 especie, 0 especies endémicas.

Pandorea jasminoides (Lindl.) K. Schum., Nat. Pflanzenfam. 4(3b): 230. 1894.
Sin.: *Tecoma jasminoides* Lindl.
Ref.: Gentry (1992), Lohmann (2003).
Liana. Cultivada. Andes. Valles Secos, 3000–3500 m.
Dept.: LP.
Muestra: *J.C. Solomon 18220* (LPB, MO).

Perianthomega Bureau ex Baill., Hist. Pl. 10: 33. 1888.

1 especie, 0 especies endémicas.

Perianthomega vellozoi Bureau, Vidensk. Meddel. Dansk Naturhist. Foren. Kjøbenhavn 1893: 105. 1893 [1894].
Sin.: *Bignonia perianthomega* Vell., *Stizophyllum triternatum* J.C. Gomes
Ref.: Gentry (1992), Arroyo Padilla & Villarroel Segarra (2009), Lohmann & Taylor (2013 [2014]).
Liana, arbusto. Nativa. Zonas Bajas, Andes. Bosque Húmedo, Bosque Semideciduo Chiquitano, Campos Cerrados, Bosque Tucumano-Boliviano, 500–1500 m.
Dept.: CH, SC, TA.
Muestra: *M.H. Nee 49080* (LPB, MO, NY).

Pleonotoma Miers, Proc. Roy. Hort. Soc. London 3: 184. 1863.
4 especies, 0 especies endémicas.

Pleonotoma dendrotricha Sandwith, Mem. New York Bot. Gard. 10(1): 141. 1958.
Ref.: Killeen & Schulenberg (1998), Lohmann & Taylor (2013 [2014]).
Liana. Nativa. Zonas Bajas. Bosque Húmedo, 0–500 m.
Dept.: SC.
Muestra: *B. Mostacedo et al. 881A* (USZ).

[Pleonotoma jasminifolia (Kunth) Miers], Proc. Roy. Hort. Soc. London 3: 184. 1863.
Ref.: Foster (1958).
Nota: El registro se basa en material mal identificado de *P. melioides*.

Pleonotoma melioides (S. Moore) A.H. Gentry, Ann. Missouri Bot. Gard. 63(1): 42. 1976.
Sin.: *Bignonia melioides* S. Moore
Ref.: Moraes R. (1990), Parker & Bailey (1991), Killeen & Schulenberg (1998), Wood et al. (2011), Lohmann & Taylor (2013 [2014]).
Liana. Nativa. Zonas Bajas. Bosque Húmedo, 0–500 m.
Dept.: BE, CO, LP, PA, SC.
Muestra: *S.G. Beck 17163* (CTES, F, LPB, M, MO, USZ).

Pleonotoma pavettiflora Sandwith, Bull. Misc. Inform. Kew 1934: 103. 1934.
Ref.: Killeen & Schulenberg (1998), Lohmann & Taylor (2013 [2014]).
Liana. Nativa. Zonas Bajas. Bosque Húmedo, 0–500 m.
Dept.: LP, SC.
Muestra: *M.C. Peña et al. 319* (MO, USZ).

Pleonotoma variabilis (Jacq.) Miers, Proc. Roy. Hort. Soc. London 3: 184. 1863.
Sin.: *Bignonia variabilis* Jacq.
Ref.: Killeen & Schulenberg (1998), Lohmann & Taylor (2013 [2014]).
Liana. Nativa. Zonas Bajas. Bosque Húmedo, 0–500 m.
Dept.: BE, SC.
Muestra: *A.H. Gentry et al. 77538* (LPB, MO).

Podranea Sprague, Fl. Cap. 4(2): 449–450. 1904.
1 especie, 0 especies endémicas.

Podranea ricasoliana (Tanfani) Sprague, Fl. Cap. 4(2): 450. 1904.
Sin.: *Tecoma ricasoliana* Tanfani
Ref.: Gentry (1992).
Liana. Cultivada. Zonas Bajas, Andes. Bosque Semideciduo Chiquitano, Valles Secos, 0–3500 m.
Dept.: CO, LP, SC.
Muestra: *J.C. Solomon & R. Zeballos 15481* (BOLV, LPB, MO).

Pyrostegia C. Presl, Abh. Königl. Böhm. Ges. Wiss., ser. 5 3: 523. 1845.
1 especie, 0 especies endémicas.

Pyrostegia venusta (Ker Gawl.) Miers, Proc. Roy. Hort. Soc. London 3: 188. 1863.
Sin.: *Bignonia venusta* Ker Gawl., *Bignonia ignea* Vell., *Pyrostegia ignea* (Vell.) C. Presl, *Pyrostegia dichotoma* Miers ex K. Schum.
Ref.: Foster (1958), Parker & Bailey (1991), Killeen & Schulenberg (1998), Lohmann & Taylor (2013 [2014]).
Liana. Nativa. Zonas Bajas. Bosque Húmedo, Bosque Semideciduo Chiquitano, Bosque Seco Chaqueño, Campos Cerrados, 0–1000 m.
Dept.: BE, LP, PA, SC.
Muestra: *L. Cayola et al. 1001* (BOLV, CTES, LPB, MO, SPF, USZ).

Saldanhaea Bureau, Adansonia 8: 354. 1868.
0 especies, 0 especies endémicas.

[Saldanhaea mollis Kraenzl.], Bot. Jahrb. Syst. 54(Beibl. 119): 26. 1916.
Ref.: Foster (1958).
Nota: Especie dudosa. Especie conocida sólo del tipo, probablemente sinónimo de una especie conocida.

Sparattosperma Mart. ex Meisn., Pl. Vasc. Gen. 1: 300. 1840.
1 especie, 0 especies endémicas.

Sparattosperma leucanthum (Vell.) K. Schum., Nat. Pflanzenfam. 4(3b): 235. 1894.
Sin.: *Bignonia leucantha* Vell., *Spathodea vernicosa* Cham., *Bignonia subvernicosa* A. DC., *Sparattosperma lithontripticum* Mart., *Sparattosperma lithontripticum* Mart. ex A. DC., *Tecoma salzmanni* A. DC., *Tecoma subvernicosa* A. DC., *Sparattosperma stenocarpum* Bureau & K. Schum., *Sparattosperma vernicosa* (Cham.) Bureau & K. Schum.
Ref.: Gentry (1992), Vargas Salazar (1993b), Killeen & Schulenberg (1998), Arrázola Rivero et al. (2000).
Árbol. Nativa. Zonas Bajas. Bosque Húmedo, 0–1000 m.
Dept.: BE, CO, LP, SC.
Muestra: *I.G. Vargas 676* (LPB, MO, NY, USZ).
Nom. Vern.: Tarumacillo.

Spathodea P. Beauv., Fl. Oware 1: 46–47. 1805.
1 especie, 0 especies endémicas.

Spathodea campanulata P. Beauv., Fl. Oware 1: 47–48, t. 27, 28. 1805.
Sin.: *Bignonia tulipifera* Thonn., *Spathodea tulipifera* (Thonn.) G. Don
Ref.: Gentry (1992).
Árbol. Cultivada. Zonas Bajas, Andes. 0–2000 m.
Dept.: LP, SC.
Muestra: *S.G. Beck 9730* (LPB, MO).

Sphingiphila A.H. Gentry, Syst. Bot. 15(2): 277. 1990.
1 especie, 0 especies endémicas.

Sphingiphila tetramera A.H. Gentry, Syst. Bot. 15(2): 277–279, f. 1. 1990.
Ref.: Fuentes Claros (1998).
Arbusto. Nativa. Zonas Bajas. Bosque Semideciduo Chiquitano, Bosque Seco Chaqueño, Campos Cerrados, 0–500 m.
Dept.: CO, SC.
Muestra: *A.F. Fuentes et al. 2564* (LPB, MO, USZ).

Stizophyllum Miers, Proc. Roy. Hort. Soc. London 3: 197–198. 1863.
2 especies, 0 especies endémicas.

Stizophyllum inaequilaterum Bureau & K. Schum., Fl. Bras. 8(2): 221–222. 1896.
Sin.: *Cremastus rufo-villosus* Herzog
Ref.: Foster (1958), Killeen &

Schulenberg (1998), Lohmann & Taylor (2013 [2014]).
Liana. Nativa. Zonas Bajas. Bosque Húmedo, 0–500 m.
Dept.: PA, SC.
Muestra: *S.G. Beck et al. 19519* (COL, CTES, F, LPB, M, MO, NY, PORT, USF, USZ).

Stizophyllum riparium (Kunth) Sandwith, Lilloa 3: 462. 1938.
Sin.: *Bignonia riparia* Kunth, *Stizophyllum perforatum* (Cham.) Miers, *Bignonia brevipes* Rusby
Ref.: Foster (1958), Parker & Bailey (1991), Killeen & Schulenberg (1998), Lohmann & Taylor (2013 [2014]).
Liana. Nativa. Zonas Bajas. Bosque Húmedo, 0–500 m.
Dept.: BE, CO, LP, SC.
Muestra: *L. Arroyo P. 1361* (LPB, MO, USZ).

Tabebuia Gomes ex DC., Biblioth. Universelle Geneve sér. 2. 17: 130–131. 1838.
5 especies, 0 especies endémicas.

Tabebuia aurea (Silva Manso) Benth. & Hook. f. ex S. Moore, Trans. Linn. Soc. London, Bot. 4: 423. 1895.
Sin.: *Bignonia aurea* Silva Manso, *Tecoma caraiba* Mart., *Tecoma aurea* (Silva Manso) A. DC., *Tecoma leucophloeus* Mart. ex A. DC., *Tecoma squamellulosa* A. DC., *Tecoma trichocalycina* A. DC., *Tabebuia caraiba* (Mart.) Bureau, *Tecoma argentea* Bureau & K. Schum., *Tecoma caraiba* var. *squamellulosa* (A. DC.) Bureau & K. Schum., *Gelseminum caraiba* (Mart.) Kuntze, *Tecoma caraiba* var. *grandiflora* Hassl., *Tabebuia argentea* (Bureau & K. Schum.) Britton, *Tabebuia suberosa* Rusby, *Handroanthus caraiba* (Mart.) Mattos, *Handroanthus leucophloeus* (Mart. ex A. DC.) Mattos
Ref.: Foster (1958), Parker & Bailey (1991), Gentry (1992), Vargas Salazar (1993b), Killeen & Schulenberg (1998), Jardim et al. (2003), Wood et al. (2011).
Árbol. Nativa. Zonas Bajas. Bosque Semideciduo Chiquitano, Bosque Seco Chaqueño, Campos Cerrados, Sabanas Benianas del Sur, Campos Amazónicos, Bosque Serrano Chaqueño, 0–500 m.
Dept.: BE, LP, PO, SC.
Muestra: *S.G. Beck 2598* (LPB, MO, USZ).
Nom. Vern.: Alcornoque, paratodo.

Tabebuia chrysantha (Jacq.) G. Nicholson, Ill. Dict. Gard. 4: 1. 1887.
Sin.: *Bignonia chrysantha* Jacq., *Tecoma chrysantha* (Jacq.) A. DC., *Tecoma spectabilis* G. Planch. & Griseb., *Tecoma evenia* Donn. Sm., *Tecoma palmeri* Kraenzl.
Ref.: Gentry (1992), Vargas Salazar (1993b), Schulenberg & Awbrey (1997), Serrano & Terán (1998 [2000]).
Árbol. Nativa. Zonas Bajas. Bosque Húmedo, Bosque Semideciduo Chiquitano, 0–500 m.
Dept.: BE, CH, LP, SC, TA.
Muestra: *J.C. Solomon 11099* (MO).
Infra: *Tabebuia chrysantha* subsp. *chrysantha*
Nom. Vern.: Lapacho.

[Tabebuia elliptica (A. DC.) Sandwith], Candollea 7: 253. 1937.
Ref.: Killeen & Schulenberg (1998).
Nota: El registro se basa en material mal identificado de probablemente *T. insignis*.

Tabebuia insignis (Miq.) Sandwith, Recueil Trav. Bot. Néerl. 34: 224. 1937.
Sin.: *Tabebuia fluviatilis* Klotzsch, *Tabebuia triphylla* Klotzsch, *Tecoma insignis* Miq., *Tabebuia roraimae* Oliv., *Gelseminum insigne* (Miq.) Kuntze, *Tecoma dura* Bureau ex K. Schum., *Tecoma roraimae* (Oliv.) K. Schum., *Tecoma leucoxylon* var. *salpingophora* Bureau & K. Schum., *Tecoma albiflora* Ducke, *Bignonia dura* Klotzsch ex R. Knuth, *Tabebuia dura* (Bureau ex K. Schum.) Sprague & Sandwith, *Handroanthus durus* (Bureau ex K. Schum.) Mattos
Ref.: Gentry (1992), Vargas Salazar (1993b), Killeen & Schulenberg (1998), Wood et al. (2011).
Árbol. Nativa. Zonas Bajas. Bosque Húmedo, Sabanas Benianas del Sur, 0–500 m.
Dept.: BE, LP, PA, SC.
Muestra: *S.G. Beck 5495* (CTES, F, K, LPB, M, MO, NY).
Infra: *Tabebuia insignis* var. *insignis*

Tabebuia nodosa (Griseb.) Griseb., Symb. Fl. Argent. 258. 1879.
Sin.: *Tecoma nodosa* Griseb., *Tabebuia nodosa* var. *parviflora* Griseb., *Bignonia morongii* Britton, *Gelseminum nodosum* (Griseb.) Kuntze
Ref.: Foster (1958), Gentry (1992), Vargas Salazar (1993b), López Vargas (1995), Serrano & Terán (1998 [2000]).
Árbol. Nativa. Zonas Bajas. Bosque Seco Chaqueño, Campos Cerrados, Sabanas Benianas del Sur, 0–1000 m.
Dept.: BE, CH, CO, SC, TA.
Muestra: *I.G. Vargas & S. Ortiz 3232* (F, LPB, MO, USZ).
Nom. Vern.: Mampuesto, palo cruz.

Tabebuia roseoalba (Ridl.) Sandwith, Kew Bull. 9: 597. 1954 [1955].
Sin.: *Bignonia roseo-alba* Ridl., *Tecoma odontodiscus* Bureau & K. Schum., *Tecoma papyrophloios* K. Schum., *Tecoma piutinga* Pilg., *Tecoma odontodiscus* var. *paraguariensis* Hassl., *Tecoma mattogrossensis* Kraenzl., *Tecoma schumannii* Kraenzl., *Tabebuia papyrophloios* (K. Schum.) Melch., *Tabebuia piutinga* (Pilg.) Sandwith, *Tabebuia odontodiscus* (Bureau & K. Schum.) Toledo, *Tabebuia odontodiscus* var. *violascens* Toledo, *Handroanthus odontodiscus* (Bureau & K. Schum.) Mattos, *Handroanthus odontodiscus* var. *violascens* (Toledo) Mattos, *Handroanthus piutinga* (Pilg.) Mattos, *Handroanthus roseo-albus* (Ridl.) Mattos
Ref.: Foster (1958), Parker & Bailey (1991), Gentry (1992), Vargas Salazar (1993b), Killeen & Schulenberg (1998), Jardim et al. (2003), Wood et al. (2011).
Árbol. Nativa. Zonas Bajas. Bosque Semideciduo Chiquitano, Bosque Seco Chaqueño, Campos Cerrados, 0–1000 m.
Dept.: BE, LP, SC.
Muestra: *M.H. Nee 47059* (LPB, MO, NY).
Nom. Vern.: Tajibillo, tajibo blanco.

Tanaecium Sw., Prodr. 6, 91. 1788.
10 especies, 0 especies endémicas.

Tanaecium affine (A.H. Gentry) L.G. Lohmann, Ann. Missouri Bot. Gard. 99(3): 464. 2013 [2014].
Sin.: *Arrabidaea affinis* A.H. Gentry
Ref.: Parker & Bailey (1991).
Liana. Nativa. Zonas Bajas. Bosque Húmedo, 0–1000 m.
Dept.: LP.
Muestra: *A.H. Gentry & S. Estenssoro C. 70382* (F, LPB, MO).

Tanaecium bilabiatum (Sprague) L.G. Lohmann, Nuevo Cat. Fl. Vasc. Venez. 274. 2008.
Sin.: *Memora bilabiata* Sprague, *Arrabidaea bilabiata* (Sprague) Sandwith
Liana. Nativa. Zonas Bajas. Bosque Húmedo, Sabanas Benianas del Sur, 0–1000 m.
Dept.: BE, PA.
Muestra: *S.G. Beck 5233* (CTES, G, K, M, MBM, MO, USZ).

Tanaecium cyrtanthum (Mart. ex DC.) Bureau & K. Schum., Fl. Bras. 8(2): 186. 1896.
Sin.: *Tecoma cyrtantha* Mart. ex DC.
Ref.: Lohmann & Taylor (2013 [2014]).
Liana. Nativa. Zonas Bajas. Bosque Semideciduo Chiquitano, Campos Cerrados, 0–500 m.
Dept.: LP, TA.
Muestra: *T.B. Croat 51695* (LPB, MO).

Tanaecium jaroba Sw., Prodr. 92. 1788.
Ref.: Lohmann & Taylor (2013 [2014]).
Liana. Nativa. Zonas Bajas. Bosque Húmedo, Bosque Semideciduo Chiquitano, Sabanas Benianas del Sur, 0–500 m.
Dept.: BE.
Muestra: *S.G. Beck 15272* (LPB, MO).

Tanaecium mutabile (Bureau & K. Schum.) L.G. Lohmann, Ann. Missouri Bot. Gard. 99(3): 464. 2013 [2014].
Sin.: *Arrabidaea mutabilis* Bureau & K. Schum.
Ref.: Killeen & Schulenberg (1998).
Liana. Nativa. Zonas Bajas. Bosque Húmedo, Bosque Seco Chaqueño, 0–1000 m.
Dept.: SC.
Muestra: *R. Guillén V. & S. Coria 1430* (LPB, MO, USZ).

Tanaecium pyramidatum (Rich.) L.G. Lohmann, Nuevo Cat. Fl. Vasc. Venez. 274. 2008.
Sin.: *Bignonia pyramidata* Rich., *Bignonia lenta* Mart. ex DC., *Tabebuia pyramidata* (Rich.) DC., *Paragonia pyramidata* (Rich.) Bureau, *Memora lenta* (Mart. ex DC.) Bureau & K. Schum., *Adenocalymma densiflora* Rusby, *Adenocalymma densiflorum* Rusby
Ref.: Foster (1958), Parker & Bailey (1991), Killeen & Schulenberg (1998), Lohmann & Taylor (2013 [2014]).
Liana. Nativa. Zonas Bajas. Bosque Húmedo, Bosque Semideciduo Chiquitano, Bosque Seco Chaqueño, Campos Cerrados, Sabanas Benianas del Sur, Campos Amazónicos, 0–1000 m.
Dept.: BE, CO, LP, PA, SC.
Muestra: *A. Araujo M. et al. 3146* (BOLV, LPB, MA, MO, SPF, USZ).

Tanaecium selloi (Spreng.) L.G. Lohmann, Nuevo Cat. Fl. Vasc. Venez. 274. 2008.
Sin.: *Bignonia selloi* Spreng., *Arrabidaea selloi* (Spreng.) Sandwith
Ref.: Parker & Bailey (1991).
Liana. Nativa. Zonas Bajas. Bosque Seco Chaqueño, Campos Cerrados, 0–1000 m.
Dept.: LP, SC, TA.
Muestra: *M.H. Nee 51324* (LPB, MO, NY).

Tanaecium tetragonolobum (Jacq.) L.G. Lohmann, Nuevo Cat. Fl. Vasc. Venez. 274. 2008.
Sin.: *Bignonia tetragonoloba* Jacq., *Ceratophytum capricorne* Pittier, *Ceratophytum tetragonolobum* (Jacq.) Sprague & Sandwith
Ref.: Moraes R. (1990), Parker & Bailey (1991), Killeen & Schulenberg (1998), Lohmann & Taylor (2013 [2014]).
Liana. Nativa. Zonas Bajas. Bosque Húmedo, 0–1000 m.
Dept.: BE, LP, PA, SC.
Muestra: *A.F. Fuentes & F. Torrico 5426* (BOLV, CTES, LPB, MA, MO, USZ).

Tanaecium truncatum (A. Samp.) L.G. Lohmann, Ann. Missouri Bot. Gard. 99(3): 467. 2013 [2014].
Sin.: *Periarrabidaea truncata* A. Samp.
Liana. Nativa. Zonas Bajas. Bosque Húmedo, 0–500 m.
Dept.: PA.
Muestra: *A.H. Gentry & A. Perry 77968* (MO).

Tanaecium xanthophyllum (DC.) L.G. Lohmann, Ann. Missouri Bot. Gard. 99(3): 467. 2013 [2014].
Sin.: *Tabebuia xanthophylla* DC., *Arrabidaea xanthophylla* (DC.) Bureau & K. Schum., *Xylophragma xanthophylla* (DC.) J.F. Macbr., *Spathicalyx xanthophylla* (DC.) A.H. Gentry
Ref.: Parker & Bailey (1991).
Liana. Nativa. Zonas Bajas. Bosque Húmedo, 0–1000 m.
Dept.: BE, LP, SC.
Muestra: *M.H. Nee 48103* (LPB, MO, NY).

Tecoma Juss., Gen. Pl. 139. 1789.
5 especies, 0 especies endémicas.

Tecoma beckii A.H. Gentry ex J.R.I. Wood, Bot. J. Linn. Soc. 156: 145. 2008.
Ref.: Gentry (1992), López Vargas (1995), Saravia Miranda (1996), Wood (2008).
Arbusto. Nativa. Andes. Valles Secos, 2000–3500 m.
Dept.: CH, CO, PO.
Tipo y muestra: *S.G. Beck 8825* (HT: LPB; IT: K, MO, SI), *G. Torrico 312* (BOLV, CTES, HSB, LPB, MBM).

Tecoma capensis (Thunb.) Lindl., Bot. Reg. 13: t. 1117. 1828.
Sin.: *Bignonia capensis* Thunb., *Tecomaria capensis* (Thunb.) Spach
Ref.: Foster (1958), Gentry (1992).
Arbusto. Cultivada. Zonas Bajas, Andes. 0–2000 m.
Dept.: SC.
Muestra: *H.H. Rusby 2448* (no localizada).

Tecoma fulva (Cav.) G. Don, Gen. Hist. 4: 224. 1838.
Sin.: *Bignonia fulva* Cav., *Bignonia meyeniana* Schauer, *Tecomaria fulva* (Cav.) Seem., *Tecoma garrocha* Hieron., *Gelseminum garrocha* (Hieron.) Kuntze, *Gelseminum garrocha* var. *bicolor* Kuntze, *Gelseminum garrocha* var. *rubrum* Kuntze, *Stenolobium fulvum* (Cav.) Sprague, *Stenolobium garrocha* (Hieron.) R.E. Fr., *Stenolobium arequipense* Sprague, *Stenolobium cochabambense* Herzog, *Tecoma arequipensis* (Sprague) Sandwith, *Tecoma cochabambensis* (Herzog) Sandwith
Ref.: Foster (1958), Gentry (1992), Wood (2005), Wood (2008), Arroyo Padilla & Villarroel Segarra (2009).
Arbusto. Nativa. Andes. Yungas, 1500–3500 m.
Dept.: CH, CO, LP, PO, SC, TA.
Muestra: *T.E. Särkinen 2112* (MO).

[Tecoma gaudichaudii A. DC.], Prodr. 9: 223. 1845.
Ref.: Foster (1958).
Nota: El registro se basa en material mal identificado.

Tecoma stans (L.) Juss. ex Kunth, Nov. Gen. Sp. (quarto ed.) 3: 144. 1818 [1819].
Sin.: *Bignonia stans* L., *Tecoma mollis* Kunth, *Tecoma sorbifolia* Kunth, *Tecoma molle* Kunth, *Tecoma incisa* Sweet, *Bignonia frutescens* Mill. ex A. DC., *Bignonia incisa* hort. ex A. DC., *Tecoma stans* var. *apiifolia* hort. ex DC., *Stenolobium molle* (Kunth) Seem., *Stenolobium stans* (L.) Seem., *Stenolobium stans* var. *apiifolium* (hort. ex DC.) Seem., *Stenolobium stans* var. *pinnatum* Seem., *Gelseminum molle* (Kunth) Kuntze, *Gelseminum stans* (L.) Kuntze, *Gelseminum mollis* (Kunth) Kunth, *Stenolobium stans* var. *multijugum* R.E. Fr., *Stenolobium quinquejugum* Loes., *Tecoma fabrisii* T. Mey.
Ref.: Foster (1958), Gentry (1992), Vargas Salazar (1993b), López Vargas (1995), Saravia Miranda (1996),

Schulenberg & Awbrey (1997), González et al. (1999), Serrano & Terán (1998 [2000]), Wood (2005), Wood (2008), Arroyo Padilla & Villarroel Segarra (2009).
Arbusto, árbol. Nativa, cultivada. Zonas Bajas, Andes. Bosque Semideciduo Chiquitano, Yungas, Bosque Tucumano-Boliviano, Valles Secos, 0–3500 m.
Dept.: BE, CH, CO, LP, SC, TA.
Muestra: *I.G. Vargas 762* (MO, NY, USZ).
Infra: *Tecoma stans* var. *stans*, *Tecoma stans* var. *velutina* DC., *Tecoma stans* var. *sambucifolia* (Kunth) J.R.I. Wood
Nom. Vern.: Guranguay, huaranguay, k'ellu tarco, kellu tarco, k'ellu tarku, maranguay, maranguay amarillo, toco-toco.

[Tecoma tanaeciiflora (Kraenzl.) Sandwith], Kew Bull. 8(4): 455. 1953 [1954].
Sin.: *Stenolobium tanaeciiflorum* Kraenzl.
Ref.: Gentry (1992).
Nota: El registro se basa en material mal identificado.

Tecoma tenuiflora (A. DC.) Fabris, Revista Mus. La Plata, Secc. Bot. 9(43): 306. 1965.
Sin.: *Bignonia tenuiflora* A. DC., *Gelseminum amoenum* Kuntze, *Gelseminum amoenum* var. *pubescens* Kuntze, *Gelseminum amoenum* var. *tomentosum* Kuntze, *Stenolobium amoenum* (Kuntze) K. Schum.
Ref.: Foster (1958), Gentry (1992), López Vargas (1995), Saravia Miranda (1996), Serrano & Terán (1998 [2000]), Wood (2005), Wood (2008), Arroyo Padilla & Villarroel Segarra (2009).
Arbusto, arbolito. Nativa. Andes. Bosque Tucumano-Boliviano, Valles Secos, 1000–2000 m.
Dept.: CH, CO, PO, SC, TA.
Tipo y muestra: *d'Orbigny 481* (HT: P), *M.H. Nee 40725* (MO).
Nom. Vern.: Guaranguaycillo, guaranhuayo, huaranhuayo, waran wayo.

Tourrettia Foug., Mém. Acad. Sci. (Paris) 1784: 205. 1787.
1 especie, 0 especies endémicas.

Tourrettia lappacea (L'Hér.) Willd., Sp. Pl. 3: 263. 1800.
Sin.: *Dombeya lappacea* L'Hér., *Tourrettia volubilis* J.F. Gmel.
Ref.: Gentry (1980).
Trepadora. Nativa. Andes. Bosque Tucumano-Boliviano, 1000–2000 m.
Dept.: CH, TA.
Muestra: *J.C. Solomon 10148* (LPB, MO).

Tynanthus Miers, Proc. Roy. Hort. Soc. London 3: 193. 1863.
4 especies, 0 especies endémicas.

[Tynanthus micranthus Mello], Arq. Mus. Paranaense 9: 63. 1952.
Ref.: Foster (1958).
Nota: El registro se basa en material mal identificado. *Hom. illeg.*

Tynanthus panurensis (Bureau) Sandwith, Kew Bull. 8(4): 465. 1953 [1954].
Sin.: *Schizopsis panurensis* Bureau
Ref.: Killeen & Schulenberg (1998), Lohmann & Taylor (2013 [2014]).
Liana. Nativa. Zonas Bajas. Bosque Húmedo, 0–500 m.
Dept.: BE.
Muestra: *M. Moraes R. et al. 2074* (LPB, MO).

Tynanthus polyanthus (Bureau) Sandwith, Kew Bull. 8(4): 465. 1953 [1954].
Sin.: *Schizopsis polyantha* Bureau, *Tynanthus myrianthus* Poepp. ex Bureau & K. Schum.
Ref.: Foster (1958), Killeen & Schulenberg (1998), Lohmann & Taylor (2013 [2014]).
Liana. Nativa. Zonas Bajas. Bosque Húmedo, 0–500 m.
Dept.: BE, LP, PA, SC.
Muestra: *M.H. Nee 48058* (LPB, MO, NY).

Tynanthus schumannianus (Kuntze) A.H. Gentry, Ann. Missouri Bot. Gard. 61(3): 874. 1974.
Sin.: *Cuspidaria schumanniana* Kuntze, *Cuspidaria ovalis* Rusby
Ref.: Foster (1958), Gentry (1974), Parker & Bailey (1991), Killeen & Schulenberg (1998), Lohmann & Taylor (2013 [2014]).
Liana. Nativa. Zonas Bajas. Bosque Húmedo, 0–500 m.
Dept.: BE, LP, SC.
Tipo y muestra: *O. Kuntze s.n.* (HT: NY), *A.H. Gentry et al. 70824* (LPB, MO).

Tynanthus villosus A.H. Gentry, Ann. Missouri Bot. Gard. 63(1): 60, f. 5. 1976.
Ref.: Lohmann & Taylor (2013 [2014]).
Liana. Nativa. Andes. Yungas, 1000–1500 m.
Dept.: LP.
Muestra: *M.I. Loza et al. 73* (LPB, MA, MO, SPF).

Xylophragma Sprague, Hooker's Icon. Pl. 28: t. 2770. 1903.
3 especies, 0 especies endémicas.

Xylophragma platyphyllum (DC.) L.G. Lohmann, Ann. Missouri Bot. Gard. 99(3): 471. 2013 [2014].
Sin.: *Arrabidaea platyphylla* DC., *Petastoma platyphyllum* (DC.) Miers
Liana. Nativa. Zonas Bajas. Bosque Húmedo, 0–500 m.
Dept.: BE, LP, SC.
Muestra: *N.Y. Paniagua et al. 4167* (LPB, MA, MO, USZ).

Xylophragma pratense (Bureau & K. Schum.) Sprague, Hooker's Icon. Pl. 28: t. 2770. 1903.
Sin.: *Tecoma pratensis* Bureau & K. Schum., *Saldanhaea pratensis* Bureau & K. Schum.
Ref.: Parker & Bailey (1991), Killeen & Schulenberg (1998), Lohmann & Taylor (2013 [2014]).
Liana. Nativa. Zonas Bajas. Bosque Húmedo, 0–500 m.
Dept.: BE, LP, PA, SC, TA.
Muestra: *F. Mamani 467* (MO, USZ).

Xylophragma seemannianum (Kuntze) Sandwith, Kew Bull. 8(4): 469–470. 1953 [1954].
Sin.: *Saldanhaea seemanniana* Kuntze
Ref.: Lohmann & Taylor (2013 [2014]).
Liana. Nativa. Zonas Bajas. Bosque Húmedo, 0–500 m.
Dept.: BE.
Muestra: *A. Zonta et al. 76* (LPB, MO).

Zeyheria Mart., Nov. Gen. Sp. Pl. 2: 65. 1826.
2 especies, 0 especies endémicas.

Zeyheria montana Mart., Nov. Gen. Sp. Pl. 2: 66. 1826.
Sin.: *Spathodea montana* (Mart.) Spreng., *Bignonia digitalis* Vell., *Jacaranda quinquefolia* Steud. ex DC., *Zeyheria velloziana* Miers, *Zeyheria digitata* (Vell.) Hoehne, *Zeyheria digitalis* (Vell.) L.B. Sm. & Sandwith
Ref.: Gentry (1992), Killeen & Schulenberg (1998).
Árbol. Nativa. Zonas Bajas. Campos Cerrados, 0–500 m.
Dept.: SC.
Muestra: *R. Guillén V. et al. 4186* (LPB, MO, USZ).

Zeyheria tuberculosa (Vell.) Bureau, Vidensk. Meddel. Dansk Naturhist. Foren. Kjøbenhavn 1893: 115. 1893.
Sin.: *Bignonia tuberculosa* Vell.,

Jacaranda tuberculosa (Vell.) Steud., *Zeyheria kuntzei* K. Schum.
Ref.: Foster (1958), Gentry (1992), Vargas Salazar (1993b), Killeen & Schulenberg (1998), Jardim et al. (2003), Arroyo Padilla & Villarroel Segarra (2009).
Árbol. Nativa. Zonas Bajas, Andes. Bosque Húmedo, Bosque Semideciduo Chiquitano, Campos Cerrados, Bosque Tucumano-Boliviano, 0–500, 1000–1500 m.
Dept.: SC.
Muestra: *M.H. Nee 43360* (LPB, MO, NY).
Nom. Vern.: Cabeza de mono, jopo de mono, mate mate, tajibillo.

BIXACEAE Kunth, Malvac., Buttner., Tiliac. 17. 1822.

Por S.G. Beck (LPB); revisado por M. Nee (NY), P.M. Jørgensen (MO).
2 géneros, 7 especies, 0 especies endémicas.

Bixa L., Sp. Pl. 1: 512. 1753.
3 especies, 0 especies endémicas.

Bixa excelsa Gleason & Krukoff, Phytologia 1: 107. 1934.
Ref.: Gleason (1934), Roca de Saldias (1993a).
Árbol. Nativa. Zonas Bajas. Bosque Húmedo, 0–500 m.
Dept.: BE, PA.
Muestra: *S.G. Beck et al. 19068* (COL, LPB, M, MG, PORT, USZ).

Bixa orellana L., Sp. Pl. 1: 512. 1753.
Ref.: Rusby (1893b), Foster (1958), Moraes R. (1990), Roca de Saldias (1993a), Killeen & Schulenberg (1998), González et al. (1999), Mostacedo C. & Uslar (1999), Alverson et al. (2000), Arrázola Rivero et al. (2000), Serrano & Terán (1998 [2000]), Nee (2008).
Arbusto, árbol. Nativa, cultivada. Zonas Bajas, Andes. Bosque Húmedo, Bosque Semideciduo Chiquitano, Yungas, 0–2500 m.
Dept.: BE, CH, CO, LP, PA, SC, TA.
Muestra: *C. Chumacero & L. Angulo 542* (BOLV, LPB, M).
Nom. Vern.: Achiote, urucú, urucú del monte, urucú silvestre.

Bixa urucurana Willd., Enum. Pl. 1: 565. 1809.
Sin.: *Bixa orellana* var. *urucurana* (Willd.) Kuntze ex Pilg.
Ref.: Macbride (1941b), Parker & Bailey (1991), Roca de Saldias (1993a), Killeen & Schulenberg (1998), Alverson et al. (2000).
Arbusto, árbol. Nativa. Zonas Bajas. Bosque Húmedo, 0–500 m.
Dept.: BE, LP, PA, SC.
Muestra: *I.G. Vargas et al. 2708* (LPB, NY, USZ).

Cochlospermum Kunth, Nov. Gen. Sp. (quarto ed.) 5: 297. 1821 [1822].
4 especies, 0 especies endémicas.

Cochlospermum orinocense (Kunth) Steud., Nomencl. Bot. (ed. 2) 1: 393. 1840.
Sin.: *Bombax orinocense* Kunth, *Cochlospermum williamsii* J.F. Macbr.
Ref.: Poppendieck (1981), Moraes R. (1990), Roca de Saldias (1993b), Killeen & Schulenberg (1998).
Árbol. Nativa. Zonas Bajas. Bosque Húmedo, 0–500 m.
Dept.: BE, PA, SC.
Muestra: *S.G. Beck et al. 19301* (COL, LPB, PORT).

Cochlospermum regium (Schrank) Pilg., Notizbl. Bot. Gart. Berlin-Dahlem 8: 127. 1924.
Sin.: *Maximilianea regia* Schrank, *Cochlospermum insigne* A. St.-Hil., *Amoureuxia unipora* Tiegh., *Cochlospermum trilobum* Standl.
Ref.: Poppendieck (1981), Roca de Saldias (1993b), Killeen & Schulenberg (1998), Wood et al. (2011).
Árbol. Nativa. Zonas Bajas. Bosque Semideciduo Chiquitano, 0–500 m.
Dept.: SC.
Muestra: *T. Killeen 2153* (F, LPB, MO, NY).

Cochlospermum tetraporum Hallier f., Meded. Rijks-Herb. 19: 39. 1913.
Sin.: *Cochlospermum zahlbruckneri* Osterm., *Maximilianea argentinensis* Speg., *Cochlospermum argentinense* (Speg.) Hauman, *Maximilianea tetrapora* (Hallier f.) S.F. Blake
Ref.: Foster (1958), Poppendieck (1981), Roca de Saldias (1993b), Serrano & Terán (1998 [2000]).
Arbolito, árbol. Nativa. Zonas Bajas, Andes. Bosque Seco Chaqueño, Bosque Serrano Chaqueño, Valles Secos, 0–1500 m.
Dept.: CH, SC, TA.
Tipo y muestra: *T. Herzog 1241* (LT: L; ILT: G, S, W, Z), *T. Killeen et al. 4164* (LPB, MO, USZ).
Nom. Vern.: Árbol del papel, kalapierna, pela-pela.

Cochlospermum vitifolium (Willd.) Spreng., Syst. Veg. 2: 596. 1825.
Sin.: *Bombax vitifolium* Willd., *Cochlospermum hibiscoides* Kunth, *Cochlospermum serratifolium* Moc. & Sessé ex DC., *Mahurea speciosa* Choisy, *Wittelsbachia vitifolia* (Willd.) Mart. in Mart. & Zucc., *Lachnocistus utilis* Duchass. ex Linden & Planch., *Cochlospermum codinae* Eichler, *Maximilianea hibiscoides* (Kunth) Kuntze, *Maximilianea vitifolia* (Willd.) Krug & Urb., *Maximilianea triphylla* Blake, *Cochlospermum luetzelburgii* Pilg., *Cochlospermum triphyllum* (Blake) Pittier
Ref.: Poppendieck (1981), Parker & Bailey (1991), Roca de Saldias (1993b), Killeen & Schulenberg (1998), Serrano & Terán (1998 [2000]), Jardim et al. (2003), Nee (2008), Wood et al. (2011).
Arbusto, árbol. Nativa, cultivada. Zonas Bajas. Bosque Húmedo, Bosque Semideciduo Chiquitano, 0–1000 m.
Dept.: BE, CH, LP, SC.
Muestra: *J.C. Solomon 7906* (LPB, MO, NY).
Nom. Vern.: Algodonillo, cuyabo.

BORAGINACEAE Juss., Gen. Pl. 128. 1789.

Por J.S. Miller (NY), M. Nee (NY) y C. Maldonado (LPB); revisado por S.G. Beck (LPB), P.M. Jørgensen (MO).
18 géneros, 102 especies, 7 especies endémicas.

Amsinckia Lehm., Del. Sem. Hort. Hamburg. 3, 7. 1831.
2 especies, 0 especies endémicas.

Amsinckia calycina (Moris) Chater, Bot. J. Linn. Soc. 64(4): 380. 1971.
Sin.: *Lithospermum calycinum* Moris, *Amsinckia angustifolia* Lehm., *Amsinckia angustifolia* var. *pseudolycopsioides* Clos, *Amsinckia pseudolycopsicoides* (Clos) Speg., *Amsinckia basistaminea* Ces., *Eritrichium mandonii* Ball, *Amsinckia angustifolia* var. *microcarpa* Speg., *Cryptantha spegazzinii* (Speg.) I.M. Johnst., *Amsinckia mandonii* (Ball) Brand
Hierba. Nativa. Andes, Altiplano. Yungas, Puna Seca, 2500–3000, 3500–4000 m.
Dept.: LP, PO.
Muestra: *O. Buchtien 281* (LPB, NY).

Amsinckia hispida I.M. Johnst., Contr. Gray Herb. 73: 75. 1924.
Sin.: *Lithospermum hispidum* Ruiz & Pav., *Eritrichium pachnophilum* Wedd.
Ref.: Foster (1958).
Hierba. Nativa. Altiplano. Puna Seca, 3500–4000 m.
Dept.: PO.
Muestra: *d'Orbigny 1448* (G).
Nota: Conocido de Bolivia solamente del ST de *E. pachnophilum* citada.

Anchusa L., Sp. Pl. 1: 133. 1753.
1 especie, 0 especies endémicas.

Anchusa officinalis L., Sp. Pl. 1: 133. 1753.
Sin.: *Anchusa angustifolia* L., *Anchusa arvalis* Rchb.
Hierba. Cultivada. Andes. Yungas, 1500–2000 m.
Dept.: LP.
Muestra: *S.G. Beck 22334* (LPB, M).

Borago L., Sp. Pl. 1: 137. 1753.
1 especie, 0 especies endémicas.

Borago officinalis L., Sp. Pl. 1: 137. 1753.
Ref.: Foster (1958).
Hierba. Cultivada. Andes. Yungas, Valles Secos, 1500–2000 m.
Dept.: CH, LP, SC, TA.
Muestra: *I.G. Vargas 777* (LPB, MO, NY, USZ).

Cordia L., Sp. Pl. 1: 190. 1753.
23 especies, 2 especies endémicas.

Cordia alliodora (Ruiz & Pav.) Oken, Allg. Naturgesch. 3(2): 1098. 1841.
Sin.: *Cerdana alliodora* Ruiz & Pav., *Cordia alliodora* (Ruiz & Pav.) Cham., *Cordia velutina* Mart., *Cordia alliodora* var. *tomentosa* A. DC., *Lithocardium alliodorum* (Ruiz & Pav.) Kuntze, *Cordia rusbyi* Britton ex Rusby, *Cordia alliodora* fo. *albotomentosa* Chodat & Hassl., *Cordia alliodora* var. *boliviana* Chodat & Vischer, *Cordia andina* Chodat
Ref.: Foster (1958), Moraes R. (1990), Parker & Bailey (1991), Vargas Salazar (1993c), Schulenberg & Awbrey (1997), Killeen & Schulenberg (1998), Alverson et al. (2000), Arrázola Rivero et al. (2000), Serrano & Terán (1998 [2000]), Jardim et al. (2003), Arroyo Padilla & Villarroel Segarra (2009), Miller (2013).
Árbol. Nativa. Zonas Bajas, Andes. Bosque Húmedo, Bosque Semideciduo Chiquitano, Sabanas Benianas del Sur, Yungas, Bosque Tucumano-Boliviano, 0–1500 m.
Dept.: BE, CH, CO, LP, PA, SC, TA.
Muestra: *J.C. Solomon et al. 8122* (LPB, MO).
Nom. Vern.: Picana, picana negra.

Cordia americana (L.) Gottschling & J.S. Mill., Syst. Bot. 31(2): 364. 2006.
Sin.: *Patagonula americana* L.
Árbol. Nativa. Zonas Bajas, Andes. Bosque Seco Chaqueño, Bosque Tucumano-Boliviano, Valles Secos, 500–1500 m.
Dept.: PO, TA.
Muestra: *J.C. Solomon 11184* (LPB, MO, NY).
Nom. Vern.: Guayabi, lanza, palo lanza.

Cordia bicolor A. DC., Prodr. 9: 485. 1845.
Sin.: *Cordia lockartii* Kuntze, *Lithocardium bicolor* (A. DC.) Kuntze, *Cordia trichostyla* Pittier, *Cordia carnosa* Rusby, *Cordia belizensis* Lundell, *Gerascanthus bicolor* (A. DC.) Borhidi
Ref.: Foster (1958), Vargas Salazar (1993c), Alverson et al. (2000), Miller (2013).
Arbolito, árbol. Nativa. Zonas Bajas. Bosque Húmedo, 0–1000 m.
Dept.: BE, CH, LP, PA, SC, TA.
Muestra: *E. Meneces 916* (MO, NY).
Nota: *C.* cf. *bicolor* A. DC. en Alverson, (2000).
Nom. Vern.: Pavo.

Cordia collococca L., Fl. Jamaic. 14. 1759.
Sin.: *Cordia micrantha* Sw., *Cordia rariflora* A. Rich., *Lithocardium collococca* (L.) Kuntze, *Gerascanthus collococcus* (L.) Borhidi
Ref.: Vargas Salazar (1993c).
Árbol. Nativa. Zonas Bajas. Bosque Húmedo, 0–500 m.
Dept.: BE.
Muestra: *S.G. Beck 8277* (LPB, MO).

Cordia dentata Poir., Encycl. 7: 48. 1806.
Sin.: *Varronia alba* Jacq., *Cordia alba* (Jacq.) Roem. & Schult., *Lithocardium album* (Jacq.) *Cordia leptopoda* K. Krause, Kuntze, *Cordia tenuifolia* Bertol., *Cordia ovata* Brandegee, *Calyptracordia alba* (Jacq.) Britton, *Gerascanthus albus* (Jacq.) Borhidi
Árbol. Cultivada. Zonas Bajas. Bosque Semideciduo Chiquitano, 0–500 m.
Dept.: SC.
Muestra: *M. Saldias 4134A* (NY, USZ).

[Cordia gerascanthus L.], Syst. Nat. (ed. 10) 2: 936. 1759.
Ref.: Foster (1958).
Nota: El registro se basa en material mal identificado.

Cordia glabrata (Mart.) A. DC., Prodr. 9: 473. 1845.
Sin.: *Gerascanthus glabratus* Mart., *Cordia longipeda* Mez, *Lithocardium glabratum* (Mart.) Kuntze, *Cordia longituba* Chodat & Vischer, *Cordia glabrata* var. *amambayensis* Chodat, *Cordia glabrata* var. *orbicularis* Chodat & Vischer, *Cordia glabrata* fo. *eriophylla* (Kuntze) I.M. Johnst.
Ref.: Foster (1958), Vargas Salazar (1993c), Jardim et al. (2003), Miller (2013).
Árbol. Nativa. Zonas Bajas. Bosque Semideciduo Chiquitano, Bosque Seco Chaqueño, Campos Cerrados, Sabanas Benianas del Sur, 0–1000 m.
Dept.: BE, SC.
Muestra: *M. Saldias et al. 1175* (LPB, MO, NY, USZ).
Nom. Vern.: Picana.

Cordia hebeclada I.M. Johnst., J. Arnold Arbor. 31: 176. 1950.
Sin.: *Gerascanthus hebecladus* (I.M. Johnst.) Borhidi
Ref.: Vargas Salazar (1993c).
Árbol. Nativa. Zonas Bajas. Bosque Húmedo, Sabanas Benianas del Sur, 0–500 m.
Dept.: BE, PA, SC.
Muestra: *M.H. Nee 39817* (LPB, MO, NY).

Cordia insignis Cham., Linnaea 8: 122. 1833.
Sin.: *Cordia martii* DC., *Cordia haenkeana* Mez, *Lithocardium insigne* (Cham.) Kuntze, *Cordia nettoana* Taub., *Cordia jucunda* S. Moore, *Gerascanthus insignis* (Cham.) Borhidi
Ref.: Foster (1958), Killeen & Schulenberg (1998), Wood et al. (2011), Miller (2013).
Subarbusto, arbusto, arbolito. Nativa. Zonas Bajas. Bosque Semideciduo Chiquitano, Campos Cerrados, 0–500 m.
Dept.: SC.
Muestra: *T. Killeen 2460* (LPB, NY).

Cordia kingstoniana J.S. Mill., Novon 11: 423, f. 2. 2001.
Ref.: Fuentes Claros et al. (2009).
Arbolito, árbol. Nativa. Zonas Bajas. Bosque Húmedo, 500–1000 m.
Dept.: LP.
Muestra: *M.J. Macía et al. 7002* (LPB, MA).

Cordia lomatoloba I.M. Johnst., J. Arnold Arbor. 18: 12. 1937.
Árbol. Nativa. Zonas Bajas. Bosque Húmedo, 0–500 m.
Dept.: BE, PA.
Muestra: *M.H. Nee 31697* (CAS, LPB, MG, MO, NY, TEX).
Nom. Vern.: Lagaña de perro.

[Cordia lutea Lam.], Tabl. Encycl. 1: 421. 1791.
Ref.: Foster (1958).
Nota: El registro se basa en material mal identificado. Especie de las costas del Ecuador y del Perú.

Cordia nodosa Lam., Tabl. Encycl. 1(2,1): 422. 1791 [1792].
Sin.: *Cordia avicularis* Salisb., *Cordia formicarum* Willd. ex Roem. & Schult., *Cordia hispida* Benth., *Cordia hispidissima* DC., *Cordia miranda* DC., *Cordia umbrosa* Spruce ex Rusby, *Cordia volubilis* Pittier
Ref.: Foster (1958), Moraes R. (1990), Parker & Bailey (1991), Vargas Salazar (1993c), Killeen & Schulenberg (1998), Mostacedo C. & Uslar (1999), Alverson et al. (2000), Arrázola Rivero et al. (2000).
Subarbusto, arbusto, arbolito, árbol. Nativa. Zonas Bajas, Andes. Bosque Húmedo, Sabanas Benianas del Sur, Yungas, 0–1500 m.
Dept.: BE, CO, LP, PA, SC.
Muestra: *D.N. Smith & V. García E. 13861* (LPB, MO, NY).
Nom. Vern.: Merchero.

Cordia oliveri (Britton ex Rusby) Gottschling & J.S. Mill., Syst. Bot. 31(2): 365. 2006.
Sin.: *Saccellium oliveri* Britton ex Rusby
Ref.: Foster (1958), Vargas Salazar (1993c).
Árbol. Endémica. Andes. Yungas, Valles Secos, 500–1000 m.
Dept.: LP.
Tipo: *H.H. Rusby 2535* (HT: NY; IT: F, GH, MO, US).
Nota: Conocida solamente del tipo.

Cordia saccellia Gottschling & J.S. Mill., Syst. Bot. 31(2): 366. 2006.
Sin.: *Saccellium lanceolatum* Bonpl.
Ref.: Foster (1958).
Arbusto, arbolito, árbol. Nativa. Zonas Bajas, Andes. Bosque Seco Chaqueño, Bosque Serrano Chaqueño, Valles Secos, 0–2000 m.
Dept.: CH, CO, SC, TA.
Muestra: *M.H. Nee & I.I. Linneo 54000* (CTES, G, LPB, MA, MEL, MEXU, MO, NSW, NY, SI, SP, USZ).

Cordia santacruzensis J.S. Mill. & M. Nee, Brittonia 64: 359, f. 1. 2012.
Arbusto. Endémica. Andes. Bosque Tucumano-Boliviano, 1500–3000 m.
Dept.: SC.
Tipo y muestra: *J.A. Carrasco et al. 151* (HT: USZ; IT: NY), *M. Saldias & D. Montaño 4186* (MO, NY).

Cordia sellowiana Cham., Linnaea 4: 479. 1829.
Sin.: *Cordia obscura* Cham., *Cordia brachypoda* DC., *Lithocardium sellowianum* (Cham.) Kuntze, *Cordia opaca* Rusby, *Gerascanthus sellowianus* (Cham.) Borhidi
Ref.: Vargas Salazar (1993c), Killeen & Schulenberg (1998).
Arbusto, arbolito, árbol. Nativa. Zonas Bajas, Andes. Bosque Húmedo, Valles Secos, 0–1000, 2000–2500 m.
Dept.: BE, LP, SC.
Muestra: *T. Killeen & A. Pérez 6681* (AAU, MA, MO, NY, USZ).
Nom. Vern.: Picana, picana negra, mechoero.

Cordia sericicalyx A. DC., Prodr. 9: 485. 1845.
Sin.: *Cordia sericicalyx* var. *latifolia* Miq., *Lithocardium sericicalyx* (A. DC.) Kuntze, *Bourreria viridis* Rusby, *Cordia ierensis* Britton, *Cordia coriacea* Killip, *Cordia viridis* (Rusby) I.M. Johnst., *Gerascanthus sericicalyx* (A. DC.) Borhidi
Árbol. Nativa. Zonas Bajas. Bosque Húmedo, 500–1000 m.
Dept.: LP.
Muestra: *O. Buchtien 2040* (LPB, US).

Cordia sprucei Mez, Bot. Jahrb. Syst. 12: 549. 1890.
Sin.: *Lithocardium sprucei* Kuntze, *Gerascanthus sprucei* (Mez) Borhidi
Ref.: Fuentes Claros et al. (2009).
Árbol. Nativa. Andes. Yungas, 1500–2000 m.
Dept.: LP.
Muestra: *C.B. Maldonado et al. 2475* (AAU, BOLV, LPB, MA, MO, USZ).

Cordia tetrandra Aubl., Hist. Pl. Guiane 1: 222–223, t. 87. 1775.
Sin.: *Cordia cordifolia* Kunth, *Cordia cordifolia* Willd. ex Roem. & Schult., *Cordia muneco* Kunth, *Cordia umbraculifera* DC.
Ref.: Vargas Salazar (1993c).
Árbol. Nativa. Zonas Bajas. Bosque Húmedo, Bosque Semideciduo Chiquitano, 0–500 m.
Dept.: BE, CO, SC.
Muestra: *M.H. Nee 50243* (LPB, MO, NSW, NY, USZ).

Cordia toqueve Aubl., Hist. Pl. Guiane 1: 228–230, t. 90. 1775.
Sin.: *Cordia heterophylla* Poir., *Cordia pubescens* Willd. ex Roem. & Schult., *Cordia hebecarpa* DC., *Lithocardium toqueve* (Aubl.) Kuntze, *Cordia expansa* Lingelsh., *Gerascanthus toqueve* (Aubl.) Borhidi
Ref.: Foster (1958).
Árbol. Nativa. Zonas Bajas. Bosque Húmedo, 0–500 m.
Dept.: LP, PA, SC.
Muestra: *L. Vargas et al. 21* (LPB, M, MO).

Cordia trichotoma (Vell.) Arráb. ex Steud., Nomencl. Bot. 419. 1840.
Sin.: *Cordiada trichotoma* Vell., *Cordia frondosa* Schott, *Cordia tomentosa* Cham. & Schltdl., *Gerascanthus excelsus* Mart., *Cordia chamissoniana* Steud., *Cordia excelsa* (Mart.) A. DC., *Cordia hypoleuca* DC., *Cordia asterophora* Fresen., *Cordia hassleriana* Chodat
Ref.: Foster (1958), González et al. (1999), Serrano & Terán (1998 [2000]).
Nativa. Zonas Bajas, Andes. Campos Cerrados, Valles Secos, 500–1500 m.
Dept.: CH, TA.
Muestra: *K. Fiebrig 2745* (B, BM, BOLV, G, GH, K).
Nom. Vern.: Mendiola.

Cordia ucayaliensis (I.M. Johnst.) I.M. Johnst., J. Arnold Arbor. 16: 181. 1935.
Sin.: *Cordia ulei* var. *ucayaliensis* I.M. Johnst., *Gerascanthus ucayaliensis* (I.M. Johnst.) Borhidi
Ref.: Vargas Salazar (1993c).
Árbol. Nativa. Zonas Bajas, Andes. Bosque Húmedo, Yungas, 0–1500 m.
Dept.: BE, CO, LP, PA.
Muestra: *B.K. Boom 5006* (LPB, MO, NY).

Cordia ulei I.M. Johnst., J. Arnold Arbor. 16: 181. 1935.
Sin.: *Gerascanthus ulei* (I.M. Johnst.) Borhidi
Árbol. Nativa. Zonas Bajas. Bosque Húmedo, 0–500 m.
Dept.: BE, PA.
Muestra: *M.H. Nee 31382* (LPB, MO, NY).
Nom. Vern.: Pabo.

Cordia weddellii I.M. Johnst., J. Arnold Arbor. 16: 173. 1935.
Sin.: *Cordia bordasii* Schinini
Arbusto, árbol. Nativa. Zonas Bajas. Bosque Semideciduo Chiquitano, Bosque Seco Chaqueño, 0–500 m.
Dept.: SC, TA.

Tipo y muestra: *H.A. Weddell 3454* (HT: P; IT: GH, P), *I.G. Vargas et al. 1910* (NY, USZ).

Cryptantha **Lehm. ex G. Don**, Gen. Hist. 4: 373. 1837.

2 especies, 0 especies endémicas.

Cryptantha debilis (Phil.) Reiche, Anales Univ. Chile 121: 830. 1908.
Sin.: *Eritrichium debile* Phil.
Hierba. Nativa. Altiplano. Puna Seca, 3500–4000 m.
Dept.: PO.
Tipo y muestra: *F. Philippi s.n.* (HT: SGO), *E. Asplund 3055* (GH, NY).

Cryptantha peruviana I.M. Johnst., Contr. Gray Herb. 73: 74. 1924.
Ref.: Foster (1958).
Hierba. Nativa. Altiplano. Puna Seca, 3500–4000 m.
Dept.: OR.
Muestra: *E. Asplund 3357* (GH).
Nota: Muestra no vista e identificación no confirmada.

Cynoglossum **L.**, Sp. Pl. 1: 134. 1753.

1 especie, 0 especies endémicas.

Cynoglossum amabile Stapf & J.R. Drumm., Bull. Misc. Inform. Kew 1906(6): 202. 1906.
Hierba. Naturalizada. Andes. Yungas, Páramo Yungueño, 2500–3500 m.
Dept.: LP.
Muestra: *S.G. Beck 8670* (BAB, BOLV, LPB, M, MO, NY, USZ, W).

Hackelia **Opiz**, Oekon.-techn. Fl. Böhm. 2(2): 146–147. 1839.

1 especie, 0 especies endémicas.

Hackelia revoluta (Ruiz & Pav.) I.M. Johnst., Contr. Gray Herb. 68: 45. 1923.
Sin.: *Cynoglossum revolutum* Ruiz & Pav., *Cynoglossum ovatifolium* Griseb., *Cynoglossum andicola* Krause, *Cynoglossum parviflorum* Krause, *Lappula revoluta* (Ruiz & Pav.) Brand, *Lappula revoluta* fo. *fiebrigii* Brand, *Lappula revoluta* fo. *ovatifolia* (Griseb.) Brand
Ref.: Pérez-Moreau & Cabrera (1983), González et al. (1999).
Hierba. Nativa. Andes. Valles Secos, 3000–4000 m.
Dept.: CO, LP, TA.
Muestra: *K. Fiebrig 2476* (G, GH, M).

Heliotropium **L.**, Sp. Pl. 1: 130. 1753.

19 especies, 0 especies endémicas.

Heliotropium abbreviatum Rusby, Mem. Torrey Bot. Club 4(3): 224. 1895.
Ref.: Foster (1958), Serrano & Terán (1998 [2000]).
Hierba, subarbusto. Nativa. Andes. Valles Secos, 2500–3000 m.
Dept.: CH, CO, PO, TA.
Tipo y muestra: *M. Bang 924* (HT: NY; IT: F, MO-2516530, NY, US, US), *R.F. Steinbach 135* (LPB, MO, NY).

Heliotropium amplexicaule Vahl, Symb. Bot. 3: 21. 1794.
Sin.: *Heliotropium bolivianum* Rusby
Ref.: Foster (1958), Pérez-Moreau & Cabrera (1983), López Vargas (1995), González et al. (1999), Serrano & Terán (1998 [2000]).
Hierba, subarbusto. Nativa. Andes. Valles Secos, 1500–3000 m.
Dept.: CH, PO, SC, TA.
Muestra: *M.H. Nee & J. Wen 53890* (LPB, MEL, MO, NY, US, USZ).
Nom. Vern.: China oregano.

Heliotropium angiospermum Murray, Prodr. Stirp. Gott. 217–219. 1770.
Sin.: *Heliotropium parviflorum* L.
Hierba. Nativa. Zonas Bajas, Andes, Altiplano. Bosque Húmedo, Bosque Tucumano-Boliviano, Valles Secos, Puna Húmeda, 0–4000 m.
Dept.: BE, CH, LP, SC.
Muestra: *H.H. Rusby 1434* (NY).
Nota: Una de las malezas más comunes de *Heliotropium*.

Heliotropium arborescens L., Syst. Nat. (ed. 10) 2: 913. 1759.
Sin.: *Heliotropium grandiflorum* Aucher ex DC., *Heliotropium odorum* Gürke, *Heliotropium peruvianum* L., *Heliotropium odoratum* Moench, *Heliotropium corymbosum* Ruiz & Pav.
Ref.: Foster (1958).
Hierba. Nativa, cultivada. Zonas Bajas, Andes. Bosque Seco Chaqueño, Yungas, Valles Secos, 0–3500 m.
Dept.: CH, LP, SC.
Muestra: *M.C. Rojas 6* (BOLV, LPB, M, MO).

[Heliotropium barbatum DC.], Prodr. 9: 541. 1845.
Ref.: Foster (1958).
Nota: El registro se basa en material mal identificado.

Heliotropium campestre Griseb., Abh. Königl. Ges. Wiss. Göttingen 19: 234. 1874.
Sin.: *Heliotropium andinum* Rusby
Ref.: Foster (1958), López Vargas (1995), Serrano & Terán (1998 [2000]).
Subarbusto. Nativa. Andes. Bosque Tucumano-Boliviano, Valles Secos, 1500–3000 m.
Dept.: CH, CO, LP, PO, SC, TA.
Muestra: *G. Mandon 886* (NY).
Nom. Vern.: O'rgo oregano.

Heliotropium curassavicum L., Sp. Pl. 1: 130. 1753.
Hierba. Nativa. Zonas Bajas, Andes. Bosque Seco Chaqueño, Yungas, Valles Secos, 500–3000 m.
Dept.: CO, SC, TA.
Muestra: *M.H. Nee 51336* (LPB, MEXU, MO, NY, USZ).

Heliotropium elongatum Hoffm. ex Roem. & Schult., Syst. Veg. (ed. 15 bis) 4: 736. 1819.
Hierba. Nativa. Zonas Bajas, Andes. Bosque Húmedo, Bosque Semideciduo Chiquitano, Bosque Seco Chaqueño, Valles Secos, 0–1500 m.
Dept.: LP, SC, TA.
Muestra: *M.H. Nee & J. Wen 53844* (LPB, MO, NY, USZ).

Heliotropium filiforme Lehm., Gött. Gel. Anz. 1817: 1515. 1817.
Hierba. Nativa. Zonas Bajas. Bosque Húmedo, Bosque Semideciduo Chiquitano, Sabanas Benianas del Sur, 0–500 m.
Dept.: BE, SC.
Muestra: *R. Seidel 3113* (LPB, MO).

Heliotropium indicum L., Sp. Pl. 1: 130. 1753.
Ref.: Moraes R. (1990), Parker & Bailey (1991), Killeen & Schulenberg (1998).
Hierba, subarbusto. Nativa. Zonas Bajas, Andes. Bosque Húmedo, Bosque Semideciduo Chiquitano, Campos Cerrados, Sabanas Benianas del Sur, Yungas, Bosque Serrano Chaqueño, 0–2500 m.
Dept.: BE, LP, PA, SC, TA.
Muestra: *M.H. Nee 31538* (LPB, MO, NY).

Heliotropium lagoense (Warm.) Gürke, Nat. Pflanzenfam. 4(3a): 97. 1897 [1894].
Sin.: *Schleidenia lagoensis* Warm.
Hierba. Nativa. Zonas Bajas. Bosque Semideciduo Chiquitano, Sabanas Benianas del Sur, Campos Amazónicos, 0–500 m.
Dept.: BE, LP, SC.
Muestra: *J. Steinbach 3184* (B, NY).

[Heliotropium leiocarpum Morong], Ann. New York Acad. Sci. 7: 168. 1892.
Ref.: Foster (1958).
Nota: El registro se basa en material mal identificado de *H. nicotianifolium*.

Heliotropium mandonii I.M. Johnst., Contr. Gray Herb. 81: 43. 1928.
Subarbusto. Nativa. Andes. Yungas, 2500–3000 m.
Dept.: LP.
Tipo y muestra: *G. Mandon 387* (HT: GH; IT: BM, K, NY, NY), *E.W.D. Holway 589* (LPB, NY).

Heliotropium microstachyum Ruiz & Pav., Fl. Peruv. 2: 3, t. 110b. 1799.
Sin.: *Heliotropium bangii* Rusby
Hierba. Nativa. Andes. Valles Secos, 3000–4000 m.
Dept.: CO, LP, OR, PO, TA.
Muestra: *S.G. Beck 2357* (LPB, MO, NY).

Heliotropium nicotianifolium Poir., Encycl. 3: 23. 1813.
Hierba. Nativa. Zonas Bajas, Andes. Bosque Semideciduo Chiquitano, Bosque Seco Chaqueño, Bosque Tucumano-Boliviano, Valles Secos, 0–1500 m.
Dept.: SC, TA.
Muestra: *M.H. Nee 37654* (AAU, IBE, LPB, MA, MO, NY).

Heliotropium procumbens Mill., Gard. Dict. (ed. 8) no. 10. 1768.
Sin.: *Heliotropium bridgesii* Rusby, *Heliotropium inundatum* var. *chacoense* R.E. Fr.
Ref.: Foster (1958), Moraes R. (1990), González et al. (1999), Serrano & Terán (1998 [2000]), Arroyo Padilla & Villarroel Segarra (2009).
Hierba. Nativa. Zonas Bajas, Andes. Bosque Húmedo, Bosque Semideciduo Chiquitano, Sabanas Benianas del Sur, Yungas, Bosque Tucumano-Boliviano, Bosque Serrano Chaqueño, Valles Secos, 0–3000 m.
Dept.: BE, CH, CO, LP, PA, SC, TA.
Muestra: *M. Moraes R. 208* (LPB, MO).

Heliotropium rufipilum (Benth.) I.M. Johnst., Contr. Gray Herb. 81: 44. 1928.
Sin.: *Tournefortia rufipila* Benth., *Heliotropium rufipilum* var. *anadenum* (Benth.) I.M. Johnst.
Hierba, subarbusto. Nativa. Andes. Yungas, 1000–1500 m.
Dept.: LP.
Muestra: *H.H. Rusby 1437* (LPB, NY).

Heliotropium salicioides Cham., Linnaea 8: 117. 1833.
Ref.: Foster (1958), Arroyo Padilla & Villarroel Segarra (2009).
Hierba. Nativa. Zonas Bajas, Andes. Campos Cerrados, Yungas, Bosque Serrano Chaqueño, 0–500, 1000–2000 m.
Dept.: SC.
Muestra: *M.H. Nee 43124* (CTES, LPB, MO, NY, USZ).

Heliotropium ternatum Vahl, Symb. Bot. 3: 21. 1794.
Sin.: *Heliotropium hispidum* Kunth
Hierba. Nativa. Zonas Bajas. Bosque Húmedo, 0–1000 m.
Dept.: SC.
Muestra: *T. Herzog 1249* (GH, L).

Heliotropium transalpinum Vell., Fl. Flumin. 66. 1825.
Sin.: *Heliotropium monostachyum* Cham. & Schltdl., *Heliotropium tiaridioides* Cham., *Heliophytum tiaridioides* (Cham.) DC., *Spigelia elongata* Britton ex Rusby
Ref.: Arroyo Padilla & Villarroel Segarra (2009).
Hierba, subarbusto, arbusto. Nativa. Zonas Bajas, Andes. Bosque Húmedo, Bosque Semideciduo Chiquitano, Sabanas Benianas del Sur, Bosque Tucumano-Boliviano, Valles Secos, 0–2000 m.
Dept.: BE, CH, LP, SC, TA.
Muestra: *M.H. Nee 35344* (CAS, JBSC, LPB, MO, MSC, NY, SI, TEX).
Infra: *Heliotropium transalpinum* var. *transalpinum*, *Heliotropium transalpinum* var. *arcanum* Di Fulvio & Espinar

Heliotropium veronicifolium Griseb., Abh. Königl. Ges. Wiss. Göttingen 19: 232–233. 1874.
Hierba. Nativa. Zonas Bajas. Bosque Seco Chaqueño, 0–1000 m.
Dept.: SC, TA.
Muestra: *W.M.A. Brooke 5603* (NY).

Lithospermum L., Sp. Pl. 1: 132. 1753.
1 especie, 0 especies endémicas.

Lithospermum arvense L., Sp. Pl. 1: 132. 1753.
Hierba. Naturalizada. Andes. Valles Secos, 2500–3000 m.
Dept.: LP.
Muestra: *T. Feuerer 11290* (LPB).
Nota: Nativa de Europa.

Myosotis L., Sp. Pl. 1: 131. 1753.
2 especies, 0 especies endémicas.

Myosotis latifolia Poir., Encycl., Suppl. 4(1): 45. 1816.
Sin.: *Myosotis azorica* H.C. Watson
Ref.: Foster (1958).
Hierba. Naturalizada, cultivada. Andes. Yungas, Valles Secos, 3000–4000 m.
Dept.: LP.
Muestra: *R. Alvarez 100* (LPB, NY).
Nom. Vern.: Ama conqawaychu, no me olvides.

Myosotis scorpioides L., Sp. Pl. 1: 131. 1753.
Sin.: *Myosotis scorpioides* var. *palustris* L., *Myosotis palustris* (L.) Nath.
Hierba. Naturalizada, cultivada. Andes. Valles Secos, 3000–4000 m.
Dept.: LP.
Muestra: *J.C. Solomon 8187* (LPB, MO).

Nama L., Syst. Nat. (ed. 10) 2: 950. 1759.
2 especies, 0 especies endémicas.

Nama dichotoma (Ruiz & Pav.) Choisy, Mém. Soc. Phys. Genève 6: 113. 1833.
Sin.: *Hydrolea dichotoma* Ruiz & Pav., *Nama dichotoma* fo. *amplifolia* Brand, *Nama dichotoma* var. *amplifolia* (Brand) C.L. Hitchc.
Ref.: Foster (1958), Deginani (1983), López (2000).
Hierba. Nativa. Andes. Valles Secos, 1500–3500 m.
Dept.: CH, CO, LP, PO, SC, TA.
Muestra: *M.H. Nee 44772* (LPB, MEXU, MO, NY).

Nama jamaicensis L., Syst. Nat. (ed. 10) 2: 950. 1759.
Ref.: Foster (1958), Deginani (1983).
Hierba. Nativa. Zonas Bajas, Andes. Bosque Seco Chaqueño, Bosque Serrano Chaqueño, 500–1500 m.
Dept.: SC, TA.
Muestra: *M.H. Nee 51345* (NY, USZ).

Pectocarya DC. ex Meisn., Pl. Vasc. Gen. 1: 279. 1840.
1 especie, 0 especies endémicas.

Pectocarya boliviana (I.M. Johnst.) I.M. Johnst., Contr. Gray Herb. 78: 118. 1927.
Sin.: *Pectocarya gracilis* var. *boliviana* I.M. Johnst.
Hierba. Nativa. Altiplano. Puna Húmeda, 3500–4000 m.
Dept.: LP, OR, PO.
Tipo y muestra: *E. Asplund 3897* (HT: US), *E. Asplund 3054* (GH, MO, NY).

Phacelia Juss., Gen. Pl. 129. 1789.
3 especies, 0 especies endémicas.

Phacelia nana Wedd., Chlor. Andina 2: 86. 1857.
Ref.: Foster (1958), Deginani (1983).
Hierba. Nativa. Altiplano. Puna Seca, Bosque de *Polylepis*, 3500–5000 m.
Dept.: LP, OR, PO.
Tipo y muestra: *d'Orbigny 1449* (HT: P), *R.S. Shepard 232* (NY).

Phacelia pinnatifida Griseb. ex Wedd., Chlor. Andina 2: 85. 1857.
Sin.: *Phacelia viscosa* Phil., *Phacelia boliviana* Brand
Ref.: Foster (1958).
Hierba. Nativa. Andes, Altiplano. Valles Secos, Puna Seca, 2000–4500 m.
Dept.: CH, CO, LP, PO, TA.
Muestra: *M. Bang 940* (GH, LPB, NY).

Phacelia secunda J.F. Gmel., Syst. Nat. 2: 330. 1791.
Sin.: *Hydrophyllum magellanicum* Lam., *Aldea pinnata* Ruiz & Pav., *Aldea circinata* Willd., *Phacelia circinata* (Willd.) Jacq., *Phacelia peruviana* Spreng., *Phacelia magellanica* (Lam.) Coville, *Phacelia secunda* subsp. *pinnata* (Ruiz & Pav.) Constance
Ref.: Foster (1958), Adolfo María (1966).
Hierba. Nativa. Andes, Altiplano. Yungas, Valles Secos, Puna Seca, 2000–4500 m.
Dept.: CO, LP, OR, TA.
Muestra: *J.C. Solomon 15205* (LPB, MO, NY).

Plagiobothrys Fisch. & C.A. Mey., 2: 46. 1835 [1836].
5 especies, 0 especies endémicas.

Plagiobothrys calandrinioides (Phil.) I.M. Johnst., Contr. Gray Herb. 78: 91. 1927.
Sin.: *Eritrichium calandrinioides* Phil., *Eritrichium nubigena* Phil. ex Meigen, *Plagiobothrys lechleri* I.M. Johnst.
Hierba. Nativa. Andes, Altiplano. Puna Húmeda, 3000–4500 m.
Dept.: LP.
Muestra: *O. Buchtien 9215* (HBG, LPB).

Plagiobothrys congestus (Wedd.) I.M. Johnst., Contr. Gray Herb. 68: 75. 1923.
Sin.: *Eritrichium humile* var. *congestum* Wedd.
Ref.: Johnston (1927), Foster (1958).
Hierba. Nativa. Altiplano. Puna Seca, 3500–4500 m.
Dept.: CO, LP, OR, TA.
Muestra: *M.H. Nee & J.C. Solomon 36645* (LPB, MO, NY, USZ).

Plagiobothrys humilis (Ruiz & Pav.) I.M. Johnst., Contr. Gray Herb. 68: 75. 1923.
Sin.: *Myosotis humilis* Ruiz & Pav.
Ref.: Foster (1958).
Hierba. Nativa. Andes, Altiplano. Yungas, Puna Húmeda, 3000–4000 m.
Dept.: LP.
Muestra: *E. Asplund 516* (GH, LPB, NY).

Plagiobothrys kunthii (Walp.) I.M. Johnst., Contr. Gray Herb. 68: 74. 1923.
Sin.: *Anchusa kunthii* Walp.
Ref.: Foster (1958).
Hierba. Nativa. Altiplano. Puna Húmeda, 3500–4500 m.
Dept.: CO, LP.
Muestra: *X. Menhofer X-1634* (BOLV, NY).

Plagiobothrys myosotoides (Lehm.) Brand, Pflanzenr. IV. 252(Heft 97): 108. 1931.
Sin.: *Lithospermum tinctorium* L., *Lithospermum tinctorium* Ruiz & Pav., *Lithospermum myosotoides* Lehm., *Plagiobothrys tinctorius* (Ruiz & Pav.) A. Gray
Hierba. Nativa. Altiplano. Puna Seca, 3500–4500 m.
Dept.: LP.
Muestra: *S.G. Beck 9055* (LPB).

Symphytum L., Sp. Pl. 1: 136. 1753.
1 especie, 0 especies endémicas.

Symphytum officinale L., Sp. Pl. 1: 136. 1753.
Hierba. Cultivada. Andes. Yungas, 1500–2000 m.
Dept.: LP.
Muestra: *S.G. Beck 14798* (LPB).
Nota: Nativa de Europa.

Tiquilia Pers., Syn. Pl. 1: 157. 1805.
1 especie, 0 especies endémicas.

Tiquilia paronychioides (Phil.) A.T. Richardson, Sida 6(3): 236. 1976.
Sin.: *Coldenia paronychioides* Phil.
Hierba. Nativa. Altiplano. Puna Seca, 3500–4000 m.
Dept.: LP.
Muestra: *H.H. Rusby 1430* (NY).

Tournefortia L., Sp. Pl. 1: 140. 1753.
18 especies, 2 especies endémicas.

Tournefortia andina Britton ex Rusby, Bull. Torrey Bot. Club 26: 148. 1899.
Ref.: Foster (1958).
Arbusto. Nativa. Andes. Yungas, 2000–3000 m.
Dept.: CO, LP, SC.
Tipo y muestra: *H.H. Rusby 1822* (HT: NY; IT: GH, WIS), *E. Calzadilla et al. 110* (MO, NY, USZ).

Tournefortia bicolor Sw., Prodr. 40. 1788.
Sin.: *Tournefortia laevigata* Lam.
Ref.: Foster (1958), Moraes R. (1990).
Trepadora, arbusto. Nativa. Zonas Bajas, Andes. Bosque Húmedo, Bosque Semideciduo Chiquitano, Sabanas Benianas del Sur, Yungas, 0–2000 m.
Dept.: BE, LP, PA, SC.
Muestra: *J.C. Solomon 6211* (LPB, MO, NY).

Tournefortia buchtienii Killip, J. Wash. Acad. Sci. 17: 334. 1927.
Ref.: Foster (1958).
Trepadora, arbusto. Nativa. Andes. Yungas, Páramo Yungueño, 3000–3500 m.
Dept.: LP.
Tipo y muestra: *O. Buchtien 2949* (HT: NY; IT: GH), *M.H. Nee & J. Wen 53944* (LPB, MO, NY, US, USZ).

Tournefortia curvilimba Killip, J. Wash. Acad. Sci. 19: 195. 1929.
Ref.: Foster (1958).
Arbusto. Endémica. Andes. Yungas, 2000–2500 m.
Dept.: LP.
Tipo y muestra: *E. Asplund 1360* (HT: UPS; IT: GH, US), *S.G. Beck 24753* (LPB).

Tournefortia cuspidata Kunth, Nov. Gen. Sp. (quarto ed.) 3: 83. 1818.
Sin.: *Tournefortia obscura* A. DC.
Ref.: Foster (1958).
Trepadora, subarbusto, árbol. Nativa. Zonas Bajas. Bosque Húmedo, 0–1000 m.
Dept.: BE, LP, PA, SC.
Muestra: *A.F. Fuentes 4279* (LPB, MO, NY).

[Tournefortia fuliginosa Kunth], Nov. Gen. Sp. (quarto ed.) 3: 81, t. 203. 1818.
Ref.: Foster (1958).
Nota: El registro se basa en material mal identificado.

Tournefortia hirsutissima L., Sp. Pl. 1: 140. 1753.
Arbusto. Nativa. Zonas Bajas. Bosque Húmedo, 0–500 m.
Dept.: PA.
Muestra: *S.G. Beck 17050* (BAB, LPB, M, MO, NY).

Tournefortia lilloi I.M. Johnst., Contr. Gray Herb. 92: 71. 1930.
Ref.: Foster (1958), Saravia Miranda (1996), González et al. (1999), Serrano & Terán (1998 [2000]).
Subarbusto, arbusto. Nativa. Zonas Bajas, Andes. Bosque Húmedo, Yungas, Bosque Tucumano-Boliviano, Valles Secos, 0–3500 m.
Dept.: BE, CH, CO, LP, SC, TA.
Muestra: *S.G. Beck & M. Liberman 9665* (BAB, LPB, M, MBM, MO, NY, USZ).
Nom. Vern.: Fernandillo, yerba santa.

Tournefortia maculata Jacq., Enum. Syst. Pl. 14. 1760.
Sin.: *Tournefortia syringifolia* Vahl, *Tournefortia peruviana* Poir., *Messerschmidia syringifolia* (Vahl) Roem. & Schult., *Tournefortia sagraeana* DC., *Tournefortia surinamensis* A. DC., *Tournefortia guadalupensis* Urb., *Myriopus maculatus* (Jacq.) Feuillet
Trepadora, arbusto. Nativa. Zonas Bajas, Andes. Bosque Húmedo, Bosque Tucumano-Boliviano, 0–2000 m.
Dept.: BE, CH, CO, SC, TA.
Muestra: *M.H. Nee 39791* (JBSC, LPB, MO, NY, SI).

Tournefortia mapirensis Lingelsh., Repert. Spec. Nov. Regni Veg. 7: 244. 1909.
Sin.: *Tournefortia subrotunda* Rusby
Ref.: Foster (1958).
Trepadora. Nativa. Zonas Bajas, Andes. Bosque Húmedo, Yungas, Valles Secos, 0–1500 m.
Dept.: BE, CH, LP, SC.
Tipo y muestra: *O. Buchtien 1995* (IT: GH, NY, US), *J. Steinbach 1395* (B, GH, NY).

Tournefortia ovalifolia Rusby, Bull. New York Bot. Gard. 4: 414. 1907.
Ref.: Foster (1958).
Trepadora, árbol. Nativa. Andes. Yungas, 2000–2500 m.
Dept.: LP.
Tipo y muestra: *M. Bang 2488* (HT: NY; IT: F, GH, MO-2515064, NY), *J.C. Solomon et al. 11914* (LPB, MO, NY).

Tournefortia paniculata Vent., Choix Pl. t. 31. 1803.
Sin.: *Tournefortia paniculata* Cham., *Tournefortia graciliflora* Rusby, *Tournefortia paniculata* var. *austrina* I.M. Johnst.
Ref.: Foster (1958), Vargas Salazar (1993c), Serrano & Terán (1998 [2000]).
Trepadora, arbusto. Nativa. Zonas Bajas, Andes. Bosque Húmedo, Bosque Semideciduo Chiquitano, Valles Secos, 0–1500 m.
Dept.: BE, CH, SC, TA.
Muestra: *M.H. Nee 39791* (JBSC, LPB, MO, NY, SI).

Tournefortia polystachya Ruiz & Pav., Fl. Peruv. 2: 24, t. 149, f. a. 1799.
Ref.: Foster (1958).
Arbusto, arbolito. Nativa. Andes. Yungas, 2500–3000 m.
Dept.: LP.
Muestra: *T. Feuerer 4364* (NY).

[Tournefortia psilostachya Kunth], Nov. Gen. Sp. (quarto ed.) 3: 78. 1818.
Ref.: Foster (1958).
Nota: El registro se basa en material mal identificado de *T. rubicunda*.

Tournefortia rubicunda Salzm. ex DC., Prodr. 9: 526. 1845.
Sin.: *Tournefortia herzogii* Vaupel
Ref.: Foster (1958), Saravia Miranda (1996).
Trepadora, subarbusto, arbusto. Nativa. Zonas Bajas, Andes. Bosque Semideciduo Chiquitano, Bosque Seco Chaqueño, Yungas, Bosque Serrano Chaqueño, Valles Secos, 0–3000 m.
Dept.: CH, CO, LP, SC, TA.
Muestra: *M.H. Nee 46561* (LPB, MO, NY, USZ).

Tournefortia salzmannii DC., Prodr. 9: 524. 1845.
Ref.: Foster (1958), Serrano & Terán (1998 [2000]).
Trepadora, arbusto. Nativa. Zonas Bajas, Andes. Bosque Semideciduo Chiquitano, Bosque Seco Chaqueño, Bosque Serrano Chaqueño, Valles Secos, 0–2000 m.
Dept.: CH, LP, SC, TA.
Muestra: *M.H. Nee 35358* (AAU, CAS, IBE, JBSC, LPB, MO, MSC, NY, QCA, TEX).

Tournefortia setacea Killip, J. Wash. Acad. Sci. 17: 332. 1927.
Ref.: Foster (1958).
Hierba, trepadora, arbusto. Nativa. Zonas Bajas. Bosque Húmedo, 0–1000 m.
Dept.: BE, CO, SC.
Muestra: *M.H. Nee & Ez. Chávez 51456* (LPB, MO, NY, USZ).

Tournefortia ulei Vaupel, Notizbl. Bot. Gart. Berlin–Dahlem 6: 186. 1914.
Ref.: Foster (1958).
Trepadora, arbusto. Nativa. Andes. Valles Secos, 2000–3000 m.
Dept.: LP, SC.
Muestra: *S.G. Beck 6112* (BAB, MO, NY, SI, W).

Tournefortia vestita Killip, J. Wash. Acad. Sci. 17: 333. 1927.
Ref.: Foster (1958).
Arbusto. Endémica, Nativa. Andes. Yungas, 1500–2000 m.
Dept.: LP.
Tipo y muestra: *M. Bang 2470* (HT: US; IT: MO, NY, NY), *H.H. Rusby 1922* (LPB, NY).

Tournefortia virgata Ruiz & Pav., Fl. Peruv. 2: 25, t. 150. 1799.
Arbusto. Nativa. Andes. Valles Secos, 2000–2500 m.
Dept.: CO.
Muestra: *R. Renjel 15* (BOLV, MO).

Varronia P. Browne, Civ. Nat. Hist. Jamaica 172, pl. 13, f. 2. 1756.
18 especies, 3 especies endémicas.

Varronia bifurcata (Roem. & Schult.) Feuillet, Smithsonian Contr. Bot. 98: 170. 2012.
Sin.: *Cordia bifurcata* Roem. & Schult., *Varronia bifurcata* (Roem. & Schult.) Borhidi
Arbusto. Nativa. Zonas Bajas, Andes. Bosque Semideciduo Chiquitano, Yungas, 0–2000 m.
Dept.: LP, SC.
Muestra: *M.H. Nee 47884* (MO, NY).

Varronia bridgesi Friesen, Bull. Soc. Bot. Genève 24: 172. 1933.
Sin.: *Cordia bridgesii* (Friesen) I.M. Johnst.
Ref.: Foster (1958).
Arbusto. Endémica. Andes. Valles Secos, 1500–2000 m.
Dept.: CO.
Tipo y muestra: *T.C. Bridges s.n.* (HT: E), *M. Cárdenas 4239* (GH, US).

Varronia buddleoides (Rusby) J.S. Mill., Novon 17(3): 373. 2007.
Sin.: *Cordia buddleoides* Rusby, *Lithocardium guazumifolium* var. *santacruzense* Kuntze
Ref.: Foster (1958), Moraes R. (1990), Killeen & Schulenberg (1998).

Arbusto. Nativa. Zonas Bajas, Andes. Bosque Húmedo, Bosque Semideciduo Chiquitano, Campos Cerrados, Yungas, 0–1500 m.
Dept.: BE, CO, LP, PA, SC.
Tipo y muestra: *M. Bang 1530* (HT: NY; IT: F, K, MO-2518538, NY), *M.C. Peña Chocarro 194* (MO, USZ).

Varronia campestris (Warm.) Borhidi, Acta Bot. Hung. 34(3–4): 390. 1988.
Sin.: *Cordia campestris* Warm.
Arbusto. Nativa. Zonas Bajas. Bosque Húmedo, Campos Cerrados, 0–500 m.
Dept.: SC.
Muestra: *R. Guillén V. & V. Roca 3009* (MO, NY, USZ).

Varronia crenata Ruiz & Pav., Fl. Peruv. 2: 23, t. 146b. 1799.
Sin.: *Cordia lantanoides* Spreng., *Varronia rusbyi* (Britton ex Rusby) Borhidi
Ref.: Foster (1958), Serrano & Terán (1998 [2000]).
Arbusto. Nativa. Andes. Yungas, Valles Secos, 2000–3000 m.
Dept.: CO, LP, SC.
Muestra: *M.H. Nee & I.G. Vargas 38343* (CTES, JBSC, LPB, MEXU, MO, NSW, NY, USZ).

Varronia curassavica Jacq., Enum. Syst. Pl. 14. 1760.
Sin.: *Cordia divaricata* Kunth, *Cordia graveolens* Kunth, *Cordia canescens* Willd. ex Roem. & Schult., *Cordia curassavica* (Jacq.) Roem. & Schult., *Cordia macrostachya* (Jacq.) Roem. & Schult., *Cordia peruviana* Roem. & Schult., *Cordia spicata* Willd. ex Schult., *Cordia brevispicata* M. Martens & Galeotti, *Cordia cuneiformis* DC., *Cordia interrupta* DC., *Cordia verbenacea* DC., *Cordia chepensis* Pittier, *Cordia littoralis* Pittier, *Cordia chacoensis* Chodat
Ref.: Foster (1958), López Vargas (1995), Saravia Miranda (1996), Serrano & Terán (1998 [2000]), Arroyo Padilla & Villarroel Segarra (2009).
Subarbusto, arbusto. Nativa. Zonas Bajas, Andes. Bosque Húmedo, Bosque Semideciduo Chiquitano, Campos Cerrados, Sabanas Benianas del Sur, Campos Amazónicos, Yungas, Bosque Tucumano-Boliviano, Bosque Serrano Chaqueño, Valles Secos, 0–3000 m.
Dept.: BE, CH, CO, LP, PO, SC, TA.
Muestra: *M.H. Nee 35360* (CM, DUKE, G, JBSC, LIL, LPB, MA, MEXU, MO, MY, NY, RSA, SI, U, US).

Varronia cylindrostachya Ruiz & Pav., Fl. Peruv. 2: 23–24, pl. 147A. 1799.
Sin.: *Varronia floribunda* Desv., *Cordia lanata* Kunth, *Cordia salvifolia* Kunth, *Cordia cylindrostachya* (Ruiz & Pav.) Roem. & Schult., *Cordia humboldtii* Willd. ex Roem. & Schult., *Cordia floribunda* (Desv.) Spreng., *Cordia caracasana* DC., *Cordia caracasana* var. *velutina* Britton ex Rusby, *Cordia subserrata* K. Krause, *Cordia tarmensis* Krause
Arbusto. Nativa. Zonas Bajas, Andes. Sabanas Benianas del Sur, Yungas, 0–500, 1500–2500 m.
Dept.: BE, CO, LP, SC.
Muestra: *J.C. Solomon 14405* (LPB, MO).

Varronia dichotoma Ruiz & Pav., Fl. Peruv. 2: 23, t. 146, f. A. 1799.
Sin.: *Buddleja boliviana* Pax, *Cordia boliviana* Gand.
Ref.: Killeen & Schulenberg (1998), González et al. (1999), Serrano & Terán (1998 [2000]).
Subarbusto, arbusto. Nativa. Zonas Bajas, Andes. Bosque Húmedo, Bosque Semideciduo Chiquitano, Campos Cerrados, Sabanas Benianas del Sur, Yungas, Bosque Tucumano-Boliviano, 0–1500 m.
Dept.: BE, CH, LP, SC, TA.
Muestra: *M.H. Nee 42149* (COL, DNA, G, JBSC, K, LPB, MBM, MEXU, MO, NSW, NY, RSA, SI, SP, TEX, U, US, WIS).

Varronia discolor (Cham. & Schltdl.) Borhidi, Acta Bot. Hung. 34(3–4): 388. 1988.
Sin.: *Cordia discolor* Cham. & Schltdl., *Cordia salzmanni* DC.
Ref.: Foster (1958).
Arbusto. Nativa. Zonas Bajas. Bosque Húmedo, 0–500 m.
Dept.: SC.
Muestra: *T. Killeen 6253* (LPB, MA, MO, NY, USZ).

Varronia guaranitica (Chodat & Hassl.) J.S. Mill., Novon 17(3): 373. 2007.
Sin.: *Cordia guaranitica* Chodat & Hassl.
Ref.: Foster (1958).
Hierba. Nativa. Zonas Bajas. Campos Cerrados, 0–500 m.
Dept.: SC.
Muestra: *T. Killeen 1355* (LPB, MO).

Varronia guazumifolia Desv., J. Bot. (Paris) 1: 276. 1808.
Sin.: *Cordia guazumaefolia* Roem. & Schult., *Lithocardium guazumifolium* (Desv.) Kuntze, *Cordia axillaris* I.M. Johnst., *Cordia axillaris* var. *gymnocarpa* I.M. Johnst.
Arbusto. Nativa. Zonas Bajas. Bosque Húmedo, 0–500 m.
Dept.: PA.
Muestra: *G. Gonzáles 152* (LPB, M, MO).

Varronia lantanifolia J.S. Mill. & J.R.I. Wood, Novon 18(1): 87–89, f. 1. 2008.
Arbusto. Endémica. Andes. Valles Secos, 1000–2000 m.
Dept.: CH, CO, PO, SC.
Tipo y muestra: *J.R.I. Wood et al. 21340* (HT: MO; IT: BOLV, K, LPB), *M.H. Nee 46681* (LPB, MO, NY).

Varronia macrocephala Desv., J. Bot. (Paris) 1: 273. 1808.
Sin.: *Cordia macrocephala* (Desv.) Kunth, *Cordia polyantha* Benth., *Cordia guayaquilensis* A. DC., *Cordia pringlei* B.L. Rob., *Cordia asterothrix* Killip, *Varronia polyantha* (Benth.) Friesen, *Varronia pringlei* (B.L. Rob.) Friesen, *Varronia asterothrix* (Killip) Borhidi
Árbol. Nativa. Andes. Yungas, 1000–1500 m.
Dept.: Bolivia.
Muestra: *H.H. Rusby 2344* (NY).
Nota: Conocida en Bolivia solamente por la colección *Rusby 2344*, sin localidad precisa.

Varronia mollissima (Killip) Borhidi, Acta Bot. Hung. 34(3–4): 386. 1988.
Sin.: *Cordia mollissima* Killip
Ref.: Killeen & Schulenberg (1998).
Arbusto. Nativa. Zonas Bajas. Bosque Húmedo, 0–1000 m.
Dept.: BE, SC.
Muestra: *R.N. Ledezma 865* (MO, NY, USZ).

Varronia monosperma Jacq., Pl. Hort. Schoenbr. 1: 18, t. 39. 1797.
Sin.: *Cordia monosperma* (Jacq.) Roem. & Schult.
Ref.: Serrano & Terán (1998 [2000]).
Subarbusto, arbusto. Nativa. Zonas Bajas, Andes. Bosque Húmedo, Sabanas Benianas del Sur, Yungas, Bosque Tucumano-Boliviano, 500–2000, 2500–3000 m.
Dept.: BE, LP, SC, TA.
Muestra: *M.H. Nee 44401* (CTES, K, LPB, MO, NY, USZ).

Varronia multicapitata (Britton ex Rusby) J.S. Mill., Monogr. Syst. Bot. Missouri Bot. Gard. 127: 1271. 2014.
Sin.: *Cordia multicapitata* Britton ex Rusby
Ref.: Foster (1958).
Arbusto. Endémica. Zonas Bajas. Bosque Semideciduo Chiquitano, 500–1000 m.
Dept.: LP.
Tipo: *H.H. Rusby 1948* (HT: NY; IT: BM, GH, K, NY, US, WIS).
Nota: Conocida solamente del tipo.

Varronia paucidentata (Fresen.) Friesen, Bull. Soc. Bot. Genève 24: 173. 1933.
Sin.: *Cordia paucidentata* Fresen., *Cordia uruguaya* Arechav.
Arbusto. Nativa. Andes. Valles Secos, 2500–3000 m.
Dept.: CO.
Muestra: *C. Antezana V. 526* (MO).

Varronia spinescens (L.) Borhidi, Acta Bot. Hung. 34(3–4): 393. 1988.
Sin.: *Cordia spinescens* L., *Varronia ferruginea* Lam., *Cordia laxiflora* Kunth, *Cordia riparia* Kunth, *Cordia ferruginea* (Lam.) Roem. & Schult., *Cordia aubletii* DC., *Cordia crenulata* A. DC., *Cordia poeppigii* DC., *Cordia pauciflora* Rusby, *Cordia costaricensis* I.M. Johnst., *Varronia pauciflora* (Rusby) Borhidi, *Varronia poeppigii* (DC.) Borhidi
Trepadora, subarbusto, arbusto. Nativa. Zonas Bajas, Andes. Bosque Húmedo, Sabanas Benianas del Sur, Yungas, Valles Secos, 0–1500 m.
Dept.: BE, CO, LP, SC.
Muestra: *J.C. Solomon 16727* (LPB, MO, NY, USZ).

BRASSICACEAE Burnett, Outlines Bot. 854, 1093, 1123. 1835.

Por I. Al-Shehbaz (MO); revisado por M. Nee (NY), S.G. Beck (LPB), P.M. Jørgensen (MO).
33 géneros, 98 especies, 13 especies endémicas.

Armoracia G. Gaertn., B. Mey. & Scherb., Oekon. Fl. Wetterau 2: 426–428. 1800.
1 especie, 0 especies endémicas.

Armoracia rusticana G. Gaertn., B. Mey. & Scherb., Oekon. Fl. Wetterau 2: 426. 1800.
Hierba. Cultivada. Andes. 3000–3500 m.
Dept.: LP.
Muestra: *C. Lema 1* (LPB).

Aschersoniodoxa Gilg & Muschl., Bot. Jahrb. Syst. 42: 469. 1909.
2 especies, 1 especie endémica.

Aschersoniodoxa cachensis (Speg.) Al-Shehbaz, Syst. Bot. 15(3): 392. 1990.
Sin.: *Braya cachensis* Speg.
Hierba. Nativa. Altiplano. Puna Húmeda, Puna Seca, 4500–>5000 m.
Dept.: LP, PO.
Muestra: *D.N. Smith & Buddensiek 14394* (LPB, MO).

Aschersoniodoxa mandoniana (Wedd.) Gilg & Muschl., Bot. Jahrb. Syst. 42: 469. 1909.
Sin.: *Draba mandoniana* Wedd., *Aschersoniodoxa rusbyi* O.E. Schulz
Ref.: Foster (1958), Al-Shehbaz (1990b).
Hierba. Endémica. Altiplano. Puna Húmeda, 3500–>5000 m.
Dept.: LP.
Tipo y muestra: *G. Mandon 895* (HT: P; IT: B, BAA, BM, F, G, GH, K, LE, NY, S), *J.C. Solomon 15861* (LPB, MO).

Brassica L., Sp. Pl. 2: 666. 1753.
5 especies, 0 especies endémicas.

Brassica juncea (L.) Czern., Consp. Pl. Charc. 8. 1859.
Sin.: *Sinapis juncea* L., *Sinapis integrifolia* H. West, *Brassica integrifolia* (H. West) O.E. Schulz
Ref.: Foster (1958).
Hierba. Naturalizada. Zonas Bajas, Andes. Campos Cerrados, Valles Secos, 0–500, 2000–2500 m.
Dept.: LP, SC.
Muestra: *E. García 783* (LPB, MO).

Brassica napus L., Sp. Pl. 2: 666. 1753.
Hierba. Naturalizada, cultivada. Andes. Valles Secos, 2000–2500 m.
Dept.: CO, SC.
Muestra: *W.J. Badcock 527* (K).

Brassica nigra (L.) W.D.J. Koch, Deutschl. Fl. (ed. 3) 4: 713–714. 1833.
Sin.: *Sinapis nigra* L.
Hierba. Naturalizada, cultivada. Andes. Yungas, 2000–3500 m.
Dept.: CH, LP.
Muestra: *R. Erquicia B. 303* (LPB, MO).
Nom. Vern.: Mostazilla.

Brassica oleracea L., Sp. Pl. 2: 667. 1753.
Hierba. Cultivada. Andes. 2000–3500 m.
Dept.: LP.
Muestra: *E. Vargas & R. Seidel 501* (BOLV, LPB, M, MO).

Brassica rapa L., Sp. Pl. 2: 666–667. 1753.
Sin.: *Brassica campestris* L.
Ref.: López Vargas (1995), Saravia Miranda (1996), Serrano & Terán (1998 [2000]), Nee (2008).
Hierba. Naturalizada, cultivada. Zonas Bajas, Andes. Campos Cerrados, Yungas, Valles Secos, 0–500, 2000–4000 m.
Dept.: CH, CO, LP, OR, SC, TA.
Muestra: *S.G. Beck 4594* (LPB, MO).
Nom. Vern.: K'ita mostacilla, k'ita nabo, nabo, navo.

Brayopsis Gilg & Muschl., Bot. Jahrb. Syst. 42: 482. 1909.
4 especies, 2 especie endémica.

Brayopsis calycina (Desv.) Gilg & Muschl., Bot. Jahrb. Syst. 42: 484. 1909.
Sin.: *Draba calycina* Desv., *Braya calycina* (Desv.) Wedd., *Sisymbrium calycinum* (Desv.) Wedd., *Hesperis calycina* (Desv.) Kuntze, *Brayopsis argentea* Gilg & Muschl., *Brayopsis weberbaueri* Gilg & Muschl., *Brayopsis alpaminae* var. *argentea* (Gilg & Muschl.) O.E. Schulz, *Brayopsis calycina* fo. *leiophylla* O.E. Schulz, *Brayopsis calycina* fo. *trichophylla* O.E. Schulz, *Brayopsis calycina* var. *filiformis* O.E. Schulz, *Englerocharis alpaminae* var. *argentea* (Gilg & Muschl.) Baehni & J.F. Macbr., *Englerocharis calycina* (Desv.) Baehni & Macbr., *Englerocharis calycina* var. *filiformis* (O.E. Schulz) Baehni & J.F. Macbr., *Englerocharis weberbaueri* (Gilg & Muschl.) Baehni & Macbr.
Ref.: Foster (1958), Al-Shehbaz (1989).
Hierba. Nativa. Altiplano. Puna Húmeda, 3500–5000 m.
Dept.: LP, PO, TA.
Muestra: *S.G. Beck 7851* (GH, LPB, MO).

Brayopsis diapensioides (Wedd.) Gilg & Muschl., Bot. Jahrb. Syst. 42: 484. 1909.
Sin.: *Draba diapensioides* Wedd., *Eudema diapensioides* (Wedd.) O.E. Schulz
Ref.: Foster (1958), Ministerio de Medio Ambiente y Agua (2012 [2013]).
Hierba. Endémica. Altiplano. Páramo Yungueño, Puna Húmeda, 4000–4500 m.
Dept.: LP.
Tipo y muestra: *G. Mandon 894* (HT: P; IT: B, BM, G, K; fotos: MO, MO),

A.F. Fuentes C. et al. 12692 (HSB, LPB, MO).

Brayopsis gamosepala Al-Shehbaz, Ann. Missouri Bot. Gard. 77: 843–844, f. 1. 1990.
Hierba. Endémica. Altiplano. Puna Húmeda, 4500–5000 m.
Dept.: LP.
Tipo: *J. Krach 7640* (HT: MO-4281297; IT: GH, M).
Nota: Conocido solamente del tipo.

Brayopsis monimocalyx O.E. Schulz, Pflanzenr. IV. 105(Heft 86): 241. 1924.
Ref.: Al-Shehbaz (1989).
Hierba. Nativa. Altiplano. Puna Húmeda, 4000–5000 m.
Dept.: CO, LP.
Muestra: *J.C. Solomon 13027* (MO).

[Brayopsis pycnophylla Gilg & Muschl.], Bot. Jahrb. Syst. 42: 484. 1909.
Ref.: Foster (1958).
Nota: El registro se basa en material mal identificado. Esta especie es un sinónimo de *B. alpaminae*, una especie endémica de centro y norte del Perú.

Capsella Medik., Pfl.-Gatt. 85–88. 1792.
1 especie, 0 especies endémicas.

Capsella bursa-pastoris (L.) Medik., Pfl.-Gatt. 85. 1792.
Sin.: *Thlaspi bursa-pastoris* L.
Ref.: Foster (1958), Serrano & Terán (1998 [2000]), Nee (2008).
Hierba. Naturalizada. Andes, Altiplano. Valles Secos, Puna Seca, 2500–4500 m.
Dept.: CH, CO, LP, PO, SC, TA.
Muestra: *J.C. Solomon 5937* (LPB, MO).

Cardamine L., Sp. Pl. 2: 654. 1753.
6 especies, 1 especie endémica.

Cardamine africana L., Sp. Pl. 2: 655. 1753.
Ref.: Foster (1958), Schulenberg & Awbrey (1997), Serrano & Terán (1998 [2000]).
Hierba. Naturalizada. Zonas Bajas, Andes. Bosque Húmedo, Yungas, Bosque Tucumano-Boliviano, 1000–2000, 2500–3000 m.
Dept.: CH, CO, LP, SC, TA.
Muestra: *J.C. Solomon 11270* (GH, LPB, MO).

Cardamine bonariensis Pers., Syn. Pl. 2(1): 195. 1807 [1806].
Sin.: *Cardamine flaccida* Cham. & Schltdl., *Cardamine minima* Steud., *Cardamine axillaris* Wedd., *Cardamine flaccida* subsp. *minima* (Steud.) O.E. Schulz
Ref.: Foster (1958), Nee (2008).
Hierba. Nativa. Andes, Altiplano. Yungas, Puna Húmeda, 2000–3500, 4000–4500 m.
Dept.: CH, CO, LP, PO, SC, TA.
Muestra: *S.G. Beck 1036* (GH, LPB, MO).

Cardamine chenopodiifolia Pers., Syn. Pl. 2: 195. 1807.
Ref.: Foster (1958).
Hierba. Nativa. Andes. Yungas, 1000–2000 m.
Dept.: LP.
Muestra: *S.G. Beck 17776* (LPB, M, MO, USZ).

Cardamine flexuosa With., Arr. Brit. Pl. (ed. 3) 3: 578–579. 1796.
Hierba. Naturalizada. Zonas Bajas, Andes. Tipo de vegetación desconocida, 0–500, 1500–2000 m.
Dept.: LP, SC.
Muestra: *J.C. Solomon & M.H. Nee 14278* (MO).

[Cardamine hispidula Phil.], Anales Univ. Chile 81: 79. 1892.
Ref.: Foster (1958).
Nota: El registro se basa en material mal identificado. Esta especie es exclusiva de centro y sur de la Patagonia y no se encuentra en Bolivia.

Cardamine ovata Benth., Pl. Hartw. 158–159. 1845.
Sin.: *Cardamine ibaguensis* Triana & Planch., *Cardamine ovata* var. *corymbosa* Britton
Ref.: Rusby (1893b), Foster (1958).
Hierba. Nativa. Andes. Yungas, 2000–3500 m.
Dept.: CO, LP, SC.
Muestra: *M.A. Lewis 881704* (LPB, MO).

Cardamine speciosa Britton, Bull. Torrey Bot. Club 16: 16. 1889.
Sin.: *Cardamine jamesonii* var. *speciosa* (Britton) O.E. Schulz
Ref.: Foster (1958).
Hierba. Endémica. Andes. Yungas, 3000–3500 m.
Dept.: LP.
Tipo y muestra: *H.H. Rusby 1199* (HT: NY; IT: NY), *O. Buchtien 126* (E, F, G, GH, MO, NY).

Cremolobus DC., Mém. Mus. Hist. Nat. 7: 235. 1821.
3 especies, 2 especies endémicas.

Cremolobus bolivianus Britton, Bull. Torrey Bot. Club 16: 17. 1889.
Ref.: Foster (1958), Khanna & Rollins (1965).
Hierba. Endémica. Andes. Yungas, 2000–2500 m.
Dept.: LP.
Tipo y muestra: *H.H. Rusby 1816* (HT: GH; IT: GH, K, NY, UC), *G. Mandon 905-BIS* (G, K, MO, P).

Cremolobus chilensis (Lag. ex DC.) DC., Syst. Nat. 2: 419. 1821.
Sin.: *Biscutella chilensis* Lag. ex DC., *Cremolobus parviflorus* Wedd.
Ref.: Khanna & Rollins (1965).
Hierba. Nativa. Andes, Altiplano. Tipo de vegetación desconocida, 1000–4500 m.
Dept.: LP.
Muestra: *G. Mandon 905-BIS* (F, G, GH, K, LE, NY, P, S, SI).

Cremolobus subscandens Kuntze, Revis. Gen. Pl. 3(3): 4. 1898.
Ref.: Foster (1958), Khanna & Rollins (1965).
Hierba. Endémica. Andes. Yungas, Bosque Tucumano-Boliviano, 1500–2000, 2500–3000 m.
Dept.: CH, CO, LP, TA.
Muestra: *J. Steinbach 5885* (F, GH, K, LIL, MO, US).

Descurainia Webb & Berthel., Hist. Nat. Îles Canaries 3(2,1): 72–73. 1836.
5 especies, 0 especies endémicas.

Descurainia athrocarpa (A. Gray) O.E. Schulz, Pflanzenr. IV. 105(Heft 86): 340. 1924.
Sin.: *Sisymbrium athrocarpum* A. Gray, *Hesperis athrocarpa* (A. Gray) Kuntze, *Descurainia gilgiana* Muschl., *Descurainia urbaniana* Muschl., *Descurainia athrocarpa* var. *gilgiana* (Muschl.) O.E. Schulz, *Descurainia athrocarpa* var. *macrorrhiza* O.E. Schulz, *Descurainia macbridei* O.E. Schulz
Ref.: Foster (1958), Al-Shehbaz (2012).
Hierba. Nativa. Altiplano. Puna Húmeda, 4500–>5000 m.
Dept.: CO, LP, OR.
Muestra: *J.C. Solomon 13193* (LPB, MO, US).

Descurainia depressa (Phil.) Prantl ex Reiche, Anales Univ. Chile 90: 148. 1895.
Sin.: *Sisymbrium depressum* Phil., *Descurainia pflanzii* Muschl., *Descurainia depressa* var. *pflanzii*

(Muschl.) O.E. Schulz, *Descurainia latisiliqua* Muschl. ex O.E. Schulz
Ref.: Foster (1958), Al-Shehbaz (2012).
Hierba. Nativa. Andes, Altiplano. Valles Secos, Puna Seca, 3000–5000 m.
Dept.: LP, OR, PO, TA.
Muestra: *S.G. Beck 21006* (LPB, MO).

Descurainia erodiifolia (Phil.) Prantl ex Reiche, Anales Univ. Chile 90: 149. 1895.
Sin.: *Sisymbrium canescens* var. *appendiculatum* Griseb., *Sisymbrium erodiifolium* Phil., *Descurainia appendiculata* (Griseb.) O.E. Schulz, *Descurainia argentina* O.E. Schulz
Ref.: Al-Shehbaz (2012).
Hierba. Nativa. Zonas Bajas. Bosque Seco Chaqueño, 0–500 m.
Dept.: TA.
Muestra: *S.G. Beck & M. Liberman 9551* (BACP, K, LPB, M, MO, NY, USZ).

Descurainia myriophylla (Willd. ex DC.) R.E. Fr., Nova Acta Regiae Soc. Sci. Upsal. 4: 143. 1905.
Sin.: *Sisymbrium myriophyllum* Willd. ex DC., *Sisymbrium titicacense* Walp., *Descurainia leptoclada* Muschl., *Descurainia perkinsiana* Muschl., *Descurainia pulcherrima* Muschl., *Descurainia titicacensis* (Walp.) Lillo
Ref.: Foster (1958), Al-Shehbaz (2012).
Hierba. Nativa. Altiplano. Puna Húmeda, 3000–5000 m.
Dept.: CH, CO, LP, PO.
Muestra: *S.G. Beck 16827* (BOLV, CUZ, K, LPB, M, MO, SI).

Descurainia stricta (Phil.) Prantl ex Reiche, Anales Univ. Chile 90: 147. 1895.
Sin.: *Sisymbrium strictum* Phil.
Ref.: Al-Shehbaz (2012).
Hierba. Nativa. Altiplano. Puna Seca, elevación desconocida.
Dept.: LP, OR, PO.

Diplotaxis DC., Syst. Nat. 2: 628. 1821.
1 especie, 0 especies endémicas.

Diplotaxis muralis (L.) DC., Syst. Nat. 2: 634. 1821.
Sin.: *Sisymbrium murale* L.
Hierba. Naturalizada. Andes. Yungas, 3000–3500 m.
Dept.: CH.
Muestra: *J.R.I. Wood 8737* (K).

Draba L., Sp. Pl. 2: 642. 1753.
9 especies, 1 especie endémica.

[Draba affinis Hook. f.], Fl. Antarct. 2: 235. 1845.
Ref.: Foster (1958).
Nota: El registro se basa en material mal identificado. La especie es endémica del S del Ecuador. Es además un homónimo ilegítimo, ya reemplazado por *D. ecuadoriana* Al-Shehbaz.

Draba brackenridgei A. Gray, U.S. Expl. Exped., Phan. 1: 53. 1854.
Sin.: *Draba cephalantha* Gilg, *Draba pickeringii* var. *pearcei* O.E. Schulz
Ref.: Foster (1958).
Hierba. Nativa. Altiplano. Puna Húmeda, 4000–4500 m.
Dept.: LP.
Muestra: *M.A. Lewis 871555* (LPB, MO).

Draba cuzcoensis O.E. Schulz, Bull. Misc. Inform. Kew 490. 1936.
Hierba. Nativa. Altiplano. Tipo de vegetación desconocida, 3500–4500 m.
Dept.: LP.
Muestra: *W.M.A. Brooke 5361* (F).

Draba discoidea Wedd., Ann. Sci. Nat., Bot., sér. 5, 1: 286. 1864.
Sin.: *Draba discoidea* var. *leiocarpa* O.E. Schulz, *Draba discoidea* var. *minor* Wedd., *Draba herzogii* O.E. Schulz
Ref.: Foster (1958).
Hierba. Nativa. Altiplano. Puna Húmeda, 4000–5000 m.
Dept.: LP.
Tipo y muestra: *G. Mandon 887* (HT: P; IT: B, BM, F, G, GH, K, NY, S, W; fotos: MO), *J.C. Solomon 15855* (G, GH, LPB, MO, NY).

Draba inquisiviana Al-Shehbaz, Novon 4(3): 201, f. 1f–g. 1994.
Hierba. Endémica. Altiplano. Puna Húmeda, Puna Seca, 4500–5000 m.
Dept.: LP, OR.
Tipo y muestra: *E. Jordan 111* (HT: MO; IT: LPB), *E. Asplund 4394* (S).

Draba lapaziana Al-Shehbaz, Novon 4(3): 197, f. 1a–b, 2c–d. 1994.
Hierba. Nativa. Altiplano. Puna Húmeda, 4000–5000 m.
Dept.: LP.
Tipo y muestra: *J.C. Solomon 13219* (HT: MO-3794497; IT: GH, LPB), *J.C. Solomon 13156* (GH, LPB, MO).

Draba loayzana Al-Shehbaz, Novon 4(3): 197–198, f. 1c–e, 3a–b. 1994.
Hierba. Nativa. Altiplano. Puna Húmeda, 4500–5000 m.
Dept.: LP.
Tipo y muestra: *S.G. Beck 4352* (HT: MO-4990829; IT: LPB), *A. Krapovickas & A. Fuchs de Krapovickas 6780* (BAA, MO).

Draba macleanii Hook. f., Fl. Antarct. 2: 235. 1847.
Ref.: Foster (1958).
Hierba. Nativa. Andes, Altiplano. Puna Húmeda, Puna Seca, 4000–5000 m.
Dept.: LP, OR.
Muestra: *J.C. Solomon 13196* (GH, LPB, MO, NY).

Draba scopulorum Wedd., Ann. Sci. Nat., Bot. 1: 286. 1864.
Sin.: *Draba scopulorum* fo. *elongata* Wedd., *Alyssum pflanzii* Muschl., *Draba boliviana* O.E. Schulz
Ref.: Foster (1958).
Hierba. Nativa. Altiplano. Puna Húmeda, 4000–5000 m.
Dept.: LP.
Tipo y muestra: *G. Mandon 889* (HT: P; IT: B, BM, F, G, GH, K, NY, P, S, SI, W, Z; fotos: F), *J.C. Solomon 5023* (GH, LPB, MO).

Draba soratensis Wedd., Ann. Sci. Nat., Bot., sér. 5, 1: 287. 1864.
Ref.: Foster (1958).
Hierba. Nativa. Altiplano. Puna Húmeda, 4000–5000 m.
Dept.: CO, LP.
Tipo y muestra: *G. Mandon 893* (HT: P; IT: BM, G, K, MO), *J.C. Solomon 13136* (LPB, MO).

Englerocharis Muschl., Bot. Jahrb. Syst. 40: 276. 1908.
1 especie, 0 especies endémicas.

Englerocharis peruviana Muschl., Bot. Jahrb. Syst. 40: 276. 1908.
Ref.: Al-Shehbaz et al. (2012).
Hierba. Nativa. Altiplano. Puna Húmeda, 4500–5000 m.
Dept.: LP.
Muestra: *X. Menhofer 2015* (LPB, MO).

Eruca Mill., Gard. Dict. (ed. 8) Eruca. 1768.
1 especie, 0 especies endémicas.

Eruca vesicaria (L.) Cav., Descr. Pl. 426–427. 1802.
Sin.: *Brassica vesicaria* L.
Hierba. Naturalizada. Andes. Valles Secos, 3000–3500 m.
Dept.: LP.
Muestra: *E. García 279* (GH, LPB, MO).
Infra: *Eruca vesicaria* subsp. *sativa* (Mill.) Thell.

Exhalimolobos Al-Shehbaz & C.D. Bailey, Syst. Bot. 32(1): 146–149. 2007.
4 especies, 0 especies endémicas.

Exhalimolobos arabioides (Muschl.) Al-Shehbaz & C.D. Bailey, Syst. Bot. 32(1): 149. 2007.
Sin.: *Greggia arabioides* Muschl.
Hierba. Nativa. Andes. Yungas, 3000–3500 m.
Dept.: LP.
Muestra: *S. Achá et al. 68B* (LPB, MA, MO, NY, USZ).

Exhalimolobos hispidulus (DC.) Al-Shehbaz & C.D. Bailey, Syst. Bot. 32(1): 148. 2007.
Sin.: *Turritis hispidula* DC., *Hesperis hispidula* (DC.) Kuntze, *Halimolobos hispidula* (DC.) O.E. Schulz
Ref.: Foster (1958).
Hierba. Nativa. Andes. Yungas, 2000–4500 m.
Dept.: CO, LP.
Muestra: *T. Feuerer 10395b* (MO).

Exhalimolobos pazensis (Rusby) Al-Shehbaz & C.D. Bailey, Syst. Bot. 32(1): 148. 2007.
Sin.: *Sisymbrium pazensis* Rusby, *Halimolobos adpressa* O.E. Schulz
Ref.: Foster (1958).
Hierba. Nativa. Andes. Yungas, 1500–4000 m.
Dept.: LP.
Tipo y muestra: *M. Bang 1972* (HT: NY; IT: BM, E, GH, MO-2184202, NY, US, W), *J.C. Solomon 5115* (MO).

Exhalimolobos weddellii (E. Fourn.) Al-Shehbaz & C.D. Bailey, Syst. Bot. 32(1): 148. 2007.
Sin.: *Sisymbrium weddellii* E. Fourn., *Greggia montana* Griseb., *Hesperis weddellii* (E. Fourn.) Kuntze, *Halimolobos montanus* (Griseb.) O.E. Schulz, *Halimolobos weddellii* (E. Fourn.) O.E. Schulz, *Sisymbrium hispidulum* var. *weddellii* (E. Fourn.) Baehni & J.F. Macbr., *Halimolobos hispidula* var. *weddellii* (E. Fourn.) Rollins
Ref.: Foster (1958).
Hierba. Nativa. Andes. Yungas, Bosque Tucumano-Boliviano, 1000–1500, 2000–2500, 3000–3500 m.
Dept.: LP, SC, TA.
Tipo y muestra: *H.A. Weddell 3596* (LT: P; ILT: P, P; fotos: MO ex P), *J.C. Solomon 13056* (GH, LPB, MO, NY).

Hirschfeldia Moench, Methodus 264. 1794.
1 especie, 0 especies endémicas.

Hirschfeldia incana (L.) Lagr.-Fossat, Fl. Tarn Garonne 19. 1847.
Sin.: *Sinapis incana* L.
Hierba. Naturalizada. Andes. Valles Secos, 2500–4000 m.
Dept.: CO, LP.
Muestra: *J.R.I. Wood 20877* (K, LPB).

Hornungia Rchb., Deutsch. Fl. 1: 33. 1837.
1 especie, 0 especies endémicas.

Hornungia procumbens (L.) Hayek, Repert. Spec. Nov. Regni Veg. Beih. 30: 480. 1925.
Sin.: *Hutchinsia reticulata* Griseb., *Lepidium procumbens* L., *Hutchinsia pusillima* Wedd.
Ref.: Foster (1958), Appel & Al-Shehbaz (1998).
Hierba. Naturalizada. Altiplano. Puna Seca, 3500–4000 m.
Dept.: OR, PO.
Muestra: *A. Ceballos 201* (BACP, SI).

Lepidium L., Sp. Pl. 2: 643. 1753.
16 especies, 3 especies endémicas.

Lepidium abrotanifolium Turcz., Bull. Soc. Imp. Naturalistes Moscou 27(2): 308. 1854.
Sin.: *Lepidium abrotanifolium* var. *steinmannii* Thell.
Ref.: Foster (1958), Al-Shehbaz (2010).
Hierba. Nativa. Altiplano. Puna Húmeda, Puna Seca, 4000–4500 m.
Dept.: LP.
Muestra: *G. Mandon 922* (G, K, MO, S, W).

Lepidium auriculatum Regel & Körn., Index Sem. (St. Petersburg) 51. 1857.
Sin.: *Lepidium calycinum* Godr., *Lepidium aletes* J.F. Macbr.
Ref.: Hitchcock (1945), López (2000), Al-Shehbaz (2010).
Hierba. Nativa. Andes, Altiplano. Yungas, Valles Secos, Puna Húmeda, 2500–4000 m.
Dept.: CH, CO, TA.
Muestra: *S.G. Beck et al. 11514* (CTES, LPB, M, MO, NY, USZ).

Lepidium beckii Al-Shehbaz, Novon 9(1): 5, f. 1. 1999.
Sin.: *Lepidium philippianum* var. *boliviense* Thell.
Ref.: Foster (1958), Al-Shehbaz (2010).
Hierba. Endémica. Andes. Valles Secos, 2500–3500 m.
Dept.: LP.
Tipo y muestra: *S.G. Beck 21944* (HT: MO-4869320; IT: LPB, M), *T. Herzog 2324* (S).

Lepidium bipinnatifidum Desv., J. Bot. Agric. 3(4): 177. 1814 [1815].
Sin.: *Lepidium kalenbornii* C.L. Hitchc.
Ref.: Rusby (1893b), Hitchcock (1945), Foster (1958), Nee (2008), Al-Shehbaz (2010).
Hierba. Nativa. Andes, Altiplano. Yungas, Valles Secos, Puna Húmeda, Puna Seca, 3000–4000 m.
Dept.: CO, LP, OR.
Muestra: *O. Buchtien 154* (F, G, LIL, MO, NY, SI).

Lepidium bonariense L., Sp. Pl. 2: 645. 1753.
Ref.: Hitchcock (1945), González et al. (1999), Serrano & Terán (1998 [2000]), Al-Shehbaz (2010).
Hierba. Nativa. Andes. Yungas, Bosque Tucumano-Boliviano, Valles Secos, 1000–3000 m.
Dept.: CH, CO, LP, SC, TA.
Muestra: *M.H. Nee & J.C. Solomon 36524* (LPB, MO, NY).
Nom. Vern.: Nabo silvestre.

Lepidium chichicara Desv., J. Bot. Agric. 3: 179. 1814.
Sin.: *Lepidium chichicara* var. *rhombocarpum* Thell.
Ref.: Rusby (1893b), Hitchcock (1945), Foster (1958), Serrano & Terán (1998 [2000]), Al-Shehbaz (2010).
Hierba. Nativa. Andes. Yungas, Bosque Tucumano-Boliviano, Valles Secos, 1500–4000 m.
Dept.: CH, CO, LP, OR.
Muestra: *J.C. Solomon & M.H. Nee 14279* (LPB, MO).
Nom. Vern.: Kimpi.

Lepidium depressum Thell., Neue Denkschr. Schweiz. Naturf. Ges. 41(1): 201. 1906.
Ref.: Thellung (1906), Hitchcock (1945), Foster (1958), Al-Shehbaz (2010).
Hierba. Nativa. Andes, Altiplano. Yungas, Páramo Yungueño, Puna Húmeda, 3500–5000 m.
Dept.: LP.
Tipo y muestra: *G. Mandon 922* (LT: G; ILT: K, S, W), *O. Buchtien 3973* (G, GH, LIL, LPB, NA, NY, US).

Lepidium didymum L., Syst. Nat. (ed. 12) 2: 433. 1767.
Sin.: *Senebiera pinnatifida* DC., *Coronopus didymus* (L.) Sm., *Senebiera didyma* (L.) Pers.
Ref.: López Vargas (1995), Serrano & Terán (1998 [2000]), Nee (2008), Al-Shehbaz (2010).
Hierba. Nativa. Zonas Bajas, Andes. Bosque Seco Chaqueño, Yungas, Bosque Serrano Chaqueño, Valles

Secos, 500–4000 m.
Dept.: CO, LP, SC, TA.
Muestra: *J.C. Solomon 10906* (LPB, MO).
Nom. Vern.: Jallpa, k'impi, mallpa.

Lepidium draba L., Sp. Pl. 2: 645. 1753.
Sin.: *Cardaria draba* (L.) Desv.
Ref.: Al-Shehbaz (2010).
Hierba. Naturalizada. Andes, Altiplano. Valles Secos, Puna Húmeda, 3000–4000 m.
Dept.: OR.
Muestra: *J.R.I. Wood 12828* (K, LPB, MO).

Lepidium latifolium L., Sp. Pl. 2: 644. 1753.
Ref.: Al-Shehbaz (2010).
Hierba. Naturalizada. Andes. Valles Secos, 2500–3000 m.
Dept.: CO.
Muestra: *J.R.I. Wood 19728* (BOLV, K, LPB).

Lepidium meyenii Walp., Nov. Actorum Acad. Caes. Leop.-Carol. Nat. Cur. 19(1): 249. 1843.
Sin.: *Lepidium affine* Wedd., *Lepidium gelidum* Wedd., *Lepidium meyenii* subsp. *gelidum* (Wedd.) Thell., *Lepidium meyenii* var. *affine* (Wedd.) Thell., *Lepidium meyenii* var. *gelidum* (Wedd.) Hosseus, *Lepidium weddellii* J.F. Macbr., *Lepidium peruvianum* G. Chacón
Ref.: Hitchcock (1945), Foster (1958), Al-Shehbaz (2010).
Hierba. Nativa. Altiplano. Puna Húmeda, 3500–5000 m.
Dept.: CO, LP, OR, PO.
Muestra: *J.C. Solomon & M. Moraes R. 13408* (LPB, MO).

Lepidium pubescens Desv., J. Bot. Agric. 3: 180. 1815.
Sin.: *Nasturtium pubescens* (Desv.) Kuntze, *Nasturtium pubescens* var. *punense* Kuntze, *Nasturtium pubescens* var. *serratifolium* Kuntze, *Lepidium demissum* C.L. Hitchc., *Lepidium scabrifructum* C.L. Hitchc.
Ref.: Foster (1958), Al-Shehbaz (2010).
Hierba. Nativa. Andes, Altiplano. Puna Húmeda, Puna Seca, 3000–4000 m.
Dept.: LP, PO, TA.
Muestra: *O. Buchtien 4475* (GH, US).

[Lepidium quitense Turcz.], Bull. Soc. Imp. Naturalistes Moscou 27(2): 309. 1854.
Ref.: Foster (1958).
Nota: El registro se basa en material mal identificado. Esta especie es endémica de Ecuador.

[Lepidium reticulatum Howell], Fl. N.W. Amer. 1: 64. 1897.
Ref.: Foster (1958).
Nota: El registro se basa en material mal identificado.

Lepidium sativum L., Sp. Pl. 2: 644. 1753.
Hierba. Cultivada. Andes. Valles Secos, 3000–3500 m.
Dept.: LP.
Muestra: *S.G. Beck 7834* (LPB).

Lepidium solomonii Al-Shehbaz, Ann. Missouri Bot. Gard. 73(4): 830–831, f. 1. 1986.
Ref.: Al-Shehbaz (2010).
Hierba. Endémica. Andes. Puna Húmeda, 3500–4000 m.
Dept.: LP.
Tipo y muestra: *J.C. Solomon 11448* (HT: MO-4281325; IT: GH, LPB), *S.G. Beck 12919* (BOLV, LPB, M, MO, SI).

Lepidium steinbachii O.E. Schulz, Notizbl. Bot. Gart. Berlin–Dahlem 9: 1037. 1926.
Ref.: Hitchcock (1945), Foster (1958), Al-Shehbaz (2010).
Hierba. Endémica. Zonas Bajas. Campos Cerrados, 0–500 m.
Dept.: SC.
Tipo: *J. Steinbach 2724* (HT: B; IT: GH, LIL, SI).
Nota: Conocido solamente del tipo.

[Lepidium trianae Thell.], Neue Denkschr. Schweiz. Naturf. Ges. 41(1): 214. 1906.
Ref.: Foster (1958).
Nota: El registro se basa en material mal identificado de *L. chichicara*.

Lepidium virginicum L., Sp. Pl. 2: 645. 1753.
Ref.: Nee (2008), Al-Shehbaz (2010).
Hierba. Naturalizada. Zonas Bajas, Andes. Bosque Semideciduo Chiquitano, Yungas, 0–1000, 2000–3000 m.
Dept.: CO, SC, TA.
Muestra: *M.H. Nee 47093* (LPB, MO, NY).

Lesquerella S. Watson, Proc. Amer. Acad. Arts 23(2): 249–255. 1888.
0 especies, 0 especies endémicas.

[Lesquerella mendocina (Phil.) Kurtz], Revista Mus. La Plata 5: 286. 1893.
Ref.: Foster (1958).
Nota: El registro se basa en material mal identificado de *Physaria urbaniana*.

Lobularia Desv., J. Bot. Agric. 3(4): 162. 1814 [1815].
1 especie, 0 especies endémicas.

Lobularia maritima (L.) Desv., J. Bot. Agric. 3(4): 162. 1814 [1815].
Sin.: *Clypeola maritima* L., *Alyssum maritimum* (L.) Lam., *Lepidium angustifolium* Rusby
Ref.: Foster (1958).
Hierba. Naturalizada, cultivada. Andes. Valles Secos, 2000–4000 m.
Dept.: CO, LP, OR, TA.
Muestra: *J.C. Solomon 12734* (LPB, MO).

Lunaria L., Sp. Pl. 2: 653. 1753.
1 especie, 0 especies endémicas.

Lunaria annua L., Sp. Pl. 2: 653. 1753.
Hierba. Cultivada. Andes. Valles Secos, 3000–3500 m.
Dept.: LP.
Muestra: *J.C. Solomon 12888* (LPB, MO).

Mancoa Wedd., Chlor. Andina 2: pl. 86d. 1859.
3 especies, 1 especie endémica.

Mancoa foliosa (Wedd.) Wedd., Bot. Jahrb. Syst. 66: 98. 1934.
Sin.: *Hutchinsia foliosa* Wedd.
Ref.: Rollins (1941), Foster (1958), Bailey et al. (2007).
Hierba. Endémica. Andes. Puna Húmeda, 3000–4000 m.
Dept.: CO, LP.
Tipo y muestra: *G. Mandon 919* (HT: P; IT: GH, K, NY, P), *T. Johns 82-33* (F, LPB, MICH, MO).

Mancoa hispida Wedd., Ann. Sci. Nat., Bot. 1: 285. 1864.
Sin.: *Radicula scabra* Rusby, *Mancoa minima* Rollins
Ref.: Foster (1958), Bailey et al. (2007).
Hierba. Nativa. Altiplano. Puna Húmeda, Puna Seca, 3500–5000 m.
Dept.: LP, OR, PO.
Muestra: *S.G. Beck 22695* (LPB, MO).

Mancoa laevis Wedd., Ann. Sci. Nat., Bot., sér. 5, 1: 285. 1864.
Ref.: Rollins (1941), Foster (1958), Bailey et al. (2007).
Hierba. Nativa. Altiplano. Puna Seca, 4500–5000 m.
Dept.: LP, PO.
Tipo y muestra: *d'Orbigny 1491* (HT: P; fotos: F ex P), *J.R.I. Wood 14724* (K, LPB, MO).

Matthiola W.T. Aiton, Hort. Kew. (ed. 2) 4: 119. 1812.
1 especie, 0 especies endémicas.

Matthiola incana (L.) W.T. Aiton, Hort. Kew. (ed. 2) 4: 119. 1812.
Sin.: *Cheiranthus incanus* L.
Hierba. Naturalizada, cultivada. Andes. Valles Secos, 2000–4000 m.
Dept.: LP.
Muestra: *J.C. Solomon 12744* (LPB, MO).
Nom. Vern.: Aliluya (Aymara).

Mostacillastrum O.E. Schulz, Pflanzenr. IV. 105(Heft 86): 166. 1924.
1 especie, 0 especies endémicas.

Mostacillastrum orbignyanum (E. Fourn.) Al-Shehbaz, Darwiniana 44(2): 348. 2006.
Sin.: *Sisymbrium orbignyanum* E. Fourn., *Mostacillastrum elongatum* O.E. Schulz
Ref.: Foster (1958).
Hierba. Nativa. Andes. Valles Secos, 3000–4000 m.
Dept.: LP, OR, PO.
Tipo y muestra: *d'Orbigny 1349* (HT: P), *J.C. Solomon & B.A. Stein 11630* (GH, LPB, MO, NY).

Nasturtium W.T. Aiton, Hort. Kew. (ed. 2) 4: 109–110. 1812.
1 especie, 0 especies endémicas.

Nasturtium officinale W.T. Aiton, Hort. Kew. (ed. 2) 4: 110. 1812.
Sin.: *Sisymbrium nasturtium-aquaticum* L., *Sisymbrium nasturtium* (Moench) Willd., *Rorippa nasturtium* (Moench) Beck, *Rorippa nasturtium-aquaticum* (L.) Hayek
Ref.: Foster (1958), González et al. (1999), Serrano & Terán (1998 [2000]), Nee (2008).
Hierba. Naturalizada. Andes. Yungas, Valles Secos, 1500–4000 m.
Dept.: CO, LP, SC.
Muestra: *J.C. Solomon 13055* (GH, LPB, MO, NY).

Neuontobotrys O.E. Schulz, Pflanzenr. IV. 105(Heft 86): 176. 1924.
1 especie, 0 especies endémicas.

Neuontobotrys tarapacana (Phil.) Al-Shehbaz, Darwiniana 44(2): 352. 2006.
Sin.: *Sisymbrium amplexicaule* Phil., *Sisymbrium tarapacanum* Phil., *Sisymbrium philippianum* I.M. Johnst.
Hierba. Nativa. Altiplano. Puna Seca, 3500–4000 m.
Dept.: PO.
Muestra: *E. Asplund 3031* (S, UPS).

Pennellia Nieuwl., Amer. Midl. Naturalist 5(11): 224. 1918.
1 especie, 0 especies endémicas.

Pennellia boliviensis (Muschl.) Al-Shehbaz, Harvard Pap. Bot. 2: 13. 1990.
Sin.: *Streptanthus boliviensis* Muschl.
Ref.: Bailey et al. (2007).
Hierba. Nativa. Andes. Yungas, Bosque Tucumano-Boliviano, 3000–3500 m.
Dept.: CH, CO, LP, TA.
Tipo y muestra: *K. Fiebrig 2788* (HT: B), *H.H. Rusby 1209* (GH, NY, US).

Petroravenia Al-Shehbaz, Novon 4(3): 191. 1994.
1 especie, 0 especies endémicas.

Petroravenia friesii (O.E. Schulz) Al-Shehbaz, Taxon 61: 950. 2012.
Sin.: *Eudema friesii* O.E. Schulz
Hierba. Nativa. Altiplano. Puna Seca, 3000–5000 m.
Dept.: OR.
Muestra: *E. Asplund 3988* (A, S, UPS).

Physaria (Nutt. ex Torr. & A. Gray) A. Gray, Gen. Amer. Bor. 1: 162. 1849.
1 especie, 0 especies endémicas.

Physaria urbaniana (Muschl.) O'Kane & Al-Shehbaz, Novon 14(2): 202–203. 2004.
Sin.: *Alyssum boliviense* Muschl., *Alyssum urbanianum* Muschl.
Ref.: Foster (1958).
Hierba. Nativa. Altiplano. Puna Seca, 3500–4000 m.
Dept.: TA.
Tipo y muestra: *K. Fiebrig 3034* (HT: M), *K. Fiebrig 2619* (BM, E, GH, K, M).

Polypsecadium O.E. Schulz, Pflanzenr. IV. 105(Heft 86): 176. 1924.
3 especies, 1 especie endémica.

Polypsecadium apolobamba Al-Shehbaz & A. Fuentes, Novon 18(1): 1–3, f. 1. 2008.
Hierba. Endémica. Andes. Yungas, 2500–3000 m.
Dept.: LP.
Tipo y muestra: *A.F. Fuentes C. et al. 10076* (HT: MO-04791470; IT: LPB, MO-04791471), *A.F. Fuentes C. 15076* (LPB, MO).

Polypsecadium harmsianum (Muschl.) O.E. Schulz, Pflanzenr. IV. 105(Heft 86): 177. 1924.
Sin.: *Thelypodium harmsianum* Muschl., *Thelypodium harmsianum* var. *dentatum* Muschl., *Polypsecadium harmsianum* var. *dentatum* (Muschl.) O.E. Schulz
Ref.: Foster (1958), Al-Shehbaz (2006).
Hierba. Nativa. Andes. Yungas, Bosque Tucumano-Boliviano, 2500–3500 m.
Dept.: CH, LP, TA.
Tipo y muestra: *K. Fiebrig 2452* (HT: B; IT: G, K, M), *T. Feuerer 4057* (HBG).

Polypsecadium rusbyi (Britton) Al-Shehbaz, Darwiniana 44(2): 355. 2006.
Sin.: *Sisymbrium rusbyi* Britton
Ref.: Foster (1958).
Hierba. Nativa. Andes. Yungas, 2500–3500 m.
Dept.: LP.
Tipo y muestra: *H.H. Rusby 1432* (HT: NY), *M.A. Lewis 88998* (LPB, MO).

Raphanus L., Sp. Pl. 2: 669. 1753.
2 especies, 0 especies endémicas.

Raphanus raphanistrum L., Sp. Pl. 2: 669. 1753.
Hierba. Naturalizada. Andes. Valles Secos, 2000–2500, 3000–3500 m.
Dept.: CH, CO, SC.
Muestra: *J. Gutiérrez R. 103* (MO).

Raphanus sativus L., Sp. Pl. 2: 669. 1753.
Ref.: Nee (2008).
Hierba. Naturalizada, cultivada. Andes, Altiplano. Yungas, Valles Secos, Puna Húmeda, 2000–2500, 3000–4500 m.
Dept.: CO, LP, SC.
Muestra: *J.C. Solomon 16227* (MO).
Nom. Vern.: Rábano.

Rapistrum Crantz, Cl. Crucif. Emend. 105–107. 1769.
1 especie, 0 especies endémicas.

Rapistrum rugosum (L.) All., Fl. Pedem. 1: 257. 1785.
Sin.: *Myagrum rugosum* L.
Hierba. Naturalizada. Andes. Valles Secos, 2500–3000, 3500–4000 m.
Dept.: CH, CO, LP, TA.
Muestra: *R. Coca F. & B. Padilla 51* (MO).

Rorippa Scop., Fl. Carniol. 520. 1760.
8 especies, 0 especies endémicas.

Rorippa austroamericana Mart.-Laborde, Parodiana 2(1): 73. 1983.
Hierba. Nativa. Andes, Altiplano. Yungas, Puna Húmeda, 2000–4500 m.
Dept.: CH.
Muestra: *J.R.I. Wood et al. 22156A* (K, LPB).

Rorippa beckii Al-Shehbaz, Novon 1(1): 9–11, f. 1. 1991.
Hierba. Nativa. Altiplano. Puna Húmeda, 3500–4000 m.
Dept.: LP.
Tipo y muestra: *S.G. Beck et al. 18139* (HT: LPB; IT: M, MO-4281316, SI), *F.N. Loza De la Cruz 31* (GH, LPB).

[Rorippa bonariensis (Poir.) Macloskie], Rep. Princeton Univ. Exp. Patagonia, Botany 8(1): 434. 1905.
Sin.: *Sisymbrium bonariense* Poir., *Nasturtium bonariense* (Poir.) DC.
Ref.: Foster (1958).
Nota: El registro se basa en material mal identificado de *R. mandonii*.

Rorippa clandestina (Spreng.) J.F. Macbr., Publ. Field Mus. Nat. Hist., Bot. Ser. 13(2/3): 965. 1938.
Sin.: *Nasturtium clandestinum* Spreng., *Nasturtium clandestinum* var. *brevistylum* O.E. Schulz
Ref.: Foster (1958), Martinez-Laborde (1985).
Hierba. Nativa. Zonas Bajas, Andes. Bosque Húmedo, Yungas, 0–500, 1500–2000 m.
Dept.: SC.
Muestra: *J. Steinbach 2438* (BA, GH).

Rorippa dubia (Pers.) H. Hara, J. Jap. Bot. 30(7): 196. 1955.
Sin.: *Sisymbrium dubium* Pers.
Hierba. Naturalizada. Zonas Bajas. Bosque Húmedo, 0–500 m.
Dept.: PA.
Muestra: *S.G. Beck 17022* (LPB, MO).

Rorippa hilariana (Walp.) Cabrera, Man. Fl. Al. Buenos Aires 231. 1953.
Sin.: *Cardamine hilariana* Walp.
Hierba. Nativa. Altiplano. Puna Seca, 4500–5000 m.
Dept.: CO.
Muestra: *J. Steinbach 8788* (G).

Rorippa mandonii (E. Fourn.) Mart.-Laborde, Parodiana 3(2): 288. 1985.
Sin.: *Sisymbrium mandonii* E. Fourn.
Ref.: Foster (1958), Nee (2008).
Hierba. Nativa. Zonas Bajas, Andes. Bosque Húmedo, Yungas, 500–1000, 2000–3000 m.
Dept.: CH, CO, LP, SC, TA.
Tipo y muestra: *G. Mandon 912* (HT: P; IT: K, NY, P, S), *J.C. Solomon 8682* (LPB, MO).

Rorippa nana (Schltdl.) J.F. Macbr., Publ. Field Mus. Nat. Hist., Bot. Ser. 13(2/3): 965. 1938.
Sin.: *Kardanoglyphos nana* Schltdl., *Nasturtium nanum* (Schltdl.) Wedd., *Mathewsia diffusa* Rusby, *Mathewsia boliviana* Gilg & Muschl., *Radicula nana* (Schltdl.) Rusby
Ref.: Foster (1958), Martinez-Laborde (1985).
Hierba. Nativa. Altiplano. Puna Húmeda, Puna Seca, 3000–4500 m.
Dept.: LP, OR, PO.
Muestra: *T. Johns 82-10* (LPB, MO).

Rorippa palustris (L.) Besser, Enum. Pl. 27, 103. 1821.
Sin.: *Sisymbrium amphibium* var. *palustre* L., *Nasturtium palustre* (L.) DC.
Ref.: Moraes R. (1990).
Hierba. Naturalizada. Zonas Bajas. Bosque Húmedo, 0–500 m.
Dept.: LP, SC.
Muestra: *M. Moraes R. 383* (BOLV, LPB, MO, NY, SI).

Sisymbrium L., Sp. Pl. 2: 657. 1753.
3 especies, 0 especies endémicas.

[Sisymbrium fragile Wedd.], Ann. Sci. Nat. 1: 288. 1864.
Ref.: Foster (1958).
Nota: El registro se basa en material mal identificado de *Neuontobotrys tarapacana*.

Sisymbrium irio L., Sp. Pl. 2: 659–660. 1753.
Ref.: De la Barra (1997), Nee (2008).
Hierba. Naturalizada. Andes. Bosque Serrano Chaqueño, Valles Secos, 1500–2000, 2500–4000 m.
Dept.: CH, CO, LP, PO, SC.
Muestra: *J.C. Solomon 12809* (LPB, MO).

[Sisymbrium lanatum (Walp.) O.E. Schulz], Notizbl. Bot. Gart. Berlin–Dahlem 11: 642. 1932.
Sin.: *Arabis lanata* Walp.
Ref.: Foster (1958).
Nota: El registro se basa en material mal identificado de *Neuontobotrys tarapacana*. *S. lanatum* y su basiónimo *Arabis lanata* corresponden a *Neuontobotrys lanata* (Walp.) Al-Shehbaz, una especie endémica de Chile.

Sisymbrium officinale (L.) Scop., Fl. Carniol. (ed. 2) 2: 26. 1772.
Sin.: *Erysimum officinale* L.
Ref.: Rusby (1893b), Foster (1958).
Hierba. Naturalizada. Andes. Bosque Tucumano-Boliviano, Valles Secos, 2500–3500 m.
Dept.: CH, CO, LP.
Muestra: *J. Steinbach 8704* (BA, BM, GH, K, MO, S, UC).

Sisymbrium orientale L., Cent. Pl. II 24. 1756.
Hierba. Naturalizada. Andes. Yungas, Bosque Tucumano-Boliviano, 3000–3500 m.
Dept.: CH, LP.
Muestra: *J.C. Solomon 12812* (LPB, MO).

Thlaspi L., Sp. Pl. 2: 645. 1753.
1 especie, 0 especies endémicas.

[Thlaspi alpestre L.], Sp. Pl. (ed. 2) 2: 903. 1763.
Ref.: Foster (1958).
Nota: El registro se basa en material mal identificado de *T. arvense*.

Thlaspi arvense L., Sp. Pl. 2: 646. 1753.
Hierba. Naturalizada. Andes. Puna Húmeda, Puna Seca, 3500–4000 m.
Dept.: LP, PO.
Muestra: *F.N. Loza De la Cruz 26* (LPB, MO).

Weberbauera Gilg & Muschl., Bot. Jahrb. Syst. 42: 481. 1909.
7 especies, 1 especie endémica.

Weberbauera cymosa Al-Shehbaz, J. Arnold Arbor. 71(2): 239, f. 6. 1990.
Ref.: Al-Shehbaz (2004).
Hierba. Nativa. Altiplano. Puna Húmeda, 4500–5000 m.
Dept.: LP.
Tipo y muestra: *A. Ceballos 543* (HT: G), *S.G. Beck 21752* (LPB, MO).

Weberbauera densifolia Al-Shehbaz, J. Arnold Arbor. 71(2): 229–231, f. 2. 1990.
Ref.: Al-Shehbaz (2004).
Hierba. Nativa. Altiplano. Tipo de vegetación desconocida, 4000–4500 m.
Dept.: Bolivia.
Muestra: *G. Navarro 1147* (MO).

Weberbauera herzogii (O.E. Schulz) Al-Shehbaz, J. Arnold Arbor. 71(2): 236. 1990.
Sin.: *Sarcodraba herzogii* O.E. Schulz
Ref.: Foster (1958), Al-Shehbaz (2004).
Hierba. Nativa. Andes, Altiplano. Yungas, Puna Húmeda, Puna Seca, 3500–5000 m.
Dept.: LP, PO.
Tipo y muestra: *T. Herzog 2510* (HT: B; IT: F, G, S, Z), *S.G. Beck 17249* (LPB, MO).

Weberbauera minutipila Al-Shehbaz, J. Arnold Arbor. 71(2): 231–232, f. 3. 1990.
Ref.: Al-Shehbaz (2004).

Hierba. Nativa. Altiplano. Puna Húmeda, 4000–4500 m.
Dept.: LP.
Muestra: *S.G. Beck 3832* (GH).

Weberbauera peruviana (DC.) Al-Shehbaz, Novon 14(3): 264. 2004.
Sin.: *Sisymbrium peruvianum* DC., *Arabis bracteata* Wedd., *Sisymbrium anomalum* Wedd., *Erysimum laxum* Muschl.
Ref.: Foster (1958), Al-Shehbaz (2004).
Hierba. Nativa. Altiplano. Puna Húmeda, Puna Seca, 3500–5000 m.
Dept.: CH, CO, LP, OR, PO.
Muestra: *S.G. Beck et al. 18064* (LPB, MO).

[Weberbauera pusilla (Gillies ex Hook. & Arn.) O.E. Schulz], Pflanzenr. IV. 105(Heft 86): 194. 1924.
Sin.: *Erysimum pusillum* Gillies ex Hook. & Arn.
Ref.: Foster (1958).
Nota: El registro se basa en material mal identificado de *W. spathulifolia*.

Weberbauera retropila Al-Shehbaz, J. Arnold Arbor. 71(2): 234–236, f. 5. 1990.
Hierba. Endémica. Altiplano. Puna Seca, 3500–4000 m.
Dept.: LP.
Tipo y muestra: *E. Asplund s.n.* (HT: US), *E. Asplund 2700* (S, UPS).

Weberbauera spathulifolia (A. Gray) O.E. Schulz, Pflanzenr. IV. 105(Heft 86): 193, f. 5, 39. 1924.
Sin.: *Sisymbrium spathulifolium* A. Gray, *Sisymbrium oliganthum* Wedd., *Sisymbrium orophilum* Wedd., *Sisymbrium septaceum* Wedd.
Ref.: Foster (1958), Al-Shehbaz (1990a), Al-Shehbaz (2004).
Hierba. Nativa. Altiplano. Puna Húmeda, 4000–5000 m.
Dept.: LP, OR, PO.
Muestra: *J.C. Solomon 5029* (MO).

BROMELIACEAE Juss., Gen. Pl. 49–50. 1789.

Por T. Krömer (Centro de Investigaciones Tropicales, Universidad Veracruzana), P.L. Ibisch (Eberswalde University), R. Vásquez C. (herb. Vásquez), M. Kessler (Z), B. Holst (SEL) & H. Luther† (SEL); revisado por W. Till (WU), S.G. Beck (LPB), M. Nee (NY), P.M. Jørgensen (MO).
21 géneros, 321 especies, 146 especies endémicas.

Aechmea Ruiz & Pav., Fl. Peruv. 47. 1794.
11 especies, 1 especie endémica.

Aechmea angustifolia Poepp. & Endl., Nov. Gen. Sp. Pl. 2: 43, t. 159. 1838.
Sin.: *Aechmea brachyclada* Baker, *Aechmea boliviana* Rusby, *Aechmea inconspicua* Harms
Ref.: Foster (1958), Smith & Downs (1979), Ibisch (1996), Killeen & Schulenberg (1998), Krömer (1999).
Hierba, epífita. Nativa. Zonas Bajas, Andes. Bosque Húmedo, Campos Cerrados, Yungas, 0–1500 m.
Dept.: BE, CO, LP, PA, SC.
Muestra: *M. Kessler et al. 8457* (GOET, LPB, SEL).

Aechmea bromeliifolia (Rudge) Baker, Gen. Pl. 3(2): 664. 1883.
Sin.: *Tillandsia bromeliifolia* Rudge, *Nidularium macracanthum* T. Durand & B.D. Jacks., *Aechmea eriostachya* Ule, *Aechmea ellipsoidea* Rusby, *Aechmea bromeliifolia* var. *renaudii* Mez, *Aechmea bromeliifolia* var. *rubra* M.B. Foster
Ref.: Foster (1958), Smith & Downs (1979), Ibisch (1996), Killeen & Schulenberg (1998), Krömer (1999), Wood et al. (2011).
Hierba, epífita. Nativa. Zonas Bajas, Andes. Bosque Húmedo, Campos Cerrados, Yungas, Valles Secos, 0–1500 m.
Dept.: BE, CH, LP, SC.
Muestra: *T. Krömer & A. Acebey 1100* (LPB, SEL).

Aechmea castelnavii Baker, Handb. Bromel. 39. 1889.
Sin.: *Aechmea sprucei* Mez
Ref.: Foster (1958), Smith & Downs (1979), Ibisch (1996), Krömer (1999).
Hierba, epífita. Nativa. Zonas Bajas. Bosque Húmedo, 0–500 m.
Dept.: SC.
Tipo: *F. de Castelnau s.n.* (HT: P; fotos: F ex P, GH ex P, MO, NOLS ex P).
Nota: Conocida en Bolivia solamente del tipo.

Aechmea distichantha Lem., Jard. Fleur. 3: t. 269, f. 1853.
Sin.: *Aechmea involucrata* Rusby, *Aechmea involucrifera* Mez, *Platyaechmea distichantha* (Lem.) L.B. Sm. & W.J. Kress
Ref.: Foster (1958), Smith & Downs (1979), Ibisch (1996), Schulenberg & Awbrey (1997), Krömer (1999), Kessler et al. (2000b), Serrano & Terán (1998 [2000]), Arroyo Padilla & Villarroel Segarra (2009), Wood et al. (2011).
Hierba, epífita. Nativa. Zonas Bajas, Andes. Bosque Semideciduo Chiquitano, Bosque Seco Chaqueño, Bosque Tucumano-Boliviano, Bosque Serrano Chaqueño, Valles Secos, 0–2000 m.
Dept.: CH, CO, LP, SC, TA.
Muestra: *J.R.I. Wood et al. 24632* (K, LPB, USZ).
Infra: *Aechmea distichantha* var. *distichantha*, *Aechmea distichantha* var. *schlumbergeri* E. Morren ex Mez

Aechmea fuerstenbergii E. Morren & Wittm., Belgique Hort. 29: 42, t. 2. 1879.
Sin.: *Streptocalyx fuerstenburgii* (E. Morren & Wittm.) E. Morren
Ref.: Smith & Downs (1979), Ibisch (1996), Krömer (1999), Acebey & Krömer (2001).
Hierba, epífita. Nativa. Zonas Bajas. Bosque Húmedo, 0–1000 m.
Dept.: BE, LP.
Muestra: *T. Krömer et al. 121* (GOET, LPB, SEL).

Aechmea kuntzeana Mez, Monogr. Phan. 9: 208. 1896.
Sin.: *Hoiriri kuntzeana* (Mez) Kuntze
Ref.: Foster (1958), Smith & Downs (1979), Ibisch (1996), Killeen & Schulenberg (1998), Krömer (1999), Navarro Sánchez (2001).
Hierba, epífita. Endémica. Zonas Bajas. Bosque Húmedo, Bosque Semideciduo Chiquitano, Bosque Seco Chaqueño, Campos Cerrados, 0–1000 m.
Dept.: BE, LP, SC.
Tipo y muestra: *O. Kuntze s.n.* (HT: NY; IT: GH, US), *M. Kessler 3791* (LPB, SEL).
Nom. Vern.: Cardo.

Aechmea longifolia (Rudge) L.B. Sm. & M.A. Spencer, Phytologia 72(2): 97. 1992.
Sin.: *Bromelia longifolia* Rudge, *Streptocalyx longifolius* (Rudge) Baker, *Streptocalyx angustifolius* Mez
Ref.: Smith & Downs (1979), Parker & Bailey (1991), Ibisch (1996), Krömer (1999).
Hierba, epífita. Nativa. Zonas Bajas. Bosque Húmedo, 0–500 m.
Dept.: CO, LP.
Muestra: *M. Kessler et al. 8538* (LPB, SEL).

Aechmea mertensii (G. Mey.) Schult. & Schult. f., Syst. Veg. 7(2): 1272. 1830.
Sin.: *Bromelia mertensii* G. Mey.
Ref.: Krömer (1999).
Hierba, epífita. Nativa. Zonas Bajas. Bosque Húmedo, Bosque Seco Chaqueño, 0–500 m.
Dept.: BE, PA.
Muestra: *S.G. Beck 19320* (SEL).

Aechmea setigera Mart. ex Schult. & Schult. f., Syst. Veg. 7(2): 1273. 1830.
Ref.: Ibisch (1996), Krömer (1999), Mostacedo C. & Uslar (1999).
Hierba, epífita. Nativa. Zonas Bajas. Bosque Húmedo, Bosque Semideciduo Chiquitano, Sabanas Benianas del Sur, 0–500 m.
Dept.: BE, SC.
Muestra: *S.G. Beck 5978* (LPB, SEL).
Nom. Vern.: Cardo.

Aechmea tillandsioides (Mart. ex Schult. & Schult. f.) Baker, J. Bot. 17: 134. 1879.
Sin.: *Billbergia tillandsioides* Mart. ex Schult. & Schult. f.
Hierba, epífita. Nativa. Zonas Bajas. Bosque Húmedo, 0–500 m.
Dept.: BE.
Muestra: *T. Krömer et al. 1452* (LPB, SEL).

Aechmea tocantina Baker, Handb. Bromel. 39. 1889.
Ref.: Foster (1958), Smith & Downs (1979), Ibisch (1996), Killeen & Schulenberg (1998), Krömer (1999), Navarro Sánchez (2001).
Hierba, epífita. Nativa. Zonas Bajas. Bosque Húmedo, Bosque Semideciduo Chiquitano, Bosque Seco Chaqueño, Campos Cerrados, 0–500 m.
Dept.: BE, SC.
Muestra: *R. Vásquez C. et al. 1813* (herb. Vásquez, LPB).

Ananas Mill., Gard. Dict. Abr. (ed. 4) no. 1. 1754.
3 especies, 0 especies endémicas.

Ananas ananassoides (Baker) L.B. Sm., Bot. Mus. Leafl. 7: 70. 1939.
Sin.: *Acanthostachys ananassoides* Baker
Ref.: Foster (1958), Smith & Downs (1979), Killeen & Schulenberg (1998), Krömer (1999), Mostacedo C. & Uslar (1999), Wood et al. (2011).
Hierba. Nativa. Zonas Bajas. Bosque Húmedo, Bosque Semideciduo Chiquitano, Bosque Seco Chaqueño, Campos Cerrados, Sabanas Benianas del Sur, Campos Amazónicos, 0–1000 m.
Dept.: BE, LP, PA, SC.
Muestra: *M. Moraes R. 1633* (SEL).
Nom. Vern.: Piña silvestre.

Ananas comosus (L.) Merr., Interpr. Herb. Amboin. 133. 1917.
Sin.: *Bromelia comosa* L.
Ref.: Smith & Downs (1979), Krömer (1999).
Hierba. Cultivada. Zonas Bajas. Bosque Húmedo, 0–1000 m.
Dept.: BE, CO, LP, PA, SC.
Muestra: *M.A. Lewis 37586* (MO).

Ananas nanus (L.B. Sm.) L.B. Sm., Bull. Bromeliad Soc. 12: 54, f. 1962.
Sin.: *Ananas ananassoides* var. *nanus* L.B. Sm.
Ref.: Smith & Downs (1979).
Hierba. Nativa. Zonas Bajas. Bosque Semideciduo Chiquitano, 0–500 m.
Dept.: SC.
Muestra: *J.R.I. Wood & J.D. Soto 27473* (K, LPB, USZ).

Araeococcus Brongn., Ann. Sci. Nat., Bot., sér. 2, 15: 370. 1841.
1 especie, 0 especies endémicas.

Araeococcus flagellifolius Harms, Notizbl. Bot. Gart. Berlin–Dahlem 10: 784. 1929.
Ref.: Killeen & Schulenberg (1998), Krömer (1999).
Hierba, epífita. Nativa. Zonas Bajas. Bosque Húmedo, Campos Cerrados, 0–500 m.
Dept.: SC.
Muestra: *A. Jardim et al. 53* (MO, USZ).

Billbergia Thunb., Pl. Bras. 3: 30. 1821.
9 especies, 4 especies endémicas.

Billbergia cardenasii L.B. Sm., Phytologia 4: 382, t. 3. 1953.
Ref.: Foster (1958), Smith & Downs (1979), Ibisch (1996), Krömer (1999).
Hierba, epífita. Endémica, cultivada. Andes. Yungas, elevación desconocida.
Dept.: CO.
Tipo y muestra: *M. Cárdenas 4907* (HT: US), *D. Beadle 29* (SEL).

Billbergia decora Poepp. & Endl., Nov. Gen. Sp. Pl. 2: 42, t. 157. 1838.
Sin.: *Billbergia baraquiniana* Lem., *Helicodea baraquiniana* Lem., *Billbergia boliviensis* Baker
Ref.: Foster (1958), Smith & Downs (1979), Ibisch (1996), Krömer (1999).
Hierba, epífita. Nativa. Andes. Yungas, 2000–2500 m.
Dept.: LP.
Muestra: *H.H. Rusby 2853* (GH, NY).

Billbergia issingiana T. Krömer & E. Gross, Bromelie 1: 4–7. 2001.
Ref.: Acebey et al. (2006).
Hierba, epífita. Nativa. Zonas Bajas, Andes. Bosque Húmedo, Yungas, Valles Secos, 500–1500 m.
Dept.: LP.
Tipo y muestra: *T. Krömer et al. 794* (HT: LPB; IT: GOET), *T. Krömer & A. Acebey 795* (GOET, LPB, SEL).

Billbergia jandebrabanderi R. Vásquez & Ibisch, Bromelie 2003(2): 32. 2003.
Ref.: Luther & Rabinowitz (2010).
Hierba, epífita. Endémica. Zonas Bajas. Bosque Húmedo, 0–500 m.
Dept.: CO, SC.
Tipo y muestra: *R. Vásquez C. et al. 3470* (HT: LPB; IT: SEL, USZ), *R. Vásquez C. et al. 3975* (herb. Vásquez).

Billbergia kuhlmannii L.B. Sm., Arch. Jard. Bot. Rio de Janeiro 10: 144, f. 4. 1950.
Sin.: *Billbergia mohammadii* R. Vásquez & Ibisch
Ref.: Vásquez C. & Ibisch (2000b), Luther (2001).
Hierba, epífita. Nativa. Zonas Bajas. Bosque Seco Chaqueño, 0–500 m.
Dept.: SC.
Muestra: *R. Vásquez C. et al. 3361* (LPB, USZ).

Billbergia meyeri Mez, Bot. Jahrb. Syst. 30: 148. 1902.
Sin.: *Billbergia leucantha* Hoehne
Ref.: Smith & Downs (1979), Ibisch (1996), Killeen & Schulenberg (1998), Krömer (1999).
Hierba, epífita. Nativa. Zonas Bajas. Bosque Húmedo, Campos Cerrados, 0–500 m.
Dept.: SC.
Muestra: *R. Guillén V. 1910* (MO, USZ).

Billbergia microlepis L.B. Sm., Phytologia 8(9): 504, t. 3, f. 3–4. 1963.
Ref.: Smith & Downs (1979), Ibisch (1996), Krömer (1999).
Hierba, epífita. Endémica. Zonas Bajas, Andes. Bosque Húmedo, Yungas, 500–1500 m.
Dept.: CO, LP.
Tipo y muestra: *B.A. Krukoff 11158* (HT: GH; IT: MO, US frag.; fotos: US ex GH), *A.H. Gentry et al. 44301* (MO, SEL).

Billbergia robertreadii E. Gross & Rauh, Trop. Subtrop. Pflanzenwelt 60(19): 89. 1987.
Ref.: Krömer (1999), Acebey & Krömer (2001).

Hierba, epífita. Nativa. Zonas Bajas. Bosque Húmedo, 0–1000 m.
Dept.: BE, LP.
Muestra: *T. Krömer & A. Acebey 137* (GOET, LPB, SEL).

Billbergia velascana Cárdenas, Bull. Bromeliad Soc. 7: 35. 1957.
Ref.: Smith & Downs (1979), Ibisch (1996), Killeen & Schulenberg (1998), Krömer (1999), Navarro Sánchez (2001).
Hierba, epífita. Endémica. Zonas Bajas. Bosque Semideciduo Chiquitano, 0–1000 m.
Dept.: SC.
Tipo y muestra: *L.J. Hammerschmid 5486* (HT: herb. Cárdenas), *L.R.C. de Michel 110* (LPB, US).

Bromelia L., Sp. Pl. 1: 285. 1753.

6 especies, 2 especies endémicas.

Bromelia arubaiensis Ibisch & R. Vásquez, Revista Soc. Boliv. Bot. 4(1): 52–54, f. 1, 3. 2003.
Ref.: Luther & Rabinowitz (2010).
Hierba. Endémica. Zonas Bajas. Bosque Húmedo, 0–500 m.
Dept.: SC.
Tipo y muestra: *G. Coimbra 3729* (HT: USZ), *R. Vásquez C. et al. 3468* (LPB, USZ).

Bromelia balansae Mez, Fl. Bras. 3(3): 191. 1891.
Sin.: *Karatas guianensis* hort. ex Baker, *Bromelia argentina* Baker
Ref.: Smith & Downs (1979), Killeen & Schulenberg (1998), Krömer (1999), Vásquez C. & Ibisch (2003), Wood et al. (2011).
Hierba. Nativa. Zonas Bajas. Bosque Húmedo, Campos Cerrados, 0–1000 m.
Dept.: BE, SC.
Muestra: *S.G. Beck 20689* (LPB, SEL).

Bromelia hieronymi Mez, Fl. Bras. 3(3): 199. 1891.
Ref.: Foster (1958), Smith & Downs (1979), Krömer (1999), Serrano & Terán (1998 [2000]), Vásquez C. & Ibisch (2003).
Hierba. Nativa. Zonas Bajas. Bosque Semideciduo Chiquitano, Bosque Seco Chaqueño, 0–1000 m.
Dept.: CH, SC, TA.
Muestra: *M.H. Nee & G. Coimbra 39933* (LPB, NY).
Nom. Vern.: Carahuata.

Bromelia ignaciana R. Vásquez & Ibisch, Revista Soc. Boliv. Bot. 4(1): 57–61, f. 2, 6. 2003.
Ref.: Luther & Rabinowitz (2010), Wood et al. (2011).
Hierba. Endémica. Zonas Bajas. Campos Cerrados, 0–500 m.
Dept.: SC.
Tipo y muestra: *M.C. Peña et al. 269* (HT: USZ), *J.R.I. Wood et al. 25230* (K, LPB, USZ).

Bromelia serra Griseb., Abh. Königl. Ges. Wiss. Göttingen 24: 328. 1879.
Sin.: *Rhodostachys argentina* Baker, *Karatas laciniosa* Lindm., *Bromelia lindmanii* Mez
Ref.: Foster (1958), Smith & Downs (1979), Killeen & Schulenberg (1998), Krömer (1999), Kessler et al. (2000b), Serrano & Terán (1998 [2000]), Vásquez C. & Ibisch (2003), Arroyo Padilla & Villarroel Segarra (2009).
Hierba. Nativa. Zonas Bajas, Andes. Bosque Húmedo, Bosque Semideciduo Chiquitano, Bosque Seco Chaqueño, Campos Cerrados, Sabanas Benianas del Sur, Bosque Tucumano-Boliviano, Bosque Serrano Chaqueño, Valles Secos, 0–1500 m.
Dept.: BE, CH, CO, LP, SC.
Muestra: *M. Moraes R. 1631* (SEL).
Infra: *Bromelia serra* fo. *serra*
Nom. Vern.: Carahuata.

Bromelia villosa Mez, Bot. Jahrb. Syst. 30(Beibl. 67): 3. 1901.
Ref.: Krömer (1999), Vásquez C. & Ibisch (2003), Wood et al. (2011).
Hierba. Nativa. Zonas Bajas. Bosque Semideciduo Chiquitano, 0–500 m.
Dept.: SC.
Muestra: *A.F. Fuentes C. 1148* (MO, USZ).

Catopsis Griseb., Nachr. Konigl. Ges. Wiss. Georg-Augusts-Univ. 1864: 10, 12. 1864.

1 especie, 0 especies endémicas.

Catopsis sessiliflora (Ruiz & Pav.) Mez, Monogr. Phan. 9: 625. 1896.
Sin.: *Tillandsia sessiliflora* Ruiz & Pav.
Ref.: Krömer (1999).
Hierba, epífita. Nativa. Zonas Bajas, Andes. Bosque Húmedo, Yungas, 500–1500 m.
Dept.: LP.
Muestra: *T. Krömer et al. 583* (GOET, LPB, SEL).

Deinacanthon Mez, Monogr. Phan. 9: 12. 1896.

1 especie, 0 especies endémicas.

Deinacanthon urbanianum (Mez) Mez, Monogr. Phan. 9: 13. 1896.
Sin.: *Rhodostachys urbaniana* Mez, *Bromelia urbaniana* (Mez) L.B. Sm.
Ref.: Krömer (1999).
Hierba. Nativa. Zonas Bajas. Bosque Seco Chaqueño, 0–500 m.
Dept.: SC.
Muestra: *G. Navarro 2221* (USZ).

Deuterocohnia Mez, Fl. Bras. 3(3): 430, 506. 1894.

12 especies, 6 especies endémicas.

Deuterocohnia brevifolia (Griseb.) M.A. Spencer & L.B. Sm., Bradea 6(16): 144. 1993.
Sin.: *Navia brevifolia* Griseb., *Abromeitiella pulvinata* Mez, *Abromeitiella brevifolia* (Griseb.) A. Cast.
Ref.: Foster (1958), Smith & Downs (1974), Krömer (1999).
Hierba. Nativa. Andes. Valles Secos, 1500–2500 m.
Dept.: TA.
Muestra: *S.G. Beck 14276* (SEL).

Deuterocohnia brevispicata Rauh & L. Hrom., Trop. Subtrop. Pflanzenwelt 65: 5–8. 1988.
Ref.: Gross (1998), Krömer (1999).
Hierba. Endémica. Andes. Valles Secos, 1000–2500 m.
Dept.: CH.
Tipo y Muestra: *H. Hromadnik & L. Hromadnik 5213* (HT: HEID), *D. Cathcart 52* (SEL).

Deuterocohnia digitata L.B. Sm., Phytologia 18: 137. 1969.
Ref.: Krömer (1999), López (2000).
Hierba. Nativa. Andes. Valles Secos, 1500–3000 m.
Dept.: CO, PO, SC, TA.
Muestra: *I.G. Vargas & W. Vargas 3185* (SEL, USZ).

Deuterocohnia gableana R. Vásquez & Ibisch, Vidalia 1(1): 40, f. 1–4. 2003.
Ref.: Luther & Rabinowitz (2010).
Hierba. Endémica. Andes. Bosque Tucumano-Boliviano, 1000–1500 m.
Dept.: SC.
Tipo: *R. Vásquez C. 4253* (HT: LPB).
Nota: Conocido solamente del tipo.

Deuterocohnia glandulosa E. Gross, Trop. Subtrop. Pflanzenwelt 75: 5–8. 1990.
Ref.: Gross (1998), Krömer (1999).
Hierba. Endémica. Andes. Bosque Serrano Chaqueño, Valles Secos, 1000–1500 m.

Dept.: TA.
Tipo y muestra: *L. Hromadnik et al. 5167* (HT: HEID), *R. Vásquez C. et al. 3722* (LPB).

Deuterocohnia longipetala (Baker) Mez, Fl. Bras. 3(3): 507, pl. 95. 1894.
Sin.: *Dyckia longipetala* Baker, *Deuterocohnia pedicellata* W. Till
Ref.: Smith & Downs (1974), Killeen & Schulenberg (1998), Krömer (1999), Till (2004), Luther & Rabinowitz (2010).
Hierba. Nativa. Zonas Bajas, Andes. Bosque Semideciduo Chiquitano, Bosque Seco Chaqueño, Campos Cerrados, Bosque Tucumano-Boliviano, Valles Secos, 0–2500 m.
Dept.: CO, SC, TA.
Muestra: *F.L. Balcázar J. 100* (MO, SEL, USZ).

Deuterocohnia lorentziana (Mez) M.A. Spencer & L.B. Sm., Bradea 6(16): 144. 1993.
Sin.: *Pitcairnia lorentziana* Mez, *Abromeitiella lorentziana* (Mez) A. Cast.
Ref.: Krömer (1999), López (2000).
Hierba. Nativa. Andes. Valles Secos, 2500–3500 m.
Dept.: PO, TA.
Muestra: *W. Till 62A* (WU).

Deuterocohnia lotteae (Rauh) M.A. Spencer & L.B. Sm., Bradea 6(16): 145. 1992.
Sin.: *Abromeitiella lotteae* Rauh
Ref.: Gross (1998), Krömer (1999).
Hierba. Endémica. Andes. Valles Secos, 2500–3000 m.
Dept.: TA.
Tipo y muestra: *H. Hromadnik 5131* (HT: HEID), *W. Till 62B* (WU).

Deuterocohnia meziana Kuntze ex Mez, Monogr. Phan. 9: 465. 1896.
Ref.: Gross (1998), Krömer (1999), Wood et al. (2011).
Hierba. Nativa. Zonas Bajas, Andes. Bosque Seco Chaqueño, Bosque Serrano Chaqueño, Valles Secos, 0–1500 m.
Dept.: SC.
Muestra: *J.R.I. Wood & J.D. Soto 25318* (K, LPB, USZ).
Infra: *Deuterocohnia meziana* var. *carmineoviridiflora* Rauh

Deuterocohnia scapigera (Rauh & L. Hrom.) M.A. Spencer & L.B. Sm., Bradea 6(16): 145. 1992.
Sin.: *Abromeitiella scapigera* Rauh & L. Hrom.
Ref.: Gross (1998), Krömer (1999), López (2000), Vásquez C. et al. (2002), Ibisch & Vásquez (2003a), Luther & Rabinowitz (2010).
Hierba. Endémica. Andes. Valles Secos, 1000–2500 m.
Dept.: CH, PO, SC.
Tipo y muestra: *H. Hromadnik et al. 5275* (HT: HEID), *M. Kessler et al. 5085* (GOET, LPB, SEL).
Infra: *Deuterocohnia scapigera* subsp. *sanctae-crucis* R. Vásquez & Ibisch

Deuterocohnia seramisiana R. Vásquez, Ibisch & E. Gross, Bromelie 1: 4. 2002.
Ref.: Luther & Rabinowitz (2010).
Hierba. Endémica. Andes. Valles Secos, 2000–2500 m.
Dept.: CH.
Tipo: *R. Vásquez C. et al. 4093* (HT: herb. Vásquez).
Nota: Conocido solamente del tipo.

Deuterocohnia strobilifera Mez, Repert. Spec. Nov. Regni Veg. 3: 15. 1906.
Sin.: *Deuterocohnia bracteosa* W. Till & L. Hrom.
Ref.: Foster (1958), Smith & Downs (1974), Krömer (1999), López (2000), Luther (2001).
Hierba. Nativa. Andes. Valles Secos, 2500–3500 m.
Dept.: CH, PO, TA.
Tipo y muestra: *K. Fiebrig 2933* (HT: GH), *S.G. Beck 14122* (LPB).
Infra: *Deuterocohnia strobilifera* var. *strobilifera*, *Deuterocohnia strobilifera* var. *inermis* L.B. Sm.

Dyckia Schult. f., Syst. Veg. 7(2): 65, 1194. 1830.
7 especies, 2 especies endémicas.

Dyckia barthlottii R. Vásquez & Ibisch, Bromelie 2012(3): 123. 2012.
Hierba. Endémica. Zonas Bajas. Bosque Seco Chaqueño, 0–500 m.
Dept.: SC.
Tipo: *R. Vásquez C. & G. Coimbra 2010* (HT: LPB; IT: NY, SEL, USZ).
Nota: Conocido solamente del tipo.

Dyckia coximensis L.B. Sm. & Reitz, Phytologia 19: 282, t. 1, f. 4–6. 1970.
Hierba. Nativa. Zonas Bajas. Bosque Húmedo, elevación desconocida.
Dept.: SC.
Muestra: *R. Guillén V. 2523* (MO, USZ).
Nota: Identificación tentativa.

Dyckia ferox Mez, Monogr. Phan. 9: 511. 1896.
Sin.: *Dyckia meziana* Kuntze
Ref.: Foster (1958), Smith & Downs (1974), Krömer (1999).
Hierba. Nativa. Andes. Bosque Serrano Chaqueño, 1000–1500 m.
Dept.: SC.
Muestra: *M. Cárdenas 2679* (GH).

Dyckia ferruginea Mez, Monogr. Phan. 9: 533. 1896.
Ref.: Krömer (1999), Wood et al. (2011).
Hierba. Nativa. Zonas Bajas. Bosque Semideciduo Chiquitano, Campos Cerrados, 0–500 m.
Dept.: SC.
Muestra: *P.L. Ibisch et al. 93.0613* (FR, LPB, SEL).

Dyckia gracilis Mez, Monogr. Phan. 9: 516. 1896.
Ref.: Foster (1958), Smith & Downs (1974), Krömer (1999), Wood et al. (2011).
Hierba. Nativa. Zonas Bajas. Bosque Semideciduo Chiquitano, Bosque Seco Chaqueño, 0–1000 m.
Dept.: SC.
Tipo y muestra: *d'Orbigny 1006* (T: GH), *A.F. Fuentes C. 1151* (LPB, SEL, USZ).

Dyckia leptostachya Baker, Gard. Chron. 1884(2): 198. 1884.
Sin.: *Dyckia boliviensis* Mez
Ref.: Foster (1958), Smith & Downs (1974), Killeen & Schulenberg (1998), Krömer (1999), Kessler et al. (2000b), Wood et al. (2011).
Hierba, epífita. Nativa. Zonas Bajas. Campos Cerrados, 0–500 m.
Dept.: CH, SC.
Muestra: *T. Killeen et al. 7030* (MO, SEL, USZ).

Dyckia pulquinensis Wittm., Meded. Rijks-Herb. 29: 88. 1916.
Sin.: *Dyckia crassifolia* Rauh
Ref.: Foster (1958), Smith & Downs (1974), Gross (1998), Krömer (1999).
Hierba. Endémica. Andes. Valles Secos, 1000–1500 m.
Dept.: SC.
Tipo y muestra: *T. Herzog 1849* (HT: L; IT: B, MO; fotos: F, GH), *G. Balcázar 35* (MO, USZ).

Fosterella L.B. Sm., Phytologia 7: 171. 1960.
23 especies, 17 especies endémicas.

Fosterella albicans (Griseb.) L.B. Sm., Phytologia 7: 171. 1960.
Sin.: *Cottendorfia albicans* Griseb., *Lindmania albicans* (Griseb.) Mez, *Fosterella fuentesii* Ibisch, R. Vásquez & E. Gross
Ref.: Smith & Downs (1974), Schulenberg

& Awbrey (1997), Ibisch et al. (1999c), Krömer (1999), Kessler et al. (2000b), Ibisch et al. (2008), Peters et al. (2008), Arroyo Padilla & Villarroel Segarra (2009), Luther & Rabinowitz (2010).
Hierba, epífita. Nativa. Zonas Bajas, Andes. Bosque Húmedo, Bosque Semideciduo Chiquitano, Yungas, Bosque Tucumano-Boliviano, 500–2500 m.
Dept.: CH, CO, LP, SC.
Muestra: *B. Holst et al. 4837* (SEL, USZ).

Fosterella caulescens Rauh, Trop. Subtrop. Pflanzenwelt 31: 23. 1979.
Ref.: Gross (1998), Kessler et al. (1999b), Krömer (1999).
Hierba. Endémica. Andes. Yungas, 1000–1500 m.
Dept.: LP.
Tipo: *W. Rauh 40579a* (HT: HEID).
Nota: Conocido solamente del tipo.

Fosterella chaparensis Ibisch, R. Vásquez & E. Gross, Revista Soc. Boliv. Bot. 2(2): 118, f. 1. 1999.
Ref.: Ibisch et al. (1999c), Krömer (1999), Luther (2001), Ibisch et al. (2002).
Hierba. Endémica. Zonas Bajas, Andes. Bosque Húmedo, Yungas, 500–2000 m.
Dept.: CO, LP.
Tipo y muestra: *R. Vásquez C. et al. 2792* (HT: LPB; IT: FR, USZ), *T. Krömer & A. Acebey 1230* (GOET, LPB, SEL).

Fosterella christophii Ibisch, R. Vásquez & J. Peters, Selbyana 29(2): 185. 2008.
Ref.: Luther & Rabinowitz (2010).
Hierba. Endémica. Zonas Bajas. Bosque Húmedo, 0–1000 m.
Dept.: SC.
Tipo y muestra: *P.L. Ibisch & C. Nowicki 98.0173* (HT: LPB; IT: FR, SEL, USZ, WU), *J.M. Mendoza 110* (LPB, MO, NY).

Fosterella cotacajensis M. Kessler, Ibisch & E. Gross, Revista Soc. Boliv. Bot. 2(2): 111, f. 1–3. 1999.
Ref.: Kessler et al. (1999b), Krömer (1999), Luther (2001), Ibisch et al. (2002).
Hierba. Endémica. Andes. Valles Secos, 1000–2500 m.
Dept.: CO, LP.
Tipo y muestra: *M. Kessler et al. 9620* (HT: LPB; IT: SEL), *M. Kessler et al. 5531* (LPB).

Fosterella elviragrossiae Ibisch, R. Vásquez & J. Peters, Selbyana 29(2): 188. 2008.
Ref.: Luther & Rabinowitz (2010).
Hierba. Endémica. Andes. Yungas, 1000–1500 m.
Dept.: CO.
Tipo y muestra: *R. Vásquez C. et al. 4177B* (HT: LPB; IT: SEL), *I.G. Vargas 6387* (LPB, MO, SEL, USZ).

Fosterella floridensis Ibisch, R. Vásquez & E. Gross, Revista Soc. Boliv. Bot. 2(2): 120, f. 5–7. 1999.
Ref.: Ibisch et al. (1999c), Krömer (1999), Luther (2001), Ibisch et al. (2002).
Hierba. Endémica. Andes. Bosque Tucumano-Boliviano, Bosque Serrano Chaqueño, 1000–1500 m.
Dept.: SC.
Tipo y muestra: *P.L. Ibisch et al. 97.83* (HT: LPB; IT: FR, USZ), *R. Vásquez C. 1808* (JBSC).

Fosterella gracilis (Rusby) L.B. Sm., Phytologia 7: 171. 1960.
Sin.: *Catopsis gracilis* Rusby, *Lindmania gracilis* (Rusby) L.B. Sm.
Ref.: Foster (1958), Smith & Downs (1974), Krömer (1999), Ibisch (2006), Ibisch et al. (2008), Peters et al. (2008).
Hierba. Endémica. Zonas Bajas. Bosque Húmedo, 0–500 m.
Dept.: LP.
Tipo y muestra: *R.S. Williams 738* (LT: NY; ILT: BM, GH frag., K), *R. Vásquez C. et al. 4682* (LPB).

Fosterella graminea (L.B. Sm.) L.B. Sm., Phytologia 7: 171. 1960.
Sin.: *Lindmania graminea* L.B. Sm.
Ref.: Foster (1958), Smith & Downs (1974), Krömer (1999), Ibisch et al. (2002).
Hierba. Endémica. Zonas Bajas, Andes. Bosque Húmedo, Yungas, 500–1500 m.
Dept.: LP.
Tipo y muestra: *O. Buchtien 417* (HT: US; IT: GH), *M. Kessler 4100* (LPB, SEL).

Fosterella heterophylla Rauh, Trop. Subtrop. Pflanzenwelt 60: 24–26. 1987.
Ref.: Gross (1998), Krömer (1999), Ibisch et al. (2002).
Hierba. Endémica. Zonas Bajas, Andes. Bosque Húmedo, Yungas, 500–1000, 1500–2500 m.
Dept.: LP.
Tipo y muestra: *W. Rauh 40583a* (HT: HEID), *R. Vásquez C. & G. Gerlach 3661* (LPB).

Fosterella kroemeri Ibisch, R. Vásquez & J. Peters, Selbyana 29(2): 189. 2008.
Ref.: Luther & Rabinowitz (2010).
Hierba. Endémica. Andes. Yungas, 1000–1500 m.
Dept.: LP.
Tipo: *T. Krömer & A. Acebey 1398B* (HT: LPB).
Nota: Conocido solamente del tipo.

Fosterella pearcei (Baker) L.B. Sm., Phytologia 7: 172. 1960.
Sin.: *Cottendorfia pearcei* Baker, *Lindmania pearcei* (Baker) Mez
Ref.: Foster (1958), Smith & Downs (1974), Krömer (1999), Ibisch et al. (2008), Peters et al. (2008).
Hierba. Endémica. Zonas Bajas. Bosque Húmedo, 500–1000 m.
Dept.: LP.
Tipo y muestra: *R.W. Pearce s.n.* (HT: BM; fotos: GH), *B.A. Krukoff 10328* (GH, LPB, MO).

Fosterella penduliflora (C.H. Wright) L.B. Sm., Phytologia 7: 172. 1960.
Sin.: *Catopsis penduliflora* C.H. Wright, *Lindmania penduliflora* (C.H. Wright) Stapf, *Fosterella chiquitana* Ibisch, R. Vásquez & E. Gross, *Fosterella latifolia* Ibisch, R. Vásquez & E. Gross
Ref.: Foster (1958), Killeen & Schulenberg (1998), Ibisch et al. (1999c), Krömer (1999), Kessler et al. (2000b), Serrano & Terán (1998 [2000]), Ibisch et al. (2008), Peters et al. (2008), Luther & Rabinowitz (2010).
Hierba. Nativa. Zonas Bajas, Andes. Bosque Húmedo, Yungas, Bosque Tucumano-Boliviano, 500–1500 m.
Dept.: CH, LP, SC, TA.
Muestra: *M. Kessler et al. 4214* (GOET, LPB, SEL).

Fosterella petiolata (Mez) L.B. Sm., Phytologia 7: 172. 1960.
Sin.: *Lindmania petiolata* Mez
Ref.: Krömer (2000), Ibisch et al. (2002), Ibisch et al. (2008).
Hierba. Nativa. Andes. Yungas, 1000–2000 m.
Dept.: LP.
Muestra: *T. Krömer & A. Acebey 1594* (GOET, LPB, USZ).

Fosterella rexiae Ibisch, R. Vásquez & E. Gross, Selbyana 23(2): 213. 2002.
Ref.: Luther & Rabinowitz (2010).
Hierba. Endémica. Zonas Bajas, Andes. Bosque Húmedo, Yungas, 500–1500 m.
Dept.: LP.
Tipo y muestra: *R. Vásquez C. et al. 3673* (HT: LPB), *R. Vásquez C. et al. 3666* (USZ).

[Fosterella rojasii (L.B. Sm.) L.B. Sm.], Phytologia 7: 172. 1960.
Sin.: *Lindmania rojasii* L.B. Sm.

Ref.: Krömer (1999), Ibisch et al. (2002), Ibisch et al. (2008), Peters et al. (2008).
Nota: El registro se basa en material mal identificado de *F. elviragrossiae* y *F. yuvinkae*.

Fosterella rusbyi (Mez) L.B. Sm., Phytologia 7: 172. 1960.
Sin.: *Lindmania rusbyi* Mez, *Fosterella elata* H. Luther
Ref.: Foster (1958), Smith & Downs (1974), Kessler et al. (1999b), Krömer (1999), Ibisch et al. (2008), Peters et al. (2008).
Hierba. Nativa. Zonas Bajas, Andes. Bosque Húmedo, Yungas, 500–1500 m.
Dept.: LP.
Tipo y muestra: *M. Bang 2571* (LT: B; ILT: BM, F, G, GH [*Bang 2521*], K, MO-4894, MO-4895, NY, NY, US, US), *M.A. Lewis 36936* (MO, SEL).

[Fosterella schidosperma (Baker) L.B. Sm.], Phytologia 8(9): 500. 1963.
Ref.: Smith & Downs (1974), Krömer (1999).
Nota: El registro se basa en material mal identificado de *F. weberbaueri*.

Fosterella spectabilis H. Luther, J. Bromeliad Soc. 47: 118. 1997.
Ref.: Krömer (1999), Luther (2001).
Hierba. Endémica. Andes. Bosque Tucumano-Boliviano, 1000–2000 m.
Dept.: CH, SC.
Tipo y muestra: *H.E. Luther s.n.* (HT: SEL; IT: HB, LPB, MO, NY, US, USZ, WU), *M. Kessler et al. 5028* (LPB, SEL).

Fosterella vasquezii E. Gross & Ibisch, J. Bromeliad Soc. 47(5): 211–217, f. 6–11. 1997.
Ref.: Gross (1998), Krömer (1999), Luther (2001).
Hierba. Endémica. Zonas Bajas. Bosque Húmedo, Bosque Semideciduo Chiquitano, Campos Cerrados, 0–1000 m.
Dept.: SC.
Tipo y muestra: *P.L. Ibisch et al. 93.0652* (HT: HEID; IT: FR, LPB), *T. Killeen et al. 6469* (FR, K, MO, NY, RB, SEL, US, USZ).

Fosterella villosula (Harms) L.B. Sm., Phytologia 7: 172. 1960.
Sin.: *Lindmania villosula* Harms
Ref.: Foster (1958), Smith & Downs (1974), Ibisch et al. (1999c), Krömer (1999), Ibisch et al. (2002), Ibisch et al. (2008).
Hierba. Endémica. Zonas Bajas, Andes. Bosque Húmedo, Yungas, Bosque Tucumano-Boliviano, 500–2000 m.
Dept.: CO, LP, SC.
Tipo y muestra: *E. Werdermann 2120* (HT: B; IT: MO-999614; fotos: F, GH), *M. Kessler et al. 4109* (LPB, SEL).

Fosterella weberbaueri (Mez) L.B. Sm., Phytologia 7: 172. 1960.
Sin.: *Lindmania weberbaueri* Mez
Ref.: Foster (1958), Ibisch et al. (2002).
Hierba. Nativa. Zonas Bajas. Bosque Húmedo, 500–1000 m.
Dept.: CO.
Muestra: *R. Vásquez C. et al. 3570A* (herb. Vásquez, LPB).

Fosterella weddelliana (Brongn. ex Baker) L.B. Sm., Phytologia 7: 172. 1960.
Sin.: *Cottendorfia weddelliana* Brongn. ex Baker, *Lindmania weddelliana* (Brongn. ex Baker) Mez, *Fosterella nowickii* Ibisch, R. Vásquez & E. Gross
Ref.: Foster (1958), Smith & Downs (1974), Krömer (1999), Peters et al. (2008), Luther & Rabinowitz (2010).
Hierba. Endémica. Zonas Bajas, Andes. Bosque Húmedo, Yungas, 500–2000 m.
Dept.: LP.
Tipo y muestra: *H.A. Weddell 4233* (LT: P; ILT: B, MO; fotos: GH), *M.A. Lewis 40425* (MO).

Fosterella windischii L.B. Sm. & Read, Bradea 6(15): 137. 1992.
Ref.: Ibisch et al. (2002).
Hierba. Nativa. Zonas Bajas. Bosque Húmedo, 0–500 m.
Dept.: SC.
Muestra: *I.G. Vargas et al. 4001* (MO, USZ).

Fosterella yuvinkae Ibisch, R. Vásquez, E. Gross & S. Reichle, Selbyana 23(2): 216. 2002.
Ref.: Luther & Rabinowitz (2010).
Hierba. Endémica. Zonas Bajas. Campos Cerrados, 0–500 m.
Dept.: SC.
Tipo y muestra: *S. Reichle P-SR1* (HT: LPB), *J.R.I. Wood & J.D. Soto 25451* (K, LPB, USZ).

Greigia Regel, Gartenflora 14: 137. 1865.
8 especies, 6 especies endémicas.

Greigia acebeyi B. Will, T. Krömer, M. Kessler, Karger & H. Luther, Selbyana 30(1): 92–94, f. 1. 2009.
Ref.: Luther & Rabinowitz (2010).
Hierba. Endémica. Andes. Yungas, 2500–3000 m.
Dept.: LP.
Tipo: *T. Krömer & A. Acebey 181* (HT: GOET; IT: LPB, SEL).
Nota: Conocido solamente del tipo.

Greigia atrocastanea H. Luther, Selbyana 19(2): 218, f. 1. 1998.
Ref.: Krömer (1999), Krömer (2000), Luther (2001).
Hierba. Endémica. Andes. Páramo Yungueño, 3000–3500 m.
Dept.: CO, LP.
Tipo y muestra: *E. García 1977* (HT: SEL; IT: LPB), *M. Kessler et al. 7512* (LPB, SEL).

Greigia cochabambae H. Luther, Selbyana 19(1): 83, f. 1. 1998.
Ref.: Krömer (1999), Krömer (2000), Luther (2001).
Hierba. Endémica. Andes. Yungas, 2000–3000 m.
Dept.: CO, LP.
Tipo y muestra: *M. Kessler et al. 7111* (HT: SEL; IT: LPB), *T. Krömer & A. Acebey 888* (GOET, LPB, SEL).

Greigia danielii L.B. Sm., Caldasia 5: 1, f. 1948.
Ref.: Will et al. (2009).
Hierba. Nativa. Andes. Yungas, 2500–3000 m.
Dept.: LP.
Muestra: *M. Kessler 12135* (GOET, LPB, SEL).

Greigia kessleri H. Luther, Selbyana 19: 83, f. 2. 1998.
Ref.: Krömer (1999), Krömer (2000), Luther (2001).
Hierba. Endémica. Andes. Yungas, 2000–3000 m.
Dept.: CO, LP.
Tipo y muestra: *M. Kessler et al. 9067* (HT: SEL; IT: LPB), *M. Kessler et al. 10519* (LPB, SEL).

Greigia marioae B. Will, T. Krömer, M. Kessler, Karger & H. Luther, Selbyana 30(1): 94. 2009.
Ref.: Luther & Rabinowitz (2010).
Hierba. Endémica. Andes. Yungas, 2500–3000 m.
Dept.: LP.
Tipo y muestra: *T. Krömer & A. Acebey 1164* (HT: GOET; IT: LPB, SEL), *T. Krömer & A. Acebey 1749* (GOET, LPB, SEL).

Greigia membranacea B. Will, T. Krömer, M. Kessler, Karger & H. Luther, Selbyana 30(1): 98. 2009.
Ref.: Luther & Rabinowitz (2010).
Hierba. Endémica. Andes. Yungas, Páramo Yungueño, 2500–3500 m.
Dept.: LP.

Tipo y muestra: *T. Krömer & A. Acebey 132* (HT: GOET; IT: LPB, SEL), *T. Krömer & A. Acebey 885* (GOET, LPB, SEL).

Greigia stenolepis L.B. Sm., Phytologia 24: 445, t. 5, f. 2–4. 1972.
Ref.: Will et al. (2009).
Hierba. Nativa. Andes. Páramo Yungueño, 3000–3500 m.
Dept.: LP.
Muestra: *S.G. Beck 24400* (GOET, LPB, MO).
Nota: Identificación tentativa.

Guzmania Ruiz & Pav., Fl. Peruv. 3: 37, pl. 261. 1802.
19 especies, 1 especie endémica.

Guzmania besseae H. Luther, Selbyana 5(3–4): 310. 1981.
Ref.: Ibisch (1996), Krömer (1999).
Hierba, epífita. Nativa. Andes. Yungas, 1500–3000 m.
Dept.: CO, LP, SC.
Tipo y muestra: *E.L. Besse et al. 669* (HT: SEL), *P.L. Ibisch & C. Ibisch 93.0111* (LPB, SEL).

Guzmania bipartita L.B. Sm., Phytologia 6: 437, t. 2, f., 1,2. 1959.
Ref.: Krömer (1999).
Hierba, epífita. Nativa. Andes. Yungas, 1000–1500 m.
Dept.: LP, SC.
Muestra: *M. Kessler et al. 10092* (GOET, LPB, SEL).

Guzmania calothyrsa Mez, Monogr. Phan. 9: 910. 1896.
Ref.: Foster (1958), Smith & Downs (1977), Ibisch (1996), Krömer (1999).
Hierba, epífita. Nativa. Zonas Bajas, Andes. Bosque Húmedo, Yungas, 0–1500 m.
Dept.: BE, CO, LP, SC.
Muestra: *T. Krömer & A. Acebey 57* (GOET, LPB, SEL).

Guzmania danielii L.B. Sm., Phytologia 4: 360, t. 2, f. 6–8. 1953.
Ref.: Krömer (1999).
Hierba, epífita. Nativa. Andes. Yungas, 1500–3000 m.
Dept.: CO, LP.
Muestra: *M. Kessler et al. 9027* (LPB, SEL).

Guzmania gloriosa (André) André ex Mez, Monogr. Phan. 9: 922. 1896.
Sin.: *Caraguata gloriosa* André
Ref.: Krömer (1999), Acebey et al. (2006).
Hierba, epífita. Nativa. Andes. Yungas, 1000–2000 m.
Dept.: CO, LP.
Muestra: *M. Kessler et al. 7446* (LPB, SEL).

Guzmania killipiana L.B. Sm., Contr. Gray Herb. 98: 29, t. 6, f. 1–2. 1932.
Ref.: Ibisch (1996), Krömer (1999), Krömer & Kessler (2004).
Hierba, epífita. Nativa. Andes. Yungas, 1000–2500 m.
Dept.: CO, LP.
Muestra: *M. Kessler et al. 6957* (GOET, LPB, SEL).

Guzmania lingulata (L.) Mez, Monogr. Phan. 9: 899. 1896.
Sin.: *Tillandsia lingulata* L.
Ref.: Foster (1958), Smith & Downs (1977), Ibisch (1996), Killeen & Schulenberg (1998), Krömer (1999).
Hierba, epífita. Nativa. Zonas Bajas, Andes. Bosque Húmedo, Campos Cerrados, Yungas, 500–1500 m.
Dept.: LP, SC.
Muestra: *M. Saldias & L. Arroyo P. 3572* (MO, SEL, USZ, WU).
Infra: *Guzmania lingulata* var. *lingulata*

Guzmania madisonii H. Luther, Selbyana 11: 56. 1989.
Ref.: Krömer (2003), Krömer & Kessler (2004), Krömer et al. (2007).
Hierba, epífita. Nativa. Andes. Yungas, 1000–1500 m.
Dept.: LP.
Muestra: *T. Krömer & A. Acebey 217* (GOET, LPB, SEL).

Guzmania marantoidea (Rusby) H. Luther, Selbyana 19: 86. 1998.
Sin.: *Tillandsia marantoidea* Rusby, *Guzmania rionievensis* Rauh
Ref.: Foster (1958), Krömer (1999), Krömer & Kessler (2004).
Hierba, epífita. Nativa. Andes. Yungas, 1000–3000 m.
Dept.: CO, LP.
Tipo y muestra: *M. Bang 2570* (HT: NY; IT: GH frag. ex US, US; fotos: GH ex US), *M. Kessler et al. 7843* (LPB, SEL).

Guzmania melinonis Regel, Gartenflora 34: 116. 1885.
Ref.: Foster (1958), Smith & Downs (1977), Ibisch (1996), Krömer (1999), Krömer & Kessler (2004).
Hierba, epífita. Nativa. Zonas Bajas, Andes. Bosque Húmedo, Yungas, 0–1500, 2500–3000 m.
Dept.: CO, LP, SC.
Muestra: *M. Kessler et al. 8058* (GOET, LPB, SEL).

Guzmania monostachia (L.) Rusby ex Mez, Monogr. Phan. 9: 905. 1896.
Sin.: *Renealmia monostachia* L.
Ref.: Krömer (1999), Moraes R. et al. (2006).
Hierba, epífita. Nativa. Andes. Yungas, 1000–1500 m.
Dept.: LP.
Muestra: *M. Kessler et al. 10305* (LPB, SEL).

Guzmania morreniana (Linden ex E. Morren) Mez, Monogr. Phan. 9: 932. 1896.
Sin.: *Massangea morreniana* Linden ex E. Morren
Ref.: Krömer (1999).
Hierba, epífita. Nativa. Andes. Yungas, 2000–2500 m.
Dept.: CO, LP.
Muestra: *S.G. Beck 22273* (LPB, SEL).

Guzmania remediosensis E. Gross, Trop. Subtrop. Pflanzenwelt 95: 20–21. 1997.
Ref.: Gross (1998), Krömer (1999), Luther (2001).
Hierba, epífita. Endémica. Andes. Yungas, 2000–2500 m.
Dept.: LP, SC.
Tipo y muestra: *M. Miyagawa s.n.* (HT: HEID), *D.N. Smith et al. 13389* (MO).

Guzmania retusa L.B. Sm., Fieldiana, Bot. 28(1): 143, f. 23, a–c. 1951.
Ref.: Smith & Downs (1977), Ibisch (1996), Krömer (1999).
Hierba, epífita. Nativa. Andes. Yungas, 1000–2000 m.
Dept.: CO, LP.
Muestra: *M. Kessler et al. 7401* (GOET, LPB, SEL).

Guzmania roezlii (E. Morren) Mez, Monogr. Phan. 9: 948. 1896.
Sin.: *Schlumbergeria roezli* E. Morren
Ref.: Foster (1958), Smith & Downs (1977), Ibisch (1996), Krömer (1999), Krömer & Kessler (2004).
Hierba, epífita. Nativa. Zonas Bajas, Andes. Bosque Húmedo, Yungas, 500–1500 m.
Dept.: BE, CO, LP.
Muestra: *T. Krömer & A. Acebey 185* (LPB, SEL).

Guzmania sphaeroidea (André) André ex Mez, Monogr. Phan. 9: 942. 1896.
Sin.: *Caraguata sphaeroidea* André
Ref.: Krömer (1999), Krömer & Kessler (2004).
Hierba, epífita. Nativa. Andes. Yungas, 1000–1500 m.
Dept.: CO, LP.

Muestra: *T. Krömer & A. Acebey 793* (GOET, LPB, SEL).

Guzmania squarrosa (Mez & Sodiro) L.B. Sm. & Pittendr., J. Wash. Acad. Sci. 43: 403. 1953 [1954].
Sin.: *Thecophyllum squarrosum* Mez & Sodiro
Ref.: Ibisch (1996), Krömer (1999), Krömer & Kessler (2004).
Hierba, epífita. Nativa. Andes. Yungas, 1500–3000 m.
Dept.: CO, LP.
Muestra: *S.G. Beck 21288* (LPB, SEL).

Guzmania tarapotina Ule, Verh. Bot. Vereins Prov. Brandenburg 48: 147. 1907.
Ref.: Krömer (1999), Acebey & Krömer (2001).
Hierba, epífita. Nativa. Zonas Bajas. Bosque Húmedo, 0–1000 m.
Dept.: LP.
Muestra: *S.G. Beck 24037* (LPB, SEL).

Guzmania undulatobracteata (Rauh) Rauh, J. Bromeliad Soc. 41(1): 18, 20, 24. 1991.
Sin.: *Tillandsia undulatobracteata* Rauh
Ref.: Fuentes Claros et al. (2009).
Hierba, epífita. Nativa. Andes. Yungas, 1500–2500 m.
Dept.: LP.
Muestra: *A.F. Fuentes C. et al. 5045* (LPB, MO, SEL, USZ, WU).

Mezobromelia L.B. Sm., Proc. Amer. Acad. Arts 70: 151. 1935.
2 especies, 0 especies endémicas.

Mezobromelia capituligera (Griseb.) J.R. Grant, Phytologia 74(6): 428. 1993.
Sin.: *Tillandsia capituligera* Griseb.
Ref.: Krömer (1999), Krömer et al. (2007).
Hierba, epífita. Nativa. Andes. Yungas, 1000–2500 m.
Dept.: CO, LP.
Muestra: *M. Kessler et al. 7376* (LPB, SEL).

Mezobromelia pleiosticha (Griseb.) Utley & H. Luther, Ann. Missouri Bot. Gard. 78(1): 270. 1991.
Sin.: *Tillandsia pleiosticha* Griseb.
Ref.: Krömer (1999), Krömer & Kessler (2004), Krömer et al. (2007).
Hierba, epífita. Nativa. Andes. Yungas, 1000–1500 m.
Dept.: LP.
Muestra: *T. Krömer & A. Acebey 233* (LPB, SEL).

Pepinia Brongn. ex André, Ill. Hort. 17: 32. 1870.
1 especie, 0 especies endémicas.

Pepinia caricifolia (Mart. ex Schult. f.) G.S. Varad. & Gilmartin, Syst. Bot. 13(2): 297. 1988.
Sin.: *Pitcairnia caricifolia* Mart. ex Schult. f.
Ref.: Killeen & Schulenberg (1998), Krömer (1999), Luther (2001).
Hierba, epífita. Nativa. Zonas Bajas. Bosque Húmedo, Campos Cerrados, 0–500 m.
Dept.: PA, SC.
Muestra: *T. Killeen et al. 5448* (MO, USZ).

Pitcairnia L'Hér., Sert. Angl. 7. 1788 [1789].
21 especies, 13 especies endémicas.

Pitcairnia amboroensis Ibisch, R. Vásquez, E. Gross & M. Kessler, J. Bromeliad Soc. 49(3): 129–135, f. 13. 1999.
Ref.: Ibisch et al. (1999b), Krömer (1999), Luther (2001).
Hierba. Endémica. Zonas Bajas, Andes. Bosque Húmedo, Bosque Tucumano-Boliviano, 500–1000 m.
Dept.: SC.
Tipo y muestra: *P.L. Ibisch & C. Ibisch 97.0004A* (HT: LPB), *M. Kessler et al. 8660* (GOET, LPB).

Pitcairnia aurea Rusby ex L.B. Sm., Phytologia 19: 286, t. 1, f. 21. 1970.
Ref.: Krömer (1999).
Hierba. Endémica. Zonas Bajas. Bosque Húmedo, 500–1000 m.
Dept.: LP.
Tipo: *H.H. Rusby 665* (HT: NY).
Nota: Conocido solamente del tipo.

Pitcairnia brittoniana Mez, Monogr. Phan. 9: 451. 1896.
Sin.: *Hepetis brittoniana* (Mez) Mez
Ref.: Foster (1958), Smith & Downs (1974), Ibisch (1996), Krömer (1999).
Hierba. Nativa. Andes. Yungas, 1000–2000 m.
Dept.: CO, LP.
Tipo y muestra: *M. Bang 592* (HT: US; IT: NY; fotos: GH), *J.C. Solomon 9281* (LPB, MO, SEL).

Pitcairnia cantuoides R. Vásquez & Ibisch, J. Bromeliad Soc. 55(3): 100. 2005.
Ref.: Luther & Rabinowitz (2010).
Hierba. Endémica. Andes. Valles Secos, 1000–1500 m.
Dept.: CH.
Tipo: *R. Vásquez C. et al. 4956* (HT: herb. Vásquez; IT: herb. Vásquez).
Nota: Conocido solamente del tipo.

Pitcairnia cardenasii L.B. Sm., Phytologia 8(9): 505, t. 3, f. 5–7. 1963.
Ref.: Smith & Downs (1974), Krömer (1999), Arroyo Padilla & Villarroel Segarra (2009).
Hierba. Endémica. Zonas Bajas, Andes. Bosque Semideciduo Chiquitano, Campos Cerrados, Yungas, Bosque Tucumano-Boliviano, 500–2000 m.
Dept.: CH, LP, SC.
Tipo y muestra: *M. Cárdenas 4648* (HT: US), *C. Guardia et al. 230* (SEL, USZ).

Pitcairnia chiquitana R. Vásquez & Ibisch, Vidalia 2(2): 9. 2004.
Ref.: Luther & Rabinowitz (2010), Wood et al. (2011).
Hierba. Endémica. Zonas Bajas. Bosque Semideciduo Chiquitano, 500–1000 m.
Dept.: SC.
Tipo y muestra: *R. Vásquez C. et al. 4561* (HT: LPB; IT: herb. Vásquez), *J.R.I. Wood et al. 23684* (K, LPB, USZ).

Pitcairnia crassa L.B. Sm., Lilloa 14: 94, f. 5. 1948.
Ref.: Foster (1958), Smith & Downs (1974), Krömer (1999).
Hierba. Endémica. Zonas Bajas, Andes. Bosque Húmedo, Yungas, 500–1500 m.
Dept.: LP, SC.
Tipo y muestra: *M. Cárdenas 3690* (HT: GH), *T. Krömer & A. Acebey 126* (GOET, LPB, SEL).

Pitcairnia divaricata Wittm., Meded. Rijks-Herb. 29: 81. 1916.
Ref.: Foster (1958), Smith & Downs (1974), Krömer (1999), Kessler et al. (2000b).
Hierba. Endémica. Zonas Bajas, Andes. Bosque Húmedo, Yungas, 500–1500 m.
Dept.: LP, SC.
Tipo y muestra: *T. Herzog 1212* (HT: L; IT: B; fotos: F, GH), *S.G. Beck 1765* (LPB).

[Pitcairnia grandiflora Mez], Repert. Spec. Nov. Regni Veg. 3: 5. 1906.
Ref.: Foster (1958).
Nota: El registro se basa en material mal identificado de *Puya pitcairniodes* L.B. Smith, conocido solamente de Perú.

Pitcairnia heydlauffii R. Vásquez & Ibisch, Die Bromelie 1: 11, Tafel 2. 2000.
Ref.: Vásquez C. & Ibisch (2000b),

Luther (2001).
Hierba. Endémica. Zonas Bajas. Bosque Húmedo, 500–1000 m.
Dept.: CO.
Tipo y muestra: *R. Vásquez C. et al. 3312* (HT: LPB), *R. Vásquez C. et al. 3567* (BOLV).

Pitcairnia inermis (E. Mey.) E. Mey. ex Schult. & Schult. f., Syst. Veg. 7(2): 1238. 1830.
Sin.: *Pourretia inermis* E. Mey.
Ref.: Smith & Downs (1974), Krömer (1999).
Hierba. Nativa. Región, tipo de vegetación y elevación desconocidas.
Dept.: Bolivia.
Muestra: *R.W. Pearce 521* (K).
Infra: *Pitcairnia inermis* var. *inermis*

Pitcairnia kroemeri H. Luther, Selbyana 21(1,2): 125. 2000.
Ref.: Luther (2001), Ibisch & Vásquez C. (2003b), Acebey et al. (2006).
Hierba. Nativa. Zonas Bajas. Bosque Húmedo, 500–1000 m.
Dept.: BE.
Tipo y muestra: *T. Krömer et al. 898* (HT: LPB; IT: GOET, SEL), *R. Vásquez C. et al. 4678* (herb. Vásquez, LPB).

Pitcairnia lanuginosa Ruiz & Pav., Flora 3: 35, t. 258. 1802.
Sin.: *Orthophytum lanuginosum* (Ruiz & Pav.) Beer, *Pitcairnia subpetiolata* Baker, *Pitcairnia sessiliflora* Rusby
Ref.: Foster (1958), Smith & Downs (1974), Killeen & Schulenberg (1998), Krömer (1999).
Hierba. Nativa. Zonas Bajas, Andes. Bosque Húmedo, Campos Cerrados, Yungas, 0–1500 m.
Dept.: CO, LP, SC.
Muestra: *J.C. Solomon & S. Urcullo 14173* (MO).

Pitcairnia longissimiflora Ibisch, R. Vásquez & E. Gross, J. Bromeliad Soc. 49(3): 127, f. 13, 14, 17. 1999.
Ref.: Ibisch et al. (1999b), Krömer (1999), Luther (2001).
Hierba. Endémica. Zonas Bajas, Andes. Bosque Húmedo, Bosque Tucumano-Boliviano, 500–1000 m.
Dept.: SC.
Tipo y muestra: *P.L. Ibisch et al. 97.097* (HT: LPB), *R. Vásquez C. et al. 2890* (herb. Vásquez).

Pitcairnia mohammadii Ibisch & R. Vásquez, Bromelie 1: 4. 2003.
Ref.: Luther & Rabinowitz (2010), Wood et al. (2011).
Hierba. Endémica. Zonas Bajas. Campos Cerrados, 500–1000 m.
Dept.: SC.
Tipo y muestra: *R. Vásquez C. 3829* (HT: LPB; IT: LPB), *J.R.I. Wood et al. 26591* (LPB, USZ).

Pitcairnia multiramosa Mez, Monogr. Phan. 9: 419. 1896.
Sin.: *Hepetis multiramosa* (Mez) Mez
Ref.: Foster (1958), Smith & Downs (1974), Krömer (1999), Vásquez C. & Ibisch (2005a).
Hierba. Endémica. Andes. Bosque Serrano Chaqueño, 1500–2000 m.
Dept.: CH.
Tipo y muestra: *H.A. Weddell 3637* (HT: P; IT: F, MO; fotos: GH ex P), *R. Vásquez C. 4969* (herb. Vásquez, LPB).
Nota: Esta especie podría ser sinónimo de *P. paniculata*.

Pitcairnia odontopoda Baker, Handb. Bromel. 93. 1889.
Sin.: *Hepetis odontopoda* (Baker) Mez
Ref.: Foster (1958), Smith & Downs (1974), Krömer (1999).
Hierba. Nativa. Andes. Yungas, 1500–2500 m.
Dept.: LP.
Tipo y muestra: *R.W. Pearce s.n.* (HT: K; fotos: GH), *W.J. Eyerdam 25357* (F, GH, UC).

Pitcairnia paniculata (Ruiz & Pav.) Ruiz & Pav., Fl. Peruv. 3: 36, t. 260. 1802.
Sin.: *Pourretia paniculata* Ruiz & Pav., *Pitcairnia biattenuata* Rusby
Ref.: Foster (1958), Smith & Downs (1974), Krömer (1999), Kessler et al. (2000b), Arroyo Padilla & Villarroel Segarra (2009).
Hierba. Nativa. Zonas Bajas, Andes. Bosque Húmedo, Yungas, Bosque Tucumano-Boliviano, 500–2500 m.
Dept.: CH, CO, LP, SC.
Muestra: *T. Krömer & A. Acebey 125* (LPB, SEL).

Pitcairnia platystemon Mez, Monogr. Phan. 9: 421. 1896.
Sin.: *Hepetis platystemon* (Mez) Mez
Ref.: Foster (1958), Krömer (1999), Vásquez C. & Ibisch (2005b), Wood et al. (2011).
Hierba. Endémica. Zonas Bajas. Bosque Seco Chaqueño, 0–500 m.
Dept.: SC.
Tipo y muestra: *d'Orbigny 937* (T: GH), *J.R.I. Wood et al. 23685* (K, LPB, USZ).

[Pitcairnia rigida Mez], Bull. Herb. Boissier, sér. 2, 4: 625. 1904.
Ref.: Foster (1958), Krömer (2003), Acebey et al. (2006).
Nota: El registro se basa en material mal identificado de *P. paniculata*.

Pitcairnia riparia Mez, Repert. Spec. Nov. Regni Veg. 12: 416. 1913.
Ref.: Krömer (1999), Moraes R. et al. (2006), Krömer et al. (2007).
Hierba, epífita. Nativa. Andes. Yungas, 1000–2000 m.
Dept.: LP.
Muestra: *T. Krömer & A. Acebey 1285* (GOET, LPB).

Pitcairnia trianae André, Enum. Bromel. 4. 1888.
Sin.: *Hepetis trianae* (André) Mez
Ref.: Smith & Downs (1974), Krömer (1999).
Hierba. Nativa. Andes. Yungas, Páramo Yungueño, 1000–3000 m.
Dept.: CO, LP.
Muestra: *T. Krömer & A. Acebey 134* (LPB, SEL).
Infra: *Pitcairnia trianae* var. *trianae*

Pitcairnia vargasii R. Vásquez & Ibisch, Revista Soc. Boliv. Bot. 4(2): 212. 2009.
Hierba. Endémica. Andes. Yungas, 1000–1500 m.
Dept.: CO.
Tipo: *I.G. Vargas 6560* (HT: LPB; IT: BOLV, USZ).
Nota: Conocido solamente del tipo.

Pseudananas Hassl. & Harms, Nat. Pflanzenfam. (ed. 2) 15a: 153. 1930.
1 especie, 0 especies endémicas.

Pseudananas sagenarius (Arruda) Camargo, Revista Agric. (Piracicaba) 14(7, 8): reprint p. 4. 1939.
Sin.: *Bromelia sagenaria* Arruda
Ref.: Foster (1958), Smith & Downs (1979), Killeen & Schulenberg (1998), Fredericksen et al. (1999), Krömer (1999).
Hierba. Nativa. Zonas Bajas. Bosque Semideciduo Chiquitano, Bosque Seco Chaqueño, 0–1000 m.
Dept.: BE, LP, SC.
Muestra: *M. Kessler et al. 5386* (LPB, SEL).

Puya Molina, Sag. Stor. Nat. Chili 160–161, 351. 1782.
65 especies, 56 especies endémicas.

Puya alata L.B. Sm., Phytologia 7: 422, t. 2, f. 3–4. 1961.
Ref.: Smith & Downs (1974), Krömer (1999).
Hierba. Endémica. Andes. Bosque Tucumano-Boliviano, 1000–1500 m.
Dept.: SC.
Tipo y muestra: *M. Cárdenas 2851* (HT: F; IT: GH), *R. Vásquez C. et al. 5172* (herb. Vásquez, LPB, USZ).
Nota: Citada erróneamente para PO en Smith & Downs (1974).

Puya alba L.B. Sm., Phytologia 5: 49, t. 7, f. 3–5. 1954.
Ref.: Foster (1958), Smith & Downs (1974), Krömer (1999).
Hierba. Endémica. Zonas Bajas. Bosque Seco Chaqueño, 500–1000 m.
Dept.: TA.
Tipo: *M. Cárdenas 4952A* (HT: US).
Nota: Conocido solamente del tipo.

Puya atra L.B. Sm., Contr. U.S. Natl. Herb. 29(11): 536, f. 90. 1954.
Ref.: Foster (1958), Smith & Downs (1974), Krömer (1999).
Hierba. Endémica. Andes. Yungas, 2500–3500 m.
Dept.: CO, LP, SC.
Tipo y muestra: *M.B. Foster 2551* (HT: US), *R. Vásquez C. 4708* (herb. Vásquez, LPB).

Puya bermejana S.E. Goméz, Slanis & A. Grau, J. Bromeliad Soc. 57(2): 58–60, f. 1A–E. 2007.
Ref.: Luther & Rabinowitz (2010).
Hierba. Nativa. Andes. Bosque Tucumano-Boliviano, 500–1500 m.
Dept.: TA.
Tipo: *A. Grau et al. 1575* (HT: LIL; IT: MO-6128540, MO-6128541).
Nota: Conocido solamente del tipo.

[Puya boliviensis Baker], Handb. Bromel. 126. 1889.
Ref.: Foster (1958).
Nota: El registro se basa en material mal identificado. El tipo es de Cobija, Chile. Esta especie no existe en Bolivia.

Puya boopiensis R. Vásquez, Ibisch & R. Lara, Bromelie 2007(2): 86. 2007.
Ref.: Luther & Rabinowitz (2010).
Hierba. Endémica. Zonas Bajas. Bosque Húmedo, 500–1000 m.
Dept.: LP.
Tipo: *R. Vásquez C. et al. 5238* (HT: LPB; IT: LPB, SEL).
Nota: Conocido solamente del tipo.

Puya brittoniana Baker, Handb. Bromel. 124. 1889.
Ref.: Foster (1958), Smith & Downs (1974), Krömer (1999).
Hierba. Endémica. Andes. Yungas, Páramo Yungueño, 3000–4000 m.
Dept.: LP.
Tipo y muestra: *H.H. Rusby 2849* (HT: NY; fotos: GH), *G.S. Varadarajan 1466* (LPB, MO).

Puya cardenasii L.B. Sm., Lilloa 14: 94, f. 6. 1948.
Ref.: Foster (1958), Smith & Downs (1974), Krömer (1999).
Hierba. Endémica. Andes. Páramo Yungueño, 3500–4000 m.
Dept.: CO.
Tipo y muestra: *M. Cárdenas 4082* (HT: US; IT: GH), *G.S. Varadarajan et al. 1442* (LPB, MO).

Puya claudiae Ibisch, R. Vásquez & E. Gross, J. Bromeliad Soc. 49(3): 132, f. 13, 16, 18, 19. 1999.
Ref.: Ibisch et al. (1999b), Krömer (1999), Luther (2001).
Hierba. Endémica. Andes. Bosque Tucumano-Boliviano, 2000–2500 m.
Dept.: SC.
Tipo y muestra: *P.L. Ibisch 98.040* (HT: LPB), *R. Vásquez C. et al. 5168* (USZ).

Puya cochabambensis R. Vásquez & Ibisch, Bromelie 1: 16, f. 3. 2000.
Ref.: Luther (2001).
Hierba. Endémica. Andes. Páramo Yungueño, 3000–3500 m.
Dept.: CO.
Tipo y muestra: *R. Vásquez C. 3493* (HT: LPB), *I. Hensen 2100* (BOLV).
Nom. Vern.: Wikunta.

Puya cristata L.B. Sm., Lilloa 14: 95, f. 7–8. 1948.
Ref.: Foster (1958), Smith & Downs (1974), Krömer (1999).
Hierba. Endémica. Andes. Páramo Yungueño, 3000–3500 m.
Dept.: CO.
Tipo: *M. Cárdenas 3311* (HT: GH).
Nota: Conocido solamente del tipo.

Puya ctenorhyncha L.B. Sm., Phytologia 5: 49, t. 7, f. 6–9. 1954.
Ref.: Foster (1958), Smith & Downs (1974), Krömer (1999).
Hierba. Endémica. Andes. Yungas, 2500–4000 m.
Dept.: LP.
Tipo y muestra: *M. Cárdenas 4867* (HT: US), *M. Liberman 1013* (LPB).

Puya donneriana R. Vásquez, S. Altam. & Ibisch, Bromelie 2010(2): 69. 2010.
Hierba. Endémica. Andes. Valles Secos, 2000–2500 m.
Dept.: CH.
Tipo: *S. Altamirano et al. 4582* (HT: BOLV; IT: LPB, MO, NY).
Nota: Conocido solamente del tipo.

Puya dyckioides (Baker) Mez, Monogr. Phan. 9: 486. 1896.
Sin.: *Pitcairnia dyckioides* Baker
Ref.: Foster (1958), Smith & Downs (1974), Krömer (1999).
Hierba. Nativa. Andes. Bosque Serrano Chaqueño, Páramo Yungueño, Valles Secos, 2000–4000 m.
Dept.: CH, SC, TA.
Tipo y muestra: *H.A. Weddell 3739* (HT: P; fotos: GH), *S.G. Beck et al. 22158* (LPB, SEL).

Puya elviragrossiae R. Vásquez & Ibisch, Bromelie 2005(2): 41. 2005.
Ref.: Luther & Rabinowitz (2010).
Epífita. Endémica. Andes. Valles Secos, 1000–1500 m.
Dept.: SC.
Tipo y muestra: *R. Vásquez C. et al. 4821* (HT: LPB), *R. Vásquez C. et al. 5168* (USZ).

Puya entreriosensis Ibisch & E. Gross, J. Bromeliad Soc. 48: 217. 1998.
Ref.: Foster (1958), Krömer (1999), Luther (2001), Vásquez C. & Ibisch (2004b).
Hierba. Endémica. Andes. Bosque Serrano Chaqueño, 1500–2000 m.
Dept.: TA.
Tipo: *P.L. Ibisch et al. 93.1282* (HT: LPB; IT: HEID).
Nota: Conocido solamente del tipo.

Puya erlenbachiana Ibisch & R. Vásquez, Bromelie 2004(1): 12. 2004.
Ref.: Luther & Rabinowitz (2010).
Hierba. Endémica. Andes. Bosque Tucumano-Boliviano, 1000–1500 m.
Dept.: TA.
Tipo: *R. Vásquez C. et al. 4012* (HT: herb. Vásquez).
Nota: Conocido solamente del tipo.

Puya ferruginea (Ruiz & Pav.) L.B. Sm., Phytologia 16: 461. 1968.
Sin.: *Pitcairnia ferruginea* Ruiz & Pav., *Pitcairnia consimilis* Baker
Ref.: Foster (1958), Smith & Downs (1974), Krömer (1999).
Hierba. Nativa. Andes. Yungas, Páramo Yungueño, 1000–4000 m.

Dept.: CO, LP, SC.
Muestra: *J.C. Solomon 17336* (LPB, MO, SEL).

Puya fiebrigii Mez, Repert. Spec. Nov. Regni Veg. 3: 9. 1906.
Ref.: Foster (1958), Smith & Downs (1974), Krömer (1999).
Hierba. Endémica. Andes. Valles Secos, elevación desconocida.
Dept.: TA.
Tipo y muestra: *K. Fiebrig 3210* (LT: B; fotos: F), *K. Fiebrig 3211* (B).

Puya fosteriana L.B. Sm., J. Wash. Acad. Sci. 40: 216, f. 1. 1950.
Ref.: Foster (1958), Smith & Downs (1974), Krömer (1999).
Hierba. Endémica. Andes. Páramo Yungueño, 3500–4500 m.
Dept.: LP.
Tipo y muestra: *M.B. Foster 2573* (HT: US), *J.C. Solomon 18299* (MO, SEL).

Puya glabrescens L.B. Sm., Contr. U.S. Natl. Herb. 29(11): 537, f. 91. 1954.
Ref.: Foster (1958), Smith & Downs (1974), Krömer (1999), Serrano & Terán (1998 [2000]).
Hierba. Endémica. Andes. Valles Secos, 2500–4000 m.
Dept.: CO, PO.
Tipo y muestra: *M. Cárdenas 4384* (HT: US), *G.S. Varadarajan & J.M. Canne-Hilliker 1299* (LPB, MO).
Nota: Probablamente también en CH.

Puya glareosa L.B. Sm., Lilloa 14: 96, f. 9–10. 1948.
Ref.: Foster (1958), Smith & Downs (1974), Krömer (1999).
Hierba. Endémica. Andes. Páramo Yungueño, 3500–4000 m.
Dept.: LP.
Tipo: *M. Cárdenas 3583* (HT: GH).
Nota: Conocido solamente del tipo.

Puya herzogii Wittm., Meded. Bot. Mus. Herb. Rijks Univ. Utrecht 29: 86. 1916.
Ref.: Foster (1958), Smith & Downs (1974), Saravia Miranda (1996), Krömer (1999), Serrano & Terán (1998 [2000]).
Hierba. Endémica. Andes. Yungas, Páramo Yungueño, 3000–4000 m.
Dept.: CH, CO, LP.
Tipo y muestra: *T. Herzog 2269* (HT: L; IT: B), *M. Kessler et al. 6581* (GOET, LPB, SEL).
Nom. Vern.: Kayara.

Puya hofsteinii Mez, Repert. Spec. Nov. Regni Veg. 3: 8. 1906.
Sin.: *Puya hauthalii* Mez
Ref.: Foster (1958), Smith & Downs (1974), Krömer (1999), López (2000), Vásquez C. & Ibisch (2004b).
Hierba. Nativa. Andes. Páramo Yungueño, 3000–3500 m.
Dept.: CH, PO.
Muestra: *L. Hromadnik 19017A* (WU).

Puya humilis Mez, Monogr. Phan. 9: 498. 1896.
Sin.: *Puya werdermannii* Harms, *Puya butcheriana* H. Luther
Ref.: Foster (1958), Adolfo María (1966), Smith & Downs (1974), Luther (1995), Saravia Miranda (1996), Krömer (1999), López (2000), Serrano & Terán (1998 [2000]), Vásquez C. & Ibisch (2002).
Hierba. Endémica. Andes. Valles Secos, 2000–4500 m.
Dept.: CH, CO, PO, TA.
Tipo y muestra: *O. Kuntze s.n.* (HT: NY; IT: GH frag., NY frag.; fotos: GH), *G.S. Varadarajan et al. 1451* (LPB, SEL).
Nom. Vern.: Cayara, kayara.

Puya ibischii R. Vásquez, J. Bromeliad Soc. 54(3): 99. 2004.
Ref.: Luther & Rabinowitz (2010).
Hierba. Endémica. Andes. Páramo Yungueño, 3000–3500 m.
Dept.: CO.
Tipo y muestra: *R. Vásquez C. 4457* (HT: LPB; IT: LPB, SEL), *J.R.I. Wood 12499* (BOLV).

Puya kuntzeana Mez, Monogr. Phan. 9: 490. 1896.
Ref.: Foster (1958), Smith & Downs (1974), Krömer (1999).
Hierba. Endémica. Andes. Valles Secos, 1000–1500 m.
Dept.: CO.
Tipo y muestra: *O. Kuntze s.n.* (HT: NY; IT: GH frag.; fotos: GH), *R. Vásquez C. 4122* (herb. Vásquez).

Puya larae R. Vásquez & Ibisch, Bromelie 2007(2): 82. 2007.
Ref.: Luther & Rabinowitz (2010).
Hierba. Endémica. Andes. Valles Secos, 1000–1500 m.
Dept.: LP.
Tipo: *R. Vásquez C. et al. 5234* (HT: herb. Vásquez; IT: LPB, SEL).
Nota: Conocido solamente del tipo.

Puya lasiopoda L.B. Sm., Proc. Amer. Acad. Arts 70: 153, pl. 1, f. 16–17. 1935.
Ref.: Foster (1958), Smith & Downs (1974), Krömer (1999).
Hierba. Nativa. Zonas Bajas, Andes. Bosque Húmedo, Yungas, 500–1500 m.
Dept.: BE, LP.
Tipo y muestra: *H.H. Rusby 2232* (HT: NY; fotos: GH), *J.C. Solomon 10862* (MO).

Puya laxa L.B. Sm., Phytologia 6: 195, pl. 1, f. 7–8. 1958.
Ref.: Smith & Downs (1974), Krömer (1999).
Hierba. Endémica. Andes. Valles Secos, 1500–2000 m.
Dept.: SC.
Tipo y muestra: *M. Cárdenas 5092* (HT: US), *R. Vásquez C. & J. Riveros 3016* (LPB, USZ).

Puya leptostachya L.B. Sm., Lilloa 14: 97, f. 11–12. 1948.
Ref.: Foster (1958), Smith & Downs (1974), Krömer (1999).
Hierba. Endémica. Andes. Páramo Yungueño, 3000–3500 m.
Dept.: CO.
Tipo y muestra: *M. Cárdenas 3581* (HT: GH), *G.S. Varadarajan et al. 1445* (LPB, MO).

Puya lokischmidtiae R. Vásquez & Ibisch, Bromelie 2004(1): 9. 2004.
Ref.: Luther & Rabinowitz (2010).
Hierba. Endémica. Andes. Bosque Tucumano-Boliviano, 1500–2000 m.
Dept.: TA.
Tipo y muestra: *R. Vásquez C. et al. 4066* (HT: LPB; IT: LPB, USZ), *R. Vásquez C. et al. 5177* (LPB, MO, NY).

Puya meziana Wittm., Meded. Bot. Mus. Herb. Rijks Univ. Utrecht 29: 85. 1916.
Ref.: Foster (1958), Smith & Downs (1974), Krömer (1999).
Hierba. Endémica. Andes. Yungas, 2000–4000 m.
Dept.: CO, LP.
Tipo y muestra: *T. Herzog 2487* (HT: L; IT: GH), *J.C. Solomon 13058* (LPB, MO, SEL).

Puya micrantha Mez, Repert. Spec. Nov. Regni Veg. 3: 8. 1906.
Ref.: Foster (1958), Smith & Downs (1974), Krömer (1999).
Hierba. Nativa. Andes. Bosque Serrano Chaqueño, 1500–2000 m.
Dept.: TA.
Tipo y muestra: *K. Fiebrig 2244* (HT: B; IT: BM, GH), *R. Vásquez C. 5204* (herb. Vásquez, LPB, MO, NY, USZ).

Puya minima L.B. Sm., Phytologia 7: 423, t. 2, f. 5–6. 1961.
Sin.: *Puya pusilla* H. Luther
Ref.: Smith & Downs (1974), Krömer (1999), Luther (2001).
Hierba. Endémica. Andes. Valles Secos, 2500–3000 m.
Dept.: TA.
Tipo y muestra: *J. West 8345* (HT: UC), *S.G. Beck et al. 14310* (LPB, SEL).

Puya mirabilis (Mez) L.B. Sm., Phytologia 16: 461. 1968.
Sin.: *Pitcairnia mirabilis* Mez
Ref.: Foster (1958), Adolfo María (1966), Smith & Downs (1974), De la Barra (1997), Krömer (1999), Serrano & Terán (1998 [2000]).
Hierba. Nativa. Andes. Valles Secos, 1500–3000 m.
Dept.: CH, CO, TA.
Tipo y muestra: *K. Fiebrig 2320* (HT: B), *P.L. Ibisch et al. 415B* (LPB).

Puya mollis Baker ex Mez, Monogr. Phan. 9: 488. 1896.
Ref.: Foster (1958), Smith & Downs (1974), Krömer (1999).
Hierba. Endémica. Andes. Páramo Yungueño, 2000–3500 m.
Dept.: LP.
Tipo y muestra: *M. Bang 1629* (LT: K; ILT: BM, F, GH, US), *R. Vásquez C. et al. 5224* (herb. Vásquez, LPB).

Puya nana Wittm., Meded. Bot. Mus. Herb. Rijks Univ. Utrecht 29: 85. 1916.
Sin.: *Pitcairnia nana* (Wittm.) L.B. Sm.
Ref.: Foster (1958), Smith & Downs (1974), Krömer (1999), Kessler et al. (2000b).
Hierba. Endémica. Andes. Yungas, Bosque Tucumano-Boliviano, 1000–2500 m.
Dept.: SC.
Tipo y muestra: *T. Herzog 1856A* (HT: L; IT: GH), *M. Kessler et al. 6356* (GOET, LPB, MO, SEL).

Puya olivacea Wittm., Meded. Bot. Mus. Herb. Rijks Univ. Utrecht 29: 83. 1916.
Sin.: *Pitcairnia olivacea* (Wittm.) Mez
Ref.: Foster (1958), Smith & Downs (1974), Krömer (1999).
Hierba. Endémica. Andes. Bosque Tucumano-Boliviano, Bosque Serrano Chaqueño, 1000–2000 m.
Dept.: SC.
Tipo y muestra: *T. Herzog 1216* (HT: L; IT: B; fotos: F, GH, MO), *J.C. Solomon & M.H. Nee 17936* (MO, SEL).

Puya pachyphylla R. Vásquez & Ibisch, J. Bromeliad Soc. 57(3): 102–111, f. 1–3a–g. 2007.
Ref.: Luther & Rabinowitz (2010).
Hierba. Endémica. Andes. Valles Secos, 2000–2500 m.
Dept.: SC.
Tipo: *R. Vásquez C. 4938* (HT: LPB; IT: LPB, USZ).
Nota: Conocido solamente del tipo.

Puya paupera Mez, Repert. Spec. Nov. Regni Veg. 3: 14. 1906.
Ref.: Foster (1958), Smith & Downs (1974), Krömer (1999).
Hierba. Endémica. Andes. Valles Secos, 2500–3000 m.
Dept.: TA.
Tipo y muestra: *K. Fiebrig 2005* (HT: B destr.?; IT: GH, MO; fotos: F ex B), *R. Vásquez C. 5212* (herb. Vásquez, LPB).

Puya pearcei (Baker) Mez, Monogr. Phan. 9: 480. 1896.
Sin.: *Pitcairnia pearcei* Baker
Ref.: Foster (1958), Smith & Downs (1974), Krömer (1999).
Hierba. Endémica. Zonas Bajas, Andes. Bosque Húmedo, Yungas, 500–3000 m.
Dept.: LP.
Tipo y muestra: *R.W. Pearce s.n.* (HT: K; fotos: GH, US), *A.H. Gentry et al. 44254* (GOET, LPB, MO, SEL).

Puya penduliflora L.B. Sm., Contr. Gray Herb. 98: 12, t. 4, f. 3–4. 1932.
Ref.: Foster (1958), Smith & Downs (1974), Krömer (1999).
Hierba. Endémica. Andes. Yungas, 1000–1500 m.
Dept.: LP.
Tipo: *O. Buchtien 7182* (HT: US; fotos: GH).
Nota: Conocido solamente del tipo.

Puya pizarroana R. Vásquez, Ibisch & S. Beck, J. Bromeliad Soc. 53(3): 123. 2003.
Ref.: Luther & Rabinowitz (2010).
Hierba. Endémica. Andes. Páramo Yungueño, 3000–3500 m.
Dept.: LP.
Tipo: *L. Pizarro 98* (HT: LPB; IT: LPB).
Nota: Conocido solamente del tipo.

Puya potosina L.B. Sm., Phytologia 7: 423, t. 2, f. 7–8. 1961.
Ref.: Smith & Downs (1974), Krömer (1999).
Hierba. Endémica. Andes. Yungas, Páramo Yungueño, 2000–3500 m.
Dept.: CH, PO.
Tipo y muestra: *M. Cárdenas 3738* (HT: US), *M. Kessler et al. 4804* (LPB).

Puya prosanae Ibisch & E. Gross, J. Bromeliad Soc. 43(5): 211–215, f. 9–12. 1993.
Ref.: Gross (1998), Krömer (1999).
Hierba. Endémica. Andes. Páramo Yungueño, 3500–4000 m.
Dept.: CO.
Tipo y muestra: *P.L. Ibisch et al. 625A* (HT: HEID; IT: LPB), *R. Vásquez C. 4628* (herb. Vásquez).

Puya raimondii Harms, Notizbl. Bot. Gart. Berlin–Dahlem 10: 213. 1928.
Ref.: Foster (1958), Smith & Downs (1974), Killeen (1993a), Ibisch et al. (1999a), Krömer (1999), Luther (2001).
Hierba. Nativa. Andes, Altiplano. Páramo Yungueño, Puna Húmeda, 3000–5000 m.
Dept.: CO, LP.
Muestra: *G. Schmitt et al. 84* (LPB, MO, SEL).
Nom. Vern.: Chuqui qayara, tikatanka.

Puya reducta L.B. Sm., Phytologia 10: 472, t. 1, f. 1–2. 1964.
Ref.: Smith & Downs (1974), Krömer (1999).
Hierba. Endémica. Andes. Valles Secos, 2500–3000 m.
Dept.: LP.
Tipo y muestra: *M. Cárdenas 5687* (HT: US; IT: LIL), *A.F. Fuentes C. 4666* (LPB, MO, SEL, WU).

Puya riparia L.B. Sm., Phytologia 7: 424, t. 2, f. 9–10. 1961.
Ref.: Smith & Downs (1974), Krömer (1999).
Hierba. Endémica. Andes. Yungas, Páramo Yungueño, 1000–4000 m.
Dept.: LP.
Tipo y muestra: *M.B. Foster 2578* (HT: US), *T. Krömer & A. Acebey 715* (LPB, SEL).

Puya rusbyi (Baker) Mez, Monogr. Phan. 9: 482. 1896.
Sin.: *Pitcairnia rusbyi* Baker
Ref.: Foster (1958), Smith & Downs (1974), Krömer (1999).
Hierba. Endémica. Andes. Valles Secos, 3000–4000 m.
Dept.: LP.
Tipo y muestra: *H.H. Rusby 2846* (HT: P?; IT: GH, NY; fotos: GH, NY), *J. West 6402* (UC).

Puya sanctaecrucis (Baker) L.B. Sm., Proc. Amer. Acad. Arts 70: 154, t. 2, f. 1. 1935.
Sin.: *Pitcairnia sanctaecrucis* Baker, *Pitcairnia robusta* Rusby
Ref.: Foster (1958), Smith & Downs

(1974), Krömer (1999), Kessler et al. (2000b).
Hierba. Endémica. Andes. Valles Secos, 1000–2500 m.
Dept.: LP, SC.
Tipo y muestra: *F. de Castelnau s.n.* (HT: P; fotos: GH), *G.S. Varadarajan & J.S. Brandbyge 1454* (LPB).

Puya secunda L.B. Sm., Phytologia 7: 424, t. 2, f. 11–12. 1961.
Ref.: Smith & Downs (1974), Krömer (1999).
Hierba. Endémica. Andes. Yungas, 1500–3000 m.
Dept.: CO.
Tipo y muestra: *M. Cárdenas 4381* (HT: US), *P.L. Ibisch 14074* (LPB).

Puya sehuencasensis R. Vásquez, Ibisch & R. Lara, Bromelie 2007(3): 146–158. 2007.
Ref.: Luther & Rabinowitz (2010).
Epífita. Endémica. Andes. Yungas, 2000–2500 m.
Dept.: CO.
Tipo y muestra: *R. Vásquez C. & R. Lara 5279* (HT: LPB; IT: BOLV, MO, SEL), *P.L. Ibisch & C. Ibisch 93.0523* (LPB).

Puya solomonii Varad., J. Bromeliad Soc. 39: 121–123. 1989.
Ref.: Krömer (1999).
Hierba. Endémica. Andes. Yungas, Páramo Yungueño, 3000–3500 m.
Dept.: LP.
Tipo y muestra: *G.S. Varadarajan et al. 1471* (HT: GH; IT: LPB), *J.C. Solomon 13395* (MO).

Puya spathacea (Griseb.) Mez, Monogr. Phan. 9: 481. 1896.
Sin.: *Pitcairnia spathacea* Griseb.
Ref.: Foster (1958), Smith & Downs (1974), Krömer (1999).
Hierba. Nativa. Andes. Valles Secos, 2000–2500 m.
Dept.: TA.
Muestra: *E. Bastian 414* (LPB).

Puya stenothyrsa (Baker) Mez, Monogr. Phan. 9: 481. 1896.
Sin.: *Pitcairnia stenothyrsa* Baker, *Pitcairnia bangii* Baker
Ref.: Foster (1958), Smith & Downs (1974), Krömer (1999), López (2000).
Hierba. Endémica. Andes. Valles Secos, 1000–4000 m.
Dept.: CO, LP, SC, TA.
Tipo y muestra: *G. Mandon 1189* (HT: K), *S.G. Beck 11163* (LPB).

Puya tristis L.B. Sm., Phytologia 10: 475, t. 1, f. 5–7. 1964.
Ref.: Smith & Downs (1974), Krömer (1999).
Hierba. Endémica. Andes. Yungas, 3500–4000 m.
Dept.: CO.
Tipo y muestra: *M. Cárdenas 6067* (HT: US), *R. Vásquez C. 3157* (BOLV, LPB).

Puya trollii L.B. Sm., Phytologia 16: 459, t. 1, f. 10–11. 1968.
Ref.: Smith & Downs (1974), Krömer (1999).
Hierba. Endémica. Andes. Yungas, 3500–4000 m.
Dept.: CH, PO.
Tipo y muestra: *C. Troll 661* (HT: M; IT: US), *S.G. Beck et al. 26787* (LPB).

Puya tuberosa Mez, Monogr. Phan. 9: 483. 1896.
Sin.: *Puya hromadnikii* Rauh, *Puya serranoensis* Rauh, *Puya vallo-grandensis* Rauh, *Puya serranoensis* var. *brevispica* Rauh, *Puya vallo-grandensis* var. *simplex* Rauh
Ref.: Foster (1958), Smith & Downs (1974), Rauh (1983), Gross (1998), Krömer (1999), Kessler et al. (2000b), Vásquez C. & Ibisch (2007).
Hierba. Endémica. Andes. Bosque Tucumano-Boliviano, Valles Secos, 1000–3000 m.
Dept.: CH, SC.
Tipo y muestra: *T. Haenke s.n.* (HT: M), *R. Vásquez C. 2164* (LPB).
Nota: Probablamente en TA.

Puya tunariensis Mez, Monogr. Phan. 9: 498. 1896.
Ref.: Foster (1958), Smith & Downs (1974), Saravia Miranda (1996), Krömer (1999), Vásquez C. & Ibisch (2002).
Hierba. Endémica. Andes. Valles Secos, 2000–4000 m.
Dept.: CO.
Tipo y muestra: *O. Kuntze s.n.* (HT: NY; IT: GH; fotos: GH), *M. Kessler et al. 6830* (GOET, LPB, SEL).
Nom. Vern.: Kayara.

Puya ugentiana L.B. Sm., Phytologia 13: 147, t. 7, f. 1–2. 1966.
Ref.: Smith & Downs (1974), Krömer (1999).
Hierba. Endémica. Andes. Valles Secos, 1500–2000 m.
Dept.: CH.
Tipo y muestra: *D. Ugent 4998* (HT: US; IT: WIS), *L. Hromadnik 19066* (WU).

Puya ultima L.B. Sm., Contr. U.S. Natl. Herb. 29(11): 540, f. 94. 1954.
Ref.: Foster (1958), Smith & Downs (1974), Krömer (1999).
Hierba. Endémica. Andes. Yungas, 1500–2500 m.
Dept.: LP.
Tipo y muestra: *M.B. Foster 2575* (HT: US), *M. Kessler et al. 10574* (GOET, LPB).

Puya valida L.B. Sm., Phytologia 10: 474, t. 1, f. 3–4. 1964.
Ref.: Smith & Downs (1974), Krömer (1999).
Hierba. Endémica. Andes. Valles Secos, 2500–3000 m.
Dept.: CH.
Tipo y muestra: *M. Cárdenas 6012* (HT: US), *R. Vásquez C. 5294* (herb. Vásquez, HSB, LPB, MO, NY).

Puya vasquezii Ibisch & E. Gross, Revista Soc. Boliv. Bot. 2(1): 26, f. 1–4. 1998.
Ref.: Krömer (1999), Luther (2001), Arroyo Padilla & Villarroel Segarra (2009).
Hierba. Endémica. Andes. Bosque Tucumano-Boliviano, Bosque Serrano Chaqueño, 500–1500 m.
Dept.: SC.
Tipo y muestra: *R. Vásquez C. et al. 2025* (HT: LPB; IT: LPB, NY, USZ), *R. Vásquez C. 2877* (USZ).

Puya weberbaueri Mez, Bull. Herb. Boissier, sér. 2, 4: 633. 1904.
Ref.: Smith & Downs (1974), Krömer (1999).
Hierba. Nativa. Andes. Páramo Yungueño, 3500–4000 m.
Dept.: LP.
Muestra: *M. Cárdenas 5534* (BOLV, US).

Puya weddelliana (Baker) Mez, Monogr. Phan. 9: 475. 1896.
Sin.: *Pitcairnia weddelliana* Baker
Ref.: Foster (1958), Smith & Downs (1974), Krömer (1999), López (2000).
Hierba. Endémica. Andes. Valles Secos, 1500–3000 m.
Dept.: CH, TA.
Tipo y muestra: *H.A. Weddell 4001* (HT: P; fotos: F ex P, GH ex P), *J.R.I. Wood & D.J. Goyder 15888* (K, LPB, USZ).

Racinaea M.A. Spencer & L.B. Sm., Phytologia 74: 152. 1993.
13 especies, 2 especies endémicas.

Racinaea flexuosa (Baker) M.A. Spencer & L.B. Sm., Phytologia 74(2): 154. 1993.
Sin.: *Catopsis flexuosa* Baker, *Tillandsia flexuosa* (Baker) Mez, *Tillandsia bakeri* L.B. Sm.
Ref.: Foster (1958), Smith & Downs (1977), Ibisch (1996), Krömer (1999).
Hierba, epífita. Nativa. Andes. Yungas, 2000–3000 m.

Dept.: CO, LP.
Tipo y muestra: *G. Mandon 1172* (HT: K; fotos: GH), *M. Kessler et al. 12495* (LPB, SEL).

Racinaea kessleri H. Luther, Selbyana 19: 86. 1998.
Ref.: Krömer (1999), Luther (2001).
Hierba, epífita. Endémica. Andes. Yungas, 2500–3500 m.
Dept.: CO.
Tipo y muestra: *M. Kessler et al. 8380* (HT: SEL; IT: LPB), *M. Kessler et al. 9541* (LPB, SEL).

Racinaea monticola (Mez & Sodiro) M.A. Spencer & L.B. Sm., Phytologia 74(2): 155. 1993.
Sin.: *Tillandsia monticola* Mez & Sodiro
Ref.: Foster (1958), Smith & Downs (1977), Ibisch (1996), Krömer (1999).
Hierba, epífita. Nativa. Zonas Bajas. Bosque Húmedo, 500–1000 m.
Dept.: CO, LP.
Muestra: *K. Bach et al. 974* (LPB).
Nota: La muestra citada fue determinada como *R.* cf. *monticola* por H. Luther.

Racinaea nervibractea (Gilmartin & H. Luther) J.R. Grant, Phytologia 74(6): 429. 1993.
Sin.: *Tillandsia nervibractea* Gilmartin & H. Luther
Ref.: Krömer (1999).
Hierba, epífita. Nativa. Andes. Yungas, 2000–2500 m.
Dept.: CO, SC.
Muestra: *P.L. Ibisch et al. 931537* (LPB, SEL).

Racinaea pardina (L.B. Sm.) M.A. Spencer & L.B. Sm., Phytologia 74(2): 155. 1993.
Sin.: *Tillandsia pardina* L.B. Sm.
Ref.: Foster (1958), Smith & Downs (1977), Ibisch (1996), Krömer (1999).
Hierba, epífita. Endémica. Andes. Yungas, 1000–2000 m.
Dept.: LP, SC.
Tipo y muestra: *O. Buchtien 7183* (HT: US; IT: B), *M. Kessler et al. 9871* (LPB, SEL).

Racinaea parviflora (Ruiz & Pav.) M.A. Spencer & L.B. Sm., Phytologia 74(2): 156. 1993.
Sin.: *Tillandsia parviflora* Ruiz & Pav.
Ref.: Foster (1958), Smith & Downs (1977), Ibisch (1996), Krömer (1999), Arroyo Padilla & Villarroel Segarra (2009).
Hierba, epífita. Nativa. Zonas Bajas, Andes. Bosque Húmedo, Bosque Semideciduo Chiquitano, Yungas, Bosque Tucumano-Boliviano, 500–3000 m.
Dept.: CO, LP, SC.
Muestra: *M. Kessler et al. 11655* (GOET, LPB, SEL).

Racinaea pendulispica (Mez) M.A. Spencer & L.B. Sm., Phytologia 74(2): 156. 1993.
Sin.: *Tillandsia pendulispica* Mez, *Tillandsia triangularis* Rusby
Ref.: Foster (1958), Smith & Downs (1977), Ibisch (1996), Krömer (1999).
Hierba, epífita. Nativa. Andes. Yungas, 2000–2500 m.
Dept.: CO, LP.
Muestra: *T. Krömer & A. Acebey 1767* (GOET, LPB, SEL).

Racinaea pulchella (André) Gouda & Manzanares, J. Bromeliad Soc. 56(4): 150–155, f. 1–3, 4a–h, 5–6. 2006.
Sin.: *Caraguata pulchella* André
Epífita. Nativa. Andes. Yungas, 2000–2500 m.
Dept.: CO.
Muestra: *J. Terán et al. 1402* (BOLV, MO).

Racinaea riocreuxii (André) M.A. Spencer & L.B. Sm., Phytologia 74(2): 156. 1993.
Sin.: *Tillandsia riocreuxii* André
Ref.: Krömer (1999).
Hierba, epífita. Nativa. Andes. Yungas, 3000–3500 m.
Dept.: LP.
Muestra: *B. Herzog 368* (LPB).
Nota: Identificación tentativa (Krömer et al. 1999).

Racinaea schumanniana (Wittm.) J.R. Grant, Novon 4(4): 363. 1994.
Sin.: *Catopsis schumanniana* Wittm., *Tillandsia schumanniana* (Wittm.) Mez, *Tillandsia tonduziana* Mez, *Tillandsia adpressa* var. *tonduziana* (Mez) L.B. Sm.
Ref.: Foster (1958), Grant (1994), Ibisch (1996), Killeen & Schulenberg (1998), Krömer (1999), Krömer & Kessler (2004), Arroyo Padilla & Villarroel Segarra (2009).
Hierba, epífita. Nativa. Andes. Yungas, Bosque Tucumano-Boliviano, 1000–3000 m.
Dept.: CO, LP, SC.
Muestra: *J.C. Solomon 9189* (MO, SEL).

Racinaea seemannii (Baker) M.A. Spencer & L.B. Sm., Phytologia 74(2): 157. 1993.
Sin.: *Guzmania seemannii* Baker, *Tillandsia seemannii* (Baker) Mez
Ref.: Foster (1958), Smith & Downs (1977), Ibisch (1996), Krömer (1999).
Hierba, epífita. Nativa. Andes. Yungas, 2000–3500 m.
Dept.: CO, LP.
Muestra: *M. Kessler et al. 6648* (GOET, LPB, SEL).

Racinaea spiculosa (Griseb.) M.A. Spencer & L.B. Sm., Phytologia 74(2): 157. 1993.
Sin.: *Tillandsia spiculosa* var. *spiculosa*, *Tillandsia spiculosa* Griseb., *Tillandsia micrantha* Baker, *Tillandsia triticea* Burch. ex Baker, *Tillandsia brittoniana* Baker, *Tillandsia triticea* var. *ustulata* Reitz, *Tillandsia spiculosa* var. *ustulata* (Reitz) L.B. Sm.
Ref.: Foster (1958), Smith & Downs (1977), Ibisch (1996), Krömer (1999), Krömer & Kessler (2004).
Hierba, epífita. Nativa. Zonas Bajas, Andes. Bosque Húmedo, Yungas, Bosque Tucumano-Boliviano, 0–2500 m.
Dept.: BE, CO, LP, SC.
Muestra: *M. Kessler et al. 7741* (GOET, LPB, SEL).
Infra: *Racinaea spiculosa* var. *ustulata* (Reitz) M.A. Spencer & L.B. Sm.

Racinaea tetrantha (Ruiz & Pav.) M.A. Spencer & L.B. Sm., Phytologia 74(2): 158. 1993.
Sin.: *Tillandsia tetrantha* Ruiz & Pav.
Ref.: Krömer (1999), Moraes R. et al. (2006).
Hierba, epífita. Nativa. Andes. Yungas, 2000–3000 m.
Dept.: CO, LP.
Muestra: *T. Krömer & A. Acebey 1806* (GOET, LPB, SEL).

Tillandsia L., Sp. Pl. 1: 286. 1753.
104 especies, 36 especies endémicas.

Tillandsia acuminata L.B. Sm., Contr. U.S. Natl. Herb. 29(10): 434, f. a–c. 1951.
Ref.: Krömer (1999).
Hierba, epífita. Nativa. Andes. Yungas, 2000–3000 m.
Dept.: CO, LP.
Muestra: *M. Kessler et al. 5565* (LPB, SEL).

Tillandsia adpressiflora Mez, Monogr. Phan. 9: 661. 1896.
Ref.: Killeen & Schulenberg (1998), Krömer (1999).
Hierba, epífita. Nativa. Zonas Bajas. Bosque Húmedo, Campos Cerrados, 0–500 m.
Dept.: SC.
Muestra: *S. Halloy et al. 4406* (SEL).

Tillandsia aizoides Mez, Monogr. Phan. 9: 866. 1906.
Ref.: Ibisch (1996), Krömer (1999), López (2000), Navarro Sánchez (2001).
Hierba, epífita. Nativa. Andes. Valles Secos, 2000–3000 m.
Dept.: PO, TA.
Muestra: *H. Hromadnik et al. 5086* (WU).

Tillandsia argentina C.H. Wright, Bull. Misc. Inform. Kew 60. 1907.
Ref.: Ibisch (1996), Krömer (1999).
Hierba, epífita. Nativa. Zonas Bajas, Andes. Bosque Semideciduo Chiquitano, Bosque Seco Chaqueño, Bosque Serrano Chaqueño, Valles Secos, 500–2000 m.
Dept.: CH, TA.
Muestra: *S.G. Beck et al. 14275* (LPB, SEL).

Tillandsia asplundii L.B. Sm., Phytologia 6: 441, t. 2, f. 18, 19. 1959.
Ref.: Krömer (1999), Krömer & Kessler (2004).
Hierba, epífita. Nativa. Andes. Yungas, 1000–2500 m.
Dept.: CO, LP.
Muestra: *M. Kessler et al. 6975* (GOET, LPB, SEL).

Tillandsia australis Mez, Repert. Spec. Nov. Regni Veg. 16: 75. 1919.
Sin.: *Tillandsia maxima* Lillo & Hauman, *Tillandsia maxima* var. *densior* L.B. Sm.
Ref.: Foster (1958), Ibisch (1996), González et al. (1999), Krömer (1999), Serrano & Terán (1998 [2000]), Ibisch (2001).
Hierba, epífita. Nativa. Zonas Bajas, Andes. Bosque Húmedo, Yungas, Bosque Tucumano-Boliviano, 500–3500 m.
Dept.: CH, LP, SC, TA.
Muestra: *M. Kessler et al. 4946* (LPB, SEL).
Nom. Vern.: Weconta.

Tillandsia bandensis Baker, J. Bot. 25: 235. 1887.
Sin.: *Tillandsia pilosa* L.B. Sm.
Ref.: Smith & Downs (1977), Ibisch (1996), Krömer (1999), Serrano & Terán (1998 [2000]), Navarro Sánchez (2001).
Hierba, epífita. Nativa. Andes. Yungas, 1000–2500 m.
Dept.: CH, CO, SC, TA.
Muestra: *M. Kessler et al. 5914* (GOET, LPB, SEL).
Nom. Vern.: Carahuatilla.

Tillandsia bermejoensis L. Hrom., Trop. Subtrop. Pflanzenwelt 31: 9–11. 1979.
Ref.: Krömer (1999).
Hierba. Endémica. Zonas Bajas, Andes. Bosque Semideciduo Chiquitano, Bosque Tucumano-Boliviano, 500–1500 m.
Dept.: SC.
Tipo y muestra: *H. Hromadnik 3054* (HT: HEID), *I.G. Vargas et al. 6617* (MO, NY, USZ).

Tillandsia biflora Ruiz & Pav., Fl. Peruv. 3: 41, t. 268, f. b. 1802.
Ref.: Foster (1958), Smith & Downs (1977), Ibisch (1996), Krömer (1999).
Hierba, epífita. Nativa. Andes. Yungas, 2000–3000 m.
Dept.: CO, LP.
Muestra: *M. Kessler et al. 9556* (GOET, LPB, SEL).

Tillandsia boliviana Mez, Bull. Herb. Boissier, sér. 2, 4: 1130. 1904.
Ref.: Foster (1958), Smith & Downs (1977), Ibisch (1996), Krömer (1999).
Hierba, epífita. Endémica. Andes. Yungas, Bosque Tucumano-Boliviano, 1500–3000 m.
Dept.: CH, LP.
Tipo y muestra: *M. Bang 2202* (HT: B; IT: BM, F, G, GH, K, LE, M, MICH, MO, O, US, WU), *M. Kessler et al. 4535* (LPB, SEL).

Tillandsia boliviensis Baker, Mem. Torrey Bot. Club 4(3): 267. 1895.
Ref.: Foster (1958), Smith & Downs (1977), Butcher (1999), Krömer (1999).
Hierba, epífita. Endémica. Andes. Yungas, Valles Secos, 2500–4000 m.
Dept.: LP.
Tipo y muestra: *M. Bang 159A* (HT: K destr.; LT: NY; ILT: US, GH ex K; fotos: G), *M.I. Galarza 111A* (LPB, WU).

Tillandsia bryoides Griseb. ex Baker, J. Bot. 16: 236. 1878.
Ref.: Foster (1958), Adolfo María (1966), Smith & Downs (1977), López Vargas (1995), De la Barra (1997), Kessler et al. (2000b), Serrano & Terán (1998 [2000]), Navarro Sánchez (2001).
Epífita. Nativa. Zonas Bajas, Andes. Bosque Seco Chaqueño, Bosque Serrano Chaqueño, Valles Secos, 0–3000 m.
Dept.: CH, CO, LP, PO, SC, TA.
Muestra: *J.C. Solomon 10471* (MO).
Nom. Vern.: Sachasunca.

Tillandsia buseri Mez, Bull. Herb. Boissier, sér. 2, 3: 145. 1903.
Ref.: Krömer (1999).
Hierba, epífita. Nativa. Andes. Yungas, 2500–3000 m.
Dept.: LP.
Muestra: *M. Kessler et al. 12044* (LPB, SEL).
Nota: Identificación tentativa (Krömer et al., 1999).

Tillandsia caliginosa W. Till, Pl. Syst. Evol. 147: 282, f. 6a–f, 7a–f. 1984.
Sin.: *Tillandsia myosura* Griseb., *Tillandsia crocata* var. *tristis* Rauh
Ref.: Foster (1958), Adolfo María (1966), Ibisch et al. (1996), De la Barra (1997), Krömer (1999), Serrano & Terán (1998 [2000]).
Hierba, epífita. Nativa. Andes. Valles Secos, 1500–3500 m.
Dept.: CH, CO, PO, TA.
Muestra: *P.L. Ibisch 93.0329* (LPB, SEL).

Tillandsia calochlamys Ehlers & L. Hrom., Bromelie 1998(2): 38. 1998.
Ref.: Krömer (1999), Luther (2001).
Hierba, epífita. Endémica. Andes. Yungas, 2500–4000 m.
Dept.: CO.
Tipo y muestra: *R. Ehlers EB952403* (HT: LPB), *W. Till 158* (WU).

Tillandsia camargoensis L. Hrom., Bromelie 1991(1): 9–11. 1991.
Ref.: Krömer (1999), López (2000).
Hierba, epífita. Endémica. Andes. Valles Secos, 2000–3000 m.
Dept.: CH, PO.
Tipo y muestra: *H. Hromadnik & L. Hromadnik 5073A* (HT: WU), *P.L. Ibisch 93.1202* (LPB).

Tillandsia capillaris Ruiz & Pav., Fl. Peruv. 3: 42, t. 271, f, c. 1802.
Sin.: *Tillandsia lanuginosa* Gillies ex Baker, *Tillandsia cordobensis* Hieron., *Tillandsia capillaris* var. *incana* Mez, *Tillandsia hieronymi* Mez, *Tillandsia permutata* A. Cast.
Ref.: Foster (1958), Adolfo María (1966), Ibisch (1996), Krömer (1999), Kessler et al. (2000b), López (2000), Serrano & Terán (1998 [2000]), Navarro Sánchez (2001), Arroyo Padilla & Villarroel Segarra (2009).
Hierba, epífita. Nativa. Zonas Bajas, Andes. Bosque Semideciduo Chiquitano, Bosque Seco Chaqueño, Yungas, Bosque Tucumano-Boliviano, Páramo Yungueño, Valles Secos, 500–4000 m.
Dept.: CH, CO, LP, OR, PO, SC, TA.
Muestra: *M. Kessler et al. 6502* (LPB, SEL).
Infra: *Tillandsia capillaris* fo.

capillaris, *Tillandsia capillaris* fo. *cordobensis* (Hieron.) L.B. Sm., *Tillandsia capillaris* fo. *hieronymi* (Mez) L.B. Sm., *Tillandsia capillaris* fo. *incana* (Mez) L.B. Sm.

Tillandsia cardenasii L.B. Sm., Proc. Amer. Acad. Arts 70: 154, 167, t. 3, f. 5–6. 1935.
Ref.: Foster (1958), Ibisch (1996), Krömer (1999), López (2000), Hromadnik & Ehlers (2005).
Hierba, epífita. Endémica. Andes. Valles Secos, 1500–3500 m.
Dept.: CH, CO, PO, TA.
Tipo y muestra: *M. Cárdenas 491* (HT: GH), *M. Kessler et al. 4832* (LPB, SEL).
Infra: *Tillandsia cardenasii* var. *major* Ehlers & L. Hrom.

Tillandsia carnosa L.B. Sm., Phytologia 9: 251, t. 3, f. 5–6. 1963.
Ref.: Ibisch (1996), Krömer (1999).
Hierba, epífita. Nativa. Zonas Bajas, Andes. Bosque Húmedo, Yungas, 500–3500 m.
Dept.: CO, LP.
Muestra: *M. Kessler et al. 5752* (GOET, LPB, SEL).
Infra: *Tillandsia carnosa* var. *boliviensis* H. Luther

Tillandsia caulescens Brongn. ex Baker, Handb. Bromel. 168. 1889.
Ref.: Foster (1958), Smith & Downs (1977), Krömer (1999).
Hierba, epífita. Nativa. Zonas Bajas, Andes. Bosque Húmedo, Yungas, 500–2000 m.
Dept.: LP.
Muestra: *M. Kessler et al. 5808* (GOET, LPB, SEL).

Tillandsia cochabambae E. Gross & Rauh, Bromelie 1986(2): 14–15. 1986.
Ref.: Gross (1998), Krömer (1999).
Hierba, epífita. Endémica. Andes. Valles Secos, 2000–3000 m.
Dept.: CO.
Tipo y muestra: *W. Rauh 40609* (HT: HEID), *M. Kessler et al. 4676* (LPB, SEL).

Tillandsia colganii Ehlers, J. Bromeliad Soc. 47: 103. 1997.
Ref.: Krömer (1999), Luther (2001).
Hierba, epífita. Endémica. Andes. Yungas, 2500–3500 m.
Dept.: SC.
Tipo y muestra: *R. Ehlers EB951002* (HT: WU), *R. Ehlers 951101* (WU).

Tillandsia comarapaensis H. Luther, J. Bromeliad Soc. 34: 54–5. 1984.
Ref.: Ibisch (1996), Krömer (1999).
Hierba, epífita. Endémica. Andes. Valles Secos, 1500–3000 m.
Dept.: CH, CO, SC.
Tipo y muestra: *E.L. Besse et al. 1713* (HT: SEL), *M. Kessler et al. 4605* (LPB, MO, SEL).

Tillandsia compacta Griseb., Nachr. Königl. Ges. Wiss. Georg-Augusts-Univ. 1864(1): 18. 1865.
Ref.: Ibisch (1996), Krömer (1999).
Hierba, epífita. Nativa. Andes. Yungas, 2000–2500 m.
Dept.: CO.
Muestra: *L.J. Dorr & L.C. Barnett 7052* (LPB, SEL).

Tillandsia complanata Benth., Bot. Voy. Sulphur 173. 1846.
Ref.: Foster (1958), Smith & Downs (1977), Ibisch (1996), Krömer (1999).
Hierba, epífita. Nativa. Zonas Bajas, Andes. Bosque Húmedo, Yungas, 500–3000 m.
Dept.: CO, LP, SC.
Muestra: *I.G. Vargas & C.G. Jordán 7017* (MO, USZ).

Tillandsia confinis L.B. Sm., Phytologia 4: 218, t. 2, f. 5–7. 1953.
Sin.: *Tillandsia subtropicalis* L.B. Sm.
Ref.: Smith & Downs (1977), Ibisch (1996), Krömer (1999).
Hierba, epífita. Nativa. Andes. Yungas, 1000–2000 m.
Dept.: CO, LP, SC.
Muestra: *J.C. Solomon 9253* (LPB, MO, SEL).
Infra: *Tillandsia confinis* var. *confinis*

Tillandsia cotagaitensis L. Hrom., Pl. Syst. Evol. 147: 284–285. 1984.
Ref.: Ibisch (1996), Krömer (1999), López (2000).
Hierba, epífita. Endémica. Andes. Valles Secos, 3000–3500 m.
Dept.: PO.
Tipo y muestra: *H. Hromadnik & L. Hromadnik 5093* (HT: WU; IT: LI, NY, WU), *W. Till 42* (WU).

[Tillandsia crocata (E. Morren) Baker], J. Bot. 25: 214. 1887.
Sin.: *Phytarrhiza crocata* E. Morren
Ref.: Foster (1958), Smith & Downs (1977), Navarro Sánchez (2001).
Nota: El registro se basa en material mal identificado de *T. mandonii*.

Tillandsia denudata André, Enum. Bromel. 8. 1888.
Ref.: Krömer (1999).
Hierba, epífita. Nativa. Andes. Yungas, 1000–1500 m.
Dept.: LP.
Muestra: *M. Kessler et al. 5587* (LPB, SEL).

[Tillandsia deppeana Steud.], Nomencl. Bot. (ed. 2) 2: 688. 1841.
Ref.: Foster (1958).
Nota: El registro se basa en material mal identificado.

Tillandsia didisticha (E. Morren) Baker, J. Bot. 26: 16. 1888.
Sin.: *Anoplophytum didistichum* E. Morren, *Guzmania complanata* Wittm.
Ref.: Foster (1958), Smith & Downs (1977), Ibisch (1996), Schulenberg & Awbrey (1997), Killeen & Schulenberg (1998), González et al. (1999), Krömer (1999), Kessler et al. (2000b), Serrano & Terán (1998 [2000]), Navarro Sánchez (2001), Arroyo Padilla & Villarroel Segarra (2009).
Hierba, epífita. Nativa. Zonas Bajas, Andes. Bosque Semideciduo Chiquitano, Bosque Seco Chaqueño, Bosque Tucumano-Boliviano, Valles Secos, 0–2500 m.
Dept.: BE, CH, CO, LP, SC, TA.
Muestra: *M. Kessler et al. 5584* (LPB, SEL).

Tillandsia dorisdaltoniae Ibisch, R. Vásquez, I.G. Vargas & W. Till, Revista Soc. Boliv. Bot. 4(1): 45–49, f. 1–2. 2003.
Ref.: Luther & Rabinowitz (2010).
Hierba, epífita. Endémica. Andes. Valles Secos, 1000–1500 m.
Dept.: CO, LP.
Tipo: *I.G. Vargas 6355* (HT: WU; IT: MO-5820858).
Nota: Conocido solamente del tipo.

Tillandsia duratii Vis., Nuovi Saggi Imp. Regia Accad. Sci. Padova 5: 271, t. 29. 1840.
Sin.: *Tillandsia decomposita* Baker, *Tillandsia gigantea* G.M. Ruch. ex Baker, *Tillandsia weddellii* Baker, *Tillandsia confusa* var. *saxatilis* Hassl.
Ref.: Foster (1958), Smith & Downs (1977), Ibisch (1996), Schulenberg & Awbrey (1997), Krömer (1999), Serrano & Terán (1998 [2000]), Navarro Sánchez (2001), Wood et al. (2011).
Hierba, epífita. Nativa. Zonas Bajas, Andes. Bosque Semideciduo Chiquitano, Bosque Seco Chaqueño, Bosque Tucumano-Boliviano, Bosque Serrano Chaqueño, Valles Secos, 0–3500 m.
Dept.: CH, CO, LP, PO, SC, TA.
Muestra: *M. Kessler et al. 5912*

(GOET, LPB, SEL).
Infra: *Tillandsia duratii* var. *duratii*, *Tillandsia duratii* var. *saxatilis* (Hassl.) L.B. Sm.
Nom. Vern.: Carahuatilla.

Tillandsia edithae Rauh, Trop. Subtrop. Pflanzenwelt 8: 19, f. 7. 1974.
Sin.: *Tillandsia barborkae* Halda & Hertus
Ref.: Gross (1998), Krömer (1999), Arroyo Padilla & Villarroel Segarra (2009), Luther & Rabinowitz (2010).
Hierba, epífita. Endémica. Zonas Bajas, Andes. Bosque Semideciduo Chiquitano, Bosque Tucumano-Boliviano, Valles Secos, 500–3000 m.
Dept.: CH, LP, SC.
Tipo y muestra: *W. Krahn 295* (HT: HEID; IT: US), *M. Kessler et al. 12314* (GOET, LPB, SEL).

Tillandsia engleriana Wittm., Bot. Jahrb. Syst. 11: 63. 1890.
Ref.: Ibisch (1996), Krömer (1999), Krömer et al. (2007).
Hierba, epífita. Nativa. Andes. Yungas, 1500–2500 m.
Dept.: CO, LP, SC.
Muestra: *D.N. Smith 13442* (LPB, MO).

[Tillandsia erecta Gillies ex Baker], J. Bot. 16: 239. 1872.
Ref.: Adolfo María (1966), Smith & Downs (1977), Ibisch (1996).
Nota: El registro se basa en material mal identificado.

Tillandsia erici Ehlers, Bromelie 1998(1): 20. 1998.
Ref.: Krömer (1999), Luther (2001).
Hierba, epífita. Endémica. Andes. Valles Secos, 1500–2500 m.
Dept.: TA.
Tipo y muestra: *E. Haugg & E. Heger 11247* (HT: WU), *R. Ehlers s.n.* (WU).

Tillandsia fendleri Griseb., Nachr. Königl. Ges. Wiss. Georg-Augusts-Univ. 1864(1): 17. 1865.
Ref.: Smith & Downs (1977), Ibisch (1996), Krömer (1999), Arroyo Padilla & Villarroel Segarra (2009).
Hierba, epífita. Nativa. Zonas Bajas, Andes. Bosque Húmedo, Bosque Semideciduo Chiquitano, Yungas, Bosque Tucumano-Boliviano, 500–3500 m.
Dept.: BE, CO, LP, SC.
Muestra: *T. Krömer & A. Acebey 549* (GOET, LPB, SEL).
Infra: *Tillandsia fendleri* var. *fendleri*

[Tillandsia friesii Mez], Repert. Spec. Nov. Regni Veg. 3: 37. 1906.
Ref.: Foster (1958).
Nota: El registro se basa en material mal identificado.

Tillandsia funebris A. Cast., Anales Mus. Nac. Hist. Nat. Buenos Aires 37(83): 502, t. II. 1933.
Ref.: Foster (1958), Smith & Downs (1977), Ibisch (1996), Krömer (1999), Navarro Sánchez (2001).
Hierba, epífita. Nativa. Zonas Bajas, Andes. Bosque Seco Chaqueño, Bosque Serrano Chaqueño, Valles Secos, 0–2500 m.
Dept.: CH, CO, PO, SC, TA.
Muestra: *M. Kessler et al. 4710* (LPB, SEL, WU).

Tillandsia gerdae Ehlers, Bromelie 1987(2): 32–33. 1987.
Sin.: *Tillandsia jarmilae* Halda
Ref.: Krömer (1999), Luther & Rabinowitz (2010).
Hierba, epífita. Endémica. Andes. Valles Secos, 1500–3000 m.
Dept.: CH, CO, OR.
Tipo y muestra: *E. Haugg 7163* (HT: WU; IT: WU), *E. Haugg 8283* (WU).

Tillandsia gilliesii Baker, J. Bot. 16: 240. 1878.
Ref.: Foster (1958), Smith & Downs (1977), Ibisch (1996), Krömer (1999), López (2000), Navarro Sánchez (2001).
Hierba, epífita. Nativa. Andes. Yungas, Valles Secos, 1500–3500 m.
Dept.: CH, CO, PO, TA.
Muestra: *H. Hromadnik & L. Hromadnik 5099* (WU).

Tillandsia hasei Ehlers & L. Hrom., Bromelie 1996(3): 176. 1997.
Ref.: Krömer (1999), López (2000), Luther (2001).
Hierba, epífita. Endémica. Andes. Valles Secos, 3000–3500 m.
Dept.: CH.
Tipo y muestra: *F. Hase et al. EB951501* (HT: WU), *F. Hase et al. 19046* (WU).

Tillandsia hegeri Ehlers, Bromelie 1994(2): 33. 1994.
Ref.: Krömer (1999), López (2000).
Hierba, epífita. Endémica. Zonas Bajas, Andes. Bosque Semideciduo Chiquitano, Bosque Seco Chaqueño, Bosque Serrano Chaqueño, Valles Secos, 0–3000 m.
Dept.: CH, TA.
Tipo y muestra: *E. Heger s.n.* (HT: WU), *H. Hromadnik & L. Hromadnik 19028* (WU).

Tillandsia helmutii L. Hrom., Bromelie 1990(3): 63–65. 1991.
Ref.: Krömer (1999).
Hierba, epífita. Endémica. Andes. Valles Secos, 1500–2000 m.
Dept.: CH.
Tipo y muestra: *H. Hromadnik 13009* (HT: WU), *R. Vásquez C. et al. 4941* (herb. Vásquez, LPB).

Tillandsia hirta W. Till & L. Hrom., Pl. Syst. Evol. 147: 285, f. 3, 9a–f. 1984.
Ref.: Ibisch (1996), Krömer (1999), López (2000).
Hierba, epífita. Nativa. Andes. Valles Secos, 1500–4000 m.
Dept.: CH, CO, PO, TA.
Tipo y muestra: *H. Hromadnik et al. HR5001* (HT: WU; IT: WU), *S.G. Beck & N.Y. Paniagua 26911* (LPB, WU).

Tillandsia imporaensis Ehlers, Bromelie 1998(3): 76. 1998.
Ref.: Krömer (1999), Luther (2001).
Hierba, epífita. Endémica. Andes. Bosque Serrano Chaqueño, Valles Secos, 3000–3500 m.
Dept.: CH, CO.
Tipo y muestra: *E. Haugg 7078* (HT: WU), *G. Köhres s.n.* (WU).

Tillandsia incurva Griseb., Nachr. Königl. Ges. Wiss. Georg-Augusts-Univ. 1864(1): 15. 1865.
Sin.: *Vriesea incurva* (Griseb.) Read
Ref.: Foster (1958), Smith & Downs (1977), Ibisch (1996), Krömer (1999).
Hierba, epífita. Nativa. Zonas Bajas. Bosque Húmedo, 500–1000 m.
Dept.: BE, LP.
Muestra: *M. Kessler et al. 11432* (LPB, SEL).

Tillandsia ionochroma André ex Mez, Monogr. Phan. 9: 801. 1896.
Sin.: *Caraguata violacea* André, *Tillandsia fusco-guttata* Mez
Ref.: Foster (1958), Ibisch (1996), Krömer (1999).
Hierba, epífita. Nativa. Andes. Yungas, 2000–4000 m.
Dept.: CO, LP, SC.
Muestra: *S.G. Beck 14669* (LPB, SEL).

Tillandsia ixioides Griseb., Abh. Königl. Ges. Wiss. Göttingen 24: 333. 1879.
Sin.: *Tillandsia jucunda* var. *viridiflora* Rauh
Ref.: Foster (1958), Smith & Downs (1977), Ibisch (1996), Krömer (1999), Gouda (2010).
Hierba, epífita. Nativa. Andes. Valles Secos, 1500–2500 m.

Dept.: CH, LP, TA.
Muestra: *J.C. Solomon 14354* (MO).
Infra: *Tillandsia ixioides* subsp. *ixioides*, *Tillandsia ixioides* subsp. *viridiflora* (Rauh) Gouda
Nota: La muestra citada fue determinada por A. Schinini (CTES) en 1988, pero no confirmada por H. Luther.

Tillandsia jucunda A. Cast., Anales Mus. Nac. Hist. Nat. Buenos Aires 36: 56, t. 1, Bp. 1926.
Ref.: Gross (1998), Krömer (1999), Gouda (2010).
Hierba, epífita. Nativa. Andes. Valles Secos, 2000–3000 m.
Dept.: CH.
Muestra: *W. Till 20* (WU).

Tillandsia juncea (Ruiz & Pav.) Poir., Encycl., Suppl. 5(1): 309. 1817.
Sin.: *Bonapartea juncea* Ruiz & Pav.
Ref.: Foster (1958), Smith & Downs (1977), Ibisch (1996), Krömer (1999).
Hierba, epífita. Nativa. Zonas Bajas, Andes. Bosque Húmedo, Yungas, 0–2000 m.
Dept.: BE, CO, LP, PA, SC.
Muestra: *M. Kessler et al. 5595* (LPB, SEL).

Tillandsia kessleri H. Luther, Selbyana 20(1): 10. 1999.
Ref.: Krömer (1999), Luther (1999), Luther (2001).
Hierba, epífita. Endémica. Andes. Yungas, 2000–3000 m.
Dept.: CO, LP.
Tipo y muestra: *M. Kessler et al. 9557* (HT: SEL; IT: LPB), *T. Krömer & A. Acebey 1766* (GOET, LPB, SEL).

Tillandsia koehresiana Ehlers, Bromelie 1990(3): 59. 1990.
Ref.: Krömer (1999).
Hierba, epífita. Endémica. Andes. Valles Secos, 2000–3000 m.
Dept.: CO, PO.
Tipo y muestra: *L. Köhres et al. s.n.* (HT: WU), *P.L. Ibisch 216* (LPB, SEL).

Tillandsia krukoffiana L.B. Sm., Contr. Gray Herb. 154: 36, t. 3, f. 9–11. 1945.
Ref.: Foster (1958), Smith & Downs (1977), Krömer (1999), Arroyo Padilla & Villarroel Segarra (2009).
Hierba, epífita. Endémica. Zonas Bajas, Andes. Bosque Húmedo, Yungas, Bosque Tucumano-Boliviano, 500–2500 m.
Dept.: BE, CO, LP, SC.
Tipo y muestra: *B.A. Krukoff 10503* (HT: GH; IT: MICH, MO-1247159, NY, S), *T. Krömer & A. Acebey 712* (GOET, LPB, SEL).

Tillandsia krystofii Halda & Hertus, Acta Mus. Richnov. Sect. Nat. 14(4): 116, t. VI, 4. 2007.
Ref.: Luther & Rabinowitz (2010).
Hierba. Endémica. Andes. Tipo de vegetación desconocida, 1000–1500 m.
Dept.: CH.
Tipo: *J.J. Halda JJH0711241* (HT: PR).
Nota: Conocido solamente del tipo. La foto en Halda et al. (2007) parece representar a *T. cardenasii* fide Luther & Rabinowitz (2010).

Tillandsia kuehhasii W. Till, Bromelie 1995(2): 33. 1995.
Ref.: Krömer (1999).
Hierba, epífita. Endémica. Andes. Valles Secos, 3500–4000 m.
Dept.: CH, PO.
Tipo y muestra: *E. Kerschnek et al. s.n.* (HT: WU; IT: WU), *R. Ehlers 950601* (WU).

Tillandsia kuntzeana Mez, Monogr. Phan. 9: 790. 1896.
Ref.: Foster (1958), Smith & Downs (1977), Ibisch (1996), Krömer (1999).
Hierba, epífita. Endémica. Andes. Yungas, 1000–3000 m.
Dept.: CO, LP.
Tipo y muestra: *O. Kuntze s.n.* (HT: NY; IT: GH, NY), *M. Kessler et al. 6675* (LPB, SEL).

Tillandsia laxissima Mez, Bull. Herb. Boissier, sér. 2, 5: 108. 1905.
Ref.: Foster (1958), Smith & Downs (1977), Ibisch (1996), Krömer (1999).
Hierba, epífita. Endémica. Andes. Valles Secos, 1000–1500 m.
Dept.: LP, SC.
Tipo y muestra: *M. Bang 2301* (HT: B; IT: GH, LE, M, MO, NY, PH, US, US, W, WU), *M. Kessler 4064* (LPB).

Tillandsia loliacea Mart. ex Schult. f., Syst. Veg. Fl. Peruv. Chil. 7: 1204. 1830.
Sin.: *Tillandsia quadriflora* Baker
Ref.: Foster (1958), Smith & Downs (1977), Ibisch (1996), Schulenberg & Awbrey (1997), Krömer (1999), Kessler et al. (2000b), Serrano & Terán (1998 [2000]), Navarro Sánchez (2001), Arroyo Padilla & Villarroel Segarra (2009).
Hierba, epífita. Nativa. Zonas Bajas, Andes. Bosque Semideciduo Chiquitano, Bosque Seco Chaqueño, Bosque Tucumano-Boliviano, Bosque Serrano Chaqueño, Valles Secos, 0–2500 m.
Dept.: CH, CO, LP, SC, TA.
Muestra: *M. Kessler et al. 5197* (LPB, SEL).

Tillandsia longifolia Baker, Handb. Bromel. 185. 1889.
Ref.: Foster (1958), Smith & Downs (1977), Ibisch (1996), Krömer (1999).
Hierba, epífita. Nativa. Andes. Yungas, 2000–3000 m.
Dept.: CO, SC.
Muestra: *P.L. Ibisch et al. 931628* (SEL).

Tillandsia lorentziana Griseb., Abh. Königl. Ges. Wiss. Göttingen 19: 271–272. 1874.
Sin.: *Tillandsia lorentziana* fo. *simplex* Kuntze
Ref.: Foster (1958), Smith & Downs (1977), Ibisch (1996), Krömer (1999), López (2000), Serrano & Terán (1998 [2000]), Navarro Sánchez (2001).
Hierba, epífita. Nativa. Zonas Bajas, Andes. Bosque Seco Chaqueño, Bosque Serrano Chaqueño, Valles Secos, 0–3500 m.
Dept.: CH, CO, LP, PO, SC, TA.
Muestra: *P.L. Ibisch 93.0208* (LPB, SEL).
Nom. Vern.: Carhuatilla, clavel del aire.

Tillandsia lotteae H. Hrom., J. Bromeliad Soc. 28: 263–265. 1978.
Ref.: Gross (1998), Krömer (1999), López (2000).
Hierba, epífita. Endémica. Andes. Valles Secos, 1500–3000 m.
Dept.: CH, CO, PO, SC.
Tipo y muestra: *H. Hromadnik 46776* (HT: HEID; IT: HAL), *M. Kessler et al. 4715* (LPB, SEL).

Tillandsia mandonii E. Morren ex Mez, Monogr. Phan. 9: 871. 1896.
Ref.: Krömer (1999).
Hierba, epífita. Nativa. Andes. Valles Secos, 1000–3000 m.
Dept.: LP, TA.
Tipo y muestra: *G. Mandon 1180* (ST: BM, G, K, MO, PI, S, W), *W. Till 73* (WU).

Tillandsia mollis H. Hrom. & W. Till, Pl. Syst. Evol. 142: 123–128. 1983.
Ref.: Krömer (1999).
Hierba, epífita. Endémica. Andes. Valles Secos, 2500–3000 m.
Dept.: TA.
Tipo y muestra: *H. Hromadnik HR 9088* (HT: WU; IT: B, HAL, K, LI, NY, W, WU), *E. Heger s.n.* (WU).

Tillandsia muhriae W. Weber, Feddes Repert. 97: 101. 1986.
Sin.: *Tillandsia alberi* Ehlers
Ref.: Krömer (1999), López (2000).
Hierba, epífita. Nativa. Andes. Valles Secos, 2500–3500 m.
Dept.: PO.
Muestra: *E. Haugg 7029* (WU).

Tillandsia myosura Griseb. ex Baker, J. Bot. 16: 240. 1878.
Ref.: Foster (1958), Adolfo María (1966), Smith & Downs (1977), De la Barra (1997), Krömer (1999), López (2000), Serrano & Terán (1998 [2000]), Navarro Sánchez (2001).
Hierba, epífita. Nativa. Andes. Valles Secos, 1500–3500 m.
Dept.: CH, CO, PO, TA.
Muestra: *S.G. Beck et al. 14268* (LPB, SEL).

Tillandsia nana Baker, Handb. Bromel. 172. 1889.
Sin.: *Tillandsia calocephala* Wittm.
Ref.: Foster (1958), Krömer (1999).
Hierba, epífita. Nativa. Andes. Yungas, 3000–3500 m.
Dept.: CO, LP.
Muestra: *R.S. Shepard 234* (GH, US).

Tillandsia oropezana L. Hrom., Bromelie 1989(1): 14–17. 1989.
Ref.: Krömer (1999).
Hierba, epífita. Endémica. Andes. Valles Secos, 1500–2000 m.
Dept.: CH.
Tipo: *H. Hromadnik 9012* (HT: WU; IT: WU).
Nota: Conocido solamente del tipo.

Tillandsia paleacea C. Presl, Reliq. Haenk. 1(2): 125. 1827.
Sin.: *Tillandsia scalarifolia* Baker
Ref.: Foster (1958), Smith & Downs (1977), Krömer (1999).
Hierba, epífita. Nativa. Andes. Valles Secos, 2500–3000 m.
Dept.: LP.
Muestra: *S.G. Beck 29511* (LPB, WU).

Tillandsia paraensis Mez, Fl. Bras. 3(3): 586, pl. 109. 1894.
Ref.: Foster (1958), Smith & Downs (1977), Ibisch (1996), Killeen & Schulenberg (1998), Krömer (1999).
Hierba, epífita. Nativa. Zonas Bajas. Bosque Húmedo, Campos Cerrados, 0–1000 m.
Dept.: LP, PA, SC.
Muestra: *T. Krömer & A. Acebey 187* (GOET, LPB, SEL).

Tillandsia pedicellata (Mez) A. Cast., Anales Mus. Nac. Buenos Aires 36: 144, f. 2. 1945.
Sin.: *Tillandsia coarctata* var. *pedicellata* Mez
Ref.: Krömer (1999), Navarro Sánchez (2001), Arroyo Padilla & Villarroel Segarra (2009).
Hierba, epífita. Nativa. Andes. Bosque Tucumano-Boliviano, Valles Secos, 1500–3000 m.
Dept.: CH, LP, SC, TA.
Muestra: *B. Holst et al. 4958* (USZ).

Tillandsia platyrhachis Mez, Monogr. Phan. 9: 848. 1896.
Ref.: Krömer (1999).
Hierba, epífita. Nativa. Zonas Bajas. Bosque Húmedo, 500–1000 m.
Dept.: LP.
Muestra: *T. Krömer & A. Acebey 199* (GOET, LPB, SEL).

Tillandsia pohliana Mez, Fl. Bras. 3(3): 597, pl. 111. 1894.
Ref.: Smith & Downs (1977), Ibisch (1996), Krömer (1999), Kessler et al. (2000b).
Hierba, epífita. Nativa. Zonas Bajas, Andes. Bosque Húmedo, Campos Cerrados, Bosque Tucumano-Boliviano, Valles Secos, 0–2000 m.
Dept.: BE, CH, LP, SC.
Muestra: *M. Kessler et al. 4845* (GOET, LPB, SEL).

Tillandsia polystachia (L.) L., Sp. Pl. (ed. 2) 1: 410. 1762.
Sin.: *Renealmia polystachia* L.
Ref.: Foster (1958), Smith & Downs (1977), Ibisch (1996), Krömer (1999).
Hierba, epífita. Nativa. Zonas Bajas, Andes. Bosque Semideciduo Chiquitano, Valles Secos, 0–1500 m.
Dept.: BE, LP, SC.
Muestra: *M. Kessler 4157* (LPB, SEL).

Tillandsia pseudocardenasii W. Weber, Feddes Repert. 97: 103–104. 1986.
Ref.: Krömer (1999).
Hierba, epífita. Endémica. Andes. Valles Secos, 2000–2500 m.
Dept.: LP, SC.
Tipo y muestra: *H. Hromadnik et al. 5323* (HT: HAL; IT: WU), *K. Uhlig s.n.* (WU).

Tillandsia pyramidata André, Bromel. Andr. 86. 1889.
Ref.: Ibisch (1996), Krömer (1999).
Hierba, epífita. Nativa. Andes. Yungas, 2000–2500 m.
Dept.: LP.
Muestra: *S.G. Beck 3142* (LPB).

Tillandsia rauschii Rauh & C.O. Lehm., Trop. Subtrop. Pflanzenwelt 21(7): 41. 1977.
Ref.: Ibisch (1996), Gross (1998), Krömer (1999).
Hierba, epífita. Endémica. Andes. Valles Secos, 2500–3000 m.
Dept.: CH.
Tipo: *W. Rausch s.n.* (HT: HEID; IT: LPB, MO-04893053, WU).
Nota: Conocido solamente del tipo.

Tillandsia rectangula Baker, J. Bot. 16: 238. 1878.
Ref.: Ibisch (1996), De la Barra (1997), Krömer (1999), Serrano & Terán (1998 [2000]), Navarro Sánchez (2001).
Hierba, epífita. Nativa. Zonas Bajas, Andes. Bosque Semideciduo Chiquitano, Bosque Seco Chaqueño, Bosque Serrano Chaqueño, Valles Secos, 500–2500 m.
Dept.: CH, CO, TA.
Muestra: *E. Bastian 1295* (LPB).

Tillandsia recurvata (L.) L., Sp. Pl. (ed. 2) 1: 410. 1762.
Sin.: *Renealmia recurvata* L., *Tillandsia recurvata* fo. *brevifolia* André
Ref.: Foster (1958), Adolfo María (1966), López Vargas (1995), Ibisch (1996), Saravia Miranda (1996), De la Barra (1997), Killeen & Schulenberg (1998), González et al. (1999), Krömer (1999), Kessler et al. (2000b), Serrano & Terán (1998 [2000]), Navarro Sánchez (2001).
Hierba, epífita. Nativa. Zonas Bajas, Andes. Bosque Semideciduo Chiquitano, Bosque Seco Chaqueño, Campos Cerrados, Bosque Tucumano-Boliviano, Bosque Serrano Chaqueño, Valles Secos, 0–3500 m.
Dept.: BE, CH, CO, LP, SC, TA.
Muestra: *M. Kessler et al. 6050* (LPB, SEL).
Nom. Vern.: Sachasunca.

Tillandsia recurvifolia Hook., Bot. Mag. 87: t. 5246. 1861.
Sin.: *Tillandsia meridionalis* Baker
Ref.: Ibisch (1996), Krömer (1999).
Hierba, epífita. Nativa. Andes. Valles Secos, 1000–2000 m.
Dept.: CH, SC, TA.
Muestra: *R. Vásquez C. et al. 4322* (BOLV, herb. Vásquez, HSB, LPB, USZ).

Tillandsia recurvispica L. Hrom. & P. Schneid., Bromelie 1987(1): 1–4. 1987.
Ref.: Krömer (1999).
Hierba, epífita. Endémica. Andes. Valles Secos, 2500–3000 m.
Dept.: CO.
Tipo y muestra: *H. Hromadnik & L. Hromadnik 3007* (HT: WU), *H. Hromadnik et al. 5330* (WU).

Tillandsia reichenbachii Baker, Handb. Bromel. 166. 1889.
Sin.: *Tillandsia tucumanensis* Mez, *Tillandsia herzogii* Wittm.
Ref.: Foster (1958), Ibisch (1996), Krömer (1999), Kessler et al. (2000b), Serrano & Terán (1998 [2000]), Navarro Sánchez (2001),

Arroyo Padilla & Villarroel Segarra (2009), Wood et al. (2011).
Hierba, epífita. Nativa. Zonas Bajas, Andes. Bosque Semideciduo Chiquitano, Campos Cerrados, Bosque Tucumano-Boliviano, Bosque Serrano Chaqueño, Valles Secos, 0–2500 m.
Dept.: CH, CO, SC, TA.
Muestra: *R. Martínez 591* (LPB, SEL).
Nom. Vern.: Carahuatilla.

Tillandsia rhomboidea André, Enum. Bromel. 6. 1888.
Ref.: Krömer (1999).
Hierba, epífita. Nativa. Zonas Bajas. Bosque Húmedo, 500–1000 m.
Dept.: BE.
Muestra: *S.G. Beck 1732* (US).

Tillandsia rosacea L. Hrom. & W. Till, Bromelie 2005(3): 88. 2005.
Ref.: Luther & Rabinowitz (2010).
Hierba. Endémica. Zonas Bajas. Tipo de vegetación desconocida, 0–500 m.
Dept.: SC.
Tipo: *H. Hromadnik et al. 9201* (HT: LPB; IT: WU).
Nota: Conocida solamente del tipo.

Tillandsia rubella Baker, J. Bot. 26: 44. 1888.
Ref.: Foster (1958), Ibisch (1996), Krömer (1999).
Hierba, epífita. Nativa. Andes. Yungas, 1500–3000 m.
Dept.: CO, LP, SC.
Tipo y muestra: *G. Mandon 1187* (HT: K; IT: GH, MO, P; fotos: K), *M. Kessler et al. 4496* (LPB, SEL).

Tillandsia rubia Ehlers & L.Colgan, J. Bromeliad Soc. 54(2): 57. 2004.
Ref.: Luther & Rabinowitz (2010).
Hierba, epífita. Endémica. Andes. Yungas, 2500–3000 m.
Dept.: LP.
Tipo: *R. Ehlers s.n.* (HT: LPB).
Nota: Conocido solamente del tipo.

Tillandsia rusbyi Baker, Handb. Bromel. 176. 1889.
Sin.: *Tillandsia buchtienii* H. Winkl., *Tillandsia guentheri* Harms
Ref.: Foster (1958), Smith & Downs (1977), Krömer (1999).
Hierba, epífita. Nativa. Zonas Bajas, Andes. Bosque Húmedo, Yungas, 500–2000 m.
Dept.: LP, SC.
Tipo y muestra: *H.H. Rusby 2163* (HT: NY; fotos: GH), *T. Krömer & A. Acebey 183* (GOET, LPB, SEL).

Tillandsia samaipatensis W. Till, Bromelie 1996(2): 36. 1997.
Ref.: Krömer (1999), Luther (2001), Arroyo Padilla & Villarroel Segarra (2009).
Hierba, epífita. Endémica. Zonas Bajas, Andes. Bosque Semideciduo Chiquitano, Bosque Tucumano-Boliviano, Bosque Serrano Chaqueño, 500–1500 m.
Dept.: LP, SC.
Tipo y muestra: *W. Till 149/2* (HT: LPB; IT: SEL, WU), *M. Kessler et al. 4112* (LPB, SEL).

Tillandsia schreiteri Lillo & A. Cast., Anales Mus. Nac. Hist. Nat. Buenos Aires 36: 56, pls. 12, 15. 1929.
Ref.: Krömer (1999).
Hierba, epífita. Nativa. Andes. Bosque Serrano Chaqueño, 1500–2500 m.
Dept.: TA.
Muestra: *M. Liberman et al. 1847* (LPB, WU).

Tillandsia sphaerocephala Baker, J. Bot. 26: 141. 1888.
Ref.: Foster (1958), Smith & Downs (1977), Ibisch (1996), De la Barra (1997), Krömer (1999), López (2000), Luther (2001), Navarro Sánchez (2001).
Hierba, epífita. Nativa. Andes. Bosque Tucumano-Boliviano, Valles Secos, 1000–4000 m.
Dept.: CH, CO, LP, SC, TA.
Tipo y muestra: *G. Mandon 1188* (HT: K; IT: G, MO; fotos: F, GH), *T. Krömer & A. Acebey 138* (GOET, LPB, SEL).
Infra: *Tillandsia sphaerocephala* var. *tarijensis* Ehlers & L. Hrom.

Tillandsia spiralipetala Gouda, J. Bromeliad Soc. 36(4): 165. 1986.
Sin.: *Tillandsia tricholepis* var. *macrophylla* L.B. Sm.
Ref.: Foster (1958), Ibisch (1996), Krömer (1999), Kessler et al. (2000b).
Hierba, epífita. Nativa. Zonas Bajas, Andes. Bosque Semideciduo Chiquitano, Bosque Tucumano-Boliviano, Bosque Serrano Chaqueño, Valles Secos, 0–1500 m.
Dept.: CH, LP, SC.
Tipo y muestra: *O. Buchtien 1270* (HT: US; IT: E), *M. Kessler et al. 4059* (LPB).

Tillandsia stenoura Harms, Notizbl. Bot. Gart. Berlin–Dahlem 12: 537. 1935.
Ref.: Smith & Downs (1977), Ibisch (1996), Krömer (1999).
Hierba, epífita. Nativa. Andes. Yungas, 2000–3000 m.
Dept.: CO.
Muestra: *P.L. Ibisch et al. 930098* (SEL).
Infra: *Tillandsia stenoura* var. *stenoura*

Tillandsia streptocarpa Baker, J. Bot. 25: 241. 1887.
Sin.: *Tillandsia soratensis* Baker, *Tillandsia condensata* Baker, *Tillandsia apoloensis* Rusby
Ref.: Foster (1958), Ibisch (1996), Gross (1998), Killeen & Schulenberg (1998), Krömer (1999), Kessler et al. (2000b), Navarro Sánchez (2001), Arroyo Padilla & Villarroel Segarra (2009).
Hierba, epífita. Nativa. Zonas Bajas, Andes. Bosque Semideciduo Chiquitano, Bosque Seco Chaqueño, Campos Cerrados, Bosque Tucumano-Boliviano, Bosque Serrano Chaqueño, Valles Secos, 0–3000 m.
Dept.: CH, CO, LP, PO, SC, TA.
Muestra: *M. Kessler et al. 4800* (LPB, SEL).
Infra: *Tillandsia streptocarpa* var. *aureiflora* Rauh

Tillandsia superba Mez & Sodiro, Bull. Herb. Boissier, sér. 2, 4: 1132. 1904.
Ref.: Krömer (1999).
Hierba, epífita. Nativa. Andes. Yungas, 2000–3500 m.
Dept.: CO, LP.
Muestra: *R. Seidel 7015* (LPB, SEL).

Tillandsia tenuifolia L., Sp. Pl. 1: 286. 1753.
Sin.: *Tillandsia pulchella* Hook., *Tillandsia rosea* Lindl., *Tillandsia pulchella* var. *rosea* (Lindl.) Mez, *Tillandsia pulchella* var. *surinamensis* Mez
Ref.: Foster (1958), Smith & Downs (1977), Ibisch et al. (1996), Schulenberg & Awbrey (1997), Killeen & Schulenberg (1998), González et al. (1999), Krömer (1999), Kessler et al. (2000b), Serrano & Terán (1998 [2000]), Navarro Sánchez (2001), Arroyo Padilla & Villarroel Segarra (2009).
Hierba, epífita. Nativa. Zonas Bajas, Andes. Bosque Semideciduo Chiquitano, Bosque Seco Chaqueño, Bosque Tucumano-Boliviano, Valles Secos, 0–3000 m.
Dept.: CH, CO, LP, SC, TA.
Muestra: *R. Seidel 7011* (LPB, SEL).
Infra: *Tillandsia tenuifolia* var. *tenuifolia*, *Tillandsia tenuifolia* var. *surinamensis* (Mez) L.B. Sm.

Tillandsia tovarensis Mez, Monogr. Phan. 9: 769. 1896.
Ref.: Ibisch (1996), Krömer (1999).
Hierba, epífita. Nativa. Andes. Yungas, 2000–3000 m.
Dept.: CO, LP.
Muestra: *M. Kessler et al. 9677* (LPB, SEL).

Tillandsia tricholepis Baker, J. Bot. 16: 237. 1878.
Sin.: *Tillandsia polytrichoides* E. Morren, *Tillandsia tricholepis* var. *argentea* Hassl.
Ref.: Foster (1958), Smith & Downs (1977), Ibisch (1996), Schulenberg & Awbrey (1997), González et al. (1999), Krömer (1999), Kessler et al. (2000b), Serrano & Terán (1998 [2000]), Navarro Sánchez (2001), Arroyo Padilla & Villarroel Segarra (2009).
Hierba, epífita. Nativa. Zonas Bajas, Andes. Bosque Semideciduo Chiquitano, Bosque Seco Chaqueño, Bosque Tucumano-Boliviano, Bosque Serrano Chaqueño, Valles Secos, 0–3000 m.
Dept.: BE, CH, CO, LP, SC, TA.
Tipo y muestra: *G. Mandon 1179* p.p. (HT: K; IT: BM, NY, P, S; fotos: GH), *M. Kessler et al. 6049* (GOET, LPB, SEL).
Infra: *Tillandsia tricholepis* var. *tricholepis*

Tillandsia usneoides (L.) L., Sp. Pl. (ed. 2) 1: 411. 1762.
Sin.: *Renealmia usneoides* L.
Ref.: Foster (1958), Adolfo María (1966), Smith & Downs (1977), López Vargas (1995), Ibisch (1996), Schulenberg & Awbrey (1997), González et al. (1999), Krömer (1999), Kessler et al. (2000b), Serrano & Terán (1998 [2000]), Balderrama & Ramírez (2001), Navarro Sánchez (2001), Arroyo Padilla & Villarroel Segarra (2009).
Hierba, epífita. Nativa. Andes. Bosque Semideciduo Chiquitano, Bosque Tucumano-Boliviano, Bosque Serrano Chaqueño, Páramo Yungueño, Valles Secos, 1000–4000 m.
Dept.: CH, CO, LP, SC, TA.
Muestra: *M. Kessler et al. 4902* (LPB, SEL).
Nom. Vern.: Salvajina.

Tillandsia variabilis Schltdl., Linnaea 18: 418. 1844 [1845].
Sin.: *Tillandsia valenzuelana* A. Rich.
Ref.: Foster (1958), Ibisch (1996), Krömer (1999).
Hierba, epífita. Nativa. Zonas Bajas, Andes. Bosque Húmedo, Yungas, 500–2500 m.
Dept.: CO, LP, SC.
Muestra: *S.G. Beck 12613* (LPB, SEL).

Tillandsia vernicosa Baker, J. Bot. 25: 241. 1887.
Sin.: *Tillandsia polyphylla* Baker
Ref.: Foster (1958), Smith & Downs (1977), Ibisch (1996), Killeen & Schulenberg (1998), Krömer (1999), Navarro Sánchez (2001).
Hierba, epífita. Nativa. Zonas Bajas, Andes. Bosque Semideciduo Chiquitano, Bosque Seco Chaqueño, Campos Cerrados, Bosque Serrano Chaqueño, Valles Secos, 0–2500 m.
Dept.: CH, CO, LP, SC, TA.
Muestra: *M. Kessler et al. 4512* (LPB, SEL).

Tillandsia violascens Mez, Monogr. Phan. 9: 797. 1896.
Ref.: Foster (1958), Smith & Downs (1977), Ibisch (1996), Krömer (1999).
Hierba, epífita. Nativa. Andes. Yungas, 1500–3500 m.
Dept.: CO, LP, SC.
Tipo y muestra: *G. Mandon 1174B* (HT: P; IT: F, BM, GH, P; fotos: F ex P), *M. Kessler et al. 9025* (GOET, LPB, SEL).

Tillandsia virescens Ruiz & Pav., Flora 3: 43, t. 270. 1802.
Sin.: *Tillandsia williamsii* Rusby, *Tillandsia capillaris* fo. *virescens* (Ruiz & Pav.) L.B. Sm., *Tillandsia tomasii* Halda
Ref.: Foster (1958), Ibisch (1996), Krömer (1999), López (2000), Navarro Sánchez (2001), Luther & Rabinowitz (2010).
Hierba, epífita. Nativa. Andes. Bosque Tucumano-Boliviano, Páramo Yungueño, Valles Secos, 1000–4000 m.
Dept.: CH, CO, LP, OR, PO, SC, TA.
Muestra: *M. Kessler et al. 5911* (GOET, LPB, SEL).

Tillandsia walteri Mez, Repert. Spec. Nov. Regni Veg. 3: 43. 1906.
Ref.: Foster (1958), Smith & Downs (1977), Ibisch (1996), Krömer (1999).
Hierba, epífita. Nativa. Andes. Yungas, 2500–3000 m.
Dept.: CO, LP.
Muestra: *M. Kessler et al. 12509* (LPB, SEL).

Tillandsia walter-richteri W. Weber, J. Bromeliad Soc. 34: 102–103, 130. 1988.
Ref.: Krömer (1999).
Hierba, epífita. Endémica. Andes. Bosque Tucumano-Boliviano, 1500–2000 m.
Dept.: TA.
Tipo: *H. Hromadnik 5142* (HT: HAL).
Nota: Conocido solamente del tipo.

Tillandsia wurdackii L.B. Sm., Phytologia 9: 254, t. 4, f. 4–5. 1963.
Ref.: Krömer (2003).
Hierba, epífita. Nativa. Andes. Yungas, 2500–3000 m.
Dept.: LP.
Muestra: *T. Krömer & A. Acebey 1824* (LPB, SEL).

Tillandsia xiphioides Ker Gawl., Bot. Reg. 2: t. 105. 1816.
Ref.: Adolfo María (1966), Ibisch (1996), Krömer (1999), López (2000), Navarro Sánchez (2001).
Hierba, epífita. Nativa. Zonas Bajas, Andes. Bosque Semideciduo Chiquitano, Bosque Seco Chaqueño, Valles Secos, 500–3500 m.
Dept.: CH, CO, LP, PO, TA.
Muestra: *P.L. Ibisch & P. Rojas 403* (BOLV, LPB).
Infra: *Tillandsia xiphioides* var. *xiphioides*, *Tillandsia xiphioides* var. *lutea* L. Hrom., *Tillandsia xiphioides* subsp. *prolata* H. Luther

Tillandsia yuncharaensis W. Till, J. Bromeliad Soc. 40: 214–216. 1990.
Ref.: Krömer (1999).
Hierba, epífita. Endémica. Andes. Valles Secos, 3000–3500 m.
Dept.: TA.
Tipo: *W. Till et al. WT55* (HT: WU).
Nota: Conocido solamente del tipo.

Vriesea Lindl., Edwards's Bot. Reg. 29: t. 10. 1843.
10 especies, 0 especies endémicas.

Vriesea chontalensis (Baker) L.B. Sm., Contr. U.S. Natl. Herb. 29: 518. 1951.
Sin.: *Tillandsia chontalensis* Baker
Ref.: Krömer (1999).
Hierba, epífita. Nativa. Andes. Yungas, 1000–1500 m.
Dept.: LP.
Muestra: *M. Kessler et al. 9872* (LPB).

Vriesea chrysostachys E. Morren, Belgique Hort. 31: 87. 1881.
Ref.: Krömer (1999).
Hierba, epífita. Nativa. Zonas Bajas, Andes. Bosque Húmedo, Yungas, 500–1500 m.
Dept.: LP.
Muestra: *T. Krömer & A. Acebey 706* (GOET, LPB, SEL).

Vriesea friburgensis Mez, Fl. Bras. 3(3): 537. 1894.
Ref.: Ibisch (1996), Schulenberg & Awbrey (1997), González et al. (1999), Krömer (1999), Serrano & Terán (1998 [2000]), Navarro Sánchez (2001), Arroyo Padilla & Villarroel Segarra (2009).
Hierba, epífita. Nativa. Zonas Bajas, Andes. Bosque Semideciduo Chiquitano, Bosque Seco Chaqueño, Yungas, Bosque Tucumano-Boliviano, 500–1500 m.
Dept.: CH, SC, TA.
Muestra: *J.R.I. Wood & D. Villarroel*

23972 (K, LPB, USZ).
Infra: *Vriesea friburgensis* var. *tucumanensis* (Mez) L.B. Sm.

Vriesea heliconioides (Kunth) Hook. ex Walp., Ann. Bot. Syst. 3: 623. 1852.
Sin.: *Tillandsia heliconioides* Kunth, *Guzmania obtusa* Rusby
Ref.: Foster (1958), Smith & Downs (1977), Ibisch (1996), Krömer (1999).
Hierba, epífita. Nativa. Zonas Bajas. Bosque Húmedo, Campos Cerrados, 0–500 m.
Dept.: BE, LP, SC.
Muestra: *J.C. Solomon 6431* (LPB, MO, SEL).
Infra: *Vriesea heliconioides* var. *heliconioides*

Vriesea heterandra (André) L.B. Sm., Contr. U.S. Natl. Herb. 29(10): 443. 1951.
Sin.: *Tillandsia heterandra* André
Ref.: Foster (1958), Smith & Downs (1977), Ibisch (1996), Krömer (1999), Krömer & Kessler (2004).
Hierba, epífita. Nativa. Zonas Bajas, Andes. Bosque Húmedo, Yungas, Bosque Tucumano-Boliviano, 500–2000 m.
Dept.: LP, SC, TA.
Muestra: *M. Kessler et al. 9875* (GOET, LPB, SEL).

Vriesea maxoniana (L.B. Sm.) L.B. Sm., Phytologia 6: 441. 1959.
Sin.: *Tillandsia maxoniana* L.B. Sm., *Vriesea icterica* A. Cast.
Ref.: Foster (1958), Smith & Downs (1977), Ibisch (1996), Schulenberg & Awbrey (1997), González et al. (1999), Krömer (1999), Kessler et al. (2000b), Serrano & Terán (1998 [2000]), Navarro Sánchez (2001), Arroyo Padilla & Villarroel Segarra (2009).
Hierba, epífita. Nativa. Zonas Bajas, Andes. Bosque Húmedo, Bosque Semideciduo Chiquitano, Campos Cerrados, Yungas, Bosque Tucumano-Boliviano, 500–2000 m.
Dept.: CH, LP, SC, TA.
Tipo y muestra: *O. Buchtien 4538* (HT: US; fotos: GH), *B. Holst et al. 4801* (USZ).

Vriesea patula (Mez) L.B. Sm., Phytologia 5: 288. 1955.
Sin.: *Tillandsia patula* Mez
Ref.: Bach (2004).
Hierba, epífita. Nativa. Andes. Yungas, 2500–3000 m.
Dept.: LP.
Muestra: *K. Bach 980* (LPB, SEL).
Nota: La identificación de H. Luther es tentativa fide Bach (2004).

Vriesea platynema Gaudich., Voy. Bonite, Bot. t. 66. 1843.
Ref.: Krömer (1999).
Hierba, epífita. Nativa. Andes. Yungas, 1000–1500 m.
Dept.: LP.
Muestra: *M. Kessler et al. 10196* (GOET, LPB, SEL).

Vriesea rubra (Ruiz & Pav.) Beer, Fam. Bromel. 98. 1856.
Sin.: *Tillandsia rubra* Ruiz & Pav.
Ref.: Foster (1958), Smith & Downs (1977), Krömer (1999).
Hierba, epífita. Nativa. Zonas Bajas. Bosque Húmedo, 0–1000 m.
Dept.: BE, LP.
Muestra: *T. Krömer & A. Acebey 1* (LPB, SEL).

Vriesea tequendamae (André) L.B. Sm., Contr. U.S. Natl. Herb. 29: 444. 1951.
Sin.: *Tillandsia tequendamae* André
Ref.: Krömer (2003), Krömer et al. (2007).
Hierba, epífita. Nativa. Andes. Yungas, 1500–2000 m.
Dept.: LP.
Muestra: *T. Krömer & A. Acebey 1559* (GOET, LPB, SEL).

Werauhia J.R. Grant, Trop. Subtrop. Pflanzenwelt 91: 28. 1995.
3 especies, 1 especie endémica.

Werauhia boliviana H. Luther, Selbyana 19(2): 218, f. 2. 1998.
Ref.: Luther (1998), Krömer (1999), Luther (2001).
Hierba, epífita. Endémica. Zonas Bajas. Bosque Húmedo, 500–1000 m.
Dept.: LP.
Tipo: *M. Kessler 3907* (HT: SEL; IT: LPB).
Nota: Conocido solamente del tipo.

Werauhia gladioliflora (H. Wendl.) J.R. Grant, Trop. Subtrop. Pflanzenwelt 91: 31, f. 2. 1995.
Sin.: *Tillandsia gladioliflora* H. Wendl.
Ref.: Krömer (1999), Krömer et al. (2007).
Hierba, epífita. Nativa. Zonas Bajas, Andes. Bosque Húmedo, Yungas, 0–1500 m.
Dept.: CO, LP.
Muestra: *M. Kessler et al. 9874* (GOET, LPB, SEL).

Werauhia sanguinolenta (Cogn. & Marchal) J.R. Grant, Trop. Subtrop. Pflanzenwelt 91: 35. 1995.
Sin.: *Vriesea sanguinolenta* Cogn. & Marchal
Ref.: Krömer (1999), Acebey & Krömer (2001).
Hierba, epífita. Nativa. Zonas Bajas. Bosque Húmedo, 0–1000 m.
Dept.: LP, SC.
Muestra: *T. Krömer & A. Acebey 1411* (LPB, SEL).

BRUNELLIACEAE Engl., Nat. Pflanzenfam. 1: 182. 1897.

Por C.I. Orozco (COL); revisado por S.G. Beck (LPB), M. Nee (NY), P.M. Jørgensen (MO).
1 género, 5 especies, 2 especies endémicas.

Brunellia Ruiz & Pav., Fl. Peruv. Prodr. 71. 1794.
5 especies, 2 especies endémicas.

Brunellia boliviana Britton ex Rusby, Mem. Torrey Bot. Club 3(3): 13–14. 1893.
Sin.: *Apopetalum pinnatum* Pax, *Brunellia brittonii* Rusby, *Brunellia pinnata* (Pax) Cuatrec., *Brunellia boliviana* var. *brittonii* (Rusby) Cuatrec.
Ref.: Rusby (1893b), Cuatrecasas (1970a), Cuatrecasas (1985), Gutiérrez Crespo (1993a), Navarro Sánchez & Ferreira (2000), Orozco Pardo (2002).
Árbol. Endémica. Andes. Yungas, 2000–3500 m.
Dept.: CO, LP.
Tipo y muestra: *M. Bang 664* (HT: NY; IT: BM, F, G, GH, GH, LE, MO-1831522, NY, NY, US, US, W; fotos: COL ex F), *M.A. Lewis 40829* (COL, LPB, MO).
Nom. Vern.: Ceja de la montaña, nogal.

[Brunellia integrifolia Szyszył.], Diss. Math. Nat. Acad. Litt. Cracov. 27: 141. 1894.
Ref.: Fuentes Claros et al. (2009).
Nota: El registro se basa en material mal identificado.

Brunellia littlei Cuatrec., Phytologia 4: 482. 1954.
Ref.: Cuatrecasas (1970a), Cuatrecasas (1985), Orozco Pardo (2002).
Árbol. Nativa. Andes. Yungas, 2000–2500 m.
Dept.: LP.
Muestra: *A.H. Gentry & J.C. Solomon 44385* (AAU, COL, MO, NY, US).

Brunellia oliveri Britton, Bull. Torrey Bot. Club 16: 160. 1889.
Sin.: *Cedrela brunellioides* Rusby, *Brunellia cutervensis* Cuatrec.

Ref.: Foster (1958), Cuatrecasas (1970a), Cuatrecasas (1985), Gutiérrez Crespo (1993a), Navarro Sánchez & Ferreira (2000), Orozco Pardo (2002).
Árbol. Nativa. Andes. Yungas, 1000–2000, 2500–3000 m.
Dept.: LP.
Muestra: *T. Killeen 4309* (COL, LPB, MO).
Nota: El tipo de *Cedrela brunellioides* es una colección mixta de *B. oliveri* y *C. fissilis*.
Nom. Vern.: Cedro, nogalillo.

Brunellia rhoides Rusby, Bull. New York Bot. Gard. 4: 310–311. 1907.
Sin.: *Brunellia crenata* Engl.
Ref.: Foster (1958), Cuatrecasas (1970a), Cuatrecasas (1985), Gutiérrez Crespo (1993a), Orozco Pardo (2002).
Árbol. Endémica. Andes. Yungas, 1500–3000 m.
Dept.: CO, LP, SC.
Tipo y muestra: *M. Bang 839* (HT: NY; IT: BM, F, G, GH, LE, NY, US, US, W; fotos: COL ex NY), *M.A. Lewis 37351* (COL, LPB, MO).

Brunellia sibundoya Cuatrec., Revista Acad. Colomb. Ci. Exact. 5: 35. 1942.
Sin.: *Brunellia coroicoana* Cuatrec., *Brunellia sibundoya* subsp. *sebastopola* Cuatrec., *Brunellia antioquensis* (Cuatrec.) Cuatrec.
Ref.: Cuatrecasas (1942a), Cuatrecasas (1970a), Cuatrecasas (1985), Orozco Pardo (1991), Gutiérrez Crespo (1993a), Orozco Pardo (2002).
Árbol. Nativa. Andes. Yungas, 2000–3000 m.
Dept.: LP.
Muestra: *J.C. Solomon 9317* (LPB, MO).

BUDDLEJACEAE K. Wilh., Samenpflanzen 90. 1910.

Nota: Parte de Scrophulariaceae (APG III 2009).

BURMANNIACEAE Blume, Enum. Pl. Javae 27. 1827.

Por P.M. Jørgensen (MO); revisado por P.J.M. Maas (U), S.G. Beck (LPB), M. Nee (NY).
5 géneros, 12 especies, 0 especies endémicas.

Apteria Nutt., J. Acad. Nat. Sci. Philadelphia 7(1): 64–66, pl. 9, f. 2. 1834.
1 especie, 0 especies endémicas.

Apteria aphylla (Nutt.) Barnhart ex Small, Fl. S.E. U.S. 309. 1903.
Sin.: *Lobelia aphylla* Nutt., *Apteria boliviana* Rusby, *Apteria gentianoides* Jonker
Ref.: Foster (1958), Parker & Bailey (1991), Maas van de Kamer (1998).
Hierba. Nativa. Andes. Yungas, Páramo Yungueño, 1500–2500, 3500–4000 m.
Dept.: LP.
Muestra: *A. Fuentes et al. 8931* (LPB).

Burmannia L., Sp. Pl. 1: 287. 1753.
7 especies, 0 especies endémicas.

Burmannia alba Mart., Nov. Gen. Sp. Pl. 1: 12. 1823.
Hierba. Nativa. Zonas Bajas. Bosque Semideciduo Chiquitano, 500–1000 m.
Dept.: SC.
Muestra: *J.R.I. Wood 20700* (K, LPB).

Burmannia australis Malme, Kongl. Svenska Vetensk. Acad. Handl. 22(3/8): 25, pl. 1, f. 1. 1896.
Ref.: Maas et al. (1986).
Hierba. Nativa. Zonas Bajas. Campos Cerrados, 0–1000 m.
Dept.: BE, SC.
Muestra: *A. Krapovickas & A. Schinini 32387* (MO).

Burmannia bicolor Mart., Nov. Gen. Sp. Pl. 1: 10, pl. 5, f. 3. 1823.
Ref.: Maas et al. (1986), Killeen & Schulenberg (1998), Wood et al. (2011).
Hierba. Nativa. Zonas Bajas. Campos Cerrados, Sabanas Benianas del Norte, 0–1000 m.
Dept.: BE, SC.
Muestra: *T. Killeen et al. 4701* (MO, USZ).

Burmannia capitata (Walter ex J.F. Gmel.) Mart., Nov. Gen. Sp. Pl. 1: 12. 1823.
Sin.: *Vogelia capitata* Walter ex J.F. Gmel.
Ref.: Maas et al. (1986), Parker & Bailey (1991).
Hierba. Nativa. Zonas Bajas. Campos Cerrados, Sabanas Benianas del Sur, Campos Amazónicos, 0–1000 m.
Dept.: LP, SC.
Muestra: *S.G. Beck & R. Haase 10112* (LPB, U).

Burmannia flava Mart., Nov. Gen. Sp. Pl. 1: 11, pl. 5, f. 3. 1823.
Ref.: Maas et al. (1986), Killeen & Schulenberg (1998).
Hierba. Nativa. Zonas Bajas. Campos Cerrados, Campos Amazónicos, 0–1000 m.
Dept.: LP, SC.
Muestra: *J.C. Solomon 18522* (LPB, MO).

Burmannia grandiflora Malme, Bih. Kongl. Svenska Vetensk.-Akad. Handl. 22(3,8): 27, t. 1, f. 2. 1896.
Ref.: Maas et al. (1986), Killeen & Schulenberg (1998), Wood et al. (2011).
Hierba. Nativa. Zonas Bajas. Campos Cerrados, 0–500 m.
Dept.: SC.
Muestra: *L. Sánchez et al. 332* (MO, USZ).

Burmannia tenella Benth., Hooker's J. Bot. Kew Gard. Misc. 7: 12. 1855.
Ref.: Maas et al. (1986), Killeen & Schulenberg (1998).
Hierba. Nativa. Zonas Bajas, Andes. Bosque Húmedo, Yungas, 0–1500 m.
Dept.: LP, SC.
Muestra: *M. Bang 1563* p.p. (G, GH, K, NY, PH, S, U, US, Z).

Dictyostega Miers, Proc. Linn. Soc. Lond. 1: 61. 1840.
1 especie, 0 especies endémicas.

Dictyostega orobanchoides (Hook.) Miers, Proc. Linn. Soc. Lond. 1: 61. 1840.
Sin.: *Apteria orobanchoides* Hook., *Dictyostega purdieana* Benth., *Dictyostega schomburgkii* var. *parviflora* Benth., *Gymnosiphon orobanchoides* Rusby
Ref.: Maas et al. (1986), Maas van de Kamer (1998).
Hierba. Nativa. Zonas Bajas, Andes. Bosque Húmedo, Yungas, 0–500, 1500–2000 m.
Dept.: CO, LP.
Muestra: *S.G. Beck 27746* (BOLV, LPB, M, MO, USZ).
Infra: *Dictyostega orobanchoides* subsp. *parviflora* (Benth.) Snelders & Maas, *Dictyostega orobanchoides* subsp. *purdieana* (Benth.) Snelders & Maas

Gymnosiphon Blume, Enum. Pl. Javae 1: 29. 1827.
2 especies, 0 especies endémicas.

Gymnosiphon breviflorus Gleason, Bull. Torrey Bot. Club 56: 22. 1929.
Ref.: Maas et al. (1986).
Hierba. Nativa. Zonas Bajas. Bosque Húmedo, 0–500 m.
Dept.: LP.
Muestra: *S.G. Beck 466A* (LPB, U).

Gymnosiphon tenellus (Benth.) Urb., Symb. Antill. 3(3): 438. 1903.
Sin.: *Ptychomeria tenella* Benth.
Ref.: Maas et al. (1986).
Hierba. Nativa. Zonas Bajas. Bosque Húmedo, 0–500 m.
Dept.: LP.
Muestra: *A. Fuentes & V. Cardona 4160* (LPB).

Thismia Griff., Proc. Linn. Soc. Lond. 1: 221. 1844.
1 especie, 0 especies endémicas.

Thismia panamensis (Standl.) Jonker, Monogr. Burmann. 234. 1938.
Sin.: *Ophiomeris panamensis* Standl.
Ref.: Fuentes Claros et al. (2009).
Hierba. Nativa. Zonas Bajas. Bosque Húmedo, 0–500 m.
Dept.: LP.
Muestra: *A. Fuentes et al. 4025* (LPB).

BURSERACEAE Kunth, Ann. Sci. Nat. (Paris) 2: 346. 1824.

Por D. Daly (NY); revisado por S.G. Beck (LPB), P.M. Jørgensen (MO).
6 géneros, 26 especies, 1 especie endémica.

Commiphora Jacq., Pl. Hort. Schoenbr. 2: 66. 1797.
1 especie, 0 especies endémicas.

Commiphora leptophloeos (Mart.) J.B. Gillett, Kew Bull. 34(3): 582. 1980.
Sin.: *Bursera leptophloeos* Mart., *Bursera martiana* Engl., *Bursera orinocensis* Engl.
Ref.: Llanque (1993), Daly (1997), Killeen & Schulenberg (1998), Jardim et al. (2003), Wood et al. (2011).
Arbusto, arbolito, árbol. Nativa. Zonas Bajas. Bosque Semideciduo Chiquitano, Campos Cerrados, 0–1000 m.
Dept.: SC.
Muestra: *R. Seidel 3100* (CTES, LPB, M, NY, SI, SPF, USZ).
Nom. Vern.: Nubatarrirr, piñón bravo, piñón del monte.

Crepidospermum Hook. f., Gen. Pl. 1: 325. 1862.
1 especie, 0 especies endémicas.

Crepidospermum goudotianum (Tul.) Triana & Planch., Ann. Sci. Nat., Bot., sér. 5, 14: 300. 1872.
Sin.: *Icica goudotiana* Tul.
Ref.: Llanque (1993), Daly (1997), Killeen & Schulenberg (1998).
Árbol. Nativa. Zonas Bajas. Bosque Húmedo, 0–1000 m.
Dept.: BE, SC.
Muestra: *B.M. Boom 4133* (LPB, NY).

[Crepidospermum rhoifolium (Benth.) Triana & Planch.], Ann. Sci. Nat., Bot., sér. 5, 14: 300. 1872.
Sin.: *Hedwigia rhoifolia* Benth.
Ref.: Killeen & Schulenberg (1998).
Nota: El registro se basa en material mal identificado de *C. goudotianum*.

Dacryodes Vahl, Skr. Naturhist.-Selsk. 6: 116. 1810.
3 especies, 0 especies endémicas.

Dacryodes belemensis Cuatrec., Trop. Woods 106: 58. 1957.
Sin.: *Dacryodes kukachkana* L.O. Williams
Árbol. Nativa. Zonas Bajas. Bosque Húmedo, 0–500 m.
Dept.: LP.
Muestra: *J. Rodríguez 716* (LPB, NY).

Dacryodes microcarpa Cuatrec., Trop. Woods 106: 60. 1957.
Árbol. Nativa. Zonas Bajas. Bosque Húmedo, 0–500 m.
Dept.: BE.
Muestra: *W.R. Anderson 11995* (NY).

[Dacryodes nitens Cuatrec.], Trop. Woods 106: 64. 1957.
Ref.: Killeen & Schulenberg (1998).
Nota: El registro se basa en material mal identificado de *Tetragastris altissima*.

Dacryodes paraensis Cuatrec., Trop. Woods 106: 57. 1957.
Ref.: Daly (1997).
Árbol. Nativa. Zonas Bajas. Bosque Húmedo, 0–500 m.
Dept.: BE.
Muestra: *L.R.C. de Michel & M.E. Capra 2388* (LPB, NY).

[Dacryodes peruviana (Loes.) H.J. Lam], Bull. Jard. Bot. Buitenzorg, sér. 3, 12(3/4): 336. 1932.
Sin.: *Pachylobus peruvianus* Loes.
Ref.: Llanque (1993).
Nota: El registro se basa en material mal identificado de *Protium meridionale*.

Protium Burm. f., Fl. Indica 88. 1768.
15 especies, 1 especie endémica.

[Protium altsonii Sandwith], Bull. Misc. Inform. Kew 1928: 369. 1928.
Nota: Especie dudosa. No ha sido documentada con certeza en Bolivia.

Protium amazonicum (Cuatrec.) Daly, Fl. Venez. Guayana 3: 713. 1997.
Sin.: *Paraprotium amazonicum* Cuatrec.
Ref.: Daly (1997).
Árbol. Nativa. Zonas Bajas. Bosque Húmedo, 0–500 m.
Dept.: BE, PA.
Muestra: *G. Meyer 399* (NY).
Nom. Vern.: Isigo.

Protium aracouchini (Aubl.) Marchand, Adansonia 8: 51–52. 1867.
Sin.: *Icica aracouchini* Aubl., *Protium divaricatum* var. *intermedium* Swart
Ref.: Llanque (1993), Daly (1997), Killeen & Schulenberg (1998).
Arbolito, árbol. Nativa. Zonas Bajas. Bosque Húmedo, 0–500 m.
Dept.: BE, PA, SC.
Muestra: *G.T. Prance 5792* (MO, NY).
Nom. Vern.: Uvilla.

Protium carnosum A.C. Sm., Brittonia 2: 153. 1936.
Ref.: Llanque (1993).
Árbol. Nativa. Zonas Bajas. Bosque Húmedo, 0–500 m.
Dept.: BE.
Muestra: *D.C. Daly et al. 2090* (LPB, NY).
Nom. Vern.: Isiga, isigo blanco, yuba negra.

Protium glabrescens Swart, Recueil Trav. Bot. Néerl. 39: 194. 1942.
Ref.: Macbride (1949a), Killeen & Schulenberg (1998).
Árbol. Nativa. Zonas Bajas. Bosque Húmedo, 0–500 m.
Dept.: BE, CO, LP, SC.
Muestra: *A. Jardim 1016* (F, K, MO, NY, USZ).
Nom. Vern.: Coloradillo.

[Protium grandifolium Engl.], Fl. Bras. 12(2): 269. 1874.
Sin.: *Protium llewelynii* J.F. Macbr.
Ref.: Foster (1958), Llanque (1993).
Nota: El registro se basa en material mal identificado. Esta especie no se encuentra en Bolivia.

[Protium guianense (Aubl.) Marchand], Adansonia 8: 52. 1867.
Sin.: *Icica guianensis* Aubl.
Ref.: Foster (1958), Llanque (1993), Killeen & Schulenberg (1998).
Nota: El registro se basa en material mal identificado. Esta especie no se encuentra en Bolivia.

Protium heptaphyllum (Aubl.) Marchand, Vidensk. Meddel. Dansk Naturhist. Foren. Kjøbenhavn 5: 54. 1873.
Sin.: *Icica heptaphylla* Aubl., *Protium heptaphyllum* var. *floribundum* Swart, *Protium heptaphyllum* var. *multiflorum* (Engl.) Swart, *Protium heptaphyllum* var. *surinamense* (Miq.) Swart, *Protium octandrum* Swart, *Protium hostmannii* var. *brasiliense* Swart
Ref.: Foster (1958), Moraes R. (1990), Llanque (1993), Daly (1997), Killeen & Schulenberg (1998), Mostacedo C. & Uslar (1999), Jardim et al. (2003).
Arbusto, árbol. Nativa. Zonas Bajas. Bosque Semideciduo Chiquitano, Sabanas Benianas del Sur, Campos Amazónicos, 0–1000 m.
Dept.: BE, LP, SC.
Muestra: *M. Saldias & L. Coimbra 4807* (LPB, NY, USZ).
Infra: *Protium heptaphyllum* subsp. *heptaphyllum*, *Protium heptaphyllum* var. *brasiliense* Engl.
Nom. Vern.: Isiga.

Protium meridionale Swart, Acta Bot. Neerl. 1(2): 246–247, f. 2. 1952.
Ref.: Foster (1958), Llanque (1993).
Árbol. Nativa. Zonas Bajas. Bosque Húmedo, 0–1000 m.
Dept.: BE, LP, PA, SC.
Tipo y muestra: *B.A. Krukoff 10877* (T: A, LPB), *A.F. Fuentes C. et al. 4603* (AAU, LPB, MO, NY).

Protium montanum Swart, Acta Bot. Neerl. 1: 247. 1952.
Ref.: Foster (1958), Llanque (1993).
Árbol. Endémica. Zonas Bajas, Andes. Bosque Húmedo, Yungas, 500–2000 m.
Dept.: LP.
Tipo y muestra: *B.A. Krukoff 11014* (T: A, LPB, MO, NY, U, US), *B.A. Krukoff 10915* (A, LPB, NY).

[Protium opacum Swart], Recueil Trav. Bot. Néerl. 39: 200. 1942.
Ref.: Llanque (1993).
Nota: El registro se basa en material mal identificado. Esta especie no crece en Bolivia.

Protium ovatum Engl., Fl. Bras. 12(2): 264, pl. 52. 1874.
Ref.: Foster (1958), Llanque (1993), Killeen & Schulenberg (1998).
Arbusto, arbolito. Nativa. Zonas Bajas. Campos Cerrados, 0–1000 m.
Dept.: SC.
Muestra: *B. Mostacedo & S. Cabrera 2039* (USZ).

Protium pilosissimum Engl., Monogr. Phan. 4: 80. 1883.
Ref.: Killeen & Schulenberg (1998).
Árbol. Nativa. Zonas Bajas. Bosque Húmedo, 0–1000 m.
Dept.: BE, CO, SC.
Muestra: *J.R.I. Wood 10078* (BOLV, K, LPB).

[Protium pilosum (Cuatrec.) Daly], Brittonia 41(1): 24. 1989.
Sin.: *Tetragastris pilosa* Cuatrec.
Ref.: Llanque (1993).
Nota: El registro se basa en material mal identificado. Esta especie no crece en Bolivia.

Protium puncticulatum J.F. Macbr., Candollea 5: 377–378. 1934.
Sin.: *Protium juruense* Swart
Ref.: Macbride (1949a), Llanque (1993).
Arbolito, árbol. Nativa. Zonas Bajas. Bosque Húmedo, 0–1000 m.
Dept.: BE, LP, PA, SC.
Muestra: *D.C. Daly 6528* (MO, NY).

Protium rhynchophyllum (Rusby) Daly, Monogr. Syst. Bot. Missouri Bot. Gard. 127: 1271. 2014.
Sin.: *Icica rhynchophylla* Rusby
Arbolito, árbol. Nativa. Zonas Bajas. Bosque Húmedo, 0–1000 m.
Dept.: BE, LP, PA.
Tipo y muestra: *H.H. Rusby 1592* (LT: NY), *D.C. Daly et al. 6581* (LPB, NY).
Nom. Vern.: Coloradillo.

Protium robustum (Swart) D.M. Porter, Ann. Missouri Bot. Gard. 56(3): 476. 1969 [1970].
Sin.: *Protium neglectum* var. *robustum* Swart
Arbolito, árbol. Nativa. Zonas Bajas. Bosque Húmedo, 0–500 m.
Dept.: PA.
Muestra: *G.T. Prance et al. 6491* (MO, NY).

Protium sagotianum Marchand, Adansonia 8: 69, f. 1. 1867 [1868].
Sin.: *Protium peruvianum* Swart
Ref.: Foster (1958), Llanque (1993), Daly (1997), Killeen & Schulenberg (1998), Alverson et al. (2000).
Arbusto, arbolito, árbol. Nativa. Zonas Bajas. Bosque Húmedo, 0–500 m.
Dept.: BE, LP, PA, SC.
Muestra: *D.C. Daly 6258* (LPB, MO, NY).
Nom. Vern.: Coloradillo, isigo, isiguillo rosa.

Protium spruceanum (Benth.) Engl., Fl. Bras. 12(2): 276. 1874.
Sin.: *Icica spruceana* Benth., *Protium almecega* L. Marchand
Ref.: Daly (1997), Killeen & Schulenberg (1998).
Arbolito, árbol. Nativa. Zonas Bajas. Sabanas Benianas del Norte, Sabanas Benianas del Sur, 0–1000 m.
Dept.: PA.
Muestra: *S.N. Panfil et al. 69* (USZ).

[Protium tenuifolium (Engl.) Engl.], Monogr. Phan. 4: 76–77. 1883.
Sin.: *Icicopsis tenuifolia* Engl.
Ref.: Foster (1958), Llanque (1993).
Nota: El registro se basa en material mal identificado. Esta especie no se encuentra en Bolivia.

Protium unifoliolatum Engl., Fl. Bras. 12(2): 262. 1874.
Sin.: *Icica pubescens* Benth., *Protium pubescens* (Benth.) Engl., *Protium benthamii* Swart, *Tetragastris unifoliolata* (Engl.) Cuatrec.
Ref.: Moraes R. (1990), Parker & Bailey (1991), Llanque (1993), Daly (1997), Killeen & Schulenberg (1998).
Arbusto, arbolito, árbol. Nativa. Zonas Bajas. Bosque Húmedo, 0–500 m.
Dept.: BE, LP, PA, SC.
Muestra: *D.C. Daly et al. 6249* (LPB, MO, NY).
Nom. Vern.: Bimichexe.

Tetragastris Gaertn., Fruct. Sem. Pl. 2: 130. 1790.
2 especies, 0 especies endémicas.

Tetragastris altissima (Aubl.) Swart, Meded. Bot. Mus. Herb. Rijks Univ. Utrecht 90: 413. 1942.
Sin.: *Icica altissima* Aubl., *Tetragastris phanerosepala* Sandwith
Ref.: Macbride (1949a), Moraes R. (1990), Parker & Bailey (1991), Llanque (1993), Daly (1997), Killeen & Schulenberg (1998), Alverson et al. (2000), Montambault (2002).
Árbol. Nativa. Zonas Bajas. Bosque Húmedo, 0–1000 m.
Dept.: BE, LP, PA, SC.
Muestra: *D.C. Daly et al. 6244* (LPB, MO, NY).
Nom. Vern.: Coloradillo, copal, isigo, isigo blanco, isigo colorado, japunaki, japunaki colorado, lagunero, nafa.

Tetragastris panamensis (Engl.) Kuntze, Revis. Gen. Pl. 1: 107. 1891.
Sin.: *Hedwigia panamensis* Engl., *Tetragastris stevensonii* Standl., *Tetragastris paraensis* Cuatrec.
Ref.: Macbride (1949a), Moraes R. (1990), Llanque (1993), Daly (1997), Alverson et al. (2000), Arrázola Rivero

et al. (2000), Montambault (2002).
Árbol. Nativa. Zonas Bajas. Bosque Húmedo, 0–500 m.
Dept.: BE, LP, PA.
Muestra: *S.G. Beck 19501* (LPB).
Nom. Vern.: Fariña seca, isiga, isigo, isiguillo.

Trattinnickia Willd., Sp. Pl. 4(2): 975. 1806.
4 especies, 0 especies endémicas.

Trattinnickia boliviana (Swart) Daly, Kew Bull. 54(1): 130. 1999.
Sin.: *Trattinnickia lawrancei* var. *boliviana* Swart
Ref.: Foster (1958), Llanque (1993), Daly (1997), Daly (1999).
Árbol. Nativa. Zonas Bajas. Bosque Húmedo, 0–500 m.
Dept.: BE, LP.
Tipo y muestra: *B.A. Krukoff 10767* (HT: U; IT: GH, MO, NY), *B.A. Krukoff 10889* (A, LPB).
Nom. Vern.: Xetohitsa.

Trattinnickia burserifolia Mart., Nov. Gen. Sp. Pl. 3: 93, t. 239. 1829.
Sin.: *Trattinnickia subchoripetala* Swart
Ref.: Daly (1997), Killeen & Schulenberg (1998).
Arbolito, árbol. Nativa. Zonas Bajas. Bosque Húmedo, 0–500 m.
Dept.: LP, SC.
Muestra: *A. Jardim 2542* (AAU, MO, NY, USZ).

Trattinnickia peruviana Loes., Bot. Jahrb. Syst. 37: 569. 1906.
Ref.: Macbride (1949a).
Árbol. Nativa. Zonas Bajas. Bosque Húmedo, 0–500 m.
Dept.: BE, LP, SC.
Muestra: *A. Araujo M. et al. 3039* (LPB, MO, NY, USZ).
Nom. Vern.: Xetohitsa.

Trattinnickia rhoifolia Willd., Sp. Pl. 975. 1806.
Ref.: Foster (1958), Llanque (1993), Daly (1997), Killeen & Schulenberg (1998).
Árbol. Nativa. Zonas Bajas. Bosque Húmedo, 0–500 m.
Dept.: SC.
Muestra: *I.G. Vargas et al. 3845* (LPB, MO, NY, USZ).

BUXACEAE Dumort., Comment. Bot. 54. 1822.

Por G. Aymard (PORT); revisado por S.G. Beck (LPB), M. Nee (NY), P.M. Jørgensen (MO).
2 géneros, 5 especies, 2 especies endémicas.

Buxus L., Sp. Pl. 2: 983. 1753.
1 especie, 0 especies endémicas.

Buxus sempervirens L., Sp. Pl. 2: 983. 1753.
Arbusto, arbolito, árbol. Cultivada. Andes. Yungas, 3500–4000 m.
Dept.: LP.
Muestra: *J.C. Solomon & R. Zeballos 15544* (LPB, MO).

Styloceras Kunth ex A. Juss., Euphorb. Gen. 53. 1824.
4 especies, 2 especies endémicas.

Styloceras brokawii A.H. Gentry & R.B. Foster, Ann. Missouri Bot. Gard. 68(1): 122. 1981.
Ref.: Gentry & Aymard C. (1993), Vargas Salazar (1993d), von Balthazar & Endress (2002), Torrez Flores & Jørgensen (2010).
Arbolito, árbol. Nativa. Zonas Bajas, Andes. Bosque Húmedo, Yungas, 0–1500 m.
Dept.: BE, CO, LP, SC.
Muestra: *J.C. Solomon 13900* (LPB, MO, NY).

Styloceras columnare Müll. Arg., Prodr. 16(1): 10. 1869.
Ref.: Foster (1958), Gentry & Aymard C. (1993), Vargas Salazar (1993d), Torrez Flores & Jørgensen (2010), Ministerio de Medio Ambiente y Agua (2012 [2013]).
Arbolito, árbol. Endémica. Andes. Yungas, 2500–3500 m.
Dept.: LP.
Tipo y muestra: *G. Mandon 1084* (HT: G; IT: GH; fotos: F ex G), *M.A. Lewis 881063* (LPB, MO).

Styloceras connatum Torrez & P. Jørg., Novon 20(3): 363–366, f. 1. 2010.
Arbusto, árbol. Endémica. Zonas Bajas, Andes. Bosque Húmedo, Yungas, 500–2000 m.
Dept.: BE, LP.
Tipo y muestra: *C.B. Maldonado et al. 2772* (HT: LPB; IT: BOLV, CTES, HSB, MA, MO, USZ), *J.C. Solomon 13947* (MO).

Styloceras laurifolium (Willd.) Kunth, Nov. Gen. Sp. (quarto ed.) 7: 173. 1825.
Sin.: *Trophis laurifolia* Willd.
Ref.: Torrez Flores & Jørgensen (2010), Ministerio de Medio Ambiente y Agua (2012 [2013]).
Árbol. Nativa. Andes. Yungas, 2500–3000 m.
Dept.: CO, LP.
Muestra: *A.F. Fuentes C. 10227* (BOLV, LPB, MA, MO, NY, USZ).

CABOMBACEAE Rich. ex A. Rich., Dict. Class. Hist. Nat. 2: 608. 1822.

Por J.H. Wiersema (BARC) y N. Ritter (CSU, Stanislaus Endangered Species Recovery Program); revisado por M. Ørgaard (CP), S.G. Beck (LPB), M. Nee (NY), P.M. Jørgensen (MO).
1 género, 3 especies, 0 especies endémicas.

Cabomba Aubl., Hist. Pl. Guiane 1: 321, pl. 124. 1775.
3 especies, 0 especies endémicas.

Cabomba aquatica Aubl., Hist. Pl. Guiane 1: 321, t. 124. 1775.
Ref.: Ørgaard (1991).
Hierba, acuática. Nativa. Zonas Bajas. Sabanas Benianas del Sur, 0–500 m.
Dept.: BE.
Muestra: *S.G. Beck 5512* (LPB, P).

Cabomba caroliniana A. Gray, Ann. Lyceum Nat. Hist. New York 4: 46–47. 1837.
Hierba, acuática. Nativa. Zonas Bajas. Bosque Húmedo, 0–500 m.
Dept.: CO.
Muestra: *L.R.C. de Michel et al. 3409* (MO).

Cabomba furcata Schult. & Schult. f., Syst. Veg. 7(2): 1379. 1830.
Sin.: *Cabomba piauhyensis* Gardner
Ref.: Foster (1958), Beck (1984), Ørgaard (1991), Killeen & Schulenberg (1998).
Hierba, acuática. Nativa. Zonas Bajas. Bosque Húmedo, Campos Cerrados, Sabanas Benianas del Norte, Sabanas Benianas del Sur, Campos Amazónicos, 0–500 m.
Dept.: BE, CO, LP, SC.
Muestra: *N.P. Ritter 3001* (MO, NHA, USZ).
Nom. Vern.: Iguapei, mureru.

[Cabomba haynesii Wiersema], Ann. Missouri Bot. Gard. 76(4): 1167–1168. 1989.
Ref.: Killeen & Schulenberg (1998).
Nota: El registro se basa en material mal identificado de *C. furcata*.

CACTACEAE Juss., Gen. Pl. 310. 1789.

Por R. Kiesling (MERL) [*Airampoa*, *Austrocylindropuntia*, *Blossfeldia*,

Brasiliopuntia, *Browningia*, *Cleistocactus*, *Cumulopuntia*, *Cylindropuntia*, *Discocactus*, *Espostoa*, *Harrisia*, *Maihueniopsis*, *Neoraimondia*, *Neowerdermannia*, *Oreocereus*, *Pereskia*, *Puna*, *Quiabentia*, *Samaipaticereus*, *Stetsonia*]; L. Oakley (UNR) [*Cereus*, *Harrisia*, *Monvillea*, *Nopalea*, *Opuntia*, *Yavia*]; D. Metzing [*Frailea*, *Gymnocalycium*, *Parodia*, *Sulcorebutia*, *Weingartia*, *Winterocereus*]; N. Muruaga (LIL) [*Rebutia*]; A.S. Albesiano (LP, UPTC) [*Trichocereus*]; N. Korotkova (B) [*Epiphyllum*, *Hylocereus*, *Lepismium*, *Lymanbensonia*, *Pfeiffera*, *Pseudorhipsalis*, *Rhipsalis*, *Schlumbergera*, *Selenicereus*], L. Huaylla Limachi (HSB) [*Cereus*, *Corryocactus*, *Monvillea*]; N. Quispe (LPB) [*Weberbauerocereus*]; revisado por S. Hirth (MO), M. Nee (NY), S.G. Beck (LPB), P.M. Jørgensen (MO).

47 géneros, 229 especies, 126 especies endémicas.

Airampoa Frič, Akklim. Versuchs-Gart. 1. 1933.

2 especies, 1 especie endémica.

Airampoa albisaetacens (Backeb.) Doweld, Turczaninowia 5(2): 28. 2002.

Sin.: *Opuntia albisaetacens* Backeb., *Opuntia armata* Backeb., *Opuntia armata* var. *panellana* Backeb., *Tunilla albisaetacens* (Backeb.) D.R. Hunt & Iliff
Ref.: Foster (1958), Navarro Sánchez & Mera (1991), Navarro Sánchez (1996), López (2000).
Hierba. Endémica. Altiplano. Puna Húmeda, 3500–4000 m.
Dept.: CH, OR, PO.
Muestra: *G. Navarro 1300* (BOLV).
Nota: El protólogo menciona tipo de Bolivia: Dept. Tupiza, pero no hace referencia a ningún ejemplar.
Nom. Vern.: Airampu.

Airampoa ayrampo (Azara) Doweld, Turczaninowia 5(2): 28. 2002.

Sin.: *Cactus ayrampo* Azara, *Opuntia soehrensii* Britton & Rose, *Opuntia silvestris* Backeb., *Opuntia boliviensis* Backeb., *Tephrocactus minusculus* Backeb., *Tephrocactus silvestris* Backeb., *Opuntia orurensis* Cárdenas, *Opuntia minuscula* (Backeb.) G.D. Rowley, *Opuntia poecilacantha* Backeb., *Platyopuntia orurensis* (Cárdenas) F. Ritter, *Platyopuntia soehrensii* (Britton & Rose) F. Ritter, *Platyopuntia soehrensii* var. *grandiflora* F. Ritter, *Tunilla minuscula* (Backeb.) D.R. Hunt & Iliff, *Tunilla orurensis* (Cárdenas) D.R. Hunt & Iliff, *Tunilla silvestris* (Backeb.) D.R. Hunt & Iliff, *Tunilla soehrensii* (Britton & Rose) D.R. Hunt & Iliff, *Airampoa boliviensis* (Backeb.) Doweld, *Airampoa minuscula* (Backeb.) Doweld, *Airampoa orurensis* (Cárdenas) Doweld, *Airampoa silvestris* (Backeb.) Doweld
Ref.: Foster (1958), Navarro Sánchez & Mera (1991), Navarro Sánchez (1996), Serrano & Terán (1998 [2000]).
Hierba. Nativa. Andes, Altiplano. Bosque Tucumano-Boliviano, Puna Húmeda, Puna Seca, 2500–4000 m.
Dept.: CH, LP, OR, PO.
Muestra: *S.G. Beck 17996* (SI).
Nom. Vern.: Airampu.

[Airampoa microdisca (F.A.C. Weber) Doweld], Turczaninowia 5(2): 29. 2002.

Sin.: *Opuntia microdisca* F.A.C. Weber, *Tunilla microdisca* (F.A.C. Weber) D.R. Hunt & Iliff
Ref.: Navarro Sánchez (1996).
Nota: El registro se basa en material mal identificado. Especie de la Argentina, no se conocen ejemplares de Bolivia.

Austrocylindropuntia Backeb., Blätt. Kakteenf. 1938(6): [21]. 1938.

6 especies, 0 especies endémicas.

Austrocylindropuntia floccosa (Salm-Dyck) F. Ritter, Kakteen Südamer. 4: 1244. 1981.

Sin.: *Opuntia floccosa* Salm-Dyck, *Tephrocactus floccosus* (Salm-Dyck) Backeb., *Andinopuntia floccosa* (Salm-Dyck) Guiggi
Ref.: Foster (1958), Navarro Sánchez (1996).
Subarbusto. Nativa. Altiplano. Puna Húmeda, 3500–4000 m.
Dept.: CO, LP.
Muestra: *R. Kiesling 10031* (LPB, SI).
Nom. Vern.: Kaka abela, puskialla espina.

Austrocylindropuntia lagopus (K. Schum.) I. Crook, J. Arnold & M. Lowry, Bradleya 21: 89. 2003.

Sin.: *Opuntia lagopus* K. Schum., *Austrocylindropuntia lagopus* (K. Schum.) F. Ritter, *Andinopuntia lagopus* (K. Schum.) Guiggi, *Punotia lagopus* (K. Schum.) D.R. Hunt
Ref.: Britton & Rose (1919), Foster (1958), Ritter (1981).
Hierba. Nativa. Altiplano. Puna Húmeda, 4000–4500 m.
Dept.: LP.
Muestra: *A.F. Fuentes et al. 9764A* (LPB).

Austrocylindropuntia shaferi (Britton & Rose) Backeb., Cact. Succ. J. (Los Angeles) 23: 14. 1951.

Sin.: *Opuntia shaferi* Britton & Rose, *Cylindropuntia humahuacana* Backeb., *Cylindropuntia shaferi* (Britton & Rose) Backeb., *Cylindropuntia weingartiana* (Backeb.) Backeb. & F.M. Knuth, *Opuntia weingartiana* Backeb., *Austrocylindropuntia weingartiana* (Backeb.) Backeb., *Austrocylindropuntia steiniana* Backeb., *Austrocylindropuntia vestita* var. *shaferi* (Britton & Rose) F. Ritter, *Trichopuntia shaferi* (Britton & Rose) Guiggi, *Trichopuntia shaferi* subsp. *humahuacana* (Backeb.) Guiggi
Ref.: Foster (1958), Kiesling (1980), Navarro Sánchez (1996), López (2000).
Arbusto. Nativa. Andes. Valles Secos, 2000–3500 m.
Dept.: CH, LP, PO, TA.
Muestra: *M. Cárdenas 64* (SI).
Infra: *Austrocylindropuntia shaferi* var. *humahuacana* (Backeb.) R. Kiesling

Austrocylindropuntia subulata (Muehlenpf.) Backeb., Cactaceae 1942: 12. 1942.

Sin.: *Pereskia subulata* Muehlenpf., *Opuntia subulata* (Muehlenpf.) Engelm., *Opuntia exaltata* A. Berger, *Cylindropuntia subulata* (Muehlenpf.) F.M. Knuth, *Austrocylindropuntia exaltata* (A. Berger) Backeb.
Ref.: Britton & Rose (1919), Foster (1958), Adolfo María (1966), Hinojosa Ossio (1993a), Navarro Sánchez (1996).
Arbolito. Nativa. Andes, Altiplano. Valles Secos, Puna Húmeda, 2000–4000 m.
Dept.: CO, LP.
Muestra: *J.C. Solomon 15598* (LPB, MO, SI).
Infra: *Austrocylindropuntia subulata* subsp. *exaltata* (A. Berger) D.R. Hunt

Austrocylindropuntia verschaffeltii (F. Cels ex F.A.C. Weber) Backeb., Cactaceae (Berlin) 1939(2): 10. 1939.

Sin.: *Opuntia teres* F. Cels ex F.A.C. Weber, *Opuntia verschaffeltii* F. Cels ex F.A.C. Weber, *Cylindropuntia haematacantha* Backeb., *Cylindropuntia teres* (F. Cels ex F.A.C. Weber) Backeb., *Cylindropuntia verschaffeltii* (F. Cels ex F.A.C. Weber) Backeb., *Opuntia haematacantha* (Backeb.) Borg, *Austrocylindropuntia teres* (F. Cels ex F.A.C. Weber)

Backeb., *Opuntia posnanskyana* Cárdenas, *Austrocylindropuntia haematacantha* (Backeb.) Backeb., *Austrocylindropuntia inarmata* Backeb., *Banfiopuntia verschaffeltii* (F. Cels ex F.A.C. Weber) Guiggi, *Tephrocactus verschaffeltii* (F. Cels ex F.A.C. Weber) D.R. Hunt & Ritz
Ref.: Foster (1958), Adolfo María (1966), Navarro Sánchez (1996), López (2000).
Arbusto. Nativa. Andes. Valles Secos, 2500–3500 m.
Dept.: CH, CO, PO, TA.
Muestra: *R. Kiesling et al. 8391* (SI).
Nom. Vern.: Tunilla.

Austrocylindropuntia vestita (Salm-Dyck) Backeb., Cactaceae 11. 1939.
Sin.: *Opuntia vestita* Salm-Dyck, *Cylindropuntia vestita* (Salm-Dyck) Backeb., *Opuntia chuquisacana* Cárdenas, *Austrocylindropuntia chuquisacana* (Cárdenas) F. Ritter, *Trichopuntia vestita* (Salm-Dyck) Guiggi
Ref.: Foster (1958), Navarro Sánchez (1996), Serrano & Terán (1998 [2000]), Taylor (2007).
Arbusto. Nativa. Andes. Valles Secos, 2000–3500 m.
Dept.: CH, CO, LP, PO, TA.
Muestra: *J.C. Solomon 9459* (LPB, MO).
Nom. Vern.: Pampa ulalita.

Blossfeldia Werderm., Kakteenkunde 1937: 162. 1937.
1 especie, 0 especies endémicas.

Blossfeldia liliputana Werderm., Kakteenkunde 1937: 162. 1937.
Sin.: *Blossfeldia atroviridis* F. Ritter, *Blossfeldia pedicellata* F. Ritter, *Blossfeldia atroviridis* var. *intermedia* F. Ritter, *Blossfeldia minima* F. Ritter, *Parodia liliputana* (Werderm.) N.P. Taylor
Ref.: Barthlott (1977), López Vargas (1995), Navarro Sánchez (1996), Serrano & Terán (1998 [2000]).
Hierba. Nativa. Andes. Bosque Serrano Chaqueño, Valles Secos, 1500–3500 m.
Dept.: CH, CO, PO, SC, TA.
Muestra: *F. Ritter 750* (SGO, U).
Nom. Vern.: Kuti ch'anca, pampa ulalita.

Brasiliopuntia (K. Schum.) A. Berger, Entwicklungslin. Kakt. 17. 1926.
1 especie, 0 especies endémicas.

Brasiliopuntia brasiliensis (Willd.) A. Berger, Entwicklungslin. Kakt. 94. 1926.
Sin.: *Cactus brasiliensis* Willd., *Opuntia brasiliensis* (Willd.) Haw.
Ref.: Foster (1958), Hinojosa Ossio (1993a), Navarro Sánchez (1996), Mostacedo C. & Uslar (1999), Kessler et al. (2000b), Jardim et al. (2003), Nee (2004), Taylor (2007), Arroyo Padilla & Villarroel Segarra (2009).
Árbol. Nativa. Zonas Bajas, Andes. Bosque Húmedo, Bosque Semideciduo Chiquitano, Campos Cerrados, Valles Secos, 0–1500 m.
Dept.: BE, CH, SC.
Muestra: *A. Araujo M. 442* (BOLV, LPB, MA, MO, USZ).
Nom. Vern.: Caracoré, huevo de michi, mazlillo.

Browningia Britton & Rose, Cactaceae 2: 63, f. 92–94. 1920.
1 especie, 0 especies endémicas.

Browningia caineana (Cárdenas) D.R. Hunt, Bradleya 9: 85. 1991.
Sin.: *Castellanosia caineana* Cárdenas, *Browningia caineana* (Cárdenas) I. Hinojosa
Ref.: Foster (1958), Hinojosa Ossio (1993a), López Vargas (1995), Serrano & Terán (1998 [2000]), Nee (2004), Eggli & Leuenberger (2005).
Árbol. Nativa. Zonas Bajas, Andes. Bosque Seco Chaqueño, Bosque Serrano Chaqueño, 500–2000 m.
Dept.: CH, CO, SC, TA.
Tipo y muestra: *M. Cárdenas 4391* (HT: LIL; IT: US, US frag.), *R. Kiesling et al. 8441* (SI).
Nom. Vern.: Ulala.

Cereus Mill., Gard. Dict. Abr. (ed. 4) 308. 1754.
11 especies, 5 especies endémicas.

Cereus cochabambensis Cárdenas, Cact. Succ. J. (Los Angeles) 42: 30. 1970.
Sin.: *Cereus cochabambensis* var. *longicarpa* Cárdenas
Ref.: Hinojosa Ossio (1993a), Hunt & Taylor (2006), Anderson (2011).
Árbol. Endémica. Andes. Valles Secos, 2500–3000 m.
Dept.: CH, CO, TA.
Tipo y muestra: *M. Cárdenas 6303* (T: LIL), *M. Cárdenas 6313* (no localizada).

Cereus comarapanus Cárdenas, Succulenta (Netherlands) 1956: 5. 1956.
Ref.: Hinojosa Ossio (1993a), Navarro Sánchez (1996), Mostacedo C. & Uslar (1999), Serrano & Terán (1998 [2000]), Nee (2004), Eggli & Leuenberger (2005).
Árbol. Endémica. Zonas Bajas, Andes. Campos Cerrados, Valles Secos, 0–2000 m.
Dept.: CH, SC.
Tipo y muestra: *M. Cárdenas 5049* (HT: LIL; IT: US?), *M.H. Nee 45870* (LPB, MO, NY).
Nom. Vern.: Puka ulala, ulala.

Cereus forbesii C.F. Först., Handb. Cacteenk. 398. 1846 [1845].
Sin.: *Piptanthocereus forbesii* (Otto) Riccob.
Ref.: Adolfo María (1966), Navarro Sánchez (1996), Fuentes Claros (1998), Mostacedo C. & Uslar (1999), Kessler et al. (2000b), Serrano & Terán (1998 [2000]).
Árbol. Nativa. Zonas Bajas. Bosque Seco Chaqueño, 0–2000 m.
Dept.: CH, CO, SC, TA.
Muestra: *M. Kessler et al. 4884* (LPB).
Nom. Vern.: Caracoré, ulala.

Cereus hankeanus F.A.C. Weber ex K. Schum., Gesamtbeschr. Kakt. 88. 1897.
Sin.: *Piptanthocereus hankeanus* (F.A.C. Weber ex K. Schum.) Riccob.
Ref.: Hinojosa Ossio (1993a), López Vargas (1995), Saravia Miranda (1996), Mostacedo C. & Uslar (1999), Ibisch et al. (2000), Serrano & Terán (1998 [2000]), Taylor (2007), Anderson (2011).
Árbol. Nativa. Andes. Valles Secos, 1000–2500 m.
Dept.: CH, CO, SC, TA.
Muestra: *M. Cárdenas 4998* (LIL).
Nom. Vern.: Opacana, puca, ulala.

Cereus hildmannianus K. Schum., Fl. Bras. 4(2): 202. 1890.
Sin.: *Piptanthocereus forbesii* var. *bolivianus* F. Ritter
Ref.: Navarro Sánchez (1996).
Árbol. Nativa. Zonas Bajas. Bosque Semideciduo Chiquitano, 0–500 m.
Dept.: SC.
Muestra: *F. Ritter 76* (no localizada).
Infra: *Cereus hildmannianus* subsp. *hildmannianus*

Cereus huilunchu Cárdenas, Succulenta (Netherlands) 1951: 49. 1951.
Sin.: *Piptanthocereus huilunchu* (Cárdenas) F. Ritter
Ref.: Hinojosa Ossio (1993a), Navarro Sánchez (1996), Eggli & Leuenberger (2005), Anderson (2011).
Árbol. Endémica. Andes. Valles Secos, 1500–2000 m.
Dept.: CO, LP.
Tipo y muestra: *M. Cárdenas 4574* (HT: LIL; IT: US), *M. Kessler et al. 5704* (LPB).

Cereus lamprospermus K. Schum., Monatsschr. Kakteenk. 9: 166. 1899.
Sin.: *Cereus braunii* Cárdenas, *Piptanthocereus colosseus* F. Ritter, *Cereus colosseus* (F. Ritter) Guiggi
Ref.: Hinojosa Ossio (1993a), Eggli et al. (1995b), Navarro Sánchez (1996), Eggli & Leuenberger (2005), Hunt et al. (2006), Anderson (2011).
Arbolito, árbol. Nativa. Zonas Bajas, Andes. Bosque Semideciduo Chiquitano, Bosque Seco Chaqueño, Sabanas Benianas del Sur, Valles Secos, 0–500, 1000–1500 m.
Dept.: BE, CH, LP, SC.
Muestra: *F. Ritter 387* (U).
Infra: *Cereus lamprospermus* subsp. *colosseus* (F. Ritter) P.J. Braun & Esteves

Cereus stenogonus K. Schum., Monatsschr. Kakteenk. 9: 165. 1899.
Sin.: *Cereus dayamii* Speg., *Piptanthocereus stenogonus* (K. Schum.) F. Ritter
Ref.: Foster (1958), Hinojosa Ossio (1993a), Navarro Sánchez (1996), Mostacedo C. & Uslar (1999), Ibisch et al. (2000), Nee (2004), Taylor (2007), Anderson (2011).
Árbol. Nativa. Zonas Bajas, Andes. Bosque Semideciduo Chiquitano, Campos Cerrados, Yungas, Valles Secos, 0–1500 m.
Dept.: LP, SC.
Muestra: *A.F. Fuentes et al. 10936* (LPB).

Cereus tacuaralensis Cárdenas, Cactus (Paris) 80–81: 19. 1964.
Ref.: Hinojosa Ossio (1993a), Navarro Sánchez (1996), Killeen & Schulenberg (1998), Mostacedo C. & Uslar (1999), Jardim et al. (2003).
Árbol. Endémica. Zonas Bajas. Bosque Seco Chaqueño, 0–500 m.
Dept.: SC.
Tipo: *M. Cárdenas s.n.* (HT: no localizado).
Nota: Conocida solamente del tipo.
Nom. Vern.: Caracoré.

Cereus trigonodendron K. Schum. ex Vaupel, Notizbl. Bot. Gart. Berlin–Dahlem 5(50): 286. 1913.
Ref.: Foster (1958), Hinojosa Ossio (1993a), Navarro Sánchez (1996), Hunt et al. (2006).
Nativa.
Dept.: BE.
Nota: No hay ejemplares de herbario.

Cereus yungasensis A. Fuentes & Quispe, Revista Soc. Boliv. Bot. 4(2): 198, f. 1, 2. 2009.
Ref.: Fuentes Claros & Quispe A. (2009), Fuentes Claros (2010).
Arbolito, árbol. Endémica. Zonas Bajas, Andes. Bosque Semideciduo Chiquitano, Yungas, 500–1500 m.
Dept.: LP.
Tipo y muestra: *A.F. Fuentes & N. Quispe A. 11275* (HT: LPB; IT: BOLV, LPB, MO, USZ), *A.T. Fernández C. et al. 116* (LPB, MO).

Cleistocactus Lem., Ill. Hort. 8: Misc. 35. 1861.

17 especies, 14 especies endémicas.

Cleistocactus baumannii (Lem.) Lem., Ill. Hort. 8: Misc. 35. 1861.
Sin.: *Cereus baumannii* Lem., *Cleistocactus colubrinus* Lem., *Cleistocactus aureispinus* Frič, *Cleistocactus santacruzensis* Backeb., *Cleistocactus chacoanus* F. Ritter, *Cleistocactus chacoanus* var. *santacruzensis* F. Ritter, *Echinopsis baumannii* (Lem.) Anceschi & Magli, *Echinopsis santacruzensis* (Backeb.) Anceschi & Magli
Ref.: Foster (1958), Ibisch (1996), Navarro Sánchez (1996), Hunt (1999), Mostacedo C. & Uslar (1999), Ibisch et al. (2000), Serrano & Terán (1998 [2000]), Nee (2004), Arroyo Padilla & Villarroel Segarra (2009).
Arbusto. Nativa. Zonas Bajas, Andes. Bosque Seco Chaqueño, Campos Cerrados, Bosque Serrano Chaqueño, 0–1500 m.
Dept.: CH, SC, TA.
Muestra: *M.H. Nee 37124* (LPB, NY).
Infra: *Cleistocactus baumannii* subsp. *santacruzensis* (Backeb.) Mottram
Nom. Vern.: Aguara-rapia, cardoncillo, pitajaya de techo.

Cleistocactus brookeae Cárdenas, Cact. Succ. J. (Los Angeles) 24: 144, f. 89–91. 1952.
Sin.: *Cleistocactus wendlandiorum* Backeb., *Cleistocactus vulpis-cauda* F. Ritter & Cullmann, *Cleistocactus brookeae* var. *flavispinus* F. Ritter, *Cleistocactus brookeae* subsp. *vulpis-cauda* (F. Ritter & Cullmann) Mottram
Ref.: Foster (1958), Navarro Sánchez (1996), Eggli & Leuenberger (2005).
Subarbusto. Endémica. Zonas Bajas, Andes. Campos Cerrados, Bosque Serrano Chaqueño, 500–1500 m.
Dept.: CH, SC.
Tipo y muestra: *M. Cárdenas 4818* (HT: LIL; IT: US), *W.M.A. Brooke s.n.* (no localizada).

Cleistocactus buchtienii Backeb., Kaktus-ABC 189, 411. 1936.
Sin.: *Cleistocactus buchtienii* var. *flavispinus* Cárdenas, *Cleistocactus sucrensis* Cárdenas, *Cleistocactus angosturensis* Cárdenas, *Cleistocactus ayopayanus* Cárdenas, *Cleistocactus ressinianus* Cárdenas, *Cleistocactus tupizensis* var. *sucrensis* (Cárdenas) Backeb., *Echinopsis buchtienii* (Backeb.) Anceschi & Magli
Ref.: Foster (1958), Hinojosa Ossio (1993a), López Vargas (1995), Navarro Sánchez (1996), Saravia Miranda (1996), Mostacedo C. & Uslar (1999), Serrano & Terán (1998 [2000]), Eggli & Leuenberger (2005), Taylor (2007).
Subarbusto. Endémica. Andes. Valles Secos, 2500–3000 m.
Dept.: CH, CO, SC, TA.
Muestra: *M. Cárdenas 4820A* (LIL, US).
Nota: El protólogo menciona Bolivia: entre Arque y Cochabamba, 2000 m, pero no un ejemplar tipo específico.
Nom. Vern.: Sitikira, sitik'ira, sitiquira.

Cleistocactus candelilla Cárdenas, Cact. Succ. J. (Los Angeles) 24: 146, f. 92–94. 1952.
Sin.: *Cleistocactus candelilla* var. *pojoensis* Cárdenas, *Cleistocactus dependens* Cárdenas, *Cleistocactus ianthinus* Cárdenas, *Cleistocactus pojoensis* (Cárdenas) Backeb., *Cleistocactus vallegrandensis* Cárdenas, *Seticleistocactus dependens* (Cárdenas) Backeb., *Echinopsis candelilla* (Cárdenas) Anceschi & Magli
Ref.: Foster (1958), Hinojosa Ossio (1993a), Navarro Sánchez (1996), Kessler et al. (2000b), Nee (2004).
Subarbusto. Endémica. Andes. Bosque Serrano Chaqueño, 1500–2500 m.
Dept.: PO, SC.
Tipo y muestra: *M. Cárdenas 4819* (HT: herb. Cárdenas; IT: US), *R. Kiesling 10021* (LPB, SI).

Cleistocactus hildegardiae F. Ritter, Kakteen Südamer. 2: 685. 1980.
Ref.: Navarro Sánchez (1996).
Subarbusto. Endémica. Andes. Valles Secos, 2500–3000 m.
Dept.: TA.
Tipo y muestra: *F. Ritter 1126* (HT: U; IT: SGO), *S.G. Beck et al. 22113* (LPB, SI).

Cleistocactus hyalacanthus (K. Schum.) Gosselin, Bull. Mens. Soc. Centr. Agric. Hort. Acclim. Nice Alpes-Marit. 44: 33. 1904.
Sin.: *Cereus hyalacanthus* K. Schum.,

Cleistocactus jujuyensis Backeb., *Cleistocactus tarijensis* Cárdenas, *Cleistocactus hyalacanthus* subsp. *tarijensis* (Cárdenas) Mottram, *Echinopsis nothohyalacantha* Anceschi & Magli
Ref.: Navarro Sánchez (1996), López (2000), Eggli & Leuenberger (2005).
Subarbusto. Nativa. Andes. Valles Secos, 1500–2500 m.
Dept.: TA.
Muestra: *S.G. Beck et al. 22149* (LPB, SI).

Cleistocactus laniceps (K. Schum.) Gosselin, Bull. Mens. Soc. Centr. Agric. Hort. Acclim. Nice Alpes-Marit. 44: 32. 1904.
Sin.: *Cereus laniceps* K. Schum., *Cleistocactus laniceps* var. *plurispinus* F. Ritter
Ref.: Foster (1958), Hinojosa Ossio (1993a), Navarro Sánchez (1996).
Subarbusto. Endémica. Andes. Yungas, Valles Secos, 1000–2500 m.
Dept.: CO, LP.
Tipo y muestra: *O. Kuntze s.n.* (HT: B), *M. Cárdenas 5016* (LIL).

Cleistocactus luribayensis Cárdenas, Cact. Succ. J. (Los Angeles) 28: 59, f. 37, 38. 1956.
Sin.: *Cleistocactus glaucus* F. Ritter, *Cleistocactus granjaensis* F. Ritter
Ref.: Hinojosa Ossio (1993a), Navarro Sánchez (1996).
Subarbusto. Endémica. Andes. Valles Secos, 3000–3500 m.
Dept.: LP.
Tipo y muestra: *M. Cárdenas 5054* (HT: LIL no localizado; IT: US), *S.G. Beck 17948* (LPB).

Cleistocactus orthogonus Cárdenas, Cactus (Paris) 64: 161. 1959.
Ref.: Navarro Sánchez (1996), Eggli & Leuenberger (2005).
Subarbusto. Endémica. Andes. Valles Secos, 2500–3500 m.
Dept.: PO.
Tipo: *M. Cárdenas 5500* (HT: LIL; IT: US).
Nota: Conocida solamente del tipo.

Cleistocactus parviflorus (K. Schum.) Gosselin, Bull. Mens. Soc. Centr. Agric. Hort. Acclim. Nice Alpes-Marit. 44: 32. 1904.
Sin.: *Cleistocactus parviflorus* var. *herzogianus* (Backeb.) Backeb., *Cereus areolatus* Muehlenpf. ex K. Schum., *Cereus parviflorus* K. Schum., *Cleistocactus areolatus* (Muehlenpf. ex K. Schum.) Riccob., *Cleistocactus herzogianus* Backeb., *Cleistocactus fusiflorus* Cárdenas, *Cleistocactus areolatus* var. *herzogianus* (Backeb.) Backeb., *Cleistocactus parviflorus* var. *comarapanus* F. Ritter, *Echinopsis parviflora* (K. Schum.) Anceschi & Magli
Ref.: Foster (1958), Adolfo María (1966), Hinojosa Ossio (1993a), Navarro Sánchez (1996), Saravia Miranda (1996), De la Barra (1997), Mostacedo C. & Uslar (1999), Ibisch et al. (2000), Serrano & Terán (1998 [2000]), Nee (2004), Hunt et al. (2006), Anderson (2011).
Arbusto. Endémica. Andes. Yungas, Valles Secos, 1000–2500 m.
Dept.: CH, CO, SC.
Tipo y muestra: *O. Kuntze s.n.* (HT: B), *M. Betancur et al. 9* (USZ).
Infra: *Cleistocactus parviflorus* var. *comarapanus* F. Ritter
Nom. Vern.: K'ara sitik'ira, sitikira.

Cleistocactus piraymirensis Cárdenas, Cact. Succ. J. (Los Angeles) 33: 78, f. 40, 41. 1961.
Sin.: *Cleistocactus muyurinensis* F. Ritter
Ref.: Navarro Sánchez (1996).
Subarbusto. Endémica. Andes. Bosque Serrano Chaqueño, 1500–2000 m.
Dept.: SC.
Tipo y muestra: *M. Cárdenas 5526* (HT: no localizado), *F. Ritter 821* (U).

Cleistocactus reae Cárdenas, Cactus (Paris) 57: 251. 1957.
Sin.: *Cephalocleistocactus chrysocephalus* F. Ritter, *Cephalocleistocactus schattatianus* Backeb., *Cleistocactus variispinus* F. Ritter, *Cleistocactus chrysocephalus* (F. Ritter) Mottram
Ref.: Navarro Sánchez (1996), Eggli & Leuenberger (2005).
Subarbusto. Endémica. Andes. Yungas, 2500–3000 m.
Dept.: LP.
Tipo y muestra: *M. Cárdenas 5490* (HT: LIL), *R. Kiesling 10049* (LPB, SI).

Cleistocactus ritteri Backeb., Kakteen And. Sukk. 10: 11, 163. 1959.
Sin.: *Cephalocleistocactus ritteri* (Backeb.) Backeb., *Cleistocactus viridiflorus* Backeb., *Cephalocleistocactus pallidus* Backeb., *Cleistocactus palhuayensis* F. Ritter & Shahori, *Cleistocactus palhuayensis* var. *camachoensis* F. Ritter & Shahori
Ref.: Barthlott (1977), Navarro Sánchez (1996).
Subarbusto. Endémica. Andes, Altiplano. Yungas, Puna Húmeda, 1000–2000, 3000–4000 m.
Dept.: LP.
Tipo y muestra: *F. Ritter 325* (T: ZSS), *F. Ritter 324* (U, ZSS).

[Cleistocactus roezlii (Haage ex K. Schum.) Backeb.], Kaktus-ABC 190. 1936.
Sin.: *Cereus roezlii* Haage ex K. Schum.
Ref.: Foster (1958).
Nota: El registro se basa en material mal identificado. La descripción original indica posiblemente los Andes de Perú o Ecuador.

Cleistocactus samaipatanus (Cárdenas) D.R. Hunt, Bradleya 5: 92. 1987.
Sin.: *Bolivicereus samaipatanus* Cárdenas, *Bolivicereus samaipatanus* var. *divimiseratus* Cárdenas, *Bolivicereus samaipatanus* var. *multiflorus* Cárdenas, *Borzicactus samaipatanus* (Cárdenas) Kimnach, *Borzicactus samaipatanus* var. *multiflorus* (Cárdenas) Krainz, *Bolivicereus brevicaulis* F. Ritter, *Bolivicereus croceus* F. Ritter, *Bolivicereus rufus* F. Ritter, *Echinopsis samaipatana* (Cárdenas) Anceschi & Magli
Ref.: Foster (1958), Barthlott (1977), Navarro Sánchez (1996), Nee (2004), Eggli & Leuenberger (2005), Wood et al. (2011).
Arbusto. Endémica. Zonas Bajas, Andes. Bosque Semideciduo Chiquitano, Bosque Seco Chaqueño, Campos Cerrados, Bosque Tucumano-Boliviano, 0–1000, 1500–2000 m.
Dept.: CH, LP, SC.
Tipo y muestra: *M. Cárdenas 4395* (HT: LIL; IT: MO-2287894, US frag., US), *R. Kiesling 10022* (LPB, SI).

Cleistocactus smaragdiflorus (F.A.C. Weber) Britton & Rose, Cactaceae 2: 174–175, f. 248. 1920.
Sin.: *Cereus colubrinus* var. *smaragdiflorus* F.A.C. Weber, *Cleistocactus parapetiensis* Cárdenas, *Cleistocactus rojoi* Cárdenas, *Cleistocactus azerensis* Cárdenas, *Cleistocactus villamontesii* Cárdenas
Ref.: Foster (1958), Navarro Sánchez (1996), Kessler et al. (2000b), Serrano & Terán (1998 [2000]), Eggli & Leuenberger (2005).
Subarbusto. Nativa. Zonas Bajas, Andes. Bosque Seco Chaqueño, Bosque Serrano Chaqueño, 0–1000 m.
Dept.: CH, TA.
Muestra: *M. Cárdenas 5052* (LIL, US).

Cleistocactus strausii (Heese) Backeb., Monatsschr. Kakteenk. 23: 37. 1913.
Sin.: *Pilocereus straussii* Heese, *Cereus straussii* (Heese) Vaupel, *Borzicactus straussii* (Heese) A. Berger, *Cleistocactus nivosus* Borg
Ref.: Foster (1958), Navarro Sánchez (1996), Hunt & Taylor (2006).
Subarbusto. Endémica. Andes. Valles Secos, 2000–2500 m.
Dept.: TA.
Muestra: *J.C. Solomon 11078* (LPB, MO, SI).
Nota: La figura citada en el protólogo de *Pilocereus strausii* fue designada como lectótipo.

Cleistocactus tominensis (Weing.) Backeb., Kaktus-ABC 190. 1936.
Sin.: *Cereus tominensis* Weing., *Borzicactus tominensis* (Weing.) Neale, *Cleistocactus crassicaulis* Cárdenas, *Cleistocactus mendozae* Cárdenas, *Cleistocactus viridialabastri* Cárdenas, *Cleistocactus clavicaulis* Cárdenas, *Cleistocactus capadalensis* F. Ritter, *Cleistocactus crassicaulis* var. *paucispinus* F. Ritter, *Cleistocactus micropetalus* F. Ritter, *Echinopsis tominensis* (Weing.) Anceschi & Magli
Ref.: Foster (1958), Navarro Sánchez (1996), Serrano & Terán (1998 [2000]).
Subarbusto. Endémica. Andes. Valles Secos, 1500–2500 m.
Dept.: CH, TA.
Tipo y muestra: *C. Troll 174* (T: no localizado), *F. Ritter 828* (U).
Infra: *Cleistocactus tominensis* subsp. *micropetalus* (F. Ritter) Mottram

Corryocactus Britton & Rose, Cactaceae 2: 66. 1920.
3 especies, 3 especies endémicas.

Corryocactus melanotrichus (K. Schum.) Britton & Rose, Cactaceae 2: 68. 1920.
Sin.: *Cereus melanotrichus* K. Schum., *Corryocactus ayopayanus* Cárdenas, *Corryocactus melanotrichus* var. *caulescens* Cárdenas, *Corryocactus perezianus* Cárdenas, *Corryocactus charazanensis* Cárdenas
Ref.: Foster (1958), Hinojosa Ossio (1993a), Navarro Sánchez (1996), Ibisch et al. (2000), Eggli & Leuenberger (2005), Hunt et al. (2006), Larrea-Alcázar (2008), Anderson (2011).
Arbusto. Endémica. Andes, Altiplano. Valles Secos, Puna Seca, 2500–3500 m.
Dept.: CH, CO, LP, PO, SC.
Tipo y muestra: *M. Bang 18* (T: G, GH, K, LE, MO, NY), *R. Kiesling et al. 8504* (LPB, SI).
Nom. Vern.: Picheka.

Corryocactus pulquinensis Cárdenas, Natl. Cact. Succ. J. 12: 84. 1957.
Ref.: Navarro Sánchez (1996), Kiesling (1999), Nee (2004), Eggli & Leuenberger (2005), Hunt et al. (2006), Taylor (2007), Carretero et al. (2011a).
Arbusto. Endémica. Andes. Valles Secos, 1000–1500 m.
Dept.: CH, PO, SC.
Tipo y muestra: *M. Cárdenas 5084* (HT: LIL; IT: US), *R. Kiesling et al. 8442* (LPB, SI).

Corryocactus tarijensis Cárdenas, Revista Agric. (Cochabamba) 7: 23. 1952.
Sin.: *Corryocactus otuyensis* Cárdenas
Ref.: Foster (1958), Navarro Sánchez (1996), López (2000), Serrano & Terán (1998 [2000]), Hunt et al. (2006).
Arbusto. Endémica. Andes. Valles Secos, 2500–3000 m.
Dept.: CH, TA.
Tipo: *M. Cárdenas 4823* (T: LIL, US).
Nota: Conocida solamente del tipo.

Cumulopuntia F. Ritter, Kakteen Südamer. 2: 399. 1980.
5 especies, 0 especies endémicas.

Cumulopuntia boliviana (Salm-Dyck) F. Ritter, Kakteen Südamer. 2: 492. 1980.
Sin.: *Opuntia boliviana* Salm-Dyck, *Opuntia dactylifera* Vaupel, *Opuntia ignescens* Vaupel, *Tephrocactus bolivianus* (Salm-Dyck) Kreuz., *Tephrocactus flexuosus* Backeb., *Tephrocactus ignescens* (Vaupel) Backeb., *Tephrocactus wilkeanus* Backeb., *Tephrocactus cylindrarticulatus* Cárdenas, *Opuntia cylindrarticulata* (Cárdenas) G.D. Rowley, *Opuntia flexuosa* (Backeb.) G.D. Rowley, *Opuntia wilkeana* (Backeb.) G.D. Rowley, *Cumulopuntia frigida* F. Ritter, *Cumulopuntia ignescens* (Vaupel) F. Ritter, *Maihueniopsis bolivianum* (Salm-Dyck) R. Kiesling, *Opuntia frigida* (F. Ritter) G. Navarro
Ref.: Navarro Sánchez (1996), Iliff (2002).
Subarbusto. Nativa. Altiplano. Puna Seca, 3000–4500 m.
Dept.: LP, PO.
Muestra: *J.C. Solomon 11384* (LPB, MO).

Cumulopuntia chichensis (Cárdenas) E.F. Anderson, Cact. Succ. J. (Los Angeles) 71(6): 324. 1999.
Sin.: *Tephrocactus chichensis* Cárdenas, *Tephrocactus chichensis* var. *colchanus* Cárdenas, *Tephrocactus ferocior* Backeb., *Opuntia chichensis* (Cárdenas) G.D. Rowley, *Opuntia chichensis* var. *colchana* (Cárdenas) G.D. Rowley, *Opuntia ferocior* (Backeb.) G.D. Rowley, *Tephrocactus albiscoparius* Backeb.
Ref.: Foster (1958), Navarro Sánchez (1996), López (2000), Iliff (2002), Eggli & Leuenberger (2005).
Subarbusto. Nativa. Andes, Altiplano. Valles Secos, Puna Seca, Bosque de *Polylepis*, 3000–4000 m.
Dept.: PO, TA.
Tipo y muestra: *M. Cárdenas 4989* (HT: LIL), *S.G. Beck et al. 22115* (LPB, SI).

Cumulopuntia pentlandii (Salm-Dyck) F. Ritter, Kakteen Südamer. 2: 488. 1980.
Sin.: *Opuntia pentlandii* Salm-Dyck, *Cactus pentlandii* Lem., *Tephrocactus pentlandii* (Salm-Dyck) Backeb., *Tephrocactus subinermis* Backeb., *Opuntia backebergii* G.D. Rowley, *Maihueniopsis pentlandii* (Salm-Dyck) R. Kiesling
Ref.: Foster (1958), Navarro Sánchez (1996).
Hierba. Nativa. Andes, Altiplano. Valles Secos, Puna Seca, 3000–4000 m.
Dept.: LP, PO, TA.
Muestra: *S.G. Beck et al. 22128* (LPB, SI).

Cumulopuntia pyrrhacantha (K. Schum.) F. Ritter, Kakteen Südamer. 4: 1249. 1981.
Sin.: *Tephrocactus pyrrhacanthus* (K. Schum.) Backeb., *Opuntia pyrrhacantha* K. Schum., *Opuntia subinermis* Backeb., *Tephrocactus rarissimus* Backeb.
Ref.: Foster (1958), Navarro Sánchez (1996).
Hierba. Nativa. Altiplano. Puna Húmeda, 3500–4500 m.
Dept.: LP.
Nota: No hay ejemplares de herbario.

Cumulopuntia rossiana (Heinrich & Backeb.) F. Ritter, Kakteen Südamer. 2: 486. 1980.
Sin.: *Tephrocactus pentlandii* var. *rossiana* Heinrich & Backeb., *Opuntia rossiana* (Heinrich & Backeb.) D.R. Hunt
Ref.: Iliff (2002).
Subarbusto. Nativa. Andes. Valles Secos, 2500–3500 m.
Dept.: CH, LP, PO, TA.
Nota: No hay ejemplares de herbario.

Cylindropuntia (Engelm.) F.M. Knuth, Nye Kaktusbog 102. 1930.
1 especie, 0 especies endémicas.

Cylindropuntia tunicata (Lehm.) F.M. Knuth, Kaktus-ABC 126. 1936.
Sin.: *Cactus tunicatus* Lehm., *Opuntia tunicata* (Lehm.) Pfeiff., *Cylindropuntia tunicata* var. *aricensis* F. Ritter
Ref.: Backeberg (1958), Adolfo María (1966), Navarro Sánchez (1996).
Arbusto. Naturalizada. Andes. Valles Secos, 1500–3000 m.
Dept.: CH, CO, LP, TA.
Muestra: *J.C. Solomon 15580* (LPB, MO, SI).
Nom. Vern.: Jalajala.

Discocactus Pfeiff., Allg. Gartenzeitung 5: 241. 1837.
2 especies, 2 especie endémica.

Discocactus boliviensis Buining & Brederoo, Discocactus 90. 1980.
Sin.: *Discocactus boliviensis* Backeb.
Hierba. Endémica. Zonas Bajas. Campos Cerrados, 0–500 m.
Dept.: SC.
Tipo: *L. Horst & W. Uebelmann HU 457* (HT: U).
Nota: Conocida solamente del tipo. Múltiples individuos en cultivo.

Discocactus ferricola Buining & Brederoo, Kakteen And. Sukk. 26(1): 2. 1975.
Ref.: Navarro Sánchez (1996), Wood et al. (2011).
Hierba. Endémica. Zonas Bajas. Campos Cerrados, 0–500 m.
Dept.: SC.
Tipo: *L. Horst & W. Uebelmann HU 195* (HT: U; IT: U).
Nota: Conocida solamente del tipo. Múltiples individuos en cultivo.

Echinocereus Engelm., Mem. Tour N. Mexico 91. 1848.
0 especies, 0 especies endémicas.

[Echinocereus penicilliformis Linke], Wochenschr. Gärtnerei Pflanzenk. 1: 85. 1858.
Nota: Especie dudosa. Conocida solamente de la breve descripción, pero el género *Echinocereus* no ocurre en Bolivia.

Echinopsis Zucc., Abh. Math.-Phys. Cl. Königl. Bayer. Akad. Wiss. 2: 675. 1837.
16 especies, 11 especies endémicas.

[Echinopsis albispinosa K. Schum.], Monatsschr. Kakteenk. 13: 154. 1903.
Ref.: Foster (1958).
Nota: El registro se basa en material mal identificado.

Echinopsis ancistrophora Speg., Anales Mus. Nac. Buenos Aires 4: 492. 1905.
Sin.: *Echinopsis torrecillasensis* Cárdenas, *Echinopsis arachnacantha* var. *torrecillasensis* (Cárdenas) H. Friedrich, *Echinopsis arachnacantha* subsp. *torrecillasensis* (Cárdenas) M. Lowry, *Lobivia ancistrophora* (Speg.) Schlumpb.
Hierba. Nativa. Andes. Valles Secos, 1500–2500 m.
Dept.: SC.
Muestra: *M. Cárdenas 5060* (LIL, ZSS).

Echinopsis apiculata Linke, Wochenschr. Gärtnerei Pflanzenk. 1: 85. 1858.
Hierba. Endémica. Región, tipo de vegetación y elevación desconocidas.
Dept.: Bolivia.
Nota: Conocido solamente de la breve descripción original.

Echinopsis bridgesii Salm-Dyck, Cact. Hort. Dyck. (1849) 181. 1849 [1850].
Sin.: *Echinopsis coronata* Cárdenas, *Echinopsis ayopayana* F. Ritter & Rausch, *Echinopsis kladiwaiana* Rausch, *Echinopsis yungasensis* F. Ritter, *Lobivia ayopayana* (F. Ritter & Rausch) Schlumpb., *Lobivia coronata* (Cárdenas) Schlumpb.
Ref.: Foster (1958), Hinojosa Ossio (1993a), Navarro Sánchez (1996), Nee (2004), Eggli & Leuenberger (2005).
Subarbusto. Endémica. Andes, Altiplano. Valles Secos, Puna Seca, 1500–2000, 3000–4000 m.
Dept.: LP, SC.
Tipo y muestra: *M. Bridges s.n.* (T: BONN?), *S.G. Beck 17906* (LPB).
Infra: *Echinopsis bridgesii* subsp. *vallegrandensis* (Cárdenas) M. Lowry

Echinopsis calochlora K. Schum., Monatsschr. Kakteenk. 13: 108. 1903.
Sin.: *Lobivia calochlora* (K. Schum.) Schlumpb.
Ref.: Foster (1958), Navarro Sánchez (1996), Wood et al. (2011).
Hierba, arbusto. Nativa. Zonas Bajas. Campos Cerrados, 500–1000 m.
Dept.: SC.
Nota: No hay ejemplares de herbario.

Echinopsis cristata Salm-Dyck, Cact. Hort. Dyck. (1849) 178. 1849 [1850].
Hierba. Endémica. Región, tipo de vegetación y elevación desconocidas.
Dept.: Bolivia.
Nota: En el protólogo menciona Bolivia, pero no hay referencia al ejemplar tipo ni a la localidad exacta de colección.

[Echinopsis formosa (Pfeiff.) Jacobi ex Salm-Dyck], Cact. Hort. Dyck. 39. 1849.
Sin.: *Echinocactus formosus* Pfeiff.
Ref.: Navarro Sánchez (1996).
Nota: El registro se basa en material mal identificado.

Echinopsis formosissima Labour., Rev. Hort., sér. 4, 4: 26. 1855.
Ref.: Foster (1958).
Nota: El protólogo indica Bolivia pero no hay ejemplares de herbario.

Echinopsis hammerschmidii Cárdenas, Cact. Succ. J. (Los Angeles) 28: 72, f. 45, 46. 1956.
Ref.: Navarro Sánchez (1996), Killeen & Schulenberg (1998).
Hierba. Endémica. Zonas Bajas. Bosque Semideciduo Chiquitano, Campos Cerrados, 0–1000 m.
Dept.: SC.
Tipo y muestra: *M. Cárdenas 5057* (T: herb. Cárdenas, US), *A. Jardim 1960* (USZ).

[Echinopsis hertrichiana (Backeb.) D.R. Hunt], Bradleya 9: 88. 1991.
Sin.: *Lobivia hertrichiana* Backeb., *Lobivia binghamiana* Backeb.
Ref.: Foster (1958).
Nota: El registro se basa en material mal identificado.

Echinopsis huotii (F. Cels) Labour., Monogr. Cact. 301. 1853.
Sin.: *Echinocactus huotti* F. Cels, *Echinopsis arebaloi* Cárdenas, *Echinopsis cochabambensis* Backeb., *Echinopsis comarapana* Cárdenas, *Echinopsis pojoensis* Cárdenas, *Echinopsis vallegrandensis* Cárdenas, *Echinopsis pereziensis* Cárdenas, *Echinopsis sucrensis* Cárdenas, *Echinopsis pamparuizii* Cárdenas, *Lobivia pamparuizii* (Cárdenas) Schlumpb.
Ref.: Britton & Rose (1922), Foster (1958), Adolfo María (1966), López Vargas (1995), Navarro Sánchez (1996), De la Barra (1997), Serrano & Terán (1998 [2000]), Nee (2004), Eggli & Leuenberger (2005).
Hierba. Endémica. Andes. Valles Secos, 1500–3000 m.

Dept.: CH, CO, SC.
Muestra: *M. Betancur et al. 27* (USZ).
Infra: *Echinopsis huotii* subsp. *huotii*, *Echinopsis huotii* subsp. *vallegrandensis* (Cárdenas) G. Navarro
Nota: Según Britton & Rose (1922), Labouret citó erróneamente la localidad tipo como Chile.
Nom. Vern.: Mogotillo.

Echinopsis ibicuatensis Cárdenas, Cact. Succ. J. (Los Angeles) 28: 74, f. 48, 49. 1956.
Ref.: Navarro Sánchez (1996).
Hierba. Endémica. Zonas Bajas. Campos Cerrados, 500–1000 m.
Dept.: SC.
Tipo: *M. Cárdenas 5059* (HT: herb. Cárdenas; IT: US).

Echinopsis longispina (Britton & Rose) Werderm., Neue Kakteen 84. 1931.
Sin.: *Echinopsis lecoriensis* Cárdenas, *Lobivia pictiflorea* F. Ritter, *Lobivia ferox* Britton & Rose, *Lobivia longispina* Britton & Rose, *Echinopsis potosina* Werderm., *Lobivia claeysiana* Backeb., *Echinopsis ferox* (Britton & Rose) Backeb., *Echinopsis cerdana* Cárdenas, *Lobivia aureolilacina* Cárdenas, *Lobivia horrida* F. Ritter, *Lobivia ferox* var. *camargensis* F. Ritter, *Lobivia variispina* F. Ritter, *Lobivia ferox* fo. *aureolilacina* (Cárdenas) J. Ullmann, *Lobivia ferox* fo. *cerdana* (Cárdenas) J. Ullmann, *Lobivia ferox* fo. *claeysiana* (Backeb.) J. Ullmann, *Lobivia ferox* fo. *lecoriensis* (Cárdenas) J. Ullmann, *Lobivia ferox* fo. *pictiflorea* (F. Ritter) J. Ullmann, *Lobivia ferox* fo. *variispina* (F. Ritter) J. Ullmann, *Echinopsis ferox* subsp. *potosina* (Werderm.) M. Lowry
Ref.: Foster (1958), López (2000), Serrano & Terán (1998 [2000]).
Hierba. Nativa. Andes, Altiplano. Valles Secos, Puna Seca, 2500–3000, 3500–4000 m.
Dept.: CH, PO, TA.
Muestra: *J.C. Solomon 10892* (MO).

Echinopsis mamillosa Gürke, Monatsschr. Kakteenk. 17: 135. 1907.
Sin.: *Echinopsis silvatica* F. Ritter, *Echinopsis ritteri* Boed., *Echinopsis herbasii* Cárdenas, *Echinopsis orozasana* F. Ritter, *Echinopsis cajasensis* F. Ritter, *Echinopsis hystrichoides* F. Ritter, *Lobivia mamillosa* (Gürke) Schlumpb.
Ref.: Foster (1958), Adolfo María (1966), Navarro Sánchez (1996), López (2000), Serrano & Terán (1998 [2000]).
Hierba. Endémica. Andes. Bosque Tucumano-Boliviano, 1500–3000 m.
Dept.: CH, CO, TA.
Muestra: *M. Cárdenas 5061* (US).
Infra: *Echinopsis mamillosa* subsp. *silvatica* (F. Ritter) P.J. Braun & Esteves
Nota: El protólogo menciona Bolivia, pero no hace ninguna referencia al ejemplar tipo ni a la localidad exacta.
Nom. Vern.: Kutku.

Echinopsis mieckleyi Rud. Mey., Monatsschr. Kakteenk. 28: 122. 1918.
Ref.: Foster (1958).
Hierba. Endémica. Región, tipo de vegetación y elevación desconocidas.
Dept.: Bolivia.
Nota: No hay ejemplares de herbario. Ejemplar tipo no citado en protólogo.

Echinopsis obrepanda (Salm-Dyck) K. Schum., Nat. Pflanzenfam. 3(6a): 184. 1894.
Sin.: *Echinopsis mataranensis* Cárdenas, *Echinocactus obrepandus* Salm-Dyck, *Echinopsis rojasii* Cárdenas, *Echinopsis rojasii* var. *albiflora* Cárdenas, *Echinopsis calorubra* Cárdenas, *Echinopsis pseudomamillosa* Cárdenas, *Echinopsis toralapana* Cárdenas, *Echinopsis boyuibensis* F. Ritter, *Echinopsis callianthoIilacina* Cárdenas, *Echinopsis callichroma* Cárdenas, *Echinopsis riviere-de-caraltii* Cárdenas, *Lobivia cardenasiana* Rausch, *Lobivia mizquensis* Rausch, *Echinopsis cardenasiana* (Rausch) Friedrich, *Echinopsis rauschii* var. *megalocephala* Rausch, *Lobivia aguilarii* R. Vásquez, *Lobivia calorubra* var. *megalocephala* (Rausch) Rausch, *Lobivia calorubra* (Cárdenas) Rausch, *Echinopsis rojasii* subsp. *calorubra* (Cárdenas) M. Lowry, *Lobivia boyuibensis* (F. Ritter) Schlumpb., *Lobivia obrepanda* (Salm-Dyck) Schlumpb., *Lobivia rojasii* (Cárdenas) Schlumpb., *Lobivia callianthoIilacina* (Cárdenas) Lodé, *Lobivia callichroma* (Cárdenas) Lodé
Ref.: Foster (1958), López Vargas (1995), Navarro Sánchez (1996), Saravia Miranda (1996), De la Barra (1997), Kessler et al. (2000b), Serrano & Terán (1998 [2000]), Nee (2004), Eggli & Leuenberger (2005), Arroyo Padilla & Villarroel Segarra (2009).
Hierba. Endémica. Zonas Bajas, Andes. Bosque Semideciduo Chiquitano, Bosque Tucumano-Boliviano, Valles Secos, 500–3500 m.
Dept.: CH, CO, SC, TA.
Muestra: *P. Saravia 1107* (BOLV).
Infra: *Echinopsis obrepanda* subsp. *obrepanda*, *Echinopsis obrepanda* subsp. *calorubra* (Cárdenas) G. Navarro, *Echinopsis obrepanda* subsp. *tapecuana* (F. Ritter) G. Navarro
Nota: El ejemplar tipo no fue indicado en el protólogo.
Nom. Vern.: Añafanco, mogo mogo.

Echinopsis rhodotricha K. Schum., Monatsschr. Kakteenk. 10: 147. 1900.
Sin.: *Echinopsis klingleriana* Cárdenas, *Acanthocalycium rhodotrichum* (K. Schum.) Schlumpb.
Ref.: Navarro Sánchez (1996).
Hierba. Nativa. Zonas Bajas. Bosque Semideciduo Chiquitano, 0–500 m.
Dept.: SC.
Muestra: *E. Klingler 6143* (no localizada).

Echinopsis roseo-lilacina Cárdenas, Cactus (Paris) 57: 254. 1957.
Ref.: Nee (2004), Eggli & Leuenberger (2005).
Hierba. Endémica. Andes. Valles Secos, 1500–2000 m.
Dept.: SC.
Tipo: *M. Cárdenas 5492* (HT: LIL).
Nota: Conocida solamente del tipo.

[Echinopsis smrziana Backeb.], Kaktus-ABC 219, 412. 1936.
Ref.: Foster (1958).
Nota: El registro se basa en material mal identificado. Esta especie es endémica de Argentina.

Echinopsis subdenudata Cárdenas, Cact. Succ. J. (Los Angeles) 28: 71, f. 43, 44. 1956.
Sin.: *Lobivia subdenudata* (Cárdenas) Schlumpb.
Ref.: Navarro Sánchez (1996), Nee (2004), Eggli & Leuenberger (2005).
Hierba. Endémica. Zonas Bajas. Bosque Seco Chaqueño, 500–1000 m.
Dept.: TA.
Tipo: *M. Cárdenas 5056* (HT: LIL; IT: US).
Nota: Conocida solamente del tipo.

[Echinopsis valida Monv. ex Salm-Dyck], Cact. Hort. Dyck. 181. 1850.
Ref.: Navarro Sánchez (1996).
Nota: Especie dudosa. No hay ejemplares de herbario.

Epiphyllum Haw., Syn. Pl. Succ. 197. 1812.
1 especie, 0 especies endémicas.

[Epiphyllum bridgesii Lem.], Ill. Hort. 8: misc. 5. 1861.
Ref.: Foster (1958).
Nota: El registro se basa en material mal identificado de *E. phyllanthus*.

Epiphyllum phyllanthus (L.) Haw., Syn. Pl. Succ. 197. 1812.
Sin.: *Cactus phyllanthus* L., *Phyllocactus phyllanthus* (L.) Link, *Epiphyllum phyllanthus* var. *boliviense* (F.A.C. Weber) Backeb.
Ref.: Kimnach (1964), Ibisch (1996), Navarro Sánchez (1996), Killeen & Schulenberg (1998), Mostacedo C. & Uslar (1999), Alverson et al. (2000), Ibisch et al. (2000), Kessler et al. (2000b), Serrano & Terán (1998 [2000]), Nee (2004), Arroyo Padilla & Villarroel Segarra (2009).
Epífita. Nativa. Zonas Bajas, Andes. Bosque Húmedo, Bosque Semideciduo Chiquitano, Sabanas Benianas del Sur, Campos Amazónicos, Yungas, Bosque Tucumano-Boliviano, Valles Secos, 0–2000, 2500–3000 m.
Dept.: BE, CH, CO, LP, PA, SC.
Muestra: *M.H. Nee 36288* (NY).
Infra: *Epiphyllum phyllanthus* var. *phyllanthus*
Nom. Vern.: Pitajaya morada.

Espostoa Britton & Rose, Cactaceae 2: 60, f. 87–91. 1920.
2 especies, 2 especies endémicas.

Espostoa guentheri (Kupper) Buxb., Oesterr. Bot. Z. 106: 155. 1959.
Sin.: *Cephalocereus guentheri* Kupper, *Cereus guentheri* (Kupper) Werderm., *Vatricania guentheri* (Kupper) Backeb., *Echinopsis guentheri* (Kupper) Anceschi & Magli
Ref.: Foster (1958), Navarro Sánchez (1996), Serrano & Terán (1998 [2000]), Eggli (2005), Taylor (2007), Ministerio de Medio Ambiente y Agua (2012 [2013]).
Árbol. Endémica. Andes. Bosque Serrano Chaqueño, 1000–1500 m.
Dept.: CH, CO, SC.
Tipo y muestra: *C. Troll s.n.* (HT: M), *R. Kiesling et al. 8484* (SI).
Nom. Vern.: Cola de zorro.

Espostoa haagei (Poselger ex Rumpler) F. Ritter, Kakteen Südamer. 4: 1433. 1981.
Sin.: *Pilocereus haagei* Poselger ex Rumpler
Hierba. Endémica. Región, tipo de vegetación y elevación desconocidas.
Dept.: Bolivia.
Nota: El protólogo menciona solamente Bolivia. Descrita de material cultivado, sin mencionar el tipo.

Frailea Britton & Rose, Cactaceae 3: 208–209. 1922.
6 especies, 2 especies endémicas.

Frailea cataphracta (Dams) Britton & Rose, Cactaceae 3: 210. 1922.
Sin.: *Echinocactus cataphractus* Dams, *Frailea uhligiana* Backeb., *Astrophytum cataphractum* (Dams) Halda & Malina, *Astrophytum uhligianum* (Backeb.) Halda & Malina
Ref.: Navarro Sánchez (1996).
Hierba. Nativa. Zonas Bajas. Bosque Semideciduo Chiquitano, Campos Cerrados, 0–500 m.
Dept.: SC.
Nota: No hay ejemplares de herbario.

Frailea chiquitana Cárdenas, Natl. Cact. Succ. J. 6: 8. 1951.
Sin.: *Frailea pullispina* Backeb., *Astrophytum chiquitanum* (Cárdenas) Halda & Malina, *Astrophytum pullispinum* (Backeb.) Halda & Malina
Ref.: Foster (1958), Navarro Sánchez (1996), Wood et al. (2011).
Hierba. Endémica. Zonas Bajas. Campos Cerrados, 0–1000 m.
Dept.: SC.
Tipo: *M. Cárdenas 4568* (HT: LIL; IT: US).
Nota: Conocida solamente del tipo.

Frailea larae R. Vásquez, Revista Soc. Estud. Bot. 1(1): 5–8, f. 1a–g, 2. 1994.
Ref.: Vásquez C. (1994b), Navarro Sánchez (1996).
Hierba. Endémica. Zonas Bajas. Campos Cerrados, 0–500 m.
Dept.: SC.
Tipo: *R. Lara s.n.* (HT: LPB; IT: herb. Vásquez).
Nota: Conocida solamente del tipo.

Frailea mammifera Buining & Brederoo, Kakteenkunde 50–51: CVIe. 1972.
Sin.: *Astrophytum mammiferum* (Buining & Brederoo) Halda & Malina, *Frailea atrobella* Diers, Krahn & R. Vásquez
Ref.: Diers et al. (2011).
Hierba. Nativa. Zonas Bajas. Bosque Semideciduo Chiquitano, 0–500 m.
Dept.: SC.
Muestra: *W. Krahn WK1116* (LPB, WU).

Frailea pygmaea (Speg.) Britton & Rose, Cactaceae 3: 210–211. 1922.
Sin.: *Echinocactus pygmaeus* Speg., *Frailea amerhauseri* Prestle
Hierba. Nativa. Zonas Bajas. Bosque Semideciduo Chiquitano, 0–500 m.
Dept.: SC.
Muestra: *Amerhauser HA 95-929A* (LPB, WU).

Frailea schilinzkyana (F. Haage) Britton & Rose, Cactaceae 3: 210. 1922.
Sin.: *Echinocactus schilinzkyanus* F. Haage, *Frailea concepcionensis* Buining & G. Moser, *Frailea schilinzkyana* subsp. *concepcionensis* (Buining & G. Moser) P.J. Braun & Esteves, *Astrophytum schilinzkyanum* (F. Haage) Halda & Malina
Hierba. Nativa. Zonas Bajas. Bosque Seco Chaqueño, 0–500 m.
Dept.: SC.
Nota: No hay ejemplares de herbario.

Gymnocalycium Pfeiff. ex Mittler, Taschenb. Cactusliebhaber 2: 124. 1844.
8 especies, 3 especies endémicas.

Gymnocalycium anisitsii (K. Schum.) Britton & Rose, Cactaceae 3: 159–161, f. 168. 1922.
Sin.: *Echinocactus anisitsii* K. Schum., *Echinocactus damsii* K. Schum., *Gymnocalycium damsii* (K. Schum.) Britton & Rose, *Gymnocalycium damsii* subsp. *evae* Halda, Horaek & Milt, *Gymnocalycium anisitsii* subsp. *holdii* Amerh., *Gymnocalycium anisitsii* var. *griseopallidum* H. Till & Amerh., *Gymnocalycium anisitsii* var. *pseudomalacocarpus* W. Till & Amerh., *Gymnocalycium anisitsii* subsp. *volkeri* Amerh., *Gymnocalycium anisitsii* var. *tucavocense* Backeb. ex H. Till & Amerh., *Gymnocalycium damsii* var. *boosii* Amerh., *Gymnocalycium damsii* var. *centrispinum* Backeb. ex H. Till & Amerh., *Gymnocalycium damsii* var. *rotundulum* Backeb. ex H. Till & Amerh., *Gymnocalycium damsii* var. *torulosum* Backeb. ex H. Till & Amerh., *Gymnocalycium anisitsii* subsp. *damsii* (K. Schum.) G.J.Charles
Ref.: Pilbeam (1995), Navarro Sánchez (1996), Anderson (2011).
Hierba. Nativa. Zonas Bajas. Bosque Seco Chaqueño, 0–500 m.
Dept.: SC.
Muestra: *A.H. Gentry et al. 75232* (F, LPB, MO, SI).

Gymnocalycium chacoense Amerh., Gymnocalycium 12(4): 302. 1999.
Ref.: Demaio et al. (2010), Demaio et

al. (2011), Metzing (2012a).
Hierba. Endémica. Zonas Bajas. Bosque Seco Chaqueño, 500–1000 m.
Dept.: SC.
Tipo: *Amerhauser HA 990-4* (HT: LPB; IT: WU).
Nota: Conocida solamente del tipo. Además de colecciones no secas.

Gymnocalycium chiquitanum Cárdenas, Cactus (Paris) 78: 95. 1963.
Sin.: *Gymnocalycium hammerschmidii* Backeb., *Gymnocalycium chiquitanum* var. *hammerschmidii* (Backeb.) H. Till
Ref.: Navarro Sánchez (1996), Taylor (2007), Schädlich (2009), Metzing (2012a).
Hierba. Endémica. Zonas Bajas. Campos Cerrados, 0–1000 m.
Dept.: SC.
Tipo y muestra: *L.J. Hammerschmid 5.562* (T: herb. Cárdenas), *M. Cárdenas 4612* (BOLV).

Gymnocalycium eurypleurum Plesnik ex F. Ritter, Kakteen Südamer. 1: 268. 1979.
Nota: Esperada. Nativa del norte de Paraguay, cerca de la frontera con Bolivia.

Gymnocalycium friedrichii (Werderm.) Pazout, Friciana Rada 4(23): 3. 1964.
Sin.: *Gymnocalycium mihanovichii* var. *friedrichii* Werderm., *Gymnocalycium stenopleurum* F. Ritter
Ref.: Navarro Sánchez (1996), Serrano & Terán (1998 [2000]), Till & Amerhauser (2009), Demaio et al. (2010), Demaio et al. (2011).
Hierba. Nativa. Zonas Bajas. Bosque Seco Chaqueño, 0–1000 m.
Dept.: CH, SC, TA.
Muestra: *M. Cárdenas 5065* (LIL).

[Gymnocalycium guerkeanum (Heese) Britton & Rose], Cactaceae 3: 154–155, f. 161. 1922.
Sin.: *Echinocactus guerkeanus* Heese
Ref.: Foster (1958).
Nota: El registro se basa en material mal identificado.

Gymnocalycium marsoneri Frič ex Y. Itô, Explan. Diagr. Austroechinocactinae 293. 1957.
Sin.: *Gymnocalycium hamatum* F. Ritter & Y. Itô
Ref.: Navarro Sánchez (1996), Till & Amerhauser (2009).
Hierba. Nativa. Zonas Bajas. Bosque Semideciduo Chiquitano, 0–500 m.
Dept.: SC.
Muestra: *I.G. Vargas 3427* (F, USZ).

Gymnocalycium megatae Y. Itô, Explan. Diagr. Austroechinocactinae 292. 1957.
Sin.: *Gymnocalycium tudae* Y. Itô, *Gymnocalycium eytianum* Cárdenas, *Gymnocalycium griseopallidum* Backeb., *Gymnocalycium pseudomalacocarpus* Backeb., *Gymnocalycium tudae* var. *bolivianum* F. Ritter, *Gymnocalycium friedrichii* subsp. *eytianum* (Cárdenas) H. Till & Amerh., *Gymnocalycium itatiquense* H. Till & Amerh.
Ref.: Eggli & Leuenberger (2005), Anderson (2011).
Hierba. Endémica. Zonas Bajas. Bosque Seco Chaqueño, 0–1000 m.
Dept.: CH, SC.
Muestra: *M. Cárdenas 5065* (LIL).

Gymnocalycium pflanzii (Vaupel) Werderm., Repert. Spec. Nov. Regni Veg. Beih. C: 24, t. 94. 1935.
Sin.: *Gymnocalycium pflanzii* var. *lagunillasense* (Cárdenas) Donald, *Echinocactus pflanzii* Vaupel, *Gymnocalycium lagunillasense* Cárdenas, *Gymnocalycium marquezii* Cárdenas, *Gymnocalycium riograndense* Cárdenas, *Gymnocalycium zegarrae* Cárdenas, *Gymnocalycium chuquisacanum* Cárdenas, *Gymnocalycium izozogsii* Cárdenas, *Gymnocalycium millaresii* Cárdenas, *Gymnocalycium pflanzii* fo. *chuquisacanum* (Cárdenas) Donald, *Gymnocalycium pflanzii* var. *izozogsii* (Cárdenas) Donald, *Gymnocalycium pflanzii* subsp. *dorisiae* Amerh., *Gymnocalycium pflanzii* subsp. *zegarrae* (Cárdenas) G.J.Charles
Ref.: Foster (1958), Metzing et al. (1995), Navarro Sánchez (1996), Serrano & Terán (1998 [2000]), Nee (2004), Eggli & Leuenberger (2005), Metzing (2010), Metzing (2012a).
Hierba. Nativa. Zonas Bajas, Andes. Bosque Seco Chaqueño, Campos Cerrados, Bosque Serrano Chaqueño, Valles Secos, 0–2500 m.
Dept.: CH, CO, PO, SC, TA.
Tipo y muestra: *K. Pflanz s.n.* (HT: B destr.?), *A.H. Gentry & R.B. Foster 75354* (F, K, MO, USZ).
Infra: *Gymnocalycium pflanzii* subsp. *zegarrae* (Cárdenas) G.J.Charles
Nom. Vern.: Suipépe.

[Gymnocalycium saglionis (Cels) Britton & Rose], Cactaceae 3: 157, pl. 17, f. 1; f. 165. 1922.
Sin.: *Echinocactus saglionis* Cels
Ref.: Foster (1958).
Nota: El registro se basa en material mal identificado.

Gymnocalycium spegazzinii Britton & Rose, Cactaceae 3: 155. 1922.
Sin.: *Gymnocalycium cardenasianum* F. Ritter, *Gymnocalycium armatum* F. Ritter, *Gymnocalycium spegazzinii* subsp. *armatum* (F. Ritter) Halda & Šorma
Ref.: Metzing et al. (1995), Kiesling & Metzing (1996), López (2000).
Hierba. Nativa. Andes. Valles Secos, 3500–4000 m.
Dept.: TA.
Muestra: *R. Kiesling et al. 8387* (LPB).
Infra: *Gymnocalycium spegazzinii* subsp. *cardenasianum* (F. Ritter) R. Kiesling & Metzing

Harrisia Britton, Bull. Torrey Bot. Club 35(12): 561–566. 1908.
4 especies, 1 especie endémica.

Harrisia bonplandii (Parm. ex Pfeiff.) Britton & Rose, Cactaceae 2: 157–158, f. 227, t. 24, f. 2. 1920.
Sin.: *Cereus bonplandii* Parm. ex Pfeiff., *Cereus balansae* K. Schum., *Cereus guelichii* Speg., *Eriocereus bonplandii* (Parm. ex Pfeiff.) Riccob., *Harrisia guelichii* (Speg.) Britton & Rose, *Eriocereus guelichii* (Speg.) A. Berger, *Harrisia pomanensis* subsp. *bonplandii* (Parm. ex Pfeiff.) Braun & Pereira, *Harrisia balansae* (K. Schum.) N.P. Taylor & Zappi, *Echinopsis balansae* (K. Schum.) Anceschi & Magli
Ref.: Kiesling (1996b), Navarro Sánchez (1996), Mostacedo C. & Uslar (1999), Kessler et al. (2000b), Leuenberger (2001).
Arbusto. Nativa. Zonas Bajas, Andes. Bosque Seco Chaqueño, Bosque Tucumano-Boliviano, 0–1500 m.
Dept.: CH, SC, TA.
Muestra: *B. Mostacedo et al. 2909* (LPB, MO, USZ).
Nota: Del ecotono Chaco-Selva, Tucumano-Boliviana y del Chaco.

Harrisia pomanensis (F.A.C. Weber ex K. Schum.) Britton & Rose, Cactaceae 2: 155, f. 225. 1920.
Sin.: *Cereus pomanensis* F.A.C. Weber ex K. Schum., *Eriocereus pomanensis* (F.A.C. Weber ex K. Schum.) A. Berger, *Eriocereus polyacanthus* F. Ritter, *Eriocereus tarijensis* F. Ritter,

Harrisia pomanensis subsp. *tarijensis* (F. Ritter) Braun & Pereira, *Echinopsis pomanensis* (F.A.C. Weber ex K. Schum.) Anceschi & Magli
Ref.: Kiesling (1996b), Navarro Sánchez (1996), Mostacedo C. & Uslar (1999), Kessler et al. (2000b), Serrano & Terán (1998 [2000]), Leuenberger (2001).
Arbusto. Nativa. Zonas Bajas, Andes. Bosque Seco Chaqueño, Bosque Serrano Chaqueño, Valles Secos, 0–1500 m.
Dept.: CH, CO, SC, TA.
Muestra: *M. Cárdenas 5025* (BOLV).
Nom. Vern.: Cardón, pitajaya.

Harrisia tetracantha (Labour.) D.R. Hunt, Bradleya 5: 92. 1987.
Sin.: *Cereus tetracanthus* Labour., *Cereus tetracanthus* var. *bolivianus* F.A.C. Weber ex K. Schum., *Cereus bolivianus* F.A.C. Weber, *Eriocereus tetracanthus* (Labour.) Riccob., *Eriocereus tetracanthus* var. *boliviensis* (F.A.C. Weber ex K. Schum.) W.T. Marshall & T.M. Bock, *Roseocereus tetracanthus* (Labour.) Backeb., *Echinopsis tetracantha* (Labour.) Anceschi & Magli
Ref.: Foster (1958), López Vargas (1995), Navarro Sánchez (1996), Saravia Miranda (1996), De la Barra (1997), Mostacedo C. & Uslar (1999), Serrano & Terán (1998 [2000]), Vargas Caballero et al. (2000), Nee (2004), Taylor (2007).
Árbol. Endémica. Andes. Valles Secos, 1000–2500 m.
Dept.: CH, CO, PO, SC, TA.
Tipo y muestra: *M.H. Nee 46674* (NT: NY; INT: LPB, MO, USZ), *L. Arroyo P. & M. Mendizábal 4762* (MO, USZ).
Nom. Vern.: Hulala, khiska luro, kiscaloro, pasacana, quiscaluro, ulala.

Harrisia tortuosa (J. Forbes ex Otto & A. Dietr.) Britton & Rose, Cactaceae 2: 154–155, t. 21, f. 1. 1920.
Sin.: *Cereus tortuosus* J. Forbes ex Otto & A. Dietr.
Ref.: Cárdenas Hermosa (1949), Foster (1958), Navarro Sánchez (1996).
Arbusto. Nativa. Región, tipo de vegetación y elevación desconocidas.
Dept.: Bolivia.
Nota: No hay ejemplares de herbario de Bolivia.

Hylocereus (A. Berger) Britton & Rose, Contr. U.S. Natl. Herb. 12(10): 428. 1909.
1 especie, 0 especies endémicas.

Hylocereus setaceus (Salm-Dyck) Ralf Bauer, Cactaceae Syst. Init. 17: 29. 2003.
Sin.: *Cereus setaceus* Salm-Dyck, *Selenicereus setaceus* (Salm-Dyck) A. Berger ex Werderm.
Ref.: Ibisch (1996), Navarro Sánchez (1996), Killeen & Schulenberg (1998), Kiesling (1999), Mostacedo C. & Uslar (1999), Ibisch et al. (2000), Serrano & Terán (1998 [2000]), Nee (2004).
Epífita. Nativa. Zonas Bajas, Andes. Bosque Húmedo, Bosque Semideciduo Chiquitano, Campos Cerrados, Sabanas Benianas del Sur, Yungas, Valles Secos, 0–1500 m.
Dept.: BE, LP, PA, SC.
Muestra: *S.G. Beck 15355* (LPB, SI).

Lepismium Pfeiff., Allg. Gartenzeitung 3: 315. 1835.
2 especies, 0 especies endémicas.

[Lepismium cruciforme (Vell.) Miq.], Bull. Sci. Phys. Nat. Neerl. 1838: 49. 1838.
Sin.: *Cactus cruciformis* Vell.
Ref.: Navarro Sánchez (2001).
Nota: El registro se basa en material mal identificado.

Lepismium lorentzianum (Griseb.) Barthlott, Bradleya 5: 99. 1987.
Sin.: *Rhipsalis lorentziana* Griseb.
Ref.: Barthlott & Taylor (1995), González et al. (1999), Ibisch et al. (2000), Navarro Sánchez (2001), Korotkova et al. (2011).
Epífita. Nativa. Zonas Bajas, Andes. Bosque Seco Chaqueño, Bosque Tucumano-Boliviano, Bosque Serrano Chaqueño, 500–2000 m.
Dept.: TA.
Muestra: *J.C. Solomon 11183* (LPB, MO, SI).

Lepismium lumbricoides (Lem.) Barthlott, Bradleya 5: 99. 1987.
Sin.: *Cereus lumbricoides* Lem., *Rhipsalis sarmentacea* Otto & A. Dietr., *Rhipsalis lumbricoides* (Lem.) Lem., *Hariota sarmentacea* (Otto & A. Dietr.) Kuntze, *Rhipsalis leucoraphis* K. Schum., *Ophiorhipsalis lumbricoides* (Lem.) Doweld
Ref.: Barthlott & Taylor (1995), Ibisch (1996), Ibisch et al. (2000), Kessler et al. (2000b), Navarro Sánchez (2001), Nee (2004), Taylor (2007).
Epífita. Nativa. Zonas Bajas, Andes. Bosque Húmedo, Sabanas Benianas del Sur, Campos Amazónicos, Bosque Tucumano-Boliviano, 500–2000 m.
Dept.: BE, CH, CO, LP, PA, SC, TA.
Muestra: *S.G. Beck 5120* (LPB).

Lobivia Britton & Rose, Cactaceae 3: 49. 1922.
23 especies, 17 especies endémicas.

Lobivia arachnacantha Buining & F. Ritter, Succulenta (Netherlands) 1956: 37. 1956.
Sin.: *Lobivia arachnacantha* var. *densiseta* Rausch, *Echinopsis arachnacantha* (Buining & F. Ritter) Friedrich, *Echinopsis arachnacantha* var. *densiseta* (Rausch) Friedrich, *Lobivia arachnacantha* var. *sulphurea* R. Vásquez, *Echinopsis arachnacantha* var. *vallegrandensis* Rausch, *Echinopsis ancistrophora* var. *arachnacantha* (Buining & F. Ritter) Rausch, *Echinopsis arachnacantha* var. *sulphurea* (R. Vásquez) G.D. Rowley
Ref.: Rausch (1986), Navarro Sánchez (1996), Saravia Miranda (1996), Nee (2004), Eggli & Leuenberger (2005).
Hierba. Endémica. Andes. Valles Secos, 2000–3000 m.
Dept.: CO, SC, TA.
Tipo y muestra: *F. Ritter 360* (HT: U; LT: ZSS; ILT: ZSS), *I.G. Vargas & A.F. Fuentes 3057* (USZ).

Lobivia backebergii (Werderm.) Backeb., Blätt. Kakteenf. 12. 1935.
Sin.: *Echinopsis backebergii* Werderm., *Lobivia oxyalabastra* Cárdenas & Rausch, *Lobivia backebergii* var. *oxyalabastra* (Cárdenas & Rausch) Rausch
Ref.: Foster (1958), Rausch (1986), Navarro Sánchez (1996).
Hierba. Endémica. Andes, Altiplano. Valles Secos, Puna Húmeda, 3000–4000 m.
Dept.: CO, LP.
Muestra: *J.C. Solomon 6709* (LPB, MO).
Nota: El lectotipo es la figura asociada con el protólogo.

Lobivia brachiantha Wessner, Kakteen And. Sukk. 1937: 130. 1937.
Ref.: Foster (1958).
Hierba. Endémica. Región, tipo de vegetación y elevación desconocidas.
Dept.: Bolivia.
Tipo: *F. Ritter s.n.* (HT: no localizado).
Nota: Conocida solamente del tipo. El protólogo no menciona la localidad del tipo.

Lobivia caespitosa (J.A. Purpus) Britton & Rose, Cactaceae 3: 53. 1922.
Sin.: *Echinopsis caespitosa* J.A. Purpus, *Lobivia miniatiflora* F. Ritter, *Lobivia maximiliana* var. *miniatiflora*

(F. Ritter) Rausch
Ref.: Foster (1958), Rausch (1986).
Subarbusto. Endémica. Andes, Altiplano. Valles Secos, Puna Húmeda, 3000–3500, 4000–4500 m.
Dept.: CO, LP.
Muestra: *R. Kiesling 10060* (LPB, SI).
Infra: *Lobivia caespitosa* var. *altiplani* F. Ritter
Nota: El protólogo menciona *Bolivia* pero no un ejemplar específico.

Lobivia caineana Cárdenas, Cact. Succ. J. (Los Angeles) 24: 184, f. 126, 127. 1952.
Sin.: *Echinopsis caineana* (Cárdenas) D.R. Hunt
Ref.: Foster (1958), Rausch (1986), Taylor (2007).
Subarbusto. Endémica. Andes. Valles Secos, 2500–3000 m.
Dept.: CO, PO.
Tipo: *M. Cárdenas 4822* (HT: LIL?; IT: US).
Nota: Conocida solamente del tipo.

Lobivia chrysochete (Werderm.) Wessner, Beitr. Sukkulentenk. Sukkulentenpflege 1938: 71. 1938.
Sin.: *Echinopsis chrysochete* Werderm., *Lobivia hystrix* F. Ritter, *Lobivia markusii* Rausch, *Lobivia tenuispina* F. Ritter
Ref.: Rausch (1986), Navarro Sánchez (1996).
Hierba. Nativa. Andes, Altiplano. Valles Secos, Puna Seca, 3000–4000 m.
Dept.: PO, TA.
Muestra: *F. Ritter 795* (SGO, U).
Infra: *Lobivia chrysochete* var. *tenuispina* (F. Ritter) Rausch

Lobivia cinnabarina (Hook.) Britton & Rose, Cactaceae 3: 54, pl. 4, f. 2. 1922.
Sin.: *Echinocactus cinnabarinus* Hook., *Echinopsis cinnabarina* (Hook.) Labour., *Echinopsis chereauniana* Schlumb., *Lobivia walterspielii* Boed., *Lobivia charcasina* Cárdenas, *Lobivia prestoana* Cárdenas, *Lobivia zudanensis* Cárdenas, *Cinnabarinea cinnabrina* (Hook.) F. Ritter, *Cinnabarinea walterspielii* var. *sanguiniflora* F. Ritter
Ref.: Foster (1958), Serrano & Terán (1998 [2000]), Taylor (2007).
Hierba. Endémica. Andes. Valles Secos, 2000–3000 m.
Dept.: CH, CO, PO.
Tipo y muestra: *M. Bridges s.n.* (T: no localizado), *R. Kiesling et al. 8393B* (LPB, SI).
Infra: *Lobivia cinnabarina* var. *grandiflora* Rausch
Nom. Vern.: Añapanco.

[Lobivia densispina Werderm. ex Backeb. & F.M. Knuth], Kaktus-ABC 238. 1936.
Sin.: *Lobivia rebutioides* Backeb.
Ref.: Foster (1958).
Nota: El registro se basa en material mal identificado. Endémica de Argentina.

[Lobivia einsteinii (Frić) Rausch], Lobivia 85: 28. 1985 [1987].
Sin.: *Rebutia einsteinii* Frić, *Lobivia auranitida* Wessner
Ref.: Foster (1958), Navarro Sánchez (1996).
Nota: El registro se basa en material mal identificado. Endémica de Argentina.

Lobivia eucaliptana Backeb., Kaktus-ABC 242, 414. 1936.
Ref.: Foster (1958).
Hierba. Endémica. Altiplano. Puna Húmeda, Puna Seca, 4000–4500 m.
Dept.: LP, OR.
Nota: El protólogo menciona Bolivia, pero no un ejemplar específico.

[Lobivia haageana Backeb.], Kakteenfreund 2: 90. 1933.
Ref.: Foster (1958).
Nota: El registro se basa en material mal identificado. Endémica de Argentina.

[Lobivia haematantha (Speg.) Britton & Rose], Cactaceae 3: 57, f. 73. 1922.
Sin.: *Echinocactus haematanthus* Speg.
Ref.: Foster (1958).
Nota: El registro se basa en material mal identificado. Endémica de Argentina.

Lobivia krahn-juckeri Diers, Kakteen And. Sukk. 60(8): 216. 2009.
Ref.: Diers (2009).
Hierba. Endémica. Andes. Valles Secos, 2500–3500 m.
Dept.: PO.
Tipo: *W. Krahn WK 1000* (HT: LPB; IT: WU).
Nota: Conocida solamente del tipo.

Lobivia lateritia (Gürke) Britton & Rose, Cactaceae 3: 56, pl. 5, f. 4. 1922.
Sin.: *Echinopsis lateritia* Gürke, *Lobivia kupperiana* Backeb., *Lobivia cintiensis* Cárdenas, *Lobivia scopulina* Backeb., *Lobivia camataquiensis* Cárdenas, *Lobivia cintiensis* var. *elongata* F. Ritter, *Lobivia lateritia* var. *kupperiana* (Backeb.) Rausch, *Hymenorebutia cintiensis* (Cárdenas) F. Ritter, *Hymenorebutia torataensis* F. Ritter, *Hymenorebutia torreana* F. Ritter
Ref.: Foster (1958), Rausch (1986), Navarro Sánchez (1996), López (2000), Serrano & Terán (1998 [2000]), Eggli & Leuenberger (2005), Metzing (2011a).
Hierba. Endémica. Andes, Altiplano. Valles Secos, Puna Seca, 2500–4000 m.
Dept.: CH, PO, TA.
Muestra: *M. Cárdenas 5505* (LIL).
Infra: *Lobivia lateritia* var. *cotagaitensis* Rausch, *Lobivia lateritia* var. *citriflora* Rausch
Nota: El protólogo no menciona Bolivia ni el ejemplar tipo colectado por Fiebrig.

Lobivia maximiliana (Heyder ex A. Dietr.) Backeb. ex Rausch, Lobivia 1: 36. 1975.
Sin.: *Echinopsis maximiliana* Heyder ex A. Dietr., *Echinopsis tricolor* A. Dietr., *Lobivia hermanniana* Backeb., *Lobivia charazanensis* Cárdenas, *Lobivia cariquinensis* Cárdenas, *Lobivia pseudocariquinensis* Cárdenas, *Lobivia caespitosa* var. *violacea* Rausch
Ref.: Rausch (1986), Navarro Sánchez (1996), Eggli & Leuenberger (2005).
Hierba, subarbusto. Nativa. Andes, Altiplano. Valles Secos, Puna Húmeda, 3000–4500 m.
Dept.: CO, LP, OR.
Muestra: *R. Kiesling 10029B* (SI).
Infra: *Lobivia maximiliana* var. *charazanensis* (Cárdenas) Rausch, *Lobivia maximiliana* var. *violacea* (Rausch) Rausch, *Lobivia maximiliana* var. *durispina* Rausch

Lobivia pectinata Backeb., Kaktus-ABC 243, 415. 1936.
Ref.: Foster (1958).
Hierba. Endémica. Región, tipo de vegetación y elevación desconocidas.
Dept.: PO, TA.
Nota: El protólogo menciona Bolivia, pero no hace referencia a un ejemplar específico. Posiblemente un sinónimo de *L. pygmaea*.

Lobivia pentlandii (Hook.) Britton & Rose, Cactaceae 3: 54–56, f. 71. 1922.
Sin.: *Echinocactus pentlandii* Hook., *Echinopsis pentlandii* (Hook.) Salm-Dyck ex A. Dietr., *Echinopsis tuberculata* Niedt, *Lobivia boliviensis* Britton & Rose, *Lobivia higginsiana* Backeb., *Lobivia wegheiana* Backeb., *Echinopsis hardeniana* Boed., *Lobivia argentea* Backeb., *Lobivia carminantha* Backeb., *Lobivia johnsoniana* Backeb., *Lobivia leucorhodon* Backeb., *Lobivia leucoviolacea* Backeb., *Lobivia varians* Backeb., *Lobivia varians* var. *croceantha* Backeb., *Lobivia*

wegheiana var. *leucantha* Backeb., *Lobivia aculeata* Buining, *Lobivia bruneo-rosea* Backeb., *Lobivia titicacensis* Cárdenas, *Lobivia larae* Cárdenas, *Lobivia omasuyana* Cárdenas, *Lobivia backebergii* var. *larae* (Cárdenas) Rausch, *Echinopsis pentlandii* subsp. *hardeniana* (Boed.) G. Navarro, *Echinopsis pentlandii* subsp. *larae* (Cárdenas) G. Navarro
Ref.: Foster (1958), Barthlott (1977), Rausch (1986), López Vargas (1995), Navarro Sánchez (1996), Saravia Miranda (1996), Taylor (2007).
Hierba. Nativa. Andes, Altiplano. Valles Secos, Puna Húmeda, 2500–3000, 3500–4000 m.
Dept.: CO, LP, OR, PO.
Muestra: *R. Kiesling 10030* (LPB, SI).
Infra: *Lobivia pentlandii* var. *larae* (Cárdenas) Rausch, *Lobivia pentlandii* fo. *carminantha* (Backeb.) J. Ullmann, *Lobivia pentlandii* fo. *higginsiana* (Backeb.) J. Ullmann, *Lobivia pentlandii* fo. *johnsoniana* (Backeb.) J. Ullmann, *Lobivia pentlandii* fo. *leucorhodon* (Backeb.) J. Ullmann, *Lobivia pentlandii* fo. *leucoviolacea* (Backeb.) J. Ullmann, *Lobivia pentlandii* fo. *varians* (Backeb.) J. Ullmann, *Lobivia pentlandii* fo. *wegheiana* (Backeb.) J. Ullmann

Lobivia pugionacantha (Rose & Boed.) Backeb., Kaktus-ABC 235. 1936.
Sin.: *Echinopsis pugionacantha* Rose & Boed., *Lobivia rossii* (Boed.) Boed., *Echinopsis boedekeriana* Harden, *Echinopsis stollenwerkiana* Boed., *Lobivia boedekeriana* Harden ex Boed., *Lobivia stollenwerkiana* Boed., *Lobivia culpinensis* F. Ritter, *Lobivia cornuta* Rausch, *Lobivia salitrensis* Rausch, *Lobivia versicolor* Rausch, *Lobivia adpressispina* F. Ritter, *Lobivia campicola* F. Ritter, *Lobivia rossii* var. *bustilloensis* F. Ritter, *Lobivia rossii* var. *sayariensis* F. Ritter, *Echinopsis pugionacantha* subsp. *rossii* (Boed.) G. Navarro
Ref.: Foster (1958), Rausch (1986), Navarro Sánchez (1996), López (2000).
Hierba. Nativa. Andes, Altiplano. Valles Secos, Puna Húmeda, Puna Seca, 3000–4000 m.
Dept.: CH, CO, PO, TA.
Tipo: *J.A. Shafer 86* (LT: US; ILT: MO, NY).
Infra: *Lobivia pugionacantha* var. *haemantha* Rausch

Lobivia pygmaea (R.E. Fr.) Backeb., Kaktus-ABC 241. 1936.
Sin.: *Lobivia haagei* Wessn., *Echinopsis pygmaea* R.E. Fr., *Rebutia pygmaea* (R.E. Fr.) Britton & Rose, *Rebutia haagei* Frič & Schelle, *Lobivia atrovirens* Backeb., *Lobivia digitiformis* Backeb., *Lobivia neohaageana* Backeb., *Lobivia orurensis* Backeb., *Rebulobivia haagei* Frič & Schelle, *Digitorebutia atrovirens* (Backeb.) Buining, *Digitorebutia haagei* (Frič & Schelle) Frič ex Buining, *Mediolobivia pygmaea* (R.E. Fr.) Krainz, *Mediolobivia haefneriana* Cullman, *Mediolobivia pectinata* var. *orurensis* (Backeb.) Backeb., *Rebutia ritteri* (Wessner) Buining & Donald, *Rebutia brunescens* Rausch, *Rebutia diersiana* Rausch, *Rebutia diersiana* var. *atrovirens* Rausch, *Rebutia leucanthema* Rausch, *Rebutia canacruzensis* Rausch, *Rebutia friedrichiana* Rausch, *Rebutia brunneoradicata* F. Ritter, *Rebutia colorea* F. Ritter, *Rebutia gracilispina* F. Ritter, *Rebutia huasiensis* Rausch, *Rebutia iridescens* F. Ritter, *Rebutia lanosiflora* F. Ritter, *Rebutia mixta* F. Ritter, *Rebutia odontopetala* F. Ritter, *Rebutia pallida* Rausch, *Rebutia pauciareolata* F. Ritter, *Rebutia paucicostata* F. Ritter, *Rebutia rosalbiflora* F. Ritter, *Rebutia rosalbiflora* var. *amblypetala* F. Ritter, *Rebutia rutiliflora* F. Ritter, *Rebutia salpingantha* F. Ritter, *Rebutia torquata* F. Ritter & Buining, *Rebutia violascens* F. Ritter, *Rebutia zecheri* Rausch, *Rebutia diersiana* var. *minor* Rausch, *Digitorebutia yuquinensis* Rausch, *Rebutia raulii* Rausch, *Rebutia yuquinensis* Rausch, *Lobivia atrovirens* var. *hafneriana* (Cullman) Rausch, *Lobivia atrovirens* var. *huasiensis* (Rausch) Rausch, *Lobivia atrovirens* var. *yuquinensis* (Rausch) Rausch, *Lobivia atrovirens* var. *pseudoritteri* Rausch, *Lobivia atrovirens* var. *raulii* (Rausch) Rausch, *Lobivia atrovirens* var. *yuncharasensis* Rausch, *Lobivia atrovirens* var. *zecheri* (Rausch) Rausch, *Lobivia haagei* var. *crassa* Rausch
Ref.: Foster (1958), Rausch (1986), Navarro Sánchez (1996), López (2000).
Hierba. Nativa. Andes, Altiplano. Valles Secos, Puna Húmeda, Puna Seca, 3000–4500 m.
Dept.: CH, OR, PO, TA.
Muestra: *G. Navarro 532* (BOLV).
Infra: *Lobivia pygmaea* var. *knizei* Rausch, *Lobivia pygmaea* var. *minor* (Rausch) Rausch, *Lobivia pygmaea* var. *nigrescens* Rausch, *Lobivia pygmaea* var. *polypetala* Rausch, *Lobivia pygmaea* var. *violaceostaminata* Rausch

Lobivia raphidacantha Backeb., Kaktus-ABC 230, 413. 1936.
Ref.: Foster (1958).
Hierba. Endémica. Altiplano. Puna Seca, elevación desconocida.
Dept.: OR, PO.
Nota: No hay ejemplares de herbario. El protólogo menciona *Bolivia, inter Oruro et Olapampa*, pero no hace referencia a un ejemplar específico.

Lobivia rauschii Zecher, Succulenta (Netherlands) 53(3): 42. 1974.
Sin.: *Echinopsis yuquina* D.R. Hunt
Ref.: Rausch (1986), López (2000).
Hierba. Endémica. Andes. Valles Secos, 3000–3500 m.
Dept.: CH.
Tipo: *W. Rausch 635* (HT: W no localizado; IT: ZSS).
Nota: Conocida solamente del tipo.

Lobivia schieliana Backeb., Descr. Cact. Nov. 1: 30. 1956 [1957].
Sin.: *Lobivia quiabayensis* Rausch, *Lobivia leptacantha* Rausch, *Lobivia schieliana* var. *leptacantha* (Rausch) Rausch, *Echinopsis schieliana* (Backeb.) D.R. Hunt
Hierba. Nativa. Andes. Valles Secos, 3000–4000 m.
Dept.: LP.
Muestra: *W. Rausch 205* (W).
Infra: *Lobivia schieliana* var. *quiabayensis* (Rausch) Rausch

Lobivia schneideriana Backeb., Blätt. Kakteenf. 1937(12): genus 57, sp. 30. 1937.
Ref.: Foster (1958).
Hierba. Endémica. Región, tipo de vegetación y elevación desconocidas.
Dept.: Bolivia.
Nota: No hay ejemplares de herbario.

Lobivia steinmannii (Solms) Backeb., Kaktus-ABC 243. 1936.
Sin.: *Echinocactus steinmannii* Solms, *Rebutia steinmannii* (Solms) Britton & Rose, *Rebutia costata* Werderm., *Rebutia albopectinata* Rausch, *Rebutia schatzliana* Rausch, *Rebutia camargoensis* Rausch, *Rebutia cincinnata* Rausch, *Rebutia supthutiana* Rausch, *Rebutia poecilantha* F. Ritter, *Rebutia potosina* F. Ritter, *Rebutia rauschii* Zecher
Ref.: Foster (1958), Rausch (1986), Navarro Sánchez (1996).
Hierba. Endémica. Andes, Altiplano. Valles Secos, Puna Seca, 2500–4000 m.
Dept.: CH, CO, OR, PO, TA.

Muestra: *M. Schulte 83* (LPB).
Infra: *Lobivia steinmannii* var. *applanata* Rausch, *Lobivia steinmannii* var. *cincinnata* (Rausch) Rausch, *Lobivia steinmannii* var. *costata* (Werderm.) Rausch, *Lobivia steinmannii* var. *leucacantha* Rausch, *Lobivia steinmannii* var. *melanocentra* Rausch, *Lobivia steinmannii* var. *parvula* Rausch, *Lobivia steinmannii* var. *rauschii* (Zecher) Rausch, *Lobivia steinmannii* var. *tuberculata* Rausch
Nota: El protólogo menciona que es una planta propia del altiplano Boliviano, pero no hace referencia a una ejemplar específico.

Lobivia taratensis Cárdenas, Cact. Succ. J. (Los Angeles) 38: 141. 1966.
Sin.: *Pseudolobivia acanthoplegma* Backeb., *Lobivia acanthoplegma* (Backeb.) Backeb., *Lobivia neocinnabarina* Backeb., *Lobivia oligotricha* Cárdenas, *Lobivia pseudocinnabarina* Backeb., *Lobivia taratensis* var. *leucosiphus* Cárdenas, *Lobivia acanthoplegma* var. *patula* Rausch, *Lobivia acanthoplegma* var. *roseiflora* Rausch, *Cinnabarinea acanthoplegma* (Backeb.) F. Ritter, *Cinnabarinea pseudocinnabarina* var. *microthelis* F. Ritter, *Lobivia acanthoplegma* var. *pilosa* Rausch, *Weingartia jarmilae* Halda & Horácek, *Lobivia acanthoplegma* var. *oligotricha* (Cárdenas) Gertel & R. Wahl
Ref.: Rausch (1986), Navarro Sánchez (1996).
Hierba. Endémica. Andes. Valles Secos, 3000–3500 m.
Dept.: CO.
Tipo y muestra: *M. Cárdenas 6220* (HT: herb. Cárdenas no localizado en LIL), *W. Rausch 667* (W, ZSS).

Lobivia tiegeliana Wessner, Beitr. Sukkulentenk. Sukkulentenpflege 1939: 49. 1939.
Sin.: *Lobivia peclardiana* Krainz, *Lobivia pusilla* F. Ritter, *Mediolobivia hirsutissima* Cárdenas, *Lobivia fricii* Rausch, *Echinopsis fricii* (Rausch) Friedrich, *Hymenorebutia tiegeliana* var. *dimorphipetala* F. Ritter, *Echinopsis tiegeliana* (Wessner) D.R. Hunt
Ref.: Rausch (1986).
Hierba. Endémica. Andes. Valles Secos, 1500–2000, 2500–3000, 3500–4000 m.
Dept.: TA.
Muestra: *A. Corro 6329* (LIL).
Infra: *Lobivia tiegeliana* var. *uriondoensis* Rausch, *Lobivia tiegeliana* fo. *dimorphipetala* (F. Ritter) J. Ullmann
Nota: El protólogo no menciona el ejemplar tipo o su localización exacta en Bolivia. IPNI aclara que el HT está perdido, y que el LT consiste en la ilustración dada en el protólogo.

Lobivia tuberculosa F. Ritter, Kakteen Südamer. 2: 582. 1980.
Ref.: Ritter (1980).
Hierba. Endémica. Andes. Valles Secos, 3000–3500 m.
Dept.: CH.
Tipo: *F. Ritter 1441* (HT: U).
Nota: Conocida solamente del tipo.

Lymanbensonia Kimnach, Cact. Succ. J. (Los Angeles) 56: 101. 1984.
2 especies, 2 especies endémicas.

Lymanbensonia crenata (Britton) Doweld, Sukkulenty 4(1–2): 34. 2002.
Sin.: *Hariota cinerea* Britton, *Hariota crenata* Britton, *Acanthorhipsalis crenata* (Britton) Britton & Rose, *Rhipsalis crenata* (Britton) Vaupel, *Pfeiffera crenata* (Britton) P.V. Heath, *Lepismium crenatum* (Britton) Barthlott
Ref.: Foster (1958), Ibisch (1996), Navarro Sánchez (1996), Ibisch et al. (2000), Nee (2004), Korotkova et al. (2010).
Epífita. Endémica. Andes. Yungas, 1000–2500 m.
Dept.: CO, LP.
Tipo y muestra: *H.H. Rusby 2047* (HT: NY; IT: F), *M. Kessler 5663* (GOET, LPB).

Lymanbensonia incachacana (Cárdenas) Barthlott & N. Korotkova, Willdenowia 40(2): 167. 2010.
Sin.: *Rhipsalis incachacana* Cárdenas, *Acanthorhipsalis incachacana* (Cárdenas) Volgin, *Lepismium incachacanum* (Cárdenas) Barthlott
Ref.: Ibisch (1996), Navarro Sánchez (1996), Ibisch et al. (2000), Eggli & Leuenberger (2005), Korotkova et al. (2010).
Epífita. Endémica. Andes. Yungas, 1500–2500 m.
Dept.: CO, LP, SC.
Tipo y muestra: *M. Cárdenas 4855* (HT: LIL; IT: US), *S.G. Beck 3141* (LPB, MO).

Maihueniopsis Speg., Anales Soc. Ci. Argent. 99: 86. 1925.
2 especies, 0 especies endémicas.

Maihueniopsis glomerata (Haw.) R. Kiesling, Darwiniana 25(1–4): 202, f. 11. 1984.
Sin.: *Opuntia glomerata* Haw., *Opuntia andicola* Pfeiff., *Maihueniopsis molfinoi* Speg., *Opuntia hypogaea* Werderm., *Opuntia molfinoi* (Speg.) Werderm., *Tephrocactus hypogaeus* (Werderm.) Backeb., *Tephrocactus glomeratus* (Haw.) Backeb., *Maihueniopsis hypogaea* (Werderm.) F. Ritter
Ref.: Navarro Sánchez (1996).
Subarbusto. Nativa. Andes, Altiplano. Valles Secos, Puna Húmeda, Puna Seca, 2000–4000 m.
Dept.: PO, TA.
Muestra: *G. Navarro 411* (BOLV).

Maihueniopsis nigrispina (K. Schum.) R. Kiesling, Darwiniana 25(1–4): 209. 1984.
Sin.: *Opuntia nigrispina* K. Schum., *Tephrocactus nigrispinus* (K. Schum.) Backeb., *Tephrocactus nigrispinus* var. *atroglobosus* (Backeb. ex Guiggi & Pat. Palacios) M. Lowry, *Maihueniopsis nigrispina* subsp. *atroglobosa* Backeb. ex Guiggi & Pat. Palacios
Ref.: Foster (1958), Navarro Sánchez (1996), Iliff (2002).
Hierba. Nativa. Altiplano. Puna Húmeda, 3500–4500 m.
Dept.: CH, CO, PO, TA.
Nota: No se conocen ejemplares de herbario de Bolivia.

Monvillea Britton & Rose, Cactaceae 2: 21. 1920.
5 especies, 0 especies endémicas.

Monvillea cavendishii (Monv.) Britton & Rose, Cactaceae 2: 21–23, f. 20, t. 3, f. 3. 1920.
Sin.: *Cereus cavendishii* Monv., *Cereus saxicola* Morong, *Cereus rhodoleucanthus* K. Schum., *Monvillea rhodoleucantha* (K. Schum.) A. Berger, *Monvillea chacoana* F. Ritter, *Monvillea parapetiensis* F. Ritter, *Cereus euchlorus* subsp. *rhodoleucanthus* (K. Schum.) P.J. Braun & Esteves, *Praecereus saxicola* (Morong) N.P. Taylor
Ref.: Navarro Sánchez (1996), Mostacedo C. & Uslar (1999), Kessler et al. (2000b), Jardim et al. (2003), Nee (2004), Arroyo Padilla & Villarroel Segarra (2009).
Hierba, arbusto. Nativa. Zonas Bajas. Bosque Semideciduo Chiquitano, Bosque Seco Chaqueño, 0–1500 m.
Dept.: CH, SC, TA.
Muestra: *T. Killeen & M. Toledo 8091* (MO, USZ).
Nom. Vern.: Pitajaya.

Monvillea euchlora (F.A.C. Weber ex K. Schum.) Backeb., Kakteenl. 4: 2301. 1960.
Sin.: *Monvillea alticostata* F. Ritter, *Praecereus euchlorus* subsp. *euchlorus*, *Cereus euchlorus* F.A.C. Weber ex K. Schum., *Cereus lauterbachii* K. Schum., *Monvillea lauterbachii* (K. Schum.) Borg, *Monvillea ballivianii* Cárdenas, *Monvillea apoloensis* Cárdenas, *Praecereus apoloensis* (Cárdenas) Buxb., *Monvillea leucantha* F. Ritter, *Cereus apoloensis* (Cárdenas) P.J. Braun & Esteves, *Cereus ballivianii* (Cárdenas) P.J. Braun & Esteves, *Praecereus euchlorus* (F.A.C. Weber ex K. Schum.) N.P. Taylor, *Praecereus euchlorus* subsp. *amazonicus* (K. Schum. ex Vaupel) N.P. Taylor
Ref.: Navarro Sánchez (1996), Serrano & Terán (1998 [2000]), Taylor (2007), Anderson (2011).
Arbusto. Nativa. Zonas Bajas. Bosque Semideciduo Chiquitano, Campos Cerrados, Sabanas Benianas del Sur, 0–1500 m.
Dept.: BE, CH, LP, SC, TA.
Muestra: *J. Caballero G. et al. 195* (MO, USZ).

Monvillea kroenleinii R. Kiesling, Cact. Succ. J. (Los Angeles) 66(4): 159. 1994.
Sin.: *Cereus kroenleinii* (R. Kiesling) P.J. Braun & Esteves
Ref.: Navarro Sánchez (1996).
Subarbusto. Nativa. Zonas Bajas. Bosque Semideciduo Chiquitano, Bosque Seco Chaqueño, 0–500 m.
Dept.: SC.
Muestra: *L. Sánchez & S. Ortiz 1108* (USZ).

Monvillea phatnosperma (K. Schum.) Britton & Rose, Cactaceae 2: 24. 1920.
Sin.: *Cereus phatnospermus* K. Schum., *Cereus kroenleinii* N.P. Taylor, *Monvillea phatnosperma* subsp. *kroenleinii* (N.P. Taylor) Lodé
Hierba, subarbusto. Nativa. Zonas Bajas. Bosque Semideciduo Chiquitano, 0–500 m.
Dept.: SC.
Muestra: *F. Mamani 297* (MO, USZ).

Monvillea spegazzinii (F.A.C. Weber) Britton & Rose, Cactaceae 2: 23, f. 22. 1920.
Sin.: *Cereus anisitsii* K. Schum., *Cereus marmoratus* Zeiss., *Cereus spegazzinii* F.A.C. Weber, *Cereus spegazzinii* var. *hassleri* Weing., *Monvillea ebenacantha* F. Ritter, *Cereus spegazzinii* var. *ebenacanthus* (F. Ritter) P.J. Braun & Esteves
Ref.: Navarro Sánchez (1996), Kessler et al. (2000b), Serrano & Terán (1998 [2000]), Taylor (2007).
Arbusto. Nativa. Zonas Bajas, Andes. Bosque Seco Chaqueño, Campos Cerrados, Bosque Serrano Chaqueño, 0–1500 m.
Dept.: CH, CO, SC, TA.
Muestra: *M.H. Nee 46693* (MO, NY).

Neoraimondia Britton & Rose, Cactaceae 2: 181–182, f. 257–260. 1920.
1 especie, 1 especie endémica.

Neoraimondia herzogiana (Backeb.) Buxb., Kat. Kult. Stehend. Art. 2 ed. 89. 1967.
Sin.: *Neocardenasia herzogiana* Backeb.
Ref.: Hinojosa Ossio (1993a), Mostacedo C. & Uslar (1999), Kiesling & Mauseth (2000), Serrano & Terán (1998 [2000]), Vargas Caballero et al. (2000), Nee (2004), Eggli & Leuenberger (2005), Ministerio de Medio Ambiente y Agua (2012 [2013]).
Árbol. Endémica. Andes. Valles Secos, 1000–2500 m.
Dept.: CH, CO, PO, SC, TA.
Tipo y muestra: *M. Cárdenas 4100* (LT: LIL; ILT: US, US), *R. Kiesling & D. Metzing 8438* (LPB, SI).
Nom. Vern.: Carapari.

Neowerdermannia Frič, Kaktusář 1: 85. 1930.
1 especie, 0 especies endémicas.

Neowerdermannia chilensis Backeb., Cact. Succ. J. (Los Angeles) 8: 5, 73. 1936.
Ref.: Donald (1973).
Nota: Esperada. No hay ejemplares de herbario. Donald (1973) reporta su distribución al Suroeste de Bolivia, pero no aclara la localidad exacta.

Neowerdermannia vorwerkii Frič, Kaktusář 1: 85. 1930.
Sin.: *Weingartia vorwerkii* (Frič) Backeb., *Sulcorebutia vorwerkii* (Frič) F.H. Brandt
Ref.: Foster (1958), Navarro Sánchez (1996).
Hierba. Nativa. Altiplano. Puna Húmeda, Puna Seca, 3500–4000 m.
Dept.: LP, OR, PO, TA.
Muestra: *Rivas 69* (LPB).
Nom. Vern.: Achacana.

Nopalea Salm-Dyck, Cact. Hort. Dyck. (1849) 63–64. 1849 [1850].
1 especie, 0 especies endémicas.

Nopalea cochenillifera (L.) Salm-Dyck, Cact. Hort. Dyck. (1849) 64. 1849 [1850].
Sin.: *Cactus cochenillifer* L., *Opuntia cochenillifera* (L.) Mill., *Nopalea coccifera* Lem.
Arbusto, arbolito. Cultivada. Zonas Bajas. Campos Cerrados, 0–500 m.
Dept.: SC.
Muestra: *M.H. Nee 45372* (LPB, MO, NY).
Nota: Nativa de Centro América.

Opuntia Mill., Gard. Dict. Abr. (ed. 4) vol. 2. 1754.
9 especies, 0 especies endémicas.

Opuntia anacantha Speg., Bull. Mus. Hist. Nat. (Paris) 10: 391. 1904.
Sin.: *Opuntia canina* Speg., *Opuntia kiskaloro* Speg., *Opuntia retrorsa* Speg., *Opuntia utkilio* Speg., *Opuntia roborensis* Cárdenas, *Platyopuntia vitelliniflora* F. Ritter, *Opuntia vitelliniflora* (F. Ritter) P.J. Braun & Esteves, *Opuntia fuscolineata* Starm. & Mucher
Ref.: Navarro Sánchez (1996), Mostacedo C. & Uslar (1999), Kessler et al. (2000b), Serrano & Terán (1998 [2000]), Nee (2004), Taylor (2007).
Arbusto. Nativa. Zonas Bajas. Bosque Seco Chaqueño, 0–1000 m.
Dept.: CH, SC, TA.
Muestra: *A.F. Fuentes 1191* (LPB, USZ).
Nom. Vern.: Tapa culo, tuna de suri.

[Opuntia atroglobosa (Backeb. ex F. Ritter) R. Crook & Mottram], Bradleya 13: 106. 1995.
Sin.: *Tephrocactus atroglobosus* Backeb., *Platyopuntia atroglobosa* Backeb. ex F. Ritter
Ref.: Navarro Sánchez (1996).
Nota: Especie dudosa. El nombre *Tephrocactus atroglobosus* es inválido. Ritter (1980) transfirió la especie al género ilegitimo *Platyopuntia*, pero mencionó que pertenece a *Airampoa*.

Opuntia discolor Britton & Rose, Cactaceae 1: 218, f. 282. 1919.
Ref.: Foster (1958), Navarro Sánchez (1996).
Hierba. Nativa. Zonas Bajas, Andes. Bosque Seco Chaqueño, Bosque Serrano Chaqueño, 0–1500 m.
Dept.: CH, SC, TA.
Muestra: *J.P. Ybert 705* (LPB).

Opuntia elata Link & Otto ex Salm-Dyck, Hort. Dyck. 361. 1834.
Sin.: *Opuntia chakensis* Speg., *Opuntia alko-tuna* Cárdenas, *Platyopuntia interjecta* F. Ritter, *Platyopuntia pyrrhantha* F. Ritter, *Opuntia pyrrhantha* (F. Ritter) P.J. Braun & Esteves
Ref.: Foster (1958), Hinojosa Ossio (1993a), Navarro Sánchez (1996), Leuenberger (2002), Taylor (2007).
Arbusto. Nativa. Zonas Bajas. Bosque Seco Chaqueño, 0–1000 m.
Dept.: CH, CO, SC, TA.
Muestra: *M.H. Nee 51190* (LPB, MO, NY).

Opuntia ficus-indica (L.) Mill., Gard. Dict. (ed. 8) Opuntia No. 2. 1768.
Sin.: *Cactus ficus-indica* L., *Opuntia paraguayensis* K. Schum., *Opuntia cordobensis* Speg., *Opuntia ficus-barbarica* A. Berger, *Opuntia arcei* Cárdenas
Ref.: Adolfo María (1966), Hinojosa Ossio (1993a), López Vargas (1995), Navarro Sánchez (1996), López (2000), Serrano & Terán (1998 [2000]), Nee (2004).
Arbusto, arbolito. Naturalizada, cultivada. Zonas Bajas, Andes. Bosque Seco Chaqueño, Bosque Serrano Chaqueño, Valles Secos, 0–2500 m.
Dept.: CH, CO, LP, SC.
Muestra: *M. Toledo et al. 537* (MO).
Nom. Vern.: Airampu, tuna.

Opuntia pubescens J.C. Wendl. ex Pfeiff., Enum. Diagn. Cact. 149. 1837.
Sin.: *Opuntia tayapayensis* Cárdenas, *Platyopuntia nana* (Kunth) F. Ritter
Ref.: Navarro Sánchez (1996), De la Barra (1997), Nee (2004), Taylor (2007).
Hierba, subarbusto. Nativa. Andes. Valles Secos, 1000–3000 m.
Dept.: CH, CO, PO, SC, TA.
Muestra: *N. de la Barra 340* (BOLV).

Opuntia quimilo K. Schum., Gesamtbeschr. Kakt. 746. 1898.
Sin.: *Opuntia distans* Britton & Rose
Ref.: Cárdenas Hermosa (1953d), Hunt (1992), Hinojosa Ossio (1993a), Navarro Sánchez (1996), Serrano & Terán (1998 [2000]), Taylor (2007).
Arbusto, arbolito, árbol. Nativa. Zonas Bajas. Bosque Seco Chaqueño, 0–1000 m.
Dept.: CH, CO, SC, TA.
Nota: No hay ejemplares de herbario.

[Opuntia rauppiana K. Schum.], Monatsschr. Kakteenk. 118. 1899.
Ref.: Foster (1958).
Nota: El registro se basa en material mal identificado.

Opuntia salmiana Parm. ex Pfeiff., Enum. Diagn. Cact. 172. 1837.
Sin.: *Opuntia spegazzinii* F.A.C. Weber, *Opuntia albiflora* K. Schum., *Opuntia ipatiana* Cárdenas, *Salmonopuntia salmiana* (Parm. ex Pfeiff.) P.V. Heath, *Opuntia mucheri* Starm., *Salmiopuntia salmiana* (Parm. ex Pfeiff.) Guiggi
Ref.: Navarro Sánchez (1996), Nee (2004), Eggli & Leuenberger (2005), Taylor (2007).
Hierba, subarbusto, arbusto. Nativa. Zonas Bajas. Bosque Seco Chaqueño, 0–1500 m.
Dept.: CH, CO, SC, TA.
Muestra: *M.H. Nee et al. 44800* (LPB, MO).

Opuntia schickendantzii F.A.C. Weber, Dict. Hort. 898. 1898.
Sin.: *Opuntia cochabambensis* Cárdenas, *Platyopuntia conjungens* F. Ritter, *Opuntia conjungens* (F. Ritter) P.J. Braun & Esteves
Ref.: Cárdenas Hermosa (1953d), Foster (1958), Navarro Sánchez (1996), Eggli & Leuenberger (2005), Taylor (2007).
Hierba, arbusto. Nativa. Andes. Valles Secos, 2000–3000 m.
Dept.: CO, SC.
Muestra: *M. Cárdenas 5042* (LIL, US).
Nom. Vern.: Achacana, ayrampu.

Opuntia sulphurea Gillies ex Salm-Dyck, Hort. Dyck. 360. 1834.
Sin.: *Opuntia pampeana* Speg., *Opuntia vulpina* F.A.C. Weber, *Opuntia hildemanii* Frič, *Platyopuntia brachyacantha* F. Ritter, *Platyopuntia spinibarbis* F. Ritter, *Platyopuntia spinibarbis* var. *grandiflora* F. Ritter
Ref.: Foster (1958), Adolfo María (1966), Navarro Sánchez (1996), Saravia Miranda (1996), De la Barra (1997), López (2000), Serrano & Terán (1998 [2000]), Taylor (2007).
Hierba, subarbusto, arbusto. Nativa. Andes. Valles Secos, 1000–3000 m.
Dept.: CH, CO, LP, PO, SC, TA.
Muestra: *J.C. Solomon 6711* (LPB, MO).
Infra: *Opuntia sulphurea* var. *hildemanii* (Frič) Backeb., *Opuntia sulphurea* var. *pampeana* (Speg.) Backeb., *Opuntia sulphurea* subsp. *brachyacantha* (F. Ritter) P.J. Braun & Esteves, *Opuntia sulphurea* subsp. *spinibarbis* (F. Ritter) P.J. Braun & Esteves
Nom. Vern.: Airampo, tunilla.

Oreocereus (A. Berger) Riccob., Boll. Reale Orto Bot. Giardino Colon. Palermo 8: 258. 1909.
3 especies, 0 especies endémicas.

Oreocereus celsianus (Lem. ex Salm-Dyck) Riccob., Boll. Reale Orto Bot. Giardino Colon. Palermo 8(4): 259. 1909.
Sin.: *Pilocereus celsianus* Lem. ex Salm-Dyck, *Pilocereus bruennowii* Haage ex Rumpler, *Cleistocactus celesianus* (Lem. ex Salm-Dyck) A. Weber, *Cereus celsianus* (Lem. ex Salm-Dyck) A. Berger, *Cereus tupizensis* Vaupel, *Cleistocactus tupizensis* (Vaupel) Backeb. & F.M. Knuth, *Oreocereus bruennowii* (Haage ex Rumpler) Backeb., *Oreocereus maximus* Backeb., *Oreocereus neocelsianus* Backeb., *Oreocereus celsianus* var. *bruennowii* (Haage ex Rumpler) Borg, *Borzicactus celsianus* (Lem. ex Salm-Dyck) Kimnach, *Oreocereus neocelsianus* var. *ruficeps* Y. Itô, *Echinopsis celsiana* (Lem. ex Salm-Dyck) Anceschi & Magli
Ref.: Foster (1958), Hinojosa Ossio (1993a), Navarro Sánchez (1996), López (2000), Serrano & Terán (1998 [2000]), Ministerio de Medio Ambiente y Agua (2012 [2013]).
Árbol. Nativa. Andes, Altiplano. Valles Secos, Puna Húmeda, 3000–4000 m.
Dept.: CH, LP, PO, TA.
Muestra: *S.G. Beck et al. 22044* (LPB, SI).
Nom. Vern.: Kehuaylo.

Oreocereus fossulatus (Labour.) Backeb., Kaktus-ABC 186. 1936.
Sin.: *Pilocereus fossulatus* Labour., *Borzicactus fossulatus* (Labour.) Kimnach, *Cleistocactus fossulatus* Mottram, *Oreocereus pseudofossulatus* D.R. Hunt
Ref.: Foster (1958), Hinojosa Ossio (1993a), Navarro Sánchez (1996), Ministerio de Medio Ambiente y Agua (2012 [2013]).
Arbusto. Nativa. Andes, Altiplano. Valles Secos, Puna Húmeda, 2500–3500 m.
Dept.: LP.
Muestra: *E. García 655* (LPB).
Infra: *Oreocereus fossulatus* var. *rubrispinus* F. Ritter

[Oreocereus hendriksenianus Backeb.], Kaktus-ABC 186, 411. 1935.
Ref.: Foster (1958).
Nota: El registro se basa en material mal identificado.

Oreocereus trollii (Kupper) Backeb., Kaktus-ABC 187. 1935.
Sin.: *Cereus trollii* Kupper, *Oreocereus*

irigoyenii Frič, *Oreocereus crassiniveus* Backeb., *Borzicactus trollii* (Kupper) Kimnach, *Borzicactus celsianus* var. *trollii* (Kupper) G.D. Rowley, *Echinopsis trollii* (Kupper) Anceschi & Magli
Ref.: Foster (1958), Navarro Sánchez (1996), López (2000).
Arbusto. Nativa. Andes, Altiplano. Valles Secos, Puna Húmeda, 3000–4000 m.
Dept.: CH, OR, PO, TA.
Muestra: *S.G. Beck et al. 22127* (LPB, SI).

Parodia Speg., Anales Soc. Ci. Argent. 96: 70. 1923.
15 especies, 13 especies endémicas.

Parodia ayopayana Cárdenas, Cact. Succ. J. (Los Angeles) 23: 98, f. 53, 54. 1951.
Sin.: *Parodia miguillensis* Cárdenas, *Parodia comosa* F. Ritter, *Parodia borealis* F. Ritter, *Parodia echinus* F. Ritter, *Parodia pseudoayopayana* Cárdenas, *Parodia buxbaumiana* F.H. Brandt, *Parodia elata* F.H. Brandt, *Parodia macednosa* F.H. Brandt, *Parodia ayopayana* var. *elata* F. Ritter, *Parodia cotacajensis* F.H. Brandt, *Ritterocactus ayopayanus* (Cárdenas) Doweld
Ref.: Foster (1958), Navarro Sánchez (1996), Brickwood (2004), Eggli & Leuenberger (2005), Anderson (2011).
Hierba. Endémica. Andes. Valles Secos, 2500–3000 m.
Dept.: CO, SC.
Tipo y muestra: *M. Cárdenas 4398* (HT: LIL; IT: US), *F. Ritter 746a* (U).

Parodia camargensis Buining & F. Ritter, Succulenta (Netherlands) 1962: 18. 1962.
Sin.: *Parodia maassii* var. *camargensis* (buining & F. Ritter) Krainz, *Parodia camargensis* var. *camblayana* F. Ritter, *Parodia camblayana* (F. Ritter) F.H. Brandt
Ref.: Kessler (1970), Navarro Sánchez (1996), López (2000).
Hierba. Endémica. Andes. Bosque Tucumano-Boliviano, Valles Secos, 2500–3500 m.
Dept.: CH, PO, TA.
Tipo y muestra: *F. Ritter 86* (HT: U), *F. Ritter 725* (U).

Parodia columnaris Cárdenas, Cact. Succ. J. (Los Angeles) 23: 95, f. 48–50. 1951.
Sin.: *Parodia legitima* F.H. Brandt, *Bolivicactus columnaris* (Cárdenas) Doweld
Ref.: Foster (1958), Navarro Sánchez (1996), Brickwood (2004), Nee (2004), Taylor (2007), Anderson (2011).
Hierba. Endémica. Andes. Valles Secos, 1000–2000 m.
Dept.: CH, CO, SC.
Tipo y muestra: *M. Cárdenas 4396* (HT: herb. Cárdenas; IT: US), *J. Balcázar S. 375* (USZ).
Infra: *Parodia columnaris* var. *ochraceiflora* F. Ritter

Parodia comarapana Cárdenas, Revista Agric. (Cochabamba) 7(6): 24. 1951.
Sin.: *Parodia mairanana* Cárdenas, *Parodia neglecta* F.H. Brandt, *Parodia neglectoides* F.H. Brandt, *Bolivicactus comarapanus* (Cárdenas) Doweld, *Bolivicactus mairananus* (Cárdenas) Doweld
Ref.: Foster (1958), Navarro Sánchez (1996), Brickwood (2004), Nee (2004), Eggli & Leuenberger (2005), Anderson (2011).
Hierba. Endémica. Andes. Valles Secos, 1000–2000 m.
Dept.: SC.
Tipo y muestra: *M. Cárdenas 4570* (HT: LIL; IT: US), *I.G. Vargas & M.H. Nee 3085* (USZ).
Infra: *Parodia comarapana* var. *paucicostata* F. Ritter

Parodia commutans F. Ritter, Succulenta (Netherlands) 1964: 22. 1964.
Sin.: *Parodia maxima* F. Ritter, *Parodia obtusa* F. Ritter, *Parodia maassii* fo. *maxima* (F. Ritter) Krainz, *Bolivicactus commutans* (F. Ritter) Doweld
Ref.: Kessler (1970), Navarro Sánchez (1996), López (2000), Hunt et al. (2006), Anderson (2011).
Hierba. Endémica. Andes. Valles Secos, 2500–3500 m.
Dept.: CH, PO, TA.
Tipo y muestra: *F. Ritter 729* (HT: U; IT: ZSS), *F. Ritter 87* (U).

Parodia hausteiniana Rausch, Kakteen And. Sukk. 21: 45. 1970.
Sin.: *Parodia laui* F.H. Brandt, *Bolivicactus hausteinianus* (Rausch) Doweld
Ref.: Navarro Sánchez (1996), Brickwood (2004), Anderson (2011).
Hierba. Endémica. Andes. Valles Secos, 1500–3000 m.
Dept.: CO.
Tipo y muestra: *W. Rausch 192* (HT: ZSS), *F.H. Brandt 18a* (HEID).

Parodia maassii (Heese) A. Berger, Kakteen 344. 1929.
Sin.: *Echinocactus maassii* Heese, *Echinocactus escayachensis* Vaupel, *Malacocarpus escayachensis* (Vaupel) Britton & Rose, *Malacocarpus maassii* (Heese) Britton & Rose, *Parodia escayachensis* (Vaupel) Backeb., *Parodia suprema* F. Ritter, *Parodia otaviana* Cárdenas, *Parodia koehresiana* F.H. Brandt, *Parodia mendeziana* F.H. Brandt, *Parodia thieleana* F.H. Brandt, *Parodia haageana* F.H. Brandt, *Parodia lamprospina* F.H. Brandt, *Parodia bermejoensis* F.H. Brandt, *Parodia knizei* F.H. Brandt, *Bolivicactus maassii* (Heese) Doweld
Ref.: Foster (1958), Navarro Sánchez (1996), López (2000), Brickwood (2004), Anderson (2011), Metzing (2011b).
Hierba. Nativa. Andes. Valles Secos, 2000–4000 m.
Dept.: CH, OR, PO, TA.
Muestra: *F.H. Brandt 33A* (HEID).

Parodia microsperma (F.A.C. Weber) Speg., Anales Soc. Ci. Argent. 96: 70. 1923.
Sin.: *Echinocactus microspermus* F.A.C. Weber, *Parodia cardenasii* F. Ritter, *Parodia chaetocarpa* F. Ritter, *Parodia formosa* F. Ritter, *Parodia purpureoaurea* F. Ritter, *Parodia setispina* F. Ritter, *Parodia parvula* F.H. Brandt, *Parodia carapariana* F.H. Brandt, *Parodia pusilla* F.H. Brandt, *Parodia chirimoyarana* F.H. Brandt, *Parodia pachysa* F.H. Brandt, *Parodia bellavistana* F.H. Brandt, *Parodia tillii* Weskamp
Ref.: Kiesling & Ferrari (1990), Navarro Sánchez (1996), Brickwood (2004), Anderson (2011).
Hierba. Nativa. Zonas Bajas, Andes. Bosque Seco Chaqueño, Valles Secos, 500–2500 m.
Dept.: CH, SC, TA.
Muestra: *F. Ritter 735* (U, ZSS).

Parodia ocampoi Cárdenas, Kakteen And. Sukk. 6: 101. 1955.
Sin.: *Parodia compressa* F. Ritter, *Parodia punae* Cárdenas, *Parodia exquisita* F.H. Brandt, *Parodia zecheri* R. Vásquez, *Parodia gibbulosa* F. Ritter, *Parodia minuta* F. Ritter, *Parodia elachista* F.H. Brandt, *Parodia augustinii* Weskamp, *Parodia copavilquensis* Weskamp, *Bolivicactus ocampoi* (Cárdenas) Doweld, *Parodia hegeri* Diers, Krahn & Beckert
Ref.: Foster (1958), Navarro Sánchez (1996), Brickwood (2004), Taylor (2007), Thiele (2009), Anderson (2011).
Hierba. Endémica. Andes. Yungas, Valles

Secos, 1000–2500, 3000–4000 m.
Dept.: CH, CO, PO, SC.
Tipo y muestra: *M. Cárdenas 5044* (T: herb. Cárdenas no localizada en LIL), *M. Cárdenas 4602* (BOLV).

Parodia procera F. Ritter, Taxon 13: 117. 1964.
Sin.: *Parodia gracilis* F. Ritter, *Parodia pseudoprocera* F.H. Brandt, *Parodia andreae* F.H. Brandt, *Parodia challamarcana* F.H. Brandt, *Parodia andreaëoides* F.H. Brandt, *Parodia lychnosa* F.H. Brandt, *Parodia aglaisma* F.H. Brandt, *Parodia echinopsoides* F.H. Brandt, *Parodia prestoensis* F.H. Brandt, *Parodia riograndensis* F.H. Brandt, *Parodia separata* F.H. Brandt, *Parodia tredecimcostata* F. Ritter, *Parodia tredecimcostata* var. *aurea* F. Ritter, *Parodia tredecimcostata* var. *minor* F. Ritter, *Parodia perplexa* F.H. Brandt, *Parodia perplexa* var. *cupreo-aurea* F.H. Brandt, *Bolivicactus procerus* (F. Ritter) Doweld, *Parodia pilayaensis* Diers & Beckert
Ref.: Navarro Sánchez (1996), Brickwood (2004), Anderson (2011).
Hierba. Endémica. Andes. Bosque Serrano Chaqueño, Valles Secos, 1000–3000 m.
Dept.: CH, CO, TA.
Tipo y muestra: *F. Ritter 742* (HT: U; IT: SGO, ZSS), *K. Beckert 74* (LPB).

Parodia ritteri Buining, Succulenta (Netherlands) 1959: 17. 1959.
Sin.: *Parodia splendens* Cárdenas, *Parodia camargensis* var. *castanea* F. Ritter, *Parodia camargensis* var. *prolifera* F. Ritter, *Parodia cintiensis* F. Ritter, *Parodia fulvispina* F. Ritter, *Parodia fulvispina* var. *brevihamata* F. Ritter, *Parodia carrerana* Cárdenas, *Parodia roseoalba* F. Ritter, *Parodia rubida* F. Ritter, *Parodia maassii* fo. *castanea* (F. Ritter) Krainz, *Parodia maassii* fo. *prolifera* (F. Ritter) Krainz, *Parodia maassii* var. *rubida* (F. Ritter) Krainz, *Parodia ritteri* var. *cintiensis* (F. Ritter) Krainz, *Parodia rostrum-sperma* F.H. Brandt, *Parodia agasta* F.H. Brandt, *Parodia castanea* (F. Ritter) F. Ritter, *Parodia roseoalba* var. *australis* F. Ritter, *Parodia belliata* F.H. Brandt, *Parodia tojoensis* F.H. Brandt, *Parodia prolifera* (F. Ritter) Weskamp, *Bolivicactus ritteri* (Buining) Doweld
Ref.: Kessler (1970), Navarro Sánchez (1996), López (2000), Brickwood (2004), Eggli & Leuenberger (2005), Anderson (2011).
Hierba. Endémica. Andes. Bosque Tucumano-Boliviano, Valles Secos, 2000–3000 m.
Dept.: CH, TA.
Tipo y muestra: *F. Ritter 85* (HT: U; IT: SGO, ZSS), *F. Ritter 728* (SGO, U, ZSS).

Parodia schwebsiana (Werderm.) Backeb., Kaktus-ABC 271. 1936.
Sin.: *Echinocactus schwebsianus* Werderm., *Parodia schwebsiana* var. *applanata* Hoffm. & Backeb., *Parodia salmonea* F.H. Brandt, *Parodia salmonea* var. *carminata* F.H. Brandt, *Parodia applanata* (Hoffm. & Backeb.) F.H. Brandt, *Parodia minima* Rausch, *Bolivicactus schwebsianus* (Werderm.) Doweld
Ref.: Foster (1958), Adolfo María (1966), Navarro Sánchez (1996), De la Barra (1997), Brickwood (2004), Anderson (2011).
Hierba. Endémica. Andes. Valles Secos, 2000–3500 m.
Dept.: CH, CO.
Muestra: *F.H. Brandt 17a* (HEID).
Infra: *Parodia schwebsiana* var. *salmonea* Backeb.
Nom. Vern.: Ckuchu.

Parodia subterranea F. Ritter, Succulenta (Netherlands) 1964: 43. 1964.
Sin.: *Parodia maassii* var. *subterranea* (F. Ritter) Krainz, *Parodia culpinensis* F.H. Brandt, *Parodia zaletaewana* F.H. Brandt, *Parodia pseudosubterranea* F.H. Brandt, *Parodia occulta* F. Ritter, *Parodia subtilihamata* F. Ritter, *Parodia miranda* F.H. Brandt, *Parodia nigresca* F.H. Brandt, *Parodia salitrensis* F.H. Brandt, *Bolivicactus subterraneus* (F. Ritter) Doweld, *Parodia ladae* Halda & Horácek, *Parodia slabana* Halda & Horácek, *Parodia subterranea* var. *aurea* Slaba, *Parodia subterranea* var. *occulta* (F. Ritter) Romulski, *Parodia subterranea* var. *slabana* (Halda & Horácek) Romulski
Ref.: Navarro Sánchez (1996), López (2000), Brickwood (2004), Thiele (2009), Anderson (2011).
Hierba. Endémica. Andes. Valles Secos, 2000–2500, 3000–3500 m.
Dept.: CH, TA.
Tipo y muestra: *F. Ritter 731* (T: SGO, U, ZSS), *H. Thiele 106* (no localizada).

Parodia taratensis Cárdenas, Cact. Succ. J. (Los Angeles) 36: 24, f. 1964.
Sin.: *Parodia bilbaoensis* Cárdenas, *Parodia caineana* F.H. Brandt, *Parodia krahnii* Weskamp, *Bolivicactus taratensis* (Cárdenas) Doweld
Ref.: Navarro Sánchez (1996), Brickwood (2004), Anderson (2011).
Hierba. Endémica. Andes. Bosque Serrano Chaqueño, Valles Secos, 2000–3000 m.
Dept.: CO, PO, SC.
Tipo y muestra: *M. Cárdenas 5552* (HT: LIL), *I.G. Vargas & M. Toledo 3084a* (USZ).

Parodia tuberculata Cárdenas, Cact. Succ. J. (Los Angeles) 23: 97, f. 51, 52. 1951.
Sin.: *Parodia tarabucina* Cárdenas, *Parodia otuyensis* F. Ritter, *Parodia yamparaezi* Cárdenas, *Parodia backebergiana* F.H. Brandt, *Parodia ignorata* F.H. Brandt, *Parodia krasuckana* F.H. Brandt, *Parodia firmissima* F.H. Brandt, *Parodia idiosa* F.H. Brandt, *Parodia quechua* F.H. Brandt, *Parodia stereospina* F.H. Brandt, *Parodia multicostata* F. Ritter & Jelin., *Parodia sotomayorensis* F. Ritter, *Parodia candidata* F.H. Brandt, *Parodia sucrensis* F.H. Brandt, *Parodia multicostata* var. *lau-multicostata* (F.H. Brandt) Weskamp, *Bolivicactus tuberculatus* (Cárdenas) Doweld
Ref.: Foster (1958), Navarro Sánchez (1996), López (2000), Serrano & Terán (1998 [2000]), Brickwood (2004), Anderson (2011).
Hierba. Endémica. Andes. Bosque Serrano Chaqueño, Valles Secos, 1500–3500 m.
Dept.: CH, PO.
Tipo y muestra: *M. Cárdenas 4397* (HT: SI Herb. Cardenasianum; IT: US), *F.H. Brandt 19A* (no localizado).

Pereskia Mill., Gard. Dict. Abr. (ed. 4) vol. 3. 1754.
5 especies, 3 especies endémicas.

Pereskia aculeata Mill., Gard. Dict. (ed. 8) Pereskia No. 1. 1768.
Sin.: *Cactus pereskia* L., *Pereskia undulata* Lem., *Pereskia pereskia* (L.) H. Karst.
Trepadora, arbusto. Nativa. Zonas Bajas. Campos Cerrados, 0–1000 m.
Dept.: SC.
Muestra: *M.H. Nee 47061* (LPB, MO, NY, SI).

Pereskia diazromeroana Cárdenas, Lilloa 23: 15, f. 1, t. 1. 1950.
Ref.: Foster (1958), Leuenberger (1986), Hinojosa Ossio (1993a), López Vargas (1995), Navarro Sánchez (1996), Nee (2004), Eggli & Leuenberger (2005), Taylor (2007).
Arbusto. Endémica. Andes. Valles

Secos, 1000–2000 m.
Dept.: CH, CO, SC.
Tipo y muestra: *M. Cárdenas 4388* (HT: LIL; IT: US), *R. Kiesling et al. 8443* (LPB, SI).
Nom. Vern.: Uthuruncu, uturunku.

Pereskia higuerana Cárdenas, Cactus (Paris) 81/82: 18. 1964.
Sin.: *Rhodocactus higueranus* (Cárdenas) Backeb.
Ref.: Navarro Sánchez (1996).
Arbusto. Endémica. Andes. Valles Secos, 1500–2000 m.
Dept.: SC.
Tipo: *D. Candia 6123* (IT: US).
Nota: Conocida solamente del tipo. No tratada en Leuenberger (1986).

Pereskia sacharosa Griseb., Abh. Königl. Ges. Wiss. Göttingen 24: 141. 1879.
Sin.: *Pereskia moorei* Britton & Rose, *Pereskia saipinensis* Cárdenas, *Rhodocactus sacharosa* (Griseb.) Backeb., *Rhodocactus saipinensis* (Cárdenas) Backeb., *Pereskia sparsiflora* F. Ritter
Ref.: Leuenberger (1986), Hinojosa Ossio (1993a), López Vargas (1995), Navarro Sánchez (1996), Serrano & Terán (1998 [2000]), Jardim et al. (2003), Nee (2004).
Arbolito, árbol. Nativa. Zonas Bajas, Andes. Bosque Seco Chaqueño, Bosque Serrano Chaqueño, 0–2500 m.
Dept.: BE, CH, CO, SC, TA.
Muestra: *S.G. Beck 9410* (LPB, SI).
Nom. Vern.: Cuchupi, cuguchi, cujuchi, guyapa, sacha rosa, sacharosa, uthuruncu.

Pereskia weberiana K. Schum., Revis. Gen. Pl. 3(2): 107. 1898.
Sin.: *Rhodocactus antonianus* Backeb., *Pereskia antoniana* (Backeb.) Rauh
Ref.: Foster (1958), Leuenberger (1986), Hinojosa Ossio (1993a), Navarro Sánchez (1996).
Arbusto. Endémica. Andes. Yungas, 1000–2000 m.
Dept.: CO, LP.
Tipo y muestra: *O. Kuntze s.n.* (LT: NY), *R. Kiesling 10055* (LPB, SI).
Nom. Vern.: Cervetano, uturunku.

Pfeiffera Salm-Dyck, Cact. Hort. Dyck. 1844: 40. 1845.

6 especies, 4 especies endémicas.

Pfeiffera asuntapatensis (M. Kessler, Ibisch & Barthlott) Ralf Bauer, Cactaceae Syst. Initiat. 20: 6. 2005.
Sin.: *Lepismium asuntapatense* M. Kessler, Ibisch & Barthlott
Ref.: Barthlott & Taylor (1995), Ibisch et al. (2000), Korotkova et al. (2010).
Epífita. Endémica. Andes. Yungas, 1000–1500 m.
Dept.: LP.
Tipo y muestra: *M. Kessler 9800* (HT: LPB; IT: GOET, K), *C. Chumacero 429A* (LPB).

Pfeiffera boliviana (Britton) D.R. Hunt, Cactaceae Syst. Initiat. 14: 18. 2002.
Sin.: *Hariota boliviana* Britton, *Rhipsalis boliviana* (Britton) Lauterb., *Lepismium bolivianum* (Britton) Barthlott, *Nothorhipsalis boliviana* (Britton) Doweld
Ref.: Rusby (1893b), Barthlott & Taylor (1995), Ibisch (1996), Navarro Sánchez (1996), Ibisch et al. (2000), Nee (2004), Korotkova et al. (2010).
Epífita. Endémica. Andes. Yungas, 1000–2000 m.
Dept.: CO, LP.
Tipo y muestra: *M. Bang 601* (HT: NY; IT: GH, MO, NY, US), *J.C. Solomon & M.E. Uehling 12165* (LPB, MO).

Pfeiffera ianthothele (Monv.) F.A.C. Weber, Dict. Hort. 944. 1898.
Sin.: *Cereus ianthothele* Monv., *Pfeiffera cereiformis* Salm-Dyck, *Rhipsalis cereiformis* (Salm-Dyck) C.F. Först., *Rhipsalis ianthothele* (Monv.) K. Brandegee, *Pfeiffera erecta* F. Ritter, *Pfeiffera mataralensis* F. Ritter, *Pfeiffera mataralensis* var. *floccosa* F. Ritter, *Pfeiffera multigona* Cárdenas, *Pfeiffera gracilis* F. Ritter, *Lepismium ianthothele* (Monv.) Barthlott, *Lepismium erectum* (F. Ritter) Supplie
Ref.: López Vargas (1995), Ibisch (1996), Navarro Sánchez (1996), Saravia Miranda (1996), Ibisch et al. (2000), Serrano & Terán (1998 [2000]), Navarro Sánchez (2001), Nee (2004), Korotkova et al. (2010).
Epífita. Nativa. Zonas Bajas, Andes. Bosque Seco Chaqueño, Bosque Serrano Chaqueño, Valles Secos, 500–3000 m.
Dept.: CH, CO, LP, SC, TA.
Muestra: *J.C. Solomon 10494* (LPB, MO).
Infra: *Pfeiffera ianthothele* var. *boliviana* F. Ritter, *Pfeiffera ianthothele* var. *tarijensis* F. Ritter
Nom. Vern.: Sach'a sitik'ira.

Pfeiffera miyagawae Barthlott & Rauh, Cact. Succ. J. (Los Angeles) 59: 63. 1987.
Sin.: *Lepismium miyagawae* (Barthlott & Rauh) Barthlott, *Rhipsalis miyagawae* (Barthlott & Rauh) Kimnach
Ref.: Barthlott & Taylor (1995), Ibisch (1996), Navarro Sánchez (1996), Ibisch et al. (2000), Nee (2004), Korotkova et al. (2010).
Epífita. Endémica. Zonas Bajas. Bosque Húmedo, 500–1000 m.
Dept.: CO, LP.
Tipo y muestra: *M. Miyagawa 32857* (HT: HEID; IT: BONN, HNT, ZSS), *W. Krahn 1044* (B).

Pfeiffera monacantha (Griseb.) P.V. Heath, Calyx 4(4): 158. 1994.
Sin.: *Rhipsalis monacantha* Griseb., *Acanthorhipsalis monacantha* (Griseb.) Britton & Rose, *Acanthorhipsalis incahuasina* Cárdenas, *Rhipsalis monacantha* var. *samaipatana* Cárdenas, *Lepismium monacanthum* (Griseb.) Barthlott, *Pfeiffera incahuasina* (Cárdenas) P.V. Heath, *Rhipsalis monacantha* var. *espinosa* Kimnach, *Acanthorhipsalis monacantha* subsp. *kimnachii* Doweld
Ref.: Barthlott & Taylor (1995), Ibisch (1996), González et al. (1999), Ibisch et al. (2000), Kessler et al. (2000b), Navarro Sánchez (2001), Nee (2004), Eggli & Leuenberger (2005), Arroyo Padilla & Villarroel Segarra (2009), Korotkova et al. (2010).
Epífita. Nativa. Zonas Bajas, Andes. Bosque Húmedo, Bosque Tucumano-Boliviano, 500–2500 m.
Dept.: CH, CO, LP, SC, TA.
Muestra: *S.G. Beck et al. 9585* (LPB, SI).
Infra: *Pfeiffera monacantha* subsp. *kimnachii* (Doweld) Ralf Bauer

Pfeiffera paranganiensis (Cárdenas) P.V. Heath, Calyx 4(4): 158. 1994.
Sin.: *Acanthorhipsalis paranganiensis* Cárdenas, *Rhipsalis paranganiensis* (Cárdenas) Kimnach, *Lepismium paranganiense* (Cárdenas) Barthlott, *Nothorhipsalis paranganiensis* (Cárdenas) Doweld
Ref.: Barthlott & Taylor (1995), Navarro Sánchez (1996), Ibisch et al. (2000), Eggli & Leuenberger (2005), Korotkova et al. (2010).
Epífita. Endémica. Andes. Yungas, 2000–2500 m.
Dept.: CO, LP.
Tipo y muestra: *M. Cárdenas 4856* (HT: LIL; IT: US, US), *M. Kessler 5547* (GOET, LPB).

Pseudorhipsalis Britton & Rose, Cactaceae 4: 213. 1923.

1 especie, 0 especies endémicas.

Pseudorhipsalis ramulosa (Salm-Dyck) Barthlott, Bradleya 9: 90. 1991.
Sin.: *Cereus ramulosus* Salm-Dyck, *Rhipsalis ramulosa* (Salm-Dyck) Pfeiff., *Hariota ramulosa* (Salm-Dyck) Lem., *Rhipsalis coriacea* Pol., *Hariota coriacea* (Pol.) Kuntze, *Rhipsalis angustissima* F.A.C. Weber, *Rhipsalis jamaicensis* Britton & Harris, *Rhipsalis purpusii* Weing., *Rhipsalis leiophloea* Vaupel, *Disocactus ramulosus* (Salm-Dyck) Kimnach
Ref.: Kimnach (1993), Ibisch (1996), Navarro Sánchez (1996), Ibisch et al. (2000), Arroyo Padilla & Villarroel Segarra (2009).
Epífita. Nativa. Zonas Bajas. Bosque Húmedo, 0–1000 m.
Dept.: BE, CO, LP, SC.
Muestra: *S.G. Beck 1721* (LPB, MO).

Puna R. Kiesling, Hickenia 1(55): 289–294, f. 1–2. 1982.
1 especie, 0 especies endémicas.

Puna subterranea (R.E. Fr.) R. Kiesling, Hickenia 1: 293. 1982.
Sin.: *Opuntia subterranea* R.E. Fr., *Pseudotephrocactus subterraneus* Kreuz., *Tephrocactus subterraneus* (R.E. Fr.) Backeb., *Tephrocactus variiflorus* Backeb., *Cumulopuntia subterranea* (R.E. Fr.) F. Ritter, *Maihueniopsis subterranea* (R.E. Fr.) E.F. Anderson, *Tephrocactus pulcherrimus* Halda & Horácek, *Cumulopuntia subterranea* subsp. *pulcherrima* (Halda & Horácek) G.J.Charles
Ref.: Foster (1958), Navarro Sánchez (1996), Anderson (1999), López (2000).
Hierba. Nativa. Andes. Valles Secos, 3000–3500 m.
Dept.: PO.
Muestra: *J.A. Shafer 85* (MO).

Quiabentia Britton & Rose, Cactaceae 4: 252. 1923.
1 especie, 0 especies endémicas.

Quiabentia verticillata (Vaupel) Vaupel ex Berger, Kakteen 46. 1929.
Sin.: *Pereskia pflanzii* Vaupel, *Pereskia verticillata* Vaupel, *Quiabentia pflanzii* (Vaupel) Vaupel ex Berger, *Quiabentia chacoensis* Backeb., *Quiabentia pereziensis* Backeb.
Ref.: Cárdenas Hermosa (1966), Navarro Sánchez (1996), Serrano & Terán (1998 [2000]), Nee (2004), Hunt et al. (2006), Taylor (2007), Anderson (2011).
Árbol. Nativa. Zonas Bajas, Andes. Bosque Seco Chaqueño, Bosque Serrano Chaqueño, Valles Secos, 0–2500 m.
Dept.: CH, CO, SC, TA.
Tipo y muestra: *K. Pflanz 5* (HT: B), *T. Killeen et al. 4157* (K, LPB, MO, SI).
Nom. Vern.: Achuma, amendacarú, añapa, oreja de perro.

Rebutia K. Schum., Monatsschr. Kakteenk. 5: 102. 1895.
6 especies, 3 especies endémicas.

Rebutia borealis Diers & Krahn, Kakteen And. Sukk. 60(5): 119. 2009.
Hierba. Endémica. Andes. Valles Secos, 2500–3000 m.
Dept.: TA.
Tipo: *W. Krahn WK 1033* (HT: LPB; IT: WU).
Nota: Conocida solamente del tipo.

Rebutia deminuta (F.A.C. Weber) Britton & Rose, Cactaceae 4: 285. 1923.
Sin.: *Rebutia rubiginosa* F. Ritter, *Rebutia tuberosa* F. Ritter, *Echinopsis deminuta* F.A.C. Weber, *Echinopsis pseudominuscula* Speg., *Echinocactus deminutus* Gürke, *Rebutia pseudominuscula* (Speg.) Britton & Rose, *Aylostera pseudominuscula* (Speg.) Speg., *Rebutia kupperiana* Boed., *Rebutia pseudodeminuta* Backeb., *Rebutia spegazziniana* Backeb., *Aylostera deminuta* (F.A.C. Weber) Backeb., *Aylostera deminuta* var. *pseudominuscula* (Speg.) Backeb., *Aylostera pseudodeminuta* (Backeb.) Backeb., *Aylostera spegazziniana* Backeb., *Aylostera kupperiana* (Boed.) Backeb., *Aylostera rubiginosa* (F. Ritter) Backeb., *Aylostera tuberosa* (F. Ritter) Backeb., *Rebutia fulviseta* F. Ritter, *Rebutia buiningiana* Rausch, *Rebutia albiareolata* F. Ritter, *Rebutia kieslingii* Rausch, *Rebutia kupperiana* var. *spiniflora* Boed., *Rebutia minutissima* F. Ritter, *Rebutia nogalesensis* F. Ritter, *Rebutia patericalyx* F. Ritter, *Rebutia robustispina* F. Ritter, *Rebutia robustispina* var. *minor* F. Ritter, *Rebutia sanguinea* F. Ritter, *Rebutia sanguinea* var. *minor* F. Ritter, *Rebutia tarvitaensis* F. Ritter, *Rebutia vulpina* F. Ritter, *Rebutia nitida* F. Ritter, *Rebutia wahliana* Rausch, *Rebutia deminuta* subsp. *kupperiana* (Boed.) Hjertson, *Aylostera buiningiana* Mosti & Papini, *Aylostera fulviseta* (F. Ritter) Mosti & Papini, *Aylostera kieslingii* (Rausch) Mosti & Papini, *Aylostera tarvitaensis* (F. Ritter) Mosti & Papini
Ref.: Foster (1958), Navarro Sánchez (1996).
Hierba. Nativa. Andes. Valles Secos, 1500–3000 m.
Dept.: CH, TA.
Muestra: *F. Ritter 761* (U).

Rebutia fiebrigii (Gürke) Britton & Rose, Cycl. Amer. Hort. 5: 2915. 1916.
Sin.: *Rebutia albiflora* F. Ritter & Buining, *Rebutia spinosissima* Backeb., *Echinocactus fiebrigii* Gürke, *Echinopsis fiebrigii* Gürke, *Aylostera fiebrigii* (Gürke) Backeb., *Aylostera spinosissima* Backeb., *Aylostera muscula* (F. Ritter & K.R. Thiele) Backeb., *Rebutia albipilosa* F. Ritter, *Rebutia muscula* F. Ritter & K.R. Thiele, *Rebutia pulvinosa* F. Ritter & Buining, *Rebutia vallegrandensis* Cárdenas, *Rebutia ithyacantha* Diers, *Rebutia mamillosa* Rausch, *Rebutia pulchella* Rausch, *Rebutia jujuyana* Rausch, *Rebutia donaldiana* A.B. Lau & G.D. Rowley, *Rebutia cajasensis* F. Ritter, *Rebutia cintiensis* F. Ritter, *Rebutia hoffmannii* Diers & Rausch, *Rebutia tamboensis* F. Ritter, *Rebutia archibuiningiana* F. Ritter, *Rebutia flavistyla* F. Ritter, *Rebutia simoniana* Rausch, *Rebutia walteri* Diers, *Aylostera azurduyensis* J. de Vries, *Aylostera mandingaensis* R. Wahl & Jucker, *Aylostera cajasensis* (F. Ritter) Mosti & Papini, *Aylostera cintiensis* (F. Ritter) Mosti & Papini, *Aylostera flavistyla* (F. Ritter) Mosti & Papini, *Aylostera hoffmannii* (Diers & Rausch) Mosti & Papini, *Aylostera pulchella* (Rausch) Mosti & Papini, *Aylostera tamboensis* (F. Ritter) Mosti & Papini, *Aylostera walteri* (Diers) Mosti & Papini
Ref.: Britton & Rose (1922), Foster (1958), Navarro Sánchez (1996), Serrano & Terán (1998 [2000]), Hjertson (2005), Metzing (2011c).
Hierba. Nativa. Andes. Valles Secos, 2000–4000 m.
Dept.: CH, SC, TA.
Muestra: *F. Ritter 1141* (U).
Nota: Neotipo: Gürke, Blühende Kakteen, Tafel 109 (Liefg. 28) (1 Mar 1909).
Nom. Vern.: Ulalita.

Rebutia heliosa Rausch, Kakteen And. Sukk. 21: 30. 1970.
Sin.: *Aylostera narvaecense* Cárdenas
Ref.: Barthlott (1977), Navarro Sánchez (1996), Hofacker (2005).
Hierba. Endémica. Andes. Valles Secos, 2000–3000 m.
Dept.: TA.
Tipo y muestra: *W. Rausch 314* (T:

W, ZSS), *M. Cárdenas 6331* (herb. Cárdenas).
Infra: *Rebutia heliosa* var. *cajasensis* Donald, *Rebutia heliosa* var. *condorensis* Donald

[Rebutia krainziana Kesselr.], Sukkulentenkunde 2: 23. 1948.
Ref.: Foster (1958).
Nota: El registro se basa en material mal identificado. Esta especie es endémica de Argentina.

[Rebutia marsoneri Werderm.], Kakteenkunde 2. 1937.
Ref.: Foster (1958).
Nota: El registro se basa en material mal identificado. Esta especie es endémica de Argentina.

[Rebutia oculata Werderm.], Fedde, Repert. Spec. Nov. Sonderbeih. C, Lief. 25: ad t. 88. 1935.
Ref.: Foster (1958).
Nota: El registro se basa en material mal identificado.

Rebutia padcayensis Rausch, Kakteen And. Sukk. 21: 65. 1970.
Sin.: *Rebutia margarethae* Rausch, *Rebutia singularis* F. Ritter, *Weingartia margarethae* (Rausch) F.H. Brandt
Ref.: Navarro Sánchez (1996).
Hierba. Nativa. Andes. Valles Secos, 2000–3000 m.
Dept.: TA.
Tipo y muestra: *W. Rausch 322* (HT: W), *F. Ritter 1423* (U).

Rebutia tarijensis Rausch, Kakteen And. Sukk. 26(9): 195. 1975.
Sin.: *Rebutia fusca* F. Ritter, *Rebutia sumayana* Rausch
Hierba. Endémica. Andes. Valles Secos, 2500–3000 m.
Dept.: TA.
Tipo y muestra: *W. Rausch 87* (HT: ZSS), *W. Rausch 738* (ZSS).

Rhipsalis Gaertn., Fruct. Sem. Pl. 1: 137. 1788.
7 especies, 2 especies endémicas.

Rhipsalis baccifera (J.S. Muell.) Stearn, Cact. J. (Croydon) 7(4): 107. 1939.
Sin.: *Cassytha baccifera* J.S. Muell., *Rhipsalis cassutha* Gaertn., *Rhipsalis cassytha* Gaertn.
Ref.: Foster (1958), Adolfo María (1966), Barthlott & Taylor (1995), Ibisch et al. (1996), Mostacedo C. & Uslar (1999), Ibisch et al. (2000), Kessler et al. (2000b), Navarro Sánchez (2001), Nee (2004), Taylor (2007), Arroyo Padilla & Villarroel Segarra (2009), Korotkova et al. (2011).
Epífita. Nativa. Zonas Bajas, Andes. Sabanas Benianas del Norte, Campos Amazónicos, Bosque Serrano Chaqueño, 0–1500 m.
Dept.: BE, CH, CO, LP, PA, SC.
Muestra: *S.G. Beck 5223* (LPB, SI).
Infra: *Rhipsalis baccifera* subsp. *cleistogama* M. Kessler, Ibisch & Barthlott
Nom. Vern.: Nigua.

Rhipsalis cereuscula Haw., Philos. Mag. Ann. Chem. 7: 112. 1830.
Sin.: *Rhipsalis saglionis* (Lem.) Otto, *Rhipsalis penduliflora* N.E. Br., *Hariota cereuscula* (Haw.) Kuntze, *Erythrorhipsalis cereuscula* (Haw.) Volgin
Ref.: Barthlott & Taylor (1995), Ibisch (1996), Ibisch et al. (2000).
Epífita. Nativa. Andes. Yungas, 1500–2000 m.
Dept.: LP.
Muestra: *J.C. Solomon 8806* (LPB, MO).
Nom. Vern.: Huasca-huasca.

Rhipsalis cuneata Britton & Rose, Cactaceae 4: 246f. 233. 1923.
Ref.: Foster (1958), Barthlott & Taylor (1995), Ibisch (1996), Navarro Sánchez (1996), Ibisch et al. (2000), Arroyo Padilla & Villarroel Segarra (2009).
Epífita. Endémica. Zonas Bajas, Andes. Bosque Húmedo, Yungas, 500–1500 m.
Dept.: CO, LP.
Tipo y muestra: *R.S. Williams 2458* (HT: NY; IT: NY), *M. Kessler 9711* (GOET, LPB).

Rhipsalis floccosa Salm-Dyck ex Pfeiff., Enum. Diagn. Cact. 134. 1837.
Sin.: *Lepismium floccosum* (Salm-Dyck ex Pfeiff.) Backeb., *Rhipsalis hohenauensis* F. Ritter, *Hylorhipsalis floccosa* (Salm-Dyck ex Pfeiff.) Doweld, *Hylorhipsalis floccosa* subsp. *hohenauensis* (F. Ritter) Doweld
Ref.: Foster (1958).
Epífita. Nativa. Zonas Bajas, Andes. Bosque Semideciduo Chiquitano, Bosque Tucumano-Boliviano, Bosque Serrano Chaqueño, Valles Secos, 500–2500 m.
Dept.: CH, CO, LP, SC, TA.
Muestra: *M.H. Nee 42244* (LPB, NY).
Nom. Vern.: Guasca guasca, huasca huasca.

Rhipsalis goebeliana Backeb., Descr. Cact. Nov. 10. 1956.
Ref.: Barthlott & Taylor (1995), Ibisch (1996), Ibisch et al. (2000), Nee (2004).
Epífita. Endémica. Zonas Bajas. Bosque Húmedo, 0–1000 m.
Dept.: CO.
Muestra: *S.G. Beck 1559* (LPB, MO).
Nota: El protólogo no cita ejemplar tipo ni localización exacta.

Rhipsalis shaferi Britton & Rose, Cactaceae 4: 229, f. 223, t. 24, f. 7. 1923.
Sin.: *Rhipsalis baccifera* subsp. *shaferi* (Britton & Rose) Barthlott & N.P. Taylor
Ref.: Barthlott & Taylor (1995), Ibisch et al. (2000), Korotkova et al. (2011).
Epífita. Nativa. Zonas Bajas, Andes. Sabanas Benianas del Norte, Campos Amazónicos, Bosque Serrano Chaqueño, 500–1500 m.
Dept.: BE, CH, CO, LP, PA, SC.
Muestra: *A.H. Gentry et al. 75176* (F, MEXU, MO, USZ).

Rhipsalis tucumanensis F.A.C. Weber, Rev. Hort. 64: 426. 1892.
Sin.: *Hariota tucumanensis* (F.A.C. Weber) Kuntze, *Lepismium tucumanense* (F.A.C. Weber) Backeb., *Rhipsalis floccosa* subsp. *tucumanensis* (F.A.C. Weber) Barthlott & N.P. Taylor, *Hylorhipsalis floccosa* subsp. *tucumanensis* (F.A.C. Weber) Doweld
Ref.: Barthlott & Taylor (1995), Ibisch et al. (2000), Kessler et al. (2000b), Navarro Sánchez (2001), Nee (2004), Korotkova et al. (2011).
Epífita. Nativa. Zonas Bajas, Andes. Bosque Tucumano-Boliviano, 500–2500 m.
Dept.: CH, CO, LP, SC, TA.
Muestra: *C. Ibisch & P.L. Ibisch 93.762* (B, BOLV, FR, LPB).

Samaipaticereus Cárdenas, Cact. Succ. J. (Los Angeles) 24: 141. 1952.
2 especies, 2 especies endémicas.

Samaipaticereus corroanus Cárdenas, Cact. Succ. J. (Los Angeles) 24: 141, f. 82–85. 1952.
Ref.: Foster (1958), Hinojosa Ossio (1993a), Navarro Sánchez (1996), Nee (2004), Taylor (2007), Taylor (2007).
Árbol. Endémica. Andes. Bosque Serrano Chaqueño, 1500–2000 m.
Dept.: SC.
Tipo y muestra: *M. Cárdenas 4816* (HT: LIL; IT: US), *I.G. Vargas & M. Rioja 4630* (LPB, NY, USZ).

Samaipaticereus inquisivensis Cárdenas, Cactus (Paris) 57: 246–247. 1957.
Sin.: *Yungasocereus inquisivensis*

(Cárdenas) F. Ritter ex Eggli
Ref.: Navarro Sánchez (1996), Ibisch et al. (2000), Eggli & Leuenberger (2005).
Hierba. Endémica. Andes. Valles Secos, 1000–1500, 2000–2500 m.
Dept.: CO, LP.
Tipo y muestra: *M. Cárdenas 5484* (HT: BOLV; IT: US), *R. Kiesling 10056* (LPB, SI).

Schlumbergera Lem., Ill. Hort. 5: 24. 1858.

1 especie, 0 especies endémicas.

Schlumbergera truncata (Haw.) Moran, Gentes Herb. 8(4): 329. 1953.
Sin.: *Epiphyllum truncatum* Haw.
Ref.: Navarro Sánchez (1996).
Hierba. Cultivada.
Nota: No hay ejemplares bolivianos de herbario. Una especie de Brasil.

Selenicereus (A. Berger) Britton & Rose, Contr. U.S. Natl. Herb. 12(10): 429. 1909.

1 especie, 0 especies endémicas.

Selenicereus megalanthus (K. Schum. ex Vaupel) Moran, Gentes Herb. 8(4): 325. 1953.
Sin.: *Cereus megalanthus* K. Schum. ex Vaupel, *Mediocactus megalanthus* (K. Schum. ex Vaupel) Britton & Rose
Ref.: Foster (1958), Navarro Sánchez (1996).
Hemiepífita, epífita. Cultivada. Zonas Bajas. Bosque Húmedo, 0–500 m.
Dept.: BE.
Muestra: *G. Meyer s.n.* (GH).
Nota: Posiblemente se basa en identificaciones erróneas.

Stetsonia Britton & Rose, Cactaceae 2: 64, f. 95–96, t. 9. 1920.

1 especie, 0 especies endémicas.

Stetsonia coryne (Salm-Dyck) Britton & Rose, Cactaceae 2: 64–65, f. 95–96, t. 9. 1920.
Sin.: *Cereus coryne* Salm-Dyck
Ref.: Foster (1958), Hinojosa Ossio (1993a), Kiesling (1996a), Navarro Sánchez (1996), Serrano & Terán (1998 [2000]), Taylor (2007).
Árbol. Nativa. Zonas Bajas, Andes. Bosque Seco Chaqueño, Bosque Serrano Chaqueño, 0–1500 m.
Dept.: CH, CO, SC, TA.
Muestra: *A.H. Gentry 75377* (MO, SI, USZ).

Sulcorebutia Backeb., Cact. Succ. J. Gr. Brit. 13: 96. 1951.

19 especies, 19 especies endémicas.

Sulcorebutia arenacea (Cárdenas) F. Ritter, Natl. Cact. Succ. J. 16(4): 81. 1961.
Sin.: *Rebutia arenacea* Cárdenas, *Rebutia glomeriseta* Cárdenas, *Rebutia candiae* Cárdenas, *Rebutia menesesii* Cárdenas, *Sulcorebutia glomeriseta* (Cárdenas) F. Ritter, *Sulcorebutia candiae* (Cárdenas) Buining & Donald, *Sulcorebutia menesesii* (Cárdenas) Buining & Donald, *Sulcorebutia xanthoantha* Backeb., *Sulcorebutia muschii* Vásquez, *Weingartia candiae* (Cárdenas) F.H. Brandt, *Weingartia glomeriseta* (Cárdenas) F.H. Brandt, *Weingartia arenacea* (Cárdenas) F.H. Brandt, *Weingartia menesesii* (Cárdenas) F.H. Brandt, *Weingartia muschii* (Vásquez) F.H. Brandt, *Sulcorebutia menesesii* var. *kamiensis* Brederoo & Donald, *Sulcorebutia menesesii* var. *muschii* (Vásquez) Buining & Donald, *Sulcorebutia candiae* var. *kamiensis* (Brederoo & Donald) K. Augustin & Gertel, *Sulcorebutia arenacea* var. *candiae* (Cárdenas) Gertel & J. de Vries, *Sulcorebutia arenacea* var. *kamiensis* (Brederoo & Donald) Gertel & J. de Vries, *Sulcorebutia arenacea* var. *menesesii* (Cárdenas) Gertel & J. de Vries, *Weingartia arenacea* subsp. *candiae* (Cárdenas) Lodé, *Weingartia arenacea* subsp. *kamiensis* (Brederoo & Donald) Lodé, *Weingartia arenacea* subsp. *menesesii* (Cárdenas) Lodé
Ref.: Foster (1958), Navarro Sánchez (1996), Augustin et al. (2000), Eggli & Leuenberger (2005), Gertel (2006), Taylor (2007), Horáček (2008), Gertel & Latin (2010), Anderson (2011).
Hierba. Endémica. Andes. Valles Secos, 1000–4000 m.
Dept.: CO.
Tipo y muestra: *E. Rocha s.n.* (HT: herb. Cárdenas; IT: US), *M. Cárdenas 4399* (LIL, US).

Sulcorebutia azurduyensis Gertel, Jucker & J. de Vries, Kakteen And. Sukk. 57(9): 239. 2006.
Sin.: *Sulcorebutia sormae* P. Hertus, Horácek & Slaba, *Sulcorebutia azurduyensis* var. *sormae* (P. Hertus, Horácek & Slaba) Gertel & Jucker
Ref.: Horáček (2008), Gertel & Latin (2010).
Hierba. Endémica. Andes. Bosque Tucumano-Boliviano, 2500–3500 m.
Dept.: CH.
Tipo: *W. Gertel G270* (HT: ZSS; IT: LPB).

Sulcorebutia breviflora Backeb., Kakteenl. 414. 1966.
Sin.: *Rebutia brachyantha* Cárdenas, *Rebutia caineana* Cárdenas, *Rebutia haseltonii* Cárdenas, *Sulcorebutia caineana* (Cárdenas) Donald, *Sulcorebutia haseltonii* (Cárdenas) Donald, *Weingartia breviflora* (Backeb.) F.H. Brandt, *Weingartia haseltonii* (Cárdenas) F.H. Brandt, *Weingartia caineana* (Cárdenas) F.H. Brandt, *Sulcorebutia breviflora* subvar. *viridior* Diers, *Sulcorebutia breviflora* var. *haseltonii* (Cárdenas) Diers, *Sulcorebutia breviflora* var. *laui* Diers, *Sulcorebutia breviflora* subsp. *haseltonii* (Cárdenas) Fritz, *Sulcorebutia breviflora* subsp. *laui* (Diers) Fritz, *Rebutia breviflora* (Backeb.) D.R. Hunt, *Weingartia breviflora* subsp. *haseltonii* (Cárdenas) Lodé, *Weingartia breviflora* subsp. *laui* (Diers) Lodé
Ref.: Navarro Sánchez (1996), Augustin et al. (2000), Horáček (2008), Gertel & Latin (2010), Anderson (2011).
Hierba. Endémica. Andes. Valles Secos, 2000–3000 m.
Dept.: CO.
Tipo: *M. Cárdenas 6140* (HT: no localizado).

Sulcorebutia camargoensis Gertel & Jucker, Kakteen And. Sukk. 55(4): 88. 2004.
Ref.: Horáček (2008).
Hierba. Endémica. Andes. Valles Secos, 3000–4000 m.
Dept.: CH.
Tipo: *H. Jucker 843* (HT: ZSS; IT: LPB).
Nota: Conocida solamente del tipo.

Sulcorebutia canigueralii (Cárdenas) Buining & Donald, Cact. Succ. J. Gr. Brit. 27(3): 57. 1965.
Sin.: *Rebutia canigueralii* Cárdenas, *Sulcorebutia tarabucoensis* Rausch, *Aylostera zavaletae* Cárdenas, *Sulcorebutia zavaletae* (Cárdenas) Backeb., *Sulcorebutia rauschii* G. Frank, *Rebutia caracarensis* Cárdenas, *Rebutia inflexiseta* Cárdenas, *Rebutia pulchra* Cárdenas, *Sulcorebutia frankiana* Rausch, *Sulcorebutia vasqueziana* Rausch, *Sulcorebutia alba* Rausch, *Sulcorebutia caracarensis* (Cárdenas) Donald, *Sulcorebutia inflexiseta* (Cárdenas) Donald, *Sulcorebutia pulchra* (Cárdenas) Donald, *Sulcorebutia verticillacantha* var. *aureiflora* Rausch, *Sulcorebutia verticillacantha* var. *cuprea* Rausch, *Sulcorebutia vasqueziana* var. *albspina* Rausch, *Sulcorebutia*

frankiana var. *aureispina* Rausch, *Sulcorebutia losenickyana* Rausch, *Weingartia alba* (Rausch) F.H. Brandt, *Weingartia canigueralii* (Cárdenas) F.H. Brandt, *Weingartia frankiana* (Rausch) F.H. Brandt, *Weingartia losenickyana* (Rausch) F.H. Brandt, *Weingartia pulchra* (Cárdenas) F.H. Brandt, *Weingartia rauschii* (G. Frank) F.H. Brandt, *Weingartia ritteri* F.H. Brandt, *Weingartia tarabucoensis* (Rausch) F.H. Brandt, *Sulcorebutia ritteri* (F.H. Brandt) F. Ritter, *Sulcorebutia verticillacantha* var. *applanata* Donald & Krahn, *Sulcorebutia verticillacantha* var. *ritteri* (F.H. Brandt) Donald & Krahn, *Sulcorebutia verticillacantha* var. *verticosior* F. Ritter, *Weingartia aureispina* F.H. Brandt, *Weingartia brevispina* F.H. Brandt, *Weingartia caracarensis* (Cárdenas) F.H. Brandt, *Weingartia inflexiseta* (Cárdenas) F.H. Brandt, *Weingartia zavaletae* (Cárdenas) F.H. Brandt, *Weingartia callecallensis* F.H. Brandt, *Weingartia saxatilis* F.H. Brandt, *Weingartia perplexiflora* F.H. Brandt, *Weingartia albaoides* F.H. Brandt, *Weingartia albaoides* subsp. *subfuscata* F.H. Brandt, *Sulcorebutia verticillacantha* var. *chatajillensis* Oeser & Brederoo, *Sulcorebutia verticillacantha* var. *losenickyana* (Rausch) Oeser, *Weingartia croceareolata* F.H. Brandt, *Weingartia pasopayana* F.H. Brandt, *Weingartia rubro-aurea* F.H. Brandt, *Sulcorebutia albaoides* (F.H. Brandt) Pilbeam, *Sulcorebutia albaoides* var. *subfusca* (F.H. Brandt) Pilbeam, *Sulcorebutia brevispina* (F.H. Brandt) Pilbeam, *Sulcorebutia callecallensis* (F.H. Brandt) Pilbeam, *Sulcorebutia croceareolata* (F.H. Brandt) Pilbeam, *Sulcorebutia perplexiflora* (F.H. Brandt) Gertel, *Sulcorebutia rubroaurea* (F.H. Brandt) Pilbeam, *Sulcorebutia verticillacantha* fo. *brevispina* (F.H. Brandt) Pilbeam ex Rausch, *Sulcorebutia verticillacantha* var. *albispina* (Rausch) Pilbeam, *Weingartia tarabucina* F.H. Brandt, *Sulcorebutia fischeriana* Augustin, *Rebutia rauschii* (G. Frank) D.R. Hunt, *Sulcorebutia pasopayana* (F.H. Brandt) Gertel, *Rebutia canigueralii* subsp. *pulchra* (Cárdenas) Donald ex D.R. Hunt, *Sulcorebutia gemmae* Mosti & Rovida, *Sulcorebutia losenickyana* var. *chatajillensis* (Oeser & Brederoo) K. Augustin & Gertel, *Sulcorebutia losenickyana* var. *vasqueziana* (Rausch) K. Augustin & Gertel, *Sulcorebutia tarabucoensis* var. *aureiflora* (Rausch) K. Augustin & Gertel, *Sulcorebutia tarabucoensis* var. *callecallensis* (F.H. Brandt) K. Augustin & Gertel, *Sulcorebutia vasqueziana* subsp. *alba* (Rausch) Fritz & Gertel, *Sulcorebutia vasqueziana* subsp. *chatajillensis* (Oeser & Brederoo) Gertel & Šída, *Sulcorebutia vasqueziana* subsp. *losenickyana* (Rausch) Gertel & Šída, *Rebutia vasqueziana* (Rausch) D.R. Hunt, *Sulcorebutia christiei* B. Bates, Halda, P. Hertus & Horácek, *Sulcorebutia losenickyana* var. *albispina* (Rausch) Slaba, *Sulcorebutia pulchra* subsp. *lenkae* Halda, P. Hertus & Horácek, *Sulcorebutia tarabucoensis* subsp. *patriciae* B. Bates, Halda, P. Hertus & Horácek, *Sulcorebutia vasqueziana* subsp. *pedroensis* Halda, P. Hertus & Horácek, *Sulcorebutia elizabethae* J. de Vries, *Sulcorebutia naunacaensis* J. de Vries, *Sulcorebutia vasqueziana* var. *losenickyana* (Rausch) Sída, *Sulcorebutia tarabucoensis* subsp. *lindae* Halda, P. Hertus & Horácek, *Sulcorebutia cantargalloensis* Gertel, Jucker & J. de Vries, *Sulcorebutia verticillacantha* subsp. *cuprea* (Rausch) Slaba, *Sulcorebutia canigueralii* var. *applanata* (Donald & Krahn) Horácek, *Sulcorebutia frankiana* var. *intermedia* Slaba & Sorma, *Sulcorebutia frankiana* var. *rectispina* Slaba & Sorma, *Sulcorebutia frankiana* var. *variabilis* Slaba & Sorma, *Sulcorebutia pulchra* var. *albiareolata* Slaba & Sorma, *Sulcorebutia pulchra* var. *longispina* Slaba & Sorma, *Sulcorebutia tarabucoensis* subsp. *rauschii* (G. Frank) Halda & Malina, *Sulcorebutia heliosoides* P. Lechner & A. Draxler, *Weingartia vasqueziana* subsp. *losenickyana* (Rausch) Lodé

Ref.: Adolfo María (1966), Navarro Sánchez (1996), Augustin et al. (2000), Eggli & Leuenberger (2005), Horáček (2008), Gertel & Latin (2010), Anderson (2011).

Hierba. Endémica. Andes. Valles Secos, 2500–3000 m.

Dept.: CH, PO.

Tipo: *M. Cárdenas 5554* (HT: LIL).

Sulcorebutia cardenasiana R. Vásquez, Kakteen And. Sukk. 26(3): 49. 1975.

Sin.: *Weingartia cardenasiana* (Rausch) F.H. Brandt, *Rebutia cardenasiana* (R. Vásquez) G. Navarro, *Rebutia langeri* (J. Falkenberg & K. Neumann) G. Navarro, *Sulcorebutia vargasii* Diers & Krahn, *Sulcorebutia vargasii* var. *viridissima* Diers & Krahn

Ref.: Navarro Sánchez (1996), Augustin et al. (2000), Kessler et al. (2000b), Horáček (2008), Gertel & Latin (2010), Anderson (2011).

Hierba. Endémica. Andes. Valles Secos, 2000–3000 m.

Dept.: CO, SC.

Tipo y muestra: *R. Vásquez C. 544* (HT: W; IT: ZSS), *W. Rausch 609* (ZSS).

Sulcorebutia crispata Rausch, Kakteen And. Sukk. 21(6): 102. 1970.

Sin.: *Sulcorebutia canigueralii* var. *atropurpurea* Rausch, *Weingartia crispata* (Rausch) F.H. Brandt, *Rebutia canigueralii* subsp. *crispata* (Rausch) Donald ex D.R. Hunt, *Sulcorebutia crispata* subsp. *auricapillata* Halda, P. Hertus & Horácek, *Sulcorebutia crispata* subsp. *hertusii* Halda & Horácek, *Sulcorebutia gerosenilis* Riha & Arandia, *Sulcorebutia hertusii* (Halda & Horácek) Halda & Horácek, *Sulcorebutia hertusii* subsp. *auricapillata* (Halda, P. Hertus & Horácek) Halda, P. Hertus & Horácek, *Sulcorebutia tarabucoensis* subsp. *hertusii* (Halda & Horácek) Gertel & R. Wahl, *Sulcorebutia roberto-vasquezii* Diers & Krahn, *Sulcorebutia tarvitaensis* Gertel & P. Lechner, *Sulcorebutia viridis* P. Lechner & A. Draxler, *Sulcorebutia atrospinosa* J. de Vries, *Sulcorebutia lamprochlora* J. de Vries, *Weingartia crispata* subsp. *hertusi* (Halda & Horácek) Lodé

Ref.: Augustin et al. (2000), Hofacker (2005), Horáček (2008), Anderson (2011), de Vries (2011).

Hierba. Endémica. Andes. Bosque Tucumano-Boliviano, Valles Secos, 1000–3000 m.

Dept.: CH.

Tipo: *W. Rausch 288* (T: W, ZSS).

Sulcorebutia cylindrica Donald & A.B. Lau, Ashingtonia 1(5): 56. 1974.

Sin.: *Weingartia cylindrica* (Donald & A.B. Lau) F.H. Brandt, *Rebutia cylindrica* (Donald & A.B. Lau) Donald, *Sulcorebutia confusa* Halda, P. Hertus & Horácek, *Sulcorebutia cylindrica* var. *crucensis* Donald ex Gertel, *Weingartia mentosa* var. *cylindrica* (Donald & A.B. Lau) Gertel & J. de Vries, *Weingartia mentosa* subsp. *cylindrica* (Donald & A.B. Lau) Gertel & J. de Vries, *Weingartia mentosa* var. *crucensis* (Donald ex Gertel) Gertel & J. de Vries, *Weingartia cylindrica* subsp. *crucensis* (Donald ex Gertel) Lodé

Ref.: Navarro Sánchez (1996), Augustin et al. (2000), Gertel & de Vries (2008), Horáček (2008),

Anderson (2011).
Hierba. Endémica. Andes. Valles Secos, 2000–3000 m.
Dept.: CO.
Tipo: *A.B. Lau 335* (HT: HEID).

Sulcorebutia dorana Gertel, Kakteen And. Sukk. 54(2): 31. 2003.
Sin.: *Sulcorebutia purpurea* subsp. *dorana* (Gertel) Halda, P. Hertus & Horácek
Hierba. Endémica. Andes. Valles Secos, 2500–3000 m.
Dept.: CH.
Tipo: *H. Jucker 807* (HT: ZSS; IT: LPB).
Nota: Conocida solamente del tipo.

Sulcorebutia insperata Rol.Müll., Kakteen And. Sukk. 67(7): 185. 2011.
Hierba. Endémica. Andes. Bosque Seco Chaqueño, 1500–2000 m.
Dept.: CH.
Tipo: *R. Müller RMR0812* (HT: HAL; IT: LPB).
Nota: Conocida solamente del tipo.

Sulcorebutia juckeri Gertel, Kakteen And. Sukk. 55(12): 334. 2004.
Sin.: *Sulcorebutia trojapampensis* Gertel & Jucker
Ref.: Horáček (2008).
Hierba. Endémica. Andes. Valles Secos, 3000–3500 m.
Dept.: CH.
Tipo y muestra: *H. Jucker 410* (HT: ZSS; IT: LPB), *H. Jucker 1190A* (LPB, ZSS).

Sulcorebutia kruegerae (Cárdenas) F. Ritter, Natl. Cact. Succ. J. 16(4): 81. 1961.
Sin.: *Aylostera kruegerae* Cárdenas, *Rebutia kruegerae* (Cárdenas) Backeb., *Weingartia krugerae* (Cárdenas) F.H. Brandt, *Rebutia steinbachii* subsp. *kruegerae* (Cárdenas) D.R. Hunt, *Sulcorebutia steinbachii* subsp. *kruegerae* (Cárdenas) Fritz, Gertel & J. de Vries, *Weingartia steinbachii* subsp. *krugerae* (Cárdenas) Hentzschel & K. Augustin
Ref.: Gertel & Latin (2010), Anderson (2011).
Hierba. Endémica. Andes. Valles Secos, 2500–3000 m.
Dept.: CO.
Tipo: *M. Cárdenas 5495* (HT: LIL; IT: US).

Sulcorebutia langeri Augustin & Hentzschel, Kakteen And. Sukk. 50(8): 201. 1999.
Ref.: Augustin & Hentzschel (1999), Augustin et al. (2000).
Hierba. Endémica. Andes. Valles Secos, 2000–2500 m.
Dept.: SC.
Tipo: *H. Swoboda 240* (HT: ZSS; IT: LPB).

Sulcorebutia mentosa F. Ritter, Succulenta 43(7): 102. 1964.
Sin.: *Weingartia flavida* F.H. Brandt, *Sulcorebutia flavissima* Rausch, *Sulcorebutia markusii* Rausch, *Weingartia torotorensis* Cárdenas, *Sulcorebutia torotorensis* (Cárdenas) F.H. Brandt, *Weingartia markusii* (Rausch) F.H. Brandt, *Weingartia flavissima* (Rausch) F.H. Brandt, *Weingartia formosa* F.H. Brandt, *Weingartia mentosa* (F. Ritter) F.H. Brandt, *Cinnabarinea torotorensis* (Cárdenas) F. Ritter, *Weingartia albissima* F.H. Brandt, *Sulcorebutia swobodae* K. Augustin, *Sulcorebutia albissima* (F.H. Brandt) Pilbeam, *Sulcorebutia flavida* (F.H. Brandt) Pilbeam, *Sulcorebutia formosa* (F.H. Brandt) Pilbeam, *Rebutia mentosa* (F. Ritter) Donald, *Sulcorebutia augustinii* Hentzschel, *Sulcorebutia steinbachii* subvar. *angustinii* Gertel, *Sulcorebutia markusii* subsp. *tintiniensis* Gertel, *Sulcorebutia mentosa* var. *swobodae* (K. Augustin) K. Augustin, *Sulcorebutia augustinii* var. *jacubeciana* Halda, Hertus & Horácek, *Sulcorebutia mentosa* subsp. *flavissima* (Rausch) Sída, *Sulcorebutia steinbachii* subsp. *markusii* (Rausch) Gertel & J. de Vries, *Sulcorebutia steinbachii* var. *markusii* (Rausch) Fritz, Gertel & J. de Vries, *Sulcorebutia steinbachii* var. *tintiniensis* (Gertel) Gertel & J. de Vries, *Sulcorebutia tiraquensis* subsp. *totorensis* (Cárdenas) Gertel & J. de Vries, *Sulcorebutia tiraquensis* var. *augustinii* (Hentzschel) Gertel & J. de Vries, *Weingartia mentosa* var. *albissima* (F.H. Brandt) Hentzschel & K. Augustin, *Weingartia mentosa* var. *swobodae* (K. Augustin) Hentzschel & K. Augustin, *Weingartia mentosa* subsp. *albissima* (F.H. Brandt) Lodé, *Weingartia mentosa* subsp. *swobodae* (K. Augustin) Lodé
Ref.: Navarro Sánchez (1996), Augustin et al. (2000), Taylor (2007), Gertel & de Vries (2008), Horáček (2008).
Hierba. Endémica. Andes. Valles Secos, 2000–3000 m.
Dept.: CH, CO, PO.
Tipo: *N.P. Ritter 945* (HT: U; IT: SGO).
Infra: *Sulcorebutia mentosa* var. *mentosa*, *Sulcorebutia mentosa* subsp. *flavissima* (Rausch) Sída

Sulcorebutia purpurea (Donald & A.B. Lau) Brederoo & Donald, Kakteen And. Sukk. 32(11): 273. 1981.
Sin.: *Weingartia purpurea* Donald & A.B. Lau, *Sulcorebutia santiaginiensis* Rausch, *Cinnabarinea purpurea* (Donald & A.B. Lau) F. Ritter, *Sulcorebutia unguispina* Rausch, *Rebutia mentosa* subsp. *purpurea* (Donald & A.B. Lau) Donald ex D.R. Hunt, *Sulcorebutia purpurea* var. *unguispina* (Rausch) K. Augustin & Gertel, *Sulcorebutia purpurea* subsp. *nadae* Halda, P. Hertus & Horácek, *Sulcorebutia horacekii* Slaba, *Sulcorebutia purpurea* subsp. *gigantea* Halda, P. Hertus & Horácek, *Sulcorebutia purpurea* subsp. *horacekii* (Slaba) Halda & Malina, *Sulcorebutia purpurea* subsp. *jolantae* Halda, P. Hertus & Horácek, *Sulcorebutia purpurea* subsp. *santiagensis* (Rausch) Horácek, *Weingartia purpurea* subsp. *santiaginiensis* Gertel & J. de Vries, *Weingartia purpurea* var. *santiaginiensis* (Rausch) Hentzschel & K. Augustin, *Weingartia purpurea* var. *unguispina* (Rausch) Hentzschel & K. Augustin, *Weingartia purpurea* subsp. *santiaginiensis* (Rausch) Lodé
Ref.: Augustin et al. (2000), Gertel & de Vries (2008), Horáček (2008), Gertel & Latin (2010), Anderson (2011).
Hierba. Endémica. Andes. Valles Secos, 2000–3500 m.
Dept.: CO.
Tipo y muestra: *A.B. Lau 332* (T: HEID), *W. Rausch 730* (ZSS).

Sulcorebutia steinbachii (Werderm.) Backeb., Cact. Succ. J. Gr. Brit. 13: 103. 1951.
Sin.: *Rebutia steinbachii* Werderm., *Rebutia totorensis* Cárdenas, *Lobivia hoffmanniana* Backeb., *Sulcorebutia lepida* F. Ritter, *Rebutia glomerispina* Cárdenas, *Rebutia steinbachii* var. *rosiflora* Backeb., *Rebutia steinbachii* var. *violaciflora* Backeb., *Rebutia taratensis* Cárdenas, *Rebutia tunariensis* Cárdenas, *Sulcorebutia steinbachii* var. *rosiflora* Backer, *Sulcorebutia steinbachii* var. *violaciflora* Backeb., *Rebutia polymorpha* Cárdenas, *Sulcorebutia glomerispina* (Cárdenas) Buining & Donald, *Sulcorebutia taratensis* (Cárdenas) Buining & Donald, *Sulcorebutia tunariensis* (Cárdenas) Buining & Donald, *Sulcorebutia hoffmanniana* (Backeb.) Backeb., *Sulcorebutia polymorpha* (Cárdenas)

Backeb., *Sulcorebutia steinbachii* var. *gracilior* Backeb., *Sulcorebutia taratensis* var. *minima* Rausch, *Rebutia vizcarrae* Cárdenas, *Sulcorebutia krahnii* Rausch, *Sulcorebutia mizquensis* Rausch, *Rebutia tuberculato-chrysantha* Cárdenas, *Sulcorebutia oenantha* Rausch, *Sulcorebutia vizcarrae* (Cárdenas) Donald, *Sulcorebutia tuberculato-chrysantha* (Cárdenas) Brederoo & Donald, *Sulcorebutia pampagrandensis* Rausch, *Weingartia backebergiana* F.H. Brandt, *Weingartia polymorpha* (Cárdenas) F.H. Brandt, *Weingartia steinbachii* (Werderm.) F.H. Brandt, *Weingartia taratensis* (Cárdenas) F.H. Brandt, *Weingartia aglaia* F.H. Brandt, *Weingartia glomerispina* (Cárdenas) F.H. Brandt, *Weingartia krahnii* (Rausch) F.H. Brandt, *Weingartia nigro-fuscata* F.H. Brandt, *Weingartia tunariensis* (Cárdenas) F.H. Brandt, *Weingartia clavata* F.H. Brandt, *Weingartia mizquensis* (Rausch) F.H. Brandt, *Weingartia oenantha* (Rausch) F.H. Brandt, *Weingartia pampagrandensis* (Rausch) F.H. Brandt, *Weingartia totorensis* (Cárdenas) F.H. Brandt, *Weingartia lepida* (F. Ritter) F.H. Brandt, *Weingartia tuberculato-chrysantha* (Cárdenas) F.H. Brandt, *Weingartia totoralensis* F.H. Brandt, *Weingartia hoffmanniana* F.H. Brandt, *Weingartia vizcarrae* (Cárdenas) F.H. Brandt, *Sulcorebutia clavata* (F.H. Brandt) Pilbeam, *Sulcorebutia cochabambina* Rausch, *Sulcorebutia nigrofuscata* (F.H. Brandt) Pilbeam, *Sulcorebutia steinbachii* var. *polymorpha* (Cárdenas) Pilbeam, *Sulcorebutia totoralensis* (F.H. Brandt) Pilbeam, *Sulcorebutia totorensis* var. *lepida* (F. Ritter) Pilbeam, *Sulcorebutia verticillacantha* var. *minima* (Rausch) Pilbeam, *Weingartia ansaldoensis* F.H. Brandt, *Sulcorebutia steinbachii* var. *australis* Rausch, *Sulcorebutia vizcarrae* var. *laui* Brederoo & Donald, *Weingartia minima* (Rausch) F.H. Brandt, *Sulcorebutia tiraquensis* var. *aglaia* (F.H. Brandt) Sída, *Sulcorebutia steinbachii* fo. *violaciflora* (Backeb.) Sída, *Sulcorebutia steinbachii* fo. *bicolorispina* Gertel, *Sulcorebutia steinbachii* subvar. *oenantha* Gertel, *Sulcorebutia steinbachii* subvar. *pampagrandensis* Gertel, *Sulcorebutia steinbachii* subvar. *polymorpha* (Cárdenas) Gertel, *Sulcorebutia steinbachii* subvar. *totorensis* Gertel, *Sulcorebutia steinbachii* var. *krahnii* Gertel, *Sulcorebutia steinbachii* var. *lepida* Gertel, *Sulcorebutia steinbachii* var. *totorensis* Gertel, *Sulcorebutia kruegerae* var. *hoffmannii* K. Augustin & Hentzschel, *Sulcorebutia mariana* var. *laui* (Brederoo & Donald) K. Augustin & Gertel, *Sulcorebutia mariana* var. *prantneri* K. Augustin & Hentzschel, *Sulcorebutia oenantha* var. *pampagrandensis* (Rausch) K. Augustin & Gertel, *Sulcorebutia steinbachii* var. *tunariensis* (Cárdenas) K. Augustin & Gertel, *Sulcorebutia tiraquensis* var. *lepida* (F. Ritter) K. Augustin & Gertel, *Sulcorebutia tiraquensis* var. *totorensis* (Cárdenas) K. Augustin & Gertel, *Sulcorebutia veronikae* Halda, Hertus & Horácek, *Sulcorebutia verticillacantha* var. *taratensis* (Cárdenas) K. Augustin & Gertel, *Sulcorebutia heinzii* Halda, P. Hertus & Horácek, *Sulcorebutia steinbachii* var. *hoffmannii* Fritz, Gertel & J. de Vries, *Sulcorebutia steinbachii* var. *mizquiensis* (Rausch) Gertel & J. de Vries, *Sulcorebutia steinbachii* var. *taratensis* (Cárdenas) Fritz, Gertel & J. de Vries, *Sulcorebutia tiraquensis* subsp. *krahnii* (Rausch) Gertel & J. de Vries, *Sulcorebutia tiraquensis* subsp. *mariana* (H. Swoboda) Gertel & J. de Vries, *Sulcorebutia tiraquensis* var. *australis* (Rausch) Gertel & J. de Vries, *Sulcorebutia tiraquensis* var. *laui* (Brederoo & Donald) Gertel & J. de Vries, *Sulcorebutia tiraquensis* var. *oenantha* (Rausch) Gertel & J. de Vries

Ref.: Adolfo María (1966), Navarro Sánchez (1996), Saravia Miranda (1996), Augustin et al. (2000), Fritz et al. (2004), Eggli & Leuenberger (2005), Gertel (2006), Taylor (2007), Eggli & Leuenberger (2008), Horáček (2008).

Hierba. Endémica. Andes, Altiplano. Yungas, Valles Secos, Puna Seca, 2000–4000 m.

Dept.: CO, PO, SC.

Tipo: *J. Steinbach s.n.* (LT: B destr.).

Infra: *Sulcorebutia steinbachii* var. *steinbachii*, *Sulcorebutia steinbachii* var. *horrida* Rausch

Sulcorebutia tarijensis F. Ritter, Ashingtonia 3(1): 13. 1978.

Sin.: *Weingartia tarijensis* F.H. Brandt, *Weingartia oligacantha* F.H. Brandt, *Weingartia sanguineo-tarijensis* F.H. Brandt, *Sulcorebutia oligacantha* (F.H. Brandt) Pilbeam, *Rebutia oligacantha* (F.H. Brandt) Donald ex D.R. Hunt, *Sulcorebutia tarijensis* subsp. *carchimayuensis* K. Augustin, *Sulcorebutia tarijensis* subsp. *samaensis* K. Augustin

Ref.: Augustin et al. (2000), Horáček (2008).

Hierba. Endémica. Andes. Valles Secos, 3000–3500 m.

Dept.: TA.

Tipo: *F. Ritter 1154* (HT: U).

Sulcorebutia tiraquensis (Cárdenas) F. Ritter, Natl. Cact. Succ. J. 16(4): 81. 1961.

Sin.: *Sulcorebutia mariana* var. *mariana*, *Sulcorebutia oenantha* var. *oenantha*, *Rebutia tiraquensis* Cárdenas, *Sulcorebutia totorensis* (Cárdenas) F. Ritter, *Sulcorebutia tiraquensis* var. *electrantha* Backeb., *Rebutia tiraquensis* var. *longiseta* Cárdenas, *Sulcorebutia tiraquensis* var. *longiseta* (Cárdenas) Donald, *Weingartia tiraquensis* (Cárdenas) F.H. Brandt, *Sulcorebutia mariana* H. Swoboda, *Rebutia steinbachii* subsp. *tiraquensis* (Cárdenas) D.R. Hunt, *Sulcorebutia tiraquensis* var. *aguilarii* K. Augustin & Gertel, *Sulcorebutia tiraquensis* var. *renatae* Hentzschel & S. Beck, *Sulcorebutia tiraquensis* var. *huanacuniensis* Gertel

Ref.: Augustin et al. (2000), Nee (2004), Gertel (2007), Horáček (2008), Gertel & Latin (2010), Anderson (2011).

Hierba. Endémica. Andes. Valles Secos, 2000–3500 m.

Dept.: CO, SC.

Tipo y muestra: *M. Cárdenas 5493* (T: no localizado), *H. Swoboda 220* (LPB, ZSS).

Sulcorebutia verticillacantha F. Ritter, Natl. Cact. Succ. J. 17(1): 13. 1962.

Sin.: *Weingartia verticillacantha* (F. Ritter) F.H. Brandt, *Rebutia steinbachii* subsp. *verticillacantha* (F. Ritter) Donald ex D.R. Hunt, *Sulcorebutia steinbachii* subsp. *verticillacantha* (F. Ritter) Fritz, Gertel & J. de Vries, *Sulcorebutia steinbachii* var. *verticillacantha* (F. Ritter) Fritz, Gertel & J. de Vries

Ref.: Augustin et al. (2000), Horáček (2008), Anderson (2011).

Hierba. Endémica. Andes. Valles Secos, 3500–4000 m.

Dept.: CH, PO.

Tipo: *F. Ritter 752A* (T: SGO, U, ZSS).

Trichocereus (A. Berger) Riccob., Boll. Reale Orto Bot. Giardino Colon. Palermo 8: 236. 1909.

18 especies, 10 especies endémicas.

Trichocereus arboricola Kimnach, Cact. Succ. J. (Los Angeles) 62: 4–5, f. 1–4. 1990.

Sin.: *Echinopsis arboricola* (Kimnach) Mottram, *Soehrensia arboricola* (Kimnach) Schlumpb.

Ref.: Hilgert & Kiesling (2002).

Epífita. Nativa. Andes. Bosque Tucumano-Boliviano, 1000–1500 m.
Dept.: TA.
Tipo: *J.C. Solomon 11311* (HT: HNT; IT: MO).
Nota: Conocida en Bolivia solamente del tipo. Cultivada en Europa.

Trichocereus atacamensis (Phil.) W.T. Marshall & T.M. Bock, Cactaceae 94. 1941.
Sin.: *Cereus atacamensis* Phil., *Pilocereus pasacanus* F.A.C. Weber ex Rümpler, *Cereus eriocarpus* Phil., *Cereus pasacana* (F.A.C. Weber ex Rümpler) F.A.C. Weber, *Cephalocereus pasacanus* (F.A.C. Weber) F.A.C. Weber, *Trichocereus pasacana* (F.A.C. Weber ex Rümpler) Britton & Rose, *Trichocereus cephalopascanus* Frič, *Helianthocereus atacamensis* (Phil.) Backeb., *Helianthocereus pasacanus* (F.A.C. Weber ex Rümpler) Backeb., *Echinopsis atacamensis* (Phil.) Friedrich & G.D. Rowley, *Trichocereus eremophilus* F. Ritter, *Echinopsis atacamensis* subsp. *pasacana* (F.A.C. Weber ex Rümpler) G. Navarro, *Leucostele atacamensis* (Phil.) Schlumpb.
Ref.: Cárdenas Hermosa (1953e), Foster (1958), Hinojosa Ossio (1993a), Navarro Sánchez (1996), López (2000), Mauseth et al. (2002), Kiesling & Ferrari (2005).
Árbol. Nativa. Altiplano. Puna Seca, 3500–4000 m.
Dept.: PO.
Muestra: *S.G. Beck 22082* (LPB).
Infra: *Trichocereus atacamensis* subsp. *pasacana* (F.A.C. Weber ex Rümpler) F. Ritter

Trichocereus bridgesii (Salm-Dyck) Britton & Rose, Cactaceae 2: 134. 1920.
Sin.: *Cereus bridgesii* Salm-Dyck, *Cereus lageniformis* C.F. Först., *Cereus bridgesii* var. *brevispinus* K. Schum., *Cereus bridgesii* var. *lageniformis* K. Schum., *Cereus bridgesii* var. *longispinus* C.A. Maass, *Cereus bridgesii* fo. *brevispinus* (K. Schum.) Schelle, *Cereus bridgesii* fo. *lageniformis* (C.F. Först.) Schelle, *Echinopsis lageniformis* (Foerster) Friedrich & G.D. Rowley, *Trichocereus riomizquensis* F. Ritter, *Lobivia bridgesii* (Salm-Dyck) Schlumpb.
Ref.: Backeberg (1959), Navarro Sánchez (1996), Saravia Miranda (1996).
Árbol. Endémica. Andes. Valles Secos, 2500–4000 m.
Dept.: LP.
Muestra: *S. Albesiano & N. Quispe 2094* (LPB).
Infra: *Trichocereus bridgesii* var. *brevispinus* (K. Schum.) Borg, *Trichocereus bridgesii* var. *lageniformis* (Foerster) Borg
Nota: El tipo de *Cereus bridgesii* no fue designado.

Trichocereus camarguensis Cárdenas, Revista Agric. (Cochabamba) 8: 17. 1953.
Sin.: *Trichocereus caulescens* F. Ritter, *Echinopsis camarguensis* (Cárdenas) Friedrich & G.D. Rowley, *Trichocereus cajasensis* F. Ritter, *Echinopsis caulescens* (F. Ritter) M. Lowry, *Soehrensia camarguensis* (Cárdenas) Schlumpb., *Soehrensia caulescens* (F. Ritter) Schlumpb.
Ref.: Foster (1958), Ritter (1980), Navarro Sánchez (1996), Serrano & Terán (1998 [2000]).
Hierba. Endémica. Andes. Valles Secos, 2000–2500 m.
Dept.: CH, TA.
Tipo y muestra: *M. Cárdenas 5041* (HT: LIL), *F. Ritter 869* (U).

Trichocereus clavatus F. Ritter, Kakteen Südamer. 2: 564. 1980.
Sin.: *Echinopsis clavata* (F. Ritter) D.R. Hunt
Ref.: Navarro Sánchez (1996).
Hierba. Endémica. Andes. Valles Secos, 2000–3000 m.
Dept.: CH, LP.
Tipo y muestra: *F. Ritter 327* (HT: U), *R. Kiesling & D. Metzing 8388* (LPB).

Trichocereus herzogianus Cárdenas, Fuaux Herb. Bull. 5: 19. 1953.
Sin.: *Helianthocereus herzogianus* (Cárdenas) Backeb., *Helianthocereus herzogianus* var. *totorensis* (Cárdenas) Backeb., *Echinopsis herzogiana* (Cárdenas) H. Friedrich & G.D. Rowley, *Echinopsis herzogiana* var. *totorensis* (Cárdenas) H. Friedrich & G.D. Rowley, *Trichocereus totorensis* (Cárdenas) F. Ritter, *Echinopsis tarijensis* subsp. *herzogianus* (Cárdenas) G. Navarro
Ref.: Cárdenas Hermosa (1953e), Foster (1958), Backeberg (1959), Navarro Sánchez (1996).
Hierba. Endémica. Andes. Valles Secos, 2500–3500 m.
Dept.: CH, CO, LP, PO.
Tipo y muestra: *M. Cárdenas 4826* (HT: herb. Cárdenas no localizada en LIL), *S. Albesiano et al. 2074* (MERL).
Infra: *Trichocereus herzogianus* var. *totorensis* Cárdenas

Trichocereus macrogonus (Salm-Dyck) Riccob., Boll. Reale Orto Bot. Giardino Colon. Palermo 8: 236. 1909.
Sin.: *Echinopsis peruviana* subsp. *puquiensis* (Rauh & Backeb.) Ostolaza, *Trichocereus huanucoensis* H. Johnson, *Cereus macrogonus* Salm-Dyck, *Trichocereus pachanoi* Britton & Rose, *Trichocereus peruvianus* Britton & Rose, *Cereus pachanoi* (Britton & Rose) Werderm., *Cereus rosei* Werderm., *Trichocereus puquiensis* Rauh & Backeb., *Trichocereus santaensis* Rauh & Backeb., *Trichocereus trichosus* Cárdenas, *Echinopsis macrogona* (Salm-Dyck) Friedrich & G.D. Rowley, *Echinopsis pachanoi* (Britton & Rose) Friedrich & G.D. Rowley, *Echinopsis peruviana* (Britton & Rose) Friedrich & G.D. Rowley, *Echinopsis puquiensis* (Rauh & Backeb.) Friedrich & G.D. Rowley, *Echinopsis santaensis* (Rauh & Backeb.) Friedrich & G.D. Rowley, *Echinopsis trichosa* (Cárdenas) Friedrich & G.D. Rowley, *Trichocereus pachanoi* fo. *peruvianus* (Britton & Rose) F. Ritter, *Trichocereus tacnaensis* F. Ritter, *Trichocereus torataensis* F. Ritter
Ref.: Foster (1958), Madsen (1989), López Vargas (1995), Navarro Sánchez (1996), Saravia Miranda (1996), Mostacedo C. & Uslar (1999), Taylor (2007), Albesiano & Kiesling (2012).
Árbol. Nativa. Andes. Valles Secos, 1000–1500 m.
Dept.: CO, LP, SC.
Muestra: *L. Cayola et al. 1533* (LPB, MO).
Infra: *Trichocereus macrogonus* var. *macrogonus*, *Trichocereus macrogonus* var. *pachanoi* (Britton & Rose) Albesiano & R. Kiesling
Nom. Vern.: Achuma.

Trichocereus narvaecensis Cárdenas, Fuaux Herb. Bull. 5: 25. 1953.
Sin.: *Helianthocereus narvaecensis* (Cárdenas) Backeb., *Echinopsis narvaecensis* (Cárdenas) Friedrich & G.D. Rowley
Ref.: Foster (1958), Navarro Sánchez (1996), Serrano & Terán (1998 [2000]).
Hierba. Endémica. Andes. Valles Secos, 2500–3000 m.
Dept.: CH, TA.
Tipo y muestra: *M. Cárdenas 4828* (HT: herb. Cárdenas; IT: US), *S. Albesiano et al. 2082* (MERL).

Trichocereus spachianus (Lem.) Riccob., Boll. Reale Orto Bot. Giardino Colon. Palermo 8: 237. 1909.
Sin.: *Cereus spachianus* Lem., *Echinopsis spachiana* (Lem.) Friedrich & G.D. Rowley, *Trichocereus quadratiumbonatus* F. Ritter, *Echinopsis quadratiumbonatus* (F. Ritter) D.R. Hunt, *Soehrensia spachiana* (Lem.) Schlumpb.
Ref.: Navarro Sánchez (1996), Taylor (2007).
Arbusto. Nativa. Zonas Bajas, Andes. Campos Cerrados, Bosque Serrano Chaqueño, 500–2000 m.
Dept.: CH, CO, SC, TA.
Tipo: *F. Ritter 1156* (T: U).

Trichocereus tacaquirensis (Vaupel) Cárdenas ex Backeb., Cactaceae 1107. 1959.
Sin.: *Cereus tacaquirensis* Vaupel, *Echinopsis tacaquirensis* (Vaupel) Friedrich & G.D. Rowley
Ref.: Foster (1958), Ritter (1980), Hinojosa Ossio (1993a), Navarro Sánchez (1996), Kessler et al. (2000b), López (2000), Serrano & Terán (1998 [2000]), Nee (2004), Taylor (2007).
Arbusto, arbolito. Endémica. Andes. Valles Secos, 2500–3000 m.
Dept.: CH, PO, SC.
Tipo y muestra: *K. Fiebrig 2930* (HT: no localizado), *M. Schulte 24* (LPB).
Nom. Vern.: Ulala.

Trichocereus taquimbalensis Cárdenas, Revista Agric. (Cochabamba) 8: 16. 1953.
Sin.: *Echinopsis tacquimbalensis* var. *wilkeae* (Backeb.) H. Friedrich & G.D. Rowley, *Echinopsis taquimbalensis* (Cárdenas) H. Friedrich & G.D. Rowley, *Echinopsis tacaquirensis* subsp. *taquimbalensis* (Cárdenas) G. Navarro
Ref.: Foster (1958), Backeberg (1959), Navarro Sánchez (1996), Serrano & Terán (1998 [2000]), Taylor (2007).
Hierba. Endémica. Andes. Valles Secos, 2000–3000 m.
Dept.: CH, CO, PO.
Tipo y muestra: *M. Cárdenas 5029* p.p. (HT: LIL), *S. Albesiano 2067* (MERL).
Infra: *Trichocereus taquimbalensis* var. *wilkeae* Backeb.

Trichocereus tarijensis (Vaupel) Werderm., Kakteenkunde 1940: 7. 1940.
Sin.: *Cereus tarijensis* Vaupel, *Trichocereus bertramianus* Backeb., *Trichocereus poco* Backeb., *Trichocereus antezanae* Cárdenas, *Trichocereus conaconensis* Cárdenas, *Trichocereus orurensis* Cárdenas, *Trichocereus orurensis* var. *albiflorus* Cárdenas, *Trichocereus poco* var. *albiflorus* Cárdenas, *Trichocereus poco* var. *fricianus* Cárdenas, *Helianthocereus tarijensis* (Vaupel) Backeb., *Trichocereus randallii* Cárdenas, *Helianthocereus poco* var. *sanguiniflorus* Backeb., *Echinopsis bertramiana* (Backeb.) Friedrich & G.D. Rowley, *Echinopsis poco* (Backeb.) Friedrich & G.D. Rowley, *Echinopsis tarijensis* (Vaupel) Friedrich & G.D. Rowley, *Lobivia formosa* var. *tarijensis* (Vaupel) Rausch, *Soehrensia tarijensis* (Vaupel) Schlumpb.
Ref.: Cárdenas Hermosa (1953e), Foster (1958), Kiesling (1978), Hinojosa Ossio (1993a), Navarro Sánchez (1996), López (2000), Serrano & Terán (1998 [2000]), Ministerio de Medio Ambiente y Agua (2012 [2013]).
Árbol. Nativa. Andes, Altiplano. Valles Secos, Puna Seca, 2500–4500 m.
Dept.: CH, CO, LP, OR, PO.
Tipo y muestra: *K. Fiebrig 2770* (IT: G; fotos: F, MO), *J.C. Solomon 16089* (LPB, MO).

Trichocereus terscheckii (Parm. ex Pfeiff.) Britton & Rose, Cactaceae 2: 140–141, f. 203–204. 1920.
Sin.: *Cereus terscheckii* Parm. ex Pfeiff., *Pilocereus terscheckii* (Parm. ex Pfeiff.) Rumpler ex Pfeiff., *Echinopsis terscheckii* (Parm. ex Pfeiff.) Friedrich & G.D. Rowley, *Echinopsis terscheckii* var. *montana* K. Friedrich & G.D. Rowley, *Trichocereus terscheckioides* F. Ritter, *Leucostele terscheckii* (Parm. ex Pfeiff.) Schlumpb.
Ref.: Cárdenas Hermosa (1953e), Navarro Sánchez (1996), Kiesling & Meglioli (2003), Ministerio de Medio Ambiente y Agua (2012 [2013]).
Árbol. Nativa. Andes. Valles Secos, 500–1500 m.
Dept.: CH, TA.
Infra: *Trichocereus terscheckii* var. *montanus* (K. Friedrich & G.D. Rowley) Backeb.

Trichocereus tunariensis Cárdenas, Cactus (Paris) 64: 160. 1959.
Sin.: *Echinopsis tunariensis* (Cárdenas) Friedrich & G.D. Rowley, *Leucostele tunariensis* (Cárdenas) Schlumpb.
Ref.: Foster (1958), Adolfo María (1966), Hinojosa Ossio (1993a), López Vargas (1995), Navarro Sánchez (1996), Saravia Miranda (1996), López (2000), Balderrama & Ramírez (2001), Eggli & Leuenberger (2005).
Arbolito. Endémica. Andes. Valles Secos, 3000–4000 m.
Dept.: CO.
Tipo y muestra: *M. Cárdenas 5499* (HT: LIL; IT: US), *P. Saravia 1120* (BOLV).
Nom. Vern.: Jullu jullu.

Trichocereus uyupampensis Backeb., Kaktus-ABC 205, 412. 1935.
Sin.: *Trichocereus glaucus* F. Ritter, *Trichocereus glaucus* var. *pendens* (F. Ritter) Backeb., *Echinopsis glauca* (F. Ritter) Friedrich & G.D. Rowley, *Echinopsis uyupampensis* (Backeb.) Friedrich & G.D. Rowley
Ref.: Foster (1958), Navarro Sánchez (1996).
Árbol. Nativa. Región, tipo de vegetación y elevación desconocidas.
Dept.: Bolivia.
Nota: No hay ejemplares de herbario de Bolivia.

Trichocereus vasquezii Rausch, Kakteen And. Sukk. 25(9): 193. 1974.
Sin.: *Echinopsis vasquezii* (Rausch) G.D. Rowley, *Soehrensia vasquezii* (Rausch) Schlumpb.
Ref.: Nee (2004).
Hierba, subarbusto. Nativa. Andes. Valles Secos, 1500–2500 m.
Dept.: CO, LP, SC.
Tipo: *W. Rausch 619* (HT: W).
Nota: Conocida en Bolivia solamente del tipo.

Trichocereus vollianus Backeb., Kaktus-ABC 205, 412. 1935.
Sin.: *Echinopsis taratensis* (Cárdenas) Friedrich & G.D. Rowley, *Trichocereus taratensis* Cárdenas, *Echinopsis volliana* (Backeb.) Friedrich & G.D. Rowley, *Soehrensia volliana* (Backeb.) Schlumpb.
Ref.: Foster (1958), Navarro Sánchez (1996), Hunt et al. (2006), Taylor (2007).
Arbusto, arbolito. Endémica. Andes. Valles Secos, 1500–3500 m.
Dept.: CH, CO, LP, SC, TA.
Muestra: *S. Albesiano et al. 2075* (LIL, MERL).
Nota: El protólogo menciona Bolivia *centrali-orientalis*, pero no hace referencia a un ejemplar específico.

Trichocereus werdermannianus Backeb., Kaktus-ABC 206, 412. 1935.
Sin.: *Trichocereus escayachensis* Cárdenas, *Echinopsis escayachensis* (Cárdenas) Friedrich & G.D. Rowley, *Echinopsis werdermanniana* (Backeb.) Friedrich & G.D. Rowley, *Leucostele*

werdermanniana (Backeb.) Schlumpb.
Ref.: Cárdenas Hermosa (1953e), Foster (1958), Hinojosa Ossio (1993a), Navarro Sánchez (1996), López (2000), Serrano & Terán (1998 [2000]), Ministerio de Medio Ambiente y Agua (2012 [2013]).
Árbol. Endémica. Andes. Valles Secos, 2500–4000 m.
Dept.: CH, PO, TA.
Muestra: *M. Cárdenas 5014* (LIL).
Nota: El protólogo menciona *Bolivia australis in vallibus, alt. 3000 m*, pero no hace referencia a un ejemplar específico.

Weberbauerocereus Backeb., Cactaceae (Berlin) 1941(2): 31, 75. 1942.

1 especie, 1 especie endémica.

Weberbauerocereus madidiensis Quispe & A. Fuentes, Novon 20(3): 326–328, f. 1. 2010.
Ref.: Ministerio de Medio Ambiente y Agua (2012 [2013]).
Árbol. Endémica. Andes. Yungas, 1000–1500 m.
Dept.: LP.
Tipo y muestra: *A.F. Fuentes & N. Quispe A. 11285* (HT: LPB; IT: MO, USM), *N.Y. Paniagua et al. 5647* (LPB, MO).

Weingartia Werderm., Kakteenk. & Kakteenfr. 1937: 21. 1937.

4 especies, 3 especies endémicas.

Weingartia cintiensis Cárdenas, Revista Agric. (Cochabamba) 10: 9. 1958.
Sin.: *Gymnocalycium cintiense* (Cárdenas) Hutchison, *Sulcorebutia cintiensis* (Cárdenas) F.H. Brandt, *Weingartia fidaiana* subsp. *cintiensis* (Cárdenas) Donald, *Rebutia fidaiana* subsp. *cintiensis* (Cárdenas) D.R. Hunt
Ref.: Augustin & Hentzschel (2002), Anderson (2011).
Hierba. Endémica. Andes. Valles Secos, 2000–3500 m.
Dept.: CH.
Tipo: *M. Cárdenas 5496* p.p. (HT: herb. Cárdenas no localizado en LIL).
Nota: Conocida solamente del tipo.

Weingartia fidaiana (Backeb.) Werderm., Kakteenkunde 1937: 21. 1937.
Sin.: *Echinocactus fidanus* Backeb., *Echinocactus neumannianus* Backeb., *Spegazzinia fidaiana* Backeb., *Spegazzinia neumanniana* (Backeb.) Backeb., *Weingartia neumanniana* (Backeb.) Werderm., *Gymnocalycium fidaianum* (Backeb.) Hutchison, *Gymnocalycium neumannianum* (Backeb.) Hutchison, *Sulcorebutia fidaiana* (Backeb.) F.H. Brandt, *Sulcorebutia neumanniana* (Backeb.) F.H. Brandt, *Weingartia kargliana* Rausch, *Weingartia pygmaea* F. Ritter, *Rebutia fidaiana* (Backeb.) D.R. Hunt, *Rebutia neumanniana* (Backeb.) D.R. Hunt, *Cintia knizei* Riha, *Copiapoa knizei* (Riha) Halda, *Weingartia neumanniana* subsp. *kargliana* (Rausch) Slaba, *Rebutia cintia* Hjertson
Ref.: Foster (1958), Navarro Sánchez (1996), López (2000), Serrano & Terán (1998 [2000]), Augustin & Hentzschel (2002), Anderson (2011).
Hierba. Nativa. Andes, Altiplano. Valles Secos, Puna Seca, 2000–4000 m.
Dept.: PO, TA.
Tipo y muestra: *J. West 6367* (HT: UC; IT: US), *F. Ritter 1102* (U).
Infra: *Weingartia fidaiana* subsp. *amerhauseri* K. Augustin
Nota: Descrito de PO. El protólogo no cita el ejemplar tipo.

Weingartia neocumingii Backeb., Kakteen And. Sukk. 2: 2. 1950.
Sin.: *Echinocactus cumingii* Regel & Klein, nom. illeg., *Lobivia cumingii* (Hopffer) Britton & Rose, *Spegazzinia cumingii* var. *flavescens* Poselg. ex Backeb., *Weingartia hediniana* Backeb., *Weingartia pulquinensis* Cárdenas, *Weingartia pulquinensis* var. *corroanus* Cárdenas, *Gymnocalycium neocummingii* (Backeb.) Hutchison, *Gymnocalycium pulquinense* (Cárdenas) Hutchison, *Gymnocalycium pulquinense* var. *corroanum* (Cárdenas) Hutchison, *Weingartia neocumingii* var. *corroana* Backeb., *Weingartia neocumingii* var. *hediniana* (Backeb.) Donald, *Gymnocalycium cumingii* (Hopffer) Hutchison, *Weingartia erinacea* F. Ritter, *Weingartia erinacea* var. *catarirensis* F. Ritter, *Weingartia lanata* F. Ritter, *Weingartia longigibba* F. Ritter, *Weingartia multispina* F. Ritter, *Weingartia riograndensis* F. Ritter, *Weingartia sucrensis* F. Ritter, *Weingartia corroana* (Cárdenas) Cárdenas, *Weingartia pilcomayensis* Cárdenas, *Weingartia platygona* Cárdenas, *Rebutia corroana* Cárdenas, *Sulcorebutia corroana* (Cárdenas) Brederoo & Donald, *Sulcorebutia erinacea* (F. Ritter), *Sulcorebutia hediniana* (Backeb.) F.H. Brandt, *Sulcorebutia lanata* (F. Ritter) F.H. Brandt, *Sulcorebutia longigibba* (F. Ritter) F.H. Brandt, *Sulcorebutia multispina* (F. Ritter) F.H. Brandt, *Sulcorebutia neocorroana* F.H. Brandt, *Sulcorebutia neocumingii* (Backeb.) F.H. Brandt, *Sulcorebutia pilcomayensis* (Cárdenas) F.H. Brandt, *Sulcorebutia platygona* (Cárdenas) F.H. Brandt, *Sulcorebutia pulquinensis* (Cárdenas) F.H. Brandt, *Sulcorebutia riograndensis* (F. Ritter) F.H. Brandt, *Sulcorebutia sucrensis* (F. Ritter) F.H. Brandt, *Weingartia brachygraphisa* F.H. Brandt, *Weingartia knizei* F.H. Brandt, *Weingartia lanata* fo. *platygona* (Cárdenas) Donald, *Weingartia lanata* subsp. *riograndensis* (F. Ritter) Donald, *Weingartia neocumingii* var. *mairanensis* Donald, *Weingartia neocumingii* var. *multispina* (F. Ritter) Donald, *Weingartia neocumingii* var. *trollii* (Oeser) Donald, *Weingartia trollii* Oeser, *Weingartia lanata* subsp. *longigibba* (F. Ritter) Donald, *Weingartia lanata* subsp. *pilcomayensis* (Cárdenas) Donald, *Weingartia neocumingii* subsp. *pulquinensis* (Cárdenas) Donald, *Weingartia neocumingii* subsp. *sucrensis* (F. Ritter) Donald, *Weingartia buiningiana* F. Ritter, *Weingartia gracilispina* F. Ritter, *Weingartia saetosa* F.H. Brandt, *Weingartia neocumingii* var. *koehresii* Oeser, *Weingartia saipinensis* F.H. Brandt, *Weingartia chuquichuquinensis* F.H. Brandt, *Weingartia mairanana* F.H. Brandt, *Weingartia neglecta* F.H. Brandt, *Weingartia mataralensis* F.H. Brandt, *Weingartia attenuata* F.H. Brandt, *Weingartia miranda* F.H. Brandt, *Weingartia pulquinensis* var. *mairanensis* (Donald) Pilbeam, *Weingartia columnaris* F.H. Brandt, *Rebutia neocumingii* (Backeb.) D.R. Hunt, *Rebutia neocumingii* subsp. *pilcomayensis* (Cárdenas) D.R. Hunt, *Rebutia neocumingii* subsp. *riograndensis* (F. Ritter) D.R. Hunt, *Rebutia neocumingii* subsp. *saipinensis* (F.H. Brandt) D.R. Hunt, *Rebutia neocumingii* subsp. *trollii* (Oeser) D.R. Hunt, *Gymnorebutia hediniana* (Backeb.) Doweld, *Gymnorebutia neocumingii* (Backeb.) Doweld, *Gymnorebutia neocumingii* subsp. *multispina* (F. Ritter) Doweld, *Gymnorebutia neocumingii* subsp. *trollii* (Oeser) Doweld, *Gymnorebutia pulquinensis* (Cárdenas) Doweld, *Gymnorebutia pulquinensis* subsp. *corroana* (Cárdenas) Doweld, *Gymnorebutia riograndensis* (F. Ritter) Doweld, *Weingartia neocumingii* var. *hentzscheliana* Amerh., *Weingartia neocumingii* var. *lagarpampensis* Amerh., *Weingartia neocumingii* var. *longigibba* (F. Ritter) K. Augustin &

Hentzschel, *Rebutia neocumingii* subsp. *lanata* (F. Ritter) D.R. Hunt, *Rebutia neocumingii* subsp. *pulquinensis* (Cárdenas) D.R. Hunt, *Weingartia pucarensis* Diers & Jucker, *Weingartia coloradensis* Diers & Jucker, *Weingartia neocumingii* subsp. *hediniana* (Backeb.) Lodé, *Weingartia neocumingii* subsp. *riograndensis* Lodé, *Weingartia neocumingii* subsp. *trollii* (Oeser) Lodé
Ref.: Britton & Rose (1922), Foster (1958), Barthlott (1977), López Vargas (1995), Navarro Sánchez (1996), Serrano & Terán (1998 [2000]), Augustin & Hentzschel (2002), Nee (2004), Anderson (2011), Metzing (2012b).
Hierba. Endémica. Andes. Valles Secos, 1500–3000 m.
Dept.: CH, CO, PO, SC.
Muestra: *Balcázar 130* (MO).

Weingartia westii (Hutchison) Donald, Natl. Cact. Succ. J. 13(4): 67. 1958.
Sin.: *Gymnocalycium westii* Hutchison, *Weingartia lecoriensis* Cárdenas, *Weingartia vilcayensis* Cárdenas, *Sulcorebutia vilcayensis* (Cárdenas) F.H. Brandt, *Sulcorebutia westii* (Hutchison) F.H. Brandt, *Weingartia westii* var. *lecoriensis* (Cárdenas) Donald, *Weingartia westii* var. *vilcayensis* (Cárdenas) Donald, *Weingartia fidaiana* subsp. *westii* (Hutchison) Slaba
Ref.: Navarro Sánchez (1996), López (2000), Serrano & Terán (1998 [2000]), Metzing (2012).
Hierba. Endémica. Andes, Altiplano. Valles Secos, Puna Seca, 3000–4000 m.
Dept.: CH, PO.
Muestra: *J.C. Solomon 10891* (MO).

Winterocereus Backeb., Kakteenl. 455. 1966.
2 especies, 2 especies endémicas.

Winterocereus aureispinus (F. Ritter) Backeb., Kakteenl. 455. 1966.
Sin.: *Winteria aureispina* F. Ritter, *Hildewintera aureispina* (F. Ritter) F. Ritter ex G.D. Rowley, *Loxanthocereus aureispinus* (F. Ritter) Buxb., *Cleistocactus aureispinus* (F. Ritter) D.R. Hunt, *Cleistocactus winteri* D.R. Hunt
Ref.: Navarro Sánchez (1996), Nee (2004), Metzing & R. Kiesling (2007).
Subarbusto. Endémica. Andes. Valles Secos, 1000–1500 m.
Dept.: SC.
Tipo: *F. Ritter 846* (HT: U).

Winterocereus colademononis (Diers & Krahn) Metzing & R. Kiesling, Taxon 56(1): 227. 2007.
Sin.: *Hildewintera colademononis* Diers & Krahn, *Cleistocactus winteri* subsp. *colademononis* (Diers & Krahn) D.R. Hunt, *Cleistocactus colademononis* (Diers & Krahn) Mottram
Ref.: Diers & Krahn (2003), Kiesling & Metzing (2004), Metzing & R. Kiesling (2007), Metzing (2011d).
Subarbusto. Endémica. Andes. Valles Secos, 1000–1500 m.
Dept.: SC.
Tipo y muestra: *W. Krahn WK 950* (HT: KOELN), *R. Kiesling et al. 10067* (LPB, SI).
Nom. Vern.: Cola de mono.

Yavia R. Kiesling & Piltz, Kakteen And. Sukk. 52(3): 57. 2001.
1 especie, 0 especies endémicas.

Yavia cryptocarpa R. Kiesling & Piltz, Kakteen And. Sukk. 52(3): 57–63, f. 1–13. 2001.
Hierba. Nativa. Altiplano. Puna Seca, 3500–4000 m.
Dept.: PO.
Nota: No hay ejemplares de herbario, pero la especie se vende en Bolivia.

CAESALPINIACEAE R. Br., Voy. Terra Austral. 2: 551. 1814.

Nota: Parte de Fabaceae (APG III 2009).

CALCEOLARIACEAE Olmstead, Amer. J. Bot. 88: 357. 2001.

Por S. G. Beck (LPB); revisado por P. Puppo (PO), M. Nee (NY), P.M. Jørgensen (MO).
1 género, 35 especies, 9 especies endémicas.

Calceolaria L., Kongl. Vetensk. Acad. Handl. 31: 286. 1770.
35 especies, 9 especies endémicas.

Calceolaria amoena Molau, Nordic J. Bot. 4(5): 643. 1984.
Ref.: Molau (1988).
Hierba, trepadora. Endémica. Andes. Yungas, 2500–3500 m.
Dept.: LP.
Tipo y muestra: *U. Molau & J.C. Solomon 633* (HT: S; IT: GB, LPB, US), *J.C. Solomon 5192* (LPB, MO).

Calceolaria aquatica Braun & Bouché, Index Sem. (Berlin) 2. 1852.
Ref.: Foster (1958), Molau (1988), Botta & Cabrera (1993), López Vargas (1995).
Hierba, acuática. Endémica. Andes, Altiplano. Yungas, Valles Secos, Puna Húmeda, 2000–4000 m.
Dept.: CH, CO.
Tipo y muestra: *U. Molau 691* (NT: S; INT: GB, LPB), *M. Zárate & M. Morales 2116* (BOLV, LPB).
Nom. Vern.: Juch'i totora.

Calceolaria atahualpae Kraenzl., Pflanzenr. IV. 257C(Heft 28): 107. 1907.
Sin.: *Calceolaria pearceana* Kraenzl.
Ref.: Foster (1958), Edwin (1971), Molau (1988).
Hierba, trepadora. Nativa. Andes. Yungas, 1500–2000, 2500–3500 m.
Dept.: CO, LP, SC.
Muestra: *M.D. Vázquez Avila 330* (LPB, SI).
Infra: *Calceolaria atahualpae* subsp. *atahualpae*
Nota: Confundido con *C. extensa* Benth. endémica del norte de Perú.

Calceolaria bartsiifolia Wedd., Chlor. Andina 2: 134. 1860.
Sin.: *Fagelia bartsiifolia* (Wedd.) Rusby, *Fagelia scabra* var. *bartsiifolia* (Wedd.) Kuntze, *Calceolaria pflanzii* Perkins
Ref.: Foster (1958), Edwin (1971), Molau (1988), Beck & Valenzuela Celis (1991).
Subarbusto. Endémica. Andes, Altiplano. Valles Secos, Puna Húmeda, 3000–4500 m.
Dept.: CO, LP.
Tipo y muestra: *H.A. Weddell s.n.* (LT: P; ILT: F frag., P, PH; fotos: F ex P), *P. Gutte G283* (LPB, LZ).

Calceolaria boliviana (Britton ex Rusby) Pennell, Proc. Acad. Nat. Sci. Philadelphia 97: 170. 1945.
Sin.: *Fagelia boliviana* Britton ex Rusby
Ref.: Foster (1958), Adolfo María (1966), Edwin (1971), Molau (1988), Brako (1993j), Jørgensen et al. (2005a).
Hierba, subarbusto. Nativa. Andes. Yungas, Páramo Yungueño, 2500–4000 m.
Dept.: LP.
Tipo y muestra: *H.H. Rusby 1052* (HT: NY; IT: F, NY, PH, US), *E. García & S.G. Beck 4068* (BOLV, LPB, M).
Nom. Vern.: Zapatilla.

Calceolaria buchtieniana Kraenzl., Repert. Spec. Nov. Regni Veg. 5: 369. 1908.
Sin.: *Calceolaria poikilantha* Kraenzl.
Ref.: Foster (1958), Molau (1988), Beck & Valenzuela Celis (1991), Brako (1993j).
Arbusto. Nativa. Andes, Altiplano. Yungas, Valles Secos, Puna Húmeda, 2500–4000 m.
Dept.: CH, CO, LP, PO, SC.
Tipo y muestra: *O. Buchtien 127 (1387)* (LT: S; ILT: BP, E, GH, L, LE, LY, M, NY, O, PR, US, WRSL; fotos: F ex B), *M. Moraes R. 33* (BAF, BOLV, GB, LPB, M, NY).

Calceolaria buchtieniana ×sparsiflora
Hierba. Endémica. Andes, Altiplano. Valles Secos, Puna Húmeda, 3500–4000 m.
Dept.: LP.
Muestra: *U. Molau & J.C. Solomon 646A* (GB).

[Calceolaria canescens Willd. ex Roem. & Schult.], Syst. Veg. (ed. 15 bis) 1: 165. 1822.
Ref.: Foster (1958).
Nota: El registro se basa en material mal identificado. Un sinónimo de *C. ericoides* Vahl de Ecuador.

Calceolaria chelidonioides Kunth, Nov. Gen. Sp. (quarto ed.) 2: 378–379. 1817 [1818].
Sin.: *Fagelia chelidonioides* (Kunth) Kuntze
Ref.: Foster (1958), López G. (1968), Molau (1981), Holmgren & Molau (1984), Molau (1988), Botta & Cabrera (1993), Brako (1993j), Jørgensen & Ulloa Ulloa (1994), Jørgensen (1999f).
Hierba, acuática. Nativa. Andes. Yungas, Valles Secos, 2000–3500 m.
Dept.: CO, LP.
Muestra: *J. Steinbach 8870* (BM, E, F, GH, K, MO, NY, S, Z).
Nota: Según Puppo (en prensa) sinónimo de *C. tripartita*.

Calceolaria conocarpa Pennell, Proc. Acad. Nat. Sci. Philadelphia 97: 172, f. 15b. 1945.
Ref.: Foster (1958), López G. (1968), Molau (1988), Brako (1993j), Serrano & Terán (1998 [2000]).
Hierba. Nativa. Andes. Yungas, Valles Secos, 2000–3500 m.
Dept.: CH, CO, LP, PO, SC.
Muestra: *A.M. Raynal 21412* (LPB, P).
Nom. Vern.: Lak'o zapatilla.

Calceolaria crassa Molau, Nordic J. Bot. 4: 632. 1984.
Ref.: Molau (1988).
Arbusto. Endémica. Andes. Yungas, Páramo Yungueño, 2000–3500 m.
Dept.: CO, SC.
Tipo y muestra: *M. Cárdenas 4594* (HT: US), *M. Cadima 116* (BOLV, LPB).

[Calceolaria deflexa Ruiz & Pav.], Fl. Peruv. 1: 18, pl. 30. 1798.
Ref.: Foster (1958).
Nota: El registro se basa en material mal identificado. Crece en el norte de Perú.

[Calceolaria dichotoma Lam.], Encycl. 1: 555. 1785.
Ref.: Foster (1958).
Nota: El registro se basa en material mal identificado. Crece desde Colombia hasta Perú.

Calceolaria elatior Griseb., Symb. Fl. Argent. 237. 1879.
Sin.: *Calceolaria camptoclada* Kraenzl., *Calceolaria leiophylla* Kraenzl.
Ref.: Foster (1958), Molau (1988), Botta & Cabrera (1993), González et al. (1999), Xifreda (1999b), Castro Souza (2008).
Hierba. Nativa. Zonas Bajas, Andes. Yungas, Bosque Tucumano-Boliviano, Bosque Serrano Chaqueño, Valles Secos, 500–2000, 2500–3000 m.
Dept.: CH, CO, LP, SC, TA.
Muestra: *I.G. Vargas et al. 751* (LPB, MO, NY, USZ).

Calceolaria engleriana Kraenzl., Repert. Spec. Nov. Regni Veg. 1: 106. 1905.
Sin.: *Calceolaria epilobioides* Kraenzl., *Calceolaria endotrachys* Kraenzl.
Ref.: Foster (1958), Edwin (1971), Molau (1988), Brako (1993j), Serrano & Terán (1998 [2000]), Jørgensen et al. (2005a), Wood (2005).
Subarbusto, arbusto. Nativa. Altiplano. Yungas, Valles Secos, Puna Húmeda, Bosque de *Polylepis*, 3000–4500 m.
Dept.: CH, CO, LP, PO.
Muestra: *H. Huaylla 1157* (GB, HSB, MO).
Infra: *Calceolaria engleriana* subsp. *engleriana*

Calceolaria glacialis Wedd., Chlor. Andina 2: 143. 1857.
Ref.: Foster (1958), Molau (1988), Botta & Cabrera (1993), Xifreda (1999b), Zuloaga et al. (2008a).
Hierba. Nativa. Altiplano. Puna Seca, 4000–5000 m.
Dept.: CO, OR, PO, TA.
Tipo y muestra: *d'Orbigny 1495* (LT: P; ILT: F, G, P, W), *H.U. Pestalozzi 832* (BOLV, LPB).

[Calceolaria halliana Kraenzl.], Repert. Spec. Nov. Regni Veg. 1(5/6): 85. 1905.
Ref.: Foster (1958).
Nota: El registro se basa en material mal identificado de *C. trilobata* subsp. *herzogiana*.

[Calceolaria hypericina Poepp. ex Benth.], Prodr. 10: 222. 1846.
Ref.: Foster (1958).
Nota: El registro se basa en material mal identificado. Especie del centro-sur de Chile.

Calceolaria incachacensis Kraenzl., Repert. Spec. Nov. Regni Veg. 27: 20. 1929.
Ref.: Molau (1988).
Hierba, trepadora. Endémica. Andes. Yungas, 2500–3000 m.
Dept.: CO, SC.
Tipo y muestra: *E. Werdermann 2042* (HT: B; IT: MO-999306, S; fotos: F ex B), *P. Acevedo-Rodríguez et al. 4626* (LPB, MO, US).
Nota: La lectotipificación (Molau 1988) fue superflua el HT existe en B.

[Calceolaria inflexa Ruiz & Pav.], Fl. Peruv. 1: 16, pl. 25a. 1798.
Ref.: Foster (1958).
Nota: El registro se basa en material mal identificado. Endémica del centro de Perú.

Calceolaria jujuyensis Botta, Hickenia 1(44): 237. 1981.
Ref.: Molau (1988), Botta & Cabrera (1993), González et al. (1999), Castro Souza (2008).
Subarbusto. Nativa. Andes. Bosque Tucumano-Boliviano, 1000–2000 m.
Dept.: TA.
Muestra: *A. Krapovickas et al. 18707* (CTES, LP).

Calceolaria lobata Cav., Icon. 5: 26, pl. 443, f. 1. 1799.
Sin.: *Fagelia lobata* (Cav.) Kuntze, *Fagelia lobata* var. *glabriuscula* Kuntze, *Calceolaria ribesiaefolia* Rusby
Ref.: Foster (1958), Edwin (1971), Molau (1988), Beck & Valenzuela Celis (1991).
Hierba, subarbusto. Nativa. Andes, Altiplano. Yungas, Páramo Yungueño, Puna Húmeda, Bosque de *Polylepis*, 1500–2000, 3000–4000 m.
Dept.: CO, LP, OR, PO, TA.
Muestra: *J.L. Luteyn & L.J. Dorr*

13783 (BOLV, LPB, MO, NY, USZ).
Nota: Colecciones de OR y TA (véase Molau 1988), posiblemente con localidad errónea.

Calceolaria mandoniana Kraenzl., Pflanzenr. IV. 257C(Heft 28): 30. 1907.
Sin.: *Calceolaria malacophylla* Kraenzl., *Calceolaria larecajensis* Kraenzl., *Calceolaria tripartita* subsp. *mandoniana* (Kraenzl.) Pennell
Ref.: Molau (1988), Brako (1993j).
Hierba, acuática. Nativa. Andes. Yungas, Valles Secos, 2000–3000 m.
Dept.: CO, LP.
Tipo y muestra: *G. Mandon 460* (LT: BM; ILT: G, K, P, W; fotos: F), *T. Feuerer 10498* (GB, LPB).
Nota: Según Puppo (en prensa) sinónimo de *C. tripartita*.

[Calceolaria melissifolia Benth.], Prodr. 10: 214. 1846.
Ref.: Foster (1958).
Nota: El registro se basa en material mal identificado. Crece del norte hasta la parte central de Perú, confunduda con *C. bartsiifolia*.

Calceolaria mexicana Benth., Pl. Hartw. 47–48. 1840.
Sin.: *Calceolaria palustris* Sodiro ex Kraenzl.
Ref.: Molau (1988), Jørgensen & Ulloa Ulloa (1994), Jørgensen (1999f), Luteyn (1999).
Hierba, acuática. Nativa. Andes, Altiplano. Yungas, Puna Húmeda, 1500–4000 m.
Dept.: CO, LP.
Muestra: *M.A. Lewis 38250* (AAU, BKL, COL, F, GB, LPB, MO, NY).
Infra: *Calceolaria mexicana* subsp. *mexicana*

Calceolaria monantha Kraenzl., Repert. Spec. Nov. Regni Veg. 27: 20. 1929.
Ref.: Foster (1958), Molau (1988).
Trepadora, arbusto. Endémica. Andes. Yungas, 2000–3500 m.
Dept.: CO, LP.
Tipo y muestra: *E. Günther 23* (LT: HBG), *R. Seidel & E. Richter 872* (GB, LPB).

Calceolaria parvifolia Wedd., Chlor. Andina 2: 134. 1857.
Sin.: *Calceolaria elliptica* Wedd., *Fagelia bangii* Rusby, *Calceolaria ernestii* Kraenzl., *Calceolaria guentheri* Kraenzl., *Calceolaria lechioides* Rusby
Ref.: Foster (1958), Molau (1988), Beck & García Estigarribia (1991), Beck & Valenzuela Celis (1991), Brako (1993j), López Vargas (1995), Saravia Miranda (1996), Xifreda (1999b), Serrano & Terán (1998 [2000]), Jørgensen et al. (2005a), Castro Souza (2008).
Hierba, subarbusto. Nativa. Andes, Altiplano. Yungas, Valles Secos, Puna Húmeda, Puna Seca, 2000–4500 m.
Dept.: CH, CO, LP, OR, PO, TA.
Tipo y muestra: *J.B. Pentland 22* (LT: P; ILT: F frag.; fotos: F ex P), *E. Geyger 8* (GB, LPB).
Infra: *Calceolaria parvifolia* subsp. *parvifolia*, *Calceolaria parvifolia* subsp. *guentheri* (Kraenzl.) Molau
Nota: Confundido por Foster (1958) y otros con *C. cuneiformis* Ruiz & Pav. del centro de Perú.
Nom. Vern.: Amay zapato, zapatilla.

[Calceolaria pavonii Benth.], Prodr. 10: 211. 1846.
Ref.: Foster (1958).
Nota: El registro se basa en material mal identificado de *C. trilobata*.

[Calceolaria pinnata L.], Kongl. Vetensk. Acad. Handl. 31: 286. 1770.
Ref.: Foster (1958).
Nota: El registro se basa en material mal identificado. Crece de Antofagasta hasta Lima, no se encuentra en Bolivia.

Calceolaria plectranthifolia Walp., Nova Acta Acad. Nat. Cur. 19(Suppl. 1): 395. 1843.
Sin.: *Fagelia plectranthifolia* (Walp.) Kuntze, *Calceolaria fiebrigiana* Kraenzl.
Ref.: Foster (1958), Edwin (1971), Molau (1988), Botta & Cabrera (1993), Brako (1993j), Xifreda (1999b), Castro Souza (2008).
Hierba. Nativa. Andes, Altiplano. Páramo Yungueño, Puna Húmeda, 3500–4500 m.
Dept.: CH, LP, PO, TA.
Muestra: *J.R.I. Wood 11600* (K, LPB).

Calceolaria polyclada Kraenzl., Repert. Spec. Nov. Regni Veg. 1: 105. 1905.
Ref.: Foster (1958), Molau (1988), Botta & Cabrera (1993), Xifreda (1999b), Castro Souza (2008).
Trepadora, arbusto. Nativa. Andes. Bosque Tucumano-Boliviano, Valles Secos, 1000–2500 m.
Dept.: TA.
Tipo y muestra: *K. Fiebrig 2149* (HT: B destr.; LT: BM; ILT: E, G, GH, L, M, PR, PRC; fotos: F ex B), *E. Bastian 831* (CTES, LPB, M, USZ).

[Calceolaria pusilla Witasek], Oesterr. Bot. Z. 56: 14. 1906.
Ref.: Adolfo María (1966).
Nota: El registro se basa en material mal identificado. Crece en Chile y Argentina.

Calceolaria rivularis Kraenzl., Repert. Spec. Nov. Regni Veg. 1: 83. 1905.
Ref.: Foster (1958), López G. (1968), Molau (1988), Botta & Cabrera (1993), López Vargas (1995), Saravia Miranda (1996), González et al. (1999), Castro Souza (2008).
Hierba, acuática. Nativa. Andes. Yungas, Bosque Tucumano-Boliviano, Valles Secos, 1500–4000 m.
Dept.: CO, LP, PO, SC, TA.
Tipo y muestra: *K. Fiebrig 3394* (HT: B destr.; LT: BM; ILT: E, G, GOET, HBG, L, LY, M, P, PR, PRC, S, U, US, W; fotos: F ex B), *J.R.I. Wood 19338* (K, LPB).
Nom. Vern.: K'ochi zapatilla.

Calceolaria santolinoides Kraenzl., Bot. Jahrb. Syst. 50: Beibl. 111, 73. 1913.
Ref.: Molau (1988), Botta & Cabrera (1993), Castro Souza (2008).
Hierba, subarbusto. Nativa. Andes, Altiplano. Valles Secos, Puna Seca, 3000–4000 m.
Dept.: PO, TA.
Muestra: *J. West 8229* (GH, MO).

[Calceolaria saxatilis Kunth], Nov. Gen. Sp. (quarto ed.) 2: 382. 1818.
Ref.: Foster (1958).
Nota: El registro se basa en material mal identificado. Sinónimo de *C. lamifolia* Kunth de Colombia y Ecuador.

[Calceolaria scabra Ruiz & Pav.], Fl. Peruv. 1: 19, pl. 29a. 1798.
Ref.: Foster (1958).
Nota: El registro se basa en material mal identificado. Endémica del centro de Perú.

Calceolaria schickendantziana Kraenzl., Repert. Spec. Nov. Regni Veg. 1: 104. 1905.
Ref.: Molau (1988), Botta & Cabrera (1993), Castro Souza (2008).
Subarbusto. Nativa. Andes, Altiplano. Valles Secos, Puna Seca, 2500–4000 m.
Dept.: CH, CO, PO, TA.
Muestra: *E. Bastian 545* (GB, LPB, SI).

Calceolaria soratensis Kraenzl., Pflanzenr. IV. 257C(Heft 28): 105. 1907.
Sin.: *Calceolaria hypoleuca* Kraenzl., *Calceolaria cryptantha* Rusby

Ref.: Foster (1958), Molau (1988).
Trepadora, arbusto. Endémica. Andes. Yungas, Valles Secos, 2500–3500 m.
Dept.: CO, LP.
Tipo y muestra: *G. Mandon 456* (LT: W; ILT: G, K, P; fotos: F), *T. Ortuño 504* (K, LPB).

Calceolaria sparsiflora Kunze, Linnaea 24: 228. 1851.
Sin.: *Calceolaria cuneiformis* var. *baccharidifolia* Wedd.
Ref.: Edwin (1971), Molau (1988), Beck & Valenzuela Celis (1991), Brako (1993j), Jørgensen et al. (2005a).
Subarbusto, arbusto. Nativa. Andes, Altiplano. Valles Secos, Puna Húmeda, 2500–4000 m.
Dept.: CO, LP.
Tipo y muestra: *U. Molau 692* (NT: S; INT: GB, LPB), *S.G. Beck 4224* (GB, LPB, M, USZ).
Nom. Vern.: Puli puli.

Calceolaria tenuis Benth., Prodr. 10: 205. 1846.
Sin.: *Fagelia tenuis* (Benth.) Kuntze
Ref.: Edwin (1971), Molau (1981), Holmgren & Molau (1984), Molau (1988), Brako (1993j), Jørgensen & Ulloa Ulloa (1994), Jørgensen (1999f).
Hierba, acuática. Nativa. Altiplano. Puna Húmeda, 3500–4000 m.
Dept.: LP.
Muestra: *J. Krach 9237* (GB).
Nota: Parecida a *C. conocarpa*.

Calceolaria teucrioides Griseb., Abh. Königl. Ges. Wiss. Göttingen 19: 212. 1874.
Ref.: Foster (1958), Molau (1988), Botta & Cabrera (1993), Castro Souza (2008).
Hierba, subarbusto. Nativa. Andes. Valles Secos, 2000–3500 m.
Dept.: TA.
Muestra: *R. Ehrich 56* (B, LPB).

Calceolaria trilobata Hemsl., Biol. Cent.-Amer., Bot. 2(12): 439–440. 1882.
Sin.: *Fagelia trilobata* (Hemsl.) Rusby, *Calceolaria herzogiana* Kraenzl.
Ref.: Foster (1958), Adolfo María (1966), Holmgren & Molau (1984), Molau (1988), Jørgensen & Ulloa Ulloa (1994), Jørgensen (1999f), Luteyn (1999), Méndez-Larios & Villaseñor Ríos (2001).
Hierba. Nativa. Andes. Yungas, 2500–3500 m.
Dept.: CO, LP.
Tipo y muestra: *T. Herzog 2035* (HT: B destr.; LT: L; ILT: Z; fotos: F ex B), *J.C. Solomon 17562* (LPB, MO).
Infra: *Calceolaria trilobata* subsp. *herzogiana* (Kraenzl.) Molau
Nota: La subespecie típica crece desde México hasta Ecuador.

Calceolaria tucumana Descole, Lilloa 8: 346. 1942.
Ref.: Molau (1988), Botta & Cabrera (1993), Novara (1997), Castro Souza (2008).
Hierba. Nativa. Andes, Altiplano. Valles Secos, Puna Seca, 3000–4000 m.
Dept.: CH, TA.
Muestra: *R. Ehrich 323* (B, GB, LPB).

Calceolaria umbellata Wedd., Chlor. Andina 2: 142. 1857.
Ref.: Foster (1958), Molau (1988), Botta & Cabrera (1993), Castro Souza (2008).
Hierba. Nativa. Altiplano. Puna Seca, 3000–3500 m.
Dept.: TA.
Tipo y muestra: *H.A. Weddell 4020* (LT: P; fotos: F), *R. Ehrich 347* (B, GB, LPB).

Calceolaria urticifolia Molau, Novon 13(1): 103, f. 1D–F. 2003.
Hierba, subarbusto. Endémica. Andes. Yungas, Páramo Yungueño, 2000–3500 m.
Dept.: CO, LP.
Tipo y muestra: *N. Salinas 3276* (HT: GB; IT: LPB), *J.R.I. Wood & M. Zárate 16217* (BOLV, K, LPB).

Calceolaria vaccinioides Kraenzl., Repert. Spec. Nov. Regni Veg. 27: 17. 1929.
Ref.: Foster (1958), Molau (1988).
Hierba, trepadora. Nativa. Andes. Yungas, Valles Secos, 2500–3500 m.
Dept.: CO, LP.
Muestra: *J.S. Brandbyge 594* (GB, LPB).

Calceolaria virgata Ruiz & Pav., Fl. Peruv. 1: 20, pl. 31, f. a. 1798.
Sin.: *Fagelia virgata* (Ruiz & Pav.) Kuntze
Ref.: Foster (1958), Edwin (1971), Holmgren & Molau (1984), Molau (1988), Brako (1993j), Jørgensen & Ulloa Ulloa (1994), Jørgensen (1999f), Luteyn (1999).
Subarbusto. Nativa. Altiplano. Puna Seca, 3500–4000 m.
Dept.: LP.
Muestra: *M. Moraes R. 30* (GB, LPB).
Nota: Identificación no confirmada.

CALLITRICHACEAE Link, Enum. Hort. Berol. Alt. 1: 7. 1821.

Nota: Parte de Plantaginaceae (APG III 2009).

CALOPHYLLACEAE J. Agardh, Theoria Syst. Pl. 121. 1858.

Por M. Nee (NY); revisado por F.S. Zenteno-Ruiz (LPB), S.G. Beck (LPB), P.M. Jørgensen (MO).
4 géneros, 12 especies, 0 especies endémicas.

Calophyllum L., Sp. Pl. 1: 513. 1753.

1 especie, 0 especies endémicas.

Calophyllum brasiliense Cambess., Fl. Bras. Merid. (quarto ed.) 1(8): 320–321, pl. 67. 1825 [1828].
Sin.: *Calophyllum ellipticum* Rusby
Ref.: Foster (1958), Parker & Bailey (1991), Roca de Saldias (1993c), Killeen & Schulenberg (1998), Alverson et al. (2000), Nee (2008).
Árbol. Nativa. Zonas Bajas. Bosque Húmedo, 0–1000 m.
Dept.: BE, SC.
Muestra: *J. Steinbach 7517* (A, GH, MO, NY).
Nom. Vern.: Juguete, kosói, palo María.

[Calophyllum longifolium Willd.], Mag. Neuesten Entdeck. Gesammten Naturk. Ges. Naturf. Freunde Berlin 5: 80. 1811.
Ref.: Roca de Saldias (1993c).
Nota: El registro se basa en material mal identificado.

[Calophyllum longifolium Kunth], Nov. Gen. Sp. (quarto ed.) 5: 202. 1821 [1822].
Ref.: Killeen & Schulenberg (1998).
Nota: El registro se basa en material mal identificado.

Caraipa Aubl., Hist. Pl. Guiane 1: 561, t. 223, f. 1. 1775.

2 especies, 0 especies endémicas.

Caraipa densifolia Mart., Nov. Gen. Sp. Pl. 1: 105, pl. 65, f. 6–11. 1824.
Ref.: Killeen & Schulenberg (1998).
Árbol. Nativa. Zonas Bajas. Bosque Húmedo, 0–500 m.
Dept.: BE, LP, SC.
Muestra: *A.S. Poma et al. 139* (LPB, MO).

Caraipa savannarum Kubitzki, Mem. New York Bot. Gard. 29: 104–105. 1978.
Ref.: Altamirano Azurduy & Ramos de Sousa (2009).
Árbol. Nativa. Zonas Bajas. 0–500 m.
Dept.: BE.
Muestra: *S. Altamirano et al. 3276* (BOLV, LPB, MO).

Kielmeyera Mart. & Zucc., Flora 8(1): 30. 1825.
7 especies, 0 especies endémicas.

Kielmeyera coriacea Mart. & Zucc., Flora 8(1): 30–31. 1825.
Sin.: *Kielmeyera amplexicaulis* S. Moore
Ref.: Roca de Saldias (1993c), Killeen & Schulenberg (1998), Jardim et al. (2003), Wood et al. (2011).
Arbusto. Nativa. Zonas Bajas, Andes. Campos Cerrados, 0–1500 m.
Dept.: SC.
Muestra: *M. Saldias et al. 3568* (MO, NY, USZ).

Kielmeyera grandiflora (Wawra) Saddi, Kew Bull. 39(1): 140. 1984.
Sin.: *Kielmeyera coriacea* var. *grandiflora* Wawra
Ref.: Roca de Saldias (1993c).
Arbusto, arbolito. Nativa. Zonas Bajas. Campos Cerrados, 0–1000 m.
Dept.: BE, SC.
Muestra: *M.H. Nee 41454* (LPB, MO, NY).

Kielmeyera juruenensis Saddi, Kew Bull. 39: 734. 1984.
Arbusto, arbolito. Nativa. Zonas Bajas. Campos Cerrados, 0–500 m.
Dept.: SC.
Muestra: *L. Arroyo P. et al. 2664* (MO, USZ).

Kielmeyera neriifolia Cambess., Fl. Bras. Merid. (quarto ed.) 1(8): 306. 1825 [1828].
Ref.: Killeen & Schulenberg (1998), Wood et al. (2011).
Hierba. Nativa. Zonas Bajas. Campos Cerrados, 0–1000 m.
Dept.: SC.
Muestra: *R. Guillén V. et al. 4796* (MO, USZ).

Kielmeyera paniculata Rusby, Mem. Torrey Bot. Club 6(1): 9. 1896.
Ref.: Foster (1958), Roca de Saldias (1993c), Fuentes Claros et al. (2009).
Subarbusto, arbolito. Nativa. Zonas Bajas, Andes. Sabanas Benianas del Norte, Yungas, 0–1500 m.
Dept.: BE, LP.
Tipo y muestra: *M. Bang 1731* (HT: NY; IT: GH, MO), *J.C. Solomon 8570* (MO, NY).

[Kielmeyera rizziniana Saddi], Rodriguésia 36(60): 60. 1984.
Ref.: Killeen & Schulenberg (1998).
Nota: El registro se basa en material mal identificado.

[Kielmeyera rosea Mart. & Zucc.], Flora 8: 30. 1825.
Sin.: *Bonnetia rosea* Spreng.
Ref.: Killeen & Schulenberg (1998), Wood et al. (2011).
Nota: El registro se basa en material mal identificado de *K. rubriflora*.

Kielmeyera rubriflora Cambess., Fl. Bras. Merid. (quarto ed.) 1(8): 305, pl. 60. 1825 [1828].
Ref.: Roca de Saldias (1993c), Killeen & Schulenberg (1998), Wood et al. (2011).
Arbusto, arbolito. Nativa. Zonas Bajas, Andes. Campos Amazónicos, 0–1500 m.
Dept.: BE, SC.
Muestra: *M.H. Nee 41259* (LPB, MO, NY).
Nota: Determinación tentativa.

Kielmeyera variabilis Mart. & Zucc., Flora 8: 31. 1825.
Hierba, arbusto. Nativa. Zonas Bajas. Campos Cerrados, 500–1000 m.
Dept.: SC.
Muestra: *R. Guillén V. et al. 891* (AAU, MO, USZ).

Marila Sw., Prodr. 84. 1788.
2 especies, 0 especies endémicas.

Marila laxiflora Rusby, Mem. Torrey Bot. Club 6(1): 9. 1896.
Ref.: Foster (1958), Roca de Saldias (1993c), Montambault (2002), Nee (2008).
Arbusto, árbol. Nativa. Zonas Bajas. Bosque Húmedo, 0–1000 m.
Dept.: BE, CO, LP, SC.
Tipo y muestra: *M. Bang 1648* (HT: NY; IT: A, GH, MO, NY), *M.H. Nee 48390* (MO, NY).

Marila tomentosa Poepp., Nov. Gen. Sp. Pl. 3: 15. 1845.
Ref.: Nee (2008), Fuentes Claros et al. (2009).
Arbusto, arbolito, árbol. Nativa. Zonas Bajas. Bosque Húmedo, 0–1000 m.
Dept.: BE, LP, SC.
Muestra: *M. Saldias 135* (MO, NY).

CALYCERACEAE R. Br. ex Rich., Mém. Mus. Hist. Nat. 6: 74. 1820.

Por P.M. Jørgensen (MO); revisado por S.G. Beck (LPB).
4 géneros, 3 especies, 0 especies endémicas.

Acicarpha Juss., Ann. Mus. Natl. Hist. Nat. 2: 347, pl. 58. 1803.
2 especies, 0 especies endémicas.

Acicarpha procumbens Less., Linnaea 6: 527. 1831.
Hierba. Nativa. Andes. Yungas, Valles Secos, 2500–3500 m.
Dept.: LP.
Muestra: *E. Asplund 1829* (LPB, S).

Acicarpha tribuloides Juss., Ann. Mus. Natl. Hist. Nat. 2: 348, pl. 58. 1803.
Sin.: *Acicarpha laxa* R.E. Fr.
Ref.: Macbride (1937c), Foster (1958), Sorarú (1974), Cabrera & Zardini (1978b), González et al. (1999).
Hierba. Nativa. Andes. Yungas, Bosque Tucumano-Boliviano, Bosque Serrano Chaqueño, Valles Secos, 1000–4000 m.
Dept.: CH, CO, LP, SC, TA.
Muestra: *S.G. Beck 7652* (LPB, M, NY, SI, USZ).

Boopis Juss., Ann. Mus. Natl. Hist. Nat. 2: 350. 1803.
0 especies, 0 especies endémicas.

Boopis anthemoides Juss., Ann. Mus. Natl. Hist. Nat. 2: 350, t. 58. 1803.
Ref.: Chiapella (1999).
Nota: Esperado. Crece en la provincia de Salta, Argentina.

Calycera Cav., Icon. 4(1): 34. 1797.
1 especie, 0 especies endémicas.

Calycera intermedia Phil., Anales Univ. Chile 2: 174. 1870.
Ref.: Chiapella (1999).
Nota: Esperado. Crece en la provincia de Jujuy, Argentina.

Calycera pulvinata J. Rémy, Ann. Sci. Nat., Bot., sér. 3, 3(6): 352. 1846.
Sin.: *Boopis ventosa* fo. *pulvinata* Kuntze
Ref.: Macbride (1937c), Foster (1958), Marticorena & Quezada (1985), Pontiroli (1993).
Hierba. Nativa. Altiplano. Puna Húmeda, Puna Seca, 3500–5000 m.
Dept.: CH, CO, LP, OR, PO, TA.
Tipo y muestra: *d'Orbigny s.n.* (T: P), *T. Johns 83-10* (LPB, MO).
Nota: El tipo de *Boopis ventosa* fo. *pulvinata* es de Uyeni [Uyuni], Bolivia, pero no ha sido estudiado. Por lo tanto su inclusión aquí como sinónimo es tentativa.

Moschopsis Phil., Anales Univ. Chile 27: 334. 1865.
0 especies, 0 especies endémicas.

Moschopsis monocephala (Phil.) Reiche, Bot. Jahrb. Syst. 29: 118. 1900.
Sin.: *Boopis monocephala* Phil.
Ref.: Chiapella (1999).
Nota: Esperado. Crece en Argentina (Jujuy y Salta), Chile y Perú.

CAMPANULACEAE Juss., Gen. Pl. 163. 1789.

Por M.R.W. Batterman (OSH) y T. Lammers (OSH); revisado por C.M. Zambrana-Torrelio (LPB), S.G. Beck (LPB), M. Nee (NY), P.M. Jørgensen (MO).
9 géneros, 74 especies, 32 especies endémicas.

Campanula L., Sp. Pl. 1: 163. 1753.
2 especies, 0 especies endémicas.

Campanula medium L., Sp. Pl. 1: 167. 1753.
Hierba. Cultivada. Andes. Valles Secos, 3000–3500 m.
Dept.: LP.
Muestra: *J.C. Solomon 12748* (MO).
Nota: Nativa del sur de Europa.

Campanula portenschlagiana Schultes in Roem. & Schultes., Syst. Veg. 5: 93. 1819.
Hierba. Cultivada. Andes. Valles Secos, 3000–3500 m.
Dept.: LP.
Muestra: *J.C. Solomon 15734* (LPB, MO).
Nota: Nativa de Croacia.

Centropogon C. Presl, Prodr. Monogr. Lobel. 48. 1836.
14 especies, 7 especies endémicas.

Centropogon aquilinus E. Wimm., Pflanzenr. 106(276b): 259. 1943.
Sin.: *Centropogon aquilinus* var. *campestris* E. Wimm., *Centropogon aquilinus* var. *integer* E. Wimm.
Ref.: Wimmer (1943), McVaugh (1949), Foster (1958).
Arbusto, arbolito. Endémica. Altiplano. Puna Húmeda, 2500–3000 m.
Dept.: CO, LP.
Tipo y muestra: *J. Steinbach 5905* (ST: B, P; fotos: F ex B), *J. Steinbach 5805* (A, B, F, G, MO).

Centropogon bangii Zahlbr., Bull. Torrey Bot. Club 24: 372. 1897.
Ref.: Zahlbruckner (1897), Wimmer (1943), Foster (1958), Ministerio de Medio Ambiente y Agua (2012 [2013]).
Hierba. Endémica. Andes. Yungas, 1000–1500 m.
Dept.: LP.
Tipo y muestra: *M. Bang 500* (ST: BM, G, GH, K, MO-2040322, NY, US, W), *O. Buchtien 4743* (US).

Centropogon brittonianus Zahlbr., Bull. Torrey Bot. Club 24: 373. 1897.
Sin.: *Siphocampylus giganteus* var. *latifolius* Britton
Ref.: Zahlbruckner (1897), Wimmer (1943), McVaugh (1949), Foster (1958).
Arbusto. Endémica. Andes. Yungas, 2500–3500 m.
Dept.: LP.
Tipo y muestra: *H.H. Rusby 638* (T: NY), *S.G. Beck 1851* (LPB, M, MICH, MO, NY, SI).

Centropogon cornutus (L.) Druce, Bot. Exch. Club Soc. Brit. Isles 3(5): 416. 1914.
Sin.: *Lobelia cornuta* L., *Centropogon surinamensis* (L.) C. Presl
Ref.: Gleason (1921), Wimmer (1943), Foster (1958), Stein (1987), Parker & Bailey (1991), Killeen & Schulenberg (1998).
Hierba, trepadora. Nativa. Zonas Bajas, Andes. Bosque Húmedo, Bosque Semideciduo Chiquitano, Yungas, 0–2000 m.
Dept.: BE, CO, LP, PA, SC.
Muestra: *A. Roca 466* (LPB, M, NY).
Nom. Vern.: Ki'i'mis, tyi''mus.

Centropogon gloriosus (Britton) Zahlbr., Bull. Torrey Bot. Club 24: 373. 1897.
Sin.: *Siphocampylus gloriosus* Britton
Ref.: Britton (1892b), Zahlbruckner (1897), Wimmer (1943), McVaugh (1949), Foster (1958), Ministerio de Medio Ambiente y Agua (2012 [2013]).
Arbusto. Endémica. Andes. Yungas, 2500–3500 m.
Dept.: LP.
Tipo y muestra: *H.H. Rusby 647* (HT: NY; IT: NY), *J.C. Solomon 15069* (LPB, MO).

Centropogon granulosus C. Presl, Prodr. Monogr. Lobel. 49. 1836.
Sin.: *Centropogon cardinalis* Zahlbr. & Rech., *Centropogon casapiensis* E. Wimm.
Ref.: Wimmer (1943), Foster (1958), Wimmer (1968), Stein (1987).
Trepadora, arbusto. Nativa. Andes. Yungas, 1000–2000 m.
Dept.: CO.
Muestra: *T. Herzog 2142* (B, GH).
Infra: *Centropogon granulosus* subsp. *granulosus*

Centropogon herzogii Zahlbr. & Rech., Meded. Rijks-Herb. 19: 49. 1913.
Ref.: Zahlbruckner & Rechinger (1913), Wimmer (1943), Foster (1958).
Arbusto. Endémica. Andes. Páramo Yungueño, 2500–3000 m.
Tipo: *T. Herzog 2005* (HT: W).
Nota: Conocido solamente del tipo.

Centropogon incanus (Britton) Zahlbr., Bull. Torrey Bot. Club 24: 374. 1897.
Sin.: *Siphocampylus incanus* Britton
Ref.: Britton (1892b), Zahlbruckner (1897), Wimmer (1943), McVaugh (1949), Foster (1958).
Arbusto. Nativa. Andes. Yungas, Páramo Yungueño, 1000–3500 m.
Dept.: LP.
Tipo y muestra: *H.H. Rusby 648* (T: NY), *S.G. Beck 2157* (LPB, M, MICH, MO, NY, SI).

Centropogon macrophyllus (G. Don) E. Wimm., Notizbl. Bot. Gart. Berlin–Dahlem 10: 733. 1929.
Sin.: *Siphocampylus macrophyllus* G. Don, *Centropogon amplifolius* Vatke
Ref.: Wimmer (1943), Foster (1958).
Hierba. Nativa. Andes. Yungas, 1000–2000 m.
Dept.: SC.
Muestra: *O. Kuntze s.n.* (NY, W).

Centropogon magnificus Zahlbr. & Rech., Meded. Rijks-Herb. 19: 50. 1913.
Ref.: Zahlbruckner (1897), Wimmer (1943), Foster (1958), Ministerio de Medio Ambiente y Agua (2012 [2013]).
Arbusto. Endémica. Andes. Yungas, 3000–3500 m.
Tipo y muestra: *T. Herzog 2421* (HT: L), *P. Pacheco 1444* (F).

Centropogon mandonis Zahlbr., Ann. K.K. Naturhist. Hofmus. 6: 438. 1891.
Ref.: Zahlbruckner (1891), Wimmer (1943), McVaugh (1949), Foster (1958).
Subarbusto. Nativa. Andes. Yungas, Páramo Yungueño, 2500–3500 m.
Dept.: CO, LP.
Tipo y muestra: *G. Mandon 494* (HT: W; IT: B, F, GH, NY; fotos: F ex B, F ex W), *M.A. Lewis 38679* (LPB, MO).

Centropogon roseus Rusby, Bull. New York Bot. Gard. 8(28): 123. 1912.
Ref.: Rusby (1912), Wimmer (1943), Foster (1958), Stein (1987), Dorr (1991 [1992]).

Hierba. Nativa. Zonas Bajas. Bosque Húmedo, 500–1000 m.
Dept.: LP.
Tipo: *R.S. Williams 584* (HT: NY; IT: BM, K).
Nota: Conocida en Bolivia solamente del tipo.

Centropogon unduavensis (Britton) Zahlbr., Bull. Torrey Bot. Club 24: 374. 1897.
Sin.: *Siphocampylus unduavensis* Britton, *Centropogon unduavensis* var. *aduanus* E. Wimm.
Ref.: Britton (1892b), Zahlbruckner (1897), Wimmer (1943), Foster (1958), Ministerio de Medio Ambiente y Agua (2012 [2013]).
Arbusto. Endémica. Andes. Yungas, 3000–4000 m.
Dept.: LP.
Tipo y muestra: *H.H. Rusby 649* (HT: NY; IT: GH, WIS), *M.A. Lewis 39971* (F, LPB, MO).

Centropogon yungasensis Britton, Bull. Torrey Bot. Club 19: 371. 1892.
Ref.: Britton (1892b), Wimmer (1943), Foster (1958), Ministerio de Medio Ambiente y Agua (2012 [2013]).
Trepadora. Nativa. Andes. Yungas, 2000–3000 m.
Dept.: CO, LP.
Tipo y muestra: *H.H. Rusby 642* (HT: NY; IT: NY), *W.M.A. Brooke 6773* (BM, F, NY).

Diastatea Scheidw., Allg. Gartenzeitung 9(50): 396. 1841.
1 especie, 0 especies endémicas.

Diastatea micrantha (Kunth) McVaugh, Bull. Torrey Bot. Club 67(2): 143. 1940.
Sin.: *Lobelia micrantha* Kunth, *Lobelia ruderalis* Willd. ex Roem. & Schult., *Laurentia micrantha* (Kunth) Zahlbr.
Ref.: McVaugh (1940), Wimmer (1953a), Foster (1958).
Hierba. Nativa. Andes. Bosque Tucumano-Boliviano, 1500–2000, 2500–3000 m.
Dept.: TA.
Muestra: *J.C. Solomon 10354* (LPB, MO).

Hippobroma G. Don, Gen. Hist. 3: 698, 717. 1834.
1 especie, 0 especies endémicas.

Hippobroma longiflora (L.) G. Don, Gen. Hist. 3: 717. 1834.
Sin.: *Lobelia longiflora* L., *Rapuntium longiflorum* (L.) Mill., *Isotoma longiflora* (L.) C. Presl, *Laurentia longiflora* (L.) E. Wimm.
Ref.: Lammers et al. (1993).
Hierba. Adventicia. Zonas Bajas. Bosque Húmedo, 0–500 m.
Dept.: BE, PA.
Muestra: *S.G. Beck 17102* (LPB, M, OSH).

Lobelia L., Sp. Pl. 2: 929–933. 1753.
7 especies, 1 especie endémica.

Lobelia aquatica Cham., Linnaea 8: 211. 1833.
Hierba. Nativa. Zonas Bajas. Bosque Húmedo, 0–500 m.
Dept.: LP.
Muestra: *S.G. Beck 18365* (LPB).

Lobelia fastigiata Kunth, Nov. Gen. Sp. (quarto ed.) 3: 313. 1818 [1819].
Sin.: *Lobelia gardneriana* Kanitz
Ref.: Zahlbruckner (1897), Foster (1958).
Hierba. Nativa. Zonas Bajas. Bosque Húmedo, 0–500 m.
Muestra: *O. Kuntze s.n.* (NY).
Nota: Probablemente se trate de una identificación errónea de *L. xalapensis*, pero necesita confirmación.

Lobelia hederacea Cham., Linnaea 8: 212. 1833.
Sin.: *Pratia hederacea* (Cham.) G. Don
Ref.: Wimmer (1943), Foster (1958).
Hierba. Nativa. Zonas Bajas. Campos Cerrados, 0–500 m.
Dept.: SC.
Muestra: *J. Steinbach 6447* (GH, MO).

Lobelia luruniensis E. Wimm., Pflanzenr. IV(276c): 862, 23b. 1968.
Ref.: Wimmer (1968).
Hierba. Endémica. Andes. Páramo Yungueño, 2500–3500 m.
Dept.: CO.
Tipo: *W.M.A. Brooke 6787* (HT: BM).
Nota: Conocido solamente del tipo.

Lobelia nana Kunth, Nov. Gen. Sp. (quarto ed.) 3: 317, t. 272. 1818 [1819].
Sin.: *Pratia boliviensis* A. DC., *Lobelia nana* var. *flagelliformis* Wedd., *Lobelia nana* var. *cymbalarioides* E. Wimm.
Ref.: Wimmer (1953a), Foster (1958), López Vargas (1995), Saravia Miranda (1996), González et al. (1999), Serrano & Terán (1998 [2000]).
Hierba. Nativa. Andes, Altiplano. Yungas, Bosque Tucumano-Boliviano, Bosque Serrano Chaqueño, Puna Seca, 2000–4500 m.
Dept.: CH, CO, LP, TA.
Muestra: *M.A. Lewis 40859* (LPB, MO).

Lobelia oligophylla (Wedd.) Lammers, Novon 9(1): 74. 1999.
Sin.: *Lysipomia reniformis* Kunth, *Hypsela reniformis* (Kunth) C. Presl, *Pratia oligophylla* Wedd., *Pratia subsessilis* Wedd., *Hypsela oligophylla* (Wedd.) Benth. & Hook. ex Zahlbr., *Hypsela subsessilis* (Wedd.) Benth. & Hook. f. ex Zahlbruckner
Ref.: Weddell (1857c [1858–1861]), Wimmer (1943), Foster (1958), Lammers (1999).
Hierba. Nativa. Altiplano. Puna Húmeda, 4000–4500 m.
Dept.: CO, LP, OR.
Tipo y muestra: *H.A. Weddell s.n.* (HT: P), *J.C. Solomon 13161* (LPB, MO).

Lobelia xalapensis Kunth, Nov. Gen. Sp. (quarto ed.) 3: 315. 1818 [1819].
Ref.: Foster (1958), Schulenberg & Awbrey (1997), González et al. (1999), Serrano & Terán (1998 [2000]), Arroyo Padilla & Villarroel Segarra (2009).
Hierba. Nativa. Zonas Bajas, Andes. Bosque Semideciduo Chiquitano, Campos Cerrados, Bosque Tucumano-Boliviano, 0–1500 m.
Dept.: CH, LP, SC, TA.
Muestra: *J.C. Solomon 11137* (LPB, MO).

Lysipomia Kunth, Nov. Gen. Sp. (quarto ed.) 3: 318. 1818 [1819].
3 especies, 0 especies endémicas.

Lysipomia glandulifera (Schltdl. ex Wedd.) Schltdl. ex E. Wimm., Berberid. Amer. Austr. 58. 1857.
Sin.: *Lysipomia glandulifera* subsp. *globulifera* McVaugh, *Pratia glandulifera* Schltdl. ex Wedd.
Ref.: Weddell (1857c [1858–1861]), Wimmer (1953a), McVaugh (1955), Foster (1958).
Hierba. Nativa. Andes, Altiplano. Yungas, Puna Seca, 3500–4000 m.
Dept.: CO.
Muestra: *J. Steinbach 9567* (B, GH).

Lysipomia laciniata A. DC., Prodr. 7: 349. 1839.
Sin.: *Lysipomia laciniata* var. *vulgaris* (Wedd.) E. Wimm., *Lysipomia linearifolia* E. Wimm., *Lysipomia laciniata* subsp. *linearifolia* (E. Wimm.) McVaugh, *Lysipomia laciniata* var. *linearifolia* McVaugh
Ref.: Wimmer (1953a), McVaugh (1955), Foster (1958).
Hierba. Nativa. Andes. Yungas, 2000–4500 m.
Dept.: CH, CO, LP, SC.
Tipo y muestra: *O. Buchtien 9063* (HT:

W; IT: GH, NY, US), *S.G. Beck 4242* (LPB, M).
Infra: *Lysipomia laciniata* subsp. *laciniata*, *Lysipomia laciniata* subsp. *linearifolia* (E. Wimm.) McVaugh, *Lysipomia laciniata* var. *linearifolia* McVaugh

Lysipomia pumila (Wedd.) E. Wimm., Publ. Field Mus. Nat. Hist., Bot. Ser. 13(6/2): 488. 1937.
Sin.: *Rhizocephalum pumilum* Wedd.
Ref.: Weddell (1857c [1858–1861]), Wimmer (1953a), McVaugh (1955), Foster (1958).
Hierba. Nativa. Andes. Páramo Yungueño, 4000–4500 m.
Dept.: CO, LP.
Tipo y muestra: *G. Mandon 492* (T: B, W), *P. Rojas G. 492* (LPB).

Siphocampylus Pohl, Pl. Bras. Icon. Descr. 2: 104–105. 1831.
43 especies, 24 especies endémicas.

Siphocampylus ambivalens Lammers, Novon 12(2): 226–227, f. 14. 2002.
Ref.: Lammers (2002).
Arbusto. Endémica. Zonas Bajas. Bosque Semideciduo Chiquitano, 500–1000 m.
Dept.: SC.
Tipo: *I.G. Vargas 5061* (HT: OSH; IT: USZ).
Nota: Conocida en Bolivia solamente del tipo.

Siphocampylus andinus Britton, Bull. Torrey Bot. Club 19: 373. 1892.
Sin.: *Siphocampylus andinus* var. *elegantissimus* E. Wimm., *Siphocampylus andinus* var. *solemnis* E. Wimm.
Ref.: Britton (1892b), Wimmer (1953a), Foster (1958).
Arbusto. Endémica. Andes. Yungas, 3000–4000 m.
Dept.: LP.
Tipo y muestra: *H.H. Rusby 641* (HT: NY; IT: GH, WIS), *M.A. Lewis 39420* (LPB, MO).
Nota: Listado como *S. andensis* en Index Kewensis.

Siphocampylus angustiflorus Schltdl. ex Zahlbr., Bull. Torrey Bot. Club. 24: 379. 1897.
Ref.: Wimmer (1953a), Foster (1958).
Trepadora. Nativa. Andes. Yungas, 2000–3000 m.
Dept.: CO, LP.
Muestra: *J.C. Solomon 18733* (F, LPB, MO).

Siphocampylus argentinus (Griseb.) Hieron. ex E. Wimm., Revista Sudamer. Bot. 2: 99. 1935.
Sin.: *Centropogon argentinus* Griseb.
Ref.: Zuloaga & Morrone (1997).
Hierba. Nativa. Andes. Bosque Tucumano-Boliviano, 1500–2500 m.
Dept.: TA.
Muestra: *A. Krapovickas 31017* (MO).

Siphocampylus argutus Zahlbr., Bull. Torrey Bot. Club 24: 383. 1897.
Ref.: Zahlbruckner (1897), Wimmer (1953a), Foster (1958).
Hierba. Endémica. Andes. Yungas, elevación desconocida.
Dept.: LP.
Tipo: *M. Bang 2045* (T: NY, W).
Nota: Conocido solamente del tipo.

Siphocampylus aureus Rusby, Mem. Torrey Bot. Club 6: 72. 1896.
Sin.: *Siphocampylus aureus* var. *latior* Zahlbr.
Ref.: Rusby (1896), Zahlbruckner (1897), Wimmer (1953a), Foster (1958), Ministerio de Medio Ambiente y Agua (2012 [2013]).
Trepadora, arbusto. Endémica. Zonas Bajas, Andes. Bosque Húmedo, Yungas, Páramo Yungueño, 1000–1500, 2500–3000 m.
Dept.: CO, LP, SC.
Tipo y muestra: *M. Bang 1234* (HT: B; IT: GH, MO-3264646, NY, US), *M. Cárdenas 2629* (F).

Siphocampylus ayersiae Lammers, Brittonia 50(2): 236, f. 1A, B. 1998.
Ref.: Lammers (1998), Ministerio de Medio Ambiente y Agua (2012 [2013]).
Trepadora, arbusto. Endémica. Andes. Yungas, 2500–3500 m.
Dept.: LP.
Tipo y muestra: *J.C. Solomon 10696* (HT: F; IT: LPB, MO-5019236, US), *J.C. Solomon & L.K. Escobar 12442* (LPB, MO).

Siphocampylus bilabiatus Zahlbr., Bull. Torrey Bot. Club 24: 382. 1897.
Sin.: *Siphocampylus bilabiatus* var. *glabratus* Lauterb., *Siphocampylus subcordatus* var. *dives* E. Wimm., *Siphocampylus bilabiatus* var. *dives* E. Wimm.
Ref.: Zahlbruckner (1897), Buchtien (1910), Wimmer (1953a), Foster (1958).
Hierba. Endémica. Andes. Yungas, Páramo Yungueño, 1000–1500 m.
Dept.: LP.
Tipo y muestra: *M. Bang 2464* (HT: NY; IT: B, F, GH, GH, MO-3170852, US), *J.C. Solomon 18402* (LPB, MO).

Siphocampylus biserratus (Cav.) A. DC., Prodr. 7: 397. 1839.
Sin.: *Lobelia biserrata* Cav.
Ref.: Wimmer (1953a).
Hierba. Nativa. Andes. Yungas, 3000–3500 m.
Dept.: LP.
Muestra: *M.A. Lewis 37309* (F, LPB, MO).

Siphocampylus boliviensis Zahlbr., Ann. K.K. Naturhist. Hofmus. 6: 443. 1891.
Ref.: Zahlbruckner (1891), Wimmer (1953a), Foster (1958).
Arbusto. Nativa. Andes. Yungas, Páramo Yungueño, 2500–4000 m.
Dept.: CO, LP, PO, SC.
Tipo y muestra: *G. Mandon 496* (HT: W; IT: B destr.?, GH, NY, NY, NY; fotos: F ex B), *M.A. Lewis 39261* (F, LPB, MO).

Siphocampylus comosus G. Don, Gen. Hist. 3: 702. 1834.
Sin.: *Lobelia comosa* Cav., *Siphocampylus virgatus* A. DC.
Ref.: Wimmer (1953a).
Arbusto. Nativa. Región, tipo de vegetación y elevación desconocidas.
Dept.: Bolivia.
Muestra: *M. Bridges s.n.* (CGE).

Siphocampylus correoides Zahlbr., Bull. Torrey Bot. Club 24: 382. 1897.
Ref.: Zahlbruckner (1897), Wimmer (1953a), Foster (1958).
Trepadora. Nativa. Andes. Yungas, 3000–3500 m.
Dept.: LP.
Tipo y muestra: *M. Bang 2483* (HT: B destr.; IT: F, MO-3170851, NY, US), *J.C. Solomon 15324* (LPB, MO).

Siphocampylus corymbifer Pohl, Pl. Bras. Icon. Descr. 2: 112, pl. 175. 1831.
Sin.: *Lobelia corymbifera* C. Presl, *Siphocampylus cardiophyllus* Pohl, *Siphocampylus gracilis* Britton, *Siphocampylus gracilis* var. *glabra* Britton, *Siphocampylus corymbifer* var. *gracilis* Zahlbr., *Siphocampylus igneus* E. Wimm.
Ref.: Britton (1892b), Wimmer (1926), Wimmer (1953a), Foster (1958).
Hierba. Nativa. Andes. Yungas, 1500–2500, 3500–4500 m.
Dept.: LP, SC.
Muestra: *S.G. Beck 12087* (CTES, LPB, M, NY).

Siphocampylus crenatus (E. Wimm.) E. Wimm., Ann. Naturhist. Mus. Wien, Ser. B, Bot. Zool. 56: 323. 1948.
Sin.: *Siphocampylus oblongifolius* var. *crenatus* E. Wimm.
Ref.: Wimmer (1935b), Wimmer (1943), Wimmer (1953a), Foster (1958), Ministerio de Medio Ambiente y Agua (2012 [2013]).
Trepadora. Endémica. Zonas Bajas. Bosque Húmedo, 500–1000 m.
Dept.: LP.
Tipo: *C. Troll 2770* (HT: B).
Nota: Conocido solamente del tipo.

Siphocampylus dubius Zahlbr., Bull. Torrey Bot. Club 24: 385. 1897.
Sin.: *Centropogon dubius* (Zahlbr.) E. Wimm.
Ref.: Zahlbruckner (1897), Wimmer (1943), Wimmer (1953a), Foster (1958), Ministerio de Medio Ambiente y Agua (2012 [2013]).
Hierba. Endémica. Andes. Yungas, Páramo Yungueño, 2000–3000 m.
Dept.: LP.
Tipo y muestra: *H.H. Rusby 637* (IT: GH, NY), *J.C. Solomon 8445* (LPB, MO).

Siphocampylus fiebrigii E. Wimm., Repert. Spec. Nov. Regni Veg. 22: 209. 1926.
Sin.: *Siphocampylus fiebrigii* var. *intermedius* E. Wimm.
Ref.: Wimmer (1926), Wimmer (1953a), Foster (1958), González et al. (1999).
Arbusto. Nativa. Andes. Bosque Tucumano-Boliviano, Bosque Serrano Chaqueño, 500–1500 m.
Dept.: CH, SC, TA.
Tipo y muestra: *K. Fiebrig 2755* (HT: B), *G.J. Seijo et al. 3117* (LPB).

Siphocampylus flagelliformis Zahlbr., Bull. Torrey Bot. Club 24: 380. 1897.
Sin.: *Siphocampylus altiscandens* Gleason, *Siphocampylus flagelliformis* var. *glaber* E. Wimm.
Ref.: Zahlbruckner (1897), Gleason (1921), Wimmer (1948), Foster (1958).
Trepadora, arbusto. Endémica. Andes. Yungas, Páramo Yungueño, 1500–3000 m.
Dept.: CO, LP.
Tipo y muestra: *H.H. Rusby 646* (T: NY), *J.C. Solomon & L.K. Escobar 12456* (LPB, MO).

Siphocampylus foliosus Griseb., Abh. Königl. Ges. Wiss. Göttingen 19: 200. 1874.
Sin.: *Siphocampylus foliosus* var. *subcanus* E. Wimm.
Ref.: Wimmer (1935a), Wimmer (1953a), Foster (1958).
Arbusto. Nativa. Región, tipo de vegetación y elevación desconocidas.
Dept.: Bolivia.
Muestra: *Tweedie 1169* (K).
Nota: Conocida de Argentina y S de Perú, una sola colección de Bolivia.

Siphocampylus goebelii E. Wimm., Repert. Spec. Nov. Regni Veg. 38: 76. 1935.
Ref.: Wimmer (1937), Lammers et al. (1993).
Arbusto. Nativa. Andes. Yungas, elevación desconocida.
Dept.: LP.
Muestra: *F.R. Fosberg 28563* (B, F).

Siphocampylus kuntzeanus Zahlbr., Bull. Torrey Bot. Club 24: 378. 1897.
Ref.: Zahlbruckner (1897), Wimmer (1953a), Foster (1958), Ministerio de Medio Ambiente y Agua (2012 [2013]).
Hierba. Endémica. Andes. Yungas, , 1000–1500 m.
Dept.: CO, SC.
Tipo y muestra: *O. Kuntze s.n.* (HT: W; IT: NY; fotos: F ex W), *I.G. Vargas 6576* (MO, NY, OSH, USZ).

Siphocampylus lorentzii E. Wimm., Repert. Spec. Nov. Regni Veg. 29: 85. 1931.
Ref.: Wimmer (1953a), Foster (1958).
Hierba. Nativa. Andes. Bosque Tucumano-Boliviano, 1000–1500 m.
Dept.: TA.
Muestra: *K. Fiebrig 2463a* (B).

Siphocampylus membranaceus Britton, Bull. Torrey Bot. Club 19: 372. 1892.
Ref.: Britton (1892b), Wimmer (1953a), Foster (1958), Ministerio de Medio Ambiente y Agua (2012 [2013]).
Trepadora. Endémica. Andes. Yungas, 1500–2000 m.
Dept.: LP.
Tipo y muestra: *H.H. Rusby 651* (HT: NY), *A.H. Gentry & J.C. Solomon 44526* (LPB, MO).

Siphocampylus nemoralis Griseb., Abh. Königl. Ges. Wiss. Göttingen 19: 201. 1874.
Sin.: *Siphocampylus nemoralis* var. *tarijanus* E. Wimm.
Ref.: Wimmer (1935a), Wimmer (1953a), Foster (1958).
Arbusto. Nativa. Andes. Bosque Tucumano-Boliviano, 3000–3500 m.
Dept.: TA.
Muestra: *D.M. Spooner 6605* (F, LPB, WIS).

Siphocampylus neurotrichus E. Wimm., Repert. Spec. Nov. Regni Veg. 38: 24. 1935.
Ref.: Wimmer (1935b), Wimmer (1953a), Foster (1958).
Hierba. Endémica. Andes. Bosque Tucumano-Boliviano, 500–1500 m.
Dept.: SC.
Tipo y muestra: *T.C. Bridges s.n.* (T: CGE, W; fotos: F ex W), *M.H. Nee 42251* (F, LPB, MO, NY).

Siphocampylus nummularius E. Wimm., Repert. Spec. Nov. Regni Veg. 38: 18. 1935.
Ref.: Wimmer (1935b), Wimmer (1953a), Foster (1958).
Trepadora, arbusto. Endémica. Andes. Yungas, 3000–3500 m.
Dept.: LP.
Tipo: *C. Troll 2621* (T: B).
Nota: Conocido solamente del tipo.

Siphocampylus oblongifolius Rusby, Mem. Torrey Bot. Club 6: 73. 1896.
Ref.: Rusby (1896), Wimmer (1953a), Foster (1958), Ministerio de Medio Ambiente y Agua (2012 [2013]).
Trepadora, arbusto. Endémica. Andes. Yungas, 500–1000 m.
Dept.: LP.
Tipo y muestra: *M. Bang 1461* (HT: NY; IT: MO-3171864), *B.A. Krukoff 11166* (F, MO, NY).

Siphocampylus orbignianus A. DC., Prodr. 7: 405. 1839.
Ref.: Wimmer (1948), Wimmer (1953a), Foster (1958), Schulenberg & Awbrey (1997), González et al. (1999), Serrano & Terán (1998 [2000]), Arroyo Padilla & Villarroel Segarra (2009).
Arbusto. Nativa. Zonas Bajas, Andes. Bosque Húmedo, Yungas, Bosque Tucumano-Boliviano, Páramo Yungueño, 500–2000 m.
Dept.: BE, CH, LP, SC, TA.
Tipo y muestra: *d'Orbigny 469* (T: P), *J.C. Solomon 9977* (LPB, MO).
Infra: *Siphocampylus orbignianus* var. *discurrens* E. Wimm.
Nota: Error tipográfico (*S. orbignyanus*) en Foster (1958).

Siphocampylus puberulus E. Wimm., Repert. Spec. Nov. Regni Veg. 26: 13, t. 72, f. 14. 1929.
Ref.: Wimmer (1953a), Foster (1958).
Arbusto. Endémica. Región, tipo de vegetación y elevación desconocidas.
Dept.: Bolivia.

Tipo: *G. Mandon s.n.* (HT: W; fotos: F ex W).
Nota: Conocida solamente del tipo.

Siphocampylus radiatus Rusby, Mem. Torrey Bot. Club 6: 73. 1896.
Sin.: *Siphocampylus radiatus* var. *minor* Zahlbr., *Siphocampylus radiatus* var. *brevidentatus* E. Wimm.
Ref.: Rusby (1896), Zahlbruckner (1897), Wimmer (1953b), Foster (1958).
Arbusto. Endémica. Andes. Páramo Yungueño, 2500–3500 m.
Dept.: CO, LP.
Tipo y muestra: *M. Bang 1106* (T: B, MO-2523979, NY, NY, NY, W), *J. Steinbach 8772* (B, F, GH, MO, NY, UC).

Siphocampylus reflexus Rusby, Bull. New York Bot. Gard. 4: 403. 1907.
Ref.: Rusby (1907), Wimmer (1953a), Foster (1958), Adolfo María (1966), Ministerio de Medio Ambiente y Agua (2012 [2013]).
Trepadora, arbusto. Endémica. Andes. Yungas, 2500–3500 m.
Dept.: CO.
Tipo y muestra: *M. Bang 2026* p.p. (T: NY), *J. Steinbach 9818* (B, GH, MO, NY, UC).

Siphocampylus rusbyanus Britton, Bull. Torrey Bot. Club 19: 372. 1892.
Sin.: *Siphocampylus rusbyanus* var. *subervestitus* Zahlbr.
Ref.: Britton (1892b), Zahlbruckner (1906), Wimmer (1953a), Foster (1958).
Arbusto. Nativa. Andes. Yungas, 1500–3000 m.
Dept.: LP.
Tipo y muestra: *H.H. Rusby 644* (T: NY), *M.A. Lewis 37372* (LPB, MO).

Siphocampylus smilax Lammers, Brittonia 50(2): 240. 1998.
Ref.: Lammers (1998), Lammers (2002).
Hierba, subarbusto. Endémica. Zonas Bajas. Bosque Húmedo, Bosque Semideciduo Chiquitano, 500–1500 m.
Dept.: SC.
Tipo y muestra: *G. Coimbra 22* (HT: F; IT: NY, USZ), *M.H. Nee 33794* (F, LPB, MO, NY).

Siphocampylus soraticus E. Wimm., Repert. Spec. Nov. Regni Veg. 38: 23. 1935.
Sin.: *Siphocampylus soraticus* var. *angustatus* E. Wimm.
Ref.: Wimmer (1935b), Wimmer (1953a), Foster (1958).
Trepadora. Nativa. Andes. Yungas, Páramo Yungueño, 2500–3500 m.
Dept.: LP.
Tipo y muestra: *G. Mandon 498* (HT: W; IT: G, GH; fotos: F ex G), *C. Troll 2597* (B).

Siphocampylus sparsipilus E. Wimm., Repert. Spec. Nov. Regni Veg. 19: 388. 1924.
Ref.: Wimmer (1953a), Foster (1958).
Trepadora, arbusto. Endémica. Andes. Yungas, 2500–3000 m.
Dept.: LP.
Tipo y muestra: *H.H. Rusby 636* (HT: US; IT: GH), *J.C. Solomon et al. 19044* (F, LPB, MO, OSH, US, USZ).

Siphocampylus subcordatus Rusby, Bull. New York Bot. Gard. 8(28): 121–122. 1912.
Ref.: Rusby (1912), Wimmer (1953a), Foster (1958), Dorr (1991 [1992]), Ministerio de Medio Ambiente y Agua (2012 [2013]).
Arbusto. Endémica. Andes. Yungas, 1500–2000 m.
Dept.: LP.
Tipo y muestra: *R.S. Williams 1507* (HT: NY; IT: K), *W. Troll 2759* (B).

Siphocampylus tenuisepalus E. Wimm., Pflanzenr. IV. 276c: 845. 1968.
Ref.: Foster (1958), Wimmer (1968).
Arbusto. Endémica. Andes. Yungas, 1000–1500 m.
Dept.: LP.
Tipo: *O. Buchtien 3927* (HT: NY).
Nota: Conocido solamente del tipo.

Siphocampylus tunarensis Zahlbr., Bull. Torrey Bot. Club 24: 376. 1896.
Ref.: Zahlbruckner (1897), Wimmer (1953a), Foster (1958).
Hierba. Endémica. Andes. Páramo Yungueño, 3000–4000 m.
Dept.: CO, LP.
Tipo y muestra: *O. Kuntze s.n.* (HT: W; IT: NY; fotos: F ex W), *M.A. Lewis 38484* (F, LPB, MO).

Siphocampylus tunicatus Zahlbr., Revis. Gen. Pl. 3(2): 189. 1898.
Ref.: Kuntze (1898a), Wimmer (1953a), Foster (1958), Ministerio de Medio Ambiente y Agua (2012 [2013]).
Arbusto. Endémica. Andes. Yungas, 2500–3500 m.
Dept.: CO, SC.
Tipo y muestra: *O. Kuntze s.n.* (HT: W; IT: NY, NY; fotos: F ex W), *P. Acevedo-Rodríguez et al. 4610* (LPB, MO, US).

Siphocampylus tupaeformis Zahlbr., Ann. K.K. Naturhist. Hofmus. 6: 440. 1891.
Sin.: *Siphocampylus flavoruber* Gleason, *Siphocampylus tupaeformis* fo. *glabricorollinus* E. Wimm.
Ref.: Zahlbruckner (1891), Gleason (1925), Wimmer (1953a), Foster (1958), López Vargas (1995), Saravia Miranda (1996), Schulenberg & Awbrey (1997), Serrano & Terán (1998 [2000]).
Subarbusto. Nativa. Andes. Yungas, Páramo Yungueño, 2500–4000 m.
Dept.: CH, CO, LP, TA.
Tipo y muestra: *G. Mandon 495* (ST: NY, W), *D.M. Spooner & W. García Fernández 6618a* (F, LPB, WIS).
Infra: *Siphocampylus tupaeformis* var. *diversifolius* Hicken

Siphocampylus umbellatus (Kunth) G. Don, Gen. Hist. 3: 702. 1834.
Sin.: *Lobelia umbellata* Kunth
Ref.: Wimmer (1953a), Foster (1958).
Arbusto. Nativa. Andes. Yungas, 3000–3500 m.
Dept.: LP.
Muestra: *J.C. Solomon 17516* (MO).

Siphocampylus vatkeanus Zahlbr., Bull. Torrey Bot. Club 24: 377. 1897.
Ref.: Zahlbruckner (1897), Wimmer (1953a), Foster (1958), Ministerio de Medio Ambiente y Agua (2012 [2013]).
Arbusto. Nativa. Andes. Yungas, 2500–3500 m.
Dept.: LP.
Tipo y muestra: *G. Mandon 497* (HT: W; IT: G, GH, NY, US; fotos: F ex G), *N.Y. Paniagua et al. 5774* (BOLV, LPB, MO, OSH, USZ).

Siphocampylus werdermannii E. Wimm., Repert. Spec. Nov. Regni Veg. 38: 76. 1935.
Ref.: Wimmer (1935c), Ministerio de Medio Ambiente y Agua (2012 [2013]).
Arbusto. Endémica. Andes. Yungas, Páramo Yungueño, 2000–3500 m.
Dept.: CO, LP, SC.
Tipo y muestra: *E. Werdermann 2062* (HT: B; IT: MO-999155), *J.C. Solomon 18719* (LPB, MO).

Siphocampylus williamsii Rusby, Bull. New York Bot. Gard. 8(28): 122. 1912.
Ref.: Rusby (1912), Wimmer (1953a), Foster (1958), Dorr (1991 [1992]).
Hierba. Nativa. Andes. Yungas, 2000–2500 m.
Dept.: LP.
Tipo y muestra: *R.S. Williams 1520* (T: NY), *T. Haenke s.n.* (M).

Triodanis Raf., New Fl. 4: 67. 1836 [1838].
1 especie, 0 especies endémicas.

Triodanis biflora (Ruiz & Pav.) Greene, Man. Bot. San Francisco Bay 230. 1894.
Sin.: *Campanula biflora* Ruiz & Pav., *Specularia biflora* (Ruiz & Pav.) Fisch. & C.A. Mey., *Legousia biflora* (Ruiz & Pav.) Britton, *Triodanis perfoliata* var. *biflora* (Ruiz & Pav.) Bradley
Ref.: Bradley (1975).
Hierba. Nativa. Andes. Páramo Yungueño, 3000–3500 m.
Dept.: LP.
Muestra: *M.A. Lewis 88617* (LPB, MO).

Wahlenbergia Schrad. ex Roth, Nov. Pl. Sp. 399. 1821.
2 especies, 0 especies endémicas.

Wahlenbergia linarioides (Lam.) A. DC., Monogr. Campan. 158. 1830.
Sin.: *Campanula linarioides* Lam., *Wahlenbergia arida* (Kunth) Griseb.
Ref.: Foster (1958).
Hierba. Nativa. Zonas Bajas, Andes. Bosque Húmedo, Bosque Semideciduo Chiquitano, Yungas, Bosque Tucumano-Boliviano, Bosque Serrano Chaqueño, Páramo Yungueño, Valles Secos, 0–500, 1000–2500, 3000–4000 m.
Dept.: CH, CO, LP, SC, TA.
Muestra: *J.C. Solomon 7208* (LPB, MO).

Wahlenbergia peruviana A. Gray, Proc. Amer. Acad. Arts 5: 152. 1861.
Ref.: Foster (1958).
Hierba. Nativa. Andes. Yungas, 3500–4000 m.
Dept.: CO, LP, TA.
Muestra: *I. Hensen 1583* (BOLV, LPB).

CANNABACEAE Martinov, Tekhno-Bot. Slovar. 99. 1820.

Por E. Mayta (LPB) y C.C. Berg† (L); revisado por S.G. Beck (LPB), M. Nee (NY), P.M. Jørgensen (MO).
4 géneros, 10 especies, 0 especies endémicas.

Cannabis L., Sp. Pl. 2: 1027. 1753.
1 especie, 0 especies endémicas.

Cannabis sativa L., Sp. Pl. 2: 1027. 1753.
Hierba. Cultivada. Zonas Bajas, Andes. Tipo de vegetación desconocida, 0–3500 m.
Dept.: CH, CO, LP, SC, TA.
Muestra: *J.R. Abbott 16174* (LPB, MO).

Celtis L., Sp. Pl. 2: 1043. 1753.
6 especies, 0 especies endémicas.

Celtis australis L., Sp. Pl. 2: 1043. 1753.
Ref.: López Calderón (1993d).
Árbol. Cultivada. Andes. Valles Secos, 3000–3500 m.
Dept.: LP.
Muestra: *J.C. Solomon 15727* (LPB, MO, NY, USZ).

Celtis brasiliensis (Gardner) Planch., Ann. Sci. Nat., Bot., sér. 3, 10: 310. 1848.
Sin.: *Mertensia brasiliensis* Gardner, *Celtis boliviensis* Planch., *Momisia crenata* Wedd., *Momisia flexuosa* Wedd., *Celtis crenata* (Wedd.) Miq.
Ref.: Foster (1958), Berg & Dahlberg (2001), Nee (2004).
Arbusto, arbolito. Nativa. Zonas Bajas, Andes. Bosque Húmedo, Bosque Semideciduo Chiquitano, Valles Secos, 0–2500 m.
Dept.: BE, CH, LP, SC, TA.
Muestra: *M.H. Nee 33990* (LIL, LPB, MA, MO, NY, TEX, US).
Nom. Vern.: Chichipí, tala guiadora, tala satajchi, satajchi, yahuatáo.

Celtis chichape (Wedd.) Miq., Fl. Bras. 4(1): 181. 1853.
Sin.: *Momisia chichape* Wedd., *Celtis tala* var. *chichape* (Wedd.) Planch., *Celtis tala* fo. *velutina* Herzog, *Celtis pubescens* var. *chichape* (Wedd.) Baehni
Ref.: López Vargas (1995), Berg & Dahlberg (2001), Nee (2004).
Arbusto. Nativa. Zonas Bajas, Andes. Bosque Seco Chaqueño, Sabanas Benianas del Sur, Bosque Serrano Chaqueño, Valles Secos, 0–2500 m.
Dept.: BE, CH, CO, PO, SC.
Tipo y muestra: *H.A. Weddell 3610* (HT: P; IT: MPU, P; fotos: MO ex P), *J.C. Solomon 14727* (LPB, MO).
Nom. Vern.: Chichapí, chichapita, sartajchi, sataoche, uña de murciélago.

Celtis ehrenbergiana (Klotzsch) Liebm., Kongel. Danske Vidensk. Selsk. Skr., Naturvidensk. Math. Afd., ser. 5 2: 339. 1851.
Sin.: *Momisia ehrenbergiana* Klotzsch, *Celtis tala* Gillies ex Planch., *Celtis pallida* Torr., *Celtis tala* var. *weddelliana* Planch., *Celtis spinosa* var. *weddelliana* (Planch.) Baehni
Ref.: López Vargas (1995), Serrano & Terán (1998 [2000]), Berg & Dahlberg (2001), Nee (2004).
Arbusto, arbolito. Nativa. Zonas Bajas, Andes. Bosque Seco Chaqueño, Sabanas Benianas del Sur, Bosque Serrano Chaqueño, Valles Secos, 0–3000 m.
Dept.: BE, CH, CO, LP, PO, SC, TA.
Muestra: *B. Mostacedo & A. Jiménez 2537* (LPB, MO, NY, USZ).
Nom. Vern.: Chichapí, chipa satajchi, mistol, nu guaji, salomatero, satajchi.

Celtis iguanaea (Jacq.) Sarg., Silva 7: 64. 1895.
Sin.: *Celtis pubescens* var. *pubescens*, *Rhamnus iguanaea* Jacq., *Celtis pubescens* Spreng., *Celtis spinosa* Spreng., *Momisia triflora* Ruiz ex Klotzsch, *Celtis morifolia* Planch., *Momisia tarijensis* Wedd., *Celtis triflora* (Ruiz ex Klotzsch) Miq., *Celtis williamsii* Rusby
Ref.: Moraes R. (1990), Parker & Bailey (1991), López Calderón (1993d), Schulenberg & Awbrey (1997), Killeen & Schulenberg (1998), González et al. (1999), Mostacedo C. & Uslar (1999), Alverson et al. (2000), Serrano & Terán (1998 [2000]), Berg & Dahlberg (2001), Jardim et al. (2003), Nee (2004).
Liana, árbol. Nativa. Zonas Bajas, Andes. Bosque Húmedo, Yungas, Bosque Tucumano-Boliviano, 0–2500 m.
Dept.: BE, CH, CO, LP, PA, SC, TA.
Muestra: *L. Naessany 64* (BOLV, DAV, LPB, M, USM).
Nota: Material de PA parece *C. brasiliensis* en hojas e indumento, pero tiene espinas curvadas y son trepadoras, es incluido aquí.
Nom. Vern.: Chichapí, chichipí, jis-si tao, satasche, satajchi, satajchi de monte, uña de gato, yahuataó.

Celtis schippii Standl., Publ. Field Mus. Nat. Hist., Bot. Ser. 12: 409. 1936.
Sin.: *Sparrea schippii* (Standl.) Hunz. & Dottori
Ref.: Hunziker & Dottori (1978), Parker & Bailey (1991), López Calderón (1993d), Killeen & Schulenberg (1998), Alverson et al. (2000), Arrázola Rivero et al. (2000), Montambault (2002), Nee (2004).
Árbol. Nativa. Zonas Bajas. Bosque Húmedo, 0–1000 m.
Dept.: BE, CO, LP, PA, SC.
Muestra: *R.B. Foster et al. 12526* (BOLV, LPB).
Nom. Vern.: Ajipa, bidu qui, farinha seca, noves, ojoso blanco, ojoso negro, palo chonta, palo de ají, rucní.

Lozanella Greenm., Proc. Amer. Acad. Arts 41(9): 236. 1905.
1 especie, 0 especies endémicas.

Lozanella enantiophylla (Donn. Sm.) Killip & C.V. Morton, J. Wash. Acad. Sci. 21(14): 339. 1931.
Sin.: *Trema enantiophylla* Donn. Sm.
Ref.: Baehni (1937), López Calderón (1993d), Navarro Sánchez & Ferreira (2000), Nee (2004).
Arbolito. Nativa. Andes. Yungas, 1500–3500 m.
Dept.: CO, LP, SC.
Muestra: *S.G. Beck 13846* (B, BG, BOLV, DAV, GOET, LPB, M, NY, US, USZ).

Trema Lour., Fl. Cochinch. 2: 539, 562–563. 1790.
2 especies, 0 especies endémicas.

[Trema affinis (Planch.) Blume], Mus. Bot. 2: 58. 1852.
Sin.: *Sponia affinis* Planch.
Ref.: Foster (1958).
Nota: El registro se basa en material mal identificado.

Trema integerrima (Beurl.) Standl., Contr. Arnold Arbor. 5: 55. 1933.
Sin.: *Sponia integerrima* Beurl.
Ref.: Miller & Berry (2005).
Árbol. Nativa. Zonas Bajas. Bosque Húmedo, 0–500 m.
Dept.: BE, CO, LP.
Muestra: *D.N. Smith et al. 12902* (BOLV, LPB, MO).
Nom. Vern.: Chumiri.

Trema micrantha (L.) Blume, Mus. Bot. 2: 58. 1856.
Sin.: *Rhamnus micrantha* L.
Ref.: Foster (1958), Moraes R. (1990), Parker & Bailey (1991), López Calderón (1993d), Killeen & Schulenberg (1998), González et al. (1999), Alverson et al. (2000), Arrázola Rivero et al. (2000), Serrano & Terán (1998 [2000]), Jardim et al. (2003), Nee (2004), Miller & Berry (2005).
Árbol. Nativa. Zonas Bajas, Andes. Bosque Húmedo, Bosque Semideciduo Chiquitano, Yungas, Valles Secos, 0–2500 m.
Dept.: BE, CH, CO, LP, PA, SC, TA.
Muestra: *S.G. Beck 7160* (GB, LPB, M, USZ).
Nom. Vern.: Atadijo, bejuquillo, chimiri, chumiri, chumvea, dotoj, dutu, icharama, merabí, paichane, polimora, uvilla.

CANNACEAE Juss., Gen. Pl. 62. 1789.

Por N. Paniagua (LPB); revisado por M. Nee (NY), S.G. Beck (LPB), P.M. Jørgensen (MO).
1 género, 6 especies, 0 especies endémicas.

Canna L., Sp. Pl. 1: 1. 1753.
6 especies, 0 especies endémicas.

Canna bangii Kraenzl., Pflanzenr. IV. 47(Heft 56): 38. 1912.
Ref.: Foster (1958), Tanaka (2001), Maas van de Kamer & Maas (2008), Ministerio de Medio Ambiente y Agua (2012 [2013]).
Hierba. Nativa. Andes. Yungas, 1500–3000 m.
Dept.: CO, LP, SC.
Tipo y muestra: *M. Bang 2413* (HT: B destr.; LT: BM; ILT: F, G, GH, K, LE, M, MO-2098328, NY, NY, NY, US, US, WU), *M.A. Lewis 37348* (LPB, MO).
Nom. Vern.: Achira.

Canna glauca L., Sp. Pl. 1: 1. 1753.
Sin.: *Canna angustifolia* L., *Canna pruinosa* Hoffmanns., *Canna pedicellata* C. Presl, *Canna lanceolata* Lodd. ex Loudon, *Canna liturata* Link ex A. Dietr., *Canna mexicana* Bouché, *Canna stolonifera* Bouché, *Canna stricta* Bouché, *Canna longifolia* Bouché, *Canna siamensis* Kraenzl., *Canna hassleriana* Kraenzl.
Ref.: Foster (1958), Killeen & Schulenberg (1998).
Hierba. Nativa, cultivada. Zonas Bajas. Bosque Seco Chaqueño, Sabanas Benianas del Sur, 0–500 m.
Dept.: BE, SC.
Muestra: *S.G. Beck 5913* (LPB, U).
Nom. Vern.: Patujú de bajio, patujú de pampa, tarope.

Canna indica L., Sp. Pl. 1: 1. 1753.
Sin.: *Canna coccinea* Mill., *Canna chinensis* Willd., *Canna textoria* Noronha, *Canna lambertii* Lindl. ex Ker Gawl., *Canna speciosa* Roscoe ex Sims, *Canna edulis* Ker Gawl., *Canna occidentalis* Roscoe ex Ker Gawl., *Canna lanuginosa* Roscoe, *Canna sylvestris* Roscoe, *Canna maxima* Lodd. ex Roscoe, *Canna nepalensis* D. Dietr., *Canna heliconiifolia* Bouché, *Canna xalapensis* Bouché, *Canna cinnabarina* Bouché, *Canna exigua* Bouché, *Canna ×aurantiaca* Tineo ex Tod., *Canna pulchra* Bouché ex Horan., *Canna generalis* L.H. Bailey & E.Z. Bailey
Ref.: Foster (1958), Schulenberg & Awbrey (1997), Killeen & Schulenberg (1998), Serrano & Terán (1998 [2000]), Maas van de Kamer & Maas (2008).
Hierba. Nativa, cultivada. Zonas Bajas, Andes. Bosque Húmedo, Bosque Seco Chaqueño, Sabanas Benianas del Norte, Sabanas Benianas del Sur, Bosque Tucumano-Boliviano, 0–2000 m.
Dept.: BE, CH, LP, SC, TA.
Muestra: *S.G. Beck 27672* (LPB).
Nom. Vern.: Aachira, chuij, javujna, ori, patuju, yorirr.

Canna jaegeriana Urb., Repert. Spec. Nov. Regni Veg. 15(418–421): 102. 1917.
Sin.: *Canna leucocarpa* Bouché, *Canna pertusa* Urb., *Canna domingensis* Urb.
Hierba. Nativa, cultivada. Andes. Yungas, 1500–2500 m.
Dept.: LP.
Muestra: *J.C. Solomon 18748* (LPB, MO).

Canna liliiflora Warsz. ex Planch., Fl. Serres Jard. Eur. 10: 211, t. 1055–1056. 1854–1855 [1855].
Sin.: *Canna brittonii* Rusby
Ref.: Foster (1958), Tanaka (2001), Maas van de Kamer & Maas (2008).
Hierba. Nativa. Andes. Yungas, 1500–3000 m.
Dept.: LP.
Muestra: *J.C. Solomon 13129* (LPB, MO).

Canna paniculata Ruiz & Pav., Fl. Peruv. 1: 1, t. 1, f. a. 1798.
Sin.: *Canna denudata* Roscoe, *Canna brasiliensis* Roscoe ex Spreng., *Canna achiras* Gillies ex D. Don, *Canna jacquinii* Bouché, *Distemon jacquinii* (Bouché) Bouché, *Distemon linkii* (Bouché) Bouché, *Distemon ottonis* Bouché, *Distemon roscoeanum* Bouché, *Canna kunzei* (Bouché) Kraenzl., *Canna meridensis* Kraenzl., *Canna amambayensis* Kraenzl., *Canna confusa* J.W. Richardson & L.B. Sm.
Ref.: Tanaka (2001), Maas van de Kamer & Maas (2008).
Hierba. Nativa, cultivada. Zonas Bajas, Andes. Bosque Húmedo, Sabanas Benianas del Norte, Yungas, 0–2000 m.
Dept.: BE, LP, SC.
Muestra: *A. Araujo M. et al. 2847* (BOLV, LPB, MA, MO, U, USZ).
Nom. Vern.: Nubui.

CAPPARACEAE Juss., Gen. Pl. 242. 1789.

Por X. Cornejo (GUAY) y H.H. Iltis (WIS); revisado por S.G. Beck (LPB),

M. Nee (NY), P.M. Jørgensen (MO).
10 géneros, 16 especies, 0 especies endémicas.

Anisocapparis Cornejo & Iltis, J. Bot. Res. Inst. Texas 2(1): 62–67, f. 1, 2, 4 a, b. 2008.

1 especie, 0 especies endémicas.

Anisocapparis speciosa (Griseb.) Cornejo & Iltis, J. Bot. Res. Inst. Texas 2(1): 65. 2008.
Sin.: *Capparis malmeana* Gilg, *Capparis pruinosa* Griseb., *Capparis speciosa* Griseb., *Capparis speciosa* var. *lanceolata* Kuntze, *Capparis speciosa* var. *normalis* Kuntze, *Capparis speciosa* var. *ovata* Kuntze
Ref.: Michel (1993b), López Vargas (1995), Serrano & Terán (1998 [2000]), Vargas Caballero et al. (2000), Jardim et al. (2003), Nee (2008).
Arbusto, arbolito, árbol. Nativa. Zonas Bajas, Andes. Bosque Semideciduo Chiquitano, Bosque Seco Chaqueño, Valles Secos, 0–3000 m.
Dept.: CH, CO, PO, SC, TA.
Muestra: *S.G. Beck 8922* (LPB, NY, WIS).
Nom. Vern.: Alcaparra, alcaparro, alqó limón, coca de cabra, coca de chivo, ibobi, lima-limita, limoncillo, meloncillo, sacha melón.

Atamisquea Miers ex Hook. & Arn., Bot. Misc. 3(8): 142. 1833.

1 especie, 0 especies endémicas.

Atamisquea emarginata Miers ex Hook. & Arn., Bot. Misc. 3(8): 143. 1832.
Sin.: *Capparis atamisquea* Kuntze
Ref.: Foster (1958), Michel (1993b), López (2000), Serrano & Terán (1998 [2000]), Nee (2008).
Arbusto. Nativa. Andes. Bosque Serrano Chaqueño, Valles Secos, 1000–2500 m.
Dept.: CH, CO, SC, TA.
Muestra: *M.H. Nee & I.G. Vargas 44724* (MO, NY, USZ, WIS).
Nom. Vern.: Atamisque.

Cappariccordis Iltis & Cornejo, Brittonia 59(3): 246–254, f. 1–4. 2007.

1 especie, 0 especies endémicas.

Capparicordis tweediana (Eichler) Iltis & Cornejo, Brittonia 59(3): 251, f. 1A–F, 3A–H. 2007.
Sin.: *Capparis tweediana* Eichler, *Colicodendron tweedianum* (Eichler) Hutch.
Ref.: Foster (1958), Michel (1993b), Serrano & Terán (1998 [2000]), Nee (2008).
Arbusto, arbolito. Nativa. Zonas Bajas, Andes. Bosque Semideciduo Chiquitano, Bosque Seco Chaqueño, Valles Secos, 0–2000 m.
Dept.: CH, SC, TA.
Muestra: *M.H. Nee 37922* (MO, NY, USZ, WIS).
Nom. Vern.: Coca de cabra, ivaguazumi, oreja de león, porotillo, sacha poroto, sacha sandía.

Capparidastrum (DC.) Hutch., Gen. Fl. Pl. 2: 310. 1967.

4 especies, 0 especies endémicas.

Capparidastrum coimbranum (Cornejo & Iltis) Cornejo & Iltis, Harvard Pap. Bot. 13(2): 233. 2008.
Sin.: *Capparis coimbrana* Cornejo & Iltis
Ref.: Cornejo Sotomayor & Iltis (2008c), Nee (2008), Arroyo Padilla & Villarroel Segarra (2009).
Árbol. Nativa. Zonas Bajas, Andes. Bosque Semideciduo Chiquitano, Bosque Tucumano-Boliviano, 0–1500 m.
Dept.: CH, LP, SC.
Tipo y muestra: *M.H. Nee 38561* (HT: LPB; IT: G, LPB, MO, NY, NY, TEX, USZ, WIS), *D.C. Daly et al. 2218* (MO, NY, WIS).
Nom. Vern.: Pacobilla.

Capparidastrum humile (Hassl.) Cornejo & Iltis, Harvard Pap. Bot. 13(2): 234. 2008.
Sin.: *Capparis brasiliana* var. *puberula* Hieron., *Capparis humilis* Hassl.
Ref.: Fuentes Claros (1998), Cornejo Sotomayor & Iltis (2008c).
Hierba, subarbusto. Nativa. Zonas Bajas. Bosque Semideciduo Chiquitano, 0–1000 m.
Dept.: SC.
Muestra: *I.G. Vargas et al. 3321* (F, NY, USZ, WIS).

Capparidastrum osmanthum (Diels) Cornejo & Iltis, Harvard Pap. Bot. 13(2): 234. 2008.
Sin.: *Capparis macrophylla* Kunth, *Capparis osmantha* Diels, *Capparis guaguaensis* Steyerm.
Ref.: Michel (1993b).
Arbusto, arbolito. Nativa. Zonas Bajas. Bosque Húmedo, 0–500 m.
Dept.: BE, LP, SC.
Muestra: *H.H. Rusby 1289* p.p. (BM, GH, K, LE, MICH, NY, PH, UC, US, WIS).
Nom. Vern.: Awai, baidu.

Capparidastrum sola (J.F. Macbr.) Cornejo & H. Iltis, Harvard Pap. Bot. 11: 17. 2006.
Sin.: *Capparis acutifolia* J.F. Macbr., *Capparis sola* J.F. Macbr., *Capparis sola* var. *longiracemosa* Dugand
Ref.: Parker & Bailey (1991), Michel (1993b), Cornejo Sotomayor & Iltis (2008c).
Arbusto, arbolito. Nativa. Zonas Bajas. Bosque Húmedo, 0–1000 m.
Dept.: CO, LP, PA.
Muestra: *D.N. Smith et al. 13668* (BOLV, LPB, MO, USZ, WIS).
Nom. Vern.: Ajijillo.

Capparis L., Sp. Pl. 1: 503–504. 1753.

0 especies, 0 especies endémicas.

[Capparis cordata Ruiz & Pav. ex DC.], Prodr. 1: 251. 1824.
Ref.: Foster (1958), Michel (1993b).
Nota: El registro se basa en material mal identificado. Sinónimo de *Capparicordis crotonoides* (Kunth) Iltis & Cornejo una especie restringida a los bosques secos del occidente del Ecuador y el noroccidente de Perú. Esta especie no ocurre en Bolivia.

[Capparis flexuosa (L.) L.], Sp. Pl. (ed. 2) 1: 722. 1762.
Ref.: Moraes R. (1990), Michel (1993b), González et al. (1999), Serrano & Terán (1998 [2000]), Vargas Caballero et al. (2000), Nee (2008), Arroyo Padilla & Villarroel Segarra (2009).
Nota: El registro se basa en material mal identificado de *Cynophalla mollis* y *C. polyantha*. *Capparis flexuosa sensu stricto* no crece en Bolivia.

[Capparis petiolaris Kunth], Nov. Gen. Sp. (quarto ed.) 5: 91. 1821.
Ref.: Michel (1993b), Schulenberg & Awbrey (1997), González et al. (1999), Mostacedo C. & Uslar (1999), Serrano & Terán (1998 [2000]), Jardim et al. (2003).
Nota: El registro se basa en material mal identificado de *Capparidastrum coimbranum*.

Crateva L., Sp. Pl. 1: 444. 1753.

1 especie, 0 especies endémicas.

Crateva tapia L., Sp. Pl. 1: 444. 1753.
Sin.: *Crateva benthamii* Eichler
Ref.: Michel (1993b), Cornejo Sotomayor & Iltis (2008a).
Arbolito, árbol. Nativa. Zonas Bajas. Bosque Húmedo, Bosque Semideciduo Chiquitano, Bosque Seco Chaqueño, 0–500 m.

Dept.: BE, PA, SC.
Muestra: *S.G. Beck et al. 19554* (COL, LPB, NY, PORT, QAME, USZ, WIS).
Nom. Vern.: Nadipa, palo narieida.

Cynophalla (DC.) J. Presl, Prir. Rostlin 2: 275. 1825.

5 especies, 0 especies endémicas.

Cynophalla amplissima (Lam.) Iltis & Cornejo, Rodriguésia 61(1): 154. 2010.
Sin.: *Capparis amplissima* Lam., *Capparis nitida* Ruiz & Pav. ex DC., *Capparis pendula* Triana & Planch.
Ref.: Moraes R. (1990), Michel (1993b), Alverson et al. (2000).
Árbol. Nativa. Zonas Bajas. Bosque Húmedo, 0–1000 m.
Dept.: LP, PA.
Muestra: *R. Seidel & E. Vargas 2784* (LPB, MO, WIS).
Nom. Vern.: Quecho dheve, quecho negro.

Cynophalla mattogrossensis (Pilg.) Cornejo & Iltis, Harvard Pap. Bot. 13(1): 118. 2008.
Sin.: *Capparis mattogrossensis* Pilg.
Arbusto. Nativa. Zonas Bajas. Bosque Semideciduo Chiquitano, 0–500 m.
Dept.: SC.
Muestra: *I.G. Vargas et al. 3366* (F, NY, USZ).

Cynophalla mollis (Kunth) J. Presl, Prir. Rostlin 2: 275. 1825.
Sin.: *Capparis mollis* Kunth, *Capparis lanceolata* Ruiz & Pav. ex DC.
Arbusto, arbolito, árbol. Nativa. Zonas Bajas, Andes. Bosque Semideciduo Chiquitano, Bosque Tucumano-Boliviano, Bosque Serrano Chaqueño, Valles Secos, 0–2000 m.
Dept.: CH, SC, TA.
Muestra: *M.H. Nee 37075* (MO, NY, USZ, WIS).
Nom. Vern.: Orizapayu, porotillo.

Cynophalla polyantha (Triana & Planch.) Cornejo & Iltis, Harvard Pap. Bot. 13(1): 118–119. 2008.
Sin.: *Capparis polyantha* Triana & Planch., *Capparis flexuosa* subsp. *polyantha* (Triana & Planch.) Iltis
Ref.: Cornejo Sotomayor & Iltis (2008b).
Arbusto, arbolito, árbol. Nativa. Zonas Bajas, Andes. Bosque Húmedo, Bosque Semideciduo Chiquitano, Yungas, Bosque Tucumano-Boliviano, Bosque Serrano Chaqueño, 0–1500 m.
Dept.: BE, CH, LP, SC, TA.
Muestra: *L.J. Dorr et al. 6915* (LPB, MO, NY, WIS).
Nom. Vern.: Orizapayu.

Cynophalla retusa (Griseb.) Cornejo & Iltis, Harvard Pap. Bot. 13(1): 119. 2008.
Sin.: *Capparis retusa* Griseb., *Capparis cynophallophora* var. *retusa* (Griseb.) Kuntze, *Capparis retusa* var. *velutina* Hauman, *Capparis cynophallophora* var. *cuneata* Malme
Ref.: Foster (1958), Michel (1993b), López Vargas (1995), Serrano & Terán (1998 [2000]), Jardim et al. (2003), Cornejo Sotomayor & Iltis (2008b), Nee (2008).
Subarbusto, arbusto, arbolito. Nativa. Zonas Bajas, Andes. Bosque Semideciduo Chiquitano, Bosque Seco Chaqueño, Bosque Serrano Chaqueño, Valles Secos, 0–2500 m.
Dept.: BE, CH, CO, LP, PO, SC, TA.
Muestra: *M.H. Nee 44696* (LPB, MO, NY, USZ, WIS).
Infra: *Capparis retusa* var. *retusa*
Nom. Vern.: Orizapayu, porotillo, sacha poroto.

Morisonia L., Sp. Pl. 1: 503. 1753.

1 especie, 0 especies endémicas.

Morisonia oblongifolia Britton, Bull. Torrey Bot. Club 16(1): 17. 1889.
Ref.: Foster (1958), Parker & Bailey (1991), Michel (1993b).
Árbol. Nativa. Zonas Bajas. Bosque Húmedo, 0–500 m.
Dept.: BE, LP, PA.
Tipo y muestra: *H.H. Rusby 2643* (ST: NY), *M. Moraes R. 283* (LPB, WIS).

Preslianthus Iltis & Cornejo, Harvard Pap. Bot. 16(1): 68, f. 2A–E. 2011.

1 especie, 0 especies endémicas.

Preslianthus pittieri (Standl.) Iltis & Cornejo, Harvard Pap. Bot. 16(1): 70. 2011.
Sin.: *Capparis pittieri* Standl., *Capparis schunkei* J.F. Macbr.
Ref.: Iltis & Cornejo Sotomayor (2011).
Arbolito, árbol. Nativa. Zonas Bajas. Bosque Húmedo, 0–1000 m.
Dept.: LP, PA.
Muestra: *B.A. Krukoff 10875* (A, G, MAD, MICH, MO, NY, S, U, US).

Sarcotoxicum Cornejo & Iltis, Harvard Pap. Bot. 13(1): 104–107, f. 1–2. 2008.

1 especie, 0 especies endémicas.

Sarcotoxicum salicifolium (Griseb.) Cornejo & Iltis, Harvard Pap. Bot. 13(1): 107–109, f. 1–2. 2008.
Sin.: *Capparis salicifolia* Griseb., *Colicodendron salicifolium* (Griseb.) Hutch.
Ref.: Foster (1958), Michel (1993b), Mostacedo C. & Uslar (1999), Serrano & Terán (1998 [2000]), Cornejo Sotomayor & Iltis (2008d).
Arbusto, arbolito. Nativa. Zonas Bajas. Bosque Seco Chaqueño, 0–1000 m.
Dept.: CH, SC, TA.
Muestra: *M.H. Nee 35307* (LPB, MO, NY, USZ, WIS).
Nom. Vern.: Coca de cabra, iguaguasu, ivaguasu, ivaguazumi, sacha sandía, tutumillo.

CAPRIFOLIACEAE Juss., Gen. Pl. 210–211. 1789.

Por F. Weberling† (ULM) y S. G. Beck (LPB) [*Aretiastrum*, *Belonanthus*, *Centranthus*, *Phyllactis*, *Stangea*, *Valeriana*, *Valerianella*]; R. Liesner (MO) y M. Zarate (BOLV) [*Abelia*, *Lonicera*] y P.M. Jørgensen (MO) [*Dipsacus*, *Scabiosa*]; revisado por C. Xifreda (SI), S.G. Beck (LPB), M. Nee (NY), P.M. Jørgensen (MO).
11 géneros, 52 especies, 1 especie endémica.

Abelia R. Br., Narr. Journey China 376. 1818.

1 especie, 0 especies endémicas.

Abelia ×grandiflora (Rovelli ex André) Rehder, Cycl. Amer. Hort. 1: 1. 1900.
Sin.: *Abelia rupestris* fo. *grandiflora* Rovelli ex André
Arbusto. Cultivada. Andes. Valles Secos, 3000–3500 m.
Dept.: LP.
Muestra: *J.C. Solomon 15702* (LPB, MO).

Aretiastrum Spach, Hist. Nat. Vég. 10: 304. 1841.

2 especies, 0 especies endémicas.

Aretiastrum aretioides (Kunth) Graebn., Bot. Jahrb. Syst. 37: 448. 1906.
Sin.: *Valeriana aretioides* Kunth
Ref.: Weberling & Uhlarz (1977).
Hierba. Nativa. Altiplano. Puna Húmeda, 3500–4500 m.
Dept.: LP.
Muestra: *X. Menhofer 1602* (LPB).

Aretiastrum aschersonianum (Graebn. ex Weberb.) Graebn., Bot. Jahrb. Syst. 37: 448. 1906.
Sin.: *Valeriana aschersoniana* Graebn. ex Weberb.

Ref.: Killip (1937), Weberling & Uhlarz (1977).
Hierba. Nativa. Altiplano. Puna Húmeda, 3500–4500 m.
Dept.: LP.
Muestra: *X. Menhofer 1278* (LPB).

Belonanthus Graebn., Bot. Jahrb. Syst. 37: 447. 1906.
1 especie, 0 especies endémicas.

[Belonanthus angustifolius Schmale], Notizbl. Bot. Gart. Berlin-Dahlem 13: 25. 1936.
Ref.: Killip (1937).
Nota: Especie dudosa.

Belonanthus hispidus (Wedd.) Graebn., Bot. Jahrb. Syst. 37: 447. 1906.
Sin.: *Phyllactis crassipes* Wedd., *Phyllactis hispida* Wedd., *Valeriana crassipes* (Wedd.) Höck, *Valeriana hispida* (Wedd.) Höck, *Belonanthus crassipes* (Wedd.) Graebn., *Valeriana niphobia* Briq.
Ref.: Schmale (1936), Foster (1958), Weberling & Weberling (1981), Eriksen (1989).
Hierba. Nativa. Altiplano. Puna Húmeda, Puna Seca, 3500–5000 m.
Dept.: CO, LP.
Tipo y muestra: *G. Mandon 321* (LT: P; ILT: G), *J.C. Solomon & M.E. Uehling 12127* (LPB, MO).

Centranthus DC., Fl. Franç. (ed. 3) 4: 238. 1805.
1 especie, 0 especies endémicas.

Centranthus ruber (L.) DC., Fl. Franç. (ed. 3) 4: 239. 1805 [1805].
Sin.: *Valeriana rubra* L.
Hierba. Cultivada. Andes. Tipo de vegetación desconocida, 3000–3500 m.
Dept.: LP.
Muestra: *J.C. Solomon 8214* (LPB, MO).

Dipsacus L., Sp. Pl. 1: 97–98. 1753.
2 especies, 0 especies endémicas.

Dipsacus fullonum L., Sp. Pl. 1: 97. 1753.
Ref.: Foster (1958), Pontiroli (1965a), Hansen (1976), Jørgensen & Ulloa Ulloa (1994), Jørgensen (1999c).
Hierba. Adventicia. Andes, Altiplano. Valles Secos, Puna Húmeda, 2500–4000 m.
Dept.: LP, TA.
Muestra: *K. Fiebrig 2584* (BM, K, MO, S, SI).

Dipsacus sativus (L.) Honck., Verz. Gew. Teutschl. 1: 374. 1782.
Sin.: *Dipsacus fullonum* var. *sativus* L.
Ref.: Cabrera (1993a).
Hierba. Adventicia. Andes. Valles Secos, 2500–3000 m.
Dept.: CO.
Muestra: *J.R.I. Wood & M. Atahuachi B. 20910* (BOLV, K, LPB).

Lonicera L., Sp. Pl. 1: 173–175. 1753.
3 especies, 0 especies endémicas.

Lonicera japonica Thunb., Syst. Veg. (ed. 14) 216. 1784.
Trepadora. Adventicia, cultivada. Andes, Altiplano. Yungas, Valles Secos, Puna Húmeda, 2000–4000 m.
Dept.: CO, LP.
Muestra: *J.C. Solomon 12781* (LPB, MO, NY, SDSU).

[Lonicera leschenaultii Carey & Wall.], Fl. Ind., ed. 1820 2: 178. 1824.
Nota: Especie dudosa.

Lonicera periclymenum L., Sp. Pl. 1: 173. 1753.
Liana. Cultivada. Andes. Yungas, Valles Secos, 3000–3500 m.
Dept.: LP.
Muestra: *J.C. Solomon 5917* (LPB, MO).

Lonicera sempervirens L., Sp. Pl. 1: 173. 1753.
Trepadora, arbusto. Cultivada. Andes. Valles Secos, 3000–3500 m.
Dept.: LP.
Muestra: *M.C. Rojas 2* (LPB).

Phyllactis Pers., Syn. Pl. 1: 39. 1805.
1 especie, 0 especies endémicas.

Phyllactis rigida (Ruiz & Pav.) Pers., Syn. Pl. 1: 39. 1805.
Sin.: *Valeriana rigida* Ruiz & Pav.
Ref.: Killip (1937).
Hierba. Nativa. Altiplano. Puna Húmeda, 4000–4500 m.
Dept.: LP.
Muestra: *X. Menhofer 1781* (LPB, M).

Scabiosa L., Sp. Pl. 1: 98–101. 1753.
1 especie, 0 especies endémicas.

Scabiosa atropurpurea L., Sp. Pl. 1: 100. 1753.
Ref.: Pontiroli (1965a), Marticorena & Quezada (1985), Cabrera (1993aougueria), Jørgensen & Ulloa Ulloa (1994), Jørgensen (1999c).
Hierba. Cultivada. Andes. Valles Secos, 3500–4000 m.
Dept.: LP.
Muestra: *J.C. Solomon 15606* (LPB, MO).

Stangea Graebn., Bot. Jahrb. Syst. 37: 448. 1906.
2 especies, 0 especies endémicas.

Stangea rhizantha (A. Gray) Killip, Publ. Field Mus. Nat. Hist., Bot. Ser. 13(6/2): 317. 1937.
Sin.: *Valeriana rhizantha* A. Gray, *Stangea emiliae* Graebn.
Ref.: Weberling (2001).
Hierba. Nativa. Altiplano. Puna Húmeda, 4000–4500 m.
Dept.: CO.
Muestra: *H.U. Pestalozzi 826* (LPB).
Nom. Vern.: Chijura, condorallu, uashpe.

Stangea wandae Graebn., Bot. Jahrb. Syst. 37: 450. 1906.
Ref.: Rauh & Weberling (1961), Weberling (2001).
Hierba. Nativa. Altiplano. Puna Húmeda, Puna Seca, 4000–5000 m.
Dept.: LP, PO.
Muestra: *T. Feuerer 4910* (HBG).

Valeriana L., Sp. Pl. 1: 31–34. 1753.
37 especies, 1 especie endémica.

Valeriana boliviana Britton, Bull. Torrey Bot. Club 18: 263. 1891.
Sin.: *Valeriana bangiana* Graebn.
Ref.: Rusby (1893b), Foster (1958), Weberling (2004).
Hierba. Nativa. Andes. Yungas, 1500–3000 m.
Dept.: CO, LP, SC.
Tipo y muestra: *G. Mandon 871* (HT: NY), *B. Eriksen et al. 539* (LPB, MO).

Valeriana bulbosa Wedd., Chlor. Andina 2: 24. 1858.
Ref.: Foster (1958), Weberling (2005).
Hierba. Nativa. Altiplano. Puna Húmeda, 3500–4000 m.
Dept.: CH, LP.
Tipo y muestra: *H.A. Weddell 3729* (HT: P; IT: F, MO-1312354 frag.), *B. Eriksen et al. 540* (GB, LPB).

Valeriana calvescens Briq., Annuaire Conserv. Jard. Bot. Genève 17: 334. 1914.
Ref.: Foster (1958).
Hierba. Nativa. Andes. Bosque Tucumano-Boliviano, 2000–3000 m.
Dept.: TA.
Muestra: *S.G. Beck & M. Liberman 16161* (LPB).

Valeriana castellanosii Borsini, Gen. Sp. Pl. Argent. 2: 325. 1944.
Ref.: Cabrera (1993c).

Hierba. Nativa. Altiplano. Puna Seca, 4000–4500 m.
Dept.: PO.
Muestra: *M. Liberman 192* (LPB, M).

Valeriana cephalantha Schltdl., Linnaea 28: 483. 1856.
Ref.: Killip (1937), Tomlinson (1993).
Hierba. Nativa. Altiplano. Puna Húmeda, 3500–4000 m.
Dept.: LP.
Muestra: *S.F. Bascopé S. & P. Jørgensen 440* (LPB, MO, ULM).

Valeriana clematitis Kunth, Nov. Gen. Sp. (quarto ed.) 3: 327. 1818 [1819].
Sin.: *Valeriana laurifolia* Kunth, *Valeriana pavonii* Poepp. & Endl., *Valeriana pavonii* var. *yungasensis* Briq.
Ref.: Eriksen (1989).
Trepadora. Nativa. Andes. Yungas, Bosque Tucumano-Boliviano, 1000–3000 m.
Dept.: CO, LP, SC, TA.
Muestra: *S.G. Beck 13918* (K, LPB, USZ).

Valeriana coarctata Ruiz & Pav., Fl. Peruv. 1: 40, t. 68, f. 8. 1798.
Ref.: Killip (1937).
Hierba. Nativa. Altiplano. Puna Húmeda, Puna Seca, 4000–4500 m.
Dept.: CO, LP.
Muestra: *M. Zárate & M. Velarde 2388* (BOLV, LPB, MO).

Valeriana condamoana Graebn., Bot. Jahrb. Syst. 37: 446. 1906.
Ref.: Reese-Krug & Weberling (1996).
Nota: Esperado.

Valeriana corymbulosa (Wedd.) Cabrera, Fl. Prov. Jujuy 9: 453. 1993 [1993].
Sin.: *Phyllactis corymbulosa* Wedd., *Valeriana triatomodes* Borsini
Ref.: Foster (1958), Cabrera (1993c).
Hierba. Nativa. Andes. Bosque Tucumano-Boliviano, Valles Secos, 3000–4000 m.
Dept.: CO, TA.
Tipo y muestra: *H.A. Weddell 3944* (HT: P), *R. Ehrich 326* (LPB, M).

Valeriana decussata Ruiz & Pav., Fl. Peruv. 1: 42, t. 70, f. b. 1798.
Sin.: *Valeriana polemonioides* Kunth, *Valeriana clematoides* Graebn.
Ref.: Killip (1937), Foster (1958), Eriksen (1989), Beck & Valenzuela Celis (1991).
Hierba. Nativa. Andes, Altiplano. Valles Secos, Puna Seca, Bosque de *Polylepis*, 3000–4500 m.
Dept.: CH, CO, LP, OR, PO, SC, TA.
Muestra: *J.C. Solomon 6680* (LPB, MO).
Nom. Vern.: Huayhhata, luria t'ika.

Valeriana densa (Wedd.) Höck, Bot. Jahrb. Syst. 3: 55. 1882.
Sin.: *Phyllactis densa* Wedd., *Phyllactis inconspicua* Wedd., *Valeriana inconspicua* (Wedd.) Höck
Ref.: Foster (1958).
Hierba. Nativa. Altiplano. Puna Seca, 3500–4500 m.
Dept.: CO, LP.
Muestra: *J.C. Solomon 11468* (MO).

Valeriana effusa Griseb., Abh. Königl. Ges. Wiss. Göttingen 19: 162–163. 1874.
Ref.: Foster (1958), González et al. (1999), Serrano & Terán (1998 [2000]).
Hierba. Nativa. Andes. Bosque Tucumano-Boliviano, 1000–3000 m.
Dept.: CH, LP, TA.
Muestra: *J.R.I. Wood 10899* (HSB, K, LPB).
Infra: *Valeriana effusa* var. *fiebrigii* Briq.

[Valeriana glauca Poepp. ex DC.], Prodr. 4: 639. 1830.
Ref.: Foster (1958).
Nota: El registro se basa en material mal identificado.

[Valeriana globularis A. Gray], Proc. Amer. Acad. Arts 5: 322. 1862.
Sin.: *Valeriana pygmaea* Graebn.
Ref.: Graebner (1913), Foster (1958), Reese-Krug & Weberling (1996).
Nota: Especie dudosa. Presencia en Bolivia no confirmada.

Valeriana hyalinorrhiza Ruiz & Pav., Fl. Peruv. 1: 41, t. 67. 1798.
Ref.: Foster (1958).
Hierba. Nativa. Zonas Bajas, Andes. Bosque Húmedo, Yungas, Páramo Yungueño, Puna Húmeda, 500–4000 m.
Dept.: CO, LP.
Muestra: *W.M.A. Brooke 6216* (U).

Valeriana jasminoides Briq., Annuaire Conserv. Jard. Bot. Genève 17: 336. 1914.
Ref.: Killip (1937), Foster (1958).
Hierba. Nativa. Andes. Yungas, 3000–3500 m.
Dept.: CO, LP.
Tipo y muestra: *M. Bang 1824* (HT: G; IT: M, MO-137121, NY, NY, NY, W), *S.G. Beck 13411* (LPB, M).
Nom. Vern.: Pelechuco.

Valeriana johannae Weberl., Feddes Repert. 112(7–8): 469, f. 1–2. 2001.
Hierba. Nativa. Altiplano. Puna Húmeda, 4000–4500 m.
Dept.: CO.
Muestra: *H.U. Pestalozzi 856* (LPB).

Valeriana leptothyrsa Graebn., Bot. Jahrb. Syst. 26: 425. 1899 [1899].
Ref.: Foster (1958).
Hierba. Nativa. Andes. Yungas, Valles Secos, 2500–3000 m.
Dept.: CO, LP.
Tipo y muestra: *M. Bang 326* (IT: F, GH, NY, US, US; fotos: MO-137125), *S. Durán et al. 77* (BOLV, LPB, MO).

Valeriana macbridei Killip, J. Wash. Acad. Sci. 15: 454. 1925.
Ref.: Killip (1937).
Hierba. Nativa. Andes. Yungas, 3000–3500 m.
Dept.: LP.
Muestra: *P. Gutte & B. Herzog 614* (LPB, LZ).

[Valeriana macrorhiza Poepp. ex DC.], Prodr. 4: 635. 1830.
Sin.: *Betckea gilliesii* Hook. & Arn., *Phyllactis macrorhiza* (Poepp. ex DC.) Wedd., *Valeriana gilliesii* (Hook. & Arn.) Briq.
Ref.: Graebner (1913), Foster (1958).
Nota: El registro se basa en material mal identificado.

Valeriana mandoniana (Wedd.) Höck, Bot. Jahrb. Syst. 3: 54. 1882.
Sin.: *Phyllactis mandoniana* Wedd.
Ref.: Foster (1958).
Hierba. Nativa. Andes. Páramo Yungueño, 3000–4000 m.
Dept.: CO, LP.
Tipo y muestra: *G. Mandon 324* (HT: G; IT: MO-1629349), *S.G. Beck et al. 29770* (BOLV, LPB, M, MO).

Valeriana mandonii Britton, Bull. Torrey Bot. Club 18: 264. 1891.
Sin.: *Valeriana andina* Britton
Ref.: Foster (1958), Weberling (2005).
Hierba. Nativa. Andes, Altiplano. Yungas, Páramo Yungueño, Puna Húmeda, 1500–4000 m.
Dept.: CO, LP.
Tipo y muestra: *H.H. Rusby 874* (IT: MICH, MO, NY, K), *J.C. Solomon & S.G. Beck 6649* (LPB, MO).
Infra: *Valeriana mandonii* subsp. *mandonii*, *Valeriana mandonii* subsp. *andina* (Britton) Weberl.

Valeriana mapirensis (Britton) Weberl., Monogr. Syst. Bot. Missouri Bot. Gard. 127: 1271. 2014.
Sin.: *Phyllactis mapirensis* Britton, *Valeriana soratensis* Briq.
Ref.: Foster (1958).
Hierba. Nativa. Altiplano. Puna Seca, 3000–4000 m.

Dept.: LP.
Tipo y muestra: *H.H. Rusby 876* (HT: NY), *G. Mandon 323* (F, G, MO, P, W, WIS).

Valeriana micropterina Wedd., Chlor. Andina 2: 26, t. 49, f.B. 1857.
Sin.: *Valeriana poterioides* P. Graebn., *Valeriana thalictroides* Graebn.
Ref.: Foster (1958), Weberling (2003).
Hierba. Nativa. Altiplano. Puna Húmeda, 3000–4500 m.
Dept.: LP.
Tipo y muestra: *G. Mandon 319* (HT: G; IT: GOET, MO-1629364, W), *T. Feuerer 8076D* (LZ).

Valeriana nivalis Wedd., Chlor. Andina 2: 23, t. 48, f.A. 1857.
Ref.: Killip (1937), Foster (1958), Beck & Valenzuela Celis (1991), Reese-Krug & Weberling (1991).
Hierba. Nativa. Altiplano. Puna Seca, 3500–5000 m.
Dept.: LP, OR, PO, TA.
Tipo y muestra: *d'Orbigny 1472* (LT: P), *J.C. Solomon 8316* (LPB, MO).

Valeriana paniculata Ruiz & Pav., Fl. Peruv. 1: 41, t. 70, f. a. 1798.
Ref.: Rusby (1893b), Killip (1937), Foster (1958).
Hierba. Nativa. Andes. Yungas, Páramo Yungueño, 2500–3000 m.
Dept.: CO, LP.
Muestra: *J.C. Solomon 9736* (LPB, MO).

Valeriana parvula Killip, J. Wash. Acad. Sci. 18: 500. 1928.
Ref.: Killip (1937).
Hierba. Nativa. Andes. Páramo Yungueño, 3500–4000 m.
Dept.: LP.
Muestra: *S.G. Beck 24957* (LPB, M).

Valeriana petersenii Weberl. & Reese-Krug, Bot. Jahrb. Syst. 118(2): 160. 1996.
Hierba. Nativa. Altiplano. Puna Seca, 2500–5000 m.
Dept.: LP, OR, PO.
Tipo y muestra: *O. Buchtien 3006* (HT: US), *S.G. Beck 9120* (LPB, M).

Valeriana polyclada Briq., Annuaire Conserv. Jard. Bot. Genève 17: 343. 1914.
Ref.: Foster (1958).
Hierba. Nativa. Andes, Altiplano. Páramo Yungueño, Puna Húmeda, 3000–4500 m.
Dept.: CH, LP, TA.
Tipo y muestra: *G. Mandon 306* (ST: GH, MO-1629345, NY), *J.C. Solomon 17864* (F, GB, LPB, MA, MO).

Valeriana potopensis Briq., Annuaire Conserv. Jard. Bot. Genève 17: 335. 1914.
Sin.: *Valeriana humahuacuensis* Borsini
Ref.: Foster (1958), Weberling (2004).
Hierba. Nativa. Andes, Altiplano. Yungas, Páramo Yungueño, Puna Húmeda, 3000–4000 m.
Dept.: CO, LP, PO, TA.
Tipo y muestra: *G. Mandon 317* (HT: G; IT: MO-1629344, NY, W; fotos: F ex G), *S.G. Beck 14721* (LPB).

Valeriana psychrophila Briq., Annuaire Conserv. Jard. Bot. Genève 17: 331. 1914.
Ref.: Foster (1958).
Hierba. Nativa. Altiplano. Puna Húmeda, 3500–4000 m.
Dept.: LP.
Tipo y muestra: *G. Mandon 309* (HT: G; IT: GH, MO-1629343, NY, W; fotos: F), *B. Herzog 606* (LZ).

Valeriana pycnantha A. Gray, Proc. Amer. Acad. Arts 5: 322. 1862.
Ref.: Beck & Valenzuela Celis (1991), Reese-Krug & Weberling (1991).
Hierba. Nativa. Altiplano. Puna Húmeda, Puna Seca, 4000–5000 m.
Dept.: LP, PO.
Muestra: *S.G. Beck 2886* (LPB, M).

Valeriana pyramidalis Kunth, Nov. Gen. Sp. (quarto ed.) 3: 331. 1818 [1819].
Hierba. Nativa. Andes. Yungas, Páramo Yungueño, 3000–3500 m.
Dept.: LP.
Muestra: *S.G. Beck & S. Liede 21250* (LPB, M).

Valeriana pyricarpa Borsini, Gen. Sp. Pl. Argent. 2: 337, t. 123j, 143a. 1944.
Ref.: González et al. (1999).
Hierba. Nativa. Andes, Altiplano. Bosque Tucumano-Boliviano, Valles Secos, Bosque de *Polylepis*, 2500–3000 m.
Dept.: TA.
Muestra: *S.G. Beck & M. Liberman 16102* (LPB).

Valeriana rusbyi Britton, Bull. Torrey Bot. Club 18: 264. 1891.
Ref.: Foster (1958).
Hierba. Endémica. Andes. Yungas, Páramo Yungueño, 2500–3000 m.
Dept.: LP.
Tipo: *H.H. Rusby 2097* (HT: NY; IT: NY, F, US; fotos: LPB).
Nota: Conocido solamente del tipo.

Valeriana scandens L., Sp. Pl. (ed. 2) 1: 47. 1762.
Sin.: *Valeriana candolleana* Gardner
Ref.: Rusby (1893b), Foster (1958), Eriksen (1989).
Hierba. Nativa. Zonas Bajas, Andes. Bosque Húmedo, Yungas, 0–1500 m.
Dept.: BE, CH, LP, SC.
Muestra: *S.G. Beck 18635* (LPB, M).
Infra: *Valeriana scandens* var. *scandens*, *Valeriana scandens* var. *candolleana* (Gardner) C.A. Mull.

Valeriana sorbifolia Kunth, Nov. Gen. Sp. (quarto ed.) 3: 332. 1818 [1819].
Ref.: Eriksen (1989).
Hierba. Nativa. Andes. Yungas, 2000–2500 m.
Dept.: LP.
Muestra: *S.G. Beck 2166* (LPB).

Valeriana tafiensis Borsini, Gen. Sp. Pl. Argent. 2: 333. 1944.
Sin.: *Valeriana urticifolia* var. *coarctata* Griseb.
Ref.: Cabrera (1993c), Kutschker (2008).
Hierba. Nativa. Andes. Valles Secos, 2500–3000 m.
Dept.: CH, CO, SC, TA.
Muestra: *R.F. Steinbach 601* (LPB, MO).

Valeriana tuberifera Graebn., Bot. Jahrb. Syst. 26: 428. 1899.
Ref.: Foster (1958), Weberling (2005).
Hierba. Nativa. Andes. Valles Secos, 2000–3000 m.
Dept.: LP.
Tipo y muestra: *M. Bang 1319* (HT: G; IT: F, GH, MO-137103, NY, NY, US), *A.F. Fuentes C. et al. 6821* (GB, LPB, MO, USZ).

Valeriana urticifolia Kunth, Nov. Gen. Sp. (quarto ed.) 3: 330, t. 275. 1818 [1819].
Ref.: Killip (1937), Eriksen (1989).
Hierba. Nativa. Andes. Yungas, 1000–2500 m.
Dept.: CO, LP, SC.
Muestra: *J.R.I. Wood 15197* (K, LPB).

Valeriana warburgii Graebn., Bot. Jahrb. Syst. 37: 439. 1906.
Sin.: *Valeriana variabilis* Graebn.
Ref.: Weberling (2004).
Hierba. Nativa. Andes. Yungas, 2500–3500 m.
Dept.: CO, LP.
Muestra: *P. Gutte 106* (LPB, LZ).
Infra: *Valeriana warburgii* subsp. *variabilis* (Graebn.) Weberl.
Nota: Hasta ahora única referencia para Bolivia.

Valerianella Mill., Gard. Dict. Abr. (ed. 4) vol. 3. 1754.
1 especie, 0 especies endémicas.

Valerianella locusta (L.) Betcke, Animadv. Bot. Valer. 10. 1826.
Sin.: *Valeriana locusta* L., *Valeriana locusta* var. *olitoria* L., *Valerianella olitoria* (L.) Pollich, *Fedia olitoria* (L.) Vahl
Ref.: Weberling (1970).
Hierba. Adventicia, cultivada. Andes, Altiplano. Valles Secos, Puna Húmeda, 3000–4000 m.
Dept.: LP.
Muestra: *S.B. Vega s.n.* (LPB).
Nom. Vern.: Lechuga suiza.

CARDIOPTERIDACEAE Blume, Rumphia 3: 205. 1847.

Por R. Duno (CICY) y E. García (LPB); revisado por M. Nee (NY), S.G. Beck (LPB), P.M. Jørgensen (MO).
2 géneros, 4 especies, 0 especies endémicas.

Citronella D. Don, Edinburgh New Philos. J. 13: 243. 1832.
3 especies, 0 especies endémicas.

Citronella apogon (Griseb.) R.A. Howard, Contr. Gray Herb. 142: 75. 1942.
Sin.: *Emmotum apogon* Griseb.
Ref.: Howard (1942), Foster (1958), García Estigarribia (1993e), Schulenberg & Awbrey (1997), González et al. (1999), Serrano & Terán (1998 [2000]).
Árbol. Nativa. Andes. Yungas, Bosque Tucumano-Boliviano, 500–2000 m.
Dept.: CH, LP, SC, TA.
Muestra: *S.G. Beck & M. Liberman 9699* (LPB, M, MO, NY, VEN).

Citronella incarum (J.F. Macbr.) R.A. Howard, J. Arnold Arbor. 21(4): 472. 1940.
Sin.: *Briquetina incarum* J.F. Macbr., *Briquetina mollis* Sleumer
Ref.: Howard (1942), Parker & Bailey (1991), García Estigarribia (1993e).
Árbol. Nativa. Andes. Yungas, 2500–3000 m.
Dept.: CO, LP, SC.
Muestra: *S.G. Beck 1211* (MO, NY).

Citronella melliodora (Sleumer) R.A. Howard, Contr. Gray Herb. 142: 77. 1942.
Sin.: *Briquetina melliodora* Sleumer
Ref.: Howard (1942), Fuentes Claros et al. (2009).
Arbolito. Nativa. Zonas Bajas. Bosque Húmedo, 500–1000 m.
Dept.: CO, LP, SC.
Muestra: *M.J. Macía & J. Fuertes 7300* (LPB, MA).

Dendrobangia Rusby, Mem. Torrey Bot. Club 6: 19. 1896.
1 especie, 0 especies endémicas.

Dendrobangia boliviana Rusby, Mem. Torrey Bot. Club 6(1): 19–20. 1896.
Ref.: Foster (1958), García Estigarribia (1993e), Duno de Stefano (2007).
Árbol. Nativa. Zonas Bajas, Andes. Bosque Húmedo, Yungas, 0–2500 m.
Dept.: LP.
Tipo y muestra: *M. Bang 1694* (LT: NY; ILT: A, A, BM, F, GH, K, MO, NY, NY, US, US), *C.B. Maldonado et al. 1626* (LPB, MA, MO).

CARICACEAE Dumort., Anal. Fam. Pl. 37, 42. 1829.

Por V.M. Badillo† (MY); revisado por F. Antunes (MSB), M. Nee (NY), P.M. Jørgensen (MO).
3 géneros, 10 especies, 0 especies endémicas.

Carica L., Sp. Pl. 2: 1036. 1753.
1 especie, 0 especies endémicas.

Carica papaya L., Sp. Pl. 2: 1036. 1753.
Sin.: *Carica posoposa* L., *Papaya carica* Gaertn., *Papaya communis* Noronha, *Papaya cucumerina* Noronha, *Papaya vulgaris* A. DC., *Carica citriformis* Jacq., *Carica sativa* Tussac, *Carica mamaya* Vell., *Papaya edulis* Bojer, *Papaya hermaphrodita* Blanco, *Carica peltata* Hook. & Arn., *Papaya citriformis* (Jacq.) A. DC., *Vasconcellea peltata* (Hook. & Arn.) A. DC., *Papaya papaya* (L.) H. Karst., *Carica bourgeaei* Solms, *Carica cubensis* Solms, *Carica papaya* fo. *portoricensis* Solms, *Carica rochefortii* Solms, *Papaya bourgeaei* (Solms) Kuntze, *Papaya cimarrona* Sint. ex Kuntze, *Papaya cubensis* (Solms) Kuntze, *Papaya peltata* (Hook. & Arn.) Kuntze, *Papaya rochefortii* (Solms) Kuntze, *Carica jamaicensis* Urb., *Carica portoricensis* (Solms) Urb., *Carica jimenezii* (Bertoni) Bertoni, *Carica papaya* var. *jimenezii* Bertoni, *Carica pinnatifida* Heilborn, *Carica papaya* var. *bady* Aké Assi
Ref.: Foster (1958), Nee (2008).
Hierba, subarbusto, arbolito, árbol. Naturalizada, cultivada. Zonas Bajas. Bosque Húmedo, Bosque Semideciduo Chiquitano, Sabanas Benianas del Norte, Sabanas Benianas del Sur, 0–1500 m.
Dept.: BE, CO, LP, SC.
Muestra: *M. Bang 1170* (BM, F, GH, MO, NY, R, US).
Nom. Vern.: Papaya.

Jacaratia A. DC., Prodr. 15(1): 419. 1864.
3 especies, 0 especies endémicas.

Jacaratia corumbensis Kuntze, Revis. Gen. Pl. 3(3): 101. 1898.
Sin.: *Jacaratia hassleriana* Chodat
Ref.: Foster (1958), Guillén Villarroel (1993a), Jardim et al. (2003).
Subarbusto. Nativa. Zonas Bajas. Bosque Semideciduo Chiquitano, Bosque Seco Chaqueño, 0–1000 m.
Dept.: SC, TA.
Muestra: *I. G. Vargas & S. Ortiz 3227* (BOLV, F, USZ).
Infra: *Jacaratia heptaphylla* fo. *inermis* Kuntze
Nom. Vern.: Cipoi, sipoy.

Jacaratia digitata (Poepp. & Endl.) Solms, Fl. Bras. 13(3): 191, t. 51, f. 1. 1889.
Sin.: *Carica digitata* Poepp. & Endl., *Jacaratia spinosa* var. *digitata* (Poepp. & Endl.) A. DC., *Jacaratia boliviana* Rusby
Ref.: Moraes R. (1990), Parker & Bailey (1991), Guillén Villarroel (1993a), Killeen & Schulenberg (1998), Mostacedo C. & Uslar (1999), Alverson et al. (2000), Arrázola Rivero et al. (2000), Nee (2008).
Arbolito, árbol. Nativa. Zonas Bajas. Bosque Húmedo, Sabanas Benianas del Norte, 0–1000 m.
Dept.: BE, CO, LP, PA, SC.
Muestra: *G. E. White 1064* (BOLV, GH, NY, US).
Nom. Vern.: Gargatea, papaya de monte.

Jacaratia spinosa (Aubl.) A. DC., Prodr. 15(1): 419. 1864.
Sin.: *Carica spinosa* Aubl., *Carica dodecaphylla* Vell., *Jacaratia costaricensis* I.M. Johnst.
Ref.: Guillén Villarroel (1993a), Killeen & Schulenberg (1998), Arrázola Rivero et al. (2000).
Trepadora, árbol. Nativa. Zonas Bajas. Bosque Húmedo, 0–1000 m.
Dept.: BE, CO, LP, SC.
Muestra: *D.N. Smith et al. 12903* (MO).
Nom. Vern.: Papayón.

Vasconcellea A. St.-Hil., Deux. Mém. Réséd. 12–13. 1837.
6 especies, 0 especies endémicas.

Vasconcellea glandulosa A. DC., Prodr. 15(1): 417. 1864.
Sin.: *Carica glandulosa* Pav. ex A. DC., *Vasconcellea heterophylla* var. *pavoniana* A. DC., *Carica gossypiifolia* Griseb., *Carica glandulosa* (A. DC.) Solms, *Carica platanifolia* Solms, *Papaya glandulosa* (A. DC.) Kuntze, *Papaya gossypiifolia* (Griseb.) Kuntze, *Papaya platanifolia* (Solms) Kuntze, *Carica triplisecta* Herzog, *Carica fiebrigii* Harms, *Carica glazioviana* Harms, *Carica stenocarpa* Heilborn
Ref.: Foster (1958), Guillén Villarroel (1993a), Nee (2008), Arroyo Padilla & Villarroel Segarra (2009).
Hierba, subarbusto, árbol. Nativa. Zonas Bajas, Andes. Bosque Húmedo, Bosque Semideciduo Chiquitano, Sabanas Benianas del Norte, Bosque Serrano Chaqueño, 0–2500 m.
Dept.: BE, CO, LP, SC.
Muestra: *R.F. Steinbach 3* (MY, VEN).
Nom. Vern.: Papayillo, papayita, yuquillo.

Vasconcellea ×heilbornii (V.M. Badillo) V.M. Badillo, Ernstia 10(2): 76. 2000.
Sin.: *Carica ×heilbornii* V.M. Badillo
Ref.: Adolfo María (1966).
Arbolito. Cultivada. Andes. Valles Secos, 1500–2000 m.
Dept.: CO.
Infra: *Vasconcellea ×heilbornii* var. *chrysopetala* (Heilborn) V.M. Badillo
Nom. Vern.: Chambura, papaya.

Vasconcellea microcarpa (Jacq.) A. DC., Prodr. 15(1): 418. 1864.
Sin.: *Carica microcarpa* Jacq., *Papaya microcarpa* (Jacq.) Poir., *Carica heterophylla* Poepp. & Endl., *Vasconcellea heterophylla* (Poepp. & Endl.) A. DC., *Vasconcellea manihot* Triana & Planch., *Carica manihot* (Triana & Planch.) Solms, *Papaya heterophylla* (Poepp. & Endl.) Kuntze, *Papaya manihot* (Triana & Planch.) Kuntze, *Carica stylosa* Heilborn, *Carica cucurbitifolia* Woodson, *Carica microcarpa* subsp. *australis* V.M. Badillo
Ref.: Foster (1958), Parker & Bailey (1991), Guillén Villarroel (1993a), Alverson et al. (2000).
Hierba, subarbusto. Nativa. Zonas Bajas. Bosque Húmedo, Sabanas Benianas del Norte, Sabanas Benianas del Sur, Campos Amazónicos, 0–1000 m.
Dept.: BE, LP, OR, PA.
Muestra: *R.F. Steinbach 14025* (MO, MY).
Infra: *Vasconcellea microcarpa* subsp. *australis* (V.M. Badillo) V.M. Badillo
Nom. Vern.: Papayina.

Vasconcellea monoica (Desf.) A. DC., Prodr. 15(1): 418. 1864.
Sin.: *Carica monoica* Desf., *Papaya monoica* (Desf.) Poir., *Carica citriformis* Hook. f., *Vasconcellea hookeri* A. DC., *Carica erythrocarpa* Linden & André, *Papaya erythrocarpa* (Linden & André) Kuntze, *Carica boliviana* Rusby
Ref.: Foster (1958), Guillén Villarroel (1993a).
Hierba, árbol. Naturalizada, cultivada. Andes. Tipo de vegetación desconocida, 1000–2000 m.
Dept.: LP, SC.
Muestra: *M. Bang 2338* (GH, MO).
Nom. Vern.: Berenguel.

Vasconcellea pubescens A. DC., Prodr. 15(1): 419. 1864.
Sin.: *Carica pubescens* Lenné & C. Koch, *Vasconcellea cestriflora* A. DC., *Carica candamarcensis* Hook. f., *Carica cestriflora* (A. DC.) Solms, *Carica pubescens* (A. DC.) Solms, *Papaya pubescens* (A. DC.) Kuntze, *Carica chiriquensis* Woodson, *Vasconcellea cundinamarcensis* V.M. Badillo
Ref.: Guillén Villarroel (1993a).
Trepadora, árbol. Naturalizada, cultivada. Andes. Yungas, 2000–3000 m.
Dept.: LP.
Muestra: *V.M. Badillo F. et al. 4039* (MY, NY, UC, VEN).

Vasconcellea quercifolia A. St.-Hil., Deux. Mém. Réséd. 13. 1837.
Sin.: *Carica hastata* Brign., *Vasconcellea lanceolata* A. DC., *Vasconcellea hastata* (Brign.) Caruel, *Carica lanceolata* (A. DC.) Benth. & Hook. ex Hieron., *Carica quercifolia* (A. St.-Hil.) Hieron., *Papaya lanceolata* (A. DC.) Kuntze, *Papaya quercifolia* (A. St.-Hil.) Kuntze, *Papaya tunariensis* Kuntze, *Carica tunariensis* (Kuntze) K. Schum., *Carica acuta* Heilborn
Ref.: Foster (1958), Guillén Villarroel (1993a), López Vargas (1995), Saravia Miranda (1996), De la Barra (1997), Mostacedo C. & Uslar (1999), López (2000), Serrano & Terán (1998 [2000]), Vargas Caballero et al. (2000), Jardim et al. (2003), Nee (2008), Arroyo Padilla & Villarroel Segarra (2009).
Subarbusto, arbusto, arbolito. Nativa. Zonas Bajas, Andes. Bosque Semideciduo Chiquitano, Bosque Tucumano-Boliviano, Valles Secos, 500–3500 m.
Dept.: CH, CO, LP, PO, SC, TA.
Muestra: *J. Steinbach 8637* (F, K, LIL, MO, NY, S, U, US).
Nom. Vern.: Gargatea, caralugna.

CARYOCARACEAE Voigt, Hort. Suburb. Calcutt. 88. 1845.

Por G. Prance (RNG) e I. Hinojosa (LPB); revisado por S.G. Beck (LPB), M. Nee (NY), P.M. Jørgensen (MO).
2 géneros, 7 especies, 0 especies endémicas.

Anthodiscus G. Mey., Prim. Fl. Esseq. 193–194. 1818.
1 especie, 0 especies endémicas.

Anthodiscus klugii Standl. ex Prance, Brittonia 23: 443. 1971.
Ref.: Prance & Silva (1973).
Árbol. Nativa. Zonas Bajas. Bosque Húmedo, 0–500 m.
Dept.: LP.
Muestra: *A.H. Gentry & S. Estenssoro C. 70350* (LPB, MO).

Caryocar L., Mant. Pl. 2: 154, 247. 1771.
6 especies, 0 especies endémicas.

[Caryocar amygdaliforme Ruiz & Pav. ex G. Don], Gen. Hist. 1: 654. 1831.
Ref.: Parker & Bailey (1991), Hinojosa Ossio (1993b).
Nota: El registro se basa en material mal identificado de *C. pallidum*.

Caryocar brasiliense Cambess., Fl. Bras. Merid. (quarto ed.) 1: 249, 322, t. 67 bis. 1828.
Ref.: Prance & Silva (1973), Hinojosa Ossio (1993b), Killeen & Schulenberg (1998), Mostacedo C. & Uslar (1999), Jardim et al. (2003), Wood et al. (2011).
Arbusto, árbol. Nativa. Zonas Bajas. Campos Cerrados, 0–1000 m.
Dept.: BE, SC.
Muestra: *T. Killeen & J. Surubí 7266* (MO, USZ).
Infra: *Caryocar brasiliense* subsp. *brasiliense*, *Caryocar brasiliense* subsp. *intermedium* (Wittm.) Prance & M.F. Silva
Nom. Vern.: Macararú, piquí.

Caryocar dentatum Gleason, Bull. Torrey Bot. Club 60(6): 380–381. 1933.
Ref.: Prance & Silva (1973), Hinojosa Ossio (1993b).
Árbol. Nativa. Zonas Bajas, Andes. Bosque Húmedo, Yungas, 0–1500 m.
Dept.: BE, CO, LP, PA.
Muestra: *A.H. Gentry & J.C. Solomon 44752* (LPB, MO).

Caryocar glabrum (Aubl.) Pers., Syn. Pl. 2: 84. 1806.
Sin.: *Saouari glabra* Aubl.
Ref.: Foster (1958), Prance & Silva (1973), Hinojosa Ossio (1993b).
Árbol. Nativa. Zonas Bajas. Bosque Húmedo, 0–500 m.
Dept.: PA.
Muestra: *G.T. Prance 8436* (INPA, MG, MO, NY).
Infra: *Caryocar glabrum* subsp. *glabrum*
Nom. Vern.: Almendra.

Caryocar microcarpum Ducke, Arch. Jard. Bot. Rio de Janeiro 4: 133. 1925.
Ref.: Prance & Silva (1973), Hinojosa Ossio (1993b).
Árbol. Nativa. Zonas Bajas. Bosque Húmedo, 0–500 m.
Dept.: BE, LP.
Muestra: *B.A. Krukoff 10402* (A, F, G, K, LPB, MO, NY, S, U, UC, US).

Caryocar pallidum A.C. Sm., J. Arnold Arbor. 20: 297. 1939.
Ref.: Prance & Silva (1973), Hinojosa Ossio (1993b).
Árbol. Nativa. Zonas Bajas. Bosque Húmedo, 0–500 m.
Dept.: BE, LP.
Muestra: *A.H. Gentry & S. Estenssoro C. 70432* (K, LPB, MO).

[Caryocar parviflorum A.C. Sm.], J. Arnold Arbor. 20: 298. 1939.
Nota: El registro se basa en material mal identificado de *C. microcarpum*.

Caryocar villosum (Aubl.) Pers., Syn. Pl. 2: 84. 1806.
Sin.: *Saouari villosa* Aubl.
Ref.: Hinojosa Ossio (1993b).
Árbol. Nativa. Zonas Bajas. Bosque Húmedo, 0–500 m.
Dept.: PA.
Muestra: *W. Terceros 1381* (BOLV, LPB).

CARYOPHYLLACEAE Juss., Gen. Pl. 299. 1789.

Por S.G. Beck (LPB), P. Rojas (BOLV), C. Romero (MO) y M.E. Timaná (Pontificia Universidad Católica del Perú) [*Colobanthus*, *Pycnophyllopsis*, *Pycnophyllum*, *Sagina*]; revisado por M. Nee (NY), P.M. Jørgensen (MO).
20 géneros, 105 especies, 9 especies endémicas.

Arenaria L., Sp. Pl. 1: 423. 1753.
18 especies, 5 especies endémicas.

Arenaria andina Rohrb., Linnaea 37: 255. 1871.
Ref.: Williams (1898), Foster (1958).
Hierba. Endémica. Andes. Valles Secos, 3000–3500 m.
Dept.: LP.
Tipo: *G. Mandon 954* (HT: G; IT: F frag., P; fotos: F ex G, MO).
Nota: Conocida solamente del tipo.

Arenaria boliviana F.N. Williams, J. Linn. Soc., Bot. 33: 425. 1898.
Sin.: *Arenaria conferta* Wedd., *Arenaria conferta* var. *villosa* Wedd.
Ref.: Foster (1958), Pestalozzi & Torres (1998).
Hierba. Nativa. Altiplano. Puna Húmeda, Puna Seca, 4000–5000 m.
Dept.: CO, LP.
Tipo y muestra: *G. Mandon 960* (HT: G; IT: F frag., F frag., F frag.; fotos: F ex G, MO-1669608), *J.C. Solomon et al. 11806* (LPB, MO).

Arenaria catamarcensis Pax, Bot. Jahrb. Syst. 18: 29. 1893.
Ref.: Foster (1958), Volponi (1985).
Hierba. Nativa. Andes. Valles Secos, 2500–3000 m.
Dept.: SC.
Muestra: *T. Herzog 1900B* (B, L).

Arenaria dicranoides Kunth, Nov. Gen. Sp. (quarto ed.) 6: 34. 1823.
Sin.: *Pycnophyllum dicranoides* (Kunth) Muschl.
Ref.: Foster (1958).
Hierba. Nativa. Región, tipo de vegetación y elevación desconocidas.
Dept.: Bolivia.
Nota: Citada para Bolivia por Foster (1958) como *Pycnophyllum dicranoides*, no hay ejemplares de herbario confirmados.

Arenaria digyna Willd. ex D.F.K. Schltdl., Mag. Neuesten Entdeck. Gesammten Naturk. Ges. Naturf. Freunde Berlin 7(3): 201. 1816.
Ref.: Foster (1958), Pestalozzi & Torres (1998), Zuloaga et al. (2008b), Beck et al. (2010).
Hierba. Nativa. Andes, Altiplano. Yungas, Valles Secos, Puna Húmeda, Puna Seca, Bosque de *Polylepis*, 3500–5000 m.
Dept.: CO, LP, OR.
Muestra: *S.G. Beck 3860* (LPB, M, MO).

Arenaria lanuginosa (Michx.) Rohrb., Fl. Bras. 14(2C): 274. 1872.
Sin.: *Spergulastrum lanuginosum* Michx., *Arenaria alsinoides* Willd. ex D.F.K. Schltdl., *Arenaria diffusa* Elliott, *Stellaria lanuginosa* (Michx.) Torr. & A. Gray, *Arenaria saxosa* A. Gray, *Stellaria laxa* Behm, *Arenaria megalantha* (Rohrb.) F.N. Williams, *Arenaria guatemalensis* Standl. & Steyerm., *Arenaria lanuginosa* subsp. *saxosa* (A. Gray) Maguire, *Arenaria lanuginosa* subsp. *guatemalensis* (Standl. & Steyerm.) J.A. Duke
Ref.: Rusby (1893b), Foster (1958), Volponi (1985), González et al. (1999), Serrano & Terán (1998 [2000]), Nee (2004), Zuloaga et al. (2008b), Arroyo Padilla & Villarroel Segarra (2009).
Hierba. Nativa. Andes, Altiplano. Yungas, Bosque Tucumano-Boliviano, Páramo Yungueño, Valles Secos, Puna Húmeda, Bosque de *Polylepis*, 1000–4500 m.
Dept.: CH, CO, LP, SC, TA.
Muestra: *J.C. Solomon 5972* (LPB, MO).
Infra: *Arenaria lanuginosa* var. *lanuginosa*, *Arenaria lanuginosa* var. *megalantha* Rohrb.

Arenaria mandoniana Wedd., Ann. Sci. Nat., Bot., sér. 5, 1: 294. 1864.
Ref.: Williams (1898), Foster (1958).
Hierba. Endémica. Altiplano. Puna Húmeda, 4000–4500 m.
Dept.: LP.
Tipo y muestra: *G. Mandon 961* (HT: P; fotos: F), *E. Jordan 99A* (LPB).

Arenaria orbignyana Wedd., Ann. Sci. Nat., Bot., sér. 5, 1: 293. 1864.
Ref.: Foster (1958).
Hierba. Nativa. Altiplano. Puna Húmeda, 4000–4500 m.
Dept.: LP, PO.
Tipo y muestra: *d'Orbigny 1511* (T: G, P; fotos: F ex G, F ex P), *X. Menhofer 1642* (LPB).
Nota: Tipificación tentativa. *d'Orbigny 1490* (P) es otra posibilidad, el protólogo indica *s.n.*

Arenaria parvifolia Benth., Pl. Hartw. 163. 1839.
Hierba. Nativa. Andes, Altiplano. Yungas, Puna Húmeda, 3500–4500 m.
Dept.: CO, LP.
Muestra: *J.C. Solomon 13174* (LPB, MO).

Arenaria pedunculosa Wedd., Ann. Sci. Nat., Bot., sér. 5, 1: 294. 1864.
Ref.: Foster (1958).
Hierba. Endémica. Altiplano. Puna Húmeda, 4000–4500 m.
Dept.: LP.
Tipo: *H.A. Weddell s.n.* (HT: P; fotos: F).
Nota: Conocida solamente del tipo. Posiblemente un sinónimo de *Colobanthus quitensis*.

Arenaria pycnophylla Rohrb., Linnaea 37: 250. 1871.
Ref.: Williams (1898), Foster (1958).
Hierba. Endémica. Altiplano. Puna Húmeda, Puna Seca, 4500–5000 m.
Dept.: LP, PO.
Tipo y muestra: *d'Orbigny 441* (T: P), *J.R.I. Wood 14616* (K, LPB).

Arenaria pycnophylloides Pax, Bot. Jahrb. Syst. 18: 29. 1893.
Ref.: Volponi (1985), Zuloaga et al. (2008b).
Hierba. Nativa. Altiplano. Puna Húmeda, 4000–5000 m.
Dept.: LP.
Muestra: *S.G. Beck 9134* (LPB).

Arenaria rivularis Phil., Fl. Atacam. 184. 1860.
Ref.: Volponi (1985), Zuloaga et al. (2008b).
Hierba. Nativa. Altiplano. Puna Húmeda, 4000–5000 m.
Dept.: LP.
Muestra: *X. Menhofer 1635* (LPB).

Arenaria serpens Kunth, Nov. Gen. Sp. (quarto ed.) 6: 32. 1823.
Sin.: *Arenaria andicola* Gillies, *Arenaria serpylloides* Gay
Ref.: Volponi (1985), Serrano & Terán (1998 [2000]), Zuloaga et al. (2008b).
Hierba. Nativa. Andes, Altiplano. Yungas, Bosque Tucumano-Boliviano, Valles Secos, Puna Húmeda, 3000–5000 m.
Dept.: CH, LP, TA.
Muestra: *J.R.I. Wood et al. 15266* (HSB, K, LPB).

Arenaria serpyllifolia L., Sp. Pl. 1: 423. 1753.
Hierba. Adventicia. Andes. Yungas, Páramo Yungueño, 2500–4000 m.
Dept.: CO, LP.
Muestra: *S.G. Beck 33435* (LPB).
Nota: Nativa de Europa.

Arenaria soratensis Rohrb., Linnaea 37: 266. 1871.
Ref.: Williams (1898), Foster (1958).
Hierba. Nativa. Andes. Yungas, Valles Secos, 2500–3500 m.
Dept.: LP.
Tipo y muestra: *G. Mandon 959* (T: G, K, P; fotos: F ex G), *J.C. Solomon 12316* (LPB, MO).

Arenaria stuebelii Hieron., Bot. Jahrb. Syst. 21(3): 307. 1895.
Ref.: Williams (1898), Foster (1958).
Hierba. Endémica. Altiplano. Puna Seca, elevación desconocida.
Dept.: LP.
Tipo: *A. Stübel 48d* (HT: B destr.?).
Nota: Conocida solamente del tipo.

Arenaria tetragyna Willd. ex D.F.K. Schltdl., Mag. Neuesten Entdeck. Gesammten Naturk. Ges. Naturf. Freunde Berlin 7(3): 201. 1816.
Hierba. Nativa. Altiplano. Puna Húmeda, 4500–5000 m.
Dept.: LP.
Muestra: *H. Alberto 291* (LPB).

Cardionema DC., Prodr. 3: 372–373. 1828.
3 especies, 0 especies endémicas.

Cardionema burkartii Subils, Lorentzia 3: 5. 1979.
Ref.: Kiesling (1994a).
Hierba. Nativa. Altiplano. Puna Húmeda, Puna Seca, 3500–4000 m.
Dept.: CO, LP, PO.
Muestra: *G. Navarro 1026* (BOLV).

Cardionema multicaule DC., Prodr. 3: 373. 1828.
Hierba. Adventicia. Andes. Valles Secos, 2000–4000 m.
Dept.: CO, LP.
Muestra: *E. Gutiérrez C. 51* (BOLV).
Nota: Especie dudosa. Nativa de México.

Cardionema ramosissimum (Weinm.) A. Nelson & J.F. Macbr., Bot. Gaz. 56(6): 473. 1913.
Sin.: *Loeflingia ramosissima* Weinm., *Pentacaena polycnemoides* Bartl., *Pentacaena ramosissima* (Weinm.) Hook. & Arn., *Paronychia polycnemoides* Schltdl., *Acanthonychia polycnemoides* (Schltdl.) Rohrb., *Acanthonychia ramosissima* (Weinm.) Rohrb., *Paronychia confertissima* D. Parodi
Ref.: Foster (1958), Pedersen (1984), Pestalozzi & Torres (1998), Serrano & Terán (1998 [2000]), Zuloaga et al. (2008b).
Hierba. Nativa. Andes, Altiplano. Valles Secos, Puna Húmeda, Puna Seca, Bosque de *Polylepis*, 2000–4500 m.
Dept.: CH, CO, LP, OR, SC, TA.
Muestra: *I. Hensen 412* (BOLV, LPB).

Cerastium L., Sp. Pl. 1: 437. 1753.
21 especies, 1 especie endémica.

Cerastium argentinum (Pax) F.N. Williams, J. Bot. 36: 387. 1898.
Sin.: *Cerastium nutans* var. *argentinum* Pax
Ref.: Foster (1958), Zuloaga et al. (2008b).
Hierba. Nativa. Andes, Altiplano. Yungas, Páramo Yungueño, Valles Secos, Puna Húmeda, Puna Seca, 2000–4500 m.
Dept.: CH, CO, LP.
Muestra: *S.G. Beck et al. 18062* (LP, LPB, SI).

Cerastium arvense L., Sp. Pl. 1: 438. 1753.
Sin.: *Cerastium caespitosum* Kit. ex Rchb., *Cerastium nervosum* Gay, *Cerastium oblongifolium* Torr., *Cerastium arvensiforme* Wedd., *Cerastium arvensiforme* var. *glandulosum* Wedd., *Cerastium arvense* var. *arvensiforme* (Wedd.) Rohrb., *Cerastium arvense* var. *nervosum* (Gay) Reiche, *Cerastium arvense* fo. *oblongifolium* (Torr.) Pennell
Ref.: Rusby (1893b), Macbride (1937d), Foster (1958), Pedersen (1984).
Hierba. Naturalizada, adventicia. Andes, Altiplano. Páramo Yungueño, Valles Secos, Puna Húmeda, Bosque de *Polylepis*, 2000–>5000 m.
Dept.: CO, LP.
Muestra: *M. Zárate et al. 3938* (BOLV, LPB).

Cerastium behmianum Muschl., Bot. Jahrb. Syst. 45(4): 446–447. 1911.
Sin.: *Cerastium imbricatum* var. *mandonianum* Rohrb.
Ref.: Macbride (1937d), Foster (1958).
Hierba. Nativa. Altiplano. Puna Húmeda, 4000–4500 m.
Dept.: LP.
Muestra: *G. Mandon 981* (MO, P).

Cerastium brevicarpicum Rusby, Phytologia 1: 54. 1934.
Ref.: Foster (1958).
Hierba. Endémica. Altiplano. Puna Húmeda, 4500–5000 m.
Dept.: LP.
Tipo y muestra: *G.H.H. Tate 785* (HT: NY; IT: B destr.?), *G.H.H. Tate 21* (NY).

Cerastium commersonianum DC., Prodr. 1: 417. 1824.
Ref.: Pedersen (1987).
Hierba. Nativa. Altiplano. Puna Húmeda, 3500–5000 m.
Dept.: LP.
Muestra: *J.C. Solomon 4868* (MO).
Infra: *Cerastium commersonianum* var.

commersonianum
Nota: Determinación no confirmada.

Cerastium consanguineum Wedd., Ann. Sci. Nat., Bot., sér. 5, 1: 296. 1864.
Sin.: *Cerastium viscosum* var. *consanguineum* (Wedd.) Rohrb.
Ref.: Pax & Hoffmann (1934), Foster (1958).
Hierba. Nativa. Altiplano. Puna Húmeda, 4000–5000 m.
Dept.: LP.
Tipo y muestra: *G. Mandon 974* (T: G; fotos: F, MO), *S.G. Beck 34146* (LPB).

Cerastium crassipes Bartl., Reliq. Haenk. 2(1): 18. 1831.
Sin.: *Cerastium orophilum* Wedd.
Ref.: Macbride (1937d), Foster (1958), Pestalozzi & Torres (1998).
Hierba. Nativa. Altiplano. Puna Húmeda, Puna Seca, 4000–5000 m.
Dept.: CO, LP, OR.
Muestra: *J.C. Solomon et al. 11786* (LPB, MO).

Cerastium danguyi J.F. Macbr., Publ. Field Mus. Nat. Hist., Bot. Ser. 13(2/2): 585. 1937.
Sin.: *Cerastium trianae* Briq.
Ref.: Macbride (1937d), Pestalozzi & Torres (1998).
Hierba. Nativa. Altiplano. Puna Húmeda, Puna Seca, Bosque de *Polylepis*, 3500–4500 m.
Dept.: CO, LP, OR.
Muestra: *J.C. Solomon 13020* (LPB, MO).

Cerastium fontanum Baumg., Enum. Stirp. Transsilv. 1: 425. 1816.
Sin.: *Cerastium vulgatum* var. *andinum* A. Gray, *Cerastium vulgatum* var. *vulgatum*, *Cerastium holosteoides* Fr., *Cerastium vulgare* Hartm., *Cerastium triviale* Link, *Cerastium vulgatum* var. *peruvianum* A. Gray
Ref.: Foster (1958), Volponi (1990), Wyse Jackson (2000), Zuloaga et al. (2008b).
Hierba. Naturalizada, adventicia. Andes, Altiplano. Yungas, Valles Secos, Puna Húmeda, Puna Seca, 2000–4500 m.
Dept.: CO, LP, PO, TA.
Muestra: *J.C. Solomon 13080* (LPB, MO).
Infra: *Cerastium fontanum* var. *holosteoides* (Fr.) Jalas, *Cerastium fontanum* var. *vulgare* (Hartm.) M.B. Wyse Jacks.

Cerastium glomeratum Thuill., Fl. Env. Paris (ed. 2) 226. 1799.
Sin.: *Cerastium viscosum* fo. *viscosum*, *Cerastium viscosum* var. *viscosum*, *Cerastium viscosum* L., *Cerastium vulgatum* L.
Ref.: Foster (1958), Pedersen (1984), Pestalozzi & Torres (1998).
Hierba. Naturalizada, adventicia. Andes, Altiplano. Valles Secos, Puna Húmeda, 2000–4000 m.
Dept.: CO, LP, SC, TA.
Muestra: *J.C. Solomon 13250* (LPB, MO).

Cerastium humifusum Cambess. ex A. St.-Hil., Fl. Bras. Merid. (quarto ed.) 2: 166. 1829.
Ref.: Foster (1958), Serrano & Terán (1998 [2000]).
Hierba. Nativa. Andes. Yungas, Bosque Tucumano-Boliviano, Valles Secos, 1000–3000 m.
Dept.: CH, CO.
Muestra: *J. Steinbach 5832* (BAF, G, LPB, MO).

Cerastium imbricatum Kunth, Nov. Gen. Sp. (quarto ed.) 6: 28. 1823.
Ref.: Macbride (1937d), Foster (1958).
Hierba. Nativa. Andes, Altiplano. Valles Secos, Puna Húmeda, 1000–1500, 3500–5000 m.
Dept.: LP.
Muestra: *G. Mandon 976* (P).

Cerastium junceum Möschl, Mem. Soc. Brot. 9: 79. 1953.
Ref.: Pedersen (1987), Volponi (1990), Zuloaga et al. (2008b).
Hierba. Nativa. Altiplano. Puna Húmeda, Puna Seca, 3500–4000, 4500–5000 m.
Dept.: LP, PO.
Muestra: *J.C. Solomon 4975* (MO).
Nota: Identificación tentativa.

Cerastium mollissimum Poir., Encycl., Suppl. 2: 164. 1811.
Hierba. Nativa. Andes. Yungas, Valles Secos, 1000–1500, 2000–2500, 3000–3500 m.
Dept.: CO, LP, TA.
Muestra: *J.C. Solomon 9722* (LPB, MO).
Infra: *Cerastium mollissimum* var. *lorentzii* Pax

Cerastium mucronatum Wedd., Ann. Sci. Nat., Bot., sér. 5, 1: 294. 1864.
Ref.: Macbride (1937d), Foster (1958).
Hierba. Nativa. Altiplano. Puna Húmeda, Bosque de *Polylepis*, 4000–5000 m.
Dept.: CO, LP.
Tipo y muestra: *H.A. Weddell 4327* (ST: P), *J.C. Solomon 9706* (LPB, MO).

[Cerastium nutans Raf.], Précis Découv. Somiol. 36. 1814.
Ref.: Foster (1958).
Nota: El registro se basa en material mal identificado de *C. argentinum*.

Cerastium peruvianum Muschl., Bot. Jahrb. Syst. 45(4): 445–446. 1911.
Ref.: Macbride (1937d), Beck et al. (2010).
Hierba. Nativa. Altiplano. Puna Húmeda, Puna Seca, 3500–5000 m.
Dept.: CO, LP, OR.
Muestra: *X. Menhofer 1843* (LPB).

Cerastium rivulare Cambess., Fl. Bras. Merid. (quarto ed.) 2: 166. 1829.
Ref.: Adolfo María (1966), Jiménez (1984), Pedersen (1987), Nee (2004).
Hierba. Nativa. Andes. Bosque Tucumano-Boliviano, Valles Secos, 1000–3000 m.
Dept.: CH, CO, SC, TA.
Muestra: *J.C. Solomon 10939* (LPB, MO).

Cerastium rivulariastrum Möschl & Pedersen, Darwiniana 16: 118. 1970.
Ref.: Pedersen (1987), González et al. (1999).
Hierba. Nativa. Zonas Bajas, Andes. Bosque Seco Chaqueño, Yungas, Bosque Tucumano-Boliviano, Valles Secos, 0–1500, 2000–2500 m.
Dept.: LP, SC, TA.
Muestra: *J.C. Solomon 11178* (LPB, MO).

Cerastium soratense Rohrb., Linnaea 37: 291. 1871.
Ref.: Macbride (1937d), Foster (1958).
Hierba. Nativa. Andes, Altiplano. Valles Secos, Puna Húmeda, Puna Seca, 3500–5000 m.
Dept.: CO, LP, OR, PO.
Tipo y muestra: *G. Mandon 978* (T: G; fotos: F ex G), *M. Liberman 1238* (LP, LPB).

Cerastium subspicatum Wedd., Ann. Sci. Nat., Bot., sér. 5, 1: 295. 1864.
Ref.: Macbride (1937d), Foster (1958), Serrano & Terán (1998 [2000]).
Hierba. Nativa. Andes, Altiplano. Páramo Yungueño, Valles Secos, Puna Húmeda, Puna Seca, 2500–4500 m.
Dept.: CH, CO, LP, OR, SC, TA.
Tipo y muestra: *G. Mandon 966* (ST: G, P, W; fotos: F ex W), *J.C. Solomon 12525* (LPB, MO).

Cerastium tucumanense Pax, Bot. Jahrb. Syst. 18: 25. 1893.
Ref.: Volponi (1990), González et al. (1999).
Hierba. Nativa. Andes, Altiplano. Valles Secos, Puna Húmeda, 1500–3000, 4000–4500 m.
Dept.: CH, CO, LP, PO, TA.
Muestra: *M.A. Lewis 871554* (CTES, LPB, MO).

Colobanthus Bartl., Ord. Nat. Pl. 305. 1830.
2 especies, 1 especie endémica.

Colobanthus bolivianus Pax, Repert. Spec. Nov. Regni Veg. 7: 109. 1909.
Ref.: Foster (1958).
Hierba. Endémica. Altiplano. Puna Húmeda, 4500–5000 m.
Dept.: LP.
Tipo: *O. Buchtien 1851* (T: US, WRSL).
Nota: Conocida solamente del tipo. Posiblemente pertenece a *Stellaria*.

Colobanthus quitensis (Kunth) Bartl., Reliq. Haenk. 2(1): 13, t. 49, f. 2. 1831.
Sin.: *Sagina quitensis* Kunth, *Sagina crassifolia* d'Urv., *Colobanthus crassifolius* (d'Urv.) Hook. f., *Sagina graminifolia* Wedd.
Ref.: Foster (1958), Pedersen (1984), Pestalozzi & Torres (1998).
Hierba. Nativa. Altiplano. Puna Húmeda, Puna Seca, 4000–5000 m.
Dept.: CO, LP, PO.
Muestra: *J.C. Solomon & M. Moraes R. 13422* (LPB, MO).

Corrigiola L., Sp. Pl. 1: 271. 1753.
1 especie, 0 especies endémicas.

Corrigiola andina Planch. & Triana, Ann. Sci. Nat., Bot., sér. 4, 17: 146–147. 1862.
Ref.: Pax (1894 [1893]).
Hierba. Nativa. Región, tipo de vegetación y elevación desconocidas.
Dept.: Bolivia.

Dianthus L., Sp. Pl. 1: 409. 1753.
2 especies, 0 especies endémicas.

Dianthus barbatus L., Sp. Pl. 1: 409. 1753.
Hierba. Adventicia, cultivada. Andes. Valles Secos, 2500–3500 m.
Dept.: CO, LP.
Muestra: *J.C. Solomon 12790* (LPB, MO).
Nota: Nativa del Sur de Europa, cultivada como ornamental.

Dianthus plumarius L., Sp. Pl. 1: 411. 1753.
Hierba. Adventicia, cultivada. Andes. Valles Secos, 3000–3500 m.
Dept.: LP.
Muestra: *J.C. Solomon 12822* (LPB, MO).
Nota: Nativa de Europa, ampliamente cultivada como planta ornamental.

Drymaria Willd. ex Schult., Syst. Veg. (ed. 15 bis) 5: 31, 406. 1819.
8 especies, 0 especies endémicas.

Drymaria cordata (L.) Willd. ex Schult., Syst. Veg. (ed. 15 bis) 5: 406. 1819.
Sin.: *Holosteum cordatum* L., *Holosteum diandrum* Sw., *Drymaria diandra* Blume, *Drymaria diandra* (Sw.) Macfad., *Drymaria procumbens* Rose, *Drymaria adenophora* Urb., *Stellaria adenophora* (Urb.) León
Ref.: Rusby (1893b), Foster (1958), Volponi (1998), González et al. (1999), Nee (2004).
Hierba. Nativa. Zonas Bajas, Andes. Bosque Húmedo, Yungas, Bosque Tucumano-Boliviano, Bosque Serrano Chaqueño, Páramo Yungueño, Valles Secos, 0–3500 m.
Dept.: BE, CH, CO, LP, SC, TA.
Muestra: *J.C. Solomon 6275* (LPB, MO).
Infra: *Drymaria cordata* subsp. *cordata*

Drymaria divaricata Kunth, Nov. Gen. Sp. (quarto ed.) 6: 24. 1823.
Sin.: *Drymaria stricta* Rusby
Ref.: Foster (1958), Duke (1961), Cano & Valencia (1991).
Hierba. Nativa. Andes. Yungas, Valles Secos, 2000–2500, 3500–4000 m.
Dept.: LP.
Muestra: *S.G. Beck 18196* (LP, LPB).
Infra: *Drymaria divaricata* var. *stricta* (Rusby) J.A. Duke

Drymaria glandulosa Bartl., Reliq. Haenk. 2(1): 9. 1831.
Sin.: *Drymaria leptoclados* var. *peruviana* Ball
Ref.: Foster (1958), Adolfo María (1966), Jiménez (1984), Serrano & Terán (1998 [2000]), Nee (2004).
Hierba. Nativa. Andes. Yungas, Bosque Tucumano-Boliviano, Valles Secos, 1000–4000 m.
Dept.: CH, CO, LP, PO, SC, TA.
Muestra: *M.H. Nee 52958* (LPB, MO, NY, USZ).
Infra: *Drymaria glandulosa* var. *glandulosa*

Drymaria ladewii Rusby, Phytologia 1(2): 54–55. 1934.
Ref.: Foster (1958), Duke (1961), Nee (2004).
Hierba. Nativa. Andes. Yungas, Bosque Tucumano-Boliviano, Valles Secos, 1000–2500 m.
Dept.: CH, LP, SC, TA.
Tipo y muestra: *G.H.H. Tate 652* (HT: NY; IT: MO, NY), *J.C. Solomon 10397* (LPB, MO).

Drymaria laxiflora Benth., Pl. Hartw. 73. 1841.
Hierba. Nativa, Adventicia. Andes. Bosque Tucumano-Boliviano, Valles Secos, 1500–2500 m.
Dept.: TA.
Muestra: *K. Fiebrig 2837* (LPB, M, SI).
Nota: Determinación no confirmada.

Drymaria ovata Humb. & Bonpl. ex Schult., Syst. Veg. (ed. 15 bis) 5: 406. 1819.
Ref.: Schulenberg & Awbrey (1997), Serrano & Terán (1998 [2000]).
Hierba. Nativa. Andes. Yungas, Valles Secos, 2000–3500 m.
Dept.: CH, LP.
Muestra: *M.A. Lewis 37038* (LPB, MO).

Drymaria paposana Phil., Fl. Atacam. 10. 1860.
Hierba. Nativa. Andes. Valles Secos, 3000–3500 m.
Dept.: CO.
Muestra: *I. Hensen 2095* (LPB).
Infra: *Drymaria paposana* var. *serrulata* J.A. Duke

[Drymaria sperguloides A. Gray], Mem. Amer. Acad. Arts, n.s. 4(1): 10–11. 1849.
Ref.: Foster (1958).
Nota: El registro se basa en material mal identificado. *D. sperguloides* es un sinónimo de *D. molluginea* una especie de Norte América y México que no crece en Bolivia.

Drymaria villosa Schltdl. & Cham., Linnaea 5: 232–233. 1830.
Sin.: *Drymaria palustris* Schltdl. & Cham., *Drymaria hirsuta* Bartl., *Drymaria pauciflora* Bartl.
Ref.: Foster (1958), Duke (1961).
Hierba. Nativa. Andes. Yungas, Valles Secos, 2000–4000 m.
Dept.: LP.
Muestra: *S.G. Beck 4641* (CTES, LPB).
Infra: *Drymaria villosa* subsp. *villosa*, *Drymaria villosa* subsp. *palustris* (Schltdl. & Cham.) J.A. Duke

Gypsophila L., Sp. Pl. 1: 406. 1753.
2 especies, 0 especies endémicas.

Gypsophila elegans M. Bieb., Fl. Taur.-Caucas. 1: 319. 1808.
Hierba. Adventicia. Andes. Valles Secos, 2500–3500 m.
Dept.: LP.
Muestra: *S.G. Beck 3503* (CTES, LPB).

Gypsophila paniculata L., Sp. Pl. 1: 407. 1753.
Hierba. Cultivada. Andes. Valles Secos, 2500–3500 m.
Dept.: LP.
Muestra: *P.J. Vidaurre 6* (LPB).

Herniaria L., Sp. Pl. 1: 218. 1753.
1 especie, 0 especies endémicas.

Herniaria austroamericana Chaudhri & Rutish., Pakistan Syst. 3(1): 2. 1987.
Ref.: Pedersen (1984), Zuloaga et al. (2008b).
Hierba. Nativa. Altiplano. Puna Húmeda, 3500–4500 m.
Dept.: CO, LP, OR, PO, TA.
Muestra: *S.G. Beck & N.Y. Paniagua 27062* (CTES, LP, LPB).

[Herniaria cinerea DC.], Fl. Franç. (ed. 3) 6: 375. 1815.
Ref.: Pestalozzi & Torres (1998).
Nota: El registro se basa en material mal identificado de *H. austroamericana*.

Paronychia Mill., Gard. Dict. Abr. (ed. 4) vol. 3. 1754.
10 especies, 0 especies endémicas.

Paronychia andina A. Gray, U.S. Expl. Exped., Phan. 1: 128. 1854.
Ref.: Foster (1958), Chaudhri (1968).
Hierba. Nativa. Andes, Altiplano. Bosque Tucumano-Boliviano, Valles Secos, Puna Húmeda, Puna Seca, 3000–5000 m.
Dept.: CO, LP, PO, TA.
Muestra: *H.U. Pestalozzi 229* (BOLV, LPB).
Infra: *Paronychia andina* subsp. *andina*, *Paronychia andina* subsp. *boliviana* Chaudhri

Paronychia cabrerae Chaudhri, Meded. Bot. Mus. Herb. Rijks Univ. Utrecht 285: 181. 1968.
Ref.: Zuloaga et al. (2008b).
Hierba. Nativa. Andes. Bosque Tucumano-Boliviano, Valles Secos, 2500–3500 m.
Dept.: PO, TA.
Muestra: *E. Bastian 584* (LPB).

Paronychia chilensis DC., Prodr. 3: 570. 1828.
Ref.: Foster (1958), Chaudhri (1968).
Hierba. Nativa. Andes, Altiplano. Valles Secos, Puna Húmeda, Puna Seca, 2000–4000 m.
Dept.: LP.
Muestra: *S.G. Beck 18734* (LPB, M, MO).

Paronychia communis Cambess., Fl. Bras. Merid. (quarto ed.) 2: 186. 1829.
Ref.: Volponi (1998), Serrano & Terán (1998 [2000]), Nee (2004).
Hierba. Nativa. Andes. Bosque Tucumano-Boliviano, Valles Secos, 1500–4000 m.
Dept.: CH, CO, LP, SC, TA.
Muestra: *J.C. Solomon 11262* (LPB, MO).
Infra: *Paronychia communis* var. *communis*

Paronychia hieronymi Pax, Bot. Jahrb. Syst. 18: 34. 1894.
Ref.: Chaudhri (1968).
Hierba. Nativa. Altiplano. Puna Húmeda, 3500–4500 m.
Dept.: LP.
Muestra: *X. Villavicencio 383* (LPB).

Paronychia mandoniana Rohrb., Linnaea 37: 208. 1872.
Ref.: Foster (1958), Chaudhri (1968).
Hierba. Nativa. Altiplano. Puna Húmeda, 4500–5000 m.
Dept.: LP, PO.
Tipo y muestra: *d'Orbigny 1480* (ST: G, P), *X. Menhofer 1038* (LPB).

[Paronychia microphylla Phil.], Anales Mus. Nac. Santiago de Chile 8: 26. 1891.
Ref.: Foster (1958), Chaudhri (1968), Zuloaga et al. (2008b).
Nota: El registro se basa en material mal identificado de *P. andina*. Endémica de Chile.

Paronychia muschleri Chaudhri, Meded. Bot. Mus. Herb. Rijks Univ. Utrecht 285: 168. 1968.
Sin.: *Paronychia rigida* Muschl.
Ref.: Chaudhri (1968), Pestalozzi & Torres (1998), Volponi (1998).
Hierba. Nativa. Altiplano. Puna Húmeda, Puna Seca, Bosque de *Polylepis*, 3500–4500 m.
Dept.: CO, LP.
Muestra: *I. Hensen 431* (BOLV, LPB).

Paronychia peruviana Chaudhri, Meded. Bot. Mus. Herb. Rijks Univ. Utrecht 285: 180–181, t. 6, f. 1–3. 1968.
Ref.: Zarucchi (1993b).
Hierba. Nativa. Altiplano. Puna Húmeda, 4000–4500 m.
Dept.: LP.
Muestra: *A.W. Hill 415* (K).

[Paronychia sessiliflora Nutt.], Gen. N. Amer. Pl. 1: 160. 1818.
Ref.: Foster (1958).
Nota: El registro se basa en material mal identificado. Especie nativa de Norte América.

Paronychia setigera (Gillies) F. Herm., Repert. Spec. Nov. Regni Veg. 42: 224. 1937.
Sin.: *Paronychia chilensis* var. *andina* (Phil.) Reiche, *Herniaria setigera* Gillies, *Paronychia andina* Phil.
Ref.: Foster (1958), Volponi (1998).
Hierba. Nativa. Andes. Yungas, Valles Secos, 1000–3000 m.
Dept.: CH, LP, SC.
Muestra: *J.R.I. Wood 9757* (K, LPB).

Paronychia weberbaueri Chaudhri, Meded. Bot. Mus. Herb. Rijks Univ. Utrecht 285: 190. 1968.
Hierba. Nativa. Altiplano. Puna Húmeda, 3500–4000 m.
Dept.: LP.
Muestra: *J.C. Solomon 11461* (LPB, MO).

Polycarpaea Lam., J. Hist. Nat. 2: 3, 5, pl. 25. 1792.
2 especies, 0 especies endémicas.

Polycarpaea corymbosa (L.) Lam., Tabl. Encycl. 2: 129. 1793 [1797].
Sin.: *Achyranthes corymbosa* L., *Polycarpaea brasiliensis* Cambess.
Ref.: Wood et al. (2011).
Hierba. Naturalizada, adventicia. Zonas Bajas. Campos Cerrados, 0–1000 m.
Dept.: SC.
Muestra: *T. Killeen 1012* (LP, LPB, MO, USZ).
Infra: *Polycarpaea corymbosa* var. *brasiliensis* (Cambess.) Chodat & Hassl.

Polycarpaea hassleriana Chodat, Bull. Herb. Boissier, sér. 2, 3: 791. 1903.
Ref.: Foster (1958), Nee (2004).
Hierba. Nativa. Zonas Bajas, Andes. Bosque Semideciduo Chiquitano, Bosque Seco Chaqueño, Campos Cerrados, Valles Secos, 0–500, 1500–2000 m.
Dept.: SC.
Muestra: *D. Villarroel 1986* (MO, USZ).

Polycarpon Loefl. ex L., Syst. Nat. (ed. 10) 2: 881, 859, 1360. 1759.
2 especies, 0 especies endémicas.

Polycarpon suffruticosum Griseb., Abh. Königl. Ges. Wiss. Göttingen 19: 77. 1874.
Ref.: Serrano & Terán (1998 [2000]).
Hierba. Nativa. Zonas Bajas, Andes. Bosque Seco Chaqueño, Bosque Serrano Chaqueño, 500–1500 m.
Dept.: CH, SC, TA.
Muestra: *J.F. Pensiero & D. Marino 4329* (MO).

Polycarpon tetraphyllum (L.) L., Syst. Nat. (ed. 10) 2: 881. 1759.
Sin.: *Mollugo tetraphylla* L.
Ref.: Volponi (1998).
Hierba. Nativa. Altiplano. Puna Húmeda, 4000–4500 m.

Dept.: LP.
Muestra: *A. Kool et al. 1259* (LPB, UPS).

Pycnophyllopsis Skottsb., Kongl. Svenska Vetensk. Acad. Handl., n.s. 56(5): 216. 1916.
2 especies, 0 especies endémicas.

Pycnophyllopsis keraiopetala Mattf., Schriften Vereins Naturk. Unterweser 7: 22. 1934.
Ref.: Foster (1958), Ministerio de Medio Ambiente y Agua (2012 [2013]).
Hierba. Nativa. Altiplano. Puna Húmeda, 4500–5000 m.
Dept.: LP.
Tipo y muestra: *K. Pflanz 223* (HT: B destr.), *J.C. Solomon & B.A. Stein 11648* (LPB, MO).

Pycnophyllopsis weberbaueri (Muschl.) Timaná, Monogr. Syst. Bot. Missouri Bot. Gard. 127: 1271. 2014.
Sin.: *Pycnophyllum weberbaueri* Muschl., *Plettkea weberbaueri* (Muschl.) Mattf.
Ref.: Timaná (2005).
Hierba. Nativa. Altiplano. Puna Húmeda, 4000–5000 m.
Dept.: LP.
Muestra: *J.C. Solomon & M.H. Nee 12579* (LPB, MO).

Pycnophyllum Remy, Ann. Sci. Nat., Bot., sér. 3, 6: 355. 1846.
6 especies, 1 especie endémica.

Pycnophyllum bryoides (Phil.) Rohrb., Linnaea 36: 662. 1870.
Sin.: *Stichophyllum bryoides* Phil.
Ref.: Timaná (2005).
Hierba. Nativa. Altiplano. Puna Seca, 4500–5000 m.
Dept.: PO.
Muestra: *E. García 1088* (LPB).

Pycnophyllum macropetalum Mattf., Repert. Spec. Nov. Regni Veg. 18: 176. 1922.
Ref.: Timaná (2005), Beck et al. (2010).
Hierba. Nativa. Altiplano. Puna Seca, Bosque de *Polylepis*, 4500–>5000 m.
Dept.: OR, PO.
Muestra: *B. Ruthsatz 10574* (LPB).

Pycnophyllum molle Remy, Ann. Sci. Nat., Bot., sér. 3, 6: 355, t. 20. 1846.
Sin.: *Pycnophyllum aculeatum* Muschl.
Ref.: Foster (1958), Pestalozzi & Torres (1998), Timaná (2005).
Hierba. Nativa. Altiplano. Puna Húmeda, Puna Seca, Bosque de *Polylepis*, 4000–5000 m.
Dept.: CO, LP, OR, PO, TA.
Tipo y muestra: *d'Orbigny 442* p.p. (HT: P; IT: G), *J.C. Solomon et al. 11783* (LPB, MO, NY).

Pycnophyllum spathulatum Mattf., Repert. Spec. Nov. Regni Veg. 18: 175. 1922.
Ref.: Mattfeld (1922), Foster (1958), Timaná (2005), Beck et al. (2010), Ministerio de Medio Ambiente y Agua (2012 [2013]).
Hierba. Nativa. Altiplano. Puna Seca, Bosque de *Polylepis*, 4000–5000 m.
Dept.: OR, PO.
Tipo y muestra: *A. Stübel 3* (HT: B destr.), *S.G. Beck 19899* (LPB, P, TEX).

Pycnophyllum stuebelii Mattf., Repert. Spec. Nov. Regni Veg. 18: 171. 1922.
Ref.: Mattfeld (1922), Foster (1958), Timaná (2005).
Hierba. Endémica. Altiplano. Puna Seca, 4500–5000 m.
Dept.: LP.
Tipo: *A. Stübel 68* (HT: B destr.).
Nota: Conocida solamente del tipo.

Pycnophyllum tetrastichum Remy, Ann. Sci. Nat., Bot., sér. 3, 6: 356, t. 20. 1846.
Sin.: *Pycnophyllum filiforme* Mattf., *Pycnophyllum kobalanthum* Mattf.
Ref.: Mattfeld (1922), Mattfeld (1934), Foster (1958), Timaná (2005), Beck et al. (2010).
Hierba. Nativa. Altiplano. Puna Húmeda, Puna Seca, Bosque de *Polylepis*, 4000–5000 m.
Dept.: CO, LP, OR, PO.
Tipo y muestra: *d'Orbigny 442* p.p. (HT: P), *S.G. Beck 14111* (LPB, MO).

Sagina L., Sp. Pl. 1: 128. 1753.
1 especie, 0 especies endémicas.

Sagina procumbens L., Sp. Pl. 1: 128. 1753.
Ref.: Pedersen (1984).
Hierba. Naturalizada, adventicia. Andes, Altiplano. Valles Secos, Puna Húmeda, 3000–4000 m.
Dept.: CO, LP.
Muestra: *N.P. Ritter 2158* (BOLV, LPB).

Saponaria L., Sp. Pl. 1: 408. 1753.
1 especie, 0 especies endémicas.

Saponaria officinalis L., Sp. Pl. 1: 408. 1753.
Hierba. Adventicia. Andes. Valles Secos, 3000–3500 m.
Dept.: CO, LP.
Muestra: *T. Feuerer 7776* (LPB).

Silene L., Sp. Pl. 1: 416. 1753.
8 especies, 0 especies endémicas.

Silene andicola Gillies ex Hook. & Arn., Bot. Misc. 3: 147. 1833.
Sin.: *Melandrium andicolum* (Gillies ex Hook. & Arn.) Rohrb., *Melandrium cucubaloides* Fenzl ex Rohrb., *Lychnis andicola* (Gillies ex Hook. & Arn.) Britton
Ref.: Foster (1958), Pedersen (1984), Volponi (2010).
Hierba. Nativa. Andes, Altiplano. Valles Secos, Puna Húmeda, Puna Seca, 3000–5000 m.
Dept.: LP, OR.
Muestra: *X. Villavicencio 493* (LPB).
Nota: Identificación tentativa.

Silene argentinensis Hauman, Anales Mus. Nac. Hist. Nat. Buenos Aires 32: 189. 1923.
Ref.: Bocquet (1969).
Hierba. Nativa. Andes. Valles Secos, 3000–3500 m.
Dept.: TA.
Muestra: *H.A. Weddell 4027* (P).

Silene chilensis (Gay) Bocquet, Candollea 22(1): 36. 1967.
Sin.: *Lychnis chilensis* Gay
Ref.: Volponi (2010).
Hierba. Nativa. Andes, Altiplano. Valles Secos, Puna Húmeda, Puna Seca, 2500–4500 m.
Dept.: LP, PO.
Muestra: *P. Gutte 74* (LPB, LZ).

Silene gallica L., Sp. Pl. 1: 417. 1753.
Ref.: Foster (1958), Jiménez (1984), Volponi (1998), Nee (2004).
Hierba. Naturalizada, adventicia. Andes, Altiplano. Valles Secos, Puna Húmeda, Bosque de *Polylepis*, 1500–4000 m.
Dept.: CO, LP, PO, SC.
Muestra: *P.L. Ibisch 754* (BOLV, LPB).

Silene genovevae Bocquet, Candollea 22(1): 31–32. 1967.
Ref.: Bocquet (1969).
Hierba. Nativa. Andes, Altiplano. Valles Secos, Puna Húmeda, 3000–4500 m.
Dept.: CO, LP, TA.
Tipo y muestra: *G. Mandon 989* (HT: G; IT: BM, F, NY, S, US), *J.C. Solomon 5132* (LPB, MO).

Silene haumanii Bocquet, Candollea 22(1): 32. 1967.
Ref.: Bocquet (1969).
Hierba. Nativa. Altiplano. Puna Seca, 3500–4500 m.
Dept.: Bolivia.

Muestra: *A.J. Bridarolli 4307* (LP).
Infra: *Silene haumanii* var. *haumanii*

Silene mandonii (Rohrb.) Bocquet, Candollea 22(1): 31. 1967.
Sin.: *Melandrium mandonii* Rohrb.
Ref.: Foster (1958), Bocquet (1969), Pestalozzi & Torres (1998), Beck et al. (2010).
Hierba. Nativa. Altiplano. Puna Húmeda, Puna Seca, 3500–5000 m.
Dept.: CH, CO, LP, OR.
Tipo y muestra: *G. Mandon 987* (T: G; fotos: F), *B. Eriksen 551* (GB, LPB).

Silene pteroneura (Ball) F.N. Williams, J. Linn. Soc., Bot. 32: 132. 1896.
Sin.: *Silene antirrhina* var. *pteroneura* Ball
Hierba. Adventicia. Andes. Valles Secos, 3000–3500 m.
Dept.: LP.
Muestra: *S.G. Beck 11157* (LPB).

Spergula L., Sp. Pl. 1: 440. 1753.
2 especies, 0 especies endémicas.

Spergula arvensis L., Sp. Pl. 1: 440. 1753.
Sin.: *Spergularia arvensis* (L.) Cambess.
Ref.: Jiménez (1984), Pedersen (1984), Serrano & Terán (1998 [2000]), Nee (2004).
Hierba. Naturalizada, adventicia. Andes, Altiplano. Bosque Tucumano-Boliviano, Valles Secos, Puna Húmeda, 1500–4000 m.
Dept.: CH, CO, LP, PO, SC.
Muestra: *R. Guillén V. 476* (BOLV, LPB).

Spergula ramosa (Cambess.) D. Dietr., Syn. Pl. 2: 1599. 1840.
Sin.: *Spergularia ramosa* Cambess., *Spergularia ramosa* var. *diffusa* Rossbach
Ref.: Rossbach (1940), Foster (1958), Pedersen (1984).
Hierba. Nativa. Andes. Valles Secos, 1500–3500 m.
Dept.: CO, LP, PO, SC, TA.
Muestra: *E. Thomas 382* (BOLV, LPB).
Infra: *Spergula ramosa* subsp. *rossbachiae* Pedersen

Spergularia (Pers.) J. Presl & C. Presl, Fl. Čech. 94. 1819.
4 especies, 1 especie endémica.

Spergularia andina Rohrb., Linnaea 37: 234. 1872.
Ref.: Foster (1958), Pestalozzi & Torres (1998).
Hierba. Nativa. Andes, Altiplano. Valles Secos, Puna Húmeda, Puna Seca, 3500–4500 m.
Dept.: CO, LP, OR, PO, TA.
Tipo y muestra: *G. Mandon 947* (ST: G; fotos: F ex G, MO), *S.G. Beck 979* (CTES, LPB, MO).

Spergularia fasciculata Phil., Anales Mus. Nac. Santiago de Chile 8: 6–7. 1891.
Sin.: *Tissa stuebelii* Hieron., *Spergularia stuebelii* (Hieron.) I.M. Johnst., *Spergularia laciniata* Baehni & J.F. Macbr.
Ref.: Zarucchi (1993b).
Hierba. Nativa. Andes, Altiplano. Valles Secos, Puna Húmeda, 3000–4000 m.
Dept.: LP.
Muestra: *J.C. Solomon 6672* (LPB, MO).

[Spergularia firma Kunze ex Kindb.], Monogr. Gen. Lepigon. 34. 1863.
Ref.: Foster (1958).
Nota: El registro se basa en material mal identificado de *S. pazensis*.

[Spergularia floribunda Rohrb.], Linnaea 37: 230. 1871.
Ref.: Foster (1958).
Nota: El registro se basa en material mal identificado de *S. pazensis*.

Spergularia pazensis (Rusby) Rossbach, Rhodora 42: 205. 1940.
Sin.: *Tissa pazensis* Rusby
Ref.: Foster (1958), López Vargas (1995), Saravia Miranda (1996), Antezana Valera & Navarro (2002).
Hierba. Endémica. Andes, Altiplano. Valles Secos, Puna Húmeda, Puna Seca, 1500–4000 m.
Dept.: CO, LP, SC, TA.
Tipo y muestra: *R.S. Williams 2336* (ST: G), *S.G. Beck 8378* (BOLV, CTES, LPB, M, MO).

Spergularia platensis (Cambess.) Fenzl, Ann. Wiener Mus. Naturgesch. 2: 272. 1839.
Sin.: *Balardia platensis* Cambess.
Ref.: Volponi (1998).
Hierba. Nativa. Andes. Valles Secos, 2500–3000 m.
Dept.: CO.
Muestra: *R. Guillén V. 69* (BOLV, LPB).

Stellaria L., Sp. Pl. 1: 421. 1753.
9 especies, 0 especies endémicas.

Stellaria antoniana Volponi, Kurtziana 18: 95. 1986.
Ref.: González et al. (1999).
Hierba. Nativa. Andes. Valles Secos, 2000–2500 m.
Dept.: TA.
Nota: Citada para Bolivia por González et al. (1999), no hay ejemplares de herbario confirmados.

Stellaria cuspidata Willd. ex D.F.K. Schltdl., Mag. Neuesten Entdeck. Gesammten Naturk. Ges. Naturf. Freunde Berlin 7(3): 196. 1816.
Sin.: *Stellaria ciliata* Vahl ex Pers., *Stellaria prostrata* Baldwin, *Stellaria leptopetala* Benth., *Stellaria limitanea* Standl.
Ref.: Foster (1958), Volponi (1993), Nee (2004).
Hierba. Nativa. Andes, Altiplano. Yungas, Páramo Yungueño, Valles Secos, 2000–4000 m.
Dept.: CH, CO, LP, SC.
Muestra: *J.C. Solomon et al. 11932* (LPB, MO).

Stellaria media (L.) Vill., Hist. Pl. Dauphiné 3(2): 615. 1789.
Sin.: *Alsine media* L., *Stellaria apetala* Ucria ex Roem., *Stellaria media* (L.) J.C. Sowerby & Sm., *Stellaria media* var. *procera* Klatt & Richt.
Ref.: Foster (1958), Adolfo María (1966), López Vargas (1995), Saravia Miranda (1996), Volponi (1998), Serrano & Terán (1998 [2000]).
Hierba. Naturalizada, adventicia. Andes, Altiplano. Yungas, Valles Secos, Puna Húmeda, 1000–4500 m.
Dept.: CH, CO, LP, TA.
Muestra: *J.C. Solomon 13330* (LPB, MO).
Nom. Vern.: Jatun tabardillo, tabardillo.

Stellaria nemorum L., Sp. Pl. 1: 421. 1753.
Sin.: *Alsine nemorum* (L.) Macloskie
Ref.: Foster (1958).
Hierba. Adventicia. Andes. Yungas, 1500–2000 m.
Dept.: LP.
Muestra: *H.H. Rusby 1186* (G, US).
Nota: Identificación no confirmada.

Stellaria ovata Willd. ex D.F.K. Schltdl., Mag. Neuesten Entdeck. Gesammten Naturk. Ges. Naturf. Freunde Berlin 7(3): 196–197. 1816.
Ref.: López Vargas (1995), Saravia Miranda (1996).
Hierba. Nativa. Andes. Yungas, Valles Secos, 2500–4000 m.
Dept.: CH, CO, LP, SC.
Muestra: *J.C. Solomon 10692* (LPB, MO).
Nom. Vern.: Tabardillo.

Stellaria parva Pedersen, Bot. Tidsskr. 57(1): 44–46, f. 4. 1961.
Ref.: Zuloaga et al. (2008b).
Hierba. Nativa. Andes. Yungas, 3500–

4000 m.
Dept.: CO.
Muestra: *J. Steinbach 8828* (G, MO).

Stellaria pedersenii Volponi, Kurtziana 18: 97–98. 1986.
Ref.: Volponi (1993), Volponi (1998).
Hierba. Nativa. Andes. Valles Secos, 2000–3000 m.
Dept.: CO.
Muestra: *J. Steinbach 6029* (LIL).

Stellaria weddellii Pedersen, Bonplandia (Corrientes) 5(21–29): 207. 1983.
Ref.: Pestalozzi & Torres (1998), Zuloaga et al. (2008b).
Hierba. Nativa. Andes, Altiplano. Valles Secos, Puna Húmeda, Puna Seca, Bosque de *Polylepis*, 3500–5000 m.
Dept.: CH, CO, LP.
Tipo y muestra: *G. Mandon 964* (T: P), *P.L. Ibisch & P. Rojas 1087* (BOLV, LPB).

Stellaria yungasensis (Rusby) Volponi, Anales Soc. Ci. Argent. 222: 69. 1992.
Sin.: *Alsine yungasensis* Rusby
Ref.: Foster (1958), Volponi (1992), Volponi (1998), Zuloaga et al. (2008b).
Hierba. Nativa. Andes. Yungas, Valles Secos, 1500–2000, 3500–4000 m.
Dept.: LP.
Tipo y muestra: *H.H. Rusby 1185* (HT: NY; IT: G, WIS), *J.C. Solomon 17885* (CTES, L, LPB, MO, PRC).

CASUARINACEAE R. Br., Voy. Terra Austral. 2: 571. 1814.

Por S. Arrázola (BOLV); revisado por M. Nee (NY), S.G. Beck (LPB), P.M. Jørgensen (MO).
1 género, 2 especies, 0 especies endémicas.

Casuarina L., Amoen. Acad. 4: 123, 143. 1759.
2 especies, 0 especies endémicas.

Casuarina cunninghamiana Miq., Nieuwe Verh. Eerste Kl. Kon. Ned. Inst. Wetensch. Amsterdam 13: 322–323, pl. 6A. 1848.
Ref.: Dimitri (1978), Arrázola Rivero (1993b).
Árbol. Cultivada. Zonas Bajas, Andes, Altiplano. Bosque Semideciduo Chiquitano, Campos Cerrados, Valles Secos, Puna Húmeda, 0–4000 m.
Dept.: LP, PO, SC, TA.
Muestra: *M.H. Nee 49857* (LPB, MO, NY).
Nom. Vern.: Pino.

[Casuarina equisetifolia L.], Amoen. Acad. 4: 143. 1759.
Ref.: Arrázola Rivero (1993b).
Nota: El registro se basa en material mal identificado de *C. glauca* Sieber ex Spreng.

Casuarina glauca Sieber ex Spreng., Syst. Veg. 3: 803. 1826.
Ref.: Dimitri (1978), Arrázola Rivero (1993b).
Árbol. Cultivada. Andes. Valles Secos, 2500–3000 m.
Dept.: CO.
Muestra: *M.H. Nee 30385* (LPB, MO, NY).
Nom. Vern.: Casuarina, pino.

CECROPIACEAE C.C. Berg, Taxon 27(1): 39–40. 1978.

Nota: Parte de Urticaceae (APG III 2009).

CELASTRACEAE R. Br., Voy. Terra Austral. 2: 554. 1814.

Por R. Liesner (MO); revisado por J.A. Lombardi (HRCP), L. Biral (HRCP), S.G. Beck (LPB), M. Nee (NY), P.M. Jørgensen (MO).
19 géneros, 64 especies, 4 especies endémicas.

Anthodon Ruiz & Pav., Fl. Peruv. 1: 45. 1798.
1 especie, 0 especies endémicas.

Anthodon decussatum Ruiz & Pav., Fl. Peruv. 1: 45, t. 74, f. b. 1798.
Sin.: *Tonsella decussata* (Ruiz & Pav.) Vahl, *Tontelea decussata* (Ruiz & Pav.) Poir., *Salacia decussata* (Ruiz & Pav.) G. Don, *Hippocratea decussata* (Ruiz & Pav.) Peyr.
Ref.: Smith (1940), Foster (1958), Parker & Bailey (1991), Killeen & Schulenberg (1998), Alverson et al. (2000), Gonçalves-Esteves et al. (2000).
Liana, árbol. Nativa. Zonas Bajas. Bosque Húmedo, 0–500 m.
Dept.: BE, LP, PA, SC.
Muestra: *T. Killeen et al. 5818* (K, LPB, MO, NY, USZ).

Celastrus L., Sp. Pl. 1: 196–197. 1753.
2 especies, 0 especies endémicas.

Celastrus liebmannii Standl., Publ. Field Mus. Nat. Hist., Bot. Ser. 8(5): 316. 1931.
Sin.: *Maytenus racemosa* Reissek, *Celastrus racemosus* (Reissek) Loes., *Celastrus colombianus* Cuatrec.
Liana. Nativa. Andes. Yungas, 2000–2500 m.
Dept.: LP, SC.
Muestra: *D.N. Smith et al. 13407* (LPB, MO).

Celastrus pringlei Rose, Contr. U.S. Natl. Herb. 5(4): 195. 1899.
Liana. Nativa. Andes. Yungas, 2000–2500 m.
Dept.: SC.
Muestra: *T. Killeen & I.G. Vargas 4094* (LPB, MO, NY).
Nota: Especie mexicana, disyunta, introducida o nueva especie.

Cheiloclinium Miers, Trans. Linn. Soc. London 28: 331, 420. 1872.
3 especies, 0 especies endémicas.

Cheiloclinium belizense (Standl.) A.C. Sm., Brittonia 3(3): 540. 1940.
Sin.: *Salacia belizensis* Standl., *Cheiloclinium klugii* A.C. Sm.
Liana. Nativa. Zonas Bajas. Bosque Húmedo, 0–500 m.
Dept.: SC.
Muestra: *E. Gutiérrez C. et al. 544* (MA, MO, NY, USZ).

Cheiloclinium cognatum (Miers) A.C. Sm., Brittonia 3(3): 529. 1940.
Sin.: *Kippistia cognata* Miers, *Salacia cognata* (Miers) Peyr.
Ref.: Foster (1958), Moraes R. (1990), Vargas Ramírez (1993b), Killeen & Schulenberg (1998), Alverson et al. (2000), Gonçalves-Esteves et al. (2000).
Liana, arbolito, árbol. Nativa. Zonas Bajas. Bosque Húmedo, Bosque Semideciduo Chiquitano, 0–1000 m.
Dept.: BE, CO, LP, PA, SC.
Muestra: *L. Arroyo P. et al. 671* (MO, NY, USZ).
Nom. Vern.: Chuchuhuaso.

Cheiloclinium hippocrateoides (Peyr.) A.C. Sm., Brittonia 3(3): 546–548. 1940.
Sin.: *Salacia hippocrateoides* Peyr.
Ref.: Smith (1940), Foster (1958), Gonçalves-Esteves et al. (2000).
Liana. Nativa. Zonas Bajas, Andes. Bosque Húmedo, Yungas, 0–1500 m.
Dept.: CO, LP.
Muestra: *B.A. Krukoff 10832* (GH, K, LPB, MO, NY).

Elachyptera A.C. Sm., Brittonia 3(3): 383, f. 3a–n. 1940.
1 especie, 0 especies endémicas.

Elachyptera festiva (Miers) A.C. Sm., Brittonia 3(3): 388. 1940.
Sin.: *Hippocratea festiva* Miers
Liana. Nativa. Zonas Bajas. Bosque Húmedo, 0–500 m.
Dept.: PA.
Muestra: *S.G. Beck et al. 20380* (BHCB, LPB, MO).

Elaeodendron Jacq., Icon. Pl. Rar. 1: 3, pl. 48. 1782.
0 especies, 0 especies endémicas.

[Elaeodendron xylocarpum (Vent.) DC.], Prodr. 2: 11. 1825.
Sin.: *Cassine xylocarpa* Vent.
Ref.: Killeen & Schulenberg (1998).
Nota: El registro se basa en material mal identificado.

Euonymus L., Sp. Pl. 1: 197. 1753.
1 especie, 0 especies endémicas.

Euonymus japonicus Thunb., Nova Acta Regiae Soc. Sci. Upsal. 3: 208. 1780.
Arbusto. Cultivada. Andes, Altiplano. Valles Secos, Puna Húmeda, 3000–4000 m.
Dept.: LP.
Muestra: *J.C. Solomon & R. Zeballos 15455* (MO).

Haydenia M.P. Simmons, Syst. Bot. 36(4): 929. 2011.
1 especie, 0 especies endémicas.

Haydenia urbaniana (Loes.) M.P. Simmons, Syst. Bot. 36(4): 929. 2011.
Sin.: *Rhacoma urbaniana* Loes., *Maytenus magnifolia* Loes., *Gymnosporia magnifolia* (Loes.) Lundell, *Gymnosporia urbaniana* (Loes.) Liesner
Ref.: Parker & Bailey (1991), Ruiz de Centurión (1993b).
Árbol. Nativa. Zonas Bajas. Bosque Húmedo, 0–500 m.
Dept.: BE, CO, LP, SC.
Muestra: *D.A. Neill & R.C. Quevedo 9349* (LPB, MO, NY, QAME, USZ).

Hippocratea L., Sp. Pl. 2: 1191. 1753.
1 especie, 0 especies endémicas.

Hippocratea volubilis L., Sp. Pl. 2: 1191. 1753.
Sin.: *Hippocratea ovata* Lam., *Hippocratea aubletiana* Miers
Ref.: Smith (1940), Foster (1958), Killeen & Schulenberg (1998).
Liana, arbolito. Nativa. Zonas Bajas. Bosque Húmedo, Bosque Semideciduo Chiquitano, Sabanas Benianas del Norte, 0–1000 m.
Dept.: BE, LP, PA, SC.
Muestra: *M.H. Nee & G. Coimbra 40113* (CANB, CM, JBSC, LIL, LPB, MO, NY, TEX).

Hylenaea Miers, Trans. Linn. Soc. London 28: 330, 366–367. 1872.
1 especie, 0 especies endémicas.

Hylenaea praecelsa (Miers) A.C. Sm., Brittonia 3(3): 410. 1940.
Sin.: *Tyloderma praecelsa* Miers, *Salacia praecelsa* (Miers) Standl.
Liana. Nativa. Zonas Bajas. Bosque Húmedo, 0–500 m.
Dept.: BE, SC.
Muestra: *M.H. Nee 39216* (LPB, MO, NY, USZ).

Maytenus Molina, Sag. Stor. Nat. Chili 177–178, 349. 1782.
26 especies, 2 especies endémicas.

Maytenus alaternoides Reissek, Fl. Bras. 11(1): 15. 1861.
Ref.: Ruiz de Centurión (1993b).
Arbusto, árbol. Nativa. Zonas Bajas, Andes. Bosque Húmedo, Bosque Semideciduo Chiquitano, Yungas, Bosque Tucumano-Boliviano, 0–1500 m.
Dept.: BE, SC.
Muestra: *M.H. Nee 50162* (LPB, MO, NY, USZ).

Maytenus apurimacensis Loes., Bot. Jahrb. Syst. 50(Beibl. 111): 9. 1913.
Ref.: Foster (1958), Ruiz de Centurión (1993b).
Árbol. Nativa. Andes. Valles Secos, 2000–2500 m.
Dept.: LP.
Muestra: *C. Troll 2831* (B destr.).
Infra: *Maytenus apurimacensis* var. *trollii* Loes.
Nota: Se cita el ST de la variedad.

Maytenus boaria Molina, Sag. Stor. Nat. Chili 177–178, 349. 1782.
Ref.: Lourteig & O'Donell (1955), Ruiz de Centurión (1993b), Saravia Miranda (1996), Serrano & Terán (1998 [2000]).
Arbusto. Nativa, cultivada. Andes, Altiplano. Yungas, Valles Secos, Puna Húmeda, Puna Seca, 3000–4000 m.
Dept.: CH, CO, LP, SC.
Muestra: *S.G. Beck 1909* (LPB, MO).
Nom. Vern.: Monte coca.

Maytenus cardenasii Rusby, Mem. New York Bot. Gard. 7: 290. 1927.
Ref.: Foster (1958), Ruiz de Centurión (1993b), Jardim et al. (2003), Arroyo Padilla & Villarroel Segarra (2009).
Arbusto, árbol. Endémica. Zonas Bajas, Andes. Bosque Húmedo, Bosque Semideciduo Chiquitano, Yungas, Bosque Tucumano-Boliviano, 0–1500 m.
Dept.: BE, SC.
Tipo y muestra: *M. Cárdenas 1379* (HT: NY; IT: GH, K), *M.H. Nee 35085* (AAU, BH, BISH, CAS, CM, CTES, DUKE, G, GI, IBE, JBSC, K, LIL, LP, LPB, MA, MEXU, MG, MO, MSC, NY, QCA, RSA, TEX, U, WIS).
Nota: Frecuentemente confundido con *M. floribunda* y *M. macrocarpa*.

Maytenus conferta (Ruiz & Pav.) Reissek ex Loes., Nat. Pflanzenfam. 3(Abt. 5): 206. 1892.
Sin.: *Celastrus confertus* Ruiz & Pav.
Arbusto. Nativa. Andes. Yungas, Páramo Yungueño, 2500–4000 m.
Dept.: LP.
Muestra: *J.C. Solomon 13802* (LPB, MO).

Maytenus ebenifolia Reissek, Fl. Bras. 11(1): 18. 1861.
Árbol. Nativa. Zonas Bajas. Bosque Húmedo, 500–1000 m.
Dept.: LP.
Muestra: *M.J. Macía & J.M. Quisbert 5120* (LPB, MA).
Nota: Identificación tentativa.

Maytenus erythrocarpa Rusby, Mem. New York Bot. Gard. 7: 290. 1927.
Ref.: Foster (1958), Ruiz de Centurión (1993b).
Árbol. Nativa. Zonas Bajas. Bosque Húmedo, Bosque Semideciduo Chiquitano, 0–1000 m.
Dept.: BE, LP, SC.
Tipo y muestra: *M. Cárdenas 1737* (HT: NY; IT: GH, K), *M.H. Nee 37248* (LPB, MO, NY, USZ).

Maytenus evonymoides Reissek, Fl. Bras. 11(1): 11. 1861.
Arbusto. Nativa. Zonas Bajas. Bosque Húmedo, Bosque Semideciduo Chiquitano, 0–500 m.
Dept.: BE, SC.
Muestra: *M.H. Nee 38746* (LPB, MO, NY, USZ).
Nota: Hay otra especie similar a ésta pero ocurre a 1700 m de altitud. Es probablemente una nueva especie.

Maytenus flagellata Rusby, Mem. Torrey Bot. Club 6: 20. 1896.
Ref.: Foster (1958), Serrano & Terán (1998 [2000]).
Arbusto. Nativa. Andes. Valles Secos, 1500–3000 m.
Dept.: CH, CO, SC, TA.
Tipo y muestra: *M. Bang 1128* (HT: NY; IT: BR, E, F, GH, K, MO-3933494, NY, PH), *I.G. Vargas et al. 1384* (MO, USZ).

[Maytenus floribunda Pittier], Notas Dendrol. Venezuela 1: 2. 1937.
Ref.: Killeen & Schulenberg (1998).
Nota: El registro se basa en material mal identificado de *M. cardenasii*.

Maytenus jelskii Zahlbr., Diss. Cl. Math. Phys. Acad. litt. Cracov. 29: 222. 1894.
Arbusto. Nativa. Andes. Yungas, Páramo Yungueño, Valles Secos, 1500–3500 m.
Dept.: CO, LP.
Muestra: *M.A. Lewis 38066* (MO).
Nota: La separación de esta especie de *M. verticillata* necesita estudio adicional.

Maytenus krukovii A.C. Sm., J. Arnold Arbor. 20: 294. 1939.
Árbol. Nativa. Zonas Bajas. Bosque Húmedo, 0–500 m.
Dept.: SC.
Muestra: *R.B. Wallace & R.L.E. Painter 125* (MO, NSS, WCS).
Nota: Identificación tentativa.

[Maytenus macrocarpa (Ruiz & Pav.) Briq.], Annuaire Conserv. Jard. Bot. Genève 20: 361. 1919.
Sin.: *Celastrus macrocarpus* Ruiz & Pav.
Ref.: Killeen & Schulenberg (1998).
Nota: El registro se basa en material mal identificado de *M. cardenasii* o *M. meguillensis*.

Maytenus macrodonta Reissek, Fl. Bras. 11(1): 6. 1861.
Arbusto. Nativa. Zonas Bajas. Bosque Semideciduo Chiquitano, 0–500 m.
Dept.: SC.
Muestra: *M. Saldias 1414* (LPB, MO, USZ).
Nota: Similar a *M. truncata* y *M. pilcomayensis*.

Maytenus meguillensis Rusby, Mem. New York Bot. Gard. 7: 289. 1927.
Ref.: Lourteig & O'Donell (1955), Foster (1958), Ruiz de Centurión (1993b).
Arbusto, árbol. Nativa. Zonas Bajas, Andes. Bosque Semideciduo Chiquitano, Campos Cerrados, Valles Secos, 0–2000 m.
Dept.: BE, LP, PA, SC.
Tipo y muestra: *H.H. Rusby 307* (HT: NY), *S.G. Beck 22738* (BOLV, HRCB, LPB, MO, USZ).
Nota: Frecuentemente confundido con *M. macrocarpa*.

Maytenus patens Reissek, Fl. Bras. 11(1): 13. 1861.
Arbusto, árbol. Nativa. Zonas Bajas. Bosque Semideciduo Chiquitano, 0–500 m.
Dept.: SC.
Muestra: *L. Arroyo P. et al. 133* (MO, USZ).
Nota: Identificación tentativa, se trata posiblemente de una nueva especie.

Maytenus peruana (Loes.) Liesner, Monogr. Syst. Bot. Missouri Bot. Gard. 127: 1271. 2014.
Sin.: *Maytenus alaternoides* var. *peruana* Loes.
Arbolito. Nativa. Andes. Yungas, Bosque Serrano Chaqueño, 1500–2500 m.
Dept.: SC.
Muestra: *M.H. Nee 45350* (LPB, MO, NY, TEX, USZ, WIS).

Maytenus pilcomayensis Briq., Annuaire Conserv. Jard. Bot. Genève 20: 342. 1919.
Sin.: *Maytenus ilicifolia* Mart. ex Reissek, *Maytenus hassleri* Briq., *Maytenus ilicifolia* var. *boliviana* Loes., *Maytenus officinalis* Mabb.
Ref.: Lourteig & O'Donell (1955), Foster (1958), Ruiz de Centurión (1993b), Schulenberg & Awbrey (1997), Serrano & Terán (1998 [2000]), Jardim et al. (2003), Biral & Lombardi (2012).
Arbusto. Nativa. Zonas Bajas. Bosque Semideciduo Chiquitano, 0–500 m.
Dept.: CH, CO, LP, SC.
Muestra: *A.F. Fuentes C. 1909* (MO).
Nota: Biral y Lombardi (2012) propusieron conservar *M. ilicifolia* Mart. ex Reissek. Aquí se considera *M. muelleri* como una especie diferente de *M. ilicifolia* y se usa el nombre legítimo más antiguo.
Nom. Vern.: Congorosa, sombra de toro.

Maytenus pseudoboaria Loes., Notizbl. Bot. Gart. Berlin–Dahlem 12: 29. 1934.
Ref.: Foster (1958).
Arbusto. Nativa. Andes. Valles Secos, 3000–3500 m.
Dept.: CO.
Muestra: *C. Troll 1386* (B destr.).
Infra: *Maytenus pseudoboaria* var. *monantha* Loes.
Nota: Conocida en Bolivia solamente del tipo de la var. *monantha*.

Maytenus robustoides Loes., Bot. Jahrb. Syst. 36: 380. 1905.
Ref.: Killeen & Schulenberg (1998).
Arbusto. Nativa. Zonas Bajas. Campos Cerrados, 0–500 m.
Dept.: SC.
Muestra: *R. Guillén V. et al. 4144* (MO, USZ).
Nota: Identificación tentativa.

Maytenus scutioides (Griseb.) Lourteig & O'Donell, Natura (Buenos Aires) 1(2): 192–193. 1955.
Sin.: *Moya scutioides* Griseb.
Ref.: Ruiz de Centurión (1993b), Serrano & Terán (1998 [2000]).
Arbusto, árbol. Nativa. Zonas Bajas. Bosque Seco Chaqueño, 0–1000 m.
Dept.: CH, SC, TA.
Muestra: *I.G. Vargas & E. Tapia 1058* (MO, NY, USZ).
Nom. Vern.: Chorimimi.

Maytenus spinosa (Griseb.) Lourteig & O'Donell, Natura (Buenos Aires) 1: 188. 1955.
Sin.: *Moya spinosa* Griseb., *Gymnosporia spinosa* (Griseb.) Loes. ex Hicken, *Gymnosporia boliviana* Loes., *Moya boliviana* (Loes.) Loes.
Ref.: Lourteig & O'Donell (1955), Serrano & Terán (1998 [2000]).
Arbusto, árbol. Nativa. Andes. Yungas, Bosque Tucumano-Boliviano, Bosque Serrano Chaqueño, Valles Secos, 1000–2500 m.
Dept.: CH, CO, SC, TA.
Muestra: *J.C. Solomon 10961* (LPB, MO).
Nota: Separación de *M. scutioides* tentativa.
Nom. Vern.: Abre boca.

Maytenus sprucei Briq., Annuaire Conserv. Jard. Bot. Genève 20: 363. 1919.
Árbol. Nativa. Zonas Bajas. Bosque Húmedo, 0–500 m.
Dept.: PA, SC.
Muestra: *A. Jardim 2342* (LPB, MO, USZ).

[Maytenus subalata Reissek], Fl. Bras. 11(1): 12, pl. 2. 1861.
Ref.: Foster (1958).
Nota: Especie dudosa.

Maytenus truncata (Nees) Reissek, Fl. Bras. 11(1): 5. 1861.
Sin.: *Ilex truncata* Nees, *Maytenus ilicifolia* (Schrad.) Planch.
Arbusto. Nativa. Zonas Bajas. Bosque Seco Chaqueño, 0–500 m.
Dept.: SC.
Muestra: *M.H. Nee 48136* (LPB, MO, NSW, NY, USZ).

Maytenus tunarina Loes. ex Kuntze, Revis. Gen. Pl. 3(3): 37. 1898.
Ref.: Foster (1958).
Arbusto. Endémica. Zonas Bajas, Andes. Bosque Semideciduo Chiquitano, Bosque Seco Chaqueño, Yungas, Valles Secos, 500–2500 m.
Dept.: CH, CO, LP, SC.
Tipo y muestra: *O. Kuntze s.n.* (T: NY), *J.C. Solomon & M.H. Nee 18111* (LPB, MO, USZ).

Maytenus verticillata (Ruiz & Pav.) DC., Prodr. 2: 10. 1825.
Sin.: *Celastrus verticillatus* Ruiz & Pav.
Ref.: Foster (1958), Saravia Miranda (1996), Zárate et al. (1999).
Arbusto, arbolito, árbol. Nativa. Andes, Altiplano. Valles Secos, Puna Húmeda, 1500–3500 m.
Dept.: CO, LP.
Muestra: *J.C. Solomon & M.H. Nee 18060* (LPB, MO).

Maytenus viscifolia Griseb., Abh. Königl. Ges. Wiss. Göttingen 19: 110. 1874.
Ref.: Lourteig & O'Donell (1955), Ruiz de Centurión (1993b), Saravia Miranda (1996), Serrano & Terán (1998 [2000]).
Arbusto, árbol. Nativa. Andes. Yungas, Bosque Tucumano-Boliviano, 2000–3500 m.
Dept.: CH, CO.
Muestra: *J. Terán 79* (HSB).
Nota: Material boliviano no visto. Reporte dudoso.
Nom. Vern.: K'ita sauce.

Maytenus vitis-idaea Griseb., Abh. Königl. Ges. Wiss. Göttingen 19: 110. 1874.
Sin.: *Maytenus lorentzii* Briq., *Maytenus paraguariensis* Briq., *Tricerma vitis-idaeum* (Griseb.) Lundell
Ref.: Lourteig & O'Donell (1955), Foster (1958), Ruiz de Centurión (1993b).
Arbusto, árbol. Nativa. Zonas Bajas. Bosque Semideciduo Chiquitano, Bosque Seco Chaqueño, 0–500 m.
Dept.: CH, SC, TA.
Muestra: *A.F. Fuentes C. 1371* (MO, USZ).

Peritassa Miers, Trans. Linn. Soc. London 28: 331, 402. 1872.
6 especies, 1 especie endémica.

Peritassa dulcis (Benth.) Miers, Trans. Linn. Soc. London 28: 403. 1872.
Sin.: *Salacia dulcis* Benth.
Ref.: Vargas Ramírez (1993b), Killeen & Schulenberg (1998).
Liana, arbusto, arbolito. Nativa. Zonas Bajas. Bosque Húmedo, Sabanas Benianas del Sur, 0–500 m.
Dept.: BE, LP, SC.
Muestra: *E. Gutiérrez C. et al. 1164* (MO, USZ).

Peritassa glabra (A.C. Sm.) Lombardi, Novon 14(3): 320–321. 2004.
Sin.: *Tontelea glabra* A.C. Sm.
Ref.: Smith (1940), Foster (1958), Gonçalves-Esteves et al. (2000).
Liana. Endémica. Zonas Bajas. Bosque Húmedo, 0–1000 m.
Dept.: PA.
Tipo y muestra: *O. Buchtien 1728* (HT: NY; IT: F, GH), *F.J. Fernández Casas & A. Susanna 8257* (LPB, MO).

Peritassa huanucana (Loes.) A.C. Sm., Brittonia 3(3): 521. 1940.
Sin.: *Hippocratea huanucana* Loes.
Ref.: Parker & Bailey (1991).
Liana. Nativa. Zonas Bajas. Bosque Húmedo, Sabanas Benianas del Norte, 0–500 m.
Dept.: BE, CO, LP, SC.
Muestra: *G. Bourdy 1750A* (LPB, NY).

Peritassa laevigata (Hoffmanns. ex Link) A.C. Sm., Brittonia 3(3): 508, f. 11a–h. 1940.
Sin.: *Tonsella laevigata* Hoffmanns. ex Link, *Anthodon laevigatum* (Hoffmanns. ex Link) Steud.
Ref.: Killeen & Schulenberg (1998).
Liana, arbolito. Nativa. Zonas Bajas. Bosque Húmedo, 0–500 m.
Dept.: LP, PA, SC.
Muestra: *T. Killeen 4456* (LPB, MO).

Peritassa peruviana (Miers) A.C. Sm., Brittonia 3(3): 519. 1940.
Sin.: *Sicyomorpha peruviana* Miers
Arbusto, árbol. Nativa. Zonas Bajas, Andes. Bosque Húmedo, Yungas, 500–2000 m.
Dept.: LP, SC.
Muestra: *J.C. Solomon 10845* (LPB, MO, NY).

Peritassa pruinosa (Seem.) A.C. Sm., Brittonia 3(3): 520. 1940.
Sin.: *Salacia pruinosa* Seem., *Sicyomorpha pruinosa* (Seem.) Miers
Ref.: Fuentes Claros et al. (2009).
Liana. Nativa. Zonas Bajas. Bosque Húmedo, 0–500 m.
Dept.: BE, LP, SC.
Muestra: *A.F. Fuentes C. & V. Cardona 4118* (BHCB, LPB, MO).

Plenckia Reissek, Fl. Bras. 11(1): 29. 1861.
1 especie, 0 especies endémicas.

Plenckia populnea Reissek, Fl. Bras. 11(1): 29. 1861.
Sin.: *Austroplenckia populnea* (Reissek) Lundell
Ref.: Ruiz de Centurión (1993b), Killeen & Schulenberg (1998), Wood et al. (2011).
Arbusto, árbol. Nativa. Zonas Bajas. Bosque Semideciduo Chiquitano, 0–1000 m.
Dept.: SC.
Muestra: *F. Mamani & A. Jardim 1243* (MO, USZ).

Prionostemma Miers, Trans. Linn. Soc. London 28: 330, 354–355. 1872.
1 especie, 0 especies endémicas.

Prionostemma asperum (Lam.) Miers, Trans. Linn. Soc. London 28: 355–356. 1872.
Sin.: *Hippocratea aspera* Lam., *Hippocratea foliosa* Rusby
Ref.: Smith (1940), Foster (1958), Killeen & Schulenberg (1998), Gonçalves-Esteves et al. (2000).
Liana. Nativa. Zonas Bajas. Bosque Húmedo, 0–1000 m.
Dept.: BE, LP, PA, SC.
Muestra: *J.C. Solomon 6262* (LPB, MO, NY).

Pristimera Miers, Trans. Linn. Soc. London 28: 330, 360. 1872.
2 especies, 0 especies endémicas.

Pristimera celastroides (Kunth) A.C. Sm., Brittonia 3(3): 371. 1940.
Sin.: *Hippocratea celastroides* Kunth, *Pristimera andina* Miers, *Hippocratea grisebachii* Loes., *Hippocratea grisebachii* var. *typica* Chodat & Hassl., *Salacia rotundifolia* Rusby, *Hippocratea andina* (Miers) J.F. Macbr.
Ref.: Foster (1958), Schulenberg & Awbrey (1997), González et al. (1999), Gonçalves-Esteves et al. (2000), Serrano & Terán (1998 [2000]).
Liana. Nativa. Zonas Bajas, Andes. Bosque Húmedo, Bosque Seco Chaqueño, Yungas, Bosque Tucumano-Boliviano, Bosque Serrano Chaqueño, 0–2000 m.
Dept.: CH, PA, SC, TA.
Muestra: *J.C. Solomon 11091* (LPB, MO).

Pristimera nervosa (Miers) A.C. Sm., Brittonia 3(3): 370. 1940.
Sin.: *Sicyomorpha nervosa* Miers, *Salacia arborescens* Rusby, *Hippocratea nervosa* (Miers) J.F. Macbr.

Ref.: Smith (1940), Foster (1958), Gonçalves-Esteves et al. (2000).
Liana. Nativa. Zonas Bajas. Bosque Húmedo, 0–1000 m.
Dept.: BE, LP, SC.
Muestra: *T. Killeen et al. 3402* (LPB, MO, USZ).

Salacia L., Mant. Pl. 2: 159–160. 1771.

7 especies, 0 especies endémicas.

Salacia cordata (Miers) Mennega, Novon 2(3): 232. 1992.
Sin.: *Thermophila cordata* Miers, *Salacia spectabilis* A.C. Sm.
Ref.: Vargas Ramírez (1993b).
Liana, arbusto, arbolito. Nativa. Zonas Bajas. Bosque Húmedo, Sabanas Benianas del Norte, 0–500 m.
Dept.: BE, LP, PA.
Muestra: *J.C. Solomon 7771* (LPB, MO).
Nom. Vern.: Chuchuhuaso, guapomó.

Salacia elliptica (Mart. ex Schult.) G. Don, Gen. Hist. 1: 628. 1831.
Sin.: *Anthodon ellipticus* Mart. ex Schult., *Tontelea elliptica* (Mart. ex Schult.) Spreng. ex B.D. Jacks.
Ref.: Vargas Ramírez (1993b), Killeen & Schulenberg (1998), Mostacedo C. & Uslar (1999), Jardim et al. (2003).
Liana, árbol. Nativa, cultivada. Zonas Bajas. Bosque Húmedo, Bosque Semideciduo Chiquitano, Sabanas Benianas del Norte, Sabanas Benianas del Sur, 0–500 m.
Dept.: BE, CO, LP, SC.
Muestra: *L. Arroyo P. et al. 135* (LPB, MO, USZ).
Nom. Vern.: Guapomó, nutachens.

Salacia gigantea Loes., Verh. Bot. Vereins Prov. Brandenburg 48: 182–183. 1907.
Ref.: Vargas Ramírez (1993b), Mostacedo C. & Uslar (1999).
Árbol. Nativa. Zonas Bajas. Bosque Húmedo, 0–500 m.
Dept.: BE, PA, SC.
Muestra: *D.A. Neill et al. 9213* (LPB, MO, QAME, USZ).
Nom. Vern.: Colorado, guapomó, sapaimoci.

Salacia impressifolia (Miers) A.C. Sm., Bull. Torrey Bot. Club 66(4): 247. 1939.
Sin.: *Raddia impressifolia* Miers
Ref.: Smith (1940), Foster (1958), Vargas Ramírez (1993b), Killeen & Schulenberg (1998), Mostacedo C. & Uslar (1999), Gonçalves-Esteves et al. (2000).
Liana, árbol. Nativa. Zonas Bajas. Bosque Húmedo, Bosque Semideciduo Chiquitano, 0–1000 m.
Dept.: BE, LP, PA, SC.
Muestra: *L. Cayola et al. 2023* (BOLV, HRCB, LPB, MO, NY).
Nom. Vern.: Guapomó del monte.

Salacia juruana Loes., Verh. Bot. Vereins Prov. Brandenburg 48: 181–182. 1907.
Árbol. Nativa. Zonas Bajas. Sabanas Benianas del Sur, 0–500 m.
Dept.: BE, PA.
Muestra: *A.H. Gentry et al. 77767* (LPB, MO).

Salacia macrantha A.C. Sm., Bull. Torrey Bot. Club 66(4): 245–246. 1939.
Ref.: Parker & Bailey (1991), Vargas Ramírez (1993b), Killeen & Schulenberg (1998), Montambault (2002).
Liana, arbolito, árbol. Nativa. Zonas Bajas. Bosque Húmedo, Bosque Semideciduo Chiquitano, 0–1000 m.
Dept.: BE, CO, LP, PA, SC.
Muestra: *E. Meneces & W. Terceros 476* (BOLV, LPB, MO).
Nom. Vern.: Guapomó.

Salacia multiflora (Lam.) DC., Prodr. 1: 570. 1824.
Sin.: *Hippocratea multiflora* Lam., *Tonsella multiflora* (Lam.) Vahl, *Hylenaea multiflora* (Lam.) Miers
Liana. Nativa. Zonas Bajas. Bosque Húmedo, 0–1000 m.
Dept.: CO, LP.
Muestra: *S.G. Beck et al. 20378* (BHCB, CTES, LPB, M, MICH, MO, USZ).

[Salacia ulei Loes.], Verh. Bot. Vereins Prov. Brandenburg 48: 178. 1907.
Sin.: *Tontelea ulei* (Loes.) A.C. Sm.
Ref.: Mennega (1992).
Nota: El registro se basa en material mal identificado de *Tontelea attenuata*.

Schaefferia Jacq., Enum. Syst. Pl. 10, 33. 1760.

2 especies, 1 especie endémica.

Schaefferia argentinensis Speg., Physis (Buenos Aires) 3: 345. 1917.
Sin.: *Schaefferia uruguayensis* Speg.
Ref.: Lourteig & O'Donell (1955), Foster (1958), Ruiz de Centurión (1993b), Schulenberg & Awbrey (1997), Serrano & Terán (1998 [2000]), Arroyo Padilla & Villarroel Segarra (2009).
Arbusto, arbolito. Nativa. Andes. Bosque Semideciduo Chiquitano, Yungas, Valles Secos, 1000–2000 m.
Dept.: CH, LP, SC, TA.
Muestra: *L. Arroyo P. 3207* (B, MO, NY, USZ).
Nom. Vern.: Limoncillo, sacha coca.

Schaefferia dietheri Herter, Revista Sudamer. Bot. 6(5/6): 129–155. 1940.
Arbusto. Endémica. Andes. Bosque Tucumano-Boliviano, Bosque Serrano Chaqueño, Valles Secos, 1500–3000 m.
Dept.: CH, CO, LP, SC, TA.
Tipo y muestra: *G. Mandon 566* (T: B, GH, GOET, NY), *G. Torrico 731* (MO).
Nota: Previamente incluido en *S. argentinensis*.

Tontelea Miers, Trans. Linn. Soc. London 28: 382. 1872.

6 especies, 0 especies endémicas.

Tontelea attenuata Miers, Trans. Linn. Soc. London 28: 384–385. 1872.
Árbol. Nativa. Zonas Bajas. Bosque Húmedo, Bosque Semideciduo Chiquitano, 0–1000 m.
Dept.: LP, SC.
Muestra: *M.J. Macía et al. 4822* (LPB, MA).

Tontelea emarginata A.C. Sm., Brittonia 3(3): 494–495. 1940.
Sin.: *Tontelea cuspidata* A.C. Sm., *Salacia emarginata* (A.C. Sm.) J.F. Macbr.
Árbol. Nativa. Zonas Bajas. Bosque Húmedo, Campos Cerrados, 0–1000 m.
Dept.: LP, SC.
Muestra: *L. Arroyo P. et al. 2629* (BHCB, LPB, MO, NY, USZ).

Tontelea laxiflora (Benth.) A.C. Sm., Brittonia 3(3): 483. 1940.
Sin.: *Anthodon laxiflorus* Benth.
Arbusto. Nativa. Zonas Bajas. Bosque Húmedo, 0–500 m.
Dept.: BE, LP.
Muestra: *S.G. Beck 8084* (LPB, U).

Tontelea mauritioides (A.C. Sm.) A.C. Sm., Brittonia 3(3): 481, f. 10t–v. 1940.
Sin.: *Salacia mauritioides* A.C. Sm.
Ref.: Smith (1940), Foster (1958), Gonçalves-Esteves et al. (2000).
Liana. Nativa. Zonas Bajas. Bosque Húmedo, 0–500 m.
Dept.: BE.
Muestra: *R.C. Quevedo et al. 2649* (HRCB, MO, USZ).

Tontelea micrantha (Mart. ex Schult.) A.C. Sm., Brittonia 3(3): 472–474. 1940.
Sin.: *Anthodon micranthus* Mart. ex Schult., *Salacia micrantha* (Mart. ex Schult.) G. Don, *Anthodon micranthum* (Mart. ex Schult.) Mart. ex Miers, *Clercia micrantha* (Mart. ex Schult.) Miers, *Tontelea micrantha* (Mart. ex Schult.) Spreng. ex B.D. Jacks.
Subarbusto. Nativa. Zonas Bajas. Bosque Húmedo, 0–500 m.
Dept.: CO, SC.
Muestra: *B. Mostacedo et al. 1733* (MO, USZ).

Tontelea passiflora (Vell.) Lombardi, Rodriguésia 61(1): 124. 2010.
Sin.: *Clercia passiflora* Vell., *Cuervea ovalifolia* Miers, *Salacia fluminensis* Peyr., *Tontelea fluminensis* (Peyr.) A.C. Sm., *Tontelea ovalifolia* (Miers) A.C. Sm.
Ref.: Smith (1940), Foster (1958), Gonçalves-Esteves et al. (2000).
Arbolito. Nativa. Zonas Bajas. Bosque Húmedo, 0–1000 m.
Dept.: BE, LP, PA, SC.
Muestra: *M. Saldias 502* (MO, USZ).
Nom. Vern.: Quërimati.

[Tontelea tenuicula (Miers) A.C. Sm.], Brittonia 3(3): 492, f. 10o. 1940.
Sin.: *Amphizoma tenuicula* Miers, *Salacia tenuicula* (Miers) Peyr.
Ref.: Killeen & Schulenberg (1998).
Nota: El registro se basa en material mal identificado.

Viposia Lundell, Lilloa 4(2): 384–386, t. 1, f. 1. 1939.
1 especie, 0 especies endémicas.

Viposia integerrima (Lundell) Lundell, Lilloa 4(2): 386–387, t. 1, f. 1. 1939.
Sin.: *Plenckia integerrima* Lundell
Ref.: Lourteig & O'Donell (1955), Foster (1958), Ruiz de Centurión (1993b), Serrano & Terán (1998 [2000]).
Arbusto, arbolito, árbol. Nativa. Andes. Bosque Serrano Chaqueño, 1500–3000 m.
Dept.: CH, CO, PO, SC, TA.
Muestra: *I.G. Vargas & A. Villagomez 2135* (MO, NY, USZ).
Nom. Vern.: Blanquillo.

Zinowiewia Turcz., Bull. Soc. Imp. Naturalistes Moscou 32(1): 275–276. 1859.
1 especie, 0 especies endémicas.

Zinowiewia australis Lundell, Bull. Torrey Bot. Club 65: 469. 1938.
Ref.: Ulloa Ulloa & Jørgensen (1994), Fuentes Claros et al. (2009).
Árbol. Nativa. Zonas Bajas, Andes. Bosque Húmedo, Yungas, 0–500, 2000–2500 m.
Dept.: LP, SC.
Muestra: *I.G. Vargas et al. 1473* (LPB, MO, NY, USZ).
Nota: Tal vez una especie nueva.

CERATOPHYLLACEAE Gray, Nat. Arr. Brit. Pl. 2: 395, 554. 1822.

Por M. del P. Fernández (LPB), N. Ritter (CSU, Stanislaus Endangered Species Recovery Program); revisado por M. Nee (NY), S.G. Beck (LPB), P.M. Jørgensen (MO).
1 género, 2 especies, 0 especies endémicas.

Ceratophyllum L., Sp. Pl. 2: 992. 1753.
2 especies, 0 especies endémicas.

Ceratophyllum demersum L., Sp. Pl. 2: 992. 1753.
Ref.: Foster (1958), Wilmot-Dear (1985), Les (1986), Tur (1987), Tur (1995), Killeen & Schulenberg (1998).
Hierba, acuática. Nativa. Zonas Bajas. Sabanas Benianas del Norte, Sabanas Benianas del Sur, 0–500 m.
Dept.: BE, LP.
Muestra: *S.G. Beck 27626* (LPB, MO).

Ceratophyllum muricatum Cham., Linnaea 4(4): 504, pl. 5, f. 6c. 1829.
Sin.: *Ceratophyllum submersum* subsp. *muricatum* (Cham.) Wilmot-Dear
Ref.: Wilmot-Dear (1985), Tur (1987), Les (1988), Tur (1995), Killeen & Schulenberg (1998).
Hierba, acuática. Nativa. Zonas Bajas. Bosque Seco Chaqueño, 0–500 m.
Dept.: LP, TA.
Muestra: *A. Fuentes 984* (USZ).
Infra: *Ceratophyllum muricatum* subsp. *australe* (Griseb.) Les

CERVANTESIACEAE Nickrent & Der, Taxon 59(2): 551. 2010.

Por P.M. Jørgensen (MO) y M. Atahuachi (BOLV); revisado por C. Ulloa Ulloa (MO), M. Nee (NY), S.G. Beck (LPB).
3 géneros, 5 especies, 1 especie endémica.
Nota: Para el orden Santalales se sigue el sistema de Nickrent et al. (2010).

Acanthosyris (Eichler) Griseb., Abh. Königl. Ges. Wiss. Göttingen 24: 151. 1879.
2 especies, 1 especie endémica.

Acanthosyris asipapote M. Nee, Brittonia 48(4): 574–578, f. 1. 1996.
Árbol. Endémica. Zonas Bajas. Bosque Semideciduo Chiquitano, 0–500 m.
Dept.: SC.
Tipo y muestra: *I. G. Vargas 3234* (HT: USZ; IT: F, MO-4901149, NY), *I. G. Vargas 5411* (CTES, MO, USZ).

Acanthosyris falcata Griseb., Abh. Königl. Ges. Wiss. Göttingen 24: 151. 1879.
Ref.: Foster (1958), Killeen (1993c), Serrano & Terán (1998 [2000]).
Árbol. Nativa. Zonas Bajas. Bosque Semideciduo Chiquitano, Bosque Seco Chaqueño, 0–1000 m.
Dept.: CH, SC, TA.
Muestra: *M.H. Nee 47520* (LPB, MO, NY, USZ).
Nom. Vern.: Iba-jee, sacha pera, saucillo, sombra de toro.

Cervantesia Ruiz & Pav., Fl. Peruv. Prodr. 39. 1794.
2 especies, 0 especies endémicas.

Cervantesia bicolor Cav., Icon. 5: 49, t. 475. 1799.
Ref.: Killeen (1993c), Ulloa Ulloa & Jørgensen (2002).
Árbol. Nativa. Andes. Yungas, 3000–4000 m.
Dept.: CO.
Muestra: *S.G. Beck & R. Seidel 14463* (BOLV, CTES, LPB, M, MO, NY).

Cervantesia tomentosa Ruiz & Pav., Syst. Veg. Fl. Peruv. Chil. 1: 72. 1798.
Ref.: Killeen (1993c), Ulloa Ulloa & Jørgensen (2002).
Árbol. Nativa. Andes. Yungas, 3000–4000 m.
Dept.: LP.
Muestra: *L. J. Dorr & L. C. Barnett 6941* (AAU, LPB, NY).

Jodina Hook. & Arn. ex Meisn., Pl. Vasc. Gen. 1: 68. 1837.
1 especie, 0 especies endémicas.

Jodina rhombifolia (Hook. & Arn.) Reissek, Fl. Bras. 11(1): 78. 1861.
Sin.: *Jodina cuneifolia* (L.) Miers, *Jodina ruscifolia* Hook. & Arn., *Ilex cuneifolia* var. *bonariensis* DC., *Celastrus rhombifolius* Hook. & Arn., *Iodina rhombifolia* Hook. & Arn.,

Jodina bonariensis (DC.) Kuntze
Ref.: Foster (1958), Killeen (1993c), López Vargas (1995), Saravia Miranda (1996), Serrano & Terán (1998 [2000]), Vargas Caballero et al. (2000).
Arbusto, árbol. Nativa. Andes. Yungas, Bosque Serrano Chaqueño, Valles Secos, 1000–3000 m.
Dept.: CH, CO, SC.
Muestra: *E.C. Vargas & P. Acevedo-Rodríguez 410* (LPB, US).
Nom. Vern.: Cacha blanca, coca coca, espino, sombra de toro, tres espinas.

CHENOPODIACEAE Vent., Tabl. Regn. Veg. 2: 253. 1799.

Nota: Parte de Amaranthaceae (APG III 2009).

CHLORANTHACEAE R. Br. ex Sims, Bot. Mag. 48: sub pl. 2190. 1820.

Por M. Moraes (LPB); revisado por M. Nee (NY), S.G. Beck (LPB), P.M. Jørgensen (MO).
1 género, 7 especies, 1 especie endémica.

Hedyosmum Sw., Prodr. 5, 84. 1788.

7 especies, 1 especie endémica.

Hedyosmum angustifolium (Ruiz & Pav.) Solms, Prodr. 16(1): 485. 1869.
Sin.: *Tafalla angustifolia* Ruiz & Pav., *Tafalla laciniata* Ruiz & Pav., *Hedyosmum laciniatum* (Ruiz & Pav.) Solms, *Hedyosmum scabrum* var. *pavonii* Solms, *Tafalla angustifolia* Kuntze, *Tafalla laciniata* Kuntze, *Hedyosmum pavonii* (Solms) Diels
Ref.: Todzia (1988), Moraes R. (1993a).
Arbusto, arbolito, árbol. Nativa. Andes. Yungas, 1500–3000 m.
Dept.: CO, LP, SC.
Muestra: *N. Salinas 2439* (LPB, MO).

Hedyosmum cuatrecazanum Occhioni, Contr. Estud. Fam. Chloranthaceae 23. 1954.
Sin.: *Hedyosmum crassifolium* Urb., *Hedyosmum crassifolium* Cuatrec.
Ref.: Todzia (1988), Moraes R. (1993a).
Árbol. Nativa. Andes. Yungas, 2000–2500 m.
Dept.: LP.
Muestra: *J.C. Solomon 9315* (LPB, MO, NY, TEX).

Hedyosmum dombeyanum Solms, Prodr. 16(1): 482. 1869.
Sin.: *Tafalla dombeyana* (Solms) Kuntze
Ref.: Todzia (1988), Moraes R. (1993a), Navarro Sánchez & Ferreira (2000).
Arbusto, árbol. Nativa. Andes. Yungas, 2000–3000 m.
Dept.: CO, LP.
Muestra: *S.G. Beck 25992A* (CTES, K, LPB, M, MO).

Hedyosmum lechleri Solms, Prodr. 16(1): 484. 1869.
Sin.: *Hedyosmum kanehirae* J.F. Macbr.
Ref.: Todzia (1988), Moraes R. (1993a).
Árbol. Nativa. Andes. Yungas, 2000–2500 m.
Dept.: LP.
Muestra: *J.C. Solomon 13735* (LPB, MO).

Hedyosmum maximum (Kuntze) K. Schum., Just's Bot. Jahresber. 26(1): 345. 1900.
Sin.: *Tafalla maxima* Kuntze, *Tafallaea maxima* Kuntze
Ref.: Foster (1958), Todzia (1988), Moraes R. (1993a), Navarro Sánchez & Ferreira (2000).
Árbol. Endémica. Andes. Yungas, 2500–3500 m.
Dept.: CO, LP.
Tipo y muestra: *O. Kuntze s.n.* (HT: B destr.?; LT: G; ILT: G, NY, US; fotos: F ex B, MO ex B), *N. Salinas 2143* (LPB, MO).

Hedyosmum racemosum (Ruiz & Pav.) G. Don, Gen. Hist. 3: 434. 1834.
Sin.: *Tafalla glauca* Ruiz & Pav., *Tafalla racemosa* Ruiz & Pav., *Hedyosmum glabratum* Kunth, *Hedyosmum bolivianum* Cordem., *Hedyosmum glaucum* (Ruiz & Pav.) C. Cordem., *Hedyosmum integrum* Cordem., *Tafalla glabrata* (Kunth) Kuntze, *Tafalla glauca* Kuntze, *Tafalla integra* (Cordem.) Kuntze, *Tafalla racemosa* Kuntze, *Hedyosmum huilense* Cuatrec., *Hedyosmum llanorum* Cuatrec.
Ref.: Foster (1958), Todzia (1988), Moraes R. (1993a), Nee (2004).
Arbolito, árbol. Nativa. Zonas Bajas, Andes. Bosque Húmedo, Yungas, 500–3000 m.
Dept.: BE, CO, LP, SC.
Muestra: *D.N. Smith & Buddensiek 13520* (BOLV, F, K, LPB, MICH, MO, TEX).

Hedyosmum scabrum (Ruiz & Pav.) Solms, Prodr. 16(1): 480. 1869.
Sin.: *Tafalla scabra* Ruiz & Pav., *Hedyosmum hirsutum* Kunth, *Hedyosmum latifolium* Cordem., *Hedyosmum mandonii* Solms, *Tafalla mandonii* (Solms) Kuntze, *Tafalla scabra* Kuntze
Ref.: Foster (1958), Todzia (1988), Moraes R. (1993a), Zárate et al. (1999), Navarro Sánchez & Ferreira (2000).
Arbusto, árbol. Nativa. Andes. Yungas, 2500–3500 m.
Dept.: CO, LP.
Muestra: *S.G. Beck 1413* (LPB, NY).

CHRYSOBALANACEAE R. Br., Narr. Exped. Zaire 433. 1818.

Por G.T. Prance (RNG) y M. Moraes (LPB); revisado por S.G. Beck (LPB), M. Nee (NY), P.M. Jørgensen (MO).
4 géneros, 56 especies, 1 especie endémica.

Couepia Aubl., Hist. Pl. Guiane 1: 519, t. 207. 1775.

7 especies, 0 especies endémicas.

Couepia bracteosa Benth., J. Bot. (Hooker) 2: 215. 1840.
Ref.: Prance (1972a), Prance & Sothers (2003a).
Árbol. Nativa. Zonas Bajas. Bosque Húmedo, 0–500 m.
Dept.: PA.
Muestra: *G.T. Prance et al. 8758* (INPA, NY).

Couepia grandiflora (Mart. & Zucc.) Benth. ex Hook. f., Fl. Bras. 14(2): 46. 1867.
Sin.: *Moquilea grandiflora* Mart. & Zucc., *Couepia formosana* Taub., *Couepia suberosa* Pilg.
Ref.: Prance (1972a), Prance (1989b), Moraes R. (1993b), Killeen & Schulenberg (1998), Prance & Sothers (2003a).
Arbusto, árbol. Nativa. Zonas Bajas. Campos Cerrados, 0–1000 m.
Dept.: SC.
Muestra: *I.G. Vargas et al. 4087* (MO, USZ).

Couepia krukovii Standl., Publ. Field Mus. Nat. Hist., Bot. Ser. 17(3): 250. 1937.
Ref.: Prance (1989b), Moraes R. (1993b), Prance & Sothers (2003a).
Árbol. Nativa. Zonas Bajas. Bosque Húmedo, 0–500 m.
Dept.: BE.
Muestra: *G. Meyer 46* (MO, Z).

Couepia latifolia Standl., Publ. Field Mus. Nat. Hist., Bot. Ser. 17(3): 251. 1937.
Ref.: Prance (1972a), Prance & Sothers (2003a).
Árbol. Nativa. Zonas Bajas. Bosque Húmedo, 0–500 m.
Dept.: BE.
Muestra: *D.C. Daly 6254* (K, LPB, NY).

Couepia obovata Ducke, Arq. Inst. Biol. Veg. 2: 35. 1935.
Ref.: Altamirano Azurduy & Ramos de Sousa (2009).
Arbusto, arbolito. Nativa. Zonas Bajas. Bosque Húmedo, 0–500 m.
Dept.: PA.
Muestra: *S. Altamirano & H. Ramos 4124* (BOLV, HRA).

Couepia paraensis (Mart. & Zucc.) Benth. ex Hook. f., Fl. Bras. 14(2): 48. 1867.
Sin.: *Moquilea paraensis* Mart. & Zucc., *Couepia glaucescens* Spruce ex Hook. f., *Couepia duckei* Huber
Ref.: Prance (1972a), Prance (1989b), Moraes R. (1990), Moraes R. (1993b), Prance & Sothers (2003a).
Arbusto, árbol. Nativa. Zonas Bajas. Bosque Húmedo, 0–500 m.
Dept.: BE, PA.
Muestra: *L.R.C. de Michel & S.G. Beck 2198* (MO).
Infra: *Couepia paraensis* subsp. *glaucescens* (Spruce ex Hook. f.) Prance

Couepia uiti (Mart. & Zucc.) Benth. ex Hook. f., Fl. Bras. 14(2): 47. 1867.
Sin.: *Moquilea uiti* Mart. & Zucc., *Couepia martiana* Hook. f., *Couepia paraguariensis* Hassl., *Couepia dahlgrenii* Standl.
Ref.: Prance (1972a), Prance (1989b), Jardim et al. (2003), Prance & Sothers (2003a).
Arbusto, arbolito. Nativa. Zonas Bajas. Sabanas Benianas del Norte, 0–500 m.
Dept.: SC.
Muestra: *R. Guillén V. 2221* (K, LPB, MO, NY, USZ).
Nom. Vern.: Oiti, pantera.

Hirtella L., Sp. Pl. 1: 34. 1753.
17 especies, 1 especie endémica.

Hirtella beckii Prance, Kew Bull. 54(1): 112, 114–115, f. 6, map 1. 1999.
Ref.: Prance (1999), Prance & Sothers (2003a).
Arbusto. Endémica. Andes. Yungas, 1000–1500 m.
Dept.: LP.
Tipo: *S.G. Beck 22624* (HT: LPB; IT: K).
Nota: Conocido solamente del tipo.

Hirtella bicornis Mart. & Zucc., Abh. Math.-Phys. Cl. Königl. Bayer. Akad. Wiss. 1: 377–378. 1832.
Sin.: *Hirtella caudata* Kleinhoonte
Ref.: Prance (1972a), Prance (1989b), Moraes R. (1993b), Killeen & Schulenberg (1998), Prance & Sothers (2003a).
Árbol. Nativa. Zonas Bajas. Bosque Húmedo, 0–500 m.
Dept.: PA, SC.
Muestra: *E. Meneces 669* (BOLV, LPB, MO, NY).
Infra: *Hirtella bicornis* var. *pubescens* Ducke

Hirtella bullata Benth., J. Bot. (Hooker) 2: 216–217. 1840.
Sin.: *Hirtella aureohirsuta* Pilg., *Hirtella amplexicaulis* Pilg., *Hirtella stipitadenia* Rusby
Ref.: Foster (1958), Prance (1972a), Moraes R. (1990), Parker & Bailey (1991), Moraes R. (1993b), Prance (2001a), Prance & Sothers (2003a).
Arbusto, árbol. Nativa. Zonas Bajas. Bosque Húmedo, 0–1000 m.
Dept.: BE, CO, LP, PA, SC.
Muestra: *A. Serato 121* (CTES, CUVC, K, LPB, M, MO).
Nom. Vern.: Urarau.

Hirtella burchellii Britton, Bull. Torrey Bot. Club 17: 10. 1890.
Sin.: *Hirtella pulchra* Fritsch, *Hirtella collina* S. Moore, *Hirtella sprucei* subsp. *meridionalis* Hassl., *Hirtella plumbea* Pilg.
Ref.: Foster (1958), Prance (1972a), Moraes R. (1990), Moraes R. (1993b), Killeen & Schulenberg (1998), Prance & Sothers (2003a).
Arbusto, árbol. Nativa. Zonas Bajas. Bosque Húmedo, Campos Cerrados, 500–1000 m.
Dept.: BE, PA, SC.
Tipo y muestra: *H.H. Rusby 1222* (HT: NY; IT: BM, F, GH, K, LE, MICH, MO-2188167, P, US), *M. Moraes R. 513* (K, LPB, NY).

Hirtella eriandra Benth., J. Bot. (Hooker) 2: 217. 1840.
Ref.: Prance (1972a), Moraes R. (1993b), Prance & Sothers (2003a).
Arbusto, árbol. Nativa. Zonas Bajas. Bosque Húmedo, 0–500 m.
Dept.: PA.
Muestra: *G.T. Prance et al. 6495* (INPA, NY).

Hirtella excelsa Standl. ex Prance, Fl. Neotrop. 9: 345–346, f. 56 D–G. 1972.
Ref.: Prance (1972a), Prance (1989b), Moraes R. (1993b), Arrázola Rivero et al. (2000), Prance & Sothers (2003a).
Árbol. Nativa. Zonas Bajas, Andes. Bosque Húmedo, Yungas, 0–1500 m.
Dept.: CO, LP, PA.
Muestra: *E. Meneces & G.S. Hartshorn 2335* (BOLV, K, MO).
Nom. Vern.: Coloradillo.

Hirtella glandulosa Spreng., Neue Entdeck. Pflanzenk. 1: 303. 1820.
Sin.: *Hirtella damaziana* Beauverd, *Hirtella hookeri* Pilg., *Hirtella velutina* Pilg., *Hirtella wachenheimii* Benoist
Ref.: Prance (1972a), Killeen & Schulenberg (1998), Prance & Sothers (2003a).
Arbusto, árbol. Nativa. Zonas Bajas. Bosque Húmedo, Campos Cerrados, 0–1000 m.
Dept.: BE, LP, SC.
Muestra: *R.C. Quevedo et al. 910* (AAU, K, MO, NY, USZ).

Hirtella gracilipes (Hook. f.) Prance, Fl. Neotrop. 9: 323. 1972.
Sin.: *Hirtella americana* var. *gracilipes* Hook. f.
Ref.: Prance (1972a), Moraes R. (1993b), Killeen & Schulenberg (1998), Prance & Sothers (2003a).
Arbusto, árbol. Nativa. Zonas Bajas. Bosque Húmedo, 0–500 m.
Dept.: BE, LP, SC.
Muestra: *R. Guillén V. 184* (K, MO, USZ).

Hirtella hispidula Miq., Stirp. Surinam. Select. 28, pl. 7b. 1850 [1851].
Sin.: *Hirtella egensis* Fritsch, *Hirtella subsetosa* Fanshawe & Maguire
Ref.: Prance (1972a), Moraes R. (1993b), Killeen & Schulenberg (1998), Prance (2001a), Prance & Sothers (2003a).
Arbusto, árbol. Nativa. Zonas Bajas. Bosque Húmedo, 0–500 m.
Dept.: LP, PA, SC.
Muestra: *T. Killeen et al. 7540* (AAU, K, MO, USZ).

Hirtella latifolia Prance, Fl. Neotrop. 9: 308, f. 45E–H. 1972.
Ref.: Prance (1972a), Prance & Sothers (2003a).
Árbol. Nativa. Zonas Bajas. Bosque Húmedo, 0–1000 m.
Dept.: LP.
Muestra: *M.J. Macía & J.M. Quisbert 4930* (LPB, MA).

Hirtella lightioides Rusby, Bull. New York Bot. Gard. 4: 350. 1907.
Sin.: *Hirtella acuminata* Rusby

Ref.: Foster (1958), Prance (1972a), Moraes R. (1990), Moraes R. (1993b), Prance & Sothers (2003a).
Arbusto, árbol. Nativa. Zonas Bajas, Andes. Bosque Húmedo, Yungas, 0–1500 m.
Dept.: BE, LP, PA.
Tipo y muestra: *M. Bang 2418* (HT: NY; IT: C, F, LE, M, MO-1715657, S, US), *J.C. Solomon 9393* (LPB, MO, NY).

Hirtella pilosissima Mart. & Zucc., Abh. Math.-Phys. Cl. Königl. Bayer. Akad. Wiss. 1: 373–374. 1832.
Sin.: *Hirtella purusana* Huber
Ref.: Prance (1972a), Moraes R. (1990), Moraes R. (1993b), Killeen & Schulenberg (1998), Prance & Sothers (2003a).
Arbusto, árbol. Nativa. Zonas Bajas. Bosque Húmedo, 0–1000 m.
Dept.: BE, CO, LP, PA, SC.
Muestra: *A. Perry 888* (LPB, MO).

Hirtella piresii Prance, Fl. Neotrop. 9: 283, f. 44 A–C. 1972.
Ref.: Moraes R. (1993b), Prance & Sothers (2003a).
Árbol. Nativa. Zonas Bajas. Bosque Húmedo, 0–500 m.
Dept.: PA.
Muestra: *Rodríguez 1419* (LPB, NY).

Hirtella racemosa Lam., Encycl. 3: 133. 1789.
Sin.: *Hirtella americana* Aubl., *Tachibota guianensis* Aubl., *Salmasia guianensis* (Aubl.) J.F. Gmel., *Salmasia racemosa* Willd., *Hirtella hexandra* Willd. ex Roem. & Schult., *Hirtella nemorosa* Hoffmanns. ex Roem. & Schult., *Hirtella nitida* Humb. & Bonpl. ex Roem. & Schult., *Hirtella scandens* Hoffmanns. ex Roem. & Schult., *Hirtella acayacensis* DC., *Hirtella oblongifolia* DC., *Hirtella rosea* DC., *Hirtella coriacea* Mart. & Zucc., *Hirtella filiformis* C. Presl, *Hirtella strigulosa* Steud., *Hirtella violacea* Steud., *Hirtella americana* var. *hexandra* (Willd. ex Roem. & Schult.) Hook. f., *Hirtella americana* var. *oblongifolia* (DC.) Hook. f., *Hirtella racemosa* var. *oblongifolia* (DC.) Standl., *Hirtella racemosa* var. *metallica* Cuatrec.
Ref.: Foster (1958), Prance (1972a), Prance (1989b), Moraes R. (1990), Parker & Bailey (1991), Moraes R. (1993b), Killeen & Schulenberg (1998), Alverson et al. (2000), Prance (2001a), Montambault (2002), Prance & Sothers (2003a).
Arbusto, arbolito, árbol. Nativa. Zonas Bajas. Bosque Húmedo, 0–500 m.
Dept.: BE, LP, PA, SC.
Muestra: *A.M. Carrión & C. Sims 327* (MO, USZ).
Infra: *Hirtella racemosa* var. *racemosa*, *Hirtella racemosa* var. *hexandra* (Willd. ex Roem. & Schult.) Prance
Nom. Vern.: Chana, coloradillo.

Hirtella rasa Standl., Publ. Field Mus. Nat. Hist., Bot. Ser. 17(3): 252. 1937.
Ref.: Prance (1972a), Prance & Sothers (2003a).
Árbol. Nativa. Zonas Bajas. Bosque Húmedo, 500–1000 m.
Dept.: LP.
Muestra: *M.J. Macía 5779* (LPB, MA).

[Hirtella sprucei Benth. ex Hook. f.], Fl. Bras. 14(2): 31, pl. 9, f. 1. 1867.
Ref.: Foster (1958).
Nota: El registro se basa en material mal identificado.

Hirtella tocantina Ducke, Arch. Jard. Bot. Rio de Janeiro 3: 266. 1922.
Ref.: Prance (1972a), Prance & Sothers (2003a).
Árbol. Nativa. Zonas Bajas. Bosque Húmedo, 0–500 m.
Dept.: PA.
Muestra: *G.T. Prance et al. 6468* (INPA, NY).

Hirtella triandra Sw., Prodr. 51. 1788.
Sin.: *Hirtella americana* Jacq., *Hirtella paniculata* Lam., *Hirtella cosmibuena* Lam., *Hirtella racemosa* Ruiz & Pav., *Hirtella peruviana* Pers., *Hirtella castanea* DC., *Hirtella bracteata* Mart. & Zucc., *Sphenista peruviana* (Pers.) Raf., *Zamzela racemosa* Raf., *Chrysobalanus triandrus* (Sw.) Morales, *Hirtella jamaicensis* Urb., *Hirtella multiflora* Urb.
Ref.: Foster (1958), Prance (1972a), Prance (1989b), Moraes R. (1993b), Killeen & Schulenberg (1998), Alverson et al. (2000), Prance & Sothers (2003a).
Árbol. Nativa. Zonas Bajas, Andes. Bosque Húmedo, Yungas, 0–500, 1000–2000 m.
Dept.: BE, CO, LP, PA, SC.
Muestra: *P.F. Foster 760* (F, K, USZ).
Infra: *Hirtella triandra* subsp. *triandra*
Nom. Vern.: Coloradillo de la hoja chica, hojoso colorado, huapomocillo.

Licania Aubl., Hist. Pl. Guiane 1: 119, pl. 45. 1775.
27 especies, 0 especies endémicas.

Licania apetala (E. Mey.) Fritsch, Ann. K.K. Naturhist. Hofmus. 4: 54. 1889.
Sin.: *Hirtella apetala* E. Mey., *Licania floribunda* Benth., *Licania pendula* Benth., *Moquilea floribunda* (Benth.) Hook. f., *Moquilea pendula* (Benth.) Hook. f., *Licania apetala* var. *pendula* (Benth.) Fritsch, *Moquilea orinocensis* Rusby, *Licania dahlgrenii* Standl., *Licania hylaea* Cuatrec.
Ref.: Prance (1972a), Prance (1989b), Killeen & Schulenberg (1998), Prance & Sothers (2003b), Altamirano Azurduy & Ramos de Sousa (2009).
Árbol. Nativa. Zonas Bajas. Bosque Húmedo, Campos Cerrados, 0–500 m.
Dept.: PA, SC.
Muestra: *L. Arroyo P. et al. 490* (AAU, K, LPB, MO, NY, USZ).
Infra: *Licania apetala* var. *apetala*, *Licania apetala* var. *aperta* (Benth.) Prance

Licania arborea Seem., Bot. Voy. Herald 118, t. 25, f. 1. 1853.
Sin.: *Licania seleriana* Loes., *Licania retusa* Pilg., *Licania bullatifolia* Cuatrec.
Ref.: Prance (1972a), Prance & Sothers (2003b).
Árbol. Nativa. Zonas Bajas. Bosque Húmedo, 0–500 m.
Dept.: LP.
Muestra: *G. Bourdy 1790* (K, LPB).
Nota: Tal vez introducida en Bolivia.

Licania blackii Prance, Fl. Neotrop. 9: 167, f. 24 D–F. 1972.
Ref.: Prance (1972a), Killeen & Schulenberg (1998), Prance & Sothers (2003b).
Árbol. Nativa. Zonas Bajas. Campos Cerrados, 0–500 m.
Dept.: SC.
Muestra: *R.C. Quevedo et al. 2324* (K, LPB, MO, USZ).

Licania boliviensis Prance, Fl. Neotrop. 9: 43, f. 6 E. 1972.
Ref.: Prance (1972a), Moraes R. (1993b), Prance & Sothers (2003b).
Árbol. Nativa. Zonas Bajas, Andes. Bosque Húmedo, Yungas, 500–2000 m.
Dept.: LP.
Tipo y muestra: *B.A. Krukoff 11233* (HT: NY; IT: A, F, LA, LPB, MICH, MO-1250442, S, US), *A.H. Gentry 71021* (LPB, MO).

Licania brittoniana Fritsch, Oesterr. Bot. Z. 42: 6. 1892.
Sin.: *Licania pallida* Britton, *Moquilea elata* Pilg., *Licania elata* (Pilg.) Pilg. ex L. Williams
Ref.: Foster (1958), Prance (1972a),

Prance (1989b), Parker & Bailey (1991), Moraes R. (1993b), Killeen & Schulenberg (1998), Alverson et al. (2000), Prance & Sothers (2003b).
Árbol. Nativa. Zonas Bajas. Bosque Húmedo, 0–500 m.
Dept.: BE, LP, PA, SC.
Tipo y muestra: *H.H. Rusby 2442* (HT: NY; IT: BM, F, GH, K, MICH, P, US), *A. Gonzáles 158* (BOLV, K, MO).
Nom. Vern.: Seque.

Licania canescens Benoist, Bull. Mus. Natl. Hist. Nat. 25: 514. 1919.
Ref.: Prance (1972a), Moraes R. (1993b), Killeen & Schulenberg (1998), Prance & Sothers (2003b).
Árbol. Nativa. Zonas Bajas. Bosque Húmedo, Campos Cerrados, 0–500 m.
Dept.: PA, SC.
Muestra: *A. Perry 410* (K, LPB, MO).

Licania caudata Prance, Fl. Neotrop. 9: 100, f. 16 J–M. 1972.
Ref.: Prance & Sothers (2003b).
Árbol. Adventicia. Zonas Bajas. Bosque Húmedo, 0–1000 m.
Dept.: LP.
Muestra: *M.J. Macía & J.M. Quisbert 5719* (LPB, MA).

Licania egleri Prance, Fl. Neotrop. 9: 56, f. 7D–G, f. 8. 1972.
Ref.: Prance (1972a), Killeen & Schulenberg (1998), Prance & Sothers (2003b).
Arbusto, árbol. Nativa. Zonas Bajas. Bosque Húmedo, Campos Cerrados, 0–500 m.
Dept.: BE, SC.
Muestra: *M. Toledo & J. C. Herrera 51* (K, MO, USZ).

Licania gardneri (Hook. f.) Fritsch, Ann. K.K. Naturhist. Hofmus. 4: 56. 1889.
Sin.: *Moquilea gardneri* Hook. f., *Licania mattogrossensis* Pilg., *Moquilea mattogrossensis* (Pilg.) Malme
Ref.: Prance (1972a), Killeen & Schulenberg (1998), Prance & Sothers (2003b).
Arbusto, árbol. Nativa. Zonas Bajas. Bosque Húmedo, Bosque Semideciduo Chiquitano, Campos Cerrados, 0–500 m.
Dept.: SC.
Muestra: *E. Gutiérrez C. et al. 1023* (K, MO, USZ).

Licania harlingii Prance, Fl. Ecuador 10: 9–10, f. 2. 1979.
Ref.: Prance (1989b), Moraes R. (1993b), Killeen & Schulenberg (1998), Prance & Sothers (2003b).
Árbol. Nativa. Zonas Bajas. Bosque Húmedo, 0–500 m.
Dept.: SC.
Muestra: *N.P. Ritter et al. 3027* (K, MO, NHA, USZ).

Licania heteromorpha Benth., J. Bot. (Hooker) 2: 221–222. 1840.
Sin.: *Licania benthamii* Hook. f., *Licania glabra* Mart. ex Hook. f., *Licania prismatocarpa* Spruce ex Hook. f., *Licania biglandulosa* Griseb. ex Urb.
Ref.: Foster (1958), Prance (1972a), Prance (1989b), Parker & Bailey (1991), Moraes R. (1993b), Killeen & Schulenberg (1998), Prance & Sothers (2003b).
Árbol. Nativa. Zonas Bajas. Bosque Húmedo, 0–1000 m.
Dept.: BE, LP, PA, SC.
Muestra: *T. Killeen 4405* (K, LPB, MO).
Infra: *Licania heteromorpha* var. *heteromorpha*, *Licania heteromorpha* var. *glabra* (Mart. ex Hook. f.) Prance

Licania hoehnei Pilg., Notizbl. Bot. Gart. Berlin–Dahlem 8: 541–542. 1923.
Ref.: Prance (1972a), Killeen & Schulenberg (1998), Prance & Sothers (2003b).
Árbol. Nativa. Zonas Bajas. Bosque Semideciduo Chiquitano, Campos Cerrados, 0–500 m.
Dept.: SC.
Muestra: *R. Guillén V. & P. Solíz 3847* (AAU, F, K, LPB, MICH, MO, NY, USZ).

Licania humilis Cham. & Schltdl., Linnaea 2: 549. 1827.
Sin.: *Moquilea humilis* (Cham. & Schltdl.) Hook. f., *Licania ulei* Taub., *Chrysobalanus humilis* (Cham. & Schltdl.) Kuntze, *Chrysobalanus sublanatus* Kuntze
Ref.: Prance (1972a), Prance (1989b), Killeen & Schulenberg (1998), Prance & Sothers (2003b).
Arbusto, arbolito, árbol. Nativa. Zonas Bajas. Campos Cerrados, 0–500 m.
Dept.: SC.
Muestra: *B. Mostacedo et al. 1428* (K, LPB, MO, USZ).

Licania hypoleuca Benth., Bot. Voy. Sulphur 91–92, t. 32. 1844.
Ref.: Prance (1972a), Parker & Bailey (1991), Killeen & Schulenberg (1998), Prance & Sothers (2003b).
Árbol. Nativa. Zonas Bajas. Bosque Húmedo, 0–500 m.
Dept.: LP, SC.
Muestra: *R. Guillén V. & R. Choré 2914* (AAU, F, K, MICH, MO, NY, USZ).

Licania krukovii Standl., Publ. Field Mus. Nat. Hist., Bot. Ser. 17(3): 256. 1937.
Ref.: Prance (1972a), Moraes R. (1993b), Prance & Sothers (2003b).
Árbol. Nativa. Zonas Bajas, Andes. Bosque Húmedo, Yungas, 0–1500 m.
Dept.: LP.
Muestra: *B.A. Krukoff 10996* (A, F, K, LPB, MICH, MO, NY, S, US).

Licania kunthiana Hook. f., Fl. Bras. 14(2): 16. 1867.
Ref.: Prance (1972a), Moraes R. (1993b), Killeen & Schulenberg (1998), Arrázola Rivero et al. (2000), Jardim et al. (2003), Prance & Sothers (2003b), Wood et al. (2011).
Árbol. Nativa. Zonas Bajas. Bosque Húmedo, Bosque Semideciduo Chiquitano, Campos Cerrados, 0–500 m.
Dept.: BE, CO, PA, SC.
Muestra: *A. Jardim & F. Mamani 3681* (K, MO, USZ).

Licania longipetala Prance, Fl. Neotrop. 9: 62. 1972.
Ref.: Prance (1972a), Moraes R. (1993b), Prance & Sothers (2003b).
Árbol. Nativa. Zonas Bajas. Sabanas Benianas del Norte, 0–500 m.
Dept.: BE.
Muestra: *S.G. Beck 15161* (K, LPB).

Licania micrantha Miq., Stirp. Surinam. Select. 29. 1850 [1851].
Sin.: *Licania helvola* Spruce ex Hook. f., *Licania anisophylla* Standl.
Ref.: Prance (1972a), Killeen & Schulenberg (1998), Prance & Sothers (2003b).
Árbol. Nativa. Zonas Bajas. Bosque Húmedo, Campos Cerrados, 0–500 m.
Dept.: SC.
Muestra: *R. Guillén V. et al. 4003* (K, LPB, MO, USZ).

Licania minutiflora (Sagot) Fritsch, Ann. K.K. Naturhist. Hofmus. 4: 54. 1889.
Sin.: *Moquilea minutiflora* Sagot
Ref.: Prance (1972a), Killeen & Schulenberg (1998), Prance & Sothers (2003b).
Árbol. Nativa. Zonas Bajas. Bosque Húmedo, Campos Cerrados, 0–500 m.
Dept.: PA, SC.
Muestra: *E. Meneces & G.S. Hartshorn 2342* (BOLV, K, MO).

Licania niloi Prance, Fl. Neotrop. 9: 129, f. E–H. 1972.
Ref.: Prance (1972a), Prance (1989b), Prance & Sothers (2003b).
Árbol. Nativa. Zonas Bajas. Bosque

Húmedo, 0–500 m.
Dept.: PA.
Muestra: *T. Killeen 3897* (K, LPB, MO).

Licania oblongifolia Standl., Publ. Field Mus. Nat. Hist., Bot. Ser. 17(3): 257. 1937.
Ref.: Prance (1972a), Prance & Sothers (2003b).
Árbol. Nativa. Zonas Bajas. Bosque Húmedo, 0–500 m.
Dept.: LP, SC.
Muestra: *D.A. Neill et al. 9245* (LPB, MO, QAME, USZ).

Licania octandra (Hoffmanns. ex Roem. & Schult.) Kuntze, Revis. Gen. Pl. 1: 217. 1891.
Sin.: *Hirtella octandra* Hoffmanns. ex Roem. & Schult., *Licania turiuva* Cham. & Schltdl., *Moquilea pallida* Hook. f., *Moquilea turiuva* (Cham. & Schltdl.) Hook. f.
Ref.: Prance (1972a), Moraes R. (1993b), Prance & Sothers (2003b).
Árbol. Nativa. Zonas Bajas. Bosque Húmedo, 0–500 m.
Dept.: CO, LP, PA.
Muestra: *A.H. Gentry et al. 77632* (LPB, MO).
Infra: *Licania octandra* subsp. *pallida* (Hook. f.) Prance

Licania paraensis Prance, Fl. Neotrop. 9: 163–164, f. 23 F–J. 1972.
Ref.: Prance (1972a), Prance & Sothers (2003b).
Árbol. Nativa. Zonas Bajas. Bosque Húmedo, 0–500 m.
Dept.: PA.
Muestra: *G.T. Prance et al. 6532* (INPA, MO, NY, P, RB).

Licania parviflora Benth., J. Bot. (Hooker) 2: 221. 1840.
Ref.: Prance (1972a), Prance & Sothers (2003b).
Árbol. Nativa. Zonas Bajas. Bosque Húmedo, 0–500 m.
Dept.: SC.
Muestra: *A.M. Carrión et al. 261* (K, MO, USZ).

Licania parvifolia Huber, Bol. Mus. Goeldi Hist. Nat. Ethnogr. 5: 367. 1909.
Sin.: *Licania arachnites* Standl.
Ref.: Prance (1972a), Moraes R. (1993b), Killeen & Schulenberg (1998), Prance (2001a), Prance & Sothers (2003b).
Árbol. Nativa. Zonas Bajas. Bosque Húmedo, Campos Cerrados, Sabanas Benianas del Sur, 0–500 m.
Dept.: BE, LP, SC.
Muestra: *R. Guillén V. & C. Medina 3779* (K, MO, USZ).

Licania sclerophylla (Hook. f.) Fritsch, Ann. K.K. Naturhist. Hofmus. 4: 56. 1889.
Sin.: *Moquilea sclerophylla* Hook. f., *Licania aspera* Standl.
Ref.: Prance (1972a), Prance (1989b), Killeen & Schulenberg (1998), Prance (2001a), Prance & Sothers (2003b).
Árbol. Nativa. Zonas Bajas. Bosque Húmedo, Campos Cerrados, Sabanas Benianas del Sur, 0–500 m.
Dept.: BE, LP, SC.
Muestra: *S. Leigh-Hunt et al. 255* (E, LPB, USZ).

Licania tambopatensis Prance, Fl. Neotrop. 9S: 36, f. 6, 62. 1989.
Ref.: Prance (1989b), Killeen & Schulenberg (1998), Prance & Sothers (2003b).
Árbol. Nativa. Zonas Bajas. Bosque Húmedo, 0–500 m.
Dept.: SC.
Muestra: *R.B. Wallace & R.L.E. Painter 143* (K, MO).

Parinari Aubl., Hist. Pl. Guiane 1: 514, t. 204–205. 1775.
5 especies, 0 especies endémicas.

[Parinari campestris Aubl.], Hist. Pl. Guiane 1: 517, t. 206. 1775.
Ref.: Killeen & Schulenberg (1998).
Nota: El registro se basa en material mal identificado de *P. obtusifolia*.

Parinari excelsa Sabine, Trans. Hort. Soc. London 5: 451. 1824.
Sin.: *Parinari brachystachya* Benth., *Petrocarya excelsa* (Sabine) Steud., *Parinari glazioviana* Warm., *Ferolia amazonica* Kuntze, *Ferolia excelsa* (Sabine) Kuntze, *Parinari laxiflora* Ducke, *Parinari laxiflora* var. *lata* Ducke, *Parinari sylvestris* M. Kuhlm.
Ref.: Foster (1958), Prance (1972a), Killeen & Schulenberg (1998), Prance & Sothers (2003b).
Árbol. Nativa. Zonas Bajas. Bosque Húmedo, 0–1000 m.
Dept.: BE, SC.
Muestra: *T. Killeen et al. 7659* (K, MO, USZ).

Parinari klugii Prance, Fl. Neotrop. 9: 190, f. 29 M–P. 1972.
Ref.: Prance (1972a), Parker & Bailey (1991), Moraes R. (1993b), Prance & Sothers (2003b).
Árbol. Nativa. Zonas Bajas. Bosque Húmedo, Sabanas Benianas del Norte, 0–500 m.
Dept.: BE, LP, PA, SC.
Muestra: *S.G. Beck et al. 20429* (K, LPB).

Parinari obtusifolia Hook. f., Fl. Bras. 14(2): 52, pl. 18. 1867.
Sin.: *Ferolia obtusifolia* (Hook. f.) Kuntze
Ref.: Prance (1972a), Killeen & Schulenberg (1998), Prance & Sothers (2003b).
Arbusto. Nativa. Zonas Bajas. Bosque Húmedo, Campos Cerrados, 0–1000 m.
Dept.: BE, SC.
Muestra: *T. Killeen & Grinwood 7705* (K, MO, USZ).

Parinari occidentalis Prance, Fl. Neotrop. 9: 186–187, f. 29 a–g. 1972.
Ref.: Prance (1972a), Moraes R. (1993b), Killeen & Schulenberg (1998), Prance (2001a), Prance & Sothers (2003b).
Árbol. Nativa. Zonas Bajas. Bosque Húmedo, 0–1000 m.
Dept.: LP, SC.
Tipo y muestra: *B.A. Krukoff 11113* (HT: NY; IT: A, F, K, LPB, MICH, MO-1240533), *L. Arroyo P. et al. 1267* (K, MO, USZ).

Parinari parilis J.F. Macbr., Candollea 5: 367. 1934.
Ref.: Prance (1972a), Parker & Bailey (1991), Prance & Sothers (2003b).
Árbol. Nativa. Zonas Bajas. Bosque Húmedo, 0–500 m.
Dept.: BE, LP.
Muestra: *B.M. Boom 4940* (NY).

CLEOMACEAE Bercht. & J. Presl, Přir. Rostlin 2(64): 253. 1825.

Por L. Sanchez (MO, NY) [*Cleome* y *Dactylaena*] y T. Cochrane (WIS) [*Podandrogyne*]; revisado por S.G. Beck (LPB), M. Nee (NY), P.M. Jørgensen (MO).
3 géneros, 17 especies, 1 especie endémica.

Cleome L., Sp. Pl. 2: 671–672. 1753.
15 especies, 1 especie endémica.

Cleome aculeata L., Syst. Nat. (ed. 12) 3: 232. 1768.
Sin.: *Cleome surinamensis* Miq.
Ref.: Foster (1958), Serrano & Terán (1998 [2000]), Nee (2008).
Hierba. Nativa. Zonas Bajas, Andes. Bosque Semideciduo Chiquitano, Sabanas Benianas del Sur, Campos Amazónicos, Yungas, 0–2000 m.
Dept.: BE, CH, LP, PA, SC, TA.
Muestra: *M.H. Nee 33425* (LPB, MO, NY, WIS).
Nota: Probablemente ocurre en CH, pero no se ha confirmado.

Cleome boliviensis Iltis, Novon 15(1): 147. 2005.
Ref.: Moraes R. (1990), López Vargas (1995), Nee (2008), Arroyo Padilla & Villarroel Segarra (2009).
Hierba, subarbusto. Nativa. Zonas Bajas, Andes. Bosque Húmedo, Bosque Semideciduo Chiquitano, Yungas, Bosque Serrano Chaqueño, Valles Secos, 0–500, 1000–3500 m.
Dept.: BE, CH, CO, LP, SC.
Tipo y muestra: *G. Mandon 938* (HT: WIS; IT: BM, F, G, GH, K, LE, LPB, NY, P, PR, S, W), *M.H. Nee 38152* (LPB, NY, USZ, WIS).
Nom. Vern.: Barba de chivo, kichita, mayu chaug'a, wira wira.

[Cleome chilensis DC.], Prodr. 1: 238. 1824.
Ref.: Foster (1958).
Nota: El registro se basa en material mal identificado. Esta especie no ocurre en Bolivia.

Cleome cordobensis Eichler ex Griseb., Abh. Königl. Ges. Wiss. Göttingen 19: 73. 1874.
Sin.: *Cleome aculeata* var. *cordobensis* (Eichler ex Griseb.) Kuntze, *Cleome trollii* A. Ernst, *Cleome eyerdamii* Standl. & F.A. Barkley
Ref.: Foster (1958), López Vargas (1995), Saravia Miranda (1996).
Hierba. Nativa. Zonas Bajas, Andes. Bosque Seco Chaqueño, Bosque Serrano Chaqueño, Valles Secos, 0–500, 1000–2500 m.
Dept.: CH, CO, SC, TA.
Muestra: *E. Bastian 382* (LPB, USZ, WIS).
Nom. Vern.: Chauga tika.

Cleome eosina J.F. Macbr., Publ. Field Mus. Nat. Hist., Bot. Ser. 4: 170. 1929.
Hierba. Nativa. Zonas Bajas. Bosque Seco Chaqueño, 0–1000 m.
Dept.: CH, SC.
Muestra: *C. Saravia et al. 11757* (CTES, LPB, WIS).

Cleome gigantea L., Syst. Nat. (ed. 12) 3: 232. 1768.
Sin.: *Cleome viridiflora* Schreb., *Sinapistrum giganteum* (L.) Moench, *Melidiscus giganteus* (L.) Raf., *Cleome kerberi* Briq., *Cleome monochroma* J.F. Macbr., *Cleome amazonica* Heilborn, *Cleome friesii* Heilborn, *Cleome hirsuticaulis* J.F. Macbr., *Cleome filisepala* Standl. & L.O. Williams
Ref.: Rusby (1893b), Foster (1958), Michel (1993b), González et al. (1999), Nee (2008).
Hierba. Nativa. Zonas Bajas, Andes. Bosque Húmedo, Yungas, Bosque Tucumano-Boliviano, 0–1500 m.
Dept.: CO, LP, SC, TA.
Muestra: *J.C. Solomon 10554* (LPB, MO, WIS).

[Cleome glandulosa Ruiz & Pav. ex DC.], Prodr. 1: 238. 1824.
Nota: El registro se basa en material mal identificado de *C. lechleri*.

Cleome guianensis Aubl., Hist. Pl. Guiane 2: 675–676, t. 273. 1775.
Sin.: *Physostemon guianense* (Aubl.) Malme
Hierba. Nativa. Zonas Bajas. Bosque Semideciduo Chiquitano, 0–500 m.
Dept.: SC.
Muestra: *J.R.I. Wood & D.J. Goyder 15655* (K, LPB).

Cleome lanceolata (Mart. & Zucc.) Iltis, Brittonia 11(3): 149–150, f. 7. 1959.
Sin.: *Physostemon lanceolatum* Mart. & Zucc.
Hierba. Nativa. Zonas Bajas. Bosque Semideciduo Chiquitano, 0–500 m.
Dept.: SC.
Muestra: *S.G. Beck 27795* (LPB, USZ).
Infra: *Cleome lanceolata* subsp. *paraguensis* Iltis

Cleome lechleri Eichler, Fl. Bras. 13(1): 250. 1865.
Sin.: *Cleome tunarensis* Kuntze, *Cleome bangiana* Gilg ex Heilborn
Ref.: Foster (1958), Michel (1993b), Nee (2008).
Subarbusto, arbusto, arbolito. Nativa. Andes. Yungas, 1500–3500 m.
Dept.: CO, LP.
Muestra: *J.C. Solomon 5986* (LPB, MO, NY, WIS).
Nom. Vern.: Yuca yuca.

Cleome lilloi S.A. Gómez, Lilloa 26: 311, f. 6, t. 1953.
Hierba. Nativa. Zonas Bajas. Campos Amazónicos, 0–500 m.
Dept.: SC.
Muestra: *J. Steinbach 3537* (G, GH, K, LIL, SI).

Cleome paludosa Willd. ex Eichler, Fl. Bras. 13(1): 255. 1865.
Hierba, subarbusto. Nativa. Zonas Bajas. Bosque Semideciduo Chiquitano, Bosque Seco Chaqueño, Sabanas Benianas del Sur, Campos Amazónicos, 0–500 m.
Dept.: BE, CH, SC, TA.
Muestra: *M.H. Nee 37760* (LPB, MO, NY, WIS).
Nom. Vern.: Cucush, yutitu jamanches.

Cleome parviflora Kunth, Nov. Gen. Sp. (quarto ed.) 5: 83. 1821.
Sin.: *Cleome humboldtii* DC., *Cleome micrantha* Desv. ex Ham., *Cleome brachypoda* Briq., *Cleome panamensis* Standl.
Ref.: Moraes R. (1990), Nee (2008).
Hierba. Nativa. Zonas Bajas, Andes. Bosque Húmedo, Bosque Semideciduo Chiquitano, Yungas, 0–500, 1000–1500 m.
Dept.: BE, CO, LP, PA, SC.
Muestra: *M.H. Nee 31769* (LPB, MO, NY).

Cleome psoraleifolia DC., Prodr. 1: 239. 1824.
Sin.: *Cleome parviflora* subsp. *psoraleifolia* (DC.) Iltis
Hierba. Nativa. Zonas Bajas. Bosque Húmedo, Bosque Semideciduo Chiquitano, Bosque Seco Chaqueño, Campos Cerrados, 0–500 m.
Dept.: BE, SC.
Muestra: *M.H. Nee 37166* (LPB, MO, NY, WIS).

Cleome spinosa Jacq., Enum. Syst. Pl. 26. 1760.
Ref.: Rusby (1893b), Parker & Bailey (1991), De la Barra (1997), Alverson et al. (2000), Serrano & Terán (1998 [2000]).
Hierba. Nativa. Zonas Bajas. Campos Amazónicos, 0–500 m.
Dept.: CH, CO, PA, SC.
Muestra: *S.G. Beck 17030* (CTES, LPB, M, MO, USZ, WIS).

Cleome tucumanensis Iltis, Brittonia 12(4): 284. 1960.
Sin.: *Cleome flexuosa* F. Dietr., *Cleome flexuosa* Griseb.
Ref.: Serrano & Terán (1998 [2000]).
Hierba. Nativa. Zonas Bajas, Andes. Bosque Semideciduo Chiquitano, Bosque Seco Chaqueño, Valles Secos, 0–2500 m.
Dept.: CH, SC, TA.
Muestra: *L. Sánchez & G. Flores 1114* (LPB, MO, NY, USZ, WIS).

Cleome werdermannii A. Ernst, Notizbl. Bot. Gart. Berlin–Dahlem 13(118): 378. 1936.
Sin.: *Cleome consimilis* A. Ernst
Ref.: Foster (1958), Nee (2008).
Hierba, subarbusto, arbusto. Endémica. Zonas Bajas, Andes. Bosque Semideciduo Chiquitano, Bosque Seco Chaqueño, Valles Secos, 0–1500, 2500–3000 m.
Dept.: CH, CO, SC, TA.
Tipo y muestra: *E. Werdermann 2597* (HT: B; IT: LPB, MO-1000057, S), *M.H. Nee 33473* (MO, NY, WIS).

Dactylaena **Schrad. ex Schult. f.**, Syst. Veg. (ed. 15 bis) 7(1): 9. 1829.
1 especie, 0 especies endémicas.

Dactylaena pauciflora Griseb., Abh. Königl. Ges. Wiss. Göttingen 25: 17. 1879.
Ref.: Serrano & Terán (1998 [2000]).
Hierba. Nativa. Zonas Bajas. Bosque Seco Chaqueño, 0–1000 m.
Dept.: CH, SC, TA.
Muestra: *C. Saravia et al. 11541* (CTES, LPB).

Podandrogyne **Ducke**, Arch. Jard. Bot. Rio de Janeiro 5: 115, f. 9. 1930.
1 especie, 0 especies endémicas.

Podandrogyne mathewsii (Briq.) Cochrane, Novon 7(4): 354. 1997 [1998].
Sin.: *Gynandropsis mathewsii* Briq., *Podandrogyne brachycarpa* (DC.) Woodson
Ref.: Cochrane (1997 [1998]).
Hierba, subarbusto. Nativa. Zonas Bajas, Andes. Sabanas Benianas del Sur, Yungas, 0–2000 m.
Dept.: BE, CO, LP.
Muestra: *A.F. Fuentes et al. 11171* (BOLV, CTES, LPB, MA, MO, USZ).
Infra: *Podandrogyne mathewsii* subsp. *mathewsii*

CLETHRACEAE Klotzsch, Linnaea 24(1): 12. 1851.

Por S.G. Beck (LPB); revisado por M. Nee (NY), P.M. Jørgensen (MO).
1 género, 8 especies, 2 especies endémicas.

Clethra **L.**, Sp. Pl. 1: 396. 1753.
8 especies, 2 especies endémicas.

[Clethra bridgesii B. Fedtsch.], Svensk Bot. Tidskr. 18: 488. 1924.
Ref.: Foster (1958), Sleumer (1967a), Sleumer (1967b).
Nota: El registro se basa en material mal identificado de *Escallonia millegrana*.

Clethra cardenasii Sleumer, Bot. Jahrb. Syst. 87(1): 109. 1967.
Ref.: Torrico Pardo (1993b), Nee (2008).
Arbusto, arbolito. Endémica. Andes. Yungas, 2500–3500 m.
Dept.: CO, SC.
Tipo y muestra: *M. Cárdenas 5109* (HT: US; IT: L, LIL), *S.G. Beck 6808* (L, LPB, M).

Clethra cuneata Rusby, Bull. New York Bot. Gard. 4: 314. 1907.
Ref.: Foster (1958), Sleumer (1967b), Brako & Tomlinson (1993), Torrico Pardo (1993b), Navarro Sánchez & Ferreira (2000), Nee (2008).
Arbusto, arbolito. Nativa. Andes. Yungas, 1500–3500 m.
Dept.: CO, LP, SC.
Tipo y muestra: *M. Bang 717* (LT: NY; ILT: BM, C, E, F, GH, K, L, LE, LIL, M, MO, MO, US, W, Z; fotos: F), *A.F. Fuentes C. 4662* (BOLV, LPB, MO, NY, S, USZ).

Clethra elongata Rusby, Bull. New York Bot. Gard. 4: 405. 1907.
Ref.: Foster (1958), Sleumer (1967b), Torrico Pardo (1993b), Fuentes Claros et al. (2009).
Árbol. Endémica. Andes. Yungas, 1500–2500 m.
Dept.: LP.
Tipo y muestra: *M. Bang 2351* (HT: NY; IT: C, E, F, F, G, GH, K, L, LIL, M, MICH, MO-2542481, NY, US, W, WU, Z; fotos: F), *C.B. Maldonado et al. 2636* (BOLV, LPB, MA, MO, S, USZ).

Clethra ferruginea (Ruiz & Pav.) Link ex Spreng., Syst. Veg. 2: 316. 1825.
Sin.: *Cuellaria ferruginea* Ruiz & Pav., *Cuellaria divaricata* Duham., *Cuellaria mathewsii* Turcz.
Ref.: Sleumer (1967b), Brako & Tomlinson (1993).
Arbolito. Nativa. Zonas Bajas, Andes. Bosque Húmedo, Yungas, 0–500, 2500–3500 m.
Dept.: CO, LP.
Muestra: *J.C. Solomon 15417* (LPB, MO).

Clethra fimbriata Kunth, Nov. Gen. Sp. (quarto ed.) 3: 290, pl. 264. 1818 [1819].
Sin.: *Clethra brevifolia* Benth., *Clethra punctata* Turcz.
Ref.: Foster (1958), Gustafsson (1992), Jørgensen (1999b).
Arbolito. Nativa. Andes. Yungas, 2000–2500 m.
Dept.: LP.
Muestra: *S.G. Beck 1140* (L, LPB, MO).
Nota: Determinación de H. Sleumer dudosa.

Clethra pedicellaris Turcz., Bull. Soc. Imp. Naturalistes Moscou 36(3): 234–235. 1863.
Ref.: Sleumer (1967a).
Árbol. Nativa. Andes. Yungas, 2500–3000 m.
Dept.: LP.
Muestra: *J.C. Solomon 16368* (LPB, MO).
Nota: Identificación tentativa.

Clethra revoluta (Ruiz & Pav.) Spreng., Syst. Veg. 2: 316. 1825.
Sin.: *Cuellaria revoluta* Ruiz & Pav.
Ref.: Gustafsson (1992), Brako & Tomlinson (1993), Torrico Pardo (1993b), Jørgensen & Ulloa Ulloa (1994), Jørgensen (1999b), Navarro Sánchez & Ferreira (2000), Serrano & Terán (1998 [2000]).
Arbolito, árbol. Nativa. Zonas Bajas, Andes. Bosque Húmedo, Yungas, 500–3000 m.
Dept.: BE, CH, CO, LP.
Muestra: *A.H. Gentry & J.C. Solomon 44792* (LPB, MO).

Clethra scabra Pers., Syn. Pl. 1: 483. 1805.
Sin.: *Clethra brasiliensis* Cham. & Schltdl., *Clethra micrantha* J. Rémy, *Clethra maromensis* Villa-Carenzo
Ref.: Foster (1958), Cabrera et al. (1983), Torrico Pardo (1993b), Schulenberg & Awbrey (1997), Zuloaga & Morrone (1997), González et al. (1999), Serrano & Terán (1998 [2000]), Nee (2008), Arroyo Padilla & Villarroel Segarra (2009).
Arbolito, árbol. Nativa. Andes. Yungas, Bosque Tucumano-Boliviano, 500–3000 m.
Dept.: CH, CO, LP, SC, TA.
Muestra: *I.G. Vargas 402* (LPB, MO, USZ).
Infra: *Clethra scabra* var. *scabra*, *Clethra scabra* var. *laevigata* (Meisn.) Sleumer
Nom. Vern.: Colorao, cori cori, negrillo, taruga.

CLUSIACEAE Lindl., Intr. Nat. Syst. Bot. (ed. 2) 74. 1836.

Por M. Nee (NY); revisado por S.G. Beck (LPB), P.M. Jørgensen (MO).
9 géneros, 35 especies, 3 especies endémicas.

Chrysochlamys **Poepp.**, Nov. Gen. Sp. Pl. 3: 13. 1842.
3 especies, 0 especies endémicas.

Chrysochlamys macrophylla Pax, Repert. Spec. Nov. Regni Veg. 7: 111. 1909.
Ref.: Foster (1958), Roca de Saldias (1993c).
Árbol. Nativa. Zonas Bajas, Andes. Bosque Húmedo, Yungas, 500–2000 m.
Dept.: CO, LP.

Tipo y muestra: *O. Buchtien 1879* (IT: NY, US), *B.A. Krukoff 10947* (A, MO, NY).

[Chrysochlamys myrcioides Planch. & Triana], Ann. Sci. Nat., Bot., sér. 4, 14: 260–261. 1860.
Ref.: Foster (1958), Roca de Saldias (1993c).
Nota: El registro se basa en material mal identificado.

Chrysochlamys ulei Engl., Bot. Jahrb. Syst. 58(4, Beibl. 130): 9. 1923.
Ref.: Parker & Bailey (1991), Alverson et al. (2000).
Árbol. Nativa. Región, tipo de vegetación y elevación desconocidas.
Dept.: LP, PA.
Muestra: *L. Vargas 575* (F).
Nota: Identificación tentativa en Parker (1991). Dudosamente distinta de *C. weberbaueri*.

Chrysochlamys weberbaueri Engl., Bot. Jahrb. Syst. 58(4, Beibl. 130): 8–9. 1923.
Ref.: Roca de Saldias (1993c).
Árbol. Nativa. Zonas Bajas. Bosque Húmedo, 0–1000 m.
Dept.: BE, CO, LP, PA.
Muestra: *M.H. Nee 31661* (NY).

Clusia L., Sp. Pl. 1: 509. 1753.
16 especies, 2 especies endémicas.

Clusia amazonica Planch. & Triana, Ann. Sci. Nat., Bot., sér. 4, 13: 358. 1860.
Sin.: *Clusia martiana* Engl.
Ref.: Foster (1958), Roca de Saldias (1993c), Ibisch (1996), Nee (2008).
Trepadora, hemiepífita. Nativa. Zonas Bajas, Andes. Bosque Húmedo, Yungas, 0–1500 m.
Dept.: BE, LP, SC.
Muestra: *M.H. Nee 45242* (MO, NY).

[Clusia cardonae Maguire], Mem. New York Bot. Gard. 9: 483, f. 122. 1957.
Ref.: Killeen & Schulenberg (1998).
Nota: El registro se basa en material mal identificado.

Clusia columnaris Engl., Fl. Bras. 12(1): 432. 1888.
Ref.: Killeen & Schulenberg (1998).
Arbolito. Nativa. Zonas Bajas. Campos Cerrados, 0–500 m.
Dept.: SC.
Muestra: *M.C. Peña et al. 282* (NY).

[Clusia criuva Cambess.], Fl. Bras. Merid. (quarto ed.) 1(8): 317, pl. 65. 1825 [1828].
Ref.: Foster (1958), Roca de Saldias (1993c).
Nota: El registro se basa en material mal identificado. Probablemente en Bolivia.

Clusia decussata Ruiz & Pav. ex Planch. & Triana, Ann. Sci. Nat., Bot., sér. 4, 13: 345. 1860.
Ref.: Roca de Saldias (1993c).
Arbolito, árbol. Nativa. Zonas Bajas. Bosque Húmedo, 0–500 m.
Dept.: CO.
Muestra: *S.G. Beck 7317* (LPB, MO).

Clusia ducu Benth., Pl. Hartw. 126. 1839.
Ref.: Fuentes Claros et al. (2009).
Arbolito. Nativa. Andes. Yungas, 1500–2500 m.
Dept.: LP.
Muestra: *A.F. Fuentes et al. 7351* (AAU, BOLV, CTES, LPB, MO, USZ).

[Clusia ducuoides Engl.], Bot. Jahrb. Syst. 58(Beibl. 130): 3. 1923.
Ref.: Roca de Saldias (1993c).
Nota: El registro se basa en material mal identificado. Podría ser un sinónimo de *C. trochiformis*.

Clusia elongata Rusby, Bull. New York Bot. Gard. 8(28): 105–106. 1912.
Ref.: Foster (1958), Roca de Saldias (1993c).
Árbol. Endémica. Andes. Yungas, 2000–2500 m.
Dept.: LP.
Tipo: *R.S. Williams 1553* (HT: NY).
Nota: Conocida solamente del tipo.

Clusia flavida (Benth.) Pipoly, Fl. Venez. Guayana 4: 272. 1998.
Sin.: *Havetia flavida* Benth., *Havetiopsis flavida* (Benth.) Planch. & Triana, *Havetiopsis flexilis* Spruce ex Planch. & Triana
Ref.: Foster (1958), Roca de Saldias (1993c), Ibisch (1996).
Árbol. Nativa. Zonas Bajas. Sabanas Benianas del Norte, 0–500 m.
Dept.: LP, PA.
Muestra: *J.C. Solomon 16965* (MO, NY).

[Clusia gaudichaudii Choisy ex Cambess.], Fl. Bras. Merid. (quarto ed.) 1(8): 317. 1825 [1828].
Ref.: Killeen & Schulenberg (1998), Jardim et al. (2003).
Nota: El registro se basa en material mal identificado.

Clusia hammeliana Pipoly, Fl. Venez. Guayana 4: 273. 1998.
Sin.: *Rengifa peruviana* Poepp., *Quapoya peruviana* (Poepp.) Kuntze
Ref.: Parker & Bailey (1991).
Nota: Esperada. Conocida del Perú, puede ser encontrada en PA o al norte de LP.

Clusia haughtii Cuatrec., Revista Acad. Colomb. Ci. Exact. 8: 39. 1950.
Ref.: Roca de Saldias (1993c).
Arbusto, arbolito. Nativa. Andes. Yungas, 1000–2000 m.
Dept.: LP, SC.
Muestra: *R. Seidel et al. 9307* (AAU, BOLV, CTES, LPB, MA, MO, USZ).

[Clusia insignis Mart.], Nov. Gen. Sp. Pl. 3: 64. 1829.
Ref.: Foster (1958), Roca de Saldias (1993c).
Nota: El registro se basa en material mal identificado.

[Clusia latipes Planch. & Triana], Ann. Sci. Nat., Bot., sér. 4, 13: 365. 1860.
Ref.: Foster (1958), Roca de Saldias (1993c).
Nota: El registro se basa en material mal identificado.

Clusia lechleri Rusby, Bull. New York Bot. Gard. 8(28): 105. 1912.
Ref.: Foster (1958), Roca de Saldias (1993c), Nee (2008), Arroyo Padilla & Villarroel Segarra (2009).
Arbusto, árbol. Nativa. Zonas Bajas, Andes. Bosque Semideciduo Chiquitano, Yungas, Bosque Tucumano-Boliviano, 500–2000 m.
Dept.: LP, SC.
Tipo y muestra: *R.S. Williams 2457* (HT: NY), *B.A. Krukoff 11058* (A, MO, NY).
Nom. Vern.: Azahar.

[Clusia lopezii Maguire], Bot. Mus. Leafl. 15: 61. 1951.
Ref.: Killeen & Schulenberg (1998).
Nota: El registro se basa en material mal identificado.

Clusia loretensis Engl., Bot. Jahrb. Syst. 58(Beibl. 130): 5. 1923.
Ref.: Fuentes Claros et al. (2009).
Hemiepífita. Nativa. Zonas Bajas. Bosque Húmedo, 0–500 m.
Dept.: LP.
Muestra: *A. Araujo M. et al. 1581* (AAU, BOLV, CTES, LPB, MA, MO, NY, USZ).

Clusia microstemon Planch. & Triana, Ann. Sci. Nat., Bot., sér. 4, 13: 331. 1860.
Árbol, hemiepífita. Nativa. Zonas Bajas. Bosque Húmedo, 0–500 m.
Dept.: SC.
Muestra: *M.H. Nee 41508* (MO, NY).

[Clusia mocoensis Cuatrec.], Revista Acad. Colomb. Ci. Exact. 8: 36. 1950.
Ref.: Roca de Saldias (1993c).
Nota: El registro se basa en material mal identificado.

Clusia multiflora Kunth, Nov. Gen. Sp. (quarto ed.) 5: 200. 1821 [1822].
Ref.: Roca de Saldias (1993c).
Arbolito, árbol. Nativa. Andes. Yungas, 1500–3000 m.
Dept.: CO, LP.
Muestra: *A. Araujo M. et al. 301* (AAU, BOLV, LPB, MO, NY, USZ).
Nota: Incluye probablemente a *C. sphaerocarpa*.

Clusia pachamamae Zenteno Ruiz & A. Fuentes, Novon 18(1): 130–134, f. 1–2. 2008.
Hierba. Endémica. Andes. Yungas, 1500–2500 m.
Dept.: LP.
Tipo y muestra: *A.F. Fuentes et al. 11360* (HT: LPB; IT: BOLV, CTES, LPB, MO, MO, NY, USZ), *F. Zenteno et al. 6841* (BOLV, LPB, MO, NY, USZ).

[Clusia polyantha Cuatrec.], Revista Acad. Colomb. Ci. Exact. 8: 49. 1950.
Ref.: Roca de Saldias (1993c).
Nota: El registro se basa en material mal identificado.

[Clusia pseudomangle Planch. & Triana], Ann. Sci. Nat., Bot., sér. 4, 13: 370. 1860.
Ref.: Foster (1958), Roca de Saldias (1993c).
Nota: El registro se basa en material mal identificado.

Clusia ramosa Rusby, Mem. Torrey Bot. Club 4(3): 204–205. 1895.
Ref.: Foster (1958), Roca de Saldias (1993c).
Árbol. Endémica. Andes. Tipo de vegetación desconocida, 2000–3000 m.
Dept.: CO, LP.
Tipo y muestra: *M. Bang 741* (HT: NY; IT: A, NY, US), *G.H.H. Tate 918* (LPB, NY).
Nota: Es incierto si el tipo era de LP o CO.

[Clusia salvinii Donn. Sm.], Bot. Gaz. 35(1): 1. 1903.
Ref.: Roca de Saldias (1993c).
Nota: El registro se basa en material mal identificado.

[Clusia sellowiana Schltdl.], Linnaea 8: 183. 1833.
Ref.: Killeen & Schulenberg (1998).
Nota: El registro se basa en material mal identificado. No crece en Bolivia.

Clusia sphaerocarpa Planch. & Triana, Ann. Sci. Nat., Bot., sér. 4, 13: 362. 1860.
Sin.: *Tovomita alatopetiolata* Kuntze, *Clusia flaviflora* Engl.
Ref.: Foster (1958), Roca de Saldias (1993c), Ibisch (1996).
Árbol. Nativa. Andes. Yungas, 1500–3500 m.
Dept.: CO, LP, SC.
Muestra: *M.H. Nee 45130* (NY).

Clusia ternstroemioides Rusby, Descr. S. Amer. Pl. 59. 1920.
Ref.: Foster (1958), Roca de Saldias (1993c).
Arbusto. Nativa. Andes. Yungas, 2000–3500 m.
Dept.: CO, LP, SC.
Tipo y muestra: *R.S. Williams 1543* (HT: NY; IT: NY), *L.J. Dorr et al. 6790* (NY).

Clusia trochiformis Vesque, Epharmosis 3: 4, t. 3. 1892.
Ref.: Foster (1958), Roca de Saldias (1993c).
Árbol. Nativa. Zonas Bajas, Andes. Bosque Húmedo, Yungas, 500–2500 m.
Dept.: CO, LP.
Muestra: *B.A. Krukoff 11008* (A, MO, NY).
Nom. Vern.: Guayabilla.

Garcinia L., Sp. Pl. 1: 443. 1753.
5 especies, 0 especies endémicas.

[Garcinia brasiliensis Mart.], Flora 24(2): 34. 1841.
Sin.: *Rheedia brasiliensis* (Mart.) Planch. & Triana
Ref.: Parker & Bailey (1991), Roca de Saldias (1993c), Killeen & Schulenberg (1998), Mostacedo C. & Uslar (1999), Jardim et al. (2003).
Nota: El registro se basa en material mal identificado de *G. guacopary*.

[Garcinia floribunda Miq.], Stirp. Surinam. Select. 89. 1850 [1851].
Sin.: *Rheedia floribunda* (Miq.) Planch. & Triana
Ref.: Foster (1958), Roca de Saldias (1993c).
Nota: El registro se basa en material mal identificado.

Garcinia gardneriana (Planch. & Triana) Zappi, Kew Bull. 48(2): 410. 1993.
Sin.: *Rheedia gardneriana* Planch. & Triana, *Rheedia spruceana* Engl., *Rheedia arubayensis* Coimbra
Ref.: Roca de Saldias (1993c), Nee (2008).
Árbol. Nativa. Zonas Bajas. Bosque Húmedo, 0–1000 m.
Dept.: BE, LP, SC.
Muestra: *M.H. Nee 38091* (MO, NY, USZ).
Nom. Vern.: Achachairú, jarao.

Garcinia guacopary (S. Moore) M. Nee, Monogr. Syst. Bot. Missouri Bot. Gard. 127: 1271. 2014.
Sin.: *Rheedia guacopary* S. Moore, *Rheedia achachairu* Rusby
Ref.: Roca de Saldias (1993c), Mostacedo C. & Uslar (1999).
Arbusto, arbolito, árbol. Nativa. Zonas Bajas, Andes. Bosque Húmedo, Bosque Semideciduo Chiquitano, Yungas, 0–1500 m.
Dept.: BE, LP, SC.
Muestra: *M. Saldias & L. Coimbra 4828* (MO, USZ).
Nom. Vern.: Achachairú chico, achachairú mediano, achachairucillo.

Garcinia macrophylla Mart., Flora 24(2): 35. 1841.
Sin.: *Rheedia macrophylla* (Mart.) Planch. & Triana
Ref.: Roca de Saldias (1993c), Killeen & Schulenberg (1998), Mostacedo C. & Uslar (1999), Nee (2008).
Árbol. Nativa. Zonas Bajas, Andes. Bosque Húmedo, Yungas, 0–1500 m.
Dept.: LP, PA, SC.
Muestra: *I.G. Vargas et al. 2195* (MO, NY, USZ).
Nom. Vern.: Achachairú grande.

Garcinia madruno (Kunth) Hammel, Ann. Missouri Bot. Gard. 76(3): 928. 1989.
Sin.: *Verticillaria acuminata* Ruiz & Pav., *Calophyllum madruno* Kunth, *Rheedia acuminata* (Ruiz & Pav.) Planch. & Triana, *Rheedia madruno* (Kunth) Planch. & Triana
Ref.: Parker & Bailey (1991), Roca de Saldias (1993c), Alverson et al. (2000), Nee (2008).
Arbusto. Nativa. Zonas Bajas. Bosque Húmedo, 0–1000 m.
Dept.: BE, LP, PA, SC.
Muestra: *M.H. Nee et al. 39233* (LPB, MO, NY).

Nota: Roca de Saldias (1993c) usaba el nombre *Rheedia acuminata* Miers, un nombre nunca publicado.
Nom. Vern.: Ocoró shiquishi.

Havetia Kunth, Nov. Gen. Sp. (quarto ed.) 5: 203. 1821 [1822].
0 especies, 0 especies endémicas.

[**Havetia laurifolia Kunth**], Nov. Gen. Sp. (quarto ed.) 5: 204, t. 462. 1821 [1822].
Ref.: Foster (1958), Roca de Saldias (1993c).
Nota: El registro se basa en material mal identificado. Una especie de Colombia. Su nombre corecto es *Clusia colombiana* Pipoly.

Havetiopsis Planch. & Triana, Ann. Sci. Nat., Bot., sér. 4, 13: 315. 1860.
1 especie, 1 especies endémicas.

Havetiopsis glauca Rusby, Bull. New York Bot. Gard. 4: 309. 1907.
Ref.: Foster (1958), Roca de Saldias (1993c).
Árbol. Endémica. Zonas Bajas. Bosque Húmedo, 500–1000 m.
Dept.: LP.
Tipo y muestra: *M. Bang 1718* (HT: NY; IT: A, GH, GH, MO-5687546, NY), *B.A. Krukoff 11101* (A, MO).
Nota: Es una especie de *Clusia*.

Moronobea Aubl., Hist. Pl. Guiane 2: 788, t. 313. 1775.
1 especie, 0 especies endémicas.

Moronobea coccinea Aubl., Hist. Pl. Guiane 2: 789, t. 313. 1775.
Ref.: Killeen & Schulenberg (1998), Mostacedo C. & Uslar (1999).
Árbol. Nativa. Zonas Bajas. Bosque Húmedo, 0–500 m.
Dept.: SC.
Muestra: *T. Killeen et al. 5800* (MO, USZ).

Rheedia L., Sp. Pl. 2: 1193. 1753.
0 especies, 0 especies endémicas.

[**Rheedia lateriflora L.**], Sp. Pl. 2: 1193. 1753.
Ref.: Mostacedo C. & Uslar (1999).
Nota: El registro se basa en material mal identificado. Mostacedo y Uslar (1999) mencionaron a (L.) Herzog como autor. La especie es del Caribe.

Symphonia L. f., Suppl. Pl. 49. 1781 [1782].
1 especie, 0 especies endémicas.

Symphonia globulifera L. f., Suppl. Pl. 302. 1781 [1782].
Ref.: Foster (1958), Parker & Bailey (1991), Roca de Saldias (1993c), Killeen & Schulenberg (1998), Mostacedo C. & Uslar (1999), Alverson et al. (2000), Arrázola Rivero et al. (2000).
Árbol. Nativa. Zonas Bajas, Andes. Bosque Húmedo, Yungas, 0–1500 m.
Dept.: BE, CO, LP, PA, SC.
Muestra: *S.G. Beck 13246* (MO, NY).
Nom. Vern.: Azufre, manzana, piraquina macho, resina amarilla.

Tovomita Aubl., Hist. Pl. Guiane 2: 956–957, pl. 363. 1775.
8 especies, 0 especies endémicas.

Tovomita brasiliensis (Mart.) Walp., Repert. Bot. Syst. 1: 392. 1842.
Sin.: *Marialva brasiliensis* Mart.
Ref.: Roca de Saldias (1993c), Nee (2008).
Arbusto, arbolito, árbol. Nativa. Zonas Bajas, Andes. Bosque Húmedo, Yungas, 0–1500 m.
Dept.: LP, SC.
Muestra: *M.H. Nee 35934* (NY).

Tovomita krukovii A.C. Sm., Phytologia 1(3): 122. 1935.
Ref.: Nee (2008).
Arbusto, arbolito. Nativa. Zonas Bajas. Bosque Húmedo, 0–500 m.
Dept.: SC.
Muestra: *M.H. Nee 51497* (NY).

Tovomita longifolia (Rich.) Hochr., Annuaire Conserv. Jard. Bot. Genève 21: 66–67. 1919.
Sin.: *Clusia longifolia* Rich.
Ref.: Killeen & Schulenberg (1998).
Arbusto, arbolito. Nativa. Zonas Bajas. Bosque Húmedo, 0–500 m.
Dept.: SC.
Muestra: *E. Gutiérrez C. et al. 1027* (MO, NY, USZ).
Nota: Identificación dudosa.

Tovomita micrantha A.C. Sm., Phytologia 1: 123. 1935.
Ref.: Foster (1958), Roca de Saldias (1993c).
Árbol. Nativa. Zonas Bajas. Bosque Húmedo, 500–1000 m.
Dept.: LP.
Muestra: *B.A. Krukoff 10950* (A, MO, NY).

Tovomita schomburgkii Planch. & Triana, Ann. Sci. Nat., Bot., sér. 4, 14: 274. 1860.
Ref.: Roca de Saldias (1993c).
Árbol. Nativa. Zonas Bajas. Bosque Húmedo, 0–500 m.
Dept.: BE, SC.
Muestra: *B.M. Boom 4783* (LPB, MO, NY).
Nota: Identificación tentativa.

Tovomita stigmatosa Planch. & Triana, Ann. Sci. Nat., Bot., sér. 4, 14: 275. 1860.
Ref.: Roca de Saldias (1993c).
Arbusto, árbol. Nativa. Zonas Bajas. Bosque Húmedo, 0–500 m.
Dept.: BE.
Muestra: *J.C. Solomon 7797* (MO, NY).

[**Tovomita stylosa Hemsl.**], Diagn. Pl. Nov. Mexic. 1: 3. 1878.
Ref.: Parker & Bailey (1991).
Nota: El registro se basa en material mal identificado.

Tovomita umbellata Benth., London J. Bot. 2: 367. 1843.
Ref.: Foster (1958), Roca de Saldias (1993c).
Árbol. Nativa. Andes. Yungas, elevación desconocida.
Dept.: LP.
Muestra: *M. Bang 419* (GH, MO, NY, W).

Tovomita weddelliana Planch. & Triana, Ann. Sci. Nat., Bot., sér. 4, 14: 277–278. 1860.
Ref.: Foster (1958), Parker & Bailey (1991), Roca de Saldias (1993c).
Árbol. Nativa. Andes. Yungas, 1000–1500 m.
Dept.: LP.
Muestra: *J.C. Solomon 9288* (MO, NY).

COLUMELLIACEAE D. Don, Edinburgh New Philos. J. 6: 46, 49. 1828.

Por K. Romoleroux (QCA) [*Columellia*] y R. Liesner (MO) [*Desfontainia*]; revisado por S.G. Beck (LPB), P.M. Jørgensen (MO).
2 géneros, 5 especies, 0 especies endémicas.

Columellia Ruiz & Pav., Fl. Peruv. Prodr. 3. 1794.
2 especies, 0 especies endémicas.

Columellia oblonga Ruiz & Pav., Fl. Peruv. 1: 28, pl. 8, f. a. 1798.
Sin.: *Columellia arborescens* Pers., *Columellia serrata* Rusby
Ref.: Foster (1958), Brizicky (1961), Fagerstrom (1975), Schulenberg & Awbrey (1997), Serrano & Terán (1998 [2000]).
Árbol. Nativa. Andes. Yungas, 2500–3500 m.

Dept.: CH, CO, LP.
Muestra: *N.P. Ritter & G.E. Crow 2181* (LPB, MO).
Infra: *Columellia oblonga* subsp. *oblonga*, *Columellia oblonga* subsp. *serrata* (Rusby) Brizicky

Columellia obovata Ruiz & Pav., Fl. Peruv. 1: 28, t. 8, f. b. 1798.
Ref.: Brizicky (1961).
Arbusto. Nativa. Andes. Bosque Tucumano-Boliviano, 2000–2500 m.
Dept.: CH.
Muestra: *J.R.I. Wood et al. 22032* (HSB, K, LPB).
Nota: Determinación tentativa.

[Columellia subsessilis Schltr.], Notizbl. Bot. Gart. Berlin–Dahlem 7: 356. 1920.
Ref.: Foster (1958).
Nota: Especie dudosa.

Desfontainia Ruiz & Pav., Fl. Peruv. Prodr. 29. 1794.
3 especies, 0 especies endémicas.

Desfontainia obovata Kraenzl., Bot. Jahrb. Syst. 40: 312. 1908.
Ref.: Weigend (2001a).
Arbusto. Nativa. Andes. Yungas, Páramo Yungueño, 3000–4000 m.
Dept.: LP.
Muestra: *M.A. Lewis 40873* (LPB, MO).
Nota: Igual a *D. splendens* taxon B *sensu* Weigend (2001a).

[Desfontainia spinosa Ruiz & Pav.], Fl. Peruv. 2: 47, pl. 186. 1799.
Ref.: Foster (1958), Huanca Cabezas (1993b).
Nota: El registro se basa en material mal identificado.

Desfontainia splendens Bonpl., Pl. Aequinoct. 1: 157, t. 45. 1808.
Ref.: Weigend (2001a).
Arbusto. Nativa. Andes, Altiplano. Páramo Yungueño, Puna Húmeda, 3000–4000 m.
Dept.: LP.
Muestra: *M.A. Lewis 38489* (LPB, MO).
Nota: Igual a *D. splendens* taxon A *sensu* Weigend (2001a).

Desfontainia steyermarkii Moldenke, Phytologia 2: 217. 1947.
Ref.: Weigend (2001a).
Arbusto. Nativa. Andes. Yungas, Páramo Yungueño, 2500–3500 m.
Dept.: LP.
Muestra: *A.H. Gentry et al. 44183* (LPB, MO).
Nota: Igual a *D. splendens* taxon D *sensu* Weigend (2001a).

COMBRETACEAE R. Br., Prodr. 351. 1810.

Por C. Stace (LTR) y L. Arroyo (USZ); revisado por S.G. Beck (LPB), P.M. Jørgensen (MO).
3 géneros, 28 especies, 0 especies endémicas.

Buchenavia Eichler, Flora 49(11): 164. 1866.
6 especies, 0 especies endémicas.

Buchenavia grandis Ducke, Arch. Jard. Bot. Rio de Janeiro 4: 148. 1925.
Ref.: Killeen & Schulenberg (1998).
Árbol. Nativa. Zonas Bajas. Bosque Húmedo, 0–1000 m.
Dept.: LP, PA, SC.
Muestra: *T. Killeen et al. 8178* (LTR, MO, USZ).

Buchenavia macrophylla Eichler, Flora 49(11): 166. 1866.
Ref.: Stace (2010).
Árbol. Nativa. Zonas Bajas. Bosque Húmedo, 0–500 m.
Dept.: BE, PA, SC.
Muestra: *I.G. Vargas et al. 4024* (LTR, MO, USZ).

Buchenavia oxycarpa (Mart.) Eichler, Flora 49(11): 165. 1866.
Sin.: *Terminalia oxycarpa* Mart., *Buchenavia punctata* Eichler
Ref.: Hinojosa Ossio (1993c), Killeen & Schulenberg (1998), Arrázola Rivero et al. (2000), Stace (2010).
Árbol. Nativa. Zonas Bajas, Andes. Bosque Húmedo, Campos Cerrados, Sabanas Benianas del Sur, Yungas, 0–1500 m.
Dept.: BE, CO, LP, PA, SC.
Muestra: *T. Killeen et al. 5410* (LTR, MO, USZ).

[Buchenavia parvifolia Ducke], Arch. Jard. Bot. Rio de Janeiro 4: 150. 1925.
Ref.: Altamirano Azurduy & Ramos de Sousa (2009).
Nota: El registro se basa en material mal identificado.

Buchenavia tetraphylla (Aubl.) R.A. Howard, J. Arnold Arbor. 64(2): 266. 1983.
Sin.: *Cordia tetraphylla* Aubl., *Buchenavia capitata* (Vahl) Eichler
Ref.: Foster (1958), Exell & Stace (1963), Hinojosa Ossio (1993c), Killeen & Schulenberg (1998), Stace (2010).
Árbol. Nativa. Zonas Bajas, Andes. Bosque Húmedo, Bosque Semideciduo Chiquitano, Sabanas Benianas del Sur, Yungas, Valles Secos, 0–2000 m.
Dept.: BE, LP, SC.
Muestra: *M.A. Lewis 40607* (LPB, LTR, MO).

Buchenavia tomentosa Eichler, Flora 49(11): 166. 1866.
Ref.: Killeen & Schulenberg (1998), Stace (2010).
Árbol. Nativa. Zonas Bajas. Bosque Húmedo, Campos Cerrados, Sabanas Benianas del Sur, 0–1000 m.
Dept.: BE, LP, PA, SC.
Muestra: *T. Killeen & J. Wellens 6561* (LTR, MO, USZ).

Buchenavia viridiflora Ducke, Arq. Inst. Biol. Veg. 2: 63. 1935.
Ref.: Killeen & Schulenberg (1998).
Árbol. Nativa. Zonas Bajas. Bosque Húmedo, 0–500 m.
Dept.: SC.
Muestra: *B. Mostacedo 136* (LTR, USZ).

Combretum Loefl., Iter Hispan. 308. 1758.
15 especies, 0 especies endémicas.

Combretum assimile Eichler, Fl. Bras. 14(2): 109, pl. 34, f. 3. 1867.
Sin.: *Combretum guanaiense* Rusby, *Combretum laxum* var. *aurantiacum* Kuntze
Ref.: Foster (1958), Parker & Bailey (1991), Stace (2010).
Arbusto. Nativa. Zonas Bajas. Bosque Húmedo, 0–500 m.
Dept.: BE, LP, SC.
Muestra: *M.H. Nee 40612* (LTR, MO, NY).

[Combretum brevistylum Eichler], Fl. Bras. 14(2): 118, pl. 34, f. 14. 1867.
Ref.: Killeen & Schulenberg (1998).
Nota: El registro se basa en material mal identificado.

Combretum duarteanum Cambess., Fl. Bras. Merid. (quarto ed.) 2(17): 248. 1829 [1830].
Ref.: Exell (1953), Foster (1958), Hinojosa Ossio (1993c), Stace (2010).
Arbusto, árbol. Nativa. Zonas Bajas. Bosque Semideciduo Chiquitano, Bosque Seco Chaqueño, 0–500 m.
Dept.: SC.
Muestra: *A. Krapovickas & A. Schinini 36542* (G, MO, S).

Combretum formosum G. Don, Trans. Linn. Soc. London 15(2): 420. 1827.
Ref.: Stace (2010).
Liana. Nativa. Zonas Bajas. Bosque Húmedo, 0–500 m.
Dept.: BE.
Muestra: *P.E. Meyer 296* (NY).

Combretum fruticosum (Loefl.) Stuntz, U.S.D.A. Bur. Pl. Industr. Invent. Seeds 31: 86–87. 1914.
Sin.: *Gaura fruticosa* Loefl., *Combretum gloriosum* Rusby
Ref.: Exell (1953), Foster (1958), Hinojosa Ossio (1993c), Killeen & Schulenberg (1998), Stace (2010).
Arbusto, árbol. Nativa. Zonas Bajas. Bosque Húmedo, Bosque Semideciduo Chiquitano, Campos Cerrados, Sabanas Benianas del Sur, 0–1000 m.
Dept.: BE, LP, PA, SC.
Muestra: *M. Saldias et al. 2913* (LTR, MO, USZ).

Combretum glaucocarpum Mart., Flora 24(2, Beibl.): 3. 1841.
Sin.: *Thiloa glaucocarpa* (Mart.) Eichler
Ref.: Killeen & Schulenberg (1998), Stace (2010).
Arbusto, árbol. Nativa. Zonas Bajas. Bosque Húmedo, 0–500 m.
Dept.: BE, LP, PA, SC.
Muestra: *B.M. Boom 4979* (K, MO, U).

Combretum gracile Schott, Syst. Veg. 4(2): 406. 1827.
Sin.: *Thiloa gracilis* (Schott) Eichler, *Combretum nummularium* Rusby
Ref.: Foster (1958), Stace (1968), Stace (2010).
Arbusto. Nativa. Zonas Bajas. Bosque Húmedo, Bosque Semideciduo Chiquitano, 0–1000 m.
Dept.: BE, LP, PA, SC.
Muestra: *A.H. Gentry & A. Perry 77914* (LTR, MO).
Infra: *Combretum gracile* var. *gracile*, *Combretum gracile* var. *glandulosum* Stace

Combretum hilarianum D. Dietr., Syn. Pl. 2: 1303. 1840.
Ref.: Stace (2010).
Arbusto. Nativa. Zonas Bajas. Bosque Húmedo, 0–500 m.
Dept.: BE, PA.
Muestra: *D.C. Daly 6623* (LTR, MO, NY).

Combretum lanceolatum Pohl ex Eichler, Fl. Bras. 14(2): 110, pl. 28, 34, f. 4. 1867.
Sin.: *Combretum laxum* var. *viridulum* Kuntze
Ref.: Killeen & Schulenberg (1998), Stace (2010).
Liana, arbusto. Nativa. Zonas Bajas. Bosque Húmedo, Bosque Semideciduo Chiquitano, Campos Cerrados, Sabanas Benianas del Sur, 0–500 m.
Dept.: BE, LP, PA, SC.
Muestra: *T. Killeen & W.A. Palacios 3426* (LPB, LTR, MO).

Combretum laxum Jacq., Enum. Syst. Pl. 19. 1760.
Ref.: Exell (1953), Foster (1958), Parker & Bailey (1991), Killeen & Schulenberg (1998), Alverson et al. (2000), Stace (2010).
Liana, arbusto, árbol. Nativa. Zonas Bajas. Bosque Húmedo, Bosque Semideciduo Chiquitano, Campos Cerrados, Sabanas Benianas del Sur, Campos Amazónicos, 0–1000 m.
Dept.: BE, CO, LP, PA, SC.
Muestra: *P.F. Foster et al. 98* (LTR, MO, USZ).

Combretum leprosum Mart., Flora 24(Biebl. 2): 1. 1841.
Sin.: *Combretum jacquinii* Griseb.
Ref.: Exell (1953), Foster (1958), Hinojosa Ossio (1993c), Killeen & Schulenberg (1998), Serrano & Terán (1998 [2000]), Jardim et al. (2003), Stace (2010).
Liana, arbusto, árbol. Nativa. Zonas Bajas. Bosque Semideciduo Chiquitano, Sabanas Benianas del Sur, 0–1000 m.
Dept.: BE, CH, SC.
Muestra: *A. Jardim & F. Mamani 3588* (LTR, MO, USZ).
Nom. Vern.: Asucaro, carne de toro.

Combretum mellifluum Eichler, Fl. Bras. 14(2): 113, pl. 30, pl. 34, f. 10. 1867.
Ref.: Killeen & Schulenberg (1998), Stace (2010).
Arbusto, árbol. Nativa. Zonas Bajas. Bosque Húmedo, Bosque Semideciduo Chiquitano, 0–500 m.
Dept.: BE, PA, SC.
Muestra: *F.J. Fernández Casas & A. Susanna 8381* (MO, NY).

Combretum paraguariense (Eichler) Stace, Fl. Ecuador 81: 13. 2007.
Sin.: *Thiloa paraguariensis* Eichler
Ref.: Stace (2010).
Arbusto. Nativa. Zonas Bajas. Bosque Húmedo, Sabanas Benianas del Sur, 0–500 m.
Dept.: BE, PA, SC.
Muestra: *G.T. Prance et al. 8419* (K, M, S, U).

Combretum pyramidatum Desv. ex Ham., Prodr. Pl. Ind. Occid. 35. 1825.
Sin.: *Combretum laurifolium* Mart.
Ref.: Killeen & Schulenberg (1998), Stace (2010).
Arbusto, árbol. Nativa. Zonas Bajas. Bosque Húmedo, 0–500 m.
Dept.: BE, LP, SC.
Muestra: *S.G. Beck 20692* (LPB, LTR, MO).

Combretum rotundifolium Rich., Actes Soc. Hist. Nat. Paris 1: 108. 1792.
Sin.: *Combretum guianense* Miq.
Ref.: Exell (1953), Foster (1958), Stace (2010).
Arbusto, árbol. Nativa. Zonas Bajas. Bosque Húmedo, 0–500 m.
Dept.: PA.
Muestra: *G.T. Prance 8655* (INPA, K, LTR, NY).

Combretum vernicosum Rusby, Mem. New York Bot. Gard. 7: 312. 1927.
Ref.: Exell (1953), Foster (1958), Killeen & Schulenberg (1998), Stace (2010).
Arbusto, árbol. Nativa. Zonas Bajas. Bosque Húmedo, 0–1000 m.
Dept.: BE, LP, PA, SC.
Tipo y muestra: *O.E. White 2374* (HT: NY; IT: BM frag.), *A. Jardim et al. 3323* (LTR, MO, USZ).

Terminalia L., Syst. Nat. (ed. 12) 2: 665, 674. 1767.
7 especies, 0 especies endémicas.

Terminalia amazonia (J.F. Gmel.) Exell, Fl. Suriname 3(1): 173. 1935.
Sin.: *Chuncoa amazonia* J.F. Gmel., *Gimbernatia obovata* Ruiz & Pav., *Terminalia obovata* (Ruiz & Pav.) Steud.
Ref.: Parker & Bailey (1991), Hinojosa Ossio (1993c), Killeen & Schulenberg (1998), Alverson et al. (2000), Stace (2010).
Hierba, árbol. Nativa. Zonas Bajas. Bosque Húmedo, Bosque Semideciduo Chiquitano, Campos Cerrados, Sabanas Benianas del Sur, Campos Amazónicos, 0–1000 m.
Dept.: BE, CO, LP, PA, SC.
Muestra: *M. Del Águila & V. García E. 133* (LPB, LTR, MO).
Nom. Vern.: Mara macho, verdolago amarillo, verdolago blanco, verdolago colorado.

Terminalia argentea Mart., Nov. Gen. Sp. Pl. 1: 43. 1824.
Ref.: Hinojosa Ossio (1993c), Killeen & Schulenberg (1998), Jardim et al. (2003), Stace (2010).
Arbusto, arbolito, árbol. Nativa. Zonas Bajas. Bosque Húmedo, Bosque Semideciduo Chiquitano, Campos Cerrados, Sabanas Benianas del Sur, 0–1000 m.
Dept.: BE, LP, SC.
Muestra: *R.C. Quevedo et al. 963* (AAU, F, LPB, LTR, MO, NY, USZ).
Nom. Vern.: Chisojo, jichisojo, pau de bicho.

Terminalia catappa L., Mant. Pl. 1: 128. 1767.
Ref.: Hinojosa Ossio (1993c), Stace (2010).
Árbol. Adventicia, cultivada. Zonas Bajas. Bosque Húmedo, 0–500 m.
Dept.: BE, LP, SC.
Muestra: *S.G. Beck 5359* (LPB, LTR).
Nota: Nativa de las regiones tropicales de Asia, Africa y Australia.

Terminalia fagifolia Mart., Nov. Gen. Sp. Pl. 1(1): 42, t. 29. 1824.
Ref.: Fuentes Claros (1998), Killeen & Schulenberg (1998), Stace (2010), Wood et al. (2011).
Arbusto, árbol. Nativa. Zonas Bajas. Bosque Húmedo, Bosque Semideciduo Chiquitano, Campos Cerrados, 0–1000 m.
Dept.: SC.
Muestra: *T. Killeen & O. Peña 7155* (LTR, MO, USZ).

Terminalia glabrescens Mart., Flora 20(2 Beibl.): 124. 1837.
Sin.: *Chuncoa brasiliensis* Cambess. ex A. St.-Hil., *Terminalia brasiliensis* (Cambess. ex A. St.-Hil.) Eichler
Ref.: Killeen & Schulenberg (1998), Stace (2010).
Arbusto, árbol. Nativa. Zonas Bajas. Bosque Húmedo, Bosque Semideciduo Chiquitano, Sabanas Benianas del Sur, 0–1000 m.
Dept.: SC.
Muestra: *R. Guillén V. et al. 3956* (LTR, MO, USZ).

[Terminalia januarensis DC.], Prodr. 3: 11. 1828.
Sin.: *Myrobalanus brasiliensis* Kuntze
Ref.: Foster (1958).
Nota: El registro se basa en material mal identificado. Citada por Foster (1958) bajo el sinónimo *M. brasiliensis*. *T. januarensis* es endémica del Este de Brasil.

Terminalia oblonga (Ruiz & Pav.) Steud., Nomencl. Bot. (ed. 2) 2: 668. 1841.
Sin.: *Gimbernatia oblonga* Ruiz & Pav.
Ref.: Parker & Bailey (1991), Hinojosa Ossio (1993c), Killeen & Schulenberg (1998), Alverson et al. (2000), Arrázola Rivero et al. (2000), Stace (2010).
Árbol. Nativa. Zonas Bajas, Andes. Bosque Húmedo, Bosque Semideciduo Chiquitano, Campos Cerrados, Sabanas Benianas del Sur, Yungas, 0–1500 m.
Dept.: BE, CO, LP, PA, SC.
Muestra: *M. Saldias et al. 2736* (LTR, MO, USZ).
Nom. Vern.: Manicillo, verdolago, verdolago amarillo.

Terminalia triflora (Griseb.) Lillo, Contr. Árb. Argent. 20. 1910.
Sin.: *Chuncoa triflora* Griseb.
Ref.: Hinojosa Ossio (1993c), Schulenberg & Awbrey (1997), González et al. (1999), Serrano & Terán (1998 [2000]), Arroyo Padilla & Villarroel Segarra (2009), Linsingen et al. (2009), Stace (2010).
Arbusto, árbol. Nativa. Zonas Bajas, Andes. Bosque Semideciduo Chiquitano, Bosque Tucumano-Boliviano, 500–2000 m.
Dept.: CH, LP, SC, TA.
Muestra: *S.G. Beck & M. Liberman 9590* (LPB, LTR, MO).
Nom. Vern.: Lanza, lanza amarilla.

COMMELINACEAE Mirb., Hist. Nat. Pl. 8: 177. 1804.

Por E. Fernández (BOLV) y L. Cayola (LPB); revisado por S.G. Beck (LPB), M. Nee (NY), P.M. Jørgensen (MO).
12 géneros, 48 especies, 3 especies endémicas.

Aneilema R. Br., Prodr. 270. 1810.
1 especie, 0 especies endémicas.

Aneilema umbrosum (Vahl) Kunth, Enum. Pl. 4: 71. 1843.
Sin.: *Commelina umbrosa* Vahl, *Aneilema ovato-oblongum* P. Beauv., *Aneilema bracteolatum* Mart.
Ref.: Foster (1958), Brenan (1968), Faden (1991).
Hierba. Naturalizada. Zonas Bajas, Andes. Bosque Húmedo, Bosque Semideciduo Chiquitano, Sabanas Benianas del Sur, Yungas, 0–1500 m.
Dept.: BE, CO, LP, SC.
Muestra: *T.B. Croat 51616* (LPB, MO, US).
Infra: *Aneilema umbrosum* subsp. *ovato-oblongum* (P. Beauv.) J.K. Morton

Callisia Loefl., Iter Hispan. 305–306. 1758.
4 especies, 0 especies endémicas.

Callisia filiformis (M. Martens & Galeotti) D.R. Hunt, Kew Bull. 41: 410. 1986.
Sin.: *Aneilema floribundum* Hook. & Arn., *Tradescantia filiformis* M. Martens & Galeotti, *Leptorhoeo filiformis* (M. Martens & Galeotti) C.B. Clarke, *Leptorhoeo tenuifolia* Rose
Ref.: Hunt (1993).
Hierba. Nativa. Zonas Bajas. Bosque Semideciduo Chiquitano, Sabanas Benianas del Sur, 0–500 m.
Dept.: BE, SC.
Muestra: *J.R. Abbott & B. Mostacedo 16148* (LPB, MO, US, USZ).

Callisia gracilis (Kunth) D.R. Hunt, Kew Bull. 38(1): 131. 1983.
Sin.: *Tradescantia debilis* Kunth, *Tradescantia gracilis* Kunth, *Phyodina gracilis* (Kunth) Raf., *Aneilema gracilis* (Kunth) Steyerm.
Hierba. Nativa. Zonas Bajas, Andes. Bosque Húmedo, Yungas, 500–1500 m.
Dept.: LP.
Muestra: *A.F. Fuentes 7128* (LPB, MO).

Callisia monandra (Sw.) Schult. & Schult. f., Syst. Veg. (ed. 15 bis) 7(2): 1179. 1830.
Sin.: *Tradescantia monandra* Sw., *Aploleia monandra* (Sw.) H.E. Moore
Ref.: Moore (1958), Hunt (1993), Schulenberg & Awbrey (1997), Serrano & Terán (1998 [2000]).
Hierba. Nativa. Zonas Bajas, Andes. Bosque Seco Chaqueño, Bosque Tucumano-Boliviano, 500–1000, 1500–2000 m.
Dept.: CH.
Muestra: *B. Holst et al. 4790* (USZ).

Callisia repens (Jacq.) L., Sp. Pl. (ed. 2) 1: 62. 1762.
Sin.: *Hapalanthus repens* Jacq., *Tradescantia callisia* Sw., *Spironema robbinsii* C. Wright
Ref.: Foster (1958), Moore (1958), Hunt (1993), Serrano & Terán (1998 [2000]).
Hierba. Nativa. Zonas Bajas, Andes. Bosque Semideciduo Chiquitano, Yungas, Valles Secos, 500–2500 m.
Dept.: CH, LP, SC.
Muestra: *S.G. Beck 22458* (BOLV, CTES, K, LPB, M, NY, US).
Infra: *Callisia repens* var. *mandonii* C.B. Clarke

Cochliostema Lem., Ill. Hort. 6: Misc. 70. 1859.
0 especies, 0 especies endémicas.

[Cochliostema odoratissimum Lem.], Ill. Hort. 6: Misc. 70, t. 217. 1859.
Ref.: Foster (1958).
Nota: El registro se basa en material mal identificado.

Commelina L., Sp. Pl. 1: 40. 1753.
13 especies, 2 especies endémicas.

Commelina bangii Rusby, Bull. New York Bot. Gard. 6(22): 490–491. 1910.
Ref.: Foster (1958).
Hierba. Endémica. Zonas Bajas. Bosque Húmedo, 500–1000 m.
Dept.: LP.
Tipo: *R.S. Williams 338* (HT: NY; IT: K, US).
Nota: Conocida solamente del tipo.

Commelina benghalensis L., Sp. Pl. 1: 41. 1753.
Sin.: *Commelina nervosa* Burm. f., *Commelina cucullata* L., *Commelina mollis* Jacq., *Commelina canescens* Vahl, *Commelina turbinata* Vahl, *Commelina procurrens* Schltdl., *Commelina delicatula* Schltdl.
Ref.: Lemée (1955).
Hierba. Adventicia. Zonas Bajas. Bosque Húmedo, Bosque Semideciduo Chiquitano, 0–500 m.
Dept.: LP, SC.
Muestra: *R. Seidel & M. Schulte 7830* (CTES, K, LPB, US).

Commelina diffusa Burm. f., Fl. Indica 18, pl. 7, f. 2. 1768.
Sin.: *Commelina nudiflora* L., *Commelina gracilis* Ruiz & Pav., *Commelina longicaulis* Jacq.
Ref.: Foster (1958), Dodson & Gentry (1978), Hunt (1993), Killeen & Schulenberg (1998), González et al. (1999).
Hierba. Nativa. Zonas Bajas, Andes. Bosque Húmedo, Bosque Semideciduo Chiquitano, Sabanas Benianas del Sur, Yungas, Bosque Tucumano-Boliviano, 0–2000 m.
Dept.: BE, CO, LP, SC, TA.
Muestra: *S.G. Beck 8313* (BOLV, LPB, M, SI, US).

Commelina elliptica Kunth, Nov. Gen. Sp. (quarto ed.) 1: 259. 1815 [1816].
Ref.: Standley & Steyermark (1952), Foster (1958), López Vargas (1995), Saravia Miranda (1996), Serrano & Terán (1998 [2000]).
Hierba. Nativa. Andes, Altiplano. Yungas, Bosque Tucumano-Boliviano, Páramo Yungueño, Valles Secos, Bosque de *Polylepis*, 2000–4000 m.
Dept.: CH, CO, LP, PO, SC, TA.
Muestra: *J. De Dios Romero 46* (LPB, SI).
Nom. Vern.: Algo chupila, pampa chonga chonga, Santa Lucia, yerba de Santa María.

Commelina erecta L., Sp. Pl. 1: 41. 1753.
Sin.: *Commelina virginica* L., *Commelina caripensis* Kunth, *Commelina elegans* Kunth, *Commelina bahiensis* Willd. ex Roem. & Schult., *Commelina sulcata* Willd. ex Roem. & Schult., *Commelina deficiens* Hook., *Commelina auriculata* E. Mey., *Commelina martiana* Seub.
Ref.: Foster (1958), Moraes R. (1990), Hunt (1993), López Vargas (1995), Saravia Miranda (1996), Serrano & Terán (1998 [2000]), Wood et al. (2011).
Hierba. Nativa. Zonas Bajas, Andes. Bosque Húmedo, Bosque Semideciduo Chiquitano, Bosque Seco Chaqueño, Sabanas Benianas del Sur, Yungas, Valles Secos, 0–500, 1000–1500, 2000–3000 m.
Dept.: BE, CH, CO, LP, SC, TA.
Muestra: *S.G. Beck 17354* (LPB, M, SI, US).
Infra: *Commelina erecta* var. *angustifolia* (Michx.) Fernald
Nom. Vern.: Jatun tabardillo.

Commelina fasciculata Ruiz & Pav., Fl. Peruv. 1: 44, t. 72. 1798.
Sin.: *Commelina nervosa* Ruiz & Pav.
Ref.: Macbride (1936c), López Vargas (1995), Saravia Miranda (1996), De la Barra (1997).
Hierba. Nativa. Andes, Altiplano. Yungas, Bosque Tucumano-Boliviano, Valles Secos, Puna Húmeda, 2500–3000, 3500–4000 m.
Dept.: CH, CO, LP, TA.
Muestra: *M.A. Lewis 35190* (LPB, MO).
Nom. Vern.: Orgo chongo chongo.

Commelina hispida Ruiz & Pav., Fl. Peruv. 1: 43, t. 73. 1798.
Ref.: Foster (1958).
Hierba. Nativa. Andes. Valles Secos, 2000–2500 m.
Dept.: CH.
Muestra: *H.A. Weddell s.n.* (P).
Infra: *Commelina hispida* var. *gaudichaudii* C.B. Clarke

Commelina obliqua Vahl, Enum. Pl. 2: 172. 1805 [1806].
Sin.: *Commelina robusta* Kunth, *Commelina guianensis* Klotzsch, *Commelina scabrata* Seub., *Phaeosphaerion persicariifolium* var. *scabratum* (Seub.) C.B. Clarke
Ref.: Standley & Steyermark (1952), Foster (1958), Killeen & Schulenberg (1998), Serrano & Terán (1998 [2000]).
Hierba. Nativa. Zonas Bajas, Andes. Bosque Semideciduo Chiquitano, Sabanas Benianas del Sur, Yungas, Bosque Tucumano-Boliviano, Bosque Serrano Chaqueño, 0–2000 m.
Dept.: BE, CH, CO, LP, SC, TA.
Muestra: *S.G. Beck 15325* (LPB, SI, US).

Commelina platyphylla Klotzsch, Reis. Br.-Guiana 897. 1848 [1849].
Sin.: *Commelina platyphylla* var. *balansae* C.B. Clarke, *Commelina balansae* (C.B. Clarke) Herter
Ref.: Foster (1958), Bacigalupo (1964), Wood et al. (2011).
Hierba. Nativa. Zonas Bajas. Campos Cerrados, 0–1000 m.
Dept.: SC.
Muestra: *M. Cárdenas 4447* (US).

Commelina quitensis Benth., Pl. Hartw. 258. 1846.
Ref.: Foster (1958), López Vargas (1995), Saravia Miranda (1996).
Hierba. Nativa. Andes. Yungas, Bosque Tucumano-Boliviano, Páramo Yungueño, 2000–3000, 3500–4000 m.
Dept.: CO, LP, PO, TA.
Muestra: *M.A. Lewis 35421* (LPB, MO, US).
Infra: *Commelina quitensis* var. *quitensis*, *Commelina quitensis* var. *mandonii* C.B. Clarke
Nom. Vern.: Gata, orgo chonga chonga.

Commelina reflexa Rusby, Phytologia 1(2): 50. 1934.
Ref.: Foster (1958).
Hierba. Endémica. Zonas Bajas, Andes. Bosque Húmedo, Yungas, 0–2000, 3000–3500 m.
Dept.: LP.
Tipo y muestra: *O.E. White 172* (ST: NY), *G.H.H. Tate 847* (NY).

Commelina rufipes Seub., Fl. Bras. 3(1): 265. 1855.
Sin.: *Commelina persicariifolia* Delile, *Phaeosphaerion persicariifolium* (Delile) C.B. Clarke, *Phaeosphaerion persicariifolium* var. *rufipes* (Seub.) C.B. Clarke, *Athyrocarpus persicariifolius* (Delile) Hemsl., *Athyrocarpus rufipes* (Seub.) Standl., *Phaeosphaerion rufipes* (Seub.)

Standl. & Steyerm., *Commelinopsis glabrata* D.R. Hunt, *Commelinopsis rufipes* (Seub.) D.R. Hunt
Ref.: Macbride (1936c), Foster (1958), Faden & Hunt (1987), Killeen & Schulenberg (1998).
Hierba. Nativa. Zonas Bajas, Andes. Bosque Húmedo, Sabanas Benianas del Sur, Yungas, 0–1500 m.
Dept.: BE, CO, LP, SC.
Muestra: *A. Araujo M. et al. 2413* (BOLV, LPB, MO, USZ).
Infra: *Commelina rufipes* var. *rufipes*, *Commelina rufipes* var. *glabrata* (D.R. Hunt) Faden & D.R. Hunt

Commelina tuberosa L., Sp. Pl. 1: 41. 1753.
Ref.: Standley & Steyermark (1952), Hunt (1993).
Hierba. Nativa. Andes, Altiplano. Bosque Tucumano-Boliviano, Páramo Yungueño, Valles Secos, Puna Húmeda, 2000–3000, 3500–4000 m.
Dept.: CO, LP, SC, TA.
Muestra: *M. Coro 1588* (LPB, US).

Dichorisandra J.C. Mikan, Del. Fl. Faun. Bras. pl. 3. 1820.
4 especies, 0 especies endémicas.

[Dichorisandra gaudichaudiana Kunth], Enum. Pl. 4: 113. 1843.
Ref.: Foster (1958).
Hierba. Nativa. Región, tipo de vegetación y elevación desconocidas.
Dept.: Bolivia.
Muestra: *M. Bang 2573* (NY).
Nota: Especie dudosa.

Dichorisandra hexandra (Aubl.) Kuntze ex Hand.-Mazz., Denkschr. Kaiserl. Akad. Wiss., Wien Math.-Naturwiss. Kl. 79: 203. 1908.
Sin.: *Commelina hexandra* Aubl., *Dichorisandra aubletiana* Schult. & Schult. f.
Ref.: Seubert (1855), Lemée (1955), Foster (1958), Dodson & Gentry (1978), Killeen & Schulenberg (1998), González et al. (1999), Alverson et al. (2000), Serrano & Terán (1998 [2000]), Arroyo Padilla & Villarroel Segarra (2009).
Hierba, trepadora. Nativa. Zonas Bajas, Andes. Bosque Húmedo, Bosque Semideciduo Chiquitano, Bosque Seco Chaqueño, Campos Cerrados, Sabanas Benianas del Norte, Campos Amazónicos, Yungas, Bosque Tucumano-Boliviano, Bosque Serrano Chaqueño, 0–2500 m.
Dept.: BE, CH, CO, LP, PA, SC, TA.
Muestra: *L.R.C. de Michel 99* (LPB, M, US, USZ).

Dichorisandra inaequalis C. Presl, Reliq. Haenk. 1(2): 140. 1827.
Ref.: Foster (1958).
Hierba. Nativa. Zonas Bajas, Andes. Bosque Húmedo, Yungas, 500–1500 m.
Dept.: LP.
Muestra: *O. Buchtien 725* (GH, MO).

[Dichorisandra pubescens Mart.], Syst. Veg. (ed. 15 bis) 7(2): 1186. 1830.
Ref.: Foster (1958).
Nota: El registro se basa en material mal identificado.

Dichorisandra ulei J.F. Macbr., Publ. Field Mus. Nat. Hist., Bot. Ser. 11(1): 8. 1931.
Sin.: *Dichorisandra longifolia* Ule
Ref.: Macbride (1936c), Killeen & Schulenberg (1998).
Hierba. Nativa. Zonas Bajas, Andes. Bosque Húmedo, Yungas, 0–1500 m.
Dept.: BE, LP, SC.
Muestra: *S.G. Beck 8532* (BOLV, LPB, M, MO, US).

Dichorisandra villosula Schult. f., Syst. Veg. (ed. 15 bis) 7(2): 1181. 1830.
Ref.: Foster (1958).
Hierba. Nativa. Zonas Bajas. Bosque Semideciduo Chiquitano, 0–500 m.
Dept.: SC.
Muestra: *R.C. Quevedo et al. 385* (MO, USZ).

Floscopa Lour., Fl. Cochinch. 1: 189, 192. 1790.
5 especies, 1 especie endémica.

Floscopa elegans Huber, Bol. Mus. Goeldi Hist. Nat. Ethnogr. 4: 541. 1906.
Ref.: Macbride (1936c), Parker & Bailey (1991).
Hierba. Nativa. Zonas Bajas. Bosque Húmedo, Sabanas Benianas del Sur, 0–1000 m.
Dept.: BE, LP, PA.
Muestra: *M.A. Lewis 38043* (LPB, MO, US).

Floscopa glabrata (Kunth) Hassk., Commelin. Ind. 166. 1870.
Sin.: *Floscopa glabrata* var. *glabrata*, *Dithyrocarpus glabratus* Kunth, *Dithyrocarpus hirsutus* Kunth, *Dithyrocarpus glandulosus* Seub., *Floscopa glabrata* var. *glandulosa* (Seub.) C.B. Clarke
Ref.: Seubert (1855), Killeen & Schulenberg (1998).
Hierba. Nativa. Zonas Bajas. Bosque Húmedo, 0–500 m.
Dept.: SC.
Muestra: *M. Garvizu & N.P. Ritter 153* (AAU, LPB, MO, US, USZ).

Floscopa perforans Rusby, Bull. New York Bot. Gard. 6: 490. 1910.
Ref.: Foster (1958).
Hierba. Endémica. Zonas Bajas. Bosque Húmedo, 0–500 m.
Dept.: LP.
Tipo: *R.S. Williams 285* (HT: NY; IT: US).
Nota: Conocida solamente del tipo.

Floscopa peruviana Hassk. ex C.B. Clarke, Monogr. Phan. 3: 270. 1881.
Sin.: *Floscopa peruviana* var. *perforans* C.B. Clarke
Ref.: Macbride (1936c).
Hierba. Nativa. Zonas Bajas. Bosque Húmedo, 0–500 m.
Dept.: CO, LP.
Muestra: *S.G. Beck 1564* (BOLV, LPB, M, US).

Floscopa robusta (Seub.) C.B. Clarke, Monogr. Phan. 3: 271. 1881.
Sin.: *Dithyrocarpus robustus* Seub.
Ref.: Seubert (1855), Dodson & Gentry (1978).
Hierba. Nativa. Zonas Bajas. Bosque Húmedo, 500–1000 m.
Dept.: BE, LP.
Muestra: *N. Helme 532* (LPB, US).

Geogenanthus Ule, Repert. Spec. Nov. Regni Veg. 11: 524. 1913.
1 especie, 0 especies endémicas.

Geogenanthus poeppigii (Miq.) Faden, Taxon 30(1): 35. 1981.
Sin.: *Peperomia poeppigii* Miq.
Ref.: Alverson et al. (2000).
Hierba. Nativa. Zonas Bajas. Bosque Húmedo, 0–500 m.
Dept.: PA.
Nota: Citada para Bolivia por Alverson et al. (2000), no hay ejemplares de herbario confirmados.

Gibasis Raf., Fl. Tellur. 2: 16. 1836 [1837].
1 especie, 0 especies endémicas.

Gibasis geniculata (Jacq.) Rohweder, Abh. Auslandsk., Reihe C, Naturwiss. 18: 143. 1956.
Sin.: *Tradescantia geniculata* Jacq., *Tradescantia effusa* Mart., *Tradescantia kunthiana* Seub., *Aneilema geniculatum* (Jacq.) Woodson
Ref.: Lemée (1955), Foster (1958), Dodson & Gentry (1978), Killeen & Schulenberg (1998).
Hierba. Nativa. Zonas Bajas, Andes. Bosque Húmedo, Bosque

Semideciduo Chiquitano, Sabanas Benianas del Sur, Yungas, 0–1500 m.
Dept.: BE, LP, SC.
Muestra: *A.F. Fuentes 420* (LPB, MO, USZ).

Murdannia Royle, Ill. Bot. Himal. Mts. 1: 403, pl. 95, f. 3. 1839.
4 especies, 0 especies endémicas.

Murdannia gardneri (Seub.) G. Brückn., Nat. Pflanzenfam. (ed. 2) 15a: 173. 1930.
Sin.: *Aneilema gardneri* Seub., *Aneilema gardneri* var. *burchellii* C.B. Clarke, *Aneilema gardneri* var. *glabrior* C.B. Clarke
Ref.: Seubert (1855).
Hierba. Nativa. Zonas Bajas. Bosque Semideciduo Chiquitano, 0–500 m.
Dept.: SC.
Muestra: *B. Bruderreck 310* (LPB, US, USZ).

Murdannia nudiflora (L.) Brenan, Kew Bull. 7(2): 189. 1952.
Sin.: *Commelina nudiflora* L.
Hierba. Nativa. Zonas Bajas. Bosque Semideciduo Chiquitano, 0–500 m.
Dept.: SC.
Muestra: *J.R.I. Wood 24250* (K, LPB, UB, USZ).

Murdannia schomburgkiana (Kunth) G. Brückn., Nat. Pflanzenfam. (ed. 2) 15a: 173. 1930.
Sin.: *Aneilema schomburgkianum* Kunth
Ref.: Wood et al. (2011).
Hierba. Nativa. Zonas Bajas. Campos Cerrados, 0–500 m.
Dept.: SC.
Muestra: *J.R.I. Wood et al. 23992* (K, LPB, USZ).

Murdannia semifoliata (C.B. Clarke) G. Brückn., Nat. Pflanzenfam. (ed. 2) 15a: 173. 1930.
Sin.: *Aneilema semifoliatum* C.B. Clarke
Ref.: Moore (1895).
Hierba. Nativa. Zonas Bajas. Bosque Húmedo, 0–500 m.
Dept.: SC.
Muestra: *M. Cárdenas 5629* (US).

Tinantia Scheidw., Allg. Gartenzeitung 7: 365. 1839.
2 especies, 0 especies endémicas.

Tinantia erecta (Jacq.) Schltdl., Linnaea 25: 185. 1852.
Sin.: *Tradescantia erecta* Jacq., *Tinantia fugax* Scheidw., *Tinantia fugax* var. *erecta* (Jacq.) Drumm. ex C.B. Clarke, *Pogomesia erecta* (Jacq.) Standl.
Ref.: Molinari (1951), Foster (1958), Arroyo Padilla & Villarroel Segarra (2009).
Hierba. Nativa. Andes. Yungas, Bosque Tucumano-Boliviano, Valles Secos, 1500–3000 m.
Dept.: CO, LP, SC, TA.
Muestra: *R. Seidel 1031* (CTES, LPB, M, US).

Tinantia standleyi Steyerm., Publ. Field Mus. Nat. Hist., Bot. Ser. 23(2): 35–36. 1944.
Ref.: Molinari (1951).
Hierba. Nativa. Andes. Yungas, Bosque Tucumano-Boliviano, 1000–2000 m.
Dept.: LP, TA.
Muestra: *S.G. Beck 19718* (LPB, M, US).

Tradescantia L., Sp. Pl. 1: 288. 1753.
7 especies, 0 especies endémicas.

[Tradescantia ambigua Mart.], Syst. Veg. (ed. 15 bis) 7(2): 1170. 1830.
Ref.: Foster (1958), Adolfo María (1966), López Vargas (1995), Saravia Miranda (1996), De la Barra (1997).
Nota: El registro se basa en material mal identificado. Esta especie está restringida a la Caatinga de Brasil.

Tradescantia boliviana (Hassk.) J.R. Grant, Novon 14(3): 299. 2004.
Sin.: *Mandonia boliviana* Hassk., *Skofitzia boliviana* (Hassk.) Hassk. & Kanitz
Ref.: Grant (2004).
Hierba. Nativa, cultivada. Zonas Bajas, Andes. Bosque Semideciduo Chiquitano, Bosque Seco Chaqueño, Valles Secos, 0–500, 1000–1500, 2500–3500 m.
Dept.: CH, CO, LP, SC, TA.
Tipo y muestra: *G. Mandon 1239* (LT: L; ILT: F, G, GH, K, P), *A.F. Fuentes 1547* (US, USZ).

Tradescantia cymbispatha C.B. Clarke, Monogr. Phan. 3: 296. 1881.
Sin.: *Cymbispatha geniculata* Pichon
Ref.: Macbride (1936c), Foster (1958).
Hierba. Nativa. Andes. Yungas, 2000–3000 m.
Dept.: CO, LP, SC.
Tipo y muestra: *G. Mandon 1237* (HT: K; IT: G; fotos: F ex G), *J.C. Solomon et al. 11850* (LPB, MO, US).

Tradescantia fluminensis Vell., Fl. Flumin. 3: 140, pl. 152. 1825.
Sin.: *Tradescantia albiflora* Kunth, *Tradescantia mundula* Kunth, *Tradescantia fluminensis* var. *pubescens* C.B. Clarke
Ref.: Molinari (1951).
Hierba. Nativa. Andes. Bosque Tucumano-Boliviano, Valles Secos, 1000–1500, 3000–3500 m.
Dept.: LP, TA.
Muestra: *J.C. Solomon 11272* (LPB, MO, US).

Tradescantia pallida (Rose) D.R. Hunt, Kew Bull. 30(3): 452. 1975.
Sin.: *Setcreasea pallida* Rose, *Setcreasea purpurea* Boom
Ref.: Hunt (1993).
Hierba. Cultivada. Zonas Bajas, Andes. Bosque Húmedo, Valles Secos, 0–500, 3000–3500 m.
Dept.: LP, SC.
Muestra: *J.C. Solomon 11552* (LPB, MO, US).

Tradescantia valida G. Brückn., Notizbl. Bot. Gart. Berlin–Dahlem 11: 510. 1932.
Hierba. Nativa. Zonas Bajas. Bosque Húmedo, 500–1000 m.
Dept.: BE.
Muestra: *J.C. Solomon 13916* (LPB, MO, US).

Tradescantia zanonia (L.) Sw., Fl. Ind. Occid. 1: 604. 1797.
Sin.: *Commelina zanonia* L., *Campelia zanonia* (L.) Kunth
Ref.: Moore (1959), Parker & Bailey (1991), Hunt (1993), Alverson et al. (2000).
Hierba. Nativa. Zonas Bajas, Andes. Bosque Húmedo, Sabanas Benianas del Norte, Yungas, 0–2000 m.
Dept.: BE, LP, PA.
Muestra: *S.G. Beck 13338* (LPB, MO, US, USZ).

Tradescantia zebrina Heynh. ex Bosse, Vollst. Handb. Bl.-gärtn., ed. 2 4: 655. 1849.
Sin.: *Zebrina pendula* Schnizl.
Ref.: Molinari (1951), Hunt (1993).
Hierba. Adventicia, cultivada. Zonas Bajas, Andes. Bosque Húmedo, Valles Secos, 0–500, 3000–3500 m.
Dept.: BE, LP.
Muestra: *S.G. Beck et al. 16587* (F, LPB, US).

Tripogandra Raf., Fl. Tellur. 2: 16. 1836 [1837].
6 especies, 0 especies endémicas.

Tripogandra diuretica (Mart.) Handlos, Rhodora 77(810): 259. 1975.
Sin.: *Tradescantia diuretica* Mart., *Tradescantia commelina* Vell., *Tradescantia gaudichaudiana* Kunth, *Tradescantia sellowiana* Kunth,

Descantaria diuretica Hassk. ex C.B. Clarke, *Tradescantia elongata* var. *diuretica* (Mart.) C.B. Clarke
Ref.: Seubert (1855), Foster (1958), Handlos (1975).
Hierba. Nativa. Andes. Yungas, Bosque Tucumano-Boliviano, Valles Secos, 1500–3000 m.
Dept.: CO, LP, TA.
Muestra: *S.G. Beck 3647* (CTES, LPB, M, MO, SI, US).

Tripogandra encolea (Diels) J.F. Macbr., Revista Univ. (Cuzco) 33(87): 142. 1944.
Sin.: *Tradescantia encolea* Diels, *Descantaria encolea* (Diels) G. Brückn.
Ref.: Handlos (1975).
Hierba. Nativa. Andes. Yungas, 2500–3000 m.
Dept.: CO, LP.
Muestra: *M.A. Lewis 35189* (LPB, MO, US).

Tripogandra glandulosa (Seub.) Rohweder, Abh. Auslandsk., Reihe C, Naturwiss. 18: 156. 1956.
Sin.: *Tradescantia glandulosa* Seub., *Tradescantia radiata* C.B. Clarke, *Tradescantia pflanzii* G. Brückn., *Descantaria glandulosa* (Seub.) G. Brückn., *Descantaria pflanzii* G. Brückn., *Descantaria radiata* (C.B. Clarke) G. Brückn., *Tripogandra pflanzii* (G. Brückn.) Rohweder, *Tripogandra radiata* (C.B. Clarke) Bacigalupo
Ref.: Lemée (1955), Foster (1958), Handlos (1975).
Hierba. Nativa. Zonas Bajas. Sabanas Benianas del Sur, 0–500 m.
Dept.: BE, SC.
Muestra: *S.G. Beck 15095* (LPB, US).

Tripogandra multiflora (Sw.) Raf., Fl. Tellur. 2: 16. 1836 [1837].
Sin.: *Tradescantia multiflora* Sw., *Tradescantia multiflora* var. *parviflora* (Ruiz & Pav.) C.B. Clarke, *Tradescantia ionantha* Diels
Ref.: Foster (1958), Handlos (1975).
Hierba. Nativa. Zonas Bajas, Andes. Bosque Semideciduo Chiquitano, Yungas, 0–2500 m.
Dept.: LP.
Muestra: *R. Seidel 909* (BOLV, LPB, US).

Tripogandra purpurascens (S. Schauer) Handlos, Baileya 17: 33. 1970.
Sin.: *Tradescantia purpurascens* S. Schauer
Ref.: Handlos (1975).
Hierba. Nativa. Andes. Valles Secos, 2500–3000 m.
Dept.: TA.
Muestra: *E. Bastian 849* (LPB, SI, US, USZ).
Infra: *Tripogandra purpurascens* subsp. *australis* Handlos

Tripogandra serrulata (Vahl) Handlos, Baileya 17: 33. 1970.
Sin.: *Commelina serrulata* Vahl, *Tradescantia elongata* G. Mey., *Tradescantia cumanensis* Kunth, *Tripogandra cumanensis* (Kunth) Woodson, *Tripogandra elongata* (G. Mey.) Woodson
Ref.: Lemée (1955), Dodson & Gentry (1978), Hunt (1993).
Trepadora. Nativa. Andes. Yungas, 1000–1500 m.
Dept.: LP.
Muestra: *R. Seidel 773* (LPB, US).

CONNARACEAE R. Br., Narr. Exped. Zaire 431. 1818.

Por S. Arrázola (BOLV) y E. Forero (COL), revisado por S. G. Beck (LPB), M. Nee (NY), P. M. Jørgensen (MO).
2 géneros, 10 especies, 0 especies endémicas.

Connarus L., Sp. Pl. 2: 675. 1753.
6 especies, 0 especies endémicas.

Connarus martii G. Schellenb., Candollea 2: 116. 1925.
Sin.: *Rourea laxiflora* Rusby
Ref.: Foster (1958), Forero (1983), Arrázola Rivero (1993c).
Árbol. Nativa. Zonas Bajas. Bosque Húmedo, Sabanas Benianas del Sur, 0–500 m.
Dept.: BE.
Muestra: *E. Werdermann 2436* (LPB, MO).

Connarus perrottetii (DC.) Planch., Linnaea 23: 432. 1850.
Sin.: *Omphalobium perrottetii* DC., *Connarus angustifolius* (Radlk.) G. Schellenb.
Ref.: Arrázola Rivero (1993c).
Árbol. Nativa. Zonas Bajas. Bosque Húmedo, Sabanas Benianas del Sur, 0–500 m.
Dept.: BE, PA.
Muestra: *A. Jardim 895* (USZ).
Infra: *Connarus perrottetii* var. *angustifolius* Radlk.
Nom. Vern.: Tutumillo.

Connarus punctatus Planch., Linnaea 23: 432. 1850.
Sin.: *Omphalobium magicum* Mart. ex Baker, *Connarus penningtonii* Prance
Ref.: Parker & Bailey (1991).
Liana. Nativa. Zonas Bajas. Bosque Húmedo, Campos Cerrados, 0–500 m.
Dept.: BE, LP.
Muestra: *D.C. Daly et al. 2077* (MO).

Connarus ruber (Poepp. & Endl.) Planch., Linnaea 23: 436. 1850.
Sin.: *Omphalobium rubrum* Poepp. & Endl., *Connarus sprucei* Baker, *Connarus negrensis* Huber
Ref.: Forero (1983), Forero et al. (1983), Arrázola Rivero (1993c), Killeen & Schulenberg (1998).
Liana. Nativa. Zonas Bajas. Bosque Húmedo, Campos Cerrados, 0–1000 m.
Dept.: BE, LP, SC.
Muestra: *B.K. Boom 4510* (LPB, NY).
Infra: *Connarus ruber* var. *sprucei* (Baker) Forero
Nom. Vern.: Joxa jaxtahua.

Connarus suberosus Planch., Linnaea 23: 433. 1850.
Sin.: *Connarus fulvus* Planch.
Ref.: Foster (1958), Arrázola Rivero (1993c), Killeen & Schulenberg (1998), Wood et al. (2011).
Árbol. Nativa. Zonas Bajas. Campos Cerrados, Sabanas Benianas del Sur, 0–1000 m.
Dept.: BE, LP, SC.
Muestra: *T. Killeen 1452* (F, LPB, MO).

Connarus venezuelanus Baill., Adansonia 9: 151. 1868.
Ref.: Arrázola Rivero (1993).
Arbusto. Nativa. Zonas Bajas. Sabanas Benianas del Sur, 0–500 m.
Dept.: BE.
Muestra: *S.G. Beck 5291* (LPB, NY).
Infra: *Connarus venezuelanus* var. *orinocensis* Forero

Rourea Aubl., Hist. Pl. Guiane 1: 467, pl. 187. 1775.
4 especies, 0 especies endémicas.

Rourea amazonica (Baker) Radlk., Sitzungsber. Math.-Phys. Cl. Königl. Bayer. Akad. Wiss. München 16: 375, 377. 1886.
Sin.: *Rourea glabra* var. *amazonica* Baker, *Rourea amazonica* Huber
Ref.: Forero (1983), Arrázola Rivero (1993c).
Arbusto. Nativa. Zonas Bajas. Bosque Húmedo, Campos Amazónicos, 0–500 m.
Dept.: BE, LP, PA.
Muestra: *R. Haase 872* (COL, LPB).

Rourea camptoneura Radlk., Sitzungsber. Math.-Phys. Cl. Königl. Bayer. Akad. Wiss. München 16: 375. 1886.
Sin.: *Rourea glabra* var. *trifoliolata* Britton, *Rourea rectinervia* A.C. Sm.
Ref.: Foster (1958), Forero (1983), Arrázola Rivero (1993c).
Liana. Nativa. Zonas Bajas. Bosque Húmedo, 0–500 m.
Dept.: BE.
Muestra: *B.K. Boom 4034* (LPB, NY).

Rourea induta Planch., Linnaea 23: 417. 1850.
Ref.: Forero (1983).
Arbolito. Nativa. Zonas Bajas. Campos Cerrados, 0–1000 m.
Dept.: SC.
Muestra: *M. Garvizu & A.M. Carrión 209* (LPB, MO, USZ).
Infra: *Rourea induta* var. *reticulata* (Planch.) Baker

Rourea puberula Baker, Fl. Bras. 14(2): 178. 1871.
Sin.: *Santalodes puberulum* (Baker) Kuntze, *Connarus gilgianus* Pilg.
Ref.: Forero (1983), Arrázola Rivero (1993c).
Árbol. Nativa. Zonas Bajas. Bosque Húmedo, Campos Cerrados, 0–1000 m.
Dept.: BE, CO, PA, SC.
Muestra: *R. Guillén V. & S. Coria 1602* (MO, NY, USZ).
Nom. Vern.: Palo macho.

CONVOLVULACEAE Juss., Gen. Pl. 132. 1789.

Por J.R.I. Wood (OXF), R. Simão-Bianchini (SP) y A.F. Fuentes (LPB); revisado por M. Nee (NY), S.G. Beck (LPB), P.M. Jørgensen (MO).
18 géneros, 175 especies, 10 especies endémicas.

Aniseia Choisy, Mém. Soc. Phys. Genève 6(2): 481–482. 1834.
2 especies, 0 especies endémicas.

Aniseia cernua Moric., Pl. Nouv. Amer. 56–58, t. 38. 1837.
Ref.: Killeen & Schulenberg (1998).
Hierba, trepadora. Nativa. Zonas Bajas. Bosque Húmedo, Sabanas Benianas del Sur, Campos Amazónicos, 0–500 m.
Dept.: BE, LP, SC.
Muestra: *S.G. Beck et al. 10205* (CTES, FAU, LPB, NY, US).

Aniseia martinicensis (Jacq.) Choisy, Mém. Soc. Phys. Genève 8(1): 66. 1838 [1837].
Sin.: *Convolvulus martinicensis* Jacq.
Ref.: Killeen & Schulenberg (1998), Wood et al. (2011).
Trepadora. Nativa. Zonas Bajas. Bosque Semideciduo Chiquitano, Campos Cerrados, Sabanas Benianas del Sur, 0–1000 m.
Dept.: BE, SC.
Muestra: *N.P. Ritter et al. 3521* (MO, NHA, USZ).
Nom. Vern.: Bejuquillo leche leche.

Bonamia Thouars, Hist. Vég. Îles France 33–34, t. 8. 1804.
7 especies, 3 especies endémicas.

Bonamia agrostopolis (Vell.) Hallier f., Bot. Jahrb. Syst. 16(4–5): 529, 563. 1893.
Sin.: *Convolvulus agrostopolis* Vell., *Bonamia burchellii* (Choisy) Hallier f., *Bonamia tomentosa* Hassl.
Ref.: Wood (2013a).
Liana. Nativa. Zonas Bajas, Andes. Bosque Húmedo, Bosque Serrano Chaqueño, 0–1500 m.
Dept.: CH, SC.
Muestra: *M.H. Nee 45380* (LPB, MO, NY, USZ).

Bonamia balansae Hallier f., Bot. Jahrb. Syst. 16(4): 512. 1893.
Ref.: Wood (2013a).
Liana. Nativa. Zonas Bajas. Bosque Seco Chaqueño, 0–500 m.
Dept.: SC.
Muestra: *J.R.I. Wood et al. 26550* (K, LPB, UB, USZ).

Bonamia boliviana O'Donell, Lilloa 23: 458. 1950.
Ref.: O'Donell (1950), Foster (1958), Wood (2013a).
Liana. Endémica. Zonas Bajas. Bosque Seco Chaqueño, 0–500 m.
Dept.: SC.
Tipo y muestra: *I. Peredo s.n.* (HT: LIL; IT: F, K, LL, NY, S, U, US, W), *M.H. Nee 46712* (CTES, LPB, MO, NY).

Bonamia cerradoensis J.R.I. Wood, Kew Bull. 68: 256. 2013.
Trepadora, subarbusto. Nativa. Zonas Bajas. Campos Cerrados, 0–500 m.
Dept.: SC.
Tipo y muestra: *J.R.I. Wood et al. 13125* (HT: K; IT: LPB, USZ), *M. Dematteis et al. 2151* (CTES, K).

Bonamia riograndina J.R.I. Wood, Kew Bull. 68: 251. 2013.
Subarbusto. Endémica. Zonas Bajas, Andes. Valles Secos, 500–1500 m.
Dept.: CH, CO, SC.
Tipo y muestra: *J.R.I. Wood et al. 19603* (HT: K; IT: BOLV, HSB, LPB), *G.A. Parada et al. 2840* (MO, USZ).

Bonamia rosiewiseae J.R.I. Wood, Kew Bull. 68: 250. 2013.
Subarbusto. Endémica. Zonas Bajas. Campos Cerrados, 500–1000 m.
Dept.: SC.
Tipo y muestra: *J.R.I. Wood et al. 23584* (HT: K; IT: LPB, UB, USZ), *J.R.I. Wood & S. Landívar 17568* (K, LPB, USZ).

Bonamia subsessilis Hassl., Repert. Spec. Nov. Regni Veg. 9: 149. 1911.
Ref.: Wood (2013a).
Liana. Nativa. Zonas Bajas. Bosque Semideciduo Chiquitano, 0–500 m.
Dept.: SC.
Muestra: *J.R.I. Wood et al. 27290* (K, LPB, UB, USZ).

Calycobolus Willd. ex Roem. & Schult., Syst. Veg. (ed. 15 bis) 5: II, 4. 1819.
1 especie, 0 especies endémicas.

Calycobolus glaber (Kunth) House, Bull. Torrey Bot. Club 34: 145. 1907.
Sin.: *Dufourea glabra* Kunth
Trepadora. Nativa. Zonas Bajas. Bosque Húmedo, 0–500 m.
Dept.: BE, PA.
Muestra: *A. Jardim 2355* (ARIZ, FAU, LPB, MO, USZ).

Convolvulus L., Sp. Pl. 1: 153. 1753.
6 especies, 0 especies endémicas.

Convolvulus arvensis L., Sp. Pl. 1: 153. 1753.
Ref.: O'Donell (1959a).
Hierba, trepadora. Adventicia. Andes. Valles Secos, 2500–4000 m.
Dept.: CO, LP, OR, PO, TA.
Muestra: *M. Cárdenas 59* (GH).

[Convolvulus bonariensis Cav.], Icon. 5: 54, t. 480, f. 2. 1799.
Ref.: Foster (1958), Serrano & Terán (1998 [2000]).
Nota: El registro se basa en material mal identificado de *C. crenatifolius*.

Convolvulus crenatifolius Ruiz & Pav., Fl. Peruv. 2: 10, t. 118, f. a. 1799.
Ref.: Foster (1958), Serrano & Terán (1998 [2000]).
Hierba, trepadora. Nativa. Andes. Yungas, Valles Secos, 1500–3000 m.
Dept.: CH, CO, LP, TA.
Muestra: *J.R.I. Wood 17714* (K, LPB).

Convolvulus hermanniae L'Hér., Stirp. Nov. 4: 67, t. 33. 1784.
Ref.: O'Donell (1959a), Buck (1979), Bravo et al. (1983), López Vargas (1995).
Hierba, trepadora. Nativa. Andes. Valles Secos, 2000–3000 m.
Dept.: CH, CO, LP, PO, TA.
Muestra: *M. Bang 990* (BM, GH, LPB, MO).
Nota: La forma más común tiene ovario pubescente, aunque la forma típica tiene ovario glabro.

Convolvulus laciniatus Desr., Encycl. 3: 546. 1789.
Ref.: O'Donell (1959a), Buck (1979), Bravo et al. (1983).
Hierba. Nativa. Andes. Valles Secos, 2000–4000 m.
Dept.: CH, CO, LP, PO, TA.
Muestra: *J.R.I. Wood et al. 22627* (BOLV, K, LPB).

Convolvulus montanus Ooststr., Recueil Trav. Bot. Néerl. 30: 199, f. 1. 1933.
Hierba. Nativa. Andes. Valles Secos, 3000–3500 m.
Dept.: LP.
Muestra: *P. Gutte 141* (LPB, LZ).

Convolvulus montevidensis Spreng., Syst. Veg. 1: 604. 1825 [1824].
Sin.: *Convolvulus ottonis* Meisn.
Ref.: Foster (1958).
Hierba. Nativa. Zonas Bajas. Bosque Semideciduo Chiquitano, 0–500 m.
Dept.: SC.
Muestra: *A.F. Fuentes 1038* (MO, USZ).

Cressa L., Sp. Pl. 1: 223. 1753.
1 especie, 0 especies endémicas.

Cressa truxillensis Kunth, Nov. Gen. Sp. (quarto ed.) 3: 119. 1818 [1819].
Hierba, trepadora. Nativa. Zonas Bajas, Andes. Bosque Húmedo, Valles Secos, 500–1000, 2000–2500 m.
Dept.: CO.
Muestra: *R.F. Steinbach 725* (MO).

Cuscuta L., Sp. Pl. 1: 124. 1753.
11 especies, 1 especie endémica.

Cuscuta acutiloba Engelm., Trans. Acad. Sci. St. Louis 1: 478. 1859.
Ref.: Yuncker (1932), Foster (1958).
Hierba, parásita. Nativa. Andes. Valles Secos, 2500–3000 m.
Dept.: LP, SC.
Muestra: *G. Mandon 1481* (B, K, P).

Cuscuta boliviana Yunck., Amer. J. Bot. 9(10): 565. 1922.
Ref.: Yuncker (1922), Yuncker (1932), Hunziker (1949 [1950]), Foster (1958).
Hierba, parásita. Nativa. Andes. Valles Secos, 2000–2500, 3000–3500 m.
Dept.: CO, TA.
Tipo y muestra: *K. Fiebrig 2523* (HT: NY frag; IT: F, G, LIL, NY frag, S, SI, U), *K. Fiebrig 2521* (A, E, GH, GOET, HBG, K, NY, P, W).

Cuscuta corymbosa Ruiz & Pav., Fl. Peruv. 1: 69. 1798.
Sin.: *Cuscuta popayanensis* Kunth
Parásita. Nativa. Andes. Valles Secos, 3000–3500 m.
Dept.: LP.
Muestra: *M. Bang 123* (MO, NY, US).
Infra: *Cuscuta corymbosa* var. *grandiflora* Engelm.

Cuscuta globiflora Engelm., Trans. Acad. Sci. St. Louis 1(3): 520. 1859.
Ref.: Yuncker (1932), Hunziker (1949 [1950]).
Parásita. Nativa. Andes. Valles Secos, 2500–4000 m.
Dept.: CO, LP.
Muestra: *J.C. Solomon 7400* (ARIZ, FAU, LPB, MO, SP, WLU).

Cuscuta grandiflora Kunth, Nov. Gen. Sp. (quarto ed.) 3: 123, t. 213. 1818 [1819].
Ref.: Yuncker (1932), Foster (1958), Austin (1982), López Vargas (1995), Saravia Miranda (1996).
Trepadora, parásita. Nativa. Andes. Bosque Tucumano-Boliviano, Páramo Yungueño, Valles Secos, 2000–4000 m.
Dept.: CO, LP, TA.
Muestra: *J.L. Luteyn & L.J. Dorr 13789* (LPB, NY, SP, USZ).
Nom. Vern.: Layu layu.

Cuscuta insquamata Yunck., Amer. J. Bot. 10: 12, t. 5, f. 30a–d. 1923.
Ref.: Yuncker (1922), Yuncker (1932), Foster (1958).
Parásita. Endémica. Andes. Valles Secos, 2500–3000 m.
Dept.: TA.
Tipo: *K. Fiebrig 3045* (HT: NY frag.).
Nota: Conocida solamente del tipo.

Cuscuta obtusiflora Kunth, Nov. Gen. Sp. (quarto ed.) 3: 122. 1818 [1819].
Sin.: *Cuscuta pentagona* Engelm., *Cuscuta stuckertii* Yunck.
Ref.: Múlgura de Romero (1979), Austin (1982).
Nota: Esperada.

Cuscuta odorata Ruiz & Pav., Fl. Peruv. 1: 69, t. 105, f. a. 1798.
Sin.: *Cuscuta fragrans* Rusby
Ref.: Yuncker (1932), Foster (1958), Austin (1982), Schulenberg & Awbrey (1997), Serrano & Terán (1998 [2000]).
Parásita. Nativa. Andes. Valles Secos, 1500–2000, 2500–3500 m.
Dept.: CO, LP.
Muestra: *J.C. Solomon 18265* (LPB, MO).
Infra: *Cuscuta odorata* var. *holwayana* Yunck.
Nota: Los registros de CH requieren confirmación.

Cuscuta parodiana Yunck., Mem. Torrey Bot. Club 18(2): 190. 1932.
Ref.: Yuncker (1932), Hunziker (1949 [1950]).
Parásita. Nativa. Andes. Bosque Tucumano-Boliviano, 1000–2000 m.
Dept.: TA.
Muestra: *J.C. Solomon 11155* (ARIZ, FAU, LPB, MO, SP).

Cuscuta partita Choisy, Mém. Soc. Phys. Genève 9: 284, t. 5, f. 3. 1841–1842.
Ref.: Yuncker (1932), Foster (1958).
Parásita. Nativa. Zonas Bajas. Bosque Semideciduo Chiquitano, Campos Cerrados, 0–1000 m.
Dept.: SC.
Muestra: *H.A. Weddell 3611* (MO).

Cuscuta platyloba Progel, Fl. Bras. 7: 381, f. 2, pl. 127. 1871.
Ref.: Yuncker (1922), Yuncker (1932), Hunziker (1949 [1950]), Foster (1958), Múlgura de Romero (1979).
Parásita. Nativa. Zonas Bajas. Campos Cerrados, 0–500 m.
Dept.: SC.
Muestra: *J. Steinbach 1469* (LIL).

Cuscuta rojasii Hunziker, Darwiniana 7: 323. 1947.
Ref.: Foster (1958).
Parásita. Nativa. Zonas Bajas. Bosque Seco Chaqueño, 0–500 m.
Dept.: SC.
Muestra: *T. Peredo 47* (MO).

Dichondra J.R. Forst. & G. Forst., Char. Gen. Pl. (ed. 2) 39–40, pl. 20. 1775.
4 especies, 0 especies endémicas.

Dichondra argentea Humb. & Bonpl. ex Willd., Enum. Pl. 2(7): 81, pl. 81. 1806.
Ref.: Foster (1958), Adolfo María (1966), Austin (1982), López Vargas (1995), Serrano & Terán (1998 [2000]).

Hierba. Nativa. Andes. Valles Secos, 2000–4000 m.
Dept.: CH, CO, LP, PO, SC, TA.
Muestra: *J.C. Solomon 7202* (MO).
Nota: Citada como *D. argentea* Willd. en Serrano & Terán (2000).

Dichondra macrocalyx Meisn., Fl. Bras. 7: 358. 1869.
Sin.: *Dichondra repens* var. *macrocalyx* (Meisn.) Hoehne
Ref.: Buck (1979), Austin (1982), Austin & Costea (2008).
Hierba. Nativa. Andes. Yungas, 1500–2500 m.
Dept.: CO, LP.
Muestra: *J.R.I. Wood 18582* (K, LPB).

Dichondra microcalyx (Hallier f.) Fabris, Fl. Prov. Buenos Aires 5a: 74. 1965.
Sin.: *Dichondra repens* var. *microcalyx* Hallier f.
Ref.: Foster (1958), Austin (1982), López Vargas (1995), Saravia Miranda (1996).
Hierba. Nativa. Andes. Valles Secos, 1500–2000, 3000–4000 m.
Dept.: CO, LP, TA.
Muestra: *J.C. Solomon 7203* (LPB, MO).
Nom. Vern.: Orgo latita.

Dichondra sericea Sw., Prodr. 54. 1788.
Ref.: Buck (1979), Austin (1982), López (2000), Serrano & Terán (1998 [2000]), Arroyo Padilla & Villarroel Segarra (2009).
Hierba. Nativa. Andes. Valles Secos, 1000–3500 m.
Dept.: CH, LP, PO, SC, TA.
Muestra: *J.R.I. Wood 8611* (K, LPB).

Dicranostyles Benth., London J. Bot. 5: 355. 1846.
3 especies, 0 especies endémicas.

Dicranostyles ampla Ducke, Notizbl. Bot. Gart. Berlin–Dahlem 11(107): 590. 1932.
Sin.: *Dicranostyles boliviensis* Ducke, *Dicranostyles bolivana* Mennega
Ref.: Austin (1973).
Liana. Nativa. Zonas Bajas. Bosque Húmedo, 0–1000 m.
Dept.: LP, PA, SC.
Muestra: *T. Killeen & A. Pérez 6675* (LPB, MO, SP, USZ).

Dicranostyles mildbraediana Pilg., Notizbl. Bot. Gart. Berlin–Dahlem 11: 1150. 1927.
Sin.: *Kuhlmanniella mildbraediana* (Pilg.) Barroso
Ref.: Austin (1973), Fuentes Claros et al. (2009).
Liana. Nativa. Zonas Bajas, Andes. Bosque Húmedo, Yungas, 0–1500 m.
Dept.: LP, SC.
Muestra: *M.H. Nee 38892* (LPB, MO, NY).

Dicranostyles scandens Benth., London J. Bot. 5: 355. 1846.
Sin.: *Lysiostyles epiphytica* Pittier
Ref.: Austin (1973).
Liana. Nativa. Zonas Bajas. Bosque Húmedo, 0–500 m.
Dept.: BE, SC.
Muestra: *M.H. Nee 38778* (LPB, MO, NY).

Evolvulus L., Sp. Pl. (ed. 2) 1: 391. 1762.
23 especies, 1 especie endémica.

Evolvulus alopecuroides Mart., Flora 24 (Beibl. 2): 96. 1841.
Hierba. Nativa. Zonas Bajas. Campos Cerrados, 0–500 m.
Dept.: SC.
Muestra: *J.R.I. Wood et al. 24495* (K, LPB, UB, USZ).

Evolvulus alsinoides (L.) L., Sp. Pl. (ed. 2) 1: 392. 1762.
Sin.: *Evolvulus debilis* Kunth
Ref.: Ooststroom (1934), Foster (1958).
Hierba. Nativa. Zonas Bajas, Andes. Bosque Semideciduo Chiquitano, Sabanas Benianas del Sur, Yungas, Valles Secos, 0–2000, 2500–3000 m.
Dept.: BE, CH, CO, LP, SC.
Muestra: *J.R.I. Wood et al. 19276* (BOLV, K, LPB).
Infra: *Evolvulus alsinoides* var. *debilis* (Kunth) Ooststr.

Evolvulus argyreus Choisy, Mém. Soc. Phys. Genève 8: 75. 1837.
Sin.: *Cressa sericea* Willd. ex Roem. & Schult.
Ref.: Ooststroom (1934), Foster (1958), Serrano & Terán (1998 [2000]).
Subarbusto. Nativa. Andes. Valles Secos, 2000–3000 m.
Dept.: LP.
Muestra: *J.R.I. Wood 11806* (K, LPB).
Nota: Registro basado en Ooststroom (1934). Solamente conocido con certeza de LP, registros provenientes de otros departamentos se consideran dudosos.

Evolvulus arizonicus A. Gray, Syn. Fl. N. Amer. 2(1): 218. 1878.
Ref.: De la Barra (1997), Serrano & Terán (1998 [2000]).
Hierba. Nativa. Zonas Bajas, Andes. Bosque Seco Chaqueño, Valles Secos, 0–500, 2500–3000 m.
Dept.: CH, CO, TA.
Muestra: *N. de la Barra 310* (BOLV).
Nota: Cercanamente relacionado a *E. alsinoides* y *E. tenuis*.

Evolvulus boliviensis Ooststr., Meded. Bot. Mus. Herb. Rijks Univ. Utrecht 14: 83. 1934.
Ref.: Ooststroom (1934).
Hierba. Endémica. Andes. Valles Secos, 1500–3000 m.
Dept.: CO, LP.
Tipo: *O. Kuntze s.n.* (HT: US; IT: B, NY).
Nota: Conocida solamente del tipo. Cercanamente relacionada a *E. alsinoides* y tal vez una forma de esa especie.

Evolvulus convolvuloides (Willd. ex Schult.) Stearn, Taxon 21(5–6): 649. 1972.
Sin.: *Nama convolvuloides* Willd. ex Schult., *Evolvulus glaber* Spreng., *Evolvulus mucronatus* Sw. ex Wikstr., *Evolvulus glabriusculus* Choisy, *Evolvulus karstenii* Peter, *Evolvulus campestris* Brandegee
Ref.: Ooststroom (1934), Foster (1958).
Hierba. Nativa. Zonas Bajas. Bosque Húmedo, Bosque Seco Chaqueño, 0–1000 m.
Dept.: SC.
Muestra: *M.H. Nee 40853* (LPB, MO, NY).

Evolvulus corumbaensis Hoehne, Anexos Mem. Inst. Butantan, Secc. Bot. 1(6): 38, t. 1. 1922.
Ref.: Ooststroom (1934), Foster (1958).
Subarbusto. Nativa. Andes. Valles Secos, 1500–2000 m.
Dept.: CO, SC.
Muestra: *J.R.I. Wood 17773* (K, LPB).

Evolvulus cressoides Mart., Flora 24(2): 100. 1841.
Hierba. Nativa. Zonas Bajas. Campos Cerrados, 500–1000 m.
Dept.: SC.
Muestra: *E. Gutiérrez C. et al. 1419* (ARIZ, FAU, K, LPB, MO, SP, USZ).

Evolvulus elegans Moric., Pl. Nouv. Amer. 53, t. 36. 1838.
Ref.: Ooststroom (1934), Foster (1958).
Subarbusto. Nativa. Zonas Bajas. Bosque Semideciduo Chiquitano, 0–1000 m.
Dept.: SC.
Muestra: *J.R.I. Wood & D. Villarroel 26908* (K, LPB, UB, USZ).
Nota: Crece generalmente sobre lajas.

Evolvulus filipes Mart., Flora 24(2, Beibl.): 100. 1841.
Hierba. Nativa. Zonas Bajas, Andes.

Campos Cerrados, Valles Secos, 0–2000 m.
Dept.: BE, CH, CO, SC.
Muestra: *J.R.I. Wood et al. 25651* (K, LPB, UB, USZ).
Nota: Crece generalmente sobre lajas.

Evolvulus frankenioides Moric., Pl. Nouv. Amer. 49, t. 33. 1838.
Ref.: Ooststroom (1934), Foster (1958), Serrano & Terán (1998 [2000]).
Hierba. Nativa. Andes. Valles Secos, 1000–3000 m.
Dept.: CH, CO, SC, TA.
Muestra: *J.R.I. Wood et al. 24052* (K, LPB, UB, USZ).
Infra: *Evolvulus frankenioides* var. *glabrescens* Meisn., *Evolvulus frankenioides* var. *subglaber* Ooststr.

Evolvulus glomeratus Nees & C. Mart., Nov. Actorum Acad. Caes. Leop.-Carol. Nat. Cur. 11(1): 81. 1823.
Sin.: *Evolvulus capitatus* Nees & Mart.
Ref.: Ooststroom (1934), López Vargas (1995), Saravia Miranda (1996), Killeen & Schulenberg (1998), Wood et al. (2011).
Subarbusto. Nativa. Zonas Bajas, Andes. Campos Cerrados, Valles Secos, 0–500, 1500–2500 m.
Dept.: CH, CO, SC.
Muestra: *J.R.I. Wood & J.M. Mendoza 19168* (BOLV, K, LPB).
Infra: *Evolvulus glomeratus* fo. *echioides* (Moric.) Ooststr., *Evolvulus glomeratus* subsp. *grandiflorus* (Parodi) Ooststr.

Evolvulus helianthemoides Meisn., Fl. Bras. 7: 345. 1869.
Hierba. Nativa. Andes. Páramo Yungueño, 2500–3000 m.
Dept.: LP.
Muestra: *J.R.I. Wood et al. 18982* (BOLV, K, LPB).

Evolvulus holosericeus Kunth, Nov. Gen. Sp. (quarto ed.) 3: 116. 1818 [1819].
Sin.: *Evolvulus cuspidatus* Kunth, *Evolvulus distichophyllus* Mart., *Evolvulus araucanus* Phil.
Ref.: Ooststroom (1934).
Subarbusto. Nativa. Zonas Bajas, Andes. Bosque Húmedo, Yungas, Valles Secos, 0–500, 1000–2000, 3000–3500 m.
Dept.: CO, LP.
Muestra: *O. Buchtien 4461* (GH, MO).
Nota: Registro basado en Ooststroom (1934).

Evolvulus incanus Pers., Syn. Pl. 1: 288. 1805.
Hierba. Nativa. Zonas Bajas. Bosque Semideciduo Chiquitano, 0–500 m.
Dept.: CO, SC.
Muestra: *V.G. Solís Neffa et al. 1317* (CTES, LPB, SP).
Nota: Cercanamente relacionado a *E. sericeus*.

Evolvulus lagopodioides Meisn., Fl. Bras. 7: 333. 1869.
Ref.: Killeen & Schulenberg (1998).
Hierba. Nativa. Zonas Bajas. Campos Cerrados, 500–1000 m.
Dept.: SC.
Muestra: *L. Arroyo P. & E. Guzmán 1318* (USZ).
Nota: Identificación tentativa.

Evolvulus latifolius Ker Gawl., Bot. Reg. 5: t. 401. 1819.
Ref.: Schulenberg & Awbrey (1997), Serrano & Terán (1998 [2000]).
Subarbusto. Nativa. Zonas Bajas. Bosque Semideciduo Chiquitano, Campos Cerrados, Sabanas Benianas del Norte, 0–500 m.
Dept.: BE, CH, SC.
Muestra: *J.R.I. Wood et al. 22763* (K, LPB, USZ).
Nota: Cercanamente relacionada a *E. cardiophyllus* Schltdl., especímenes de Bolivia det. como *E. cardiophyllus* son identificaciones erróneas de *E. latifolius*.

Evolvulus linoides Moric., Pl. Nouv. Amer. 139, t. 83. 1844.
Ref.: Ooststroom (1934), Foster (1958).
Subarbusto. Nativa. Zonas Bajas. Bosque Húmedo, Bosque Seco Chaqueño, 0–1000 m.
Dept.: CH, SC.
Muestra: *J.R.I. Wood 10661* (K, LPB).

Evolvulus nummularius (L.) L., Sp. Pl. (ed. 2) 1: 391. 1762.
Sin.: *Convolvulus nummularius* L., *Evolvulus veronicaeifolius* Kunth, *Evolvulus reniformis* Salzm. ex Choisy, *Evolvulus dichondroides* Oliv.
Ref.: Ooststroom (1934), Foster (1958), López (2000).
Hierba. Nativa. Zonas Bajas, Andes. Bosque Húmedo, Bosque Semideciduo Chiquitano, Bosque Seco Chaqueño, Sabanas Benianas del Sur, Valles Secos, 0–3500 m.
Dept.: BE, SC, TA.
Muestra: *J.R.I. Wood et al. 19678* (K, LPB, USZ).
Nota: Registro basado en Ooststroom (1934). Citado como *E.* cf. *nummularis* en López (2000).

Evolvulus pterocaulon Moric., Pl. Nouv. Amer. 140, t. 84. 1844.
Ref.: Ooststroom (1934), Foster (1958), Wood et al. (2011).
Subarbusto. Nativa. Zonas Bajas. Campos Cerrados, 0–1000 m.
Dept.: SC.
Muestra: *J.R.I. Wood et al. 25825* (K, LPB, UB, USZ).

Evolvulus pterogophyllus Mart., Flora 24(Beibl. 2): 96. 1841.
Ref.: Killeen & Schulenberg (1998).
Subarbusto. Nativa. Zonas Bajas. Campos Cerrados, 500–1000 m.
Dept.: SC.
Muestra: *J.R.I. Wood et al. 26771* (K, LPB, UB, USZ).
Nota: Identificación tentativa. Cercanamente relacionado a *E. lagopodioides* y *E. pterocaulon*.

Evolvulus sericeus Sw., Prodr. 55. 1788.
Sin.: *Evolvulus virgatus* Willd. ex Roem. & Schult., *Evolvulus anomalus* Meisn.
Ref.: Ooststroom (1934), Foster (1958), López Vargas (1995), Saravia Miranda (1996), De la Barra (1997), López (2000), Serrano & Terán (1998 [2000]), Wood et al. (2011).
Hierba. Nativa. Zonas Bajas, Andes. Bosque Húmedo, Bosque Tucumano-Boliviano, Valles Secos, 0–500, 1000–3000, 3500–4000 m.
Dept.: BE, CH, CO, LP, SC, TA.
Muestra: *J.R.I. Wood 7654* (K, LPB).

Evolvulus tenuis Mart. ex Choisy, Mém. Soc. Phys. Genève 8(1): 78. 1838 [1837].
Sin.: *Evolvulus longifolius* Choisy, *Evolvulus tenuis* var. *obtusatus* Meisn., *Evolvulus bocasanus* Britton, *Evolvulus columbianus* var. *incanus* Hallier f.
Ref.: Ooststroom (1934), Foster (1958).
Subarbusto. Nativa. Zonas Bajas, Andes. Bosque Húmedo, Bosque Semideciduo Chiquitano, Valles Secos, 0–2000 m.
Dept.: CO, LP, SC.
Muestra: *J.R.I. Wood & R.M. Harley 18160* (K, LPB, SP).
Infra: *Evolvulus tenuis* subsp. *longifolius* (Choisy) Ooststr.

[Evolvulus villosus Ruiz & Pav.], Fl. Peruv. 3: 30, t. 253, f. B. 1802.
Ref.: López Vargas (1995), Saravia Miranda (1996).
Nota: El registro se basa en material mal identificado. *E. villosus* es una especie del Perú y su ocurrencia en Bolivia parece improbable.

Ipomoea L., Sp. Pl. 1: 159. 1753.
81 especies, 4 especies endémicas.

Ipomoea alba L., Sp. Pl. 1: 161. 1753.
Sin.: *Convolvulus aculeatus* L., *Calonyction aculeatum* (L.) House
Ref.: Foster (1958), Moraes R. (1990), González et al. (1999).
Liana. Naturalizada, cultivada. Zonas Bajas. Bosque Húmedo, Bosque Semideciduo Chiquitano, 0–1000 m.
Dept.: BE, CO, LP, PA, SC, TA.
Muestra: *I. Guareco 531* (CTES, LPB, SP).
Nota: Posiblemente nativa. Citada como *I. alba* vel sp. aff. en Moraes (1990).

Ipomoea amnicola Morong, Ann. New York Acad. Sci. 7: 170. 1892.
Ref.: O'Donell (1959a), Bravo et al. (1983), Austin & Huamán (1996), Serrano & Terán (1998 [2000]), Wood et al. (2011).
Hierba, trepadora. Nativa. Zonas Bajas, Andes. Bosque Seco Chaqueño, Valles Secos, 0–2000 m.
Dept.: CH, CO, LP, PO, SC, TA.
Muestra: *M. Kessler 3858* (LPB, SP).

Ipomoea anisomeres B.L. Rob. & Bartlett, Proc. Amer. Acad. Arts 43(2): 57. 1908 [1907].
Ref.: Austin & Huamán (1996).
Hierba. Nativa. Zonas Bajas. Bosque Húmedo, 0–500 m.
Dept.: BE, LP, PA, SC.
Muestra: *G.A. Parada et al. 1537* (MO, OXF, USZ).
Nota: Esta especie es cercanamente relacionada a *I. squamosa* y faltan semillas para confirmar su presencia en Bolivia.

Ipomoea aprica House, Ann. New York Acad. Sci. 18: 243. 1908.
Subarbusto. Nativa. Zonas Bajas. Campos Cerrados, 500–1000 m.
Dept.: SC.
Muestra: *Y. Uslar et al. 657* (USZ).

Ipomoea argentea Meisn., Fl. Bras. 7: 247. 1869.
Sin.: *Batatas villosa* Choisy, *Ipomoea villosa* (Choisy) Meisn., *Ipomoea comosa* House
Ref.: Wood et al. (2011).
Subarbusto. Nativa. Zonas Bajas. Campos Cerrados, 0–1000 m.
Dept.: SC.
Muestra: *A. Rodríguez 578* (ARIZ, FAU, LPB, MO, NY, SP, USZ).

Ipomoea argentinica Peter, Nat. Pflanzenfam. 4(3a): 30. 1891.
Ref.: Killeen & Schulenberg (1998).
Liana. Nativa. Zonas Bajas. Bosque Semideciduo Chiquitano, Bosque Seco Chaqueño, Campos Cerrados, 0–500 m.
Dept.: SC, TA.
Muestra: *M.H. Nee 49033* (CTES, LPB, MO, NY, USZ).
Nota: Posiblemente conespecífica con *I. sericophylla*. Sin embargo se incluyen, bajo este nombre, varias formas distintas a la especie que se encuentra en Bolivia.

Ipomoea aristolochiifolia G. Don, Gen. Hist. 4: 277. 1838.
Ref.: O'Donell (1959b), López (2000).
Hierba, trepadora. Nativa. Zonas Bajas, Andes. Bosque Húmedo, Sabanas Benianas del Sur, Yungas, Bosque Serrano Chaqueño, Valles Secos, 0–2500 m.
Dept.: BE, CH, LP, SC, TA.
Muestra: *J.C. Solomon 13130* (LPB, MO).
Nota: Citada como *I.* cf. *aristolochiifolia* en López (2000).

Ipomoea asarifolia (Desr.) Roem. & Schult., Syst. Veg. (ed. 15 bis) 4: 251. 1819.
Sin.: *Convolvulus asarifolius* Desr.
Ref.: Wood et al. (2011).
Hierba. Nativa. Zonas Bajas. Campos Cerrados, Sabanas Benianas del Sur, Campos Amazónicos, 0–500 m.
Dept.: BE, SC.
Muestra: *S.G. Beck 15240* (LPB, M, NY).
Nota: Identificación dudosa.

Ipomoea bahiensis Willd. ex Roem. & Schult., Syst. Veg. (ed. 15 bis) 4: 789. 1819.
Hierba, trepadora. Nativa. Zonas Bajas. Bosque Semideciduo Chiquitano, 0–1000 m.
Dept.: SC.
Muestra: *J.R.I. Wood et al. 27877* (K, LPB, USZ).

Ipomoea batatas (L.) Lam., Tabl. Encycl. 1: 465. 1793.
Sin.: *Convolvulus batatas* L.
Ref.: Foster (1958), López Vargas (1995).
Hierba. Cultivada. Zonas Bajas, Andes. Bosque Húmedo, Sabanas Benianas del Sur, Campos Amazónicos, Yungas, Bosque Serrano Chaqueño, Páramo Yungueño, 0–2000 m.
Dept.: BE, CO, LP, SC.
Muestra: *S.G. Beck 3688* (CTES, CUZ, FAU, LPB, MO, USZ).
Nota: Citada como *I. batatas* (L.) Poir. en Foster (1958).

Ipomoea batatoides Choisy, Mém. Soc. Phys. Genève 8(1): 58–59. 1838 [1837].
Sin.: *Ipomoea pseudomina* K. Schum.
Ref.: Foster (1958), Austin & Huamán (1996).
Liana. Nativa. Zonas Bajas, Andes. Bosque Húmedo, Yungas, 0–1500 m.
Dept.: CO, LP, SC.
Muestra: *J.R.I. Wood et al. 26095* (K, KL, USZ).

Ipomoea bonariensis Hook., Bot. Mag. 65: t. 3665. 1839.
Liana. Nativa. Zonas Bajas. Bosque Húmedo, Bosque Semideciduo Chiquitano, Bosque Seco Chaqueño, Campos Cerrados, 0–1000 m.
Dept.: SC.
Muestra: *A.F. Fuentes & G. Navarro 2338* (BOLV, LPB, MO, USZ).

Ipomoea cairica (L.) Sweet, Hort. Brit. 2: 287. 1826.
Sin.: *Convolvulus cairicus* L.
Trepadora. Nativa. Zonas Bajas, Andes. Bosque Húmedo, Bosque Seco Chaqueño, Valles Secos, 0–1000 m.
Dept.: CO, LP, SC, TA.
Muestra: *L. Cayola et al. 975* (ARIZ, LPB, MO, USZ).

Ipomoea caloneura Meisn., Fl. Bras. 7: 281. 1869.
Trepadora. Nativa. Zonas Bajas. Campos Cerrados, 0–500 m.
Dept.: SC.
Muestra: *J. Guillén et al. 311* (FAU, LPB, MO, USZ).

Ipomoea calyptrata Dammer, Bot. Jahrb. Syst. 23(57): 40. 1897.
Liana. Nativa. Andes. Valles Secos, 1500–2000 m.
Dept.: CH, SC.
Muestra: *J. Balcázar S. 354* (FHO, K, LPB, MO, USZ).
Nota: Difiere del tipo por tener pedúnculos largos y sépalos más grandes.

Ipomoea cardenasiana O'Donell, Dusenia 1: 375, t. 1950.
Trepadora. Nativa. Zonas Bajas. Bosque Semideciduo Chiquitano, 0–500 m.
Dept.: SC.
Muestra: *J.R.I. Wood & D. Villarroel 25902* (K, LPB, USZ).
Nota: Endémica a la zona de Puerto Suárez-Corumbá.

Ipomoea carnea Jacq., Enum. Syst. Pl. 13. 1760.
Sin.: *Ipomoea fistulosa* Mart. ex Choisy
Ref.: Foster (1958), Austin & Huamán

(1996), Killeen & Schulenberg (1998), Serrano & Terán (1998 [2000]).
Arbusto. Nativa, cultivada. Zonas Bajas. Bosque Húmedo, Bosque Semideciduo Chiquitano, Bosque Seco Chaqueño, Campos Cerrados, Sabanas Benianas del Sur, Campos Amazónicos, Yungas, 0–1000 m.
Dept.: BE, CH, CO, LP, SC.
Muestra: *M.H. Nee 41526* (LPB, MO, NY, USZ).
Infra: *Ipomoea carnea* subsp. *fistulosa* (Mart. ex Choisy) D.F. Austin
Nota: Una especie cultivada con una amplia distribución en Bolivia. Es nativa en lugares pantanosos de Campos Cerrados, del Chaco y de las Sabanas del Sur de Beni.
Nom. Vern.: Tararaqui.

Ipomoea cheirophylla O'Donell, Lilloa 29: 141. 1959.
Ref.: Serrano & Terán (1998 [2000]).
Trepadora. Nativa. Zonas Bajas, Andes. Campos Cerrados, Valles Secos, 0–2500 m.
Dept.: CH, CO, SC, TA.
Muestra: *J.R.I. Wood 21548* (HSB, K, LPB).

Ipomoea chiliantha Hallier f., Bull. Herb. Boissier 7: 50. 1899.
Ref.: Foster (1958).
Trepadora. Nativa. Zonas Bajas. Bosque Semideciduo Chiquitano, Sabanas Benianas del Sur, 0–500 m.
Dept.: BE, SC.
Muestra: *J.R. Abbott 16966* (BOLV, HSB, LPB, MO, USZ).
Nota: Crece generalmente en lugares abiertos, pantanosos.

Ipomoea chondrosepala Hallier f., Bull. Herb. Boissier 7: 49. 1899.
Ref.: Austin & Huamán (1996).
Trepadora. Nativa. Zonas Bajas. Bosque Húmedo, Bosque Seco Chaqueño, 0–1000 m.
Dept.: SC.
Muestra: *M.H. Nee 46450* (LPB, MO, NY, USZ).

Ipomoea clavata (G. Don) Ooststr. ex J.F. Macbr., Publ. Field Mus. Nat. Hist., Bot. Ser. 11(1): 3. 1931.
Sin.: *Calonyction clavatum* G. Don, *Ipomoea contrerasii* L.O. Williams
Ref.: Fuentes Claros et al. (2009).
Trepadora. Nativa. Zonas Bajas, Andes. Yungas, 500–1500 m.
Dept.: LP.
Muestra: *A.F. Fuentes & T.B. Miranda 10895* (BOLV, CTES, LPB, MA, MO, NY, OXF, SP, USZ).

[Ipomoea coccinea L.], Sp. Pl. 1: 160. 1753.
Ref.: Foster (1958).
Nota: El registro se basa en material mal identificado de *I. hederifolia*, *I. indivisa* o *I. rubriflora*. *I. coccinea* es endémica de USA.

Ipomoea cordatotriloba Dennst., Nomencl. Bot. 1: 246. 1810.
Sin.: *Ipomoea trichocarpa* Elliott, *Ipomoea trichocarpa* var. *australis* O'Donell
Ref.: O'Donell (1959b), Austin & Huamán (1996), Serrano & Terán (1998 [2000]).
Trepadora. Adventicia. Zonas Bajas. Campos Cerrados, 0–500 m.
Dept.: CH, SC, TA.
Muestra: *J.R.I. Wood & J.D. Soto 27413* (K, LPB, USZ).

Ipomoea crinicalyx S. Moore, Trans. Linn. Soc. London, Bot. 4(3): 402, t. 27, f. 1. 1895.
Trepadora. Nativa. Zonas Bajas. Bosque Semideciduo Chiquitano, Bosque Seco Chaqueño, 0–1000 m.
Dept.: CH, SC, TA.
Muestra: *J.R.I. Wood & F. Mamani 13495* (K, LPB, USZ).

Ipomoea cuneifolia Meisn., Fl. Bras. 7: 245. 1869.
Ref.: Killeen & Schulenberg (1998).
Subarbusto. Nativa. Zonas Bajas. Campos Cerrados, 0–500 m.
Dept.: SC.
Muestra: *E. Gutiérrez C. 1144* (ARIZ, FAU, MO, SP, USZ).

Ipomoea cynanchifolia Meisn., Fl. Bras. 7: 274. 1869.
Ref.: Killeen & Schulenberg (1998).
Trepadora. Nativa. Zonas Bajas. Bosque Húmedo, 0–500 m.
Dept.: SC.
Muestra: *L. Sánchez & E. Guzmán 418* (ARIZ, FAU, LPB, MO, USZ).
Nota: Posiblemente un sinónimo de *I. ramosissima*.

Ipomoea decora Meisn., Fl. Bras. 7: 272. 1867.
Trepadora. Nativa. Zonas Bajas. Campos Cerrados, 0–500 m.
Dept.: SC.
Muestra: *J.R.I. Wood et al. 27806* (K, LPB, USZ).

Ipomoea densibracteata O'Donell, Lilloa 23: 438. 1950.
Ref.: O'Donell (1950), Foster (1958).
Liana. Endémica. Zonas Bajas. Bosque Seco Chaqueño, 0–500 m.
Dept.: SC.
Tipo y muestra: *I. Peredo 453* (HT: LIL), *J.R.I. Wood & D.J. Goyder 15735* (K, LPB).

[Ipomoea dubia Roem. & Schult.], Syst. Veg. (ed. 15 bis) 4: 216–217. 1819.
Ref.: Foster (1958), O'Donell (1959b).
Nota: El registro se basa en material mal identificado de *I. rubriflora*.

Ipomoea dumetorum Willd. ex Roem. & Schult., Syst. Veg. (ed. 15 bis) 4: 789. 1819.
Sin.: *Convolvulus pauciflorus* var. *chilensis* (A. Braun & C.D. Bouché) Kuntze
Ref.: Foster (1958), De la Barra (1997).
Trepadora. Nativa. Zonas Bajas, Andes. Yungas, Valles Secos, 1500–3500 m.
Dept.: CH, CO, LP, SC, TA.
Muestra: *S.G. Beck 4684* (ARIZ, LPB).
Nota: Citada como *I.* cf. *dumetorum* en De la Barra (1997).

Ipomoea echinocalyx Meisn., Fl. Bras. 7: 223. 1869.
Ref.: O'Donell (1959a), Bravo et al. (1983).
Trepadora. Nativa. Andes. Yungas, 1000–1500 m.
Dept.: LP.
Muestra: *J.M. Mendoza et al. 3108* (K, LPB, USZ).

Ipomoea echioides Choisy, Mém. Soc. Phys. Genève 8(1): 54. 1838.
Hierba. Nativa. Zonas Bajas. Campos Cerrados, 0–1000 m.
Dept.: SC.
Muestra: *J.R.I. Wood & D.J. Goyder 16968* (K, LPB, USZ).

Ipomoea fimbriosepala Choisy, Prodr. 9: 359. 1845.
Trepadora. Nativa. Zonas Bajas. Campos Cerrados, Sabanas Benianas del Sur, 0–500 m.
Dept.: BE, LP, SC.
Muestra: *J.R.I. Wood et al. 27081* (K, LPB, USZ).

Ipomoea grandifolia (Dammer) O'Donell, Arq. Mus. Paranaense 9: 222, f. 6. 1952.
Sin.: *Jacquemontia grandifolia* Dammer
Ref.: López Vargas (1995), Saravia Miranda (1996).
Trepadora. Nativa. Zonas Bajas. Bosque Seco Chaqueño, Campos Cerrados, 0–1000 m.
Dept.: SC.
Muestra: *J.R.I. Wood et al. 24871* (K, LPB, UB, USZ).
Nom. Vern.: Condor chaqui.

Ipomoea haenkeana Choisy, Prodr. 9: 358. 1845.
Ref.: Killeen & Schulenberg (1998), Wood et al. (2011).
Subarbusto. Nativa. Zonas Bajas. Campos Cerrados, 0–1000 m.
Dept.: SC.
Muestra: *R. Guillén V. et al. 1065* (ARIZ, FAU, LPB, MO, SP, USZ).

Ipomoea hederifolia L., Syst. Nat. (ed. 10) 2: 925. 1759.
Ref.: Adolfo María (1966).
Hierba, trepadora. Nativa. Zonas Bajas, Andes. Bosque Húmedo, Bosque Semideciduo Chiquitano, Campos Cerrados, Sabanas Benianas del Sur, Yungas, 0–1500 m.
Dept.: BE, CH, CO, LP, SC, TA.
Muestra: *J.C. Solomon et al. 18973* (K, LPB, MO, USZ).

Ipomoea hieronymi (Kuntze) O'Donell, Lilloa 14: 171, t. 2. 1948.
Sin.: *Murucoa hieronymi* Kuntze
Ref.: Serrano & Terán (1998 [2000]), Arroyo Padilla & Villarroel Segarra (2009).
Liana. Nativa. Zonas Bajas, Andes. Bosque Seco Chaqueño, Bosque Tucumano-Boliviano, Valles Secos, 500–2500 m.
Dept.: TA.
Muestra: *J.R.I. Wood 27923* (K, LPB, USZ).

Ipomoea hirsutissima Gardner, Icon. Pl. sub t. 471. 1842.
Ref.: Wood et al. (2011).
Hierba. Nativa. Zonas Bajas. Campos Cerrados, 0–1000 m.
Dept.: SC.
Muestra: *J.R.I. Wood & E. Guzmán 17405* (K, LPB, USZ).

Ipomoea incarnata (Vahl) Choisy, Prodr. 9: 360. 1845.
Sin.: *Convolvulus incarnatus* Vahl
Liana. Nativa. Zonas Bajas, Andes. Valles Secos, 500–1500 m.
Dept.: CO, TA.
Muestra: *J.R.I. Wood 20382* (BOLV, K, LPB).

Ipomoea indica (Burm.) Merr., Interpr. Herb. Amboin. 445. 1917.
Sin.: *Convolvulus indicus* Burm., *Convolvulus acuminatus* Vahl, *Convolvulus bogotensis* Kunth, *Ipomoea acuminata* (Vahl) Roem. & Schult., *Convolvulus bogotensis* fo. *albiflorus* Kuntze, *Convolvulus bogotensis* fo. *lilacinus* Kuntze
Ref.: Foster (1958).
Trepadora. Adventicia, cultivada. Zonas Bajas, Andes. Bosque Húmedo, Bosque Semideciduo Chiquitano, Valles Secos, 500–1000, 2500–3000 m.
Dept.: CO, SC.
Muestra: *R.F. Steinbach 69* (F, LPB, MICH, MO, NY, US).

Ipomoea indivisa (Vell.) Hallier f., Meded. Rijks-Herb. 46: 20. 1922.
Sin.: *Convolvulus indivisus* Vell.
Ref.: Foster (1958).
Trepadora. Nativa. Andes. Yungas, 1000–1500 m.
Dept.: LP.
Muestra: *O. Buchtien 5525* (F, GH, MO, NY, SP, US).

Ipomoea jujuyensis O'Donell, Lilloa 14: 174, t. 4. 1948.
Trepadora. Nativa. Andes. Yungas, 500–1000 m.
Dept.: LP.
Muestra: *J.M. Mendoza et al. 2622* (LPB, USZ).

Ipomoea lilloana O'Donell, Lilloa 14: 182, t. 8. 1948.
Liana. Nativa. Andes. Valles Secos, 1000–2500 m.
Dept.: CH, CO, SC, TA.
Muestra: *J.R.I. Wood 10252* (HSB, K, LPB).

Ipomoea lobata (Cerv.) Thell., Vierteljahrsschr. Naturf. Ges. Zürich 64: 775. 1919.
Sin.: *Mina lobata* Cerv.
Liana. Adventicia, cultivada. Andes. Yungas, elevación desconocida.
Dept.: LP.
Muestra: *S.G. Beck 29599* (LPB).

Ipomoea magnifolia Rusby, Mem. Torrey Bot. Club 6: 84. 1896.
Ref.: Foster (1958), Austin & Huamán (1996).
Trepadora. Nativa. Andes. Yungas, 1000–2000 m.
Dept.: CO, LP.
Tipo y muestra: *M. Bang 1277* (HT: NY; IT: BM, F, GH, K, MO), *S.G. Beck 21408* (JE, LPB, SP).

Ipomoea marginisepala O'Donell, Lilloa 23: 490, t. 13. 1950.
Trepadora. Nativa. Andes. Valles Secos, 1000–2000 m.
Dept.: CH, SC, TA.
Muestra: *J.R.I. Wood 10904* (HSB, K, LPB, NY).
Nota: La muestra *Kessler et al. 6119* (LPB) tiene los sépalos esparcidamente hirsutos.

Ipomoea maurandioides Meisn., Fl. Bras. 7: 275. 1869.
Sin.: *Ipomoea serpens* Meisn.
Ref.: Wood et al. (2011).
Hierba, trepadora. Nativa. Zonas Bajas. Bosque Semideciduo Chiquitano, Campos Cerrados, 0–1000 m.
Dept.: BE, SC.
Muestra: *L. Sánchez et al. 449* (ARIZ, FAU, LPB, MO, USZ).
Nota: Crece frecuentemente sobre lajas.

Ipomoea mauritiana Jacq., Collectanea 4: 216. 1790 [1791].
Ref.: Serrano & Terán (1998 [2000]).
Liana. Nativa. Zonas Bajas. Sabanas Benianas del Sur, Campos Amazónicos, 0–500 m.
Dept.: BE, PA, SC.
Muestra: *F.J. Fernández Casas & A. Susanna 8598* (LPB, MO, NY).
Nom. Vern.: Caij-caij.

Ipomoea megapotamica Choisy, Prodr. 9: 375. 1845.
Liana. Nativa. Zonas Bajas. Bosque Seco Chaqueño, Campos Cerrados, 0–500 m.
Dept.: SC, TA.
Muestra: *J.R.I. Wood 22862* (HSB, K, LPB, USZ).

Ipomoea muricata (L.) Jacq., Pl. Hort. Schoenbr. 3: 40. 1798.
Sin.: *Convolvulus muricatus* L., *Ipomoea turbinata* Lag.
Ref.: Killeen & Schulenberg (1998), Staples et al. (2005).
Trepadora. Naturalizada. Zonas Bajas. Bosque Semideciduo Chiquitano, 0–1000 m.
Dept.: CH, SC, TA.
Muestra: *J.R.I. Wood et al. 27838* (K, LPB, USZ).

Ipomoea neurocephala Hallier f., Jahrb. Hamburg. Wiss. Anst. 16(Beih. 3): 40. 1899.
Ref.: Foster (1958).
Trepadora. Nativa. Andes. Valles Secos, 1000–2500 m.
Dept.: LP, SC.
Tipo y muestra: *G. Mandon 1489* (HT: G; IT: K; fotos: F ex G), *A.F. Fuentes & Ra. Cuevas 7966* (LPB, MO, SP, USZ).

Ipomoea nil (L.) Roth, Catal. Bot. 1: 36. 1797.
Sin.: *Convolvulus nil* L.
Ref.: Foster (1958), Serrano & Terán (1998 [2000]).
Trepadora. Adventicia. Zonas Bajas, Andes. Bosque Húmedo, Bosque Semideciduo Chiquitano, Bosque

Seco Chaqueño, Sabanas Benianas del Sur, Yungas, Bosque Tucumano-Boliviano, Bosque Serrano Chaqueño, Valles Secos, 0–2000 m.
Dept.: BE, CH, CO, LP, SC, TA.
Muestra: *S.G. Beck 22397* (FAU, LPB, M, MO, SP, USZ).
Nota: Una especie con amplia distribución en Bolivia. Es una especie ruderal que ocurre a los lados de caminos y en zonas arbustivas disturbadas.

Ipomoea opulifolia Rusby, Bull. Torrey Bot. Club 26: 150. 1899.
Ref.: Foster (1958), Arroyo Padilla & Villarroel Segarra (2009).
Liana. Endémica. Zonas Bajas. Bosque Húmedo, 0–500 m.
Dept.: BE, CO, LP.
Tipo y muestra: *H.H. Rusby 1999* (HT: NY), *S. DeWalt & A. Serato 370* (LPB, MO, SP).
Nom. Vern.: Seche (Yucare).

Ipomoea oranensis O'Donell, Lilloa 14: 185, t. 9. 1948.
Sin.: *Ipomoea santacruzensis* O'Donell
Ref.: O'Donell (1952).
Liana. Nativa. Zonas Bajas, Andes. Bosque Semideciduo Chiquitano, Bosque Seco Chaqueño, Bosque Serrano Chaqueño, Valles Secos, 500–2500 m.
Dept.: CH, SC, TA.
Muestra: *J.R.I. Wood & M. Serrano 13356* (K, LPB).

[Ipomoea paludosa O'Donell], Lilloa 23: 495, t. 15. 1950.
Ref.: Killeen & Schulenberg (1998).
Nota: El registro se basa en material mal identificado de *I. aprica*.

[Ipomoea pauciflora M. Martens & Galeotti], Bull. Acad. Roy. Sci. Bruxelles 12(2): 266. 1845.
Sin.: *Ipomoea vargasiana* O'Donell
Ref.: Austin & Huamán (1996).
Nota: El registro se basa en material mal identificado. Austin & Huamán (1996) citan *I. pauciflora* subsp. *vargasiana* para Bolivia, pero no hay ejemplares de herbario confirmados.

Ipomoea philomega (Vell.) House, Ann. New York Acad. Sci. 18(6): 246. 1908.
Sin.: *Ipomoea paraensis* Peter, *Convolvulus philomega* Vell., *Ipomoea demerariana* Choisy, *Ipomoea cardiosepala* Meisn., *Ipomoea phyllomega* House
Liana. Nativa. Zonas Bajas. Bosque Húmedo, 0–1000 m.
Dept.: BE, CO, LP, PA.
Muestra: *S.G. Beck 17205* (K, LPB, SP).

Ipomoea pinifolia Meisn., Fl. Bras. 7: 250. 1869.
Hierba. Naturalizada. Zonas Bajas. Campos Cerrados, 500–1000 m.
Dept.: SC.
Muestra: *B. Mostacedo et al. 1858* (MO, USZ).

Ipomoea piresii O'Donell, Arq. Mus. Paranaense 9: 229. 1952.
Trepadora. Nativa. Zonas Bajas. Campos Cerrados, 0–500 m.
Dept.: SC.
Muestra: *J.R.I. Wood & H. Huaylla 20756* (K, LPB, USZ).

Ipomoea piurensis O'Donell, Lilloa 26: 382–384, t. 13, f. 1. 1953.
Trepadora. Nativa. Zonas Bajas. Bosque Húmedo, 0–500 m.
Dept.: PA.
Muestra: *E.R. de la Sota 977* (LIL).

Ipomoea plummerae A. Gray, Syn. Fl. N. Amer. (ed. 2) 2(1): 434. 1886.
Sin.: *Ipomoea muricata* Cav., *Ipomoea minuta* R.E. Fr.
Ref.: Foster (1958), O'Donell (1959b), Adolfo María (1966), Bravo et al. (1983), López Vargas (1995), Austin & Huamán (1996), Saravia Miranda (1996), González et al. (1999), Serrano & Terán (1998 [2000]).
Hierba. Nativa. Andes. Valles Secos, 2500–3500 m.
Dept.: CH, CO, LP, PO, TA.
Muestra: *M. Zárate 2180* (BOLV, LPB, MO).
Infra: *Ipomoea plummerae* var. *cuneifolia* (A. Gray) J.F. Macbr., *Ipomoea plummerae* fo. *rhombifolia* Ooststr.
Nota: El tipo de la fo. *rhombifolia* es de Bolivia.

Ipomoea procumbens Mart. & Choisy, Prodr. 9: 351. 1845.
Hierba, trepadora. Nativa. Zonas Bajas. Campos Cerrados, 500–1000 m.
Dept.: SC.
Muestra: *C. Guardia et al. 196* (USZ).

Ipomoea procurrens Meisn., Fl. Bras. 7: 254. 1869.
Ref.: Wood et al. (2011).
Subarbusto. Nativa. Zonas Bajas. Campos Cerrados, 500–1000 m.
Dept.: SC.
Muestra: *J.R.I. Wood et al. 27019* (K, LPB, UB, USZ).
Nota: También rastrera. Como *I. procumbens* en Wood et al. (2011).

Ipomoea pubescens Lam., Tabl. Encycl. 1(2[2]): 465. 1791 [1793].
Ref.: Bravo et al. (1983), Austin & Huamán (1996), De la Barra (1997).
Trepadora. Nativa. Andes. Valles Secos, 2000–3500 m.
Dept.: CH, CO, LP, PO, SC, TA.
Muestra: *J.R.I. Wood & A. Haigh 21854* (BOLV, K, LPB).

Ipomoea purpurea (L.) Roth, Bot. Abh. Beobacht. 27. 1787.
Sin.: *Convolvulus purpureus* L.
Ref.: De la Barra (1997), Serrano & Terán (1998 [2000]).
Trepadora. Adventicia. Andes. Yungas, Bosque Tucumano-Boliviano, Valles Secos, 1500–3500 m.
Dept.: CH, CO, LP, PO, SC, TA.
Muestra: *S.G. Beck 17202* (CTES, FAU, JE, LPB, MO, SP, USZ).
Nom. Vern.: Campanilla.

Ipomoea quamoclit L., Sp. Pl. 1: 159–160. 1753.
Sin.: *Convolvulus pennatus* Desr., *Quamoclit pennata* (Desr.) Bojer
Ref.: Adolfo María (1966), Killeen & Schulenberg (1998).
Trepadora. Adventicia, cultivada. Zonas Bajas. Bosque Húmedo, Campos Cerrados, Sabanas Benianas del Sur, Campos Amazónicos, 0–500 m.
Dept.: BE, CO, PA, SC.
Muestra: *F.J. Fernández Casas & A. Susanna 8352* (LPB, MO, NY).

Ipomoea ramosissima (Poir.) Choisy, Prodr. 9: 377. 1845.
Sin.: *Convolvulus ramosissimus* Poir.
Trepadora. Nativa. Zonas Bajas, Andes. Bosque Húmedo, Bosque Semideciduo Chiquitano, Sabanas Benianas del Sur, Campos Amazónicos, Yungas, 0–2000 m.
Dept.: BE, LP, SC, TA.
Muestra: *M.A. Lewis 38011* (LPB, MA, MO, SP).

Ipomoea regnellii Meisn., Fl. Bras. 7: 266. 1869.
Ref.: Foster (1958).
Liana. Nativa. Zonas Bajas. Bosque Húmedo, Bosque Semideciduo Chiquitano, 0–500 m.
Dept.: BE, CO, LP, PA, SC.
Muestra: *B.A. Krukoff 10078* (A, F, GH, K, MICH, MO, NY, US).

Ipomoea reticulata O'Donell, Lilloa 26: 389–391, t. 15. 1953.
Sin.: *Ipomoea peredoi* O'Donell
Ref.: O'Donell (1960a).
Liana. Nativa. Zonas Bajas. Bosque Húmedo, Bosque Semideciduo Chiquitano, 0–500 m.
Dept.: BE, CH, CO, LP, SC.
Muestra: *J. Balderrama 517* (FAU, LPB, NY, SP, USZ).

Ipomoea rubens Choisy, Mém. Soc. Phys. Genève 6(2): 463–464. 1834.
Liana. Naturalizada. Zonas Bajas. Bosque Húmedo, Sabanas Benianas del Sur, 0–500 m.
Dept.: BE, SC.
Muestra: *J.R.I. Wood & H. Huaylla 20754* (HSB, K, KL, USZ).

Ipomoea rubriflora O'Donell, Lilloa 29: 79. 1959.
Ref.: O'Donell (1959b), O'Donell (1959a), Bravo et al. (1983).
Trepadora. Nativa. Andes. Valles Secos, 1000–2500 m.
Dept.: CH, CO, SC, TA.
Muestra: *J.R.I. Wood 20280* (HSB, K, LPB).

[Ipomoea saopaulista O'Donell], Lilloa 26: 392. 1953.
Ref.: Austin & Huamán (1996).
Nota: El registro se basa en material mal identificado de *I. reticulata*.

Ipomoea schomburgkii Choisy, Prodr. 9: 354. 1845.
Hierba. Nativa. Zonas Bajas. Campos Cerrados, Campos Amazónicos, 0–500 m.
Dept.: LP, SC.
Muestra: *R. Guillén V. & V. Roca 2992* (ARIZ, FAU, LPB, MO, USZ).

Ipomoea schulziana O'Donell, Lilloa 14: 186, t. 10. 1948.
Liana. Nativa. Zonas Bajas, Andes. Bosque Seco Chaqueño, Valles Secos, 0–2000 m.
Dept.: CH, CO, SC, TA.
Muestra: *J.R.I. Wood & J. Gutiérrez R. 20232* (HSB, K, LPB).

[Ipomoea sepacuitensis Donn. Sm.], Bot. Gaz. 56(1): 59. 1913.
Ref.: Serrano & Terán (1998 [2000]).
Nota: El registro se basa en material mal identificado. Nativa de Centro América.

Ipomoea setifera Poir., Encycl. 6: 17. 1804.
Ref.: Foster (1958), Killeen & Schulenberg (1998), Wood et al. (2011).
Hierba. Nativa. Zonas Bajas. Bosque Semideciduo Chiquitano, 0–500 m.
Dept.: BE, PA, SC.
Muestra: *T. Killeen 6250* (ARIZ, FAU, LPB, MO, SP, USZ).

Ipomoea setosa Ker Gawl., Bot. Reg. 4: pl. 335. 1818.
Trepadora. Nativa. Zonas Bajas. Bosque Semideciduo Chiquitano, Bosque Seco Chaqueño, 0–500 m.
Dept.: CH, SC, TA.
Muestra: *M.H. Nee 47760* (LPB, MO, NY, USZ).

Ipomoea squamisepala O'Donell, Lilloa 23: 453, t. 13, f. 1. 1950.
Subarbusto. Nativa. Zonas Bajas. Campos Cerrados, 0–1000 m.
Dept.: SC.
Muestra: *A.F. Fuentes et al. 1776* (ARIZ, BOLV, MO, USZ).

Ipomoea squamosa Choisy, Prodr. 9: 376–377. 1845.
Ref.: Austin & Huamán (1996), Killeen & Schulenberg (1998).
Trepadora. Nativa. Zonas Bajas. Bosque Húmedo, 0–500 m.
Dept.: BE, LP, PA, SC.
Muestra: *L. Arroyo P. & M.C. Peña 1326* (ARIZ, FAU, LPB, MO, USZ).

Ipomoea subrevoluta Choisy, Prodr. 9: 386. 1845.
Ref.: Killeen & Schulenberg (1998).
Trepadora. Nativa. Zonas Bajas. Bosque Húmedo, Campos Cerrados, Sabanas Benianas del Sur, 0–500 m.
Dept.: BE, PA, SC.
Muestra: *S.G. Beck 20707* (ARIZ, JE, LPB, MO, SP).

Ipomoea subtomentosa (Chodat & Hassl.) O'Donell, Arq. Mus. Paranaense 9: 239. 1952.
Sin.: *Ipomoea serpens* var. *subtomentosa* Chodat & Hassl.
Ref.: O'Donell (1952).
Hierba, trepadora. Nativa. Zonas Bajas. Bosque Semideciduo Chiquitano, Campos Cerrados, 0–1000 m.
Dept.: SC.
Muestra: *J.R.I. Wood et al. 22871* (K, LPB, USZ).
Nota: Dudosamente distinta de *I. maurandioides*.

Ipomoea suburceolata O'Donell, Lilloa 26: 394. 1953.
Ref.: O'Donell (1953), Foster (1958), Austin & Huamán (1996).
Trepadora. Endémica. Andes. Valles Secos, 500–1500 m.
Dept.: LP.
Tipo y muestra: *R.W. Pearce 779* (HT: K), *A.H. Gentry 71078* (LPB, MO).

Ipomoea tarijensis O'Donell, Lilloa 30: 53. 1960.
Ref.: O'Donell (1960c).
Hierba. Endémica. Andes. Valles Secos, 2500–3000 m.
Dept.: TA.
Tipo y muestra: *K. Fiebrig 2655A* (HT: BM; IT: K), *S.G. Beck et al. 22202* (JE, LPB, SI).

Ipomoea tricolor Cav., Icon. 3(1): 5, pl. 208. 1794 [1795].
Sin.: *Convolvulus venustus* Spreng.
Ref.: Foster (1958).
Trepadora. Adventicia, cultivada. Zonas Bajas, Andes. Campos Cerrados, Valles Secos, 500–1500, 3000–3500 m.
Dept.: LP, SC.
Muestra: *J.C. Solomon 18363* (LPB, MO).

[Ipomoea trifida (Kunth) G. Don], Gen. Hist. 4: 280. 1838.
Sin.: *Convolvulus trifidus* Kunth
Ref.: Foster (1958), Killeen & Schulenberg (1998).
Nota: El registro se basa en material mal identificado de *I. batatas*.

Ipomoea virgata Meisn., Fl. Bras. 7: 241. 1867.
Subarbusto. Nativa. Zonas Bajas. Campos Cerrados, 500–1000 m.
Dept.: SC.
Muestra: *S. Jiménez & E. Gutiérrez C. 1336* (USZ).

Ipomoea vivianae Krapov., Bonplandia (Corrientes) 18(1): 57–59, f. 1. 2009.
Liana. Nativa. Zonas Bajas. Bosque Seco Chaqueño, 0–500 m.
Dept.: SC.
Muestra: *A.F. Fuentes & G. Navarro 2418* (CTES, LPB, MO, USZ).

Ipomoea wrightii A. Gray, Syn. Fl. N. Amer. 2(1): 213. 1878.
Sin.: *Ipomoea pulchella* Roth
Trepadora. Nativa. Zonas Bajas. Bosque Semideciduo Chiquitano, Bosque Seco Chaqueño, 0–500 m.
Dept.: SC.
Muestra: *A.F. Fuentes & G. Navarro 2524* (LPB, USZ).

Iseia O'Donell, Bol. Soc. Argent. Bot. 5(1–2): 77. 1953.
1 especie, 0 especies endémicas.

Iseia luxurians (Moric.) O'Donell, Bol. Soc. Argent. Bot. 5(1–2): 77. 1953.
Sin.: *Ipomoea luxurians* Moric., *Jacquemontia luxurians* (Moric.) Hallier f.
Liana. Nativa. Zonas Bajas. Bosque Húmedo, Sabanas Benianas del Sur, 500–1000 m.
Dept.: BE.
Muestra: *R. Seidel et al. 6615* (FAU, LPB, MO, SP, USZ).

Jacquemontia Choisy, Mém. Soc. Phys. Genève 6(2): 476. 1834.
19 especies, 1 especie endémica.

Jacquemontia acuminata Rusby, Mem. Torrey Bot. Club 6: 84. 1896.
Ref.: Foster (1958).
Liana. Endémica. Zonas Bajas. Bosque Húmedo, 0–1000 m.
Dept.: BE, CO.
Tipo y muestra: *M. Bang 1263* (HT: MO-1813377; IT: F), *I. Guareco 461* (LPB, SP).
Nom. Vern.: Cae' cae'.

Jacquemontia blanchetii Moric., Pl. Nouv. Amer. 41, t. 27. 1838.
Sin.: *Convolvulus blanchetii* (Moric.) Steud., *Convolvulus blanchetii* fo. *albiflorus* Kuntze, *Convolvulus blanchetii* fo. *coeruleus* Kuntze, *Ipomoea filipedunculata* Rusby
Ref.: Foster (1958), O'Donell (1960b), Bravo et al. (1983), Moraes R. (1990), Killeen & Schulenberg (1998), Serrano & Terán (1998 [2000]).
Trepadora. Nativa. Zonas Bajas, Andes. Bosque Húmedo, Bosque Semideciduo Chiquitano, Campos Cerrados, Sabanas Benianas del Sur, Bosque Tucumano-Boliviano, Valles Secos, 0–1500 m.
Dept.: CH, LP, SC, TA.
Muestra: *J.R.I. Wood et al. 22775* (K, LPB, USZ).

Jacquemontia ciliata Sandwith, Bull. Misc. Inform. Kew 1930(4): 156. 1930.
Trepadora. Nativa. Zonas Bajas. Bosque Semideciduo Chiquitano, Campos Cerrados, 0–500 m.
Dept.: SC.
Muestra: *J.R.I. Wood et al. 25046* (K, LPB, UB, USZ).

Jacquemontia corymbulosa Benth., Bot. Voy. Sulphur 137. 1844 [1845].
Trepadora. Nativa. Zonas Bajas, Andes. Bosque Húmedo, Valles Secos, 500–2000 m.
Dept.: CH, LP, SC.
Muestra: *J.R.I. Wood et al. 20535* (HSB, K, LPB).

Jacquemontia densiflora (Meisn.) Hallier f., Bot. Jahrb. Syst. 16: 543. 1893.
Sin.: *Jacquemontia violacea* var. *densiflora* Meisn., *Jacquemontia densiflora* Rusby, *Jacquemontia rusbyana* Standl.
Ref.: Foster (1958), Bravo et al. (1983).
Liana. Nativa. Zonas Bajas, Andes. Bosque Húmedo, Bosque Semideciduo Chiquitano, Yungas, Bosque Serrano Chaqueño, Valles Secos, 0–2000 m.
Dept.: BE, CO, LP, PA.
Muestra: *M. Bang 2849* (BOLV, CTES, GH, LPB, MO, NY).

Jacquemontia estrellensis Krapov., Bonplandia (Corrientes) 18(1): 61–63, f. 3–4. 2009.
Liana. Nativa. Zonas Bajas, Andes. Bosque Seco Chaqueño, Valles Secos, 500–2000 m.
Dept.: CH, CO, SC.
Muestra: *J.R.I. Wood & M. Serrano 13362* (HSB, K, LPB).

Jacquemontia evolvuloides Meisn., Fl. Bras. 7: 307. 1869.
Sin.: *Convolvulus agrestis* Mart. ex Choisy, *Jacquemontia agrestis* (Mart. ex Choisy) Meisn., *Jacquemontia pedunculata* Rusby
Ref.: Adolfo María (1966), Serrano & Terán (1998 [2000]).
Trepadora. Nativa. Zonas Bajas, Andes. Campos Cerrados, Valles Secos, 0–2500 m.
Dept.: CH, CO, SC.
Muestra: *S.G. Beck 27976* (LPB, SP).

Jacquemontia gracilis Choisy, Prodr. 9: 399. 1845.
Hierba. Nativa. Zonas Bajas. Campos Cerrados, 0–1000 m.
Dept.: SC.
Muestra: *J.R.I. Wood et al. 24798* (K, LPB, UB, USZ).

Jacquemontia gracillima (Choisy) Hallier f., Bot. Jahrb. Syst. 16(4–5): 541. 1893.
Sin.: *Aniseia gracillima* Choisy
Hierba. Nativa. Zonas Bajas. Campos Cerrados, 0–500 m.
Dept.: SC.
Muestra: *J.R.I. Wood et al. 24240* (K, LPB, UB, USZ).
Nota: Crece sobre lajas.

Jacquemontia lorentzii (Kuntze) Peter ex O'Donell, Lilloa 30: 15. 1960.
Sin.: *Convolvulus lorentzii* Kuntze
Ref.: O'Donell (1960a), Bravo et al. (1983), Serrano & Terán (1998 [2000]).
Trepadora. Nativa. Zonas Bajas, Andes. Bosque Seco Chaqueño, Bosque Tucumano-Boliviano, Valles Secos, 0–2000 m.
Dept.: CH, CO, SC, TA.
Muestra: *C. Saravia et al. 11367* (CTES, LPB).

Jacquemontia nodiflora (Desr.) G. Don, Gen. Hist. 4: 283. 1838.
Sin.: *Convolvulus nodiflorus* Desr.
Hierba, trepadora. Nativa. Zonas Bajas. Campos Cerrados, 0–500 m.
Dept.: SC.
Muestra: *J.R.I. Wood & F. Mamani 13494* (K, LPB, USZ).
Nota: En Bolivia crece sobre lajas.

Jacquemontia pentanthos (Jacq.) G. Don, Gen. Hist. 4: 283. 1838.
Sin.: *Convolvulus pentanthos* Jacq.
Trepadora. Nativa. Zonas Bajas. Bosque Húmedo, 0–500 m.
Dept.: PA.
Muestra: *J.C. Solomon 17052* (LPB, MO).

Jacquemontia selloi (Meisn.) Hallier f., Bot. Jahrb. Syst. 16: 543. 1893.
Sin.: *Ipomoea selloi* Meisn.
Ref.: Wood et al. (2011).
Hierba. Nativa. Zonas Bajas. Campos Cerrados, 500–1000 m.
Dept.: SC.
Muestra: *J.R.I. Wood 17481* (K, LPB).

Jacquemontia sphaerocephala Meisn., Fl. Bras. 7: 306. 1869.
Sin.: *Jacquemontia cephalantha* Hallier f., *Jacquemontia hallieriana* Ooststr.
Hierba. Nativa. Zonas Bajas. Campos Cerrados, 500–1000 m.
Dept.: SC.
Muestra: *J.R.I. Wood et al. 18210* (K, LPB, USZ).

Jacquemontia sphaerostigma (Cav.) Rusby, Bull. Torrey Bot. Club 26(3): 151. 1899.
Sin.: *Convolvulus sphaerostigma* Cav., *Jacquemontia hirsuta* Choisy
Ref.: Foster (1958), O'Donell (1960b), Killeen & Schulenberg (1998).
Trepadora. Nativa. Zonas Bajas, Andes. Bosque Húmedo, Yungas, Valles Secos, 0–3000 m.
Dept.: BE, CO, LP, SC.
Muestra: *J.R.I. Wood et al. 24652* (K, LPB, UB, USZ).

Jacquemontia tamnifolia (L.) Griseb., Fl. Brit. W. I. 474. 1862.
Sin.: *Ipomoea tamnifolia* L., *Convolvulus praelongus* S. Moore, *Jacquemontia rondonii* Hoehne
Ref.: O'Donell (1960a), Killeen & Schulenberg (1998), Wood et al. (2011).
Trepadora. Nativa. Zonas Bajas, Andes. Bosque Húmedo, Bosque Semideciduo Chiquitano, Yungas, 0–2000 m.
Dept.: BE, LP, SC.
Muestra: *J.R.I. Wood et al. 22886* (K, LPB, USZ).

Nota: Especie invasora en Brasil y probablemente también en Bolivia.

Jacquemontia unilateralis (Roem. & Schult.) O'Donell, Lilloa 23: 470. 1950.
Sin.: *Convolvulus unilateralis* Roem. & Schult.
Hierba. Nativa. Andes. Yungas, 2000–3000 m.
Dept.: LP.
Muestra: *J.R.I. Wood 11805* (K, LPB).

Jacquemontia velutina Choisy, Prodr. 9: 398. 1845.
Trepadora. Nativa. Zonas Bajas. Bosque Húmedo, Bosque Semideciduo Chiquitano, Campos Cerrados, 0–500 m.
Dept.: SC.
Muestra: *J.R.I. Wood 10892* (K, LPB).

Jacquemontia villosissima Ooststr., Recueil Trav. Bot. Néerl. 33: 218. 1936.
Hierba. Nativa. Zonas Bajas. Campos Cerrados, 500–1000 m.
Dept.: SC.
Muestra: *J.R.I. Wood et al. 18229* (K, LPB, SP).

Maripa Aubl., Hist. Pl. Guiane 1: 230, t. 91. 1775.
1 especie, 0 especies endémicas.

Maripa axilliflora Mart. ex Meisn., Fl. Bras. 7: 208. 1869.
Ref.: Fuentes Claros et al. (2009).
Liana. Nativa. Zonas Bajas. Bosque Húmedo, 500–1000 m.
Dept.: LP.
Muestra: *M.J. Macía & J.M. Quisbert 5035* (LPB, MA).

Merremia Dennst. ex Endl., Gen. Pl. 18: 1403. 1841.
7 especies, 0 especies endémicas.

Merremia aegyptia (L.) Urb., Symb. Antill. 4(3): 505. 1910.
Sin.: *Ipomoea aegyptia* L.
Ref.: O'Donell (1941), Foster (1958), González et al. (1999).
Trepadora. Nativa. Zonas Bajas. Bosque Húmedo, Bosque Semideciduo Chiquitano, Bosque Seco Chaqueño, Campos Cerrados, 0–1000 m.
Dept.: BE, LP, SC, TA.
Muestra: *M. Bang 1346* (G, GH, MO, NY, US).

Merremia cissoides (Lam.) Hallier f., Bot. Jahrb. Syst. 16(4–5): 552. 1893.
Sin.: *Convolvulus cissoides* Lam.
Ref.: O'Donell (1941), Foster (1958).
Trepadora. Adventicia. Zonas Bajas, Andes. Bosque Húmedo, Bosque Semideciduo Chiquitano, Bosque Seco Chaqueño, Campos Cerrados, Yungas, 0–1500 m.
Dept.: CH, CO, LP, SC.
Muestra: *J.R.I. Wood et al. 24301* (K, LPB, UB, USZ).

Merremia digitata (Spreng.) Hallier f., Bot. Jahrb. Syst. 16: 552. 1893.
Sin.: *Gerardia digitata* Spreng.
Trepadora. Nativa. Zonas Bajas. Campos Cerrados, 500–1000 m.
Dept.: SC.
Muestra: *J.R.I. Wood & J.D. Soto 27567* (K, LPB, USZ).

Merremia dissecta (Jacq.) Hallier f., Bot. Jahrb. Syst. 16(4–5): 552. 1893.
Sin.: *Convolvulus dissectus* Jacq.
Ref.: O'Donell (1941), Foster (1958), Bravo et al. (1983), Serrano & Terán (1998 [2000]).
Trepadora. Nativa. Zonas Bajas, Andes. Bosque Húmedo, Campos Cerrados, Bosque Tucumano-Boliviano, Bosque Serrano Chaqueño, Valles Secos, 0–1500 m.
Dept.: CH, SC, TA.
Muestra: *J. Steinbach 5266* (GH, NY).
Infra: *Merremia dissecta* var. *maximiliani* (Meisn.) Lorentz, *Merremia dissecta* var. *chacoensis* O'Donell
Nota: Citada como *M. dissecta* var. *maximiliani* (Meisn.) F. Hallier en Foster (1958).
Nom. Vern.: Supúa, uruma (*M. dissecta* var. *chacoensis*).

Merremia macrocalyx (Ruiz & Pav.) O'Donell, Lilloa 6(2): 506–511. 1941.
Sin.: *Convolvulus macrocalyx* Ruiz & Pav.
Ref.: O'Donell (1941), Foster (1958), Moraes R. (1990), Killeen & Schulenberg (1998).
Liana. Nativa. Zonas Bajas, Andes. Bosque Húmedo, Bosque Semideciduo Chiquitano, Yungas, Valles Secos, 0–2000 m.
Dept.: BE, CO, LP, PA, SC.
Muestra: *A. Jardim 2368* (ARIZ, FAU, LPB, MO, SP, USZ).

[Merremia tomentosa (Choisy) Hallier], Bot. Jahrb. Syst. 16: 552. 1893.
Sin.: *Ipomoea tomentosa* Choisy
Ref.: Killeen & Schulenberg (1998).
Nota: El registro se basa en material mal identificado de *Ipomoea cuneifolia*.

Merremia tuberosa (L.) Rendle, Fl. Trop. Afr. 4(2): 104. 1906 [1905].
Sin.: *Ipomoea tuberosa* L.
Ref.: Austin (1982).
Hierba. Adventicia, cultivada. Andes. Yungas, 1000–1500 m.
Dept.: LP.
Muestra: *S.G. Beck 22481* (CTES, K, LPB, M, MO, USZ).

Merremia umbellata (L.) Hallier f., Bot. Jahrb. Syst. 16(4–5): 552. 1893.
Sin.: *Convolvulus umbellatus* L.
Ref.: O'Donell (1941), Foster (1958), Moraes R. (1990), Killeen & Schulenberg (1998), Wood et al. (2011).
Trepadora. Nativa. Zonas Bajas. Bosque Húmedo, Bosque Semideciduo Chiquitano, Campos Cerrados, Sabanas Benianas del Sur, 0–1000 m.
Dept.: BE, CO, LP, PA, SC.
Muestra: *M.A. Lewis 37576* (ARIZ, LPB, MA, MO, SP, USZ).
Infra: *Merremia umbellata* var. *occidentalis* Hallier f.

[Merremia wurdackii D.F. Austin & Staples], Mem. New York Bot. Gard. 32: 320. 1981.
Ref.: Killeen & Schulenberg (1998).
Nota: El registro se basa en material mal identificado.

Odonellia K.R. Robertson, Brittonia 34(4): 417–418. 1982.
1 especie, 0 especies endémicas.

Odonellia hirtiflora (M. Martens & Galeotti) K.R. Robertson, Brittonia 34(4): 418–421. 1982.
Sin.: *Ipomoea hirtiflora* M. Martens & Galeotti
Hierba, trepadora. Nativa. Zonas Bajas. Bosque Húmedo, 0–500 m.
Dept.: PA.
Muestra: *J.C. Solomon 17070* (LPB, MO).

Operculina Silva Manso, Enum. Subst. Braz. 16, 49. 1836.
2 especies, 0 especies endémicas.

Operculina hamiltonii (G. Don) D.F. Austin & Staples, J. Arnold Arbor. 64(3): 487–488. 1983.
Sin.: *Ipomoea hamiltonii* G. Don, *Ipomoea altissima* Mart. ex Choisy, *Operculina alata* Urb.
Ref.: Wood et al. (2011).
Trepadora. Nativa. Zonas Bajas. Bosque Húmedo, Campos Cerrados, 0–500 m.
Dept.: BE, SC.
Muestra: *R. Guillén V. et al. 1106* (LPB, MO, USZ).
Nota: Frecuente al borde de lajas.

Operculina pteripes (G. Don) O'Donell, Lilloa 23: 435–437, t. 6. 1950.
Sin.: *Calonyction pteripes* G. Don
Liana. Nativa. Zonas Bajas. Bosque Húmedo, 0–500 m.
Dept.: SC.
Muestra: *J.M. Mendoza & C. Rivadeneira 2409* (LPB, MO, USZ).

Tetralocularia O'Donell, Lilloa 30: 66. 1960.
1 especie, 0 especies endémicas.

Tetralocularia pennellii O'Donell, Lilloa 30: 68–69, pl. opposite p. 68. 1960.
Ref.: Killeen & Schulenberg (1998).
Hierba, trepadora. Nativa. Zonas Bajas. Bosque Húmedo, 0–500 m.
Dept.: BE, SC.
Muestra: *N.P. Ritter & P.F. Foster 2406* (FAU, LPB, MO, NHA, USZ).

Turbina Raf., Fl. Tellur. 4: 81. 1836 [1838].
4 especies, 0 especies endémicas.

Turbina abutiloides (Kunth) O'Donell, Lilloa 23: 505–508, t. 11. 1950.
Sin.: *Convolvulus abutiloides* Kunth
Liana. Nativa. Zonas Bajas. Bosque Semideciduo Chiquitano, Campos Cerrados, 0–1000 m.
Dept.: SC.
Muestra: *J.R.I. Wood & J.D. Soto 27445* (K, LPB, UB, USZ).

Turbina amazonica D.F. Austin & Staples, Bull. Torrey Bot. Club 118(3): 270–272, f. 1. 1991.
Liana. Nativa. Zonas Bajas. Bosque Húmedo, 0–500 m.
Dept.: PA, SC.
Muestra: *A.H. Gentry & A. Perry 77997* (LPB, MO).

Turbina cordata (Choisy) D.F. Austin & Staples, J. Arnold Arbor. 64: 488. 1983.
Sin.: *Rivea cordata* Choisy, *Ipomoea martii* Meisn.
Liana. Nativa. Zonas Bajas, Andes. Bosque Semideciduo Chiquitano, Bosque Seco Chaqueño, Campos Cerrados, Valles Secos, 0–2000 m.
Dept.: CH, CO, SC, TA.
Muestra: *R. Guillén V. et al. 4272* (ARIZ, MO, NY, SP, USZ).

Turbina corymbosa (L.) Raf., Fl. Tellur. 4: 81. 1836 [1838].
Sin.: *Convolvulus corymbosus* L.
Liana. Nativa. Zonas Bajas. Bosque Húmedo, Bosque Semideciduo Chiquitano, 0–500 m.
Dept.: BE, LP, SC.
Muestra: *T. Killeen et al. 2956* (ARIZ, FAU, LPB, MO, NY, SP).

CORNACEAE Bercht. ex J. Presl, Prir. Rostlin 2(23): 92, 91. 1825.

Por R.P. López (LPB); revisado por R. Liesner (MO), M. Nee (NY), S.G. Beck (LPB), P.M. Jørgensen (MO).
1 género, 1 especie, 0 especies endémicas.

Cornus L., Sp. Pl. 1: 117–118. 1753.
1 especie, 0 especies endémicas.

Cornus peruviana J.F. Macbr., Trop. Woods 19: 5. 1929.
Sin.: *Cornus boliviana* J.F. Macbr., *Viburnum peruvianum* (J.F. Macbr.) J.F. Macbr.
Ref.: Foster (1958), Macbride (1959b), Steyermark & Liesner (1987), Arroyo Padilla (1993b).
Árbol. Nativa. Andes. Yungas, 2000–3000 m.
Dept.: CO, LP.
Muestra: *J.P. Quispe 109* (LPB).
Nom. Vern.: Wila-wila.

CORSIACEAE Becc., Malesia 1: 238. 1878.

Por S. G. Beck (LPB); revisado por P. M. Jørgensen (MO).
1 género, 1 especie, 0 especies endémicas.

Arachnitis Phil., Bot. Zeitung (Berlin) 22: 217. 1864.
1 especie, 0 especies endémicas.

Arachnitis uniflora Phil., Bot. Zeitung (Berlin) 22: 217. 1864.
Ref.: Ibisch et al. (1996), Neinhuis & Ibisch (1998).
Hierba. Nativa. Andes. Yungas, Bosque Tucumano-Boliviano, 1500–2500 m.
Dept.: CO, SC.
Muestra: *P.L. Ibisch et al. 284 (94.0444)* (B, BOLV, LPB, USZ).

COSTACEAE Nakai, J. Jap. Bot. 17: 203. 1941.

Por N. Paniagua (LPB); revisado por P.J.M. Maas (L), S.G. Beck (LPB), P.M. Jørgensen (MO).
3 géneros, 13 especies, 0 especies endémicas.

Chamaecostus C.D. Specht & D.W. Stev., Taxon 55(1): 157–158, f. 1. 2006.
1 especie, 0 especies endémicas.

Chamaecostus subsessilis (Nees & Mart.) C.D. Specht & D.W. Stev., Taxon 55(1): 158. 2006.
Sin.: *Globba subsessilis* Nees & Mart., *Costus warmingii* Petersen, *Costus acaulis* S. Moore, *Costus steinbachii* Loes., *Costus subsessilis* (Nees & Mart.) Maas
Ref.: Foster (1958), Maas (1972), Killeen & Schulenberg (1998).
Hierba. Nativa. Zonas Bajas. Bosque Húmedo, Bosque Semideciduo Chiquitano, Sabanas Benianas del Norte, 0–500 m.
Dept.: BE, PA, SC.
Muestra: *T. Killeen & O. Peña 7168* (LPB, MO, USZ).

Costus L., Sp. Pl. 1: 2. 1753.
10 especies, 0 especies endémicas.

Costus acreanus (Loes.) Maas, Fl. Neotrop. 8: 66. 1972.
Sin.: *Costus cylindricus* var. *acreanus* Loes.
Ref.: Parker & Bailey (1991).
Hierba. Nativa. Zonas Bajas. Bosque Húmedo, 0–500 m.
Dept.: BE, LP, PA.
Muestra: *J.C. Solomon 6197* (MO).

Costus arabicus L., Sp. Pl. 1: 2. 1753.
Sin.: *Costus glabratus* Sw., *Costus niveo-purpureus* Jacq., *Costus sextus* Roem. & Schult., *Costus niveus* G. Mey., *Costus discolor* Roscoe, *Costus arrabidae* Steud., *Costus verschaffeltii* Lem., *Costus glabratus* var. *niveo-purpureus* (Jacq.) Petersen, *Costus spiralis* var. *hirsutus* Petersen, *Costus pubescens* S. Moore, *Costus brasiliensis* K. Schum., *Costus pilgeri* K. Schum., *Costus gracilis* Loes., *Costus pubescens* fo. *fibrillosus* Loes., *Costus validus* Loes., *Costus ramosus* Woodson
Ref.: Maas (1972), Killeen & Schulenberg (1998), Alverson et al. (2000), Arrázola Rivero et al. (2000).
Hierba. Nativa. Zonas Bajas. Bosque Húmedo, 0–1000 m.
Dept.: BE, CO, LP, PA, SC.
Muestra: *J.C. Solomon 7941* (MO).
Nom. Vern.: Caña agria.

Costus asteranthus Maas & H. Maas, Notes Roy. Bot. Gard. Edinburgh 46(3): 307–309, f. 1–2. 1990.
Nota: Esperado.

Costus beckii Maas & H. Maas, Notes Roy. Bot. Gard. Edinburgh 46(3): 309–311, f. 3. 1990.
Ref.: Maas & Maas van de Kamer (1990).
Hierba. Nativa. Zonas Bajas, Andes. Bosque Húmedo, Yungas, 0–1500 m.
Dept.: BE, CO, SC.
Tipo y muestra: *S.G. Beck 7324* (HT: U; IT: K, LPB, NY), *D.N. Smith & V. García E. 13774* (LPB, MO).

Costus erythrothyrsus Loes., Notizbl. Bot. Gart. Berlin–Dahlem 10: 713. 1929.
Hierba. Nativa. Andes. Yungas, 1000–1500 m.
Dept.: LP.
Muestra: *J.C. Solomon 17382* (LPB, MO).

Costus guanaiensis Rusby, Bull. Torrey Bot. Club 29(12): 694. 1902.
Sin.: *Costus macrostrobilus* K. Schum., *Costus sinningiiflorus* Rusby, *Costus tarmicus* Loes., *Costus longifolius* Rusby
Ref.: Foster (1958), Maas (1972).
Hierba. Nativa. Zonas Bajas, Andes. Bosque Húmedo, Yungas, 0–1500 m.
Dept.: BE, CO, LP, SC.
Tipo y muestra: *H.H. Rusby 2225* (HT: NY; IT: US), *D.N. Smith 13236* (LPB, MO).
Infra: *Costus guanaiensis* var. *guanaiensis*, *Costus guanaiensis* var. *tarmicus* (Loes.) Maas

Costus laevis Ruiz & Pav., Fl. Peruv. 1: 3. 1798.
Sin.: *Costus pulcherrimus* Kuntze, *Costus cylindricus* var. *pulcherrimus* (Kuntze) K. Schum.
Ref.: Maas (1972).
Hierba. Nativa. Andes. Yungas, 1500–2000 m.
Dept.: CO.
Muestra: *O. Kuntze s.n.* (NY).
Nota: Conocida en Bolivia solamente de la colección citada.

Costus quasiappendiculatus Woodson ex Maas, Fl. Neotrop. 8: 85, f. 40. 1972.
Ref.: Maas (1972), Maas (1977).
Hierba. Nativa. Zonas Bajas. Bosque Húmedo, 0–1000 m.
Dept.: LP, SC.
Tipo y muestra: *B.A. Krukoff 10487* (HT: U; IT: BM, G, GH, K, LPB, MO-1191016, NY, S), *M.H. Nee 44928* (LPB, MO, NY).

Costus scaber Ruiz & Pav., Fl. Peruv. 1: 2–3, t. 3. 1798.
Sin.: *Costus anachiri* Jacq., *Costus quintus* Roem. & Schult., *Costus ciliatus* Miq., *Costus cylindricus* var. *anachiri* (Jacq.) Petersen, *Costus cylindricus* var. *ciliatus* (Miq.) Petersen, *Costus scaberulus* Rich. ex Gagnep., *Costus nutans* K. Schum., *Costus puchucupango* J.F. Macbr., *Costus tatei* Rusby
Ref.: Foster (1958), Maas (1972), Parker & Bailey (1991), Killeen & Schulenberg (1998), Alverson et al. (2000).
Hierba. Nativa. Zonas Bajas, Andes. Bosque Húmedo, Yungas, 0–2000 m.
Dept.: BE, CO, LP, PA, SC.
Muestra: *A.H. Gentry et al. 44317* (LPB, MO).

[Costus spicatus (Jacq.) Sw.], Prodr. 11. 1788.
Sin.: *Alpinia spicata* Jacq., *Amomum petiolatum* Lam., *Costus cylindricus* Jacq., *Costus conicus* Stokes, *Costus quartus* Roem. & Schult., *Costus micranthus* Gagnep.
Ref.: Foster (1958).
Nota: El registro se basa en material mal identificado.

Costus spiralis (Jacq.) Roscoe, Trans. Linn. Soc. London 8: 350. 1807.
Sin.: *Alpinia spiralis* Jacq.
Ref.: Killeen & Schulenberg (1998).
Hierba. Nativa. Zonas Bajas. Bosque Húmedo, 0–500 m.
Dept.: SC.
Muestra: *M.H. Nee 46507* (LPB, MO, NY).

Costus zamoranus Steyerm., Phytologia 9: 339. 1964.
Hierba. Nativa. Andes. Yungas, 1000–1500 m.
Dept.: LP.
Muestra: *J.C. Solomon 14826* (LPB, MO).
Nota: Identificación tentativa. Especie conocida de Ecuador y Colombia.

Dimerocostus Kuntze, Revis. Gen. Pl. 2: 687. 1891.
2 especies, 0 especies endémicas.

Dimerocostus argenteus (Ruiz & Pav.) Maas, Rev. Palaeobot. Palynol. 7: 37. 1968.
Sin.: *Costus argenteus* Ruiz & Pav., *Costus mooreanus* Rusby, *Mulfordia boliviana* Rusby, *Dimerocostus bolivianus* (Rusby) Loes., *Dimerocostus bicolor* J.F. Macbr.
Ref.: Foster (1958), Maas (1972).
Hierba. Nativa. Zonas Bajas. Bosque Húmedo, 0–1000 m.
Dept.: BE, CO, LP, SC.
Muestra: *J.C. Solomon & S. Urcullo 14183* (LPB, MO).

Dimerocostus strobilaceus Kuntze, Revis. Gen. Pl. 2: 687–688. 1891.
Sin.: *Dimerocostus guttierezii* Kuntze, *Costus rurrenabaqueanus* Rusby
Ref.: Foster (1958), Maas (1972), Parker & Bailey (1991), Alverson et al. (2000).
Hierba. Nativa. Zonas Bajas. Bosque Húmedo, 0–500 m.
Dept.: BE, CO, LP, PA, SC.
Muestra: *D.N. Smith et al. 13010* (LPB, MO).
Infra: *Dimerocostus strobilaceus* subsp. *guttierezii* (Kuntze) Maas

COULACEAE Tiegh., Bot. Jahresber. (Just) 23(2): 311[313]. 1897.

Por P.M. Jørgensen (MO) y M. Atahuachi (BOLV); revisado por S.G. Beck (LPB).
1 género, 1 especie, 0 especies endémicas.
Nota: Para el orden Santalales se sigue el sistema de Nickrent et al. (2010).

Minquartia Aubl., Hist. Pl. Guiane 2(Suppl.): 4, t. 370. 1775.
1 especie, 0 especies endémicas.

Minquartia guianensis Aubl., Hist. Pl. Guiane 2(Suppl.): 4–6, t. 370. 1775.
Ref.: Sleumer (1984), Parker & Bailey (1991), Atahuachi Burgos (1993b), Killeen & Schulenberg (1998), Alverson et al. (2000), Jørgensen & Ulloa Ulloa (2002).
Árbol. Nativa. Zonas Bajas. Bosque Húmedo, Campos Cerrados, 0–1000 m.
Dept.: BE, LP, PA, SC.
Muestra: *L. Arroyo P. et al. 1753* (USZ).
Nom. Vern.: Amarilla, bessé, caricuara, cachari, iscocharasi.

CRASSULACEAE J. St.-Hil., Expos. Fam. Nat. 2: 123. 1805.

Por A. Freire-Fierro (PH); revisado por M. Nee (NY), S.G. Beck (LPB), P.M. Jørgensen (MO).
7 géneros, 20 especies, 2 especie endémica.

Aeonium Webb & Berthel., Hist. Nat. Îles Canaries 3(2,1): 184–198, pl. 28–35. 1840.
1 especie, 0 especies endémicas.

Aeonium arboreum (L.) Webb & Berthel., Hist. Nat. Îles Canaries 3(2,1): 185. 1840.
Sin.: *Sempervivum arboreum* L.
Arbusto. Cultivada. Andes. Valles Secos, 3000–3500 m.
Dept.: LP.
Muestra: *J.C. Solomon 8197* (LPB, MO).
Nota: Muestra cultivada en la ciudad e introducida. No fue posible verificar su determinación.

Cotyledon L., Sp. Pl. 1: 429–430. 1753.
1 especie, 0 especies endémicas.

Cotyledon orbiculata L., Sp. Pl. 1: 429. 1753.
Subarbusto. Cultivada. Andes. Valles Secos, 3000–3500 m.
Dept.: LP.
Muestra: *J.C. Solomon 12825* (LPB, MO).

Crassula L., Sp. Pl. 1: 282. 1753.
5 especies, 0 especies endémicas.

Crassula aquatica (L.) Schönland, Nat. Pflanzenfam. 3(2a): 37. 1890.
Sin.: *Tillaea aquatica* L.
Hierba, acuática. Adventicia. Altiplano. Puna Húmeda, 4000–4500 m.
Dept.: LP.
Muestra: *S. Stab B313* (LPB, Z).

Crassula closiana (Gay) Reiche, Fl. Chile 2: 369. 1898.
Sin.: *Tillaea closiana* Gay
Ref.: Bywater & Wickens (1984).
Hierba. Nativa. Altiplano. Puna Húmeda, Puna Seca, 3500–4500 m.
Dept.: LP, TA.
Muestra: *X. Villavicencio 956* (LPB).

Crassula connata (Ruiz & Pav.) A. Berger, Nat. Pflanzenfam. (ed. 2) 18a: 389. 1930.
Sin.: *Tillaea connata* Ruiz & Pav.
Ref.: Foster (1958), Bywater & Wickens (1984).
Hierba. Nativa. Andes, Altiplano. Yungas, Valles Secos, Puna Húmeda, 2000–4500 m.
Dept.: CO, LP, TA.
Muestra: *S.G. Beck 4639* (IEB, K, LPB, M).
Nota: La muestra *Bang 1138* (usada por Foster, 1958) no ha sido localizada.

Crassula peduncularis (Sm.) F. Meigen, Bot. Jahrb. Syst. 17: 239. 1893.
Sin.: *Tillaea peduncularis* Sm.
Hierba. Nativa. Altiplano. Puna Húmeda, 4500–5000 m.
Dept.: LP.
Muestra: *S.G. Beck 33405* (LPB).

Crassula venezuelensis (Steyerm.) M. Bywater & Wickens, Kew Bull. 39(4): 710. 1984.
Sin.: *Tillaea venezuelensis* Steyerm.
Ref.: Bywater & Wickens (1984), Freire Fierro (2004a).
Hierba, acuática. Nativa. Andes, Altiplano. Yungas, Páramo Yungueño, Valles Secos, Puna Húmeda, 2000–4500 m.
Dept.: CO, LP.
Muestra: *N.P. Ritter & G.E. Crow 2159* (LPB, MO, NHA).

Echeveria DC., Prodr. 3: 401. 1828.
6 especies, 1 especie endémica.

Echeveria agavoides Lem., Ill. Hort. 10: misc. 78, no. 2. 1863.
Hierba. Cultivada. Andes. Valles Secos, 3000–3500 m.
Dept.: LP.
Muestra: *J.C. Solomon 12826* (LPB, MO).
Nota: Una sola planta cultivada. Especie originaria de México.

Echeveria bakeri Kimnach, Cact. Succ. J. (Los Angeles) 63(5): 254. 1991.
Ref.: Pilbeam (2008), Taylor (2009).
Hierba. Endémica. Andes. Valles Secos, 3000–3500 m.
Dept.: CO.
Tipo y muestra: *W. Baker 5159* (HT: HNT; IT: MO, US), *M.W. Kimnach et al. 2705* (HNT, MO).
Nota: Tipos en HNT y US no han sido localizados.

Echeveria chilonensis (Kuntze) E. Walther, Cact. Succ. J. (Los Angeles) 7: 40. 1935.
Sin.: *Sedum chilonense* Kuntze, *Echeveria chilonensis* (Kuntze) Poelln., *Echeveria vanvlietii* Keppel
Ref.: Foster (1958), Eggli (2003), Pilbeam (2008).
Hierba. Nativa. Andes. Bosque Serrano Chaqueño, 2500–3000 m.
Dept.: SC.
Tipo y muestra: *O. Kuntze s.n.* (HT: NY), *D.J. Vliet 5* (K).

Echeveria peruviana Meyen, Reise Erde 1: 448. 1834.
Sin.: *Cotyledon peruviana* (Meyen) Baker
Ref.: Rusby (1893b), Foster (1958), López Vargas (1995), Saravia Miranda (1996).
Hierba. Nativa. Andes, Altiplano. Yungas, Valles Secos, Bosque de *Polylepis*, 1500–2000, 2500–4000 m.
Dept.: CO, LP, SC.
Muestra: *C. Besse et al. 627* (MO, SEL).
Nom. Vern.: Cuncunita, kunkunita.

[Echeveria quitensis (Kunth) Lindl.], J. Hort. Soc. London 7: 268. 1852.
Ref.: Foster (1958), Freire Fierro (2004a).
Nota: El registro se basa en material mal identificado. *E. quitensis* se distribuye de Venezuela hasta el Perú.

Echeveria scheerii Lindl., Edwards's Bot. Reg. 31: t. 27. 1845.
Subarbusto. Cultivada. Andes. Valles Secos, 3000–3500 m.
Dept.: LP.
Muestra: *J.C. Solomon 16435* (LPB, MO).
Nota: Una sola colección, similar a *E. gibbiflora* DC. pero con hojas e inflorescencias mucho menores.

Echeveria whitei Rose, Addisonia 10: 47, t. 344. 1925.
Sin.: *Echeveria buchtienii* Poelln., *Echeveria rauschii* Keppel
Ref.: Foster (1958), Eggli (2003), Pilbeam (2008).
Hierba, subarbusto. Nativa. Andes. Yungas, Valles Secos, 2000–2500, 3000–3500 m.
Dept.: CH, LP.
Tipo y muestra: *R.S. Williams 52217* (HT: NY), *S.G. Beck 3557* (LPB, MO).

Kalanchoe Adans., Fam. Pl. 2: 248. 1763.
5 especies, 0 especies endémicas.

Kalanchoe blossfeldiana Poelln., Repert. Spec. Nov. Regni Veg. 35(918/927): 159. 1934.
Hierba. Cultivada. Zonas Bajas. 0–500 m.
Dept.: SC.
Muestra: *M.H. Nee 41525* (JBSC, NY).

Kalanchoe daigremontiana Raym.-Hamet & H. Perrier, Ann. Mus. Colon. Marseille, sér. 3, 2: 128–132. 1914.
Ref.: Freire Fierro (2004a).
Hierba. Naturalizada, cultivada. Zonas Bajas, Andes. Bosque Semideciduo Chiquitano, Yungas, Valles Secos, 1000–1500, 2000–2500, 3000–3500 m.
Dept.: LP, SC.
Muestra: *A.L. Arbeláez A. & S.P. Churchill 696A* (MO).

Kalanchoe delagoensis Eckl. & Zeyh., Enum. Pl. Afr. Austral. 3: 305. 1836 [1837].
Hierba. Naturalizada, cultivada. Zonas Bajas, Andes. Bosque Húmedo, Yungas, Valles Secos, 0–500, 1000–2500 m.
Dept.: LP, SC.
Muestra: *M.H. Nee & J.C. Solomon 32035* (LPB, MO, NY).
Nota: Este material fue identificado previamente como *K tubiflora*.
Nom. Vern.: Pata de perro.

Kalanchoe laxiflora Baker, J. Linn. Soc., Bot. 22: 472. 1886 [1887].
Hierba. Cultivada. Zonas Bajas. 0–500 m.
Dept.: SC.
Muestra: *M.H. Nee 52198* (LPB, MO).

Kalanchoe pinnata (Lam.) Pers., Syn. Pl. 1: 446. 1805.
Sin.: *Cotyledon pinnata* Lam.
Ref.: Freire Fierro (2004a).
Hierba. Naturalizada, cultivada. Zonas Bajas, Andes. Bosque Húmedo, Yungas, Valles Secos, 0–3500 m.
Dept.: LP.
Muestra: *T.B. Croat et al. 84804* (LPB, MO).
Nom. Vern.: Fortuna, ina pamu.

Sedum L., Sp. Pl. 1: 430–432. 1753.
1 especie, 1 especies endémicas.
Nota: Por lo menos dos especies ornamentales de *Sedum* son cultivadas en LP. No fue posible estudiar el tipo para determinar con certeza su correcta identificación.

Sedum cymatopetalum Fröd., Acta Horti Gothob. 10(4): 83. 1935.
Ref.: Foster (1958), Eggli et al. (1995a), Thiede (1995).
Hierba. Endémica. Andes. Tipo de vegetación desconocida, 3500–4000 m.
Dept.: PO.
Tipo: *C. Hammarlund 439* (HT: S).
Nota: Conocido solamente del tipo. De acuerdo a Thiede (1995) y a Eggli et al. (1995), probablemente pertenece a una especie de *Villadia*.

Villadia Rose, New N. Amer. Crassul. 3. 1903.
1 especie, 0 especies endémicas.

Villadia dielsii Baehni & J.F. Macbr., Candollea 7: 285. 1937.
Hierba. Nativa. Altiplano. Puna Húmeda, 3500–4000 m.
Dept.: LP.
Muestra: *J.C. Solomon 13304* (LPB, MO).
Nota: La muestra citada es incompleta y estéril; su identificación es tentativa.
Nom. Vern.: Cungunguna.

CUCURBITACEAE Juss., Gen. Pl. 393–394. 1789.
Por M. Nee (NY); revisado por S.G. Beck (LPB), P.M. Jørgensen (MO).
26 géneros, 70 especies, 3 especies endémicas.

Apodanthera Arn., J. Bot. (Hooker) 3(21): 274. 1841.
3 especies, 0 especies endémicas.

Apodanthera hirtella Cogn., Pflanzenr. 275 I(Heft 66): 61. 1916.
Ref.: Foster (1958).
Trepadora. Nativa. Andes. Yungas, Bosque Tucumano-Boliviano, 1500–2000, 2500–3000 m.
Dept.: LP, TA.
Tipo y muestra: *K. Fiebrig 2451* (HT: B destr.?; IT: BM, BR, K), *M.H. Nee 36706* (MO, NY).
Nom. Vern.: Pampalacoya.

Apodanthera mandonii Cogn., Diagn. Cucurb. Nouv. 2: 41. 1876.
Ref.: Foster (1958).
Trepadora. Nativa. Andes. Yungas, 2500–3000 m.
Dept.: LP.
Tipo y muestra: *G. Mandon 1045* (HT: B destr.; IT: F, GH, NY, P; fotos: F ex G), *O. Buchtien 225* (GH).

Apodanthera mathewsii Arn., J. Bot. (Hooker) 3: 274. 1841.
Trepadora. Nativa. Andes. Valles Secos, 2000–2500 m.
Dept.: LP.
Muestra: *M.H. Nee & J.C. Solomon 36663* (LPB, MO, NY).

Calycophysum H. Karst. & Triana, Nuev. Jen. Esp. 20. 1854 [1855].
1 especie, 0 especies endémicas.

Calycophysum pedunculatum H. Karst. & Triana, Linnaea 28: 428. 1856.
Sin.: *Calycophysum pedunculatum* var. *villosum* Cogn., *Calycophysum villosum* (Cogn.) Pittier
Ref.: Foster (1958).
Trepadora. Nativa. Andes. Yungas, 1000–1500 m.
Dept.: CO, LP.
Muestra: *M.A. Lewis 37983* (LPB, MO).

Cayaponia Silva Manso, Enum. Subst. Braz. 31–32. 1836.
11 especies, 1 especie endémica.

Cayaponia amazonica (Poepp. & Endl.) Cogn., Monogr. Phan. 3: 797. 1881.
Sin.: *Sechium amazonicum* Poepp. & Endl., *Perianthopodus amazonicus* (Poepp. & Endl.) Cogn.
Trepadora. Nativa. Zonas Bajas. Bosque Húmedo, 0–500 m.
Dept.: SC.
Muestra: *M. Garvizu & A.F. Fuentes 278* (MO, NY, USZ).

Cayaponia boliviensis Cogn., Mem. Torrey Bot. Club 3(3): 39–40. 1893.
Ref.: Foster (1958), Duchen & Renner (2010).
Trepadora. Endémica. Andes. Yungas, 2000–2500 m.
Dept.: LP.
Tipo: *M. Bang 911* (T: F, G, GH, K, MO-3943110, NY, NY, US, US, WIS).
Nota: Conocida solamente del tipo.

[Cayaponia bonariensis (Mill.) Mart. Crov.], Notul. Syst. (Paris) 15: 53. 1954.
Sin.: *Bryonia bonariensis* Mill.
Ref.: Serrano & Terán (1998 [2000]).
Nota: El registro se basa en material mal identificado.

Cayaponia cruegeri (Naudin) Cogn., Monogr. Phan. 3: 778–779. 1881.
Sin.: *Trianosperma cruegeri* Naudin
Ref.: Killeen & Schulenberg (1998).
Trepadora, liana. Nativa. Zonas Bajas. Bosque Húmedo, Bosque Seco Chaqueño, Sabanas Benianas del Sur, 0–500 m.
Dept.: BE, PA, SC.
Muestra: *S.G. Beck 15128* (CTES, LPB, MO, NY).

Cayaponia espelina (Silva Manso) Cogn., Monogr. Phan. 3: 792. 1881.
Sin.: *Perianthopodus carijo* Silva Manso, *Perianthopodus espelina* Silva Manso, *Perianthopodus tomba* Silva Manso, *Perianthopodus espelina* var. *longifolia* Cogn., *Cayaponia espelina* var. *longifolia* (Cogn.) Cogn.
Ref.: Killeen & Schulenberg (1998).
Trepadora. Nativa. Zonas Bajas. Campos Cerrados, 0–1000 m.
Dept.: SC.
Muestra: *L. Sánchez et al. 290* (LPB, MO, NY, USZ).

Cayaponia ferruginea Gomes-Klein, Brittonia 57: 110. 2005.
Trepadora. Nativa. Zonas Bajas. Bosque Húmedo, Campos Amazónicos, 0–500 m.
Dept.: LP, SC.

Muestra: *R. Guillén V. & V. Choré 1823* (G, LPB, MO, NY, USZ).

Cayaponia glandulosa (Poepp. & Endl.) Cogn., Monogr. Phan. 3: 755–756. 1881.
Sin.: *Bryonia glandulosa* Poepp. & Endl., *Antagonia citrullifolia* Griseb., *Cayaponia citrullifolia* (Griseb.) Cogn., *Cayaponia citrullifolia* var. *breviloba* Griseb. ex Cogn., *Cayaponia latifolia* Cogn.
Ref.: Foster (1958), Serrano & Terán (1998 [2000]), Nee (2008).
Trepadora. Nativa. Zonas Bajas, Andes. Bosque Semideciduo Chiquitano, Bosque Seco Chaqueño, Sabanas Benianas del Sur, Yungas, Bosque Tucumano-Boliviano, Bosque Serrano Chaqueño, 0–2500 m.
Dept.: BE, CH, CO, LP, SC, TA.
Muestra: *M.H. Nee 44306* (MO, NY, USZ).
Nom. Vern.: Lacayotilla, uña de anta.

Cayaponia macrocalyx Harms, Notizbl. Bot. Gart. Berlin–Dahlem 9(89): 994. 1926.
Sin.: *Cayaponia leucosticta* Standl.
Trepadora. Nativa. Zonas Bajas. Bosque Húmedo, 0–1000 m.
Dept.: BE, LP.
Muestra: *M.A. Lewis 38014* (MO).
Nota: Probablemente también en PA.

Cayaponia ophthalmica R.E. Schult., Bot. Mus. Leafl. 20(9): 321–324, pl. 50. 1964.
Ref.: Nee (2008).
Trepadora, liana. Nativa. Zonas Bajas. Bosque Húmedo, 0–1000 m.
Dept.: BE, CO, LP, PA, SC.
Muestra: *M.H. Nee et al. 52237* (MO, NY, USZ).

[Cayaponia pentaphylla Cogn.], Monogr. Phan. 3: 760. 1881.
Ref.: Foster (1958).
Nota: El registro se basa en material mal identificado. La muestra citada por Foster (1958), *Rusby 2069*, no corresponde con esta especie y es probablemente nueva y endémica de Bolivia.

Cayaponia podantha Cogn., Monogr. Phan. 3: 753. 1881.
Sin.: *Cayaponia metensis* Cuatrec.
Trepadora. Nativa. Zonas Bajas. Bosque Húmedo, Bosque Semideciduo Chiquitano, Sabanas Benianas del Sur, 0–500 m.
Dept.: BE, SC.
Muestra: *R. Guillén V. & M. Lazo 4305* (F, MO, NY, USZ).

Cayaponia tayuya (Vell.) Cogn., Monogr. Phan. 3: 772. 1881.
Sin.: *Bryonia tayuya* Vell., *Trianosperma tayuya* (Vell.) Mart.
Trepadora. Nativa. Zonas Bajas, Andes. Bosque Húmedo, Bosque Semideciduo Chiquitano, Yungas, 0–2000 m.
Dept.: BE, LP, PA, SC.
Muestra: *S.G. Beck 9175* (CTES, K, LPB, M, NY, USZ).

[Cayaponia ternata Cogn.], Fl. Bras. 6(4): 79. 1878.
Sin.: *Bryonia ternata* Vell.
Ref.: Killeen & Schulenberg (1998).
Nota: El registro se basa en material mal identificado de *C. tubulosa* Cogn.

Cayaponia tubulosa Cogn., Fl. Bras. 6(4): 78–79. 1878.
Sin.: *Cayaponia psederifolia* Standl. ex J.F. Macbr.
Ref.: Nee (2008).
Trepadora. Nativa. Zonas Bajas. Bosque Húmedo, Bosque Semideciduo Chiquitano, Sabanas Benianas del Sur, 0–1000 m.
Dept.: BE, CO, LP, SC.
Muestra: *L. Arroyo P. et al. 132* (LPB, MO, NY, USZ).
Nom. Vern.: Pachío.

Ceratosanthes Adans., Fam. Pl. 2: 139, 535. 1763.
1 especie, 0 especies endémicas.
Nota: Además otra especie posiblemente nueva.

Ceratosanthes palmata (L.) Urb., Repert. Spec. Nov. Regni Veg. 15: 323. 1918.
Sin.: *Trichosanthes palmata* L.
Trepadora. Nativa. Zonas Bajas. Sabanas Benianas del Sur, 0–500 m.
Dept.: BE.
Muestra: *E. Werdermann 2411* (B, LPB, MO).

Citrullus Schrad., Enum. Pl. Afr. Austral. 2: 279. 1836.
1 especie, 0 especies endémicas.

Citrullus lanatus (Thunb.) Matsum. & Nakai, Cat. Sem. Spor. Hort. Bot. Univ. Imp. Tokyo 30, no. 854. 1916.
Sin.: *Momordica lanata* Thunb., *Citrullus vulgaris* Schrad.
Ref.: Moraes R. (1990), Nee (2008).
Trepadora. Adventicia, cultivada. Zonas Bajas. Bosque Húmedo, Sabanas Benianas del Sur, 0–1000 m.
Dept.: BE, CO, LP, PA, SC.
Muestra: *M.H. Nee 42289* (LPB, MO, NY).
Nom. Vern.: Sandía.

Cucumis L., Sp. Pl. 2: 1011. 1753.
4 especies, 0 especies endémicas.

Cucumis anguria L., Sp. Pl. 2: 1011. 1753.
Ref.: Nee (2008).
Trepadora. Naturalizada. Zonas Bajas, Andes. Bosque Semideciduo Chiquitano, Bosque Seco Chaqueño, Valles Secos, 0–1500 m.
Dept.: BE, SC.
Muestra: *M.H. Nee 49094* (LPB, MO, NY).
Nom. Vern.: Aguara-sandía.

Cucumis dipsaceus Ehrenb., Hist. Nat. Vég. 6: 211–212. 1838.
Trepadora. Naturalizada. Zonas Bajas. Bosque Semideciduo Chiquitano, Bosque Seco Chaqueño, 0–500 m.
Dept.: SC.
Muestra: *M.H. Nee 48122* (LPB, MO, NY, USZ).

Cucumis melo L., Sp. Pl. 2: 1011. 1753.
Ref.: Nee (2008).
Trepadora. Adventicia, cultivada. Zonas Bajas. Bosque Semideciduo Chiquitano, Bosque Seco Chaqueño, 0–500 m.
Dept.: CO, SC.
Muestra: *M.H. Nee 30464* (LPB, NY).
Nom. Vern.: Melón.

Cucumis sativus L., Sp. Pl. 2: 1012. 1753.
Ref.: Nee (2008).
Trepadora. Adventicia, cultivada. Zonas Bajas, Andes. Bosque Húmedo, Bosque Seco Chaqueño, Yungas, 0–500, 1000–1500 m.
Dept.: BE, LP, SC.
Muestra: *E. Valenzuela 433* (LPB).
Nom. Vern.: Pepino.

Cucurbita L., Sp. Pl. 2: 1010. 1753.
4 especies, 0 especies endémicas.

Cucurbita ficifolia Bouché, Verh. Vereins. Beförd. Gartenbaues Königl. Preuss. Staaten 12: 205–206. 1837.
Sin.: *Cucurbita melanosperma* Gasp.
Trepadora. Adventicia, cultivada. Andes. Yungas, 1500–3500 m.
Dept.: CO, LP, SC.
Muestra: *M.H. Nee & J.C. Solomon 32049* (LPB, MO, NY).
Nom. Vern.: Lacayote.

Cucurbita maxima Duchesne, Essai Hist. Nat. Courges 7, 12–15. 1786.
Sin.: *Cucurbita andreana* Naudin
Trepadora. Nativa, Adventicia, cultivada. Zonas Bajas, Andes. Bosque Semideciduo Chiquitano, Bosque Seco Chaqueño, Sabanas Benianas del Sur, Valles Secos, 0–2500 m.
Dept.: BE, CO, LP, SC, TA.
Muestra: *I.G. Vargas 937* (LPB, NY, USZ).
Infra: *Cucurbita maxima* subsp. *maxima*, *Cucurbita maxima* subsp. *andreana* Filov
Nota: Solamente *C. maxima* subsp. *andreana* es nativa.
Nom. Vern.: Zapallo.

Cucurbita moschata Duchesne, Essai Hist. Nat. Courges 7, 15–16. 1786.
Sin.: *Cucurbita pepo* var. *moschata* (Duchesne) Duchesne
Ref.: Moraes R. (1990).
Trepadora. Adventicia, cultivada. Zonas Bajas. Bosque Húmedo, Bosque Semideciduo Chiquitano, Bosque Seco Chaqueño, Sabanas Benianas del Sur, 0–1000 m.
Dept.: BE, PA, SC.
Muestra: *T. Killeen 1267* (F, LPB, NY).
Infra: *Cucurbita moschata* subsp. *moschata*
Nom. Vern.: Joco.

Cucurbita pepo L., Sp. Pl. 2: 1010. 1753.
Trepadora. Adventicia, cultivada. Zonas Bajas, Andes. Valles Secos, 0–500, 2500–3000, 3500–4000 m.
Dept.: CO, LP, SC.
Muestra: *E. García 461* (LPB, NY).
Infra: *Cucurbita pepo* subsp. *pepo*
Nom. Vern.: Escarriote.

Cucurbitella Walp., Repert. Bot. Syst. 6: 50. 1846.
1 especie, 0 especies endémicas.

Cucurbitella asperata (Gillies ex Hook. & Arn.) Walp., Repert. Bot. Syst. 6: 50. 1846.
Sin.: *Cucurbita asperata* Gillies ex Hook. & Arn., *Prasopepon duriaei* Naudin, *Prasopepon cucumifolius* Griseb., *Cucurbitella cucumifolia* (Griseb.) Cogn., *Cucurbitella duriaei* (Naudin) Cogn., *Cucurbitella integrifolia* Cogn., *Cucurbita urkupinana* Cárdenas, *Cucurbitella urkupinana* (Cárdenas) C. Jeffrey
Ref.: Foster (1958), Serrano & Terán (1998 [2000]), Nee (2008).
Trepadora. Nativa. Zonas Bajas, Andes. Bosque Semideciduo Chiquitano, Bosque Seco Chaqueño, Valles Secos, 0–2000, 2500–3000 m.
Dept.: CH, CO, PO, SC, TA.
Muestra: *M.H. Nee et al. 48807* (LPB, MO, NY, USZ).

Cyclanthera Schrad., Index Sem. (Gottingen) 1831: 2. 1831.
4 especies, 0 especies endémicas.

Cyclanthera brachybotrys (Poepp. & Endl.) Cogn., Diagn. Cucurb. Nouv. 2: 64, 73. 1877.
Sin.: *Momordica brachybotrys* Poepp. & Endl.
Ref.: Nee (2008).
Trepadora. Nativa. Andes. Yungas, 1500–3000 m.
Dept.: CO, LP, SC.
Muestra: *S.G. Beck 3603* (K, LPB, M, NY, SI, USZ).

Cyclanthera cordifolia Cogn., Diagn. Cucurb. Nouv. 2: 64, 76. 1877.
Sin.: *Cyclanthera tomentosa* Cogn., *Cyclanthera rusbyi* Britton, *Cyclanthera explodens* var. *intermedia* Cogn. ex Kuntze, *Cyclanthera explodens* var. *trifida* Cogn., *Cyclanthera montana* Cogn., *Cyclanthera boliviensis* Mart. Crov.
Ref.: Rusby (1893b), Foster (1958), Nee (2008).
Trepadora. Nativa. Andes. Yungas, 2000–3500 m.
Dept.: CO, LP, SC.
Muestra: *M.H. Nee & J.C. Solomon 31955* (LPB, MO, NY, US).

[Cyclanthera hystrix (Gillies) Arn.], J. Bot. (Hooker) 3(21): 280. 1841.
Sin.: *Momordica hystrix* Gillies
Ref.: López Vargas (1995), Saravia Miranda (1996), Nee (2008).
Nota: El registro se basa en material mal identificado.

[Cyclanthera mathewsii Arn.], J. Bot. (Hooker) 3(21): 289. 1841.
Ref.: Foster (1958).
Nota: El registro se basa en material mal identificado de *C. tamnifolia*.

Cyclanthera pedata (L.) Schrad., Index Sem. (Gottingen) 1831: 2. 1831.
Sin.: *Momordica pedata* L., *Cyclanthera edulis* Naudin
Ref.: Rusby (1893b), Foster (1958), Nee (2008).
Trepadora. Adventicia, cultivada. Zonas Bajas, Andes. Bosque Húmedo, Yungas, Valles Secos, 0–1500 m.
Dept.: BE, CO, LP, PA.
Muestra: *J.C. Solomon & M.E. Uehling 12208* (LPB, MO).
Infra: *Cyclanthera pedata* var. *edulis* (Naudin) Cogn.
Nom. Vern.: Achojcha.

[Cyclanthera quinquelobata (Vell.) Cogn.], Diagn. Cucurb. Nouv. 2: 64. 1877.
Sin.: *Momordica quinquelobata* Vell.
Ref.: Foster (1958).
Nota: El registro se basa en material mal identificado.

Cyclanthera tamnifolia Griseb., Abh. Königl. Ges. Wiss. Göttingen 19: 147. 1874.
Sin.: *Cyclanthera microcarpa* Cogn.
Ref.: Foster (1958), Serrano & Terán (1998 [2000]), Nee (2008).
Trepadora. Nativa. Andes. Yungas, Valles Secos, 500–3500 m.
Dept.: CH, CO, LP, SC, TA.
Muestra: *I.G. Vargas 158* (LPB, MO, NY, USZ).

Echinopepon Naudin, Ann. Sci. Nat., Bot., sér. 5, 6(1): 17–20. 1866.
1 especie, 0 especies endémicas.

Echinopepon racemosus (Steud.) C. Jeffrey, Kew Bull. 33(2): 357. 1978.
Sin.: *Momordica muricata* Vell., *Momordica racemosa* Steud., *Echinocystis araneosa* Griseb., *Echinocystis macrocarpa* Britton, *Micrampelis macrocarpa* (Britton) Rusby, *Micrampelis rusbyi* Greene, *Marah rusbyi* (Greene) Greene, *Echinopepon araneosus* (Griseb.) Cogn.
Ref.: Rusby (1893b), Foster (1958), González et al. (1999), Nee (2008), Arroyo Padilla & Villarroel Segarra (2009).
Trepadora. Nativa. Zonas Bajas, Andes. Bosque Semideciduo Chiquitano, Bosque Seco Chaqueño, Valles Secos, 0–3000 m.
Dept.: CH, CO, LP, SC, TA.
Muestra: *M.H. Nee 44677* (LPB, MO, NY, USZ).
Nom. Vern.: Huevo de diablo.

Fevillea L., Sp. Pl. 2: 1013. 1753.
4 especies, 1 especie endémica.

Fevillea anomalosperma M. Nee, Syst. Bot. 34: 706, f. 1–3. 2009.
Trepadora. Endémica. Zonas Bajas. Bosque Húmedo, 500–1000 m.
Dept.: LP.
Tipo y muestra: *A. Araujo M. et al. 2680* (HT: LPB; IT: MO-6100168, NY), *A.F. Fuentes & T.B. Miranda 10893* (LPB, MA, MO, NY).

Fevillea cordifolia L., Sp. Pl. 2: 1013. 1753.
Sin.: *Siolmatra mexiae* Standl.
Ref.: Foster (1958), Parker & Bailey (1991), Alverson et al. (2000), Nee (2008).
Trepadora, liana. Nativa. Zonas Bajas. Bosque Húmedo, 0–1000 m.
Dept.: BE, CO, LP, PA, SC.
Muestra: *D.A. Neill & R.C. Quevedo 9366* (K, LPB, MA, MO, NY, UC, USZ).

Fevillea pedatifolia (Cogn.) C. Jeffrey, Kew Bull. 16(2): 199. 1962.
Sin.: *Alsomitra pedatifolia* Cogn., *Siolmatra pedatifolia* (Cogn.) Cogn.
Ref.: Nee et al. (2009).
Trepadora. Nativa. Zonas Bajas. Bosque Húmedo, 0–1000 m.
Dept.: BE, LP.
Muestra: *T. Killeen et al. 3394* (K, LPB, MO, USZ).

Fevillea pergamentacea (Kuntze) Cogn., Pflanzenr. 275 I(Heft 66): 8. 1916.
Sin.: *Fevillea harmsii* (Kuntze) K. Schum., *Nhandiroba harmsii* Kuntze, *Nhandiroba pergamentacea* Kuntze
Ref.: Foster (1958), Nee (2008).
Trepadora. Nativa. Zonas Bajas, Andes. Bosque Húmedo, Yungas, 0–1500 m.
Dept.: BE, CO, SC.
Tipo y muestra: *O. Kuntze s.n.* (HT: B destr.; LT: NY; ILT: MO, NY, US; fotos: F, F of B), *M.H. Nee 46129* (MO, NY, USZ).

Gurania (Schltdl.) Cogn., Bull. Soc. Roy. Bot. Belgique 14: 239. 1875.
6 especies, 0 especies endémicas.

Gurania acuminata Cogn., Diagn. Cucurb. Nouv. 1: 17, 31–32. 1876.
Sin.: *Gurania francavilleana* Cogn., *Gurania neogranatensis* Cogn., *Gurania ulei* Cogn., *Gurania weberbaueri* Harms, *Gurania pachypoda* Harms, *Anguria pachypoda* (Harms) J.F. Macbr., *Anguria ulei* (Cogn.) J.F. Macbr.
Ref.: Foster (1958), Nee (2008).
Trepadora. Nativa. Zonas Bajas, Andes. Bosque Húmedo, Bosque Semideciduo Chiquitano, Yungas, 0–1500 m.
Dept.: BE, CO, LP, PA, SC.
Muestra: *M.H. Nee & J.C. Solomon 30328* (CAS, F, GH, LPB, MO, NY, TEX).

Gurania bignoniacea (Poepp. & Endl.) C. Jeffrey, Kew Bull. 33(2): 354. 1978.
Sin.: *Anguria bignoniacea* Poepp. & Endl., *Anguria cissoides* Benth., *Anguria heterophylla* Willd. & Schltdl., *Gurania cissoides* (Benth.) Cogn., *Gurania coccinea* Cogn., *Gurania diversifolia* Cogn., *Gurania inaequalis* Cogn., *Gurania parviflora* Cogn., *Gurania balfoureana* Cogn., *Gurania variabilis* Cogn., *Gurania ucayalina* Harms, *Anguria balfoureana* (Cogn.) J.F. Macbr., *Anguria mathewsii* J.F. Macbr., *Gurania smithii* Standl.
Ref.: Foster (1958), Moraes R. (1990), Killeen & Schulenberg (1998).
Trepadora. Nativa. Zonas Bajas, Andes. Bosque Húmedo, Yungas, 0–1500 m.
Dept.: BE, CO, LP, PA, SC.
Muestra: *A. Araujo M. et al. 2375* (BOLV, BRIT, CTES, LPB, MA, MO, NY, USZ).

Gurania capitata (Poepp. & Endl.) Cogn., Diagn. Cucurb. Nouv. 1: 18. 1876.
Sin.: *Anguria capitata* Poepp. & Endl., *Gurania capitata* var. *pallida* Cogn., *Gurania latifolia* Rusby, *Anguria capitata* var. *pallida* (Cogn.) J.F. Macbr., *Gurania sessiliflora* R.J. Hampshire
Ref.: Foster (1958).
Trepadora. Nativa. Zonas Bajas. Bosque Húmedo, 0–1000 m.
Dept.: BE, LP.
Muestra: *B.A. Krukoff 10473* (A, F, K, LPB, MAD, MICH, MO, NY, U, UC, US).

[Gurania costaricensis Cogn.], Diagn. Cucurb. Nouv. 1: 17, 37–38. 1876.
Sin.: *Gurania costaricensis* var. *subtriloba* Cogn.
Ref.: Foster (1958).
Nota: El registro se basa en material mal identificado. El registro de var. *subtriloba* se basa en material mal identificado. *G. costaricensis* es endémica de Nicaragua, Costa Rica y la región fronteriza de Panamá.

Gurania eriantha (Poepp. & Endl.) Cogn., Diagn. Cucurb. Nouv. 1: 16. 1876.
Sin.: *Anguria eriantha* Poepp. & Endl., *Gurania lanata* Cogn., *Gurania speciosa* (Poepp. & Endl.) Cogn., *Gurania longipetala* Cogn., *Gurania pyrrhocephala* Harms, *Gurania steinbachii* Harms, *Gurania plumosa* Rusby
Ref.: Rusby (1893b), Foster (1958), Killeen & Schulenberg (1998), Nee (2008).
Trepadora. Nativa. Zonas Bajas, Andes. Bosque Húmedo, Yungas, 0–1500 m.
Dept.: BE, CO, LP, PA, SC.
Muestra: *S.G. Beck 7342* (K, LPB, MO, SI).

Gurania lobata (L.) Pruski, Brittonia 51(3): 329, f. 1–2. 1999.
Sin.: *Anguria lobata* L., *Anguria spinulosa* Poepp. & Endl., *Gurania spinulosa* (Poepp. & Endl.) Cogn., *Gurania boliviana* Rusby, *Gurania annulata* Rusby
Ref.: Rusby (1893b), Foster (1958), Moraes R. (1990), Parker & Bailey (1991), Killeen & Schulenberg (1998), Nee (2008), Arroyo Padilla & Villarroel Segarra (2009).
Trepadora, liana. Nativa. Zonas Bajas, Andes. Bosque Húmedo, Yungas, Bosque Tucumano-Boliviano, 0–1500 m.
Dept.: BE, CH, CO, LP, PA, SC.
Muestra: *B.M. Boom 4015* (GH, LPB, MO, NY, US).
Nom. Vern.: Pavi del monte.

Gurania sinuata (Benth.) Cogn., Diagn. Cucurb. Nouv. 1: 16. 1876.
Sin.: *Anguria sinuata* Benth., *Gurania repandodentata* Herzog, *Gurania insolita* Cogn., *Gurania longiflora* Cogn., *Gurania pycnocephala* Harms, *Anguria insolita* (Cogn.) J.F. Macbr.
Ref.: Foster (1958), Killeen & Schulenberg (1998).
Hierba. Nativa. Zonas Bajas. Bosque Húmedo, 0–1000 m.
Dept.: BE, LP, PA, SC.
Muestra: *J.C. Solomon 6313* (LPB, MO, NY).

Lagenaria Ser., Mém. Soc. Phys. Genève 3(1): 25, pl. 2. 1825.
1 especie, 0 especies endémicas.

Lagenaria siceraria (Molina) Standl., Publ. Field Mus. Nat. Hist., Bot. Ser. 3(3): 435. 1930.
Sin.: *Cucurbita siceraria* Molina, *Cucurbita leucantha* Duchesne, *Lagenaria leucantha* Rusby
Ref.: Foster (1958), Moraes R. (1990), Nee (2008).
Trepadora. Adventicia, cultivada. Zonas Bajas, Andes. Bosque Húmedo, Bosque Semideciduo Chiquitano, Bosque Seco Chaqueño, Bosque Serrano Chaqueño, Valles Secos, 0–2000 m.
Dept.: BE, CO, LP, SC.
Muestra: *I.G. Vargas & A. Lawrence 1007* (MO, NY, USZ).
Nom. Vern.: Mate, porongo, tari.

Luffa Mill., Gard. Dict. Abr. (ed. 4) vol. 2: [806]. 1754.
2 especies, 0 especies endémicas.

Luffa cylindrica (L.) M. Roem., Fam. Nat. Syn. Monogr. 2: 63–64. 1846.
Sin.: *Momordica cylindrica* L., *Momordica luffa* L., *Luffa aegyptiaca* Mill.
Ref.: Foster (1958), Adolfo María (1966), Moraes R. (1990), Nee (2008).
Trepadora. Adventicia, cultivada. Zonas Bajas. Bosque Húmedo, Bosque Semideciduo Chiquitano, Bosque Seco Chaqueño, 0–1000 m.
Dept.: BE, CO, LP, PA, SC, TA.
Muestra: *D.E. Williams 844* (LPB, NY, USZ).
Nom. Vern.: Estropajo, lava platos, naeyoeco, ñame yoméka, shishopa.

Luffa sepium (G. Mey.) C. Jeffrey, Kew Bull. 47(4): 742. 1992.
Sin.: *Cucumis sepium* G. Mey.
Trepadora. Nativa. Zonas Bajas. Bosque Semideciduo Chiquitano, 0–500 m.
Dept.: SC.
Muestra: *J.R. Abbott 16917* (NY, USZ).

Melothria L., Sp. Pl. 1: 35. 1753.
5 especies, 0 especies endémicas.

Melothria campestris (Naudin) H. Schaef. & S.S. Renner, Taxon 60(1): 134. 2011.
Sin.: *Melancium campestre* Naudin
Trepadora. Nativa. Zonas Bajas. Campos Cerrados, 0–500 m.
Dept.: SC.
Muestra: *W.W. Thomas et al. 5564* (LPB, MO, NY, USZ).

Melothria cucumis Vell., Fl. Flumin. Icon. 1: t. 70. 1827.
Ref.: Foster (1958), Nee (2008).
Trepadora. Nativa. Zonas Bajas. Bosque Húmedo, Bosque Seco Chaqueño, 0–1000 m.
Dept.: BE, LP, PA, SC.
Muestra: *A.F. Fuentes 4329* (BOLV, LPB, MA, MO, NY, USZ).

Melothria pendula L., Sp. Pl. 1: 35. 1753.
Sin.: *Melothria fluminensis* Gardner, *Melothria guadalupensis* (Spreng.) Cogn.
Ref.: Foster (1958), Killeen & Schulenberg (1998), González et al. (1999), Nee (2008).
Trepadora. Nativa. Zonas Bajas, Andes. Bosque Húmedo, Bosque Semideciduo Chiquitano, Yungas, Bosque Tucumano-Boliviano, 0–2000 m.
Dept.: BE, CO, LP, PA, SC, TA.
Muestra: *J.C. Solomon et al. 12035* (LPB, MO, NY, US).

[Melothria sphaerocarpa (Cogn.) H. Schaef. & S.S. Renner], Taxon 60(1): 134. 2011.
Sin.: *Cucumeropsis mannii* Naudin, *Posadaea sphaerocarpa* Cogn.
Ref.: Nee et al. (2009).
Nota: Especie dudosa. No se encontraron muestras de Bolivia.

Melothria trilobata Cogn., Fl. Bras. 6(4): 26–27. 1878.
Sin.: *Melothria candolleana* Cogn.
Ref.: Killeen & Schulenberg (1998).
Trepadora. Nativa. Zonas Bajas. Bosque Húmedo, Bosque Semideciduo Chiquitano, Bosque Seco Chaqueño, Sabanas Benianas del Sur, 0–500 m.
Dept.: BE, PA, SC.
Muestra: *R. Guillén V. & V. Choré 1781* (MO, NY, USZ).

Melothria warmingii Cogn., Fl. Bras. 6(4): 27. 1878.
Sin.: *Melothria hookeri* Cogn.
Ref.: Rusby (1893b), Foster (1958), Nee (2008).
Trepadora. Nativa. Zonas Bajas, Andes. Bosque Húmedo, Bosque Semideciduo Chiquitano, Bosque Seco Chaqueño, Yungas, Bosque Tucumano-Boliviano, Valles Secos, 0–1000, 1500–2500 m.
Dept.: BE, CH, LP, SC, TA.
Muestra: *M.H. Nee 40752* (LPB, MO, NY, USZ).

Momordica L., Sp. Pl. 2: 1009. 1753.
1 especie, 0 especies endémicas.

[Momordica balsamina L.], Sp. Pl. 2: 1009. 1753.
Ref.: Foster (1958).
Nota: El registro se basa en material mal identificado de *M. charantia*.

Momordica charantia L., Sp. Pl. 2: 1009. 1753.
Sin.: *Momordica charantia* var. *abbreviata* Ser., *Momordica charantia* fo. *abbreviata* (Ser.) W.J. de Wilde
Ref.: Foster (1958), Moraes R. (1990), Killeen & Schulenberg (1998), Alverson et al. (2000), Nee (2008).
Liana. Naturalizada. Zonas Bajas, Andes. Bosque Húmedo, Bosque Semideciduo Chiquitano, Bosque Seco Chaqueño, Sabanas Benianas del Sur, Bosque Serrano Chaqueño, 0–1500 m.
Dept.: BE, CH, CO, LP, PA, SC.
Muestra: *I.G. Vargas & E. Tapia 1019* (F, LPB, MO, NY, USZ).
Nom. Vern.: Balsamina, cübüquirr (Chiquitano), etibeni ina (Tacana), yacaratia (Guaraní).

Pseudocyclanthera Mart. Crov., Notul. Syst. (Paris) 15: 56. 1954.
1 especie, 0 especies endémicas.

Pseudocyclanthera australis (Cogn.) Mart. Crov., Notul. Syst. (Paris) 15: 57. 1955.
Sin.: *Cyclanthera australis* Cogn.
Ref.: Killeen & Schulenberg (1998).
Trepadora. Nativa. Zonas Bajas. Bosque Húmedo, 0–500 m.
Dept.: BE, SC.
Muestra: *I.G. Vargas 588* (LPB, MO, NY, USZ).

Pseudosicydium Harms, Notizbl. Bot. Gart. Berlin–Dahlem 10(92): 182–183. 1927.
1 especie, 0 especies endémicas.

Pseudosicydium acariianthum Harms, Notizbl. Bot. Gart. Berlin–Dahlem 10(92): 183. 1927.
Liana. Nativa. Zonas Bajas, Andes. Bosque Húmedo, Yungas, 0–1500 m.
Dept.: LP, SC.
Muestra: *M.I. Loza et al. 395* (LPB, MA, MO, NY).

Psiguria Neck. ex Arn., J. Bot. (Hooker) 3: 274–275. 1841.
2 especies, 0 especies endémicas.

Psiguria ternata (M. Roem.) C. Jeffrey, Kew Bull. 33(2): 354. 1978.
Sin.: *Anguria ternata* M. Roem., *Anguria grandiflora* Cogn., *Anguria gloriosa* S. Moore
Ref.: Foster (1958), Killeen & Schulenberg (1998), Nee (2008).
Trepadora. Nativa. Zonas Bajas, Andes. Bosque Húmedo, Bosque Semideciduo Chiquitano, Bosque Seco Chaqueño, Yungas, 0–2000 m.
Dept.: BE, CO, LP, PA, SC.
Muestra: *M.H. Nee et al. 51587* (LPB, MO, NY).

Psiguria triphylla (Miq.) C. Jeffrey, Kew Bull. 33(2): 353. 1978.
Sin.: *Anguria triphylla* Miq., *Anguria longipedunculata* Cogn.
Ref.: Foster (1958).
Trepadora. Nativa. Zonas Bajas, Andes. Bosque Húmedo, Yungas, 0–1500 m.
Dept.: BE, LP, PA.
Muestra: *D.C. Daly et al. 6572* (NY).

[Psiguria warscewiczii (Hook. f.) Wunderlin], Phytologia 38(3): 219. 1978.
Sin.: *Anguria warscewiczii* Hook. f.
Ref.: Foster (1958).
Nota: El registro se basa en material mal identificado. Nativa de Colombia, Venezuela y Centro América.

Pteropepon (Cogn.) Cogn., Pflanzenr. 275(Heft 66): 260. 1916.
1 especie, 0 especies endémicas.

Pteropepon parodii Mart. Crov., Bol. Soc. Argent. Bot. 3: 174, f. 1. 1950.
Ref.: Nee (2008).
Trepadora. Nativa. Andes. Yungas, Bosque Serrano Chaqueño, Valles Secos, 1000–1500, 2000–3500 m.
Dept.: CH, CO, LP, SC, TA.
Muestra: *L.J. Dorr et al. 6805* (LPB, MO, NY, US).

Rytidostylis Hook. & Arn., Bot. Beechey Voy. 424. 1841 [1840].
2 especies, 0 especies endémicas.

Rytidostylis amazonica (Mart. ex Cogn.) Kuntze, Revis. Gen. Pl. 1: 258. 1891.
Sin.: *Elaterium amazonicum* Mart. ex Cogn.
Ref.: Foster (1958).
Trepadora. Nativa. Zonas Bajas. Bosque Semideciduo Chiquitano, 0–500 m.
Dept.: SC.
Muestra: *F. Mamani et al. 1445* (MO, NY, USZ).

Rytidostylis trianaei (Cogn.) Kuntze, Revis. Gen. Pl. 1: 258. 1891.
Sin.: *Elaterium trianae* Cogn.
Ref.: Nee (2008), Arroyo Padilla & Villarroel Segarra (2009).
Trepadora. Nativa. Andes. Yungas, Bosque Tucumano-Boliviano, 1000–3000 m.
Dept.: CH, LP, SC.
Muestra: *S.G. Beck & R. Foster 13954* (LPB, MO, NY).

Sechium P. Browne, Civ. Nat. Hist. Jamaica 355. 1756.
1 especie, 0 especies endémicas.

Sechium edule (Jacq.) Sw., Fl. Ind. Occid. 2(2): 1150. 1800.
Sin.: *Sicyos edulis* Jacq.
Ref.: Arroyo Padilla & Villarroel Segarra (2009).
Trepadora. Adventicia, cultivada. Zonas Bajas, Andes. Bosque Semideciduo Chiquitano, Bosque Seco Chaqueño, Yungas, 0–1000, 1500–2500 m.
Dept.: LP, SC.
Muestra: *J.C. Solomon 13112* (LPB, MO, NY).
Nom. Vern.: Ach'ojche, orgullosa, zapallo japonés.

Sicana Naudin, Ann. Sci. Nat., Bot., sér. 4, 18: 180. 1862.
1 especie, 0 especies endémicas.

Sicana odorifera (Vell.) Naudin, Ann. Sci. Nat., Bot., sér. 4, 18: 181–184, t. 8. 1862.
Sin.: *Cucurbita odorifera* Vell.
Trepadora. Nativa, cultivada. Zonas Bajas. Bosque Húmedo, Bosque Semideciduo Chiquitano, 0–500 m.
Dept.: PA, SC.
Muestra: *M. Saldias et al. 793* (NY, USZ).
Nom. Vern.: Pavi.

Sicydium Schltdl., Linnaea 7: 388. 1832.
2 especies, 0 especies endémicas.

Sicydium diffusum Cogn., Fl. Bras. 6(4): 112. 1878.
Ref.: Nee (2008).
Trepadora. Nativa. Zonas Bajas, Andes. Bosque Húmedo, Bosque Semideciduo Chiquitano, Yungas, 0–2000 m.
Dept.: CO, LP, SC.
Muestra: *M.H. Nee 39358* (LPB, MO, NY, USZ).

Sicydium tamnifolium (Kunth) Cogn., Monogr. Phan. 3: 905–906. 1881.
Sin.: *Fevillea tamnifolia* Kunth, *Sicydium tamnifolium* var. *grandifolium* Cogn.
Ref.: Foster (1958).
Trepadora. Nativa. Zonas Bajas. Bosque Húmedo, 0–1000 m.
Dept.: LP, PA, SC.
Muestra: *L. Cayola 1563* (LPB, MO, NY).

Sicyos L., Sp. Pl. 2: 1013. 1753.
7 especies, 1 especie endémica.

[Sicyos australis Endl.], Prodr. Fl. Norfolk. 67. 1833.
Ref.: Foster (1958).
Nota: El registro se basa en material mal identificado.

Sicyos baderoa Hook. & Arn., Bot. Misc. 3: 324. 1833.
Sin.: *Sicyos bryoniifolius* Moris
Trepadora. Nativa. Andes, Altiplano. Valles Secos, Puna Húmeda, 3000–4000 m.
Dept.: CO, LP.
Muestra: *M.H. Nee et al. 52119* (LPB, NY, USZ).

Sicyos debilis Cogn. ex Kuntze, Revis. Gen. Pl. 3(3): 104. 1898.
Ref.: Foster (1958).
Trepadora. Nativa. Andes. Yungas, Bosque Tucumano-Boliviano, 2500–3000, 3500–4000 m.
Dept.: CO, LP, SC, TA.
Tipo y muestra: *O. Kuntze s.n.* (HT: B destr.; IT: F ex B, GH ex B, NY, NY, NY), *M.H. Nee 36677* (LPB, MO, NY, USZ).

Sicyos kuntzei Cogn. ex Kuntze, Rev. Gén. Bot. 2: 104. 1898.
Trepadora. Endémica. Andes. Yungas, 2000–2500 m.
Dept.: CO.
Tipo: *O. Kuntze s.n.* (HT: B destr.?; IT: F, GH, NY, US; fotos: F photo of B).
Nota: Conocida solamente del tipo.

Sicyos malvifolius Griseb., Abh. Königl. Ges. Wiss. Göttingen 19: 147. 1874.
Ref.: Foster (1958), Nee (2008).
Trepadora. Nativa. Andes. Valles Secos, 1500–2500 m.
Dept.: CH, CO, SC, TA.
Muestra: *M.H. Nee et al. 36510* (LPB, MO, NY, USZ).

Sicyos montanus Poepp. & Endl., Nov. Gen. Sp. Pl. 2: 53–54, t. 172. 1838.
Sin.: *Sicyos warmingii* Cogn., *Sicyos subcorymbosus* Cogn., *Sicyos subcorymbosus* var. *inermis* Cogn., *Sicyos trigeminus* Rusby, *Sicyos aculeatus* R.E. Fr.
Ref.: Rusby (1893b), Foster (1958), Nee (2008).
Trepadora. Nativa. Andes. Yungas, Bosque Tucumano-Boliviano, 1500–3000 m.
Dept.: CO, LP, SC, TA.
Muestra: *M.H. Nee & J.C. Solomon 34053* (LPB, MO, NY).
Nom. Vern.: Lacayotilla.

Sicyos odonellii Mart. Crov., Lilloa 27: 305. 1955.
Trepadora. Nativa. Zonas Bajas, Andes. Bosque Seco Chaqueño, Bosque Tucumano-Boliviano, 500–1500 m.
Dept.: TA.
Muestra: *J.C. Solomon 9868* (LPB, MO, NY).

Sicyos polyacanthus Cogn., Fl. Bras. 6(4): 107–108. 1878.
Ref.: De la Barra (1997).

Trepadora. Nativa. Andes. Yungas, 1000–1500 m.
Dept.: CO, LP.
Muestra: *M. Bang 2078* (GH, MO, NY, US).

Siolmatra Baill., Bull. Mens. Soc. Linn. Paris 1: 458. 1885.
2 especies, 0 especies endémicas.

Siolmatra brasiliensis (Cogn.) Baill., Bull. Mens. Soc. Linn. Paris 1: 458. 1885.
Sin.: *Alsomitra brasiliensis* Cogn.
Ref.: Foster (1958), Killeen & Schulenberg (1998), Serrano & Terán (1998 [2000]), Nee (2008).
Trepadora. Nativa. Zonas Bajas. Bosque Húmedo, Bosque Semideciduo Chiquitano, Bosque Seco Chaqueño, Sabanas Benianas del Sur, 0–1000 m.
Dept.: BE, CH, SC, TA.
Muestra: *M.H. Nee & L.A. Bohs 49613* (LPB, MO, NY).

Siolmatra pentaphylla Harms, Notizbl. Bot. Gart. Berlin–Dahlem 9: 989. 1926.
Trepadora, liana. Nativa. Zonas Bajas. Bosque Húmedo, 0–500 m.
Dept.: BE, PA.
Muestra: *A.H. Gentry et al. 77663* (LPB, MO).

CUNONIACEAE R. Br., Voy. Terra Austral. 2: 548. 1814.

Por G. Harling† (GB) y A. Fuentes (LPB); revisado por S.G. Beck (LPB), M. Nee (NY), P.M. Jørgensen (MO).
1 género, 21 especies, 4 especies endémicas.

Weinmannia L., Syst. Nat. (ed. 10) 997, 1005, 1367. 1759.
21 especies, 4 especies endémicas.

Weinmannia balbisiana Kunth, Nov. Gen. Sp. (quarto ed.) 6: 51, t. 520. 1823.
Sin.: *Weinmannia laurina* Kunth
Ref.: Foster (1958), Bernardi (1963), Gutiérrez Crespo (1993b), Harling (1999), Morales (2010).
Árbol. Nativa. Andes. Yungas, 2000–3000 m.
Dept.: LP.
Muestra: *J.C. Solomon 15656* (LPB, MO, NY).
Infra: *Weinmannia balbisiana* var. *balbisiana*, *Weinmannia balbisiana* var. *bangiana* Cuatrec.
Nom. Vern.: Wichullo.

Weinmannia bangii Rusby, Mem. Torrey Bot. Club 3(3): 26. 1893.
Ref.: Rusby (1893b), Foster (1958), Bernardi (1963), Gutiérrez Crespo (1993b), Ministerio de Medio Ambiente y Agua (2012 [2013]).
Arbusto, árbol. Endémica. Andes. Yungas, 2000–3500 m.
Dept.: CO, LP, SC.
Tipo y muestra: *M. Bang 666* (T: B, G, GH, MO-1760912, NY, US, W), *J.C. Solomon & M. Moraes R. 11392* (LPB, MO).
Nota: Publicado como *Windmannia bangii*.
Nom. Vern.: Wichullo, wichullo macho.

Weinmannia boliviensis R.E. Fr., Ark. Bot. 8(8): 16, t. 11. 1909.
Sin.: *Weinmannia hieronymi* Engl.
Ref.: Foster (1958), Bernardi (1963), Gutiérrez Crespo (1993b), Serrano & Terán (1998 [2000]), Ministerio de Medio Ambiente y Agua (2012 [2013]).
Árbol. Nativa. Andes. Bosque Tucumano-Boliviano, 1500–3000 m.
Dept.: CH, PO, TA.
Tipo y muestra: *R.E. Fries 1295* (HT: S), *J.C. Solomon 10591* (LPB, MO).

[Weinmannia chryseis Diels], Bot. Jahrb. Syst. 37: 414. 1906.
Ref.: Gutiérrez Crespo (1993b), Fuentes Claros et al. (2009).
Nota: El registro se basa en material mal identificado de *W. cundinamarcensis*.

Weinmannia cordata D. Don, Edinburgh New Philos. J. 9: 87. 1830.
Sin.: *Weinmannia heterophylla* Ruiz & Pav., *Windmannia cochabambensis* Rusby, *Weinmannia cochabambensis* (Rusby) R.C. Foster
Árbol. Nativa. Andes. Yungas, 1500–2000 m.
Dept.: CO.
Muestra: *M. Bang 1198* (G, GH, NY, US).
Nota: Tradicionalmente el *nom. illeg. W. heterophylla* ha sido usado para esta especie.

Weinmannia crassifolia Ruiz & Pav., Fl. Peruv. 4: t. 331. 1802.
Sin.: *Weinmannia sessilifolia* Rusby, *Weinmannia crassifolia* var. *latifolia* Pamp.
Ref.: Bernardi (1963), Gutiérrez Crespo (1993b), Navarro Sánchez & Ferreira (2000).
Arbusto, árbol. Nativa. Andes. Yungas, 2000–3500 m.
Dept.: CO, LP, SC.
Muestra: *A. Araujo M. & F. Canqui 3851* (BOLV, CTES, GB, LPB, MA, MO, USZ).
Nom. Vern.: Kara wichullo, sipi wichullo.

Weinmannia cundinamarcensis Cuatrec., Revista Acad. Colomb. Ci. Exact. 5: 32, f. 18. 1942.
Ref.: Cuatrecasas (1942b), Bernardi (1961).
Árbol. Nativa. Andes. Yungas, 2500–3000 m.
Dept.: LP.
Muestra: *A.H. Gentry & J.C. Solomon 44670* (LPB, MO, NY).
Nom. Vern.: Monte calvario.

Weinmannia davidsonii A. Fuentes & Z.S. Rogers, Novon 17(3): 327–329, f. 1. 2007.
Ref.: Ministerio de Medio Ambiente y Agua (2012 [2013]).
Arbolito, árbol. Endémica. Andes. Yungas, 2500–3500 m.
Dept.: LP.
Tipo y muestra: *A.F. Fuentes C. et al. 10706* (HT: LPB; IT: GB, LPB, MO-6185502), *M.I. Loza et al. 1821* (BOLV, HSB, LPB, MA, MO, USZ).
Nom. Vern.: Sipi.

[Weinmannia discolor Gardner], London J. Bot. 4: 104. 1845.
Ref.: Gutiérrez Crespo (1993b).
Nota: El registro se basa en material mal identificado de *W. sorbifolia*.

[Weinmannia elliptica Kunth], Nov. Gen. Sp. (quarto ed.) 6: 50. 1823.
Ref.: Rusby (1893b).
Nota: El registro se basa en material mal identificado.

Weinmannia fagaroides Kunth, Nov. Gen. Sp. (quarto ed.) 6: 54–55, t. 524. 1823.
Sin.: *Weinmannia laxiflora* var. *polyphylla* Pamp.
Ref.: Rusby (1893b), Foster (1958), Bernardi (1961), Gutiérrez Crespo (1993b), Navarro Sánchez & Ferreira (2000), Ministerio de Medio Ambiente y Agua (2012 [2013]).
Arbusto, árbol. Nativa. Andes. Yungas, 2500–4000 m.
Dept.: CO, LP, SC.
Muestra: *A.F. Fuentes C. & H. Huaylla 13233* (AAU, BOLV, CTES, HSB, LPB, MA, MO, NY, UC, USZ).
Infra: *Weinmannia fagaroides* var. *trollii* (O.C. Schmidt) Bernardi
Nom. Vern.: Chiqui monte calvario, huaycha, monte calvario, sotillo.

[Weinmannia geometrica Rusby], Mem. New York Bot. Gard. 7: 248. 1927.
Ref.: Foster (1958), Gutiérrez Crespo (1993b).
Muestra: *O.E. White 160* (GH, NY, US).
Nota: Especie dudosa. Probablemente un sinónimo de otra especie.

Weinmannia haenkeana Engl., Linnaea 36: 632. 1870.
Sin.: *Weinmannia bullata* Rusby
Ref.: Foster (1958), Bernardi (1961), Gutiérrez Crespo (1993b).
Arbusto. Nativa. Andes. Yungas, 2500–3500 m.
Dept.: LP.
Muestra: *L.M. Quiñones et al. 49* (BOLV, F, GB, HSB, LPB, MA, MO, USZ).
Nom. Vern.: Monte calvario.

Weinmannia heterophylla Kunth, Nov. Gen. Sp. (quarto ed.) 6: 53, t. 522. 1823.
Sin.: *Weinmannia auriculifera* Hieron., *Weinmannia cuatrecasasii* J.F. Macbr.
Ref.: Bernardi (1963), Harling (1999).
Arbusto, árbol. Nativa. Andes. Yungas, 2500–3500 m.
Dept.: CO, LP.
Muestra: *J.C. Solomon 14935* (MO, NY).
Nota: Tradicionalment el nombre *W. auriculifera* ha sido usado para esta especie.
Nom. Vern.: Wichullo.

Weinmannia lechleriana Engl., Linnaea 36: 630. 1870.
Ref.: Bernardi (1961), Gutiérrez Crespo (1993b).
Arbusto. Nativa. Andes. Yungas, 1500–3500 m.
Dept.: CO, LP.
Muestra: *A.F. Fuentes C. 11843* (BOLV, GB, LPB, MO, USZ).
Nom. Vern.: Monte calvario, wichullo.

Weinmannia lentiscifolia C. Presl, Reliq. Haenk. 2(1): 52. 1831.
Ref.: Bernardi (1963).
Árbol. Nativa. Andes. Yungas, 3000–3500 m.
Dept.: LP.
Muestra: *M.A. Lewis 39255* (AAU, GB, K, LPB, MA, MO, SI, US).

[Weinmannia lyrata Rusby], Descr. S. Amer. Pl. 25. 1920.
Ref.: Foster (1958).
Nota: Especie dudosa.

Weinmannia multijuga Killip & A.C. Sm., Bull. Torrey Bot. Club 56: 374. 1941.
Sin.: *Weinmannia sibundoya* Cuatrec.
Ref.: Bernardi (1961), Gutiérrez Crespo (1993b), Harling (1999), Navarro Sánchez & Ferreira (2000).
Arbusto, árbol. Nativa. Andes. Yungas, 2000–3000 m.
Dept.: CO, LP, SC.
Muestra: *S.G. Beck 3076* (LPB, MO).
Nom. Vern.: Kiwi.

Weinmannia ovata Cav., Icon. 6: 45, t. 566. 1801.
Ref.: Bernardi (1963), Harling (1999), Fuentes Claros et al. (2009).
Arbolito, árbol. Nativa. Andes. Yungas, 2000–3000 m.
Dept.: CO, LP.
Muestra: *A. Araujo M. et al. 269* (BOLV, CTES, GB, LPB, MO, NY, USZ).
Nom. Vern.: Jatún wichullu, wichullu.

Weinmannia parvifolia Ruiz ex D. Don, Edinburgh New Philos. J. 9: 89. 1830.
Sin.: *Weinmannia microphylla* Ruiz & Pav.
Ref.: Foster (1958), Bernardi (1961), Gutiérrez Crespo (1993b), Harling (1999), Navarro Sánchez & Ferreira (2000), Serrano & Terán (1998 [2000]), Fuentes Claros (2011).
Árbol. Nativa. Andes. Yungas, 2000–4000 m.
Dept.: CO, LP, SC.
Muestra: *A.F. Fuentes C. & J.M. Quisbert 12036* (GB, LPB, MO).
Nota: Tradicionalmente el nombre *W. microphylla* Ruiz & Pav. ha sido usado para esta especie.
Nom. Vern.: Puca huachya, sotillo, yunguillo.

[Weinmannia pentaphylla Ruiz & Pav.], Fl. Peruv. 4: t. 330. 1802.
Ref.: Gutiérrez Crespo (1993b).
Nota: Especie dudosa. Parte del complejo que incluye *W. sorbifolia* y *W. spruceana* Engl.

Weinmannia pinnata L., Syst. Nat. (ed. 10) 2: 1005. 1759.
Sin.: *Weinmannia glabra* L. f., *Weinmannia hirtella* Kunth, *Weinmannia hirtella* Hieron., *Weinmannia laxiflora* Pamp.
Ref.: Foster (1958), Bernardi (1961), Gutiérrez Crespo (1993b), Harling (1999), Zárate et al. (1999), Navarro Sánchez & Ferreira (2000).
Arbusto, árbol. Nativa. Andes. Yungas, Bosque Tucumano-Boliviano, 2000–3500 m.
Dept.: CO, LP, PO.
Muestra: *A.F. Fuentes C. et al. 10090* (BOLV, CTES, GB, LPB, MA, MO, NY, USZ).
Nom. Vern.: Monte calvario, monte wichullo.

[Weinmannia polyphylla Moric. ex DC.], Prodr. 4: 11. 1830.
Ref.: Gutiérrez Crespo (1993b).
Nota: El registro se basa en material mal identificado.

Weinmannia reticulata Ruiz & Pav., Fl. Peruv. 4: t. 332A. 1802.
Ref.: Gutiérrez Crespo (1993b), Fuentes Claros (2010).
Arbusto, árbol. Nativa. Andes. Yungas, 2500–3500 m.
Dept.: CO, LP.
Muestra: *A.F. Fuentes C. & J.M. Quisbert 12042* (BOLV, CTES, F, GB, K, L, LPB, MA, MEXU, MO, NY, SI, USZ).
Nota: Gutiérrez Crespo (1993b) se basó en material mal identificado de *W. pinnata*.
Nom. Vern.: Monte calvario, ñutu kiwi.

Weinmannia rhoifolia Rusby, Bull. New York Bot. Gard. 4: 353. 1907.
Ref.: Foster (1958), Bernardi (1961).
Árbol. Endémica. Región, tipo de vegetación y elevación desconocidas.
Dept.: Bolivia.
Tipo: *M. Bang 1989* (HT: NY; IT: G, GH, MO-1760828, NY, US, W).
Nota: Conocido solamente del tipo.

Weinmannia sorbifolia Kunth, Nov. Gen. Sp. (quarto ed.) 6: 57. 1823.
Sin.: *Weinmannia crenata* C. Presl
Ref.: Foster (1958), Bernardi (1961), Gutiérrez Crespo (1993b), López Vargas (1995), Saravia Miranda (1996), Harling (1999), Serrano & Terán (1998 [2000]), Arroyo Padilla & Villarroel Segarra (2009).
Arbusto, árbol. Nativa. Andes. Bosque Semideciduo Chiquitano, Yungas, Bosque Tucumano-Boliviano, 1000–3000 m.
Dept.: CH, CO, LP, SC.
Muestra: *M.H. Nee 46664* (MO, NY).
Infra: *Weinmannia sorbifolia* var. *crenata* (C. Presl) Cuatrec.
Nom. Vern.: Wichullo, yariza.

Weinmannia trianaea Wedd., Chlor. Andina 2: 211, t. 72b. 1857.
Ref.: Bernardi (1961).
Árbol. Nativa. Andes. Yungas, 3000–3500 m.
Dept.: CO, LP.
Muestra: *J.C. Solomon et al. 18991* (GB, LPB, MA, MO, NY, SI).
Infra: *Weinmannia trianaea* var. *sulcata* (Engl.) Cuatrec.

Weinmannia yungasensis A. Fuentes & Z.S. Rogers, Novon 17(3): 329–331, f. 2. 2007.
Ref.: Ministerio de Medio Ambiente y Agua (2012 [2013]).
Arbolito, árbol. Endémica. Andes. Yungas, 2500–3500 m.
Dept.: LP.
Tipo y muestra: *A.F. Fuentes C. et al. 8724* (HT: LPB; IT: BOLV, GB, LPB, MO-6185501, USZ), *I. Jiménez 1899* (LPB).

CUSCUTACEAE Dumort., Anal. Fam. Pl. 20, 25. 1829.

Nota: Parte de Convolvulaceae (APG III 2009).

CYCLANTHACEAE Poit. ex A. Rich., Dict. Class. Hist. Nat. 5: 222. 1824.

Por R. Eriksson (GB); revisado por S.G. Beck (LPB), M. Nee (NY), P.M. Jørgensen (MO).
6 géneros, 8 especies, 2 especies endémicas.

Asplundia Harling, Acta Horti Berg. 17(3): 41. 1954.
2 especies, 2 especies endémicas.
Nota: El número de especies en Bolivia es más alto que el indicado aquí. Se han colectado al menos tres especies aún no identificadas.

Asplundia australis Harling, Acta Horti Berg. 18(1): 192, f. 49h. 1958.
Ref.: Harling (1958).
Trepadora. Endémica. Zonas Bajas. Bosque Húmedo, 500–1000 m.
Dept.: LP.
Tipo y muestra: *O. Buchtien 349* (HT: US), *M. Bang 634* (NY, US).

Asplundia cymbispatha Harling, Acta Horti Berg. 18(1): 220, f. 59a–c, t. 37. 1958.
Ref.: Harling (1958).
Hierba. Endémica. Zonas Bajas. Bosque Húmedo, 500–1000 m.
Dept.: LP.
Tipo y muestra: *R.S. Williams 460* (HT: NY), *S.G. Beck 3787* (GB, LPB, MO).

Carludovica Ruiz & Pav., Fl. Peruv. Prodr. 146. 1794.
1 especie, 0 especies endémicas.

Carludovica palmata Ruiz & Pav., Syst. Veg. Fl. Peruv. Chil. 291–292. 1798.
Ref.: Foster (1958), Harling (1958), Parker & Bailey (1991).
Hierba. Nativa, cultivada. Zonas Bajas. Bosque Húmedo, 0–1000 m.
Dept.: BE, CO, LP, SC.
Muestra: *J.C. Solomon 17731* (LPB, MO).
Nom. Vern.: Jipijapa.

Cyclanthus Poit. ex A. Rich., Dict. Class. Hist. Nat. 5: 221–222. 1824.
1 especie, 0 especies endémicas.

Cyclanthus bipartitus Poit. ex A. Rich., Dict. Class. Hist. Nat. 5: 222. 1824.
Ref.: Harling (1958), Parker & Bailey (1991), Alverson et al. (2000), Alverson et al. (2003).
Hierba. Nativa. Zonas Bajas. Bosque Húmedo, 0–1000 m.
Dept.: BE, CO, LP, PA.
Muestra: *D. De la Quintana et al. 297* (LPB, MA, MO, US, USZ).

Evodianthus Oerst., Vidensk. Meddel. Dansk Naturhist. Foren. Kjøbenhavn 194. 1857.
1 especie, 0 especies endémicas.

Evodianthus funifer (Poit.) Lindm., Bih. Kongl. Svenska Vetensk.-Akad. Handl. 26(3/8): 8. 1900.
Sin.: *Ludovia funifera* Poit.
Ref.: Harling (1958).
Trepadora. Nativa.
Nota: Esperado. Todavía no documentada, pero ciertamente distribuida en Bolivia.

Sphaeradenia Harling, Acta Horti Berg. 17(1): 3–6. 1954.
2 especies, 0 especies endémicas.

Sphaeradenia meridionalis R. Erikss., Opera Bot. 126: 55. 1995.
Ref.: Eriksson (1995).
Epífita. Nativa. Andes. Yungas, 1500–2500 m.
Dept.: LP.
Tipo y muestra: *J.C. Solomon 9490* (HT: MO-3279964, MO-3279965; IT: GB), *A.F. Fuentes C. et al. 9230* (GB, LPB, MO).

Sphaeradenia stylosa Harling, Acta Horti Berg. 18(1): 352, f. 94g–h, t. 88. 1958.
Ref.: Harling (1958), Eriksson (1995).
Hierba, epífita. Nativa. Andes. Yungas, 2000–2500 m.
Dept.: LP.
Muestra: *A.F. Fuentes C. et al. 8835* (GB, LPB, MO).

Thoracocarpus Harling, Acta Horti Berg. 18(1): 254, f. 4e, 8g, 68, t. 51–53. 1958.
1 especie, 0 especies endémicas.

Thoracocarpus bissectus (Vell.) Harling, Acta Horti Berg. 18(1): 255–260, f. 4e, 8g, 68, t. 51–53. 1958.
Sin.: *Dracontium bissectum* Vell.
Ref.: Harling (1958), Parker & Bailey (1991), Ibisch (1996), Alverson et al. (2003).
Trepadora, hemiepífita. Nativa. Zonas Bajas. Bosque Húmedo, 0–1000 m.
Dept.: BE, CO, LP, PA, SC.
Muestra: *M.H. Nee 40980* (GB, MO, NY).

CYPERACEAE Juss., Gen. Pl. 26. 1789.

Por A.C. Araujo (K) [*Bulbostylis*, *Calyptrocarya*, *Diplacrum*, *Fimbristylis*, *Kyllinga*, *Lagenocarpus*, *Pleurostachys*, *Rhynchospora*, *Scleria*], S.G. Beck (LPB) [*Abildgaardia*, *Amphiscirpus*, *Ascolepis*, *Calyptrocarya*, *Cladium*, *Cyperus*, *Diplacrum*, *Hypolytrum*, *Isolepis*, *Lipocarpha*, *Oxycaryum*, *Phylloscirpus*, *Pleurostachys*, *Schoenoplectus*, *Scirpus*, *Trichophorum*, *Zameioscirpus*], K. Camelbeke (Arboretum Wespelaar) [*Scleria*], S. González (CIIDIR) [*Eleocharis*], E. Guaglianone † (SI) [*Eleocharis*, *Lipocarpha*, *Phylloscirpus*, *Rhynchospora*, *Zameioscirpus*], C. Hinchliff (WS) [*Eleocharis*], M. G. López (CTES) [*Bulbostylis*, *Fimbristylis*], G. C. Tucker (EIU) [*Cyperus*, *Kyllinga*] y G. A. Wheeler (MIN) [*Carex*, *Uncinia*]; revisado por G. Davidse (MO), M. Nee (NY), P. M. Jørgensen (MO).
30 géneros, 349 especies, 8 especies endémicas.

Abildgaardia Vahl, Enum. Pl. 2: 296. 1805.
1 especie, 0 especies endémicas.

Abildgaardia ovata (Burm. f.) Kral, Sida 4(2): 72–73, f. 2. 1971.
Sin.: *Carex ovata* Burm. f., *Cyperus monostachyos* L., *Abildgaardia monostachyos* (L.) Vahl, *Fimbristylis monostachyos* (L.) Hassk., *Iriha monostachyos* (L.) Kuntze, *Fimbristylis ovata* (Burm. f.) J. Kern
Ref.: Foster (1958), Kral (1971), Moraes R. (1990), Adams (1994i), Kral et al. (2001).

Hierba. Nativa. Zonas Bajas, Andes. Bosque Húmedo, Campos Cerrados, Sabanas Benianas del Sur, Campos Amazónicos, Yungas, Valles Secos, 0–500, 1000–1500, 2000–3000 m.
Dept.: BE, CH, CO, LP, PO, SC, TA.
Muestra: *S.G. Beck 22575* (LPB, M, NY, SI).

Amphiscirpus Oteng-Yeb., Notes Roy. Bot. Gard. Edinburgh 33(2): 308. 1974.

1 especie, 0 especies endémicas.

Amphiscirpus nevadensis (S. Watson) Oteng-Yeb., Notes Roy. Bot. Gard. Edinburgh 33(2): 308. 1974.
Sin.: *Scirpus nevadensis* S. Watson, *Scirpus remireoides* Griseb.
Ref.: Goetghebeur & Simpson (1991), Guaglianone et al. (2009), Ministerio de Medio Ambiente y Agua (2012 [2013]).
Hierba. Nativa. Altiplano. Puna Seca, 3500–4000 m.
Dept.: PO, SC.
Muestra: *N. Mazi 766* (LPB).

Ascolepis Nees ex Steud., Syn. Pl. Glumac. 2: 105. 1855.

1 especie, 0 especies endémicas.

Ascolepis brasiliensis (Kunth) Benth. ex C.B. Clarke, Consp. Fl. Afr. 5: 651. 1894.
Sin.: *Platylepis brasiliensis* Kunth
Ref.: Foster (1958), Barros (1960), Foster (1965), Kearns & Strong (1998).
Hierba. Nativa. Zonas Bajas. Campos Cerrados, Sabanas Benianas del Sur, Campos Amazónicos, 0–1000 m.
Dept.: BE, LP, SC.
Muestra: *J.C. Solomon 18541* (LPB, MO).

Bulbostylis Kunth, Enum. Pl. 2: 205. 1837.

30 especies, 1 especies endémicas.

Bulbostylis amambayensis Barros, Darwiniana 6(1): 122. 1942.
Sin.: *Bulbostylis spectabilis* Kral & M.T. Strong
Ref.: López et al. (2007).
Hierba. Nativa. Andes. Valles Secos, 1000–1500 m.
Dept.: SC.
Muestra: *J.R.I. Wood 10557* (K, LPB, USZ).

Bulbostylis boliviana Palla, Oesterr. Bot. Z. 59: 191. 1909.
Ref.: Foster (1958), Foster (1965).
Hierba. Endémica. Zonas Bajas. Campos Cerrados, 0–500 m.
Dept.: SC.
Tipo: *T. Herzog s.n.* (HT: GZU).
Nota: Conocida solamente del tipo.

Bulbostylis brevifolia Palla, Denkschr. Kaiserl. Akad. Wiss., Wien Math.-Naturwiss. Kl. 79: 178. 1908.
Sin.: *Bulbostylis aphylla* Barros
Ref.: López et al. (2007).
Hierba. Nativa. Zonas Bajas. Bosque Seco Chaqueño, 0–500 m.
Dept.: SC.
Muestra: *M. Menacho Viruez & E. Gutiérrez C. 448A* (USZ).

Bulbostylis capillaris (L.) C.B. Clarke, Fl. Brit. India 6(19): 652. 1893.
Sin.: *Scirpus capillaris* L., *Isolepis capillaris* (L.) Roem. & Schult., *Stenophyllus capillaris* (L.) Britton, *Bulbostylis capillaris* var. *tenuifolia* (Rudge) C.B. Clarke
Ref.: Foster (1958), Foster (1965), Killeen & Schulenberg (1998), González & López (2010).
Hierba. Nativa. Zonas Bajas, Andes. Bosque Seco Chaqueño, Campos Cerrados, Yungas, Valles Secos, 0–3000 m.
Dept.: LP, SC.
Muestra: *M. Garvizu & A.F. Fuentes 389* (LPB, MO, USZ).

Bulbostylis circinata (Kunth) C.B. Clarke, Bull. Misc. Inform., Addit. Ser. 8: 28. 1908.
Sin.: *Isolepis circinata* Kunth
Hierba. Nativa. Andes. Yungas, 1500–2000 m.
Dept.: LP.
Muestra: *S.G. Beck 22574* (CTES, LPB, NY, VDB).

Bulbostylis communis M.G. López & D.A. Simpson, Kew Bull. 67(2): 226. 2012.
Ref.: López & Simpson (2012).
Hierba. Nativa. Zonas Bajas, Andes. Bosque Seco Chaqueño, Bosque Serrano Chaqueño, 500–1500 m.
Dept.: CH.
Muestra: *S. Toledo 11720* (CTES).
Infra: *Bulbostylis communis* var. *scabrida* M.G. López & D.A. Simpson

Bulbostylis conifera (Kunth) C.B. Clarke, Symb. Antill. 2: 86. 1900.
Sin.: *Isolepis conifera* Kunth
Ref.: Killeen & Schulenberg (1998).
Hierba. Nativa. Zonas Bajas. Campos Cerrados, 0–1000 m.
Dept.: SC.
Muestra: *T. Killeen 1693* (LPB, MO).

Bulbostylis eleocharoides Kral & M.T. Strong, Sida 18(3): 846–848, f. 4. 1999.
Ref.: Kral & Strong (1999).
Hierba. Nativa. Zonas Bajas. Campos Amazónicos, 0–500 m.
Dept.: LP.
Tipo y muestra: *R. Haase 899* (HT: LPB; IT: HUA, VDB), *S.G. Beck 10111* (LPB, US).

Bulbostylis emmerichiae T. Koyama, Bradea 1(41): 429, f. 1. 1974.
Ref.: Killeen & Schulenberg (1998).
Hierba. Nativa. Zonas Bajas. Campos Cerrados, 0–1000 m.
Dept.: SC.
Muestra: *T. Killeen & O. Peña 7200* (LPB, MO, USZ).

Bulbostylis fimbriata (Nees) C.B. Clarke, Symb. Antill. 2(1): 87. 1900.
Sin.: *Oncostylis fimbriata* Nees
Hierba. Nativa. Andes. Valles Secos, 3000–3500 m.
Dept.: CH.
Muestra: *J.R.I. Wood et al. 22028* (HSB, K, LPB).

Bulbostylis fluviatilis Kral & Davidse, Ann. Missouri Bot. Gard. 74: 437. 1987.
Ref.: Guaglianone et al. (1996), Kral (1998).
Hierba. Nativa. Zonas Bajas. Campos Amazónicos, 0–500 m.
Dept.: LP.
Muestra: *R. Haase 757* (LPB, NY).

Bulbostylis funckii (Steud.) C.B. Clarke, Symb. Antill. 5(2): 290. 1907.
Sin.: *Isolepis funckii* Steud., *Bulbostylis tenuispicata* (Boeckeler) Barros
Ref.: Foster (1965), Adams (1994g), Guaglianone et al. (1996), López (2008).
Hierba. Nativa. Andes. Valles Secos, 2500–3000 m.
Dept.: LP.
Muestra: *G. Mandon 1410* (GH).

Bulbostylis guaglianoneae M.G. López, Novon 17(4): 499–500, f. 2 A–N. 2007.
Ref.: López (2008).
Hierba. Nativa. Zonas Bajas. Campos Cerrados, 0–1000 m.
Dept.: SC.
Muestra: *D. Villarroel et al. 1897* (K, LPB, MO, USZ).

Bulbostylis hirtella (Schrad. ex Schult.) Nees ex Urb., Symb. Antill. 2: 166. 1900.
Sin.: *Isolepis hirtella* Schrad. ex Schult.

Ref.: Foster (1958), Foster (1965).
Hierba. Nativa. Zonas Bajas, Andes. Campos Cerrados, Yungas, 0–500, 1000–1500 m.
Dept.: LP, SC.
Muestra: *S.G. Beck 18612* (K, LPB, NY, SI, VDB).

Bulbostylis jacobinae (Steud.) Lindm., Bih. Kongl. Svenska Vetensk.-Akad. Handl. 26(9): 18. 1901.
Sin.: *Fimbristylis jacobinae* Steud.
Hierba. Nativa. Zonas Bajas. Campos Cerrados, 500–1000 m.
Dept.: SC.
Muestra: *J.R.I. Wood et al. 26445* (K, LPB).

Bulbostylis junciformis (Kunth) C.B. Clarke, Trans. Linn. Soc. London, Bot. 4: 512. 1895.
Sin.: *Isolepis junciformis* Kunth
Ref.: Foster (1958), Foster (1965), Parker & Bailey (1991), Killeen & Schulenberg (1998), Kral (1998), Stevens (2001).
Hierba. Nativa. Zonas Bajas, Andes. Campos Cerrados, Sabanas Benianas del Sur, Yungas, 0–2500 m.
Dept.: BE, LP, SC.
Muestra: *S.G. Beck 13140* (K, LPB, NY, VDB).

Bulbostylis juncoides (Vahl) Kük. ex Osten, Anales Mus. Hist. Nat. Montevideo 3: 187. 1931.
Sin.: *Bulbostylis lorentzii* (Boeckeler) C.B. Clarke, *Schoenus juncoides* Vahl, *Scirpus lorentzii* Boeckeler, *Bulbostylis arenaria* (Nees) Lindm.
Ref.: Foster (1958), Foster (1965), Adolfo María (1966), López Vargas (1995), Saravia Miranda (1996), Serrano & Terán (1998 [2000]).
Hierba. Nativa. Zonas Bajas, Andes. Campos Cerrados, Sabanas Benianas del Norte, Sabanas Benianas del Sur, Campos Amazónicos, Yungas, Bosque Tucumano-Boliviano, Valles Secos, 0–2500 m.
Dept.: BE, CH, CO, LP, SC, TA.
Muestra: *S.G. Beck 11072* (GENT, LPB, SI).
Infra: *Bulbostylis juncoides* var. *juncoides*, *Bulbostylis juncoides* var. *ampliceps* Kük. ex Osten, *Bulbostylis juncoides* var. *lorentzii* (Boeckeler) Kük. ex Osten

Bulbostylis lagoensis (Boeckeler) A. Prata & M.G. López, Kew Bull. 56(4): 1008. 2001.
Sin.: *Scirpus lagoensis* Boeckeler
Hierba. Nativa. Zonas Bajas. Campos Cerrados, 0–500 m.
Dept.: SC.
Muestra: *M.H. Nee 39639* (MO, NY).

Bulbostylis loefgrenii (Boeckeler) A. Prata & M.G. López, Kew Bull. 56(4): 1008. 2001.
Sin.: *Scirpus loefgrenii* Boeckeler
Hierba. Nativa. Andes. Yungas, 1000–2000 m.
Dept.: LP.
Muestra: *R.S. Williams 897* (K).

Bulbostylis micans Lindm., Bih. Kongl. Svenska Vetensk.-Akad. Handl. 26(3, 9): 17, pl. 3, f. 1. 1900.
Hierba. Nativa. Andes. Valles Secos, 2000–3500 m.
Dept.: CH, CO, LP, TA.
Muestra: *S.G. Beck 7460* (LPB, SI, VDB).

Bulbostylis paradoxa (Spreng.) Lindm., Bih. Kongl. Svenska Vetensk.-Akad. Handl. 26(Afd. 3,9): 17. 1900.
Sin.: *Schoenus paradoxus* Spreng., *Oncostylis paradoxa* (Spreng.) Nees
Ref.: Lasser & Maguire (1950), Foster (1965), Killeen & Schulenberg (1998), Wood et al. (2011).
Hierba. Nativa. Zonas Bajas, Andes. Campos Cerrados, Sabanas Benianas del Norte, Campos Amazónicos, Yungas, 0–2000 m.
Dept.: BE, LP, SC.
Muestra: *W. Hanagarth & C. Rosales 227* (LPB).

Bulbostylis schomburgkiana (Steud.) M.T. Strong, Brittonia 45(3): 162. 1993.
Sin.: *Fimbristylis schomburgkiana* Steud.
Ref.: Kral (1998).
Hierba. Nativa. Zonas Bajas. Campos Cerrados, 500–1000 m.
Dept.: SC.
Muestra: *J.R.I. Wood et al. 24350* (K, LPB, USZ).

Bulbostylis sphaerocephala (Boeckeler) Lindm., Bih. Kongl. Svenska Vetensk.-Akad. Handl. 26(9): 18. 1901.
Sin.: *Scirpus sphaerocephalus* Boeckeler, *Bulbostylis sphaerocephala* (Boeckeler) C.B. Clarke
Ref.: Foster (1958), Foster (1965), Guaglianone et al. (1996), Schulenberg & Awbrey (1997), Killeen & Schulenberg (1998), López (2007).
Hierba. Nativa. Zonas Bajas, Andes. Campos Cerrados, Yungas, Bosque Tucumano-Boliviano, 0–1000, 2000–2500 m.
Dept.: CH, LP, SC, TA.
Muestra: *B. Mostacedo et al. 1753* (GENT, LPB, MO, USZ).
Infra: *Bulbostylis sphaerocephala* var. *macrocephala* Kük. ex Osten

Bulbostylis sphaerolepis (Boeckeler) C.B. Clarke, Bull. Herb. Boissier, sér. 2 3: 1018. 1903.
Sin.: *Scirpus sphaerolepis* Boeckeler, *Bulbostylis scabra* fo. *evolutior* Lindm., *Bulbostylis major* Palla, *Bulbostylis closii* Barros, *Bulbostylis sphaerolepis* (Boeckeler) Beetle
Ref.: Foster (1958), López et al. (2007).
Hierba. Nativa. Zonas Bajas, Andes. Bosque Seco Chaqueño, Campos Cerrados, Yungas, Valles Secos, 500–2500 m.
Dept.: CH, LP, SC.
Muestra: *S.G. Beck 17191* (K, LPB, M, NY, SI, USZ, VDB).
Nota: Sinonimia según M.G. López (com. pers.).

Bulbostylis stenocarpa Kük., Bot. Jahrb. Syst. 56(Beibl. 125): 15. 1921.
Sin.: *Bulbostylis papillosa* Kük.
Ref.: Foster (1958), Foster (1965), Strong & Acevedo-Rodríguez (2005), López (2006).
Hierba. Nativa. Zonas Bajas, Andes. Campos Cerrados, Campos Amazónicos, Yungas, 0–1000, 1500–2500 m.
Dept.: BE, LP, SC.
Muestra: *J.C. Solomon 18834* (LPB, MO).

Bulbostylis subtilis M.G. López, Novon 17(4): 500–502, f. 3. 2007.
Hierba. Nativa. Andes. Yungas, 1500–2000 m.
Dept.: LP.
Muestra: *J.C. Solomon 18914* (MO).

Bulbostylis svensoniana Steyerm., Fieldiana, Bot. 28(1): 37, f. 5A. 1951.
Ref.: López (2006).
Hierba. Nativa. Zonas Bajas. Campos Cerrados, 0–500 m.
Dept.: SC.
Muestra: *V.G. Solís Neffa et al. 1742* (CTES, LPB).

Bulbostylis tenuifolia (Rudge) J.F. Macbr., Publ. Field Mus. Nat. Hist., Bot. Ser. 11(1): 5. 1931.
Sin.: *Scirpus tenuifolius* Rudge
Ref.: Foster (1958), Foster (1965), Kral (1998).
Hierba. Nativa. Zonas Bajas, Andes. Campos Cerrados, Valles Secos, 500–1000, 2000–3000 m.
Dept.: LP, SC.

Muestra: *T.B. Miranda et al. 551* (LPB, MA, MO).

Bulbostylis truncata (Nees) M.T. Strong, Brittonia 45(2): 165. 1993.
Sin.: *Oncostylis truncata* Nees
Ref.: Killeen & Schulenberg (1998), Kral (1998).
Hierba. Nativa. Zonas Bajas. Campos Cerrados, 0–500 m.
Dept.: SC.
Muestra: *T. Killeen 2176* (F, LPB, US).

Bulbostylis vestita (Kunth) C.B. Clarke, Symb. Antill. 2: 87. 1900.
Sin.: *Isolepis vestita* Kunth
Ref.: Adams (1994g), Kral (1998).
Hierba. Nativa. Andes. Yungas, 1000–2000 m.
Dept.: LP, SC.
Muestra: *J.M. Mendoza & D. Vidal 1251* (K, LPB, USZ).

Calyptrocarya Nees, Linnaea 9(3): 304. 1834.
3 especies, 0 especies endémicas.

Calyptrocarya bicolor (H. Pfeiff.) T. Koyama, Mem. New York Bot. Gard. 17(1): 43. 1967.
Sin.: *Becquerelia bicolor* H. Pfeiff.
Nota: Esperada.

[Calyptrocarya fragifera (Rudge) Nees], Linnaea 9(3): 304. 1834.
Sin.: *Schoenus fragifer* Rudge
Ref.: Foster (1958), Foster (1965).
Nota: El registro se basa en material mal identificado de *C. glomerulata*.

Calyptrocarya glomerulata (Brongn.) Urb., Symb. Antill. 2: 169. 1900.
Sin.: *Becquerelia glomerulata* Brongn.
Ref.: Foster (1958), Foster (1965), Killeen & Schulenberg (1998), Kral et al. (2001).
Hierba. Nativa. Zonas Bajas. Bosque Húmedo, 0–500 m.
Dept.: BE, CO, LP, PA, SC.
Muestra: *S.G. Beck 8066* (K, LPB, M, NY, SI, USZ).

Calyptrocarya luzuliformis T. Koyama, Mem. New York Bot. Gard. 17(1): 44. 1967.
Ref.: Killeen & Schulenberg (1998), Kral et al. (2001).
Hierba. Nativa. Zonas Bajas. Bosque Húmedo, Campos Cerrados, Sabanas Benianas del Norte, 0–500 m.
Dept.: SC.
Muestra: *N.P. Ritter et al. 3566* (LPB, MO, NHA, USZ).

Calyptrocarya poeppigiana Kunth, Enum. Pl. 2: 364, f. 10a–h. 1837.
Ref.: Killeen & Schulenberg (1998).
Hierba. Nativa. Zonas Bajas. Bosque Húmedo, 0–500 m.
Dept.: SC.
Muestra: *N.P. Ritter & P.F. Foster 2390* (GENT, MO, NHA, USZ).

Carex L., Sp. Pl. 2: 972. 1753.
35 especies, 5 especies endémicas.

Carex acutata Boott, Trans. Linn. Soc. London 20: 124. 1846.
Hierba. Nativa. Andes. Páramo Yungueño, 3500–4000 m.
Dept.: LP.
Muestra: *M.A. Lewis 38535* (LPB, MO).

Carex beckii G.A. Wheeler, Darwiniana 40(1–4): 201, 203, f. 1, 3A–B. 2002.
Ref.: Wheeler (2002a).
Hierba. Endémica. Andes. Yungas, 1500–2000 m.
Dept.: LP.
Tipo: *S.G. Beck 17524* (HT: MIN; IT: LPB).
Nota: Conocida solamente del tipo.

Carex boliviensis Van Heurck & Müll. Arg., Observ. Bot. 1: 32. 1870.
Sin.: *Carex lorentziana* Griseb., *Carex galbana* L.H. Bailey
Ref.: Kükenthal (1909), Foster (1958), Foster (1965), Adolfo María (1966), Reznicek & González Elizondo (2001).
Hierba. Nativa. Andes, Altiplano. Páramo Yungueño, Puna Húmeda, 3000–4500 m.
Dept.: CO, LP, TA.
Tipo y muestra: *G. Mandon 1428* (HT: G; IT: GH, MICH, NY, P, US), *J.C. Solomon 17297* (LPB, MIN, MO).
Infra: *Carex boliviensis* subsp. *boliviensis*

Carex bonariensis Desf. ex Poir., Encycl., Suppl. 3: 250. 1813.
Ref.: Barros (1960), Serrano & Terán (1998 [2000]), Hoff Silveira & Longhi-Wagner (2012).
Hierba. Nativa. Andes. Bosque Tucumano-Boliviano, 2000–3000 m.
Dept.: CH, SC, TA.
Muestra: *S.G. Beck & M. Liberman 16175* (LPB, MICH).

Carex bonplandii Kunth, Enum. Pl. 2: 380–381. 1837.
Ref.: Kükenthal (1909), Foster (1958), Foster (1965).
Hierba. Nativa. Andes. Yungas, Páramo Yungueño, 3000–3500 m.
Dept.: CO, LP, SC.
Muestra: *J.C. Solomon 14913* (LPB, MIN, MO).

Carex brachycalama Griseb., Symb. Fl. Argent. 24: 315. 1879.
Ref.: Wheeler (1988).
Hierba. Nativa. Andes, Altiplano. Páramo Yungueño, Puna Húmeda, 3500–4000 m.
Dept.: LP.
Muestra: *S.G. Beck 2474* (LPB, MIN, NY).

Carex brehmeri Boeckeler, Allg. Bot. Z. Syst. 190. 1896.
Sin.: *Carex goodenowii* var. *stolonifera* (Hoppe) Asch., *Carex decidua* var. *brehmeri* (Boeckeler) Kük.
Ref.: Boeckeler (1896), Kükenthal (1909), Foster (1958), Foster (1965).
Hierba. Nativa. Andes. Valles Secos, 3000–3500 m.
Dept.: LP.
Tipo: *G. Mandon 1427* (HT: B; IT: GH).
Nota: Conocida en Bolivia solamente del tipo.

Carex chordalis Liebm., Mexic. Halvgr. 269. 1850.
Sin.: *Carex jamesonii* var. *chordalis* (Liebm.) Kük.
Ref.: Camelbeke (1999).
Hierba. Nativa. Andes. Yungas, 1500–2000 m.
Dept.: LP.
Muestra: *J.C. Solomon 12546* (LPB, MIN, MO).

Carex collumanthus (Steyerm.) G.A. Wheeler, Syst. Bot. 14(1): 37–42. 1989.
Sin.: *Vesicarex collumanthus* Steyerm.
Ref.: Wheeler (2002b).
Hierba. Nativa. Altiplano. Puna Húmeda, Puna Seca, 4000–5000 m.
Dept.: LP, PO.
Muestra: *B. Ruthsatz 10200* (LPB, MIN).

Carex crassiflora Kük., Pflanzenr. IV. 20(Heft 38): 403. 1909.
Ref.: Wheeler & Beck (2011).
Hierba. Nativa. Andes. Bosque Tucumano-Boliviano, Valles Secos, 3500–4000 m.
Dept.: TA.
Muestra: *S.G. Beck 27383* (LPB, MIN).

Carex ecuadorica Kük., Bot. Jahrb. Syst. 34(78): 7. 1904.
Ref.: Wheeler (1996b).
Hierba. Nativa. Andes, Altiplano. Páramo Yungueño, Puna Húmeda, 3500–4500 m.
Dept.: LP.
Muestra: *S.G. Beck 261* (LPB, M, MIN, NY, SI).

Carex enneastachya C.B. Clarke, Bull. Misc. Inform., Addit. Ser. 8: 70. 1908.
Sin.: *Carex azuayae* Steyerm.
Ref.: Wheeler (1998).
Hierba. Nativa. Andes. Páramo Yungueño, 3500–4000 m.
Dept.: LP.
Muestra: *S.G. Beck & B. Ruthsatz 21499* (BOLV, CHSC, HSB, LPB, M, MICH, MIN, SI).

Carex fecunda Steud., Syn. Pl. Glumac. 2: 194. 1855.
Ref.: Kükenthal (1909), Foster (1958), Foster (1965), Reznicek (1990).
Hierba. Nativa. Andes, Altiplano. Yungas, Páramo Yungueño, Puna Húmeda, 2500–3500 m.
Dept.: CO, LP, SC.
Muestra: *J.C. Solomon 17303* (LPB, MO, NY).

Carex gayana E. Desv., Fl. Chil. 6: 205, t. 73, f. 3. 1853 [1854].
Sin.: *Carex nitens* Phil.
Ref.: Guaglianone et al. (1996), Guaglianone et al. (2009).
Hierba. Nativa. Altiplano. Puna Húmeda, 4000–4500 m.
Dept.: LP.
Muestra: *E. Asplund 1958* (UPS).

Carex hypsipedos C.B. Clarke, Bot. Jahrb. Syst. 37: 518. 1906.
Sin.: *Carex umbellata* var. *depressa* Kük., *Carex phalaroides* var. *parvula* R. Gross
Ref.: Wheeler (1988).
Hierba. Nativa. Andes, Altiplano. Páramo Yungueño, Puna Húmeda, 2500–4500 m.
Dept.: LP.
Muestra: *M. Liberman 1094* (LPB, MICH).

Carex jamesonii Boott, Proc. Linn. Soc. Lond. 1: 258. 1845.
Ref.: Kükenthal (1910), Foster (1958), Foster (1965).
Hierba. Nativa. Andes. Yungas, elevación desconocida.
Dept.: LP.
Muestra: *M. Bang 2376* p.p. (B, GH, US).
Infra: *Carex jamesonii* var. *subfulva* Kük.
Nota: Conocido en Bolivia solamente por la muestra citada, el tipo de la variedad.

Carex lapazensis C.B. Clarke, Bull. Misc. Inform., Addit. Ser. 8: 76. 1908.
Ref.: Clarke (1908), Foster (1958).
Hierba. Endémica. Andes. Yungas, 2500–3000 m.
Dept.: LP.
Tipo: *R.W. Pearce s.n.* (HT: K).
Nota: Conocida solamente del tipo.

Carex macloviana d'Urv., Fl. Iles Malouin. 28. 1825.
Ref.: Wheeler (2009).
Hierba. Nativa. Andes. Valles Secos, 2000–2500 m.
Dept.: CH.
Muestra: *M. Cárdenas 5075* p.p. (no localizada).
Nota: Determinacion no confirmada.

Carex macrorrhiza Boeckeler, Beitr. Cyper. 1: 43. 1888.
Ref.: Wheeler (2006), Wheeler (2009).
Hierba. Nativa. Altiplano. Puna Húmeda, 3500–4000 m.
Dept.: CO, LP, OR.
Muestra: *S.G. Beck 14045* (K, LPB, M, MICH, NY, SI).

Carex mandoniana Boeckeler, Allg. Bot. Z. Syst. 2: 174. 1896.
Ref.: Boeckeler (1896), Foster (1958).
Hierba. Nativa. Andes, Altiplano. Yungas, Puna Húmeda, 3000–4500 m.
Dept.: LP.
Tipo y muestra: *G. Mandon 1429* (HT: B destr.; IT: G, GH, K, MICH, NY, NY, NY), *S.G. Beck et al. 21880* (BOLV, K, LPB, M, MICH, MIN, SI).
Nota: El nombre no ha sido lectotipificado y el tipo es una colección mixta.

Carex maritima Gunnerus, Fl. Norveg. 2: 131. 1772.
Sin.: *Carex incurva* Lightf., *Carex melanocystis* E. Desv., *Carex psammogaea* Steud., *Carex misera* Phil., *Carex melanocystis* var. *misera* Kük., *Carex incurva* var. *melanocystis* (E. Desv.) Kük., *Carex incurva* var. *misera* Kük., *Carex maritima* var. *melanocystis* (E. Desv.) Fernald, *Carex maritima* var. *misera* Fernald, *Carex ruthsatzae* G.A. Wheeler
Ref.: Guaglianone et al. (1996), Guaglianone et al. (2009), Wheeler (2009), Beck et al. (2010).
Hierba. Nativa. Altiplano. Puna Húmeda, Puna Seca, 4000–5000 m.
Dept.: LP, OR, PO.
Muestra: *B. Ruthsatz & Vogt 10449* (LPB, MIN).

Carex microglochin Wahlenb., Kongl. Vetensk. Acad. Nya Handl. 24(2): 140. 1803.
Ref.: Wheeler & Guaglianone (2003), Wheeler (2009).
Hierba. Nativa. Altiplano. Puna Húmeda, 4000–4500 m.
Dept.: CO, LP.
Muestra: *B. Ruthsatz & S. Budde 10259* (LPB, MIN).

[Carex nebularum Phil.], Anales Univ. Chile 93: 492. 1896.
Ref.: Foster (1958), Foster (1965).
Nota: El registro se basa en material mal identificado de *C. macrorrhiza*. *C. nebularum* es nativa de Argentina y Chile.

Carex obtusisquama (R. Gross) G.A. Wheeler & S. Beck, Revista Soc. Boliv. Bot. 5(1): 48. 2011.
Sin.: *Carex pichinchensis* var. *obtusisquama* R. Gross
Ref.: Gross (1938), Foster (1958), Foster (1965).
Hierba. Endémica. Andes, Altiplano. Páramo Yungueño, Puna Húmeda, 3000–3500 m.
Dept.: CO.
Tipo y muestra: *M. Cárdenas 3204* (HT: B destr.?; LT: LIL), *M.C. Ramírez 200* (BOLV, LPB).

Carex ownbeyi G.A. Wheeler, Darwiniana 40(1–4): 200–201, f. 1, 2C–D. 2002.
Hierba. Endémica. Altiplano. Bosque de *Polylepis*, 3500–4000 m.
Dept.: CO.
Tipo y muestra: *I. Hensen 731* (HT: MIN; IT: LPB), *I. Hensen 626* (LPB, MIN).
Nota: Conocido solamente de la localidad tipo.

Carex perprava C.B. Clarke, Bull. Misc. Inform., Addit. Ser. 8: 76. 1908.
Ref.: Clarke (1908), Foster (1958).
Hierba. Endémica. Andes. Yungas, Páramo Yungueño, Valles Secos, 3000–4000 m.
Dept.: LP.
Tipo y muestra: *R.W. Pearce s.n.* (HT: K), *J.C. Solomon 17502* (LPB, MIN, MO).

[Carex peucophila Holm], Contr. U.S. Natl. Herb. 8(4): 290, t. 63, f. a–i. 1905.
Sin.: *Carex pinetorum* Willd. ex Schltdl.
Ref.: Foster (1958).
Nota: El registro se basa en material mal identificado de *C. mandoniana* o *C. bonplandii*.

Carex phalaroides Kunth, Enum. Pl. 2: 482. 1837.
Sin.: *Carex moesta* Kunth
Ref.: Kükenthal (1909), Foster (1958), Barros (1960), Foster (1965), Adolfo María (1966).
Hierba. Nativa. Andes, Altiplano. Bosque Tucumano-Boliviano, Páramo

Yungueño, Puna Húmeda, Bosque de *Polylepis*, 2000–2500, 3500–4500 m.
Dept.: CO, LP, OR, TA.
Muestra: *B. Ruthsatz 1548* (LPB, MIN).
Infra: *Carex phalaroides* var. *macella* Kük., *Carex phalaroides* var. *elongata* Kük., *Carex phalaroides* var. *moesta* (Kunth) Kük.

Carex pichinchensis Kunth, Nov. Gen. Sp. (quarto ed.) 1: 233–234. 1815 [1816].
Ref.: Gross (1938), Foster (1958), Foster (1965), Wheeler & Beck (2011).
Hierba. Nativa. Andes, Altiplano. Yungas, Páramo Yungueño, Puna Húmeda, 3000–4500 m.
Dept.: CO, LP.
Muestra: *S.G. Beck 21775* (HSB, LPB, M, MICH, MIN, SI).
Infra: *Carex pichinchensis* var. *pichinchensis*

[Carex pinetorum Liebm.], Mexic. Halvgr. 263. 1850.
Ref.: Foster (1958).
Nota: El registro se basa en material mal identificado de *C. mandoniana* o *C. bonplandii*.

Carex polystachya Sw. ex Wahlenb., Kongl. Vetensk. Acad. Nya Handl. 24: 149. 1803.
Sin.: *Carex cladostachya* Wahlenb., *Carex cladostachya* var. *maxima* Kük., *Carex bonariensis* var. *rupicola* Pedersen, *Carex rupicola* (Pedersen) G.A. Wheeler
Ref.: Kükenthal (1909), Foster (1965), Guaglianone et al. (2008).
Hierba. Nativa. Andes. Yungas, 1000–2500 m.
Dept.: LP, SC.
Muestra: *S.G. Beck 18192* (LPB, M, MIN, MO, SI).

Carex polysticha Boeckeler, Vidensk. Meddel. Dansk Naturhist. Foren. Kjøbenhavn 1869: 157. 1869.
Sin.: *Carex loefgreni* Boeckeler, *Carex pseudocyperus* subsp. *platygluma* C.B. Clarke, *Carex pseudocyperus* var. *polysticha* (Boeckeler) Kük.
Ref.: Wheeler (2009), Hoff Silveira & Longhi-Wagner (2012).
Hierba. Nativa. Zonas Bajas, Andes. Bosque Húmedo, Bosque Tucumano-Boliviano, 0–500, 2000–2500 m.
Dept.: CH, CO, SC.
Muestra: *J.R.I. Wood 9084* (K, LPB).
Nota: Crece en pantanos, borde de arroyos y ríos.

Carex purdiei Boott, Ill. Gen. Carex 1: 26, t. 67. 1858.
Sin.: *Carex peruvida* G.A. Wheeler
Ref.: Wheeler (2002a).
Hierba. Nativa. Andes, Altiplano. Yungas, Páramo Yungueño, Puna Húmeda, 2000–4000 m.
Dept.: CO, LP.
Muestra: *S.G. Beck 21763* (LPB, MIN).

Carex pygmaea Boeckeler, Linnaea 40: 379. 1876.
Ref.: Chater (1994), Luteyn (1999), Wheeler & Beck (2011).
Hierba. Nativa. Andes, Altiplano. Páramo Yungueño, Puna Húmeda, 3500–4000 m.
Dept.: CH, LP.
Muestra: *S.G. Beck 21874* (LPB, MIN).

Carex sellowiana Schltdl., Linnaea 10: 117. 1835.
Sin.: *Carex sellowiana* var. *tenuis* Boeckeler
Ref.: Wheeler & Beck (2011), Hoff Silveira & Longhi-Wagner (2012).
Hierba. Nativa. Andes. Bosque Tucumano-Boliviano, 1000–1500 m.
Dept.: TA.
Muestra: *J.C. Solomon 11308* (LPB, MO).

[Carex stolonifera Hoppe], Deutschl. Fl., Abt. I, Phanerog. 7: 6. 1835.
Ref.: Foster (1958).
Nota: El registro se basa en material mal identificado de *C. brehmeri*.

Carex subandrogyna G.A. Wheeler & Guagl., Hickenia 3(41): 163–166, f. 1. 2003.
Ref.: Wheeler (2006).
Hierba. Nativa. Andes. Bosque Tucumano-Boliviano, 2000–2500 m.
Dept.: CH, CO, TA.
Muestra: *M. Liberman 1615* (LPB, MIN).

Carex uruguensis Boeckeler, Bot. Jahrb. Syst. 7: 277. 1886.
Ref.: Camelbeke (1999), Hoff Silveira & Longhi-Wagner (2012).
Hierba. Nativa. Andes. Bosque Serrano Chaqueño, 2000–2500 m.
Dept.: CH, TA.
Muestra: *J.R.I. Wood 8877* (LPB, MIN).

Carex vallis-pulchrae Phil., Anales Univ. Chile 93: 487. 1896.
Sin.: *Carex castellanosii* Barros
Ref.: Wheeler (1987), Wheeler (2009), Wheeler & Beck (2011).
Hierba. Nativa. Altiplano. Puna Húmeda, 4000–4500 m.
Dept.: OR.
Muestra: *B. Ruthsatz & S. Budde 10220* (LPB, MIN).
Infra: *Carex vallis-pulchrae* var. *barrosiana* G.A. Wheeler

Cladium P. Browne, Civ. Nat. Hist. Jamaica 114. 1756.
2 especies, 0 especies endémicas.

Cladium jamaicense Crantz, Inst. Rei Herb. 1: 362. 1766.
Ref.: Foster (1958), Foster (1965), Kral et al. (2001), Guaglianone et al. (2008).
Hierba. Nativa. Zonas Bajas. Bosque Húmedo, Bosque Semideciduo Chiquitano, 0–1000 m.
Dept.: CH, SC.
Muestra: *M.H. Nee 37863* (LPB, MO, NY).

Cladium mariscus (L.) Pohl, Tent. Fl. Bohem. 1: 32. 1809.
Sin.: *Schoenus mariscus* L.
Ref.: Foster (1958), Foster (1965).
Hierba. Nativa. Zonas Bajas. Bosque Húmedo, Bosque Semideciduo Chiquitano, 0–1000 m.
Dept.: SC.
Muestra: *J. Steinbach 3007* (GH).
Infra: *Cladium mariscus* var. *ferruginescens* Kük.

Cyperus L., Sp. Pl. 1: 44. 1753.
77 especies, 0 especies endémicas.

Cyperus affinis Roem. & Schult., Syst. Veg. 2: 213. 1817.
Sin.: *Papyrus comosa* Willd.
Hierba. Nativa. Zonas Bajas. Sabanas Benianas del Sur, 0–500 m.
Dept.: BE.
Muestra: *M. Moraes R. et al. 1400* (EIU, LPB).

Cyperus aggregatus (Willd.) Endl., Cat. Horti Vindob. 1: 93. 1842.
Sin.: *Mariscus aggregatus* Willd., *Kyllinga cayennensis* Lam., *Mariscus flavus* Vahl, *Mariscus aggregatus* Willd., *Cyperus flavus* J. Presl & C. Presl, *Cyperus flavus* (Vahl) Nees, *Cyperus cayennensis* (Lam.) Britton, *Cyperus flavus* var. *aggregatus* (Willd.) Kük., *Cyperus flavus* var. *gigas* (Lindm.) Kük., *Cyperus retrorsus* var. *australis* (Lindm.) Kük.
Ref.: Foster (1958), Tucker (1985), Adams (1994a), Tucker (1994), Killeen & Schulenberg (1998), Hefler (2010).
Hierba. Nativa. Zonas Bajas, Andes. Bosque Húmedo, Campos Cerrados, Campos Amazónicos, Yungas, 0–1000, 2000–2500 m.
Dept.: BE, CO, LP, PA, SC.
Muestra: *N.P. Ritter 3811* (LPB, MO).

Cyperus amabilis Vahl, Enum. Pl. 2: 318. 1805.
Ref.: Tucker (1994).
Hierba. Nativa. Zonas Bajas. Campos Cerrados, 0–500 m.
Dept.: SC.
Muestra: *B. Bruderreck 348* (LPB).

Cyperus andinus Palla ex Kük., Pflanzenr. IV: 310, (20 Heft 101, 2). 1936.
Ref.: Foster (1958), Guaglianone et al. (1996).
Hierba. Nativa. Andes, Altiplano. Valles Secos, Puna Húmeda, Puna Seca, Bosque de *Polylepis*, 3000–4500 m.
Dept.: CO, LP, OR, PO, TA.
Tipo y muestra: *M. Bang 995* (GH), *E. Bastian 618* (LPB, SI).

Cyperus articulatus L., Sp. Pl. 1: 44. 1753.
Sin.: *Cyperus corymbosus* Rottb., *Cyperus nodosus* Humb. & Bonpl. ex Willd., *Cyperus subnodosus* Nees & Meyen, *Cyperus corymbosus* var. *subnodosus* (Nees & Meyen) Kük., *Cyperus corymbosus* var. *subnodosus* (Nees & Meyen) Kük. ex Osten, *Cyperus articulatus* var. *nodosus* (Humb. & Bonpl. ex Willd.) Kük.
Ref.: Foster (1958), Tucker (1983), Adams (1994a), Tucker (1994).
Hierba, acuática. Nativa. Zonas Bajas, Andes. Bosque Húmedo, Sabanas Benianas del Norte, Sabanas Benianas del Sur, Campos Amazónicos, Valles Secos, 0–500, 1500–2000 m.
Dept.: LP, SC, TA.
Muestra: *B. Mostacedo et al. 460* (MO).

Cyperus bipartitus Torr., Ann. Lyceum Nat. Hist. New York 3: 257. 1836.
Sin.: *Cyperus rivularis* Kunth, *Cyperus lagunetto* Steud., *Pycreus lagunetto* (Steud.) C.B. Clarke, *Pycreus bipartitus* (Torr.) C.B. Clarke, *Cyperus rivularis* subsp. *lagunetto* (Steud.) Kük., *Cyperus rivularis* var. *lagunetto* (Steud.) O'Neill
Ref.: Foster (1958), Tucker (1983), Tucker (1994), Guaglianone et al. (2009).
Hierba. Nativa. Andes. Yungas, Bosque Tucumano-Boliviano, 1500–3000 m.
Dept.: CO, LP, SC, TA.
Muestra: *M.H. Nee et al. 36205* (LPB, NY).

Cyperus camphoratus Liebm., Mexic. Halvgr. 28. 1850.
Ref.: Foster (1958), Tucker (1986), Adams (1994a).
Hierba. Nativa. Zonas Bajas. Sabanas Benianas del Sur, 0–500 m.
Dept.: BE.
Muestra: *J.C. Solomon 14767* (LPB, MO).
Infra: *Cyperus camphoratus* var. *boliviensis* Kük.

Cyperus celluloso-reticulatus Boeckeler, Allg. Bot. Z. Syst. 1: 202. 1895.
Ref.: Barros (1960), Denton (1978), Araujo & Longhi-Wagner (1996).
Hierba, acuática. Nativa. Zonas Bajas. Sabanas Benianas del Sur, 0–500 m.
Dept.: BE.
Muestra: *M.R. Orellana & S.G. Beck 37* (EIU, LPB).

Cyperus chalaranthus J. Presl & C. Presl, Reliq. Haenk. 1(3): 177, t. 32, f. 1. 1828.
Sin.: *Cyperus diffusus* subsp. *chalaranthus* (J. Presl & C. Presl) Kük.
Hierba. Nativa. Zonas Bajas, Andes. Bosque Húmedo, Yungas, Bosque Tucumano-Boliviano, 0–1500 m.
Dept.: CH, CO, LP, PA, SC, TA.
Muestra: *N.P. Ritter et al. 3285* (LPB, MO).

Cyperus compressus L., Sp. Pl. 1: 46. 1753.
Ref.: Foster (1958), Tucker (1983), Adams (1994a), Tucker (1994).
Hierba. Nativa. Zonas Bajas. Sabanas Benianas del Sur, 0–1000 m.
Dept.: BE, LP.
Muestra: *S.G. Beck 3412* (CTES, CUZ, K, LPB, M, MIN, MO, NY, SI, USZ).

Cyperus cornelii-ostenii Kük., Repert. Spec. Nov. Regni Veg. 29: 198. 1931.
Ref.: Kükenthal (1935b), Kükenthal (1936), Tucker (1998).
Hierba. Nativa. Zonas Bajas. Bosque Húmedo, Campos Amazónicos, 0–1000 m.
Dept.: CO, SC.
Muestra: *M.H. Nee 34293* (LPB, MO, NY).

Cyperus costaricensis Gómez-Laur., Phytologia 52(4): 228. 1982.
Ref.: Adams (1994a).
Hierba. Nativa. Andes. Yungas, 2000–2500 m.
Dept.: CO, LP.
Muestra: *O. Buchtien 407* (US).

Cyperus cuspidatus Kunth, Nov. Gen. Sp. (quarto ed.) 1: 204–205. 1815 [1816].
Ref.: Tucker (1994).
Hierba. Nativa. Zonas Bajas. Sabanas Benianas del Sur, 0–500 m.
Dept.: SC.
Muestra: *S.G. Beck 27928* (LPB, M, MO, USZ).

Cyperus digitatus Roxb., Fl. Ind., ed. 1820 1: 205, 209. 1820.
Ref.: Kükenthal (1935b), Kükenthal (1936), Foster (1958), Adams (1994a), Tucker (1994), Hefler & Longhi-Wagner (2012).
Hierba. Nativa. Zonas Bajas, Andes. Bosque Húmedo, Campos Cerrados, Campos Amazónicos, Yungas, 0–1500 m.
Dept.: LP, PA, SC.
Muestra: *N.P. Ritter & P.F. Foster 2411* (MO, NHA, USZ).
Infra: *Cyperus digitatus* var. *obtusifructus* Kük.

Cyperus distans L. f., Suppl. Pl. 103. 1781 [1782].
Ref.: Tucker (1994).
Hierba. Nativa. Andes. Bosque Tucumano-Boliviano, Valles Secos, 500–1500 m.
Dept.: TA.
Muestra: *A.E. Lliully et al. 148* (MO).

Cyperus drummondii Torr. & Hook., Ann. Lyceum Nat. Hist. New York 3: 437; addenda. 1836.
Ref.: Kükenthal (1935b), Kükenthal (1936).
Hierba. Nativa. Zonas Bajas. Bosque Húmedo, Campos Amazónicos, 0–500 m.
Dept.: BE.
Muestra: *H.H. Rusby 1407* (GH, US).

Cyperus eggersii Boeckeler, Beitr. Cyper. 1: 53. 1888.
Sin.: *Torulinium eggersii* (Boeckeler) C.B. Clarke
Hierba. Nativa. Zonas Bajas, Andes. Sabanas Benianas del Sur, Yungas, 0–500, 1000–1500 m.
Dept.: BE.
Muestra: *M. Atahuachi B. 940* (BOL, LPB, MO).

Cyperus elegans L., Sp. Pl. 1: 45–46. 1753.
Ref.: Foster (1958).
Hierba. Nativa. Zonas Bajas. Bosque Húmedo, 0–1000 m.
Dept.: LP, SC.
Muestra: *S.G. Beck 6622* (LPB, NY).

Cyperus entrerianus Boeckeler, Flora 61: 139. 1878.
Sin.: *Cyperus tucumanensis* Boeckeler, *Cyperus luzulae* var. *entrerianus* (Boeckeler) Barros
Ref.: Foster (1958), Tucker (1994),

Guaglianone (1996), Serrano & Terán (1998 [2000]).
Hierba. Nativa. Zonas Bajas, Andes. Bosque Húmedo, Bosque Seco Chaqueño, Campos Cerrados, Yungas, 0–500, 1000–1500 m.
Dept.: BE, CH, CO, SC, TA.
Muestra: *I.G. Vargas 54* (MO, USZ).

Cyperus eragrostis Lam., Tabl. Encycl. 1: 146. 1791.
Sin.: *Cyperus vegetus* var. *obtusangulus* Kuntze
Ref.: Foster (1958), Denton (1978).
Hierba. Nativa. Zonas Bajas, Andes. Campos Cerrados, Bosque Serrano Chaqueño, Valles Secos, 0–1000, 1500–2000 m.
Dept.: CH, CO, SC, TA.
Muestra: *M. Serrano 1129* (HSB, LPB, MO).

Cyperus esculentus L., Sp. Pl. 1: 45. 1753.
Sin.: *Cyperus esculentus* var. *leptostachyus* Boeckeler
Ref.: Foster (1958), Tucker (1983), Adams (1994a), Tucker (1994), Hefler & Longhi-Wagner (2012).
Hierba. Nativa. Zonas Bajas, Andes. Sabanas Benianas del Sur, Yungas, Valles Secos, 0–500, 1000–1500, 2500–3000 m.
Dept.: CO, SC.
Muestra: *M.H. Nee 46135* (LPB, MO, NY).

Cyperus flavescens L., Sp. Pl. 1: 46. 1753.
Sin.: *Pycreus flavescens* (L.) P. Beauv. ex Rchb., *Cyperus piceus* Liebm.
Ref.: Foster (1958), Tucker (1983), Tucker (1994), Serrano & Terán (1998 [2000]).
Hierba. Nativa. Zonas Bajas, Andes. Campos Cerrados, Sabanas Benianas del Sur, Bosque Tucumano-Boliviano, 0–500, 2000–2500 m.
Dept.: CH, SC, TA.
Muestra: *E. Bastian 1240* (LPB, SI).
Infra: *Cyperus flavescens* var. *flavescens*, *Cyperus flavescens* var. *piceus* (Liebm.) Fernald

Cyperus friburgensis Boeckeler, Beitr. Cyper. 2: 2. 1890.
Ref.: Kükenthal (1935b), Kükenthal (1936), Foster (1958), Brako (1993d), Camelbeke (1999).
Hierba. Nativa. Zonas Bajas. Bosque Húmedo, Bosque Semideciduo Chiquitano, Campos Cerrados, Campos Amazónicos, 0–1000 m.
Dept.: LP, PA, SC.
Muestra: *J.C. Solomon 17720* (LPB, MO).

Cyperus gardneri Nees, Fl. Bras. 2(1): 34. 1842.
Ref.: Adams (1994a), Killeen & Schulenberg (1998), Camelbeke (1999).
Hierba. Nativa. Zonas Bajas. Bosque Semideciduo Chiquitano, 0–500 m.
Dept.: SC.
Muestra: *R. Guillén V. 1934* (USZ).

Cyperus giganteus Vahl, Enum. Pl. 2: 364–365. 1805.
Ref.: Foster (1958), Adams (1994a), Tucker (1994), Killeen & Schulenberg (1998), Beck & Sajinés Asturizaga (2006), Hefler & Longhi-Wagner (2012).
Hierba. Nativa. Zonas Bajas. Campos Cerrados, Sabanas Benianas del Sur, 0–500 m.
Dept.: BE, PA, SC, TA.
Muestra: *R. Guillén V. & R. Choré 2335* (MO, USZ).

Cyperus grammicus Kunze ex Kunth, Enum. Pl. 2: 6. 1837.
Sin.: *Pycreus grammicus* (Kunze ex Kunth) C.B. Clarke
Hierba. Nativa. Zonas Bajas. Bosque Húmedo, Bosque Semideciduo Chiquitano, 0–1000 m.
Dept.: SC.
Muestra: *M.H. Nee 33583* (LPB, MO, NY).

Cyperus haspan L., Sp. Pl. 1: 45. 1753.
Sin.: *Cyperus juncoides* Lam., *Cyperus cayennensis* Willd. ex Link, *Cyperus haspan* var. *americanus* Boeckeler, *Cyperus haspan* subsp. *juncoides* (Lam.) Kük.
Ref.: Foster (1958), Parker & Bailey (1991), Adams (1994a), Tucker (1994), Killeen & Schulenberg (1998), Serrano & Terán (1998 [2000]), Beck & Sajinés Asturizaga (2006).
Hierba. Nativa. Zonas Bajas, Andes. Campos Cerrados, Sabanas Benianas del Sur, Yungas, Bosque Tucumano-Boliviano, 0–1500 m.
Dept.: BE, LP, PA, SC.
Muestra: *N.P. Ritter et al. 3415* (LPB, MO).

Cyperus hermaphroditus (Jacq.) Standl., Contr. U.S. Natl. Herb. 18(3): 88. 1916.
Sin.: *Carex hermaphrodita* Jacq., *Cyperus hermaphroditus* var. *condensatus* Kük.
Ref.: Foster (1958), Adams (1994a), Tucker (1994), González et al. (1999), Serrano & Terán (1998 [2000]).
Hierba. Nativa. Zonas Bajas, Andes. Bosque Húmedo, Yungas, Bosque Tucumano-Boliviano, 500–3000 m.
Dept.: CH, CO, LP, PO, SC, TA.
Muestra: *R. Seidel 802* (LPB, M, MIN, NY, SI).

Cyperus hieronymi Boeckeler, Beitr. Cyper. 1: 7. 1888.
Sin.: *Cyperus fiebrigii* Kük., *Cyperus hieronymi* var. *fiebrigii* (Kük.) Kük.
Ref.: Kükenthal (1935b), Foster (1958), Guaglianone et al. (1996).
Hierba. Nativa. Andes. Bosque Tucumano-Boliviano, 1500–3000 m.
Dept.: CH, TA.
Muestra: *J. Gutiérrez R. et al. 486* (HSB, MO).

Cyperus imbricatus Retz., Observ. Bot. 5: 12. 1788.
Ref.: Moraes R. (1990), Adams (1994a), Tucker (1994), Hefler & Longhi-Wagner (2012).
Hierba. Nativa. Zonas Bajas. Bosque Húmedo, 0–500 m.
Dept.: BE, CO, PA.
Muestra: *N. de la Barra 945* (BOLV, MO).

Cyperus incomtus Kunth, Enum. Pl. 2: 39. 1837.
Ref.: Foster (1958), Guaglianone et al. (1996).
Hierba. Nativa. Zonas Bajas. Bosque Húmedo, Bosque Semideciduo Chiquitano, 0–1000 m.
Dept.: CH, LP, SC.
Muestra: *F. Mamani 442* (MO).
Infra: *Cyperus incomtus* var. *dissolutior* Kük., *Cyperus incomtus* var. *miguelli* Kük.

Cyperus involucratus Rottb., Descr. Pl. Rar. 22. 1772.
Hierba. Cultivada. Andes. Yungas, 1500–2000 m.
Dept.: LP.
Muestra: *S.G. Beck et al. 24820* (LPB, MO).

Cyperus iria L., Sp. Pl. 1: 45. 1753.
Ref.: Adams (1994a), Tucker (1994).
Hierba. Naturalizada. Zonas Bajas, Andes. Bosque Húmedo, Bosque Semideciduo Chiquitano, Campos Cerrados, Yungas, 0–1500 m.
Dept.: LP, SC.
Muestra: *J.C. Solomon & B.A. Stein 11715* (LPB, MO).

Cyperus kappleri Hochst. ex Steud., Syn. Pl. Glumac. 2: 38. 1855.
Ref.: Kükenthal (1935a).
Hierba. Nativa. Zonas Bajas. Bosque Húmedo, 0–500 m.
Dept.: PA, SC.
Muestra: *S.G. Beck 19481* (EIU, LPB).
Nota: Disyunto desde las Guianas.

Cyperus laetus J. Presl & C. Presl, Reliq. Haenk. 1(1): 172. 1828.
Sin.: *Cyperus rufidulus* Steud., *Cyperus rufo-ater* Steud. ex Boeckeler, *Cyperus rigens* var. *rufidulus* (Steud.) Kük.
Ref.: Pedersen (1972), Serrano & Terán (1998 [2000]).
Hierba. Nativa. Zonas Bajas, Andes. Sabanas Benianas del Sur, Campos Amazónicos, Yungas, Bosque Tucumano-Boliviano, Valles Secos, 0–500, 2000–3000 m.
Dept.: BE, CH, CO, LP.
Muestra: *M.A. Lewis 35413* (LPB, MO).
Nom. Vern.: Yunguilla.

Cyperus laevigatus L., Mant. Pl. 2: 179. 1771.
Sin.: *Cyperus distachyos* All., *Cyperus laevigatus* var. *distachyos* (All.) Coss. & Durieu, *Cyperus reptans* Boeckeler, *Cyperus laevigatus* fo. *reptans* (Boeckeler) C.B. Clarke, *Juncellus laevigatus* (L.) C.B. Clarke, *Cyperus laevigatus* var. *reptans* (Boeckeler) Kük.
Ref.: Foster (1958), Adolfo María (1966), Adams (1994a), Tucker (1994).
Hierba. Nativa. Zonas Bajas, Andes. Bosque Seco Chaqueño, Valles Secos, 0–1000, 1500–2000, 3000–4000 m.
Dept.: CO, LP, SC, TA.
Muestra: *S.G. Beck 7998A* (BOLV, CHSC, CUZ, K, LPB, M, MIN, NY, SI).

Cyperus lanceolatus Poir., Encycl. 7: 245. 1806.
Sin.: *Cyperus lanceolatus* var. *compositus* J. Presl & C. Presl, *Pycreus lanceolatus* (Poir.) C.B. Clarke
Ref.: Foster (1958), Tucker (1994), Guaglianone (1996), Arroyo Padilla & Villarroel Segarra (2009).
Hierba. Nativa. Zonas Bajas, Andes. Bosque Semideciduo Chiquitano, Campos Cerrados, Bosque Tucumano-Boliviano, 0–500, 1000–1500 m.
Dept.: SC.
Muestra: *M.H. Nee 39618* (LPB, MO, NY).

Cyperus laxus Lam., Tabl. Encycl. 1: 146. 1791.
Sin.: *Cyperus diffusus* Vahl, *Cyperus tolucensis* Kunth, *Cyperus umbrosus* Lindl. ex Nees, *Cyperus diffusus* var. *tolucensis* (Kunth) Kük., *Cyperus diffusus* var. *umbrosus* (Lindl. ex Nees) Kük.
Ref.: Kükenthal (1935b), Foster (1958), Parker & Bailey (1991), Adams (1994a), Tucker (1994), Schulenberg & Awbrey (1997), Killeen & Schulenberg (1998), Serrano & Terán (1998 [2000]).
Hierba. Nativa. Zonas Bajas, Andes. Bosque Húmedo, Bosque Semideciduo Chiquitano, Sabanas Benianas del Norte, Campos Amazónicos, Bosque Tucumano-Boliviano, 0–1500 m.
Dept.: BE, CH, LP, PA, SC, TA.
Muestra: *A. Araujo M. et al. 393* (AAU, LPB, MO, NY).

Cyperus ligularis L., Syst. Nat. (ed. 10) 2: 867. 1759.
Ref.: Foster (1958), Adolfo María (1966), Adams (1994a), Tucker (1994), Hefler & Longhi-Wagner (2012).
Hierba. Nativa. Zonas Bajas, Andes. Bosque Húmedo, Campos Cerrados, Yungas, 0–500, 2000–2500 m.
Dept.: BE, CO, LP, PA, SC.
Muestra: *M.R. Orellana & S.G. Beck 75* (EIU, LPB).

Cyperus luzulae (L.) Rottb. ex Retz., Observ. Bot. 4: 11. 1786.
Sin.: *Scirpus luzulae* L., *Cyperus bangianus* Gand., *Cyperus entrerianus* var. *parvicapitulatus* Kük.
Ref.: Foster (1958), Moraes R. (1990), Killeen & Schulenberg (1998), Serrano & Terán (1998 [2000]).
Hierba. Nativa. Zonas Bajas. Bosque Húmedo, Sabanas Benianas del Sur, Campos Amazónicos, 0–1000 m.
Dept.: BE, CH, CO, LP, PA, SC, TA.
Muestra: *M. Moraes R. 171* (LPB, M, NY, SI).

Cyperus macrostachyos Lam., Tabl. Encycl. 1: 147. 1791.
Sin.: *Cyperus flavicomus* Michx., *Pycreus albomarginatus* Mart. & Schrad. ex Nees, *Cyperus albomarginatus* (Mart. & Schrad. ex Nees) Steud., *Pycreus macrostachyos* (Lam.) J. Raynal, *Pycreus flavicomus* (Michx.) C.D. Adams
Ref.: Foster (1958), Tucker (1994), Guaglianone et al. (1996).
Hierba. Nativa. Zonas Bajas. Campos Cerrados, Sabanas Benianas del Sur, 0–500 m.
Dept.: BE, SC.
Muestra: *M.H. Nee 33979* (LPB, MO, NY).

Cyperus manimae Kunth, Nov. Gen. Sp. (quarto ed.) 1: 209. 1815 [1816].
Sin.: *Cyperus phaeocephalus* Griseb., *Cyperus phaeocephalus* var. *major* Kük.
Ref.: Foster (1958), Tucker (1984b), Adams (1994a), Tucker (1994), De la Barra (1997).
Hierba. Nativa. Andes, Altiplano. Valles Secos, Puna Seca, 2000–4000 m.
Dept.: CO, LP, PO, TA.
Muestra: *O. Buchtien 9128* (E, GH, HBG, LPB, MO).
Infra: *Cyperus manimae* var. *manimae*

Cyperus megapotamicus Kunth, Enum. Pl. 2: 10. 1837.
Sin.: *Pycreus megapotamicus* (Kunth) Nees
Ref.: Foster (1958), Guaglianone (1996), Guaglianone et al. (1996).
Hierba. Nativa. Zonas Bajas, Andes. Campos Cerrados, Yungas, 500–1000, 1500–2000 m.
Dept.: CO, LP, SC.
Muestra: *M.H. Nee 33795* (LPB, MO, NY).

Cyperus meridionalis Barros, Anales Mus. Argent. Ci. Nat. Bernardino Rivadavia 39: 357. 1938.
Hierba. Nativa. Zonas Bajas. Campos Cerrados, 0–500 m.
Dept.: CO, SC.
Muestra: *N.P. Ritter 3810* (LPB, MO, NHA).

Cyperus meyenianus Kunth, Enum. Pl. 2: 88. 1837.
Sin.: *Cyperus subulatus* R. Br., *Mariscus palustris* Schrad.
Ref.: Macbride (1936d), Foster (1958), Pedersen (1968), Guaglianone et al. (1996).
Hierba. Nativa. Zonas Bajas, Andes. Bosque Húmedo, Campos Amazónicos, Yungas, 0–500, 1500–2000 m.
Dept.: BE, CO, LP, SC.
Muestra: *R. Haase 498* (K, LPB, M, MIN, NY, SI, USZ).

Cyperus miliifolius Poepp. & Kunth, Enum. Pl. 2: 29. 1837.
Sin.: *Cyperus miliifolius* var. *saturatus* (C.B. Clarke) Kük.
Ref.: Foster (1958), Tucker (1983), Adams (1994a).
Hierba. Nativa. Zonas Bajas. Bosque Húmedo, Campos Cerrados, 0–1000 m.
Dept.: CO, LP, SC.
Muestra: *A. Araujo M. et al. 17* (LPB, MO).

Cyperus mutisii (Kunth) Andersson, Galapagos Veg. 53. 1854.
Sin.: *Mariscus mutisii* Kunth
Ref.: Foster (1958), Adams (1994a), Tucker (1994).
Hierba. Nativa. Zonas Bajas, Andes. Bosque Húmedo, Yungas, Bosque Tucumano-Boliviano, 0–500, 1500–2500 m.
Dept.: LP, TA.
Muestra: *M.A. Lewis 882139* (LPB, MO).

Cyperus niger Ruiz & Pav., Fl. Peruv. 1: 47. 1798.
Sin.: *Cyperus melanostachyus* Kunth, *Cyperus lorentzianus* Boeckeler, *Cyperus intricato-ramosus* Boeckeler, *Pycreus melanostachyus* (Kunth) C.B. Clarke, *Pycreus niger* (Ruiz & Pav.) Cufod.
Ref.: Foster (1958), Adolfo María (1966), Tucker (1983), Tucker (1994).
Hierba. Nativa. Altiplano. Puna Húmeda, 3500–4000 m.
Dept.: CO, LP.
Muestra: *M. Liberman 1210* (LPB, NY).
Infra: *Cyperus niger* var. *intricato-ramosus* (Boeckeler) Kük., *Cyperus niger* var. *lorentzianus* (Boeckeler) Kük.

Cyperus ochraceus Vahl, Enum. Pl. 2: 325–326. 1805.
Sin.: *Cyperus ochraceus* var. *excelsior* Kük.
Ref.: Foster (1958), Denton (1978), Adams (1994a), Tucker (1994).
Hierba. Nativa. Zonas Bajas, Andes. Bosque Húmedo, Sabanas Benianas del Sur, Valles Secos, 0–500, 1500–2000, 2500–3000 m.
Dept.: BE, CH, CO, LP, SC.
Muestra: *M.A. Lewis 882151* (LPB, MO).

Cyperus odoratus L., Sp. Pl. 1: 46. 1753.
Sin.: *Cyperus ferax* Rich., *Torulinium ferax* (Rich.) Ham., *Cyperus macrocephalus* Liebm., *Torulinium ferax* (Rich.) Urb., *Torulinium odoratum* (L.) S.S. Hooper
Ref.: Kükenthal (1935b), Kükenthal (1936), Foster (1958), Tucker (1984b), Moraes R. (1990), Adams (1994a), Tucker (1994), Guaglianone (1996), Tucker (1998), Tucker et al. (2002).
Hierba. Nativa. Zonas Bajas, Andes. Campos Cerrados, Sabanas Benianas del Sur, Yungas, 0–500, 1000–1500 m.
Dept.: BE, CH, CO, LP, PA, SC, TA.
Muestra: *M. Moraes R. 317* (LPB, M, NY, SI).

Cyperus pallidicolor (Kük.) G.C. Tucker, Fl. Novo-Galiciana 13: 324. 1993.
Sin.: *Cyperus subambiguus* Kük., *Cyperus subambiguus* var. *pallidicolor* Kük.
Ref.: Brako (1993d).
Hierba. Nativa. Andes. Bosque Tucumano-Boliviano, 1000–1500, 2000–3000 m.
Dept.: CH, LP, TA.
Muestra: *R. Ehrich 358* (LPB, MO, NY).

Cyperus papyrus L., Sp. Pl. 1: 47. 1753.
Hierba. Cultivada. Andes. Yungas, 1000–2000 m.
Dept.: LP.
Muestra: *S.G. Beck 30172* (LPB, MO).

Cyperus pearcei C.B. Clarke, Bull. Misc. Inform., Addit. Ser. 8: 7. 1908.
Ref.: Kükenthal (1935a), Foster (1958), Adolfo María (1966).
Hierba. Nativa. Zonas Bajas, Andes. Bosque Húmedo, Yungas, 0–500, 1500–2000 m.
Dept.: CO, LP, SC.
Tipo y muestra: *M. Bang 2087* (IST: K, US), *M.H. Nee 34312* (LPB, MO, NY).

Cyperus pohlii (Nees) Steud., Syn. Pl. Glumac. 2: 40. 1854.
Sin.: *Papyrus pohlii* Nees
Ref.: Kükenthal (1935b), Hefler & Longhi-Wagner (2012).
Hierba. Nativa. Zonas Bajas, Andes. Bosque Húmedo, Sabanas Benianas del Sur, Bosque Tucumano-Boliviano, 0–500, 1500–2000 m.
Dept.: LP, SC.
Muestra: *M.H. Nee et al. 36207* (LPB, NY).

Cyperus polystachyos Rottb., Descr. Pl. Rar. 21. 1772.
Ref.: Tucker (1994).
Nota: Esperada.

Cyperus prolixus Kunth, Nov. Gen. Sp. (quarto ed.) 1: 206. 1815 [1816].
Ref.: Foster (1958), Adams (1994a), Tucker (1994), González et al. (1999), Hefler & Longhi-Wagner (2012).
Hierba. Nativa. Zonas Bajas, Andes. Bosque Húmedo, Sabanas Benianas del Sur, Yungas, Bosque Tucumano-Boliviano, 0–500, 1500–2000 m.
Dept.: CH, LP, SC, TA.
Muestra: *R. Guillén V. & S. Coria 1576* (MO, USZ).

Cyperus redolens Maury, Mém. Soc. Phys. Genève 31: 126, t. 36. 1889.
Sin.: *Cyperus flavus* subsp. *redolens* (Maury) Osten
Ref.: Foster (1958).
Hierba. Nativa. Andes. Valles Secos, 2000–2500 m.
Dept.: CO.
Muestra: *W. Troll 1323* (B).
Nota: *W. Troll 1323* es la única colección de Bolivia.

Cyperus reflexus Vahl, Enum. Pl. 2: 299. 1805.
Ref.: Foster (1958), Denton (1978), Tucker (1994), Araujo & Longhi-Wagner (1996).
Hierba. Nativa. Andes. Yungas, Bosque Tucumano-Boliviano, 2000–3000 m.
Dept.: CH, LP, TA.
Muestra: *R. Ehrich 367* (LPB, NY).

Cyperus rigens J. Presl & C. Presl, Reliq. Haenk. 1(3): 170. 1828.
Ref.: Hefler & Longhi-Wagner (2012).
Hierba. Nativa. Zonas Bajas, Andes. Sabanas Benianas del Sur, Campos Amazónicos, Bosque Tucumano-Boliviano, 0–500, 2000–2500 m.
Dept.: BE, CH, SC.
Muestra: *S.G. Beck 15725* (LPB, MO).

Cyperus rotundus L., Sp. Pl. 1: 45. 1753.
Ref.: Adams (1994a), Tucker (1994), Guaglianone (1996).
Hierba. Nativa. Zonas Bajas, Andes. Bosque Húmedo, Campos Cerrados, Sabanas Benianas del Sur, Valles Secos, 0–500, 1500–2000 m.
Dept.: BE, SC, TA.
Muestra: *M.H. Nee 40021* (LPB, NY).

Cyperus schomburgkianus Nees, J. Bot. (Hooker) 2: 393. 1840.
Ref.: Adams (1994a).
Hierba. Nativa. Zonas Bajas. Campos Cerrados, 0–500 m.
Dept.: SC.
Muestra: *J.R.I. Wood 17617* (K, LPB, USZ).

Cyperus seslerioides Kunth, Nov. Gen. Sp. (quarto ed.) 1: 209. 1815 [1816].
Ref.: Foster (1958), Adams (1994a), Tucker (1994), López (2000).
Hierba. Nativa. Andes. Bosque Tucumano-Boliviano, Valles Secos, 1500–3000 m.
Dept.: CH, CO, TA.
Muestra: *E. Bastian 277* (LPB, SI).

Cyperus simplex Kunth, Nov. Gen. Sp. (quarto ed.) 1: 207. 1815 [1816].
Ref.: Foster (1958), Adams (1994a), Tucker (1994), Killeen & Schulenberg (1998).
Hierba. Nativa. Zonas Bajas. Bosque Húmedo, 0–1000 m.
Dept.: BE, SC.
Muestra: *N.P. Ritter & M. Garvizu 3116* (LPB, MO, NHA, USZ).

Cyperus spectabilis Link, Hort. Berol. 1: 318. 1827.
Ref.: Tucker (1994).
Hierba. Nativa. Andes. Valles Secos, 2000–3000 m.
Dept.: CH, LP.
Muestra: *J. Cañigueral 917* (LPB).

Cyperus sphacelatus Rottb., Descr. Pl. Rar. 21. 1772.
Ref.: Foster (1958), Adams (1994a), Tucker (1994), Hefler & Longhi-Wagner (2012).
Hierba. Nativa. Zonas Bajas. Campos Cerrados, Sabanas Benianas del Sur, Campos Amazónicos, 0–500 m.
Dept.: BE, CO, LP.
Muestra: *S.G. Beck & R. Haase 10118* (K, LPB, M, MIN, NY, SI, USZ).

Cyperus squarrosus L., Cent. Pl. II 6–7. 1756.
Sin.: *Cyperus aristatus* Rottb., *Cyperus aristatus* var. *inflexus* (Muhl.) Boeckeler ex Kük.
Ref.: Foster (1958), Adams (1994a), Tucker (1994), González et al. (1999).
Hierba. Nativa. Andes. Valles Secos, 1000–1500, 2500–3000 m.
Dept.: CH, TA.
Muestra: *J.R.I. Wood 9576* (HSB, K, LPB, MO).

Cyperus stergiosii G.C. Tucker, Kew Bull. 68(4): 622. 2013.
Hierba. Nativa. Zonas Bajas. Sabanas Benianas del Sur, 0–500 m.
Dept.: BE.
Muestra: *V. Chonono & R. Saavedra 226* (EIU, LPB).

Cyperus surinamensis Rottb., Descr. Pl. Rar. 20. 1772.
Sin.: *Cyperus surinamensis* var. *lutescens* Boeckeler
Ref.: Foster (1958), Adolfo María (1966), Denton (1978), Adams (1994a), Tucker (1994), Beck & Sajinés Asturizaga (2006).
Hierba. Nativa. Zonas Bajas, Andes. Bosque Seco Chaqueño, Campos Cerrados, Sabanas Benianas del Sur, Yungas, 0–1500 m.
Dept.: BE, CO, LP, SC.
Muestra: *B. Mostacedo 979* (MO, USZ).

Cyperus tabina Steud. ex Boeckeler, Linnaea 35: 559. 1868.
Sin.: *Cyperus andreanus* Maury, *Cyperus capitinduensis* Maury, *Cyperus nubigenus* Britton & Standl., *Cyperus andreanus* var. *capitinduensis* (Maury) Kük.
Ref.: Foster (1958), Barros (1960), Adolfo María (1966), Tucker (1983), Adams (1994a), Araujo & Longhi-Wagner (1996).
Hierba. Nativa. Andes. Yungas, Bosque Tucumano-Boliviano, 1000–3500 m.
Dept.: CO, LP, SC, TA.
Muestra: *J.C. Solomon 16413* (EIU, MO).

Cyperus tacnensis Nees & Meyen, Nov. Actorum Acad. Caes. Leop.-Carol. Nat. Cur. 19(Suppl. 1): 64. 1843.
Sin.: *Cyperus rigens* var. *tarijensis* Kük.
Ref.: Foster (1958), Pedersen (1972).
Hierba. Nativa. Andes. Valles Secos, 3000–4000 m.
Dept.: CO, LP, TA.
Muestra: *J. Steinbach 8769* (E, GH, NY).
Infra: *Cyperus tacnensis* var. *tarijensis* (Kük.) Pedersen

Cyperus tenerrimus J. Presl & C. Presl, Reliq. Haenk. 1(3): 166. 1828.
Ref.: Tucker (1994).
Hierba. Nativa. Zonas Bajas. Campos Cerrados, 0–500 m.
Dept.: SC.
Muestra: *B. Bruderreck 119* (K, LPB, M, NY, SI, USZ).

Cyperus tenuis Sw., Prodr. 20. 1788.
Ref.: Tucker (1983), Adams (1994a), López Vargas (1995).
Hierba. Nativa. Zonas Bajas. Sabanas Benianas del Sur, 0–500 m.
Dept.: CO, SC.
Muestra: *R. Guillén V. & R. Choré 3120* (MO, USZ).

Cyperus thyrsiflorus Jungh., Linnaea 6(1): 24–25. 1831.
Ref.: Adams (1994a), Tucker (1994), Tucker (1998).
Hierba. Nativa. Zonas Bajas, Andes. Sabanas Benianas del Sur, Bosque Tucumano-Boliviano, 0–500, 1000–1500 m.
Dept.: CH, SC.
Muestra: *J. Gutiérrez R. 1309* (HSB, MO).

Cyperus uncinulatus Schrad. ex Nees, Fl. Bras. 2(1): 23. 1842.
Ref.: Kükenthal (1935a), Foster (1958), Adams (1994a), Tucker (1994).
Hierba. Nativa. Zonas Bajas, Andes. Bosque Semideciduo Chiquitano, Bosque Seco Chaqueño, Campos Cerrados, Sabanas Benianas del Sur, Valles Secos, 0–1000, 2000–2500 m.
Dept.: BE, CO, SC.
Muestra: *C. Antezana V. 499* (BOLV, MO).

Cyperus unicolor Boeckeler, Vidensk. Meddel. Dansk Naturhist. Foren. Kjøbenhavn 41: 24. 1879.
Ref.: Guaglianone et al. (1996), Kral et al. (2001).
Hierba. Nativa. Zonas Bajas. Bosque Húmedo, 0–500 m.
Dept.: BE, CO, PA.
Muestra: *N. de la Barra 954* (BOLV, MO).

Cyperus unioloides R. Br., Prodr. 216. 1810.
Sin.: *Pycreus unioloides* (R. Br.) Urb.
Ref.: Foster (1958), Tucker (1983), Tucker (1994), Killeen & Schulenberg (1998).
Hierba. Nativa. Zonas Bajas, Andes. Campos Cerrados, Sabanas Benianas del Sur, Campos Amazónicos, Bosque Tucumano-Boliviano, Valles Secos, 0–500, 1500–2500 m.
Dept.: BE, CO, LP, SC, TA.
Muestra: *S.G. Beck 13132* (K, LPB, M, MO, NY, SI, USZ).

Cyperus virens Michx., Fl. Bor.-Amer. 1: 28. 1803.
Ref.: Adams (1994a), Tucker (1994), Killeen & Schulenberg (1998).
Hierba. Nativa. Zonas Bajas. Bosque Húmedo, Sabanas Benianas del Sur, 0–500 m.
Dept.: SC.
Muestra: *T. Killeen et al. 5798* (USZ).

Cyperus xanthostachyus Steud., Flora 25: 600. 1842.
Ref.: Kükenthal (1935b).
Hierba. Nativa. Andes, Altiplano. Valles Secos, Puna Seca, 3000–3500, 4000–4500 m.
Dept.: CO.
Muestra: *J.R.I. Wood & D.J. Goyder 17056* (K, LPB).

Diplacrum R. Br., Prodr. 240. 1810.
2 especies, 0 especies endémicas.

Diplacrum capitatum (Willd.) Boeckeler, Linnaea 38: 435. 1874.
Sin.: *Scleria capitata* Willd.
Ref.: Kearns (1998a).
Hierba. Nativa. Zonas Bajas. Bosque Húmedo, 0–500 m.
Dept.: BE, SC.
Muestra: *J.C. Solomon 7647* (LPB, MO).

Diplacrum longifolium (Griseb.) C.B. Clarke, Consp. Fl. Afr. 5: 669. 1894.
Sin.: *Pteroscleria longifolia* Griseb., *Scleria amphigaea* Raymond
Ref.: Foster (1958), Foster (1965), Adams (1994k), Kral et al. (2001).
Hierba. Nativa. Zonas Bajas. Bosque Húmedo, 0–500 m.
Dept.: CO, PA, SC.
Muestra: *N.P. Ritter & G.E. Crow 2303* (LPB, MO).

Diplasia Rich., Syn. Pl. 1: 70. 1805.
1 especie, 0 especies endémicas.

Diplasia karatifolia Rich., Syn. Pl. 1: 70. 1805.
Ref.: Moraes R. (1990), Parker &

Bailey (1991), Gómez-Laurito (1994).
Hierba. Nativa. Zonas Bajas. Bosque Húmedo, 0–500 m.
Dept.: BE, CO, LP, PA, SC.
Muestra: *M. Moraes R. 243* (LPB, M, NY, SI).

Eleocharis R. Br., Prodr. 1: 224. 1810.

43 especies, 1 especie endémica.

Eleocharis acicularis (L.) Roem. & Schult., Syst. Veg. (ed. 15 bis) 2: 154. 1817.
Sin.: *Scirpus acicularis* L.
Ref.: Svenson (1929).
Hierba. Nativa. Andes. Yungas, Valles Secos, 2000–3500 m.
Dept.: CO, LP, SC.
Muestra: *J.R. Abbott & A. Jardim 17112* (MO, USZ).

Eleocharis acutangula (Roxb.) Schult., Mant. 2: 91. 1824.
Sin.: *Scirpus fistulosus* Poir., *Scirpus acutangulus* Roxb., *Eleocharis fistulosa* Schult.
Ref.: Svenson (1929), Svenson (1939), Foster (1958), Barros (1960), Foster (1965), González Elizondo (1994), Killeen & Schulenberg (1998), Beck & Sajinés Asturizaga (2006), Rosen et al. (2007).
Hierba. Nativa. Zonas Bajas. Campos Cerrados, Sabanas Benianas del Sur, 0–500 m.
Dept.: BE, LP, SC.
Muestra: *M. Franken 124* (K, LPB).
Infra: *Eleocharis acutangula* subsp. *acutangula*, *Eleocharis acutangula* subsp. *breviseta* D.J. Rosen, *Eleocharis acutangula* subsp. *neotropica* D.J. Rosen
Nom. Vern.: Totorilla.

Eleocharis albibracteata Nees & Meyen ex Kunth, Enum. Pl. 2: 143. 1837.
Ref.: Svenson (1929), Foster (1958), Foster (1965), González Elizondo (1994), Serrano & Terán (1998 [2000]), Guaglianone et al. (2009).
Hierba. Nativa. Andes, Altiplano. Valles Secos, Puna Húmeda, Puna Seca, 2000–2500, 3000–4500 m.
Dept.: CH, CO, LP, OR, PO, TA.
Muestra: *J.C. Solomon 15773* (K, LPB, MO).
Nom. Vern.: Kemillo.

Eleocharis amazonica C.B. Clarke, Bull. Misc. Inform., Addit. Ser. 8: 22. 1908.
Ref.: Hokche et al. (2008).
Hierba. Nativa. Zonas Bajas. Campos Cerrados, 0–500 m.
Dept.: SC.
Muestra: *J.R.I. Wood et al. 24537* (K, LPB, USZ).

Eleocharis atacamensis Phil., Fl. Atacam. 53. 1860.
Sin.: *Scirpus atacamensis* (Phil.) Griseb., *Scirpus atacamensis* (Phil.) Kuntze
Ref.: Svenson (1934), Guaglianone et al. (2009).
Hierba. Nativa. Altiplano. Puna Húmeda, Puna Seca, 3500–5000 m.
Dept.: LP, OR, PO, TA.
Muestra: *B. Ruthsatz & Vogt 10384* (CIIDIR, LPB).
Nota: Identificación tentativa, probablemente representa una especie no descrita.

Eleocharis atropurpurea (Retz.) J. Presl & C. Presl, Reliq. Haenk. 1(3): 196. 1828.
Sin.: *Scirpus atropurpureus* Retz.
Ref.: Svenson (1929).
Hierba. Nativa. Zonas Bajas. Campos Cerrados, Sabanas Benianas del Sur, 0–500 m.
Dept.: BE, SC.
Muestra: *J.C. Solomon 18555* (LPB, MO).

Eleocharis boliviana Palla ex Svenson, Rhodora 31: 179. 1929.
Sin.: *Eleocharis albibracteata* var. *boliviana* (Palla ex Svenson) S. González & P. M. Peterson
Ref.: Svenson (1929), Foster (1958), Serrano & Terán (1998 [2000]).
Hierba. Nativa. Andes, Altiplano. Páramo Yungueño, Puna Húmeda, 3000–4500 m.
Dept.: CH, LP.
Tipo y muestra: *O. Buchtien 4482* (HT: GH), *B. Ruthsatz 519* (CIIDIR).

Eleocharis bonariensis Nees, J. Bot. (Hooker) 2: 398. 1840.
Ref.: Clarke (1901), Svenson (1929), Guaglianone et al. (2009).
Nota: Esperada. Nativa de Argentina.

Eleocharis capillacea Kunth, Enum. Pl. 2: 139. 1837.
Ref.: González Elizondo & Reznicek (1998).
Hierba. Nativa. Zonas Bajas, Andes. Bosque Semideciduo Chiquitano, Yungas, 0–1500 m.
Dept.: LP, SC.
Muestra: *S.G. Beck 18608* (K, LPB, M).

Eleocharis confervoides (Poir.) Steud., Syn. Pl. Glumac. 2: 82. 1855.
Sin.: *Scirpus confervoides* Poir., *Eleocharis confervoides* (Poir.) Miq., *Websteria confervoides* (Poir.) S.S. Hooper, *Eleocharis confervoides* (Poir.) G.C. Tucker
Ref.: Hinchliff et al. (2010).
Hierba, acuática. Nativa. Zonas Bajas. Sabanas Benianas del Norte, Campos Amazónicos, 0–500 m.
Dept.: BE, LP.
Muestra: *N.Y. Paniagua et al. 889* (CIIDIR, F, LPB).
Nota: Usualmente es confundida con *E. minima*. Especie poco frecuente.
Nom. Vern.: Pelillo.

Eleocharis contracta Maury, Mém. Soc. Phys. Genève 31: 139. 1889.
Sin.: *Eleocharis nodulosa* var. *tenuis* Böckeler, *Eleocharis nodulosa* var. *subnodulosa* Svenson, *Eleocharis posadensis* Kük.
Ref.: Barros (1960).
Hierba. Nativa. Andes. Bosque Tucumano-Boliviano, Valles Secos, 1500–2000, 2500–3000 m.
Dept.: LP, TA.
Muestra: *A.F. Fuentes et al. 5181* (AAU, BOLV, CTES, HSB, LPB, MO, NY, USZ).

Eleocharis crinalis (Griseb.) C.B. Clarke, Bull. Misc. Inform., Addit. Ser. 8: 23. 1908.
Sin.: *Scirpus crinalis* Griseb., *Eleocharis brehmeriana* Boeckeler
Ref.: Svenson (1939), Foster (1958), Foster (1965), Guaglianone et al. (2009).
Hierba. Nativa. Andes. Bosque Tucumano-Boliviano, Páramo Yungueño, Valles Secos, 1500–3000 m.
Dept.: LP, TA.
Muestra: *N.P. Ritter 4028* (MO).

Eleocharis cylindrica Buckley, Proc. Acad. Nat. Sci. Philadelphia 14(1): 10. 1862 [1863].
Sin.: *Eleocharis spegazzinii* Barros
Ref.: Svenson (1939).
Nota: Esperada. Especie del Chaco Argentino.

Eleocharis debilis Kunth, Enum. Pl. 2: 143. 1837.
Ref.: Guaglianone et al. (2008).
Hierba. Nativa. Zonas Bajas. Sabanas Benianas del Sur, 0–500 m.
Dept.: BE.
Muestra: *E. Werdermann 2232* (B, LPB, MO).

Eleocharis densicaespitosa R. Trevis. & Boldrini, Syst. Bot. 35: 505–506, f. 1G–L. 2010.
Ref.: Trevisan & Boldrini (2008).
Hierba. Nativa. Andes. Valles Secos, 1000–4500 m.

Dept.: TA.
Muestra: *S.G. Beck & M. Liberman 9527* (LPB, SI).

Eleocharis dombeyana Kunth, Enum. Pl. 2: 145. 1837.
Ref.: Foster (1958), Guaglianone & Ueno (1990), González Elizondo (1994), De la Barra (1997), Guaglianone et al. (2009).
Hierba. Nativa. Andes, Altiplano. Valles Secos, Puna Húmeda, 1000–4500 m.
Dept.: CO, LP, PO, TA.
Muestra: *N. de la Barra 720* (BOLV).

Eleocharis dunensis Kük., Repert. Spec. Nov. Regni Veg. 12(312–316): 94. 1913.
Ref.: Trevisan & Boldrini (2010).
Hierba. Nativa. Andes. Valles Secos, 2000–3000 m.
Dept.: CH.
Muestra: *R. Kiesling & D. Metzing 8436* (CIIDIR, HSB, LPB, SI).

Eleocharis eglerioides S. González & Reznicek, Novon 6(4): 359. 1996.
Ref.: González Elizondo & Reznicek (1996), González Elizondo & Reznicek (1998).
Hierba. Nativa. Zonas Bajas. Campos Amazónicos, 0–1000 m.
Dept.: BE, LP.
Muestra: *N.Y. Paniagua & H. Beltrán 837* (CIIDIR, F, LPB).

Eleocharis elegans (Kunth) Roem. & Schult., Syst. Veg. (ed. 15 bis) 2: 150. 1817.
Sin.: *Scirpus elegans* Kunth
Ref.: Svenson (1937), Foster (1958), Foster (1965), Beck (1983), Beck (1984), González Elizondo (1994), Guaglianone (1996), González Elizondo & Reznicek (1998), Killeen & Schulenberg (1998).
Hierba. Nativa. Zonas Bajas. Sabanas Benianas del Sur, Campos Amazónicos, 0–1000 m.
Dept.: BE, CO, LP, PA, SC.
Muestra: *T. Killeen & R. Guillén V. 6831* (MO, USZ).
Nota: El nombre *E. geniculata* ha sido erróneamente aplicado a esta especie por varios autores.
Nom. Vern.: Totora, totorilla.

Eleocharis exigua (Kunth) Roem. & Schult., Syst. Veg. (ed. 15 bis) 2: 54. 1817.
Sin.: *Scirpus exiguus* Kunth
Ref.: Svenson (1939), Foster (1958).
Hierba. Nativa. Andes. Yungas, Valles Secos, 2500–3500 m.
Dept.: CH, CO, LP, SC.
Muestra: *J.R.I. Wood 9280* (CIIDIR, HSB, K, LPB, VSC).
Nota: Svenson (1939) incluyó *E. costulata* sensu Svenson (1929), non *E. costulata* Nees & Meyen ex Kunth, como sinónimo de *E. exigua*, la cual difiere de *E. costulata* en tener dos estambres.

Eleocharis filiculmis Kunth, Enum. Pl. 2: 144. 1837.
Sin.: *Eleocharis sulcata* Nees, *Eleocharis balansaiana* Boeckeler, *Eleocharis purpureo-vaginata* Boeckeler
Ref.: Svenson (1937), Foster (1958), González Elizondo (1994), Killeen & Schulenberg (1998), Beck & Sajinés Asturizaga (2006).
Hierba. Nativa. Zonas Bajas. Campos Cerrados, Sabanas Benianas del Sur, Campos Amazónicos, 0–500 m.
Dept.: BE, LP, SC.
Muestra: *N.P. Ritter et al. 3541* (LPB, MO, NHA, USZ).
Nota: Complejo difícil que necesita revisión taxonómica.

Eleocharis flavescens (Poir.) Urb., Symb. Antill. 4(1): 116. 1903.
Sin.: *Scirpus flavescens* Poir., *Scirpus flaccidus* Rchb. ex A. Spreng., *Eleogenus ochreatus* Nees, *Eleocharis ochreata* (Nees) Steud., *Eleocharis ochreata* var. *flaccida* (Rchb. ex A. Spreng.) Boeckeler
Ref.: Foster (1958), González Elizondo (1994), González et al. (1999).
Hierba. Nativa. Zonas Bajas, Andes. Bosque Húmedo, Yungas, Bosque Tucumano-Boliviano, Bosque Serrano Chaqueño, Valles Secos, 500–2500 m.
Dept.: CO, SC, TA.
Muestra: *S.G. Beck 7266* (LPB, SI).

Eleocharis geniculata (L.) Roem. & Schult., Syst. Veg. (ed. 15 bis) 2: 150. 1817.
Sin.: *Scirpus geniculatus* L., *Scirpus caribaeus* Rottb., *Scirpus capitatus* Willd., *Eleocharis capitata* R. Br., *Eleocharis caribaea* (Rottb.) S.F. Blake
Ref.: Svenson (1929), Foster (1958), Foster (1965), González Elizondo (1994), Killeen & Schulenberg (1998).
Hierba. Nativa. Zonas Bajas, Andes. Bosque Húmedo, Bosque Seco Chaqueño, Sabanas Benianas del Sur, Bosque Tucumano-Boliviano, Valles Secos, 0–2000 m.
Dept.: BE, CH, CO, LP, PA, SC, TA.
Muestra: *C. Antezana V. 1399* (BOLV, MO).

Eleocharis interstincta (Vahl) Roem. & Schult., Syst. Veg. (ed. 15 bis) 2: 149. 1817.
Sin.: *Scirpus interstinctus* Vahl
Ref.: Svenson (1929), Svenson (1939), Foster (1958), González Elizondo (1994), González Elizondo & Reznicek (1998), Killeen & Schulenberg (1998), González Elizondo (2001), Beck & Sajinés Asturizaga (2006), Longhi-Wagner et al. (2010).
Hierba. Nativa. Zonas Bajas. Bosque Húmedo, Campos Cerrados, 0–500 m.
Dept.: BE, CO, LP, SC.
Muestra: *N.Y. Paniagua 1258* (F, LPB, MO).
Nom. Vern.: Totora.

Eleocharis jelskiana Boeckeler, Linnaea 38: 376. 1874.
Ref.: Haase & Beck (1989).
Hierba. Nativa. Zonas Bajas. Campos Amazónicos, 0–500 m.
Dept.: LP, PA.
Muestra: *S.G. Beck & R. Haase 10027* (K, LPB, M, NY, SI).

Eleocharis macrostachya Britton, Fl. S.E. U.S. 184, 1327. 1903.
Ref.: Guaglianone et al. (2009).
Hierba. Nativa. Zonas Bajas. Bosque Seco Chaqueño, 500–1000 m.
Dept.: CH.
Muestra: *N.P. Ritter 3915* (LPB, MO).

Eleocharis maculosa (Vahl) Roem. & Schult., Syst. Veg. (ed. 15 bis) 2: 154. 1817.
Sin.: *Scirpus maculosus* Vahl
Ref.: Svenson (1939), Foster (1958), Foster (1965), González Elizondo & Reznicek (1998).
Hierba. Nativa. Andes. Yungas, 1500–2000 m.
Dept.: LP.
Muestra: *R.S. Williams 914* (NY).

Eleocharis melanocephala E. Desv., Fl. Chil. 6: 175, t. 71, f. 1. 1853.
Ref.: Svenson (1939), Guaglianone et al. (2009), Beck et al. (2010).
Hierba. Nativa. Altiplano. Puna Húmeda, Puna Seca, 3500–4500 m.
Dept.: CO, LP, OR, PO, TA.
Muestra: *B. Ruthsatz 10039* (CIIDIR, LPB, SI).
Nota: Identificación tentativa. Difiere de *E. melanocephala* en el tipo de rizomas. Forma parte del complejo de *E. albibracteata*.

Eleocharis melanomphala C.B. Clarke, Bot. Jahrb. Syst. 30(2, Beibl. 68): 24. 1901.
Ref.: Svenson (1929).

Hierba. Nativa. Altiplano. Puna Seca, 4000–4500 m.
Dept.: CO, OR, PO.
Muestra: *B. Ruthsatz 10317* (CIIDIR, SI).
Nota: Identificación tentativa.

Eleocharis minima Kunth, Enum. Pl. 2: 139–140. 1837.
Ref.: Svenson (1937), Foster (1958), Foster (1965), González Elizondo (1994), Serrano & Terán (1998 [2000]), Beck & Sajinés Asturizaga (2006).
Hierba. Nativa. Zonas Bajas. Sabanas Benianas del Sur, Campos Amazónicos, 0–500 m.
Dept.: BE, CH, LP, SC.
Muestra: *J.C. Solomon 14782* (LPB, MO).
Nom. Vern.: Pelillo.

Eleocharis montana (Kunth) Roem. & Schult., Syst. Veg. (ed. 15 bis) 2: 153. 1817.
Sin.: *Scirpus montanus* Kunth, *Scirpus nodulosus* Roth, *Eleocharis nodulosa* (Roth) Schult.
Ref.: Svenson (1937), Foster (1958), Foster (1965), González Elizondo (1994), Guaglianone (1996), González et al. (1999), Guaglianone et al. (2009).
Hierba. Nativa. Zonas Bajas, Andes. Bosque Húmedo, Yungas, Bosque Tucumano-Boliviano, 0–3000 m.
Dept.: CH, CO, LP, SC, TA.
Muestra: *M.H. Nee 45149* (LPB, NY).

Eleocharis montevidensis Kunth, Enum. Pl. 2: 144. 1837.
Ref.: Barros (1960), Guaglianone et al. (2008).
Hierba. Nativa. Andes. Yungas, 1500–2000 m.
Dept.: LP.
Muestra: *S.G. Beck 30439* (CIIDIR, HSB, LPB, SI).

Eleocharis nigrescens (Nees) Kunth, Enum. Pl. 2: 157. 1837.
Sin.: *Scirpidium nigrescens* Nees
Hierba. Nativa. Zonas Bajas. Bosque Seco Chaqueño, Campos Cerrados, 0–500 m.
Dept.: SC.
Muestra: *M.H. Nee & S.R. Hill 55077-a* (LPB, MO).

Eleocharis nubigena C.B. Clarke, Bot. Jahrb. Syst. 37: 518. 1906.
Sin.: *Eleocharis albibracteata* var. *nubigena* (C.B. Clarke) Barros
Ref.: Svenson (1929).
Hierba. Nativa. Altiplano. Puna Seca, 3500–4500 m.
Dept.: LP, OR, PO.
Muestra: *J.C. Solomon 13165* (MO).

Eleocharis obtusetrigona (Lindl. & Nees) Steud., Syn. Pl. Glumac. 2: 80. 1855 [1854].
Sin.: *Limnochloa obtusetrigona* Lindl. & Nees
Ref.: González Elizondo et al. (2002), Rosen & Hatch (2006).
Hierba. Nativa. Andes. Bosque Tucumano-Boliviano, Valles Secos, 1000–1500 m.
Dept.: TA.
Muestra: *A.E. Lliully et al. 560* (CIIDIR, HSB, LPB, MO).

Eleocharis plicarhachis (Griseb.) Svenson, Rhodora 31: 158. 1929.
Sin.: *Scirpus plicarhachis* Griseb.
Ref.: Svenson (1929), Haase & Beck (1989), González Elizondo & Reznicek (1998).
Hierba. Nativa. Zonas Bajas. Bosque Húmedo, Sabanas Benianas del Sur, Campos Amazónicos, 0–500 m.
Dept.: BE, LP, PA, SC.
Muestra: *R. Guillén V. & V. Roca 3100* (MO, USZ).

Eleocharis pseudoalbibracteata S. González & Guagl., Fl. San Juan 4: 309. 2009.
Hierba. Nativa. Altiplano. Puna Húmeda, 4000–4500 m.
Dept.: LP.
Muestra: *A.M. Raynal 21379* (LPB, P).
Nota: Identificación tentativa.

Eleocharis quinquangularis Boeckeler, Beitr. Cyper. 1: 15. 1888.
Ref.: Guaglianone et al. (1996).
Hierba. Nativa. Zonas Bajas. Campos Cerrados, 0–500 m.
Dept.: SC.
Muestra: *T. Killeen 2177* (LPB, MO).

Eleocharis quinqueflora (Hartmann) O. Schwarz, Mitt. Thüring. Bot. Ges. 1: 89. 1949.
Sin.: *Scirpus quinqueflorus* Hartmann
Ref.: Guaglianone et al. (2009).
Hierba. Nativa. Altiplano. Puna Seca, 3500–4000 m.
Dept.: LP, OR, TA.
Muestra: *E. Bastian 646* (LPB, SI).

Eleocharis radicans (Poir.) Kunth, Enum. Pl. 2: 142. 1837.
Sin.: *Scirpus radicans* Poir., *Eleocharis costulata* Nees & Meyen ex Kunth
Ref.: Foster (1958), Foster (1965), González Elizondo (1994), Guaglianone et al. (1996), Guaglianone et al. (2009).
Hierba. Nativa. Zonas Bajas, Andes. Bosque Seco Chaqueño, Bosque Tucumano-Boliviano, Valles Secos, 500–1000, 2000–3000 m.
Dept.: CH, LP, SC.
Muestra: *G. Mandon 1413* (GH).

Eleocharis retroflexa (Poir.) Urb., Symb. Antill. 2: 165. 1900.
Sin.: *Scirpus retroflexus* Poir.
Ref.: Haase & Beck (1989), González Elizondo & Reznicek (1998).
Hierba. Nativa. Zonas Bajas. Campos Amazónicos, 0–500 m.
Dept.: LP, PA.
Muestra: *S.G. Beck & R. Haase 9944* (LPB, M, SI).

Eleocharis sellowiana Kunth, Enum. Pl. 2: 149. 1837.
Ref.: Svenson (1939), Foster (1958), Foster (1965), González Elizondo (1994).
Hierba. Nativa. Zonas Bajas, Andes. Bosque Húmedo, Yungas, Bosque Tucumano-Boliviano, 0–500, 1500–2000 m.
Dept.: LP, SC.
Muestra: *J. Steinbach 2870* (GH).

Eleocharis steinbachii D.J. Rosen, Brittonia 59(4): 378–379, f. 1A–C. 2007.
Hierba. Endémica. Zonas Bajas. Campos Cerrados, Sabanas Benianas del Sur, 0–500 m.
Dept.: BE, SC.
Tipo y muestra: *J. Steinbach 7444* (HT: GH; IT: E, F, GH, MO, NY, PH, Z), *S.G. Beck 13190* (K, LPB, M, NY, SI).

Eleocharis stenocarpa Svenson, Rhodora 31: 205, f. 35. 1929.
Hierba. Nativa. Andes. Yungas, 2500–3000 m.
Dept.: CO, SC.
Muestra: *J.R.I. Wood & H. Huaylla 20284* (K, LPB).

Eleocharis tiarata Gómez-Laur., Monogr. Syst. Bot. Missouri Bot. Gard. 92: 505. 2003.
Sin.: *Scirpus mitratus* Griseb.
Hierba. Nativa. Zonas Bajas. Campos Amazónicos, 0–1000 m.
Dept.: LP, SC.
Muestra: *S.G. Beck & R. Haase 9941* (K, LPB, M, NY, SI).

Eleocharis tucumanensis Barros, Lilloa 12: 7, f. 2. 1946.
Ref.: Guaglianone et al. (1998), Guaglianone et al. (2009).
Hierba. Nativa. Altiplano. Puna Húmeda, 4000–4500 m.
Dept.: LP, PO.
Muestra: *X. Menhofer 1613* (LPB, SI).

Fimbristylis Vahl, Enum. Pl. 2: 285. 1805.

5 especies, 0 especies endémicas.

Fimbristylis aestivalis (Retz.) Vahl, Enum. Pl. 2: 288. 1805.
Sin.: *Scirpus aestivalis* Retz.
Ref.: Foster (1958), Foster (1965), Prata (2002).
Hierba. Nativa. Zonas Bajas. Sabanas Benianas del Norte, Sabanas Benianas del Sur, 0–500 m.
Dept.: BE, PA, SC.
Muestra: *M. Moraes R. et al. 1483* (LPB, VDB).

Fimbristylis autumnalis (L.) Roem. & Schult., Syst. Veg. (ed. 15 bis) 2: 97. 1817.
Sin.: *Scirpus autumnalis* L.
Ref.: Adams (1994h).
Nota: Esperada.

Fimbristylis complanata (Retz.) Link, Hort. Berol. 1: 292. 1827.
Sin.: *Scirpus complanatus* Retz., *Fimbristylis autumnalis* var. *complanata* (Retz.) Kük.
Ref.: Moraes R. (1990), Adams (1994h).
Hierba. Nativa. Zonas Bajas. Bosque Húmedo, 0–500 m.
Dept.: BE, LP, PA, SC.
Muestra: *M. Moraes R. 502* (K, LPB, M, NY, SI).

Fimbristylis dichotoma (L.) Vahl, Enum. Pl. 2: 287. 1805.
Sin.: *Scirpus dichotomus* L., *Scirpus annuus* All., *Fimbristylis diphylla* (Retz.) Vahl, *Fimbristylis laxa* Vahl, *Fimbristylis annua* (All.) Roem. & Schult., *Fimbristylis dichotoma* fo. *annua* (All.) Ohwi
Ref.: Foster (1958), Parker & Bailey (1991), Adams (1994h), Killeen & Schulenberg (1998), Serrano & Terán (1998 [2000]), Arroyo Padilla & Villarroel Segarra (2009).
Hierba. Nativa. Zonas Bajas, Andes. Bosque Húmedo, Yungas, Bosque Tucumano-Boliviano, 0–2000 m.
Dept.: BE, CH, CO, LP, PA, SC, TA.
Muestra: *S.G. Beck 18309* (LPB, M, NY, SI).

Fimbristylis littoralis Gaudich., Voy. Uranie 10: 413. 1826 [1829].
Sin.: *Fimbristylis miliacea* (L.) Vahl
Ref.: Adams (1994h), Beck & Sajinés Asturizaga (2006).
Hierba. Nativa. Zonas Bajas. Campos Cerrados, Sabanas Benianas del Sur, 0–1000 m.
Dept.: BE, CO, LP, PA, SC.
Muestra: *S.P. Churchill & L. Arroyo P. 21483* (AAU, F, MO, NY, US, USZ).

Fimbristylis spadicea (L.) Vahl, Enum. Pl. 2: 294. 1805.
Sin.: *Scirpus spadiceus* L.
Ref.: Adams (1994h).
Nota: Esperada.

Fimbristylis squarrosa Vahl, Enum. Pl. 2: 289. 1805.
Sin.: *Fimbristylis hirta* (Kunth) Roem. & Schult.
Ref.: Adams (1994h).
Hierba. Nativa. Zonas Bajas. Sabanas Benianas del Sur, 0–500 m.
Dept.: BE, SC.
Muestra: *M.H. Nee 31936* (LPB, MO, NY).

Fuirena Rottb., Descr. Icon. Rar. Pl. 70. 1773.

3 especies, 0 especies endémicas.

Fuirena incompleta Nees, Fl. Bras. 2(1): 107. 1842.
Hierba, acuática. Nativa. Zonas Bajas. Campos Cerrados, 500–1000 m.
Dept.: SC.
Muestra: *J.R.I. Wood et al. 26230* (K, LPB).

Fuirena robusta Kunth, Enum. Pl. 2: 185. 1837.
Ref.: Kral (1978), Parker & Bailey (1991), Adams (1994f), Killeen & Schulenberg (1998).
Hierba, acuática. Nativa. Zonas Bajas. Campos Cerrados, 0–500 m.
Dept.: LP, SC.
Muestra: *R. Guillén V. et al. 4021* (LPB, MO, USZ).

Fuirena umbellata Rottb., Descr. Icon. Rar. Pl. 70, t. 19, f. 3. 1773.
Ref.: Foster (1958), Foster (1965), Kral (1978), Adams (1994f), Killeen & Schulenberg (1998), Ritter & Crow (2000).
Hierba. Nativa. Zonas Bajas. Campos Cerrados, Sabanas Benianas del Norte, Sabanas Benianas del Sur, Campos Amazónicos, 0–500 m.
Dept.: BE, CO, LP, SC.
Muestra: *M.H. Nee 39620* (LPB, MO, NY).

Hypolytrum Pers., Syn. Pl. 1: 70. 1805.

2 especies, 0 especies endémicas.

Hypolytrum longifolium (Rich.) Nees, Linnaea 9: 288. 1834.
Sin.: *Scirpus longifolius* Rich.
Ref.: Koyama (1970), Alves (2003).
Hierba. Nativa. Zonas Bajas. Bosque Húmedo, 0–500 m.
Dept.: BE.
Muestra: *N.P. Ritter 3750* (LPB, MO).

Hypolytrum strictum Poepp. & Kunth, Enum. Pl. 2: 270. 1837.
Ref.: Koyama (1970), Killeen & Schulenberg (1998), Alves (2003).
Hierba. Nativa. Zonas Bajas. Bosque Húmedo, 0–500 m.
Dept.: PA.
Muestra: *G.T. Prance 5869* (COL, F, GH, INPA, K, MG, NY, US).

Isolepis R. Br., Prodr. 221. 1810.

4 especies, 0 especies endémicas.

Isolepis cernua (Vahl) Roem. & Schult., Syst. Veg. (ed. 15 bis) 2: 106. 1817.
Sin.: *Scirpus cernuus* Vahl
Ref.: Foster (1958), Foster (1965), Wilson (1981), Muasya & Simpson (2002), Guaglianone et al. (2009).
Hierba. Nativa. Andes, Altiplano. Yungas, Páramo Yungueño, Valles Secos, Puna Húmeda, 1500–2000, 3000–4000 m.
Dept.: LP.
Muestra: *J.C. Solomon 7249* (LPB, MO).
Infra: *Isolepis cernua* var. *andina* Muasya

Isolepis inundata R. Br., Prodr. 222. 1810.
Sin.: *Scirpus inundatus* (R. Br.) Poir.
Ref.: Foster (1958), Foster (1965), Adams (1994c).
Hierba. Nativa. Andes. Yungas, Páramo Yungueño, 2500–3500 m.
Dept.: CO, LP.
Muestra: *N.P. Ritter & G.E. Crow 2213* (MO).

Isolepis nigricans Kunth, Nov. Gen. Sp. (quarto ed.) 1: 220–221. 1815 [1816].
Sin.: *Scirpus nigricans* (Kunth) Poir.
Ref.: Adams (1994c), Muasya & Simpson (2002).
Hierba. Nativa. Andes. Yungas, Páramo Yungueño, 1500–2000, 2500–4000 m.
Dept.: CO, LP.
Muestra: *S.G. Beck 21445* (LPB, MO).

Isolepis setacea (L.) R. Br., Prodr. 222. 1810.
Sin.: *Scirpus setaceus* L., *Mariscus setaceus* (L.) Moench, *Schoenoplectus setaceus* (L.) Palla
Ref.: Adams (1994c), Muasya & Simpson (2002).
Hierba. Nativa. Altiplano. Puna Húmeda, 3500–4000 m.
Dept.: LP.
Muestra: *S.G. Beck 25157* (LPB, MO).

Kyllinga Rottb., Descr. Icon. Rar. Pl. 12, pl. 4. 1773.
4 especies, 0 especies endémicas.

Kyllinga brevifolia Rottb., Descr. Icon. Rar. Pl. 13, pl. 4, f. 3. 1773.
Sin.: *Kyllinga tenuis* Baldwin, *Kyllinga sororia* Kunth, *Cyperus brevifolius* (Rottb.) Endl. ex Hassk.
Ref.: Tucker (1984a), Adams (1994b), González et al. (1999), Beck & Sajinés Asturizaga (2006).
Hierba. Nativa. Zonas Bajas, Andes. Bosque Semideciduo Chiquitano, Sabanas Benianas del Sur, Yungas, Bosque Tucumano-Boliviano, 0–500, 1000–3000 m.
Dept.: BE, LP, SC, TA.
Muestra: *M.A. Lewis 88708* (LPB, MO).

Kyllinga odorata Vahl, Enum. Pl. 2: 382. 1805.
Sin.: *Kyllinga sesquiflora* Torr., *Cyperus sesquiflorus* (Torr.) Mattf. & Kük.
Ref.: Foster (1958), Tucker (1984a), Moraes R. (1990), Adams (1994b), González et al. (1999), Guaglianone et al. (2008).
Hierba. Nativa. Zonas Bajas, Andes. Bosque Semideciduo Chiquitano, Campos Cerrados, Sabanas Benianas del Norte, Sabanas Benianas del Sur, Campos Amazónicos, Yungas, 0–1500, 2000–3000 m.
Dept.: BE, CO, LP, SC, TA.
Muestra: *M. Moraes R. et al. 1755* (EIU, LPB).

Kyllinga pumila Michx., Fl. Bor.-Amer. 1: 28–29. 1803.
Sin.: *Cyperus densicaespitosus* Mattf. & Kük.
Ref.: Foster (1958), Tucker (1984a), Adams (1994b).
Hierba. Nativa. Zonas Bajas, Andes. Bosque Húmedo, Yungas, Valles Secos, 0–500, 1000–1500, 2000–3000 m.
Dept.: BE, CO, LP, PA, SC, TA.
Muestra: *B. Mostacedo 980* (MO, USZ).

Kyllinga vaginata Lam., Tabl. Encycl. 1: 148. 1791.
Sin.: *Kyllinga peruviana* Lam., *Kyllinga rigida* Baldwin, *Kyllinga pungens* Link, *Kyllinga obtusata* J. Presl & C. Presl, *Cyperus obtusatus* (J. Presl & C. Presl) Mattf. & Kük.
Ref.: Foster (1958), Tucker (1984a), Adams (1994b), González et al. (1999).
Hierba. Nativa. Zonas Bajas, Andes. Campos Cerrados, Sabanas Benianas del Sur, Yungas, 0–1000, 2000–2500 m.
Dept.: BE, SC, TA.
Muestra: *J.C. Solomon 14783* (LPB, MO).

Lagenocarpus Nees, Linnaea 9(3): 304. 1834.
3 especies, 0 especies endémicas.

Lagenocarpus guianensis Nees, Linnaea 9(3): 304. 1834.
Ref.: Adams (1994j), Kearns (1998b).
Hierba. Nativa. Zonas Bajas. Bosque Húmedo, 500–1000 m.
Dept.: SC.
Muestra: *M.H. Nee 33796* (LPB, MO, NY).
Infra: *Lagenocarpus guianensis* subsp. *guianensis*

Lagenocarpus rigidus (Kunth) Nees, Fl. Bras. 2(1): 167. 1842.
Sin.: *Scleria rigida* Kunth
Ref.: Kearns (1998b).
Hierba. Nativa. Zonas Bajas. Bosque Húmedo, 0–1000 m.
Dept.: SC.
Muestra: *J.M. Mendoza 1290* (BOLV, K, LPB, MO, NY, USZ).

Lagenocarpus verticillatus (Spreng.) T. Koyama & Maguire, Mem. New York Bot. Gard. 12: 49. 1965.
Sin.: *Fuirena verticillata* Spreng.
Ref.: Kearns (1998b), Killeen & Schulenberg (1998), Prata (2002).
Hierba. Nativa. Zonas Bajas. Campos Cerrados, 0–1000 m.
Dept.: BE, SC.
Muestra: *S. Jiménez et al. 1237* (LPB, MO, USZ).

Lipocarpha R. Br., Narr. Exped. Zaire 5: 459. 1818.
3 especies, 0 especies endémicas.

Lipocarpha humboldtiana Nees, Linnaea 9: 287. 1834.
Sin.: *Lipocarpha sellowiana* Kunth
Ref.: Foster (1958), Foster (1965), Goetghebeur & Van den Borre (1989), Adams & Goetghebeur (1994).
Hierba. Nativa. Zonas Bajas, Andes. Campos Cerrados, Sabanas Benianas del Sur, Campos Amazónicos, Bosque Serrano Chaqueño, 0–500, 1500–2000 m.
Dept.: BE, LP, SC.
Muestra: *J.C. Solomon 18552* (LPB, MO).

Lipocarpha mexicana Liebm., Mexic. Halvgr. 235. 1850.
Sin.: *Kyllinga maculata* Michx., *Hypaelyptum sphacelatum* Vahl, *Lipocarpha maculata* (Michx.) Torr., *Lipocarpha sphacelata* (Vahl) Kunth
Ref.: Goetghebeur & Van den Borre (1989).
Hierba. Nativa. Zonas Bajas. Bosque Semideciduo Chiquitano, Campos Cerrados, 0–500 m.
Dept.: BE, LP, SC.
Muestra: *J.C. Solomon 18554* (LPB, MO).

Lipocarpha micrantha (Vahl) G.C. Tucker, J. Arnold Arbor. 68(4): 410. 1987.
Sin.: *Scirpus micranthus* Vahl, *Isolepis micrantha* (Vahl) Roem. & Schult., *Hemicarpha micrantha* (Vahl) Britton
Ref.: Foster (1958), Foster (1965), Goetghebeur & Van den Borre (1989), Adams & Goetghebeur (1994).
Hierba. Nativa. Zonas Bajas, Andes. Sabanas Benianas del Norte, Sabanas Benianas del Sur, Bosque Serrano Chaqueño, 0–500, 2000–3000 m.
Dept.: BE, SC.
Muestra: *J. Steinbach 1914* (BAF, GH).

Oreobolopsis T. Koyama & Guagl., Darwiniana 28(1–4): 79. 1987 [1988].
1 especie, 0 especies endémicas.

Oreobolopsis tepalifera T. Koyama & Guagl., Darwiniana 28(1–4): 80–84, f. 1–2. 1987 [1988].
Ref.: Koyama & Guaglianone (1987), Dhooge (2005).
Hierba. Nativa. Andes, Altiplano. Páramo Yungueño, Puna Húmeda, 3000–4500 m.
Dept.: CO, LP.
Tipo y muestra: *A. Ceballos et al. 651* (HT: SI; IT: MA), *H. Balslev 1109* (LPB, NY).

Oreobolus R. Br., Prodr. 235–236. 1810.
3 especies, 0 especies endémicas.

Oreobolus goeppingeri Suess., Bot. Jahrb. Syst. 72(2): 289–290. 1942.
Ref.: Seberg (1988).
Hierba. Nativa. Andes. Páramo Yungueño, 3000–3500 m.
Dept.: LP.
Muestra: *S.G. Beck et al. 30314* (LPB, M, NY, SI).

Oreobolus obtusangulus Gaudich., Ann. Sci. Nat. (Paris) 5: 99. 1825.
Ref.: Seberg (1988).
Hierba. Nativa. Andes. Páramo Yungueño, 3000–3500 m.
Dept.: LP.
Muestra: *S.G. Beck 18673* (GENT, LPB).

Oreobolus venezuelensis Steyerm., Bol. Soc. Venez. Ci. Nat. 11: 308. 1950.
Ref.: Seberg (1988).
Hierba. Nativa. Andes. Páramo Yungueño, 3000–3500 m.

Dept.: LP.
Muestra: *J.L. Luteyn & L.J. Dorr 13571* (LPB, MO, NY).

Oxycaryum **Nees**, Fl. Bras. 2(1): 90. 1842.

1 especie, 0 especies endémicas.

Oxycaryum cubense (Poepp. & Kunth) Palla, Denkschr. Kaiserl. Akad. Wiss., Wien Math.-Naturwiss. Kl. 79(1): 169. 1908.
Sin.: *Scirpus cubensis* Poepp. & Kunth
Ref.: Adams (1994d), Killeen & Schulenberg (1998), Prata (2002).
Hierba. Nativa. Zonas Bajas. Bosque Húmedo, Campos Cerrados, Sabanas Benianas del Sur, Campos Amazónicos, 0–500 m.
Dept.: BE, LP, PA, SC.
Muestra: *A.F. Fuentes 800* (LPB, MO, USZ).

Phylloscirpus **C.B. Clarke**, Bull. Misc. Inform., Addit. Ser. 8: 44. 1908.

3 especies, 0 especies endémicas.

Phylloscirpus acaulis (Phil.) Goetgh. & D.A. Simpson, Kew Bull. 46(1): 175. 1991.
Sin.: *Scirpus acaulis* Phil., *Phylloscirpus andesinus* C.B. Clarke
Ref.: Foster (1958), Foster (1965), Goetghebeur & Simpson (1991), Guaglianone et al. (1996), Dhooge & Goetghebeur (2002), Guaglianone et al. (2009), Beck et al. (2010).
Hierba. Nativa. Andes, Altiplano. Páramo Yungueño, Puna Húmeda, 3000–4500 m.
Dept.: CO, LP.
Muestra: *O. Buchtien 6388* (US).

Phylloscirpus boliviensis (Barros) Dhooge & Goetgh., Novon 14(3): 282, f. 1C, E. 2004.
Sin.: *Scirpus boliviensis* Barros
Ref.: Dhooge & Goetghebeur (2002), Beck et al. (2010).
Hierba. Nativa. Altiplano. Puna Húmeda, Puna Seca, 4000–5000 m.
Dept.: LP, OR, PO.
Tipo y muestra: *E.J. Petersen & J.P.K. Hjerting 1043B* (HT: C; IT: US), *S.G. Beck 22360* (GENT, LPB, SI).

Phylloscirpus deserticola (Phil.) Dhooge & Goetgh., Novon 14(3): 278–282, f. 1A, D. 2004.
Sin.: *Scirpus deserticola* Phil.
Ref.: Foster (1958), Foster (1965), Guaglianone et al. (1996), Beck et al. (2010), Ministerio de Medio Ambiente y Agua (2012 [2013]).
Hierba. Nativa. Andes, Altiplano. Páramo Yungueño, Puna Húmeda, Puna Seca, 3500–5000 m.
Dept.: CO, LP, TA.
Muestra: *J.C. Solomon 15819* (GENT, K, LPB, MO).

Pleurostachys **Brongn.**, Voy. Monde 2: 172. 1829.

3 especies, 0 especies endémicas.

Pleurostachys millegrana (Nees) Steud., Syn. Pl. Glumac. 2: 139. 1855.
Sin.: *Nemochloa millegrana* Nees, *Pleurostachys millegrana* var. *minuscula* Kük., *Rhynchospora millegrana* (Nees) L.B. Sm.
Ref.: Buchtien (1910), Foster (1965), Brako (1993d).
Hierba. Nativa. Zonas Bajas, Andes. Bosque Húmedo, Yungas, 500–1500 m.
Dept.: LP.
Muestra: *J.C. Solomon 9240* (LPB, MO).
Nota: *Pleurostachys boliviana* Palla (*nom. nud.*) usado por Buchtien (1910).

Pleurostachys peruviana C.B. Clarke, Bull. Misc. Inform., Addit. Ser. 8: 42. 1908.
Ref.: Brako (1993d).
Hierba. Nativa. Andes. Yungas, 1000–1500 m.
Dept.: CO, LP.
Muestra: *S.G. Beck 30360* (LPB, M, NY, SI).

Pleurostachys puberula Boeckeler, Flora 63: 477. 1880.
Sin.: *Pleurostachys buchtienii* Kük., *Pleurostachys puberula* var. *buchtienii* (Kük.) Kük.
Ref.: Foster (1958), Foster (1965), Camelbeke (1999).
Hierba. Nativa. Andes. Yungas, Valles Secos, 1000–2000 m.
Dept.: LP, SC.
Muestra: *M. Muñoz et al. 35* (EIU, MO).

Pleurostachys sparsiflora Kunth, Enum. Pl. 2: 286. 1837.
Nota: Esperada. Colectada en Acre, Brasil.

Rhynchospora **Vahl**, Enum. Pl. 2: 229. 1805.

69 especies, 1 especie endémica.

Rhynchospora albescens (Miq.) Kük., Bot. Jahrb. Syst. 75: 304. 1951.
Sin.: *Isolepis albescens* Miq., *Rhynchospora auriculata* Boeckeler, *Dichromena foliosa* Hochst. ex Boeckeler, *Rhynchospora leucantha* Boeckeler, *Rhynchospora monostachya* Boeckeler, *Dichromena monostachya* C.B. Clarke
Ref.: Thomas (1998).
Hierba. Nativa. Zonas Bajas. Campos Amazónicos, 0–500 m.
Dept.: LP.
Muestra: *R. Haase 455* (LPB, NY).

Rhynchospora albiceps Kunth, Enum. Pl. 2: 289. 1837.
Ref.: Thomas (1998), Araujo (2001), Alves et al. (2009).
Hierba. Nativa. Zonas Bajas. Campos Cerrados, Campos Amazónicos, 0–1000 m.
Dept.: SC.
Muestra: *J.R.I. Wood 23738* (K, LPB, USZ).

Rhynchospora amazonica Poepp. & Kunth, Enum. Pl. 2: 292. 1837.
Sin.: *Ephippiorhynchium longirostre* (Nees) Nees, *Ephippiorhynchium longirostre* var. *amazonicum* (Poepp. & Kunth) Nees, *Dichromena amazonica* (Poepp. & Kunth) J.F. Macbr.
Ref.: Koyama (1972), Thomas (1998), Strong (2006).
Hierba. Nativa. Zonas Bajas. Bosque Húmedo, 0–500 m.
Dept.: LP, PA.
Muestra: *S.G. Beck et al. 19435* (COL, LPB, NY).
Infra: *Rhynchospora amazonica* subsp. *amazonica*

Rhynchospora aristata Boeckeler, Flora 40: 36. 1857.
Sin.: *Rhynchospora aristata* var. *latilaminata* Kük.
Ref.: Foster (1958), Foster (1965), Thomas (1994).
Hierba. Nativa. Andes. Yungas, 2000–2500 m.
Dept.: CO, LP.
Muestra: *F.O. Zuloaga & M.D. Vázquez Avila 1741* (LPB, SI).

Rhynchospora armerioides J. Presl & C. Presl, Reliq. Haenk. 1(3): 197, t. 31, f. 2. 1828.
Ref.: Killeen & Schulenberg (1998), Thomas (1998), Araujo (2001).
Hierba. Nativa. Zonas Bajas. Campos Cerrados, Sabanas Benianas del Sur, 0–500 m.
Dept.: SC.
Muestra: *Y. Uslar et al. 624* (MO, USZ).

Rhynchospora asperula (Nees) Steud., Syn. Pl. Glumac. 2: 144. 1855.
Sin.: *Calyptrostylis asperula* Nees, *Rhynchospora corymbosa* var.

asperula (Nees) Kük.
Ref.: Guaglianone (2001).
Hierba. Nativa. Zonas Bajas. Bosque Semideciduo Chiquitano, 0–500 m.
Dept.: SC.
Muestra: *N.P. Ritter 3966* (MO).

Rhynchospora barbata (Vahl) Kunth, Enum. Pl. 2: 290. 1837.
Sin.: *Schoenus barbatus* Vahl
Ref.: Killeen & Schulenberg (1998), Thomas (1998), Strong (2006).
Hierba. Nativa. Zonas Bajas. Campos Cerrados, Sabanas Benianas del Norte, 0–1000 m.
Dept.: LP, SC.
Muestra: *B. Mostacedo et al. 1865* (MO, USZ).

Rhynchospora boliviensis C.B. Clarke, Bull. Misc. Inform., Addit. Ser. 8: 37–38. 1908.
Ref.: Foster (1958), Foster (1965), Thomas (1996).
Hierba. Nativa. Andes. Yungas, 2000–3000 m.
Dept.: LP.
Tipo y muestra: *H.H. Rusby 83* (ST: NY), *J. Müller 9460* (JE, LPB).

Rhynchospora brevirostris Griseb., Cat. Pl. Cub. 246–247. 1866.
Sin.: *Rhynchospora clarkei* Rose, *Rhynchospora pringlei* C.B. Clarke
Ref.: Koyama (1972), Killeen & Schulenberg (1998), Thomas (1998), Strong (2006).
Hierba. Nativa. Zonas Bajas. Campos Cerrados, Campos Amazónicos, 0–1000 m.
Dept.: LP, SC.
Muestra: *B. Mostacedo et al. 1558* (MO, NY, SI, USZ).

Rhynchospora brownii Roem. & Schult., Syst. Veg. (ed. 15 bis) 2: 86. 1817.
Ref.: Guaglianone (1979), Haase & Beck (1989), Thomas (1992), Thomas (1998).
Hierba. Nativa. Zonas Bajas. Sabanas Benianas del Norte, Campos Amazónicos, 0–500 m.
Dept.: BE, LP.
Muestra: *R. Haase 149* (LPB, NY).
Infra: *Rhynchospora brownii* subsp. *americana* Guagl.

Rhynchospora cajennensis Boeckeler, Linnaea 38: 404. 1874.
Ref.: Koyama (1972), Killeen & Schulenberg (1998).
Hierba. Nativa. Zonas Bajas. Campos Cerrados, 0–500 m.
Dept.: SC.
Muestra: *T. Killeen et al. 5780* (MO, USZ).

Rhynchospora candida (Nees) Boeckeler, Linnaea 37: 605. 1873.
Sin.: *Psilocarya candida* Nees, *Dichromena candida* (Nees) Ridl., *Rhynchospora candida* var. *pilosa* Schnee
Ref.: Haase & Beck (1989), Thomas (1998), Strong (2006).
Hierba. Nativa. Zonas Bajas. Campos Amazónicos, 0–500 m.
Dept.: BE, LP.
Muestra: *R. Haase 165* (K, LPB, M, NY, SI).

Rhynchospora caracasana (Kunth) Boeckeler, Linnaea 37: 607. 1873.
Sin.: *Dichromena caracasana* Kunth, *Haloschoenus caracasanus* (Kunth) Nees, *Rhynchospora andina* Kük.
Ref.: Foster (1958), Foster (1965), Koyama (1972), Strong (2006).
Hierba. Nativa. Zonas Bajas, Andes. Campos Cerrados, Yungas, 0–1000, 1500–2000 m.
Dept.: LP, SC.
Muestra: *O. Buchtien 7159* (B, GH).

Rhynchospora cephalotes (L.) Vahl, Enum. Pl. 2: 237. 1805.
Sin.: *Scirpus cephalotes* L.
Ref.: Haase & Beck (1989), Killeen & Schulenberg (1998).
Hierba. Nativa. Zonas Bajas. Campos Cerrados, Sabanas Benianas del Norte, Campos Amazónicos, 0–1000 m.
Dept.: BE, LP, SC.
Muestra: *M.H. Nee 41305* (LPB, MO, NY).

Rhynchospora comata (Link) Roem. & Schult., Mant. 2: 50. 1824.
Sin.: *Schoenus comatus* Link
Hierba. Nativa. Zonas Bajas. Bosque Húmedo, 0–500 m.
Dept.: CO.
Muestra: *J.R.I. Wood 14883* (K, LPB).

Rhynchospora confinis (Nees) C.B. Clarke, Bull. Misc. Inform., Addit. Ser. 8: 40. 1908.
Sin.: *Spermodon confinis* Nees, *Rhynchospora lundii* Boeckeler
Ref.: Foster (1958), Foster (1965), Guaglianone (1980), Haase & Beck (1989), Guaglianone et al. (1996).
Hierba. Nativa. Zonas Bajas. Campos Cerrados, Sabanas Benianas del Sur, 0–500 m.
Dept.: BE, SC.
Muestra: *J. Steinbach 6924* (BA, GH, LIL, MO, NY, UC).

Rhynchospora consanguinea (Kunth) Boeckeler, Linnaea 37: 476. 1873.
Sin.: *Dichromena consanguinea* Kunth
Ref.: Killeen & Schulenberg (1998), Wood et al. (2011).
Hierba. Nativa. Zonas Bajas. Campos Cerrados, Sabanas Benianas del Sur, 500–1000 m.
Dept.: BE, SC.
Muestra: *W.W. Thomas 5568* (LPB, MO, NY, TFAV).

Rhynchospora contracta (Nees) J. Raynal, Adansonia, n.s. 17: 277. 1978.
Sin.: *Rhynchospora micrantha* Vahl, *Juncus parviflorus* Poir., *Dichromena micrantha* (Vahl) Kunth, *Haloschoenus contractus* Nees, *Dichromena contracta* (Nees) Steud., *Rhynchospora micrantha* var. *contracta* (Nees) Kük.
Hierba. Nativa. Andes. Bosque Tucumano-Boliviano, 1000–1500 m.
Dept.: TA.
Muestra: *S. Marquardt 615* (LPB, SI).

Rhynchospora corymbosa (L.) Britton, Trans. New York Acad. Sci. 11: 84. 1892.
Sin.: *Scirpus corymbosus* L., *Dichromena corymbosa* (L.) J.F. Macbr., *Rhynchospora corymbosa* fo. *chacoensis* M. Barros
Ref.: Foster (1958), Foster (1965), Guaglianone et al. (1996), Killeen & Schulenberg (1998), Guaglianone (2001), Beck & Sajinés Asturizaga (2006).
Hierba. Nativa. Zonas Bajas. Bosque Húmedo, Bosque Semideciduo Chiquitano, Sabanas Benianas del Sur, 0–500 m.
Dept.: BE, LP, PA, SC.
Muestra: *N.Y. Paniagua & R.B. Foster 660* (F, LPB).
Infra: *Rhynchospora corymbosa* var. *corymbosa*, *Rhynchospora corymbosa* var. *chacoensis* (M. Barros) Svenson
Nom. Vern.: Cortadera.

Rhynchospora crinigera Boeckeler, Beitr. Cyper. 1: 28. 1888.
Hierba. Nativa. Zonas Bajas. Campos Cerrados, Sabanas Benianas del Sur, 0–500 m.
Dept.: SC.
Muestra: *E. Gutiérrez C. et al. 620* (AAU, F, K, MO, NY, SI, TEX, USZ).

Rhynchospora dissitiflora Steud. ex Boeckeler, Linnaea 37: 598. 1873.
Sin.: *Rhynchospora culmenicola* Steyerm.

Ref.: Thomas (1994).
Hierba. Nativa. Andes. Yungas, 1500–2500 m.
Dept.: LP.
Muestra: *J.C. Solomon 18854* (LPB, MO, NY, SI).

Rhynchospora divaricata (Desv. ex Ham.) M.T. Strong, Contr. U.S. Natl. Herb. 52: 343–344. 2005.
Sin.: *Schoenus hispidulus* Vahl, *Fimbristylis divaricata* Desv. ex Ham., *Rhynchospora hispidula* (Vahl) Boeckeler, *Rhynchospora trichodes* C.B. Clarke
Ref.: Thomas (1994), Killeen & Schulenberg (1998), Strong (2006).
Hierba. Nativa. Zonas Bajas. Campos Cerrados, 0–500 m.
Dept.: LP, SC.
Muestra: *B. Mostacedo et al. 1566* (MO, USZ).

Rhynchospora elegantula Maury, J. Bot. (Morot) 3: 209. 1889.
Hierba. Nativa. Zonas Bajas. Campos Cerrados, 0–500 m.
Dept.: SC.
Muestra: *E. Gutiérrez C. et al. 965* (AAU, MO, NY, SI, USZ).

Rhynchospora emaciata (Nees) Boeckeler, Vidensk. Meddel. Dansk Naturhist. Foren. Kjøbenhavn 1869: 149. 1870.
Sin.: *Haloschoenus emaciatus* Nees, *Dichromena pohliana* Steud., *Rhynchospora leptostachya* Boeckeler, *Rhynchospora tenuis* var. *emaciata* (Nees) Lindm.
Ref.: Foster (1958), Foster (1965), Guaglianone et al. (1996), Killeen & Schulenberg (1998), Thomas (1998), Prata (2002), Strong (2006).
Hierba. Nativa. Zonas Bajas. Campos Cerrados, Sabanas Benianas del Norte, Sabanas Benianas del Sur, Campos Amazónicos, 0–500 m.
Dept.: BE, LP, SC.
Muestra: *S.G. Beck 13158* (K, LPB, NY, SI).

Rhynchospora exaltata Kunth, Enum. Pl. 2: 291. 1837.
Sin.: *Rhynchospora triceps* Steud., *Echinoschoenus beyrichii* Nees, *Mitrospora cephalophora* Nees, *Rhynchospora beyrichii* (Nees) Steud., *Rhynchospora cephalophora* (Nees) Steud., *Rhynchospora arundinacea* Boeckeler, *Dichromena exaltata* (Kunth) J.F. Macbr., *Rhynchospora exaltata* var. *cephalophora* (Nees) Kük., *Rhynchospora exaltata* var. *ovalis* Kük.
Ref.: Foster (1958), Foster (1965), Killeen & Schulenberg (1998), Thomas (1998), Strong (2006).
Hierba. Nativa. Zonas Bajas. Campos Cerrados, Sabanas Benianas del Norte, Sabanas Benianas del Sur, Campos Amazónicos, 0–1000 m.
Dept.: BE, LP, SC.
Muestra: *M.A. Lewis & R. Clark 37713* (LPB, MO).

Rhynchospora exilis Boeckeler, Flora 63(28): 440. 1880.
Ref.: Araujo (2001).
Hierba. Nativa. Zonas Bajas. Campos Cerrados, Sabanas Benianas del Sur, 500–1000 m.
Dept.: SC.
Muestra: *T. Killeen et al. 4804* (MO, NY, USZ).

Rhynchospora eximia (Nees) Boeckeler, Linnaea 37: 601. 1873.
Sin.: *Spermodon eximius* Nees, *Rhynchospora elegans* Kük.
Ref.: Koyama (1972), Thomas (1994).
Hierba. Nativa. Zonas Bajas. Campos Cerrados, Sabanas Benianas del Sur, 0–500 m.
Dept.: BE, SC.
Muestra: *I. Guareco 408* (K, LPB).
Nota: Muestra citada no vista.

Rhynchospora filiformis Vahl, Enum. Pl. 2: 232. 1805.
Sin.: *Schoenus distans* Poir., *Dichromena filiformis* (Vahl) Kunth, *Spermodon filiformis* (Vahl) Nees, *Rhynchospora podosperma* C. Wright, *Rhynchospora longispicata* Boeckeler
Ref.: Guaglianone (1980), Killeen & Schulenberg (1998).
Hierba. Nativa. Zonas Bajas. Campos Cerrados, Campos Amazónicos, 0–500 m.
Dept.: LP, SC.
Muestra: *T. Killeen et al. 5380* (LPB, MO, USZ).

Rhynchospora gigantea Link, Jahrb. Gewächsk. 1(3): 76. 1820.
Sin.: *Dichromena gigantea* (Link) J.F. Macbr.
Ref.: Beck (1983), Guaglianone (2001).
Hierba. Nativa. Zonas Bajas. Sabanas Benianas del Sur, 0–500 m.
Dept.: BE.
Muestra: *A. Sanjinés & M.R. Orellana 343* (LPB).
Nom. Vern.: Junquillo.

Rhynchospora globosa (Kunth) Roem. & Schult., Syst. Veg. (ed. 15 bis) 2: 89. 1817.
Sin.: *Chaetospora globosa* Kunth
Ref.: Foster (1958), Foster (1965), Parker & Bailey (1991), Killeen & Schulenberg (1998), Araujo (2001), Strong (2006), Arroyo Padilla & Villarroel Segarra (2009).
Hierba. Nativa. Zonas Bajas, Andes. Campos Cerrados, Sabanas Benianas del Norte, Sabanas Benianas del Sur, Yungas, 0–1000, 1500–2000 m.
Dept.: BE, CO, LP, SC.
Muestra: *E. Polanco 138* (K, LPB, NY, SI).

Rhynchospora graminea Uittien, Recueil Trav. Bot. Néerl. 32: 229. 1935.
Ref.: Koyama (1972), Thomas (1998).
Hierba. Nativa. Zonas Bajas. Bosque Semideciduo Chiquitano, Campos Cerrados, 0–1000 m.
Dept.: SC.
Muestra: *E. Gutiérrez C. et al. 1284* (MO, USZ).
Nota: Strong (2000) considera que el nombre correcto de esta especie es *R. spruceana* C.B. Clarke y que pertenece a la sect. *Tenues*.

Rhynchospora hassleri C.B. Clarke, Bull. Herb. Boissier, sér. 2 3: 1023. 1903.
Sin.: *Rhynchospora viridilutea* C.B. Clarke, *Rhynchospora squamulosa* Kük.
Ref.: Koyama (1972), Strong (2006).
Hierba. Nativa. Zonas Bajas. Sabanas Benianas del Sur, Campos Amazónicos, 0–500 m.
Dept.: BE, LP.
Muestra: *R. Haase 354* (LPB, NY).

Rhynchospora hieronymi Boeckeler, Beitr. Cyper. 1: 30. 1888.
Ref.: Guaglianone (1981), Guaglianone et al. (1996), Thomas (1998).
Hierba. Nativa. Andes. Yungas, Bosque Tucumano-Boliviano, 1500–3000 m.
Dept.: CO, LP, PO, TA.
Muestra: *J.S. Brandbyge 694* (AAU, LPB).
Infra: *Rhynchospora hieronymi* subsp. *hieronymi*

Rhynchospora hirta (Nees) Boeckeler, Vidensk. Meddel. Dansk Naturhist. Foren. Kjøbenhavn 1869: 146. 1869.
Sin.: *Haplostylis hirta* Nees
Ref.: Kükenthal (1949), Foster (1958), Foster (1965), Killeen & Schulenberg (1998).

Hierba. Nativa. Zonas Bajas. Campos Cerrados, Sabanas Benianas del Norte, Sabanas Benianas del Sur, 0–500 m.
Dept.: LP, SC.
Muestra: *S.G. Beck & R. Haase 10012* (GENT, K, LPB, M, NY, SI).

Rhynchospora holoschoenoides (Rich.) Herter, Revista Sudamer. Bot. 9: 157. 1953.
Sin.: *Schoenus cyperoides* Sw., *Schoenus holoschoenoides* Rich., *Rhynchospora cyperoides* Mart., *Rhynchospora arechavaletae* Boeckeler
Ref.: Foster (1965), Killeen & Schulenberg (1998), Thomas (1998).
Hierba. Nativa. Zonas Bajas, Andes. Campos Cerrados, Sabanas Benianas del Norte, Sabanas Benianas del Sur, Yungas, 0–1000, 1500–2000 m.
Dept.: BE, LP, SC.
Muestra: *M.R. Orellana et al. 568* (LPB, NY).

Rhynchospora lechleri Steud. ex Boeckeler, Linnaea 37: 633. 1873.
Ref.: Thomas (1992), Thomas (1998).
Nota: Esperada. Anteriormente considerado un sinónimo de *R. vulcani* (Thomas 1992).

Rhynchospora locuples C.B. Clarke, Bot. Jahrb. Syst. 34(Beibl. 78): 5. 1904.
Hierba. Nativa. Andes. Yungas, 2000–2500 m.
Dept.: SC.
Muestra: *M. Saldias 552* (MO, USZ).

Rhynchospora loefgrenii Boeckeler, Beitr. Cyper. 2: 21. 1890.
Sin.: *Rhynchospora globosa* var. *loefgrenii* (Boeckeler) Kük.
Ref.: Araujo (2001).
Hierba. Nativa. Zonas Bajas. Campos Cerrados, Sabanas Benianas del Norte, Sabanas Benianas del Sur, 0–500 m.
Dept.: CO, LP, SC.
Muestra: *T.B. Miranda et al. 707* (LPB, MO, NY, OSH).

Rhynchospora macrochaeta Steud. ex Boeckeler, Linnaea 37: 632. 1873.
Sin.: *Rhynchospora tamana* Steyerm.
Ref.: Thomas (1994), Thomas (1998), Strong (2006).
Hierba. Nativa. Andes. Páramo Yungueño, 3000–4000 m.
Dept.: LP.
Muestra: *J.C. Solomon & B.A. Stein 11658* (LPB, MO).
Nota: Kükenthal (1949) citó *R. macrochaeta* var. *quinquespicata* (Boeck.) Kük. y *R. macrochaeta* fo. *condensata* Kük. para Bolivia, resta aclarar si se trata de sinónimos.

Rhynchospora mandonii C.B. Clarke, Bull. Misc. Inform., Addit. Ser. 8: 38. 1908.
Sin.: *Dichromena mandonii* (C.B. Clarke) J.F. Macbr.
Hierba. Nativa. Andes. Yungas, 2500–3000 m.
Dept.: LP.
Tipo: *G. Mandon 1421* (HT: K).
Nota: Conocida en Bolivia solamente del tipo.

Rhynchospora marisculus Lindl. ex Nees, Fl. Bras. 2(1): 142. 1842.
Sin.: *Rhynchospora marisculus* var. *elatior* Boeckeler, *Rhynchospora tenuiseta* C. Wright, *Rhynchospora borinquensis* Britton, *Dichromena marisculus* (Lindl. ex Nees) J.F. Macbr.
Ref.: Foster (1958), Guaglianone (1979), Guaglianone et al. (1996).
Hierba. Nativa. Zonas Bajas, Andes. Campos Cerrados, Sabanas Benianas del Sur, Valles Secos, 0–1500 m.
Dept.: SC.
Muestra: *J.R.I. Wood & N. P. Taylor 22535* (K, LPB, USZ).

Rhynchospora megapotamica (Spreng.) H. Pfeiff., Revista Sudamer. Bot. 7: 129. 1943 [1943].
Sin.: *Scirpus megapotamicus* Spreng., *Rhynchospora luzuliformis* Boeckeler, *Rhynchospora maculata* Maury
Ref.: Guaglianone et al. (1996).
Hierba. Nativa. Andes. Bosque Tucumano-Boliviano, 2000–2500 m.
Dept.: TA.
Muestra: *S.G. Beck & N.Y. Paniagua 27249* (LPB, M, MO, SI).

Rhynchospora melanocarpa A.C. Araújo & W.W. Thomas, Brittonia 55(1): 33–36, f. 3. 2003.
Ref.: Araujo et al. (2003).
Hierba. Endémica. Zonas Bajas. Campos Cerrados, Sabanas Benianas del Sur, 0–500 m.
Dept.: SC.
Tipo y muestra: *M.H. Nee 41169* (HT: NY; IT: BRIT, LPB, USZ), *E. Gutiérrez C. et al. 1188* (MO, NY, USZ).

Rhynchospora nardifolia (Kunth) Boeckeler, Linnaea 37: 560. 1873.
Sin.: *Dichromena nardifolia* Kunth
Hierba. Nativa. Zonas Bajas. Campos Cerrados, 0–1000 m.
Dept.: SC.
Muestra: *J.R.I. Wood et al. 23882* (K, LPB, USZ).

Rhynchospora nervosa (Vahl) Boeckeler, Vidensk. Meddel. Dansk Naturhist. Foren. Kjøbenhavn 1869: 143. 1869.
Sin.: *Dichromena ciliata* Vahl, *Dichromena nervosa* Vahl, *Schoenus tenuifolius* Kunth, *Schoenus ciliatus* G. Mey., *Dichromena pilosa* Spreng., *Dichromena persooniana* Nees, *Dichromena pura* Nees, *Rhynchospora jelskiana* Boeckeler, *Rhynchospora exigua* Boeckeler, *Dichromena ciliata* var. *vahliana* (Griseb.) C.B. Clarke, *Rhynchospora nervosa* var. *tenuifolia* (Kunth) H. Pfeiff., *Rhynchospora nervosa* var. *jelskiana* (Boeckeler) Kük.
Ref.: Foster (1958), Foster (1965), Thomas (1994), Killeen & Schulenberg (1998), Thomas (1998), Serrano & Terán (1998 [2000]), Beck & Sajinés Asturizaga (2006), Strong (2006).
Hierba. Nativa. Zonas Bajas, Andes. Campos Cerrados, Sabanas Benianas del Norte, Sabanas Benianas del Sur, Yungas, Bosque Tucumano-Boliviano, 0–2000 m.
Dept.: BE, CH, CO, LP, SC, TA.
Muestra: *M.H. Nee & I.G. Vargas 40238* (LPB, MO, NY).
Infra: *Rhynchospora nervosa* subsp. *nervosa*, *Rhynchospora nervosa* subsp. *ciliata* T. Koyama
Nom. Vern.: Estrella blanca.

Rhynchospora patuligluma C.B. Clarke ex Lindm., Bih. Kongl. Svenska Vetensk.-Akad. Handl. 26(9): 25. 1900.
Hierba. Nativa. Zonas Bajas. Campos Cerrados, Sabanas Benianas del Norte, 0–1000 m.
Dept.: BE, SC.
Muestra: *J.R.I. Wood 26538* (K, LPB, USZ).

Rhynchospora pedersenii Guagl., Darwiniana 39(3–4): 321, f. 14, 15. 2001.
Sin.: *Rhynchospora gigantea* var. *latifolia* H. Pfeiff.
Ref.: Guaglianone (2001).
Hierba. Nativa. Zonas Bajas. Sabanas Benianas del Sur, 0–500 m.
Dept.: BE.
Muestra: *E. Polanco 146* (CHSC, LPB, M, NY, SI).

Rhynchospora polyphylla (Vahl) Vahl, Enum. Pl. 2: 230. 1805.
Sin.: *Schoenus polyphyllus* Vahl,

Rhynchospora costaricensis Boeckeler, *Rhynchospora polyphylla* var. *longispiculosa* Kük.
Ref.: Kükenthal (1949), Foster (1958), Thomas (1994), Thomas (1998), Strong (2006).
Hierba. Nativa. Andes. Yungas, 1000–1500 m.
Dept.: LP.
Muestra: *S.G. Beck 21065* (LPB, NY, SI, USZ).
Nota: La var. *longispiculosa* es probablemente un sinónimo de esta especie.

Rhynchospora puber (Vahl) Boeckeler, Linnaea 37: 528. 1873.
Sin.: *Dichromena puber* Vahl
Ref.: Thomas (1984), Beck & Sajinés Asturizaga (2006), Strong (2006).
Hierba. Nativa. Zonas Bajas. Campos Cerrados, Sabanas Benianas del Sur, Campos Amazónicos, 0–1000 m.
Dept.: BE, CO, SC.
Muestra: *L.R.C. de Michel 3114* (HSB, LPB).

Rhynchospora pungens Liebm., Mexic. Halvgr. 252. 1850.
Ref.: Guaglianone (1979), Guaglianone et al. (1996).
Hierba. Nativa. Zonas Bajas, Andes. Bosque Semideciduo Chiquitano, Yungas, Bosque Tucumano-Boliviano, 500–2000, 3000–3500 m.
Dept.: CH, LP, SC.
Muestra: *Z.E. Rúgolo & X. Villavicencio 1950* (SI).

Rhynchospora racemosa C. Wright, Anales Acad. Ci. Med. Habana 8: 86. 1871.
Ref.: Kükenthal (1949).
Hierba. Nativa. Andes. Yungas, 1000–1500 m.
Dept.: LP.
Muestra: *S.G. Beck 7264* (LPB, SI).
Infra: *Rhynchospora racemosa* var. *setifera* Kük.
Nota: Muestra citada no vista.

Rhynchospora radicans (Schltdl. & Cham.) H. Pfeiff., Repert. Spec. Nov. Regni Veg. 38(6–12): 93. 1935.
Sin.: *Dichromena radicans* Schltdl. & Cham.
Ref.: Foster (1958), Thomas (1984), Strong (2006).
Hierba. Nativa. Zonas Bajas. Bosque Húmedo, 0–1000 m.
Dept.: CO, LP.
Muestra: *M.H. Nee 40892* (LPB, MO, NY).
Infra: *Rhynchospora radicans* subsp. *microcephala* (Bertero ex Spreng.) W.W. Thomas

Rhynchospora riparia (Nees) Boeckeler, Linnaea 37: 561. 1873.
Sin.: *Haloschoenus riparius* Nees, *Dichromena riparia* (Nees) Steud., *Rhynchospora tenuis* subsp. *riparia* (Nees) T. Koyama
Ref.: Thomas (1998), Strong (2006), Alves et al. (2009).
Hierba. Nativa. Zonas Bajas. Campos Cerrados, Campos Amazónicos, 0–1000 m.
Dept.: SC.
Muestra: *J.R.I. Wood et al. 26181* (K, LPB).

Rhynchospora robusta (Kunth) Boeckeler, Linnaea 37: 616. 1873.
Sin.: *Dichromena robusta* Kunth
Ref.: Thomas (1998).
Hierba. Nativa. Zonas Bajas. Bosque Húmedo, Sabanas Benianas del Sur, 0–1000 m.
Dept.: BE, SC.
Muestra: *H.H. Rusby 1425* (GH, NY).

Rhynchospora rugosa (Vahl) Gale, Rhodora 46: 275. 1944.
Sin.: *Schoenus rugosus* Vahl, *Rhynchospora glauca* Vahl, *Dichromena glauca* (Vahl) J.F. Macbr., *Rhynchospora glauca* var. *altior* Kük. ex O.C. Schmidt
Ref.: Guaglianone (1979), Haase & Beck (1989), Parker & Bailey (1991), Thomas (1992), Guaglianone et al. (1996), Killeen & Schulenberg (1998), Strong (2006).
Hierba. Nativa. Zonas Bajas, Andes. Campos Cerrados, Campos Amazónicos, Yungas, Bosque Tucumano-Boliviano, 0–500, 1500–2500 m.
Dept.: BE, CO, LP, PO, SC.
Muestra: *M. Saldias et al. 2900* (LPB, MO, USZ).

Rhynchospora ruiziana Boeckeler, Linnaea 37: 641. 1873.
Sin.: *Rhynchospora macrochaeta* var. *ruiziana* (Boeckeler) Kük.
Ref.: Foster (1965), Thomas (1992), Thomas (1998).
Hierba. Nativa. Andes. Páramo Yungueño, 3000–3500 m.
Dept.: LP.
Muestra: *S.G. Beck & B. Ruthsatz 21483* (LPB, NY, SI).

Rhynchospora rupestris A.C. Araújo & Longhi-Wagner, Kew Bull. 63(2): 306, f. 3. 2008.
Hierba. Nativa. Zonas Bajas. Campos Cerrados, 500–1000 m.
Dept.: SC.
Muestra: *J.R.I. Wood et al. 24675* (K, LPB, USZ).

Rhynchospora schiedeana Kunth, Enum. Pl. 2: 300. 1837.
Sin.: *Chaetospora schiedeana* Schltdl.
Ref.: Foster (1958), Foster (1965), Thomas (1994).
Hierba. Nativa. Andes. Yungas, 2500–3000 m.
Dept.: LP.
Muestra: *X. Menhofer 1715* (LPB).

Rhynchospora scutellata Griseb., Cat. Pl. Cub. 246. 1866.
Ref.: Thomas (1998).
Nota: Esperada.

Rhynchospora splendens Lindm., Kongl. Svenska Vetensk. Acad. Handl. 26(9): 26. 1900.
Ref.: Kükenthal (1949), Barros (1960), Strong (2006).
Hierba. Nativa. Andes. Yungas, 1000–1500 m.
Dept.: LP.
Muestra: *A.F. Fuentes et al. 7567* (LPB, MO, NY, USZ).

Rhynchospora spruceana C.B. Clarke, Bull. Misc. Inform., Addit. Ser. 8: 40. 1908.
Ref.: Strong (2006).
Hierba. Nativa. Zonas Bajas. Bosque Semideciduo Chiquitano, Campos Cerrados, 0–1000 m.
Dept.: SC.
Muestra: *J.R.I. Wood et al. 24380* (K, LPB, USZ).

Rhynchospora tenella (Nees) Boeckeler, Linnaea 37: 595. 1873.
Sin.: *Haloschoenus tenellus* Nees, *Dichromena tenella* (Nees) Steud.
Ref.: Koyama (1972), Killeen & Schulenberg (1998).
Hierba. Nativa. Zonas Bajas. Bosque Húmedo, Bosque Semideciduo Chiquitano, Campos Cerrados, 0–1000 m.
Dept.: SC.
Muestra: *B. Mostacedo et al. 1867a* (LPB, MO, SI, USZ).

Rhynchospora tenerrima Nees ex Spreng., Syst. Veg. 4, 2(Cur. post.): 26. 1827.
Sin.: *Schoenus setaceus* P.J. Bergius, *Rhynchospora setacea* (P.J. Bergius) Boeckeler
Ref.: Foster (1958), Foster (1965), Koyama (1972), Thomas (1992), Thomas (1998), Strong (2006).
Hierba. Nativa. Zonas Bajas. Campos Cerrados, Campos Amazónicos, 0–500 m.
Dept.: LP, SC.
Muestra: *J.R. Abbott 16514* (MO, SI, USZ).

Infra: *Rhynchospora tenerrima* subsp. *tenerrima*

Rhynchospora tenuis Willd. ex Link, Jahrb. Gewächsk. 1(3): 76. 1820.
Sin.: *Fuirena gracilis* Spreng., *Haloschoenus capillaris* Nees, *Dichromena gracilis* (Spreng.) Kunth, *Rhynchospora gracilis* (Spreng.) Kuntze
Ref.: Foster (1958), Foster (1965), Koyama (1972), Guaglianone et al. (1996), Killeen & Schulenberg (1998), Thomas (1998), Strong (2000).
Hierba. Nativa. Zonas Bajas, Andes. Campos Cerrados, Sabanas Benianas del Sur, Campos Amazónicos, Yungas, 0–1000, 1500–2000 m.
Dept.: LP, SC, TA.
Muestra: *M.H. Nee 47461* (LPB, MO, NY, SI).
Infra: *Rhynchospora tenuis* subsp. *tenuis*, *Rhynchospora tenuis* subsp. *austrobrasiliensis* T. Koyama

Rhynchospora terminalis Nees ex Steud., Syn. Pl. Glumac. 2: 143. 1855.
Ref.: Killeen & Schulenberg (1998).
Hierba. Nativa. Zonas Bajas. Campos Cerrados, 500–1000 m.
Dept.: SC.
Muestra: *T. Killeen 2797* (LPB, MO).

Rhynchospora triflora Vahl, Enum. Pl. 2: 232. 1805.
Sin.: *Schoenus triflorus* (Vahl) Poir., *Ephippiorhynchium triflorum* (Vahl) Nees, *Dichromena triflora* (Vahl) J.F. Macbr.
Ref.: Thomas (1998), Guaglianone (2001), Strong (2006).
Hierba. Nativa. Zonas Bajas. Campos Amazónicos, 0–500 m.
Dept.: LP.
Muestra: *R. Haase 356* (LPB, NY).

Rhynchospora trispicata (Nees) Schrad. ex Steud., Syn. Pl. Glumac. 2: 145. 1855.
Sin.: *Ephippiorhynchium trispicatum* Nees, *Rhynchospora guianensis* Lindeman & Donsel.
Ref.: Beck (1983), Haase & Beck (1989), Killeen & Schulenberg (1998), Thomas (1998), Guaglianone (2001), Beck & Sajinés Asturizaga (2006), Strong (2006).
Hierba. Nativa. Zonas Bajas. Bosque Semideciduo Chiquitano, Campos Cerrados, Sabanas Benianas del Norte, Sabanas Benianas del Sur, Campos Amazónicos, 0–500 m.
Dept.: BE, LP, SC.
Muestra: *M. Franken 126* (LPB, NY, SI).
Nom. Vern.: Cortadera.

Rhynchospora umbraticola Poepp. & Kunth, Enum. Pl. 2: 300. 1837.
Sin.: *Rhynchospora kuntzei* C.B. Clarke, *Dichromena kuntzei* (C.B. Clarke) J.F. Macbr., *Rhynchospora umbraticola* var. *kuntzei* (C.B. Clarke) Kük.
Ref.: Foster (1958), Foster (1965), Parker & Bailey (1991).
Hierba. Nativa. Zonas Bajas. Bosque Húmedo, 0–1000 m.
Dept.: BE, CO, LP, PA, SC.
Muestra: *S.G. Beck 16740* (LPB, SI).

Rhynchospora velutina (Kunth) Boeckeler, Vidensk. Meddel. Dansk Naturhist. Foren. Kjøbenhavn 1869: 149. 1869.
Sin.: *Dichromena velutina* Kunth, *Psilocarya rufa* Nees, *Psilocarya velutina* (Kunth) Nees, *Rhynchospora rufa* (Nees) Boeckeler, *Rhynchospora velutina* var. *sellowiana* (Kunth) Boeckeler
Ref.: Foster (1958), Haase & Beck (1989), Thomas (1992), Guaglianone et al. (1996), Killeen & Schulenberg (1998), Thomas (1998), Strong (2006).
Hierba. Nativa. Zonas Bajas. Campos Cerrados, Sabanas Benianas del Sur, Campos Amazónicos, 0–500 m.
Dept.: BE, SC.
Muestra: *R.B. Foster 12389* (F, LPB).

Rhynchospora vulcani Boeckeler, Linnaea 37: 638. 1873.
Ref.: Thomas (1994), Thomas (1998).
Hierba. Nativa. Andes, Altiplano. Páramo Yungueño, Puna Húmeda, 3000–4000 m.
Dept.: LP.
Muestra: *J.C. Solomon et al. 11829* (LPB, MO).

Rhynchospora warmingii Boeckeler, Vidensk. Meddel. Dansk Naturhist. Foren. Kjøbenhavn 1869: 143. 1869.
Hierba. Nativa. Zonas Bajas. Campos Cerrados, Sabanas Benianas del Norte, 0–1000 m.
Dept.: BE, SC.
Muestra: *S.G. Beck 20528* (LPB, NY, SPF).

Schoenoplectus (Rchb.) Palla, Verh. K.K. Zool.-Bot. Ges. Wien 38: 49. 1888.
3 especies, 0 especies endémicas.

Schoenoplectus americanus (Pers.) Volkart ex Schinz & R. Keller, Fl. Schweiz 1: 75. 1905.
Sin.: *Scirpus americanus* Pers., *Scirpus americanus* subsp. *polyphyllus* (Boeckeler) T. Koyama, *Scirpus americanus* var. *polyphyllus* (Boeckeler) Beetle
Ref.: Foster (1958), Foster (1965), Adams (1994e), Guaglianone et al. (2009).
Hierba. Nativa. Andes. Yungas, Valles Secos, 1500–2000, 2500–3000 m.
Dept.: CO, LP, PO, TA.
Muestra: *S.G. Beck 7997* (GENT, K, LPB, M, NY, SI).

Schoenoplectus californicus (C.A. Mey.) Soják, Čas. Nár. Mus., Odd. Přír. 140(3–4): 127. 1972.
Sin.: *Scirpus riparius* J. Presl & C. Presl, *Elytrospermum californicum* C.A. Mey., *Malacochaete tatora* Nees & Meyen, *Scirpus tatora* Kunth, *Scirpus californicus* (C.A. Mey.) Steud., *Scirpus californicus* (C.A. Mey.) Britton, *Scirpus californicus* var. *tatora* (Kunth) Barros, *Scirpus californicus* subsp. *tātora* (Kunth) T. Koyama
Ref.: Foster (1958), Foster (1965), Heiser (1979), Guaglianone (1996), De la Barra (1997), González et al. (1999), Guaglianone et al. (2008).
Hierba. Nativa. Zonas Bajas, Andes, Altiplano. Bosque Seco Chaqueño, Yungas, Páramo Yungueño, Valles Secos, Puna Húmeda, Puna Seca, 0–4500 m.
Dept.: CH, CO, LP, OR, PO, SC, TA.
Muestra: *S.G. Beck 14639* (GENT, LPB, M, NY, SI).
Nom. Vern.: Totora.

Schoenoplectus pungens (Vahl) Palla, Verh. K.K. Zool.-Bot. Ges. Wien 38(Sitzungsber.): 49. 1888.
Sin.: *Scirpus pungens* Vahl
Ref.: Foster (1965), Guaglianone et al. (1996), Guaglianone et al. (2008).
Hierba. Nativa. Altiplano. Puna Seca, 3500–4000 m.
Dept.: CH, CO, PO.
Muestra: *M. Cárdenas 36* (GH).

Scirpus L., Sp. Pl. 1: 47. 1753.
1 especie, 0 especies endémicas.

Scirpus asper J. Presl & C. Presl, Reliq. Haenk. 1(3): 194. 1828.
Ref.: Beetle (1953), Foster (1958), Foster (1965), Serrano & Terán (1998 [2000]), Guaglianone et al. (2009).
Hierba. Nativa. Andes, Altiplano. Bosque Tucumano-Boliviano, Valles Secos, Puna Seca, 2500–4000 m.
Dept.: CH, CO, LP, OR, PO.
Muestra: *O. Buchtien 3141* (GH, HBG, LPB).

Scleria P.J. Bergius, Kongl. Vetensk. Acad. Handl. 26: 142, pl. 4–5. 1765.
38 especies, 0 especies endémicas.

Scleria anceps Liebm., Mexic. Halvgr. 69. 1850.
Ref.: Camelbeke et al. (2003).
Hierba. Nativa. Andes. Yungas, 1500–2000 m.
Dept.: LP, SC.
Muestra: *S.G. Beck 21231* (LPB, NY).
Nom. Vern.: Cortadera.

Scleria arguta (Nees) Steud., Syn. Pl. Glumac. 2: 172. 1855.
Sin.: *Schizolepis arguta* Nees
Ref.: Camelbeke et al. (2003).
Hierba. Nativa. Zonas Bajas. Bosque Húmedo, 0–1000 m.
Dept.: BE, LP, PA, SC.
Muestra: *B. Mostacedo et al. 792* (GENT, MO, USZ).
Nota: Aquí pertenecen varias muestras identificadas como *S. panicoides*.

Scleria balansae Maury, Mém. Soc. Phys. Genève 31(1): 148. 1889.
Ref.: Camelbeke et al. (2003).
Hierba. Nativa. Andes. Yungas, 1500–2000 m.
Dept.: LP.
Muestra: *S.G. Beck 17863* (GENT, LPB).

Scleria bracteata Cav., Icon. 5: 34, pl. 457. 1799.
Sin.: *Macrolomia bracteata* (Cav.) Schrad. ex Nees, *Scleria bracteata* fo. *simplicior* Kük.
Ref.: Core (1936), Foster (1958), Foster (1965), Camelbeke et al. (2003).
Hierba, trepadora. Nativa. Zonas Bajas, Andes. Bosque Húmedo, Yungas, 0–1000, 1500–2500 m.
Dept.: LP, SC.
Muestra: *F.T. Grifo & J.C. Solomon 809* (GENT, LPB, MO).

Scleria castanea Core, Brittonia 1: 239. 1934.
Ref.: Foster (1958), Foster (1965), Camelbeke et al. (2003).
Hierba. Nativa. Andes. Yungas, 1000–2500 m.
Dept.: CO, LP.
Muestra: *J.C. Solomon et al. 19067* (GENT, LPB, MO).

Scleria comosa (Nees) Steud., Syn. Pl. Glumac. 2: 171. 1855.
Sin.: *Hymenolytrum comosum* Nees
Ref.: Killeen & Schulenberg (1998), Camelbeke et al. (2003).
Hierba. Nativa. Zonas Bajas. Campos Cerrados, 0–500 m.
Dept.: SC.
Muestra: *J. Steinbach 7375* (BM, MO).

Scleria composita (Nees) Boeckeler, Linnaea 38: 444. 1874.
Sin.: *Hypoporum compositum* Nees
Ref.: Core (1936), Foster (1965), Camelbeke et al. (2003).
Hierba. Nativa. Zonas Bajas. Campos Cerrados, Sabanas Benianas del Sur, 0–1000 m.
Dept.: BE, SC.
Muestra: *S.G. Beck 13175* (GENT, JUA, LPB, NY).

Scleria cuyabensis Pilg., Bot. Jahrb. Syst. 30(1): 144. 1901.
Ref.: Killeen & Schulenberg (1998).
Hierba. Nativa. Zonas Bajas. Campos Cerrados, 0–500 m.
Dept.: SC.
Muestra: *T. Killeen & J. Wellens 6373* (MO, USZ).

Scleria distans Poir., Encycl. 7: 4. 1806.
Sin.: *Scleria nutans* Willd. ex Kunth
Ref.: Camelbeke et al. (2003).
Hierba. Nativa. Zonas Bajas, Andes. Campos Cerrados, Campos Amazónicos, Valles Secos, 0–500, 1000–2000 m.
Dept.: BE, LP, SC.
Muestra: *R. Guillén V. & T. Killeen 2765* (GENT, MO, USZ).
Nota: Varios autores han usado el nombre *S. hirtella* (non Sw.) para esta especie.

Scleria flagellum-nigrorum P.J. Bergius, Kongl. Vetensk. Acad. Handl. 26: 144, pl. 4–5. 1765.
Sin.: *Scleria flagellum* Sw.
Ref.: Killeen & Schulenberg (1998), Camelbeke et al. (2003).
Hierba, trepadora. Nativa. Zonas Bajas. Bosque Húmedo, 0–500 m.
Dept.: BE, SC.
Muestra: *R. Guillén V. & S. Coria 1635* (GENT, MO, USZ).

[Scleria glabra Boeckeler], Beitr. Cyper. 1: 35. 1888.
Ref.: Killeen & Schulenberg (1998).
Nota: El registro se basa en material mal identificado.

Scleria hirtella Sw., Prodr. 19. 1788.
Ref.: Core (1936), Foster (1958), Barros (1960), Foster (1965), Parker & Bailey (1991), Killeen & Schulenberg (1998), Camelbeke et al. (2003).
Hierba. Nativa. Zonas Bajas. Campos Cerrados, Sabanas Benianas del Sur, 0–500 m.
Dept.: BE, SC.
Muestra: *M. Piepenbring et al. 2625* (GENT, LPB).
Nota: Véase nota bajo *S. distans*.

Scleria huberi C.B. Clarke, Bull. Misc. Inform., Addit. Ser. 8: 60. 1908.
Ref.: Camelbeke et al. (2003).
Hierba. Nativa. Zonas Bajas. Bosque Húmedo, Campos Cerrados, 0–1000 m.
Dept.: LP, PA, SC.
Muestra: *S.G. Beck 24107* (LPB).

Scleria interrupta Rich., Actes Soc. Hist. Nat. Paris 1: 113. 1792.
Ref.: Camelbeke & Goetghebeur (1998).
Hierba. Nativa. Zonas Bajas. Sabanas Benianas del Sur, 0–500 m.
Dept.: BE.
Muestra: *M.R. Orellana et al. 631* (LPB).

Scleria lacustris C. Wright, Anales Acad. Ci. Med. Habana 8: 152. 1871.
Ref.: Camelbeke et al. (2003), Beck & Sajinés Asturizaga (2006).
Hierba. Naturalizada. Zonas Bajas. Bosque Semideciduo Chiquitano, Sabanas Benianas del Sur, 0–500 m.
Dept.: BE, SC.
Muestra: *M.R. Orellana & S.G. Beck 247* (GENT, LPB).

Scleria lagoensis Boeckeler, Vidensk. Meddel. Dansk Naturhist. Foren. Kjøbenhavn 1869: 151. 1870.
Sin.: *Scleria moritziana* Boeckeler, *Scleria canaliculatotriquetra* Boeckeler
Ref.: Core (1936), Foster (1965), Camelbeke et al. (2003).
Hierba. Nativa. Zonas Bajas. Campos Cerrados, 0–500 m.
Dept.: LP, SC.
Muestra: *J.R.I. Wood et al. 26665* (K, LPB, USZ).
Nota: Muestra citada no vista.

Scleria latifolia Sw., Prodr. 18. 1788.
Sin.: *Scleria arundinacea* Kunth, *Scleria latifolia* var. *arundinacea* (Kunth) H. Pfeiff.
Ref.: Core (1936), Foster (1958), Barros (1960), Foster (1965), Schulenberg & Awbrey (1997), Serrano & Terán (1998 [2000]), Camelbeke et al. (2003).
Hierba. Nativa. Zonas Bajas, Andes. Bosque Húmedo, Yungas, 500–2000 m.
Dept.: BE, CH, LP.
Muestra: *S.G. Beck 27629* (CUVC, GENT, LPB, M).
Nota: En bosques disturbados.

Scleria leptostachya Kunth, Enum. Pl. 2: 354. 1837.
Ref.: Core (1936), Foster (1965), Camelbeke et al. (2003).
Hierba. Nativa. Zonas Bajas. Bosque Húmedo, Campos Cerrados, Campos Amazónicos, 0–500 m.
Dept.: LP, SC.

Muestra: *B. Bruderreck 125* (K, LPB, M, SI).
Nota: Varias muestras que pertenecen a esta especie fueron identificadas como *S. pleostachya*.

Scleria lithosperma (L.) Sw., Prodr. 18. 1788.
Sin.: *Scirpus lithospermus* L., *Schoenus lithospermus* (L.) L., *Carex lithosperma* (L.) L., *Hypoporum lithospermum* (L.) Nees
Ref.: Core (1936), Foster (1958), Foster (1965), Camelbeke et al. (2003).
Hierba. Nativa. Zonas Bajas. Campos Cerrados, 0–500 m.
Dept.: SC.
Muestra: *J. Steinbach 5203* (GH, NY).
Nota: Muestra citada no vista.

[Scleria macrogyne C.B. Clarke], Bull. Misc. Inform., Addit. Ser. 8: 59. 1908.
Ref.: Foster (1958).
Nota: El registro se basa en material mal identificado. Foster (1958) incluyó probablemente esta especie por error, no se ha localizado documentación para inclusión de esta especie.

Scleria macrophylla J. Presl & C. Presl, Reliq. Haenk. 1(3): 200. 1828.
Sin.: *Scleria paludosa* Poepp. & Kunth
Ref.: Core (1936), Foster (1958), Foster (1965), Killeen & Schulenberg (1998), Camelbeke et al. (2003).
Hierba. Nativa. Zonas Bajas. Bosque Húmedo, 0–500 m.
Dept.: BE, CO, PA, SC.
Muestra: *N.Y. Paniagua et al. 587* (F, FCQ, GENT, LPB, USZ).

Scleria martii (Nees) Steud., Syn. Pl. Glumac. 2: 171. 1855.
Sin.: *Hymenolytrum martii* Nees, *Scleria cyperinoides* C.B. Clarke, *Scleria cyperina* var. *dentata* H. Pfeiff.
Ref.: Core (1936), Camelbeke & Goetghebeur (1998), Killeen & Schulenberg (1998), Prata (2002), Camelbeke et al. (2003).
Hierba. Nativa. Zonas Bajas. Bosque Húmedo, 0–500 m.
Dept.: LP, PA.
Muestra: *M. Moraes R. 224* (LPB, NY).

Scleria melaleuca Rchb. ex Schltdl. & Cham., Linnaea 6(1): 29. 1831.
Sin.: *Scleria pterota* C. Presl, *Scleria pratensis* Lindl. ex Nees, *Scleria boliviana* Palla ex Buchtien, *Scleria pterota* var. *melaleuca* (Rchb. ex Schltdl. & Cham.) Uittien
Ref.: Core (1936), Foster (1965), Killeen & Schulenberg (1998), Camelbeke et al. (2003), Beck & Sajinés Asturizaga (2006).
Hierba. Nativa. Zonas Bajas. Bosque Húmedo, Sabanas Benianas del Sur, 0–500 m.
Dept.: BE, LP, PA, SC.
Muestra: *D.E. Williams 1116* (LPB, MO).

Scleria microcarpa Nees ex Kunth, Enum. Pl. 2: 341. 1837.
Sin.: *Ophryoscleria microcarpa* (Nees ex Kunth) Nees, *Scleria ovuligera* Rchb. ex Steud.
Ref.: Foster (1958), Barros (1960), Foster (1965), Killeen & Schulenberg (1998), Camelbeke et al. (2003).
Hierba. Nativa. Zonas Bajas. Bosque Húmedo, Sabanas Benianas del Sur, 0–1000 m.
Dept.: BE, CO, PA, SC.
Muestra: *T. Killeen & R. Guillén V. 6877* (GENT, LPB, MO, USZ).

Scleria mitis P.J. Bergius, Kongl. Vetensk. Acad. Handl. 26: 145, pl. 5. 1765.
Ref.: Core (1936), Foster (1958), Camelbeke et al. (2003).
Hierba. Nativa. Zonas Bajas. Bosque Semideciduo Chiquitano, Campos Cerrados, 0–500 m.
Dept.: SC.
Muestra: *N.P. Ritter et al. 4248* (MO, NHA).
Nota: En pantanos.

Scleria myricocarpa Kunth, Enum. Pl. 2: 347. 1837.
Sin.: *Schizolepis myricocarpa* (Kunth) Nees
Ref.: Koyama (1984 [1986]).
Hierba. Nativa. Zonas Bajas. Bosque Húmedo, 0–500 m.
Dept.: BE.
Muestra: *B.M. Boom 4122* (MO, NY).
Nota: Muestra citada no vista.

Scleria obtusa Core, Brittonia 1: 240. 1934.
Ref.: Foster (1958), Foster (1965), Camelbeke et al. (2003), Beck & Sajinés Asturizaga (2006).
Hierba. Nativa. Zonas Bajas. Campos Cerrados, Sabanas Benianas del Sur, Campos Amazónicos, 0–500 m.
Dept.: BE, LP.
Tipo y muestra: *O.E. White 1224* (HT: NY; IT: GH, K), *S.G. Beck 15032* (GENT, LPB, MO).
Nom. Vern.: Cortadera.

Scleria panicoides Kunth, Enum. Pl. 2: 348. 1837.
Ref.: Core (1936), Barros (1960), Killeen & Schulenberg (1998), Camelbeke et al. (2003).
Hierba. Nativa. Zonas Bajas, Andes. Bosque Húmedo, Yungas, 0–500, 1000–2000 m.
Dept.: LP, PA.
Muestra: *J.C. Solomon 18411* (GENT, LPB, MO).

[Scleria pleostachya Kunth], Enum. Pl. 2: 355. 1837.
Ref.: Foster (1958).
Nota: El registro se basa en material mal identificado de *S. castanea*.

Scleria plusiophylla Steud., Syn. Pl. Glumac. 2: 172. 1855.
Sin.: *Schizolepis foliosa* Nees
Ref.: Camelbeke et al. (2003).
Hierba. Nativa. Zonas Bajas, Andes. Bosque Húmedo, Yungas, 0–1500 m.
Dept.: BE, LP.
Muestra: *J.C. Solomon & B.A. Stein 11727* (LPB, MO).
Nota: En prados y bosques disturbados.

Scleria purdiei C.B. Clarke, Bull. Misc. Inform., Addit. Ser. 8: 57. 1908.
Ref.: Camelbeke et al. (2003).
Hierba. Nativa. Zonas Bajas, Andes. Campos Cerrados, Yungas, 0–500, 1500–2000 m.
Dept.: LP, SC.
Muestra: *S.G. Beck 13542* (GENT, JUA, LPB, NY).

Scleria reticularis Michx., Fl. Bor.-Amer. 2: 167. 1803.
Ref.: Killeen & Schulenberg (1998), Camelbeke et al. (2003).
Hierba. Nativa. Zonas Bajas. Bosque Húmedo, 0–500 m.
Dept.: BE, LP, SC.
Muestra: *E. Gutiérrez C. et al. 741* (GENT, MO, USZ).
Nota: Varios autores (non Poir.) han usado el nombre *S. setacea* para esta especie.

Scleria scabra Willd., Sp. Pl. 4: 315. 1805.
Sin.: *Scleria cerradicola* T. Koyama
Ref.: Foster (1958), Killeen & Schulenberg (1998), Camelbeke et al. (2003).
Hierba. Nativa. Zonas Bajas, Andes. Campos Cerrados, Sabanas Benianas del Sur, Yungas, 0–1500 m.
Dept.: LP, SC.
Muestra: *S.G. Beck 18598* (F, GENT, JUA, LPB).
Nota: En prados arenosos o rocosos.

Scleria secans (L.) Urb., Symb. Antill. 2(2): 169. 1900.
Sin.: *Schoenus secans* L., *Scleria reflexa* Kunth, *Mastigoscleria reflexa* (Kunth) Nees
Ref.: Core (1936), Foster (1958), Foster (1965), Parker & Bailey (1991), Killeen & Schulenberg (1998), Alverson et al. (2000), Camelbeke et al. (2003).
Trepadora. Nativa. Zonas Bajas, Andes. Bosque Húmedo, Bosque Semideciduo Chiquitano, Yungas, 0–1500 m.
Dept.: CO, LP, PA, SC.
Muestra: *T. Killeen et al. 4802* (GENT, MO, USZ).
Nota: En áreas abiertas y claros de bosque, bosque de galería, prados, y zonas alteradas en sitios húmedos.

[Scleria setacea Poir.], Encycl. 7: 4. 1806.
Ref.: Core (1936).
Nota: El registro se basa en material mal identificado de *S. reticularis*.

Scleria splitgerberiana Henrard ex Uittien, Recueil Trav. Bot. Néerl. 30: 190. 1933.
Ref.: Camelbeke et al. (2003).
Trepadora. Nativa. Zonas Bajas. Campos Amazónicos, 0–500 m.
Dept.: LP.
Muestra: *S.G. Beck 10159* (CUZ, K, LPB, M, MIN, NY, SI, USZ).
Nota: En sabana húmeda.

Scleria sprucei C.B. Clarke, Bull. Misc. Inform., Addit. Ser. 8: 61. 1908.
Ref.: Camelbeke et al. (2003).
Hierba. Nativa. Zonas Bajas. Bosque Húmedo, Campos Cerrados, 0–500 m.
Dept.: BE, LP, PA, SC.
Muestra: *J.C. Solomon 7693* (LPB, MO).

Scleria stipularis Nees, J. Bot. (Hooker) 2: 394. 1840.
Ref.: Foster (1958), Camelbeke et al. (2003).
Hierba. Nativa. Zonas Bajas. Bosque Húmedo, Bosque Semideciduo Chiquitano, 0–500 m.
Dept.: CO, PA, SC.
Muestra: *M.H. Nee 38660* (LPB, MO, NY).

Scleria tenacissima (Nees) Steud., Syn. Pl. Glumac. 2: 175. 1855.
Sin.: *Omoscleria tenacissima* Nees
Ref.: Core (1936), Foster (1958), Camelbeke et al. (2003).
Trepadora. Nativa. Zonas Bajas. Bosque Húmedo, Sabanas Benianas del Norte, 0–500 m.
Dept.: BE, CO, LP.
Muestra: *M. Cárdenas & H.C. Cutler 7348* (GH).
Nota: Citada para Bolivia por Core (1936) y Foster (1965), pero no se ha visto niguna muestra.

Scleria vaginata Steud., Syn. Pl. Glumac. 2: 179. 1855.
Sin.: *Scleria tonduzii* Boeckeler ex Tonduz, *Scleria tonduzii* Boeckeler
Ref.: Core (1936), Foster (1958), Foster (1965), Camelbeke et al. (2003).
Hierba. Nativa. Zonas Bajas. Campos Amazónicos, 0–500 m.
Dept.: LP.
Muestra: *R. Haase 753* (GENT, LPB).
Nota: Muestra citada no vista.

Scleria verticillata Muhl. ex Willd., Sp. Pl. 4(1): 317. 1805.
Sin.: *Hypoporum verticillatum* (Muhl. ex Willd.) Nees, *Scleria tenella* Kunth, *Hypoporum tenellum* (Kunth) Nees, *Hypoporum micrococcum* Liebm., *Scleria micrococca* (Liebm.) Steud.
Ref.: Killeen & Schulenberg (1998), Camelbeke et al. (2003).
Hierba. Nativa. Zonas Bajas, Andes. Campos Cerrados, Sabanas Benianas del Sur, Yungas, 0–1500 m.
Dept.: BE, LP.
Muestra: *J.R.I. Wood 24259* (K, LPB, USZ).

Scleria williamsii R. Gross, Publ. Field Mus. Nat. Hist., Bot. Ser. 11(2): 39–40. 1931.
Ref.: Camelbeke et al. (2003).
Hierba. Nativa. Zonas Bajas. Sabanas Benianas del Sur, 0–500 m.
Dept.: BE.
Muestra: *E. Rivero 445* (GENT, LPB).
Nota: La identificación del material citado es tentativa.

Trichophorum Pers., Syn. Pl. 1: 69. 1805.
1 especie, 0 especies endémicas.

Trichophorum rigidum (Boeckeler) Goetgh., Muasya & D.A. Simpson, Novon 10(2): 132. 2000.
Sin.: *Isolepis rigida* Steud. ex Lechl., *Scirpus rigidus* Boeckeler
Ref.: Foster (1958), Foster (1965), Camelbeke (1999), Muasya et al. (2000), Dhooge & Goetghebeur (2002).
Hierba. Nativa. Altiplano. Puna Húmeda, 3500–5000 m.
Dept.: CO, LP, TA.
Muestra: *N.P. Ritter & J.R.I. Wood 2832* (MO).

Uncinia Pers., Syn. Pl. 2: 534. 1807.
4 especies, 0 especies endémicas.

Uncinia hamata (Sw.) Urb., Symb. Antill. 2: 169. 1900.
Sin.: *Carex hamata* Sw., *Uncinia jamaicensis* Pers.
Ref.: Foster (1958), Foster (1965), González et al. (1999), Serrano & Terán (1998 [2000]).
Hierba. Nativa. Andes. Yungas, Bosque Tucumano-Boliviano, 1000–3500 m.
Dept.: CH, LP, TA.
Muestra: *S.G. Beck 21449* (CHSC, LPB, M, MIN, NY, SI).

Uncinia macloviana Gaudich., Ann. Sci. Nat. (Paris) 5: 99. 1825.
Sin.: *Uncinia brevicaulis* var. *macloviana* (Gaudich.) C.B. Clarke
Ref.: Wheeler & Beck (2011).
Hierba. Nativa. Andes. Páramo Yungueño, 3500–4000 m.
Dept.: LP.
Muestra: *M.A. Lewis 35163B* (LPB, MO).

Uncinia macrolepis Decne., Voy. Pôle Sud 2: 13, t. 6, f. A. 1853.
Sin.: *Uncinia meridensis* Steyerm., *Uncinia smithii* Philcox
Ref.: Wheeler (1996a).
Hierba. Nativa. Andes, Altiplano. Páramo Yungueño, Puna Húmeda, 3500–5000 m.
Dept.: LP.
Muestra: *S.G. Beck & B. Ruthsatz 21803* (LPB, M, MIN, SI).

Uncinia phleoides (Cav.) Pers., Syn. Pl. 2: 534. 1807.
Sin.: *Uncinia phleoides* var. *nux-nigra* C.B. Clarke, *Carex phleoides* Cav.
Ref.: Kükenthal (1909), Foster (1958), Foster (1965), Wheeler (1997).
Hierba. Nativa. Andes. Yungas, Bosque Tucumano-Boliviano, Páramo Yungueño, 3000–4000 m.
Dept.: CH, CO, LP.
Muestra: *S.G. Beck 4166* (K, LPB, M, MIN, NY, SI).

Zameioscirpus Dhooge & Goetgh., Pl. Syst. Evol. 243: 75, 78–79, f. 4. 2003.
2 especies, 0 especies endémicas.

Zameioscirpus atacamensis (Phil.) Dhooge & Goetgh., Pl. Syst. Evol. 243: 79–82, f. 3a–d, f. 4. 2003.
Sin.: *Isolepis atacamensis* Phil., *Scirpus atacamensis* (Phil.) Boeckeler, *Scirpus hieronymi* Boeckeler
Ref.: Buchtien (1910), Foster (1958), Foster (1965), Dhooge (2005), Beck & Sajinés Asturizaga (2006), Guaglianone

et al. (2009), Ministerio de Medio Ambiente y Agua (2012 [2013]).
Hierba. Nativa. Altiplano. Puna Seca, 3500–5000 m.
Dept.: PO.
Muestra: *P.M. Peterson et al. 13008* (GENT, LPB, US).
Nota: *Scirpus atacamensis* fue reportado por Foster (1958) basado en material de *Oreobolopsis tepalifera*.

Zameioscirpus muticus Dhooge & Goetgh., Pl. Syst. Evol. 246: 133. 2004.
Ref.: Goetghebeur & Simpson (1991), Dhooge et al. (2003), Dhooge (2005), Beck et al. (2010).
Hierba. Nativa. Altiplano. Puna Húmeda, Puna Seca, 3500–5000 m.
Dept.: LP, OR, PO.
Muestra: *X. Menhofer 2000* (LPB, M, NY, SI).

DIALYPETALANTHACEAE Rizzini & Occhioni, Lilloa 17: 253. 1948.

Nota: Parte de Rubiaceae (APG III 2009).

DICHAPETALACEAE Baill., Fl. Bras. 12(1): 365. 1886.

Por G.T. Prance (RNG) y E. Chávez (USZ); revisado por M. Nee (NY), S.G. Beck (LPB), P.M. Jørgensen (MO).
2 géneros, 5 especies, 0 especies endémicas.

Dichapetalum Thouars, Gen. Nov. Madagasc. 23. 1806.

3 especies, 0 especies endémicas.

Dichapetalum latifolium Baill., Fl. Bras. 12(1): 370. 1886.
Sin.: *Dichapetalum vestitum* var. *cinerascens* Baill., *Dichapetalum amazonicum* K. Krause, *Dichapetalum scandens* var. *cinerascens* (Baill.) J.F. Macbr.
Ref.: Prance (1972b).
Liana, subarbusto. Nativa. Zonas Bajas. Bosque Húmedo, 0–500 m.
Dept.: LP.
Muestra: *O. Buchtien 1718* (NY).

Dichapetalum rugosum (Vahl) Prance, Acta Bot. Venez. 3(1–4): 303–304. 1968.
Sin.: *Symphyllanthus rugosus* Vahl
Ref.: Fuentes Claros et al. (2009).
Liana. Nativa. Zonas Bajas. Bosque Húmedo, 0–500 m.
Dept.: LP.
Muestra: *M.J. Macía et al. 6012* (LPB, MA).

Dichapetalum spruceanum Baill., Fl. Bras. 12(1): 371. 1886.
Ref.: Fuentes Claros et al. (2009).
Liana. Nativa. Zonas Bajas. Bosque Húmedo, 0–500 m.
Dept.: LP.
Muestra: *N.Y. Paniagua et al. 4156* (LPB, MA, MO).

Tapura Aubl., Hist. Pl. Guiane 1: 126, t. 48. 1775.

2 especies, 0 especies endémicas.

[Tapura acreana (Ule) Rizzini], Revista Brasil. Biol. 12: 107. 1952.
Sin.: *Gonypetalum acreanum* Ule
Ref.: Ruiz de Centurión (1993c).
Nota: El registro se basa en material mal identificado de *T. juruana*.

Tapura amazonica Poepp., Nov. Gen. Sp. Pl. 3: 41, pl. 246. 1842.
Sin.: *Tapura ciliata* Gardner, *Tapura amazonica* var. *ciliata* (Gardner) Baill., *Tapura amazonica* var. *cuspidata* Baill., *Tapura amazonica* var. *dasyphylla* Baill., *Tapura amazonica* var. *sublanceolata* Baill.
Ref.: Prance (1972b), Ruiz de Centurión (1993c), Killeen & Schulenberg (1998), Prance (2001b).
Árbol. Nativa. Zonas Bajas. Bosque Húmedo, Campos Cerrados, 0–1000 m.
Dept.: BE, PA, SC.
Muestra: *R. Guillén V. & V. Choré 1755* (MO, USZ).

Tapura juruana (Ule) Rizzini, Revista Brasil. Biol. 12(1): 106. 1952.
Sin.: *Gonypetalum juruanum* Ule
Ref.: Prance (1972b), Parker & Bailey (1991), Ruiz de Centurión (1993c), Alverson et al. (2000), Prance (2001b).
Árbol. Nativa. Zonas Bajas. Bosque Húmedo, Campos Amazónicos, 0–500 m.
Dept.: BE, CO, LP, PA, SC.
Muestra: *A.H. Gentry & S. Estenssoro C. 70505* (LPB, MO).
Nom. Vern.: Abujaja.

[Tapura tessmannii (K. Krause) Prance], Fl. Neotrop. 10: 68. 1972.
Sin.: *Gonypetalum tessmannii* K. Krause
Ref.: Ruiz de Centurión (1993c).
Nota: El registro se basa en material mal identificado de *T. juruana*.

DILLENIACEAE Salisb., Parad. Lond. sub t. 73. 1806.

Por G. Aymard (PORT); revisado por S.G. Beck (LPB), M. Nee (NY), P.M. Jørgensen (MO).
5 géneros, 21 especies, 0 especie endémica.

Curatella Loefl., Iter Hispan. 229, 260. 1758.

1 especie, 0 especies endémicas.

Curatella americana L., Syst. Nat. (ed. 10) 2: 1079. 1759.
Ref.: Kubitzki (1971), Parker & Bailey (1991), Todzia & Barrie (1991), Vargas Ramírez (1993a), Aymard C. & Miller (1994), Aymard C. (1998), Killeen & Schulenberg (1998), Nee (2008).
Arbusto, arbolito, árbol. Nativa. Zonas Bajas. Campos Cerrados, Sabanas Benianas del Norte, Sabanas Benianas del Sur, 0–1000 m.
Dept.: BE, SC.
Muestra: *M. Nee 34595* (MO, NY).
Nom. Vern.: Chaaco.

Davilla Vand., Fl. Lusit. Bras. Spec. 35, f. 14. 1788.

5 especies, 0 especies endémicas.

Davilla elliptica A. St.-Hil., Fl. Bras. Merid. (quarto ed.) 1: 17. 1825.
Ref.: Kubitzki (1971), Killeen & Schulenberg (1998).
Liana, arbusto. Nativa. Zonas Bajas. Campos Cerrados, Sabanas Benianas del Norte, 0–500 m.
Dept.: BE, SC.
Muestra: *J.C. Solomon 6224* (MO, NY).
Nom. Vern.: Chasuemanca, tutuma.

Davilla grandiflora A. St.-Hil. & Tul., Ann. Sci. Nat., Bot., sér. 2, 17: 131. 1842.
Sin.: *Davilla microcalyx* Herzog
Ref.: Foster (1958), Kubitzki (1971), Killeen & Schulenberg (1998).
Trepadora, arbusto. Nativa. Zonas Bajas. Campos Cerrados, 0–500 m.
Dept.: SC.
Muestra: *T. Killeen et al. 5591* (MO, NY, USZ).

Davilla kunthii A. St.-Hil., Pl. Usuel. Bras. sub t. 22. 1824.
Sin.: *Davilla rugosa* var. *capitata* Rusby
Ref.: Kubitzki (1971), Moraes R. (1990), Aymard C. & Miller (1994), Aymard C. (1998), Killeen & Schulenberg (1998), Nee (2008).
Trepadora, liana, arbusto, arbolito. Nativa. Zonas Bajas, Andes. Campos

Cerrados, Sabanas Benianas del Norte, Sabanas Benianas del Sur, Yungas, 0–1500 m.
Dept.: BE, LP, PA, SC.
Muestra: *A. Jardim 2366* (MO, NY, USZ).
Nom. Vern.: Caquillo.

Davilla nitida (Vahl) Kubitzki, Mitt. Bot. Staatssamml. München 9: 95–99. 1971.
Sin.: *Tetracera nitida* Vahl, *Tetracera multiflora* DC., *Davilla multiflora* (DC.) A. St.-Hil.
Ref.: Kubitzki (1971), Parker & Bailey (1991), Vargas Ramírez (1993a), Aymard C. & Miller (1994), Aymard C. (1998), Alverson et al. (2000), Nee (2008).
Trepadora, liana, arbusto. Nativa. Zonas Bajas. Campos Cerrados, Sabanas Benianas del Norte, Sabanas Benianas del Sur, 0–1000 m.
Dept.: BE, CO, PA, SC.
Muestra: *M. Nee 31407* (MO, NY).

Davilla rugosa Poir., Encycl., Suppl. 2: 457. 1812.
Sin.: *Davilla brasiliana* DC., *Davilla pilosa* Miq.
Trepadora, liana. Nativa. Zonas Bajas. Bosque Húmedo, 0–1000 m.
Dept.: CO, SC.
Muestra: *T. Killeen et al. 7559* (MO, USZ).
Infra: *Davilla rugosa* var. *rugosa*, *Davilla rugosa* var. *riedelii* Eichler

Doliocarpus Rol., Kongl. Svenska Vetensk. Acad. Handl. 17: 260–261. 1756.
11 especies, 0 especie endémica.

Doliocarpus amazonicus Sleumer, Repert. Spec. Nov. Regni Veg. 39: 44. 1935.
Ref.: Aymard C. & Miller (1994), Killeen & Schulenberg (1998).
Liana. Nativa. Zonas Bajas. Bosque Húmedo, 0–500 m.
Dept.: SC.
Muestra: *R. Guillén 837* (MO, NY, PORT, USZ).
Infra: *Doliocarpus amazonicus* subsp. *amazonicus*, *Doliocarpus amazonicus* subsp. *duckeanus* Kubitzki

Doliocarpus brevipedicellatus Garcke, Linnaea 22: 47–48. 1849.
Ref.: Kubitzki (1971), Aymard C. & Miller (1994), Aymard C. (1998), Killeen & Schulenberg (1998).
Liana. Nativa. Zonas Bajas. Bosque Húmedo, 0–500 m.
Dept.: BE, PA.
Muestra: *D. C. Daly 2001* (NY).
Infra: *Doliocarpus brevipedicellatus* subsp. *brevipedicellatus*, *Doliocarpus brevipedicellatus* subsp. *hilarianus* Kubitzki

Doliocarpus dentatus (Aubl.) Standl., J. Wash. Acad. Sci. 15(13): 286. 1925.
Sin.: *Tigarea dentata* Aubl., *Doliocarpus semidentatus* Garcke, *Doliocarpus undulatus* Eichler, *Doliocarpus ferrugineus* Rusby, *Doliocarpus rufescens* Sleumer, *Doliocarpus esmeraldae* Steyerm.
Ref.: Foster (1958), Kubitzki (1971), Aymard C. (1991), Aymard C. & Miller (1994), Aymard C. (1998), Killeen & Schulenberg (1998), Nee (2008).
Liana, arbusto. Nativa. Zonas Bajas. Bosque Húmedo, 0–1000 m.
Dept.: BE, LP, PA, SC.
Muestra: *I. G. Vargas 582* (LPB, MO, NY, USZ).
Infra: *Doliocarpus dentatus* subsp. *dentatus*, *Doliocarpus dentatus* subsp. *esmeraldae* (Steyerm.) Kubitzki, *Doliocarpus dentatus* subsp. *ferrugineus* (Rusby) Kubitzki, *Doliocarpus dentatus* subsp. *lanceolatus* Kubitzki, *Doliocarpus dentatus* subsp. *latifolius* Kubitzki, *Doliocarpus dentatus* subsp. *rufescens* (Sleumer) Kubitzki, *Doliocarpus dentatus* subsp. *undulatus* (Eichler) Kubitzki
Nota: *D. dentatus* es la especie del género que posee la mayor variabilidad morfológica. Aquí se aplican los conceptos propuestos por Kubitzki (1971) y Aymard (1991).
Nom. Vern.: Bejuco chaaco.

Doliocarpus magnificus Sleumer, Repert. Spec. Nov. Regni Veg. 39: 45. 1935.
Ref.: Foster (1958), Aymard C. & Miller (1994).
Liana. Nativa. Zonas Bajas. Bosque Húmedo, 0–500 m.
Dept.: LP, PA.
Muestra: *S. DeWalt et al. 251* (MO, PORT).

Doliocarpus major J.F. Gmel., Syst. Nat. 2(1): 805. 1791.
Sin.: *Doliocarpus dentosus* Mart.
Ref.: Aymard C. & Miller (1994), Aymard C. (1998).
Liana. Nativa. Zonas Bajas. Bosque Húmedo, 0–500 m.
Dept.: BE, PA.
Muestra: *J.C. Solomon 14545* (MO, NY).
Infra: *Doliocarpus major* subsp. *major*, *Doliocarpus major* subsp. *littoralis* Kubitzki

Doliocarpus multiflorus Standl., J. Wash. Acad. Sci. 15(13): 285. 1925.
Ref.: Aymard C. (1998).
Liana. Nativa. Zonas Bajas. Bosque Húmedo, 0–500 m.
Dept.: SC.
Muestra: *M. A. Lewis 37643* (MO, PORT).

Doliocarpus novogranatensis Kubitzki, Mitt. Bot. Staatssamml. München 9: 36–38, f. 14. 1971.
Ref.: Aymard C. (1998).
Liana. Nativa. Zonas Bajas. Bosque Húmedo, 0–500 m.
Dept.: PA.
Muestra: *A. Jardim 649* (MO, NY, PORT, USZ).

Doliocarpus savannarum Sandwith, J. Arnold Arbor. 24: 218. 1943.
Ref.: Aymard C. (1998), Killeen & Schulenberg (1998).
Liana, subarbusto. Nativa. Zonas Bajas. Campos Cerrados, 0–500 m.
Dept.: BE.
Muestra: *R. C. Quevedo et al. 928* (MO, USZ).

Doliocarpus spatulifolius Kubitzki, Mitt. Bot. Staatssamml. München 9: 51, f. 16. 1971.
Ref.: Aymard C. (1993), Killeen & Schulenberg (1998).
Liana. Nativa. Zonas Bajas. Bosque Húmedo, 0–500 m.
Dept.: SC.
Muestra: *A.H. Gentry et al. 73799* (MO).
Infra: *Doliocarpus spatulifolius* subsp. *spatulifolius*, *Doliocarpus spatulifolius* subsp. *tuberculatus* G.A. Aymard
Nota: La muestra citada es el tipo de *D. spatulifolius* subsp. *tuberculatus* Aymard. El tipo de *D. spatulifolius* proviene de Brasil.

Doliocarpus spraguei Cheesman, Fl. Trinidad & Tobago 1: 473. 1947.
Liana, subarbusto. Nativa. Zonas Bajas. Bosque Húmedo, 0–500 m.
Dept.: BE, SC.
Muestra: *R. C. Quevedo et al. 908* (MO, NY, USZ).

Doliocarpus subandinus G.A. Aymard, Brittonia 52(2): 196–199, f. 1–2. 2000.
Ref.: Aymard C. (2000), Nee (2008).
Liana. Nativa. Zonas Bajas. Bosque Húmedo, 0–500 m.
Dept.: BE, LP, SC.
Tipo y muestra: *M. Saldias P. et al. 2572* (HT: USZ; IT: MO-5165075, PORT), *M. Nee 40986* (MO).

Pinzona Mart. & Zucc., Abh. Math.-Phys. Cl. Königl. Bayer. Akad. Wiss. 1: 371. 1832.
1 especie, 0 especies endémicas.

Pinzona coriacea Mart. & Zucc., Abh. Math.-Phys. Cl. Königl. Bayer. Akad. Wiss. 1: 371. 1832.
Liana. Nativa. Zonas Bajas. Bosque Húmedo, 0–500 m.
Dept.: CO.
Muestra: *S. Altamirano 1457* (BOLV).

Tetracera L., Sp. Pl. 1: 533. 1753.
3 especies, 0 especies endémicas.

Tetracera hydrophila Triana & Planch., Ann. Sci. Nat., Bot., sér. 4, 17: 20–21. 1862.
Ref.: Aymard C. & Miller (1994), Killeen & Schulenberg (1998).
Liana. Nativa. Zonas Bajas. Bosque Húmedo, 0–500 m.
Dept.: SC.
Muestra: *I. G. Vargas et al. 1534* (NY, USZ).

Tetracera parviflora (Rusby) Sleumer, Repert. Spec. Nov. Regni Veg. 39: 47. 1935.
Sin.: *Davilla lechleri* Rusby, *Davilla parviflora* Rusby, *Tetracera aspera* var. *boliviana* Kuntze
Ref.: Foster (1958), Kubitzki (1970), Moraes R. (1990), Parker & Bailey (1991), Aymard C. & Miller (1994), Nee (2008).
Liana. Nativa. Zonas Bajas. Bosque Húmedo, Bosque Seco Chaqueño, 0–500 m.
Dept.: BE, LP, PA, SC.
Tipo y muestra: *M. Bang 1377* (HT: NY; IT: A, F, G, MO-1810318, NY, NY, S, US, W), *J.C. Solomon 18600* (MO, PORT).
Nom. Vern.: Chaaquillo, samo aruma.

Tetracera willdenowiana Steud., Nomencl. Bot. (ed. 2) 2: 670. 1841.
Ref.: Killeen & Schulenberg (1998).
Liana. Nativa. Zonas Bajas. Bosque Húmedo, 0–500 m.
Dept.: SC.
Muestra: *R. Guillén & S. Coria 1428* (MO, NY, USZ).
Infra: *Tetracera willdenowiana* subsp. *willdenowiana*, *Tetracera willdenowiana* subsp. *emarginata* Kubitzki

DIOSCOREACEAE R. Br., Prodr. 294. 1810.

Por S. Hirth (MO) y M. Nee (NY), revisado por M. Nee (NY), S.G. Beck (LPB), P.M. Jørgensen (MO).
1 género, 46 especies, 11 especies endémicas.

Dioscorea L., Sp. Pl. 2: 1032–1034. 1753.
46 especies, 11 especies endémicas.

Dioscorea acanthogene Rusby, Bull. New York Bot. Gard. 6(22): 492. 1910.
Sin.: *Dioscorea multiflora* var. *gouanioides* Chodat & Hassl., *Dioscorea gouanioides* (Chodat & Hassl.) R. Knuth, *Dioscorea guanaiensis* R. Knuth
Ref.: Knuth (1924), Foster (1958), Parker & Bailey (1991), Ayala Flores (1998), Killeen & Schulenberg (1998).
Trepadora, liana. Nativa. Zonas Bajas, Andes. Bosque Húmedo, Bosque Semideciduo Chiquitano, Yungas, 0–1500 m.
Dept.: BE, LP, PA, SC.
Tipo y muestra: *R.S. Williams 245* (IT: K), *A.F. Fuentes C. et al. 1AF-24* (MO, USZ).

Dioscorea alata L., Sp. Pl. 2: 1033. 1753.
Trepadora, liana. Nativa, cultivada. Zonas Bajas. Bosque Húmedo, 0–500 m.
Dept.: BE.
Muestra: *D.E. Williams et al. 1056* (LPB, NY).

Dioscorea altissima Lam., Encycl. 3: 231. 1789.
Sin.: *Dioscorea samydea* Griseb.
Ref.: Killeen & Schulenberg (1998), Pedralli (2004).
Trepadora. Nativa. Zonas Bajas. Bosque Húmedo, Bosque Semideciduo Chiquitano, 0–1000 m.
Dept.: CO, LP, SC.
Muestra: *M. Toledo et al. 812* (LPB, USZ).

Dioscorea amazonum Mart. ex Griseb., Fl. Bras. 3(1): 39. 1842.
Ref.: Killeen & Schulenberg (1998).
Trepadora. Nativa. Zonas Bajas. Campos Cerrados, 0–500 m.
Dept.: SC.
Muestra: *R. Guillén V. & R. Choré 2456* (MO, USZ).

Dioscorea bermejensis R. Knuth, Notizbl. Bot. Gart. Berlin–Dahlem 7: 199. 1917.
Ref.: Knuth (1924), Foster (1958), Zuloaga et al. (2008c).
Trepadora. Nativa. Andes. Bosque Tucumano-Boliviano, 1000–2500 m.
Dept.: CH, TA.
Muestra: *J. Gutiérrez R. et al. 522* (HSB, LPB, MO, SI).
Nota: Identificación tentativa.

Dioscorea calderillensis R. Knuth, Notizbl. Bot. Gart. Berlin–Dahlem 7: 197. 1917.
Ref.: Knuth (1924), Foster (1958).
Trepadora. Endémica. Andes. Bosque Tucumano-Boliviano, 2500–3500 m.
Dept.: CO, TA.
Tipo y muestra: *K. Fiebrig 3252* (HT: B; fotos: F ex B, MO ex B), *J.R.I. Wood & D.J. Goyder 17017* (K, LPB).

Dioscorea campestris Griseb., Fl. Bras. 3(1): 30. 1842.
Trepadora. Nativa. Zonas Bajas. Bosque Semideciduo Chiquitano, 0–500 m.
Dept.: SC.
Muestra: *A.F. Fuentes C. 1152* (USZ).
Nota: Identificación tentativa.

[Dioscorea convolvulacea Schltdl. & Cham.], Linnaea 6: 49–50. 1831.
Ref.: Foster (1958).
Nota: El registro se basa en material mal identificado. Material citado por Foster en sus notas se ha identificado como otras especies.

[Dioscorea coriacea Humb. & Bonpl. ex Willd.], Sp. Pl. 4: 794. 1806.
Ref.: Ayala Flores (1998).
Nota: El registro se basa en material mal identificado.

Dioscorea coronata Hauman, Anales Mus. Nac. Hist. Nat. Buenos Aires 27: 480, f. 17, 18. 1916.
Ref.: Killeen & Schulenberg (1998), Pedralli (2004).
Trepadora. Nativa. Andes. Yungas, Bosque Tucumano-Boliviano, 1500–3000 m.
Dept.: CH, CO, LP, SC.
Muestra: *A. Carretero et al. 839* (HSB, MO, SI).

Dioscorea crotalariifolia Uline, Nat. Pflanzenfam. 2(5): 85. 1897.
Ref.: Foster (1958).
Trepadora. Nativa. Zonas Bajas. Bosque Húmedo, 500–1000 m.
Dept.: PA.
Muestra: *J. Urrelo et al. 455* (F, LPB).

Dioscorea cymosula Hemsl., Biol. Cent.-Amer., Bot. 3(17): 355–356, t. 90. 1884.
Ref.: Foster (1958).
Trepadora. Nativa. Zonas Bajas.

Bosque Húmedo, 500–1000 m.
Dept.: BE.
Muestra: *H.H. Rusby 1449* (NY).
Nota: Identificación tentativa. En NY, *Rusby 1449* está etiquetado como *Dracaena* y es probablemente un número duplicado de la colección. *Bang 2577*, también fué distribuída como *D. cymulosa* y fue identificada posteriormente como *D. ferruginicaulis*, un sinónimo de *D. stegelmanniana*.

Dioscorea decorticans C. Presl, Reliq. Haenk. 1(2): 135. 1827.
Sin.: *Dioscorea amaranthoides* C. Presl
Ref.: Killeen & Schulenberg (1998).
Trepadora. Nativa. Zonas Bajas. Bosque Húmedo, 0–500 m.
Dept.: BE, SC.
Muestra: *R. Guillén V. & R. Choré 3592* (MO, USZ).

Dioscorea dodecaneura Vell., Fl. Flumin. 10: t. 123. 1827.
Sin.: *Dioscorea racemosa* Rusby, *Dioscorea bangii* R. Knuth
Ref.: Foster (1958), Ayala Flores (1998), Pedralli (2004), Zuloaga et al. (2008c).
Trepadora. Nativa. Zonas Bajas, Andes. Bosque Húmedo, Bosque Tucumano-Boliviano, 0–1500 m.
Dept.: SC, TA.
Muestra: *P. Bettella 63* (MO, NY).

Dioscorea fuliginosa R. Knuth, Repert. Spec. Nov. Regni Veg. 21: 78. 1925.
Ref.: Foster (1958).
Trepadora. Endémica. Zonas Bajas. Bosque Seco Chaqueño, 0–500 m.
Dept.: TA.
Tipo: *R.E. Fries 1611* (HT: S; IT: B).
Nota: Conocido solamente del tipo.

[Dioscorea furcata Griseb.], Fl. Bras. 3(1): 45. 1842.
Sin.: *Helmia furcata* (Griseb.) Kunth
Ref.: Foster (1958).
Nota: El registro se basa en material mal identificado. *Bang 2397* es el sintipo de *D. lagoa-santa*, un sinónimo de *D. monadelpha*.

[Dioscorea galeottiana Kunth], Enum. Pl. 5: 409. 1850.
Ref.: Foster (1958).
Nota: El registro se basa en material mal identificado de *D. mandonii*.

Dioscorea glauca Rusby, Bull. New York Bot. Gard. 4: 459. 1907.
Sin.: *Dioscorea coripatensis* J. Macbr.
Ref.: Foster (1958).
Trepadora. Nativa. Zonas Bajas, Andes. Bosque Semideciduo Chiquitano, Yungas, 0–500, 1000–2000 m.
Dept.: LP, SC.
Tipo y muestra: *M. Bang 2334* (HT: NY; IT: B, F, GH, K, MO-1807743, US), *F. Mamani & M. Saucedo 826* (NY, USZ).

Dioscorea glomerulata Hauman, Anales Mus. Nac. Hist. Nat. Buenos Aires 27: 455, f. 3, 4. 1916.
Sin.: *Dioscorea boliviensis* R. Knuth, *Dioscorea lorentzii* Uline ex R. Knuth, *Dioscorea lorentzii* var. *mandonii* Uline ex R. Knuth, *Dioscorea nodosa* R. Knuth, *Dioscorea chacoensis* R. Knuth
Ref.: Knuth (1924), Foster (1958), Xifreda (1982), López Vargas (1995), Saravia Miranda (1996), Zuloaga et al. (2008c).
Trepadora. Nativa. Andes. Bosque Tucumano-Boliviano, Valles Secos, 2000–2500 m.
Dept.: CH, CO, LP, SC, TA.
Muestra: *H. Huaylla & I. Guachalla 952* (HSB, MO).
Infra: *Dioscorea glomerulata* var. *mandonii* (Uline ex R. Knuth) R. Knuth

Dioscorea hasslerana Chodat, Bull. Herb. Boissier, sér. 2, 3: 1111. 1903.
Ref.: Xifreda (1983), Killeen & Schulenberg (1998).
Trepadora, liana. Nativa. Zonas Bajas. Bosque Semideciduo Chiquitano, 0–500 m.
Dept.: SC, TA.
Muestra: *S. Jiménez et al. 1188* (MO, USZ).

Dioscorea hastiformis R. Knuth, Notizbl. Bot. Gart. Berlin–Dahlem 7: 197. 1917.
Ref.: Foster (1958), Serrano & Terán (1998 [2000]).
Trepadora. Endémica. Andes. Bosque Tucumano-Boliviano, Valles Secos, 2000–3000 m.
Dept.: CH, TA.
Tipo y muestra: *K. Fiebrig 3250* (T: B; fotos: F ex B), *S.G. Beck et al. 31720* (LPB).

Dioscorea hieronymi Uline ex R. Knuth, Notizbl. Bot. Gart. Berlin–Dahlem 7: 197. 1917.
Sin.: *Dioscorea chiquiacensis* R. Knuth
Ref.: Foster (1958), Xifreda (1982), López Vargas (1995), Saravia Miranda (1996), Schulenberg & Awbrey (1997), Serrano & Terán (1998 [2000]), Zuloaga et al. (2008c).
Trepadora. Nativa. Zonas Bajas, Andes. Bosque Húmedo, Yungas, Bosque Tucumano-Boliviano, 0–2500 m.
Dept.: CH, CO, SC, TA.
Muestra: *S. Altamirano et al. 1079A* (BOLV).
Nom. Vern.: Jabilla.

Dioscorea hunzikeri Xifreda, Darwiniana 26(1–4): 371. 1985.
Hierba, trepadora. Endémica. Zonas Bajas. Bosque Húmedo, 0–500 m.
Dept.: SC.
Tipo: *T. Meyer 19906* (HT: LIL).
Nota: Conocido solamente del tipo.

Dioscorea irupanensis R. Knuth, Repert. Spec. Nov. Regni Veg. 30: 160. 1932.
Ref.: Foster (1958).
Trepadora. Endémica. Andes. Bosque Serrano Chaqueño, 1000–1500 m.
Dept.: LP.
Tipo: *C. Troll 1772* (T: B).
Nota: Conocido solamente del tipo.

Dioscorea kuntzei Uline, Revis. Gen. Pl. 3(2): 311. 1898.
Ref.: Foster (1958).
Trepadora. Endémica. Andes. Yungas, 2500–3000 m.
Dept.: CO.
Tipo: *O. Kuntze s.n.* (HT: B; IT: NY; fotos: F ex B, MO ex B).
Nota: Conocido solamente del tipo.

[Dioscorea macrantha Uline ex R. Knuth], Notizbl. Bot. Gart. Berlin–Dahlem 7: 198. 1917.
Ref.: Foster (1958).
Nota: El registro se basa en material mal identificado.

Dioscorea melastomatifolia Uline ex Prain, Bull. Misc. Inform. Kew 1916: 194. 1916.
Trepadora. Nativa. Zonas Bajas. Bosque Semideciduo Chiquitano, 500–1000 m.
Dept.: SC.
Muestra: *M.H. Nee 34212* (LPB, MO, NY).

Dioscorea monadelpha (Kunth) Griseb., Vidensk. Meddel. Dansk Naturhist. Foren. Kjøbenhavn 164. 1875.
Sin.: *Helmia monadelpha* Kunth, *Dioscorea herzogii* R. Knuth, *Dioscorea lagoa-santa* Uline ex R. Knuth
Ref.: Foster (1958), Ayala Flores (1998), Pedralli (2004).
Trepadora. Nativa. Andes. Yungas, 1000–1500 m.
Dept.: CO, LP, SC.
Muestra: *J.C. Solomon & M. Uehling 12251* (GH, LPB, MEXU, MO).

Dioscorea multispicata R. Knuth, Meded. Rijks-Herb. 55. 1916.
Ref.: Foster (1958).
Trepadora. Nativa. Zonas Bajas, Andes. Bosque Semideciduo Chiquitano, Campos Cerrados, Valles Secos, 500–2000 m.
Dept.: CO, SC.
Tipo y muestra: *T. Herzog 1520* (HT: B destr.?; IT: G, MO, S; fotos: F ex B), *J.R.I. Wood et al. 21759* (K, LPB).

Dioscorea nicolasensis R. Knuth, Repert. Spec. Nov. Regni Veg. 29: 94. 1931.
Ref.: Killeen & Schulenberg (1998).
Trepadora. Nativa. Zonas Bajas. Bosque Húmedo, 0–1000 m.
Dept.: CO, LP, SC.
Muestra: *S.G. Beck 1477* (LPB, M, MO, SI).

Dioscorea oblongifolia Rusby, Bull. New York Bot. Gard. 6(22): 492. 1910.
Ref.: Foster (1958).
Trepadora. Endémica. Zonas Bajas, Andes. Bosque Húmedo, Yungas, 500–1500 m.
Dept.: BE, LP, PA.
Tipo y muestra: *R.S. Williams 1491* (HT: NY), *M.H. Nee 31434* (LPB, MO, NY).

Dioscorea orthogoneura Uline ex Hochr., Bull. New York Bot. Gard. 6: 267. 1910.
Ref.: Foster (1958).
Trepadora. Nativa. Zonas Bajas. Tipo de vegetación desconocida, 500–1000 m.
Dept.: CO.
Muestra: *O. Kuntze s.n.* (no localizada).
Infra: *Dioscorea orthogoneura* var. *acutissima* Uline ex R. Knuth
Nota: El tipo de la variedad es de Bolivia pero la identificación de material boliviano a nivel de especie es tentativa.

Dioscorea ovalifolia R. Knuth, Notizbl. Bot. Gart. Berlin–Dahlem 7: 200. 1917.
Ref.: Foster (1958).
Trepadora. Endémica. Andes. Yungas, 2500–3000 m.
Dept.: LP.
Tipo y muestra: *O. Buchtien 8364* (HT: B; IT: US; fotos: F, MO ex B), *I. Jiménez & P. Duchen 3844* (LPB).

Dioscorea piauhyensis R. Knuth, Pflanzenr. 4(43): 64. 1924.
Trepadora. Nativa. Zonas Bajas. Campos Cerrados, 0–500 m.
Dept.: SC.
Muestra: *A. Perry 682* (LPB, MO).

Dioscorea pilcomayensis Hauman, Anales Mus. Nac. Hist. Nat. Buenos Aires 27: 502. 1916.
Ref.: Xifreda (1983).
Trepadora. Nativa. Zonas Bajas, Andes. Bosque Semideciduo Chiquitano, Bosque Seco Chaqueño, Bosque Tucumano-Boliviano, 0–500, 1000–1500 m.
Dept.: CH, TA.
Muestra: *T. Meyer 18115* (LIL).

Dioscorea pilosiuscula Bertero ex Spreng., Syst. Veg. 2: 152. 1825.
Ref.: Hammel (2003).
Trepadora. Nativa. Zonas Bajas. Bosque Húmedo, 0–500 m.
Dept.: LP, PA.
Muestra: *S. DeWalt 431* (LPB, MO).
Nota: Identificación tentativa.

Dioscorea piperifolia Humb. & Bonpl. ex Willd., Sp. Pl. 4: 795. 1806.
Sin.: *Dioscorea piperifolia* var. *glandulosa* Klotzsch ex Griseb., *Dioscorea glandulosa* Kunth, *Dioscorea mandonii* Rusby, *Dioscorea arcuata* Rusby, *Dioscorea larecajensis* Uline ex R. Knuth
Ref.: Foster (1958), Schulenberg & Awbrey (1997), Ayala Flores (1998), Killeen & Schulenberg (1998), Serrano & Terán (1998 [2000]), Pedralli (2004), Arroyo Padilla & Villarroel Segarra (2009).
Liana. Nativa. Zonas Bajas, Andes. Bosque Húmedo, Bosque Seco Chaqueño, Yungas, Bosque Tucumano-Boliviano, 0–2000, 2500–3500 m.
Dept.: BE, CH, CO, LP, SC, TA.
Muestra: *M. Serrano et al. 5432* (HSB, MO).

Dioscorea polygonoides Humb. & Bonpl. ex Willd., Sp. Pl. 4: 795. 1806.
Ref.: Foster (1958), Killeen & Schulenberg (1998), Hammel (2003), Pedralli (2004).
Trepadora. Nativa. Zonas Bajas. Bosque Húmedo, 0–500 m.
Dept.: BE, SC.
Muestra: *M.H. Nee 40816* (LPB, MO, NY).

Dioscorea riparia Kunth & Schomb. in Kunth, Enum. Pl. 5: 364. 1850.
Trepadora. Nativa. Zonas Bajas. Bosque Húmedo, 0–500 m.
Dept.: LP, PA, SC.
Muestra: *M.H. Nee 37353* (LPB, MO, NY).

Dioscorea rumicoides Griseb., Fl. Bras. 3(1): 42. 1842.
Ref.: Arroyo Padilla & Villarroel Segarra (2009).
Trepadora, liana. Nativa. Zonas Bajas, Andes. Bosque Semideciduo Chiquitano, Bosque Tucumano-Boliviano, 0–500, 1000–1500 m.
Dept.: SC, TA.
Muestra: *F. Mamani 457* (MEXU, MO, SI, USZ).

Dioscorea rusbyi Uline, Nat. Pflanzenfam. 2(5): 86. 1897.
Ref.: Foster (1958).
Trepadora. Endémica. Andes. Yungas, 1500–2000 m.
Dept.: LP, SC.
Tipo: *H.H. Rusby 557* (HT: B; IT: GH, K, NY, US frag.).
Nota: Conocido solamente del tipo.

Dioscorea scabra Humb. & Bonpl. ex Willd., Sp. Pl. 4: 794. 1806.
Sin.: *Dioscorea multiflora* Griseb., *Dioscorea effusa* Griseb.
Ref.: Foster (1958), Pedralli (2004).
Trepadora. Nativa. Zonas Bajas. Bosque Húmedo, 0–500 m.
Dept.: SC.
Muestra: *M.H. Nee 53307* (LPB, MO, NY, USZ).

Dioscorea sinuata Vell., Fl. Flumin. Icon. 10: t. 129. 1827.
Sin.: *Dioscorea bonariensis* Ten., *Dioscorea sinuata* var. *bonariensis* (Ten.) Hauman
Ref.: Knuth (1924), Foster (1958), Adolfo María (1966), Pedralli (2004), Zuloaga et al. (2008c).
Trepadora. Nativa. Zonas Bajas, Andes. Bosque Seco Chaqueño, Bosque Tucumano-Boliviano, Bosque Serrano Chaqueño, 500–2000 m.
Dept.: CH, CO, SC, TA.
Muestra: *L.R.C. de Michel 525* (MO, NY).

Dioscorea spectabilis R. Knuth, Meded. Rijks-Herb. 29: 55. 1916.
Ref.: Foster (1958), Xifreda (1984).
Trepadora. Nativa. Andes. Yungas, 1500–2000 m.
Dept.: CO.
Tipo y muestra: *T. Herzog 2264* (HT: L; IT: B; fotos: F ex B, MO ex B), *A. Krapovickas 8637* (LIL).

Dioscorea stegelmanniana R. Knuth, Notizbl. Bot. Gart. Berlin–Dahlem 7: 203. 1917.
Sin.: *Dioscorea ferruginicaulis* Rusby
Ref.: Foster (1958), Ayala Flores (1998).
Trepadora. Nativa. Zonas Bajas. Sabanas Benianas del Sur, 0–500 m.

Dept.: BE.
Muestra: *L. Cayola 1572A* (LPB, MO, NY).

Dioscorea subhastata Vell., Fl. Flumin. Icon. 10: pl. 121. 1827.
Sin.: *Dioscorea friesii* R. Knuth
Ref.: Foster (1958), Xifreda (1989), López Vargas (1995), Saravia Miranda (1996), Xifreda & Kirizawa (2003), Pedralli (2004).
Trepadora, liana. Nativa. Andes. Yungas, 1000–3000 m.
Dept.: CO, LP.
Muestra: *J.C. Solomon 8915* (MO).

Dioscorea tarijensis R. Knuth, Notizbl. Bot. Gart. Berlin–Dahlem 7: 212. 1917.
Ref.: Foster (1958).
Trepadora. Endémica. Andes. Bosque Tucumano-Boliviano, 1500–2500 m.
Dept.: TA.
Tipo y muestra: *K. Fiebrig 2915* (HT: B; IT: F, MO-896715, NY, S; fotos: F ex B), *S.G. Beck et al. 32050* (LPB).

Dioscorea toldosensis R. Knuth, Pflanzenr. 4(43): 351. 1924.
Sin.: *Dioscorea violacea* R. Knuth
Ref.: Foster (1958).
Trepadora. Nativa. Andes. Bosque Tucumano-Boliviano, 1500–2000 m.
Dept.: TA.
Muestra: *K. Fiebrig 2255* (B, F, MO).

Dioscorea trifida L. f., Suppl. Pl. 427. 1781 [1782].
Sin.: *Dioscorea angustifolia* Rusby
Ref.: Foster (1958), Ayala Flores (1998).
Trepadora. Naturalizada, cultivada. Zonas Bajas. Bosque Húmedo, Sabanas Benianas del Sur, 0–1000 m.
Dept.: BE, CO, LP, SC.
Muestra: *A.F. Fuentes C. et al. 11137* (LPB, MO, USZ).
Nom. Vern.: Bachi, binca, ohe, papa morado, pea, sihuira.

Dioscorea trifoliata Kunth, Nov. Gen. Sp. (quarto ed.) 1: 275. 1815 [1816].
Ref.: Ayala Flores (1998).
Trepadora. Nativa. Zonas Bajas. Bosque Semideciduo Chiquitano, 0–500 m.
Dept.: SC.
Muestra: *T. Killeen & R. Guillén V. 7382* (LPB, MEXU, MO, USZ).

Dioscorea trollii R. Knuth, Repert. Spec. Nov. Regni Veg. 30: 161. 1932.
Ref.: Foster (1958).
Trepadora. Endémica. Zonas Bajas. Bosque Húmedo, 500–1000 m.
Dept.: LP.
Tipo: *C. Troll 2776* (HT: B).
Nota: Conocido solamente del tipo.

DIPENTODONTACEAE Merr., Brittonia 4: 69, 73. 1941.

Por R. Liesner (MO); revisado por S.G. Beck (LPB), M. Nee (NY), P.M. Jørgensen (MO).
1 género, 1 especie, 0 especies endémicas.

Perrottetia Kunth, Nov. Gen. Sp. (quarto ed.) 7: 73–75, pl. 622. 1825 [1824].
1 especie, 0 especies endémicas.

Perrottetia gentryi Lundell, Phytologia 57: 453. 1985.
Ref.: Fuentes Claros et al. (2009).
Arbolito, árbol. Nativa. Andes. Yungas, 1000–2500 m.
Dept.: CO, LP, SC.
Muestra: *J.C. Solomon 14947* (LPB, MO).
Nota: Estudios más detallados pueden comprobar que es co-específica con *P. multiflora* Lundell y *P. lanceolata* Karst.

[Perrottetia quinduensis Kunth], Nov. Gen. Sp. (quarto ed.) 7: 75–76, t. 622. 1825.
Ref.: Ruiz de Centurión (1993b).
Nota: El registro se basa en material mal identificado de *P. gentryi* Lundell.

DROSERACEAE Salisb., Parad. Lond., ad t. 95. 1808.

Por A. Fleischmann (M) y R. Duno (CICY); revisado por S.G. Beck (LPB), M. Nee (NY), P.M. Jørgensen (MO).
1 género, 5 especies, 0 especies endémicas.

Drosera L., Sp. Pl. 1: 281. 1753.
5 especies, 0 especies endémicas.

Drosera cayennensis Sagot ex Diels, Pflanzenr. IV. 112(Heft 26): 86. 1906.
Sin.: *Drosera sanariapoana* Steyerm., *Drosera colombiana* A. Fernández, *Drosera panamensis* M.D. Correa & A.S. Taylor, *Drosera pumilla* E. Santos
Hierba. Nativa. Zonas Bajas. Campos Amazónicos, 0–500 m.
Dept.: LP.
Muestra: *R. Haase 74* (LPB).

Drosera communis A. St.-Hil., Pl. Usuel. Bras. 3: t. XV(1). 1824.
Ref.: Correa A. & Silva (2005), Wood et al. (2011).
Hierba. Nativa. Zonas Bajas. Bosque Húmedo, Campos Cerrados, 0–1000 m.
Dept.: LP, SC.
Muestra: *S.G. Beck 18391* (LPB, M).

Drosera hirtella A. St.-Hil., Hist. Pl. Remarq. Bresil 1: 262–263. 1826.
Sin.: *Drosera montana* var. *hirtella* (A. St.-Hil.) Diels
Hierba. Nativa. Zonas Bajas. Bosque Semideciduo Chiquitano, Campos Cerrados, 500–1000 m.
Dept.: SC.
Muestra: *J.R.I. Wood 27200* (K, LPB, USZ).
Infra: *Drosera hirtella* var. *lutescens* A. St.-Hil.

Drosera montana A. St.-Hil., Hist. Pl. Remarq. Bresil 1: 260. 1826.
Ref.: Foster (1958), Killeen & Schulenberg (1998), Correa A. & Silva (2005).
Hierba. Nativa. Andes. Yungas, Bosque Serrano Chaqueño, 1500–2500 m.
Dept.: CH, LP, SC, TA.
Muestra: *T.B. Miranda et al. 721* (LPB, MO).
Infra: *Drosera montana* var. *montana*

Drosera sessilifolia A. St.-Hil., Hist. Pl. Remarq. Bresil 1: 259. 1826.
Ref.: Killeen & Schulenberg (1998), Correa A. & Silva (2005).
Hierba. Nativa. Zonas Bajas. Campos Cerrados, Sabanas Benianas del Norte, Sabanas Benianas del Sur, 0–500 m.
Dept.: SC.
Muestra: *E. Gutiérrez C. et al. 1043* (MO, USZ).

[Drosera villosa A. St.-Hil.], Hist. Pl. Remarq. Bresil 1: 267. 1826.
Ref.: Schulenberg & Awbrey (1997), Serrano & Terán (1998 [2000]), Correa A. & Silva (2005).
Nota: El registro se basa en material mal identificado de *D. montana*. *D. villosa* es endémica del Brasil.

EBENACEAE Gürke, Nat. Pflanzenfam. 4(1): 153. 1891.

Por B. Wallnöfer (W) y E. Chávez (USZ); revisado por P.E. Berry (MICH), S.G. Beck (LPB), M. Nee (NY), P.M. Jørgensen (MO).
2 géneros, 15 especies, 2 especies endémicas.

Diospyros L., Sp. Pl. 2: 1057–1058. 1753.
14 especies, 2 especies endémicas.

Diospyros artanthifolia Mart., Fl. Bras. 7: 7. 1856.
Sin.: *Diospyros subrotata* Hiern
Ref.: Killeen & Schulenberg (1998).
Árbol. Nativa. Zonas Bajas. Bosque Húmedo, 0–500 m.
Dept.: BE, LP, PA, SC.
Muestra: *S.G. Beck et al. 19569* (COL, LPB, W).
Nota: *Sensu lato.*

Diospyros capreifolia Mart. ex Hiern, Trans. Cambridge Philos. Soc. 12(1): 254. 1873.
Sin.: *Maba mellinonii* Hiern, *Diospyros mellinonii* (Hiern) A.C. Sm.
Ref.: Torrico Pardo (1993c).
Árbol. Nativa. Zonas Bajas. Bosque Húmedo, Campos Amazónicos, 0–500 m.
Dept.: PA.
Muestra: *E. Meneces 606* (LPB, MG, MO).
Nom. Vern.: Piraquina blanca, piraquina fierro.

Diospyros dalyom B. Walln., Ann. Naturhist. Mus. Wien, Ser. B, Bot. Zool. 104: 563–565. 2003.
Ref.: Wallnöfer (2003).
Árbol. Nativa. Zonas Bajas. Bosque Húmedo, 0–500 m.
Dept.: CO, SC.
Muestra: *D.A. Neill & R.C. Quevedo 9390* (CTES, G, K, LPB, MO, NY, QAME, QCNE, U, USZ).
Nom. Vern.: Caqui, kaki.

Diospyros egleri Pires & Cavalcante, Bol. Mus. Paraense Emílio Goeldi, n.s., Bot. 9: 3. 1960.
Árbol. Nativa. Zonas Bajas. Bosque Húmedo, 0–500 m.
Dept.: PA.
Muestra: *S.G. Beck et al. 19061* (LPB).

[Diospyros guianensis (Aubl.) Gürke], Nat. Pflanzenfam. 1: 163. 1891.
Sin.: *Paralea guianensis* Aubl.
Ref.: Killeen & Schulenberg (1998).
Nota: El registro se basa en material mal identificado.

Diospyros hispida A. DC., Prodr. 8: 236. 1844.
Ref.: Killeen & Schulenberg (1998).
Árbol. Nativa. Zonas Bajas. Bosque Semideciduo Chiquitano, Campos Cerrados, Sabanas Benianas del Sur, 0–1000 m.
Dept.: SC.
Muestra: *M.C. Peña & R.B. Foster 50* (F, LPB, NY, USZ).

Diospyros inconstans Jacq., Enum. Syst. Pl. 34. 1760.
Sin.: *Diospyros boliviana* Rusby
Ref.: Foster (1958), Torrico Pardo (1993c), Killeen & Schulenberg (1998), Mostacedo C. & Uslar (1999), Nee (2008).
Árbol. Nativa. Zonas Bajas. Bosque Húmedo, Bosque Semideciduo Chiquitano, Campos Cerrados, Sabanas Benianas del Sur, 0–1500 m.
Dept.: BE, LP, PA, SC.
Muestra: *M.H. Nee 39916* (CTES, FHO, LPB, MO, NY, USZ).
Nota: *Sensu lato*. Descripción enmendada en Select. Stirp. Amer. Hist. 276, t. 174, f. 67. 1763.
Nom. Vern.: Potrerillo, sonzorro, tutumillo y zonsorro.

Diospyros kaki Thunb., Nova Acta Regiae Soc. Sci. Upsal. 3: 208. 1780.
Árbol. Cultivada. 3000–3500 m.
Dept.: LP.
Muestra: *R. Zeballos 1002* (LPB, W).

Diospyros kanizur B. Walln., Ann. Naturhist. Mus. Wien, Ser. B, Bot. Zool. 101: 572–573. 1999.
Ref.: Wallnöfer (1999).
Árbol. Nativa. Zonas Bajas. Sabanas Benianas del Sur, 0–500 m.
Dept.: SC.
Tipo: *R.C. Quevedo et al. 892* (HT: NY; IT: MO, USZ, W).
Nota: Conocido en Bolivia solamente del tipo.
Nom. Vern.: Mochochosillo.

Diospyros longifolia (Spruce ex Engl.) Sleumer & F. White, Fl. Neotrop. 38: 82. 1984.
Sin.: *Heisteria longifolia* Spruce ex Engl.
Árbol. Nativa. Zonas Bajas. Bosque Húmedo, 0–500 m.
Dept.: PA.
Muestra: *F. Urrelo et al. 583* (F, LPB).

Diospyros nur B. Walln., Ann. Naturhist. Mus. Wien, Ser. B, Bot. Zool. 101: 581–583. 1999.
Ref.: Wallnöfer (1999).
Árbol. Endémica. Zonas Bajas. Bosque Húmedo, 0–500 m.
Dept.: BE.
Tipo y muestra: *N.P. Ritter 3724* (HT: W; IT: BOLV, LPB, MO-04837485, NHA), *N.P. Ritter & G.E. Crow 4128* (MO, NHA, USZ).

[Diospyros paralea Steud.], Nomencl. Bot. (ed. 2) 1: 514. 1840.
Ref.: Torrico Pardo (1993c).
Nota: El registro se basa en material mal identificado. Nombre ilegítimo.

Diospyros poeppigiana A. DC., Prodr. 8: 224. 1844.
Ref.: Killeen & Schulenberg (1998).
Árbol. Nativa. Zonas Bajas. Bosque Húmedo, 0–500 m.
Dept.: BE, PA, SC.
Muestra: *M.H. Nee 41517* (FHO, LPB, MO, NY, USZ, W).
Nom. Vern.: Jënëjihuipëixoco (Chácobo).

[Diospyros pseudoxylopia Mildbr.], Notizbl. Bot. Gart. Berlin-Dahlem 10(92): 194. 1927.
Ref.: Killeen & Schulenberg (1998).
Nota: El registro se basa en material mal identificado.

Diospyros sericea A. DC., Prodr. 8: 236. 1844.
Ref.: Killeen & Schulenberg (1998).
Árbol. Nativa. Zonas Bajas. Bosque Semideciduo Chiquitano, 0–1000 m.
Dept.: BE, SC.
Muestra: *R.C. Quevedo et al. 1014* (K, MA, MO, NY, USZ, W).

[Diospyros tetrandra Hiern], Trans. Cambridge Philos. Soc. 12(1): 210. 1873.
Ref.: Torrico Pardo (1993c).
Nota: El registro se basa en material mal identificado.

[Diospyros velutina Hiern], Trans. Cambridge Philos. Soc. 12(1): 200. 1873.
Ref.: Foster (1958), Torrico Pardo (1993c).
Nota: El registro se basa en material mal identificado.

Diospyros vestita Benoist, Arch. Bot. Mém. 1: 248. 1933.
Árbol. Nativa. Zonas Bajas. Bosque Húmedo, 0–500 m.
Dept.: SC.
Muestra: *T. Killeen et al. 5815* (CAS, CTES, LPB, MO, P, USZ).
Nota: *Sensu lato.*

Diospyros yomomo B. Walln., Ann. Naturhist. Mus. Wien, Ser. B, Bot. Zool. 101: 589–591. 1999.
Ref.: Wallnöfer (1999).
Árbol. Endémica. Zonas Bajas. Bosque Húmedo, 0–500 m.
Dept.: SC.
Tipo y muestra: *R. Guillén V. et al. 3145* (HT: E; IT: LPB, MO, USZ), *R. Guillén V. & V. Roca 3235* (CAS, CTES, E, LPB, MO, NY, USZ).

Lissocarpa Benth., Gen. Pl. 2(2): 667, 671. 1876.
1 especie, 0 especies endémicas.

Lissocarpa tetramera (Rusby) P.E. Berry, Brittonia 51(2): 214. 1999.
Sin.: *Diospyros tetramera* Rusby
Ref.: Berry (1999), Wallnöfer (2004), Fuentes Claros et al. (2009).
Arbolito, árbol. Nativa. Zonas Bajas, Andes. Bosque Húmedo, Yungas, 500–1500 m.
Dept.: LP.
Tipo y muestra: *M. Bang 1681* (HT: NY; IT: A, BM, E, FHO, G, GH, K, LE, M, MICH, MO-1905995, US, W, Z), *J.C. Solomon 14872* (FHO, LPB, MO, W).

ELAEAGNACEAE Juss., Gen. Pl. 74–75. 1789.

Por P.M. Jørgensen (MO).
1 género, 1 especie, 0 especies endémicas.

Elaeagnus L., Sp. Pl. 1: 121. 1753.
1 especie, 0 especies endémicas.

Elaeagnus angustifolia L., Sp. Pl. 1: 121. 1753.
Árbol. Cultivada. Andes. Valles Secos, 3000–3500 m.
Dept.: LP.
Muestra: *R. Zeballos 1019* (LPB, MO).

ELAEOCARPACEAE Juss., Essai Propr. Méd. Pl. 87. 1816.

Por S. Arrázola (BOLV), revisado por M. Nee (NY), S.G. Beck (LPB), P.M. Jørgensen (MO).
3 géneros, 23 especies, 1 especie endémica.

Crinodendron Molina, Sag. Stor. Nat. Chili 179–180, 353. 1782.
1 especie, 0 especies endémicas.

Crinodendron tucumanum Lillo, Prim. Reun. Nac. Soc. Argentina Ci. Nat. 1916: 220. 1919.
Sin.: *Crinodendron boliviense* Carenzo
Ref.: Foster (1958), Bricker (1991), Antezana Valera (1993b), González et al. (1999), Serrano & Terán (1998 [2000]), Nee (2008).
Arbolito, árbol. Nativa. Andes. Bosque Tucumano-Boliviano, Valles Secos, 2000–3000 m.
Dept.: CH, CO, SC, TA.
Muestra: *I.G. Vargas & E. Prado 1307* (F, MO, NY, USZ).
Nom. Vern.: Blanco flor, manzana, manzanita, manzano.

Sloanea L., Sp. Pl. 1: 512. 1753.
21 especies, 1 especie endémica.

Sloanea eichleri K. Schum., Fl. Bras. 12(3): 183, pl. 28, f. 1. 1886.
Sin.: *Sloanea obidensis* Ducke
Ref.: Smith (1954), Antezana Valera (1993b), Killeen & Schulenberg (1998).
Árbol. Nativa. Zonas Bajas. Bosque Húmedo, Campos Cerrados, Campos Amazónicos, 0–1000 m.
Dept.: BE, LP, PA, SC.
Muestra: *A. Jardim et al. 437* (BOLV, USZ).

Sloanea fendleriana Benth., J. Proc. Linn. Soc., Bot. 5(Suppl.): 70. 1861.
Sin.: *Sloanea pittieriana* Steyerm.
Ref.: Smith (1954), Antezana Valera (1993b), Navarro Sánchez (2002).
Árbol. Nativa. Zonas Bajas. Bosque Húmedo, 0–500 m.
Dept.: BE, LP.
Muestra: *E. Meneces 42* (BOLV, MO).

Sloanea fragrans Rusby, Mem. New York Bot. Gard. 7: 294. 1927.
Ref.: Smith (1954), Foster (1958), Parker & Bailey (1991), Antezana Valera (1993b), Arrázola Rivero et al. (2000), Navarro Sánchez (2002), Nee (2008), Palacios-Duque et al. (2012).
Árbol. Nativa. Zonas Bajas. Bosque Húmedo, 0–1000 m.
Dept.: BE, CO, LP, PA, SC.
Tipo y muestra: *H.H. Rusby 742* (HT: NY; IT: GH), *W. Terceros 1376* (BOLV).
Nom. Vern.: Cabeza de mono, urucusillo.

Sloanea froesii Earle Sm., Contr. Gray Herb. 175: 55–56, map 7. 1954.
Árbol. Nativa. Andes. Yungas, 1000–2000 m.
Dept.: LP.
Muestra: *A.H. Gentry & J.C. Solomon 44588* (MO).

Sloanea garckeana K. Schum., Fl. Bras. 12(3): 177, pl. 36. 1886.
Sin.: *Sloanea reticulata* A.C. Sm.
Ref.: Smith (1954), Killeen & Schulenberg (1998).
Árbol. Nativa. Zonas Bajas. Bosque Semideciduo Chiquitano, Campos Cerrados, 0–500 m.
Dept.: PA, SC.
Muestra: *S. Jiménez et al. 1410* (MO, USZ).

Sloanea gentryi Pal.-Duque & C.M. Baeza, Novon 23(1): 70–74, f. 1–2. 2014.
Árbol. Endémica. Zonas Bajas. Bosque Húmedo, 0–500 m.
Dept.: LP.
Tipo: *A.H. Gentry & S. Estenssoro C. 70701* (HT: LPB; IT: F, MO, MO).
Nota: Conocida solamente del tipo.

Sloanea gracilis Uittien, Recueil Trav. Bot. Néerl. 22: 356. 1925.
Ref.: Smith (1954), Antezana Valera (1993b), Killeen & Schulenberg (1998), Navarro Sánchez (2002), Navarro Sánchez (2011).
Árbol. Nativa. Zonas Bajas, Andes. Bosque Húmedo, Yungas, Valles Secos, 0–1500 m.
Dept.: BE, LP, PA, SC.
Muestra: *L. Cayola et al. 4630* (LPB, MO).
Nom. Vern.: Urucusillo.

Sloanea grandiflora Sm., Cycl. 33: Sloanea no. 2. 1819.
Ref.: Smith (1954), Palacios-Duque et al. (2012).
Árbol. Nativa. Zonas Bajas. Bosque Húmedo, Bosque Semideciduo Chiquitano, Campos Cerrados, 0–1000 m.
Dept.: LP, SC.
Muestra: *M.J. Macía et al. 6990* (LPB, MA).

Sloanea grandis Ducke, Arq. Inst. Biol. Veg. 2: 163. 1935.
Ref.: Palacios-Duque et al. (2011).
Árbol. Nativa. Zonas Bajas. Bosque Húmedo, 0–500 m.
Dept.: PA.
Muestra: *W. Terceros 1399* (BOLV, LPB).
Nom. Vern.: Corazón de negro.

Sloanea guianensis (Aubl.) Benth., J. Proc. Linn. Soc., Bot. 5(Suppl. 2): 69. 1861.
Sin.: *Ablania guianensis* Aubl., *Dasynema alnifolium* (Mart.) Walp.
Ref.: Parker & Bailey (1991), Antezana Valera (1993b), Killeen & Schulenberg (1998), Alverson et al. (2000), Arrázola Rivero et al. (2000), Navarro Sánchez (2002), Navarro Sánchez (2011).
Árbol. Nativa. Zonas Bajas. Bosque Húmedo, Campos Cerrados, Campos Amazónicos, 0–500 m.
Dept.: BE, CO, LP, PA, SC.
Muestra: *S. DeWalt et al. 67* (LPB, MO, USZ).
Nom. Vern.: Urucusillo, xahuamadi (Chacobo).

Sloanea laxiflora Spruce ex Benth., J. Proc. Linn. Soc., Bot. 5(Suppl.): 65. 1861.
Sin.: *Sloanea acutiflora* Uittien
Ref.: Navarro Sánchez (2011), Palacios-Duque & Baeza (2014).
Árbol. Nativa. Zonas Bajas. Bosque Húmedo, 0–500 m.
Dept.: BE, LP, PA.
Muestra: *S. Altamirano 3287* (MO).

Sloanea macrophylla Benth. ex Turcz., Bull. Soc. Imp. Naturalistes Moscou 31(1): 224. 1858.
Ref.: Palacios-Duque et al. (2012).
Nota: Esperado.

Sloanea multiflora H. Karst., Fl. Columb. 2: 31, pl. 116. 1858.
Ref.: Fuentes Claros et al. (2009), Palacios-Duque et al. (2012).
Arbolito, árbol. Nativa. Zonas Bajas, Andes. Bosque Húmedo, Yungas, 0–500, 1000–2000 m.
Dept.: LP, PA.
Muestra: *S.G. Beck et al. 19069* (COL, HUA, LPB).
Nom. Vern.: Urucu bravo, urucusillo.

Sloanea obtusifolia (Moric.) K. Schum., Fl. Bras. 12(3): 181. 1886.
Sin.: *Adenobasium obtusifolium* Moric., *Dasynema obtusum* Splitg., *Sloanea obtusa* Planch. ex Benth., *Sloanea obtusa* (Splitg.) K. Schum.
Ref.: Smith (1954), Antezana Valera (1993b), Arrázola Rivero et al. (2000), Navarro Sánchez (2002), Navarro Sánchez (2011).
Árbol. Nativa. Zonas Bajas, Andes. Bosque Húmedo, Yungas, Valles Secos, 0–500, 1000–1500 m.
Dept.: BE, CO, LP.
Muestra: *A.F. Fuentes et al. 7769A* (LPB, MO, USZ).

Sloanea pubescens Benth., J. Proc. Linn. Soc., Bot. 5(Suppl.): 69. 1861.
Sin.: *Sloanea pubescens* Radlk., *Sloanea xylocarpa* Rusby
Ref.: Smith (1954), Foster (1958), Antezana Valera (1993b).
Árbol. Nativa. Zonas Bajas, Andes. Bosque Húmedo, Sabanas Benianas del Norte, Yungas, 0–1500 m.
Dept.: BE, LP.
Muestra: *S. Altamirano 3338* (MO).

Sloanea rufa Planch. ex Benth., J. Proc. Linn. Soc., Bot. 5(Suppl. 2): 68. 1861.
Sin.: *Sloanea longicaudata* Ducke
Ref.: Smith (1954), Antezana Valera (1993b), Navarro Sánchez (2011).
Árbol. Nativa. Zonas Bajas. Bosque Húmedo, Campos Cerrados, Sabanas Benianas del Norte, Sabanas Benianas del Sur, 0–1000 m.
Dept.: BE, LP, SC.
Muestra: *D.A. Neill & R.C. Quevedo 9446* (LPB, MO, QAME, USZ).

Sloanea sinemariensis Aubl., Hist. Pl. Guiane 1: 534, pl. 212. 1775.
Sin.: *Sloanea aubletii* Sw.
Ref.: Smith (1954), Killeen & Schulenberg (1998).
Árbol. Nativa. Zonas Bajas. Bosque Semideciduo Chiquitano, Campos Cerrados, 0–500 m.
Dept.: SC.
Muestra: *R.C. Quevedo et al. 2595* (MO, USZ).

Sloanea spathulata Earle Sm., Contr. Gray Herb. 175: 43, map 2. 1954.
Ref.: Antezana Valera (1993b).
Árbol. Nativa. Zonas Bajas. Bosque Húmedo, Bosque Semideciduo Chiquitano, Campos Cerrados, 0–500 m.
Dept.: BE.
Muestra: *S.G. Beck 12225* (LPB, MO, NY).

Sloanea steyermarkii Earle Sm., Acta Biol. Venez. 2(5–8): 244, f. 14. 1967.
Árbol. Nativa. Zonas Bajas. Campos Cerrados, 0–500 m.
Dept.: SC.
Muestra: *T. Killeen et al. 5625* (LPB, MO, USZ).

Sloanea stipitata Spruce ex Benth., J. Proc. Linn. Soc., Bot. 5(Suppl. 2): 68–69. 1861.
Sin.: *Sloanea purdiaei* Griseb. ex Benth.
Ref.: Smith (1954), Antezana Valera (1993b).
Árbol. Nativa. Zonas Bajas. Bosque Húmedo, 0–500 m.
Dept.: BE.
Muestra: *B.M. Boom 4353* (LPB, MO, NY).

Sloanea terniflora (DC.) Standl., Trop. Woods 79: 10. 1944.
Sin.: *Lecostemon terniflorum* DC.
Ref.: Antezana Valera (1993b), Killeen & Schulenberg (1998), Alverson et al. (2000), Navarro Sánchez (2002), Navarro Sánchez (2011).
Árbol. Nativa. Zonas Bajas. Bosque Húmedo, Sabanas Benianas del Sur, 0–500 m.
Dept.: BE, CO, LP, PA, SC.
Muestra: *I.G. Vargas 525* (LPB, MO, USZ).
Nom. Vern.: Urucusillo.

Sloanea tuerckheimii Donn. Sm., Bot. Gaz. 57(5): 416. 1914.
Ref.: Smith (1954).
Árbol. Nativa. Zonas Bajas. Bosque Húmedo, 0–500 m.
Dept.: BE, CO.
Muestra: *G.S. Hartshorn & E. Meneces 2202* (BOLV, LPB, MO).

Vallea Mutis ex L. f., Suppl. Pl. 42, 266. 1781 [1782].
1 especie, 0 especies endémicas.

Vallea stipularis L. f., Suppl. Pl. 266. 1781 [1782].
Ref.: Rusby (1893b), Foster (1958), Adolfo María (1966), Antezana Valera (1993b), López Vargas (1995), Ibisch (1996), Saravia Miranda (1996), Schulenberg & Awbrey (1997), González et al. (1999), Serrano & Terán (1998 [2000]), Nee (2008).
Arbusto, arbolito, árbol. Nativa. Andes. Yungas, Bosque Tucumano-Boliviano, Páramo Yungueño, Valles Secos, 2000–4000 m.
Dept.: BE, CH, CO, LP, SC, TA.
Muestra: *D.A. Neill et al. 9324* (MO).
Infra: *Vallea stipularis* var. *pyrifolia* F. Ballard
Nota: Tres variedades (sin nombre) en Adolfo-María (1966).
Nom. Vern.: Kalillo, manzanilla, ulla ulla, vallea, wantura.

ELATINACEAE Dumort., Anal. Fam. Pl. 44, 49. 1829.

Por N. Ritter (CSU, Stanislaus Endangered Species Recovery Program); revisado por S.G. Beck (LPB), M. Nee (NY), P.M. Jørgensen (MO).
1 género, 3 especies, 0 especies endémicas.

Elatine L., Sp. Pl. 1: 367–368. 1753.
3 especies, 0 especies endémicas.

Elatine paramoana Schmidt-Mumm & Bernal, Brittonia 47(1): 27–30, f. 1A–E. 1995.
Hierba, acuática. Nativa. Andes, Altiplano. Páramo Yungueño, Puna Húmeda, 3000–5000 m.
Dept.: LP, OR.
Muestra: *S.G. Beck et al. 18770* (LPB).

Elatine peruviana Baehni & J.F. Macbr., Candollea 8: 21. 1940.
Ref.: Macbride (1941a), Molau (1983), Schmidt-Mumm & Bernal (1995), Ritter & Crow (1998), Ritter & Crow (2005).
Hierba, acuática. Nativa. Andes, Altiplano. Yungas, Páramo Yungueño, Puna Húmeda, 2000–2500, 3000–3500 m.
Dept.: CO, LP.
Muestra: *N.P. Ritter 1185* (BOLV, MO, NHA).

Elatine triandra Schkuhr, Bot. Handb. 1: 345–346. 1791.
Sin.: *Elatine chilensis* Naudin
Ref.: Fassett (1939), Macbride (1941a), Mason (1957), Foster (1958), Bacigalupo (1970), Schmidt-Mumm & Bernal (1995), Ritter & Crow (1998), De la Barra (2003), Ritter & Crow (2005).
Hierba, acuática. Nativa. Andes, Altiplano. Yungas, Puna Húmeda, 2500–4500 m.
Dept.: CO, LP.
Muestra: *N.P. Ritter et al. 1928* (BOLV, LPB, MO, NHA).
Infra: *Elatine triandra* var. *andina* Fassett

EREMOLEPIDACEAE Tiegh. ex Kuijt, J. Arnold Arbor. 63: 401. 1982.

Nota: Para el orden Santalales se sigue el sistema de Nickrent et al. (2010). Véase Santalaceae.

ERICACEAE Juss., Gen. Pl. 159–160. 1789.

Por J.L. Luteyn (NY); revisado por S.G. Beck (LPB), M. Nee (NY), P.M. Jørgensen (MO).
21 géneros, 62 especies, 21 especies endémicas.

Agarista D. Don ex G. Don, Gen. Hist. 3: 788, 837–838. 1834.
1 especie, 0 especies endémicas.

Agarista boliviensis (Sleumer) Judd, J. Arnold Arbor. 65: 333. 1984.
Sin.: *Leucothoe boliviensis* Sleumer
Ref.: Foster (1958), Fergusson Landwuest (1993a), Judd (1995), López Vargas (1995), Saravia Miranda (1996), Schulenberg & Awbrey (1997), Serrano & Terán (1998 [2000]), Luteyn (2002), Nee (2008), Arroyo Padilla & Villarroel Segarra (2009).
Arbusto, arbolito. Nativa. Andes. Bosque Semideciduo Chiquitano, Yungas, Bosque Tucumano-Boliviano, 1000–2500 m.
Dept.: CH, CO, PO, SC, TA.
Tipo y muestra: *J. Steinbach 8568* (HT: B destr.; IT: BM, E, F, G, GH, K, LIL, MO-982663, NY, S, UC, US frag. ex B; fotos: F ex G, F), *W.M.A. Brooke 5702* (F, NY).
Nom. Vern.: Barriento, kito montesillo, montecillo, supay huarko.

Bejaria Mutis ex L., Mant. Pl. 2: 152, 242–243. 1771.
1 especie, 0 especies endémicas.

Bejaria aestuans Mutis ex L., Mant. Pl. 2: 242–243. 1771.
Sin.: *Bejaria glauca* Bonpl., *Bejaria hispida* Poepp. & Endl., *Bejaria denticulata* J. Rémy, *Bejaria pallens* J. Rémy, *Bejaria parvifolia* Rusby, *Bejaria boliviensis* B. Fedtsch. & Basil., *Bejaria glauca* var. *coarctata* (Bonpl.) Mansf. & Sleumer, *Bejaria glauca* var. *glandulosa* Mansf. & Sleumer, *Bejaria glauca* var. *setosa* Mansf. & Sleumer, *Bejaria glauca* var. *tomentella* Mansf. & Sleumer
Ref.: Foster (1958), Fergusson Landwuest (1993a), Clemants (1995b), Saravia Miranda (1996), Schulenberg & Awbrey (1997), Serrano & Terán (1998 [2000]), Luteyn (2002), Nee (2008), Arroyo Padilla & Villarroel Segarra (2009).
Arbusto, arbolito. Nativa. Andes. Bosque Semideciduo Chiquitano, Yungas, Bosque Tucumano-Boliviano, 1000–3500 m.
Dept.: CH, CO, LP, SC, TA.
Muestra: *J.L. Luteyn et al. 15470* (AAU, BOLV, CAS, CTES, CUZ, E, G, K, LPB, MBM, NY, QCNE, SI, TEX).
Nom. Vern.: Jarizana, navidad.

Cavendishia Lindl., Edwards's Bot. Reg. 21: pl. 1791. 1835.
3 especies, 0 especies endémicas.

Cavendishia bracteata (Ruiz & Pav. ex J. St.-Hil.) Hoerold, Bot. Jahrb. Syst. 42(4): 280. 1909.
Sin.: *Thibaudia bracteata* Ruiz & Pav. ex J. St.-Hil., *Thibaudia strobilifera* Kunth, *Thibaudia acuminata* Hook., *Cavendishia acuminata* (Hook.) Hemsl., *Cavendishia beckmanniana* Hoerold, *Cavendishia strobilifera* (Kunth) Hoerold, *Cavendishia sillarensis* Herzog
Ref.: Foster (1958), Luteyn (1983), Fergusson Landwuest (1993a), Ibisch (1996), Luteyn (2002), Nee (2008).
Subarbusto, arbusto, epífita. Nativa. Andes. Yungas, 1000–3000 m.
Dept.: CO, LP, SC.
Muestra: *J.L. Luteyn & L.J. Dorr 13626* (BOLV, LPB, NY).
Nom. Vern.: Cobetilla.

Cavendishia martii (Meisn.) A.C. Sm., Bull. Torrey Bot. Club 63: 313. 1936.
Sin.: *Thibaudia martii* Meisn., *Cavendishia paniculata* Rusby, *Chupalon viridiflorum* Kuntze, *Thibaudia viridiflora* (Kuntze) K. Schum., *Cavendishia muschleriana* Hoerold
Ref.: Foster (1958), Luteyn (1983), Fergusson Landwuest (1993a), Ibisch (1996).
Arbusto, epífita. Nativa. Zonas Bajas, Andes. Bosque Húmedo, Yungas, 500–3000 m.
Dept.: CO, LP.
Muestra: *J.L. Luteyn et al. 15463* (BOLV, CAS, CTES, E, LPB, NY).

Cavendishia pubescens (Kunth) Hemsl., Biol. Cent.-Amer., Bot. 2(10): 273. 1881.
Sin.: *Thibaudia pubescens* Kunth, *Thibaudia oblongifolia* J. Rémy, *Proclesia pubescens* (Kunth) Klotzsch, *Chupalon pubescens* (Kunth) Kuntze, *Cavendishia pubescens* var. *boliviensis* Hoerold
Ref.: Foster (1958), Luteyn (1983), Fergusson Landwuest (1993a), Ibisch (1996), Luteyn (2002).
Arbusto, epífita. Nativa. Andes. Yungas, 1000–2500 m.
Dept.: LP.
Muestra: *J.L. Luteyn & L.J. Dorr 13647* (BOLV, LPB, NY).

Demosthenesia A.C. Sm., Bull. Torrey Bot. Club 63: 310. 1936.
4 especies, 2 especies endémicas.

Demosthenesia fabulosa (Sleumer) A.C. Sm., Bull. Torrey Bot. Club 63: 310. 1936.
Sin.: *Ceratostema fabulosum* Sleumer
Ref.: Sleumer (1934), Foster (1958), Luteyn (2002).
Arbusto. Endémica. Andes. Yungas, 3000–3500 m.
Dept.: LP.
Tipo y muestra: *C. Troll 2241* (HT: B destr.?), *S.G. Beck 1138* (L, LPB, NY).

Demosthenesia mandonii (Britton) A.C. Sm., Bull. Torrey Bot. Club 63: 311. 1936.
Sin.: *Ceratostema mandonii* Britton, *Ceratostema graebnerianum* Hoerold, *Pellegrinia graebneriana* (Hoerold) Sleumer, *Pellegrinia mandonii* (Britton) Sleumer, *Demosthenesia graebneriana* (Hoerold) A.C. Sm.
Ref.: Foster (1958), Ibisch (1996), Luteyn (2002).
Arbusto, epífita. Nativa. Andes. Yungas, 2500–4000 m.
Dept.: CO, LP.
Tipo y muestra: *H.H. Rusby 2632* (HT: NY), *J.L. Luteyn & L.J. Dorr 13581* (BOLV, CTES, CUZ, LPB, MO, NY, USZ).

Demosthenesia pearcei (Britton) A.C. Sm., Bull. Torrey Bot. Club 63: 310. 1936.
Sin.: *Rusbya pearcei* Britton, *Ceratostema pearcei* (Britton) A.C. Sm., *Pellegrinia pearcei* (Britton) Sleumer
Ref.: Foster (1958), Ibisch (1996), Luteyn (2002).
Arbusto, epífita. Endémica. Andes. Yungas, 2000–3500 m.
Dept.: CO, LP.
Tipo y muestra: *R.W. Pearce s.n.* (HT: K; IT: NY frag.), *J.L. Luteyn & L.J. Dorr 13717* (BOLV, LPB, MO, NY, SI).

Demosthenesia spectabilis (Rusby) A.C. Sm., Bull. Torrey Bot. Club 63: 311. 1936.
Sin.: *Ceratostema spectabile* Rusby, *Pellegrinia spectabilis* (Rusby) Sleumer
Ref.: Foster (1958), Luteyn (2002).
Subarbusto, arbusto, epífita. Nativa. Andes. Yungas, 2500–4000 m.
Dept.: LP.
Tipo y muestra: *M. Bang 2605* (HT: NY), *J.L. Luteyn et al. 15474* (BOLV, CAS, LPB, NY).

Diogenesia Sleumer, Notizbl. Bot. Gart. Berlin–Dahlem 12(112): 121. 1934.
2 especies, 2 especies endémicas.

Diogenesia boliviana (Britton) Sleumer, Bot. Jahrb. Syst. 71: 396. 1941.
Sin.: *Rusbya boliviana* Britton, *Eleutherostemon bolivianum* (Britton) Herzog, *Vaccinium bolivianum* (Britton) Sleumer
Ref.: Foster (1958), Sleumer (1978), Fergusson Landwuest (1993a), Luteyn (2002), Ministerio de Medio Ambiente y Agua (2012 [2013]).
Arbusto. Endémica. Andes. Yungas, 2000–3000 m.
Dept.: LP.
Tipo y muestra: *M. Bang 852* (HT: NY; IT: BM, E, F, GH, GH, K, MO-2543644, US), *L.J. Dorr et al. 6706* (AAU, CAS, CORD, CTES, LPB, MO, NY, SI, US).

Diogenesia racemosa (Herzog) Sleumer, Notes Roy. Bot. Gard. Edinburgh 36(2): 256. 1978.
Sin.: *Eleutherostemon racemosum* Herzog, *Disterigma pallidum* A.C. Sm., *Vaccinium thibaudioides* Sleumer
Ref.: Foster (1958), Sleumer (1978), Fergusson Landwuest (1993a), Luteyn (2002), Ministerio de Medio Ambiente y Agua (2012 [2013]).
Arbusto. Endémica. Andes. Yungas, 1500–2500 m.
Dept.: CO.
Tipo y muestra: *T. Herzog 2246* (HT: L; IT: G, W), *J.L. Luteyn et al. 15462* (AAU, B, CAS, E, F, G, GB, K, LPB, MEXU, MO, NSW).

Disterigma (Klotzsch) Nied., Bot. Jahrb. Syst. 11(2): 160, 209. 1889.
4 especies, 0 especies endémicas.

Disterigma alaternoides (Kunth) Nied., Bot. Jahrb. Syst. 11(2): 224. 1889.
Sin.: *Vaccinium alaternoides* Kunth, *Vaccinium alaternoides* var. *parvifolium* Benth., *Vacciniopsis tetramera* Rusby, *Disterigma alaternoides* var. *parvifolium* (Benth.) A.C. Sm.
Ref.: Smith (1933), Foster (1958), Ibisch (1996), Luteyn (2002).
Subarbusto, arbusto, epífita. Nativa. Andes. Yungas, 1500–4000 m.
Dept.: CO, LP.
Muestra: *J.L. Luteyn & L.J. Dorr 13562* (BOLV, LPB, NY).

Disterigma empetrifolium (Kunth) Drude, Nat. Pflanzenfam. 4(1): 52, t. 32. 1889.
Sin.: *Vaccinium empetrifolium* Kunth, *Vaccinium penaeoides* Kunth, *Vaccinium epacridifolium* Kunth
Ref.: Smith (1933), Foster (1958), Luteyn (2002).
Subarbusto. Nativa. Andes. Páramo Yungueño, 3000–3500 m.
Dept.: LP.
Muestra: *C.B. Maldonado et al. 3248* (LPA, MO, NY).

Disterigma ovatum (Rusby) S.F. Blake, J. Wash. Acad. Sci. 16(13): 365. 1926.
Sin.: *Vacciniopsis ovata* Rusby
Ref.: Smith (1933), Foster (1958), Luteyn (2002).
Arbusto. Nativa. Andes. Yungas, 2500–3500 m.
Dept.: CO.
Tipo y muestra: *M. Bang 876* (HT: NY; IT: C, COL, E, F, G, G, GH, GH, K, LPB, MICH, NY, NY, NY, US, US), *J.L. Luteyn et al. 15457* (BOLV, CAS, CTES, CUZ, E, GH, K, LPB, MEXU, MO, NY, QCNE, SI, TEX, U, USZ).

Disterigma pernettyoides (Griseb. ex Wedd.) Nied., Bot. Jahrb. Syst. 11(2): 224. 1889.
Sin.: *Vaccinium pernettyoides* Griseb. ex Wedd.
Ref.: Smith (1933), Foster (1958), Luteyn (2002).
Subarbusto, arbusto. Nativa. Andes. Yungas, 3000–4000 m.
Dept.: CO, LP.
Muestra: *J.L. Luteyn & L.J. Dorr 13502* (BOLV, CUZ, LPB, MO, NY).

Gaultheria L., Sp. Pl. 1: 395. 1753.
10 especies, 1 especie endémica.

[Gaultheria anastomosans (L. f.) Kunth], Nov. Gen. Sp. (quarto ed.) 3: 285. 1818 [1819].
Sin.: *Andromeda anastomosans* L. f.
Nota: El registro se basa en material mal identificado. Se encuentra solamente en Colombia y Venezuela.

Gaultheria bracteata (Cav.) G. Don, Gen. Hist. 3: 840. 1834.
Sin.: *Andromeda bracteata* Cav.
Ref.: Foster (1958), Fergusson Landwuest (1993a), Luteyn (1995), Luteyn (2002), Nee (2008).
Arbusto, arbolito. Nativa. Andes. Yungas, 500–4500 m.
Dept.: CO, LP, SC.
Muestra: *R.F. Steinbach 560* (F, GH, K, LPB, MICH, MO, S, U, US, WIS).

Gaultheria buxifolia Willd., Ges. Naturf. Freunde Berlin Neue Schriften 3: 422. 1801.
Sin.: *Gaultheria secunda* J. Rémy, *Brossaea secunda* (J. Rémy) Kuntze
Ref.: Foster (1958), Luteyn (1995), Luteyn (2002), Nee (2008).
Arbusto. Nativa. Andes. Yungas, 1000–1500, 2000–3500 m.
Dept.: CO, LP, SC.
Muestra: *J.L. Luteyn & L.J. Dorr 13497* (AAU, BOLV, CUZ, LPB, NY).
Infra: *Gaultheria buxifolia* var. *secunda* (J. Rémy) Luteyn
Nom. Vern.: Macha-macha.

[Gaultheria conferta Benth.], Pl. Hartw. 219. 1846.
Ref.: Foster (1958).
Nota: El registro se basa en material mal identificado.

Gaultheria erecta Vent., Descr. Pl. Nouv. t. 5. 1800.
Sin.: *Gaultheria odorata* Bredem. ex Willd., *Gaultheria cordifolia* Kunth, *Gaultheria formosa* J. Rémy, *Gaultheria tetriches* Rusby
Ref.: Foster (1958), Luteyn (1995), Luteyn (2002), Nee (2008).
Arbusto, arbolito. Nativa. Andes. Yungas, 1000–4000 m.
Dept.: CO, LP, SC, TA.
Muestra: *J.L. Luteyn & L.J. Dorr 13620* (AAU, BOLV, LPB, MO, NY).

Gaultheria eriophylla (Pers.) Sleumer ex Burtt, Bot. Mag. 170: t. 254. 1955.
Sin.: *Andromeda eriophylla* Pers., *Gaultheria mucronata* J. Rémy, *Brossaea mucronata* (J. Rémy) Kuntze, *Gaultheria remyana* A.C. Sm.
Ref.: Foster (1958), Fergusson Landwuest (1993a), Luteyn (1995), Luteyn (2002).
Arbusto. Nativa. Andes. Yungas, 1000–3500 m.
Dept.: LP.
Tipo y muestra: *J.B. Pentland 196* (LT: P; ILT: OXF), *J.L. Luteyn & L.J. Dorr 13645* (AAU, BOLV, CAS, E, L, LE, LPB, MEXU, MO, NY, S, SI, TEX, US, W).
Infra: *Gaultheria eriophylla* var. *mucronata* Luteyn

Gaultheria glomerata (Cav.) Sleumer, Notizbl. Bot. Gart. Berlin–Dahlem 12(113): 283. 1935.
Sin.: *Andromeda glomerata* Cav., *Gaultheria brachybotrys* DC., *Gaultheria pichinchensis* Benth., *Brossaea brachybotrys* (DC.) Kuntze
Ref.: Foster (1958), Luteyn (1995), Navarro Sánchez & Ferreira (2000), Luteyn (2002), Nee (2008).
Subarbusto, arbusto. Nativa. Andes. Yungas, 2500–4000 m.
Dept.: CO, LP, OR, SC.
Muestra: *J.C. Solomon 9724* (LPB, MO, NY).

Gaultheria hapalotricha A.C. Sm., Bull. Torrey Bot. Club 60: 106. 1933.
Ref.: Luteyn (1995), Luteyn (2002).
Subarbusto. Nativa. Andes. Yungas, 3000–3500 m.
Dept.: LP.
Muestra: *J.L. Luteyn & L.J. Dorr 13543* (AAU, LPB, NY).

Gaultheria reticulata Kunth, Nov. Gen. Sp. (quarto ed.) 3: 284. 1818 [1819].
Sin.: *Gaultheria glabra* DC., *Brossaea glabra* (DC.) Kuntze, *Brossaea reticulata* (Kunth) Kuntze, *Gaultheria glabra* fo. *brachyphylla* Herzog
Ref.: Foster (1958), Fergusson Landwuest (1993a), Luteyn (1995), Navarro Sánchez & Ferreira (2000), Serrano & Terán (1998 [2000]), Luteyn (2002), Nee (2008).
Arbusto. Nativa. Andes. Yungas, 1500–4000 m.
Dept.: CH, CO, LP, SC.
Muestra: *J.L. Luteyn & L.J. Dorr 13621* (AAU, CAS, E, LPB, MO, NY, TEX).

[Gaultheria saltensis Sleumer], Darwiniana 11(2): 273. 1957.
Ref.: González et al. (1999).
Nota: El registro se basa en material mal identificado.

Gaultheria sclerophylla Cuatrec., Trab. Mus. Nac. Ci. Nat., Ser. Bot. 26: 14. 1933.
Arbusto. Nativa. Andes. Yungas, 3000–3500 m.
Dept.: LP.
Muestra: *J.L. Luteyn & L.J. Dorr 13474* (MO).

Gaultheria serrulata Herzog, Meded. Rijks-Herb. 27: 19. 1915.
Ref.: Foster (1958), Luteyn (1995), Luteyn (2002).
Arbusto. Endémica. Andes. Yungas, 2500–3000 m.
Dept.: SC.
Tipo y muestra: *T. Herzog 1969A* (HT: L; IT: NY), *J. Steinbach 8593* (GH, K, S).
Nota: Probablemente un híbrido entre *G. vaccinioides* y *G. erecta* (Luteyn, 1995).

[Gaultheria tomentosa Kunth], Nov. Gen. Sp. (quarto ed.) 3: 287, t. 262. 1818 [1819].
Ref.: Foster (1958).
Nota: El registro se basa en material mal identificado. Esta especie no se encuentra en Bolivia, solamente en Ecuador y Perú (Depto. Huancavelica).

Gaultheria vaccinioides Wedd., Chlor. Andina 2: 176. 1860.
Sin.: *Gaultheria saxicola* Wedd., *Gaultheria vaccinoides* var. *humilis* Wedd., *Gaultheria barosmoides* Rusby
Ref.: Foster (1958), Luteyn (1995), Schulenberg & Awbrey (1997), Navarro Sánchez & Ferreira (2000), Serrano & Terán (1998 [2000]), Luteyn (2002), Nee (2008).
Subarbusto, arbusto. Nativa. Andes. Yungas, 2000–4500 m.
Dept.: CH, CO, LP, SC.
Muestra: *R.F. Steinbach 572* (F, GH, K, LPB, MICH, MO, NY, S, U, UC, US).

Gaylussacia **Kunth**, Nov. Gen. Sp. (quarto ed.) 3: 275–277, pl. 257. 1818 [1819].
1 especie, 0 especies endémicas.

Gaylussacia cardenasii A.C. Sm., J. Wash. Acad. Sci. 43: 206. 1953.
Ref.: Foster (1958), Luteyn (2002), Nee (2008), Arroyo Padilla & Villarroel Segarra (2009).
Arbusto. Nativa. Andes. Yungas, Bosque Tucumano-Boliviano, Bosque Serrano Chaqueño, 1000–2500 m.
Dept.: CH, SC.
Tipo y muestra: *M. Cárdenas 4643* (HT: US; IT: L), *M.H. Nee 36217* (BRIT, LPB, MO, NY).
Nom. Vern.: Piojentilla.

[Gaylussacia pseudogaultheria Cham. & Schltdl.], Linnaea 1: 535. 1826.
Nota: El registro se basa en material mal identificado.

Macleania **Hook.**, Icon. Pl. 2: t. 109. 1837.
1 especie, 0 especies endémicas.

Macleania rupestris (Kunth) A.C. Sm., Phytologia 1(3): 131–132. 1935.
Sin.: *Thibaudia rupestris* Kunth
Ref.: Fuentes Claros et al. (2009).
Arbusto. Nativa. Andes. Yungas, 2000–2500 m.
Dept.: LP.
Muestra: *A.F. Fuentes C. et al. 8799* (LPB, MO, NY).

Orthaea **Klotzsch**, Linnaea 24: 14, 23–24. 1851.
8 especies, 3 especies endémicas.

Orthaea boliviensis B. Fedtsch. & Basil., Bot. Mater. Gerb. Bot. Inst. Komarova Akad. Nauk SSSR 6: 25. 1926.
Ref.: Foster (1958), Fergusson Landwuest (1993a), Ibisch (1996), Luteyn (2002).
Arbusto. Nativa. Zonas Bajas, Andes. Bosque Húmedo, Yungas, 500–3500 m.
Dept.: CO, LP.
Muestra: *S.G. Beck 9255* (L, LPB, NY).
Nota: Conocida, con certeza, solamente del tipo de Perú.

Orthaea constans A.C. Sm., Contr. U.S. Natl. Herb. 28(2): 512–513, t. 17. 1932.
Ref.: Foster (1958), Luteyn (2002), Ministerio de Medio Ambiente y Agua (2012 [2013]).
Arbusto. Endémica. Andes. Yungas, 2000–3500 m.
Dept.: LP.
Tipo: *R.W. Pearce s.n.* (HT: K; IT: NY frag.; fotos: NY ex K).
Nota: Conocido solamente del tipo.

Orthaea ferreyrae A.C. Sm., J. Wash. Acad. Sci. 43: 211. 1953.
Ref.: Luteyn (2002).
Arbusto. Nativa. Andes. Yungas, 2500–3000 m.
Dept.: LP.

Muestra: *J.C. Solomon 9219* (MO, NY).
Nota: Solamente se conoce de una colección de Bolivia.

Orthaea ignea Sleumer, Notizbl. Bot. Gart. Berlin–Dahlem 12(112): 131–132. 1934.
Ref.: Luteyn (2002).
Arbusto. Nativa. Andes. Yungas, 2500–3500 m.
Dept.: LP.
Muestra: *S.G. Beck 7603* (LPB, NY).

Orthaea madidiensis Pedraza & Luteyn, Brittonia 62: 40, f. 1. 2010.
Arbusto, epífita. Endémica. Andes. Yungas, 2000–2500 m.
Dept.: LP.
Tipo y muestra: *A.F. Fuentes C. et al. 11508* (HT: LPB; IT: AAU, BOLV, COL, E, K, LPB, MO, NY, UC, USM, USZ), *A.F. Fuentes C. et al. 8765* (LPB, MO).

Orthaea pinnatinervia Mansf., Notizbl. Bot. Gart. Berlin–Dahlem 9: 438. 1925.
Ref.: Luteyn (2002).
Arbusto. Nativa. Andes. Yungas, 3000–3500 m.
Dept.: LP.
Muestra: *J.D. Boeke 1395* (LPB, NY).

Orthaea rusbyi Luteyn, Brittonia 29(2): 181. 1977.
Ref.: Luteyn (2002), Ministerio de Medio Ambiente y Agua (2012 [2013]).
Arbusto. Endémica. Andes. Yungas, 1500–2000 m.
Dept.: LP.
Tipo y muestra: *H.H. Rusby 2033* (HT: NY; IT: F, US), *J.C. Solomon 9519* (LPB, MO).

Orthaea weberbauerii Hoerold, Bot. Jahrb. Syst. 42: 320. 1909.
Ref.: Foster (1958), Luteyn (2002).
Arbusto. Nativa. Andes. Yungas, 2500–3000 m.
Dept.: LP.
Muestra: *S.A. Pearce s.n.* (K).

Pernettya Gaudich., Ann. Sci. Nat. (Paris) 5: 102. 1825.
1 especie, 0 especies endémicas.

[Pernettya phillyreifolia (Pers.) DC.], Prodr. 7: 587. 1839.
Nota: El registro se basa en material mal identificado.

Pernettya prostrata (Cav.) DC., Prodr. 7(2): 609. 1839.
Sin.: *Andromeda prostrata* Cav., *Pernettya pentlandii* DC., *Pernettya densa* Rusby, *Pernettya schizostigma* Rusby, *Pernettya prostrata* var. *pentlandii* (DC.) Sleumer, *Pernettya prostrata* var. *purpurea* (D. Don ex G. Don) Sleumer
Ref.: Foster (1958), Adolfo María (1966), López Vargas (1995), Luteyn (1995), Saravia Miranda (1996), González et al. (1999), Luteyn (2002), Nee (2008).
Subarbusto, arbusto. Nativa. Andes, Altiplano. Yungas, Páramo Yungueño, Puna Húmeda, 2500–4500 m.
Dept.: CH, CO, LP, SC, TA.
Muestra: *L.J. Dorr & L.C. Barnett 6964* (AAU, CTES, LPB, MO, NY, SI, US).
Nom. Vern.: Macha macha, macha marca, manzanilla.

Polyclita A.C. Sm., Bull. Torrey Bot. Club 63: 314. 1936.
1 especie, 1 especie endémica.

Polyclita turbinata (Kuntze) A.C. Sm., Bull. Torrey Bot. Club 63: 314. 1935.
Sin.: *Chupalon turbinatum* Kuntze, *Thibaudia turbinata* (Kuntze) Hoerold
Ref.: Foster (1958), Luteyn (2002), Nee (2008).
Arbusto, epífita. Endémica. Andes. Yungas, 2000–3500 m.
Dept.: CO, SC.
Tipo y muestra: *O. Kuntze s.n.* (HT: NY), *J.L. Luteyn et al. 15450* (AAU, BOLV, CAS, CTES, CUZ, K, LPB, MEXU, MO, NY, P, QCNE, SI, US, USZ).

Psammisia Klotzsch, Linnaea 24: 16, 42–43. 1851.
2 especies, 0 especies endémicas.

Psammisia guianensis Klotzsch, Linnaea 24: 43. 1851.
Sin.: *Chupalon guianense* (Klotzsch) Kuntze
Ref.: Foster (1958), Fergusson Landwuest (1993a), Luteyn (2002).
Liana, arbusto. Nativa. Zonas Bajas, Andes. Bosque Húmedo, Yungas, 500–2000 m.
Dept.: LP.
Muestra: *S.G. Beck 7239* (L, LPB, NY).

Psammisia pauciflora Griseb. ex A.C. Sm., Contr. U.S. Natl. Herb. 28(2): 394–395. 1932.
Sin.: *Psammisia elliptica* A.C. Sm.
Ref.: Foster (1958), Fergusson Landwuest (1993a), Luteyn (2002).
Arbusto, arbolito. Nativa. Zonas Bajas, Andes. Bosque Húmedo, Yungas, 1000–2000 m.
Dept.: LP.
Muestra: *S.G. Beck 9256* (L, LPB, NY).

Rhododendron L., Sp. Pl. 1: 392–393. 1753.
1 especie, 0 especies endémicas.

Rhododendron simsii Planch., Fl. Serres Jard. Eur. 9: 78. 1853–1854 [1854].
Ref.: Clemants (1995a), Luteyn (2002).
Arbusto. Cultivada. Andes. Valles Secos, 3000–3500 m.
Dept.: LP.
Muestra: *M.C. Rojas 11* (LPB, NY).

Rusbya Britton, Bull. Torrey Bot. Club 20(2): 68. 1893.
1 especie, 1 especie endémica.

Rusbya taxifolia Britton, Bull. Torrey Bot. Club 20(2): 68. 1893.
Sin.: *Anthopterus taxifolius* (Britton) Drude ex Engl. & Prantl
Ref.: Foster (1958), Luteyn (2002), Ministerio de Medio Ambiente y Agua (2012 [2013]).
Arbusto, epífita. Endémica. Andes. Yungas, 1000–1500 m.
Tipo y muestra: *H.H. Rusby 2692* (HT: NY; IT: US), *M. Bang 624* (NY, US).

Satyria Klotzsch, Linnaea 24: 14, 21–22. 1851.
2 especies, 1 especie endémica.

Satyria boliviana Luteyn, Opera Bot. 92: 124, f. 8E–H. 1987.
Ref.: Foster (1958), Luteyn (2002), Ministerio de Medio Ambiente y Agua (2012 [2013]).
Arbusto, epífita. Nativa. Andes. Yungas, 1500–2500 m.
Dept.: CO, LP.
Tipo y muestra: *S.G. Beck 4708* (HT: L; IT: AAU, LPB, NY; fotos: NY ex L), *J.L. Luteyn & L.J. Dorr 13718* (LPB, NY).
Nota: La identificación del material de CO no ha sido verificada.

Satyria neglecta A.C. Sm., Contr. U.S. Natl. Herb. 28(2): 520–521. 1932.
Ref.: Foster (1958), Luteyn (2002), Ministerio de Medio Ambiente y Agua (2012 [2013]).
Arbusto. Endémica. Zonas Bajas. Bosque Húmedo, 500–1000 m.
Dept.: LP.
Tipo: *H.H. Rusby 2219* (HT: NY).
Nota: Conocido solamente del tipo.

Siphonandra Klotzsch, Linnaea 24: 24, 14. 1851.
3 especies, 2 especies endémicas.

Siphonandra boliviana Luteyn, Sida 20(1): 13–14, f. 1. 2002.
Ref.: Luteyn (2002), Luteyn (2008), Ministerio de Medio Ambiente y Agua (2012 [2013]).
Arbusto. Endémica. Andes. Yungas, 3000–3500 m.
Dept.: LP.
Tipo: *B. Herzog H200* (HT: NY; IT: LZ).
Nota: Conocido solamente del tipo.

Siphonandra elliptica Klotzsch, Linnaea 24: 24. 1851.
Sin.: *Thibaudia elliptica* Ruiz & Pav., *Ceratostema hookeri* Britton, *Siphonandra pilosa* A.C. Sm., *Ceratostema pilosum* (A.C. Sm.) J.F. Macbr.
Ref.: Foster (1958), Fergusson Landwuest (1993a), Luteyn (2002), Luteyn (2008).
Arbusto, epífita. Nativa. Andes. Yungas, 2500–4000 m.
Dept.: CO, LP.
Muestra: *J.L. Luteyn et al. 15456* (AAU, BOLV, CAS, CTES, E, LPB, NY, QCNE, TEX).

Siphonandra magnifica Sleumer, Notizbl. Bot. Gart. Berlin–Dahlem 12(112): 132–133. 1934.
Ref.: Foster (1958), Luteyn (2002), Luteyn (2008), Ministerio de Medio Ambiente y Agua (2012 [2013]).
Arbusto. Endémica. Andes. Bosque Tucumano-Boliviano, 2500–3000 m.
Dept.: LP.
Tipo: *C. Troll 2593* (HT: B destr.; IT: US).
Nota: Conocido solamente del tipo.

Sphyrospermum Poepp. & Endl., Nov. Gen. Sp. Pl. 1: 4. 1835.
3 especies, 1 especie endémica.

Sphyrospermum buxifolium Poepp. & Endl., Nov. Gen. Sp. Pl. 1: 4–5, t. 8. 1835.
Ref.: Smith (1933), Foster (1958), Ibisch (1996), Luteyn (2002).
Subarbusto, arbusto. Nativa. Andes. Yungas, 500–2500 m.
Dept.: CO, LP.
Muestra: *O. Buchtien 1635* (NY).

Sphyrospermum cordifolium Benth., Pl. Hartw. 222. 1846.
Sin.: *Sophoclesia cordifolia* (Benth.) Klotzsch, *Sophoclesia robusta* Rusby
Ref.: Smith (1933), Foster (1958), Ibisch (1996), Luteyn (2002).
Subarbusto, arbusto, epífita. Nativa. Zonas Bajas, Andes. Bosque Húmedo, Yungas, 1000–3500 m.
Dept.: CO, LP.
Muestra: *J.L. Luteyn & L.J. Dorr 13601* (LPB, NY).

Sphyrospermum sessiliflorum Luteyn, Brittonia 33(3): 379–381, f. 3. 1981.
Ref.: Luteyn (2002), Ministerio de Medio Ambiente y Agua (2012 [2013]).
Arbusto, epífita. Endémica. Andes. Yungas, 2000–3000 m.
Dept.: LP.
Tipo y muestra: *R.W. Pearce s.n.* (HT: K), *S.G. Beck et al. 21886* (LPB, NY).

Themistoclesia Klotzsch, Linnaea 24: 15, 41–42. 1851.
4 especies, 3 especies endémicas.

Themistoclesia geniculata Pedraza, Brittonia 62(1): 42. 2010.
Arbusto. Endémica. Andes. Yungas, 3000–3500 m.
Dept.: LP.
Tipo: *S.G. Beck et al. 28927* (HT: LPB; IT: COL, E, M, MO, NY, USM).
Nota: Conocido solamente del tipo.

Themistoclesia peruviana A.C. Sm., Contr. U.S. Natl. Herb. 28(2): 442–443. 1932.
Ref.: Luteyn (2002).
Arbusto. Nativa. Andes. Yungas, 3000–3500 m.
Dept.: LP.
Muestra: *S.G. Beck 7824* (AAU, L, LPB, NY).

Themistoclesia tunquiniensis Pedraza & Luteyn, Brittonia 62(1): 48. 2010.
Arbusto, epífita. Endémica. Andes. Yungas, 2000–2500 m.
Dept.: LP.
Tipo: *S.G. Beck 25521* (HT: LPB; IT: M, NY).
Nota: Conocido solamente del tipo.

Themistoclesia unduavensis Luteyn, Sida 20(1): 15–17, f. 2. 2002.
Ref.: Ministerio de Medio Ambiente y Agua (2012 [2013]).
Subarbusto, arbusto, epífita. Endémica. Andes. Yungas, 3000–3500 m.
Dept.: LP.
Tipo y muestra: *J.L. Luteyn et al. 15471* (HT: NY; IT: AAU, BOLV, CAS, CTES, CUZ, F, K, LPB, MO-4475465, QCNE, TEX), *J.C. Solomon 18195* (LPB, MA, MO, NY, Z).

Thibaudia Ruiz & Pav. ex J. St.-Hil., Expos. Fam. Nat. 1(2): 362. 1805.
7 especies, 4 especies endémicas.

Thibaudia acacioides Luteyn, Brittonia 62(1): 51–53, f. 7. 2010.
Ref.: Ministerio de Medio Ambiente y Agua (2012 [2013]).
Arbusto, epífita. Endémica. Andes. Yungas, 1500–2000 m.
Dept.: LP.
Tipo y muestra: *A.F. Fuentes C. et al. 10930* (HT: LPB; IT: BOLV, COL, E, MO, NY, USZ), *F. Miranda et al. 150* (LPB, MO).

Thibaudia axillaris Rusby, Contr. U.S. Natl. Herb. 28(2): 417–418. 1932.
Ref.: Foster (1958), Luteyn (2002), Ministerio de Medio Ambiente y Agua (2012 [2013]).
Arbusto. Endémica. Andes. Yungas, 2500–3500 m.
Dept.: LP.
Tipo y muestra: *G.H.H. Tate 372* (HT: NY), *S.G. Beck 17706* (LPB, NY).

Thibaudia crenulata J. Rémy, Ann. Sci. Nat., Bot., sér. 3, 8: 234. 1847.
Sin.: *Hornemannia boliviensis* Kuntze, *Thibaudia boliviensis* (Kuntze) Hoerold
Ref.: Foster (1958), Fergusson Landwuest (1993a), Ibisch (1996), Luteyn (2002), Nee (2008).
Arbusto, epífita. Nativa. Andes. Yungas, 1000–3500 m.
Dept.: CO, LP, SC.
Muestra: *J.L. Luteyn & L.J. Dorr 13619* (LPB, MO, NY).

Thibaudia densiflora (Herzog) A.C. Sm., Bull. Torrey Bot. Club 60: 114. 1933.
Sin.: *Hornemannia densiflora* Herzog
Ref.: Foster (1958), Ibisch (1996), Luteyn (2002), Ministerio de Medio Ambiente y Agua (2012 [2013]).
Arbusto, epífita. Endémica. Andes. Yungas, 2000–3500 m.
Dept.: CO, SC.
Tipo y muestra: *T. Herzog 2250* (HT: L; IT: B, G), *J.L. Luteyn et al. 15459* (BOLV, CAS, CTES, CUZ, E, LPB, MO, NY, TEX).

Thibaudia macrocalyx J. Rémy, Ann. Sci. Nat., Bot., sér. 3, 8: 235. 1847.
Sin.: *Ceratostema serratum* Britton
Ref.: Foster (1958), Fergusson Landwuest (1993a), Luteyn (2002), Ibisch et al. (2002), Ministerio de Medio Ambiente y Agua (2012 [2013]).
Arbusto, epífita. Endémica. Andes. Yungas, 2000–4000 m.
Dept.: LP.
Tipo y muestra: *d'Orbigny s.n.* (HT: P), *J.L. Luteyn et al. 15444* (BOLV, CAS, CTES, E, K, LPB, MO, NY, QCNE).

Thibaudia regularis A.C. Sm., Contr. U.S. Natl. Herb. 28(2): 436, t. 13. 1932.
Ref.: Luteyn (2002).
Arbusto. Nativa. Andes. Yungas, elevación desconocida.

Thibaudia yungensis Luteyn & Pedraza, Brittonia 62: 54, f. 8. 2010.
Arbusto, epífita. Nativa. Andes. Yungas, 1500–2000 m.
Dept.: LP.
Tipo y muestra: *J.L. Luteyn & L.J. Dorr 13500* (HT: NY; IT: AAU, BRIT, COL, F, K, LPB, MO, USM), *S.G. Beck 21379* (AAU, LPB, NY).

Vaccinium L., Sp. Pl. 1: 349–352. 1753.
2 especies, 0 especies endémicas.

Vaccinium dependens (G. Don) Sleumer, Notizbl. Bot. Gart. Berlin–Dahlem 12(113): 291. 1935.
Sin.: *Gaylussacia dependens* G. Don
Ref.: Fergusson Landwuest (1993a), Luteyn (2002).
Arbusto. Nativa. Andes. Yungas, 2500–3000 m.
Muestra: *J.L. Luteyn & L.J. Dorr 13622* (AAU, BOLV, CAS, LPB, NY).

[Vaccinium didymanthum Dunal], Prodr. 7: 575. 1839.
Ref.: Foster (1958).
Nota: El registro se basa en material mal identificado.

Vaccinium floribundum Kunth, Nov. Gen. Sp. (quarto ed.) 3: 266, t. 251. 1818 [1819].
Sin.: *Vaccinium marginatum* Dunal, *Vaccinium ramosissimum* Dunal, *Vaccinium polystachyum* Benth., *Vaccinium tatei* Rusby, *Vaccinium floribundum* var. *marginatum* (Dunal) Sleumer, *Vaccinium floribundum* var. *ramosissimum* (Dunal) Sleumer, *Vaccinium floribundum* var. *tatei* (Rusby) Sleumer
Ref.: Foster (1958), Luteyn (2002), Nee (2008).
Arbusto. Nativa. Andes. Yungas, 2000–4000 m.
Dept.: CH, CO, LP, SC, TA.
Muestra: *M. Saldias & B. Zurita 4650* (NY, USZ).
Nom. Vern.: Brifundilla, frijundilla, macha macha, mote mote.

ERIOCAULACEAE Martinov, Tekhno-Bot. Slovar. 237. 1820.

Por N. Hensold (F); revisado por S.G. Beck (LPB), M. Nee (NY), P.M. Jørgensen (MO).
6 géneros, 30 especies, 1 especie endémica.

Comanthera L.B. Sm., Contr. Gray Herb. 117: 38. 1937.
1 especie, 0 especies endémicas.

Comanthera xeranthemoides (Bong.) L.R. Parra & A.M. Giuletti, Taxon 59(4): 1145. 2010.
Sin.: *Eriocaulon xeranthemoides* Bong., *Paepalanthus xeranthemoides* (Bong.) Mart., *Dupatya xeranthemoides* (Bong.) Kuntze, *Syngonanthus xeranthemoides* (Bong.) Ruhland
Ref.: Killeen & Schulenberg (1998), Hensold (1999).
Hierba. Nativa. Zonas Bajas. Bosque Húmedo, Campos Cerrados, 0–1000 m.
Dept.: BE, SC.
Muestra: *L. Vargas 829* (F, LPB, MO, USZ).

Eriocaulon L., Sp. Pl. 1: 87. 1753.
8 especies, 1 especie endémica.

Eriocaulon cinereum R. Br., Prodr. 254. 1810.
Sin.: *Eriocaulon steinbachii* (Moldenke) Moldenke, *Paepalanthus steinbachii* Moldenke
Ref.: Hensold (1999).
Hierba, acuática. Nativa. Zonas Bajas. Campos Cerrados, Campos Amazónicos, 0–500 m.
Dept.: SC.
Muestra: *J.C. Solomon 18527* (F, K, LPB, MO, USZ).

Eriocaulon dictyophyllum Mart. ex Körn., Fl. Bras. 3(1): 486. 1863.
Ref.: Moldenke & Smith (1976).
Hierba, acuática. Nativa. Zonas Bajas. Campos Cerrados, 500–1000 m.
Dept.: SC.
Muestra: *T. Killeen et al. 7472* (USZ).
Nota: Determinación provisional.

Eriocaulon epapillosum Ruhland, Pflanzenr. IV(Heft 13): 57. 1903.
Ref.: Ruhland (1903), Killeen & Schulenberg (1998).
Hierba, acuática. Nativa. Zonas Bajas. Bosque Húmedo, 0–500 m.
Dept.: SC.
Muestra: *R. Guillén V. & P. Solíz 3846* (F, USZ).
Nota: Determinación provisional.

Eriocaulon guyanense Körn., Fl. Bras. 3(1): 478. 1863.
Sin.: *Eriocaulon stramineum* Körn.
Ref.: Killeen & Schulenberg (1998), Hensold (1999).
Hierba, acuática. Nativa. Zonas Bajas. Campos Cerrados, Sabanas Benianas del Norte, Sabanas Benianas del Sur, 0–500 m.
Dept.: BE, LP, SC.
Muestra: *T. Killeen & J. Wellens 6597* (USZ).

Eriocaulon huanchacanum Hensold, Novon 14(3): 302–305, f. 1. 2004.
Ref.: Hensold (2004).
Hierba, acuática. Endémica. Zonas Bajas. Bosque Húmedo, 0–1000 m.
Dept.: SC.
Tipo y muestra: *L. Arroyo P. et al. 741* (HT: MO), *T. Killeen et al. 7523* (F, MO, NY, USZ).

Eriocaulon humboldtii Kunth, Enum. Pl. 3: 544. 1841.
Ref.: Gleason & Killip (1939), Killeen & Schulenberg (1998), Hensold (1999), Wood et al. (2011).
Hierba. Nativa. Zonas Bajas. Bosque Semideciduo Chiquitano, Campos Cerrados, 0–1000 m.
Dept.: SC.
Muestra: *T. Killeen et al. 7646* (MO, USZ).

[Eriocaulon linearifolium Körn.], Linnaea 27: 601. 1854.
Ref.: Moldenke (1980).
Nota: El registro se basa en material mal identificado de *E. humboldtii*.

Eriocaulon setaceum L., Sp. Pl. 1: 87. 1753.
Sin.: *Eriocaulon melanocephalum* Kunth
Ref.: Phillips (1997), Hensold (1999).
Hierba, acuática. Nativa. Zonas Bajas. Campos Cerrados, Sabanas Benianas del Norte, Sabanas Benianas del Sur, Campos Amazónicos, 0–500 m.
Dept.: BE, LP, SC.
Muestra: *S.G. Beck & R. Haase 10188* (F, LPB, M, QCNE, USZ).

Eriocaulon spruceanum Körn., Fl. Bras. 3(1): 488. 1863.
Ref.: Ruhland (1903).
Hierba, acuática. Nativa. Zonas Bajas. Bosque Húmedo, 0–1000 m.
Dept.: SC.
Muestra: *T. Killeen et al. 7527* (F, MO, NY, USZ).
Nota: Determinación provisional.

Leiothrix Ruhland, Pflanzenr. IV(Heft 13): 225. 1903.

1 especie, 0 especies endémicas.

Leiothrix flavescens (Bong.) Ruhland, Pflanzenr. IV(Heft 13): 231. 1903.
Sin.: *Eriocaulon flavescens* Bong., *Paepalanthus flavescens* (Bong.) Körn., *Dupatya flavescens* (Bong.) Kuntze
Ref.: Hensold (1999).
Hierba. Nativa. Andes. Yungas, 1500–2000 m.
Dept.: LP.
Muestra: *T.B. Miranda et al. 146A* (LPB, MO, USZ).
Infra: *Leiothrix flavescens* var. *flavescens*

Paepalanthus Mart., Ann. Sci. Nat., Bot., sér. 2, 2: 28. 1834.

4 especies, 0 especies endémicas.

Paepalanthus chiquitensis Herzog, Repert. Spec. Nov. Regni Veg. 20: 86. 1924.
Sin.: *Eriocaulon speciosum* Bong., *Paepalanthus speciosus* (Bong.) Körn., *Paepalanthus speciosus* var. *bolivianus* Moldenke, *Paepalanthus amoenus* var. *bolivianus* Moldenke, *Paepalanthus giganteus* (Bong.) Sano
Ref.: Foster (1958), Moldenke (1980), Killeen & Schulenberg (1998), Trovó & Sano (2010), Wood et al. (2011).
Hierba. Nativa. Zonas Bajas. Campos Cerrados, Sabanas Benianas del Norte, Campos Amazónicos, 0–1000 m.
Dept.: BE, LP, SC.
Tipo y muestra: *T. Herzog 114* (HT: L), *M.C. Peña & R.B. Foster 197* (F, LPB, MO, USZ).
Nom. Vern.: Cola de pavo real.

Paepalanthus karstenii Ruhland, Pflanzenr. IV(Heft 13): 155. 1903.
Ref.: Moldenke (1980).
Hierba. Nativa. Andes. Yungas, Páramo Yungueño, 2500–4000 m.
Dept.: LP.
Muestra: *A.F. Fuentes C. et al. 12018* (BOCH, LPB, MO).
Nota: Identificación provisional, probablemente una nueva especie.

Paepalanthus lamarckii Kunth, Enum. Pl. 3: 506. 1841.
Sin.: *Eriocaulon lamarckii* (Kunth) Steud., *Dupatya lamarckii* (Kunth) Kuntze
Ref.: Hensold (1999).
Hierba. Nativa. Zonas Bajas. Campos Cerrados, 0–500 m.
Dept.: SC.
Muestra: *J.C. Solomon 18524* (LPB, MO).

[Paepalanthus muscosus Körn.], Fl. Bras. 3(1): 348. 1863.
Ref.: Foster (1958).
Nota: El registro se basa en material mal identificado de *P. karstenii*.

Paepalanthus supinus Körn., Fl. Bras. 3(1): 352. 1863.
Sin.: *Dupatya supina* (Körn.) Kuntze, *Paepalanthus jahnii* Ruhland, *Paepalanthus manicatus* var. *pulvinatus* Herzog
Ref.: Ruhland (1903), Foster (1958), Moldenke (1980), Wood et al. (2011).
Hierba. Nativa. Zonas Bajas. Bosque Semideciduo Chiquitano, Campos Cerrados, 500–1000 m.
Dept.: SC.
Muestra: *D.C. Daly et al. 2188* (LPB, MO, NY).

Syngonanthus Ruhland, Symb. Antill. 1: 487. 1900.

15 especies, 0 especies endémicas.

Syngonanthus anomalus Ruhland, Pflanzenr. IV(Heft 13): 267. 1903.
Sin.: *Paepalanthus anomalus* Körn., *Dupatya anomala* (Körn.) Kuntze
Ref.: Hensold (1999).
Hierba, acuática. Nativa. Zonas Bajas. Bosque Húmedo, Sabanas Benianas del Norte, Sabanas Benianas del Sur, 0–500 m.
Dept.: BE, LP.
Muestra: *S.G. Beck 5497* (F, LPB).

Syngonanthus bellus Moldenke, Phytologia 3: 174. 1949.
Ref.: Moldenke (1949), Killeen & Schulenberg (1998).
Hierba. Nativa. Zonas Bajas. Campos Cerrados, 0–500 m.
Dept.: BE, SC.
Muestra: *A. Jardim & P.F. Foster 3057* (F, MO, USZ).

Syngonanthus biformis (N.E. Br.) Gleason, Bull. Torrey Bot. Club 56: 394. 1929.
Sin.: *Paepalanthus biformis* N.E. Br.
Ref.: Hensold (1999).
Hierba. Nativa. Zonas Bajas. Campos Cerrados, 500–1000 m.
Dept.: SC.
Muestra: *N.P. Ritter 3022* (F, K, LPB, MO, NHA, USZ).

Syngonanthus caulescens (Poir.) Ruhland, Pflanzenr. IV(Heft 13): 267, f. 38. 1903.
Sin.: *Eriocaulon caulescens* Poir., *Paepalanthus caulescens* (Poir.) Kunth, *Dupatya caulescens* (Poir.) Kuntze, *Syngonanthus glandulosus* Gleason
Ref.: Foster (1958), Parker & Bailey (1991), Killeen & Schulenberg (1998), Hensold (1999), Wood et al. (2011).
Hierba, acuática. Nativa. Zonas Bajas. Bosque Húmedo, Campos Cerrados, Sabanas Benianas del Norte, Campos Amazónicos, 0–500 m.
Dept.: BE, LP, SC.
Muestra: *S.G. Beck & R. Haase 10199* (F, LPB).

Syngonanthus cuyabensis (Bong.) Giul., Hensold & L.R. Parra, Phytotaxa 60: 53. 2012.
Sin.: *Eriocaulon cuyabense* Bong., *Philodice hoffmannseggii* Mart., *Paepalanthus cuyabensis* (Bong.) Kunth, *Philodice cuyabensis* (Bong.) Körn.
Ref.: Killeen & Schulenberg (1998), Hensold (1999), Giulietti et al. (2012).
Hierba. Nativa. Zonas Bajas. Campos Cerrados, 0–500 m.
Dept.: SC.
Muestra: *E. Gutiérrez C. et al. 1155* (F, MO, USZ).

Syngonanthus davidsei Huft, Ann. Missouri Bot. Gard. 72(2): 448. 1985.
Sin.: *Syngonanthus gracilis* var. *aureus* Ruhland, *Syngonanthus gracilis* var. *bolivianus* Ruhland
Ref.: Foster (1958), Huft (1985).
Hierba. Nativa. Zonas Bajas. Campos Cerrados, Sabanas Benianas del Norte, Campos Amazónicos, 0–500 m.
Dept.: LP, SC.
Muestra: *M. Saldias et al. 2886* (F, K, MO, USZ).
Nota: Frecuentemente confundida con *S. gracilis* (Bong.) Ruhland que no ocurre en Bolivia.

Syngonanthus densiflorus (Körn.) Ruhland, Pflanzenr. IV(Heft 13): 263. 1903.
Sin.: *Paepalanthus densiflorus* Körn., *Dupatya densiflora* (Körn.) Kuntze, *Syngonanthus densiflorus* var. *glabrescens* Moldenke, *Syngonanthus densiflorus* var. *glabrifolius* Moldenke
Ref.: Killeen & Schulenberg (1998), Hensold (1999).
Hierba. Nativa. Zonas Bajas. Campos Cerrados, Sabanas Benianas del Norte, Campos Amazónicos, 0–1000 m.
Dept.: LP, SC.
Muestra: *R. Guillén V. & R. Gonzáles 4187* (F, MO, USZ).

Syngonanthus densus Ruhland, Pflanzenr. 4, Fam. 30: 253. 1903.
Sin.: *Paepalanthus densus* Körn.

Hierba. Nativa. Zonas Bajas. Campos Cerrados, 500–1000 m.
Dept.: SC.
Muestra: *J.R.I. Wood et al. 24446* (BR, LPB).

Syngonanthus dichroanthus Hensold, Novon 14(3): 305–307, f. 2A–F. 2004.
Ref.: Hensold (2004).
Hierba. Nativa. Zonas Bajas. Campos Cerrados, 0–500 m.
Dept.: SC.
Muestra: *M.C. Peña 62pp* (F).
Nota: La muestra citada contiene también material de *S. davidsei*.

[Syngonanthus fischerianus (Bong.) Ruhland], Pflanzenr. IV(Heft 13): 256. 1903.
Sin.: *Eriocaulon fischerianum* Bong.
Ref.: Foster (1958).
Nota: El registro se basa en material mal identificado de *S. davidsei*.

[Syngonanthus gracilis (Bong.) Ruhland], Pflanzenr. IV(Heft 13): 249. 1903.
Sin.: *Eriocaulon gracile* Bong.
Ref.: Foster (1958), Parker & Bailey (1991), Killeen & Schulenberg (1998).
Nota: El registro se basa en material mal identificado.

Syngonanthus humboldtii (Kunth) Ruhland, Pflanzenr. IV(Heft 13): 262. 1903.
Sin.: *Paepalanthus humboldtii* Kunth, *Dupatya humboldtii* (Kunth) Kuntze
Ref.: Hensold (1999).
Hierba. Nativa. Zonas Bajas. Campos Cerrados, 0–1000 m.
Dept.: SC.
Muestra: *M.C. Peña & R.B. Foster 333* (F, LPB, USZ).
Nota: Identificación provisional.

Syngonanthus inundatus (Körn.) Ruhland, Pflanzenr. IV(Heft 13): 267. 1903.
Sin.: *Paepalanthus inundatus* Körn., *Dupatya inundata* (Körn.) Kuntze
Ref.: Ruhland (1903).
Hierba, acuática. Nativa. Zonas Bajas. Campos Cerrados, Campos Amazónicos, 0–500 m.
Dept.: LP, SC.
Muestra: *M.C. Peña & R.B. Foster 165* (F, LPB, USZ).

Syngonanthus longipes Gleason, Bull. Torrey Bot. Club 56: 15. 1929.
Ref.: Hensold (1999).
Hierba. Nativa. Zonas Bajas. Bosque Húmedo, 0–500 m.
Dept.: PA.
Muestra: *J. Urrelo 531* (F, LPB).

Syngonanthus nitens (Bong.) Ruhland, Pflanzenr. IV(Heft 13): 254. 1903.
Sin.: *Eriocaulon nitens* Bong., *Paepalanthus nitens* (Bong.) Kunth, *Dupatya nitens* (Bong.) Kuntze
Ref.: Killeen & Schulenberg (1998), Parra de Lazzari (1998).
Hierba. Nativa. Zonas Bajas. Bosque Semideciduo Chiquitano, Campos Cerrados, 0–1000 m.
Dept.: BE, SC.
Muestra: *I.G. Vargas et al. 3921* (LPB, MO, USZ).

Syngonanthus saxicola (Körn.) Trovó & Stützel, Pl. Syst. Evol. 299: 120. 2013.
Sin.: *Paepalanthus saxicola* Körn., *Dupatya saxicola* (Körn.) Kuntze
Ref.: Ruhland (1903), Killeen & Schulenberg (1998).
Hierba, acuática. Nativa. Zonas Bajas. Bosque Húmedo, 500–1000 m.
Dept.: SC.
Muestra: *T. Killeen et al. 7522* (F, MO, USZ).

Syngonanthus spongiosus Hensold, Ann. Missouri Bot. Gard. 78(2): 439. 1991.
Sin.: *Syngonanthus aquaticus* var. *caespitosus* Moldenke
Ref.: Hensold (1991), Killeen & Schulenberg (1998).
Hierba. Nativa. Zonas Bajas. Campos Cerrados, 0–500 m.
Dept.: SC.
Muestra: *E. Gutiérrez C. et al. 1183A* (F, MO).

Tonina Aubl., Hist. Pl. Guiane 2: 856, pl. 330. 1775.
1 especie, 0 especies endémicas.

Tonina fluviatilis Aubl., Hist. Pl. Guiane 2: 857, pl. 330. 1775.
Ref.: Hensold (1999).
Hierba, acuática. Nativa. Zonas Bajas. Bosque Húmedo, 0–500 m.
Dept.: CO, PA, SC.
Muestra: *N.P. Ritter et al. 4402* (F, LPB, MO, NHA, USZ).

ERYTHROPALACEAE Planch. ex Miq., Fl. Ned. Ind. 1(1): 704. 1856.

Por P.M. Jørgensen (MO) y M. Atahuachi (BOLV); revisado por S.G. Beck (LPB), M. Nee (NY).
1 género, 8 especies, 0 especies endémicas.
Nota: Para el orden Santalales se sigue el sistema de Nickrent et al. (2010).

Heisteria Jacq., Enum. Syst. Pl. 4: 20. 1760.
8 especies, 0 especies endémicas.

Heisteria acuminata (Bonpl.) Engl., Fl. Bras. 12(2): 14. 1872.
Sin.: *Rhaptostylum acuminatum* Bonpl., *Heisteria ixiamensis* Rusby
Ref.: Foster (1958), Sleumer (1984), Parker & Bailey (1991), Atahuachi Burgos (1993b), Killeen & Schulenberg (1998), Alverson et al. (2000), Jørgensen & Ulloa Ulloa (2002).
Arbusto, arbolito, árbol. Nativa. Zonas Bajas, Andes. Bosque Húmedo, Yungas, 0–1500 m.
Dept.: BE, CO, LP, PA, SC.
Muestra: *N.Y. Paniagua et al. 4070* (BOLV, CTES, HSB, LPB, MA, MO, NY, USZ).
Infra: *Heisteria acuminata* subsp. *acuminata*

[Heisteria brasiliensis Engl.], Fl. Bras. 12(2): 19, t. 5, f. 3. 1872.
Ref.: Foster (1958).
Nota: El registro se basa en material mal identificado de *H. nitida*.

Heisteria citrifolia Engl., Fl. Bras. 12(2): 18. 1872.
Ref.: Sleumer (1984), Killeen & Schulenberg (1998).
Arbolito, árbol. Nativa. Zonas Bajas. Campos Cerrados, 0–1000 m.
Dept.: BE, PA, SC.
Muestra: *R.C. Quevedo et al. 923* (MO, USZ).

[Heisteria coccinea Jacq.], Enum. Syst. Pl. 4: 20. 1760.
Ref.: Killeen & Schulenberg (1998).
Nota: El registro se basa en material mal identificado.

Heisteria densifrons Engl., Fl. Bras. 12(2): 17, t. 5, f. 1. 1872.
Ref.: Sleumer (1984).
Arbusto, arbolito, árbol. Nativa. Zonas Bajas. Bosque Húmedo, 0–500 m.
Dept.: BE.
Muestra: *S. Leigh-Hunt et al. 295* (E, LPB, USZ).
Nota: Material no visto.

Heisteria duckei Sleumer, Repert. Spec. Nov. Regni Veg. 38: 207. 1935.
Ref.: Sleumer (1984), Atahuachi

Burgos (1993b).
Árbol. Nativa. Zonas Bajas. Bosque Húmedo, 0–500 m.
Dept.: PA.
Muestra: *R.T. Pennington et al. 106* (K, LPB, MO).
Nom. Vern.: Chachairú.

Heisteria nitida Engl., Fl. Bras. 12(2): 18, t. 5, f. 2. 1872.
Sin.: *Heisteria biflora* Rusby, *Rhaptostylum yapacaniense* Kuntze, *Heisteria caloneura* Sleumer
Ref.: Foster (1958), Sleumer (1984), Atahuachi Burgos (1993b), Killeen & Schulenberg (1998), Jørgensen & Ulloa Ulloa (2002).
Liana, arbusto, árbol. Nativa. Zonas Bajas, Andes. Bosque Húmedo, Campos Cerrados, Sabanas Benianas del Norte, Sabanas Benianas del Sur, Yungas, 0–1500 m.
Dept.: BE, LP, PA, SC.
Muestra: *A.F. Fuentes C. et al. 3829* (BOLV, HSB, LPB, MA, MO, NY, USZ).
Nom. Vern.: Itaúba negra.

Heisteria ovata Benth., Hooker's J. Bot. Kew Gard. Misc. 3: 366. 1851.
Ref.: Sleumer (1984), Parker & Bailey (1991), Atahuachi Burgos (1993b).
Árbol. Nativa. Zonas Bajas. Bosque Húmedo, Campos Cerrados, 0–1000 m.
Dept.: LP, PA, SC.
Muestra: *E. Meneces 657* (BOLV, L, LPB, MO).
Nom. Vern.: Itaú blanca, itaubarana.

Heisteria scandens Ducke, Arch. Jard. Bot. Rio de Janeiro 4: 9. 1925.
Ref.: Foster (1958), Sleumer (1984), Atahuachi Burgos (1993b), Jørgensen & Ulloa Ulloa (2002).
Liana, arbusto. Nativa. Zonas Bajas. Bosque Húmedo, Sabanas Benianas del Sur, 0–1000 m.
Dept.: BE, LP, PA.
Muestra: *A.H. Gentry & S. Estenssoro C. 70355* (F, LPB, MO).

Heisteria spruceana Engl., Fl. Bras. 12(2): 15. 1872.
Ref.: Sleumer (1984), Atahuachi Burgos (1993b), Killeen & Schulenberg (1998).
Árbol. Nativa. Zonas Bajas. Bosque Húmedo, Campos Cerrados, 0–1000 m.
Dept.: BE, LP, PA, SC.
Muestra: *M. Garvizu et al. 337* (AAU, F, MO, NY, USZ).
Nom. Vern.: Itaubarana.

ERYTHROXYLACEAE Kunth, Nov. Gen. Sp. (quarto ed.) 5: 175. 1822.

Por M. Moraes R. (LPB); revisado por M. Nee (NY), S.G. Beck (LPB), P.M. Jørgensen (MO).
1 género, 23 especies, 3 especies endémicas.

Erythroxylum P. Browne, Civ. Nat. Hist. Jamaica 278. 1756.

23 especies, 3 especies endémicas.

Erythroxylum anguifugum Mart., Flora 21(Beibl. 2): 84. 1838.
Sin.: *Erythroxylum anguifugum* var. *riparium* O.E. Schulz, *Erythroxylum alemquerense* Huber, *Erythroxylum herzogii* O.E. Schulz, *Erythroxylum luculentum* J.F. Macbr.
Ref.: Foster (1958), Moraes R. (1990), Moraes R. (1993c), Killeen & Schulenberg (1998), Plowman & Hensold (2004).
Hierba, arbusto. Nativa. Zonas Bajas. Bosque Húmedo, Campos Cerrados, Sabanas Benianas del Norte, Sabanas Benianas del Sur, Campos Amazónicos, 0–1000 m.
Dept.: BE, PA, SC.
Muestra: *M. Moraes R. et al. 1342* (BOTU, F, LPB).

Erythroxylum argentinum O.E. Schulz, Pflanzenr. IV. 134: 99. 1907.
Ref.: Serrano & Terán (1998 [2000]).
Arbusto. Nativa. Zonas Bajas, Andes. Bosque Tucumano-Boliviano, Bosque Serrano Chaqueño, 1500–2000 m.
Dept.: CH, TA.
Muestra: *J.C. Solomon 10404* (LPB, MO).

Erythroxylum bangii Rusby, Mem. Torrey Bot. Club 3(3): 11. 1893.
Ref.: Rusby (1893b), Foster (1958), Plowman & Hensold (2004).
Arbusto. Endémica. Andes. Yungas, 500–1000 m.
Dept.: LP.
Tipo: *M. Bang 843* (HT: NY; IT: F, GH, LE, MO-1886684, NY, NY, US, W; fotos: F ex NY).

Erythroxylum campestre A. St.-Hil., Fl. Bras. Merid. (quarto ed.) 2: 97–98. 1829.
Sin.: *Erythroxylum cotonifolium* A. St.-Hil., *Erythroxylum campestre* var. *magnifolium* Mart., *Erythroxylum campestre* var. *obovale* Mart.
Ref.: Killeen & Schulenberg (1998), Plowman & Hensold (2004), Wood et al. (2011).
Arbusto. Nativa. Zonas Bajas. Sabanas Benianas del Sur, Campos Amazónicos, 0–500 m.
Dept.: BE, SC.
Muestra: *M.H. Nee & G. Coimbra 35788* (F, LPB, NY).

Erythroxylum citrifolium A. St.-Hil., Fl. Bras. Merid. (quarto ed.) 2: 94. 1829.
Sin.: *Erythroxylum gomphioides* Planch. & Linden ex Triana & Planch., *Erythroxylum acutifolium* Steud. ex Peyr., *Erythroxylum micranthum* Bong. ex Peyr., *Erythroxylum paraense* Peyr., *Erythroxylum citrifolium* var. *latifolium* O.E. Schulz, *Erythroxylum citrifolium* var. *minus* O.E. Schulz
Ref.: Foster (1958), Plowman (1989), Moraes R. (1993c), Killeen & Schulenberg (1998), Wood et al. (2011).
Arbusto, árbol. Nativa. Zonas Bajas, Andes. Bosque Húmedo, Yungas, 0–1000 m.
Dept.: CO, LP, SC.
Muestra: *T.C. Plowman 5170* (F, LPB).

Erythroxylum coca Lam., Encycl. 2: 393. 1786.
Sin.: *Erythroxylum bolivianum* Burck, *Erythroxylum chilpei* E. Machado
Ref.: Rusby (1893b), Foster (1958), Moraes R. (1990).
Arbusto. Nativa, cultivada. Zonas Bajas, Andes. Bosque Húmedo, Yungas, 0–2000 m.
Dept.: BE, CO, LP, PA, SC.
Tipo y muestra: *J. Jussieu s.n.* (HT: P; IT: C, F frag., P, P; fotos: F ex P, F ex P), *D.E. Williams 751* (LPB, MO, NY, USZ).
Infra: *Erythroxylum coca* var. *coca*

Erythroxylum cuneifolium (Mart.) O.E. Schulz, Pflanzenr. IV. 134(Heft 29): 121. 1907.
Sin.: *Erythroxylum microphyllum* var. *cuneifolium* Mart., *Erythroxylum microphyllum* fo. *myrtilloides* Peyr., *Erythroxylum amplifolium* var. *myrtilloides* (Peyr.) O.E. Schulz, *Erythroxylum trollii* O.E. Schulz
Ref.: Foster (1958), Schulenberg & Awbrey (1997), González et al. (1999), Serrano & Terán (1998 [2000]), Jardim et al. (2003), Plowman & Hensold (2004), Arroyo Padilla & Villarroel Segarra (2009), Wood et al. (2011).
Arbusto, árbol. Nativa. Zonas Bajas, Andes. Bosque Húmedo, Bosque Seco Chaqueño, Campos Cerrados, Yungas, Bosque Tucumano-Boliviano, 0–2500 m.
Dept.: CH, LP, SC, TA.
Muestra: *I.G. Vargas et al. 3567* (F, LPB, USZ).

Infra: *Erythroxylum cuneifolium* var. *silvaticum* O.E. Schulz
Nom. Vern.: Coca coquilla.

Erythroxylum daphnites Mart., Beitr. *Erythroxylum* 3(2): 363. 1840.
Ref.: Moraes R. (1993c), Killeen & Schulenberg (1998), Jardim et al. (2003), Arroyo Padilla & Villarroel Segarra (2009).
Arbusto, arbolito, árbol. Nativa. Zonas Bajas. Bosque Semideciduo Chiquitano, Campos Cerrados, Campos Amazónicos, 0–1000 m.
Dept.: BE, CO, LP, SC.
Muestra: *E. Meneces & W. Terceros 477* (BOLV, F, LPB, USZ).
Nom. Vern.: Coca del monte.

Erythroxylum gracilipes Peyr., Fl. Bras. 12(1): 159. 1878.
Sin.: *Erythroxylum novogranatense* var. *macrophyllum* O.E. Schulz, *Erythroxylum recurrens* Huber, *Erythroxylum cuatrecasasii* W.A. Gentner
Ref.: Machado Cazorla (1972), Killeen & Schulenberg (1998), Plowman & Hensold (2004).
Árbol. Nativa. Zonas Bajas, Andes. Campos Cerrados, Yungas, 500–1000 m.
Dept.: BE, PA, SC.
Muestra: *M.C. Peña 231* (F, USZ).

Erythroxylum macrophyllum Cav., Diss. 401, t. 227. 1789.
Sin.: *Erythroxylum lucidum* Kunth, *Erythroxylum floribundum* Mart., *Erythroxylum amplum* Benth., *Erythroxylum laurinum* Planch. & Linden ex Triana & Planch., *Erythroxylum costaricense* Donn. Sm., *Erythroxylum ellipticum* Ramírez, *Erythroxylum lucidum* var. *costaricense* (Donn. Sm.) O.E. Schulz, *Erythroxylum tabascense* Britton, *Erythroxylum filipes* Huber
Ref.: Foster (1958), Plowman (1989), Moraes R. (1990), Moraes R. (1993c), Killeen & Schulenberg (1998).
Arbusto, árbol. Nativa. Zonas Bajas, Andes. Bosque Húmedo, Bosque Semideciduo Chiquitano, Campos Amazónicos, Yungas, 0–3000 m.
Dept.: BE, LP, PA, SC.
Muestra: *N.Y. Paniagua et al. 5899* (BOLV, CTES, HSB, LPB, MO, NY, USZ).
Infra: *Erythroxylum macrophyllum* var. *macrophyllum*

Erythroxylum mucronatum Benth., London J. Bot. 2: 372. 1843.
Sin.: *Erythroxylum comosum* O.E. Schulz, *Erythroxylum kirkianum* O.E. Schulz, *Erythroxylum venezuelense* Steyerm., *Erythroxylum albertianum* Kuhlm. & W. Rodrigues
Ref.: Plowman (1989), Moraes R. (1990), Moraes R. (1993c), Killeen & Schulenberg (1998).
Arbusto, árbol. Nativa. Zonas Bajas, Andes. Bosque Húmedo, Bosque Semideciduo Chiquitano, Campos Cerrados, Campos Amazónicos, Yungas, 0–1500 m.
Dept.: BE, LP, PA, SC.
Muestra: *S.G. Beck et al. 19470* (COL, LPB).

Erythroxylum opacum Rusby, Mem. New York Bot. Gard. 7: 270. 1927.
Ref.: Foster (1958), Plowman & Hensold (2004).
Arbusto. Endémica, Nativa. Zonas Bajas. Bosque Húmedo, 0–500 m.
Dept.: BE.
Tipo: *O.E. White 2327* (F, NY).
Nota: Conocido solamente del tipo.

Erythroxylum pauciflorum Rusby, Mem. Torrey Bot. Club 6: 13. 1896.
Ref.: Ministerio de Medio Ambiente y Agua (2012 [2013]).
Arbusto. Endémica, Nativa. Andes. Yungas, 500–1000 m.
Dept.: LP.
Tipo y muestra: *M. Bang 1639* (HT: NY; IT: A, GH, MICH, MO-1886689, NY, US, US), *S.G. Beck 8580* (F, LPB).

Erythroxylum pelleterianum A. St.-Hil., Pl. Usuel. Bras. 3, t. 69. 1828.
Sin.: *Erythroxylum praecox* S. Moore, *Erythroxylum flexuosum* O.E. Schulz, *Erythroxylum verruculosum* O.E. Schulz
Ref.: Plowman & Hensold (2004).
Arbusto. Nativa. Zonas Bajas. Bosque Semideciduo Chiquitano, 0–500 m.
Dept.: SC.
Muestra: *D.C. Daly et al. 2272* (BOTU, F, LPB, MO, NY, USZ).

Erythroxylum pruinosum O.E. Schulz, Pflanzenr. IV. 134(Heft 29): 76. 1907.
Ref.: Killeen & Schulenberg (1998), Plowman & Hensold (2004).
Arbusto. Nativa. Zonas Bajas. Campos Cerrados, 0–500 m.
Dept.: SC.
Muestra: *R.B. Foster et al. 13808* (F, LPB).

Erythroxylum raimondii O.E. Schulz, Notizbl. Bot. Gart. Berlin-Dahlem 10: 727. 1929.
Ref.: Plowman & Hensold (2004).
Árbol. Nativa. Andes. Yungas, 1000–2000 m.
Dept.: LP.
Muestra: *S.G. Beck 22277* (F, LPB, MO).

Erythroxylum ruryi Plowman, Candollea 43(1): 426–429, f. 3. 1988.
Ref.: Moraes R. (1993c), Killeen & Schulenberg (1998), Plowman & Hensold (2004).
Arbusto, arbolito. Nativa. Zonas Bajas, Andes. Bosque Húmedo, Yungas, 0–1000 m.
Dept.: BE, CO, LP.
Tipo y muestra: *R.F. Steinbach 425* (HT: F; IT: GH, MICH, MO-2177224, NY, U, US, WIS; fotos: F), *D.N. Smith et al. 13282* (F, LPB, MO).

Erythroxylum squamatum Sw., Prodr. 75. 1788.
Sin.: *Erythroxylum aristigerum* Peyr., *Erythroxylum bahiense* Peyr., *Erythroxylum aristigerum* var. *bahiense* (Peyr.) O.E. Schulz, *Erythroxylum squamatum* var. *microcarpum* O.E. Schulz, *Erythroxylum trinerve* Huber
Ref.: Plowman (1989), Moraes R. (1993c), Killeen & Schulenberg (1998), Plowman & Hensold (2004).
Arbusto. Nativa. Zonas Bajas. Bosque Húmedo, Campos Cerrados, 0–1000 m.
Dept.: BE, SC.
Muestra: *M. Toledo & J. C. Herrera 22* (LPB, USZ).

Erythroxylum suberosum A. St.-Hil., Pl. Usuel. Bras. 1, t. 69, f. A. 1828.
Sin.: *Erythroxylum areolatum* Vell., *Erythroxylum testaceum* Peyr.
Ref.: Moraes R. (1993c), Killeen & Schulenberg (1998), Plowman & Hensold (2004), Wood et al. (2011).
Arbusto, árbol. Nativa. Zonas Bajas. Bosque Semideciduo Chiquitano, Campos Cerrados, 500–1000 m.
Dept.: BE, SC, TA.
Muestra: *I.G. Vargas et al. 3260* (F, LPB, USZ).

Erythroxylum subracemosum Turcz., Bull. Soc. Imp. Naturalistes Moscou 31(1): 390. 1858.
Ref.: Killeen & Schulenberg (1998).
Arbusto. Nativa. Zonas Bajas. Campos Cerrados, 0–500 m.
Dept.: SC.
Muestra: *A. Jardim & G. Chamos 140* (LPB, MO, USZ).

Erythroxylum subrotundum A. St.-Hil., Pl. Usuel. Bras. 3, t. 69. 1828.
Sin.: *Erythroxylum flaccidum* Salzm. ex Peyr.
Ref.: Moraes R. (1993c), Plowman & Hensold (2004).
Arbusto, árbol. Nativa. Andes. Yungas,

1000–1500 m.
Dept.: LP.
Muestra: *S.G. Beck 12655* (F, LPB).

Erythroxylum tortuosum Mart., Beitr. *Erythroxylum* 119. 1840.
Ref.: Killeen & Schulenberg (1998), Plowman & Hensold (2004).
Árbol. Nativa. Zonas Bajas. Bosque Húmedo, 0–500 m.
Dept.: BE, SC.
Muestra: *S.G. Beck 20485* (LPB).

Erythroxylum ulei O.E. Schulz, Pflanzenr. IV. 134(Heft 29): 62. 1907.
Sin.: *Erythroxylum tessmannii* O.E. Schulz, *Erythroxylum venosum* Rusby
Ref.: Foster (1958), Plowman (1989), Moraes R. (1990), Moraes R. (1993c), Jardim et al. (2003), Arroyo Padilla & Villarroel Segarra (2009).
Arbusto. Nativa. Zonas Bajas, Andes. Bosque Húmedo, Bosque Semideciduo Chiquitano, Yungas, Bosque Tucumano-Boliviano, 0–1500 m.
Dept.: BE, LP, SC.
Muestra: *S.G. Beck 8592* (BOTU, F, LPB).
Nom. Vern.: Coca del monte.

ESCALLONIACEAE R. Br. ex Dumort., Anal. Fam. Pl. 35, 37. 1829.

Por M. Weigend (BONN); revisado por M. Nee (NY), S.G. Beck (LPB), P.M. Jørgensen (MO).
1 género, 8 especies, 1 especie endémica.

Escallonia Mutis ex L. f., Suppl. Pl. 21, 156. 1781 [1782].

8 especies, 1 especie endémica.

Escallonia hypoglauca Herzog, Meded. Rijks-Herb. 27: 88. 1915.
Sin.: *Escallonia vaccinioides* var. *guaranitica* A. St.-Hil.
Ref.: Foster (1958), Sleumer (1968), Saldias Paz (1993d), López Vargas (1995), Saravia Miranda (1996), Schulenberg & Awbrey (1997), Serrano & Terán (1998 [2000]).
Arbusto, arbolito. Nativa. Andes. Yungas, Bosque Tucumano-Boliviano, Valles Secos, 2000–3000 m.
Dept.: CH, CO, SC, TA.
Tipo y muestra: *T. Herzog 1940* (LT: L; ILT: B destr., MO, S, W, Z; fotos: F ex-B, GH), *J.C. Solomon & M.H. Nee 17911* (LPB, MO).

Escallonia millegrana Griseb., Abh. Königl. Ges. Wiss. Göttingen 24: 141. 1879.
Sin.: *Escallonia coquimbensis* J. Rémy, *Escallonia bridgesii* Rusby, *Escallonia aculeata* Kuntze, *Escallonia angustifolia* var. *coquimbensis* (J. Rémy) Acevedo & Kausel
Ref.: Foster (1958), Sleumer (1968), Saldias Paz (1993d), López Vargas (1995), Saravia Miranda (1996), Serrano & Terán (1998 [2000]), Vargas Caballero et al. (2000).
Arbusto, arbolito. Nativa. Andes. Bosque Tucumano-Boliviano, Valles Secos, 1000–4000 m.
Dept.: CH, CO, LP, PO, SC, TA.
Tipo y muestra: *H.A. Lorentz & G. Hieronymus 939* (HT: GOET), *G. Torrico & C. Peca 490* (BOLV, LPB, MO).
Nom. Vern.: Barrientos, jantarqui, najna, weto, wito.

Escallonia myrtilloides L. f., Suppl. Pl. 156. 1781 [1782].
Sin.: *Stereoxylon corymbosum* Ruiz & Pav., *Stereoxylon patens* Ruiz & Pav., *Escallonia corymbosa* (Ruiz & Pav.) Pers., *Escallonia berberifolia* Kunth, *Escallonia tortuosa* Kunth, *Escallonia densa* Planch. & Linden, *Escallonia adscendens* Rusby, *Escallonia poasana* Donn. Sm., *Escallonia hypsophila* Diels, *Escallonia patens* (Ruiz & Pav.) Killip, *Escallonia chloropetala* Diels
Ref.: Foster (1958), Sleumer (1968), Saldias Paz (1993d).
Arbusto, arbolito. Nativa. Andes, Altiplano. Yungas, Páramo Yungueño, Bosque de *Polylepis*, 3000–4000 m.
Dept.: CO, LP.
Muestra: *N.Y. Paniagua et al. 5763* (LPB, MO).
Infra: *Escallonia myrtilloides* var. *myrtilloides*, *Escallonia myrtilloides* var. *patens* (Ruiz & Pav.) Sleumer
Nom. Vern.: Chachacoma.

Escallonia paniculata (Ruiz & Pav.) Roem. & Schult., Syst. Veg. 5: 328. 1819.
Sin.: *Stereoxylon paniculatum* Ruiz & Pav., *Escallonia caracasana* Kunth, *Escallonia floribunda* Kunth, *Escallonia pilgeriana* Diels
Ref.: Foster (1958), Adolfo María (1966), Sleumer (1968), Saldias Paz (1993d).
Arbusto, arbolito. Nativa. Andes. Yungas, 1000–3000 m.
Dept.: CO, LP, SC.
Muestra: *J.C. Solomon 18731* (LPB, MO).
Infra: *Escallonia paniculata* var. *paniculata*, *Escallonia paniculata* var. *floribunda* (Kunth) J.F. Macbr.

Escallonia resinosa (Ruiz & Pav.) Pers., Syn. Pl. 1: 235. 1805.
Sin.: *Stereoxylon cuneifolium* Ruiz & Pav., *Stereoxylon resinosum* Ruiz & Pav., *Escallonia multiflora* C. Presl, *Escallonia mandonii* Rusby, *Escallonia mandonii* var. *microphylla* Herzog
Ref.: Rusby (1893b), Foster (1958), Adolfo María (1966), Sleumer (1968), Saldias Paz (1993d), López Vargas (1995), Saravia Miranda (1996), Serrano & Terán (1998 [2000]), Vargas Caballero et al. (2000).
Arbusto, arbolito. Nativa. Andes. Yungas, Valles Secos, Bosque de *Polylepis*, 2500–3500 m.
Dept.: CH, CO, LP, PO, SC, TA.
Muestra: *S.G. Beck 3902* (L, LPB, M, MO).
Nom. Vern.: Chachacoma, cuti kiswara, kuti khishuara.

Escallonia reticulata Sleumer, Willdenowia 1: 343. 1956.
Ref.: Sleumer (1968), Saldias Paz (1993d), Vargas Caballero et al. (2000), Arroyo Padilla & Villarroel Segarra (2009).
Arbusto, arbolito. Endémica. Andes. Bosque Tucumano-Boliviano, Valles Secos, 1500–2500 m.
Dept.: SC.
Tipo y muestra: *M. Cárdenas 4612* (HT: LIL; IT: F, US), *M.H. Nee 42032* (MO, NY, USZ).
Nom. Vern.: Chacacoma, chacatia lomera.

[Escallonia salicifolia Mattf.], Notizbl. Bot. Gart. Berlin–Dahlem 10: 750. 1929.
Nota: El registro se basa en material mal identificado. Probablemente una mala identificación de *E. tucumanensis*.

Escallonia schreiteri Sleumer, Willdenowia 1: 343. 1956.
Sin.: *Escallonia paniculata* var. *acuminatissima* Kuntze
Ref.: Foster (1958), Sleumer (1968), Saldias Paz (1993d), López Vargas (1995), Saravia Miranda (1996), Serrano & Terán (1998 [2000]).
Arbusto, arbolito. Nativa. Andes. Bosque Serrano Chaqueño, Valles Secos, 1500–3500 m.
Dept.: CH, CO, SC, TA.
Muestra: *I.G. Vargas 3034* (MO).
Nom. Vern.: Khishuara, k'iswara, llave, puna lloke.

Escallonia tucumanensis Hosseus, Bol. Acad. Nac. Ci. 26: 120. 1921.
Ref.: Sleumer (1968), Saldias Paz

(1993d), Serrano & Terán (1998 [2000]), Ministerio de Medio Ambiente y Agua (2012 [2013]).
Arbusto, arbolito. Nativa. Andes. Bosque Tucumano-Boliviano, Bosque Serrano Chaqueño, 1000–2000 m.
Dept.: CH, TA.
Muestra: *J.C. Solomon 10364* (LPB, MO).

EUPHORBIACEAE Juss., Gen. Pl. 384–385. 1789.

Por P.E. Berry (MICH) [*Astraea*, *Croton*, *Euphorbia*], J.M. Cardiel (MA, MAUAM) [*Acalypha*], H.-J. Esser (M) [*Actinostemon*, *Dodecastigma*, *Gymnanthes*, *Hura*, *Mabea*, *Maprounea*, *Microstachys*, *Pachystroma*, *Pleradenophora*, *Sapium*, *Sebastiania*, *Senefeldera*, *Stillingia*], F.J. Fernández C. (MA) [*Cnidoscolus*, *Jatropha*], L.J. Gillespie (CAN) [*Omphalea*, *Plukenetia*, *Romanoa*], M. Mendoza (USZ) [*Manihot*], M.E. Múlgura (SI) [*Tragia*], R. Riina (MA) [*Croton*, *Euphorbia*], R.S. Secco (MG) [*Alchornea*, *Aparisthmium*, *Cleidion*, *Conceveiba*, *Glycydendron*, *Pausandra*], B. Van Ee (BHSC) [*Astraea*, *Croton*] y G.L. Webster† (DAV) [*Acidoton*, *Adelia*, *Alchorneopsis*, *Argythamnia*, *Bernardia*, *Caperonia*, *Caryodendron*, *Chaetocarpus*, *Chiropetalum*, *Codiaeum*, *Dalechampia*, *Ditaxis*, *Dysopsis*, *Euphorbia*, *Hevea*, *Pogonophora*]; revisado por M. Nee (NY), S.G. Beck (LPB), P.M. Jørgensen (MO).
51 géneros, 322 especies, 38 especies endémicas.

Acalypha L., Sp. Pl. 2: 1003. 1753.

30 especies, 6 especies endémicas.

Acalypha amblyodonta (Müll. Arg.) Müll. Arg., Fl. Bras. 11(2): 365. 1874.
Sin.: *Acalypha cuspidata* var. *amblyodonta* Müll. Arg.
Ref.: Foster (1958).
Arbusto. Nativa. Zonas Bajas. Bosque Semideciduo Chiquitano, Bosque Seco Chaqueño, 0–500 m.
Dept.: SC, TA.
Muestra: *M.H. Nee 47820* (LPB, MA, MO, NY).
Infra: *Acalypha amblyodonta* var. *villosa* Müll. Arg.

[Acalypha aronioides Pax & K. Hoffm.], Pflanzenr. IV. 147 XVI(Heft 85): 113. 1924.
Sin.: *Acalypha divaricata* Müll. Arg.
Ref.: Saravia Miranda (1996).
Nota: El registro se basa en material mal identificado de *A. lycioides*.

Acalypha arvensis Poepp., Nov. Gen. Sp. Pl. 3: 21. 1845 [1841].
Ref.: Foster (1958), Moraes R. (1990), Vargas Caballero (1993), Cardiel (1995), Cardiel & Muñoz Rodríguez (2012).
Hierba. Nativa. Zonas Bajas. Bosque Húmedo, Sabanas Benianas del Sur, 0–1000 m.
Dept.: BE, CO, LP, SC.
Muestra: *I. Guareco 605* (CTES, DAV, LPB, M, MA, USZ).
Nota: Se confunde con frecuencia con *A. alopecuroidea* Jacq., especie no encontrada en Bolivia pero sí en los países limítrofes. Ver diferencias en Cardiel (1995).

Acalypha beckii Cardiel, Nordic J. Bot. 24(2): 169, f. 2. 2006.
Ref.: Ministerio de Medio Ambiente y Agua (2012 [2013]).
Arbusto. Endémica. Andes. Valles Secos, 2500–3000 m.
Dept.: CH.
Tipo y muestra: *S.G. Beck 8871* (HT: MA; IT: DAV, LPB), *S.G. Beck 8882* (DAV, LPB, M).

Acalypha boliviensis Müll. Arg., Linnaea 34: 162. 1865.
Ref.: Foster (1958).
Hierba, subarbusto. Nativa. Andes. Yungas, 1500–3000 m.
Dept.: CH, CO, LP, TA.
Tipo y muestra: *G. Mandon 1070* (T: B, BM, F, G, GH, K, M, NY, P, S), *J.R.I. Wood & A. Carretero 19305* (HSB, K, LPB).

Acalypha communis Müll. Arg., Linnaea 34: 23. 1865.
Sin.: *Acalypha communis* var. *saltensis* Pax & K. Hoffm.
Ref.: Foster (1958), Killeen & Schulenberg (1998), Serrano & Terán (1998 [2000]), Arroyo Padilla & Villarroel Segarra (2009), Wood et al. (2011), Cardiel et al. (2013).
Subarbusto, arbusto. Nativa. Zonas Bajas, Andes. Bosque Húmedo, Bosque Semideciduo Chiquitano, Bosque Seco Chaqueño, Campos Cerrados, Bosque Tucumano-Boliviano, Bosque Serrano Chaqueño, 0–2000 m.
Dept.: BE, CH, CO, PO, SC, TA.
Muestra: *M.H. Nee 42256* (LPB, MO, NY).
Infra: *Acalypha communis* subsp. *communis*, *Acalypha communis* subsp. *saltensis* (Pax & K. Hoffm.) Cardiel & P. Muñoz
Nota: Pertenece a un complejo de especies poco conocido de Bolivia, Brasil, Argentina, Paraguay y Uruguay. Este grupo ha sido recientemente revisado por Cardiel et al. (2013).
Nom. Vern.: Cola de caballo.

Acalypha cuneata Poepp., Nov. Gen. Sp. Pl. 3: 22. 1845 [1841].
Sin.: *Acalypha obovata* Benth., *Ricinocarpus cuneatus* (Poepp.) Kuntze, *Acalypha erosa* Rusby
Ref.: Foster (1958), Parker & Bailey (1991), Vargas Caballero (1993), Cardiel (1995), Cardiel (1999).
Arbusto, arbolito. Nativa. Zonas Bajas, Andes. Bosque Húmedo, Yungas, 0–1500 m.
Dept.: BE, LP.
Muestra: *B.A. Krukoff 10579* (F, GH, K, LPB, MO, NY).

Acalypha cuprea Herzog, Repert. Spec. Nov. Regni Veg. 7: 60. 1909.
Ref.: Foster (1958).
Arbusto. Endémica. Zonas Bajas. Campos Cerrados, 0–500 m.
Dept.: SC.
Tipo: *T. Herzog 429* (T: S?).
Nota: Especie dudosa afín al complejo de *A. communis*. Conocida solamente por el protólogo. El especimen tipo no ha sido encontrado.

[Acalypha cuspidata Jacq.], Pl. Hort. Schoenbr. 2: 63, pl. 243. 1797.
Ref.: Foster (1958).
Nota: El registro se basa en material mal identificado de *A. villosa*.

Acalypha diversifolia Jacq., Pl. Hort. Schoenbr. 2: 63, pl. 244. 1797.
Sin.: *Acalypha diversifolia* var. *carpinifolia* (Poepp. ex Seem.) Müll. Arg., *Acalypha inaequalis* Rusby, *Acalypha alchorneoides* Rusby, *Acalypha vermifera* Rusby
Ref.: Foster (1958), Parker & Bailey (1991), Vargas Caballero (1993), Cardiel (1995), López Vargas (1995), Saravia Miranda (1996), Cardiel (1999), Alverson et al. (2000).
Arbusto, arbolito. Nativa. Zonas Bajas, Andes. Bosque Húmedo, Sabanas Benianas del Sur, Yungas, 0–2000 m.
Dept.: BE, CO, LP, PA, SC.
Muestra: *R. Seidel 3072* (DAV, LPB, MA).

Acalypha herzogiana Pax & K. Hoffm., Meded. Rijks-Herb. 40: 24. 1921.
Sin.: *Acalypha nitschkeana* Pax & K. Hoffm.
Ref.: Foster (1958).
Hierba. Nativa. Zonas Bajas. Bosque Semideciduo Chiquitano, 0–500 m.
Dept.: SC.
Tipo y muestra: *T. Herzog 1453* (HT: B; IT: NY, Z), *M.H. Nee 39553* (LPB, MO, NY).

Acalypha hibiscifolia Britton ex Rusby, Mem. Torrey Bot. Club 4(3): 257. 1895.
Sin.: *Acalypha buchtienii* Pax
Ref.: Foster (1958).
Arbusto, arbolito. Nativa. Andes. Yungas, 1000–2000 m.
Dept.: LP.
Tipo y muestra: *H.H. Rusby 1275* (T: NY), *R. Seidel & E. Richter 1214* (DAV, LPB, MA).

Acalypha hispida Burm. f., Fl. Indica 303 [203], pl. 61, f. 1. 1768.
Ref.: Cardiel (1995), Cardiel (1999).
Nota: Esperada. Especie nativa de Malasia o Melanesia que se cultiva como ornamental en todos los trópicos.

Acalypha infesta Poepp., Nov. Gen. Sp. Pl. 3: 22. 1845 [1841].
Ref.: Cardiel (2001), Cardiel (2007).
Hierba, subarbusto. Nativa. Andes. Yungas, 1000–2500 m.
Dept.: LP.
Muestra: *O. Buchtien 4250* (F, NY).

Acalypha jubifera Rusby, Descr. S. Amer. Pl. 48. 1920.
Ref.: Foster (1958).
Arbusto. Endémica. Región, tipo de vegetación y elevación desconocidas.
Dept.: Bolivia.
Tipo: *M. Bang s.n.* (no localizado).
Nota: Especie dudosa. Conocida solamente del protólogo donde no se indica la localidad.

Acalypha lycioides Pax & K. Hoffm., Meded. Rijks-Herb. 40: 24. 1921.
Ref.: Foster (1958), López Vargas (1995), Saravia Miranda (1996), De la Barra (1997), Serrano & Terán (1998 [2000]).
Subarbusto, arbusto. Nativa. Andes. Valles Secos, 1000–2500 m.
Dept.: CH, CO, SC.
Tipo y muestra: *T. Herzog 1213* (HT: G; IT: Z), *M.H. Nee 46530* (DAV, MO, NY).
Nom. Vern.: Pinchanilla, quiñi.

Acalypha machiensis Cardiel & P. Muñoz, Brittonia 64(4): 365, f. 2. 2012.
Arbusto. Endémica. Zonas Bajas. Bosque Húmedo, 0–500 m.
Dept.: CO.
Tipo: *S.G. Beck 28576* (HT: LPB; IT: MA).
Nota: Conocida solamente del tipo.

Acalypha macrostachya Jacq., Pl. Hort. Schoenbr. 2: 63, pl. 245. 1797.
Sin.: *Acalypha sidifolia* Kunth, *Acalypha tristis* Poepp. & Endl., *Acalypha callosa* Benth., *Acalypha macrostachya* var. *sidifolia* (Kunth) Müll. Arg., *Acalypha tarapotensis* Müll. Arg., *Acalypha macrostachya* var. *tristis* (Poepp. & Endl.) Müll. Arg., *Acalypha foliosa* Rusby, *Acalypha williamsii* Rusby, *Acalypha heteromorpha* Rusby
Ref.: Foster (1958), Parker & Bailey (1991), Vargas Caballero (1993), Cardiel (1995), Killeen & Schulenberg (1998), Cardiel (1999), Arrázola Rivero et al. (2000).
Arbusto, arbolito. Nativa. Zonas Bajas, Andes. Bosque Húmedo, Yungas, Valles Secos, 0–2500 m.
Dept.: BE, CO, LP, PA, SC.
Muestra: *S.G. Beck 22601* (DAV, LPB, M, MA, USZ).
Nota: En sinonimia: *A. williamsii* Rusby (1912), non *A. williamsii* Rusby (1920).

Acalypha mandonii Müll. Arg., Linnaea 34: 162. 1865.
Sin.: *Acalypha reflexa* Müll. Arg., *Acalypha mollis* Rusby, *Acalypha soratensis* Pax & K. Hoffm.
Ref.: Foster (1958).
Arbusto. Nativa. Andes. Yungas, 2000–3000 m.
Dept.: LP, SC.
Tipo y muestra: *G. Mandon 1071* (HT: G?; IT: BM, F frag., GH, NY, NY, P, S; fotos: F ex G), *M.H. Nee 50589* (LPB, NY).

Acalypha multicaulis Müll. Arg., Linnaea 34: 53. 1865.
Ref.: Arroyo Padilla & Villarroel Segarra (2009).
Hierba. Nativa. Zonas Bajas. Bosque Húmedo, Bosque Semideciduo Chiquitano, Campos Cerrados, 0–500 m.
Dept.: SC.
Muestra: *D.C. Daly et al. 2226* (LPB, MO).

Acalypha neeana Cardiel & P. Muñoz, Brittonia 64(4): 363, f. 1. 2012.
Arbusto. Endémica. Andes. Yungas, 1500–2000 m.
Dept.: SC.
Tipo: *M.H. Nee 44687* (HT: LPB; IT: MA, MO, NY, USZ).
Nota: Conocida solamente del tipo.

Acalypha padifolia Kunth, Nov. Gen. Sp. (quarto ed.) 2: 97. 1817.
Sin.: *Acalypha macrodonta* Müll. Arg.
Ref.: Vargas Caballero (1993), Cardiel (1995), Cardiel (2007).
Arbusto, arbolito, árbol. Nativa. Zonas Bajas, Andes. Bosque Húmedo, Yungas, 0–2000 m.
Dept.: BE, LP.
Muestra: *J.C. Solomon & M.H. Nee 14328* (DAV, F, LPB, MO).

Acalypha paupercula Pax & K. Hoffm., Meded. Rijks-Herb. 40: 24. 1921.
Ref.: Foster (1958).
Subarbusto. Endémica. Zonas Bajas. Bosque Seco Chaqueño, 500–1000 m.
Dept.: SC.
Tipo: *T. Herzog 1167* (HT: S; IT: Z).
Nota: Conocida solamente del tipo.

Acalypha peruviana Müll. Arg., Linnaea 34: 17. 1865.
Sin.: *Ricinocarpos controversus* Kuntze, *Acalypha controversa* (Kuntze) K. Schum.
Ref.: Macbride (1951), Foster (1958), Vargas Caballero (1993).
Arbusto. Nativa. Andes. Bosque Húmedo, Yungas, Valles Secos, 1500–3000 m.
Dept.: CO, LP, SC.
Muestra: *I.G. Vargas & A. Jardim 2943* (MA, NY, USZ).

Acalypha plicata Müll. Arg., Prodr. 15(2): 855. 1866.
Sin.: *Acalypha flabellifera* Rusby, *Acalypha fulva* I.M. Johnst.
Ref.: Foster (1958), Vargas Caballero (1993), Cardiel (1995), López Vargas (1995), Saravia Miranda (1996), De la Barra (1997), Cardiel (1999), Serrano & Terán (1998 [2000]).
Subarbusto, arbusto. Nativa. Andes. Yungas, Bosque Tucumano-Boliviano, Valles Secos, 1500–3500 m.
Dept.: CH, CO, LP, SC, TA.
Tipo y muestra: *M. Bridges s.n.* (HT: G; IT: BM, G, K, NY), *S.G. Beck 27246* (LPB, MA).
Nom. Vern.: Salancachi, salankachi.

Acalypha poiretii Spreng., Syst. Veg. 3: 879. 1826.
Ref.: Foster (1958), Cardiel (1999).
Hierba, subarbusto. Nativa. Andes. Yungas, Bosque Tucumano-Boliviano, 1000–2000 m.

Dept.: CH, LP, PO, SC, TA.
Muestra: *E. Bastian 772* (DAV, NY).

Acalypha scandens Benth., Hooker's J. Bot. Kew Gard. Misc. 6: 329. 1854.
Ref.: Cardiel (1995), Cardiel (1999).
Trepadora, arbusto. Nativa. Zonas Bajas. Bosque Húmedo, 0–500 m.
Dept.: BE.
Muestra: *I. Guareco 594* (G, HSB, LPB, MA).
Nom. Vern.: Shiñui.

Acalypha stachyura Pax, Repert. Spec. Nov. Regni Veg. 7: 110. 1909.
Ref.: Cardiel & Muñoz Rodríguez (2012).
Arbusto, árbol. Nativa. Zonas Bajas, Andes. Bosque Húmedo, Yungas, 0–1500 m.
Dept.: BE, CO, LP, PA, SC.
Tipo y muestra: *O. Buchtien 1315* (LT: M; ILT: US, WRSL), *M.H. Nee 37951* (LPB, MO, NY).

Acalypha stenoloba Müll. Arg., Flora 55: 41. 1872.
Sin.: *Acalypha capillaris* Rusby, *Acalypha brittonii* Rusby, *Acalypha grandispicata* Britton ex Rusby, *Acalypha lechleri* Britton ex Rusby, *Acalypha eugeniifolia* Rusby, *Acalypha lucida* Rusby, *Acalypha baenitzii* Pax, *Acalypha douilleana* Rusby
Ref.: Foster (1958), Vargas Caballero (1993).
Arbusto, arbolito. Nativa. Zonas Bajas, Andes. Bosque Húmedo, Yungas, 0–3000 m.
Dept.: CO, LP, SC.
Muestra: *T.B. Croat 51536* (DAV, F, LPB, MO).
Nom. Vern.: Maurel, negrilla, salancachi, salancachi amarillo.

Acalypha stricta Poepp. & Endl., Nov. Gen. Sp. Pl. 3: 21, pl. 225. 1845.
Sin.: *Acalypha benensis* Britton ex Rusby, *Acalypha mapirensis* Pax, *Acalypha bopiana* Rusby, *Acalypha variegata* Rusby
Ref.: Vargas Caballero (1993), Arroyo Padilla & Villarroel Segarra (2009).
Subarbusto, arbusto. Nativa. Zonas Bajas, Andes. Bosque Húmedo, Bosque Semideciduo Chiquitano, Yungas, 0–2000 m.
Dept.: BE, CO, LP, PA, SC.
Muestra: *R. Sinani 249* (DAV, LPB, MA).
Nom. Vern.: Malvilla negra.

Acalypha variabilis Klotzsch ex Baill., Adansonia 5: 226. 1865.
Sin.: *Acalypha hirta* Spreng.
Ref.: Cardiel et al. (2013).
Arbusto. Nativa. Zonas Bajas. Bosque Semideciduo Chiquitano, 0–1000 m.
Dept.: BE, SC.
Muestra: *R. Seidel 3162* (LPB, MA).
Nota: Considerada habitualmente como sinónimo de *A. communis* Müll. Arg., ha sido recientemente aceptada por Cardiel et al. (2013).

Acalypha villosa Jacq., Enum. Syst. Pl. 32. 1760.
Sin.: *Acalypha williamsii* Rusby, *Acalypha villosa* var. *latiuscula* Pax & K. Hoffm.
Ref.: Foster (1958), Cardiel (1995), Killeen & Schulenberg (1998), Cardiel (1999), Jardim et al. (2003), Arroyo Padilla & Villarroel Segarra (2009).
Arbusto. Nativa. Zonas Bajas, Andes. Bosque Semideciduo Chiquitano, Yungas, 0–1500 m.
Dept.: LP, SC.
Muestra: *T. Killeen 548* (F, LPB, NY).
Nota: En sinonimia: *Acalypha williamsii* Rusby (1920), non *A. williamsii* Rusby (1912).

Acalypha wilkesiana Müll. Arg., Prodr. 15(2.2): 817–818. 1866.
Sin.: *Acalypha amentacea* subsp. *wilkesiana* (Müll. Arg.) Fosberg
Ref.: Cardiel (2007), Cardiel & Muñoz Rodríguez (2012).
Arbusto. Cultivada. Andes. Yungas, 1500–2000 m.
Dept.: LP.
Muestra: *J.C. Solomon & M.H. Nee 14276* (MO).
Nota: Nativa de Polinesia, se cultiva con frecuencia en las tierras bajas (M. Nee com. pers.).

Acidoton Sw., Prodr. 6, 83. 1788.
1 especie, 0 especies endémicas.

Acidoton nicaraguensis (Hemsl.) G.L. Webster, Ann. Missouri Bot. Gard. 54(2): 191. 1967.
Sin.: *Cleidion nicaraguense* Hemsl., *Gitara venezolana* Pax & K. Hoffm., *Gitara panamensis* Croizat
Ref.: Webster & Huft (1988), Burger & Huft (1995), Webster (1999), Webster et al. (2001), Fuentes Claros et al. (2009).
Arbusto. Nativa. Zonas Bajas. Bosque Húmedo, 0–1000 m.
Dept.: LP.
Muestra: *A.H. Gentry et al. 70219* (LPB, MO).

Actinostemon Mart. ex Klotzsch, Arch. Naturgesch. 7(1): 184. 1841.
3 especies, 0 especies endémicas.

Actinostemon amazonicus Pax & K. Hoffm., Pflanzenr. IV. 147 V(Heft 52): 63. 1912.
Ref.: Brako (1993e).
Arbusto, árbol. Nativa. Zonas Bajas. Bosque Húmedo, 0–500 m.
Dept.: BE, CO, PA.
Muestra: *M.J. Ledesma & T. Killeen 154* (LPB).

Actinostemon concolor (Spreng.) Müll. Arg., Prodr. 15(2): 1193. 1866.
Sin.: *Gussonia concolor* Spreng., *Gymnanthes concolor* (Spreng.) Müll. Arg.
Ref.: Fuentes Claros et al. (2009).
Arbolito. Nativa. Zonas Bajas. Bosque Semideciduo Chiquitano, 500–1000 m.
Dept.: LP.
Muestra: *S.R. Paredes et al. 32* (BOLV, LPB, MA, MO, NY, USZ).

[Actinostemon klotzschii (Didr.) Pax], Pflanzenr. IV. 147 V(Heft 52): 69. 1912.
Nota: El registro se basa en material mal identificado de *A. schomburgkii*.

Actinostemon schomburgkii (Klotzsch) Hochr., Bull. New York Bot. Gard. 2: 278. 1910.
Sin.: *Dactylostemon schomburgkii* Klotzsch, *Dactylostemon klotzschii* var. *concepcionis* Chodat & Hassl., *Actinostemon concepcionis* (Chodat & Hassl.) Hochr.
Ref.: Jardim et al. (2003).
Arbusto. Nativa. Zonas Bajas. Bosque Semideciduo Chiquitano, 0–1000 m.
Dept.: BE, LP, SC.
Muestra: *I.G. Vargas et al. 3317* (LPB, NY, USZ).

Adelia L., Syst. Nat. (ed. 10) 2: 1285, 1298. 1759.
2 especies, 0 especies endémicas.

Adelia membranifolia (Müll. Arg.) Chodat & Hassl., Bull. Herb. Boissier, sér. 2, 5: 604. 1905.
Sin.: *Ricinella membranifolia* Müll. Arg.
Arbusto. Nativa. Zonas Bajas. Bosque Semideciduo Chiquitano, 0–500 m.
Dept.: SC.
Muestra: *A. Jardim et al. 2126* (MO, USZ).

Adelia spinosa (Chodat & Hassl.) Pax & K. Hoffm., Pflanzenr. IV. 147 VII(Heft 63): 66. 1914.
Sin.: *Adelia membranifolia* var. *spinosa*

Chodat & Hassl.
Ref.: Fuentes Claros (1998), Jardim et al. (2003).
Arbusto. Nativa. Zonas Bajas. Bosque Semideciduo Chiquitano, 0–500 m.
Dept.: SC.
Muestra: *L. Sánchez et al. 1030* (MO, USZ).

Alchornea Sw., Prodr. 6, 98. 1788.
11 especies, 0 especies endémicas.

Alchornea anamariae Secco, Revista Brasil. Bot. 22(2): 141, f. 1–9. 1999.
Ref.: Secco (1999b), Fuentes Claros et al. (2009).
Liana, arbusto. Nativa. Andes. Yungas, 1500–2000 m.
Dept.: LP.
Tipo y muestra: *A.H. Gentry & J.C. Solomon 44439* (HT: MO; IT: F, LPB), *A.F. Fuentes C. et al. 4870* (LPB, MA, MG, MO).

Alchornea brittonii Secco, Fl. Neotrop. 93: 95, f. 34, 35. 2004.
Sin.: *Conceveiba pubescens* Britton, *Alchornea iricurana* fo. *pubescens* (Britton) Pax & K. Hoffm., *Alchornea pubescens* (Britton) Secco
Árbol. Nativa. Andes. Yungas, 1000–1500 m.
Dept.: LP.
Tipo y muestra: *H.H. Rusby 2655* (LT: US; ILT: BM, C, GH, K, MICH, NY, W; fotos: F), *A.F. Fuentes C. et al. 9242* (BOLV, CTES, LPB, MA, MG, MO, NY, USZ).

Alchornea castaneifolia (Humb. & Bonpl. ex Willd.) A. Juss., Euphorb. Gen. 42. 1824.
Sin.: *Hermesia castaneifolia* Humb. & Bonpl. ex Willd., *Hermesia salicifolia* Baill., *Alchornea castaneifolia* var. *salicifolia* (Baill.) Baill., *Alchornea salicifolia* Baill., *Alchornea castaneifolia* var. *genuina* Müll. Arg.
Ref.: Foster (1958), Moraes R. (1990), Vargas Caballero (1993), Alverson et al. (2000), Secco (2004).
Arbolito, árbol. Nativa. Zonas Bajas. Bosque Húmedo, Sabanas Benianas del Sur, 0–500 m.
Dept.: BE, LP, PA.
Muestra: *M.H. Nee 31812* (LPB, MO, NY).

Alchornea discolor Poepp., Nov. Gen. Sp. Pl. 3: 19. 1841.
Sin.: *Alchornea schomburgkii* Klotzsch, *Alchornea gardneri* Müll. Arg., *Alchornea glaziovii* Pax & K. Hoffm., *Alchornea brachygyne* Pax & K. Hoffm.
Ref.: Vargas Caballero (1993), Killeen & Schulenberg (1998), Secco (2004).
Arbusto, árbol. Nativa. Zonas Bajas. Bosque Húmedo, Sabanas Benianas del Norte, Sabanas Benianas del Sur, 0–500 m.
Dept.: BE, PA, SC.
Muestra: *R. Guillén V. & V. Roca 3010* (AAU, DAV, MG, MO, NY, USZ).

Alchornea fluviatilis Secco, Bol. Mus. Paraense Emílio Goeldi, n.s., Bot. 9: 60. 1993.
Ref.: Killeen & Schulenberg (1998), Secco (2004).
Arbusto, árbol. Nativa. Zonas Bajas. Bosque Húmedo, Campos Amazónicos, 0–500 m.
Dept.: BE, LP, PA, SC.
Muestra: *R. Guillén V. & V. Roca 3102* (DAV, MG, MO, USZ).
Nom. Vern.: Palo corcho.

Alchornea glandulosa Poepp., Nov. Gen. Sp. Pl. 3: 18, pl. 221. 1841.
Sin.: *Alchornea glandulosa* var. *genuina* Müll. Arg., *Alchornea glandulosa* var. *pavoniana* Müll. Arg., *Alchornea pittieri* Pax, *Alchornea glandulosa* var. *hispida* Pax & K. Hoffm., *Alchornea glandulosa* var. *pittieri* (Pax) Pax, *Alchornea sodiroi* Pax & K. Hoffm., *Alchornea umboensis* Croizat
Ref.: Parker & Bailey (1991), Vargas Caballero (1993), Killeen & Schulenberg (1998), Alverson et al. (2000), Secco (2004).
Arbusto, árbol. Nativa. Zonas Bajas, Andes. Bosque Húmedo, Bosque Semideciduo Chiquitano, Yungas, 0–2500 m.
Dept.: BE, CO, LP, PA, SC.
Muestra: *R. Seidel 2591* (DAV, LPB, M, MG, MO, NY).
Infra: *Alchornea glandulosa* var. *glandulosa*
Nom. Vern.: Algodoncillo del monte, papuc, tabaquillo.

Alchornea grandiflora Müll. Arg., Linnaea 34: 170. 1865.
Sin.: *Alchornea triplinervia* var. *meridensis* Müll. Arg.
Ref.: Secco (2004).
Arbusto, árbol. Nativa. Andes. Yungas, 2000–2500 m.
Dept.: LP.
Muestra: *S.G. Beck 6126* (LPB).

Alchornea hilariana Baill., Adansonia 5: 240. 1865.
Sin.: *Alchornea megalostylis* Rusby
Ref.: Foster (1958), Vargas Caballero (1993), Secco (2004).
Arbusto, árbol. Nativa. Zonas Bajas. Bosque Húmedo, 500–1000 m.
Dept.: LP.
Muestra: *M. Bang 2375* (MO, NY, US).

Alchornea latifolia Sw., Prodr. 98. 1788.
Sin.: *Manettia serrata* Spreng. ex Schult. & Schult. f., *Alchornea glandulosa* Poit. & Baill., *Alchornea similis* Müll. Arg., *Alchornea platyphylla* Müll. Arg., *Alchornea polyantha* Pax & K. Hoffm., *Alchornea haitiensis* Urb., *Alchornea latifolia* var. *islaensis* Kitan.
Ref.: Foster (1958), Vargas Caballero (1993), Secco (2004).
Liana, arbusto, árbol. Nativa. Andes. Yungas, 1000–1500 m.
Dept.: LP.
Muestra: *H.H. Rusby 2656* (GH).

Alchornea pearcei Britton ex Rusby, Bull. Torrey Bot. Club 28: 305. 1901.
Sin.: *Alchornea coriacea* Ule, *Alchornea sclerophylla* Pax, *Alchornea pearcei* var. *coriacea* (Ule) Pax, *Alchornea pearcei* var. *sclerophylla* (Pax) Pax
Ref.: Foster (1958), Vargas Caballero (1993), Secco (2004).
Liana, arbusto, árbol. Nativa. Zonas Bajas, Andes. Bosque Húmedo, Yungas, 500–2000 m.
Dept.: CO, LP, SC.
Tipo y muestra: *H.H. Rusby 1975* (HT: NY), *J.C. Solomon 9276* (LPB, MO).

Alchornea triplinervia (Spreng.) Müll. Arg., Prodr. 15(2): 909. 1866.
Sin.: *Antidesma triplinervium* Spreng., *Alchornea janeirensis* Casar., *Alchornea nemoralis* Mart., *Alchornea parvifolia* Miq., *Alchornea glandulosa* var. *parvifolia* Benth., *Alchornea nemoralis* var. *lanceolata* Baill., *Alchornea triplinervia* fo. *intermedia* (Baill.) Müll. Arg., *Alchornea triplinervia* fo. *psilorhachis* Müll. Arg., *Alchornea triplinervia* var. *crassifolia* Müll. Arg., *Alchornea triplinervia* var. *laevigata* Müll. Arg., *Alchornea triplinervia* var. *tomentella* Müll. Arg., *Alchornea triplinervia* var. *iricuranoide* Chodat & Hassl., *Alchornea acroneura* Pax & K. Hoffm., *Alchornea brevistyla* Pax & K. Hoffm., *Alchornea obovata* Pax & K. Hoffm., *Alchornea triplinervia* var. *boliviana* Pax & K. Hoffm., *Alchornea triplinervia* var. *trinitatis* L. Riley
Ref.: Foster (1958), Parker & Bailey (1991), Vargas Caballero (1993), Killeen & Schulenberg (1998), Alverson et al. (2000), Secco (2004).
Liana, arbusto, árbol. Nativa. Zonas Bajas, Andes. Bosque Húmedo, Yungas, 500–3000 m.

Dept.: BE, CO, LP, PA, SC.
Muestra: *S.G. Beck 12621* (CTES, DAV, LPB, M, MG, NY).
Nom. Vern.: Chaka chaka.

Alchorneopsis Müll. Arg., Linnaea 34: 156. 1865.

1 especie, 0 especies endémicas.

Alchorneopsis floribunda (Benth.) Müll. Arg., Linnaea 34: 156. 1865.
Sin.: *Alchornea glandulosa* var. *floribunda* Benth.
Ref.: Webster & Burch (1967 [1968]), Webster & Huft (1988), Burger & Huft (1995), Vásquez Martínez (1997), Webster (1999).
Árbol. Nativa. Zonas Bajas. Bosque Húmedo, 0–500 m.
Dept.: PA.
Muestra: *A. Jardim 910* (USZ).

Aparisthmium Endl., Gen. Pl. 1112. 1840.

1 especie, 0 especies endémicas.

Aparisthmium cordatum (A. Juss.) Baill., Adansonia 5: 307. 1865.
Sin.: *Conceveiba cordata* A. Juss., *Alchornea macrophylla* Mart., *Alchornea latifolia* Klotzsch, *Conceveiba macropylla* (Mart.) Klotzsch ex Benth., *Aparisthmium macrophyllum* (Mart.) Baill., *Styloceras macrostachyum* Poepp. ex Baill., *Aparisthmium spruceanum* Baill., *Alchornea cordata* (A. Juss.) Müll. Arg., *Alchornea orinocensis* Croizat
Ref.: Foster (1958), Parker & Bailey (1991), Vargas Caballero (1993), Killeen & Schulenberg (1998), Alverson et al. (2000), Arrázola Rivero et al. (2000), Secco (2004).
Arbusto, árbol. Nativa. Zonas Bajas, Andes. Bosque Húmedo, Yungas, 0–1500 m.
Dept.: BE, CO, LP, PA, SC.
Muestra: *B.M. Boom 4063* (LPB, MO, NY).
Nom. Vern.: Hucaxapo (Chacobo), mamamaxé, salancachi.

Argythamnia P. Browne, Civ. Nat. Hist. Jamaica 338–339. 1756.

1 especie, 1 especie endémica.

Argythamnia illimaniensis Müll. Arg., Linnaea 34: 146. 1865.
Sin.: *Ditaxis illimaniensis* Baill.
Subarbusto, arbusto. Endémica. Andes. Valles Secos, 3000–3500 m.
Dept.: LP.
Tipo: *J.B. Pentland 34* (HT: P).
Nota: Conocida solamente del tipo. *D. illimaniensis* es un *nom. nud.*, no existe un nombre válido en *Ditaxis*.

Astraea Klotzsch, Arch. Naturgesch. 7(1): 194. 1841.

2 especies, 0 especies endémicas.

Astraea hauthalii (Kuntze) P.E. Berry, Darwiniana 45: 238. 2007.
Sin.: *Oxydectes hauthalii* Kuntze, *Croton hauthalii* (Kuntze) K. Schum., *Croton rumicifolius* Chodat & Hassl.
Hierba. Nativa. Zonas Bajas. Campos Cerrados, 500–1000 m.
Dept.: SC.
Muestra: *J.R.I. Wood & J.D. Soto 23439* (K, USZ).
Nota: Nuevo registro para Bolivia.

Astraea lobata (L.) Klotzsch, Arch. Naturgesch. 7(1): 194. 1841.
Sin.: *Croton lobatus* L., *Croton riparius* Kunth, *Astraea seemannii* Klotzsch, *Croton lobatus* var. *seemannii* (Klotzsch) Müll. Arg.
Ref.: Standley & Steyermark (1949), Macbride (1951), Foster (1958), Brako (1993e), Burger & Huft (1995), Webster et al. (2001), Berry et al. (2005).
Hierba. Adventicia. Zonas Bajas, Andes. Bosque Húmedo, Bosque Semideciduo Chiquitano, Bosque Seco Chaqueño, Campos Cerrados, Valles Secos, 0–1500 m.
Dept.: BE, LP, SC, TA.
Muestra: *E. Vallejos 10* (MO, USZ).

Bernardia Houst. ex Mill., Gard. Dict. Abr. (ed. 4) vol. 1. 1754.

3 especies, 0 especies endémicas.

Bernardia hassleriana Chodat, Bull. Herb. Boissier, sér. 2, 1: 397. 1901.
Ref.: Govaerts et al. (2000).
Árbol. Nativa. Andes. Valles Secos, 1000–1500 m.
Dept.: LP.
Muestra: *N. Helme 114* (DAV, LPB).
Nota: Identificación tentativa.

Bernardia paraguariensis Chodat & Hassl., Bull. Herb. Boissier, sér. 2, 5: 503. 1905.
Sin.: *Bernardia paraguariensis* fo. *orbiculata* Chodat & Hassl., *Bernardia rotundifolia* Herzog
Ref.: Foster (1958).
Hierba, subarbusto. Nativa. Zonas Bajas. Bosque Semideciduo Chiquitano, 0–1000 m.
Dept.: SC.
Muestra: *A. Jardim & F. Mamani 3669* (MO, USZ).

Bernardia pulchella (Baill.) Müll. Arg., Fl. Bras. 11(2): 392. 1874.
Sin.: *Adelia pulchella* Baill.
Hierba. Nativa. Andes. Yungas, 1000–1500 m.
Dept.: LP.
Muestra: *M.H. Nee & J.C. Solomon 30322* (MO, NY).

Caperonia A. St.-Hil., Hist. Pl. Remarq. Bresil 3/4: 244–247. 1825.

3 especies, 0 especies endémicas.

Caperonia castaneifolia (L.) A. St.-Hil., Hist. Pl. Remarq. Bresil 3/4: 245. 1825.
Sin.: *Croton castaneifolius* L., *Caperonia paludosa* Klotzsch, *Caperonia panamensis* Klotzsch, *Caperonia stenophylla* Müll. Arg., *Caperonia angusta* S.F. Blake, *Caperonia stenomeres* S.F. Blake
Ref.: Macbride (1951), Foster (1958), Moraes R. (1990), Burger & Huft (1995), Killeen & Schulenberg (1998), Webster et al. (2001).
Hierba, acuática. Nativa. Zonas Bajas. Campos Cerrados, Sabanas Benianas del Norte, Sabanas Benianas del Sur, Campos Amazónicos, 0–500 m.
Dept.: BE, SC.
Muestra: *J.C. Solomon et al. 8139* (F, LPB, MO).

Caperonia glabrata Pax & K. Hoffm., Pflanzenr. IV. 147 VI(Heft 57): 43. 1912.
Ref.: Killeen & Schulenberg (1998).
Hierba. Nativa. Zonas Bajas. Sabanas Benianas del Sur, Campos Amazónicos, 0–500 m.
Dept.: SC.
Muestra: *R.C. Quevedo et al. 2650* (DAV, MO).

Caperonia palustris (L.) A. St.-Hil., Hist. Pl. Remarq. Bresil 3/4: 245. 1825.
Sin.: *Croton palustris* L.
Ref.: Parker & Bailey (1991), Burger & Huft (1995), Killeen & Schulenberg (1998), Webster et al. (2001).
Hierba. Nativa. Zonas Bajas. Sabanas Benianas del Sur, Campos Amazónicos, 0–500 m.
Dept.: BE, CO, LP, SC.
Muestra: *N.P. Ritter et al. 3691* (MO, NHA, USZ).

Caryodendron H. Karst., Fl. Columb. 1: 91. 1860.

1 especie, 0 especies endémicas.

Caryodendron amazonicum Ducke, Trop. Woods 76: 18. 1943.
Ref.: Parker & Bailey (1991), Brako (1993e), Vásquez Martínez (1997).
Árbol. Nativa. Zonas Bajas. Bosque Húmedo, 0–500 m.
Dept.: LP.
Muestra: *A.H. Gentry & S. Estenssoro C. 70541* (LPB, MO).

Nota: Frecuentemente confundida con *C. orinocense*, de los Andes de Colombia y Venezuela. *C. amazonicum* tiene inflorescencias masculinas espigadas, mientras que en *C. orinocense* son paniculadas.

[Caryodendron orinocense H. Karst.], Fl. Columb. 1: 91, pl. 45. 1858.
Ref.: Parker & Bailey (1991).
Nota: El registro se basa en material mal identificado de *C. amazonicum*. *C. orinocense* es nativa de los Andes de Colombia y Venezuela.

Chaetocarpus Thwaites, Hooker's J. Bot. Kew Gard. Misc. 6: 300, pl. 10a. 1854.

3 especies, 1 especie endémica.

Chaetocarpus echinocarpus (Baill.) Ducke, Arq. Serv. Florest. 1: 32. 1939.
Sin.: *Pera echinocarpa* Baill., *Chaetocarpus pohlii* Müll. Arg.
Ref.: Vargas Caballero (1993), Vásquez Martínez (1997), Killeen & Schulenberg (1998).
Árbol. Nativa. Zonas Bajas, Andes. Bosque Húmedo, Campos Cerrados, Sabanas Benianas del Norte, Campos Amazónicos, Yungas, 0–2000 m.
Dept.: BE, LP, SC.
Muestra: *A. Krapovickas 31762* (MO).

Chaetocarpus myrsinites Baill., Adansonia 11: 95. 1873.
Sin.: *Chaetocarpus stipularis* Gleason
Ref.: Fuentes Claros et al. (2009).
Arbolito, árbol. Nativa. Andes. Yungas, 1000–2000 m.
Dept.: LP.
Muestra: *A.F. Fuentes C. et al. 7644* (AAU, BOLV, CTES, LPB, MA, MO, NY, USZ).
Infra: *Chaetocarpus myrsinites* var. *stipularis* (Gleason) M. Alves

Chaetocarpus pearcei Rusby, Bull. New York Bot. Gard. 8(28): 102. 1912.
Ref.: Foster (1958), Vargas Caballero (1993), Govaerts et al. (2000).
Árbol. Endémica. Zonas Bajas, Andes. Bosque Húmedo, Yungas, 500–2000 m.
Dept.: LP.
Tipo y muestra: *R.S. Williams 1576* (HT: NY), *M.J. Macía 7478* (LPB).

Chiropetalum A. Juss., Ann. Sci. Nat. (Paris) 25: 21. 1832.

1 especie, 0 especies endémicas.

Chiropetalum boliviense (Müll. Arg.) Pax & K. Hoffm., Pflanzenr. IV. 147 VI(Heft 68): 94. 1912.
Sin.: *Argythamnia boliviensis* Müll. Arg., *Chiropetalum triandrum* Griseb.
Ref.: Foster (1958), Ingram (1980), Govaerts et al. (2000).
Subarbusto, arbusto. Nativa. Zonas Bajas, Andes. Bosque Húmedo, Bosque Seco Chaqueño, Bosque Serrano Chaqueño, Valles Secos, 0–500, 1500–3500 m.
Dept.: LP, SC, TA.
Tipo y muestra: *G. Mandon 1081* (HT: G; IT: A, F, F, GH, NY, NY; fotos: F ex G), *J.C. Solomon & M.H. Nee 18164* (LPB, MO).

Cleidion Blume, Bijdr. Fl. Ned. Ind. 612. 1826.

3 especies, 0 especies endémicas.

Cleidion amazonicum Ule, Verh. Bot. Vereins Prov. Brandenburg 50: 76. 1908.
Ref.: Macbride (1951), Foster (1958), Brako (1993e), Vargas Caballero (1993), Vásquez Martínez (1997), Secco (2001).
Arbusto, arbolito, árbol. Nativa. Zonas Bajas. Bosque Húmedo, 0–500 m.
Dept.: BE, PA, SC.
Muestra: *S.G. Beck et al. 19551* (COL, LPB, MG, POR, Q, USZ).

Cleidion castaneifolium Müll. Arg., Linnaea 34: 184. 1865.
Sin.: *Cleidion membranaceum* Pax & K. Hoffm.
Arbolito. Nativa. Zonas Bajas. Bosque Húmedo, 500–1000 m.
Dept.: LP.
Muestra: *R. Seidel & M. Schulte 2183* (DAV, LPB, M, NY).

Cleidion tricoccum (Casar.) Baill., Adansonia 4: 370. 1864.
Sin.: *Redia tricocca* Casar.
Ref.: Foster (1958), Secco (2001).
Arbusto. Nativa. Zonas Bajas. Bosque Húmedo, 0–500 m.
Dept.: PA.
Muestra: *S.G. Beck 19239* (LPB, MG).

Cnidoscolus Pohl, Pl. Bras. Icon. Descr. 1(2[–3]): 56–60[–63], pl. 49–50[–52]. 1827.

5 especies, 2 especies endémicas.

[Cnidoscolus albomaculatus (Pax) I.M. Johnst.], Contr. Gray Herb. 68: 86. 1923.
Sin.: *Jatropha albomaculata* Pax
Ref.: López Vargas (1995), Killeen & Schulenberg (1998), Serrano & Terán (1998 [2000]).
Nota: El registro se basa en material mal identificado de *C. beckii*.

Cnidoscolus beckii Fern. Casas, Fontqueria 55(37): 277. 2005.
Hierba. Endémica. Zonas Bajas, Andes. Bosque Seco Chaqueño, Bosque Serrano Chaqueño, 0–500, 1000–1500 m.
Dept.: CH, TA.
Tipo y muestra: *S.G. Beck & M. Liberman 9778* (HT: LPB; IT: DAV, M, MO, NY), *A. Krapovickas & A. Schinini 31147* (CTES).

Cnidoscolus cnicodendron Griseb., Abh. Königl. Ges. Wiss. Göttingen 24: 53. 1879.
Ref.: Wood et al. (2011).
Arbusto. Nativa. Zonas Bajas, Andes. Bosque Seco Chaqueño, Valles Secos, 0–2500 m.
Dept.: CH, CO, PO, SC, TA.
Muestra: *S.G. Beck 9409* (DAV, F, LPB, M, MEXU, MO, NY).
Nota: Especie polimorfa, divisible en categorías infraespecíficas.
Nom. Vern.: Atjapalla, ithapallo, pica pica.

Cnidoscolus orientensis Fern. Casas, Fontqueria 55: 454. 2008.
Ref.: Wood et al. (2011).
Hierba. Endémica. Zonas Bajas. Bosque Seco Chaqueño, 0–500 m.
Dept.: SC.
Tipo: *J.R.I. Wood & E. Guzmán 17510* (HT: K; IT: LPB).
Nota: Conocida solamente del tipo.

Cnidoscolus tubulosus (Müll. Arg.) I.M. Johnst., Contr. Gray Herb. 68: 86. 1923.
Sin.: *Jatropha tubulosa* Müll. Arg., *Jatropha tubulosa* var. *triloba* Müll. Arg.
Ref.: Foster (1958), López Vargas (1995), Jardim et al. (2003), Arroyo Padilla & Villarroel Segarra (2009).
Hierba, arbusto. Nativa. Zonas Bajas, Andes. Bosque Semideciduo Chiquitano, Bosque Seco Chaqueño, Yungas, Bosque Tucumano-Boliviano, 0–1500, 2000–2500 m.
Dept.: BE, CH, CO, LP, PO, SC, TA.
Muestra: *S.G. Beck 23225* (LPB, MA).
Nom. Vern.: Itapallu.

Cnidoscolus urens (L.) Arthur, Torreya 21: 11. 1921.
Sin.: *Jatropha urens* L.
Ref.: Burger & Huft (1995), Webster et al. (2001).
Hierba, arbusto. Nativa. Zonas Bajas,

Andes. Bosque Húmedo, Bosque Semideciduo Chiquitano, Bosque Seco Chaqueño, Yungas, 0–2000 m.
Dept.: BE, CH, LP, SC, TA.
Muestra: *T.B. Croat 51653* (F, LPB, MO, NY).
Nota: Existen numerosas muestras con identificación problemática en Bolivia.
Nom. Vern.: Itapallo.

[Cnidoscolus vitifolius (Mill.) Pohl], Pl. Bras. Icon. Descr. 1: 61. 1827.
Sin.: *Jatropha vitifolia* Mill.
Ref.: Serrano & Terán (1998 [2000]).
Nota: El registro se basa en material mal identificado de *C. cnicodendron*.

Codiaeum Rumph. ex A. Juss., Euphorb. Gen. 33. 1824.
1 especie, 0 especies endémicas.

Codiaeum variegatum (L.) Rumph. ex A. Juss., Euphorb. Gen. 80, 111, pl. 9, f. 30. 1824.
Sin.: *Croton variegatus* L., *Codiaeum variegatum* (L.) Blume
Ref.: Burger & Huft (1995), Webster et al. (2001).
Arbusto. Cultivada. Zonas Bajas. Bosque Húmedo, Bosque Semideciduo Chiquitano, Campos Cerrados, 0–1000 m.
Dept.: LP, SC.
Muestra: *L. Arroyo P. & M. Menacho Viruez 261* (USZ).
Nota: Nativa del Sureste de Asia.

Conceveiba Aubl., Hist. Pl. Guiane 2: 923. 1775.
2 especies, 0 especies endémicas.

Conceveiba guianensis Aubl., Hist. Pl. Guiane 2: 924, t. 353. 1775.
Sin.: *Conceveiba trigonocarpa* Müll. Arg., *Conceveiba simulata* Steyerm.
Ref.: Foster (1958), Secco (2004), Murillo Aldana (2005).
Arbusto, árbol. Nativa. Zonas Bajas. Bosque Húmedo, 0–500 m.
Dept.: PA.
Muestra: *F.J. Fernández Casas 8215* (HUA, MA, MO, NY).

Conceveiba martiana Baill., Adansonia 5: 221. 1865.
Sin.: *Conceveiba megalophylla* Müll. Arg., *Alchornea martiana* (Baill.) Müll. Arg., *Conceveibastrum martianum* (Baill.) Pax & K. Hoffm.
Ref.: Secco (2004).
Arbusto, árbol. Nativa. Zonas Bajas. Bosque Húmedo, 0–500 m.
Dept.: PA.
Muestra: *G.T. Prance et al. 8450* (COL, IAN, INPA, K, MG, MO, NY, VEN).

Croton L., Sp. Pl. 2: 1004. 1753.
79 especies, 12 especies endémicas.

Croton aberrans Müll. Arg., Fl. Bras. 11(2): 232. 1873.
Sin.: *Croton guaraniticus* Chodat & Hassl.
Ref.: Wood et al. (2011).
Hierba, arbusto. Nativa. Zonas Bajas. Campos Cerrados, 500–1000 m.
Dept.: SC.
Muestra: *L. Arroyo P. et al. 3639* (MICH, MO, US, USZ).

Croton abutilifolius Croizat, Darwiniana 6: 448. 1944.
Ref.: Foster (1958), Vargas Caballero (1993).
Árbol. Endémica. Zonas Bajas, Andes. Bosque Húmedo, Campos Cerrados, Bosque Serrano Chaqueño, Valles Secos, 500–1500 m.
Dept.: BE, LP, SC, TA.
Tipo y muestra: *M. Cárdenas 1155* (HT: NY; IT: GH), *M.H. Nee 48668* (MO, NY).

Croton abutilopsis G.L. Webster, Novon 2(3): 271. 1992.
Sin.: *Julocroton abutiloides* S. Moore
Arbusto. Nativa. Zonas Bajas. Bosque Semideciduo Chiquitano, 0–500 m.
Dept.: SC.
Muestra: *E. Werdermann 2607* (LPB, MO).

Croton ackermannianus (Müll. Arg.) G.L. Webster, Novon 2(3): 271. 1992.
Sin.: *Julocroton ackermannianus* Müll. Arg.
Ref.: Killeen & Schulenberg (1998).
Hierba, subarbusto. Nativa. Zonas Bajas. Campos Cerrados, 0–1000 m.
Dept.: SC.
Muestra: *T. Killeen et al. 5897* (MO, NY, USZ).

Croton andinus Müll. Arg., Linnaea 34: 126. 1865.
Sin.: *Croton psammophilus* Lillo
Ref.: Macbride (1951), Foster (1958), Brako (1993e), López Vargas (1995), Saravia Miranda (1996), Serrano & Terán (1998 [2000]).
Hierba, subarbusto. Nativa. Zonas Bajas, Andes. Bosque Seco Chaqueño, Campos Cerrados, Valles Secos, 0–2500 m.
Dept.: CH, CO, SC, TA.
Tipo y muestra: *G. Mandon 1075* (LT: P), *M.H. Nee 42107* (LPB, MO, NY).
Nom. Vern.: k'uru k'uru, taporita, tupeisa (Guaraní).

Croton antisyphiliticus Mart., Reise Bras. 1: 282. 1823.
Arbusto. Nativa. Zonas Bajas. Campos Cerrados, 500–1000 m.
Dept.: SC.
Muestra: *J.R.I. Wood et al. 23729* (K, USZ).

Croton apicifolius Croizat, Darwiniana 6: 447. 1944.
Ref.: Foster (1958).
Arbusto. Endémica. Andes. Yungas, 1500–2000 m.
Dept.: LP.
Tipo: *C. Troll 2891* (HT: B; IT: A, JE, M).
Nota: Conocida solamente del tipo.

Croton argenteus L., Sp. Pl. 2: 1004. 1753.
Sin.: *Julocroton argenteus* (L.) Didr., *Julocroton argenteus* var. *managuensis* Ram. Goyena, *Croton atwoodianus* F. Seym., *Croton integer* (Chodat) Radcl.-Sm. & Govaerts
Ref.: Webster & Huft (1988), Burger & Huft (1995), Webster et al. (2001).
Hierba, subarbusto. Nativa. Zonas Bajas. Sabanas Benianas del Sur, 0–500 m.
Dept.: BE, SC.
Muestra: *M.H. Nee 39496* (LPB, MO, NY).

Croton argentinus Müll. Arg., J. Bot. 12: 200. 1874.
Subarbusto. Nativa. Andes. Bosque Serrano Chaqueño, Valles Secos, 1500–3000 m.
Dept.: CO, SC.
Muestra: *J.M. Mendoza & S. Acebo 898* (K, LPB, USZ).

Croton argyrophyllus Kunth, Nov. Gen. Sp. (quarto ed.) 2: 68. 1817.
Sin.: *Croton argyroglossus* Baill.
Arbusto. Nativa. Zonas Bajas. Bosque Semideciduo Chiquitano, Bosque Seco Chaqueño, 0–500 m.
Dept.: SC.
Muestra: *A.F. Fuentes C. & G. Navarro 2161* (LPB, MO, NY, USZ).

Croton avulsus Croizat, Darwiniana 6: 450. 1944.
Ref.: Foster (1958), Serrano & Terán (1998 [2000]).
Arbusto. Endémica. Andes. Valles Secos, 2000–3000 m.
Dept.: CH, SC, TA.
Tipo y muestra: *R.E. Fries 1314* (T: GH), *J.C. Solomon 10274* (LPB, MO, NY).

Croton bangii Rusby, Mem. Torrey Bot. Club 4(3): 256. 1895.
Ref.: Foster (1958).

Arbusto. Endémica. Andes. Valles Secos, 2000–3000 m.
Dept.: LP.
Tipo y muestra: *M. Bang 745* (HT: NY; IT: A, GH, MO-1905577, NY, US, US), *J.C. Solomon 5072* (MO).

Croton beetlei Croizat, J. Arnold Arbor. 21(1): 104–105. 1940.
Arbusto, árbol. Nativa. Zonas Bajas. Bosque Húmedo, Bosque Semideciduo Chiquitano, 500–1000 m.
Dept.: LP, SC.
Muestra: *M.H. Nee 36343* (LPB, MO, NY, USZ).

Croton bonplandianus Baill., Adansonia 4: 339. 1864.
Sin.: *Croton pauperulus* Müll. Arg., *Croton sparsiflorus* Morong
Ref.: Foster (1958).
Hierba. Nativa. Zonas Bajas. Bosque Seco Chaqueño, 0–1000 m.
Dept.: CH, CO, SC.
Muestra: *R. Frey et al. 581* (MO).

Croton cajucara Benth., Hooker's J. Bot. Kew Gard. Misc. 6: 376. 1854.
Ref.: Killeen & Schulenberg (1998).
Hierba. Nativa. Zonas Bajas. Campos Cerrados, 0–1000 m.
Dept.: SC.
Muestra: *J. Guillén et al. 268* (MO, NY).

Croton campestris A. St.-Hil., Pl. Usuel. Bras. t. 60. 1827.
Ref.: Wood et al. (2011).
Hierba. Nativa. Zonas Bajas. Campos Cerrados, 0–500 m.
Dept.: SC.
Muestra: *T. Killeen 1332* (LPB, MO, USZ).

Croton carandaitensis Croizat, Darwiniana 6: 460. 1944.
Subarbusto. Nativa. Zonas Bajas. Bosque Seco Chaqueño, 0–500 m.
Dept.: CH, SC.
Tipo y muestra: *T. Rojas 7189* (HT: A; IT: AS), *J. Steinbach 1793* (LPB, SI).

Croton cardenasii Standl., Publ. Field Mus. Nat. Hist., Bot. Ser. 22(1): 34. 1940.
Ref.: Foster (1958), Govaerts et al. (2000).
Hierba. Endémica. Zonas Bajas. Campos Cerrados, 0–500 m.
Dept.: SC.
Tipo: *M. Cárdenas 3018* (HT: F).
Nota: Conocida solamente del tipo.

Croton chaetocalyx Müll. Arg., Linnaea 34: 133. 1865.
Ref.: Killeen & Schulenberg (1998).
Hierba. Nativa. Zonas Bajas. Campos Cerrados, 0–500 m.
Dept.: SC.
Muestra: *B. Mostacedo et al. 1449* (MO, USZ).

Croton charaguensis Standl., Publ. Field Mus. Nat. Hist., Bot. Ser. 22(1): 35. 1940.
Ref.: Foster (1958), Govaerts et al. (2000).
Arbusto, arbolito. Nativa. Zonas Bajas, Andes. Bosque Seco Chaqueño, Bosque Serrano Chaqueño, 500–2000 m.
Dept.: SC, TA.
Tipo y muestra: *M. Cárdenas 2779* (HT: F; IT: GH), *S.G. Beck & M. Liberman 9820* (DAV, LPB, M, WIS).

Croton conduplicatus Kunth, Nov. Gen. Sp. (quarto ed.) 2: 80. 1817.
Sin.: *Croton rhamnifolius* Kunth
Arbusto. Nativa. Zonas Bajas. Bosque Seco Chaqueño, 500–1000 m.
Dept.: SC.
Muestra: *M.H. Nee 51159* (MICH, MO, NY).

Croton corchoropsis Baill., Adansonia 4: 364. 1864.
Subarbusto. Nativa. Zonas Bajas. Bosque Semideciduo Chiquitano, Campos Cerrados, 0–500 m.
Dept.: SC.
Muestra: *J.R.I. Wood & J.D. Soto 27378* (K, USZ).

Croton cuneatus Klotzsch, London J. Bot. 2: 49. 1843.
Árbol. Nativa. Zonas Bajas. Bosque Húmedo, 0–500 m.
Dept.: BE, PA.
Muestra: *L. Vargas et al. 981* (F, LPB, MG, USZ).

Croton curiosus Croizat, J. Arnold Arbor. 21: 105. 1940.
Hierba. Nativa. Andes. Valles Secos, 2000–3000 m.
Dept.: CH, PO.
Muestra: *S.G. Beck 698* (DAV, LPB, MICH).

Croton didrichsenii G.L. Webster, Novon 2(3): 271. 1992.
Sin.: *Julocroton humilis* Didr.
Arbusto. Nativa. Zonas Bajas. Sabanas Benianas del Norte, 0–500 m.
Dept.: BE.
Muestra: *S.G. Beck 20638* (DAV, LPB).

Croton doctoris S. Moore, Trans. Linn. Soc. London, Bot. 4: 456. 1895.
Ref.: Vargas Caballero (1993).
Subarbusto. Nativa. Zonas Bajas. Bosque Semideciduo Chiquitano, 0–500 m.
Dept.: SC.
Muestra: *I.G. Vargas et al. 3441* (LPB, NY, USZ).

Croton emporiorum Croizat, J. Arnold Arbor. 21: 97. 1940.
Ref.: Foster (1958), López Vargas (1995).
Arbusto. Nativa. Andes. Bosque Tucumano-Boliviano, 1500–2500 m.
Dept.: SC, TA.
Tipo y muestra: *K. Fiebrig 2243* (HT: A; IT: BM, GH, M, NY, S, SI, U), *M. Serrano & J. Villalobos 7430* (HSB, MICH, MO).

Croton erythrochyloides Croizat, Darwiniana 6: 449. 1944.
Ref.: Foster (1958), Vargas Caballero (1993).
Árbol. Nativa. Andes. Yungas, 1000–1500 m.
Dept.: BE, LP.
Tipo y muestra: *B.A. Krukoff 10564* (HT: A; IT: K, LIL, LPB, MO-1247057, S, U, UC), *M. Cárdenas 1787* (NY).

Croton flavispicatus Rusby, Mem. New York Bot. Gard. 7: 283. 1927.
Sin.: *Julocroton peruvianus* Müll. Arg., *Julocroton paniculatus* Pax & K. Hoffm., *Julocroton peruvianus* var. *flavispicatus* (Rusby) Croizat
Ref.: Macbride (1951), Foster (1958), Webster (1992), Brako (1993e).
Arbusto. Nativa. Zonas Bajas. Bosque Seco Chaqueño, 0–1000 m.
Dept.: LP, SC.
Tipo y muestra: *M. Cárdenas 2026* (HT: NY; IT: GH; fotos: DAV), *M.H. Nee 40179* (MO, NY).

Croton fragrantulus Croizat, Darwiniana 6: 446. 1944.
Ref.: Brako (1993).
Árbol. Nativa. Zonas Bajas. Bosque Semideciduo Chiquitano, 0–500 m.
Dept.: SC.
Muestra: *P.F. Foster 424* (MO, USZ).

[Croton frieseanus Müll. Arg.], Prodr. 15(2): 543. 1866.
Ref.: Foster (1958).
Nota: Especie dudosa. El reporte de Foster (1958) se basa en *Cuming s.n.* (G-DC, U), procedente de *America meridionalis*.

Croton glandulosus L., Syst. Nat. (ed. 10) 2: 1275. 1759.
Ref.: Standley & Steyermark (1949), Foster (1958), Brako (1993e), Burger & Huft (1995), Serrano & Terán (1998 [2000]), Webster et al. (2001).
Hierba. Adventicia. Zonas Bajas,

Andes. Bosque Húmedo, Bosque Semideciduo Chiquitano, Campos Cerrados, Yungas, Valles Secos, 0–2000 m.
Dept.: CH, CO, LP, SC.
Muestra: *M.H. Nee 46102* (LPB, MO, NY).

Croton gracilipes Baill., Adansonia 4: 333. 1864.
Ref.: Arroyo Padilla & Villarroel Segarra (2009).
Arbusto. Nativa. Zonas Bajas, Andes. Bosque Semideciduo Chiquitano, Bosque Seco Chaqueño, Bosque Tucumano-Boliviano, Bosque Serrano Chaqueño, 0–2500 m.
Dept.: CH, CO, LP, SC.
Muestra: *M.H. Nee 39859* (LPB, MO, NY).

Croton grandivelum Baill., Adansonia 4: 322. 1864.
Hierba, arbusto. Nativa. Zonas Bajas. Campos Cerrados, 0–1000 m.
Dept.: SC.
Muestra: *J.R.I. Wood et al. 20069* (K).

Croton grewioides Baill., Adansonia 4: 365. 1864.
Arbusto. Nativa. Zonas Bajas, Andes. Bosque Seco Chaqueño, Bosque Serrano Chaqueño, 500–1500 m.
Dept.: CH, SC.
Muestra: *J.R.I. Wood & H. Huaylla 21063* (K, MICH).

Croton herzogianus (Pax & K. Hoffm.) Radcl.-Sm. & Govaerts, Kew Bull. 52: 184. 1997.
Sin.: *Julocroton herzogianus* Pax & K. Hoffm.
Ref.: Foster (1958).
Hierba. Endémica. Zonas Bajas. Bosque Semideciduo Chiquitano, Campos Cerrados, 500–1000 m.
Dept.: SC.
Tipo y muestra: *T. Herzog 1275* (HT: B destr.?; IT: F ex B, Z), *M.H. Nee 36422* (LPB, MO, NY).

Croton hieronymi Griseb., Abh. Königl. Ges. Wiss. Göttingen 24: 54. 1879.
Ref.: Foster (1958), Serrano & Terán (1998 [2000]).
Arbusto. Nativa. Zonas Bajas. Bosque Seco Chaqueño, 0–500 m.
Dept.: CH, SC.
Muestra: *A.F. Fuentes C. & G. Navarro 2179* (LPB, MO, USZ).
Nota: Muy similar a *C. doctoris*.

Croton hirtus L'Hér., Stirp. Nov. 17, pl. 9. 1785.
Sin.: *Croton glandulosus* var. *hirtus* (L'Hér.) Müll. Arg., *Croton glandulosus* subsp. *hirtus* (L'Hér.) Croizat
Ref.: Standley & Steyermark (1949), Burger & Huft (1995), Webster et al. (2001).
Hierba. Adventicia. Zonas Bajas, Andes. Bosque Húmedo, Bosque Seco Chaqueño, Yungas, Bosque Tucumano-Boliviano, Valles Secos, 0–2000 m.
Dept.: BE, CO, LP, SC, TA.
Muestra: *J.C. Solomon 7947* (LPB, MO).

Croton laceratoglandulosus Caruzo & Cordeiro, Bot. J. Linn. Soc. 158: 493. 2008.
Arbusto. Nativa. Zonas Bajas. Bosque Semideciduo Chiquitano, 0–500 m.
Dept.: SC.
Muestra: *J.R.I. Wood & F. Mamani 14095* (K, USZ).

Croton lachnostachyus Baill., Adansonia 4: 363. 1864.
Sin.: *Croton sarcopetalus* Müll. Arg., *Croton tucumanensis* Griseb., *Croton sarcopetalus* var. *longipetiolatus* Pax & K. Hoffm.
Ref.: Foster (1958), Serrano & Terán (1998 [2000]).
Arbusto. Nativa. Zonas Bajas, Andes. Bosque Seco Chaqueño, Bosque Serrano Chaqueño, 0–2000 m.
Dept.: CH, SC, TA.
Muestra: *R. Guillén V. & R. A. Medina 2609* (DAV, MO, USZ, WIS).
Nom. Vern.: Curo-curo chico.

Croton laeticapsulus Croizat, Darwiniana 6: 448. 1944.
Ref.: Foster (1958).
Arbusto. Endémica. Andes. Yungas, 2000–3000 m.
Dept.: CO.
Tipo y muestra: *M. Bang 971* (HT: GH; IT: E, MO, NY, NY, NY, PH, US, US, US), *M. Cárdenas & H.C. Cutler 7415* (US).

Croton lechleri Müll. Arg., Prodr. 15(2): 545. 1866.
Sin.: *Croton draco* var. *cordatus* Müll. Arg.
Ref.: Macbride (1951), Brako (1993e), Vargas Caballero (1993), Alverson et al. (2000).
Árbol. Nativa. Zonas Bajas, Andes. Bosque Húmedo, Campos Cerrados, Yungas, 0–1500 m.
Dept.: BE, LP, PA, SC.
Muestra: *S.G. Beck et al. 19033* (COL, LPB, MG, PORT, Q, USZ).
Nom. Vern.: Cataj, sangre de drago.

Croton longicolumellus B.W. van Ee & P.E. Berry, Syst. Bot. 36(1): 96–97. 2011.
Sin.: *Croton microcarpus* Müll. Arg., *Croton microcarpus* var. *robustus* Chodat & Hassl.
Arbusto. Nativa. Zonas Bajas. Campos Cerrados, 0–500 m.
Dept.: SC.
Muestra: *J.R.I. Wood et al. 27285* (K, USZ).

Croton malvoides (Croizat) Radcl.-Sm. & Govaerts, Kew Bull. 52: 198. 1997.
Sin.: *Julocroton malvoides* Croizat
Ref.: Foster (1958).
Arbusto. Nativa. Zonas Bajas. Bosque Seco Chaqueño, 500–1000 m.
Dept.: SC.
Muestra: *C. Troll 443* (B).
Nota: El protólogo indica que *Troll 443* posiblemente pertenece a esta especie, la identificación no ha sido confirmada.

Croton matourensis Aubl., Hist. Pl. Guiane 2: 879, t. 338. 1775.
Ref.: Macbride (1951), Foster (1958), Parker & Bailey (1991), Brako (1993e), Vargas Caballero (1993), Killeen & Schulenberg (1998), Alverson et al. (2000), Arrázola Rivero et al. (2000).
Árbol. Nativa. Zonas Bajas. Bosque Húmedo, 0–500 m.
Dept.: BE, PA, SC.
Muestra: *M.H. Nee & I. Vargas 43273* (MO, NY).
Nom. Vern.: Aliso blanco, jihuijoxo (Chácobo).

Croton micans Sw., Fl. Ind. Occid. 2: 1185. 1800.
Sin.: *Croton choristolepis* Urb.
Arbusto, arbolito. Nativa. Zonas Bajas. Bosque Semideciduo Chiquitano, Sabanas Benianas del Sur, 0–500 m.
Dept.: SC.
Muestra: *L. Sánchez & S. Ortiz 1103* (MO, USZ).

Croton nepetifolius Baill., Adansonia 4: 344. 1864.
Sin.: *Croton roborensis* Standl.
Ref.: Foster (1958), Govaerts et al. (2000), Wood et al. (2011).
Arbusto. Nativa. Zonas Bajas. Bosque Semideciduo Chiquitano, 0–500 m.
Dept.: SC, TA.
Muestra: *M.H. Nee 44616* (MO, NY).

Croton nudulus Croizat, J. Arnold Arbor. 21: 98. 1940.
Ref.: Foster (1958).

Arbusto. Endémica. Andes. Yungas, 2500–3000 m.
Dept.: CH.
Tipo: *C. Troll 637* (HT: B destr.; IT: A frag.).
Nota: Conocida solamente del tipo.

Croton orbignyanus Müll. Arg., Linnaea 34: 123. 1865.
Sin.: *Croton bridgesii* Müll. Arg., *Croton rhamnifolius* var. *boliviensis* Pax & K. Hoffm.
Ref.: Foster (1958), López Vargas (1995), Saravia Miranda (1996), Serrano & Terán (1998 [2000]).
Arbusto. Nativa. Andes. Valles Secos, 1500–3000 m.
Dept.: CH, CO, PO, SC, TA.
Tipo y muestra: *d'Orbigny 1210* (HT: G; IT: GH; fotos: GH), *M.H. Nee 40385* (LPB, MO, NY, USZ).
Nom. Vern.: Cuajillo, k'uru kuru, tabaco.

Croton ovalifolius Vahl, Bidr. Beskr. Ste Croix 307. 1793.
Sin.: *Croton venturii* Croizat
Subarbusto. Nativa. Zonas Bajas, Andes. Bosque Seco Chaqueño, Bosque Serrano Chaqueño, 0–1500 m.
Dept.: CH, SC.
Muestra: *B. Mostacedo et al. 376A* (LPB, NY).

Croton pachypodus G.L. Webster, Ann. Missouri Bot. Gard. 75(3): 1119. 1988.
Árbol. Nativa. Zonas Bajas. Bosque Húmedo, 0–1000 m.
Dept.: BE, LP.
Muestra: *A.H. Gentry 70761* (LPB, MO).

Croton palanostigma Klotzsch, London J. Bot. 2: 48. 1843.
Sin.: *Croton benthamianus* Müll. Arg.
Ref.: Macbride (1951), Brako (1993e), Vargas Caballero (1993).
Árbol. Nativa. Zonas Bajas. Bosque Húmedo, 0–500 m.
Dept.: BE, SC.
Muestra: *G. Meyer 395* (LPB, MO).

[Croton pedicellatus Kunth], Nov. Gen. Sp. (quarto ed.) 2: 75, pl. 104. 1817.
Ref.: Foster (1958).
Nota: El registro se basa en material mal identificado de *C. andinus*.

Croton peltophorus Müll. Arg., Fl. Bras. 11(2): 154. 1873.
Sin.: *Croton pseudogracilipes* Pax & K. Hoffm., *Croton caladiifolius* Croizat
Ref.: Macbride (1951), Foster (1958), Brako (1993e), López Vargas (1995), Saravia Miranda (1996), Serrano & Terán (1998 [2000]).
Arbusto. Nativa. Zonas Bajas, Andes. Campos Cerrados, Yungas, Bosque Serrano Chaqueño, Valles Secos, 0–1500 m.
Dept.: CO, LP, SC, TA.
Tipo y muestra: *d'Orbigny 608* (HT: G; fotos: F), *P. Saravia 149* (BOLV).

Croton perintricatus Croizat, Darwiniana 6: 450. 1944.
Ref.: Foster (1958), Lima & Pirani (2008).
Subarbusto. Nativa. Andes. Bosque Tucumano-Boliviano, 2000–2500 m.
Dept.: TA.
Tipo y muestra: *K. Fiebrig 2510* (HT: S; IT: A, B, LIL, M, NY, SI, U), *J.C. Solomon 10207* (F, LPB, MO, NY).

Croton perspeciosus Croizat, J. Arnold Arbor. 21: 98. 1940.
Árbol. Nativa. Andes. Yungas, 2000–3000 m.
Dept.: LP, SC.
Muestra: *J.C. Solomon 13131* (AAU, F, K, LPB, MO, NY, SI, WIS).

Croton pilulifer Rusby, Mem. Torrey Bot. Club 4(3): 256. 1895.
Sin.: *Croton densiflorus* Pax & K. Hoffm.
Ref.: Foster (1958), Vargas Caballero (1993), Ahumada (1999), González et al. (1999), Arroyo Padilla & Villarroel Segarra (2009).
Árbol. Nativa. Zonas Bajas, Andes. Bosque Semideciduo Chiquitano, Yungas, Bosque Tucumano-Boliviano, 500–2500 m.
Dept.: CH, CO, LP, SC, TA.
Tipo y muestra: *M. Bang 375* (HT: NY; IT: M, MO-1905740, NY), *I.G. Vargas 832* (LPB, MO, NY, USZ).
Nom. Vern.: Pusa pusa, sangre de grado, sauco.

[Croton pungens Jacq.], Icon. Pl. Rar. 3(14): t. 622. 1794.
Ref.: Foster (1958), Vargas Caballero (1993).
Nota: El registro se basa en material mal identificado de probablemente *C. williamsii* Rusby.

Croton quadrisetosus Lam., Encycl. 2: 208. 1786.
Sin.: *Croton baillonianus* Müll. Arg., *Croton mandonis* Müll. Arg.
Ref.: Foster (1958), Vargas Caballero (1993), López Vargas (1995), Saravia Miranda (1996), De la Barra (1997), Schulenberg & Awbrey (1997), Serrano & Terán (1998 [2000]).
Árbol. Nativa. Andes. Yungas, 2000–3000 m.
Dept.: CH, CO, LP.
Muestra: *G. Mandon 1078* (A, F, G, GH, NY, US).

Croton rimbachii Croizat, J. Arnold Arbor. 21: 92. 1940.
Árbol. Nativa. Andes. Yungas, 1500–2500 m.
Dept.: LP.
Muestra: *L. Cayola et al. 3272* (BOLV, LPB, MICH, MO, USZ).

Croton ruizianus Müll. Arg., Linnaea 34: 89. 1865.
Arbusto, arbolito. Nativa. Zonas Bajas, Andes. Bosque Húmedo, Bosque Semideciduo Chiquitano, Bosque Seco Chaqueño, Campos Cerrados, Valles Secos, 0–3000 m.
Dept.: CH, CO, LP, SC.
Muestra: *M.H. Nee 36695* (LPB, MO, NY).

Croton rusbyi Britton ex Rusby, Mem. Torrey Bot. Club 6: 119. 1898.
Ref.: Foster (1958), Govaerts et al. (2000).
Arbolito, árbol. Nativa. Zonas Bajas, Andes. Bosque Húmedo, Yungas, 500–2000 m.
Dept.: CO, LP.
Tipo y muestra: *M. Bang 1664* (ST: E, GH, M, MICH, MO-1905717, NY, PH, US, US), *A.H. Gentry 71003* (LPB, MO).

Croton saltensis Griseb., Abh. Königl. Ges. Wiss. Göttingen 24: 54. 1879.
Ref.: Schulenberg & Awbrey (1997), Serrano & Terán (1998 [2000]), Arroyo Padilla & Villarroel Segarra (2009).
Arbusto. Nativa. Zonas Bajas, Andes. Bosque Seco Chaqueño, Bosque Tucumano-Boliviano, Bosque Serrano Chaqueño, 500–2000 m.
Dept.: CH, SC, TA.
Muestra: *J.C. Solomon 9954* (LPB, MO).

Croton sampatik Müll. Arg., Linnaea 34: 94. 1865.
Ref.: Macbride (1951), Brako (1993e).
Árbol. Nativa. Zonas Bajas. Bosque Húmedo, 0–1000 m.
Dept.: BE, CO, LP, SC.
Muestra: *T. Killeen & J. Krudenky 3591* (LPB, MO).

Croton schiedeanus Schltdl., Linnaea 19: 243. 1847 [1846].
Árbol. Nativa. Andes. Yungas, 1500–2000 m.
Dept.: LP.

Muestra: *A.H. Gentry & S.G. Beck 70907* (LPB, MO).

[Croton sellowii Baill.], Adansonia 4: 304. 1864.
Ref.: Foster (1958).
Nota: El registro se basa en material mal identificado.

Croton serratifolius Baill., Adansonia 4: 312. 1864.
Arbusto. Nativa. Zonas Bajas. Campos Cerrados, 0–500 m.
Dept.: SC.
Muestra: *M.H. Nee 43127* (MO, NY).

Croton soratensis Müll. Arg., Linnaea 34: 115. 1865.
Sin.: *Croton boliviensis* Müll. Arg., *Croton soratensis* var. *intermedius* Müll. Arg., *Croton soratensis* var. *leptobotryus* Müll. Arg., *Croton soratensis* var. *pycnanthus* Müll. Arg.
Ref.: Foster (1958), Govaerts et al. (2000).
Arbusto. Endémica. Andes. Valles Secos, 1500–3000 m.
Dept.: CO, LP, SC.
Tipo y muestra: *G. Mandon 1079* (ST: G, GH, NY, NY, P, P, P, S, US), *G. Mandon 1080* (G, K, P).

Croton spica Baill., Adansonia 4: 362. 1864.
Ref.: Killeen & Schulenberg (1998).
Hierba, subarbusto. Nativa. Zonas Bajas. Campos Cerrados, 500–1000 m.
Dept.: SC.
Muestra: *R. Guillén V. & T. Ruiz de Centurión 863* (DAV, MICH, MO, USZ, WIS).

Croton spruceanus Benth., Hooker's J. Bot. Kew Gard. Misc. 6: 375. 1854.
Ref.: Killeen & Schulenberg (1998).
Arbusto. Nativa. Zonas Bajas. Bosque Húmedo, Bosque Semideciduo Chiquitano, 0–500 m.
Dept.: PA, SC.
Muestra: *A. Jardim et al. 74* (LPB, MO, USZ).

Croton subcinerellus Croizat, Darwiniana 6: 462. 1944.
Arbusto. Nativa. Zonas Bajas. Campos Cerrados, 0–500 m.
Dept.: SC.
Muestra: *J.R.I. Wood et al. 24546* (K, USZ).

Croton subpannosus Müll. Arg. ex Griseb., Abh. Königl. Ges. Wiss. Göttingen 19: 96–97. 1874.
Sin.: *Julocroton serratus* Müll. Arg.
Subarbusto. Nativa. Zonas Bajas. Campos Cerrados, 0–1000 m.
Dept.: CH, SC.
Muestra: *A. Jardim & F. Mamani 3657* (MO, USZ).

Croton tamberlikii Müll. Arg., Fl. Bras. 11(2): 265. 1873.
Ref.: Killeen & Schulenberg (1998).
Hierba. Nativa. Zonas Bajas. Campos Cerrados, 500–1000 m.
Dept.: SC.
Muestra: *A. Rodríguez & J. Surubí 642* (MO, USZ).

Croton tartonrairoides Pax & K. Hoffm., Meded. Rijks-Herb. 40: 20. 1921.
Ref.: Foster (1958).
Arbusto. Endémica. Andes. Valles Secos, 2000–2500 m.
Dept.: SC.
Tipo y muestra: *T. Herzog 1859* (HT: B destr.?; IT: P, S, Z; fotos: F ex B), *C. Troll 1131* (GH).

[Croton tessmannii Mansf.], Notizbl. Bot. Gart. Berlin–Dahlem 9: 264. 1925.
Ref.: Parker & Bailey (1991), Vargas Caballero (1993).
Nota: El registro se basa en material mal identificado de *C. pachypodus* G.L. Webster.

Croton tricolor Klotzsch ex Baill., Adansonia 4: 291. 1864.
Sin.: *Croton argyrophylloides* Müll. Arg.
Arbusto. Nativa. Zonas Bajas. Bosque Seco Chaqueño, 0–500 m.
Dept.: SC.
Muestra: *J.R.I. Wood et al. 15661* (LPB, USZ).

Croton trinitatis Millsp., Publ. Field Columb. Mus., Bot. Ser. 2(1): 57. 1900.
Sin.: *Geiseleria chamaedryfolia* Klotzsch, *Croton chamaedryfolius* (Klotzsch) Lam. ex Griseb., *Croton miquelensis* A.M. Ferguson, *Croton tragioides* S.F. Blake, *Croton buchtienii* Rusby
Ref.: Standley & Steyermark (1949), Macbride (1951), Foster (1958), Moraes R. (1990), Brako (1993e), Burger & Huft (1995), Steinmann (2001).
Hierba, subarbusto. Nativa. Zonas Bajas, Andes. Bosque Húmedo, Bosque Semideciduo Chiquitano, Sabanas Benianas del Norte, Sabanas Benianas del Sur, Campos Amazónicos, Yungas, Valles Secos, 0–1500 m.
Dept.: BE, LP, PA, SC.
Muestra: *M.H. Nee 31463* (LPB, MO, NY).

Croton triqueter Lam., Encycl. 2: 214. 1786.
Sin.: *Julocroton triqueter* (Lam.) Baill.
Ref.: Macbride (1951), Foster (1958), Brako (1993e), Wood et al. (2011).
Arbusto. Nativa. Zonas Bajas, Andes. Bosque Semideciduo Chiquitano, Campos Cerrados, Bosque Serrano Chaqueño, 0–2000 m.
Dept.: CH, SC.
Muestra: *M.H. Nee & I. Vargas 43331* (MO, NY).

Croton urticifolius Lam., Encycl. 2: 219. 1786.
Arbusto. Nativa. Andes. Valles Secos, 1000–1500 m.
Dept.: TA.
Muestra: *J.R.I. Wood & D.J. Goyder 16895* (K, LPB).

Croton urucurana Baill., Adansonia 4: 335. 1864.
Ref.: Foster (1958), López & Little (1987), Schulenberg & Awbrey (1997), Serrano & Terán (1998 [2000]).
Árbol. Nativa. Zonas Bajas. Bosque Húmedo, 0–500 m.
Dept.: BE, CH, PA, SC.
Muestra: *M.H. Nee 31422* (LPB, NY).
Nom. Vern.: Sangre de grado, suda rojo.

Croton uruguayensis Baill., Adansonia 4: 292. 1864.
Sin.: *Croton tenuissimus* Baill.
Arbusto. Nativa. Zonas Bajas. Bosque Seco Chaqueño, 0–500 m.
Dept.: SC.
Muestra: *O. Kuntze s.n.* (NY).

Croton williamsii Rusby, Bull. New York Bot. Gard. 8(28): 100–101. 1912.
Ref.: Webster (1999).
Arbusto. Endémica. Andes. Bosque Serrano Chaqueño, Valles Secos, 1000–1500 m.
Dept.: LP, SC.
Tipo y muestra: *R.S. Williams 210* (HT: NY), *M.H. Nee 51252* (LPB, MO, NY).
Nota: Esta especie es parte de un complejo que incluye *C. pungens* Jacq. Fue reportada en Ecuador por Jørgensen & León-Yánez (1999), pero dicho reporte posiblemente corresponde a *C. pungens*.

Croton yavitensis Croizat, J. Arnold Arbor. 26(2): 189. 1945.
Árbol. Nativa. Zonas Bajas. Bosque Húmedo, Campos Cerrados, Sabanas Benianas del Sur, Campos Amazónicos, 0–500 m.
Dept.: BE, PA, SC.
Muestra: *J.C. Solomon 17036* (LPB, MO).

Croton yungensis Croizat, J. Arnold Arbor. 21: 103. 1940.
Ref.: Foster (1958).
Arbusto. Endémica. Andes. Yungas, 1500–2000 m.
Dept.: LP.
Tipo y muestra: *M. Bang 278* (HT: NY; IT: A, K, MO-1905743, US), *S.G. Beck 22587* (CTES, DAV, K, LPB, M, MO, MOL, NY).

Dalechampia L., Sp. Pl. 2: 1054. 1753.

16 especies, 1 especie endémica.

Dalechampia adscendens (Müll. Arg.) Müll. Arg., Fl. Bras. 11(2): 640. 1874.
Sin.: *Dalechampia humilis* var. *adscendens* Müll. Arg.
Ref.: Foster (1958), Webster & Armbruster (1991), Wood et al. (2011).
Hierba. Nativa. Zonas Bajas. Campos Cerrados, 500–1000 m.
Dept.: SC.
Muestra: *A.H. Gentry & R.B. Foster 75452* (LPB, MO).

Dalechampia affinis Müll. Arg., Linnaea 34: 223. 1865.
Ref.: Webster & Armbruster (1991), Webster et al. (1999).
Trepadora. Nativa. Zonas Bajas. Bosque Húmedo, Bosque Semideciduo Chiquitano, 0–1000 m.
Dept.: LP, SC.
Muestra: *T. Killeen 6244* (DAV, MO, USZ).

Dalechampia albibracteosa Rusby, Mem. New York Bot. Gard. 7: 287. 1927.
Ref.: Foster (1958), Webster & Armbruster (1991).
Trepadora. Endémica. Zonas Bajas. Bosque Húmedo, 0–500 m.
Dept.: BE.
Tipo: *M. Cárdenas 1793* (HT: NY; IT: GH, MICH).
Nota: Conocida solamente del tipo.

Dalechampia bangii Pax & K. Hoffm., Pflanzenr. IV. 147 XII(Heft 68): 24. 1919.
Ref.: Foster (1958), Webster & Armbruster (1991).
Trepadora. Nativa. Zonas Bajas, Andes. Bosque Húmedo, Valles Secos, 0–500, 1000–1500 m.
Dept.: LP.
Tipo y muestra: *M. Bang 2181* (HT: B destr.; IT: GH, K, M, MO-4412, PH, US), *S.G. Beck 8279* (DAV, LPB).

Dalechampia boliviana Pax & K. Hoffm., Pflanzenr. IV. 147 XII(Heft 68): 50. 1919.
Ref.: Foster (1958), Webster & Armbruster (1991).
Trepadora. Nativa. Zonas Bajas, Andes. Sabanas Benianas del Sur, Yungas, Valles Secos, 0–500, 1500–2000 m.
Dept.: LP.
Tipo y muestra: *M. Bang 2091* (HT: B destr.; IT: GH, K, M, NY), *S.G. Beck 7748* (DAV, LPB, M, MO).

Dalechampia burchellii Müll. Arg., Fl. Bras. 11(2): 649. 1874.
Ref.: Foster (1958), Webster & Armbruster (1991).
Trepadora. Nativa. Zonas Bajas. Tipo de vegetación desconocida, 0–500 m.
Dept.: Bolivia.
Muestra: *H.H. Rusby 2088* (no localizada).

Dalechampia cissifolia Poepp., Nov. Gen. Sp. Pl. 3: 20. 1841.
Ref.: Webster & Armbruster (1991), Burger & Huft (1995), Webster et al. (2001).
Trepadora. Nativa. Zonas Bajas, Andes. Bosque Húmedo, Yungas, 0–500, 1000–1500 m.
Dept.: BE, LP.
Muestra: *A.F. Fuentes C. & N.Y. Paniagua 5459* (ALA, BOLV, LPB, MO, USZ).

Dalechampia cuyabensis Mart. ex Baill., Adansonia 5: 313. 1864.
Sin.: *Dalechampia cujabensis* Müll. Arg.
Ref.: Foster (1958), Webster & Armbruster (1991), Killeen & Schulenberg (1998), Wood et al. (2011).
Trepadora. Nativa. Zonas Bajas. Bosque Semideciduo Chiquitano, Sabanas Benianas del Sur, 0–500 m.
Dept.: SC.
Muestra: *J. Guillén et al. 317* (LPB, MO, USZ).
Nota: Todas las referencias citadas usaban el nombre ilegítimo *D. cujabensis* Müll. Arg.

Dalechampia herzogiana Pax & K. Hoffm., Pflanzenr. IV. 147 XII(Heft 68): 36. 1919.
Ref.: Foster (1958), Webster & Armbruster (1991).
Trepadora. Nativa. Zonas Bajas. Campos Cerrados, 0–500 m.
Dept.: SC.
Tipo y muestra: *T. Herzog 1455* (HT: B destr.; LT: G; ILT: Z; fotos: F ex B), *M.H. Nee 35353* (LPB, MO, NY).

Dalechampia juruana Ule, Verh. Bot. Vereins Prov. Brandenburg 50: 83. 1909.
Ref.: Webster & Armbruster (1991).
Trepadora. Nativa. Zonas Bajas. Bosque Húmedo, Sabanas Benianas del Sur, 0–500 m.
Dept.: BE, PA.
Muestra: *F.J. Fernández Casas & A. Susanna 8586* (MO).

[Dalechampia micrantha Poepp.], Nov. Gen. Sp. Pl. 3: 19, pl. 222. 1845.
Ref.: Moraes R. (1990).
Nota: El registro se basa en material mal identificado de *D. tenuiramea*.

Dalechampia occidentalis Müll. Arg., Fl. Bras. 11(2): 641. 1874.
Ref.: Webster & Armbruster (1991).
Trepadora. Nativa. Zonas Bajas. Bosque Semideciduo Chiquitano, Campos Cerrados, 0–500 m.
Dept.: SC.
Muestra: *I.G. Vargas et al. 3236* (F, LPB, MO, USZ).
Nota: Determinación tentativa.

Dalechampia scandens L., Sp. Pl. 2: 1054. 1753.
Sin.: *Dalechampia fimbriata* Kunth, *Dalechampia scandens* var. *fimbriata* (Kunth) Müll. Arg., *Dalechampia passiflora* Chodat & Hassl.
Ref.: Foster (1958), Webster & Armbruster (1991), Burger & Huft (1995), Webster et al. (2001).
Trepadora. Nativa. Zonas Bajas, Andes. Bosque Húmedo, Yungas, 0–1500 m.
Dept.: BE, LP, SC.
Muestra: *A.M. Carrión & E. Rivera 816* (MO, USZ).
Infra: *Dalechampia scandens* var. *scandens*

Dalechampia stipulacea Müll. Arg., Linnaea 34: 221. 1865.
Ref.: Webster & Armbruster (1991).
Trepadora. Nativa. Zonas Bajas. Campos Cerrados, 0–500 m.
Dept.: SC.
Muestra: *M.H. Nee 33701* (F, LPB, MO, NY).

Dalechampia sylvestris S. Moore, Trans. Linn. Soc. London, Bot. 2: 467. 1895.
Ref.: Webster & Armbruster (1991).
Trepadora. Nativa. Zonas Bajas. Bosque Semideciduo Chiquitano, 0–500 m.
Dept.: SC.
Muestra: *F. Mamani 720* (MO, USZ).

Dalechampia tenuiramea Müll. Arg., Linnaea 34: 222. 1865.
Ref.: Webster & Armbruster (1991).
Trepadora. Nativa. Zonas Bajas. Bosque Húmedo, Sabanas Benianas del Sur, 0–500 m.
Dept.: BE, LP.
Muestra: *M.H. Nee 31877* (MO, NY).

Dalechampia tiliifolia Lam., Encycl. 2: 257. 1786.
Ref.: Moraes R. (1990), Webster & Armbruster (1991), Burger & Huft (1995), Webster et al. (2001).
Trepadora. Nativa. Zonas Bajas. Bosque Húmedo, Bosque Semideciduo Chiquitano, 0–500 m.
Dept.: BE, PA, SC.
Muestra: *J.C. Solomon 7586* (LPB, MO).

Dalechampia uleana Pax & K. Hoffm., Pflanzenr. IV. 147 XII(Heft 68): 31. 1919.
Ref.: Webster & Armbruster (1991).
Trepadora. Nativa. Región, tipo de vegetación y elevación desconocidas.
Dept.: Bolivia.

Ditaxis Vahl ex A. Juss., Euphorb. Gen. 27, pl. 7, f. 24. 1824.
2 especies, 0 especies endémicas.

Ditaxis breviramea (Müll. Arg.) Pax & K. Hoffm., Pflanzenr. IV. 147 VI(Heft 57): 65. 1912.
Sin.: *Argythamnia breviramea* Müll. Arg.
Ref.: Foster (1958), Ingram (1980), López Vargas (1995), Saravia Miranda (1996), Govaerts et al. (2000).
Subarbusto, arbusto. Nativa. Zonas Bajas. Bosque Semideciduo Chiquitano, Bosque Seco Chaqueño, 0–500 m.
Dept.: CO, LP, SC.
Tipo y muestra: *G. Mandon 1082* (HT: G; IT: F; fotos: F ex G), *I.G. Vargas & S. Ortiz 3225* (F, LPB, USZ).

Ditaxis montevidensis (Didr.) Pax, Nat. Pflanzenfam. 3(5): 45. 1890.
Sin.: *Stenonia montevidensis* Didr., *Argythamnia montevidensis* (Didr.) Müll. Arg.
Ref.: Ingram (1980), Govaerts et al. (2000), Serrano & Terán (1998 [2000]).
Subarbusto, arbusto. Nativa. Zonas Bajas. Bosque Semideciduo Chiquitano, Bosque Seco Chaqueño, 0–500 m.
Dept.: CH, SC.
Muestra: *A.H. Gentry et al. 75208* (F, LPB, MO).

Dodecastigma Ducke, Notizbl. Bot. Gart. Berlin–Dahlem 11: 343. 1932.
1 especie, 0 especies endémicas.

Dodecastigma amazonicum Ducke, Notizbl. Bot. Gart. Berlin–Dahlem 11: 343. 1932.
Árbol. Nativa. Zonas Bajas. Bosque Húmedo, 0–500 m.
Dept.: BE, PA.
Muestra: *C.R. Sperling & S.R. King 6610* (COL, LPB, MO, NY).

Dysopsis Baill., Étude Euphorb. 435. 1858.
1 especie, 0 especies endémicas.

Dysopsis glechomoides (A. Rich.) Müll. Arg., Prodr. 15(2): 949. 1866.
Sin.: *Hydrocotyle glechomoides* A. Rich., *Molina chilensis* Gay
Hierba. Nativa. Andes. Yungas, Páramo Yungueño, 2500–3500 m.
Dept.: LP, SC.
Muestra: *A. Jardim & J.R. Abbott 2038* (MO, USZ).

[Dysopsis paucidentata (Müll. Arg.) Lozano & J. Murillo], Caldasia 23(2): 423–426, f. 1–2. 2001.
Ref.: Lozano & Murillo-A. (2001).
Nota: El registro se basa en material mal identificado.

Euphorbia L., Sp. Pl. 1: 450. 1753.
47 especies, 8 especies endémicas.

Euphorbia acerensis Boiss., Prodr. 15(2): 55. 1862.
Sin.: *Euphorbia longipila* Rusby
Ref.: Foster (1958), Schulenberg & Awbrey (1997), Serrano & Terán (1998 [2000]).
Hierba. Nativa. Andes. Yungas, Bosque Tucumano-Boliviano, Valles Secos, 1000–3000 m.
Dept.: CH, LP, SC.
Tipo y muestra: *H.A. Weddell s.n.* (HT: P), *J. Gutiérrez R. et al. 739* (HSB, MO).

Euphorbia beckii V.W. Steinm., Phytotaxa 114(1): 24, f. 1. 2013.
Hierba. Endémica. Andes. Valles Secos, 1500–2000 m.
Dept.: LP.
Tipo: *A.F. Fuentes C. et al. 6928* (HT: MO).
Nota: Conocida solamente del tipo.

Euphorbia berteroana Balb. ex Spreng., Syst. Veg. 3: 794. 1826.
Sin.: *Euphorbia microcephala* Boiss., *Chamaesyce berteroana* (Balb. ex Spreng.) Millsp., *Chamaesyce microcephala* (Boiss.) Croizat
Ref.: López Vargas (1995).
Hierba. Naturalizada. Andes. Valles Secos, 1500–2500 m.
Dept.: CH, CO, PO, SC, TA.
Muestra: *E. Gutiérrez et al. 1537* (MO).
Nota: Nativa del Caribe y Centroamérica.
Nom. Vern.: K'impi org'o.

Euphorbia boerhaavioides Rusby, Bull. New York Bot. Gard. 4(14): 441. 1907.
Ref.: Foster (1958).
Hierba. Endémica. Región, tipo de vegetación y elevación desconocidas.
Dept.: Bolivia.
Tipo: *M. Bang 2504* (HT: NY; IT: A, F, GH, GH, MO-2240172, NY, US).
Nota: Conocida solamente del tipo. Esta especie es muy afín a *E. portulacoides* y puede ser conspecífica con ella.

Euphorbia cestrifolia Kunth, Nov. Gen. Sp. (quarto ed.) 2: 59. 1817.
Sin.: *Euphorbia goudotii* Boiss.
Arbusto. Nativa. Andes. Yungas, 1000–1500 m.
Dept.: LP.
Muestra: *M.A. Lewis 40359* (LPB, MO).

Euphorbia chenopodiifolia Boiss., Prodr. 15(2): 1264. 1866.
Hierba. Endémica. Andes. Yungas, 1500–3000 m.
Dept.: LP, SC.
Tipo y muestra: *G. Mandon 1066* (HT: G; IT: G, K, P), *J.R.I. Wood & H. Huaylla 20310* (K, LPB).

[Euphorbia comosa Vell.], Fl. Flumin. 5: 202, pl. 15. 1825.
Ref.: Killeen & Schulenberg (1998), Serrano & Terán (1998 [2000]).
Nota: El registro se basa en material mal identificado de *E. vervoostii*.

Euphorbia cotinifolia L., Sp. Pl. 1: 453. 1753.
Ref.: Burger & Huft (1995), Webster et al. (2001).
Arbusto, arbolito. Nativa. Zonas Bajas, Andes. Campos Cerrados, Yungas, 0–500, 1500–2000 m.
Dept.: LP, SC.
Muestra: *M.H. Nee & J.C. Solomon 32013* (MO, NY).
Infra: *Euphorbia cotinifolia* subsp. *cotinoides* (Miq.) Christenh.
Nota: Los ejemplares de Bolivia corresponden a *E. cotinifolia* subsp. *cotinoides*.

Euphorbia cyathophora Murray, Commentat. Soc. Regiae Sci. Gott. 7: 81–83, pl. 1. 1786.
Sin.: *Tithymalus cyatophorus* (Murray) Moench, *Poinsettia cyathophora* (Murray) Bartl., *Euphorbia heterophylla* var. *cyathophora* (Murray) Griseb.
Hierba. Nativa. Zonas Bajas. Bosque

Semideciduo Chiquitano, 0–500 m.
Dept.: SC.
Muestra: *I.G. Vargas 78* (MO, USZ).

Euphorbia cymbiformis Rusby, Mem. Torrey Bot. Club 4(3): 255. 1895.
Ref.: Foster (1958).
Hierba. Endémica. Andes. Yungas, 2500–3000 m.
Dept.: LP.
Tipo y muestra: *M. Bang 794* (HT: NY, NY; IT: A, F, GH, GH, MO-3949370, NY, US, US), *J.C. Solomon 7409* (LPB, MO).

[Euphorbia dentata Michx.], Fl. Bor.-Amer. 2: 211. 1803.
Ref.: Foster (1958).
Nota: El registro se basa en material mal identificado de *E. kurtzii.*

Euphorbia duriuscula Pax & K. Hoffm. ex Herzog, Blumea 5(3): 641. 1945.
Ref.: Foster (1958).
Hierba. Endémica. Andes. Valles Secos, 2500–3000 m.
Dept.: SC.
Tipo: *T. Herzog 1916* (IT: JE, L).
Nota: Conocida solamente del tipo.

Euphorbia eanophylla Croizat, Revista Sudamer. Bot. 6: 10. 1939.
Ref.: Foster (1958).
Hierba. Nativa. Andes. Yungas, 2000–2500 m.
Dept.: LP, SC.
Tipo y muestra: *M. Bang 1743* (HT: A; IT: F, GH, M, MO-2240173, NY, NY, US; fotos: F ex US), *J.R.I. Wood et al. 21434* (K, USZ).

Euphorbia fuentesii V.W. Steinm., Phytotaxa 114(1): 26, f. 2. 2013.
Hierba. Nativa. Zonas Bajas. Bosque Seco Chaqueño, 0–500 m.
Dept.: SC.
Tipo: *A.F. Fuentes C. & G. Navarro 2243* (HT: NY; IT: USZ).
Nota: Conocida en Bolivia solamente del tipo.

Euphorbia graminea Jacq., Select. Stirp. Amer. Hist. 151. 1763.
Hierba. Nativa. Zonas Bajas. Bosque Semideciduo Chiquitano, 0–500 m.
Dept.: SC.
Muestra: *M.H. Nee 53060* (MICH, MO, NY).
Nota: Nuevo registro para Bolivia.

Euphorbia guachanca Azara, Voy. 2: 497. 1809.
Sin.: *Tithymalus huanchahanus* Klotzsch & Garcke, *Euphorbia huanchahana* (Klotzsch & Garcke) Boiss.
Ref.: Macbride (1951), Foster (1958).
Hierba. Nativa. Andes, Altiplano. Yungas, Puna Húmeda, 3500–4500 m.
Dept.: LP, SC.
Muestra: *J.C. Solomon 13342* (MO).

[Euphorbia gymnoclada Boiss.], Cent. Euphorb. 20. 1860.
Ref.: Killeen & Schulenberg (1998).
Nota: El registro se basa en material mal identificado de *E. riinae.*

Euphorbia heterophylla L., Sp. Pl. 1: 453. 1753.
Sin.: *Euphorbia geniculata* Ortega, *Euphorbia prunifolia* Jacq., *Poinsettia heterophylla* (L.) Klotzsch & Garcke
Ref.: Foster (1958), Burger & Huft (1995), Killeen & Schulenberg (1998), Webster et al. (2001).
Hierba. Nativa. Zonas Bajas, Andes. Bosque Húmedo, Bosque Semideciduo Chiquitano, Bosque Seco Chaqueño, Campos Cerrados, Yungas, 0–3000 m.
Dept.: BE, CO, LP, SC.
Muestra: *J.C. Solomon 7841* (MO).

Euphorbia hinkleyorum I.M. Johnst., Contr. Gray Herb. 70: 72. 1924.
Sin.: *Tithymalus hinkleyorum* (I.M. Johnst.) Soják
Nota: Esperada. Registrada para Perú y Argentina, debe encontrarse en los Andes de Bolivia, pero no hay ejemplares de herbario confirmados.

Euphorbia hirta L., Sp. Pl. 1: 454. 1753.
Sin.: *Euphorbia capitata* Lam., *Euphorbia globulifera* Kunth, *Chamaesyce hirta* (L.) Millsp.
Ref.: Foster (1958), Burger & Huft (1995), Killeen & Schulenberg (1998), Serrano & Terán (1998 [2000]), Webster et al. (2001).
Hierba. Nativa. Zonas Bajas, Andes. Bosque Húmedo, Campos Cerrados, Yungas, Valles Secos, 0–2500 m.
Dept.: BE, CH, CO, LP, SC, TA.
Muestra: *A.F. Fuentes C. et al. 3764* (BOLV, LPB, MA, MO, URV, USZ).
Nom. Vern.: Leche-leche.

Euphorbia hypericifolia L., Sp. Pl. 1: 454. 1753.
Sin.: *Chamaesyce hypericifolia* (L.) Millsp.
Ref.: Foster (1958), Burger & Huft (1995), Webster et al. (2001).
Hierba. Nativa. Zonas Bajas, Andes. Bosque Húmedo, Bosque Semideciduo Chiquitano, Sabanas Benianas del Norte, Sabanas Benianas del Sur, Yungas, Valles Secos, 0–1500 m.
Dept.: BE, LP, PA, SC.
Muestra: *O. Buchtien 4469* (GH, MO).

Euphorbia hyssopifolia L., Syst. Nat. (ed. 10) 2: 1048. 1759.
Sin.: *Euphorbia brasiliensis* Lam., *Chamaesyce hyssopifolia* (L.) Small
Ref.: Foster (1958), Burger & Huft (1995), Webster et al. (2001).
Hierba. Nativa. Zonas Bajas. Bosque Húmedo, Bosque Semideciduo Chiquitano, Campos Cerrados, Sabanas Benianas del Sur, 0–500 m.
Dept.: BE, LP, SC.
Muestra: *D. De la Quintana et al. 417* (BOLV, CTES, HSB, LPB, MA, MO, URV, USZ).

Euphorbia insulana Vell., Fl. Flumin. 5: 202, pl. 14. 1825 [1836?].
Sin.: *Euphorbia tovarensis* Boiss., *Euphorbia insulana* subsp. *tovarensis* (Boiss.) Croizat
Ref.: Foster (1958).
Hierba. Nativa. Andes. Yungas, 1500–2000 m.
Dept.: LP.
Muestra: *J.R.I. Wood et al. 19018* (K, LPB).

Euphorbia klotzschii Oudejans, Phytologia 67: 46. 1989.
Sin.: *Anisophyllum ovalifolia* Engelm. ex Klotzsch & Garcke, *Euphorbia ovalifolia* (Engelm. ex Klotzsch & Garcke) Boiss.
Hierba. Nativa. Andes. Valles Secos, 2500–3000 m.
Dept.: CO, PO.
Muestra: *N. de la Barra 736* (BOLV).

Euphorbia kurtzii Subils, Kurtziana 6: 233. 1971.
Ref.: Mayfield (1997).
Hierba. Nativa. Andes. Yungas, 2500–3000 m.
Dept.: LP.
Muestra: *G. Mandon 1059* (F, GH).

Euphorbia lasiocarpa Klotzsch, Nov. Actorum Acad. Caes. Leop.-Carol. Nat. Cur. 19(suppl. 1): 414. 1843.
Sin.: *Euphorbia lasiocarpa* var. *subprostrata* Boiss., *Chamaesyce lasiocarpa* (Klotzsch) Arthur
Ref.: Foster (1958), Burger & Huft (1995), Webster et al. (2001).
Hierba. Nativa. Zonas Bajas, Andes. Bosque Seco Chaqueño, Campos Cerrados, Yungas, Valles Secos, 0–3000 m.
Dept.: LP, SC.

Muestra: *J.C. Solomon & M.H. Nee 14311* (LPB, MO).

Euphorbia lathyris L., Sp. Pl. 1: 457. 1753.
Ref.: Foster (1958).
Hierba. Adventicia. Andes. Valles Secos, 3000–3500 m.
Dept.: LP.
Muestra: *K. Pflanz 3* (MO).

Euphorbia maculata L., Sp. Pl. 1: 455. 1753.
Sin.: *Chamaesyce maculata* (L.) Small
Hierba. Naturalizada. Zonas Bajas. Campos Cerrados, 0–500 m.
Dept.: SC.
Muestra: *M.H. Nee 44315* (MO, NY).

Euphorbia mayfieldii V.W. Steinm., Syst. Bot. 37(4): 960–962, f. 1A–E. 2012.
Hierba. Endémica. Andes. Yungas, 1000–1500, 2000–2500 m.
Dept.: CO, SC.
Tipo y muestra: *I.I. Linneo 1053* (HT: MO; IT: USZ), *J.R.I. Wood et al. 19277* (K).

Euphorbia meyeniana Klotzsch, Nov. Actorum Acad. Caes. Leop.-Carol. Nat. Cur. 19(1): 414. 1843.
Sin.: *Chamaesyce meyeniana* (Klotzsch) Croizat
Ref.: Foster (1958), Brako (1993e).
Hierba. Nativa. Andes. Yungas, Valles Secos, 1000–2000 m.
Dept.: CH, LP, TA.
Muestra: *J.C. Solomon & M.E. Uehling 12203* (MO).

Euphorbia milii Des Moul., Bull. Hist. Nat. Soc. Linn. Bordeaux 1(1): 27–30, pl. 1. 1826.
Ref.: Brako (1993e), Webster (1999).
Subarbusto, arbusto. Adventicia, cultivada. Zonas Bajas, Andes. Campos Cerrados, Yungas, Valles Secos, 0–500, 3500–4000 m.
Dept.: LP, SC.
Muestra: *J.C. Solomon 18369* (MO).

Euphorbia nutans Lag., Gen. Sp. Pl. 17. 1816.
Sin.: *Euphorbia preslii* Guss., *Chamaesyce nutans* (Lag.) Small, *Euphorbia preslii* var. *andicola* Danguy & Cherm.
Ref.: Foster (1958), Burger & Huft (1995), Webster et al. (2001).
Hierba. Adventicia. Andes. Bosque Tucumano-Boliviano, 2000–2500 m.
Dept.: CH.
Muestra: *H.A. Weddell 3819* (P).
Nota: Nativa de Estados Unidos y Centroamérica.

Euphorbia ophthalmica Pers., Syn. Pl. 2(1): 13. 1806.
Sin.: *Euphorbia procumbens* DC., *Chamaesyce ophthalmica* (Pers.) D.G. Burch
Ref.: Burger & Huft (1995), López Vargas (1995), Serrano & Terán (1998 [2000]), Webster et al. (2001).
Hierba. Nativa. Zonas Bajas, Andes. Campos Cerrados, Valles Secos, 0–2500 m.
Dept.: CH, CO, SC, TA.
Muestra: *C. Antezana V. 1058* (BOLV, MO).
Nom. Vern.: K'impi china.

Euphorbia oranensis (Croizat) Subils, Kurtziana 10: 144. 1977.
Sin.: *Chamaesyce oranensis* Croizat
Hierba. Nativa. Zonas Bajas. Bosque Seco Chaqueño, 500–1000 m.
Dept.: TA.
Muestra: *A. Krapovickas & A. Schinini 31064* (CTES, G).

[Euphorbia orbiculata Kunth], Nov. Gen. Sp. (quarto ed.) 2: 52. 1817.
Sin.: *Chamaesyce orbiculata* (Kunth) Soják
Ref.: Macbride (1951), Foster (1958).
Nota: El registro se basa en material mal identificado de *Euphorbia* sp. nov.

Euphorbia pentadactyla Griseb., Abh. Königl. Ges. Wiss. Göttingen 24: 63. 1879.
Sin.: *Poinsettia pentadactyla* (Griseb.) Dressler
Ref.: Mayfield (1997).
Hierba. Nativa. Andes. Bosque Serrano Chaqueño, 1000–1500 m.
Dept.: SC.
Muestra: *J.R.I. Wood & A. Haigh 21834* (K).

Euphorbia pentlandii Boiss., Prodr. 15(2): 69. 1862.
Hierba. Endémica. Altiplano. Tipo de vegetación y elevación desconocidas.
Tipo: *J.B. Pentland s.n.* (HT: G; IT: K).
Dept.: Bolivia.
Nota: Conocida solamente del tipo.

Euphorbia peplus L., Sp. Pl. 1: 456. 1753.
Ref.: Macbride (1951), Foster (1958), Webster & Huft (1988), Burger & Huft (1995), Serrano & Terán (1998 [2000]).
Hierba. Adventicia. Andes. Valles Secos, 2000–4000 m.
Dept.: CH, CO, LP, SC, TA.
Muestra: *J.C. Solomon 7188* (MO).

Euphorbia poeppigii (Klotzsch & Garcke) Boiss., Prodr. 15(2): 56. 1862.
Sin.: *Leptopus poeppigii* Klotzsch & Garcke
Ref.: Macbride (1951), Foster (1958), Brako (1993e), Killeen & Schulenberg (1998).
Hierba. Nativa. Zonas Bajas, Andes. Campos Cerrados, Yungas, Valles Secos, 0–2000 m.
Dept.: CH, LP, SC.
Muestra: *J.C. Solomon 18440* (LPB, MO).

Euphorbia portulacoides L., Sp. Pl. 1: 456. 1753.
Sin.: *Tithymalus chrysophyllus* Klotzsch & Garcke, *Euphorbia chrysophylla* (Klotzsch & Garcke) Klotzsch ex Boiss.
Ref.: López Vargas (1995), Saravia Miranda (1996), Schulenberg & Awbrey (1997), Serrano & Terán (1998 [2000]).
Hierba. Nativa. Andes. Bosque Tucumano-Boliviano, Valles Secos, 1500–3000 m.
Dept.: CH, CO, TA.
Muestra: *J.C. Solomon 10971* (MO).
Infra: *Euphorbia portulacoides* var. *acutifolia* Boiss., *Euphorbia portulacoides* subsp. *collina* (Phil.) Croizat
Nom. Vern.: Leche-leche.

Euphorbia potentilloides Boiss., Cent. Euphorb. 3. 1860.
Sin.: *Euphorbia caecorum* Mart. ex Boiss., *Chamaesyce caecorum* (Mart. ex Boiss.) Croizat, *Chamaesyce potentilloides* (Boiss.) Croizat
Ref.: Foster (1958), Killeen & Schulenberg (1998), Wood et al. (2011).
Hierba. Nativa. Zonas Bajas. Campos Cerrados, 0–1000 m.
Dept.: SC.
Muestra: *M.H. Nee 36987* (MO, NY).
Nota: La variante ortográfica *E. coccorum* Mart. ha sido usada con frecuencia para esta especie.

Euphorbia prostrata Aiton, Hort. Kew. 2: 139. 1789.
Sin.: *Chamaesyce prostrata* (Aiton) Small, *Euphorbia boliviana* Rusby, *Chamaesyce boliviana* (Rusby) Croizat
Ref.: Foster (1958), Burger & Huft (1995), López Vargas (1995), Webster et al. (2001).
Hierba. Nativa. Zonas Bajas, Andes. Campos Cerrados, Valles Secos, 0–500, 1500–4000 m.
Dept.: CO, LP, PO, SC, TA.
Muestra: *J.C. Solomon 6657* (LPB, MO).
Nom. Vern.: K'impi.

Euphorbia pulcherrima Willd. ex Klotzsch, Allg. Gartenzeitung 2(4): 27–28. 1834.
Sin.: *Poinsettia pulcherrima* (Willd. ex Klotzsch) Graham, *Euphorbia erythrophylla* Bertol.
Ref.: Burger & Huft (1995), Webster (1999), Webster et al. (2001).
Arbusto. Cultivada. Andes. Yungas, Valles Secos, 1500–2500, 3000–3500 m.
Dept.: CO, LP, SC.
Muestra: *I.G. Vargas & L. Vargas 1391* (LPB, MO, USZ).

Euphorbia riinae V.W. Steinm., Phytotaxa 114(1): 28, f. 3. 2013.
Hierba. Endémica. Zonas Bajas. Campos Cerrados, 500–1000 m.
Dept.: SC.
Tipo y muestra: *T. Killeen & O. Peña 7176* (HT: MO; IT: DAV, USZ), *J.R.I. Wood et al. 25214* (K, USZ).

Euphorbia sciadophila Boiss., Prodr. 15(2): 57. 1862.
Hierba. Nativa. Zonas Bajas, Andes. Bosque Semideciduo Chiquitano, Yungas, Bosque Tucumano-Boliviano, Valles Secos, 0–2000 m.
Dept.: CH, LP, SC, TA.
Muestra: *A. Jardim 1909* (AAU, DAV, F, MO, NY, USZ).

Euphorbia selloi (Klotzsch & Garcke) Boiss., Cent. Euphorb. 30. 1860.
Sin.: *Anisophyllum selloi* Klotzsch & Garcke, *Euphorbia hassleriana* Chodat, *Chamaesyce selloi* (Klotzsch & Garcke) Croizat
Hierba. Nativa. Zonas Bajas. Bosque Semideciduo Chiquitano, Campos Cerrados, 0–500 m.
Dept.: SC.
Muestra: *J.R.I. Wood et al. 27252* (K, USZ).

Euphorbia serpens Kunth, Nov. Gen. Sp. (quarto ed.) 2: 52. 1817.
Sin.: *Chamaesyce serpens* (Kunth) Small
Ref.: Foster (1958), Burger & Huft (1995), López Vargas (1995).
Hierba. Nativa. Zonas Bajas, Andes. Bosque Húmedo, Bosque Semideciduo Chiquitano, Campos Cerrados, Yungas, Valles Secos, 0–500, 1500–3000 m.
Dept.: BE, CO, LP, PO, SC, TA.
Muestra: *M.H. Nee 34308* (MO, NY).

Euphorbia sinclairiana Benth., Bot. Voy. Sulphur 163. 1844 [1846].
Sin.: *Euphorbia elata* Brandegee, *Euphorbia capansa* Ducke
Ref.: Webster & Huft (1988).
Arbusto. Nativa. Zonas Bajas, Andes. Bosque Húmedo, Yungas, 1000–1500 m.
Dept.: Bolivia.
Muestra: *M. Bang 619* (MO, NY, US).
Nota: Esta especie es ampliamente distribuida en Sudamérica en bosques húmedos y bosques montanos. La elevación correspondiente a Zonas Bajas para Bolivia es desconocida.

Euphorbia thymifolia L., Sp. Pl. 1: 454. 1753.
Sin.: *Chamaesyce thymifolia* (L.) Millsp.
Ref.: Moraes R. (1990), Burger & Huft (1995), Killeen & Schulenberg (1998), Serrano & Terán (1998 [2000]), Webster et al. (2001).
Hierba. Nativa. Zonas Bajas, Andes. Bosque Húmedo, Sabanas Benianas del Sur, Bosque Tucumano-Boliviano, Bosque Serrano Chaqueño, 0–500, 2000–2500 m.
Dept.: BE, CH, PA, SC, TA.
Muestra: *F.J. Fernández Casas & A. Susanna 8302* (MO).

Euphorbia tithymaloides L., Sp. Pl. 1: 453. 1753.
Sin.: *Pedilanthus tithymaloides* (L.) Poit.
Ref.: Burger & Huft (1995), Webster (1999), Martínez Salas et al. (2001), Webster et al. (2001).
Arbusto. Cultivada. Zonas Bajas. Bosque Húmedo, Bosque Semideciduo Chiquitano, 0–1000 m.
Dept.: BE, LP, SC.
Muestra: *M.H. Nee 39038* (LPB, NY).

Euphorbia vervoorstii Subils, Kurtziana 6: 235. 1971.
Hierba. Nativa. Zonas Bajas. Bosque Seco Chaqueño, Campos Cerrados, 0–500 m.
Dept.: CH, SC.
Muestra: *J.R. Abbott & B. Mostacedo 16156* (FLAS, LPB, MO).
Nota: Anteriormente confundida con *E. comosa*.

Euphorbia viridis (Klotzsch & Garcke) Boiss., Prodr. 15(2): 62. 1862.
Sin.: *Alectoroctonum viride* Klotzsch & Garcke, *Euphorbia mandoniana* Boiss.
Ref.: Foster (1958).
Hierba. Nativa. Andes. Yungas, 1000–3000 m.
Dept.: LP.
Muestra: *G. Mandon 1058* (G, K, P).

Glycydendron Ducke, Arch. Jard. Bot. Rio de Janeiro 3: 199. 1922.
1 especie, 0 especies endémicas.

Glycydendron amazonicum Ducke, Arch. Jard. Bot. Rio de Janeiro 3: 199. 1922.
Ref.: Webster (1994), Vásquez Martínez (1997), Vicentini et al. (1999).
Árbol. Nativa. Zonas Bajas, Andes. Bosque Húmedo, Yungas, 0–1500 m.
Dept.: LP, PA, SC.
Muestra: *S.G. Beck 23576* (LPB, MG).

Gymnanthes Sw., Prodr. 6, 95–96. 1788.
3 especies, 0 especies endémicas.

Gymnanthes boticario Esser, M. F. A. Lucena & M. Alves, Willdenowia 40(2): 345, f. 1. 2010.
Arbusto. Nativa. Zonas Bajas. Campos Cerrados, 500–1000 m.
Dept.: SC.
Muestra: *A.F. Fuentes C. et al. 1811* (LPB, MO, USZ).

Gymnanthes discolor (Spreng.) Müll. Arg., Linnaea 32: 103. 1863.
Sin.: *Gussonia discolor* Spreng., *Sebastiania discolor* (Spreng.) Müll. Arg.
Ref.: Fuentes Claros (1998), Jardim et al. (2003).
Arbusto. Nativa. Zonas Bajas. Bosque Semideciduo Chiquitano, 0–1000 m.
Dept.: SC.
Muestra: *I.G. Vargas et al. 3613* (F, LPB, NY, USZ).

Gymnanthes edwalliana (Pax & K. Hoffm.) Esser & L.S. Oliveira, Monogr. Syst. Bot. Missouri Bot. Gard. 127: 1271. 2014.
Sin.: *Sebastiania edwalliana* Pax & K. Hoffm.
Arbusto, arbolito. Nativa. Andes. Yungas, 1000–1500 m.
Dept.: LP.
Muestra: *A.F. Fuentes C. & C. Aldana 6697* (LPB, MO).

[Gymnanthes nervosa Müll. Arg.], Linnaea 32: 102. 1863.
Ref.: Foster (1958), Vargas Caballero (1993).
Nota: El registro se basa en material mal identificado de *G. discolor*.

Hevea Aubl., Hist. Pl. Guiane 2: 871, pl. 335. 1775.
3 especies, 0 especies endémicas.

Hevea brasiliensis (Willd. ex A. Juss.) Müll. Arg., Linnaea 34: 204. 1865.
Sin.: *Siphonia brasiliensis* Willd. ex A. Juss., *Hevea janeirensis* Müll. Arg.

Ref.: Seibert (1947), Macbride (1951), Foster (1958), Parker & Bailey (1991), Vargas Caballero (1993), Burger & Huft (1995), Vásquez Martínez (1997), Killeen & Schulenberg (1998), Alverson et al. (2000), Webster et al. (2001).
Árbol. Nativa. Zonas Bajas. Bosque Húmedo, 0–500 m.
Dept.: BE, LP, PA, SC.
Muestra: *I.G. Vargas et al. 5165* (MO, USZ).
Infra: *Hevea brasiliensis* var. *stylosa* Huber

Hevea guianensis Aubl., Hist. Pl. Guiane 2: 871, t. 335. 1775.
Ref.: Seibert (1947), Macbride (1951), Brako (1993e), Vargas Caballero (1993), Vásquez Martínez (1997).
Árbol. Nativa. Zonas Bajas, Andes. Bosque Húmedo, Yungas, 0–1500 m.
Dept.: BE, LP, SC.
Muestra: *C.R. Sperling et al. 6632* (LPB, MO).

Hevea spruceana (Benth.) Müll. Arg., Linnaea 34: 204. 1865.
Sin.: *Siphonia spruceana* Benth.
Ref.: Foster (1958), Brako (1993e), Vargas Caballero (1993).
Árbol. Nativa. Región, tipo de vegetación y elevación desconocidas.
Dept.: Bolivia.
Muestra: *H.H. Rusby 885* (no localizada).

Hura L., Sp. Pl. 2: 1008. 1753.
1 especie, 0 especies endémicas.

Hura crepitans L., Sp. Pl. 2: 1008. 1753.
Ref.: Macbride (1951), Foster (1958), Molina Rosito (1975), Parker & Bailey (1991), Brako (1993e), Vargas Caballero (1993), Burger & Huft (1995), Vásquez & Giulietti (1997), Wunderlin (1998), Webster (1999), Alverson et al. (2000), Arrázola Rivero et al. (2000), Webster et al. (2001), Jardim et al. (2003).
Árbol. Nativa. Zonas Bajas. Bosque Húmedo, Bosque Semideciduo Chiquitano, 0–1000 m.
Dept.: BE, CO, LP, PA, SC.
Muestra: *S.G. Beck et al. 19550* (COL, LPB, PORT, Q, USZ).
Nom. Vern.: Ochoo.

Jatropha L., Sp. Pl. 2: 1006. 1753.
18 especies, 2 especies endémicas.

Jatropha breviloba (Morong) Pax & K. Hoffm., Pflanzenr. IV. 147 XIV(Heft 68): 38. 1919.
Sin.: *Jatropha gossypiifolia* var. *breviloba* Morong
Subarbusto. Nativa. Zonas Bajas. Bosque Seco Chaqueño, 0–500 m.
Dept.: SC.
Muestra: *M.H. Nee 45879* (MO, NY).

Jatropha chacoana Fern. Casas, Candollea 39: 11, f. 1. 1984.
Ref.: Fernández Casas (1984), Fortunato (1988), Fernández Casas (2013), Fernández Casas & Pizarro Domínguez (2013).
Hierba. Nativa. Zonas Bajas. Bosque Seco Chaqueño, 0–1000 m.
Dept.: SC.
Muestra: *C. Saravia 11759* (CTES, LPB, MO).
Nom. Vern.: Maniegra, piñón.

Jatropha clavuligera Müll. Arg., Linnaea 34: 209. 1865.
Ref.: Foster (1958), López (2000).
Subarbusto. Nativa. Andes. Valles Secos, 2000–3000 m.
Dept.: CH, CO, LP, TA.
Tipo y muestra: *G. Mandon 1073* (HT: BM; IT: F, G, GH, K, NY, NY, P, S; fotos: DAV ex BM, F ex BM, MICH ex BM), *F.J. Fernández Casas 7727* (CAS, G, MO).

Jatropha curcas L., Sp. Pl. 2: 1006. 1753.
Ref.: Foster (1958), Vargas Caballero (1993), Killeen & Schulenberg (1998), Arroyo Padilla & Villarroel Segarra (2009).
Subarbusto, arbolito. Cultivada. Zonas Bajas, Andes. Bosque Semideciduo Chiquitano, Yungas, Bosque Serrano Chaqueño, 0–1500 m.
Dept.: BE, CH, CO, LP, PA, SC.
Muestra: *F.J. Fernández Casas 8079* (COL, MA, MO, NY).
Nom. Vern.: Piñón, piño, oojdyes (Chácobo), chacsís (Mosetén).

Jatropha elliptica (Pohl) Oken, Allg. Naturgesch. 3(3): 1595. 1841.
Sin.: *Adenoropium ellipticum* Pohl, *Jatropha elliptica* (Pohl) Müll. Arg.
Ref.: Foster (1958).
Hierba, arbusto. Nativa. Zonas Bajas. Campos Cerrados, Sabanas Benianas del Sur, 0–500 m.
Dept.: SC.
Muestra: *M.H. Nee 44890* (MO, NY).

Jatropha excisa Griseb., Abh. Königl. Ges. Wiss. Göttingen 19: 94. 1874.
Ref.: Serrano & Terán (1998 [2000]).
Arbusto. Nativa. Zonas Bajas, Andes. Bosque Seco Chaqueño, Bosque Tucumano-Boliviano, Valles Secos, 0–2000 m.
Dept.: BE, CH, LP, SC, TA.
Muestra: *A. Krapovickas 39090* (CTES, G, LPB, MA).
Infra: *Jatropha excisa* var. *pubescens* Lourteig & O'Donell
Nom. Vern.: Piñon.

Jatropha flavovirens Pax & K. Hoffm., Pflanzenr. IV. 147 I(Heft 42): 30. 1910.
Arbusto. Nativa. Zonas Bajas, Andes. Bosque Seco Chaqueño, Valles Secos, 0–1500 m.
Dept.: SC, TA.
Muestra: *F. Billiet & B. Jadin 6035* (BR, K, MO).

Jatropha gossypiifolia L., Sp. Pl. 2: 1006. 1753.
Sin.: *Jatropha gossypiifolia* var. *staphysagriifolia* (Mill.) Müll. Arg.
Ref.: Foster (1958), Adolfo María (1966), De la Barra (1997).
Arbusto. Nativa, Naturalizada, cultivada. Zonas Bajas, Andes. Bosque Húmedo, Sabanas Benianas del Sur, Valles Secos, 0–2000, 2500–3000 m.
Dept.: BE, CH, CO, LP, PA, SC, TA.
Muestra: *F.J. Fernández Casas & A. Susanna 8059* (CAS, G, MA, MO, NY).
Nota: La var. *staphysagrifolia* (ahora un sinónimo de *J. gossypiifolia*), ha sido reportada por Foster (1958), pero el material pertenece a *J. hippocastanifolia*.

Jatropha grossidentata Pax & K. Hoffm., Pflanzenr. IV. 147 VII(Heft 63): 398. 1914.
Ref.: Foster (1958), Fernández Casas & Pizarro Domínguez (2006).
Arbusto. Nativa. Zonas Bajas. Bosque Seco Chaqueño, 0–1000 m.
Dept.: CH, SC, TA.
Tipo y muestra: *T. Herzog 1075* (HT: B; IT: L, S, Z; fotos: F ex B, GH ex B, MICH ex B, MO ex B, NY ex B, UC ex B), *S.G. Beck 6442* (CTES, LIL, LPB, M, MA, MO, NY, USZ).

Jatropha hieronymii Kuntze, Revis. Gen. Pl. 3(3): 287. 1898.
Ref.: Foster (1958), Fernández Casas & Pizarro Domínguez (2006).
Arbusto. Nativa. Zonas Bajas, Andes. Bosque Seco Chaqueño, Valles Secos, 0–2000 m.
Dept.: CH, CO, LP, SC, TA.
Muestra: *I.G. Vargas et al. 1904* (LPB, MO, NY, USZ).
Nom. Vern.: Higuerillo, manigra (Guaraní), yuquiilla (Guaraní).

Jatropha hippocastanifolia Croizat, J. Arnold Arbor. 24: 268. 1943.
Ref.: Fernández Casas & Pizarro Domínguez (2011).
Arbusto. Nativa. Zonas Bajas. Bosque Seco Chaqueño, 0–500 m.
Dept.: TA.
Muestra: *T. Herzog 1114* (L, S, Z).

Jatropha intercedens Pax, Pflanzenr. IV. 147 I(Heft 42): 31. 1910.
Ref.: Foster (1958).
Arbusto. Nativa. Andes. Valles Secos, 1500–2000 m.
Dept.: TA.
Tipo: *K. Fiebrig 2158* (HT: B destr.; IT: BM, DAV, G, GH, HBG, JE, LIL, M, MICH, MO, NY, NY, O, S, U, UC, US, Z; fotos: F ex B).
Nota: Conocida en Bolivia solamente del tipo.

Jatropha macrocarpa Griseb., Abh. Königl. Ges. Wiss. Göttingen 19: 94–95. 1874.
Sin.: *Jatropha papyrifera* Pax & K. Hoffm.
Ref.: Foster (1958), Serrano & Terán (1998 [2000]), Fernández Casas & Pizarro Domínguez (2007).
Arbusto. Nativa. Zonas Bajas. Bosque Seco Chaqueño, 0–1000 m.
Dept.: CH, SC, TA.
Muestra: *F. Billiet & B. Jadin 6039* (BR, MO).
Nom. Vern.: Piñón.

Jatropha multifida L., Sp. Pl. 2: 1006–1007. 1753.
Arbusto. Naturalizada, cultivada. Zonas Bajas. Bosque Húmedo, 0–500 m.
Dept.: SC.
Muestra: *M.H. Nee 40173* (LPB, MO, NY).

Jatropha pachypoda Pax, Pflanzenr. IV. 147 I(Heft 42): 47. 1910.
Ref.: Foster (1958).
Arbusto. Endémica. Andes. Valles Secos, 2500–3000 m.
Dept.: TA.
Tipo y muestra: *K. Fiebrig 3042* (LT: B; ILT: BM, NY, S, WU, Z), *K. Fiebrig 3040a* (B, BM, G, HBG, JE, LIL, M, O, U).
Nota: Conocida sólo de los sintipos.

Jatropha pedatipartita Kuntze, Revis. Gen. Pl. 3(3): 287. 1898.
Ref.: Foster (1958).
Arbusto. Endémica. Andes. Valles Secos, 1000–3000 m.
Dept.: CH, CO, PO, SC, TA.
Tipo y muestra: *O. Kuntze s.n.* (HT: NY; IT: US), *F.J. Fernández Casas 7870* (G, MA, MO, NY).

[Jatropha pedersenii Lourteig & O'Donell], Ark. Bot., n.s., 3(2): 83–84. 1955.
Ref.: Killeen & Schulenberg (1998).
Nota: El registro se basa en material mal identificado. Nativa del sur de Paraguay y del oriente de Argentina.

Jatropha thyrsantha Pax & K. Hoffm., Pflanzenr. IV. 147 VII(Heft 63): 397. 1914.
Ref.: Foster (1958).
Arbusto. Nativa. Zonas Bajas, Andes. Bosque Seco Chaqueño, Valles Secos, 0–2000 m.
Dept.: CH, SC, TA.
Tipo y muestra: *T. Herzog 1221* (HT: G; IT: Z), *M.H. Nee & Ez. Chávez 48928* (MO, NY).

Jatropha weddeliana Baill., Adansonia 4: 267. 1864.
Sin.: *Jatropha robertii* S. Moore
Ref.: Fernández Casas (2004).
Arbusto. Nativa. Zonas Bajas. Bosque Seco Chaqueño, 0–500 m.
Dept.: CH, SC.
Muestra: *M.H. Nee 48113* (MO, NY).

Mabea Aubl., Hist. Pl. Guiane 2: 867. 1775.

10 especies, 0 especies endémicas.

Mabea anadena Pax & K. Hoffm., Pflanzenr. IV. 147 XIV(Heft 68): 55. 1919.
Ref.: Foster (1958), Vargas Caballero (1993), Arrázola Rivero et al. (2000).
Árbol. Nativa. Zonas Bajas. Bosque Húmedo, Sabanas Benianas del Sur, 0–1000 m.
Dept.: BE, CO, LP, PA.
Muestra: *O. Colque 361* (M, MA, MO, USZ).
Nom. Vern.: Siringuillo, tabaquillo, tabaquillo negro.

Mabea angustifolia Spruce ex Benth., Hooker's J. Bot. Kew Gard. Misc. 6: 365. 1854.
Sin.: *Mabea angustifolia* var. *longifolia* Britton, *Mabea longifolia* (Britton) Pax & K. Hoffm.
Ref.: Foster (1958), Moraes R. (1990), Vargas Caballero (1993), Killeen & Schulenberg (1998), Esser (2000).
Árbol. Nativa. Zonas Bajas, Andes. Bosque Húmedo, Campos Cerrados, Yungas, Bosque Serrano Chaqueño, Valles Secos, 0–1500 m.
Dept.: BE, CO, LP, PA, SC.
Muestra: *J.C. Solomon 13722* (F, LPB, MO, NY, SI, U).
Nom. Vern.: Camuñi, piri.

Mabea anomala Müll. Arg., Fl. Bras. 11(2): 526. 1873.
Arbolito. Nativa. Zonas Bajas. Bosque Húmedo, 0–500 m.
Dept.: LP.
Muestra: *J.C. Solomon 16881* (M, MO).

[Mabea caudata Pax & K. Hoffm.], Pflanzenr. IV. 147 V(Heft 52): 282. 1912.
Ref.: Vargas Caballero (1993).
Nota: El registro se basa en material mal identificado de *M. anadena.*

Mabea elegans Rusby, Mem. New York Bot. Gard. 7: 288. 1927.
Ref.: Foster (1958), Vargas Caballero (1993), Killeen & Schulenberg (1998).
Arbusto, arbolito. Nativa. Zonas Bajas. Bosque Húmedo, 0–500 m.
Dept.: BE, SC.
Tipo y muestra: *O.E. White 2379* (HT: NY; IT: GH, MICH, PH), *R. Guillén V. & J. Surubí 1240* (DAV, MO, USZ).

Mabea fistulifera Mart., Reise Bras. 2: 479. 1828 [1828].
Ref.: Foster (1958), Moraes R. (1990), Vargas Caballero (1993), Killeen & Schulenberg (1998).
Arbusto, árbol. Nativa. Zonas Bajas, Andes. Bosque Húmedo, Bosque Semideciduo Chiquitano, Campos Cerrados, Campos Amazónicos, Yungas, 0–1500 m.
Dept.: BE, LP, PA, SC.
Muestra: *I.G. Vargas 580* (CTES, LPB, MO, NY, USZ).
Infra: *Mabea fistulifera* subsp. *robusta* Emmerich
Nota: Los ejemplares de Bolivia corresponden a subsp. *robusta.*
Nom. Vern.: Siringuillo.

Mabea macbridei I.M. Johnst., Contr. Gray Herb. 75: 27. 1925.
Ref.: Vargas Caballero (1993).
Árbol. Nativa. Andes. Yungas, 1000–2000 m.
Dept.: LP.
Muestra: *J.C. Solomon 9242* (CTES, LPB, M, MO, NY, SI, U).

[Mabea maynensis Spruce ex Benth.], J. Linn. Soc., Bot. 5: 7. 1861.
Ref.: Vargas Caballero (1993), Arrázola Rivero et al. (2000).
Nota: El registro se basa en material mal identificado de *M. anadena.*

Mabea nitida Spruce ex Benth., Hooker's J. Bot. Kew Gard. Misc. 6: 367. 1854.
Ref.: Vargas Caballero (1993), Killeen

& Schulenberg (1998).
Arbolito, árbol. Nativa. Zonas Bajas. Bosque Húmedo, 0–500 m.
Dept.: BE, PA.
Muestra: *J.C. Solomon 6442* (DAV, F, K, LPB, M, MO, NY, U).
Nom. Vern.: Gavetillo del bajio, siringuillo.

[Mabea occidentalis Benth.], Hooker's J. Bot. Kew Gard. Misc. 6: 364. 1854.
Ref.: Vargas Caballero (1993).
Nota: El registro se basa en material mal identificado de *M. anadena*. Nativa de Centroamérica y el Norte de Sudamérica.

Mabea paniculata Spruce ex Benth., Hooker's J. Bot. Kew Gard. Misc. 6: 367. 1854.
Sin.: *Mabea indorum* S. Moore
Ref.: Foster (1958), Vargas Caballero (1993), Killeen & Schulenberg (1998).
Arbusto, árbol. Nativa. Zonas Bajas. Bosque Húmedo, Campos Cerrados, Sabanas Benianas del Sur, Campos Amazónicos, 0–500 m.
Dept.: BE, LP, PA, SC.
Muestra: *A. Rodríguez & P.F. Foster 771* (DAV, M, MO, USZ).
Nom. Vern.: Armibal, seringuilla.

Mabea pohliana (Benth.) Müll. Arg., Prodr. 15(2): 1152. 1866.
Sin.: *Mabea paniculata* var. *pohliana* Benth.
Ref.: Killeen & Schulenberg (1998).
Arbusto, árbol. Nativa. Zonas Bajas. Bosque Húmedo, Bosque Semideciduo Chiquitano, Sabanas Benianas del Sur, 0–1000 m.
Dept.: BE, LP, SC.
Muestra: *M. Toledo 1395* (DAV, M, MO, USZ).
Nom. Vern.: Armibal, leche leche, tinto del monte.

[Mabea speciosa Müll. Arg.], Fl. Bras. 11(2): 520. 1874.
Ref.: Killeen & Schulenberg (1998).
Nota: El registro se basa en material mal identificado de *M. anadena*.

Mabea subsessilis Pax & K. Hoffm., Pflanzenr. IV. 147 V(Heft 52): 282. 1912.
Arbusto, arbolito. Nativa. Zonas Bajas. Bosque Húmedo, 0–500 m.
Dept.: PA.
Muestra: *L. Vargas et al. 849* (F, USZ).

[Mabea taquari Aubl.], Hist. Pl. Guiane 1: 870, t. 334, f. 2. 1775.
Ref.: Killeen & Schulenberg (1998).
Nota: El registro se basa en material mal identificado de *M. paniculata*.

Mallotus Lour., Fl. Cochinch. 601, 635. 1790.
1 especie, 0 especies endémicas.

Mallotus rhamnifolius (Willd.) Müll. Arg., Linnaea 34: 196. 1865.
Sin.: *Croton rhamnifolius* Willd.
Arbusto. Adventicia. Zonas Bajas. Bosque Semideciduo Chiquitano, Bosque Seco Chaqueño, Campos Cerrados, 0–500 m.
Dept.: CH, SC.
Muestra: *M.H. Nee & G. Coimbra 36946* (MO, NY).
Nota: Nativa del Paleotrópico.

Manihot Mill., Gard. Dict. Abr. (ed. 4) vol. 2. 1754.
13 especies, 4 especies endémicas.

Manihot anisophylla (Griseb.) Müll. Arg., J. Bot. 12: 230. 1874.
Sin.: *Janipha anisophylla* Griseb., *Manihot carthagenensis* var. *anisophylla* (Griseb.) Kuntze
Ref.: Rogers & Appan (1973), Mendoza (2010).
Arbusto. Nativa. Andes. Bosque Tucumano-Boliviano, 1000–2000 m.
Dept.: CO, TA.
Muestra: *J.M. Mendoza et al. 2658* (LPB, MO, NY, USZ).

Manihot anomala Pohl, Pl. Bras. Icon. Descr. 1: 27, t. 21. 1827.
Sin.: *Jatropha anomala* (Pohl) Steud., *Manihot pavoniana* Müll. Arg., *Manihot glabrata* (Chodat & Hassl.) Pax & K. Hoffm., *Manihot multiflora* Pax & K. Hoffm.
Ref.: Rogers & Appan (1973), Killeen & Schulenberg (1998), Serrano & Terán (1998 [2000]), Jardim et al. (2003), Mendoza (2010).
Arbusto. Nativa. Zonas Bajas, Andes. Bosque Húmedo, Bosque Semideciduo Chiquitano, Campos Cerrados, Yungas, Valles Secos, 0–2000 m.
Dept.: BE, CH, CO, LP, SC.
Muestra: *S.G. Beck 8770* (CTES, DAV, F, K, LPB, M, MO, USZ).
Infra: *Manihot anomala* subsp. *glabrata* (Chodat & Hassl.) D.J. Rogers & Appan, *Manihot anomala* subsp. *pavoniana* (Müll. Arg.) D.J. Rogers & Appan
Nom. Vern.: Yuquilla.

Manihot arenaria M. Mend., Brittonia 66: n/a. 2013.
Arbusto. Endémica. Zonas Bajas. Campos Cerrados, 0–1000 m.
Dept.: SC.
Tipo y muestra: *J.R.I. Wood et al. 26507* (HT: USZ; IT: K, LPB, NY, UB), *J.M. Mendoza et al. 3010* (LPB, NY, USZ).
Nota: doi: 10.1007/s12228-013-9303-3

Manihot brachyloba Müll. Arg., Fl. Bras. 11(2): 451. 1874.
Sin.: *Manihot rusbyi* Britton, *Manihot amazonica* Ule
Ref.: Rogers & Appan (1973), Webster & Huft (1988), Burger & Huft (1995), Vásquez Martínez (1997), Killeen & Schulenberg (1998), Webster et al. (2001), Mendoza (2009), Mendoza (2010).
Arbusto. Nativa. Zonas Bajas, Andes. Bosque Húmedo, Yungas, 500–1000 m.
Dept.: LP.
Muestra: *S.G. Beck 8542* (CTES, DAV, K, LPB, M, MO, NY, USZ).

Manihot condensata D.J. Rogers & Appan, Fl. Neotrop. 13: 100, f. 39. 1973.
Ref.: Rogers & Appan (1973), Mendoza (2009), Mendoza (2010).
Arbusto, arbolito. Endémica. Andes. Yungas, Valles Secos, 500–1500 m.
Dept.: BE, LP.
Tipo y muestra: *O.E. White 1019* (HT: NY; IT: K, MICH), *J.M. Mendoza et al. 2632* (K, LPB, NY, USZ).

Manihot esculenta Crantz, Inst. Rei Herb. 1: 167. 1766.
Sin.: *Manihot utilissima* Pohl
Ref.: Foster (1958), Rogers & Appan (1973), Moraes R. (1990), Vargas Caballero (1993).
Arbusto, arbolito. Nativa, cultivada. Zonas Bajas, Andes. Bosque Húmedo, Bosque Semideciduo Chiquitano, Bosque Seco Chaqueño, Yungas, Valles Secos, 0–2000 m.
Dept.: BE, CO, LP, PA, SC, TA.
Muestra: *D. De la Quintana 175* (BOLV, CTES, HSB, LPB, MA, MO, NY, USZ).

Manihot fabianae M. Mend., Brittonia 66: n/a. 2013.
Arbusto. Endémica. Zonas Bajas. Campos Cerrados, 500–1000 m.
Dept.: SC.
Tipo y muestra: *J.R.I. Wood et al. 26589* (HT: USZ; IT: K, LPB, NY, UB), *J.R.I. Wood & J.D. Soto 26277* (K, LPB, NY, USZ).
Nota: doi: 10.1007/s12228-013-9303-3

Manihot grahamii Hook., Icon. Pl. 6: pl. 530. 1843.
Sin.: *Manihot tweedieana* Müll. Arg.
Ref.: Mendoza (2010).
Arbusto, arbolito. Nativa. Andes.

Bosque Tucumano-Boliviano, Valles Secos, 1000–1500 m.
Dept.: CH, TA.
Muestra: *J.M. Mendoza et al. 2651* (K, LPB, NY, USZ).

Manihot guaranitica Chodat & Hassl., Bull. Herb. Boissier, sér. 2, 2(5): 671. 1905.
Sin.: *Manihot fiebrigii* Pax & K. Hoffm., *Manihot recognita* Pax & K. Hoffm., *Manihot boliviana* Pax & K. Hoffm.
Ref.: Rogers & Appan (1973), Fuentes Claros (1998), Jardim et al. (2003), Mendoza (2009), Mendoza (2010).
Arbusto, arbolito. Nativa. Zonas Bajas, Andes. Bosque Semideciduo Chiquitano, Bosque Seco Chaqueño, Bosque Tucumano-Boliviano, Bosque Serrano Chaqueño, Valles Secos, 0–2000 m.
Dept.: CH, CO, SC, TA.
Muestra: *A.F. Fuentes C. & G. Navarro 2200* (LPB, MO, USZ).
Infra: *Manihot guaranitica* subsp. *guaranitica*, *Manihot guaranitica* subsp. *boliviana* (Pax & K. Hoffm.) D.J. Rogers & Appan

Manihot populifolia Pax, Pflanzenr. IV. 147 II(Heft 44): 93. 1910.
Sin.: *Manihot cordifolia* Pax
Arbusto. Nativa. Zonas Bajas. Bosque Seco Chaqueño, 0–500 m.
Dept.: CH.
Muestra: *J.F. Pensiero & G. Marino 4380* (MO).

Manihot stellata M. Mend., Brittonia 66: n/a. 2013.
Subarbusto. Endémica. Zonas Bajas. Campos Cerrados, 0–500 m.
Dept.: SC.
Tipo y muestra: *J.R.I. Wood et al. 26565* (HT: USZ; IT: K, LPB), *J.R.I. Wood & D. Villarroel 25504* (K, LPB, USZ).
Nota: doi: 10.1007/s12228-013-9303-3

Manihot stricta Baill., Adansonia 4: 282. 1863.
Sin.: *Manihot linearifolia* Müll. Arg.
Ref.: Wood et al. (2011), Mendoza (2013b).
Arbusto. Nativa. Zonas Bajas. Campos Cerrados, 500–1000 m.
Dept.: SC.
Muestra: *J.R.I. Wood et al. 26608* (K, LPB, NY, USZ).

Manihot tripartita (Spreng.) Müll. Arg., Prodr. 15(2): 1068. 1866.
Sin.: *Jatropha tripartita* Spreng.
Ref.: Rogers & Appan (1973), Killeen & Schulenberg (1998), Mendoza (2010).
Subarbusto, arbusto. Nativa. Zonas Bajas. Campos Cerrados, Sabanas Benianas del Sur, 0–1000 m.
Dept.: SC.
Muestra: *T. Killeen et al. 6167* (AAU, DAV, F, MO, NY, USZ).

Maprounea Aubl., Hist. Pl. Guiane 2: 895, t. 342. 1775.
1 especie, 0 especies endémicas.

[Maprounea brasiliensis A. St.-Hil.], Pl. Usuel. Bras. pl. 65. 1828.
Ref.: Fuentes Claros (1998).
Nota: El registro se basa en material mal identificado de *M. guianensis*.

Maprounea guianensis Aubl., Hist. Pl. Guiane 2: 895, t. 342. 1775.
Ref.: Foster (1958), Webster & Huft (1988), Brako (1993e), Vargas Caballero (1993), Killeen & Schulenberg (1998), Esser (1999), Webster (1999).
Arbusto, árbol. Nativa. Zonas Bajas, Andes. Bosque Húmedo, Bosque Semideciduo Chiquitano, Yungas, 0–1500 m.
Dept.: BE, LP, SC.
Muestra: *S.G. Beck 21622* (LPB, M, MO, USZ).

Microstachys A. Juss., Euphorb. Gen. 48–49. 1824.
5 especies, 0 especies endémicas.

Microstachys bidentata (Mart. & Zucc.) Esser, Kew Bull. 53: 958. 1998 [1999].
Sin.: *Cnemidostachys bidentata* Mart. & Zucc., *Sebastiania bidentata* (Mart. & Zucc.) Pax
Ref.: Esser (1998), Killeen & Schulenberg (1998), Govaerts et al. (2000).
Hierba. Nativa. Zonas Bajas. Campos Cerrados, Campos Amazónicos, 0–500 m.
Dept.: LP, SC.
Muestra: *R. Haase 334* (LPB, M).

Microstachys corniculata (Vahl) Griseb., Fl. Brit. W. I. 49. 1859.
Sin.: *Tragia corniculata* Vahl, *Sebastiania corniculata* (Vahl) Müll. Arg., *Sebastiania boliviana* Rusby
Ref.: Macbride (1951), Foster (1958), Esser (1998), Govaerts et al. (2000), Webster et al. (2001).
Hierba. Nativa. Zonas Bajas. Bosque Semideciduo Chiquitano, Campos Cerrados, Sabanas Benianas del Sur, Campos Amazónicos, 0–1000 m.
Dept.: LP, SC.
Muestra: *A.F. Fuentes C. 581* (DAV, LPB, MO, USZ).

Microstachys ditassoides (Didr.) Esser, Kew Bull. 53: 958. 1998 [1999].
Sin.: *Cnemidostachys ditassoides* Didr., *Sebastiania ditassoides* (Didr.) Müll. Arg.
Ref.: Esser (1998), Govaerts et al. (2000).
Hierba. Nativa. Zonas Bajas. Campos Cerrados, 500–1000 m.
Dept.: SC.
Muestra: *A.F. Fuentes C. et al. 1773* (USZ).

Microstachys hispida (Mart. & Zucc.) Govaerts, World Checkl. Bibliogr. Euphorbiaceae : 1190. 2000.
Sin.: *Cnemidostachys hispida* Mart. & Zucc., *Sebastiania corniculata* var. *hispida* (Mart. & Zucc.) Müll. Arg., *Sebastiania hispida* (Mart. & Zucc.) Pax
Ref.: Govaerts et al. (2000).
Hierba, subarbusto. Nativa. Zonas Bajas, Andes. Bosque Húmedo, Bosque Semideciduo Chiquitano, Campos Cerrados, Sabanas Benianas del Sur, Bosque Tucumano-Boliviano, Bosque Serrano Chaqueño, Valles Secos, 0–2000 m.
Dept.: BE, CH, CO, LP, SC, TA.
Muestra: *E. Gutiérrez C. et al. 719* (K, LPB, NY, USZ).

Microstachys serrulata (Mart. & Zucc.) Müll. Arg., Linnaea 32: 90. 1863.
Sin.: *Cnemidostachys serrulata* Mart. & Zucc., *Stillingia serrulata* (Mart. & Zucc.) Baill., *Sebastiania serrulata* (Mart. & Zucc.) Müll. Arg.
Ref.: Esser (1998), Govaerts et al. (2000).
Subarbusto. Nativa. Zonas Bajas. Campos Cerrados, 0–1000 m.
Dept.: SC.
Muestra: *A. Jardim et al. 555* (DAV, M, MO, USZ).

Nealchornea Huber, Bol. Mus. Goeldi Hist. Nat. Ethnogr. 7: 297. 1913.
1 especie, 0 especies endémicas.

Nealchornea yapurensis Huber, Bol. Mus. Goeldi Hist. Nat. Ethnogr. 7: 298. 1913.
Ref.: Macbride (1951), Brako (1993e), Vásquez Martínez (1997), Webster (1999).
Árbol. Nativa. Zonas Bajas. Bosque Húmedo, 0–500 m.
Dept.: PA.
Muestra: *A.H. Gentry & A. Perry 77909* (LPB, MO).

Omphalea L., Syst. Nat. (ed. 10) 1254, 1264, 1378. 1759.

1 especie, 0 especies endémicas.

Omphalea diandra L., Syst. Nat. (ed. 10) 1264. 1759.
Sin.: *Omphalea elaeophoroides* Steyerm.
Ref.: Foster (1958), Gillespie (1988), Parker & Bailey (1991), Killeen & Schulenberg (1998), Alverson et al. (2000).
Liana. Nativa. Zonas Bajas. Bosque Húmedo, 0–1000 m.
Dept.: BE, LP, PA, SC.
Muestra: *T. Killeen 3990* (MO).

Pachystroma Müll. Arg., Linnaea 34: 177. 1865.

1 especie, 0 especies endémicas.

Pachystroma longifolium (Nees) I.M. Johnst., Contr. Gray Herb. 68: 90. 1923.
Sin.: *Ilex longifolia* Nees, *Pachystroma ilicifolium* Müll. Arg., *Pachystroma ilicifolium* var. *ellipticum* Müll. Arg., *Pachystroma ilicifolium* var. *longifolium* (Nees) Müll. Arg.
Ref.: Müller Argoviensis (1874), Foster (1958), Vargas Caballero (1993), Webster (1994), Arroyo Padilla & Villarroel Segarra (2009).
Arbolito, árbol. Nativa. Zonas Bajas, Andes. Bosque Húmedo, Yungas, Bosque Tucumano-Boliviano, 500–1500 m.
Dept.: CH, SC.
Muestra: *I.G. Vargas 2903* (LPB, NY, USZ).
Nom. Vern.: Lechoso.

Pausandra Radlk., Flora 53: 92. 1870.

1 especie, 0 especies endémicas.

Pausandra trianae (Müll. Arg.) Baill., Adansonia 11: 92. 1873.
Sin.: *Pogonophora trianae* Müll. Arg., *Pausandra quadriglandulosa* Pax & K. Hoffm., *Pausandra extorris* Standl., *Pausandra densiflora* Lanj., *Pausandra sericea* Lanj., *Clavija septentrionalis* L.O. Williams
Ref.: Webster & Huft (1988), Secco (1990), Parker & Bailey (1991), Brako (1993e), Vargas Caballero (1993), Webster (1999), Alverson et al. (2000).
Arbusto, arbolito. Nativa. Zonas Bajas. Bosque Húmedo, Bosque Semideciduo Chiquitano, 0–500 m.
Dept.: CO, LP, PA, SC.
Muestra: *S.G. Beck 19049* (COL, LPB, PORT, Q, USZ).

Pera Mutis, Kongl. Vetensk. Acad. Nya Handl. 5: 299. 1784.

8 especies, 0 especies endémicas.

Pera barbinervis (Mart. ex Klotzsch) Pax & K. Hoffm., Pflanzenr. IV. 147 XIII(Heft 68): 6. 1919.
Sin.: *Spixia barbinervis* Mart. ex Klotzsch
Ref.: Killeen & Schulenberg (1998).
Árbol. Nativa. Zonas Bajas. Campos Cerrados, 0–500 m.
Dept.: SC.
Muestra: *P.F. Foster et al. 132* (DAV, MO, USZ).

Pera benensis Rusby, Descr. S. Amer. Pl. 49. 1920.
Sin.: *Pera mildbraediana* Mansf.
Ref.: Macbride (1951), Foster (1958), Vargas Caballero (1993), Vásquez Martínez (1997).
Árbol. Nativa. Zonas Bajas. Bosque Húmedo, 0–500 m.
Dept.: BE, LP.
Tipo y muestra: *H.H. Rusby 2646* (HT: NY; IT: F, MO, PH, US), *A.M. Carrión et al. 521* (MO, USZ).

Pera bicolor (Klotzsch) Müll. Arg., Prodr. 15(2): 1028. 1866.
Sin.: *Peridium bicolor* Klotzsch, *Peridium schomburgkianum* Klotzsch, *Pera schomburgkiana* (Klotzsch) Müll. Arg.
Ref.: Killeen & Schulenberg (1998), Gillespie (1999).
Árbol. Nativa. Zonas Bajas. Campos Cerrados, 0–500 m.
Dept.: SC.
Muestra: *R.C. Quevedo et al. 1021* (MO, USZ).

Pera coccinea (Benth.) Müll. Arg., Prodr. 15(2): 1028. 1866.
Sin.: *Peridium coccineum* Benth.
Ref.: Killeen & Schulenberg (1998).
Árbol. Nativa. Zonas Bajas. Bosque Húmedo, 0–500 m.
Dept.: SC.
Muestra: *M.H. Nee 41510* (LPB, MO, NY).

Pera decipiens (Müll. Arg.) Müll. Arg., Prodr. 15(2): 1029. 1866.
Sin.: *Peridium bicolor* var. *nitidum* Benth., *Peridium decipiens* Müll. Arg., *Pera nitida* (Benth.) Jabl.
Ref.: Vargas Caballero (1993), Killeen & Schulenberg (1998), Gillespie (1999).
Arbusto, arbolito, árbol. Nativa. Zonas Bajas. Bosque Húmedo, 0–500 m.
Dept.: BE, SC.
Muestra: *A. Jardim et al. 213* (MO, USZ).

Pera glabrata (Schott) Poepp. ex Baill., Étude Euphorb. 434. 1858.
Sin.: *Peridium ferrugineum* Schott, *Peridium glabratum* Schott, *Pera arborea* Baill., *Pera ferruginea* (Schott) Müll. Arg.
Ref.: Killeen & Schulenberg (1998), Govaerts et al. (2000).
Árbol. Nativa. Zonas Bajas. Bosque Húmedo, 0–500 m.
Dept.: BE, LP, SC.
Muestra: *R. Guillén V. & Marmañas 4465* (USZ).

Pera obovata (Klotzsch) Baill., Adansonia 5: 225. 1865.
Sin.: *Peridium obovatum* Klotzsch
Ref.: Killeen & Schulenberg (1998).
Árbol. Nativa. Zonas Bajas. Campos Cerrados, 0–500 m.
Dept.: SC.
Muestra: *R. Guillén V. et al. 4757* (DAV, LPB, MA, MO, USZ).

Pera tomentosa (Benth.) Müll. Arg., Prodr. 15(2): 1028. 1866.
Sin.: *Peridium bicolor* var. *tomentosum* Benth.
Ref.: Killeen & Schulenberg (1998), Gillespie (1999).
Árbol. Nativa. Zonas Bajas. Bosque Húmedo, Campos Cerrados, 0–500 m.
Dept.: LP, SC.
Muestra: *S. DeWalt et al. 320* (MO).

Pleradenophora Esser, Gen. Euphorb. 377. 2001.

1 especie, 0 especies endémicas.

Pleradenophora membranifolia (Müll. Arg.) Esser & A. L. Melo, Phytotaxa 81(1): 35. 2013.
Sin.: *Sebastiania membranifolia* Müll. Arg., *Sapium rhombifolium* Rusby, *Sebastiania huallagensis* Croizat, *Sebastiania rhombifolia* (Rusby) Jabl.
Ref.: Fuentes Claros (1998), Killeen & Schulenberg (1998), Jardim et al. (2003), Melo et al. (2013).
Arbusto, árbol. Nativa. Zonas Bajas. Bosque Húmedo, Bosque Semideciduo Chiquitano, Campos Cerrados, 0–1000 m.
Dept.: BE, LP, SC.
Muestra: *B.A. Krukoff 10276* (A, GH, K, LPB, MO, NY, U).
Nom. Vern.: Etaqui, malpuesto.

Plukenetia L., Sp. Pl. 2: 1192. 1753.

3 especies, 0 especies endémicas.

Plukenetia brachybotrya Müll. Arg., Linnaea 34: 158. 1865.
Sin.: *Plukenetia buchtienii* Pax, *Apodandra buchtienii* (Pax) Pax &

K. Hoffm., *Apodandra brachybotrya* (Müll. Arg.) J.F. Macbr.
Ref.: Parker & Bailey (1991), Gillespie (1993), Vásquez Martínez (1997), Killeen & Schulenberg (1998).
Trepadora, liana. Nativa. Zonas Bajas. Bosque Húmedo, 0–1000 m.
Dept.: BE, LP, PA, SC.
Muestra: *F.J. Fernández Casas & A. Susanna 8149* (MO).

Plukenetia loretensis Ule, Verh. Bot. Vereins Prov. Brandenburg 50: 81. 1908.
Sin.: *Apodandra loretensis* (Ule) Pax & K. Hoffm.
Ref.: Gillespie (1993), Vásquez Martínez (1997).
Trepadora, liana. Nativa. Zonas Bajas. Bosque Húmedo, 0–500 m.
Dept.: BE, LP.
Muestra: *J.C. Solomon 7972* (MO, NY).

[Plukenetia penninervia Müll. Arg.], Linnaea 34: 158. 1865.
Ref.: Killeen & Schulenberg (1998).
Nota: El registro se basa en material mal identificado de *P. brachybotrya* o *P. loretensis*.

Plukenetia volubilis L., Sp. Pl. 2: 1192. 1753.
Sin.: *Plukenetia peruviana* Müll. Arg., *Plukenetia macrostyla* Ule
Ref.: Macbride (1951), Foster (1958), Webster & Huft (1988), Gillespie (1993), Vásquez Martínez (1997), Killeen & Schulenberg (1998).
Trepadora. Nativa. Zonas Bajas, Andes. Bosque Húmedo, Yungas, 0–1500 m.
Dept.: LP, SC.
Muestra: *M.H. Nee 35694* (LPB, MO, NY).

Pogonophora Miers ex Benth., Hooker's J. Bot. Kew Gard. Misc. 6: 372. 1854.
1 especie, 0 especies endémicas.

Pogonophora schomburgkiana Miers ex Benth., Hooker's J. Bot. Kew Gard. Misc. 6: 373. 1854.
Ref.: Macbride (1951).
Árbol. Nativa. Zonas Bajas. Bosque Húmedo, 0–500 m.
Dept.: PA.
Muestra: *R.N. Ledezma 924* (MICH, MO, NY, USZ).

Pseudosenefeldera Esser, Gen. Euphorb. 387–388. 2001.
0 especies, 0 especies endémicas.

[Pseudosenefeldera inclinata (Müll. Arg.) Esser], Gen. Euphorb. 387. 2001.
Sin.: *Senefeldera inclinata* Müll. Arg., *Senefeldera karsteniana* Pax & K. Hoffm., *Senefeldera skutchiana* Croizat
Ref.: Vargas Caballero (1993), Vásquez Martínez (1997).
Nota: El registro se basa en material mal identificado.

Ricinus L., Sp. Pl. 2: 1007. 1753.
1 especie, 0 especies endémicas.

Ricinus communis L., Sp. Pl. 2: 1007. 1753.
Ref.: Macbride (1951), Foster (1958), Brako (1993e), González et al. (1999), Webster (1999), López (2000), Serrano & Terán (1998 [2000]), Webster et al. (2001), Arroyo Padilla & Villarroel Segarra (2009).
Arbusto, arbolito. Adventicia, cultivada. Zonas Bajas, Andes. Bosque Húmedo, Bosque Semideciduo Chiquitano, Bosque Seco Chaqueño, Campos Cerrados, Sabanas Benianas del Sur, Yungas, Bosque Tucumano-Boliviano, Páramo Yungueño, Valles Secos, 0–3500 m.
Dept.: BE, CH, CO, LP, SC, TA.
Muestra: *I.G. Vargas 679* (LPB, MO, NY, USZ).
Nom. Vern.: Higuerilla, kavojuvo, macocoró, mocororó, rarë, tártago.

Romanoa Trevis., Sagg. Algh. Coccot. 99. 1848.
1 especie, 0 especies endémicas.

Romanoa tamnoides (A. Juss.) Radcl.-Sm., Kew Bull. 34: 589. 1980.
Sin.: *Anabaena tamnoides* A. Juss.
Hierba, trepadora. Nativa. Zonas Bajas. Campos Cerrados, Sabanas Benianas del Sur, 0–500 m.
Dept.: SC.
Muestra: *A. Krapovickas & A. Schinini 36235* (MO).

Sagotia Baill., Adansonia 1: 53. 1860.
1 especie, 0 especies endémicas.

Sagotia racemosa Baill., Adansonia 1: 53. 1860.
Sin.: *Sagotia racemosa* var. *ligularis* Müll. Arg., *Sagotia racemosa* var. *microsepala* Müll. Arg., *Sagotia tafelbergii* Croizat
Ref.: Secco (1990), Brako (1993e), Burger & Huft (1995), Secco (1999a), Webster (1999).
Arbusto, árbol. Nativa. Zonas Bajas, Andes. Bosque Húmedo, Yungas, 1000–1500 m.
Dept.: CO, LP.
Muestra: *M. Zárate & H. Villca 2868* (BOLV, LPB, MO).

Sapium Jacq., Enum. Syst. Pl. 9, 31. 1760.
7 especies, 0 especies endémicas.

Sapium argutum (Müll. Arg.) Huber, Bull. Herb. Boissier, sér. 2, 6: 439, f. 31. 1906.
Sin.: *Excoecaria arguta* Müll. Arg.
Ref.: Vargas Caballero (1993), Killeen & Schulenberg (1998), Jardim et al. (2003).
Árbol. Nativa. Zonas Bajas. Campos Cerrados, 0–1000 m.
Dept.: BE, LP, SC.
Muestra: *T. Killeen 2353* (F, LPB, MO).
Nom. Vern.: Piñon bravo, piñoncillo, muresí.

Sapium glandulosum (L.) Morong, Ann. New York Acad. Sci. 7: 227. 1893.
Sin.: *Hippomane glandulosa* L., *Sapium aereum* Klotzsch ex Müll. Arg., *Sapium montevidense* Klotzsch ex Baill., *Sapium taburu* Ule, *Sapium haematospermum* var. *saltensis* O'Donell & Lourteig, *Sapium ixiamasense* Jabl.
Ref.: Foster (1958), Parker & Bailey (1991), Vargas Caballero (1993), Kruijt (1996), Killeen & Schulenberg (1998), Serrano & Terán (1998 [2000]).
Arbolito, árbol. Nativa. Zonas Bajas, Andes. Bosque Húmedo, Bosque Semideciduo Chiquitano, Campos Cerrados, Sabanas Benianas del Sur, Yungas, Bosque Tucumano-Boliviano, Bosque Serrano Chaqueño, 0–2500 m.
Dept.: BE, CH, CO, LP, PA, SC, TA.
Muestra: *M.J. Macía et al. 4626* (LPB, M, MA).
Nom. Vern.: Leche caspi, leche-leche.

Sapium haematospermum Müll. Arg., Linnaea 34: 217. 1865.
Sin.: *Sapium longifolium* (Müll. Arg.) Huber, *Sapium bolivianum* Pax & K. Hoffm.
Ref.: Foster (1958), Vargas Caballero (1993), López Vargas (1995), Kruijt (1996), Killeen & Schulenberg (1998), González et al. (1999).
Arbusto, árbol. Nativa. Zonas Bajas. Bosque Húmedo, Campos Cerrados, Sabanas Benianas del Sur, Bosque Serrano Chaqueño, 0–1000 m.
Dept.: BE, LP, SC.
Muestra: *M. Serrano et al. 5352* (HSB, M, MO, USZ).
Nom. Vern.: Leche leche, lechoso.

[Sapium laurifolium (A. Rich.) Griseb.], Fl. Brit. W. I. 49. 1859.
Sin.: *Stillingia laurifolia* A. Rich.
Ref.: Killeen & Schulenberg (1998).
Nota: El registro se basa en material mal identificado de *S. marmieri*.

Sapium marmieri Huber, Bull. Soc. Bot. France 49: 49. 1902.
Sin.: *Sapium peloto* Pax & K. Hoffm., *Pera elliptica* Rusby
Ref.: Foster (1958), Parker & Bailey (1991), Vargas Caballero (1993), Kruijt (1996), Killeen & Schulenberg (1998), Alverson et al. (2000), Arrázola Rivero et al. (2000), Montambault (2002).
Árbol. Nativa. Zonas Bajas, Andes. Bosque Húmedo, Campos Cerrados, Sabanas Benianas del Sur, Yungas, 0–1500 m.
Dept.: BE, CO, LP, PA, SC.
Muestra: *I.G. Vargas et al. 1104* (CTES, LPB, M, MO, NY, USZ).
Nom. Vern.: Caout-chouc, leche-leche, lechoso, peloto.

Sapium obovatum Klotzsch ex Müll. Arg., Linnaea 32: 120. 1863.
Arbusto, árbol. Nativa. Zonas Bajas. Bosque Húmedo, 0–500 m.
Dept.: LP, SC.
Muestra: *T. Killeen et al. 5502* (CTES, M, MO, USZ).

Sapium pallidum (Müll. Arg.) Huber, Bull. Herb. Boissier, sér. 2, 6: 450, f. 44. 1906.
Sin.: *Sapium biglandulosum* var. *pallidum* Müll. Arg.
Ref.: Vargas Caballero (1993), Kruijt (1996), Killeen & Schulenberg (1998).
Árbol. Nativa. Zonas Bajas. Bosque Húmedo, Sabanas Benianas del Norte, Sabanas Benianas del Sur, 0–500 m.
Dept.: BE, PA, SC.
Muestra: *I.G. Vargas & C.G. Jordán 6674* (M, MO, USZ).

Sapium pavonianum (Müll. Arg.) Huber, Bull. Herb. Boissier 6: 356, f. 14. 1906.
Sin.: *Sapium biglandulosum* var. *pavonianum* Müll. Arg., *Excoecaria biglandulosa* var. *pavoniana* (Müll. Arg.) Müll. Arg.
Árbol. Nativa. Zonas Bajas. Bosque Húmedo, 0–500 m.
Dept.: SC.
Muestra: *M.H. Nee & I.G. Vargas 44941* (CTES, MO, NY, SI, U).

[Sapium peruvianum Steud.], Nomencl. Bot. 2: 512. 1841.
Ref.: Killeen & Schulenberg (1998).
Nota: El registro se basa en material mal identificado.

Sebastiania Spreng., Neue Entdeck. Pflanzenk. 2: 118, pl. 3. 1820 [1821].
1 especie, 0 especies endémicas.

Sebastiania brasiliensis Spreng., Neue Entdeck. Pflanzenk. 2: 118, pl. 3. 1821.
Sin.: *Excoecaria bridgesii* Müll. Arg., *Gymnanthes brasiliensis* var. *divaricata* Müll. Arg., *Sebastiania brasiliensis* var. *divaricata* (Müll. Arg.) Müll. Arg., *Dactylostemon anisandrus* Griseb., *Sebastiania bridgesii* (Müll. Arg.) Pax, *Sebastiania fiebrigii* Pax, *Sebastiania anisandra* (Griseb.) Lillo
Ref.: Foster (1958), Vargas Caballero (1993), Killeen & Schulenberg (1998), González et al. (1999), Jardim et al. (2003).
Arbusto, árbol. Nativa. Zonas Bajas, Andes. Bosque Húmedo, Bosque Semideciduo Chiquitano, Campos Cerrados, Sabanas Benianas del Sur, Yungas, Bosque Tucumano-Boliviano, Bosque Serrano Chaqueño, Valles Secos, 0–2500 m.
Dept.: CH, LP, SC, TA.
Muestra: *J.C. Solomon 11208* (LPB, MO, NY).
Nom. Vern.: Leche leche, lecherón amarillo, lecherón del monte, lechoso.

[Sebastiania glandulosa (Sw.) Müll. Arg.], Prodr. 15(2): 1186. 1866.
Sin.: *Excoecaria glandulosa* Sw.
Ref.: Killeen & Schulenberg (1998).
Nota: El registro se basa en material mal identificado.

[Sebastiania haploclada Briq.], Annuaire Conserv. Jard. Bot. Genève 4: 231. 1900.
Ref.: López Vargas (1995).
Nota: El registro se basa en material mal identificado de *Gymnanthes* sp. nov.

[Sebastiania klotzschiana (Müll. Arg.) Müll. Arg.], Prodr. 15(2): 1178. 1866.
Ref.: Saravia Miranda (1996).
Nota: El registro se basa en material mal identificado de *Gymnanthes* sp. nov.

[Sebastiania salicifolia (Mart. & Zucc.) Pax], Pflanzenr. IV. 147 V(Heft 52): 103. 1912.
Sin.: *Cnemidostachys salicifolia* Mart. & Zucc.
Ref.: Killeen & Schulenberg (1998).
Nota: El registro se basa en material mal identificado de *Microstachys hispida*.

Stillingia Garden ex L., Syst. Nat. (ed. 12) 2: 611, 637. 1767.
2 especies, 0 especies endémicas.

[Stillingia peruviana D.J. Rogers], Ann. Missouri Bot. Gard. 38: 223. 1951.
Ref.: Vargas Caballero (1993).
Nota: El registro se basa en material mal identificado de *S. tenella*.

Stillingia salpingadenia (Müll. Arg.) Huber, Bull. Herb. Boissier, sér. 2, 6: 452. 1906.
Sin.: *Sapium salpingadenium* Müll. Arg., *Sapium cupuliferum* Hemsl.
Ref.: Foster (1958), Wood et al. (2011).
Subarbusto, arbusto. Nativa. Zonas Bajas. Bosque Semideciduo Chiquitano, Bosque Seco Chaqueño, 500–1000 m.
Dept.: CH, SC.
Tipo y muestra: *d'Orbigny 918* (HT: P; IT: F), *F. Mamani & A. Jardim 1208* (M, MO, USZ).

Stillingia tenella (Pax & K. Hoffm.) Esser, Novon 20(2): 147. 2010.
Sin.: *Sapium tenellum* Pax & K. Hoffm., *Stillingia yungasensis* Belgrano & Pozner
Ref.: Ministerio de Medio Ambiente y Agua (2012 [2013]).
Arbusto, árbol. Nativa. Andes. Bosque Tucumano-Boliviano, Valles Secos, 1000–2500 m.
Dept.: CH, SC, TA.
Muestra: *M.H. Nee 50477* (MO, NY, USZ).

Tetrorchidium Poepp., Nov. Gen. Sp. Pl. 3: 23. 1841.
4 especies, 0 especies endémicas.

Tetrorchidium andinum Müll. Arg., Flora 47(34): 538. 1864.
Ref.: Fuentes Claros et al. (2009).
Árbol. Nativa. Andes. Yungas, 1500–2000 m.
Dept.: LP.
Muestra: *S.F. Bascopé S. et al. 283* (LPB, M, MA, MO).

Tetrorchidium dusenii Pax & K. Hoffm., Pflanzenr. IV. 147 XVI(Heft 85): 197. 1924.
Árbol. Nativa. Zonas Bajas. Bosque Húmedo, 0–500 m.
Dept.: BE, CO, LP.
Muestra: *A.H. Gentry & S. Estenssoro C. 70195A* (LPB, MO).

Tetrorchidium macrophyllum Müll. Arg., Prodr. 15(2): 1133. 1866.
Ref.: Macbride (1951), López & Little (1987), Renner et al. (1990), Brako

(1993e), Vargas Caballero (1993), Webster (1999).
Árbol. Nativa. Andes. Yungas, 1500–2500 m.
Dept.: CO, LP.
Muestra: *S.G. Beck 7301* (DAV, LPB, M).

Tetrorchidium rubrivenium Poepp., Nov. Gen. Sp. Pl. 3: 23, pl. 227. 1841.
Ref.: Macbride (1951), López & Little (1987), Smith et al. (1988), Renner et al. (1990), Brako (1993e), Vargas Caballero (1993), Webster (1999).
Árbol. Nativa. Zonas Bajas. Bosque Húmedo, 0–1000 m.
Dept.: BE, LP, SC.
Muestra: *A. Araujo M. et al. 2319* (AAU, BOLV, LPB, MA, MO, USZ).

Tragia L., Sp. Pl. 2: 980. 1753.
12 especies, 1 especie endémica.

Tragia alienata (Didr.) Múlgura & M.M. Gutiérrez, Candollea 46: 523. 1991.
Sin.: *Bia alienata* Didr., *Bia sellowiana* Klotzsch ex Baill., *Tragia sellowiana* (Klotzsch ex Baill.) Müll. Arg., *Tragia cissoides* Müll. Arg.
Ref.: Foster (1958), Múlgura de Romero (1991).
Liana. Nativa. Zonas Bajas, Andes. Bosque Semideciduo Chiquitano, Bosque Seco Chaqueño, Yungas, 0–500, 1000–2000 m.
Dept.: LP, SC, TA.
Muestra: *M. Bang 2182* (GH, MO, US).

Tragia aurea Rusby, Bull. New York Bot. Gard. 4: 444. 1907.
Ref.: Foster (1958).
Liana. Endémica. Andes. Yungas, 1000–1500 m.
Dept.: LP.
Tipo: *M. Bang 2454* (HT: NY; IT: MO-4414, NY, US).
Nota: Conocida solamente del tipo.

Tragia bahiensis Müll. Arg., Linnaea 34: 182. 1865.
Sin.: *Tragia lagoensis* Müll. Arg., *Tragia depauperata* Pax & K. Hoffm., *Tragia bahiensis* var. *flexuosa* Pax & K. Hoffm., *Tragia emrichii* Herter
Ref.: Múlgura de Romero & Gutiérrez de Sanguinetti (1989).
Liana. Nativa. Zonas Bajas. Bosque Semideciduo Chiquitano, Campos Cerrados, 0–1000 m.
Dept.: SC.
Muestra: *A. Krapovickas 32158* (CTES).

Tragia chlorocaulon Baill., Étude Euphorb. 461. 1858.
Sin.: *Tragia pohlii* Müll. Arg., *Tragia tristis* Müll. Arg., *Tragia tristis* fo. *subvolubilis* Chodat & Hassl., *Tragia tristis* fo. *volubilis* Chodat & Hassl., *Tragia adenophila* var. *ferruginea* Pax & K. Hoffm., *Tragia adenophila* var. *mollis* Pax & K. Hoffm.
Ref.: Foster (1958), Múlgura de Romero (1990).
Hierba. Nativa. Zonas Bajas. Bosque Semideciduo Chiquitano, 500–1000 m.
Dept.: SC.
Muestra: *A. Krapovickas 32161* (CTES).

Tragia fallax Müll. Arg., Linnaea 34: 179. 1865.
Sin.: *Tragia sellowiana* var. *glabrifolia* Britton ex Rusby
Ref.: Rusby (1901).
Liana. Nativa. Zonas Bajas. Bosque Húmedo, Bosque Seco Chaqueño, Sabanas Benianas del Sur, 0–1000 m.
Dept.: BE, TA.
Muestra: *D.C. Daly 6565* (LPB, MO, NY).

Tragia fendleri Müll. Arg., Linnaea 34: 179. 1865.
Sin.: *Tragia japurensis* Müll. Arg.
Ref.: Foster (1958).
Liana. Nativa. Zonas Bajas. Bosque Húmedo, 0–500 m.
Dept.: LP.
Muestra: *A.F. Fuentes C. et al. 3735* (AAU, LPB, MO, NY, SI).

Tragia friesii Pax & K. Hoffm., Pflanzenr. IV. 147 XVII(Heft 85): 186. 1924.
Ref.: Foster (1958), Múlgura de Romero & Gutiérrez de Sanguinetti (1989).
Liana. Nativa. Zonas Bajas, Andes. Bosque Seco Chaqueño, Bosque Serrano Chaqueño, 500–1500 m.
Dept.: TA.
Tipo: *R.E. Fries 1383* (HT: S).
Nota: Conocida en Bolivia solamente del tipo.

Tragia geraniifolia Klotzsch ex Baill., Étude Euphorb. 461. 1858.
Ref.: Foster (1958), Múlgura de Romero & Gutiérrez de Sanguinetti (1989), López Vargas (1995), Saravia Miranda (1996).
Hierba. Nativa. Andes. Valles Secos, 1000–1500 m.
Dept.: CO, TA.
Muestra: *G. Meyer 17401* (LIL).

Tragia hieronymii Pax & K. Hoffm., Pflanzenr. IV. 147 IX(Heft 68): 62. 1919.
Sin.: *Tragia tenella* Pax & K. Hoffm., *Tragia oligantha* Pax & K. Hoffm.
Ref.: Foster (1958), Múlgura de Romero & Gutiérrez de Sanguinetti (1989).
Hierba. Nativa. Andes. Bosque Serrano Chaqueño, 1500–2500 m.
Dept.: CH, SC, TA.
Muestra: *A. Roca & A.M. Cuellar 648* (DAV, LPB).

Tragia melochioides Griseb., Abh. Königl. Ges. Wiss. Göttingen 24: 60. 1879.
Sin.: *Tragia bangii* Rusby, *Tragia micrococca* Pax & K. Hoffm., *Tragia pseudomelochioides* Pax & K. Hoffm.
Ref.: Foster (1958), Múlgura de Romero & Gutiérrez de Sanguinetti (1989), Serrano & Terán (1998 [2000]).
Hierba. Nativa. Zonas Bajas, Andes. Bosque Húmedo, Bosque Seco Chaqueño, Yungas, Bosque Tucumano-Boliviano, 500–1500, 2500–3000 m.
Dept.: CH, CO, LP, SC, TA.
Muestra: *J.R.I. Wood 8297* (K, LPB).

Tragia uberabana Müll. Arg., Fl. Bras. 11(2): 417. 1874.
Sin.: *Tragia bahiensis* var. *subsessilis* Chodat & Hassl., *Tragia uberabana* var. *macrophylla* Chodat & Hassl., *Tragia paraguariensis* var. *canescens* Pax & K. Hoffm., *Tragia paraguariensis* var. *glabrescens* Pax & K. Hoffm., *Tragia paraguariensis* var. *subsessilis* (Chodat & Hassl.) Pax & K. Hoffm., *Tragia websteri* Allem & J.L. Wacht, *Tragia wingei* Allem & J.L. Wacht
Ref.: Múlgura de Romero & Gutiérrez de Sanguinetti (1989), Wood et al. (2011).
Hierba, liana. Nativa. Andes. Yungas, 1000–1500 m.
Dept.: LP.
Muestra: *O. Buchtien 4206* (US).
Infra: *Tragia uberabana* var. *uberabana*, *Tragia uberabana* var. *discolor* Chodat & Hassl.

Tragia volubilis L., Sp. Pl. 2: 980. 1753.
Sin.: *Tragia diffusa* Vell., *Tragia triangularis* Vell., *Tragia amoena* Müll. Arg.
Ref.: Foster (1958), Múlgura de Romero & Gutiérrez de Sanguinetti (1989), Schulenberg & Awbrey (1997), Killeen & Schulenberg (1998), González et al. (1999), Serrano & Terán (1998 [2000]).
Liana. Nativa. Zonas Bajas, Andes. Bosque Húmedo, Yungas, 0–1500 m.

Dept.: BE, CH, SC, TA.
Muestra: *S.G. Beck 23590* (LPB).

FABACEAE **Lindl.**, Intr. Nat. Syst. Bot. (ed. 2) 148. 1836.

Por D. Neill (ECUAMZ), C. Romero (MO), M. Atahuachi (BOLV), L. Rico (K), B. Klitgaard (K), G. Lewis (K), J. Barham (K) y E. Vargas (K); revisado por S.G. Beck (LPB), L.R. Chávez de Michel (LPB), M. Nee (NY), P.M. Jørgensen (MO).
201 géneros, 1113 especies, 87 especies endémicas.
Nota: Los autores prefieren utilizar el nombre Leguminosae para esta familia, por razones citadas en Lewis et al. (2005, [Lewis, G., B. Schrire, B. Mackinder & M. Lock (eds.). Legumes of the World. Royal Botanic Gardens, Kew, U.K.]).

Abarema Pittier, Arb. Legum. 56. 1927.

2 especies, 1 especie endémica.

Abarema centiflora Barneby & J.W. Grimes, Mem. New York Bot. Gard. 74(1): 109–110, map 24A. 1996.
Ref.: Barneby & Grimes (1996), Duchen & Beck (2012), Ministerio de Medio Ambiente y Agua (2012 [2013]).
Árbol. Endémica. Andes. Yungas, 2000–2500 m.
Dept.: CO.
Tipo: *R.F. Steinbach 538* (HT: NY; IT: F, GH, MICH, MO-2984227, US).
Nota: Conocido solamente del tipo.

Abarema jupunba (Willd.) Britton & Killip, Ann. New York Acad. Sci. 35(3): 126. 1936.
Sin.: *Acacia jupunba* Willd., *Mimosa trapezifolia* Vahl, *Pithecellobium trapezifolium* (Vahl) Benth., *Pithecellobium jupunba* (Willd.) Urb., *Abarema trapezifolia* (Vahl) Pittier, *Jupunba jupunba* (Willd.) Britton & Rose, *Jupunba trapezifolia* (Vahl) Moldenke
Ref.: Foster (1958), Saldias Paz (1993b), Barneby & Grimes (1996), Killeen & Schulenberg (1998), Duchen & Beck (2012).
Árbol. Nativa. Zonas Bajas, Andes. Bosque Húmedo, Sabanas Benianas del Sur, Yungas, Valles Secos, 0–2000 m.
Dept.: BE, CO, LP, PA, SC.
Muestra: *D.N. Smith et al. 13968* (MO).
Infra: *Abarema jupunba* var. *jupunba*
Nom. Vern.: Maní, serebó, wilka-wilka.

Abrus Adans., Fam. Pl. 2: 327, 511. 1763.

2 especies, 0 especies endémicas.

Abrus melanospermus Hassk., Cat. Hort. Bot. Bogor. 282. 1844.
Sin.: *Abrus pulchellus* Wall. ex Thwaites, *Abrus pulchellus* subsp. *tenuiflorus* (Spruce ex Benth.) Verdc.
Ref.: Killeen & Schulenberg (1998).
Hierba, trepadora. Adventicia. Zonas Bajas. Bosque Húmedo, Bosque Semideciduo Chiquitano, 0–1000 m.
Dept.: PA, SC.
Muestra: *R. Guillén V. & P. Solíz 3854* (BAB, LPB, MA, MO, USZ).
Infra: *Abrus melanospermus* subsp. *tenuiflorus* (Spruce ex Benth.) D. Harder

Abrus precatorius L., Syst. Nat. (ed. 12) 2: 472. 1767.
Hierba, trepadora. Nativa. Zonas Bajas. Bosque Húmedo, Bosque Semideciduo Chiquitano, 0–500 m.
Dept.: SC.
Muestra: *M. Menacho Viruez & T. Driment 688* (LPB, MO, USZ).

Acacia Mill., Gard. Dict. Abr. (ed. 4) vol. 1. 1754.

9 especies, 0 especies endémicas.
Nota: Las especies nativas de *Acacia s.l.* están aquí ubicadas en *Acaciella* Britton & Rose (Rico Arce & Bachman 2006), *Senegalia* Raf. (Seigler et al. 2006) y *Vachellia* Wight & Arn. (Seigler & Ebinger, 2005 [2006]). Sin embargo, es importante aclarar que una de los co-autoras (L. Rico, K), quien ha contribuído particularmente a la compilación de los géneros de Mimosoideae, no está de acuerdo con esta nomenclatura y prefiere el tratamiento de *Acacia s.l.* (Rico Arce 2007). Las especies de *Acacia s.s.* han sido introducidas de Australia (e islas del Pacífico, *A. simplex*) como árboles ornamentales y para reforestación.

Acacia cultriformis A. Cunn. ex G. Don, Gen. Hist. 2: 406. 1832.
Sin.: *Acacia scapuliformis* A. Cunn. & G. Don, *Racosperma cultriforme* (A. Cunn. ex G. Don) Pedley
Ref.: Saldias Paz (1993b).
Arbolito, árbol. Cultivada. Andes. Valles Secos, 3000–4000 m.
Dept.: CO, LP.
Muestra: *J.C. Solomon & R. Zeballos 15539* (LPB, MO).

Acacia dealbata Link, Enum. Hort. Berol. Alt. 2: 445. 1822.
Sin.: *Acacia decurrens* var. *mollis* Lindl., *Acacia decurrens* var. *dealbata* (Link) F. Muell. ex Maiden, *Racosperma dealbatum* (Link) Pedley
Ref.: Saldias Paz (1993b).
Árbol. Cultivada. Andes, Altiplano. Valles Secos, Puna Seca, 2000–3500 m.
Dept.: CO, LP, TA.
Muestra: *E. Bastian 1350* (LPB, NY).

[Acacia decurrens Willd.], Sp. Pl. 4(2): 1072. 1806.
Sin.: *Mimosa decurrens* Donn, *Mimosa decurrens* J. Wendland, *Mimosa decurrens* Bojer, *Racosperma decurrens* (Willd.) Pedley
Ref.: Rico Arce (2007).
Nota: Especie dudosa. Especie cultivada en Bolivia (Rico-Arce, 2007), pero no hay un registro de herbario confirmado. Especie muy parecida a *A. dealbata*.

Acacia floribunda (Vent.) Willd., Sp. Pl. 4(2): 1051. 1806.
Sin.: *Mimosa floribunda* Vent., *Racosperma floribundum* (Vent.) Pedley
Árbol. Cultivada. Zonas Bajas. Bosque Húmedo, 0–500 m.
Dept.: SC.
Muestra: *J. Steinbach 7002* (A).
Nota: Especie muy parecida a *A. longiflora*.

Acacia longifolia (Andrews) Willd., Sp. Pl. 4(2): 1052. 1806.
Sin.: *Mimosa longifolia* Andrews, *Racosperma longifolium* (Andrews) Mart.
Árbol. Cultivada. Andes. Valles Secos, 2500–3000 m.
Dept.: CO.
Muestra: *I. Hansen 234* (BOLV, K).

Acacia mearnsii De Wild., Pl. Bequaert. 3(1): 62–63. 1925.
Sin.: *Racosperma mearnsii* (De Wild.) Pedley
Ref.: Saldias Paz (1993b).
Árbol. Cultivada. Andes, Altiplano. Valles Secos, Puna Húmeda, 3000–3500 m.
Dept.: LP.
Muestra: *J.C. Solomon & R. Zeballos 15479* (LPB, MO).

Acacia melanoxylon R. Br., Hort. Kew. (ed. 2) 5: 462. 1813.
Sin.: *Racosperma melanoxylon* (R. Br.) Mart.
Ref.: Saldias Paz (1993b).
Arbolito, árbol. Cultivada. Andes, Altiplano. Valles Secos, Puna Seca, 2500–3500 m.
Dept.: CO, LP, PO.
Muestra: *J.C. Solomon 12806* (LPB, MO).

Acacia podalyriifolia A. Cunn. ex G. Don, Gen. Hist. 2: 405. 1832.
Sin.: *Acacia podalyriifolia* A. Cunn. ex Loudon, *Racosperma podalyriifolium* (A. Cunn. ex G. Don) Pedley
Ref.: Rico Arce (2007).
Nota: Esperado. Citada por Rico-Arce (2007) como una especie introducida, cultivada en Bolivia, pero no hay un registro de herbario confirmado.

Acacia retinodes Schltdl., Linnaea 20(6): 664–665. 1847.
Sin.: *Racosperma retinodes* (Schltdl.) Pedley
Ref.: Saldias Paz (1993b), Rico Arce (2007).
Árbol. Cultivada. Andes, Altiplano. Valles Secos, Puna Seca, 2500–3500 m.
Dept.: CH, CO, LP.
Muestra: *J.C. Solomon 5927* (LPB, MO).

Acacia saligna (Labill.) H.L. Wendl., Comm. Acac. Aphyll. 4: 26. 1820.
Sin.: *Mimosa saligna* Labill., *Acacia cyanophylla* Lindl., *Acacia lindleyi* Meisn., *Racosperma salignum* (Labill.) Pedley
Ref.: Saldias Paz (1993b).
Arbusto, árbol. Cultivada. Andes. Valles Secos, 2500–3000 m.
Dept.: CO.
Muestra: *D.N. Smith 12929* (LPB, MO).

Acacia simplex (Sparrm.) Sparrm., Contr. Queensland Herb. 18: 10. 1975.
Sin.: *Mimosa simplex* Sparrm., *Acacia simplicifolia* Druce, *Racosperma simplex* (Sparrm.) Pedley
Ref.: Rico Arce (2007).
Árbol. Cultivada. Andes. Valles Secos, 2500–3000 m.
Nota: Nativa de las islas del Pacífico Sur, al este de Australia. Citada por Rico-Arce (2007) como una especie introducida, cultivada en Bolivia, pero no hay un registro de herbario confirmado.

[Acacia verticillata (L'Hér.) Willd.], Sp. Pl. 4(2): 1049. 1806.
Sin.: *Mimosa verticillata* L'Hér., *Acacia verticillata* Sieber ex Benth., *Racosperma verticillatum* (L'Hér.) Pedley
Ref.: Rico Arce (2007).
Nota: Especie dudosa. Citada por Rico-Arce (2007) como una especie introducida, cultivada en Bolivia, pero no hay un registro de herbario confirmado.

Acaciella Britton & Rose, N. Amer. Fl. 23(2): 96. 1928.
1 especie, 0 especies endémicas.
Nota: Segregada de *Acacia* (Rico Arce & Bachman, 2006).

Acaciella angustissima (Mill.) Britton & Rose, N. Amer. Fl. 23(2): 100. 1928.
Sin.: *Mimosa angustissima* Mill., *Acacia angustissima* (Mill.) Kuntze, *Acacia boliviana* Rusby
Ref.: Foster (1958), Saldias Paz (1993b), Rico Arce & Bachman (2006), Zamora Villalobos (2010), Duchen & Beck (2012).
Arbusto, arbolito, árbol. Nativa. Zonas Bajas, Andes, Altiplano. Bosque Húmedo, Bosque Semideciduo Chiquitano, Yungas, Bosque Tucumano-Boliviano, Valles Secos, Puna Seca, Bosque de *Polylepis*, 0–2500, 3500–4500 m.
Dept.: BE, CH, CO, LP, PO, SC, TA.
Muestra: *D.N. Smith et al. 13203* (MO).
Infra: *Acaciella angustissima* var. *filicioides* (Cav.) L. Rico

Acosmium Schott, Syst. Veg. 4(2) Cur. Post.: 406. 1827.
1 especie, 1 especie endémica.

Acosmium cardenasii H.S. Irwin & Arroyo, Brittonia 26(3): 264–266, f. 1. 1974.
Ref.: Vargas Salazar (1993e), Fuentes Claros (1998), Jardim et al. (2003), Wood et al. (2011).
Arbolito, árbol. Endémica. Zonas Bajas. Bosque Semideciduo Chiquitano, Campos Cerrados, Sabanas Benianas del Sur, 0–1000 m.
Dept.: SC.
Tipo y muestra: *M. Cárdenas 5639* (HT: NY; IT: herb. Cárdenas, LIL), *F. Mamani & A. Jardim 369* (MO, USZ).
Nom. Vern.: Tasaá, tasaá garroncillo.

Adesmia DC., Ann. Sci. Nat. (Paris) 4: 94. 1825.
10 especies, 1 especie endémica.

[Adesmia hispidula (Lag.) DC.], Ann. Sci. Nat. (Paris) 4: 95. 1825.
Sin.: *Aeschynomene hispidula* Lag.
Ref.: Foster (1958).
Nota: El registro se basa en material mal identificado de probablemente *Aeschynomene denticulata*.

Adesmia horrida Gillies ex Hook. & Arn., Bot. Misc. 3: 191. 1833.
Sin.: *Adesmia capricornica* Gillies ex Hook., *Adesmia leucopogon* Phil., *Patagonium horridum* (Gillies ex Hook. & Arn.) Kuntze, *Patagonium leucopogon* (Phil.) Reiche, *Adesmia pyramidata* Burkart, *Adesmia horridiuscula* Burkart, *Adesmia horridiuscula* fo. *sericea* Burkart
Ref.: Ulibarri (1986).
Arbusto. Nativa. Altiplano. Puna Seca, Bosque de *Polylepis*, 3000–4500 m.
Dept.: CH, OR, PO, TA.
Muestra: *S.G. Beck 11761* (LPB, SI).

Adesmia inflexa Griseb., Abh. Königl. Ges. Wiss. Göttingen 19: 121. 1874.
Sin.: *Adesmia tucumanensis* Burkart
Ref.: Fortunato et al. (2008).
Subarbusto. Nativa. Andes, Altiplano. Valles Secos, Puna Seca, 3000–4000 m.
Dept.: CO, PO.
Muestra: *M.S. Ferrucci et al. 845* (CTES, LPB).

Adesmia kieslingii Ulibarri, Hickenia 3(17): 57–59, f. 1. 2000.
Ref.: Ulibarri (2000), Ministerio de Medio Ambiente y Agua (2012 [2013]).
Arbusto. Endémica. Altiplano. Puna Seca, 3000–3500, 4000–4500 m.
Dept.: CH.
Tipo y muestra: *R. Kiesling & D. Metzing 8428* (HT: LPB; IT: SI), *G. Mühlbauer s.n.* (LPB, SI).

Adesmia miraflorensis J. Rémy, Ann. Sci. Nat., Bot., sér. 3, 6: 357. 1846.
Sin.: *Adesmia polyacantha* Wedd., *Patagonium miraflorensis* (J. Rémy) Rusby, *Patagonium nordenskioldii* R.E. Fr., *Adesmia nordenskioldii* (R.E. Fr.) Hicken ex Cárdenas, *Adesmia clarenii* (R.E. Fr.) Burkart, *Adesmia nordenskioldii* (R.E. Fr.) Burkart, *Adesmia vicina* J.F. Macbr.
Ref.: Rusby (1893b), Foster (1958), Adolfo María (1966), Burkart (1967), Ulibarri (1986), López Vargas (1995), Atahuachi Burgos & Arrázola Rivero (1996), Saravia Miranda (1996), Serrano & Terán (1998 [2000]), Ulibarri & Burkart (2000).
Arbusto. Nativa. Andes, Altiplano. Bosque Tucumano-Boliviano, Valles Secos, Puna Húmeda, Puna Seca, Bosque de *Polylepis*, 2000–5000 m.
Dept.: CH, CO, LP, OR, PO, SC.
Tipo y muestra: *d'Orbigny s.n.* (HT: P), *P. Saravia 1068* (BOLV).
Nom. Vern.: Añahuaya, misuk'a.

Adesmia muricata (Jacq.) DC., Ann. Sci. Nat. (Paris) 4: 95. 1825.
Sin.: *Hedysarum muricatum* Jacq., *Hedysarum pimpinellifolium* Poir., *Patagonium hedysaroides* Schrank,

Aeschynomene dentata Lag., *Adesmia dentata* (Lag.) DC., *Adesmia gilliesii* Hook. & Arn., *Adesmia affinis* Hook. f., *Patagonium muricatum* (Jacq.) Kuntze, *Patagonium grandidentatum* Rusby, *Adesmia muricata* var. *dentata* (Lag.) Benth., *Adesmia hedysaroides* (Schrank) Hauman, *Adesmia muricata* var. *affinis* (Hook. f.) Burkart, *Adesmia muricata* var. *rionegrensis* Burkart
Ref.: Foster (1958), Adolfo María (1966), Burkart (1967), Atahuachi Burgos & Arrázola Rivero (1996).
Hierba, subarbusto, arbusto. Nativa. Andes. Valles Secos, 1500–3500 m.
Dept.: CO, LP, TA.
Muestra: *J.C. Solomon 15038* (MO).
Infra: *Adesmia muricata* var. *muricata*, *Adesmia muricata* var. *dentata* (Lag.) Benth.

Adesmia occulta (R.E. Fr.) Burkart, Darwiniana 3(2): 327. 1939.
Sin.: *Patagonium occultum* R.E. Fr., *Adesmia patancana* Ulbr.
Ref.: Foster (1958), Burkart (1967).
Hierba, subarbusto. Nativa. Andes, Altiplano. Valles Secos, Puna Húmeda, Puna Seca, 3500–4500 m.
Dept.: CO, LP, OR, PO, TA.
Muestra: *J.A. Pestalozzi 125* (BOLV).

Adesmia pinifolia Gillies ex Hook. & Arn., Bot. Misc. 3: 192. 1833.
Sin.: *Patagonium pinifolium* (Gillies ex Hook. & Arn.) Kuntze
Ref.: Foster (1958).
Nota: Esperado. Citada por Foster (1958) para Bolivia, pero no hay un ejemplar de herbario confirmado. Nativa de Argentina y Chile.

Adesmia polyphylla Phil., Anales Mus. Nac. Santiago de Chile 1891: 18. 1891.
Sin.: *Patagonium polyphyllum* (Phil.) Reiche
Ref.: Ulibarri (1986).
Arbusto. Nativa. Altiplano. Puna Seca, 3500–5000 m.
Dept.: OR, PO.
Muestra: *S.G. Beck 11793* (LPB, SI).

Adesmia pumahuasiana Ulibarri, Darwiniana 27: 380–382, f. 16a–d. 1986.
Ref.: Ulibarri (1986).
Arbusto. Nativa. Altiplano. Puna Seca, 3000–4500 m.
Dept.: TA.
Muestra: *R. Ehrich 46* (LPB, SI).

Adesmia schickendantzii Griseb., Abh. Königl. Ges. Wiss. Göttingen 24: 104. 1879.
Sin.: *Adesmia amblysepala* Solms
Ref.: Foster (1958), Burkart (1967).
Hierba, subarbusto. Nativa. Altiplano. Puna Seca, 3500–5000 m.
Dept.: CO, LP, OR, PO.
Muestra: *J.C. Solomon 17565* (LPB, MO).

Adesmia spinosissima Meyen ex Vogel, Reise Erde 2: 27. 1835.
Sin.: *Adesmia rupicola* Wedd., *Patagonium spinosissimum* (Meyen ex Vogel) Kuntze, *Patagonium alcicornutum* Rusby
Ref.: Foster (1958), Ulibarri (1986), Atahuachi Burgos & Arrázola Rivero (1996).
Subarbusto, arbusto. Nativa. Altiplano. Puna Húmeda, Puna Seca, 3500–5000 m.
Dept.: CO, LP, OR, PO.
Muestra: *S.G. Beck 12985* (K, LPB, NY, SI).
Nom. Vern.: Anawaya.

Aeschynomene L., Sp. Pl. 2: 713. 1753.

25 especies, 0 especies endémicas.

Aeschynomene americana L., Sp. Pl. 2: 713. 1753.
Sin.: *Hippocrepis mimulosa* Noronha, *Aeschynomene glandulosa* Poir. ex Lam., *Aeschynomene guayaquilensis* G. Don, *Aeschynomene mexicana* Biroli ex Colla, *Aeschynomene floribunda* M. Martens & Galeotti, *Aeschynomene javanica* var. *luxurians* Miq., *Aeschynomene mimulosa* Blume ex Miq., *Aeschynomene americana* var. *longifolia* Micheli ex Donn. Sm., *Aeschynomene americana* var. *depila* Millsp., *Aeschynomene tricholoma* Standl. & Steyerm., *Aeschynomene villosa* var. *longifolia* (Micheli ex Donn. Sm.) Rudd
Ref.: Foster (1958), González et al. (1999), Serrano & Terán (1998 [2000]).
Hierba, arbusto. Nativa. Zonas Bajas. Bosque Húmedo, Bosque Semideciduo Chiquitano, 0–1500 m.
Dept.: BE, CH, SC, TA.
Muestra: *M.H. Nee 39766* (NY).
Infra: *Aeschynomene americana* var. *glandulosa* (Poir. ex Lam.) Rudd

Aeschynomene brasiliana (Poir.) DC., Prodr. 2: 322. 1825.
Sin.: *Cassia biflora* Mill., *Hedysarum brasilianum* Poir., *Cassia houstoniana* Collad., *Aeschynomene paucijuga* DC., *Aeschynomene paucijuga* var. *subscabra* DC., *Hedysarum hirtum* Vell., *Aeschynomene biflora* Fawc. & Rendle, *Aeschynomene guaricana* Pittier
Ref.: Rudd (1955), Foster (1958), Duchen & Beck (2012).
Hierba. Nativa. Zonas Bajas, Andes. Bosque Húmedo, Yungas, Valles Secos, 0–1500, 2000–2500 m.
Dept.: BE, CO, LP, SC.
Muestra: *S.G. Beck 12034* (LPB, MO).
Infra: *Aeschynomene brasiliana* var. *brasiliana*

Aeschynomene ciliata Vogel, Linnaea 12: 84–85. 1838.
Ref.: Forzza (2010).
Árbol. Nativa. Zonas Bajas. Bosque Húmedo, 0–500 m.
Dept.: BE.
Muestra: *N.P. Ritter 3773* (MO).

Aeschynomene deamii B.L. Rob. & Bartlett, Proc. Amer. Acad. Arts 43(2): 52. 1907.
Ref.: Zamora Villalobos (2010).
Subarbusto. Nativa. Zonas Bajas. Bosque Húmedo, Sabanas Benianas del Sur, 0–500 m.
Dept.: BE.
Muestra: *E. Werdermann 2900* (MO).

Aeschynomene denticulata Rudd, Contr. U.S. Natl. Herb. 32(1): 69–70, f. 6. 1955.
Ref.: Foster (1958).
Hierba, subarbusto. Nativa. Zonas Bajas. Bosque Húmedo, 0–500 m.
Dept.: SC.
Muestra: *M.H. Nee 43176* (LPB, MO, NY, USZ).

Aeschynomene elegans Schltdl. & Cham., Linnaea 5: 583–584. 1830.
Sin.: *Aeschynomene gracilis* Vogel, *Aeschynomene tecta* Vogel, *Aeschynomene falcata* var. *plurijuga* Benth., *Aeschynomene falcata* fo. *glabrior* Kuntze, *Aeschynomene falcata* var. *elegans* (Schltdl. & Cham.) Kuntze, *Aeschynomene arenicola* Brandegee
Ref.: Rudd (1955), Foster (1958).
Hierba. Nativa. Andes. Yungas, 1000–2500 m.
Dept.: BE, CH, LP, SC.
Muestra: *J.R.I. Wood et al. 20577* (K, LPB).
Infra: *Aeschynomene elegans* var. *elegans*

Aeschynomene evenia C. Wright, Anales Acad. Ci. Med. Habana 5: 334–335. 1869.
Ref.: Rudd (1955), Foster (1958), Serrano & Terán (1998 [2000]).
Subarbusto. Nativa. Zonas Bajas.

Bosque Húmedo, 0–500 m.
Dept.: CH, SC, TA.
Muestra: *M.H. Nee 45089* (MO, NY).
Infra: *Aeschynomene evenia* var. *evenia*

Aeschynomene falcata (Poir.) DC., Prodr. 2: 322. 1825.
Sin.: *Hedysarum falcatum* Poir., *Hedysarum diffusum* Vell., *Aeschynomene falcata* var. *paucijuga* Benth., *Aeschynomene apoloana* Rusby
Ref.: Foster (1958), López Vargas (1995), Atahuachi Burgos & Arrázola Rivero (1996), Saravia Miranda (1996), Serrano & Terán (1998 [2000]), Duchen & Beck (2012).
Hierba, trepadora. Nativa. Zonas Bajas, Andes. Bosque Húmedo, Yungas, Bosque Tucumano-Boliviano, Valles Secos, 0–3000 m.
Dept.: BE, CH, CO, LP, SC, TA.
Muestra: *E.F. Saravia 1001* (BOLV).

Aeschynomene filosa Mart. ex Benth., Fl. Bras. 15(1): 61. 1859.
Hierba. Nativa. Zonas Bajas. Bosque Semideciduo Chiquitano, 0–500 m.
Dept.: SC.
Muestra: *J.R.I. Wood 26215* (K, LPB).

Aeschynomene fluminensis Vell., Fl. Flumin. 310. 1825.
Sin.: *Aeschynomene scoparia* Splitg.
Ref.: Foster (1958), Killeen & Schulenberg (1998), Duchen & Beck (2012).
Hierba, arbusto, acuática. Nativa. Zonas Bajas. Bosque Húmedo, Campos Cerrados, Sabanas Benianas del Sur, 0–500 m.
Dept.: BE, PA, SC.
Muestra: *R. Guillén V. & R. Choré 1447* (MO, USZ).
Infra: *Aeschynomene fluminensis* var. *fluminensis*
Nom. Vern.: Pega pega.

Aeschynomene foliolosa Rudd, Contr. U.S. Natl. Herb. 32(1): 91–92, f. 7. 1955.
Ref.: Killeen & Schulenberg (1998).
Hierba. Nativa. Zonas Bajas. Bosque Húmedo, 0–500 m.
Dept.: SC.
Muestra: *M.H. Nee 41270* (LPB, MO, NY).

Aeschynomene histrix Poir., Encycl., Suppl. 4(1): 77–78. 1816.
Sin.: *Aeschynomene cassioides* Desv. ex Ham., *Aeschynomene echinus* Vogel, *Aeschynomene conferta* Benth., *Aeschynomene mucronulata* Benth., *Aeschynomene histrix* var. *mucronulata* (Benth.) Benth., *Aeschynomene pineticola* Standl. & L.O. Williams
Ref.: Killeen & Schulenberg (1998).
Hierba, subarbusto. Nativa. Zonas Bajas. Bosque Húmedo, Campos Cerrados, 0–1000 m.
Dept.: BE, SC.
Muestra: *M.H. Nee 36428* (LPB, MO, NY).
Infra: *Aeschynomene histrix* var. *incana* Benth., *Aeschynomene histrix* var. *densiflora* (Benth.) Rudd

Aeschynomene marginata Benth., Fl. Bras. 15(1A): 66–67. 1859.
Ref.: Forzza (2010).
Hierba. Nativa. Zonas Bajas. Bosque Húmedo, Campos Cerrados, 0–500 m.
Dept.: SC.
Muestra: *M.H. Nee 36432* (LPB, MO, NY).

Aeschynomene mollicula Kunth, Nov. Gen. Sp. (quarto ed.) 6: 532–533. 1823.
Sin.: *Aeschynomene pauciflora* Vogel
Hierba, subarbusto. Nativa. Zonas Bajas. Bosque Semideciduo Chiquitano, 0–500 m.
Dept.: SC.
Muestra: *M.H. Nee 40187* (LPB, MO, NY).

Aeschynomene montevidensis Vogel, Linnaea 12: 83–84. 1838.
Sin.: *Macromiscus brasiliensis* Turcz., *Aeschynomene montevidensis* var. *microphylla* Chodat & Hassl.
Ref.: Forzza (2010).
Hierba, arbusto. Nativa. Zonas Bajas. Bosque Semideciduo Chiquitano, Bosque Seco Chaqueño, 0–500 m.
Dept.: SC.
Muestra: *A.F. Fuentes C. & G. Navarro 2440* (USZ).

Aeschynomene oroboides Benth., Fl. Bras. 15(1A): 64. 1859.
Sin.: *Ctenodon weddellianum* Baill.
Ref.: Killeen & Schulenberg (1998), Wood et al. (2011).
Hierba, subarbusto, arbusto. Nativa. Zonas Bajas. Bosque Húmedo, Campos Cerrados, Sabanas Benianas del Norte, 0–1000 m.
Dept.: BE, SC.
Muestra: *T. Killeen & O. Peña 7186* (CTES, MA, MO, NY, RUDD, US, USZ).

Aeschynomene paniculata Willd. ex Vogel, Linnaea 12: 95–96. 1838.
Sin.: *Aeschynomene laevis* Noronha, *Aeschynomene hedysaroides* M. Martens & Galeotti, *Aeschynomene laevis* M. Martens & Galeotti, *Aeschynomene gracilis* Miq.
Ref.: Foster (1958), Killeen & Schulenberg (1998).
Hierba, subarbusto, arbusto. Nativa. Zonas Bajas. Bosque Húmedo, Bosque Semideciduo Chiquitano, Campos Cerrados, 0–500 m.
Dept.: SC.
Muestra: *R. Guillén V. & S. Coria 2215* (MO, USZ).

Aeschynomene parviflora Micheli, Vidensk. Meddel. Dansk Naturhist. Foren. Kjøbenhavn 66. 1875.
Ref.: Foster (1958).
Arbusto. Nativa. Zonas Bajas. Bosque Húmedo, 0–500 m.
Dept.: SC.
Muestra: *J. Steinbach 7995* (A, GH, MO).

Aeschynomene pratensis Small, Bull. New York Bot. Gard. 3(11): 423. 1905.
Ref.: Foster (1958).
Subarbusto, arbusto, acuática. Nativa. Zonas Bajas. Bosque Húmedo, Campos Cerrados, Sabanas Benianas del Sur, 0–500 m.
Dept.: BE, SC.
Muestra: *A. Rodríguez 155* (USZ).
Infra: *Aeschynomene pratensis* var. *caribaea* Rudd

Aeschynomene racemosa Vogel, Linnaea 12: 92–93. 1838.
Ref.: Killeen & Schulenberg (1998).
Arbusto. Nativa. Zonas Bajas. Bosque Semideciduo Chiquitano, 0–500 m.
Dept.: SC.
Muestra: *R.C. Quevedo et al. 882* (LPB, MO, USZ).

Aeschynomene rudis Benth., Pl. Hartw. 116. 1843.
Sin.: *Aeschynomene bonariensis* Speg., *Aeschynomene natans* Hassl.
Ref.: Foster (1958).
Hierba, acuática. Nativa. Zonas Bajas. Campos Cerrados, Sabanas Benianas del Sur, 0–500 m.
Dept.: BE, SC.
Muestra: *T. Killeen et al. 7121* (MO, USZ).

Aeschynomene scabra G. Don, Gen. Hist. 2: 284. 1832.
Ref.: Forzza (2010), Duchen & Beck (2012).
Arbusto. Nativa. Zonas Bajas, Andes. Sabanas Benianas del Sur, Yungas, 0–500, 1000–2500 m.
Dept.: BE, LP, SC.
Muestra: *J.C. Solomon 13719* (LPB, MO).

Aeschynomene sensitiva Sw., Prodr. 107. 1788.
Sin.: *Aeschynomene sensitiva* P. Beauv., *Aeschynomene sulcata* Kunth, *Aeschynomene macropoda* var. *belvisii* DC., *Aeschynomene honesta* Nees & C. Mart., *Aeschynomene belvesii* DC., *Cassia paramariboensis* Miq., *Aeschynomene fistulosa* Bello, *Aeschynomene sensitiva* fo. *paucifoliolata* Chodat & Hassl.
Ref.: Foster (1958), Moraes R. (1990), Killeen & Schulenberg (1998).
Hierba, subarbusto, arbusto, acuática. Nativa. Zonas Bajas. Bosque Húmedo, Bosque Semideciduo Chiquitano, Sabanas Benianas del Sur, Campos Amazónicos, 0–1000 m.
Dept.: BE, LP, PA, SC.
Muestra: *M.H. Nee 31492* (LPB, MO, NY).
Infra: *Aeschynomene sensitiva* var. *sensitiva*
Nom. Vern.: Corcho.

Aeschynomene villosa Poir., Encycl., Suppl. 4(1): 76. 1816.
Sin.: *Aeschynomene americana* var. *villosa* (Poir.) Urb.
Hierba. Nativa. Zonas Bajas. Bosque Húmedo, 0–500 m.
Dept.: LP.
Muestra: *S.G. Beck 18299* (LPB).
Infra: *Aeschynomene villosa* var. *longifolia* (Micheli ex Donn. Sm.) Rudd

Aeschynomene viscidula Michx., Fl. Bor.-Amer. 2: 74–75. 1803.
Sin.: *Aeschynomene prostrata* Poir., *Secula viscidula* (Michx.) Small, *Aeschynomene eriocarpa* Standl. & Steyerm.
Ref.: Serrano & Terán (1998 [2000]).
Hierba, subarbusto. Nativa. Zonas Bajas. Bosque Semideciduo Chiquitano, Bosque Seco Chaqueño, 0–1000 m.
Dept.: CH, SC.
Muestra: *A.F. Fuentes C. & G. Navarro 2119* (USZ).

Albizia Durazz., Mag. Tosc. 3(4): 13–14. 1772.
8 especies, 1 especie endémica.

Albizia carbonaria Britton, Sci. Surv. Porto Rico & Virgin Islands 6(3): 348–349. 1926.
Ref.: Zamora Villalobos (2010).
Árbol. Nativa. Zonas Bajas. Bosque Semideciduo Chiquitano, 0–500 m.
Dept.: SC.
Muestra: *J. Guillén et al. 96* (K, MEXU, MO, NY, USZ).

Albizia coripatensis (Rusby) Schery, Ann. Missouri Bot. Gard. 37(3): 400. 1950.
Sin.: *Pithecellobium coripatense* Rusby, *Samanea coripatensis* (Rusby) Killip
Ref.: Foster (1958), Saldias Paz (1993b), Barneby & Grimes (1996), Duchen & Beck (2012).
Arbolito, árbol. Endémica. Zonas Bajas, Andes. Bosque Húmedo, Yungas, Valles Secos, 500–2000 m.
Dept.: LP.
Tipo y muestra: *M. Bang 2176* (HT: NY; IT: GH, GH, MIN, MO-1458, NY, NY, US), *S.G. Beck 13387* (LPB, MO, NY).
Nota: Especie parecida a *A. multiflora*, y posiblemente conspecífica a esta.

Albizia duckeana L. Rico, Kew Bull. 55(2): 404. 2000.
Sin.: *Pithecellobium elegans* Ducke, *Balizia elegans* (Ducke) Barneby & J.W. Grimes
Árbol. Nativa. Zonas Bajas. Bosque Húmedo, 0–500 m.
Dept.: CO, LP, PA.
Muestra: *A. Jardim 664* (K, MO, USZ).
Nom. Vern.: Isigo.

Albizia guachapele (Kunth) Dugand, Phytologia 13(6): 389. 1966.
Sin.: *Acacia guachapele* Kunth
Árbol. Nativa. Zonas Bajas. Bosque Húmedo, 0–500 m.
Dept.: BE.
Muestra: *J.C. Solomon 6451* (MO).
Nom. Vern.: Cari-cari del colorado.

Albizia inundata (Mart.) Barneby & J.W. Grimes, Mem. New York Bot. Gard. 74(1): 238. 1996.
Sin.: *Pithecolobium multiflorum* var. *brevipedunculata* Chodat & Hassl., *Pithecolobium pendulum* Lindm., *Acacia inundata* Mart., *Acacia polyantha* A. Spreng., *Enterolobium polycephalum* Griseb., *Feuilleea polycephala* (Griseb.) Kuntze, *Pithecellobium pendulum* Lindm., *Pithecellobium multiflorum* var. *brevipedunculata* Chodat & Hassl., *Arthrosamanea polyantha* (Sprengel f.) Burkart, *Arthrosamanea polycephala* (Griseb.) Burkart, *Cathormion polyanthum* (Sprengel f.) Burkart, *Cathormion polycephalum* (Griseb.) Burkart, *Albizia polyantha* (A. Spreng.) G.P. Lewis
Ref.: Foster (1958), Saldias Paz (1993b), Barneby & Grimes (1996), Fuentes Claros (1998).
Subarbusto, arbolito, árbol. Nativa. Zonas Bajas. Bosque Semideciduo Chiquitano, Bosque Seco Chaqueño, Sabanas Benianas del Sur, 0–500 m.
Dept.: BE, SC.
Muestra: *A.F. Fuentes C. 1183* (MO, USZ).
Nota: La especie es típicamente riparia, a pesar de que también se encuentra en zonas secas.

Albizia lebbeck (L.) Benth., London J. Bot. 3: 87. 1844.
Sin.: *Mimosa lebbeck* L.
Ref.: Saldias Paz (1993b).
Nota: Registro dudoso. Posiblemente basado en material mal identificado. Especie nativa de Africa y Asia, ampliamente cultivada en regiones tropicales. Podría estar presente en Bolivia, pero no existe un ejemplar de herbario confirmado.

[Albizia multiflora (Kunth) Barneby & J.W. Grimes], Mem. New York Bot. Gard. 74(1): 234. 1996.
Sin.: *Acacia multiflora* Kunth, *Pithecellobium multiflorum* (Kunth) Benth., *Albizia paucipinnata* Schery, *Pithecellobium paucipinnatum* (Schery) A.H. Gentry & Dodson
Ref.: Moraes R. (1990), Saldias Paz (1993b), Barneby & Grimes (1996).
Arbusto, árbol. Nativa. Zonas Bajas. Bosque Húmedo, Sabanas Benianas del Sur, 0–500 m.
Dept.: BE.
Nota: Especie dudosa. Endémica de Ecuador y del noroeste del Perú, según Barneby & Grimes (1996). Sin embargo, los autores del presente Catálogo consideramos que posiblemente es conspecífica con *A. coripatensis*, y en tal caso el nombre *A. multiflora* tendrá prioridad para el taxón en Bolivia.

Albizia niopoides (Spruce ex Benth.) Burkart, Legum. Argent. (ed. 2) 542. 1952.
Sin.: *Albizia richardiana* King & Prain, *Pithecellobium niopoides* Spruce ex Benth., *Feuilleea niopoides* (Spruce ex Benth.) Kuntze, *Pithecellobium caribaeum* Urb., *Pithecellobium hassleri* Chodat, *Albizia caribaea* (Urb.) Britton & Rose, *Senegalia liebmannii* Britton & Rose, *Albizia colombiana* Britton ex Britton & Killip, *Senegalia guacamayo* Britton & Killip, *Acacia guacamayo* (Britton & Killip) Standl., *Albizia hassleri* (Chodat) Burkart, *Albizia guacamayo* (Britton & Killip) L. Cárdenas
Ref.: Foster (1958), Rico Arce (1992), Saldias Paz (1993b), Barneby & Grimes (1996), Killeen & Schulenberg (1998), Serrano & Terán (1998 [2000]), Jardim et al. (2003),

Zamora Villalobos (2010).
Arbolito, árbol. Nativa. Zonas Bajas, Andes. Bosque Húmedo, Bosque Semideciduo Chiquitano, Sabanas Benianas del Norte, Sabanas Benianas del Sur, Yungas, Bosque Tucumano-Boliviano, 0–1500 m.
Dept.: BE, CH, LP, PA, SC.
Muestra: *M.H. Nee 37936* (LPB, MEXU, MO, NY).
Infra: *Albizia niopoides* var. *niopoides*
Nom. Vern.: Asotoco, boracho, cari-cari, jebió, palo amarillo, shara, toco, toco macho.

Albizia pedicellaris (DC.) L. Rico, Novon 9(4): 555. 1999.
Sin.: *Inga pedicellaris* DC., *Pithecellobium pedicellare* (DC.) Benth., *Macrosamanea pedicellaris* (DC.) Kleinhoonte, *Samanea pedicellaris* (DC.) Killip ex Record, *Balizia pedicellaris* (DC.) Barneby & J.W. Grimes
Ref.: Foster (1958), Cassens & Miller (1981), Saldias Paz (1993b), Atahuachi Burgos & Arrázola Rivero (1996), Fuentes Claros et al. (2009).
Árbol. Nativa. Zonas Bajas, Andes. Bosque Húmedo, Campos Amazónicos, Yungas, 0–2000 m.
Dept.: CO, LP, PA, SC.
Muestra: *T. Killeen 4518* (MO, USZ).
Nom. Vern.: Arraigán, jarquilla, toco blanco.

Albizia subdimidiata (Splitg.) Barneby & J.W. Grimes, Mem. New York Bot. Gard. 74(1): 232. 1996.
Sin.: *Acacia subdimidiata* Splitg., *Pithecellobium multiflorum* Merr., *Arthrosamanea multiflora* (Kunth) Kleinhoonte
Ref.: Moraes R. (1990), Barneby & Grimes (1996), Killeen & Schulenberg (1998).
Árbol. Nativa. Zonas Bajas. Bosque Húmedo, Bosque Semideciduo Chiquitano, Sabanas Benianas del Sur, Campos Amazónicos, 0–500 m.
Dept.: BE, LP, PA, SC.
Muestra: *S.G. Beck 10151* (LPB, MO, NY).
Nota: Crece en esteros y áreas inundables.
Nom. Vern.: Momoqui.

Alysicarpus Neck. ex Desv., J. Bot. Agric. 1(3): 120–121, pl. 4, f. 8. 1813.
1 especie, 0 especies endémicas.

Alysicarpus vaginalis (L.) DC., Prodr. 2: 353. 1825.
Sin.: *Hedysarum nummulariifolium* L., *Hedysarum vaginale* L., *Alysicarpus nummulariifolius* (L.) DC., *Alysicarpus vaginalis* var. *typicus* King, *Indigofera nummulariifolia* (L.) Livera ex Alston, *Alysicarpus vaginalis* var. *diversifolius* Chun
Hierba. Naturalizada. Zonas Bajas. Bosque Húmedo, Bosque Semideciduo Chiquitano, Bosque Seco Chaqueño, Campos Cerrados, 0–500 m.
Dept.: SC.
Muestra: *M.H. Nee 40072* (LPB, MO, NY).
Nota: Nativa de Asia.

Amburana Schwacke & Taub., Nat. Pflanzenfam. 3(3): 387. 1894.
1 especie, 0 especies endémicas.

Amburana cearensis (Allemão) A.C. Sm., Trop. Woods 62: 30. 1940.
Sin.: *Torresea cearensis* Allemão, *Amburana claudii* Schwacke & Taub., *Torresea acreana* Ducke, *Amburana acreana* (Ducke) A.C. Sm.
Ref.: Foster (1958), Parker & Bailey (1991), Vargas Salazar (1993e), Killeen & Schulenberg (1998), Alverson et al. (2000), Serrano & Terán (1998 [2000]), Jardim et al. (2003), Arroyo Padilla & Villarroel Segarra (2009).
Arbolito, árbol. Nativa. Zonas Bajas, Andes. Bosque Húmedo, Bosque Semideciduo Chiquitano, Campos Cerrados, Yungas, Bosque Serrano Chaqueño, Valles Secos, 0–1500 m.
Dept.: CH, LP, PA, SC, TA.
Muestra: *A.H. Gentry & R.B. Foster 71139* (LPB, MO).
Nom. Vern.: Roble, rroriocorr, soriocó, tumi.

Amerimnon P. Browne, Civ. Nat. Hist. Jamaica 288, pl. 31, f. 3. 1756.
0 especies, 0 especies endémicas.
Nota: El nombre *Amerimnon* es un *nom. rejic.* y se considera un sinónimo de *Dalbergia* (*nom. cons.*). Las especies aquí nombradas bajo *Amerimnon* se consideran dudosas, ya que no existen publicaciones efectivas que validen estas nuevas combinaciones en *Dalbergia*.

[Amerimnon ovale Rusby], Mem. New York Bot. Gard. 7(3): 265–266. 1927.
Tipo: *H.H. Rusby 1292* (HT: NY; IT: MO).
Nota: Especie dudosa. Conocido solamente del tipo.

[Amerimnon oxyphyllum Kuntze], Revis. Gen. Pl. 3(3): 48. 1898.
Tipo: *O. Kuntze s.n.* (HT: NY; IT: NY, US, US).
Nota: Especie dudosa. Conocido solamente del tipo.

Amicia Kunth, Nov. Gen. Sp. (quarto ed.) 6: 511. 1824.
5 especies, 0 especies endémicas.

Amicia andicola (Griseb.) Harms, Repert. Spec. Nov. Regni Veg. 18: 237. 1922.
Sin.: *Zornia andicola* Griseb.
Ref.: Atahuachi Burgos & Arrázola Rivero (1996).
Hierba. Nativa. Andes, Altiplano. Yungas, Bosque Tucumano-Boliviano, Valles Secos, Puna Seca, 2500–4500 m.
Dept.: CH, CO, PO, SC, TA.
Muestra: *C. Antezana V. 766* (BOLV, MO).

Amicia fimbriata Harms ex Kuntze, Revis. Gen. Pl. 3(3): 49. 1898.
Ref.: Foster (1958), Atahuachi Burgos & Arrázola Rivero (1996), Serrano & Terán (1998 [2000]).
Hierba, trepadora. Nativa. Andes. Yungas, Bosque Tucumano-Boliviano, Valles Secos, 2000–3500 m.
Dept.: CH, CO, LP, TA.
Tipo y muestra: *O. Kuntze s.n.* (T: NY, US), *M.A. Lewis 88709* (LPB, MO).

Amicia lobbiana Benth. ex Rusby, Mem. Torrey Bot. Club 3(3): 20–21. 1893.
Ref.: Rusby (1893b), Foster (1958), Duchen & Beck (2012).
Hierba, trepadora, liana, subarbusto. Nativa. Andes. Yungas, 2000–3500 m.
Dept.: CO, LP.
Muestra: *J.C. Solomon 4879* (LPB, MO).

Amicia medicaginea Griseb., Symb. Fl. Argent. 105. 1879.
Sin.: *Amicia parvula* Rusby
Ref.: Foster (1958), Adolfo María (1966), Atahuachi Burgos & Arrázola Rivero (1996).
Hierba. Nativa. Andes, Altiplano. Yungas, Bosque Tucumano-Boliviano, Valles Secos, Puna Seca, 1500–3500 m.
Dept.: CH, CO, PO, TA.
Muestra: *C. Antezana V. 1140* (BOLV, MO).

Amicia micrantha Harms ex Kuntze, Revis. Gen. Pl. 3(3): 49–50. 1898.
Ref.: Foster (1958), Atahuachi Burgos & Arrázola Rivero (1996), Serrano & Terán (1998 [2000]).

Hierba. Nativa. Andes. Yungas, Valles Secos, 1500–2000, 2500–3500 m.
Dept.: CH, CO, LP, SC.
Tipo y muestra: *O. Kuntze s.n.* (IT: NY, US), *S.G. Beck 8387* (LPB, MO).

Amphiodon Huber, Bol. Mus. Goeldi Hist. Nat. Ethnogr. 5(2): 398–399. 1909.

1 especie, 0 especies endémicas.

Amphiodon effusus Huber, Bol. Mus. Goeldi Hist. Nat. Ethnogr. 5(2): 399–400. 1909.
Sin.: *Poecilanthe effusa* (Huber) Ducke
Ref.: Moraes R. (1990), Vargas Salazar (1993e).
Árbol. Nativa. Zonas Bajas. Bosque Húmedo, 0–500 m.
Dept.: CO, PA.
Muestra: *E. Meneces 761* (BOLV, MO).

Anadenanthera Speg., Physis (Buenos Aires) 6: 313. 1923.

2 especies, 0 especies endémicas.

Anadenanthera colubrina (Vell.) Brenan, Kew Bull. 10(2): 182. 1955.
Sin.: *Mimosa colubrina* Vell., *Acacia colubrina* Mart., *Piptadenia colubrina* (Vell.) Benth., *Piptadenia macrocarpa* Benth., *Acacia cebil* Griseb., *Anadenanthera macrocarpa* (Benth.) Brenan
Ref.: Foster (1958), Altschul (1964), Parker & Bailey (1991), Saldias Paz (1993b), López Vargas (1995), Atahuachi Burgos & Arrázola Rivero (1996), Schulenberg & Awbrey (1997), Killeen & Schulenberg (1998), González et al. (1999), Serrano & Terán (1998 [2000]), Jardim et al. (2003), Arroyo Padilla & Villarroel Segarra (2009), Duchen & Beck (2012).
Arbolito, árbol. Nativa. Zonas Bajas, Andes. Bosque Húmedo, Bosque Semideciduo Chiquitano, Bosque Seco Chaqueño, Campos Cerrados, Sabanas Benianas del Sur, Yungas, Bosque Tucumano-Boliviano, Bosque Serrano Chaqueño, Valles Secos, 0–2500 m.
Dept.: BE, CH, CO, LP, SC, TA.
Muestra: *M.H. Nee 39516* (LPB, MO).
Infra: *Anadenanthera colubrina* var. *cebil* (Griseb.) Reis, *Anadenanthera colubrina* var. *colubrina*
Nom. Vern.: Bilka, cebil, cebil colorado, curupa, curuparu blanco, curupaú, nosirr, sumaqui, vica, vilca, willca.

Anadenanthera peregrina (L.) Speg., Physis (Buenos Aires) 6: 314. 1923.
Sin.: *Mimosa peregrina* L., *Acacia microphylla* Willd., *Acacia peregrina* (L.) Willd., *Inga niopo* Humb. & Bonpl. ex Willd., *Mimosa niopo* (Humb. & Bonpl. ex Willd.) Poir., *Acacia niopo* (Humb. & Bonpl. ex Willd.) Kunth, *Acacia angustiloba* DC., *Mimosa acacioides* Benth., *Piptadenia falcata* Benth., *Piptadenia peregrina* (L.) Benth., *Piptadenia peregrina* var. *falcata* (Benth.) Chodat & Hassl., *Piptadenia niopo* (Humb. & Bonpl. ex Willd.) Spruce, *Anadenanthera falcata* (Benth.) Speg., *Niopa peregrina* (L.) Britton & Rose, *Anadenanthera peregrina* var. *falcata* (Benth.) Reis
Ref.: Saldias Paz (1993b).
Árbol. Nativa. Zonas Bajas, Andes. Bosque Semideciduo Chiquitano, Campos Cerrados, Yungas, 0–1500 m.
Dept.: CH, LP, SC.
Muestra: *A.F. Fuentes C. 3361* (LPB, MO).

Ancistrotropis A. Delgado, Amer. J. Bot. 98(10): 1704. 2011.

3 especies, 1 especie endémica.

Ancistrotropis firmula (Mart. ex Benth.) A. Delgado, Amer. J. Bot. 98(10): 1704. 2011.
Sin.: *Phaseolus firmulus* Mart. ex Benth., *Vigna firmula* (Mart. ex Benth.) Maréchal, Mascherpa & Stainier
Ref.: Killeen & Schulenberg (1998), Delgado Salinas et al. (2011), Wood et al. (2011).
Hierba, trepadora, liana. Nativa. Zonas Bajas. Bosque Húmedo, Campos Cerrados, 0–1000 m.
Dept.: BE, SC.
Muestra: *T. Killeen et al. 5276* (USZ).

Ancistrotropis peduncularis (Kunth) A. Delgado, Amer. J. Bot. 98(10): 1704. 2011.
Sin.: *Vigna peduncularis* var. *peduncularis*, *Phaseolus peduncularis* Kunth, *Vigna peduncularis* (Kunth) Fawc. & Rendle
Ref.: Foster (1958), Killeen & Schulenberg (1998), Wood et al. (2011).
Trepadora. Nativa. Zonas Bajas, Andes. Bosque Húmedo, Bosque Semideciduo Chiquitano, Yungas, 0–1500 m.
Dept.: LP, SC.
Muestra: *J.C. Solomon & B.A. Stein 11703* (MO).

Ancistrotropis subhastata (Verdc.) A. Delgado, Amer. J. Bot. 98(10): 1704. 2011.
Sin.: *Vigna subhastata* Verdc.
Ref.: Verdcourt (2001), Wood et al. (2011).
Hierba, trepadora. Endémica. Zonas Bajas. Bosque Húmedo, Bosque Semideciduo Chiquitano, 0–500 m.
Dept.: SC.
Tipo y muestra: *T. Killeen & J. Wellens 6305* (HT: K; IT: MO), *M. Saldias et al. 2957* (USZ).

Andira Lam., Encycl. 1: 171. 1783.

6 especies, 0 especies endémicas.

Andira cujabensis Benth., Fl. Bras. 15(1B): 295. 1862.
Sin.: *Andira lanei* N.F. Mattos
Ref.: Forzza (2010).
Árbol. Nativa. Zonas Bajas. Bosque Semideciduo Chiquitano, 500–1000 m.
Dept.: SC.
Muestra: *D.C. Daly et al. 6272* (MO).

Andira humilis Mart. ex Benth., Comm. Legum. Gen. 45. 1837.
Sin.: *Andira laurifolia* Benth., *Andira pauciflora* Benth., *Vouacapoua humilis* (Mart. ex Benth.) Kuntze, *Vouacapoua laurifolia* (Benth.) Kuntze, *Andira humilis* var. *cordata* N.F. Mattos
Ref.: Killeen & Schulenberg (1998).
Subarbusto. Nativa. Zonas Bajas. Campos Cerrados, 500–1000 m.
Dept.: SC.
Muestra: *J.R.I. Wood & D. Villarroel 25561* (K, LPB).

Andira inermis (W. Wright) Kunth ex DC., Prodr. 2: 475. 1825.
Sin.: *Geoffroea jamaicensis* W. Wright, *Geoffroea jamaicensis inermis* W. Wright, *Geoffroea inermis* W. Wright, *Andira excelsa* Kunth, *Andira riparia* Kunth, *Glycyrrhiza undulata* Ruiz & Pav. ex G. Don, *Vouacapoua inermis* (W. Wright) A. Lyons, *Andira jamaicensis* (W. Wright) Urb., *Machaerium foliosum* Rusby
Ref.: Rusby (1927), Foster (1958), Moraes R. (1990), Parker & Bailey (1991), Vargas Salazar (1993e), Jardim et al. (2003), Pennington (2003).
Arbusto, arbolito, árbol. Nativa. Zonas Bajas. Bosque Húmedo, Bosque Semideciduo Chiquitano, Campos Cerrados, 0–500 m.
Dept.: BE, CO, LP, PA, SC.
Muestra: *A.F. Fuentes C. 6179* (LPB, MO, NY, USZ).
Infra: *Andira inermis* subsp. *inermis*
Nom. Vern.: Ajunado, mapaizo.

Andira macrothyrsa Ducke, Bol. Tecn. Inst. Agron. N. 2: 31. 1944.
Ref.: Mattos (1979).
Árbol. Nativa. Zonas Bajas. Bosque Húmedo, 0–500 m.
Dept.: SC.

Muestra: *D.A. Neill et al. 9277* (LPB, MO, QAME).

Andira surinamensis (Bondt) Splitg. ex Pulle, Enum. Vasc. Pl. Surinam 229. 1906.
Sin.: *Geoffroea surinamensis* Bondt, *Geoffroea pubescens* Rich., *Geoffroea retusa* Poir., *Andira retusa* (Poir.) Kunth, *Andira retusa* var. *oblonga* Benth., *Vouacapoua retusa* (Poir.) Lyons
Ref.: Vargas Salazar (1993e), Killeen & Schulenberg (1998), Pennington (2003).
Árbol. Nativa. Zonas Bajas. Bosque Húmedo, Sabanas Benianas del Sur, 0–500 m.
Dept.: PA, SC.
Muestra: *E. Meneces et al. 2093* (BOLV, LPB, MO).
Nom. Vern.: Visguero del barbecho.

Andira vermifuga Mart. ex Benth., Comm. Legum. Gen. 44–45. 1837.
Ref.: Pennington (2003), Wood et al. (2011).
Arbusto, árbol. Nativa. Zonas Bajas. Bosque Húmedo, Bosque Semideciduo Chiquitano, Bosque Seco Chaqueño, 0–1000 m.
Dept.: PA, SC.
Muestra: *A. Jardim 1050* (MO, USZ).

Apuleia Mart., Flora 20(2): 123. 1837.
1 especie, 0 especies endémicas.

Apuleia leiocarpa (Vogel) J.F. Macbr., Contr. Gray Herb. 59: 23. 1919.
Sin.: *Apuleia praecox* Mart., *Leptolobium leiocarpum* Vogel, *Apuleia molaris* Spruce ex Benth., *Platymiscium ellipticum* Rusby, *Apoleya leiocarpa* (Vogel) Gleason, *Apoleya molaris* (Spruce ex Benth.) Gleason, *Dalbergia cucullata* Pittier
Ref.: Foster (1958), Parker & Bailey (1991), Ruiz de Centurión (1993a), Killeen & Schulenberg (1998), Alverson et al. (2000), Sousa et al. (2010), Duchen & Beck (2012).
Arbusto, árbol. Nativa. Zonas Bajas, Andes. Bosque Húmedo, Bosque Semideciduo Chiquitano, Campos Cerrados, Sabanas Benianas del Sur, Campos Amazónicos, Yungas, 0–1500 m.
Dept.: LP, PA, SC.
Muestra: *E. Meneces 614* (BOLV, LPB, USZ).
Nom. Vern.: Almendrillo, almendrillo almendrillo de hoja chica, amarillo, árbol de lluvia, creta, khara khara, maní.

Apurimacia Harms, Repert. Spec. Nov. Regni Veg. 19: 10. 1923.
1 especie, 0 especies endémicas.

Apurimacia boliviana (Britton) Lavin, Adv. Legume Syst. 3: 64. 1987.
Sin.: *Coursetia boliviana* Britton, *Gliricidia michelii* Rusby, *Apurimacia incarum* Harms, *Apurimacia libertatis* Harms, *Apurimacia lonchocarpoides* Harms, *Apurimacia michelii* (Rusby) Harms
Ref.: Foster (1958), Lavin (1988), Lavin & Sousa Sánchez (1995).
Trepadora, arbusto. Nativa. Andes. Yungas, Páramo Yungueño, Valles Secos, 2000–3000 m.
Dept.: LP, PO.
Tipo y muestra: *H.H. Rusby 1043* (ST: US; IST: MO, NY, NY, US), *S.G. Beck 8657* (BAB, BOLV, HSB, K, LPB, MBM, MO, NY, SI, USZ).

Arachis L., Sp. Pl. 2: 741. 1753.
23 especies, 12 especies endémicas.

Arachis batizocoi Krapov. & W.C. Greg., Bonplandia (Corrientes) 3(11): 129. 1974.
Ref.: Krapovickas & Gregory (1994), Krapovickas (2007c).
Hierba. Nativa. Zonas Bajas. Bosque Seco Chaqueño, Bosque Serrano Chaqueño, 0–1000 m.
Dept.: CH, SC.
Tipo y muestra: *A. Krapovickas 9505* (HT: LIL; IT: F, G, MICH, MO-2606229, SI), *I.G. Vargas et al. 1945* (LPB, USZ).
Nom. Vern.: Maní del monte.

Arachis benensis Krapov. & W.C. Greg., Bonplandia (Corrientes) 8: 128–130, f. 3. 1994.
Ref.: Krapovickas & Gregory (1994), Krapovickas (2007c).
Hierba. Endémica. Zonas Bajas. Bosque Húmedo, Sabanas Benianas del Sur, 0–500 m.
Dept.: BE.
Tipo y muestra: *A. Krapovickas et al. 35005* (HT: CTES; IT: CEN, G, GH, K, LPB, MO-5319532, NY, P, RB, SI, US), *R.S. Williams 861* (CTES, LPB, NY).

Arachis cardenasii Krapov. & W.C. Greg., Bonplandia (Corrientes) 8: 139–140, f. 3. 1994.
Ref.: Krapovickas & Gregory (1994), Krapovickas (2007c).
Hierba. Nativa. Zonas Bajas. Bosque Semideciduo Chiquitano, 0–1000 m.
Dept.: SC.
Tipo y muestra: *A. Krapovickas et al. 36015* (HT: CTES; IT: CEN, CTES, G, GH, K, LIL, LPB, MO, NY, P, SI, SP, US), *A. Krapovickas et al. 36021* (CEN, CTES, G, GH, K, LPB, MO, NY, P, US).

Arachis chiquitana Krapov., W.C. Greg. & C.E. Simpson, Bonplandia (Corrientes) 8: 89–90, f. 2. 1994.
Ref.: Krapovickas & Gregory (1994), Krapovickas (2007c).
Hierba. Endémica. Zonas Bajas. Bosque Semideciduo Chiquitano, Campos Cerrados, 0–500 m.
Dept.: SC.
Tipo y muestra: *A. Krapovickas et al. 36027* (HT: CTES; IT: CEN, G, GH, K, LIL, LPB, MO-5308674, NY, P, SI, SP, US), *A. Krapovickas 36028* (CTES, LPB, MO, NY, US).

Arachis cruziana Krapov., W.C. Greg. & C.E. Simpson, Bonplandia (Corrientes) 8: 111, f. 3, 44. 1994.
Ref.: Krapovickas & Gregory (1994), Krapovickas (2007c).
Hierba. Endémica. Zonas Bajas. Bosque Semideciduo Chiquitano, Campos Cerrados, 0–500 m.
Dept.: SC.
Tipo y muestra: *A. Krapovickas et al. 36024* (HT: CTES; IT: CEN, LPB, MO-5308672, NY, US), *A. Krapovickas et al. 36026* (CTES, LPB, MO, NY, US).

Arachis diogoi Hoehne, Comm. Lin. Telegr., Bot. 45(8): 71, t. 147. 1919.
Ref.: Krapovickas & Gregory (1994), Krapovickas (2007c).
Hierba. Nativa. Zonas Bajas. Campos Cerrados, Sabanas Benianas del Sur, 0–500 m.
Dept.: SC.
Muestra: *M. Atahuachi B. et al. 1907* (BOLV, CTES, LPB, SI, USZ).

Arachis duranensis Krapov. & W.C. Greg., Bonplandia (Corrientes) 8: 120–122, f. 3. 1994.
Sin.: *Arachis spegazzinii* M. Greg. & W.C. Greg.
Ref.: Krapovickas & Gregory (1994), Serrano & Terán (1998 [2000]), Krapovickas (2007c).
Hierba. Nativa. Zonas Bajas. Bosque Seco Chaqueño, 0–1000 m.
Dept.: CH, SC, TA.
Muestra: *A. Krapovickas et al. 30071* (CTES, G, GH, LIL, LPB, MO, NY, US).
Nom. Vern.: Manicillo.

Arachis glandulifera Stalker, Amer. J. Bot. 78(5): 633–634, f. 1–4. 1991.
Ref.: Krapovickas & Gregory (1994), Krapovickas (2007c).
Hierba. Endémica. Zonas Bajas. Bosque Semideciduo Chiquitano, Campos Cerrados, 0–500 m.
Dept.: SC.
Tipo y muestra: *H.T. Stalker 90-40* (HT: NCSC; IT: NA, NA, NCSC, US, US, US), *A. Krapovickas et al. 30098* (CEN, CTES, GH, LPB, MO, NY, US).

Arachis gregoryi C.E. Simpson, Krapov. & Valls, Bonplandia (Corrientes) 14: 56. 2005.
Ref.: Forzza (2010).
Hierba. Nativa. Zonas Bajas. Bosque Semideciduo Chiquitano, 0–500 m.
Dept.: SC.
Muestra: *G.J. Seijo et al. 3773* (CTES, LPB, MO).

Arachis herzogii Krapov., W.C. Greg. & C.E. Simpson, Bonplandia (Corrientes) 8: 131–132, f. 3. 1994.
Ref.: Krapovickas & Gregory (1994), Krapovickas (2007c).
Hierba. Endémica. Zonas Bajas. Bosque Semideciduo Chiquitano, Campos Cerrados, 0–500 m.
Dept.: SC.
Tipo y muestra: *A. Krapovickas et al. 36030* (HT: CTES; IT: CEN, GH, K, LIL, LPB, MO-5308686, NY, US), *A. Krapovickas et al. 36029* (CTES, GH, LPB, MO, NY, SI, SP, US).

Arachis hypogaea L., Sp. Pl. 2: 741. 1753.
Sin.: *Lathyrus esquirolii* H. Lév.
Ref.: Foster (1958), Krapovickas & Gregory (1994), Krapovickas (2007c), Krapovickas et al. (2009).
Hierba. Cultivada. Zonas Bajas, Andes. Bosque Húmedo, Bosque Semideciduo Chiquitano, Sabanas Benianas del Sur, Campos Amazónicos, Yungas, Bosque Tucumano-Boliviano, Bosque Serrano Chaqueño, Valles Secos, 0–2500 m.
Dept.: BE, CH, CO, LP, PA, SC, TA.
Muestra: *I.G. Vargas 4488* (USZ).
Infra: *Arachis hypogaea* var. *fastigiata* Krapov., *Arachis hypogaea* var. *hypogaea*, *Arachis hypogaea* var. *peruviana* Krapov. & W.C. Greg.
Nom. Vern.: Janidhe bitidebena, janidhe derena, janidhe marabi, janidhe ritchiritchi, maní, maní amarillo, maní blanco, maní cáscara negra, maní chiquitano, maní colorado, maní peruano, maní rosado, puca maní.

Arachis ipaensis Krapov. & W.C. Greg., Bonplandia (Corrientes) 8: 114–116, f. 3. 1994.
Ref.: Krapovickas & Gregory (1994), Krapovickas (2007c).
Hierba. Endémica. Zonas Bajas. Bosque Seco Chaqueño, 500–1000 m.
Dept.: TA.
Tipo y muestra: *A. Krapovickas et al. 19455* (HT: CTES; IT: CEN, G, K, LIL, LPB, MO-4653838, MO-3213647, NY, P, SI, US), *A. Krapovickas et al. 30076* (CTES, NY, US).

Arachis kempff-mercadoi Krapov. & W.C. Greg., Bonplandia (Corrientes) 8: 140–142, f. 3. 1994.
Ref.: Krapovickas & Gregory (1994), Krapovickas (2007c).
Hierba. Endémica. Zonas Bajas. Bosque Húmedo, Bosque Semideciduo Chiquitano, Campos Cerrados, 0–500 m.
Dept.: SC.
Tipo y muestra: *A. Krapovickas et al. 30085* (HT: CTES; IT: CEN, GH, K, LIL, LPB, MO-5319511, NY, US), *I.G. Vargas et al. 3087* (LPB, USZ).

Arachis krapovickasii C.E. Simpson, D. E. Williams, Valls & I.G. Vargas, Bonplandia (Corrientes) 14(1–2): 59–61, f. 11. 2005.
Hierba. Endémica. Zonas Bajas. Campos Cerrados, 0–500 m.
Dept.: SC.
Tipo y muestra: *D.E. Williams 1291* (HT: CTES; IT: BRIT, CEN, G, K, LIL, LPB, MO, NCSC, NY, P, RB, SI, US, USZ), *D.E. Williams et al. 1287* (BRIT, CEN, CTES, K, MO, NY, US).

Arachis magna Krapov., W.C. Greg. & C.E. Simpson, Bonplandia (Corrientes) 8: 113–114, f. 3. 46; 26C–D. 1994.
Ref.: Krapovickas & Gregory (1994), Krapovickas (2007c), Wood et al. (2011).
Hierba. Endémica. Zonas Bajas. Bosque Semideciduo Chiquitano, Campos Cerrados, 0–1000 m.
Dept.: SC.
Tipo y muestra: *A. Krapovickas et al. 30097* (HT: CTES; IT: G, GH, K, LIL, LPB, MO-5319517, NY, SP, US), *A. Krapovickas et al. 30093* (CEN, CTES, G, GH, K, LPB, MO, NY, P, SI, US).

Arachis matiensis Krapov. & W.C. Greg., Bonplandia (Corrientes) 8: 90–91, f. 2. 1994.
Ref.: Krapovickas (2007c).
Hierba. Nativa. Zonas Bajas. Bosque Semideciduo Chiquitano, Campos Cerrados, Sabanas Benianas del Sur, 0–500 m.
Dept.: SC.
Tipo y muestra: *A. Krapovickas et al. 36014* (HT: CTES; IT: G, GH, LPB, MO-5319531, NY, SI, SP, US), *A. Krapovickas et al. 36008* (CEN, CTES, G, GH, K, LIL, LPB, MO, NY, SI, US).

Arachis pintoi Krapov. & W.C. Greg., Bonplandia (Corrientes) 8: 81–83, f. 2. 1994.
Ref.: Krapovickas & Gregory (1994).
Hierba. Naturalizada. Zonas Bajas. Bosque Húmedo, Campos Amazónicos, 0–500 m.
Dept.: BE, CO, LP, SC.
Muestra: *I.G. Vargas & Vissinoni 5350* (CTES, MO, NY, USZ).
Nota: Introducida de Bahia, Brasil.

[Arachis prostrata Benth.], Trans. Linn. Soc. London 18: 159. 1841.
Ref.: Foster (1958).
Nota: El registro se basa en material mal identificado. Nativa del Noreste del Brasil (Goiás) (Krapovickas, 1994).

[Arachis pusilla Benth.], Trans. Linn. Soc. London 18(2): 159. 1839.
Sin.: *Arachis hypogaea* subsp. *sylvestris* A. Chev., *Arachis sylvestris* (A. Chev.) A. Chev.
Ref.: Krapovickas & Rigoni (1957), Krapovickas & Gregory (1994).
Nota: Especie dudosa. Endémica de Brasil (Krapovickas & Gregory 1994).

Arachis repens Handro, Arq. Bot. Estado São Paulo 3(4): 180–181, pl. 47. 1958.
Ref.: Krapovickas & Gregory (1994), Krapovickas (2007c).
Hierba. Cultivada. Zonas Bajas. Bosque Húmedo, 0–500 m.
Dept.: PA.
Muestra: *D.E. Williams 809* (CTES, LPB, NY).

Arachis rigonii Krapov. & W.C. Greg., Revista Invest. Agríc. 14(2): 157–160, f. 1. 1960.
Ref.: Krapovickas & Gregory (1994), Krapovickas (2007c).
Hierba. Endémica. Zonas Bajas. Bosque Semideciduo Chiquitano, 0–500 m.
Dept.: SC.
Tipo y muestra: *A. Krapovickas 9459* (HT: LIL; IT: BAB, CTES, MO-

2606227, SI), *W.C. Gregory et al. 10034* (BAB, CTES, GH, LIL, LPB, MO, NY, SI, US).

Arachis simpsonii Krapov. & W.C. Greg., Bonplandia (Corrientes) 8: 138–139, f. 3. 1994.
Ref.: Krapovickas & Gregory (1994), Krapovickas (2007c).
Hierba. Nativa. Zonas Bajas. Bosque Semideciduo Chiquitano, 0–500 m.
Dept.: SC.
Tipo y muestra: *A. Krapovickas et al. 36009* (HT: CTES; IT: CEN, G, GH, K, LIL, LPB, MO-5319528, NY, P, SI, SP, US), *J.F.M. Valls et al. 6346* (CEN, CTES).

Arachis trinitensis Krapov. & W.C. Greg., Bonplandia (Corrientes) 8: 130, f. 3. 1994.
Ref.: Krapovickas & Gregory (1994), Krapovickas (2007c).
Hierba. Endémica. Zonas Bajas. Sabanas Benianas del Sur, 0–500 m.
Dept.: BE.
Tipo y muestra: *D.E. Williams 866* (HT: CTES; IT: LPB, MO), *D.E. Williams 1117* (CTES).

Arachis williamsii Krapov. & W.C. Greg., Bonplandia (Corrientes) 8: 118, f. 3. 1994.
Ref.: Krapovickas & Gregory (1994), Krapovickas (2007c).
Hierba. Endémica. Zonas Bajas. Sabanas Benianas del Sur, 0–500 m.
Dept.: BE.
Tipo y muestra: *D.E. Williams & D. Clause 1118* (HT: CTES; IT: LPB, MO-5685466), *D.E. Williams 867* (CTES, LPB, NY).

Astragalus L., Sp. Pl. 2: 755. 1753.
23 especies, 1 especie endémica.

Astragalus arequipensis Vogel, Nova Acta Phys.-Med. Acad. Caes. Leop.-Carol. Nat. Cur. 19(Suppl. 1): 17. 1843.
Sin.: *Astragalus orbignyanus* Wedd., *Astragalus drepanophorus* Griseb., *Astragalus bolivianus* Phil., *Astragalus sinocarpus* Rusby
Ref.: Rusby (1893b), Johnston (1947a), Foster (1958), Atahuachi Burgos & Arrázola Rivero (1996), Duchen & Beck (2012).
Hierba. Nativa. Altiplano. Puna Húmeda, Puna Seca, Bosque de *Polylepis*, 3500–5000 m.
Dept.: CH, CO, LP, OR, PO, TA.
Muestra: *J.C. Solomon 15159* (LPB, MO).

Astragalus asplundii I.M. Johnst., J. Arnold Arbor. 28(3): 366. 1947.
Ref.: Johnston (1947a).
Hierba. Nativa. Altiplano. Puna Seca, 3500–4500 m.
Dept.: PO.
Tipo y muestra: *E. Asplund 6132* (HT: US; IT: GH frag.), *M. Liberman 201* (LPB).

Astragalus casapaltensis Ball, J. Linn. Soc., Bot. 22: 36. 1885.
Hierba. Nativa. Altiplano. Puna Húmeda, 4000–4500 m.
Dept.: LP.
Muestra: *S.G. Beck 9121* (LPB).

Astragalus cochabambensis Gómez-Sosa, Arnaldoa 11(1): 29–44, f. 1–7. 2004.
Hierba. Endémica, Adventicia. Altiplano. Puna Seca, 3500–4000 m.
Dept.: CO.
Tipo: *G. Schmitt & D. Schmitt 87* (HT: SI; IT: MO, NY).
Nota: Conocido solamente del tipo.

Astragalus crymophilus I.M. Johnst., J. Arnold Arbor. 28(4): 400. 1947.
Ref.: Foster (1958).
Hierba. Nativa. Altiplano. Puna Seca, 3500–4500 m.
Dept.: PO, TA.
Tipo y muestra: *E. Asplund 6134* (HT: US), *K. Fiebrig 2912* (GH).

Astragalus cryptanthus Wedd., Chlor. Andina 2: 259. 1861.
Sin.: *Phaca clandestina* Phil.
Ref.: Johnston (1947a), Foster (1958), Duchen & Beck (2012).
Hierba. Nativa. Altiplano. Puna Húmeda, Puna Seca, 4500–5000 m.
Dept.: CO, LP, PO.
Tipo y muestra: *d'Orbigny 1435* (HT: P), *S.G. Beck 2439* (K, LPB, MO, SI).

Astragalus diminutivus (Phil.) Gómez-Sosa, Novon 15(4): 544. 2005.
Sin.: *Phaca diminutiva* Phil., *Astragalus dielsii* J.F. Macbr., *Astragalus deminutivus* I.M. Johnst.
Ref.: Foster (1958), Atahuachi Burgos & Arrázola Rivero (1996), Gómez-Sosa (2005).
Hierba. Nativa. Altiplano. Puna Seca, 3500–5000 m.
Dept.: CO, LP, PO, TA.
Muestra: *E. Krach 9409* (M).
Infra: *Astragalus diminutivus* var. *diminutivus*, *Astragalus diminutivus* var. *dielsii* (J.F. Macbr.) Gómez-Sosa

Astragalus flavocreatus I.M. Johnst., J. Arnold Arbor. 28(4): 405–406. 1947.
Ref.: Johnston (1947a), Foster (1958).
Hierba. Nativa. Altiplano. Puna Húmeda, Puna Seca, 4000–5000 m.
Dept.: CO, LP, PO.
Muestra: *S.G. Beck 18133* (LPB, SI).

Astragalus garbancillo Cav., Icon. 1: 59, pl. 85. 1791.
Sin.: *Astragalus unifultus* L'Hér., *Astragalus benthamianus* Gillies, *Astragalus minor* Clos, *Tragacantha benthamiana* (Gillies) Kuntze, *Tragacantha garbancillo* (Cav.) Kuntze, *Tragacantha minor* (Clos) Kuntze, *Astragalus mandonii* Rusby, *Astragalus garbancillo* var. *mandonii* (Rusby) J.F. Macbr.
Ref.: Rusby (1893b), Johnston (1947a), Foster (1958), Adolfo María (1966), Atahuachi Burgos & Arrázola Rivero (1996).
Hierba, subarbusto, arbusto. Nativa. Altiplano. Puna Húmeda, Puna Seca, 3000–4500 m.
Dept.: CO, LP, OR, PO, TA.
Muestra: *J.C. Solomon 5130* (LPB, MO).
Nom. Vern.: Garbanzo, karrawansa.

[Astragalus gracilis Romero], Bol. Direc. Nac. Estad. y Estud. Geogr. La Paz, sec. Epoc. III 3: Nos. 31–33, 45. 1920.
Ref.: Foster (1958).
Nota: Especie dudosa. *Nom. nud.* y *hom. illeg.* no *A. gracilis* Nutt. (1818), una especie de Norteamérica.

Astragalus hypsogenus I.M. Johnst., J. Arnold Arbor. 28(4): 399–400. 1947.
Ref.: Johnston (1947a), Foster (1958).
Hierba. Nativa. Altiplano. Puna Seca, 3500–4000 m.
Dept.: PO.
Muestra: *E. Asplund 6135* (US).

Astragalus micranthellus Wedd., Chlor. Andina 2: 262. 1861.
Sin.: *Astragalus capitellus* Britton, *Tragacantha micranthella* (Wedd.) Kuntze, *Tragacantha arequipensis* var. *minima* Kuntze, *Tragacantha arequipensis* var. *tenuifoliola* Kuntze, *Astragalus patancanus* Ulbr.
Ref.: Johnston (1947a), Foster (1958).
Hierba. Nativa. Andes, Altiplano. Yungas, Puna Húmeda, Puna Seca, 3000–4500 m.
Dept.: CO, LP, OR, PO, TA.
Tipo y muestra: *d'Orbigny s.n.* (ST: P), *J.C. Solomon 6713* (LPB, MO).

Astragalus micranthus Desv., J. Bot. Agric. 3: 78. 1814.
Sin.: *Astragalus hartwegii* fo. *pringlei* Gand., *Astragalus rosei* M.E. Jones, *Astragalus saltonis* M.E. Jones, *Astragalus seatonii* var. *crucis* M.E. Jones, *Astragalus soltonis* M.E. Jones, *Hamosa saltonis* (M.E. Jones) Rydb., *Atelophragma rosei* (M.E. Jones) Rydb.
Ref.: Foster (1958), Barneby (1964).
Hierba. Adventicia. Altiplano. Puna Seca, 4000–4500 m.
Dept.: PO.
Muestra: *M. Cárdenas 82* (GH).
Nota: Nativa de México.

Astragalus minimus Vogel, Nova Acta Phys.-Med. Acad. Caes. Leop.-Carol. Nat. Cur. 19(Suppl. 1): 18. 1843.
Sin.: *Astragalus minimus* L. ex Willd., *Astragalus colliculus* Rusby
Ref.: Rusby (1893b), Foster (1958), Atahuachi Burgos & Arrázola Rivero (1996), Gómez-Sosa (2010).
Hierba. Nativa. Andes, Altiplano. Valles Secos, Puna Húmeda, 3000–5000 m.
Dept.: LP.
Muestra: *E. Krach 7290* (M).

Astragalus minutissimus Wedd., Chlor. Andina 2: 257–258. 1861.
Sin.: *Tragacantha minutissima* (Wedd.) Kuntze
Ref.: Johnston (1947a), Foster (1958).
Hierba. Nativa. Altiplano. Puna Húmeda, Puna Seca, 3500–5000 m.
Dept.: CO, LP.
Muestra: *O. Buchtien s.n.* (US).

Astragalus peruvianus Vogel, Nova Acta Phys.-Med. Acad. Caes. Leop.-Carol. Nat. Cur. 19(Suppl. 1): 18. 1843.
Ref.: Johnston (1947a), Foster (1958), Atahuachi Burgos & Arrázola Rivero (1996), Duchen & Beck (2012).
Hierba. Nativa. Andes, Altiplano. Yungas, Páramo Yungueño, Puna Húmeda, Puna Seca, 3500–5000 m.
Dept.: CO, LP, OR, PO, TA.
Muestra: *J.C. Solomon 9707* (LPB, MO).

Astragalus pusillus Vogel, Nova Acta Phys.-Med. Acad. Caes. Leop.-Carol. Nat. Cur. 19(Suppl. 1): 19. 1843.
Ref.: Johnston (1947a), Foster (1958), Atahuachi Burgos & Arrázola Rivero (1996), Duchen & Beck (2012).
Hierba. Nativa. Andes, Altiplano. Páramo Yungueño, Puna Húmeda, Puna Seca, 3000–5000 m.
Dept.: CO, LP, PO.
Muestra: *J.C. Solomon 16211* (LPB, MO).

Astragalus reichei Speg., Anales Mus. Nac. Buenos Aires 7: 264. 1902.
Sin.: *Phaca compacta* Phil., *Astragalus compactus* (Phil.) Reiche
Ref.: Johnston (1947b), Foster (1958).
Hierba. Nativa. Altiplano. Puna Seca, 3500–5000 m.
Dept.: LP, PO.
Muestra: *K. Graf 288* (LPB).

Astragalus romasanus Ulbr., Bot. Jahrb. Syst. 37: 421. 1906.
Subarbusto. Nativa. Andes, Altiplano. Valles Secos, Puna Húmeda, 3500–4000 m.
Dept.: LP.
Muestra: *S.G. Beck 7825* (LPB).
Nota: Determinación no confirmada.

Astragalus tarijensis Wedd., Chlor. Andina 2: 262. 1861.
Sin.: *Tragacantha tarijensis* (Wedd.) Kuntze, *Astragalus hieronymi* Ulbr.
Ref.: Johnston (1947a), Foster (1958).
Hierba. Nativa. Andes, Altiplano. Valles Secos, Puna Seca, 2500–4500 m.
Dept.: TA.
Tipo y muestra: *H.A. Weddell 4021* (HT: P), *K. Fiebrig 2882* (GH).

Astragalus uniflorus DC., Astragalogia 243, pl. 50. 1802.
Sin.: *Tragacantha uniflora* (DC.) Kuntze, *Astragalus herzogii* Ulbr.
Ref.: Johnston (1947a), Foster (1958), Atahuachi Burgos & Arrázola Rivero (1996), Duchen & Beck (2012).
Hierba, subarbusto. Nativa. Andes, Altiplano. Páramo Yungueño, Puna Húmeda, Puna Seca, 3000–5000 m.
Dept.: CH, CO, LP, OR.
Muestra: *M. Zárate & J. Flores 2141* (BOLV, MO).

Astragalus urbanianus Ulbr., Bot. Jahrb. Syst. 37: 422. 1906.
Ref.: Johnston (1947a), Foster (1958).
Hierba. Nativa. Altiplano. Puna Húmeda, Puna Seca, 3500–4500 m.
Dept.: LP, PO, TA.
Tipo y muestra: *K. Fiebrig 3184A* (HT: B; IT: FM, GH, MO-896707, NY, US; fotos: F), *K. Fiebrig 2125* (MO).

Astragalus weddellianus (Kuntze) I.M. Johnst., J. Arnold Arbor. 28(4): 395. 1947.
Sin.: *Astragalus modestus* Boiss. & Hohen., *Astragalus modestus* Wedd., *Tragacantha weddelliana* Kuntze, *Astragalus pilgeri* J.F. Macbr., *Astragalus punensis* J.F. Macbr.
Ref.: Foster (1958).
Hierba. Nativa. Andes, Altiplano. Bosque Tucumano-Boliviano, Páramo Yungueño, Puna Seca, 3500–5000 m.
Dept.: CH, LP, PO, TA.
Tipo y muestra: *H.A. Weddell 3932* (HT: P; IT: GH), *E. Krach 8170* (M).

Astragalus werdermannii I.M. Johnst., J. Arnold Arbor. 28(4): 403. 1947.
Ref.: Fortunato et al. (2008).
Hierba. Nativa. Altiplano. Puna Húmeda, 4000–4500 m.
Dept.: LP.
Muestra: *X. Menhofer 1095* (LPB).

Ateleia (DC.) Benth., Comm. Legum. Gen. 27, 37. 1837.
1 especie, 1 especie endémica.

Ateleia guaraya Herzog, Repert. Spec. Nov. Regni Veg. 7: 55. 1909.
Ref.: Foster (1958), Vargas Salazar (1993e), Killeen & Schulenberg (1998), Jardim et al. (2003), Wood et al. (2011).
Arbusto, arbolito, árbol. Endémica. Zonas Bajas. Bosque Semideciduo Chiquitano, Campos Cerrados, 0–500 m.
Dept.: SC.
Tipo y muestra: *T. Herzog 303* (HT: Z; IT: US frag.), *T. Killeen 900* (F, LPB, MO).

Barbieria DC., Prodr. 2: 239. 1825.
1 especie, 0 especies endémicas.

Barbieria pinnata (Pers.) Baill., Hist. Pl. 2: 263. 1870.
Sin.: *Galactia pinnata* Pers., *Clitoria polyphylla* Poir., *Barbieria polyphylla* (Poir.) DC., *Barbieria maynensis* Poepp., *Clitoria pinnata* (Pers.) R.H. Sm. & G.P. Lewis
Ref.: Foster (1958), Killeen & Schulenberg (1998).
Hierba, trepadora, liana. Nativa. Zonas Bajas. Bosque Húmedo, 0–1000 m.
Dept.: BE, CO, PA, SC.
Muestra: *M. Saldias et al. 2802* (MO, USZ).

Bauhinia L., Sp. Pl. 1: 374. 1753.
26 especies, 2 especies endémicas.

Bauhinia acreana Harms, Notizbl. Königl. Bot. Gart. Berlin 6: 307. 1915.
Sin.: *Bauhinia martinensis* J.F. Macbr.
Ref.: Foster (1958).
Arbusto, árbol. Nativa. Zonas Bajas. Bosque Húmedo, Bosque Semideciduo Chiquitano, Sabanas Benianas del Sur, 0–500 m.
Dept.: LP, PA, SC.
Tipo y muestra: *E.H.G. Ule 9441* (HT: B destr.; LT: L; ILT: G, K; fotos: RB), *M.J. Macía 6722* (LPB, MA).

Bauhinia aculeata L., Sp. Pl. 1: 374. 1753.
Sin.: *Bauhinia emarginata* Mill., *Bauhinia rotundata* Mill., *Bauhinia ungula* Jacq., *Bauhinia grandiflora* A. Juss., *Bauhinia emarginata* Jack, *Pauletia glandulosa* Kunth, *Bauhinia glandulosa* (Kunth) DC., *Bauhinia affinis* Vogel, *Bauhinia albicans* Vogel, *Bauhinia bredemeyeri* Vogel, *Bauhinia ungula* Willd. ex Steud., *Bauhinia notophila* Griseb., *Bauhinia catingae* Harms, *Bauhinia mollicella* S.F. Blake, *Bauhinia mirandina* Pittier, *Bauhinia mollifolia* Pittier, *Bauhinia schultzei* Harms, *Bauhinia albiflora* Britton & Rose, *Pauletia affinis* (Vogel) A. Schmitz
Ref.: Ruiz de Centurión (1993a).
Arbusto, árbol. Nativa. Zonas Bajas. Bosque Húmedo, Bosque Seco Chaqueño, Sabanas Benianas del Sur, Yungas, 0–1000 m.
Dept.: BE, LP, SC.
Muestra: *M.H. Nee 39540* (LPB, MO, NY, USZ).
Infra: *Bauhinia aculeata* subsp. *grandiflora* (A. Juss.) Wunderlin
Nom. Vern.: Uña de gato.

Bauhinia argentinensis Burkart, Legum. Argent. (ed. 2) 544. 1952.
Ref.: Serrano & Terán (1998 [2000]).
Arbusto. Nativa. Zonas Bajas. Bosque Seco Chaqueño, 0–500 m.
Dept.: CH, SC.
Muestra: *A.F. Fuentes C. & G. Navarro 2290* (LPB, MO, USZ).
Nom. Vern.: Pata de vaca.

Bauhinia bauhinioides (Mart.) J.F. Macbr., Contr. Gray Herb. 59: 22. 1919.
Sin.: *Perlebia bauhinoides* Mart., *Bauhinia microphylla* Vogel, *Pauletia bauhinioides* (Mart.) A. Schmitz
Ref.: Fortunato et al. (2008), Forzza (2010).
Subarbusto, arbusto, arbolito. Nativa. Zonas Bajas. Bosque Húmedo, Bosque Seco Chaqueño, Sabanas Benianas del Sur, 0–500 m.
Dept.: SC.
Muestra: *A.F. Fuentes C. 575* (LPB, MO, USZ).

Bauhinia brevipes Vogel, Linnaea 13: 307. 1839.
Sin.: *Bauhinia bongardii* Steud.
Ref.: Forzza (2010).
Arbusto. Nativa. Zonas Bajas. Bosque Húmedo, Bosque Semideciduo Chiquitano, Campos Cerrados, Campos Amazónicos, 0–1000 m.
Dept.: LP, SC.
Muestra: *T. Killeen 2396* (MO).

Bauhinia calliandroides Rusby, Bull. New York Bot. Gard. 8(28): 92. 1912.
Ref.: Foster (1958).
Arbusto. Nativa. Zonas Bajas. Bosque Húmedo, 0–1000 m.
Dept.: LP.
Tipo y muestra: *R.S. Williams 613* (HT: NY; IT: NY, NY), *M. Cárdenas 1780* (GH).

Bauhinia cheilantha (Bong.) Steud., Nomencl. Bot. (ed. 2) 1: 191. 1840.
Sin.: *Pauletia cheilantha* Bong., *Bauhinia aromatica* Ducke
Liana, subarbusto. Nativa. Zonas Bajas. Bosque Húmedo, Bosque Semideciduo Chiquitano, Campos Cerrados, 0–500 m.
Dept.: SC.
Muestra: *B. Mostacedo et al. 2701* (LPB, MO, USZ).

Bauhinia corniculata Benth., Fl. Bras. 15(2): 198. 1870.
Ref.: Ruiz de Centurión (1993a), Killeen & Schulenberg (1998).
Arbusto, arbolito. Nativa. Zonas Bajas. Bosque Húmedo, Sabanas Benianas del Sur, 0–500 m.
Dept.: BE, SC.
Muestra: *J.C. Solomon 7868* (LPB, MO).

Bauhinia cupulata Benth., Fl. Bras. 15(2): 188. 1870.
Ref.: Killeen & Schulenberg (1998).
Arbusto, arbolito, árbol. Nativa. Zonas Bajas. Bosque Húmedo, Bosque Semideciduo Chiquitano, Campos Cerrados, Sabanas Benianas del Sur, 0–1000 m.
Dept.: BE, SC.
Muestra: *T. Killeen 6297* (MO, USZ).

Bauhinia curvula Benth., Fl. Bras. 15(2): 194. 1870.
Ref.: Killeen & Schulenberg (1998).
Arbusto. Nativa. Zonas Bajas. Bosque Húmedo, Campos Cerrados, 0–500 m.
Dept.: SC.
Muestra: *E. Gutiérrez C. et al. 911* (MO, USZ).

Bauhinia forficata Link, Enum. Hort. Berol. Alt. 1: 404. 1821.
Sin.: *Bauhinia candicans* Benth.
Ref.: Fortunato (1986), Ruiz de Centurión (1993a), Atahuachi Burgos & Arrázola Rivero (1996).
Arbolito, árbol. Nativa, cultivada. Zonas Bajas. Bosque Húmedo, Sabanas Benianas del Sur, 0–500 m.
Dept.: BE, CO, LP, TA.
Muestra: *A.F. Fuentes C. et al. 3785* (BOLV, HSB, LPB, MO).
Infra: *Bauhinia forficata* subsp. *pruinosa* (Vogel) Fortunato & Wunderlin

Bauhinia gardneri Benth., Fl. Bras. 15(2): 186. 1870.
Ref.: Wood et al. (2011).
Subarbusto. Nativa. Zonas Bajas. Campos Cerrados, 0–500 m.
Dept.: SC.
Muestra: *T. Killeen 1161* (MO).

Bauhinia hagenbeckii Harms, Bot. Jahrb. Syst. 33, Beibl. 72: 21. 1903.
Sin.: *Bauhinia hassleriana* Chodat, *Bauhinia hassleriana* fo. *angustifolia* Chodat & Hassl., *Bauhinia hassleriana* fo. *intermedia* Chodat & Hassl., *Bauhinia hassleriana* fo. *latifolia* Chodat & Hassl., *Bauhinia hassleriana* var. *marginata* Chodat & Hassl.
Arbusto. Nativa. Zonas Bajas. Bosque Semideciduo Chiquitano, 0–500 m.
Dept.: SC.
Muestra: *A. Krapovickas & A. Schinini 31729* (CTES, LPB).
Nom. Vern.: Pata de cabra.

[Bauhinia hirsutissima Wunderlin], Ann. Missouri Bot. Gard. 64(2): 370–372. 1977 [1978].
Ref.: Parker & Bailey (1991).
Nota: Especie dudosa. El registro se basa en material mal identificado. Esta especie es endémica de la zona de Yurimaguas, Loreto, en el nororiente del Perú.

[Bauhinia humilis Rusby], Mem. New York Bot. Gard. 7(3): 256–257. 1927.
Ref.: Rusby (1927), Foster (1958).
Tipo: *H.H. Rusby 1311* (HT: NY; IT: US).
Nota: Especie dudosa. Conocido solamente del tipo.

Bauhinia longicuspis Spruce ex Benth., Fl. Bras. 15(2): 185. 1870.
Ref.: Ruiz de Centurión (1993a), Atahuachi Burgos & Arrázola Rivero (1996), Schulenberg & Awbrey (1997), Killeen & Schulenberg (1998), Arrázola Rivero et al. (2000), Serrano & Terán (1998 [2000]).
Arbusto, árbol. Nativa. Zonas Bajas, Andes. Bosque Húmedo, Campos Cerrados, Sabanas Benianas del Sur, Yungas, 0–1500 m.
Dept.: BE, CH, CO, PA, SC.
Muestra: *D.N. Smith et al. 13638* (BOLV, K, LPB, MO, US, USZ).
Infra: *Bauhinia longicuspis* var. *bicuspidata* (Benth.) Wunderlin ex G.P. Lewis
Nom. Vern.: Pata de buey, pata de vaca.

Bauhinia longifolia (Bong.) Steud., Nomencl. Bot. (ed. 2) 2(1): 191. 1840.
Sin.: *Pauletia longifolia* Bong., *Bauhinia geminata* Vogel, *Bauhinia obtusata* Vogel, *Bauhinia recurva* R.S. Cowan
Ref.: Fortunato et al. (2008), Forzza (2010).
Árbol. Nativa. Zonas Bajas. Sabanas Benianas del Sur, 0–500 m.
Dept.: SC.
Muestra: *R. Guillén V. & S. Coria 1332* (MO, USZ).

Bauhinia mollis (Bong.) D. Dietr., Syn. Pl. 2: 1475. 1840.
Sin.: *Pauletia mollis* Bong., *Bauhinia corumbensis* S. Moore, *Bauhinia mollis* fo. *glabrescens* Chodat & Hassl., *Bauhinia mollis* var. *guaranitica* Chodat & Hassl., *Bauhinia appendiculata* Hassl.
Ref.: Fortunato (1984), Fortunato (1986), Ruiz de Centurión (1993a), Killeen & Schulenberg (1998), Serrano & Terán (1998 [2000]), Wood et al. (2011).
Subarbusto, arbusto, arbolito, árbol. Nativa. Zonas Bajas, Andes. Bosque Húmedo, Bosque Semideciduo Chiquitano, Bosque Seco Chaqueño, Campos Cerrados, Sabanas Benianas del Sur, Bosque Tucumano-Boliviano, Valles Secos, 0–2000 m.
Dept.: CH, SC, TA.
Muestra: *R. Frey et al. 568* (MO, USZ, Z).
Infra: *Bauhinia mollis* var. *mollis*, *Bauhinia mollis* var. *notophila* (Griseb.) Fortunato

[Bauhinia nitida Benth.], Fl. Bras. 15(2): 184. 1870.
Ref.: Killeen & Schulenberg (1998).
Nota: El registro se basa en material mal identificado de *B. ungulata*.

Bauhinia pentandra (Bong.) Vogel ex Steud., Nomencl. Bot. (ed. 2) 1: 992. 1840.
Sin.: *Pauletia pentandra* Bong., *Bauhinia heterandra* Benth., *Bauhinia rusbyi* Britton
Ref.: Foster (1958), Killeen & Schulenberg (1998), Jardim et al. (2003).
Liana, subarbusto, arbusto. Nativa. Zonas Bajas. Bosque Húmedo, Bosque Semideciduo Chiquitano, Campos Cerrados, Sabanas Benianas del Sur, 0–1000 m.
Dept.: BE, SC.
Muestra: *M.H. Nee 44996* (MO, NY).
Nom. Vern.: Pata de buey.

Bauhinia picta (Kunth) DC., Prodr. 2: 515. 1825.
Sin.: *Pauletia picta* Kunth, *Bauhinia ligulata* Pittier, *Bauhinia kalbreyeri* Harms, *Bauhinia conceptionis* Britton & Killip
Ref.: Killeen & Schulenberg (1998).
Liana, árbol. Cultivada. Zonas Bajas. Bosque Húmedo, Bosque Semideciduo Chiquitano, Sabanas Benianas del Sur, 0–1000 m.
Dept.: BE, LP, SC.
Muestra: *D.N. Smith et al. 13261* (AAU, BOLV, COL, F, G, K, LPB, MA, MO, NY, SI, TEX, USZ, WAG).
Nota: Nativa de Panamá, Colombia y Venezuela.
Nom. Vern.: Pata de buey, pata de vaca.

Bauhinia platypetala Burch. ex Benth., Fl. Bras. 15(2): 198. 1870.
Ref.: Forzza (2010).
Arbusto. Nativa. Zonas Bajas. Campos Cerrados, Sabanas Benianas del Sur, 0–500 m.
Dept.: SC.
Muestra: *R. Guillén V. & S. Coria 1518* (MO, USZ).

Bauhinia pulchella Benth., Fl. Bras. 15(2): 190. 1870.
Ref.: Killeen & Schulenberg (1998).
Arbusto. Nativa. Zonas Bajas, Andes. Bosque Húmedo, Bosque Semideciduo Chiquitano, Campos Cerrados, Yungas, 0–1500 m.
Dept.: PA, SC.
Muestra: *B. Mostacedo 2744* (LPB, MO).

Bauhinia rufa (Bong.) Steud., Nomencl. Bot. (ed. 2) 1(1–2): 192. 1840.
Sin.: *Bauhinia holophylla* (Bong.) Steud., *Pauletia rufa* Bong., *Bauhinia dodecandra* (Bong.) Steud.
Ref.: Ruiz de Centurión (1993a), Killeen & Schulenberg (1998), Jardim et al. (2003).
Arbusto, arbolito, árbol. Nativa. Zonas Bajas. Bosque Húmedo, Bosque Semideciduo Chiquitano, Campos Cerrados, Sabanas Benianas del Sur, 0–500 m.
Dept.: SC.
Muestra: *T. Killeen 1944* (F, LPB, MO, NY).
Nom. Vern.: Pata de buey.

Bauhinia straussiana Harms, Notizbl. Königl. Bot. Gart. Berlin 6: 308. 1915.
Ref.: Ducke (1949), Foster (1958), Killeen & Schulenberg (1998).
Subarbusto, arbusto, arbolito. Nativa. Zonas Bajas. Bosque Húmedo, Sabanas Benianas del Sur, Campos Amazónicos, 0–500 m.
Dept.: BE, LP, PA, SC.
Tipo y muestra: *E.H.G. Ule 9442* (HT: B destr.; fotos: RB, SI), *A. Araujo M. et al. 901* (LPB, MO, NY).

Bauhinia tarapotensis Benth., Fl. Bras. 15(2): 198. 1870.
Sin.: *Bauhinia baina* J.F. Macbr.
Ref.: Parker & Bailey (1991).
Nota: Esperado. No hay un ejemplar de herbario confirmado para Bolivia, pero podría estar en el Bosque Húmedo de Zonas Bajas en LP y PA, ha sido registrada cerca de la frontera en el Depto. Cusco, Perú.

Bauhinia tuichiensis Cayola & A. Fuentes, Novon 22: 148. 2012.
Árbol. Endémica. Zonas Bajas, Andes. Bosque Semideciduo Chiquitano, Yungas, 500–1000 m.
Dept.: LP.
Tipo y muestra: *V.W. Torrez et al. 52* (HT: LPB; IT: BOLV, MA, MO, US, USZ), *L. Cayola et al. 1796* (LPB, MO).

Bauhinia tumupasensis Rusby, Bull. New York Bot. Gard. 8(28): 93. 1912.
Sin.: *Bauhinia conwayi* Rusby
Ref.: Foster (1958).
Arbusto, arbolito. Nativa. Zonas Bajas. Bosque Húmedo, 0–1000 m.
Dept.: LP.
Tipo y muestra: *R.S. Williams 495* (HT: NY; IT: BM), *R.S. Williams 485* (BM, NY, RB).

Bauhinia ungulata L., Sp. Pl. 1: 374. 1753.
Sin.: *Bauhinia inermis* Forssk., *Pauletia inermis* Cav., *Bauhinia inermis* (Cav.) Pers., *Cansenia ungulata* (L.) Raf., *Bauhinia macrostachya* Benth., *Bauhinia macrostachya* (Benth.) Wall. ex Baker, *Bauhinia unguiculata* Sessé & Moc., *Bauhinia benthamiana* Taub., *Bauhinia cavanillei* Millsp., *Pauletia ungulata* (L.) A. Schmitz
Ref.: Foster (1958), Moraes R. (1990), Ruiz de Centurión (1993a), Killeen & Schulenberg (1998).
Arbusto, arbolito, árbol. Nativa. Zonas Bajas, Andes. Bosque Húmedo, Bosque Semideciduo Chiquitano, Campos Cerrados, Sabanas Benianas del Norte, Sabanas Benianas del Sur, Campos Amazónicos, Yungas, 0–1500 m.
Dept.: BE, CO, LP, PA, SC.
Muestra: *M.J.G. Hopkins et al. 45* (LPB, NY).
Nom. Vern.: Pata de buey, uña de vaca.

Bauhinia vulpina Rusby, Mem. New York Bot. Gard. 7(3): 257. 1927.
Ref.: Rusby (1927), Foster (1958).
Liana. Endémica. Zonas Bajas, Andes. Bosque Húmedo, Yungas, 0–1500 m.
Dept.: LP.
Tipo y muestra: *O.E. White 956* (HT: NY; IT: BKL, NY, NY, US), *H.H. Rusby 956* (GH).

Bowdichia Kunth, Nov. Gen. Sp. (folio ed.) 6: 295. 1824.
2 especies, 0 especies endémicas.

Bowdichia nitida Spruce ex Benth., Fl. Bras. 15(1B): 313. 1862.
Árbol. Nativa. Zonas Bajas. Sabanas Benianas del Norte, 0–500 m.
Dept.: PA.
Muestra: *J. Urrelo et al. 206* (F, LPB).

Bowdichia virgilioides Kunth, Nov. Gen. Sp. (quarto ed.) 6: 376–377. 1823.
Ref.: Vargas Salazar (1993e), Killeen & Schulenberg (1998), Wood et al. (2011).
Arbusto, arbolito, árbol. Nativa. Zonas Bajas, Andes. Bosque Húmedo, Bosque Semideciduo Chiquitano, Campos Cerrados, Sabanas Benianas del Sur, Campos Amazónicos, Yungas, 0–1500 m.
Dept.: BE, LP, SC.
Muestra: *S.G. Beck 5724* (LPB, NY).
Nom. Vern.: Alcornoque, manicillo amarillo, nonirrainí, sucupira, sucupiro.

Bradburya Raf., Fl. Ludov. 104–105. 1817.
0 especies, 0 especies endémicas.
Nota: *Bradburya* es sinónimo genérico de *Centrosema*.

[Bradburya cologanioides Rusby], Bull. New York Bot. Gard. 6(22): 515. 1910.
Ref.: Rusby (1910).
Tipo: *R.S. Williams 264* (HT: NY).
Nota: El registro se basa en material mal identificado de *Helicotropis linearis*. El tipo corresponde a una especie de *Centrosema*, sin embargo la combinación en *Centrosema* no ha sido válidamente publicada.

Brongniartia Kunth, Nov. Gen. Sp. (quarto ed.) 6: 465–469, pl. 587–588. 1824.
1 especie, 0 especies endémicas.

Brongniartia ulbrichiana Harms, Bot. Jahrb. Syst. 42(1): 94. 1908.
Ref.: Foster (1958).
Arbusto. Nativa. Andes. Bosque Tucumano-Boliviano, Bosque Serrano Chaqueño, 2000–3000 m.
Dept.: CH, CO, SC, TA.
Tipo y muestra: *K. Fiebrig 2991* (HT: B destr.?; IT: A, GH, K, M, US), *K. Fiebrig 2990* (K).

Caesalpinia L., Sp. Pl. 1: 380. 1753.
8 especies, 0 especies endémicas.

Caesalpinia argentina Burkart, Revista Argent. Agron. 3: 67, 105, f. 4c, pl. 10. 1936.
Ref.: Foster (1958), Ruiz de Centurión (1993a), Lewis (1998), Serrano & Terán (1998 [2000]).
Arbusto, árbol. Nativa. Zonas Bajas, Andes. Bosque Seco Chaqueño, Bosque Serrano Chaqueño, Valles Secos, 0–1000, 2500–3500 m.
Dept.: CH, LP, SC, TA.
Muestra: *M. Saldias et al. 1300* (K, USZ).
Nom. Vern.: Algarrobilla, retama.

Caesalpinia coluteifolia Griseb., Symb. Fl. Argent. 111. 1879.
Ref.: Foster (1958), Lewis (1998).
Subarbusto, arbusto. Nativa. Zonas Bajas. Bosque Seco Chaqueño, 0–500 m.
Dept.: SC.
Muestra: *I.G. Vargas et al. 1922* (K, USZ).
Nota: También registrada para el Chaco en el norte de Argentina y en el Chaco de Paraguay.

[Caesalpinia corymbosa Benth.], Pl. Hartw. 117. 1843.
Ref.: Ruiz de Centurión (1993a).
Nota: El registro se basa en material mal identificado. *C. corymbosa* es un sinónimo de *C. glabrata* Kunth, una especie endémica del bosque seco de la costa Pacífica del Ecuador y el noroeste de Perú.

Caesalpinia coulterioides Griseb., Symb. Fl. Argent. 113. 1879.
Arbusto. Nativa. Andes. Bosque Tucumano-Boliviano, Valles Secos, 2500–3000 m.
Dept.: LP, TA.
Muestra: *K. Fiebrig 2443* (A, E, GH, K, M).

Caesalpinia fimbriata Tul., Arch. Mus. Hist. Nat. 4: 145. 1844.
Sin.: *Caesalpinia bangii* Rusby, *Caesalpinia cromantha* Burkart
Ref.: Rusby (1893b), Foster (1958), Ruiz de Centurión (1993a), López Vargas (1995), Atahuachi Burgos & Arrázola Rivero (1996), Saravia Miranda (1996), Lewis (1998), Serrano & Terán (1998 [2000]).
Arbusto, árbol. Nativa. Zonas Bajas, Andes. Bosque Seco Chaqueño, Bosque Tucumano-Boliviano, Bosque Serrano Chaqueño, Valles Secos, 0–3500 m.
Dept.: CH, CO, LP, SC.
Tipo y muestra: *J.B. Pentland 39* (HT: P; IT: F frag.; fotos: K, K), *S.G. Beck 4029* (LPB, SI).

[Caesalpinia laxiflora Tul.], Arch. Mus. Hist. Nat. 4: 143. 1844.
Nota: El registro se basa en material mal identificado de *Poincianella pluviosa*.

Caesalpinia marginata Tul., Arch. Mus. Hist. Nat. 4: 147. 1844.
Sin.: *Cenostigma sclerophyllum* Malme
Ref.: Fuentes Claros (1998), Lewis (1998), Wood et al. (2011).
Arbusto. Nativa. Zonas Bajas. Bosque Semideciduo Chiquitano, Bosque Seco Chaqueño, Campos Cerrados, 0–500 m.
Dept.: SC.
Tipo y muestra: *d'Orbigny 831* (HT: P; fotos: MO), *M.H. Nee 37870* (LPB, MO, NY, USZ).

[Caesalpinia mimosifolia Griseb.], Abh. Königl. Ges. Wiss. Göttingen 19: 128. 1874.
Ref.: Foster (1958), Lewis (1998).
Nota: El registro se basa en material mal identificado. De acuerdo con la literatura, presenta una distribución al Sur de Bolivia, pero el material Boliviano es referido a *C. trichocarpa*.

Caesalpinia pulcherrima (L.) Sw., Observ. Bot. 166. 1791.
Sin.: *Caesalpinia pulcherrima* var. *flava* hort., *Poinciana pulcherrima* L., *Poinciana elata* L., *Poinciana bijuga* Burm. f., *Poinciana bijuga* Lour., *Poinciana elata* Lour.
Ref.: Foster (1958), Killeen & Schulenberg (1998).
Arbusto, arbolito. Cultivada. Zonas Bajas, Andes. Bosque Húmedo, Sabanas Benianas del Sur, Bosque Serrano Chaqueño, 0–2000 m.
Dept.: BE, CO, PA, SC, TA.
Muestra: *I. Guareco 570* (LPB, MO).
Nota: Nativa de América Central.

Caesalpinia stuckertii Hassl., Repert. Spec. Nov. Regni Veg. 12: 201. 1913.
Sin.: *Caesalpinia stuckertii* var. *robusta* Hassl., *Caesalpinia herzogii* Harms
Ref.: Foster (1958), Fuentes Claros (1998), Serrano & Terán (1998 [2000]).
Subarbusto. Nativa. Zonas Bajas. Bosque Semideciduo Chiquitano, Bosque Seco Chaqueño, 0–500 m.

Dept.: CH, SC.
Muestra: *A.H. Gentry & R.B. Foster 75401* (MO).

Caesalpinia trichocarpa Griseb., Symb. Fl. Argent. 112. 1879.
Sin.: *Caesalpinia fisheriana* Rusby, *Caesalpinia rosulata* Rusby
Ref.: Rusby (1893b), Foster (1958), Ruiz de Centurión (1993a), Atahuachi Burgos & Arrázola Rivero (1996), Lewis (1998).
Arbusto, árbol. Nativa. Andes. Valles Secos, 1500–3000 m.
Dept.: CH, CO, LP, TA.
Muestra: *M. Cárdenas 4684* (LIL).

Cajanus **Adans.**, Fam. Pl. 2: 326, 529. 1763.
1 especie, 0 especies endémicas.

Cajanus cajan (L.) Huth, Helios 11: 133. 1893.
Sin.: *Cytisus cajan* L., *Cytisus cajan* L., *Cytisus pseudocajan* Jacq., *Cajan inodorum* Medik., *Cajanus bicolor* DC., *Cajanus flavus* DC., *Cajanus indicus* Spreng., *Cytisus guineensis* Schumach. & Thonn., *Cajanus striatus* Bojer, *Cajanum thora* Raf., *Cajanus luteus* Bello, *Cajanus indicus* var. *bicolor* (DC.) Kuntze, *Cajanus indicus* var. *flavus* (DC.) Kuntze, *Cajanus indicus* var. *maculatus* Kuntze, *Cajan cajan* (L.) Huth, *Cajanus cajan* (L.) Merr., *Cajanus cajan* (L.) Druce, *Cajanus pseudocajan* (Jacq.) Schinz & Guillaumin, *Cajanus cajan* fo. *bicolor* (DC.) Baker, *Cajanus obcordifolia* Singh, *Cajanus cajan* var. *bicolor* (DC.) Purseglove, *Cajanus cajan* var. *flavus* (DC.) Purseglove
Ref.: Foster (1958), Maesen (1986), Duchen & Beck (2012).
Subarbusto, arbusto. Cultivada. Zonas Bajas, Andes. Bosque Húmedo, Bosque Semideciduo Chiquitano, Campos Cerrados, Sabanas Benianas del Sur, Campos Amazónicos, Yungas, Valles Secos, 0–2000 m.
Dept.: BE, LP, PA, SC.
Muestra: *I.G. Vargas 192* (LPB, USZ).
Nota: Nativa de Asia y Africa tropical.
Nom. Vern.: Arveja, arveja camba, chicharilla, juchui chicharilla.

Calliandra **Benth.**, J. Bot. (Hooker) 2(11): 138–141. 1840.
11 especies, 1 especie endémica.

Calliandra angustifolia Spruce ex Benth., Trans. Linn. Soc. London 30(3): 539. 1875.
Sin.: *Calliandra subnervosa* Benth., *Calliandra sodiroi* Harms, *Calliandra stricta* Rusby
Ref.: Rusby (1927), Foster (1958), Parker & Bailey (1991), Saldias Paz (1993b), Barneby (1998), Arrázola Rivero et al. (2000).
Arbusto, arbolito, árbol. Nativa. Zonas Bajas, Andes. Bosque Húmedo, Bosque Semideciduo Chiquitano, Yungas, 0–1500 m.
Dept.: BE, CO, LP, SC.
Muestra: *S.G. Beck 8159* (L, LPB, MO).

Calliandra chulumania Barneby, Mem. New York Bot. Gard. 74(3): 85–87. 1998.
Ref.: Barneby (1998), Fuentes Claros et al. (2009).
Arbusto, arbolito, árbol. Endémica. Zonas Bajas, Andes. Bosque Semideciduo Chiquitano, Yungas, Valles Secos, 500–1500 m.
Dept.: LP.
Tipo y muestra: *S.G. Beck 8597* (HT: NY; IT: COL, LPB, M), *A. Araujo M. et al. 419* (CTES, LPB, MA, MO).

Calliandra haematocephala Hassk., Retzia 1: 216–219. 1855.
Sin.: *Calliandra boliviana* Britton, *Feuilleea haematocephala* (Hassk.) Kuntze, *Calliandra inaequilatera* Rusby, *Anneslia haematocephala* (Hassk.) Britton & P. Wilson
Ref.: Foster (1958), Saldias Paz (1993b), Barneby (1998), Jardim et al. (2003), Duchen & Beck (2012).
Subarbusto, arbusto, arbolito, árbol. Nativa. Zonas Bajas, Andes. Bosque Húmedo, Bosque Semideciduo Chiquitano, Bosque Seco Chaqueño, Sabanas Benianas del Norte, Sabanas Benianas del Sur, Yungas, Valles Secos, 0–1500 m.
Dept.: BE, CO, LP, SC.
Muestra: *A.H. Gentry & S. Estenssoro C. 70597* (LPB, MA, MEXU, MO).
Infra: *Calliandra haematocephala* var. *haematocephala*, *Calliandra haematocephala* var. *boliviana* (Britton) Barneby
Nom. Vern.: Bulo bulo, flor de la cruz, flor de mayo.

Calliandra harrisii (Lindl.) Benth., London J. Bot. 3: 95. 1844.
Sin.: *Inga harrisii* Lindl., *Clelia ornata* Casar., *Calliandra cylindrocarpa* Benth., *Feuilleea harrisii* (Lindl.) Kuntze
Ref.: Barneby (1998), Wood et al. (2011).
Arbusto. Nativa. Zonas Bajas, Andes. Bosque Semideciduo Chiquitano, Valles Secos, 500–1500 m.
Dept.: SC.
Muestra: *L.R.C. de Michel et al. 327* (LPB, MO, NY).

Calliandra houstoniana (Mill.) Standl., Contr. U.S. Natl. Herb. 23(2): 386. 1922.
Sin.: *Mimosa houstoniana* Mill., *Calliandra calothyrsus* Meisn.
Arbusto. Nativa, cultivada. Zonas Bajas. Bosque Semideciduo Chiquitano, 500–1000 m.
Dept.: LP.
Muestra: *J.R.I. Wood 16245* (K).
Infra: *Calliandra houstoniana* var. *calothyrsus* (Meisn.) Barneby
Nota: Representada en Bolivia solamente por la var. *calothyrsus*. Posiblemente cultivada en Bolivia.

Calliandra laxa (Willd.) Benth., Trans. Linn. Soc. London 30(3): 551. 1875.
Sin.: *Acacia laxa* Willd., *Acacia rubescens* M. Martens & Galeotti, *Calliandra xalapensis* Benth.
Arbusto. Nativa. Zonas Bajas. Bosque Húmedo, 0–500 m.
Dept.: LP.
Muestra: *R. Seidel et al. 2550* (MO).
Infra: *Calliandra laxa* var. *stipulacea* (Benth.) Barneby

Calliandra longipes Benth., Trans. Linn. Soc. London 30(3): 538–539. 1875.
Ref.: Wood et al. (2011).
Hierba, arbusto. Nativa. Zonas Bajas. Campos Cerrados, 0–500 m.
Dept.: SC.
Muestra: *J.R.I. Wood 23502* (K, LPB).

[Calliandra mollissima (Humb. & Bonpl. ex Willd.) Benth.], London J. Bot. 3: 97. 1844.
Sin.: *Inga mollissima* Humb. & Bonpl. ex Willd.
Ref.: Atahuachi Burgos & Arrázola Rivero (1996).
Nota: El registro se basa en material mal identificado. Esta especie es endémica del valle interandino del río Marañón en el norte de Perú.

Calliandra parviflora Benth., London J. Bot. 3: 112. 1844.
Sin.: *Acacia pachyloma* Mart., *Feuilleea pachyloma* Kuntze
Ref.: Barneby (1998), Killeen & Schulenberg (1998), Wood et al. (2011).
Subarbusto, arbusto. Nativa. Zonas Bajas. Bosque Semideciduo Chiquitano, Campos Cerrados, 0–500 m.
Dept.: SC.
Muestra: *T. Killeen 1415* (F, LPB).

Calliandra surinamensis Benth., London J. Bot. 3: 105. 1844.
Sin.: *Inga fasciculata* Willd., *Calliandra*

tenuiflora Benth., *Anneslia fasciculata* (Willd.) Kleinhoonte
Arbusto. Nativa. Zonas Bajas. Campos Cerrados, 0–500 m.
Dept.: SC.
Muestra: *Y. Roca 211* (MO).

Calliandra trinervia Benth., London J. Bot. 3: 94–95. 1844.
Sin.: *Calliandra carbonaria* Benth.
Ref.: Saldias Paz (1993b), Barneby (1998), Arrázola Rivero et al. (2000), Duchen & Beck (2012).
Árbol. Nativa. Zonas Bajas, Andes. Bosque Húmedo, Yungas, 0–1500 m.
Dept.: BE, CO, LP, TA.
Muestra: *R. Seidel 2595* (LPB).
Infra: *Calliandra trinervia* var. *trinervia*, *Calliandra trinervia* var. *carbonaria* (Benth.) Barneby, *Calliandra trinervia* var. *paniculans* Barneby

Calliandra tweediei Benth., J. Bot. (Hooker) 2(11): 140. 1840.
Sin.: *Calliandra foliosa* Benth., *Calliandra guildingii* Benth.
Hierba. Nativa. Andes. Bosque Serrano Chaqueño, 1500–2000 m.
Dept.: TA.
Muestra: *M. Coro Ramírez 1350* (LPB).

Calopogonium Desv., Ann. Sci. Nat. (Paris) 9: 423. 1826.
5 especies, 0 especies endémicas.

Calopogonium caeruleum (Benth.) C. Wright, Anales Acad. Ci. Med. Habana 5: 337. 1868 [1869].
Sin.: *Stenolobium caeruleum* Benth., *Stenolobium glabrum* Benth., *Stenolobium tomentosum* Benth., *Stenolobium caeruleum* var. *glabrescens* Benth., *Calopogonium caeruleum* var. *glabrescens* (Benth.) Malme
Ref.: Foster (1958).
Hierba, trepadora, liana. Nativa. Zonas Bajas. Bosque Húmedo, Bosque Semideciduo Chiquitano, Campos Cerrados, Sabanas Benianas del Sur, 0–500 m.
Dept.: BE, LP, PA, SC.
Muestra: *S.G. Beck 16753* (CTES, K, LPB, MO, NY).

Calopogonium galactioides (Kunth) Benth. ex Hemsl., Biol. Cent.-Amer., Bot. 1(4): 301. 1880.
Sin.: *Glycine galactioides* Kunth, *Rhynchosia galactioides* (Kunth) DC., *Stenolobium galactioides* (Kunth) Benth., *Galactia belizensis* Standl.
Ref.: Foster (1958).
Liana, arbusto. Nativa. Zonas Bajas. Bosque Húmedo, 0–500 m.
Dept.: SC.
Muestra: *M.H. Nee 41073* (LPB, MO, NY).

Calopogonium mucunoides Desv., Ann. Sci. Nat. (Paris) 9: 423. 1826.
Sin.: *Stenolobium brachycarpum* Benth., *Calopogonium brachycarpum* (Benth.) Benth. ex Hemsl., *Calopogonium orthocarpum* Urb., *Calopogonium flavidum* Brandegee
Ref.: Zamora Villalobos (2010).
Hierba, trepadora, liana, arbusto. Nativa. Zonas Bajas. Bosque Húmedo, Sabanas Benianas del Sur, 0–500 m.
Dept.: BE, CO, LP.
Muestra: *R. Seidel 2389* (CTES, K, LPB, NY).

Calopogonium sericeum (Benth.) Chodat & Hassl., Bull. Herb. Boissier, sér. 2, 4(9): 897. 1904.
Sin.: *Stenolobium caeruleum* var. *sericeum* Benth., *Calopogonium sericeum* fo. *glabrescens* Chodat & Hassl., *Calopogonium sericeum* var. *villicalyx* Chodat & Hassl.
Ref.: Serrano & Terán (1998 [2000]).
Hierba, trepadora. Nativa. Zonas Bajas, Andes. Bosque Húmedo, Campos Cerrados, Bosque Tucumano-Boliviano, 0–500, 2500–3000 m.
Dept.: CH, SC.
Muestra: *M.H. Nee 41791* (MO, NY).

Calopogonium velutinum (Benth.) Amshoff, Meded. Bot. Mus. Herb. Rijks Univ. Utrecht 52: 65. 1939.
Sin.: *Stenolobium velutinum* Benth., *Rhynchosia luschnathiana* Walp.
Ref.: Forzza (2010).
Hierba. Nativa. Zonas Bajas. Sabanas Benianas del Sur, 0–500 m.
Dept.: SC.
Muestra: *N.P. Ritter 4617* (MO).

Campsiandra Benth., J. Bot. (Hooker) 2: 93–94. 1840.
2 especies, 0 especies endémicas.

Campsiandra angustifolia Spruce ex Benth., Fl. Bras. 15(2): 55. 1870.
Árbol. Nativa. Zonas Bajas. Bosque Húmedo, 0–500 m.
Dept.: PA.
Muestra: *A.H. Gentry & A. Perry 77805* (LPB, MO).

Campsiandra chigo-montero Stergios, Novon 6(4): 439–441, f. 1A. 1996.
Ref.: Stergios (1996), Altamirano Azurduy & Ramos de Sousa (2009).
Árbol. Nativa. Zonas Bajas. Bosque Húmedo, 0–500 m.
Dept.: PA.
Muestra: *L. Vargas 1052* (LPB, NY).

Camptosema Hook. & Arn., Bot. Misc. 3: 200. 1833.
5 especies, 0 especies endémicas.

Camptosema ellipticum (Desv.) Burkart, Darwiniana 16(1–2): 210. 1970.
Sin.: *Rudolphia elliptica* Desv.
Ref.: Forzza (2010), Wood et al. (2011), Duchen & Beck (2012).
Hierba, trepadora, arbusto. Nativa. Zonas Bajas, Andes. Bosque Húmedo, Bosque Semideciduo Chiquitano, Yungas, Bosque Tucumano-Boliviano, 0–2000 m.
Dept.: CH, CO, LP, SC.
Muestra: *T. Killeen et al. 4789* (MO, USZ).

Camptosema goiasanum R.S. Cowan, Bol. Soc. Venez. Ci. Nat. 22(100): 285–286, f. 3a–b. 1961.
Ref.: Killeen & Schulenberg (1998).
Trepadora. Nativa. Zonas Bajas. Bosque Húmedo, Campos Cerrados, 0–1000 m.
Dept.: SC.
Muestra: *R. Guillén V. et al. 1107* (MO, USZ).

Camptosema paraguariense (Chodat & Hassl.) Hassl., Repert. Spec. Nov. Regni Veg. 16: 228. 1919.
Sin.: *Galactia paraguariensis* Chodat & Hassl.
Hierba, trepadora. Nativa. Zonas Bajas, Andes. Bosque Seco Chaqueño, Sabanas Benianas del Sur, Bosque Tucumano-Boliviano, Bosque Serrano Chaqueño, 0–2000 m.
Dept.: BE, CH, SC.
Muestra: *A. Krapovickas & A. Schinini 13713* (LPB).

Camptosema praeandinum Burkart, Darwiniana 16(1–2): 205–210, f. 12–13. 1970.
Ref.: Burkart (1970), Serrano & Terán (1998 [2000]).
Hierba, trepadora, arbusto. Nativa. Zonas Bajas, Andes. Bosque Húmedo, Bosque Semideciduo Chiquitano, Campos Cerrados, Sabanas Benianas del Sur, Yungas, Bosque Tucumano-Boliviano, Bosque Serrano Chaqueño, Valles Secos, 0–2500 m.
Dept.: CH, CO, LP, SC.
Muestra: *L.R.C. de Michel 147* (LPB, MO).
Nom. Vern.: Huayra pata, khora pata.

Camptosema rubicundum Hook. & Arn., Bot. Misc. 3: 201. 1833.
Sin.: *Dioclea jacquiniana* DC.,

Kennedia splendens Meisn., *Dioclea glycinoides* Hort. Belg. ex Pasquale, *Camptosema rubicundum* fo. *angustifolia* Chodat & Hassl.
Ref.: Fortunato et al. (2008).
Arbusto. Nativa. Zonas Bajas. Campos Cerrados, 0–500 m.
Dept.: SC.
Muestra: *A.F. Fuentes C. 1133* (USZ).

Canavalia Adans., Fam. Pl. 2: 325, 531. 1763.
12 especies, 2 especies endémicas.

Canavalia beniensis Aymard & Cuello, BioLlania 8: 87–88, f. 1–2. 1991.
Ref.: Aymard C. & Cuello A. (1991).
Trepadora. Endémica. Zonas Bajas, Andes. Bosque Húmedo, Bosque Semideciduo Chiquitano, Yungas, 0–1500 m.
Dept.: LP.
Tipo y muestra: *S.G. Beck 13328* (HT: LPB; IT: NY), *J.R. Uzquiano et al. 209* (BOLV, LPB, MO).

Canavalia boliviana Piper, Contr. U.S. Natl. Herb. 20(14): 573. 1925.
Ref.: Foster (1958), Sauer (1964).
Trepadora. Endémica. Zonas Bajas, Andes. Bosque Húmedo, Yungas, 0–1500 m.
Dept.: CO, LP.
Tipo y muestra: *O.E. White 616* (HT: US; IT: GH, NY, NY, NY), *M. Bang 2195a* (BM, GH, M, MICH, MO, NY, PH, R, US, W, Z).

Canavalia bonariensis Lindl., Bot. Reg. 14: 1199. 1828.
Sin.: *Canavalia paranensis* Hook. & Arn., *Canavalia monodon* E. Mey., *Canavalia cryptodon* Meisn., *Canavalia tortilis* Frappier ex Cordemoy
Ref.: Sauer (1964).
Trepadora. Nativa. Zonas Bajas, Andes. Bosque Semideciduo Chiquitano, Yungas, Bosque Tucumano-Boliviano, Valles Secos, 0–3000 m.
Dept.: CH, PO, SC.
Muestra: *M.H. Nee 38367* (LPB, NY).
Nom. Vern.: Bejuco, habilla.

Canavalia brasiliensis Mart. ex Benth., Comm. Legum. Gen. 71. 1837.
Sin.: *Canavalia caribaea* Urb., *Canavalia campylocarpa* Piper, *Canavalia amazonica* Piper, *Canavalia anomala* Piper, *Canavalia fendleri* Piper, *Canavalia leptophylla* Piper, *Canavalia mexicana* Piper, *Canavalia panamensis* Piper, *Canavalia paraguayensis* Piper, *Canavalia prolifica* Piper ex Ricker
Ref.: Foster (1958), Sauer (1964), Serrano & Terán (1998 [2000]).
Trepadora. Nativa. Zonas Bajas. Bosque Húmedo, Bosque Seco Chaqueño, 0–500 m.
Dept.: BE, CH, SC.
Muestra: *B. Mostacedo et al. 382* (MO, USZ).

Canavalia ensiformis (L.) DC., Prodr. 2: 404. 1825.
Sin.: *Dolichos pugioniformis* Raeusch., *Dolichos ensiformis* L., *Dolichos ensiformis* Thunb., *Dolichos acinaciformis* Jacq., *Dolichos gladiatus* Jacq., *Malòcchia ensiformis* (L.) Savi, *Canavalia ensiformis* var. *albida* DC., *Canavalia gladiata* (Jacq.) DC., *Canavalia incurva* (Thunb.) DC., *Canavalia loureiroi* G. Don, *Canavalia gladiata* var. *leucosperma* Voigt, *Canavalia gladiata* fo. *leucocarpa* Taub., *Canavalia ensiformis* var. *truncata* Ricker
Ref.: Foster (1958), Sauer (1964).
Hierba, trepadora. Nativa, cultivada. Zonas Bajas, Andes. Bosque Húmedo, Campos Amazónicos, Yungas, 0–1000, 1500–2000 m.
Dept.: LP, SC.
Muestra: *G. Bourdy 1501* (LPB).

Canavalia eurycarpa Piper, Publ. Field Mus. Nat. Hist., Bot. Ser. 4(4): 94. 1925.
Ref.: Sauer (1964).
Trepadora, liana. Nativa. Zonas Bajas. Bosque Húmedo, Bosque Semideciduo Chiquitano, 0–1000 m.
Dept.: BE, CH, CO, LP, PO, SC.
Muestra: *J.C. Solomon 7936* (MO).

Canavalia glabra (M. Martens & Galeotti) J.D. Sauer, Brittonia 16(2): 130. 1964.
Sin.: *Wenderothia glabra* M. Martens & Galeotti, *Canavalia villosa* var. *glabra* (M. Martens & Galeotti) Standl., *Canavalia munda* Standl. & Steyerm.
Ref.: Sauer (1964).
Liana. Nativa. Andes. Yungas, 3000–3500 m.
Dept.: LP.
Muestra: *O. Buchtien 804* (US).

Canavalia grandiflora Benth., Comm. Legum. Gen. 71. 1837.
Sin.: *Canavalia ensiformis* var. *versicolor* Kuntze, *Canavalia cuspidigera* Hoehne, *Canavalia albiflora* Ducke, *Canavalia variicolor* Piper, *Wenderothia grandiflora* (Benth.) Piper
Ref.: Sauer (1964), Killeen & Schulenberg (1998), Duchen & Beck (2012).
Trepadora. Nativa. Zonas Bajas, Andes. Bosque Húmedo, Bosque Semideciduo Chiquitano, Campos Cerrados, Yungas, Valles Secos, 0–2000 m.
Dept.: BE, LP, PA, SC.
Muestra: *S.G. Beck & R.H. Fortunato 22713* (BAB, K, LPB).

Canavalia mattogrossensis (Barb. Rodr.) Malme, Ark. Bot. 4(7): 9. 1905.
Sin.: *Canavalia lasiocalyx* Kuntze, *Mucuna mattogrossensis* Barb. Rodr., *Wenderothia lasiocalyx* (Kuntze) Piper, *Wenderothia mattogrossensis* (Barb. Rodr.) Piper
Ref.: Foster (1958), Sauer (1964), Killeen & Schulenberg (1998), Arroyo Padilla & Villarroel Segarra (2009), Duchen & Beck (2012).
Trepadora, liana. Nativa. Zonas Bajas, Andes. Bosque Húmedo, Bosque Semideciduo Chiquitano, Sabanas Benianas del Sur, Yungas, Bosque Tucumano-Boliviano, Valles Secos, 0–2000 m.
Dept.: BE, LP, SC.
Muestra: *M. Saldias et al. 2953* (LPB, MO, USZ).

Canavalia picta Mart. ex Benth., Comm. Legum. Gen. 71. 1837.
Sin.: *Canavalia lenta* Benth., *Wenderothia lenta* (Benth.) Piper, *Wenderothia picta* (Mart. ex Benth.) Piper
Ref.: Sauer (1964).
Trepadora. Nativa. Zonas Bajas. Bosque Húmedo, 0–500 m.
Dept.: SC.
Muestra: *M.H. Nee 40431* (LPB, MO, NY).

Canavalia piperi Killip & J.F. Macbr., Publ. Field Mus. Nat. Hist., Bot. Ser. 13(3/1): 322. 1943.
Ref.: Sauer (1964).
Trepadora. Nativa. Zonas Bajas, Andes. Bosque Semideciduo Chiquitano, Bosque Serrano Chaqueño, 0–1500 m.
Dept.: SC.
Muestra: *M.H. Nee 49092* (LPB, MO, NY).

[Canavalia rosea (Sw.) DC.], Prodr. 2: 404. 1825.
Sin.: *Dolichos obtusifolius* Lam., *Dolichos roseus* Sw., *Canavalia obtusifolia* (Lam.) DC.
Ref.: Foster (1958).
Nota: Especie dudosa. El hábitat de esta especie es la playa arenosa en las costas tropicales del mundo. Posiblemente en Bolivia Mar, el territorio que ahora es parte de Chile.

Canavalia villosa Benth., Comm. Legum. Gen. 71. 1837.
Sin.: *Canavalia pilosa* M. Martens & Galeotti, *Canavalia rostrata* Benth., *Wenderothia discolor* Schltdl., *Neurocarpum multiflorum* Hook. & Arn., *Canavalia multiflora* (Hook. & Arn.) Hook. & Arn., *Wenderothia hirsuta* M. Martens & Galeotti, *Wenderothia pilosa* M. Martens & Galeotti, *Canavalia pilosa* (M. Martens & Galeotti) Donn. Sm., *Canavalia hirsuta* (M. Martens & Galeotti) Standl., *Wenderothia villosa* (Benth.) Piper, *Phaseolus barrancae* M.E. Jones, *Canavalia rupicola* Standl. & L.O. Williams
Ref.: Rusby (1893b), Foster (1958), Sauer (1964).
Trepadora. Nativa. Zonas Bajas. Bosque Húmedo, 0–500 m.
Dept.: LP.
Muestra: *M. Bang 586* (GH, MO).

Cascaronia Griseb., Abh. Königl. Ges. Wiss. Göttingen 24: 100. 1879.
1 especie, 0 especies endémicas.

Cascaronia astragalina Griseb., Symb. Fl. Argent. 100. 1879.
Ref.: Foster (1958), Vargas Salazar (1993e), Serrano & Terán (1998 [2000]), Ministerio de Medio Ambiente y Agua (2012 [2013]).
Arbusto, arbolito, árbol. Nativa. Zonas Bajas, Andes. Bosque Semideciduo Chiquitano, Bosque Seco Chaqueño, Valles Secos, 0–1500 m.
Dept.: CH, CO, SC.
Muestra: *S.G. Beck 6712* (LPB, NY).

Cassia L., Sp. Pl. 1: 376. 1753.
4 especies, 0 especies endémicas.

Cassia fastuosa Willd. ex Benth., Fl. Bras. 15(2): 95. 1870.
Sin.: *Cassia fastuosa* Willd. ex Vogel
Ref.: Irwin & Barneby (1982), Ruiz de Centurión (1993a).
Árbol. Naturalizada, cultivada. Zonas Bajas. Bosque Húmedo, 0–500 m.
Dept.: BE, PA.
Muestra: *E. Meneces & G.S. Hartshorn 2054* (BOLV).
Infra: *Cassia fastuosa* var. *calva* H.S. Irwin & Barneby
Nom. Vern.: Aceitón, cupesí.

Cassia fistula L., Sp. Pl. 1: 377–378. 1753.
Sin.: *Cathartocarpus fistuloides* (Collad.) G. Don, *Cathartocarpus fistula* (L.) Pers., *Bactyrilobium fistula* (L.) Willd., *Cassia rhombifolia* Roxb., *Cassia fistuloides* Collad., *Cassia excelsa* Kunth, *Cassia bonplandiana* DC., *Cathartocarpus excelsus* G. Don, *Cathartocarpus rhombifolius* (Roxb.) G. Don
Ref.: Irwin & Barneby (1982).
Árbol. Cultivada. Zonas Bajas. Bosque Húmedo, 0–1000 m.
Dept.: SC.
Muestra: *M.H. Nee 37698* (MO, NY).
Nota: Nativa de Asia tropical.
Nom. Vern.: Lluvia de oro.

Cassia grandis L. f., Suppl. Pl. 230. 1781 [1782].
Sin.: *Cathartocarpus brasilianus* (Lam.) Jacq., *Cassia brasiliensis* Buc'hoz, *Cassia brasiliana* Lam., *Cassia mollis* Vahl, *Cathartocarpus grandis* (L. f.) Pers., *Bactyrilobium grande* Hornem., *Bactyrilobium molle* Schrad., *Cassia brasiliana* var. *tomentosa* Miq., *Cathartocarpus erubescens* Ham., *Cassia regia* Standl., *Cassia pachycarpa* de Wit
Ref.: Irwin & Barneby (1982), Fuentes Claros (1998), Killeen & Schulenberg (1998).
Árbol. Nativa, cultivada. Zonas Bajas. Bosque Semideciduo Chiquitano, Bosque Seco Chaqueño, Campos Cerrados, 0–500 m.
Dept.: SC.
Muestra: *M. Saldias et al. 2687* (MO, USZ).

Cassia midas H.S. Irwin & Barneby, Mem. New York Bot. Gard. 35: 60–63, f. 8bis. 1982.
Ref.: Irwin & Barneby (1982).
Nota: Esperado. Citada para Bolivia por Irwin & Barneby (1982), en donde aclaran que es una especie esperada para Bolivia.

Cassia swartzioides Ducke, Arch. Jard. Bot. Rio de Janeiro 5: 129–130. 1930.
Ref.: Irwin & Barneby (1982).
Árbol. Nativa. Zonas Bajas. Bosque Húmedo, 0–500 m.
Dept.: PA.
Infra: *Cassia swartzioides* var. *scarlatina* (Ducke) H.S. Irwin & Barneby
Nota: Citada por Irwin & Barneby (1982) para PA, Bolivia, pero no hay un ejemplar de herbario comprobado. En Ecuador esta especie se encuentra hasta los 1500 m de altitud en los flancos orientales de los Andes.

Cedrelinga Ducke, Arch. Jard. Bot. Rio de Janeiro 3: 70. 1922.
1 especie, 0 especies endémicas.

Cedrelinga cateniformis (Ducke) Ducke, Arch. Jard. Bot. Rio de Janeiro 3: 70. 1922.
Sin.: *Piptadenia cateniformis* Ducke, *Pithecellobium cateniformis* (Ducke) L. Cárdenas
Ref.: Parker & Bailey (1991), Saldias Paz (1993b), Barneby & Grimes (1996).
Árbol. Nativa. Zonas Bajas. Bosque Húmedo, Campos Cerrados, 0–500 m.
Dept.: BE, LP, PA, SC.
Muestra: *M. Toledo 1197* (MO, USZ).

Centrolobium Mart. ex Benth., Comm. Legum. Gen. 31. 1837.
1 especie, 0 especies endémicas.

Centrolobium microchaete (Mart. ex Benth.) H.C. Lima, Arch. Jard. Bot. Rio de Janeiro 27: 180. 1985.
Sin.: *Centrolobium robustum* var. *microchaete* Mart. ex Benth.
Ref.: Rudd (1954), Foster (1958), Vargas Salazar (1993e), Justiniano (1998), Wallace et al. (2000), Jardim et al. (2003), Pirie et al. (2009).
Árbol. Nativa. Zonas Bajas. Bosque Húmedo, Bosque Semideciduo Chiquitano, 0–1000 m.
Dept.: BE, CO, LP, SC.
Muestra: *S.G. Beck 17203* (CTES, K, LPB, MBM, MO, NY).
Nom. Vern.: China tabla, tarara, tarara amarilla.

[Centrolobium ochroxylum Rose ex Rudd], J. Wash. Acad. Sci. 44(9): 287, f. 2. 1954.
Ref.: Vargas Salazar (1993e), Pirie et al. (2009).
Nota: El registro se basa en material mal identificado de *C. microchaete*. *C. ochroxylum* es endémica del bosque seco de la costa Pacífica del Ecuador y del noroccidente del Perú.

[Centrolobium tomentosum Guillemin ex Benth.], J. Bot. (Hooker) 2(10): 66. 1840.
Ref.: Vargas Salazar (1993e).
Nota: Especie dudosa. Registro basado en material mal identificado de *C. microchaete*.

Centrosema (DC.) Benth., Comm. Legum. Gen. 53. 1837.
16 especies, 0 especies endémicas.

Centrosema angustifolium (Kunth) Benth., Comm. Legum. Gen. 54. 1837.
Sin.: *Clitoria angustifolia* Kunth, *Bradburya angustifolia* (Kunth)

Kuntze, *Centrosema brasilianum* var. *angustifolium* Amshoff
Ref.: Killeen & Schulenberg (1998), Wood et al. (2011).
Hierba, trepadora. Nativa. Zonas Bajas. Bosque Húmedo, Bosque Seco Chaqueño, Campos Cerrados, 0–1000 m.
Dept.: SC.
Muestra: *B. Mostacedo et al. 1405* (LPB, MO, USZ).

Centrosema bellum Vilchez, Darwiniana 17: 505, f. 3, 4. 1972.
Hierba, trepadora. Nativa. Zonas Bajas. Bosque Húmedo, 0–500 m.
Dept.: CO.
Muestra: *J.R.I. Wood 15014* (K, LPB).

Centrosema bifidum Benth., Comm. Legum. Gen. 54. 1837.
Sin.: *Bradburya bifida* (Benth.) Kuntze, *Centrosema brevilobulatum* Pilg.
Ref.: Forzza (2010).
Trepadora. Nativa. Zonas Bajas. Bosque Húmedo, 0–500 m.
Dept.: BE, LP.
Muestra: *S.G. Beck 10137* (LPB, MO, NY).

Centrosema bracteosum Benth., Comm. Legum. Gen. 55. 1837.
Ref.: Wood et al. (2011).
Hierba. Nativa. Zonas Bajas. Sabanas Benianas del Sur, 500–1000 m.
Dept.: SC.
Muestra: *J.R.I. Wood 23934* (K).

Centrosema brasilianum (L.) Benth., Comm. Legum. Gen. 54. 1837.
Sin.: *Clitoria insulana* Vell., *Clitoria brasiliana* L., *Clitoria formosa* Kunth, *Clitoria angustifolia* Kunth, *Vexillaria brasiliana* (L.) Hoffmanns., *Centrosema insulanum* (Arráb.) Steud., *Bradburya brasiliana* (L.) Kuntze, *Bradburya insulana* (Arráb.) Kuntze
Ref.: Foster (1958), Killeen & Schulenberg (1998), Duchen & Beck (2012).
Trepadora. Nativa. Zonas Bajas, Andes. Bosque Húmedo, Bosque Semideciduo Chiquitano, Sabanas Benianas del Sur, Yungas, Valles Secos, 0–3000 m.
Dept.: BE, CO, LP, SC.
Muestra: *R. Guillén V. et al. 3144* (MO, USZ).
Infra: *Centrosema brasilianum* var. *angustifolium* Amshoff

Centrosema grandiflorum Benth., Comm. Legum. Gen. 55. 1837.
Sin.: *Bradburya grandiflora* (Benth.) Kuntze
Ref.: Forzza (2010).
Trepadora. Nativa. Zonas Bajas. Bosque Húmedo, 0–500 m.
Dept.: BE.
Muestra: *S.G. Beck 12713* (BAB, LPB, NY, SI).

Centrosema macrocarpum Benth., Ann. Nat. Hist. 3: 436. 1839.
Sin.: *Bradburya macrocarpa* (Benth.) Kuntze, *Centrosema lisboae* Huber ex Ducke, *Centrosema magnificum* Malme, *Centrosema seymourianum* Fantz
Ref.: Killeen & Schulenberg (1998).
Hierba, trepadora. Nativa. Zonas Bajas. Bosque Húmedo, Bosque Semideciduo Chiquitano, Campos Cerrados, 0–500 m.
Dept.: BE, CO, LP, PA, SC.
Muestra: *M. Saldias 388* (MO, USZ).

Centrosema pascuorum Mart. ex Benth., Comm. Legum. Gen. 56. 1837.
Sin.: *Clitoria sinuata* Desv., *Centrosema sinuatum* (Desv.) Benth., *Bradburya pascuorum* (Mart. ex Benth.) Kuntze, *Bradburya virginiana* fo. *pascuorum* (Mart. ex Benth.) Lindm.
Ref.: Foster (1958).
Trepadora. Nativa. Zonas Bajas. Campos Cerrados, 0–500 m.
Dept.: SC.
Muestra: *R. Seidel 142* (LPB, NY).

Centrosema plumieri (Turpin ex Pers.) Benth., Comm. Legum. Gen. 54. 1837.
Sin.: *Clitoria plumieri* Turpin ex Pers., *Cruminium giganteum* Desv., *Bradburya plumieri* (Turpin ex Pers.) Kuntze
Ref.: Foster (1958), Moraes R. (1990).
Trepadora, liana. Nativa. Zonas Bajas, Andes. Bosque Húmedo, Sabanas Benianas del Sur, Campos Amazónicos, Yungas, 0–1500 m.
Dept.: BE, CO, LP, PA, SC.
Muestra: *M.H. Nee 31735* (LPB, MO, NY).

Centrosema pubescens Benth., Comm. Legum. Gen. 55. 1837.
Sin.: *Centrosema molle* Mart. ex Benth., *Clitoria schiedeana* Schltdl., *Centrosema salzmannii* Benth., *Clitoria grandiflora* M. Martens & Galeotti, *Centrosema ferrugineum* A. Rich., *Centrosema intermedium* A. Rich., *Centrosema grandiflorum* Walp., *Bradburya pubescens* (Benth.) Kuntze, *Ternatea schiedeana* (Schltdl.) Kuntze, *Bradburya schiedeana* (Schltdl.) Rose, *Centrosema galeottii* Fantz, *Centrosema schiedeanum* (Schltdl.) R.J. Williams & R.J. Clem.
Ref.: Foster (1958), Adolfo María (1966), Moraes R. (1990), Atahuachi Burgos & Arrázola Rivero (1996), Killeen & Schulenberg (1998), Serrano & Terán (1998 [2000]).
Trepadora. Nativa. Zonas Bajas. Bosque Húmedo, Bosque Semideciduo Chiquitano, Sabanas Benianas del Sur, 0–1000 m.
Dept.: BE, CH, CO, LP, PA, SC.
Muestra: *M. Moraes R. 474* (LPB).

Centrosema rotundifolium Mart. ex Benth., Comm. Legum. Gen. 55. 1837.
Ref.: Wood et al. (2011).
Hierba, trepadora. Nativa. Zonas Bajas. Bosque Semideciduo Chiquitano, Campos Cerrados, 0–500 m.
Dept.: SC.
Muestra: *J.R.I. Wood 22281* (K).

Centrosema sagittatum (Humb. & Bonpl. ex Willd.) Brandegee, Zoë 5: 202. 1905.
Sin.: *Glycine sagittata* Humb. & Bonpl. ex Willd., *Rudolphia dubia* Kunth, *Centrosema hastatum* Benth., *Centrosema dubium* (Kunth) Benth., *Centrosema dubium* Hemsl., *Bradburya dubia* (Kunth) Kuntze, *Bradburya sagittata* (Humb. & Bonpl. ex Willd.) Rose
Ref.: Foster (1958), González et al. (1999).
Trepadora. Nativa. Zonas Bajas. Bosque Semideciduo Chiquitano, Bosque Seco Chaqueño, 0–1000 m.
Dept.: LP, SC, TA.
Muestra: *J.C. Solomon 9989* (LPB, MO).

Centrosema schottii (Millsp.) K. Schum., Just's Bot. Jahresber. 26(1): 353. 1900.
Sin.: *Bradburya schottii* Millsp.
Ref.: Wood et al. (2011).
Hierba, trepadora. Nativa. Zonas Bajas. Campos Cerrados, Sabanas Benianas del Sur, 0–1000 m.
Dept.: SC.
Muestra: *D. Villarroel 2026* (MO, USZ).

Centrosema tapirapoanense Hoehne, Comm. Lin. Telegr., Bot. 74(12): 25–26, t. 191. 1922.
Sin.: *Centrosema forsan* Harms ex Hoehne, *Centrosema prehensile* Ducke
Ref.: Killeen & Schulenberg (1998).
Hierba, trepadora. Nativa. Zonas Bajas. Bosque Húmedo, Campos Cerrados, 0–500 m.

Dept.: LP, SC.
Muestra: *R. Guillén V. & R. Choré 3577* (USZ).

Centrosema vexillatum Benth., Ann. Nat. Hist. 3: 435. 1839.
Sin.: *Clitoria laurifolia* Desv., *Bradburya vexillata* (Benth.) Kuntze
Ref.: Forzza (2010).
Trepadora. Nativa. Zonas Bajas. Campos Cerrados, Sabanas Benianas del Sur, 0–500 m.
Dept.: BE, SC.
Muestra: *S.G. Beck 5255* (BAB, G, K, LPB, M, MO, NY, SI, US).

Centrosema virginianum (L.) Benth., Comm. Legum. Gen. 56. 1837.
Sin.: *Clitoria alabamensis* Bertol., *Clitoria amoena* Roth, *Clitoria gemina* Vell., *Clitoria virginiana* L., *Clitoria gladiata* Schrank, *Clitoria virginiana* var. *angustifolia* DC., *Glycine pugiunculus* Desv., *Steganotropis conjugata* Lehm., *Centrosema biflorum* Mart. ex Benth., *Centrosema decumbens* Mart., *Centrosema micranthum* Steud., *Centrosema scabriusculum* Hassk., *Centrosema virginianum* var. *angustifolium* (DC.) Griseb., *Bradburya biflora* (Mart. ex Benth.) Kuntze, *Bradburya conjugata* (Lehm.) Kuntze, *Bradburya virginiana* (L.) Kuntze, *Cruminium virginianum* (L.) Britton, *Centrosema virginianum* var. *genuinum* Stehlé & Quentin
Ref.: Rusby (1893b), Foster (1958), Adolfo María (1966), López Vargas (1995), Atahuachi Burgos & Arrázola Rivero (1996), De la Barra (1997), Killeen & Schulenberg (1998), Serrano & Terán (1998 [2000]), Wood et al. (2011).
Hierba, trepadora. Nativa. Zonas Bajas, Andes. Bosque Húmedo, Yungas, Bosque Tucumano-Boliviano, Valles Secos, 0–3000 m.
Dept.: CH, CO, LP, SC, TA.
Muestra: *T. Killeen & J. Wellens 6369* (MO, USZ).
Nom. Vern.: Orozco.

Ceratonia L., Sp. Pl. 2: 1026. 1753.
1 especie, 0 especies endémicas.

Ceratonia siliqua L., Sp. Pl. 2: 1026. 1753.
Ref.: Ruiz de Centurión (1993a).
Árbol. Cultivada. Andes. Valles Secos, 2000–2500 m.
Dept.: CO.
Muestra: *S.G. Beck 7019* (LPB).
Nota: Nativa de Europa.

Cercidium Tul., Arch. Mus. Hist. Nat. 4: 133–136. 1844.
1 especie, 0 especies endémicas.

Cercidium andicola Griseb., Symb. Fl. Argent. 114. 1879.
Sin.: *Cercidium praecox* var. *andicola* Hosseus
Ref.: Cozzo (1953), Foster (1958), Burkart & Carter (1976), Ruiz de Centurión (1993a), López (2000), Serrano & Terán (1998 [2000]), Ministerio de Medio Ambiente y Agua (2012 [2013]).
Arbusto, arbolito. Nativa. Andes. Bosque Tucumano-Boliviano, Valles Secos, 1500–3000 m.
Dept.: CH, PO, TA.
Muestra: *I.I. Linneo 984* (K, MO, USZ).
Nom. Vern.: Kari.

Chaetocalyx DC., Prodr. 2: 243. 1825.
4 especies, 0 especies endémicas.

Chaetocalyx brasiliensis (Vogel) Benth., Fl. Bras. 15(1A): 75. 1859.
Sin.: *Rhadinocarpus brasiliensis* Vogel, *Chaetocalyx latifolia* Benth., *Chaetocalyx ilheotica* Taub., *Chaetocalyx belizensis* Standl., *Chaetocalyx latifolia* var. *setulifera* Burkart, *Chaetocalyx matudae* Lundell
Ref.: Foster (1958), Rudd (1958), Parker & Bailey (1991), Vanni (2012).
Trepadora. Nativa. Zonas Bajas. Bosque Húmedo, Bosque Semideciduo Chiquitano, 0–1000 m.
Dept.: LP, SC, TA.
Muestra: *F. Mamani 581* (MO, USZ).

Chaetocalyx chacoensis Vanni, Bonplandia (Corrientes) 5(20): 185–187, f. 4. 1981.
Ref.: Serrano & Terán (1998 [2000]), Vanni (2012).
Trepadora. Nativa. Zonas Bajas. Bosque Seco Chaqueño, 0–500 m.
Dept.: CH, SC.
Muestra: *A.F. Fuentes C. & G. Navarro 2283* (CTES, MO, USZ).

Chaetocalyx longiflora Benth. ex A. Gray, U.S. Expl. Exped., Phan. 1: 423. 1854.
Sin.: *Chaetocalyx hebecarpa* Benth., *Chaetocalyx hebecarpa* var. *mollis* Benth., *Chaetocalyx hebecarpa* var. *oblongifolia* Benth., *Chaetocalyx glaziovii* Taub.
Ref.: Rudd (1958).
Trepadora. Nativa. Zonas Bajas, Andes. Bosque Semideciduo Chiquitano, Bosque Tucumano-Boliviano, 0–1500 m.
Dept.: SC.
Muestra: *M.H. Nee 40767* (LPB, MO, NY).

Chaetocalyx nigricans Burkart, Darwiniana 3(2): 160–162, f. 6a, 7a, pl. 6. 1939.
Ref.: Rudd (1958).
Liana. Nativa. Zonas Bajas. Bosque Semideciduo Chiquitano, 0–500 m.
Dept.: SC.
Muestra: *A.F. Fuentes C. 1029* (MO, USZ).

Chamaecrista Moench, Methodus 272. 1794.
26 especies, 1 especie endémica.

Chamaecrista absus (L.) H.S. Irwin & Barneby, Mem. New York Bot. Gard. 35: 664. 1982.
Sin.: *Cassia absus* L., *Cassia babylonica* Schrank, *Grimaldia opifera* Schrank, *Cassia exigua* Roxb., *Cassia thonningii* DC., *Grimaldia absus* (L.) Link, *Senna absus* (L.) Roxb., *Senna exigua* Roxb., *Cassia absus* Sessé & Moc., *Grimaldia absus* (L.) Britton & Rose
Ref.: Foster (1958), Irwin & Barneby (1978), Irwin & Barneby (1982).
Subarbusto. Naturalizada. Zonas Bajas, Andes. Bosque Semideciduo Chiquitano, Valles Secos, 0–500, 1000–1500 m.
Dept.: LP, SC.
Muestra: *A. Jardim & F. Mamani 3611* (MO, USZ).
Infra: *Chamaecrista absus* var. *absus*
Nota: Nativa de Africa.

Chamaecrista arachiphylla Barneby, Brittonia 48(2): 181–182. 1996.
Hierba. Nativa. Zonas Bajas. Bosque Seco Chaqueño, 0–500 m.
Dept.: SC.
Muestra: *I.G. Vargas et al. 1941* (LPB, USZ).

Chamaecrista basifolia (Vogel) H.S. Irwin & Barneby, Mem. New York Bot. Gard. 35: 733. 1982.
Sin.: *Cassia basifolia* Vogel, *Cassia basifolia* var. *aristulata* Hassl.
Ref.: Killeen & Schulenberg (1998).
Hierba. Nativa. Zonas Bajas. Campos Cerrados, 500–1000 m.
Dept.: SC.
Muestra: *W.W. Thomas et al. 5633* (LPB, MO, NY).

Chamaecrista calycioides (DC. ex Collad.) Greene, Pittonia 4(20D): 32. 1899.
Sin.: *Cassia calycioides* DC. ex Collad., *Chamaecrista aristellata* Pennell, *Cassia aristellata* (Pennell) Cory & H.B. Parks, *Cassia pedersenii* Burkart
Ref.: Irwin & Barneby (1982).
Hierba. Nativa. Zonas Bajas. Bosque Semideciduo Chiquitano, Bosque Seco Chaqueño, 0–500 m.
Dept.: SC.
Muestra: *A.F. Fuentes C. & G. Navarro 2639* (USZ).

Chamaecrista chiquitana Barneby, Brittonia 51(3): 337–339, f. 5. 1999.
Ref.: Barneby (1999), Wood et al. (2011).
Hierba, arbusto. Endémica. Zonas Bajas. Bosque Semideciduo Chiquitano, 0–1000 m.
Dept.: SC.
Tipo y muestra: *F. Mamani 598* (HT: MO-05067279; IT: MO-05067278, NY, USZ), *J.R.I. Wood et al. 13207* (USZ).

Chamaecrista cordistipula (Mart.) H.S. Irwin & Barneby, Mem. New York Bot. Gard. 35: 721. 1982.
Sin.: *Cassia cordistipula* Mart.
Ref.: Wood et al. (2011).
Hierba. Nativa. Zonas Bajas. Campos Cerrados, 0–1000 m.
Dept.: SC.
Muestra: *J.R.I. Wood 17253* (K).

Chamaecrista desvauxii (Collad.) Killip, Brittonia 3(2): 165. 1939.
Sin.: *Cassia desvauxii* Collad., *Cassia tetraphylla* Desv., *Cassia desvauxii* var. *mollissima* Benth., *Cassia bartlettii* Standl., *Chamaecrista uniflora* (Spreng.) Pittier, *Cassia tetraphylla* var. *brevipes* (Benth.) H.S. Irwin
Ref.: Irwin (1964), Irwin & Barneby (1982), Killeen & Schulenberg (1998), Wood et al. (2011).
Hierba, subarbusto, arbusto. Nativa. Zonas Bajas, Andes. Bosque Húmedo, Bosque Semideciduo Chiquitano, Campos Cerrados, Sabanas Benianas del Sur, Campos Amazónicos, Yungas, 0–2500 m.
Dept.: BE, LP, SC.
Muestra: *T. Killeen & J. Wellens 6552* (MO, USZ).
Infra: *Chamaecrista desvauxii* var. *desvauxii*, *Chamaecrista desvauxii* var. *brevipes* (Benth.) H.S. Irwin & Barneby, *Chamaecrista desvauxii* var. *glauca* (Hassl.) H.S. Irwin & Barneby, *Chamaecrista desvauxii* var. *mollissima* (Benth.) H.S. Irwin & Barneby

Chamaecrista didyma H.S. Irwin & Barneby, Brittonia 31(1): 153–155, f. 3. 1979.
Ref.: Irwin & Barneby (1982), Killeen & Schulenberg (1998), Wood et al. (2011).
Hierba, arbusto. Nativa. Zonas Bajas. Bosque Húmedo, Sabanas Benianas del Norte, 0–500 m.
Dept.: BE, SC.
Muestra: *R.C. Quevedo et al. 984* (LPB, MO, USZ).

Chamaecrista diphylla (L.) Greene, Pittonia 4(20D): 28. 1899.
Sin.: *Cassia diphylla* L., *Cassia cultrifolia* Kunth, *Chamaecrista cultrifolia* (Kunth) Britton & Rose ex Britton & Killip
Ref.: Irwin & Barneby (1982), Killeen & Schulenberg (1998).
Hierba, subarbusto. Nativa. Zonas Bajas. Bosque Húmedo, Campos Cerrados, Sabanas Benianas del Sur, 0–1000 m.
Dept.: BE, SC.
Muestra: *M.H. Nee 41175* (NY).

Chamaecrista ensiformis (Vell.) H.S. Irwin & Barneby, Mem. New York Bot. Gard. 35: 642. 1982.
Sin.: *Cassia ensiformis* Vell.
Ref.: Irwin & Barneby (1982).
Arbolito. Nativa. Zonas Bajas. Bosque Húmedo, 0–500 m.
Dept.: SC.
Muestra: *I.G. Vargas 636* (LPB, MO, NY, USZ).

Chamaecrista fagonioides (Vogel) H.S. Irwin & Barneby, Mem. New York Bot. Gard. 35: 661. 1982.
Sin.: *Cassia fagonioides* Vogel, *Cassia hispidula* var. *fagonioides* (Vogel) Benth., *Cassia killipii* Rose, *Grimaldia baileyorum* Britton & Rose, *Grimaldia decora* Britton & Rose, *Grimaldia killipii* (Rose) Britton & Rose, *Grimaldia fagonioides* (Vogel) Pittier, *Cassia hispidula* var. *killipii* (Rose) Schery
Ref.: Irwin & Barneby (1982), Killeen & Schulenberg (1998).
Hierba. Nativa. Zonas Bajas. Bosque Húmedo, Campos Cerrados, 0–1000 m.
Dept.: BE, SC.
Muestra: *J.C. Solomon 7720* (LPB, MO).
Infra: *Chamaecrista fagonioides* var. *macrocalyx* (H.S. Irwin & Barneby) H.S. Irwin & Barneby

Chamaecrista fasciculata (Michx.) Greene, Pittonia 3(17C): 242. 1897.
Sin.: *Cassia fasciculata* Michx., *Cassia chamaecrista* L.
Ref.: Rusby (1893b), Foster (1958), Irwin & Barneby (1982), Saravia Miranda (1996).
Hierba. Nativa. Zonas Bajas, Andes. Bosque Húmedo, Yungas, Valles Secos, 500–1000, 1500–2000 m.
Dept.: CO, LP.
Muestra: *M. Bang 549* (GH, MO).

Chamaecrista flexuosa (L.) Greene, Pittonia 4(20D): 27. 1899.
Sin.: *Cassia flexuosa* DC., *Cassia flexuosa* L., *Cassia arenaria* Kunth, *Cassia flexuosa* var. *pubescens* Benth., *Cassia flexuosa* var. *cuyabensis* Pilg., *Chamaecrista amplistipulata* Rose, *Cassia picachensis* Brandegee
Ref.: Schery (1951), Foster (1958), Irwin & Barneby (1982), Killeen & Schulenberg (1998), Wood et al. (2011).
Hierba, subarbusto, arbusto. Nativa. Zonas Bajas. Bosque Húmedo, Bosque Semideciduo Chiquitano, Campos Cerrados, 0–500 m.
Dept.: SC.
Muestra: *M.H. Nee 41546* (NY).
Infra: *Chamaecrista flexuosa* var. *flexuosa*

Chamaecrista geminata (Benth.) H.S. Irwin & Barneby, Brittonia 31(1): 155. 1979.
Sin.: *Cassia geminata* Benth.
Ref.: Foster (1958), Irwin & Barneby (1982), Killeen & Schulenberg (1998).
Hierba, subarbusto. Nativa. Zonas Bajas. Bosque Húmedo, Campos Cerrados, 0–1000 m.
Dept.: SC.
Muestra: *E. Gutiérrez C. et al. 1407* (MO, USZ).

Chamaecrista glandulosa (L.) Greene, Pittonia 4(20D): 28. 1899.
Sin.: *Cassia glandulosa* L., *Cassia virgata* Sw., *Cassia stricta* Schrank, *Cassia flavicoma* Kunth, *Cassia chamaecrista* var. *stricta* (Schrank) DC., *Cassia glandulosa* var. *stricta* (Schrank) G. Don, *Cassia glandulosa* Hook., *Dialanthera glandulosa* Raf., *Hepteireca glandulosa* Raf., *Cassia glandulosa* var. *ramosa* Griseb., *Chamaecrista virgata* (Sw.) Greene, *Chamaecrista glandulosa* var. *ramosa* (Vogel) Millsp., *Chamaecrista cowellii* Britton
Ref.: Rusby (1893b), Foster (1958), Irwin & Barneby (1982), Duchen & Beck (2012).
Hierba, subarbusto, arbusto. Nativa. Zonas Bajas, Andes. Bosque Semideciduo Chiquitano, Yungas, Páramo Yungueño, Valles Secos, 500–3500 m.
Dept.: LP.
Muestra: *A.F. Fuentes C. et al. 4594*

(K, LPB, MA, MO).
Infra: *Chamaecrista glandulosa* var. *andicola* H.S. Irwin & Barneby, *Chamaecrista glandulosa* var. *brasiliensis* (Vogel) H.S. Irwin & Barneby, *Chamaecrista glandulosa* var. *flavicoma* (Kunth) H.S. Irwin & Barneby

Chamaecrista hispidula (Vahl) H.S. Irwin & Barneby, Mem. New York Bot. Gard. 35: 661. 1982.
Sin.: *Cassia procumbens* Mill., *Cassia procumbens* Forssk., *Cassia tetraphylla* Martyn, *Cassia hispidula* Vahl, *Cassia hispida* Collad., *Cassia lotoides* Kunth, *Cassia pauciflora* Kunth, *Cassia leiantha* Benth., *Grimaldia confusa* Britton & Rose, *Grimaldia hispidula* (Vahl) Britton & Rose, *Cassia rosei* Standl., *Chamaecrista tetraphylla* (Desv.) Britton & Rose ex Britton & Killip
Ref.: Irwin & Barneby (1982), Killeen & Schulenberg (1998).
Hierba, arbusto. Nativa. Zonas Bajas. Bosque Húmedo, Bosque Semideciduo Chiquitano, Campos Cerrados, 0–1000 m.
Dept.: SC.
Muestra: *T. Killeen et al. 5404* (MO, USZ).

Chamaecrista kunthiana (Schltdl. & Cham.) H.S. Irwin & Barneby, Mem. New York Bot. Gard. 35: 724. 1982.
Sin.: *Cassia tagera* L., *Cassia tagera* Lam., *Cassia desvauxii* Collad., *Cassia kunthiana* Schltdl. & Cham., *Tagera filiformis* Raf., *Cassia humilis* Willd. ex Steud., *Chamaecrista tagera* (L.) Standl.
Ref.: Cowan (1957), Irwin & Barneby (1982).
Hierba. Nativa. Zonas Bajas. Bosque Húmedo, Sabanas Benianas del Sur, 0–500 m.
Dept.: SC.
Muestra: *M.H. Nee 39679* (LPB, MO, NY).

[Chamaecrista lavradioides (Benth.) H.S. Irwin & Barneby], Mem. New York Bot. Gard. 35: 659. 1982.
Sin.: *Cassia lavradioides* Benth.
Ref.: Irwin & Barneby (1982), Killeen & Schulenberg (1998).
Nota: El registro se basa en material mal identificado. Nativa del Brasil. No existen ejemplares de herbario provenientes de Bolivia.

Chamaecrista nictitans (L.) Moench, Methodus 272. 1794.
Sin.: *Cassia nictitans* L., *Cassia procumbens* L., *Cassia patellaria* DC. ex Collad., *Cassia riparia* Kunth, *Cassia patellaria* var. *ramosa* Vogel, *Nictitella amena* Raf., *Cassia brachypoda* Benth., *Cassia chamaecrista* var. *nictitans* Kuntze, *Cassia multipinnata* Pollard, *Cassia multipinnata* var. *nashii* Pollard, *Cassia aspera* var. *mohrii* Pollard, *Chamaecrista procumbens* (L.) Greene, *Chamaecrista aspera* var. *mohrii* (Pollard) Pollard ex A. Heller, *Chamaecrista nictitans* var. *commixta* Pollard & Maxon, *Cassia nictitans* var. *commixta* (Pollard & Maxon) Millsp., *Chamaecrista multipinnata* Pennell, *Cassia nictitans* var. *mohrii* (Pollard) J.F. Macbr., *Cassia nictitans* var. *multipinnata* (Pollard) J.F. Macbr., *Chamaecrista mohrii* (Pollard) Small ex Britton & Rose, *Cassia nictitans* var. *hebecarpa* Fernald, *Cassia nictitans* var. *leiocarpa* Fernald, *Cassia pennelliana* Amshoff, *Chamaecrista nictitans* var. *leiocarpa* (Fernald) Moldenke, *Chamaecrista molinae* G. Flores & M. Sousa
Ref.: Foster (1958), Irwin & Barneby (1982), López Vargas (1995), Saravia Miranda (1996), Killeen & Schulenberg (1998), Serrano & Terán (1998 [2000]), Wood et al. (2011), Duchen & Beck (2012).
Hierba, subarbusto, arbusto. Nativa. Zonas Bajas, Andes. Bosque Húmedo, Bosque Semideciduo Chiquitano, Campos Cerrados, Sabanas Benianas del Norte, Sabanas Benianas del Sur, Yungas, Páramo Yungueño, Valles Secos, 0–3000 m.
Dept.: BE, CH, CO, LP, PA, SC.
Muestra: *P. Saravia 1017* (BOLV).
Infra: *Chamaecrista nictitans* subsp. *brachypoda* (Benth.) H.S. Irwin & Barneby, *Chamaecrista nictitans* subsp. *disadena* (Steud.) H.S. Irwin & Barneby, *Chamaecrista nictitans* subsp. *patellaria* (DC. ex Collad.) H.S. Irwin & Barneby, *Chamaecrista nictitans* var. *jaliscensis* (Greenm.) H.S. Irwin & Barneby, *Chamaecrista nictitans* var. *paraguariensis* (Chodat & Hassl.) H.S. Irwin & Barneby, *Chamaecrista nictitans* var. *pilosa* (Benth.) H.S. Irwin & Barneby, *Chamaecrista nictitans* var. *ramosa* (Vogel) H.S. Irwin & Barneby
Nom. Vern.: K'ita tipi.

Chamaecrista ramosa (Vogel) H.S. Irwin & Barneby, Mem. New York Bot. Gard. 35: 884. 1982.
Sin.: *Cassia uniflora* Spreng., *Cassia ramosa* Vogel, *Cassia savannensis* Miq., *Cassia uniflora* var. *ramosa* (Vogel) Benth., *Cassia savannarum* (Britton) J.F. Macbr., *Cassia tetraphylla* var. *ramosa* (Vogel) Amshoff, *Chamaecrista ramulosa* Killip & Pittier
Ref.: Irwin & Barneby (1982), Killeen & Schulenberg (1998).
Hierba, subarbusto. Nativa. Zonas Bajas. Bosque Húmedo, Campos Cerrados, Yungas, 0–1000 m.
Dept.: LP, SC.
Muestra: *T. Killeen & J. Wellens 6366* (MO, USZ).
Infra: *Chamaecrista ramosa* var. *lucida* (Benth.) H.S. Irwin & Barneby

Chamaecrista repens (Vogel) H.S. Irwin & Barneby, Mem. New York Bot. Gard. 35: 742. 1982.
Sin.: *Cassia repens* Vogel, *Cassia apaensis* Chodat & Hassl.
Ref.: Irwin & Barneby (1982), Serrano & Terán (1998 [2000]).
Hierba, subarbusto. Nativa. Zonas Bajas, Andes. Bosque Seco Chaqueño, Campos Cerrados, Sabanas Benianas del Sur, Bosque Tucumano-Boliviano, 0–500, 2000–2500 m.
Dept.: CH, SC.
Muestra: *A.F. Fuentes C. 2391* (USZ).
Infra: *Chamaecrista repens* var. *repens*

Chamaecrista rigidifolia (Benth.) H.S. Irwin & Barneby, Mem. New York Bot. Gard. 35: 655. 1982.
Sin.: *Cassia rigidifolia* Benth.
Arbusto. Nativa. Zonas Bajas. Bosque Semideciduo Chiquitano, 0–1000 m.
Dept.: SC.
Muestra: *D.C. Daly et al. 2142* (LPB, MO).

Chamaecrista rotundifolia (Pers.) Greene, Pittonia 4(20D): 31. 1899.
Sin.: *Cassia rotundifolia* Pers., *Cassia bifoliata* DC. ex Collad., *Cassia bifoliolata* DC. ex Collad., *Cassia pentandra* Raddi, *Cassia fabaginifolia* Kunth, *Cassia monophylla* Vell., *Cassia rotundifolia* var. *grandiflora* Benth., *Chamaecrista bifoliolata* (DC. ex Collad.) Greene, *Cassia pentandria* Larrañaga, *Cassia tenuivenosa* M.E. Jones
Ref.: Foster (1958), Irwin & Barneby (1982), Killeen & Schulenberg (1998).
Hierba. Nativa. Zonas Bajas, Andes. Bosque Húmedo, Bosque Semideciduo

Chiquitano, Campos Cerrados, Sabanas Benianas del Sur, Bosque Tucumano-Boliviano, 0–1500 m.
Dept.: BE, CH, SC.
Muestra: *M.L. Rico et al. 1440* (BOLV, K, MO).
Infra: *Chamaecrista rotundifolia* var. *rotundifolia*, *Chamaecrista rotundifolia* var. *grandiflora* (Benth.) H.S. Irwin & Barneby

[Chamaecrista rufa (M. Martens & Galeotti) Britton & Rose], N. Amer. Fl. 23(5): 274. 1930.
Ref.: Zamora Villalobos (2010).
Nota: Especie dudosa. No hay ejemplares de herbario.

Chamaecrista serpens (L.) Greene, Pittonia 4(20D): 29. 1899.
Sin.: *Cassia serpens* L.
Ref.: Foster (1958), Irwin & Barneby (1982).
Hierba. Nativa. Zonas Bajas, Andes. Bosque Semideciduo Chiquitano, Campos Cerrados, Valles Secos, 0–500, 1500–2000 m.
Dept.: CO, SC, TA.
Muestra: *A. Krapovickas & A. Schinini 32284* (MO).
Infra: *Chamaecrista serpens* var. *serpens*, *Chamaecrista serpens* var. *grandiflora* (Benth.) H.S. Irwin & Barneby

Chamaecrista trichopoda (Benth.) Britton & Rose ex Britton & Killip, Ann. New York Acad. Sci. 35(3): 185. 1936.
Sin.: *Cassia trichopoda* Benth.
Ref.: Cowan (1957), Irwin & Barneby (1982).
Hierba. Nativa. Zonas Bajas. Bosque Húmedo, Sabanas Benianas del Sur, 0–500 m.
Dept.: LP.
Nota: Citada por Irwin & Barneby (1982) con ocurrencia en la localidad Tumpasa, LP, evidentemente una colección de R. S. Williams (NY) pero no se ha localizado el ejemplar de herbario.

Chamaecrista venturiana H.S. Irwin & Barneby, Mem. New York Bot. Gard. 35: 746–747. 1982.
Ref.: Irwin & Barneby (1982).
Hierba. Nativa. Andes. Bosque Serrano Chaqueño, 1500–2000 m.
Dept.: TA.
Muestra: *E. Bastian 418* (LPB, NY).
Nota: Barneby & Grimes (1982) la citan a lo largo del valle del río Pilcomayo en el sureste de Bolivia.

Chamaecrista viscosa (Kunth) H.S. Irwin & Barneby, Mem. New York Bot. Gard. 35: 661. 1982.
Sin.: *Cassia viscosa* Kunth, *Cassia glutinosa* DC., *Cassia viscosa* Schumach. & Thonn., *Grimaldia standleyi* Britton & Rose, *Grimaldia colombiana* Britton & Rose ex Britton & Killip, *Grimaldia viscosa* (Kunth) Britton & Rose ex Britton & Killip, *Cassia glutinosa* Mutis
Ref.: Irwin & Barneby (1982).
Hierba, arbusto. Nativa. Zonas Bajas. Bosque Húmedo, Bosque Semideciduo Chiquitano, Campos Cerrados, 0–1000 m.
Dept.: SC.
Muestra: *M. Saldias et al. 3805* (AAU, MO, NY, QCNE, USZ).

Chloroleucon (Benth.) Britton & Rose, Trop. Woods 10: 24. 1927.
4 especies, 0 especies endémicas.

Chloroleucon chacoense (Burkart) Barneby & J.W. Grimes, Mem. New York Bot. Gard. 74(1): 140. 1996.
Sin.: *Pithecellobium chacoense* Burkart
Ref.: Saldias Paz (1993b), Barneby & Grimes (1996), Serrano & Terán (1998 [2000]).
Arbusto, arbolito, árbol. Nativa. Zonas Bajas. Bosque Seco Chaqueño, Bosque Serrano Chaqueño, 0–1000 m.
Dept.: CH, SC, TA.
Muestra: *B. Mostacedo et al. 381* (MO, USZ).

Chloroleucon foliolosum (Benth.) G.P. Lewis, Legumes Bahia 166. 1987.
Sin.: *Pithecellobium foliolosum* Benth., *Pithecellobium myriophyllum* Gagnep., *Pithecellobium grisebachianum* Harms, *Calliandra grisebachiana* (Harms) Speg., *Pithecellobium myriophyllum* Malme, *Pithecellobium oligandrum* Rizzini, *Calliandra aristulata* Rizzini
Ref.: Hoc (1981), Barneby & Grimes (1996), Fuentes Claros (1998), Jardim et al. (2003), Arroyo Padilla & Villarroel Segarra (2009).
Arbusto, arbolito, árbol. Nativa. Zonas Bajas, Andes. Bosque Húmedo, Bosque Semideciduo Chiquitano, Bosque Seco Chaqueño, Bosque Tucumano-Boliviano, 0–500, 1000–2000 m.
Dept.: SC.
Muestra: *S.G. Beck 14247* (LPB, NY).
Nom. Vern.: Algarrobillo.

Chloroleucon mangense (Jacq.) Britton & Rose, N. Amer. Fl. 23(1): 38. 1928.
Sin.: *Mimosa mangensis* Jacq., *Mimosa parvifolia* Sw., *Inga marthae* Spreng. ex DC., *Pithecellobium mathewsii* Benth., *Pithecellobium parvifolium* (Sw.) Benth., *Feuilleea mathewsii* (Benth.) Kuntze, *Pithecellobium mangense* (Jacq.) J.F. Macbr., *Enterolobium mangense* (Jacq.) Fawc. & Rendle, *Cathormion mangense* (Jacq.) Dugand, *Cathormium mangense* (Jacq.) Dugand, *Albizia marthae* Britton & Killip
Ref.: Barneby & Grimes (1996), Killeen & Schulenberg (1998).
Árbol. Nativa. Zonas Bajas, Andes. Bosque Húmedo, Bosque Semideciduo Chiquitano, Bosque Serrano Chaqueño, 0–500, 1000–1500 m.
Dept.: CH, SC.
Muestra: *R. Guillén V. & R. Choré 1505* (MO, USZ).
Infra: *Chloroleucon mangense* var. *mathewsii* (Benth.) Barneby & J.W. Grimes

Chloroleucon tenuiflorum (Benth.) Barneby & J.W. Grimes, Mem. New York Bot. Gard. 74(1): 145. 1996.
Sin.: *Pithecolobium scalare* fo. *parvifolium* Chodat & Hassl., *Pithecellobium tenuiflorum* Benth., *Pithecellobium tortum* var. *pubescens* Benth., *Pithecellobium scalare* Griseb., *Feuilleea scalaris* (Griseb.) Kuntze, *Pithecellobium scalare* var. *hirsutum* Chodat & Hassl., *Pithecellobium tortum* fo. *scalare* (Griseb.) Hassl., *Calliandra brachyandra* Speg., *Pithecellobium anajuliae* Rizzini
Ref.: Foster (1958), Saldias Paz (1993b), Barneby & Grimes (1996), Schulenberg & Awbrey (1997), Killeen & Schulenberg (1998), Serrano & Terán (1998 [2000]), Wallace et al. (2000), Jardim et al. (2003), Arroyo Padilla & Villarroel Segarra (2009).
Arbusto, arbolito, árbol. Nativa. Zonas Bajas, Andes. Bosque Húmedo, Bosque Semideciduo Chiquitano, Bosque Seco Chaqueño, Campos Cerrados, Sabanas Benianas del Norte, Sabanas Benianas del Sur, Yungas, Bosque Tucumano-Boliviano, Bosque Serrano Chaqueño, Valles Secos, 0–2000 m.
Dept.: BE, CH, CO, LP, SC, TA.
Muestra: *S.G. Beck 5831* (LPB, MO, NY).
Nom. Vern.: Espinillo, espino blanco, juno, kellu-taku, kellutaqó, paraisillo, tatarera, thaco blanco.

[Chloroleucon tortum (Mart.) Pittier ex Barneby & J.W. Grimes], Mem. New York Bot. Gard. 74(1): 146. 1996.
Sin.: *Pithecellobium tortum* Mart.
Ref.: Foster (1958).
Nota: El registro se basa en material mal identificado de *C. tenuiflorum*. *C. tortum* es endémica de Brasil.

Cicer L., Sp. Pl. 2: 738. 1753.
1 especie, 0 especies endémicas.

Cicer arietinum L., Sp. Pl. 2: 738. 1753.
Sin.: *Ononis crotalarioides* Coss., *Ononis crotalarioides* M.E. Jones
Ref.: Reed (1964).
Hierba. Cultivada. Andes. Valles Secos, 3000–3500 m.
Dept.: LP, PO.
Muestra: *G. Torrico 277* (BOLV, LPB).
Nota: Nativa del Medio Oriente.

Clianthus Sol. ex Lindl., Edwards's Bot. Reg. 21: pl. 1775. 1835.
1 especie, 0 especies endémicas.

Clianthus puniceus (G. Don) Banks & Sol. ex Lindl., Trans. Hort. Soc. London, ser. 2, 1: 521. 1835.
Sin.: *Donia punicea* G. Don
Arbusto. Cultivada. Andes. Valles Secos, 2500–3500 m.
Dept.: LP.
Muestra: *J.C. Solomon & R. Zeballos 15480* (LPB, MO).
Nota: Nativa de Nueva Zelanda.

Clitoria L., Sp. Pl. 2: 753. 1753.
8 especies, 0 especies endémicas.

Clitoria amazonum Mart. ex Benth., Comm. Legum. Gen. 51. 1837.
Sin.: *Ternatea amazonum* (Mart. ex Benth.) Kuntze
Trepadora. Nativa. Zonas Bajas. Bosque Húmedo, Campos Amazónicos, 0–500 m.
Dept.: PA.
Muestra: *L. Vargas 935* (F, LPB, MO, US).
Infra: *Clitoria amazonum* var. *vulgaris* Fantz

Clitoria arborea Benth., Comm. Legum. Gen. 51. 1837.
Sin.: *Clitoria hoffmanseggii* Benth., *Ternatea arborea* (Benth.) Kuntze
Ref.: Vargas Salazar (1993e).
Árbol. Nativa. Zonas Bajas. Bosque Húmedo, Bosque Semideciduo Chiquitano, Campos Amazónicos, 0–1000 m.
Dept.: BE, CO, LP, SC.
Muestra: *D.N. Smith 13216* (BOLV, LPB, MO, USZ).

[Clitoria arborescens R. Br.], Hort. Kew. (ed. 2) 4: 302. 1812.
Sin.: *Clitoria poitaei* DC.
Ref.: Foster (1958).
Nota: Especie dudosa. El registro se basa posiblemente en material mal identificado. Nativa del Norte de Sur América y el Caribe.

Clitoria densiflora (Benth.) Benth., J. Proc. Linn. Soc., Bot. 2: 41. 1858.
Sin.: *Neurocarpum densiflorum* Benth., *Ternatea densiflora* (Benth.) Kuntze, *Clitoria densiflora* var. *mucronata* Hassl., *Clitoria burkartii* Rizzini
Ref.: Killeen & Schulenberg (1998).
Hierba, subarbusto, arbusto. Nativa. Zonas Bajas. Bosque Húmedo, Campos Cerrados, 0–500 m.
Dept.: BE, LP, SC.
Muestra: *B. Mostacedo et al. 1463* (USZ).

Clitoria falcata Lam., Encycl. 2(1): 51. 1786.
Sin.: *Clitoria rubiginosa* Juss. ex Pers., *Martia physodes* Leand. Sacr., *Martiusia physalodes* Schult., *Clitoria rubiginosa* Nees & C. Mart., *Clitoria glycinoides* DC., *Clitoria tetragona* Poir. ex DC., *Neurocarpum falcatum* (Lam.) DC., *Neurocarpum argenteum* Duchass. & Walp., *Ternatea rubiginosa* (Juss. ex Pers.) Kuntze, *Clitoria glycinoides* var. *ecostata* Urb., *Martiusia rubiginosa* (Juss. ex Pers.) Britton, *Clitoria rubiginosa* var. *ecostata* (Urb.) Stehlé, *Clitoria rubiginosa* var. *genuina* Stehlé
Ref.: Zamora Villalobos (2010).
Trepadora. Nativa. Zonas Bajas. Bosque Húmedo, Bosque Semideciduo Chiquitano, 0–500 m.
Dept.: PA, SC.
Muestra: *F. Mamani 920* (MO, USZ).
Infra: *Clitoria falcata* fo. *falcata*, *Clitoria falcata* var. *falcata*

Clitoria flexuosa Fantz, Sida 8(1): 93. 1979.
Arbusto. Nativa. Zonas Bajas. Bosque Húmedo, 0–500 m.
Dept.: PA.
Muestra: *S. Altamirano 3382* (BOLV, MO).

Clitoria guianensis (Aubl.) Benth., J. Proc. Linn. Soc., Bot. 2: 40. 1858.
Sin.: *Crotalaria guianensis* Aubl., *Neurocarpum guianense* (Aubl.) Desv., *Ternatea guianensis* (Aubl.) Kuntze, *Clitoria subsessilis* Rose, *Clitoria guianensis* var. *subsessilis* (Rose) Croat
Ref.: Killeen & Schulenberg (1998), Zamora Villalobos (2010), Wood et al. (2011).
Hierba, trepadora. Nativa. Zonas Bajas. Bosque Húmedo, Campos Cerrados, 0–1000 m.
Dept.: BE, SC.
Muestra: *T. Killeen & O. Peña 7194* (K, LPB, MO, NCSC, NY, USZ).
Infra: *Clitoria guianensis* fo. *guianensis*, *Clitoria guianensis* var. *guianensis*

Clitoria juninensis Fantz, Sida 8(1): 95–97, f. 1. 1979.
Árbol. Nativa. Zonas Bajas. Bosque Húmedo, 0–500 m.
Dept.: SC.
Muestra: *M.H. Nee & M. Saldias 37268* (MO, NY).

Clitoria nervosa Herzog, Repert. Spec. Nov. Regni Veg. 7: 56. 1909.
Ref.: Foster (1958), Vargas Salazar (1993e).
Arbolito, árbol. Nativa. Zonas Bajas. Bosque Húmedo, 0–500 m.
Dept.: SC.
Tipo y muestra: *J. Steinbach 6781* (NT: MO; INT: A, BM, F, G, K, S, UC), *M.H. Nee 38190* (LPB, MO, NY).
Nota: Según el protólogo, el tipo original de *C. nervosa* es *Herzog 552* que fué destruido en B. *Steinbach 6781* es el NT.

Cochliasanthus Trew, Pl. Rar. 1: 41. 1763 [1764].
1 especie, 0 especies endémicas.

Cochliasanthus caracalla (L.) Trew, Pl. Rar. 1: 41, t. 10. 1763 [1764].
Sin.: *Phaseolus caracalla* L., *Vigna caracalla* (L.) Verdc.
Ref.: Piper (1926), Foster (1958), Atahuachi Burgos & Arrázola Rivero (1996), Saravia Miranda (1996), Delgado Salinas et al. (2011), Duchen & Beck (2012).
Trepadora, liana. Nativa. Zonas Bajas, Andes. Bosque Húmedo, Bosque Semideciduo Chiquitano, Yungas, Bosque Tucumano-Boliviano, Valles Secos, 0–2000 m.
Dept.: BE, CH, CO, LP, SC, TA.
Muestra: *P. Saravia 1029* (BOLV).
Nom. Vern.: Chui mora.

Cojoba Britton & Rose, N. Amer. Fl. 23(1): 29. 1928.
3 especies, 1 especie endémica.

Cojoba arborea (L.) Britton & Rose, N. Amer. Fl. 23(1): 29. 1928.
Sin.: *Mimosa arborea* L., *Mimosa filicifolia* Lam., *Mimosa divaricata* Jacq., *Acacia arborea* (L.) Willd.,

Pithecellobium filicifolium (Lam.) Benth., *Pithecellobium sophorocarpum* Benth., *Feuilleea filicifolia* (Lam.) Kuntze, *Pithecellobium sophorocarpum* var. *angustifolium* Rusby, *Pithecellobium arboreum* (L.) Urb., *Samanea arborea* (L.) Ricker, *Pithecellobium angustifolium* (Rusby) Rusby
Ref.: Rusby (1927), Foster (1958), Saldias Paz (1993b), Barneby & Grimes (1997), Arroyo Padilla & Villarroel Segarra (2009).
Arbusto, arbolito, árbol. Nativa, cultivada. Zonas Bajas, Andes. Bosque Húmedo, Bosque Semideciduo Chiquitano, Sabanas Benianas del Sur, Yungas, Bosque Tucumano-Boliviano, Bosque Serrano Chaqueño, Valles Secos, 0–1500 m.
Dept.: BE, CO, LP, SC, TA.
Muestra: *J.C. Solomon & S. Urcullo 14061* (LPB, MO).
Infra: *Cojoba arborea* var. *angustifolia* (Rusby) Barneby & J.W. Grimes
Nom. Vern.: Fosotoco, sirarisillo, vayañij.

Cojoba beckii Barneby & J.W. Grimes, Mem. New York Bot. Gard. 74(2): 46. 1997.
Ref.: Barneby & Grimes (1997).
Árbol. Endémica. Zonas Bajas, Andes. Bosque Húmedo, Yungas, 500–1500 m.
Dept.: BE, LP.
Tipo y muestra: *S.G. Beck 4860* (HT: NY; IT: LPB, MO-4986665), *H.H. Rusby 702* (BOLV).

Cojoba chazutensis (Standl.) L. Rico, Kew Bull. 46(3): 507. 1991.
Sin.: *Pithecellobium chazutense* Standl.
Árbol. Nativa. Zonas Bajas. Bosque Húmedo, 500–1000 m.
Dept.: BE.
Muestra: *D.N. Smith & V. García E. 13805* (LPB, MO).

[Cojoba sophorocarpa (Benth.) Britton & Rose], N. Amer. Fl. 23(1): 31. 1928.
Sin.: *Pithecellobium sophorocarpum* Benth.
Ref.: Rusby (1927), Foster (1958), Saldias Paz (1993b).
Nota: El registro se basa en material mal identificado de *C. beckii*.

Collaea DC., Ann. Sci. Nat. (Paris) 4: 96. 1825.
2 especies, 0 especies endémicas.

Collaea argentina Griseb., Abh. Königl. Ges. Wiss. Göttingen 19: 125–126. 1874.
Sin.: *Collaea formosa* Griseb., *Galactia argentina* (Griseb.) Kuntze, *Galactia speciosa* fo. *argentina* (Griseb.) Hassl., *Galactia formosa* (Griseb.) Stuck. ex Seckt.
Ref.: Arroyo Padilla & Villarroel Segarra (2009).
Arbusto, arbolito. Nativa. Zonas Bajas, Andes. Bosque Semideciduo Chiquitano, Bosque Tucumano-Boliviano, Valles Secos, 0–500, 1000–2500 m.
Dept.: CH, CO, SC, TA.
Muestra: *I.G. Vargas 223* (LPB, MO, USZ).
Nom. Vern.: Barrientos, kheswa-kheswa.

Collaea speciosa (Loisel.) DC., Mém. Légum. 6: 245. 1825.
Sin.: *Cytisus speciosus* Loisel., *Collaea velutina* Benth., *Galactia speciosa* (Loisel.) Britton
Ref.: Rusby (1893b), Foster (1958), Atahuachi Burgos & Arrázola Rivero (1996), Schulenberg & Awbrey (1997), Serrano & Terán (1998 [2000]), Duchen & Beck (2012).
Hierba, subarbusto, arbusto, arbolito. Nativa. Zonas Bajas, Andes, Altiplano. Bosque Húmedo, Yungas, Bosque Tucumano-Boliviano, Páramo Yungueño, Valles Secos, Puna Húmeda, 0–3500, 4000–5000 m.
Dept.: CH, CO, LP, SC, TA.
Muestra: *S.G. Beck 12090* (BAB, K, LPB, M, MO, NY, SI).
Nom. Vern.: Quebra olla.

Cologania Kunth, Mimos. 205. 1824.
1 especie, 0 especies endémicas.

Cologania broussonetii (Balb.) DC., Prodr. 2: 237. 1825.
Sin.: *Clitoria broussonetii* Balb., *Cologania ovalifolia* Kunth, *Cologania pulchella* Kunth, *Cologania affinis* M. Martens & Galeotti, *Cologania australis* Griseb., *Galactia lorentzii* Griseb., *Cologania jaliscana* S. Watson, *Amphicarpaea pulchella* (Kunth) Taub., *Cologania pulchella* fo. *glabrior* Micheli, *Falcata ovalifolia* (Kunth) Kuntze, *Cologania glabrior* Rose, *Cologania rufescens* Rose, *Cologania scandens* Rose, *Cologania congesta* Rose, *Cologania lozanii* Rose, *Cologania tenuis* Rose, *Amphicarpaea ovalifolia* (Kunth) Seckt
Ref.: Rusby (1893b), Foster (1958), Fearing (1959), Adolfo María (1966), Turner (1992), López Vargas (1995), Atahuachi Burgos & Arrázola Rivero (1996), Saravia Miranda (1996), De la Barra (1997), González et al. (1999), Serrano & Terán (1998 [2000]), Duchen & Beck (2012).
Hierba, trepadora, liana, subarbusto. Nativa. Zonas Bajas, Andes, Altiplano. Bosque Húmedo, Yungas, Bosque Tucumano-Boliviano, Páramo Yungueño, Valles Secos, Puna Húmeda, 0–4500 m.
Dept.: BE, CH, CO, LP, PO, TA.
Muestra: *P. Saravia 900* (BOLV).
Nom. Vern.: Porotillo.

Condylostylis Piper, Contr. U.S. Natl. Herb. 22: 667. 1926.
2 especies, 1 especie endémica.

Condylostylis candida (Vell.) A. Delgado, Amer. J. Bot. 98(10): 1706–1707. 2011.
Sin.: *Phaseolus candidus* Vell., *Vigna candida* (Vell.) Maréchal, Mascherpa & Stainier
Ref.: Delgado Salinas et al. (2011).
Trepadora. Nativa. Zonas Bajas, Andes. Bosque Húmedo, Yungas, 0–1500 m.
Dept.: LP.
Muestra: *S.G. Beck 1753* (LPB).

Condylostylis vignoides (Rusby) A. Delgado, Amer. J. Bot. 98(10): 1708. 2011.
Sin.: *Phaseolus vignoides* Rusby, *Vigna vignoides* (Rusby) Maréchal, Mascherpa & Stainier
Ref.: Piper (1926), Maréchal et al. (1978.), Delgado Salinas et al. (2011).
Hierba, trepadora. Endémica. Andes. Yungas, 1000–1500 m.
Dept.: LP.
Tipo y muestra: *M. Bang 2328* (IT: GH, US, US, WIS), *R.S. Williams 1472* (no localizada).
Nota: Holótipo no localizado.

Copaifera L., Sp. Pl. (ed. 2) 1: 557. 1762.
6 especies, 0 especies endémicas.

Copaifera duckei Dwyer, Brittonia 7(3): 163–164. 1951.
Árbol. Nativa. Zonas Bajas. Bosque Húmedo, 0–500 m.
Dept.: SC.
Muestra: *E. Meneces & W. Terceros 488* (BOLV, MO).

Copaifera langsdorffii Desf., Mém. Mus. Hist. Nat. 7: 377. 1821.
Sin.: *Copaifera nitida* Mart. ex Hayne, *Copaifera sellowii* Hayne, *Copaiba langsdorfii* (Desf.) Kuntze
Ref.: Dwyer (1951), Dwyer (1954), Foster (1958), Ruiz de Centurión (1993a), Killeen & Schulenberg (1998), Jardim et al. (2003), Wood et al. (2011).

Arbusto, arbolito, árbol. Nativa. Zonas Bajas, Andes. Bosque Húmedo, Bosque Semideciduo Chiquitano, Campos Cerrados, Sabanas Benianas del Sur, Yungas, 0–1500 m.
Dept.: BE, LP, SC.
Muestra: *J.C. Solomon 16963* (LPB, MO).
Nom. Vern.: Copaibo, copaibo colorao.

Copaifera multijuga Hayne, Getreue Darstell. Gew. 10: sub pl. 17. 1827.
Árbol. Nativa. Zonas Bajas. Bosque Húmedo, 0–500 m.
Dept.: PA.
Muestra: *G.T. Prance et al. 6530* (MO).

Copaifera officinalis (Jacq.) L., Sp. Pl. (ed. 2) 1: 557. 1762.
Sin.: *Copaiva officinalis* Jacq., *Copaiba officinalis* Adans., *Copaifera jacquinii* Desf., *Copaiba officinalis* (L.) Kuntze
Árbol. Nativa. Zonas Bajas. Bosque Semideciduo Chiquitano, 0–500 m.
Dept.: SC.
Muestra: *U. Lachner 99* (MO).

Copaifera paupera (Herzog) Dwyer, Brittonia 7(3): 169. 1951.
Sin.: *Copaiba paupera* Herzog, *Copaifera langsdorffii* var. *peruviana* J.F. Macbr., *Copaifera reticulata* var. *peruviana* J.F. Macbr.
Ref.: Dwyer (1951), Dwyer (1954), Foster (1958), Ruiz de Centurión (1993a).
Árbol. Nativa. Zonas Bajas. Bosque Húmedo, 0–500 m.
Dept.: CO, SC.
Tipo y muestra: *T. Herzog 470* (HT: Z; IT: B, F frag.; fotos: F ex Z), *M.H. Nee 38766* (MO, NY).

Copaifera reticulata Ducke, Arch. Jard. Bot. Rio de Janeiro 1(1): 22. 1915.
Ref.: Dwyer (1951), Foster (1958), Parker & Bailey (1991), Ruiz de Centurión (1993a), Killeen & Schulenberg (1998), Alverson et al. (2000).
Arbusto, arbolito, árbol. Nativa. Zonas Bajas, Andes. Bosque Húmedo, Bosque Semideciduo Chiquitano, Sabanas Benianas del Sur, Yungas, 0–1500 m.
Dept.: BE, CO, LP, PA, SC.
Muestra: *B.A. Krukoff 10254* (A, MO, NY).
Nom. Vern.: Copaibo(a).

Coursetia DC., Ann. Sci. Nat. (Paris) 4(1): 92. 1825.
3 especies, 0 especies endémicas.

Coursetia brachyrhachis Harms, Meded. Rijks-Herb. 27: 52. 1915.
Sin.: *Tephrosia craccoides* Lillo
Ref.: Foster (1958), Lavin (1988), López Vargas (1995), Atahuachi Burgos & Arrázola Rivero (1996), Saravia Miranda (1996), Serrano & Terán (1998 [2000]), Arroyo Padilla & Villarroel Segarra (2009).
Subarbusto, arbusto, arbolito, árbol. Nativa. Zonas Bajas, Andes. Bosque Semideciduo Chiquitano, Bosque Seco Chaqueño, Yungas, Bosque Tucumano-Boliviano, Bosque Serrano Chaqueño, Páramo Yungueño, Valles Secos, 500–3000 m.
Dept.: CH, CO, LP, SC, TA.
Tipo y muestra: *M. Bang 1899* (LT: NY; ILT: F, GH, MO-1481, NY, NY, US), *M.A. Lewis 37433* (K, LPB, MO).

Coursetia caribaea (Jacq.) Lavin, Adv. Legume Syst. 3: 63. 1987.
Sin.: *Galega caribaea* Jacq., *Tephrosia caribaea* (Jacq.) DC., *Tephrosia glandulifera* Benth., *Cracca caribaea* (Jacq.) Benth., *Cracca glabrescens* (Benth.) Benth., *Cracca mollis* (Kunth) Benth., *Cracca ochroleuca* (Jacq.) Benth. & Oerst., *Brittonamra caribaea* (Jacq.) Kuntze, *Cracca bicolor* Micheli, *Cracca greenmanii* Millsp., *Benthamantha caribaea* (Jacq.) Kuntze, *Benthamantha glandulosa* Rose, *Benthamantha glabrescens* (Benth.) Burkart
Ref.: Foster (1958), Lavin (1988), Serrano & Terán (1998 [2000]).
Hierba, arbusto. Nativa. Zonas Bajas, Andes. Bosque Húmedo, Valles Secos, 0–2500, 3000–3500 m.
Dept.: BE, CH, CO, LP, TA.
Muestra: *M.L. Rico 1614* (MO).
Infra: *Coursetia caribaea* var. *ochroleuca* (Jacq.) Lavin

[Coursetia grandiflora Benth.], Vidensk. Meddel. Dansk Naturhist. Foren. Kjøbenhavn 1853(1–2): 10. 1854.
Sin.: *Coursetia harmsii* Ulbr., *Coursetia tephrodes* Harms
Ref.: Foster (1958).
Nota: El registro se basa en material mal identificado de *C. brachyrhachis*.

Coursetia hassleri Chodat, Bull. Herb. Boissier, sér. 2, 4(9): 880. 1904.
Sin.: *Benthamantha caribaea* var. *dubia* Kuntze, *Coursetia guaranitica* Chodat & Hassl., *Cracca corumbae* Hoehne
Ref.: Lavin (1988).
Hierba, subarbusto, arbusto. Nativa. Zonas Bajas, Andes. Bosque Húmedo, Bosque Semideciduo Chiquitano, Yungas, Bosque Tucumano-Boliviano, Bosque Serrano Chaqueño, Valles Secos, 0–2500 m.
Dept.: CH, CO, SC, TA.
Muestra: *J.C. Solomon 13478* (MO).

Cracca Benth., Vidensk. Meddel. Dansk Naturhist. Foren. Kjøbenhavn 1853(1–2): 8. 1854.
0 especies, 0 especies endémicas.

[Cracca benensis Rusby], Mem. New York Bot. Gard. 7(3): 262–263. 1927.
Ref.: Rusby (1927), Foster (1958).
Tipo: *H.H. Rusby 1727* (ST: NY).
Nota: Especie dudosa. Conocida solamente del tipo, probablemente una especie de *Indigofera*. *Cracca* es un sinónimo genérico de *Coursetia*.

Cratylia Mart. ex Benth., Comm. Legum. Gen. 67. 1837.
3 especies, 0 especies endémicas.

Cratylia argentea (Desv.) Kuntze, Revis. Gen. Pl. 3(3): 58. 1898.
Sin.: *Dioclea argentea* Desv., *Cratylia floribunda* Benth., *Cratylia nitens* Benth., *Dioclea pauciflora* Rusby, *Cratylia pauciflora* (Rusby) Harms, *Cratylia dichrona* J.F. Macbr., *Dioclea dichrona* (J.F. Macbr.) J.F. Macbr.
Ref.: Foster (1958), Moraes R. (1990), Queiroz (1991), Killeen & Schulenberg (1998).
Trepadora, liana, arbusto. Nativa. Zonas Bajas. Bosque Húmedo, Bosque Semideciduo Chiquitano, 0–1000 m.
Dept.: BE, LP, PA, SC.
Muestra: *R. Guillén V. & V. Choré 1734* (MO, USZ).

Cratylia intermedia (Hassl.) L.P. Queiroz & R. Monteiro, Bol. Bot. Univ. São Paulo 16: 108. 1997.
Sin.: *Cratylia floribunda* var. *intermedia* Hassl.
Ref.: Fortunato et al. (2008).
Trepadora, liana. Nativa. Zonas Bajas. Bosque Húmedo, 0–500 m.
Dept.: CO, SC.
Muestra: *D.N. Smith et al. 13046* (LPB, MO).

Cratylia mollis Mart. ex Benth., Comm. Legum. Gen. 68. 1837.
Ref.: Forzza (2010).
Trepadora, arbusto. Nativa. Zonas Bajas. Bosque Húmedo, Bosque Semideciduo Chiquitano, 0–500 m.
Dept.: SC.
Muestra: *T. Killeen & J. Wellens 6261* (BAB, K, MEXU, MO, NY, USZ).

[Cratylia nutans Herzog], Repert. Spec. Nov. Regni Veg. 7: 56. 1909.
Ref.: Foster (1958).
Tipo: *T. Herzog 418* (HT: Z).
Nota: Especie dudosa. Conocida solamente del tipo.

Crotalaria L., Sp. Pl. 2: 714. 1753.
13 especies, 1 especie endémica.

Crotalaria boliviensis Windler & S.G. Skinner, Phytologia 50(3): 192–194, f. 4. 1982.
Ref.: Windler & Skinner (1982).
Hierba. Endémica. Andes. Yungas, Valles Secos, 2000–3000 m.
Dept.: CO, SC, TA.
Tipo y muestra: *J. Steinbach 5006* (HT: F; IT: MO-968162, NY, US), *K. Fiebrig 2264* (BM, G, K).

Crotalaria breviflora DC., Prodr. 2: 127. 1825.
Sin.: *Crotalaria divergens* Benth., *Crotalaria pohliana* Benth., *Crotalaria regnellii* Benth., *Crotalaria pohliana* var. *regnellii* (Benth.) Benth., *Crotalaria breviflora* var. *riedelii* Taub., *Crotalaria breviflora* var. *pohliana* (Benth.) Windler & S.G. Skinner
Ref.: Rusby (1893b), Foster (1958).
Arbusto. Nativa. Andes. Yungas, 1000–2000 m.
Dept.: LP.
Muestra: *O. Buchtien 5417* (GH, MO).

Crotalaria incana L., Sp. Pl. 2: 716. 1753.
Sin.: *Crotalaria purpurascens* Lam., *Crotalaria pubescens* Moench, *Crotalaria hirta* Lag., *Crotalaria hirta* Roth, *Crotalaria diffusa* Link, *Crotalaria affinis* DC., *Crotalaria cubensis* DC., *Crotalaria diffusa* Vell., *Crotalaria setifera* DC., *Crotalaria herbacea* Schweigger ex Schrank, *Crotalaria pubescens* hort. ex Steud., *Crotalaria cytisifolia* Hoffmanns. ex Steud., *Crotalaria glabrescens* Benth., *Chrysocalyx schimperi* Hochst. ex A. Rich., *Crotalaria criocaula* S. Schauer, *Crotalaria eriocaula* S. Schauer, *Crotalaria montana* A. Rich., *Crotalaria schimperi* A. Rich., *Crotalaria glabrescens* Andersson, *Crotalaria picensis* Phil., *Lupinus rotundifolius* Sessé & Moc., *Crotalaria incana* fo. *microphylla* Chodat & Hassl., *Crotalaria radiata* Merr., *Crotalaria incana* fo. *glabrescens* R. Wilczek, *Crotalaria megapotamica* Burkart
Ref.: Foster (1958), Moraes R. (1990), De la Barra (1997), González et al. (1999), Serrano & Terán (1998 [2000]), Avendaño (2011), Duchen & Beck (2012).
Hierba, subarbusto. Nativa. Zonas Bajas, Andes. Bosque Húmedo, Bosque Semideciduo Chiquitano, Bosque Seco Chaqueño, Sabanas Benianas del Sur, Yungas, Bosque Tucumano-Boliviano, Valles Secos, 0–3500 m.
Dept.: BE, CH, CO, LP, PA, PO, SC, TA.
Muestra: *M.H. Nee 31564* (LPB, MO, NY).
Infra: *Crotalaria incana* var. *australis* Griseb., *Crotalaria incana* var. *grandiflora* Windler, L. Adler & S.G. Skinner
Nom. Vern.: Sonajita, sueño.

Crotalaria lanceolata E. Mey., Comm. Pl. Afr. Austr. 24–25. 1836.
Sin.: *Crotalaria mossambicensis* Klotzsch
Ref.: Zamora Villalobos (2010).
Hierba. Naturalizada. Zonas Bajas. Bosque Húmedo, 0–500 m.
Dept.: SC.
Muestra: *M.H. Nee 54208* (MO, NY, USZ).
Infra: *Crotalaria lanceolata* subsp. *lanceolata*
Nota: Nativa de Africa.

Crotalaria maypurensis Kunth, Nov. Gen. Sp. (quarto ed.) 6: 403–404. 1823 [1824].
Arbusto. Nativa. Zonas Bajas, Andes. Bosque Semideciduo Chiquitano, Valles Secos, 500–2500 m.
Dept.: SC.
Muestra: *J.D. Soto & L.M. Moreno 968* (K).

Crotalaria micans Link, Enum. Hort. Berol. Alt. 2: 228–229. 1822.
Sin.: *Crotalaria anagyroides* Kunth, *Crotalaria dombeyana* DC., *Crotalaria stipulata* Vell., *Crotalaria triphylla* Vell., *Crotalaria brachystachya* Benth.
Ref.: Rusby (1893b), Foster (1958), Killeen & Schulenberg (1998), Avendaño (2011), Duchen & Beck (2012).
Hierba, subarbusto, arbusto. Nativa. Zonas Bajas, Andes. Bosque Húmedo, Bosque Semideciduo Chiquitano, Campos Cerrados, Yungas, Bosque Tucumano-Boliviano, Bosque Serrano Chaqueño, Valles Secos, 0–3000 m.
Dept.: BE, CH, CO, LP, SC.
Muestra: *M.H. Nee 42071* (MO, NY).

Crotalaria nitens Kunth, Nov. Gen. Sp. (quarto ed.) 6: 399–400. 1823 [1824].
Sin.: *Crotalaria bracteata* Roxb., *Crotalaria bracteata* Roxb. ex DC., *Crotalaria bracteata* Schltdl. & Cham., *Crotalaria schiedeana* Steud.
Ref.: Foster (1958), Parker & Bailey (1991), Atahuachi Burgos & Arrázola Rivero (1996), Zamora Villalobos (2010), Avendaño (2011), Duchen & Beck (2012).
Hierba, subarbusto, arbusto. Nativa. Zonas Bajas, Andes. Bosque Húmedo, Sabanas Benianas del Sur, Yungas, Bosque Tucumano-Boliviano, Valles Secos, 0–2500 m.
Dept.: BE, CO, LP, SC.
Muestra: *L. Cayola et al. 1339* (BOLV, LPB, MA, MO, NY, USZ).
Infra: *Crotalaria nitens* var. *nitens*

[Crotalaria occidentalis Hepper], Kew Bull. 11(1): 113, f. 1. 1956.
Sin.: *Crotalaria uniflora* Baker
Ref.: Killeen & Schulenberg (1998).
Nota: El registro se basa en material mal identificado. Nativa de Africa.

Crotalaria pallida Aiton, Hort. Kew. 3: 20–21. 1789.
Sin.: *Crotalaria mucronata* Desv.
Hierba, arbusto. Naturalizada. Zonas Bajas, Andes. Bosque Semideciduo Chiquitano, Bosque Tucumano-Boliviano, Valles Secos, 0–2000 m.
Dept.: BE, CH, SC.
Muestra: *M.H. Nee 53065* (LPB, MO).
Nom. Vern.: Sonajita.

[Crotalaria parvula Welw. ex Baker], Fl. Trop. Afr. 2: 25. 1871.
Ref.: Adolfo María (1966).
Nota: El registro se basa en material mal identificado. Nativa de Africa.

Crotalaria pilosa Mill., Gard. Dict. (ed. 8) no. 2. 1768.
Sin.: *Crotalaria pterocaula* Desv., *Crotalaria genistella* Kunth, *Crotalaria genistella* DC., *Crotalaria pterocaula* DC., *Crotalaria hexaptera* Schrank, *Crotalaria pterocaula* var. *genistella* (Kunth) Benth., *Crotalaria pilosa* var. *skutchii* H. Senn
Ref.: Foster (1958), Zamora Villalobos (2010), Avendaño (2011).
Hierba, subarbusto. Nativa. Zonas Bajas. Bosque Húmedo, Sabanas Benianas del Norte, Campos Amazónicos, 0–500 m.
Dept.: BE, LP.
Muestra: *S.G. Beck 18401* (LPB).

Crotalaria pumila Ortega, Nov. Pl. Descr. Dec. 23. 1797.
Sin.: *Crotalaria littoralis* Kunth, *Crotalaria lupulina* Kunth, *Crotalaria triantha* Moc. & Sessé ex DC., *Crotalaria tepicana* Hook. & Arn.,

Crotalaria puberula Hook. f., *Crotalaria chiapensis* Brandegee
Ref.: Foster (1958), Adolfo María (1966), Atahuachi Burgos & Arrázola Rivero (1996), Avendaño (2011).
Hierba, subarbusto. Nativa. Andes. Valles Secos, 1500–3500 m.
Dept.: CO, LP, SC, TA.
Muestra: *C. Antezana V. 1104* (BOLV).
Nom. Vern.: Charanguito, sonajita.

Crotalaria sagittalis L., Sp. Pl. 2: 714. 1753.
Sin.: *Crotalaria fruticosa* Mill., *Crotalaria sagittatas* Hill, *Anonymos sagittalis* Walter, *Crotalaria parviflora* Roth, *Crotalaria sagittalis* var. *oblonga* Michx., *Crotalaria platycarpa* Link, *Crotalaria lunulata* Raf., *Crotalaria pilosa* Raf., *Crotalaria matthewsana* Benth., *Crotalaria pringlei* A. Gray, *Crotalaria sagittalis* var. *fruticosa* (Mill.) Fawc. & Rendle, *Crotalaria sagittalis* var. *blumeriana* H. Senn, *Crotalaria tuerckheimii* H. Senn, *Crotalaria belizensis* Lundell
Ref.: Foster (1958), Parker & Bailey (1991), Avendaño (2011), Duchen & Beck (2012).
Hierba. Nativa. Zonas Bajas, Andes. Sabanas Benianas del Sur, Campos Amazónicos, Yungas, Valles Secos, 0–1500, 2500–3000 m.
Dept.: BE, CO, LP.
Muestra: *M.L. Rico 1598c* (MO).

Crotalaria stipularia Desv., J. Bot. Agric. 3: 76. 1814.
Sin.: *Crotalaria espadilla* Kunth, *Crotalaria alata* Buch.-Ham. ex D. Don, *Crotalaria serpyllifolia* Lamb. ex DC., *Crotalaria balansae* Micheli, *Crotalaria stipularia* fo. *elliptica* Chodat & Hassl., *Crotalaria stipularia* fo. *oblongifolia* Chodat & Hassl., *Crotalaria stipularia* var. *grandifolia* H. Senn
Ref.: Foster (1958), López Vargas (1995), Atahuachi Burgos & Arrázola Rivero (1996), Saravia Miranda (1996), Schulenberg & Awbrey (1997), Serrano & Terán (1998 [2000]), Avendaño (2011).
Hierba. Nativa. Zonas Bajas, Andes. Bosque Húmedo, Bosque Semideciduo Chiquitano, Campos Cerrados, Bosque Tucumano-Boliviano, Bosque Serrano Chaqueño, Valles Secos, 0–3500 m.
Dept.: BE, CH, CO, PO, SC.
Muestra: *P. Saravia 1013* (BOLV).

Crotalaria unifoliolata Benth., Ann. Nat. Hist. 3: 430. 1839.
Ref.: Killeen & Schulenberg (1998).
Hierba. Nativa. Zonas Bajas. Bosque Húmedo, Campos Cerrados, 0–1000 m.
Dept.: SC.
Muestra: *T. Killeen et al. 4738* (MO, USZ).

Crudia Schreb., Gen. Pl. 282. 1789.
1 especie, 0 especies endémicas.

Crudia glaberrima (Steud.) J.F. Macbr., Contr. Gray Herb. 59: 20. 1919.
Sin.: *Hirtella glaberrima* Steud., *Crudia falcata* Klotzsch, *Crudia obliqua* Griseb., *Apalatoa glaberrima* (Steud.) Taub., *Hirtella glaberrima* (Engl.) A. Chev.
Arbusto, árbol. Nativa. Zonas Bajas. Bosque Húmedo, 0–500 m.
Dept.: BE, PA, SC.
Muestra: *D.C. Daly et al. 2053* (LPB, MO, NY).

Cyathostegia (Benth.) Schery, Ann. Missouri Bot. Gard. 37(3): 401. 1950.
0 especies, 0 especies endémicas.

[Cyathostegia mathewsii (Benth.) Schery], Ann. Missouri Bot. Gard. 37(3): 401. 1950.
Sin.: *Swartzia mathewsii* Benth.
Ref.: Foster (1958).
Nota: Especie dudosa. Esta especie no está en Bolivia, está en los valles secos andinos del sur del Ecuador, y de los ríos Marañón y Apurímac en Perú (Pennington et al. 2010). La cita del sintipo de *Pearce* para Bolivia (Santa Anna) es un error geográfico en la publicación original de *S. mathewsii*.

Cyclolobium Benth., Comm. Legum. Gen. 28. 1837.
1 especie, 0 especies endémicas.

Cyclolobium brasiliense Benth., Comm. Legum. Gen. 28. 1837.
Sin.: *Cyclolobium claussenii* Benth., *Cyclolobium blanchetianum* Tul.
Ref.: Fuentes Claros (1998), Killeen & Schulenberg (1998), Warwick & Pennington (2002), Jardim et al. (2003).
Arbolito, árbol. Nativa. Zonas Bajas, Andes. Bosque Semideciduo Chiquitano, Yungas, Valles Secos, 0–1500 m.
Dept.: SC.
Muestra: *F. Mamani 658* (BAB, MO, NY, USZ).
Nom. Vern.: Peji.

Cymbosema Benth., J. Bot. (Hooker) 2: 61. 1840.
1 especie, 0 especies endémicas.

Cymbosema roseum Benth., J. Bot. (Hooker) 2(10): 60–61. 1840.
Sin.: *Dioclea purpurea* Poepp., *Cymbosema apurense* (Kunth) Pittier, *Dioclea rosea* (Benth.) N. Zamora
Ref.: Forzza (2010), Zamora Villalobos (2010).
Trepadora, liana. Nativa. Zonas Bajas. Bosque Húmedo, Sabanas Benianas del Sur, 0–500 m.
Dept.: BE, PA.
Muestra: *J.C. Solomon 16739* (LPB, MO).

Cynometra L., Sp. Pl. 1: 382. 1753.
1 especie, 0 especies endémicas.

[Cynometra bauhiniifolia Benth.], J. Bot. (Hooker) 2(10): 99–100. 1840.
Ref.: Killeen & Schulenberg (1998).
Nota: El registro se basa en material mal identificado de *Guibourtia hymenaeifolia*.

Cynometra spruceana Benth., Fl. Bras. 15(2): 247. 1870.
Sin.: *Trachylobium martianum* Hayne, *Cynometra spruceana* var. *macrophylla* Benth., *Cynometra spruceana* var. *procera* Benth., *Cynometra martiana* (Hayne) J.F. Macbr.
Ref.: Dwyer (1958).
Árbol. Nativa. Zonas Bajas. Bosque Húmedo, 0–500 m.
Dept.: BE, PA.
Muestra: *G. Meyer 142* (LPB, MO, NY, Z).

Cytisus Desf., Fl. Atlant. 2: 139. 1798.
2 especies, 0 especies endémicas.

Cytisus multiflorus (Aiton) Sweet, Hort. Brit. 112. 1826.
Sin.: *Spartium multiflorum* Aiton
Arbusto. Cultivada. Andes. Valles Secos, 3000–3500 m.
Dept.: LP.
Muestra: *M.C. Rojas 1A* (BAB, BOLV, LPB).
Nota: Nativa de Europa.

Cytisus scoparius (L.) Link, Enum. Hort. Berol. Alt. 2: 241. 1822.
Sin.: *Spartium scoparium* L.
Arbusto. Cultivada. Andes. Valles Secos, 3000–3500 m.
Dept.: LP.
Muestra: *J.C. Solomon 15532* (LPB, MO).
Nota: Nativa de Europa.

Dahlstedtia Malme, Ark. Bot. 4(9): 4. 1905.
2 especies, 0 especies endémicas.

Dahlstedtia araripensis (Benth.) M.J. Silva & A.M.G. Azevedo, Taxon 61(1): 104. 2012.
Sin.: *Lonchocarpus araripensis* Benth.
Ref.: Wood et al. (2011).
Arbusto, árbol. Nativa. Zonas Bajas. Bosque Semideciduo Chiquitano, Campos Cerrados, 0–500 m.
Dept.: SC.
Muestra: *J.R.I. Wood 23532* (K).

Dahlstedtia muehlbergiana (Hassl.) M.J. Silva & A.M.G. Azevedo, Taxon 61(1): 105. 2012.
Sin.: *Lonchocarpus muehlbergianus* Hassl.
Árbol. Nativa. Zonas Bajas, Andes. Bosque Húmedo, Yungas, 500–1500 m.
Dept.: LP.
Muestra: *A. Araujo M. et al. 2704* (LPB, MO).

Dalbergia L. f., Suppl. Pl. 52–53, 316–317. 1781 [1782].
12 especies, 0 especies endémicas.

Dalbergia cuiabensis Benth., J. Linn. Soc., Bot. 4(Suppl.): 36. 1860.
Sin.: *Dalbergia oxyphylla* Harms
Ref.: Foster (1958).
Arbusto. Nativa. Zonas Bajas. Campos Cerrados, 0–500 m.
Dept.: SC.
Muestra: *J.R.I. Wood 26769* (K).

Dalbergia foliolosa Benth., J. Linn. Soc., Bot. 4(Suppl.): 37. 1860.
Ref.: Vargas Salazar (1993e), Duchen & Beck (2012).
Arbusto, arbolito, árbol. Nativa. Zonas Bajas, Andes. Bosque Húmedo, Yungas, 0–500, 1000–1500 m.
Dept.: BE, LP, SC.
Muestra: *S.G. Beck 12200* (K, LPB, NY).

Dalbergia foliosa (Benth.) A.M. Carvalho, Brittonia 49(1): 100. 1997.
Sin.: *Ecastaphyllum glaucum* Desv., *Ecastaphyllum foliosum* Benth., *Dalbergia atropurpurea* Ducke, *Dalbergia glauca* (Desv.) Amshoff
Ref.: Carvalho (1997).
Arbusto. Nativa. Zonas Bajas. Bosque Húmedo, 0–500 m.
Dept.: PA.
Muestra: *L. Vargas 1067* (F).

Dalbergia frutescens (Vell.) Britton, Bull. Torrey Bot. Club 16(12): 324. 1889.
Sin.: *Triptolemea montana* Mart., *Pterocarpus frutescens* Vell., *Dalbergia tomentosa* Vogel, *Dalbergia variabilis* Vogel, *Triptolemea glabra* Benth., *Triptolemea latifolia* Benth., *Triptolemea ovata* Benth., *Triptolemea pauciflora* Mart. ex Benth., *Triptolemea platycarpa* Benth.
Ref.: Foster (1958), Wood et al. (2011), Duchen & Beck (2012).
Liana, arbusto, arbolito, árbol. Nativa. Zonas Bajas, Andes. Bosque Húmedo, Bosque Semideciduo Chiquitano, Sabanas Benianas del Sur, Yungas, Valles Secos, 0–2000 m.
Dept.: BE, LP, SC.
Muestra: *J.C. Solomon 7925* (LPB, MO).
Infra: *Dalbergia frutescens* var. *frutescens*, *Dalbergia frutescens* var. *tomentosa* (Vogel) Benth.
Nom. Vern.: Bejuco negro, caranda.

Dalbergia gracilis Benth., J. Linn. Soc., Bot. 4(Suppl.): 38. 1860.
Ref.: Moraes R. (1990), Killeen & Schulenberg (1998).
Liana, arbusto, árbol. Nativa. Zonas Bajas. Bosque Húmedo, Bosque Semideciduo Chiquitano, Campos Cerrados, Sabanas Benianas del Sur, Campos Amazónicos, 0–1000 m.
Dept.: BE, LP, PA, SC.
Muestra: *M.H. Nee 31789* (MO, NY).
Nom. Vern.: Bejuco de hamaca.

Dalbergia miscolobium Benth., J. Linn. Soc., Bot. 4(Suppl.): 35. 1860.
Sin.: *Miscolobium nigrum* Allem, *Dalbergia violacea* (Jacq.) Hoffmanns., *Miscolobium violaceum* Vogel, *Dalbergia violacea* (Vogel) Malme
Ref.: Killeen & Schulenberg (1998).
Arbusto, árbol. Nativa. Zonas Bajas, Andes. Bosque Húmedo, Campos Cerrados, Yungas, 0–1500 m.
Dept.: LP, SC.
Muestra: *B. Mostacedo et al. 1694* (LPB, MO, USZ).

Dalbergia monetaria L. f., Suppl. Pl. 317. 1781 [1782].
Ref.: Parker & Bailey (1991), Killeen & Schulenberg (1998).
Liana, árbol. Nativa. Zonas Bajas. Bosque Húmedo, Sabanas Benianas del Sur, 0–500 m.
Dept.: LP, PA, SC.
Muestra: *R. Guillén V. & V. Roca 2938* (CEPEC, LPB, MO, USZ).

[Dalbergia nitida (Mart. ex Benth.) Ducke ex Hoehne], Fl. Brasilica 25(3), fasc. 4: 22. 1941.
Sin.: *Ecastaphyllum nitidum* Mart. ex Benth.
Ref.: Foster (1958).
Nota: Especie dudosa. No hay ejemplares para Bolivia.

Dalbergia riedelii (Benth.) Sandwith, Bull. Misc. Inform. Kew 1931(7): 358. 1931.
Sin.: *Ecastaphyllum monetaria* var. *riedelii* Benth., *Ecastophyllum riedelii* (Benth.) Radlk., *Dalbergia enneandra* Hoehne, *Dalbergia pachycarpa* Ducke
Ref.: Vargas Salazar (1993e).
Liana, arbusto, árbol. Nativa. Zonas Bajas. Bosque Húmedo, Campos Amazónicos, 0–500 m.
Dept.: LP.
Muestra: *S.G. Beck & R. Haase 10176* (BAB, CTES, K, LPB, MO, NY, USZ).

Dalbergia riparia (Mart.) Benth., J. Linn. Soc., Bot. 4(Suppl.): 31. 1860.
Sin.: *Triptolemea riparia* Mart.
Ref.: Jardim et al. (2003).
Liana, arbusto, arbolito. Nativa. Zonas Bajas. Bosque Húmedo, Bosque Semideciduo Chiquitano, Campos Cerrados, 0–500 m.
Dept.: LP, SC.
Muestra: *T. Killeen & M. Toledo 7964* (LPB, MO, USZ).
Nom. Vern.: Carandá.

Dalbergia spruceana (Benth.) Benth., J. Linn. Soc., Bot. 4(Suppl.): 35. 1860.
Sin.: *Miscolobium spruceanum* Benth.
Ref.: Foster (1958), Vargas Salazar (1993e), Wood et al. (2011), Duchen & Beck (2012).
Arbolito, árbol. Nativa. Zonas Bajas, Andes. Bosque Húmedo, Sabanas Benianas del Sur, Yungas, Valles Secos, 0–2000 m.
Dept.: BE, LP, PA, SC.
Muestra: *S.G. Beck 12641* (G, K, LPB, M, MA, NY, SI).
Nom. Vern.: Khelluvitaka, manicillo blanco.

Dalbergia subcymosa Ducke, Arch. Jard. Bot. Rio de Janeiro 3: 144–145. 1922.
Sin.: *Ecastaphyllum pubescens* DC., *Dalbergia pubescens* Hook. f. ex Hook.
Ref.: Altamirano Azurduy & Ramos de Sousa (2009).
Árbol. Nativa. Zonas Bajas. Bosque Húmedo, 0–500 m.
Dept.: PA.
Muestra: *S. Altamirano 4291* (BOLV, LPB, MO).

Dalbergia villosa (Benth.) Benth., J. Linn. Soc., Bot. 4(Suppl.): 38. 1860.
Sin.: *Miscolobium villosum* Benth., *Machaerium sordidum* Benth.
Ref.: Foster (1958), Killeen &

Schulenberg (1998).
Arbusto. Nativa. Zonas Bajas. Bosque Húmedo, 0–500 m.
Dept.: SC.
Muestra: *T. Killeen & J. Wellens 6264* (MO, USZ).
Infra: *Dalbergia villosa* var. *villosa*

Dalea L., Opera Var. 244. 1758.

6 especies, 2 especies endémicas.

Dalea boliviana Britton, Bull. Torrey Bot. Club 16(10): 259–260. 1889.
Sin.: *Dalea retusifolia* Harms ex Kuntze, *Dalea tapacariensis* Harms ex Kuntze, *Dalea hofstenii* R.E. Fr., *Dalea callianthа* Ulbr., *Parosela boliviana* (Britton) J.F. Macbr., *Parosela callianthа* (Ulbr.) J.F. Macbr., *Parosela boliviana* var. *herrerae* J.F. Macbr., *Parosela hofstenii* (R.E. Fr.) J.F. Macbr., *Dalea boliviana* var. *herrerae* (J.F. Macbr.) J.F. Macbr.
Ref.: Rusby (1893b), Foster (1958), Barneby (1977), Atahuachi Burgos & Arrázola Rivero (1996), De la Barra (1997), López (2000), Serrano & Terán (1998 [2000]).
Hierba, subarbusto, arbusto. Nativa. Andes, Altiplano. Valles Secos, Puna Húmeda, 2000–4000 m.
Dept.: CH, CO, LP, PO, TA.
Tipo y muestra: *H.H. Rusby 959* (HT: NY; IT: GH, MO-1870495, NY, US), *M. Bang 106* (GH, MO).
Nota: *D. tapacariensis* es considerada por Barneby (1977) como un sinónimo tentativo.

Dalea carthagenensis (Jacq.) J.F. Macbr., Publ. Field Mus. Nat. Hist., Bot. Ser. 13(3/1): 375. 1943.
Sin.: *Psoralea carthagenensis* Jacq., *Psoralea enneaphylla* Jacq. ex L., *Psoralea emphysodes* Jacq., *Psoralea phymatodes* Jacq., *Dalea enneaphylla* (Jacq. ex L.) Willd., *Dalea phymatodes* (Jacq.) Willd., *Dalea microphylla* Kunth, *Dalea domingensis* DC., *Dalea domingensis* Spreng., *Psoralea enneaphylla* Bertero ex Steud., *Parosela domingensis* (DC.) Millsp., *Parosela domingensis* (DC.) A. Heller, *Parosela emphysodes* (Jacq.) Rydb., *Parosela humilis* (Mill.) Rydb., *Parosela microphylla* var. *brevis* J.F. Macbr., *Parosela pilocarpa* Rusby, *Parosela carthagenensis* (Jacq.) Killip, *Dalea microphylla* var. *brevis* (J.F. Macbr.) J.F. Macbr., *Dalea carthagenensis* subsp. *domingensis* (DC.) R.T. Clausen, *Dalea carthagenensis* subsp. *typica* R.T. Clausen, *Dalea emphysodes* (Jacq.) R.T. Clausen
Ref.: Rusby (1927), Foster (1958), Barneby (1977).
Hierba. Nativa. Zonas Bajas, Andes. Bosque Húmedo, Yungas, 500–1500 m.
Dept.: LP.
Muestra: *G. Mandon 701* (GH).
Infra: *Dalea carthagenensis* var. *brevis* (J.F. Macbr.) Barneby, *Dalea carthagenensis* var. *pilocarpa* (Rusby) Barneby

[Dalea cylindrica Hook.], Bot. Misc. 2: 213. 1831.
Ref.: Foster (1958), Barneby (1977).
Nota: Especie dudosa. El registro se basa en material mal identificado. No hay ejemplares para Bolivia. Nativa de los valles andinos de Ecuador y Perú.

Dalea elegans Gillies ex Hook. & Arn., Bot. Misc. 3: 183. 1833.
Sin.: *Dalea onobrychioides* Griseb., *Dalea stenophylla* Griseb., *Parosela eosina* J.F. Macbr., *Dalea eosina* (J.F. Macbr.) J.F. Macbr.
Ref.: Foster (1958), Barneby (1977), Atahuachi Burgos & Arrázola Rivero (1996), Serrano & Terán (1998 [2000]).
Hierba. Nativa. Andes. Bosque Tucumano-Boliviano, Valles Secos, 1000–3500 m.
Dept.: CH, CO, TA.
Muestra: *E. Bastian 990* (LPB, NY).
Infra: *Dalea elegans* var. *onobrychioides* (Griseb.) Barneby

[Dalea exilis DC.], Prodr. 2: 247. 1825.
Ref.: Foster (1958).
Nota: Especie dudosa. Según Barneby (1977) esta especie está distribuida en los valles secos del Río Marañón y Río Apurímac en Perú, pero no hay un registro comprobado para Bolivia.

Dalea kuntzei Harms ex Kuntze, Revis. Gen. Pl. 3(3): 59. 1898.
Sin.: *Dalea rubricaulis* Ulbr., *Parosela kuntzei* (Harms ex Kuntze) J.F. Macbr., *Parosela rubricaulis* (Ulbr.) J.F. Macbr.
Ref.: Foster (1958), Barneby (1977), De la Barra (1997).
Subarbusto. Endémica. Andes. Valles Secos, 1000–2000 m.
Dept.: CO, SC.
Tipo y muestra: *O. Kuntze s.n.* (HT: B destr.; IT: F, NY, NY), *T. Herzog 1711A* (B, F, NY).
Nota: Citada por De la Barra (1997) como *D.* cf. *rubricaulis*.

Dalea leporina (Aiton) Bullock, Bull. Misc. Inform. Kew 1939(4): 196. 1939.
Sin.: *Psoralea leporina* Aiton, *Psoralea lagopus* Cav., *Dalea alba* Michx. ex Roem., *Dalea alopecuroides* Willd., *Dalea lagopus* (Cav.) Willd., *Parosela lagopus* Cav., *Dalea linnaei* Michx., *Psoralea alopecuroides* (Willd.) Poir., *Petalostemon alopecuroides* (Willd.) Pers., *Dalea annua* var. *ebracteata* Kuntze, *Parosela bigelovii* Rydb., *Parosela costaricana* Rydb., *Parosela leporina* (Aiton) Rydb., *Dalea leporina* (Aiton) Kearney & Peebles, *Petalostemon oreophilum* Cory, *Dalea exserta* (Rydb.) Gentry, *Dalea oreophila* (Cory) Cory, *Dalea bigelovii* (Rydb.) B.L. Turner, *Dalea leporina* var. *alba* (Michx. ex Roem.) H.D. Harr.
Ref.: Foster (1958), Barneby (1977), Atahuachi Burgos & Arrázola Rivero (1996), De la Barra (1997), Serrano & Terán (1998 [2000]).
Hierba, subarbusto. Naturalizada, adventicia. Zonas Bajas, Andes. Bosque Seco Chaqueño, Bosque Tucumano-Boliviano, Valles Secos, 500–1000, 1500–3000 m.
Dept.: CH, CO, PO, SC, TA.
Muestra: *E. Bastian 1175* (LPB, NY).
Nom. Vern.: Pato pato.

Dalea pazensis Rusby, Mem. Torrey Bot. Club 3(3): 18. 1893.
Sin.: *Parosela pazensis* (Rusby) J.F. Macbr., *Parosela oblongifolia* Rusby
Ref.: Rusby (1893b), Rusby (1927), Foster (1958), Barneby (1977), Atahuachi Burgos & Arrázola Rivero (1996), De la Barra (1997).
Subarbusto, arbusto. Endémica. Andes. Yungas, Valles Secos, 1000–3500 m.
Dept.: CH, CO, LP, SC.
Tipo y muestra: *M. Bang 678* (HT: NY; IT: GH, GH, K, MO-1870497, NY, US), *N. de la Barra 644* (BOLV).

Deguelia Aubl., Hist. Pl. Guiane 2: 750, pl. 300. 1775.

5 especies, 0 especies endémicas.

Deguelia amazonica Killip, J. Wash. Acad. Sci. 24(1): 48. 1934.
Sin.: *Lonchocarpus negrensis* Benth., *Derris amazonica* Killip
Ref.: Killeen & Schulenberg (1998).
Liana. Nativa. Zonas Bajas, Andes. Bosque Húmedo, Campos Cerrados, Sabanas Benianas del Sur, Campos Amazónicos, Yungas, 0–1500 m.
Dept.: BE, LP, PA, SC.
Muestra: *M.J. Macía et al. 7012* (LPB, MA).

Deguelia angulata (Ducke) A.M.G. Azevedo & R.A. Camargo, Brittonia 66(1): 26. 2014 [2013].
Sin.: *Lonchocarpus angulatus* Ducke, *Lonchocarpus sylvestris* A.C. Sm., *Derris sylvestris* (A.C. Sm.) J.F. Macbr., *Derris angulata* (Ducke) Ducke
Ref.: Azevedo Tozzi (1989), Camargo & Azevedo Tozzi (2013).
Liana, arbusto, árbol. Nativa. Zonas Bajas. Bosque Húmedo, 0–500 m.
Dept.: PA, SC.
Muestra: *R. Guillén V. & P. Solíz 3825* (BAB, LPB, MEXU, MO, USZ).

Deguelia densiflora (Benth.) A.M.G. Azevedo ex M. Sousa, Revista Mex. Biodivers. 80(2): 306–307. 2009.
Sin.: *Lonchocarpus densiflorus* Benth., *Lonchocarpus boliviensis* Pittier, *Derris glabrescens* (Benth.) J.F. Macbr.
Ref.: Pittier (1917), Foster (1958), Vargas Salazar (1993e), Sousa Sánchez (2009).
Liana. Nativa. Zonas Bajas. Bosque Húmedo, 0–500 m.
Dept.: BE, LP, PA.
Muestra: *J.C. Solomon 7927* (LPB, MEXU, MO).

Deguelia scandens Aubl., Hist. Pl. Guiane 2: 750–753, pl. 300. 1775.
Sin.: *Lonchocarpus pterocarpus* DC., *Derris guianensis* Benth., *Derris longifolia* Benth., *Derris negrensis* Benth., *Deguelia negrensis* (Benth.) Taub., *Pterocarpus guianensis* (Benth.) Kuntze, *Pterocarpus negrensis* (Benth.) Kuntze, *Derris scandens* (Aubl.) Pittier, *Derris pterocarpus* (DC.) Killip, *Lonchocarpus scandens* (Aubl.) Ducke
Ref.: Foster (1958), Vargas Salazar (1993e), Killeen & Schulenberg (1998).
Trepadora, liana, árbol. Nativa. Zonas Bajas. Bosque Húmedo, Campos Cerrados, Campos Amazónicos, 0–1000 m.
Dept.: BE, LP, PA, SC.
Muestra: *B.A. Krukoff 10597* (A, MO).

Deguelia spruceana (Benth.) A.M.G. Azevedo & R.A. Camargo, Brittonia (e-publ. 9 jul.). 2013.
Sin.: *Lonchocarpus spruceanus* Benth.
Ref.: Vargas Salazar (1993e), Camargo & Azevedo Tozzi (2013).
Arbusto, árbol. Nativa. Zonas Bajas. Sabanas Benianas del Sur, 0–500 m.
Dept.: BE.
Muestra: *S.G. Beck 5859* (K, LPB).

Delonix Raf., Fl. Tellur. 2: 92. 1836 [1837].
1 especie, 0 especies endémicas.

Delonix regia (Bojer ex Hook.) Raf., Fl. Tellur. 2: 92. 1836 [1837].
Sin.: *Poinciana regia* Bojer ex Hook., *Poinciana regia* Bojer, *Delonix regia* var. *flavida* Stehlé, *Delonix regia* var. *genuina* Stehlé
Ref.: Ruiz de Centurión (1993a).
Árbol. Cultivada. Zonas Bajas. Bosque Húmedo, Bosque Semideciduo Chiquitano, Bosque Seco Chaqueño, Sabanas Benianas del Sur, 0–1000 m.
Dept.: BE, SC.
Muestra: *S.G. Beck 2553* (LPB, NY).
Nota: Nativa de Madagascar.
Nom. Vern.: Pajarilla.

Desmanthus Willd., Sp. Pl. 4(2): 888, 1044–1049. 1806.
3 especies, 0 especies endémicas.

Desmanthus acuminatus Benth., J. Bot. (Hooker) 4(31): 357. 1841.
Hierba, subarbusto. Nativa. Andes. Valles Secos, 2000–3000 m.
Dept.: CH, CO, PO, SC.
Muestra: *J.R.I. Wood 19235* (K, LPB).

Desmanthus paspalaceus (Lindm.) Burkart, Darwiniana 7(2): 221. 1946.
Sin.: *Acuan virgatum* fo. *paspalacea* Lindm.
Ref.: Luckow (1993).
Hierba. Nativa. Zonas Bajas. Sabanas Benianas del Sur, 0–500 m.
Dept.: BE.
Muestra: *E. Werdermann 2527* (MO).

Desmanthus virgatus (L.) Willd., Sp. Pl. 4(2): 1047. 1806.
Sin.: *Mimosa pernambucana* L., *Mimosa virgata* L., *Mimosa angustisiliqua* Lam., *Acuan virgatum* (L.) Medik., *Acacia virgata* (L.) Gaertn., *Mimosa virgata* W. Bartram, *Desmanthus depressus* Humb. & Bonpl. ex Willd., *Desmanthus diffusus* Willd., *Mimosa depressa* (Humb. & Bonpl. ex Willd.) Poir., *Desmanthus leptophyllus* Kunth, *Desmanthus strictus* Bertol., *Desmanthus tenellus* DC., *Acacia angustisiliqua* (Lam.) Desf., *Desmanthus pratorum* Macfad., *Acacia depauperata* Mart. ex Steud., *Desmanthus virgatus* var. *strictus* Bertero ex Griseb., *Acacia leptosperma* Bello, *Acuan depressum* (Humb. & Bonpl. ex Willd.) Kuntze, *Desmanthus pernambucanus* (L.) Thell., *Desmanthus tatuhyensis* Hoehne, *Acuan bahamense* Britton & Rose, *Acuan guadeloupense* Britton & Rose, *Acuan insulare* Britton & Rose, *Acuan latum* Britton & Rose, *Acuan texanum* Britton & Rose, *Acuan tracyi* Britton & Rose, *Desmanthus virgatus* var. *depressus* (Humb. & Bonpl. ex Willd.) B.L. Turner
Ref.: Foster (1958), Luckow (1993), López Vargas (1995), Atahuachi Burgos & Arrázola Rivero (1996), Saravia Miranda (1996), Serrano & Terán (1998 [2000]).
Hierba, subarbusto. Nativa. Zonas Bajas, Andes. Bosque Húmedo, Bosque Semideciduo Chiquitano, Bosque Seco Chaqueño, Bosque Tucumano-Boliviano, Valles Secos, 0–1000, 1500–2500 m.
Dept.: CH, CO, SC, TA.
Muestra: *P. Saravia 877* (BOLV).

Desmodium Desv., J. Bot. Agric. 1(3): 122, pl. 5, f. 15. 1813.
34 especies, 1 especie endémica.

Desmodium adscendens (Sw.) DC., Prodr. 2: 332. 1825.
Sin.: *Hedysarum adscendens* Sw., *Hedysarum caespitosum* Poir., *Hedysarum adscendens* var. *caeruleum* Lindl., *Desmodium adscendens* var. *caeruleum* (Lindl.) DC., *Desmodium coeruleum* (Lindl.) G. Don, *Desmodium vogelii* Steud., *Desmodium glaucescens* Miq., *Meibomia adscendens* (Sw.) Kuntze, *Desmodium arinense* Hoehne
Ref.: Rusby (1893b), Foster (1958).
Hierba, arbusto. Nativa. Zonas Bajas, Andes. Bosque Húmedo, Bosque Semideciduo Chiquitano, Campos Cerrados, Sabanas Benianas del Sur, Yungas, Valles Secos, 0–3000 m.
Dept.: BE, CH, CO, LP, SC.
Muestra: *M. Bang 408* (NY).

Desmodium affine Schltdl., Linnaea 12: 312–313. 1838.
Sin.: *Desmodium albiflorum* Salzm. ex Benth. & Oerst., *Desmodium albiflorum* Salzm. ex Benth., *Meibomia affinis* (Schltdl.) Kuntze, *Meibomia albiflora* (Salzm. ex Benth.) Kuntze, *Desmodium albiflorum* fo. *grandifolia* Chodat & Hassl.
Ref.: Foster (1958), Serrano & Terán (1998 [2000]).
Hierba. Nativa. Zonas Bajas, Andes. Bosque Húmedo, Yungas, Bosque Tucumano-Boliviano, Valles Secos, 0–2000 m.
Dept.: BE, CH, CO, LP, SC, TA.
Muestra: *S.G. Beck 6360* (LPB, MO).

Desmodium asperum (Poir.) Desv., J. Bot. Agric. 1: 122. 1813.
Sin.: *Hedysarum asperum* Poir.
Ref.: Killeen & Schulenberg (1998).

Hierba. Nativa. Zonas Bajas. Bosque Semideciduo Chiquitano, 0–500 m.
Dept.: SC.
Muestra: *R. Guillén V. & J. Surubí 1225* (MO, USZ).

Desmodium axillare (Sw.) DC., Prodr. 2: 333. 1825.
Sin.: *Hedysarum axillare* Sw., *Hedysarum reptans* Poir., *Hedysarum stoloniferum* Rich. ex Poir., *Desmodium reptans* (Poir.) DC., *Desmodium spirale* var. *stoloniferum* (Rich. ex Poir.) DC., *Desmodium radicans* Macfad., *Desmodium stoloniferum* (Rich. ex Poir.) Steud., *Meibomia axillaris* (Sw.) Kuntze, *Meibomia axillaris* var. *acutifolia* Kuntze, *Meibomia axillaris* var. *obtusifoliolia* Kuntze, *Meibomia reptans* (Poir.) Kuntze, *Meibomia andina* Rusby, *Desmodium axillare* var. *angustatum* Urb., *Desmodium axillare* var. *genuinum* Urb., *Desmodium axillare* var. *sintenisii* Urb., *Desmodium axillare* var. *acutifolium* (Kuntze) Urb., *Desmodium axillare* var. *obtusifoliola* (Kuntze) Urb., *Meibomia umbrosa* Britton, *Meibomia sintenisii* (Urb.) Britton, *Nephromeria axillaris* (Sw.) Schindl., *Nephromeria axillaris* var. *acutifolia* (Kuntze) Schindl., *Nephromeria axillaris* var. *obtusifoliola* (Kuntze) Schindl.
Ref.: Rusby (1893b), Foster (1958), Killeen & Schulenberg (1998), Alverson et al. (2000).
Hierba. Nativa. Zonas Bajas, Andes. Bosque Húmedo, Sabanas Benianas del Sur, Yungas, Valles Secos, 0–2000 m.
Dept.: BE, CO, LP, PA, SC.
Muestra: *A.F. Fuentes C. 4313* (LPB, MEXU, MO).
Infra: *Desmodium axillare* var. *acutifolium* (Kuntze) Urb., *Desmodium axillare* var. *stoloniferum* (Rich. ex Poir.) B.G. Schub.

Desmodium barbatum (L.) Benth., Pl. Jungh. 2: 224. 1852.
Sin.: *Hedysarum barbatum* L., *Hedysarum villosum* Mill., *Hedysarum coeruleo-violaceum* G. Mey., *Hedysarum venustulum* Kunth, *Desmodium coeruleo-violaceum* (G. Mey.) DC., *Desmodium villosum* (Mill.) DC., *Nicolsonia barbata* (L.) DC., *Nicolsonia cayennensis* DC., *Nicolsonia cayennensis* var. *obovata* DC., *Nicolsonia venustula* (Kunth) DC., *Perrottetia barbata* (L.) DC., *Urania barbata* (L.) Desv., *Nicolsonia villosa* Cham. & Schltdl., *Nicolsonia major* Steud., *Nicolsonia radicans* Steud., *Desmodium villosum* (Cham. & Schltdl.) Hemsl., *Meibomia barbata* (L.) Kuntze, *Meibomia cayennense* (DC.) Kuntze, *Meibomia villosa* (Mill.) Kuntze
Ref.: Foster (1958), Parker & Bailey (1991), Killeen & Schulenberg (1998), Wood et al. (2011), Duchen & Beck (2012).
Hierba, subarbusto, arbusto, árbol. Nativa. Zonas Bajas, Andes. Bosque Húmedo, Bosque Semideciduo Chiquitano, Campos Cerrados, Sabanas Benianas del Sur, Campos Amazónicos, Yungas, Valles Secos, 0–2000, 2500–3000 m.
Dept.: BE, LP, SC.
Muestra: *T. Killeen & R. Guillén V. 7305* (AAU, GH, MEXU, MO, USZ).

Desmodium bridgesii (Schindl.) Burkart, Darwiniana 3(2): 194. 1939.
Sin.: *Meibomia bridgesii* Schindl.
Ref.: Foster (1958).
Hierba, subarbusto, arbusto, arbolito. Nativa. Zonas Bajas, Andes. Bosque Húmedo, Yungas, Bosque Tucumano-Boliviano, Bosque Serrano Chaqueño, 0–2000 m.
Dept.: CH, CO, LP, SC, TA.
Tipo y muestra: *T.C. Bridges s.n.* (T: no localizado), *M. Saldias 387* (MO, USZ).

Desmodium cajanifolium (Kunth) DC., Prodr. 2: 331. 1825.
Sin.: *Hedysarum cajanifolium* Kunth, *Hedysarum multiflorum* Willd. ex Cham. & Schltdl., *Meibomia cajanifolia* (Kunth) Kuntze
Ref.: Foster (1958), Parker & Bailey (1991), Killeen & Schulenberg (1998), Duchen & Beck (2012).
Hierba, subarbusto, arbusto. Nativa. Zonas Bajas, Andes. Bosque Húmedo, Bosque Semideciduo Chiquitano, Sabanas Benianas del Sur, Yungas, Bosque Tucumano-Boliviano, Valles Secos, 0–2000 m.
Dept.: BE, CO, LP, SC, TA.
Muestra: *S.G. Beck 8351* (BAB, G, K, LPB, M, MO, NY, SI, USZ).

Desmodium campyloclados Hemsl., Biol. Cent.-Amer., Bot. 1(3): 276–277. 1879.
Sin.: *Meibomia campyloclada* (Hemsl.) Kuntze, *Meibomia sylvestris* S.F. Blake, *Desmodium immerens* J.F. Macbr., *Desmodium flexuosum* Pittier, *Desmodium dubium* Pittier
Ref.: Zamora Villalobos (2010).
Hierba, subarbusto. Nativa. Zonas Bajas, Andes. Bosque Húmedo, Yungas, Bosque Tucumano-Boliviano, Valles Secos, 500–2500 m.
Dept.: LP, TA.
Muestra: *J.C. Solomon 10533* (LPB, MO).

Desmodium cuneatum Hook. & Arn., Bot. Misc. 3: 195. 1833.
Sin.: *Meibomia brevipes* (Vogel) Kuntze, *Meibomia cuneata* (Hook. & Arn.) Kuntze
Ref.: Foster (1958).
Hierba. Nativa. Zonas Bajas, Andes. Bosque Húmedo, Campos Cerrados, Valles Secos, 0–500, 1000–1500 m.
Dept.: SC, TA.
Muestra: *M.H. Nee 48383* (LPB, MO, NY, USZ).

Desmodium distortum (Aubl.) J.F. Macbr., Publ. Field Mus. Nat. Hist., Bot. Ser. 8(2): 101. 1930.
Sin.: *Hedysarum distortum* Aubl., *Aeschynomene aspera* (Poir.) J. St.-Hil., *Desmodium elatum* Kunth, *Desmodium rubiginosum* Benth., *Desmodium hirsutum* M. Martens & Galeotti, *Desmodium spectabile* Miq., *Meibomia aspera* (Poir.) Kuntze, *Meibomia distorta* (Aubl.) Schindl., *Meibomia aspera* var. *michelii* Schindl.
Ref.: Foster (1958), Killeen & Schulenberg (1998).
Hierba. Nativa. Zonas Bajas, Andes. Bosque Húmedo, Bosque Semideciduo Chiquitano, Bosque Seco Chaqueño, Bosque Serrano Chaqueño, Valles Secos, 0–1500 m.
Dept.: LP, SC.
Muestra: *F. Mamani & A. Jardim 735* (MO, USZ).

Desmodium dutrae Malme, Ark. Bot. 18(7): 10–11, pl. 3, f. 6. 1922 [1923].
Hierba. Nativa. Zonas Bajas. Bosque Húmedo, 0–500 m.
Dept.: SC.
Muestra: *M. Menacho Viruez 350* (MO).

Desmodium glabrum (Mill.) DC., Prodr. 2: 338. 1825.
Sin.: *Hedysarum glabrum* Mill., *Hedysarum molle* Vahl, *Hedysarum terminale* Rich., *Hedysarum emarginatum* Poir., *Desmodium emarginatum* (Poir.) DC., *Desmodium molle* (Vahl) DC., *Desmodium terminale* (Rich.) DC., *Hedysarum glabrum* Steud., *Meibomia emarginata* (Poir.) Kuntze, *Meibomia glabra* (Mill.) Kuntze, *Meibomia mollis* (Vahl) Kuntze, *Meibomia terminalis* (Rich.) Kuntze, *Desmodium campestre* Brandegee
Ref.: Zamora Villalobos (2010).
Hierba. Nativa. Zonas Bajas, Andes. Bosque Seco Chaqueño, Yungas, 0–1500 m.
Dept.: LP, SC, TA.
Muestra: *A.F. Fuentes C. & G. Navarro 2625* (LPB, USZ).

Desmodium guaraniticum (Chodat & Hassl.) Malme, Ark. Bot. 23A(13): 78. 1931.
Sin.: *Desmodium asperum* var. *guaraniticum* Chodat & Hassl.
Hierba. Nativa. Zonas Bajas. Campos Cerrados, 0–500 m.
Dept.: SC.
Muestra: *J.R.I. Wood et al. 27087* (K).

Desmodium hassleri (Schindl.) Burkart, Darwiniana 3(2): 211. 1939.
Sin.: *Meibomia hassleri* Schindl.
Ref.: Foster (1958).
Hierba. Nativa. Zonas Bajas. Bosque Húmedo, 0–500 m.
Dept.: SC.
Muestra: *J. Steinbach 2463* (A).

Desmodium heterocarpon (L.) DC., Prodr. 2: 337. 1825.
Sin.: *Hedysarum heterocarpon* L., *Hedysarum heterocarpon* Thunb., *Desmodium buergeri* Miq., *Meibomia heterocarpa* (L.) Kuntze, *Desmodium ovalifolium* (Prain) Wallich ex Ridley, *Desmodium heterocarpon* var. *buergeri* (Miq.) Hosok.
Ref.: Zamora Villalobos (2010).
Hierba. Naturalizada. Zonas Bajas. Bosque Húmedo, 0–500 m.
Dept.: CO.
Muestra: *M. Sigle 571* (LPB).
Nota: Introducida de Asia.

Desmodium hickenianum Burkart, Darwiniana 3(2): 217–221, f. 12. 1939.
Sin.: *Meibomia microcarpa* Rusby
Ref.: Rusby (1927), Foster (1958).
Hierba. Nativa. Zonas Bajas. Campos Cerrados, Sabanas Benianas del Sur, 0–500 m.
Dept.: BE, CH, SC.
Muestra: *R. Seidel & S.G. Beck 434* (LPB).
Infra: *Desmodium hickenianum* var. *majus* Hauman

Desmodium incanum (Sw.) DC., Prodr. 2: 332. 1825.
Sin.: *Hedysarum racemosum* Aubl., *Hedysarum incanum* Sw., *Hedysarum supinum* Sw., *Desmodium supinum* DC., *Desmodium sparsiflorum* G. Don, *Meibomia supina* (Sw.) Britton, *Desmodium canum* Schinz & Thell.
Ref.: Rusby (1893b), Foster (1958), Killeen & Schulenberg (1998), Serrano & Terán (1998 [2000]), Duchen & Beck (2012).
Hierba, subarbusto. Nativa. Zonas Bajas, Andes. Bosque Húmedo, Bosque Semideciduo Chiquitano, Campos Cerrados, Sabanas Benianas del Sur, Yungas, Bosque Tucumano-Boliviano, Valles Secos, 0–3000 m.
Dept.: BE, CH, CO, LP, PA, SC, TA.
Muestra: *J.C. Solomon 16710* (MO).
Nom. Vern.: Pega-pega.

Desmodium intortum (Mill.) Urb., Symb. Antill. 8(1): 292. 1920.
Sin.: *Hedysarum intortum* Mill., *Desmodium trigonum* (Sw.) DC., *Desmodium sinclairii* Benth., *Meibomia hjalmarsonii* Schindl., *Meibomia intorta* (Mill.) S.F. Blake, *Desmodium hjalmarsonii* (Schindl.) Standl., *Desmodium intortum* var. *apiculatum* B.G. Schub., *Desmodium nantouensis* Y. C. Liu & F.Y. Lu
Ref.: Zamora Villalobos (2010), Duchen & Beck (2012).
Hierba. Nativa. Andes. Yungas, Valles Secos, 2000–2500 m.
Dept.: CO, LP.
Muestra: *S.G. Beck 2746* (LPB, M).

Desmodium leiocarpum (Spreng.) G. Don, Gen. Hist. 2: 294. 1832.
Sin.: *Hedysarum leiocarpum* Spreng., *Meibomia leiocarpa* (Spreng.) Kuntze
Ref.: Duchen & Beck (2012).
Hierba. Nativa. Andes. Yungas, 1500–2000 m.
Dept.: LP.
Muestra: *J.C. Solomon & B.A. Stein 11682* (LPB, MO).

Desmodium limense Hook., Bot. Misc. 2(5): 215. 1831.
Sin.: *Desmodium peruvianum* Vogel, *Desmodium filiforme* Hook. f., *Desmodium mandonii* Britton, *Meibomia limensis* (Hook.) Kuntze, *Desmodium galapagense* B.L. Rob.
Ref.: Foster (1958), Duchen & Beck (2012).
Hierba, trepadora. Nativa. Zonas Bajas, Andes. Bosque Húmedo, Yungas, Páramo Yungueño, Valles Secos, 0–3500 m.
Dept.: CO, LP, PA.
Muestra: *R.F. Steinbach 399* (MO).
Nom. Vern.: Carapisho.

Desmodium longiarticulatum (Rusby) Burkart, Darwiniana 3(2): 193. 1939.
Sin.: *Meibomia longiarticulata* Rusby
Ref.: Rusby (1927), Foster (1958).
Hierba, subarbusto, arbusto. Nativa. Zonas Bajas, Andes. Bosque Húmedo, Yungas, Valles Secos, 0–1500 m.
Dept.: BE, CO, LP, SC, TA.
Tipo y muestra: *O.E. White 1055* (HT: NY; IT: GH, US), *M.H. Nee 35139* (LPB, MO, NY).

Desmodium molliculum (Kunth) DC., Prodr. 2: 331. 1825.
Sin.: *Hedysarum molliculum* Kunth, *Heteroloma lanatum* Desv. ex Kunth, *Desmodium mexicanum* Sweet, *Desmodium mexicanum* S. Watson, *Meibomia mollicula* (Kunth) Kuntze
Ref.: Foster (1958), Serrano & Terán (1998 [2000]).
Hierba. Nativa. Andes. Yungas, Bosque Tucumano-Boliviano, Valles Secos, 1500–3500 m.
Dept.: CH, CO, LP, SC, TA.
Muestra: *H.H. Rusby 973* (MO).

Desmodium pachyrrhizum Vogel, Linnaea 12: 97–99. 1838.
Sin.: *Meibomia pachyrhiza* (Vogel) Kuntze
Ref.: Rusby (1893b), Foster (1958).
Hierba. Nativa. Zonas Bajas, Andes. Bosque Semideciduo Chiquitano, Campos Cerrados, Yungas, 0–500, 1000–1500 m.
Dept.: BE, LP, SC.
Muestra: *T. Killeen 1933* (LPB, MO).
Nom. Vern.: Pega-lila-arbolito.

Desmodium platycarpum Benth., Fl. Bras. 15(1A): 100–101. 1859.
Ref.: Wood et al. (2011).
Hierba. Nativa. Zonas Bajas. Campos Cerrados, 0–500 m.
Dept.: SC.
Muestra: *T. Killeen 1175* (LPB, NY).

Desmodium procumbens (Mill.) Hitchc., Rep. (Annual) Missouri Bot. Gard. 4: 76. 1893.
Sin.: *Hedysarum procumbens* Vell., *Hedysarum procumbens* Mill., *Hedysarum spirale* Sw., *Desmodium spirale* (Sw.) DC., *Desmodium tenuiculum* DC., *Hedysarum tenellum* Spreng. ex DC., *Desmodium sylvaticum* Benth., *Desmodium neomexicanum* A. Gray, *Desmodium bigelovii* A. Gray, *Desmodium spirale* Griseb., *Desmodium neomexicanum* var. *bigelovii* (A. Gray) S. Watson, *Meibomia spiralis* (Sw.) Kuntze, *Desmodium spirale* var. *bigelovii* (A. Gray) B.L. Rob. & Greenm., *Meibomia parva* Schindl., *Meibomia procumbens* (Mill.) Schindl., *Meibomia procumbens* (Mill.) Britton, *Meibomia procumbens* var. *sylvatica* (Benth.) Schindl., *Desmodium parvum* (Schindl.) Standl., *Desmodium humile* (Schindl.) Burkart, *Desmodium lilloanum* (Schindl.) Burkart
Ref.: Foster (1958), Adolfo María (1966), Atahuachi Burgos & Arrázola Rivero (1996), Serrano & Terán (1998

[2000]), Zamora Villalobos (2010).
Hierba, trepadora. Nativa. Zonas Bajas, Andes. Bosque Seco Chaqueño, Sabanas Benianas del Sur, Yungas, Bosque Tucumano-Boliviano, Valles Secos, 0–3500 m.
Dept.: BE, CH, CO, LP, SC, TA.
Muestra: *A. Krapovickas & A. Schinini 38893* (CTES, LPB).
Nom. Vern.: Pega-pega.

Desmodium sclerophyllum Benth., Fl. Bras. 15(1A): 102. 1859.
Sin.: *Meibomia sclerophylla* (Benth.) Kuntze
Ref.: Foster (1958), Killeen & Schulenberg (1998), Wood et al. (2011).
Hierba, trepadora. Nativa. Zonas Bajas. Bosque Húmedo, Campos Cerrados, 0–1000 m.
Dept.: BE, LP, SC.
Muestra: *S.G. Beck 6655* (LPB).

Desmodium scorpiurus (Sw.) Desv., J. Bot. Agric. 1(3): 122. 1813.
Sin.: *Hedysarum scorpiurus* Sw., *Desmodium virgatum* Desv., *Desmodium arenarium* Kunth, *Desmodium multicaule* DC., *Desmodium parviflorum* M. Martens & Galeotti, *Meibomia arenaria* (Kunth) Kuntze, *Meibomia multicaulis* (DC.) Kuntze, *Meibomia scorpiurus* (Sw.) Kuntze, *Desmodium akoense* Hayata, *Nissoloides cylindrica* M.E. Jones
Ref.: Zamora Villalobos (2010).
Hierba. Nativa. Zonas Bajas. Campos Amazónicos, 0–500 m.
Dept.: BE, CO, PA.
Muestra: *J.C. Solomon 16822* (LPB, MO).

Desmodium subsericeum Malme, Ark. Bot. 18(7): 4–5, pl. 1, f. 1. 1922.
Sin.: *Meibomia subsericea* (Malme) Schindl.
Ref.: Malme (1922), Duchen & Beck (2012).
Hierba. Nativa. Zonas Bajas, Andes. Bosque Húmedo, Yungas, 0–2500 m.
Dept.: CH, CO, LP, TA.
Muestra: *E. Vargas 2073* (LPB).

Desmodium tortuosum (Sw.) DC., Prodr. 2: 332. 1825.
Sin.: *Hedysarum tortuosum* Sw., *Desmodium tortuosum* var. *hirtellum* DC., *Desmodium tortuosum* Webb, *Meibomia tortuosa* (Sw.) Kuntze
Ref.: Foster (1958).
Hierba, subarbusto, arbolito. Nativa. Zonas Bajas, Andes. Bosque Húmedo, Yungas, 0–1000, 1500–2000 m.
Dept.: LP, SC.
Muestra: *M.H. Nee & M.A. Sundue 51914* (LPB, MO).

Desmodium triflorum (L.) DC., Prodr. 2: 334. 1825.
Sin.: *Hippocrepis humilis* Blanco, *Desmodium triflorum* var. *adpressum* Ohwi, *Hedysarum triflorum* L., *Hedysarum stipulaceum* Burm. f., *Aeschynomene triflora* (L.) Poir., *Pleurolobus triflorus* (L.) J. St.-Hil., *Desmodium caespitosum* (Poir.) DC., *Desmodium stipulaceum* DC., *Hedysarum stipulaceum* Sesse ex DC., *Hedysarum granulatum* Schumach. & Thonn., *Hedysarum biflorum* Willd. ex Wallich, *Desmodium bullamense* G. Don, *Desmodium triflorum* var. *minus* Wight & Arn., *Desmodium triflorum* var. *villosum* Wight & Arn., *Desmodium caespitosum* Bojer, *Desmodium granulatum* (Schumach. & Thonn.) Walp., *Desmodium stipulaceum* Hassk., *Nicolsonia reptans* Meisn., *Nicolsonia reptans* Hook. f. & Benth., *Sagotia triflora* (L.) Duchass. & Walp., *Nicolsonia triflora* (L.) Griseb., *Meibomia triflora* (L.) Kuntze, *Desmodium triflorum* var. *pygmaeum* Hoehne, *Desmodium triflorum* var. *minimus* Stehlé
Ref.: Adolfo María (1966), Parker & Bailey (1991).
Hierba. Nativa. Zonas Bajas. Bosque Húmedo, Sabanas Benianas del Sur, 0–500 m.
Dept.: BE, CO, LP, SC.
Muestra: *R. Seidel 642* (LPB).

Desmodium uncinatum (Jacq.) DC., Prodr. 2: 331. 1825.
Sin.: *Hedysarum uncinatum* Jacq., *Meibomia uncinata* (Jacq.) Kuntze, *Desmodium uncinatum* var. *gracile* Burkart
Ref.: Rusby (1893b), Foster (1958), Atahuachi Burgos & Arrázola Rivero (1996), Schulenberg & Awbrey (1997), Serrano & Terán (1998 [2000]), Duchen & Beck (2012).
Hierba, trepadora, arbusto. Nativa. Andes. Yungas, Bosque Tucumano-Boliviano, Valles Secos, 1000–3000 m.
Dept.: CH, CO, LP, SC, TA.
Muestra: *M. Bang 257* (GH, MO).
Nom. Vern.: Pega pega.

Desmodium vargasianum B.G. Schub., Contr. Gray Herb. 124: 11, pl. 1, f. 1–5. 1939.
Hierba, subarbusto. Nativa. Andes. Valles Secos, 1000–1500, 2000–2500 m.
Dept.: LP.
Muestra: *S.G. Beck 1987* (F, LPB, MO).

Desmodium weberbaueri (Schindl.) J.F. Macbr., Publ. Field Mus. Nat. Hist., Bot. Ser. 8(2): 102. 1930.
Sin.: *Meibomia weberbaueri* Schindl.
Ref.: Duchen & Beck (2012).
Hierba. Nativa. Andes. Yungas, 1000–2000 m.
Dept.: LP.
Muestra: *S.G. Beck 3751* (A, LPB, US).

Desmodium yungasense Britton, Bull. Torrey Bot. Club 16(10): 261–262. 1889.
Ref.: Foster (1958), Duchen & Beck (2012).
Hierba, liana, subarbusto. Endémica. Andes. Yungas, Bosque Tucumano-Boliviano, Páramo Yungueño, 1000–2500 m.
Dept.: LP, SC.
Tipo y muestra: *H.H. Rusby 974* (HT: NY; IT: NY, US), *A.F. Fuentes C. et al. 8008* (LPB, MO, NY, USZ).

Dialium L., Syst. Nat. (ed. 12) 2: 56. 1767.
1 especie, 0 especies endémicas.

Dialium guianense (Aubl.) Sandwith, Lloydia 2(3): 184. 1939.
Sin.: *Arouna guianensis* Aubl., *Dialium divaricatum* Vahl, *Dialium acuminatum* Spruce ex L. Williams
Ref.: Parker & Bailey (1991), Ruiz de Centurión (1993a), Killeen & Schulenberg (1998), Alverson et al. (2000).
Árbol. Nativa. Zonas Bajas. Bosque Húmedo, Campos Amazónicos, 0–500 m.
Dept.: BE, LP, PA, SC.
Muestra: *R.T. Pennington et al. 159* (K, LPB, MO).

Dimorphandra Schott, Syst. Veg. 4(2): 404. 1827.
3 especies, 0 especies endémicas.

Dimorphandra gardneriana Tul., Arch. Mus. Hist. Nat. 4: 185. 1844.
Sin.: *Dimorphandra biretusa* Tul.
Ref.: Silva (1986), Ruiz de Centurión (1993a), Killeen & Schulenberg (1998), Wood et al. (2011).
Arbolito, árbol. Nativa. Zonas Bajas. Bosque Semideciduo Chiquitano, Campos Cerrados, 0–1000 m.
Dept.: SC.
Muestra: *T. Killeen 2220* (F, LPB).

Dimorphandra mollis Benth., J. Bot. (Hooker) 2(10): 102. 1840.
Ref.: Silva (1986), Killeen & Schulenberg (1998).
Arbusto, arbolito, árbol. Nativa. Zonas

Bajas. Bosque Húmedo, Bosque Semideciduo Chiquitano, Campos Cerrados, 0–1000 m.
Dept.: PA, SC.
Muestra: *A. Jardim & F. Mamani 3586* (LPB, MO, USZ).

Dimorphandra pennigera Tul., Arch. Mus. Hist. Nat. 4: 187. 1844.
Ref.: Altamirano Azurduy & Ramos de Sousa (2009).
Árbol. Nativa. Zonas Bajas. Bosque Húmedo, 0–500 m.
Dept.: BE.
Muestra: *S. Altamirano 3324* (BOLV, MO).

Dioclea Kunth, Nov. Gen. Sp. (quarto ed.) 6: 437. 1823.
18 especies, 0 especies endémicas.

Dioclea apiculata R.H. Maxwell, Novon 21(2): 235. 2011.
Ref.: Maxwell (2011).
Trepadora, liana. Nativa. Andes. Yungas, 1000–2500 m.
Dept.: LP.
Tipo y muestra: *O. Buchtien 664* (HT: MO; IT: F, G), *S.G. Beck & R.B. Foster 13955* (MO, NY).

Dioclea aurea R.H. Maxwell, Ann. Missouri Bot. Gard. 67(3): 664–665. 1981.
Trepadora. Cultivada. Zonas Bajas. Sabanas Benianas del Sur, 0–500 m.
Dept.: BE.
Muestra: *S.G. Beck 16651* (LPB, MO).
Nota: Nativa de Panamá y Colombia.

Dioclea bicolor Benth., Comm. Legum. Gen. 69. 1837.
Sin.: *Dioclea hispidemarginata* R.H. Maxwell, *Dolichos bicolor* (Benth.) Hoffmanns. ex Steud.
Ref.: Maxwell (1969), Killeen & Schulenberg (1998).
Liana. Nativa. Zonas Bajas. Bosque Húmedo, Bosque Semideciduo Chiquitano, 0–500 m.
Dept.: SC.
Muestra: *M. Saldias et al. 2918* (INA, K, MEXU, MO, NY, USZ).

Dioclea burkartii R.H. Maxwell, Darwiniana 16(1–2): 413–416, f. 1–2. 1970.
Ref.: Maxwell (1969).
Trepadora, liana. Nativa. Zonas Bajas. Bosque Semideciduo Chiquitano, Sabanas Benianas del Sur, 0–500 m.
Dept.: SC.
Muestra: *J. Balcázar S. et al. 1126* (MO, USZ).

Dioclea funalis Poepp., Nov. Gen. Sp. Pl. 3: 59. 1845.
Ref.: Maxwell (1969).
Trepadora. Nativa. Andes. Yungas, 1000–2000 m.
Dept.: LP.
Muestra: *O. Buchtien 789* (F).
Nota: Citada por Maxwell (1969) como presente en Bolivia, pero no hay ejemplares de herbario confirmados.

Dioclea glabra Benth., Comm. Legum. Gen. 69. 1837.
Sin.: *Dioclea leiophylla* Ducke
Ref.: Maxwell (1969), Maxwell (1990), Killeen & Schulenberg (1998).
Trepadora, liana. Nativa. Zonas Bajas, Andes. Bosque Húmedo, Bosque Semideciduo Chiquitano, Campos Cerrados, Sabanas Benianas del Sur, Yungas, 0–1000, 1500–2000 m.
Dept.: BE, LP, SC.
Muestra: *J.C. Solomon 16801* (MO).

Dioclea grandiflora Mart. ex Benth., Comm. Legum. Gen. 68–69. 1837.
Ref.: Maxwell (1969).
Trepadora. Nativa. Zonas Bajas. Campos Cerrados, 0–500 m.
Dept.: SC.
Muestra: *M.H. Nee 41756* (MO, NY, USZ).

Dioclea guianensis Benth., Comm. Legum. Gen. 70. 1837.
Sin.: *Dioclea lasiophylla* Mart. ex Benth., *Dioclea guianensis* var. *villosior* Benth., *Dioclea panamensis* Duchass. ex Walp., *Dioclea panamensis* Walp., *Dioclea comosa* var. *panamensis* (Duchass. ex Walp.) Kuntze, *Dioclea broadwayana* Pittier, *Dioclea trujillensis* Pittier
Ref.: Rusby (1893b), Foster (1958), Moraes R. (1990), Serrano & Terán (1998 [2000]).
Liana, árbol. Nativa. Zonas Bajas. Bosque Húmedo, Sabanas Benianas del Sur, 0–1000 m.
Dept.: BE, CH, LP, TA.
Muestra: *M.H. Nee 31550* (LPB, NY).
Infra: *Dioclea guianensis* var. *lasiophylla* (Mart. ex Benth.) R.H. Maxwell ex G.P. Lewis

Dioclea hexandra (Roxb.) Mabb., Taxon 29(5–6): 605–606. 1980.
Sin.: *Dolichos hexandra* Roxb., *Mucuna hexandra* (Roxb.) Ralph, *Dioclea coriacea* (Graham ex Wall.) Rusby
Ref.: Rusby (1893b), Foster (1958).
Liana, arbusto. Nativa. Región, tipo de vegetación y elevación desconocidas.
Dept.: Bolivia.
Nota: No existen ejemplares de herbario para Bolivia.

Dioclea huberi Ducke, Arch. Jard. Bot. Rio de Janeiro 3: 172–173. 1922.
Ref.: Maxwell (1969).
Liana, arbusto. Nativa. Zonas Bajas. Bosque Húmedo, 0–500 m.
Dept.: PA.
Muestra: *de la Sota 989* (no localizada).

Dioclea latifolia Benth., Comm. Legum. Gen. 69. 1837.
Ref.: Maxwell (1969).
Hierba, liana. Nativa. Zonas Bajas. Bosque Semideciduo Chiquitano, Campos Cerrados, Campos Amazónicos, 0–1000 m.
Dept.: LP, SC.
Muestra: *T. Killeen 2360* (F, LPB, MO).

Dioclea megacarpa Rolfe, Bull. Misc. Inform. Kew 1901: 139. 1901.
Sin.: *Dioclea reflexa* var. *grandiflora* Benth.
Ref.: Amshoff (1939).
Liana, arbusto. Nativa. Región, tipo de vegetación y elevación desconocidas.
Dept.: Bolivia.
Nota: Citada como presente en Bolivia por Amshoff (1939). No hay ejemplares de herbario confirmados para Bolivia.

[Dioclea ornithoryncha Rusby], Phytologia 1(2): 56. 1934.
Ref.: Rusby (1934), Foster (1958).
Tipo: *G.H.H. Tate 479* (HT: NY).
Nota: Especie dudosa. Conocido solamente del tipo. El tipo es una mezcla de hojas de *Mucuna* con flores y frutos de *Dioclea*.

Dioclea reflexa Hook. f., Niger Fl. 306–307. 1849.
Sin.: *Dolichos coriaceus* Graham ex Wall., *Canavalia reflexa* (Hook. f.) C. Wright
Ref.: Foster (1958).
Liana, arbusto. Nativa. Andes. Yungas, 2000–2500 m.
Dept.: LP.
Muestra: *H.H. Rusby 2397* (NY).

Dioclea rufescens Benth., Comm. Legum. Gen. 69. 1837.
Sin.: *Dioclea rubiginosa* Tul.
Ref.: Maxwell (1969).
Hierba, trepadora. Nativa. Andes. Tipo de vegetación desconocida, 1000–1500 m.
Dept.: Bolivia.
Muestra: *O. Buchtien 5427* (GH).

Dioclea sclerocarpa Ducke, Arch. Jard. Bot. Rio de Janeiro 3: 169–170. 1922.
Sin.: *Dioclea reflexa* var. *glabrescens* Benth.

Ref.: Maxwell (1969).
Trepadora. Nativa. Zonas Bajas. Bosque Semideciduo Chiquitano, 0–500 m.
Dept.: SC.
Muestra: *M.H. Nee 41666* (MO, NY, USZ).

Dioclea sericea Kunth, Nov. Gen. Sp. (quarto ed.) 6: 437–438, pl. 576. 1823 [1824].
Ref.: Maxwell (1969).
Liana. Cultivada. Zonas Bajas. Sabanas Benianas del Sur, 0–500 m.
Dept.: BE.
Muestra: *C.E. Cerón 16187* (MO).
Nota: Nativa de Colombia.

Dioclea violacea Mart. ex Benth., Comm. Legum. Gen. 69. 1837.
Sin.: *Dolichos altissimus* Vell., *Dioclea paraguariensis* Hassl.
Ref.: Zamora Villalobos (2010).
Liana, arbusto. Nativa. Zonas Bajas. Bosque Semideciduo Chiquitano, 0–500 m.
Dept.: SC.
Muestra: *M.H. Nee 41717* (MO, NY).

Dioclea virgata (Rich.) Amshoff, Meded. Bot. Mus. Herb. Rijks Univ. Utrecht 52: 69. 1939.
Sin.: *Dolichos virgatus* Rich., *Dioclea lasiocarpa* Mart. ex Benth., *Crepidotropis brasiliensis* Walp., *Canavalia bracteolata* Merr., *Canavalia peruviana* Piper
Ref.: Foster (1958), Maxwell (1969), Moraes R. (1990), Zamora Villalobos (2010).
Trepadora, liana, árbol. Nativa. Zonas Bajas, Andes. Bosque Húmedo, Sabanas Benianas del Sur, Valles Secos, 0–1000, 1500–2000 m.
Dept.: BE, CO, LP, PA.
Muestra: *M.H. Nee 31589* (MO, NY).
Infra: *Dioclea virgata* var. *virgata*

Diplotropis Benth., Comm. Legum. Gen. 24. 1837.
2 especies, 0 especies endémicas.

Diplotropis peruviana J.F. Macbr., Publ. Field Mus. Nat. Hist., Bot. Ser. 13(3/1): 246–247. 1943.
Ref.: Fuentes Claros et al. (2009).
Arbolito, árbol. Nativa. Andes. Yungas, Valles Secos, 1000–1500 m.
Dept.: LP.
Muestra: *A.F. Fuentes C. et al. 7691* (LPB, MO).

Diplotropis purpurea (Rich.) Amshoff, Meded. Bot. Mus. Herb. Rijks Univ. Utrecht 52: 43. 1939.
Sin.: *Tachigali purpurea* Rich., *Dibrachion guianense* Tul., *Diplotropis guianensis* Benth., *Bowdichia guianensis* (Tul.) Ducke
Ref.: Vargas Salazar (1993e).
Árbol. Nativa. Zonas Bajas. Bosque Húmedo, 0–500 m.
Dept.: BE, PA.
Muestra: *B.M. Boom 4242* (LPB, MO, NY).
Nom. Vern.: Jihui coshi.

Dipteryx Schreb., Gen. Pl. 2: 485. 1791.
3 especies, 0 especies endémicas.

Dipteryx alata Vogel, Linnaea 11: 383. 1837.
Sin.: *Coumarouna alata* (Vogel) Taub., *Coumarouna alata* (Vogel) Kuntze
Ref.: Vargas Salazar (1993e), Killeen & Schulenberg (1998), Mostacedo C. & Uslar (1999), Jardim et al. (2003), Wood et al. (2011).
Arbusto, arbolito, árbol. Nativa. Zonas Bajas, Andes. Bosque Húmedo, Bosque Semideciduo Chiquitano, Campos Cerrados, Sabanas Benianas del Sur, Campos Amazónicos, Yungas, 0–1500 m.
Dept.: LP, PA, SC.
Muestra: *S.G. Beck & R. Haase 9872* (BAB, F, G, K, LPB, MBM, NY).
Nom. Vern.: Almendra(o), almendrillo, coumarou, cumbarú, kumbarú, nocümonirr.

Dipteryx micrantha Harms, Notizbl. Bot. Gart. Berlin–Dahlem 9: 976. 1926.
Sin.: *Coumarouna micrantha* (Harms) Ducke
Ref.: Parker & Bailey (1991), Vargas Salazar (1993e), Alverson et al. (2000), Montambault (2002).
Árbol. Nativa. Zonas Bajas. Bosque Húmedo, 0–500 m.
Dept.: LP, PA.
Muestra: *S.G. Beck et al. 19649* (COL, F, K, LPB, MO, PORT).
Nom. Vern.: Almendrillo, coumarou.

Dipteryx odorata (Aubl.) Willd., Sp. Pl. 3(2): 910. 1802.
Sin.: *Coumarouna odorata* Aubl.
Ref.: Vargas Salazar (1993e), Atahuachi Burgos & Arrázola Rivero (1996), Killeen & Schulenberg (1998), Mostacedo C. & Uslar (1999), Arrázola Rivero et al. (2000), Wallace et al. (2000).
Árbol. Nativa. Zonas Bajas, Andes. Bosque Húmedo, Campos Cerrados, Yungas, 0–1500 m.
Dept.: BE, CO, LP, PA, SC, TA.
Muestra: *D.A. Neill & R.C. Quevedo 9373* (LPB, MO, USZ).
Nom. Vern.: Almendro, almendrillo, almendrillo macho, gabetillo macho, mavi, mavi turu.

Diptychandra Tul., Ann. Sci. Nat., Bot., sér. 2, 20: 139. 1843.
1 especie, 0 especies endémicas.

Diptychandra aurantiaca Tul., Ann. Sci. Nat., Bot., sér. 2, 20: 139. 1843.
Sin.: *Diptychandra glabra* Benth., *Diptychandra epunctata* subsp. *rojasii* Hassl.
Ref.: Moraes R. (1990), Ruiz de Centurión (1993a), Killeen & Schulenberg (1998), Jardim et al. (2003), Wood et al. (2011).
Arbusto, arbolito, árbol. Nativa. Zonas Bajas. Bosque Húmedo, Bosque Semideciduo Chiquitano, Campos Cerrados, Sabanas Benianas del Norte, Sabanas Benianas del Sur, 0–1000 m.
Dept.: BE, PA, SC.
Muestra: *G.A. Parada 839* (COL, G, K, M, MO, NY, USZ).
Nom. Vern.: Arca amarilla, arca colorada, orca.

Discolobium Benth., Comm. Legum. Gen. 41. 1837.
2 especies, 0 especies endémicas.

Discolobium junceum Micheli, Mém. Soc. Phys. Genève 30(2/7): 80, pl. 24. 1889.
Hierba. Nativa. Zonas Bajas. Campos Cerrados, 0–500 m.
Dept.: SC.
Muestra: *J.R.I. Wood 20770* (K).

Discolobium pulchellum Benth., Comm. Legum. Gen. 42. 1837.
Subarbusto, arbusto. Nativa. Zonas Bajas. Bosque Semideciduo Chiquitano, Sabanas Benianas del Sur, 0–500 m.
Dept.: SC.
Muestra: *A.M. Carrión & E. Ramos 573* (MO, USZ).

Dolichopsis Hassl., Bull. Herb. Boissier, sér. 2, 7(3): 161–162, f. sn. 1907.
2 especies, 0 especies endémicas.

Dolichopsis ligulata (Piper) A. Delgado, Novon 14(4): 424–425. 2004.
Sin.: *Phaseolus ligulatus* Piper, *Phaseolus dolichicarpus* Burkart
Ref.: Piper (1926), Foster (1958), Delgado Salinas et al. (2011).
Trepadora. Nativa. Zonas Bajas.

Sabanas Benianas del Sur, 0–500 m.
Dept.: BE, LP.
Tipo y muestra: *O.E. White 2000* (HT: US; IT: GH, GH, US), *S.G. Beck 18853* (CTES, LPB, NY).

Dolichopsis paraguariensis Hassl., Bull. Herb. Boissier, sér. 2, 7(3): 162–164, f. sn. 1907.
Sin.: *Vigna paraguariensis* Benth.
Ref.: Delgado Salinas et al. (2011).
Hierba, trepadora. Nativa. Zonas Bajas. Bosque Seco Chaqueño, Campos Cerrados, 0–500 m.
Dept.: BE, SC.
Muestra: *A.F. Fuentes C. 667* (LPB, MO, USZ).

Dussia Krug & Urb. ex Taub., Nat. Pflanzenfam. 3(3): 193. 1892.

2 especies, 0 especies endémicas.

Dussia discolor (Benth.) Amshoff, Meded. Bot. Mus. Herb. Rijks Univ. Utrecht 52: 50. 1939.
Sin.: *Geoffroea discolor* Benth., *Vexillifera micranthera* Ducke, *Dussia cayennensis* Harms, *Dussia micranthera* (Ducke) Harms
Ref.: Vargas Salazar (1993e).
Árbol. Nativa. Zonas Bajas. Bosque Húmedo, 0–500 m.
Dept.: PA.
Muestra: *E. Meneces 635* (BOLV).

Dussia tessmannii Harms, Notizbl. Bot. Gart. Berlin–Dahlem 9(89): 972–973. 1926.
Ref.: Parker & Bailey (1991), Fuentes Claros et al. (2009).
Arbolito, árbol. Nativa. Zonas Bajas, Andes. Bosque Húmedo, Yungas, 0–1500 m.
Dept.: CO, LP, PA.
Muestra: *A. Jardim 2469* (USZ).
Nom. Vern.: Jorori.

Entada Adans., Fam. Pl. 2: 318, 554. 1763.

1 especie, 0 especies endémicas.

Entada polystachya (L.) DC., Prodr. 2: 425. 1825.
Sin.: *Mimosa polystachia* L., *Mimosa bipinnata* Aubl., *Inga polystachya* (L.) Scop., *Mimosa caudata* Vahl, *Mimosa chiliantha* G. Mey., *Adenanthera bonplandiana* Kunth, *Acacia caudata* (Vahl) DC., *Entada plumieri* Spreng., *Entada polyphylla* Benth., *Entadopsis polyphylla* (Benth.) Britton, *Entadopsis polystachya* (L.) Britton, *Adenopodia polystachya* (L.) J.R. Dixon ex Croat
Ref.: Parker & Bailey (1991), Killeen & Schulenberg (1998), Wood et al. (2011).
Trepadora, liana, arbusto. Nativa. Zonas Bajas. Bosque Húmedo, Bosque Semideciduo Chiquitano, Campos Cerrados, Sabanas Benianas del Norte, 0–1000 m.
Dept.: BE, PA, SC.
Muestra: *J.C. Solomon 16812* (MO).
Infra: *Entada polystachya* var. *polystachya*, *Entada polystachya* var. *polyphylla* (Benth.) Barneby
Nom. Vern.: Chimbo ira.

Enterolobium Mart., Flora 20(2, Beibl.): 117. 1837.

5 especies, 0 especies endémicas.

Enterolobium contortisiliquum (Vell.) Morong, Ann. New York Acad. Sci. 7: 102. 1893.
Sin.: *Mimosa contortisiliqua* Vell., *Enterolobium glaucescens* Mart., *Enterolobium timbouva* Mart., *Acacia saponaria* Heyne ex Benth., *Calliandra pacara* Griseb., *Feuilleea pacara* (Griseb.) Kuntze, *Acacia melalobiata* Rojas Acosta
Ref.: Foster (1958), Saldias Paz (1993b), Schulenberg & Awbrey (1997), Killeen & Schulenberg (1998), González et al. (1999), Serrano & Terán (1998 [2000]), Vargas Caballero et al. (2000), Jardim et al. (2003).
Árbol. Nativa. Zonas Bajas, Andes. Bosque Húmedo, Bosque Semideciduo Chiquitano, Bosque Seco Chaqueño, Sabanas Benianas del Sur, Yungas, Bosque Tucumano-Boliviano, Bosque Serrano Chaqueño, Valles Secos, 0–2000 m.
Dept.: BE, CH, LP, SC, TA.
Muestra: *M.H. Nee & J.C. Solomon 32014* (LPB, MO, NY).
Nom. Vern.: Matuhuaqui, oreja de mono, pacará, timbó, timboy, toco, toco toco, tocorr, tumbay.

Enterolobium cyclocarpum (Jacq.) Griseb., Fl. Brit. W. I. 226. 1860.
Sin.: *Prosopis dubia* Guill. & Perr., *Mimosa cyclocarpa* Jacq., *Inga cyclocarpa* (Jacq.) Willd., *Prosopis dubia* Kunth, *Pithecellobium cyclocarpum* (Jacq.) Mart., *Mimosa parota* Sessé & Moc., *Feuilleea cyclocarpa* (Jacq.) Kuntze, *Albizia longipes* Britton & Killip
Ref.: Fuentes Claros et al. (2009).
Árbol. Nativa. Zonas Bajas, Andes. Bosque Húmedo, Bosque Semideciduo Chiquitano, Yungas, Bosque Serrano Chaqueño, Valles Secos, 0–1500 m.
Dept.: LP, SC, TA.
Muestra: *L. Cayola 1644* (LPB, MO, NY, USZ).

Enterolobium gummiferum (Mart.) J.F. Macbr., Contr. Gray Herb. 59: 1. 1919.
Sin.: *Pithecellobium gummiferum* Mart.
Ref.: Wood et al. (2011).
Árbol. Nativa. Zonas Bajas. Bosque Húmedo, Campos Cerrados, 0–500 m.
Dept.: BE, SC.
Muestra: *J.R.I. Wood 26238* (K).

Enterolobium maximum Ducke, Arch. Jard. Bot. Rio de Janeiro 1(1): 13. 1915.
Árbol. Nativa. Zonas Bajas. Bosque Húmedo, 0–1000 m.
Dept.: LP, PA.
Muestra: *T. Killeen 4401* (MO).

Enterolobium schomburgkii (Benth.) Benth., Trans. Linn. Soc. London 30(3): 599. 1875.
Sin.: *Pithecellobium schomburgkii* Benth., *Feuilleea schomburgkii* (Benth.) Kuntze, *Mimosa wilsonii* Standl.
Ref.: Killeen & Schulenberg (1998).
Árbol. Nativa. Zonas Bajas. Bosque Húmedo, Campos Cerrados, 0–1000 m.
Dept.: BE, PA, SC.
Muestra: *E. Meneces 768* (BOLV, MO).
Nom. Vern.: Chimbo, oreja de mono, toco, toco blanco, toco-toco, tocomache.

Eriosema (DC.) Desv., Ann. Sci. Nat. (Paris) 9: 421. 1826.

7 especies, 0 especies endémicas.

Eriosema congestum Benth., Fl. Bras. 15(1B): 214. 1862.
Hierba. Nativa. Zonas Bajas. Campos Cerrados, 0–1000 m.
Dept.: SC.
Muestra: *S.G. Beck 25031* (K, LPB).

Eriosema crinitum (Kunth) G. Don, Gen. Hist. 2: 348. 1832.
Sin.: *Glycine crinita* Kunth, *Rhynchosia crinita* (Kunth) DC., *Eriosema fusiforme* Rusby, *Eriosema conwayi* Rusby, *Eriosema pinetorum* Standl., *Eriosema adumbratum* Pittier
Ref.: Rusby (1893b), Foster (1958), Grear (1970), Killeen & Schulenberg (1998), Wood et al. (2011), Duchen & Beck (2012).
Hierba, subarbusto, arbusto. Nativa. Zonas Bajas, Andes. Bosque Húmedo, Bosque Semideciduo Chiquitano, Sabanas Benianas del Sur, Yungas, Valles Secos, 0–1000, 1500–2000 m.
Dept.: BE, LP, SC.
Muestra: *M. Bang 427A* (NY).
Infra: *Eriosema crinitum* var. *crinitum*, *Eriosema crinitum* var. *pulchellum* Benth., *Eriosema crinitum* var.

fusiformis (Rusby) Grear, *Eriosema crinitum* var. *stipulare* (Benth.) Fortunato

Eriosema longifolium Benth., Linnaea 22: 519. 1849.
Ref.: Killeen & Schulenberg (1998).
Hierba. Nativa. Zonas Bajas. Campos Cerrados, 0–500 m.
Dept.: SC.
Nota: Killeen & Schulenberg (1998) citan esta especie para Bolivia, pero no hay ejemplares de herbario. Está registrada en campos cerrados en Brasil, y en bosque seco en Bolivia, y posiblemente está presente en los campos cerrados del Parque Nacional Noel Kempff.

Eriosema rufum (Kunth) G. Don, Gen. Hist. 2: 347. 1832.
Sin.: *Glycine rufa* Kunth, *Rhynchosia rufa* var. *macrostachya* DC., *Eriosema rufum* var. *glabrescens* Micheli, *Eriosema rufum* var. *flexuosum* Kuntze, *Eriosema campestre* fo. *pilosa* Chodat & Hassl., *Eriosema campestre* fo. *pubescens* Chodat & Hassl., *Eriosema yerbalium* Chodat & Hassl., *Eriosema yerbalium* fo. *longifolia* Chodat & Hassl., *Eriosema yerbalium* fo. *puberula* Chodat & Hassl., *Eriosema domingense* Urb. & Ekman, *Eriosema* ×*adulterinum* Urb. & Ekman, *Eriosema campestre* var. *pubescens* (Chodat & Hassl.) Grear
Ref.: Rusby (1893b), Foster (1958), Grear (1970), Fortunato (1999), Wood et al. (2011).
Hierba, subarbusto, arbusto. Nativa. Zonas Bajas, Andes. Bosque Húmedo, Bosque Semideciduo Chiquitano, Campos Cerrados, Sabanas Benianas del Sur, Campos Amazónicos, Yungas, 0–1500 m.
Dept.: BE, LP, SC.
Muestra: *M. Bang 426* (GH, NY).
Infra: *Eriosema rufum* var. *rufum*, *Eriosema rufum* var. *macrostachyum* (DC.) G. Don

Eriosema simplicifolium (DC.) G. Don, Gen. Hist. 2: 348. 1832.
Sin.: *Rhynchosia simplicifolia* DC., *Neurocarpum barbatum* Desv., *Eriosema lanceolatum* Benth., *Eriosema simplicifolium* var. *micranthum* Grear
Ref.: Rusby (1893b), Foster (1958), Grear (1970), Duchen & Beck (2012).
Hierba. Nativa. Zonas Bajas, Andes. Bosque Húmedo, Campos Cerrados, Sabanas Benianas del Sur, Yungas, Bosque Tucumano-Boliviano, Valles Secos, 0–2000 m.
Dept.: BE, CH, LP, SC.
Muestra: *M. Bang 428* (GH).
Infra: *Eriosema simplicifolium* var. *simplicifolium*

Eriosema strictum Benth., Linnaea 22: 520. 1849.
Sin.: *Eriosema canescens* Rusby
Ref.: Foster (1958), Duchen & Beck (2012).
Hierba. Nativa. Andes. Yungas, 1000–1500 m.
Dept.: LP, SC.
Muestra: *M. Bang 2094* (GH, MO, NY, US).
Nota: La colección citada es el tipo de *E. canescens*.

Eriosema violaceum (Aubl.) G. Don, Gen. Hist. 2: 347. 1832.
Sin.: *Cytisus violaceus* Aubl., *Crotalaria lineata* Lam., *Glycine picta* Vahl, *Rhynchosia violacea* (Aubl.) DC., *Eriosema flaviflorum* Miq.
Ref.: Grear (1970), Killeen & Schulenberg (1998).
Hierba, arbusto. Nativa. Zonas Bajas. Bosque Húmedo, Bosque Semideciduo Chiquitano, Campos Cerrados, Sabanas Benianas del Sur, 0–500 m.
Dept.: BE, LP, SC.
Muestra: *R. Guillén V. & V. Choré 3736* (MO, USZ).

Erythrina L., Sp. Pl. 2: 706. 1753.
11 especies, 0 especies endémicas.

Erythrina amazonica Krukoff, Brittonia 3(2): 270–271. 1939.
Ref.: Fuentes Claros (1998), Jardim et al. (2003).
Arbusto, arbolito, árbol. Nativa. Zonas Bajas, Andes. Bosque Semideciduo Chiquitano, Yungas, 0–1500 m.
Dept.: CO, LP, SC.
Muestra: *A.F. Fuentes C. 1438* (USZ).
Nom. Vern.: Gallito.

Erythrina crista-galli L., Mant. Pl. 1: 99–100. 1767.
Sin.: *Micropteryx crista-galli* (L.) Walp., *Corallodendron crista-galli* (L.) Kuntze, *Erythrina crista-galli* var. *hasskarlii* Backer, *Erythrina crista-galli* var. *leucochlora* Lombardo
Ref.: Rusby (1893b), Krukoff (1939), Foster (1958), Krukoff & Barneby (1974), Krukoff (1982), Vargas Salazar (1993e), Atahuachi Burgos & Arrázola Rivero (1996), Serrano & Terán (1998 [2000]), Lozano & Zapater (2010).
Arbolito, árbol. Cultivada. Zonas Bajas, Andes. Bosque Húmedo, Bosque Tucumano-Boliviano, Valles Secos, 0–3500 m.
Dept.: CH, CO, LP, SC.
Muestra: *J.C. Solomon 13605* (MO).
Infra: *Erythrina crista-galli* var. *crista-galli*
Nota: Nativa de Argentina.
Nom. Vern.: Ceibo, gallito.

Erythrina dominguezii Hassl., Physis (Buenos Aires) 6: 123. 1922.
Sin.: *Erythrina chacoensis* Speg.
Ref.: Krukoff (1939), Foster (1958), Krukoff (1971), Krukoff & Barneby (1973), Krukoff & Barneby (1974), Krukoff (1976), Vargas Salazar (1993e), Atahuachi Burgos & Arrázola Rivero (1996), Killeen & Schulenberg (1998), Serrano & Terán (1998 [2000]), Jardim et al. (2003), Lozano & Zapater (2010).
Árbol. Nativa. Zonas Bajas. Bosque Húmedo, Bosque Semideciduo Chiquitano, Sabanas Benianas del Sur, 0–500 m.
Dept.: BE, CH, CO, PA, SC.
Muestra: *D.N. Smith & V. García E. 13728* (LPB, MO).
Nom. Vern.: Cosorió, gallito.

Erythrina edulis Triana ex Micheli, J. Bot. (Morot) 6(8): 145. 1892.
Sin.: *Erythrina esculenta* Sprague, *Erythrina edulis* Pos.-Arang., *Erythrina lorenoi* J.F. Macbr., *Erythrina megistophylla* Diels
Ref.: Krukoff (1939), Foster (1958), Krukoff & Barneby (1974), Dodson & Gentry (1978), Vargas Salazar (1993e).
Árbol. Nativa. Andes. Yungas, 1500–2500 m.
Dept.: CO, LP.
Muestra: *O. Buchtien s.n.* (US).

Erythrina falcata Benth., Fl. Bras. 15(1B): 172. 1859.
Sin.: *Erythrina martii* Colla, *Corallodendron falcatum* (Benth.) Kuntze, *Erythrina crista-galli* var. *inermis* Speg.
Ref.: Krukoff (1939), Foster (1958), Krukoff (1971), Krukoff & Barneby (1973), Krukoff & Barneby (1974), Krukoff (1979a), Krukoff (1979b), Vargas Salazar (1993e), López Vargas (1995), Atahuachi Burgos & Arrázola Rivero (1996), Saravia Miranda (1996), De la Barra (1997), Schulenberg & Awbrey (1997), Killeen & Schulenberg (1998), González et al. (1999), Serrano & Terán (1998 [2000]), Vargas Caballero et al. (2000), Lozano & Zapater (2010), Ministerio de Medio Ambiente y Agua (2012 [2013]).
Arbolito, árbol. Nativa. Zonas Bajas, Andes. Campos Cerrados, Yungas,

Bosque Tucumano-Boliviano, Valles Secos, 0–500, 1000–3500 m.
Dept.: CH, CO, LP, PO, SC, TA.
Muestra: *M.H. Nee & I.G. Vargas 38312* (K, LPB, MO, NY).
Nom. Vern.: Ceibo, chilicchi, chilijohi, chillijchi, cuñure, cuñuri, gallito, gallo gallo, kuñore.

Erythrina fusca Lour., Fl. Cochinch. 2: 427–428. 1790.
Sin.: *Erythrina glauca* Willd., *Erythrina ovalifolia* Roxb., *Erythrina patens* Moc. & Sessé ex DC., *Erythrina caffra* Blanco, *Duchassaingia glauca* (Wild.) Walp., *Duchassaingia ovalifolia* (Roxb.) Walp., *Corallodendron fuscum* (Lour.) Kuntze, *Corallodendron glaucum* (Willd.) Kuntze, *Corallodendron patens* (Moc. & Sessé ex DC.) Kuntze, *Erythrina atrosanguinea* Ridl., *Erythrina fusca* var. *inermis* Pulle, *Erythrina moelebei* Vieill. ex Guillaumin & Beauvisage, *Erythrina fusca* var. *inermis* Rock
Ref.: Krukoff (1939), Foster (1958), Krukoff (1971), Krukoff (1972b), Krukoff & Barneby (1973), Krukoff & Barneby (1974), Vargas Salazar (1993e), Jardim et al. (2003).
Arbusto, arbolito, árbol. Nativa. Zonas Bajas. Bosque Húmedo, Bosque Semideciduo Chiquitano, Sabanas Benianas del Sur, 0–500 m.
Dept.: BE, PA, SC.
Muestra: *D.C. Daly et al. 8145* (LPB, NY).
Nom. Vern.: Cosorió, gallito, gallito de curichal.

[Erythrina lanata Rose], N. Amer. Fauna 14: 81–82, f. 1. 1899.
Ref.: Vargas Salazar (1993e).
Nota: El registro se basa en material mal identificado. Citada por Vargas Salazar (1993e) como *E.* cf. *lanata*. Nativa de México y Centro América.

Erythrina poeppigiana (Walp.) O.F. Cook, U.S.D.A. Div. Bot. Bull. 25: 57. 1901.
Sin.: *Micropteryx poeppigiana* Walp., *Erythrina amasisa* Spruce, *Erythrina micropteryx* Poepp. ex Urb., *Erythrina pisamo* Pos.-Arang., *Erythrina darienensis* Standl.
Ref.: Krukoff (1939), Foster (1958), Krukoff & Barneby (1973), Krukoff & Barneby (1974), Krukoff (1980), Parker & Bailey (1991), Vargas Salazar (1993e), Atahuachi Burgos & Arrázola Rivero (1996), Killeen & Schulenberg (1998), Lozano & Zapater (2010).
Arbusto, arbolito, árbol. Nativa. Zonas Bajas, Andes. Bosque Húmedo, Bosque Semideciduo Chiquitano, Campos Cerrados, Sabanas Benianas del Sur, Yungas, Valles Secos, 0–2000 m.
Dept.: BE, CO, LP, SC.
Muestra: *J.C. Solomon 12386* (LPB, MO).
Nom. Vern.: Ceibo, cosorio, gallito, gallito cosorió.

Erythrina rubrinervia Kunth, Nov. Gen. Sp. (quarto ed.) 6: 434. 1823 [1824].
Sin.: *Chirocalyx rubrinervius* (Kunth) Walp., *Corallodendron rubrinerve* (Kunth) Kuntze
Ref.: Krukoff (1939), Foster (1958), Krukoff & Barneby (1973), Krukoff & Barneby (1974), Vargas Salazar (1993e), Duchen & Beck (2012).
Arbusto, arbolito, árbol. Nativa. Zonas Bajas, Andes. Bosque Semideciduo Chiquitano, Yungas, 500–1500 m.
Dept.: LP, SC.
Muestra: *O. Buchtien 5425* (GH, US).

Erythrina similis Krukoff, Brittonia 3(2): 271–272. 1939.
Ref.: Krukoff (1939), Foster (1958), Krukoff & Barneby (1973), Krukoff & Barneby (1974), Vargas Salazar (1993e), Lozano & Zapater (2010).
Arbusto, árbol. Nativa. Zonas Bajas. Bosque Seco Chaqueño, 0–500 m.
Dept.: SC.
Muestra: *O. Kuntze s.n.* (F, NY).
Nota: Krukoff (1939) cita el ejemplar *Kuntze s.n.* para Bolivia, pero este no tiene información suficiente. La especie se distribuye en el oeste del Brasil, Bolivia y Paraguay. Lozano & Zapater (2010) mencionan que *E. similis* fue coleccionada en el límite Argentina-Bolivia donde se la encontró cultivada y en fructificación.

Erythrina ulei Harms, Verh. Bot. Vereins Prov. Brandenburg 48: 172. 1907.
Sin.: *Erythrina xinguensis* Ducke
Ref.: Krukoff (1939), Foster (1958), Krukoff & Barneby (1973), Krukoff & Barneby (1974), Krukoff (1978), Parker & Bailey (1991), Vargas Salazar (1993e).
Árbol. Nativa. Zonas Bajas, Andes. Bosque Húmedo, Yungas, 0–1500 m.
Dept.: BE, CH, CO, LP, PA.
Muestra: *E. Werdermann 2150* (B, GH, M, MO).
Nom. Vern.: Cosorio.

Erythrina verna Vell., Fl. Flumin. 304; 7: pl. 102. 1825.
Sin.: *Erythrina mulungu* Mart. ex Benth., *Corallodendron mulungu* (Mart. ex Benth.) Kuntze, *Erythrina flammea* Herzog
Ref.: Krukoff (1939), Foster (1958), Krukoff (1971), Krukoff & Barneby (1973), Krukoff & Barneby (1974), Krukoff (1978), Vargas Salazar (1993e), Jardim et al. (2003).
Arbusto, arbolito, árbol. Nativa. Zonas Bajas. Bosque Semideciduo Chiquitano, Campos Cerrados, 0–1000 m.
Dept.: SC.
Muestra: *T. Herzog 72* (Z).
Nom. Vern.: Gallito.

Erythrostemon Link, Klotzsch & Otto, Icon. Pl. Rar. 2: 97, pl. 39. 1844.
1 especie, 0 especies endémicas.

Erythrostemon gilliesii (Wall. ex Hook.) Link, Klotzsch & Otto, Icon. Pl. Rar. 2: 98. 1844.
Sin.: *Poinciana gilliesii* Wall. ex Hook., *Caesalpinia gilliesii* (Wall. ex Hook.) D. Dietr., *Caesalpinia gilliesii* (Wall. ex Hook.) Benth.
Ref.: Fortunato et al. (2008).
Arbusto. Cultivada. Zonas Bajas, Andes. Bosque Húmedo, Valles Secos, 0–1000, 2500–3000 m.
Dept.: CO.
Muestra: *M.L. Rico 1282* (MO).

Fiebrigiella Harms, Bot. Jahrb. Syst. 42(1): 95–97. 1908.
1 especie, 0 especies endémicas.

Fiebrigiella gracilis Harms, Bot. Jahrb. Syst. 42(1): 96–97. 1908.
Ref.: Foster (1958), Burkart & Vilchez (1971), Serrano & Terán (1998 [2000]).
Hierba, subarbusto. Nativa. Andes. Bosque Tucumano-Boliviano, Valles Secos, 2000–3500 m.
Dept.: CH, CO, PO, SC, TA.
Tipo y muestra: *K. Fiebrig 3115* (ST: K; IST: F, GH; fotos: F ex B, F ex B), *R. Ehrich 35* (LPB).

Galactia P. Browne, Civ. Nat. Hist. Jamaica 298, pl. 32, f. 2. 1756.
16 especies, 0 especies endémicas.

Galactia augusti Harms, Repert. Spec. Nov. Regni Veg. 19: 16. 1923.
Hierba. Nativa. Andes. Valles Secos, 2000–2500 m.
Dept.: CO.
Muestra: *C. Antezana V. 435* (BOLV, MO).

Galactia crassifolia (Benth.) Taub., Nat. Pflanzenfam. 3(3): 368. 1894.
Sin.: *Collaea crassifolia* Benth., *Collaea crassifolia* var. *angustifolia* Benth.
Arbusto. Nativa. Zonas Bajas. Bosque Húmedo, Sabanas Benianas del Norte, 0–500 m.
Dept.: BE.
Muestra: *S. Leigh-Hunt et al. 171* (E, LPB, USZ).

Galactia dimorpha Burkart, Darwiniana 16(3–4): 766. 1971.
Sin.: *Collaea diversifolia* Benth.
Ref.: Killeen & Schulenberg (1998).
Hierba, subarbusto. Nativa. Zonas Bajas. Bosque Húmedo, Campos Cerrados, 0–500 m.
Dept.: SC.
Muestra: *B. Mostacedo et al. 1846* (MO, USZ).

Galactia dubia DC., Prodr. 2: 238. 1825.
Sin.: *Galactia montana* Britton, *Galactia dubia* var. *angustata* Urb., *Galactia dubia* var. *ehrenbergii* Urb., *Galactia dubia* var. *guanicensis* Urb., *Galactia dubia* var. *typica* Stehlé & Quentin
Ref.: Foster (1958), Burkart (1971), Serrano & Terán (1998 [2000]).
Hierba, trepadora. Nativa. Zonas Bajas, Andes. Bosque Seco Chaqueño, Yungas, Valles Secos, 0–1000, 2000–3000 m.
Dept.: CH, CO, LP, SC, TA.
Muestra: *A.F. Fuentes C. & G. Navarro 2640* (USZ).

Galactia eriosematoides Harms, Bot. Jahrb. Syst. 33(Beibl. 72): 27. 1903.
Sin.: *Collaea tomentosa* Benth.
Ref.: Wood et al. (2011).
Hierba. Nativa. Zonas Bajas. Bosque Semideciduo Chiquitano, Campos Cerrados, 0–500 m.
Dept.: SC.
Muestra: *A.F. Fuentes C. & G. Navarro 2076* (USZ).

Galactia fiebrigiana Burkart, Darwiniana 16(3–4): 695–702, f. 9–11. 1971.
Ref.: Burkart (1971), Saravia Miranda (1996), De la Barra (1997).
Hierba, trepadora. Nativa. Zonas Bajas, Andes. Bosque Seco Chaqueño, Bosque Tucumano-Boliviano, Valles Secos, 0–500, 1500–3000 m.
Dept.: CH, CO, SC, TA.
Muestra: *I.G. Vargas et al. 1944* (USZ).
Infra: *Galactia fiebrigiana* var. *fiebrigiana*, *Galactia fiebrigiana* var. *sericophylla* Burkart

Galactia glaucescens Kunth, Nov. Gen. Sp. (quarto ed.) 6: 431–432. 1823 [1824].
Sin.: *Collaea glaucescens* (Kunth) Benth., *Galactia glaucescens* var. *lancifolia* (Benth.) Burkart
Ref.: Foster (1958), Burkart (1971), Killeen & Schulenberg (1998), Wood et al. (2011).
Hierba, trepadora, subarbusto, arbusto. Nativa. Zonas Bajas, Andes. Bosque Húmedo, Bosque Semideciduo Chiquitano, Campos Cerrados, Sabanas Benianas del Sur, Yungas, Valles Secos, 0–1500 m.
Dept.: BE, LP, SC.
Muestra: *A.F. Fuentes C. 1133* (LPB, USZ).
Infra: *Galactia glaucescens* var. *glaucescens*
Nom. Vern.: Tamucú, urusú.

Galactia glaucophylla Harms ex Kuntze, Revis. Gen. Pl. 3(3): 64. 1898.
Sin.: *Rhynchosia sericea* Gillies ex Hook. & Arn.
Ref.: Serrano & Terán (1998 [2000]).
Hierba, trepadora. Nativa. Andes. Bosque Tucumano-Boliviano, Valles Secos, 2000–2500 m.
Dept.: CH.
Nota: No hay ejemplares de herbario confirmados para Bolivia.

Galactia jussiaeana Kunth, Mimos. 196–200, pl. 55. 1824.
Sin.: *Collaea rosea* Benth., *Clitoria glomerata* Griseb., *Galactia discolor* Donn. Sm., *Galactia camporum* Sprague, *Galactia curtissii* Britton
Ref.: Foster (1958), Burkart (1971).
Hierba. Nativa. Zonas Bajas, Andes. Sabanas Benianas del Norte, Sabanas Benianas del Sur, Bosque Tucumano-Boliviano, 0–500, 1500–2500 m.
Dept.: BE, SC.
Muestra: *S.G. Beck 20641* (BAB, LPB, NY).

Galactia latisiliqua Desv., Ann. Sci. Nat. (Paris) 9: 414. 1826.
Sin.: *Galactia velutina* Benth., *Galactia jussiaeana* var. *volubilis* Benth., *Galactia jussiaeana* var. *velutina* (Benth.) Griseb., *Galactia neesii* var. *flaviflora* Griseb., *Galactia flaviflora* (Griseb.) Micheli, *Galactia tenuiflora* var. *flaviflora* (Griseb.) Hassl., *Galactia obovata* Malme
Ref.: Burkart (1971), De la Barra (1997), Serrano & Terán (1998 [2000]).
Hierba, subarbusto. Nativa. Zonas Bajas, Andes. Bosque Seco Chaqueño, Valles Secos, 0–2500 m.
Dept.: CH, CO, LP, SC, TA.
Muestra: *G. Navarro 1736* (BOLV).
Infra: *Galactia latisiliqua* var. *chacoensis* Burkart

Galactia longiflora Arn., Prodr. Fl. Ind. Orient. 1: 206–207. 1834.
Sin.: *Galactia longiflora* var. *mollicoma* Urb.
Ref.: De la Barra (1997).
Hierba, trepadora. Cultivada. Andes. Valles Secos, 1000–1500 m.
Dept.: CO, LP, SC.
Muestra: *O. Buchtien 772* (GH, MO).
Nota: Nativa del Caribe.

Galactia longifolia (Jacq.) Benth., Comm. Legum. Gen. 63. 1837.
Sin.: *Galega longifolia* Jacq., *Tephrosia longifolia* (Jacq.) Pers., *Sweetia longifolia* (Jacq.) DC., *Galactia sagotii* Duchass. & Walp., *Galactia tenuiflora* fo. *angustifoliolata* Benth., *Galactia angustifolia* Griseb.
Ref.: De la Barra (1997).
Hierba. Nativa. Andes. Valles Secos, 2500–3000 m.
Dept.: CO.
Muestra: *N. de la Barra 191* (BOLV).

Galactia marginalis Benth., Comm. Legum. Gen. 62. 1837.
Hierba. Nativa. Andes. Valles Secos, 1500–2000 m.
Dept.: SC.
Muestra: *J.R.I. Wood 20331* (K).

Galactia rugosa (Benth.) S. Moore, Trans. Linn. Soc. London, Bot. 4: 344. 1895.
Sin.: *Collaea rugosa* Benth.
Hierba, arbusto. Nativa. Andes. Bosque Tucumano-Boliviano, Valles Secos, 2000–2500 m.
Dept.: SC.
Muestra: *I.G. Vargas 32* (LPB, NY, USZ).

Galactia striata (Jacq.) Urb., Symb. Antill. 2(2): 320. 1900.
Sin.: *Galactia tenuiflora* Eggers, *Glycine striata* Jacq., *Odonia tomentosa* Bertol., *Galactia cubensis* Kunth, *Galactia berteroana* DC., *Galactia filiformis* Wall., *Galactia brevistyla* Schltdl., *Phaseolus tomentosus* Andersson, *Galactia striata* var. *berteriana* (DC.) Urb., *Galactia striata* var. *caribaea* Urb., *Galactia striata* var. *cubensis* Urb., *Galactia striata* var. *tomentosa* (Bertol.) Urb., *Galactia tomentosa* (Bertol.) Urb., *Odonia retusa* Rose, *Galactia striata* var. *tenuiflora* (Klein ex Willd.) Burkart

Ref.: Foster (1958), Burkart (1971), Serrano & Terán (1998 [2000]).
Hierba, trepadora, liana. Nativa. Zonas Bajas, Andes. Bosque Húmedo, Bosque Semideciduo Chiquitano, Campos Cerrados, Yungas, Valles Secos, 0–1500, 2000–2500 m.
Dept.: CH, LP, SC.
Muestra: *M.L. Rico et al. 1433* (BOLV, K, MO).
Infra: *Galactia striata* var. *striata*

Galactia tenuiflora (Klein ex Willd.) Wight & Arn., Prodr. Fl. Ind. Orient. 1: 206. 1834.
Sin.: *Glycine tenuiflora* Klein ex Willd.
Ref.: Foster (1958).
Hierba. Adventicia. Zonas Bajas. Bosque Húmedo, Sabanas Benianas del Sur, 500–1000 m.
Dept.: LP.
Muestra: *H.H. Rusby 2370* (GH).
Nota: Nativa de Asia tropical.

Genista L., Sp. Pl. 2: 709. 1753.
1 especie, 0 especies endémicas.

Genista monspessulana (L.) L.A.S. Johnson, Contr. New South Wales Natl. Herb. 3: 98. 1962.
Sin.: *Cytisus monspessulanus* L., *Teline monspessulana* (L.) K. Koch
Arbusto. Cultivada. Andes. Valles Secos, 3500–4000 m.
Dept.: LP.
Muestra: *J.C. Solomon 14345* (LPB, MO).
Nota: Nativa de Europa.

Geoffroea Jacq., Enum. Syst. Pl. 7, 28. 1760.
2 especies, 0 especies endémicas.

Geoffroea decorticans (Gillies ex Hook. & Arn.) Burkart, Darwiniana 9(1): 19. 1949.
Sin.: *Lucuma spinosa* Molina, *Gourliea decorticans* Gillies ex Hook. & Arn., *Gourliea decorticata* Walp., *Gourliea chilensis* Clos, *Geoffroea spinosa* M. de Moussy, *Gourliea spinosa* (Molina) Skeels
Ref.: Burkart (1949), Foster (1958), Vargas Salazar (1993e), Mostacedo C. & Uslar (1999), López (2000), Serrano & Terán (1998 [2000]), Wallace et al. (2000).
Arbusto, arbolito, árbol. Nativa. Zonas Bajas, Andes. Bosque Semideciduo Chiquitano, Bosque Seco Chaqueño, Bosque Tucumano-Boliviano, Bosque Serrano Chaqueño, Valles Secos, 0–3000 m.
Dept.: CH, PO, SC, TA.
Muestra: *S.G. Beck & M. Liberman 9636* (LPB).
Infra: *Geoffroea decorticans* var. *subtropicalis* (Lillo) Burkart
Nom. Vern.: Chañar, chañari, kimori, kumbaru.

Geoffroea spinosa Jacq., Enum. Syst. Pl. 28. 1760.
Sin.: *Robinia striata* Willd., *Geoffroea superba* Bonpl., *Geoffroea bredemeyeri* Kunth, *Geoffroea striata* (Willd.) Morong
Ref.: Foster (1958), Vargas Salazar (1993e).
Arbolito, árbol. Nativa. Zonas Bajas. Bosque Húmedo, Bosque Semideciduo Chiquitano, Bosque Seco Chaqueño, Sabanas Benianas del Sur, 0–500 m.
Dept.: BE, SC.
Muestra: *S.G. Beck 2671* (LPB, NY).
Nom. Vern.: Chauchachi, chauchapi, jebió.

Gleditsia L., Sp. Pl. 2: 1056. 1753.
1 especie, 0 especies endémicas.

Gleditsia amorphoides (Griseb.) Taub., Ber. Deutsch. Bot. Ges. 10(10): 638. 1892.
Sin.: *Garugandra amorphoides* Griseb., *Gleditsia amorphoides* var. *anacantha* Burkart
Ref.: Foster (1958), Vargas Salazar (1993e), Ministerio de Medio Ambiente y Agua (2012 [2013]).
Arbolito, árbol. Nativa. Zonas Bajas, Andes. Bosque Seco Chaqueño, Valles Secos, 500–1000, 2000–2500 m.
Dept.: TA.
Muestra: *S.G. Beck 11457* (LPB, NY).
Nom. Vern.: Coronilla.

Gliricidia Kunth, Nov. Gen. Sp. (quarto ed.) 6: 393. 1824.
1 especie, 0 especies endémicas.

Gliricidia sepium (Jacq.) Kunth ex Walp., Repert. Bot. Syst. 1(4): 679. 1842.
Sin.: *Robinia sepium* Jacq.
Ref.: Zamora Villalobos (2010).
Arbusto, arbolito. Cultivada. Zonas Bajas. Bosque Húmedo, 500–1000 m.
Dept.: SC.
Muestra: *M.H. Nee 52389* (LPB, MO).

Glycine Willd., Sp. Pl. 3(2): 1053–1068. 1802.
1 especie, 0 especies endémicas.

Glycine max (L.) Merr., Interpr. Herb. Amboin. 274. 1917.
Sin.: *Glycine angustifolia* Miq., *Soja viridis* Savi, *Dolichos soja* L., *Phaseolus max* L., *Soja hispida* Moench, *Soja japonica* Savi, *Glycine soja* Siebold & Zucc., *Soja angustifolia* Miq., *Glycine hispida* (Moench) Maxim., *Soja max* (L.) Piper, *Glycine gracilis* Skvortsov
Ref.: Zamora Villalobos (2010).
Hierba. Cultivada. Zonas Bajas, Andes. Bosque Húmedo, Bosque Semideciduo Chiquitano, Valles Secos, 0–2000 m.
Dept.: LP, SC.
Muestra: *R. Seidel 905* (BAB, CUZ, K, LPB, NY).
Nota: Nativa de Asia oriental.

Guibourtia Benn., J. Proc. Linn. Soc., Bot. 1: 149. 1857.
1 especie, 0 especies endémicas.

Guibourtia hymenaeifolia (Moric.) J. Léonard, Bull. Jard. Bot. État Bruxelles 19: 401. 1949.
Sin.: *Copaifera hymenaeifolia* Moric., *Copaifera confertiflora* Benth., *Copaiba confertiflora* (Benth.) Kuntze, *Copaiba hymenaeifolia* (Moric.) Kuntze, *Copaiba kuntzei* (Harms ex Kuntze) Kuntze, *Copaifera kuntzei* Harms ex Kuntze, *Pseudocopaiva hymenaeifolia* (Moric.) Britton & P. Wilson, *Pseudocopaiva chodatiana* (Hassl.) Dwyer, *Guibourtia chodatiana* (Hassl.) J. Léonard, *Guibourtia confertiflora* (Benth.) J. Léonard
Ref.: Fuentes Claros (1998), Justiniano (1998), Killeen & Schulenberg (1998), Wallace et al. (2000), Jardim et al. (2003), Wood et al. (2011).
Árbol. Nativa. Zonas Bajas. Bosque Húmedo, Bosque Semideciduo Chiquitano, Campos Cerrados, 0–500 m.
Dept.: SC.
Muestra: *M. Toledo et al. 446* (MO, USZ).
Nom. Vern.: Cirari, corazón púrpura, nitarrnenes, sirari, sirari de lomerío.

Harpalyce Sessé & Moc. ex DC., Prodr. 2: 523. 1825.
1 especie, 0 especies endémicas.

Harpalyce brasiliana Benth., J. Bot. (Hooker) 3: 210, pl. 6. 1841.
Ref.: Killeen & Schulenberg (1998).
Hierba, subarbusto, arbusto, arbolito. Nativa. Zonas Bajas. Bosque Húmedo, Campos Cerrados, 0–1000 m.
Dept.: SC.
Muestra: *A. Jardim & P.F. Foster 3022* (MO, USZ).

Helicotropis A. Delgado, Amer. J. Bot. 98(10): 1709, f. 6A–K. 2011.
1 especie, 0 especies endémicas.

Helicotropis linearis (Kunth) A. Delgado, Amer. J. Bot. 98(10): 1709. 2011.
Sin.: *Phaseolus linearis* Kunth, *Phaseolus rigidus* Piper, *Vigna linearis* (Kunth) Maréchal, Mascherpa & Stainier
Ref.: Piper (1926), Foster (1958), Delgado Salinas et al. (2011), Wood et al. (2011).
Hierba. Nativa. Zonas Bajas, Andes. Bosque Húmedo, Campos Cerrados, Sabanas Benianas del Norte, Sabanas Benianas del Sur, Valles Secos, 0–500, 1000–1500 m.
Dept.: BE, LP, SC.
Muestra: *R.B. Foster 12463* (F, LPB).

Hoffmannseggia Cav., Icon. 4(2): 63–64, pl. 392; 393, f. 1. 1797 [1798].
5 especies, 0 especies endémicas.

Hoffmannseggia doellii Phil., Anales Univ. Chile 41: 710. 1872.
Hierba. Nativa. Andes. Valles Secos, 3000–3500 m.
Dept.: PO.
Muestra: *M. Cárdenas 6* (GH).

Hoffmannseggia glauca (Ortega) Eifert, Sida 5(1): 43. 1972.
Sin.: *Larrea glauca* Ortega
Hierba. Nativa. Andes. Valles Secos, 1500–3000 m.
Dept.: TA.
Muestra: *J.R.I. Wood 15807* (K).

Hoffmannseggia minor (Phil.) Ulibarri, Darwiniana 22(1–3): 146. 1979.
Sin.: *Hoffmannseggia doellii* var. *minor* Phil.
Ref.: Ulibarri (1979), Simpson et al. (2004b), Ministerio de Medio Ambiente y Agua (2012 [2013]).
Hierba. Nativa. Altiplano. Puna Seca, 3500–4500 m.
Dept.: OR, PO.
Muestra: *G. Navarro 217* (BOLV).
Nom. Vern.: Chunachunko.

[Hoffmannseggia prostrata Lagerh. ex DC.], Prodr. 2: 485. 1825.
Sin.: *Larrea gracilis* Ruiz & Pav., *Hoffmannseggia gracilis* (Ruiz & Pav.) Hook. & Arn.
Ref.: Foster (1958).
Nota: Especie dudosa. Esta especie es endémica de las vertientes desérticas del Pacífico en el sur de Perú y el norte de Chile. El registro para Bolivia se basa posiblemente en material mal identificado.

Hoffmannseggia pumilio (Griseb.) B.B. Simpson, Syst. Bot. 29(4): 938. 2004.
Sin.: *Caesalpinia pumilio* Griseb.
Ref.: Lewis (1998), López (2000), Simpson et al. (2004b), Ministerio de Medio Ambiente y Agua (2012 [2013]).
Nota: Esperado. Nativa de Argentina. En Bolivia es una especie común de la prepuna, en laderas pedregosas. A pesar de ser muy común no existen ejemplares de herbario confirmados.

Hoffmannseggia viscosa (Ruiz & Pav.) Hook. & Arn., Bot. Misc. 3: 209. 1833.
Sin.: *Larrea viscosa* Ruiz & Pav., *Hoffmannseggia falcaria* var. *glandulosa* Hook., *Caesalpinia viscosa* (Ruiz & Pav.) J.F. Macbr.
Ref.: López (2000).
Arbusto. Nativa. Andes, Altiplano. Valles Secos, Puna Seca, 2500–3500, 4000–4500 m.
Dept.: LP, PO.
Muestra: *H. Doppelbauer s.n.* (M, MO).
Infra: *Hoffmannseggia viscosa* var. *viscosa*

Hoffmannseggia yaviensis Ulibarri, Darwiniana 22(1–3): 147–148. 1979.
Ref.: Ulibarri (1979), Simpson et al. (2004b).
Hierba, arbusto. Nativa. Andes. Valles Secos, 2000–2500 m.
Dept.: CO, TA.
Muestra: *C. Antezana V. 1241* (BOLV).

Holocalyx Micheli, Mém. Soc. Phys. Genève 28(7): 41. 1883.
1 especie, 0 especies endémicas.

Holocalyx balansae Micheli, Mém. Soc. Phys. Genève 28(7): 41. 1883.
Ref.: Fuentes Claros (1998), Jardim et al. (2003).
Arbolito, árbol. Nativa. Zonas Bajas, Andes. Bosque Semideciduo Chiquitano, Yungas, 0–1500 m.
Dept.: LP, SC.
Muestra: *I.G. Vargas 3612* (F, LPB, MO, USZ).
Nom. Vern.: Gabetillo, tasaá negro.

Hydrochorea Barneby & J.W. Grimes, Mem. New York Bot. Gard. 74(1): 23–25. 1996.
1 especie, 0 especies endémicas.

Hydrochorea corymbosa (Rich.) Barneby & J.W. Grimes, Mem. New York Bot. Gard. 74(1): 27. 1996.
Sin.: *Mimosa corymbosa* Rich., *Pithecellobium corymbosum* (Rich.) Benth., *Samanea corymbosa* (Rich.) Pittier, *Arthrosamanea corymbosa* (Rich.) Kleinhoonte, *Cathormion corymbosum* (Rich.) Burkart, *Albizia corymbosa* (Rich.) G.P. Lewis & P.E. Owen
Ref.: Saldias Paz (1993b), Barneby & Grimes (1996), Killeen & Schulenberg (1998).
Arbusto, arbolito, árbol. Nativa. Zonas Bajas, Andes. Bosque Húmedo, Sabanas Benianas del Sur, Yungas, 0–1500 m.
Dept.: BE, LP, PA, SC.
Muestra: *D.A. Neill et al. 9297* (LPB, MO, QAME, USZ).
Nom. Vern.: Maní, serebó, sirari.

Hymenaea L., Sp. Pl. 2: 1192. 1753.
6 especies, 0 especies endémicas.

Hymenaea courbaril L., Sp. Pl. 2: 1192. 1753.
Sin.: *Hymenaea candolliana* Kunth, *Hymenaea retusa* Willd. ex Hayne, *Inga megacarpa* M.E. Jones
Ref.: Langenheim (1967), Lee & Langenheim (1974), Lee & Langenheim (1975), Parker & Bailey (1991), Ruiz de Centurión (1993a), Justiniano (1998), Killeen & Schulenberg (1998), Mostacedo C. & Uslar (1999), Alverson et al. (2000), Arrázola Rivero et al. (2000), Wallace et al. (2000), Jardim et al. (2003).
Arbusto, arbolito, árbol. Nativa. Zonas Bajas, Andes. Bosque Húmedo, Bosque Semideciduo Chiquitano, Campos Cerrados, Sabanas Benianas del Sur, Yungas, 0–1500 m.
Dept.: BE, CO, LP, PA, SC.
Muestra: *D.N. Smith 13742* (MO).
Infra: *Hymenaea courbaril* var. *stilbocarpa* (Hayne) Y.T. Lee & Langenh., *Hymenaea courbaril* var. *courbaril*
Nom. Vern.: Coroma, noboripiaquiorr, papuró, paquío, paquiocillo, potosí, puquio noripiaquiorr.

Hymenaea eriogyne Benth., Fl. Bras. 15(2): 237. 1870.
Ref.: Langenheim (1967).
Arbolito. Nativa. Región, tipo de vegetación y elevación desconocidas.
Dept.: Bolivia.
Nota: Citada por Langenheim (1967) para Bolivia. Langenheim (1967) indica que crece en el suroeste de Brasil, y en las zonas limítrofes entre Bolivia, Brasil y Paraguay. No hay ejemplares de herbario.

Hymenaea martiana Hayne, Getreue Darstell. Gew. 11: sub pl. 15. 1830.
Sin.: *Hymenaea sellowiana* Hayne
Ref.: Langenheim (1967), Killeen & Schulenberg (1998).
Arbusto, árbol. Nativa. Zonas Bajas. Bosque Semideciduo Chiquitano, Campos Cerrados, 0–500 m.
Dept.: SC.
Muestra: *T. Killeen et al. 5499* (LPB, MO, USZ).

Hymenaea oblongifolia Huber, Bol. Mus. Goeldi Hist. Nat. Ethnogr. 5(2): 386. 1909.
Ref.: Lee & Langenheim (1975), Parker & Bailey (1991), Alverson et al. (2000).
Árbol. Nativa. Zonas Bajas. Bosque Húmedo, 0–500 m.
Dept.: LP, PA.
Muestra: *G.T. Prance 8519* (MO).
Infra: *Hymenaea oblongifolia* var. *oblongifolia*

Hymenaea parvifolia Huber, Bol. Mus. Goeldi Hist. Nat. Ethnogr. 5(2): 385–386. 1909.
Ref.: Lee & Langenheim (1975), Ruiz de Centurión (1993a).
Árbol. Nativa. Zonas Bajas. Bosque Húmedo, 0–500 m.
Dept.: PA.
Muestra: *E. Meneces 628* (BOLV, LPB, MO).
Nom. Vern.: Paquiosillo.

[Hymenaea reticulata Ducke], Bull. Mus. Natl. Hist. Nat., sér. 2 4(6): 726–727. 1932.
Ref.: Lee & Langenheim (1975).
Nota: Especie dudosa. Lee & Langenheim (1975) citan esta especie para la zona de Manaus, Brasil y Loreto, Perú. Las muestras citadas para BE y PA son posiblemente identificaciones erróneas.

Hymenaea stigonocarpa Mart. ex Hayne, Getreue Darstell. Gew. 11: sub pl. 13. 1830.
Ref.: Langenheim (1967), Ruiz de Centurión (1993a), Killeen & Schulenberg (1998), Wood et al. (2011).
Arbusto, arbolito, árbol. Nativa. Zonas Bajas. Bosque Húmedo, Bosque Semideciduo Chiquitano, Campos Cerrados, Sabanas Benianas del Sur, 0–500 m.
Dept.: BE, SC.
Muestra: *T. Killeen 1951* (F, LPB, MO).
Infra: *Hymenaea stigonocarpa* var. *stigonocarpa*, *Hymenaea stigonocarpa* var. *pubescens* Benth.
Nom. Vern.: Paquió.

[Hymenaea travassosii Kuhlm. ex L.E. Paes], Rodriguésia 26(38): 7. 1971.
Ref.: Lee & Langenheim (1975).
Tipo: *L. Travassos EB 135561* (HT: RB).
Nota: Especie dudosa. El tipo es de Bolivia pero, según Lee & Langenheim (1975), el HT no pudo ser localizado en el herbario RB, y de acuerdo a la descripción probablemente se refiere a *H. courbaril*.

Hymenolobium Benth., J. Proc. Linn. Soc., Bot. 4(Suppl.): 84. 1860.
1 especie, 0 especies endémicas.

Hymenolobium excelsum Ducke, Arch. Jard. Bot. Rio de Janeiro 1(1): 38–39, pl. 13–14. 1915.
Árbol. Nativa. Zonas Bajas. Bosque Húmedo, 0–500 m.
Dept.: PA, SC.
Muestra: *A. Jardim 1040* (BAB, CTES, K, L, MA, MO, NY, US, USZ).

Indigofera L., Sp. Pl. 2: 751. 1753.
11 especies, 0 especies endémicas.

Indigofera asperifolia Bong. ex Benth., Ann. Nat. Hist. 3: 431. 1839.
Sin.: *Anila asperifolia* (Bong. ex Benth.) Kuntze
Ref.: Foster (1958), Adolfo María (1966), Atahuachi Burgos & Arrázola Rivero (1996), Serrano & Terán (1998 [2000]).
Hierba, subarbusto. Nativa. Andes. Valles Secos, 1000–1500, 2000–3000 m.
Dept.: CH, CO, TA.
Muestra: *C. Antezana V. 1043* (BOLV, MO).
Nom. Vern.: Chulku.

Indigofera bongardiana (Kuntze) Burkart, Darwiniana 4: 171. 1942.
Sin.: *Anila bongardiana* Kuntze
Ref.: Wood et al. (2011).
Hierba. Nativa. Zonas Bajas. Bosque Seco Chaqueño, 500–1000 m.
Dept.: SC.
Muestra: *J.R.I. Wood 26444* (K).

Indigofera campestris Bong. ex Benth., Fl. Bras. 15(1A): 38–39. 1859.
Hierba. Nativa. Andes. Bosque Tucumano-Boliviano, 2000–3000 m.
Dept.: CH, SC.
Muestra: *J.R.I. Wood 8878* (K).

Indigofera fruticosa Rose, Contr. U.S. Natl. Herb. 5(3): 140. 1897.
Sin.: *Indigofera nelsonii* Rydb.
Arbusto. Cultivada. Andes. Valles Secos, 2000–2500 m.
Dept.: CH.
Muestra: *J. Villalobos 1077* (HSB, MO).
Nota: Nativa de México.

Indigofera hirsuta L., Sp. Pl. 2: 751. 1753.
Sin.: *Indigofera ferruginea* Schumach. & Thonn., *Indigofera fusca* G. Don, *Indigofera hirta* Bojer, *Anila hirsuta* (L.) Kuntze
Arbusto. Nativa. Zonas Bajas. Bosque Húmedo, 0–500 m.
Dept.: SC.
Muestra: *M.H. Nee 56223* (MO, NY, USZ).

Indigofera lespedezioides Kunth, Nov. Gen. Sp. (quarto ed.) 6: 457. 1824.
Sin.: *Indigofera mucronata* Lam., *Indigofera grisea* Desv., *Indigofera humboldtiana* Spreng., *Indigofera pascuorum* Benth., *Indigofera pohliana* Benth., *Indigofera grisea* Baker, *Anila lespedezoides* (Kunth) Kuntze, *Anila pascuorum* (Benth.) Kuntze, *Indigofera acasonicae* Brandegee
Ref.: Foster (1958), Parker & Bailey (1991), Killeen & Schulenberg (1998), Wood et al. (2011).
Hierba, subarbusto, arbusto. Nativa. Zonas Bajas, Andes. Bosque Húmedo, Bosque Semideciduo Chiquitano, Campos Cerrados, Sabanas Benianas del Sur, Bosque Tucumano-Boliviano, Bosque Serrano Chaqueño, Valles Secos, 0–2000 m.
Dept.: BE, LP, SC.
Muestra: *T. Killeen 2838A* (LPB, MO).
Nom. Vern.: Nasusürr, nitapacuma.

Indigofera microcarpa Desv., J. Bot. Agric. 3: 79. 1814.
Sin.: *Indigofera domingensis* Spreng. ex DC., *Indigofera sabulicola* Benth., *Dalea tephrosioides* Griseb., *Indigofera boiviniana* Baill., *Indigofera punctata* Boivin, *Indigofera richardiana* Baill.
Ref.: Burkart (1942a), Foster (1958).
Hierba. Nativa. Zonas Bajas. Bosque Húmedo, Campos Cerrados, Sabanas Benianas del Sur, 0–500 m.
Dept.: BE, SC.
Muestra: *T. Killeen 1115* (LPB).

Indigofera parodiana Burkart, Darwiniana 5: 57–61, f. 1–2. 1941.
Sin.: *Indigofera pascuorum* Griseb., *Indigofera campestris* Kurtz, *Indigofera humilis* Kuntze
Ref.: Serrano & Terán (1998 [2000]).
Hierba. Nativa. Zonas Bajas. Bosque Húmedo, Bosque Semideciduo Chiquitano, Bosque Seco Chaqueño, 0–500 m.

Dept.: CH, SC.
Muestra: *M.H. Nee 50554* (LPB, MO, NY).

Indigofera spicata Forssk., Fl. Aegypt.-Arab. 138. 1775.
Hierba. Adventicia. Zonas Bajas. Bosque Seco Chaqueño, 500–1000 m.
Dept.: SC.
Muestra: *J.R.I. Wood 10955* (K).

Indigofera suffruticosa Mill., Gard. Dict. (ed. 8) Indigofera no. 2. 1768.
Sin.: *Indigofera tinctoria* L., *Indigofera tinctoria* Mill., *Indigofera anil* L., *Indigofera divaricata* Jacq., *Indigofera guatimala* Lunan, *Indigofera anil* var. *polyphylla* DC., *Indigofera comezuelo* Moc. & Sessé ex DC., *Indigofera anil* Sm. ex Wight & Arn., *Indigofera tinctoria* Blanco, *Anila tinctoria* var. *vera* Kuntze
Ref.: Foster (1958), López Vargas (1995), Atahuachi Burgos & Arrázola Rivero (1996), De la Barra (1997), González et al. (1999), Serrano & Terán (1998 [2000]).
Hierba, subarbusto, arbusto. Nativa. Zonas Bajas, Andes. Bosque Húmedo, Bosque Semideciduo Chiquitano, Bosque Seco Chaqueño, Campos Cerrados, Sabanas Benianas del Sur, Yungas, Bosque Tucumano-Boliviano, Bosque Serrano Chaqueño, Valles Secos, 0–3000 m.
Dept.: BE, CH, CO, LP, SC, TA.
Muestra: *T. Killeen & K. Smith 3650* (LPB, MO).
Nom. Vern.: Anil, añil, mucucürr.

Indigofera tephrosioides Kunth, Nov. Gen. Sp. (quarto ed.) 6: 455, pl. 580. 1823 [1824].
Sin.: *Indigofera lagascana* DC., *Indigofera macrocarpa* Desv., *Indigofera obrajillensis* A. Gray, *Indigofera laxa* Ulbr., *Indigofera weberbaueri* Ulbr.
Hierba. Nativa. Andes. Bosque Tucumano-Boliviano, 2500–3000 m.
Dept.: SC.
Muestra: *M.H. Nee 40336* (LPB, MO, NY, USZ).

Indigofera truxillensis Kunth, Nov. Gen. Sp. (quarto ed.) 6: 456–457. 1823 [1824].
Sin.: *Anila truxillensis* (Kunth) Kuntze
Ref.: Rydberg (1923).
Nota: Esperado. Rydberg (1923) cita esta especie para Bolivia, pero no hay más referencias disponibles o ejemplares de herbario.

Inga Mill., Gard. Dict. Abr. (ed. 4) no. 2. 1754.
78 especies, 4 especies endémicas.

Inga acreana Harms, Notizbl. Königl. Bot. Gart. Berlin 6: 298. 1915.
Sin.: *Inga myriocephala* Pittier
Ref.: Pittier (1916), Foster (1958), Saldias Paz (1993b), Pennington (1997), Mostacedo C. & Uslar (1999), Alverson et al. (2000).
Arbolito, árbol. Nativa. Zonas Bajas, Andes. Bosque Húmedo, Campos Cerrados, Campos Amazónicos, Yungas, 0–2000 m.
Dept.: BE, CO, LP, PA, SC.
Muestra: *H.H. Rusby 1003* (G, GH, K, MG, MO, NY, US).
Nom. Vern.: Pacay.

Inga acrocephala Steud., Flora 26(45): 759. 1843.
Sin.: *Feuilleea acrocephala* (Steud.) Kuntze, *Inga brevipedicellata* Harms
Ref.: Pennington (1997).
Arbolito, árbol. Nativa. Zonas Bajas, Andes. Bosque Húmedo, Sabanas Benianas del Sur, Campos Amazónicos, Valles Secos, 0–500, 1500–2000 m.
Dept.: LP, PA.
Muestra: *S. DeWalt et al. 279* (LPB, MO).
Nom. Vern.: Nasa turudu, pacay aplastado.

Inga acuminata Benth., London J. Bot. 4: 600. 1845.
Sin.: *Feuilleea acuminata* (Benth.) Kuntze
Ref.: Pennington (1997).
Árbol. Nativa. Andes. Yungas, 1000–1500 m.
Dept.: LP.
Muestra: *E.J. Ticona et al. 50* (LPB, MO).

Inga adenophylla Pittier, Contr. U.S. Natl. Herb. 18(5): 210–211. 1916.
Sin.: *Inga apiculata* Rusby
Ref.: Pittier (1916), Rusby (1927), Foster (1958), Moraes R. (1990), Saldias Paz (1993b), Atahuachi Burgos & Arrázola Rivero (1996), Pennington (1997), Mostacedo C. & Uslar (1999), Duchen & Beck (2012).
Arbolito, árbol. Nativa. Zonas Bajas, Andes. Bosque Húmedo, Bosque Semideciduo Chiquitano, Campos Cerrados, Yungas, Bosque Tucumano-Boliviano, Valles Secos, 0–3000 m.
Dept.: CH, CO, LP, SC.
Tipo y muestra: *M. Bang 236* (HT: GH; IT: BM, CM, F, F, K, M, MO-1802314, US, US), *T.D. Pennington 13286* (K, LPB, MO, USZ).
Nom. Vern.: Pacay-sikili.

Inga alata Benoist, Bull. Mus. Hist. Nat. (Paris) 27: 198. 1921.
Ref.: Pennington (1997).
Arbolito, árbol. Nativa. Zonas Bajas. Bosque Húmedo, Sabanas Benianas del Sur, 0–500 m.
Dept.: BE.
Muestra: *M. Saldias 1098* (MO, USZ).
Nom. Vern.: Pacay.

Inga alba (Sw.) Willd., Sp. Pl. 4(2): 1013. 1806.
Sin.: *Mimosa alba* Sw., *Inga fraxinea* Willd., *Mimosa alba* Vahl, *Mimosa fraxinea* Poir., *Inga thyrsoidea* Desv., *Inga aggregata* G. Don, *Inga spruceana* Benth., *Inga parviflora* Sagot ex Benth., *Feuilleea aggregata* (G. Don) Kuntze, *Feuilleea alba* (Sw.) Kuntze, *Inga carachensis* Pittier, *Inga altissima* Ducke
Ref.: Pittier (1916), Foster (1958), Saldias Paz (1993b), Pennington (1997), Killeen & Schulenberg (1998), Alverson et al. (2000).
Arbolito, árbol. Nativa. Zonas Bajas, Andes. Bosque Húmedo, Bosque Semideciduo Chiquitano, Campos Cerrados, Sabanas Benianas del Sur, Campos Amazónicos, Yungas, Valles Secos, 0–1500 m.
Dept.: BE, CO, LP, PA, SC.
Muestra: *R. Guillén V. & V. Roca 3154* (USZ).
Nom. Vern.: Pacay.

Inga amboroensis T.D. Penn., Genus *Inga*: Bot. 387–389, f. 92, map 42. 1997.
Ref.: Pennington (1997), Ministerio de Medio Ambiente y Agua (2012 [2013]).
Arbolito, árbol. Endémica. Andes. Yungas, 1000–1500 m.
Dept.: SC.
Tipo y muestra: *I.G. Vargas et al. 2197* (HT: K; IT: K, LPB, NY, USZ), *I.G. Vargas et al. 2208* (LPB, USZ).

Inga approximata T.D. Penn., Genus *Inga*: Bot. 552–554, f. 157, map 66. 1997.
Ref.: Pennington (1997), Ministerio de Medio Ambiente y Agua (2012 [2013]).
Arbolito, árbol. Endémica. Andes. Yungas, Bosque Tucumano-Boliviano, Bosque Serrano Chaqueño, 1500–3000 m.
Dept.: CO, SC.
Tipo y muestra: *T.D. Pennington & M. Saldias 13445* (HT: LPB; IT: K, NY), *M.H. Nee 38423* (MO, NY, USZ).

Inga auristellae Harms, Notizbl. Königl. Bot. Gart. Berlin 6: 298. 1915.
Ref.: Pennington (1997).
Árbol. Nativa. Zonas Bajas. Bosque Húmedo, 0–500 m.
Dept.: PA.
Muestra: *K. Izawa 29* (MO).

Inga balsapambensis T.D. Penn., Genus *Inga*: Bot. 698–700, f. 221, map 85. 1997.
Ref.: Pennington (1997).
Árbol. Nativa. Andes. Yungas, 1500–2000 m.
Dept.: LP.
Muestra: *T.D. Pennington 14774* (MO).

Inga bourgonii (Aubl.) DC., Prodr. 2: 434. 1825.
Sin.: *Mimosa bourgonii* Aubl., *Inga assimilis* Miq., *Feuilleea bourgonii* (Aubl.) Kuntze, *Inga tapajozensis* Ducke, *Inga apta* J.F. Macbr.
Ref.: Foster (1958), Saldias Paz (1993b), Pennington (1997).
Arbolito, árbol. Nativa. Zonas Bajas, Andes. Bosque Húmedo, Campos Amazónicos, Yungas, 0–1500 m.
Dept.: BE, CO, LP, PA, SC.
Muestra: *D.N. Smith et al. 13315* (LPB, MO).
Nom. Vern.: Pacay.

Inga capitata Desv., J. Bot. Agric. 3: 71. 1814.
Sin.: *Mimosa pacay* Aubl., *Inga albicans* Walp., *Inga calycina* Salzm. ex Benth., *Inga peduncularis* Mart. ex Benth., *Inga capitata* var. *brevicalyx* Benth., *Inga capitata* var. *tenuior* Benth., *Feuilleea capitata* (Desv.) Kuntze, *Inga sarmentosa* Glaz. ex Harms, *Inga falcistipula* Ducke, *Inga capitata* var. *latifolia* Ducke, *Inga capuchoi* Standl.
Ref.: Moraes R. (1990), Saldias Paz (1993b), Atahuachi Burgos & Arrázola Rivero (1996), Pennington (1997), Alverson et al. (2000), Montambault (2002).
Arbolito, árbol. Nativa. Zonas Bajas, Andes. Bosque Húmedo, Campos Amazónicos, Yungas, Valles Secos, 0–1500 m.
Dept.: BE, CO, LP, PA.
Muestra: *T.D. Pennington 13276* (K, LPB, MO, USZ).

Inga cayennensis Sagot ex Benth., Trans. Linn. Soc. London 30(3): 626. 1875.
Sin.: *Inga dysantha* Benth., *Feuilleea cayennensis* (Sagot ex Benth.) Kuntze, *Feuilleea sessiliflora* (Benth.) Kuntze, *Inga cayennensis* fo. *sessiliflora* Ducke, *Inga aria* J.F. Macbr.
Ref.: Pennington (1997), Killeen & Schulenberg (1998).
Arbolito, árbol. Nativa. Zonas Bajas. Bosque Húmedo, Sabanas Benianas del Sur, 0–500 m.
Dept.: SC.
Muestra: *R. Guillén V. & Marmañas 4591* (USZ).
Nom. Vern.: Pacay.

Inga cecropietorum Ducke, Arch. Jard. Bot. Rio de Janeiro 3: 52. 1922.
Ref.: Pennington (1997).
Árbol. Nativa. Zonas Bajas, Andes. Bosque Húmedo, Yungas, 0–1500 m.
Dept.: BE, CO, LP.
Muestra: *D. De la Quintana et al. 195* (LPB, MA, MO).
Nom. Vern.: Pacay.

Inga chartacea Poepp., Nov. Gen. Sp. Pl. 3: 79. 1845.
Sin.: *Feuilleea chartacea* (Poepp.) Kuntze, *Inga calophylla* Harms, *Inga bolivariana* Britton & Killip
Ref.: Foster (1958), Saldias Paz (1993b), Pennington (1997).
Arbolito, árbol. Nativa. Zonas Bajas, Andes. Bosque Húmedo, Campos Cerrados, Yungas, 0–1500 m.
Dept.: BE, PA, SC.
Muestra: *J.C. Solomon 6375* (LPB, MO).
Nom. Vern.: Pacay, pacay cola de mono.

Inga chrysantha Ducke, Bol. Tecn. Inst. Agron. N. 2: 6. 1944.
Sin.: *Inga ricardorum* Bernardi & Spichiger
Ref.: Pennington (1997).
Arbolito, árbol. Nativa. Zonas Bajas. Bosque Húmedo, 500–1000 m.
Dept.: BE, LP, SC.
Muestra: *D.N. Smith et al. 14085* (MO).
Nom. Vern.: Pacay.

Inga cinnamomea Spruce ex Benth., Trans. Linn. Soc. London 30(3): 606. 1875.
Sin.: *Feuilleea cinnamomea* (Spruce ex Benth.) Kuntze, *Inga tessmannii* var. *harmsii* J.F. Macbr.
Ref.: Pennington (1997).
Arbolito, árbol. Nativa. Zonas Bajas, Andes. Bosque Húmedo, Sabanas Benianas del Sur, Yungas, 0–1500 m.
Dept.: BE, LP, PA, SC.
Muestra: *A.H. Gentry & S. Estenssoro C. 70429* (MO).
Nom. Vern.: Pacay.

Inga cocleensis Pittier, Contr. U.S. Natl. Herb. 18(5): 211. 1916.
Sin.: *Inga brunnescens* Britton & Killip
Ref.: Pennington (1997).
Árbol. Nativa. Andes. Yungas, 1500–2000 m.
Dept.: LP.
Muestra: *A.H. Gentry 71010* (MO).

Inga cordatoalata Ducke, Arch. Jard. Bot. Rio de Janeiro 3: 53–54. 1922.
Ref.: Pennington (1997).
Arbolito. Nativa. Bosque Semideciduo Chiquitano, 0–500 m.
Dept.: SC.
Muestra: *M. Toledo 1424* (LPB, MO, USZ).

Inga coruscans Humb. & Bonpl. ex Willd., Sp. Pl. 4(2): 1017. 1806.
Sin.: *Mimosa coruscans* (Humb. & Bonpl. ex Willd.) Poir., *Feuilleea coruscans* (Humb. & Bonpl. ex Willd.) Kuntze, *Inga caldasiana* Britton & Killip, *Inga klugii* Standl. ex J.F. Macbr., *Inga pseudomarginata* Killip & Gutierrez
Ref.: Sousa Sánchez (1993), Pennington (1997).
Arbolito, árbol. Nativa. Zonas Bajas, Andes. Bosque Húmedo, Yungas, 0–500, 1000–2000 m.
Dept.: CO, LP.
Muestra: *A.H. Gentry & S. Estenssoro C. 70664* (MO).

Inga cylindrica (Vell.) Mart., Flora 20(2): Beibl. 114. 1837.
Sin.: *Mimosa cylindrica* Vell., *Inga polystachya* Benth., *Inga tenuifolia* Benth., *Feuilleea cylindrica* (Vell.) Kuntze, *Feuilleea tenuifolia* (Benth.) Kuntze, *Inga albicoria* Poncy
Ref.: Foster (1958), Saldias Paz (1993b), Pennington (1997), Killeen & Schulenberg (1998), Mostacedo C. & Uslar (1999).
Arbolito, árbol. Nativa. Zonas Bajas, Andes. Bosque Húmedo, Bosque Semideciduo Chiquitano, Campos Cerrados, Sabanas Benianas del Sur, Yungas, 0–1000, 1500–2000 m.
Dept.: BE, CO, LP, SC.
Muestra: *T. Killeen 4282* (COL, K, LPB, MA, MO).
Nom. Vern.: Ingarete, pacay, pacay largo, pacay rosario.

Inga densiflora Benth., Trans. Linn. Soc. London 30(3): 617. 1875.
Sin.: *Feuilleea densiflora* (Benth.) Kuntze, *Inga langlassei* Pittier, *Inga mollifoliola* Pittier, *Inga monticola* Pittier, *Inga sordida* Pittier, *Inga heinei* Harms, *Inga java* Pittier, *Inga microdonta* Britton & Killip, *Inga titiribiana* Britton & Killip, *Inga montealegrei* Standl.

Ref.: Pennington (1997), Zamora Villalobos (2010).
Árbol. Nativa. Zonas Bajas. Bosque Húmedo, 0–500 m.
Dept.: LP, SC.
Muestra: *G.A. Parada 552* (COL, MO, USZ).
Nom. Vern.: Nasa turu, nasha turu, pacay, pacay del monte.

Inga disticha Benth., J. Bot. (Hooker) 2(11): 143–144. 1840.
Sin.: *Inga crevauxii* Sagot, *Feuilleea disticha* (Benth.) Kuntze
Ref.: Pennington (1997), Killeen & Schulenberg (1998).
Arbolito, árbol. Nativa. Zonas Bajas. Bosque Húmedo, Campos Cerrados, Sabanas Benianas del Sur, 0–500 m.
Dept.: PA, SC.
Muestra: *R. Guillén V. 1926* (LPB, MO, USZ).

Inga expansa Rusby, Bull. New York Bot. Gard. 8(28): 90. 1912.
Sin.: *Inga ellipsoidea* Rusby
Ref.: Pittier (1916), Rusby (1927), Foster (1958), Saldias Paz (1993b), Pennington (1997), Ministerio de Medio Ambiente y Agua (2012 [2013]).
Arbolito, árbol. Endémica. Zonas Bajas, Andes. Bosque Húmedo, Yungas, 0–1000, 1500–2000 m.
Dept.: CO, LP.
Tipo y muestra: *R.S. Williams 753* (HT: NY; IT: NY, US), *J.C. Solomon & L.K. Escobar 12488* (LPB, MO).

Inga fastuosa (Jacq.) Willd., Sp. Pl. 4(2): 1014. 1806.
Sin.: *Mimosa fastuosa* Jacq., *Inga venosa* Griseb. ex Benth., *Feuilleea fastuosa* (Jacq.) Kuntze, *Feuilleea venosa* (Griseb. ex Benth.) Kuntze, *Inga longituba* Harms, *Inga guaremalensis* Pittier
Ref.: Moraes R. (1990), Saldias Paz (1993b), Pennington (1997).
Arbolito, árbol. Nativa. Zonas Bajas, Andes. Bosque Húmedo, Yungas, 0–500, 2000–2500 m.
Dept.: LP, SC.
Muestra: *A.F. Fuentes C. et al. 8953* (LPB, MO).

Inga fendleriana Benth., Trans. Linn. Soc. London 30(3): 630–631. 1875.
Sin.: *Feuilleea fendleriana* (Benth.) Kuntze, *Inga rugosa* Rusby
Ref.: Pittier (1916), Foster (1958), Saldias Paz (1993b), Pennington (1997), Ministerio de Medio Ambiente y Agua (2012 [2013]).
Arbolito, árbol. Nativa. Andes. Yungas, 1000–3000 m.
Dept.: CO, LP, SC.
Muestra: *J.C. Solomon 9300* (LPB, MO).

Inga feuillei DC., Prodr. 2: 433. 1825.
Sin.: *Inga reticulata* Spreng., *Inga pacai* Oken, *Inga cumingiana* Benth., *Feuilleea reticulata* (A. Gray) Kuntze, *Feuilleea feuilleei* (DC.) Kuntze
Ref.: Boelcke (1946), Pennington (1997).
Árbol. Cultivada. Zonas Bajas, Andes. Bosque Húmedo, Valles Secos, 0–500, 1000–1500 m.
Dept.: CO, SC.
Muestra: *L. Arroyo P. 4048* (COL, K, MO, NY, USZ).

Inga grandis T.D. Penn., Genus *Inga*: Bot. 584–586, f. 171, map 71. 1997.
Ref.: Pennington (1997).
Árbol. Nativa. Zonas Bajas. Bosque Húmedo, 0–500 m.
Dept.: BE.
Muestra: *D.E. Williams 954* (MO).

Inga heterophylla Willd., Sp. Pl. 4(2): 1020. 1806.
Sin.: *Mimosa parae* Poir., *Inga umbellata* G. Don, *Inga protracta* Steud., *Inga stenocarpa* Spruce ex Benth., *Inga vouapaefolia* Spruce ex Benth., *Feuilleea heterophylla* (Willd.) Kuntze, *Inga mapiriensis* Pittier
Ref.: Pittier (1916), Foster (1958), Saldias Paz (1993b), Atahuachi Burgos & Arrázola Rivero (1996), Pennington (1997), Killeen & Schulenberg (1998), Mostacedo C. & Uslar (1999).
Arbolito, árbol. Nativa. Zonas Bajas, Andes. Bosque Húmedo, Campos Cerrados, Sabanas Benianas del Sur, Campos Amazónicos, Yungas, Valles Secos, 0–2000 m.
Dept.: BE, CO, LP, PA, SC.
Muestra: *S.G. Beck et al. 16625* (F, LPB, MO).
Nom. Vern.: Pacay, pacay rosado.

Inga ilta T.D. Penn., Genus *Inga*: Bot. 437–440, f. 112. 1997.
Ref.: Pennington (1997).
Árbol. Nativa. Zonas Bajas, Andes. Bosque Húmedo, Yungas, 500–1500 m.
Dept.: LP.
Muestra: *T. Killeen 2803A* (COL, K, L, LPB, MA, MO, NY, Z).

Inga ingoides (Rich.) Willd., Sp. Pl. 4(2): 1012. 1806.
Sin.: *Mimosa ingoides* Rich., *Inga meriana* Splitg., *Inga bahiensis* Benth., *Inga laxiflora* Benth., *Inga galibica* Duchass. & Walp., *Feuilleea bahiensis* Kuntze, *Feuilleea ingoides* (Rich.) Kuntze, *Feuilleea sesuya* Kuntze
Ref.: Moraes R. (1990), Saldias Paz (1993b), Pennington (1997), Killeen & Schulenberg (1998), Mostacedo C. & Uslar (1999).
Arbolito, árbol. Nativa. Zonas Bajas, Andes. Bosque Húmedo, Bosque Semideciduo Chiquitano, Campos Cerrados, Sabanas Benianas del Sur, Yungas, 0–1500 m.
Dept.: BE, CO, LP, PA, SC.
Muestra: *A. Araujo M. et al. 1566* (BOLV, LPB, MA, MO, NY, USZ).
Nom. Vern.: Cola de mono, inga, pacay, pacay cola de mono, pacay macho.

Inga japurensis T.D. Penn., Genus *Inga*: Bot. 560–562, f. 161, map 67. 1997.
Ref.: Pennington (1997).
Árbol. Nativa. Zonas Bajas. Bosque Húmedo, 0–500 m.
Dept.: PA.
Muestra: *A.H. Gentry et al. 77719* (MO).

Inga lateriflora Miq., Linnaea 19: 131. 1847.
Sin.: *Inga parviflora* Spruce ex Benth., *Feuilleea lateriflora* (Miq.) Kuntze, *Inga lateriflora* var. *latior* Ducke
Ref.: Saldias Paz (1993b), Pennington (1997).
Arbolito, árbol. Nativa. Zonas Bajas. Bosque Húmedo, Campos Cerrados, 0–1000 m.
Dept.: BE, SC.
Muestra: *J.C. Solomon 7829* (LPB, MO).

Inga laurina (Sw.) Willd., Sp. Pl. 4(2): 1018. 1806.
Sin.: *Inga verrucosa* C. Presl, *Mimosa fagifolia* L., *Mimosa fagifolia* Jacq., *Mimosa laurina* Sw., *Mimosa tetraphylla* Vell., *Inga tetraphylla* (Vell.) Mart., *Inga tetraphylla* var. *parvifolia* Benth., *Inga fagifolia* (L.) Willd. ex Benth., *Inga fagifolia* var. *pedicellaris* Benth., *Feuilleea laurina* (Sw.) Kuntze, *Inga fagifolia* var. *belemnensis* Ducke
Ref.: Pennington (1997), Killeen & Schulenberg (1998), Jardim et al. (2003).
Arbolito, árbol. Nativa. Zonas Bajas, Andes. Bosque Húmedo, Bosque Semideciduo Chiquitano, Campos Cerrados, Sabanas Benianas del Sur, Yungas, Bosque Tucumano-Boliviano, Valles Secos, 0–2000 m.
Dept.: BE, CH, CO, LP, SC.
Muestra: *P.F. Foster et al. 147* (MO, USZ).
Nom. Vern.: Nuquinburirr, nuquiuburirr, pacay, pacay chico, pacaycillo.

Inga leiocalycina Benth., London J. Bot. 4: 598. 1845.
Sin.: *Inga multiflora* Benth., *Feuilleea leiocalycina* (Benth.) Kuntze, *Inga*

tenuirama Harms, *Inga semiglabra* Pittier, *Inga longipedunculata* Ducke, *Inga yunckeri* Standl.
Ref.: Moraes R. (1990), Saldias Paz (1993b), Sousa Sánchez (1993), Pennington (1997).
Árbol. Nativa. Zonas Bajas, Andes. Bosque Húmedo, Campos Amazónicos, Yungas, 0–1500 m.
Dept.: BE, LP, PA, SC.
Muestra: *R.T. Pennington et al. 137* (K, LPB, MO).

Inga lineata Benth., London J. Bot. 4: 594. 1845.
Sin.: *Feuilleea lineata* (Benth.) Kuntze, *Inga monzonensis* Harms
Ref.: Pennington (1997).
Arbolito, árbol. Nativa. Zonas Bajas. Bosque Húmedo, 0–500 m.
Dept.: SC.
Muestra: *G.A. Parada et al. 1094* (MO, USZ).

Inga longifoliola R.S. Cowan, Bot. Mus. Leafl. 18(4): 147, 150, pl. 28e–f. 1958.
Ref.: Pennington (1997).
Árbol. Nativa. Zonas Bajas. Bosque Húmedo, 0–500 m.
Dept.: PA.
Muestra: *J.C. Solomon 17128* (K, LPB, MO).

Inga lopadadenia Harms, Notizbl. Bot. Gart. Berlin–Dahlem 10: 178. 1927.
Sin.: *Inga odoratissima* Ducke
Ref.: Pennington (1997).
Arbolito. Nativa. Zonas Bajas, Andes. Bosque Húmedo, Yungas, 0–500, 1000–1500 m.
Dept.: LP, SC.
Muestra: *G. Arellano et al. 1082* (LPB, MA, MO).

Inga macrophylla Humb. & Bonpl. ex Willd., Sp. Pl. 4(2): 1015. 1806.
Sin.: *Mimosa macrophylla* (Humb. & Bonpl. ex Willd.) Poir., *Inga brachyptera* Benth., *Inga bracteosa* Benth., *Inga calocephala* Poepp., *Inga macrophylla* var. *stenoptera* Benth., *Feuilleea brachyptera* (Benth.) Kuntze, *Feuilleea bracteosa* (Benth.) Kuntze, *Feuilleea macrophylla* (Humb. & Bonpl. ex Willd.) Kuntze, *Inga quadrangularis* Ducke, *Inga ouraphylla* L. Uribe, *Inga alatocarpa* T.S. Elias, *Inga chorrerana* T.S. Elias
Ref.: Foster (1958), Saldias Paz (1993b), Pennington (1997).
Arbolito, árbol. Nativa. Zonas Bajas, Andes. Bosque Húmedo, Yungas, Bosque Tucumano-Boliviano, 0–2000 m.
Dept.: BE, CH, CO, LP, PA, SC.
Muestra: *I.G. Vargas et al. 1757* (LPB, USZ).
Nom. Vern.: Pacay, pacay blanco.

Inga marginata Willd., Sp. Pl. 4(2): 1015. 1806.
Sin.: *Inga sapida* Kunth, *Mimosa semialata* Vell., *Inga guayaquilensis* G. Don, *Inga odorata* G. Don, *Inga semialata* (Vell.) Mart., *Inga excelsa* Poepp., *Inga puberula* Benth., *Inga pycnostachya* Benth., *Inga semialata* var. *latifolia* Mart. ex Benth., *Inga leptostachya* Benth., *Feuilleea marginata* (Willd.) Kuntze, *Inga fagifolia* var. *intermedia* Hassl., *Inga fagifolia* var. *marginata* (Willd.) Hassl., *Inga marginata* var. *itayensis* J.F. Macbr., *Inga tysonii* T.S. Elias
Ref.: Foster (1958), Moraes R. (1990), Parker & Bailey (1991), Saldias Paz (1993b), Atahuachi Burgos & Arrázola Rivero (1996), Pennington (1997), Schulenberg & Awbrey (1997), Killeen & Schulenberg (1998), González et al. (1999), Mostacedo C. & Uslar (1999), Alverson et al. (2000), Serrano & Terán (1998 [2000]), Zenteno Ruiz & López (2010).
Arbolito, árbol. Nativa. Zonas Bajas, Andes. Bosque Húmedo, Bosque Semideciduo Chiquitano, Campos Cerrados, Sabanas Benianas del Norte, Sabanas Benianas del Sur, Yungas, Bosque Tucumano-Boliviano, Valles Secos, 0–2000 m.
Dept.: BE, CH, CO, LP, PA, SC, TA.
Muestra: *T.D. Pennington et al. 13288* (K, LPB, USZ).
Nom. Vern.: Causillo pacay, inga, paca, pacae pequeño, pacay chico, pacay, pacay mono, pacay pequeñito, pacaz del rosario, siquile.

Inga megaphylla Poncy & Vester, Novon 5(4): 384, f. 1–8. 1995.
Ref.: Pennington (1997).
Arbolito. Nativa. Zonas Bajas. Bosque Húmedo, 0–500 m.
Dept.: PA.
Muestra: *A.H. Gentry & A. Perry 77817* (MO).

Inga microcoma Harms, Notizbl. Königl. Bot. Gart. Berlin 6: 301. 1915.
Ref.: Pennington (1997).
Árbol. Nativa. Zonas Bajas. Bosque Húmedo, 0–500 m.
Dept.: CO.
Muestra: *E. Rodríguez et al. 166* (BOLV, MO).

Inga multijuga Benth., Trans. Linn. Soc. London 30(3): 615. 1875.
Sin.: *Feuilleea multijuga* (Benth.) Kuntze
Ref.: Pennington (1997).
Arbolito. Nativa. Zonas Bajas, Andes. Bosque Húmedo, Yungas, 0–500, 1000–1500 m.
Dept.: LP.
Muestra: *G. Arellano et al. 842* (LPB, MA, MO).
Infra: *Inga multijuga* subsp. *multijuga*

Inga multinervis T.D. Penn., Genus *Inga*: Bot. 353–356, f. 80, map 35. 1997.
Ref.: Pennington (1997).
Arbolito, árbol. Nativa. Andes. Yungas, Valles Secos, 1000–1500 m.
Dept.: LP.
Muestra: *A. Escalante Cruz et al. 224* (LPB, MO).

Inga nobilis Willd., Enum. Pl. 2: 1047. 1809.
Sin.: *Inga quaternata* Poepp. & Endl., *Inga juglandifolia* Willd., *Inga humboldtiana* Kunth, *Inga carnosa* G. Don, *Inga corymbifera* Benth., *Inga mathewsiana* Benth., *Inga pavoniana* Benth., *Inga quaternata* Poepp., *Inga riedeliana* Benth., *Inga sericantha* Miq., *Inga boliviana* Britton, *Feuilleea carnosa* (G. Don) Kuntze, *Feuilleea juglandifolia* (Willd.) Kuntze, *Feuilleea mathewsiana* (Benth.) Kuntze, *Feuilleea nobilis* (Willd.) Kuntze, *Feuilleea quaternata* (Poepp.) Kuntze, *Inga wittiana* Harms, *Inga pardoana* Harms, *Inga conglomerata* Benoist, *Inga loretana* J.F. Macbr., *Inga jucunda* Ducke
Ref.: Pittier (1916), Foster (1958), Saldias Paz (1993b), Atahuachi Burgos & Arrázola Rivero (1996), Pennington (1997), Mostacedo C. & Uslar (1999), Alverson et al. (2000), Jardim et al. (2003).
Arbolito, árbol. Nativa. Zonas Bajas, Andes. Bosque Húmedo, Bosque Semideciduo Chiquitano, Campos Cerrados, Sabanas Benianas del Sur, Campos Amazónicos, Yungas, Valles Secos, 0–2000 m.
Dept.: BE, CH, CO, LP, PA, SC.
Muestra: *T.D. Pennington et al. 13285* (K, LPB, MO, USZ).
Infra: *Inga nobilis* subsp. *nobilis*, *Inga nobilis* subsp. *quaternata* (Poepp.) T.D. Penn.
Nom. Vern.: Nasha turu, pacay, pacay colorado.

[Inga obidensis Ducke], Arch. Jard. Bot. Rio de Janeiro 3: 49–50. 1922.
Ref.: Moraes R. (1990), Saldias Paz (1993b).
Nota: El registro se basa en material mal identificado. Nativa del Sur de Guyana y la Amazonía Brasilera.

Inga oerstediana Benth. ex Seem., Bot. Voy. Herald 117–118. 1853.
Sin.: *Inga pisana* G. Don, *Inga fasciculata* Poepp.
Ref.: Pennington (1997), Alverson et al. (2000).
Arbolito, árbol. Nativa. Zonas Bajas, Andes. Bosque Húmedo, Sabanas Benianas del Sur, Yungas, 500–2000 m.
Dept.: BE, CO, LP, PA, SC.
Muestra: *D.N. Smith et al. 14282* (COL, K, LPB, MA, MO, USZ).
Nom. Vern.: Pacay.

Inga pallida Rusby, Mem. Torrey Bot. Club 6(1): 30. 1896.
Sin.: *Inga bangii* Harms
Ref.: Pittier (1916), Foster (1958), Saldias Paz (1993b), Atahuachi Burgos & Arrázola Rivero (1996), Pennington (1997).
Árbol. Endémica. Andes. Yungas, 2000–2500 m.
Dept.: BE, CO.
Tipo y muestra: *M. Bang 1165* (HT: NY; IT: B destr.?, F, G, GH, GH, GH, K, M, MO, MO, NY, US, US, W; fotos: F ex B), *H.H. Rusby 1165* (NY).

Inga peduncularis Benth., London J. Bot. 4: 599. 1845.
Sin.: *Inga stenoptera* var. *peduncularis* (Benth.) Benth.
Ref.: Pennington (1997).
Arbolito, árbol. Nativa. Zonas Bajas. Bosque Húmedo, 0–500 m.
Dept.: SC.
Muestra: *M. Saldias et al. 1123* (K, LPB, MO, USZ).
Nom. Vern.: Pacay.

Inga pezizifera Benth., London J. Bot. 4: 587. 1845.
Sin.: *Feuilleea pezizifera* (Benth.) Kuntze, *Inga subsericantha* Ducke, *Inga urnifera* Kleinhoonte, *Inga microstachya* Britton & Killip, *Inga riopalenquensis* A.H. Gentry
Ref.: Pennington (1997).
Arbolito, árbol. Nativa. Zonas Bajas. Bosque Húmedo, Bosque Semideciduo Chiquitano, 0–500 m.
Dept.: CO, LP, PA, SC.
Muestra: *M. Toledo 1719* (MO, USZ).
Nom. Vern.: Pacay verde.

Inga pilosula (Rich.) J.F. Macbr., Publ. Field Mus. Nat. Hist., Bot. Ser. 13(3/1): 41. 1943.
Sin.: *Mimosa pilosula* Rich., *Inga nitida* Willd., *Inga setifera* DC., *Feuilleea pilosula* (Rich.) Kuntze, *Feuilleea setifera* (DC.) Kuntze, *Inga sanctae-annae* S. Moore
Ref.: Pennington (1997), Killeen & Schulenberg (1998).
Arbolito, árbol. Nativa. Zonas Bajas, Andes. Bosque Húmedo, Bosque Semideciduo Chiquitano, Campos Cerrados, Sabanas Benianas del Sur, Yungas, 0–500, 1000–1500 m.
Dept.: BE, SC.
Muestra: *M. Saldias et al. 3598* (USZ).
Nom. Vern.: Pacay.

Inga punctata Willd., Sp. Pl. 4(2): 1016. 1806.
Sin.: *Inga rufinervis* Spruce ex Benth., *Inga strigillosa* Spruce ex Benth., *Feuilleea punctata* (Willd.) Kuntze, *Feuilleea rufinervis* (Spruce ex Benth.) Kuntze, *Feuilleea strigillosa* (Spruce ex Benth.) Kuntze, *Inga punctata* var. *elongata* J.F. Macbr.
Ref.: Foster (1958), Moraes R. (1990), Saldias Paz (1993b), Sousa Sánchez (1993), Pennington (1997).
Arbolito, árbol. Nativa. Zonas Bajas, Andes. Bosque Húmedo, Bosque Semideciduo Chiquitano, Sabanas Benianas del Sur, Yungas, Valles Secos, 0–2000 m.
Dept.: BE, CO, LP, PA, SC.
Muestra: *T.D. Pennington et al. 13303* (K, LPB, MO, USZ).
Nom. Vern.: Pacai, pacay, pacay negro, trompoillo.

Inga ruiziana G. Don, Gen. Hist. 2: 391. 1832.
Sin.: *Inga fagifolia* G. Don, *Inga foliosa* Benth., *Feuilleea ruiziana* (G. Don) Kuntze, *Inga confusa* Britton & Rose, *Inga obscura* J.F. Macbr.
Ref.: Foster (1958), Parker & Bailey (1991), Saldias Paz (1993b), Pennington (1997), Alverson et al. (2000).
Arbolito, árbol. Nativa. Zonas Bajas, Andes. Bosque Húmedo, Campos Cerrados, Campos Amazónicos, Yungas, 0–2000 m.
Dept.: BE, CO, LP, PA, SC.
Muestra: *R. Seidel et al. 9326* (LPB, MA, MO).
Nom. Vern.: Pacay.

Inga rusbyi Pittier, Contr. U.S. Natl. Herb. 18(5): 179. 1916.
Ref.: Pittier (1916), Foster (1958), Saldias Paz (1993b), Pennington (1997).
Arbolito, árbol. Nativa. Zonas Bajas, Andes. Bosque Húmedo, Yungas, 0–1500 m.
Dept.: LP.
Tipo y muestra: *H.H. Rusby 1001* (HT: GH; IT: BM, F, GH, K, NY, NY, NY, US), *A.F. Fuentes C. et al. 7845* (LPB, MO).

Inga saltensis Burkart, Legum. Argent. (ed. 2) 542. 1952.
Sin.: *Inga brevituba* T.S. Elias
Ref.: Elias (1967), Saldias Paz (1993b), Pennington (1997), Schulenberg & Awbrey (1997), González et al. (1999), Serrano & Terán (1998 [2000]), Ministerio de Medio Ambiente y Agua (2012 [2013]).
Arbolito, árbol. Nativa. Zonas Bajas, Andes. Bosque Húmedo, Bosque Seco Chaqueño, Campos Cerrados, Yungas, Bosque Tucumano-Boliviano, Valles Secos, 0–2000 m.
Dept.: CH, CO, LP, SC, TA.
Muestra: *J.C. Solomon 11075* (LPB, MO).
Nom. Vern.: Pacay, pacay grande.

[Inga santaremnensis Ducke], Arch. Jard. Bot. Rio de Janeiro 4: 16–17. 1925.
Nota: El registro se basa en material mal identificado. Nativa del Brasil.

Inga sapindoides Willd., Sp. Pl. 4(2): 1012. 1806.
Sin.: *Inga pavoniana* G. Don, *Feuilleea pavoniana* (G. Don) Kuntze, *Feuilleea sapindoides* (Willd.) Kuntze, *Inga ochroclada* Harms, *Inga donaeana* J.F. Macbr.
Ref.: Parker & Bailey (1991), Sousa Sánchez (1993), Pennington (1997).
Arbolito, árbol. Nativa. Zonas Bajas, Andes. Bosque Húmedo, Yungas, Valles Secos, 0–500, 1000–2000 m.
Dept.: BE, CO, LP.
Muestra: *M.A. Lewis 882093* (COL, K, LPB, MO).
Nom. Vern.: Pacay.

Inga sertulifera DC., Prodr. 2: 436. 1825.
Sin.: *Mimosa coriacea* Pers., *Inga coriacea* (Pers.) Desv., *Inga leptopus* Benth., *Inga sertulifera* var. *minor* Benth., *Inga sertulifera* var. *leptopus* (Benth.) Benth., *Feuilleea coriacea* (Pers.) Kuntze, *Inga jenmanii* Sandwith, *Inga coriacea* var. *leptopus* (Benth.) J.F. Macbr.
Ref.: Sousa Sánchez (1993), Pennington (1997).
Arbolito, árbol. Nativa. Zonas Bajas. Bosque Húmedo, Bosque

Semideciduo Chiquitano, 0–500 m.
Dept.: LP, PA, SC.
Muestra: *R.C. Quevedo et al. 861* (COL, K, MO, NY, USZ).
Infra: *Inga sertulifera* subsp. *sertulifera*, *Inga sertulifera* subsp. *leptopus* (Benth.) T.D. Penn.
Nom. Vern.: Pacay rosario.

Inga setosa G. Don, Gen. Hist. 2: 388. 1832.
Sin.: *Feuilleea setosa* (G. Don) Kuntze, *Inga hirsutissima* Rusby, *Inga chrysotricha* Pittier
Ref.: Pittier (1916), Foster (1958), Saldias Paz (1993b), Atahuachi Burgos & Arrázola Rivero (1996), Pennington (1997).
Arbolito, árbol. Nativa. Zonas Bajas, Andes. Bosque Húmedo, Campos Amazónicos, Yungas, Valles Secos, 0–2000 m.
Dept.: CO, LP, TA.
Muestra: *J.C. Solomon 13998* (MO).
Nom. Vern.: Pacay.

Inga spectabilis (Vahl) Willd., Sp. Pl. 4(2): 1017–1018. 1806.
Sin.: *Mimosa spectabilis* Vahl, *Inga fulgens* (Labill.) Kunth, *Inga lucida* Kunth, *Inga heteroptera* Benth., *Feuilleea heteroptera* (Benth.) Kuntze, *Feuilleea spectabilis* (Vahl) Kuntze, *Inga smithii* Britton ex Britton & Killip, *Inga schimpffii* Harms, *Inga spectabilis* var. *schimpffii* (Harms) Little
Ref.: Pennington (1997).
Árbol. Nativa. Zonas Bajas. Bosque Húmedo, 0–500 m.
Dept.: LP.
Muestra: *A.H. Gentry & S. Estenssoro C. 70374* (MO).

Inga splendens Willd., Sp. Pl. 4(2): 1017. 1806.
Sin.: *Mimosa splendens* (Willd.) Poir., *Inga floribunda* Benth., *Feuilleea splendens* (Willd.) Kuntze, *Inga hostmannii* Pittier, *Inga superba* Ducke, *Inga splendens* var. *hostmannii* (Pittier) Ducke, *Inga splendens* var. *superba* (Ducke) Ducke
Ref.: Pennington (1997).
Arbolito. Nativa. Zonas Bajas. Bosque Húmedo, 0–500 m.
Dept.: SC.
Muestra: *I.G. Vargas et al. 6666* (K, MO, NY, USZ).

Inga steinbachii Harms, Notizbl. Bot. Gart. Berlin–Dahlem 9: 1037. 1926.
Sin.: *Inga trigyna* Rusby, *Affonsea trigyna* (Rusby) Burkart
Ref.: Rusby (1927), Burkart (1947), Foster (1958), Saldias Paz (1993b), Pennington (1997).
Arbolito, árbol. Nativa. Zonas Bajas, Andes. Bosque Húmedo, Yungas, 0–1500 m.
Dept.: BE, CO, PA, SC.
Tipo y muestra: *J. Steinbach 5619* (LT: K; ILT: A, G, NY), *B. Mostacedo et al. 2412* (LPB, USZ).
Nom. Vern.: Pacai, pacay, pacay peludo.

Inga stenocalyx Spruce ex Benth., Trans. Linn. Soc. London 30(3): 611. 1875.
Sin.: *Feuilleea stenocalyx* (Spruce ex Benth.) Kuntze
Ref.: Pennington (1997).
Arbolito, árbol. Nativa. Zonas Bajas. Campos Cerrados, 0–500 m.
Dept.: SC.
Muestra: *M.H. Nee 41503* (MO, NY).

Inga stenopoda Pittier, Contr. U.S. Natl. Herb. 18(5): 192, pl. 98. 1916.
Ref.: Pittier (1916), Foster (1958), Saldias Paz (1993b), Pennington (1997), Jardim et al. (2003).
Árbol. Nativa. Zonas Bajas, Andes. Bosque Húmedo, Bosque Semideciduo Chiquitano, Campos Cerrados, Sabanas Benianas del Sur, Campos Amazónicos, Yungas, 0–1500 m.
Dept.: BE, LP, PA, SC.
Tipo y muestra: *H.H. Rusby 995* (HT: US; IT: GH, MO-2190911, NY, NY), *J. Steinbach 5628* (A, MO).
Nom. Vern.: Pacay.

Inga stenoptera Benth., J. Bot. (Hooker) 2(11): 143. 1840.
Sin.: *Inga dumosa* Benth., *Inga splendens* Benth., *Inga pilosiuscula* var. *panurensis* Benth., *Feuilleea brevispicata* Kuntze, *Feuilleea stenoptera* (Benth.) Kuntze
Ref.: Pennington (1997).
Arbolito, árbol. Nativa. Zonas Bajas. Bosque Húmedo, Sabanas Benianas del Sur, 0–500 m.
Dept.: BE, LP, PA, SC.
Muestra: *A. Jardim 1081* (LPB, MO, USZ).

Inga stipulacea G. Don, Gen. Hist. 2: 391. 1832.
Sin.: *Inga setigera* Poepp., *Inga rufiseta* Benth., *Feuilleea stipulacea* (G. Don) Kuntze, *Inga chaetophora* Harms
Ref.: Moraes R. (1990), Pennington (1997), Alverson et al. (2000).
Arbolito, árbol. Nativa. Zonas Bajas. Bosque Húmedo, 0–500 m.
Dept.: BE, PA.
Muestra: *M.H. Nee 31831* (LPB, MO).

Inga stipularis DC., Mém. Légum. 440. 1825 [1826].
Sin.: *Feuilleea stipularis* (DC.) Kuntze
Ref.: Foster (1958), Parker & Bailey (1991), Saldias Paz (1993b), Pennington (1997).
Arbolito, árbol. Nativa. Zonas Bajas, Andes. Bosque Húmedo, Yungas, 0–1000, 1500–2000 m.
Dept.: BE, CO, LP.
Muestra: *J.C. Solomon 7637* (MO).

Inga striata Benth., London J. Bot. 4: 608. 1845.
Sin.: *Mimosa dulcis* Vell., *Inga dulcis* Mart., *Inga catharinae* Benth., *Inga nuda* Salzm. ex Benth., *Inga salzmanniana* Benth., *Inga comewynensis* Miq., *Inga nuda* var. *longiflora* Benth., *Inga perrottetii* Sagot, *Inga prieurei* Sagot, *Feuilleea catharinae* (Benth.) Kuntze, *Feuilleea nuda* (Salzm. ex Benth.) Kuntze, *Feuilleea salzmanniana* (Benth.) Kuntze, *Inga canaminensis* Rusby, *Inga ellsworthiana* L. Uribe
Ref.: Rusby (1927), Foster (1958), Saldias Paz (1993b), Pennington (1997).
Arbolito, árbol. Nativa. Zonas Bajas, Andes. Bosque Húmedo, Bosque Semideciduo Chiquitano, Yungas, Bosque Tucumano-Boliviano, Valles Secos, 0–3000 m.
Dept.: CH, CO, LP, SC.
Muestra: *M.H. Nee 38885* (LPB, MO, NY).
Nom. Vern.: Pacay.

Inga striolata T.D. Penn., Genus *Inga*: Bot. 402–405, f. 98, map 43. 1997.
Ref.: Pennington (1997).
Arbolito, árbol. Nativa. Zonas Bajas, Andes. Bosque Húmedo, Sabanas Benianas del Sur, Campos Amazónicos, Yungas, 0–1500 m.
Dept.: BE, LP, SC.
Tipo y muestra: *T.D. Pennington 13299* (HT: K; IT: LPB, MO, NY), *M.H. Nee 38191* (LPB, MO, NY).
Nom. Vern.: Pacay.

Inga subnuda Salzm. ex Benth., London J. Bot. 4: 613. 1845.
Sin.: *Inga eriantha* Benth., *Inga luschnathiana* Benth., *Feuilleea luschnathiana* (Benth.) Kuntze, *Feuilleea subnuda* (Salzm. ex Benth.) Kuntze, *Inga mischantha* Harms
Ref.: Pennington (1997).
Árbol. Nativa. Zonas Bajas, Andes. Bosque Húmedo, Yungas, 0–500, 1000–2000 m.

Dept.: LP, SC.
Muestra: *J.C. Solomon & J. Kuijt 11606* (MO).
Infra: *Inga subnuda* subsp. *luschnathiana* (Benth.) T.D. Penn.

[Inga tarapotensis Spruce ex Benth.], Trans. Linn. Soc. London 30(3): 609. 1875.
Sin.: *Feuilleea tarapotensis* (Spruce ex Benth.) Kuntze
Nota: El registro se basa en material mal identificado. Nativa de San Martín, Perú.

Inga tenuistipula Ducke, Arch. Jard. Bot. Rio de Janeiro 3: 51. 1922.
Sin.: *Inga guentheri* Harms
Ref.: Pennington (1997), Alverson et al. (2000).
Arbolito, árbol. Nativa. Zonas Bajas. Bosque Húmedo, Sabanas Benianas del Sur, 0–500 m.
Dept.: BE, LP, PA.
Muestra: *S. Altamirano & H. Ramos 4073* (MO).

Inga thibaudiana DC., Prodr. 2: 434–435. 1825.
Sin.: *Inga gladiata* Desv., *Inga tenuiflora* Salzm. ex Benth., *Inga macradenia* Mart. ex Benth., *Inga thibaudiana* var. *latifolia* Benth., *Feuilleea thibaudiana* (DC.) Kuntze, *Inga peltadenia* Harms, *Inga recordii* Britton & Rose, *Inga russotomentella* Malme
Ref.: Foster (1958), Moraes R. (1990), Saldias Paz (1993b), Atahuachi Burgos & Arrázola Rivero (1996), Pennington (1997), Alverson et al. (2000), Arrázola Rivero et al. (2000).
Arbolito, árbol. Nativa. Zonas Bajas, Andes. Bosque Húmedo, Bosque Semideciduo Chiquitano, Campos Cerrados, Campos Amazónicos, Yungas, Valles Secos, 0–1500 m.
Dept.: BE, CO, LP, PA, SC.
Muestra: *D.C. Daly et al. 2025* (LPB, MO, NY).
Infra: *Inga thibaudiana* subsp. *thibaudiana*, *Inga thibaudiana* subsp. *peltadenia* (Harms) T.D. Penn., *Inga thibaudiana* subsp. *russotomentella* (Malme) T.D. Penn.
Nom. Vern.: Pacay, pacay colorado, xename.

Inga tomentosa Benth., Trans. Linn. Soc. London 30(3): 609. 1875.
Sin.: *Feuilleea tomentosa* (Benth.) Kuntze
Ref.: Foster (1958), Saldias Paz (1993b), Atahuachi Burgos & Arrázola Rivero (1996), Pennington (1997), Arrázola Rivero et al. (2000).
Arbolito, árbol. Nativa. Zonas Bajas, Andes. Bosque Húmedo, Yungas, Valles Secos, 0–2000 m.
Dept.: BE, CO, LP, SC.
Muestra: *D.N. Smith & V. García E. 13840* (LPB, MO).
Nom. Vern.: Pacay.

Inga umbellifera (Vahl) Steud., Nomencl. Bot. 1: 431. 1821.
Sin.: *Mimosa umbellifera* Vahl, *Inga sciadion* Steud., *Inga myriantha* Poepp., *Inga rutilans* Spruce ex Benth., *Feuilleea myriantha* (Poepp.) Kuntze, *Feuilleea sciadion* (Steud.) Kuntze, *Feuilleea umbellifera* (Vahl) Kuntze, *Inga gracilipes* Standl., *Inga lawranceana* Britton & Killip
Ref.: Saldias Paz (1993b), Pennington (1997).
Arbolito, árbol. Nativa. Zonas Bajas, Andes. Bosque Húmedo, Bosque Semideciduo Chiquitano, Sabanas Benianas del Sur, Campos Amazónicos, Yungas, Valles Secos, 0–2000 m.
Dept.: BE, CO, LP, SC.
Muestra: *D.A. Neill et al. 9289* (LPB, MO, QAME, USZ).
Nom. Vern.: Pacay, pacay colorado.

Inga umbratica Poepp. & Endl., Nov. Gen. Sp. Pl. 3: 77. 1845.
Sin.: *Feuilleea umbratica* (Poepp. & Endl.) Kuntze, *Inga radiata* Rusby, *Inga brevialata* Ducke, *Inga suturalis* Ducke
Ref.: Rusby (1927), Foster (1958), Moraes R. (1990), Saldias Paz (1993b), Pennington (1997).
Arbolito, árbol. Nativa. Zonas Bajas. Bosque Húmedo, 0–500 m.
Dept.: BE, PA.
Muestra: *O.E. White 2393* (GH, NY, US).

Inga velutina Willd., Sp. Pl. 4(2): 1014–1015. 1806.
Sin.: *Mimosa velutina* (Willd.) Poir., *Feuilleea velutina* (Willd.) Kuntze
Ref.: Foster (1958), Saldias Paz (1993b), Pennington (1997).
Arbolito, árbol. Nativa. Zonas Bajas, Andes. Bosque Húmedo, Yungas, 0–1500 m.
Dept.: BE, LP.
Muestra: *D.N. Smith & V. García E. 13817* (LPB, MO).

Inga vera Willd., Sp. Pl. 4(2): 1010–1011. 1806.
Sin.: *Mimosa inga* L., *Inga affinis* DC., *Inga uraguensis* Hook. & Arn., *Inga acutifolia* Benth., *Feuilleea inga* (L.) Kuntze, *Inga arinensis* Hoehne
Ref.: Saldias Paz (1993b), Pennington (1997), Zamora Villalobos (2010).
Arbolito, árbol. Nativa. Zonas Bajas, Andes. Bosque Húmedo, Bosque Semideciduo Chiquitano, Campos Cerrados, Sabanas Benianas del Sur, Yungas, Bosque Tucumano-Boliviano, Valles Secos, 0–2000 m.
Dept.: BE, CH, LP, PA, SC.
Muestra: *M.A. Lewis 37624* (COL, CTES, F, K, L, MA, MO, NY, US, USZ, Z).
Infra: *Inga vera* subsp. *vera*, *Inga vera* subsp. *affinis* (DC.) T.D. Penn.
Nom. Vern.: Pacay.

Inga villosissima Benth., Trans. Linn. Soc. London 30(3): 624. 1875.
Sin.: *Feuilleea villosissima* (Benth.) Kuntze, *Inga pilosa* L. Uribe
Ref.: Pennington (1997).
Arbolito, árbol. Nativa. Zonas Bajas, Andes. Bosque Húmedo, Yungas, 0–500, 2000–2500 m.
Dept.: SC.
Muestra: *I.G. Vargas et al. 2360* (LPB, MO, USZ).

Inga vismiifolia Poepp., Nov. Gen. Sp. Pl. 3: 79. 1845.
Sin.: *Feuilleea vismiifolia* (Poepp.) Kuntze, *Inga pulchriflora* Ducke
Ref.: Pennington (1997).
Árbol. Nativa. Zonas Bajas. Bosque Húmedo, 0–500 m.
Dept.: PA.
Muestra: *S. Altamirano 4265* (BOLV, LPB, MO).

Inga ynga (Vell.) J.W. Moore, Occas. Pap. Bernice Pauahi Bishop Mus. 10(19): 6. 1934.
Sin.: *Inga vera* Kunth, *Mimosa ynga* Vell., *Inga edulis* Mart., *Inga conferta* Benth., *Inga scabriuscula* Benth., *Inga benthamiana* Meisn., *Inga uncinata* Spruce ex Benth., *Inga edulis* var. *parviflora* Benth., *Inga scabriuscula* var. *villosior* Benth., *Feuilleea conferta* (Benth.) Kuntze, *Feuilleea edulis* (Mart.) Kuntze, *Feuilleea scabriuscula* (Benth.) Kuntze, *Inga complanata* Amshoff
Ref.: Rusby (1893b), Saldias Paz (1993b), Pennington (1997), Killeen & Schulenberg (1998), Mostacedo C. & Uslar (1999), Jardim et al. (2003).
Arbolito, árbol. Nativa, cultivada. Zonas Bajas, Andes. Bosque Húmedo, Bosque Semideciduo Chiquitano, Campos Cerrados, Sabanas Benianas del Sur, Campos Amazónicos, Yungas, Valles Secos, 0–2000 m.
Dept.: BE, CO, LP, PA, SC.
Muestra: *B.M. Boom 4810* (LPB, NY).
Nota: Generalmente conocida como *I. edulis.*
Nom. Vern.: Inga, nasa turudo bechu

tida, pacay, pacay cola de mono, xënanë.

Lablab Adans., Fam. Pl. 2: 325. 1763.
1 especie, 0 especies endémicas.

Lablab purpureus (L.) Sweet, Hort. Brit. 481. 1826.
Sin.: *Dolichos lablab* L., *Dolichos purpureus* L.
Ref.: Foster (1958).
Trepadora. Adventicia, cultivada. Zonas Bajas, Andes. Sabanas Benianas del Sur, Yungas, Bosque Serrano Chaqueño, Valles Secos, 0–1000, 2000–2500 m.
Dept.: BE, CO, LP, SC.
Muestra: *R. Seidel 2074* (BAB, K, LPB, MO, NY, SI, USZ).
Nota: Nativa de Africa e India.

Laburnum Fabr., Enum. 228. 1759.
1 especie, 0 especies endémicas.

Laburnum anagyroides Medik., Vorles. Churpfälz. Phys.-Ökon. Ges. 2: 363. 1787.
Arbusto. Cultivada. Andes. Valles Secos, 3500–4000 m.
Dept.: LP.
Muestra: *J.C. Solomon 15723* (BOLV, LPB, MO).
Nota: Nativa de Europa.

Lathyrus L., Sp. Pl. 2: 729. 1753.
4 especies, 0 especies endémicas.

Lathyrus magellanicus Lam., Encycl. 2(2): 708. 1788.
Sin.: *Lathyrus hookeri* G. Don, *Lathyrus magellanicus* var. *tucumanensis* Burkart
Ref.: Foster (1958), López Vargas (1995), Atahuachi Burgos & Arrázola Rivero (1996), Serrano & Terán (1998 [2000]).
Hierba, trepadora, arbusto. Nativa. Andes, Altiplano. Valles Secos, Puna Húmeda, Bosque de *Polylepis*, 2000–4000 m.
Dept.: CH, CO, LP, PO, SC.
Muestra: *R. Zeballos 2026* (CTES, CUVC, G, LPB, M, MA, MBM, MO, NY).
Infra: *Lathyrus magellanicus* var. *magellanicus*, *Lathyrus magellanicus* var. *gladiatus* (Hook.) Kuntze

Lathyrus odoratus L., Sp. Pl. 2: 732. 1753.
Trepadora. Cultivada. Andes. Valles Secos, 2500–4000 m.
Dept.: LP.
Muestra: *J.C. Solomon 15559* (LPB, MO).

[Lathyrus paranensis Burkart], Revista Fac. Agron. Veterin. (Buenos Aires) 8: 71, f. 7, 17a. 1935.
Sin.: *Lathyrus magellanicus* Arechav.
Ref.: López Vargas (1995), Saravia Miranda (1996).
Nota: El registro se basa en material mal identificado.

Lathyrus pubescens Hook. & Arn., Bot. Beechey Voy. 21. 1841 [1830].
Ref.: Burkart (1942b), Foster (1958), Allkin et al. (1983).
Trepadora. Nativa. Andes. Yungas, Páramo Yungueño, Valles Secos, 3000–3500 m.
Dept.: CO, LP.
Muestra: *P.L. Ibisch 751* (BOLV, LPB).
Infra: *Lathyrus pubescens* var. *pubescens*, *Lathyrus pubescens* var. *monticola* Burkart

Lathyrus tropicalandinus Burkart, Darwiniana 6(1): 16–17. 1942.
Ref.: Burkart (1942b), Foster (1958), Allkin et al. (1983).
Trepadora. Nativa. Andes. Valles Secos, 2500–3000 m.
Dept.: CO, LP, TA.
Muestra: *G. Mandon 726* (K).
Nota: Nativa de Argentina.

Lecointea Ducke, Arch. Jard. Bot. Rio de Janeiro 3: 128–130, pl. 8. 1922.
1 especie, 0 especies endémicas.

[Lecointea amazonica Ducke], Arch. Jard. Bot. Rio de Janeiro 3: 129–130, pl. 8. 1922.
Ref.: Barneby (1989), Vargas Salazar (1993e).
Nota: Especie dudosa. El registro se basa en material mal identificado. Nativa del Brasil.

Lecointea peruviana Standl. ex J.F. Macbr., Publ. Field Mus. Nat. Hist., Bot. Ser. 13(3/1): 220–221. 1943.
Ref.: Barneby (1989), Parker & Bailey (1991), Vargas Salazar (1993e).
Arbusto, árbol. Nativa. Zonas Bajas, Andes. Bosque Húmedo, Campos Amazónicos, Yungas, 0–1500 m.
Dept.: BE, LP.
Muestra: *S.G. Beck & R.B. Foster 18272* (F, LPB).

Leptolobium Vogel, Linnaea 11: 388. 1837.
3 especies, 0 especies endémicas.

Leptolobium dasycarpum Vogel, Linnaea 11: 388. 1837.
Sin.: *Sweetia dasycarpa* (Vogel) Benth., *Acosmium dasycarpum* (Vogel) Yakovlev, *Acosmium dasycarpum* subsp. *glabratum* (Benth.) Yakovlev
Ref.: Yakovlev (1969), Schütz Rodrigues (2008), Wood et al. (2011).
Árbol. Cultivada. Zonas Bajas. Bosque Húmedo, Bosque Semideciduo Chiquitano, 0–500 m.
Dept.: SC.
Muestra: *Y. Roca et al. 1321* (USZ).
Nota: Nativa del Brasil.
Nom. Vern.: Vitamina.

Leptolobium elegans Vogel, Linnaea 11: 390. 1837.
Sin.: *Sweetia elegans* (Vogel) Benth., *Sweetia elegans* fo. *oblongifolia* Chodat & Hassl., *Sweetia elegans* fo. *ovatifolia* Chodat & Hassl., *Sweetia subelegans* Mohlenbr., *Acosmium subelegans* (Mohlenbr.) Yakovlev
Ref.: Vargas Salazar (1993e), Schütz Rodrigues (2008).
Árbol. Nativa. Zonas Bajas. Bosque Húmedo, 0–500 m.
Dept.: BE, PA.
Muestra: *S.G. Beck et al. 19213* (COL, K, LPB, PORT).

Leptolobium nitens Vogel, Linnaea 11: 394. 1837.
Sin.: *Leptolobium nitidulum* Miq., *Sweetia nitens* (Vogel) Benth., *Acosmium nitens* (Vogel) Yakovlev
Ref.: Vargas Salazar (1993e), Killeen & Schulenberg (1998), Schütz Rodrigues (2008).
Árbol. Nativa. Zonas Bajas. Bosque Húmedo, Campos Amazónicos, 0–500 m.
Dept.: BE, LP, SC.
Muestra: *S.G. Beck 10156* (LPB, MO).
Nom. Vern.: Sucupira.

Leptospron (Benth.) A. Delgado, Amer. J. Bot. 98(10): 1709. 2011.
1 especie, 0 especies endémicas.

Leptospron adenanthum (G. Mey.) A. Delgado, Amer. J. Bot. 98(10): 1710. 2011.
Sin.: *Phaseolus adenanthus* G. Mey., *Vigna adenantha* (G. Mey.) Maréchal, Mascherpa & Stainier
Ref.: Moraes R. (1990), Delgado Salinas et al. (2011).
Trepadora. Nativa. Zonas Bajas, Andes. Bosque Húmedo, Yungas, 0–1500 m.
Dept.: LP, SC, TA.
Muestra: *M. Moraes R. 253* (LPB).

Leucaena Benth., J. Bot. (Hooker) 4: 416–417. 1842.
1 especie, 0 especies endémicas.

Leucaena leucocephala (Lam.) de Wit, Taxon 10(2): 54. 1961.
Sin.: *Mimosa leucocephala* Lam., *Leucaena glauca* Benth.
Ref.: Saldias Paz (1993b), Hughes (1998).
Arbusto, arbolito, árbol. Naturalizada, cultivada. Zonas Bajas, Andes. Bosque Húmedo, Bosque Semideciduo Chiquitano, Valles Secos, 0–500, 1500–2000 m.
Dept.: CH, LP, SC.
Muestra: *M.H. Nee 37031* (LPB, MO, NY).
Infra: *Leucaena leucocephala* subsp. *glabrata* (Rose) Zárate
Nota: Nativa de América Central.
Nom. Vern.: Chamba.

Leucochloron Barneby & J.W. Grimes, Mem. New York Bot. Gard. 74(1): 130–132. 1996.
1 especie, 1 especie endémica.

Leucochloron bolivianum C.E. Hughes & M. Atahuachi, Kew Bull. 61(4): 559–563, f. 1a–l. 2006 [2007].
Ref.: Hughes & Atahuachi Burgos (2006), Ministerio de Medio Ambiente y Agua (2012 [2013]).
Árbol. Endémica. Andes. Yungas, Valles Secos, 1000–3000 m.
Dept.: CO, LP, SC.
Tipo y muestra: *C.E. Hughes et al. 2423* (HT: LPB; IT: BOLV, FHO, K, USZ), *S.G. Beck 21125* (K, LPB).

Libidibia (DC.) Schltdl., Linnaea 5: 192. 1830.
1 especie, 0 especies endémicas.

Libidibia paraguariensis (D. Parodi) G.P. Lewis, Pl.-Book (ed. 3) 1021. 2008.
Sin.: *Caesalpinia coriaria* (Jacq.) Willd., *Acacia paraguariensis* D. Parodi, *Caesalpinia melanocarpa* Griseb., *Caesalpinia paraguariensis* (D. Parodi) Burkart
Ref.: Foster (1958), Ruiz de Centurión (1993a), López Vargas (1995), Atahuachi Burgos & Arrázola Rivero (1996), Serrano & Terán (1998 [2000]).
Arbolito, árbol. Nativa. Zonas Bajas, Andes. Bosque Húmedo, Bosque Semideciduo Chiquitano, Bosque Seco Chaqueño, Campos Cerrados, Sabanas Benianas del Sur, Bosque Tucumano-Boliviano, Bosque Serrano Chaqueño, Valles Secos, 0–2500 m.
Dept.: CH, CO, LP, SC, TA.
Muestra: *S.G. Beck & M. Liberman 9419* (LPB, NY).
Nom. Vern.: Algarrobilla, algarrobillo, guayacán, guirayepiro, huayacán, iguirayepiro, morao.

Lonchocarpus Kunth, Nov. Gen. Sp. (folio ed.) 6: 300. 1824.
12 especies, 5 especies endémicas.

Lonchocarpus guillemineanus (Tul.) Malme, Ark. Bot. 23A(13): 30. 1931.
Sin.: *Neuroscapha guilleminiana* Tul.
Ref.: Vargas Salazar (1993e).
Árbol. Nativa. Zonas Bajas. Bosque Húmedo, Bosque Semideciduo Chiquitano, 0–1000 m.
Dept.: BE, SC.
Muestra: *L. Arroyo P. & M. Menacho Viruez 859* (MO, USZ).
Nom. Vern.: Yesquero colorado.

Lonchocarpus hedyosmus Miq., Linnaea 18: 564. 1844 [1845].
Sin.: *Derris hedyosma* (Miq.) J.F. Macbr.
Ref.: Foster (1958), Vargas Salazar (1993e), Zamora Villalobos (2010).
Arbusto, arbolito, árbol. Nativa. Zonas Bajas, Andes. Bosque Húmedo, Yungas, 0–1500 m.
Dept.: LP, SC.
Muestra: *M. Saldias 4746* (MO, USZ).

Lonchocarpus lilloi (Hassl.) Burkart, Darwiniana 4: 326. 1942.
Sin.: *Lonchocarpus nitidus* var. *lilloi* Hassl.
Ref.: Vargas Salazar (1993e), Schulenberg & Awbrey (1997), González et al. (1999), Serrano & Terán (1998 [2000]), Ministerio de Medio Ambiente y Agua (2012 [2013]).
Arbolito, árbol. Nativa. Zonas Bajas, Andes. Yungas, Bosque Tucumano-Boliviano, Bosque Serrano Chaqueño, 500–1500 m.
Dept.: CH, LP, TA.
Muestra: *J.C. Solomon 10122* (LPB, MEXU, MO).
Nom. Vern.: Quina blanca.

Lonchocarpus lomentaceus M. Sousa, Novon 15(4): 590–592, f. 1, 2. 2005.
Ref.: Sousa Sánchez (2005).
Arbusto. Endémica. Zonas Bajas. Bosque Húmedo, 0–500 m.
Dept.: BE.
Tipo: *J.C. Solomon 7939* (HT: MEXU; IT: LPB, MEXU, MO).
Nota: Conocido solamente del tipo.

Lonchocarpus macrocarpus Benth., J. Proc. Linn. Soc., Bot. 4(Suppl.): 91. 1860.
Ref.: Foster (1958), Vargas Salazar (1993e).
Árbol. Nativa. Zonas Bajas. Bosque Húmedo, 0–1000 m.
Dept.: LP, SC.
Muestra: *d'Orbigny 978* (F, MO).

Lonchocarpus neei M. Sousa, Novon 15(4): 592–594, f. 2,3. 2005.
Ref.: Sousa Sánchez (2005), Ministerio de Medio Ambiente y Agua (2012 [2013]).
Arbolito, árbol. Endémica. Zonas Bajas, Andes. Bosque Semideciduo Chiquitano, Valles Secos, 500–1500 m.
Dept.: SC.
Tipo y muestra: *M.H. Nee & I.G. Vargas 43376* (HT: MEXU; IT: LPB, MO-5197073, NY, USZ), *M.H. Nee 42197* (LPB, MEXU, MO, NY, USZ).

Lonchocarpus pluvialis Rusby, Mem. New York Bot. Gard. 7(3): 268. 1927.
Sin.: *Lonchocarpus sericeus* subsp. *paraguariensis* Hassl., *Vouacapoua pluvialis* Rusby, *Derris steinbachii* Harms
Ref.: Rusby (1927), Foster (1958), Vargas Salazar (1993e), Jardim et al. (2003), Sousa Sánchez (2005).
Árbol. Endémica. Zonas Bajas, Andes. Bosque Húmedo, Bosque Semideciduo Chiquitano, Campos Cerrados, Valles Secos, 0–1500 m.
Dept.: BE, LP, SC.
Tipo y muestra: *O.E. White & H.H. Rusby 1302* (HT: NY; IT: GH, K, NY, US), *M.H. Nee 50532* (LPB, MEXU, MO, NY, USZ).
Nom. Vern.: Cuquí, cuquí barcino, yaiguira.

Lonchocarpus riparius M. Sousa, Novon 15(4): 595, f. 2,4. 2005.
Ref.: Sousa Sánchez (2005).
Árbol. Endémica. Zonas Bajas. Bosque Húmedo, 0–500 m.
Dept.: BE, LP, SC.
Tipo y muestra: *D.C. Daly 6423* (HT: MEXU; IT: LPB, MO-5951264, NY), *M.H. Nee 48416* (LPB, MEXU, MO, NY).

Lonchocarpus seorsus (J.F. Macbr.) M. Sousa ex D.A. Neill, Klitg. & G.P. Lewis, Monogr. Syst. Bot. Missouri Bot. Gard. 75: 954. 1999.
Sin.: *Derris seorsa* J.F. Macbr.
Arbolito. Nativa. Andes. Valles Secos, 1000–1500 m.
Dept.: SC.
Muestra: *M.H. Nee 50509* (MO, NY).

Lonchocarpus sericeus (Poir.) Kunth ex DC., Prodr. 2: 260. 1825.
Sin.: *Robinia sericea* Poir.
Ref.: Zamora Villalobos (2010).

Arbolito, árbol. Nativa. Zonas Bajas. Bosque Semideciduo Chiquitano, 500–1000 m.
Dept.: SC.
Muestra: *R.C. Quevedo 510* (MO).

Lonchocarpus sericophyllus M. Sousa, Novon 15(4): 595, 598, f. 2, 5. 2005.
Ref.: Sousa Sánchez (2005).
Árbol. Endémica. Zonas Bajas. Bosque Húmedo, 0–1000 m.
Dept.: BE, PA.
Tipo y muestra: *D.N. Smith & V. García E. 13828* (HT: MEXU; IT: LPB, MO-4008009, USZ), *G.S. Hartshorn & E. Meneces 2085* (MO, USZ).

Lonchocarpus spiciflorus Mart. ex Benth., J. Linn. Soc., Bot. 4(Suppl.): 91. 1860.
Sin.: *Derris spiciflora* (Mart. ex Benth.) J.F. Macbr.
Árbol. Nativa. Zonas Bajas. Bosque Húmedo, 0–500 m.
Dept.: BE, LP.
Muestra: *E. Meneces & Zabala 351* (BOLV, MO).

[Lonchocarpus velutinus Benth. ex Seem.], Bot. Voy. Herald 111. 1853.
Ref.: Foster (1958), Vargas Salazar (1993e).
Nota: El registro se basa en material mal identificado de *L. hedyosmus*.

Luetzelburgia Harms, Ber. Deutsch. Bot. Ges. 40: 177. 1922.
2 especies, 2 especies endémicas.

Luetzelburgia andina D. Cardoso, L.P. Queiroz & H.C. Lima, Syst. Bot. 37(3): 677–679, f. 1. 2012.
Ref.: Cardoso et al. (2012).
Árbol. Endémica. Zonas Bajas, Andes. Bosque Semideciduo Chiquitano, Valles Secos, 500–1500 m.
Dept.: LP.
Tipo y muestra: *A.T. Fernández C. et al. 124* (HT: LPB; IT: HUEFS, MO, USZ), *N.Y. Paniagua et al. 5645* (HUEFS, LPB, MO, USZ).

[Luetzelburgia praecox (Harms ex Kuntze) Harms], Ber. Deutsch. Bot. Ges. 43: 595. 1925.
Sin.: *Tipuana praecox* Harms ex Kuntze
Ref.: Fuentes Claros et al. (2009).
Nota: El registro se basa en material mal identificado de *L. sotoi* y *L. andina*.

Luetzelburgia sotoi D. Cardoso, L.P. Queiroz & H.C. Lima, Syst. Bot. 37(3): 680–683, f. 2–3. 2012.
Ref.: Cardoso et al. (2012).
Árbol. Endémica. Zonas Bajas. Bosque Semideciduo Chiquitano, Bosque Seco Chaqueño, 0–500 m.
Dept.: SC.
Tipo y muestra: *J.D. Soto et al. 1135* (HT: USZ; IT: CTES, HUEFS, K, LPB, UB), *A.F. Fuentes C. 867* (LPB, MO, USZ).

Lupinus L., Sp. Pl. 2: 721. 1753.
52 especies, 17 especies endémicas.
Nota: El género está siendo revisado por C. Hughes (Z). Hemos calificado a las especies publicadas por C.P. Smith y conocidas solamente del tipo, como *Especies dudosas*.

[Lupinus alaristatus C.P. Sm.], Sp. Lupinorum 29: 461. 1945.
Ref.: Smith (1945), Foster (1958).
Tipo: *M. Bang 737-B* (HT: B).
Nota: Especie dudosa. Conocido solamente del tipo.

Lupinus altimontanus C.P. Sm., Sp. Lupinorum 10: 152. 1940.
Ref.: Smith (1940a), Smith (1945), Foster (1958).
Hierba, subarbusto, arbusto. Endémica. Andes, Altiplano. Valles Secos, Puna Húmeda, Puna Seca, 3000–5000 m.
Dept.: CO, LP, OR.
Muestra: *J.C. Solomon 15808* (LPB, MO).

Lupinus altiplani C.P. Sm., Sp. Lupinorum 29: 455. 1945.
Ref.: Smith (1945), Foster (1958).
Hierba. Endémica. Andes, Altiplano. Páramo Yungueño, Puna Húmeda, 2000–2500, 3500–5000 m.
Dept.: LP.
Tipo y muestra: *E. Asplund 6155* (HT: US), *J.C. Solomon 9709* (LPB, MO).

Lupinus angustifolius L., Sp. Pl. 2: 721. 1753.
Hierba. Cultivada. Altiplano. Puna Húmeda, 4000–4500 m.
Dept.: CO.
Muestra: *R. Guillén V. 30* (MO, USZ).
Nota: Nativa de Africa y el Mediterráneo.

[Lupinus asplundianus C.P. Sm.], Sp. Lupinorum 29: 454–455. 1945.
Ref.: Smith (1945), Foster (1958).
Tipo: *E. Asplund 6154* (HT: US).
Nota: Especie dudosa. Conocido solamente del tipo.

Lupinus austrohumifusus C.P. Sm., Sp. Lupinorum 23: 367. 1944.
Sin.: *Lupinus humifusus* Benth.
Ref.: Foster (1958).
Hierba. Nativa. Altiplano. Puna Húmeda, 4000–4500 m.
Dept.: LP.
Muestra: *O. Buchtien 8743* (GH).

Lupinus ballianus C.P. Sm., Sp. Lupinorum 11: 169–170. 1940.
Ref.: Smith (1940c).
Hierba. Nativa. Andes. Valles Secos, 3000–3500 m.
Dept.: LP.
Muestra: *M.H. Nee 32055* (MO).

Lupinus bandelierae C.P. Sm., Sp. Lupinorum 14: 214. 1940.
Ref.: Smith (1945), Foster (1958).
Hierba, arbusto. Nativa. Andes. Páramo Yungueño, 2500–4000 m.
Dept.: CH, CO, LP.
Tipo y muestra: *F.R. Bandelier 38* (HT: NY), *A.F. Fuentes C. et al. 8637* (LPB, MO, OXF, USZ).

Lupinus bangii Rusby, Mem. Torrey Bot. Club 3(3): 17–18. 1893.
Ref.: Rusby (1893b), Smith (1945), Foster (1958).
Subarbusto. Endémica. Andes, Altiplano. Valles Secos, Puna Húmeda, 3000–5000 m.
Dept.: LP, PO, TA.
Tipo y muestra: *M. Bang 737* (HT: NY; IT: BM, GH, MO-51249, NY, NY, US, US), *G. Mandon 699* p.p. (NY).

Lupinus bogotensis Benth., Pl. Hartw. 168. 1845.
Ref.: Rusby (1893b), Smith (1940c), Foster (1958).
Subarbusto. Nativa. Andes. Valles Secos, 3000–4000 m.
Dept.: LP.
Muestra: *M.H. Nee 34147* (LPB, MO, NY).

Lupinus bolivianus Rusby ex C.P. Sm., Sp. Lupinorum 29: 457. 1945.
Sin.: *Lupinus macrostachys* Rusby, *Lupinus macrostachys* var. *sessiliflorus* Rusby
Ref.: Smith (1945), Foster (1958).
Subarbusto. Endémica. Andes. Páramo Yungueño, 3500–4000 m.
Dept.: LP.
Tipo y muestra: *M. Bang 1941* (HT: NY; IT: BM, GH, K, MO-1402, NY, NY, NY, US), *M. Bang 1982* (NY).

Lupinus breviscapus Ulbr., Meded. Rijks-Herb. 27: 46. 1915.
Ref.: Smith (1945), Foster (1958).

Hierba. Nativa. Altiplano. Puna Seca, Bosque de *Polylepis*, 4000–5000 m.
Dept.: LP, OR.
Tipo y muestra: *T. Herzog 2118* (HT: B; IT: MO, Z; fotos: GH, GH), *L.S. Torrico 530* (BOLV, MO).

Lupinus buchtienii Rusby, Phytologia 1(2): 56–57. 1934.
Ref.: Rusby (1934), Smith (1945), Foster (1958).
Hierba. Endémica. Andes, Altiplano. Yungas, Páramo Yungueño, Valles Secos, Puna Húmeda, 3000–4500 m.
Dept.: CO, LP, TA.
Tipo y muestra: *O. Buchtien 2869* (HT: NY; IT: US), *S.G. Beck 4603* (LPB).

[Lupinus cardenasianus C.P. Sm.], Sp. Lupinorum 29: 462. 1945.
Ref.: Smith (1945), Foster (1958).
Tipo: *M. Cárdenas 656 (R)* (HT: US).
Nota: Especie dudosa. Conocido solamente del tipo.

Lupinus celsimontanus C.P. Sm., Sp. Lupinorum 10: 153. 1940.
Ref.: Smith (1940a), Smith (1945), Foster (1958), Schulenberg & Awbrey (1997), Serrano & Terán (1998 [2000]).
Subarbusto, arbusto. Nativa. Andes. Valles Secos, 2500–4000 m.
Dept.: CH, CO, LP.
Tipo y muestra: *O. Buchtien 4474* p.p. (HT: K; IT: GH, MO-942702, NY, US), *J.A. Peñaranda & H. Huaylla 78* (HSB, MO).

Lupinus chlorolepis C.P. Sm., Sp. Lupinorum 18: 277–278. 1941.
Hierba. Nativa. Andes. Valles Secos, 2500–3000 m.
Dept.: TA.
Muestra: *E. Bastian 568* (CORD, LPB).

Lupinus chrysanthus Ulbr., Bot. Jahrb. Syst. 37(5): 543–544. 1906.
Ref.: Foster (1958).
Hierba. Nativa. Altiplano. Puna Húmeda, 4000–4500 m.
Dept.: LP.
Muestra: *A.F. Fuentes C. & F. Zenteno 11317* (BOLV, CTES, LPB, MA, MO, OXF, USZ).

Lupinus condensiflorus C.P. Sm., Sp. Lupinorum 10: 154. 1940.
Sin.: *Lupinus holwayorum* C.P. Sm.
Ref.: Smith (1940c).
Hierba. Nativa. Altiplano. Puna Húmeda, 3500–4000 m.
Dept.: LP.
Muestra: *M. Liberman 1240* (LPB).

Lupinus conicus C.P. Sm., Sp. Lupinorum 17: 159. 1941.
Hierba. Nativa. Altiplano. Puna Húmeda, 4000–4500 m.
Dept.: LP.
Muestra: *S.G. Beck 2929* (LPB).

[Lupinus cuspidatus Rusby], Bull. New York Bot. Gard. 4(14): 342. 1907.
Ref.: Smith (1945), Foster (1958).
Tipo: *M. Bang 1981* (HT: NY; IT: GH, US).
Nota: Especie dudosa. Conocido solamente del tipo.

Lupinus cymboides C.P. Sm., Sp. Lupinorum 17: 265–266. 1941.
Ref.: Macbride (1943).
Nota: Esperado. Citado por Macbride (1943) para Bolivia, no hay ejemplares de herbario.

Lupinus ellsworthianus C.P. Sm., Sp. Lupinorum 10: 159. 1940.
Hierba, subarbusto. Nativa. Andes. Páramo Yungueño, 2500–3500 m.
Dept.: LP.
Muestra: *A.F. Fuentes C. et al. 10025* (BOLV, CTES, LPB, MO, OXF, USZ).

Lupinus erectifolius C.P. Sm., Sp. Lupinorum 22: 351–352. 1944.
Ref.: Smith (1945), Foster (1958).
Subarbusto. Nativa. Altiplano. Puna Seca, 3500–4500 m.
Dept.: CO, LP, TA.
Muestra: *K. Fiebrig 3000a* (BM, GH, K).

Lupinus eriocladus Ulbr., Bot. Jahrb. Syst. 37(5): 549–550. 1906.
Ref.: Smith (1940b).
Arbusto. Nativa. Andes, Altiplano. Páramo Yungueño, Puna Húmeda, 3000–3500, 4000–4500 m.
Dept.: LP.
Muestra: *M.A. Lewis 871733* (MO).

Lupinus fiebrigianus Ulbr., Bot. Jahrb. Syst. 37(5): 545–546. 1906.
Ref.: Smith (1945), Foster (1958).
Subarbusto. Endémica. Andes, Altiplano. Bosque Serrano Chaqueño, Valles Secos, Puna Húmeda, 3000–4500 m.
Dept.: LP, TA.
Tipo y muestra: *K. Fiebrig 2630* (HT: B; IT: BM, GH, K), *M.A. Lewis 871698* (MO).

Lupinus grisebachianus C.P. Sm., Sp. Lupinorum 21: 330. 1943.
Hierba. Nativa. Altiplano. Puna Seca, 4000–4500 m.
Dept.: LP, OR, PO.
Muestra: *M. Liberman 357* (LPB).

Lupinus guggenheimianus Rusby, Mem. New York Bot. Gard. 7(3): 260. 1927.
Ref.: Rusby (1927), Smith (1940c), Smith (1945), Foster (1958).
Subarbusto. Endémica. Andes. Páramo Yungueño, Valles Secos, 3500–4000 m.
Dept.: LP.
Tipo y muestra: *O.E. White 170* (HT: NY; IT: K), *O. Buchtien 2867* (NY, US).

Lupinus herzogii Ulbr., Meded. Rijks-Herb. 27: 44. 1915.
Ref.: Smith (1945), Foster (1958).
Hierba. Nativa. Andes, Altiplano. Páramo Yungueño, Puna Húmeda, 3500–4500 m.
Dept.: LP.
Tipo y muestra: *T. Herzog 2253* (HT: B; IT: L?), *R.W. Pearce s.n.* (K).

Lupinus hornemannii J. Agardh, Syn. Gen. Lupini 22–23, pl. 2. 1835.
Ref.: Smith (1940a).
Hierba. Nativa. Andes. Páramo Yungueño, 3500–4000 m.
Dept.: LP.
Muestra: *A.F. Fuentes C. & Ra. Cuevas 8368* (LPB).

[Lupinus imminutus C.P. Sm.], Sp. Lupinorum 29: 462–463. 1945.
Ref.: Smith (1945), Foster (1958).
Tipo: *M. Cárdenas 656 (L)* (HT: US).
Nota: Especie dudosa. Conocido solamente del tipo.

Lupinus juninensis C.P. Sm., Sp. Lupinorum 18: 278–279. 1941.
Subarbusto. Nativa. Altiplano. Puna Húmeda, 3500–4000 m.
Dept.: LP.
Muestra: *S.G. Beck 7996* (BOLV, CORD, CUZ, FHO, K, LPB, M, MO, NY).

Lupinus mandonanus C.P. Sm., Sp. Lupinorum 29: 464. 1945.
Ref.: Smith (1945), Foster (1958).
Subarbusto. Endémica. Andes, Altiplano. Yungas, Puna Húmeda, 3500–4500 m.
Dept.: LP.
Tipo y muestra: *G. Mandon 682* p.p. (HT: B destr.; IT: G, G, G, NY, W), *W.M. Conway 9* (K).

Lupinus mathewsianus C.P. Sm., Sp. Lupinorum 11: 162–163. 1940.
Ref.: Smith (1940c).
Subarbusto. Nativa. Andes. Valles Secos, 3000–4000 m.
Dept.: PO, TA.
Muestra: *R. Ehrich 38* (LPB).

Lupinus microphyllus Desr., Encycl. 3(2): 625. 1792.
Ref.: Foster (1958), Serrano & Terán (1998 [2000]).
Hierba. Nativa. Andes, Altiplano. Yungas, Bosque Tucumano-Boliviano, Páramo Yungueño, Puna Húmeda, 3000–5000 m.
Dept.: CH, CO, LP, TA.
Muestra: *A.H. Gentry 44168* (MO).

Lupinus montanus Kunth, Nov. Gen. Sp. (quarto ed.) 6: 478–479. 1823 [1824].
Sin.: *Lupinus montanus* var. *austrovolcanicus* C.P. Sm.
Ref.: Smith (1945), Foster (1958).
Hierba. Nativa. Andes. Páramo Yungueño, 3000–3500 m.
Dept.: LP.
Muestra: *G. Mandon 681* p.p. (NY).

Lupinus mutabilis Sweet, Brit. Fl. Gard. 2: pl. 130. 1825.
Sin.: *Lupinus mutabilis* Lindl.
Ref.: Smith (1945), Foster (1958).
Hierba. Cultivada. Andes, Altiplano. Valles Secos, Puna Húmeda, 2500–4500 m.
Dept.: CO, LP.
Muestra: *J.C. Solomon & B.A. Stein 11643* (LPB, MO).
Nom. Vern.: Tarwi.

Lupinus nubilorum C.P. Sm., Sp. Lupinorum 29: 458–459. 1945.
Ref.: Smith (1945), Foster (1958).
Hierba. Endémica. Andes, Altiplano. Páramo Yungueño, Valles Secos, Puna Húmeda, 3500–4500 m.
Dept.: LP.
Tipo y muestra: *M. Bang 1982* (HT: NY; IT: US), *J.C. Solomon 9464* (MO).

Lupinus otto-buchtienii C.P. Sm., Sp. Lupinorum 29: 454. 1945.
Ref.: Smith (1945), Foster (1958).
Hierba. Endémica. Andes, Altiplano. Valles Secos, Puna Húmeda, Bosque de *Polylepis*, 3500–4500 m.
Dept.: CO, LP.
Tipo y muestra: *O. Buchtien 22* p.p. (HT: M; IT: NY), *M. Liberman 376* (LPB).

Lupinus otto-kuntzeanus C.P. Sm., Sp. Lupinorum 29: 453–454. 1945.
Ref.: Smith (1945), Foster (1958).
Hierba. Endémica. Altiplano. Puna Seca, 4000–4500 m.
Dept.: LP, PO.
Tipo y muestra: *O. Kuntze s.n.* (HT: NY), *E. Geyger 7* (LPB).

Lupinus paniculatus Desr., Encycl. 3(2): 624. 1792.
Ref.: Smith (1940c), Foster (1958).
Arbusto. Nativa. Andes. Valles Secos, 2000–4000 m.
Dept.: CH, LP, PO, TA.
Muestra: *E. Bastian 246* (CORD, LPB).
Infra: *Lupinus paniculatus* var. *argenteus* Wedd.

Lupinus pasachoensis C.P. Sm., Sp. Lupinorum 15: 234. 1940.
Subarbusto, arbusto. Nativa. Andes, Altiplano. Páramo Yungueño, Puna Seca, 2500–3000, 3500–4000 m.
Dept.: CO, LP, OR.
Muestra: *D. Horn 41* (MO).

Lupinus pearceanus C.P. Sm., Sp. Lupinorum 29: 460–461. 1945.
Ref.: Smith (1945), Foster (1958).
Subarbusto. Endémica. Andes. Valles Secos, 3000–4000 m.
Dept.: LP.
Tipo y muestra: *R.W. Pearce (b)* (HT: BM), *S.G. Beck 4383* (LPB).

Lupinus perissophytus C.P. Sm., Sp. Lupinorum 14: 217. 1940.
Ref.: Smith (1945), Foster (1958).
Subarbusto, arbusto. Nativa. Andes. Bosque Serrano Chaqueño, Valles Secos, 2500–3000 m.
Dept.: LP, PO, TA.
Tipo y muestra: *K. Fiebrig 3000b* (ST: BM, GH, K), *J. West 8329* (MO).

[Lupinus poopoensis C.P. Sm.], Sp. Lupinorum 29: 459. 1945.
Ref.: Smith (1945), Foster (1958).
Tipo: *C.G. Cotton 601* (HT: K).
Nota: Especie dudosa. Conocido solamente del tipo.

Lupinus prostratus J. Agardh, Syn. Gen. Lupini 39–40. 1835.
Hierba. Nativa. Altiplano. Puna Húmeda, 3500–4500 m.
Dept.: LP.
Muestra: *S.G. Beck 11166* (CORD, LPB).

Lupinus pubescens Benth., Pl. Hartw. 169. 1845.
Ref.: Smith (1940c).
Hierba. Nativa. Altiplano. Puna Húmeda, 3500–4500 m.
Dept.: LP.
Muestra: *J.C. Solomon 13341* (MO).
Nom. Vern.: Tarwi silvestre.

Lupinus pulvinaris Ulbr., Bot. Jahrb. Syst. 37(5): 541. 1906.
Ref.: Smith (1945), Foster (1958).
Subarbusto. Nativa. Altiplano. Puna Húmeda, 4000–>5000 m.
Dept.: LP.
Muestra: *J. Cañigueral 1050* (LPB).

[Lupinus purosericeus C.P. Sm.], Sp. Lupinorum 29: 451–452. 1945.
Ref.: Smith (1945), Foster (1958).
Tipo: *E. Asplund 6156* (HT: US).
Nota: Especie dudosa. Conocido solamente del tipo.

[Lupinus pycnostachys C.P. Sm.], Sp. Lupinorum 16: 243–244. 1941.
Ref.: Smith (1945), Foster (1958).
Tipo: *E.K. Balls B-6519* (HT: US; IT: BOLV, MO-1615153, NY).
Nota: Especie dudosa. Conocido solamente del tipo.

Lupinus ramosissimus Benth., Pl. Hartw. 170. 1845.
Ref.: Smith (1940a), Foster (1958).
Arbusto. Nativa. Andes. Valles Secos, 3500–4000 m.
Dept.: LP.
Muestra: *K. Pflanz 256* (B).

Lupinus rusbyanus C.P. Sm., Sp. Lupinorum 10: 157. 1940.
Ref.: Smith (1940a), Smith (1945), Foster (1958).
Subarbusto. Endémica. Andes. Valles Secos, 2500–4000 m.
Dept.: CO, LP.
Tipo y muestra: *H.H. Rusby 954* p.p. (HT: US; IT: NY, NY, US), *M. Bang 88* p.p. (GH, MO).

Lupinus semperflorens Hartw. ex Benth., Pl. Hartw. 127–128. 1839.
Hierba. Nativa. Andes, Altiplano. Valles Secos, Puna Húmeda, 3000–3500 m.
Dept.: LP.
Muestra: *N. Salinas 3252* (CORD, CUZ, LPB, MO, N).

Lupinus soratensis Rusby, Bull. New York Bot. Gard. 6(22): 510. 1910.
Ref.: Smith (1940c), Smith (1945), Foster (1958).
Hierba, subarbusto. Endémica. Andes. Yungas, Páramo Yungueño, 2000–3500 m.
Dept.: LP.
Tipo y muestra: *R.S. Williams 2430* (HT: NY; IT: K, K, NY, US), *F. Miranda et al. 709* (FHO, LPB, MO).

Lupinus subacaulis Griseb., Symb. Fl. Argent. 98. 1879.
Sin.: *Lupinus chilensis* C.P. Sm.
Ref.: Smith (1945), Foster (1958), Planchuelo & Dunn (1980).
Hierba. Nativa. Altiplano. Puna Seca, 4000–4500 m.
Dept.: OR, PO.
Muestra: *M. Cárdenas 4046* (US).

Lupinus subinflatus C.P. Sm., Sp. Lupinorum 16: 242–243. 1941.
Ref.: Planchuelo & Dunn (1980).
Hierba. Nativa. Altiplano. Puna Húmeda, 3500–4000 m.
Dept.: LP.
Muestra: *M. Cárdenas 3621* (UC).

Lupinus sufferrugineus Rusby, Bull. New York Bot. Gard. 6(22): 510–511. 1910.
Ref.: Smith (1940b), Smith (1945), Foster (1958).
Hierba. Nativa. Altiplano. Puna Húmeda, 3500–4500 m.
Dept.: LP.
Muestra: *K. Pearce 717* (K).

[Lupinus tacitus C.P. Sm.], Sp. Lupinorum 29: 460. 1945.
Ref.: Smith (1945), Foster (1958).
Tipo: *C.G. Cotton 600* (HT: K).
Nota: Especie dudosa. Conocido solamente del tipo.

Lupinus tarijensis Ulbr., Bot. Jahrb. Syst. 37(5): 543. 1906.
Ref.: Smith (1945), Foster (1958).
Hierba, subarbusto. Endémica. Andes, Altiplano. Valles Secos, Puna Húmeda, 3000–4500 m.
Dept.: LP, TA.
Tipo y muestra: *K. Fiebrig 3436* (HT: B; IT: MO), *T. Johns 83117* (MO).

[Lupinus tatei Rusby], Phytologia 1(2): 57–58. 1934.
Ref.: Rusby (1934), Smith (1940c), Smith (1945), Foster (1958).
Tipo: *G.H.H. Tate 855* (HT: NY; IT: NY).
Nota: Especie dudosa. Conocido solamente del tipo.

Lupinus tomentosus DC., Prodr. 2: 409. 1825.
Hierba. Nativa. Andes, Altiplano. Valles Secos, Puna Seca, 3000–4000 m.
Dept.: LP.
Muestra: *J.R.I. Wood & R.M. Harley 18068* (K, LPB).

Lupinus tominensis Wedd., Chlor. Andina 2: 251. 1861.
Ref.: Smith (1945), Foster (1958).
Hierba. Endémica. Andes, Altiplano. Páramo Yungueño, Valles Secos, Puna Húmeda, 3500–4500 m.
Dept.: CH, LP.
Tipo y muestra: *H.A. Weddell 3781* (HT: P; IT: US frag.), *J.C. Solomon 18335* (LPB, MO).

Lupinus weberbaueri Ulbr., Bot. Jahrb. Syst. 37(5): 541–542. 1906.
Hierba. Nativa. Andes, Altiplano. Páramo Yungueño, Puna Húmeda, 3500–4500 m.
Dept.: LP.
Muestra: *J. Cañigueral 1050* (LPB).

Lupinus williamsianus C.P. Sm., Sp. Lupinorum 11: 163. 1940.
Ref.: Smith (1940c), Smith (1945), Foster (1958).
Subarbusto. Endémica. Andes. Valles Secos, 3000–4000 m.
Dept.: LP.
Tipo y muestra: *R.S. Williams 2357* (HT: US; IT: BM, K, NY), *E.K. Balls B-5894* (BOLV).

[Lupinus xenophytus C.P. Sm.], Sp. Lupinorum 14: 216–217. 1940.
Ref.: Smith (1945), Foster (1958).
Tipo: *K. Fiebrig 2414* (HT: US; IT: BM, GH, K, NY).
Nota: Especie dudosa. Conocido solamente del tipo.

Machaerium Pers., Syn. Pl. 2(2): 276. 1807.
38 especies, 3 especies endémicas.

Machaerium acaciifolium Mart. ex Benth., Fl. Bras. 15(1B): 236. 1862.
Liana, arbusto. Nativa. Zonas Bajas. Bosque Semideciduo Chiquitano, 0–500 m.
Dept.: SC.
Muestra: *Y. Roca et al. 1359* (USZ).
Nota: *M. acaciifolium* es un nombre inválido. La nomenclatura no se ha resuelto para este nombre.
Nom. Vern.: Tusequi.

Machaerium aculeatum Raddi, Mem. Mat. Fis. Soc. Ital. Sci. Modena, Pt. Mem. Fis. 18(2): 398–399. 1820.
Ref.: Tamayo (1945), Foster (1958), Vargas Salazar (1993e), Killeen & Schulenberg (1998), Duchen & Beck (2012).
Arbusto, arbolito, árbol. Nativa. Zonas Bajas, Andes. Bosque Semideciduo Chiquitano, Campos Cerrados, Sabanas Benianas del Sur, Campos Amazónicos, Yungas, Bosque Tucumano-Boliviano, 0–500, 1000–1500 m.
Dept.: BE, CH, LP, SC.
Muestra: *R.H. Fortunato 5670* (BAB, LPB).
Nom. Vern.: Tuseque.

Machaerium acutifolium Vogel, Linnaea 11: 187. 1837.
Sin.: *Machaerium juglandifolium* Rusby, *Machaerium pseudacutifolium* Pittier
Ref.: Tamayo (1945), Foster (1958), Vargas Salazar (1993e), Killeen & Schulenberg (1998), Serrano & Terán (1998 [2000]), Jardim et al. (2003), Wood et al. (2011), Duchen & Beck (2012).
Subarbusto, arbusto, arbolito, árbol. Nativa. Zonas Bajas, Andes. Bosque Húmedo, Bosque Semideciduo Chiquitano, Campos Cerrados, Sabanas Benianas del Sur, Yungas, Valles Secos, 0–2000 m.
Dept.: CH, LP, PA, SC.
Muestra: *S.G. Beck 10048* (LPB, SFV).
Infra: *Machaerium acutifolium* var. *pseudacutifolium* (Pittier) Rudd
Nom. Vern.: Sangre de toro, taperiguai, tipa.

Machaerium amplum Benth., Comm. Legum. Gen. 33. 1837.
Ref.: Bastos (1987).
Liana, arbusto. Nativa. Zonas Bajas, Andes. Bosque Húmedo, Bosque Semideciduo Chiquitano, Campos Cerrados, Sabanas Benianas del Sur, Yungas, Valles Secos, 0–1500 m.
Dept.: BE, LP, SC.
Muestra: *M.H. Nee & J.C. Solomon 32038* (LPB, MO, NY).

Machaerium arboreum (Jacq.) Benth., Comm. Legum. Gen. 36. 1837.
Sin.: *Nissolia arborea* Jacq., *Machaerium acuminatum* Kunth, *Machaerium latifolium* (Benth.) Pittier
Liana, arbusto. Naturalizada. Zonas Bajas, Andes. Bosque Húmedo, Bosque Semideciduo Chiquitano, Yungas, 0–1500 m.
Dept.: BE, SC.
Muestra: *M. Cárdenas 1987* (GH).
Nota: Nativa de Centro América.

Machaerium aristulatum (Spruce ex Benth.) Ducke, Arch. Jard. Bot. Rio de Janeiro 4: 311. 1925.
Sin.: *Drepanocarpus aristulatus* Spruce ex Benth.
Ref.: Rudd (1987b), Vargas Salazar (1993e), Killeen & Schulenberg (1998).
Arbusto, arbolito, árbol. Nativa. Zonas Bajas. Bosque Húmedo, Bosque Semideciduo Chiquitano, Sabanas Benianas del Sur, 0–500 m.
Dept.: BE, PA, SC.
Muestra: *C.R. Sperling & S.R. King 6526* (LPB, MG, NY).
Nom. Vern.: Pico de loro, picoloro.

Machaerium biovulatum Micheli, Mém. Soc. Phys. Genève 34: 265–266, pl. 15. 1903.
Sin.: *Nissolia robiniifolia* DC., *Machaerium robiniifolium* (DC.) Vogel
Ref.: Killeen & Schulenberg (1998), Zamora Villalobos (2010).
Liana, árbol. Nativa. Zonas Bajas, Andes. Bosque Húmedo, Bosque Semideciduo Chiquitano, Campos Cerrados, Sabanas Benianas del Norte, Sabanas Benianas del Sur, Yungas, 0–1500 m.
Dept.: BE, LP, PA, SC.
Muestra: *S.G. Beck 2513* (LPB, SFV).
Nom. Vern.: Manicillo.

Machaerium cobanense Donn. Sm., Bot. Gaz. 44(2): 108–109. 1907.
Liana. Naturalizada. Andes. Valles Secos, 1000–1500 m.
Dept.: LP.
Muestra: *A.F. Fuentes C. et al. 7917* (LPB, MO).
Nota: Nativa de Centro América.

Machaerium complanatum Ducke, Arq. Inst. Biol. Veg. 2: 46. 1935.
Liana. Nativa. Andes. Yungas, 1000–1500 m.
Dept.: LP.
Muestra: *G. Arellano et al. 1672* (LPB, MA, MO).

Machaerium cuspidatum Kuhlm. & Hoehne, Arq. Bot. Estado São Paulo 1: 31, pl. 32. 1938.
Ref.: Parker & Bailey (1991).
Liana. Nativa. Zonas Bajas. Bosque Húmedo, 0–500 m.
Dept.: LP.
Muestra: *A.H. Gentry & S. Estenssoro C. 70235* (MO).

Machaerium eriocarpum Benth., Comm. Legum. Gen. 34. 1837.
Ref.: Foster (1958).
Arbusto, árbol. Nativa. Zonas Bajas. Bosque Húmedo, Bosque Semideciduo Chiquitano, Bosque Seco Chaqueño, Campos Cerrados, 0–1000 m.
Dept.: BE, SC.
Muestra: *J.R.I. Wood 17654* (K, LPB).

Machaerium ferox (Mart. ex Benth.) Ducke, Arch. Jard. Bot. Rio de Janeiro 4: 311. 1925.
Sin.: *Drepanocarpus ferox* Mart. ex Benth.
Ref.: Altamirano Azurduy & Ramos de Sousa (2009).
Arbusto, arbolito. Nativa. Zonas Bajas. Bosque Húmedo, 0–500 m.
Dept.: PA.
Muestra: *S. Altamirano & H. Ramos 4303* (BOLV, MO).

Machaerium floribundum Benth., J. Proc. Linn. Soc., Bot. 4(Suppl.): 68. 1860.
Sin.: *Machaerium decorticans* Ducke, *Machaerium longistipitatum* Pittier
Ref.: Foster (1958), Rudd (1987a).
Liana. Nativa. Zonas Bajas, Andes. Bosque Húmedo, Yungas, 0–1500 m.
Dept.: LP, PA.
Muestra: *S.G. Beck 20259* (LPB).
Infra: *Machaerium floribundum* var. *floribundum*, *Machaerium floribundum* var. *parviflorum* Benth.
Nom. Vern.: Sangre de drago.

Machaerium guanaiense Rusby ex Rudd, Phytologia 26(2): 101–102. 1973.
Ref.: Rudd (1973b), Vargas Salazar (1993e).
Liana, árbol. Endémica. Zonas Bajas, Andes. Bosque Húmedo, Yungas, 0–1500 m.
Dept.: BE, LP.
Tipo y muestra: *H.H. Rusby 1321* (HT: NY; IT: F, GH, MICH, NY, NY, US), *S.G. Beck 20047* (LPB).

Machaerium hirtum (Vell.) Stellfeld, Tribuna Farm. 12: 132. 1944.
Sin.: *Nissolia hirta* Vell.
Ref.: Vargas Salazar (1993e).
Arbusto, arbolito, árbol. Nativa. Zonas Bajas, Andes. Bosque Húmedo, Bosque Semideciduo Chiquitano, Sabanas Benianas del Sur, Yungas, 0–1500 m.
Dept.: BE, SC.
Muestra: *M.H. Nee 36820* (CEPEC, G, LPB, MO, NY, US).
Nom. Vern.: Tusequi.

Machaerium inundatum (Mart. ex Benth.) Ducke, Arch. Jard. Bot. Rio de Janeiro 4: 311. 1925.
Sin.: *Drepanocarpus inundatus* Mart. ex Benth.
Ref.: Killeen & Schulenberg (1998).
Liana, arbolito, árbol. Nativa. Zonas Bajas. Bosque Húmedo, Sabanas Benianas del Sur, 0–500 m.
Dept.: LP, SC.
Muestra: *R. Guillén V. & V. Roca 3104* (LPB, MO, USZ).

Machaerium isadelphum (E. Mey.) Amshoff, Meded. Bot. Mus. Herb. Rijks Univ. Utrecht 52: 53. 1939.
Sin.: *Drepanocarpus isadelphus* E. Mey., *Machaerium affine* Benth., *Machaerium angustifolium* Vogel, *Machaerium longifolium* Benth., *Machaerium bangii* Rusby
Ref.: Foster (1958), Rudd (1977), Dodson & Gentry (1978), Bastos (1987), Killeen & Schulenberg (1998), Wallace et al. (2000).
Liana, arbusto. Nativa. Zonas Bajas, Andes. Bosque Húmedo, Bosque Semideciduo Chiquitano, Campos Cerrados, Yungas, 0–1500 m.
Dept.: BE, LP, SC.
Muestra: *B.A. Krukoff 10077* (A, MO).

Machaerium kegelii Meisn., Linnaea 21: 257–258. 1848.
Sin.: *Machaerium steinbachianum* Hoehne
Ref.: Foster (1958), Rudd (1977), Parker & Bailey (1991), Killeen & Schulenberg (1998), Alverson et al. (2000).
Liana, arbolito, árbol. Nativa. Zonas Bajas, Andes. Bosque Húmedo, Campos Cerrados, Sabanas Benianas del Sur, Yungas, 0–500, 1500–2000 m.
Dept.: LP, PA, SC.
Muestra: *A.H. Gentry & B. Mostacedo 73706* (MO).

Machaerium latifolium Rusby, Bull. New York Bot. Gard. 6(22): 513. 1910.
Sin.: *Machaerium rogaguense* Rusby
Ref.: Rusby (1927), Foster (1958), Vargas Salazar (1993e).
Trepadora, liana, arbusto, arbolito, árbol. Endémica. Zonas Bajas, Andes. Bosque Húmedo, Bosque Semideciduo Chiquitano, Campos Cerrados, Sabanas Benianas del Sur, Yungas, 0–1500 m.
Dept.: BE, LP, PA, SC.
Tipo y muestra: *R.S. Williams 246* (HT: NY; IT: US), *A.F. Fuentes C. 965* (MO, USZ).

Machaerium leiophyllum (DC.) Benth., Comm. Legum. Gen. 36. 1837.
Sin.: *Nissolia leiophylla* DC.
Ref.: Zamora Villalobos (2010).
Liana, arbolito. Nativa. Zonas Bajas, Andes. Bosque Húmedo, Campos Amazónicos, Yungas, Valles Secos, 0–1500 m.
Dept.: LP, PA, SC.
Muestra: *L. Cayola et al. 1172* (LPB, MO).

Machaerium lunatum (L.) Ducke, Arch. Jard. Bot. Rio de Janeiro 4: 310. 1925.
Sin.: *Pterocarpus lunatus* L., *Drepanocarpus lunatus* (L.) G. Mey.
Ref.: Foster (1958).
Árbol. Nativa. Andes. Valles Secos, 1500–2000 m.
Dept.: LP.
Muestra: *M. Bang 2175* (GH).

Machaerium madeirense Pittier, Contr. U.S. Natl. Herb. 20(3): 119. 1918.
Liana. Nativa. Zonas Bajas. Bosque Húmedo, 0–500 m.
Dept.: BE.
Muestra: *B.M. Boom 4433* (LPB, MO).

[Machaerium microphyllum (E. Mey.) Standl.], J. Wash. Acad. Sci. 15(20): 459. 1925.
Sin.: *Drepanocarpus microphyllus* E. Mey., *Machaerium angustifolium* Mart. ex Benth.
Ref.: Killeen & Schulenberg (1998).
Nota: El registro se basa en material mal identificado.

Machaerium millei Standl., Trop. Woods 42: 30. 1935.
Sin.: *Machaerium longistipitatum* Hoehne
Ref.: Foster (1958), Fuentes Claros et al. (2009).
Arbolito. Nativa. Andes. Yungas, 1500–2000 m.
Dept.: LP.
Muestra: *A. Araujo M. et al. 222* (LPB, MO).

Machaerium moritzianum Benth., J. Proc. Linn. Soc., Bot. 4(Suppl.): 58. 1860.
Ref.: Foster (1958), Killeen & Schulenberg (1998).
Liana. Nativa. Zonas Bajas, Andes. Bosque Húmedo, Yungas, 500–1500 m.
Dept.: LP, SC.
Muestra: *B.A. Krukoff 10263* (A, NY).

Machaerium multifoliolatum Ducke, Bull. Mus. Natl. Hist. Nat., sér. 2 4(6): 734–735. 1932.
Ref.: Killeen & Schulenberg (1998).
Liana, arbolito, árbol. Nativa. Zonas Bajas, Andes. Bosque Húmedo, Campos Cerrados, Yungas, Valles Secos, 0–1500 m.
Dept.: BE, LP, SC.
Muestra: *B.M. Boom 4369* (LPB, MO, NY).

Machaerium mutisii Killip ex Rudd, Phytologia 25(6): 401. 1973.
Árbol. Nativa. Zonas Bajas. Bosque Húmedo, 0–500 m.
Dept.: SC.
Muestra: *R. Guillén V. & V. Choré 1830* (MO, USZ).

Machaerium nigrum Vogel, Linnaea 11: 188. 1837.
Sin.: *Nissolia fruticosa* Vell.
Ref.: Rudd (1987a).
Trepadora, liana. Nativa. Zonas Bajas, Andes. Bosque Semideciduo Chiquitano, Bosque Tucumano-Boliviano, Valles Secos, 0–500, 1000–2500 m.
Dept.: CH, SC.
Muestra: *J.R. Abbott 16449* (BEREA, K, M, MO, NY, RB, US, USZ).
Nom. Vern.: Bejuco manicillo.

Machaerium nyctitans (Vell.) Benth., Comm. Legum. Gen. 34. 1837.
Sin.: *Nissolia nyctitans* Vell., *Machaerium scleroxylon* Tul., *Machaerium scleroxylum* Allemão
Ref.: Vargas Salazar (1993e), Justiniano (1998), Killeen & Schulenberg (1998), Serrano & Terán (1998 [2000]), Jardim et al. (2003).
Liana, arbolito, árbol. Nativa. Zonas Bajas, Andes. Bosque Húmedo, Bosque Semideciduo Chiquitano, Campos Cerrados, Yungas, Bosque Tucumano-Boliviano, 0–2000 m.
Dept.: CH, LP, SC.
Muestra: *R. Guillén V. & Marmañas 4475* (MO, USZ).
Infra: *Machaerium nyctitans* var. *scleroxylon* (Tul.) Hassl.
Nom. Vern.: Guayacán, moradillo, morado.

Machaerium oblongifolium Vogel, Linnaea 11: 184. 1837.
Liana. Nativa. Zonas Bajas. Campos Amazónicos, 0–500 m.
Dept.: PA.
Muestra: *T. Killeen 4416* (MO).

Machaerium opacum Vogel, Linnaea 11: 187. 1837.
Árbol. Nativa. Zonas Bajas. Bosque Semideciduo Chiquitano, 0–500 m.
Dept.: SC.
Muestra: *J.D. Soto 1134* (K).

Machaerium paraguariense Hassl., Bull. Herb. Boissier, sér. 2, 7: 358–359. 1907.
Ref.: Tamayo (1945), Foster (1958).
Árbol. Nativa. Zonas Bajas. Bosque Húmedo, 0–500 m.
Dept.: SC.
Muestra: *J. Steinbach 2672* (no localizada).

Machaerium penduliflorum Rudd, Phytologia 26(2): 102. 1973.
Ref.: Rudd (1973b), Vargas Salazar (1993e).
Árbol. Nativa. Zonas Bajas. Bosque Húmedo, 0–1000 m.
Dept.: SC.
Muestra: *J. Steinbach 8130* (A, F, GH, K, S, US).

Machaerium pilosum Benth., J. Linn. Soc., Bot. 4(Suppl.): 57. 1860.
Sin.: *Machaerium jacarandifolium* Rusby, *Machaerium bolivianum* Gand.
Ref.: Foster (1958), Vargas Salazar (1993e), Killeen & Schulenberg (1998), Jardim et al. (2003), Duchen & Beck (2012).
Arbusto, arbolito, árbol. Nativa. Zonas Bajas, Andes. Bosque Húmedo, Bosque Semideciduo Chiquitano, Campos Cerrados, Sabanas Benianas del Sur, Yungas, Bosque Tucumano-Boliviano, Bosque Serrano Chaqueño, Valles Secos, 0–2000 m.
Dept.: BE, LP, SC.
Muestra: *M.H. Nee & J.C. Solomon 36516* (LPB, MO, NY).
Nom. Vern.: Cari cari, palo espino, tuseque de monte, tusequi, yúi.

Machaerium punctatum (Poir.) Pers., Syn. Pl. 2(2): 276. 1807.
Sin.: *Nissolia punctata* Poir., *Machaerium villosulum* Mart.
Ref.: Killeen & Schulenberg (1998).
Liana, arbolito. Nativa. Zonas Bajas, Andes. Bosque Húmedo, Yungas, 0–1500 m.
Dept.: LP, SC.
Muestra: *W.H. Cabrera C. et al. 183* (LPB, MO, USZ).

Machaerium seemannii Benth. ex Seem., Bot. Voy. Herald 110. 1853.
Liana, arbusto. Cultivada. Zonas Bajas. Campos Cerrados, 0–500 m.
Dept.: SC.
Muestra: *I.G. Vargas et al. 4129* (MO).
Nota: Nativa de Centro América, Colombia y Venezuela.

Machaerium subrhombiforme Rudd, Phytologia 25(6): 402. 1973.
Ref.: Rudd (1973a), Vargas Salazar (1993e).
Liana, arbusto, árbol. Endémica. Zonas Bajas, Andes. Bosque Húmedo, Yungas, 0–1500 m.
Dept.: BE, LP, SC.
Tipo y muestra: *J. Steinbach 6772* (HT: F; IT: A, BAF, BM, G, GOET, K, MO, S, UC, W), *M.I. Loza et al. 445* (LPB, MO).

Machaerium tortipes Hoehne, Arq. Bot. Estado São Paulo 1: 49, pl. 61. 1939.
Trepadora. Nativa. Zonas Bajas, Andes. Bosque Húmedo, Yungas, 500–1500 m.
Dept.: LP.
Muestra: *B.A. Krukoff 10274* (LPB, MO).

Machaerium trifoliolatum Ducke, Arch. Jard. Bot. Rio de Janeiro 4: 78. 1925.
Liana. Nativa. Zonas Bajas, Andes. Bosque Húmedo, Bosque Semideciduo Chiquitano, Yungas, 500–1500 m.
Dept.: LP.
Muestra: *L. Cayola et al. 1819* (BOLV, CTES, LPB, MO, USZ).

Machaerium villosum Vógel, Linnaea 11: 189. 1837.
Ref.: Foster (1958), Vargas Salazar (1993e), Killeen & Schulenberg (1998).
Arbolito, árbol. Nativa. Zonas Bajas, Andes. Bosque Húmedo, Bosque Semideciduo Chiquitano, Campos Cerrados, Sabanas Benianas del Sur, Yungas, 0–1500 m.
Dept.: SC.
Muestra: *M.J.G. Hopkins et al. 122* (LPB, NY).
Nom. Vern.: Nogal.

Macrolobium Schreb., Gen. Pl. 1: 30. 1789.
4 especies, 0 especies endémicas.

Macrolobium acaciifolium (Benth.) Benth., Fl. Bras. 15(2): 224. 1870.
Sin.: *Outea acaciifolia* Benth.
Ref.: Ruiz de Centurión (1993a), Killeen & Schulenberg (1998), Alverson et al. (2000).
Árbol. Nativa. Zonas Bajas. Bosque Húmedo, Bosque Semideciduo Chiquitano, Sabanas Benianas del Norte, Campos Amazónicos, 0–1000 m.
Dept.: BE, PA, SC.
Muestra: *S.G. Beck 20055* (LPB).
Nom. Vern.: Tipa.

Macrolobium angustifolium (Benth.) R.S. Cowan, Mem. New York Bot. Gard. 8(4): 314. 1953.
Sin.: *Vouapa angustifolia* Benth.
Ref.: Ruiz de Centurión (1993a), Altamirano Azurduy & Ramos de Sousa (2009).
Árbol. Nativa. Zonas Bajas. Bosque Húmedo, 0–500 m.
Dept.: BE, PA.
Muestra: *G. Meyer 117* (LPB, Z).

Macrolobium gracile Spruce ex Benth., Fl. Bras. 15(2): 223. 1870.
Ref.: Cowan (1953).
Árbol. Nativa. Zonas Bajas. Bosque Húmedo, 0–500 m.
Dept.: SC.
Muestra: *R.B. Wallace 24* (LPB).

Macrolobium multijugum (DC.) Benth., Fl. Bras. 15(2): 222. 1870.
Sin.: *Outea multijuga* DC.
Ref.: Cowan (1953), Killeen & Schulenberg (1998).
Árbol. Nativa. Zonas Bajas. Bosque Húmedo, Bosque Semideciduo Chiquitano, Campos Cerrados, Sabanas Benianas del Sur, 0–1000 m.
Dept.: BE, SC.
Muestra: *R.C. Quevedo et al. 2630* (LPB, MO, NY, USZ).
Nom. Vern.: Tipa.

Macroptilium (Benth.) Urb., Symb. Antill. 9(4): 457. 1928.
11 especies, 0 especies endémicas.

Macroptilium atropurpureum (Moc. & Sessé ex DC.) Urb., Symb. Antill. 9(4): 457. 1928.
Sin.: *Phaseolus atropurpureus* Moc. & Sessé ex DC.
Ref.: Killeen & Schulenberg (1998), Zamora Villalobos (2010).
Hierba, trepadora. Nativa. Zonas Bajas, Andes. Bosque Húmedo, Bosque Semideciduo Chiquitano, Yungas, Bosque Serrano Chaqueño, 0–1500 m.
Dept.: LP, SC.
Muestra: *T. Killeen 1284* (LPB).

Macroptilium bracteatum (Nees & C. Mart.) Maréchal & Baudet, Bull. Jard. Bot. Belg. 44(3–4): 443. 1974.
Sin.: *Phaseolus bracteatus* Nees & C. Mart.
Ref.: Foster (1958).
Hierba, trepadora. Nativa. Zonas Bajas, Andes. Bosque Húmedo, Bosque Semideciduo Chiquitano, Bosque Seco Chaqueño, Campos Cerrados, Bosque Serrano Chaqueño, Valles Secos, 0–2000 m.
Dept.: CO, SC, TA.
Muestra: *M.H. Nee 33466* (MO, NY).

Macroptilium erythroloma (Mart. ex Benth.) Urb., Symb. Antill. 9(4): 457. 1928.
Sin.: *Phaseolus erythroloma* Mart. ex Benth.
Ref.: Foster (1958), Serrano & Terán (1998 [2000]), Duchen & Beck (2012).
Trepadora. Nativa. Zonas Bajas, Andes. Bosque Semideciduo Chiquitano, Yungas, Valles Secos, 500–2000 m.
Dept.: CH, LP, SC.
Muestra: *J.C. Solomon & B.A. Stein 11708* (LPB, MO).

Macroptilium geophilum (Burkart) Debouck, Juarez & S. Peréz, Kurtziana 18: 155. 1986.
Sin.: *Phaseolus geophilus* Burkart
Ref.: Serrano & Terán (1998 [2000]).
Trepadora. Nativa. Zonas Bajas, Andes. Bosque Seco Chaqueño, Valles Secos, 500–1500 m.
Dept.: CH, SC.
Muestra: *L.R.C. de Michel et al. 348* (LPB).

Macroptilium gibbosifolium (Ortega) A. Delgado, Syst. Bot. 6(3): 295. 1981.
Sin.: *Macroptilium heterophyllum* var. *heterophyllum*, *Phaseolus gibbosifolius* Ortega, *Phaseolus fraternus* Piper, *Macroptilium heterophyllum* (Humb. & Bonpl. ex Willd.) Maréchal & Baudet
Ref.: Piper (1926), Foster (1958), Maréchal et al. (1978.).
Hierba, trepadora. Nativa. Andes. Valles Secos, 2000–3000 m.
Dept.: CH, CO, TA.
Muestra: *R. Ehrich 291* (LPB).

Macroptilium gracile (Poepp. ex Benth.) Urb., Symb. Antill. 9(4): 457. 1928.
Sin.: *Phaseolus campestris* Mart. ex Benth., *Phaseolus gracilis* Poepp. ex Benth., *Phaseolus longepedunculatus* Mart. ex Benth., *Phaseolus longepedunculatus* fo. *boliviensis* Hassl., *Macroptilium longepedunculatum* (Mart. ex Benth.) Urb.
Ref.: Foster (1958), Zamora Villalobos (2010).
Hierba, trepadora. Nativa. Zonas Bajas. Bosque Húmedo, 0–500 m.
Dept.: LP, SC.
Muestra: *R. Haase 756* (LPB).

Macroptilium lathyroides (L.) Urb., Symb. Antill. 9(4): 457. 1928.
Sin.: *Phaseolus lathyroides* L.
Ref.: Foster (1958), Serrano & Terán (1998 [2000]).
Hierba, trepadora, subarbusto. Nativa. Zonas Bajas, Andes. Bosque Húmedo, Bosque Semideciduo Chiquitano, Bosque Seco Chaqueño, Campos Cerrados, Sabanas Benianas del Sur, Valles Secos, 0–1500 m.
Dept.: BE, CH, LP, SC.
Muestra: *A.F. Fuentes C. & G. Navarro 2516* (MO, USZ).

Macroptilium martii (Benth.) Maréchal & Baudet, Bull. Jard. Bot. Natl. Belg. 47(1/2): 257. 1977.
Sin.: *Phaseolus martii* Benth.
Ref.: Wood et al. (2011).
Hierba. Nativa. Zonas Bajas. Bosque Semideciduo Chiquitano, 0–500 m.
Dept.: SC.
Muestra: *J.R.I. Wood 25909* (K, LPB).

Macroptilium monophyllum (Benth.) Maréchal & Baudet, Bull. Jard. Bot. Natl. Belg. 47(1/2): 257. 1977.
Sin.: *Phaseolus monophyllus* Benth.
Ref.: Wood et al. (2011).
Trepadora. Nativa. Zonas Bajas. Campos Cerrados, 0–500 m.
Dept.: SC.
Muestra: *B. Bruderreck 409* (BAB, LPB).

Macroptilium prostratum (Benth.) Urb., Symb. Antill. 9(4): 457. 1928.
Sin.: *Phaseolus prostratus* Benth., *Phaseolus prostratus* fo. *macrophyllus* Hassl.
Ref.: Foster (1958), Wood et al. (2011).
Hierba, trepadora. Nativa. Zonas Bajas, Andes. Bosque Seco Chaqueño, Bosque Tucumano-Boliviano, Valles Secos, 0–1500 m.
Dept.: CH, SC, TA.
Muestra: *J.C. Solomon 11076* (LPB, MO).

Macroptilium sabaraense (Hoehne) V.P. Barbosa ex G.P. Lewis, Legumes Bahia 283. 1987.
Sin.: *Phaseolus sabaraensis* Hoehne
Ref.: Wood et al. (2011).
Hierba. Nativa. Zonas Bajas. Bosque Húmedo, 500–1000 m.
Dept.: SC.
Muestra: *J.R.I. Wood 25786* (K, LPB).

Macrotyloma (Wight & Arn.) Verdc., Kew Bull. 24(2): 322. 1970.
1 especie, 0 especies endémicas.

Macrotyloma axillare (E. Mey.) Verdc., Kew Bull. 24(3): 402. 1970.
Sin.: *Dolichos axillaris* E. Mey.
Trepadora. Naturalizada, cultivada. Zonas Bajas. Bosque Húmedo, 0–500 m.
Dept.: SC.
Muestra: *M.H. Nee 40268* (LPB, MO, NY).
Nota: Nativa de Africa.

Marmaroxylon Killip, Trop. Woods 63: 3. 1940.
1 especie, 0 especies endémicas.

Marmaroxylon basijugum (Ducke) L. Rico, Kew Bull. 46(3): 515. 1991.
Sin.: *Pithecellobium basijugum* Ducke, *Zygia basijuga* (Ducke) Barneby & J.W. Grimes
Ref.: Barneby & Grimes (1997).
Arbolito. Nativa. Zonas Bajas. Bosque Húmedo, 0–500 m.
Dept.: PA.
Muestra: *A.H. Gentry & A. Perry 77972* (MO).

Martiodendron Gleason, Phytologia 1: 141. 1935.
1 especie, 0 especies endémicas.

Martiodendron elatum (Ducke) Gleason, Phytologia 1(3): 141. 1935.
Sin.: *Martiusia elata* Ducke
Árbol. Nativa. Zonas Bajas. Bosque Húmedo, 0–500 m.
Dept.: PA.
Muestra: *F. Urrelo et al. 633* (F, LPB).

Medicago L., Sp. Pl. 2: 778. 1753.
4 especies, 0 especies endémicas.

Medicago arabica (L.) Huds., Fl. Angl. 288. 1762.
Sin.: *Medicago polymorpha* var. *arabica* L., *Medicago arabica* (L.) All., *Medicago maculata* Willd.
Ref.: Foster (1958), Adolfo María (1966).
Hierba. Adventicia. Altiplano. Puna Seca, 3500–4000 m.
Dept.: LP.
Muestra: *K. Pflanz 42* (no localizada).
Infra: *Medicago arabica* subsp. *inermis* Ricker
Nota: Nativa del oeste de Asia. Identificación dudosa.

Medicago lupulina L., Sp. Pl. 2: 779. 1753.
Ref.: Rusby (1893b), Foster (1958).
Hierba. Adventicia. Andes, Altiplano. Yungas, Valles Secos, Bosque de *Polylepis*, 1500–4500 m.
Dept.: CO, LP, SC.
Muestra: *M. Bang 142* (GH, K, NY).
Nota: Nativa del Mediterráneo.

Medicago polymorpha L., Sp. Pl. 2: 779. 1753.
Sin.: *Medicago hispida* Gaertn., *Medicago denticulata* Willd.
Ref.: Rusby (1893b), Foster (1958), Serrano & Terán (1998 [2000]).
Hierba. Adventicia. Andes. Yungas, Bosque Tucumano-Boliviano, Valles Secos, 2000–4000 m.
Dept.: CH, CO, LP, PO, SC.
Muestra: *J. Steinbach 8755* (CAS, GH, MO).
Infra: *Medicago polymorpha* var. *confinis* (W.D.J. Koch) Ooststr. & Reichgelt, *Medicago polymorpha* var. *brevispina* (Benth.) Heyn
Nota: Nativa del Mediterráneo.
Nom. Vern.: Alfa-alfa, carretilla, quita alfa, trébol, trébol de carretilla.

Medicago sativa L., Sp. Pl. 2: 778–779. 1753.
Ref.: Rusby (1893b), Foster (1958).
Hierba. Cultivada. Zonas Bajas, Andes, Altiplano. Bosque Húmedo, Bosque Tucumano-Boliviano, Valles Secos, Puna Húmeda, 0–500, 1500–4500 m.
Dept.: CO, LP, OR, SC.
Muestra: *M. Bang 45* (GH, MO, NY).
Nota: Nativa del Mediterráneo.
Nom. Vern.: Alfa-alfa, alfalfa.

Meibomia Heist. ex Fabr., Enum. 168. 1759.
0 especies, 0 especies endémicas.
Nota: *Meibomia* es un sinónimo genérico de *Desmodium*. Las especies aquí consideradas para Bolivia no han sido transferidas efectivamente a *Desmodium*. Todas las nueve especies son conocidas solamente del tipo. No se han podido evaluar estos nombres ni examinar los tipos para ver si deberían ser sinonimizados con especies aceptadas de *Desmodium*. En este Catálogo ningún nombre en *Meibomia* es aceptado.

[Meibomia adhaerens Rusby], Phytologia 1(2): 58. 1934.
Ref.: Rusby (1934), Foster (1958).
Tipo: *G.H.H. Tate 769* (HT: NY; IT: NY).
Nota: Especie dudosa. Conocido solamente del tipo.

[Meibomia adpressa Rusby], Phytologia 1(2): 58–59. 1934.
Ref.: Rusby (1934), Foster (1958).
Tipo: *G.H.H. Tate 468* (HT: NY).
Nota: Especie dudosa. Conocido solamente del tipo.

[Meibomia malmei Schindl.], Repert. Spec. Nov. Regni Veg. 20: 144. 1924.
Ref.: Foster (1958).
Tipo: *K. Fiebrig 2274* (HT: B destr.?).
Nota: Especie dudosa. Conocido solamente del tipo.

[Meibomia nummularia Rusby], Phytologia 1(2): 59–60. 1934.
Ref.: Rusby (1934), Foster (1958).
Tipo: *G.H.H. Tate 1021* (HT: NY).
Nota: Especie dudosa. Conocido solamente del tipo.

[Meibomia ovalis Rusby], Mem. New York Bot. Gard. 7(3): 264. 1927.
Ref.: Rusby (1927), Foster (1958).
Tipo: *H.H. Rusby 1285* (HT: NY; IT: BKL).
Nota: Especie dudosa. Conocido solamente del tipo.

[Meibomia rhynchosiifolia Rusby], Bull. New York Bot. Gard. 6(22): 513. 1910.
Ref.: Foster (1958).
Tipo: *R.S. Williams 305* (HT: NY; IT: US).
Nota: Especie dudosa. Conocido solamente del tipo.

[Meibomia simpliciflora Rusby], Phytologia 1(2): 60. 1934.
Ref.: Rusby (1934), Foster (1958).
Tipo: *G.H.H. Tate 988* (HT: NY; IT: NY).
Nota: Especie dudosa. Conocido solamente del tipo.

[Meibomia tetrasperma Rusby], Phytologia 1(2): 60–61. 1934.
Ref.: Rusby (1934), Foster (1958).
Tipo: *G.H.H. Tate 987* (HT: NY; IT: NY).
Nota: Especie dudosa. Conocido solamente del tipo.

[Meibomia variegata Rusby], Bull. New York Bot. Gard. 4(14): 344. 1907.
Ref.: Foster (1958).
Tipo: *M. Bang 2817* (HT: NY; IT: GH, GH, MO-1478, NY, US, US).
Nota: Especie dudosa. Conocido solamente del tipo.

Melilotus (L.) Mill., Gard. Dict. Abr. (ed. 4) 2. 1754.
3 especies, 0 especies endémicas.

Melilotus albus Medik., Vorles. Churpfälz. Phys.-Ökon. Ges. 2: 382. 1787.
Sin.: *Melilotus albus* Desr.
Ref.: Rusby (1893b), Foster (1958), González et al. (1999).
Hierba, subarbusto. Adventicia. Zonas Bajas, Andes. Valles Secos, 500–3500 m.
Dept.: CO, LP, SC, TA.
Muestra: *M. Bang 118* (GH, MO).
Nom. Vern.: Meliloto.

Melilotus indicus (L.) All., Fl. Pedem. 1: 308. 1785.
Sin.: *Trifolium melilotus* var. *indicum* L., *Melilotus indica* (L.) All.
Ref.: Rusby (1893b), Foster (1958).
Hierba, subarbusto. Adventicia. Andes, Altiplano. Valles Secos, Puna Húmeda, 1500–4500 m.
Dept.: CO, LP, PO, TA.
Muestra: *M. Bang 72* (GH, K, MO, NY).
Nom. Vern.: Alfa alfa.

Melilotus officinalis (L.) Lam., Fl. Franç. 2: 594. 1778 [1779].
Sin.: *Trifolium melilotus* var. *officinalis* L.
Hierba. Adventicia. Andes. Valles Secos, 3000–3500 m.
Dept.: CO, LP.
Muestra: *J.C. Solomon 12885* (LPB, MO).
Nota: Nativa de Asia y Europa.

Microlobius C. Presl, Abh. Königl. Böhm. Ges. Wiss., ser. 5 3: 496. 1845.
1 especie, 0 especies endémicas.

Microlobius foetidus (Jacq.) M. Sousa & G. Andrade, Anales Inst. Biol. Univ. Nac. Autón. México, Bot. 63(1): 104. 1992.
Sin.: *Mimosa foetida* Jacq., *Pithecellobium paraguense* Benth., *Piptadenia paraguensis* (Benth.) Lindm., *Goldmania paraguensis* (Benth.) Brenan
Ref.: Saldias Paz (1993b), Fuentes Claros (1998).
Arbusto, árbol. Nativa. Zonas Bajas. Bosque Semideciduo Chiquitano, Sabanas Benianas del Sur, 0–500 m.
Dept.: BE, SC.
Muestra: *R. Mostacedo & J.R. Abbott 2818* (MO, USZ).
Infra: *Microlobius foetidus* subsp. *paraguensis* (Benth.) M. Sousa & G. Andrade
Nom. Vern.: Ajillo, hediondillo.

Mimosa L., Sp. Pl. 1: 516. 1753.
50 especies, 10 especies endémicas.

Mimosa acutistipula (Mart.) Benth., J. Bot. (Hooker) 4(31): 391. 1841.
Sin.: *Acacia acutistipula* Mart.
Ref.: Wood et al. (2011).
Arbusto, arbolito, árbol. Nativa. Zonas Bajas. Bosque Semideciduo Chiquitano, 0–1000 m.
Dept.: SC.
Muestra: *J.R.I. Wood 22870* (K).
Infra: *Mimosa acutistipula* var. *acutistipula*

Mimosa albida Humb. & Bonpl. ex Willd., Sp. Pl. 4(2): 1030. 1806.
Sin.: *Mimosa floribunda* Willd.
Ref.: Foster (1958), Rudd (1968), Grether (1982), Barneby (1991), Killeen & Schulenberg (1998).
Hierba, subarbusto, arbusto. Nativa. Zonas Bajas, Andes. Bosque Húmedo, Bosque Semideciduo Chiquitano, Campos Cerrados, Yungas, Bosque Tucumano-Boliviano, Bosque Serrano Chaqueño, Valles Secos, 0–1500 m.
Dept.: BE, LP, SC, TA.
Muestra: *J.C. Solomon 10064* (MO).
Infra: *Mimosa albida* var. *albida*, *Mimosa albida* var. *strigosa* (Willd.) B.L. Rob.

Mimosa alleniana Morong, Ann. New York Acad. Sci. 7: 98. 1893.
Subarbusto. Nativa. Zonas Bajas. Campos Cerrados, 500–1000 m.
Dept.: SC.
Muestra: *J.R.I. Wood 18818* (LPB).

[Mimosa arenosa (Willd.) Poir.], Encycl., Suppl. 1(1): 66. 1810.
Sin.: *Acacia arenosa* Willd.
Ref.: Barneby (1991), López Vargas (1995), Atahuachi Burgos & Arrázola Rivero (1996), Saravia Miranda (1996).
Nota: El registro se basa en material mal identificado de *M. xanthocentra*. Nativa del norte de Colombia y Venezuela, y del oriente del Brasil (estados costeros).

[Mimosa asperata L.], Syst. Nat. (ed. 10) 2: 1312. 1759.
Ref.: Foster (1958).
Nota: El registro se basa en material mal identificado.

Mimosa auriculata Benth., Trans. Linn. Soc. London 30(3): 430. 1875.
Sin.: *Mimosa grandistipula* Herzog
Ref.: Foster (1958), Barneby (1991), Wood et al. (2011).
Subarbusto, arbusto. Endémica. Zonas Bajas, Andes. Bosque Semideciduo Chiquitano, 500–1000 m.
Dept.: SC.
Tipo y muestra: *d'Orbigny 877* (HT: P; IT: F frag., G, M; fotos: NY ex P), *A.H. Gentry et al. 74034* (MO).

[Mimosa balansae Micheli], Mém. Soc. Phys. Genève 28(7): 52–53, pl. 18. 1883.
Ref.: Burkart (1948).
Nota: Especie dudosa. El registro probablemente se basa en material mal identificado. Nativa de Paraguay y Argentina.

Mimosa bifurca Benth., J. Bot. (Hooker) 4(32): 407. 1842.
Ref.: Barneby (1991).
Arbusto. Nativa. Andes. Bosque Tucumano-Boliviano, 1500–2000 m.
Dept.: SC.
Muestra: *M.H. Nee et al. 36177* (MO, NY).

Mimosa bimucronata (DC.) Kuntze, Revis. Gen. Pl. 1: 198. 1891.
Sin.: *Acacia bimucronata* DC.
Arbusto. Nativa. Zonas Bajas. Bosque Semideciduo Chiquitano, 0–500 m.
Dept.: SC.
Muestra: *J.R.I. Wood et al. 22877* (K).
Infra: *Mimosa bimucronata* var. *adenocarpa* Hassl.

Mimosa boliviana Benth., Trans. Linn. Soc. London 30(3): 396. 1875.
Sin.: *Mimosa kuntzei* Harms
Ref.: Rusby (1893b), Foster (1958), Barneby (1991), Saldias Paz (1993b), Duchen & Beck (2012).
Subarbusto, arbusto. Nativa. Andes. Yungas, 1000–3000 m.
Dept.: CO, LP, SC.
Tipo y muestra: *G. Mandon 756* (LT:

K; ILT: GH, NY, NY, P, S, W, W), *M.A. Lewis 37338* (MO).

Mimosa camporum Benth., J. Bot. (Hooker) 2(11): 130. 1840.
Subarbusto. Nativa. Zonas Bajas. Sabanas Benianas del Sur, 0–500 m.
Dept.: BE.
Muestra: *M. Atahuachi B. et al. 930* (BOLV).

Mimosa candollei R. Grether, Novon 10(1): 34. 2000.
Sin.: *Schrankia leptocarpa* DC., *Mimosa quadrivalvis* var. *leptocarpa* (DC.) Barneby
Ref.: Barneby (1991), Grether (2000), Wood et al. (2011).
Hierba, subarbusto. Nativa. Zonas Bajas. Bosque Húmedo, Bosque Semideciduo Chiquitano, Bosque Seco Chaqueño, Sabanas Benianas del Norte, Sabanas Benianas del Sur, 0–1000 m.
Dept.: BE, SC.
Muestra: *M.H. Nee 44833* (MO, NY).

Mimosa castanoclada Barneby & Fortunato, Brittonia 39(2): 167–169, f. 2. 1987.
Ref.: Barneby & Fortunato (1987), Barneby (1991), Fuentes Claros (1998).
Arbusto. Nativa. Zonas Bajas. Bosque Seco Chaqueño, 0–500 m.
Dept.: SC, TA.
Muestra: *A.F. Fuentes C. 2396* (USZ).
Nom. Vern.: Guayacán negro.

Mimosa chacoensis Barneby & Fortunato, Brittonia 39(2): 169–171, f. 3. 1987.
Ref.: Barneby (1991), Serrano & Terán (1998 [2000]), Wood et al. (2011).
Hierba, subarbusto. Nativa. Zonas Bajas. Bosque Seco Chaqueño, 0–500 m.
Dept.: CH, SC.
Muestra: *A.F. Fuentes C. 3384* (MO).

Mimosa corynadenia Britton & Rose, N. Amer. Fl. 23(3): 167. 1928.
Subarbusto. Nativa. Zonas Bajas. Sabanas Benianas del Sur, 0–500 m.
Dept.: BE.
Muestra: *A. Krapovickas & A. Schinini 34687* (NY).

Mimosa craspedisetosa Fortunato & Palese, Candollea 54(1): 84–87, f. 1. 1999.
Ref.: Fortunato & Palese (1999), Wood et al. (2011).
Arbusto, árbol. Endémica. Zonas Bajas. Bosque Seco Chaqueño, 500–1000 m.
Dept.: SC.
Tipo y muestra: *L. Ramella & F. Mereles 2632* (HT: G; IT: BAB, G), *J.R.I. Wood et al. 24488* (USZ).

Mimosa daleoides Benth., J. Bot. (Hooker) 4(31): 389. 1841.
Ref.: Burkart (1969), Burkart (1979), Barneby (1991).
Hierba, subarbusto, arbusto. Nativa. Zonas Bajas, Andes. Bosque Semideciduo Chiquitano, Bosque Tucumano-Boliviano, Valles Secos, 0–3000 m.
Dept.: CH, SC.
Muestra: *M.H. Nee 40743* (MO, NY).
Infra: *Mimosa daleoides* fo. *daleoides*

Mimosa dalyi Barneby, Brittonia 36(3): 249–250, f. 1. 1984.
Ref.: Barneby (1984), Barneby (1991), Saldias Paz (1993b), Fuentes Claros (1998), Wood et al. (2011).
Arbusto, arbolito, árbol. Nativa. Zonas Bajas. Bosque Semideciduo Chiquitano, Bosque Seco Chaqueño, 0–500 m.
Dept.: SC.
Tipo y muestra: *D.C. Daly et al. 2269* (HT: NY; IT: G, K, LPB, US), *A.F. Fuentes C. 449* (MO, USZ).

Mimosa debilis Humb. & Bonpl. ex Willd., Sp. Pl. 4(2): 1029. 1806.
Sin.: *Mimosa rixosa* Mart., *Mimosa rixosa* var. *vestita* Benth., *Mimosa argentinensis* Burkart, *Mimosa parapitiensis* Burkart, *Mimosa argentinensis* var. *saltensis* Burkart
Ref.: Foster (1958), Moraes R. (1990), Barneby (1991), Serrano & Terán (1998 [2000]), Wood et al. (2011).
Hierba, subarbusto. Nativa. Zonas Bajas, Andes. Bosque Húmedo, Bosque Semideciduo Chiquitano, Bosque Seco Chaqueño, Campos Cerrados, Sabanas Benianas del Norte, Bosque Tucumano-Boliviano, Valles Secos, 0–2000 m.
Dept.: BE, CH, LP, SC, TA.
Muestra: *F. Mamani 736* (MO, USZ).
Infra: *Mimosa debilis* var. *debilis*, *Mimosa debilis* var. *aequatoriana* (Rudd) Barneby, *Mimosa debilis* var. *parapitiensis* (Burkart) Barneby, *Mimosa debilis* var. *vestita* (Benth.) Barneby
Nom. Vern.: Eke-eke.

Mimosa detinens Benth., London J. Bot. 5: 89–90. 1846.
Sin.: *Mimosa lorentzii* Griseb.
Ref.: Foster (1958), Barneby (1991), Atahuachi Burgos & Arrázola Rivero (1996), Fuentes Claros (1998), Serrano & Terán (1998 [2000]).
Subarbusto, arbusto, arbolito. Nativa. Zonas Bajas. Bosque Seco Chaqueño, 0–500 m.
Dept.: SC.
Muestra: *I.G. Vargas et al. 1952* (MO, USZ).
Nota: Los registros de CH, CO y TA corresponden a identificaciones erróneas.

Mimosa diplotricha C. Wright ex Sauvalle, Anales Acad. Ci. Med. Habana 5: 405–406. 1869.
Sin.: *Mimosa invisa* Mart., *Mimosa ixiamensis* Rusby
Ref.: Foster (1958), Barneby (1991), Zamora Villalobos (2010).
Hierba, liana, subarbusto, arbusto. Nativa. Zonas Bajas. Bosque Húmedo, Campos Cerrados, Sabanas Benianas del Sur, 0–500 m.
Dept.: BE, LP, SC.
Muestra: *R.S. Williams 269* (NY, US).

Mimosa dolens Vell., Fl. Flumin. 11: pl. 34. 1825.
Sin.: *Mimosa acerba* Benth., *Mimosa rigida* Benth.
Ref.: Barneby (1991), Killeen & Schulenberg (1998).
Subarbusto. Nativa. Andes. Valles Secos, 1000–2000 m.
Dept.: SC.
Muestra: *M.H. Nee 40744* (MO, NY).
Infra: *Mimosa dolens* subsp. *acerba* (Benth.) Barneby

Mimosa farinosa Griseb., Abh. Königl. Ges. Wiss. Göttingen 19: 134. 1874.
Ref.: Barneby & Fortunato (1987), Barneby (1991), Saldias Paz (1993b), Serrano & Terán (1998 [2000]).
Subarbusto, arbusto, árbol. Nativa. Andes. Valles Secos, 1000–2000 m.
Dept.: CH, CO, SC.
Muestra: *S.G. Beck 6803* (LPB, NY).
Nom. Vern.: Ranco-ranco.

Mimosa hexandra Micheli, Mém. Soc. Phys. Genève 30(2/7): 91, pl. 27. 1889.
Ref.: Barneby (1991).
Arbusto. Nativa. Zonas Bajas. Bosque Seco Chaqueño, 500–1000 m.
Dept.: SC.
Muestra: *C. Saravia et al. 11754* (MO).

Mimosa huanchacae Barneby, Brittonia 45(4): 328–329. 1993.
Ref.: Barneby (1993), Killeen & Schulenberg (1998).
Subarbusto, arbusto, arbolito. Endémica. Zonas Bajas. Bosque Húmedo, Bosque Semideciduo Chiquitano, 0–1000 m.
Dept.: SC.
Tipo y muestra: *M.C. Peña & R.B. Foster 223* (HT: NY; IT: F, LPB, MO-05050202, SCZ, USZ), *M. Toledo & J. C. Herrera 47* (MO, USZ).

[Mimosa insidiosa Mart.], Flora 21(2): Beibl. 54. 1838.
Ref.: Foster (1958).
Nota: El registro se basa en material mal identificado.

Mimosa interrupta Benth., J. Bot. (Hooker) 4(31): 392. 1841.
Arbusto. Nativa. Zonas Bajas. Campos Cerrados, 0–500 m.
Dept.: SC.
Muestra: *J.R.I. Wood et al. 27829* (K, LPB, UB, USZ).

Mimosa jacobita Barneby, Mem. New York Bot. Gard. 65: 648–649, f. 22F–I. 1991.
Ref.: Barneby (1991), Wood et al. (2011).
Arbusto. Endémica. Zonas Bajas. Bosque Semideciduo Chiquitano, Campos Cerrados, 500–1000 m.
Dept.: SC.
Tipo y muestra: *D.C. Daly 2174* (HT: NY, NY; IT: G, K, LE, LPB, P, US), *J.R.I. Wood et al. 23887* (K, USZ).

Mimosa josephina Barneby, Mem. New York Bot. Gard. 65: 483–484. 1991.
Ref.: Barneby (1991), Wood et al. (2011).
Subarbusto. Endémica. Zonas Bajas. Campos Cerrados, 0–500 m.
Dept.: SC.
Tipo y muestra: *M. Cárdenas 4536* (HT: US; IT: NY frag. ex US; fotos: NY), *J.R.I. Wood et al. 23697* (K, LPB, UB, USZ).

Mimosa lepidota Herzog, Repert. Spec. Nov. Regni Veg. 7: 53. 1909.
Ref.: Foster (1958), Barneby (1991), Saldias Paz (1993b), López Vargas (1995), Atahuachi Burgos & Arrázola Rivero (1996), Saravia Miranda (1996), Schulenberg & Awbrey (1997), Serrano & Terán (1998 [2000]).
Subarbusto, arbusto, arbolito, árbol. Endémica. Andes. Bosque Tucumano-Boliviano, Valles Secos, 1500–3000 m.
Dept.: CH, CO, SC, TA.
Tipo y muestra: *T. Herzog 717* (HT: Z), *S.G. Beck & M. Liberman 9854* (BAB, LPB, NY, SI).
Nom. Vern.: Achatala, chatala, chatula, sach'atala.

[Mimosa meticulosa Mart.], Flora 21(2): Beibl. 55. 1838.
Ref.: Barneby (1991).
Nota: Especie dudosa. De acuerdo a Barneby (1991), *M. meticulosa* es una especie que no es posible identificar solamente con base en la descripción.

Mimosa neptunioides Harms, Revis. Gen. Pl. 3(3): 67–68. 1898.
Sin.: *Mimosa steinbachii* Harms
Ref.: Foster (1958), Barneby (1991).
Subarbusto, arbusto. Nativa. Zonas Bajas. Bosque Húmedo, Bosque Semideciduo Chiquitano, 0–1000 m.
Dept.: BE, SC.
Tipo y muestra: *O. Kuntze s.n.* (HT: B destr.; IT: NY, US; fotos: F), *B. Mostacedo 3687* (USZ).

Mimosa nuda Benth., J. Bot. (Hooker) 4(31): 362. 1841.
Sin.: *Mimosa glaucescens* Poir., *Mimosa glaucescens* var. *ramosa* Benth., *Mimosa velloziana* var. *glaberrima* Chodat & Hassl.
Ref.: Foster (1958), Barneby (1991), Wood et al. (2011).
Subarbusto, arbusto. Nativa. Zonas Bajas. Bosque Semideciduo Chiquitano, Bosque Seco Chaqueño, Campos Cerrados, Sabanas Benianas del Sur, 0–1000 m.
Dept.: SC.
Muestra: *A. Jardim & F. Mamani 3647* (MO, USZ).
Infra: *Mimosa nuda* var. *nuda*, *Mimosa nuda* var. *glaberrima* (Chodat & Hassl.) Barneby, *Mimosa nuda* var. *gracilipes* (Harms) Barneby, *Mimosa nuda* var. *ramosa* (Benth.) Barneby

Mimosa orbignyana Barneby, Mem. New York Bot. Gard. 65: 365–366. 1991.
Ref.: Barneby (1991), Wood et al. (2011).
Arbusto. Endémica. Zonas Bajas. Bosque Semideciduo Chiquitano, 500–1000 m.
Dept.: SC.
Tipo y muestra: *d'Orbigny 743* (HT: P; fotos: NY), *J.R.I. Wood 26772* (K, USZ).

[Mimosa orthacantha Benth.], J. Bot. (Hooker) 4(31): 365–366. 1841.
Ref.: Foster (1958).
Nota: El registro se basa en material mal identificado. Esta especie es endémica del estado de São Paulo, Brasil.

Mimosa pigra L., Cent. Pl. I 13–14. 1755.
Sin.: *Mimosa pellita* Humb. & Bonpl. ex Willd., *Mimosa pellita* var. *dehiscens* Barneby, *Mimosa pellita* var. *pellita*
Ref.: Burkart (1948), Foster (1958), Verdcourt (1989), Moraes R. (1990), Barneby (1991), Killeen & Schulenberg (1998).
Hierba, subarbusto, arbusto, arbolito. Nativa. Zonas Bajas. Bosque Húmedo, Campos Cerrados, Sabanas Benianas del Norte, Sabanas Benianas del Sur, Campos Amazónicos, 0–1000 m.
Dept.: BE, CO, LP, PA, SC.
Muestra: *M. Moraes R. 471* (LPB).
Infra: *Mimosa pigra* var. *pigra*, *Mimosa pigra* var. *dehiscens* (Barneby) Glazier & Mackinder
Nom. Vern.: Mora, nonpeococurr nta.

Mimosa piresii Barneby, Mem. New York Bot. Gard. 65: 487–488. 1991.
Ref.: Barneby (1991).
Hierba. Nativa. Zonas Bajas. Bosque Húmedo, 0–500 m.
Dept.: BE.
Muestra: *R.C. Quevedo et al. 950* (MO, USZ).

Mimosa polycarpa Kunth, Mimos. 8–9, pl. 3. 1819.
Sin.: *Mimosa spegazzinii* Pirotta
Ref.: Burkart (1948), Foster (1958), Barneby (1991), Serrano & Terán (1998 [2000]).
Subarbusto, arbusto. Nativa. Zonas Bajas, Andes. Bosque Húmedo, Bosque Semideciduo Chiquitano, Bosque Seco Chaqueño, Sabanas Benianas del Sur, Bosque Serrano Chaqueño, Valles Secos, 0–2000 m.
Dept.: BE, CH, SC, TA.
Muestra: *J.C. Solomon 10087* (MO).
Infra: *Mimosa polycarpa* var. *spegazzinii* (Pirotta) Burkart, *Mimosa polycarpa* var. *subandina* Barneby
Nom. Vern.: Celosa grande.

Mimosa polycephala Benth., J. Bot. (Hooker) 4(31): 374. 1841.
Subarbusto. Nativa. Zonas Bajas. Bosque Semideciduo Chiquitano, 0–500 m.
Dept.: SC.
Muestra: *T. Killeen et al. 7449* (K, LPB, MO, USZ).

Mimosa pudica L., Sp. Pl. 1: 518. 1753.
Sin.: *Mimosa unijuga* Duchass. & Walp.
Ref.: Barneby (1991), Duchen & Beck (2012).
Hierba, subarbusto. Nativa. Zonas Bajas, Andes. Bosque Húmedo, Yungas, 0–1500 m.
Dept.: LP, SC.
Muestra: *J.C. Solomon 7375* (MO).
Infra: *Mimosa pudica* var. *unijuga* (Duchass. & Walp.) Griseb.

Mimosa revoluta (Kunth) Benth., J. Bot. (Hooker) 4(32): 409. 1842.
Sin.: *Acacia revoluta* Kunth, *Mimosa gonoclada* Benth., *Mimosa soratensis* Benth.
Ref.: Foster (1958), Barneby (1991), Saldias Paz (1993b), Atahuachi

Burgos & Arrázola Rivero (1996).
Arbusto, arbolito, árbol. Nativa. Andes. Yungas, Valles Secos, 1500–3500 m.
Dept.: CO, LP, SC.
Muestra: *S.G. Beck 1369* (LPB, NY).
Nom. Vern.: Wichupurhua.

Mimosa rufescens Benth., Trans. Linn. Soc. London 30(3): 418. 1875.
Ref.: Foster (1958), Moraes R. (1990), Barneby (1991).
Liana, arbusto, arbolito. Nativa. Zonas Bajas. Bosque Húmedo, 0–1000 m.
Dept.: BE, LP, PA.
Muestra: *J.C. Solomon 7971* (LPB, MO).
Infra: *Mimosa rufescens* var. *rufescens*

Mimosa rusbyana Barneby & Fortunato, Mem. New York Bot. Gard. 65: 525–527, map 47. 1991.
Ref.: Barneby (1991), Ministerio de Medio Ambiente y Agua (2012 [2013]).
Subarbusto, árbol. Endémica. Andes. Yungas, 1000–1500 m.
Dept.: LP.
Tipo y muestra: *H.H. Rusby 309* (HT: NY; IT: US), *S.G. Beck 12061* (LPB, NY, SI).

Mimosa sensibilis Griseb., Symb. Fl. Argent. 119. 1879.
Ref.: Burkart (1948), Foster (1958), Barneby (1991), Serrano & Terán (1998 [2000]).
Arbusto. Nativa. Zonas Bajas, Andes. Bosque Semideciduo Chiquitano, Bosque Seco Chaqueño, Campos Cerrados, Bosque Serrano Chaqueño, 0–1000 m.
Dept.: CH, SC, TA.
Muestra: *M.H. Nee 38950* (MO, NY).
Infra: *Mimosa sensibilis* var. *sensibilis*, *Mimosa sensibilis* var. *urucumensis* Barneby
Nom. Vern.: Celosa.

Mimosa sensitiva L., Sp. Pl. 1: 518. 1753.
Liana. Nativa. Zonas Bajas. Bosque Húmedo, Campos Amazónicos,
Dept.: PA, SC.
Muestra: *J.R.I. Wood et al. 21898* (FHO, K).
Infra: *Mimosa sensitiva* var. *sensitiva*

Mimosa skinneri Benth., London J. Bot. 5: 85. 1846.
Hierba. Nativa. Zonas Bajas. Campos Cerrados, 0–500 m.
Dept.: SC.
Muestra: *J.R.I. Wood 13469* (K).
Infra: *Mimosa skinneri* var. *skinneri*

Mimosa somnians Humb. & Bonpl. ex Willd., Sp. Pl. 4(2): 1036. 1806.
Sin.: *Mimosa velascoensis* Harms
Ref.: Burkart (1948), Foster (1958), Barneby (1991), Killeen & Schulenberg (1998).
Subarbusto, arbusto. Nativa. Zonas Bajas. Campos Cerrados, Sabanas Benianas del Sur, 0–500 m.
Dept.: BE, SC.
Muestra: *R. Guillén V. & R. Choré 3415* (K, MO, USZ).
Infra: *Mimosa somnians* subsp. *somnians*, *Mimosa somnians* var. *somnians*, *Mimosa somnians* var. *velascoensis* (Harms) Barneby, *Mimosa somnians* subsp. *viscida* (Willd.) Barneby

Mimosa suberosa M. Atahuachi & C.E. Hughes, Brittonia 58(1): 62–65, f. 3a–h. 2006.
Ref.: Atahuachi Burgos & Hughes (2006), Wood et al. (2011).
Arbusto. Endémica. Zonas Bajas. Campos Cerrados, 0–1000 m.
Dept.: SC.
Tipo y muestra: *J.R.I. Wood 16560* (HT: K; IT: HSB, K, LPB), *T. Killeen et al. 7459* (MO, USZ).

Mimosa tarda Barneby, Mem. New York Bot. Gard. 65: 434–436, map 37. 1991.
Ref.: Barneby (1991).
Arbusto. Nativa. Zonas Bajas. Sabanas Benianas del Sur, 0–500 m.
Dept.: BE, SC.
Muestra: *S.G. Beck 8281* (LPB, NY).

Mimosa tobatiensis Barneby & Fortunato, Brittonia 39(2): 171–173, f. 4. 1987.
Ref.: Barneby (1991), Wood et al. (2011).
Arbusto. Nativa. Zonas Bajas. Bosque Semideciduo Chiquitano, Campos Cerrados, 500–1000 m.
Dept.: SC.
Muestra: *D. Villarroel 2046* (MO, USZ).

Mimosa tweedieana Barneby ex Glazier & Mackinder, Kew Bull. 52(2): 460–462, f. 1A–J. 1997.
Arbusto. Nativa. Zonas Bajas. Sabanas Benianas del Sur, 0–500 m.
Dept.: BE.
Muestra: *S.G. Beck 5860* (LPB, MO).

Mimosa velloziana Mart., Flora 22(1, Beibl.): 9. 1839.
Ref.: Burkart (1948), Foster (1958), Barneby (1991).
Arbusto. Nativa. Zonas Bajas, Andes. Bosque Húmedo, Bosque Semideciduo Chiquitano, Valles Secos, 500–1500 m.
Dept.: BE, PA, SC, TA.
Muestra: *S. Leigh-Hunt et al. 223* (E, LPB, USZ).
Infra: *Mimosa velloziana* var. *velloziana*

Mimosa weddelliana Benth., Fl. Bras. 15(3): 356. 1876.
Sin.: *Mimosa eurycarpa* Herzog, *Mimosa herzogii* J.F. Macbr.
Ref.: Foster (1958), Barneby (1991).
Subarbusto, arbusto. Nativa. Zonas Bajas. Campos Cerrados, 0–500 m.
Dept.: SC.
Muestra: *A.F. Fuentes C. 608* (LPB, MO, USZ).

Mimosa williamsii Rusby, Bull. New York Bot. Gard. 8(28): 91–92. 1912.
Ref.: Foster (1958), Barneby (1991), Ministerio de Medio Ambiente y Agua (2012 [2013]).
Arbusto. Nativa. Zonas Bajas. Bosque Húmedo, 0–500 m.
Dept.: LP.
Tipo: *R.S. Williams 659* (HT: NY; IT: US).
Nota: Conocido en Bolivia solamente del tipo.

Mimosa woodii M. Atahuachi & C.E. Hughes, Brittonia 58(1): 59–62, f. 1a–h. 2006.
Ref.: Atahuachi Burgos & Hughes (2006), Ministerio de Medio Ambiente y Agua (2012 [2013]).
Arbusto, árbol. Endémica. Andes. Valles Secos, 2500–3000 m.
Dept.: CO, LP.
Tipo y muestra: *J.R.I. Wood 18699* (HT: K; IT: BOLV, K, LPB), *M.A. Lewis 37405* (FHO, LPB, MA, MO, US).

Mimosa xanthocentra Mart., Flora 21(2, Biebl.): 50. 1838.
Sin.: *Mimosa mansii* Mart., *Mimosa subsericea* Benth., *Mimosa stenoptera* Benth.
Ref.: Burkart (1948), Foster (1958), Burkart (1979), Barneby (1991), Schulenberg & Awbrey (1997), Killeen & Schulenberg (1998), Serrano & Terán (1998 [2000]), Wood et al. (2011).
Hierba, subarbusto, arbusto. Nativa. Zonas Bajas, Andes. Bosque Húmedo, Bosque Semideciduo Chiquitano, Bosque Seco Chaqueño, Campos Cerrados, Sabanas Benianas del Norte, Sabanas Benianas del Sur, Campos Amazónicos, Yungas, Bosque Tucumano-Boliviano, Bosque Serrano Chaqueño, Valles Secos, 0–2500 m.
Dept.: BE, CH, CO, LP, PA, SC, TA.
Muestra: *A.F. Fuentes C. & G. Navarro 2603* (USZ).
Infra: *Mimosa xanthocentra* subsp.

xanthocentra, *Mimosa xanthocentra* var. *xanthocentra*, *Mimosa xanthocentra* subsp. *subsericea* (Benth.) Barneby, *Mimosa xanthocentra* var. *longepetiolata* (Malme) Barneby, *Mimosa xanthocentra* var. *mansii* (Mart.) Barneby, *Mimosa xanthocentra* var. *subsericea* (Benth.) Barneby

Mimozyganthus Burkart, Darwiniana 3(3): 448. 1939.

1 especie, 0 especies endémicas.

Mimozyganthus carinatus (Griseb.) Burkart, Darwiniana 3(3): 448. 1939.
Sin.: *Mimosa carinata* Griseb.
Ref.: Foster (1958), Saldias Paz (1993b), Atahuachi Burgos & Arrázola Rivero (1996).
Arbusto, árbol. Nativa. Zonas Bajas, Andes. Bosque Seco Chaqueño, Bosque Serrano Chaqueño, Valles Secos, 0–1500 m.
Dept.: CO, SC, TA.
Muestra: *A.H. Gentry 75374* (F, MO).
Nom. Vern.: Guayacán colorado.

Mora Benth., Trans. Linn. Soc. London 18(2): 209–211, pl. 16–17. 1839.

1 especie, 0 especies endémicas.

Mora gonggrijpii (Kleinhoonte) Sandwith, Bull. Misc. Inform. Kew 1932(8): 398. 1932.
Sin.: *Dimorphandra gonggrijpii* Kleinhoonte
Árbol. Cultivada. Zonas Bajas. Bosque Semideciduo Chiquitano, 0–500 m.
Dept.: SC.
Muestra: *C.A. Blanco 546* (MO).
Nota: Nativa del Norte de Sur América (Costa Caribe).

Mucuna Adans., Fam. Pl. 2: 325, 579 [as *Mukuna*]. 1763.

7 especies, 0 especies endémicas.

Mucuna elliptica (Ruiz & Pav.) DC., Prodr. 2: 405. 1825.
Sin.: *Negretia elliptica* Ruiz & Pav.
Trepadora. Nativa. Zonas Bajas. Bosque Húmedo, 500–1000 m.
Dept.: LP.
Muestra: *J.C. Solomon 13968* (K, LPB, MA, MEXU, MO, NY).

[Mucuna holtonii (Kuntze) Moldenke], Phytologia 1(1): 7. 1933.
Sin.: *Stizolobium holtonii* Kuntze
Nota: El registro se basa en material mal identificado. Nativa de Centro América y Colombia.

Mucuna mapirensis (Rusby) J.F. Macbr., Publ. Field Mus. Nat. Hist., Bot. Ser. 13(3/1): 315–316. 1943.
Sin.: *Stizolobium mapirense* Rusby
Ref.: Foster (1958).
Liana. Nativa. Andes. Yungas, 1000–1500 m.
Dept.: LP, SC.
Tipo y muestra: *M. Bang 1413* (HT: NY; IT: GH, GH, US, US), *S.G. Beck 6078* (LPB).
Nom. Vern.: Jabilla.

Mucuna mitis (Ruiz & Pav.) DC., Prodr. 2: 405. 1825.
Sin.: *Negretia mitis* Ruiz & Pav.
Liana. Nativa. Zonas Bajas. Bosque Húmedo, 0–1000 m.
Dept.: SC.
Muestra: *I.G. Vargas et al. 2172* (LPB, MO, USZ).

Mucuna pruriens (L.) DC., Prodr. 2: 405. 1825.
Sin.: *Dolichos pruriens* L.
Trepadora. Naturalizada. Zonas Bajas, Andes. Bosque Húmedo, Yungas, 0–1500 m.
Dept.: LP, PA, SC.
Muestra: *M.H. Nee et al. 49822* (MO, NY).
Infra: *Mucuna pruriens* var. *utilis* (Wall. ex Wight) Baker ex Burck

Mucuna rostrata Benth., Fl. Bras. 15(1): 171, pl. 157. 1859.
Sin.: *Stizolobium rostratum* (Benth.) Kuntze
Ref.: Foster (1958), Atahuachi Burgos & Arrázola Rivero (1996), Duchen & Beck (2012).
Liana. Nativa. Zonas Bajas, Andes. Bosque Húmedo, Campos Amazónicos, Yungas, 0–3000 m.
Dept.: BE, CO, LP, PA.
Muestra: *S. Arrázola R. 12* (BOLV).

Mucuna sloanei Fawc. & Rendle, J. Bot. 55(650): 36. 1917.
Ref.: Zamora Villalobos (2010).
Liana. Nativa. Zonas Bajas. Bosque Húmedo, Bosque Semideciduo Chiquitano, 0–1000 m.
Dept.: LP, PA, SC.
Muestra: *R. Seidel 7700* (K, LPB).
Nom. Vern.: Ojo de buey.

Mucuna urens (L.) Medik., Vorles. Churpfälz. Phys.-Ökon. Ges. 2: 399. 1787.
Sin.: *Dolichos urens* L.
Ref.: Killeen & Schulenberg (1998).
Liana. Nativa. Zonas Bajas. Bosque Húmedo, 0–500 m.
Dept.: SC.
Muestra: *E. Gutiérrez C. et al. 556* (MO, USZ).

Muellera L. f., Suppl. Pl. 53, 329. 1781 [1782].

7 especies, 0 especies endémicas.

Muellera campestris (Mart. ex Benth.) M.J. Silva & A.M.G. Azevedo, Taxon 61(1): 103. 2012.
Sin.: *Lonchocarpus campestris* Mart. ex Benth., *Lonchocarpus leucanthus* Burkart
Ref.: Azevedo Tozzi & Silva (2007).
Árbol. Nativa. Zonas Bajas, Andes. Bosque Húmedo, Yungas, 500–1500 m.
Dept.: LP.
Muestra: *J.R. Uzquiano et al. 31* (LPB, MA, MO).

Muellera filipes (Benth.) M.J. Silva & A.M.G. Azevedo, Taxon 61(1): 103. 2012.
Sin.: *Lonchocarpus filipes* Benth.
Árbol. Nativa. Zonas Bajas. Bosque Húmedo, 0–500 m.
Dept.: PA.
Muestra: *M. Prescott et al. 153* (LPB, MO).

Muellera fluvialis (Lindm.) Burkart, Darwiniana 15(3–4): 535. 1969.
Sin.: *Coublandia fluvialis* Lindm., *Lonchocarpus fluvialis* (Lindm.) Fortunato & Palese
Ref.: Fuentes Claros (1998).
Hierba, arbusto, arbolito, árbol. Nativa. Zonas Bajas. Bosque Semideciduo Chiquitano, Bosque Seco Chaqueño, Campos Cerrados, Sabanas Benianas del Sur, 0–500 m.
Dept.: BE, SC.
Muestra: *A.F. Fuentes C. 1014* (LPB, MO, USZ).

Muellera nudiflora (Burkart) M.J. Silva & A.M.G. Azevedo, Taxon 61(1): 104. 2012.
Sin.: *Lonchocarpus nudiflorens* Burkart
Ref.: Fuentes Claros (1998), Jardim et al. (2003).
Arbusto, arbolito, árbol. Nativa. Zonas Bajas. Bosque Semideciduo Chiquitano, Bosque Seco Chaqueño, 0–500 m.
Dept.: SC.
Muestra: *A.F. Fuentes C. 605* (MO, USZ).
Nom. Vern.: Cuquí, manicillo.

Muellera obtusa (Benth.) M.J. Silva & A.M.G. Azevedo, Taxon 61(1): 104. 2012.
Sin.: *Lonchocarpus obtusus* Benth.
Árbol. Nativa. Andes. Yungas, 1000–1500 m.
Dept.: LP.

Muestra: *A. Araujo M. et al. 2956* (LPB, MEXU, MO, USZ).

Muellera sericea (Micheli) M.J. Silva & A.M.G. Azevedo, Taxon 61(1): 104. 2012.
Sin.: *Bergeronia sericea* Micheli
Ref.: Fuentes Claros (1998).
Arbusto, arbolito, árbol. Nativa. Zonas Bajas. Bosque Húmedo, Bosque Semideciduo Chiquitano, Campos Cerrados, 0–500 m.
Dept.: BE, SC.
Muestra: *A.F. Fuentes C. 1465* (MO, USZ).

Muellera variabilis (M.J. Silva & A.M.G. Azevedo) M.J. Silva & A.M.G. Azevedo, Taxon 61(1): 104. 2012.
Sin.: *Lonchocarpus variabilis* M.J. Silva & A.M.G. Azevedo
Ref.: Wood et al. (2011).
Arbusto, árbol. Nativa. Zonas Bajas. Bosque Semideciduo Chiquitano, 0–500 m.
Dept.: SC.
Muestra: *J.R.I. Wood 23540* (K, LPB).

Myrocarpus Allemão, Pl. Novas Brasil f. 5. 1847.
4 especies, 1 especie endémica.

Myrocarpus emarginatus A.L.B. Sartori & A.M.G. Azevedo, Novon 11(3): 353–355, f. 1. 2001.
Ref.: Sartori & Azevedo Tozzi (2001), Ministerio de Medio Ambiente y Agua (2012 [2013]).
Árbol. Endémica. Andes. Valles Secos, 1000–2500 m.
Dept.: CO, SC.
Tipo y muestra: *C. Antezana V. 614* (HT: BOLV; IT: MO-4404118), *G.A. Parada et al. 4110* (USZ).

Myrocarpus fastigiatus Allemão, Diss. Leg. 26. 1847.
Árbol. Nativa. Zonas Bajas. Bosque Semideciduo Chiquitano, 0–500 m.
Dept.: SC.
Muestra: *F. Mamani & A. Jardim 1079* (USZ).

Myrocarpus frondosus Allemão, Diss. Leg. 22. 1848.
Ref.: Vargas Salazar (1993e), Alverson et al. (2000).
Arbusto, arbolito, árbol. Nativa. Zonas Bajas, Andes. Bosque Húmedo, Yungas, 0–2000 m.
Dept.: BE, LP, PA.
Muestra: *S.G. Beck et al. 19656* (COL, LPB, PORT).
Nom. Vern.: Sirari.

Myrocarpus venezuelensis Rudd, Phytologia 23(5): 404. 1972.
Árbol. Nativa. Zonas Bajas. Bosque Húmedo, Campos Amazónicos, 0–1000 m.
Dept.: LP, PA.
Muestra: *A.F. Fuentes C. et al. 5620* (AAU, BOLV, LPB, MA, MO, USZ).

Myroxylon L. f., Suppl. Pl. 34, 233. 1781 [1782].
2 especies, 0 especies endémicas.

Myroxylon balsamum (L.) Harms, Notizbl. Königl. Bot. Gart. Berlin 5(43): 94. 1908.
Sin.: *Toluifera balsamum* L., *Myroxylum balsamum* (L.) Harms
Ref.: Parker & Bailey (1991), Vargas Salazar (1993e), Alverson et al. (2000).
Arbusto, árbol. Nativa. Zonas Bajas, Andes. Bosque Húmedo, Yungas, 0–2000 m.
Dept.: BE, CO, LP, PA, SC.
Muestra: *D.N. Smith et al. 13578* (LPB, MO, USZ).
Nom. Vern.: Aqui madhi, quina-quina, resino, sirari.

Myroxylon peruiferum L. f., Suppl. Pl. 233. 1781 [1782].
Ref.: Foster (1958), Vargas Salazar (1993e), López Vargas (1995), Atahuachi Burgos & Arrázola Rivero (1996), Saravia Miranda (1996), Schulenberg & Awbrey (1997), González et al. (1999), Serrano & Terán (1998 [2000]), Vargas Caballero et al. (2000), Ministerio de Medio Ambiente y Agua (2012 [2013]).
Arbolito, árbol. Nativa. Zonas Bajas, Andes. Bosque Húmedo, Yungas, Bosque Tucumano-Boliviano, Bosque Serrano Chaqueño, Valles Secos, 0–3000 m.
Dept.: CH, CO, SC, TA.
Muestra: *P. Saravia 88* (BOLV).
Nom. Vern.: Quina, quina-quina.

Neonotonia J.A. Lackey, Phytologia 37(3): 210. 1977.
1 especie, 0 especies endémicas.

Neonotonia wightii (Graham ex Wight & Arn.) J.A.Lackey, Phytologia 37: 210. 1977.
Sin.: *Notonia wightii* Graham ex Wight & Arn., *Glycine bujacia* Benth., *Glycine wightii* (Graham ex Wight & Arn.) Verdc.
Trepadora. Cultivada. Zonas Bajas. Bosque Húmedo, 0–500 m.
Dept.: SC.
Muestra: *M.H. Nee & D.E. Atha 49846* (MO, NY, USZ).
Nota: Nativa de Africa.

Neptunia Lour., Fl. Cochinch. 641, 653–654. 1790.
2 especies, 0 especies endémicas.

Neptunia oleracea Lour., Fl. Cochinch. 2: 654. 1790.
Sin.: *Mimosa natans* L. f., *Neptunia prostrata* Baill., *Neptunia natans* (L. f.) Druce
Hierba, acuática. Nativa. Zonas Bajas. Bosque Húmedo, Bosque Semideciduo Chiquitano, Sabanas Benianas del Sur, 0–500 m.
Dept.: BE, PA, SC.
Muestra: *A.F. Fuentes C. 597* (MO, USZ).
Nota: Nomenclatura de esta especie no resuelta.

Neptunia plena (L.) Benth., J. Bot. (Hooker) 4(31): 355. 1841.
Sin.: *Mimosa plena* L.
Ref.: Zamora Villalobos (2010).
Hierba, acuática. Nativa. Zonas Bajas. Bosque Semideciduo Chiquitano, Bosque Seco Chaqueño, Sabanas Benianas del Sur, 0–500 m.
Dept.: BE, SC.
Muestra: *N.P. Ritter et al. 4566* (MO, NHA).

Nissolia Jacq., Enum. Syst. Pl. 7, 27. 1760.
1 especie, 0 especies endémicas.

Nissolia fruticosa Jacq., Enum. Syst. Pl. 27. 1760.
Sin.: *Nissolia guatemalensis* Rose
Ref.: Rudd (1956), Foster (1958), López Vargas (1995), Atahuachi Burgos & Arrázola Rivero (1996), Serrano & Terán (1998 [2000]).
Trepadora, liana, árbol. Nativa. Zonas Bajas, Andes. Bosque Húmedo, Bosque Semideciduo Chiquitano, Campos Cerrados, Campos Amazónicos, Yungas, Bosque Tucumano-Boliviano, Valles Secos, 0–3000 m.
Dept.: BE, CH, CO, LP, PA, SC, TA.
Muestra: *D.N. Smith 13214* (COL, CTES, GB, K, LPB, M, MO, NY, USZ).
Infra: *Nissolia fruticosa* var. *guatemalensis* (Rose) Rudd
Nom. Vern.: Naranjillo.

Onobrychis Mill., Gard. Dict. Abr. (ed. 4) 2. 1754.
1 especie, 0 especies endémicas.

Onobrychis viciifolia Scop., Fl. Carniol. (ed. 2) 2: 76. 1772.
Subarbusto. Cultivada. Andes. Valles Secos, 3500–4000 m.

Dept.: LP.
Muestra: *S.G. Beck 7722* (LPB).
Nota: Nativa de Europa, desde Gran Bretaña y Francia hasta España, y también en Siberia, el Cáucaso e Irán.

Ormosia Jacks., Trans. Linn. Soc. London 10: 360. 1811.
11 especies, 1 especie endémica.

Ormosia amazonica Ducke, Arch. Jard. Bot. Rio de Janeiro 3: 139. 1922.
Ref.: Duchen & Beck (2012).
Árbol. Nativa. Zonas Bajas, Andes. Bosque Húmedo, Yungas, 0–1500 m.
Dept.: LP, SC.
Muestra: *M.H. Nee 48386* (LPB, MO, NY).

Ormosia bolivarensis (Rudd) C.H. Stirt., Fl. Venez. Guayana 5: 366. 1999.
Sin.: *Ormosia nobilis* var. *bolivarensis* Rudd
Árbol. Nativa. Zonas Bajas. Bosque Húmedo, 0–1000 m.
Dept.: BE, LP, SC.
Muestra: *M.H. Nee 41090* (LPB, NY).

Ormosia bopiensis Pierce ex J.F. Macbr., Publ. Field Mus. Nat. Hist., Bot. Ser. 13(3/1): 248–249. 1943.
Ref.: Foster (1958), Rudd (1965), Vargas Salazar (1993e).
Árbol. Nativa. Zonas Bajas, Andes. Bosque Húmedo, Yungas, 0–2000 m.
Dept.: LP.
Muestra: *B.A. Krukoff 10408* (A, MO, NY).
Nom. Vern.: Huayruro.

Ormosia coarctata Jacks., Trans. Linn. Soc. London 10: 363–364, pl. 27. 1811.
Ref.: Vargas Salazar (1993e), Killeen & Schulenberg (1998).
Árbol. Nativa. Zonas Bajas, Andes. Bosque Húmedo, Campos Cerrados, Sabanas Benianas del Sur, Yungas, 0–500, 1000–2000 m.
Dept.: BE, LP, PA, SC.
Muestra: *E. Meneces 621* (BOLV, K, LPB, MO).
Nom. Vern.: Sirari.

Ormosia coccinea (Aubl.) Jacks., Trans. Linn. Soc. London 10: 360. 1811.
Sin.: *Robinia coccinea* Aubl.
Árbol. Nativa. Zonas Bajas. Bosque Húmedo, 0–500 m.
Dept.: CO.
Muestra: *S. Dejonckheere 60* (K).
Nom. Vern.: Waiduritu.

Ormosia elata Rudd, Contr. U.S. Natl. Herb. 32(5): 335–337, f. 10. 1965.
Árbol. Nativa. Zonas Bajas. Bosque Húmedo, 0–500 m.
Dept.: PA.
Muestra: *S. Groves-Raines 169* (K, LPB).

Ormosia fastigiata Tul., Arch. Mus. Hist. Nat. 4: 108–109. 1844.
Ref.: Vargas Salazar (1993e).
Árbol. Nativa. Andes. Yungas, 1500–2000 m.
Dept.: LP.
Muestra: *S.G. Beck 4862* (LPB, SFV).

Ormosia grandiflora (Tul.) Rudd, Contr. U.S. Natl. Herb. 32(5): 301. 1965.
Sin.: *Diplotropis grandiflora* Tul.
Árbol. Nativa. Zonas Bajas. Bosque Húmedo, 0–500 m.
Dept.: PA.
Muestra: *L. Vargas et al. 616* (BAB, F, K, LPB, MBM, MO, NY, SI, USZ).

Ormosia larecajana Rudd, Contr. U.S. Natl. Herb. 32(5): 352, f. 11, 13. 1965.
Ref.: Rudd (1965), Vargas Salazar (1993e).
Árbol. Endémica. Zonas Bajas, Andes. Bosque Húmedo, Yungas, 500–1500 m.
Dept.: LP.
Tipo y muestra: *B.A. Krukoff 11049* (HT: US; IT: A, F, G, GH, K, K, M, MO-1240490, N, NY, O, S, U, Y), *A.F. Fuentes C. et al. 7711* (LPB, MEXU, MO).

Ormosia macrocalyx Ducke, Arch. Jard. Bot. Rio de Janeiro 3: 137–138. 1922.
Ref.: Zamora Villalobos (2010).
Arbolito, árbol. Nativa. Zonas Bajas. Bosque Húmedo, 0–500 m.
Dept.: SC.
Muestra: *B. Mostacedo & R.B. Foster 132* (F, LPB, USZ).
Nom. Vern.: Sirari.

Ormosia nobilis Tul., Arch. Mus. Hist. Nat. 4: 106. 1844.
Ref.: Rudd (1965), Vargas Salazar (1993e).
Árbol. Nativa. Zonas Bajas. Bosque Húmedo, Sabanas Benianas del Sur, 0–500 m.
Dept.: BE.
Muestra: *E. Meneces & W. Terceros 26* (BOLV, F, LPB).
Infra: *Ormosia nobilis* var. *nobilis*
Nom. Vern.: Sirari.

[Ormosia tovarensis Pittier], Bol. Soc. Venez. Ci. Nat. 4(30): 85–86. 1937.
Nota: El registro se basa en material mal identificado. Especie nativa de Panamá, Colombia y Venezuela.

Otholobium C.H. Stirt., Adv. Legume Syst. 1: 341–342, f. 1.18, 1.29. 1981.
5 especies, 0 especies endémicas.

Otholobium diffidens J.W. Grimes, Mem. New York Bot. Gard. 61: 31–32, f. 12A, 14. 1990.
Ref.: Grimes & Grimes (1990).
Hierba, arbusto. Nativa. Andes. Yungas, Páramo Yungueño, 1500–3000 m.
Dept.: CO, LP.
Tipo y muestra: *J. Steinbach 9538 bis* (HT: NY; IT: A, F, GH, MO-975799, QCA), *M.A. Lewis 37333* (LPB, MO).

Otholobium glandulosum (L.) J.W. Grimes, Mem. New York Bot. Gard. 61: 29. 1990.
Sin.: *Psoralea glandulosa* L.
Ref.: Foster (1958), Grimes & Grimes (1990), Atahuachi Burgos & Arrázola Rivero (1996), Saravia Miranda (1996).
Hierba. Nativa. Andes, Altiplano. Valles Secos, Bosque de *Polylepis*, 2500–4000 m.
Dept.: CO.
Muestra: *E.F. Saravia 1228* (BOLV).

Otholobium higuerilla (Gillies ex Hook.) J.W. Grimes, Mem. New York Bot. Gard. 61: 26. 1990.
Sin.: *Psoralea higuerilla* Gillies ex Hook.
Ref.: Grimes & Grimes (1990).
Hierba. Nativa. Andes. Yungas, Bosque Tucumano-Boliviano, Valles Secos, 1500–2000, 2500–3000 m.
Dept.: CH, LP, TA.
Muestra: *K. Fiebrig 3200* (GH).

[Otholobium mexicanum (L. f.) J.W. Grimes], Mem. New York Bot. Gard. 61: 23. 1990.
Sin.: *Indigofera mexicana* L. f., *Psoralea mutisii* Kunth, *Psoralea mexicana* (L. f.) Vail
Ref.: Rusby (1893b), Foster (1958), Grimes & Grimes (1990), Atahuachi Burgos & Arrázola Rivero (1996).
Nota: El registro se basa en material mal identificado.

Otholobium munyense (J.F. Macbr.) J.W. Grimes, Mem. New York Bot. Gard. 61: 26–27. 1990.
Sin.: *Psoralea munyensis* J.F. Macbr., *Psoralea timorata* J.F. Macbr.

Ref.: Foster (1958), Grimes & Grimes (1990).
Subarbusto, arbusto. Nativa. Andes. Yungas, 1500–3000 m.
Dept.: CO, SC, TA.
Muestra: *J.C. Solomon & M.H. Nee 18072* (LPB, MO).

Otholobium pubescens (Poir.) J.W. Grimes, Mem. New York Bot. Gard. 61: 27. 1990.
Sin.: *Psoralea pubescens* Poir., *Psoralea lasiostachys* Vogel, *Psoralea yurensis* Rusby, *Psoralea featherstonei* J.F. Macbr., *Hoita hirsuta* Rusby, *Hoita versicolor* Rusby, *Psoralea remotiflora* J.F. Macbr., *Psoralea lasiostachys* var. *potens* (J.F. Macbr.) J.F. Macbr.
Ref.: Rusby (1927), Foster (1958), Grimes & Grimes (1990), Atahuachi Burgos & Arrázola Rivero (1996), Serrano & Terán (1998 [2000]).
Arbusto. Nativa. Andes, Altiplano. Yungas, Páramo Yungueño, Valles Secos, Puna Húmeda, 2000–4500 m.
Dept.: CH, CO, LP, SC.
Muestra: *M.A. Lewis 88683* (MO).
Nom. Vern.: Trinitaria, walliquia, willia.

Pachyrhizus Rich. ex DC., Prodr. 2: 402. 1825.
2 especies, 0 especies endémicas.

Pachyrhizus ahipa (Wedd.) Parodi, An. Acad. Nat. Agron. & Vet. Buenos Aires 1: 137. 1935.
Sin.: *Dolichos ahipa* Wedd.
Ref.: Sørensen (1988).
Trepadora. Cultivada. Andes. Valles Secos, 2500–3000 m.
Dept.: LP, TA.
Tipo: *G. Mandon 747* (HT: B destr.; IT: GH).
Nota: Conocido solamente del tipo.

[Pachyrhizus erosus (L.) Urb.], Symb. Antill. 4(2): 311. 1905.
Sin.: *Dolichos erosus* L.
Ref.: Foster (1958).
Nota: Especie dudosa. Presencia en Bolivia no confirmada. Nativa de Centro América y el Caribe.

[Pachyrhizus ferrugineus (Piper) M. Sørensen], Nordic J. Bot. 8(2): 181. 1988.
Sin.: *Calopogonium ferrugineum* Piper
Nota: El registro se basa en material mal identificado. Nativa de Centro América.

Pachyrhizus tuberosus (Lam.) Spreng., Syst. Veg. 4(Cur. post.): 281. 1827.
Sin.: *Dolichos tuberosus* Lam.
Ref.: Foster (1958), Sørensen (1988).
Trepadora, liana. Cultivada. Zonas Bajas. Bosque Húmedo, Bosque Semideciduo Chiquitano, 0–500 m.
Dept.: BE, CO, SC.
Muestra: *D.C. Daly 6502* (LPB, NY).
Nom. Vern.: Quibichorrirr.

Parapiptadenia Brenan, Kew Bull. 17(2): 228. 1963.
3 especies, 0 especies endémicas.

Parapiptadenia excelsa (Griseb.) Burkart, Darwiniana 15(3–4): 506. 1969.
Sin.: *Piptadenia communis* var. *excelsa* Griseb., *Prosopis herzogii* Harms
Ref.: Foster (1958), Saldias Paz (1993b), Schulenberg & Awbrey (1997), González et al. (1999), Serrano & Terán (1998 [2000]).
Arbusto, arbolito, árbol. Nativa. Zonas Bajas, Andes. Bosque Semideciduo Chiquitano, Yungas, Bosque Tucumano-Boliviano, Bosque Serrano Chaqueño, Valles Secos, 0–3000 m.
Dept.: CH, CO, LP, PO, SC, TA.
Muestra: *J.C. Solomon 10434* (LPB, MO).
Nom. Vern.: Chari, china vilca, chinavillca, china-wilca, vilka, willca.

Parapiptadenia pterosperma (Benth.) Brenan, Kew Bull. 17(2): 228. 1963.
Sin.: *Piptadenia pterosperma* Benth.
Ref.: Saldias Paz (1993b).
Árbol. Nativa. Zonas Bajas. Bosque Húmedo, 0–500 m.
Dept.: BE.
Muestra: *J.C. Solomon 7671* (LPB, MO).

Parapiptadenia rigida (Benth.) Brenan, Kew Bull. 17(2): 228. 1963.
Sin.: *Piptadenia rigida* Benth.
Árbol. Nativa. Zonas Bajas. Bosque Húmedo, 0–500 m.
Dept.: PA.
Muestra: *A. Jardim & D. Cuellar 1000* (USZ).

Paraserianthes I.C. Nielsen, Bull. Mus. Natl. Hist. Nat., B, Adansonia 5(3): 326. 1983 [1984].
1 especie, 0 especies endémicas.

Paraserianthes lophantha (Willd.) I.C. Nielsen, Bull. Mus. Natl. Hist. Nat., B, Adansonia 5(3): 326. 1983 [1984].
Sin.: *Acacia lophantha* Willd., *Mimosa lophantha* Pers., *Albizia lophantha* (Willd.) Benth.
Ref.: Saldias Paz (1993b), Barneby & Grimes (1996).
Árbol. Cultivada. Andes. Yungas, Valles Secos, 2500–3500 m.
Dept.: CH, LP.
Muestra: *J.C. Solomon 12819* (MO).
Infra: *Paraserianthes lophantha* subsp. *lophantha*
Nota: Nativa del suroccidente de Australia.

Parkia R. Br., Narr. Travels Africa 234. 1826.
3 especies, 0 especies endémicas.

[Parkia balslevii H.C. Hopkins], Fl. Neotrop. 44: 103–106, f. 29. 1986.
Ref.: Altamirano Azurduy & Ramos de Sousa (2009).
Árbol. Nativa. Zonas Bajas. Bosque Húmedo, 0–500 m.
Dept.: PA.
Muestra: *S. Altamirano & H. Ramos 4296* (BOLV, MO).
Nota: Especie dudosa. El material citado posiblemente corresponde a *P. nitida*, ya que aunque las inflorescencias de *P. balslevii* y *P. nitida* son muy diferentes, las dos especies son muy similares en follaje y frutos.

Parkia multijuga Benth., Trans. Linn. Soc. London 30(3): 362. 1875.
Ref.: Alverson et al. (2000).
Árbol. Nativa. Zonas Bajas. Bosque Húmedo, 0–500 m.
Dept.: PA.
Nota: No hay ejemplares de herbario confirmados para Bolivia.

Parkia nitida Miq., Stirp. Surinam. Select. 7–8. 1851.
Ref.: Hopkins (1986), Saldias Paz (1993b).
Arbolito, árbol. Nativa. Zonas Bajas, Andes. Bosque Húmedo, Campos Amazónicos, Yungas, 0–500, 1000–2000 m.
Dept.: CO, LP, PA.
Muestra: *E. Meneces 49* (BOLV, INPA).

Parkia pendula (Willd.) Benth. ex Walp., Repert. Bot. Syst. 5(4): 577. 1846.
Sin.: *Inga pendula* Willd.
Ref.: Hopkins (1986), Saldias Paz (1993b), Killeen & Schulenberg (1998), Alverson et al. (2000).
Árbol. Nativa. Zonas Bajas. Bosque Húmedo, Campos Amazónicos, 0–500 m.
Dept.: LP, PA, SC.
Muestra: *T. Killeen 3921* (AAU, LPB, MO).
Nom. Vern.: Toco, toco colorado.

Parkinsonia L., Sp. Pl. 1: 375. 1753.
2 especies, 0 especies endémicas.

Parkinsonia aculeata L., Sp. Pl. 1: 375. 1753.
Ref.: Foster (1958), Ruiz de Centurión (1993a), Serrano & Terán (1998 [2000]).
Arbusto, arbolito, árbol. Nativa. Zonas Bajas, Andes. Bosque Seco Chaqueño, Campos Cerrados, Valles Secos, 0–2000, 2500–3000 m.
Dept.: CH, CO, SC, TA.
Muestra: *E. Gutiérrez C. 2200* (BOLV).
Nom. Vern.: Cina cina.

Parkinsonia praecox (Ruiz & Pav. ex Hook.) Hawkins, Pl. Syst. Evol. 216: 63. 1999.
Sin.: *Pomaria glauca* Cav., *Cercidium praecox* (Ruiz & Pav. ex Hook.) Harms, *Caesalpinia praecox* Ruiz & Pav.
Ref.: Foster (1958), Ruiz de Centurión (1993a), Atahuachi Burgos & Arrázola Rivero (1996), Serrano & Terán (1998 [2000]).
Arbusto, arbolito, árbol. Cultivada. Zonas Bajas, Andes. Bosque Seco Chaqueño, Valles Secos, 0–3000 m.
Dept.: CH, CO, PO, SC, TA.
Muestra: *S.G. Beck 8911* (LPB, NY).
Nom. Vern.: Brea(o), guirrapuku, hiñecillo, khiñecillo, palo brea, yuobi.

Peltogyne Vogel, Linnaea 11: 410. 1837.
2 especies, 0 especies endémicas.

Peltogyne confertiflora (Mart. ex Hayne) Benth., Fl. Bras. 15(2): 232. 1870.
Sin.: *Hymenaea confertifolia* Mart. ex Hayne
Ref.: Silva (1976), Wood et al. (2011).
Árbol. Nativa. Zonas Bajas. Bosque Semideciduo Chiquitano, 0–1000 m.
Dept.: BE, SC.
Muestra: *F. Mamani & M. Saucedo 820* (MO, USZ).

Peltogyne heterophylla M.F. Silva, Acta Amazon. 6(1, Suppl.): 30, 32–33, f. 5, 7. 1976.
Ref.: Silva (1976), Ruiz de Centurión (1993a).
Árbol. Nativa. Zonas Bajas. Bosque Húmedo, 0–500 m.
Dept.: BE, PA, SC.
Muestra: *T. Killeen & M. Toledo 7893* (MO, USZ).
Nom. Vern.: Sirari.

Peltophorum (Vogel) Benth., J. Bot. (Hooker) 2(10): 75. 1840.
1 especie, 0 especies endémicas.

Peltophorum dubium (Spreng.) Taub., Nat. Pflanzenfam. 3(3): 176. 1892.
Sin.: *Caesalpinia dubia* Spreng., *Peltophorum vogelianum* Benth.
Ref.: Ruiz de Centurión (1993a).
Árbol. Nativa, cultivada. Zonas Bajas. Bosque Húmedo, Bosque Semideciduo Chiquitano, 0–1000 m.
Dept.: SC.
Muestra: *M.H. Nee 34023* (LPB, MO, NY, USZ).
Infra: *Peltophorum dubium* var. *dubium*
Nom. Vern.: Falso serebó, pacay.

Periandra Mart. ex Benth., Comm. Legum. Gen. 56. 1837.
3 especies, 0 especies endémicas.

Periandra coccinea (Schrad.) Benth., Comm. Legum. Gen. 58. 1837.
Sin.: *Clitoria coccinea* Schrad., *Periandra acutifolia* Benth.
Trepadora, liana. Nativa. Zonas Bajas. Campos Cerrados, 0–500 m.
Dept.: SC.
Muestra: *M. Saldias et al. 2742* (USZ).

Periandra heterophylla Benth., Comm. Legum. Gen. 57. 1837.
Sin.: *Glycinopsis heterophylla* (Benth.) Kuntze
Ref.: Funch & Barroso (1999), Wood et al. (2011).
Hierba, subarbusto. Nativa. Zonas Bajas. Bosque Semideciduo Chiquitano, Campos Cerrados, 0–1000 m.
Dept.: SC.
Muestra: *R. Seidel 16* (LPB, NY).

Periandra mediterranea (Vell.) Taub., Nat. Pflanzenfam. 3(3): 359. 1894.
Sin.: *Glycyrrhiza mediterranea* Vell.
Ref.: Mattos & Oliveira (1979), Funch & Barroso (1999), Wood et al. (2011).
Hierba, subarbusto. Nativa. Zonas Bajas. Campos Cerrados, 500–1000 m.
Dept.: SC.
Muestra: *J.R.I. Wood 13463* (K).
Nota: El registro en Mattos & Oliveira (1979) para Bolivia, no consta en Funch & Barroso (1999). Probablemente no está en Bolivia.

Phanera Lour., Fl. Cochinch. 1: 37–38. 1790.
1 especie, 0 especies endémicas.

Phanera variegata (L.) Benth., Pl. Jungh. 2: 262. 1852.
Sin.: *Bauhinia variegata* L., *Bauhinia variegata* var. *chinensis* DC., *Bauhinia chinensis* Vogel, *Bauhinia decora* L. Uribe
Ref.: Ruiz de Centurión (1993a).
Árbol. Cultivada. Zonas Bajas. Bosque Húmedo, 0–500 m.
Dept.: SC.
Muestra: *M.H. Nee 52839* (MO, NY, USZ).
Nota: Nativa de Asia tropical. Tradicionalmente considerada en el género *Bauhinia*. *Phanera* es restringida a la región Paleotropical (Wunderlin, 2010).

Phaseolus L., Sp. Pl. 2: 723. 1753.
3 especies, 0 especies endémicas.

Phaseolus augusti Harms, Notizbl. Bot. Gart. Berlin–Dahlem 7(70): 503–504. 1921.
Sin.: *Phaseolus bolivianus* Piper
Ref.: Piper (1926), Foster (1958), Adolfo María (1966), Maréchal et al. (1978).
Trepadora. Nativa. Andes. Bosque Tucumano-Boliviano, Valles Secos, 1500–3000 m.
Dept.: CH, CO, LP, TA.
Muestra: *D.G. Debouck et al. 3000* (BOLV, CIAT, MO).

[Phaseolus bracteolatus DC.], Prodr. 2: 391. 1825.
Nota: Especie dudosa.

Phaseolus lunatus L., Sp. Pl. 2: 724. 1753.
Sin.: *Phaseolus lunatus* var. *silvester* Baudet
Ref.: Duchen & Beck (2012).
Arbusto. Nativa, cultivada. Zonas Bajas, Andes. Bosque Semideciduo Chiquitano, Yungas, 0–1500 m.
Dept.: BE, LP.
Muestra: *E. Werdermann 2349* (LPB, MO).

Phaseolus vulgaris L., Sp. Pl. 2: 723. 1753.
Ref.: Zamora Villalobos (2010).
Hierba, trepadora. Cultivada. Andes. Bosque Tucumano-Boliviano, Valles Secos, 1000–3000 m.
Dept.: CH, CO, LP, SC, TA.
Muestra: *D.G. Debouck et al. 3025* (BOLV, CIAT, MO).
Infra: *Phaseolus vulgaris* var. *aborigineus* (Burkart) Baudet
Nom. Vern.: Fríjol, vainitas.

Piptadenia Benth., J. Bot. (Hooker) 2(11): 135. 1840.
11 especies, 1 especie endémica.

Piptadenia anolidurus Barneby, Brittonia 38(3): 222–224, f. 1F. 1986.
Ref.: Barneby (1986).

Liana, árbol. Nativa. Zonas Bajas. Bosque Húmedo, Bosque Semideciduo Chiquitano, 0–500 m.
Dept.: CO, LP, SC.
Muestra: *D. De la Quintana et al. 335* (BOLV, CTES, HSB, LPB, MA, MO, NY, USZ).

Piptadenia boliviana Benth., Trans. Linn. Soc. London 30(3): 370. 1875.
Ref.: Saldias Paz (1993b), López Vargas (1995), Atahuachi Burgos & Arrázola Rivero (1996), Saravia Miranda (1996), Serrano & Terán (1998 [2000]), Ministerio de Medio Ambiente y Agua (2012 [2013]).
Arbusto, arbolito, árbol. Endémica. Andes. Valles Secos, 1000–3000 m.
Dept.: CH, CO, LP, PO, SC.
Tipo y muestra: *Kelly s.n.* (HT: K), *D.N. Smith et al. 13508* (LPB, MO, USZ).
Nom. Vern.: China vilca, ch'jari, jarca, j'arka, sara t'jago, vilca, wilca, willca.

Piptadenia buchtienii Barneby, Brittonia 38(3): 224–226, f. 1E. 1986.
Ref.: Barneby (1986), Saldias Paz (1993b), Duchen & Beck (2012).
Arbusto, árbol. Nativa. Andes. Yungas, 1000–2000 m.
Dept.: BE, LP.
Tipo y muestra: *O. Buchtien 4180* (HT: NY; IT: HBG, HBG, US), *M.H. Nee 36918* (LPB, MO, NY).

Piptadenia cuzcoensis Barneby, Brittonia 38(3): 226, f. 1G. 1986.
Ref.: Barneby (1986).
Liana. Nativa. Zonas Bajas. Bosque Húmedo, 0–500 m.
Dept.: BE.
Muestra: *D.N. Smith & V. García E. 13793* (MO).

Piptadenia flava (Spreng. ex DC.) Benth., Trans. Linn. Soc. London 30(3): 371. 1875.
Sin.: *Acacia flava* Spreng. ex DC.
Ref.: Parker & Bailey (1991).
Liana, arbusto, árbol. Nativa. Zonas Bajas, Andes. Bosque Húmedo, Yungas, 0–500, 1000–1500 m.
Dept.: LP.
Muestra: *A.H. Gentry 71075* (MO).

Piptadenia gonoacantha (Mart.) J.F. Macbr., Contr. Gray Herb. 59: 17. 1919.
Sin.: *Acacia gonoacantha* Mart., *Piptadenia communis* Benth.
Ref.: Rusby (1893b), Foster (1958), Moraes R. (1990), Parker & Bailey (1991), Saldias Paz (1993b), Killeen & Schulenberg (1998).
Liana, arbolito, árbol. Nativa. Andes. Yungas, 1000–1500 m.
Dept.: BE, CO, LP, SC.
Muestra: *M.H. Nee & M. Saldias 36338* (LPB, NY, USZ).
Nom. Vern.: Curupaiciño.

Piptadenia latifolia Benth., J. Bot. (Hooker) 4(30): 335. 1841.
Árbol. Nativa. Zonas Bajas. Bosque Húmedo, 0–500 m.
Dept.: SC.
Muestra: *J. Steinbach 7937* (A, GH, MO).

Piptadenia peruviana (J.F. Macbr.) Barneby, Brittonia 38(3): 226. 1986.
Sin.: *Piptadenia adiantoides* var. *peruviana* J.F. Macbr.
Ref.: Barneby (1986), Saldias Paz (1993b).
Liana, arbusto, árbol. Nativa. Zonas Bajas, Andes. Bosque Húmedo, Yungas, 0–1500 m.
Dept.: BE, LP, SC.
Muestra: *S.G. Beck 13271* (LPB, NY).

Piptadenia pteroclada Benth., Trans. Linn. Soc. London 30(3): 370. 1875.
Árbol. Nativa. Zonas Bajas. Bosque Semideciduo Chiquitano, 500–1000 m.
Dept.: SC.
Muestra: *R.C. Quevedo 440* (MO).

Piptadenia robusta Pittier, Arb. Arbust. Venez. 6–8: 85. 1927.
Ref.: Fuentes Claros (1998).
Arbolito, árbol. Nativa. Zonas Bajas. Bosque Seco Chaqueño, Sabanas Benianas del Sur, 0–500 m.
Dept.: BE, SC.
Muestra: *M.H. Nee 38618* (LPB, NY).
Nom. Vern.: Asotoc'o, osotoco.

Piptadenia viridiflora (Kunth) Benth., J. Bot. (Hooker) 4(31): 337. 1841.
Sin.: *Acacia viridiflora* Kunth, *Acacia ampeloclada* Rusby
Ref.: Rusby (1927), Foster (1958), Moraes R. (1990), Saldias Paz (1993b), Fuentes Claros (1998), González et al. (1999), Serrano & Terán (1998 [2000]), Jardim et al. (2003).
Arbusto, arbolito, árbol. Nativa. Zonas Bajas, Andes. Bosque Semideciduo Chiquitano, Sabanas Benianas del Sur, Yungas, Bosque Tucumano-Boliviano, Bosque Serrano Chaqueño, Valles Secos, 0–3000 m.
Dept.: BE, CH, CO, LP, SC, TA.
Muestra: *S.G. Beck 8890* (LPB, NY).
Nom. Vern.: Cari-cari, chari, espino colorao, espino negro, michi-michi, satajchi, tatri.

Piptadeniopsis Burkart, Darwiniana 6: 477–478, f. 1. 1944.
1 especie, 0 especies endémicas.

Piptadeniopsis lomentifera Burkart, Darwiniana 6: 478, f. 1. 1944.
Ref.: Serrano & Terán (1998 [2000]).
Arbusto, árbol. Nativa. Zonas Bajas. Bosque Seco Chaqueño, 0–500 m.
Dept.: CH.
Nota: No hay ejemplares de herbario confirmados para Bolivia.

Piscidia L., Syst. Nat. (ed. 10) 2: 1151, 1155, 1376. 1759.
0 especies, 0 especies endémicas.

[Piscidia carthagenensis Jacq.], Enum. Syst. Pl. 27. 1760.
Ref.: Zamora Villalobos (2010).
Nota: El registro se basa en material mal identificado. Nativa del Caribe, Centro América y Norte de Sur América.

Pisum L., Sp. Pl. 2: 727. 1753.
1 especie, 0 especies endémicas.

Pisum sativum L., Sp. Pl. 2: 727. 1753.
Ref.: Adolfo María (1966).
Trepadora. Cultivada. Andes. Valles Secos, 2500–3000, 3500–4000 m.
Dept.: CO, LP.
Muestra: *E. Gutiérrez C. 258* (BOLV).
Nota: Nativa del Mediterráneo y Asia occidental.
Nom. Vern.: Arveja, chícharo, guisante.

Pityrocarpa (Benth.) Britton & Rose, N. Amer. Fl. 23(3): 190. 1928.
1 especie, 0 especies endémicas.

Pityrocarpa moniliformis (Benth.) Luckow & R. W. Jobson, Syst. Bot. 32(3): 573. 2007.
Sin.: *Piptadenia moniliformis* Benth.
Ref.: Wood et al. (2011).
Arbusto, árbol. Nativa. Zonas Bajas. Campos Cerrados, 0–500 m.
Dept.: SC.
Muestra: *J.R.I. Wood 15700* (K).

Plathymenia Benth., J. Bot. (Hooker) 2: 134. 1840.
1 especie, 0 especies endémicas.

Plathymenia reticulata Benth., J. Bot. (Hooker) 4(30): 334. 1841.
Sin.: *Plathymenia foliolosa* Benth.
Ref.: Burkart (1979), Saldias Paz (1993b), Killeen & Schulenberg (1998), Jardim et al. (2003), Warwick & Lewis (2003), Wood et al. (2011).
Subarbusto, arbusto, arbolito, árbol. Nativa. Zonas Bajas. Bosque

Semideciduo Chiquitano, Bosque Seco Chaqueño, 0–1500 m.
Dept.: BE, LP, SC.
Muestra: *T. Killeen 1943* (F, LPB, NY, USZ).
Nom. Vern.: Arca amarilla, arquilla, tacuma, yarca amarilla.

Platycyamus **Benth.**, Fl. Brasil. 15(1): 323. 1862.
1 especie, 0 especies endémicas.

Platycyamus ulei Harms, Repert. Spec. Nov. Regni Veg. 17: 444. 1921.
Árbol. Nativa. Zonas Bajas. Bosque Húmedo, 0–500 m.
Dept.: PA.
Muestra: *M. Prescott et al. 153* (LPB, MO).

Platymiscium **Vogel**, Linnaea 11: 198–199. 1837.
4 especies, 0 especies endémicas.

Platymiscium pinnatum (Jacq.) Dugand, Contr. Hist. Nat. Colomb. 1: 11. 1938.
Sin.: *Amerimnon pinnatum* Jacq., *Platymiscium cochabambense* Rusby, *Platymiscium ulei* Harms
Ref.: Foster (1958), Vargas Salazar (1993e), Klitgaard (1999 [2000]), Jardim et al. (2003), Klitgaard (2005 [2006]), Wood et al. (2011).
Arbusto, árbol. Nativa. Zonas Bajas, Andes. Bosque Húmedo, Bosque Semideciduo Chiquitano, Yungas, Valles Secos, 0–2500 m.
Dept.: BE, CO, LP, PA, SC.
Muestra: *D. Choque et al. 10* (LPB, MA, MO, USZ).
Infra: *Platymiscium pinnatum* subsp. *pinnatum*, *Platymiscium pinnatum* var. *pinnatum*, *Platymiscium pinnatum* var. *ulei* (Harms) Klitg.
Nom. Vern.: Manicillo blanco, tajibillo, tarara, tarara colorada, tarara cuta.

Platymiscium pubescens Micheli, Vidensk. Meddel. Dansk Naturhist. Foren. Kjøbenhavn 1875: 101. 1875.
Sin.: *Platymiscium fragrans* Rusby
Ref.: Rusby (1927), Foster (1958), Vargas Salazar (1993e), Killeen & Schulenberg (1998), Klitgaard (1999 [2000]), Jardim et al. (2003), Klitgaard (2005 [2006]).
Arbolito, árbol. Nativa. Zonas Bajas. Bosque Húmedo, Bosque Semideciduo Chiquitano, 0–1500 m.
Dept.: BE, LP, SC.
Muestra: *M.H. Nee 37050* (AAU, F, K, MO, NY, SP, USZ).
Infra: *Platymiscium pubescens* subsp. *fragrans* (Rusby) Klitg.
Nom. Vern.: Almendrillo, quebra cacha, quea cuña, quebra cuña, tamacosí, tamamosí, tarara.

Platymiscium stipulare Benth., J. Linn. Soc., Bot. 4(Suppl.): 82. 1860.
Ref.: Killeen & Schulenberg (1998), Klitgaard (2005 [2006]), Fuentes Claros et al. (2009).
Liana, arbolito, árbol. Nativa. Zonas Bajas, Andes. Bosque Húmedo, Sabanas Benianas del Sur, Valles Secos, 0–1000, 1500–2000 m.
Dept.: BE, SC.
Muestra: *D.N. Smith et al. 13984* (LPB, MO).
Nom. Vern.: Cedro.

Platymiscium trinitatis Benth., J. Linn. Soc., Bot. 4(Suppl.): 82. 1860.
Ref.: Klitgaard (2005 [2006]).
Árbol. Nativa. Zonas Bajas. Bosque Húmedo, Sabanas Benianas del Sur, 0–500 m.
Dept.: BE, PA.
Muestra: *E. Meneces & W. Terceros 137* (BOLV, F, MO, NY).
Infra: *Platymiscium trinitatis* var. *trinitatis*
Nom. Vern.: Palo gualberto.

Platypodium **Vogel**, Linnaea 11: 420. 1837.
1 especie, 0 especies endémicas.

Platypodium elegans Vogel, Linnaea 11: 420–422. 1837.
Ref.: Vargas Salazar (1993e), Justiniano (1998), Killeen & Schulenberg (1998), Alverson et al. (2000), Jardim et al. (2003), Wood et al. (2011).
Arbusto, arbolito, árbol. Nativa. Zonas Bajas. Bosque Semideciduo Chiquitano, Campos Cerrados, Sabanas Benianas del Sur, 0–1000 m.
Dept.: BE, CH, PA, SC.
Muestra: *M.J.G. Hopkins et al. 43* (LPB, MO, NY).
Infra: *Platypodium elegans* subsp. *elegans*
Nom. Vern.: Maní.

Poecilanthe **Benth.**, J. Linn. Soc., Bot. 4(Suppl.): 80. 1860.
1 especie, 0 especies endémicas.

Poecilanthe parviflora Benth., J. Proc. Linn. Soc., Bot. 4(Suppl.): 80. 1860.
Árbol. Nativa. Zonas Bajas. Bosque Semideciduo Chiquitano, 0–500 m.
Dept.: SC.
Muestra: *I.G. Vargas 3450* (F, MO, USZ).

Poeppigia **C. Presl**, Symb. Bot. 1: 15. 1830.
1 especie, 0 especies endémicas.

Poeppigia procera C. Presl, Symb. Bot. 1: 16, pl. 8. 1830.
Ref.: Ruiz de Centurión (1993a), Killeen & Schulenberg (1998).
Arbusto, árbol. Nativa. Zonas Bajas. Bosque Húmedo, Bosque Semideciduo Chiquitano, Campos Cerrados, Sabanas Benianas del Sur, Campos Amazónicos, 0–1000 m.
Dept.: BE, PA, SC.
Muestra: *B.M. Boom 4097* (K, LPB, MO, NY).
Nom. Vern.: Cari, cari cari blanco, cari guara, pajarillo, ramillo, tasaá, toco.

Poincianella **Britton & Rose**, N. Amer. Fl. 23(5): 327–336. 1930.
2 especies, 0 especies endémicas.

Poincianella bracteosa (Tul.) L.P. Queiroz, Legum. Caatinga 122. 2009.
Sin.: *Caesalpinia bracteosa* Tul.
Arbusto. Nativa. Zonas Bajas. Bosque Semideciduo Chiquitano, 0–500 m.
Dept.: SC.
Muestra: *J.R.I. Wood et al. 27275* (K).

[Poincianella microphylla (Mart. ex G. Don) L.P. Queiroz], Legum. Caatinga 124. 2009.
Sin.: *Caesalpinia microphylla* Mart. ex G. Don
Nota: Especie dudosa.

Poincianella pluviosa (DC.) L.P. Queiroz, Legum. Caatinga 126. 2009.
Sin.: *Caesalpinia pluviosa* var. *pluviosa*, *Caesalpinia pluviosa* DC., *Caesalpinia floribunda* Tul., *Caesalpinia peltophoroides* Benth., *Caesalpinia taubertiana* S. Moore, *Caesalpinia paraensis* Ducke, *Caesalpinia pluviosa* var. *peltophoroides* (Benth.) G.P. Lewis
Ref.: Foster (1958), Ruiz de Centurión (1993a), Schulenberg & Awbrey (1997), Killeen & Schulenberg (1998), Lewis (1998), Serrano & Terán (1998 [2000]), Wallace et al. (2000), Jardim et al. (2003).
Arbusto, arbolito, árbol. Nativa, cultivada. Zonas Bajas, Andes. Bosque Semideciduo Chiquitano, Bosque Seco Chaqueño, Campos Cerrados, Sabanas Benianas del Sur, Bosque Tucumano-Boliviano, Bosque Serrano Chaqueño, Valles Secos, 0–2000 m.

Dept.: BE, CH, LP, SC, TA.
Muestra: *L.R.C. de Michel 155* (LPB, NY, SI).
Nota: El sinónimo *C. pluviosa* var. *peltophoroides* es cultivado en Bolivia.
Nom. Vern.: Bitaca, mamoqui, momoqui, negrillo, piripitá, rin-rin, ring ring, rum-rum, run-run, valda.

Poiretia Vent., Mém. Cl. Sci. Math. Inst. Natl. France 8: 4–6. 1807.

2 especies, 0 especies endémicas.

Poiretia punctata (Willd.) Desv., Mém. Soc. Linn. Paris 4: 308. 1826.

Sin.: *Glycine punctata* Willd., *Poiretia scandens* Vent.
Ref.: Foster (1958),
Trepadora. Nativa. Andes. Valles Secos, 1000–2000 m.
Dept.: SC.
Muestra: *M.H. Nee 51680* (MO, NY).

Poiretia tetraphylla (Poir.) Burkart, Darwiniana 3(2): 224. 1939.

Sin.: *Psoralea tetraphylla* Poir.
Hierba. Nativa. Zonas Bajas. Campos Cerrados, 0–500 m.
Dept.: SC.
Muestra: *J.R.I. Wood 13153* (K, LPB).

Poissonia Baill., Adansonia 9: 295. 1870.

2 especies, 0 especies endémicas.

Poissonia heterantha (Griseb.) Lavin, Syst. Bot. 28(2): 401. 2003.

Sin.: *Tephrosia heterantha* Griseb., *Cracca heterantha* (Griseb.) Kuntze, *Cracca kuntzei* Harms ex Kuntze, *Neocracca kuntzei* (Harms ex Kuntze) Kuntze, *Cracca heterantha* (Griseb.) Harms, *Neocracca heterantha* (Griseb.) Speg., *Coursetia heterantha* (Griseb.) Lavin
Ref.: Foster (1958), Adolfo María (1966), Lavin (1988), López Vargas (1995), López (2000), Serrano & Terán (1998 [2000]), Lavin et al. (2003).
Hierba, arbusto. Nativa. Andes. Bosque Tucumano-Boliviano, Bosque Serrano Chaqueño, Valles Secos, 1000–3000 m.
Dept.: CH, CO, LP, PO, SC, TA.
Muestra: *S.G. Beck 711* (LPB).

Poissonia hypoleuca (Speg.) Lillo, Bol. Mus. Hist. Nat. 6: 8. 1925.

Sin.: *Chiovendaea hypoleuca* Speg., *Coursetia hypoleuca* (Speg.) Lavin
Ref.: Lavin (1988), Lavin et al. (2003).
Arbusto. Nativa. Zonas Bajas, Andes. Bosque Húmedo, Bosque Semideciduo Chiquitano, Bosque Seco Chaqueño, Valles Secos, 0–1500 m.
Dept.: SC.
Muestra: *M.H. Nee 40549* (LPB, NY).

Prosopis L., Syst. Nat. (ed. 12) 2: 282, 293. 1767.

15 especies, 0 especies endémicas.

Prosopis affinis Spreng., Syst. Veg. 2: 326. 1825.

Sin.: *Prosopis algarobilla* Griseb.
Ref.: Foster (1958), Adolfo María (1966), Saldias Paz (1993b), Antezana Valera (2000).
Arbusto, arbolito, árbol. Nativa. Zonas Bajas, Andes. Bosque Seco Chaqueño, Bosque Serrano Chaqueño, 0–1500 m.
Dept.: CO, SC, TA.
Muestra: *S.G. Beck & M. Liberman 9752* (LPB, NY).
Nom. Vern.: Algarobilla, cupesí, ibopé-morotí.

Prosopis alba Griseb., Abh. Königl. Ges. Wiss. Göttingen 19: 131. 1874.

Ref.: Burkart (1976), Saldias Paz (1993b), López Vargas (1995), Atahuachi Burgos & Arrázola Rivero (1996), Saravia Miranda (1996), De la Barra (1997), Mostacedo C. & Uslar (1999), Antezana Valera (2000), Serrano & Terán (1998 [2000]), Vargas Caballero et al. (2000), Ministerio de Medio Ambiente y Agua (2012 [2013]).
Arbusto, arbolito, árbol. Nativa. Zonas Bajas, Andes. Bosque Seco Chaqueño, Bosque Serrano Chaqueño, Valles Secos, 0–3500 m.
Dept.: CH, CO, LP, PO, SC, TA.
Muestra: *M.H. Nee 37390* (LPB, MO, NY).
Infra: *Prosopis alba* var. *alba*, *Prosopis alba* var. *panta* Griseb.
Nom. Vern.: Algarrobo, cupesí, iguopetai, sara t'ago, sara thaco, t'ago, thacko, thaco, thaco amargo, thaco dulce, thaco wiro, thako.

Prosopis alpataco Phil., Anales Univ. Chile 21(2): 394. 1862.

Sin.: *Prosopis stenoloba* Phil., *Prosopis juliflora* fo. *fruticosa* Hauman, *Prosopis alba* fo. *fruticosa* (Hauman) Monticelli
Ref.: Saldias Paz (1993b), Atahuachi Burgos & Arrázola Rivero (1996), Antezana Valera (2000).
Arbusto. Nativa. Andes. Valles Secos, 1500–2500 m.
Dept.: CO, TA.
Muestra: *S.G. Beck & M. Liberman 9629* (LPB, NY, SI).
Nom. Vern.: Algarroba, taquillo.

Prosopis chilensis (Molina) Stuntz, U.S.D.A. Bur. Pl. Industr. Invent. Seeds 31: 85. 1914.

Sin.: *Ceratonia chilensis* Molina
Ref.: Burkart (1976), Saldias Paz (1993b), Mostacedo C. & Uslar (1999), Antezana Valera (2000), Serrano & Terán (1998 [2000]), Jardim et al. (2003).
Arbusto, arbolito, árbol. Nativa. Zonas Bajas, Andes. Bosque Húmedo, Bosque Semideciduo Chiquitano, Bosque Seco Chaqueño, Sabanas Benianas del Sur, Yungas, Bosque Tucumano-Boliviano, Valles Secos, 0–1000, 1500–4000 m.
Dept.: BE, CH, CO, LP, SC, TA.
Muestra: *L. Arroyo P. et al. 3561* (AAU, COL, K, MO, NY, USZ).
Infra: *Prosopis chilensis* var. *chilensis*
Nom. Vern.: Algarrobo, algorobal, cupesí, iguopei, ivopei, thako.

Prosopis elata (Burkart) Burkart, Legum. Argent. (ed. 2) 544. 1952.

Sin.: *Prosopis campestris* var. *elata* Burkart
Ref.: Fuentes Claros (1998), Antezana Valera (2000).
Arbusto, arbolito. Nativa. Zonas Bajas. Bosque Seco Chaqueño, 0–500 m.
Dept.: SC.
Muestra: *A.F. Fuentes C. & G. Navarro 2631* (USZ).
Nom. Vern.: Algarrobito.

Prosopis ferox Griseb., Symb. Fl. Argent. 118. 1879.

Ref.: Burkart (1940), Foster (1958), Burkart (1976), Saldias Paz (1993b), Antezana Valera (2000), López (2000), Serrano & Terán (1998 [2000]).
Arbusto, árbol. Nativa. Andes. Valles Secos, 1500–3500 m.
Dept.: CH, PO, TA.
Muestra: *S.G. Beck 682* (LPB, NY, SI, US).
Nom. Vern.: Churqui, churqui amarillo.

Prosopis flexuosa DC., Prodr. 2: 447. 1825.

Ref.: Saldias Paz (1993b), Atahuachi Burgos & Arrázola Rivero (1996), Antezana Valera (2000), López (2000), Serrano & Terán (1998 [2000]).
Árbol. Nativa. Zonas Bajas, Andes. Bosque Seco Chaqueño, Valles Secos, 500–3500 m.
Dept.: CH, CO, LP, SC.
Muestra: *S.G. Beck 4034* (no localizda).
Nom. Vern.: Algarrobo, kellu thako, thako.

Prosopis globosa Gillies ex Hook. & Arn., Bot. Misc. 3: 205. 1833.

Sin.: *Prosopidastrum globosum* (Gillies ex Hook. & Arn.) Burkart
Ref.: Saldias Paz (1993b).
Arbusto, árbol. Nativa. Zonas Bajas. Bosque Seco Chaqueño, 500–1000 m.
Dept.: CH.
Muestra: *S.G. Beck & M. Liberman 9426* (BOLV, LPB, NY, SI).

[Prosopis juliflora (Sw.) DC.], Prodr. 2: 447. 1825.
Ref.: Rusby (1893b), Foster (1958).
Nota: El registro se basa en material mal identificado de *P. laevigata* var. *andicola*.

Prosopis kuntzei Harms ex Kuntze, Revis. Gen. Pl. 3(3): 71. 1898.
Sin.: *Prosopis barba-tigridis* Stuck., *Prosopis casadensis* Penz.
Ref.: Foster (1958), Burkart (1976), López & Little (1987), Saldias Paz (1993b), López Vargas (1995), Atahuachi Burgos & Arrázola Rivero (1996), Antezana Valera (2000), Serrano & Terán (1998 [2000]), Vargas Caballero et al. (2000).
Arbusto, arbolito, árbol. Nativa. Zonas Bajas, Andes. Bosque Semideciduo Chiquitano, Bosque Seco Chaqueño, Valles Secos, 0–2500 m.
Dept.: CH, CO, PO, SC, TA.
Tipo y muestra: *O. Kuntze s.n.* (HT: B destr.?; IT: NY, US; fotos: F ex B), *M.H. Nee & G. Coimbra 33943* (LPB, MO, NY).
Nom. Vern.: Lanza-lanza, palo mataco, quebracho.

Prosopis laevigata (Humb. & Bonpl. ex Willd.) M.C. Johnst., Brittonia 14(1): 78. 1962.
Sin.: *Acacia laevigata* Humb. & Bonpl. ex Willd.
Ref.: Burkart (1976), Saldias Paz (1993b), Atahuachi Burgos & Arrázola Rivero (1996), De la Barra (1997), Antezana Valera (2000), López (2000), Serrano & Terán (1998 [2000]).
Arbusto, arbolito, árbol. Nativa. Andes. Valles Secos, 1000–3500 m.
Dept.: CH, CO, LP, TA.
Muestra: *S.G. Beck 11210* (LPB).
Infra: *Prosopis laevigata* var. *andicola* Burkart
Nom. Vern.: Algarrobo, thako.

Prosopis nigra (Griseb.) Hieron., Bol. Acad. Nac. Ci. 4: 283. 1881 [1882].
Sin.: *Prosopis algarobilla* var. *nigra* Griseb.
Ref.: Foster (1958), Burkart (1976), Saldias Paz (1993b), Atahuachi Burgos & Arrázola Rivero (1996), Mostacedo C. & Uslar (1999), Antezana Valera (2000), Serrano & Terán (1998 [2000]).
Arbusto, árbol. Nativa. Zonas Bajas, Andes. Bosque Seco Chaqueño, Bosque Serrano Chaqueño, 0–2500 m.
Dept.: CH, CO, SC, TA.
Muestra: *S.G. Beck & M. Liberman 9744* (LPB).
Nom. Vern.: Algarrobo, algarrobo negro, taquillo, thako negro, thako wiro.

Prosopis nuda Schinini, Bonplandia (Corrientes) 5: 105. 1981.
Ref.: Fuentes Claros (1998), Antezana Valera (2000).
Arbolito, árbol. Nativa. Zonas Bajas. Bosque Seco Chaqueño, 0–500 m.
Dept.: SC.
Muestra: *A.H. Gentry et al. 75174* (F, LPB, MO).
Nom. Vern.: Lanza.

Prosopis pallida (Humb. & Bonpl. ex Willd.) Kunth, Nov. Gen. Sp. (quarto ed.) 6: 309. 1823.
Sin.: *Acacia pallida* Humb. & Bonpl. ex Willd.
Ref.: Saldias Paz (1993b), Atahuachi Burgos & Arrázola Rivero (1996), Antezana Valera (2000).
Arbusto, árbol. Nativa. Andes. Valles Secos, 1000–1500, 2000–3500 m.
Dept.: CH, CO, LP.
Muestra: *S.G. Beck 690* (LPB, US).

Prosopis ruscifolia Griseb., Abh. Königl. Ges. Wiss. Göttingen 19: 130–131. 1874.
Ref.: Foster (1958), Burkart (1976), Saldias Paz (1993b), Antezana Valera (2000).
Arbolito, árbol. Nativa. Zonas Bajas, Andes. Bosque Seco Chaqueño, Bosque Serrano Chaqueño, 0–1000 m.
Dept.: SC.
Muestra: *A.F. Fuentes C. 3322* (MO, USZ).

Prosopis sericantha Gillies ex Hook., Bot. Misc. 3: 204. 1833.
Ref.: Antezana Valera (2000).
Nota: Esperado. No existen ejemplares de herbario para esta especie procedentes de Bolivia, pero hay registros en Argentina y Paraguay, cerca de la frontera con Bolivia.

Prosopis vinalillo Stuck., Anales Mus. Nac. Hist. Nat. Buenos Aires 7: 73, pl. 4. 1900.
Ref.: Fuentes Claros (1998), Antezana Valera (2000).
Arbolito, árbol. Nativa. Zonas Bajas. Bosque Seco Chaqueño, 0–500 m.
Dept.: SC.
Muestra: *A.F. Fuentes C. & G. Navarro 2250* (MO, USZ).

Pseudopiptadenia Rauschert, Taxon 31(3): 559. 1982.
2 especies, 0 especies endémicas.

Pseudopiptadenia contorta (DC.) G.P. Lewis & M.P. Lima, Arch. Jard. Bot. Rio de Janeiro 30: 57. 1991.
Sin.: *Acacia contorta* DC., *Piptadenia nitida* Benth., *Newtonia nitida* (Benth.) Brenan
Árbol. Nativa. Zonas Bajas. Bosque Húmedo, 0–500 m.
Dept.: SC.
Muestra: *J. Steinbach 7485* (A, GH).

Pseudopiptadenia suaveolens (Miq.) J.W. Grimes, Brittonia 45(1): 27. 1993.
Sin.: *Piptadenia suaveolens* Miq., *Newtonia suaveolens* (Miq.) Brenan
Ref.: Saldias Paz (1993b), Zamora Villalobos (2010).
Árbol. Nativa. Zonas Bajas. Bosque Húmedo, 0–500 m.
Dept.: PA.
Muestra: *R.T. Pennington et al. 85* (K, LPB).

Pterocarpus Jacq., Select. Stirp. Amer. Hist. 283. 1763.
5 especies, 0 especies endémicas.

Pterocarpus amazonum (Mart. ex Benth.) Amshoff, Meded. Bot. Mus. Herb. Rijks Univ. Utrecht 52: 56. 1939.
Sin.: *Phellocarpus amazonum* Mart. ex Benth.
Ref.: Rojo (1972), Vargas Salazar (1993e), Killeen & Schulenberg (1998).
Arbolito, árbol. Nativa. Zonas Bajas. Bosque Húmedo, 0–1500 m.
Dept.: BE, LP, PA, SC.
Muestra: *S.G. Beck et al. 19429* (AMAZ, BOLV, COL, G, K, LPB, MG, NY, PORT, Q, USZ).
Nom. Vern.: Sangre de toro.

Pterocarpus michelii Britton, Ann. New York Acad. Sci. 7: 86. 1892.
Árbol. Nativa. Zonas Bajas. Bosque Húmedo, Sabanas Benianas del Sur, 0–500 m.
Dept.: BE.
Muestra: *S.G. Beck 5842* (F, LPB, NY).

Pterocarpus rohrii Vahl, Symb. Bot. 2: 79–80. 1791.
Ref.: Rojo (1972), Moraes R. (1990), Vargas Salazar (1993e), Killeen & Schulenberg (1998), Alverson et al. (2000).
Arbolito, árbol. Nativa. Zonas Bajas, Andes. Bosque Húmedo, Campos Amazónicos, Yungas, 0–1500 m.
Dept.: BE, CO, PA, SC.
Muestra: *S.G. Beck 16750* (LPB, NY).

Nom. Vern.: Jorori blanco, sangre de vaca, tushi pasa, verdolago blanco.

Pterocarpus santalinoides L'Hér. ex DC., Prodr. 2: 419. 1825.
Sin.: *Pterocarpus amazonicus* Huber
Ref.: Vargas Salazar (1993e), Killeen & Schulenberg (1998), Jardim et al. (2003).
Arbolito, árbol. Nativa. Zonas Bajas, Andes. Bosque Húmedo, Bosque Semideciduo Chiquitano, Sabanas Benianas del Sur, Yungas, 0–1500 m.
Dept.: BE, LP, PA, SC.
Muestra: *S.G. Beck 5842* (F, LPB, NY).
Nom. Vern.: Moradillo.

Pterocarpus steinbachianus Harms, Notizbl. Bot. Gart. Berlin–Dahlem 9: 1039. 1926.
Ref.: Foster (1958).
Arbolito. Nativa. Zonas Bajas. Bosque Húmedo, Bosque Semideciduo Chiquitano, 0–500 m.
Dept.: BE, PA, SC.
Tipo y muestra: *J. Steinbach 6453 bis* (HT: B destr.; IT: A, BM, L; fotos: K, NY), *I.G. Vargas et al. 3846* (USZ).

Pterodon Vogel, Linnaea 11: 384. 1837.
1 especie, 0 especies endémicas.

Pterodon emarginatus Vogel, Linnaea 11: 384–385. 1837.
Ref.: Fuentes Claros (1998), Killeen & Schulenberg (1998), Jardim et al. (2003), Wood et al. (2011).
Arbusto, arbolito, árbol. Nativa. Zonas Bajas. Bosque Húmedo, Bosque Semideciduo Chiquitano, Bosque Seco Chaqueño, Campos Cerrados, Sabanas Benianas del Sur, 0–1000 m.
Dept.: BE, SC.
Muestra: *R. Guillén V. & J. Guillén 4671* (LPB, MO, USZ).
Nom. Vern.: Pesoe, pezoé.

Pterogyne Tul., Ann. Sci. Nat., Bot., sér. 2, 20: 140. 1843.
1 especie, 0 especies endémicas.

Pterogyne nitens Tul., Ann. Sci. Nat., Bot., sér. 2, 20: 140. 1843.
Ref.: Foster (1958), Ruiz de Centurión (1993a), Schulenberg & Awbrey (1997), Justiniano (1998), González et al. (1999), Serrano & Terán (1998 [2000]), Jardim et al. (2003).
Arbolito, árbol. Nativa. Zonas Bajas, Andes. Bosque Semideciduo Chiquitano, Campos Cerrados, Bosque Tucumano-Boliviano, Bosque Serrano Chaqueño, Valles Secos, 0–2000 m.
Dept.: CH, LP, SC, TA.
Muestra: *A.H. Gentry & R.B. Foster 75361* (F, MO).
Nom. Vern.: Ajunado, ajunajo, ajunao, kurujapui, sotillo, tipa colorada, tipilla.

Pueraria DC., Ann. Sci. Nat. (Paris) 4(1): 97. 1825.
1 especie, 0 especies endémicas.

Pueraria phaseoloides (Roxb.) Benth., J. Linn. Soc., Bot. 9: 125. 1867.
Sin.: *Dolichos phaseoloides* Roxb.
Ref.: Zamora Villalobos (2010).
Trepadora, liana. Naturalizada. Zonas Bajas, Andes. Bosque Húmedo, Sabanas Benianas del Sur, Yungas, 0–1500 m.
Dept.: BE, LP, SC.
Muestra: *L. Arroyo P. et al. 2512* (USZ).
Infra: *Pueraria phaseoloides* var. *javanica* (Benth.) Baker
Nota: Nativa del sureste de Asia.

Retama Raf., Sylva Tellur. 22. 1838.
1 especie, 0 especies endémicas.

Retama monosperma (L.) Boiss., Voy. Bot. Espagne 2(5): 144. 1840.
Sin.: *Spartium monospermum* L.
Arbusto. Cultivada. Andes. Valles Secos, 3000–3500 m.
Dept.: LP.
Muestra: *J.C. Solomon & R. Zeballos 15477* (MO).
Nota: Nativa de Europa.

Rhynchosia Lour., Fl. Cochinch. 2: 425, 460. 1790.
16 especies, 0 especies endémicas.

Rhynchosia arenicola Hassl., Bull. Herb. Boissier, sér. 2, 7: 167. 1907.
Subarbusto. Nativa. Andes. Valles Secos, 1000–1500 m.
Dept.: SC.
Muestra: *A. Jardim et al. 1576* (USZ).

Rhynchosia balansae Micheli, Mém. Soc. Phys. Genève 28(7): 31. 1883.
Ref.: Grear (1978).
Hierba, trepadora, subarbusto. Nativa. Zonas Bajas. Bosque Húmedo, Bosque Semideciduo Chiquitano, Bosque Seco Chaqueño, Campos Cerrados, 0–1000 m.
Dept.: CH, SC.
Muestra: *B. Mostacedo 379* (BAB, LPB, MO, USZ).

Rhynchosia burkartii Fortunato, Parodiana 2: 49–52, f. 3. 1983.
Ref.: Serrano & Terán (1998 [2000]), Wood et al. (2011).
Hierba, trepadora, subarbusto. Nativa. Zonas Bajas. Bosque Húmedo, Bosque Semideciduo Chiquitano, Bosque Seco Chaqueño, Campos Cerrados, 0–1000 m.
Dept.: CH, CO, SC.
Muestra: *A. Jardim et al. 3575* (MO, USZ).

Rhynchosia calycosa Hemsl., Diagn. Pl. Nov. Mexic. 3: 48. 1880.
Hierba, trepadora, liana. Nativa. Zonas Bajas. Bosque Húmedo, Campos Cerrados, 0–500 m.
Dept.: SC.
Muestra: *R. Guillén V. & S. Coria 2144* (MO, USZ).

[Rhynchosia caribaea (Jacq.) DC.], Prodr. 2: 384–385. 1825.
Sin.: *Glycine caribaea* Jacq.
Ref.: Foster (1958).
Nota: Especie dudosa. El registro se basa en material mal identificado. Nativa del Caribe.

Rhynchosia corylifolia Mart. ex Benth., Fl. Bras. 15(1B): 202. 1862.
Ref.: Foster (1958), Grear (1978), Serrano & Terán (1998 [2000]).
Hierba, trepadora. Nativa. Andes. Bosque Tucumano-Boliviano, Valles Secos, 1000–2500 m.
Dept.: CH, SC, TA.
Muestra: *L. Arroyo P. et al. 3071* (MO, USZ).

Rhynchosia diversifolia Micheli, Mém. Soc. Phys. Genève 28(7): 33. 1883.
Ref.: Grear (1978), De la Barra (1997).
Hierba. Nativa. Andes. Bosque Tucumano-Boliviano, Valles Secos, 1000–3000 m.
Dept.: CH, CO, SC.
Muestra: *M.H. Nee 38346* (MO, NY).
Infra: *Rhynchosia diversifolia* var. *diversifolia*
Nom. Vern.: Porotillo.

Rhynchosia edulis Griseb., Abh. Königl. Ges. Wiss. Göttingen 19: 123–124. 1874.
Sin.: *Dolicholus apoloensis* Rusby, *Rhynchosia apoloensis* (Rusby) J.F. Macbr.
Ref.: Foster (1958), Grear (1978), Serrano & Terán (1998 [2000]), Duchen & Beck (2012).
Hierba, trepadora. Nativa. Zonas Bajas, Andes. Bosque Húmedo, Bosque Semideciduo Chiquitano, Bosque Seco Chaqueño, Campos Cerrados, Yungas, Bosque Serrano Chaqueño, Valles Secos, 0–3000 m.
Dept.: BE, CH, CO, LP, SC, TA.

Muestra: *M.H. Nee 45080* (LPB, MO, NY).

Rhynchosia melanocarpa Grear, Mem. New York Bot. Gard. 31(1): 43. 1978.
Ref.: Grear (1978), Moraes R. (1990), Killeen & Schulenberg (1998), Duchen & Beck (2012).
Hierba, trepadora, liana, subarbusto. Nativa. Zonas Bajas, Andes. Bosque Húmedo, Campos Cerrados, Yungas, Valles Secos, 0–1500 m.
Dept.: BE, LP, PA, SC.
Muestra: *M.H. Nee 31588* (LPB, MO, NY).

Rhynchosia minima (L.) DC., Prodr. 2: 385. 1825.
Sin.: *Dolichos minimus* L.
Ref.: Foster (1958), Grear (1978).
Trepadora, liana, arbusto. Nativa. Zonas Bajas, Andes. Bosque Húmedo, Bosque Semideciduo Chiquitano, Sabanas Benianas del Sur, Valles Secos, 0–1000, 2500–3000 m.
Dept.: BE, LP, SC.
Muestra: *A.M. Carrión & L. Saucedo 489* (MO, USZ).

Rhynchosia naineckensis Fortunato, Darwiniana 24: 497–498, f. sn. 1982.
Ref.: Schulenberg & Awbrey (1997), Killeen & Schulenberg (1998), Serrano & Terán (1998 [2000]).
Hierba, trepadora, liana. Nativa. Zonas Bajas, Andes. Bosque Húmedo, Bosque Seco Chaqueño, Bosque Tucumano-Boliviano, Valles Secos, 0–2000 m.
Dept.: CH, SC, TA.
Muestra: *M. Saldias et al. 3591* (MO, USZ).

Rhynchosia pallida Micheli, Mém. Soc. Phys. Genève 28(7): 32. 1883.
Ref.: Grear (1978).
Hierba. Nativa. Zonas Bajas. Bosque Húmedo, Bosque Semideciduo Chiquitano, 0–500 m.
Dept.: SC.
Muestra: *M.H. Nee 36388* (MO, NY).
Infra: *Rhynchosia pallida* var. *boliviana* Grear

Rhynchosia phaseoloides (Sw.) DC., Prodr. 2: 385. 1825.
Sin.: *Glycine phaseoloides* Sw., *Dolicholus phaseoloides* (Sw.) Kuntze
Ref.: Foster (1958), Grear (1978), Killeen & Schulenberg (1998).
Trepadora, liana. Nativa. Zonas Bajas. Bosque Húmedo, Bosque Semideciduo Chiquitano, 0–500 m.
Dept.: BE, LP, PA, SC.
Muestra: *J.C. Solomon 7713* (LPB, MO).

Rhynchosia pyramidalis (Lam.) Urb., Repert. Spec. Nov. Regni Veg. 15: 318. 1918.
Sin.: *Dolichos pyramidalis* Lam., *Dolicholus phaseoloides* (Sw.) Rusby
Hierba, trepadora. Nativa. Andes. Yungas, 1500–2000 m.
Dept.: LP.
Muestra: *M. Bang 2427* (GH).

Rhynchosia reticulata (Sw.) DC., Prodr. 2: 385. 1825.
Sin.: *Glycine reticulata* Sw., *Rhynchosia kuntzei* Harms, *Dolicholus ovatus* Rusby
Ref.: Foster (1958), Grear (1978).
Trepadora. Nativa. Zonas Bajas, Andes. Bosque Húmedo, Bosque Semideciduo Chiquitano, Sabanas Benianas del Norte, Valles Secos, 0–500, 2000–2500 m.
Dept.: BE, LP, SC.
Muestra: *M.J.G. Hopkins et al. 120* (LPB).
Infra: *Rhynchosia reticulata* var. *reticulata*, *Rhynchosia reticulata* var. *kuntzei* (Kuntze) Grear

Rhynchosia rojasii Hassl., Repert. Spec. Nov. Regni Veg. 7: 77. 1909.
Trepadora, liana. Nativa. Zonas Bajas. Bosque Semideciduo Chiquitano, 0–500 m.
Dept.: SC.
Muestra: *B. Mostacedo & V. Medina 3552* (USZ).

Rhynchosia senna Gillies ex Hook., Bot. Misc. 3: 199–200. 1833.
Ref.: Adolfo María (1966), Grear (1978), Burkart (1987), De la Barra (1997).
Hierba, trepadora. Nativa. Andes. Valles Secos, 1500–2000, 2500–3000 m.
Dept.: CO, LP, PO, TA.
Muestra: *E. Bastian 22* (BAB, LPB).
Infra: *Rhynchosia senna* var. *angustifolia* (A. Gray) Grear, *Rhynchosia senna* var. *texana* (Torr. & A. Gray) M.C. Johnst.
Nom. Vern.: Porotillo.

Robinia L., Sp. Pl. 2: 722. 1753.
1 especie, 0 especies endémicas.

Robinia pseudoacacia L., Sp. Pl. 2: 722. 1753.
Árbol. Cultivada. Andes. Valles Secos, 2500–4000 m.
Dept.: LP.
Muestra: *J.C. Solomon 15710* (LPB, MO).
Nota: Nativa de Norteamérica.

Samanea (Benth.) Merr., J. Wash. Acad. Sci. 6(2): 46. 1916.
2 especies, 0 especies endémicas.

Samanea saman (Jacq.) Merr., J. Wash. Acad. Sci. 6(2): 47. 1916.
Sin.: *Mimosa saman* Jacq., *Pithecellobium saman* (Jacq.) Benth., *Albizia saman* (Jacq.) F. Muell.
Ref.: Foster (1958), Cassens & Miller (1981), Moraes R. (1990), Saldias Paz (1993b), Atahuachi Burgos & Arrázola Rivero (1996), Barneby & Grimes (1996), Killeen & Schulenberg (1998), Serrano & Terán (1998 [2000]), Wallace et al. (2000).
Árbol. Cultivada. Zonas Bajas, Andes. Bosque Húmedo, Bosque Semideciduo Chiquitano, Bosque Tucumano-Boliviano, Valles Secos, 0–2000 m.
Dept.: BE, CH, CO, LP, PA, SC.
Muestra: *M.H. Nee 31644* (MO, NY).
Nota: Nativa de Centro América y el norte de Sur América; los registros en Bolivia son de árboles cultivados y posiblemente naturalizados.
Nom. Vern.: Ichizozo, penoco, pinuco.

Samanea tubulosa (Benth.) Barneby & J.W. Grimes, Mem. New York Bot. Gard. 74(1): 121. 1996.
Sin.: *Calliandra tubulosa* Benth., *Pithecellobium venosum* Rusby, *Pithecolobium venosum* Rusby
Ref.: Foster (1958), Saldias Paz (1993b), Barneby & Grimes (1996), Killeen & Schulenberg (1998), Jardim et al. (2003), Duchen & Beck (2012).
Arbusto, arbolito, árbol. Nativa. Zonas Bajas, Andes. Bosque Semideciduo Chiquitano, Campos Cerrados, Sabanas Benianas del Norte, Sabanas Benianas del Sur, Campos Amazónicos, Bosque Serrano Chaqueño, 0–1500 m.
Dept.: BE, LP, PA, SC.
Muestra: *J. Guillén et al. 160* (MO, USZ).
Nom. Vern.: Ichizozo, mani, penoco.

Schizolobium Vogel, Linnaea 11: 399. 1837.
1 especie, 0 especies endémicas.

Schizolobium parahyba (Vell.) S.F. Blake, Contr. U.S. Natl. Herb. 20(7): 240. 1919.
Sin.: *Cassia parahyba* Vell., *Schizolobium amazonicum* Huber ex Ducke
Ref.: Ruiz de Centurión (1993a), Killeen & Schulenberg (1998), Alverson et al. (2000), Wallace et al. (2000).
Árbol. Nativa, cultivada. Zonas Bajas. Bosque Húmedo, Campos Cerrados, Sabanas Benianas del Sur, Campos Amazónicos, 0–1500 m.
Dept.: BE, CO, LP, PA, SC.
Muestra: *S.G. Beck 6913* (LPB, NY).

Infra: *Schizolobium parahyba* var. *amazonicum* (Huber ex Ducke) Barneby
Nom. Vern.: Cerebó, chapaco, serebó, sombredillo, toco, toco de barbecho, toco macho.

Schnella Raddi, Mem. Mat. Fis. Soc. Ital. Sci. Modena, Pt. Mem. Fis. 18: 411. 1820.
5 especies, 0 especies endémicas.

[Schnella angulosa (Vogel) Wunderlin], Phytoneuron 2010–49: 3. 2010.
Sin.: *Bauhinia angulosa* Vogel
Nota: Especie dudosa. Registro basado en material mal identificado. Especie distribuída en la costa Atlántica del Brasil.

Schnella glabra (Jacq.) Dugand, Revista Acad. Colomb. Ci. Exact. 4: 137. 1941.
Sin.: *Bauhinia glabra* Jacq., *Schnella brachystachya* Benth., *Bauhinia brachystachya* (Benth.) Walp., *Bauhinia longipetala* (Benth.) Walp., *Caulotretus heterophyllus* (Kunth) Warb., *Cardenasia setacea* Rusby
Ref.: Rusby (1927), Foster (1958), Parker & Bailey (1991), Killeen & Schulenberg (1998), Wood et al. (2011).
Liana. Nativa. Zonas Bajas. Bosque Húmedo, Bosque Semideciduo Chiquitano, Campos Cerrados, Sabanas Benianas del Sur, 0–1000 m.
Dept.: BE, CO, LP, SC.
Muestra: *A.F. Fuentes C. 5551* (BOLV, CTES, HSB, LPB, MO, NY, USZ).

Schnella guianensis (Aubl.) Wunderlin, Phytoneuron 2010–49: 3. 2010.
Sin.: *Bauhinia guianensis* Aubl.
Ref.: Parker & Bailey (1991), Killeen & Schulenberg (1998), Alverson et al. (2000).
Liana, arbusto. Nativa. Zonas Bajas. Bosque Húmedo, 0–1000 m.
Dept.: BE, CO, LP, PA, SC.
Muestra: *R.M. Rueda 955* (MO).

Schnella microstachya Raddi, Mem. Mat. Fis. Soc. Ital. Sci. Modena, Pt. Mem. Fis. 18: 412. 1820.
Sin.: *Bauhinia tomentosa* Vell., *Bauhinia scandens* L., *Bauhinia spicata* Koenig ex Wallich, *Bauhinia bahiensis* Bong., *Bauhinia langsdorffiana* Bong., *Bauhinia spicata* Vogel, *Bauhinia vogeliana* Steud., *Bauhinia langsdorffiana* var. *bahiensis* (Bong.) Benth., *Bauhinia lagesiana* Harms, *Bauhinia microstachya* (Raddi) J.F. Macbr., *Bauhinia microstachya* var. *bahiensis* (Bong.) J.F. Macbr., *Bauhinia gentlei* Lundell, *Schnella microstachya* var. *bahiensis* (Bong.) A. Schmitz, *Schnella spicata* (Vogel) A. Schmitz
Ref.: Foster (1958), Killeen & Schulenberg (1998).
Liana. Nativa. Zonas Bajas. Bosque Húmedo, 0–1000 m.
Dept.: LP, SC.
Muestra: *T. Killeen 4014* (MO).

Schnella outimouta (Aubl.) Wunderlin, Phytoneuron 2010–49: 4. 2010.
Sin.: *Bauhinia outimouta* Aubl.
Liana, arbusto. Nativa. Zonas Bajas. Bosque Húmedo, Sabanas Benianas del Sur, 0–500 m.
Dept.: LP, PA, SC.
Muestra: *J.C. Solomon 17094* (LPB, MO).

Schnella pterocalyx (Ducke) Wunderlin, Phytoneuron 2010–49: 4. 2010.
Sin.: *Bauhinia pterocalyx* Ducke, *Bauhinia viorna* Standl. ex J.F. Macbr.
Liana. Nativa. Zonas Bajas, Andes. Bosque Húmedo, Yungas, 0–1500 m.
Dept.: BE, LP.
Muestra: *S.G. Beck 16447* (BAB, F, LPB).

Senegalia Raf., Sylva Tellur. 119. 1838.
32 especies, 3 especies endémicas.

Senegalia alemquerensis (Huber) Seigler & Ebinger, Phytologia 88(1): 48. 2006.
Sin.: *Acacia alemquerensis* Huber
Ref.: Killeen & Schulenberg (1998), Seigler et al. (2006).
Liana. Nativa. Zonas Bajas. Bosque Húmedo, 0–500 m.
Dept.: BE, LP, SC.
Muestra: *A.H. Gentry & S. Estenssoro C. 70328* (LPB, MO).

Senegalia altiscandens (Ducke) Seigler & Ebinger, Phytologia 88(1): 48. 2006.
Sin.: *Acacia altiscandens* Ducke
Ref.: Seigler et al. (2006).
Liana. Nativa. Zonas Bajas. Bosque Húmedo, Campos Amazónicos, 0–500 m.
Dept.: PA.
Muestra: *A.H. Gentry et al. 77685* (MO).

Senegalia amazonica (Benth.) Seigler & Ebinger, Phytologia 88(1): 48–49. 2006.
Sin.: *Acacia amazonica* Benth.
Ref.: Seigler et al. (2006).
Liana. Nativa. Zonas Bajas. Bosque Semideciduo Chiquitano, 500–1000 m.
Dept.: LP.
Muestra: *L. Cayola et al. 1933* (ILL, LPB, MO).

Senegalia bonariensis (Gillies ex Hook. & Arn.) Seigler & Ebinger, Phytologia 88(1): 50. 2006.
Sin.: *Acacia bonariensis* Gillies ex Hook. & Arn.
Ref.: Foster (1958), Saldias Paz (1993b), López Vargas (1995), Atahuachi Burgos & Arrázola Rivero (1996), Serrano & Terán (1998 [2000]), Seigler et al. (2006).
Arbusto, arbolito, árbol. Nativa. Zonas Bajas, Andes. Bosque Seco Chaqueño, Valles Secos, 0–500, 1500–2500 m.
Dept.: CH, CO, SC.
Muestra: *C. Davidson 3837* (MO).
Nom. Vern.: Cari-cari, th'ago.

Senegalia emilioana (Fortunato & Ciald.) Seigler & Ebinger, Phytologia 88(1): 51. 2006.
Sin.: *Acacia emilioana* Fortunato & Ciald.
Ref.: Fuentes Claros (1998), Seigler et al. (2006).
Liana, arbusto, arbolito, árbol. Nativa. Zonas Bajas. Bosque Seco Chaqueño, Bosque Serrano Chaqueño, 0–1000 m.
Dept.: CH, SC.
Muestra: *T. Killeen et al. 4179* (MO).
Nom. Vern.: Garancho negro, garra gato, guayacán negro, izcayante negro.

Senegalia etilis (Speg.) Seigler & Ebinger, Phytologia 88(1): 51. 2006.
Sin.: *Acacia etilis* Speg.
Ref.: Saldias Paz (1993b), Serrano & Terán (1998 [2000]), Seigler et al. (2006).
Liana, arbusto, arbolito, árbol. Nativa. Zonas Bajas, Andes. Bosque Seco Chaqueño, Bosque Tucumano-Boliviano, Valles Secos, 0–1500 m.
Dept.: CH, PA, SC, TA.
Muestra: *J.A. Peñaranda et al. 51* (HSB, ILL, MO).

Senegalia feddeana (Harms) Seigler & Ebinger, Phytologia 88(1): 51. 2006.
Sin.: *Acacia fiebrigii* Harms, *Acacia feddeana* Harms
Ref.: Foster (1958), Saldias Paz (1993b), López (2000), Serrano & Terán (1998 [2000]), Seigler et

al. (2006), Ministerio de Medio Ambiente y Agua (2012 [2013]).
Arbusto, arbolito, árbol. Endémica. Andes. Valles Secos, 2000–3000 m.
Dept.: CH, PO, TA.
Tipo y muestra: K. Fiebrig 3113 (HT: B; IT: BM, G, GH, US), *M. Schulte 1* (LPB).
Nom. Vern.: Palki, palqui.

Senegalia fiebrigii (Hassl.) Seigler & Ebinger, Phytologia 88(1): 52. 2006.
Sin.: *Acacia fiebrigii* Hassl.
Ref.: Seigler et al. (2006).
Liana, arbusto, árbol. Nativa. Zonas Bajas, Andes. Bosque Semideciduo Chiquitano, Bosque Serrano Chaqueño, Valles Secos, 0–2000 m.
Dept.: CH, LP, SC.
Muestra: *A. Araujo M. et al. 23* (ILL, LPB, MA, MO).

Senegalia gilliesii (Steud.) Seigler & Ebinger, Phytologia 88(1): 52. 2006.
Sin.: *Acacia furcata* Desv., *Acacia furcata* Gillies ex Hook. & Arn., *Acacia gilliesii* Steud., *Manganaroa furcata* (Gillies ex Hook. & Arn.) Speg., *Acacia furcatispina* Burkart
Ref.: Foster (1958), Saldias Paz (1993b), Atahuachi Burgos & Arrázola Rivero (1996), Serrano & Terán (1998 [2000]), Seigler et al. (2006), Rico Arce (2007).
Arbusto, arbolito, árbol. Nativa. Zonas Bajas, Andes. Bosque Seco Chaqueño, Bosque Serrano Chaqueño, Valles Secos, 0–500, 1000–2500 m.
Dept.: CH, CO, PO, SC, TA.
Muestra: *G. Torrico 176* (BOLV, LPB).
Nom. Vern.: Mochuelo, monchuelo.

Senegalia hayesii (Benth.) Britton & Rose, N. Amer. Fl. 23(2): 114. 1928.
Sin.: *Acacia hayesii* Benth.
Ref.: Rico Arce (2007).
Trepadora, liana. Nativa. Zonas Bajas, Andes. Bosque Húmedo, Yungas, 0–1500 m.
Dept.: LP.
Muestra: *B.A. Krukoff 10423* (A, LPB, MO, NY).

Senegalia klugii (Standl. ex J.F. Macbr.) Seigler & Ebinger, Phytologia 88(1): 54. 2006.
Sin.: *Acacia klugii* Standl. ex J.F. Macbr.
Árbol. Nativa. Zonas Bajas. Bosque Húmedo, 0–500 m.
Dept.: LP.
Muestra: *R. Seidel et al. 8118* (K, LPB).

[Senegalia kuhlmannii (Ducke) Seigler & Ebinger], Phytologia 88(1): 55. 2006.
Sin.: *Acacia kuhlmannii* Ducke
Ref.: Seigler et al. (2006), Rico Arce (2007).
Nota: Especie dudosa. No hay un ejemplar de herbario confirmado para Bolivia. Nativa de Brasil y Perú.

Senegalia langsdorffii (Benth.) Seigler & Ebinger, Phytologia 88(1): 55. 2006.
Sin.: *Acacia langsdorffii* Benth.
Ref.: Seigler et al. (2006), Rico Arce (2007).
Arbusto, árbol. Nativa. Zonas Bajas. Bosque Semideciduo Chiquitano, 0–500 m.
Dept.: SC.
Muestra: *D.C. Daly 2264* (K).

Senegalia loretensis (J.F. Macbr.) Seigler & Ebinger, Phytologia 88(1): 55. 2006.
Sin.: *Acacia riparia* var. *angustifolia* Kuntze, *Acacia loretensis* J.F. Macbr.
Ref.: Foster (1958), Parker & Bailey (1991), Saldias Paz (1993b), Atahuachi Burgos & Arrázola Rivero (1996), Killeen & Schulenberg (1998), Alverson et al. (2000), Seigler et al. (2006), Rico Arce (2007), Arroyo Padilla & Villarroel Segarra (2009).
Liana, arbusto, arbolito, árbol. Nativa. Zonas Bajas, Andes. Bosque Húmedo, Sabanas Benianas del Sur, Yungas, 0–1500 m.
Dept.: BE, CO, LP, PA, SC.
Muestra: *T. Killeen et al. 3314* (ILL, K, LPB, MEXU, MO, NY).
Nom. Vern.: Cari-cari, cari-cari colorado, kari kari, momoquil.

Senegalia lowei (L. Rico) Seigler & Ebinger, Phytologia 91(1): 28. 2009.
Sin.: *Acacia lowei* L. Rico
Ref.: Rico Arce (2007).
Árbol. Nativa. Zonas Bajas. Bosque Semideciduo Chiquitano, 0–500 m.
Dept.: SC.
Muestra: *d'Orbigny s.n.* (W).

Senegalia macbridei (Britton & Rose ex J.F. Macbr.) Seigler & Ebinger, Phytologia 88(1): 56. 2006.
Sin.: *Acacia macbridei* Britton & Rose ex J.F. Macbr.
Ref.: Parker & Bailey (1991), Saldias Paz (1993b), Atahuachi Burgos & Arrázola Rivero (1996), Killeen & Schulenberg (1998), Alverson et al. (2000), Seigler et al. (2006), Rico Arce (2007).
Liana, arbusto. Nativa. Zonas Bajas, Andes. Bosque Húmedo, Yungas, Valles Secos, 0–1000, 1500–2000 m.
Dept.: BE, CH, LP, SC.
Muestra: *M.J. Macía et al. 6771* (LPB, MA).

Senegalia martii (Benth.) Seigler & Ebinger, Phytologia 88(1): 57. 2006.
Sin.: *Acacia martii* Benth.
Ref.: Seigler et al. (2006).
Arbusto. Nativa. Zonas Bajas. Bosque Semideciduo Chiquitano, 0–500 m.
Dept.: SC.
Muestra: *M.H. Nee 48107* (LPB, MO, NY).

Senegalia martiusiana (Steud.) Seigler & Ebinger, Phytologia 88(1): 57. 2006.
Sin.: *Mimosa martiusiana* Steud., *Acacia martiusiana* (Steud.) Burkart
Ref.: Killeen & Schulenberg (1998), Seigler et al. (2006), Rico Arce (2007).
Liana, árbol. Nativa. Zonas Bajas, Andes. Bosque Húmedo, Yungas, 0–2000 m.
Dept.: LP, PA, SC.
Muestra: *A.L. Moya et al. 224* (LPB, MO).

Senegalia monacantha (Willd.) Seigler & Ebinger, Phytologia 88(1): 59. 2006.
Sin.: *Acacia monacantha* Willd.
Ref.: Fuentes Claros (1998), Seigler et al. (2006), Rico Arce (2007).
Liana, arbusto, árbol. Nativa. Zonas Bajas. Bosque Seco Chaqueño, 0–500 m.
Dept.: SC.
Muestra: *M. Saldias 2396B* (K, USZ).

Senegalia multipinnata (Ducke) Seigler & Ebinger, Phytologia 88(1): 60. 2006.
Sin.: *Acacia multipinnata* Ducke
Ref.: Killeen & Schulenberg (1998), Seigler et al. (2006), Rico Arce (2007).
Liana, arbusto, árbol. Nativa. Zonas Bajas, Andes. Bosque Húmedo, Campos Cerrados, Sabanas Benianas del Sur, Campos Amazónicos, Yungas, 0–1500 m.
Dept.: BE, LP, PA, SC.
Muestra: *T. Killeen et al. 3275* (AAU, ILL, K, LPB, MO, NY).
Nom. Vern.: Cari-cari.

Senegalia nitidifolia (Speg.) Seigler & Ebinger, Phytologia 88(1): 61. 2006.
Sin.: *Acacia nitidifolia* Speg.
Ref.: Seigler et al. (2006).
Arbusto, arbolito. Nativa. Zonas Bajas, Andes. Bosque Seco Chaqueño, Bosque Tucumano-Boliviano, Bosque Serrano Chaqueño, 0–500, 1500–2000 m.

Dept.: CH.
Muestra: *M.H. Nee & I.I. Linneo 54055* (MO, NY, USZ).

Senegalia parviceps (Speg.) Seigler & Ebinger, Phytologia 88(1): 62. 2006.
Sin.: *Acacia adhaerens* var. *parviceps* Speg., *Acacia parviceps* (Speg.) Burkart
Ref.: Seigler et al. (2006), Rico Arce (2007).
Arbusto, árbol. Nativa. Zonas Bajas, Andes. Bosque Semideciduo Chiquitano, Yungas, Valles Secos, 0–2000 m.
Dept.: LP, SC.
Muestra: *L. Cayola et al. 4* (BOLV, CTES, HSB, ILL, LPB, MO, USZ).

[Senegalia pedicellata (Benth.) Seigler & Ebinger], Phytologia 88(1): 62. 2006.
Sin.: *Acacia pedicellata* Benth.
Ref.: Foster (1958), Saldias Paz (1993b), Seigler et al. (2006).
Nota: Especie dudosa. No hay un ejemplar de herbario comprobado para Bolivia. Nativa de Brasil.

Senegalia polyphylla (DC.) Britton, Ann. New York Acad. Sci. 35(3): 142. 1936.
Sin.: *Acacia polyphylla* DC., *Acacia glomerosa* Benth., *Leucaena boliviana* Rusby
Ref.: Foster (1958), Parker & Bailey (1991), Saldias Paz (1993b), Atahuachi Burgos & Arrázola Rivero (1996), Killeen & Schulenberg (1998), Alverson et al. (2000), Arroyo Padilla & Villarroel Segarra (2009).
Liana, arbusto, arbolito, árbol. Nativa. Zonas Bajas, Andes. Bosque Húmedo, Yungas, Bosque Tucumano-Boliviano, 0–2000 m.
Dept.: BE, CH, CO, LP, PA, SC.
Muestra: *A.F. Fuentes C. et al. 3787* (BOLV, CTES, HSB, ILL, LPB, MO, USZ).
Nom. Vern.: Cari cari, cari cari colorado, gato gato, vilca, yuqueriapepo.

Senegalia praecox (Griseb.) Seigler & Ebinger, Phytologia 88(1): 65. 2006.
Sin.: *Acacia praecox* Griseb.
Ref.: Foster (1958), Saldias Paz (1993b), López Vargas (1995), Atahuachi Burgos & Arrázola Rivero (1996), Saravia Miranda (1996), Serrano & Terán (1998 [2000]), Seigler et al. (2006).
Arbusto, arbolito, árbol. Nativa. Zonas Bajas, Andes. Bosque Seco Chaqueño, Bosque Serrano Chaqueño, Valles Secos, 0–2500 m.
Dept.: CH, CO, SC, TA.
Muestra: *M.H. Nee & G. Coimbra 35592* (LPB, MO, NY).
Nom. Vern.: Cari cari, garrancho, garrancho negro, jarca, k'ari k'ari, k'ini, kari-kari, yuqueri-juhü, yukeri, yuqueri.

Senegalia rhytidocarpa (L. Rico) Seigler & Ebinger, Phytologia 91(1): 28. 2009.
Sin.: *Acacia polyphylla* var. *rhytidocarpa* L. Rico
Ref.: Seigler et al. (2006), Rico Arce (2007).
Arbolito, árbol. Nativa. Zonas Bajas, Andes. Bosque Húmedo, Bosque Semideciduo Chiquitano, Yungas, 0–1500 m.
Dept.: BE, LP, SC.
Tipo y muestra: *D.N. Smith et al. 13586* (HT: LPB; IT: G, K, MO, MO), *D.C. Daly et al. 6465* (LPB, MO, NY).

Senegalia riograndensis (M. Atahuachi & L. Rico) Seigler & Ebinger, Phytologia 91(1): 28. 2009.
Sin.: *Acacia riograndensis* M. Atahuachi & L. Rico
Ref.: Atahuachi Burgos & Rico Arce (2007), Ministerio de Medio Ambiente y Agua (2012 [2013]).
Árbol. Endémica. Andes. Valles Secos, 1000–1500 m.
Dept.: CO.
Tipo y muestra: *J.R.I. Wood et al. 21251* (HT: BOLV, BOLV; IT: K, K, K, LPB, LPB), *C. Antezana V. 1325* (BOLV).

Senegalia riparia (Kunth) Britton, Ann. New York Acad. Sci. 35(3): 144. 1936.
Sin.: *Acacia riparia* Kunth, *Acacia westiana* DC., *Acacia tubulifera* Benth., *Acacia tucumanensis* var. *subscandens* Griseb., *Acacia riparia* var. *subscandens* (Griseb.) Griseb., *Acacia riparia* var. *tucumanensis* (Griseb.) Griseb., *Acacia riparia* var. *media* Kuntze, *Acacia rynchocarpa* Rusby, *Acacia riparia* var. *argentinensis* Speg., *Senegalia tubulifera* (Benth.) Seigler & Ebinger
Ref.: Foster (1958), Saldias Paz (1993b), López Vargas (1995), Atahuachi Burgos & Arrázola Rivero (1996), Killeen & Schulenberg (1998), González et al. (1999), Serrano & Terán (1998 [2000]), Seigler et al. (2006), Rico Arce (2007), Arroyo Padilla & Villarroel Segarra (2009).
Trepadora, liana, arbusto, arbolito. Nativa. Zonas Bajas, Andes. Bosque Seco Chaqueño, Bosque Tucumano-Boliviano, Bosque Serrano Chaqueño, Valles Secos, 0–2000 m.
Dept.: CH, CO, LP, PA, SC, TA.
Muestra: *L. Cayola et al. 891* (BOLV, ILL, LPB, MA, MO, USZ).
Infra: *Senegalia riparia* var. *riparia*
Nom. Vern.: Cari-cari, ganancho, garrancho, garrancho blanco, khari-khari, yuqueri-tii.

Senegalia rurrenabaqueana (Rusby) Seigler & Ebinger, Phytologia 88(1): 72. 2006.
Sin.: *Acacia rurrenabaqueana* Rusby
Ref.: Foster (1958), Saldias Paz (1993b), Seigler et al. (2006), Rico Arce (2007).
Liana, arbusto, arbolito, árbol. Endémica. Zonas Bajas. Bosque Húmedo, Bosque Semideciduo Chiquitano, 0–1500 m.
Dept.: BE, LP, SC.
Tipo y muestra: *O.E. White 2043* (HT: NY; IT: BKL, K, US, US), *A.F. Fuentes C. 6164* (BOLV, HSB, ILL, LPB, MO, USZ).

Senegalia tenuifolia (L.) Britton & Rose, N. Amer. Fl. 23(2): 118. 1928.
Sin.: *Mimosa tenuifolia* L., *Acacia paniculata* Willd., *Acacia tenuifolia* (L.) Willd., *Acacia paniculata* Duss, *Acacia tenuifolia* var. *tenuifolia*
Ref.: Killeen & Schulenberg (1998), Rico Arce (2007).
Liana, subarbusto, arbusto, arbolito, árbol. Nativa. Zonas Bajas, Andes. Bosque Húmedo, Bosque Semideciduo Chiquitano, Bosque Seco Chaqueño, Sabanas Benianas del Sur, Yungas, 0–2000 m.
Dept.: BE, CO, LP, PA, SC.
Muestra: *A. Araujo M. et al. 2285* (BOLV, ILL, LPB, MA, MO, USZ).
Infra: *Senegalia tenuifolia* var. *tenuifolia*
Nom. Vern.: Cari cari.

[Senegalia tucumanensis (Griseb.) Seigler & Ebinger], Phytologia 88(1): 76. 2006.
Sin.: *Acacia tucumanensis* Griseb.
Ref.: Seigler et al. (2006).
Liana, arbusto, arbolito, árbol. Nativa. Andes. Yungas, Bosque Tucumano-Boliviano, Bosque Serrano Chaqueño, Valles Secos, 1000–2500 m.
Dept.: CH, CO, LP, SC, TA.
Muestra: *M.A. Lewis 40558* (ILL, K, LPB, MA, MO).
Nota: Especie dudosa. Debería ser considerada como una variedad de *S.riparia*, pero la combinación respectiva no ha sido publicada.
Nom. Vern.: Kari kari.

Senegalia velutina (DC.) Seigler & Ebinger, Phytologia 88(1): 77. 2006.
Sin.: *Acacia velutina* DC., *Acacia velutina* var. *glabrescens* (Speg.) Burkart
Ref.: Saldias Paz (1993b), Seigler et al. (2006), Rico Arce (2007).
Liana, arbusto, árbol. Nativa. Zonas

Bajas. Bosque Húmedo, 0–1000 m.
Dept.: LP, SC.
Muestra: *S.G. Beck 13331* (LPB, NY).

Senegalia visco (Lorentz ex Griseb.) Seigler & Ebinger, Phytologia 88(1): 78. 2006.
Sin.: *Acacia polyphylla* Clos, *Lysiloma polyphyllum* Benth., *Acacia visco* Lorentz ex Griseb.
Ref.: Foster (1958), Saldias Paz (1993b), López Vargas (1995), Atahuachi Burgos & Arrázola Rivero (1996), Saravia Miranda (1996), De la Barra (1997), López (2000), Serrano & Terán (1998 [2000]), Vargas Caballero et al. (2000), Seigler et al. (2006), Rico Arce (2007).
Arbolito, árbol. Nativa. Andes. Bosque Tucumano-Boliviano, Valles Secos, 1000–3500 m.
Dept.: CH, CO, LP, PO, SC, TA.
Muestra: *M.H. Nee 30352* (LPB, MO, NY).
Nom. Vern.: Arca, jaraca, jarca, jark'a, pinganchi.

Senegalia weberbaueri (Harms) Seigler & Ebinger, Phytologia 88(1): 79. 2006.
Sin.: *Acacia weberbaueri* Harms
Árbol. Nativa. Andes. Yungas, 1000–1500 m.
Dept.: LP.
Muestra: *S.G. Beck 23275* (K, LPB).

Senna Mill., Gard. Dict. Abr. (ed. 4) vol. 3. 1754.
48 especies, 2 especies endémicas.

Senna aculeata (Pohl ex Benth.) H.S. Irwin & Barneby, Mem. New York Bot. Gard. 35: 478. 1982.
Sin.: *Cassia aculeata* Pohl ex Benth.
Ref.: Irwin & Barneby (1982), Killeen & Schulenberg (1998).
Hierba, subarbusto, arbusto. Nativa. Zonas Bajas, Andes. Bosque Húmedo, Campos Cerrados, Sabanas Benianas del Sur, Valles Secos, 0–500, 1000–1500 m.
Dept.: BE, SC.
Muestra: *R. Guillén V. & R. Choré 3471* (MO, USZ).

Senna affinis (Benth.) H.S. Irwin & Barneby, Mem. New York Bot. Gard. 35: 123. 1982.
Sin.: *Cassia affinis* Benth.
Ref.: Rusby (1893b), Foster (1958), Irwin & Barneby (1982), Killeen & Schulenberg (1998).
Hierba, liana, subarbusto, arbusto. Nativa. Zonas Bajas. Bosque Húmedo, Bosque Semideciduo Chiquitano, Campos Cerrados, 0–500 m.
Dept.: LP, SC.
Muestra: *E. Gutiérrez C. et al. 883* (LPB, MO, USZ).

Senna alata (L.) Roxb., Fl. Ind., ed. 1832 2: 349. 1832.
Sin.: *Cassia alata* L.
Ref.: Boelcke (1946), Irwin & Barneby (1982), Ruiz de Centurión (1993a), Killeen & Schulenberg (1998).
Subarbusto, arbusto, árbol. Nativa. Zonas Bajas, Andes. Bosque Húmedo, Bosque Semideciduo Chiquitano, Campos Cerrados, Sabanas Benianas del Norte, Sabanas Benianas del Sur, Valles Secos, 0–2000 m.
Dept.: BE, LP, SC, TA.
Muestra: *J.C. Solomon 16775* (LPB, MO).
Nom. Vern.: Cara de caballo, kota-kota (Aymara), yunka mutuillu (Quechua).

Senna apsidoneura (H.S. Irwin & Barneby) H.S. Irwin & Barneby, Mem. New York Bot. Gard. 35: 246. 1982.
Sin.: *Cassia apsidoneura* H.S. Irwin & Barneby
Ref.: Irwin & Barneby (1976).
Arbusto. Endémica. Zonas Bajas. Bosque Semideciduo Chiquitano, 0–500 m.
Dept.: SC.
Tipo: *D. Bourke-Borrows s.n.* (HT: K; IT: LPB).
Nota: Conocido solamente del tipo.

Senna aymara H.S. Irwin & Barneby, Mem. New York Bot. Gard. 35: 310–311. 1982.
Ref.: Irwin & Barneby (1982), Ruiz de Centurión (1993a), Atahuachi Burgos & Arrázola Rivero (1996).
Arbusto, árbol. Nativa. Andes, Altiplano. Valles Secos, Puna Húmeda, Puna Seca, 2000–4500 m.
Dept.: CH, CO, LP, PO.
Tipo y muestra: *H.H. Rusby 980* (HT: NY; IT: GH, K, MO, NY, NY, US), *J.C. Solomon & R.M. King 16086* (LPB, MO).
Nom. Vern.: Moto-moto, mutuy mutuy, takarkaya.

Senna bacillaris (L. f.) H.S. Irwin & Barneby, Mem. New York Bot. Gard. 35: 111. 1982.
Sin.: *Cassia bacillaris* L. f.
Ref.: Foster (1958), Irwin & Barneby (1982).
Arbusto. Nativa. Zonas Bajas, Andes. Bosque Húmedo, Valles Secos, 0–500, 1500–2000 m.
Dept.: TA.
Muestra: *J. West 8304* (GH, MO).
Infra: *Senna bacillaris* var. *benthamiana* (J.F. Macbr.) H.S. Irwin & Barneby

Senna bicapsularis (L.) Roxb., Fl. Ind., ed. 1832 2: 342. 1832.
Sin.: *Cassia bicapsularis* L.
Ref.: Irwin & Barneby (1982), Ruiz de Centurión (1993a), Serrano & Terán (1998 [2000]).
Arbusto, árbol. Nativa. Andes. Valles Secos, 1000–2000, 2500–3000 m.
Dept.: CH, TA.
Muestra: *R. Lozano 1293* (MO).
Nom. Vern.: Motoya, phujllay, t'hika.

Senna birostris (Dombey ex Vogel) H.S. Irwin & Barneby, Mem. New York Bot. Gard. 35: 337. 1982.
Sin.: *Cassia hookeriana* Gillies ex Hook. & Arn., *Cassia birostris* Dombey ex Vogel, *Cassia helveola* J.F. Macbr., *Cassia helveola* var. *huancavensis* J.F. Macbr.
Ref.: Foster (1958), Irwin & Barneby (1982), Ruiz de Centurión (1993a), Atahuachi Burgos & Arrázola Rivero (1996), López (2000), Serrano & Terán (1998 [2000]).
Subarbusto, arbusto, arbolito, árbol. Nativa. Andes, Altiplano. Páramo Yungueño, Valles Secos, Puna Húmeda, 1000–4500 m.
Dept.: CH, CO, LP, PO, SC, TA.
Muestra: *J.C. Solomon 5104* (LPB, MO).
Infra: *Senna birostris* var. *helveola* (J.F. Macbr.) H.S. Irwin & Barneby, *Senna birostris* var. *hookeriana* (Gillies ex Hook. & Arn.) H.S. Irwin & Barneby, *Senna birostris* var. *huancavensis* (J.F. Macbr.) H.S. Irwin & Barneby, *Senna birostris* var. *totorae* H.S. Irwin & Barneby

[Senna brongniartii (Gaudich.) H.S. Irwin & Barneby], Mem. New York Bot. Gard. 35: 322. 1982.
Sin.: *Cassia brongniartii* Gaudich., *Cassia conjugata* Ruiz & Pav. ex Benth.
Ref.: Foster (1958), Irwin & Barneby (1982).
Nota: Especie dudosa. *S. brongniartii* está distribuída en la zona desértica de la costa Pacífica en el sur de Perú y el norte de Chile.

Senna burkartiana (Villa) H.S. Irwin & Barneby, Mem. New York Bot. Gard. 35: 372. 1982.
Sin.: *Cassia burkartiana* Villa
Ref.: Irwin & Barneby (1982), Ruiz de Centurión (1993a), Atahuachi Burgos & Arrázola Rivero (1996), Serrano & Terán (1998 [2000]).
Arbolito, árbol. Nativa. Andes. Valles Secos, 2500–3500 m.
Dept.: CH, CO, SC, TA.
Muestra: *S.G. Beck 6812* (LPB, NY).
Nom. Vern.: Garbancillo, moticho.

Senna cernua (Balb.) H.S. Irwin & Barneby, Mem. New York Bot. Gard. 35: 419. 1982.
Sin.: *Cassia cernua* Balb.
Ref.: Irwin & Barneby (1982).
Arbusto. Nativa. Zonas Bajas, Andes. Bosque Seco Chaqueño, Bosque Tucumano-Boliviano, Valles Secos, 0–1000, 1500–2000 m.
Dept.: CH, TA.
Muestra: *J.C. Solomon 9914* (LPB, MO).

Senna chloroclada (Harms) H.S. Irwin & Barneby, Mem. New York Bot. Gard. 35: 565. 1982.
Sin.: *Cassia chloroclada* Harms
Ref.: Foster (1958), Irwin & Barneby (1982), Ruiz de Centurión (1993a), Serrano & Terán (1998 [2000]).
Subarbusto, arbusto, árbol. Nativa. Zonas Bajas. Bosque Seco Chaqueño, Bosque Serrano Chaqueño, 0–1000 m.
Dept.: CH, SC, TA.
Muestra: *A.H. Gentry et al. 75158* (MO).
Nom. Vern.: Boisare, buijare, lanza, lanza lanza, mbuijare, palo verde, retama.

[Senna chrysocarpa (Desv.) H.S. Irwin & Barneby], Mem. New York Bot. Gard. 35: 171. 1982.
Sin.: *Cassia chrysocarpa* Desv.
Ref.: Irwin & Barneby (1982), Killeen & Schulenberg (1998).
Nota: El registro se basa en material mal identificado. Nativa de Brasil, las Guyanas y Venezuela.
Nom. Vern.: Lanza-lanza.

Senna cobanensis (Britton) H.S. Irwin & Barneby, Mem. New York Bot. Gard. 35: 250. 1982.
Sin.: *Vogelocassia cobanensis* Britton
Ref.: Irwin & Barneby (1982).
Hierba. Nativa. Zonas Bajas, Andes. Bosque Húmedo, Sabanas Benianas del Sur, Yungas, 0–2000 m.
Dept.: BE, CO, LP, SC.
Muestra: *E. Werdermann 2114* (MO, NY).

Senna coimbrae M. Nee & Barneby, Brittonia 45(2): 159–161. 1993.
Ref.: Nee & Barneby (1993).
Arbusto. Endémica. Zonas Bajas. Bosque Húmedo, Bosque Semideciduo Chiquitano, 0–500 m.
Dept.: SC.
Tipo y muestra: *M.H. Nee 36255* (HT: LPB; IT: G, K, MO-04615728, NY, SI, SP, US), *M.H. Nee 40852* (LPB, NY).

[Senna corymbosa (Lam.) H.S. Irwin & Barneby], Mem. New York Bot. Gard. 35: 397. 1982.
Sin.: *Cassia corymbosa* Lam.
Ref.: Foster (1958).
Nota: Especie dudosa. No hay ejemplares de herbario u otras referencias para esta especie. Nativa de Brasil, Paraguay y Argentina.

Senna crassiramea (Benth.) H.S. Irwin & Barneby, Mem. New York Bot. Gard. 35: 569. 1982.
Sin.: *Cassia crassiramea* Benth.
Ref.: Burkart (1946), Schwabe (1950), Foster (1958), Bravo (1978), Irwin & Barneby (1982), Atahuachi Burgos & Arrázola Rivero (1996), López (2000).
Arbusto. Nativa. Andes. Valles Secos, 1000–2500 m.
Dept.: CH, CO, PO, SC, TA.
Muestra: *B. Mostacedo 284* (MO).

Senna didymobotrya (Fresen.) H.S. Irwin & Barneby, Mem. New York Bot. Gard. 35: 467. 1982.
Sin.: *Cassia didymobotrya* Fresen.
Ref.: Irwin & Barneby (1982).
Arbusto. Cultivada. Andes. Yungas, Valles Secos, 2000–2500 m.
Dept.: CO.
Muestra: *M.H. Nee et al. 55354* (MO, NY, USZ).
Nota: Nativa de Africa.

[Senna fruticosa (Mill.) H.S. Irwin & Barneby], Mem. New York Bot. Gard. 35: 121. 1982.
Sin.: *Cassia fruticosa* Mill.
Ref.: Foster (1958).
Nota: El registro se basa en material mal identificado. Nativa de Centro América.

Senna georgica H.S. Irwin & Barneby, Mem. New York Bot. Gard. 35: 193. 1982.
Ref.: Irwin & Barneby (1982), Ruiz de Centurión (1993a), Killeen & Schulenberg (1998), Duchen & Beck (2012).
Liana, subarbusto, arbusto, arbolito, árbol. Nativa. Zonas Bajas, Andes. Bosque Húmedo, Bosque Semideciduo Chiquitano, Campos Cerrados, Campos Amazónicos, Yungas, 0–1500 m.
Dept.: BE, CO, LP, PA, SC.
Muestra: *M.J.G. Hopkins et al. 65* (LPB, MO, NY).
Infra: *Senna georgica* var. *georgica*, *Senna georgica* var. *bangii* H.S. Irwin & Barneby

Senna herzogii (Harms) H.S. Irwin & Barneby, Mem. New York Bot. Gard. 35: 145. 1982.
Sin.: *Cassia herzogii* Harms
Ref.: Foster (1958), Irwin & Barneby (1982), Ruiz de Centurión (1993a).
Hierba, arbusto, arbolito, árbol. Nativa. Zonas Bajas, Andes. Bosque Húmedo, Sabanas Benianas del Sur, Yungas, 0–1500 m.
Dept.: BE, LP, PA, SC.
Tipo y muestra: *T. Herzog 1562* (HT: Z; IT: L), *S.G. Beck 8290 A* (LPB, NY).
Nom. Vern.: Chicvacdyes.

[Senna hilariana (Benth.) H.S. Irwin & Barneby], Mem. New York Bot. Gard. 35: 396. 1982.
Sin.: *Cassia hilariana* Benth.
Ref.: Irwin & Barneby (1982), Killeen & Schulenberg (1998).
Nota: El registro se basa en material mal identificado. *S. hilariana* es nativa del sureste del Brasil.

Senna hirsuta (L.) H.S. Irwin & Barneby, Phytologia 44(7): 499. 1979.
Sin.: *Cassia hirsuta* L.
Ref.: Foster (1958), Irwin & Barneby (1982), Schulenberg & Awbrey (1997), Serrano & Terán (1998 [2000]), Duchen & Beck (2012).
Hierba, subarbusto, arbusto. Nativa. Zonas Bajas, Andes. Bosque Húmedo, Bosque Semideciduo Chiquitano, Yungas, Bosque Tucumano-Boliviano, Valles Secos, 0–2000 m.
Dept.: BE, CH, CO, LP, SC, TA.
Muestra: *M.H. Nee 49264* (LPB, MO, NY).
Infra: *Senna hirsuta* var. *hirsuta*, *Senna hirsuta* var. *hirta* H.S. Irwin & Barneby, *Senna hirsuta* var. *puberula* H.S. Irwin & Barneby

[Senna incarnata (Pav. ex Benth.) H.S. Irwin & Barneby], Mem. New York Bot. Gard. 35: 526. 1982.
Sin.: *Cassia incarnata* Pav. ex Benth.
Ref.: Foster (1958).
Nota: El registro se basa en material mal identificado. *S incarnata* es nativa de los valles secos de los Andes en el sur del Ecuador y norte del Perú.

Senna kurtzii (Harms) H.S. Irwin & Barneby, Mem. New York Bot. Gard. 35: 566. 1982.
Sin.: *Cassia kurtzii* Harms
Arbusto. Nativa. Zonas Bajas. Bosque Seco Chaqueño, 0–1000 m.
Dept.: SC.
Muestra: *J.R.I. Wood 14168* (K).

Senna macranthera (DC. ex Collad.) H.S. Irwin & Barneby, Mem. New York Bot. Gard. 35: 181. 1982.
Sin.: *Cassia macranthera* DC. ex Collad.
Arbusto, árbol. Nativa. Zonas Bajas.

Bosque Semideciduo Chiquitano, Campos Cerrados, 0–1000 m.
Dept.: SC.
Muestra: *J.R.I. Wood 22880* (K).

Senna macrophylla (Kunth) H.S. Irwin & Barneby, Mem. New York Bot. Gard. 35: 137. 1982.
Sin.: *Cassia macrophylla* Kunth, *Chamaefistula gigantifolia* Britton & Killip, *Cassia gigantifolia* (Britton & Killip) R.S. Cowan
Ref.: Irwin & Barneby (1982), Ruiz de Centurión (1993a).
Arbusto, arbolito, árbol. Nativa. Zonas Bajas, Andes. Bosque Húmedo, Campos Amazónicos, Yungas, 0–1500 m.
Dept.: BE, LP, PA.
Muestra: *B.M. Boom 4017* (LPB, NY).
Infra: *Senna macrophylla* var. *macrophylla*, *Senna macrophylla* var. *gigantifolia* (Britton & Killip) H.S. Irwin & Barneby
Nom. Vern.: Cashixopa jahuéhua, samomaquexti, xenáne.

Senna mandonii (Benth.) H.S. Irwin & Barneby, Mem. New York Bot. Gard. 35: 331. 1982.
Sin.: *Cassia mandonii* Benth., *Cassia subelliptica* Rusby, *Cassia cookii* Killip & J.F. Macbr.
Ref.: Foster (1958), Irwin & Barneby (1982), Ruiz de Centurión (1993a), López Vargas (1995), Atahuachi Burgos & Arrázola Rivero (1996), Schulenberg & Awbrey (1997), Serrano & Terán (1998 [2000]).
Subarbusto, arbusto, arbolito, árbol. Nativa. Andes. Yungas, Bosque Tucumano-Boliviano, Valles Secos, 1500–3000 m.
Dept.: CH, CO, LP, SC.
Tipo y muestra: *G. Mandon 751 bis* (LT: BM; ILT: K, P; fotos: NY), *M.H. Nee et al. 36191* (LPB, MO, NY, USZ).
Nom. Vern.: Tipa tipa.

Senna mollissima (Humb. & Bonpl. ex Willd.) H.S. Irwin & Barneby, Mem. New York Bot. Gard. 35: 592. 1982.
Sin.: *Cassia mollissima* Humb. & Bonpl. ex Willd.
Ref.: Irwin & Barneby (1982).
Arbusto. Nativa. Andes. Valles Secos, 3000–3500 m.
Dept.: LP.
Muestra: *H.H. Rusby 1042* (GH, NY).
Infra: *Senna mollissima* var. *mollissima*
Nota: Irwin & Barneby (1982) aclaran que esta especie fue colectada una vez en las tierras altas de Bolivia (*Rusby 1042*), donde presumiblemente era cultivada. La especie es nativa de Centro América, Ecuador y Perú.

Senna morongii (Britton) H.S. Irwin & Barneby, Mem. New York Bot. Gard. 35: 364. 1982.
Sin.: *Cassia morongii* Britton, *Cassia acinacicarpa* Rusby, *Cassia cochabambae* Herzog
Ref.: Foster (1958), Irwin & Barneby (1982), Atahuachi Burgos & Arrázola Rivero (1996), De la Barra (1997), Serrano & Terán (1998 [2000]).
Subarbusto, arbusto, árbol. Nativa. Zonas Bajas, Andes. Bosque Seco Chaqueño, Bosque Tucumano-Boliviano, Páramo Yungueño, Valles Secos, 500–3000 m.
Dept.: CH, CO, SC, TA.
Muestra: *J.C. Solomon & M.H. Nee 17999* (LPB, MO).
Nom. Vern.: Pito, pito-canuto.

Senna mucronifera (Mart. ex Benth.) H.S. Irwin & Barneby, Mem. New York Bot. Gard. 35: 247. 1982.
Sin.: *Cassia mucronifera* Mart. ex Benth.
Ref.: Irwin & Barneby (1982).
Árbol. Nativa. Zonas Bajas. Bosque Semideciduo Chiquitano, 500–1000 m.
Dept.: SC.
Muestra: *A. Krapovickas & A. Schinini 31934* (MO).

Senna multiglandulosa (Jacq.) H.S. Irwin & Barneby, Mem. New York Bot. Gard. 35: 357. 1982.
Sin.: *Cassia tomentosa* L. f., *Cassia multiglandulosa* Jacq., *Cassia tomentosa* var. *paucijuga* Kuntze
Ref.: Rusby (1893b), Foster (1958), Irwin & Barneby (1982), Ruiz de Centurión (1993a).
Arbusto, árbol. Nativa. Andes, Altiplano. Páramo Yungueño, Valles Secos, Puna Húmeda, 1500–2500, 3000–4500 m.
Dept.: CO, LP.
Muestra: *Fernández 116* (LPB).
Nom. Vern.: Iso mutu-mutu, mutu-mutu, mutulo.

Senna multijuga (Rich.) H.S. Irwin & Barneby, Mem. New York Bot. Gard. 35: 492. 1982.
Sin.: *Cassia multijuga* Rich.
Ref.: Foster (1958), Irwin & Barneby (1982), Ruiz de Centurión (1993a), Killeen & Schulenberg (1998).
Arbusto, arbolito, árbol. Nativa. Zonas Bajas. Bosque Húmedo, Campos Amazónicos, 0–500 m.
Dept.: BE, CO, LP, PA, SC.
Muestra: *E. Meneces 679* (BOLV, LPB, MO, NY).
Infra: *Senna multijuga* subsp. *multijuga*, *Senna multijuga* var. *lindleyana*, *Senna multijuga* var. *multijuga*
Nom. Vern.: Cupesí, flor de mayo, manicillo, ramo.

[Senna mutisiana (Kunth) H.S. Irwin & Barneby], Mem. New York Bot. Gard. 35: 512. 1982.
Sin.: *Cassia mutisiana* Kunth
Ref.: Irwin & Barneby (1982).
Nota: El registro se basa en material mal identificado. Especie nativa de Colombia y Venezuela.

Senna obtusifolia (L.) H.S. Irwin & Barneby, Mem. New York Bot. Gard. 35: 252. 1982.
Sin.: *Cassia obtusifolia* L., *Cassia tora* L.
Ref.: Foster (1958), Irwin & Barneby (1982), Moraes R. (1990), Killeen & Schulenberg (1998), Serrano & Terán (1998 [2000]).
Hierba, subarbusto, arbusto. Nativa. Zonas Bajas, Andes. Bosque Húmedo, Bosque Semideciduo Chiquitano, Campos Cerrados, Sabanas Benianas del Sur, Yungas, Valles Secos, 0–1500 m.
Dept.: BE, CO, LP, PA, SC.
Muestra: *M. Moraes R. 312* (LPB).
Nom. Vern.: Mamuri, samomaqueti.

Senna occidentalis (L.) Link, Handbuch 2: 140. 1829.
Sin.: *Cassia occidentalis* L.
Ref.: Foster (1958), Irwin & Barneby (1982), Moraes R. (1990), Serrano & Terán (1998 [2000]).
Hierba, subarbusto, arbusto. Nativa. Zonas Bajas, Andes. Bosque Húmedo, Bosque Semideciduo Chiquitano, Bosque Seco Chaqueño, Campos Cerrados, Sabanas Benianas del Sur, Yungas, Bosque Tucumano-Boliviano, Valles Secos, 0–2000 m.
Dept.: BE, CH, CO, LP, PA, SC, TA.
Muestra: *M. Moraes R. 170* (LPB).
Nom. Vern.: Cafecillo, mamuri, quichores.

Senna paraensis (Ducke) H.S. Irwin & Barneby, Mem. New York Bot. Gard. 35: 245. 1982.
Sin.: *Cassia paraensis* Ducke
Ref.: Irwin & Barneby (1982).
Hierba, subarbusto. Nativa. Zonas Bajas. Sabanas Benianas del Sur, 0–500 m.
Dept.: BE.
Muestra: *M.R. Orellana 206* (LPB, NY).

Senna pendula (Humb. & Bonpl. ex Willd.) H.S. Irwin & Barneby, Mem. New York Bot. Gard. 35: 378. 1982.
Sin.: *Cassia pendula* Humb. & Bonpl. ex Willd., *Cassia indecora* Kunth,

Cassia indecora var. *glabrata* Vogel, *Cassia bicapsularis* var. *tenuifolia* Benth., *Cassia laevigata* var. *scandens* Benth., *Cassia bicapsularis* var. *eriocarpa* Griseb.
Ref.: Foster (1958), Irwin & Barneby (1982), Ruiz de Centurión (1993a), López Vargas (1995), Atahuachi Burgos & Arrázola Rivero (1996), Saravia Miranda (1996), Killeen & Schulenberg (1998), Serrano & Terán (1998 [2000]).
Liana, subarbusto, arbusto, arbolito, árbol. Nativa. Zonas Bajas, Andes. Bosque Húmedo, Bosque Semideciduo Chiquitano, Bosque Seco Chaqueño, Campos Cerrados, Sabanas Benianas del Sur, Yungas, Bosque Tucumano-Boliviano, Valles Secos, 0–3000 m.
Dept.: BE, CH, CO, LP, SC, TA.
Muestra: *R. Ehrich 164* (LPB, NY).
Infra: *Senna pendula* var. *subandina* H.S. Irwin & Barneby, *Senna pendula* var. *pendula*, *Senna pendula* var. *eriocarpa* (Griseb.) H.S. Irwin & Barneby, *Senna pendula* var. *glabrata* (Vogel) H.S. Irwin & Barneby, *Senna pendula* var. *paludicola* H.S. Irwin & Barneby, *Senna pendula* var. *praeandina* H.S. Irwin & Barneby, *Senna pendula* var. *scandens* (Benth.) H.S. Irwin & Barneby, *Senna pendula* var. *tenuifolia* (Benth.) H.S. Irwin & Barneby
Nom. Vern.: Carnaval, chitu-chitu, mutu, tipa tipa.

Senna pilifera (Vogel) H.S. Irwin & Barneby, Mem. New York Bot. Gard. 35: 241. 1982.
Sin.: *Cassia pilifera* Vogel
Ref.: Foster (1958), Irwin & Barneby (1982), Killeen & Schulenberg (1998), Serrano & Terán (1998 [2000]), Wood et al. (2011), Duchen & Beck (2012).
Hierba, subarbusto, arbusto. Nativa. Zonas Bajas, Andes. Bosque Húmedo, Campos Cerrados, Sabanas Benianas del Sur, Yungas, Valles Secos, 0–500, 1000–2000 m.
Dept.: BE, CH, LP, SC.
Muestra: *R. Guillén V. & S. Coria 1552* (MO, USZ).
Infra: *Senna pilifera* var. *pilifera*, *Senna pilifera* var. *tubata* H.S. Irwin & Barneby

Senna pistaciifolia (Kunth) H.S. Irwin & Barneby, Mem. New York Bot. Gard. 35: 471. 1982.
Sin.: *Cassia pistaciifolia* Kunth, *Cassia pearcei* Benth., *Cassia pistaciifolia* var. *glabra* Benth.
Ref.: Foster (1958), Irwin & Barneby (1982).
Liana, arbusto, árbol. Nativa. Zonas Bajas, Andes. Sabanas Benianas del Sur, Yungas, Bosque Tucumano-Boliviano, Valles Secos, 0–1500, 2500–3500 m.
Dept.: CO, LP, SC, TA.
Muestra: *M.H. Nee 35541* (MO, NY).
Infra: *Senna pistaciifolia* var. *glabra* (Benth.) H.S. Irwin & Barneby

Senna praeterita H.S. Irwin & Barneby, Mem. New York Bot. Gard. 35: 333–334. 1982.
Ref.: Irwin & Barneby (1982).
Arbusto. Nativa. Zonas Bajas. Bosque Serrano Chaqueño, 500–1000 m.
Dept.: SC.
Muestra: *I.G. Vargas 479* (MO, USZ).

Senna punoensis Lass. ex H.S. Irwin & Barneby, Mem. New York Bot. Gard. 35: 362–363. 1982.
Ref.: Irwin & Barneby (1982), Ruiz de Centurión (1993a), Atahuachi Burgos & Arrázola Rivero (1996).
Arbusto, arbolito, árbol. Nativa. Andes. Yungas, Páramo Yungueño, Valles Secos, 2000–3500 m.
Dept.: CO, LP, SC.
Muestra: *I.G. Vargas et al. 1358* (MO, NY, USZ).
Nom. Vern.: Maranhuay, ucuchi.

Senna quinquangulata (Rich.) H.S. Irwin & Barneby, Mem. New York Bot. Gard. 35: 153. 1982.
Sin.: *Cassia quinquangulata* Rich.
Ref.: Irwin & Barneby (1982), Ruiz de Centurión (1993a).
Liana, subarbusto, arbusto, arbolito, árbol. Nativa. Zonas Bajas, Andes. Bosque Húmedo, Yungas, 0–500, 2000–2500 m.
Dept.: BE, CO, PA, SC.
Muestra: *D.C. Daly et al. 2012* (LPB, NY).
Infra: *Senna quinquangulata* var. *quinquangulata*

[Senna racemosa (Mill.) H.S. Irwin & Barneby], Mem. New York Bot. Gard. 35: 580. 1982.
Sin.: *Cassia racemosa* Mill.
Ref.: Foster (1958).
Nota: El registro se basa en material mal identificado. Nativa de México y Centro América.

Senna reticulata (Willd.) H.S. Irwin & Barneby, Mem. New York Bot. Gard. 35: 458. 1982.
Sin.: *Cassia reticulata* Willd.
Ref.: Schery (1951), Irwin & Barneby (1982), Ruiz de Centurión (1993a), Alverson et al. (2000).
Arbusto, arbolito, árbol. Nativa. Zonas Bajas. Bosque Húmedo, Campos Amazónicos, 0–500 m.
Dept.: BE, LP, PA, SC.
Muestra: *S.G. Beck 16755* (LPB, NY).
Nom. Vern.: Mamuri.

Senna rugosa (G. Don) H.S. Irwin & Barneby, Mem. New York Bot. Gard. 35: 188. 1982.
Sin.: *Cassia rugosa* G. Don
Ref.: Irwin & Barneby (1982), Schulenberg & Awbrey (1997), Killeen & Schulenberg (1998), Serrano & Terán (1998 [2000]).
Subarbusto, arbusto. Nativa. Zonas Bajas. Campos Cerrados, 0–1000 m.
Dept.: CH, SC.
Muestra: *B. Mostacedo et al. 2103* (MO, USZ).

Senna ruiziana (G. Don) H.S. Irwin & Barneby, Mem. New York Bot. Gard. 35: 150. 1982.
Sin.: *Chamaefistula ruiziana* G. Don
Ref.: Irwin & Barneby (1982), Ruiz de Centurión (1993a), Duchen & Beck (2012).
Arbusto, arbolito, árbol. Nativa. Zonas Bajas, Andes. Bosque Húmedo, Yungas, Valles Secos, 0–2000 m.
Dept.: BE, CO, LP, PA, SC.
Muestra: *J.C. Solomon 9332* (LPB, MO).
Infra: *Senna ruiziana* var. *micrandra* H.S. Irwin & Barneby, *Senna ruiziana* var. *ruiziana*
Nom. Vern.: Chirimoya del monte.

Senna scabriuscula (Vogel) H.S. Irwin & Barneby, Mem. New York Bot. Gard. 35: 435. 1982.
Sin.: *Cassia occidentalis* var. *scabriuscula* Vogel
Ref.: Irwin & Barneby (1982).
Hierba. Nativa. Zonas Bajas. Bosque Seco Chaqueño, 0–500 m.
Dept.: TA.
Nota: Citada por Irwin & Barneby (1982) como presente en Bolivia en TA. No hay ejemplares de herbario para esta especie.

Senna silvestris (Vell.) H.S. Irwin & Barneby, Mem. New York Bot. Gard. 35: 87. 1982.
Sin.: *Cassia silvestris* Vell., *Cassia sylvestris* Wikstr.
Ref.: Foster (1958), Irwin & Barneby (1982), Moraes R. (1990), Ruiz de Centurión (1993a), Killeen & Schulenberg (1998), Alverson et al. (2000), Wood et al. (2011).
Subarbusto, arbusto, arbolito, árbol. Nativa. Zonas Bajas, Andes. Bosque Húmedo, Bosque Semideciduo Chiquitano, Campos Cerrados,

Sabanas Benianas del Norte, Sabanas Benianas del Sur, Campos Amazónicos, Yungas, 0–1500 m.
Dept.: BE, CO, LP, PA, SC.
Muestra: *E. Meneces 316* (BOLV, LPB, MO).
Infra: *Senna silvestris* var. *silvestris*, *Senna silvestris* subsp. *bifaria* H.S. Irwin & Barneby, *Senna silvestris* subsp. *silvestris*, *Senna silvestris* var. *unifaria* H.S. Irwin & Barneby
Nom. Vern.: Cuqui colorado, ramo del monte, samoma qüeti.

Senna spectabilis (DC.) H.S. Irwin & Barneby, Mem. New York Bot. Gard. 35: 600. 1982.
Sin.: *Cassia spectabilis* DC., *Cassia carnaval* Speg., *Cassia excelsa* var. *acutifolia* Hassl.
Ref.: Foster (1958), Irwin & Barneby (1982), Ruiz de Centurión (1993a), Schulenberg & Awbrey (1997), Killeen & Schulenberg (1998), González et al. (1999), Serrano & Terán (1998 [2000]), Wallace et al. (2000), Jardim et al. (2003).
Arbusto, arbolito, árbol. Nativa, cultivada. Zonas Bajas, Andes. Bosque Húmedo, Bosque Semideciduo Chiquitano, Bosque Seco Chaqueño, Campos Cerrados, Yungas, Bosque Tucumano-Boliviano, Bosque Serrano Chaqueño, Valles Secos, 0–2000 m.
Dept.: CH, CO, LP, PA, SC, TA.
Muestra: *S.G. Beck 6339* (LPB, NY).
Infra: *Senna spectabilis* var. *spectabilis*
Nom. Vern.: Aceitón, aceitón ordinario, carnaval, hediondillo, limoncillo, pacaisillo, pajarilla amarillo, ramo.

Senna spinescens (Hoffmanns. ex Vogel) H.S. Irwin & Barneby, Mem. New York Bot. Gard. 35: 213. 1982.
Sin.: *Cassia spinescens* Hoffmanns. ex Vogel
Ref.: Irwin & Barneby (1982), Moraes R. (1990), Ruiz de Centurión (1993a), Killeen & Schulenberg (1998).
Liana, arbusto, arbolito, árbol. Nativa. Zonas Bajas. Bosque Húmedo, 0–500 m.
Dept.: BE, PA, SC.
Muestra: *J.C. Solomon 7747* (LPB, MO).
Infra: *Senna spinescens* var. *spinescens*

Senna splendida (Vogel) H.S. Irwin & Barneby, Mem. New York Bot. Gard. 35: 190. 1982.
Sin.: *Cassia splendida* Vogel
Ref.: Foster (1958), Irwin & Barneby (1982).
Arbusto. Nativa. Zonas Bajas. Bosque Semideciduo Chiquitano, Sabanas Benianas del Sur, Bosque Serrano Chaqueño, 0–1000 m.
Dept.: SC.
Muestra: *M.H. Nee & M.A. Sundue 51987* (MO).
Infra: *Senna splendida* var. *gloriosa* H.S. Irwin & Barneby

Senna tapajozensis (Ducke) H.S. Irwin & Barneby, Mem. New York Bot. Gard. 35: 175. 1982.
Sin.: *Cassia tapajozensis* Ducke
Ref.: Irwin & Barneby (1982), Moraes R. (1990), Ruiz de Centurión (1993a), Killeen & Schulenberg (1998).
Liana, subarbusto, arbusto, árbol. Nativa. Zonas Bajas. Bosque Húmedo, 0–500 m.
Dept.: BE, PA, SC.
Muestra: *J.C. Solomon 7683* (LPB, MO).

[Senna trachypus (Mart. ex Benth.) H.S. Irwin & Barneby], Mem. New York Bot. Gard. 35: 509. 1982.
Sin.: *Cassia trachypus* Mart. ex Benth.
Ref.: Foster (1958).
Nota: Especie dudosa. *S. trachypus* es endémica de la Caatinga en el noroccidente del Brasil.

Senna velutina (Vogel) H.S. Irwin & Barneby, Mem. New York Bot. Gard. 35: 232. 1982.
Sin.: *Cassia velutina* Vogel
Ref.: Irwin & Barneby (1982), Ruiz de Centurión (1993a), Killeen & Schulenberg (1998), Wood et al. (2011).
Hierba, subarbusto, arbusto, arbolito, árbol. Nativa. Zonas Bajas. Bosque Húmedo, Bosque Semideciduo Chiquitano, Campos Cerrados, Sabanas Benianas del Sur, 0–1000 m.
Dept.: SC.
Muestra: *B. Bruderreck 359* (LPB, NY).

Senna versicolor (Meyen ex Vogel) H.S. Irwin & Barneby, Mem. New York Bot. Gard. 35: 307. 1982.
Sin.: *Cassia latopetiolata* Dombey ex Vogel, *Cassia versicolor* Meyen ex Vogel, *Cassia versicolor* Benth., *Cassia pazensis* Rusby
Ref.: Rusby (1893b), Foster (1958), Irwin & Barneby (1982), Ruiz de Centurión (1993a).
Arbusto, árbol. Nativa. Andes, Altiplano. Valles Secos, Puna Húmeda, Puna Seca, 2500–4500 m.
Dept.: CO, LP.
Muestra: *S.G. Beck 11362A* (LPB, NY).
Infra: *Senna versicolor* var. *versicolor*
Nom. Vern.: Alcaparrilla, mutu-mutu, takarquea.

Senna weddelliana H.S. Irwin & Barneby, Mem. New York Bot. Gard. 35: 323–324. 1982.
Ref.: Irwin & Barneby (1982), Ruiz de Centurión (1993a).
Arbusto, arbolito, árbol. Nativa. Andes. Yungas, Páramo Yungueño, Puna Húmeda, 2000–4500 m.
Dept.: CO, LP, SC.
Tipo y muestra: *M. Cárdenas 3636* (HT: US; IT: NY frag. ex US), *S.G. Beck et al. 14543* (LPB, NY).
Nom. Vern.: Marannuay, orko moto-moto.

Sesbania Scop., Intr. Hist. Nat. 308–309. 1777.
3 especies, 0 especies endémicas.

Sesbania exasperata Kunth, Nov. Gen. Sp. (quarto ed.) 6: 534–535. 1823 [1824].
Ref.: Zamora Villalobos (2010).
Hierba, subarbusto, arbusto, arbolito. Nativa. Zonas Bajas. Bosque Húmedo, Bosque Semideciduo Chiquitano, Bosque Seco Chaqueño, Sabanas Benianas del Sur, 0–500 m.
Dept.: BE, SC.
Muestra: *M.H. Nee 34302* (MO, NY, USZ).

Sesbania herbacea (Mill.) McVaugh, Fl. Novo-Galiciana 5: 695. 1987.
Sin.: *Emerus herbacea* Mill., *Darwinia exaltata* Raf., *Sesbania exaltata* (Raf.) Cory
Hierba. Nativa. Zonas Bajas. Bosque Húmedo, Bosque Semideciduo Chiquitano, 0–500 m.
Dept.: SC.
Muestra: *M.H. Nee 55012* (MO).

Sesbania virgata (Cav.) Pers., Syn. Pl. 2(2): 316. 1807.
Sin.: *Aeschynomene virgata* Cav.
Subarbusto, arbusto. Nativa. Zonas Bajas. Bosque Seco Chaqueño, Sabanas Benianas del Sur, 0–500 m.
Dept.: SC.
Muestra: *A.F. Fuentes C. 1617* (MO).

Soemmeringia Mart., Soemmeringia, Nov. Pl. Gen. 27. 1828.
1 especie, 0 especies endémicas.

Soemmeringia semperflorens Mart., Soemmeringia, Nov. Pl. Gen. 28. 1828.
Ref.: Lewis (1987), Lewis & Owen (1989).
Hierba. Nativa. Zonas Bajas. Sabanas Benianas del Norte, Sabanas Benianas del Sur, 0–500 m.

Dept.: BE.
Muestra: *S.G. Beck 3491* (LPB, NY).

Spartium L., Sp. Pl. 2: 708. 1753.
1 especie, 0 especies endémicas.

Spartium junceum L., Sp. Pl. 2: 708. 1753.
Ref.: Rusby (1893b), Foster (1958).
Arbusto. Naturalizada, cultivada. Andes. Bosque Tucumano-Boliviano, Valles Secos, 2000–3500 m.
Dept.: CH, CO, LP, OR, SC.
Muestra: *J.C. Solomon 11549* (LPB, MO).
Nom. Vern.: Retama.

Steinbachiella Harms, Notizbl. Bot. Gart. Berlin–Dahlem 10: 345. 1928.
1 especie, 1 especie endémica.

Steinbachiella leptoclada Harms, Notizbl. Bot. Gart. Berlin–Dahlem 10: 345. 1928.
Sin.: *Machaerium saraense* Rudd
Ref.: Foster (1958), Rudd (1972b), Fuentes Claros (1998), Killeen & Schulenberg (1998), Lewis et al. (2012).
Arbusto. Endémica. Zonas Bajas. Bosque Semideciduo Chiquitano, Sabanas Benianas del Norte, Sabanas Benianas del Sur, 0–500 m.
Dept.: BE, SC.
Tipo y muestra: *J. Steinbach 6457* (HT: B destr.?; IT: K; fotos: GH ex B), *J.R.I. Wood & J.D. Soto 26233* (K, USZ).
Nom. Vern.: Jacaranda, sotillo.

Stryphnodendron Mart., Flora 20(2): Beibl. 117. 1837.
6 especies, 0 especies endémicas.

Stryphnodendron fissuratum E.M.O. Martins, Revista Brasil. Biol. 40(4): 730. 1980.
Ref.: Wood et al. (2011).
Árbol. Nativa. Zonas Bajas. Campos Cerrados, 0–500 m.
Dept.: SC.
Muestra: *T. Killeen 1909* (MO).

Stryphnodendron foreroi E.M.O. Martins, Contr. Univ. Michigan Herb. 14: 83–84, f. 1. 1980.
Ref.: Martins (1980), Martins (1981).
Árbol. Nativa. Zonas Bajas. Bosque Húmedo, Sabanas Benianas del Norte, 0–500 m.
Dept.: BE, PA.
Muestra: *G.T. Prance et al. 6243* (F, GH, MG, NY, S).

Stryphnodendron guianense (Aubl.) Benth., Trans. Linn. Soc. London 30(3): 374. 1875.
Sin.: *Mimosa guianensis* Aubl.
Ref.: Martins (1981), Saldias Paz (1993b), Killeen & Schulenberg (1998).
Arbolito, árbol. Nativa. Zonas Bajas, Andes. Bosque Húmedo, Campos Cerrados, Sabanas Benianas del Sur, Yungas, Valles Secos, 0–1500 m.
Dept.: BE, LP, PA, SC.
Muestra: *L. Arroyo P. et al. 1526* (USZ).
Infra: *Stryphnodendron guianense* subsp. *glandulosum* Forero
Nom. Vern.: Nupayanema, pluma de pío.

Stryphnodendron obovatum Benth., Trans. Linn. Soc. London 30(3): 374. 1875.
Ref.: Martins (1979), Saldias Paz (1993b), Wood et al. (2011).
Arbusto, arbolito, árbol. Nativa. Zonas Bajas. Bosque Semideciduo Chiquitano, 0–1000 m.
Dept.: SC.
Muestra: *D.C. Daly et al. 6319* (MO, NY, USZ).

[Stryphnodendron porcatum D.A. Neill & Occhioni f.], Ann. Missouri Bot. Gard. 76(1): 357–359, f. 1. 1989.
Nota: El registro se basa en material mal identificado. Nativa de Ecuador.

Stryphnodendron pulcherrimum (Willd.) Hochr., Bull. New York Bot. Gard. 6(21): 274. 1910.
Sin.: *Acacia pulcherrima* Willd.
Ref.: Saldias Paz (1993b), Killeen & Schulenberg (1998).
Árbol. Nativa. Zonas Bajas. Bosque Húmedo, Campos Cerrados, Sabanas Benianas del Sur, Campos Amazónicos, 0–500 m.
Dept.: BE, LP, PA, SC.
Muestra: *E. Meneces & G.S. Hartshorn 2086* (BOLV, LPB).
Nom. Vern.: Hediondillo, vivi.

Stryphnodendron purpureum Ducke, Arch. Jard. Bot. Rio de Janeiro 1(1): 16. 1915.
Ref.: Saldias Paz (1993b), Killeen & Schulenberg (1998).
Árbol. Nativa. Zonas Bajas. Bosque Húmedo, Bosque Semideciduo Chiquitano, Campos Cerrados, 0–1000 m.
Dept.: BE, CH, CO, LP, PA, SC.
Muestra: *T. Killeen et al. 3164* (LPB, MO).
Nom. Vern.: Toco.

Stylosanthes Sw., Prodr. 7, 108. 1788.
12 especies, 0 especies endémicas.

Stylosanthes acuminata M.B. Ferreira & S. Costa, Soc. Bot. Brasil Anais 28(Cong. 77): 102. 1977.
Hierba. Nativa. Zonas Bajas. Campos Cerrados, 0–500 m.
Dept.: SC.
Muestra: *A.F. Fuentes C. 445* (LPB, USZ).

Stylosanthes bracteata Vogel, Linnaea 12: 70–71. 1838.
Ref.: Wood et al. (2011).
Hierba. Nativa. Zonas Bajas. Campos Cerrados, 500–1000 m.
Dept.: SC.
Muestra: *J.R.I. Wood & J.D. Soto 23451* (K, LPB).

Stylosanthes capitata Vogel, Linnaea 12: 70. 1838.
Hierba, subarbusto. Nativa. Zonas Bajas. Bosque Semideciduo Chiquitano, 0–500 m.
Dept.: SC.
Muestra: *J.R.I. Wood et al. 24738* (K, LPB).

Stylosanthes grandifolia M.B. Ferreira & S. Costa, Soc. Bot. Brasil Anais 28(Cong. 77): 102. 1977.
Hierba. Nativa. Zonas Bajas. Bosque Húmedo, 500–1000 m.
Dept.: LP.
Muestra: *B.A. Krukoff 10536* (A, MO).

Stylosanthes guianensis (Aubl.) Sw., Kongl. Vetensk. Acad. Nya Handl. 10: 301–302. 1789.
Sin.: *Stylosanthes parvifolia* M. B. Ferr. & Sousa, *Trifolium guianense* Aubl., *Stylosanthes guyanensis* (Aubl.) Sw., *Stylosanthes gracilis* Kunth, *Stylosanthes guianensis* var. *subviscosa* Benth., *Stylosanthes gracilis* var. *vulgaris* Burkart
Ref.: Foster (1958), Mohlenbrock (1958), Killeen & Schulenberg (1998), Wood et al. (2011).
Hierba, subarbusto, arbusto. Nativa. Zonas Bajas, Andes. Bosque Húmedo, Bosque Semideciduo Chiquitano, Campos Cerrados, Sabanas Benianas del Norte, Sabanas Benianas del Sur, Yungas, Valles Secos, 0–2500, 3000–3500 m.
Dept.: BE, CO, LP, SC.
Muestra: *S.G. Beck 18307* (LPB, MO).
Infra: *Stylosanthes guianensis* var.

guianensis, *Stylosanthes guianensis* var. *gracilis* (Kunth) Vogel ex Benth.
Nom. Vern.: Alfalfa tropical.

[Stylosanthes hamata (L.) Taub.], Verh. Bot. Vereins Prov. Brandenburg 32(1): 22. 1890.
Ref.: Rusby (1893b), Foster (1958).
Nota: Especie dudosa. El registro se basa en material mal identificado. Nativa del Caribe.

Stylosanthes hippocampoides Mohlenbr., Ann. Missouri Bot. Gard. 44(4): 339, f. 7. 1957 [1958].
Hierba. Nativa. Zonas Bajas. Bosque Húmedo, Campos Cerrados, 0–500 m.
Dept.: CO, SC.
Muestra: *M.H. Nee & I.G. Vargas 44875* (MO, NY).

Stylosanthes humilis Kunth, Nov. Gen. Sp. (quarto ed.) 6: 506, pl. 594. 1823 [1824].
Hierba. Nativa. Zonas Bajas. Bosque Húmedo, Sabanas Benianas del Sur, 0–500 m.
Dept.: BE, SC.
Muestra: *J.C. Solomon 7951* (LPB, MO).

Stylosanthes mexicana Taub., Verh. Bot. Vereins Prov. Brandenburg 32(1): 21. 1890.
Sin.: *Stylosanthes bangii* Taub.
Ref.: Foster (1958), Mohlenbrock (1958).
Hierba. Nativa. Andes. Valles Secos, 1500–2500 m.
Dept.: CO.
Muestra: *M. Bang 936* (GH, MO, NY, US).

Stylosanthes montevidensis Vogel, Linnaea 12: 67. 1838.
Sin.: *Stylosanthes juncea* Micheli
Ref.: Foster (1958), Mohlenbrock (1958).
Hierba. Nativa. Zonas Bajas, Andes. Bosque Húmedo, Bosque Tucumano-Boliviano, 0–1000, 1500–2000 m.
Dept.: CH, LP, SC.
Muestra: *J.A. Peñaranda et al. 39* (HSB, MA, MO).

Stylosanthes nervosa J.F. Macbr., Publ. Field Mus. Nat. Hist., Bot. Ser. 13(3/1): 411. 1943.
Ref.: Mohlenbrock (1958).
Arbusto. Nativa. Región, tipo de vegetación y elevación desconocidas.
Dept.: SC.
Nota: Citada por Mohlenbrock (1958) de SC no ha sido confirmado.

Stylosanthes scabra Vogel, Linnaea 12: 69–70. 1838.
Ref.: Foster (1958), Mohlenbrock (1958), Serrano & Terán (1998 [2000]).
Hierba, subarbusto. Nativa. Zonas Bajas, Andes. Bosque Húmedo, Campos Cerrados, Bosque Tucumano-Boliviano, Valles Secos, 0–2500 m.
Dept.: CH, CO, LP, SC, TA.
Muestra: *M.H. Nee 43103* (LPB, MO, NY).

Stylosanthes viscosa (L.) Sw., Prodr. 108. 1788.
Sin.: *Hedysarum hamatum* var. *viscosum* L.
Ref.: Mohlenbrock (1958).
Hierba. Nativa. Andes. Valles Secos, 2000–2500 m.
Dept.: CO.
Muestra: *E.F. Saravia 525* (MO).

Styphnolobium Schott, Wiener Z. Kunst 3: 844. 1830.
1 especie, 0 especies endémicas.

Styphnolobium japonicum (L.) Schott, Wiener Z. Kunst 3: 844. 1830.
Sin.: *Sophora japonica* L.
Ref.: Sousa Sánchez & Rudd (1993).
Árbol. Cultivada. Andes. Valles Secos, 2500–3000 m.
Dept.: CO.
Muestra: *M.L. Rico 1219* (BOLV, K, MO).
Nota: Nativa de China.

Sutherlandia R. Br., Hort. Kew. (ed. 2) 4: 327. 1812.
1 especie, 0 especies endémicas.

Sutherlandia frutescens (L.) R. Br., Hort. Kew. (ed. 2) 4: 327. 1812.
Sin.: *Colutea frutescens* L.
Ref.: Foster (1958), Adolfo María (1966).
Arbusto. Cultivada. Andes. Valles Secos, 2500–3000 m.
Dept.: CO.
Muestra: *L.J. Dorr & L.C. Barnett 6996* (LPB, NY).

Swartzia Schreb., Gen. Pl. 2: 518. 1791.
13 especies, 1 especie endémica.

Swartzia acreana R.S. Cowan, Brittonia 37(3): 300–301, f. 2C–D. 1985.
Ref.: Altamirano Azurduy & Ramos de Sousa (2009).
Arbolito, árbol. Nativa. Zonas Bajas. Bosque Húmedo, Bosque Semideciduo Chiquitano, Campos Cerrados, Sabanas Benianas del Sur, 0–500 m.
Dept.: BE, LP, PA, SC.
Muestra: *L. Arroyo P. et al. 1141* (MO, USZ).

Swartzia arborescens (Aubl.) Pittier, J. Wash. Acad. Sci. 11(7): 157. 1921.
Sin.: *Possira arborescens* Aubl., *Rittera dodecandra* Vahl, *Swartzia dodecandra* (Vahl) Willd., *Swartzia parviflora* DC., *Swartzia bifida* Steud., *Tounatea arborescens* (Aubl.) Britton, *Tounatea dodecandra* (Vahl) Taub., *Tunatea arborescens* (Aubl.) Kuntze, *Tunatea dodecandra* (Vahl) Kuntze, *Swartzia rariflora* Hoehne
Ref.: Foster (1958), Cowan (1967 [1968]), Moraes R. (1990), Vargas Salazar (1993e).
Arbusto, arbolito, árbol. Nativa. Zonas Bajas. Bosque Húmedo, 0–1000 m.
Dept.: BE, PA.
Muestra: *B.M. Torke 244* (LPB, MO).

Swartzia costata (Rusby) R.S. Cowan, Fl. Neotrop. 1: 53. 1967 [1968].
Sin.: *Tounatea costata* Rusby
Ref.: Foster (1958), Cowan (1967 [1968]), Vargas Salazar (1993e).
Arbusto, arbolito, árbol. Endémica. Zonas Bajas. Bosque Húmedo, 0–500 m.
Dept.: BE.
Tipo y muestra: *H.H. Rusby 978* (HT: NY; IT: BM, F, G, GH, MO-1846681, NY, NY, P, US), *J.C. Solomon 6485* (LPB, MO).
Nota: Conocido solamente del tipo.

Swartzia ingifolia Ducke, Trop. Woods 31: 17–18. 1932.
Ref.: Killeen & Schulenberg (1998).
Árbol. Nativa. Zonas Bajas. Bosque Húmedo, 0–500 m.
Dept.: SC.
Muestra: *R. Guillén V. 1160* (USZ).

Swartzia jorori Harms, Meded. Rijks-Herb. 27: 39. 1915.
Ref.: Foster (1958), Cowan (1967 [1968]), Vargas Salazar (1993e), Wallace et al. (2000), Jardim et al. (2003).
Arbusto, arbolito, árbol. Nativa. Zonas Bajas, Andes. Bosque Húmedo, Bosque Semideciduo Chiquitano, Campos Cerrados, Sabanas Benianas del Sur, Yungas, 0–1500 m.
Dept.: BE, CO, LP, SC.
Tipo y muestra: *T. Herzog 1370* (LT: G; ILT: F, MO, S, W, Z), *J. Steinbach 7402* (A, BM, G, GH, GOET, MO, NY, S, U, UC).
Nom. Vern.: Jítei, jorori, jurure, pacay colorado, sangre de toro, sapunaki colorado, tushi.

Swartzia latifolia Benth., J. Bot. (Hooker) 2(10): 86. 1840.
Ref.: Cowan (1967 [1968]).
Árbol. Nativa. Zonas Bajas. Campos Cerrados, 500–1000 m.

Dept.: SC.
Muestra: *L. Arroyo P. et al. 1672* (USZ).

Swartzia laxiflora Bong. ex Benth., J. Bot. (Hooker) 2(10): 86. 1840.
Ref.: Killeen & Schulenberg (1998).
Árbol. Nativa. Zonas Bajas. Bosque Húmedo, Bosque Semideciduo Chiquitano, Sabanas Benianas del Sur, 0–500 m.
Dept.: SC.
Muestra: *T. Killeen & J. Wellens 6381* (MO, USZ).

Swartzia leptopetala Benth., J. Bot. (Hooker) 2(10): 87. 1840.
Sin.: *Swartzia fugax* Spruce ex Benth., *Tounatea fugax* (Spruce ex Benth.) Britton
Ref.: Foster (1958), Vargas Salazar (1993e).
Árbol. Nativa. Zonas Bajas. Bosque Húmedo, 500–1000 m.
Dept.: LP.
Muestra: *H.H. Rusby 1310* (NY).

Swartzia macrostachya Benth., Fl. Bras. 15(2): 24. 1870.
Sin.: *Swartzia kuhlmannii* Hoehne
Ref.: Cowan (1967 [1968]), Killeen & Schulenberg (1998).
Árbol. Nativa. Zonas Bajas. Bosque Húmedo, Bosque Semideciduo Chiquitano, 0–1000 m.
Dept.: SC.
Muestra: *R. Guillén V. et al. 3968* (MO, USZ).
Infra: *Swartzia macrostachya* var. *kuhlmannii* (Hoehne) R.S. Cowan

Swartzia myrtifolia Sm., Cycl. 34: no. 5. 1816.
Ref.: Cowan (1967 [1968]).
Arbolito, árbol. Nativa. Zonas Bajas, Andes. Bosque Húmedo, Campos Amazónicos, Yungas, 0–1500 m.
Dept.: BE, CO, LP, PA.
Muestra: *D.N. Smith et al. 14352* (MO).
Nom. Vern.: Gabetillo negro, jorori, lengua loro, loroshayana, quipabi.

Swartzia oraria R.S. Cowan, Fl. Neotrop. 1: 163, f. 1c. 1967 [1968].
Ref.: Cowan (1967 [1968]).
Árbol. Nativa. Zonas Bajas. Bosque Húmedo, 0–500 m.
Dept.: BE, PA.
Muestra: *J.C. Solomon 6377* (LPB, MO).
Nom. Vern.: Almendrillo negro.

Swartzia peruviana (R.S. Cowan) Torke, Novon 17(1): 115. 2007.
Sin.: *Swartzia brachyrachis* var. *peruviana* R.S. Cowan
Ref.: Torke (2007).
Árbol. Nativa. Zonas Bajas. Bosque Húmedo, 0–500 m.
Dept.: BE, PA.
Muestra: *L. Vargas & R.B. Foster 754* (F, USZ).

Swartzia simplex Spreng., Syst. Veg. 2: 567. 1825.
Sin.: *Possira simplex* Sw., *Swartzia triphylla* var. *grandiflora* Raddi, *Swartzia calophylla* Poepp.
Ref.: Cowan (1967 [1968]), Vargas Salazar (1993e).
Arbolito, árbol. Nativa. Zonas Bajas, Andes. Bosque Húmedo, Yungas, Valles Secos, 0–500, 1000–2000 m.
Dept.: BE, LP, PA.
Muestra: *B.A. Krukoff 10566* (A, F, G, MO, NY, U, UC, US).
Infra: *Swartzia simplex* var. *grandiflora* (Raddi) R.S. Cowan

Sweetia Spreng., Syst. Veg. 2: 171, 213. 1825.
1 especie, 0 especies endémicas.

Sweetia fruticosa Spreng., Syst. Veg. 2: 213. 1825.
Sin.: *Ferreirea spectabilis* Allemão
Ref.: Foster (1958), Yakovlev (1969), Vargas Salazar (1993e), Fuentes Claros (1998), Jardim et al. (2003), Duchen & Beck (2012).
Arbusto, arbolito, árbol. Nativa. Zonas Bajas, Andes. Bosque Húmedo, Bosque Semideciduo Chiquitano, Campos Cerrados, Sabanas Benianas del Sur, Yungas, Valles Secos, 0–1500 m.
Dept.: LP, PA, SC.
Muestra: *S.G. Beck 13594* (BAB, BOLV, CTES, CUZ, K, LPB, MA, NY, USZ).
Infra: *Sweetia fruticosa* var. *fruticosa*
Nom. Vern.: Maní, manicito, manisito, tasaa.

Tachigali Aubl., Hist. Pl. Guiane 1: 372, pl. 143, f. 1. 1775.
15 especies, 0 especies endémicas.

Tachigali aurea Tul., Arch. Mus. Hist. Nat. 4: 169. 1844.
Sin.: *Sclerolobium aureum* (Tul.) Baill.
Ref.: Killeen & Schulenberg (1998), Wood et al. (2011).
Arbolito, árbol. Nativa. Zonas Bajas. Bosque Húmedo, Bosque Semideciduo Chiquitano, Campos Cerrados, 0–1000 m.
Dept.: SC.
Muestra: *T. Killeen & R. Guillén V. 7367* (MO, USZ).

Tachigali bracteosa (Harms) Zarucchi & Pipoly, Sida 16(3): 411. 1995.
Sin.: *Sclerolobium bracteosum* Harms
Ref.: van der Werff (2008).
Árbol. Nativa. Zonas Bajas. Bosque Húmedo, Campos Cerrados, 0–500 m.
Dept.: BE, SC.
Muestra: *R.C. Quevedo et al. 2623* (K, LPB, MO, USZ).

Tachigali chrysaloides van der Werff, Ann. Missouri Bot. Gard. 95(4): 636, 638, f. 8. 2008.
Ref.: van der Werff (2008).
Árbol. Nativa. Zonas Bajas. Bosque Húmedo, Campos Amazónicos, 0–500 m.
Dept.: BE, PA.
Muestra: *B.M. Boom 4458* (K, LPB, MG, MO, NY).
Nom. Vern.: Cano jihui, palo santo.

Tachigali chrysophylla (Poepp.) Zarucchi & Herend., Monogr. Syst. Bot. Missouri Bot. Gard. 45: 1254. 1993.
Sin.: *Sclerolobium chrysophyllum* Poepp.
Ref.: Ruiz de Centurión (1993a), van der Werff (2008).
Árbol. Nativa. Zonas Bajas. Bosque Húmedo, 0–500 m.
Dept.: BE, PA.
Muestra: *E.J. Watkiss & M. Prescott 145* (LPB, MO).
Nom. Vern.: Cano jihui.

Tachigali guianensis (Benth.) Zarucchi & Herend., Monogr. Syst. Bot. Missouri Bot. Gard. 45: 1254. 1993.
Sin.: *Sclerolobium guianense* Benth., *Sclerolobium radlkoferi* Rusby, *Sclerolobium guianense* var. *radlkoferi* (Rusby) Dwyer, *Sclerolobium tinctorium* var. *uleanum* (Harms) Dwyer
Ref.: Dwyer (1957), Foster (1958), Ruiz de Centurión (1993a), Killeen & Schulenberg (1998), Arrázola Rivero et al. (2000), van der Werff (2008).
Árbol. Nativa. Zonas Bajas, Andes. Bosque Húmedo, Campos Cerrados, Yungas, Valles Secos, 0–1500 m.
Dept.: BE, CO, LP, PA, SC.
Muestra: *J.C. Solomon 17696* (AAU, CTES, F, FLAS, GH, K, L, LPB, MA, MEXU, MO).
Nom. Vern.: Cano, palo santo.

Tachigali hypoleuca (Benth.) Zarucchi & Herend., Monogr. Syst. Bot. Missouri Bot. Gard. 45: 1254. 1993.
Sin.: *Sclerolobium hypoleucum* Benth.

Ref.: Killeen & Schulenberg (1998).
Árbol. Nativa. Zonas Bajas. Bosque Húmedo, 0–500 m.
Dept.: SC.
Muestra: *A. Jardim et al. 3116* (MO, USZ).

Tachigali paniculata Aubl., Hist. Pl. Guiane 1: 372–374, pl. 143, f. 1. 1775.
Ref.: Killeen & Schulenberg (1998), van der Werff (2008).
Árbol. Nativa. Zonas Bajas. Bosque Húmedo, 0–500 m.
Dept.: PA, SC.
Muestra: *A.H. Gentry & A. Perry 77998* (AAU, CTES, K, MA, MO, NY).

Tachigali peruviana (Dwyer) Zarucchi & Herend., Monogr. Syst. Bot. Missouri Bot. Gard. 45: 1254. 1993.
Sin.: *Sclerolobium paniculatum* var. *peruvianum* Dwyer
Ref.: Killeen & Schulenberg (1998), van der Werff (2008).
Arbolito, árbol. Nativa. Zonas Bajas. Bosque Húmedo, Bosque Seco Chaqueño, Campos Cerrados, Sabanas Benianas del Sur, 0–1000 m.
Dept.: BE, SC.
Muestra: *T. Killeen et al. 8171* (MO, USZ).

Tachigali poeppigiana Tul., Arch. Mus. Hist. Nat. 4: 168. 1844.
Sin.: *Tachigali polyphylla* Poepp.
Ref.: Ruiz de Centurión (1993a), van der Werff (2008).
Árbol. Nativa. Zonas Bajas. Bosque Húmedo, Campos Amazónicos, 0–500 m.
Dept.: PA.
Muestra: *S.G. Beck et al. 20359* (LPB).
Nota: Aceptada provisionalmente; no hay ejemplares con identificación confirmada para Bolivia.

[Tachigali rugosa (Mart. ex Benth.) Zarucchi & Pipoly], Sida 16(3): 411. 1995.
Sin.: *Sclerolobium rugosum* Mart. ex Benth.
Ref.: Ruiz de Centurión (1993a).
Nota: El registro se basa en material mal identificado.

Tachigali rusbyi Harms, Bot. Jahrb. Syst. 33, Beibl. 72: 20. 1903.
Ref.: Fuentes Claros et al. (2009).
Arbolito, árbol. Nativa. Andes. Yungas, 1000–1500 m.
Dept.: LP.
Muestra: *A.F. Fuentes C. et al. 7684* (LPB, MO).

Tachigali setifera (Ducke) Zarucchi & Herend., Monogr. Syst. Bot. Missouri Bot. Gard. 45: 1254. 1993.
Sin.: *Sclerolobium setiferum* Ducke
Ref.: van der Werff (2008).
Árbol. Nativa. Zonas Bajas. Bosque Húmedo, Campos Cerrados, 0–1000 m.
Dept.: BE, PA, SC.
Muestra: *A. Jardim 1117a* (MO, USZ).

Tachigali subbullata (Ducke) L.F. Gomes da Silva & H.C. Lima, Rodriguésia 58(2): 400. 2007.
Sin.: *Sclerolobium subbullatum* Ducke
Árbol. Nativa. Zonas Bajas. Bosque Húmedo, 0–500 m.
Dept.: BE.
Muestra: *B.M. Boom 4368* (K, MO).

Tachigali subvelutina (Benth.) Oliveira-Filho, Cat. Arvores Nativas Mina Gerais 141. 2006.
Sin.: *Sclerolobium paniculatum* var. *subvelutinum* Benth.
Árbol. Nativa. Zonas Bajas. Campos Cerrados, 0–500 m.
Dept.: SC.
Muestra: *W.W. Thomas 5702* (MO, NY, USZ).

Tachigali tinctoria (Benth.) Zarucchi & Herend., Monogr. Syst. Bot. Missouri Bot. Gard. 45: 1254. 1993.
Sin.: *Sclerolobium tinctorium* Benth.
Ref.: Foster (1958), Ruiz de Centurión (1993a).
Árbol. Nativa. Zonas Bajas. Bosque Húmedo, 0–500 m.
Dept.: SC.
Muestra: *R.C. Quevedo 2685* (USZ).

[Tachigali vasquezii Pipoly], Sida 16(3): 408–410, f. 1. 1995.
Ref.: Alverson et al. (2000).
Nota: Especie dudosa. Esta especie no está en Bolivia. El registro se basa en material mal identificado de *T. chrysaloides*. Sin embargo está citada en Navarro (2011) como parte del bosque amazónico.

Tachigali vulgaris L.F. Gomes da Silva & H.C. Lima, Rodriguésia 58(2): 400. 2007.
Sin.: *Sclerolobium paniculatum* Vogel
Ref.: Killeen & Schulenberg (1998), Wallace et al. (2000), van der Werff (2008).
Árbol. Nativa. Zonas Bajas. Bosque Húmedo, Campos Cerrados, 0–1000 m.
Dept.: BE, SC.
Muestra: *I.G. Vargas et al. 6211* (CTES, K, MO, NY, RB, TEX, USZ).

Tamarindus L., Sp. Pl. 1: 34. 1753.
1 especie, 0 especies endémicas.

Tamarindus indica L., Sp. Pl. 1: 34. 1753.
Ref.: Foster (1958), Ruiz de Centurión (1993a), Killeen & Schulenberg (1998).
Arbusto, arbolito, árbol. Cultivada. Zonas Bajas. Bosque Húmedo, Campos Cerrados, Sabanas Benianas del Sur, Bosque Serrano Chaqueño, 0–500 m.
Dept.: BE, CO, SC, TA.
Muestra: *E. Meneces 461* (BOLV).
Nota: Nativa del sur de Asia (India).
Nom. Vern.: Tamarindo.

Tara Molina, Sag. Stor. Nat. Chili (ed. 2) 153, 282–283. 1810.
1 especie, 0 especies endémicas.

Tara spinosa (Feuillée ex Molina) Britton & Rose, N. Amer. Fl. 23(5): 320. 1930.
Sin.: *Caesalpinia tinctoria* (Kunth) Benth. ex Reiche, *Poinciana spinosa* Feuillée ex Molina, *Caesalpinia pectinata* Cav., *Caesalpinia tara* Ruiz & Pav., *Coulteria tinctoria* Kunth, *Caesalpinia tinctoria* Dombey ex DC., *Caesalpinia spinosa* (Feuillée ex Molina) Kuntze
Ref.: Rusby (1893b), Ruiz de Centurión (1993a), Atahuachi Burgos & Arrázola Rivero (1996), De la Barra (1997), Vargas Caballero et al. (2000).
Arbusto, arbolito, árbol. Nativa. Andes. Bosque Tucumano-Boliviano, Valles Secos, 1500–3500 m.
Dept.: CO, LP, SC.
Muestra: *M.H. Nee & I.G. Vargas 38338* (K, LPB, MO, NY, USZ).
Nom. Vern.: Tara, tara-tara.

Tephrosia Pers., Syn. Pl. 2(2): 328–330. 1807.
8 especies, 0 especies endémicas.

Tephrosia adunca Benth., Ann. Nat. Hist. 3: 432. 1839.
Ref.: Foster (1958), Wood et al. (2011).
Hierba, trepadora, arbusto. Nativa. Zonas Bajas, Andes. Campos Cerrados, Valles Secos, 0–2000 m.
Dept.: LP, SC.
Muestra: *M.H. Nee 37697* (LPB, MO, NY).

Tephrosia cinerea (L.) Pers., Syn. Pl. 2(2): 328–329. 1807.
Sin.: *Galega cinerea* L.
Ref.: Serrano & Terán (1998 [2000]), Wood et al. (2011), Duchen & Beck (2012).
Hierba. Nativa. Zonas Bajas, Andes. Bosque Seco Chaqueño, Campos

Cerrados, Sabanas Benianas del Sur, Yungas, Valles Secos, 0–2500 m.
Dept.: BE, CH, LP, SC.
Muestra: *A.F. Fuentes C. 2386* (LPB, USZ).

[Tephrosia linearis (Willd.) Pers.], Syn. Pl. 2(2): 330. 1807.
Sin.: *Galega linearis* Willd.
Nota: El registro se basa en material mal identificado. Nativa de Africa.

Tephrosia marginata Hassl., Repert. Spec. Nov. Regni Veg. 16: 162–163. 1919.
Ref.: Duchen & Beck (2012).
Trepadora. Nativa. Andes. Yungas, 1000–1500 m.
Dept.: LP.
Muestra: *R.H. Fortunato et al. 5667* (BAB, LPB).

Tephrosia nitens Benth. ex Seem., Bot. Voy. Herald t. 19. 1852.
Ref.: Killeen & Schulenberg (1998).
Subarbusto, arbusto. Nativa. Zonas Bajas. Bosque Húmedo, Campos Cerrados, 0–500 m.
Dept.: SC.
Muestra: *T. Killeen & J. Wellens 6594* (MO, USZ).

Tephrosia purpurea (L.) Pers., Syn. Pl. 2(2): 329. 1807.
Sin.: *Cracca purpurea* L., *Tephrosia leptostachya* DC., *Cracca leptostachya* (DC.) Rusby
Ref.: Rusby (1893b), Foster (1958).
Hierba. Adventicia. Andes. Yungas, Valles Secos, 1000–1500, 2000–2500 m.
Dept.: LP.
Muestra: *O. Buchtien 774* (GH).
Infra: *Tephrosia purpurea* subsp. *leptostachya* (DC.) Brummitt

Tephrosia sessiliflora (Poir.) Hassl., Repert. Spec. Nov. Regni Veg. 16: 162. 1919.
Sin.: *Cytisus sessiliflorus* Poir.
Ref.: Killeen & Schulenberg (1998), Wood et al. (2011).
Hierba, subarbusto, arbusto. Nativa. Zonas Bajas. Bosque Húmedo, Campos Cerrados, Sabanas Benianas del Sur, 0–500 m.
Dept.: BE, SC.
Muestra: *S.G. Beck & R. Seidel 24176* (BAB, CTES, K, LPB, M, MO).

Tephrosia sinapou (Buc'hoz) A. Chev., Compt. Rend. Hebd. Séances Acad. Sci. 180: 1522. 1925.
Sin.: *Galega sinapou* Buc'hoz, *Galega toxicaria* Sw., *Tephrosia toxicaria* (Sw.) Pers.
Ref.: Wood (1949).
Subarbusto, arbusto, arbolito. Nativa, cultivada. Zonas Bajas, Andes. Bosque Húmedo, Sabanas Benianas del Sur, Campos Amazónicos, Yungas, 0–500, 1000–2000 m.
Dept.: BE, LP, SC.
Muestra: *H. Salm 26* (BAB, LPB, MO).
Nota: Más frecuente en Centro América, el Caribe y Norte de Sur América.
Nom. Vern.: Barbasco de raíz, chitó, chu'ti' grande barbasco, sacha.

Tephrosia vogelii Hook. f., Niger Fl. 296. 1849.
Arbusto, arbolito. Adventicia. Zonas Bajas, Andes. Bosque Húmedo, Sabanas Benianas del Sur, Yungas, Valles Secos, 0–2000 m.
Dept.: BE, CO, LP.
Muestra: *A. Araujo M. et al. 220* (LPB, MA, MEXU, MO).
Nota: Nativa de Africa.
Nom. Vern.: Barbasco de hoja, sacha, sát(r)e.

Teramnus P. Browne, Civ. Nat. Hist. Jamaica 290. 1756.
3 especies, 0 especies endémicas.

Teramnus labialis (L. f.) Spreng., Syst. Veg. 3: 235. 1826.
Sin.: *Glycine labialis* L. f.
Trepadora. Adventicia. Zonas Bajas, Andes. Bosque Semideciduo Chiquitano, Valles Secos, 0–1500 m.
Dept.: LP, SC.
Muestra: *M.J.G. Hopkins et al. 157* (BAB, LPB, NY, USZ).

Teramnus uncinatus (L.) Sw., Prodr. 105. 1788.
Sin.: *Dolichos uncinatus* L.
Ref.: Rusby (1893b), Foster (1958), Duchen & Beck (2012).
Trepadora. Nativa. Zonas Bajas, Andes. Bosque Húmedo, Bosque Semideciduo Chiquitano, Campos Cerrados, Sabanas Benianas del Sur, Yungas, Valles Secos, 0–2000 m.
Dept.: BE, CO, LP, SC.
Muestra: *M.H. Nee 48832* (MO, NY).
Nom. Vern.: Bejuquillo.

Teramnus volubilis Sw., Prodr. 105. 1788.
Ref.: Zamora Villalobos (2010).
Hierba, trepadora. Nativa. Zonas Bajas. Sabanas Benianas del Sur, 0–500 m.
Dept.: SC.
Muestra: *R. Frey et al. 498* (MO).

Tipuana (Benth.) Benth., J. Proc. Linn. Soc., Bot. 4(Suppl.): 72. 1859 [1860].
1 especie, 0 especies endémicas.

Tipuana tipu (Benth.) Kuntze, Revis. Gen. Pl. 3(3): 72. 1898.
Sin.: *Machaerium tipu* Benth., *Tipuana speciosa* Benth., *Tipuana tipa* Lillo
Ref.: Foster (1958), Rudd (1974), Vargas Salazar (1993e), López Vargas (1995), Atahuachi Burgos & Arrázola Rivero (1996), Saravia Miranda (1996), Schulenberg & Awbrey (1997), González et al. (1999), Serrano & Terán (1998 [2000]), Vargas Caballero et al. (2000), Ministerio de Medio Ambiente y Agua (2012 [2013]).
Arbolito, árbol. Nativa, cultivada. Zonas Bajas, Andes. Bosque Húmedo, Bosque Semideciduo Chiquitano, Bosque Tucumano-Boliviano, Bosque Serrano Chaqueño, Valles Secos, 0–3000 m.
Dept.: CH, CO, PO, SC, TA.
Muestra: *D.N. Smith & Buddensiek 13932* (LPB, MO).
Nom. Vern.: Kurasapoi, tipa, tipilla.

Trifolium L., Sp. Pl. 2: 764. 1753.
8 especies, 0 especies endémicas.

Trifolium amabile Kunth, Nov. Gen. Sp. (quarto ed.) 6: 503, pl. 593. 1823 [1824].
Sin.: *Trifolium bolivianum* P.B. Kenn.
Ref.: Rusby (1893b), Foster (1958), Adolfo María (1966), Zohary & Heller (1984), López Vargas (1995), Atahuachi Burgos & Arrázola Rivero (1996), Saravia Miranda (1996), Serrano & Terán (1998 [2000]), Balderrama & Ramírez (2001).
Hierba. Nativa. Andes, Altiplano. Yungas, Bosque Tucumano-Boliviano, Páramo Yungueño, Valles Secos, Puna Húmeda, Puna Seca, Bosque de *Polylepis*, 2000–4500 m.
Dept.: CH, CO, LP, OR, PO, TA.
Muestra: *P. Saravia 694* (BOLV).
Infra: *Trifolium amabile* var. *amabile*, *Trifolium amabile* var. *pentlandii* Ball, *Trifolium amabile* var. *hemsleyi* (Lojac.) D. Heller & Zohary, *Trifolium amabile* var. *mexicanum* (Hemsl.) D. Heller
Nom. Vern.: Trebol.

Trifolium dubium Sibth., Fl. Oxon. 231. 1794.
Hierba. Adventicia. Andes. Yungas, 2000–2500 m.
Dept.: CO.
Muestra: *J. Steinbach 8872* (GH, MO).
Nota: Nativa de Europa.

Trifolium fragiferum L., Sp. Pl. 2: 772. 1753.
Hierba. Adventicia, cultivada. Andes. Valles Secos, 2000–3000 m.
Dept.: CO.
Muestra: *J.R.I. Wood 21584* (K, LPB).

Trifolium incarnatum L., Sp. Pl. 2: 769. 1753.
Hierba. Cultivada. Altiplano. Puna Húmeda, 3500–4000 m.
Dept.: LP.
Muestra: *S.G. Beck 22993* (LPB).

[Trifolium ochroleucum Huds.], Fl. Angl. 283. 1762.
Ref.: Adolfo María (1966).
Nota: Especie dudosa. No hay ejemplares de herbario para esta especie en Bolivia. Nativa de Europa.

Trifolium peruvianum Vogel, Nova Acta Phys.-Med. Acad. Caes. Leop.-Carol. Nat. Cur. 19(Suppl. 1): 12. 1843.
Ref.: Foster (1958).
Hierba. Nativa. Altiplano. Puna Húmeda, 4000–4500 m.
Dept.: LP.
Muestra: *S.G. Beck 3972* (LPB).

Trifolium polymorphum Poir., Encycl. 8: 20. 1808.
Hierba. Nativa. Andes. Valles Secos, 3000–3500 m.
Dept.: CH.
Muestra: *J. Gutiérrez R. 116* (HSB, MO).

Trifolium pratense L., Sp. Pl. 2: 768. 1753.
Ref.: Adolfo María (1966).
Hierba. Adventicia, cultivada. Andes. Yungas, 2500–3000 m.
Dept.: CO.
Muestra: *J.R.I. Wood 20960* (K).
Nota: Especie adventicia de muy amplia distribución. Nativa de Europa.

Trifolium repens L., Sp. Pl. 2: 767. 1753.
Ref.: Adolfo María (1966).
Hierba. Naturalizada, adventicia. Andes. Yungas, Bosque Tucumano-Boliviano, Páramo Yungueño, Valles Secos, 1500–3500 m.
Dept.: CO, LP, SC, TA.
Muestra: *I.G. Vargas et al. 2382* (MO, USZ).
Nota: Nativa de Europa.

Trischidium Tul., Ann. Sci. Nat., Bot., sér. 2, 20: 141. 1843.
2 especies, 0 especies endémicas.

Trischidium alternum (Benth.) H.E. Ireland, Kew Bull. 62(2): 339. 2007.
Sin.: *Swartzia alterna* Benth., *Bocoa alterna* (Benth.) R.S. Cowan
Ref.: Moraes R. (1990), Ireland (2007).
Árbol. Nativa. Zonas Bajas. Bosque Húmedo, Campos Amazónicos, 0–500 m.
Dept.: PA.
Muestra: *M.H. Nee 31825* (LPB, MO, NY, USZ).

Trischidium molle (Benth.) H.E. Ireland, Kew Bull. 62(2): 336–338, f. 1a–h. 2007.
Sin.: *Swartzia mollis* Benth., *Trischidium vestitum* Tul., *Swartzia cearensis* Ducke, *Bocoa mollis* (Benth.) R.S. Cowan, *Bocoa mollis* var. *piauhyensis* Rizzini
Ref.: Forzza (2010).
Arbusto. Nativa. Zonas Bajas. Bosque Semideciduo Chiquitano, Campos Cerrados, 0–1000 m.
Dept.: SC.
Muestra: *J.R. Abbott & B. Mostacedo 16117* (MO).

Ulex L., Sp. Pl. 2: 741. 1753.
1 especie, 0 especies endémicas.

Ulex europaeus L., Sp. Pl. 2: 741. 1753.
Ref.: Zamora Villalobos (2010).
Arbusto. Naturalizada, cultivada. Andes. Valles Secos, 3000–3500 m.
Dept.: LP.
Muestra: *J.C. Solomon 5925* (LPB, MO).
Nota: Nativa de Europa.

Vachellia Wight & Arn., Prodr. Fl. Ind. Orient. 1: 272. 1834.
6 especies, 0 especies endémicas.

Vachellia albicorticata (Burkart) Seigler & Ebinger, Phytologia 87(3): 142. 2005 [2006].
Sin.: *Acacia albicorticata* Burkart
Ref.: Foster (1958), Saldias Paz (1993b), Serrano & Terán (1998 [2000]), Seigler & Ebinger (2005 [2006]), Arroyo Padilla & Villarroel Segarra (2009).
Arbusto, arbolito, árbol. Nativa. Zonas Bajas, Andes. Bosque Semideciduo Chiquitano, Bosque Seco Chaqueño, Campos Cerrados, Sabanas Benianas del Norte, Sabanas Benianas del Sur, Bosque Tucumano-Boliviano, Bosque Serrano Chaqueño, 0–1500 m.
Dept.: BE, CH, SC.
Muestra: *M.H. Nee 35090* (LPB, MO, NY).
Nom. Vern.: Aromo, churqui, espinilla blanca, espino, espino blanco, espinillo, tatare, tatani, narrstüriorr.

Vachellia aroma (Gillies ex Hook. & Arn.) Seigler & Ebinger, Phytologia 87(3): 143. 2005 [2006].
Sin.: *Acacia lutea* Leavenw., *Acacia aroma* Gillies ex Hook. & Arn., *Acacia moniliformis* Griseb., *Acacia aroma* var. *cochlearis* Griseb., *Acacia michelii* Rusby, *Acacia lutea* var. *aroma* (Gillies ex Hook. & Arn.) Kuntze, *Acacia lutea* var. *moniliformis* (Griseb.) Kuntze, *Vachellia lutea* fo. *aroma* (Gillies ex Hook. & Arn.) Speg., *Vachellia lutea* fo. *leptocarpa* Speg., *Vachellia lutea* fo. *moniliformis* (Griseb.) Speg., *Vachellia lutea* fo. *pachycarpa* Speg., *Vachellia lutea* var. *aroma* (Gillies ex Hook. & Arn.) Speg., *Vachellia lutea* fo. *oocephala* Speg., *Vachellia lutea* fo. *thlipsacantha* Speg., *Vachellia lutea* var. *moniliformis* (Griseb.) Speg., *Acacia huarango* Ruiz ex J.F. Macbr.
Ref.: Foster (1958), Saldias Paz (1993b), Atahuachi Burgos & Arrázola Rivero (1996), Schulenberg & Awbrey (1997), González et al. (1999), Serrano & Terán (1998 [2000]), Vargas Caballero et al. (2000), Seigler & Ebinger (2005 [2006]), Arroyo Padilla & Villarroel Segarra (2009).
Arbusto, arbolito, árbol. Nativa. Zonas Bajas, Andes. Bosque Seco Chaqueño, Yungas, Bosque Tucumano-Boliviano, Bosque Serrano Chaqueño, Valles Secos, 0–3000 m.
Dept.: CH, CO, LP, PO, SC, TA.
Muestra: *R. Lozano 1511* (HSB, MO, NY).
Infra: *Vachellia aroma* var. *aroma*
Nom. Vern.: Algaraobo chico, cupechichó, irguapere, iguopere, k´ena, khiñe, kiñi, quine, quiña, quiñe, quiñie, sirao, siriado-siriao, tusca.

[Vachellia astringens (Gillies ex Hook. & Arn.) Speg.], Bol. Acad. Nac. Ci. 26: 278. 1923.
Sin.: *Prosopis astringens* Gillies ex Hook. & Arn., *Acacia atramentaria* Benth.
Ref.: Saldias Paz (1993b), Serrano & Terán (1998 [2000]), Seigler & Ebinger (2005 [2006]), Rico Arce (2007).
Nota: El registro se basa en material mal identificado de *V. caven*. Nativa de Argentina.

Vachellia caven (Molina) Seigler & Ebinger, Phytologia 87(3): 148. 2005 [2006].
Sin.: *Mimosa caven* Molina, *Mimosa cavenia* Molina, *Acacia caven* Molina, *Acacia cavenia* Bertero ex Bull., *Acacia adenopa* Hook. & Arn., *Acacia*

cavenia (Molina) Hook. & Arn., *Acacia aromatica* Poepp. ex Mart., *Acacia farnesiana* var. *brachicarpa* Kuntze, *Acacia farnesiana* var. *cavenia* (Molina) Kuntze, *Acacia farnesiana* var. *heterocarpa* Kuntze, *Acacia farnesiana* var. *cavenia* (Molina) Arechav., *Vachellia farnesiana* fo. *brachypoda* Speg., *Vachellia farnesiana* fo. *cavenia* (Molina) Speg., *Vachellia farnesiana* fo. *microcarpa* Speg., *Vachellia farnesiana* fo. *stenocarpa* Speg., *Acacia caven* var. *dehiscens* Burkart ex Cialdella, *Acacia caven* var. *microcarpa* (Speg.) Burkart ex Cialdella, *Acacia caven* var. *stenocarpa* (Speg.) Burkart ex Cialdella, *Acacia caven* var. *macrocarpa* Aronson, *Acacia caven* var. *sphaerocarpa* Burkart ex Aronson

Ref.: Saldias Paz (1993b), Atahuachi Burgos & Arrázola Rivero (1996), González et al. (1999), López (2000), Serrano & Terán (1998 [2000]), Seigler & Ebinger (2005 [2006]).

Arbusto, arbolito, árbol. Nativa. Zonas Bajas, Andes. Bosque Seco Chaqueño, Bosque Serrano Chaqueño, Valles Secos, 0–3500 m.

Dept.: CH, CO, LP, SC, TA.

Muestra: *I.G. Vargas 805* (LPB, MO, NY, USZ).

Nom. Vern.: Churqui.

[Vachellia eburnea (L. f.) P.J.H. Hurter & Mabb.], Pl.-Book (ed. 3) 1021. 2008.

Sin.: *Mimosa eburnea* L. f., *Acacia eburnea* (L. f.) Willd.

Ref.: Adolfo María (1966), Rico Arce (2007).

Nota: El registro se basa en material mal identificado. Su presencia en Bolivia, como árbol cultivado, no ha sido confirmada. Rico Arce (2007) reporta no haber visto una planta o espécimen que pueda documentar este taxón como presente en el Neotrópico (incluyendo material cultivado). Nativa de India, Sri Lanka, Pakistán, Afganistán y Omán.

Vachellia farnesiana (L.) Wight & Arn., Prodr. Fl. Ind. Orient. 1: 272. 1834.

Sin.: *Mimosa farnesiana* L., *Acacia farnesiana* (L.) Willd., *Acacia pedunculata* Willd., *Acacia acicularis* Humb. & Bonpl. ex Willd., *Acacia edulis* Humb. & Bonpl. ex Willd., *Mimosa pedunculata* (Willd.) Poir., *Farnesia odora* Gasp., *Poponax farnesiana* (L.) Raf., *Acacia ferox* M. Martens & Galeotti, *Acacia lenticellata* F. Muell., *Acacia farnesiana* fo. *pedunculata* (Willd.) Kuntze, *Acacia farnesiana* var. *lenticellata* (F. Muell.) F.M. Bailey, *Vachellia densiflora* Alexander ex Small, *Acacia densiflora* (Alexander ex Small) Cory, *Poponax venosa* Britton ex Britton & Killip, *Acacia smallii* Isely, *Acacia minuta* subsp. *densiflora* (Alexander ex Small) R.M. Beauch.

Ref.: Rusby (1893a), Foster (1958), Saldias Paz (1993b), Atahuachi Burgos & Arrázola Rivero (1996), Seigler & Ebinger (2005 [2006]).

Arbusto, arbolito, árbol. Nativa. Zonas Bajas, Andes. Bosque Semideciduo Chiquitano, Sabanas Benianas del Sur, Bosque Tucumano-Boliviano, Valles Secos, 0–3500 m.

Dept.: BE, CH, CO, LP, SC, TA.

Muestra: *A. Araujo M. et al. 2705* (BOLV, CTES, HSB, ILL, LPB, MA, MO, USZ).

Infra: *Vachellia farnesiana* var. *farnesiana*

Nota: Bajo esta especie existen muchas muestras que corresponden a *V. aroma*, y su distribución en Bolivia probablemente no es tan amplia.

Nom. Vern.: Acacia, aroma, cicao.

Vachellia karroo (Hayne) Banfi & Galasso, Atti Soc. Ital. Sci. Nat. Mus. Civico Storia Nat. Milano 149: 149. 2007.

Sin.: *Acacia karroo* Hayne, *Acacia dekindtiana* A. Chev., *Acacia inconflagrabilis* Gerstner

Ref.: Adolfo María (1966), Saldias Paz (1993b).

Arbusto, árbol. Cultivada. Andes. Valles Secos, 2000–3000 m.

Dept.: CH, CO.

Muestra: *M.H. Nee 30376* (LPB, MO, NY).

Nota: Nativa de Africa.

Vachellia macracantha (Humb. & Bonpl. ex Willd.) Seigler & Ebinger, Phytologia 87(3): 160. 2005 [2006].

Sin.: *Mimosa lutea* Mill., *Acacia flexuosa* Humb. & Bonpl. ex Willd., *Acacia macracantha* Humb. & Bonpl. ex Willd., *Acacia obtusa* Humb. & Bonpl. ex Willd., *Acacia punctata* Humb. & Bonpl. ex Willd., *Mimosa atomaria* Poir., *Mimosa flexuosa* (Humb. & Bonpl. ex Willd.) Poir., *Mimosa macracantha* (Humb. & Bonpl. ex Willd.) Poir., *Mimosa obtusa* (Humb. & Bonpl. ex Willd.) Poir., *Acacia flexuosa* var. *ambigua* DC., *Acacia humboldtii* Ham., *Acacia macracanthoides* Bertero ex DC., *Acacia subinermis* Bertero ex DC., *Acacia microcephala* Macfad., *Acacia platyacantha* Schltdl., *Acacia pellacantha* (Meyen) Vogel, *Acacia flexuosa* var. *lasiocarpa* Griseb., *Acacia macracantha* var. *glabrescens* Griseb., *Acacia lutea* (Mill.) Britton, *Vachellia lutea* (Mill.) Speg., *Poponax cowellii* Britton & Rose, *Poponax lutea* (Mill.) Britton & Rose, *Poponax macracanthoides* (Bertero ex DC.) Britton & Rose, *Poponax canescens* Britton ex Britton & Killip, *Poponax flexuosa* (Humb. & Bonpl. ex Willd.) Britton & Rose ex Britton & Killip, *Poponax macracantha* (Humb. & Bonpl. ex Willd.) Killip, *Acacia cowellii* (Britton & Rose) León, *Acacia canescens* (Britton ex Britton & Killip) García-Barr. & Forero, *Acacia macracantha* var. *glabra* Kitan.

Ref.: Foster (1958), Wiggins & Porter (1971), Saldias Paz (1993b), López Vargas (1995), Atahuachi Burgos & Arrázola Rivero (1996), Saravia Miranda (1996), De la Barra (1997), González et al. (1999), López (2000), Serrano & Terán (1998 [2000]), Seigler & Ebinger (2005 [2006]), Rico Arce (2007).

Arbusto, árbol. Nativa. Andes. Bosque Tucumano-Boliviano, Valles Secos, 1000–3500 m.

Dept.: BE, CH, CO, LP, PO, SC, TA.

Muestra: *E. Cervantes 20* (HSB, MO).

Nom. Vern.: Kiñi, kini, sirado, sirado-sirao, th'ago, tusca.

[Vachellia nilotica (L.) P.J.H. Hurter & Mabb.], Pl.-Book (ed. 3) 1021. 2008.

Sin.: *Mimosa nilotica* L., *Acacia nilotica* (L.) Willd. ex Delile

Ref.: Rico Arce (2007).

Nota: Especie dudosa. Nativa de Africa. Rico-Arce (2007) la cita para Argentina, Bolivia, Ecuador y Perú, pero no hay ejemplares de herbario confirmados.

[Vachellia seyal (Delile) P.J.H. Hurter], Pl.-Book (ed. 3) 1021. 2008.

Sin.: *Acacia seyal* Delile

Ref.: Rico Arce (2007).

Nota: Especie dudosa. No existe un ejemplar comprobado para Bolivia. Nativa de Africa.

Vatairea Aubl., Hist. Pl. Guiane 2: 755, pl. 302. 1775.

2 especies, 0 especies endémicas.

Vatairea fusca (Ducke) Ducke, Arch. Jard. Bot. Rio de Janeiro 5: 139, 192. 1930.

Sin.: *Tipuana fusca* Ducke

Arbolito, árbol. Nativa. Zonas Bajas,

Andes. Campos Cerrados, Yungas, 0–500, 1000–1500 m.
Dept.: LP, SC.
Muestra: *A. Araujo M. et al. 1572* (BOLV, CTES, LPB, MA, MO, USZ).

Vatairea macrocarpa (Benth.) Ducke, Arch. Jard. Bot. Rio de Janeiro 5: 141. 1930.
Sin.: *Machaerium macrocarpum* Benth.
Ref.: Lima (1982), Vargas Salazar (1993e), Killeen & Schulenberg (1998), Alverson et al. (2000).
Arbolito, árbol. Nativa. Zonas Bajas. Bosque Húmedo, Bosque Semideciduo Chiquitano, Campos Cerrados, Sabanas Benianas del Sur, 0–1000 m.
Dept.: PA, SC.
Muestra: *T. Killeen 2133* (F, LPB).

Vataireopsis Ducke, Notizbl. Bot. Gart. Berlin–Dahlem 11: 473. 1932.
1 especie, 0 especies endémicas.

Vataireopsis speciosa Ducke, Notizbl. Bot. Gart. Berlin–Dahlem 11(106): 474. 1932.
Ref.: Lima (1980), Vargas Salazar (1993e), Killeen & Schulenberg (1998).
Árbol. Nativa. Zonas Bajas. Bosque Húmedo, 0–500 m.
Dept.: BE, LP, SC.
Muestra: *B.M. Boom 4483* (LPB, NY).
Nom. Vern.: Jihui pishi.

Vicia L., Sp. Pl. 2: 734. 1753.
9 especies, 0 especies endémicas.

Vicia andicola Kunth, Nov. Gen. Sp. (quarto ed.) 6: 498–499, pl. 582. 1823 [1824].
Ref.: Allkin et al. (1983).
Hierba, trepadora. Nativa. Andes. Yungas, Bosque Tucumano-Boliviano, Valles Secos, 2000–3000 m.
Dept.: SC.
Muestra: *M.H. Nee 50560* (LPB, MO, NY).
Nom. Vern.: Viscia.

[Vicia disperma DC.], Cat. Pl. Horti Monsp. 154. 1813.
Ref.: Serrano & Terán (1998 [2000]).
Nota: Especie dudosa. Nativa del Mediterráneo.

Vicia faba L., Sp. Pl. 2: 737. 1753.
Sin.: *Faba vulgaris* Moench
Hierba. Cultivada. Andes, Altiplano. Yungas, Bosque Tucumano-Boliviano, Páramo Yungueño, Valles Secos, Puna Húmeda, 1000–4500 m.
Dept.: CO, LP, OR, SC.
Muestra: *J.C. Solomon 17583* (MO).
Nota: Nativa del Mediterráneo y Asia occidental.
Nom. Vern.: Haba.

Vicia graminea Sm., Cycl. 37: n. 27. 1817.
Sin.: *Vicia grata* Phil.
Ref.: Foster (1958), Adolfo María (1966).
Hierba, trepadora. Nativa. Andes, Altiplano. Páramo Yungueño, Valles Secos, Puna Húmeda, 2500–4000 m.
Dept.: CO, LP, TA.
Muestra: *J.C. Solomon & S.G. Beck 6623* (K, LPB, MO).
Nom. Vern.: Arverjilla.

[Vicia humilis Kunth], Nov. Gen. Sp. (quarto ed.) 6: 498, pl. 581. 1823 [1824].
Ref.: Foster (1958).
Nota: El registro se basa en material mal identificado. Nativa de Centro América.

Vicia magellanica Hook. f., Fl. Antarct. 1(2): 257. 1847.
Sin.: *Vicia andicola* Phil.
Trepadora. Nativa. Andes. Bosque Tucumano-Boliviano, 2500–3000 m.
Dept.: SC.
Muestra: *M.H. Nee 40330* (MO, NY).
Infra: *Vicia magellanica* var. *andicola* (Phil.) Reiche

Vicia montevidensis Vogel, Linnaea 13: 34. 1839.
Ref.: Foster (1958).
Hierba. Nativa. Andes. Valles Secos, 1500–2000, 2500–3000 m.
Dept.: SC.
Muestra: *T. Herzog 1721* (B).

Vicia nigricans Hook. & Arn., Bot. Beechey Voy. 20. 1841 [1830].
Sin.: *Vicia andina* Phil.
Hierba. Nativa. Andes. Bosque Tucumano-Boliviano, 2000–2500 m.
Dept.: TA.
Muestra: *M. Serrano et al. 6304* (MO).

Vicia sativa L., Sp. Pl. 2: 736. 1753.
Hierba. Cultivada. Andes. Valles Secos, 3000–3500 m.
Dept.: LP.
Muestra: *H.H. Rusby 1006* (NY).
Infra: *Vicia sativa* var. *angustifolia* (L.) Wahlenb.

Vicia setifolia Kunth, Nov. Gen. Sp. (quarto ed.) 6: 500–501. 1824.
Sin.: *Vicia acerosa* Clos
Ref.: Foster (1958).
Hierba, trepadora. Nativa. Altiplano. Puna Húmeda, 3500–4000 m.
Dept.: LP.
Muestra: *K. Pflanz 383* (B).

Vicia villosa Roth, Tent. Fl. Germ. 2(2): 182–183. 1793.
Ref.: Adolfo María (1966).
Hierba. Adventicia. Andes. Bosque Tucumano-Boliviano, Valles Secos, 1500–3000 m.
Dept.: CH, CO, SC, TA.
Muestra: *J.A. Peñaranda 92a* (HSB, MO).
Infra: *Vicia villosa* subsp. *villosa*

Vigna Savi, Nuovo Giorn. Lett. 8: 113. 1824.
8 especies, 1 especie endémica.

Vigna juruana (Harms) Verdc., Kew Bull. 24(3): 540. 1970.
Sin.: *Phaseolus juruanus* Harms
Liana. Nativa. Zonas Bajas. Bosque Húmedo, 0–500 m.
Dept.: PA.
Muestra: *S.G. Beck et al. 19433* (BAB, COL, K, LPB, MEXU, NY, PORT).

Vigna lasiocarpa (Mart. ex Benth.) Verdc., Kew Bull. 24(3): 539. 1970.
Sin.: *Phaseolus lasiocarpus* Mart. ex Benth.
Ref.: Killeen & Schulenberg (1998).
Trepadora, liana. Nativa. Zonas Bajas, Andes. Bosque Húmedo, Bosque Semideciduo Chiquitano, Sabanas Benianas del Sur, Yungas, 0–500, 1000–1500 m.
Dept.: BE, LP, SC.
Muestra: *T. Killeen et al. 6894* (AAU, K, MEXU, MO, NY, USZ, Z).

Vigna longifolia (Benth.) Verdc., Kew Bull. 24(3): 541. 1970.
Sin.: *Phaseolus longifolius* Benth., *Phaseolus ovatus* Benth., *Phaseolus schottii* Benth.
Ref.: Piper (1926), Foster (1958), Adolfo María (1966).
Trepadora. Nativa. Zonas Bajas. Bosque Húmedo, Sabanas Benianas del Sur, Campos Amazónicos, 0–500 m.
Dept.: BE, CO, PA, SC.
Muestra: *J.C. Solomon 16823* (MO).

Vigna luteola (Jacq.) Benth., Fl. Bras. 15(1B): 194. 1859.
Sin.: *Dolichos luteolus* Jacq.
Ref.: López Vargas (1995), Schulenberg & Awbrey (1997), Serrano & Terán (1998 [2000]).
Hierba, trepadora. Nativa. Zonas Bajas, Andes. Bosque Húmedo, Sabanas Benianas del Sur, Valles Secos, 0–500, 1000–1500 m.
Dept.: BE, CH, CO, LP, SC.
Muestra: *M. Moraes R. 332* (LPB, MEXU).

Vigna myrtifolia Piper, Contr. U.S. Natl. Herb. 22(9): 666. 1926.
Ref.: Piper (1926), Foster (1958).
Hierba, trepadora. Endémica. Zonas Bajas. Bosque Húmedo, 0–500 m.
Dept.: SC.
Tipo: *J. Steinbach 5635* (HT: NY).
Nota: Conocido solamente del tipo.

Vigna truxillensis (Kunth) N. Zamora, Monogr. Syst. Bot. Missouri Bot. Gard. 119: 761. 2010.
Sin.: *Phaseolus truxillensis* Kunth, *Phaseolus adenanthus* var. *radicans* (Benth.) Hassl.
Ref.: Foster (1958).
Hierba, trepadora. Nativa. Zonas Bajas. Bosque Semideciduo Chiquitano, 0–500 m.
Dept.: SC.
Muestra: *J. Steinbach 2056* (GH).

Vigna unguiculata (L.) Walp., Repert. Bot. Syst. 1(5): 779. 1843.
Sin.: *Dolichos unguiculatus* L.
Hierba, trepadora. Cultivada. Zonas Bajas, Andes. Bosque Húmedo, Yungas, 0–2000 m.
Dept.: BE, LP, SC.
Muestra: *D.E. Williams 997* (MO).
Nom. Vern.: Fríjol, fríjol blanco.

Vigna vexillata (L.) A. Rich., Hist. Fís. Cuba, Bot. 10: 191. 1845.
Sin.: *Phaseolus vexillatus* L.
Ref.: Moraes R. (1990).
Trepadora. Nativa. Zonas Bajas. Bosque Húmedo, Bosque Semideciduo Chiquitano, Sabanas Benianas del Norte, Sabanas Benianas del Sur, 0–500 m.
Dept.: BE, PA, SC.
Muestra: *M.H. Nee 31790* (NY).

Wisteria Nutt., Gen. N. Amer. Pl. 2: 115–116. 1818.
2 especies, 0 especies endémicas.

Wisteria floribunda (Willd.) DC., Prodr. 2: 390. 1825.
Sin.: *Glycine floribunda* Willd.
Arbusto. Cultivada. Andes. Valles Secos, 2500–3000 m.
Dept.: CO.
Muestra: *S.G. Beck 7008* (LPB).

Wisteria sinensis (Sims) Sweet, Hort. Brit. 1: 121. 1826.
Sin.: *Glycine sinensis* Sims
Liana. Cultivada. Andes. Valles Secos, 3000–3500 m.
Dept.: LP.
Muestra: *J.C. Solomon & R. Zeballos 15501* (MO).
Nota: Nativa de China.

Zapoteca H.M. Hern., Ann. Missouri Bot. Gard. 73(4): 757–762, f. 1, 3–4, 7, 11. 1986 [1987].
5 especies, 0 especies endémicas.

Zapoteca andina H.M. Hern., Ann. Missouri Bot. Gard. 76(3): 836, f. 41. 1989.
Ref.: Hernández Macías (1989).
Arbusto. Nativa. Zonas Bajas, Andes. Bosque Húmedo, Yungas, 500–2000 m.
Dept.: LP.
Muestra: *G. Mandon 759* (BM, BR, GH, K, NY).

Zapoteca caracasana (Jacq.) H.M. Hern., Ann. Missouri Bot. Gard. 73(4): 757. 1986 [1987].
Sin.: *Mimosa caracasana* Jacq.
Ref.: Hernández Macías (1989).
Arbusto. Nativa. Zonas Bajas, Andes. Bosque Semideciduo Chiquitano, Campos Cerrados, Valles Secos, 0–500, 1000–1500 m.
Dept.: LP, SC.
Muestra: *L.J. Dorr 6831* (LPB, MO).

Zapoteca formosa (Kunth) H.M. Hern., Ann. Missouri Bot. Gard. 73(4): 757. 1986 [1987].
Sin.: *Acacia formosa* Kunth, *Calliandra formosa* (Kunth) Benth.
Ref.: Foster (1958), Hernández Macías (1989), Saldias Paz (1993b), López Vargas (1995), Atahuachi Burgos & Arrázola Rivero (1996), Serrano & Terán (1998 [2000]).
Subarbusto, arbusto, arbolito, árbol. Nativa. Zonas Bajas, Andes. Bosque Seco Chaqueño, Yungas, Bosque Tucumano-Boliviano, Bosque Serrano Chaqueño, Valles Secos, 0–2000 m.
Dept.: CH, CO, LP, SC, TA.
Muestra: *A. Araujo M. et al. 2423* (LPB, MA, MO).
Infra: *Zapoteca formosa* subsp. *formosa*

Zapoteca portoricensis (Jacq.) H.M. Hern., Ann. Missouri Bot. Gard. 73(4): 758. 1986 [1987].
Sin.: *Mimosa portoricensis* Jacq., *Calliandra portoricensis* (Jacq.) Benth., *Calliandra flavida* Urb.
Ref.: Foster (1958), Hernández Macías (1989), Saldias Paz (1993b), López Vargas (1995).
Subarbusto, arbusto, arbolito, árbol. Nativa. Zonas Bajas, Andes. Bosque Húmedo, Bosque Semideciduo Chiquitano, Bosque Tucumano-Boliviano, Valles Secos, 0–2000, 2500–3000 m.
Dept.: BE, CO, LP, SC.
Muestra: *E. Calzadilla 169* (MO, USZ).
Infra: *Zapoteca portoricensis* var. *portoricensis*, *Zapoteca portoricensis* subsp. *flavida* (Urb.) H.M. Hern.

Zapoteca scutellifera (Benth.) H.M. Hern., Ann. Missouri Bot. Gard. 76(3): 852. 1989.
Sin.: *Calliandra scutellifera* Benth.
Ref.: Hernández Macías (1989).
Subarbusto, arbusto. Nativa. Zonas Bajas. Bosque Húmedo, Bosque Semideciduo Chiquitano, Bosque Seco Chaqueño, 0–500 m.
Dept.: BE, SC.
Muestra: *J. Steinbach 7047* (A, BM, F, G, GH, K, LPB, MO, NY).

Zornia J.F. Gmel., Syst. Nat. 2(2): 1076, 1096. 1791 [1792].
11 especies, 0 especies endémicas.

Zornia contorta Mohlenbr., Webbia 16(1): 117–118, f. 73a & 79. 1961.
Ref.: Mohlenbrock (1961), Mohlenbrock (1962), Serrano & Terán (1998 [2000]).
Hierba. Nativa. Andes. Valles Secos, 1000–3500 m.
Dept.: CH, CO, LP, SC, TA.
Muestra: *O. Buchtien 4104* (GH, MO).
Nom. Vern.: Papilla, papita.

Zornia crinita (Mohlenbr.) Vanni, Darwiniana 33: 8. 1995.
Sin.: *Zornia pardina* var. *crinita* Mohlenbr.
Ref.: Serrano & Terán (1998 [2000]).
Hierba. Nativa. Andes. Yungas, Bosque Serrano Chaqueño, Valles Secos, 1000–2500 m.
Dept.: CH, LP, SC.
Muestra: *C. Saravia et al. 11680* (LPB).

Zornia cryptantha Arechav., Anales Mus. Hist. Nat. Montevideo 3: 358. 1901.
Sin.: *Zornia cryptantha* var. *latibracteata* Vanni
Ref.: Mohlenbrock (1961), Mohlenbrock (1962), De la Barra (1997).
Hierba. Nativa. Zonas Bajas, Andes. Bosque Húmedo, Yungas, Valles Secos, 0–3000 m.
Dept.: CH, CO, LP, SC.
Muestra: *M.H. Nee 43080* (NY).

Zornia diphylla (L.) Pers., Syn. Pl. 2(2): 318. 1807.
Sin.: *Hedysarum diphyllum* L.
Ref.: Foster (1958), López Vargas (1995).
Hierba. Nativa. Andes. Valles Secos, 1500–3000 m.
Dept.: BE, CO, LP, SC, TA.
Muestra: *M.L. Rico & T. Windsor-Shaw 1649* (BOLV, K, MO).

Zornia gemella Vogel, Linnaea 12(1): 61–62. 1838.
Hierba. Nativa. Andes. Valles Secos, 3000–3500 m.
Dept.: CO.
Muestra: *W.J. Badcock 559B* (K).

Zornia latifolia Sm., Cycl. 39: no. 4. 1819.
Sin.: *Zornia diphylla* var. *gracilis* (DC.) Benth., *Zornia diphylla* var. *pubescens* (Kunth) Benth.
Ref.: Mohlenbrock (1961), López Vargas (1995), Atahuachi Burgos & Arrázola Rivero (1996), Wood et al. (2011).
Hierba. Nativa. Zonas Bajas, Andes. Bosque Húmedo, Yungas, Valles Secos, 0–3000 m.
Dept.: BE, CO, LP, PA, SC, TA.
Muestra: *C. Antezana V. 964* (BOLV).
Infra: *Zornia latifolia* var. *latifolia*

Zornia orbiculata Mohlenbr., Webbia 16(1): 118–119, f. 73a, 80. 1961.
Hierba. Nativa. Andes. Valles Secos, 2000–2500 m.
Dept.: TA.
Muestra: *J.C. Solomon 10628* (LPB, MO).

Zornia pardina Mohlenbr., Webbia 16(1): 84–86, f. 61–62. 1961.
Ref.: Mohlenbrock (1961), Mohlenbrock (1962).
Hierba. Nativa. Zonas Bajas, Andes. Campos Cerrados, Bosque Tucumano-Boliviano, Bosque Serrano Chaqueño, Valles Secos, 500–2000 m.
Dept.: CH, SC, TA.
Muestra: *J. Steinbach 5164* (GH, MO).

Zornia reticulata Sm., Cycl. 39(1): Zornia no. 2. 1818.
Ref.: Vanni (1981).
Hierba. Nativa. Zonas Bajas, Andes. Bosque Semideciduo Chiquitano, Sabanas Benianas del Sur, Valles Secos, 0–2500 m.
Dept.: BE, CO, SC.
Muestra: *A. Krapovickas & A. Schinini 31875* (LPB).

Zornia sericea Moric., Pl. Nouv. Amer. 126–127, pl. 75. 1844.
Sin.: *Zornia latifolia* DC., *Zornia diphylla* var. *latifolia* (DC.) Benth.
Ref.: Rusby (1893b), Foster (1958).
Hierba. Nativa. Zonas Bajas, Andes. Bosque Húmedo, Yungas, Valles Secos, 0–1000, 1500–3000 m.
Dept.: BE, CO, LP, PA, SC, TA.
Muestra: *R.F. Steinbach 718* (MO).

Zornia virgata Moric., Pl. Nouv. Amer. 131–132, pl. 78. 1844.
Hierba. Nativa. Región, tipo de vegetación y elevación desconocidas.
Dept.: SC.
Muestra: *J.R.I. Wood 26747* (K).

Zygia P. Browne, Civ. Nat. Hist. Jamaica 279. 1756.
12 especies, 3 especies endémicas.

Zygia bangii Barneby & J.W. Grimes, Mem. New York Bot. Gard. 74(2): 95. 1997.
Sin.: *Pithecellobium laxiflorum* Rusby, *Pithecolobium laxiflorum* Rusby
Ref.: Rusby (1893b), Foster (1958), Saldias Paz (1993b), Barneby & Grimes (1997).
Árbol. Endémica. Andes. Yungas, Valles Secos, 1000–1500 m.
Dept.: LP.
Tipo: *M. Bang 6215* (HT: NY, NY; IT: US, US).
Nota: Conocido solamente del tipo.

Zygia bifoliola (Rusby) L. Rico, Kew Bull. 46(3): 495. 1991.
Sin.: *Pithecellobium bifoliolum* Rusby
Ref.: Rusby (1927), Foster (1958), Rico Arce (1991), Saldias Paz (1993b), Barneby & Grimes (1997).
Árbol. Endémica. Zonas Bajas, Andes. Bosque Húmedo, Yungas, 500–1500 m.
Dept.: LP.
Tipo: *H.H. Rusby 959* (HT: NY).
Nota: Conocido solamente del tipo.

Zygia cataractae (Kunth) L. Rico, Kew Bull. 46(3): 496. 1991.
Sin.: *Inga cataractae* Kunth, *Inga glomerata* DC., *Pithecellobium divaricatum* Benth., *Pithecellobium glomeratum* (DC.) Benth., *Zygia divaricata* (Benth.) Pittier
Ref.: Foster (1958), Barneby & Grimes (1997), Killeen & Schulenberg (1998).
Arbolito, árbol. Nativa. Zonas Bajas. Bosque Húmedo, Campos Cerrados, Campos Amazónicos, 0–1000 m.
Dept.: BE, PA, SC.
Muestra: *A. Jardim 1046* (USZ).

Zygia cauliflora (Willd.) Killip, Trop. Woods 63: 6. 1940.
Sin.: *Inga cauliflora* Willd., *Pithecellobium cauliflorum* Mart.
Ref.: Saldias Paz (1993b), Barneby & Grimes (1997).
Arbusto, árbol. Nativa. Zonas Bajas. Bosque Húmedo, Sabanas Benianas del Sur, 0–500 m.
Dept.: BE, LP, PA.
Muestra: *S.G. Beck 5473* (MO).
Nom. Vern.: Blanquillo.

Zygia coccinea (G. Don) L. Rico, Kew Bull. 46(3): 496. 1991.
Sin.: *Inga coccinea* G. Don, *Pithecellobium coccineum* (G. Don) Benth., *Pithecellobium macrophyllum* Spruce ex Benth., *Pithecellobium dependens* Rusby, *Punjuba dependens* (Rusby) Killip, *Pithecellobium solomonii* C. Barbosa, *Zygia dependens* (Rusby) L. Rico, *Zygia macrophylla* (Spruce ex Benth.) L. Rico, *Zygia solomonii* (C. Barbosa) L. Rico
Ref.: Rusby (1927), Foster (1958), Barbosa (1986), Barbosa (1989), Parker & Bailey (1991), Rico Arce (1991), Saldias Paz (1993b), Barneby & Grimes (1997).
Arbusto, arbolito, árbol. Nativa. Zonas Bajas, Andes. Bosque Húmedo, Campos Amazónicos, Yungas, Valles Secos, 0–2000 m.
Dept.: CO, LP, PA, SC.
Muestra: *M.H. Nee 49548* (LPB, MO, NY).
Infra: *Zygia coccinea* var. *coccinea*, *Zygia coccinea* var. *macrophylla* (Spruce ex Benth.) Barneby & J.W. Grimes

Zygia inaequalis (Humb. & Bonpl. ex Willd.) Pittier, Trab. Mus. Comercial Venezuela 2: 69. 1927.
Sin.: *Inga inaequalis* Humb. & Bonpl. ex Willd., *Pithecellobium inaequale* (Humb. & Bonpl. ex Willd.) Benth.
Ref.: Barneby & Grimes (1997).
Árbol. Nativa. Zonas Bajas. Bosque Húmedo, Campos Amazónicos, 0–500 m.
Dept.: BE, LP, SC.
Muestra: *D.A. Neill et al. 9273* (MO).

Zygia latifolia (L.) Fawc. & Rendle, Fl. Jamaica 4: 150. 1920.
Sin.: *Mimosa latifolia* L., *Pithecellobium latifolium* (L.) Benth.
Ref.: Schery (1950), Foster (1958), Barbosa (1989), Parker & Bailey (1991), Rico Arce (1991), Saldias Paz (1993b), Barneby & Grimes (1997), Alverson et al. (2000).
Arbusto, arbolito, árbol. Nativa. Zonas Bajas. Bosque Húmedo, Sabanas Benianas del Sur, Campos Amazónicos, 0–500 m.
Dept.: BE, LP, PA.
Muestra: *T. Killeen et al. 3456* (LPB, MO).
Infra: *Zygia latifolia* var. *latifolia*, *Zygia latifolia* var. *communis* Barneby & J.W. Grimes
Nom. Vern.: Blanquillo.

Zygia longifolia (Humb. & Bonpl. ex Willd.) Britton & Rose, N. Amer. Fl. 23(1): 40. 1928.
Sin.: *Inga longifolia* Humb. & Bonpl. ex Willd., *Pithecellobium longifolium* (Humb. & Bonpl. ex Willd.) Standl.
Ref.: Parker & Bailey (1991), Barneby & Grimes (1997).
Arbolito, árbol. Nativa. Zonas Bajas. Bosque Húmedo, 0–500 m.
Dept.: LP, PA.
Muestra: *A. Jardim 1076* (MO, USZ).

Zygia obolingoides L. Rico, Kew Bull. 46(3): 502–504, f. 3. 1991.
Ref.: Barneby & Grimes (1997).
Arbusto. Endémica. Andes. Yungas, 1000–1500 m.
Dept.: LP.
Tipo y muestra: *B.A. Krukoff 10798* (HT: NY; IT: F, F, US, US), *B.A. Krukoff 10795* (F).

Zygia odoratissima (Ducke) L. Rico, Kew Bull. 46(3): 504. 1991.
Sin.: *Pithecellobium odoratissimum* Ducke
Ref.: Barneby & Grimes (1997).
Árbol. Nativa. Zonas Bajas. Bosque Húmedo, Campos Cerrados, 0–500 m.
Dept.: BE.
Muestra: *M.H. Nee 34601* (MO, NY).

Zygia pithecolobioides (Harms) Barneby & J.W. Grimes, Mem. New York Bot. Gard. 74(2): 127. 1997.
Sin.: *Inga pithecolobioides* Harms, *Pithecellobium reductum* Malme, *Pithecellobium pithecolobioides* (Harms) Hassl., *Pithecellobium pithecolobioides* var. *reductum* (Malme) Hassl., *Zygia reducta* (Malme) L. Rico
Ref.: Barneby & Grimes (1997), Fuentes Claros (1998).
Arbusto, arbolito, árbol. Nativa. Zonas Bajas. Bosque Semideciduo Chiquitano, Bosque Seco Chaqueño, Campos Cerrados, 0–1000 m.
Dept.: SC.
Muestra: *A.F. Fuentes C. 1395* (USZ).
Nom. Vern.: Pororosillo.

Zygia unifoliolata (Benth.) Pittier, Third Conf. Interamer. Agric. Caracas 1: 359. 1945.
Sin.: *Pithecellobium unifoliolatum* Benth.
Ref.: Barneby & Grimes (1997).
Arbolito. Nativa. Zonas Bajas. Bosque Húmedo, 0–500 m.
Dept.: PA.
Muestra: *G.T. Prance 8418* (MO).

FLACOURTIACEAE Rich. ex DC., Prodr. 1: 255. 1824.

Nota: Dividida en Salicaceae y Achariaceae (APG III 2009).

FRANKENIACEAE Desv., Dict. Rais. Bot. 188. 1817.

Por P.M. Jørgensen (MO); revisado por S.G. Beck (LPB), M. Nee (NY).
1 género, 1 especie, 0 especies endémicas.

Frankenia L., Sp. Pl. 1: 331. 1753.

1 especie, 0 especies endémicas.

[Frankenia farinosa J. Rémy], Ann. Sci. Nat., Bot., sér. 3, 8: 236. 1847.
Sin.: *Tetreilema boliviense* Turcz.
Ref.: Foster (1958).
Nota: Especie dudosa. Un sinónimo de *F. chilensis* C. Presl. *F. farinosa* y *Tetreilema boliviense* se basan en *Orbigny 276* coleccionada cerca de Cobija en Chile, no Bolivia.

Frankenia triandra J. Rémy, Ann. Sci. Nat., Bot., sér. 3, 8: 237. 1847.
Sin.: *Anthobryum clarenii* (R.E. Fr.) Cabrera, *Frankenia clarenii* R.E. Fr., *Anthobryum tetragonum* Phil., *Pycnophyllum pilgerianum* Muschl., *Anthobryum triandrum* (J. Rémy) Surgis
Ref.: Mattfeld (1922), Foster (1958), Correa (1966), Whalen (1987), Timaná de la Flor (2005).
Hierba. Nativa. Altiplano. Puna Húmeda, Puna Seca, 3000–5000 m.
Dept.: CH, LP, OR, PO, TA.
Tipo y muestra: *d'Orbigny 1522* (HT: P; IT: K), *S.G. Beck 11742* (GH, LPB, M, SI).

FUMARIACEAE Marquis, Esq. Regne Veg. 50. 1820.

Nota: Parte de Papaveraceae (APG III 2009).

GENTIANACEAE Juss., Gen. Pl. 141. 1789.

Por L. Struwe (CHRB) [*Chelonanthus, Potalia, Symbolanthus, Tachia, Tetrapollinia*], J.S. Pringle (HAM) [*Centaurium, Deianira, Gentiana, Gentianella, Halenia, Schultesia, Voyria*], J. Grant (NEU) [*Macrocarpaea*], K.B. Lepis (Monmouth University) [*Chelonanthus*], M.F. Calió (SPF) [*Helia*], M. Zarate (BOLV); revisado por S. Pfanzelt (OLD), S.G. Beck (LPB), M. Nee (NY), P.M. Jørgensen (MO).
20 géneros, 92 especies, 35 especies endémicas.

Centaurium Hill, Brit. Herb. 62–63, pl. 9 [upper left]. 1756.

0 especies, 0 especies endémicas.

Centaurium erythraea Rafn, Danm. Holst. Fl. 2: 75–77. 1800.
Ref.: Pringle (1995).
Nota: Esperado.

Chelonanthus (Griseb.) Gilg, Nat. Pflanzenfam. IV(2): 98. 1895.

6 especies, 0 especies endémicas.

Chelonanthus acutangulus (Ruiz & Pav.) Gilg, Nat. Pflanzenfam. 4(2): 98. 1895.
Sin.: *Lisianthius acutangulus* Ruiz & Pav., *Helia acutangula* (Ruiz & Pav.) Kuntze, *Chelonanthus whitei* Rusby
Ref.: Aublet (1775), Foster (1958), Maas (1985), Pringle (1995), Struwe et al. (1999), Lepis (2009), Wood et al. (2011).
Hierba. Nativa. Zonas Bajas, Andes. Bosque Húmedo, Bosque Semideciduo Chiquitano, Campos Cerrados, Sabanas Benianas del Sur, Campos Amazónicos, Yungas, Valles Secos, 0–3000 m.
Dept.: BE, CO, LP, PA, SC.
Muestra: *A.F. Fuentes C. et al. 6051* (BOLV, CTES, HAM, LPB, MO, U).

Chelonanthus albus (Spruce ex Progel) Badillo, Cat. Fl. Venez. 2: 293. 1947.
Sin.: *Lisianthius albus* Spruce ex Progel, *Irlbachia alata* subsp. *alba* (Spruce ex Progel) J. Pers. & Maas
Ref.: Lepis (2009).
Hierba. Nativa. Andes. Yungas, 1000–1500 m.
Dept.: SC.
Muestra: *A. Jardim et al. 2589* (LPB, USZ).

Chelonanthus angustifolius (Kunth) Gilg, Nat. Pflanzenfam. 4(2): 98. 1895.
Sin.: *Lisianthius angustifolius* Kunth, *Irlbachia alata* subsp. *angustifolia* (Kunth) J. Pers. & Maas
Ref.: Lepis (2009).
Hierba. Nativa. Zonas Bajas. Campos Cerrados, 0–500 m.
Dept.: SC.
Muestra: *J.D. Boeke 1496* (NY, U).

Chelonanthus matogrossensis (J. Pers. & Maas) Struwe & V.A. Albert, Harvard Pap. Bot. 3(1): 70. 1998.
Sin.: *Irlbachia alata* subsp. *matogrossensis* J. Pers. & Maas
Ref.: Maas (1985), Lepis (2009).
Subarbusto. Nativa. Zonas Bajas. Campos Cerrados, Sabanas Benianas del Norte, 0–500 m.
Dept.: BE, PA.
Muestra: *L. Sánchez et al. 281* (MO, USZ).

Chelonanthus purpurascens (Aubl.) Struwe & V.A. Albert, Harvard Pap. Bot. 3(1): 70. 1998.
Sin.: *Lisianthius purpurascens* Aubl., *Helia purpurascens* (Aubl.) Kuntze, *Irlbachia purpurascens* (Aubl.) Maas
Ref.: Aublet (1775), Killeen & Schulenberg (1998), Struwe & Albert (1998), Struwe et al. (1999), Lepis (2009).
Hierba. Nativa. Zonas Bajas. Bosque Húmedo, Campos Cerrados, 0–1000 m.
Dept.: SC.
Muestra: *L. Arroyo P. et al. 679* (MO, USZ).

Chelonanthus viridiflorus (Mart.) Gilg, Nat. Pflanzenfam. IV(2): 98. 1895.
Sin.: *Lisianthius viridiflorus* Mart., *Helia viridiflora* (Mart.) Kuntze, *Irlbachia alata* subsp. *viridiflora* (Mart.) J. Pers. & Maas
Ref.: Martius (1827), Maas (1985), Parker & Bailey (1991), Killeen & Schulenberg (1998), Lepis (2009).
Hierba. Nativa. Zonas Bajas. Bosque Húmedo, Campos Cerrados, Sabanas Benianas del Norte, Sabanas Benianas del Sur, Campos Amazónicos, 0–1000 m.
Dept.: BE, LP, SC.
Muestra: *T. Killeen 1791* (F, NY, USZ).

Cicendia Adans., Fam. Pl. 2: 503. 1763.
1 especie, 0 especies endémicas.

Cicendia quadrangularis (Dombey ex Lam.) Griseb., Gen. Sp. Gent. 157. 1839 [1838].
Sin.: *Gentiana quadrangularis* Dombey ex Lam., *Microcala quadrangularis* (Dombey ex Lam.) Griseb.
Ref.: Foster (1958).
Hierba. Nativa. Andes. Valles Secos, 2500–3000 m.
Dept.: CO.
Muestra: *R. Baar 92* (LPB).

Coutoubea Aubl., Hist. Pl. Guiane 1: 72, t. 27. 1775.
1 especie, 0 especies endémicas.

Coutoubea ramosa Aubl., Hist. Pl. Guiane 1: 74, t. 28. 1775.
Sin.: *Coutoubea racemosa* G. Mey.
Ref.: Killeen & Schulenberg (1998), Struwe et al. (1999).
Hierba. Nativa. Zonas Bajas. Bosque Húmedo, Bosque Semideciduo Chiquitano, Campos Cerrados, Sabanas Benianas del Norte, Campos Amazónicos, 0–500 m.
Dept.: BE, SC.
Muestra: *T. Killeen et al. 7011* (MO, NY, USZ).

Curtia Cham. & Schltdl., Linnaea 1: 209–210, t. 4, f. 2. 1826.
1 especie, 0 especies endémicas.

Curtia tenuifolia (Aubl.) Knobl., Bot. Centralbl. 60: 323, 357. 1894.
Sin.: *Curtia tenuifolia* subsp. *tenuifolia*, *Schuebleria intermedia* Progel, *Exacum tenuifolium* Aubl., *Schuebleria tenella* Mart., *Curtia tenella* (Mart.) Cham., *Curtia intermedia* (Progel) Knobl., *Curtia patula* Knobl., *Curtia malmeana* Gilg, *Curtia montevidensis* Arechav., *Curtia tenuifolia* subsp. *tenella* (Mart.) Grothe & Maas
Ref.: Foster (1958), Grothe & Maas (1984), Parker & Bailey (1991), Killeen & Schulenberg (1998), Struwe et al. (1999).
Hierba. Nativa. Zonas Bajas, Andes. Bosque Húmedo, Campos Cerrados, Sabanas Benianas del Norte, Campos Amazónicos, Yungas, 0–2000 m.
Dept.: BE, LP, SC.
Muestra: *S. Leigh-Hunt et al. 69* (E, LPB, USZ).

Deianira Cham. & Schltdl., Linnaea 1: 195. 1826.
3 especies, 0 especies endémicas.

Deianira chiquitana Herzog, Repert. Spec. Nov. Regni Veg. 7: 65. 1909.
Sin.: *Deianira nervosa* var. *foliosa* Griseb.
Ref.: Foster (1958), Guimarães (1977), Killeen & Schulenberg (1998), Wood et al. (2011).
Hierba. Nativa. Zonas Bajas. Bosque Húmedo, Campos Cerrados, Yungas, 0–1500 m.
Dept.: LP, SC.
Tipo y muestra: *T. Herzog 26* (T: B destr., Z; fotos: F ex B), *E. Gutiérrez C. et al. 856* (AAU, HAM, MO, NY, U, USZ).

Deianira cordifolia (Lhotsky ex Griseb.) Malme, Ark. Bot. 3(12): 15. 1904.
Sin.: *Callopisma cordifolium* Lhotsky ex Griseb., *Deianira erubescens* var. *cordifolia* (Lhotsky ex Griseb.) Progel
Ref.: Guimarães (1977).
Hierba. Nativa. Zonas Bajas. Campos Cerrados, 0–500 m.
Dept.: SC.
Muestra: *B. Mostacedo et al. 1685* (MO, USZ).

Deianira cyathifolia Barb. Rodr., Pl. Mattogross. 32, pl. 12. 1898.
Ref.: Guimarães (1977).
Hierba. Nativa. Zonas Bajas. Bosque Húmedo, Campos Cerrados, 0–500 m.
Dept.: SC.
Muestra: *M. Saldias et al. 2864* (MO, NY, U, USZ).

Gentiana L., Sp. Pl. 1: 227. 1753.
4 especies, 1 especie endémica.

[Gentiana bangiana Gilg], Bot. Jahrb. Syst. 22: 335. 1896.
Ref.: Foster (1958).
Nota: Especie dudosa. Interpretada aquí como un error de Foster (1958) de *Macrocarpaea bangiana*.

Gentiana gayi Griseb., Prodr. 9: 106. 1845.
Ref.: Navarro Sánchez & Maldonado (2002).
Hierba. Nativa. Andes, Altiplano. Yungas, Páramo Yungueño, Puna Húmeda, 2000–5000 m.
Dept.: CO, LP.
Muestra: *S.G. Beck 11226* (HAM, LPB).

Gentiana longipes Rusby, Mem. New York Bot. Gard. 7: 321. 1927.
Ref.: Foster (1958).
Hierba. Endémica. Altiplano. Puna Húmeda, 3500–4000 m.
Dept.: CO.
Tipo y muestra: *M. Cárdenas 76 special* (HT: NY), *M. Cárdenas 76* (NY).
Nota: En espera de nueva combinación en *Gentianella* por J.S. Pringle.

Gentiana podocarpa (Phil.) Griseb., Abh. Königl. Ges. Wiss. Göttingen 19: 210. 1874.
Sin.: *Varasia podocarpa* Phil., *Gentiana prostrata* var. *podocarpa* (Phil.) Kusn.
Hierba. Nativa. Altiplano. Puna Húmeda, 4500–5000 m.
Dept.: LP.
Muestra: *J.C. Solomon 15582* (HAM, LPB, MO, TNM).

[Gentiana prostrata Haenke], Collectanea 2: 66–68, pl. 17, f. 2. 1789.
Ref.: Adolfo María (1966).
Nota: El registro se basa en material mal identificado. Determinaciones erradas de *G. prostrata* indican una amplia circunscripción de esta especie, incluyendo material que corresponde a otras especies de *Gentiana*.

Gentiana sedifolia Kunth, Nov. Gen. Sp. (quarto ed.) 3(10): 173, t. 225. 1819.
Sin.: *Gentiana sedifolia* fo. *acaulis* Kuntze
Ref.: Foster (1958), Pestalozzi & Torres (1998), Navarro Sánchez & Maldonado (2002).
Hierba. Nativa. Andes, Altiplano. Páramo Yungueño, Valles Secos, Puna Húmeda, Puna Seca, 3000–5000 m.
Dept.: CO, LP, PO, TA.
Muestra: *S.G. Beck 3820* (HAM, LPB).

Gentianella Moench, Methodus 482. 1794.

46 especies, 26 especies endémicas.

Gentianella albidocoerulea (Gilg) T.N. Ho & S.W. Liu, Bull. Nat. Hist. Mus. London, Bot. 23(2): 61. 1993.
Sin.: *Gentiana albidocoerulea* Gilg, *Gentiana bangii* Rusby
Ref.: Gilg (1916), Foster (1958).
Hierba. Endémica. Andes. Valles Secos, 2500–3500 m.
Dept.: CO, SC.
Tipo y muestra: *M. Bang 1132* (HT: B destr.; IT: GH, MO-2647534, NY, US), *O. Kuntze s.n.* (NY).

Gentianella armerioides (Griseb. ex Gilg) J.S. Pringle, Monogr. Syst. Bot. Missouri Bot. Gard. 45: 1255. 1993.
Sin.: *Gentiana armerioides* Griseb. ex Gilg
Ref.: Foster (1958), Pringle (1994).
Hierba. Nativa. Altiplano. Puna Húmeda, 4000–5000 m.
Dept.: LP.
Muestra: *M.A. Lewis 871320* (MO).

Gentianella bangii (Gilg) Fabris ex T.N. Ho & S.W. Liu, Bull. Nat. Hist. Mus. London, Bot. 23(2): 61. 1993.
Sin.: *Gentiana bangii* Gilg, *Gentiana totorensis* Gilg
Ref.: Gilg (1916), Foster (1958).
Hierba. Endémica. Andes. Páramo Yungueño, 3000–3500 m.
Dept.: CO.
Tipo y muestra: *M. Bang 1153* (IT: GH, MO-2647533, NY, US), *J.G. Hawkes & J.P.K. Hjerting 6599* (K).
Nota: Conocido solamente del tipo.

Gentianella bellatula (Gilg) T.N. Ho & S.W. Liu, Bull. Nat. Hist. Mus. London, Bot. 23(2): 61. 1993.
Sin.: *Gentiana bellatula* Gilg
Ref.: Gilg (1916), Foster (1958).
Hierba. Endémica. Altiplano. Puna Húmeda, 4000–4500 m.
Dept.: LP.
Tipo: *R. Hauthal 201* (T: B).
Nota: Conocido solamente del tipo. Especie dudosa. Difícilmente diferenciable de *G. primuloides*.

Gentianella benedictae (Gilg) Fabris, Fl. Prov. Jujuy 13(8): 68. 1983.
Sin.: *Gentiana benedictae* Gilg
Ref.: Gilg (1916), Foster (1958).
Hierba. Nativa. Andes. Yungas, 2500–3000 m.
Dept.: CO.
Tipo y muestra: *T. Herzog 2006* (HT: B; IT: Z), *N.P. Ritter & J.R.I. Wood 2874* (LPB, MO).

[Gentianella bicolor (Wedd.) Fabris ex J.S. Pringle], Arnaldoa 14(1): 43. 2007.
Sin.: *Gentiana bicolor* Wedd.
Ref.: Schulenberg & Awbrey (1997), Serrano & Terán (1998 [2000]).
Nota: El registro se basa en material mal identificado. Conocido solamente del norte del Perú.

Gentianella bockii (Gilg) T.N. Ho & S.W. Liu, Bull. Nat. Hist. Mus. London, Bot. 23(2): 61. 1993.
Sin.: *Gentiana bockii* Gilg
Ref.: Gilg (1916), Foster (1958).
Hierba. Endémica. Altiplano. Puna Húmeda, 4000–5000 m.
Dept.: LP.
Tipo y muestra: *T. Herzog 2480e* (HT: B), *S.G. Beck 8793* (HAM, LPB).

Gentianella boliviana (Pax) J.S. Pringle, Sida 20(4): 1486. 2003.
Sin.: *Gentiana boliviana* Pax, *Gentiana lobelioides* Gilg, *Gentianella peruviana* var. *boliviana* (Pax) T.N. Ho
Ref.: Gilg (1916), Foster (1958), Navarro Sánchez & Maldonado (2002), Pringle (2003), Ministerio de Medio Ambiente y Agua (2012 [2013]).
Hierba. Nativa. Altiplano. Puna Húmeda, 4000–5000 m.
Dept.: CO, LP.
Tipo y muestra: *O. Buchtien 1482* (HT: B destr.; IT: US; fotos: MO), *X. Menhofer 2312* (HAM, LPB).

Gentianella bridgesii (Gilg) Fabris ex T.N. Ho & S.W. Liu, Bull. Nat. Hist. Mus. London, Bot. 23(2): 61. 1993.
Sin.: *Gentiana bridgesii* Gilg
Ref.: Gilg (1916), Foster (1958).
Hierba. Endémica. Andes, Altiplano. Valles Secos, Puna Húmeda, 3500–5000 m.
Dept.: CO.
Tipo y muestra: *T.C. Bridges s.n.* (HT: B destr.), *J. Steinbach 4064* (GH).

Gentianella briquetiana (Gilg) T.N. Ho & S.W. Liu, Bull. Nat. Hist. Mus. London, Bot. 23(2): 61. 1993.
Sin.: *Gentiana briquetiana* Gilg
Ref.: Gilg (1916), Foster (1958), Pestalozzi & Torres (1998).
Hierba. Endémica. Altiplano. Puna Húmeda, 3500–4500 m.
Dept.: CO, LP.
Tipo y muestra: *G. Mandon 361* (HT: P; IT: BM, GH, K), *S.G. Beck 6023* (HAM, LPB).

Gentianella chrysantha (Gilg) T.N. Ho & S.W. Liu, Bull. Nat. Hist. Mus. London, Bot. 23(2): 62. 1993.
Sin.: *Gentiana chrysantha* Gilg
Ref.: Gilg (1916), Foster (1958).
Hierba. Endémica. Andes. Páramo Yungueño, 3000–4000 m.
Dept.: LP.
Tipo y muestra: *T. Herzog 2044* (HT: B destr.; IT: Z; fotos: F, MO), *J.C. Solomon 17419* (MO).

Gentianella dasythamna (Gilg) T.N. Ho & S.W. Liu, Bull. Nat. Hist. Mus. London, Bot. 23(2): 62. 1993.
Sin.: *Gentiana dilatata* Griseb., *Gentiana dasythamna* Gilg
Ref.: Foster (1958).
Hierba. Endémica. Altiplano. Puna Húmeda, 4000–4500 m.
Dept.: LP.
Tipo y muestra: *G. Mandon 363 bis* (HT: P; IT: BM, F, GH, K, NY; fotos: F, MO), *M. Zárate MZ2501* (BOLV, HAM).
Nota: Conocido solamente del tipo.

Gentianella dielsiana (Gilg) J.S. Pringle, Sida 11(4): 368. 1986.
Sin.: *Gentiana dielsiana* Gilg, *Gentiana spectabilis* Rusby, *Gentiana hauthalii* Gilg ex Perkins
Ref.: Foster (1958), Serrano & Terán (1998 [2000]).
Hierba. Endémica. Andes, Altiplano. Valles Secos, Puna Húmeda, Bosque de *Polylepis*, 3000–5000 m.
Dept.: CH, CO, LP, SC.
Tipo y muestra: *M. Bang 1015* (IST: F, GH, MO-2647535, US), *J.C. Solomon & M.H. Nee 18102* (LPB, MO).

Gentianella erythrochrysea (Gilg) Fabris, Fl. Prov. Jujuy 13(8): 71. 1983.
Sin.: *Gentiana erythrochrysea* Gilg, *Gentiana lithophila* Gilg, *Gentianella lithophila* (Gilg) T.N. Ho & S.W. Liu
Ref.: Gilg (1916), Foster (1958).
Hierba. Nativa. Andes, Altiplano. Páramo Yungueño, Valles Secos, Puna Húmeda, 3000–4500 m.
Dept.: CO, LP.
Tipo y muestra: *K. Fiebrig 3288* (T: MO), *M.H. Nee 33326* (LPB, MO, NY).
Nom. Vern.: Flor silvestre.

Gentianella fiebrigii (Gilg) Holub, Folia Geobot. Phytotax. 2: 117. 1967.
Sin.: *Gentiana gynophora* Gilg, *Gentiana seminuda* Rusby, *Gentiana fiebrigii* Gilg, *Gentiana krauseana* Gilg, *Gentianella krauseana* (Gilg) Fabris ex T.N. Ho & S.W. Liu
Ref.: Gilg (1916), Foster (1958).
Hierba. Nativa. Andes, Altiplano. Bosque Tucumano-Boliviano, Páramo Yungueño, Puna Seca, 3000–5000 m.
Dept.: LP, TA.
Tipo y muestra: *K. Fiebrig 3187C* (T: MO), *R. Ehrich 206* (HAM, LPB).

Gentianella florida (Griseb.) Holub, Folia Geobot. Phytotax. 2: 117. 1967.
Sin.: *Gentiana florida* Griseb., *Gentiana tradescantiifolia* Britton ex Rusby, *Gentiana tatei* Rusby
Ref.: Gilg (1916), Rusby (1927), Foster (1958), Saravia Miranda (1996).
Hierba. Nativa. Andes, Altiplano. Yungas, Bosque Tucumano-Boliviano, Puna Húmeda, Puna Seca, 1500–4500 m.
Dept.: CO, LP, PO, SC, TA.
Muestra: *M.H. Nee 40342* (HAM, LPB, NY).
Nom. Vern.: Gata, pampa gata.

Gentianella gageoides (Gilg) Fabris, Fl. Prov. Jujuy 13(8): 84. 1983.
Sin.: *Gentiana gageoides* Gilg
Ref.: Gilg (1916), Foster (1958).
Hierba. Nativa. Andes. Yungas, 2500–3500 m.
Dept.: CO, TA.
Tipo y muestra: *G. Hieronymus & P.G. Lorentz 878* p.p. (HT: B destr.; fotos: F ex B), *J. Steinbach 9895* (GH, MO).

Gentianella helianthemoides (Gilg) J.S. Pringle, Sida 11(4): 368. 1986.
Sin.: *Gentianella helianthemoides* (Gilg) Fabris, *Gentiana helianthemoides* Gilg, *Gentiana lancifolia* Gilg, *Gentiana alticola* R.C. Foster
Ref.: Foster (1958), Pringle (1986), Schulenberg & Awbrey (1997), Serrano & Terán (1998 [2000]).
Hierba. Nativa. Andes, Altiplano. Bosque Tucumano-Boliviano, Valles Secos, Puna Seca, 2000–4500 m.
Dept.: CH, TA.
Muestra: *M.H. Nee 49929* (HAM, NY).

Gentianella inaequicalyx (Gilg) J.S. Pringle, Sida 20(4): 1488. 2003.
Sin.: *Gentiana inaequicalyx* Gilg, *Gentiana mandonii* Rusby, *Gentianella silenoides* var. *inaequicalyx* (Gilg) T.N. Ho
Ref.: Gilg (1916), Foster (1958).
Hierba. Endémica. Andes, Altiplano. Yungas, Páramo Yungueño, Valles Secos, Puna Húmeda, 2500–4000 m.
Dept.: CO, LP, SC.
Tipo y muestra: *G. Mandon 365* (LT: G; ILT: F, GH, K, MO, NY, S; fotos: F), *J.L. Luteyn & L.J. Dorr 13799* (HAM, LPB, MO, NY).
Nota: Probablemente debería incluir a *G. pallidolilacina*.

[Gentianella incurva (Hook.) Fabris], Bol. Soc. Argent. Bot. 7(2): 90. 1958.
Sin.: *Gentiana incurva* Hook., *Gentiana primulifolia* Griseb.
Ref.: Foster (1958).
Nota: El registro se basa en material mal identificado.

Gentianella kuntzei (Gilg) T.N. Ho & S.W. Liu, Bull. Nat. Hist. Mus. London, Bot. 23(2): 63. 1993.
Sin.: *Gentiana cochabambensis* Rusby, *Gentiana kuntzei* Gilg, *Gentiana hygrophiloides* Gilg
Ref.: Gilg (1916), Foster (1958), Adolfo María (1966).
Hierba. Endémica. Andes. Yungas, 2500–3500 m.
Dept.: CO, SC.
Tipo: *O. Kuntze s.n.* (HT: B destr.; IT: NY).

[Gentianella kurtzii (Gilg) Fabris], Revista Invest. Agríc. 11: 396. 1958.
Sin.: *Gentiana kurtzii* Gilg
Ref.: Schulenberg & Awbrey (1997), Serrano & Terán (1998 [2000]).
Nota: El registro se basa en material mal identificado de *G. kuntzei* y *G. myriantha*.

Gentianella kusnezowii (Gilg) T.N. Ho & S.W. Liu, Bull. Nat. Hist. Mus. London, Bot. 23(2): 63. 1993.
Sin.: *Gentiana kusnezowii* Gilg, *Gentiana virgata* Rusby
Ref.: Gilg (1916), Foster (1958).
Hierba. Endémica. Andes. Páramo Yungueño, 3000–3500 m.
Dept.: CO.
Tipo y muestra: *M. Bang 1230* (HT: B destr.; IT: GH, MO-2647108, NY, US), *D. Ugent & V. Ugent 5064* (HAM, WIS).

Gentianella larecajensis (Gilg) T.N. Ho & S.W. Liu, Bull. Nat. Hist. Mus. London, Bot. 23(2): 63. 1993.
Sin.: *Gentiana larecajensis* Gilg
Ref.: Gilg (1916), Foster (1958), Pestalozzi & Torres (1998).
Hierba. Nativa. Altiplano. Puna Húmeda, 4000–4500 m.
Dept.: CO, LP.
Tipo y muestra: *G. Mandon 362* (HT: P; IT: BM, K), *H.U. Pestalozzi 975* (LPB).

Gentianella lilacinoflavescens (Gilg) T.N. Ho & S.W. Liu, Bull. Nat. Hist. Mus. London, Bot. 23(2): 63. 1993.
Sin.: *Gentiana lilacinoflavescens* Gilg
Ref.: Gilg (1916), Foster (1958).
Hierba. Endémica. Altiplano. Tipo de vegetación desconocida, 4500–5000 m.
Dept.: Bolivia.
Tipo: *T. Herzog 2114* (HT: B destr.; IT: Z; fotos: MO).
Nota: Conocido solamente del tipo.

[Gentianella limoselloides (Kunth) Fabris], Bol. Soc. Argent. Bot. 8(3–4): 166. 1960.
Sin.: *Gentiana limoselloides* Kunth
Ref.: Foster (1958).
Nota: El registro se basa en material mal identificado. Citada por Foster (1958) como *Gentiana limoselloides*.

Gentianella lythroides (Gilg) T.N. Ho & S.W. Liu, Bull. Nat. Hist. Mus. London, Bot. 23(2): 63. 1993.
Sin.: *Gentiana lythroides* Gilg
Ref.: Gilg (1916), Foster (1958).
Hierba. Endémica. Andes. Páramo Yungueño, Valles Secos, 2000–3500 m.
Dept.: CO, TA.
Tipo y muestra: *T. Herzog 2229* (HT: B destr.; fotos: F, MO, Z), *J. Steinbach 9648* (G, LPB, MO).

Gentianella macrorrhiza (Gilg) Fabris ex T.N. Ho & S.W. Liu, Bull. Nat. Hist. Mus. London, Bot. 23(2): 63. 1993.
Sin.: *Gentiana macrorrhiza* Gilg
Ref.: Gilg (1916), Foster (1958).
Hierba. Endémica. Altiplano. Tipo de vegetación desconocida, 4500–5000 m.
Dept.: Bolivia.
Tipo y muestra: *T. Herzog 2271* (HT: B destr.; IT: Z; fotos: F, MO), *T. Herzog 2425* (no localizada).

Gentianella meyeniana (Griseb.) Fabris, Fl. Prov. Jujuy 13(8): 80. 1983.
Sin.: *Gentiana meyeniana* Griseb.
Ref.: Fabris (1983).
Nota: Esperado. No hay ejemplares de herbario. Probablemente puede ocurrir en LP.

Gentianella multicaulis (Gillies ex Griseb.) Fabris, Bol. Soc. Argent. Bot. 7(2): 89. 1958.
Sin.: *Gentiana achalensis* Hieron. ex Gilg, *Gentiana multicaulis* Gillies ex Griseb., *Gentiana gilliesii* Gilg, *Gentiana mendocina* Gilg, *Gentianella achalensis* (Hieron. ex Gilg) T.N. Ho & S.W. Liu
Ref.: Pringle (1994).
Hierba. Nativa. Andes. Valles Secos, 1000–1500, 2000–2500 m.
Dept.: TA.
Muestra: *J.C. Solomon 10160* (MO).

Gentianella myriantha (Gilg) Holub, Folia Geobot. Phytotax. 2: 117. 1967.
Sin.: *Gentiana myriantha* Gilg, *Gentianella myriantha* (Gilg) Fabris
Ref.: Gilg (1916), Foster (1958), Fabris (1983).
Hierba. Nativa. Andes. Yungas, 2500–4000 m.
Dept.: LP.
Tipo y muestra: *K. Fiebrig 3166* (HT: B destr.; IT: GH, U; fotos: MO), *E. Bastian 1351* (HAM, LPB).

Gentianella neomandonii (R.C. Foster) T.N. Ho & S.W. Liu, Bull. Nat. Hist. Mus. London, Bot. 23(2): 63. 1993.
Sin.: *Gentiana mandonii* Gilg, *Gentiana neomandonii* R.C. Foster
Ref.: Foster (1958).
Hierba. Endémica. Andes, Altiplano. Yungas, Páramo Yungueño, Puna Húmeda, 3000–5000 m.
Dept.: CO, LP.
Tipo y muestra: *G. Mandon 363A* (HT: P; IT: BM, GH, US), *J.C. Solomon & J. Kuijt 11503* (MO).

Gentianella palcana (Gilg) T.N. Ho & S.W. Liu, Bull. Nat. Hist. Mus. London, Bot. 23(2): 63. 1993.
Sin.: *Gentiana cerastioides* var. *emarginata* Gilg, *Gentiana palcana* Gilg
Ref.: Gilg (1916), Foster (1958), Pestalozzi & Torres (1998), Navarro Sánchez & Maldonado (2002).
Hierba. Endémica. Andes, Altiplano. Páramo Yungueño, Puna Húmeda, 3000–4500 m.
Dept.: CO.
Tipo y muestra: *T. Herzog 2176* (HT: B destr.; IT: Z; fotos: MO), *H.U. Pestalozzi 955* (BOLV, HAM, LPB).

Gentianella pallidolilacina (Gilg) T.N. Ho & S.W. Liu, Bull. Nat. Hist. Mus. London, Bot. 23(2): 63. 1893.
Sin.: *Gentiana pallidolilacina* Gilg
Ref.: Foster (1958).
Hierba. Endémica. Andes. Páramo Yungueño, 2000–2500, 3000–3500 m.
Dept.: CO.
Tipo y muestra: *T. Herzog 2028* (HT: B; IT: MO), *T. Herzog 3944* (GH).
Nota: Tal vez no es diferente de *G. inaequicalyx*; si se unen, *G. inaequicalyx* tiene prioridad.

Gentianella pilgeriana (Gilg) T.N. Ho & S.W. Liu, Bull. Nat. Hist. Mus. London, Bot. 23(2): 64. 1993.
Sin.: *Gentiana pilgeriana* Gilg
Ref.: Gilg (1916), Foster (1958).
Hierba. Endémica. Andes, Altiplano. Páramo Yungueño, Puna Húmeda, 3000–4000 m.
Dept.: LP.
Tipo y muestra: *T. Herzog 2410* (HT: B destr.; IT: F), *J.L. Luteyn et al. 15475* (HAM, NY).
Nota: Tal vez no es diferente de *G. kusnezowii*; si se unen, *G. kusnezowii* tiene prioridad.

Gentianella pluvialis J.S. Pringle, Novon 21(1): 81, f. 2. 2011.
Hierba. Endémica. Andes. Yungas, 2500–3000 m.
Dept.: CO, SC.
Tipo y muestra: *I.G. Vargas & B. Cruz G. 4938* (HT: HAM; IT: NY, USZ), *S.G. Beck 8936* (HAM, LPB).
Nom. Vern.: Flor de la lluvia, para thica.

Gentianella primuloides (Gilg) J.S. Pringle, Monogr. Syst. Bot. Missouri Bot. Gard. 45: 1256. 1993.
Sin.: *Gentiana primuloides* Gilg, *Gentianella primuloides* (Gilg) T.N. Ho & S.W. Liu
Ref.: Gilg (1916), Foster (1958), Adolfo María (1966), Navarro Sánchez & Maldonado (2002).
Hierba. Nativa. Altiplano. Puna Húmeda, 3500–5000 m.
Dept.: CO, LP, SC.
Tipo y muestra: *T. Herzog 2081* (ST: Z), *X. Menhofer 1782* (HAM, LPB).
Nom. Vern.: Tani tani.

Gentianella pseudocrassula (Gilg) Fabris, Revista Invest. Agríc. 11: 396. 1958.
Sin.: *Gentiana pseudocrassula* Gilg
Ref.: Foster (1958).
Hierba. Nativa. Andes. Bosque Tucumano-Boliviano, 3500–4000 m.
Dept.: TA.
Tipo y muestra: *K. Fiebrig 3187* (HT: B destr.; fotos: F ex B), *M. Zárate 2415* (BOLV, HAM, MO).

[Gentianella pseudolycopodium (Gilg) J.S. Pringle], Monogr. Syst. Bot. Missouri Bot. Gard. 45: 1256. 1993.
Sin.: *Gentiana pseudolycopodium* Gilg
Ref.: Foster (1958).
Nota: El registro se basa en material mal identificado. Nativa del Perú. Citada por Foster (1958) como *Gentiana pseudolycopodium*.

Gentianella punicea (Wedd.) Holub, Folia Geobot. Phytotax. 2(1): 120. 1967.
Sin.: *Gentiana punicea* Wedd., *Gentiana orobanchoides* Gilg, *Gentiana dolichantha* Gilg, *Gentiana odontosepala* Gilg, *Gentiana buchtienii* Gilg, *Gentiana narcissoides* Gilg, *Gentiana purpureiflora* Gilg, *Gentianella buchtienii* (Gilg) T.N. Ho & S.W. Liu, *Gentianella ignea* (Gilg) T.N. Ho & S.W. Liu, *Gentianella narcissoides* (Gilg) T.N. Ho & S.W. Liu, *Gentianella odontosepala* (Gilg) T.N. Ho & S.W. Liu, *Gentianella orobanchoides* (Gilg) T.N. Ho & S.W. Liu
Ref.: Gilg (1916), Foster (1958), Adolfo María (1966), Pringle (1994).
Hierba. Nativa. Andes, Altiplano. Yungas, Puna Húmeda, Bosque de *Polylepis*, 1500–4500 m.
Dept.: CO, LP, OR, SC.
Muestra: *J.C. Solomon 16170* (BOLV, HAM, LPB, MO).

[Gentianella rupicola (Kunth) Holub], Folia Geobot. Phytotax. 2(1): 118. 1967.
Sin.: *Gentiana rupicola* Kunth
Ref.: Foster (1958).
Nota: El registro se basa en material mal identificado.

Gentianella sancti-matthaei (R.C. Foster) T.N. Ho & S.W. Liu, Bull. Nat. Hist. Mus. London, Bot. 23(2): 64. 1993.
Sin.: *Gentiana praticola* Gilg, *Gentiana sancti-matthaei* R.C. Foster
Ref.: Gilg (1916), Foster (1958).
Hierba. Endémica. Andes. Yungas, Páramo Yungueño, 2500–3500 m.
Dept.: CO, LP, SC.
Tipo y muestra: *T. Herzog 1977* (HT: B destr.; fotos: F ex B), *W.M.A. Brooke 6080* (NY).

Gentianella sandiensis (Gilg) J.S. Pringle, Monogr. Syst. Bot. Missouri Bot. Gard. 45: 1256. 1993.
Sin.: *Gentiana sandiensis* Gilg
Ref.: Gilg (1916), Foster (1958).
Hierba. Nativa. Altiplano. Puna Húmeda, 3500–5000 m.
Dept.: LP.
Tipo y muestra: *A. Weberbauer 1016* (HT: B destr.; fotos: F, MO), *S.G. Beck 11168* (HAM, LPB).

Gentianella scarlatina (Gilg) Zarucchi, Monogr. Syst. Bot. Missouri Bot. Gard. 45: 1256. 1993.
Sin.: *Gentiana scarlatina* Gilg
Hierba. Nativa. Andes. Yungas, Páramo Yungueño, 3500–4000 m.
Dept.: CO.
Muestra: *W.M.A. Brooke 6270* (G).

Gentianella scopulorum (Wedd.) Fabris ex T.N. Ho & S.W. Liu, Bull. Nat. Hist. Mus. London, Bot. 23(2): 64. 1993.
Sin.: *Gentiana scopulorum* Wedd.
Ref.: Gilg (1916), Foster (1958).
Hierba. Endémica. Andes. Valles Secos, 3500–4000 m.
Dept.: CH.
Tipo: *H.A. Weddell 3928* (HT: P).
Nota: Conocido solamente del tipo.

Gentianella silenoides (Gilg) Fabris, Fl. Prov. Jujuy 13(8): 68. 1983.
Sin.: *Gentianella anthosphaera* (Gilg) Holub, *Gentiana silenoides* Gilg, *Gentiana anthosphaera* Gilg, *Gentiana herzogii* Gilg, *Gentiana striaticalyx* Gilg
Ref.: Gilg (1916), Foster (1958), Fabris (1983), Ho & Liu (1993), Pringle (2003), Filippa & Barboza (2006).
Hierba. Endémica. Andes, Altiplano. Yungas, Bosque Tucumano-Boliviano, Páramo Yungueño, Valles Secos, Puna Húmeda, 2000–4000 m.
Dept.: CO, TA.
Muestra: *J.R.I. Wood 9857* (LPB, NY).
Infra: *Gentianella silenoides* var. *striaticalyx* (Gilg) T.N. Ho

Gentianella soratensis (Gilg) T.N. Ho & S.W. Liu, Bull. Nat. Hist. Mus. London, Bot. 23(2): 65. 1993.
Sin.: *Gentiana soratensis* Gilg
Ref.: Gilg (1916), Foster (1958).
Hierba. Endémica. Andes. Páramo Yungueño, 3000–3500 m.
Dept.: LP.
Tipo: *H.H. Rusby 675* (HT: P; IT: BM, GH, K, NY, US, WIS).
Nota: Conocido solamente del tipo.

Gentianella stenosepala (Gilg) T.N. Ho & S.W. Liu, Bull. Nat. Hist. Mus. London, Bot. 23(2): 65. 1993.
Sin.: *Gentiana stenosepala* Gilg
Ref.: Gilg (1916), Foster (1958).
Hierba. Endémica. Andes. Páramo Yungueño, 2500–3000 m.
Dept.: CO, LP.
Tipo y muestra: *O. Kuntze s.n.* (HT: B destr.; IT: NY; fotos: F ex B), *A.F. Fuentes C. et al. 12011* (HAM, LPB, MO).

Gentianella thiosphaera (Gilg) Holub, Folia Geobot. Phytotax. 2: 118. 1967.
Sin.: *Gentiana macroclada* Gilg, *Gentiana thiosphaera* Gilg, *Gentiana comarapana* Gilg
Ref.: Gilg (1916), Foster (1958).
Hierba. Nativa. Andes, Altiplano. Bosque Tucumano-Boliviano, Valles Secos, Puna Seca, 2500–3500 m.
Dept.: TA.
Tipo y muestra: *K. Fiebrig 3156* (HT: P; IT: BM, GH, K, U), *R. Ehrich 194* (HAM, LPB).
Infra: *Gentianella thiosphaera* var. *macroclada* (Gilg) T.N. Ho

[Gentianella thyrsoidea (Hook.) Fabris], Bol. Soc. Argent. Bot. 7(2): 88. 1958.
Sin.: *Gentiana thyrsoidea* Hook., *Gentiana pinifolia* Ruiz & Pav. ex D. Don
Ref.: Foster (1958).
Nota: El registro se basa en material mal identificado. Para Bolivia sólo existe la referencia de Foster (1958). *G. thyrsoidea* es una especie de relativamente amplia distribución, pero en el Perú no se acerca a la frontera con Bolivia.

Gentianella undulatisepala J.S. Pringle, Novon 22: 217. 2012.
Hierba. Endémica. Altiplano. Puna Húmeda, 3500–4000 m.
Dept.: LP.
Tipo y muestra: *X. Menhofer 1827* (HT: HAM; IT: LPB), *M. Zárate & M. Velarde MZ2374* (BOLV, HAM, MO).

Gentianella vargasii Fabris, Bol. Soc. Argent. Bot. 7(2): 86–88, f. 1. 1958.
Ref.: Pringle (1994).
Hierba. Nativa. Altiplano. Puna Húmeda, 4000–4500 m.
Dept.: LP.
Muestra: *S.G. Beck 9073* (HAM, LPB).

Halenia Borkh., Arch. Bot. (Leipzig) 1(1): 25. 1796.
12 especies, 4 especies endémicas.

Halenia bifida C.K. Allen, Ann. Missouri Bot. Gard. 20(1): 201, t. 9, f. 12. 1933.
Ref.: Allen (1933), Foster (1958).
Hierba. Endémica. Andes, Altiplano. Yungas, Puna Húmeda, 3500–4000 m.
Dept.: LP.
Tipo y muestra: *G.H.H. Tate 379* (HT: NY; IT: NY), *S.G. Beck 4117* (LPB).

Halenia caespitosa Gilg, Repert. Spec. Nov. Regni Veg. 2(16–17): 53. 1906.
Sin.: *Halenia penduliflora* Gilg
Ref.: Foster (1958).
Hierba. Nativa. Andes, Altiplano. Yungas, Páramo Yungueño, Valles Secos, Puna Húmeda, 3000–5000 m.
Dept.: CO, LP.
Muestra: *J.C. Solomon 4986* (LPB, MO).
Nom. Vern.: Hallo halla chico.

[Halenia gracilis (Kunth) G. Don], Gen. Hist. 4: 177. 1838.
Sin.: *Swertia gracilis* Kunth
Ref.: Foster (1958), Adolfo María (1966).
Nota: El registro se basa en material mal identificado.

Halenia herzogii Gilg, Bot. Jahrb. Syst. 54(2, Beibl. 118): 113. 1916.
Ref.: Allen (1933), Foster (1958).
Hierba. Endémica. Andes, Altiplano. Páramo Yungueño, Puna Húmeda, 3000–4500 m.
Dept.: CO.
Tipo y muestra: *T. Herzog 2377* (HT: B destr.; IT: Z), *R. Erquicia B. 22* (HAM, LPB).

Halenia hieronymi Gilg, Repert. Spec. Nov. Regni Veg. 2(16–17): 52–53. 1906.
Ref.: Foster (1958).
Hierba. Nativa. Andes. Valles Secos, 3000–3500 m.
Dept.: TA.
Muestra: *K. Fiebrig 2645* (no localizada).

Halenia pusilla Gilg, Bot. Jahrb. Syst. 54(2, Beibl. 118): 107. 1916.
Ref.: Allen (1933), Foster (1958).
Hierba. Nativa. Andes, Altiplano. Páramo Yungueño, Puna Húmeda, 3500–5000 m.
Dept.: LP.
Tipo y muestra: *G. Mandon 369* p.p. (HT: B destr.), *J.C. Solomon & R. Chevalier 16581* (LPB, MO).

Halenia robusta Gilg, Bot. Jahrb. Syst. 54(2, Beibl. 118): 110. 1916.
Ref.: Foster (1958).
Hierba. Endémica. Andes. Yungas, 3000–3500 m.
Dept.: CO.
Tipo y muestra: *M. Bang 1019* (HT: B destr.?; IT: G, MO, NY), *J. Steinbach 9535* (G, MO).

Halenia rusbyi Gilg, Bot. Jahrb. Syst. 54(2, Beibl. 118): 117–118. 1916.
Ref.: Allen (1933), Foster (1958).
Hierba. Endémica. Andes. Páramo Yungueño, 3000–4000 m.
Dept.: LP.
Tipo y muestra: *H.H. Rusby 670* (HT: B; IT: G p.p., GH, MO, NY, US), *X. Menhofer 1713* (HAM, LPB).
Nota: Posiblemente similar a *H. umbellata*.

Halenia silenoides Gilg, Bot. Jahrb. Syst. 54(2, Beibl. 118): 113–114. 1916.
Ref.: Allen (1933), Foster (1958).
Hierba. Nativa. Andes. Yungas, 3000–4000 m.
Dept.: LP.
Tipo y muestra: *G. Mandon 369* p.p. (T: W; fotos: F ex W), *J.C. Solomon 9481* (HAM, LPB, MO).

Halenia umbellata (Ruiz & Pav.) Gilg, Repert. Spec. Nov. Regni Veg. 2: 53. 1906.
Sin.: *Swertia umbellata* Ruiz & Pav., *Halenia dombeyana* (Griseb.) Wedd.
Ref.: Foster (1958).
Hierba. Nativa. Andes, Altiplano. Yungas, Páramo Yungueño, Puna Húmeda, 3000–4500 m.
Dept.: LP.
Muestra: *M.A. Lewis 881713* (LPB, MO).

Halenia valerianoides Gilg, Bot. Jahrb. Syst. 54(2, Beibl. 118): 106–107. 1916.
Ref.: Foster (1958).
Hierba. Nativa. Altiplano. Puna Húmeda, 4500–5000 m.
Dept.: LP.
Muestra: *O. Buchtien 1484* (US).
Nota: Especie similar a *H. caespitosa*.

Halenia vincetoxicoides Gilg, Bot. Jahrb. Syst. 54(2, Beibl. 118): 108–109. 1916.
Sin.: *Tetragonanthus whitei* Rusby
Ref.: Allen (1933), Foster (1958).
Hierba. Nativa. Andes. Páramo Yungueño, 3000–4000 m.
Dept.: LP.
Tipo y muestra: *M. Bang 665* (HT: B; IT: MO, NY, US), *S.G. Beck 2834* (HAM, LPB).

Halenia weddelliana Gilg, Bot. Jahrb. Syst. 25: 724. 1898.
Hierba. Nativa. Andes. Páramo Yungueño, 3000–3500 m.
Dept.: LP.
Muestra: *T. Feuerer 9069* (LPB).

Helia Mart., Nov. Gen. Sp. Pl. 2(2): 122. 1826 [1827].
1 especie, 0 especies endémicas.

Helia oblongifolia Mart., Nov. Gen. Sp. Pl. 2: 123, t. 191. 1827.
Sin.: *Irlbachia oblongifolia* (Mart.) Maas
Hierba. Nativa. Zonas Bajas. Campos Cerrados, 0–500 m.
Dept.: BE.
Muestra: *S. Leigh-Hunt et al. 60* (E, LPB, USZ).

Irlbachia Mart., Nov. Gen. Sp. Pl. 2(2): 101. 1826 [1827].
0 especies, 0 especies endémicas.

[Irlbachia pratensis (Kunth) L. Cobb & Maas], Proc. Kon. Ned. Akad. Wetensch., C 86(2): 132. 1983.
Ref.: Struwe et al. (1999).
Nota: El registro se basa en material mal identificado.

Macrocarpaea (Griseb.) Gilg, Nat. Pflanzenfam. 4(2): 94. 1895.
4 especies, 4 especies endémicas.

Macrocarpaea bangiana Gilg, Bot. Jahrb. Syst. 22(2): 335. 1896.
Ref.: Ewan (1948), Foster (1958).
Arbusto, arbolito. Endémica. Andes. Yungas, 1500–2500 m.
Dept.: LP.
Tipo y muestra: *M. Bang 520* (LT: NY; ILT: BM, E, G, GH, K, M, MANCH, MICH, MO, NY, PH, US, W), *J.C. Solomon 9275* (LPB, MO, U).

Macrocarpaea cinchonifolia (Gilg) Weaver, J. Arnold Arbor. 55(2): 300. 1974.
Sin.: *Rusbyanthus cinchonifolius* Gilg
Ref.: Ewan (1948), Foster (1958), Pringle (1995).
Arbusto, arbolito. Endémica. Andes. Yungas, 1000–3500 m.
Dept.: LP.
Tipo y muestra: *H.H. Rusby 1173* (LT: NY; ILT: BM, E, P, PH, S, US, WIS), *J.C. Solomon 7492* (LPB, MO, SEL, U).

Macrocarpaea cochabambensis Gilg-Ben., Notizbl. Bot. Gart. Berlin–Dahlem 13: 381. 1936.
Ref.: Ewan (1948), Foster (1958).
Arbolito, árbol. Endémica. Andes. Yungas, 1500–3000 m.
Dept.: CO, LP.
Tipo y muestra: *J. Steinbach 8992* (HT: B destr.; IT: BM, E, G, K, MO, NY, S, U, Z), *A.H. Gentry et al. 44200* (LPB, MO, NY, U).

Macrocarpaea fuentesii J.R. Grant, Harvard Pap. Bot. 16(2): 395. 2011.
Ref.: Grant (2011).
Arbolito, árbol. Endémica. Andes. Yungas, 3000–3500 m.
Dept.: LP.
Tipo y muestra: *A.F. Fuentes C. et al. 16811* (HT: NY; IT: LPB), *M. Cornejo et al. 860* (LPB, MO, USZ).

[Macrocarpaea ovalis (Ruiz & Pav.) Ewan], Contr. U.S. Natl. Herb. 29(5): 234. 1948.
Sin.: *Lisianthius ovalis* Ruiz & Pav.
Ref.: Foster (1958).
Nota: El registro se basa en material mal identificado de *M. bangiana*. No hay ejemplares de herbario para esta especie en Bolivia.

Potalia Aubl., Hist. Pl. Guiane 1: 394, pl. 151. 1775.
1 especie, 0 especies endémicas.

Potalia resinifera Mart., Nov. Gen. Sp. Pl. 2: 90, pl. 170. 1826 [1827].
Sin.: *Potalia amara* var. *resinifera* (Mart.) Progel
Ref.: Struwe et al. (1999), Struwe & Albert (2004).
Arbusto. Nativa. Zonas Bajas. Bosque Húmedo, Campos Cerrados, Sabanas Benianas del Sur, Campos Amazónicos, 0–500 m.
Dept.: BE, LP, PA, SC.
Muestra: *B.M. Boom 4498* (GH, LPB, NY, US).

Schultesia Mart., Nov. Gen. Sp. Pl. 2(2): 103–104. 1826 [1827].
3 especies, 0 especies endémicas.

[Schultesia australis Griseb.], Gen. Sp. Gent. 127. 1839 [1838].
Ref.: Killeen & Schulenberg (1998).
Nota: El registro se basa en material mal identificado. Killeen & Schulenberg (1998) la citan para Bolivia, pero no hay ejemplares de herbario que lo corroboren.

Schultesia brachyptera Cham., Linnaea 8: 8. 1833.
Sin.: *Schultesia heterophylla* Miq.
Ref.: Killeen & Schulenberg (1998), Struwe et al. (1999).
Hierba. Nativa. Zonas Bajas. Bosque Semideciduo Chiquitano, Campos Amazónicos, 0–500 m.

Dept.: BE, LP, SC.
Muestra: *T. Killeen & J. Wellens 6580* (USZ).

Schultesia guianensis (Aubl.) Malme, Ark. Bot. 3(12): 9. 1904.
Sin.: *Exacum guianense* Aubl.
Ref.: Struwe et al. (1999).
Hierba. Nativa. Zonas Bajas. Campos Cerrados, Campos Amazónicos, 0–500 m.
Dept.: BE, SC.
Muestra: *M.H. Nee 33627* (NY).

Schultesia pohliana Progel, Fl. Bras. 6(1): 205, t. 56, f. 1. 1865.
Ref.: Foster (1958).
Nota: Especie dudosa. No se ha visto material boliviano.

Schultesia subcrenata Klotzsch & Griseb., Linnaea 22: 34. 1849.
Ref.: Struwe et al. (1999).
Hierba. Nativa. Zonas Bajas. Bosque Húmedo, 0–500 m.
Dept.: SC.
Muestra: *S. Halloy et al. 4424* (NY).

Symbolanthus G. Don, Gen. Hist. 4: 210. 1837.
3 especies, 0 especies endémicas.

Symbolanthus australis Struwe, Harvard Pap. Bot. 8(1): 20. 2003.
Ref.: Struwe (2003).
Trepadora, arbusto, arbolito. Nativa. Andes. Yungas, 1500–3000 m.
Dept.: LP.
Tipo y muestra: *L.J. Dorr et al. 6691* (HT: NY; IT: LPB, MO), *C. Davidson 4962* (MO, US).

Symbolanthus brittonianus Gilg, Bot. Jahrb. Syst. 22(2): 342. 1896.
Sin.: *Symbolanthus rusbyanus* Gilg, *Lisianthius rusbyanus* (Gilg) J.F. Macbr.
Ref.: Foster (1958), Pringle (1995), Struwe (2003).
Arbusto, arbolito. Nativa. Zonas Bajas, Andes. Bosque Húmedo, Yungas, 500–2000 m.
Dept.: CO, LP.
Tipo y muestra: *M. Bang 1697* (HT: B destr.; LT: NY; ILT: A, BM, F, G, GH, K, MO-1934292, NY), *R.S. Williams 1446* (BM, NY, US).

[Symbolanthus calygonus (Ruiz & Pav.) Griseb. ex Gilg], Bot. Jahrb. Syst. 22(2): 341. 1896.
Sin.: *Lisianthius calygonus* Ruiz & Pav.
Ref.: Foster (1958), Pringle (1995), Struwe (2003).
Nota: El registro se basa en material mal identificado.

Symbolanthus incaicus J.E. Molina & Struwe, Syst. Biodivers. 6(4): 489–490, f. 6, 16, mapa. 2008.
Arbusto. Nativa. Andes. Yungas, 2500–3000 m.
Dept.: LP.
Muestra: *A.F. Fuentes C. & I. Jimenez 12160* (CHRB, LPB, MA, MO).
Nota: Primera vez reportada fuera del Perú.

Tachia Aubl., Hist. Pl. Guiane 1: 75, t. 29. 1775.
1 especie, 0 especies endémicas.

Tachia parviflora Maguire & Weaver, J. Arnold Arbor. 56(1): 123–125, f. 8 A–G, 9. 1975.
Ref.: Maguire & Weaver (1975).
Arbusto. Nativa. Zonas Bajas, Andes. Bosque Húmedo, Yungas, 500–2000 m.
Dept.: LP.
Muestra: *S.G. Beck 18570* (F, LPB, U).

Tapeinostemon Benth., Hooker's J. Bot. Kew Gard. Misc. 6: 194. 1854.
1 especie, 0 especies endémicas.

Tapeinostemon zamoranum Steyerm., Lloydia 14(1): 63–64, f. 8–11. 1951.
Ref.: Pringle (1995), Fuentes Claros et al. (2009).
Hierba. Nativa. Andes. Yungas, Valles Secos, 1500–2500 m.
Dept.: LP.
Muestra: *A.F. Fuentes C. et al. 5959* (LPB, MO, NEU, USZ).

Tetrapollinia Maguire & B.M. Boom, Mem. New York Bot. Gard. 51: 31. 1989.
1 especie, 0 especies endémicas.

Tetrapollinia caerulescens (Aubl.) Maguire & B.M. Boom, Mem. New York Bot. Gard. 51: 31. 1989.
Sin.: *Helia caerulescens* (Aubl.) Kuntze, *Lisianthius caerulescens* Aubl., *Irlbachia caerulescens* (Aubl.) Griseb., *Irlbachia coerulescens* (Aubl.) Griseb.
Ref.: Killeen & Schulenberg (1998), Struwe et al. (1999), Wood et al. (2011).
Hierba. Nativa. Zonas Bajas, Andes. Campos Cerrados, Yungas, 0–1000, 2000–2500 m.
Dept.: CO, LP, SC.
Muestra: *L. Arroyo P. et al. 2655* (MO, U, USZ).

Voyria Aubl., Hist. Pl. Guiane 1: 208–211, pl. 83. 1775.
4 especies, 0 especies endémicas.

Voyria aphylla (Jacq.) Pers., Syn. Pl. 1: 284. 1805.
Sin.: *Gentiana aphylla* Jacq., *Voyria uniflora* Lam., *Leiphaimos aphylla* (Jacq.) Gilg
Ref.: Foster (1958), Maas & Ruyters (1986), Pringle (1995), Killeen & Schulenberg (1998).
Hierba. Nativa. Zonas Bajas, Andes. Bosque Semideciduo Chiquitano, Campos Cerrados, Yungas, 0–2000 m.
Dept.: CH, CO, LP.
Muestra: *T. Killeen 1973* (F, USZ).
Nota: Saprófita.

Voyria flavescens Griseb., Prodr. 9: 85. 1845.
Ref.: Schulenberg & Awbrey (1997), Serrano & Terán (1998 [2000]).
Hierba. Nativa.
Dept.: CH.
Nota: Saprófita. No hay ejemplares de herbario para Bolivia.

Voyria spruceana Benth., Hooker's J. Bot. Kew Gard. Misc. 6: 197–198. 1854.
Ref.: Maas & Ruyters (1986), Pringle (1995).
Hierba. Nativa. Zonas Bajas, Andes. Bosque Húmedo, Yungas, 0–1000 m.
Dept.: BE, LP.
Muestra: *S.G. Beck 8299* (LPB).
Nota: Saprófita.

Voyria tenella Hook., Bot. Misc. 1: 47, t. 25, f. B. 1830 [1829].
Sin.: *Leiphaimos tenella* (Hook.) Miq.
Ref.: Maas & Ruyters (1986), Pringle (1995), Killeen & Schulenberg (1998).
Hierba. Nativa. Zonas Bajas. Campos Cerrados, 0–1000 m.
Dept.: BE, SC.
Muestra: *O. Buchtien 1191* (US).
Nota: Saprófita.

Zygostigma Griseb., Gen. Sp. Gent. 150. 1839 [1838].
1 especie, 0 especies endémicas.

Zygostigma australe (Cham. & Schltdl.) Griseb., Gen. Sp. Gent. 150. 1839 [1838].
Sin.: *Sabatia australe* Cham. & Schltdl.
Ref.: Foster (1958), Fabris (1983).
Hierba. Nativa. Andes. Valles Secos, 1500–2000 m.
Dept.: SC.
Muestra: *T. Herzog 1715* (no localizada).

GERANIACEAE Juss., Gen. Pl. 268. 1789.

Por C. Aedo P. (MA) [*Erodium*, *Geranium*] y S.G. Beck (LPB) [*Pelargonium*]; revisado por S.G. Beck (LPB), M. Nee (NY), P.M. Jørgensen (MO).
3 géneros, 21 especies, 3 especies endémicas.

Erodium L'Hér. ex Aiton, Hort. Kew. 2: 414–416. 1789.

2 especies, 0 especies endémicas.

Erodium cicutarium (L.) L'Hér. ex Aiton, Hort. Kew. 2: 414. 1789.
Sin.: *Geranium cicutarium* L.
Ref.: Rusby (1893b), Foster (1958), López Vargas (1995).
Hierba. Naturalizada. Andes, Altiplano. Yungas, Bosque Tucumano-Boliviano, Valles Secos, Puna Húmeda, Puna Seca, 2500–4500 m.
Dept.: CO, LP, OR, PA, TA.
Muestra: *S.G. Beck 2294* (LPB, M, MA, NY).
Nom. Vern.: Pampa espuelita.

Erodium moschatum (L.) L'Hér. ex Aiton, Hort. Kew. 2: 414–415. 1789.
Sin.: *Geranium cicutarium* var. *moschatum* L., *Geranium moschatum* (L.) L.
Ref.: Rusby (1893b), Foster (1958), Serrano & Terán (1998 [2000]).
Hierba. Naturalizada. Andes. Valles Secos, 2500–3500 m.
Dept.: CH, LP, TA.
Muestra: *R. Ehrich 140* (LPB, MA).
Nom. Vern.: Reloj-reloj.

Geranium L., Sp. Pl. 2: 676–683. 1753.

13 especies, 3 especies endémicas.

Geranium carolinianum L., Sp. Pl. 2: 682. 1753.
Ref.: Rusby (1893b), Foster (1958), Aedo (2000), Aedo (2012).
Hierba. Naturalizada. Andes.
Nota: Especie nativa de Norteamérica. Aunque no se ha estudiado ninguna muestra procedente de Bolivia su presencia en este país es relativamente verosímil pues se ha naturalizado en Argentina, Brasil, Paraguay y Uruguay.

Geranium comarapense R. Knuth, Meded. Rijks-Herb. 27: 69. 1915.
Ref.: Foster (1958), Aedo (2012).
Hierba. Endémica. Andes. Yungas, 2500–3000 m.
Dept.: SC.
Tipo y muestra: *T. Herzog 2015b* (HT: L), *Jordan 268* (MO).

Geranium core-core Steud., Flora 39(28): 438. 1856.
Sin.: *Geranium rapulum* A. St.-Hil. & Naudin, *Geranium commutatum* Steud., *Geranium ochsenii* Phil., *Geranium moorei* Phil., *Geranium squamosum* Phil., *Geranium argentinum* R. Knuth, *Geranium herrerae* R. Knuth
Ref.: Aedo et al. (2005), Aedo (2012).
Hierba. Nativa. Andes. Yungas, Páramo Yungueño, Valles Secos, 2500–4000 m.
Dept.: CO, LP.
Muestra: *J.R.I. Wood 9304* (BOLV, K, LPB, MA).

[Geranium diffusum Kunth], Nov. Gen. Sp. (quarto ed.) 5: 230. 1821 [1822].
Ref.: Foster (1958).
Nota: El registro se basa en material mal identificado. La especie se encuentra en Colombia, Ecuador y Perú.

Geranium fallax Steud., Flora 39: 439. 1856.
Sin.: *Geranium fiebrigianum* R. Knuth, *Geranium bolivianum* R. Knuth, *Geranium fuscicaule* R. Knuth, *Geranium totorense* R. Knuth, *Geranium titicacaense* R. Knuth
Ref.: Foster (1958), Schulenberg & Awbrey (1997), Serrano & Terán (1998 [2000]), Aedo et al. (2005), Aedo (2012).
Hierba. Nativa. Andes, Altiplano. Yungas, Páramo Yungueño, Valles Secos, Puna Húmeda, 2000–4000 m.
Dept.: CH, CO, LP, TA.
Muestra: *J.C. Solomon 7422* (LPB, MA, MO).
Nom. Vern.: Rapa-rapa, reloj-reloj.

[Geranium lechleri R. Knuth], Pflanzenr. IV. 129(Heft 53): 80–81. 1912.
Ref.: Foster (1958), Aedo et al. (2002).
Nota: Especie dudosa. Se trata de un sinónimo de *G. crassipes* Hook. ex A. Gray, cuya presencia en Bolivia no se puede descartar totalmente. Probablemente es una confusión con alguna de las formas densamente pilosas de *G. sessiliflorum*.

[Geranium mexicanum Kunth], Nov. Gen. Sp. (quarto ed.) 5: 230. 1821 [1822].
Ref.: Foster (1958).
Nota: El registro se basa en material mal identificado. *G. mexicanum* es una especie autónoma que a veces se ha identificado por error con *G. seemannii* Peyr.

Geranium multipartitum Benth., Pl. Hartw. 166. 1839.
Sin.: *Geranium multipartitum* var. *glabrescens* Hieron. ex R. Knuth, *Geranium multipartitum* var. *velutinum* R. Knuth, *Geranium heinrichsae* R. Knuth
Ref.: Aedo et al. (2002), Aedo (2012).
Hierba. Nativa. Altiplano. Puna Húmeda, 3500–4000 m.
Dept.: LP.
Muestra: *G. Mandon 786* (BM, G, P, W).
Nota: En Bolivia solamente conocida de la colección citada.

[Geranium patagonicum Hook. f.], Fl. Antarct. 252. 1847 [1845].
Nota: El registro se basa en material mal identificado de *G. fallax*.

[Geranium pusillulum A.M. Jiménez], Fl. Cochabamba 178. 1984.
Ref.: Jiménez (1984).
Nota: Especie dudosa. Nombre inválido. No se ha podido estudiar ningún material para aclarar su identidad.

Geranium robertianum L., Sp. Pl. 2: 681–682. 1753.
Ref.: Jiménez (1984).
Nota: Esperado. Su presencia en Bolivia es relativamente verosímil pues se ha naturalizado en Argentina, Brasil, Chile y Uruguay.

Geranium ruizii Hieron., Bot. Jahrb. Syst. 20(Beibl.49): 31. 1895.
Sin.: *Geranium dielsianum* R. Knuth
Ref.: Aedo et al. (2002), Aedo (2012).
Hierba. Nativa. Altiplano. Puna Húmeda, 4500–5000 m.
Dept.: LP.
Muestra: *X. Menhofer 1795* (LPB, MA).

Geranium rupicola Wedd., Chlor. Andina 2: 285–286. 1861.
Sin.: *Geranium sepalo-roseum* Rusby, *Geranium album* R. Knuth, *Geranium superbum* R. Knuth, *Geranium herzogii* R. Knuth, *Geranium chaparense* R. Knuth, *Geranium cuchillense* R. Knuth, *Geranium escalonense* R. Knuth, *Geranium amoenum* R. Knuth
Ref.: Knuth (1912), Foster (1958), Adolfo María (1966), Jiménez (1984), Aedo (2012).
Hierba. Nativa. Andes, Altiplano. Yungas, Bosque Tucumano-Boliviano, Páramo Yungueño, Puna Húmeda, Puna Seca, 2000–4000 m.
Dept.: CH, CO, LP, OR, SC, TA.
Tipo y muestra: *H.A. Weddell 3942* (HT: P; IT: MO), *M.A. Lewis 882043* (LPB, MA, MO).

Geranium sessiliflorum Cav., Diss. 4: 198, pl. 77, f. 2. 1787.
Sin.: *Geranium caespitosum* Walp., *Geranium bangii* Hieron., *Geranium sessiliflorum* var. *microphyllum* Kuntze, *Geranium sessiliflorum* var. *lanatum* R. Knuth, *Geranium pflanzii* R. Knuth, *Geranium sessiliflorum* var. *compactum* R. Knuth, *Geranium tucumanum* R. Knuth, *Geranium santacruzense* Knuth, *Geranium pallidifolium* R. Knuth, *Geranium malpasense* R. Knuth, *Geranium staffordianum* R. Knuth
Ref.: Rusby (1893b), Knuth (1912), Foster (1958), Aedo et al. (2005), Aedo (2012).
Hierba. Nativa. Andes, Altiplano. Yungas, Páramo Yungueño, Puna Húmeda, Puna Seca, 3000–5000 m.
Dept.: CH, CO, LP, OR, PO, TA.
Muestra: *M. Bang 788* (B, BM, E, F, GH, K, MO, NY, US, W).

Geranium sibbaldioides Benth., Pl. Hartw. 166. 1839.
Ref.: Aedo et al. (2002), Aedo (2012).
Hierba. Nativa. Andes, Altiplano. Yungas, Páramo Yungueño, 3000–4500 m.
Dept.: LP.
Muestra: *S.G. Beck 19987* (LPB, MA).
Infra: *Geranium sibbaldioides* subsp. *beckianum* Aedo
Nota: Se conocen 4 colecciones, además del tipo de la subsp. *beckianum*, todas de LP.

Geranium soratae R. Knuth, Pflanzenr. IV. 129(Heft 53): 212. 1912.
Ref.: Foster (1958), Aedo (2012), Ministerio de Medio Ambiente y Agua (2012 [2013]).
Hierba. Endémica. Andes. Yungas, 3000–3500 m.
Dept.: LP.
Tipo y muestra: *H.H. Rusby 763* (HT: B destr.; LT: G; ILT: BM, E, F, GH, K, LE, MO-1888615, NY, P, US), *S.G. Beck 4981* (LPB, MA, U).

Geranium tablasense R. Knuth, Meded. Rijks-Herb. 27: 68. 1915.
Ref.: Aedo et al. (2005), Aedo (2012).
Hierba. Endémica. Andes. Yungas, 3000–3500 m.
Dept.: CO.
Tipo y muestra: *T. Herzog 2181* (LT: L; ILT: S), *M. Cárdenas 2180* (GH, PH, S, U).

Geranium venturianum R. Knuth, Repert. Spec. Nov. Regni Veg. 40: 218. 1936.
Ref.: Aedo et al. (2005), Aedo (2012).
Hierba. Nativa. Andes. Bosque Tucumano-Boliviano, 2500–3000 m.
Dept.: CH, CO.
Muestra: *J.R.I. Wood et al. 15287* (K, LPB).

Geranium weddellii Briq., Annuaire Conserv. Jard. Bot. Genève 11–12: 183. 1908.
Sin.: *Geranium palcaense* R. Knuth
Ref.: Foster (1958), Aedo et al. (2002), Aedo (2012).
Hierba. Nativa. Andes, Altiplano. Yungas, Puna Húmeda, 3000–5000 m.
Dept.: CO, LP.
Tipo y muestra: *G. Mandon 785* (LT: G; ILT: BM, MPU, NY, P, W), *J. Terán & D. Soux 5300* (BOLV).

Pelargonium L'Hér. ex Aiton, Hort. Kew. 2: 417. 1789.
6 especies, 0 especies endémicas.

Pelargonium ×domesticum L.H. Bailey, Stand. Cycl. Hort. 2532. 1916.
Hierba. Cultivada. Andes. Valles Secos, 3500–4000 m.
Dept.: LP.
Muestra: *J.C. Solomon 11545* (LPB, MO).

Pelargonium grandiflorum Willd., Sp. Pl. 3(1): 674. 1800.
Hierba. Cultivada. Andes. Valles Secos, 3000–4000 m.
Dept.: LP.
Muestra: *M.C. Rojas 10* (LPB, MA).

Pelargonium graveolens L'Hér. ex Aiton, Hort. Kew. 2: 423. 1789.
Hierba. Cultivada. Andes. Valles Secos, 3000–4000 m.
Dept.: LP.
Muestra: *S.G. Beck 27756* (LPB, MA).
Nom. Vern.: Geranio limón.

Pelargonium ×hortorum L.H. Bailey, Stand. Cycl. Hort. 2531, f. 2840. 1916.
Hierba. Cultivada. Andes. Valles Secos, 3000–3500 m.
Dept.: LP.
Muestra: *J.C. Solomon 11554* (LPB, MO).

Pelargonium ×peltatum (L.) L'Hér. ex Aiton, Hort. Kew. 2: 427. 1789.
Sin.: *Geranium peltatum* L.
Hierba. Cultivada. Andes. Valles Secos, 3000–3500 m.
Dept.: LP.
Muestra: *J.C. Solomon 11555* (LPB, MO).

Pelargonium zonale (L.) L'Hér., Hort. Kew. 2: 424. 1789.
Sin.: *Geranium zonale* L.
Hierba. Cultivada. Andes. Valles Secos, 3000–4000 m.
Dept.: LP.
Muestra: *S.G. Beck 21955* (LPB, MA).

GESNERIACEAE Rich. & Juss., Essai Propr. Méd. Pl., ed. 2 192. 1816.

Por J.L. Clark (UNA) y L.E. Skog (US); revisado por M. Nee (NY), S.G. Beck (LPB), P.M. Jørgensen (MO).
20 géneros, 65 especies, 16 especies endémicas.

Alloplectus Mart., Nov. Gen. Sp. Pl. 3: 53. 1829.
1 especie, 0 especies endémicas.

[Alloplectus dichrous DC.], Prodr. 7(2): 546. 1839.
Ref.: Foster (1958).
Nota: El registro se basa en material mal identificado.

Alloplectus weirii (Kuntze) Wiehler, Phytologia 27(5): 327. 1973.
Sin.: *Columnea weirii* Kuntze
Ref.: Clark (2005).
Trepadora. Nativa. Zonas Bajas, Andes. Bosque Húmedo, Yungas, 500–2500 m.
Dept.: LP.
Muestra: *H.H. Rusby 2424* (NY).

Anetanthus Hiern ex Benth., Gen. Pl. 2: 1025. 1876.
1 especie, 0 especies endémicas.

Anetanthus gracilis Hiern, Vidensk. Meddel. Dansk Naturhist. Foren. Kjøbenhavn 1877/78: 93. 1877.
Sin.: *Anetanthus hilarianus* Baill.
Ref.: Wiehler (1976).
Hierba. Nativa. Zonas Bajas, Andes. Bosque Húmedo, Yungas, 500–1500 m.
Dept.: LP.
Muestra: *J.C. Solomon 9285* (MO, NY).

Besleria L., Sp. Pl. 2: 619. 1753.
14 especies, 5 especies endémicas.

Besleria aggregata (Mart.) Hanst., Fl. Bras. 8(1): 400. 1864.
Sin.: *Hypocyrta aggregata* Mart., *Codonanthe aggregata* (Mart.) Hanst., *Columnea aggregata* (Mart.) Kuntze, *Besleria ignea* Fritsch, *Besleria ignea* var. *loretensis* C.V. Morton, *Besleria ignea* var. *mexiae* C.V. Morton, *Codonanthopsis aggregata* (Mart.) Hoehne, *Besleria aggregata* var. *loretensis* (C.V. Morton) C.V. Morton, *Besleria aggregata* var. *mexiae* (C.V. Morton) C.V. Morton
Arbusto. Nativa. Zonas Bajas. Bosque

Húmedo, 0–500 m.
Dept.: CO.
Muestra: *S.G. Beck 13715* (F, LPB).

Besleria boliviana C.V. Morton, Contr. U.S. Natl. Herb. 26(9): 432. 1939.
Ref.: Foster (1958).
Subarbusto. Endémica. Zonas Bajas. Bosque Húmedo, 500–1000 m.
Dept.: LP.
Tipo: *O. Buchtien 1334c* (HT: US).
Nota: Conocida solamente del tipo.

Besleria divaricata Poepp., Nov. Gen. Sp. Pl. 3: 2. 1840.
Subarbusto. Nativa. Zonas Bajas, Andes. Bosque Húmedo, Yungas, 500–2000 m.
Dept.: CO, LP.
Muestra: *S.G. Beck 4946* (LPB, US).

[Besleria elegans Kunth], Nov. Gen. Sp. (quarto ed.) 2: 397. 1818.
Ref.: Foster (1958).
Nota: El registro se basa en material mal identificado.

Besleria longipedunculata Britton ex Rusby, Bull. Torrey Bot. Club 27: 69. 1900.
Sin.: *Besleria aurantiaca* Fritsch
Ref.: Foster (1958).
Arbusto. Endémica. Zonas Bajas, Andes. Bosque Húmedo, Yungas, 500–1500 m.
Dept.: CO, LP.
Tipo y muestra: *H.H. Rusby 2436* (HT: NY; IT: F, PH, US), *O. Buchtien 1341* (E, GH, LPB, MO, NA, US).

Besleria lucida Poepp., Nov. Gen. Sp. Pl. 3: 2. 1840.
Sin.: *Columnea lucida* (Poepp.) Walp.
Subarbusto. Nativa. Zonas Bajas, Andes. Bosque Húmedo, Yungas, 500–1500 m.
Dept.: BE, LP.
Muestra: *D.N. Smith et al. 13164* (CTES, L, LPB, MO, NY, UNA, US, USZ).

Besleria montana Britton, Mem. Torrey Bot. Club 4(3): 240. 1895.
Ref.: Foster (1958).
Subarbusto. Endémica. Zonas Bajas, Andes. Bosque Húmedo, Yungas, 0–3000 m.
Dept.: LP.
Tipo y muestra: *M. Bang 412* (HT: NY, NY; IT: E, G, GH, GH, K, M, MANCH, MO-126087, MO-126087, PH, US, W, WU), *J.L. Clark et al. 6811* (BOLV, LPB, US).
Nota: Posiblemente un sinónimo inédito de *Hypocyrta epidendra* Poepp.

Besleria ovalifolia Rusby, Mem. Torrey Bot. Club 4: 240. 1895.
Ref.: Foster (1958).
Subarbusto. Endémica. Zonas Bajas, Andes. Bosque Húmedo, Yungas, 500–2000 m.
Dept.: CO, LP.
Tipo y muestra: *M. Bang 862* (HT: NY; IT: BM, E, F, G, GH, GH, K, MANCH, MO-126088, PH, US, W), *B.A. Krukoff 10421* (A, LPB, MO, UC, US).

Besleria pauciflora Rusby, Bull. Torrey Bot. Club 27(1): 31. 1900.
Sin.: *Besleria pauciflora* var. *uniflora* C.V. Morton, *Besleria sprucei* var. *flavescens* C.V. Morton, *Besleria wurdackii* C.V. Morton
Ref.: Foster (1958).
Arbusto. Nativa. Zonas Bajas, Andes. Bosque Húmedo, Yungas, 0–2500 m.
Dept.: CO, LP.
Tipo y muestra: *H.H. Rusby 2437* (HT: NY; IT: NY), *S.G. Beck 1446* (LPB, SEL).

Besleria racemosa C.V. Morton, Contr. U.S. Natl. Herb. 26(9): 450. 1939.
Hierba. Nativa. Andes. Yungas, 1500–2000 m.
Dept.: CO.
Muestra: *E. Werdermann 2117* (MO).

[Besleria rhytidophyllum Hanst.], Linnaea 34(3): 332–334. 1865.
Ref.: Foster (1958).
Nota: El registro se basa en material mal identificado.

Besleria rotundifolia Rusby, Mem. New York Bot. Gard. 6: 98. 1896.
Ref.: Foster (1958).
Subarbusto. Endémica. Zonas Bajas, Andes. Bosque Húmedo, Yungas, 0–2000 m.
Dept.: CO, LP.
Tipo y muestra: *M. Bang 1250* (HT: NY; IT: GH, M, MO-126089, NY, PH, US), *R.F. Steinbach 478* (DAV, F, GH, LAM, LPB, MO, UC, US).

Besleria solanoides Kunth, Nov. Gen. Sp. (quarto ed.) 2: 398. 1817 [1818].
Sin.: *Besleria acutifolia* Benth., *Parabesleria costaricensis* Oerst., *Besleria costaricensis* (Oerst.) Hanst., *Besleria solanoides* var. *parvifolia* C.V. Morton, *Besleria obliqua* C.V. Morton
Arbusto. Nativa. Andes. Yungas, 1500–3500 m.
Dept.: CO, LP.
Muestra: *J.C. Solomon et al. 11981* (LPB, MO, US).

Besleria sprucei Britton ex Rusby, Bull. Torrey Bot. Club 27: 31. 1900.
Sin.: *Besleria uleana* Fritsch
Ref.: Foster (1958).
Subarbusto. Nativa. Zonas Bajas, Andes. Bosque Húmedo, Yungas, 0–1500 m.
Dept.: BE, CO, LP.
Tipo y muestra: *H.H. Rusby 2149* (HT: NY; IT: F, GH, K, NY, PH, US, WIS), *S.G. Beck 24323* (LPB, M, US).

Besleria stricta L.E. Skog, Ann. Missouri Bot. Gard. 65(3): 819. 1978 [1979].
Subarbusto. Nativa. Zonas Bajas. Bosque Húmedo, 0–500 m.
Dept.: BE, CO, SC.
Muestra: *T. Killeen & M.J. Lidesma 4292* (LPB, MO, US).

Besleria variabilis C.V. Morton, Contr. U.S. Natl. Herb. 26(9): 435. 1939.
Sin.: *Besleria variabilis* fo. *barbatula* C.V. Morton, *Besleria variabilis* fo. *pallida* C.V. Morton
Subarbusto. Nativa. Zonas Bajas. Bosque Húmedo, 0–500 m.
Dept.: CO, SC.
Muestra: *T.B. Croat 51284* (MO).

Codonanthe (Mart.) Hanst., Linnaea 26: 209. 1853 [1854].
3 especies, 0 especies endémicas.

Codonanthe calcarata (Miq.) Hanst., Linnaea 34(4): 416–417. 1865.
Sin.: *Nematanthus calcaratus* Miq.
Epífita. Nativa. Zonas Bajas. Bosque Húmedo, 0–500 m.
Dept.: BE, CO, LP, SC.
Muestra: *B.M. Boom 4062* (GH, LPB, NY, US).
Nom. Vern.: Chixopa-ati.

Codonanthe crassifolia (H. Focke) C.V. Morton, Publ. Field Mus. Nat. Hist., Bot. Ser. 18(4): 1159. 1938.
Sin.: *Hypocyrta crassifolia* H. Focke, *Episcia hookeri* Hanst., *Codonanthe confusa* Sandwith
Ref.: Killeen & Schulenberg (1998).
Epífita. Nativa. Zonas Bajas. Bosque Húmedo, 0–500 m.
Dept.: LP, PA, SC.
Muestra: *S. DeWalt 878* (LPB, US).
Nom. Vern.: Madidi-ina.

Codonanthe uleana Fritsch, Bot. Jahrb. Syst. 37(5): 492. 1906.
Sin.: *Columnea calcarata* Donn. Sm., *Codonanthe formicarum* Fritsch, *Codonanthe decurrens* I.M. Johnst.
Ref.: Parker & Bailey (1991), Ibisch (1996).

Epífita. Nativa. Zonas Bajas. Bosque Húmedo, 0–500 m.
Dept.: BE, LP.
Muestra: *D.C. Daly 6439* (US).

Columnea L., Sp. Pl. 2: 638. 1753.
10 especies, 4 especies endémicas.

Columnea fritschii (Rusby) J.F. Sm., Syst. Bot. Monogr. 44: 58. 1994.
Sin.: *Fluckigeria fritschii* Rusby, *Kohlerianthus fritschii* (Rusby) Fritsch, *Pentadenia fritschii* (Rusby) Wiehler
Ref.: Foster (1958), Ibisch (1996).
Trepadora. Endémica. Andes. Yungas, 1000–2500 m.
Dept.: LP.
Tipo y muestra: *M. Bang 401* (HT: NY; IT: BM, E, F, GH, K, MANCH, MO-206345, US, US, W, WIS, WU), *J.C. Solomon 12531* (LPB, MO, US).

Columnea guttata Poepp., Nov. Gen. Sp. Pl. 3: 1. 1840.
Ref.: Kvist & Skog (1993), Kvist & Skog (1994).
Hierba, arbusto, hemiepífita, epífita. Nativa. Zonas Bajas, Andes. Bosque Húmedo, Yungas, 500–1500 m.
Dept.: CO, LP.
Muestra: *J.R.I. Wood 13702* (K, LPB).

Columnea hypocyrtantha (Wiehler) J.F. Sm. & L.E. Skog, Novon 3(2): 190, f. 3. 1993.
Sin.: *Pentadenia hypocyrtantha* Wiehler
Ref.: Smith (1994), Ministerio de Medio Ambiente y Agua (2012 [2013]).
Hierba, arbusto, hemiepífita, epífita. Endémica. Andes. Yungas, 2000–3000 m.
Dept.: CO, SC.
Tipo y muestra: *S. Vogel 498* (HT: US; IT: A, F, Z), *J.L. Clark et al. 6741* (BOLV, LPB, MO, NY, SEL, US).

Columnea inaequilatera Poepp., Nov. Gen. Sp. Pl. 3: 1. 1840.
Sin.: *Columnea ascendens* Rusby, *Columnea pallida* Rusby, *Columnea inaequilatera* var. *rhonhofiae* Mansf., *Dalbergia inaequilatera* (Poepp.) Wiehler, *Pentadenia ascendens* (Rusby) Wiehler
Ref.: Foster (1958), Kvist & Skog (1993), Kvist & Skog (1994).
Hierba, epífita. Nativa. Andes. Yungas, 1000–2000 m.
Dept.: LP.
Muestra: *J.C. Solomon 8770* (LPB, MO, US).

Columnea moesta Poepp., Nov. Gen. Sp. Pl. 3: 1, t. 206. 1840.
Sin.: *Stygnanthe moesta* (Poepp.) Hanst., *Columnea weberbaueri* Mansf., *Pentadenia weberbaueri* (Mansf.) Wiehler, *Pentadenia moesta* (Poepp.) Wiehler
Ref.: Smith (1994).
Hierba, epífita. Nativa. Zonas Bajas, Andes. Bosque Húmedo, Yungas, 500–2500 m.
Dept.: CO.
Muestra: *P.L. Ibisch & C. Ibisch 94.0415* (BONN, LPB, US).

Columnea oblongifolia Rusby, Mem. Torrey Bot. Club 6: 98. 1896.
Sin.: *Ortholoma oblongifolium* (Rusby) Wiehler, *Trichantha oblongifolia* (Rusby) Wiehler
Ref.: Foster (1958), Smith (1994).
Hierba, arbusto, hemiepífita, epífita. Endémica. Andes. Yungas, 2000–3500 m.
Dept.: LP.
Tipo y muestra: *M. Bang 1744* (HT: NY; IT: A, BM, E, F, F, GH, GH, K, M, MANCH, MO-206350, NY, US, W, WU), *J.C. Solomon 9053* (LPB, MO, US).

Columnea sanguinea (Pers.) Hanst., Linnaea 34(3–4): 384–385. 1865.
Sin.: *Besleria sanguinea* Pers., *Dalbergaria phoenicea* Tussac, *Vireya sanguinolenta* Raf., *Alloplectus sanguineus* (Pers.) G. Don, *Hematophyla villosa* Raf., *Dalbergaria sanguinea* (Pers.) Steud., *Collandra picta* Klotzsch & Hanst., *Collandra phoenicea* (Tussac) G. Don ex Loudon, *Collandra sanguinea* (Pers.) Griseb., *Columnea sanguinea* var. *cubensis* Urb., *Columnea cubensis* (Urb.) Britton, *Columnea grandifolia* Rusby, *Columnea stricta* Rusby, *Alloplectus cubensis* (Urb.) Stearn
Ref.: Foster (1958), Kvist & Skog (1993), Kvist & Skog (1994).
Hierba, arbusto, hemiepífita, epífita. Nativa. Zonas Bajas, Andes. Bosque Húmedo, Yungas, 500–2000 m.
Dept.: CO, LP.
Muestra: *J.C. Solomon 10815* (LPB, MO, US).

Columnea spathulata Mansf., Notizbl. Bot. Gart. Berlin–Dahlem 14(121): 37. 1938.
Sin.: *Pentadenia spathulata* (Mansf.) Wiehler, *Pentadenia rubriacuta* Wiehler
Ref.: Wiehler (1977), Kvist & Skog (1993), Kvist & Skog (1994), Smith (1994), Ibisch (1996).
Hierba, epífita. Nativa. Andes. Yungas, 1000–2000 m.
Dept.: LP.
Muestra: *S.G. Beck 21427* (LPB, US).

Columnea trollii Mansf., Repert. Spec. Nov. Regni Veg. 36: 122. 1934.
Sin.: *Pentadenia trollii* (Mansf.) Wiehler
Ref.: Foster (1958), Smith (1994), Ibisch (1996).
Hierba, arbusto, hemiepífita, epífita. Nativa. Andes. Yungas, 2000–3500 m.
Dept.: CO, LP, SC.
Tipo y muestra: *W. Troll 1676* (LT: M), *J.F. Smith & S.G. Beck 1723* (BH, LPB, US, WIS).

Columnea ultraviolacea J.F. Sm. & L.E. Skog, Novon 3(2): 193, f. 3. 1993.
Ref.: Smith (1994), Ministerio de Medio Ambiente y Agua (2012 [2013]).
Hierba, arbusto, hemiepífita, epífita. Endémica. Andes. Yungas, 2000–2500 m.
Dept.: LP.
Tipo y muestra: *S.G. Beck 8741* (HT: LPB; IT: US), *J.L. Clark et al. 6603* (LPB, NY, SRP, US).

Corytoplectus Oerst., Centralamer. Gesner. 45–46. 1858.
3 especies, 0 especies endémicas.

Corytoplectus grandifolius (Britton ex Rusby) Rodr.-Flores & L.E. Skog, Selbyana 29(1): 105. 2008.
Sin.: *Alloplectus grandifolius* Britton ex Rusby
Ref.: Rodríguez-Flores & Skog (2008).
Hierba, subarbusto. Nativa. Zonas Bajas, Andes. Bosque Húmedo, Yungas, 500–2000 m.
Dept.: LP.
Tipo y muestra: *H.H. Rusby 2483* (HT: NY; IT: F, GH, NY, PH, US), *J.L. Clark & D. Barrientos 6704* (LPB, SEL, US).

Corytoplectus riceanus (Rusby) Wiehler, Phytologia 27: 313. 1973.
Sin.: *Diplolegnon riceanum* Rusby
Ref.: Foster (1958), Rodríguez-Flores & Skog (2008).
Hierba, subarbusto. Nativa. Zonas Bajas, Andes. Bosque Húmedo, Yungas, 500–2000 m.
Dept.: CO, LP.
Tipo y muestra: *H.H. Rusby 2152* (HT: NY), *J.C. Solomon 9180* (K, MA, MO, SPF, UNA, US).

Corytoplectus speciosus (Poepp.) Wiehler, Phytologia 27(5): 313. 1973.
Sin.: *Alloplectus speciosus* Poepp., *Alloplectus corymbosus* Klotzsch ex Hanst., *Columnea corymbosa* (Klotzsch ex Hanst.) Kuntze, *Crantzia corymbosa* (Klotzsch ex Hanst.) Fritsch

Ref.: Rodríguez-Flores & Skog (2008).
Hierba. Nativa. Zonas Bajas, Andes. Bosque Húmedo, Yungas, 500–1500 m.
Dept.: LP.
Muestra: *T. Killeen 3727* (LPB, MO, UNA, US).
Infra: *Corytoplectus speciosus* var. *orbicularis* C. Rodr. & L.E. Skog

Diastema Benth., Bot. Voy. Sulphur 132. 1844 [1845].
4 especies, 3 especies endémicas.

Diastema latiflorum Rusby, Mem. Torrey Bot. Club 6: 96. 1896.
Ref.: Foster (1958).
Hierba. Endémica. Andes. Yungas, 1000–1500 m.
Dept.: LP.
Tipo: *M. Bang 1728* (HT: NY; IT: BM, E, F, G, GH, K, M, MANCH, MO-1997344, NY, US, US, US, W, WU).
Nota: Conocida solamente del tipo.

Diastema purpurascens Rusby, Bull. Torrey Bot. Club 27: 28. 1900.
Ref.: Foster (1958).
Hierba. Endémica. Andes. Yungas, 2000–2500 m.
Dept.: LP.
Tipo y muestra: *H.H. Rusby 2604* (ST: NY), *H.H. Rusby 1984* (no localizada).

Diastema scabrum (Poepp.) Benth. ex Walp., Repert. Bot. Syst. 6: 401, 403. 1847.
Sin.: *Achimenes scabra* (Poepp.) Walp., *Trevirana scabra* Poepp.
Ref.: Wiehler (1977), Dodson & Gentry (1978).
Hierba. Nativa. Zonas Bajas, Andes. Bosque Húmedo, Yungas, 500–1500 m.
Dept.: LP.
Muestra: *R.S. Williams 2488* (NY, US).

Diastema williamsii Rusby, Descr. S. Amer. Pl. 124. 1920.
Ref.: Foster (1958).
Hierba. Endémica. Zonas Bajas, Andes. Bosque Húmedo, Yungas, 500–1500 m.
Dept.: LP.
Tipo: *R.S. Williams 2475* (HT: NY; IT: US).
Nota: Conocida solamente del tipo. Posiblemente es un sinónimo de *D. scabrum* (Poepp.) Benth. ex Walp.

Drymonia Mart., Nov. Gen. Sp. Pl. 3: 57. 1829.
8 especies, 1 especie endémica.

Drymonia affinis (Mansf.) Wiehler, Phytologia 27: 324. 1973.
Sin.: *Alloplectus affinis* Mansf.
Arbusto. Nativa. Zonas Bajas. Bosque Húmedo, 0–500 m.
Dept.: SC.
Muestra: *M. Saldias 504* (MO, US).

Drymonia candida Hanst., Linnaea 34(3): 358. 1865.
Sin.: *Columnea latisepala* Rusby, *Drymonia poeppigiana* Fritsch, *Drymonia latisepala* (Rusby) Leeuwenb.
Ref.: Foster (1958).
Epífita. Nativa. Zonas Bajas, Andes. Bosque Húmedo, Yungas, 0–1500 m.
Dept.: CO, LP.
Muestra: *S.G. Beck 24411* (LPB, US).

Drymonia coccinea (Aubl.) Wiehler, Phytologia 27: 324. 1973.
Sin.: *Besleria coccinea* Aubl., *Alloplectus circinatus* Mart., *Alloplectus coccineus* (Aubl.) Mart., *Lophalix coccinea* (Aubl.) Raf., *Alloplectus patrisii* DC., *Macrochlamys miquelii* Decne., *Columnea circinata* (Mart.) Kuntze, *Columnea coccinea* (Aubl.) Kuntze, *Crantzia circinata* (Mart.) Fritsch, *Crantzia coccinea* (Aubl.) Fritsch, *Alloplectus coccineus* var. *fusco-maculatus* Leeuwenb.
Ref.: Foster (1958).
Trepadora, liana. Nativa. Zonas Bajas, Andes. Bosque Húmedo, Yungas, 0–1500 m.
Dept.: BE, CO, LP, PA, SC.
Muestra: *T. Killeen 2880* (LPB, US).

Drymonia doratostyla (Leeuwenb.) Wiehler, Phytologia 27: 325. 1973.
Sin.: *Alloplectus doratostylus* Leeuwenb.
Ref.: Ibisch (1996).
Trepadora, liana. Nativa. Zonas Bajas, Andes. Bosque Húmedo, Yungas, 0–1500 m.
Dept.: BE, CO, LP, PA, SC.
Tipo y muestra: *M. Bang 1259* (HT: W; IT: BM, BR, E, F, G, GH, K, M, MANCH, MO-206323, NY, NY, PH, PH, US, WIS), *S.G. Beck 20157* (LPB, US).

Drymonia foliacea (Rusby) Wiehler, Phytologia 27(5): 325. 1973.
Sin.: *Besleria foliacea* Rusby
Ref.: Foster (1958).
Hierba, subarbusto. Nativa. Zonas Bajas, Andes. Bosque Húmedo, Yungas, 500–2000 m.
Dept.: CO, LP, SC.
Tipo y muestra: *M. Bang 338* (HT: NY; IT: BM, BR, E, F, G, GH, K, MANCH, MO-206322, PH, US, W), *J.C. Solomon & M.H. Nee 12648* (K, MA, MO, UNA, US).

Drymonia semicordata (Poepp.) Wiehler, Phytologia 27: 326. 1973.
Sin.: *Alloplectus semicordatus* Poepp., *Columnea semicordata* (Poepp.) Kuntze, *Crantzia semicordata* (Poepp.) Fritsch, *Alloplectus sylvarum* S. Moore, *Crantzia pseudocordata* Cuatrec.
Ref.: Moraes R. (1990), Parker & Bailey (1991), Killeen & Schulenberg (1998), Alverson et al. (2000), Arrázola Rivero et al. (2000).
Liana. Nativa. Zonas Bajas. Bosque Húmedo, 0–500 m.
Dept.: BE, CO, LP, PA, SC.
Muestra: *D. De la Quintana 502* (AAU, BOLV, CTES, HSB, LPB, MO, US, USZ).

Drymonia serrulata (Jacq.) Mart., Nov. Gen. Sp. Pl. 3: 192. 1832.
Sin.: *Besleria serrulata* Jacq., *Besleria spectabilis* Kunth, *Drymonia calcarata* Mart., *Drymonia bicolor* Lindl., *Drymonia jacquinii* G. Don, *Drymonia spectabilis* (Kunth) G. Don, *Alloplectus glaber* DC., *Besleria drymonia* Steud., *Drymonia cristata* Miq., *Drymonia sarmentosula* Lem., *Drymonia mollis* Oerst., *Drymonia parvifolia* Griseb., *Columnea mocinoana* Kuntze, *Drymonia maculata* S. Moore, *Drymonia buscalionii* Fritsch ex Buscal., *Drymonia chiapensis* Brandegee, *Drymonia campbellii* Rusby, *Drymonia glabra* (DC.) C.V. Morton, *Drymonia ulei* Wiehler
Ref.: Foster (1958), Ibisch (1996), Killeen & Schulenberg (1998).
Hemiepífita. Nativa. Zonas Bajas, Andes. Bosque Húmedo, Yungas, 0–1500 m.
Dept.: BE, LP, SC.
Muestra: *A.H. Gentry et al. 44287* (LPB, MO).

Drymonia solitaria (Rusby) Wiehler, Phytologia 27(5): 326. 1973.
Sin.: *Alloplectus solitarius* Rusby
Ref.: Foster (1958), Ibisch (1996).
Epífita. Endémica. Andes. Yungas, 1500–2000 m.
Dept.: CO, LP.
Tipo y muestra: *M. Bang 856* (HT: NY; IT: BM, BR, E, F, G, GH, K, LE, MANCH, MO-206325, P, PH, UC, US, W, WIS), *S.G. Beck 7378* (LPB, US).

Gasteranthus Benth., Pl. Hartw. 233. 1846.
1 especie, 0 especies endémicas.

Gasteranthus wendlandianus (Hanst.) Wiehler, Selbyana 1(2): 156. 1975.
Sin.: *Besleria wendlandiana* Hanst., *Besleria rupestris* C.V. Morton, *Gasteranthus rupestris* (C.V. Morton) Wiehler
Ref.: Skog & Kvist (2000).
Hierba, subarbusto. Nativa. Andes. Yungas, 1500–2500 m.
Dept.: CO.
Muestra: *C.A. Luer 3536* (SEL).

Glossoloma Hanst., Linnaea 26: 191, 208–209. 1853 [1854].
1 especie, 0 especies endémicas.

Glossoloma bolivianum (Britton ex Rusby) J.L. Clark, Selbyana 25(2): 198. 2005.
Sin.: *Columnea boliviana* Britton ex Rusby, *Besleria horizontalis* C.V. Morton, *Alloplectus bolivianus* (Britton ex Rusby) Wiehler
Ref.: Rusby (1895), Foster (1958).
Arbusto, hemiepífita. Nativa. Zonas Bajas, Andes. Bosque Húmedo, Yungas, 500–1500 m.
Dept.: CO, LP.
Tipo y muestra: *M. Bang 515* (HT: NY; IT: BM, E, F frag., GH, GH, K, MANCH, MO-206347, NY, PH, US, US, W, WU; fotos: US), *S.G. Beck 8731* (LPB, US).

Gloxinia L'Hér., Hort. Kew. 2: 331. 1789.
2 especies, 0 especies endémicas.

Gloxinia erinoides (DC.) E.H. Roalson & Boggan, Selbyana 25(2): 228. 2005.
Sin.: *Achimenes erinoides* DC., *Trevirana erinoides* (DC.) D. Dietr., *Achimenes argyrostigma* Hook., *Diastema erinoides* (DC.) Benth. ex Walp., *Koellikeria argyrostigma* (Hook.) Regel, *Koellikeria argyrostigma* var. *chlorocaula* Hanst., *Koellikeria argyrostigma* var. *moritziana* Hanst., *Koellikeria argyrostigma* var. *ovalifolia* Oerst., *Koellikeria major* Fritsch, *Koellikeria erinoides* (DC.) Mansf.
Ref.: Foster (1958), López Vargas (1995), Saravia Miranda (1996), Killeen & Schulenberg (1998), Roalson et al. (2005a), Roalson et al. (2005b).
Hierba. Nativa. Zonas Bajas, Andes. Bosque Húmedo, Yungas, 0–2500 m.
Dept.: BE, CH, CO, LP, PA, SC, TA.
Muestra: *M.A. Lewis 35322* (LPB, MO).

Gloxinia perennis (L.) Fritsch, Nat. Pflanzenfam. 4(3b): 174. 1894.
Sin.: *Martynia perennis* L., *Eucolum crassifolium* Salisb., *Gloxinia trichotoma* Moench, *Gloxinia heterophylla* Poepp., *Gloxinia pallidiflora* Hook., *Gloxinia suaveolens* Decne., *Gloxinia trichantha* Miq., *Salisia gloxiniaeflora* Regel, *Salisia maculata* (L'Hér.) Regel, *Salisia pallidiflora* (Hook.) Regel, *Salisia suaveolens* (Decne.) Regel
Ref.: Foster (1958), Wiehler (1976), Roalson et al. (2005a), Roalson et al. (2005b).
Hierba. Cultivada. Zonas Bajas. Bosque Húmedo, 0–500 m.
Dept.: BE, LP.
Muestra: *A.H. Gentry & R.B. Foster 70847* (LPB, MO).

Mandirola Decne., Rev. Hort. 3: 468. 1848.
1 especie, 0 especies endémicas.

Mandirola ichthyostoma (Gardner) Seem. ex Hanst., Fl. Bras. 8(1): 348. 1864.
Sin.: *Gloxinia ichthyostoma* Gardner, *Scheeria ichthyostoma* (Gardner) Seem., *Achimenes ichthyostoma* (Gardner) Hanst.
Ref.: Wiehler (1976), Roalson et al. (2005a), Roalson et al. (2005b).
Hierba. Nativa. Zonas Bajas. Bosque Húmedo, 0–1000 m.
Dept.: SC.
Muestra: *A.M. Carrión & M. Garvizu 62* (MO, US, USZ).

Monopyle Moritz ex Benth., Gen. Pl. 2: 997. 1876.
1 especie, 0 especies endémicas.

Monopyle reflexa (Rusby) E. H. Roalson & Boggan, Selbyana 25(2): 231. 2005.
Sin.: *Gloxinia reflexa* Rusby, *Monopyle divaricata* Rusby
Ref.: Foster (1958), Wiehler (1976).
Hierba. Nativa. Zonas Bajas, Andes. Bosque Húmedo, Yungas, 0–1500 m.
Dept.: BE, LP.
Tipo y muestra: *M. Bang 1745* (HT: NY; IT: A, BM, C, E, F, G, GH, K, M, MANCH, MO, MO-1997384, NY, PH, US, W, WU), *M. Cárdenas 2070* (K, NY, US).

Napeanthus Gardner, London J. Bot. 2: 13. 1843.
2 especies, 1 especie endémica.

Napeanthus andinus Rusby ex Donn. Sm., Bot. Gaz. 20: 6. 1895.
Ref.: Rusby (1896), Foster (1958).
Hierba. Nativa. Zonas Bajas. Bosque Húmedo, 500–1000 m.
Dept.: LP.
Tipo: *M. Bang 1729* (HT: NY; IT: BM, E, G, GH, K, LE, M, MO-1713867, NY, PH, US, W; fotos: U, WAG).
Nota: Conocida en Bolivia solamente del tipo.

Napeanthus rigidus Rusby, Mem. Torrey Bot. Club 6: 99. 1896.
Ref.: Foster (1958).
Hierba. Endémica. Andes. Yungas, elevación desconocida.
Dept.: LP.
Tipo: *M. Bang 1729a* (HT: NY; IT: MO, PH; fotos: U ex NY, WAG ex NY).
Nota: Conocida solamente del tipo.

Nautilocalyx Linden ex Hanst., Linnaea 26: 181, 206–207. 1853 [1854].
2 especies, 0 especies endémicas.

Nautilocalyx pallidus (Sprague) Sprague, Bull. Misc. Inform. Kew 1912: 89. 1912.
Sin.: *Drymonia ochroleuca* Poepp., *Episcia ochroleuca* (Poepp.) Hanst., *Episcia ochroleuca* var. *angustifolia* Hanst., *Alloplectus pallidus* Sprague
Hierba. Nativa. Zonas Bajas. Bosque Húmedo, 0–500 m.
Dept.: BE, CO, PA.
Muestra: *L. Vargas 623* (F, LPB, NY, USZ).

Nautilocalyx whitei Rusby, Mem. New York Bot. Gard. 7: 358. 1927.
Ref.: Foster (1958).
Hierba, epífita. Nativa. Zonas Bajas. Bosque Húmedo, 0–1000 m.
Dept.: BE, CO, LP, SC.
Tipo y muestra: *O.E. White 1830* (HT: NY; IT: GH), *J.L. Clark 6793* (BOLV, LPB, MO, NY, SEL, US).

Paradrymonia Hanst., Linnaea 26: 207. 1853 [1854].
2 especies, 1 especie endémica.

Paradrymonia buchtienii (Mansf.) Wiehler, Selbyana 5(1): 49. 1978.
Sin.: *Episcia buchtienii* Mansf.
Ref.: Foster (1958), Wiehler (1978b), Fuentes Claros et al. (2009).
Epífita. Endémica. Zonas Bajas. Bosque Húmedo, 0–1000 m.
Dept.: CO, LP.
Tipo y muestra: *O. Buchtien 1344* (LT: NY; ILT: HBG, SEL, US, US), *N. Altamirano & J. Terán 542* (MO).

Paradrymonia ciliosa (Mart.) Wiehler, Phytologia 27: 308. 1973.
Sin.: *Hypocyrta ciliosa* Mart., *Episcia ciliosa* (Mart.) Hanst., *Columnea ciliosa* (Mart.) Kuntze
Epífita. Nativa. Zonas Bajas. Bosque Húmedo, 0–1000 m.
Dept.: CO.
Muestra: *J.L. Clark 6791* (BOLV, LPB, MO, NY, SEL, US).

Pearcea Regel, Gartenflora 16: 388. 1867.
1 especie, 0 especies endémicas.

Pearcea sprucei (Britton ex Rusby) L.P. Kvist & L.E. Skog, Smithsonian Contr. Bot. 84: 37. 1996.
Sin.: *Isoloma parviflorum* Rusby, *Isoloma sprucei* Britton ex Rusby, *Isoloma patentipilosum* Kuntze, *Isoloma flexuosum* Rusby, *Isoloma urticifolium* Rusby, *Kohleria urticifolia* (Rusby) Fritsch, *Diastema galeopsis* Fritsch, *Diastema parviflorum* (Rusby) Fritsch, *Parakohleria parviflora* (Rusby) Wiehler, *Parakohleria sprucei* (Britton ex Rusby) Wiehler
Ref.: Foster (1958), Wiehler (1978a).
Hierba. Nativa. Zonas Bajas, Andes. Bosque Húmedo, Yungas, 500–2500 m.
Dept.: CO, LP.
Tipo y muestra: *M. Bang 1541* (IT: MO-1997324), *J.L. Clark 6593* (AAU, K, LPB, NY, SEL, US).
Infra: *Pearcea sprucei* var. *parviflora* (Rusby) L.P. Kvist & L.E. Skog

Sanango Bunting & Duke, Ann. Missouri Bot. Gard. 48(3): 270–272, f. 1. 1961.
0 especie, 0 especies endémicas.

[Sanango racemosum (Ruiz & Pav.) Barringer], Phytologia 59(5): 363. 1986.
Sin.: *Gomara racemosa* Ruiz & Pav.
Ref.: Fuentes Claros et al. (2009).
Nota: El registro se basa en material mal identificado.

Seemannia Regel, Gartenflora 4: 183. 1855.
4 especies, 0 especies endémicas.

Seemannia gymnostoma (Griseb.) Toursark., Bol. Soc. Argent. Bot. 7(2): 135. 1958.
Sin.: *Gloxinia gymnostoma* Griseb., *Achimenes gymnostoma* (Griseb.) Fritsch, *Achimenes heppielloides* Fritsch, *Achimenes rusbyi* Britton, *Fiebrigia digitaliflora* Fritsch
Ref.: Foster (1958), Wiehler (1976), López Vargas (1995), Saravia Miranda (1996), Xifreda (1996), Schulenberg & Awbrey (1997), González et al. (1999), Serrano & Terán (1998 [2000]), Roalson et al. (2005a), Roalson et al. (2005b).
Hierba. Nativa. Zonas Bajas, Andes. Bosque Húmedo, Yungas, Bosque Tucumano-Boliviano, 0–2500 m.
Dept.: CH, CO, LP, SC, TA.
Muestra: *S.G. Beck 21909* (LPB, US).

Seemannia nematanthodes (Kuntze) K. Schum., Just's Bot. Jahresber. 26(1): 386. 1898.
Sin.: *Achimenes gracilis* Britton ex Rusby, *Fritschiantha nematanthodes* Kuntze, *Gloxinia nematanthodes* (Kuntze) Wiehler
Ref.: Foster (1958), Wiehler (1976), Xifreda (1996), Roalson et al. (2005a), Roalson et al. (2005b).
Hierba. Nativa. Zonas Bajas, Andes. Bosque Húmedo, Bosque Semideciduo Chiquitano, Yungas, Bosque Tucumano-Boliviano, 0–2000 m.
Dept.: CH, LP, SC, TA.
Tipo y muestra: *O. Kuntze s.n.* (HT: NY), *S.G. Beck 6418* (LPB, US).

Seemannia purpurascens Rusby, Mem. Torrey Bot. Club 4(3): 237. 1895.
Sin.: *Achimenes flaccida* Rusby, *Fritschiantha purpurascens* (Rusby) Kuntze, *Seemannia longiflora* Fritsch, *Seemannia dioica* Rusby, *Gloxinia purpurascens* (Rusby) Wiehler
Ref.: Foster (1958), Wiehler (1976), Roalson et al. (2005a), Roalson et al. (2005b).
Hierba. Nativa. Zonas Bajas, Andes. Bosque Húmedo, Yungas, 0–2000 m.
Dept.: BE, CO, LP, SC.
Tipo y muestra: *M. Bang 542* (HT: NY; IT: BM, E, F, GH, K, MANCH, MO-206352, NY, PH, US, US, W, WIS), *J.L. Clark & E. Rodríguez 6805* (BOLV, LPB, MO, NY, SEL, US).

Seemannia sylvatica (Kunth) Hanst., Linnaea 29: 540. 1859.
Sin.: *Gesneria sylvatica* Kunth, *Gesneria oxyphylla* DC., *Seemannia ternifolia* Regel, *Seemannia benaryi* Regel, *Seemannia major* Baill., *Seemannia uniflora* Baill., *Achimenes albescens* Rusby, *Seemannia cuneata* Rusby, *Fritschiantha benaryi* (Regel) Kuntze, *Fritschiantha cuneata* (Rusby) Kuntze, *Fritschiantha major* (Baill.) Kuntze, *Fritschiantha sylvatica* var. *aurea* Kuntze, *Fritschiantha sylvatica* var. *coccinea* Kuntze, *Fritschiantha uniflora* (Baill.) Kuntze, *Seemannia regnelliana* Fritsch, *Seemannia albescens* (Rusby) Fritsch, *Seemannia latifolia* Fritsch, *Gloxinia sylvatica* (Kunth) Wiehler
Ref.: Foster (1958), Wiehler (1976), Chautems (1993), Roalson et al. (2005a), Roalson et al. (2005b).
Hierba. Nativa. Zonas Bajas, Andes. Bosque Húmedo, Yungas, Bosque Tucumano-Boliviano, 0–4000 m.
Dept.: BE, CH, CO, LP, PA, SC.
Muestra: *J.L. Clark et al. 6776* (BOLV, LPB, MO, NY, SEL, US).

Sinningia Nees, Ann. Sci. Nat. (Paris) 6: 297. 1825.
4 especies, 1 especie endémica.

Sinningia elatior (Kunth) Chautems, Candollea 45: 383. 1990.
Sin.: *Gesneria elatior* Kunth, *Gesneria sceptrum* var. *igneum* Mart., *Gesneria sceptrum* var. *rubrum* Mart., *Gesneria stricta* Hook. & Arn., *Gesneria fragilis* Poepp., *Gesneria stachydifolia* Benth., *Corytholoma strictum* (Hook. & Arn.) Decne., *Isoloma elatior* Decne., *Gesneria sceptroides* Hanst., *Rechsteineria sceptroides* (Hanst.) Kuntze, *Rechsteineria stachydifolia* (Benth.) Kuntze, *Rechsteineria stricta* (Hook. & Arn.) Kuntze, *Corytholoma elatius* (Kunth) Fritsch, *Corytholoma igneum* var. *villosum* Fritsch, *Rechsteineria ignea* (Mart.) Fritsch, *Rechsteineria tenera* Fritsch, *Corytholoma paludosum* Rusby, *Rechsteineria ignea* var. *anomala* Hoehne, *Rechsteineria ignea* var. *loefgroenii* Hoehne, *Rechsteineria sceptrum* var. *rubra* (Mart.) Hoehne, *Rechsteineria stricta* var. *parvifolia* Hoehne, *Sinningia stricta* (Hook. & Arn.) Wiehler
Ref.: Foster (1958), Chautems (1993), Killeen & Schulenberg (1998), Wood et al. (2011).
Hierba, arbusto. Nativa. Zonas Bajas, Andes. Bosque Húmedo, Campos Cerrados, Sabanas Benianas del Norte, Sabanas Benianas del Sur, Campos Amazónicos, Yungas, Bosque Tucumano-Boliviano, 0–2000 m.
Dept.: BE, CO, LP, SC.
Muestra: *T. Killeen 2842* (LPB, US).

[Sinningia incarnata (Aubl.) D.L. Denham], Baileya 19(3): 126. 1974.
Sin.: *Besleria incarnata* Aubl.
Ref.: Chautems (1993), Killeen & Schulenberg (1998), Serrano & Terán (1998 [2000]).
Nota: El registro se basa en material mal identificado.

Sinningia sellovii (Mart.) Wiehler, Selbyana 5(1): 72. 1978.
Sin.: *Gesneria sellovii* Mart., *Rechsteineria sellovii* (Mart.) Kuntze, *Corytholoma sellovii* (Mart.) Kuntze, *Rechsteineria ramboi* Hoehne
Ref.: Chautems (1993).
Hierba. Nativa. Zonas Bajas, Andes. Bosque Húmedo, Yungas, Bosque Serrano Chaqueño, 0–3000 m.
Dept.: CH, CO, LP, SC.
Muestra: *M.A. Lewis 40431* (LPB, MO).

Sinningia sulcata (Rusby) Wiehler, Selbyana 5(1): 72. 1978.
Sin.: *Gesneria sulcata* Rusby, *Rechsteineria sulcata* (Rusby) Fritsch
Ref.: Foster (1958).
Hierba. Endémica. Andes. Yungas, Bosque Serrano Chaqueño, 1000–3000 m.
Dept.: CH, CO, LP, SC.
Tipo y muestra: *M. Bang 629* (HT: NY; IT: GH, K, MO-1997258, PH, US), *S.G. Beck 9356* (LPB, US).

Sinningia warmingii (Hiern) Chautems, Candollea 45: 386. 1990.
Sin.: *Gesneria rutila* var. *atrosanguinea* Lindl., *Gesneria lindleyi* Hook., *Corytholoma lindleyi* (Hook.) Decne., *Gesneria warmingii* Hiern, *Rechsteineria atrosanguinea* (Lindl.) Kuntze, *Corytholoma sceptrum* var. *arenosa* Chodat & Hassl., *Rechsteineria lindleyi* (Hook.) Fritsch, *Rechsteineria multiflora* Fritsch, *Rechsteineria stenantha* Fritsch, *Rechsteineria weberbaueri* Fritsch, *Rechsteineria microphylla* Fritsch, *Rechsteineria peruviana* Fritsch, *Corytholoma multiflorum* (Fritsch) Hassl., *Rechsteineria warmingii* (Hiern) Hjelmq., *Rechsteineria lindleyi* var. *macrophylla* Hoehne, *Rechsteineria schlickmannii* Hoehne, *Corytholoma warmingii* (Hiern) Toursark., *Sinningia claybergiana* H.E. Moore
Ref.: Foster (1958).
Hierba. Nativa. Zonas Bajas. Bosque Húmedo, Bosque Semideciduo Chiquitano, 0–1000 m.
Dept.: SC, TA.
Muestra: *T. Killeen 1445* (F).

GOUPIACEAE Miers, Ann. Mag. Nat. Hist., ser. 3 9: 292. 1862.

Por R. Liesner (MO); revisado por S.G. Beck (LPB), M. Nee (NY), P.M. Jørgensen (MO).
1 género, 1 especie, 0 especies endémicas.

Goupia Aubl., Hist. Pl. Guiane 1: 295, pl. 116. 1775.
1 especie, 0 especies endémicas.

Goupia glabra Aubl., Hist. Pl. Guiane 1: 296, pl. 116. 1775.
Árbol. Nativa. Zonas Bajas. Bosque Húmedo, 0–500 m.
Dept.: PA.
Muestra: *L. Vargas et al. 948* (F, MO, NY, USZ).

GROSSULARIACEAE DC., Fl. Franç. (ed. 3) 4(2): 405. 1805.

Por M. Weigend (BONN); revisado por S.G. Beck (LPB), M. Nee (NY), P.M. Jørgensen (MO).
1 género, 7 especies, 2 especies endémicas.

Ribes L., Sp. Pl. 1: 200–202. 1753.
7 especies, 2 especies endémicas.

[Ribes albifolium Ruiz & Pav.], Fl. Peruv. 3: 12, t. 232. 1802.
Ref.: Foster (1958).
Nota: El registro se basa en material mal identificado de *R. bolivianum*.

Ribes bolivianum Jancz., Bull. Int. Acad. Sci. Cracovie, Cl. Sci. Math. 1905: 759. 1905.
Ref.: Foster (1958), Weigend & Binder (2001).
Arbusto. Nativa. Andes. Yungas, Páramo Yungueño, 3000–4000 m.
Dept.: CO, LP.
Tipo y muestra: *G. Mandon 599* (LT: G; ILT: BM, F, GH, P), *S.G. Beck 11101* (LPB, M, MO).

Ribes brachybotrys (Wedd.) Jancz., Bull. Int. Acad. Sci. Cracovie, Cl. Sci. Math. 1905: 759. 1905.
Sin.: *Ribes viscosum* var. *brachybotrys* Wedd.
Ref.: Foster (1958), Weigend & Binder (2001).
Arbusto. Nativa. Andes, Altiplano. Yungas, Valles Secos, Puna Húmeda, Bosque de *Polylepis*, 3000–4000 m.
Dept.: CO, LP, PO.
Muestra: *S.G. Beck 8963* (LPB, M, MO).

Ribes catamarcanum Jancz., Bull. Int. Acad. Sci. Cracovie, Cl. Sci. Math. 1905: 762. 1905.
Ref.: Weigend & Binder (2001).
Arbusto. Nativa. Andes. Yungas, Bosque Tucumano-Boliviano, 3000–4500 m.
Dept.: CH, SC.
Muestra: *I.G. Vargas & A.F. Fuentes C. 3048* (NY).

[Ribes glandulosum Ruiz & Pav.], Fl. Peruv. 3: 13, pl. 233. 1802.
Ref.: Rusby (1893b), Foster (1958).
Nota: El registro se basa en material mal identificado de *R. brachybotrys*.

Ribes incarnatum Wedd., Chlor. Andina 2: 215. 1857.
Ref.: Weigend & Binder (2001).
Arbusto. Nativa. Andes. Yungas, Páramo Yungueño, 3500–4500 m.
Dept.: LP.
Muestra: *S.G. Beck 21531* (LPB, M).

Ribes pentlandii Britton, Mem. Torrey Bot. Club 3(3): 26–27. 1893.
Ref.: Rusby (1893b), Foster (1958), Weigend & Binder (2001), Ministerio de Medio Ambiente y Agua (2012 [2013]).
Arbusto. Endémica. Andes. Valles Secos, 3500–4000 m.
Dept.: LP.
Tipo y muestra: *M. Bang 798* (LT: BM; ILT: F, G, GH, GH, MO, NY, NY, US, US), *J.C. Solomon 7454* (MO).

Ribes steinbachiorum Weigend & Binder, Bot. Jahrb. Syst. 123(1): 124, f. 3, H–L. 2001.
Ref.: Weigend & Binder (2001).
Arbusto. Endémica. Andes. Yungas, Páramo Yungueño, 2500–4500 m.
Dept.: CO, LP.
Tipo y muestra: *J. Steinbach 5015* (HT: NY; IT: G, GH, LPB, MO), *M.A. Lewis 881657* (LPB, MO).

Ribes sucheziense Jancz., Bull. Int. Acad. Sci. Cracovie, Cl. Sci. Math. 1906: 8. 1906.
Ref.: Weigend & Binder (2001).
Arbusto. Nativa. Andes, Altiplano. Valles Secos, Puna Húmeda, 3000–4500 m.
Dept.: CO, LP.
Tipo y muestra: *A. Weberbauer 1006* (HT: G; IT: B, F), *S.G. Beck 14351* (LPB, M, MO).

GUNNERACEAE Meisn., Pl. Vasc. Gen. 1: 345, 346, 2: 257. 1836–1843.

Por L. E. Mora-Osejo† (COL) y S.G. Beck (LPB); revisado por M. Nee (NY), P.M. Jørgensen (MO).
1 género, 9 especies, 1 especie endémica.

Gunnera L., Syst. Nat. (ed. 12) 2: 587, 597. 1767.
9 especies, 1 especie endémica.

Gunnera annae Schindl., Repert. Spec. Nov. Regni Veg. 9: 124–125. 1911.
Ref.: Foster (1958), Macbride (1959c), Brako & Zarucchi (1993b), Mora-Osejo et al. (2011).
Hierba. Nativa. Andes. Yungas, 2000–4000 m.
Dept.: LP, SC.
Muestra: *S.G. Beck 7787* (COL, LPB, OS).
Nom. Vern.: Quirisulla.

Gunnera apiculata Schindl., Pflanzenr. IV. 225(Heft 23): 121. 1905.
Sin.: *Gunnera chilensis* A. DC.
Ref.: Foster (1958), Schulenberg & Awbrey (1997), González et al. (1999), Zuloaga & Morrone (1999a), Serrano & Terán (1998 [2000]), Mora-Osejo et al. (2011).
Hierba, acuática. Nativa. Andes. Yungas, Bosque Tucumano-Boliviano, 2000–3500 m.
Dept.: CH, LP, SC, TA.
Tipo y muestra: *G. Mandon 598* (HT: G; IT: K, NY, P, S), *J.C. Solomon 13092* (COL, LPB, MO).
Nota: Sinonimia de acuerdo a Mora-Osejo et al. (2011).
Nom. Vern.: Kirusilla.

Gunnera berteroi Phil., Anales Univ. Chile 714. 1872.
Ref.: Schindler (1905), Marticorena & Quezada (1985), Mora-Osejo et al. (2011).
Hierba. Nativa. Andes. Yungas, 2500–3500 m.
Dept.: LP.
Muestra: *J.C. Solomon 5175* (LPB, MO).

Gunnera boliviana Morong ex Rusby, Mem. Torrey Bot. Club 6: 33. 1896.
Ref.: Schindler (1905), Foster (1958), Biloni (1959).
Hierba. Endémica. Andes. Yungas, Bosque Tucumano-Boliviano, 1000–3000, 3500–4000 m.
Dept.: CH, CO, LP, SC, TA.
Tipo y muestra: *M. Bang 1214* (HT: US; IT: BM, F, G, GH, K, NY), *S.G. Beck 7064* (COL, LPB, OS).
Nom. Vern.: Quirisulla.

Gunnera magellanica Lam., Encycl. 3: 61, t. 801, f. 2. 1789.
Sin.: *Misandra magellanica* (Lam.) J.F. Gmel.
Ref.: Foster (1958), Macbride (1959c), Mora-Osejo (1984), Marticorena & Quezada (1985), Jørgensen & Ulloa (1994), Mora-Osejo (1999a), Zuloaga & Morrone (1999a), Mora-Osejo et al. (2011).
Hierba. Nativa. Andes, Altiplano. Yungas, Páramo Yungueño, Puna Húmeda, 3000–4000 m.
Dept.: CO, LP.
Muestra: *S.G. Beck 11847* (BOLV, COL, LPB, M, NY).

Gunnera margaretae Schindl., Repert. Spec. Nov. Regni Veg. 9: 125. 1911.
Ref.: Biloni (1959), Macbride (1959c), Brako & Zarucchi (1993b), Mora-Osejo et al. (2011).
Hierba. Nativa. Andes. Yungas, 2000–3500 m.
Dept.: LP, SC.
Muestra: *M.A. Lewis 881139* (LPB, MO).
Nota: Citado en Mora-Osejo et al. (2011), bajo *López-Jaramillo s.n.*

Gunnera peruviana J.F. Macbr., Publ. Field Mus. Nat. Hist., Bot. Ser. 11(1): 31–32. 1931.
Ref.: Macbride (1959c), Brako & Zarucchi (1993b), Mora-Osejo et al. (2011).
Hierba. Nativa. Andes. Yungas, 3500–4000 m.
Dept.: LP.
Muestra: *J.C. Solomon & S.G. Beck 6648* (LPB, MO).

Gunnera pilosa Kunth, Nov. Gen. Sp. (quarto ed.) 2: 44. 1817.
Ref.: Schindler (1905), Foster (1958), Mora-Osejo et al. (2011).
Hierba. Nativa. Andes. Yungas, 2500–3500 m.
Dept.: LP.
Muestra: *G.H.H. Tate 717* (LPB, NY).

[Gunnera scabra Ruiz & Pav.], Fl. Peruv. 1: 29, t, 44, f. a. 1798.
Ref.: Foster (1958), López Vargas (1995), Saravia Miranda (1996), Mora-Osejo et al. (2011).
Nota: El registro se basa en material mal identificado de *G. annae*.

Gunnera schindleri L.E. Mora, Mutisia 45: 5. 1978.
Ref.: Zuloaga & Morrone (1999a), Mora-Osejo et al. (2011).
Hierba. Nativa. Andes. Bosque Tucumano-Boliviano, 1500–2000 m.
Dept.: CH, TA.
Tipo y muestra: *J. West 8324* (HT: GH; IT: LPB no localizado), *M. Serrano et al. 6897* (HSB, MO, S).

HAEMODORACEAE R. Br., Prodr. 299. 1810.

Por P.M. Jørgensen (MO); revisado por P.J.M. Maas (L), M. Nee (NY), S.G. Beck (LPB).
2 géneros, 2 especies, 0 especies endémicas.

Schiekia Meisn., Pl. Vasc. Gen. 2(12): 300. 1842.
1 especie, 0 especies endémicas.

Schiekia orinocensis (Kunth) Meisn., Pl. Vasc. Gen. 2(12): 300. 1842.
Sin.: *Wachendorfia orinocensis* Kunth, *Troschelia orinocensis* (Kunth) Klotzsch & M.R. Schomb., *Schiekia flavescens* Maury
Ref.: Maas & Maas van de Kamer (1993), Killeen & Schulenberg (1998).
Hierba. Nativa. Zonas Bajas. Campos Cerrados, 0–1000 m.
Dept.: BE, SC.
Muestra: *E. Gutiérrez et al. 1098* (MO, USZ).
Infra: *Schiekia orinocensis* subsp. *orinocensis*

Xiphidium Aubl., Hist. Pl. Guiane 1: 33, pl. 11. 1775.
1 especie, 0 especies endémicas.

Xiphidium caeruleum Aubl., Hist. Pl. Guiane 1: 33, pl. 11. 1775.
Sin.: *Ixia xiphidium* Loefl., *Xiphidium coeruleum* Aubl., *Xiphidium floribundum* Sw., *Xiphidium albidum* Lam., *Xiphidium album* Willd., *Xiphidium rubrum* D. Don, *Xiphidium fockeanum* Miq., *Xiphidium giganteum* Lindl., *Xiphidium floribundum* var. *albiflorum* Hook., *Xiphidium floribundum* var. *caeruleum* (Aubl.) Hook., *Eccremis scabra* Kuntze
Ref.: Foster (1958), Parker & Bailey (1991), Maas & Maas van de Kamer (1993).
Hierba. Nativa. Zonas Bajas, Andes. Bosque Húmedo, Yungas, 0–1500 m.
Dept.: BE, CO, LP, SC.
Muestra: *A. Araujo M. et al. 789* (CTES, HSB, LPB, MO, USZ).

HALORAGACEAE R. Br., Voy. Terra Austral. 2: 549. 1814.

Por S.G. Beck (LPB); revisado por M. Nee (NY), P.M. Jørgensen (MO).
2 géneros, 3 especies, 0 especies endémicas.

Laurembergia P.J. Bergius, Descr. Pl. Cap. 350. 1767.

0 especies, 0 especies endémicas.

Laurembergia tetrandra (Schott) Kanitz, Fl. Bras. 13(2): 378. 1882.

Sin.: *Haloragis tetrandra* Schott
Ref.: Mora-Osejo et al. (1988), Mereles & Degen (1993).
Nota: Esperado. Hierba palustre conocida de Brasil, Colombia y Paraguay.

Myriophyllum L., Sp. Pl. 2: 992–993. 1753.

3 especies, 0 especies endémicas.

Myriophyllum aquaticum (Vell.) Verdc., Kew Bull. 28(1): 36. 1973.

Sin.: *Enydria aquatica* Vell., *Myriophyllum brasiliense* Cambess.
Ref.: Orchard (1981), Mora-Osejo (1984), Brako & Zarucchi (1993b), Mereles & Degen (1993), Ritter & Crow (1999), Zuloaga & Morrone (1999b).
Hierba, acuática. Nativa. Andes. Bosque Tucumano-Boliviano, Valles Secos, 1500–2000 m.
Dept.: TA.
Muestra: *N.P. Ritter 3991* (MO, NHA, USZ).

Myriophyllum mattogrossensis Hoehne, Comm. Lin. Telegr., Bot. 5(6): 58, t. 127. 1915.

Ref.: Orchard (1981), Orchard & Kasselmann (1992), Brako & Zarucchi (1993b), Crow & Ritter (1999), Mora-Osejo (1999b), Ritter & Crow (1999).
Hierba, acuática. Nativa. Zonas Bajas. Bosque Húmedo, 0–500 m.
Dept.: CO, TA.
Muestra: *N.P. Ritter 1678* (LPB, MO, NAS).

Myriophyllum quitense Kunth, Nov. Gen. Sp. (quarto ed.) 6: 89. 1823.

Sin.: *Myriophyllum elatinoides* Gaudich., *Myriophyllum chuquitense* Meyen, *Myriophyllum titikakense* Remy, *Myriophyllum pallidum* Rusby
Ref.: Rusby (1893b), Rusby (1912), Foster (1958), Orchard (1981), Mora-Osejo (1984), Dorr (1991), Brako & Zarucchi (1993b), Ritter & Crow (1998), Mora-Osejo (1999b), Zuloaga & Morrone (1999b), Beck et al. (2000), Ritter (2000), De la Barra (2005).
Hierba, acuática. Nativa. Andes, Altiplano. Páramo Yungueño, Valles Secos, Puna Húmeda, Puna Seca, 1500–2000, 2500–4500 m.
Dept.: CO, LP, OR, PO, TA.
Muestra: *H. Ellenberg 6301* (GOET, LPB).

HELICONIACEAE Nakai, J. Jap. Bot. 17: 201. 1941.

Por R. Vásquez C. (herb. Vásquez); revisado por M. Nee (NY), S.G. Beck (LPB), P.M. Jørgensen (MO).
1 género, 19 especies, 1 especie endémica.

Heliconia L., Mant. Pl. 2: 147, 211. 1771.

19 especies, 1 especie endémica.

Heliconia aemygdiana Burle-Marx, Bradea 1: 379–382. 1974.

Ref.: Andersson (1985b), Brako (1993f).
Hierba. Nativa. Zonas Bajas, Andes. Bosque Húmedo, Yungas, 0–1500 m.
Dept.: CO, LP.
Muestra: *A.H. Gentry et al. 44263* (MO).

Heliconia berryi Abalo & G. Morales, Bol. Soc. Venez. Ci. Nat. 44(147): 140. 1991.

Ref.: Killeen & Schulenberg (1998), Valencia Reyes et al. (2000).
Hierba. Nativa. Zonas Bajas, Andes. Bosque Húmedo, Yungas, 0–1500 m.
Dept.: SC.
Muestra: *T. Killeen et al. 6002* (USZ).

Heliconia densiflora B. Verl., Rev. Hort. 40: 112. 1869.

Sin.: *Bihai densiflora* (B. Verl.) Kuntze
Ref.: Andersson (1985b), Moraes R. (1990), Parker & Bailey (1991).
Hierba. Nativa. Zonas Bajas. Bosque Húmedo, 0–500 m.
Dept.: LP, PA, SC.
Muestra: *D.C. Wasshausen 2180* (LPB, MO).
Infra: *Heliconia densiflora* subsp. *densiflora*

Heliconia episcopalis Vell., Fl. Flumin. 107, 3, t. 22. 1827.

Sin.: *Heliconia ferdinando-coburgii* Szyszył., *Heliconia biflora* Eichler ex Petersen, *Heliconia thyrsoidea* Mart. ex Petersen, *Bihai episcopalis* (Vell.) Kuntze, *Bihai ferdinando-coburgii* (Szyszył.) Kuntze
Ref.: Foster (1958), Moraes R. (1990), Parker & Bailey (1991), Brako (1993f), Killeen & Schulenberg (1998), Alverson et al. (2000), Arrázola Rivero et al. (2000).
Hierba. Nativa. Zonas Bajas. Bosque Húmedo, 0–1000 m.
Dept.: BE, CO, LP, PA, SC.
Muestra: *N.Y. Paniagua 4215* (BOLV, LPB, MO, USZ).

Heliconia hirsuta L. f., Suppl. Pl. 158–159. 1781 [1782].

Sin.: *Heliconia bicolor* Klotzsch, *Bihai hirsuta* (L. f.) Kuntze, *Bihai harrisiana* Griggs, *Heliconia cardenasii* L.B. Sm., *Heliconia harrisiana* (Griggs) L.B. Sm.
Ref.: Foster (1958), Andersson (1985b), Moraes R. (1990), Brako (1993f), Killeen & Schulenberg (1998).
Hierba. Nativa. Zonas Bajas, Andes. Bosque Húmedo, Yungas, 0–1500 m.
Dept.: BE, CO, LP, PA, SC.
Muestra: *I.G. Vargas 570* (LPB, MO, NY, USZ).

Heliconia juliani Barreiros, Rodriguésia 41: 130, f. 2. 1976.

Ref.: Brako (1993f), Kress (1997), Killeen & Schulenberg (1998).
Hierba. Nativa. Zonas Bajas. Bosque Húmedo, 0–500 m.
Dept.: SC.
Muestra: *M.H. Nee 38654* (MO, NY).

Heliconia juruana Loes., Bot. Jahrb. Syst. 54(Beibl. 117): 7. 1916.

Sin.: *Heliconia triflora* Barreiros
Ref.: Andersson (1985b), Brako (1993f), Vásquez Martínez (1997), Killeen & Schulenberg (1998).
Hierba. Nativa. Zonas Bajas. Bosque Húmedo, 0–500 m.
Dept.: SC.
Muestra: *R. Guillén V. et al. 3147* (MO, USZ).

Heliconia lasiorachis L. Andersson, Opera Bot. 82: 82–84, f. 55D, 57F–H, 58. 1985.

Sin.: *Heliconia brasiliensis* Hook.
Ref.: Andersson (1985b), Brako (1993f), Vásquez Martínez (1997), Killeen & Schulenberg (1998).
Hierba. Nativa. Zonas Bajas. Bosque Húmedo, 0–500 m.
Dept.: SC.
Muestra: *R. Vásquez C. et al. 2289* (USZ).

Heliconia lingulata Ruiz & Pav., Fl. Peruv. 3: 71, pl. 304. 1802.

Sin.: *Bihai lingulata* (Ruiz & Pav.) Griggs, *Heliconia weberbaueri* Loes.
Ref.: Andersson (1985b), Brako (1993f), Killeen & Schulenberg (1998).
Hierba. Nativa. Zonas Bajas. Bosque Húmedo, 0–1000 m.
Dept.: BE, CO, LP.
Muestra: *R. Seidel 8663* (LPB, MA, MO, US).

Heliconia marginata (Griggs) Pittier, Man. Pl. Usual. Venez. 299. 1926.
Sin.: *Bihai marginata* Griggs
Ref.: Andersson (1985b), Moraes R. (1990), Brako (1993f), Killeen & Schulenberg (1998), Alverson et al. (2000), Arrázola Rivero et al. (2000).
Hierba. Nativa. Zonas Bajas. Bosque Húmedo, 0–500 m.
Dept.: BE, CO, LP, PA, SC.
Muestra: *C.B. Maldonado et al. 228* (LPB, MO).
Nom. Vern.: Pariríata, patajú.

Heliconia metallica Planch. & Linden ex Hook., Bot. Mag. 88: t. 5315. 1862.
Sin.: *Heliconia vinosa* W. Bull ex Ender, *Bihai metallica* (Planch. & Linden ex Hook.) Kuntze, *Heliconia nitens* hort., *Heliconia nana* G. Rodr., *Heliconia osaensis* var. *rubescens* Stiles
Ref.: Andersson (1985b), Moraes R. (1990), Parker & Bailey (1991), Alverson et al. (2000), Arrázola Rivero et al. (2000).
Hierba. Nativa. Zonas Bajas. Bosque Húmedo, 0–500 m.
Dept.: BE, CO, LP, PA, SC.
Muestra: *N.Y. Paniagua 4925* (LPB, MO).
Nom. Vern.: Patajú rosado.

Heliconia orthotricha L. Andersson, Nordic J. Bot. 1(6): 781–783, f. 2A, 3B, 4K–Q, 5G, 15A–E, 17H–M, 18B–D, 22–23. 1981.
Ref.: Andersson (1985b), Brako (1993f), Vásquez Martínez (1997).
Hierba. Nativa. Zonas Bajas. Bosque Húmedo, 0–500 m.
Dept.: SC.
Muestra: *A.H. Gentry et al. 73750* (F, MO).

Heliconia pearcei Rusby, Bull. New York Bot. Gard. 6(22): 494–495. 1910.
Ref.: Foster (1958).
Hierba. Endémica. Zonas Bajas. Bosque Húmedo, 0–1000 m.
Dept.: LP.
Tipo y muestra: *R.S. Williams 704* (T: MO, NY, NY), *R.W. Pearce s.n.* (no localizada).

Heliconia psittacorum L. f., Suppl. Pl. 158. 1781 [1782].
Sin.: *Heliconia cannoidea* A. Rich., *Heliconia aurantiaca* Ghiesbr., *Bihai psittacorum* (L. f.) Kuntze, *Heliconia crassa* Griggs, *Bihai crassa* (Griggs) Griggs
Ref.: Foster (1958), Brako (1993f), Killeen & Schulenberg (1998).
Hierba. Nativa. Zonas Bajas. Bosque Húmedo, 0–1000 m.
Dept.: BE, CO, LP, PA, SC.
Muestra: *E. Gutiérrez C. et al. 1320* (MO, NY, USZ).

Heliconia robusta Pax, Repert. Spec. Nov. Regni Veg. 7: 107. 1909.
Ref.: Foster (1958).
Hierba. Nativa. Zonas Bajas. Bosque Húmedo, 0–1000 m.
Dept.: BE, CO.
Muestra: *D.N. Smith 13213* (MO).

Heliconia rostrata Ruiz & Pav., Fl. Peruv. 3: 71, t. 305. 1802.
Sin.: *Heliconia poeppigiana* Eichler ex Petersen, *Bihai poeppigiana* (Eichler ex Petersen) Kuntze, *Bihai rostrata* (Ruiz & Pav.) Griggs
Ref.: Foster (1958), Adolfo María (1966), Andersson (1985b), Moraes R. (1990), Brako (1993f), Killeen & Schulenberg (1998), Alverson et al. (2000), Arrázola Rivero et al. (2000).
Hierba. Nativa. Zonas Bajas. Bosque Húmedo, 0–1000 m.
Dept.: BE, CO, LP, PA, SC.
Muestra: *A.F. Fuentes C. & F. Torrico 5446* (LPB, MO).
Nom. Vern.: Pataju, patujú bandera.

Heliconia spathocircinata Aristeg., Bol. Soc. Venez. Ci. Nat. 22(98–99): 18, 20, t. 1961.
Sin.: *Heliconia linneana* Lane ex Barreiros, *Heliconia paraensis* Huber ex Santos, *Heliconia rollinsii* Lane ex Santos
Ref.: Andersson (1985b), Parker & Bailey (1991), Brako (1993f), Vásquez Martínez (1997).
Hierba. Nativa. Zonas Bajas. Bosque Húmedo, 0–500 m.
Dept.: BE, CO, LP, PA, SC.
Muestra: *F.J. Fernández Casas & A. Susanna 8114* (MO).

Heliconia stricta Huber, Bol. Mus. Goeldi Hist. Nat. Ethnogr. 4: 543. 1906.
Sin.: *Heliconia wagneriana* Petersen, *Bihai stricta* (Huber) Griggs
Ref.: Andersson (1985b), Moraes R. (1990), Brako (1993f), Killeen & Schulenberg (1998).
Hierba. Nativa. Zonas Bajas. Bosque Húmedo, 0–500 m.
Dept.: BE, CO, LP, PA, SC.
Muestra: *P.F. Foster & A. Jardim 754* (LPB, MO, USZ).

Heliconia subulata Ruiz & Pav., Fl. Peruv. 3: 70–71, t. 303, f. b. 1802.
Sin.: *Heliconia acuminata* Rich., *Heliconia choconiana* S. Watson, *Heliconia psittacorum* var. *subulata* (Ruiz & Pav.) Baker
Ref.: Andersson (1985b), Brako (1993f).
Hierba. Nativa. Zonas Bajas, Andes. Bosque Húmedo, Yungas, 0–2500 m.
Dept.: BE, CO, LP, PA, SC, TA.
Muestra: *S.G. Beck 3785* (LPB, MO).

HERNANDIACEAE Blume, Bijdr. Fl. Ned. Ind. (11): 550. 1825.

Por S.S. Renner (M); revisado por M.H. Grayum (MO), M. Nee (NY), S.G. Beck (LPB), P.M. Jørgensen (MO).
1 género, 5 especies, 0 especies endémicas.

Sparattanthelium Mart., Flora 24(2, Beibl. 2): 40–41. 1841.
5 especies, 0 especies endémicas.

Sparattanthelium acreanum Pilg., Notizbl. Bot. Gart. Berlin-Dahlem 6: 295. 1915.
Ref.: Foster (1958), Kubitzki (1969a).
Trepadora. Nativa. Zonas Bajas. Bosque Húmedo, 0–500 m.
Dept.: BE, LP, PA.
Tipo y muestra: *E.H.G. Ule 9405* (HT: B; IT: K; fotos: F), *J.C. Solomon 16941* (LPB, MO).

Sparattanthelium amazonum Mart., Flora 24(2, Beibl. 2): 42. 1841.
Sin.: *Sparattanthelium glabrum* Rusby, *Sparattanthelium septentrionale* Sandwith
Ref.: Foster (1958), Killeen & Schulenberg (1998), Nee (2004), Michalak et al. (2010).
Liana. Nativa. Zonas Bajas. Bosque Húmedo, 0–500 m.
Dept.: BE, LP, PA, SC.
Muestra: *N.Y. Paniagua & I.G. Vargas 1050* (BOLV, CTES, F, K, LPB, M, MO, USZ).

Sparattanthelium borororum Mart., Denkschr. Bayer. Bot. Ges. Regensburg 3: 302. 1841.
Trepadora. Nativa. Zonas Bajas. Bosque Semideciduo Chiquitano, 0–500 m.
Dept.: SC.
Muestra: *S.G. Beck 12235* (CTES, HBG, LPB, M, MO, RB, USZ).

[Sparattanthelium botocudorum Mart.], Denkschr. Bayer. Bot. Ges. Regensburg 3: 301, pl. 10, f. 2, pl. 11, f. 1. 1841.
Sin.: *Sparattanthelium tupiniquinorum* Mart.
Ref.: Kubitzki (1969b).
Nota: El registro se basa en material mal identificado de *S. borororum*.

Sparattanthelium burchellii Rusby, Bull. New York Bot. Gard. 8(28): 109. 1912.
Ref.: Foster (1958), Killeen & Schulenberg (1998).
Trepadora. Nativa. Zonas Bajas. Bosque Húmedo, 0–1000 m.
Dept.: BE, LP, PA, SC.
Tipo y muestra: *R.S. Williams 644* (HT: NY), *J.C. Solomon 7793* (LPB, MO).

Sparattanthelium tarapotanum Meisn., Fl. Bras. 5(2): 294. 1866.
Sin.: *Sparattanthelium sprucei* Rusby
Ref.: Moraes R. (1990).
Trepadora. Nativa. Zonas Bajas. Bosque Húmedo, 0–500 m.
Dept.: BE, LP, PA.
Muestra: *M. Moraes R. 441* (LPB, NY).

HUGONIACEAE Arn., Prodr. Fl. Ind. Orient. 1: 71. 1834.

Nota: Parte de Linaceae (APG III 2009).

HUMIRIACEAE A. Juss., Fl. Bras. Merid. (quarto ed.) 2: 87. 1829.

Por R. Liesner (MO) y S. Arrázola (BOLV); revisado por S.G. Beck (LPB), M. Nee (NY), P.M. Jørgensen (MO).
5 géneros, 6 especies, 0 especies endémicas.

Endopleura Cuatrec., Contr. U.S. Natl. Herb. 35(2): 80–81, f. 3, 16–18. 1961.
1 especie, 0 especies endémicas.

Endopleura uchi (Huber) Cuatrec., Contr. U.S. Natl. Herb. 35(2): 81. 1961.
Sin.: *Sacoglottis uchi* Huber
Árbol. Nativa. Zonas Bajas. Bosque Húmedo, 0–500 m.
Dept.: PA.
Muestra: *A.H. Gentry et al. 77753* (LPB, MO).

Humiria Aubl., Hist. Pl. Guiane 564. 1775.
1 especie, 0 especies endémicas.

Humiria balsamifera Aubl., Hist. Pl. Guiane 1: 564–566, t. 225. 1775.
Sin.: *Humiria balsamifera* fo. *balsamifera*, *Humiria balsamifera* fo. *attenuata* Cuatrec.
Ref.: Arrázola Rivero (1993d), Killeen & Schulenberg (1998).
Árbol. Nativa. Zonas Bajas. Bosque Húmedo, Campos Cerrados, 0–1000 m.
Dept.: LP, SC.
Muestra: *R. Guillén V. & Marmañas 4619* (LPB, MO, USZ).
Infra: *Humiria balsamifera* var. *balsamifera*, *Humiria balsamifera* fo. *attenuata* Cuatrec.

Humiriastrum (Urb.) Cuatrec., Contr. U.S. Natl. Herb. 35(2): 122. 1961.
1 especie, 0 especies endémicas.

Humiriastrum mapiriense Cuatrec., Contr. U.S. Natl. Herb. 35(2): 139–141, f. 26p–q, 28g, t. 13. 1961.
Ref.: Cuatrecasas (1961a), Arrázola Rivero (1993d).
Árbol. Nativa. Zonas Bajas, Andes. Bosque Húmedo, Yungas, 500–1500 m.
Dept.: LP.
Tipo y muestra: *O. Buchtien 1518* (HT: NY; IT: US), *J.C. Solomon 9560* (LPB, MO).

Sacoglottis Mart., Nov. Gen. Sp. Pl. 2: 146. 1827.
2 especies, 0 especies endémicas.

Sacoglottis guianensis Benth., Hooker's J. Bot. Kew Gard. Misc. 5: 104. 1853.
Ref.: Killeen & Schulenberg (1998).
Árbol. Nativa. Zonas Bajas. Bosque Húmedo, 0–1000 m.
Dept.: BE, CO, PA, SC.
Muestra: *A. Rodriguez et al. 543* (MO, USZ).

Sacoglottis mattogrossensis Malme, Ark. Bot. 22A(7): 9, t. 3. 1928.
Ref.: Arrázola Rivero (1993d), Killeen & Schulenberg (1998), Arrázola Rivero et al. (2000), Jardim et al. (2003).
Arbusto, árbol. Nativa. Zonas Bajas, Andes. Bosque Húmedo, Bosque Semideciduo Chiquitano, Campos Cerrados, Yungas, 0–1500 m.
Dept.: BE, CO, LP, PA, SC.
Muestra: *A. Jardim & E. Quevedo 234* (LPB, MO, USZ).
Nom. Vern.: Chaaquillo, coloradillo, jorori, tabaquillo.

Vantanea Aubl., Hist. Pl. Guiane 1: 572, pl. 229. 1775.
1 especie, 0 especies endémicas.

Vantanea compacta (Schnizl.) Cuatrec., Contr. U.S. Natl. Herb. 35(2): 65. 1961.
Sin.: *Humirium compactum* Schnizl.
Ref.: Cuatrecasas (1961a), Arrázola Rivero (1993d), Fuentes Claros et al. (2009).
Árbol. Nativa. Zonas Bajas, Andes. Bosque Húmedo, Yungas, 0–500, 1000–2000 m.
Dept.: LP.
Tipo y muestra: *R.W. Pearce s.n.* (HT: K), *A.F. Fuentes C. & C. Aldana 6506* (LPB, MO, NY).
Infra: *Vantanea compacta* subsp. *microcarpa* Cuatrec.

HYDNORACEAE C. Agardh, Aphor. Bot. (7): 88. 1821.

Por S.G. Beck (LPB); revisado por M. Nee (NY), P.M. Jørgensen (MO).
1 género, 1 especie, 0 especies endémicas.

Prosopanche de Bary, Abh. Naturf. Ges. Halle 10: 267. 1868.
1 especie, 0 especies endémicas.

Prosopanche bonacinae Speg., Comun. Mus. Nac. B. Aires 1(1): 19–22. 1898.
Sin.: *Prosopanche burmeisteri* var. *minor* Speg., *Prosopanche bertoniensis* Bertoni, *Prosopanche clavata* Chodat, *Prosopanche minor* (Speg.) Chodat, *Prosopanche mazzuchii* Speg.
Ref.: Solms-Laubach (1901), Burkart (1963), Cocucci (1965), Dawson (1967), Kiesling (1994b), Zuloaga & Morrone (1999c).
Parásita. Nativa. Zonas Bajas. Bosque Seco Chaqueño, 0–500 m.
Dept.: SC.
Muestra: *S.G. Beck 6710* (C, LPB).

HYDRANGEACEAE Dumort., Anal. Fam. Pl. 36, 38. 1829.

Por A. Freire-Fierro (PH); revisado por S.G. Beck (LPB), M. Nee (NY), P.M. Jørgensen (MO).
2 géneros, 7 especies, 0 especies endémicas.

Hydrangea L., Sp. Pl. 1: 397. 1753.
5 especies, 0 especies endémicas.

Hydrangea jelskii Szyszył., Rozpr. Akad. Umiejetn., Wydz. Mat.-Przyr. 29: 218. 1895.
Ref.: Freire Fierro (2004c).
Liana. Nativa. Andes. Yungas, Páramo Yungueño, 2000–2500 m.
Dept.: SC.
Muestra: *D.N. Smith et al. 13434* (LPB, MO, USZ).

Hydrangea macrophylla (Thunb.) Ser., Prodr. 4: 15. 1830.
Sin.: *Viburnum macrophyllum* Thunb.
Hierba, subarbusto. Cultivada. Andes. Páramo Yungueño, 3000–3500 m.
Dept.: LP.
Muestra: *J.C. Solomon 12743* (LPB, MO).

Hydrangea peruviana Moric., Prodr. 4: 14. 1830.
Sin.: *Hydrangea oerstedii* Briq.
Ref.: Freire Fierro (2004c), Fuentes Claros et al. (2009).
Liana. Nativa. Zonas Bajas, Andes. Bosque Húmedo, Yungas, Páramo Yungueño, 0–2000 m.
Dept.: LP.
Muestra: *R. Seidel et al. 9327* (LPB, MO).
Infra: *Hydrangea peruviana* var. *oerstedii* (Briq.) Freire-Fierro
Nota: Especie identificada en base a material estéril. Determinación no totalmente confirmada.

Hydrangea preslii Briq., Annuaire Conserv. Jard. Bot. Genève 20: 409–410. 1919.
Ref.: Freire Fierro (2004c), Fuentes Claros et al. (2009).
Liana, árbol. Nativa. Zonas Bajas. Bosque Húmedo, 500–1000 m.
Dept.: LP.
Muestra: *T. Killeen 3823* (LPB, MO).
Nota: Identificación basada en muestra estéril, por lo que no es segura.

[Hydrangea scandens Poepp. ex DC.], Prodr. 4: 666. 1830.
Ref.: Foster (1958).
Nota: El registro se basa en material mal identificado de *H. tarapotensis*. El espécimen, *Bang 1437*, es el tipo de *H. bangii*.

Hydrangea tarapotensis Briq., Annuaire Conserv. Jard. Bot. Genève 20: 201, 415. 1919.
Sin.: *Hydrangea bangii* Engl.
Ref.: Foster (1958), Freire Fierro (2004c).
Liana. Nativa. Zonas Bajas. Bosque Húmedo, 500–1000 m.
Dept.: BE, LP.
Muestra: *D.N. Smith et al. 13309* (MO, USZ).

Philadelphus L., Sp. Pl. 1: 470. 1753.
2 especies, 0 especies endémicas.

Philadelphus coronarius L., Sp. Pl. 1: 470. 1753.
Arbusto. Cultivada. Andes. Valles Secos, 3000–3500 m.
Dept.: LP.
Muestra: *J.C. Solomon 8191* (MO).

Philadelphus grandiflorus Willd., Enum. Pl. 511. 1809.
Arbusto. Cultivada. Andes. Valles Secos, 3000–3500 m.
Dept.: LP.
Muestra: *J.C. Solomon 15530* (MO).

HYDROCHARITACEAE Juss., Gen. Pl. 67. 1789.

Por N. Ritter (CSU, Stanislaus Endangered Species Recovery Program); revisado por S.G. Beck (LPB), M. Nee (NY), P.M. Jørgensen (MO).
5 géneros, 9 especies, 0 especies endémicas.

Apalanthe Planch., Ann. Mag. Nat. Hist., ser. 2 1: 87. 1848.
1 especie, 0 especies endémicas.

Apalanthe granatensis (Bonpl.) Planch., Ann. Mag. Nat. Hist., ser. 2 1: 87. 1848.
Sin.: *Elodea granatensis* Bonpl.
Ref.: Beck (1984), Cook (1985), Haase (1989), Haase & Beck (1989), Haase (1990), Hanagarth (1993), Ritter (2000), De la Barra (2003).
Hierba, acuática. Nativa. Zonas Bajas. Bosque Húmedo, Bosque Semideciduo Chiquitano, Sabanas Benianas del Norte, Sabanas Benianas del Sur, 0–500 m.
Dept.: BE, CO, LP, SC.
Muestra: *S.G. Beck 5457* (LPB, UNA, Z).

Egeria Planch., Ann. Sci. Nat., Bot., sér. 3, 11: 79. 1849.
2 especies, 0 especies endémicas.

Egeria densa Planch., Ann. Sci. Nat., Bot., sér. 3, 11: 80. 1849.
Sin.: *Elodea densa* (Planch.) Casp., *Anacharis densa* (Planch.) Vict.
Ref.: Cook & Urmi-König (1984), Ritter (2000), Galán de Mera & Linares Perea (2008).
Hierba, acuática. Nativa. Zonas Bajas. Bosque Semideciduo Chiquitano, 0–500 m.
Dept.: SC.
Muestra: *B. Mostacedo 509* (LPB, MO, USZ).

Egeria najas Planch., Ann. Sci. Nat., Bot., sér. 3, 11: 80. 1849.
Sin.: *Elodea najas* (Planch.) Casp., *Elodea paraguayensis* Herter
Ref.: Cook & Urmi-König (1984), Ritter (2000).
Hierba, acuática. Nativa. Zonas Bajas. Bosque Húmedo, 0–500 m.
Dept.: SC.
Muestra: *N.P. Ritter et al. 4269* (MO, NHA, USZ).

Elodea Michx., Fl. Bor.-Amer. 1: 20. 1803.
1 especie, 0 especies endémicas.

Elodea callitrichoides (Rich.) Casp., Monatsber. Königl. Preuss. Akad. Wiss. Berlin 47–48. 1857.
Sin.: *Anacharis callitrichoides* Rich.
Ref.: Cook & Urmi-König (1985).
Nota: Esperada en el Chaco.

Elodea potamogeton (Bertero) Espinosa, Revista Chilena Hist. Nat. 31: 150. 1927 [1928].
Sin.: *Diplandra potamogeton* Bertero, *Elodea chilensis* (Planch.) Casp., *Elodea mathewsii* (Planch.) H. St. John, *Elodea titicacana* H. St. John
Ref.: Foster (1958), St. John (1964), Cook & Urmi-König (1985), Franken (1991), Raynal-Roques (1991), Dorr (1994), Lara Rico et al. (1996), Ritter (2000), De la Barra (2003).
Hierba, acuática. Nativa. Altiplano. Puna Húmeda, Puna Seca, 3000–4500 m.
Dept.: CO, LP, OR.
Muestra: *N.P. Ritter 1186* (BOLV, LPB, MO, NHA).
Nota: Probablemente también ocurre en PO y TA.

Limnobium Rich., Mém. Cl. Sci. Math. Inst. Natl. France 12(2): 66. 1814.
1 especie, 0 especies endémicas.

Limnobium laevigatum (Humb. & Bonpl. ex Willd.) Heine, Adansonia, n.s. 8(3): 315. 1968.
Sin.: *Salvinia laevigata* Humb. & Bonpl. ex Willd., *Hydromystria stolonifera* G. Mey., *Hydromystria laevigata* (Humb. & Bonpl. ex Willd.) Hunz., *Limnobium spongia* subsp. *laevigatum* (Humb. & Bonpl. ex Willd.) Lowden

Ref.: Cook & Urmi-König (1983), Hanagarth (1993), Frey (1995), Maldonado et al. (1996), Ritter (2000), De la Barra (2003), Galán de Mera & Linares Perea (2008), Landolt (2009).
Hierba, acuática. Nativa. Zonas Bajas, Andes. Bosque Húmedo, Bosque Seco Chaqueño, Sabanas Benianas del Norte, Sabanas Benianas del Sur, Bosque Serrano Chaqueño, 0–500, 1000–1500 m.
Dept.: BE, CO, SC.
Muestra: *N. de la Barra 900* (MO, USZ).
Nota: Probablemente también ocurre en LP y TA.

Najas L., Sp. Pl. 2: 1015. 1753.
4 especies, 0 especies endémicas.

Najas arguta Kunth, Nov. Gen. Sp. (quarto ed.) 1: 371. 1815 [1816].
Ref.: Haynes & Holm-Nielsen (1986b), Lowden (1986), Hanagarth (1993), Novelo Retano & Lot H. (1994), Killeen & Schulenberg (1998), Urquiola Cruz et al. (1998), Ritter (2000).
Hierba, acuática. Nativa. Zonas Bajas. Bosque Húmedo, Bosque Semideciduo Chiquitano, Sabanas Benianas del Sur, 0–500 m.
Dept.: BE, SC.
Muestra: *N.P. Ritter 3796* (BOLV, LPB, MO, NHA, W).

Najas guadalupensis (Spreng.) Magnus, Beitr. Kenntn. Najas viii. 1870.
Sin.: *Caulinia guadalupensis* Spreng., *Najas flexilis* var. *guadalupensis* (Spreng.) A. Braun
Ref.: Foster (1958), Haynes & Holm-Nielsen (1986d), Lowden (1986), Novelo Retano & Lot H. (1994), Urquiola Cruz et al. (1998), Ritter (2000).
Hierba, acuática. Nativa. Zonas Bajas, Andes. Bosque Semideciduo Chiquitano, Bosque Serrano Chaqueño, 0–500, 1000–1500 m.
Dept.: SC, TA.
Muestra: *J.C. Solomon 18528* (LPB, MO).
Infra: *Najas guadalupensis* var. *guadalupensis*

Najas podostemon Magnus, Beitr. Kenntn. Najas 7, 45. 1870.
Sin.: *Najas arguta* var. *podostemon* (Magnus) Lowden
Ref.: Haynes & Holm-Nielsen (1986d), Ritter (2000).
Hierba, acuática. Nativa. Zonas Bajas. Bosque Húmedo, 0–500 m.
Dept.: SC.
Muestra: *N.P. Ritter et al. 4490* (MO, NHA, USZ).

Najas wrightiana A. Braun, Sitzungsber. Ges. Naturf. Freunde Berlin 1868: 17. 1868.
Sin.: *Najas arguta* var. *conferta* A. Braun, *Najas conferta* (A. Braun) A. Braun
Ref.: de Lucca & Zalles A. (1992), Novelo Retano & Lot H. (1994), Urquiola Cruz et al. (1998).
Hierba, acuática. Nativa. Zonas Bajas. Sabanas Benianas del Norte, 0–500 m.
Dept.: BE.
Muestra: *L.R.C. de Michel 2164* (LPB, UNA).
Nom. Vern.: Bremurilla de agua.

Hydroleaceae R. Br. ex Edwards, Bot. Reg. 7: sub t. 566. 1821.

Por M. Nee (NY); revisado por S.G. Beck (LPB), P.M. Jørgensen (MO).
1 género, 2 especies, 0 especies endémicas.

Hydrolea L., Sp. Pl. (ed. 2) 1: 328. 1762.
2 especies, 0 especies endémicas.

Hydrolea elatior Schott, Syst. Veg. 4(2): 404. 1827.
Sin.: *Nama longifolia* Rusby
Ref.: Davenport (1988).
Hierba. Nativa. Zonas Bajas, Andes. Bosque Húmedo, Bosque Semideciduo Chiquitano, Campos Cerrados, Sabanas Benianas del Sur, Campos Amazónicos, Bosque Tucumano-Boliviano, 0–500, 1000–1500 m.
Dept.: BE, LP, SC, TA.
Muestra: *O.E. White 1146* (NY).

Hydrolea spinosa L., Sp. Pl. (ed. 2) 1: 328. 1762.
Ref.: Foster (1958), Davenport (1988), Killeen & Schulenberg (1998), Wood et al. (2011).
Hierba. Nativa. Zonas Bajas, Andes. Bosque Semideciduo Chiquitano, Campos Cerrados, Sabanas Benianas del Sur, Yungas, 0–500, 1000–1500 m.
Dept.: BE, SC.
Muestra: *M.H. Nee & M. Saldias 47033* (MO, NY, USZ).

Hydrophyllaceae R. Br., Bot. Reg. 3: sub t. 242. 1817.

Nota: Parte de Boraginaceae (APG III 2009).

Hypericaceae Juss., Gen. Pl. 254. 1789.

Por N.K.B. Robson (BM); revisado por M. Nee (NY), S.G. Beck (LPB), C. Romero (MO), P.M. Jørgensen (MO).
2 géneros, 21 especies, 2 especies endémicas.

Hypericum L., Sp. Pl. 2: 783–787. 1753.
7 especies, 0 especies endémicas.

Hypericum andinum Gleason, Torreya 29: 137. 1929.
Sin.: *Hypericum struthiolifolium* var. *parviflorum* R. Keller
Ref.: Foster (1958), Robson (1987), Robson (1990), Nee (2008).
Arbusto. Nativa. Andes, Altiplano. Yungas, Páramo Yungueño, Puna Húmeda, 2500–4000 m.
Dept.: CO, LP, SC.
Tipo y muestra: *M. Bang 1026* (HT: NY; IT: BM, F, GH, K, NY, US frag., W), *S.G. Beck 7961* (BM, BOLV, LPB, M, MO).

Hypericum brasiliense Choisy, Prodr. 1: 547. 1824.
Sin.: *Hypericum stylosum* Rusby, *Hypericum bolivianum* R. Keller
Ref.: Foster (1958), Robson (1990), Nee (2008).
Hierba. Nativa. Andes. Yungas, 1000–2500 m.
Dept.: LP, SC.
Muestra: *J.C. Solomon & M.E. Uehling 12205* (BM, LPB, MO).
Nota: Aunque las poblaciones bolivianas son geográficamente separadas de las brasileñas (Minas Gerais y Nova Friburgo) no existe separación morfológica.

Hypericum brevistylum Choisy, Prodr. Monogr. Hypéric. 51, f. 71. 1821.
Sin.: *Hypericum punense* Gleason
Ref.: Foster (1958), Robson (1990).
Hierba. Nativa. Andes, Altiplano. Yungas, Valles Secos, Puna Húmeda, 2000–5000 m.
Dept.: CO, LP, PO, TA.
Muestra: *M.A. Lewis 40864* (LPB, MO).

Hypericum calycinum L., Mant. Pl. 1: 106. 1767.
Arbusto. Cultivada. Andes. Valles Secos, 3000–3500 m.
Dept.: LP.
Muestra: *J.C. Solomon 15533* (BM, BOLV, LPB, MO).

[Hypericum campestre Cham. & Schltdl.], Linnaea 3: 122. 1828.
Ref.: Serrano & Terán (1998 [2000]).
Nota: El registro se basa en material mal identificado de H. *brasiliense* Choisy.

[Hypericum canadense L.], Sp. Pl. 2: 785. 1753.
Ref.: Foster (1958).
Nota: El registro se basa en material mal identificado. *H. canadense* var. *minimum* Choisy fue una mala identificación de *H. brevistylum*.

Hypericum connatum Lam., Encycl. 4: 168. 1797.
Sin.: *Hypericum chlorifolium* A. St.-Hil., *Brathys connata* (Lam.) Spach, *Hypericum connatum* var. *chlorifolium* (A. St.-Hil.) Reichardt, *Hypericum connatum* var. *fiebrigii* Briq., *Hypericum connatum* var. *obscurum* Briq., *Hypericum connatum* var. *paraguariense* Briq.
Ref.: Foster (1958), Robson (1990), Serrano & Terán (1998 [2000]), Nee (2008).
Hierba. Nativa. Andes. Bosque Tucumano-Boliviano, Bosque Serrano Chaqueño, 1000–2500 m.
Dept.: CH, SC, TA.
Muestra: *J.R.I. Wood et al. 20360* (K, LPB, USZ).
Nom. Vern.: Solitaria.

[Hypericum laricifolium Juss.], Ann. Mus. Natl. Hist. Nat. 3: 160, pl. 16, f. 1. 1804.
Ref.: Foster (1958).
Nota: El registro se basa en material mal identificado.

Hypericum revolutum Vahl, Symb. Bot. 1: 66. 1790.
Arbusto, arbolito. Cultivada. Andes. Valles Secos, 3000–3500 m.
Dept.: LP.
Muestra: *J.C. Solomon & R. Zeballos 15441* (BM, BOLV; LPB, MO).
Infra: *Hypericum revolutum* subsp. *revolutum*

Hypericum silenoides Juss., Ann. Mus. Natl. Hist. Nat. 3: 161–162, t. 16, f. 3. 1804.
Sin.: *Hypericum bonariense* Griseb.
Ref.: Robson (1990), Schulenberg & Awbrey (1997), González et al. (1999), Serrano & Terán (1998 [2000]).
Hierba. Nativa. Andes, Altiplano. Yungas, Bosque Tucumano-Boliviano, Bosque Serrano Chaqueño, Valles Secos, Puna Húmeda, 1500–4000 m.
Dept.: CH, CO, LP, SC, TA.
Muestra: *J.C. Solomon 16431* (BM, LPB, MO, USZ).
Infra: *Hypericum silenoides* subsp. *silenoides*

[Hypericum struthiolifolium Juss.], Ann. Mus. Natl. Hist. Nat. 3: 161, t. 16, f. 2. 1804.
Ref.: Foster (1958).
Nota: El registro se basa en material mal identificado de *H. andinum*.

[Hypericum thesiifolium Kunth], Nov. Gen. Sp. (quarto ed.) 5: 192. 1821 [1822].
Ref.: Rusby (1893b), Foster (1958), Adolfo María (1966), Nee (2008).
Nota: El registro se basa en material mal identificado de *H. brevistylum*.

Vismia Vand., Fl. Lusit. Bras. Spec. 51, f. 24. 1788.
14 especies, 2 especies endémicas.

[Vismia baccifera (L.) Triana & Planch.], Ann. Sci. Nat., Bot., sér. 4, 18: 300. 1862.
Sin.: *Hypericum bacciferum* L.
Ref.: Roca de Saldias (1993c), Killeen & Schulenberg (1998), Alverson et al. (2000).
Nota: El registro se basa en material mal identificado de *V. subcuneata*.

Vismia bemerguii M.E. Berg, Trab. 26 Congr. Nac. Bot. Rio de Janeiro 26: 593. 1977.
Ref.: Foster (1958).
Árbol. Nativa. Zonas Bajas. Bosque Húmedo, 0–500 m.
Dept.: PA.
Muestra: *G.T. Prance et al. 5868* (IBE, MO).

[Vismia cayennensis (Jacq.) Pers.], Syn. Pl. 2: 86. 1807.
Sin.: *Hypericum cayennense* Jacq.
Ref.: Foster (1958).
Nota: El registro se basa en material mal identificado de *V. tenuinervia*.

Vismia crassa (Rusby) S.F. Blake, Contr. Gray Herb. 53: 41. 1918.
Sin.: *Caopia crassa* Rusby
Ref.: Ewan (1962), Roca de Saldias (1993c).
Árbol. Nativa. Zonas Bajas, Andes. Bosque Húmedo, Yungas, 0–500, 2000–3000 m.
Dept.: LP.
Muestra: *M.A. Lewis 40742* (AAU, BM, BRIT, LPB, MO).
Nota: Formas intermedias unen a *V. crassa* y *V. cavallenillesiana*; su distribución se extiende por lo tanto a Colombia. Todos los registros bolivianos son de LP excepto uno de BE que no se ha logrado confirmar.

[Vismia dealbata Kunth], Nov. Gen. Sp. (quarto ed.) 5: 184, t. 454. 1821 [1822].
Ref.: Foster (1958).
Nota: El registro se basa en material mal identificado.

Vismia floribunda Sprague, Trans. Bot. Soc. Edinburgh 22: 428. 1905.
Arbolito, árbol. Nativa. Zonas Bajas. Bosque Húmedo, 0–500 m.
Dept.: LP, PA.
Muestra: *L. Vargas 1057* (BM, F, LPB).

[Vismia glabra Ruiz & Pav.], Syst. Veg. Fl. Peruv. Chil. 183. 1798.
Sin.: *Caopia glabra* (Ruiz & Pav.) Kuntze
Ref.: Rusby (1893b), Foster (1958), Ewan (1962), Roca de Saldias (1993c).
Nota: El registro se basa en material mal identificado.

Vismia gracilis Hieron., Bot. Jahrb. Syst. 20(Beibl. 49): 52. 1895.
Sin.: *Vismia glaziovii* Ruhland, *Vismia amazonica* Ewan, *Vismia buchtienii* Ewan
Ref.: Killeen & Schulenberg (1998), Arrázola Rivero et al. (2000).
Árbol. Nativa. Zonas Bajas, Andes. Bosque Húmedo, Campos Cerrados, Campos Amazónicos, Yungas, 0–2000 m.
Dept.: BE, CO, LP, PA, SC.
Muestra: *S.G. Beck & R.B. Foster 13953* (BM, F, LPB, M, MO, USZ).
Nom. Vern.: Duraznillo.

[Vismia guianensis (Aubl.) Pers.], Syn. Pl. 2: 86. 1807.
Sin.: *Hypericum guianense* Aubl.
Ref.: Foster (1958), Killeen & Schulenberg (1998).
Nota: El registro se basa en material mal identificado.

Vismia lateriflora Ducke, Arq. Serv. Florest. 1: 33. 1939.
Arbusto, arbolito, árbol. Nativa. Zonas Bajas. Bosque Húmedo, 0–500 m.
Dept.: BE, PA.
Muestra: *A. Jardim 2487* (AAU, BM, MO, NY, USZ).

[Vismia latifolia (Aubl.) Choisy], Prodr. Monogr. Hypéric. 36. 1821.
Sin.: *Hypericum latifolium* Aubl.
Ref.: Killeen & Schulenberg (1998).
Nota: El registro se basa en material mal identificado de probablemente *V. subcuneata*.

[Vismia lauriformis (Lam.) Choisy], Prodr. Monogr. Hypéric. 35. 1821.
Sin.: *Hypericum lauriforme* Lam.
Ref.: Roca de Saldias (1993c).
Nota: El registro se basa en material mal identificado de *V. subcuneata*.

Vismia macrophylla Kunth, Nov. Gen. Sp. (quarto ed.) 5: 184. 1821 [1822].
Sin.: *Vismia angusta* Miq., *Caopia macrophylla* (Kunth) Kuntze
Ref.: Ewan (1962), Roca de Saldias (1993c), Killeen & Schulenberg (1998).
Arbusto, árbol. Nativa. Zonas Bajas. Bosque Húmedo, 0–500 m.
Dept.: BE, SC.
Muestra: *J.C. Solomon 7665* (BM, LPB, MO).

[Vismia magnoliifolia Schltdl. & Cham.], Linnaea 3: 118. 1828.
Ref.: Foster (1958).
Nota: El registro se basa en material mal identificado de probablemente *V. rusbyi*.

Vismia minutiflora Ewan, Contr. U.S. Natl. Herb. 35(5): 319–320. 1962.
Ref.: Roca de Saldias (1993c), Killeen & Schulenberg (1998).
Arbusto, arbolito. Nativa. Zonas Bajas. Bosque Húmedo, Campos Amazónicos, 0–1000 m.
Dept.: LP, PA, SC.
Muestra: *M.H. Nee 41154* (BM, LPB, MO, NY).

Vismia plicatifolia Hochr., Annuaire Conserv. Jard. Bot. Genève 21: 54. 1919.
Sin.: *Caopia parvifolia* Rusby
Ref.: Foster (1958), Ewan (1962), Roca de Saldias (1993c), Arrázola Rivero et al. (2000), Nee (2008).
Arbusto, arbolito, árbol. Endémica. Andes. Yungas, 1000–2000 m.
Dept.: BE, CO, LP, SC.
Tipo y muestra: *O. Buchtien 222* (LT: G; ILT: B, C, E, F, GH, MO, NY), *S.G. Beck 7281* (BM, BOLV, LPB, MO).
Nota: Especímenes citados por Ewan (1962) de San Martín, Perú pertenecen a *V. pozuzoensis*. El registro de BE (*Cárdenas 4172*) puede ser de esta especie u otra aún no descrita también encontrada en Pará, Brasil.

Vismia pozuzoensis Engl., Bot. Jahrb. Syst. 58(Beibl. 130): 1. 1923.
Sin.: *Vismia glabra* subsp. *pozuzoensis* (Engl.) Ewan
Ref.: Roca de Saldias (1993c).
Arbusto, árbol. Nativa. Zonas Bajas, Andes. Bosque Húmedo, Campos Cerrados, Yungas, 0–2000 m.
Dept.: BE, CO, LP, PA, SC.
Muestra: *R. Haase 257* (BM, LPB, MO).

Vismia rusbyi Ewan, Contr. U.S. Natl. Herb. 35(5): 350–352. 1962.
Ref.: Roca de Saldias (1993c), Killeen & Schulenberg (1998).
Arbusto, árbol. Endémica. Zonas Bajas, Andes. Bosque Semideciduo Chiquitano, Yungas, 0–3000 m.
Dept.: CO, LP, SC.
Tipo y muestra: *O. Buchtien 888* (HT: US; IT: F, GH, MO-1041779, NY), *R. Guillén V. & J. Surubí 1241* (BM, LPB, MO, USZ).

Vismia sprucei Sprague, Trans. Bot. Soc. Edinburgh 22: 428. 1905.
Ref.: Ewan (1962), Roca de Saldias (1993c).
Árbol. Nativa. Zonas Bajas. Bosque Húmedo, 0–500 m.
Dept.: PA.
Muestra: *G.T. Prance 8658* (A, BM, C, COL, F, G, INPA, K, MG, MICH, MO, NY, P, R, S, U, VEN).

Vismia subcuneata Huber, Bol. Mus. Goeldi Hist. Nat. Ethnogr. 4: 588. 1906.
Sin.: *Vismia baccifera* subsp. *subcuneata* (Huber) Ewan
Ref.: Roca de Saldias (1993c), Killeen & Schulenberg (1998).
Arbusto, árbol. Nativa. Zonas Bajas. Bosque Húmedo, Campos Amazónicos, 0–1000 m.
Dept.: BE, LP, PA, SC.
Muestra: *S.G. Beck & R. Haase 9975* (BM, LPB, MO).
Nota: *V. subcuneata* es posiblemente una forma extrema de *V. lauriformis* (Lam.) Choisy. La variación a lo largo de los Andes parece ser continua.

Vismia tenuinervia (M.E. Berg) N. Robson, Ann. Missouri Bot. Gard. 77(2): 411. 1990.
Sin.: *Vismia cayennensis* var. *tenuinervia* M.E. Berg
Árbol. Nativa. Zonas Bajas. Bosque Húmedo, Campos Amazónicos, 0–500 m.
Dept.: LP, PA.
Muestra: *L. Vargas 1057* (BM, F, LPB).

Vismia tomentosa Ruiz & Pav., Syst. Veg. Fl. Peruv. Chil. 183. 1798.
Sin.: *Caopia tomentosa* (Ruiz & Pav.) Kuntze, *Caopia cordata* Rusby
Ref.: Rusby (1893b), Foster (1958), Ewan (1962), Roca de Saldias (1993c), Killeen & Schulenberg (1998).
Arbusto, árbol. Nativa. Andes. Yungas, 1000–1500 m.
Dept.: LP.
Muestra: *R.S. Williams 99* (BM, K, NY, US).
Nota: En Bolivia solamente conocido del tipo de *Caopia cordata* Rusby, otros reportes corresponden a *V. rusbyi*.

HYPOXIDACEAE R. Br., Voy. Terra Austral. 2: 576. 1814.

Por J. Dutilh (UEC) & C. Romero (MO); revisado por M. Nee (NY), S.G. Beck (LPB), P.M. Jørgensen (MO).
2 géneros, 4 especies, 0 especies endémicas.

Curculigo Gaertn., Fruct. Sem. Pl. 1: 63. 1788.
1 especie, 0 especies endémicas.

Curculigo scorzonerifolia (Lam.) Baker, J. Linn. Soc., Bot. 17(1): 124. 1878.
Sin.: *Hypoxis decumbens* Aubl., *Hypoxis scorzonerifolia* Lam., *Heliacme scorzonerifolia* (Lam.) Ravenna
Ref.: Foster (1958), Wood et al. (2011).
Hierba. Nativa. Zonas Bajas. Bosque Semideciduo Chiquitano, Campos Cerrados, Sabanas Benianas del Sur, 0–1000 m.
Dept.: BE, SC.
Muestra: *R. Guillén V. et al. 4808* (USZ).

Hypoxis L., Syst. Nat. (ed. 10) 2: 972, 986, 1366. 1759.
3 especies, 0 especies endémicas.

Hypoxis breviscapa Kunth, Nov. Gen. Sp. (quarto ed.) 1: 286. 1815 [1816].
Ref.: Brackett (1923), Foster (1958).
Hierba. Nativa. Andes. Valles Secos, 3000–3500 m.
Dept.: CO.
Muestra: *J.R.I. Wood 18595* (K, LPB).
Nota: Determinación tentativa.

Hypoxis decumbens L., Syst. Nat. (ed. 10) 2: 986. 1759.
Sin.: *Hypoxis caricifolia* Salisb., *Hypoxis elongata* Kunth, *Hypoxis pusilla* Kunth, *Hypoxis gracilis* Lehm., *Hypoxis racemosa* Donn. Sm.
Ref.: Zuloaga et al. (2008d).
Hierba. Nativa. Andes, Altiplano. Yungas, Bosque Tucumano-Boliviano, Puna Húmeda, 1500–2500, 3000–4000 m.
Dept.: CH, CO, LP, TA.
Muestra: *T.B. Miranda et al. 468A* (LPB).

Hypoxis humilis Kunth, Nov. Gen. Sp. (quarto ed.) 1: 286. 1815 [1816].
Sin.: *Niobea pratensis* Willd. ex Schult.

f., *Hypoxis rugosperma* Brackett
Ref.: Brackett (1923), Foster (1958), Adolfo María (1966), Gereau (2001).
Hierba. Nativa. Andes, Altiplano. Yungas, Valles Secos, Puna Húmeda, Puna Seca, 2000–4000 m.
Dept.: CO, LP, PO, TA.
Muestra: *M. Bang 1793* (GH, MO, US).

HYPSEOCHARITACEAE Wedd., Chlor. Andina 2: 288. 1861.

Por S.G. Beck (LPB) y E. Emshwiller (F, WIS); revisado por M. Weigend (BONN), P.M. Jørgensen (MO).
1 género, 4 especies, 1 especie endémica.

Hypseocharis J. Rémy, Ann. Sci. Nat., Bot., sér. 3, 8: 238. 1847.

4 especies, 1 especie endémica.
Nota: Las especies incluidas no están bien definidas, posiblemente varias son sinónimos.

Hypseocharis bilobata Killip, J. Wash. Acad. Sci. 16(21): 570. 1926.
Ref.: Pool (1993b).
Hierba. Nativa. Altiplano. Puna Seca, 3000–4000 m.
Dept.: CO, LP, PO.
Muestra: *E.A. Emshwiller et al. 233* (F, LPB).

Hypseocharis malpasensis R. Knuth, Repert. Spec. Nov. Regni Veg. 29: 219. 1931.
Ref.: Foster (1958).
Hierba. Endémica. Andes. Valles Secos, 2500–3500 m.
Dept.: CO, TA.
Tipo y muestra: *W. Troll 797* (HT: B; IT: M), *J.R.I. Wood & A. Carretero 16183* (K, LPB).
Nota: Posiblemente un sinónimo de *H. pimpinellifolia.*

Hypseocharis pedicularifolia R. Knuth, Bot. Jahrb. Syst. 41: 173. 1908.
Ref.: Fiebrig (1911), Knuth (1930a), Foster (1958), Huynh (1969).
Hierba. Nativa. Andes, Altiplano. Puna Seca, 3000–4000 m.
Dept.: CH, CO, LP, PO, TA.
Tipo y muestra: *K. Fiebrig 2626* (HT: B; IT: GH, MO; fotos: F, G), *C. Salles 21* (LPB).
Nota: Posiblemente un sinónimo de *H. pimpinellifolia.*

Hypseocharis pimpinellifolia J. Rémy, Ann. Sci. Nat., Bot., sér. 3, 8: 239. 1847.
Sin.: *Hypseocharis pimpinellifolia* var. *punicea* Kuntze, *Hypseocharis corydalifolia* R. Knuth, *Hypseocharis fiebrigii* R. Knuth, *Hypseocharis moschata* R. Knuth
Ref.: Weddell (1857a [1858–1861]), Britton (1889b), Rusby (1896), Knuth (1908), Buchtien (1910), Knuth (1915), Knuth (1930a), Knuth (1931a), Foster (1958), Adolfo María (1966), Huynh (1969), Jiménez (1984), López Vargas (1995), Saravia Miranda (1996), Múlgura de Romero (1999b), Serrano & Terán (1998 [2000]), Slanis & Grau (2001), Wood (2005), Múlgura de Romero (2008), Palazzesi et al. (2012).
Hierba. Nativa. Andes, Altiplano. Valles Secos, Puna Seca, 2500–4000 m.
Dept.: CH, CO, LP, PO, SC, TA.
Tipo y muestra: *d'Orbigny 1137* (HT: P), *Gerold 199* (F, LPB, P).
Nota: Jiménez (1984) cita *H. pimpinellifolia* var. *dentata* A.M. Jiménez, pero este nombre no ha sido publicado válidamente.
Nom. Vern.: Macho altea, pampa sultaqui, sultaqui.

[Hypseocharis tridentata Griseb.], Nachr. Königl. Ges. Wiss. Georg-Augusts-Univ. 20: 495–500. 1877.
Ref.: Knuth (1908), Knuth (1930a), Foster (1958).
Nota: El registro se basa en material mal identificado de *H. bilobata.*

ICACINACEAE Miers, Ann. Mag. Nat. Hist., ser. 2 8: 174. 1851.

Por R. Duno (CICY) y E. García (LPB); revisado por S.G. Beck (LPB), M. Nee (NY), P.M. Jørgensen (MO).
4 géneros, 5 especies, 0 especies endémicas.

Calatola Standl., Contr. U.S. Natl. Herb. 23(3): 688–689. 1923.

1 especie, 0 especies endémicas.

Calatola costaricensis Standl., J. Wash. Acad. Sci. 16(15): 416–418. 1926.
Sin.: *Calatola venezuelana* Pittier
Ref.: Parker & Bailey (1991), García Estigarribia (1993e).
Árbol. Nativa. Zonas Bajas, Andes. Bosque Húmedo, Yungas, 0–2000 m.
Dept.: CO, LP, SC.
Muestra: *A.H. Gentry & S. Estenssoro C. 70438* (LPB, MO).

Casimirella Hassl., Repert. Spec. Nov. Regni Veg. 12(322/324): 249. 1913.

2 especies, 0 especies endémicas.

Casimirella ampla (Miers) R.A. Howard, Brittonia 44(2): 168. 1992.
Sin.: *Leretia ampla* Miers, *Humirianthera ampla* (Miers) Baehni
Ref.: Killeen & Schulenberg (1998).
Liana, arbusto. Nativa. Zonas Bajas. Bosque Húmedo, Campos Cerrados, 0–500 m.
Dept.: LP, SC.
Muestra: *R.C. Quevedo et al. 2471* (MO, NY, USZ).

Casimirella beckii (Fern. Casas) Breteler, Taxon 40(1): 112. 1991.
Sin.: *Dichapetalum beckii* Fern. Casas
Ref.: Fernández Casas (1982), Howard (1992a), García Estigarribia (1993e).
Arbusto, arbolito. Nativa. Zonas Bajas. Bosque Húmedo, Sabanas Benianas del Sur, Campos Amazónicos, 0–500 m.
Dept.: BE, LP.
Tipo y muestra: *S.G. Beck 2582* (HT: LPB; IT: MA, MO, NY), *R. Haase 268* (LPB).

Emmotum Desv. ex Ham., Prodr. Pl. Ind. Occid. 29. 1825.

1 especie, 0 especies endémicas.

Emmotum nitens (Benth.) Miers, Ann. Mag. Nat. Hist., ser. 2 10: 180. 1852.
Sin.: *Pogopetalum nitens* Benth.
Ref.: García Estigarribia (1993e), Killeen & Schulenberg (1998), Wood et al. (2011).
Árbol. Nativa. Zonas Bajas. Campos Cerrados, Sabanas Benianas del Norte, 0–1000 m.
Dept.: BE, LP, SC.
Muestra: *M.C. Peña 172* (F, MO, NY, USZ).

Leretia Vell., Fl. Flumin. 99, t. 2a, 3. 1825 [1829].

1 especie, 0 especies endémicas.

Leretia cordata Vell., Fl. Flumin. 99, t. 2a, 3. 1825 [1829].
Liana. Nativa. Zonas Bajas, Andes. Bosque Húmedo, Yungas, 0–2000 m.
Dept.: LP, PA.
Muestra: *D.C. Daly et al. 6537* (GH, LPB, MO, NY).

IRIDACEAE Juss., Gen. Pl. 57. 1789.

Por M. Celis (COL), M. Zeballos (LPB)

y M. Mendoza (USZ); revisado por P. Goldblatt (MO), M. Nee (NY), S.G. Beck (LPB), P.M. Jørgensen (MO).
21 géneros, 56 especies, 15 especies endémicas.

Alophia Herb., Bot. Mag. 66: pl. 3779. 1840.
1 especie, 0 especies endémicas.

Alophia drummondii (Graham) R.C. Foster, Contr. Gray Herb. 155: 34. 1945.
Sin.: *Cypella drummondii* Graham, *Beatonia bracteolata* Klatt, *Nemastylis bracteolata* (Klatt) Baker, *Tigridia bracteolata* (Klatt) J.F. Macbr.
Ref.: Foster (1946), Foster (1958), Henrich & Goldblatt (1994).
Hierba. Nativa. Andes. Yungas, 2500–3000 m.
Dept.: LP.
Muestra: *G. Mandon 1226* p.p. (F, G, GH, S).

Calydorea Herb., Edwards's Bot. Reg. 29(Misc.): 85. 1843.
3 especies, 0 especies endémicas.

Calydorea approximata R.C. Foster, Contr. Gray Herb. 155: 46. 1945.
Ref.: Foster (1946), Foster (1958).
Hierba. Nativa. Andes. Valles Secos, 1500–2500 m.
Dept.: SC, TA.
Muestra: *E. Bastian 1004* (herb. Ravenna, LPB).
Nota: El tipo, *Fiebrig 2344*, fue etiquetado como si fuera de TA, aunque Toldos es en Argentina.

Calydorea azurea Klatt, Abh. Naturf. Ges. Halle 15: 387. 1882.
Ref.: Foster (1958).
Hierba. Nativa. Andes. Valles Secos, 1500–2000 m.
Dept.: SC.
Muestra: *T. Herzog 1764* (no localizada).

Calydorea campestris (Klatt) Baker, J. Bot. 14: 187. 1876.
Sin.: *Botherbe campestris* Klatt
Ref.: Foster (1958).
Hierba. Nativa. Zonas Bajas. Campos Cerrados, 0–500 m.
Dept.: SC.
Muestra: *T. Herzog 1376* (no localizada).

Cipura Aubl., Hist. Pl. Guiane 1: 38, t. 13. 1775.
2 especies, 0 especies endémicas.

Cipura campanulata Ravenna, Revista Inst. Munic. Bot. 2: 51. 1962 [1964].
Ref.: Henrich & Goldblatt (1994).
Nota: Esperada.

Cipura formosa Ravenna, Bot. Leafl. 1(5): 36. 1988.
Ref.: Killeen & Schulenberg (1998), Celis et al. (2003), Wood et al. (2011).
Hierba. Nativa. Zonas Bajas. Campos Amazónicos, 500–1000 m.
Dept.: SC.
Muestra: *T. Killeen et al. 5237* (LPB, MO, USZ).

Cipura paludosa Aubl., Hist. Pl. Guiane 1: 38, t. 13. 1775.
Sin.: *Cipura graminea* Kunth, *Cipura major* Rusby, *Cypella goodspeediana* Vargas
Ref.: Foster (1946), Foster (1958), Goldblatt & Henrich (1987), Killeen & Schulenberg (1998), Wood et al. (2011).
Hierba. Nativa. Zonas Bajas, Andes. Campos Cerrados, Sabanas Benianas del Norte, Sabanas Benianas del Sur, Campos Amazónicos, Valles Secos, 0–2500 m.
Dept.: BE, LP, SC, TA.
Muestra: *J.C. Solomon 7948* (LPB, MO, USZ).
Infra: *Cipura paludosa* subsp. *robusta* Ravenna, *Cipura paludosa* subsp. *boliviensis* Ravenna

Crocosmia Planch., Fl. Serres Jard. Eur. 7: 161. 1851–1852 [1851].
1 especie, 0 especies endémicas.

Crocosmia ×crocosmiiflora (Lemoine ex Anonymous) N.E. Br., Trans. Roy. Soc. South Africa 20(3): 264. 1932.
Sin.: *Montbretia ×crocosmiiflora* Lemoine ex Anonymous
Ref.: Henrich & Goldblatt (1994).
Hierba. Naturalizada. Andes. Yungas, Valles Secos, 1500–3500 m.
Dept.: BE, LP, SC.
Muestra: *J.C. Solomon 13116* (LPB, MO, USZ).

Cypella Herb., Bot. Mag. t. 2637. 1826.
2 especies, 1 especie endémica.

Cypella mandonii Rusby, Mem. Torrey Bot. Club 6(1): 125. 1896.
Sin.: *Sphenostigma mandonii* (Rusby) R.C. Foster, *Sphenostigma mandonii* var. *bulbilliferum* R.C. Foster
Ref.: Foster (1946), Foster (1958).
Hierba. Endémica. Andes. Yungas, 2500–3000 m.
Dept.: CO.
Tipo y muestra: *M. Bang 1077* p.p. (HT: NY; IT: GH, K, MO, NY, US, US), *M. Bang 1157* (GH, MO, NY, US).

Cypella oreophila Speg., Physis (Buenos Aires) 3: 44. 1917.
Sin.: *Phalocallis oreophila* (Speg.) Ravenna
Ref.: Roitman et al. (2008).
Hierba. Nativa. Andes. Valles Secos, 1500–2500 m.
Dept.: TA.
Muestra: *E. Bastian 229* (herb. Ravenna, LPB).

Eleutherine Herb., Edwards's Bot. Reg. 29: t. 57. 1843.
2 especies, 0 especies endémicas.

Eleutherine bulbosa (Mill.) Urb., Repert. Spec. Nov. Regni Veg. 15: 305. 1918.
Sin.: *Sisyrinchium bulbosum* Mill., *Ixia americana* Aubl., *Moraea plicata* Sw.
Ref.: Foster (1946), Foster (1958), Wood et al. (2011).
Hierba. Nativa. Zonas Bajas. Bosque Seco Chaqueño, Campos Cerrados, 0–500 m.
Dept.: BE, CO, LP, SC, TA.
Muestra: *J. Steinbach 6569* (GH, MO).

Eleutherine latifolia (Standl. & L.O. Williams) Ravenna, Phytologia 56(4): 195. 1984.
Sin.: *Cipura latifolia* Standl. & L.O. Williams, *Eleutherine bulbosa* subsp. *citriodora* Ravenna, *Eleutherine citriodora* (Ravenna) Ravenna
Ref.: Goldblatt & Snow (1991).
Hierba. Nativa. Zonas Bajas, Andes. Bosque Seco Chaqueño, Sabanas Benianas del Norte, Yungas, Valles Secos, 0–2000 m.
Dept.: BE, LP, PA, SC, TA.
Muestra: *L.R.C. de Michel 120* (herb. Ravenna, LPB, MO).

Ennealophus N.E. Br., Bull. Misc. Inform. Kew 1909: 361. 1909.
2 especies, 1 especie endémica.

Ennealophus boliviensis (Baker) Ravenna, Not. Mens. Mus. Nac. Hist. Nat. 21(249): 8. 1977.
Sin.: *Sphenostigma boliviensis* Baker
Ref.: Foster (1946), Foster (1958), Ministerio de Medio Ambiente y Agua (2012 [2013]).
Hierba. Endémica. Andes. Valles Secos, 2500–3000 m.
Dept.: LP, PO.
Tipo y muestra: *G. Mandon 1225* (HT: GH; IT: NY, NY; fotos: F ex B), *J.R.I. Wood 10735* (K, LPB, MO).

Ennealophus euryandrus (Griseb.) Ravenna, Anales Mus. Hist. Nat. Valparaiso 6: 42. 1973.
Sin.: *Herbertia euryandra* Griseb.
Ref.: López Vargas (1995), Saravia Miranda (1996).
Hierba. Nativa. Zonas Bajas, Andes. Bosque Seco Chaqueño, Valles Secos, 500–2500 m.
Dept.: CH, CO, TA.
Muestra: *J.C. Solomon 9972* (LPB, MO).

Gelasine Herb., Bot. Mag. 66: t. 3779. 1840.
1 especie, 1 especie endémica.

Gelasine goodspeedianum (R.C. Foster) Celis & Goldblatt, Monogr. Syst. Bot. Missouri Bot. Gard. 127: 1271. 2014.
Sin.: *Sphenostigma goodspeedianum* R.C. Foster
Ref.: Foster (1950), Foster (1958).
Hierba. Endémica. Andes. Yungas, Valles Secos, 3000–3500 m.
Dept.: CO.
Tipo: *W.J. Eyerdam 25092* (HT: UC; IT: F; fotos: F).
Nota: Conocida solamente del tipo.

Herbertia Sweet, Brit. Fl. Gard. 3: pl. 222. 1827.
1 especie, 0 especies endémicas.

Herbertia tigridioides (Hicken) Goldblatt, Ann. Missouri Bot. Gard. 64(2): 379. 1977 [1978].
Sin.: *Alophia tigridioides* Hicken
Ref.: Foster (1946), Foster (1958), Goldblatt (1977 [1978]).
Hierba. Nativa. Andes. Bosque Tucumano-Boliviano, 2000–3000 m.
Dept.: TA.
Muestra: *K. Fiebrig 2579* (GH).

Hesperoxiphion Baker, J. Linn. Soc., Bot. 16: 76, 127. 1877.
1 especie, 0 especies endémicas.

Hesperoxiphion peruvianum (Baker) Baker, J. Linn. Soc., Bot. 16: 127. 1877.
Sin.: *Cypella peruviana* Baker
Ref.: Foster (1946), Foster (1958), Goldblatt & Manning (2008).
Hierba. Nativa. Andes. Yungas, 2500–3000 m.
Dept.: LP.
Muestra: *M. Bang 1318* (GH, MO, NY, US).

Iris L., Sp. Pl. 1: 38. 1753.
1 especie, 0 especies endémicas.

Iris germanica L., Sp. Pl. 1: 38. 1753.
Hierba. Cultivada. Andes. Valles Secos, 3000–4000 m.
Dept.: LP.
Muestra: *J.C. Solomon 15597* (LPB, MO).

Larentia Klatt, Abh. Naturf. Ges. Halle 15: 362. 1882.
1 especie, 0 especies endémicas.

Larentia linearis (Kunth) Klatt, Abh. Naturf. Ges. Halle 12: 362. 1882.
Sin.: *Moraea linearis* Kunth, *Cypella linearis* (Kunth) Baker
Ref.: Foster (1946), Foster (1958), Goldblatt & Celis (2010), Wood et al. (2011).
Hierba. Nativa. Zonas Bajas. Sabanas Benianas del Norte, 0–500 m.
Dept.: BE, SC.
Muestra: *S.G. Beck & R. Haase 10101* (herb. Ravenna, LPB).

Lethia Ravenna, Nordic J. Bot. 6(5): 585–587. 1986.
1 especie, 0 especies endémicas.

Lethia umbellata (Klatt) Ravenna, Nordic J. Bot. 6(5): 587. 1986.
Sin.: *Herbertia umbellata* Klatt, *Sphenostigma umbellatum* (Klatt) Klatt
Ref.: Foster (1958).
Hierba. Nativa. Zonas Bajas. Bosque Seco Chaqueño, 500–1000 m.
Dept.: SC.
Muestra: *M. Cárdenas 4690* (US).

Libertia Spreng., Syst. Veg. 1: 127. 1825 [1824].
1 especie, 0 especies endémicas.

Libertia colombiana R.C. Foster, Contr. Gray Herb. 127: 44. 1939.
Sin.: *Libertia boliviana* R.C. Foster
Ref.: Foster (1946), Foster (1958), Goldblatt & Celis (2005).
Hierba. Nativa. Andes. Yungas, 2500–3500 m.
Dept.: LP.
Muestra: *J.C. Solomon 17418* (LPB, MO).

Mastigostyla I.M. Johnst., Contr. Gray Herb. 81: 85. 1928.
10 especies, 10 especies endémicas.

Mastigostyla boliviensis (R.C. Foster) Goldblatt, Iris Fam. Nat. Hist. Class. 247. 2008.
Sin.: *Cardenanthus boliviensis* R.C. Foster
Ref.: Foster (1946), Foster (1958), Foster (1962), Goldblatt & Manning (2008).
Hierba. Endémica. Altiplano. Puna Seca, 4000–4500 m.
Dept.: PO.
Tipo: *M. Cárdenas 124* (HT: GH).
Nota: Conocida solamente del tipo.

Mastigostyla brevicaulis (Baker) R.C. Foster, Contr. Gray Herb. 161: 16. 1946.
Sin.: *Nemastylis brevicaulis* Baker
Ref.: Foster (1946), Foster (1958), Foster (1962).
Hierba. Endémica. Andes. Yungas, Páramo Yungueño, Valles Secos, 2500–4000 m.
Dept.: LP.
Tipo y muestra: *G. Mandon 1224* (HT: GH; IT: K, NY), *O. Buchtien 819* (US).

Mastigostyla cardenasii R.C. Foster, Contr. Gray Herb. 155: 23. 1945.
Sin.: *Mastigostyla gracilis* R.C. Foster
Ref.: Foster (1946), Foster (1958), Foster (1962), Huaylla et al. (2010a).
Hierba. Endémica. Andes. Valles Secos, 2500–4000 m.
Dept.: CO.
Tipo y muestra: *M. Cárdenas 2337* (HT: GH; IT: K), *J.R.I. Wood 8140* (BOLV, K, LPB).

Mastigostyla chuquisacensis Huaylla & Wilkin, Kew Bull. 65(2): 244. 2010.
Ref.: Ministerio de Medio Ambiente y Agua (2012 [2013]).
Hierba. Endémica. Altiplano. Puna Seca, 3000–4000 m.
Dept.: CH.
Tipo y muestra: *J.R.I. Wood et al. 23272* (HT: K; IT: HSB, LPB), *J.R.I. Wood 8207* (K, LPB).

Mastigostyla longituba (R.C. Foster) Ravenna, Onira 12(5): 24. 2010.
Sin.: *Cardenanthus longitubus* R.C. Foster
Ref.: Foster (1950), Foster (1958), Foster (1962).
Hierba. Endémica. Altiplano. Puna Húmeda, 4000–4500 m.
Dept.: LP.
Tipo: *R.S. Shepard 235* (HT: GH; IT: US).
Nota: Conocida solamente del tipo.

Mastigostyla orurensis (R.C. Foster) Ravenna, Onira 12(5): 24. 2010.
Sin.: *Cardenanthus orurensis* R.C. Foster
Ref.: Foster (1946), Foster (1958), Foster (1962), Ministerio de Medio Ambiente y Agua (2012 [2013]).
Hierba. Endémica. Altiplano. Puna Seca, 3500–4000 m.
Dept.: OR.
Tipo: *C. Hammarlund 94* (T: NY).
Nota: Conocida solamente del tipo.

Mastigostyla potosina R.C. Foster, Rhodora 64(760): 294. 1962.
Ref.: Foster (1962).

Hierba. Endémica. Altiplano. Puna Seca, 3500–4000 m.
Dept.: PO.
Tipo: *M. Cárdenas 4265* (HT: GH).
Nota: Conocida solamente del tipo.

Mastigostyla torotoroensis Huaylla & Wilkin, Kew Bull. 65(2): 245. 2010.
Hierba. Endémica. Andes. Valles Secos, 2500–3000 m.
Dept.: PO.
Tipo y muestra: *J.R.I. Wood et al. 21952* (HT: K; IT: BOLV, HSB, K, LPB), *J.R.I. Wood et al. 23214* (K, MO, USZ).

Mastigostyla tunariensis (R.C. Foster) Ravenna, Onira 12(5): 24. 2010.
Sin.: *Cardenanthus tunariensis* R.C. Foster
Ref.: Foster (1945), Foster (1946), Foster (1958).
Hierba. Endémica. Altiplano. Puna Húmeda, 4500–5000 m.
Dept.: CO.
Tipo y muestra: *M. Bang 1042* (HT: GH; IT: MO-209552, NY, US), *M. Bang 1094* (GH, MO, US).

Mastigostyla woodii Huaylla & Wilkin, Kew Bull. 65(2): 250. 2010.
Hierba. Endémica. Andes. Valles Secos, 2500–3000 m.
Dept.: CH.
Tipo y muestra: *J.R.I. Wood et al. 22554* (HT: K; IT: HSB, K, LPB), *J.R.I. Wood et al. 23314* (HSB, K, LPB).

Neomarica Sprague, Bull. Misc. Inform. Kew 1928(7): 280. 1928.
0 especies, 0 especies endémicas.
Nota: Representado en Bolivia por *S.G. Beck 24727* (LPB), una especie aún no descrita.

Olsynium Raf., New Fl. 1: 72. 1836.
4 especies, 0 especies endémicas.

Olsynium acaule (Klatt) Goldblatt, Syst. Bot. 15: 497–510. 1990.
Sin.: *Sisyrinchium acaule* Klatt, *Solenomelus acaulis* (Klatt) Baker, *Symphyostemon acaule* (Klatt) Benth. ex Baker, *Symphyostemon album* Kranzl., *Phaiophleps acaulis* (Klatt) R.C. Foster
Ref.: Foster (1946), Foster (1958), Goldblatt et al. (1990), Brako (1993g).
Hierba. Nativa. Altiplano. Puna Húmeda, Puna Seca, 3500–5000 m.
Dept.: CH, CO, LP.
Tipo y muestra: *G. Mandon 1212* (HT: K; IT: G, GH, NY, NY, NY; fotos: F ex G), *P.L. Ibisch & P. Rojas 1055* (BOLV, LPB).

Olsynium filifolium (Gaudich.) Goldblatt, Syst. Bot. 15: 508. 1990.
Sin.: *Sisyrinchium filifolium* Gaudich.
Ref.: Goldblatt et al. (1990).
Hierba. Nativa. Altiplano. Puna Seca, 3000–3500 m.
Dept.: TA.
Muestra: *R. Ehrich 59* (herb. Ravenna, LPB).

Olsynium junceum (E. Mey. ex C. Presl) Goldblatt, Syst. Bot. 15: 508. 1990.
Sin.: *Sisyrinchium junceum* E. Mey. ex C. Presl, *Sisyrinchium leucanthum* Colla
Ref.: Foster (1948), Foster (1958), Brako (1993g).
Hierba. Nativa. Andes, Altiplano. Yungas, Páramo Yungueño, Puna Seca, Bosque de *Polylepis*, 2500–4000 m.
Dept.: CO, LP, PO.
Muestra: *J. Cañigueral 313* (LPB).

Olsynium scirpoideum (Poepp.) Goldblatt, Syst. Bot. 15: 508. 1990.
Sin.: *Sisyrinchium scirpoideum* Poepp.
Ref.: Goldblatt et al. (1990).
Hierba. Nativa. Altiplano. Puna Seca, 3500–4500 m.
Dept.: CO, LP.
Muestra: *J.C. Solomon & M.H. Nee 18099* (LPB, MO, NY).

Orthrosanthus Sweet, Fl. Australas. 11. 1829.
2 especies, 0 especies endémicas.

Orthrosanthus chimboracensis (Kunth) Baker, Gard. Chron., n.s. 6: 67. 1876.
Sin.: *Moraea chimboracensis* Kunth, *Moraea gladioloides* Kunth, *Sisyrinchium moritzianum* Klotzsch ex Klatt, *Orthrosanthus chimboracensis* var. *typicus* Steyerm.
Ref.: Henrich & Goldblatt (1987a).
Hierba. Nativa. Andes, Altiplano. Páramo Yungueño, Puna Húmeda, 3500–4000 m.
Dept.: CH, CO, LP, SC.
Muestra: *I. Hensen 500* (BOLV, LPB).

Orthrosanthus occissapungus (Ruiz ex Klatt) Diels, Nat. Pflanzenfam. (ed. 2) 15a: 478. 1930.
Sin.: *Sisyrinchium occissapungum* Ruiz ex Klatt, *Orthrosanthus nigrorhynchus* Rusby, *Orthrosanthus tunariensis* Kuntze, *Orthrosanthus chimboracensis* subsp. *tunariensis* (Kuntze) Ravenna
Ref.: Henrich & Goldblatt (1987a).
Hierba. Nativa. Andes. Yungas, Páramo Yungueño, 2500–4000 m.
Dept.: CO, LP, SC.
Muestra: *J.C. Solomon & M.H. Nee 16015* (LPB, MO, NY).

Sisyrinchium L., Sp. Pl. 2: 954. 1753.
18 especies, 2 especies endémicas.

Sisyrinchium azureum Phil., Fl. Atacam. 50. 1860.
Ref.: Foster (1948), Foster (1958), Brako (1993g), Serrano & Terán (1998 [2000]).
Hierba. Nativa. Andes, Altiplano. Valles Secos, Puna Seca, 1500–4000 m.
Dept.: CH, CO, LP.
Muestra: *J.C. Solomon 7156* (LPB, MO).

Sisyrinchium brevipes Baker, Handb. Irid. 130. 1892.
Ref.: Foster (1948), Foster (1958), Jørgensen (1999d), Serrano & Terán (1998 [2000]).
Hierba. Nativa. Altiplano. Puna Seca, 3500–4500 m.
Dept.: CH, CO, LP.
Muestra: *K. Graf 592* (LPB, NY).
Nom. Vern.: Yaconcito.

Sisyrinchium chilense Hook., Bot. Mag. 54: t. 2786. 1827.
Sin.: *Sisyrinchium valdivianum* Phil., *Sisyrinchium iridifolium* subsp. *valdivianum* (Phil.) Ravenna
Hierba. Nativa. Andes, Altiplano. Valles Secos, Puna Húmeda, Puna Seca, Bosque de *Polylepis*, 1500–4500 m.
Dept.: CH, CO, LP, OR, PO, SC, TA.
Muestra: *J.C. Solomon 14994* (LPB, MO).

Sisyrinchium hypsophilum I.M. Johnst. ex R.C. Foster, Contr. Gray Herb. 166: 30. 1948.
Ref.: Foster (1948).
Hierba. Endémica. Altiplano. Puna Seca, 3500–4000 m.
Dept.: TA.
Tipo: *K. Fiebrig 3181* (T: GH, US).
Nota: Conocida solamente del tipo.

Sisyrinchium ivanii R.C. Foster, Contr. Gray Herb. 166: 30. 1948.
Ref.: Foster (1948), Foster (1958).
Hierba. Nativa. Andes, Altiplano. Valles Secos, Puna Húmeda, 3500–4500 m.
Dept.: LP.
Tipo y muestra: *O. Buchtien 8814* (HT: US), *M. Cárdenas 442* (US).

Sisyrinchium jamesonii Baker, J. Bot. 14: 269. 1876.
Ref.: Brako (1993g), Jørgensen (1999d).
Hierba. Nativa. Andes. Páramo

Yungueño, 3000–4000 m.
Dept.: LP.
Muestra: *J.C. Solomon 18680* (LPB, MO, NY, USZ).

Sisyrinchium laterale Baker, J. Bot. 14: 269. 1876.
Sin.: *Sisyrinchium pictum* Kraenzl.
Ref.: Foster (1948), Foster (1958).
Hierba. Endémica. Andes. Yungas, Valles Secos, 2500–3000 m.
Dept.: LP, SC.
Tipo y muestra: *G. Mandon 1220* (HT: GH; IT: BM, US; fotos: F), *T. Herzog 1844* (B, LPB, MO).

Sisyrinchium mandonii Baker, J. Bot. 14: 269. 1876.
Ref.: Foster (1948), Foster (1958), Henrich & Goldblatt (1987b).
Hierba. Nativa. Andes. Yungas, Páramo Yungueño, 3000–4000 m.
Dept.: LP.
Tipo y muestra: *G. Mandon 1217* (LT: K; ILT: B destr.?, GH, NY, NY; fotos: F ex B, MO), *J.C. Solomon et al. 11960* (LPB, MO).

Sisyrinchium micranthum Cav., Diss. 6: 345, t. 191, f. 2. 1788.
Sin.: *Sisyrinchium iridifolium* Kunth
Ref.: Foster (1948), Foster (1958), Henrich & Goldblatt (1987b).
Hierba. Nativa. Andes. Yungas, Páramo Yungueño, Valles Secos, 1000–3000 m.
Dept.: CO, LP, SC, TA.
Muestra: *J.C. Solomon 7313* (LPB, MO).

Sisyrinchium pachyrhizum Baker, J. Bot. 14: 269. 1876.
Sin.: *Sisyrinchium glandulosum* Kraenzl., *Sisyrinchium johnstonii* Standl., *Sisyrinchium foliosum* I.M. Johnst.
Hierba. Nativa. Zonas Bajas, Andes. Campos Cerrados, Bosque Tucumano-Boliviano, 0–500, 2000–3000 m.
Dept.: CH, PO, SC, TA.
Muestra: *P. Rojas et al. 185LO28* (USZ).

Sisyrinchium palmifolium L., Mant. Pl. 1: 122. 1767.
Sin.: *Sisyrinchium macrocephalum* Graham
Ref.: Foster (1948), Foster (1958), Paña-Chocarro et al. (2010).
Hierba. Nativa. Andes, Altiplano. Valles Secos, Puna Húmeda, 1500–3500 m.
Dept.: CO, TA.
Muestra: *E. Bastian 548* (herb. Ravenna, LPB).
Infra: *Sisyrinchium palmifolium* subsp. *palmifolium*

Sisyrinchium palustre Diels, Publ. Field Mus. Nat. Hist., Bot. Ser. 8(2): 79. 1930.
Ref.: Brako (1993g), Jørgensen (1999d).
Hierba. Nativa. Andes, Altiplano. Valles Secos, Puna Seca, 3500–4500 m.
Dept.: LP.
Muestra: *X. Villavicencio 763* (LPB).

Sisyrinchium pusillum Kunth, Nov. Gen. Sp. (quarto ed.) 1: 323. 1815 [1816].
Ref.: Brako (1993g), Jørgensen (1999d).
Hierba. Nativa. Andes, Altiplano. Valles Secos, Puna Seca, 3500–5000 m.
Dept.: CO, LP.
Muestra: *M.A. Lewis 40917* (LPB, MO).

Sisyrinchium rigidifolium Baker, Handb. Irid. 131. 1892.
Ref.: Foster (1948), Foster (1958).
Hierba. Nativa. Altiplano. Puna Seca, 3500–4000 m.
Dept.: LP.
Tipo y muestra: *G. Mandon 1214* (HT: K; IT: B destr.?, GH, GH, NY, US; fotos: F ex B), *J.C. Solomon 13238* (LPB, MO).

Sisyrinchium tinctorium Kunth, Nov. Gen. Sp. (quarto ed.) 1: 324. 1815 [1816].
Sin.: *Sisyrinchium bogotense* Kunth, *Marica tinctoria* (Kunth) Ker Gawl., *Sisyrinchium tingens* Steud., *Sisyrinchium rigidum* Lehm., *Bermudiana tinctoria* (Kunth) Kuntze
Ref.: Foster (1948), Foster (1958), Henrich & Goldblatt (1987b).
Hierba. Nativa. Andes, Altiplano. Valles Secos, Puna Húmeda, Puna Seca, 3000–4000 m.
Dept.: LP, PO.
Muestra: *S. Stab 186* (LPB).

Sisyrinchium unispathaceum Klatt, Linnaea 34: 737. 1866.
Sin.: *Sisyrinchium cryptocarpum* Rusby
Ref.: Foster (1948), Foster (1958).
Hierba. Nativa. Andes, Altiplano. Yungas, Páramo Yungueño, Puna Húmeda, 2500–5000 m.
Dept.: CO, LP, TA.
Tipo y muestra: *G. Mandon 1219* (HT: GH; IT: B destr.?, NY, NY, NY, US; fotos: F ex B), *J.C. Solomon 15347* (LPB, MO).

Sisyrinchium vaginatum Spreng., Syst. Veg. 1: 166. 1825 [1824].
Sin.: *Sisyrinchium alatum* Hook., *Sisyrinchium marchio* (Vell.) Steud., *Sisyrinchium distantiflorum* Kraenzl., *Sisyrinchium alatum* var. *minor* Rusby
Ref.: Foster (1948), Foster (1958), Henrich & Goldblatt (1987b), Schulenberg & Awbrey (1997), Killeen & Schulenberg (1998), Serrano & Terán (1998 [2000]), Wood et al. (2011).
Hierba. Nativa. Zonas Bajas, Andes, Altiplano. Bosque Húmedo, Bosque Semideciduo Chiquitano, Campos Cerrados, Campos Amazónicos, Yungas, Páramo Yungueño, Valles Secos, Puna Húmeda, Puna Seca, Bosque de *Polylepis*, 0–5000 m.
Dept.: CH, CO, LP, SC.
Muestra: *R. Guillén V. & T. Ruiz de Centurión 849* (MO, USZ).

Sisyrinchium wettsteinii Hand.-Mazz., Denkschr. Kaiserl. Akad. Wiss., Wien Math.-Naturwiss. Kl. 79: 216, f. 6–7. 1908.
Hierba. Nativa. Andes. Yungas, Páramo Yungueño, 2500–3000 m.
Dept.: CO.
Muestra: *J.C. Solomon & M.H. Nee 17916* (LPB, MO).

Tigridia Juss., Gen. Pl. 57. 1789.
1 especie, 0 especies endémicas.

Tigridia pavonia (L. f.) DC., Liliac. 1: 5, pl. 6. 1802.
Sin.: *Ferraria pavonia* L. f.
Ref.: Henrich & Goldblatt (1994).
Hierba. Nativa. Andes. Yungas, 1500–2000 m.
Dept.: LP.
Muestra: *S.G. Beck 14799a* (LPB).

Trimezia Salisb. ex Herb., Edwards's Bot. Reg. 30: Misc. 88. 1844.
1 especie, 0 especies endémicas.

Trimezia martinicensis (Jacq.) Herb., Edwards's Bot. Reg. 1844: 88. 1844.
Sin.: *Iris martinicensis* Jacq., *Trimezia lurida* Salisb.
Ref.: Henrich & Goldblatt (1994).
Hierba. Nativa. Zonas Bajas. Bosque Semideciduo Chiquitano, 0–500 m.
Dept.: SC.
Muestra: *M. Saldias et al. 3601* (MO, USZ).

IXONANTHACEAE Planch. ex Miq., Fl. Ned. Ind. 1(2): viii, 494. 1858.

Por N. Salinas (CUZ); revisado por S.G. Beck (LPB), M. Nee (NY), P.M. Jørgensen (MO).
1 género, 2 especies, 0 especies endémicas.

Ochthocosmus Benth., London J. Bot. 2: 366. 1843.
2 especies, 0 especies endémicas.

Ochthocosmus barrae Hallier f., Beih. Bot. Centralbl. 34(2): 17. 1921.
Ref.: Killeen & Schulenberg (1998).
Arbolito, árbol. Nativa. Zonas Bajas. Campos Cerrados, Sabanas Benianas del Sur, 0–1000 m.
Dept.: BE, SC.
Muestra: *N.P. Ritter et al. 3047* (MO, NHA, USZ).

Ochthocosmus berryi Steyerm., Ann. Missouri Bot. Gard. 71: 313. 1984.
Ref.: Killeen & Schulenberg (1998), Ramírez & Berry (1999).
Arbolito, árbol. Nativa. Zonas Bajas. Campos Cerrados, 0–500 m.
Dept.: SC.
Muestra: *T. Killeen et al. 5634* (LPB, MO, NY, USZ).

JUGLANDACEAE DC. ex Perleb, Vers. Arzneikr. Pfl. 143. 1818.

Por R.P. López (LPB); revisado por D.E. Stone (DUKE), M. Nee (NY), S.G. Beck (LPB), P.M. Jørgensen (MO).
1 género, 4 especies, 0 especies endémicas.

Juglans L., Sp. Pl. 2: 997. 1753.
4 especies, 0 especies endémicas.

Juglans australis Griseb., Abh. Königl. Ges. Wiss. Göttingen 24: 97. 1879.
Sin.: *Juglans brasiliensis* Dode
Ref.: Manning (1960), Manning (1978 [1979]), García Estigarribia (1993f), Schulenberg & Awbrey (1997), González et al. (1999), Mostacedo C. & Uslar (1999), Serrano & Terán (1998 [2000]), Vargas Caballero et al. (2000), Nee (2004).
Árbol. Nativa. Andes. Bosque Tucumano-Boliviano, 1000–2500 m.
Dept.: CH, SC, TA.
Muestra: *S.G. Beck 9688* (LPB).
Nom. Vern.: Nogal, nogal de monte, nogal silvestre, sara (Guaraní).

Juglans boliviana (C. DC.) Dode, Bull. Soc. Dendrol. France 13: 211. 1909.
Sin.: *Juglans nigra* var. *boliviana* C. DC., *Juglans peruviana* Dode
Ref.: Foster (1958), Manning (1960), García Estigarribia (1993f), Mostacedo C. & Uslar (1999).
Árbol. Nativa. Andes. Yungas, Bosque Serrano Chaqueño, 1000–2500 m.
Dept.: CH, LP, SC.
Tipo y muestra: *H.A. Weddell s.n.* (HT: P; IT: F), *S.G. Beck 22878* (LPB).
Nom. Vern.: Mono-coco, nogal.

Juglans regia L., Sp. Pl. 2: 997. 1753.
Sin.: *Juglans regia* var. *sinensis* C. DC., *Juglans duclouxiana* Dode, *Juglans fallax* Dode, *Juglans kamaonia* (C. DC.) Dode, *Juglans orientis* Dode, *Juglans sinensis* (C. DC.) Dode
Ref.: García Estigarribia (1993f), Lu et al. (1999).
Árbol. Cultivada. Andes, Altiplano. Valles Secos, Puna Húmeda, 2500–3500 m.
Dept.: CH, CO, LP, PO, TA.
Muestra: *G. Torrico & C. Peca 451* (LPB).
Nom. Vern.: Nogal, nogal Europeo.

Juglans soratensis W.E. Manning, Brittonia 12: 16. 1960.
Ref.: Manning (1960), Manning (1978 [1979]), García Estigarribia (1993f).
Árbol. Cultivada. Andes. Tipo de vegetación desconocida, 2500–3000 m.
Dept.: LP.
Tipo y muestra: *H.H. Rusby 744* (HT: NY), *R.S. Williams 892* (K, MO, NY, US).
Nota: Tal vez un híbrido.
Nom. Vern.: Nogal.

JUNCACEAE Juss., Gen. Pl. 43. 1789.

Por H. Balslev (AAU); revisado por M. Nee (NY), S.G. Beck (LPB), P.M. Jørgensen (MO).
5 géneros, 25 especies, 0 especies endémicas.

Distichia Nees & Meyen, Observ. Bot. 4: 128. 1843.
2 especies, 0 especies endémicas.

Distichia filamentosa Buchenau, Junc. S.-Amer. 369. 1879.
Sin.: *Agapatea filamentosa* Buchenau, *Distichia filamentosa* Griseb.
Ref.: Foster (1958), Balslev (1996), Kirschner (2002a), Ministerio de Medio Ambiente y Agua (2012 [2013]).
Hierba. Nativa. Altiplano. Puna Húmeda, 3500–5000 m.
Dept.: LP.
Tipo y muestra: *G. Mandon 1443* (IT: G, GH, K, NY, P, S; fotos: F ex G), *H. Balslev & S.G. Beck 1146* (AAU, CAS, LPB, NY).

Distichia muscoides Nees & Meyen, Observ. Bot. 129. 1843.
Sin.: *Gaimardia boliviana* Pax
Ref.: Foster (1958), Adolfo María (1966), Balslev (1996), Kirschner (2002a), Ruthsatz (2012), Ministerio de Medio Ambiente y Agua (2012 [2013]).
Hierba. Nativa. Altiplano. Puna Húmeda, Puna Seca, 4000–5000 m.
Dept.: CO, LP, OR, PO.
Muestra: *H. Balslev & S.G. Beck 1145* (AAU, CAS, LPB, NY).

Juncus L., Sp. Pl. 1: 325–330. 1753.
15 especies, 0 especies endémicas.

Juncus balticus Willd., Ges. Naturf. Freunde Berlin Mag. Neuesten Entdeck. Gesammten Naturk. 3: 298. 1809.
Sin.: *Juncus mexicanus* Willd. ex Schult. & Schult. f., *Juncus andicola* Hook., *Juncus arcticus* var. *andicola* (Hook.) Balslev, *Juncus arcticus* var. *mexicanus* (Willd. ex Schult. & Schult. f.) Balslev
Ref.: Foster (1958), Balslev (1996), Kirschner (2002c).
Hierba. Nativa. Andes, Altiplano. Yungas, Puna Húmeda, Puna Seca, 3500–4000 m.
Dept.: LP, OR, PO.
Muestra: *H. Balslev 1140* (LPB).
Infra: *Juncus balticus* subsp. *andicola* (Hook.) Snogerup, *Juncus balticus* subsp. *mexicanus* (Willd. ex Schult. & Schult. f.) Snogerup

Juncus bufonius L., Sp. Pl. 1: 328. 1753.
Ref.: Adolfo María (1966), Balslev (1996), Kirschner (2002c).
Hierba. Nativa. Andes, Altiplano. Yungas, Páramo Yungueño, Puna Húmeda, 2500–4000 m.
Dept.: CO, LP, SC, TA.
Muestra: *H. Balslev 1127* (AAU, LPB, NY).

Juncus capillaceus Lam., Encycl. 3: 266. 1789.
Ref.: Adolfo María (1966), Balslev (1996), Serrano & Terán (1998 [2000]), Kirschner (2002c).
Hierba. Nativa. Andes. Yungas, Valles Secos, 3000–4000 m.
Dept.: CH, CO.
Muestra: *J.C. Solomon & R.M. King 15931* (LPB, MO).

Juncus cyperoides Laharpe, Essai Monogr. Jonc. 57. 1825.
Ref.: Balslev (1996), Kirschner (2002b).
Hierba. Nativa. Andes. Yungas, Valles Secos, 3000–4000 m.

Dept.: CO, LP.
Muestra: *R. Baar 362a* (AAU, LPB).

Juncus densiflorus Kunth, Nov. Gen. Sp. (quarto ed.) 1: 238. 1815 [1816].
Hierba. Nativa. Zonas Bajas. Campos Cerrados, 500–1000 m.
Dept.: SC.
Muestra: *M.H. Nee 43131* (MO, NY, USZ).

Juncus dichotomus Elliott, Sketch Bot. S. Carolina 1: 406. 1817.
Sin.: *Juncus tenuis* var. *dichotomus* (Elliott) Alph. Wood
Ref.: Foster (1958), Adolfo María (1966), Balslev (1996), Schulenberg & Awbrey (1997), Serrano & Terán (1998 [2000]), Kirschner (2002b).
Hierba. Nativa. Andes. Yungas, Valles Secos, 1500–3000 m.
Dept.: CH, CO, SC, TA.
Muestra: *E. Bastian 162* (AAU, LPB).

Juncus ebracteatus E. Mey., Syn. Junc. 28. 1822.
Sin.: *Juncus brunneus* Buchenau
Ref.: Foster (1958), Balslev (1996), Kirschner (2002b).
Hierba. Nativa. Andes, Altiplano. Valles Secos, Puna Húmeda, 3000–4000 m.
Dept.: CO, LP, PO, TA.
Muestra: *S. Cocarico 868* (LPB).

Juncus effusus L., Sp. Pl. 1: 326. 1753.
Ref.: Balslev (1996), Kirschner (2002c).
Hierba. Nativa. Andes. Yungas, Bosque Tucumano-Boliviano, 1000–2500, 3000–3500 m.
Dept.: CO, LP, SC, TA.
Muestra: *J.C. Solomon 9472* (LPB, MO).
Infra: *Juncus effusus* subsp. *effusus*

Juncus imbricatus Laharpe, Essai Monogr. Jonc. 61. 1825.
Sin.: *Juncus chamissonis* Kunth, *Juncus imbricatus* var. *chamissonis* (Kunth) Buchenau
Ref.: Foster (1958), Balslev (1996), Serrano & Terán (1998 [2000]), Kirschner (2002c).
Hierba. Nativa. Andes. Yungas, Valles Secos, 2000–3500 m.
Dept.: CH, CO, LP, TA.
Muestra: *H. Balslev 1098* (LPB, NY).
Nom. Vern.: Duro-durillo.

Juncus micranthus Schrad. ex E. Mey., Syn. Luzul. 31. 1823.
Ref.: Balslev (1996), Kirschner (2002b).
Hierba. Nativa. Zonas Bajas, Andes. Campos Cerrados, Valles Secos, 0–500, 1500–2000 m.
Dept.: SC.
Muestra: *J.R.I. Wood 22760* (K, LPB, USZ).

Juncus microcephalus Kunth, Nov. Gen. Sp. (quarto ed.) 1: 237. 1815 [1816].
Sin.: *Juncus floribundus* Kunth, *Juncus microcephalus* var. *floribundus* (Kunth) Kunth, *Juncus involucratus* Steud. ex Buchenau
Ref.: Foster (1958), Balslev (1996), Serrano & Terán (1998 [2000]), Kirschner (2002b).
Hierba. Nativa. Andes. Yungas, Bosque Tucumano-Boliviano, Valles Secos, 500–1000, 1500–3500 m.
Dept.: CH, CO, LP, SC, TA.
Muestra: *L. Cayola et al. 1822* (AAU, BOLV, LPB, MO, USZ).
Nom. Vern.: Totorilla.

Juncus pallescens Lam., Encycl. 3: 268. 1789.
Sin.: *Juncus dombeyanus* J. Gay ex Laharpe, *Juncus fuscocapitatus* Balslev
Ref.: Adolfo María (1966), Balslev (1996), Kirschner (2002b).
Hierba. Nativa. Andes, Altiplano. Yungas, Valles Secos, Puna Húmeda, 1500–2000, 2500–4000 m.
Dept.: CH, CO, LP, PO, TA.
Muestra: *S.G. Beck 3897* (LPB, NY).

Juncus stipulatus Nees & Meyen, Reise Erde 4: 126–127. 1843.
Sin.: *Juncus chilensis* Gay, *Juncus depauperatus* Phil., *Juncus mandonii* Buchenau
Ref.: Foster (1958), Lourteig (1968), Balslev (1996), Kirschner (2002b).
Hierba. Nativa. Andes, Altiplano. Valles Secos, Puna Húmeda, 3500–4500 m.
Dept.: LP, OR, TA.
Muestra: *H. Balslev 1152* (LPB, NY).
Infra: *Juncus stipulatus* var. *stipulatus*, *Juncus stipulatus* var. *chilensis* (Gay) Kirschner

Juncus subulitepalus Balslev, Fl. Neotrop. 68: 136, f. 68. 1996.
Ref.: Balslev (1996).
Hierba. Nativa. Andes. Yungas, 2500–3500 m.
Dept.: LP.
Muestra: *G. Mandon 1438* p.p. (MO, NY).
Nota: Conocido en Bolivia solamente por las colecciones de Mandon.

[Juncus tenuis Willd.], Sp. Pl. (ed. 4) 2(1): 214. 1799.
Ref.: Foster (1958), Adolfo María (1966), Balslev (1996), Schulenberg & Awbrey (1997), Serrano & Terán (1998 [2000]), Kirschner (2002c).
Nota: El registro se basa en material mal identificado. El concepto ha cambiado y actualmente se usa *J. dichotomus*.

Juncus uruguensis Griseb., Symb. Fl. Argent. 317. 1879.
Ref.: Balslev (1996), Kirschner (2002c).
Hierba. Nativa. Andes. Valles Secos, 3000–3500 m.
Dept.: CO.
Muestra: *I. Hensen 1957* (LPB).

Luzula DC., Fl. Franç. (ed. 3) 3: 158. 1805.
6 especies, 0 especies endémicas.

Luzula ecuadoriensis Balslev, Fl. Ecuador 11: 11. 1979.
Hierba. Nativa. Andes, Altiplano. Páramo Yungueño, Puna Húmeda, 3500–4500 m.
Dept.: LP.
Muestra: *A.F. Fuentes C. 12564* (AAU, LPB, MO).

Luzula excelsa Buchenau, Abh. Naturwiss. Vereine Bremen 4: 126. 1874.
Sin.: *Luzula hieronymi* Buchenau & Griseb., *Juncodes excelsum* (Buchenau) Kuntze
Ref.: Foster (1958), Adolfo María (1966), Balslev (1996), Schulenberg & Awbrey (1997), Serrano & Terán (1998 [2000]), Kirschner (2002a).
Hierba. Nativa. Andes. Yungas, Bosque Tucumano-Boliviano, 2500–4000 m.
Dept.: CH, CO, LP, TA.
Tipo y muestra: *G. Mandon 1449* (ILT: BM, BR, F, G, GH, K, P, PR, S, US), *S.G. Beck 1130* (AAU, LPB, NY).

Luzula gigantea Desv., J. Bot. (Paris) 1: 145. 1808.
Sin.: *Juncodes giganteum* (Desv.) Sheldon
Ref.: Foster (1958), Balslev (1996), Kirschner (2002a).
Hierba. Nativa. Andes. Yungas, Páramo Yungueño, 3000–3500 m.
Dept.: CO, LP.
Muestra: *R.F. Steinbach 611* (F, GH, LPB, MO, NY, S, U, UMO, US, WIS).

Luzula peruviana Desv., J. Bot. (Paris) 1: 160. 1808.
Sin.: *Luzula boliviensis* Buchenau, *Juncoides peruviana* (Desv.) Kuntze
Ref.: Kirschner (2002a).
Hierba. Nativa. Altiplano. Puna Húmeda, 4500–5000 m.
Dept.: LP.
Muestra: *J.S. Brandbyge 582* (LPB, MO).

Luzula racemosa Desv., J. Bot. (Paris) 1: 162, t. 6, f. 3. 1808.
Sin.: *Luzula humilis* Buchenau, *Luzula macusaniensis* Steud. ex Buchenau, *Luzula racemosa* fo. *humilis* (Buchenau) Buchenau
Ref.: Barros (1953), Foster (1958), Balslev (1996), Saravia Miranda (1996), Kirschner (2002a).
Hierba. Nativa. Andes, Altiplano. Yungas, Valles Secos, Puna Húmeda, Puna Seca, 3500–5000 m.
Dept.: CO, LP, OR, TA.
Muestra: *H. Balslev & S.G. Beck 1142* (AAU, LPB, MO, NY).
Infra: *Luzula racemosa* var. *racemosa*

Luzula vulcanica Liebm., Mexic. Juncac. 44. 1850.
Ref.: Balslev (1996), Kirschner (2002a).
Hierba. Nativa. Altiplano. Puna Húmeda, 4500–5000 m.
Dept.: LP.
Muestra: *H. Balslev 1148A* (AAU, LPB, NY).

Oxychloe Phil., Fl. Atacam. 52. 1860.
1 especie, 0 especies endémicas.

Oxychloe andina Phil., Reise Atacama 52, t. 6c. 1860.
Sin.: *Distichia macrocarpa* Wedd. ex Buchenau, *Distichia andina* (Phil.) Benth. & Hook. f.
Ref.: Foster (1958), Balslev (1996), Kirschner (2002a), Ruthsatz (2012), Ministerio de Medio Ambiente y Agua (2012 [2013]).
Hierba. Nativa. Altiplano. Puna Húmeda, Puna Seca, 4000–5000 m.
Dept.: CO, LP, OR, PO.
Muestra: *H. Balslev 1147* (AAU, C, LPB, NY).

Patosia Buchenau, Bot. Jahrb. Syst. 12: 63. 1890.
1 especie, 0 especies endémicas.

Patosia clandestina (Phil.) Buchenau, Bot. Jahrb. Syst. 12: 64. 1890.
Sin.: *Rostkovia clandestina* Phil., *Distichia clandestina* (Phil.) Buchenau, *Oxychloe clandestina* (Phil.) Hauman
Ref.: Balslev (1996), Kirschner (2002a), Ruthsatz (2012), Ministerio de Medio Ambiente y Agua (2012 [2013]).
Hierba. Nativa. Altiplano. Puna Húmeda, Puna Seca, 4000–4500 m.
Dept.: CO, LP, OR, PO.
Muestra: *H. Balslev & S.G. Beck 1085* (AAU, LPB, NY, UMO).

JUNCAGINACEAE Rich., Démonstr. Bot. 9. 1808.

Por N. Ritter (CSU, Stanislaus Endangered Species Recovery Program); revisado por S.G. Beck (LPB), M. Nee (NY), P.M. Jørgensen (MO).
1 género, 5 especies, 0 especies endémicas.

Triglochin L., Sp. Pl. 1: 338–339. 1753.
5 especies, 0 especies endémicas.

Triglochin concinna Burtt Davy, Erythea 3(7): 117–118. 1895.
Sin.: *Triglochin maritima* var. *deserticola* Buch., *Triglochin concinna* var. *deserticola* (Phil.) J.T. Howell
Ref.: Mason (1957), Foster (1958), Correa (1969c).
Hierba. Nativa. Altiplano. Puna Seca, 3000–3500, 4000–4500 m.
Dept.: LP, OR, TA.
Muestra: *S.G. Beck 19888* (LPB).

Triglochin maritima L., Sp. Pl. 1: 339. 1753.
Ref.: Mason (1957).
Hierba. Nativa. Andes, Altiplano. Puna Húmeda, Puna Seca, 3000–4500 m.
Dept.: LP, OR, PO.
Muestra: *R. Lara 1877* (LPB).

Triglochin palustris L., Sp. Pl. 1: 338–339. 1753.
Ref.: Correa (1969c), Molina et al. (2007).
Hierba. Nativa. Altiplano. Puna Seca, 3500–4000 m.
Dept.: PO.
Muestra: *J.R.I. Wood 9026* (K, LPB).

Triglochin scilloides (Poir.) Mering & Kadereit, Diversity, Phylogeny, Evolution Monocot. 73. 2010.
Sin.: *Phalangium scilloides* Poir., *Lilaea subulata* Bonpl., *Lilaea scilloides* (Poir.) Hauman
Ref.: Foster (1958), Correa (1969c), Jiménez (1984), Estenssoro Cernadas (1991), de Lucca & Zalles A. (1992), Ritter (2000), Von Mering & Kadereit (2010).
Hierba, acuática. Nativa. Altiplano. Puna Húmeda, Puna Seca, 3500–5000 m.
Dept.: CO, LP, TA.
Muestra: *S.G. Beck 22002* (BOLV, LPB, M, MO, SI).
Nota: Probablemente también ocurre en OR y PO.
Nom. Vern.: Lirio de Salomón, Nachaya (Aymara).

Triglochin striata Ruiz & Pav., Fl. Peruv. 3: 72. 1802.
Ref.: Mason (1957), Correa (1969c).
Hierba. Nativa. Altiplano. Puna Húmeda, 3500–4000 m.
Dept.: LP.
Muestra: *W.J. Eyerdam & Beetle 22187* (GH).

KOEBERLINIACEAE Engl., Nat. Pflanzenfam. 3(6): 319. 1895.

Por J.C. Penagos Z. (MO); revisado por M. Nee (NY), S.G. Beck (LPB), P.M. Jørgensen (MO).
1 género, 1 especie, 1 especie endémica.

Koeberlinia Zucc., Abh. Math.-Phys. Cl. Königl. Bayer. Akad. Wiss. 1: 358. 1832.
1 especie, 1 especie endémica.

Koeberlinia holacantha W.C. Holmes, K. L. Yip & Rushing, Brittonia 60(2): 173–175, f. 1A, mapa, 2A, 3. 2008.
Ref.: Holmes (2008).
Arbusto. Endémica. Andes. Valles Secos, 1500–2000 m.
Dept.: SC.
Tipo y muestra: *M.H. Nee 46558* (HT: NY; IT: MEXU, MO, SI, TEX, USZ, WIS), *F.L. Balcázar J. 71* (LPB, MO, USZ).

[Koeberlinia spinosa Zucc.], Abh. Math.-Phys. Cl. Königl. Bayer. Akad. Wiss. 1: 359. 1832.
Ref.: Foster (1958), Michel (1993b), Nee (2008).
Nota: El registro se basa en material mal identificado de *K. holacantha.*

KRAMERIACEAE Dumort., Anal. Fam. Pl. 20, 23. 1829.

Por B.B. Simpson (TEX) y M. Atahuachi (BOLV); revisado por S.G. Beck (LPB), M. Nee (NY), P.M. Jørgensen (MO).
1 género, 2 especies, 0 especies endémicas.

Krameria Loefl., Iter Hispan. 176, 195–196, 231. 1758.
2 especies, 0 especies endémicas.

Krameria lappacea (Dombey) Burdet & B.B. Simpson, Candollea 38: 696. 1983.
Sin.: *Landia lappacea* Dombey,

Krameria pentapetala Ruiz & Pav., *Krameria triandra* Ruiz & Pav., *Krameria linearis* Poir., *Krameria canescens* Willd. ex Schult., *Krameria iluca* F. Phil., *Krameria triandra* var. *humboldtiana* Chodat
Ref.: Foster (1958), Simpson (1989), Saravia Miranda (1996), López (2000), Simpson et al. (2004a).
Arbusto. Nativa. Andes, Altiplano. Páramo Yungueño, Valles Secos, Puna Húmeda, 500–4000 m.
Dept.: CO, LP, PO, SC.
Muestra: *M. Bang 119* (G, GH, K, MO, NY, US).
Nom. Vern.: Mapato, pacha-lloqque, pumacuchu, ratania.

Krameria tomentosa A. St.-Hil., Ann. Soc. Sci. Orleáns 9: 18. 1828.
Sin.: *Krameria ovata* O. Berg, *Krameria tomentosa* var. *elliptica* Huber
Ref.: Simpson (1989), Simpson et al. (2004a).
Arbusto. Nativa. Zonas Bajas. Bosque Seco Chaqueño, 0–500 m.
Dept.: SC.
Muestra: *A. Krapovickas & A. Schinini 36584* (MICH, MO, NY).

LACISTEMATACEAE Mart., Nov. Gen. Sp. Pl. 1: 154, 158. 1826.

Por M. Moraes R. (LPB); revisado por S.G. Beck (LPB), M. Nee (NY), P.M. Jørgensen (MO).
2 géneros, 4 especies, 0 especies endémicas.

Lacistema Sw., Prodr. 1, 12. 1788.
4 especies, 0 especies endémicas.

Lacistema aggregatum (P.J. Bergius) Rusby, Bull. New York Bot. Gard. 4(14): 447. 1907.
Sin.: *Piper aggregatum* P.J. Bergius, *Lacistema myricoides* Sw., *Nematospermum laevigatum* Rich., *Synzyganthera purpurea* Ruiz & Pav., *Piper fasciculare* Rudge, *Didymandra purpurea* (Ruiz & Pav.) Willd., *Lacistema floribundum* Miq., *Lacistema angustum* Schnizl., *Lacistema elongatum* Schnizl., *Lacistema recurvum* Schnizl., *Lacistema coriaceum* A. DC., *Lacistema myricoides* var. *stipitatum* A. DC., *Lacistema poeppigii* A. DC., *Lacistema purpureum* (Ruiz & Pav.) A. DC., *Lacistema bolivianum* Gand., *Lacistema curtum* J.F. Macbr., *Lacistema rosidiscum* J.F. Macbr., *Lacistema orinocense* Baehni, *Lacistema weberbaueri* Baehni, *Lacistema aggregatum* var. *elongatum* Maguire, *Lacistema occidentale* Cuatrec., *Lacistema pacificum* Cuatrec.
Ref.: Foster (1958), Sleumer (1980a), Parker & Bailey (1991), Moraes R. (1993d), Alverson et al. (2000).
Arbusto, árbol. Nativa. Zonas Bajas, Andes. Bosque Húmedo, Yungas, 0–1500 m.
Dept.: BE, CO, LP, PA, SC.
Muestra: *A.F. Fuentes C. et al. 5603* (LPB, MO, NY).

[Lacistema hasslerianum Chodat], Bull. Herb. Boissier, sér. 2, 3: 394. 1903.
Ref.: Foster (1958).
Nota: El registro se basa en material mal identificado.

Lacistema macbridei Baehni, Candollea 8: 42. 1940.
Ref.: Sleumer (1980a).
Arbusto. Nativa. Zonas Bajas. Bosque Húmedo, 0–500 m.
Dept.: LP.
Muestra: *A.H. Gentry et al. 70218* (LPB, MO).

Lacistema nena J.F. Macbr., Candollea 5: 392. 1934.
Ref.: Moraes R. (1993d).
Arbusto. Nativa. Zonas Bajas. Bosque Húmedo, Campos Cerrados, 0–500 m.
Dept.: BE, LP, PA, SC.
Muestra: *B. Mostacedo et al. 931* (LPB, MO, USZ).

Lacistema polystachyum Schnizl., Fl. Bras. 4(1): 284, pl. 78, f. 1. 1857.
Arbusto. Nativa. Zonas Bajas. Bosque Húmedo, 500–1000 m.
Dept.: CO, SC.
Muestra: *A. Rodríguez & J. Surubí 599* (MO, USZ).

Lozania Mutis, Sem. Nuev. Granad. 1810(3a): 20. 1810.
0 especies, 0 especies endémicas.

[Lozania mutisiana Schult.], Mant. 2(Add. 1): 75. 1824.
Ref.: Sleumer (1980a), Moraes R. (1993d).
Nota: El registro se basa en material mal identificado.

LAMIACEAE Martinov, Tekhno-Bot. Slovar. 355. 1820.

Por R. Harley (K), J.R.I. Wood (OXF, K), M. Mercado U. (BOLV) [*Cantinoa*, *Clinopodium*, *Condea*, *Cyanocephalus*, *Eriope*, *Gymneia*, *Hedeoma*, *Hyptis*, *Hyptidendron*, *Hypenia*, *Lamium*, *Lavandula*, *Leonotis*, *Lepechinia*, *Plectranthus*, *Marrubium*, *Marsypianthes*, *Medusantha*, *Mesosphaerum*, *Prunella*, *Mentha*, *Minthostachys*, *Nepeta*, *Ocimum*, *Oocephalus*, *Origanum*, *Rosmarinus*, *Salvia*, *Stachys*, *Teucrium*, *Thymus*] y R. Liesner (MO) [*Aegiphila*, *Baillonia*, *Callicarpa*, *Clerodendrum*, *Cornutia*, *Gmelina*, *Holmskioldia*, *Vitex*]; revisado por M. Nee (NY), S.G. Beck (LPB), P.M. Jørgensen (MO).
44 géneros, 194 especies, 34 especies endémicas.

Aegiphila Jacq., Observ. Bot. 2: 3. 1767.
26 especies, 6 especies endémicas.

Aegiphila boliviana Moldenke, Repert. Spec. Nov. Regni Veg. 33: 114. 1933.
Sin.: *Pseudaegiphila breviflora* Rusby, *Aegiphila breviflora* (Rusby) Moldenke
Ref.: Foster (1958), Menacho Viruez (1993), Killeen & Schulenberg (1998), Arrázola Rivero et al. (2000).
Liana, arbusto. Nativa. Zonas Bajas. Bosque Húmedo, 0–500 m.
Dept.: BE, CO, PA, SC.
Tipo y muestra: *J. Steinbach 5066* (HT: F), *A. Jardim 2524* (BOLV, MO, USZ).
Nom. Vern.: Nishiraoxó.

Aegiphila bracteolosa Moldenke, Repert. Spec. Nov. Regni Veg. 33: 115. 1933.
Ref.: Moldenke (1934).
Arbusto. Nativa. Zonas Bajas. Bosque Semideciduo Chiquitano, 500–1000 m.
Dept.: BE, SC.
Muestra: *M.H. Nee 40438* (LPB, MO, NY).

Aegiphila buchtienii Moldenke, Repert. Spec. Nov. Regni Veg. 33: 116. 1933.
Ref.: Moldenke (1934), Foster (1958), Menacho Viruez (1993).
Arbusto, arbolito. Endémica. Zonas Bajas. Bosque Húmedo, 0–1000 m.
Dept.: LP.
Tipo y muestra: *O. Buchtien 1717* (HT: US; IT: B, SI, W), *R. Seidel & A. Hirschle 2608* (LPB).

[Aegiphila cordata Poepp. ex Schauer], Prodr. 11: 650. 1847.
Ref.: Parker & Bailey (1991).
Nota: El registro se basa en material mal identificado.

Aegiphila cuneata Moldenke, Brittonia 1(3): 185–186. 1932.
Ref.: Parker & Bailey (1991).
Árbol. Nativa. Zonas Bajas. Bosque Húmedo, 500–1000 m.
Dept.: LP.
Muestra: *M.R. Orellana & A. Sanjinés 1195* (LPB).

[Aegiphila elata Sw.], Prodr. 31. 1788.
Ref.: Moldenke (1934).
Nota: El registro se basa en material mal identificado de probablemente *A. herzogii*.

Aegiphila elegans Moldenke, Brittonia 1(3): 186. 1932.
Ref.: Foster (1958).
Árbol. Nativa. Zonas Bajas. Bosque Húmedo, 0–500 m.
Muestra: *S.P. Churchill & L. Arroyo P. 21571* (MO, USZ).

Aegiphila elongata Moldenke, Repert. Spec. Nov. Regni Veg. 33: 121. 1933.
Ref.: Moldenke (1934), Foster (1958).
Arbusto. Endémica. Zonas Bajas. Bosque Húmedo, 500–1000 m.
Dept.: LP.
Tipo: *O. Buchtien 1645* (HT: US; IT: B, W).
Nota: Conocido solamente del tipo.

Aegiphila filipes Mart. & Schauer, Prodr. 11: 652. 1847.
Sin.: *Aegiphila oblongifolia* Rusby
Ref.: Foster (1958), Menacho Viruez (1993).
Arbusto. Nativa. Zonas Bajas. Bosque Húmedo, 0–500 m.
Dept.: BE.
Muestra: *H.H. Rusby 2472* (NY).

Aegiphila grandiflora Hook., Bot. Mag. 72: t. 4230. 1846.
Liana. Nativa. Zonas Bajas. Bosque Húmedo, 0–500 m.
Dept.: LP.
Muestra: *N.Y. Paniagua et al. 873* (F, K, LPB, M, MBM, MO, SI).
Nota: Identificación tentativa.

Aegiphila herzogii Moldenke, Repert. Spec. Nov. Regni Veg. 33: 126. 1933.
Ref.: Moldenke (1934), Foster (1958).
Arbusto. Endémica. Zonas Bajas, Andes. Bosque Húmedo, Bosque Semideciduo Chiquitano, Sabanas Benianas del Sur, Yungas, 0–1500 m.
Dept.: BE, LP, SC.
Tipo y muestra: *T. Herzog 1369* (HT: G; IT: M, NY, S), *M.H. Nee 46736* (MO, NY).

Aegiphila hirsuta Moldenke, Repert. Spec. Nov. Regni Veg. 33: 127. 1933.
Ref.: Moldenke (1934), Foster (1958).
Arbusto. Endémica. Zonas Bajas. Bosque Húmedo, 500–1000 m.
Dept.: LP.
Tipo: *O. Buchtien 1715* (HT: US; IT: B, W).
Nota: Conocido solamente del tipo.

Aegiphila insignis Moldenke, Brittonia 1(3): 188. 1932.
Arbusto. Nativa. Zonas Bajas. Bosque Húmedo, 0–500 m.
Dept.: SC.
Muestra: *M.H. Nee 48540* (MO, NY, USZ).

Aegiphila integrifolia (Jacq.) B.D. Jacks., Index Kew. 1: 46. 1895 [1893].
Sin.: *Callicarpa integrifolia* Jacq.
Ref.: Moldenke (1934), Foster (1958), Troncoso (1974), Parker & Bailey (1991), Menacho Viruez (1993), Killeen & Schulenberg (1998).
Arbusto, arbolito, árbol. Nativa. Zonas Bajas, Andes. Bosque Húmedo, Bosque Semideciduo Chiquitano, Campos Cerrados, Sabanas Benianas del Sur, Yungas, 0–2500 m.
Dept.: BE, CO, LP, SC.
Muestra: *R. Guillén V. & R. Choré 3587* (MO, USZ).

Aegiphila mollis Kunth, Nov. Gen. Sp. (quarto ed.) 2(6): t. 130. 1817.
Ref.: Moldenke (1934), Foster (1958).
Arbusto, arbolito. Nativa. Zonas Bajas. Bosque Húmedo, 500–1000 m.
Dept.: SC.
Muestra: *R.N. Ledezma 984* (K, MO, USZ).

Aegiphila multiflora Ruiz & Pav., Fl. Peruv. 1: 50, t. 76. 1798.
Sin.: *Clerodendrum bolivianum* Britton ex Rusby
Ref.: Moldenke (1934), Foster (1958), Menacho Viruez (1993).
Arbusto, arbolito, árbol. Nativa. Andes, Altiplano. Yungas, Páramo Yungueño, Bosque de *Polylepis*, 2500–4000 m.
Dept.: CO, LP, SC.
Muestra: *C. Davidson 4929* (MO).

[Aegiphila ovata Moldenke], Brittonia 1(3): 189–190. 1932.
Ref.: Foster (1958).
Nota: El registro se basa en material mal identificado.

Aegiphila peruviana Turcz., Bull. Soc. Imp. Naturalistes Moscou 36(2): 219. 1863.
Ref.: Moldenke (1934), Foster (1958).
Trepadora, arbusto. Nativa. Zonas Bajas. Bosque Húmedo, 0–500 m.
Dept.: BE, PA.
Muestra: *F.J. Fernández Casas & A. Susanna 8130* (LPB, MO).
Nom. Vern.: Nishiraoxo.

[Aegiphila punctata Turcz.], Bull. Soc. Imp. Naturalistes Moscou 36(2): 219. 1863.
Ref.: Adolfo María (1966).
Nota: El registro se basa en material mal identificado.

Aegiphila quinduensis (Kunth) Moldenke, Repert. Spec. Nov. Regni Veg. 33: 138. 1933.
Sin.: *Petitia quinduensis* Kunth
Arbusto. Nativa. Andes. Yungas, 1000–1500 m.
Dept.: CO.
Muestra: *D. Villarroel 1474* (K, MO, USZ).
Nota: Identificación tentativa.

Aegiphila saltensis Legname, Lilloa 33(19): 329, f. 1–2. 1973.
Ref.: Menacho Viruez (1993), Schulenberg & Awbrey (1997), Serrano & Terán (1998 [2000]).
Arbusto, arbolito, árbol. Nativa. Zonas Bajas, Andes. Bosque Tucumano-Boliviano, Bosque Serrano Chaqueño, 1000–2000 m.
Dept.: CH, TA.
Muestra: *J.C. Solomon 10116* (BOLV, LPB, MO).

Aegiphila setiformis Rusby, Mem. Torrey Bot. Club 4(3): 245. 1895.
Sin.: *Aegiphila densiflora* Rusby
Ref.: Moldenke (1934), Foster (1958).
Arbusto. Endémica. Andes. Yungas, 2000–2500 m.
Dept.: LP.
Tipo y muestra: *M. Bang 878a* (HT: NY; IT: B, BM, C, F, G, GH, K, NY, US, V, W), *M. Bang 1732* (A, C, F, G, GH, L, MO, NY, US, W).

Aegiphila sordida Moldenke, Brittonia 1(3): 192–193. 1932.
Arbusto, arbolito, árbol. Nativa. Zonas Bajas, Andes. Bosque Semideciduo Chiquitano, Bosque Seco Chaqueño, Bosque Serrano Chaqueño, 0–1500 m.
Dept.: LP, SC.
Muestra: *G. Navarro & I.G. Vargas 383* (BOLV, MO, USZ).

Aegiphila spicata (Rusby) Moldenke, Repert. Spec. Nov. Regni Veg. 33: 139. 1933.
Sin.: *Citharexylum spicatum* Rusby
Ref.: Moldenke (1934), Foster (1958).
Liana. Nativa. Andes. Yungas, 1500–2000 m.
Dept.: LP.
Tipo y muestra: *H.H. Rusby 2701* (T: NY), *A.F. Fuentes C. et al. 4728* (LPB, MO).

Aegiphila steinbachii Moldenke, Phytologia 2: 9. 1941.
Ref.: Foster (1958), Menacho Viruez (1993).
Arbusto, arbolito, árbol. Endémica. Zonas Bajas, Andes. Bosque Semideciduo Chiquitano, Bosque Tucumano-Boliviano, Bosque Serrano Chaqueño, 0–500 m.
Dept.: SC.
Tipo y muestra: *J. Steinbach 3168* (HT: NY; IT: B, F, LPB), *M.H. Nee 38478* (MO, NY).

Aegiphila triflora Moldenke, Repert. Spec. Nov. Regni Veg. 37: 212. 1934.
Sin.: *Clerodendrum tessmannii* Moldenke
Arbusto, arbolito. Nativa. Zonas Bajas. Bosque Húmedo, 0–500 m.
Dept.: LP.
Muestra: *S. DeWalt 871* (LPB, MO).

Aegiphila ulei (Hayek) B. Walln., Linzer Biol. Beitr. 28(2): 1053. 1996.
Sin.: *Clerodendrum ulei* Hayek, *Aegiphila haughtii* Moldenke
Ref.: Parker & Bailey (1991).
Arbusto, arbolito, árbol. Nativa. Zonas Bajas. Bosque Húmedo, 0–1000 m.
Dept.: LP.
Muestra: *A.F. Fuentes C. et al. 4465* (BOLV, CTES, F, HSB, K, LPB, MA, MO, USZ).

Aegiphila verticillata Vell., Fl. Flumin. 1: 37, t. 91. 1825 [1829].
Sin.: *Aegiphila lhotskiana* Cham., *Aegiphila sellowiana* Cham., *Aegiphila crenata* Moldenke
Ref.: Moldenke (1934), Foster (1958), Killeen & Schulenberg (1998), Harley (2008), Wood et al. (2011).
Arbusto, arbolito, árbol. Nativa. Zonas Bajas. Bosque Húmedo, Bosque Semideciduo Chiquitano, 0–500 m.
Dept.: BE, SC.
Muestra: *M. Saldias et al. 3816* (MO, USZ).

Aegiphila vitelliniflora Klotzsch ex Walp., Repert. Bot. Syst. 4: 123. 1845.
Sin.: *Aegiphila elata* Cham., *Distigma vitelliniflorum* Klotzsch ex Walp., *Aegiphila cuspidata* Mart. ex Schauer, *Aegiphila cuspidata* var. *parviflora* Schauer, *Aegiphila aequinoctialis* Mart., *Aegiphila cuspidata* var. *grandiflora* Schauer, *Aegiphila chrysantha* Hayek
Ref.: Moldenke (1934), Foster (1958), Harley (2008).
Liana, arbusto. Nativa. Zonas Bajas. Bosque Húmedo, Bosque Semideciduo Chiquitano, 0–500 m.
Dept.: BE, SC.
Muestra: *J.C. Solomon 7615* (LPB, MO).

Aegiphila volubilis Moldenke, Phytologia 56(3): 144. 1984.
Liana. Nativa. Zonas Bajas. Bosque Húmedo, 0–500 m.
Dept.: CO.
Muestra: *O. Colque & L. Mendoza 460* (MO, USZ).
Nota: Tipo no visto, identificación tentativa.

Ajuga L., Sp. Pl. 2: 561. 1753.
1 especie, 0 especies endémicas.

Ajuga reptans L., Sp. Pl. 2: 561. 1753.
Hierba. Cultivada. Andes. Valles Secos, 3000–3500 m.
Dept.: LP.
Muestra: *M.C. Rojas 7* (LPB, USZ).

Amasonia L. f., Suppl. Pl. 48, 294. 1781 [1782].
1 especie, 0 especies endémicas.

Amasonia hirta Benth., Ann. Nat. Hist. 2: 451. 1839.
Sin.: *Taligalea hirta* (Benth.) Kuntze
Ref.: Killeen & Schulenberg (1998), Wood et al. (2011).
Hierba. Nativa. Zonas Bajas. Bosque Semideciduo Chiquitano, Campos Cerrados, 0–1000 m.
Dept.: SC.
Muestra: *A. Jardim et al. 557* (MO, USZ).

Baillonia Bocq., Adansonia 2: 251. 1862.
1 especie, 0 especies endémicas.

Baillonia amabilis Bocq., Adansonia 2: 252, t. 7. 1862.
Sin.: *Baillonia amabilis* var. *longifolia* Kuntze
Ref.: Foster (1958).
Arbusto. Nativa. Zonas Bajas. Bosque Semideciduo Chiquitano, Bosque Seco Chaqueño, 0–500 m.
Dept.: SC.
Muestra: *S.G. Beck 27956* (CTES, LPB).

Callicarpa L., Sp. Pl. 1: 111. 1753.
1 especie, 0 especies endémicas.

Callicarpa acuminata Kunth, Nov. Gen. Sp. (quarto ed.) 2: 252. 1817 [1818].
Sin.: *Callicarpa minutiflora* Rusby
Ref.: Foster (1958), Menacho Viruez (1993).
Arbusto, arbolito. Nativa. Zonas Bajas. Bosque Semideciduo Chiquitano, 0–500 m.
Dept.: BE, LP.
Muestra: *A.F. Fuentes C. 4398* (LPB, MO).

Cantinoa Harley & J.F.B. Pastore, Phytotaxa 58: 8–9. 2012.
4 especies, 0 especies endémicas.

Cantinoa americana (Aubl.) Harley & J.F.B. Pastore, Phytotaxa 58: 9. 2012.
Sin.: *Nepeta americana* Aubl., *Hyptis spicigera* Lam.
Ref.: Epling (1949), Foster (1958), Killeen & Schulenberg (1998).
Hierba. Nativa. Zonas Bajas. Bosque Húmedo, Bosque Semideciduo Chiquitano, Sabanas Benianas del Sur, 0–500 m.
Dept.: BE, CO, SC.
Muestra: *J.C. Solomon 16705* (LPB, MO).

Cantinoa carpinifolia (Benth.) Harley & J.F.B. Pastore, Phytotaxa 58: 9. 2012.
Sin.: *Hyptis carpinifolia* Benth.
Ref.: Epling (1949), Parker & Bailey (1991), Killeen & Schulenberg (1998), Wood et al. (2011).
Hierba, subarbusto. Nativa. Zonas Bajas. Campos Cerrados, Sabanas Benianas del Norte, Sabanas Benianas del Sur, Campos Amazónicos, 0–1000 m.
Dept.: BE, LP, SC.
Muestra: *J.R.I. Wood et al. 18167* (K, LPB, USZ).

Cantinoa duplicatodentata (Pohl ex Benth.) Harley & J.F.B. Pastore, Phytotaxa 58: 10. 2012.
Sin.: *Hyptis duplicatodentata* Pohl ex Benth.
Ref.: Epling (1949), Foster (1958), Michel (1993c), Harley (1999).
Hierba, arbusto, arbolito. Nativa. Zonas Bajas. Campos Cerrados, Sabanas Benianas del Norte, 0–1000 m.
Dept.: BE, LP, SC.
Muestra: *J.R.I. Wood 16506* (K, LPB).

Cantinoa mutabilis (Rich.) Harley & J.F.B. Pastore, Phytotaxa 58: 10. 2012.
Sin.: *Nepeta mutabilis* Rich., *Hyptis spicata* Poit., *Mesosphaerum mutabile*

(Rich.) Kuntze, *Mesosphaerum yungasense* Britton ex Rusby, *Hyptis mutabilis* (Rich.) Briq., *Hyptis canaminensis* Rusby
Ref.: Epling (1949), Foster (1958), De la Barra (1997), Schulenberg & Awbrey (1997), Serrano & Terán (1998 [2000]).
Hierba. Nativa. Zonas Bajas, Andes. Bosque Húmedo, Sabanas Benianas del Sur, Yungas, Bosque Tucumano-Boliviano, Bosque Serrano Chaqueño, Valles Secos, 0–2500 m.
Dept.: BE, CH, CO, LP, SC, TA.
Muestra: *J.R.I. Wood 16291* (K, LPB).

Clerodendrum L., Sp. Pl. 2: 637. 1753.

4 especies, 0 especies endémicas.

Clerodendrum bungei Steud., Nomencl. Bot. (ed. 2) 1: 382. 1840.
Arbusto. Naturalizada. Andes. Bosque Tucumano-Boliviano, 1000–1500 m.
Dept.: CH.
Muestra: *R. Lozano 1878* (HSB, K, MO).

Clerodendrum chinense (Osbeck) Mabb., Pl.-Book (corr. repr. 1989) 707. 1989.
Sin.: *Cryptanthus chinensis* Osbeck, *Volkameria fragrans* Vent., *Clerodendron fragrans* (Vent.) Willd., *Clerodendrum philippinum* Schauer
Ref.: Foster (1958).
Arbusto. Naturalizada, cultivada. Andes. Yungas, 1500–2500 m.
Dept.: CO, LP.
Muestra: *M.H. Nee 32019* (K, LPB, MO, NY).

Clerodendrum thomasii Moldenke, Revista Sudamer. Bot. 5: 1. 1937.
Liana. Naturalizada, cultivada. Zonas Bajas. Bosque Húmedo, Bosque Semideciduo Chiquitano, 0–500 m.
Dept.: BE, SC.
Muestra: *E. Vallejos 9* (MO).

Clerodendrum umbellatum Poir., Encycl. 5: 166. 1804.
Liana. Cultivada. Zonas Bajas. Bosque Húmedo, 0–500 m.
Dept.: BE.
Muestra: *D.E. Williams 946* (LPB, MO).

Clinopodium L., Sp. Pl. 2: 587–588. 1753.

7 especies, 4 especies endémicas.

Clinopodium axillare (Rusby) Harley, Kew Bull. 55(4): 919. 2000.
Sin.: *Bystropogon axillare* Rusby, *Bystropogon uniflorus* Rusby ex Briq., *Satureja axillaris* (Rusby) Epling
Ref.: Foster (1958), Wood (2011).
Subarbusto. Endémica. Andes. Valles Secos, 2000–3500 m.
Dept.: CH, CO, PO.
Tipo y muestra: *M. Bang 1125* (HT: NY; IT: A, E, F, GH, K, MO-115395, NY, US, US), *J.R.I. Wood 10824* (K, LPB).
Infra: *Clinopodium axillare* subsp. *uniflorum* (Rusby ex Briq.) J.R.I. Wood

Clinopodium bolivianum (Benth.) Kuntze, Revis. Gen. Pl. 2: 515. 1891.
Sin.: *Micromeria boliviana* Benth., *Xenopoma bolivianum* (Benth.) Griseb., *Xenopoma bolivianum* var. *tarijense* Wedd. ex Griseb., *Satureja kuntzeana* Briq., *Satureja boliviana* (Benth.) Briq., *Clinopodium kuntzeanum* (Briq.) Kuntze, *Satureja boliviana* var. *tarijense* (Wedd. ex Griseb.) Epling
Ref.: Foster (1958), López Vargas (1995), Saravia Miranda (1996), Serrano & Terán (1998 [2000]), Wood (2011).
Subarbusto. Nativa. Andes, Altiplano. Valles Secos, Puna Húmeda, 2500–4000 m.
Dept.: CH, CO, LP, SC, TA.
Tipo y muestra: *J.B. Pentland s.n.* (HT: G), *J.C. Solomon 18663* (BOLV, LPB, MO).
Infra: *Clinopodium bolivianum* subsp. *diffusum* J.R.I. Wood, *Clinopodium bolivianum* subsp. *tarijense* (Wedd. ex Griseb.) J.R.I. Wood
Nom. Vern.: Burru muna, cabra muña, chullpa muña.

Clinopodium cochabambense J.R.I. Wood, Kew Bull. 66(2): 210. 2011.
Sin.: *Ceratominthe kuntzeana* Briq.
Ref.: Wood (2011).
Subarbusto. Endémica. Andes. Valles Secos, 3000–4000 m.
Dept.: CO.
Tipo y muestra: *O. Kuntze s.n.* (HT: G; IT: NY), *J.R.I. Wood et al. 20413* (BOLV, K, LPB).

Clinopodium gilliesii (Benth.) Kuntze, Revis. Gen. Pl. 2: 515. 1891.
Sin.: *Micromeria gilliesii* Benth., *Oreosphacus parvifolia* Phil., *Bystropogon minutus* Briq., *Satureja gilliesii* (Benth.) Briq., *Satureja parvifolia* (Phil.) Epling
Ref.: Foster (1958), Adolfo María (1966), López Vargas (1995), Wood (2011).
Subarbusto. Nativa. Andes, Altiplano. Valles Secos, Puna Húmeda, Puna Seca, 3000–4500 m.
Dept.: CO, LP, OR, PO.
Muestra: *J.R.I. Wood 8932* (K, LPB).
Nom. Vern.: Sach'a muña.

[Clinopodium odorum (Griseb.) Harley], Kew Bull. 55(4): 923. 2000.
Sin.: *Xenopoma odorum* Griseb.
Ref.: Foster (1958).
Nota: El registro se basa en material mal identificado de *C. pilosum* y *C. cochabambense*.

Clinopodium pallidum (Epling) Govaerts, World Checkl. Seed Pl. 3(1): 18. 1999.
Sin.: *Satureja pallida* Epling
Ref.: Foster (1958), Wood (2011).
Subarbusto. Endémica. Andes. Yungas, Valles Secos, 2000–3000 m.
Dept.: CO, LP, PO.
Tipo y muestra: *M. Bang 1127* (HT: NY; IT: A, GH, MO-2499253, US), *J.R.I. Wood & D.J. Goyder 15524* (BOLV, K, LPB).

Clinopodium pilosum J.R.I. Wood, Kew Bull. 66(2): 213. 2011.
Ref.: Wood (2011).
Subarbusto. Endémica. Andes. Valles Secos, 2500–3500 m.
Dept.: TA.
Tipo y muestra: *J.R.I. Wood 21385* (HT: K; IT: BOLV, LPB), *E. Bastian 553* (K, LPB, MO).

Clinopodium vanum (Epling) Harley & A. Granda, Kew Bull. 55: 926. 2000.
Sin.: *Satureja simulans* Epling, *Satureja vana* Epling
Ref.: Foster (1958), Wood (2011).
Subarbusto. Nativa. Andes. Páramo Yungueño, 3000–4000 m.
Dept.: LP.
Muestra: *J.R.I. Wood & R.M. Harley 18082* (K, LPB).

Condea Adans., Fam. Pl. 2: 504. 1763.

1 especie, 0 especies endémicas.

Condea tafallae (Benth.) Harley & J.F.B. Pastore, Phytotaxa 58: 17. 2012.
Sin.: *Hyptis tafallae* Benth., *Mesosphaerum grandiflorum* Rusby
Ref.: Epling (1949), Foster (1958), Michel (1993c).
Arbusto. Nativa. Andes. Yungas, Bosque Tucumano-Boliviano, Bosque Serrano Chaqueño, 1000–2000 m.
Dept.: CH, CO, LP, SC.
Muestra: *J.R.I. Wood 12438* (BOLV, K, LPB).
Nom. Vern.: Salan-kachi.

Cornutia L., Sp. Pl. 2: 628. 1753.

1 especie, 0 especies endémicas.

Cornutia pyramidata L., Sp. Pl. 2: 628. 1753.
Árbol. Nativa. Zonas Bajas. Bosque Húmedo, 500–1000 m.
Dept.: BE.
Muestra: *D.N. Smith et al. 14413* (MO).

Cyanocephalus (Pohl ex Benth.) Harley & J.F.B. Pastore, Phytotaxa 58: 17. 2012.
1 especie, 0 especies endémicas.

Cyanocephalus rugosus (Benth.) Harley & J.F.B. Pastore, Phytotaxa 58: 20. 2012.
Sin.: *Hyptis rugosa* Benth., *Hyptis brunnescens* var. *canescens* Briq., *Hyptis rugosa* var. *canescens* (Briq.) Epling
Ref.: Epling (1949), Foster (1958), Wood et al. (2011), Harley & Pastore (2012).
Hierba. Nativa. Zonas Bajas, Andes. Campos Cerrados, Yungas, Bosque Tucumano-Boliviano, Valles Secos, 0–2000 m.
Dept.: CH, LP, SC.
Muestra: *J.R.I. Wood 16292* (K, LPB, USZ).

Eriope Humb. & Bonpl. ex Benth., Labiat. Gen. Spec. 142. 1833.
2 especies, 0 especies endémicas.

Eriope crassipes Benth., Labiat. Gen. Spec. 144. 1833.
Ref.: Harley (1976), Killeen & Schulenberg (1998), Wood et al. (2011).
Hierba, subarbusto. Nativa. Zonas Bajas. Campos Cerrados, Sabanas Benianas del Norte, Campos Amazónicos, 0–1000 m.
Dept.: BE, SC.
Muestra: *J.R.I. Wood 17397* (K, LPB, USZ).

Eriope macrostachya Mart. ex Benth., Labiat. Gen. Spec. 145. 1833.
Ref.: Harley (1976), Wood et al. (2011).
Subarbusto. Nativa. Zonas Bajas. Campos Cerrados, 0–500 m.
Dept.: SC.
Muestra: *J.R.I. Wood & F. Mamani 13438* (K, LPB, USZ).
Infra: *Eriope macrostachya* var. *hypoleuca* Benth.

Gmelina L., Sp. Pl. 2: 626. 1753.
1 especie, 0 especies endémicas.

Gmelina arborea Roxb. ex Sm., Cycl. 16: Gmelina 4. 1810.
Árbol. Cultivada. Zonas Bajas. Bosque Húmedo, Campos Cerrados, 0–500 m.
Dept.: SC.
Muestra: *M.H. Nee 50339* (MO, NY).

Gymneia (Benth.) Harley & J.F.B. Pastore, Phytotaxa 58: 23. 2012.
3 especies, 0 especies endémicas.

Gymneia interrupta (Pohl ex Benth.) Harley & J.F.B. Pastore, Phytotaxa 58: 23. 2012.
Sin.: *Hyptis interrupta* Pohl ex Benth., *Hyptis ovalifolia* Benth.
Ref.: Epling (1949).
Hierba. Nativa. Zonas Bajas. Campos Cerrados, 0–500 m.
Dept.: SC.
Muestra: *B. Mostacedo et al. 1671* (MO, USZ).

Gymneia platanifolia (Mart. ex Benth.) Harley & J.F.B. Pastore, Phytotaxa 58: 23. 2012.
Sin.: *Hyptis platanifolia* Mart. ex Benth.
Ref.: Epling (1949).
Hierba. Nativa. Zonas Bajas. Campos Cerrados, 0–500 m.
Dept.: SC.
Muestra: *J.R.I. Wood 17954* (K, LPB, USZ).

Gymneia virgata (Benth.) Harley & J.F.B. Pastore, Phytotaxa 58: 23. 2012.
Sin.: *Hyptis virgata* Benth., *Hyptis velascana* Briq.
Ref.: Epling (1949), Foster (1958).
Hierba. Nativa. Zonas Bajas. Campos Cerrados, 0–500 m.
Dept.: SC.
Muestra: *O. Kuntze s.n.* (G, NY).
Nota: Conocido en Bolivia solamente por la colección citada.

Hedeoma Pers., Syn. Pl. 2(1): 131. 1807 [1806].
1 especie, 0 especies endémicas.

Hedeoma mandoniana Wedd., Chlor. Andina 2: 148. 1860.
Sin.: *Hedeoma adscendens* Rusby
Ref.: Foster (1958).
Hierba. Nativa. Andes, Altiplano. Yungas, Puna Húmeda, Puna Seca, 3000–4000 m.
Dept.: CO, LP, TA.
Muestra: *E. Fernández T. & E.F. Saravia 199* (BOLV).

Holmskioldia Retz., Observ. Bot. 6: 31–32. 1791.
1 especie, 0 especies endémicas.

Holmskioldia sanguinea Retz., Observ. Bot. 6: 31–32. 1791.
Liana. Cultivada. Zonas Bajas. Bosque Húmedo, 0–500 m.
Dept.: SC.
Muestra: *J.R. Abbott & F. Mamani 16793* (MO).

Hypenia (Mart. ex Benth.) Harley, Bot. J. Linn. Soc. 98(2): 91. 1988.
2 especies, 0 especies endémicas.

Hypenia macrosiphon (Briq.) Harley, Bot. J. Linn. Soc. 98(2): 92. 1988.
Sin.: *Hyptis macrosiphon* Briq.
Ref.: Epling (1949).
Hierba. Nativa. Zonas Bajas. Campos Cerrados, 0–1000 m.
Dept.: SC.
Muestra: *J.R.I. Wood & T.F. Daniel 18211* (K, LPB, USZ).

Hypenia reticulata (Mart. ex Benth.) Harley, Bot. J. Linn. Soc. 98(2): 92. 1988.
Sin.: *Hyptis reticulata* Mart. ex Benth.
Ref.: Epling (1949), Mamani M. et al. (2010), Wood et al. (2011).
Hierba. Nativa. Zonas Bajas. Campos Cerrados, 0–500 m.
Dept.: SC.
Muestra: *I.G. Vargas 3266* (BOLV, F, LPB, USZ).

Hyptidendron Harley, Bot. J. Linn. Soc. 98(2): 90. 1988.
4 especies, 0 especies endémicas.

Hyptidendron arboreum (Benth.) Harley, Bot. J. Linn. Soc. 98(2): 93. 1988.
Sin.: *Hyptis arborea* Benth., *Mesosphaerum arboreum* var. *bracteosum* Rusby
Ref.: Foster (1958), Michel (1993c).
Arbolito, árbol. Nativa. Andes. Yungas, 1500–2000 m.
Dept.: LP.
Muestra: *J.R.I. Wood et al. 16629* (BOLV, K, LPB).
Nom. Vern.: Mata de grillo.

Hyptidendron canum (Pohl ex Benth.) Harley, Bot. J. Linn. Soc. 98(2): 93. 1988.
Sin.: *Hyptis cana* Pohl ex Benth.
Ref.: Wood et al. (2011).
Arbusto. Nativa. Zonas Bajas. Campos Cerrados, 500–1000 m.
Dept.: SC.
Muestra: *J.R.I. Wood 19753* (BOLV, K, LPB, USZ).

Hyptidendron eximium (Epling) Harley & J.F.B. Pastore, Phytotaxa 58: 25. 2012.
Sin.: *Hyptis eximia* Epling
Hierba. Nativa. Zonas Bajas. Bosque Húmedo, 0–500 m.
Dept.: SC.
Muestra: *J.R.I. Wood et al. 16517* (K, LPB, USZ).

Hyptidendron glutinosum (Benth.) Harley, Bot. J. Linn. Soc. 98(2): 93. 1988.
Sin.: *Hyptis glutinosa* Benth.
Hierba. Nativa. Zonas Bajas. Campos Cerrados, 500–1000 m.
Dept.: SC.
Muestra: *J.R.I. Wood et al. 18209* (K, LPB, USZ).

Hyptis Jacq., Collectanea 1: 101. 1786 [1787].
31 especies, 4 especies endémicas.

Hyptis atrorubens Poit., Ann. Mus. Hist. Nat. 7: 466–467, t. 27, f. 3. 1806.
Ref.: Epling (1949), Killeen & Schulenberg (1998).
Hierba. Nativa. Zonas Bajas. Bosque Húmedo, Sabanas Benianas del Sur, 0–500 m.
Dept.: BE, CO, LP, PA, SC.
Muestra: *J.C. Solomon 16858* (LPB, MO).

Hyptis brevipes Poit., Ann. Mus. Hist. Nat. 7: 465. 1806.
Ref.: Epling (1949), Foster (1958).
Hierba. Nativa. Zonas Bajas, Andes. Bosque Húmedo, Sabanas Benianas del Norte, Sabanas Benianas del Sur, Yungas, 0–1500 m.
Dept.: BE, CO, LP, PA, SC.
Muestra: *J.R.I. Wood & R.M. Harley 18143* (K, LPB).

Hyptis caespitosa A. St.-Hil. ex Benth., Labiat. Gen. Spec. 113. 1833.
Ref.: Epling (1949), Wood et al. (2011).
Subarbusto. Nativa. Zonas Bajas. Campos Cerrados, 500–1000 m.
Dept.: SC.
Muestra: *J.R.I. Wood & A. Guzmán 17431* (K, LPB, USZ).

Hyptis campestris Harley & J.F.B. Pastore, Phytotaxa 58: 25. 2012.
Sin.: *Peltodon tomentosa* Pohl
Hierba, subarbusto. Nativa. Zonas Bajas. Campos Cerrados, 0–1000 m.
Dept.: SC.
Muestra: *J.R.I. Wood 14306* (USZ).

Hyptis capitata Jacq., Collectanea 1: 102–103. 1786 [1787].
Ref.: Epling (1949).
Hierba. Nativa. Zonas Bajas. Bosque Húmedo, 0–500 m.
Dept.: BE, PA.
Muestra: *J.R.I. Wood & D.C. Wasshausen 13794* (K, LPB).

Hyptis conferta Pohl ex Benth., Labiat. Gen. Spec. 112. 1833.
Sin.: *Hyptis conferta* var. *angustifolia* Benth., *Hyptis hygrobia* Briq., *Hyptis jurgensenii* var. *angustata* Briq.
Ref.: Epling (1949), Foster (1958), Killeen & Schulenberg (1998), Wood et al. (2011).
Hierba. Nativa. Zonas Bajas. Campos Cerrados, Sabanas Benianas del Norte, Campos Amazónicos, 0–1000 m.
Dept.: BE, LP, SC.
Muestra: *J.R.I. Wood 16494* (K, LPB).
Infra: *Hyptis conferta* var. *angustata* (Briq.) A. Pool & Harley
Nota: A veces se trata *H. hygrobia* como especie distinta.

Hyptis crenata Pohl ex Benth., Labiat. Gen. Spec. 93. 1833.
Sin.: *Hyptis goyazensis* A. St.-Hil. ex Benth., *Montanoa orbigynana* Klatt
Ref.: Epling (1949), Foster (1958), Killeen & Schulenberg (1998), Wood et al. (2011).
Hierba. Nativa. Zonas Bajas. Campos Cerrados, Sabanas Benianas del Norte, Campos Amazónicos, 0–1000 m.
Dept.: BE, LP, SC.
Muestra: *J.R.I. Wood et al. 18252* (K, LPB, USZ).

Hyptis dumetorum Morong, Ann. New York Acad. Sci. 7: 200. 1893.
Sin.: *Hyptis gymnodonta* Briq.
Ref.: Epling (1949), Foster (1958).
Hierba. Nativa. Zonas Bajas. Campos Cerrados, 0–500 m.
Dept.: SC.
Muestra: *J.R.I. Wood 18298* (K, LPB, USZ).

Hyptis grisea Harley, Kew Bull. 67(4): 780. 2012.
Hierba. Endémica. Zonas Bajas. Campos Cerrados, 500–1000 m.
Dept.: SC.
Tipo y muestra: *J.R.I. Wood et al. 16542* (HT: USZ; IT: K, LPB), *J.R.I. Wood et al. 18253* (K, LPB, USZ).

Hyptis hirsuta Kunth, Nov. Gen. Sp. (quarto ed.) 2: 318, pl. 161. 1818.
Ref.: Epling (1949), Foster (1958), Wood et al. (2011).
Hierba. Nativa. Zonas Bajas, Andes. Campos Cerrados, Sabanas Benianas del Sur, Yungas, 0–1500 m.
Dept.: BE, LP, SC.
Muestra: *J.R.I. Wood 15243* (BOLV, K, LPB).

Hyptis kempffiana Harley, Kew Bull. 67(4): 779. 2012.
Hierba. Endémica. Zonas Bajas. Campos Cerrados, 500–1000 m.
Dept.: SC.
Tipo y muestra: *A. Soto 422* (HT: K; IT: MO, USZ), *R. Guillén V. & M. Centurión 881* (K, MO, USZ).

Hyptis lacustris A. St.-Hil. ex Benth., Labiat. Gen. Spec. 107. 1833.
Ref.: Epling (1949).
Hierba. Nativa. Zonas Bajas. Bosque Húmedo, 0–500 m.
Dept.: SC.
Muestra: *J.R.I. Wood et al. 18192* (K, LPB, USZ).

Hyptis lantanifolia Poit., Ann. Mus. Hist. Nat. 7: 468, pl. 29, f. 1. 1806.
Ref.: Epling (1949), Foster (1958), Killeen & Schulenberg (1998).
Hierba. Nativa. Zonas Bajas, Andes. Campos Cerrados, Sabanas Benianas del Sur, Yungas, 0–2500 m.
Dept.: BE, LP, SC.
Muestra: *J.C. Solomon 14620* (LPB, MO).

Hyptis lappacea Benth., Labiat. Gen. Spec. 103. 1833.
Ref.: Foster (1958), Serrano & Terán (1998 [2000]).
Hierba. Nativa. Zonas Bajas. Bosque Seco Chaqueño, Sabanas Benianas del Sur, 0–500 m.
Dept.: BE, CH, SC.
Muestra: *J.R.I. Wood 13940* (K, LPB, USZ).

[Hyptis lappulacea Mart. ex Benth.], Labiat. Gen. Spec. 104. 1833.
Ref.: Foster (1958).
Nota: El registro se basa en material mal identificado. El nombre *H. lappulacea* ha sido erróneamente aplicado a material boliviano.

Hyptis lorentziana O. Hoffm., Linnaea 43: 137. 1880.
Sin.: *Hyptis idiocephala* Briq.
Ref.: Epling (1949), Foster (1958).
Hierba. Nativa. Zonas Bajas. Campos Cerrados, Sabanas Benianas del Sur, 0–1000 m.
Dept.: BE, SC.
Muestra: *J.R.I. Wood & R.M. Harley 18174* (K, LPB, USZ).

Hyptis lutescens Pohl ex Benth., Labiat. Gen. Spec. 109. 1833.
Sin.: *Hyptis affinis* Benth., *Hyptis trachychroa* Briq., *Hyptis compacta* Rusby
Ref.: Epling (1949), Foster (1958), Killeen & Schulenberg (1998).
Subarbusto, arbusto. Nativa. Zonas Bajas, Andes. Bosque Húmedo, Sabanas Benianas del Sur, Yungas, 0–1500 m.

Dept.: BE, LP, SC.
Muestra: *J.R.I. Wood 16423* (K, LPB).

Hyptis microphylla Pohl ex Benth., Labiat. Gen. Spec. 82. 1833.
Sin.: *Hyptis inundata* Herzog
Ref.: Epling (1949), Foster (1958), Killeen & Schulenberg (1998), Wood et al. (2011).
Hierba. Nativa. Zonas Bajas. Campos Cerrados, Sabanas Benianas del Sur, 0–500 m.
Dept.: BE, SC.
Muestra: *J.R.I. Wood 14323* (K, LPB, USZ).

Hyptis obtusiflora C. Presl ex Benth., Labiat. Gen. Spec. 107–108. 1833.
Sin.: *Mesosphaerum pallidum* Rusby
Ref.: Epling (1949), Foster (1958).
Hierba. Nativa. Zonas Bajas, Andes. Bosque Húmedo, Yungas, 500–1500 m.
Dept.: BE, CO, LP.
Muestra: *J.R.I. Wood 14024* (BOLV, K, LPB).

Hyptis odorata Benth., Labiat. Gen. Spec. 81. 1833.
Ref.: Epling (1949), Foster (1958), Moraes R. (1990), Michel (1993c).
Arbusto, arbolito. Nativa. Zonas Bajas, Andes. Bosque Húmedo, Yungas, Bosque Serrano Chaqueño, 0–2000 m.
Dept.: BE, CH, CO, LP, PA, SC.
Muestra: *J.R.I. Wood 14207* (HSB, K, LPB).

Hyptis pachycephala Epling, Repert. Spec. Nov. Regni Veg. Beih. 85: 314. 1937.
Ref.: Epling (1949).
Hierba. Nativa. Zonas Bajas. Bosque Húmedo, 0–500 m.
Dept.: PA.
Muestra: *F.J. Fernández Casas & A. Susanna 8225* (LPB, MO).

Hyptis parkeri Benth., Labiat. Gen. Spec. 108. 1833.
Ref.: Epling (1949), Killeen & Schulenberg (1998).
Hierba. Nativa. Zonas Bajas. Sabanas Benianas del Norte, Sabanas Benianas del Sur, Campos Amazónicos, 0–500 m.
Dept.: BE, LP, SC.
Muestra: *M. Castro et al. 116* (MO, USZ).

Hyptis paupercula Epling, Repert. Spec. Nov. Regni Veg. Beih. 85: 316. 1937.
Ref.: Epling (1949).
Hierba. Nativa. Zonas Bajas. Campos Amazónicos, 0–500 m.
Dept.: LP.
Muestra: *S.G. Beck 9923* (K, LPB).

Hyptis pulegioides Pohl ex Benth., Labiat. Gen. Spec. 128. 1833.
Ref.: Epling (1949).
Hierba. Nativa. Zonas Bajas. Bosque Húmedo, 0–500 m.
Dept.: SC.
Muestra: *J.R.I. Wood et al. 18190* (K, LPB, USZ).

Hyptis pusilla (Pohl) Harley & J.F.B. Pastore, Phytotaxa 58: 26. 2012.
Sin.: *Peltodon pusillus* Pohl
Ref.: Wood et al. (2011).
Hierba, subarbusto. Nativa. Zonas Bajas. Campos Cerrados, Campos Amazónicos, 0–1000 m.
Dept.: BE, LP, SC.
Muestra: *T. Killeen 2836* (K, MO, USZ).

Hyptis recurvata Poit., Ann. Mus. Hist. Nat. 7: 467–468, t. 28, f. 1. 1806.
Sin.: *Hyptis recurvata* var. *megacephala* Benth.
Ref.: Epling (1949), Foster (1958), Killeen & Schulenberg (1998).
Hierba. Nativa. Zonas Bajas. Bosque Húmedo, Campos Cerrados, Sabanas Benianas del Sur, 0–500 m.
Dept.: BE, SC.
Muestra: *J.R.I. Wood 16569* (K, LPB, USZ).

Hyptis remota Pohl ex Benth., Labiat. Gen. Spec. 110. 1833.
Ref.: Epling (1949).
Hierba, subarbusto. Nativa. Zonas Bajas. Campos Cerrados, 500–1000 m.
Dept.: SC.
Muestra: *J.R.I. Wood et al. 18231* (K, LPB, USZ).

Hyptis sinuata Pohl ex Benth., Labiat. Gen. Spec. 103. 1833.
Ref.: Epling (1949), Foster (1958).
Hierba. Nativa. Zonas Bajas. Campos Cerrados, 0–500 m.
Dept.: SC.
Muestra: *J.R.I. Wood 12195* (K, LPB, USZ).

Hyptis tuberosa Harley, Kew Bull. 67(4): 786. 2012.
Ref.: Mamani M. et al. (2010).
Hierba. Endémica. Zonas Bajas. Campos Cerrados, 500–1000 m.
Dept.: SC.
Tipo y muestra: *J.R.I. Wood et al. 24695* (HT: USZ; IT: K, LPB), *J.R.I. Wood & J.D. Soto 27192* (K, LPB, USZ).

Hyptis uncinata Benth., Labiat. Gen. Spec. 80. 1833.
Ref.: Epling (1949), Foster (1958).
Hierba. Nativa. Andes. Yungas, 1500–2000 m.
Dept.: LP.
Muestra: *J.R.I. Wood 18120* (K, LPB).

Hyptis velutina Pohl ex Benth., Labiat. Gen. Spec. 90. 1833.
Sin.: *Hyptis longifrons* Briq.
Ref.: Epling (1949), Foster (1958), Killeen & Schulenberg (1998), Wood et al. (2011).
Hierba. Nativa. Zonas Bajas. Campos Cerrados, Campos Amazónicos, 0–500 m.
Dept.: LP, SC.
Muestra: *J.R.I. Wood 16523* (K, LPB).

Hyptis woodii Harley, Kew Bull. 67(4): 782. 2012.
Hierba. Endémica. Zonas Bajas. Campos Cerrados, Campos Amazónicos, 0–1000 m.
Dept.: SC.
Tipo y muestra: *J.R.I. Wood et al. 18234* (HT: USZ; IT: K, LPB, MO), *J.R.I. Wood et al. 26385* (K, LPB, UB, USZ).

Lamium L., Sp. Pl. 2: 579. 1753.
1 especie, 0 especies endémicas.

Lamium amplexicaule L., Sp. Pl. 2: 579. 1753.
Hierba. Naturalizada, adventicia. Altiplano. Puna Húmeda, 3500–4000 m.
Dept.: LP.
Muestra: *J.C. Solomon 15809* (K, LPB, MO).

Lavandula L., Sp. Pl. 2: 572–573. 1753.
1 especie, 0 especies endémicas.

Lavandula officinalis Chaix, Hist. Pl. Dauphiné 1: 355. 1786.
Subarbusto. Cultivada. Andes. Valles Secos, 3000–3500 m.
Dept.: LP.
Muestra: *M.C. Rojas 17* (BOLV, LPB, USZ).

Leonotis (Pers.) R. Br., Prodr. 504. 1810.
1 especie, 0 especies endémicas.

Leonotis nepetifolia (L.) R. Br., Hort. Kew. (ed. 2) 3: 409. 1811.
Sin.: *Phlomis nepetifolia* L.
Hierba. Naturalizada. Zonas Bajas. Bosque Semideciduo Chiquitano, 0–500 m.
Dept.: SC.
Muestra: *J.R.I. Wood 13733* (K, LPB).

Leonurus L., Sp. Pl. 2: 584. 1753.
1 especie, 0 especies endémicas.

Leonurus japonicus Houtt., Nat. Hist. 2(9): 366, t. 57, f. 1. 1778.
Hierba. Naturalizada, adventicia. Zonas Bajas, Andes. Bosque Semideciduo Chiquitano, Valles Secos, 0–1000, 3000–3500 m.
Dept.: LP, SC.
Muestra: *R. Lozano 2130* (HSB, K, MO).
Nota: El nombre *L. sibiricus* ha sido usado erróneamente para esta especie por varios autores en el pasado.

Lepechinia Willd., Hort. Berol. sub pl. 21. 1803.
7 especies, 2 especies endémicas.

Lepechinia bella Epling, Repert. Spec. Nov. Regni Veg. Beih. 85: 21. 1935.
Ref.: Foster (1958), Epling & Játiva (1968), Michel (1993c), López Vargas (1995), Saravia Miranda (1996), Serrano & Terán (1998 [2000]).
Arbusto. Endémica. Andes. Valles Secos, 1500–4000 m.
Dept.: CH, CO, PO, SC.
Tipo y muestra: *T.C. Bridges s.n.* (HT: W; IT: BM), *J.R.I. Wood 7950* (BOLV, K, LPB).
Nom. Vern.: Rag'a rag'a, raga raga.

Lepechinia floribunda (Benth.) Epling, Repert. Spec. Nov. Regni Veg. Beih. 85: 22. 1935.
Sin.: *Sphacele floribunda* Benth.
Ref.: Foster (1958), Epling & Játiva (1966), López Vargas (1995), Saravia Miranda (1996), Serrano & Terán (1998 [2000]).
Subarbusto. Nativa. Andes. Valles Secos, 2000–3000 m.
Dept.: CH, CO, LP, PO, SC, TA.
Muestra: *J.R.I. Wood 8062* (HSB, K, LPB).
Nom. Vern.: Ansa salvía, jatun salvia, macho salvía.

Lepechinia graveolens (Regel) Epling, Repert. Spec. Nov. Regni Veg. Beih. 85: 25. 1935.
Sin.: *Astemon graveolens* Regel, *Alguelagum auriferum* Rusby, *Sphacele cochabambana* Briq., *Sphacele confusa* Briq., *Sphacele kuntzeana* Briq., *Lepechinia aurifera* (Rusby) Epling, *Lepechinia confusa* (Briq.) Epling
Ref.: Foster (1958), Michel (1993c), López Vargas (1995), Saravia Miranda (1996), Schulenberg & Awbrey (1997), Serrano & Terán (1998 [2000]).
Arbusto. Nativa. Andes. Yungas, Bosque Tucumano-Boliviano, Páramo Yungueño, Valles Secos, 1000–4000 m.
Dept.: CH, CO, LP, PO, SC, TA.
Muestra: *J.R.I. Wood 8031* (HSB, K, LPB).
Nom. Vern.: Jatun raga raga, rag'a rag'a, raga raga, salvia.

Lepechinia heteromorpha (Briq.) Epling, Repert. Spec. Nov. Regni Veg. Beih. 85: 26. 1935.
Sin.: *Sphacele heteromorpha* Briq.
Ref.: Foster (1958), Michel (1993c).
Arbusto. Nativa. Andes. Yungas, Páramo Yungueño, 2500–3500 m.
Dept.: CO, LP.
Muestra: *J.R.I. Wood & M. de Boer 16318* (K, LPB).

Lepechinia lancifolia (Rusby) Epling, Repert. Spec. Nov. Regni Veg. Beih. 85: 23. 1935.
Sin.: *Alguelagum lancifolium* Rusby, *Sphacele lancifolia* (Rusby) Epling
Ref.: Foster (1958).
Arbusto. Endémica. Andes. Yungas, 2500–3000 m.
Dept.: LP.
Tipo y muestra: *M. Bang 1823* (HT: NY; IT: K), *J.R.I. Wood & M. de Boer 16321* (BOLV, K, LPB, MO).

Lepechinia meyenii (Walp.) Epling, Repert. Spec. Nov. Regni Veg. Beih. 85: 20. 1935.
Sin.: *Stachys meyenii* Walp., *Alguelagum tenuiflorum* (Benth.) Kuntze
Ref.: Foster (1958), Adolfo María (1966), López Vargas (1995), Saravia Miranda (1996), Serrano & Terán (1998 [2000]).
Hierba. Nativa. Andes, Altiplano. Valles Secos, Puna Húmeda, 2500–4000 m.
Dept.: CH, CO, LP, PO, TA.
Muestra: *J.R.I. Wood 7909* (K, LPB).
Nom. Vern.: Last'a salvia, pampa salvía, salvía.

Lepechinia vesiculosa (Benth.) Epling, Repert. Spec. Nov. Regni Veg. Beih. 85: 24. 1935.
Sin.: *Hyptis vesiculosa* Benth., *Sphacele inflata* Briq., *Sphacele mandoniana* Briq., *Lepechinia inflata* (Briq.) Epling
Ref.: Foster (1958), Epling & Játiva (1968).
Subarbusto, arbusto. Nativa. Andes. Yungas, 2000–3000 m.
Dept.: CO, LP.
Muestra: *S.G. Beck 7440* (GOET, K, LPB).

Marrubium L., Sp. Pl. 2: 582. 1753.
1 especie, 0 especies endémicas.

Marrubium vulgare L., Sp. Pl. 2: 583. 1753.
Ref.: Foster (1958).
Hierba. Naturalizada. Andes. Yungas, Valles Secos, 2500–3500 m.
Dept.: CH, CO, LP.
Muestra: *J.R.I. Wood 9663* (K, LPB).

Marsypianthes Mart. ex Benth., Labiat. Gen. Spec. 64. 1833.
1 especie, 0 especies endémicas.

Marsypianthes chamaedrys (Vahl) Kuntze, Revis. Gen. Pl. 2: 524. 1891.
Sin.: *Clinopodium chamaedrys* Vahl
Ref.: Epling (1936), Foster (1958).
Hierba. Nativa. Zonas Bajas. Bosque Húmedo, Campos Cerrados, 0–500 m.
Dept.: BE, SC.
Muestra: *J.R.I. Wood 17329* (K, LPB, USZ).

Medusantha Harley & J.F.B. Pastore ex Benth., Phytotaxa 58: 28. 2012.
1 especie, 0 especies endémicas.

Medusantha eriophylla (Pohl ex Benth.) Harley & J.F.B. Pastore, Phytotaxa 58: 28. 2012.
Sin.: *Hyptis eriophylla* Pohl ex Benth.
Ref.: Epling (1949), Wood et al. (2011).
Hierba. Nativa. Zonas Bajas. Campos Cerrados, 0–500 m.
Dept.: SC.
Muestra: *J.R.I. Wood et al. 26175* (K, LPB, UB, USZ).

Melissa L., Sp. Pl. 2: 592–594. 1753.
1 especie, 0 especies endémicas.

Melissa officinalis L., Sp. Pl. 2: 592. 1753.
Hierba. Cultivada. Andes. Valles Secos, 2000–3000 m.
Dept.: CO, SC.
Muestra: *I.G. Vargas 16* (F, USZ).

Mentha L., Sp. Pl. 2: 576–578. 1753.
3 especies, 0 especies endémicas.

Mentha aquatica L., Sp. Pl. 2: 576. 1753.
Ref.: Foster (1958).
Hierba. Naturalizada, adventicia. Andes. Valles Secos, 3000–3500 m.
Dept.: LP.
Muestra: *M. Bang 137* (GH, MO).

Mentha spicata L., Sp. Pl. 2: 576. 1753.
Hierba. Cultivada. Andes. Tipo de vegetación desconocida, 2500–3000 m.
Dept.: CH, CO.
Nota: Existen híbridos de *M. spicata* con otras especies.

Mentha ×verticillata L., Bot. Not. 118: 228. 1965.
Sin.: *Mentha sativa* L.
Hierba. Cultivada. Andes. Yungas, 1500–2000 m.
Dept.: SC.
Muestra: *I.G. Vargas & F. Aguilar 4859* (NY, USZ).
Nom. Vern.: Hierba buena.

Mesosphaerum P. Browne, Civ. Nat. Hist. Jamaica 257. 1756.
4 especies, 0 especies endémicas.

Mesosphaerum eriocephalum (Benth.) Kuntze, Revis. Gen. Pl. 2: 526. 1891.
Sin.: *Hyptis eriocephala* Benth., *Hyptis kuntzeana* Briq.
Ref.: Epling (1949), Foster (1958), López Vargas (1995), Saravia Miranda (1996), De la Barra (1997), Serrano & Terán (1998 [2000]).
Hierba. Nativa. Andes. Yungas, Valles Secos, 1500–3000 m.
Dept.: CH, CO, LP, SC.
Muestra: *E. Gutiérrez C. et al. 1502* (MO, USZ).

Mesosphaerum pectinatum (L.) Kuntze, Revis. Gen. Pl. 2: 525. 1891.
Sin.: *Nepeta pectinata* L., *Hyptis pectinata* (L.) Poit.
Ref.: Epling (1949), Foster (1958).
Hierba. Nativa. Andes. Yungas, 1000–1500 m.
Dept.: LP.
Muestra: *L. Cayola et al. 1338* (K, LPB, MO).

Mesosphaerum sidifolium (L'Hér.) Harley & J.F.B. Pastore, Phytotaxa 58: 32. 2012.
Sin.: *Bystropogon sidifolius* L'Hér., *Hyptis umbrosa* Salzm. ex Benth., *Hyptis sidifolia* (L'Hér.) Briq.
Ref.: Epling (1949), Foster (1958).
Hierba. Nativa. Andes. Yungas, Bosque Serrano Chaqueño, 1500–2000 m.
Dept.: CH, CO, LP.
Muestra: *M.A. Lewis 40659* (LPB, MO).

Mesosphaerum suaveolens (L.) Kuntze, Revis. Gen. Pl. 2: 525. 1891.
Sin.: *Ballota suaveolens* L., *Hyptis suaveolens* (L.) Poit.
Ref.: Epling (1949), Foster (1958), Schulenberg & Awbrey (1997), Killeen & Schulenberg (1998), Serrano & Terán (1998 [2000]), Wood et al. (2011).
Hierba. Nativa. Zonas Bajas. Bosque Semideciduo Chiquitano, Campos Cerrados, Valles Secos, 0–1500 m.
Dept.: CH, SC.
Muestra: *J.R.I. Wood 17965* (K, LPB, USZ).

Minthostachys (Benth.) Spach, Hist. Nat. Vég. 9: 164. 1840.
9 especies, 7 especies endémicas.

Minthostachys acutifolia Epling, Repert. Spec. Nov. Regni Veg. Beih. 85: 166. 1936.
Ref.: Foster (1958), López Vargas (1995), Saravia Miranda (1996), Serrano & Terán (1998 [2000]), Schmidt-Lebuhn (2008), Schmidt-Lebuhn (2009).
Subarbusto. Endémica. Andes. Yungas, Páramo Yungueño, 2000–4000 m.
Dept.: CO, LP.
Tipo y muestra: *O. Buchtien 2957* (HT: US; IT: NY), *S.G. Beck & R. Seidel 14422* (GOET, LPB).
Nom. Vern.: Koa muña, menta, muña blanca, muña, nuca koa, pampa khoa.

Minthostachys andina (Britton ex Rusby) Epling, Repert. Spec. Nov. Regni Veg. Beih. 85: 166. 1936.
Sin.: *Bystropogon andinus* Britton ex Rusby
Ref.: Foster (1958), Saravia Miranda (1996), Schmidt-Lebuhn (2008), Schmidt-Lebuhn (2009).
Subarbusto. Endémica. Andes. Yungas, Valles Secos, 2500–3500 m.
Dept.: LP.
Tipo y muestra: *H.H. Rusby 1398* (HT: NY; IT: GH, K, NY, NY, US, US), *A.N. Schmidt-Lebuhn 269* (GOET, LPB).
Nom. Vern.: Muña, s'acha muña.

Minthostachys diffusa Epling, Repert. Spec. Nov. Regni Veg. Beih. 85: 167. 1936.
Ref.: Foster (1958), López Vargas (1995), Saravia Miranda (1996), Schmidt-Lebuhn (2008), Schmidt-Lebuhn (2009).
Subarbusto. Endémica. Andes. Yungas, 1000–2500 m.
Dept.: LP.
Tipo y muestra: *O. Buchtien 4690* (HT: US; IT: ILL frag.), *S.G. Beck 14839* (LPB).
Nom. Vern.: Sach'a muña.

Minthostachys elongata Schmidt-Leb., Mem. New York Bot. Gard. 98: 26, 28, f. 10a–d. 2008.
Ref.: Schmidt-Lebuhn (2008), Schmidt-Lebuhn (2009).
Subarbusto. Endémica. Andes. Valles Secos, 2000–2500 m.
Dept.: TA.
Tipo y muestra: *J.C. Solomon 10268* (HT: LPB; IT: F, MO-3441804, NY), *S.G. Beck 26146* (LPB).

Minthostachys fusca Schmidt-Leb., Mem. New York Bot. Gard. 98: 20, 23, f. 8a–d. 2008.
Ref.: Schmidt-Lebuhn (2008), Schmidt-Lebuhn (2009).
Subarbusto. Endémica. Andes. Valles Secos, 1500–2500 m.
Dept.: LP.
Tipo y muestra: *O. Buchtien 5534* (HT: US), *O. Buchtien 7459* (K, MO, NY, US).

Minthostachys latifolia Schmidt-Leb., Mem. New York Bot. Gard. 98: 32, 34, f. 14a–d. 2008.
Ref.: Schmidt-Lebuhn (2008), Schmidt-Lebuhn (2009).
Subarbusto. Nativa. Andes. Yungas, 2500–3500 m.
Dept.: LP.
Tipo y muestra: *S.G. Beck 25212* (HT: LPB; IT: GOET), *A.F. Fuentes C. 11879* (K, LPB, MO).
Nom. Vern.: Martín muña.

Minthostachys mollis (Kunth) Griseb., Abh. Königl. Ges. Wiss. Göttingen 19: 235. 1874.
Sin.: *Bystropogon mollis* Kunth, *Bystropogon canus* Benth., *Bystropogon tomentosus* Benth., *Bystropogon mandonianus* Briq., *Minthostachys mandoniana* (Briq.) Epling, *Minthostachys tomentosa* (Benth.) Epling
Ref.: Foster (1958), Epling & Játiva (1963), Schmidt-Lebuhn (2008), Schmidt-Lebuhn (2009).
Hierba, subarbusto, arbusto. Nativa. Andes, Altiplano. Yungas, Valles Secos, Puna Húmeda, 1000–3500, 4000–4500 m.
Dept.: LP.
Muestra: *S.G. Beck 7200* (GOET, K, LPB).
Infra: *Minthostachys mollis* var. *mandoniana* (Briq.) Schmidt-Leb.

Minthostachys ovata (Briq.) Epling, Repert. Spec. Nov. Regni Veg. Beih. 85: 167. 1936.
Sin.: *Bystropogon ovatus* Briq., *Bystropogon andinus* var. *hypoleucus* Briq.
Ref.: Foster (1958), Schmidt-Lebuhn (2008), Schmidt-Lebuhn (2009).
Subarbusto. Endémica. Andes, Altiplano. Valles Secos, Bosque de *Polylepis*, 2500–4000 m.
Dept.: CH, CO, PO, SC.
Tipo y muestra: *O. Kuntze s.n.* (HT: G; IT: NY; fotos: F), *J.R.I. Wood et al. 18432* (BOLV, K, LPB).
Nom. Vern.: Alkomuña, ayamuña, china

muña, haya maña, koa muña, menta, muña, ph'alta muña, yurac muña.

Minthostachys setosa (Briq.) Epling, Repert. Spec. Nov. Regni Veg. Beih. 85: 166. 1936.
Sin.: *Bystropogon setosus* Briq., *Bystropogon setosus* var. *citronella* Kuntze, *Bystropogon setosus* var. *menthodorus* Kuntze
Ref.: Foster (1958), Schmidt-Lebuhn (2008), Schmidt-Lebuhn (2009).
Subarbusto. Endémica. Andes. Yungas, Páramo Yungueño, 2000–3500 m.
Dept.: CO, LP.
Tipo y muestra: *O. Kuntze s.n.* (HT: G; IT: NY; fotos: F ex G), *J.R.I. Wood 12486* (BOLV, K, LPB).
Nom. Vern.: Ayamuña.

Nepeta L., Sp. Pl. 2: 570–572. 1753.
1 especie, 0 especies endémicas.

Nepeta ×faassenii Bergmans ex Stearn, J. Roy. Hort. Soc. 75: 405. 1950.
Hierba. Cultivada. Andes. Yungas, 3000–3500 m.
Dept.: LP.
Muestra: *H. Weedha 5* (LPB).

Ocimum L., Sp. Pl. 2: 597–598. 1753.
6 especies, 0 especies endémicas.

Ocimum americanum L., Cent. Pl. I 15–16. 1755.
Sin.: *Ocimum canum* Sims
Hierba. Naturalizada, cultivada. Zonas Bajas. Sabanas Benianas del Sur, 0–500 m.
Dept.: BE, SC.
Muestra: *M.H. Nee 40518* (K, MO, NY, USZ).

Ocimum basilicum L., Sp. Pl. 2: 597. 1753.
Hierba. Cultivada. Zonas Bajas, Andes. Bosque Húmedo, Yungas, Valles Secos, 0–500, 2500–3500 m.
Dept.: CO, LP, SC.
Muestra: *J.R.I. Wood 19705* (BOLV).
Nom. Vern.: Albaca.

Ocimum campechianum Mill., Gard. Dict. (ed. 8) Ocimum no. 5. 1768.
Sin.: *Ocimum micranthum* Willd.
Ref.: Foster (1958).
Hierba, subarbusto. Nativa. Zonas Bajas, Andes. Bosque Húmedo, Campos Amazónicos, Yungas, Valles Secos, 0–1500 m.
Dept.: CH, CO, LP, PA, SC.
Muestra: *J.C. Solomon 8910* (K, LPB, MO).

Ocimum carnosum (Spreng.) Link & Otto ex Benth., Labiat. Gen. Spec. 11. 1832.
Sin.: *Lumnitzera carnosa* Spreng., *Ocimum selloi* Benth.
Ref.: González et al. (1999).
Hierba. Nativa. Andes. Bosque Serrano Chaqueño, 1000–1500 m.
Dept.: TA.
Muestra: *J.R.I. Wood & D.J. Goyder 16739* (K, LPB).

Ocimum gratissimum L., Sp. Pl. 2: 1197. 1753.
Hierba. Adventicia, cultivada. Zonas Bajas. Bosque Húmedo, 0–500 m.
Dept.: PA.
Muestra: *S.G. Beck 17093* (K, LPB).

Ocimum ovatum Benth., Labiat. Gen. Spec. 13. 1832.
Sin.: *Ocimum neurophyllum* Briq.
Hierba. Adventicia, cultivada. Andes. Valles Secos, 1000–2000, 2500–3000 m.
Dept.: CO, SC, TA.
Muestra: *A. Jardim & Coro 384* (MO, USZ).

Oocephalus (Benth.) Harley & J.F.B. Pastore, Phytotaxa 58: 33. 2012.
1 especie, 0 especies endémicas.

Oocephalus oppositiflorus (Schrank) Harley & J.F.B. Pastore, Phytotaxa 58: 34. 2012.
Sin.: *Hyptis oppositiflora* Schrank, *Hyptis glomerata* Mart. ex Schrank
Ref.: Epling (1949), Wood et al. (2011).
Hierba. Nativa. Zonas Bajas. Campos Cerrados, 0–500 m.
Dept.: SC.
Muestra: *J.R.I. Wood 16505* (K, LPB, USZ).

Origanum L., Sp. Pl. 2: 588–590. 1753.
2 especies, 0 especies endémicas.

Origanum majorana L., Sp. Pl. 2: 590. 1753.
Arbusto. Cultivada. Andes. Valles Secos, 3000–3500 m.
Dept.: LP.
Muestra: *J.C. Solomon 15529* (LPB, MO, USZ).
Nota: Material no visto. Tal vez es el híbrido *O. ×applii* Boros.

Origanum vulgare L., Sp. Pl. 2: 590. 1753.
Hierba. Cultivada. Andes. Valles Secos, 2500–3500 m.
Dept.: CO, LP.
Muestra: *J.R.I. Wood 20390* (BOLV, LPB).

Plectranthus L'Hér., Stirp. Nov. 84 verso. 1788.
4 especies, 0 especies endémicas.

Plectranthus amboinicus (Lour.) Spreng., Syst. Veg. 2: 690. 1825.
Sin.: *Coleus amboinicus* Lour.
Hierba. Cultivada. Zonas Bajas. Bosque Semideciduo Chiquitano, 0–500 m.
Dept.: SC.
Muestra: *J.R.I. Wood 19774* (BOLV, LPB, USZ).

Plectranthus barbatus Andrews, Bot. Repos. 9: pl. 594. 1810.
Sin.: *Coleus barbatus* (Andrews) Benth.
Hierba. Cultivada. Zonas Bajas. Sabanas Benianas del Sur, 0–500 m.
Dept.: BE.
Muestra: *J.M. Mendoza 290* (K, USZ).
Infra: *Plectranthus barbatus* var. *grandis* (L.H.Cramer) Lukhoba & A.J. Paton

Plectranthus neochilus Schltr., J. Bot. 34: 394. 1896.
Hierba. Cultivada. Zonas Bajas. Bosque Semideciduo Chiquitano, 0–1000 m.
Dept.: SC.
Muestra: *J.R.I. Wood & J.D. Soto 23458* (K, LPB, USZ).

Plectranthus scutellarioides (L.) R. Br., Prodr. 506. 1810.
Sin.: *Ocimum scutellarioides* L.
Hierba. Cultivada. Zonas Bajas, Andes. Bosque Húmedo, Yungas, 0–500, 1000–1500 m.
Dept.: LP, SC.
Muestra: *S.G. Beck 21621* (LPB, USZ).

Prunella L., Sp. Pl. 2: 600–601. 1753.
1 especie, 0 especies endémicas.

Prunella vulgaris L., Sp. Pl. 2: 600. 1753.
Hierba. Naturalizada. Andes. Yungas, 2000–2500 m.
Dept.: CO, SC.
Muestra: *J.R.I. Wood 9309* (K, LPB).

Rosmarinus L., Sp. Pl. 1: 23. 1753.
1 especie, 0 especies endémicas.

Rosmarinus officinalis L., Sp. Pl. 1: 23. 1753.
Arbusto. Cultivada. Andes. Valles Secos, 2500–3500 m.
Dept.: CO, LP.
Muestra: *L. Martínez 1* (BOLV).

Salvia L., Sp. Pl. 1: 23–27. 1753.
34 especies, 11 especies endémicas.

Salvia alba J.R.I. Wood, Kew Bull. 62(2): 210–212, f. 6A–F, map 10. 2007.
Ref.: Wood (2007).
Hierba. Nativa. Andes. Bosque Seco Chaqueño, Bosque Tucumano-Boliviano, 1000–2000 m.
Dept.: CH, SC, TA.
Tipo y muestra: *J.R.I. Wood et al. 13311* (HT: K; IT: HSB, LPB), *J. Steinbach 8231* (A, GH, K, NY, US).

Salvia amplifrons Briq., Bull. Herb. Boissier 4: 863. 1896.
Ref.: Foster (1958), Wood (2007).
Hierba. Endémica. Andes. Yungas, Valles Secos, 2500–3000 m.
Dept.: CO, SC.
Tipo y muestra: *O. Kuntze s.n.* (HT: NY; IT: G; fotos: F ex G), *J.R.I. Wood 13639* (BOLV, USZ).

Salvia atrocyanea Epling, Repert. Spec. Nov. Regni Veg. Beih. 85: 98. 1936.
Sin.: *Salvia meyeri* Legname
Ref.: Foster (1958), Serrano & Terán (1998 [2000]), Wood (2007).
Hierba. Nativa. Andes. Bosque Tucumano-Boliviano, Valles Secos, 2000–2500 m.
Dept.: CH, SC, TA.
Tipo y muestra: *R.E. Fries 1282* (HT: S; IT: B), *J.R.I. Wood 9541* (K, LPB, USZ).
Nota: Introducida y cultivada en Europa.
Nom. Vern.: Salvía.

Salvia cardenasii J.R.I. Wood, Kew Bull. 62: 206. 2007.
Ref.: Wood (2007), Ministerio de Medio Ambiente y Agua (2012 [2013]).
Hierba. Endémica. Andes. Valles Secos, 2500–3000 m.
Dept.: CO.
Tipo y muestra: *J.R.I. Wood 8957* (HT: K; IT: BOLV, LPB), *M. Cárdenas 4668* (K, LIL).

Salvia cardiophylla Benth., Labiat. Gen. Spec. 721. 1835.
Ref.: Foster (1958), Wood (2007).
Hierba. Nativa. Zonas Bajas. Bosque Seco Chaqueño, 0–500 m.
Dept.: TA.
Muestra: *A. Krapovickas & A. Schinini 30997* (K, LIL).

Salvia coccinea Buc'hoz ex Etl., Comm. Bot.-Med. Salvia 23. 1777.
Sin.: *Salvia pseudococcinea* Jacq., *Salvia rosea* Vahl, *Salvia ciliata* Pers., *Salvia glaucescens* Pohl, *Salvia galeottii* M. Martens, *Salvia mollissima* M. Martens & Galeotti, *Salvia coccinea* var. *pseudococcinea* (Jacq.) A. Gray, *Salvia coccinea* var. *minima* Fernald
Ref.: Wood (2007).
Hierba. Nativa. Zonas Bajas, Andes. Bosque Húmedo, Yungas, 500–1500 m.
Dept.: LP, SC.
Muestra: *J.R.I. Wood 11000* (K, LPB, USZ).
Nota: Ampliamente distribuída en América tropical, siempre en lugares intervenidos. De origen dudoso.

Salvia cuspidata Ruiz & Pav., Fl. Peruv. 1: 23, t. 40. 1798.
Sin.: *Salvia gilliesii* Benth., *Salvia gilliesii* var. *glandulosa* Griseb., *Salvia bangii* Rusby, *Salvia erythradena* Briq.
Ref.: Foster (1958), López (2000), Serrano & Terán (1998 [2000]), Wood (2007).
Subarbusto, arbusto. Nativa. Andes. Valles Secos, 2000–3000 m.
Dept.: CH, CO, LP, PO, TA.
Muestra: *J.R.I. Wood & D.J. Goyder 17036* (BOLV, K, LPB).
Infra: *Salvia cuspidata* subsp. *bangii* (Rusby) J.R.I. Wood, *Salvia cuspidata* subsp. *gilliesii* (Benth.) J.R.I. Wood, *Salvia cuspidata* subsp. *rosea* J.R.I. Wood

Salvia dombeyi Epling, Revista Sudamer. Bot. 4: 47. 1937.
Sin.: *Salvia longiflora* Ruiz & Pav.
Ref.: Foster (1958), Wood (2007).
Arbusto. Naturalizada, cultivada. Andes. Yungas, 2500–3500 m.
Dept.: LP.
Muestra: *S.G. Beck 22542* (GOET, K, LPB, US).
Nota: Nativa de los Andes de Perú y posiblemente de Bolivia; sin embargo seguramente no es conocida de poblaciones naturales.

Salvia exserta Griseb., Abh. Königl. Ges. Wiss. Göttingen 24: 274. 1879.
Sin.: *Salvia praeclara* Epling
Ref.: Foster (1958), Adolfo María (1966), Epling & Játiva (1966), Serrano & Terán (1998 [2000]), Wood (2007).
Hierba. Nativa. Andes. Valles Secos, 1500–3000 m.
Dept.: CH, CO, PO, SC, TA.
Muestra: *J.R.I. Wood et al. 13315* (HSB, K, LPB).

Salvia graciliramulosa Epling & Játiva, Brittonia 18(3): 262. 1966.
Ref.: Serrano & Terán (1998 [2000]), Wood (2007).
Subarbusto. Endémica. Andes. Valles Secos, 1500–2000 m.
Dept.: CH.
Tipo y muestra: *D. Ugent 5133* (HT: LA), *J.R.I. Wood 9607* (K, LPB).

Salvia grewiifolia S. Moore, J. Bot. 42: 109. 1904.
Ref.: Foster (1958), Wood (2007), Wood et al. (2011).
Subarbusto. Nativa. Zonas Bajas. Bosque Semideciduo Chiquitano, Campos Cerrados, 500–1000 m.
Dept.: SC.
Muestra: *J.R.I. Wood & F. Mamani 13462* (K, LPB, USZ).

Salvia haenkei Benth., Labiat. Gen. Spec. 283. 1833.
Sin.: *Salvia avicularis* Briq., *Salvia pseudoavicularis* Briq., *Salvia bridgesii* Britton ex Rusby
Ref.: Foster (1958), López Vargas (1995), Saravia Miranda (1996), De la Barra (1997), Serrano & Terán (1998 [2000]), Wood (2007).
Subarbusto. Nativa. Andes. Valles Secos, 2500–3500 m.
Dept.: CH, CO, LP, PO.
Muestra: *J.R.I. Wood 8158* (BOLV, K, LPB, USZ).
Nota: Esta especie hibridiza con *S. orbignaei* (*S.* ×*westerae* J.R.I. Wood).
Nom. Vern.: Ch'onga ch'onga, jatun salvia, salvía.

Salvia hispanica L., Sp. Pl. 1: 25–26. 1753.
Hierba. Adventicia. Andes. Valles Secos, 2000–2500 m.
Dept.: CH.
Muestra: *J.R.I. Wood et al. 27727* (K, LPB, USZ).
Nom. Vern.: Chia.

Salvia leucantha Cav., Icon. 1: 16, t. 24. 1791.
Ref.: Wood (2007).
Subarbusto. Cultivada. Zonas Bajas, Andes. Bosque Semideciduo Chiquitano, Valles Secos, 0–500, 2500–3500 m.
Dept.: CO, LP, SC.
Muestra: *J.C. Solomon 15736* (LPB, MO).

Salvia macrophylla Benth., Labiat. Gen. Spec. 725. 1835.
Sin.: *Salvia macrophylla* var. *malacophylla* Benth.
Ref.: Wood (2007).
Subarbusto. Nativa. Andes. Yungas, 2500–3000 m.
Muestra: *S.G. Beck 7752* (CUZ, F, GOET, K, LPB, MO, SI, USZ).

Salvia occidentalis Sw., Prodr. 14. 1788.
Sin.: *Salvia procumbens* Ruiz & Pav.
Ref.: Foster (1958), Wood (2007).
Hierba. Nativa. Andes. Yungas, 1000–2000 m.

Dept.: LP, SC.
Muestra: *S.G. Beck 8301* (GOET, K, LPB, NY, SI).

Salvia officinalis L., Sp. Pl. 1: 23. 1753.
Ref.: Wood (2007).
Arbusto. Cultivada. Andes. Valles Secos, 3000–3500 m.
Dept.: LP.
Muestra: *J.C. Solomon 12786* (LPB, MO).

Salvia ophiocephala J.R.I. Wood, Kew Bull. 62: 215. 2007.
Ref.: Wood (2007).
Hierba. Endémica. Andes. Yungas, 1000–1500 m.
Dept.: LP.
Tipo: *J.R.I. Wood 13010* (HT: K; IT: LPB).
Nota: Conocido solamente del tipo.

Salvia orbignaei Benth., Prodr. 12: 338. 1848.
Sin.: *Salvia chariantha* Briq., *Salvia cochabambensis* Rusby, *Salvia kuntzeana* Briq.
Ref.: Foster (1958), Serrano & Terán (1998 [2000]), Wood (2007).
Subarbusto. Endémica. Andes. Valles Secos, 2000–3500 m.
Dept.: CH, CO, PO, SC.
Tipo y muestra: *d'Orbigny s.n.* (HT: P), *S.G. Beck 7417* (BOLV, K, LPB).
Nom. Vern.: Chonko-chonko.

Salvia oxyphora Briq., Bull. Herb. Boissier 4: 864. 1896.
Ref.: Foster (1958), Wood (2007).
Hierba. Endémica. Zonas Bajas, Andes. Bosque Húmedo, Yungas, 500–2000 m.
Dept.: CO, LP, SC.
Tipo y muestra: *O. Kuntze s.n.* (HT: NY; IT: G), *M.H. Nee 36823* (K, LPB, MO, NY, USZ).

Salvia personata Epling, Repert. Spec. Nov. Regni Veg. Beih. 85: 73. 1935.
Ref.: Foster (1958), De la Barra (1997), Schulenberg & Awbrey (1997), Serrano & Terán (1998 [2000]), Wood (2007).
Hierba. Nativa. Zonas Bajas, Andes. Bosque Húmedo, Yungas, Bosque Tucumano-Boliviano, Bosque Serrano Chaqueño, Valles Secos, 0–2500 m.
Dept.: CH, CO, LP, SC, TA.
Tipo y muestra: *G. Mandon 511* p.p. (HT: W), *J.R.I. Wood 12101* (K, LPB, USZ).

Salvia raymondii J.R.I. Wood, Kew Bull. 62(2): 207, f. 5A–F, map 8. 2007.
Ref.: Wood (2007).
Hierba. Endémica. Andes. Yungas, 2000–3000 m.
Dept.: CO, SC.
Tipo y muestra: *J.R.I. Wood 19686* (HT: K; IT: LPB, USZ), *I.G. Vargas & E. Prado 1266* (K, MO, NY, USZ).
Infra: *Salvia raymondii* subsp. *mairanae* J.R.I. Wood

Salvia retinervia Briq., Bull. Herb. Boissier 4: 857. 1896.
Sin.: *Salvia chorianthos* Epling
Ref.: Epling & Mathias (1957), Foster (1958), Serrano & Terán (1998 [2000]), Wood (2007).
Subarbusto. Endémica. Zonas Bajas, Andes. Bosque Húmedo, Valles Secos, 0–1500 m.
Dept.: CH, CO, SC.
Tipo y muestra: *O. Kuntze s.n.* (HT: G; IT: NY; fotos: F), *J.R.I. Wood 11442* (K, LPB, USZ).

[Salvia rhombifolia Ruiz & Pav.], Syst. Veg. Fl. Peruv. Chil. 1: 26, t. 36. 1798.
Ref.: Foster (1958).
Nota: El registro se basa en material mal identificado de *S. tafallae*.

Salvia rusbyi Britton ex Rusby, Mem. Torrey Bot. Club 4(3): 247. 1895.
Ref.: Foster (1958), Wood (2007).
Subarbusto. Nativa. Andes. Yungas, 1000–1500 m.
Dept.: LP.
Tipo y muestra: *H.H. Rusby 2414* (HT: NY), *J.R.I. Wood & D. Moncada 14545* (BOLV, K, LPB, MO, USZ).
Nota: Casi endémica de Bolivia con un solo registro de Perú.

Salvia rypara Briq., Bull. Herb. Boissier 4: 850. 1896.
Sin.: *Salvia platystoma* Epling, *Salvia australis* Epling
Ref.: Foster (1958), De la Barra (1997), Serrano & Terán (1998 [2000]), Wood (2007).
Hierba, subarbusto. Nativa. Andes. Bosque Tucumano-Boliviano, Bosque Serrano Chaqueño, Valles Secos, 1000–3000 m.
Dept.: CH, CO, PO, SC, TA.
Tipo y muestra: *O. Kuntze s.n.* (HT: G; IT: NY), *J.R.I. Wood 11738* (BOLV, K, LPB, USZ).
Infra: *Salvia rypara* subsp. *platystoma* (Epling) J.R.I. Wood

Salvia serranoae J.R.I. Wood, Kew Bull. 62(2): 196. 2007.
Ref.: Wood (2007), Ministerio de Medio Ambiente y Agua (2012 [2013]).
Subarbusto. Endémica. Andes. Valles Secos, 1500–2000 m.
Dept.: CH, SC.
Tipo y muestra: *J.R.I. Wood & M. Serrano 13359* (HT: K; IT: LPB, USZ), *J.M. Mendoza & E. Calzadilla 811* (K, LPB, USZ).

Salvia sophrona Briq., Bull. Herb. Boissier 4: 854. 1896.
Sin.: *Salvia tiraquensis* Briq.
Ref.: Foster (1958), Wood (2007).
Hierba. Endémica. Andes. Páramo Yungueño, Valles Secos, 2000–3500 m.
Dept.: CH, CO, SC.
Tipo y muestra: *O. Kuntze s.n.* (HT: NY; IT: G), *J.R.I. Wood 11836* (BOLV, K, LPB).

Salvia splendens Sellow ex Wied-Neuw., Reise Bras. 1: 46. 1820.
Ref.: Wood (2007).
Hierba. Cultivada. Andes. Yungas, 1500–2000 m.
Dept.: CO, LP, SC.
Muestra: *S.G. Beck 23631* (LPB).

Salvia stachydifolia Benth., Prodr. 12: 311. 1848.
Ref.: Foster (1958), Wood (2007).
Hierba. Nativa. Andes. Bosque Tucumano-Boliviano, Valles Secos, 2500–3500 m.
Dept.: CH, CO, PO, TA.
Muestra: *J.R.I. Wood 8141* (BOLV, K, LPB).

Salvia sucrensis J.R.I. Wood, Kew Bull. 62: 201. 2007.
Ref.: Wood (2007).
Subarbusto. Endémica. Andes. Valles Secos, 1500–3000 m.
Dept.: CH.
Tipo y muestra: *J.R.I. Wood 14295* (HT: K; IT: LPB), *J.R.I. Wood et al. 22029* (HSB, K, LPB, USZ).

Salvia tafallae Benth., Labiat. Gen. Spec. 260. 1833.
Sin.: *Salvia foliosa* Benth.
Ref.: Epling (1935), Epling (1937), Foster (1958), Wood (2007).
Hierba. Nativa. Andes. Páramo Yungueño, 2500–3500 m.
Dept.: LP.
Muestra: *J.R.I. Wood & R.M. Harley 18081* (BOLV, K, LPB).
Nota: El nombre *S. rhombifolia* ha sido usado incorrectamente para esta especie por varios autores incluyendo Epling (1935, 1937).

Salvia tiliifolia Vahl, Symb. Bot. 3: 7. 1794.
Ref.: Foster (1958), Wood (2007).
Hierba. Naturalizada, adventicia. Andes. Valles Secos, 2000–3000 m.
Dept.: CH, CO, PO, SC.

Muestra: *J.R.I. Wood 9650* (BOLV, K, USZ).
Nota: Encontrada en CO en 1966 y probablemente introducida, aparentemente se está extendiendo su distribución en el país.

Salvia verbenacea L., Sp. Pl. 1: 25. 1753.
Ref.: Wood (2007).
Hierba. Cultivada. Andes. Valles Secos, 2500–3000 m.
Dept.: CO.
Muestra: *M. Mercado & J.R.I. Wood 2580* (BOLV).

Salvia wagneriana Pol., Linnaea 41(5–6): 591–592. 1877 [1878].
Ref.: Wood (2007).
Hierba. Cultivada. Andes. Valles Secos, 3000–3500 m.
Dept.: LP.
Muestra: *J.C. Solomon 15514* (LPB, MO).

Scutellaria L., Sp. Pl. 2: 598–600. 1753.
5 especies, 0 especies endémicas.

Scutellaria breviflora Benth., Edwards's Bot. Reg. 18: sub. t. 1493. 1832.
Ref.: Foster (1958), González et al. (1999), Mercado & Paton (2006).
Hierba. Nativa. Zonas Bajas, Andes. Bosque Húmedo, Bosque Seco Chaqueño, Yungas, Bosque Tucumano-Boliviano, Bosque Serrano Chaqueño, Valles Secos, 0–2500 m.
Dept.: CH, LP, SC, TA.
Muestra: *J.R.I. Wood & D.J. Goyder 15489* (K, LPB).
Nota: A veces se lo considera un sinónimo de *S. purpurascens* Sw.

Scutellaria eplingii Legname, Lilloa 31: 247. 1962.
Ref.: Foster (1958), Mercado & Paton (2006).
Hierba. Nativa. Andes. Bosque Tucumano-Boliviano, 2000–3000 m.
Dept.: CH, CO, SC, TA.
Muestra: *J.R.I. Wood 19088* (BOLV, K, LPB, USZ).

Scutellaria racemosa Pers., Syn. Pl. 2: 136. 1806.
Ref.: Foster (1958), Adolfo María (1966), González et al. (1999), Mercado & Paton (2006).
Hierba. Nativa. Zonas Bajas, Andes. Sabanas Benianas del Sur, Bosque Tucumano-Boliviano, 0–500, 1500–2500 m.
Dept.: CH, CO, SC, TA.
Muestra: *J.R.I. Wood 13936* (K, LPB, USZ).

Scutellaria uliginosa A. St.-Hil. ex Benth., Labiat. Gen. Spec. 427. 1834.
Ref.: Foster (1958), Mercado & Paton (2006).
Hierba. Nativa. Zonas Bajas. Bosque Semideciduo Chiquitano, Bosque Seco Chaqueño, 0–500 m.
Dept.: SC, TA.
Muestra: *J.R.I. Wood & A. Guzmán 17385* (K, LPB, USZ).

Scutellaria woodii M. Mercado U., Kew Bull. 61(4): 555. 2006.
Ref.: Ministerio de Medio Ambiente y Agua (2012 [2013]).
Hierba. Nativa. Andes. Bosque Tucumano-Boliviano, 2000–2500 m.
Dept.: CH.
Tipo y muestra: *J.R.I. Wood 16038* (HT: LPB; IT: HSB, K), *J.R.I. Wood 8467* (K, LPB).

Stachys L., Sp. Pl. 2: 580–582. 1753.
6 especies, 0 especies endémicas.

Stachys aperta Epling, Repert. Spec. Nov. Regni Veg. Beih. 80: 37. 1934.
Ref.: Serrano & Terán (1998 [2000]).
Hierba. Nativa. Andes. Yungas, Valles Secos, 2500–3500 m.
Dept.: CH, CO, LP.
Muestra: *S.G. Beck 4675* (K, LPB).

Stachys arvensis L., Sp. Pl. (ed. 2) 2: 814. 1763.
Hierba. Adventicia. Andes. Yungas, Valles Secos, 1500–2000, 2500–3000 m.
Dept.: CO, LP.
Muestra: *S.G. Beck 12107* (CTES, F, K, LPB, M, MO, NY, USZ).

Stachys gilliesii Benth., Labiat. Gen. Spec. 740. 1835.
Sin.: *Stachys micheliana* Briq.
Ref.: González et al. (1999).
Hierba. Nativa. Andes. Bosque Tucumano-Boliviano, Valles Secos, 1500–2000 m.
Dept.: CH, SC, TA.
Muestra: *M. Serrano et al. 6821* (HSB, K, MO).

Stachys mandoniana Briq., Annuaire Conserv. Jard. Bot. Genève 2: 118. 1898.
Ref.: Foster (1958).
Hierba. Nativa. Andes. Yungas, 2500–3500 m.
Dept.: LP.
Muestra: *S.G. Beck 7769* (K, LPB).

Stachys petiolosa Briq., Bull. Herb. Boissier 4(12): 868. 1896.
Sin.: *Stachys boliviana* Briq.
Ref.: Epling & Mathias (1957), Foster (1958).
Hierba. Nativa. Andes. Yungas, Bosque Tucumano-Boliviano, Valles Secos, 2500–3000 m.
Dept.: CH, CO.
Muestra: *J.R.I. Wood 9012* (K, LPB).

Stachys pusilla (Wedd.) Briq., Annuaire Conserv. Jard. Bot. Genève 2: 120. 1898.
Sin.: *Stachys elliptica* var. *pusilla* Wedd.
Ref.: Foster (1958).
Hierba. Nativa. Andes, Altiplano. Valles Secos, Puna Húmeda, 3000–4000 m.
Dept.: LP.
Muestra: *S.G. Beck 14775* (K, LPB, MO).

Teucrium L., Sp. Pl. 2: 562–567. 1753.
2 especies, 0 especies endémicas.

Teucrium fruticans L., Sp. Pl. 2: 562. 1753.
Subarbusto. Cultivada. Andes. Valles Secos, 3000–3500 m.
Dept.: LP.
Muestra: *M.C. Rojas 5* (LPB, USZ).

Teucrium vesicarium Mill., Gard. Dict. (ed. 8) no. 17. 1768.
Ref.: Foster (1958).
Hierba. Adventicia. Zonas Bajas. Bosque Húmedo, 0–1000 m.
Dept.: SC.
Muestra: *A.F. Fuentes C. 600* (LPB, MO, USZ).

Thymus L., Sp. Pl. 2: 590–592. 1753.
1 especie, 0 especies endémicas.

Thymus vulgaris L., Sp. Pl. 2: 591. 1753.
Subarbusto. Cultivada. Andes. Valles Secos, 2500–3000 m.
Dept.: CO.
Muestra: *M. Mercado & J.R.I. Wood 2579* (BOLV).

Vitex L., Sp. Pl. 2: 638 [as 938]. 1753.
6 especies, 0 especies endémicas.

Vitex cymosa Bertero ex Spreng., Syst. Veg. 2: 757. 1825.
Ref.: Foster (1958), Troncoso (1974), Moraes R. (1990), Menacho Viruez (1993), Killeen & Schulenberg (1998), Mostacedo C. & Uslar (1999), Arrázola Rivero et al. (2000), Serrano & Terán (1998 [2000]), Jardim et al. (2003).
Árbol. Nativa. Zonas Bajas, Andes. Bosque Húmedo, Bosque Semideciduo Chiquitano, Bosque

Seco Chaqueño, Yungas, 0–1500 m.
Dept.: BE, LP, PA, SC.
Muestra: *T. Centurión & R.C. Quevedo 1200* (MO).
Nom. Vern.: Taroma, tarumá.

[Vitex duckei Huber], Bol. Mus. Goeldi Hist. Nat. Ethnogr. 5: 217. 1908.
Ref.: Killeen & Schulenberg (1998).
Nota: El registro se basa en material mal identificado.

Vitex excelsa Moldenke, Trop. Woods 64: 34. 1940.
Árbol. Nativa. Zonas Bajas. Bosque Húmedo, 0–500 m.
Dept.: PA.
Muestra: *E. Meneces & R. Dominguez 778* (MO).
Nota: La identificación y separación de ésta con *V. polygama* es muy tentativa.
Nom. Vern.: Tarumá del monte.

[Vitex gigantea Kunth], Nov. Gen. Sp. (quarto ed.) 2: 245–246. 1817 [1818].
Ref.: Menacho Viruez (1993), Killeen & Schulenberg (1998).
Nota: El registro se basa en material mal identificado de *V. pseudolea* y *V. megapotamica.*

Vitex megapotamica (Spreng.) Moldenke, Amer. J. Bot. 38(5): 327. 1951.
Sin.: *Bignonia megapotamica* Spreng.
Ref.: Troncoso (1974).
Árbol. Nativa. Zonas Bajas. Bosque Húmedo, 0–1000 m.
Dept.: SC.
Muestra: *R.C. Quevedo et al. 1380* (MO, USZ).
Nom. Vern.: Taruma.

Vitex polygama Cham., Linnaea 7: 371. 1832.
Árbol. Nativa. Zonas Bajas. Bosque Húmedo, 0–500 m.
Dept.: BE, PA.
Muestra: *M. Toledo 1214* (MO).

Vitex pseudolea Rusby, Mem. New York Bot. Gard. 7: 341. 1927.
Ref.: Foster (1958), Moraes R. (1990), Menacho Viruez (1993).
Árbol. Nativa. Zonas Bajas, Andes. Bosque Húmedo, Yungas, 0–500, 1000–1500 m.
Dept.: BE, CO, LP, PA, SC.
Tipo y muestra: *O.E. White 767* (IT: BKL, GH, K, US), *J.C. Solomon 6456* (LPB, MO).
Nom. Vern.: Tarumá aceituna de monte.

Vitex triflora Vahl, Eclog. Amer. 2: 49–50. 1798.
Ref.: Foster (1958), Moraes R. (1990), Menacho Viruez (1993), Alverson et al. (2000).
Arbusto, arbolito, árbol. Nativa. Zonas Bajas, Andes. Bosque Húmedo, Yungas, 0–1500 m.
Dept.: BE, LP, PA.
Muestra: *M.J. Macía et al. 6134* (LPB, MA, MO).

LAURACEAE Juss., Gen. Pl. 80. 1789.

Por H. van der Werff (MO); revisado por S.G. Beck (LPB), M. Nee (NY), P.M. Jørgensen (MO).
15 géneros, 137 especies, 15 especies endémicas.

Aiouea Aubl., Hist. Pl. Guiane 1: 310, pl. 120. 1775.
3 especies, 0 especies endémicas.

Aiouea grandifolia van der Werff, Novon 4(1): 58, f. 1. 1994.
Árbol. Nativa. Zonas Bajas. Bosque Húmedo, 0–1000 m.
Dept.: LP.
Muestra: *R. Seidel 8890* (LPB, MA, MO).
Nota: Identificación tentativa, necesita confirmación con material en flor/fruto.

Aiouea tomentella (Mez) S.S. Renner, Fl. Neotrop. 31: 103. 1982.
Sin.: *Endlicheria tomentella* Mez
Ref.: Foster (1958), Kubitzki & Renner (1982), Killeen (1993b).
Árbol. Nativa. Zonas Bajas. Bosque Húmedo, 0–1000 m.
Dept.: LP, PA.
Muestra: *O.E. White 1991* (K, MO).

Aiouea trinervis Meisn., Prodr. 15(1): 83. 1864.
Ref.: Killeen & Schulenberg (1998).
Arbusto, arbolito. Nativa. Zonas Bajas. Campos Cerrados, 0–1000 m.
Dept.: SC.
Muestra: *R. Guillén V. et al. 3944* (LPB, MO, USZ).

Aniba Aubl., Hist. Pl. Guiane 1: 327, t. 126. 1775.
12 especies, 0 especies endémicas.

Aniba canelilla (Kunth) Mez, Jahrb. Königl. Bot. Gart. Berlin 5: 53. 1889.
Sin.: *Cryptocarya canelilla* Kunth
Ref.: Killeen (1993b), Killeen & Schulenberg (1998).
Árbol. Nativa. Zonas Bajas. Bosque Húmedo, 0–500 m.
Dept.: BE, LP, PA, SC.
Muestra: *T. Killeen 4528* (LPB, MO).
Nom. Vern.: Canelón.

Aniba coto (Rusby) Kosterm., Recueil Trav. Bot. Néerl. 35: 916. 1938.
Sin.: *Nectandra coto* Rusby
Ref.: Foster (1958), Killeen (1993b), Rohwer (1993).
Árbol. Nativa. Zonas Bajas, Andes. Bosque Húmedo, Yungas, 500–3000 m.
Dept.: LP.
Tipo y muestra: *O.E. White 1050* (ST: K, NY), *D.N. Smith & V. García E. 13890* (MO, NY, USZ).

Aniba cylindriflora Kosterm., Recueil Trav. Bot. Néerl. 35: 912. 1938.
Ref.: Killeen & Schulenberg (1998).
Árbol. Nativa. Zonas Bajas. Bosque Húmedo, Bosque Semideciduo Chiquitano, 0–1000 m.
Dept.: SC.
Muestra: *M.A. Lewis 37644* (MO, NY).

Aniba guianensis Aubl., Hist. Pl. Guiane 1: 327, t. 126. 1775.
Ref.: Killeen (1993b).
Árbol. Nativa. Zonas Bajas, Andes. Bosque Húmedo, Yungas, 500–1500 m.
Dept.: BE, CO, LP, SC.
Muestra: *N. Salinas 2880* (CUZ, HBG, K, LPB, MO, NY, SI).
Nom. Vern.: Canelón.

Aniba hostmanniana (Nees) Mez, Jahrb. Königl. Bot. Gart. Berlin 5: 67. 1889.
Sin.: *Aydendron hostmannianum* Nees, *Aniba gigantifolia* O.C. Schmidt
Ref.: Foster (1958), Fuentes Claros et al. (2009).
Arbolito. Nativa. Zonas Bajas. Bosque Húmedo, 0–500 m.
Dept.: CO, LP.
Muestra: *A.F. Fuentes C. et al. 7791* (LPB, MO).
Nota: Necesita ser confirmada.

Aniba megaphylla Mez, Jahrb. Königl. Bot. Gart. Berlin 5: 67. 1889.
Ref.: Fuentes Claros et al. (2009).
Árbol. Nativa. Zonas Bajas. Bosque Húmedo, 0–500 m.
Dept.: CO, LP, PA.
Muestra: *J.M. Cardiel & M. Prescott 116* (LPB, MO).

Aniba muca (Ruiz & Pav.) Mez, Jahrb. Königl. Bot. Gart. Berlin 5: 57. 1889.
Sin.: *Laurus muca* Ruiz & Pav., *Ocotea oblanceolata* Rusby
Ref.: Foster (1958), Kubitzki & Renner (1982), Killeen (1993b).

Árbol. Nativa. Zonas Bajas, Andes. Bosque Húmedo, Yungas, 500–1500 m.
Dept.: LP.
Muestra: *B.A. Krukoff 11002* (F, K, LPB, MO, NY, U).

Aniba panurensis (Meisn.) Mez, Jahrb. Königl. Bot. Gart. Berlin 5: 58. 1889.
Sin.: *Aydendron panurense* Meisn.
Ref.: Kubitzki & Renner (1982), Killeen (1993b), Killeen & Schulenberg (1998).
Árbol. Nativa. Zonas Bajas. Bosque Húmedo, 0–1000 m.
Dept.: BE, LP, PA, SC.
Muestra: *J.C. Solomon 13918* (LPB, MO, NY).

Aniba perutilis Hemsl., Bull. Misc. Inform. Kew 1894: 7. 1894.
Ref.: Foster (1958), Kubitzki & Renner (1982), Killeen (1993b).
Árbol. Nativa. Zonas Bajas. Bosque Húmedo, 500–1000 m.
Dept.: LP.
Muestra: *O. Buchtien 749* (NY).

Aniba puchury-minor (Mart.) Mez, Jahrb. Königl. Bot. Gart. Berlin 5: 70. 1889.
Sin.: *Ocotea puchury-minor* Mart.
Ref.: Foster (1958), Kubitzki & Renner (1982).
Árbol. Nativa. Zonas Bajas. Bosque Húmedo, 0–500 m.
Dept.: PA.
Muestra: *H.H. Rusby 709* (K, NY).

Aniba riparia (Nees) Mez, Jahrb. Königl. Bot. Gart. Berlin 5: 62. 1889.
Sin.: *Aydendron riparium* Nees
Ref.: Kubitzki & Renner (1982), Killeen (1993b).
Árbol. Nativa. Zonas Bajas. Bosque Húmedo, 0–1000 m.
Dept.: LP.
Muestra: *B.A. Krukoff 10951* (F, MO, NY).

Aniba taubertiana Mez, Jahrb. Königl. Bot. Gart. Berlin 5: 65. 1889.
Ref.: Fuentes Claros et al. (2009).
Árbol. Nativa. Zonas Bajas. Bosque Húmedo, 0–500 m.
Dept.: CO, LP, PA.
Muestra: *T. Killeen et al. 3505* (MO, USZ).

Beilschmiedia Nees, Pl. Asiat. Rar. 2: 61, 69. 1831.
2 especies, 0 especies endémicas.

Beilschmiedia latifolia (Nees) Sach. Nishida, Ann. Missouri Bot. Gard. 86(3): 680. 1999.
Sin.: *Hufelandia latifolia* Nees
Ref.: Fuentes Claros et al. (2009).
Arbolito, árbol. Nativa. Andes. Yungas, 1500–2500 m.
Dept.: LP.
Muestra: *A. Araujo M. et al. 2009* (LPB).
Nota: Necesita ser confirmada.

Beilschmiedia tovarensis (Klotzsch & H. Karst. ex Meisn.) Sach. Nishida, Ann. Missouri Bot. Gard. 86(3): 696. 1999.
Sin.: *Hufelandia tovarensis* Klotzsch & H. Karst. ex Meisn., *Ocotea pseudo-coto* Rusby, *Aniba pseudo-coto* (Rusby) Kosterm.
Árbol. Nativa. Zonas Bajas, Andes. Bosque Húmedo, Yungas, 500–3000 m.
Dept.: LP.
Muestra: *B.A. Krukoff 11235* (LPB, MO, NY).

Caryodaphnopsis Airy Shaw, Bull. Misc. Inform. Kew 1940(2): 74–75. 1940.
1 especie, 0 especies endémicas.

Caryodaphnopsis fosteri van der Werff, Syst. Bot. 11: 415. 1986.
Árbol. Nativa. Zonas Bajas. Bosque Húmedo, 0–500 m.
Dept.: LP.
Muestra: *A.H. Gentry & S. Estenssoro C. 70329* (LPB, MO, USZ).
Nota: La identificación necesita ser confirmada.

Cassytha L., Sp. Pl. 1: 35–36. 1753.
1 especie, 0 especies endémicas.

Cassytha filiformis L., Sp. Pl. 1: 35–36. 1753.
Ref.: Killeen & Schulenberg (1998).
Trepadora, parásita. Nativa. Zonas Bajas. Campos Cerrados, 0–1000 m.
Dept.: SC.
Muestra: *A.M. Carrión et al. 463* (LPB, MO, USZ).

Cinnamomum Schaeff., Bot. Exped. 74. 1760.
3 especies, 0 especies endémicas.

Cinnamomum camphora (L.) J. Presl, Prir. Rostlin 2: 47. 1825.
Sin.: *Laurus camphora* L.
Ref.: Killeen (1993b).
Árbol. Cultivada. Andes. Valles Secos, 2000–3000 m.
Dept.: CO, LP.
Muestra: *S.G. Beck 7026* (BOLV, HBG, LPB).
Nom. Vern.: Alcanfor.

[Cinnamomum filipes (Rusby) Kosterm.], Reinwardtia 7: 461. 1969.
Sin.: *Persea filipes* Rusby
Ref.: Foster (1958), Killeen (1993b).
Nota: Especie dudosa.

Cinnamomum triplinerve (Ruiz & Pav.) Kosterm., Reinwardtia 6(1): 24. 1961.
Sin.: *Laurus triplinervis* Ruiz & Pav., *Phoebe triplinervis* (Ruiz & Pav.) Mez
Ref.: Nee (2004).
Arbolito, árbol. Nativa. Zonas Bajas, Andes. Bosque Húmedo, Yungas, 0–500, 1000–2000 m.
Dept.: LP, SC.
Muestra: *S.G. Beck 17795* (LPB, MO).

Cinnamomum verum J. Presl, Prir. Rostlin 2(2): 36, 37–44. 1825.
Ref.: Killeen (1993b).
Árbol. Cultivada. Región, tipo de vegetación y elevación desconocidas.
Dept.: Bolivia.
Nota: Citada por Killeen (1993b) para Bolivia. No hay ejemplares de herbario confirmados.
Nom. Vern.: Canela.

Endlicheria Nees, Linnaea 8: 37–38. 1833.
16 especies, 0 especies endémicas.

Endlicheria acuminata Kosterm., Meded. Bot. Mus. Herb. Rijks Univ. Utrecht 42: 553. 1937.
Ref.: Chanderbali (2004).
Árbol. Nativa. Zonas Bajas. Bosque Húmedo, 0–500 m.
Dept.: BE.
Muestra: *R. Seidel et al. 6557* (HBG, LPB, MO).

Endlicheria anomala (Nees) Mez, Jahrb. Königl. Bot. Gart. Berlin 5: 133. 1889.
Sin.: *Goeppertia anomala* Nees
Ref.: Killeen (1993b), Killeen & Schulenberg (1998), Chanderbali (2004).
Arbolito, árbol. Nativa. Zonas Bajas. Bosque Húmedo, 0–500 m.
Dept.: BE, LP, PA, SC.
Muestra: *R. Guillén V. & R. Choré 3292* (LPB, MO, USZ).

Endlicheria aurea Chanderb., Fl. Neotrop. 91: 106–108, f. 38, 39. 2004.
Ref.: Chanderbali (2004).
Árbol. Nativa. Zonas Bajas, Andes. Bosque Húmedo, Yungas, 500–2000 m.
Dept.: LP.

Tipo y muestra: *J.C. Solomon 9255* (HT: MO-3118264; IT: LPB), *A.H. Gentry & J.C. Solomon 44524* (MO).

Endlicheria canescens Chanderb., Novon 6(4): 328, f. 1. 1996.
Ref.: Fuentes Claros et al. (2009).
Árbol. Nativa. Andes. Yungas, 1000–2000 m.
Dept.: LP, SC.
Muestra: *A.F. Fuentes C. et al. 9068* (BOLV, CTES, LPB, MO, USZ).

Endlicheria chalisea Chanderb., Novon 6(4): 329, f. 3. 1996.
Ref.: Chanderbali (1996), Chanderbali (2004).
Árbol. Nativa. Andes. Yungas, 2000–2500 m.
Dept.: LP.
Muestra: *S.G. Beck 3192* (HBG, LPB, M, MO, SI).

Endlicheria dysodantha (Ruiz & Pav.) Mez, Jahrb. Königl. Bot. Gart. Berlin 5: 118–119. 1889.
Sin.: *Laurus dysodantha* Ruiz & Pav.
Ref.: Foster (1958), Parker & Bailey (1991), Chanderbali (2004), Nee (2004).
Arbusto, árbol. Nativa. Zonas Bajas. Bosque Húmedo, 0–1000 m.
Dept.: CO, LP, SC.
Muestra: *M.H. Nee 39834* (LPB, MO, NY, USZ).

Endlicheria formosa A.C. Sm., Phytologia 1(3): 118. 1935.
Árbol. Nativa. Zonas Bajas. Bosque Húmedo, 0–500 m.
Dept.: CO.
Muestra: *O. Colque & E. Cruz 612* (MA, MO, NY, USZ).

Endlicheria gracilis Kosterm., Meded. Bot. Mus. Herb. Rijks Univ. Utrecht 42: 528. 1937.
Árbol. Nativa. Zonas Bajas. Bosque Húmedo, 0–500 m.
Dept.: CO.
Muestra: *Colque 294* (MA, MEXU, MO, USZ).

Endlicheria krukovii (A.C. Sm.) Kosterm., Meded. Bot. Mus. Herb. Rijks Univ. Utrecht 42: 531. 1937.
Sin.: *Aniba krukovii* A.C. Sm.
Ref.: Chanderbali (2004).
Árbol. Nativa. Zonas Bajas. Bosque Húmedo, 0–500 m.
Dept.: PA.
Muestra: *A. Jardim 594* (LPB, MO, NY, USZ).

Endlicheria levelii C.K. Allen, Mem. New York Bot. Gard. 10(5): 62. 1964.
Ref.: Chanderbali (2004).
Árbol. Nativa. Zonas Bajas. Bosque Húmedo, 0–500 m.
Dept.: BE, SC.
Muestra: *R. Guillén V. & V. Choré 3814* (LPB, MO, USZ).

[Endlicheria lhotzkyi (Nees) Mez], Jahrb. Königl. Bot. Gart. Berlin 5: 122. 1889.
Sin.: *Ocotea lhotzkii* Nees
Ref.: Foster (1958).
Nota: El registro se basa en material mal identificado de *E. aurea*.

Endlicheria metallica Kosterm., Meded. Bot. Mus. Herb. Rijks Univ. Utrecht 42: 543. 1937.
Ref.: Chanderbali (2004).
Árbol. Nativa. Zonas Bajas. Bosque Húmedo, 0–500 m.
Dept.: LP, SC.
Muestra: *A.H. Gentry & S. Estenssoro C. 70632* (F, LPB, MO).

[Endlicheria multiflora (Miq.) Mez], Jahrb. Königl. Bot. Gart. Berlin 5: 130. 1889.
Sin.: *Goeppertia multiflora* Miq.
Ref.: Killeen & Schulenberg (1998).
Nota: El registro se basa en material mal identificado de *E. levelii*.

Endlicheria paniculata (Spreng.) J.F. Macbr., Publ. Field Mus. Nat. Hist., Bot. Ser. 13(2/3): 850. 1938.
Sin.: *Citrosma paniculata* Spreng., *Endlicheria boliviensis* Kosterm.
Ref.: Foster (1958), Killeen & Schulenberg (1998), Chanderbali (2004), Nee (2004).
Árbol. Nativa. Zonas Bajas, Andes. Bosque Húmedo, Yungas, 0–1500 m.
Dept.: BE, LP, PA, SC.
Muestra: *J.C. Solomon 12948* (LPB, MO, NY).

Endlicheria pyriformis (Nees) Mez, Jahrb. Königl. Bot. Gart. Berlin 5: 116. 1889.
Sin.: *Cryptocarya pyriformis* Nees
Ref.: Foster (1958).
Árbol. Nativa. Zonas Bajas. Bosque Húmedo, 0–500 m.
Dept.: PA.
Muestra: *M. Toledo 1075* (MO, USZ).
Nom. Vern.: Negrillo.

Endlicheria rubriflora Mez, Jahrb. Königl. Bot. Gart. Berlin 5: 494. 1889.
Árbol. Nativa. Zonas Bajas. Bosque Húmedo, 0–500 m.
Dept.: CO.
Muestra: *O. Colque 316* (MA, MO, US, USZ).

Endlicheria ruforamula Chanderb., Fl. Neotrop. 91: 102–105, f. 36, 37. 2004.
Ref.: Chanderbali (2004).
Árbol. Nativa. Zonas Bajas. Bosque Húmedo, 0–500 m.
Dept.: PA.
Muestra: *T. Killeen 3880* (LPB, MO, USZ).

[Endlicheria sericea Nees], Linnaea 8: 38. 1833.
Ref.: Killeen (1993b).
Nota: El registro se basa en material mal identificado de *E. aurea*.

Endlicheria szyszylowiczii Mez, Jahrb. Königl. Bot. Gart. Berlin 5: 121. 1889.
Ref.: Foster (1958), Chanderbali (2004), Nee (2004).
Árbol. Nativa. Zonas Bajas, Andes. Bosque Húmedo, Yungas, 500–1000, 1500–2000 m.
Dept.: LP, SC.
Muestra: *A. Perry 999* (LPB, MO).

Laurus L., Sp. Pl. 1: 369. 1753.
1 especie, 0 especies endémicas.

Laurus nobilis L., Sp. Pl. 1: 369. 1753.
Árbol. Cultivada. Andes. Valles Secos, 3000–3500 m.
Dept.: LP.
Muestra: *R. Zeballos 1001* (MO, USZ).

Licaria Aubl., Hist. Pl. Guiane 1: 313, pl. 121. 1775.
7 especies, 0 especies endémicas.

Licaria armeniaca (Nees) Kosterm., Recueil Trav. Bot. Néerl. 34: 584. 1937.
Sin.: *Evonymodaphne armeniaca* Nees
Ref.: Killeen & Schulenberg (1998).
Arbusto, árbol. Nativa. Zonas Bajas. Bosque Húmedo, 0–500 m.
Dept.: PA, SC.
Muestra: *R.C. Quevedo et al. 2631* (LPB, MO, NY, USZ).

Licaria brasiliensis (Nees) Kosterm., Recueil Trav. Bot. Néerl. 34: 601. 1937.
Sin.: *Acrodiclidium brasiliense* Nees

Árbol. Nativa. Zonas Bajas. Bosque Húmedo, 0–500 m.
Dept.: SC.
Muestra: *R.B. Wallace 88* (LIV, MO, WCS).
Nota: Necesita ser confirmada.

Licaria cannella (Meisn.) Kosterm., Recueil Trav. Bot. Néerl. 34: 583. 1937.
Sin.: *Aydendron cannella* Meisn.
Ref.: Killeen (1993b).
Árbol. Nativa. Zonas Bajas, Andes. Bosque Húmedo, Yungas, 0–500, 1500–2000 m.
Dept.: LP.
Muestra: *A.H. Gentry & S. Estenssoro C. 70626* (MO).

Licaria guianensis Aubl., Hist. Pl. Guiane 1: 313, t. 121. 1775.
Ref.: Killeen & Schulenberg (1998).
Árbol. Nativa. Zonas Bajas. Bosque Húmedo, 0–500 m.
Dept.: PA, SC.
Muestra: *L. Vargas 960* (F, LPB).

Licaria pachycarpa (Meisn.) Kosterm., Recueil Trav. Bot. Néerl. 34: 604. 1937.
Sin.: *Aydendron pachycarpum* Meisn., *Acrodiclidium amarum* Mez, *Licaria amara* (Mez) Kosterm.
Ref.: Foster (1958), Killeen (1993b), Kurz (2000).
Árbol. Nativa. Zonas Bajas. Bosque Húmedo, 0–500 m.
Dept.: PA.
Muestra: *M. Toledo 1228* (MO, USZ).

Licaria pucheri (Ruiz & Pav.) Kosterm., Recueil Trav. Bot. Néerl. 34: 584. 1937.
Sin.: *Laurus pucheri* Ruiz & Pav.
Árbol. Nativa. Andes. Yungas, 1000–2500 m.
Dept.: LP.
Muestra: *A. Araujo M. et al. 3495* (LPB, MA, MO).

Licaria triandra (Sw.) Kosterm., Recueil Trav. Bot. Néerl. 34: 588. 1937.
Sin.: *Laurus triandra* Sw., *Laurus limbosa* Ruiz & Pav., *Acrodiclidium benense* Rusby, *Licaria limbosa* (Ruiz & Pav.) Kosterm.
Ref.: Foster (1958), Killeen (1993b), Killeen & Schulenberg (1998), Kurz (2000), Jardim et al. (2003), Nee (2004).
Árbol. Nativa. Zonas Bajas. Bosque Húmedo, 0–1000 m.
Dept.: LP, SC.
Muestra: *M.H. Nee & G. Coimbra 33870* (LPB, MO, NY, USZ).
Nom. Vern.: Laurel, negrillo.

Mezilaurus Kuntze ex Taub., Bot. Centralbl. 50: 21. 1892.

2 especies, 0 especies endémicas.

Mezilaurus itauba (Meisn.) Taub. ex Mez, Arbeiten Königl. Bot. Gart. Breslau 1: 112. 1892.
Sin.: *Acrodiclidium itauba* Meisn.
Ref.: Killeen (1993b).
Árbol. Nativa. Zonas Bajas. Bosque Húmedo, 0–500 m.
Dept.: PA.
Muestra: *A. Jardim 587* (LPB, MO, NY, USZ).
Nom. Vern.: Itauba amarilla.

Mezilaurus subcordata (Ducke) Kosterm., Meded. Bot. Mus. Herb. Rijks Univ. Utrecht 25: 40. 1936.
Sin.: *Silvia subcordata* Ducke
Árbol. Nativa. Zonas Bajas. Bosque Húmedo, 0–500 m.
Dept.: PA.
Muestra: *E. Meneces 729* (MO).

Nectandra Rol. ex Rottb., Acta Lit. Univ. Hafn. 1: 279. 1778.

32 especies, 2 especies endémicas.

Nectandra acuminata (Nees & C. Mart.) J.F. Macbr., Publ. Field Mus. Nat. Hist., Bot. Ser. 11(1): 19. 1931.
Sin.: *Persea acuminata* Nees & C. Mart.
Árbol. Nativa. Zonas Bajas. Bosque Húmedo, 0–500 m.
Dept.: PA.
Muestra: *A. Jardim & D. Cuellar 1007* (F, LPB, MO, NY, USZ).
Nota: Necesita ser confirmada.

Nectandra acutifolia (Ruiz & Pav.) Mez, Jahrb. Königl. Bot. Gart. Berlin 5: 409. 1889.
Sin.: *Laurus acutifolia* Ruiz & Pav.
Ref.: Foster (1958), Killeen (1993b), Rohwer (1993), Killeen & Schulenberg (1998).
Árbol. Nativa. Zonas Bajas, Andes. Bosque Húmedo, Yungas, 500–1000, 1500–2000 m.
Dept.: CO, LP.
Muestra: *O. Buchtien 723* (MO).

Nectandra amazonum Nees, Syst. Laur. 282. 1836.
Ref.: Killeen (1993b), Killeen & Schulenberg (1998), Arrázola Rivero et al. (2000).
Árbol. Nativa. Zonas Bajas. Bosque Húmedo, Sabanas Benianas del Sur, Campos Amazónicos, 0–500 m.
Dept.: BE, CO, LP, PA, SC.
Muestra: *S.G. Beck 15113* (LPB, M, MO).
Nom. Vern.: Isigo, laurel, laurel negro, negrillo.

Nectandra angusta Rohwer, Fl. Neotrop. 60: 133–135, f. 41. 1993.
Ref.: Killeen (1993b), Schulenberg & Awbrey (1997), Serrano & Terán (1998 [2000]), Nee (2004).
Árbol. Nativa. Zonas Bajas, Andes. Bosque Semideciduo Chiquitano, Yungas, Bosque Tucumano-Boliviano, Bosque Serrano Chaqueño, 500–3000 m.
Dept.: CH, CO, SC, TA.
Tipo y muestra: *J.C. Solomon 10094* (HT: MO-3442106; IT: HBG), *J.C. Solomon 9917* (LPB, MO, NY).

Nectandra apiculata Rohwer, Fl. Neotrop. 60: 123–124, f. 38. 1993.
Ref.: Nee (2004).
Árbol. Endémica. Andes. Yungas, 2500–3000 m.
Dept.: CO.
Tipo: *F.J. Fernández Casas 7824* (HT: MO-3118121; IT: NY).
Nota: Conocido solamente del tipo.

Nectandra brittonii Mez, Jahrb. Königl. Bot. Gart. Berlin 5: 435. 1889.
Ref.: Foster (1958), Rohwer (1993).
Árbol. Nativa. Zonas Bajas. Bosque Húmedo, 500–1000 m.
Dept.: LP.
Tipo: *H.H. Rusby 2602* (HT: NY).
Nota: Conocida en Bolivia solamente del tipo.

Nectandra cissiflora Nees, Syst. Laur. 296–297. 1836.
Sin.: *Nectandra steinbachii* O.C. Schmidt
Ref.: Foster (1958), Rohwer (1993), Killeen & Schulenberg (1998), Nee (2004).
Árbol. Nativa. Zonas Bajas, Andes. Bosque Húmedo, Yungas, 0–1000, 1500–2000 m.
Dept.: BE, LP, SC.
Muestra: *B.A. Krukoff 10427* (LPB, MO).

Nectandra citrifolia Mez & Rusby, Mem. Torrey Bot. Club 6: 115. 1896.
Ref.: Foster (1958), Killeen (1993b), Rohwer (1993).
Árbol. Nativa. Zonas Bajas. Bosque Húmedo, 0–500 m.
Dept.: LP.
Tipo: *M. Bang 1673* (HT: NY; IT: B, BM, G, K, M, MO, NY, NY, WU).
Nota: Conocida en Bolivia solamente del tipo. Killeen et al. (1993) cita *N. citrifolia* como un sinónimo de *N. psammophila* Nees. Rohwer

(1993) cita como especies válidas *N. citrifolia* y *N. psammophila*.

Nectandra cuneatocordata Mez, Bull. Herb. Boissier 5: 242. 1905.
Ref.: Killeen (1993b), Rohwer (1993).
Árbol. Nativa. Zonas Bajas. Bosque Húmedo, 0–500 m.
Dept.: BE, LP, PA, SC.
Muestra: *J.C. Solomon 10870* (HBG, LPB, MO, NY).

Nectandra cuspidata Nees & Mart., Syst. Laur. 330. 1836.
Sin.: *Nectandra pichurim* var. *cuprea* Mez
Ref.: Foster (1958), Moraes R. (1990), Killeen (1993b), Rohwer (1993), Killeen & Schulenberg (1998), Nee (2004).
Árbol. Nativa. Zonas Bajas, Andes. Bosque Húmedo, Yungas, 0–2000 m.
Dept.: BE, LP, PA, SC.
Muestra: *T. Killeen et al. 4868* (LPB, MO, NY, USZ).
Nom. Vern.: Yobini.

Nectandra dasystyla Rohwer, Fl. Neotrop. 60: 281–283, f. 98–99. 1993.
Ref.: Rohwer (1993).
Árbol. Nativa. Zonas Bajas. Bosque Húmedo, 0–500 m.
Dept.: BE, LP, PA.
Muestra: *E. Meneces 667* (MO, USZ).

Nectandra discolor (Kunth) Nees, Syst. Laur. 286. 1836.
Sin.: *Ocotea discolor* Kunth
Ref.: Rohwer (1993).
Árbol. Nativa. Región, tipo de vegetación y elevación desconocidas.
Dept.: LP.
Muestra: *M. Bang s.n.* (MO).

Nectandra hihua (Ruiz & Pav.) Rohwer, Fl. Neotrop. 60: 196. 1993.
Sin.: *Laurus hihua* Ruiz & Pav., *Nectandra guanaiensis* Rusby
Ref.: Foster (1958), Killeen (1993b), Rohwer (1993), Killeen & Schulenberg (1998), Nee (2004).
Árbol. Nativa. Zonas Bajas. Bosque Húmedo, 0–500 m.
Dept.: BE, LP, SC.
Muestra: *A.H. Gentry et al. 73831* (MO, USZ).

Nectandra lanceolata Nees & Mart., Linnaea 8: 47. 1833.
Ref.: Foster (1958).
Arbolito. Nativa. Zonas Bajas. Bosque Húmedo, 0–500 m.
Dept.: SC.
Muestra: *M.H. Nee 47073* (MO, NY, USZ).

Nectandra latissima Rohwer, Fl. Neotrop. 60: 254–257, f. 88. 1993.
Ref.: Rohwer (1993).
Árbol. Endémica. Zonas Bajas. Bosque Húmedo, Sabanas Benianas del Sur, 0–500 m.
Dept.: BE, PA.
Tipo y muestra: *S.G. Beck 6937* (HT: HBG; IT: LPB, MO-04940078), *E. Villanueva 846* (F, HBG, LPB, M, MO, NY, USZ).

Nectandra laurel Klotzsch ex Nees, Linnaea 21: 505. 1848.
Sin.: *Nectandra laurel* var. *glabrescens* Meisn., *Nectandra mollis* subsp. *laurel* (Klotzsch ex Nees) Rohwer
Ref.: Foster (1958), Killeen (1993b), Rohwer (1993), Nee (2004).
Árbol. Nativa. Andes. Yungas, 1500–2500 m.
Dept.: CO, LP, SC.
Muestra: *J.C. Solomon 9043* (LPB, MO).

Nectandra lineata (Kunth) Rohwer, Fl. Neotrop. 60: 209. 1993.
Sin.: *Ocotea lineata* Kunth, *Nectandra caucana* (Meisn.) Mez
Árbol. Nativa. Zonas Bajas. Bosque Húmedo, 500–1000 m.
Dept.: LP.
Muestra: *B.A. Krukoff 10158* (MO, NY).
Nota: necesita ser confirmada.

Nectandra lineatifolia (Ruiz & Pav.) Mez, Jahrb. Königl. Bot. Gart. Berlin 5: 424. 1889.
Sin.: *Laurus lineatifolia* Ruiz & Pav.
Ref.: Rohwer (1993).
Árbol. Nativa. Andes. Yungas, 1000–2500 m.
Dept.: LP.
Muestra: *A.F. Fuentes C. et al. 9309* (AAU, BOLV, HBG, LPB, MO, NY, USZ).

Nectandra longifolia (Ruiz & Pav.) Nees, Linnaea 21: 502. 1848.
Sin.: *Laurus longifolia* Ruiz & Pav.
Ref.: Killeen (1993b), Arrázola Rivero et al. (2000), Nee (2004).
Árbol. Nativa. Zonas Bajas, Andes. Bosque Húmedo, Yungas, 0–1500 m.
Dept.: BE, CO, LP, PA, SC.
Muestra: *M.H. Nee 48585* (MO, NY, USZ).
Nom. Vern.: Negrillo.

Nectandra maynensis Mez, Jahrb. Königl. Bot. Gart. Berlin 5: 428. 1889.
Ref.: Killeen (1993b).
Árbol. Nativa. Zonas Bajas. Bosque Húmedo, 0–1000 m.
Dept.: BE, LP.
Muestra: *D.N. Smith et al. 14293* (LPB, MO, USZ).

Nectandra megapotamica (Spreng.) Mez, Bull. Herb. Boissier 3: 794. 1903.
Sin.: *Tetranthera megapotamica* Spreng.
Ref.: Killeen (1993b), Nee (2004).
Árbol. Nativa. Zonas Bajas. Bosque Semideciduo Chiquitano, 0–1000 m.
Dept.: SC.
Muestra: *M.H. Nee 37887* (LPB, MO, NY).
Nom. Vern.: Negrillo.

Nectandra membranacea (Sw.) Griseb., Fl. Brit. W. I. 282. 1864.
Sin.: *Laurus membranacea* Sw., *Nectandra laevis* Mez
Ref.: Foster (1958), Killeen (1993b), Rohwer (1993).
Árbol. Nativa. Andes. Yungas, 1000–1500 m.
Dept.: BE, LP.
Muestra: *M. Bang 688* (GH, MO, NY).

Nectandra obtusata Rohwer, Fl. Neotrop. 60: 111–114, f. 31. 1993.
Árbol. Nativa. Andes. Yungas, 2000–3000 m.
Dept.: LP.
Muestra: *D.N. Smith & V. García E. 13880* (MO, USZ).

Nectandra oppositifolia Nees & Mart., Linnaea 8: 47. 1833.
Ref.: Nee (2004).
Arbolito, árbol. Nativa. Andes. Yungas, 1000–2000 m.
Dept.: SC.
Muestra: *M.H. Nee 39165* (MO, NY, USZ).
Nota: *N. oppositifolia* Nees & Mart vel aff., las colecciones citadas y depositadas en MO presentan pubescencia dentro del receptáculo.

Nectandra paucinervia Coe-Teix., Acta Amazon. 5(2): 157–158, f. 1. 1975.
Ref.: Rohwer (1993).
Árbol. Nativa. Zonas Bajas. Bosque Húmedo, 500–1000 m.
Dept.: LP.
Muestra: *B.A. Krukoff 11185* (F, G, MO, NY, US).

Nectandra pearcei Mez, Jahrb. Königl. Bot. Gart. Berlin 5: 444. 1889.
Ref.: Killeen & Schulenberg (1998).
Árbol. Nativa. Zonas Bajas. Bosque Húmedo, 0–1000 m.
Dept.: LP, SC.
Muestra: *J. Guillén et al. 178* (LPB, MO, USZ).

[Nectandra pichurim (Kunth) Mez], Jahrb. Königl. Bot. Gart. Berlin 5: 449. 1889.
Ref.: Foster (1958), González et al. (1999).
Nota: El registro se basa en material mal identificado.

[Nectandra pisi Miq.], Stirp. Surinam. Select. 199. 1850.
Ref.: Foster (1958).
Nota: El registro se basa en material mal identificado de *N. maynensis*.

[Nectandra pseudocotea C.K. Allen & Barneby ex Rohwer], Fl. Neotrop. 60: 140–142, f. 43, 45. 1993.
Ref.: Fuentes Claros et al. (2009).
Nota: El registro se basa en material mal identificado.

Nectandra pulverulenta Nees, Syst. Laur. 283. 1836.
Ref.: Foster (1958), Killeen (1993b), Rohwer (1993).
Árbol. Nativa. Zonas Bajas. Bosque Húmedo, 0–1000 m.
Dept.: CO, LP, PA.
Muestra: *C.R. Sperling et al. 6627* (LPB, MO).

Nectandra purpurea (Ruiz & Pav.) Mez, Jahrb. Königl. Bot. Gart. Berlin 5: 443. 1889.
Sin.: *Laurus purpurea* Ruiz & Pav.
Ref.: Rohwer (1993), Nee (2004).
Árbol. Nativa. Zonas Bajas, Andes. Bosque Húmedo, Yungas, 500–1500 m.
Dept.: LP, SC.
Muestra: *M.H. Nee 46164* (LPB, MO, NY, USZ).

Nectandra reticulata (Ruiz & Pav.) Mez, Jahrb. Königl. Bot. Gart. Berlin 5: 404–405. 1889.
Sin.: *Laurus reticulata* Ruiz & Pav.
Ref.: Foster (1958), Parker & Bailey (1991), Killeen (1993b), Rohwer (1993).
Árbol. Nativa. Zonas Bajas, Andes. Bosque Húmedo, Yungas, 0–2000 m.
Dept.: BE, CO, LP.
Muestra: *J.C. Solomon 8796* (AAU, HBG, LPB, MO, NY).

Nectandra riparia Rohwer, Fl. Neotrop. 60: 239–242, f. 82–83. 1993.
Ref.: Killeen & Schulenberg (1998).
Árbol. Nativa. Zonas Bajas. Bosque Húmedo, 0–500 m.
Dept.: SC.
Muestra: *R. Guillén V. & V. Roca 3303* (LPB, MO, NY, USZ).
Nota: Necesita ser confirmada.

[Nectandra sordida Rohwer], Fl. Neotrop. 60: 138–140, f. 43–44. 1993.
Ref.: Fuentes Claros et al. (2009).
Nota: El registro se basa en material mal identificado.

Nectandra turbacensis (Kunth) Nees, Syst. Laur. 316–317. 1836.
Sin.: *Ocotea turbacensis* Kunth
Ref.: Rohwer (1993).
Árbol. Nativa. Zonas Bajas, Andes. Bosque Húmedo, Yungas, 0–500, 2000–2500 m.
Dept.: BE, CO, PA, SC.
Muestra: *D.N. Smith et al. 14065* (MO, USZ).

[Nectandra warmingii Meisn.], Vidensk. Meddel. Dansk Naturhist. Foren. Kjøbenhavn 8–11: 141. 1870.
Ref.: Foster (1958).
Nota: El registro se basa en material mal identificado de *N. lineatifolia*.

Nectandra wurdackii C.K. Allen & Barneby ex Rohwer, Fl. Neotrop. 60: 215, f. 73–74. 1993.
Arbolito. Nativa. Zonas Bajas. Bosque Húmedo, 0–500 m.
Dept.: PA.
Muestra: *T. Killeen 4480* (LPB, MO, USZ).
Nota: Reófita.

Ocotea Aubl., Hist. Pl. Guiane 2: 780–781, t. 310. 1775.
36 especies, 8 especies endémicas.

Ocotea aciphylla (Nees & Mart.) Mez, Jahrb. Königl. Bot. Gart. Berlin 5: 243. 1889.
Sin.: *Oreodaphne aciphylla* Nees & Mart.
Árbol. Nativa. Zonas Bajas, Andes. Bosque Húmedo, Bosque Semideciduo Chiquitano, Campos Cerrados, Yungas, 0–2000 m.
Dept.: BE, CO, PA, SC.
Muestra: *M.H. Nee 41219* (MO, NY, USZ).

[Ocotea acutifolia (Nees) Mez], Jahrb. Königl. Bot. Gart. Berlin 5: 340. 1889.
Sin.: *Oreodaphne acutifolia* Nees
Ref.: Vargas Caballero et al. (2000).
Nota: El registro se basa en material mal identificado de *O. porphyria*.

Ocotea albida Mez & Rusby, Mem. Torrey Bot. Club 6: 114. 1896.
Ref.: Foster (1958), Killeen (1993b).
Árbol. Endémica. Zonas Bajas, Andes. Bosque Húmedo, Yungas, 500–2000 m.
Dept.: LP.
Tipo y muestra: *M. Bang 1550* (ST: E, F, G, K, M, MO-1803294, NY, NY, NY, WU; fotos: F), *B.A. Krukoff 11220* (A, LPB, MO, NY).

Ocotea albopunctulata Mez, Repert. Spec. Nov. Regni Veg. 16: 307. 1920.
Ref.: Killeen (1993b).
Árbol. Nativa. Zonas Bajas. Bosque Húmedo, 0–500 m.
Dept.: PA.
Muestra: *R.T. Pennington et al. 140* (K, LPB, MO, NY).

Ocotea amazonica (Meisn.) Mez, Jahrb. Königl. Bot. Gart. Berlin 5: 359. 1889.
Sin.: *Oreodaphne amazonica* Meisn.
Árbol. Nativa. Zonas Bajas. Bosque Húmedo, 0–500 m.
Dept.: PA.
Muestra: *A. Jardim 753* (MO, NY, USZ).

Ocotea bangii Mez & Rusby ex Rusby, Mem. Torrey Bot. Club 6: 115. 1896.
Ref.: Rohwer (1986).
Árbol. Endémica. Zonas Bajas. Bosque Húmedo, 500–1000 m.
Dept.: LP.
Tipo: *M. Bang 1674* (HT: NY; IT: MO-2183756).
Nota: Conocido solamente del tipo.

Ocotea bofo Kunth, Nov. Gen. Sp. (quarto ed.) 2: 161. 1817.
Arbolito. Nativa. Zonas Bajas. Bosque Húmedo, 0–1000 m.
Dept.: BE.
Muestra: *S. Estenssoro C. et al. 966* (LPB, MO).

Ocotea camphoromoea Rohwer, Mitt. Inst. Allg. Bot. Hamburg 20: 179. 1986.
Sin.: *Ocotea subtriplinervia* (Nees) Mez
Ref.: Killeen (1993b).
Arbusto. Nativa. Zonas Bajas. Bosque Húmedo, 0–500 m.
Dept.: PA.
Muestra: *S.G. Beck 17177* (HBG, LPB, MO, USZ).

Ocotea cernua (Nees) Mez, Mitt. Bot. Vereins Kreis Freiburg 47–48: 422. 1888.
Sin.: *Oreodaphne cernua* Nees, *Oreodaphne marowynensis* Miq., *Ocotea marowynensis* (Miq.) Mez, *Ocotea marmellensis* var. *acrensis* J.F. Macbr.
Ref.: Foster (1958), Parker & Bailey (1991), Killeen (1993b), Killeen & Schulenberg (1998), Jardim et al. (2003), Nee (2004).

Árbol. Nativa. Zonas Bajas. Bosque Húmedo, Bosque Semideciduo Chiquitano, Sabanas Benianas del Sur, 0–1000 m.
Dept.: BE, LP, PA, SC.
Muestra: *E. Gutiérrez C. et al. 480* (MO, USZ).
Nom. Vern.: Laurel.

Ocotea comata van der Werff, Novon 22(3): 343, f. 2. 2013.
Árbol. Endémica. Andes. Yungas, 2000–3000 m.
Dept.: LP.
Tipo y muestra: *A.F. Fuentes C. et al. 14843* (HT: LPB; IT: B, BOLV, MO, USZ), *G. Arellano et al. 2908* (LPB, MA, MO).

Ocotea corymbosa (Meisn.) Mez, Jahrb. Königl. Bot. Gart. Berlin 5: 321. 1889.
Sin.: *Mespilodaphne corymbosa* Meisn., *Ocotea reticulata* Mez, *Ocotea proboscidea* Rusby
Ref.: Foster (1958), Killeen (1993b), Nee (2004).
Árbol. Nativa. Zonas Bajas, Andes. Bosque Semideciduo Chiquitano, Yungas, 500–1500 m.
Dept.: BE, LP, SC.
Muestra: *M.A. Lewis 38028* (MO).

Ocotea costulata (Nees) Mez, Jahrb. Königl. Bot. Gart. Berlin 5: 244. 1889.
Sin.: *Oreodaphne costulata* Nees
Árbol. Nativa. Zonas Bajas. Bosque Húmedo, 0–500 m.
Dept.: PA.
Muestra: *L. Vargas et al. 1030* (F, LPB, MO).

[Ocotea cuneifolia (Ruiz & Pav.) Mez], Jahrb. Königl. Bot. Gart. Berlin 5: 259. 1889.
Sin.: *Laurus cuneifolia* Ruiz & Pav.
Ref.: Foster (1958).
Nota: El registro se basa en material mal identificado.

Ocotea cuprea (Meisn.) Mez, Jahrb. Königl. Bot. Gart. Berlin 5: 299. 1889.
Sin.: *Oreodaphne cuprea* Meisn.
Ref.: Foster (1958), Killeen (1993b).
Árbol. Nativa. Zonas Bajas. Bosque Húmedo, 500–1000 m.
Dept.: LP.
Muestra: *B.A. Krukoff 10848* (A, LPB, MO, NY).

Ocotea diospyrifolia (Meisn.) Mez, Jahrb. Königl. Bot. Gart. Berlin 5: 374. 1889.
Sin.: *Oreodaphne diospyrifolia* Meisn., *Ocotea suaveolens* var. *robusta* Hassl.
Ref.: Foster (1958), Killeen (1993b), Killeen & Schulenberg (1998).
Arbusto, árbol. Nativa. Zonas Bajas. Bosque Semideciduo Chiquitano, Sabanas Benianas del Sur, 0–500 m.
Dept.: BE, PA, SC.
Muestra: *J.C. Solomon 6321* (LPB, MO, NY).
Nom. Vern.: Negrillo.

Ocotea floribunda (Sw.) Mez, Jahrb. Königl. Bot. Gart. Berlin 5: 325–326. 1889.
Sin.: *Laurus floribunda* Sw.
Árbol. Nativa. Zonas Bajas. Bosque Húmedo, 0–500 m.
Dept.: PA, SC.
Muestra: *A. Jardim 660* (MO, NY, USZ).
Nota: Necesita ser confirmada.

Ocotea gracilis (Meisn.) Mez, Jahrb. Königl. Bot. Gart. Berlin 5: 327. 1889.
Sin.: *Oreodaphne gracilis* Meisn.
Ref.: Killeen (1993b), Killeen & Schulenberg (1998).
Arbusto, arbolito. Nativa. Zonas Bajas. Sabanas Benianas del Norte, 0–500 m.
Dept.: BE, LP, PA, SC.
Muestra: *S.G. Beck & R. Haase 9877* (CTES, HBG, LPB, M, MO, NY, USZ).

Ocotea guianensis Aubl., Hist. Pl. Guiane 2: 781, t. 310. 1775.
Ref.: Foster (1958), Moraes R. (1990), Killeen (1993b), Killeen & Schulenberg (1998), Alverson et al. (2000).
Árbol. Nativa. Zonas Bajas. Bosque Húmedo, 0–500 m.
Dept.: LP, PA, SC.
Muestra: *M.H. Nee 31649* (LPB, MO, NY).

Ocotea illustris Rusby, Bull. New York Bot. Gard. 6(22): 507. 1910.
Ref.: Foster (1958), Dorr (1991).
Árbol. Endémica. Zonas Bajas. Bosque Húmedo, 0–500 m.
Dept.: LP.
Tipo: *R.S. Williams 642* (HT: NY).
Nota: Conocido solamente del tipo.

Ocotea javitensis (Kunth) Pittier, Cat. Fl. Venez. 1: 311. 1945.
Sin.: *Laurus javitensis* Kunth
Ref.: van der Werff (2012).
Árbol. Nativa. Zonas Bajas. Bosque Húmedo, 0–1000 m.
Dept.: LP, PA.
Muestra: *T. Killeen 3717* (MO, USZ).
Nota: El ejemplar de herbario citado necesita ser confirmado.

[Ocotea jelskii Mez], Jahrb. Königl. Bot. Gart. Berlin 5: 261. 1889.
Ref.: Foster (1958), Killeen (1993b), Nee (2004).
Nota: El registro se basa en material mal identificado. Probablemente los especímenes determinados como *O. jelskii* en Bolivia corresponden a una especie aún no descrita de *Ocotea*.

Ocotea lancifolia (Schott) Mez, Jahrb. Königl. Bot. Gart. Berlin 5: 289. 1889.
Sin.: *Persea lancifolia* Schott
Ref.: Killeen & Schulenberg (1998).
Árbol. Nativa. Zonas Bajas. Bosque Húmedo, 0–500 m.
Dept.: SC.
Muestra: *A. Jardim et al. 206* (LPB, MO, NY, USZ).
Nota: Necesita ser confirmada.

Ocotea longifolia Kunth, Nov. Gen. Sp. (quarto ed.) 2: 164. 1817.
Sin.: *Ocotea rusbyana* Mez, *Ocotea trianae* Rusby
Ref.: Foster (1958), Killeen (1993b).
Árbol. Nativa. Zonas Bajas. Bosque Húmedo, 0–1000 m.
Dept.: BE, CO, PA.
Muestra: *A. Jardim 1116* (MO).

Ocotea mandonii Mez, Jahrb. Königl. Bot. Gart. Berlin 5: 311. 1889.
Ref.: Foster (1958).
Árbol. Endémica. Andes. Yungas, 2500–3500 m.
Dept.: LP, SC.
Tipo y muestra: *G. Mandon 1043* (HT: B; IT: F frag., F frag., MO, NY; fotos: F ex B), *J.C. Solomon 17466* (MO).

[Ocotea marmellensis Mez], Bull. Herb. Boissier 5: 238. 1905.
Ref.: Foster (1958).
Nota: El registro se basa en material mal identificado.

Ocotea matogrossensis Vatt., Advanc. Front. Pl. Sci. 7: 151. 1964.
Árbol. Nativa. Zonas Bajas. Bosque Húmedo, 0–500 m.
Dept.: SC.
Muestra: *R. Guillén V. & A. Jardim 1263* (MO, USZ).

Ocotea micrantha van der Werff, Novon 22(3): 354, f. 7. 2013.
Árbol. Endémica. Andes. Yungas, 2500–3000 m.
Dept.: LP.
Tipo: *D.N. Smith & V. García E. 13896*

(HT: MO; IT: MO, USZ).
Nota: Conocido solamente del tipo.

Ocotea minarum (Nees & Mart.) Mez, Jahrb. Königl. Bot. Gart. Berlin 5: 305. 1889.
Sin.: *Gymnobalanus minarum* Nees & Mart.
Ref.: Killeen (1993b), Killeen & Schulenberg (1998).
Arbolito, árbol. Nativa. Zonas Bajas. Bosque Semideciduo Chiquitano, Campos Cerrados, 500–1000 m.
Dept.: SC.
Muestra: *D.C. Daly et al. 2122* (MO, NY).

[Ocotea monzonensis Mez], Repert. Spec. Nov. Regni Veg. 3: 71. 1906.
Ref.: Killeen (1993b), Zenteno Ruiz & López (2010).
Nota: El registro se basa en material mal identificado.

Ocotea oblonga (Meisn.) Mez, Jahrb. Königl. Bot. Gart. Berlin 5: 367. 1889.
Sin.: *Mespilodaphne oblonga* Meisn.
Ref.: Foster (1958), Killeen & Schulenberg (1998).
Árbol. Nativa. Zonas Bajas. Bosque Húmedo, 0–1000 m.
Dept.: CO, LP, SC.
Muestra: *W. Pariona & R.C. Quevedo 1194* (MO, USZ).

Ocotea obovata (Ruiz & Pav.) Mez, Jahrb. Königl. Bot. Gart. Berlin 5: 366. 1889.
Sin.: *Laurus obovata* Ruiz & Pav.
Ref.: Fuentes Claros et al. (2009).
Árbol. Nativa. Zonas Bajas, Andes. Bosque Húmedo, Yungas, 0–1500 m.
Dept.: LP.
Muestra: *M.J. Macia & J.M. Quisbert 3997* (LPB, MA, MO).

Ocotea olivacea A.C. Sm., Bull. Torrey Bot. Club 58: 105. 1931.
Ref.: Fuentes Claros et al. (2009).
Árbol. Nativa. Zonas Bajas, Andes. Bosque Húmedo, Yungas, 500–1500 m.
Dept.: LP.
Muestra: *A.F. Fuentes C. et al. 11086* (BOLV, CTES, HSB, LPB, MA, MO, US, USZ, XAL).

Ocotea pauciflora (Nees) Mez, Jahrb. Königl. Bot. Gart. Berlin 5: 370. 1889.
Sin.: *Oreodaphne pauciflora* Nees, *Mespilodaphne laxiflora* Meisn., *Ocotea laxiflora* (Meisn.) Mez
Ref.: Foster (1958), Killeen & Schulenberg (1998).
Arbolito. Nativa. Zonas Bajas. Bosque Húmedo, 0–1000 m.
Dept.: BE, LP, PA, SC.
Muestra: *L. Vargas & R.B. Foster 817* (F, LPB, M, MO, NY, SI).

Ocotea porphyria (Griseb.) van der Werff, Monogr. Syst. Bot. Missouri Bot. Gard. 127: 1271. 2014.
Sin.: *Nectandra porphyria* Griseb., *Phoebe porphyria* (Griseb.) Mez, *Cinnamomum porphyrium* (Griseb.) Kosterm.
Ref.: Foster (1958), Killeen (1993b), Saravia Miranda (1996), Schulenberg & Awbrey (1997), González et al. (1999), Zárate et al. (1999), Serrano & Terán (1998 [2000]).
Árbol. Nativa. Andes. Bosque Tucumano-Boliviano, 1000–3000 m.
Dept.: CH, CO, TA.
Muestra: *A. Jardim et al. 1475* (MO, USZ).

Ocotea prunifolia Rusby, Bull. New York Bot. Gard. 4: 439. 1907.
Ref.: Foster (1958).
Árbol. Endémica. Andes. Yungas, 1500–2000 m.
Dept.: LP.
Tipo: *M. Bang 2144* (HT: NY; IT: MO-4357).
Nota: Conocido solamente del tipo.

Ocotea puberula (Rich.) Nees, Syst. Laur. 472. 1836.
Sin.: *Laurus puberula* Rich.
Ref.: Killeen (1993b), Nee (2004).
Árbol. Nativa. Zonas Bajas, Andes. Bosque Húmedo, Bosque Semideciduo Chiquitano, Yungas, 0–1500, 2000–2500 m.
Dept.: BE, LP, SC.
Muestra: *M.H. Nee & D.E. Atha 49784* (LPB, MO, NY).

Ocotea rubrinervis Mez, Jahrb. Königl. Bot. Gart. Berlin 5: 351–352. 1889.
Ref.: Foster (1958).
Arbusto. Nativa. Zonas Bajas. Bosque Húmedo, 500–1000 m.
Dept.: LP.
Muestra: *B.A. Krukoff 10053* (A, LPB, MO, NY).
Nota: Necesita ser confirmada.

Ocotea spectabilis (Meisn.) Mez, Jahrb. Königl. Bot. Gart. Berlin 5: 372. 1889.
Sin.: *Oreodaphne spectabilis* Meisn.
Ref.: Killeen (1993b).
Árbol. Nativa. Zonas Bajas. Bosque Húmedo, 0–500 m.
Dept.: BE.
Muestra: *S.G. Beck 5645* (HBG, LPB, MO, NY, USZ).

Ocotea spixiana (Nees) Mez, Jahrb. Königl. Bot. Gart. Berlin 5: 260. 1889.
Sin.: *Oreodaphne spixiana* Nees
Ref.: Killeen & Schulenberg (1998).
Árbol. Nativa. Zonas Bajas. Bosque Semideciduo Chiquitano, Campos Cerrados, 500–1000 m.
Dept.: SC.
Muestra: *S.N. Panfil & K.D. Keil 42* (MO, USZ).

Ocotea stenophylla van der Werff, Novon 22(3): 363, f. 12. 2013.
Árbol. Endémica. Andes. Yungas, 2500–3000 m.
Dept.: LP.
Tipo: *W.A. Palacios 7522* (HT: MO; IT: QCNE).
Nota: Conocido solamente del tipo.

Ocotea velloziana (Meisn.) Mez, Jahrb. Königl. Bot. Gart. Berlin 5: 347. 1889.
Sin.: *Oreodaphne velloziana* Meisn.
Ref.: Killeen (1993b).
Arbolito, árbol. Nativa. Zonas Bajas. Bosque Seco Chaqueño, 500–1000 m.
Dept.: SC.
Muestra: *D.C. Daly et al. 2204* (LPB, MO, NY, USZ).

Persea Mill., Gard. Dict. Abr. (ed. 4) [1030]. 1754.
13 especies, 4 especies endémicas.

Persea americana Mill., Gard. Dict. (ed. 8) s.n. 1768.
Sin.: *Persea gratissima* C.F. Gaertn.
Ref.: Foster (1958), Killeen (1993b), Killeen & Schulenberg (1998), Nee (2004).
Árbol. Cultivada. Zonas Bajas, Andes. Bosque Húmedo, Yungas, Bosque Tucumano-Boliviano, 0–2500 m.
Dept.: BE, CH, CO, LP, PA, SC.
Muestra: *D.E. Williams 1142* (MO).
Nom. Vern.: Aguacate, palta.

Persea areolatocostae (C.K. Allen) van der Werff, Ann. Missouri Bot. Gard. 76: 471. 1989.
Sin.: *Phoebe areolatocostae* C.K. Allen
Ref.: Fuentes Claros et al. (2009).
Árbol. Nativa. Andes. Yungas, 1000–1500 m.
Dept.: CO, LP.
Muestra: *A. Araujo M. et al. 3758* (LPB, MO, USZ).

Persea bilocularis L.E. Kopp, Mem. New York Bot. Gard. 14(1): 62. 1966.
Ref.: Kopp (1966), Killeen (1993b).
Árbol. Endémica. Región, tipo de vegetación y elevación desconocidas.

Dept.: LP.
Tipo: *M. Bang 2902* (HT: NY; IT: C, GH, K, LE, M, MO-4359, NY, US).
Nota: Conocido solamente del tipo.

Persea buchtienii O.C. Schmidt, Repert. Spec. Nov. Regni Veg. 31: 179. 1933.
Ref.: Foster (1958), Killeen (1993b), Nee (2004).
Arbusto, árbol. Endémica. Andes. Yungas, 1000–3000 m.
Dept.: LP, SC.
Tipo y muestra: *O. Buchtien 1725* (HT: B; IT: G, MO, NY, US), *A.F. Fuentes C. et al. 5596* (AAU, LPB, MO).

Persea caerulea (Ruiz & Pav.) Mez, Jahrb. Königl. Bot. Gart. Berlin 5: 171. 1889.
Sin.: *Laurus caerulea* Ruiz & Pav., *Persea laevigata* Kunth
Ref.: Foster (1958), Killeen (1993b), Killeen & Schulenberg (1998), Nee (2004).
Árbol. Nativa. Zonas Bajas, Andes. Campos Amazónicos, Yungas, 0–2500 m.
Dept.: BE, LP, SC.
Muestra: *I.G. Vargas 3717* (MO, USZ).

Persea haenkeana Mez, Jahrb. Königl. Bot. Gart. Berlin 5: 174. 1889.
Sin.: *Persea scoparia* Mez
Ref.: Foster (1958), Killeen (1993b).
Arbusto. Nativa. Andes. Yungas, 1500–2500 m.
Dept.: LP.
Muestra: *J.C. Solomon 9293* (MO, NY).

Persea negracotensis O.C. Schmidt, Repert. Spec. Nov. Regni Veg. 31: 180. 1933.
Ref.: Foster (1958).
Árbol. Endémica. Andes. Tipo de vegetación desconocida, 3000–3500 m.
Dept.: Bolivia.
Tipo: *W. Troll 1833* (HT: B).
Nota: Conocido solamente del tipo.

Persea peruviana Nees, Syst. Laur. 155. 1836.
Sin.: *Persea boliviensis* Mez & Rusby ex Rusby
Ref.: Foster (1958), Killeen (1993b).
Árbol. Nativa. Zonas Bajas, Andes. Bosque Húmedo, Yungas, 500–2000 m.
Dept.: LP.
Muestra: *M. Bang 1657* (B, CORD, GH, MO, NY).
Infra: *Persea peruviana* var. *boliviensis* (Mez & Rusby ex Rusby) L.E. Kopp

Persea pseudofasciculata L.E. Kopp, Mem. New York Bot. Gard. 14(1): 85. 1966.
Ref.: Killeen (1993b).
Árbol. Nativa. Zonas Bajas. Bosque Húmedo, 500–1000 m.
Dept.: LP.
Tipo y muestra: *B.A. Krukoff 11283* (HT: NY; IT: A, F, MO-1240654), *B.A. Krukoff 11028* (A, F, NY).
Infra: *Persea pseudofasciculata* var. *pseudofasciculata*

Persea ruizii J.F. Macbr., Publ. Field Mus. Nat. Hist., Bot. Ser. 11(1): 18. 1931.
Ref.: Killeen (1993b).
Árbol. Nativa. Andes. Yungas, Páramo Yungueño, 3000–4000 m.
Dept.: LP.
Muestra: *S.G. Beck 19955* (CUZ, HBG, M, MO, SI).

Persea sphaerocarpa (H.J.P. Winkl.) Kosterm., Reinwardtia 6: 156. 1962.
Sin.: *Beilschmiedia sphaerocarpa* H.J.P. Winkl.
Ref.: Fuentes Claros et al. (2009).
Árbol. Nativa. Zonas Bajas, Andes. Bosque Húmedo, Yungas, 500–1000, 1500–2000 m.
Tipo y muestra: *O. Buchtien 1378* (HT: B; IT: GH), *A.F. Fuentes C. et al. 9212* (LPB, MO).

Persea subcordata (Ruiz & Pav.) Nees, Linnaea 21: 492. 1848.
Sin.: *Laurus subcordata* Ruiz & Pav., *Persea vestita* Mez
Ref.: Foster (1958), Killeen (1993b).
Árbol. Nativa. Andes. Yungas, Páramo Yungueño, 2500–3000 m.
Dept.: LP.
Muestra: *G. Mandon 1042* (G, K, P, W).
Nota: *Mandon 1042* es el tipo de *P. vestita*.

Persea trollii O.C. Schmidt, Repert. Spec. Nov. Regni Veg. 31: 180. 1933.
Ref.: Foster (1958).
Árbol. Endémica. Zonas Bajas. Bosque Húmedo, 500–1000 m.
Dept.: LP.
Tipo: *C. Troll 2745* (HT: B).
Nota: Conocido solamente del tipo.

Pleurothyrium Nees, Nat. Syst. Bot. 349, 442. 1836.
4 especies, 0 especies endémicas.

Pleurothyrium cuneifolium Nees, Syst. Laur. 352. 1836.
Ref.: Killeen (1993b).
Árbol. Nativa. Zonas Bajas. Bosque Húmedo, 0–1000 m.
Dept.: BE, LP.
Muestra: *D.N. Smith et al. 12894* (LPB, MO, USZ).

Pleurothyrium intermedium (Mez) Rohwer, Mitt. Inst. Allg. Bot. Hamburg 20: 43. 1986.
Sin.: *Nectandra intermedia* Mez
Ref.: Killeen (1993b).
Árbol. Nativa. Zonas Bajas. Bosque Húmedo, 0–500 m.
Dept.: BE, SC.
Muestra: *D.A. Neill & R.C. Quevedo 9439* (LPB, MO, QCNE, USZ).
Nom. Vern.: Palo caníbalo.

Pleurothyrium parviflorum Ducke, Arch. Jard. Bot. Rio de Janeiro 5: 114. 1930.
Árbol. Nativa. Zonas Bajas. Bosque Húmedo, 0–500 m.
Dept.: LP.
Muestra: *A.H. Gentry & S. Estenssoro C. 70310* (LPB, MO).
Nota: Necesita ser confirmada.

Pleurothyrium poeppigii Nees, Syst. Laur. 349. 1836.
Sin.: *Pleurothyrium krukovii* A.C. Sm.
Ref.: Parker & Bailey (1991), van der Werff (1993).
Árbol. Nativa. Zonas Bajas, Andes. Bosque Húmedo, Yungas, 0–2000 m.
Dept.: CO, LP.
Muestra: *M. Cárdenas 3966* (F, US).

Rhodostemonodaphne Rohwer & Kubitzki, Bot. Jahrb. Syst. 107(1–4): 135. 1985.
4 especies, 1 especie endémica.

Rhodostemonodaphne dioica (Mez) Rohwer, Mitt. Inst. Allg. Bot. Hamburg 20: 83. 1986.
Sin.: *Nectandra dioica* Mez
Ref.: Killeen (1993b), Madriñán (2004).
Árbol. Nativa. Zonas Bajas. Bosque Húmedo, 0–500 m.
Dept.: PA.
Muestra: *R.T. Pennington et al. 123* (K, LPB, MO, NY).

[Rhodostemonodaphne grandis (Mez) Rohwer], Mitt. Inst. Allg. Bot. Hamburg 20: 84. 1986.
Ref.: Killeen (1993b).
Nota: El registro se basa en material mal identificado.

Rhodostemonodaphne juruensis (A.C. Sm.) Chanderb., Fl. Neotrop. 91: 124. 2004.
Sin.: *Aniba juruensis* A.C. Sm.
Ref.: Madriñán (2004).
Árbol. Nativa. Zonas Bajas. Bosque Húmedo, 500–1000 m.

Dept.: LP.
Muestra: *T. Killeen 3832* (LPB, MO, NY).

Rhodostemonodaphne kunthiana (Nees) Rohwer, Mitt. Inst. Allg. Bot. Hamburg 20: 84. 1986.
Sin.: *Acrodiclidium kunthianum* Nees
Ref.: Killeen (1993b), Madriñán (2004), Nee (2004).
Árbol. Nativa. Zonas Bajas, Andes. Bosque Húmedo, Yungas, 0–1500 m.
Dept.: BE, CO, LP, PA, SC.
Muestra: *S. Altamirano et al. 1416* (AAU, BOLV, MO, NY).
Nom. Vern.: Laurel, laurel amarillo, negrillo.

Rhodostemonodaphne longiflora Madriñán, Fl. Neotrop. 92: 38–39, f. 6D, 7 [map]. 2004.
Árbol. Endémica. Zonas Bajas. Bosque Húmedo, 0–500 m.
Dept.: SC.
Tipo: *R.W. Pearce 26-X* (HT: K).
Nota: Conocido solamente del tipo.

LECYTHIDACEAE A. Rich., Dict. Class. Hist. Nat. 9: 259. 1825.

Por S. Mori (NY); revisado por S.G. Beck (LPB), P.M. Jørgensen (MO).
8 géneros, 19 especies, 0 especies endémicas.

Allantoma Miers, Trans. Linn. Soc. London 30: 170, 291. 1874.
1 especie, 0 especies endémicas.

Allantoma pluriflora (Ducke) S.A. Mori, Y.-Y. Huang & Prance, Brittonia 60: 80. 2008.
Sin.: *Cariniana multiflora* Ducke
Ref.: Prance & Mori (1979), Justiniano & Fredericksen (1998), Killeen & Schulenberg (1998), Huang et al. (2008).
Árbol. Nativa. Zonas Bajas. Bosque Húmedo, Campos Cerrados, 0–500 m.
Dept.: BE.
Muestra: *R.C. Quevedo et al. 911* (LPB, MO, NY, USZ).
Nom. Vern.: Yesquero del campo.

Bertholletia Bonpl., Pl. Aequinoct. 1: 122, t. 36. 1808 [1807].
1 especie, 0 especies endémicas.

Bertholletia excelsa Bonpl., Pl. Aequinoct. 1: 122–127, pl. 36. 1807.
Ref.: Moraes R. (1990), Mori & Prance (1990), Quevedo Sopepí (1993a), Alverson et al. (2000), Huang et al. (2011).
Árbol. Nativa. Zonas Bajas. Bosque Húmedo, 0–500 m.
Dept.: BE, LP, PA.
Muestra: *A. Jardim 2539* (LPB, MO, NY, USZ).
Nota: Esta especie podría ser transferida a *Lecythis* con base en datos moleculares y morfológicos (Huang et al. 2011).
Nom. Vern.: Almendra, castaña, nuez de amazonía, nuez de brasil, tapa.

Cariniana Casar., Nov. Stirp. Bras. 4: 35–36. 1842.
4 especies, 0 especies endémicas.

Cariniana domestica (Mart.) Miers, Trans. Linn. Soc. London 30(2): 286, t. 63, f. 4–5. 1874.
Sin.: *Couratari domestica* Mart.
Ref.: Prance & Mori (1979), Quevedo Sopepí (1993a), Killeen & Schulenberg (1998), Jardim et al. (2003).
Árbol. Nativa. Zonas Bajas. Bosque Húmedo, 0–500 m.
Dept.: BE, LP, PA, SC.
Muestra: *M. Saldias et al. 3577* (MO, NY, USZ).
Nom. Vern.: Enchoce chico, yesquero.

Cariniana estrellensis (Raddi) Kuntze, Revis. Gen. Pl. 3(3): 89. 1898.
Sin.: *Couratari estrellensis* Raddi, *Cariniana excelsa* Casar.
Ref.: Foster (1958), Prance & Mori (1979), Quevedo Sopepí (1993a), Killeen & Schulenberg (1998), Alverson et al. (2000), Arrázola Rivero et al. (2000), Jardim et al. (2003), Nee (2008).
Árbol. Nativa. Zonas Bajas, Andes. Bosque Húmedo, Yungas, 0–1500 m.
Dept.: BE, CO, PA, SC.
Muestra: *I.G. Vargas et al. 1182* (F, LPB, MO, NY, USZ).
Nom. Vern.: Cusurú, mara macho, yesquero, yesquero negro.

Cariniana ianeirensis R. Knuth, Repert. Spec. Nov. Regni Veg. 35: 340. 1934.
Ref.: Prance & Mori (1979), Justiniano & Fredericksen (1998), Jardim et al. (2003).
Árbol. Nativa. Zonas Bajas. Bosque Húmedo, 0–500 m.
Dept.: SC.
Muestra: *J. Justiniano et al. 8* (USZ).
Nom. Vern.: Yesquero blanco.

Cariniana micrantha Ducke, Arch. Jard. Bot. Rio de Janeiro 5: 175. 1930.
Ref.: Prance & Mori (1979), Justiniano & Fredericksen (1998).
Árbol. Nativa. Zonas Bajas. Bosque Húmedo, 0–500 m.
Dept.: BE, SC.
Muestra: *J.C. Solomon 6302* (MO, NY).

[Cariniana rubra Gardner ex Miers], Trans. Linn. Soc. London 30(2): 288, pl. 63, f. 10. 1874.
Ref.: Foster (1958), Prance & Mori (1979).
Nota: El registro se basa en material mal identificado de *C. domestica* probablemente.

Couratari Aubl., Hist. Pl. Guiane 2: 723–724, t. 290. 1775.
2 especies, 0 especies endémicas.

Couratari guianensis Aubl., Hist. Pl. Guiane 2: 724–725, t. 290. 1775.
Ref.: Mori & Prance (1990), Parker & Bailey (1991), Quevedo Sopepí (1993a), Killeen & Schulenberg (1998), Alverson et al. (2000).
Árbol. Nativa. Zonas Bajas. Bosque Húmedo, 0–500 m.
Dept.: PA, SC.
Muestra: *R. Guillén V. et al. 4016* (LPB, MO, NY, USZ).
Nom. Vern.: Miso amarillo, tasho.

Couratari macrosperma A.C. Sm., Bull. Torrey Bot. Club 60(6): 383–384, t. 22, f. 1–2. 1933.
Ref.: Mori & Prance (1990), Quevedo Sopepí (1993a), Alverson et al. (2000).
Árbol. Nativa. Zonas Bajas. Bosque Húmedo, 0–500 m.
Dept.: BE, PA.
Muestra: *A. Jardim 718* (LPB, MO, NY, USZ).
Nom. Vern.: Miso colorado.

Couroupita Aubl., Hist. Pl. Guiane 2: 708, pl. 282. 1775.
1 especie, 0 especies endémicas.

Couroupita guianensis Aubl., Hist. Pl. Guiane 2: 708–12, pl. 282. 1775.
Ref.: Mori & Prance (1990), Alverson et al. (2000).
Árbol. Nativa. Zonas Bajas. Bosque Húmedo, 0–500 m.
Dept.: PA.
Muestra: *I.G. Vargas et al. 5252* (USZ).
Nom. Vern.: Bola de cañón.

Eschweilera Mart. ex DC., Prodr. 3: 293. 1828.
6 especies, 0 especies endémicas.

Eschweilera albiflora (DC.) Miers, Trans. Linn. Soc. London 30(2): 268. 1874.
Sin.: *Lecythis albiflora* DC., *Lecythis*

pachysepala Spruce ex O. Berg, *Lecythis turbinata* O. Berg, *Chytroma turbinata* (O. Berg) Miers, *Eschweilera turbinata* (O. Berg) Nied.
Ref.: Foster (1958), Mori & Prance (1990), Quevedo Sopepí (1993a), Killeen & Schulenberg (1998).
Árbol. Nativa. Zonas Bajas. Bosque Húmedo, 0–500 m.
Dept.: BE.
Muestra: *J.C. Solomon 7768* (LPB, MO).
Nom. Vern.: Miso blanco, pokko.

Eschweilera andina (Rusby) J.F. Macbr., Publ. Field Mus. Nat. Hist., Bot. Ser. 13(4): 246. 1941.
Sin.: *Lecythis andinus* Rusby, *Chytroma andina* (Rusby) R. Knuth
Ref.: Foster (1958), Mori & Prance (1990), Quevedo Sopepí (1993a).
Árbol. Nativa. Zonas Bajas. Bosque Húmedo, 0–500 m.
Dept.: LP, PA.
Muestra: *A.H. Gentry et al. 77911* (MO).

Eschweilera coriacea (DC.) S.A. Mori, Fl. Neotrop. 21(2): 203. 1990.
Sin.: *Lecythis coriacea* DC.
Ref.: Mori & Prance (1990), Quevedo Sopepí (1993a), Arrázola Rivero et al. (2000), Nee (2008).
Árbol. Nativa. Zonas Bajas. Bosque Húmedo, 0–500 m.
Dept.: BE, CO, PA, SC.
Muestra: *T. Killeen et al. 3540* (MO, NY).
Nom. Vern.: Charque, mata mata, pancho amargo.

Eschweilera juruensis R. Knuth, Pflanzenr. IV. 219a(Heft 105): 111. 1939.
Árbol. Nativa. Zonas Bajas. Bosque Húmedo, 0–500 m.
Dept.: LP.
Muestra: *T.L.P. Couvreur & R.T. Vargas 240* (no localizada).

Eschweilera ovalifolia (DC.) Nied., Nat. Pflanzenfam. 3(7): 40. 1892.
Sin.: *Lecythis ovalifolia* DC.
Ref.: Mori & Prance (1990), Quevedo Sopepí (1993a).
Árbol. Nativa. Zonas Bajas. Bosque Húmedo, 0–500 m.
Dept.: BE, PA.
Muestra: *A. Jardim 1073* (MO, NY, USZ).

Eschweilera parvifolia Mart. ex DC., Prodr. 3: 293. 1828.
Ref.: Mori & Prance (1990), Quevedo Sopepí (1993a), Killeen & Schulenberg (1998).
Árbol. Nativa. Zonas Bajas. Bosque Húmedo, 0–500 m.
Dept.: BE, LP, PA, SC.
Muestra: *R. Guillén V. et al. 3826* (LPB, MO, NY, USZ).
Nom. Vern.: Rohonosobi.

Gustavia L., Pl. Surin. 12, 17, 18. 1775.
3 especies, 0 especies endémicas.

Gustavia augusta L., Pl. Surin. 12, 17–18, t. 1775.
Ref.: Prance & Mori (1979), Moraes R. (1990), Quevedo Sopepí (1993a).
Árbol. Nativa. Zonas Bajas. Bosque Húmedo, 0–500 m.
Dept.: BE, LP, PA.
Muestra: *J.C. Solomon 6498* (LPB, MO, USZ).

Gustavia hexapetala (Aubl.) Sm., Cycl. 17: 2. 1819 [1811].
Sin.: *Pirigara hexapetala* Aubl., *Gustavia brasiliana* DC.
Ref.: Foster (1958), Prance & Mori (1979), Quevedo Sopepí (1993a), Alverson et al. (2000).
Árbol. Nativa. Zonas Bajas. Bosque Húmedo, 0–500 m.
Dept.: BE, PA.
Muestra: *A. Jardim 1074* (LPB, MO, NY, USZ).

Gustavia poeppigiana O. Berg, Fl. Bras. 14(1): 471. 1858.
Ref.: Prance & Mori (1979), Moraes R. (1990), Quevedo Sopepí (1993a).
Árbol. Nativa. Zonas Bajas. Bosque Húmedo, 0–500 m.
Dept.: PA.
Muestra: *M.H. Nee 31778* (LPB, MO, NY).

Lecythis Loefl., Iter Hispan. 176–189. 1758.
1 especie, 0 especies endémicas.

Lecythis zabucajo Aubl., Hist. Pl. Guiane 1: 718–721, t. 288. 1775.
Ref.: Mori & Prance (1990).
Árbol. Nativa. Zonas Bajas. Bosque Húmedo, 0–500 m.
Dept.: PA.
Muestra: *A.H. Gentry et al. 77606* (LPB, MO).
Nota: De acuerdo con Huang et al. (en prensa) *L. zabucajo* y otras especies relacionadas forman un clado separado que merece ser reconocido como un género independiente.
Nom. Vern.: Sapucaia.

LEMNACEAE Martinov, Tekhno-Bot. Slovar. 362. 1820.
Nota: Parte de Araceae (APG III 2009).

LENTIBULARIACEAE Rich., Fl. Paris 1(ed. fol.): 23,. 1808.
Por P.M. Jørgensen (MO), N. Ritter (CSU, Stanislaus Endangered Species Recovery Program) y S.G. Beck (LPB); revisado por A. Fleischman (M), M. Nee (NY).
3 géneros, 31 especies, 1 especie endémica.

Genlisea A. St.-Hil., Voy. Distr. Diam. 2: 428. 1833.
2 especies, 0 especies endémicas.

Genlisea filiformis A. St.-Hil., Voy. Distr. Diam. 2: 430–431. 1833.
Sin.: *Genlisea luteoviridis* C. Wright, *Genlisea anfractuosa* Tutin
Ref.: Fromm Trinta (1979), Taylor (1999), García Olvera & Martínez Salas (2002), Fleischmann (2011), Fleischmann (2012).
Hierba. Nativa. Zonas Bajas. Campos Cerrados, 500–1000 m.
Dept.: SC.
Muestra: *M. Cárdenas 4532* (US).

Genlisea guianensis N.E. Br., Icon. Pl. 27: t. 2629. 1900.
Ref.: Killeen & Schulenberg (1998), Taylor (1999), Ritter & Crow (2000), Fleischmann (2011), Fleischmann (2012).
Hierba, acuática. Nativa. Zonas Bajas. Campos Cerrados, 500–1000 m.
Dept.: SC.
Muestra: *N.P. Ritter et al. 3614* (MO, NHA, USZ).

Pinguicula L., Sp. Pl. 1: 17. 1753.
3 especies, 1 especie endémica.

Pinguicula calyptrata Kunth, Nov. Gen. Sp. (quarto ed.) 2: 226. 1817.
Sin.: *Pinguicula huilensis* Cuatrec., *Pinguicula antarctica* A. Fernández
Ref.: Casper (1966), Taylor (1975).
Hierba. Nativa. Andes. Yungas, Páramo Yungueño, 3500–4000 m.
Dept.: LP.
Muestra: *S. Achá et al. 213B* (LPB).

Pinguicula involuta Ruiz & Pav., Fl. Peruv. 1: 20. 1798.
Sin.: *Pinguicula macrostyla* Benj.
Ref.: Casper (1966), Beck et al. (2008), Fleischmann (2012).
Hierba. Nativa. Andes. Yungas, Páramo

Yungueño, 2500–4000 m.
Dept.: CO, LP.
Muestra: *J.C. Solomon 17416* (LPB, MO).

Pinguicula jarmilae Halda & Malina, Acta Mus. Richnov. Sect. Nat. 14(4): 110. 2007.
Sin.: *Pinguicula chuquisacensis* S. Beck, A. Fleischm. & Borsch
Ref.: Wood (2005), Beck et al. (2008).
Hierba. Endémica. Andes. Bosque Tucumano-Boliviano, 1500–2500 m.
Dept.: CH.
Tipo y muestra: *J.J. Halda JJH07112011* (HT: PR), *J. Villalobos et al. 501* (HSB, MO, MSB).

Utricularia L., Sp. Pl. 1: 18. 1753.

26 especies, 0 especies endémicas.

[Utricularia alpina Jacq.], Enum. Syst. Pl. 11. 1760.
Sin.: *Utricularia montana* Jacq., *Utricularia grandiflora* Pers., *Utricularia montana* Poir., *Orchyllium alpinum* (Jacq.) Barnhart
Ref.: Rusby (1907), Foster (1958), Ritter & Crow (2000).
Nota: El registro se basa en material mal identificado de *U. unifolia*.

Utricularia amethystina Salzm. ex A. St.-Hil. & Girard, Compt. Rend. Hebd. Séances Acad. Sci. 7: 870. 1838.
Sin.: *Utricularia aphylla* Vell., *Utricularia bicolor* A. St.-Hil. & Girard, *Utricularia hirtella* A. St.-Hil. & Girard, *Utricularia modesta* A. DC., *Utricularia genliseoides* Benj., *Utricularia obovata* Miq., *Utricularia punctifolia* Benj., *Utricularia selloi* Weber ex Benj., *Utricularia stolonifera* Benj., *Utricularia trinervia* Benj., *Utricularia versicolor* Benj., *Utricularia spatulata* Splitg. ex De Vries, *Utricularia velascoensis* Kuntze, *Utricularia damazioi* Beauverd, *Utricularia lindmanii* Sylvén, *Calpidisca amethystina* (Salzm. ex A. St.-Hil. & Girard) Barnhart, *Calpidisca modesta* (A. DC.) Barnhart, *Utricularia dawsonii* Steyerm.
Ref.: Foster (1958), Haase & Beck (1989), Taylor (1989), Haase (1990), Killeen & Schulenberg (1998), Ritter & Crow (2000), García Olvera (2009a), Wood et al. (2011).
Hierba. Nativa. Zonas Bajas, Andes. Bosque Semideciduo Chiquitano, Campos Cerrados, Sabanas Benianas del Norte, Campos Amazónicos, Yungas, 0–1500, 2000–2500 m.
Dept.: LP, SC.
Muestra: *N.P. Ritter et al. 3599* (MO, NHA, USZ).

Utricularia breviscapa Wright ex Griseb., Cat. Pl. Cub. 161–162. 1866.
Sin.: *Utricularia lagoensis* Warm.
Ref.: Nolte (1989), Taylor (1989), Killeen & Schulenberg (1998), Ritter & Crow (2000).
Hierba, acuática. Nativa. Zonas Bajas. Bosque Húmedo, Campos Cerrados, Sabanas Benianas del Sur, Campos Amazónicos, 0–500 m.
Dept.: LP, SC.
Muestra: *N.P. Ritter et al. 3547* (MO, NHA, USZ).

[Utricularia cornuta Michx.], Fl. Bor.-Amer. 1: 12. 1803.
Ref.: Foster (1958), Taylor (1989), Ritter & Crow (2000).
Nota: El registro se basa en material mal identificado de probablemente *U. meyeri* Pilg.

Utricularia erectiflora A. St.-Hil. & Girard, Compt. Rend. Hebd. Séances Acad. Sci. 7: 870. 1838.
Sin.: *Utricularia micrantha* Benj., *Utricularia spicata* Sylvén, *Stomoisia spicata* (Sylvén) Gleason, *Utricularia cearana* Steyerm., *Utricularia dicardia* Standl.
Ref.: Beck (1984), Taylor (1989), Ritter & Crow (2000), García Olvera (2009b).
Hierba. Nativa. Zonas Bajas. Sabanas Benianas del Sur, 0–500 m.
Dept.: BE.
Muestra: *S.G. Beck 5111* (K, LPB, MO).

Utricularia foliosa L., Sp. Pl. 1: 18. 1753.
Sin.: *Utricularia stellaris* L. f., *Utricularia oligosperma* A. St.-Hil., *Utricularia guianensis* Splitg. ex De Vries, *Utricularia mixta* Barnhart
Ref.: Beck (1984), Haase & Beck (1989), Taylor (1989), Navarro Sánchez (1993a), Killeen & Schulenberg (1998), Fuentes Claros & Navarro (2000), Ritter & Crow (2000), Galán de Mera & Linares Perea (2008).
Acuática. Nativa. Zonas Bajas. Bosque Húmedo, Bosque Semideciduo Chiquitano, Campos Cerrados, Sabanas Benianas del Norte, Sabanas Benianas del Sur, Campos Amazónicos, 0–500 m.
Dept.: BE, LP, SC.
Muestra: *N.P. Ritter et al. 4502* (LPB, MO, NHA, USZ).

Utricularia gibba L., Sp. Pl. 1: 18. 1753.
Sin.: *Utricularia obtusa* Sw., *Utricularia aphylla* Ruiz & Pav., *Utricularia tenuis* Cav., *Utricularia crenata* Vahl, *Utricularia furcata* Pers., *Utricularia pallens* A. St.-Hil. & Girard, *Utricularia gayana* A. DC.
Ref.: Taylor (1989), Killeen & Schulenberg (1998), Ritter & Crow (2000), De la Barra (2003), Galán de Mera & Linares Perea (2008).
Acuática. Nativa. Zonas Bajas, Andes, Altiplano. Bosque Húmedo, Bosque Semideciduo Chiquitano, Campos Cerrados, Sabanas Benianas del Sur, Yungas, Puna Húmeda, 0–500, 2500–4000 m.
Dept.: BE, CO, LP, SC.
Muestra: *N.P. Ritter et al. 3548* (MO, NHA, USZ).

Utricularia guyanensis A. DC., Prodr. 8: 11–12. 1844.
Ref.: Ritter & Crow (2000).
Hierba, acuática. Nativa. Zonas Bajas. Campos Cerrados, 0–500 m.
Dept.: SC.
Muestra: *N.P. Ritter & G.E. Crow 4414* (MO, NHA, USZ).
Nota: La identificación necesita ser reconfirmada.

Utricularia hispida Lam., Tabl. Encycl. 1: 50. 1791.
Sin.: *Utricularia picta* Warm., *Calpidisca hispida* (Lam.) Barnhart, *Utricularia baldwinii* Steyerm.
Ref.: Taylor (1989), Ritter & Crow (2000), García Olvera (2009a).
Hierba. Nativa. Zonas Bajas. Campos Cerrados, 0–500 m.
Dept.: LP, SC.
Muestra: *R. Guillén V. et al. 4035* (MO, USZ).

Utricularia hydrocarpa Vahl, Enum. Pl. 1: 200. 1804.
Sin.: *Utricularia salzmannii* A. St.-Hil. & Girard, *Utricularia coccinea* Benj., *Utricularia fockeana* Miq., *Utricularia vaga* Griseb., *Utricularia amazonasana* Steyerm.
Ref.: Taylor (1989), Ritter & Crow (2000), García Olvera (2009a).
Hierba, acuática. Nativa. Zonas Bajas. Bosque Húmedo, Campos Cerrados, Sabanas Benianas del Sur, 0–500 m.
Dept.: BE, SC.
Muestra: *N.P. Ritter et al. 4666* (MO, NHA, USZ).

Utricularia jamesoniana Oliv., J. Proc. Linn. Soc., Bot. 4: 169–170, t. 1, f. 1. 1860.
Sin.: *Utricularia schimperi* Schenk, *Utricularia verapazensis* Morong ex Donn. Sm., *Utricularia concinna* N.E. Br., *Orchyllium schimperi* (Schenk) Barnhart

Ref.: Taylor (1989).
Hierba, epífita. Nativa. Andes. Yungas, 2000–3000 m.
Dept.: LP.
Muestra: *T. Krömer & A. Acebey 959* (K, LPB).

Utricularia lloydii Merl ex F.E. Lloyd, Flora 126: 311–313, f. 8. 1932.
Ref.: Haase & Beck (1989), Taylor (1989), Ritter & Crow (2000).
Hierba. Nativa. Zonas Bajas. Sabanas Benianas del Norte, 0–500 m.
Dept.: BE.
Muestra: *S.G. Beck & R. Haase 10062* (K, LPB).

Utricularia meyeri Pilg., Bot. Jahrb. Syst. 30: 194. 1901.
Ref.: Taylor (1989), Killeen & Schulenberg (1998), Ritter & Crow (2000).
Hierba. Nativa. Zonas Bajas. Campos Cerrados, 0–500 m.
Dept.: SC.
Muestra: *R. Guillén V. et al. 3905* (MA, MO, USZ).

Utricularia myriocista A. St.-Hil. & Girard, Compt. Rend. Hebd. Séances Acad. Sci. 7: 869. 1838.
Sin.: *Utricularia pulcherrima* Sylvén, *Utricularia amoena* Pilg., *Utricularia magnifica* Pilg.
Ref.: Taylor (1989), Ritter & Crow (2000).
Acuática. Nativa. Zonas Bajas. Campos Cerrados, Sabanas Benianas del Sur, 0–500 m.
Dept.: BE, SC.
Muestra: *N.P. Ritter et al. 4394* (LPB, MO, NHA, USZ).

Utricularia nana A. St.-Hil. & Girard, Compt. Rend. Hebd. Séances Acad. Sci. 7: 869. 1838.
Sin.: *Utricularia dubia* Benj., *Utricularia lingulata* Weber ex Benj., *Utricularia arenicola* Tutin
Ref.: Taylor (1989), Ritter & Crow (2000).
Hierba. Nativa. Zonas Bajas. Campos Cerrados, 500–1000 m.
Dept.: SC.
Muestra: *N.P. Ritter et al. 3600* (MO, NHA, USZ).

Utricularia neottioides A. St.-Hil. & Girard, Compt. Rend. Hebd. Séances Acad. Sci. 7: 869. 1838.
Sin.: *Utricularia herzogii* Luetzelb., *Avesicaria neottioides* (A. St.-Hil. & Girard) Barnhart
Ref.: Foster (1958), Taylor (1989), Fromm Trinta (1991), Killeen & Schulenberg (1998), Ritter & Crow (2000), Pozo (2011).
Hierba, acuática. Nativa. Zonas Bajas. Bosque Semideciduo Chiquitano, Campos Cerrados, 0–1000 m.
Dept.: SC.
Muestra: *N.P. Ritter et al. 3622* (MO, NHA, USZ).

Utricularia nervosa Weber ex Benj., Fl. Bras. 10: 247. 1847.
Ref.: Taylor (1989), Killeen & Schulenberg (1998), Ritter & Crow (2000).
Hierba. Nativa. Zonas Bajas. Campos Cerrados, 0–500 m.
Dept.: SC.
Muestra: *R. Guillén V. & J. Surubí 1219* (MO, USZ).

Utricularia olivacea C. Wright ex Griseb., Cat. Pl. Cub. 161. 1866.
Ref.: Taylor (1989).
Hierba, acuática. Nativa. Zonas Bajas. Sabanas Benianas del Sur, 0–500 m.
Dept.: BE.
Muestra: *S.G. Beck 6979a* (K).

Utricularia oliveriana Steyerm., Fieldiana, Bot. 28(3): 546. 1953.
Sin.: *Utricularia neottioides* var. *pedicellata* Oliv., *Utricularia oliveriana* fo. *parva* Steyerm.
Ref.: Taylor (1989), Ritter & Crow (2000).
Hierba. Nativa. Zonas Bajas. Campos Cerrados, 0–500 m.
Dept.: SC.
Muestra: *A. Jardim et al. 484* (MO, USZ).

Utricularia poconensis Fromm, Bradea 4: 139. 1985.
Ref.: Taylor (1989), Ritter & Crow (2000), Galán de Mera & Linares Perea (2008).
Acuática. Nativa. Zonas Bajas. Bosque Semideciduo Chiquitano, Campos Cerrados, 0–500 m.
Dept.: SC.
Muestra: *R. Guillén V. et al. 2256* (MO, USZ).

Utricularia pusilla Vahl, Enum. Pl. 1: 202. 1804.
Sin.: *Utricularia leptantha* Benj., *Utricularia microcarpa* Dieter., *Setiscapella pusilla* (Vahl) Barnhart ex Britton & Wilson
Ref.: Foster (1958), Dawson (1973), Taylor (1989), Killeen & Schulenberg (1998), Ritter & Crow (2000).
Hierba. Nativa. Zonas Bajas, Andes. Bosque Húmedo, Bosque Semideciduo Chiquitano, Campos Cerrados, Yungas, 0–1500 m.
Dept.: LP, SC.
Muestra: *N.P. Ritter 3020* (MO, NHA, USZ).

Utricularia simulans Pilg., Notizbl. Königl. Bot. Gart. Berlin 6(56): 189. 1914.
Sin.: *Polypompholyx laciniata* Mart. ex Benj., *Utricularia surinamensis* Buscal., *Aranella fimbriata* (Kunth) Barnhart, *Utricularia congesta* Steyerm., *Utricularia orinocensis* Steyerm.
Ref.: Taylor (1989), Killeen & Nee (1991), Killeen & Schulenberg (1998), Ritter & Crow (2000), García Olvera (2009a), Wood et al. (2011).
Hierba. Nativa. Zonas Bajas. Bosque Semideciduo Chiquitano, Campos Cerrados, 0–500 m.
Dept.: SC.
Muestra: *E. Gutiérrez C. et al. 872* (MO, USZ).

Utricularia subulata L., Sp. Pl. 1: 18. 1753.
Sin.: *Utricularia filiformis* Roem. & Schult., *Vesiculina setacea* (Michx.) Raf., *Utricularia media* Salzm. ex A. St.-Hil. & Girard, *Utricularia cleistogama* (A. Gray) Britton, *Setiscapella cleistogama* (A. Gray) Barnhart, *Setiscapella subulata* (L.) Barnhart, *Enetophyton cleistogamum* (A. Gray) Nieuwl.
Ref.: Foster (1958), Haase & Beck (1989), Taylor (1989), Killeen & Nee (1991), Killeen & Schulenberg (1998), Ritter & Crow (2000), Wood et al. (2011).
Hierba. Nativa. Zonas Bajas. Bosque Semideciduo Chiquitano, Campos Cerrados, Sabanas Benianas del Norte, 0–1000 m.
Dept.: LP, SC.
Muestra: *S.G. Beck & R. Haase 10063* (K, LPB).

Utricularia trichophylla Spruce ex Oliv., J. Proc. Linn. Soc., Bot. 4: 173. 1860.
Sin.: *Utricularia kuhlmannii* Merl
Ref.: Taylor (1989), Ritter & Crow (2000).
Hierba, acuática. Nativa. Región, tipo de vegetación y elevación desconocidas.
Dept.: Bolivia.

Utricularia tricolor A. St.-Hil., Voy. Distr. Diam. 2: 418. 1833.
Sin.: *Utricularia fontana* A. St.-Hil. & Girard, *Utricularia gomezii* A. DC., *Utricularia chamissonis* Weber ex Benj., *Utricularia globulariifolia* Mart. ex Benj., *Utricularia monantha* Benj., *Utricularia fusiformis* Warm.
Ref.: Foster (1958), Dawson (1973), Taylor (1989), Killeen & Nee (1991), Killeen & Schulenberg (1998), Ritter & Crow (2000), Wood et al. (2011).

Hierba. Nativa. Zonas Bajas. Bosque Húmedo, Bosque Semideciduo Chiquitano, Campos Cerrados, 0–500 m.
Dept.: SC.
Muestra: *N.P. Ritter & G.E. Crow 2225* (BOLV, LPB, MO, NHA).

Utricularia triloba Benj., Fl. Bras. 10: 248. 1847.
Ref.: Taylor (1989), Ritter & Crow (2000).
Hierba. Nativa. Zonas Bajas. Bosque Húmedo, 0–500 m.
Dept.: BE.
Muestra: *W.R. Anderson 11999* (NY).

Utricularia unifolia Ruiz & Pav., Fl. Peruv. 1: 20, t. 31B. 1797 [1798].
Ref.: Foster (1958), Taylor (1989), Ritter & Crow (2000).
Hierba, epífita. Nativa. Andes. Yungas, 2000–3500 m.
Dept.: CO, LP.
Muestra: *J.C. Solomon & B.A. Stein 11678* (LPB, MO).

Utricularia warmingii Kamienski, Ber. Deutsch. Bot. Ges. 12: 7. 1894.
Sin.: *Utricularia hoehnii* Kuhlm.
Ref.: Beck (1984), Taylor (1989), Ritter & Crow (2000).
Acuática. Nativa. Zonas Bajas. Sabanas Benianas del Sur, 0–500 m.
Dept.: BE.
Muestra: *S.G. Beck 3276* (K, LPB).

LILIACEAE Juss., Gen. Pl. 48. 1789.

Nota: Véase Alstroemeriaceae, Amaryllidaceae, Asparagaceae e Hypoxidaceae.

LIMNOCHARITACEAE Takht. ex Cronquist, Integr. Syst. Class. 1048. 1981.

Nota: Parte de Alismataceae (APG III 2009).

LINACEAE DC. ex Perleb, Vers. Arzneikr. Pfl. 107. 1818.

Por N. Salinas (CUZ) [*Cliococca*, *Linum*], A. Jardim (USZ) [*Hebepetalum*, *Roucheria*]; revisado por S.G. Beck (LPB), M. Nee (NY), P.M. Jørgensen (MO).
4 géneros, 10 especies, 0 especies endémicas.

Cliococca Bab., Proc. Linn. Soc. Lond. 1: 90. 1841.
1 especie, 0 especies endémicas.

Cliococca selaginoides (Lam.) C.M. Rogers & Mildner, Rhodora 73(796): 563. 1971.
Hierba. Nativa. Zonas Bajas. Bosque Semideciduo Chiquitano, 500–1000 m.
Dept.: SC.
Muestra: *A. Molina 342* (MO, NY, USZ).

Hebepetalum Benth., Gen. Pl. 1: 244. 1862.
1 especie, 0 especies endémicas.

Hebepetalum humiriifolium (Planch.) Benth., Gen. Pl. 1: 242. 1862.
Sin.: *Roucheria humiriifolia* Planch., *Roucheria angulata* Gleason
Ref.: Macbride (1949b), Spichiger et al. (1990), Jardim & Berry (1999).
Árbol. Nativa. Zonas Bajas. Bosque Húmedo, Campos Amazónicos, 0–500 m.
Dept.: BE, LP, PA.
Muestra: *A. Perry 1119* (LPB, MO).

Linum L., Sp. Pl. 1: 277–281. 1753.
5 especies, 0 especies endémicas.

Linum filiforme Urb., Linnaea 41: 643. 1877.
Ref.: Foster (1958), Schulenberg & Awbrey (1997), Serrano & Terán (1998 [2000]).
Hierba. Nativa. Andes. Bosque Serrano Chaqueño, 2000–2500 m.
Dept.: CH, TA.
Muestra: *K. Fiebrig 2573* (GH).

Linum junceum A. St.-Hil., Fl. Bras. Merid. (quarto ed.) 1: 134, t. 24. 1824.
Ref.: Macbride (1949b).
Hierba. Nativa. Andes. Valles Secos, 2000–3000 m.
Dept.: CO, TA.
Muestra: *S.G. Beck 26197* (LPB).
Nota: Identificación tentativa.

Linum prostratum Dombey ex Lam., Encycl. 3: 525. 1791.
Ref.: Garcke (1877), Macbride (1949b), Rogers & Mildner (1976).
Hierba. Naturalizada. Andes. Valles Secos, 2500–3000 m.
Dept.: LP.
Muestra: *N. Salinas 3399* (CUZ, LPB).

Linum scoparium Griseb., Abh. Königl. Ges. Wiss. Göttingen 19: 103. 1874.
Ref.: Macbride (1949b), Foster (1958), Rogers & Mildner (1976).
Hierba. Nativa. Andes. Yungas, Valles Secos, 1500–2500 m.
Dept.: CO, LP, TA.
Muestra: *M. Kessler & M. Kelschebach 66* (GOET, LPB).
Nota: La identificación del material de TA es tentativa.

Linum usitatissimum L., Sp. Pl. 1: 277. 1753.
Ref.: Macbride (1949b), Rogers & Mildner (1976).
Hierba. Cultivada. Andes. Yungas, Valles Secos, 2000–3500 m.
Dept.: CO, LP.
Muestra: *E. García 781A* (LPB).

Roucheria Planch., London J. Bot. 6: 141. 1847.
3 especies, 0 especies endémicas.

Roucheria columbiana Hallier f., Beih. Bot. Centralbl. 39(2): 49. 1923.
Sin.: *Roucheria punctata* (Ducke) Ducke
Ref.: Spichiger et al. (1990), Jardim & Berry (1999).
Arbolito, árbol. Nativa. Zonas Bajas. Bosque Húmedo, 0–1000 m.
Dept.: PA.
Muestra: *A. Jardim 667* (MO, USZ).

Roucheria laxiflora H. Winkl., Repert. Spec. Nov. Regni Veg. 7: 109. 1909.
Ref.: Foster (1958), Gutiérrez Crespo (1993c), Jardim & Berry (1999).
Arbolito, árbol. Nativa. Zonas Bajas, Andes. Bosque Húmedo, Yungas, 500–2000 m.
Dept.: LP.
Tipo y muestra: *O. Buchtien 2106* (ST: GH, NY, US), *A.H. Gentry & J.C. Solomon 44402* (LPB, MO).

Roucheria schomburgkii Planch., London J. Bot. 7: 526. 1848.
Sin.: *Hebepetalum schomburgkii* (Planch.) Ducke
Ref.: Jardim & Berry (1999).
Árbol. Nativa. Zonas Bajas. Bosque Húmedo, 0–500 m.
Dept.: BE, PA.
Muestra: *A. Jardim 2447* (MO, USZ).

LINDERNIACEAE Borsch, K. Müll. bis & Eb. Fisch., Pl. Biol. (Stuttgart) 7(1): 76. 2005.

Por: M.d.l.M. Sosa (CTES) y S.G. Beck (LPB); revisado por T. Borsch (B), M. Nee (NY), P.M. Jørgensen (MO).
4 géneros, 6 especies, 0 especies endémicas.

Lindernia All., Mélanges Philos. Math. Soc. Roy. Turin 3(1): 178–181, pl. 5, f. 1. 1766.

2 especies, 0 especies endémicas.

Lindernia dubia (L.) Pennell, Scroph. E. N. Amer. 141. 1935.
Sin.: *Gratiola dubia* L., *Capraria gratioloides* L., *Gratiola inaequalis* Walter, *Ilysanthes gratioloides* Benth., *Ilysanthes dubia* (L.) Barnhart
Ref.: Foster (1958), Beck (1984), Holmgren & Molau (1984), Lewis (2000), Fisher et al. (2013).
Hierba. Nativa. Zonas Bajas. Bosque Húmedo, Sabanas Benianas del Sur, 0–500 m.
Dept.: BE.
Muestra: *J. Balderrama & I. Guareco 568* (LPB).

Lindernia rotundifolia (L.) Alston, Handb. Fl. Ceylon 6(Suppl., 2): 214. 1931.
Sin.: *Gratiola rotundifolia* L., *Ilysanthes rotundifolia* (L.) Benth., *Ilysanthes oblongifolia* Baker
Ref.: Fischer (1995), Lewis (2000), Zuloaga et al. (2008g).
Hierba. Nativa. Zonas Bajas. Bosque Húmedo, Campos Amazónicos, 0–500 m.
Dept.: CO, LP.
Muestra: *L.R.C. de Michel 3130* (CTES, LPB).

Micranthemum Michx., Fl. Bor.-Amer. 1: 10, pl. 2. 1803.

1 especie, 0 especies endémicas.

Micranthemum umbrosum (J.F. Gmel.) S.F. Blake, Rhodora 17(199): 131. 1915.
Sin.: *Globifera umbrosa* J.F. Gmel., *Micranthemum orbiculatum* Michx., *Micranthemum emarginatum* Elliott, *Micranthemum pilosum* Ernst
Ref.: Edwin (1971), Beck (1983), Holmgren & Molau (1984), Brako (1993j), Jørgensen (1999f), Burger & Barringer (2000), Holmgren & Vincent (2005), Fisher et al. (2013).
Hierba, acuática. Nativa. Zonas Bajas. Sabanas Benianas del Sur, 0–500 m.
Dept.: BE.
Muestra: *S.G. Beck 3233* (LPB, NY).

Torenia L., Sp. Pl. 2: 619. 1753.

2 especies, 0 especies endémicas.

Torenia crustacea (L.) Cham. & Schltdl., Linnaea 2(4): 570. 1827.
Sin.: *Capraria crustacea* L., *Vandellia crustacea* (L.) Benth., *Lindernia crustacea* (L.) F. Muell.
Ref.: Edwin (1971), Standley & Williams (1973), Beck (1984), Holmgren & Molau (1984), Moraes R. (1990), Parker & Bailey (1991), Brako (1993j), Jørgensen (1999f), Burger & Barringer (2000), Lewis (2000), Fisher et al. (2013).
Hierba. Nativa. Zonas Bajas. Bosque Húmedo, Bosque Semideciduo Chiquitano, Sabanas Benianas del Sur, Campos Amazónicos, 0–500 m.
Dept.: BE, CO, LP, PA, SC.
Muestra: *M. Sigle 552* (BKL, LPB).
Nom. Vern.: Bojboty (Tsiman).

Torenia thouarsii (Cham. & Schltdl.) Kuntze, Revis. Gen. Pl. 2: 468. 1891.
Sin.: *Nortenia thouarsii* Cham. & Schltdl., *Torenia parviflora* Buch.-Ham. ex Wall., *Torenia nortenia* Steud., *Nortenia thouarsii* var. *nivea* Pennell, *Torenia thouarsii* var. *nivea* Pennell, *Torenia chamaedrys* Bonati, *Torenia nana* Bonati, *Torenia peduncularиformis* Bonati, *Torenia viguieri* Bonati, *Lindernia thouarsii* (Cham. & Schltdl.) Edwin
Ref.: Edwin (1971), D'Arcy (1979), Holmgren & Molau (1984), Brako (1993j), Jørgensen (1999f), Burger & Barringer (2000), Holmgren & Vincent (2005).
Hierba. Nativa. Zonas Bajas. Bosque Húmedo, 0–500 m.
Dept.: BE, CO, LP.
Muestra: *M. Moraes R. 552* (LPB).

Vandellia P. Browne ex L., Syst. Nat. (ed. 12) 2: 384, 422. 1767.

1 especie, 0 especies endémicas.

Vandellia diffusa L., Syst. Nat. (ed. 12) 422. 1767.
Sin.: *Lindernia diffusa* (L.) Wettst., *Pyxidaria diffusa* (L.) Kuntze
Ref.: Foster (1958), Edwin (1971), Standley & Williams (1973), Holmgren & Molau (1984), Brako (1993j), Jørgensen (1999f), Burger & Barringer (2000), Lewis (2000), Holmgren & Vincent (2005).
Hierba. Nativa. Zonas Bajas. Bosque Húmedo, 0–1000 m.
Dept.: BE, CO, SC.
Muestra: *S.G. Beck 19677* (CTES, GB, LPB, M, MO, USZ).

LISSOCARPACEAE Gilg, Syllabus (ed. 9 & 10) 324. 1924.

Nota: Parte de Ebenaceae (APG III 2009).

LOASACEAE Juss., Ann. Mus. Natl. Hist. Nat. 5: 21. 1804.

Por M. Weigend (BONN) y M. Ackermann (BONN); revisado S.G. Beck (LPB), M. Nee (NY), P.M. Jørgensen (MO).
5 géneros, 22 especies, 5 especies endémicas.

Caiophora C. Presl, Reliq. Haenk. 2: 41. 1831.

15 especies, 4 especies endémicas.
Nota: En el protólogo el nombre aparece escrito como *Caiophora*. Urban y Gilg (1900), posteriormente lo cambiaron por *Cajophora* y en ésta forma ha sido usado comúnmente. Aquí se usa su escritura original.

Caiophora andina Urb. & Gilg, Nov. Actorum Acad. Caes. Leop.-Carol. German. Nat. Cur. 76: 287. 1900.
Sin.: *Loasa heptamera* var. *chelidonifolia* Wedd., *Caiophora mandoniana* Urb. & Gilg
Ref.: Foster (1958), Weigend (1997b).
Hierba. Nativa. Altiplano. Puna Húmeda, Puna Seca, 3500–4500 m.
Dept.: CO, LP, OR.
Tipo y muestra: *G. Mandon 620* p.p. (LT: G; ILT: NY, P, S), *D.M. Spooner & Carcía Fernández 6506* (LPB, TEX).

Caiophora boliviana Urb. & Gilg, Nat. Pflanzenfam. 3(Abt. 6a): 119. 1894.
Ref.: Foster (1958), Weigend (1997b).
Hierba. Nativa. Andes, Altiplano. Valles Secos, Puna Seca, 2000–4500 m.
Dept.: TA.
Tipo y muestra: *R.W. Pearce s.n.* (LT: K), *E. Bastian 546* (LPB, MSB).

Caiophora buraeavii Urb. & Gilg, Mem. Torrey Bot. Club 3(3): 37. 1893.
Ref.: Rusby (1893b), Foster (1958), Weigend (1997a).
Hierba, trepadora. Endémica. Andes. Yungas, Páramo Yungueño, 2500–4000 m.
Dept.: CH, CO, LP.
Tipo y muestra: *M. Bang 1156* (LT: M; ILT: BM, E, F, GH, GH, HUH, NY, NY, US), *D.M. Spooner & EMPTY 6633* (LPB, TEX, WIS).

Caiophora canarinoides (Lenné & C. Koch) Urb. & Gilg, Nat. Pflanzenfam. 3(Abt. 6a): 119. 1894.
Sin.: *Illairea canarinoides* Lenné & C. Koch, *Loasa canarinoides* (Lenné & C. Koch) Britton, *Caiophora macrophylla* Rusby

Ref.: Foster (1958), Adolfo María (1966), Weigend (1997b).
Hierba, trepadora. Nativa. Andes. Yungas, Páramo Yungueño, 2500–4000 m.
Dept.: CH, CO, LP, TA.
Muestra: *S.G. Beck 18744* (LPB, MSB).

[Caiophora cernua (Griseb.) Urb. & Gilg ex Kurtz], Revista Mus. La Plata 5: 289. 1893.
Ref.: Foster (1958), Weigend (1997b).
Nota: Especie dudosa. Probablemente basada en material mal identificado, no se ha visto material de Bolivia.

Caiophora chuquisacana Urb. & Gilg, Nov. Actorum Acad. Caes. Leop.-Carol. German. Nat. Cur. 76: 322. 1900.
Sin.: *Caiophora kuntzei* Urb. & Gilg
Ref.: Foster (1958), Weigend (1997b).
Hierba, trepadora. Endémica. Andes. Bosque Serrano Chaqueño, Valles Secos, 2500–4000 m.
Dept.: CH, CO.
Tipo y muestra: *d'Orbigny 1242* (HT: P; IT: W), *N.P. Ritter & J.R.I. Wood 1498* (LPB, MO).

Caiophora chuquitensis (Meyen) Urb. & Gilg, Nov. Actorum Acad. Caes. Leop.-Carol. German. Nat. Cur. 76: 301. 1900.
Sin.: *Loasa chuquitensis* Meyen, *Loasa heptamera* Wedd., *Blumenbachia chuquitensis* (Meyen) Hook. f., *Caiophora heptamera* var. *albiflora* Griseb., *Loasa heptamera* Britton, *Caiophora superba* Phil., *Caiophora horrida* Urb. & Gilg, *Caiophora angustisecta* Urb. & Gilg, *Caiophora heptamera* (Wedd.) Urb. & Gilg, *Caiophora macrocarpa* Urb. & Gilg, *Caiophora orbignyana* Urb. & Gilg, *Caiophora lorentziana* Urb. & Gilg, *Caiophora sphaerocarpa* Urb. & Gilg, *Caiophora fiebrigii* Urb. & Gilg
Ref.: Rusby (1893b), Foster (1958), Weigend (1997b), Serrano & Terán (1998 [2000]), Ackermann & Weigend (2007).
Hierba. Nativa. Altiplano. Puna Húmeda, Puna Seca, 3500–5000 m.
Dept.: CH, CO, LP, OR, PO, TA.
Muestra: *S.G. Beck 17894* (LPB, MSB).

[Caiophora cinerea Urb. & Gilg], Nova Acta Acad. Caes. Leop.-Carol. German. Nat. Cur. 76: 321. 1900.
Ref.: Foster (1958).
Nota: Especie dudosa. Un sinónimo de *C. carduifolia* C. Presl. El reporte de Foster (1958) se basó en el tipo *D'Orbigny 287* de Palca, Perú, erróneamente atribuido a Bolivia.

[Caiophora cirsiifolia C. Presl], Reliq. Haenk. 2(1): 42, t. 56. 1831.
Ref.: Foster (1958), Weigend & Ackermann (2003), Ackermann & Weigend (2007).
Nota: El registro se basa en material mal identificado de probablemente *C. buraeavii*. Esta especie se encuentra restringida a Perú y Chile.

[Caiophora contorta (Desr.) C. Presl], Reliq. Haenk. 2(1): 42. 1831.
Ref.: López Vargas (1995), Saravia Miranda (1996).
Nota: El registro se basa en material mal identificado.

Caiophora coronata (Gillies ex Arn.) Hook. & Arn., Bot. Mag. 3: 327. 1833.
Sin.: *Cajophora absinthiifolia* C. Presl, *Loasa coronata* Gillies ex Arn., *Caiophora pycnophylla* Urb. & Gilg
Ref.: Foster (1958), Weigend (1997b), Ackermann & Weigend (2007).
Hierba. Nativa. Andes, Altiplano. Valles Secos, Puna Seca, 3000–4000 m.
Dept.: PO, TA.
Muestra: *E. Bastian 656* (LPB).

Caiophora dumetorum Urb. & Gilg, Nov. Actorum Acad. Caes. Leop.-Carol. German. Nat. Cur. 76: 309. 1900.
Sin.: *Caiophora clavata* var. *dumetorum* (Urb. & Gilg) Sleumer
Ref.: Sleumer (1955), Weigend (1997b).
Hierba, trepadora. Nativa. Andes. Bosque Tucumano-Boliviano, Bosque Serrano Chaqueño, 2500–4000 m.
Dept.: PO, TA.
Muestra: *D.M. Spooner & Carcía Fernández 6580* (LPB, TEX, WIS).

Caiophora hibiscifolia (Griseb.) Urb. & Gilg, Nat. Pflanzenfam. 3(Abt. 6a): 119. 1894.
Sin.: *Loasa hibiscifolia* Griseb.
Ref.: Weigend (1997b), Nee (2008).
Hierba, trepadora. Nativa. Andes. Bosque Tucumano-Boliviano, Valles Secos, 1000–3000 m.
Dept.: CO, LP, SC, TA.
Muestra: *J.C. Solomon 11204* (LPB, MO).

Caiophora lateritia Klotzsch, Allg. Gartenzeitung 6: 329. 1838.
Sin.: *Loasa lateritia* Hook., *Blumenbachia lateritia* (Hook.) Griseb., *Caiophora platyphylla* Urb. & Gilg
Ref.: Weigend (1997b), González et al. (1999).
Hierba, trepadora. Nativa. Zonas Bajas, Andes. Bosque Seco Chaqueño, Bosque Tucumano-Boliviano, Valles Secos, 500–2500 m.
Dept.: CH, SC, TA.
Muestra: *S.G. Beck 11466* (LPB, MSB).

Caiophora mollis (Griseb.) Urb. & Gilg, Nat. Pflanzenfam. 3(Abt. 6a): 119. 1894.
Sin.: *Caiophora heptamera* var. *mollis* Griseb.
Ref.: Weigend (1997b).
Hierba. Nativa. Andes. Valles Secos, 3000–4000 m.
Dept.: CH, CO, TA.
Muestra: *J.R.I. Wood & M. Serrano 14488* (LPB, MO).

Caiophora pedicularifolia Killip, J. Wash. Acad. Sci. 18: 95. 1928.
Ref.: Foster (1958), Weigend (1997b).
Hierba, trepadora. Endémica. Andes. Yungas, Páramo Yungueño, 3000–4000 m.
Dept.: LP.
Tipo y muestra: *O. Buchtien 2898* (HT: US; IT: HUH, NY), *S.G. Beck et al. 21872* (LPB, M).

Caiophora pentlandii (Paxton ex Graham) G. Don ex Loudon, Encycl. Pl. (new ed., 1855) 2: 1438. 1855.
Sin.: *Loasa pentlandii* Paxton ex Graham
Ref.: Weigend (1997b).
Nota: Esperado. Seguramente presente cerca del Lago Titicaca.

[Caiophora preslii Urb. & Gilg], Nova Acta Acad. Caes. Leop.-Carol. German. Nat. Cur. 76: 306. 1900.
Ref.: Foster (1958).
Nota: El registro se basa en material mal identificado. Además un sinónimo de *C. cirsiifolia* C. Presl.

Caiophora rosulata (Wedd.) Urb. & Gilg, Nat. Pflanzenfam. 3(Abt. 6a): 119. 1894.
Sin.: *Loasa rosulata* Wedd., *Caiophora acanthoides* Urb. & Gilg, *Caiophora taraxacoides* Killip
Ref.: Foster (1958), Weigend (1997b), Ackermann & Weigend (2007).
Hierba. Nativa. Altiplano. Puna Húmeda, Puna Seca, 4000–5000 m.
Dept.: CO, LP, OR, PO, TA.
Muestra: *M. Liberman 35* (L, LPB, M, MO).
Infra: *Caiophora rosulata* subsp. *taraxacoides* (Killip) Weigend & M. Ackermann

Caiophora rusbyana Urb. & Gilg, Mem. Torrey Bot. Club 3(3): 35–36. 1893.
Ref.: Rusby (1893b), Foster (1958), Weigend (1997c).
Hierba. Endémica. Andes, Altiplano. Valles Secos, Puna Seca, 2000–4500 m.
Dept.: CH, CO, LP, PO.
Tipo y muestra: *M. Bang 1142* (LT: E; ILT: B, BM, GH, HUH, K, MO-3933490, NY, US, US, W), *S.G. Beck 6174* (LPB, MO).

Caiophora scarlatina Urb. & Gilg, Bot. Jahrb. Syst. 45: 470. 1911.
Ref.: Weigend (1997c).
Hierba. Nativa. Andes, Altiplano. Valles Secos, Puna Húmeda, 3000–4500 m.
Dept.: LP, SC.
Muestra: *J.P. Schmitt et al. 172* (LPB, MSB).

[Caiophora sepiaria (Ruiz & Pav. ex G. Don) J.F. Macbr.], Candollea 8: 23. 1940.
Ref.: Foster (1958).
Nota: El registro se basa en material mal identificado de *C. clavata* Urb. & Gilg.

Gronovia L., Sp. Pl. 1: 202. 1753.
0 especies, 0 especies endémicas.

[Gronovia scandens L.], Sp. Pl. 1: 202. 1753.
Ref.: Foster (1958).
Nota: Especie dudosa. Registro no comprobado.

Klaprothia Kunth, Nov. Gen. Sp. (folio ed.) 6: 96. 1823.
2 especies, 0 especies endémicas.

Klaprothia fasciculata (C. Presl) Poston, Syst. Bot. 15(4): 677. 1990.
Sin.: *Sclerothrix fasciculata* C. Presl
Ref.: Urban & Gilg (1900), Foster (1958), Weigend (2000).
Hierba. Nativa. Andes. Yungas, 1000–2000 m.
Dept.: LP.
Nota: Material no visto.

Klaprothia mentzelioides Bonpl. & Kunth, Nov. Gen. Sp. (quarto ed.) 6: 123, t. 537. 1823.
Ref.: Foster (1958), Weigend (2000).
Hierba. Nativa. Andes. Páramo Yungueño, 1000–3000 m.
Dept.: CO.
Muestra: *C. Davidson 5175* (MO).
Nota: Un solo espécimen visto, pero probablemente ampliamente distribuido en CO y LP.

Mentzelia L., Sp. Pl. 1: 516. 1753.
3 especies, 0 especies endémicas.

Mentzelia aspera L., Sp. Pl. 1: 516. 1753.
Sin.: *Mentzelia fragilis* Huber, *Mentzelia corumbaensis* Hoehne, *Mentzelia triloba* Ruiz & Pav. ex E.A. López
Ref.: Foster (1958), López Vargas (1995), Serrano & Terán (1998 [2000]), Weigend (2000), Weigend (2007).
Hierba. Nativa. Zonas Bajas, Andes. Bosque Semideciduo Chiquitano, Bosque Seco Chaqueño, Bosque Serrano Chaqueño, 500–1500 m.
Dept.: CH, CO, LP, SC.
Muestra: *P. Gutte & B. Herzog 595* (LP, LPB, MO).

Mentzelia parvifolia Urb. & Gilg ex Kurtz, Revista Mus. La Plata 5: 289. 1893.
Sin.: *Acrolasia elata* Phil., *Mentzelia grisebachii* Urb. & Gilg, *Mentzelia jujuyensis* Sleumer, *Mentzelia parvifolia* var. *transiens* Sleumer
Ref.: Sleumer (1955), Foster (1958), Adolfo María (1966), Weigend (2007).
Hierba. Nativa. Andes. Valles Secos, 2000–3000 m.
Dept.: CH, CO, PO, TA.
Muestra: *G. Torrico & C. Peca 496* (LPB, M, MSB).
Nota: Las tres especies reconocidas por Sleumer (1955) no representan más que ligeras modificaciones de un tipo común. Las rechazamos a favor de una sola especie marginalmente heterogénea.

Mentzelia scabra Kunth, Nov. Gen. Sp. (quarto ed.) 6: 120. 1823.
Sin.: *Mentzelia chilensis* Gay, *Loasa ignea* Phil., *Mentzelia fendleriana* Urb. & Gilg, *Mentzelia ignea* (Phil.) Urb. & Gilg, *Mentzelia cordifolia* Dombey ex Urb. & Gilg, *Mentzelia soratensis* Urb. & Gilg
Ref.: Rusby (1893b), Darlington (1934), Foster (1958), Adolfo María (1966), López Vargas (1995), López (2000), Weigend (2000), Weigend (2007), Nee (2008).
Subarbusto, arbusto. Nativa. Andes. Bosque Serrano Chaqueño, Valles Secos, 1000–3500 m.
Dept.: CH, CO, LP, PO, SC, TA.
Muestra: *S.G. Beck 18724* (LPB, M).
Infra: *Mentzelia scabra* subsp. *boliviana* Weigend, *Mentzelia scabra* subsp. *chilensis* (Gay) Weigend

Nasa Weigend, Taxon 55(2): 465. 2006.
2 especies, 1 especie endémica.

Nasa ferruginea (Urb. & Gilg) Weigend, Revista Peruana Biol. 13(1): 74. 2006.
Sin.: *Loasa ferruginea* Urb. & Gilg
Ref.: Foster (1958), Weigend (1998), Weigend (2001b), Henning & Weigend (2009).
Hierba. Nativa. Andes. Yungas, 3000–3500 m.
Dept.: LP.
Muestra: *B. Herzog 755* (LP).

Nasa herzogii (Urb. & Gilg) Weigend, Revista Peruana Biol. 13(1): 75. 2006.
Sin.: *Loasa herzogii* Urb. & Gilg
Ref.: Foster (1958), Weigend (2001b), Nee (2008).
Hierba, subarbusto. Endémica. Andes. Yungas, Páramo Yungueño, 2000–3000 m.
Dept.: SC.
Tipo y muestra: *T. Herzog 2277* (HT: B destr.; LT: L; ILT: S, Z; fotos: F ex B), *J. Müller & J. Heinrichs 6596* (LPB, MO).

LOGANIACEAE R. Br. ex Mart., Nov. Gen. Sp. Pl. 2: 133. 1827.

Por R. Liesner (MO) [*Antonia*, *Bonyunia*, *Mitreola*, *Strychnos*] y F.J. Fernández C. (MA) [*Spigelia*]; revisado por S.G. Beck (LPB), M. Nee (NY), P.M. Jørgensen (MO).
5 géneros, 31 especies, 0 especies endémicas.

Antonia Pohl, Pl. Bras. Icon. Descr. 2: 13, pl. 109. 1829.
1 especie, 0 especies endémicas.

Antonia ovata Pohl, Pl. Bras. Icon. Descr. 2: 13, pl. 109. 1829.
Ref.: Gutiérrez Crespo (1993c), Killeen & Schulenberg (1998).
Hierba, arbusto, árbol. Nativa. Zonas Bajas. Bosque Húmedo, Bosque Semideciduo Chiquitano, Sabanas Benianas del Norte, Campos Amazónicos, 0–1000 m.
Dept.: BE, SC.
Muestra: *J.C. Solomon 7714* (LPB, MO).

Bonyunia M.R. Schomb. ex Progel, Fl. Bras. 6(1): 267. 1868.
1 especie, 0 especies endémicas.

Bonyunia antoniifolia Progel, Fl. Bras. 6(1): 288. 1868.
Ref.: Killeen & Schulenberg (1998), Grant (2009).
Arbusto, árbol. Nativa. Zonas Bajas. Bosque Húmedo, Campos Cerrados, 0–500 m.
Dept.: BE, SC.
Muestra: *R. Guillén V. & G. Salvatierra 2315* (LPB, MO, USZ).

Mitreola L., Opera Var. 214. 1758.
1 especie, 0 especies endémicas.

Mitreola petiolata (Walter ex J.F. Gmel.) Torr. & A. Gray, Fl. N. Amer. 2(1): 45. 1841.
Sin.: *Ophiorrhiza mitreola* L., *Cynoctonum petiolatum* Walter ex J.F. Gmel., *Cynoctonum mitreola* (L.) Britton
Ref.: Parker & Bailey (1991), Killeen & Schulenberg (1998), Liesner (1999).
Hierba. Nativa. Zonas Bajas. Bosque Húmedo, Bosque Semideciduo Chiquitano, 0–500 m.
Dept.: LP, SC.
Muestra: *R. Guillén V. & V. Roca 3345* (MO, USZ).
Nota: El material de Centro y Sur América será considerado en el futuro como dos especies diferentes aún no descritas.

Spigelia L., Sp. Pl. 1: 149–150. 1753.
8 especies, 0 especies endémicas.

Spigelia andina Fern. Casas, Fontqueria 55(23): 133–137, t. viii–ix. 2004.
Hierba. Nativa. Andes. Valles Secos, 2000–3000 m.
Dept.: CO, SC, TA.
Tipo y muestra: *K. Fiebrig 2567* (HT: AS; IT: BM, G, L), *M. Sigle 252* (LPB).

Spigelia anthelmia L., Sp. Pl. 1: 149–150. 1753.
Árbol. Nativa. Zonas Bajas. Bosque Húmedo, 0–500 m.
Dept.: SC.
Muestra: *S.G. Beck 7119* (DAV, LPB).

Spigelia breviflora (Chodat & Hassl.) H. Hurley, Fontqueria 55(5): 27. 2001.
Sin.: *Spigelia humboldtiana* var. *breviflora* Chodat & Hassl.
Ref.: Fernández Casas (2001).
Hierba. Nativa. Zonas Bajas. Bosque Seco Chaqueño, 0–500 m.
Dept.: SC.
Muestra: *F. Mamani & A. Jardim 361* (MO, USZ).
Nota: Identificación tentativa, podría corresponder a *S. scabra*.

Spigelia hamelioides Kunth, Nov. Gen. Sp. (quarto ed.) 3: 185. 1818 [1819].
Sin.: *Spigelia multispica* var. *multispica*, *Spigelia sessilifolia* Rusby
Ref.: Foster (1958), Hurley (1967).
Hierba. Nativa. Andes. Yungas, 1500–2000 m.
Dept.: LP.
Muestra: *H.H. Rusby 1429* (MICH, MO, NY, US).
Nota: Conocida en Bolivia solamente del tipo de *S. sessilifolia* Rusby.

Spigelia herzogiana Kraenzl., Repert. Spec. Nov. Regni Veg. 13: 117. 1914.
Ref.: Foster (1958), Hurley (1967).
Hierba. Nativa. Zonas Bajas. Bosque Seco Chaqueño, 500–1000 m.
Dept.: CH, SC.
Tipo y muestra: *T. Herzog 1168* (ST: B destr., G, GH, L, MO, S, Z; fotos: F ex B, NY ex B), *T. Herzog 1229* (B, F, G, GH, L, MO, NY, S).

Spigelia insignis Progel, Fl. Bras. 6(1): 259, t. 69, f. 2. 1868.
Ref.: Fernández Casas (2001), Fernández Casas (2002a), Fernández Casas (2002b).
Hierba. Nativa. Andes. Valles Secos, 2000–2500 m.
Dept.: SC.
Muestra: *I.G. Vargas 3064* (MO, NY, USZ).

[Spigelia leiocarpa Benth. ex Fern. Casas], Fontqueria 55(5): 28–29. 2001.
Ref.: Fernández Casas (2001).
Nota: Especie dudosa. No se conoce material confirmado de esta especie para Bolivia.

[Spigelia rojasiana Kraenzl.], Repert. Spec. Nov. Regni Veg. 14(16/20): 292–293. 1916.
Ref.: Schulenberg & Awbrey (1997), González et al. (1999), Serrano & Terán (1998 [2000]).
Nota: El registro se basa en material mal identificado de *S. andina*. *S. rojasiana* es endémica de Brasil y Paraguay.

Spigelia scabra Cham. & Schltdl., Linnaea 1(2): 202–203. 1826.
Sin.: *Spigelia humboldtiana* Cham. & Schltdl.
Ref.: González et al. (1999).
Hierba. Nativa. Zonas Bajas, Andes. Bosque Húmedo, Bosque Semideciduo Chiquitano, Valles Secos, 0–2000 m.
Dept.: BE, LP, PA, SC, TA.
Muestra: *J.C. Solomon 9903* (LPB, MO).

[Spigelia stenophylla Progel], Fl. Bras. 6(1): 260, pl. 69, f. 3. 1868.
Nota: El registro se basa en material mal identificado de *S. andina*.

Spigelia valenzuelae Chodat & Hassl., Bull. Herb. Boissier, sér. 2, 3: 917. 1903.
Ref.: Fernández Casas (2006).
Hierba. Nativa. Andes. Yungas, 1500–2000 m.
Dept.: SC.
Muestra: *Mello-Silva et al. 2048* (CTES, LPB, MBM, RB, SI, SPF).

Strychnos L., Sp. Pl. 1: 189. 1753.
20 especies, 0 especies endémicas.

Strychnos asperula Sprague & Sandwith, Bull. Misc. Inform. Kew 1927(3): 131–132. 1927.
Ref.: Fuentes Claros et al. (2009).
Liana. Nativa. Zonas Bajas. Bosque Húmedo, 0–1000 m.
Dept.: LP, PA.
Muestra: *A. Jardim 2372* (LPB, MO, USZ).

Strychnos brachiata Ruiz & Pav., Fl. Peruv. 2: 30, t. 157. 1799.
Ref.: Krukoff & Monachino (1942), Foster (1958).
Liana, arbusto. Nativa. Zonas Bajas. Bosque Húmedo, 0–1000 m.
Dept.: LP, SC.
Muestra: *M.H. Nee 39801* (LPB, MO, NY, USZ).

Strychnos brasiliensis (Spreng.) Mart., Flora 24(Beibl. 2): 84. 1841.
Sin.: *Geniostoma brasiliense* Spreng.
Ref.: Killeen & Schulenberg (1998).
Liana. Nativa. Zonas Bajas. Bosque Húmedo, 0–500 m.
Dept.: SC.
Muestra: *P.F. Foster et al. 287A* (USZ).

Strychnos cogens Benth., J. Bot. (Hooker) 3: 241. 1841.
Liana. Nativa. Zonas Bajas. Bosque Húmedo, 0–500 m.
Dept.: SC.
Muestra: *R. Guillén V. & R. Choré 2923* (LPB, MO, USZ).

Strychnos darienensis Seem., Bot. Voy. Herald 166–167. 1854.
Ref.: Foster (1958), Killeen & Schulenberg (1998).
Liana. Nativa. Zonas Bajas. Bosque Húmedo, 0–500 m.

Dept.: BE, LP, SC.
Muestra: *S. Jiménez & E. Gutiérrez C. 1421* (MO, USZ).

Strychnos erichsonii R.H. Schomb. ex Progel, Fl. Bras. 6(1): 274, t. 84, f. 2. 1868.
Liana. Nativa. Zonas Bajas. Bosque Húmedo, 0–500 m.
Dept.: SC.
Muestra: *R. Guillén V. & R. Choré 2378* (MO, USZ).

Strychnos gardneri A. DC., Prodr. 9: 14. 1845.
Liana. Nativa. Zonas Bajas. Bosque Semideciduo Chiquitano, 0–500 m.
Dept.: SC.
Muestra: *A. Jardim et al. 454* (MO, USZ).

Strychnos guianensis (Aubl.) Mart., Syst. Mat. Med. Veg. Bras. 121. 1843.
Sin.: *Rouhamon guianensis* Aubl.
Ref.: Killeen & Schulenberg (1998).
Liana, arbusto. Nativa. Zonas Bajas. Bosque Húmedo, Bosque Semideciduo Chiquitano, Campos Cerrados, 0–500 m.
Dept.: BE, PA, SC.
Muestra: *T. Killeen & A. Pérez 6662* (MO, USZ).

Strychnos mattogrossensis S. Moore, Trans. Linn. Soc. London, Bot. 4: 392. 1895.
Ref.: Killeen & Schulenberg (1998).
Liana, arbolito, árbol. Nativa. Zonas Bajas. Bosque Húmedo, Bosque Semideciduo Chiquitano, Sabanas Benianas del Sur, 0–500 m.
Dept.: BE, SC.
Muestra: *R. Guillén V. & V. Roca 3508* (MO, USZ).

Strychnos mitscherlichii M.R. Schomb., Reis. Br.-Guiana 3: 950. 1848 [1849].
Sin.: *Strychnos smilacina* Benth.
Ref.: Fanshawe (1954), Foster (1958).
Liana. Nativa. Zonas Bajas. Bosque Húmedo, 0–1000 m.
Dept.: LP, PA.
Muestra: *B.A. Krukoff 10817* (A, MO, NY).
Infra: *Strychnos mitscherlichii* var. *mitscherlichii*, *Strychnos mitscherlichii* var. *pubescentior* Sandwith

Strychnos nigricans Progel, Fl. Bras. 6(1): 280, t. 79. 1868.
Liana. Nativa. Zonas Bajas. Bosque Húmedo, Bosque Semideciduo Chiquitano, 0–1000 m.
Dept.: SC.
Muestra: *P. Bettella 138* (LPB, MO).

[Strychnos panurensis Sprague & Sandwith], Bull. Misc. Inform. Kew 1927(3): 132–133. 1927.
Ref.: Killeen & Schulenberg (1998).
Nota: El registro se basa en material mal identificado de *S. darienensis*. Esperada en Bolivia.

Strychnos parvifolia A. DC., Prodr. 9: 16. 1845.
Ref.: Krukoff & Monachino (1942), Foster (1958), Krukoff (1972a), Fuentes Claros (1998), Jardim et al. (2003).
Arbusto, arbolito. Nativa. Zonas Bajas. Bosque Húmedo, Bosque Semideciduo Chiquitano, 0–500 m.
Dept.: SC.
Muestra: *J. Steinbach 6736* (A, F, GH, M, MO, PH).

Strychnos peckii B.L. Rob., Proc. Amer. Acad. Arts 49(8): 504. 1913.
Ref.: Krukoff & Monachino (1942), Fanshawe (1954), Foster (1958).
Liana. Nativa. Zonas Bajas. Bosque Húmedo, 0–1000 m.
Dept.: LP.
Muestra: *B.A. Krukoff 10887* (A, MO).

Strychnos poeppigii Progel, Fl. Bras. 6(1): 282, pl. 80, f. 1. 1868.
Ref.: Fuentes Claros et al. (2009).
Liana. Nativa. Zonas Bajas. Bosque Húmedo, 0–500 m.
Dept.: BE, LP, SC.
Muestra: *M.H. Nee 41435* (LPB, NY).

Strychnos pseudoquina A. St.-Hil., Mém. Mus. Hist. Nat. 9: 340. 1822.
Ref.: Killeen & Schulenberg (1998).
Árbol. Nativa. Zonas Bajas. Bosque Húmedo, Campos Cerrados, 0–500 m.
Dept.: SC.
Muestra: *T. Killeen et al. 5598* (MO, USZ).

Strychnos rondeletioides Spruce ex Benth., J. Linn. Soc., Bot. 1: 104. 1856.
Ref.: Krukoff & Monachino (1942), Foster (1958), Killeen & Schulenberg (1998).
Liana. Nativa. Zonas Bajas. Bosque Húmedo, 0–1000 m.
Dept.: LP, PA, SC.
Muestra: *B.A. Krukoff 11289* (A, LPB, MO).

Strychnos rubiginosa A. DC., Prodr. 9: 16. 1845.
Arbusto, arbolito. Nativa. Zonas Bajas. Bosque Semideciduo Chiquitano, 0–500 m.
Dept.: SC.
Muestra: *A.F. Fuentes C. 1128* (LPB, MO, USZ).

Strychnos solimoesana Krukoff, Brittonia 4(2): 280–281. 1942.
Liana. Nativa. Zonas Bajas. Bosque Húmedo, 0–500 m.
Dept.: LP.
Muestra: *A.H. Gentry & S. Estenssoro C. 70699* (LPB, MO).

Strychnos tarapotensis Sprague & Sandwith, Bull. Misc. Inform. Kew 1927(3): 131. 1927.
Ref.: Parker & Bailey (1991).
Arbusto, arbolito. Nativa. Zonas Bajas. Bosque Húmedo, 0–500 m.
Dept.: LP, PA.
Muestra: *T. Killeen 4024* (LPB, MO).

Strychnos toxifera R.H. Schomb. ex Lindl., Fl. Med. 530. 1838.
Liana. Nativa. Zonas Bajas. Bosque Húmedo, 0–1000 m.
Dept.: LP.
Muestra: *M.J. Macía et al. 5025* (LPB, MA, MO).

LORANTHACEAE Juss., Ann. Mus. Natl. Hist. Nat. 12: 292. 1808.

Por J. Kuijt (UVIC); revisado por P.M. Jørgensen (MO), S.G. Beck (LPB), M. Nee (NY).
9 géneros, 23 especies, 6 especies endémicas.
Nota: Para el orden Santalales se sigue el sistema de Nickrent et al. (2010).

Gaiadendron G. Don, Gen. Hist. 3: 341. 1834.
1 especie, 0 especies endémicas.

Gaiadendron punctatum (Ruiz & Pav.) G. Don, Gen. Hist. 3: 432. 1834.
Sin.: *Loranthus ellipticus* Ruiz & Pav., *Loranthus lanceolatus* Ruiz & Pav., *Loranthus punctatus* Ruiz & Pav., *Loranthus puracensis* Kunth, *Loranthus tagua* Kunth, *Gaiadendron tagua* (Kunth) G. Don, *Taguaria puracensis* (Kunth) Raf., *Loranthus pycnanthus* Benth., *Phrygilanthus punctatus* (Ruiz & Pav.) Eichler, *Gaiadendron poasense* Donn. Sm., *Gaiadendron macranthum* Killip, *Gaiadendron ellipticum* (Ruiz & Pav.) Baehni ex J.F. Macbr., *Gaiadendron lanceolatum* (Ruiz & Pav.) Baehni ex J.F. Macbr.
Ref.: Foster (1958), Kuijt (1986b), Torrico Pardo (1993d).

Arbusto, árbol, hemiparásita. Nativa. Andes. Yungas, Páramo Yungueño, 1500–2000, 2500–4000 m.
Dept.: CO, LP, SC.
Muestra: *J.C. Solomon 17266* (LPB, MO).

Ligaria **Tiegh.**, Bull. Soc. Bot. France 42: 345. 1895.
1 especie, 0 especies endémicas.

Ligaria cuneifolia (Ruiz & Pav.) Tiegh., Bull. Soc. Bot. France 42: 347. 1895.
Sin.: *Loranthus cuneifolius* Ruiz & Pav., *Loranthus montevidensis* Spreng., *Psittacanthus cuneifolius* (Ruiz & Pav.) G. Don, *Phrygilanthus cuneifolius* (Ruiz & Pav.) Eichler, *Psittacanthus hortonii* Standl. & F.A. Barkley
Ref.: Foster (1958), López Vargas (1995), Saravia Miranda (1996), De la Barra (1997), López (2000), Serrano & Terán (1998 [2000]), Navarro Sánchez (2001).
Subarbusto, hemiparásita. Nativa. Andes. Bosque Tucumano-Boliviano, 1000–3500 m.
Dept.: CH, CO, SC, TA.
Muestra: *S.G. Beck et al. 23731* (LPB, UC).
Nom. Vern.: Jamillo, jamillu, pupa, pupa-pupa.

Oryctanthus **(Griseb.) Eichler**, Fl. Bras. 5(2): 22, 87. 1868.
2 especies, 0 especies endémicas.

Oryctanthus alveolatus (Kunth) Kuijt, Bot. Jahrb. Syst. 95(4): 504–511, f. 6–8. 1976.
Sin.: *Loranthus alveolatus* Kunth, *Loranthus amplexicaulis* Kunth, *Oryctanthus amplexicaulis* (Kunth) Eichler, *Oryctanthus botryostachys* Eichler
Ref.: Foster (1958), Kuijt (1976), Moraes R. (1990), Killeen & Schulenberg (1998).
Hemiparásita. Nativa. Zonas Bajas. Bosque Húmedo, 0–500 m.
Dept.: BE, LP, PA, SC.
Muestra: *B.A. Krukoff 11141* (A, F, GH, MO, NY, S).

Oryctanthus florulentus (Rich.) Tiegh., Bull. Mus. Hist. Nat. (Paris) 2: 339. 1896.
Sin.: *Loranthus florulentus* Rich., *Loranthus ruficaulis* Poepp. & Endl., *Oryctanthus ruficaulis* (Poepp. & Endl.) Eichler
Ref.: Kuijt (1976), Moraes R. (1990), Killeen & Schulenberg (1998).
Hemiparásita. Nativa. Zonas Bajas. Bosque Húmedo, 0–500 m.
Dept.: BE, LP, PA, SC.
Muestra: *S.G. Beck 20032* (LPB, M, UC).

Passovia **H. Karst.**, Bot. Zeitung (Berlin) 4(7): 107. 1846.
6 especies, 3 especies endémicas.

Passovia beckii Kuijt, Plant Div. Evol. 129(2): 182–184, f. 10. 2011.
Hemiparásita. Endémica. Andes. Yungas, 1500–2000 m.
Dept.: LP.
Tipo: *S.G. Beck 14239* (HT: UC; IT: LPB).
Nota: Conocida solamente del tipo.

Passovia diffusa Kuijt, Plant Div. Evol. 192(2): 193–194, f. 17. 2011.
Hemiparásita. Endémica. Zonas Bajas. Sabanas Benianas del Sur, 0–500 m.
Dept.: SC.
Tipo: *R. Guillén V. & R. Choré 2971* (HT: USZ; IT: UC).
Nota: Conocida solamente del tipo.

Passovia pyrifolia (Kunth) Tiegh., Bull. Soc. Bot. France 42: 172. 1895.
Sin.: *Loranthus pyrifolius* Kunth, *Struthanthus pyrifolius* (Kunth) G. Don, *Phthirusa pyrifolia* (Kunth) Eichler, *Phthirusa heterophylla* Rusby
Ref.: Foster (1958), Kuijt (1986b), Moraes R. (1990), Kuijt (2011).
Hemiparásita. Nativa. Zonas Bajas. Bosque Húmedo, 0–500 m.
Dept.: BE, LP, SC.
Muestra: *E. Vargas 2131* (LPB, UC).

Passovia robusta (Rusby) Kuijt, Plant Div. Evol. 129(2): 202. 2011.
Sin.: *Phthirusa robusta* Rusby
Hemiparásita. Nativa. Andes. Yungas, 1500–2000 m.
Dept.: SC.
Tipo: *R.S. Williams 1503* (HT: NY).
Nota: Conocida en Bolivia solamente del tipo.

Passovia stelis (L.) Kuijt, Plant Div. Evol. 129(2): 205–206. 2011.
Sin.: *Loranthus stelis* L., *Loranthus retroflexus* Ruiz & Pav., *Loranthus aduncus* G. Mey., *Loranthus theobromae* Willd. ex Schult. f., *Phthirusa adenostemon* Eichler, *Phthirusa theobromae* (Willd. ex Schult. f.) Eichler, *Phoradendron tafallaeoides* Rusby, *Phthirusa paniculata* (Kunth) J.F. Macbr., *Phthirusa adunca* (G. Mey.) Maguire, *Phthirusa retroflexa* (Ruiz & Pav.) Kuijt, *Phthirusa stelis* (L.) Kuijt
Ref.: Foster (1958), Moraes R. (1990), Kuijt & Kellogg (1996), Killeen & Schulenberg (1998), Kuijt (2003b), Kuijt (2011), Wood et al. (2011).
Hemiparásita. Nativa. Zonas Bajas. Bosque Húmedo, Campos Cerrados, Sabanas Benianas del Sur, 0–500 m.
Dept.: BE, CO, SC.
Muestra: *M.H. Nee 37969* (MO, NY, UC).
Nom. Vern.: Suelda con suelda.

Passovia subtilis Kuijt, Plant Div. Evol. 129(2): 206, f. 23. 2011.
Hemiparásita. Endémica. Zonas Bajas. Bosque Húmedo, 0–500 m.
Dept.: BE.
Tipo: *M. Moraes R. 197* (HT: UC; IT: LPD).
Nota: Conocida solamente del tipo.

Peristethium **Tiegh.**, Bull. Soc. Bot. France 42(2): 175. 1895.
1 especie, 0 especies endémicas.

Peristethium polystachyum (Ruiz & Pav.) Kuijt, Ann. Missouri Bot. Gard. 98(4): 568–571, f. 15. 2011 [2012].
Sin.: *Loranthus polystachyus* Ruiz & Pav., *Struthanthus polystachyus* (Ruiz & Pav.) G. Don
Hemiparásita. Nativa. Zonas Bajas. Bosque Húmedo, 0–500 m.
Dept.: LP, PA.
Muestra: *A.H. Gentry et al. 70774* (LPB, MO).

Psittacanthus **Mart.**, Flora 13(1): 106–107. 1830.
4 especies, 0 especies endémicas.

Psittacanthus acinarius (Mart.) Mart., Flora 13: 108. 1830.
Sin.: *Psittacanthus drepanophyllus* Eichler, *Loranthus acinarius* Mart., *Psittacanthus corynocephalus* Eichler, *Psittacanthus warmingii* Eichler, *Psittacanthus circulatus* Rizzini
Ref.: Kuijt (2003a).
Hemiparásita. Nativa. Zonas Bajas. Bosque Húmedo, Bosque Semideciduo Chiquitano, Sabanas Benianas del Sur, 0–1000 m.
Dept.: BE, SC.
Muestra: *M.H. Nee 41757* (LPB, MO, NY).

Psittacanthus cordatus (Hoffmanns. ex Schult. f.) Blume, Syst. Veg. (ed. 15 bis) 7(2): 1730. 1830.
Sin.: *Loranthus cordatus* Hoffmanns. ex Schult. f., *Phrygilanthus cordifolius* Rusby
Hemiparásita. Nativa. Zonas Bajas. Bosque Húmedo, Bosque Semideciduo

Chiquitano, Bosque Seco Chaqueño, Sabanas Benianas del Sur, 0–500 m.
Dept.: BE, PA, SC.
Muestra: *M. Menacho Viruez 105* (NY, UC).

Psittacanthus cucullaris (Lam.) Blume, Syst. Veg. (ed. 15 bis) 7(2): 1730. 1830.
Sin.: *Loranthus cucullaris* Lam., *Loranthus cupulifer* Kunth, *Psittacanthus cupulifer* (Kunth) G. Don, *Phrygilanthus falcatus* Rusby
Ref.: Foster (1958), Kuijt (1986b), Killeen & Schulenberg (1998).
Hemiparásita. Nativa. Zonas Bajas. Bosque Húmedo, Bosque Semideciduo Chiquitano, Sabanas Benianas del Sur, 0–500 m.
Dept.: BE, LP, SC.
Muestra: *S.G. Beck & R. Haase 10152* (CTES, HUA, K, LPB, M, UC, USZ).

Psittacanthus oblongifolius (Rusby) Kuijt, Proc. Kon. Ned. Akad. Wetensch., Biol. 93(2): 120. 1990.
Sin.: *Aetanthus cauliflorus* Ule, *Aetanthus subandinus* Ule, *Struthanthus oblongifolius* Rusby
Ref.: Foster (1958), Kuijt (2003c).
Arbusto, hemiparásita. Nativa. Zonas Bajas, Andes. Bosque Húmedo, Campos Cerrados, Sabanas Benianas del Sur, Yungas, 0–1000, 2500–3000 m.
Dept.: LP, SC.
Muestra: *J.C. Solomon & J. Kuijt 11537* (LPB, MO, UC).

Struthanthus Mart., Flora 13(1): 102–106. 1830.
4 especies, 2 especie endémica.

Struthanthus acuminatus (Ruiz & Pav.) Kuijt, Monogr. Syst. Bot. Missouri Bot. Gard. 127: 1271. 2014.
Sin.: *Loranthus acuminatus* Ruiz & Pav., *Struthanthus acuminatus* (Ruiz & Pav.) Blume ex Roem. & Schult., *Notanthera acuminata* (Ruiz & Pav.) G. Don, *Loranthus cubeboides* Rusby
Ref.: López Vargas (1995), Killeen & Schulenberg (1998).
Epífito, hemiparásita. Nativa. Zonas Bajas, Andes. Bosque Húmedo, Bosque Semideciduo Chiquitano, Bosque Seco Chaqueño, Campos Cerrados, Sabanas Benianas del Sur, Yungas, Bosque Tucumano-Boliviano, Bosque Serrano Chaqueño, Páramo Yungueño, Valles Secos, 0–2500, 3000–3500 m.
Dept.: BE, CO, LP, PA, SC.
Muestra: *J.C. Solomon & M. Moraes R. 17217* (MO, UC).
Nom. Vern.: Llave.

Struthanthus angustifolius (Griseb.) Hauman, Anales Mus. Nac. Hist. Nat. Buenos Aires 32: 57. 1923.
Sin.: *Loranthus uruguensis* var. *angustifolius* Griseb.
Ref.: Serrano & Terán (1998 [2000]).
Hemiparásita. Nativa. Zonas Bajas, Andes. Bosque Húmedo, Valles Secos, 0–500, 1500–2000 m.
Dept.: CH, SC.
Muestra: *M.H. Nee 35557a* (LPB, NY).

Struthanthus lewisii Kuijt, Novon 13(1): 78, 80, f. 6. 2003.
Ref.: Kuijt (2003b).
Hemiparásita. Endémica. Andes. Valles Secos, 1000–2000 m.
Dept.: LP.
Tipo: *M.A. Lewis 36955* (HT: MO; IT: LPB, UC).
Nota: Conocida solamente del tipo. Crece en zonas de bosque deciduo.

Struthanthus meridionalis Kuijt, Bot. J. Linn. Soc. 142(4): 469–470, f. 1–2. 2003.
Ref.: Kuijt (2003d).
Hemiparásita. Endémica. Andes. Bosque Seco Chaqueño, 500–1000 m.
Dept.: TA.
Tipo: *J.C. Solomon 11148* (HT: MO; IT: LPB, UC).
Nota: Conocida solamente del tipo.

Tripodanthus (Eichler) Tiegh., Bull. Soc. Bot. France 42: 178. 1895.
1 especie, 0 especies endémicas.

Tripodanthus acutifolius (Ruiz & Pav.) Tiegh., Bull. Soc. Bot. France 42: 179. 1895.
Sin.: *Loranthus acutifolius* Ruiz & Pav., *Loranthus eugenioides* Kunth, *Loranthus suaveolens* Kunth, *Gaiadendron eugenioides* (Kunth) G. Don, *Psittacanthus acutifolius* (Ruiz & Pav.) G. Don, *Phrygilanthus acutifolius* (Ruiz & Pav.) Eichler, *Phrygilanthus eugenioides* (Kunth) Eichler, *Tripodanthus eugenioides* (Kunth) Tiegh., *Phrygilanthus bolivianus* Engl., *Phrygilanthus repens* Pacz.
Ref.: Gleason & Killip (1939), Foster (1958), Torrico Pardo (1993d), López Vargas (1995), Saravia Miranda (1996), Serrano & Terán (1998 [2000]).
Arbusto, arbolito, árbol, hemiparásita. Nativa. Zonas Bajas, Andes. Bosque Húmedo, Yungas, Bosque Tucumano-Boliviano, Bosque Serrano Chaqueño, Páramo Yungueño, Valles Secos, 0–4000 m.
Dept.: CH, CO, LP, SC, TA.
Muestra: *M. Moraes R. 2418* (LPB, UC).
Nom. Vern.: Llave, llave t'ika.

Tristerix Mart., Flora 13: 108. 1830.
3 especies, 1 especie endémica.

Tristerix penduliflorus Kuijt, Syst. Bot. Monogr. 19: 49–53, f. 18–19. 1988.
Ref.: Kuijt (1988b), López Vargas (1995), Serrano & Terán (1998 [2000]).
Hemiparásita. Nativa. Andes, Altiplano. Yungas, Bosque Tucumano-Boliviano, Páramo Yungueño, Valles Secos, Puna Húmeda, 2500–4000 m.
Dept.: CH, CO, LP, SC, TA.
Tipo y muestra: *M. Bang 139* (HT: K; IT: GH, MO, NY, P, US, Z), *A. Jardim 298* (MO, USZ, UVIC).
Nom. Vern.: Pega-pega, pupa, pupa-pupillo.

Tristerix rhodanthus Kuijt, Brittonia 65(3): 292–295. 2013.
Hierba. Endémica. Andes. Yungas, 3500–4000 m.
Dept.: LP.
Tipo: *A.F. Fuentes et al. 8670* (HT: MO; IT: LPB, MA, UVIC).
Nota: Conocida solamente del tipo.

Tristerix verticillatus (Ruiz & Pav.) Barlow & Wiens, Taxon 20(2/3): 307. 1971.
Sin.: *Loranthus verticillatus* Ruiz & Pav., *Phrygilanthus verticillatus* (Ruiz & Pav.) Eichler
Ref.: Foster (1958), Kuijt (1988b).
Hemiparásita. Nativa. Andes. Valles Secos, 1000–3500 m.
Dept.: CH, PO, SC.
Muestra: *J.C. Solomon & M.H. Nee 18047* (LPB, MO).

LYTHRACEAE J. St.-Hil., Expos. Fam. Nat. 2: 175. 1805.

Por S.A. Graham (MO); revisado por T.B. Cavalcanti (CEN), M. Nee (NY), S.G. Beck (LPB), P.M. Jørgensen (MO).
14 géneros, 54 especies, 7 especies endémicas.

Adenaria Kunth, Nov. Gen. Sp. (folio ed.) 6: 147. 1823.
1 especie, 0 especies endémicas.

Adenaria floribunda Kunth, Nov. Gen. Sp. (quarto ed.) 6: 188–189, t. 549. 1823.
Sin.: *Adenaria purpurata* Kunth, *Adenaria floribunda* fo. *purpurata* (Kunth) Koehne, *Adenaria floribunda* var. *grisleoides* (Kunth) Koehne, *Adenaria floribunda* var. *microphylla* Koehne
Ref.: Rusby (1893b), Koehne (1903),

Foster (1958), Parker & Bailey (1991), Quevedo Sopepí (1993b), González et al. (1999), Alverson et al. (2000), Serrano & Terán (1998 [2000]).
Arbusto, arbolito. Nativa. Zonas Bajas, Andes. Bosque Semideciduo Chiquitano, Campos Cerrados, Sabanas Benianas del Sur, Campos Amazónicos, Yungas, Bosque Tucumano-Boliviano, Bosque Serrano Chaqueño, Valles Secos, 0–3000 m.
Dept.: BE, CH, CO, LP, SC, TA.
Muestra: *I.G. Vargas 376* (LPB, MO, NY, USZ).
Nota: Variedades y formas no se reconocen. Ligeramente dioico.
Nom. Vern.: Uchu-uchu.

Ammannia L., Sp. Pl. 1: 119–120. 1753.
2 especies, 0 especies endémicas.

Ammannia auriculata Willd., Hort. Berol. 1: 7, pl. 7. 1803.
Sin.: *Ammannia arenaria* Kunth, *Ammannia auriculata* var. *arenaria* (Kunth) Koehne
Ref.: Foster (1958), Graham (1985).
Hierba. Nativa. Zonas Bajas. Bosque Húmedo, Bosque Seco Chaqueño, Sabanas Benianas del Sur, 0–500 m.
Dept.: BE, LP, SC.
Muestra: *M.H. Nee 48434* (LPB, MO, NY).

Ammannia latifolia L., Sp. Pl. 1: 119–120. 1753.
Sin.: *Ammannia friesii* Koehne
Ref.: Graham (1985).
Hierba. Nativa. Zonas Bajas. Bosque Semideciduo Chiquitano, Bosque Seco Chaqueño, 0–1000 m.
Dept.: SC, TA.
Muestra: *M.H. Nee 39473* (LPB, MO, NY).
Nota: Apétala en Bolivia.

Cuphea P. Browne, Civ. Nat. Hist. Jamaica 216–217. 1756.
33 especies, 5 especies endémicas.

Cuphea annulata Koehne, Fl. Bras. 13(2): 304, pl. 56, f. 5. 1877.
Ref.: Koehne (1903), Killeen & Schulenberg (1998).
Subarbusto. Nativa. Zonas Bajas. Campos Cerrados, 500–1000 m.
Dept.: SC.
Muestra: *P.F. Foster 590* (LPB, MO, NY, USZ).

Cuphea antisyphilitica Kunth, Nov. Gen. Sp. (quarto ed.) 6: 202. 1823.
Ref.: Lourteig (1987), Killeen & Schulenberg (1998).
Hierba, subarbusto. Nativa. Zonas Bajas. Campos Cerrados, Sabanas Benianas del Sur, 0–500 m.
Dept.: BE, SC.
Muestra: *R.B. Foster & J. Peñas 13874* (F, LPB, USZ).
Nota: Varios sinónimos citados por Lourteig (1987) pero ninguno de Bolivia.

Cuphea calophylla Cham. & Schltdl., Linnaea 2: 361. 1827.
Sin.: *Cuphea mesostemon* Koehne
Ref.: Koehne (1903), Foster (1958), Lourteig (1964b), López Vargas (1995), Saravia Miranda (1996), Schulenberg & Awbrey (1997), Serrano & Terán (1998 [2000]).
Hierba. Nativa. Zonas Bajas, Andes. Campos Cerrados, Yungas, Bosque Tucumano-Boliviano, Valles Secos, 0–2500 m.
Dept.: CH, CO, LP, SC, TA.
Muestra: *J.C. Solomon 11304* (LPB, MO, NY).
Infra: *Cuphea calophylla* subsp. *calophylla*, *Cuphea calophylla* subsp. *mesostemon* (Koehne) Lourteig

Cuphea campylocentra Griseb., Abh. Königl. Ges. Wiss. Göttingen 24: 130. 1879.
Ref.: Koehne (1903), Lourteig (1987).
Hierba. Nativa. Zonas Bajas. Sabanas Benianas del Sur, 0–500 m.
Dept.: BE.
Muestra: *S.G. Beck 3216* (LPB, P).

Cuphea carthagenensis (Jacq.) J.F. Macbr., Publ. Field Mus. Nat. Hist., Bot. Ser. 8(2): 124. 1930.
Sin.: *Lythrum carthagenense* Jacq., *Balsamona pinto* Vand., *Cuphea balsamona* Cham. & Schltdl., *Parsonsia pinto* (Vand.) A. Heller
Hierba. Nativa. Zonas Bajas. Campos Cerrados, Sabanas Benianas del Sur, 0–500 m.
Dept.: BE, SC.
Muestra: *J. Balderrama & R. García 501* (LPB, MO, USZ).

Cuphea cordata Ruiz & Pav., Fl. Peruv. Prodr. 66, pl. 11. 1794.
Sin.: *Cuphea cordifolia* Kunth, *Cuphea ianthina* Koehne, *Cuphea ianthina* var. *kuntzei* Koehne, *Cuphea ianthina* var. *rusbyana* Koehne, *Cuphea ianthina* var. *bangei* Koehne, *Cuphea ianthina* var. *stuebelii* Koehne, *Cuphea pannoso-cortica* Rusby, *Cuphea petalosa* Herzog
Ref.: Rusby (1893b), Foster (1958), Adolfo María (1966), López Vargas (1995), Saravia Miranda (1996), Graham (1998), Serrano & Terán (1998 [2000]).
Hierba, subarbusto. Nativa. Andes. Yungas, 2000–3500 m.
Dept.: CH, CO, LP, SC.
Muestra: *M.A. Lewis 87986* (LPB, MO, NY).
Nota: *C. pannoso-cortica* Rusby es probablemente un sinónimo de *C. cordata*.

Cuphea corisperma Koehne, Bot. Jahrb. Syst. 41(2): 85. 1907.
Sin.: *Cuphea hexasperma* Koehne, *Cuphea corisperma* subsp. *hexasperma* (Koehne) Duré & Molero
Ref.: Duré & Molero (2010).
Hierba, subarbusto. Nativa. Zonas Bajas. Sabanas Benianas del Sur, 0–500 m.
Dept.: BE.
Muestra: *S.G. Beck 5105* (LPB, P).

Cuphea elliptica Koehne, Bot. Jahrb. Syst. 2(1–2): 145. 1881.
Ref.: Koehne (1903).
Hierba. Nativa. Zonas Bajas. Campos Cerrados, 0–500 m.
Dept.: SC.
Muestra: *J.R. Abbott & B. Mostacedo 16144* (MO, NY, USZ).

Cuphea glutinosa Cham. & Schltdl., Linnaea 2(3): 369–371. 1827.
Ref.: Koehne (1903), Foster (1958), Serrano & Terán (1998 [2000]).
Hierba. Nativa. Andes. Yungas, Bosque Tucumano-Boliviano, Valles Secos, 1000–1500, 2000–2500 m.
Dept.: CH, CO, SC, TA.
Muestra: *M. Jimenez et al. 660* (HSB, MO).

Cuphea hyssopifolia Kunth, Nov. Gen. Sp. (quarto ed.) 6: 199–200. 1823.
Ref.: Koehne (1903).
Hierba. Nativa. Zonas Bajas. Bosque Húmedo, 500–1000 m.
Dept.: LP.
Muestra: *A. Araujo M. et al. 2922* (BOLV, LPB, MA, MO, NY, USZ).

[Cuphea inaequalifolia Koehne], Fl. Bras. 13(2): 286, pl. 51, f. 6. 1877.
Ref.: Koehne (1903), Foster (1958), Lourteig (1987).
Nota: El registro se basa en material mal identificado.

Cuphea luteola S.A. Graham & T.B. Cavalc., Brittonia 51(3): 303. 1999.
Ref.: Graham & Cavalcanti (1999b).

Hierba. Endémica. Zonas Bajas. Campos Cerrados, 500–1000 m.
Dept.: SC.
Tipo y muestra: *W.W. Thomas 5637* (HT: NY), *A. Rodriguez et al. 485* (MO, USZ).

Cuphea lutescens Pohl ex Koehne, Fl. Bras. 13(2): 299. 1877.
Ref.: Lourteig (1986a).
Subarbusto. Nativa. Zonas Bajas. Campos Cerrados, Sabanas Benianas del Sur, 0–500 m.
Dept.: CH.
Muestra: *J.R.I. Wood 11681* (LPB).

Cuphea melvilla Lindl., Bot. Reg. 10: pl. 852. 1824.
Sin.: *Melvilla speciosa* A. Anderson ex Raf., *Cuphea speciosa* (A. Anderson ex Raf.) Kuntze
Ref.: Koehne (1903), Foster (1958), Graham (1990), Killeen & Schulenberg (1998).
Hierba, subarbusto. Nativa. Zonas Bajas. Bosque Húmedo, Campos Cerrados, Sabanas Benianas del Norte, Sabanas Benianas del Sur, 0–500 m.
Dept.: BE, CO, PA, SC.
Muestra: *J.C. Solomon 16776* (LPB, MO, NY, USZ).

Cuphea micrantha Kunth, Nov. Gen. Sp. (quarto ed.) 6: 196. 1823.
Ref.: Koehne (1903).
Hierba. Nativa. Zonas Bajas, Andes. Campos Cerrados, Valles Secos, 0–500, 1000–1500 m.
Dept.: LP, SC.
Muestra: *J.R. Abbott & B. Mostacedo 15938* (BEREA, MO, USZ).

Cuphea myrtifolia Koehne ex Bacig., Contr. Gray Herb. 95: 17. 1931.
Sin.: *Cuphea beckiana* Lourteig
Ref.: Lourteig (1996).
Subarbusto. Nativa. Zonas Bajas. Campos Cerrados, Sabanas Benianas del Norte, 0–500 m.
Dept.: BE, SC.
Muestra: *R. Guillén V. & T. Ruiz de Centurión 847* (MO, USZ).

Cuphea nivea S.A. Graham, Novon 15(1): 136–138, f. 1. 2005.
Hierba. Endémica. Andes. Yungas, 1500–2000 m.
Dept.: LP.
Tipo y muestra: *T.B. Miranda et al. 141A* (HT: LPB; IT: MO-5689811), *T.B. Miranda et al. 718* (LPB, MO).

Cuphea odonellii Lourteig, Notas Mus. La Plata, Bot. 94: 281, 2 f. 1959.
Ref.: Lourteig (1986a).
Hierba. Nativa. Zonas Bajas. Campos Cerrados, Sabanas Benianas del Norte, Campos Amazónicos, 0–500 m.
Dept.: BE, LP, SC.
Tipo y muestra: *J. Steinbach 6163* (HT: K; IT: A, F, MO-964440), *J.R. Abbott 16481* (MO, NY).

Cuphea persistens Koehne, Verh. Bot. Vereins Prov. Brandenburg 30: 277. 1888.
Ref.: Lourteig (1986a), Serrano & Terán (1998 [2000]).
Subarbusto. Nativa. Zonas Bajas. Bosque Semideciduo Chiquitano, Campos Cerrados, 0–500 m.
Dept.: CH, SC.
Muestra: *F. Mamani & A. Jardim 1185* (MO, USZ).
Nota: *C.* aff. *persistens* en Serrano & Terán (2000). Lourteig (1986a) acepta esta especie en Bolivia aunque explica que las muestras carecen de setas, el carácter que separa a *C. persistens* de *C. sessiliflora.*

Cuphea polymorpha A. St.-Hil., Fl. Bras. Merid. (quarto ed.) 3(23): 103. 1833.
Ref.: Koehne (1903), Killeen & Schulenberg (1998).
Hierba. Nativa. Zonas Bajas. Campos Cerrados, 500–1000 m.
Dept.: SC.
Muestra: *L. Arroyo P. & K.D. Keil 151* (MO, USZ).

Cuphea procumbens Ortega, Nov. Pl. Descr. Dec. 2: 17. 1797.
Ref.: Graham (1988).
Hierba. Adventicia. Andes. Yungas, 1500–2000 m.
Dept.: LP.
Muestra: *J.C. Solomon 13711* (LPB, MO).
Nota: Nativa de México, probablemente introducida como planta ornamental.

Cuphea racemosa (L. f.) Spreng., Syst. Veg. 2: 455. 1825.
Sin.: *Cuphea commersoniana* (A. St.-Hil.) Koehne, *Cuphea densiflora* Koehne, *Cuphea fruticosa* Spreng., *Lythrum racemosum* L. f., *Cuphea origanifolia* Cham. & Schltdl., *Cuphea longiflora* Koehne
Ref.: Koehne (1903), López Vargas (1995), Saravia Miranda (1996), Schulenberg & Awbrey (1997), Killeen & Schulenberg (1998), Serrano & Terán (1998 [2000]), Duré Rodas & Molero (2000 [2001]).
Hierba, subarbusto. Nativa. Zonas Bajas, Andes. Bosque Semideciduo Chiquitano, Yungas, Bosque Tucumano-Boliviano, Valles Secos, 0–3000 m.
Dept.: CH, CO, SC, TA.
Muestra: *J.C. Solomon 10399* (MO).
Nota: Varias formas y variedades de esta especie y sus sinónimos han sido descritas. Difícil decir cuántas merecen reconocimiento formal. Ninguna citada para Bolivia.

Cuphea repens Koehne, Fl. Bras. 13(2): 251, pl. 6, f. 4. 1877.
Ref.: Koehne (1903), Killeen & Schulenberg (1998).
Hierba. Nativa. Zonas Bajas. Campos Cerrados, Sabanas Benianas del Norte, Campos Amazónicos, 0–500 m.
Dept.: BE, SC.
Muestra: *R. Guillén V. et al. 3906* (MO, USZ).

Cuphea rusbyi Lourteig, Svensk Bot. Tidskr. 48: 84. 1954.
Ref.: Lourteig (1954), Foster (1958).
Hierba. Nativa. Zonas Bajas. Bosque Húmedo, 0–500 m.
Dept.: CO, LP, SC.
Tipo y muestra: *H.H. Rusby 117a* (HT: NY; IT: US), *M.H. Nee 46093* (NY).

Cuphea scaberrima Koehne, Fl. Bras. 13(2): 238. 1877.
Ref.: Foster (1958), Schulenberg & Awbrey (1997), Graham (1998), Serrano & Terán (1998 [2000]).
Subarbusto. Endémica. Andes. Bosque Tucumano-Boliviano, Bosque Serrano Chaqueño, 1000–2000 m.
Dept.: CH, CO, SC, TA.
Tipo y muestra: *M. Bridges 173* (LT: BM), *J.C. Solomon 10163* (LPB, MO).
Nom. Vern.: Puca thikita.

Cuphea scolnikiae Lourteig, Phytologia 60(1): 52. 1986.
Ref.: Lourteig (1986a).
Hierba. Nativa. Zonas Bajas. Sabanas Benianas del Norte, Campos Amazónicos, 0–500 m.
Dept.: BE, LP.
Tipo y muestra: *R. Scolnik & Luti 682* (HT: P; IT: CORD), *S.G. Beck & R. Haase 9897* (LPB, P).

Cuphea sessiliflora A. St.-Hil., Fl. Bras. Merid. (quarto ed.) 3: 110. 1834.
Sin.: *Cuphea trichopetala* Koehne & Rusby, *Cuphea chiquitensis* Herzog
Ref.: Foster (1958), Adolfo María (1966), Lourteig (1986a).

Subarbusto. Nativa. Zonas Bajas, Andes. Bosque Semideciduo Chiquitano, Campos Cerrados, Yungas, Bosque Tucumano-Boliviano, 0–1000, 2000–2500 m.
Dept.: CH, CO, SC, TA.
Muestra: *J.R. Abbott & F. Mamani 16203* (BEREA, MO, USZ).
Nota: Distribución en CO (Lourteig, 1986) no ha sido verificada.

Cuphea sessilifolia Mart., Flora 2(7): 24. 1841.
Ref.: Lourteig (1987).
Subarbusto. Nativa. Zonas Bajas. Campos Cerrados, 0–500 m.
Muestra: *E. Gutiérrez C. et al. 577* (MO, USZ).
Infra: *Cuphea sessilifolia* var. *strigosa* Koehne

Cuphea setosa Koehne, Fl. Bras. 13(2): 223. 1877.
Sin.: *Cuphea setosa* fo. *seemannii* Koehne
Ref.: Lourteig (1988b), Killeen & Schulenberg (1998).
Hierba. Nativa. Zonas Bajas, Andes. Bosque Húmedo, Sabanas Benianas del Sur, Yungas, 0–3000 m.
Dept.: BE, CO, LP, SC.
Muestra: *S.G. Beck 12707* (LPB, M, MO, P, USZ).

[Cuphea spermacoce A. St.-Hil.], Fl. Bras. Merid. (quarto ed.) 3(23): 114. 1833.
Ref.: Koehne (1903), Killeen & Schulenberg (1998).
Nota: El registro se basa en material mal identificado de *C. myrtifolia*.

Cuphea splendida Lourteig, Sellowia 39: 43. 1987.
Ref.: Lourteig (1987), Graham & Cavalcanti (1999a).
Subarbusto. Endémica. Zonas Bajas, Andes. Bosque Húmedo, Sabanas Benianas del Sur, Yungas, 0–500, 1000–1500 m.
Dept.: SC.
Tipo y muestra: *M. Cárdenas 6898* (HT: US; IT: P), *M.H. Nee & I.G. Vargas 40240* (MO, NY).
Infra: *Cuphea splendida* var. *viridiflava* S.A. Graham & T.B. Cavalc.

Cuphea spruceana Koehne, Fl. Bras. 13(2): 226. 1877.
Sin.: *Cuphea spruceana* var. *bangii* Koehne, *Parsonsia satureioides* Rusby, *Cuphea mapiriensis* Lourteig
Ref.: Koehne (1903), Lourteig (1954), Foster (1958), Lourteig (1987).
Hierba, subarbusto. Nativa. Zonas Bajas, Andes. Bosque Húmedo, Yungas, 0–1000 m.
Dept.: CO, LP.
Muestra: *D. Lara & J.G. Wasson 532* (LPB, MO).

Cuphea tenuissima Koehne, Fl. Bras. 13(2): 254, pl. 43, f. 7. 1877.
Ref.: Koehne (1903), Killeen & Schulenberg (1998).
Hierba. Nativa. Zonas Bajas. Campos Cerrados, 500–1000 m.
Dept.: SC.
Muestra: *T. Killeen & O. Peña 7178* (MO, USZ).

Cuphea thymoides Cham. & Schltdl., Linnaea 2: 368. 1827.
Sin.: *Cuphea thymoides* var. *pseudoerica* A. St.-Hil., *Cuphea thymoides* var. *levis* A. St.-Hil.
Ref.: Koehne (1903), Foster (1958).
Hierba. Nativa. Zonas Bajas. Bosque Húmedo, 0–500 m.
Dept.: SC.
Muestra: *Anonymous s.n.* (B).
Nota: Una colección, sin colector y número, fue citada por Koehne (1903) proveniente del Río Yapacaní, probablemente una colección de O. Kuntze, que fue destruída en Berlín.

[Cuphea verticillata Kunth], Nov. Gen. Sp. (quarto ed.) 6: 207, t. 552. 1823.
Ref.: Foster (1958).
Nota: El registro se basa en material mal identificado de *C. cordata*.

Cuphea weddelliana Koehne, Bot. Jahrb. Syst. 4: 402. 1883.
Ref.: Graham (1998).
Subarbusto. Endémica. Andes. Yungas, 2000–3500 m.
Dept.: CO, LP.
Tipo y muestra: *H.A. Weddell 4274* (HT: P; IT: F), *I. Hensen 2075* (LPB).

Diplusodon Pohl, Flora 10: 150. 1827.
2 especies, 1 especie endémica.

Diplusodon bolivianus T.B. Cavalc. & S.A. Graham, Novon 6(3): 253. 1996.
Ref.: Cavalcanti & Graham (1996), Killeen & Schulenberg (1998).
Arbusto. Endémica. Zonas Bajas. Campos Cerrados, 0–1000 m.
Dept.: SC.
Tipo y muestra: *T. Killeen et al. 4845* (HT: MO-4915797; IT: CEN, MO-4915797), *S. Jiménez & E. Gutiérrez C. 1307* (LPB, MO, USZ).

[Diplusodon hirsutus (Cham. & Schltdl.) DC.], Prodr. 3: 94c. 1828.
Ref.: Cavalcanti & Graham (1996).
Nota: El registro se basa en material mal identificado de *D. bolivianus*.

Diplusodon virgatus Pohl, Flora 10: 151. 1827.
Arbusto. Nativa. Zonas Bajas. Campos Cerrados, 500–1000 m.
Dept.: SC.
Muestra: *L. Arroyo P. et al. 684* (MO, USZ).
Infra: *Diplusodon virgatus* var. *occidentalis* T.B. Cavalc. & S.A. Graham
Nota: Conocida en Bolivia solamente del tipo de la variedad.

Heimia Link, Enum. Hort. Berol. Alt. 2: 3. 1822.
2 especies, 0 especies endémicas.

Heimia montana (Griseb.) Lillo, Fitogeogr. 225. 1919.
Sin.: *Heimia salicifolia* var. *montana* (Griseb.) Koehne, *Nesaea salicifolia* var. *montana* Griseb.
Ref.: Koehne (1903), Lourteig (1944), González et al. (1999), Serrano & Terán (1998 [2000]).
Arbusto. Nativa. Zonas Bajas, Andes. Bosque Semideciduo Chiquitano, Bosque Seco Chaqueño, Bosque Serrano Chaqueño, Valles Secos, 0–2000 m.
Dept.: CH, SC, TA.
Muestra: *M.H. Nee 42195* (LPB, MO, NY).
Nom. Vern.: Chafruda.

Heimia salicifolia Link, Enum. Hort. Berol. Alt. 2: 3–4. 1822.
Sin.: *Nesaea salicifolia* Kunth
Ref.: Koehne (1903), López Vargas (1995), Saravia Miranda (1996), Serrano & Terán (1998 [2000]).
Arbusto. Nativa. Zonas Bajas, Andes. Bosque Semideciduo Chiquitano, Bosque Serrano Chaqueño, Valles Secos, 500–2500 m.
Dept.: CH, CO, SC, TA.
Muestra: *S.G. Beck & M. Liberman 9847* (LPB, MO, P).
Nom. Vern.: Potro watana.

Lafoensia Vand., Fl. Lusit. Bras. Spec. 33. 1788.
3 especies, 0 especies endémicas.
Nota: Los límites entre especies son aún obscuros, se está estudiando el género.

Lafoensia acuminata (Ruiz & Pav.) DC., Mém. Soc. Phys. Genève 3(2): 73. 1826.
Sin.: *Calyplectus acuminatus* Ruiz & Pav.
Ref.: Lourteig (1986b).
Árbol. Nativa. Zonas Bajas, Andes. Bosque Húmedo, Bosque Semideciduo Chiquitano, Yungas, 0–1500 m.
Dept.: BE, SC.
Muestra: *D.N. Smith & Ed. García 14337* (MO).

[Lafoensia densiflora Pohl], Pl. Bras. Icon. Descr. 2: 142. 1833.
Ref.: Quevedo Sopepí (1993b).
Nota: El registro se basa en material mal identificado de *L. vandelliana* subsp. *replicata*.

[Lafoensia pacari A. St.-Hil.], Fl. Bras. Merid. (quarto ed.) 3(23): 159. 1833.
Ref.: Quevedo Sopepí (1993b), Killeen & Schulenberg (1998).
Nota: El registro se basa en material mal identificado de *L. vandelliana* subsp. *replicata*.
Nom. Vern.: Pacari.

Lafoensia punicifolia DC., Mém. Soc. Phys. Genève 3(2): 86, pl. 1. 1826.
Ref.: Foster (1958), Lourteig (1986b), Quevedo Sopepí (1993b).
Árbol. Nativa. Zonas Bajas. Bosque Húmedo, 0–1000 m.
Dept.: BE, LP, SC.
Muestra: *D.N. Smith et al. 13575* (LPB, MO, NY).

[Lafoensia speciosa (Kunth) DC.], Mém. Soc. Phys. Genève 3(2): 73. 1826.
Sin.: *Calyplectus speciosus* Kunth
Ref.: Foster (1958).
Nota: El registro se basa en material mal identificado de *L. punicifolia*.

Lafoensia vandelliana Cham. & Schltdl., Linnaea 2: 346. 1827.
Sin.: *Lafoensia replicata* Pohl
Ref.: Lourteig (1986b), Quevedo Sopepí (1993b), Killeen & Schulenberg (1998).
Árbol. Nativa. Zonas Bajas. Bosque Húmedo, Bosque Semideciduo Chiquitano, Campos Cerrados, Sabanas Benianas del Norte, 0–1000 m.
Dept.: BE, CH, LP, SC.
Muestra: *J. Guillén et al. 183* (MO, USZ).
Infra: *Lafoensia vandelliana* subsp. *vandelliana*, *Lafoensia vandelliana* subsp. *replicata* (Pohl) Lourteig
Nota: Numerosos sinónimos en Lourteig (1986b); ninguno usado en Bolivia.

Lagerstroemia L., Syst. Nat. (ed. 10) 2: 1068, 1076, 1372. 1759.
1 especie, 0 especies endémicas.

Lagerstroemia indica L., Syst. Nat. (ed. 10) 2: 1076. 1759.
Ref.: Quevedo Sopepí (1993b).
Arbolito. Cultivada. Zonas Bajas, Andes. 0–500, 2500–3000 m.
Dept.: BE, CO, LP, PA, SC, TA.
Muestra: *L. Arroyo P. & M. Menacho Viruez 618* (USZ).

Lawsonia L., Sp. Pl. 1: 349. 1753.
1 especie, 0 especies endémicas.

Lawsonia inermis L., Sp. Pl. 1: 349. 1753.
Sin.: *Lawsonia alba* Lam.
Ref.: Koehne (1903).
Arbusto. Cultivada. Zonas Bajas. Sabanas Benianas del Sur, 0–500 m.
Dept.: BE.
Muestra: *M.H. Nee 37556* (MO, NY).

Lourtella S.A. Graham, Baas & Tobe, Syst. Bot. 12(4): 519–522, f. 1–25. 1987.
1 especie, 0 especies endémicas.

Lourtella resinosa S.A. Graham, Baas & Tobe, Syst. Bot. 12(4): 520–522, f. 1–25. 1987.
Ref.: Graham et al. (1987).
Arbusto. Nativa. Andes. Bosque Tucumano-Boliviano, Valles Secos, 1000–2000 m.
Dept.: CO, SC, TA.
Muestra: *J. Balcázar S. 124* (LPB, MO, NY, USZ).

Lythrum L., Sp. Pl. 1: 446–447. 1753.
1 especie, 0 especies endémicas.

Lythrum maritimum Kunth, Nov. Gen. Sp. (quarto ed.) 6: 194. 1823.
Sin.: *Lythrum campestre* Griseb.
Ref.: Koehne (1903), Foster (1958).
Hierba. Nativa. Andes. Bosque Serrano Chaqueño, 1000–2500 m.
Dept.: SC, TA.
Muestra: *I.G. Vargas 790* (LPB, MO, NY, USZ).

Physocalymma Pohl, Flora 10: 152. 1827.
1 especie, 0 especies endémicas.

Physocalymma scaberrimum Pohl, Flora 10: 153. 1827.
Ref.: Koehne (1903), Foster (1958), Moraes R. (1990), Quevedo Sopepí (1993c), Killeen & Schulenberg (1998), Alverson et al. (2000), Jardim et al. (2003).
Árbol. Nativa. Zonas Bajas, Andes. Bosque Húmedo, Bosque Semideciduo Chiquitano, Sabanas Benianas del Norte, Campos Amazónicos, Yungas, 0–1500 m.
Dept.: BE, LP, PA, SC.
Muestra: *J. Guillén et al. 132* (MO, USZ).
Nom. Vern.: Chaquillo, coloradillo, lillo.

Pleurophora D. Don, Edinburgh New Philos. J. 12: 112. 1837.
3 especies, 1 especie endémica.

Pleurophora annulosa Koehne, Pflanzenr. IV. 216(Heft 17): 181. 1903.
Ref.: Koehne (1903).
Subarbusto. Endémica. Zonas Bajas. Bosque Seco Chaqueño, 0–500 m.
Dept.: TA.
Tipo: *R.E. Fries 1690* (T: B).
Nota: Conocido solamente del tipo. Tal vez un sinónimo de *P. anomala* o *P. saccocarpa*.

Pleurophora anomala (A. St.-Hil.) Koehne, Fl. Bras. 13(2): 307, pl. 57. 1877.
Sin.: *Lythrum anomalum* A. St.-Hil.
Ref.: Koehne (1903).
Subarbusto. Nativa. Zonas Bajas. Bosque Semideciduo Chiquitano, 0–500 m.
Dept.: SC.
Muestra: *H.A. Weddell 3506* (P).
Nota: La muestra citada no ha sido vista, identificación dudosa.

Pleurophora saccocarpa Koehne, Bot. Jahrb. Syst. 2: 426. 1882.
Ref.: Koehne (1903).
Subarbusto. Nativa. Zonas Bajas. Bosque Semideciduo Chiquitano, Bosque Serrano Chaqueño, 0–500 m.
Dept.: CH, SC.
Muestra: *B. Mostacedo et al. 355* (LPB, MO, NY, USZ).

Punica L., Sp. Pl. 1: 472. 1753.
1 especie, 0 especies endémicas.

Punica granatum L., Sp. Pl. 1: 472. 1753.
Arbusto. Cultivada. Zonas Bajas, Andes. Campos Cerrados, Bosque Serrano Chaqueño, Valles Secos, 0–500, 2000–3000 m.
Dept.: CH, SC.
Muestra: *I.G. Vargas et al. 1977* (LPB, USZ).
Nom. Vern.: Granada.

Rotala L., Mant. Pl. 143–144, 175. 1771.
2 especies, 0 especies endémicas.

Rotala mexicana Schltdl. & Cham., Linnaea 5: 567. 1830.
Sin.: *Rotala apetala* F. Muell., *Rotala mexicana* var. *apetala* (F. Muell.) Lourteig
Ref.: Cook (1979).
Hierba. Nativa. Zonas Bajas. Sabanas Benianas del Sur, 0–500 m.
Dept.: BE, SC.
Muestra: *S.G. Beck 16904* (LPB, MO).

Rotala ramosior (L.) Koehne, Fl. Bras. 13(2): 194. 1877.
Sin.: *Ammannia ramosior* L., *Rotala dentifera* (A. Gray) Koehne
Ref.: Cook (1979).
Hierba. Nativa. Zonas Bajas. Bosque Húmedo, Bosque Seco Chaqueño, Sabanas Benianas del Sur, 0–500 m.
Dept.: BE, SC.
Muestra: *S.G. Beck 3454* (CTES, LPB, M, MO, NY, P, USZ).

MAGNOLIACEAE Juss., Gen. Pl. 280. 1789.

Por M. Atahuachi (BOLV); revisado por S.G. Beck (LPB), M. Nee (NY), P.M. Jørgensen (MO).
1 género, 2 especies, 0 especies endémicas.

Magnolia L., Sp. Pl. 1: 535–536. 1753.
2 especies, 0 especies endémicas.

[Magnolia amazonica (Ducke) Govaerts], World Checkl. Bibliogr. Magnoliaceae 70. 1996.
Sin.: *Talauma amazonica* Ducke
Ref.: Atahuachi Burgos (1993a).
Nota: El registro se basa en material mal identificado de *M. boliviana*.

Magnolia boliviana (M. Nee) Govaerts, World Checkl. Bibliogr. Magnoliaceae 26. 1996.
Sin.: *Talauma boliviana* M. Nee
Ref.: Arrázola Rivero et al. (2000), Nee (2004).
Árbol. Nativa. Zonas Bajas. Bosque Húmedo, 0–500 m.
Dept.: CO, SC.
Tipo y muestra: *I.G. Vargas et al. 1224* (HT: USZ; IT: LPB, MO-04671260, NY), *D.N. Smith et al. 13718* (LPB, MO).
Nom. Vern.: Granadilla, sinini de selva.

Magnolia grandiflora L., Syst. Nat. (ed. 10) 2: 1082. 1759.
Ref.: Atahuachi Burgos (1993a).
Arbusto, arbolito, árbol. Cultivada. Zonas Bajas, Andes. 500–1000, 2500–4000 m.
Dept.: CO, LP, SC.
Muestra: *J.C. Solomon & R. Zeballos 15546* (BOLV, LPB, MO).
Nom. Vern.: Magnolia.

MALPIGHIACEAE Juss., Gen. Pl. 252. 1789.

Por P.M. Jørgensen (MO); revisado por S.G. Beck (LPB), M. Nee (NY).
30 géneros, 151 especies, 10 especies endémicas.

Adelphia W.R. Anderson, Novon 16(2): 170–173, f. 1. 2006.
1 especie, 0 especies endémicas.

Adelphia macrophylla (Rusby) W.R. Anderson, Novon 16(2): 172. 2006.
Sin.: *Mascagnia macrophylla* Rusby
Ref.: Foster (1958), Anderson et al. (2006).
Liana. Nativa. Zonas Bajas. Bosque Húmedo, 0–500 m.
Dept.: BE, LP, SC.
Tipo y muestra: *M. Cárdenas 2044* (LT: NY), *M.H. Nee 46036* (MO, NY, USZ).

Aenigmatanthera W.R. Anderson, Novon 16(2): 173–174, f. 2. 2006.
1 especie, 0 especies endémicas.

Aenigmatanthera lasiandra (A. Juss.) W.R. Anderson, Novon 16(2): 174. 2006.
Sin.: *Hiraea lasiandra* A. Juss., *Tetrapterys mogoriifolia* var. *lasiandra* (A. Juss.) Griseb., *Mascagnia lasiandra* (A. Juss.) Nied.
Ref.: Killeen & Schulenberg (1998), Anderson et al. (2006).
Liana, arbusto. Nativa. Zonas Bajas. Bosque Húmedo, Campos Cerrados, Sabanas Benianas del Norte, 0–1000 m.
Dept.: BE, SC.
Muestra: *M.A. Lewis 37536* (MO).

Alicia W.R. Anderson, Novon 16(2): 174–176, f. 3. 2006.
2 especies, 0 especies endémicas.

Alicia anisopetala (A. Juss.) W.R. Anderson, Novon 16(2): 176. 2006.
Sin.: *Hiraea anisopetala* A. Juss., *Mascagnia anisopetala* (A. Juss.) Griseb.
Ref.: Foster (1958), Killeen & Schulenberg (1998), Anderson et al. (2006).
Liana. Nativa. Zonas Bajas. Bosque Húmedo, Campos Cerrados, 0–1000 m.
Dept.: BE, LP, SC.
Muestra: *M.J. Macía et al. 5627* (LPB, MA).

Alicia macrodisca (Triana & Planch.) W.R. Anderson, Novon 16(2): 176. 2006.
Sin.: *Hiraea macrodisca* Triana & Planch., *Mascagnia macrodisca* (Triana & Planch.) Nied., *Mascagnia anisopetala* var. *macrodisca* (Triana & Planch.) Kosterm.
Ref.: Killeen & Schulenberg (1998), Anderson et al. (2006).
Liana. Nativa. Zonas Bajas. Bosque Húmedo, 0–500 m.
Dept.: LP, PA, SC.
Muestra: *R. Guillén V. et al. 4121* (MO, USZ).

Amorimia W.R. Anderson, Novon 16(2): 176, 178–186, f. 4–6. 2006.
2 especies, 0 especies endémicas.

Amorimia amazonica (Nied.) W.R. Anderson, Novon 16(2): 179. 2006.
Sin.: *Mascagnia amazonica* Nied.
Ref.: Anderson et al. (2006).
Liana. Nativa. Zonas Bajas. Bosque Húmedo, 0–1000 m.
Dept.: BE, LP, SC.
Muestra: *R.F. Steinbach 339* (MICH, MO).

Amorimia rigida (A. Juss.) W.R. Anderson, Novon 16(2): 183. 2006.
Sin.: *Mascagnia coriacea* Griseb., *Hiraea rigida* A. Juss., *Mascagnia rigida* (A. Juss.) Griseb., *Mascagnia rigida* subsp. *coriacea* (Griseb.) Nied.
Ref.: Foster (1958), Anderson et al. (2006).
Liana. Nativa. Zonas Bajas. Bosque Húmedo, 500–1000 m.
Dept.: LP.
Muestra: *H.H. Rusby 512* (GH, MO, P).

Aspicarpa Rich., Mém. Mus. Hist. Nat. 2: 396–400, pl. 13. 1815.
4 especies, 1 especie endémica.

Aspicarpa boliviensis Nied., Meded. Rijks-Herb. 19: 73. 1913.
Ref.: Foster (1958), Anderson et al. (2006).
Hierba. Endémica. Zonas Bajas. Bosque Semideciduo Chiquitano, Bosque Seco Chaqueño, 0–1000 m.

Dept.: CH, SC.
Tipo y muestra: *T. Herzog 1156* (HT: B destr.?), *K. Pflanz 965* (B).
Nota: Estatus taxonómico incierto.

Aspicarpa salicifolia (Chodat) Nied., Malpigh. Amer. 2: 59. 1912.
Sin.: *Camarea salicifolia* Chodat, *Gaudichaudia salicifolia* (Chodat) Chodat
Ref.: Serrano & Terán (1998 [2000]), Anderson et al. (2006).
Hierba. Nativa. Andes. Bosque Tucumano-Boliviano, 2000–2500 m.
Dept.: CH.
Muestra: *M. Serrano 839* (HSB, LPB).

Aspicarpa schininii W.R. Anderson, Contr. Univ. Michigan Herb. 16: 59. 1987.
Sin.: *Camarea lanata* Chodat, *Aspicarpa lanata* (Chodat) Nied.
Ref.: Anderson et al. (2006).
Hierba. Nativa. Zonas Bajas. Bosque Seco Chaqueño, 500–1000 m.
Dept.: SC.
Muestra: *T. Herzog 1220* (L).

Aspicarpa sericea Griseb., Abh. Königl. Ges. Wiss. Göttingen 24: 68. 1879.
Sin.: *Mionandra argentea* Griseb., *Aspicarpa argentea* (Griseb.) Nied., *Aspicarpa argentea* var. *robusta* (Chodat) Nied., *Aspicarpa argentea* var. *sericea* (Griseb.) Nied., *Cordobia argentea* (Griseb.) Nied., *Aspicarpa argentea* var. *tenuifolia* Nied.
Ref.: Foster (1958), Serrano & Terán (1998 [2000]), Anderson et al. (2006).
Hierba. Nativa. Zonas Bajas, Andes. Bosque Semideciduo Chiquitano, Campos Cerrados, Bosque Tucumano-Boliviano, Bosque Serrano Chaqueño, 0–2500 m.
Dept.: CH, SC, TA.
Muestra: *M.H. Nee 43101* (NY).

Banisteriopsis C.B. Rob., N. Amer. Fl. 25(2): 131. 1910.
12 especies, 0 especies endémicas.

Banisteriopsis caapi (Spruce ex Griseb.) C.V. Morton, J. Wash. Acad. Sci. 21(20): 486. 1931.
Sin.: *Banisteria caapi* Spruce ex Griseb., *Banisteria quitensis* Nied., *Banisteriopsis inebrians* C.V. Morton, *Banisteriopsis quitensis* (Nied.) C.V. Morton
Ref.: Gates (1982), Killeen & Schulenberg (1998), Anderson et al. (2006).
Liana. Nativa. Zonas Bajas. Bosque Húmedo, Bosque Semideciduo Chiquitano, 0–1000 m.
Dept.: PA, SC.
Muestra: *M. Toledo 77* (F, LPB, MO, USZ).
Nom. Vern.: Ayahuasca.

Banisteriopsis campestris (A. Juss.) Little, Phytologia 6: 506. 1959.
Sin.: *Banisteria campestris* A. Juss.
Ref.: Gates (1982), Killeen & Schulenberg (1998), Anderson et al. (2006).
Subarbusto, arbusto. Nativa. Zonas Bajas. Campos Cerrados, 0–500 m.
Dept.: SC.
Muestra: *J.R. Abbott & B. Mostacedo 16137* (MICH, MO, USZ).

Banisteriopsis confusa B. Gates, Fl. Neotrop. 30: 80. 1982.
Sin.: *Banisteria velutina* A. Juss.
Ref.: Gates (1982), Killeen & Schulenberg (1998), Anderson et al. (2006).
Liana. Nativa. Zonas Bajas. Campos Cerrados, Sabanas Benianas del Sur, 0–1000 m.
Dept.: BE, SC.
Muestra: *E. Gutiérrez C. et al. 1200* (MO, USZ).

Banisteriopsis laevifolia (A. Juss.) B. Gates, Fl. Neotrop. 30: 57, f. 9. 1982.
Sin.: *Banisteria laevifolia* A. Juss., *Banisteria grata* Griseb., *Banisteria laevifolia* var. *grata* (Griseb.) Nied., *Heteropterys micans* Skottsb.
Ref.: Gates (1982), Killeen & Schulenberg (1998), Anderson et al. (2006).
Liana. Nativa. Zonas Bajas, Andes. Campos Cerrados, Valles Secos, 0–1500 m.
Dept.: LP, SC.
Muestra: *I.G. Vargas 583* (F, MO, NY, USZ).

Banisteriopsis malifolia (Nees & Mart.) B. Gates, Fl. Neotrop. 30: 76. 1982.
Sin.: *Malpighia malifolia* Nees & Mart., *Banisteria crotonifolia* A. Juss.
Ref.: Foster (1958), Gates (1982), Killeen & Schulenberg (1998), Anderson et al. (2006).
Subarbusto, arbusto, arbolito. Nativa. Zonas Bajas. Campos Cerrados, 0–500 m.
Dept.: SC.
Muestra: *M.C. Peña 263* (F).

Banisteriopsis muricata (Cav.) Cuatrec., Webbia 13(2): 503–504. 1958.
Sin.: *Banisteria muricata* Cav., *Heteropterys argentea* Kunth, *Banisteria argentea* (Kunth) Spreng., *Banisteria metallicolor* A. Juss., *Banisteria acanthocarpa* A. Juss., *Banisteria atrosanguinea* A. Juss., *Banisteria benthamiana* A. Juss., *Banisteria pruinosa* Mart. ex A. Juss., *Banisteria schomburgkiana* Benth., *Banisteria schlimii* Turcz., *Heteropterys pirayuensis* Morong, *Banisteria acanthocarpa* var. *glandulifera* Nied., *Banisteria argentea* var. *acuminata* Nied., *Banisteria argentea* var. *obtusiuscula* Nied., *Banisteria argentea* var. *transiens* Nied., *Banisteria metallicolor* var. *aurea* Nied., *Banisteria metallicolor* var. *falcata* Nied., *Banisteria metallicolor* var. *pruinosa* (Mart. ex A. Juss.) Nied., *Banisteria metallicolor* var. *sericea* Nied., *Banisteria metallicolor* var. *subrotunda* Nied., *Banisteria metallicolor* var. *subsalicina* Nied., *Banisteriopsis argentea* (Kunth) C.B. Rob., *Banisteriopsis schomburgkiana* (Benth.) C.B. Rob., *Banisteriopsis illustris* Rusby, *Banisteriopsis williamsii* Rusby, *Banisteria argentea* fo. *eglandulosa* Nied., *Banisteria argentea* fo. *glandulifera* Nied., *Banisteria illustris* (Rusby) Nied., *Banisteria metallicolor* fo. *eglandulosa* Nied., *Banisteria williamsii* (Rusby) Nied., *Banisteria atrosanguinea* var. *benthamiana* (A. Juss.) J.F. Macbr., *Banisteriopsis metallicolor* (A. Juss.) O'Donell & Lourteig, *Banisteriopsis metallicolor* var. *sericea* (Nied.) O'Donell & Lourteig, *Banisteriopsis metallicolor* var. *subrotunda* (Nied.) O'Donell & Lourteig, *Banisteria muricata* var. *atrosanguinea* (A. Juss.) J.F. Macbr.
Ref.: Foster (1958), Gates (1982), Killeen & Schulenberg (1998), Anderson et al. (2006).
Liana, arbusto. Nativa. Zonas Bajas, Andes. Bosque Húmedo, Bosque Semideciduo Chiquitano, Sabanas Benianas del Sur, Bosque Serrano Chaqueño, Valles Secos, 0–2000 m.
Dept.: BE, LP, SC, TA.
Muestra: *J.C. Solomon & J. Kuijt 11575* (LPB, MO, NY).
Nom. Vern.: Bejuco hoja de plata.

Banisteriopsis nummifera (A. Juss.) B. Gates, Fl. Neotrop. 30: 147. 1982.
Sin.: *Banisteria blanchetiana* A. Juss., *Banisteria nummifera* A. Juss., *Banisteria sellowiana* A. Juss.,

Banisteria gardneriana fo. *blanchetiana* Nied., *Banisteria gardneriana* fo. *luschnathiana* Nied., *Banisteria gardneriana* var. *nummifera* (A. Juss.) Nied., *Banisteria sellowiana* var. *blanchetiana* (A. Juss.) Nied., *Banisteria cinerea* Rusby, *Banisteria sphaerandra* Rusby, *Banisteria sellowiana* fo. *grandifolia* Nied., *Heteropterys sphaerandra* (Rusby) Nied.
Ref.: Foster (1958), Gates (1982), Anderson et al. (2006).
Liana. Nativa. Zonas Bajas, Andes. Bosque Húmedo, Bosque Semideciduo Chiquitano, Yungas, 0–2500 m.
Dept.: BE, LP, SC.
Muestra: *C.B. Maldonado et al. 2999* (BOLV, CTES, LPB, MICH, MO, USZ).

Banisteriopsis oxyclada (A. Juss.) B. Gates, Fl. Neotrop. 30: 126. 1982.
Sin.: *Banisteria oxyclada* A. Juss., *Banisteria albicans* Griseb., *Banisteria oxyclada* fo. *brevialata* Nied., *Banisteria oxyclada* var. *rhombifolia* Skottsb.
Ref.: Foster (1958), Gates (1982), Anderson et al. (2006).
Liana. Nativa. Zonas Bajas. Bosque Húmedo, Bosque Semideciduo Chiquitano, 0–500 m.
Dept.: BE, LP, PA, SC.
Tipo y muestra: *d'Orbigny 804* (LT: P), *R. Seidel 592* (CTES, M, MICH, SI, USZ).

Banisteriopsis padifolia (Poepp. ex Nied.) B. Gates, Fl. Neotrop. 30: 137. 1982.
Sin.: *Banisteria padifolia* Poepp. ex Nied., *Banisteria parviflora* var. *boliviensis* Nied.
Ref.: Foster (1958), Gates (1982), Anderson et al. (2006).
Liana. Nativa. Zonas Bajas, Andes. Bosque Húmedo, Yungas, 0–500, 1500–2000 m.
Dept.: LP.
Muestra: *H.A. Weddell 4207* (P).

Banisteriopsis prancei B. Gates, Fl. Neotrop. 30: 116, f. 26. 1982.
Ref.: Gates (1982), Killeen & Schulenberg (1998), Anderson et al. (2006).
Liana. Nativa. Zonas Bajas. Campos Cerrados, 0–500 m.
Dept.: SC.
Muestra: *L. Arroyo P. 1370* (MICH, MO, USZ).
Nota: Además de las referencias citadas, no visto.

Banisteriopsis pulchra B. Gates, Fl. Neotrop. 30: 108. 1982.
Ref.: Gates (1982).
Liana. Nativa. Zonas Bajas. Bosque Húmedo, 500–1000 m.
Dept.: LP.
Muestra: *O. Buchtien 1794* (F, LPB, NY, US).
Infra: *Banisteriopsis pulchra* var. *glabrata* B. Gates
Nota: En Bolivia solamente conocida del tipo de la variedad.

Banisteriopsis stellaris (Griseb.) B. Gates, Fl. Neotrop. 30: 71, f. 13. 1982.
Sin.: *Banisteria stellaris* Griseb., *Banisteria comans* Mart. ex A. Juss., *Banisteria minarum* Mart. ex A. Juss., *Banisteria comans* var. *latifolia* A. Juss., *Banisteria comans* var. *pubifolia* A. Juss., *Banisteria comans* var. *stellaris* A. Juss., *Banisteria schizoptera* var. *minarum* (Mart. ex A. Juss.) Griseb.
Ref.: Gates (1982), Killeen & Schulenberg (1998), Anderson et al. (2006).
Liana, subarbusto, arbusto. Nativa. Zonas Bajas. Campos Cerrados, Sabanas Benianas del Norte, 0–1000 m.
Dept.: BE, SC.
Muestra: *B. Mostacedo et al. 1461* (LPB, MO, USZ).

[**Banisteriopsis whitei Rusby**], Mem. New York Bot. Gard. 7: 274. 1927.
Sin.: *Banisteria whitei* (Rusby) Nied.
Ref.: Foster (1958), Gates (1982).
Nota: Especie dudosa. Gates (1982) indica que es una especie de *Heteropterys*.

Bronwenia W.R. Anderson & C. Davis, Contr. Univ. Michigan Herb. 25: 138–140. 2007.
3 especies, 0 especies endémicas.

Bronwenia cinerascens (Benth.) W.R. Anderson & C. Davis, Contr. Univ. Michigan Herb. 25: 141. 2007.
Sin.: *Heteropterys cinerascens* Benth., *Banisteria cinerascens* (Benth.) Griseb., *Banisteriopsis sublucida* Rusby, *Banisteria cinerascens* var. *platyphylla* Nied., *Banisteria sublucida* (Rusby) Nied., *Banisteriopsis cinerascens* (Benth.) B. Gates
Ref.: Foster (1958), Gates (1982), Killeen & Schulenberg (1998), Anderson et al. (2006).
Trepadora, arbusto. Nativa. Zonas Bajas, Andes. Bosque Húmedo, Bosque Semideciduo Chiquitano, Campos Cerrados, Yungas, 0–1500 m.
Dept.: CH, LP, SC.
Muestra: *B. Mostacedo et al. 2147* (LPB, MICH, MO, NY, USZ).
Nom. Vern.: Abejucado.

Bronwenia mathiasiae (W.R. Anderson) W.R. Anderson & C. Davis, Contr. Univ. Michigan Herb. 25: 143–145, f. 3. 2007.
Sin.: *Stigmaphyllon mathiasiae* W.R. Anderson, *Banisteriopsis mathiasiae* (W.R. Anderson) W.R. Anderson
Ref.: Anderson (1981), Anderson et al. (2006).
Liana, arbusto. Nativa. Zonas Bajas. Bosque Húmedo, 0–500 m.
Dept.: PA.
Muestra: *M. Moraes R. 350* (LPB, MICH).

Bronwenia wurdackii (B. Gates) W.R. Anderson & C. Davis, Contr. Univ. Michigan Herb. 25: 146, f. 4. 2007.
Sin.: *Banisteria cinerascens* var. *glabrescens* Nied., *Banisteriopsis wurdackii* B. Gates
Ref.: Gates (1982), Moraes R. (1990), Killeen & Schulenberg (1998), Anderson et al. (2006).
Liana. Nativa. Zonas Bajas. Bosque Húmedo, 0–500 m.
Dept.: LP, PA, SC.
Muestra: *R.M. Rueda 946* (MO, USZ).

Bunchosia Rich. ex Juss., Ann. Mus. Hist. Nat. 18: 481. 1811.
8 especies, 0 especies endémicas.

Bunchosia angustifolia A. Juss., Ann. Sci. Nat., Bot., sér. 2 13: 324. 1840.
Ref.: Anderson et al. (2006).
Arbusto. Nativa. Zonas Bajas. Bosque Húmedo, 0–500 m.
Dept.: SC.
Muestra: *W. Troll 589* (NY).

Bunchosia armeniaca (Cav.) DC., Prodr. 1: 582. 1824.
Sin.: *Malpighia armeniaca* Cav.
Ref.: Foster (1958), Villegas Coimbra (1993a), Anderson et al. (2006).
Árbol. Nativa. Zonas Bajas. Bosque Húmedo, 0–500 m.
Dept.: BE, LP, PA, SC.
Muestra: *M.H. Nee 34291* (LPB, NY).
Nom. Vern.: Cereza.

Bunchosia glandulifera (Jacq.) Kunth, Nov. Gen. Sp. (quarto ed.) 5: 154. 1821 [1822].
Sin.: *Malpighia glandulifera* Jacq.
Ref.: Killeen & Schulenberg (1998).
Arbusto, arbolito. Nativa. Zonas Bajas. Bosque Húmedo, Campos Cerrados, Campos Amazónicos, 0–500 m.
Dept.: LP, SC.
Muestra: *A.H. Gentry & P. Nuñez 69808* (MICH, MO).
Nom. Vern.: Mermelada.

Bunchosia glauca Kunth, Nov. Gen. Sp. (quarto ed.) 5: 155. 1821 [1822].
Ref.: Anderson et al. (2006).
Arbusto. Nativa. Zonas Bajas. Campos Cerrados, 0–500 m.
Dept.: SC.
Muestra: *M. Menacho Viruez & E. Gutiérrez C. 582* (NY, USZ).

Bunchosia hookeriana A. Juss., Ann. Sci. Nat., Bot., sér. 2 13: 324. 1840.
Ref.: Anderson et al. (2006).
Arbusto, árbol. Nativa. Zonas Bajas. Bosque Húmedo, 0–500 m.
Dept.: LP, SC.
Muestra: *N.Y. Paniagua 1127* (F, LPB).

Bunchosia lindeniana A. Juss., Arch. Mus. Hist. Nat. 3: 335–336. 1843.
Sin.: *Bunchosia lanceolata* Turcz., *Acmanthera radlkoferi* Kuntze
Ref.: Foster (1958), Villegas Coimbra (1993a), Anderson et al. (2006).
Árbol. Nativa. Zonas Bajas. Bosque Húmedo, 0–1000 m.
Dept.: BE, SC.
Muestra: *B. Mostacedo et al. 60* (F, USZ).
Infra: *Bunchosia lindeniana* var. *boliviensis* Nied.

Bunchosia paraguariensis Nied., Bull. Herb. Boissier, sér. 2 7: 295. 1907.
Ref.: Villegas Coimbra (1993a), Anderson et al. (2006).
Árbol. Nativa. Zonas Bajas. Bosque Húmedo, Campos Cerrados, 0–500 m.
Dept.: LP, SC.
Muestra: *M.H. Nee 38583* (LPB, MICH, MO, NY).

Bunchosia pilocarpa Rusby, Bull. New York Bot. Gard. 4: 333. 1907.
Ref.: Foster (1958), Anderson et al. (2006).
Árbol. Nativa. Zonas Bajas. Campos Cerrados, 0–500 m.
Dept.: SC.
Tipo y muestra: *M. Bang 2249* (HT: NY; IT: F, G, K, LIL, MICH, MO-1899007, NY, US), *I.I. Linneo 1217* (MO, USZ).

Byrsonima Rich. ex Kunth, Nov. Gen. Sp. (quarto ed.) 5: 147–153, pl. 446–449. 1821 [1822].
22 especies, 0 especies endémicas.

Byrsonima arctostaphyloides Nied., Byrsonima 2: 40. 1901.
Ref.: Anderson et al. (2006).
Hierba. Nativa. Zonas Bajas. Campos Amazónicos, 500–1000 m.
Dept.: SC.
Muestra: *T. Killeen 2801* (LPB, MICH).

Byrsonima arthropoda A. Juss., Ann. Sci. Nat., Bot., sér. 2 13: 335. 1840.
Sin.: *Byrsonima indorum* S. Moore
Ref.: Villegas Coimbra (1993a), Killeen & Schulenberg (1998), Anderson et al. (2006).
Árbol. Nativa. Zonas Bajas, Andes. Bosque Húmedo, Yungas, 0–1500 m.
Dept.: BE, LP, SC.
Muestra: *F.J. Fernández Casas & A. Susanna 8605* (MA, MICH, MO, NY).

[**Byrsonima chalcophylla Nied.**], Arbeiten Bot. Inst. Königl. Lyceums Hosianum Braunsberg 5: 57. 1914.
Ref.: Killeen & Schulenberg (1998).
Nota: El registro se basa en material mal identificado de *B. spicata*.

Byrsonima chrysophylla Kunth, Nov. Gen. Sp. (quarto ed.) 5: 150. 1821 [1822].
Sin.: *Byrsonima peruviana* A. Juss.
Ref.: Villegas Coimbra (1993a), Killeen & Schulenberg (1998), Jardim et al. (2003), Anderson et al. (2006).
Arbusto, árbol. Nativa. Zonas Bajas, Andes. Campos Cerrados, Campos Amazónicos, Valles Secos, 0–1500 m.
Dept.: BE, LP, SC.
Muestra: *A.H. Gentry & R.B. Foster 75491* (AAU, F, MICH, MO, NY, USZ).

Byrsonima coccolobifolia Kunth, Nov. Gen. Sp. (quarto ed.) 5: 148. 1821 [1822].
Ref.: Foster (1958), Villegas Coimbra (1993a), Killeen & Schulenberg (1998), Anderson et al. (2006).
Árbol. Nativa. Zonas Bajas, Andes. Campos Cerrados, Sabanas Benianas del Sur, Valles Secos, 0–1500 m.
Dept.: BE, LP, SC.
Muestra: *T. Killeen 1404* (F, LPB, MO, NY, USZ).

Byrsonima crassifolia (L.) Kunth, Nov. Gen. Sp. (quarto ed.) 5: 149. 1821 [1822].
Sin.: *Malpighia crassifolia* L., *Malpighia coriacea* Sw., *Byrsonima coriacea* (Sw.) DC., *Byrsonima biacuminata* Rusby, *Byrsonima fagifolia* Nied.
Ref.: Rusby (1893b), Foster (1958), Beck (1993a), Villegas Coimbra (1993a), Killeen & Schulenberg (1998), Anderson et al. (2006).
Arbusto, árbol. Nativa. Zonas Bajas, Andes. Bosque Semideciduo Chiquitano, Campos Cerrados, Sabanas Benianas del Sur, Yungas, Valles Secos, 0–2000 m.
Dept.: BE, CO, LP, SC.
Muestra: *C.B. Maldonado et al. 3206* (BOLV, LPB, MICH, MO, USZ).

Byrsonima crispa A. Juss., Ann. Sci. Nat., Bot., sér. 2 13: 335. 1840.
Ref.: Villegas Coimbra (1993a), Killeen & Schulenberg (1998), Anderson et al. (2006).
Árbol. Nativa. Zonas Bajas. Bosque Húmedo, Campos Cerrados, 0–1000 m.
Dept.: BE, CO, LP, PA, SC.
Muestra: *B.M. Boom 4977* (LPB, MO, NY).
Nom. Vern.: Shoshapo.

Byrsonima cydoniifolia A. Juss., Fl. Bras. Merid. (quarto ed.) 3(22): 77. 1832 [1833].
Sin.: *Byrsonima orbignyana* A. Juss., *Byrsonima cydoniifolia* var. *chiquitensis* A. Juss.
Ref.: Foster (1958), Villegas Coimbra (1993a), Killeen & Schulenberg (1998), Serrano & Terán (1998 [2000]), Anderson et al. (2006).
Arbusto, arbolito, árbol. Nativa. Zonas Bajas, Andes. Bosque Húmedo, Bosque Semideciduo Chiquitano, Campos Cerrados, Sabanas Benianas del Sur, Valles Secos, 0–1500 m.
Dept.: BE, CH, LP, SC.
Muestra: *J. Steinbach 6571* (A, GH, GOET, MO, NY).

Byrsonima dealbata Griseb., Linnaea 13: 253. 1839.
Ref.: Anderson et al. (2006).
Árbol. Nativa. Zonas Bajas. Campos Cerrados, Sabanas Benianas del Sur, 0–500 m.
Dept.: BE, SC.
Muestra: *W. Hanagarth & C. Rosales 187* (LPB, MICH).

[**Byrsonima grisebachiana Nied.**], Nat. Pflanzenfam. 1: 207. 1897.
Ref.: Killeen & Schulenberg (1998).
Nota: El registro se basa en material mal identificado. Un sinónimo de *B. pachyphylla* A. Juss.

[**Byrsonima intermedia A. Juss.**], Fl. Bras. Merid. (quarto ed.) 3(22): 82. 1832 [1833].
Ref.: Killeen & Schulenberg (1998).
Nota: El registro se basa en material mal identificado.

Byrsonima laevigata (Poir.) DC., Prodr. 1: 580. 1824.
Sin.: *Malpighia laevigata* Poir.
Ref.: Foster (1958), Anderson et al. (2006).
Arbusto. Nativa. Región, tipo de vegetación y elevación desconocidas.

Dept.: Bolivia.
Nota: La documentación además de Foster (1958), no ha sido localizada.

Byrsonima lanulosa W.R. Anderson, Contr. Univ. Michigan Herb. 22: 6–7. 1999.
Ref.: Anderson et al. (2006).
Arbusto. Nativa. Zonas Bajas. Campos Cerrados, 0–500 m.
Dept.: SC.
Tipo y muestra: *B. Mostacedo et al. 1720* (HT: MICH; IT: MO-5177708, USZ), *A. Soto et al. 470* (MO, USZ).

Byrsonima leucophlebia Griseb., Fl. Bras. 12(1): 15. 1858.
Ref.: Anderson et al. (2006).
Arbusto. Nativa. Zonas Bajas. Campos Cerrados, 0–500 m.
Dept.: BE, PA.
Muestra: *L.R.C. de Michel & S.G. Beck 2184* (M, MICH, MO, SI, USZ).

Byrsonima linguifera Cuatrec., Webbia 13: 613. 1958.
Ref.: Anderson et al. (2006), Altamirano Azurduy & Ramos de Sousa (2009).
Arbolito. Nativa. Zonas Bajas. Bosque Húmedo, 0–500 m.
Dept.: BE.
Muestra: *J.C. Solomon 7726* (LPB, MICH, MO).

Byrsonima melanocarpa Ducke, Arch. Jard. Bot. Rio de Janeiro 3: 180. 1922.
Ref.: Anderson (1997), Anderson et al. (2006).
Arbusto, arbolito. Nativa. Zonas Bajas. Bosque Húmedo, 0–500 m.
Dept.: BE.
Muestra: *L. Vargas 822* (F, LPB, MICH).

Byrsonima oblongifolia A. Juss., Arch. Mus. Hist. Nat. 3: 300. 1843.
Ref.: Anderson et al. (2006).
Hierba, subarbusto, arbusto. Nativa. Zonas Bajas. Campos Cerrados, 0–500 m.
Dept.: SC.
Muestra: *R. Guillén V. & T. Ruiz de Centurión 864* (MA, MO, USZ).

Byrsonima poeppigiana A. Juss., Ann. Sci. Nat., Bot., sér. 2 13: 335. 1840.
Ref.: Villegas Coimbra (1993a), Anderson et al. (2006).
Arbusto, arbolito, árbol. Nativa. Zonas Bajas. Bosque Húmedo, 0–500 m.
Dept.: PA.
Muestra: *E.H.G. Ule 9488* (B).
Nota: Tal vez una confusión con *B. schunkei*.

Byrsonima riparia W.R. Anderson, Contr. Univ. Michigan Herb. 22: 8–10, f. 1. 1999.
Ref.: Anderson et al. (2006).
Arbusto, árbol. Nativa. Zonas Bajas. Bosque Húmedo, 0–500 m.
Dept.: SC.
Tipo y muestra: *M.H. Nee 41518* (HT: MICH; IT: G, K, LPB, MO-5762558, NY, SP, USZ), *R. Guillén V. & R. Choré 1374* (MA, MO, USZ).

Byrsonima schunkei W.R. Anderson, Contr. Univ. Michigan Herb. 15: 101–103, f. 4a–f. 1982.
Sin.: *Byrsonima poeppigiana* var. *velutina* Nied.
Ref.: Foster (1958), Anderson et al. (2006).
Arbusto. Nativa. Zonas Bajas. Bosque Húmedo, 0–500 m.
Dept.: PA.
Muestra: *F.J. Fernández Casas & A. Susanna 8505* (MA, MICH, MO).
Nota: Véase también *B. poeppigiana*.

Byrsonima sericea DC., Prodr. 1: 580. 1824.
Ref.: Killeen & Schulenberg (1998), Anderson et al. (2006).
Árbol. Nativa. Zonas Bajas. Bosque Semideciduo Chiquitano, Campos Cerrados, 0–1000 m.
Dept.: SC.
Muestra: *L. Sánchez et al. 1060* (MICH, MO, USZ).

Byrsonima spicata (Cav.) DC., Prodr. 1: 580. 1824.
Sin.: *Malpighia spicata* Cav., *Byrsonima coriacea* fo. *angustifolia* Nied., *Byrsonima coriacea* var. *spicata* (Cav.) Nied.
Ref.: Foster (1958), Villegas Coimbra (1993a), Killeen & Schulenberg (1998), Anderson et al. (2006).
Árbol. Nativa. Zonas Bajas. Bosque Húmedo, Bosque Semideciduo Chiquitano, Campos Cerrados, Sabanas Benianas del Sur, 0–1000 m.
Dept.: BE, CO, LP, SC.
Muestra: *M.H. Nee 37981* (MA, MO, NY).
Nom. Vern.: Coloradillo del monte.

Byrsonima stipulacea A. Juss., Ann. Sci. Nat., Bot., sér. 2 13: 332. 1840.
Ref.: Killeen & Schulenberg (1998), Anderson et al. (2006).
Arbusto. Nativa. Zonas Bajas. Bosque Húmedo, 500–1000 m.
Dept.: SC.
Muestra: *T. Killeen et al. 5279* (USZ).
Nota: Identificación tentativa.

Byrsonima variabilis A. Juss., Fl. Bras. Merid. (quarto ed.) 3(22): 78. 1832 [1833].
Ref.: Foster (1958), Villegas Coimbra (1993a), Anderson et al. (2006).
Árbol. Nativa. Zonas Bajas. Bosque Húmedo, 0–500 m.
Dept.: BE.
Muestra: *H.H. Rusby 507* (NY).
Nota: Muestra no localizada en NY.

Byrsonima verbascifolia (L.) DC., Prodr. 1: 579. 1824.
Sin.: *Malpighia verbascifolia* L.
Ref.: Killeen & Schulenberg (1998), Anderson et al. (2006).
Hierba. Nativa. Zonas Bajas. Campos Cerrados, Sabanas Benianas del Sur, Campos Amazónicos, 500–1000 m.
Dept.: BE, LP, SC.
Muestra: *T. Killeen & O. Peña 7187* (MO, NY, USZ).
Nota: *Rodriguez 494*, citada por Killeen (1998), pertenece a *B. oblongifolia*.

Callaeum Small, N. Amer. Fl. 25(2): 128. 1910.
2 especies, 0 especies endémicas.

Callaeum antifebrile (Griseb.) D.M. Johnson, Syst. Bot. 11(2): 349. 1986.
Sin.: *Banisteria antifebrilis* Griseb., *Mascagnia psilophylla* fo. *peruviana* Nied., *Mascagnia psilophylla* var. *antifebrilis* (Griseb.) Nied.
Ref.: Johnson (1986a), Anderson et al. (2006).
Liana, arbusto. Nativa. Zonas Bajas. Bosque Húmedo, 0–500 m.
Dept.: CO.
Muestra: *R.F. Steinbach 416* (F, MICH, MO, NY).

Callaeum psilophyllum (A. Juss.) D.M. Johnson, Syst. Bot. 11(2): 351. 1986.
Sin.: *Hiraea psilophylla* A. Juss., *Hiraea platyptera* Griseb., *Mascagnia psilophylla* (A. Juss.) Griseb., *Mascagnia pachyptera* Rusby
Ref.: Foster (1958), Johnson (1986a), Anderson et al. (2006).
Liana. Nativa. Zonas Bajas, Andes. Campos Cerrados, Valles Secos, 0–1500 m.
Dept.: LP, SC.
Muestra: *A. Krapovickas & A. Schinini 36649* (MICH, MO).

Carolus W.R. Anderson, Novon 16(2): 186–188, f. 7. 2006.
1 especie, 0 especies endémicas.

Carolus chlorocarpus (A. Juss.) W.R. Anderson, Novon 16(2): 188. 2006.
Sin.: *Hiraea chlorocarpa* A. Juss., *Mascagnia chlorocarpa* (A. Juss.) Griseb., *Mascagnia chlorocarpa* var. *cristata* Nied.
Ref.: Foster (1958), Anderson et al. (2006).
Liana. Nativa. Zonas Bajas, Andes. Bosque Semideciduo Chiquitano, Bosque Tucumano-Boliviano, 0–1500 m.
Dept.: CH, LP, SC.
Muestra: *J. Caballero G. et al. 71* (MO, USZ).

Christianella W.R. Anderson, Novon 16(2): 190–191, f. 8. 2006.

2 especies, 0 especies endémicas.

Christianella multiglandulosa (Nied.) W.R. Anderson, Novon 16(2): 191. 2006.
Sin.: *Mascagnia multiglandulosa* Nied.
Ref.: Killeen & Schulenberg (1998).
Liana. Nativa. Zonas Bajas. 0–500 m.
Dept.: SC.
Muestra: *E. Gutiérrez C. et al. 1170* (MICH, MO, USZ).

Christianella surinamensis (Kosterm.) W.R. Anderson, Novon 16(2): 191. 2006.
Sin.: *Mascagnia multiglandulosa* var. *surinamensis* Kosterm., *Mascagnia surinamensis* (Kosterm.) W.R. Anderson
Ref.: Killeen & Schulenberg (1998).
Liana. Nativa. Zonas Bajas. Campos Cerrados, 0–500 m.
Dept.: BE, SC.
Muestra: *R. Guillén V. & R. Choré 2392* (MA, MO, USZ).

Dicella Griseb., Linnaea 13: 249. 1839.

2 especies, 0 especies endémicas.

Dicella conwayi Rusby, Bull. New York Bot. Gard. 8(28): 98. 1912.
Ref.: Foster (1958), Chase (1981), Anderson et al. (2006).
Liana. Nativa. Zonas Bajas. Bosque Húmedo, 0–1000 m.
Dept.: BE, LP, PA, SC.
Tipo y muestra: *R.S. Williams 766* (HT: NY), *B.A. Krukoff 10298* (A, G, LIL, LPB, MICH, MO, NY, S, US).
Nota: El tipo es erróneamente indicado como *R.S. Williams 2170a* en Chase (1981).

Dicella macroptera A. Juss., Ann. Sci. Nat., Bot., sér. 2 13: 323. 1840.
Sin.: *Thryallis macroptera* Mart.
Ref.: Foster (1958), Chase (1981), Killeen & Schulenberg (1998), Anderson et al. (2006).
Liana. Nativa. Zonas Bajas. Bosque Semideciduo Chiquitano, Campos Cerrados, 0–1000 m.
Dept.: SC.
Muestra: *L. Arroyo P. et al. 1157* (MO, USZ).

Diplopterys A. Juss., Icon. Sel. Pl. 3: 20, pl. 33. 1837.

6 especies, 0 especies endémicas.

Diplopterys cururuensis B. Gates, Fl. Neotrop. 30: 215. 1982.
Ref.: Gates (1982), Killeen & Schulenberg (1998), Anderson et al. (2006).
Liana. Nativa. Zonas Bajas. Bosque Húmedo, 0–1000 m.
Dept.: LP, SC.
Muestra: *R. Guillén V. & R. Choré 2893* (MO, USZ).

Diplopterys longialata (Ruiz ex Nied.) W.R. Anderson & C. Davis, Harvard Pap. Bot. 11(1): 10. 2006.
Sin.: *Banisteria longialata* Ruiz ex Nied., *Banisteria rusbyana* Nied., *Banisteria bopiana* Rusby, *Heteropterys bopiana* (Rusby) Nied., *Banisteriopsis rusbyana* (Nied.) Morton, *Banisteriopsis longialata* (Ruiz ex Nied.) B. Gates
Ref.: Foster (1958), Gates (1982), Anderson et al. (2006).
Liana. Nativa. Zonas Bajas, Andes. Bosque Húmedo, Yungas, 500–1500 m.
Dept.: LP.
Muestra: *B.A. Krukoff 10590* (A, F, LPB, MICH, MO, NY, US).

Diplopterys lucida (Rich.) W.R. Anderson & C. Davis, Harvard Pap. Bot. 11(1): 10. 2006.
Sin.: *Banisteria lucida* Rich., *Heteropterys appendiculata* DC., *Banisteria lobulata* E. Mey., *Banisteria divaricata* A. Juss., *Banisteria appendiculata* (DC.) A. Juss., *Banisteria calocarpa* Miq., *Banisteria polita* Miq., *Stigmaphyllon nigrescens* Kuntze, *Banisteriopsis lucida* (Rich.) Small, *Diplopterys marshalliana* L. Riley
Ref.: Gates (1982), Moraes R. (1990), Anderson et al. (2006).
Trepadora, liana. Nativa. Zonas Bajas. Bosque Húmedo, Bosque Semideciduo Chiquitano, 0–1000 m.
Dept.: LP, PA, SC.
Muestra: *M.H. Nee 37275* (LPB, MO, NY).

Diplopterys lutea (Griseb.) W.R. Anderson & C. Davis, Harvard Pap. Bot. 11(1): 10. 2006.
Sin.: *Banisteria lutea* Griseb., *Banisteria praecox* Griseb., *Banisteria nitrosiodora* Griseb., *Banisteria hassleriana* Chodat, *Banisteria hispida* Nied., *Jubistylis mollis* Rusby, *Banisteriopsis nitrosiodora* (Griseb.) O'Donell & Lourteig, *Banisteriopsis lutea* (Griseb.) Cuatrec.
Ref.: Foster (1958), Gates (1982), Serrano & Terán (1998 [2000]), Anderson et al. (2006).
Liana, subarbusto, arbusto. Nativa. Zonas Bajas, Andes. Bosque Húmedo, Bosque Semideciduo Chiquitano, Yungas, Valles Secos, 0–2000 m.
Dept.: BE, CH, LP, PA, SC, TA.
Muestra: *J.C. Solomon 15666* (LPB, MO).

Diplopterys nutans (Poepp. ex Nied.) W.R. Anderson & C. Davis, Harvard Pap. Bot. 11(1): 11. 2006.
Sin.: *Banisteria nutans* Poepp. ex Nied., *Banisteriopsis panamensis* Cuatrec. & Croat, *Banisteriopsis nutans* (Poepp. ex Nied.) B. Gates
Ref.: Gates (1982), Anderson et al. (2006).
Liana. Nativa. Zonas Bajas. Bosque Húmedo, 500–1000 m.
Dept.: LP.
Muestra: *O. Buchtien 1822* (GH, US).

Diplopterys pubipetala (A. Juss.) W.R. Anderson & C. Davis, Harvard Pap. Bot. 11(1): 13. 2006.
Sin.: *Banisteria pubipetala* A. Juss., *Banisteria constricta* Griseb., *Banisteria spruceana* Griseb., *Banisteria pubipetala* var. *oblongata* Griseb., *Banisteria pubipetala* var. *scandens* Griseb., *Banisteria pubipetala* fo. *constricta* (Griseb.) Nied., *Banisteria pubipetala* fo. *spruceana* (Griseb.) Griseb., *Banisteria pearcei* Rusby, *Banisteria pubipetala* fo. *cordata* Nied., *Banisteria pubipetala* var. *constricta* (Griseb.) J.F. Macbr., *Banisteriopsis pubipetala* (A. Juss.) Cuatrec.
Ref.: Foster (1958), Gates (1982), Killeen & Schulenberg (1998), Anderson et al. (2006).
Liana, arbusto. Nativa. Zonas Bajas, Andes. Bosque Húmedo, Bosque Semideciduo Chiquitano, Campos Cerrados, Yungas, 0–2000 m.
Dept.: BE, LP, SC.
Muestra: *B.A. Krukoff 10048* (A, F, G, GH, MO, NY, S, U).

Excentradenia W.R. Anderson, Contr. Univ. Michigan Herb. 21: 29–30. 1997.
1 especie, 1 especie endémica.

Excentradenia boliviana W.R. Anderson, Contr. Univ. Michigan Herb. 21: 34, f. 1. 1997.
Ref.: Anderson et al. (2006).
Liana. Endémica. Zonas Bajas. Bosque Húmedo, 0–500 m.
Dept.: BE.
Tipo y muestra: *G. Meyer 381* (HT: MICH; IT: NY), *G. Meyer 378* (NY).

Galphimia Cav., Icon. 5: 61–62, pl. 489. 1799.
1 especie, 0 especies endémicas.

Galphimia australis Chodat, Arch. Sci. Phys. Nat. 24: 500. 1890.
Ref.: Anderson (2005a), Anderson et al. (2006), Anderson (2007).
Hierba, subarbusto. Nativa. Zonas Bajas. Bosque Semideciduo Chiquitano, Campos Cerrados, 0–1000 m.
Dept.: SC.
Muestra: *A.F. Fuentes & G. Navarro 2287* (MO, NY, USZ).

[**Galphimia brasiliensis (L.) A. Juss.**], Fl. Bras. Merid. (quarto ed.) 3(22): 54, pl. 178. 1832 [1833].
Sin.: *Thryallis brasiliensis* L.
Ref.: Foster (1958), Anderson (2005a).
Nota: El registro se basa en material mal identificado de *G. australis*.

Heteropterys Kunth, Nov. Gen. Sp. (quarto ed.) 5: 163–167, pl. 450. 1821 [1822].
31 especies, 3 especies endémicas.

Heteropterys brachiata (L.) DC., Prodr. 1: 591. 1824.
Sin.: *Banisteria brachiata* L., *Heteropterys beecheyana* A. Juss., *Heteropterys tomentosa* Hook. & Arn., *Heteropterys beecheyana* var. *andina* Nied., *Banisteria sanguinea* Rusby
Ref.: Foster (1958), Anderson et al. (2006).
Liana, arbusto. Nativa. Zonas Bajas. Sabanas Benianas del Sur, Campos Amazónicos, 0–500 m.
Dept.: LP, SC.
Muestra: *M. Bang 2192* (K, MICH, MO, NY, US).

Heteropterys byrsonimifolia A. Juss., Arch. Mus. Hist. Nat. 3: 464. 1843.
Ref.: Anderson et al. (2006).
Arbusto. Nativa. Zonas Bajas. Campos Cerrados, Sabanas Benianas del Norte, 0–500 m.
Dept.: BE, SC.
Muestra: *S. Leigh-Hunt et al. 286* (E, LPB, USZ).

Heteropterys campestris A. Juss., Fl. Bras. Merid. (quarto ed.) 3(21): 33. 1832 [1833].
Ref.: Foster (1958), Anderson et al. (2006).
Liana. Nativa. Zonas Bajas. Campos Cerrados, 0–500 m.
Dept.: SC.
Muestra: *J. Steinbach 2846* (GH).

Heteropterys canaminensis (Rusby) Nied., Pflanzenr. 141(Heft 93): 378. 1928.
Sin.: *Banisteria canaminensis* Rusby
Ref.: Foster (1958), Anderson et al. (2006).
Liana. Endémica. Andes. Yungas, 1000–1500 m.
Dept.: LP.
Tipo: *O.E. White 259* (HT: NY).
Nota: Conocida solamente del tipo.

Heteropterys cochleosperma A. Juss., Ann. Sci. Nat., Bot., sér. 2 13: 274. 1840.
Sin.: *Heteropterys hassleriana* Nied.
Ref.: Foster (1958), Killeen & Schulenberg (1998), Anderson et al. (2006).
Liana. Nativa. Zonas Bajas. Bosque Húmedo, Bosque Semideciduo Chiquitano, Campos Cerrados, 0–500 m.
Dept.: SC.
Muestra: *R. Guillén V. & R. Choré 3272* (MO, NY, USZ).
Nota: Foster (1958) reportaba *H. cochleosperma* fo. *glandulifera*, el estatus de este taxón es incierto.

Heteropterys coriacea A. Juss., Ann. Sci. Nat., Bot., sér. 2 13: 277. 1840.
Ref.: Villegas Coimbra (1993a), Anderson et al. (2006).
Árbol. Nativa. Zonas Bajas. Bosque Húmedo, 0–500 m.
Dept.: LP.
Muestra: *R. Haase 607* (LPB, MICH, SI).

Heteropterys corumbensis Kuntze, Revis. Gen. Pl. 3(3): 28. 1898.
Ref.: Anderson et al. (2006).
Liana. Nativa. Zonas Bajas. Sabanas Benianas del Sur, 0–500 m.
Dept.: BE.
Muestra: *S.G. Beck 6982* (LPB, MICH).

Heteropterys dumetorum (Griseb.) Nied., Pflanzenr. 141(Heft 93): 336. 1928.
Sin.: *Mascagnia dumetorum* Griseb.
Ref.: Foster (1958), Anderson et al. (2006).
Liana. Nativa. Zonas Bajas, Andes. Bosque Semideciduo Chiquitano, Bosque Seco Chaqueño, Bosque Serrano Chaqueño, Valles Secos, 0–2500 m.
Dept.: CH, CO, LP, SC, TA.
Muestra: *M.A. Lewis 40767* (LPB, MICH, MO).

Heteropterys eglandulosa A. Juss., Fl. Bras. Merid. (quarto ed.) 3(21): 27. 1832 [1833].
Sin.: *Heteropterys caerulea* (Lam.) DC., *Heteropterys anoptera* A. Juss.
Ref.: Villegas Coimbra (1993a), Anderson et al. (2006).
Árbol. Nativa. Zonas Bajas. Bosque Húmedo, Sabanas Benianas del Sur, 0–500 m.
Dept.: BE, LP, SC.
Muestra: *J.C. Solomon 14758* (LPB, MICH, MO).
Nota: La posición de los nombres *H. anoptera* subvar. *latifolia* Nied. y *H. anoptera* subvar. *ovata* Nied. es incierta.

Heteropterys falcifera A. Juss., Ann. Sci. Nat., Bot., sér. 2 13: 274. 1840.
Sin.: *Heteropterys ovalifolia* Rusby
Ref.: Foster (1958), Moraes R. (1990), Anderson et al. (2006).
Liana. Endémica. Zonas Bajas. Sabanas Benianas del Sur, 0–500 m.
Dept.: BE, LP, SC.
Tipo y muestra: *d'Orbigny 826* (IT: MO; fotos: F ex P), *M.H. Nee 35659* (LPB, MICH, MO, NY).

Heteropterys grandiflora A. Juss., Arch. Mus. Hist. Nat. 3: 461. 1843.
Ref.: Killeen & Schulenberg (1998), Anderson et al. (2006).
Arbusto. Nativa. Zonas Bajas. Campos Cerrados, 500–1000 m.
Dept.: SC.
Muestra: *R. Guillén V. et al. 4722* (MICH, MO, USZ).

Heteropterys hypericifolia A. Juss., Fl. Bras. Merid. (quarto ed.) 3(21): 24. 1832 [1833].
Ref.: Foster (1958), Anderson et al. (2006).
Arbusto. Nativa. Región, tipo de vegetación y elevación desconocidas.
Dept.: Bolivia.
Muestra: *T. Herzog 593* (L).

Heteropterys intermedia (A. Juss.) Griseb., Fl. Bras. 12(1): 62. 1858.
Sin.: *Hiraea intermedia* A. Juss., *Heteropterys aceroides* Griseb., *Heteropterys aceroides* subfo. *elongata* Nied.

Ref.: Foster (1958), Anderson et al. (2006).
Arbusto. Nativa. Andes. Valles Secos, 1000–1500 m.
Dept.: SC.
Muestra: *T. Herzog 1596* (L).

Heteropterys krapovickasii W.R. Anderson, Contr. Univ. Michigan Herb. 15: 122–124, f. 11. 1982.
Ref.: Anderson et al. (2006).
Liana. Nativa. Zonas Bajas, Andes. Bosque Húmedo, Yungas, 500–1500 m.
Dept.: LP.
Tipo y muestra: *A. Krapovickas 36259* (HT: MICH; IT: CTES, NY), *M.J. Macía et al. 6474* (LPB, MA, MICH).

Heteropterys laurifolia (L.) A. Juss., Ann. Sci. Nat., Bot., sér. 2 13: 276. 1840.
Sin.: *Banisteria laurifolia* L.
Ref.: Villegas Coimbra (1993a), Killeen & Schulenberg (1998), Anderson et al. (2006).
Liana. Nativa. Zonas Bajas, Andes. Bosque Semideciduo Chiquitano, Campos Cerrados, Sabanas Benianas del Sur, Valles Secos, 0–1500 m.
Dept.: BE, SC.
Muestra: *M.H. Nee 37112* (LPB, MO, NY, USZ).

Heteropterys macradena (DC.) W.R. Anderson, Mem. New York Bot. Gard. 32: 202. 1981.
Sin.: *Banisteria eglandulosa* DC., *Banisteria macradena* DC., *Heteropterys candolleana* A. Juss., *Heteropterys suberosa* var. *lessertiana* (A. Juss.) A. Juss. ex Griseb., *Heteropterys suberosa* var. *candolleana* (A. Juss.) Nied.
Ref.: Anderson et al. (2006).
Liana. Nativa. Zonas Bajas. Bosque Húmedo, Bosque Semideciduo Chiquitano, 0–1000 m.
Dept.: LP, SC.
Muestra: *T. Herzog 646* (L).

Heteropterys macrostachya A. Juss., Ann. Sci. Nat., Bot., sér. 2 13: 275. 1840.
Ref.: Rusby (1893b), Foster (1958), Killeen & Schulenberg (1998), Anderson et al. (2006).
Liana. Nativa. Zonas Bajas. Bosque Húmedo, 0–1000 m.
Dept.: BE, LP, SC.
Muestra: *C. Guardia et al. 8* (MO, USZ).

Heteropterys mathewsiana A. Juss., Ann. Sci. Nat., Bot., sér. 2 13: 275. 1840.
Liana. Nativa. Zonas Bajas. Campos Cerrados, 0–500 m.
Dept.: SC.
Muestra: *R. Guillén V. & R. A. Medina 2697A* (MO, NY, USZ).

Heteropterys mollis (Nied.) Nied., Pflanzenr. 141(Heft 93): 333. 1928.
Sin.: *Clonodia mollis* Nied.
Ref.: Anderson et al. (2006).
Liana. Nativa. Zonas Bajas, Andes. Campos Cerrados, Valles Secos, 0–1500 m.
Dept.: LP, SC.
Tipo y muestra: *T. Herzog 1231* (LT: L), *M.H. Nee 40532* (CTES, LPB, MICH, MO, NSW, NY, TEX, USZ).

Heteropterys nervosa A. Juss., Fl. Bras. Merid. (quarto ed.) 3(21): 21. 1832 [1833].
Sin.: *Heteropterys suberosa* Griseb.
Ref.: Foster (1958), Villegas Coimbra (1993a), Killeen & Schulenberg (1998), Anderson et al. (2006).
Liana. Nativa. Zonas Bajas. Bosque Semideciduo Chiquitano, Campos Cerrados, Sabanas Benianas del Sur, 0–1000 m.
Dept.: BE, PA, SC.
Muestra: *S.G. Beck 20258* (CTES, LPB, M, MICH).

Heteropterys ovata (Nied.) W.R. Anderson & C. Davis, Contr. Univ. Michigan Herb. 25: 156. 2007.
Sin.: *Clonodia ovata* Nied.
Ref.: Anderson et al. (2006).
Liana. Nativa. Zonas Bajas. Bosque Húmedo, 0–500 m.
Dept.: BE.
Muestra: *S.G. Beck 15105* (LPB, MICH).

Heteropterys oxenderi W.R. Anderson, Contr. Univ. Michigan Herb. 24: 25. 2005.
Sin.: *Mascagnia discolor* W.R. Anderson
Ref.: Anderson (2005), Anderson et al. (2006).
Arbusto. Endémica. Andes. Valles Secos, 1000–2000 m.
Dept.: LP.
Muestra: *N. Salinas 3051* (LPB, MICH).

Heteropterys prancei W.R. Anderson, Contr. Univ. Michigan Herb. 20: 27, f. 3h–n. 1995.
Ref.: Killeen & Schulenberg (1998), Anderson et al. (2006).
Liana. Nativa. Zonas Bajas. Bosque Húmedo, 0–500 m.
Dept.: BE, PA, SC.
Muestra: *J.C. Solomon 6341* (AAU, F, LPB, MICH, MO, NY).

Heteropterys racemosa A. Juss., Ann. Sci. Nat., Bot., sér. 2 13: 274. 1840.
Sin.: *Clonodia racemosa* (A. Juss.) Nied.
Ref.: Anderson et al. (2006), Altamirano Azurduy & Ramos de Sousa (2009).
Trepadora. Nativa. Zonas Bajas. Bosque Húmedo, 0–500 m.
Dept.: PA.
Muestra: *S. Altamirano 4277* (BOLV, MO).

Heteropterys rubiginosa A. Juss., Ann. Sci. Nat., Bot., sér. 2 13: 278. 1840.
Ref.: Killeen & Schulenberg (1998), Anderson et al. (2006).
Liana. Nativa. Zonas Bajas, Andes. Bosque Húmedo, Bosque Semideciduo Chiquitano, Campos Cerrados, Yungas, 0–1500 m.
Dept.: LP, SC.
Muestra: *J.C. Solomon & B.A. Stein 11724* (AAU, F, LPB, MICH, MO, NY).

Heteropterys rufula Mart. ex A. Juss., Ann. Sci. Nat., Bot., sér. 2 13: 278. 1840.
Ref.: Foster (1958), Anderson et al. (2006).
Liana. Nativa. Bosque Húmedo, 0–500 m.
Dept.: LP.
Muestra: *O. Buchtien 1815* (B).
Infra: *Heteropterys rufula* fo. *hirta* Nied.
Nota: Conocida en Bolivia solamente del tipo de *H. rufula* fo. *hirta*.

Heteropterys sylvatica A. Juss., Ann. Sci. Nat., Bot., sér. 2 13: 277. 1840.
Sin.: *Heteropterys syringifolia* var. *pilgeri* Nied., *Clonodia tenuifolia* Nied., *Heteropterys tenuifolia* (Nied.) Nied.
Ref.: Foster (1958), Serrano & Terán (1998 [2000]), Anderson et al. (2006).
Liana. Nativa. Zonas Bajas, Andes. Bosque Semideciduo Chiquitano, Bosque Seco Chaqueño, Campos Cerrados, Valles Secos, 0–500, 2000–2500 m.
Dept.: CH, SC.
Tipo y muestra: *d'Orbigny 268* (HT: P; IT: MO; fotos: F ex P), *F. Mamani & A. Jardim 1158* (MO, NY, USZ).

Heteropterys tomentosa A. Juss., Fl. Bras. Merid. (quarto ed.) 3(21): 31. 1832 [1833].
Ref.: Foster (1958), Killeen & Schulenberg (1998), Anderson et al. (2006).
Trepadora. Nativa. Zonas Bajas. Bosque Semideciduo Chiquitano, Campos Cerrados, 0–500 m.
Dept.: LP, SC.
Muestra: *F. Mamani & M. Saucedo 832* (MICH, MO, USZ).

Heteropterys trichanthera A. Juss., Arch. Mus. Hist. Nat. 3: 438. 1843.
Ref.: Foster (1958), Anderson et al. (2006).
Liana. Nativa. Zonas Bajas. Bosque Húmedo, 500–1000 m.
Dept.: LP.
Muestra: *H.H. Rusby 514* (NY).
Nota: Identificación dudosa, muestra no localizada.

Heteropterys trigoniifolia A. Juss., Fl. Bras. Merid. (quarto ed.) 3(22): 83. 1832 [1833].
Sin.: *Heteropterys trigoniifolia* fo. *glandulifera* Nied.
Ref.: Foster (1958), Anderson et al. (2006).
Liana. Nativa. Región, tipo de vegetación y elevación desconocidas.
Dept.: Bolivia.
Muestra: *W. Lobb 734* (K).

Heteropterys umbellata A. Juss., Fl. Bras. Merid. (quarto ed.) 3(21): 25, pl. 166. 1832 [1833].
Ref.: Foster (1958), Serrano & Terán (1998 [2000]), Anderson et al. (2006).
Liana. Nativa. Zonas Bajas, Andes. Bosque Seco Chaqueño, Valles Secos, 500–1500, 2000–2500 m.
Dept.: CH, CO, SC, TA.
Muestra: *M. Serrano 1122* (HSB, LPB, MO).
Nota: Identificación dudosa.

Hiraea Jacq., Enum. Syst. Pl. 4, 21. 1760.
4 especies, 0 especies endémicas.

Hiraea crassipes A. Juss., Ann. Sci. Nat., Bot., sér. 2 13: 258. 1840.
Ref.: Anderson et al. (2006).
Liana. Nativa. Zonas Bajas. Bosque Húmedo, 0–500 m.
Dept.: SC.
Muestra: *M.H. Nee 39408* (LPB, MO, NY).

Hiraea fagifolia (DC.) A. Juss., Ann. Sci. Nat., Bot., sér. 2 13: 258. 1840.
Sin.: *Banisteria fagifolia* DC., *Hiraea riedleyana* A. Juss., *Hiraea bahiensis* Moric., *Hiraea fagifolia* fo. *longifolia* Nied., *Hiraea fagifolia* var. *candolleana* Nied., *Hiraea fagifolia* subfo. *parvifolia* Nied.
Ref.: Foster (1958), Killeen & Schulenberg (1998), Arrázola Rivero et al. (2000), Anderson et al. (2006).
Liana. Nativa. Zonas Bajas, Andes. Bosque Húmedo, Bosque Semideciduo Chiquitano, Yungas, 0–1000, 1500–2000 m.
Dept.: BE, CO, LP, SC.
Muestra: *M.J. Macía et al. 4216* (LPB, MA).

Hiraea reclinata Jacq., Enum. Syst. Pl. 21. 1760.
Sin.: *Triopterys reclinata* (Jacq.) Cav., *Malpighia obovata* Kunth, *Hiraea kunthiana* A. Juss.
Ref.: Foster (1958), Anderson et al. (2006).
Liana. Nativa. Región, tipo de vegetación y elevación desconocidas.
Dept.: Bolivia.
Nota: El sinónimo *H. kunthiana* fue reportado para Bolivia por Foster (1958), no se ha localizado otra documentación de esta especie.

Hiraea transiens Nied., Verzeichnis Vorles. Konigl. Lyceum Hosianum Braunsberg 1906–1907: 8. 1906.
Ref.: Foster (1958), Anderson et al. (2006).
Liana. Nativa. Región, tipo de vegetación y elevación desconocidas.
Dept.: Bolivia.
Muestra: *T. Herzog 87* (L).

Janusia A. Juss., Ann. Sci. Nat., Bot., sér. 2 13: 250. 1840.
1 especie, 0 especies endémicas.

Janusia guaranitica (A. St.-Hil.) A. Juss., Ann. Sci. Nat., Bot., sér. 2 13: 251. 1840.
Sin.: *Gaudichaudia guaranitica* A. St.-Hil., *Janusia guaranitica* fo. *sericans* Nied.
Ref.: Foster (1958), Serrano & Terán (1998 [2000]), Anderson et al. (2006).
Liana, arbusto. Nativa. Zonas Bajas, Andes. Bosque Semideciduo Chiquitano, Bosque Seco Chaqueño, Campos Cerrados, Valles Secos, 0–1500 m.
Dept.: CH, CO, SC, TA.
Muestra: *M.H. Nee 46067* (LPB, MICH, MO, NY, USZ).

Lophopterys A. Juss., Icon. Sel. Pl. 3: 18. 1837 [1838].
2 especies, 0 especies endémicas.

Lophopterys inpana W.R. Anderson, Contr. Univ. Michigan Herb. 17: 46–48, f. 3. 1990.
Ref.: Killeen & Schulenberg (1998), Anderson et al. (2006).
Liana, arbusto. Nativa. Zonas Bajas. Bosque Húmedo, Campos Cerrados, 0–500 m.
Dept.: BE, PA, SC.
Muestra: *R. Guillén V. et al. 4159* (MA, MO, NY, USZ).

Lophopterys occidentalis W.R. Anderson & C. Davis, Contr. Univ. Michigan Herb. 23: 96–98, f. 1, 2a, 5. 2001.
Ref.: Anderson & Davis (2001).
Liana, arbusto. Nativa. Zonas Bajas. Bosque Húmedo, 0–500 m.
Dept.: BE.
Muestra: *B.M. Boom 4035* (MO, NY).

Mascagnia (Bertero ex DC.) Bertero, Hortus Ripul. 85. 1824.
9 especies, 1 especie endémica.

Mascagnia affinis W.R. Anderson & C. Davis, Contr. Univ. Michigan Herb. 24: 37–38, f. 1. 2005.
Ref.: Anderson & Davis (2005), Anderson et al. (2006).
Liana. Nativa. Zonas Bajas. Bosque Húmedo, Bosque Semideciduo Chiquitano, Campos Cerrados, 0–500 m.
Dept.: SC.
Muestra: *R. Guillén V. & G. Salvatierra 2307* (AAU, MA, MICH, MO, NY, USZ).

Mascagnia boliviana C.E. Anderson, Brittonia 53(3): 409. 2001.
Ref.: Anderson et al. (2006).
Liana. Endémica. Zonas Bajas. Bosque Húmedo, 0–500 m.
Dept.: BE.
Tipo: *M. Saldias 582* (HT: MICH).
Nota: Conocida solamente del tipo.

Mascagnia brevifolia Griseb., Abh. Königl. Ges. Wiss. Göttingen 24: 67. 1879.
Sin.: *Mascagnia brevifolia* var. *paniculata* Nied.
Ref.: Foster (1958), Serrano & Terán (1998 [2000]), Anderson et al. (2006).
Liana. Nativa. Zonas Bajas, Andes. Bosque Semideciduo Chiquitano, Bosque Seco Chaqueño, Valles Secos, 0–1500 m.
Dept.: CH, SC, TA.
Muestra: *I.G. Vargas 406* (LPB, MO, USZ).

Mascagnia conformis W.R. Anderson, Contr. Univ. Michigan Herb. 25: 104–105, 107. 2007.
Ref.: Anderson et al. (2006).
Liana. Nativa. Zonas Bajas. Bosque Húmedo, 0–500 m.
Dept.: BE, PA.
Muestra: *J.C. Solomon 6161* (LPB, MICH, MO).

Mascagnia cordifolia (A. Juss.) Griseb., Fl. Bras. 12(1): 95. 1858.
Sin.: *Hiraea cordifolia* A. Juss.
Ref.: Anderson & Davis (2005), Anderson et al. (2006).
Liana. Nativa. Zonas Bajas. Bosque Húmedo, 0–500 m.
Dept.: BE, PA.
Muestra: *J.C. Solomon 6259* (MICH, MO, NY).

Mascagnia divaricata (Kunth) Nied., Nat. Pflanzenfam. 3(4): 55. 1896 [1890].
Sin.: *Hiraea divaricata* Kunth, *Hiraea jussieuana* Miq., *Mascagnia ovatifolia* fo. *cordata* Nied., *Mascagnia ixiamensis* Rusby
Ref.: Foster (1958), Anderson et al. (2006).
Liana. Nativa. Zonas Bajas, Andes. Bosque Húmedo, Bosque Semideciduo Chiquitano, Bosque Seco Chaqueño, Valles Secos, 0–1500 m.
Dept.: BE, LP, SC.
Muestra: *D. De la Quintana et al. 213* (BOLV, LPB, MA, MICH, MO, USZ).

Mascagnia glabrata W.R. Anderson & C. Davis, Contr. Univ. Michigan Herb. 24: 43–44, f. 1. 2005.
Ref.: Anderson & Davis (2005), Anderson et al. (2006).
Liana. Nativa. Zonas Bajas. Bosque Húmedo, 0–500 m.
Dept.: LP.
Muestra: *M.J. Macía et al. 4644* (LPB, MA, MICH).

[**Mascagnia ovatifolia (Kunth) Griseb.**], Fl. Brit. W. I. 121. 1859.
Ref.: Foster (1958).
Nota: El registro se basa en material mal identificado de *M. divaricata*.

Mascagnia sepium (A. Juss.) Griseb., Fl. Bras. 12(1): 96. 1858.
Sin.: *Hiraea sepium* A. Juss.
Ref.: Foster (1958), Killeen & Schulenberg (1998), Anderson et al. (2006).
Liana. Nativa. Zonas Bajas. Bosque Semideciduo Chiquitano, 0–500 m.
Dept.: SC.
Muestra: *F. Mamani 963* (MICH, MO, USZ).
Nota: La posición taxonómica de var. *rufescens*, citada por Foster (1958) no ha sido resuelta.

Mascagnia strigulosa (Rusby) Nied., Pflanzenr. 141(Heft 91): 124. 1928.
Sin.: *Hiraea strigulosa* Rusby
Ref.: Foster (1958), Anderson et al. (2006).
Liana. Nativa. Zonas Bajas. Bosque Húmedo, 500–1000 m.
Dept.: LP.
Tipo y muestra: *R.S. Williams 799* (LT: NY; ILT: BM, BM, K, NY, US), *R.S. Williams 752* (NY).

Mezia Schwacke ex Nied., Nat. Pflanzenfam. III(4): 58. 1890.
1 especie, 1 especie endémica.

Mezia beckii W.R. Anderson, Contr. Univ. Michigan Herb. 22: 17–19. 1999.
Ref.: Anderson et al. (2006).
Liana. Endémica. Zonas Bajas. Bosque Húmedo, 0–500 m.
Dept.: LP, PA.
Tipo y muestra: *S.G. Beck et al. 19513* (HT: MICH; IT: AMAZ, COL, LPB, M, MG, MICH, NY, Q, SI, USZ), *R. Seidel & M. Schulte 2397* (LPB, MICH, MO).

Mionandra Griseb., Abh. Königl. Ges. Wiss. Göttingen 19: 101. 1874.
1 especie, 0 especies endémicas.

Mionandra camareoides Griseb., Abh. Königl. Ges. Wiss. Göttingen 19: 102. 1874.
Sin.: *Brittonella pilosa* Rusby
Ref.: Foster (1958), Anderson et al. (2006).
Arbusto. Nativa. Andes. Valles Secos, 1500–3500 m.
Dept.: CO, TA.
Muestra: *C. Antezana V. 1144* (BOLV).

Niedenzuella W.R. Anderson, Novon 16(2): 194–202, f. 10–11. 2006.
8 especies, 0 especies endémicas.

Niedenzuella acutifolia (Cav.) W.R. Anderson, Novon 16(2): 198. 2006.
Sin.: *Tetrapterys acutifolia* Cav.
Ref.: Anderson et al. (2006).
Liana. Nativa. Zonas Bajas. Bosque Húmedo, Bosque Semideciduo Chiquitano, 0–1000 m.
Dept.: CO, LP.
Muestra: *J.C. Solomon 17711* (LPB, MO).

Niedenzuella castanea (Cuatrec.) W.R. Anderson, Novon 16(2): 199. 2006.
Sin.: *Heteropterys castanea* Cuatrec., *Mascagnia castanea* (Cuatrec.) W.R. Anderson
Ref.: Killeen & Schulenberg (1998), Anderson et al. (2006).
Liana. Nativa. Zonas Bajas. Campos Cerrados, 0–500 m.
Dept.: SC.
Muestra: *R. Guillén V. & C. Medina 3625* (USZ).

Niedenzuella mater-dei (Cuatrec.) W.R. Anderson, Novon 16(2): 200. 2006.
Sin.: *Mascagnia mater-dei* Cuatrec.
Ref.: Anderson et al. (2006).
Liana. Nativa. Zonas Bajas. 0–500 m.
Dept.: PA.
Muestra: *R.M. Rueda 947* (MICH, MO).

Niedenzuella multiglandulosa (A. Juss.) W.R. Anderson, Novon 16(2): 200. 2006.
Sin.: *Tetrapterys multiglandulosa* A. Juss.
Ref.: Foster (1958), Anderson et al. (2006).
Liana. Nativa. Región, tipo de vegetación y elevación desconocidas.
Dept.: SC.
Muestra: *J. Steinbach 3345* (no localizada).

Niedenzuella peruviana (Nied.) W.R. Anderson, Novon 16(2): 200. 2006.
Sin.: *Tetrapterys multiglandulosa* var. *peruviana* Nied.
Ref.: Anderson et al. (2006).
Liana. Nativa. Zonas Bajas, Andes. Bosque Húmedo, Yungas, 0–500, 1000–1500 m.
Dept.: LP, PA.
Muestra: *R.K. Brummitt et al. 19359* (MICH).

Niedenzuella poeppigiana (A. Juss.) W.R. Anderson, Novon 16(2): 200. 2006.
Sin.: *Hiraea poeppigiana* A. Juss., *Mascagnia poeppigiana* (A. Juss.) W.R. Anderson
Ref.: Anderson et al. (2006).
Liana, arbusto. Nativa. Zonas Bajas. Bosque Húmedo, 0–500 m.
Dept.: PA.
Muestra: *G. Gonzáles 100* (LPB, MICH).

Niedenzuella stannea (Griseb.) W.R. Anderson, Novon 16(2): 202. 2006.
Sin.: *Heteropterys stannea* Griseb., *Tetrapterys benthamiana* Griseb., *Mascagnia sericans* Nied., *Mascagnia benthamiana* (Griseb.) W.R. Anderson
Ref.: Foster (1958), Killeen & Schulenberg (1998), Anderson et al. (2006).
Liana, arbusto. Nativa. Zonas Bajas, Andes. Bosque Húmedo, Bosque Semideciduo Chiquitano, Campos

Cerrados, Yungas, 0–1500 m.
Dept.: BE, LP, PA, SC.
Muestra: *A.F. Fuentes et al. 5285* (BOLV, LPB, MA, MO).
Nota: La posición de la variedad *Mascagnia sericans* var. *boliviensis* Nied. no ha sido resuelta.

Niedenzuella suaveolens (A. Juss.) W.R. Anderson, Novon 16(2): 202. 2006.
Sin.: *Tetrapterys suaveolens* A. Juss.
Ref.: Foster (1958), Anderson et al. (2006).
Liana. Nativa. Zonas Bajas. Campos Cerrados, 0–1000 m.
Dept.: SC.
Tipo y muestra: *d'Orbigny 910* (HT: P), *A.H. Gentry & R.B. Foster 75477* (AAU, F, MICH, MO, NY, USZ).

Peixotoa A. Juss., Fl. Bras. Merid. (quarto ed.) 3(22): 59. 1832 [1833].
3 especies, 0 especies endémicas.

Peixotoa cordistipula A. Juss., Arch. Mus. Hist. Nat. 3: 431. 1843.
Ref.: Killeen & Schulenberg (1998), Anderson et al. (2006).
Liana. Nativa. Zonas Bajas. Bosque Semideciduo Chiquitano, Campos Cerrados, Sabanas Benianas del Sur, 0–1000 m.
Dept.: BE, SC.
Muestra: *S. Leigh-Hunt et al. 242* (E, USZ).

Peixotoa magnifica C.E. Anderson, Contr. Univ. Michigan Herb. 15: 49–52, f. 7, 19a–f. 1982.
Ref.: Killeen & Schulenberg (1998), Anderson et al. (2006).
Trepadora, liana. Nativa. Zonas Bajas. Bosque Semideciduo Chiquitano, Campos Cerrados, 0–500 m.
Dept.: SC.
Muestra: *A. Jardim et al. 3560* (MO, NY, USZ).

Peixotoa reticulata Griseb., Linnaea 13: 213. 1839.
Sin.: *Peixotoa macrophylla* Griseb.
Ref.: Foster (1958), Killeen & Schulenberg (1998), Anderson et al. (2006).
Liana. Nativa. Zonas Bajas. Bosque Semideciduo Chiquitano, Campos Cerrados, Sabanas Benianas del Norte, 0–1000 m.
Dept.: BE, SC.
Muestra: *M.C. Peña Chocarro 102* (MO, USZ).

Pterandra A. Juss., Fl. Bras. Merid. (quarto ed.) 3(22): 72. 1832 [1833].
1 especie, 0 especies endémicas.

Pterandra hirsuta C.E. Anderson, Contr. Univ. Michigan Herb. 21: 22–23, f. 1, 4j–m. 1997.
Ref.: Anderson (1997b), Anderson (2005b), Anderson et al. (2006).
Arbolito, árbol. Nativa. Zonas Bajas. Bosque Húmedo, 0–500 m.
Dept.: BE.
Tipo y muestra: *M. Moraes R. & G. Tanaká 1857* p.p. (HT: MICH; IT: LPB), *L.R.C. de Michel & S.G. Beck 2181* (LPB, MICH, NY).

Ptilochaeta Turcz., Bull. Soc. Imp. Naturalistes Moscou 16: 52. 1843.
2 especies, 0 especies endémicas.

Ptilochaeta bahiensis Turcz., Bull. Soc. Imp. Naturalistes Moscou 16: 52. 1843.
Ref.: Anderson et al. (2006).
Árbol. Nativa. Zonas Bajas. Bosque Semideciduo Chiquitano, 0–500 m.
Dept.: SC.
Muestra: *A.H. Gentry et al. 73931* (MO).

Ptilochaeta nudipes Griseb., Abh. Königl. Ges. Wiss. Göttingen 24: 66. 1879.
Ref.: Foster (1958), Serrano & Terán (1998 [2000]), Anderson et al. (2006).
Árbol. Nativa. Zonas Bajas, Andes. Bosque Semideciduo Chiquitano, Bosque Serrano Chaqueño, 0–1500 m.
Dept.: CH, SC.
Muestra: *G. Navarro 2150* (MO).

Stigmaphyllon A. Juss., Fl. Bras. Merid. (quarto ed.) 3(21): 37. 1832 [1833].
8 especies, 3 especies endémicas.

[**Stigmaphyllon bogotense Triana & Planch.**], Ann. Sci. Nat., Bot., sér. 4, 18: 320. 1862.
Ref.: Foster (1958), Anderson (1997a).
Nota: El registro se basa en material mal identificado de *S. florosum*.

Stigmaphyllon boliviense C.E. Anderson, Syst. Bot. Monogr. 51: 178. 1997.
Ref.: Anderson et al. (2006).
Liana. Endémica. Zonas Bajas. Bosque Semideciduo Chiquitano, 0–500 m.
Dept.: SC.
Tipo y muestra: *A. Jardim 1901* (HT: MO-04999677; IT: USZ), *M. Toledo et al. 1568* (MO, USZ).

Stigmaphyllon calcaratum N.E. Br., Trans. & Proc. Bot. Soc. Edinburgh 20: 48. 1893.
Ref.: Foster (1958), Anderson (1997a), Anderson et al. (2006).
Liana. Nativa. Zonas Bajas. Bosque Húmedo, Bosque Semideciduo Chiquitano, 0–500 m.
Dept.: BE, SC.
Muestra: *J.G. Kerr s.n.* (K).

Stigmaphyllon cardiophyllum A. Juss., Ann. Sci. Nat., Bot., sér. 2 13: 289. 1840.
Ref.: Moraes R. (1990), Anderson (1997a), Anderson et al. (2006).
Liana. Nativa. Zonas Bajas. Bosque Húmedo, Bosque Semideciduo Chiquitano, 0–1000 m.
Dept.: BE, LP, PA, SC.
Muestra: *D. De la Quintana et al. 329* (LPB, MA, MICH, MO).

Stigmaphyllon coloratum Rusby, Mem. Torrey Bot. Club 6(1): 14. 1896.
Ref.: Foster (1958), Anderson (1997a), Anderson et al. (2006).
Liana. Endémica. Zonas Bajas. Bosque Húmedo, Bosque Semideciduo Chiquitano, 0–1000 m.
Dept.: LP, SC.
Tipo y muestra: *M. Bang 1366* (HT: NY; IT: BM, F, G, GH, K, LE, M, MICH, MO-1898645, MO-1898644, NY, US, W; fotos: MICH ex NY), *A. Araujo M. et al. 420* (LPB, MA, MO).

Stigmaphyllon florosum C.E. Anderson, Syst. Bot. 11(1): 123–126, f. 3. 1986.
Ref.: Moraes R. (1990), Anderson (1997a), Killeen & Schulenberg (1998), Anderson et al. (2006).
Liana. Nativa. Zonas Bajas. Bosque Húmedo, Bosque Semideciduo Chiquitano, 0–1000 m.
Dept.: BE, LP, PA, SC.
Muestra: *B.A. Krukoff 10056* (A, F, G, K, LPA, MICH, MO, NY, S, U, US).

Stigmaphyllon sinuatum (DC.) A. Juss., Ann. Sci. Nat., Bot., sér. 2 13: 288. 1840.
Sin.: *Banisteria sinuata* DC.
Ref.: Anderson (1997a), Anderson et al. (2006).
Liana. Nativa. Zonas Bajas. Bosque Húmedo, 0–500 m.
Dept.: BE.
Muestra: *J.C. Solomon 7682* (MICH, MO).

Stigmaphyllon strigosum Poepp. ex A. Juss., Ann. Sci. Nat., Bot., sér. 2 13: 289. 1840.
Ref.: Moraes R. (1990), Anderson (1997a), Killeen & Schulenberg (1998), Anderson et al. (2006).
Liana. Nativa. Zonas Bajas. Bosque Húmedo, 0–500 m.
Dept.: BE, PA, SC.
Muestra: *J.C. Solomon 6256* (LPB, MICH, MO, NY).

[**Stigmaphyllon tiliifolium Nied.**], Banisteria 2: 16. 1900.
Ref.: Foster (1958), Anderson (1997a).
Nota: El registro se basa en material mal identificado de *S. dichotomum*. *S. tiliifolium* es una especie de Colombia y Venezuela.

Stigmaphyllon yungasense C.E. Anderson, Contr. Univ. Michigan Herb. 16: 50–53, f. 2. 1987.
Ref.: Anderson (1997a), Anderson et al. (2006).
Liana. Endémica. Andes. Yungas, 1500–2000 m.
Dept.: LP.
Tipo y muestra: *M. Bang 2296* (HT: NY; IT: BM, F, G, GH, MICH, MO-1898651, NY, NY, US, W; fotos: MICH ex NY), *S.G. Beck 390* (LPB, M, MICH, MO).

Tetrapterys Cav., Diss. 9: 433. 1790.
9 especies, 0 especies endémicas.

[**Tetrapterys acapulcensis Kunth**], Nov. Gen. Sp. (quarto ed.) 5: 168. 1821 [1822].
Ref.: Foster (1958).
Nota: El registro se basa en material mal identificado.

Tetrapterys ambigua (A. Juss.) Nied., Pflanzenr. 141(Heft 93): 168. 1928.
Sin.: *Hiraea ambigua* A. Juss., *Tetrapterys ambigua* var. *paraguayensis* Nied.
Ref.: Foster (1958), Killeen & Schulenberg (1998), Anderson et al. (2006).
Arbusto. Nativa. Zonas Bajas, Andes. Bosque Semideciduo Chiquitano, Campos Cerrados, Sabanas Benianas del Norte, Valles Secos, 0–1000, 1500–2000 m.
Dept.: BE, LP, SC.
Tipo y muestra: *d'Orbigny 698* (ST: P; fotos: F), *T. Killeen et al. 7064* (MICH, MO, USZ).

Tetrapterys calophylla A. Juss., Ann. Sci. Nat., Bot., sér. 2 13: 264. 1840.
Ref.: Foster (1958), Anderson et al. (2006).
Arbusto. Nativa. Zonas Bajas. Bosque Húmedo, 500–1000 m.
Dept.: LP.
Muestra: *B.A. Krukoff 10074* (A, MO).
Nota: La posición taxonómica de *T. calophylla* var. *boliviana* no ha sido resuelta.

Tetrapterys crispa A. Juss., Ann. Sci. Nat., Bot., sér. 2 13: 265. 1840.
Sin.: *Tetrapterys papyracea* Triana & Planch., *Tetrapterys elliptica* Rusby, *Tetrapterys peruviana* J.F. Macbr.
Ref.: Foster (1958), Anderson (1999), Anderson et al. (2006).
Liana. Nativa. Zonas Bajas, Andes. Bosque Húmedo, Yungas, 0–1500 m.
Dept.: BE, LP, PA, SC.
Muestra: *M.I. Loza et al. 101* (LPB, MA, MO, SPF).

Tetrapterys discolor (G. Mey.) DC., Prodr. 1: 587. 1824.
Sin.: *Triopterys discolor* G. Mey.
Ref.: Foster (1958), Anderson et al. (2006).
Liana. Nativa. Zonas Bajas. Bosque Húmedo, 0–1000 m.
Dept.: BE, LP.
Muestra: *J.C. Solomon 7617* (LPB, MO).
Nota: La posición taxonómica de var. *andina* Nied. no ha sido resuelta.

Tetrapterys jussieuana Nied., Pflanzenr. 141(Heft 93): 169. 1928.
Sin.: *Hiraea argentea* A. Juss.
Ref.: Killeen & Schulenberg (1998), Anderson et al. (2006).
Arbusto. Nativa. Zonas Bajas. Campos Cerrados, 500–1000 m.
Dept.: SC.
Muestra: *T. Killeen & Grinwood 7780* (MO, USZ).

Tetrapterys maranhamensis A. Juss., Arch. Mus. Hist. Nat. 3: 537. 1843.
Ref.: Anderson et al. (2006).
Liana. Nativa. Zonas Bajas. Bosque Húmedo, 0–500 m.
Dept.: PA.
Muestra: *S.G. Beck et al. 19467* (COL, M, MICH, PORT, Q).

Tetrapterys mucronata Cav., Diss. 9: 434, pl. 262, f. 2. 1790.
Sin.: *Triopterys mucronata* (Cav.) Raeusch., *Tetrapterys mucronata* var. *boliviensis* Nied.
Ref.: Foster (1958), Killeen & Schulenberg (1998), Anderson et al. (2006).
Liana. Nativa. Zonas Bajas. Bosque Húmedo, 0–500 m.
Dept.: BE, SC.
Muestra: *R. Guillén V. et al. 3955* (MA, MO, USZ).

Tetrapterys racemulosa A. Juss., Arch. Mus. Hist. Nat. 3: 547. 1843.
Ref.: Anderson et al. (2006).
Arbusto. Nativa. Zonas Bajas. Bosque Semideciduo Chiquitano, 0–500 m.
Dept.: SC.
Muestra: *D.C. Daly et al. 2255* (BOLV, LPB, MO, NY, USZ).
Nota: Identificación tentativa.

Tetrapterys styloptera A. Juss., Ann. Sci. Nat., Bot., sér. 2 13: 262. 1840.
Sin.: *Tetrapterys boliviensis* Nied.
Ref.: Foster (1958), Anderson et al. (2006).
Arbusto. Nativa. Zonas Bajas, Andes. Bosque Húmedo, Yungas, 0–1000, 1500–2000 m.
Dept.: LP.
Muestra: *E.C. Vargas & R. Seidel 2001* (CTES, LPB, M, MICH, USZ).

[**Tetrapterys tinifolia Triana & Planch.**], Ann. Sci. Nat., Bot., sér. 4, 18: 336. 1862.
Ref.: Foster (1958).
Nota: El registro se basa en material mal identificado.

Thryallis Mart., Nov. Gen. Sp. Pl. 3: 77. 1829.
1 especie, 0 especies endémicas.

[**Thryallis brachystachys Lindl.**], Bot. Reg. 14: 1162. 1828.
Ref.: Foster (1958), Anderson (1995).
Nota: El registro se basa en material mal identificado. Foster (1958) reportaba *T. latifolia* var. *ovatifolia* (Nied.) Nied., un sinónimo de esta especie, basándose en *Herzog 153* (L?) recolectada en Puerto Suárez.

Thryallis laburnum S. Moore, Trans. Linn. Soc. London, Bot. 4: 324. 1895.
Ref.: Anderson (1995), Anderson et al. (2006).
Liana, arbusto. Nativa. Zonas Bajas. Bosque Semideciduo Chiquitano, 0–500 m.
Dept.: SC.
Muestra: *A.H. Gentry et al. 73895* (LPB, MICH, MO).

Malvaceae Juss., Gen. Pl. 271. 1789.

Por W.S. Alverson (WIS) [*Cavanillesia*, *Ceiba*, *Eriotheca*, *Huberodendron*, *Matisia*, *Ochroma*, *Pachira*, *Pseudobombax*, *Quararibea*, *Spirotheca*], R.C. de Michel (LPB) [*Apeiba*, *Corchorus*, *Heliocarpus*, *Luehea*, *Lueheopsis*, *Mollia*, *Pentaplaris*, *Sparrmannia*, *Tilia*, *Triumfetta*, *Woodianthus*], L.J. Dorr (US) [*Abelmoschus*, *Allosidastrum*, *Andeimalva*, *Ayenia*, *Brachychiton*, *Byttneria*, *Callianthe*, *Dirhamphis*, *Guazuma*, *Helicteres*, *Herrania*, *Malvella*, *Melochia*, *Pterygota*, *Sterculia*, *Theobroma*, *Waltheria*], P.A. Fryxell† (TEX) [*Abutilon*, *Acaulimalva*, *Alcea*, *Anoda*, *Briquetia*, *Cienfuegosia*, *Fuertesimalva*, *Gaya*, *Gossypium*, *Herissantia*, *Hibiscus*, *Krapovickasia*, *Malachra*, *Malva*, *Malvastrum*, *Malvaviscus*, *Modiola*, *Modiolastrum*, *Nototriche*, *Pavonia*, *Peltaea*, *Pseudabutilon*, *Rhynchosida*, *Sida*, *Sidastrum*, *Sphaeralcea*, *Tarasa*, *Tetrasida*, *Thespesia*, *Urena*, *Wisadula*], A. Krapovickas (CTES) [*Woodianthus*], R.I. Meneses (LPB) [*Nototriche*]; revisado por S.G. Beck (LPB), M. Nee (NY), R.C. de Michel (LPB), P.M. Jørgensen (MO).
69 géneros, 445 especies, 63 especies endémicas.

Abelmoschus Medik., Malvenfam. 45–46. 1787.

3 especies, 0 especies endémicas.
Nota: Este género es evidentemente parafilético y está incluído en *Hibiscus* s.l.

Abelmoschus esculentus (L.) Moench, Methodus 2: 617. 1794.
Sin.: *Hibiscus esculentus* L.
Ref.: Bates (1968).
Hierba. Cultivada. Zonas Bajas. Bosque Húmedo, 0–500 m.
Dept.: LP.
Muestra: *M.H. Nee 31546* (MO, NY).

Abelmoschus manihot (L.) Medik., Malvenfam. 46. 1787.
Sin.: *Hibiscus manihot* L.
Ref.: Bates (1968).
Hierba. Cultivada. Zonas Bajas. Bosque Húmedo, 0–500 m.
Dept.: BE, CO.
Muestra: *D.E. Williams 1020* (LPB, MO, NY).
Nom. Vern.: Café brasilero.

Abelmoschus moschatus Medik., Malvenfam. 46. 1787.
Sin.: *Hibiscus abelmoschus* L.
Ref.: Bates (1968).
Hierba. Cultivada. Zonas Bajas. Bosque Húmedo, 0–500 m.
Dept.: BE.
Muestra: *I. Guareco 425* (LPB, US).
Nom. Vern.: Coimashi.

Abutilon Mill., Gard. Dict. Abr. (ed. 4) [23]. 1754.

9 especies, 1 especie endémica.

[Abutilon arboreum (L. f.) Sweet], Hort. Brit. 1: 53. 1826.
Ref.: Foster (1958), Michel (1993d).
Nota: Especie dudosa. Esta especie es africana. El nombre de Sweet debe ser aplicado exclusivamente al taxón Africano y *A. peruvianum* (Lam.) Kearney para el taxón Peruano.

Abutilon bivalvis (Cav.) Dorr, Monogr. Syst. Bot. Missouri Bot. Gard. 127: 1271. 2014.
Sin.: *Sida bivalvis* Cav., *Bastardia bivalvis* (Cav.) Kunth ex Griseb.
Ref.: Cervantes (2011).
Arbusto. Nativa. Zonas Bajas, Andes. Bosque Semideciduo Chiquitano, Bosque Seco Chaqueño, 0–1500 m.
Dept.: CH, LP, SC.
Muestra: *A. Araujo M. et al. 456* (BOLV, CTES, HSB, LPB, MA, MO, USZ).

[Abutilon cymosum Triana & Planch.], Ann. Sci. Nat., Bot., sér. 4, 17: 185–186. 1862.
Ref.: Foster (1958).
Nota: El registro se basa en material mal identificado de *Pseudabutilon* sp. Conocido solamente del tipo de Panamá.

Abutilon fuscicalyx Ulbr., Repert. Spec. Nov. Regni Veg. 13(378/380): 498. 1915.
Ref.: Foster (1958), Kearney (1958a), López (2000), Fryxell (2002), Ministerio de Medio Ambiente y Agua (2012 [2013]).
Arbusto. Endémica. Andes. Bosque Tucumano-Boliviano, 2500–3500 m.
Dept.: CH, PO, TA.
Tipo y muestra: *K. Fiebrig 3039* (HT: B; IT: A, GH, JE, M, NY, U, US; fotos: F ex B), *G. Torrico & C. Peca 319* (BOLV, CTES, G, LPB, M, MO, US, USZ).

Abutilon grandifolium (Willd.) Sweet, Hort. Brit. 53. 1826.
Sin.: *Sida mollis* Ortega, *Sida grandifolia* Willd., *Abutilon molle* (Ortega) Sweet
Ref.: Michel (1993d), López Vargas (1995), Saravia Miranda (1996), Serrano & Terán (1998 [2000]), Fryxell (2002), Nee (2008).
Arbusto. Nativa. Andes. Bosque Tucumano-Boliviano, Bosque Serrano Chaqueño, 1500–3000 m.
Dept.: CH, CO, LP, SC, TA.
Muestra: *S.R. Hill et al. 37314* (ILLS, LPB, RSA).

Abutilon herzogianum R.E. Fr., Meded. Rijks-Herb. 19: 45. 1913.
Ref.: Foster (1958), Kearney (1958a), Serrano & Terán (1998 [2000]), Fryxell (2002).
Arbusto, arbolito. Nativa. Zonas Bajas, Andes. Bosque Seco Chaqueño, Bosque Serrano Chaqueño, 0–1000, 1500–2500 m.
Dept.: CH, SC.
Tipo y muestra: *T. Herzog 1185* (HT: B; IT: S, S; fotos: F, GH), *E.F. Saravia 11626* (CTES, LPB, TEX).
Nom. Vern.: Guaichi guasu, kaavo, waisi guasu.

Abutilon mollissimum (Cav.) Sweet, Hort. Brit. 1: 53. 1826.
Sin.: *Sida mollissima* Cav.
Ref.: Foster (1958), Fryxell (2002).
Subarbusto, arbusto. Nativa. Andes. Yungas, Valles Secos, 1000–2500 m.
Dept.: CH, CO, LP.
Muestra: *A. Araujo M. et al. 2971* (LPB, MA, MO, TEX).

Abutilon ramiflorum A. St.-Hil., Fl. Bras. Merid. (quarto ed.) 1(5): 199. 1825 [1827].
Sin.: *Sida ramiflora* (A. St.-Hil.) D. Dietr., *Wissadula hassleriana* Chodat
Ref.: Foster (1958), Kearney (1958a), Michel (1993d), Fryxell (2002), Nee (2008).
Hierba, subarbusto, arbusto. Nativa. Zonas Bajas. Bosque Semideciduo Chiquitano, 0–1000 m.
Dept.: LP, SC.
Muestra: *M.H. Nee 49817* (LPB, MO, NY, TEX).

Abutilon thyrsodendron Griseb., Abh. Königl. Ges. Wiss. Göttingen 24: 48. 1879.
Sin.: *Sida arnottiana* Gillies ex Hook., *Abutilon arnottianum* (Gillies ex Hook.) Walp., *Abutilon lilloi* Hassl.
Ref.: Foster (1958), Kearney (1958a), Michel (1993d), Fuentes Claros (1998), Serrano & Terán (1998 [2000]), Fryxell (2002), Nee (2008).
Arbusto, arbolito. Nativa. Zonas Bajas, Andes. Bosque Semideciduo Chiquitano, Bosque Seco Chaqueño, Bosque Tucumano-Boliviano, Valles Secos, 500–2000 m.

Dept.: CH, SC, TA.
Muestra: *T. Killeen et al. 4236* (LPB, MO, TEX).

Abutilon umbelliflorum A. St.-Hil., Fl. Bras. Merid. (quarto ed.) 1(6): 204. 1825 [1827].
Sin.: *Abutilon briquetii* Hochr. ex Reineck & Czermak
Ref.: Kearney (1958a), Fryxell (2002).
Arbusto. Nativa. Andes. Valles Secos, 1500–2500 m.
Dept.: LP, SC, TA.
Muestra: *R. Lozano 1436* (HSB, MO, RSA).

Abutilon viscosum (L.) Dorr, Monogr. Syst. Bot. Missouri Bot. Gard. 127: 1271. 2014.
Sin.: *Sida viscosa* L., *Bastardia parvifolia* Kunth, *Bastardia viscosa* (L.) Kunth
Subarbusto. Nativa. Zonas Bajas. Bosque Seco Chaqueño, 0–500 m.
Dept.: SC, TA.
Muestra: *A.F. Fuentes 3057* (LPB, MO, USZ).

Acaulimalva Krapov., Darwiniana 19(1): 10, f. 1h, 2e, l. 1974.
6 especies, 3 especies endémicas.

Acaulimalva acaulis (Dombey ex Cav.) Krapov., Darwiniana 19(1): 15. 1974.
Sin.: *Malva acaulis* Dombey ex Cav., *Malvastrum acaule* (Dombey ex Cav.) A. Gray
Ref.: Foster (1958).
Nota: Esperada. Sin la confirmar en Bolivia.

Acaulimalva dryadifolia (Solms) Krapov., Darwiniana 19(1): 19. 1974.
Sin.: *Malvastrum dryadifolium* Solms, *Malvastrum hauthalii* Ulbr.
Ref.: Foster (1958), Krapovickas (1974), Serrano & Terán (1998 [2000]).
Hierba. Nativa. Altiplano. Puna Húmeda, 3500–5000 m.
Dept.: CH, CO, LP.
Muestra: *M.A. Lewis 37150* (I, LPB, MO, TEX).

Acaulimalva nubigena (Walp.) Krapov., Darwiniana 19(1): 22. 1974.
Sin.: *Sida nubigena* Walp., *Malva nubigena* (Walp.) Wedd., *Malva parnassiifolia* var. *lobulata* Wedd., *Nototriche incisa* Turcz., *Malvastrum nubigenum* (Walp.) Baker f., *Malveopsis acaulis* var. *boliviensis* Kuntze, *Malvastrum fiebrigii* Ulbr., *Malvastrum buchtienii* Pax, *Malvastrum nubigenum* var. *bipinnatifidum* R.E. Fr.
Ref.: Foster (1958).
Hierba. Nativa. Altiplano. Puna Húmeda, Puna Seca, 3500–4500 m.
Dept.: CH, CO, LP, OR, PO, TA.
Muestra: *S.G. Beck 2871* (BOLV, CTES, LPB, US, WAG).

Acaulimalva oriastrum (Wedd.) Krapov., Darwiniana 19(1): 24. 1974.
Sin.: *Malva oriastrum* Wedd., *Malvastrum oriastrum* (Wedd.) Baker f., *Malveopsis oriastrum* (Wedd.) Kuntze, *Malveopsis oriastrum* fo. *pinnatifida* Kuntze
Ref.: Foster (1958).
Hierba. Endémica. Altiplano. Puna Húmeda, 3500–4500 m.
Dept.: CH, LP, PO.
Tipo y muestra: *H.A. Weddell 3962* (HT: P; IT: K frag. ex P; fotos: F ex P, K ex P), *M.A. Lewis 37147* (IBE, LPB, MO, TEX).

Acaulimalva pazensis Krapov., Bonplandia (Corrientes) 19(1): 79–81, f. 1. 2010.
Hierba. Endémica. Altiplano. Puna Húmeda, 3500–4500 m.
Dept.: LP.
Tipo y muestra: *S.G. Beck 13787* (HT: LPB; IT: CTES), *T. Feuerer 5725B* (CTES, LPB).

Acaulimalva rhizantha (A. Gray) Krapov., Darwiniana 19(1): 31. 1974.
Sin.: *Malvastrum rhizanthum* A. Gray
Hierba. Nativa. Altiplano. Puna Húmeda, 3500–4500 m.
Dept.: LP.
Muestra: *S.G. Beck 2872* (CTES, LPB, US).

Acaulimalva steinbachii Krapov., Darwiniana 19(1): 33. 1974.
Hierba. Endémica. Altiplano. Puna Húmeda, 3500–4000 m.
Dept.: CO, PO.
Tipo y muestra: *J. Steinbach 3971* (HT: LIL), *M. Schulte 104* (CTES, LPB).

Alcea L., Sp. Pl. 2: 687. 1753.
1 especie, 0 especies endémicas.

Alcea rosea L., Sp. Pl. 2: 687. 1753.
Sin.: *Althaea rosea* (L.) Cav.
Hierba. Cultivada. Andes, Altiplano. Valles Secos, Puna Húmeda, 3000–4000 m.
Dept.: LP.
Muestra: *J.C. Solomon 8213* (LPB, MO).

Allosidastrum (Hochr.) Krapov., Fryxell & D.M. Bates, Syst. Bot. Monogr. 25: 70. 1988.
1 especie, 0 especies endémicas.

Allosidastrum pyramidatum (Desp. ex Cav.) Krapov., Fryxell & D.M. Bates, Syst. Bot. Monogr. 25: 74. 1988.
Sin.: *Sida pyramidata* Desp. ex Cav.
Ref.: Krapovickas et al. (1988 [1989]), Fryxell (2007).
Arbusto. Nativa. Zonas Bajas. Bosque Semideciduo Chiquitano, 0–1000 m.
Dept.: LP, SC.
Muestra: *J.R. Abbott 16928* (MO, USZ).

Andeimalva J.A. Tate, Lundellia 6: 13. 2003.
1 especie, 1 especie endémica.

Andeimalva mandonii (Baker f.) J.A. Tate, Lundellia 6: 16. 2003.
Sin.: *Sphaeralcea mandonii* Baker f., *Tarasa mandonii* (Baker f.) Kearney, *Malvastrum mandonii* (Baker f.) J.F. Macbr.
Ref.: Foster (1958), Michel (1993d), Tate (2003).
Arbusto, arbolito. Endémica. Andes. Yungas, 2000–4000 m.
Dept.: CO, LP.
Tipo y muestra: *G. Mandon 808* (LT: K; ILT: BM, F, GH, NY, NY, NY, P, P, P, S, US, W, W; fotos: F, G), *S.G. Beck & R. Seidel 14510* (BOLV, CTES, G, M, MO, TEX).

Anoda Cav., Diss. 1: 38–40, t. 10, f. 3, t. 11, f. 1–2. 1785.
1 especie, 0 especies endémicas.

Anoda cristata (L.) Schltdl., Linnaea 11(2): 210. 1837.
Sin.: *Sida cristata* L., *Anoda hastata* Cav., *Sida triangularis* Willd., *Anoda triangularis* (Willd.) DC., *Anoda acerifolia* var. *minoriflora* Hochr., *Anoda cristata* var. *brachyantha* (Rchb.) Hochr.
Ref.: Foster (1958), Fryxell (1987), Serrano & Terán (1998 [2000]), Nee (2008).
Hierba. Nativa. Andes. Valles Secos, 1500–3000 m.
Dept.: CH, CO, LP, PO, SC, TA.
Muestra: *I.G. Vargas 782* (LPB, MO, NY, USZ).

Apeiba Aubl., Hist. Pl. Guiane 1: 537–538, t. 213. 1775.
3 especies, 0 especies endémicas.

[Apeiba aspera Aubl.], Hist. Pl. Guiane 1: 545–547, t. 216. 1775.
Ref.: Michel (1993d), Killeen & Schulenberg (1998), Alverson et al. (2000).
Nota: El registro se basa en material mal identificado de *A. membranacea* Spruce ex Benth.

[Apeiba echinata Gaertn.], Fruct. Sem. Pl. 2: 189, t. 121. 1790.
Ref.: Michel (1993d).
Nota: El registro se basa en material mal identificado de *A. membranacea* Spruce ex Benth.

[Apeiba hispida Gaertn.], Fruct. Sem. Pl. 2: 188, t. 121. 1791.
Ref.: Foster (1958), Michel (1993d).
Nota: El registro se basa en material mal identificado.

Apeiba macropetala Ducke, Arch. Jard. Bot. Rio de Janeiro 4: 120. 1925.
Sin.: *Apeiba echinata* var. *macropetala* (Ducke) Ducke
Ref.: Jansen-Jacobs & Westra (1995), Dorr & Meijer (2005).
Árbol. Nativa. Zonas Bajas. Bosque Húmedo, 0–500 m.
Dept.: PA.
Muestra: *G.T. Prance et al. 6534* (INPA, US).

Apeiba membranacea Spruce ex Benth., J. Proc. Linn. Soc., Bot. 5(Suppl. 2): 61. 1861.
Ref.: Parker & Bailey (1991), Grayum (1993), Michel (1993d), Killeen & Schulenberg (1998), Dorr (1999), Alverson et al. (2000), Dorr & Meijer (2005).
Árbol. Nativa. Zonas Bajas. Bosque Húmedo, Sabanas Benianas del Sur, Campos Amazónicos, 0–500 m.
Dept.: BE, CO, LP, PA, SC.
Muestra: *D.N. Smith et al. 14212* (LPB, MO, US).
Nom. Vern.: Cabeza de mono, moxoquë, moxoqué joni, peine de mono.

Apeiba tibourbou Aubl., Hist. Pl. Guiane 1: 538–541, t. 213. 1775.
Ref.: Parker & Bailey (1991), Grayum (1993), Michel (1993d), Killeen & Schulenberg (1998), Dorr (1999), Alverson et al. (2000), Jardim et al. (2003), Nee (2008).
Arbolito, árbol. Nativa. Zonas Bajas. Bosque Húmedo, Campos Amazónicos, 0–1000 m.
Dept.: BE, CO, LP, PA, SC.
Muestra: *S.G. Beck & R. Haase 10001* (CTES, LPB, M, MBM, MO, USZ).
Nom. Vern.: Balsa, cabeza de mono, corcho, erizo, jopo de mono, moxoqué, palula.

Ayenia L., Kongl. Svenska Vetensk. Acad. Handl. 17: 23–25. 1756.
11 especies, 0 especies endémicas.

Ayenia acalyphifolia Griseb., Symb. Fl. Argent. 50. 1879.
Ref.: Cristóbal (1960), Cristóbal (1998), Cristóbal (2007).
Subarbusto. Nativa. Zonas Bajas. Tipo de vegetación desconocida, 500–1000 m.
Dept.: Bolivia.
Nota: Ocurre en el sudeste de Bolivia. Citada para Bolivia por Cristóbal (1998, 2007), no hay ejemplares de herbario confirmados.

Ayenia aemulata Cristóbal, Opera Lilloana 4: 119–121, f. 39. 1960.
Subarbusto. Nativa. Zonas Bajas. Campos Cerrados, 500–1000 m.
Dept.: SC.
Tipo: *A. Krapovickas 9487* (IT: LIL).
Nota: Conocida en Bolivia solamente del tipo.

Ayenia boliviana Rusby, Mem. Torrey Bot. Club 3(3): 10. 1893.
Ref.: Rusby (1893b), Foster (1958), Cristóbal (1960), Wood (2005).
Subarbusto. Nativa. Andes. Yungas, Bosque Tucumano-Boliviano, 2000–2500 m.
Dept.: CO, LP, SC, TA.
Tipo y muestra: *M. Bang 931* (HT: NY; IT: E, F, G, GH, MO, NY, US, US), *E. Bastian 408* (CTES, LPB).

Ayenia eliae Cristóbal, Opera Lilloana 4: 148–151, f. 51. 1960.
Ref.: Cristóbal (1998), Serrano & Terán (1998 [2000]), Cristóbal (2007).
Subarbusto. Nativa. Zonas Bajas. Bosque Seco Chaqueño, 0–500 m.
Dept.: CH, SC, TA.
Muestra: *A. Krapovickas 9491* (LIL).
Nota: El nombre no publicado *A. campestris* K. Schum., *nom. nud.*, también fue aplicado a esta especie.

[Ayenia glabrescens K. Schum.], Fl. Bras. 12(3): 102. 1886.
Ref.: Fries (1906c), Foster (1958).
Nota: El registro se basa en material mal identificado.

Ayenia krapovickasii Cristóbal, Opera Lilloana 4: 169–171, f. 59. 1960.
Ref.: Cristóbal (2007).
Arbusto. Nativa. Zonas Bajas. Bosque Seco Chaqueño, 0–1000 m.
Dept.: CH, SC.
Tipo y muestra: *A. Krapovickas 9143* (HT: LIL; IT: LIL), *C. Saravia et al. 11537* (LPB).

Ayenia lingulata Griseb., Symb. Fl. Argent. 50. 1879.
Ref.: Cristóbal (1960).
Subarbusto. Nativa. Zonas Bajas. Bosque Seco Chaqueño, 0–500 m.
Dept.: TA.
Muestra: *A. Krapovickas et al. 39167* (CTES, LPB).

Ayenia magna L., Syst. Nat. (ed. 10) 2: 1247. 1759.
Ref.: Cristóbal (1960), Serrano & Terán (1998 [2000]), Cristóbal (2007).
Arbusto. Nativa. Zonas Bajas. Bosque Seco Chaqueño, 0–500 m.
Dept.: CH, SC, TA.
Muestra: *L.R.C. de Michel 2645* (CTES, K, LPB, US).

Ayenia odonellii Cristóbal, Opera Lilloana 4: 178–183, f. 63. 1960.
Ref.: De la Barra (1997), Schulenberg & Awbrey (1997), Cristóbal (1998), Serrano & Terán (1998 [2000]), Cristóbal (2007).
Subarbusto. Nativa. Zonas Bajas, Andes. Bosque Seco Chaqueño, Bosque Tucumano-Boliviano, Bosque Serrano Chaqueño, 500–2500 m.
Dept.: CH, CO, SC, TA.
Muestra: *A. Krapovickas 9124* (LIL).

Ayenia schumanniana Kuntze, Revis. Gen. Pl. 3(3): 24. 1898.
Ref.: Cristóbal (1960), López Vargas (1995), Saravia Miranda (1996), De la Barra (1997), Serrano & Terán (1998 [2000]), Wood (2005), Nee (2008).
Subarbusto, arbusto. Nativa. Andes. Bosque Tucumano-Boliviano, Bosque Serrano Chaqueño, 2000–3000 m.
Dept.: CH, CO, SC.
Tipo y muestra: *O. Kuntze s.n.* (HT: B destr.?; IT: NY, NY, US; fotos: F ex B), *M. Cárdenas 3908* (US).
Nom. Vern.: Oreganillo.

Ayenia subtilis Cristóbal, Opera Lilloana 4: 203–206, f. 72–73. 1960.
Ref.: Cristóbal (1998).
Arbusto. Nativa. Zonas Bajas, Andes. Tipo de vegetación desconocida, 500–1500 m.
Dept.: SC.
Muestra: *R.E. Fries 1207* (S).
Nota: *Fries 1207*, el único ejemplar disponible para Bolivia, no contiene información suficiente para establecer tipo de vegetación.

Ayenia tomentosa L., Syst. Nat. (ed. 10) 2: 1247. 1759.
Ref.: Foster (1958), Cristóbal (1960), Cristóbal (2007), Wood et al. (2011).
Arbusto. Nativa. Zonas Bajas, Andes. Bosque Húmedo, Bosque Semideciduo Chiquitano, Campos Cerrados, Bosque Serrano Chaqueño, Valles Secos, 500–2000 m.
Dept.: CH, LP, SC, TA.
Muestra: *M. Bang 2115* (CORD, F, GH, LIL, MO, NY, US).

Brachychiton Schott & Endl., Melet. Bot. 34. 1832.
1 especie, 0 especies endémicas.

Brachychiton populneus (Schott & Endl.) R. Br., Pterocymbium 234. 1844.
Sin.: *Poecilodermis populnea* Schott & Endl.
Ref.: Guymer (1989), Moraes R. (1990), Villegas Coimbra (1993b).
Árbol. Cultivada. Zonas Bajas, Andes. Bosque Húmedo, Yungas, Bosque Serrano Chaqueño, Valles Secos, 0–1000, 1500–2500 m.
Dept.: BE, CH, CO, LP, SC.
Muestra: *J.C. Solomon 14516* (LPB, MO).
Infra: *Brachychiton populneus* subsp. *populneus*
Nom. Vern.: Brachichiton.

Briquetia Hochr., Annuaire Conserv. Jard. Bot. Genève 6: 11, pl. 1. 1902.
1 especie, 0 especies endémicas.

Briquetia spicata (Kunth) Fryxell, Brittonia 28(3): 321, f. 1e–f, 2d. 1976.
Sin.: *Abutilon spicatum* Kunth, *Sida spiciflora* DC., *Wissadula spicata* (Kunth) C. Presl, *Sida spicata* (Kunth) Salzm. ex Schum., *Pseudabutilon spicatum* (Kunth) R.E. Fr.
Ref.: Foster (1958), Killeen & Schulenberg (1998).
Hierba. Nativa. Zonas Bajas. Bosque Húmedo, Bosque Semideciduo Chiquitano, Campos Cerrados, 0–1000 m.
Dept.: BE, LP, SC.
Muestra: *R.C. Quevedo et al. 2564* (MO, TEX, USZ).

Byttneria Loefl., Iter Hispan. 313–314. 1758.
20 especies, 0 especies endémicas.

Byttneria aculeata (Jacq.) Jacq., Select. Stirp. Amer. Hist. 76–77. 1763.
Sin.: *Chaetaea aculeata* Jacq., *Byttneria carthagenensis* Jacq., *Byttneria lanceolata* DC.
Ref.: Foster (1958), Cristóbal (1976), Parker & Bailey (1991), Killeen & Schulenberg (1998), Nee (2008).
Trepadora, liana, arbusto. Nativa. Zonas Bajas. Bosque Húmedo, 0–1000 m.
Dept.: BE, LP, PO, SC.
Muestra: *M. Bang 1369* (A, F, GH, LE, MICH, MO, NY, US, W).

Byttneria asterotricha Mildbr., Notizbl. Bot. Gart. Berlin–Dahlem 11(102): 143. 1931.
Ref.: Foster (1958), Cristóbal (1976).
Trepadora, arbusto. Nativa. Zonas Bajas. Bosque Húmedo, 500–1000 m.
Dept.: BE, LP.
Tipo y muestra: *O. Buchtien 911* (HT: B destr.?; IT: F, G, GH, MO-1041772, NY, US), *M.J. Macía et al. 4192* (LPB, MA).

Byttneria benensis Britton, Bull. Torrey Bot. Club 16(6): 155. 1889.
Sin.: *Byttneria boliviana* Britton
Ref.: Macbride (1956d), Foster (1958), Cristóbal (1976), Killeen & Schulenberg (1998).
Trepadora, arbusto. Nativa. Zonas Bajas. Bosque Húmedo, Sabanas Benianas del Sur, 0–500 m.
Dept.: BE, CO, LP, PA, SC.
Tipo y muestra: *H.H. Rusby 1964* (HT: NY; IT: F, MICH, NY, US), *H.H. Rusby 1249* (E, F, G, MICH, MO, NY, P, US, W).
Nota: *H.H. Rusby 1249* es el tipo de *B. boliviana* (HT: NY).

Byttneria catalpifolia Jacq., Pl. Hort. Schoenbr. 1: 21–22, t. 46. 1797.
Ref.: Foster (1958), Cristóbal (1976), Schulenberg & Awbrey (1997), Cristóbal (1998), Killeen & Schulenberg (1998), González et al. (1999), Serrano & Terán (1998 [2000]), Cristóbal (2007), Nee (2008).
Liana. Nativa. Zonas Bajas, Andes. Bosque Húmedo, Yungas, 0–2000 m.
Dept.: BE, CH, LP, SC, TA.
Muestra: *J. Steinbach 7420* (G, GH, GOET, LIL, MO, NY, S, UC).
Infra: *Byttneria catalpifolia* subsp. *catalpifolia*, *Byttneria catalpifolia* subsp. *sidifolia* (A. St.-Hil.) Cristóbal
Nom. Vern.: Cachichire.

[Byttneria cordifolia Sagot], Ann. Sci. Nat., Bot., sér. 6, 11: 155. 1881.
Ref.: Moraes R. (1990).
Nota: El registro se basa en material mal identificado de *B. benensis*.

Byttneria coriacea Britton, Bull. Torrey Bot. Club 16(6): 156. 1889.
Ref.: Macbride (1956d), Cristóbal (1976), Moraes R. (1990), Killeen & Schulenberg (1998).
Trepadora, arbusto. Nativa. Zonas Bajas. Bosque Húmedo, 0–500 m.
Dept.: PA, SC.
Tipo y muestra: *H.H. Rusby 2503* (HT: NY; IT: BM, E, F, G, MICH, MO-1909529, P, US), *M. Moraes R. 285* (LPB, MO, US).

Byttneria dentata Pohl, Pl. Bras. Icon. Descr. 2: 79–80, pl. 152. 1830.
Ref.: Cristóbal (1976), Cristóbal (2007).
Subarbusto. Nativa. Zonas Bajas. Bosque Semideciduo Chiquitano, 500–1000 m.
Dept.: SC.
Muestra: *A. Krapovickas 9188* (LIL).

Byttneria divaricata Benth., J. Bot. (Hooker) 4: 124. 1842 [1841].
Ref.: Cristóbal (1976), Killeen & Schulenberg (1998).
Arbusto. Nativa. Zonas Bajas. Bosque Húmedo, 0–500 m.
Dept.: BE, SC.
Muestra: *J.C. Solomon et al. 8154* (LPB, MO, US).
Infra: *Byttneria divaricata* var. *divaricata*, *Byttneria divaricata* var. *guaranitica* K. Schum. & Hassl.

Byttneria filipes Mart. ex K. Schum., Fl. Bras. 12(3): 95. 1886.
Ref.: Foster (1958), Cristóbal (1976), Cristóbal (2007).
Arbusto. Nativa. Zonas Bajas. Bosque Semideciduo Chiquitano, 0–500 m.
Dept.: SC.
Muestra: *M.H. Nee 45889* (LPB, MO, NY, US).
Nom. Vern.: Huira pinda.

Byttneria fontis Cristóbal, Bonplandia (Corrientes) 9(3–4): 213–214, f. 1. 1997.
Ref.: Fuentes Claros (1998).
Arbusto. Nativa. Zonas Bajas. Bosque Semideciduo Chiquitano, 0–500 m.
Dept.: SC.
Tipo y muestra: *A.F. Fuentes 457* (HT: USZ; IT: CTES, MO), *A.F. Fuentes 934* (CTES, USZ).

Byttneria fulva Poepp., Nov. Gen. Sp. Pl. 3: 73. 1845.
Sin.: *Byttneria discolor* Benth.
Arbusto. Nativa. Zonas Bajas. Bosque Húmedo, 0–500 m.
Dept.: BE.
Muestra: *M. Moraes R. et al. 1660* (CTES, LPB).

Byttneria genistella Triana & Planch., Ann. Sci. Nat., Bot., sér. 4, 17: 333. 1862.
Ref.: Cristóbal (1976), Killeen & Schulenberg (1998).
Subarbusto. Nativa. Zonas Bajas. Sabanas Benianas del Sur, 0–500 m.
Dept.: BE, LP, SC.
Muestra: *S.G. Beck 3304* (CTES, DAV, LPB).

Byttneria hirsuta Ruiz & Pav., Fl. Peruv. 3: 10. 1802.
Sin.: *Chaetaea hirsuta* (Ruiz & Pav.) Rusby
Ref.: Rusby (1893b), Foster (1958), Cristóbal (1976), Nee (2008).
Liana, arbusto. Nativa. Andes. Yungas, 1500–3000 m.
Dept.: LP, SC.
Muestra: *M. Bang 2205* (CORD, F, GH, K, LE, M, MICH, MO, NY, S, US, W).
Nom. Vern.: Kari kari.

Byttneria minytricha Cristóbal, Bonplandia (Corrientes) 4: 204–206, f. 50A–D. 1976.
Liana, arbusto. Nativa. Andes. Yungas, 1500–3000 m.
Dept.: LP.
Muestra: *S.G. Beck 19757A* (CTES, LPB).

Byttneria obliqua Benth., J. Bot. (Hooker) 4: 124. 1842 [1841].
Ref.: Cristóbal (1976), Killeen & Schulenberg (1998).
Arbusto. Nativa. Zonas Bajas. Bosque Húmedo, 0–500 m.
Dept.: BE, SC.
Muestra: *W.R. Anderson 12055* (MO, US).

Byttneria oblongata Pohl, Pl. Bras. Icon. Descr. 2: 74–75, pl. 148. 1830.
Ref.: Cristóbal (1976), Killeen & Schulenberg (1998).
Hierba. Nativa. Zonas Bajas. Campos Cerrados, 500–1000 m.
Dept.: SC.
Muestra: *T. Killeen et al. 7191* (MO, US, USZ).

Byttneria oranensis Cristóbal, Bonplandia (Corrientes) 4: 365–368, f. 70, 91. 1976.
Ref.: Cristóbal (1998).
Liana. Nativa. Andes. Bosque Tucumano-Boliviano, Bosque Serrano Chaqueño, 1000–1500 m.
Dept.: TA.
Muestra: *K. Fiebrig 2714* (GH, GOET, P, PR, S, US, W).

Byttneria pescapriifolia Britton, Bull. Torrey Bot. Club 16(6): 155. 1889.
Ref.: Macbride (1956d), Foster (1958), Cristóbal (1976), Parker & Bailey (1991), Alverson et al. (2000).
Liana. Nativa. Zonas Bajas. Bosque Húmedo, 0–1000 m.
Dept.: BE, CO, LP, PA.
Tipo y muestra: *H.H. Rusby 2644* (HT: NY; IT: MICH, NY, US), *A.H. Gentry et al. 69799* (MO).

Byttneria rhamnifolia Benth., Hooker's J. Bot. Kew Gard. Misc. 3: 164. 1851.
Ref.: Cristóbal (1976).
Arbusto. Nativa. Zonas Bajas. Sabanas Benianas del Sur, 0–500 m.
Dept.: BE, PA.
Muestra: *E. Werdermann 2423* (B, LPB, MO, S).
Nom. Vern.: Choroquete de la bajura.

Byttneria scabra L., Syst. Nat. (ed. 10) 2: 939. 1759.
Ref.: Foster (1958), Cristóbal (1976), Killeen & Schulenberg (1998), Wood et al. (2011).
Arbusto. Nativa. Zonas Bajas. Bosque Húmedo, Campos Cerrados, 0–500 m.
Dept.: BE, LP, SC.
Muestra: *J. Steinbach 5115* (F, GH, MO, NY).

Byttneria tucumanensis Cristóbal, Bonplandia (Corrientes) 4: 211–214, f. 7E. 1976.
Sin.: *Byttneria hirsuta* var. *parvifolia* Kuntze
Ref.: Foster (1958), Cristóbal (1998), Nee (2008).
Arbusto. Nativa. Zonas Bajas, Andes. Bosque Semideciduo Chiquitano, Valles Secos, 500–1500 m.
Dept.: SC.
Muestra: *O. Kuntze s.n.* (B, F, NY, US).

Callianthe Donnell, Syst. Bot. 37(3): 718. 2012.
10 especies, 0 especies endémicas.

Callianthe cyclonervosa (Hochr.) Donnell, Syst. Bot. 37(3): 719. 2012.
Sin.: *Abutilon cyclonervosum* Hochr., *Abutilon bakeri* Rusby
Ref.: Foster (1958), Kearney (1958a), Michel (1993d), Fryxell (2002), Donnell et al. (2012).
Arbusto, arbolito. Nativa. Andes. Yungas, 1000–1500 m.
Dept.: CO, LP.
Tipo y muestra: *M. Bang 2357* (HT: G; IT: CAS, CM, F, GH, K, MO-3725551, NY, PH, S, Z), *S.G. Beck 9252* (BOLV, CTES, LPB, M, MO, US, USZ).
Nota: *Bang 2357* es el tipo para ambos nombres, el HT de *A. bakeri* está en NY.

Callianthe jujuiensis (Hassl.) Donnell, Syst. Bot. 37(3): 719. 2012.
Sin.: *Abutilon jujuiense* Hassl.
Ref.: Donnell et al. (2012).
Arbusto. Nativa. Andes. Yungas, Bosque Serrano Chaqueño, 1000–2500 m.
Dept.: CO, SC, TA.
Muestra: *M.S. Ferrucci & A. Schinini 1113* (CTES, LPB).

Callianthe megapotamica (A. Spreng.) Dorr, Monogr. Syst. Bot. Missouri Bot. Gard. 127: 1271. 2014.
Sin.: *Sida megapotamica* A. Spreng., *Abutilon megapotamicum* (A. Spreng.) A. St.-Hil. & Naudin
Arbusto. Cultivada. Andes. Yungas, 1000–2000 m.
Dept.: LP.
Muestra: *S.G. Beck 27696* (CTES, LPB, M).

Callianthe nivea (Griseb.) Dorr, Monogr. Syst. Bot. Missouri Bot. Gard. 127: 1272. 2014.
Sin.: *Abutilon niveum* Griseb.
Ref.: Kearney (1958a), Michel (1993d), Serrano & Terán (1998 [2000]), Fryxell (2002).
Arbusto. Nativa. Zonas Bajas, Andes. Bosque Húmedo, Yungas, Bosque Tucumano-Boliviano, 0–1500, 2000–3500 m.
Dept.: CH, LP, SC, TA.
Muestra: *M.H. Nee 40723* (LPB, MO, NY, TEX).

Callianthe pauciflora (A. St.-Hil.) Dorr, Monogr. Syst. Bot. Missouri Bot. Gard. 127: 1272. 2014.
Sin.: *Abutilon pauciflorum* A. St.-Hil.
Ref.: Foster (1958), Fryxell (2002).
Hierba, subarbusto. Nativa. Zonas Bajas. Bosque Húmedo, Bosque Semideciduo Chiquitano, 0–500 m.
Dept.: SC.
Muestra: *M.H. Nee 48063* (LPB, MO, NY).

Callianthe peruviana (Lam.) Dorr, Monogr. Syst. Bot. Missouri Bot. Gard. 127: 1272. 2014.
Sin.: *Sida peruviana* Lam., *Abutilon peruvianum* (Lam.) Kearney
Ref.: Kearney (1958a), Killeen & Schulenberg (1998), Fryxell (2002), Nee (2008).
Hierba. Nativa. Zonas Bajas, Andes. Bosque Húmedo, Yungas, 0–2500 m.
Dept.: SC.
Muestra: *I.G. Vargas & F. Aguilar 4854* (MO, TEX, USZ).
Nom. Vern.: Tilimora.

Callianthe picta (Gillies ex Hook. & Arn.) Donnell, Syst. Bot. 37(3): 720. 2012.
Sin.: *Sida picta* Gillies ex Hook. & Arn., *Abutilon striatum* Dicks. ex Lindl., *Abutilon pictum* (Gillies ex Hook. & Arn.) Walp., *Sida striata* (Dicks. ex Lindl.) D. Dietr., *Callianthe striata* (Dicks. ex Lindl.) Donnell
Ref.: Foster (1958), Kearney (1958a), Michel (1993d), Fryxell (2002), Donnell et al. (2012).
Arbusto. Cultivada. Andes. Yungas, Valles Secos, 2500–4000 m.
Dept.: CO, LP.
Muestra: *S.G. Beck 7014* (CTES, LPB, US).

Callianthe schenckii (K. Schum.) Donnell, Syst. Bot. 37(3): 720. 2012.
Sin.: *Abutilon schenckii* K. Schum.
Arbusto. Nativa. Andes. Yungas, 2500–3000 m.
Dept.: LP.
Muestra: *J.C. Solomon 8448* (LPB, MO, TEX).

Callianthe sylvatica (Cav.) Dorr, Monogr. Syst. Bot. Missouri Bot. Gard. 127: 1272. 2014.
Sin.: *Sida sylvatica* Cav., *Abutilon dianthum* C. Presl, *Abutilon sylvaticum* (Cav.) K. Schum., *Abutilon laxum* Rusby, *Abutilon sylvaticum* subsp. *buchtienii* R.E. Fr., *Callianthe laxa* (Rusby) Donnell, *Gaya sylvatica* (Cav.) Krapov.
Ref.: Rusby (1893b), Foster (1958), Fryxell (1992), Fuertes & Fryxell (1993), Michel (1993d), Fryxell (2002), Nee (2008).
Arbusto, árbol. Nativa. Zonas Bajas, Andes. Bosque Húmedo, Campos Cerrados, Yungas, 500–1000, 2000–3500 m.
Dept.: LP.
Muestra: *J.L. Luteyn & L.J. Dorr 13801* (BOLV, LPB, NY).
Nom. Vern.: Algodoncillo.

Callianthe ulbrichii (Fryxell) Dorr, Monogr. Syst. Bot. Missouri Bot. Gard. 127: 1272. 2014.
Sin.: *Abutilon longipes* Ulbr., *Abutilon ulbrichii* Fryxell
Árbol. Nativa. Andes. Yungas, 1000–1500 m.
Dept.: CO.
Muestra: *J. Terán et al. 2787* (BOLV, MO, RSA).
Nota: *A. ulbrichii* es un nom. nov. que reemplaza a *A. longipes* Ulbr. non Mattei, un homónimo posterior.

Cavanillesia Ruiz & Pav., Fl. Peruv. Prodr. 97. 1794.
1 especie, 0 especies endémicas.

Cavanillesia hylogeiton Ulbr., Notizbl. Bot. Gart. Berlin–Dahlem 6(55): 163. 1914.
Ref.: Foster (1958), Torrico Pardo (1993a), Arrázola Rivero et al. (2000).
Árbol. Nativa. Zonas Bajas. Bosque Húmedo, 0–1000 m.
Dept.: BE, CO, LP, PA, SC.
Muestra: *A. Perry et al. 448* (LPB, MO).
Nota: Identificación tentativa.
Nom. Vern.: Corazón de antera, moroño, palo fósforo.

[Cavanillesia umbellata Ruiz & Pav.], Syst. Veg. Fl. Peruv. Chil. 97, t. 20. 1794.
Ref.: Parker & Bailey (1991).
Nota: El registro se basa en material mal identificado de *C. hylogeiton*. Los límites entre *C. umbellata* y *C. hylogeiton* no están bien definidos. El material boliviano identificado como *C. umbellata* probablemente corresponde con *C. hylogeiton*.

Ceiba Mill., Gard. Dict. Abr. (ed. 4) [287]. 1754.
6 especies, 0 especies endémicas.

Ceiba boliviana Britten & Baker f., J. Bot. 34(400): 174. 1896.
Sin.: *Chorisia grandiflora* Rusby, *Ceiba mandonii* Britten & Baker f., *Xylon tunariense* Kuntze, *Ceiba tunariense* (Kuntze) K. Schum.
Ref.: Foster (1958), Adolfo María (1966), Torrico Pardo (1993a), López Vargas (1995), Saravia Miranda (1996), Serrano & Terán (1998 [2000]), Gibbs & Semir (2003), Nee (2008), Arroyo Padilla & Villarroel Segarra (2009).
Árbol. Nativa, cultivada. Zonas Bajas, Andes. Bosque Semideciduo Chiquitano, Bosque Tucumano-Boliviano, Valles Secos, 0–3000 m.
Dept.: CH, CO, LP, PO, SC, TA.
Tipo y muestra: *M. Bang 1154* (LT: BM; ILT: A, E, F, G, GH, K, MO-1733108, NY, NY, NY, S, US, US, W), *M.H. Nee 48335* (LPB, MO, NY).
Nom. Vern.: Jorocho, juruchi, palo orocho, toborochi, toborochi jaspeado, toro g'ara.

Ceiba chodatii (Hassl.) Ravenna, Onira 3(15): 44. 1998.
Sin.: *Chorisia chodatii* Hassl.
Ref.: Gibbs & Semir (2003).
Árbol. Nativa. Zonas Bajas. Bosque Seco Chaqueño, 0–1000 m.
Dept.: SC, TA.
Muestra: *H.A. Weddell s.n.* (P).
Nota: Forma parte de *C. insignis* s.l. y frecuentemente identificada así en estado estéril.
Nom. Vern.: Toborochi.

[Ceiba insignis (Kunth) P.E. Gibbs & Semir], Notes Roy. Bot. Gard. Edinburgh 45(1): 134. 1988.
Sin.: *Chorisia insignis* Kunth, *Chorisia integrifolia* Ulbr., *Ceiba integrifolia* (Ulbr.) Ravenna
Ref.: Foster (1958), Torrico Pardo (1993a), Alverson et al. (2000), Serrano & Terán (1998 [2000]), Gibbs & Semir (2003).
Nota: El registro se basa en material mal identificado de *C. chodatii* o *C. speciosa*.

Ceiba pentandra (L.) Gaertn., Fruct. Sem. Pl. 2: 244, pl. 133, f. 1. 1791.
Sin.: *Bombax pentandrum* L., *Bombax mompoxense* Kunth, *Bombax cumanense* Kunth
Ref.: Foster (1958), Parker & Bailey (1991), Torrico Pardo (1993a), Killeen & Schulenberg (1998), Alverson et al. (2000), Arrázola Rivero et al. (2000), Gibbs & Semir (2003).
Árbol. Nativa. Zonas Bajas. Bosque Húmedo, 0–500 m.
Dept.: BE, CO, LP, PA, SC.
Muestra: *M.H. Nee & G. Coimbra 41688* (LPB, MO, NY).
Nom. Vern.: Mapajo, paraíso, toborochi.

[Ceiba pubiflora (A. St.-Hil.) K. Schum.], Fl. Bras. 12(3): 213. 1886.
Sin.: *Eriodendron pubiflorum* A. St.-Hil.
Ref.: Torrico Pardo (1993a), Gibbs & Semir (2003).
Nota: El registro se basa en material mal identificado de *C. chodatii* o *C. speciosa*.

Ceiba samauma (Mart.) K. Schum., Fl. Bras. 12(3): 210. 1886.
Sin.: *Eriodendron samauma* Mart., *Ceiba burchellii* K. Schum.
Ref.: Foster (1958), Torrico Pardo (1993a), Killeen & Schulenberg (1998), Alverson et al. (2000), Arrázola Rivero et al. (2000), Gibbs & Semir (2003), Jardim et al. (2003).
Árbol. Nativa, cultivada. Zonas Bajas. Bosque Húmedo, Bosque Semideciduo Chiquitano, 0–1000 m.
Dept.: BE, CO, LP, PA, SC.
Muestra: *B. Mostacedo & J.R. Abbott 2705* (MO, USZ).
Nom. Vern.: Mapajo, mapayo, mara macho, trapu.

Ceiba speciosa (A. St.-Hil.) Ravenna, Onira 3(15): 46. 1998.
Sin.: *Chorisia speciosa* A. St.-Hil.
Ref.: Foster (1958), Torrico Pardo (1993a), Killeen & Schulenberg (1998), Serrano & Terán (1998 [2000]), Gibbs & Semir (2003), Jardim et al. (2003), Nee (2008).
Árbol. Nativa, cultivada. Zonas Bajas, Andes. Bosque Húmedo, Bosque Semideciduo Chiquitano, Yungas, Bosque Tucumano-Boliviano, Valles Secos, 0–1500 m.
Dept.: BE, CH, CO, LP, PA, SC, TA.
Muestra: *J.C. Solomon 7604* (F, LPB, MO, NY, WIS).
Nota: Parte del agregado de *C. insignis*, y frecuentemente identificada así cuando estéril.
Nom. Vern.: Ceiba, flor de mayo, toborochi, toborochi rosado.

[Ceiba ventricosa (Nees & Mart.) Ravenna], Onira 3(15): 47. 1998.
Sin.: *Chorisia ventricosa* Nees & Mart.
Ref.: Torrico Pardo (1993a), Gibbs & Semir (2003).
Nota: El registro se basa en material mal identificado de *C. chodatii* o *C. speciosa*.

Cienfuegosia Cav., Diss. 2[App.]: [vi]. 1786.
8 especies, 1 especie endémica.

Cienfuegosia affinis (Kunth) Hochr., Annuaire Conserv. Jard. Bot. Genève 6: 54. 1902.
Sin.: *Hibiscus affinis* Kunth, *Hibiscus sulphureus* Kunth, *Hibiscus rectiflorus* Rusby, *Cienfuegosia sulphurea* (Kunth) Hassl.
Ref.: Foster (1958), Fryxell (1969), Fryxell (1979a), Krapovickas (2003b), Wood et al. (2011).
Arbusto. Nativa. Zonas Bajas. Bosque Húmedo, Bosque Semideciduo Chiquitano, 0–500 m.
Dept.: BE, SC.
Muestra: *T. Killeen & R. Guillén V. 7358* (MO, TEX, USZ).

Cienfuegosia angustifolia Krapov., Bonplandia (Corrientes) 12(1–4): 30–32, f. 2, 6. 2003.
Subarbusto. Endémica. Zonas Bajas. Bosque Seco Chaqueño, 0–500 m.
Dept.: SC.
Tipo: *A.F. Fuentes 568* (HT: USZ; IT: CTES).
Nota: Conocida solamente del tipo.

Cienfuegosia argentina Gürke, Fl. Bras. 12(3): 579, pl. 113, f. 2. 1892.
Sin.: *Hibiscus argentinus* (Gürke) Kuntze, *Fugosia argentina* (Gürke) Hochr.
Ref.: Foster (1958), Fryxell (1969), Fryxell (1979a), Serrano & Terán (1998 [2000]), Krapovickas (2003b).
Hierba. Nativa. Zonas Bajas, Andes. Bosque Seco Chaqueño, Bosque Serrano Chaqueño, 0–1500 m.
Dept.: CH, SC, TA.
Muestra: *C. Saravia et al. 11812* (CTES, LPB).

Cienfuegosia drummondii (A. Gray) Lewton, Bull. Torrey Bot. Club 37(9): 475. 1910.
Sin.: *Fugosia drummondii* A. Gray, *Hibiscus pulverulentus* Griseb., *Hibiscus drummondii* (A. Gray) Kuntze, *Cienfuegosia sulphurea* var. *glabra* Gürke, *Fugosia pulverulenta* (Griseb.) Hochr., *Cienfuegosia sulphurea* var. *drummondii* (A. Gray) Hochr.
Ref.: Fryxell (1969), Fryxell (1979a), Krapovickas (2003b).
Hierba. Nativa. Zonas Bajas. Bosque Semideciduo Chiquitano, 0–500 m.
Dept.: SC.
Muestra: *A.F. Fuentes 1175* (CTES, LPB, USZ).

Cienfuegosia hasslerana Hochr., Bull. Herb. Boissier, sér. 2 5: 302. 1905.
Sin.: *Cienfuegosia escholtzioides* Hochr., *Cienfuegosia argentina* var. *hasslerana* (Hochr.) Hassl.
Ref.: Fryxell (1969), Fryxell (1979a), Krapovickas (2003b).
Hierba. Nativa. Zonas Bajas. Bosque Seco Chaqueño, 0–500 m.
Dept.: SC.
Muestra: *A.F. Fuentes & G. Navarro 2220A* (CTES, USZ).

Cienfuegosia lanceolata (A. St.-Hil.) Krapov., Bonplandia (Corrientes) 12(1–4): 20–22, f. 5. 2003.
Sin.: *Fugosia lanceolata* A. St.-Hil., *Hibiscus glabrifolius* A. St.-Hil. & Naudin, *Cienfuegosia cuyabensis* Pilg., *Cienfuegosia glabrifolia* (A. St.-Hil. & Naudin) O.J. Blanch.
Ref.: Killeen & Schulenberg (1998), Krapovickas (2003b).
Arbusto. Nativa. Zonas Bajas. Campos Cerrados, Sabanas Benianas del Sur, 0–1000 m.
Dept.: BE, SC.
Muestra: *A. Krapovickas & A. Schinini 36219* (CTES, NY).

Cienfuegosia subternata (Hassl.) Fryxell, Taxon 16(4): 321. 1967.
Sin.: *Cienfuegosia heterophylla* subsp. *subternata* Hassl.
Ref.: Fryxell (1969), Fryxell (1979a), Krapovickas (2003b).
Hierba. Nativa. Zonas Bajas, Andes. Bosque Seco Chaqueño, Valles Secos, 0–2500 m.
Dept.: CO, SC.
Muestra: *A.F. Fuentes & G. Navarro 2220B* (USZ).

Cienfuegosia ulmifolia Fryxell, Brittonia 19(1): 35–37, f. 1a–d. 1967.
Ref.: Fryxell (1969), Fryxell (1979a), Krapovickas (2003b).
Hierba. Nativa. Zonas Bajas, Andes. Bosque Semideciduo Chiquitano, Valles Secos, 0–1500 m.
Dept.: SC.
Muestra: *M.H. Nee 39934* (CTES, LPB, MO, NY).

Corchorus L., Sp. Pl. 1: 529. 1753.
3 especies, 1 especie endémica.

Corchorus aquaticus Rusby, Mem. New York Bot. Gard. 7: 295. 1927.
Ref.: Foster (1958).
Hierba, subarbusto. Endémica. Zonas Bajas. Sabanas Benianas del Sur, 0–500 m.
Dept.: BE.
Tipo y muestra: *H.H. Rusby 1445* (HT: NY; IT: GH, K, US), *O.E. White 1517* (NY).

Corchorus hirtus L., Sp. Pl. (ed. 2) 1: 747. 1762.
Sin.: *Corchorus mompoxensis* Kunth, *Corchorus pilolobus* Link
Ref.: Rusby (1893b), Foster (1958), Grayum (1993), Dorr (1999), Serrano & Terán (1998 [2000]), Dorr & Meijer (2005), Nee (2008).
Hierba, subarbusto. Nativa. Zonas Bajas, Andes. Bosque Húmedo, Bosque Semideciduo Chiquitano, Bosque Seco Chaqueño, Sabanas Benianas del Norte, Sabanas Benianas del Sur, Yungas, Bosque Tucumano-Boliviano, Bosque Serrano Chaqueño, 0–1500 m.
Dept.: BE, CH, LP, SC, TA.
Muestra: *M.A. Lewis 40605* (CTES, LPB, M, MO).
Nom. Vern.: Tote cumanda mi (Guaraní).

Corchorus orinocensis Kunth, Nov. Gen. Sp. (quarto ed.) 5: 337. 1821 [1823].
Sin.: *Corchorus argutus* Kunth, *Corchorus argutus* var. *longicarpus* Kuntze
Ref.: Foster (1958), Beck (1984), Killeen & Schulenberg (1998), Dorr & Meijer (2005), Nee (2008).
Hierba. Nativa. Zonas Bajas. Bosque Semideciduo Chiquitano, Sabanas Benianas del Sur, 0–1000 m.
Dept.: BE, CH, LP, SC, TA.

Muestra: *R. Guillén V. & C. Medina 3709* (LPB, MO, US, USZ).

Dirhamphis Krapov., Darwiniana 16: 222. 1970.

1 especie, 0 especies endémicas.

Dirhamphis balansae Krapov., Darwiniana 16(1–2): 223, f. 1, 2A, B. 1970.
Subarbusto. Nativa. Zonas Bajas. Bosque Semideciduo Chiquitano, Campos Cerrados, 0–500 m.
Dept.: SC.
Tipo y muestra: *W.C. Gregory et al. 10031* (HT: LIL; IT: CTES, NY, SI), *M. Atahuachi B. et al. 1216* (BOLV, LPB, USZ).

Eriotheca Schott & Endl., Melet. Bot. 35. 1832.

4 especies, 0 especies endémicas.
Nota: Todas las especies bolivianas de *Eriotheca* serán próximamente transferidas a *Pachira* Aubl.

Eriotheca globosa (Aubl.) A. Robyns, Bull. Jard. Bot. État Bruxelles 33(1): 142. 1963.
Sin.: *Bombax globosum* Aubl.
Ref.: Parker & Bailey (1991), Torrico Pardo (1993a), Killeen & Schulenberg (1998).
Árbol. Nativa. Zonas Bajas. Bosque Húmedo, 0–1000 m.
Dept.: BE, LP, PA, SC.
Muestra: *T. Killeen et al. 7666* (F, MO, USZ).
Nota: Identificación tentativa. Algunos especímenes son típicos de *E. globosa*, mientras que otros son intermedios con *E. sclerophylla*.
Nom. Vern.: Mapajillo.

Eriotheca gracilipes (K. Schum.) A. Robyns, Bull. Jard. Bot. État Bruxelles 33(2): 145. 1963.
Sin.: *Bombax gracilipes* K. Schum.
Ref.: Foster (1958), Torrico Pardo (1993a), Killeen & Schulenberg (1998), Wood et al. (2011).
Arbusto, árbol. Nativa. Zonas Bajas. Campos Cerrados, 0–1000 m.
Dept.: SC.
Muestra: *M.H. Nee 41240* (MO, NY, USZ).
Nota: Especímenes que parecen tener hojas juveniles (e.g., *Rodríguez & Surubí 634* [USZ, WIS] y *Quevedo et al. 2329* [USZ, WIS] son pubescentes y recuerdan a *E. pubescens* (Mart. & Zucc.) Schott. pero las hojas maduras son glabras.

Eriotheca roseorum (Cuatrec.) A. Robyns, Bull. Jard. Bot. État Bruxelles 33(2): 171. 1963.
Sin.: *Bombax roseorum* Cuatrec., *Tartagalia rubra* Capurro
Ref.: Fuentes Claros (1998), Killeen & Schulenberg (1998), Jardim et al. (2003), Arroyo Padilla & Villarroel Segarra (2009).
Árbol. Nativa. Zonas Bajas, Andes. Bosque Semideciduo Chiquitano, Bosque Seco Chaqueño, Campos Cerrados, Yungas, 0–1500 m.
Dept.: CH, SC.
Muestra: *M. Saldias et al. 2789* (MO, USZ).
Nota: Identificación por confirmar. Las poblaciones bolivianas son disyuntas de las de Ecuador y pueden ser una nueva especie. *Tartagalia rubra* es un nombre invalido.
Nom. Vern.: Mapajo, nopequirrirr, peqí, pequí blanco.

Eriotheca sclerophylla (Ducke) M. C. Duarte & G.L. Esteves, Novon 22(2): 154. 2012.
Sin.: *Bombax sclerophyllum* Ducke, *Eriotheca macrophylla* subsp. *sclerophylla* (Ducke) A. Robyns
Ref.: Torrico Pardo (1993a), Duarte & Esteves (2012).
Árbol. Nativa. Zonas Bajas. Bosque Húmedo, 500–1000 m.
Dept.: LP.
Muestra: *B.A. Krukoff 10326* (A, F, G, K, MO, NY, S, US).

Fuertesimalva Fryxell, Sida 17(1): 70. 1996.

4 especies, 0 especies endémicas.

Fuertesimalva echinata (C. Presl) Fryxell, Sida 17(1): 72. 1996.
Sin.: *Malva echinata* C. Presl, *Malvastrum shepardae* I.M. Johnst., *Urocarpidium shepardae* (I.M. Johnst.) Krapov., *Urocarpidium echinatum* (C. Presl) Krapov. & Fryxell
Ref.: Foster (1958), Fryxell (1997).
Hierba. Nativa. Andes. Valles Secos, Puna Húmeda, 2000–4000 m.
Dept.: CO, LP.
Muestra: *J.C. Solomon 13315* (LPB, MO).

Fuertesimalva limensis (L.) Fryxell, Sida 17(1): 74. 1996.
Sin.: *Malva limensis* L., *Malvastrum limense* (L.) Ball, *Malvastrum peruvianum* var. *limense* (L.) Baker f., *Urocarpidium limense* (L.) Krapov.
Hierba. Nativa. Andes. Valles Secos, 1000–3500 m.
Dept.: CO, LP.
Muestra: *J.C. Solomon 9853* (LPB, MO).

Fuertesimalva pentacocca (Krapov.) Fryxell, Sida 17(1): 74. 1996.
Sin.: *Urocarpidium pentacoccum* Krapov.
Hierba. Nativa. Altiplano. Puna Húmeda, 4000–4500 m.
Dept.: LP.
Muestra: *J.C. Solomon & R. Chevalier 16618* (CTES, LPB, MO).

Fuertesimalva pentandra (K. Schum.) Fryxell, Sida 17(1): 74. 1996.
Sin.: *Malvastrum pentandrum* K. Schum., *Malvastrum catamarcense* I.M. Johnst., *Urocarpidium pentandrum* (K. Schum.) Krapov.
Hierba. Nativa. Andes. Valles Secos, 1000–3000 m.
Dept.: CH.
Muestra: *J.R.I. Wood 12008* (LPB).

[Fuertesimalva peruviana (L.) Fryxell], Sida 17(1): 74–75. 1996.
Sin.: *Malva peruviana* L., *Malvastrum peruvianum* (L.) A. Gray, *Malva mathewsii* Turcz., *Malveopsis peruviana* (L.) Kuntze, *Malveopsis peruviana* fo. *albiflora* Kuntze, *Malveopsis peruviana* fo. *coerulea* Kuntze, *Urocarpidium mathewsii* (Turcz.) Krapov., *Urocarpidium peruvianum* (L.) Krapov.
Ref.: Foster (1958), Nee (2008).
Nota: El registro se basa en material mal identificado de *F. limensis*.

Gaya Kunth, Nov. Gen. Sp. (quarto ed.) 5: 266. 1821 [1822].

12 especies, 6 especies endémicas.

Gaya albiflora Krapov., Bonplandia (Corrientes) 9(1–2): 67, 69, f. 4A–D. 1996.
Ref.: Krapovickas (1996).
Subarbusto. Endémica. Zonas Bajas, Andes. Bosque Semideciduo Chiquitano, Bosque Seco Chaqueño, Bosque Serrano Chaqueño, 500–1500 m.
Dept.: SC, TA.
Tipo y muestra: *A. Krapovickas & A. Schinini 39028* (HT: CTES; IT: G, LPB, NY, SI, USZ), *M.H. Nee 41614* (LPB, MO, NY).

Gaya bordasii Krapov., Bonplandia (Corrientes) 9(1–2): 71–72, f. 4E–H. 1996.
Ref.: Krapovickas (1996).
Hierba, subarbusto. Nativa. Zonas Bajas. Bosque Semideciduo Chiquitano, 0–500 m.
Dept.: SC.
Muestra: *V.G. Solís Neffa et al. 1871* (CTES, LPB).

Gaya cardenasii Krapov., Bonplandia (Corrientes) 15(3–4): 106, f. 2. 2006.
Hierba. Endémica. Andes. Valles Secos, 2500–3000 m.
Dept.: CO.
Tipo y muestra: *M. Cárdenas 3787* (HT: LIL), *Bracamonte & Mercado 10* (BOLV).

Gaya cruziana Krapov., Bonplandia (Corrientes) 9(1–2): 66–67, f. 3. 1996.
Ref.: Krapovickas (1996), Nee (2008).
Hierba, subarbusto, arbusto. Endémica. Zonas Bajas, Andes. Bosque Semideciduo Chiquitano, Valles Secos, 0–1500 m.
Dept.: SC.
Tipo y muestra: *A. Krapovickas & A. Schinini 36106* (HT: CTES; IT: C, K, LIL, LPB, NY, P, SI, US), *D. Villarroel 389* (CTES, ILLS, K, MO, NY, TEX, USZ).

Gaya gracilipes K. Schum., Fl. Bras. 12(3): 348–349, pl. 64, f. 2. 1891.
Sin.: *Gaya gracilipes* var. *multicarpidiata* Hassl.
Ref.: Foster (1958), Krapovickas (1996), Nee (2008).
Hierba, subarbusto. Nativa. Andes. Valles Secos, 1000–2500 m.
Dept.: LP, SC, TA.
Muestra: *S.G. Beck 22450* (CTES, G, M, US, USZ).

[Gaya grandiflora Baker f.], J. Bot. 30(353): 136. 1892.
Ref.: Foster (1958).
Nota: El registro se basa en material mal identificado. Especie endémica del Ceará en Brasil (fide Krapovickas, 1996).

Gaya meridionalis Hassl., Repert. Spec. Nov. Regni Veg. 7(134/136): 72–73. 1909.
Ref.: Krapovickas (1996).
Hierba. Nativa. Zonas Bajas. Bosque Semideciduo Chiquitano, 0–500 m.
Dept.: SC.
Muestra: *A. Krapovickas 9261* (CTES, LIL).

Gaya parviflora (Phil.) Krapov., Bonplandia (Corrientes) 9(1–2): 82–83. 1996.
Sin.: *Tetraptera parviflora* Phil., *Philippimalva parviflora* (Phil.) Kuntze
Ref.: Foster (1958), Krapovickas (1996), Serrano & Terán (1998 [2000]).
Hierba, subarbusto, arbusto. Nativa. Andes. Valles Secos, 1000–3000 m.
Dept.: CH, CO, LP, SC, TA.
Muestra: *L.R.C. de Michel 48* (CTES, LPB).

Gaya pilocarpa Krapov., Bonplandia (Corrientes) 15(3–4): 106, 108–109, f. 3. 2006.
Hierba. Endémica. Andes. Yungas, Valles Secos, 2000–3000 m.
Dept.: CO, LP.
Tipo y muestra: *S.G. Beck 7434* (HT: LPB; IT: CTES), *S.G. Beck 12125* (CTES, LPB).

Gaya pilosa K. Schum., Fl. Bras. 12(3): 355. 1891.
Ref.: Foster (1958), Krapovickas (1996).
Subarbusto. Nativa. Andes. Yungas, 1000–1500 m.
Dept.: LP.
Muestra: *O. Buchtien 3849* (S, US).

Gaya rubricaulis Rusby, Descr. S. Amer. Pl. 55. 1920.
Ref.: Foster (1958), Krapovickas (1996).
Subarbusto. Endémica. Andes. Yungas, 2000–2500 m.
Dept.: CO.
Tipo: *M. Bang s.n.* (HT: NY).
Nota: Conocida solamente del tipo.

Gaya tarijensis R.E. Fr., Ark. Bot. 6(2): 10–11, pl. 2, f. 6–8. 1906.
Sin.: *Gaya gaudichaudiana* var. *tarijensis* (R.E. Fr.) Hassl.
Ref.: Krapovickas (1996), Serrano & Terán (1998 [2000]), Wood (2005).
Hierba. Nativa. Zonas Bajas, Andes. Bosque Seco Chaqueño, Valles Secos, 0–3000 m.
Dept.: CH, CO, LP, PO, SC, TA.
Tipo y muestra: *R.E. Fries 1133* (HT: S), *S.G. Beck et al. 26169* (CTES, LPB).

Gaya woodii Krapov., Bonplandia (Corrientes) 15(3–4): 112, f. 5. 2006.
Hierba. Endémica. Andes. Valles Secos, 1500–2000 m.
Dept.: CH.
Tipo: *J.R.I. Wood & M. Serrano 13361B* (HT: LPB; IT: CTES).
Nota: Conocida solamente del tipo.

Gossypium L., Sp. Pl. 2: 693. 1753.
1 especie, 0 especies endémicas.

Gossypium barbadense L., Sp. Pl. 2: 693. 1753.
Sin.: *Gossypium vitifolium* Lam., *Gossypium peruvianum* Cav., *Gossypium acuminatum* Roxb. ex G. Don, *Gossypium brasiliense* Macfad., *Gossypium maritimum* Tod., *Gossypium maritimum* var. *polycarpum* Tod., *Hibiscus barbadensis* (L.) Kuntze
Ref.: Foster (1958), Fryxell (1979a), Moraes R. (1990), Michel (1993d), Alverson et al. (2000), Serrano & Terán (1998 [2000]), Nee (2008).
Subarbusto, arbusto. Naturalizada, cultivada. Zonas Bajas, Andes. Bosque Húmedo, Bosque Semideciduo Chiquitano, Sabanas Benianas del Sur, Yungas, Bosque Tucumano-Boliviano, Valles Secos, 0–2000 m.
Dept.: BE, CH, CO, LP, PA, SC, TA.
Muestra: *F. Mamani 719* (MO, NY, TEX, USZ).
Nom. Vern.: Algodón, algodón riñón, bajñá.

Guazuma Mill., Gard. Dict. Abr. (ed. 4) 2: [68]. 1754.
2 especies, 0 especies endémicas.

Guazuma crinita Mart., Flora 20(2): Beibl. 95. 1837.
Sin.: *Guazuma rosea* Poepp.
Ref.: Freytag (1951), Parker & Bailey (1991), Villegas Coimbra (1993b), Alverson et al. (2000).
Árbol. Nativa. Zonas Bajas. Bosque Húmedo, 0–500 m.
Dept.: BE, LP, PA.
Muestra: *G.T. Prance et al. 6115* (NY, US).
Nom. Vern.: Bolaina, uvillo colorado.

Guazuma ulmifolia Lam., Encycl. 3: 52–53. 1789.
Sin.: *Guazuma tomentosa* Kunth, *Guazuma invira* (Willd.) G. Don, *Guazuma utilis* Poepp., *Guazuma ulmifolia* var. *glabra* K. Schum., *Guazuma ulmifolia* var. *tomentosa* (Kunth) K. Schum., *Guazuma guazuma* var. *ulmifolia* (Lam.) Kuntze, *Guazuma coriacea* Rusby
Ref.: Freytag (1951), Foster (1958), Beck (1984), Cristóbal (1989), Parker & Bailey (1991), Villegas Coimbra (1993b), Killeen & Schulenberg (1998), Mostacedo C. & Uslar (1999), Arrázola Rivero et al. (2000), Jardim et al. (2003), Nee (2008).
Árbol. Nativa. Zonas Bajas, Andes. Bosque Húmedo, Bosque Semideciduo Chiquitano, Sabanas Benianas del Sur, Yungas, 0–2000 m.
Dept.: BE, CO, LP, PA, SC.
Muestra: *J.C. Solomon 8912* (LPB, MO, US).
Infra: *Guazuma ulmifolia* var. *ulmifolia*, *Guazuma ulmifolia* var. *tomentella* K. Schum.
Nom. Vern.: Ava ava, coco, cocotillo, coqui, coquillo, coquino, coquito, iridiba, kurundil, locotillo, toco-toco.

Helicteres L., Sp. Pl. 2: 963. 1753.
6 especies, 0 especies endémicas.

[Helicteres baruensis Jacq.], Enum. Syst. Pl. 30. 1760.
Ref.: Foster (1958).
Nota: El registro se basa en material mal identificado.

Helicteres brevispira A. St.-Hil., Fl. Bras. Merid. (quarto ed.) 1(7): 274, pl. 54. 1825 [1828].
Sin.: *Helicteres guanaiensis* Rusby
Ref.: Foster (1958), Killeen & Schulenberg (1998), Cristóbal (2001), Wood et al. (2011).
Arbusto. Nativa. Zonas Bajas, Andes. Bosque Húmedo, Campos Cerrados, Sabanas Benianas del Sur, Yungas, 0–2000 m.
Dept.: BE, LP, SC.
Muestra: *J.C. Solomon 8889* (CTES, LPB, MO, US).

[Helicteres carthagenensis Jacq.], Enum. Syst. Pl. 30. 1760.
Ref.: Killeen & Schulenberg (1998).
Nota: El registro se basa en material mal identificado.

Helicteres gardneriana A. St.-Hil. & Naudin, Ann. Sci. Nat., Bot., sér. 2 18: 212–213. 1842.
Sin.: *Helicteres guazumifolia* var. *gardneriana* (A. St.-Hil. & Naudin) R.E. Fr.
Ref.: Killeen & Schulenberg (1998), Cristóbal (2001), Cristóbal (2007).
Arbusto. Nativa. Zonas Bajas. Bosque Semideciduo Chiquitano, Sabanas Benianas del Sur, 0–500 m.
Dept.: BE, SC.
Muestra: *V.G. Solís Neffa et al. 1195* (CTES, LPB, US).
Nom. Vern.: Chip.

Helicteres guazumifolia Kunth, Nov. Gen. Sp. (quarto ed.) 5: 304. 1821 [1822].
Ref.: Beck (1984), Killeen & Schulenberg (1998), Cristóbal (2001).
Arbusto. Nativa. Zonas Bajas. Bosque Húmedo, Sabanas Benianas del Sur, 0–500 m.
Dept.: BE, SC.
Muestra: *M. Saldias et al. 2753* (MO, US, USZ).

Helicteres lhotzkyana (Schott & Endl.) K. Schum., Fl. Bras. 12(3): 19. 1886.
Sin.: *Orthothecium lhotzkyanum* Schott & Endl., *Helicteres rusbyi* Britton, *Helicteres lhotzkyana* var. *tomentosa* Kuntze, *Helicteres amplifolia* Rusby
Ref.: Foster (1958), Villegas Coimbra (1993b), Cristóbal (1998), Killeen & Schulenberg (1998), Cristóbal (2001), Jardim et al. (2003), Cristóbal (2007), Nee (2008).
Arbusto. Nativa. Zonas Bajas, Andes. Bosque Semideciduo Chiquitano, Sabanas Benianas del Sur, Valles Secos, 0–1500 m.
Dept.: BE, CH, LP, SC, TA.
Muestra: *M. Bang 2648* (C, NY).
Infra: *Helicteres lhotzkyana* var. *lhotzkyana*, *Helicteres lhotzkyana* var. *pubinervis* Kuntze
Nom. Vern.: Canastillas, vovoy.

Helicteres pentandra L., Mant. Pl. 2: 294. 1771.
Ref.: Foster (1958), Killeen & Schulenberg (1998), Cristóbal (2001).
Arbusto. Nativa. Zonas Bajas. Campos Cerrados, Sabanas Benianas del Norte, Campos Amazónicos, 0–500 m.
Dept.: BE, LP, PA, SC.
Muestra: *S.G. Beck & R. Haase 10061* (CTES, LPB, MO, US).
Nom. Vern.: Shushequi.

Helicteres sacarolha A. St.-Hil., A. Juss. & Cambess., Pl. Usuel. Bras. 13: 2–5, pl. 64. 1828.
Ref.: Foster (1958), Cristóbal (2001).
Arbusto. Nativa. Zonas Bajas. Bosque Semideciduo Chiquitano, 0–500 m.
Dept.: SC.
Muestra: *A. Krapovickas 32164* (CTES).

Heliocarpus L., Sp. Pl. 1: 448. 1753.
1 especie, 0 especies endémicas.

Heliocarpus popayanensis Kunth, Nov. Gen. Sp. (quarto ed.) 5: 341. 1821 [1823].
Sin.: *Heliocarpus americanus* var. *popayanensis* (Kunth) K. Schum., *Heliocarpus boliviensis* Hochr., *Heliocarpus popayanensis* var. *grandifolius* Hochr., *Heliocarpus rosei* Hochr., *Heliocarpus stipulatus* Hochr.
Ref.: Foster (1958), Parker & Bailey (1991), Grayum (1993), Michel (1993h), Schulenberg & Awbrey (1997), Killeen & Schulenberg (1998), Dorr (1999), González et al. (1999), Arrázola Rivero et al. (2000), Serrano & Terán (1998 [2000]), Jardim et al. (2003), Nee (2008).
Arbusto, árbol. Nativa. Zonas Bajas, Andes. Bosque Húmedo, Bosque Semideciduo Chiquitano, Campos Amazónicos, Yungas, Bosque Tucumano-Boliviano, 0–2000 m.
Dept.: BE, CH, CO, LP, PA, SC, TA.
Muestra: *D.N. Smith & V. García E. 13730* (LPB, MO).
Nota: Se incluye también dentro de la sinonimia *H. americanus* auct. non L.
Nom. Vern.: Algodoncillo, baboso, balsa pancho, llausa, llausa mora, mhua, pupidi, tilimora, yarisa.

Herissantia Medik., Vorles. Churpfälz. Phys.-Ökon. Ges. 4(1): 244. 1788.
3 especies, 0 especies endémicas.

Herissantia crispa (L.) Brizicky, J. Arnold Arbor. 49(2): 279. 1968.
Sin.: *Sida crispa* L., *Abutilon crispum* (L.) Medik., *Beloere crispa* (L.) Shuttlew. ex A. Gray, *Gayoides crispa* (L.) Small, *Pseudobastardia crispa* (L.) Hassl., *Bogenhardia crispa* (L.) Kearney
Ref.: Foster (1958), Adolfo María (1966), De la Barra (1997), Killeen & Schulenberg (1998), Serrano & Terán (1998 [2000]), Nee (2008).
Hierba. Nativa. Zonas Bajas, Andes. Bosque Húmedo, Bosque Seco Chaqueño, Bosque Serrano Chaqueño, Valles Secos, 0–1500, 2000–3500 m.
Dept.: CH, CO, LP, SC, TA.
Muestra: *R. Guillén V. et al. 1109* (MO, TEX, USZ).

Herissantia intermedia (Hassl.) Krapov., Darwiniana 45(2): 239. 2007.
Sin.: *Abutilon tiubae* fo. *annuum* Hassl., *Abutilon tiubae* fo. *perenne* Hassl., *Abutilon tiubae* var. *parviflorum* Hassl., *Pseudobastardia tiubae* var. *intermedia* Hassl., *Bogenhardia tiubae* fo. *perennis* (Hassl.) Monteiro, *Bogenhardia tiubae* var. *intermedia* (Hassl.) Monteiro, *Bogenhardia tiubae* var. *parviflora* (Hassl.) Monteiro
Hierba, subarbusto. Nativa. Zonas Bajas. Bosque Semideciduo Chiquitano, 0–500 m.
Dept.: SC.
Muestra: *A. Krapovickas & A. Schinini 36633* (CTES, LPB, MO).

Herissantia nemoralis (A. St.-Hil., Juss. & Cambess.) Brizicky, J. Arnold Arbor. 49(2): 279. 1968.
Sin.: *Bastardia nemoralis* A. St.-Hil., Juss. & Cambess., *Bogenhardia nemoralis* (A. St.-Hil., Juss. & Cambess.) H.C. Monteiro
Ref.: Wood et al. (2011).
Subarbusto. Nativa. Zonas Bajas, Andes. Bosque Semideciduo Chiquitano, Yungas, 0–500, 1000–1500 m.
Dept.: LP, SC.
Muestra: *R.I. Meneses 712* (CTES, LPB, NY, US, USZ).

Herrania Goudot, Ann. Sci. Nat., Bot., sér. 3, 2: 230. 1844.
1 especie, 0 especies endémicas.

Herrania nycterodendron R.E. Schult., Caldasia 2(6): 21–24, pl. s.n. [p. 22 & 26]. 1943.
Ref.: Schultes (1958), Parker & Bailey (1991).
Arbolito. Nativa. Zonas Bajas. Sabanas Benianas del Sur, 0–500 m.
Dept.: BE, LP.
Muestra: *S. DeWalt 49* (LPB, MO, US).

Hibiscus L., Sp. Pl. 2: 693. 1753.
20 especies, 5 especies endémicas.

Hibiscus acetosella Welw. ex Hiern, Cat. Afr. Pl. 1: 73. 1896.
Ref.: Krapovickas & Fryxell (2004).
Hierba, subarbusto. Cultivada. Zonas Bajas. Bosque Húmedo, 0–500 m.
Dept.: BE.
Muestra: *I. Guareco 48* (BOLV, CTES, LPB, M, US, USZ).
Nom. Vern.: Jame.

Hibiscus adscensionis Fryxell & Krapov., Novon 14(1): 58–59, f. 1. 2004.
Ref.: Krapovickas & Fryxell (2004).
Arbusto. Endémica. Zonas Bajas. Bosque Húmedo, Bosque Semideciduo Chiquitano, 0–500 m.
Dept.: LP, SC.
Tipo y muestra: *A. Krapovickas & A. Schinini 31722* (HT: CTES; IT: LPB, NY), *G. Bourdy 1479* (CTES, LPB).
Nom. Vern.: Algodón de la pampa, malva lila, yatsi he huapese, sha sha.

Hibiscus benensis Fryxell & Krapov., Novon 14(1): 59, 61, f. 2. 2004.
Ref.: Krapovickas & Fryxell (2004).
Arbusto. Endémica. Zonas Bajas. Sabanas Benianas del Sur, Campos Amazónicos, 0–500 m.
Dept.: BE, LP.
Tipo y muestra: *J.C. Solomon 7717* (HT: MO-3039428; IT: CTES, LPB, NY, NY), *N. Helme & L. Kruger 644A* (CTES, LPB).

Hibiscus bifurcatus Cav., Diss. 3: 146–147, pl. 51, f. 1. 1787.
Ref.: Moraes R. (1990), Fryxell (1992), Killeen & Schulenberg (1998), Krapovickas & Fryxell (2004).
Arbusto. Nativa. Zonas Bajas. Bosque Húmedo, 0–500 m.
Dept.: BE, PA, SC.
Muestra: *B. Mostacedo 2174* (AAU, CTES, F, K, MO, NY, TEX, USZ).

Hibiscus commixtus Fryxell & Krapov., Novon 14(1): 61, f. 3. 2004.
Ref.: Krapovickas & Fryxell (2004).
Arbusto. Endémica. Zonas Bajas. Bosque Húmedo, 0–500 m.
Dept.: LP.
Tipo y muestra: *S.G. Beck & R. Haase 10120* (HT: LPB; IT: BOLV, CTES, CUZ, M, US, USZ), *F. Zenteno & E. Cuevas Escalante 2637* (CTES, LPB).

Hibiscus conceptionis Fryxell & Krapov., Novon 14(1): 61–65, f. 4. 2004.
Ref.: Killeen & Schulenberg (1998), Krapovickas & Fryxell (2004), Wood et al. (2011).
Arbusto. Endémica. Zonas Bajas. Bosque Húmedo, Campos Cerrados, 0–500 m.
Dept.: SC.
Tipo y muestra: *A. Krapovickas & A. Schinini 32114* (HT: CTES; IT: LPB, NY), *L. Arroyo P. & C.J. Roth 2685* (MO, USZ).

Hibiscus ferreirae Fryxell & Krapov., Novon 14(1): 65–66, f. 5. 2004.
Ref.: Killeen & Schulenberg (1998), Krapovickas & Fryxell (2004), Wood et al. (2011).
Arbusto. Nativa. Zonas Bajas. Campos Cerrados, 0–500 m.
Dept.: SC.
Muestra: *M.H. Nee 41493* (CTES, LPB, NY, TEX, WIS).

Hibiscus furcellatus Lam., Encycl. 3(1): 358. 1783.
Sin.: *Hibiscus diodon* DC., *Hibiscus corylifolius* C. Presl, *Hibiscus dominicus* Hochr., *Hibiscus furcellatus* var. *dominicus* (Hochr.) Hassl.
Ref.: Foster (1958), Beck (1984), Fryxell (1992), Killeen & Schulenberg (1998), Krapovickas & Fryxell (2004), Nee (2008).
Hierba, arbusto. Nativa. Zonas Bajas. Bosque Húmedo, Bosque Semideciduo Chiquitano, Campos Cerrados, 0–500 m.
Dept.: BE, LP, SC.
Muestra: *A. Krapovickas & A. Schinini 36413* (CTES, LIL, MBM, MICH, MO, NY).

[Hibiscus kitaibelifolius A. St.-Hil.], Fl. Bras. Merid. (quarto ed.) 1(7): 248, pl. 48. 1825 [1828].
Ref.: Killeen & Schulenberg (1998).
Nota: El registro se basa en material mal identificado de *H. ferreirae*.

Hibiscus laxiflorus A. St.-Hil., Fl. Bras. Merid. (quarto ed.) 1(7): 245. 1825 [1828].
Subarbusto. Nativa. Zonas Bajas. Bosque Húmedo, Sabanas Benianas del Sur, 0–500 m.
Dept.: LP.
Muestra: *A.H. Gentry et al. 70790* (LPB, MO, USZ).

Hibiscus manuripiensis Krapov., Bonplandia (Corrientes) 17(1): 37, 40, f. 3. 2008.
Arbusto. Endémica. Zonas Bajas. Bosque Húmedo, 0–500 m.
Dept.: PA.
Tipo: *N.Y. Paniagua & R.B. Foster 683* (HT: LPB; IT: CTES).
Nota: Conocida solamente del tipo.

Hibiscus mutabilis L., Sp. Pl. 2: 694. 1753.
Sin.: *Hibiscus sinensis* Mill., *Ketmia mutabilis* (L.) Moench, *Hibiscus immutabilis* Dehnh., *Abelmoschus mutabilis* (L.) Wall. ex Hassk., *Hibiscus mutabilis* fo. *plenus* S.Y. Hu
Arbusto. Cultivada. Zonas Bajas, Andes. Bosque Húmedo, Yungas, 0–1500 m.
Dept.: LP.
Muestra: *A. Krapovickas 46757* (CTES, LPB).

Hibiscus paludicola Fryxell & Krapov., Novon 14(1): 67, f. 6. 2004.
Ref.: Krapovickas & Fryxell (2004).
Arbusto. Nativa. Zonas Bajas, Andes. Campos Cerrados, Yungas, 0–500, 1000–1500 m.
Dept.: BE, SC.
Muestra: *R.C. Quevedo et al. 1107* (AAU, CTES, MO, TEX, USZ).

Hibiscus peruvianus R.E. Fr., Kongl. Svenska Vetensk. Acad. Handl., ser. 3, 24(2): 31, pl. 2, f. 11–14. 1947.
Ref.: Fryxell (1992), Krapovickas & Fryxell (2004).
Arbusto. Nativa. Zonas Bajas. Bosque Húmedo, 0–500 m.
Dept.: BE, PA.
Muestra: *G.T. Prance 6209* (CTES, INPA, K, NY).

Hibiscus rosa-sinensis L., Sp. Pl. 2: 694. 1753.
Ref.: Michel (1993d).
Arbusto. Cultivada. Zonas Bajas, Andes. Bosque Húmedo, Sabanas Benianas del Sur, Yungas, Bosque Tucumano-Boliviano, Bosque

Serrano Chaqueño, Valles Secos, 500–3000 m.
Dept.: BE, CO, LP, SC.
Muestra: *S.G. Beck 7011* (CTES, LPB).
Nom. Vern.: Cucarda, pedro segundo, rosa china.

Hibiscus schizopetalus (Dyer) Hook. f., Bot. Mag. 106: pl. 6524. 1880.
Sin.: *Hibiscus rosa-sinensis* var. *schizopetalus* Dyer
Ref.: Michel (1993d).
Árbol. Cultivada. Zonas Bajas, Andes. Bosque Húmedo, Yungas, Bosque Serrano Chaqueño, 0–1500 m.
Dept.: BE, CO, LP, SC.
Muestra: *R.F. Steinbach 403* (MO, US).
Nom. Vern.: Campanilla.

Hibiscus sororius L., Pl. Surin. 12. 1775.
Sin.: *Hibiscus crenatus* Splitg. ex de Vriese
Ref.: Fryxell (1992), Killeen & Schulenberg (1998).
Arbusto. Nativa. Zonas Bajas. Bosque Húmedo, 0–500 m.
Dept.: BE, LP, PA, SC.
Muestra: *T. Killeen & R. Guillén V. 6840* (MO, TEX, USZ).

Hibiscus spathulatus Garcke, Bot. Zeitung (Berlin) 7: 840. 1849.
Sin.: *Hibiscus verbasciformis* Klotzsch ex Hochr.
Arbusto, arbolito. Nativa. Zonas Bajas. Bosque Húmedo, 0–500 m.
Dept.: CO.
Muestra: *J.R.I. Wood 15013* (K, LPB).

Hibiscus striatus Cav., Diss. 3: 146, pl. 54, f. 1. 1787.
Sin.: *Hibiscus domingensis* var. *striatus* (Cav.) Willd., *Hibiscus amoenus* Link & Otto, *Hibiscus lambertianus* Kunth, *Hibiscus cisplatinus* A. St.-Hil., *Hibiscus angustifolius* Hook. & Arn., *Hibiscus linearis* A. St.-Hil. & Naudin
Ref.: Foster (1958), Blanchard (1976).
Arbusto. Nativa. Zonas Bajas. Bosque Semideciduo Chiquitano, Bosque Seco Chaqueño, 0–500 m.
Dept.: BE, SC, TA.
Muestra: *M.A. Lewis 37592* (LPB, MO).
Infra: *Hibiscus striatus* subsp. *striatus*, *Hibiscus striatus* subsp. *lambertianus* (Kunth) O.J. Blanch.

Hibiscus syriacus L., Sp. Pl. 2: 695. 1753.
Sin.: *Ketmia syriaca* (L.) Scop., *Hibiscus rhombifolius* Cav., *Ketmia syrorum* Medik., *Ketmia arborea* Moench, *Hibiscus floridus* Salisb., *Hibiscus acerifolius* Salisb.
Árbol. Cultivada. Zonas Bajas. Bosque Húmedo, 0–500 m.
Dept.: BE.
Muestra: *E. Rivero 179* (CTES, LPB).

Hibiscus tiliaceus L., Sp. Pl. 2: 694. 1753.
Sin.: *Pariti tiliaceum* (L.) A. St.-Hil., *Talipariti tiliaceum* (L.) Fryxell
Ref.: Fryxell (2001).
Subarbusto, árbol. Cultivada. Zonas Bajas, Andes. Bosque Húmedo, Bosque Tucumano-Boliviano, 0–500, 1500–2000 m.
Dept.: SC.
Muestra: *M.H. Nee 36366* (NY, TEX).

Huberodendron Ducke, Arq. Inst. Biol. Veg. 2: 59. 1935.
1 especie, 0 especies endémicas.

Huberodendron swietenioides (Gleason) Ducke, Arq. Inst. Biol. Veg. 2: 72. 1935.
Sin.: *Bernoullia swietenioides* Gleason
Ref.: Parker & Bailey (1991), Torrico Pardo (1993a), Nee (2008).
Árbol. Nativa. Zonas Bajas. Bosque Húmedo, 0–500 m.
Dept.: LP, PA, SC.
Muestra: *T. Killeen et al. 7565* (MO, USZ).

Krapovickasia Fryxell, Brittonia 30(4): 456. 1978.
2 especies, 0 especies endémicas.

Krapovickasia flavescens (Cav.) Fryxell, Brittonia 30(4): 456. 1978.
Sin.: *Sida prostrata* Cav., *Sida flavescens* Cav., *Sida intermedia* A. St.-Hil., *Sida prostrata* var. *flavescens* (Cav.) Baker f., *Physalastrum prostratum* (Cav.) H.C. Monteiro
Ref.: Foster (1958), Wood (2005), Cervantes (2011).
Hierba. Nativa. Andes. Valles Secos, 2000–3000 m.
Dept.: CH, CO, SC, TA.
Muestra: *I.G. Vargas 917* (LPB, USZ).

Krapovickasia macrodon (DC.) Fryxell, Brittonia 30(4): 456. 1978.
Sin.: *Sida macrodon* DC., *Sida cymbalaria* Hochr., *Sida macrodon* var. *cymbalaria* (Hochr.) Hassl., *Physalastrum macrodon* (DC.) H.C. Monteiro
Ref.: Foster (1958), Nee (2008).
Hierba. Nativa. Andes. Yungas, 1500–2000 m.
Dept.: LP, SC.
Muestra: *M. Bang 2164* (GH, MO, US, WIS).

[Krapovickasia urticifolia (A. St.-Hil.) Fryxell], Brittonia 30(4): 457. 1978.
Sin.: *Sida urticifolia* A. St.-Hil., *Physalastrum urticifolium* (A. St.-Hil.) Monteiro
Ref.: Saravia Miranda (1996).
Nota: El registro se basa en material mal identificado de *K. macrodon*.

Luehea Willd., Ges. Naturf. Freunde Berlin Neue Schriften 3: 410. 1801.
10 especies, 3 especies endémicas.

Luehea candicans Mart., Nov. Gen. Sp. Pl. 1: 102. 1826.
Ref.: Burret (1926), Michel (1993d), Jardim et al. (2003), Wood et al. (2011).
Arbusto, árbol. Nativa. Zonas Bajas. Bosque Semideciduo Chiquitano, Bosque Seco Chaqueño, 0–1000 m.
Dept.: BE, LP, SC, TA.
Muestra: *I.G. Vargas 3381* (F, LPB, USZ).
Infra: *Luehea candicans* var. *candicans*
Nom. Vern.: Utobo.

Luehea cymulosa Spruce ex Benth., J. Proc. Linn. Soc., Bot. 5(Suppl. 2): 58–59. 1861.
Sin.: *Luehea tessmannii* Burret
Ref.: Grayum (1993), Michel (1993h), Killeen & Schulenberg (1998), Dorr (1999), Alverson et al. (2000), Dorr & Meijer (2005).
Árbol. Nativa. Zonas Bajas. Bosque Húmedo, Campos Amazónicos, 0–500 m.
Dept.: BE, LP, PA.
Muestra: *J.C. Solomon 6534* (LPB, MO, US).
Nom. Vern.: Bunuta.

[Luehea divaricata Mart.], Nov. Gen. Sp. Pl. 1: 101–102, pl. 63. 1826.
Ref.: Serrano & Terán (1998 [2000]).
Nota: El registro se basa en material mal identificado.

Luehea fiebrigii Burret, Notizbl. Bot. Gart. Berlin–Dahlem 9(88): 829. 1926.
Ref.: Foster (1958), Michel (1993h), Schulenberg & Awbrey (1997), Serrano & Terán (1998 [2000]), Zenteno Ruiz & López (2010).
Árbol. Nativa. Zonas Bajas, Andes. Bosque Semideciduo Chiquitano, Bosque Tucumano-Boliviano, Bosque Serrano Chaqueño, 500–2500 m.
Dept.: CH, SC, TA.
Tipo y muestra: *K. Fiebrig 2684* (HT: B destr.?; fotos: F, US), *J.C. Solomon 9865* (LPB, MO, US).
Nom. Vern.: Blanca flor.

Luehea grandiflora Mart., Nov. Gen. Sp. Pl. 1: 99, t. 61. 1826.
Ref.: Michel (1993d), Killeen & Schulenberg (1998).
Arbusto, arbolito, árbol. Nativa. Zonas Bajas, Andes. Bosque Húmedo, Bosque Semideciduo Chiquitano, Campos Cerrados, Yungas, Bosque Tucumano-Boliviano, 0–1000, 1500–2500 m.
Dept.: CH, LP, SC.
Muestra: *R.C. Quevedo et al. 2717* (MO, USZ).

Luehea herzogiana R.E. Fr., Meded. Rijks-Herb. 19: 41. 1913.
Ref.: Foster (1958), Michel (1993h), Nee (2008), Arroyo Padilla & Villarroel Segarra (2009).
Arbolito. Endémica. Zonas Bajas, Andes. Bosque Semideciduo Chiquitano, Bosque Tucumano-Boliviano, Valles Secos, 500–2000 m.
Dept.: CH, SC.
Tipo y muestra: *T. Herzog 1626* (HT: L), *M.H. Nee 48087* (LPB, MO, NY, US).

[Luehea nobilis Linden & Planch.], Pl. Columb. 52. 1863.
Ref.: Foster (1958), Michel (1993h).
Nota: El registro se basa en material mal identificado. Éste es un sinónimo de *L. candida* que no ocurre en Bolivia.

Luehea paniculata Mart., Nov. Gen. Sp. Pl. 1: 100, pl. 62. 1826.
Sin.: *Luehea parvifolia* Huber
Ref.: Foster (1958), Grayum (1993), Michel (1993h), Jardim et al. (2003), Wood et al. (2011).
Árbol. Nativa. Zonas Bajas, Andes. Bosque Semideciduo Chiquitano, Campos Cerrados, Sabanas Benianas del Sur, Yungas, 0–2500 m.
Dept.: BE, LP, PA, SC.
Muestra: *S.G. Beck 17230* (BOLV, CTES, G, LPB, NY).
Nom. Vern.: Eina pasa (Tacana), utobo, utobo de pampa.

Luehea speciosa Willd., Ges. Naturf. Freunde Berlin Neue Schriften 3: 410, pl. 5. 1801.
Sin.: *Cedrus alternifolia* Mill., *Luehea ferruginea* Turcz., *Luehea tarapotina* J.F. Macbr., *Luehea alternifolia* (Mill.) Mabb.
Ref.: Foster (1958), Grayum (1993), Michel (1993h), González et al. (1999), Nee (2008).
Arbusto, árbol. Nativa. Andes. Yungas, 1000–1500, 2000–3000 m.
Dept.: CO, LP, SC.
Muestra: *M.A. Lewis 40205* (LPB, MO).
Nom. Vern.: Picana negra.

Luehea splendens Rusby, Mem. Torrey Bot. Club 6(1): 12. 1896.
Ref.: Foster (1958), Michel (1993h).
Arbusto, árbol. Endémica. Zonas Bajas, Andes. Bosque Húmedo, Yungas, 0–2000 m.
Dept.: BE, LP.
Tipo y muestra: *M. Bang 1339* (ST: A, E, E, G, GH, GH, GH, K, M, MICH, MO-5664705, NY, NY, NY, PH, US, US, US, US, Z, Z), *J.C. Solomon 7323* (LPB, MO).

Luehea steinbachii Burret, Notizbl. Bot. Gart. Berlin–Dahlem 9(88): 827. 1926.
Ref.: Foster (1958), Michel (1993h), Vargas Caballero et al. (2000), Nee (2008).
Arbusto, arbolito, árbol. Endémica. Andes. Valles Secos, 1500–3000 m.
Dept.: SC.
Tipo y muestra: *J. Steinbach 3748* (HT: B destr.?; IT: F, GH, US; fotos: F ex B), *M.H. Nee et al. 52007* (LPB, MO).
Nom. Vern.: Blanca flor.

Luehea tomentella Rusby, Bull. New York Bot. Gard. 4: 332. 1907.
Ref.: Foster (1958), Michel (1993h).
Arbusto, árbol. Nativa. Zonas Bajas, Andes. Bosque Semideciduo Chiquitano, Bosque Serrano Chaqueño, Valles Secos, 0–500, 1500–2500 m.
Dept.: CO, LP, SC.
Tipo y muestra: *M. Bang 2295* (HT: NY; IT: E, F, G, G, K, K, M, MICH, MO-2328923, MO-1383, PH, US, US; fotos: GH ex F), *I.G. Vargas & C.D. Ayala 2227* (LPB, MO, USZ).
Nota: Quizá sea mejor considerada como un sinónimo de *L. grandiflora*, y puede ser confundida con *L. steinbachii*.

Lueheopsis Burret, Notizbl. Bot. Gart. Berlin–Dahlem 9(88): 838. 1926.
4 especies, 0 especies endémicas.

[Lueheopsis althaeiflora (Spruce ex Benth.) Burret], Notizbl. Bot. Gart. Berlin–Dahlem 9(88): 840. 1926.
Sin.: *Luehea althaeiflora* Spruce ex Benth.
Ref.: Altamirano Azurduy & Ramos de Sousa (2009).
Nota: El registro se basa en material mal identificado. Nativa de la Amazonia colombiana, venezolana y brasilera.

Lueheopsis duckeana Burret, Notizbl. Bot. Gart. Berlin–Dahlem 9(88): 840. 1926.
Sin.: *Lueheopsis violacea* Standl.
Ref.: Michel (1993h), Killeen & Schulenberg (1998).
Árbol. Nativa. Zonas Bajas. Bosque Húmedo, Sabanas Benianas del Sur, 0–500 m.
Dept.: BE, LP, PA, SC.
Muestra: *A. Jardim & L. D'estré 2316* (MO, NY, TEX, US, USZ).
Nom. Vern.: Pitichoco, sámago blanco.

Lueheopsis hoehnei Burret, Notizbl. Bot. Gart. Berlin–Dahlem 9(88): 841. 1926.
Sin.: *Lueheopsis julianii* J.F. Macbr.
Ref.: Killeen & Schulenberg (1998).
Árbol. Nativa. Zonas Bajas. Bosque Húmedo, 0–500 m.
Dept.: PA, SC.
Muestra: *S.G. Beck 20283* (LPB, US).

Lueheopsis rosea (Ducke) Burret, Notizbl. Bot. Gart. Berlin–Dahlem 9(88): 840. 1926.
Sin.: *Luehea rosea* Ducke
Árbol. Nativa. Zonas Bajas. Bosque Húmedo, 0–500 m.
Dept.: PA.
Muestra: *G.T. Prance 8742* (K, LPB, MO, NY, U, US, VEN).

Lueheopsis rugosa (Pulle) Burret, Notizbl. Bot. Gart. Berlin–Dahlem 9: 840. 1927.
Sin.: *Luehea rugosa* Pulle
Ref.: Michel (1993d).
Árbol. Nativa. Zonas Bajas. Bosque Húmedo, 0–500 m.
Dept.: BE, LP, PA, SC.
Muestra: *F.L. Balcázar J. et al. 1820* (LPB, USZ).
Nota: Material esteril.

Malachra L., Syst. Nat. (ed. 12) 2: 450, 458–459. 1767 [1767].
4 especies, 0 especies endémicas.

Malachra capitata (L.) L., Syst. Nat. (ed. 12) 2: 458. 1767.
Sin.: *Sida capitata* L., *Malachra palmata* Moench, *Urena capitata* (L.) M. Gómez
Ref.: Gürke (1892).
Subarbusto. Nativa. Zonas Bajas. Bosque Semideciduo Chiquitano, 0–500 m.
Dept.: SC.
Muestra: *R. Frey et al. 536* (MO, Z).

Malachra fasciata Jacq., Collectanea 2: 352–353. 1788 [1789].
Sin.: *Malachra humilis* Benth.,

Malachra kegeliana Garcke, *Malachra lineariloba* Turcz., *Malachra fasciata* var. *lineariloba* (Turcz.) Gürke, *Malachra alceifolia* var. *fasciata* (Jacq.) A. Robyns
Ref.: Gürke (1892).
Arbusto. Nativa. Zonas Bajas. Sabanas Benianas del Sur, Campos Amazónicos, 0–500 m.
Dept.: BE, SC.
Muestra: *M.H. Nee 41581* (LPB, NY, TEX).

Malachra radiata (L.) L., Syst. Nat. (ed. 12) 2: 459. 1767.
Sin.: *Sida radiata* L., *Malachra bracteata* Cav., *Urena radiata* (L.) M. Gómez
Ref.: Gürke (1892), Foster (1958), Beck (1984).
Arbusto. Nativa. Zonas Bajas. Campos Cerrados, Sabanas Benianas del Sur, 0–500 m.
Dept.: BE, LP, SC.
Muestra: *M.R. Orellana & S.G. Beck 81* (CTES, LPB, M, MO).

Malachra ruderalis Gürke, Fl. Bras. 12(3): 460. 1892.
Sin.: *Malachra poeppigii* Gürke
Ref.: Nee (2008).
Subarbusto, arbusto. Nativa. Zonas Bajas. Sabanas Benianas del Sur, Campos Amazónicos, 0–1000 m.
Dept.: BE, CO, LP, SC.
Muestra: *M.H. Nee 45968* (NY).
Nom. Vern.: Sapuru sasa (Tacana).

Malva L., Sp. Pl. 2: 687. 1753.
6 especies, 0 especies endémicas.

Malva arborea (L.) Webb & Berthel., Hist. Nat. Îles Canaries 3(2, 1): 30. 1836.
Sin.: *Lavatera arborea* L., *Malva dendromorpha* M.F. Ray
Arbusto. Cultivada. Andes. Valles Secos, 2000–2500 m.
Dept.: SC.
Muestra: *I.G. Vargas 219* (LPB, MO, USZ).

Malva assurgentiflora (Kellogg) M.F. Ray, Novon 8(3): 290. 1998.
Sin.: *Lavatera assurgentiflora* Kellogg, *Althaea assurgentiflora* (Kellogg) Kuntze
Arbusto, arbolito. Cultivada. Andes. Valles Secos, 3000–4000 m.
Dept.: LP.
Muestra: *F.R. Fosberg 28576* (TEX).

Malva neglecta Wallr., Syll. Pl. Nov. 1: 140–142. 1824.
Hierba. Adventicia. Andes. Yungas, 3000–3500 m.
Dept.: LP.
Muestra: *S.G. Beck 4593* (CTES, LPB, US).

Malva parviflora L., Demonstr. Pl. 18. 1753.
Ref.: López Vargas (1995), Serrano & Terán (1998 [2000]), Nee (2008).
Hierba. Adventicia. Andes. Yungas, Valles Secos, 1500–4000 m.
Dept.: CH, CO, LP, SC.
Muestra: *I.G. Vargas 391* (MO, USZ).
Nom. Vern.: Malva.

Malva pseudolavatera Webb & Berthel., Hist. Nat. Îles Canaries 3(2,1): 29–30. 1836.
Sin.: *Lavatera cretica* L., *Malva linnaei* M.F. Ray
Ref.: Molero & Montserrat-Marti (2005).
Hierba, arbusto. Cultivada. Andes. Valles Secos, 3500–4000 m.
Dept.: LP.
Muestra: *J.C. Solomon & R. Zeballos 15435* (LPB, MO).

Malva pusilla Sm., Engl. Bot. 4: pl. 241. 1795.
Ref.: Arroyo Padilla & Villarroel Segarra (2009).
Hierba. Cultivada. Andes. Bosque Tucumano-Boliviano, 1000–1500 m.
Dept.: SC.
Muestra: *M. Vargas 40* (K, MO, TEX, USZ).

Malvastrum A. Gray, Mem. Amer. Acad. Arts, n.s. 4(1): 21–22. 1849.
11 especies, 4 especies endémicas.

Malvastrum amblyphyllum R.E. Fr., Ark. Bot. 6(2): 6, pl. 2, f. 9, 10. 1906.
Sin.: *Malvastrum scabrum* var. *amblyphyllum* (R.E. Fr.) Hassl.
Ref.: Foster (1958), Hill (1982a).
Subarbusto. Nativa. Zonas Bajas. Bosque Semideciduo Chiquitano, Bosque Seco Chaqueño, 0–500 m.
Dept.: CH, SC, TA.
Tipo y muestra: *R.E. Fries 1610* (HT: S; IT: S), *M.H. Nee 44633* (MO, NY, TEX).

Malvastrum americanum (L.) Torr., Rep. U.S. Mex. Bound. 2(1): 38. 1859.
Sin.: *Malva americana* L., *Malva ovata* Cav., *Malva macrostachya* C. Presl, *Malvastrum macrostachyum* (C. Presl) Hemsl., *Malveopsis americana* (L.) Kuntze, *Sphaeralcea americana* (L.) Metz
Ref.: Hill (1982a), Nee (2008).
Hierba, subarbusto. Nativa. Zonas Bajas. Bosque Semideciduo Chiquitano, 0–500 m.
Dept.: CO, LP, SC.
Muestra: *R.F. Steinbach 340* (F, GH, MICH, MO, NY, U, UC, US).
Infra: *Malvastrum americanum* var. *americanum*

Malvastrum boyuibeanum Krapov., Bonplandia (Corrientes) 20(1): 65, f. 4. 2011.
Ref.: Krapovickas (2011).
Subarbusto. Endémica. Zonas Bajas. Bosque Seco Chaqueño, 500–1000 m.
Dept.: CH, SC.
Tipo y muestra: *V.G. Solís Neffa et al. 1947* (HT: LPB; IT: CTES, SI), *C. Saravia 2814* (CTES).

Malvastrum coromandelianum (L.) Garcke, Bonplandia (Hannover) 5(18): 295, 297. 1857.
Sin.: *Malva coromandeliana* L., *Malva subhastata* Cav., *Malva tricuspidata* R. Br., *Malvastrum tricuspidatum* (R. Br.) A. Gray, *Malveopsis coromandeliana* (L.) Morong, *Malveopsis coromandeliana* var. *capitatospicata* Kuntze, *Malvastrum coromandelianum* var. *congestum* R.E. Fr., *Malvastrum tricuspidatum* var. *capitatospicatum* (Kuntze) Stuck., *Malvastrum tricuspidatum* var. *congestum* (R.E. Fr.) Stuck.
Ref.: Foster (1958), Hill (1982b), López Vargas (1995), Saravia Miranda (1996), De la Barra (1997), Serrano & Terán (1998 [2000]), Nee (2008), Krapovickas (2011).
Hierba. Nativa. Zonas Bajas, Andes. Bosque Semideciduo Chiquitano, Bosque Serrano Chaqueño, Valles Secos, 0–500, 1000–1500, 2000–3000 m.
Dept.: BE, CH, CO, LP, PA, SC, TA.
Muestra: *R.F. Steinbach 185* (BRIT, MO).
Nom. Vern.: Ismuhuagachi, mawuacachi, monte ismowagachi.

Malvastrum cristobalianum Krapov., Bonplandia (Corrientes) 20(1): 67, f. 5. 2011.
Ref.: Krapovickas (2011).
Arbusto. Nativa. Zonas Bajas. Bosque Seco Chaqueño, 0–500 m.
Dept.: SC.
Muestra: *A.F. Fuentes & G. Navarro 2518* (MO, USZ).

[Malvastrum geranioides (Schltdl. & Cham.) Hemsl.], Biol. Cent.-Amer., Bot. 1(2): 99. 1879.
Sin.: *Malva geranioides* Schltdl. & Cham.
Ref.: Foster (1958).
Nota: El registro se basa en material mal identificado de *Tarasa tenella*.

Malvastrum grandiflorum Krapov., Bol. Soc. Argent. Bot. 15(4): 467, 469, f. 1. 1974.
Ref.: Hill (1982a).
Arbusto. Endémica. Zonas Bajas. Bosque Seco Chaqueño, 0–500 m.
Dept.: SC, TA.
Tipo y muestra: *A. Krapovickas et al. 19300* (HT: CTES; IT: BA, BAA, BAB, BH, F, G, G, GH, K, LIL, LP, NY, NY, P, S, SI, TAES, UC, US), *A. Krapovickas et al. 19307* (CTES).

Malvastrum interruptum K. Schum., Fl. Bras. 12(3): 272. 1891.
Ref.: Hill (1982a), Serrano & Terán (1998 [2000]), Nee (2008).
Hierba, arbusto. Nativa. Andes. Valles Secos, 1500–3000 m.
Dept.: CH, CO, LP, SC, TA.
Muestra: *I.G. Vargas & L. Vargas 1251* (MO, TEX, USZ).
Nom. Vern.: Maguakachi blanco.

Malvastrum ionthacarpum Krapov., Bonplandia (Corrientes) 20(1): 59, f. 1. 2011.
Ref.: Krapovickas (2011).
Hierba. Nativa. Zonas Bajas. Bosque Seco Chaqueño, 0–500 m.
Dept.: SC.
Muestra: *V.G. Solís Neffa 1903* (CTES).

Malvastrum pucarensis Krapov., Bonplandia (Corrientes) 20(1): 61, f. 2. 2011.
Ref.: Krapovickas (2011).
Subarbusto. Endémica. Andes. Valles Secos, 1500–2000 m.
Dept.: SC.
Muestra: *J.R.I. Wood et al. 21800* (LPB).
Nota: Conocida solamente del tipo.

Malvastrum spiciflorum (Hassl.) Krapov., Darwiniana 10(4): 634. 1954.
Sin.: *Malvastrum pentandrum* subsp. *spiciflorum* Hassl.
Ref.: Hill (1982a).
Hierba. Nativa. Andes. Yungas, 2500–3000 m.
Dept.: LP, SC.
Muestra: *J.R. Abbott & A. Jardim 17242* (MO, USZ).

Malvastrum trifidum Krapov., Bonplandia (Corrientes) 20(1): 69, f. 6. 2011.
Ref.: Krapovickas (2011).
Subarbusto. Endémica. Andes. Bosque Serrano Chaqueño, 1000–1500 m.
Dept.: SC.
Tipo: *S.R. Hill et al. 37305* (HT: CTES; IT: ILLS, LPB, MO, USZ).
Nota: Conocida solamente del tipo.

[Malvastrum waltheriifolium (Link) Ulbr.], Repert. Spec. Nov. Regni Veg. 13(378/380): 510. 1915.
Ref.: Foster (1958).
Nota: El registro se basa en material mal identificado de *M. amblyphyllum*.

Malvaviscus Fabr., Enum. 155. 1759.
2 especies, 0 especies endémicas.

Malvaviscus concinnus Kunth, Nov. Gen. Sp. (quarto ed.) 5: 286. 1821 [1822].
Ref.: Turner & Mendenhall (1993).
Arbusto. Nativa. Zonas Bajas. Bosque Húmedo, 500–1000 m.
Dept.: LP.
Muestra: *S.G. Beck 1760* (CTES, LPB, US).
Nota: Identificación tentativa.

Malvaviscus penduliflorus DC., Prodr. 1: 445. 1824.
Sin.: *Malvaviscus arboreus* var. *penduliflorus* (DC.) Schery
Ref.: Turner & Mendenhall (1993), Killeen & Schulenberg (1998).
Arbusto. Cultivada. Zonas Bajas. Bosque Húmedo, 0–500 m.
Dept.: SC.
Muestra: *M.H. Nee 41127* (LPB, NY).
Nota: Identificación tentativa.

Malvella Jaub. & Spach, Ill. Pl. Orient. 5: 47, pl. 444. 1855.
1 especie, 0 especies endémicas.

Malvella leprosa (Ortega) Krapov., Bonplandia (Corrientes) 3(5): 59. 1970.
Sin.: *Malva leprosa* Ortega, *Sida leprosa* (Ortega) K. Schum.
Hierba. Nativa. Andes. Valles Secos, 2500–3000 m.
Dept.: CO.
Muestra: *H.C. Cutler 7386* (US).

Matisia Bonpl., Pl. Aequinoct. 1: 9. 1808 [1805].
3 especies, 0 especies endémicas.

Matisia bicolor Ducke, Arch. Jard. Bot. Rio de Janeiro 3: 210. 1922.
Sin.: *Quararibea bicolor* (Ducke) Cuatrec., *Matisia rhombifolia* Standl. ex Cuatrec., *Quararibea rhombifolia* (Standl. ex Cuatrec.) J.F. Macbr.
Ref.: Cuatrecasas (1954a), Macbride (1956a), Alverson et al. (2000).
Árbol. Nativa. Zonas Bajas. Bosque Húmedo, 0–1000 m.
Dept.: LP, PA.
Muestra: *S. DeWalt et al. 86* (MO, USZ, WIS).

Matisia cordata Bonpl., Pl. Aequinoct. 1: 10–12, pl. 2a, 2b. 1808 [1805].
Sin.: *Quararibea cordata* (Bonpl.) Vischer
Ref.: Parker & Bailey (1991), Torrico Pardo (1993a).
Árbol. Nativa, cultivada. Zonas Bajas. Bosque Húmedo, 0–1000 m.
Dept.: LP.
Muestra: *A.H. Gentry & S. Estenssoro C. 70238* (LPB, MO).

Matisia ochrocalyx K. Schum., Fl. Bras. 12(3): 238–239. 1886.
Sin.: *Quararibea ochrocalyx* (K. Schum.) Vischer
Árbol. Nativa. Zonas Bajas. Bosque Húmedo, 0–500 m.
Dept.: CO, LP, PA.
Muestra: *D.N. Smith et al. 13662* (LPB, MO).
Nom. Vern.: Uvilla, uvilla blanca.

[Matisia putumayensis (Cuatrec.) Cuatrec.], Phytologia 4: 479. 1954.
Ref.: Moraes R. (1990), Torrico Pardo (1993a), Arrázola Rivero et al. (2000).
Nota: El registro se basa en material mal identificado de *M. ochrocalyx*.

Melochia L., Sp. Pl. 2: 774 [674]. 1753.
16 especies, 0 especies endémicas.

Melochia anomala Griseb., Abh. Königl. Ges. Wiss. Göttingen 19: 93. 1874.
Ref.: Fries (1908b), Foster (1958), Goldberg (1967), Cristóbal (1996), Cristóbal (1998), Serrano & Terán (1998 [2000]).
Arbusto. Nativa. Zonas Bajas. Bosque Seco Chaqueño, Sabanas Benianas del Sur, 0–500 m.
Dept.: CH, SC, TA.
Muestra: *L.R.C. de Michel 2498* (CTES, LPB, US).

Melochia arenosa Benth., J. Bot. (Hooker) 4: 127. 1842 [1841].
Ref.: Goldberg (1967), Beck (1984), Killeen & Schulenberg (1998), Cristóbal (2007).
Arbusto. Nativa. Zonas Bajas. Sabanas Benianas del Sur, 0–500 m.
Dept.: BE, SC.
Muestra: *S.G. Beck 3286* (CTES, HBG, LPB, US).

Melochia argentina R.E. Fr., Meded. Rijks-Herb. 19: 42. 1913.
Ref.: Goldberg (1967), Cristóbal (1998), Serrano & Terán (1998 [2000]), Cristóbal (2007), Nee (2008).
Subarbusto, arbusto. Nativa. Zonas Bajas. Bosque Semideciduo Chiquitano,

Bosque Seco Chaqueño, 0–1000 m.
Dept.: BE, CH, SC, TA.
Muestra: *M.H. Nee 34234* (LPB, MO, NY, US).

Melochia canescens Cristóbal, Bonplandia (Corrientes) 9(1–2): 43, 46, f. 1. 1996.
Ref.: Cristóbal (1998), Cristóbal (2007).
Subarbusto. Nativa. Zonas Bajas, Andes. Bosque Seco Chaqueño, Bosque Serrano Chaqueño, 500–1500 m.
Dept.: CH, CO, SC.
Muestra: *C. Saravia et al. 11587* (BAB, CTES, LPB, MO).

Melochia goldbergii Cristóbal, Hickenia 1(40): 219–220, f. A–E. 1980.
Ref.: Cristóbal (1996), Cristóbal (1998), Cristóbal (2007).
Subarbusto. Nativa. Zonas Bajas. Bosque Seco Chaqueño, 0–500 m.
Dept.: SC.
Muestra: *C. Saravia 12050* (CTES).

Melochia graminifolia A. St.-Hil., Fl. Bras. Merid. (quarto ed.) 1(4): 160, pl. 31. 1825.
Ref.: Foster (1958), Goldberg (1967), Killeen & Schulenberg (1998), Cristóbal (2007).
Hierba, subarbusto. Nativa. Zonas Bajas. Sabanas Benianas del Norte, Sabanas Benianas del Sur, Campos Amazónicos, 0–500 m.
Dept.: BE, LP, SC.
Muestra: *S.G. Beck 5062* (CTES, LPB, US, USZ).
Nom. Vern.: Tsicadyes.

Melochia hermannioides A. St.-Hil., Fl. Bras. Merid. (quarto ed.) 1(4): 163, pl. 32. 1825.
Ref.: Goldberg (1967), Cristóbal (1996), Cristóbal (2007).
Subarbusto. Nativa. Andes. Bosque Tucumano-Boliviano, Valles Secos, 2000–2500 m.
Dept.: TA.
Muestra: *K. Fiebrig 2536* (L, S, US).

Melochia melissifolia Benth., J. Bot. (Hooker) 4: 129–130. 1842 [1841].
Ref.: Goldberg (1967).
Arbusto. Nativa. Zonas Bajas. Bosque Húmedo, Sabanas Benianas del Sur, 0–500 m.
Dept.: BE, PA.
Muestra: *S.G. Beck 5444* (CTES, LPB).

Melochia mollis (Kunth) Triana & Planch., Ann. Sci. Nat., Bot., sér. 4, 17: 343. 1862.
Sin.: *Mougeotia mollis* Kunth
Ref.: Goldberg (1967).
Hierba, arbusto. Nativa. Zonas Bajas, Andes. Bosque Húmedo, Yungas, 0–2000 m.
Dept.: BE, LP.
Muestra: *J.L. Luteyn et al. 13506* (BOLV, CTES, LPB, MO, NY, USZ).

[Melochia nodiflora Sw.], Prodr. 97. 1788.
Ref.: Foster (1958).
Nota: El registro se basa en material mal identificado.

Melochia parvifolia Kunth, Nov. Gen. Sp. (quarto ed.) 5: 325–326. 1821 [1823].
Ref.: Goldberg (1967), Killeen & Schulenberg (1998), Cristóbal (2007), Wood et al. (2011).
Arbusto. Nativa. Zonas Bajas. Sabanas Benianas del Sur, 0–500 m.
Dept.: BE, SC.
Muestra: *T.B. Croat et al. 84604* (LPB, MO, US).
Infra: *Melochia parvifolia* var. *fasciculata* (Benth.) Hassl.

Melochia pilosa (Mill.) Fawc. & Rendle, Fl. Jamaica 5: 164. 1926.
Sin.: *Sida pilosa* Mill., *Melochia venosa* Sw., *Melochia polystachya* (Kunth) Triana & Planch., *Melochia venosa* var. *polystachya* (Kunth) K. Schum., *Melochia venosa* var. *sericea* K. Schum.
Ref.: Foster (1958), Goldberg (1967), Killeen & Schulenberg (1998), Cristóbal (2007), Nee (2008).
Hierba, subarbusto. Nativa. Zonas Bajas, Andes. Bosque Húmedo, Bosque Semideciduo Chiquitano, Yungas, 0–500, 1000–2500 m.
Dept.: BE, LP, SC.
Muestra: *J.L. Luteyn & L.J. Dorr 13509* (CTES, LPB, MO, NY, USZ).

Melochia pyramidata L., Sp. Pl. 2: 674 [as 774]–675. 1753.
Sin.: *Melochia pyramidata* var. *flava* Kuntze, *Melochia pyramidata* var. *grisebachii* Kuntze
Ref.: Foster (1958), Goldberg (1967), Killeen & Schulenberg (1998), Serrano & Terán (1998 [2000]), Cristóbal (2007), Nee (2008).
Hierba, subarbusto. Nativa. Zonas Bajas. Bosque Seco Chaqueño, Campos Cerrados, Sabanas Benianas del Sur, 0–500 m.
Dept.: BE, CH, LP, SC, TA.
Muestra: *S.G. Beck 8640* (CTES, LPB, US).
Infra: *Melochia pyramidata* var. *pyramidata*, *Melochia pyramidata* var. *hieronymi* K. Schum.
Nom. Vern.: Gueichi mi.

Melochia simplex A. St.-Hil., Fl. Bras. Merid. (quarto ed.) 1(4): 164. 1825.
Ref.: Goldberg (1967), Cristóbal (2007).
Hierba, subarbusto. Nativa. Zonas Bajas. Bosque Húmedo, 0–500 m.
Dept.: SC.
Muestra: *J. Steinbach 5483* (GH, NY).

Melochia spicata (L.) Fryxell, Syst. Bot. Monogr. 25: 457. 1988.
Sin.: *Malva spicata* L., *Sida villosa* Mill., *Melochia hirsuta* Cav., *Malvastrum spicatum* (L.) A. Gray, *Melochia hirsuta* var. *tomentosa* K. Schum., *Malveopsis spicata* (L.) Kuntze, *Melochia villosa* (Mill.) Fawc. & Rendle, *Melochia villosa* var. *tomentosa* (K. Schum.) Goldberg
Ref.: Foster (1958), Goldberg (1967), Krapovickas & Cristóbal (1997), Killeen & Schulenberg (1998), Wood et al. (2011).
Subarbusto. Nativa. Zonas Bajas. Campos Cerrados, Sabanas Benianas del Sur, Campos Amazónicos, 0–1000 m.
Dept.: BE, LP, SC.
Muestra: *R.C. Quevedo 1030* (CTES, MO, TEX, US, USZ).

Melochia thymifolia (C. Presl) Goldberg, Contr. U.S. Natl. Herb. 34(5): 267, pl. 3. 1967.
Sin.: *Riedlea thymifolia* C. Presl, *Melochia venosa* var. *purpurea* Kuntze, *Melochia yungasensis* Rusby
Ref.: Cristóbal (1998).
Subarbusto. Nativa. Andes. Yungas, Valles Secos, 2000–3000 m.
Dept.: CH, CO, LP.
Muestra: *M. Bang 1977* (NY, US).

Melochia werdermannii Goldberg, Contr. U.S. Natl. Herb. 34(5): 319, pl. 8. 1967.
Ref.: Cristóbal (1996), Cristóbal (2007).
Arbusto. Nativa. Zonas Bajas. Campos Cerrados, 0–500 m.
Dept.: SC.
Tipo y muestra: *E. Werdermann 2606* (HT: S; IT: B, LPB, MO, US frag. ex S), *R. Guillén V. 2727* (MO, TEX, US, USZ).

Modiola Moench, Methodus 619–620. 1794.

1 especie, 0 especies endémicas.

Modiola caroliniana (L.) G. Don, Gen. Hist. 1: 466. 1831.
Sin.: *Malva caroliniana* L., *Malva prostrata* Cav., *Modiola multifida*

Moench, *Malva urticifolia* Kunth, *Malva eriocarpa* DC., *Modiola prostrata* (Cav.) A. St.-Hil., *Modiola reptans* A. St.-Hil., *Modiola eriocarpa* (DC.) G. Don, *Abutilodes carolinianum* (L.) Kuntze, *Modiolastrum jaeggianum* K. Schum.
Ref.: Foster (1958), Adolfo María (1966), Nee (2008), Cervantes (2011).
Hierba. Nativa. Andes. Valles Secos, 1500–3000 m.
Dept.: CH, CO, LP, SC, TA.
Muestra: *M. Bang 953* (GH, MO).
Nom. Vern.: Morkhache.

Modiolastrum K. Schum., Fl. Bras. 12(3): 276. 1891 [1891].

1 especie, 0 especies endémicas.

Modiolastrum malvifolium (Griseb.) K. Schum., Fl. Bras. 12(3): 277. 1891.
Sin.: *Modiola malvifolia* Griseb., *Malvastrum tweedii* Baker f., *Malvastrum modioliforme* (Kuntze) K. Schum., *Malveopsis modioliformis* Kuntze
Hierba. Nativa. Zonas Bajas. Bosque Semideciduo Chiquitano, Bosque Seco Chaqueño, 0–500 m.
Dept.: CO, SC.
Muestra: *F.L. Balcázar J. & Rebara 790* (MO, TEX, USZ).

Mollia Mart., Nov. Gen. Sp. Pl. 1: 96. 1826.

1 especie, 0 especies endémicas.

Mollia lepidota Spruce ex Benth., J. Proc. Linn. Soc., Bot. 5(Suppl. 2): 59. 1861.
Sin.: *Mollia boliviana* Britton, *Capparis bangii* Rusby
Ref.: Michel (1993h), Killeen & Schulenberg (1998), Dorr (1999), Jardim et al. (2003), Nee (2008).
Arbusto, arbolito, árbol. Nativa. Zonas Bajas. Bosque Húmedo, Sabanas Benianas del Sur, 0–1000 m.
Dept.: BE, LP, SC.
Muestra: *M.H. Nee 38712* (LPB, NY, USZ).
Infra: *Mollia lepidota* subsp. *boliviana* (Britton) Meijer
Nom. Vern.: Inaparra, tutumillo.

Nototriche Turcz., Bull. Soc. Imp. Naturalistes Moscou 36(1): 567. 1863.

37 especies, 7 especies endémicas.

Nototriche acuminata A.W. Hill, Trans. Linn. Soc. London, Bot. 7(12): 258. 1909.
Ref.: Hill (1932), Foster (1958).
Hierba. Nativa. Altiplano. Bosque de *Polylepis*, 4000–4500 m.
Dept.: LP.
Muestra: *E. Asplund 3992* (S, UPS).

Nototriche agyna Krapov., Lilloa 28: 273. 1957.
Hierba. Endémica. Altiplano. Puna Seca, 4000–4500 m.
Dept.: OR.
Tipo: *E. Asplund 6051* (HT: US; IT: S).
Nota: Conocida solamente del tipo.

Nototriche anthemidifolia (J. Rémy) A.W. Hill, Bot. Jahrb. Syst. 37(5): 579. 1906.
Sin.: *Sida anthemidifolia* J. Rémy, *Malvastrum anthemidifolium* (J. Rémy) A. Gray, *Nototriche cheilanthifolia* Turcz., *Nototriche discolor* Turcz., *Nototriche pseudoglabra* A.W. Hill, *Nototriche saltensis* A.W. Hill, *Malvastrum hirtipes* Speg., *Nototriche hirtipes* (Speg.) B.L. Burtt & A.W. Hill
Ref.: Hill (1909), Foster (1958).
Hierba. Nativa. Altiplano. Puna Seca, 4000–4500 m.
Dept.: CO, LP, OR, PO.
Tipo y muestra: *d'Orbigny s.n.* (HT: P), *d'Orbigny 1357* (F, G, KW, P).
Infra: *Nototriche anthemidifolia* var. *sericea* A.W. Hill

Nototriche argylloides A.W. Hill, Trans. Linn. Soc. London, Bot. 7(12): 245. 1909.
Ref.: Hill (1932), Foster (1958).
Hierba. Nativa. Altiplano. Bosque de *Polylepis*, 4000–4500 m.
Dept.: LP.
Muestra: *E. Asplund 2694* (S, UPS).

Nototriche auricoma A.W. Hill, Bot. Jahrb. Syst. 37(5): 579. 1906.
Ref.: Ministerio de Medio Ambiente y Agua (2012 [2013]).
Hierba. Nativa. Altiplano. Puna Seca, 4000–5000 m.
Dept.: OR, PO.
Muestra: *S.G. Beck 32468* (CTES, LPB).

Nototriche borussica (Meyen) A.W. Hill, Bot. Jahrb. Syst. 37(5): 579. 1906.
Sin.: *Sida borussica* Meyen, *Malvastrum borussicum* (Meyen) Wedd.
Ref.: Marticorena & Quezada (1985), Krapovickas (2008).
Hierba. Nativa. Altiplano. Puna Húmeda, 4500–5000 m.
Dept.: LP.
Muestra: *R.I. Meneses 4417* (LPB).

Nototriche cinerea A.W. Hill, Trans. Linn. Soc. London, Bot. 7(12): 257. 1909.
Ref.: Foster (1958).
Hierba. Endémica. Región, tipo de vegetación y elevación desconocidas.
Dept.: Bolivia.
Tipo: *M. Bang 1964* p.p. (ST: B, K).
Nota: Conocida solamente del tipo.

Nototriche coactilis A.W. Hill, Bull. Misc. Inform. Kew 1932: 78. 1932.
Ref.: Foster (1958), Ministerio de Medio Ambiente y Agua (2012 [2013]).
Hierba. Endémica. Altiplano. Puna Seca, 4500–5000 m.
Dept.: OR.
Tipo: *E. Asplund 3347* (HT: S; IT: K frag. & illustr.).
Nota: Conocida solamente del tipo.

Nototriche flabellata (Wedd.) A.W. Hill, Trans. Linn. Soc. London, Bot. 7(12): 222, pl. 30, f. 14. 1909.
Sin.: *Malvastrum flabellatum* Wedd.
Ref.: Foster (1958).
Hierba. Nativa. Altiplano. Puna Húmeda, 4000–5000 m.
Dept.: CO, LP.
Tipo y muestra: *d'Orbigny 332* (ST: P), *J.C. Solomon et al. 11785* (CTES, LPB, MO).
Nota: Tres sintipos.

Nototriche glauca A.W. Hill, Bot. Jahrb. Syst. 37(5): 586. 1906.
Ref.: Hill (1909), Foster (1958).
Hierba. Nativa. Altiplano. Puna Seca, 3500–4500 m.
Dept.: TA.
Tipo y muestra: *K. Fiebrig 3186* (HT: B destr.?; IT: G, GH, GH, S, US; fotos: F ex B), *R. Ehrich 208* (LPB).

Nototriche hillii Krapov., Bol. Soc. Argent. Bot. 4: 114. 1951.
Ref.: Ministerio de Medio Ambiente y Agua (2012 [2013]).
Hierba. Nativa. Altiplano. Puna Seca, 4000–5000 m.
Dept.: OR, PO.
Muestra: *M. Liberman 187* (LPB).

Nototriche lanata A.W. Hill, Trans. Linn. Soc. London, Bot. 7(12): 229, pl. 29, f. 18. 1909.
Ref.: Foster (1958).
Hierba. Nativa. Altiplano. Puna Húmeda, 4000–4500 m.
Dept.: LP.
Tipo y muestra: *A.W. Hill 84* (HT: K; fotos: K), *X. Menhofer 1785* (LPB).

Nototriche leucosphaera A.W. Hill, Bull. Misc. Inform. Kew 1932: 78. 1932.
Ref.: Foster (1958).
Hierba. Nativa. Altiplano. Bosque de *Polylepis*, 4000–4500 m.
Dept.: LP.
Tipo y muestra: *E. Asplund 2782* (HT: K; IT: S, US), *E. Asplund 2783* (K, S, US).

Nototriche longirostris (Wedd.) A.W. Hill, Bot. Jahrb. Syst. 37(5): 579. 1906.
Sin.: *Malvastrum longirostre* Wedd., *Nototriche aristata* Hill
Ref.: Hill (1909), Foster (1958).
Hierba. Nativa. Andes, Altiplano. Yungas, Puna Húmeda, 3000–5000 m.
Dept.: CO, LP.
Tipo y muestra: *G. Mandon 795* (HT: P; IT: G, K), *J.C. Solomon 13029* (LPB, MO).

Nototriche longissima A.W. Hill, Bot. Jahrb. Syst. 37(5): 586. 1906.
Hierba. Nativa. Altiplano. Puna Húmeda, 4500–5000 m.
Dept.: LP.
Muestra: *J.C. Solomon 13188* (MO).

Nototriche mandoniana (Wedd.) A.W. Hill, Bot. Jahrb. Syst. 37(5): 579. 1906.
Sin.: *Malvastrum mandonianum* Wedd.
Ref.: Hill (1909), Foster (1958).
Hierba. Nativa. Altiplano. Puna Húmeda, 3500–5000 m.
Dept.: LP.
Tipo y muestra: *G. Mandon 797* p.p. (ST: B destr.?, G, GH, K, MPU, MPU, MPU, NY, NY, P, S), *G. Mandon 797* p.p. (B, G, GH, K, MPU, NY, P, S).

Nototriche meyenii Ulbr., Bot. Jahrb. Syst. 42(1): 120. 1908.
Ref.: Hill (1909).
Hierba. Nativa. Altiplano. Puna Seca, Bosque de *Polylepis*, 4500–5000 m.
Dept.: OR.
Muestra: *A. Stübel 108* p.p. (B, K).

Nototriche nivea A.W. Hill, Bull. Misc. Inform. Kew 1932: 79. 1932.
Ref.: Foster (1958).
Hierba. Endémica. Altiplano. Bosque de *Polylepis*, 4500–5000 m.
Dept.: OR.
Tipo: *E. Asplund 3965* (HT: K; IT: S).
Nota: Conocida solamente del tipo.

Nototriche obcuneata (Baker f.) A.W. Hill, Bot. Jahrb. Syst. 37(5): 579. 1906.
Sin.: *Malvastrum lobulatum* Wedd. ex Mandon, *Malvastrum obcuneatum* Baker f., *Nototriche bicolor* Pax
Ref.: Hill (1909), Foster (1958).
Hierba. Nativa. Altiplano. Puna Húmeda, Puna Seca, 4500–5000 m.
Dept.: LP, OR.
Tipo y muestra: *G. Mandon 799* (HT: BM; IT: GH, NY, P; T: NY), *J.C. Solomon 15859* (LPB, MO).
Infra: *Nototriche obcuneata* var. *cinerea* A.W. Hill

Nototriche orbignyana (Wedd.) A.W. Hill, Bot. Jahrb. Syst. 37(5): 579. 1906.
Sin.: *Malvastrum orbignyanum* Wedd.
Ref.: Hill (1909), Foster (1958).
Hierba. Nativa. Altiplano. Puna Seca, 4500–5000 m.
Dept.: PO.
Tipo y muestra: *d'Orbigny 1351* (HT: P; fotos: F ex P), *G. Mandon 800* (K, P).

Nototriche parviflora A.W. Hill, Bot. Jahrb. Syst. 37(5): 579. 1906.
Hierba. Nativa. Altiplano. Puna Seca, 4000–5000 m.
Dept.: PO.
Muestra: *M. Liberman 187A* (LPB).

Nototriche pearcei (Baker f.) A.W. Hill, Bot. Jahrb. Syst. 37(5): 579. 1906.
Sin.: *Malvastrum pearcei* Baker f.
Ref.: Hill (1909), Foster (1958).
Hierba. Nativa. Altiplano. Puna Seca, 4000–4500 m.
Dept.: LP.
Tipo: *R.W. Pearce s.n.* (HT: K destr.?).
Nota: Conocida en Bolivia solamente del tipo. Originalmente basada en dos sintipos de los cuales K-000528310 posteriormente fue identificado como *N. purpurascens* por Hill (1909).

Nototriche pedicularifolia (Meyen) A.W. Hill, Bot. Jahrb. Syst. 37(5): 579. 1906.
Sin.: *Sida pedicularifolia* Meyen, *Malvastrum pedicularifolium* (Meyen) A. Gray, *Nototriche incana* Turcz., *Malveopsis pedicularifolia* (Meyen) Kuntze
Ref.: Hill (1909), Hill (1932), Foster (1958).
Hierba. Nativa. Altiplano. Puna Húmeda, Puna Seca, 4000–5000 m.
Dept.: CO, LP, OR, PO.
Muestra: *J.C. Solomon 13190* (LPB, MO).

Nototriche pellicea Hill, Kew Bull. 133. 1948.
Ref.: Brako & Zarucchi (1993).
Hierba. Nativa. Altiplano. Puna Húmeda, 4500–5000 m.
Dept.: LP.
Muestra: *R.I. Meneses 4550* (LPB).

Nototriche polygama Krapov., Lilloa 28: 276. 1957.
Hierba. Endémica. Altiplano. Puna Seca, 4000–5000 m.
Dept.: PO.
Tipo y muestra: *M. Cárdenas 331* (HT: US), *R.A. Peterson & J.P.K. Hjerting 1039* (no localizada).

Nototriche pulverulenta B.L. Burtt & A.W. Hill, Kew Bull. 1948: 135. 1948.
Ref.: Foster (1958).
Hierba. Nativa. Altiplano. Puna Seca, 4000–5000 m.
Dept.: OR, PO.
Tipo y muestra: *C. Troll 3213* (PT: K, L), *S.G. Beck 22359* (LPB).

Nototriche pulvinata A.W. Hill, Bull. Misc. Inform. Kew 1928: 18–19. 1928.
Ref.: Ministerio de Medio Ambiente y Agua (2012 [2013]).
Hierba. Nativa. Altiplano. Puna Seca, 4000–5000 m.
Dept.: PO.
Muestra: *M. Liberman 197* (LPB).

Nototriche purpurascens A.W. Hill, Trans. Linn. Soc. London, Bot. 7(12): 249, pl. 29, f. 11. 1909.
Ref.: Hill (1909), Foster (1958).
Hierba. Nativa. Altiplano. Puna Húmeda, Puna Seca, 4000–5000 m.
Dept.: LP.
Tipo y muestra: *G. Mandon 797* p.p. (ST: K, P), *J.C. Solomon 5015* (MO).
Nota: Cuatro sintipos.

Nototriche pusilla A.W. Hill, Bot. Jahrb. Syst. 37(5): 587. 1906.
Ref.: Hill (1909).
Hierba. Nativa. Altiplano. Puna Húmeda, 4000–4500 m.
Dept.: LP.
Muestra: *X. Menhofer 1094* (LPB).

Nototriche pygmaea (J. Rémy) A.W. Hill, Trans. Linn. Soc. London, Bot. 7(12): 218, pl. 29, f. 22–24; pl. 30, f. 30. 1909.
Sin.: *Sida pygmaea* J. Rémy, *Malvastrum pygmaeum* (J. Rémy) Baker f.
Ref.: Foster (1958).
Hierba. Nativa. Altiplano. Puna Húmeda, Puna Seca, 4000–5000 m.
Dept.: LP, PO.
Tipo y muestra: *d'Orbigny 1359* (HT: P; fotos: F ex P), *E. Asplund 2944* (S).

Nototriche rugosa (Phil.) A.W. Hill, Bot. Jahrb. Syst. 37(5): 579. 1906.
Sin.: *Malvastrum rugosum* Phil.,

Malvastrum pediculariifolium var. *rugosum* (Phil.) Reiche
Ref.: Marticorena & Quezada (1985), Brako & Zarucchi (1993), Krapovickas (2008).
Hierba. Nativa. Altiplano. Puna Húmeda, 4000–4500 m.
Dept.: OR.
Muestra: *S.G. Beck 30643* (LPB).

Nototriche sajamensis (Hieron.) A.W. Hill, Bot. Jahrb. Syst. 37(5): 579. 1906.
Sin.: *Malvastrum sajamense* Hieron.
Ref.: Hill (1909), Hill (1932), Foster (1958).
Hierba. Nativa. Altiplano. Puna Húmeda, Puna Seca, 4000–5000 m.
Dept.: LP, OR.
Tipo y muestra: *A. Stübel 5* (T: B), *E. Asplund 4462* (UPS).

Nototriche stipularis (Phil.) A.E. Martic., Gayana, Bot. 54(2): 196. 1997 [1998].
Sin.: *Malvastrum stipulare* Phil.
Hierba. Nativa. Altiplano. Puna Seca, 4000–5000 m.
Dept.: PO.
Muestra: *M. Liberman 187B* (LPB).

Nototriche sulphurea A.W. Hill, Bot. Jahrb. Syst. 37(5): 583. 1906.
Hierba. Nativa. Altiplano. Puna Húmeda, 4000–5000 m.
Dept.: LP.
Muestra: *X. Menhofer 1999* (LPB).

Nototriche trolli Ulbr., Notizbl. Bot. Gart. Berlin–Dahlem 11(107): 532. 1932.
Ref.: Foster (1958), Ministerio de Medio Ambiente y Agua (2012 [2013]).
Hierba. Endémica. Altiplano. Puna Seca, 4500–5000 m.
Dept.: PO.
Tipo: *C. Troll 2984* (HT: B destr.?; IT: K frag., M).
Nota: Conocida solamente del tipo.

Nototriche turritella A.W. Hill, Trans. Linn. Soc. London, Bot. 7(12): 241. 1909.
Sin.: *Nototriche candaravica* Ulbr.
Hierba. Nativa. Altiplano. Puna Seca, 4000–5000 m.
Dept.: OR.
Muestra: *S.G. Beck et al. 31158* (CTES, LPB).

Nototriche violacea A.W. Hill, Bull. Misc. Inform. Kew 1932: 79. 1932.
Ref.: Foster (1958).
Hierba. Endémica. Altiplano. Puna Seca, 4000–4500 m.
Dept.: LP.
Tipo: *E. Asplund 2373* (T: K, S, US).
Nota: Conocida solamente del tipo.

Ochroma Sw., Prodr. 6, 97. 1788.
1 especie, 0 especies endémicas.

Ochroma pyramidale (Cav. ex Lam.) Urb., Repert. Spec. Nov. Regni Veg. Beih. 5: 123. 1920.
Sin.: *Bombax pyramidale* Cav. ex Lam., *Ochroma lagopus* Sw., *Ochroma bolivianum* Rowlee
Ref.: Foster (1958), Moraes R. (1990), Parker & Bailey (1991), Torrico Pardo (1993a), Killeen & Schulenberg (1998), Alverson et al. (2000), Arrázola Rivero et al. (2000), Nee (2008).
Árbol. Nativa. Zonas Bajas. Bosque Húmedo, 0–1000 m.
Dept.: BE, CO, LP, PA, SC.
Muestra: *D.N. Smith et al. 13582* (LPB, MO).
Nom. Vern.: Balsa, balsa mora, caore, mapajo, palo balsa, perea.

Pachira Aubl., Hist. Pl. Guiane 2: 725–726, pl. 291–292. 1775.
5 especies, 1 especie endémica.

Pachira aquatica Aubl., Hist. Pl. Guiane 2: 726–727, pl. 291–292. 1775.
Sin.: *Bombax aquaticum* (Aubl.) K. Schum.
Ref.: Robyns (1963b), Torrico Pardo (1993a), Killeen & Schulenberg (1998).
Árbol. Nativa. Zonas Bajas. Bosque Húmedo, 0–500 m.
Dept.: PA.
Muestra: *S.G. Beck 19667* (LPB).

Pachira insignis (Sw.) Sw. ex Savigny, Encycl. 4: 690. 1798.
Sin.: *Carolinea insignis* Sw.
Ref.: Robyns (1963b), Torrico Pardo (1993a), Killeen & Schulenberg (1998), Nee (2008).
Árbol. Nativa. Zonas Bajas. Bosque Húmedo, 0–1000 m.
Dept.: CO, LP, PA, SC.
Muestra: *G.T. Prance et al. 8669* (INPA, K, MO, NY, US).
Nom. Vern.: Huevo de toro, porotillo.

Pachira nitida Kunth, Nov. Gen. Sp. (quarto ed.) 5: 302. 1821 [1822].
Sin.: *Rhodognaphalopsis nitida* (Kunth) A. Robyns, *Pochota nitida* (Kunth) Steyerm. & W.D. Stevens
Ref.: Robyns (1963b), Killeen & Schulenberg (1998).
Árbol. Nativa. Zonas Bajas. Bosque Húmedo, 0–500 m.
Dept.: SC.
Muestra: *R. Guillén V. & P. Solíz 3838* (MO, USZ).

Pachira paraensis (Ducke) W.S. Alverson, Novon 4(1): 7. 1994.
Sin.: *Bombax paraense* Ducke, *Bombacopsis paraensis* (Ducke) A. Robyns
Ref.: Ducke (1925), Robyns (1963b).
Árbol. Nativa. Zonas Bajas. Bosque Húmedo, 0–500 m.
Dept.: PA, SC.
Muestra: *M. Saldias et al. 3001* (F, LPB, MO, NY, USZ, WIS).
Nota: Identificación tentativa.

Pachira rurrenabaqueana (Rusby) Fern. Alonso, Revista Acad. Colomb. Ci. Exact. 27(102): 36. 2003.
Sin.: *Bombacopsis rurrenabaqueana* (Rusby) Robyns, *Bombax rurrenabaqueanum* Rusby
Ref.: Robyns (1963b), Torrico Pardo (1993a).
Árbol. Endémica. Zonas Bajas. Bosque Húmedo, 0–1000 m.
Dept.: BE, LP, PA, SC.
Tipo y muestra: *H.H. Rusby 1571* (HT: NY; IT: K), *D.N. Smith & V. García E. 13791* (LPB, MO).
Nota: Especímenes identificados previamente como *P. aquatica* parecen corresponder con esta especie.

Pavonia Cav., Diss. 2: [App]. 1786.
46 especies, 6 especies endémicas.
Nota: El género es aparentemente parafilético y ubicado dentro de *Hibiscus* s.l.

Pavonia angustifolia Benth., J. Bot. (Hooker) 4: 119. 1842 [1841].
Sin.: *Malache angustifolia* (Benth.) Kuntze, *Hibiscus rhomboideus* Rusby
Ref.: Foster (1958), Killeen & Schulenberg (1998), Fryxell (1999), Wood et al. (2011).
Hierba, subarbusto. Nativa. Zonas Bajas. Campos Cerrados, Sabanas Benianas del Sur, 0–500 m.
Dept.: BE, LP, SC.
Muestra: *R. Guillén V. & S. Coria 1561* (MO, TEX).

Pavonia apiculata R.E. Fr., Kongl. Svenska Vetensk. Acad. Handl., n.s. 42(12): 45. 1908.
Sin.: *Asterochlaena hieronymi* var. *apiculata* (R.E. Fr.) Hassl.
Ref.: Fryxell (1999).
Subarbusto. Nativa. Zonas Bajas. Bosque Semideciduo Chiquitano, 0–500 m.

Dept.: SC, TA.
Muestra: *A. Jardim 1892* (MO, USZ).

Pavonia argentina Gürke, Fl. Bras. 12(3): 508. 1892.
Sin.: *Lassa argentina* (Gürke) Kuntze, *Pavonia campestris* R.E. Fr., *Asterochlaena sidifolia* var. *campestris* (R.E. Fr.) Hassl., *Asterochlaena argentina* (Gürke) Stuck. ex Seckt, *Pavonia bangii* Ulbr.
Ref.: Foster (1958), Fryxell (1999), Wood et al. (2011).
Arbusto. Nativa. Andes. Yungas, Bosque Tucumano-Boliviano, 1500–2500 m.
Dept.: BE, CH, CO, TA.
Tipo y muestra: *G. Mandon 811* (LT: NY; ILT: CTES, F, G, G, GH, MO-1991445, NY, S), *A. Krapovickas & A. Schinini 39217* (CTES, G, LPB, NY, UC).

Pavonia biflora Fryxell, Phytologia 37(4): 295–296, f. 8. 1977.
Ref.: Fryxell (1999).
Arbusto. Nativa. Zonas Bajas. Bosque Semideciduo Chiquitano, Campos Cerrados, 0–500 m.
Dept.: SC.
Muestra: *A. Krapovickas & A. Schinini 36433* (CTES, LPB, MO, TEX).

[Pavonia boliviana Fryxell ex T. Killeen & Schulenberg], RAP Working Papers 10: 266. 1998.
Ref.: Killeen & Schulenberg (1998).
Nota: El registro se basa en material mal identificado de *P. windischii*. El nombre *P. boliviana* nunca se publicó.

Pavonia cancellata (L.) Cav., Diss. 3: 135. 1787.
Sin.: *Hibiscus cancellatus* L., *Malache cancellata* (L.) Kuntze
Ref.: Fryxell (1999), Wood et al. (2011).
Hierba. Nativa. Zonas Bajas. Campos Cerrados, 0–500 m.
Dept.: SC.
Muestra: *A. Krapovickas & A. Schinini 36364* (CTES, MICH, NY).

Pavonia castaneifolia A. St.-Hil. & Naudin, Ann. Sci. Nat., Bot., sér. 2 18: 44. 1842.
Sin.: *Malache castaneifolia* (A. St.-Hil. & Naudin) Kuntze, *Typhalea castaneifolia* (A. St.-Hil. & Naudin) Britton ex R.O. Williams & Cheesman
Ref.: Killeen & Schulenberg (1998), Fryxell (1999).
Hierba, subarbusto. Nativa. Zonas Bajas. Bosque Húmedo, 0–500 m.
Dept.: BE, CO, LP, SC.
Muestra: *D.N. Smith et al. 12972* (LPB, MO, NY).

Pavonia chiquitensis J.R.I. Wood, Kew Bull. 68: 1–2. 2013.
Subarbusto. Endémica. Zonas Bajas. Bosque Semideciduo Chiquitano, 500–1000 m.
Dept.: SC.
Tipo y muestra: *J.R.I. Wood 17996* (HT: USZ; IT: K, LPB), *J.R.I. Wood & A. Haigh 21926* (K, LPB, USZ).

Pavonia communis A. St.-Hil., Fl. Bras. Merid. (quarto ed.) 1(6): 224. 1825 [1827].
Sin.: *Pavonia spinifex* subsp. *communis* (A. St.-Hil.) Gürke, *Pavonia canaminensis* Rusby
Ref.: Foster (1958), Fryxell (1999), Nee (2008).
Subarbusto, arbusto. Nativa. Zonas Bajas, Andes. Bosque Húmedo, Yungas, Bosque Tucumano-Boliviano, 0–2500 m.
Dept.: CH, LP, SC, TA.
Muestra: *J. Steinbach 8407* (A, E, GH, K, MO, NY, PH, S, U).
Nom. Vern.: Maguachjachi amarillo.

Pavonia corymbosa (Sw.) Willd., Sp. Pl. 3(1): 836. 1800 [1801].
Sin.: *Althaea corymbosa* Sw.
Ref.: Fryxell (1999).
Arbusto. Nativa. Zonas Bajas. Bosque Semideciduo Chiquitano, 0–500 m.
Dept.: SC.
Muestra: *I.G. Vargas 642* (LPB, MO, NY, TEX, USZ).

[Pavonia cryptica Krapov. & Cristóbal], Lilloa 31: 41. 1962.
Ref.: Fryxell (1999).
Nota: El registro se basa en material mal identificado de *P. hastata*.

Pavonia eurychlamys Ulbr., Repert. Spec. Nov. Regni Veg. 13(378/380): 514. 1915.
Ref.: Schulenberg & Awbrey (1997), Fryxell (1999), Serrano & Terán (1998 [2000]).
Arbusto. Nativa. Andes. Bosque Serrano Chaqueño, 1500–2000 m.
Dept.: CH, TA.
Muestra: *A. Krapovickas & A. Schinini 38835* (CTES, LPB, NY).

Pavonia filiformis J.R.I. Wood, Kew Bull. 68: 2. 2013.
Arbusto. Endémica. Zonas Bajas. Bosque Semideciduo Chiquitano, 500–1000 m.
Dept.: SC.
Tipo: *J.R.I. Wood et al. 25630* (HT: USZ; IT: K, LPB, UB).
Nota: Conocida solamente del tipo.

Pavonia formosa Fryxell, Fl. Neotrop. 76: 209–210, f. 76. 1999.
Ref.: Nee (2008).
Hierba, subarbusto, arbusto. Nativa. Zonas Bajas, Andes. Yungas, Bosque Tucumano-Boliviano, Bosque Serrano Chaqueño, 500–2000 m.
Dept.: SC, TA.
Tipo y muestra: *A. Krapovickas & A. Schinini 39069* (HT: NY; IT: CTES, F, MICH, UC), *M.H. Nee 47664* (NY).

Pavonia friesii Krapov., Trab. 26 Congr. Nac. Bot. Rio de Janeiro 318. 1977.
Ref.: Fryxell (1999).
Arbusto. Nativa. Andes. Valles Secos, 1500–2000 m.
Dept.: CH, CO.
Muestra: *W.M.A. Brooke 5756* (LL, NY).
Nota: Los registros bolivianos son geográficamente problemáticos.

Pavonia fruticosa (Mill.) Fawc. & Rendle, Fl. Jamaica 5: 130. 1926.
Sin.: *Sida fruticosa* Mill., *Urena typhalea* L., *Pavonia typhalea* (L.) Cav., *Pavonia typhaleoides* Kunth, *Lassa fruticosa* (Mill.) Kuntze, *Typhalea fruticosa* (Mill.) Britton
Ref.: Foster (1958), Fryxell (1999), Nee (2008).
Hierba, subarbusto, arbusto. Nativa. Zonas Bajas, Andes. Bosque Húmedo, Yungas, 0–2000 m.
Dept.: BE, CO, LP, PA, SC.
Muestra: *H.H. Rusby 1487* (GH, NY, PH, TEX, US).
Nom. Vern.: Pega pega, patsire 'yocdyi'.

Pavonia garckeana Gürke, Fl. Bras. 12(3): 496. 1892.
Sin.: *Goethea garckeana* (Gürke) Garcke
Ref.: Fryxell (1999), Wood et al. (2011).
Arbusto. Nativa. Zonas Bajas. Campos Cerrados, Sabanas Benianas del Sur, 0–1000 m.
Dept.: SC.
Muestra: *A. Krapovickas & A. Schinini 32265* (C, CTES, F, G, MBM, MICH, MO, NY, SI).

Pavonia glechomoides A. St.-Hil., Fl. Bras. Merid. (quarto ed.) 1(6): 227, pl. 45. 1825 [1827].
Sin.: *Pavonia hirta* Spreng., *Malache glechomoides* (A. St.-Hil.) Kuntze, *Lassa glechomoides* (A. St.-Hil.) Kuntze
Ref.: Foster (1958), Fryxell (1999), Serrano & Terán (1998 [2000]), Wood (2005), Nee (2008).
Hierba. Nativa. Andes. Yungas, Bosque Tucumano-Boliviano, 2000–2500 m.
Dept.: CH, CO, SC, TA.
Muestra: *J.C. Solomon 10201* (MO).

Pavonia gracilis R.E. Fr., Kongl. Svenska Vetensk. Acad. Handl., ser. 3, 24(2): 27. 1947.
Ref.: Fryxell (1999).
Subarbusto. Nativa. Zonas Bajas, Andes. Bosque Húmedo, Bosque Semideciduo Chiquitano, Yungas, 0–2500 m.
Dept.: BE, CO, SC.
Muestra: *M.H. Nee 38930* (LPB, MO, NY, TEX).

Pavonia hastata Cav., Diss. 3: 138, pl. 47, f. 2. 1787.
Sin.: *Sida bonariensis* Willd. ex Spreng., *Malache hastata* (Cav.) Kuntze, *Lassa hastata* (Cav.) Kuntze
Ref.: Foster (1958), Fryxell (1999), Nee (2008).
Subarbusto. Nativa. Andes. Bosque Tucumano-Boliviano, Bosque Serrano Chaqueño, 1500–2000 m.
Dept.: SC, TA.
Muestra: *M. Cárdenas 4623* (CAS).

Pavonia heterotricha Fryxell, Fl. Neotrop. 76: 21–22, f. 2. 1999.
Arbusto. Endémica. Zonas Bajas. Bosque Semideciduo Chiquitano, 0–500 m.
Dept.: SC.
Tipo y muestra: *A. Krapovickas 9047* (HT: CTES), *M.H. Nee 48381* (MO, NY).

Pavonia hexaphylla (S. Moore) Krapov., Bonplandia (Corrientes) 5: 269. 1983.
Sin.: *Pavonia kunthii* var. *pohlii* Gürke, *Pavonia mutisii* var. *hexaphylla* S. Moore
Ref.: Fryxell (1999).
Subarbusto. Nativa. Zonas Bajas. Campos Cerrados, 0–1000 m.
Dept.: CO, SC.
Muestra: *M.J.G. Hopkins et al. 115* (CTES, LPB, NY, TEX, USZ).

Pavonia hieronymi Gürke, Fl. Bras. 12(3): 509. 1892.
Sin.: *Pavonia morongii* S. Moore, *Asterochlaena morongii* (S. Moore) Hassl., *Pavonia sidifolia* fo. *morongii* (S. Moore) Hassl., *Asterochlaena hieronymi* (Gürke) Hassl.
Ref.: De la Barra (1997), Fryxell (1999), Nee (2008).
Subarbusto, arbusto. Nativa. Zonas Bajas, Andes. Bosque Semideciduo Chiquitano, Yungas, Bosque Tucumano-Boliviano, Bosque Serrano Chaqueño, 0–3000 m.
Dept.: BE, CH, CO, PO, SC, TA.
Muestra: *T. Killeen et al. 4260* (LPB, MO, TEX).

Pavonia humifusa A. St.-Hil., Fl. Bras. Merid. (quarto ed.) 1(6): 235. 1825 [1827].
Sin.: *Pavonia prostrata* Moric., *Malache prostrata* (Moric.) Kuntze, *Lassa humifusa* (A. St.-Hil.) Kuntze
Ref.: Foster (1958), Fryxell (1999), Nee (2008).
Hierba, subarbusto. Nativa. Zonas Bajas. Campos Cerrados, 500–1000 m.
Dept.: SC.
Muestra: *A.H. Gentry & R.B. Foster 75485* (LPB, MO, TEX).
Nom. Vern.: Malva rastrera.

Pavonia ionthacarpa Krapov., Bol. Soc. Argent. Bot. 20(3–4): 287. 1982.
Ref.: Fryxell (1999), Nee (2008).
Arbusto. Endémica. Zonas Bajas, Andes. Bosque Semideciduo Chiquitano, Bosque Serrano Chaqueño, 500–1500 m.
Dept.: SC.
Tipo y muestra: *A. Krapovickas & A. Schinini 31481* (HT: CTES; IT: MBM, NY, SI), *A.F. Fuentes 3326* (MO, USZ).

Pavonia laxifolia A. St.-Hil., Fl. Bras. Merid. (quarto ed.) 1(6): 226. 1825 [1827].
Ref.: Fryxell (1999).
Arbusto. Nativa. Andes. Yungas, 1000–2000 m.
Dept.: LP, SC.
Muestra: *J.C. Solomon 13715* (LPB, MO, NY).

Pavonia leucantha Poepp. ex Garcke, Jahrb. Königl. Bot. Gart. Berlin 1: 211. 1881.
Sin.: *Lassa leucantha* (Poepp. ex Garcke) Kuntze, *Typhalea leucantha* (Poepp. ex Garcke) Monteiro
Ref.: Foster (1958), Fryxell (1999), Nee (2008).
Subarbusto. Nativa. Zonas Bajas, Andes. Bosque Húmedo, Yungas, 0–1500 m.
Dept.: BE, LP, SC.
Muestra: *M.H. Nee 37311* (CTES, LPB, MO, NY, RSA, TEX).
Nom. Vern.: Patsere, pega pega.

Pavonia malacophylla (Link & Otto) Garcke, Jahrb. Königl. Bot. Gart. Berlin 1: 221. 1881.
Sin.: *Sida malacophylla* Link & Otto, *Lopimia malacophylla* (Link & Otto) Mart., *Malache malacophylla* (Link & Otto) Standl.
Ref.: Foster (1958), Moraes R. (1990), Killeen & Schulenberg (1998), Fryxell (1999).
Arbusto, arbolito. Nativa. Zonas Bajas. Bosque Húmedo, Bosque Semideciduo Chiquitano, 0–1000 m.
Dept.: BE, LP, PA, SC.
Muestra: *M. Bang 1456* (A, E, F, GH, MO, NY, PH, TEX, US).

Pavonia mattogrossensis R.E. Fr., Kongl. Svenska Vetensk. Acad. Handl., n.s. 42(12): 49. 1908.
Sin.: *Pavonia mattogrossensis* var. *lobata* Hassl.
Ref.: Fryxell (1999).
Arbusto. Nativa. Zonas Bajas. Bosque Húmedo, 0–500 m.
Dept.: SC.
Muestra: *A. Krapovickas 9119* (CTES, LPB, MO, NY, SI).

Pavonia mutisii Kunth, Nov. Gen. Sp. (quarto ed.) 5: 283. 1821 [1822].
Sin.: *Hibiscus cordifolius* L. f.
Arbusto. Nativa. Zonas Bajas. Bosque Semideciduo Chiquitano, 500–1000 m.
Dept.: SC.
Muestra: *M.H. Nee 47856* (MO, NY, TEX).
Nota: Identificación tentativa.

Pavonia neei Fryxell, Fl. Neotrop. 76: 153, f. 53. 1999.
Sin.: *Asterochlaena morongii* var. *intermedia* Hassl.
Subarbusto. Nativa. Zonas Bajas. Bosque Semideciduo Chiquitano, 0–1000 m.
Dept.: SC.
Tipo y muestra: *M.H. Nee 35916* (HT: TEX; IT: CAS, CM, CTES, MO-5984432, NY, TEX), *M.H. Nee 48470* (MO, NY).

Pavonia opulifolia S. Moore, Trans. Linn. Soc. London, Bot. 4: 314. 1895.
Sin.: *Pavonia subhastata* fo. *opulifolia* (S. Moore) Hassl.
Ref.: Fryxell (1999).
Arbusto. Nativa. Zonas Bajas. Sabanas Benianas del Sur, 0–500 m.
Dept.: BE, TA.
Muestra: *S.G. Beck 5251* (CTES, LPB).

Pavonia oxyphyllaria Donn. Sm., Bot. Gaz. 23(4): 237–238. 1897.
Sin.: *Pavonia costaricensis* Hochr., *Malache fulva* Standl., *Pavonia fulva* (Standl.) Standl.
Ref.: Fryxell (1999), Alverson et al. (2000).
Hierba, arbusto. Nativa. Zonas Bajas, Andes. Bosque Húmedo, Yungas, 0–1500 m.
Dept.: LP, PA.
Muestra: *R. Seidel & A. Hirschle 2624* (CTES, LPB, US).

Pavonia paniculata Cav., Diss. 3: 135, pl. 46, f. 2. 1787.
Sin.: *Pavonia caracasana* Turcz., *Malache paniculata* (Cav.) Kuntze, *Lassa paniculata* (Cav.) Kuntze, *Pavonia ageratoides* Rusby, *Pavonia subtriloba* Rusby
Ref.: Foster (1958), Parker & Bailey (1991), Fryxell (1999).
Hierba, subarbusto. Nativa. Zonas Bajas, Andes. Bosque Húmedo, Yungas, 0–2000 m.
Dept.: BE, CO, LP.
Muestra: *J.L. Luteyn & L.J. Dorr 13749* (CTES, LPB, NY, TEX).

Pavonia patuliloba Hochr., Bull. Herb. Boissier, sér. 2 5: 297. 1905.
Sin.: *Pavonia subhastata* fo. *patuliloba* (Hochr.) Hassl.
Ref.: Fryxell (1999).
Arbusto. Nativa. Zonas Bajas. Sabanas Benianas del Sur, 0–500 m.
Dept.: BE.
Muestra: *M. Saldias 584* (MO, NY).

Pavonia platyloba R.E. Fr., Kongl. Svenska Vetensk. Acad. Handl., n.s. 42(12): 45. 1908.
Sin.: *Asterochlaena platyloba* (R.E. Fr.) Hassl., *Asterochlaena platyloba* var. *grandiflora* Hassl., *Asterochlaena platyloba* var. *hirsutula* Hassl.
Ref.: Fryxell (1999), Wood et al. (2011).
Arbusto. Nativa. Zonas Bajas. Bosque Semideciduo Chiquitano, 0–500 m.
Dept.: SC.
Muestra: *G. Hatschbach et al. 52517* (C, CTES, MO, US).

Pavonia revoluta Krapov. & Cristóbal, Lilloa 31: 26. 1962.
Ref.: Fryxell (1999).
Arbusto. Nativa. Andes. Bosque Serrano Chaqueño, 1500–2000 m.
Dept.: TA.
Muestra: *J.C. Solomon 11007* (CTES, MO, NY, TEX).

Pavonia rosa-campestris A. St.-Hil., Fl. Bras. Merid. (quarto ed.) 1(6): 236, pl. 46. 1825 [1827].
Sin.: *Malache rosa-campestris* (A. St.-Hil.) Kuntze
Ref.: Killeen & Schulenberg (1998), Fryxell (1999), Wood et al. (2011).
Hierba, subarbusto. Nativa. Zonas Bajas. Campos Cerrados, 0–1000 m.
Dept.: SC.
Muestra: *B. Mostacedo et al. 2132* (MO, TEX, USZ).

Pavonia rupestris (Hassl.) Krapov. & Cristóbal, Bonplandia (Corrientes) 7: 55. 1993.
Sin.: *Asterochlaena sidifolia* var. *rupestris* Hassl.
Ref.: Fryxell (1999).
Arbusto. Nativa. Zonas Bajas. Campos Cerrados, 0–500 m.
Dept.: SC.
Muestra: *M.H. Nee 44587* (MO, NY, TEX).

Pavonia schiedeana Steud., Nomencl. Bot. (ed. 2) 2: 279. 1841.
Sin.: *Pavonia rosea* Schltdl., *Malache rosea* (Schltdl.) Kuntze, *Pavonia umbrosa* R.E. Fr.
Ref.: Foster (1958), Killeen & Schulenberg (1998), Fryxell (1999).
Arbusto. Nativa. Zonas Bajas, Andes. Bosque Húmedo, Yungas, 0–500, 1500–2000 m.
Dept.: BE, LP, SC.
Muestra: *M.H. Nee 38715* (LPB, MO, NY, TEX).
Nom. Vern.: Pega-pega.

Pavonia sepioides Fryxell & Krapov., Fl. Neotrop. 76: 221–222, f. 73. 1999.
Sin.: *Pavonia sepium* var. *macrocarpa* R.E. Fr.
Ref.: Nee (2008).
Hierba, subarbusto, arbusto. Nativa. Andes. Yungas, Bosque Tucumano-Boliviano, 2000–2500 m.
Dept.: CH, SC.
Muestra: *M.H. Nee 45332* (MO, NY, TEX).

Pavonia sepium A. St.-Hil., Fl. Bras. Merid. (quarto ed.) 1(6): 225. 1825 [1827].
Sin.: *Sida malvacea* Vell., *Pavonia flava* Spring ex Mart., *Malache sepium* (A. St.-Hil.) Kuntze, *Lassa sepium* (A. St.-Hil.) Kuntze, *Typhalea malvacea* (Vell.) H.C. Monteiro, *Pavonia malvacea* (Vell.) Krapov. & Cristóbal
Ref.: Foster (1958), Schulenberg & Awbrey (1997), Fryxell (1999), González et al. (1999), Serrano & Terán (1998 [2000]), Nee (2008).
Arbusto. Nativa. Zonas Bajas, Andes. Bosque Semideciduo Chiquitano, Yungas, Valles Secos, 0–500, 1000–1500 m.
Dept.: CH, LP, SC, TA.
Muestra: *J. Steinbach 1855* (GH, NY, TEX).

Pavonia sidifolia Kunth, Nov. Gen. Sp. (quarto ed.) 5: 283–284. 1821 [1822].
Sin.: *Pavonia diuretica* A. St.-Hil., *Malache diuretica* (A. St.-Hil.) Kuntze, *Malache sidifolia* (Kunth) Kuntze, *Pavonia sidifolia* subsp. *diuretica* (A. St.-Hil.) Gürke, *Lassa sidifolia* (Kunth) Kuntze, *Asterochlaena sidifolia* (Kunth) Hassl., *Asterochlaena sidifolia* subsp. *diuretica* (A. St.-Hil.) Hassl.
Ref.: Foster (1958), Fryxell (1999), Nee (2008).
Subarbusto, arbusto. Nativa. Zonas Bajas, Andes. Campos Cerrados, Yungas, Valles Secos, 0–2500 m.
Dept.: BE, LP, SC.
Muestra: *M.H. Nee 38211* (CM, CTES, LPB, MO, NY, TEX, US).
Nom. Vern.: Malva grande.

[Pavonia spinifex (L.) Cav.], Diss. 3: 133. 1787.
Ref.: Foster (1958), Fryxell (1999).
Nota: El registro se basa en material mal identificado de *P. communis*, *P. sepioides* o *P. sepium*.

Pavonia undulata Krapov., Bonplandia (Corrientes) 21(1): 66, 68–69, f. 5. 2012.
Subarbusto. Endémica. Andes. Bosque Serrano Chaqueño, 1500–2000 m.
Dept.: CH.
Tipo: *J.R.I. Wood & H. Huaylla 21202* (HT: LPB).
Nota: Conocida solamente del tipo.

Pavonia vannii Fryxell, Fl. Neotrop. 76: 160–161, f. 64. 1999.
Subarbusto. Nativa. Zonas Bajas. Campos Cerrados, 0–500 m.
Dept.: SC.
Muestra: *M.H. Nee 45835* (LPB, NY, TEX).

Pavonia vitifolia Hochr., Bull. Herb. Boissier, sér. 2 5: 298. 1905.
Sin.: *Pavonia subhastata* fo. *vitifolia* (Hochr.) Hassl., *Pavonia malachroides* Monteiro
Ref.: Fryxell (1999), Wood et al. (2011).
Subarbusto. Nativa. Zonas Bajas. Bosque Húmedo, Bosque Semideciduo Chiquitano, Campos Cerrados, 0–500 m.
Dept.: BE, SC.
Muestra: *M.H. Nee 45108* (LPB, MO, NY, TEX).

Pavonia windischii Krapov., Anais 36 Congr. Soc. Bot. Brasil 1: 281. 1985 [1990].
Ref.: Killeen & Schulenberg (1998),

Fryxell (1999).
Hierba, arbusto. Nativa. Zonas Bajas. Campos Cerrados, 0–1000 m.
Dept.: SC.
Muestra: *T. Killeen et al. 5434* (MO, TEX, USZ).

Pavonia yatarendana Krapov. & Cristóbal, Bonplandia (Corrientes) 7: 51. 1993.
Ref.: Fryxell (1999).
Arbusto. Endémica. Zonas Bajas. Bosque Seco Chaqueño, 0–500 m.
Dept.: SC.
Tipo: *A. Krapovickas & A. Schinini 31482* (HT: CTES; IT: K, LPB, MO, TEX).
Nota: Conocida solamente del tipo.

Peltaea (C. Presl) Standl., Contr. U.S. Natl. Herb. 18(3): 113. 1916.
9 especies, 2 especies endémicas.

Peltaea chiquitana Krapov. & Cristóbal, Kurtziana 2: 183–185, f. 12. 1965.
Ref.: Wood et al. (2011).
Arbusto. Endémica. Zonas Bajas. Bosque Seco Chaqueño, 0–500 m.
Dept.: SC.
Tipo y muestra: *A. Krapovickas 9293* (HT: LIL), *J.R.I. Wood & P. Pozo 26019* (K, LPB).

Peltaea edouardii (Hochr.) Krapov. & Cristóbal, Kurtziana 2: 191,193–194, f. 5h, 15. 1965.
Sin.: *Pavonia edouardii* Hochr.
Ref.: Killeen & Schulenberg (1998), Wood et al. (2011).
Subarbusto. Nativa. Zonas Bajas. Bosque Húmedo, Campos Cerrados, 0–1000 m.
Dept.: BE, SC.
Muestra: *R. Guillén V. & T. Ruiz de Centurión 885* (MO, TEX, USZ).

Peltaea nudicaulis (A. St.-Hil.) Krapov. & Cristóbal, Kurtziana 2: 194, 196, f. 5b, 16. 1965.
Sin.: *Pavonia nudicaulis* A. St.-Hil.
Subarbusto. Nativa. Zonas Bajas. Campos Cerrados, 0–500 m.
Dept.: SC.
Muestra: *E. Gutiérrez C. et al. 1112* (MO, USZ).

Peltaea obsita (Mart. ex Colla) Krapov. & Cristóbal, Bonplandia (Corrientes) 9: 148. 1996.
Sin.: *Sida obsita* Mart. ex Colla, *Pavonia sessiliflora* var. *acutifolia* Gürke, *Peltaea acutifolia* (Gürke) Krapov. & Cristóbal
Subarbusto, arbusto. Nativa. Zonas Bajas. Bosque Semideciduo Chiquitano, Campos Cerrados, 0–500 m.
Dept.: SC.
Muestra: *J. Steinbach 5302* (F, GH).

Peltaea polymorpha (A. St.-Hil.) Krapov. & Cristóbal, Kurtziana 2: 199. 1965.
Sin.: *Pavonia polymorpha* A. St.-Hil., *Pavonia speciosa* subsp. *polymorpha* (A. St.-Hil.) Gürke
Ref.: Foster (1958).
Hierba, arbusto. Nativa. Zonas Bajas, Andes. Bosque Semideciduo Chiquitano, Campos Cerrados, Yungas, 0–1000, 1500–2000 m.
Dept.: LP, SC.
Muestra: *T.B. Miranda 736* (BOLV, HSB, LPB, MO, USZ).

Peltaea riedelii (Gürke) Standl., Contr. U.S. Natl. Herb. 18(3): 113. 1916.
Sin.: *Pavonia riedelii* Gürke, *Peltobractea nigrobracteata* Rusby, *Pavonia julianae* Uittien, *Pavonia nigrobracteata* (Rusby) Uittien
Ref.: Foster (1958), Krapovickas & Cristóbal (1965), Killeen & Schulenberg (1998), Wood et al. (2011).
Arbusto. Nativa. Zonas Bajas. Campos Cerrados, Sabanas Benianas del Sur, 0–500 m.
Dept.: BE, LP, SC.
Muestra: *R. Guillén V. 2947* (MO, TEX, USZ).

Peltaea speciosa (Kunth) Standl., Contr. U.S. Natl. Herb. 18(3): 113. 1916.
Sin.: *Pavonia speciosa* Kunth, *Pavonia grisea* A. St.-Hil. & Naudin, *Pavonia hostmannii* Miq., *Pavonia scabra* Benth. ex Garcke
Ref.: Foster (1958), Krapovickas & Cristóbal (1965), Killeen & Schulenberg (1998).
Arbusto. Nativa. Zonas Bajas, Andes. Campos Cerrados, Sabanas Benianas del Norte, Sabanas Benianas del Sur, Valles Secos, 500–1500 m.
Dept.: BE, LP, SC.
Muestra: *I.G. Vargas et al. 3258* (LPB, MO, TEX, USZ).

Peltaea steinbachii Krapov. & Cristóbal, Kurtziana 2: 178, 180, 4e, 10. 1965.
Subarbusto. Endémica. Zonas Bajas. Bosque Húmedo, 0–500 m.
Dept.: SC.
Tipo: *J. Steinbach 1409* (HT: LIL).
Nota: Conocida solamente del tipo.

Peltaea trinervis (C. Presl) Krapov. & Cristóbal, Kurtziana 2: 168–169, 171, f. 4b, 7. 1965.
Sin.: *Malachra trinervis* C. Presl, *Pavonia involucrata* Klotzsch, *Pavonia bracteosa* Benth., *Pavonia sessiliflora* var. *obtusifolia* Gürke
Arbusto. Nativa. Zonas Bajas. Bosque Húmedo, Sabanas Benianas del Sur, 0–500 m.
Dept.: LP.
Muestra: *A.H. Gentry et al. 70802* (LPB, MO, SI).

Pentaplaris L.O. Williams & Standl., Ceiba 3(2): 140. 1952.
1 especie, 0 especies endémicas.

Pentaplaris davidsmithii Dorr & C. Bayer, Brittonia 51(2): 139, 142–143, f. 5, 6c–e. 1999.
Ref.: Parker & Bailey (1991).
Árbol. Nativa. Zonas Bajas. Bosque Húmedo, Campos Amazónicos, 0–1000 m.
Dept.: BE, LP.
Tipo y muestra: *D.N. Smith et al. 14108* (HT: US; IT: HBG, K, K, LPB, MO-5772993), *G. Bourdy 1789* (LPB, MO).
Nota: Parker & Bailey (1991) usaba *Reevesia smithii nom. nud.* para esta especie.
Nom. Vern.: Ojoso blanco, ojoso negro, punero (Tacana).

Pseudabutilon R.E. Fr., Kongl. Svenska Vetensk. Acad. Handl., n.s. 43(4): 96–108, pl. 5, f. 2; pl. 7, f. 19–27. 1908.
8 especies, 3 especies endémicas.

Pseudabutilon aristulosum (K. Schum.) Krapov., Bonplandia (Corrientes) 13(1–4): 32. 2004.
Sin.: *Abutilon aristulosum* K. Schum., *Wissadula aristulosa* (K. Schum.) Monteiro
Ref.: Foster (1958), Michel (1993d), Killeen & Schulenberg (1998), Krapovickas (2004).
Hierba, arbusto. Nativa. Zonas Bajas. Bosque Seco Chaqueño, 0–1000 m.
Dept.: SC.
Muestra: *M.H. Nee 41358* (LPB, NY).

Pseudabutilon benense (Britton) Fryxell, Contr. Univ. Michigan Herb. 21: 178. 1997.
Sin.: *Sida benensis* Britton, *Abutilon benense* (Britton) Baker f.
Ref.: Michel (1993d).
Hierba, subarbusto. Endémica. Zonas Bajas. Bosque Húmedo, 0–1000 m.
Dept.: BE, LP.

Tipo y muestra: *H.H. Rusby 1455* (HT: NY; IT: CAS, CT, CTES, E, GH, K, MICH, NY, NY, P, PH, US; fotos: CTES ex P), *A. Araujo M. et al. 2057* (MO, TEX).

Pseudabutilon callimorphum (Hochr.) R.E. Fr., Kongl. Svenska Vetensk. Acad. Handl., n.s. 43(4): 105. 1908.

Sin.: *Sida callimorpha* Hochr., *Wissadula callimorpha* (Hochr.) Hassl.

Ref.: Saravia Miranda (1996), Fryxell (1997), Nee (2008).

Hierba, subarbusto. Nativa. Andes. Valles Secos, 1500–2000 m.

Dept.: CO, SC, TA.

Muestra: *J.C. Solomon & M.H. Nee 17977* (LPB, MO, NY).

Infra: *Pseudabutilon callimorphum* var. *callimorphum*

Pseudabutilon cinereum (Griseb.) Krapov., Bol. Soc. Argent. Bot. 24(1–2): 206. 1985.

Sin.: *Abutilon cinereum* Griseb., *Pseudabutilon longepilosum* R.E. Fr.

Ref.: Fryxell (1997).

Arbusto. Nativa. Zonas Bajas, Andes. Bosque Seco Chaqueño, Valles Secos, 500–1500 m.

Dept.: SC, TA.

Muestra: *A. Krapovickas & A. Schinini 31308* (CTES, F, G, K, LIL, LPB, MBM, MO, NY, SI, US).

Pseudabutilon glomeratum Fryxell, Contr. Univ. Michigan Herb. 21: 184. 1997.

Hierba. Endémica. Zonas Bajas. Bosque Seco Chaqueño, 0–500 m.

Dept.: CH, SC.

Tipo y muestra: *T. Killeen et al. 4198* (HT: TEX; IT: LPB, MO), *J.R. Abbott & B. Mostacedo 15991* (MO, TEX, USZ).

Pseudabutilon leucothrix Fryxell, Contr. Univ. Michigan Herb. 21: 184–185. 1997.

Ref.: Killeen & Schulenberg (1998).

Hierba. Endémica. Zonas Bajas. Bosque Semideciduo Chiquitano, 0–1000 m.

Dept.: SC.

Tipo y muestra: *F. Mamani 778* (HT: TEX; IT: MO, USZ), *M. Toledo & J. C. Herrera 28* (MO, TEX, USZ).

Pseudabutilon pedunculatum (R.E. Fr.) Krapov., Fl. San Juan 2: 113. 2003.

Sin.: *Wissadula pedunculata* R.E. Fr., *Wissadula callimorpha* var. *friesii* Hassl., *Pseudabutilon callimorphum* var. *friesii* (Hassl.) R.E. Fr., *Pseudabutilon stuckertii* R.E. Fr.

Ref.: Foster (1958), Fryxell (1997).

Hierba, subarbusto. Nativa. Andes. Valles Secos, 1000–2000, 3000–3500 m.

Dept.: SC, TA.

Muestra: *A. Krapovickas & A. Schinini 31102* (CTES, NY).

Pseudabutilon virgatum (Cav.) Fryxell, Contr. Univ. Michigan Herb. 21: 191. 1997.

Sin.: *Sida virgata* Cav., *Abutilon virgatum* (Cav.) Sweet, *Sida sessiliflora* Hook., *Sida grevilleana* Gillies ex Hook. f., *Abutilon grevilleanum* (Gillies ex Hook. f.) Walp., *Abutilon mendocinum* Phil., *Abutilon paranthemoides* Griseb., *Abutilon paranthemum* Griseb., *Abutilon virgatum* var. *tomentosum* K. Schum., *Abutilon bridgesii* Baker f., *Abutilon saltense* Hassl.

Ref.: Foster (1958), Adolfo María (1966), De la Barra (1997), Serrano & Terán (1998 [2000]), Nee (2008).

Hierba, subarbusto, arbusto. Nativa. Zonas Bajas, Andes. Bosque Semideciduo Chiquitano, Yungas, Valles Secos, 0–3000 m.

Dept.: CH, CO, LP, SC, TA.

Muestra: *A. Krapovickas & A. Schinini 19129* (CTES, LL).

Pseudobombax Dugand, Caldasia 2(6): 65. 1943.

7 especies, 2 especies endémicas.

Pseudobombax andicola A. Robyns, Bull. Jard. Bot. État Bruxelles 33(1): 61. 1963.

Ref.: Torrico Pardo (1993a), López Vargas (1995), Serrano & Terán (1998 [2000]), Ministerio de Medio Ambiente y Agua (2012 [2013]).

Subarbusto, árbol. Endémica. Andes. Valles Secos, 1500–2500 m.

Dept.: CO, TA.

Tipo y muestra: *W.J. Eyerdam 25320* (HT: F; IT: LPB; fotos: LPB), *B. Mostacedo 303* (MO, USZ).

Nota: Especie poco conocida, probablemente está relacionada con *P. marginatum*.

Nom. Vern.: Juruchi.

Pseudobombax argentinum (R.E. Fr.) A. Robyns, Bull. Jard. Bot. État Bruxelles 33(1): 77. 1963.

Sin.: *Bombax argentinum* R.E. Fr., *Bombax marginatum* fo. *argentinum* (R.E. Fr.) Hassl., *Bombax paraguayense* R.E. Fr.

Ref.: Torrico Pardo (1993a), Schulenberg & Awbrey (1997), González et al. (1999), Serrano & Terán (1998 [2000]).

Árbol. Nativa. Zonas Bajas, Andes. Campos Cerrados, Bosque Tucumano-Boliviano, 0–1500 m.

Dept.: CH, SC, TA.

Muestra: *J. Steinbach 7069* (A, BM, F, G, K, MO, S, US).

Nota: Tal vez no distinta de *P. marginatum*. Los reportes de CH y TA no han sido confirmados por el autor (com. W.S. Alverson).

Nom. Vern.: Mapajo mollado, orochi.

Pseudobombax longiflorum (Mart.) A. Robyns, Bull. Jard. Bot. État Bruxelles 33(1): 57. 1963.

Sin.: *Carolinea longiflora* Mart., *Pachira macrantha* A. St.-Hil., *Pachira longiflora* (Mart.) Decne., *Bombax heteromorphum* Kuntze, *Bombax rusbyi* Baker f., *Pseudobombax heteromorphum* (Kuntze) A. Robyns

Ref.: Foster (1958), Torrico Pardo (1993a), Fuentes Claros (1998), Killeen & Schulenberg (1998), Jardim et al. (2003), Nee (2008), Arroyo Padilla & Villarroel Segarra (2009), Wood et al. (2011), Carvalho-Sobrinho et al. (2013).

Arbolito, árbol. Nativa. Zonas Bajas, Andes. Bosque Semideciduo Chiquitano, Bosque Seco Chaqueño, Campos Cerrados, Campos Amazónicos, Valles Secos, 0–1500 m.

Dept.: LP, SC.

Muestra: *M. Bang 2282A* (GH, MO, NY).

Nom. Vern.: Pequí, pequí colorado, pequí perotó, perotó.

Pseudobombax marginatum (A. St.-Hil., Juss. & Cambess.) A. Robyns, Bull. Jard. Bot. État Bruxelles 33(1): 73. 1963.

Sin.: *Pachira marginata* A. St.-Hil., Juss. & Cambess., *Bombax marginatum* (A. St.-Hil., Juss. & Cambess.) K. Schum.

Ref.: Foster (1958), Torrico Pardo (1993a), Killeen & Schulenberg (1998), Jardim et al. (2003), Nee (2008), Arroyo Padilla & Villarroel Segarra (2009).

Arbusto, arbolito, árbol. Nativa. Zonas Bajas, Andes. Bosque Semideciduo Chiquitano, Campos Cerrados, Bosque Tucumano-Boliviano, Valles Secos, 0–1500 m.

Dept.: BE, LP, SC, TA.

Muestra: *J. Guillén et al. 21* (MO, USZ).

Nom. Vern.: Pequí, pequí colorado, pequí del monte.

Pseudobombax munguba (Mart.) Dugand, Mutisia 9: 4. 1952.
Sin.: *Bombax munguba* Mart.
Ref.: Robyns (1963a).
Arbusto. Nativa. Zonas Bajas. Bosque Húmedo, 0–500 m.
Dept.: PA.
Muestra: *A. Jardim 2345* (MO, USZ).

Pseudobombax pulchellum Carv.-Sobr., PhytoKeys 21: 56–60, f. 2–3. 2013.
Ref.: Carvalho-Sobrinho et al. (2013).
Arbolito. Endémica. Zonas Bajas. Bosque Semideciduo Chiquitano, 0–500 m.
Dept.: SC.
Tipo y muestra: *A.H. Gentry et al. 75227* (HT: MO; IT: F, LPB, USZ, WIS), *A.F. Fuentes 1132* (LPB, USZ, WIS).

Pseudobombax septenatum (Jacq.) Dugand, Caldasia 2(6): 65–67. 1943.
Sin.: *Bombax septenatum* Jacq.
Ref.: Robyns (1963b), Parker & Bailey (1991), Torrico Pardo (1993a), Alverson et al. (2000).
Árbol. Nativa. Zonas Bajas. Bosque Húmedo, 0–1000 m.
Dept.: BE, LP, PA, SC.
Muestra: *T. Killeen 3939* (LPB, MO).
Nom. Vern.: Perotó del monte.

[Pseudobombax tomentosum (Mart.) Robyns], Bull. Jard. Bot. État Bruxelles 33: 63. 1963.
Ref.: Torrico Pardo (1993a).
Nota: El registro se basa en material mal identificado.

Pterygota **Schott & Endl.**, Melet. Bot. 32. 1832.
1 especie, 0 especies endémicas.

Pterygota amazonica L.O. Williams ex Dorr, Taxon 41(1): 84–85. 1992.
Ref.: Parker & Bailey (1991), Villegas Coimbra (1993b), Alverson et al. (2000).
Árbol. Nativa. Zonas Bajas. Bosque Húmedo, 0–1000 m.
Dept.: LP, PA.
Muestra: *A.H. Gentry & S. Estensoro 70389* (LPB, MO).

Quararibea **Aubl.**, Hist. Pl. Guiane 2: 691–692, pl. 278. 1775.
3 especies, 0 especies endémicas.

Quararibea amazonica Ulbr., Verh. Bot. Vereins Prov. Brandenburg 50: 91. 1908.
Ref.: Alverson et al. (2000).
Árbol. Nativa. Zonas Bajas. Bosque Húmedo, 0–500 m.
Dept.: LP, PA.
Muestra: *R. Seidel et al. 8598* (LPB, MA, MO).

[Quararibea putumayensis Cuatrec.], Lloydia 11(3): 186–187. 1948 [1949].
Ref.: Moraes R. (1990), Torrico Pardo (1993a), Arrázola Rivero et al. (2000).
Nota: El registro se basa en material mal identificado de *Q. spatulata.*

Quararibea spatulata Ducke, Trop. Woods 76: 20. 1943.
Árbol. Nativa. Zonas Bajas. Bosque Húmedo, 0–500 m.
Dept.: SC.
Muestra: *D.A. Neill & R.C. Quevedo 9367* (MO, WIS).

Quararibea wittii K. Schum. & Ulbr., Verh. Bot. Vereins Prov. Brandenburg 50: 90. 1908.
Ref.: Parker & Bailey (1991), Alverson et al. (2000).
Árbol. Nativa. Zonas Bajas. Bosque Húmedo, 0–1000 m.
Dept.: LP, PA.
Muestra: *R. Seidel et al. 5570* (BOLV, F, K, LPB, MO, QCNE, US, USZ).

Rhynchosida **Fryxell**, Brittonia 30(4): 458–462, f. 4. 1978.
2 especies, 1 especie endémica.

Rhynchosida kearneyi Fryxell, Brittonia 30(4): 461–462, f. 4b, d. 1979.
Arbusto. Endémica. Zonas Bajas. Bosque Semideciduo Chiquitano, Bosque Seco Chaqueño, 0–1000 m.
Dept.: SC.
Tipo y muestra: *M. Cárdenas 4768* (HT: CAS), *M.H. Nee 48667* (LPB, MO, NY, TEX).

Rhynchosida physocalyx (A. Gray) Fryxell, Brittonia 30(4): 458. 1978.
Sin.: *Sida hastata* A. St.-Hil., *Sida physocalyx* A. Gray, *Physalastrum physocalyx* (A. Gray) Monteiro
Ref.: Foster (1958), Nee (2008).
Hierba. Nativa. Zonas Bajas, Andes. Bosque Semideciduo Chiquitano, Valles Secos, 0–2000 m.
Dept.: CO, SC, TA.
Muestra: *A.F. Fuentes 1312* (MO, USZ).

Sida **L.**, Sp. Pl. 2: 683. 1753.
49 especies, 8 especies endémicas.

[Sida abutifolia Mill.], Gard. Dict. (ed. 8) Sida no. 12. 1768.
Sin.: *Sida supina* L'Hér., *Sida diffusa* Kunth
Ref.: Foster (1958).
Nota: El registro se basa en material mal identificado. Especie del norte de Sur América.

[Sida acuta Burm. f.], Fl. Indica 147. 1768.
Sin.: *Sida carpinifolia* L. f., *Malvastrum carpinifolium* (L. f.) A. Gray
Ref.: Rusby (1893b), Krapovickas (2003a), Nee (2008).
Nota: El registro se basa en material mal identificado de *S. rodrigoi.*

Sida anomala A. St.-Hil., Fl. Bras. Merid. (quarto ed.) 1(4): 140, pl. 33. 1825.
Sin.: *Sida ciliaris* var. *anomala* (A. St.-Hil.) K. Schum.
Ref.: Foster (1958), Krapovickas (2007a).
Hierba. Nativa. Andes. Valles Secos, 1000–3000 m.
Dept.: CH, CO, SC, TA.
Muestra: *S.G. Beck & M. Liberman 16307* (CTES, LPB, MO).

Sida argentina K. Schum., Fl. Bras. 12(3): 315. 1891.
Sin.: *Sida lilloana* Rodrigo
Ref.: Foster (1958), Kearney (1958b), Serrano & Terán (1998 [2000]), Nee (2008).
Trepadora. Nativa. Zonas Bajas, Andes. Bosque Seco Chaqueño, Bosque Serrano Chaqueño, 500–1000, 2000–2500 m.
Dept.: CH, CO, SC, TA.
Muestra: *V.G. Solís Neffa et al. 1027* (LPB, MO).
Infra: *Sida argentina* var. *tucumanensis* Hassl. ex Rodrigo

Sida bakeriana Rusby, Mem. Torrey Bot. Club 6(1): 10. 1896.
Ref.: Foster (1958), Kearney (1958b), Krapovickas (2003a).
Arbusto. Nativa. Zonas Bajas. Bosque Húmedo, 500–1000 m.
Dept.: LP.
Tipo y muestra: *M. Bang 1477* (HT: NY; IT: GH, K, MO-1979148, NY, US, W), *O. Buchtien 1833* (SI, US).

Sida beckii Krapov., Bonplandia (Corrientes) 19(1): 85–87, f. 3. 2010.
Subarbusto. Endémica. Zonas Bajas. Bosque Húmedo, 500–1000 m.
Dept.: CO.
Tipo: *S.G. Beck 33051* (HT: LPB; IT: CTES).
Nota: Conocida solamente del tipo.

Sida boliviana Gand., Bull. Soc. Bot. France 71(5–6): 633. 1924.
Sin.: *Sida florulenta* Fryxell

Arbusto. Nativa. Andes. Yungas, 1000–1500 m.
Dept.: LP.
Tipo: *M. Bang 1446* (IT: GH, NY, US).
Nota: Conocida en Bolivia solamente del tipo.

Sida cabreriana Krapov., Bonplandia (Corrientes) 15(1): 10, f. 3. 2006.
Hierba, subarbusto. Nativa. Zonas Bajas, Andes. Bosque Seco Chaqueño, Bosque Tucumano-Boliviano, 0–1500 m.
Dept.: CH, SC, TA.
Muestra: *A. Krapovickas & A. Schinini 36119* (CTES, LPB, MO, USZ).

Sida calva Fryxell, Lundellia 12: 17, f. 1. 2009.
Arbusto. Endémica. Zonas Bajas. Bosque Húmedo, 0–500 m.
Dept.: SC.
Tipo y muestra: *M.H. Nee & I.G. Vargas 41806* (HT: NY; IT: TEX), *M.H. Nee 38864* (NY, RSA).

Sida caudata A. St.-Hil. & Naudin, Ann. Sci. Nat., Bot., sér. 2 18: 52. 1842.
Ref.: Fryxell (2009).
Arbusto. Nativa. Zonas Bajas. Bosque Húmedo, 0–500 m.
Dept.: SC.
Muestra: *A. Krapovickas & R.H. Fortunato 43923* (BAB, C, CTES, LPB, NY, USZ).

Sida cerradoensis Krapov., Bonplandia (Corrientes) 3: 19. 1969.
Sin.: *Sida potentilloides* subsp. *elata* Hassl., *Sida elata* (Hassl.) Hassl.
Hierba. Nativa. Zonas Bajas. Bosque Semideciduo Chiquitano, 0–1000 m.
Dept.: SC.
Muestra: *G.J. Seijo & V.G. Solís Neffa 3244* (CTES, LPB).

Sida charpinii Krapov., Bonplandia (Corrientes) 16(3–4): 200, f. 4. 2007.
Hierba. Nativa. Andes. Valles Secos, 2000–3000 m.
Dept.: CH, CO, TA.
Muestra: *S.G. Beck 6208* (LPB).

Sida chiquitana Krapov., Bonplandia (Corrientes) 21(1): 77–79, f. 1. 2012.
Hierba. Endémica. Zonas Bajas. Bosque Semideciduo Chiquitano, 0–500 m.
Dept.: SC.
Tipo: *M.S. Ferrucci et al. 2569* (HT: LPB; IT: CTES).
Nota: Conocida solamente del tipo.

Sida ciliaris L., Syst. Nat. (ed. 10) 2: 1145. 1759.
Sin.: *Sida tridentata* Cav., *Sida muricata* Cav., *Sida ciliaris* var. *mexicana* (Moric. ex Ser.) Shinners, *Pseudomalachra ciliaris* (L.) Monteiro, *Pseudomalachra tridentanta* (Cav.) Monteiro
Ref.: Rusby (1893b), Foster (1958), Adolfo María (1966), López Vargas (1995), Serrano & Terán (1998 [2000]), Wood (2005), Krapovickas (2007a), Nee (2008).
Hierba. Nativa. Zonas Bajas, Andes. Bosque Húmedo, Bosque Semideciduo Chiquitano, Bosque Seco Chaqueño, Sabanas Benianas del Sur, Valles Secos, 0–2500 m.
Dept.: BE, CH, SC, TA.
Muestra: *M.H. Nee 44770* (LPB, MO, NY, TEX).
Nom. Vern.: Alfa-alfilla, orgo Santa María.

Sida cordifolia L., Sp. Pl. 2: 684. 1753.
Sin.: *Sida micans* Cav., *Sida althaeifolia* Sw., *Sida pungens* Kunth, *Sida conferta* Link, *Sida holosericea* Willd. ex Spreng., *Sida cordifolia* var. *althaeifolia* (Sw.) Griseb., *Sida cordifolia* var. *conferta* (Link) Griseb.
Ref.: Rodrigo Trigo (1944), Foster (1958), López Vargas (1995), De la Barra (1997), Killeen & Schulenberg (1998), Serrano & Terán (1998 [2000]), Nee (2008).
Hierba. Nativa. Zonas Bajas, Andes. Bosque Semideciduo Chiquitano, Bosque Seco Chaqueño, Bosque Serrano Chaqueño, Valles Secos, 0–3000 m.
Dept.: CH, CO, LP, SC, TA.
Muestra: *I.G. Vargas et al. 2421* (MO, TEX, USZ).
Infra: *Sida cordifolia* var. *serrata* Baker f.
Nom. Vern.: Gueitchi, malva loca, pampa ovejera.

Sida cristobaliana Krapov., Bonplandia (Corrientes) 16(3–4): 232, 234, f. 11. 2007.
Ref.: Krapovickas (2007b).
Hierba. Nativa. Zonas Bajas. Bosque Semideciduo Chiquitano, Campos Cerrados, 0–1000 m.
Dept.: SC.
Muestra: *A. Krapovickas 9138* (LIL).

[Sida decandra R.E. Fr.], Kongl. Svenska Vetensk. Acad. Handl., n.s. 24(2): 16. 1947.
Ref.: Burandt Jr. (1992), De la Barra (1997).
Nota: El registro se basa en material mal identificado de *S. oligandra*.

Sida dictyocarpa Griseb. ex K. Schum., Fl. Bras. 12(3): 314. 1891.
Ref.: Rodrigo Trigo (1944), Foster (1958), Kearney (1958b), De la Barra (1997), Serrano & Terán (1998 [2000]), Krapovickas (2006b), Nee (2008).
Hierba, subarbusto. Nativa. Zonas Bajas, Andes. Bosque Semideciduo Chiquitano, Valles Secos, 0–1000, 2500–3000 m.
Dept.: CH, CO, SC, TA.
Muestra: *Calcagnini s.n.* (BAB).

Sida dureana Krapov., Bonplandia (Corrientes) 16(3–4): 235, f. 13. 2007.
Ref.: Krapovickas (2007b).
Hierba. Nativa. Zonas Bajas. Campos Cerrados, 0–500 m.
Dept.: SC.
Muestra: *V.G. Solís Neffa et al. 1297* (CTES, G, MO).

Sida emilei Hochr., Annuaire Conserv. Jard. Bot. Genève 20: 138. 1917.
Ref.: Krapovickas (2006b).
Subarbusto. Nativa. Zonas Bajas. Bosque Semideciduo Chiquitano, Sabanas Benianas del Sur, 0–500 m.
Dept.: SC.
Muestra: *A. Krapovickas & A. Schinini 36221* (CTES, LPB).

Sida esperanzae R.E. Fr., Ark. Bot. 6(2): 8, t. 2, f. 11–13. 1906.
Sin.: *Sida dictyocarpa* var. *esperanzae* (R.E. Fr.) Rodrigo
Ref.: Rodrigo Trigo (1944), Krapovickas (2006b).
Hierba. Nativa. Zonas Bajas, Andes. Bosque Semideciduo Chiquitano, Bosque Seco Chaqueño, Valles Secos, 0–2000 m.
Dept.: CO, LP, SC, TA.
Muestra: *A. Krapovickas et al. 19283* (CTES, LPB, MO, TEX).

[Sida glabra Mill.], Gard. Dict. (ed. 8) Sida no. 14. 1768.
Ref.: Schulenberg & Awbrey (1997), Serrano & Terán (1998 [2000]).
Nota: El registro se basa en material mal identificado. Esta especie no ocurre en Bolivia y se confunde con frecuencia con *S. glutinosa*.

[Sida glaziovii K. Schum.], Fl. Bras. 12(3): 322. 1891.
Ref.: Rodrigo Trigo (1944), Foster (1958).
Nota: El registro se basa en material mal identificado.

Sida glomerata Cav., Diss. 1: 18, pl. 2, f. 6. 1785.
Ref.: Kearney (1958b), Fryxell (1992),

Krapovickas (2003a).
Subarbusto, arbusto. Nativa. Zonas Bajas. Bosque Húmedo, Bosque Seco Chaqueño, Sabanas Benianas del Sur, 0–500 m.
Dept.: BE, CH, PA, SC.
Muestra: *J.C. Solomon 7580* (CTES, MO, TEX).

[Sida glutinosa Comm. ex Cav.], Diss. 1: 16, pl. 2, f. 8. 1785.
Ref.: Foster (1958).
Nota: El registro se basa en material mal identificado de *S. schumanniana*.

Sida gracilipes Rusby, Mem. Torrey Bot. Club 6(1): 10. 1896.
Ref.: Foster (1958), Kearney (1958b), Krapovickas (2006b).
Hierba. Endémica. Andes. Valles Secos, 1500–2500 m.
Dept.: CH, CO, SC, TA.
Tipo y muestra: *M. Bang 1146* (HT: NY; IT: E, GH, K, MO, NY, US, US), *E. Gutiérrez C. et al. 1542* (CTES, USZ).
Nom. Vern.: Bervenita, ismowagachi.

Sida graniticola J.R.I. Wood, Kew Bull. 68: 7–9. 2013.
Hierba. Endémica. Zonas Bajas. Bosque Semideciduo Chiquitano, 0–1000 m.
Dept.: SC.
Tipo y muestra: *J.R.I. Wood et al. 24252* (HT: USZ; IT: K, LPB, UB), *J.R.I. Wood et al. 25781* (K, LPB, UB, USZ).

Sida jussiaeana DC., Prodr. 1: 463. 1824.
Sin.: *Sida jussieuana* DC., *Sida decumbens* A. St.-Hil. & Naudin, *Sida stolonifera* Salzm. ex Turcz., *Anoda decumbens* (A. St.-Hil. & Naudin) Hochr.
Ref.: Krapovickas (2006b).
Hierba. Nativa. Zonas Bajas. Bosque Seco Chaqueño, 500–1000 m.
Dept.: SC, TA.
Muestra: *A. Krapovickas & A. Schinini 30988* (C, CTES, F, MO, SI).

Sida linearifolia A. St.-Hil., Fl. Bras. Merid. (quarto ed.) 1(5): 180. 1825 [1827].
Ref.: Killeen & Schulenberg (1998).
Hierba. Nativa. Zonas Bajas. Campos Cerrados, 0–500 m.
Dept.: SC.
Muestra: *E. Gutiérrez C. et al. 647* (MO, TEX, USZ).

Sida linifolia Juss. ex Cav., Diss. 1: 14, pl. 2, f. 1. 1785.
Sin.: *Sida graminifolia* Rich., *Sida linearifolia* Thonn., *Sida miqueliana* Turcz., *Sida longifolia* Brandegee
Ref.: Rodrigo Trigo (1944), Foster (1958), Nee (2008), Arroyo Padilla & Villarroel Segarra (2009).
Hierba, subarbusto. Nativa. Zonas Bajas. Bosque Semideciduo Chiquitano, Campos Cerrados, Sabanas Benianas del Sur, 0–500 m.
Dept.: BE, LP, SC.
Muestra: *A. Rodríguez 238* (MO, USZ).

Sida luschnathiana Steud., Nomencl. Bot. (ed. 2) 2: 578. 1841.
Sin.: *Sida viscidula* Klotzsch, *Sida xavieri* Monteiro
Ref.: Krapovickas (2006b).
Subarbusto. Nativa. Zonas Bajas. Bosque Semideciduo Chiquitano, 0–500 m.
Dept.: SC.
Muestra: *A. Krapovickas & A. Schinini 32031* (CTES, MO).

Sida multicrena Hochr., Bull. Herb. Boissier, sér. 2 5: 295. 1905.
Sin.: *Sida montana* fo. *multicrena* (Hochr.) Hassl.
Ref.: Wood (2013b).
Hierba. Nativa. Zonas Bajas. Bosque Semideciduo Chiquitano, Campos Cerrados, 0–500 m.
Dept.: SC.
Muestra: *J.R.I. Wood et al. 26495* (K, LPB, USZ).

[Sida nemorensis Mart. ex Colla], Herb. Pedem. 1: 416. 1833.
Sin.: *Sida tomentella* Miq., *Sida melanocaulon* Hassl., *Sida margaritensis* Hassl.
Ref.: Krapovickas (2006b).
Nota: El registro se basa en material mal identificado de *S. caudata*.

Sida oligandra K. Schum., Nat. Pflanzenfam. 3(6): 43. 1890.
Ref.: Foster (1958), Burandt Jr. (1992).
Hierba. Nativa. Zonas Bajas, Andes. Bosque Húmedo, Yungas, 0–3000 m.
Dept.: LP.
Tipo y muestra: *G. Mandon 818* (HT: B destr.; LT: S; ILT: BM, F, G, GH, K, NY, NY, US; fotos: F ex B, GH, US), *C.L. Burandt Jr. 2342* (AAU, BM, BRIT, C, CAS, F, GH, H, K, LPB, MO, NY, PORT, QCA, S, TEX, UC, US, USM).

Sida paradoxa Rodrigo, Notas Mus. La Plata, Bot. 2(14): 105, f. 1, 2. 1937.
Hierba. Nativa. Zonas Bajas. Bosque Semideciduo Chiquitano, 0–500 m.
Dept.: SC.
Muestra: *M.H. Nee 39941* (LPB, MO, NY).
Nota: Identificación tentativa, el único registro afuera de Corrientes, Argentina.

Sida pedersenii Krapov., Bonplandia (Corrientes) 16(3–4): 243, f. 1d, f. 3a, b, 4c, d, 15. 2007.
Ref.: Krapovickas (2007b).
Hierba. Nativa. Zonas Bajas. Bosque Seco Chaqueño, 0–500 m.
Dept.: SC.
Muestra: *V.G. Solís Neffa et al. 1839* (CTES).

Sida poeppigiana (K. Schum.) Fryxell, Fl. Ecuador 44: 106. 1992.
Sin.: *Sida rhombifolia* var. *poeppigiana* K. Schum.
Ref.: Nee (2008).
Hierba, subarbusto. Nativa. Zonas Bajas, Andes. Bosque Semideciduo Chiquitano, Campos Cerrados, Yungas, Valles Secos, 0–2500 m.
Dept.: LP, SC.
Muestra: *A. Krapovickas 46762* (CTES, LPB, TEX).
Nom. Vern.: Ismoagachi.

Sida potentilloides A. St.-Hil., Fl. Bras. Merid. (quarto ed.) 1(5): 178. 1825 [1827].
Sin.: *Sida cordifolia* var. *potentilloides* (A. St.-Hil.) Griseb., *Sida anarthra* Ekman
Ref.: Foster (1958).
Arbusto. Nativa. Andes. Yungas, 2000–2500 m.
Dept.: LP.
Muestra: *J.C. Solomon 13706* (MO).
Nota: Identificación tentativa, podría ser *S. pseudopotentilloides*.

[Sida rajoides M.E. Jones], Contr. W. Bot. 18: 58. 1933.
Ref.: Adolfo María (1966).
Nota: El registro se basa en material mal identificado. Al parecer una especie centroamericana y un sinónimo de *Melochia tomentosa* L., una especie que no ocurre en Bolivia.

Sida rhombifolia L., Sp. Pl. 2: 684. 1753.
Sin.: *Napaea rhombifolia* (L.) Moench, *Sida rhomboidea* Roxb. ex Fleming, *Sida hondensis* Kunth, *Sida rhombifolia* var. *canariensis* Griseb., *Sida rhombifolia* var. *rhomboidea* (Roxb. ex Fleming) Mast., *Malva rhombifolia* (L.) E.H.L. Krause, *Sida andicola* Gand.
Ref.: Rusby (1893b), Rodrigo Trigo (1944), Foster (1958), Adolfo María (1966), Moraes R. (1990), López Vargas (1995), Saravia Miranda (1996), Schulenberg & Awbrey (1997), Serrano & Terán (1998 [2000]), Nee (2008), Arroyo Padilla & Villarroel Segarra (2009).
Hierba, subarbusto, arbusto. Nativa. Zonas

Bajas, Andes. Bosque Húmedo, Sabanas Benianas del Sur, Yungas, Bosque Tucumano-Boliviano, 0–3000 m.
Dept.: BE, CH, CO, LP, PA, SC, TA.
Muestra: *A. Krapovickas 10278* (LP).
Nom. Vern.: Ismowagachi, ismuhuagachi, maguachjachi colorau, mawacachi.

Sida riedelii K. Schum., Fl. Bras. 12(3): 296. 1891.
Sin.: *Sida spinosa* var. *riedelii* (K. Schum.) Rodrigo
Ref.: Killeen & Schulenberg (1998).
Subarbusto. Nativa. Andes. Yungas, 1000–1500 m.
Dept.: LP, SC.
Muestra: *S.G. Beck 22464* (CTES, LPB, M, US).

Sida rodrigoi Monteiro, Anais Congr. Soc. Bot. Brasil 15: 64–66. 1967.
Ref.: Serrano & Terán (1998 [2000]), Krapovickas (2003a).
Arbusto. Nativa. Zonas Bajas, Andes. Bosque Seco Chaqueño, Bosque Serrano Chaqueño, Valles Secos, 0–2000 m.
Dept.: BE, CH, SC, TA.
Muestra: *S.G. Beck 6334* (CTES, LPB).

Sida rufescens A. St.-Hil., Fl. Bras. Merid. (quarto ed.) 1(5): 185. 1825 [1827].
Sin.: *Sida pseudo-urens* Baker f., *Sida urens* var. *rufescens* (A. St.-Hil.) Baker f., *Sida urens* var. *aurea* Hassl.
Ref.: Foster (1958), Kearney (1958b), Krapovickas (2006b), Fryxell (2009).
Hierba. Nativa. Zonas Bajas, Andes. Bosque Húmedo, Sabanas Benianas del Sur, Yungas, Valles Secos, 0–500, 1000–2000 m.
Dept.: LP, SC.
Muestra: *A. Krapovickas & A. Schinini 36163* (CTES, MICH).

Sida rupicola Hassl., Repert. Spec. Nov. Regni Veg. 12(325/220): 264. 1913.
Sin.: *Sida piauhyensis* Ulbr., *Sida rupicola* var. *grandiflora* Hassl.
Ref.: Rodrigo Trigo (1944), Foster (1958), Krapovickas (2006b).
Hierba. Nativa. Zonas Bajas, Andes. Bosque Semideciduo Chiquitano, Valles Secos, 0–3000 m.
Dept.: CO, LP, SC.
Muestra: *S.G. Beck 7986* (CTES, LPB).

Sida santaremensis Monteiro, Monogr. Malv. Bras. 1(Sida): 44, t. 8. 1936.
Ref.: Nee (2008).
Subarbusto. Nativa. Zonas Bajas. Bosque Semideciduo Chiquitano, 0–1000 m.
Dept.: BE, LP, SC, TA.
Muestra: *M.H. Nee 44572* (LPB, NY).
Nom. Vern.: Malva taporita.

Sida schininii Krapov., Bonplandia (Corrientes) 15(1–2): 30. 2006.
Ref.: Krapovickas (2006b).
Subarbusto. Endémica. Zonas Bajas. Bosque Seco Chaqueño, Campos Cerrados, Sabanas Benianas del Sur, 0–1000 m.
Dept.: SC.
Tipo y muestra: *A. Krapovickas & A. Schinini 36223* (HT: LPB; IT: CTES), *A. Krapovickas & A. Schinini 32250* (CTES, SI).

Sida schumanniana Krapov., Bonplandia (Corrientes) 15(1–2): 32–34, f. 6. 2006.
Sin.: *Sida urens* var. *grandiflora* K. Schum.
Ref.: Krapovickas (2006b), Fryxell (2009).
Hierba, arbusto. Nativa. Zonas Bajas, Andes. Bosque Húmedo, Yungas, Valles Secos, 0–2000 m.
Dept.: LP, PA, SC, TA.
Muestra: *J.C. Solomon & M.H. Nee 14297* (CTES, MO, NY).

Sida setosa Mart. ex Colla, Herb. Pedem. 1: 416. 1833.
Sin.: *Sida kohautiana* C. Presl, *Sida pohliana* C. Presl, *Sida rhombifolia* var. *surinamensis* K. Schum., *Sida rhombifolia* var. *pohliana* (C. Presl) Baker f.
Ref.: Fryxell (1992), Killeen & Schulenberg (1998), Arrázola Rivero et al. (2000).
Hierba. Nativa. Zonas Bajas. Bosque Húmedo, Bosque Semideciduo Chiquitano, Campos Cerrados, 0–500 m.
Dept.: CO, LP, SC.
Muestra: *R.C. Quevedo et al. 2563* (LPB, MO, TEX, US, USZ).

Sida spinosa L., Sp. Pl. 2: 683–684. 1753.
Sin.: *Sida alba* L., *Sida angustifolia* Mill., *Sida angustifolia* Lam., *Malvinda spinosa* (L.) Moench, *Sida spinosa* var. *angustifolia* (Lam.) Griseb.
Ref.: De la Barra (1997), Killeen & Schulenberg (1998), Serrano & Terán (1998 [2000]), Nee (2008).
Hierba. Nativa. Zonas Bajas, Andes. Bosque Húmedo, Bosque Semideciduo Chiquitano, Bosque Seco Chaqueño, Yungas, 0–1500 m.
Dept.: BE, CH, CO, LP, SC, TA.
Muestra: *R. Guillén V. & R. Choré 1328* (MO, TEX, USZ).

Sida tobatiensis Ulbr., Bot. Jahrb. Syst. 54(Beibl. 117): 68. 1916.
Hierba, subarbusto. Nativa. Andes. Valles Secos, 2000–2500 m.
Dept.: LP.
Muestra: *M.A. Lewis 35133* (LPB, MO).
Nota: Identificación tentativa.

Sida tuberculata R.E. Fr., Kongl. Svenska Vetensk. Acad. Handl., n.s. 42(12): 33, pl. 3. 1908.
Hierba. Nativa. Zonas Bajas. Bosque Húmedo, Campos Cerrados, 0–500 m.
Dept.: BE, LP, SC.
Muestra: *S.G. Beck & R. Haase 9903* (CTES, K, LPB, MO, NY, US, USZ).

Sida ulmifolia Mill., Gard. Dict. (ed. 8) Sida no. 1. 1768.
Sin.: *Sida carpinifolia* Mill., *Sida stipulata* Cav.
Ref.: Krapovickas (2003a).
Hierba, subarbusto. Nativa. Zonas Bajas. Bosque Húmedo, 0–500 m.
Dept.: BE, PA.
Muestra: *S.G. Beck 17095* (CTES, LPB, US).

Sida urens L., Syst. Nat. (ed. 10) 2: 1145. 1759.
Sin.: *Sida verticillata* Cav., *Sida sessiliflora* G. Don, *Sida congensis* D. Dietr.
Ref.: Rusby (1893b), Rodrigo Trigo (1944), Foster (1958), Kearney (1958b), Fryxell (1992), Krapovickas (2006b), Nee (2008), Fryxell (2009).
Hierba, subarbusto. Nativa. Zonas Bajas, Andes. Bosque Húmedo, Bosque Semideciduo Chiquitano, Campos Cerrados, Sabanas Benianas del Sur, Yungas, 0–2000 m.
Dept.: BE, CH, LP, SC, TA.
Muestra: *H.H. Rusby 1454* (NY, TEX, US).

Sida vagans Krapov., Bonplandia (Corrientes) 15(1–2): 37. 2006.
Ref.: Krapovickas (2006b).
Hierba. Endémica. Zonas Bajas. Bosque Húmedo, 0–500 m.
Dept.: SC.
Tipo: *J. Steinbach 2337* (HT: LIL).
Nota: Conocida solamente del tipo.

Sida variegata (Griseb.) Krapov., Bol. Soc. Argent. Bot. 4: 187. 1952.
Sin.: *Sida cordifolia* var. *variegata* Griseb., *Sida montana* K. Schum.
Hierba. Nativa. Zonas Bajas, Andes. Bosque Seco Chaqueño, Bosque Tucumano-Boliviano, 0–2500 m.
Dept.: CH, CO, SC.
Muestra: *R. Seidel & S.G. Beck 481* (CTES, LPB, M, US, USZ).

[Sida veronicifolia Lam.], Encycl. 1: 5. 1783.
Ref.: Nee (2008).
Nota: El registro se basa en material mal identificado de probablemente *S. jussiaeana*.

Sida viarum A. St.-Hil., Fl. Bras. Merid. (quarto ed.) 1(4): 143–144. 1825.
Hierba. Nativa. Zonas Bajas. Bosque Semideciduo Chiquitano, 0–500 m.
Dept.: BE, SC.
Muestra: *V.G. Solís Neffa et al. 1920* (CTES, LPB).
Nota: El reporte de Killeen & Schulenberg (1998) se basaba en material mal identificado de *S. linearifolia*.

Sida yungasensis Krapov., Bonplandia (Corrientes) 19(1): 87, f. 4. 2010.
Hierba. Endémica. Andes. Yungas, 1000–1500 m.
Dept.: LP.
Tipo y muestra: *S.G. Beck 30444* (HT: LPB; IT: CTES), *J.L. Luteyn & L.J. Dorr 13513* (BOLV, CTES, LPB, MO, NY, USZ).

Sidastrum Baker f., J. Bot. 30(353): 137–138. 1892.
3 especies, 0 especies endémicas.

Sidastrum micranthum (A. St.-Hil.) Fryxell, Brittonia 30(4): 452. 1978.
Sin.: *Sida micrantha* A. St.-Hil., *Sida phlebococca* Griseb.
Ref.: Killeen & Schulenberg (1998), Fryxell (2007).
Hierba, subarbusto. Nativa. Zonas Bajas. Bosque Húmedo, Bosque Semideciduo Chiquitano, Campos Cerrados, 0–500 m.
Dept.: SC.
Muestra: *M.H. Nee 41474* (LPB, MO, NY, TEX).

Sidastrum multiflorum (Jacq.) Fryxell, Brittonia 31(2): 298. 1979.
Sin.: *Sida multiflora* Jacq., *Sida rojasii* Hassl.
Ref.: Fryxell (1978), Fryxell (1979b).
Subarbusto. Nativa. Zonas Bajas, Andes. Bosque Húmedo, Bosque Semideciduo Chiquitano, Valles Secos, 0–500, 1000–1500 m.
Dept.: SC.
Muestra: *M.H. Nee 39289* (LPB, MO, NY, TEX).

Sidastrum paniculatum (L.) Fryxell, Brittonia 30(4): 453. 1978.
Sin.: *Sida paniculata* L., *Sida capillaris* Cav., *Sida atrosanguinea* Jacq., *Sida floribunda* Kunth, *Sida alpestris* A. St.-Hil., *Sida paniculata* var. *normalis* Kuntze
Ref.: Foster (1958), Nee (2008).
Hierba, subarbusto. Nativa. Zonas Bajas. Bosque Seco Chaqueño, 0–1000 m.
Dept.: BE, LP, SC.
Muestra: *M.H. Nee 43367* (MO, NY, TEX).

Sparrmannia L. f., Suppl. Pl. 41, 265, 462. 1781 [1782].
1 especie, 0 especies endémicas.

Sparrmannia africana L. f., Suppl. Pl. 41. 1781 [1782].
Árbol. Cultivada. Andes. Yungas, Valles Secos, 2500–3500 m.
Dept.: CO, LP.
Muestra: *J.C. Solomon 8204* (LPB, MO).
Nom. Vern.: Tilo.

Sphaeralcea A. St.-Hil., Fl. Bras. Merid. (quarto ed.) 1(4): 163. 1825.
3 especies, 0 especies endémicas.

Sphaeralcea bonariensis (Cav.) Griseb., Abh. Königl. Ges. Wiss. Göttingen 19: 92. 1874.
Sin.: *Malva bonariensis* Cav., *Sphaeralcea cisplatina* A. St.-Hil. *Sphaeralcea miniata* var. *cisplatina* (A. St.-Hil.) K. Schum., *Sphaeralcea rhombifolia* Griseb., *Sphaeroma bonariensis* (Cav.) Kuntze, *Sphaeroma bonariensis* var. *cisplatinum* (A. St.-Hil.) Kuntze, *Sphaeralcea miniata* var. *inquilina* Ulbr.
Ref.: Krapovickas (1949), Foster (1958), Nee (2008).
Hierba. Nativa. Zonas Bajas, Andes. Bosque Seco Chaqueño, Valles Secos, 500–1500, 2000–3000 m.
Dept.: CH, CO, SC, TA.
Muestra: *K. Fiebrig 3083* (GH, MO, SI).

Sphaeralcea cordobensis Krapov., Lilloa 17: 214. 1949.
Ref.: Nee (2008).
Hierba. Nativa. Andes. Bosque Tucumano-Boliviano, 2500–3000 m.
Dept.: SC.
Muestra: *I.G. Vargas 3156* (LPB, MO, USZ).

Sphaeralcea miniata (Cav.) Spach, Hist. Nat. Vég. 3: 352. 1834.
Sin.: *Malva miniata* Cav.
Ref.: Foster (1958).
Hierba, subarbusto. Nativa. Zonas Bajas. Bosque Seco Chaqueño, 0–500 m.
Dept.: TA.
Muestra: *T. Herzog 1091* (B, L, S).
Nota: La muestra citada es la única documentación de esta especie en Bolivia.

Spirotheca Ulbr., Notizbl. Bot. Gart. Berlin–Dahlem 6(55): 159. 1914.
1 especie, 0 especies endémicas.

Spirotheca rosea (Seem.) P.E. Gibbs & W.S. Alverson, Brittonia 58(3): 253. 2006.
Sin.: *Chorisia rosea* Seem., *Ceiba rosea* (Seem.) K. Schum., *Spirotheca salmonea* Ulbr., *Ceiba salmonea* (Ulbr.) Bakh.
Ref.: Torrico Pardo (1993a).
Árbol, hemiepífita, epífita. Nativa. Andes. Yungas, 1500–2000 m.
Dept.: LP.
Muestra: *D.N. Smith & J.F. Smith 13130A* (LPB, MO, USZ, WIS).

Sterculia L., Sp. Pl. 2: 1007. 1753.
6 especies, 0 especies endémicas.

Sterculia apeibophylla Ducke, Bol. Tecn. Inst. Agron. N. 4: 16–17. 1945.
Ref.: Taylor (1989), Villegas Coimbra (1993b), Killeen & Schulenberg (1998), Alverson et al. (2000), Arrázola Rivero et al. (2000).
Árbol. Nativa. Zonas Bajas. Bosque Húmedo, 0–1000 m.
Dept.: CO, LP, PA, SC.
Muestra: *B.A. Krukoff 10720* (A, F, MICH, MO, NY, S, U, US).
Nom. Vern.: Sujo.

Sterculia apetala (Jacq.) H. Karst., Fl. Columb. 2: 35, pl. 118. 1862.
Sin.: *Helicteres apetala* Jacq., *Sterculia elata* Ducke
Ref.: Taylor (1989), Villegas Coimbra (1993b), Mostacedo C. & Uslar (1999), Alverson et al. (2000), Nee (2008).
Árbol. Nativa. Zonas Bajas. Bosque Húmedo, 0–500 m.
Dept.: BE, LP, PA, SC.
Muestra: *T. Killeen et al. 2993* (LPB, MO).
Infra: *Sterculia apetala* var. *apetala*, *Sterculia apetala* var. *elata* (Ducke) E.L. Taylor ex Brako & Zarucchi
Nom. Vern.: Mani, sujo.

[Sterculia excelsa Mart.], Flora 24(2, Beibl.): 40. 1841.
Ref.: Foster (1958), Villegas Coimbra (1993b).
Nota: El registro se basa en material mal identificado.

[Sterculia laxiflora Rusby], Descr. S. Amer. Pl. 56. 1920.
Ref.: Foster (1958), Villegas Coimbra (1993b).
Árbol. Cultivada. Región, tipo de vegetación y elevación desconocidas.
Dept.: Bolivia.

Tipo: *M. Bang s.n.* (HT: NY).
Nota: Especie dudosa. Se está estudiando la identidad de esta especie. Conocida solamente del tipo, el cual parece ser una colecta mixta de procedencia desconocida.

[Sterculia pilosa Ducke], Arch. Jard. Bot. Rio de Janeiro 3: 212. 1922.
Ref.: Villegas Coimbra (1993b).
Nota: El registro se basa en material mal identificado.

[Sterculia pruriens (Aubl.) K. Schum.], Fl. Bras. 12(3): 8. 1886.
Ref.: Foster (1958), Villegas Coimbra (1993b).
Nota: El registro se basa en material mal identificado.

Sterculia stipulifera Ducke, Arch. Jard. Bot. Rio de Janeiro 4: 128. 1925.
Ref.: Taylor (1989).
Árbol. Nativa. Zonas Bajas. Bosque Húmedo, 0–500 m.
Dept.: PA.
Muestra: *G.T. Prance et al. 8432* (INPA, NY).

Sterculia striata A. St.-Hil. & Naudin, Ann. Sci. Nat., Bot., sér. 2 18: 213. 1842.
Ref.: Foster (1958), Taylor (1989), Villegas Coimbra (1993b), Fuentes Claros (1998), Killeen & Schulenberg (1998), Mostacedo C. & Uslar (1999), Jardim et al. (2003), Cristóbal (2007), Nee (2008), Wood et al. (2011).
Árbol. Nativa. Zonas Bajas. Bosque Semideciduo Chiquitano, Sabanas Benianas del Sur, 0–1000 m.
Dept.: BE, SC.
Muestra: *M.H. Nee 48776* (LPB, MO, NY, US).
Nom. Vern.: Maní, sucho, sujo.

Sterculia tessmannii Mildbr., Notizbl. Bot. Gart. Berlin–Dahlem 9(90): 1149. 1927.
Ref.: Taylor (1989).
Árbol. Nativa. Zonas Bajas. Bosque Húmedo, 0–1000 m.
Dept.: BE, LP.
Muestra: *M. Del Águila & E. García 119* (CTES, MO).
Nom. Vern.: Palto de monte.

Tarasa Phil., Anales Mus. Nac. Santiago de Chile 1: 10. 1891.
12 especies, 1 especie endémica.

Tarasa antofagastana (Phil.) Krapov., Bol. Soc. Argent. Bot. 5(3): 130, f. 21. 1954.
Sin.: *Malva antofagastana* Phil., *Malvastrum antofagastanum* (Phil.) Baker f., *Malveopsis antofagastana* (Phil.) Kuntze
Ref.: Foster (1958).
Hierba. Nativa. Andes. Valles Secos, 2500–3000 m.
Dept.: PO, SC.
Muestra: *A. Krapovickas 7153* (CTES, MO).

Tarasa capitata (Cav.) D.M. Bates, Gentes Herb. 9: 388. 1965.
Sin.: *Malva capitata* Cav., *Malvastrum capitatum* (Cav.) Griseb., *Malvastrum scorpioides* (Kuntze) K. Schum., *Malveopsis scorpioides* Kuntze, *Malvastrum jorgensenii* I.M. Johnst., *Tarasa jorgensenii* (I.M. Johnst.) Krapov.
Ref.: Bates (1965), Adolfo María (1966), Hill (1982c), De la Barra (1997), Schulenberg & Awbrey (1997), Serrano & Terán (1998 [2000]), Nee (2008).
Hierba. Nativa. Andes. Yungas, Bosque Tucumano-Boliviano, Valles Secos, 2000–4000 m.
Dept.: CH, CO, LP, PO, SC, TA.
Muestra: *M. Bang 1897* (GH, MO, US).
Nom. Vern.: Malva, malva-malva, violeta del monte.

Tarasa cardenasii Krapov., Bol. Soc. Argent. Bot. 5(3): 131–132, f. 8. 1954.
Ref.: Foster (1958), Serrano & Terán (1998 [2000]).
Hierba. Endémica. Andes. Yungas, 2000–3000 m.
Dept.: CH, CO, TA.
Tipo y muestra: *A. Krapovickas 6977* (HT: SI), *M. Cárdenas 3780* (CAS).

Tarasa heterophylla (Griseb.) Krapov., Bol. Soc. Argent. Bot. 5(3): 124, f. 2c. 1954.
Sin.: *Malvastrum heterophyllum* Griseb., *Malvastrum bolivianum* Baker f., *Sphaeralcea heterophylla* (Griseb.) Baker f., *Malveopsis heterophylla* (Griseb.) Kuntze
Ref.: Foster (1958).
Hierba. Nativa. Andes. Bosque Tucumano-Boliviano, Valles Secos, 1500–3500 m.
Dept.: CO, TA.
Tipo y muestra: *P.G. Lorentz & G. Hieronymus 971* (LT: GOET; ILT: CORD, G, K, NY, SI, UC, US), *R. Kiesling et al. 3731* (MO).

Tarasa hornschuchiana (Walp.) Krapov., Bol. Soc. Argent. Bot. 5(3): 139. 1954.
Sin.: *Malva hornshuchiana* Walp., *Malvastrum rusbyi* Britton, *Malveopsis rusbyi* (Britton) Rusby, *Sphaeralcea hornschuchiana* (Walp.) Baker f.
Ref.: Rusby (1893b), Foster (1958).
Arbusto. Nativa. Andes. Yungas, Valles Secos, 2000–4000 m.
Dept.: CO, LP.
Muestra: *O. Buchtien 3216* (NY, S, US).

Tarasa latearistata Krapov., Bol. Soc. Argent. Bot. 5(3): 119–120, f. 3. 1954.
Hierba. Nativa. Andes. Valles Secos, 3000–4000 m.
Dept.: PO, TA.
Muestra: *K. Fiebrig 3096* (US).

Tarasa nototrichoides (Hochr.) Krapov., Bol. Soc. Bot. Lib. 9(1–2): 48. 1979.
Sin.: *Malvastrum nototrichoides* Hochr.
Hierba. Nativa. Altiplano. Puna Húmeda, 4000–4500 m.
Dept.: LP.
Muestra: *X. Menhofer 1093* (LPB).

Tarasa odonellii Krapov., Bol. Soc. Argent. Bot. 5(3): 127–128, f. 6. 1954.
Ref.: Foster (1958).
Hierba. Nativa. Andes. Yungas, 2500–3000 m.
Dept.: CO.
Muestra: *J. Steinbach 4075* (LIL).

Tarasa tarapacana (Phil.) Krapov., Bol. Soc. Argent. Bot. 5(3): 121, f. 2g. 1954.
Sin.: *Malva tarapacana* Phil., *Malvastrum tarapacanum* (Phil.) Baker f.
Ref.: Foster (1958).
Hierba. Nativa. Andes, Altiplano. Valles Secos, Puna Seca, 3000–4000 m.
Dept.: LP, OR, PO, TA.
Muestra: *E. Asplund 6039* (US).

Tarasa tenella (Cav.) Krapov., Bol. Soc. Argent. Bot. 5(3): 123, f. 2m. 1954.
Sin.: *Malva tenella* Cav., *Malvastrum tenellum* (Cav.) Hieron., *Malvastrum multicaule* Britton, *Malveopsis multicaulis* (Britton) Rusby, *Malvastrum micranthum* Rusby
Ref.: Rusby (1893b), Foster (1958).
Hierba. Nativa. Andes, Altiplano. Yungas, Valles Secos, Puna Húmeda, 2500–4500 m.
Dept.: LP, OR, PO, TA.
Muestra: *O. Buchtien 8727* (GH, MO, US).

Tarasa tenuis Krapov., Bol. Soc. Argent. Bot. 5(3): 121–123, f. 4. 1954.
Hierba, subarbusto. Nativa. Andes. Yungas, 2000–3000 m.
Dept.: LP.
Muestra: *M.A. Lewis 35295* (MO).

Tarasa urbaniana (Ulbr.) Krapov., Bol. Soc. Argent. Bot. 5(3): 140, f. 2f. 1954.
Sin.: *Malvastrum urbanianum* Ulbr.
Hierba. Nativa. Altiplano. Puna Seca, 3000–3500 m.
Dept.: LP, OR.
Muestra: *D. Flores S. 506* (LPB, MO).

Tetrasida Ulbr., Bot. Jahrb. Syst. 54(Beibl. 117): 66. 1916.
1 especie, 0 especies endémicas.

Tetrasida chachapoyensis (Baker f.) Fryxell & Fuertes, Brittonia 44(4): 444. 1992.
Sin.: *Sida chachapoyensis* Baker f.
Arbusto, arbolito. Nativa. Zonas Bajas. Bosque Semideciduo Chiquitano, 500–1000 m.
Dept.: SC.
Muestra: *M.H. Nee 47523* (LPB, MO, NY).
Nota: Identificación tentativa.

Theobroma L., Sp. Pl. 2: 782. 1753.
5 especies, 0 especies endémicas.

Theobroma cacao L., Sp. Pl. 2: 782. 1753.
Sin.: *Theobroma sphaerocarpum* A. Chev.
Ref.: Foster (1958), Cuatrecasas (1964), Moraes R. (1990), Parker & Bailey (1991), Villegas Coimbra (1993b), Alverson et al. (2000), Nee (2008).
Arbusto, arbolito. Cultivada. Zonas Bajas, Andes. Bosque Húmedo, Yungas, 0–1500 m.
Dept.: BE, CO, LP, PA, SC.
Muestra: *D.E. Williams 1038* (LPB, MO, NY, US, USZ).
Nom. Vern.: Cacao, cacao criollo, chocolate, chocolate híbrido, chocoratij, cuashe, mura.

Theobroma grandiflorum (Willd. ex Spreng.) K. Schum., Fl. Bras. 12(3): 76, t. 17. 1886.
Sin.: *Bubroma grandiflorum* Willd. ex Spreng.
Ref.: Cuatrecasas (1964).
Árbol. Cultivada. Zonas Bajas. Bosque Húmedo, 0–500 m.
Dept.: PA.
Muestra: *J.C. Montero & L. Ruíz 3* (USZ).
Nom. Vern.: Cupuasú.

Theobroma microcarpum Mart., Repert. Pharm. 35: 24. 1830.
Ref.: Cuatrecasas (1964).
Árbol. Nativa. Zonas Bajas. Bosque Húmedo, 0–500 m.
Dept.: PA.
Muestra: *G.T. Prance 6143* (NY, US).

Theobroma speciosum Willd. ex Spreng., Syst. Veg. 3: 332. 1826.
Ref.: Cuatrecasas (1964), Parker & Bailey (1991), Villegas Coimbra (1993b), Killeen & Schulenberg (1998), Mostacedo C. & Uslar (1999), Alverson et al. (2000).
Árbol. Nativa. Zonas Bajas. Bosque Húmedo, 0–500 m.
Dept.: BE, LP, PA, SC.
Muestra: *A. Jardim & D. Cuellar 1003* (MO, TEX, US, USZ).
Nom. Vern.: Cacao, chocolate de la sierra, chocolatillo, cuashe.

Theobroma subincanum Mart., Repert. Pharm. 35: 23. 1830.
Ref.: Cuatrecasas (1964), Villegas Coimbra (1993b), Seidel & Vidaurre (2009).
Árbol. Nativa. Zonas Bajas. Bosque Húmedo, 0–500 m.
Dept.: BE, PA.
Muestra: *J.C. Solomon 6190* (LPB, MO).

[Theobroma sylvestre Aubl. ex Mart.], Repert. Pharm. 35: 24. 1830.
Ref.: Foster (1958), Villegas Coimbra (1993b).
Nota: El registro se basa en material mal identificado de *T. speciosum*.

Thespesia Sol. ex Corrêa, Ann. Mus. Natl. Hist. Nat. 9: 290–291, pl. 25, f. 1. 1807.
1 especie, 0 especies endémicas.

Thespesia populnea (L.) Sol. ex Corrêa, Ann. Mus. Natl. Hist. Nat. 9: 290. 1807.
Sin.: *Hibiscus populneus* L.
Ref.: Fryxell (1979a).
Árbol. Cultivada. Zonas Bajas. Bosque Húmedo, 0–500 m.
Dept.: SC.
Muestra: *M.H. Nee 39928* (LPB, NY, TEX).

Tilia L., Sp. Pl. 1: 514. 1753.
3 especies, 0 especies endémicas.

Tilia americana L., Sp. Pl. 1: 514. 1753.
Árbol. Cultivada. Andes. Valles Secos, 2500–3000 m.
Dept.: PO.
Muestra: *G. Torrico & C. Peca 434* (CTES, CUZ, LPB, MO, USZ).

Tilia platyphyllos Scop., Fl. Carniol. (ed. 2) 1: 373–374. 1771 [1772].
Árbol. Cultivada. Andes. Valles Secos, 3500–4000 m.
Dept.: LP.
Muestra: *R. Zeballos 1006* (BOLV, CTES, K, LPB, MO, NY, USZ).
Nota: Identificación tentativa.

Tilia tomentosa Moench, Verz. Ausländ. Bäume 137. 1785.
Árbol. Cultivada. Andes. Valles Secos, 2000–2500 m.
Dept.: CO.
Muestra: *J.C. Solomon 7577* (LPB, MO).

Triumfetta L., Sp. Pl. 1: 444. 1753.
9 especies, 0 especies endémicas.

Triumfetta abutiloides A. St.-Hil., Fl. Bras. Merid. (quarto ed.) 1(8): 287. 1825 [1828].
Ref.: Foster (1958), Moraes R. (1990), Grayum (1993), Killeen & Schulenberg (1998), Dorr (1999).
Subarbusto, arbusto. Nativa. Zonas Bajas. Bosque Semideciduo Chiquitano, 0–500 m.
Dept.: SC.
Muestra: *J.R. Abbott 16930* (MO, USZ).

Triumfetta althaeoides Lam., Encycl. 3: 420. 1791.
Sin.: *Triumfetta semitriloba* fo. *althaeoides* (Lam.) Uittien
Ref.: Foster (1958), Grayum (1993), Killeen & Schulenberg (1998), Dorr (1999).
Subarbusto, arbusto. Nativa. Zonas Bajas, Andes. Bosque Semideciduo Chiquitano, Sabanas Benianas del Sur, Campos Amazónicos, Yungas, Bosque Tucumano-Boliviano, 0–500, 2000–2500 m.
Dept.: BE, CH, LP, PA, SC.
Muestra: *J.C. Solomon 16872* (LPB, MO, USZ).

Triumfetta bogotensis DC., Prodr. 1: 506. 1824.
Ref.: Serrano & Terán (1998 [2000]).
Arbolito. Nativa. Zonas Bajas, Andes. Bosque Húmedo, Yungas, 0–500, 1500–2000 m.
Dept.: CH, CO, LP.
Muestra: *C.B. Maldonado et al. 2462* (BOLV, LPB, MO, US, USZ).

Triumfetta calycina Turcz., Bull. Soc. Imp. Naturalistes Moscou 36(1): 574. 1863.
Sin.: *Triumfetta multilocularis* Hochr.
Ref.: Grayum (1993).
Arbusto. Nativa. Andes. Valles Secos, 2500–3000 m.

Dept.: LP.
Muestra: *T. Feuerer 9422* (LPB).

Triumfetta grandiflora Vahl, Eclog. Amer. 2: 34. 1798.
Sin.: *Triumfetta schunkei* J.F. Macbr.
Ref.: Foster (1958), Grayum (1993), Michel (1993h), Killeen & Schulenberg (1998), Dorr (1999).
Arbusto. Nativa. Andes. Yungas, Bosque Serrano Chaqueño, 1000–2000 m.
Dept.: CO, LP, SC, TA.
Muestra: *J.C. Solomon 13985* (LPB, MO, US).

Triumfetta lappula L., Sp. Pl. 1: 444. 1753.
Sin.: *Triumfetta heterophylla* Lam., *Triumfetta hostmannii* Miq., *Triumfetta quinqueloba* Turcz.
Ref.: Grayum (1993), Michel (1993h), Killeen & Schulenberg (1998), Dorr (1999), Dorr & Meijer (2005).
Subarbusto, arbusto. Nativa. Zonas Bajas. Bosque Húmedo, Bosque Semideciduo Chiquitano, Campos Amazónicos, 0–1000 m.
Dept.: BE, CO, LP, PA, SC.
Muestra: *M. Prescott & J.M. Cardiel 18* (LPB, MO).
Nom. Vern.: Pega pega.

Triumfetta rhomboidea Jacq., Enum. Syst. Pl. 22. 1760.
Sin.: *Bartramia indica* L.
Ref.: Foster (1958), Grayum (1993), Dorr (1999).
Subarbusto. Nativa. Zonas Bajas. Bosque Húmedo, Bosque Semideciduo Chiquitano, 0–500 m.
Dept.: BE, SC.
Muestra: *J.C. Solomon 16707* (CTES, LPB, MO).

Triumfetta semitriloba Jacq., Enum. Syst. Pl. 22. 1760.
Ref.: Rusby (1893b), Foster (1958), Grayum (1993), Michel (1993h), Schulenberg & Awbrey (1997), Killeen & Schulenberg (1998), Dorr (1999), Serrano & Terán (1998 [2000]), Nee (2008).
Hierba, arbusto, arbolito. Nativa. Zonas Bajas, Andes. Bosque Húmedo, Campos Amazónicos, Yungas, Bosque Serrano Chaqueño, 0–3000 m.
Dept.: BE, CH, CO, LP, PA, SC, TA.
Muestra: *M. Moraes R. 352* (LPB, MO).
Infra: *Triumfetta semitriloba* var. *brasiliensis* K. Schum., *Triumfetta semitriloba* var. *martiana* K. Schum.
Nom. Vern.: Cabeza de mono, cabeza de negro, kolomuni, patsi ne (Moseten), pega pega, riradira (Tacana).

Triumfetta sericata Lay, Ann. Missouri Bot. Gard. 37(3): 380. 1950.
Ref.: Dorr (1999).
Subarbusto. Nativa. Andes. Yungas, 1500–2000 m.
Dept.: LP.
Muestra: *T. Feuerer 8865* (LPB).

Urena L., Sp. Pl. 2: 692. 1753.
1 especie, 0 especies endémicas.

Urena lobata L., Sp. Pl. 2: 692. 1753.
Sin.: *Urena americana* L. f., *Urena reticulata* Cav., *Urena grandiflora* DC., *Urena lobata* var. *americana* (L. f.) Gürke
Ref.: Gürke (1892), Foster (1958), Moraes R. (1990), Nee (2008).
Subarbusto, arbusto. Nativa. Zonas Bajas. Bosque Húmedo, 0–500 m.
Dept.: BE, CO, PA, SC.
Muestra: *J.C. Solomon 16854* (LPB, MO).
Infra: *Urena lobata* subsp. *lobata*
Nom. Vern.: Pega pega.

Waltheria L., Sp. Pl. 2: 673. 1753.
6 especies, 1 especie endémica.

Waltheria albicans Turcz., Bull. Soc. Imp. Naturalistes Moscou 31(1): 214. 1858.
Ref.: Saunders (1995), Cristóbal (1998), Saunders (2005), Saunders (2007), Rondón (2008).
Subarbusto. Nativa. Zonas Bajas. Bosque Semideciduo Chiquitano, 0–1000 m.
Dept.: SC.
Muestra: *M.H. Nee 48783* (NY).

Waltheria communis A. St.-Hil., Fl. Bras. Merid. (quarto ed.) 1(4): 155. 1825.
Sin.: *Waltheria boliviensis* Turcz.
Ref.: Foster (1958), Saunders (1995), Saunders (2005), Nee (2008), Arroyo Padilla & Villarroel Segarra (2009), Wood et al. (2011).
Hierba, arbusto. Nativa. Zonas Bajas, Andes. Bosque Semideciduo Chiquitano, Valles Secos, 0–2000 m.
Dept.: CH, SC.
Muestra: *A.H. Gentry & R.B. Foster 75482* (CTES, LPB, MO).

Waltheria indica L., Sp. Pl. 2: 673. 1753.
Sin.: *Waltheria americana* L.
Ref.: Foster (1958), Killeen & Schulenberg (1998), Serrano & Terán (1998 [2000]), Nee (2008).
Hierba, subarbusto. Nativa. Zonas Bajas, Andes. Bosque Semideciduo Chiquitano, Sabanas Benianas del Sur, Valles Secos, 0–2000 m.
Dept.: BE, CH, CO, LP, SC, TA.
Muestra: *S.G. Beck 5942* (CTES, LPB, MO, TEX, US).

Waltheria ladewii Rusby, Phytologia 1: 65. 1934.
Ref.: Foster (1958), Saunders (1995).
Subarbusto. Endémica. Zonas Bajas. Bosque Húmedo, 500–1000 m.
Dept.: LP.
Tipo: *G.H.H. Tate 470* (HT: NY).
Nota: Conocida solamente del tipo.

Waltheria operculata Rose, Contr. U.S. Natl. Herb. 5(4): 183. 1899.
Ref.: Saunders (1995), Rondón (2008).
Hierba. Nativa. Zonas Bajas. Bosque Semideciduo Chiquitano, 0–500 m.
Dept.: SC.
Muestra: *A. Krapovickas et al. 32422* (CTES).

[Waltheria polyantha K. Schum.], Fl. Bras. 12(3): 60, pl. 13, f. 2. 1886.
Ref.: Killeen & Schulenberg (1998).
Nota: El registro se basa en material mal identificado.

Waltheria viscosissima A. St.-Hil., Fl. Bras. Merid. (quarto ed.) 1(4): 150. 1825.
Ref.: Saunders (1995), Saunders (2007), Rondón (2008).
Subarbusto. Nativa. Zonas Bajas. Campos Cerrados, Sabanas Benianas del Sur, 0–1000 m.
Dept.: SC.
Muestra: *A. Krapovickas et al. 32432* (CTES).

Wissadula Medik., Malvenfam. 24. 1787.
19 especies, 5 especies endémicas.

Wissadula andina Britton, Bull. Torrey Bot. Club 16(6): 153. 1889.
Ref.: Rusby (1893b), Fries (1908a), Foster (1958).
Arbusto. Endémica. Andes. Valles Secos, 2500–4000 m.
Dept.: LP.
Tipo y muestra: *H.H. Rusby 1850* (HT: NY; IT: NY, US), *J.C. Solomon & M.H. Nee 16079* (LPB, MO, NY).

Wissadula boliviana R.E. Fr., Kongl. Svenska Vetensk. Acad. Handl., n.s. 43(4): 40–41, pl. 6, f. 20–21. 1908.
Ref.: Foster (1958), Killeen & Schulenberg (1998), Nee (2008).
Hierba, subarbusto, arbusto. Endémica. Zonas Bajas, Andes. Campos Cerrados, Sabanas Benianas del Sur, Valles Secos, 0–2000 m.

Dept.: BE, CO, LP, SC.
Tipo y muestra: *M. Bang 2809* (ST: B, BM, G, GH, K, MO, NY, US, US), *M. Saldias et al. 2910* (G, MO, USZ).

Wissadula cardenasii Krapov., Bonplandia (Corrientes) 5(27): 265–266, f. 2c, d. 1983.
Arbusto. Endémica. Andes. Yungas, 2500–3000 m.
Dept.: CO.
Tipo: *M. Cárdenas 4442* (HT: LIL).
Nota: Conocida solamente del tipo.

Wissadula cruziana R.E. Fr., Kongl. Svenska Vetensk. Acad. Handl., ser. 3, 24(2): 10, pl. 2, f. 1–4. 1947.
Ref.: Foster (1958).
Arbusto. Endémica. Andes. Valles Secos, 1000–2000 m.
Dept.: SC.
Tipo y muestra: *J. Steinbach 8277* (HT: S; IT: G, GH, K, MO, S), *S.R. Hill & M.H. Nee 37420* (ILLS, LPB).

Wissadula decora S. Moore, Trans. Linn. Soc. London, Bot. 4: 312. 1895.
Ref.: Fries (1908a).
Arbusto. Nativa. Andes. Valles Secos, 2000–2500 m.
Dept.: LP.
Muestra: *J.C. Solomon & M.H. Nee 18110* (G, MO).

Wissadula densiflora R.E. Fr., Kongl. Svenska Vetensk. Acad. Handl., n.s. 43(4): 64, pl. 4, f. 3; pl. 6, f. 17–19. 1908.
Ref.: Foster (1958), Schulenberg & Awbrey (1997), Serrano & Terán (1998 [2000]), Nee (2008).
Hierba, subarbusto, arbusto. Nativa. Zonas Bajas, Andes. Bosque Seco Chaqueño, Valles Secos, 0–1000, 1500–2000 m.
Dept.: CH, SC.
Tipo y muestra: *R.E. Fries 1571* (LT: S), *B. Mostacedo et al. 353* (MO, USZ).

Wissadula excelsior (Cav.) C. Presl, Reliq. Haenk. 2(2): 118, pl. 69, f. a–n. 1835.
Sin.: *Sida excelsior* Cav., *Abutilon patens* A. St.-Hil., *Abutilon excelsior* (Cav.) G. Don, *Sida patens* (A. St.-Hil.) D. Dietr., *Abutilon rufescens* Turcz., *Wissadula periplocifolia* var. *wrightiana* Griseb., *Wissadula patens* (A. St.-Hil.) Garcke, *Wissadula zeylanica* var. *guatemalense* Baker f., *Wissadula zeylanica* var. *wrightiana* (Griseb.) Baker f., *Wissadula periplocifolia* var. *guatemalensis* (Baker f.) Hochr.
Ref.: Fries (1908a), Foster (1958), Moraes R. (1990), Killeen & Schulenberg (1998), Nee (2008).
Arbusto. Nativa. Zonas Bajas, Andes. Bosque Húmedo, Yungas, 0–1500 m.
Dept.: BE, LP, PA, SC.
Muestra: *T. Killeen et al. 7576* (LPB, MO, TEX, USZ).

Wissadula fadyenii R.E. Fr., Kongl. Svenska Vetensk. Acad. Handl., n.s. 43(4): 30, pl. 1, 6. 1908.
Sin.: *Wissadula filipes* Rusby
Ref.: Foster (1958).
Hierba, subarbusto. Nativa. Zonas Bajas. Sabanas Benianas del Sur, 0–500 m.
Dept.: BE, LP.
Muestra: *S.G. Beck 3455* (LPB, MO, US).

Wissadula grandifolia Baker f. ex Rusby, Bull. New York Bot. Gard. 4: 328. 1907.
Sin.: *Wissadula macrantha* R.E. Fr., *Wissadula macrantha* var. *grandifolia* (Baker f. ex Rusby) R.E. Fr., *Wissadula grandifolia* var. *brevipedunculata* (R.E. Fr.) Shinners, *Wissadula grandifolia* var. *macrantha* (R.E. Fr.) Shinners
Ref.: Fries (1908a), Foster (1958), Krapovickas (2006a), Nee (2008), Fryxell (2012).
Hierba, subarbusto. Nativa. Zonas Bajas, Andes. Campos Cerrados, Yungas, 0–1000, 1500–2500 m.
Dept.: LP, SC, TA.
Tipo y muestra: *M. Bang 2366* (HT: BM; IT: B, C, E, F, G, G, GH, K, MO-5468611, NY, NY, PH, S, UPS, US, US, W), *M.A. Lewis 35418* (LPB, MO).
Nota: Krapovickas (2006a) seleccionó un nuevo lectotipo para *W. macrantha* R. E. Fr. con el fin de reconocerla como una especie independiente de *W. grandifolia*, pero tal como lo aclara Fryxell (2012) este argumento es erróneo. No solamente es *W. macrantha* un nombre supérfluo y el cambio de lectotipo es contrario a las reglas nomenclaturales, sino que también existe la pregunta de si dos especies están involucradas o no. Una de estas especies es aceptada aquí.
Nom. Vern.: Maguakhache blanco.

Wissadula gymnanthemum (Griseb.) K. Schum., Fl. Bras. 12(3): 446. 1891.
Sin.: *Abutilon gymnanthemum* Griseb.
Subarbusto. Nativa. Zonas Bajas, Andes. Bosque Seco Chaqueño, Bosque Serrano Chaqueño, 500–1500 m.
Dept.: TA.
Muestra: *A. Krapovickas et al. 19182* (CTES, LPB, S).

Wissadula hernandioides (L'Hér.) Garcke, Z. Naturwiss. 63(2–3): 122. 1890 [1890].
Sin.: *Sida hernandioides* L'Hér., *Wissadula hirsuta* C. Presl, *Wissadula rostrata* (Schumach.) Planch., *Wissadula periplocifolia* var. *hernandioides* (L'Hér.) Hochr.
Ref.: Foster (1958), Krapovickas (1996), Killeen & Schulenberg (1998), Nee (2008).
Hierba, subarbusto, arbusto. Nativa. Zonas Bajas, Andes. Bosque Húmedo, Bosque Semideciduo Chiquitano, Sabanas Benianas del Sur, Bosque Serrano Chaqueño, 0–500, 1000–1500 m.
Dept.: SC.
Muestra: *R. Guillén V. & R. Choré 1321* (MO, USZ).
Nota: Krapovickas (1996) distingue *Sida amplissima* de *S. hernandioides*, pero no cita específicamente a Bolivia en la distribución de la última, especie que se distribuye desde USA hasta Paraguay.

Wissadula indivisa R.E. Fr., Repert. Spec. Nov. Regni Veg. 9(208/210): 211. 1911.
Hierba, subarbusto. Nativa. Zonas Bajas. Bosque Semideciduo Chiquitano, Bosque Seco Chaqueño, 0–500 m.
Dept.: SC, TA.
Muestra: *A.F. Fuentes & G. Navarro 2232* (LPB, MO, USZ).

Wissadula microcarpa R.E. Fr., Kongl. Svenska Vetensk. Acad. Handl., n.s. 43(4): 55, pl. 6, f. 15–16. 1908.
Ref.: López Vargas (1995), Saravia Miranda (1996).
Arbusto. Nativa. Andes. Yungas, Bosque Tucumano-Boliviano, 2000–2500 m.
Dept.: CH, CO, LP, SC.
Muestra: *M.A. Lewis 35388* (MO).

Wissadula paraguariensis Chodat, Bull. Herb. Boissier, sér. 2 1: 400. 1901.
Sin.: *Wissadula oligomera* Chodat, *Wissadula periplocifolia* fo. *parvifolia* Chodat & Hassl.
Ref.: Fries (1908a), Foster (1958).
Hierba, subarbusto. Nativa. Zonas Bajas. Bosque Seco Chaqueño, 0–500 m.
Dept.: SC.
Muestra: *A.F. Fuentes & G. Navarro 2458* (USZ).

Wissadula peredoi Krapov., Bonplandia (Corrientes) 5(27): 261, 263–265, f. 2a, b. 1983.
Arbusto. Nativa. Zonas Bajas. Bosque Húmedo, Bosque Seco Chaqueño, 500–1000 m.
Dept.: CO, SC.
Tipo y muestra: *A. Krapovickas & A. Schinini 31453* (HT: CTES; IT: F, G, K, LPB, MBM, MO-5943456, NY, SI), *A. Krapovickas & A. Schinini 31417* (CTES, G, LPB).

[Wissadula periplocifolia (L.) Griseb.], Cat. Pl. Cub. 25. 1866.
Ref.: Foster (1958).
Nota: El registro se basa en material mal identificado de *W. grandifolia*.

Wissadula setifera Krapov., Bonplandia (Corrientes) 5(27): 258. 1983.
Arbusto. Nativa. Zonas Bajas. Bosque Semideciduo Chiquitano, 0–500 m.
Dept.: SC.
Muestra: *A. Krapovickas & A. Schinini 36434* (CTES, G, LPB, MO).

Wissadula sordida Hochr., Annuaire Conserv. Jard. Bot. Genève 6: 29. 1902.
Ref.: Fries (1908a), Foster (1958).
Hierba, subarbusto, arbusto. Endémica. Zonas Bajas, Andes. Bosque Seco Chaqueño, Valles Secos, 500–3000 m.
Dept.: CH, LP, SC.
Tipo y muestra: *G. Mandon 822* (HT: G; IT: B destr.?, BM, C, F, G, GH, K, MO-04979506, NY, S; fotos: F ex MO, F ex G), *T. Killeen et al. 4193* (LPB, MO, TEX).

[Wissadula stellata (Cav.) K. Schum.], Fl. Bras. 12(3): 444. 1891.
Sin.: *Sida stellata* Cav.
Ref.: Fries (1908a), Foster (1958).
Nota: El registro se basa en material mal identificado de *W. sordida*.

Wissadula subpeltata (Kuntze) R.E. Fr., Kongl. Svenska Vetensk. Acad. Handl., n.s. 43(4): 56–58, pl. 5, f. 1–1a, pl. 6, f. 27, pl. 7, f. 15. 1908.
Sin.: *Abutilon amplissimum* var. *subpeltatum* Kuntze
Ref.: Foster (1958).
Arbusto. Nativa. Zonas Bajas, Andes. Bosque Semideciduo Chiquitano, Valles Secos, 0–1500 m.
Dept.: CO, LP, SC.
Tipo y muestra: *O. Kuntze s.n.* (T: NY, US), *J.L. Luteyn & L.J. Dorr 13511* (BOLV, CTES, LPB, LSU, MO, NY, US, USZ).

Wissadula wissadifolia (Griseb.) Krapov., Bonplandia (Corrientes) 5(27): 257. 1983.
Sin.: *Abutilon wissadifolium* Griseb., *Wissadula grisebachii* R.E. Fr.
Ref.: Foster (1958), Serrano & Terán (1998 [2000]).
Arbusto. Nativa. Zonas Bajas, Andes. Bosque Semideciduo Chiquitano, Bosque Serrano Chaqueño, 0–1500 m.
Dept.: CH, CO, SC, TA.
Muestra: *M.H. Nee 45932* (LPB, MO, NY).
Nom. Vern.: Guaisi mi, gueichi guasu.

Woodianthus Krapov., Bonplandia (Corrientes) 21(2): 189–191, f. 1. 2012.
1 especie, 1 especie endémica.

Woodianthus sotoi Krapov., Bonplandia (Corrientes) 21(2): 189–191, f. 1. 2012.
Arbusto. Endémica. Zonas Bajas. Bosque Semideciduo Chiquitano, 0–500 m.
Dept.: SC.
Tipo: *J.R.I. Wood et al. 26097* (HT: LPB; IT: K, USZ).
Nota: Conocida solamente del tipo.

MARANTACEAE R. Br., Voy. Terra Austral. 2: 575. 1814.

Por H. Kennedy (UCR); revisado por M. Nee (NY), S.G. Beck (LPB), P.M. Jørgensen (MO).
10 géneros, 59 especies, 4 especies endémicas.

Calathea G. Mey., Prim. Fl. Esseq. 6–7. 1818.
30 especies, 3 especies endémicas.

Calathea altissima (Poepp. & Endl.) Körn., Bull. Soc. Imp. Naturalistes Moscou 35(1): 141. 1862.
Sin.: *Phrynium altissimum* Poepp. & Endl.
Ref.: Kennedy (2001).
Hierba. Nativa. Zonas Bajas. Bosque Húmedo, 0–500 m.
Dept.: PA.
Muestra: *F.J. Fernández Casas & A. Susanna 8206* (MO).

Calathea barbata Petersen, Fl. Bras. 3(3): 110. 1890.
Hierba. Nativa. Zonas Bajas. Bosque Semideciduo Chiquitano, Campos Cerrados, 0–500 m.
Dept.: SC.
Muestra: *A. Jardim & T. Killeen 1459* (MO, UCR, USZ).

Calathea buchtienii Pax, Repert. Spec. Nov. Regni Veg. 7: 107. 1909.
Ref.: Foster (1958).
Hierba. Nativa. Zonas Bajas. Bosque Húmedo, 0–1000 m.
Dept.: LP, SC.
Tipo y muestra: *O. Buchtien 1275* (IT: US), *J. Steinbach 7395* (GH, MO).

Calathea capitata (Ruiz & Pav.) Lindl., Sketch Veg. Swan R. pl. 1210. 1829.
Sin.: *Maranta capitata* Ruiz & Pav.
Ref.: Foster (1958), Kennedy et al. (1988), Parker & Bailey (1991), Killeen & Schulenberg (1998).
Hierba. Nativa. Zonas Bajas. Bosque Húmedo, 0–1000 m.
Dept.: BE, CO, LP, PA, SC.
Muestra: *A. Araujo M. et al. 1471* (LPB, MO).

Calathea chrysoleuca (Poepp. & Endl.) Körn., Bull. Soc. Imp. Naturalistes Moscou 35(1): 142. 1862.
Sin.: *Phrynium chrysoleucum* Poepp. & Endl.
Ref.: Killeen & Schulenberg (1998).
Hierba. Nativa. Zonas Bajas. Bosque Húmedo, Bosque Semideciduo Chiquitano, 0–1000 m.
Dept.: SC.
Muestra: *M. Garvizu et al. 324* (MO).

[Calathea comosa (L. f.) Lindl.], Bot. Reg. 14: t. 1210. 1828.
Sin.: *Maranta comosa* L. f.
Ref.: Costa et al. (2011).
Nota: El registro se basa en material mal identificado de *C. capitata*.

Calathea crotalifera S. Watson, Proc. Amer. Acad. Arts 24: 86. 1889.
Sin.: *Calathea insignis* Petersen, *Calathea quadratispica* Woodson
Ref.: Kennedy et al. (1988), Parker & Bailey (1991), Lascurain Rangel (1995), Kennedy (2003).
Hierba. Nativa. Zonas Bajas, Andes. Bosque Húmedo, Yungas, 0–1500 m.
Dept.: LP.
Nota: Citada por Parker & Bailey (1991), no se han podido localizar ejemplares de herbario, pero definitivamente se encuentra en Bolivia.

Calathea gardneri Baker, Bull. Misc. Inform. Kew 1895: 18. 1895.
Hierba. Nativa. Zonas Bajas. Sabanas Benianas del Sur, 0–500 m.
Dept.: SC.
Muestra: *R. Guillén V. & R. Choré 3037* (AAU, F, K, MO, NY, UCR, USZ).

Calathea lateralis (Ruiz & Pav.) Lindl., Bot. Reg. 14: sub pl. 1210. 1829.
Sin.: *Maranta lateralis* Ruiz & Pav., *Phrynium laterale* (Ruiz & Pav.) Poepp. & Endl.
Ref.: Kennedy et al. (1988), Brako (1993h).
Hierba. Nativa. Zonas Bajas. Bosque Húmedo, 0–1000 m.
Dept.: LP, SC.
Muestra: *J.C. Solomon & L.K. Escobar 12499* (MO).

[Calathea loeseneri J.F. Macbr.], Publ. Field Mus. Nat. Hist., Bot. Ser. 11(2): 51. 1931.
Ref.: Killeen & Schulenberg (1998).
Nota: El registro se basa en material mal identificado de *C. gardneri*.

Calathea lutea (Aubl.) Schult., Mant. 1: 8. 1822.
Sin.: *Maranta lutea* Aubl., *Maranta lutea* Lam., *Maranta cachibou* Jacq., *Maranta casupo* Jacq., *Calathea discolor* G. Mey., *Calathea cachibou* (Jacq.) Lindl. ex Horan., *Calathea magnifica* C.V. Morton & Skutch
Ref.: Parker & Bailey (1991).
Hierba. Nativa. Zonas Bajas. Bosque Húmedo, 0–500 m.
Dept.: BE, SC.
Muestra: *M.H. Nee 50209* (NY, USZ).

Calathea majestica (Linden) H. Kenn., Canad. J. Bot. 64: 1325. 1986.
Sin.: *Maranta majestica* Linden, *Calathea gigas* Gagnep.
Ref.: Foster (1958).
Hierba. Cultivada. Zonas Bajas. Sabanas Benianas del Sur, elevación desconocida.
Dept.: BE.
Muestra: *L.R.C. de Michel & S.G. Beck 1129* (LPB).

Calathea mansonis Körn., Bull. Soc. Imp. Naturalistes Moscou 35(1): 119. 1862.
Ref.: Foster (1958).
Hierba. Nativa. Zonas Bajas. Bosque Húmedo, 0–500 m.
Dept.: LP, SC.
Muestra: *M. Bang 1660* (GH).

Calathea marantina (Willd. ex Körn.) K. Koch, Allg. Gartenzeitung 25: 163. 1857.
Sin.: *Phrynium marantinum* Willd. ex Körn., *Calathea bracteosa* Rusby
Ref.: Foster (1958).
Hierba. Nativa. Zonas Bajas. Bosque Húmedo, 0–1000 m.
Dept.: BE, CO, LP, SC.
Muestra: *M.H. Nee et al. 55267* (LPB, MO, NY, USZ).

[Calathea metallica Planch. & Linden], Cat. Général 10: 2. 1855.
Ref.: Costa et al. (2011).
Nota: El registro se basa en material mal identificado de *C. peruviana*.

Calathea micans (L. Mathieu) Körn., Gartenflora 7: 87. 1858.
Sin.: *Phrynium pumilum* Klotzsch, *Maranta micans* L. Mathieu, *Phrynium micans* (L. Mathieu) Klotzsch, *Calathea micans* var. *robustior* Körn., *Phrynium pusillum* K. Koch, *Maranta amabilis* Linden, *Calathea micans* var. *amabilis* (Linden) Petersen, *Calathea albicans* Brongn. ex K. Schum., *Calathea klugii* J.F. Macbr.
Ref.: Kennedy et al. (1988), Parker & Bailey (1991), Suárez & Galeano (1996), Alverson et al. (2000), Kennedy (2001).
Hierba. Nativa. Zonas Bajas. Bosque Húmedo, 0–1000 m.
Dept.: CO, LP, PA, SC.
Muestra: *A.F. Fuentes & V. Cardona 4150* (LPB, MO).

Calathea nodosa Rusby, Bull. New York Bot. Gard. 4(14): 455. 1907.
Ref.: Foster (1958), Brako (1993h).
Hierba. Nativa. Zonas Bajas, Andes. Bosque Húmedo, Bosque Semideciduo Chiquitano, Yungas, 0–1500, 2000–2500 m.
Dept.: CO, LP, SC.
Tipo y muestra: *M. Bang 2569* (HT: NY; IT: US), *T.B. Croat 51278* (BOLV, LPB, MO).

Calathea pachystachya (Poepp. & Endl.) Körn., Bull. Soc. Imp. Naturalistes Moscou 35(1): 142. 1862.
Sin.: *Phrynium pachystachyum* Poepp. & Endl., *Calathea sodiroi* Eggers, *Calathea aberrans* Huber
Hierba. Nativa. Zonas Bajas, Andes. Bosque Húmedo, Yungas, 500–1500 m.
Dept.: BE, LP.
Muestra: *D.N. Smith et al. 13992* (LPB, MO).

Calathea pavonii Körn., Bull. Soc. Imp. Naturalistes Moscou 35(1): 116. 1862.
Sin.: *Calathea tubispatha* Hook., *Calathea nigricans* Rusby, *Calathea rusbyi* Loes.
Ref.: Foster (1958), Brako (1993h).
Hierba. Nativa. Zonas Bajas. Bosque Húmedo, 0–500 m.
Dept.: BE, LP, PA, SC.
Muestra: *A.F. Fuentes et al. 3540* (LPB, MO).

Calathea pearcei Rusby, Mem. Torrey Bot. Club 6: 123. 1896.
Sin.: *Calathea divaricata* Rusby
Ref.: Foster (1958).
Hierba. Nativa. Zonas Bajas, Andes. Bosque Húmedo, Yungas, 500–2000 m.
Dept.: LP.
Tipo y muestra: *M. Bang 1723A* (ST: BM, E, GH, M, MO-2034591, NY, PH, US; fotos: F), *H.H. Rusby 2233* (NY).

Calathea peruviana Körn., Bull. Soc. Imp. Naturalistes Moscou 35(1): 128. 1862.
Sin.: *Calathea exserta* Rusby
Ref.: Foster (1958), Parker & Bailey (1991).
Hierba. Nativa. Zonas Bajas. Bosque Húmedo, 0–500 m.
Dept.: BE, CO, LP, SC.
Muestra: *A.F. Fuentes et al. 4033* (LPB, MO).

Calathea poeppigiana Loes. ex H. Kenn., Fl. Ecuador 32: 77. 1988.
Hierba. Nativa. Zonas Bajas. Bosque Húmedo, 0–500 m.
Dept.: BE, LP.
Muestra: *R. Seidel 9037* (LPB, MO).

Calathea polytricha Baker, Gard. Chron., ser. 3 16: 467. 1894.
Hierba. Nativa. Zonas Bajas. Bosque Semideciduo Chiquitano, 0–500 m.
Dept.: SC.
Muestra: *R.B. Foster 13656* (F).

Calathea propinqua (Poepp. & Endl.) Körn., Bull. Soc. Imp. Naturalistes Moscou 35(1): 122. 1862.
Sin.: *Phrynium propinquum* Poepp. & Endl.
Ref.: Killeen & Schulenberg (1998).
Hierba. Nativa. Zonas Bajas. Bosque Húmedo, 0–1000 m.
Dept.: LP, SC.
Muestra: *A. Araujo M. et al. 1651* (LPB, MO).

[Calathea roseopicta (Linden) Regel], Gartenflora 18: 97, t. 610. 1869.
Sin.: *Maranta roseopicta* Linden
Ref.: Parker & Bailey (1991).
Nota: El registro se basa en material mal identificado. Material previamente determinado como esta especie corresponde a una nueva especie de *Calathea*.

Calathea sellowii Körn., Bull. Soc. Imp. Naturalistes Moscou 35(1): 120. 1862.
Hierba. Nativa. Zonas Bajas. Bosque Semideciduo Chiquitano, 0–500 m.
Dept.: SC.
Muestra: *A. Jardim & C. Vriesendorp 1228* (USZ).
Nota: Probablemente un sinónimo de *C. trifasciata*.

Calathea sprucei Rusby, Bull. New York Bot. Gard. 6(22): 495. 1910.
Ref.: Foster (1958).
Hierba. Endémica. Zonas Bajas. Bosque Húmedo, 500–1000 m.
Dept.: LP.
Tipo: *R.S. Williams 608* (T: NY).
Nota: Conocida solamente del tipo. Posiblemente un sinónimo de *C. micans* o *C. microcephala*.

Calathea squarrosa L. Andersson & H. Kenn., Nordic J. Bot. 6(4): 454. 1986.
Hierba. Nativa. Zonas Bajas. Bosque Húmedo, 0–500 m.
Dept.: BE, LP.
Muestra: *A. Araujo M. et al. 932* (LPB, MO).

Calathea stromanthifolia Rusby, Bull. New York Bot. Gard. 4: 456. 1907.
Ref.: Foster (1958).
Hierba. Endémica. Región, tipo de vegetación y elevación desconocidas.
Dept.: CO.
Tipo: *M. Bang 2009* (T: NY).
Nota: Conocida solamente del tipo.

Calathea trifasciata Körn., Gartenflora 7: 86. 1858.
Hierba. Nativa. Zonas Bajas. Bosque Semideciduo Chiquitano, 0–500 m.
Dept.: SC.
Muestra: *A. Jardim 1952* (MO, UCR, USZ).

Calathea variegata (K. Koch) Linden ex Körn., Gartenflora 7: 88. 1858.
Sin.: *Phrynium variegatum* K. Koch
Hierba. Nativa. Zonas Bajas. Bosque Húmedo, 0–1000 m.
Dept.: LP.
Muestra: *N. Helme 433* (no localizada).
Nota: Identificación tentativa.

Calathea villosa Lindl., Edwards's Bot. Reg. 31: t. 14. 1845.
Sin.: *Calathea hirsuta* Standl.
Ref.: Kennedy (2003).
Hierba. Nativa. Zonas Bajas. Bosque Semideciduo Chiquitano, 0–500 m.
Dept.: SC.
Muestra: *A. Jardim 1890* (MO, NY, UCR, USZ).

Calathea whitei Rusby, Mem. New York Bot. Gard. 7: 221. 1927.
Ref.: Foster (1958).
Hierba. Endémica. Zonas Bajas. Bosque Húmedo, 0–500 m.
Dept.: BE.
Tipo: *O.E. White 1904A* (T: GH, NY).
Nota: Conocida solamente del tipo.

Calathea zingiberina Körn., Bull. Soc. Imp. Naturalistes Moscou 35: 122. 1862.
Ref.: Kennedy (2001).
Hierba. Nativa. Zonas Bajas. Bosque Húmedo, 0–500 m.
Dept.: BE, LP.
Muestra: *T. Killeen 8207* (MO, USZ).

Ctenanthe Eichler, Abh. Königl. Akad. Wiss. Berlin 1884: 83. 1884.
3 especies, 0 especies endémicas.

Ctenanthe amphiandina L. Andersson, Fl. Ecuador 32: 179. 1988.
Hierba. Nativa. Zonas Bajas. Bosque Húmedo, 0–500 m.
Dept.: BE, LP, SC.
Muestra: *M.H. Nee 39887* (LPB, MO, NY, USZ).

Ctenanthe compressa (A. Dietr.) Eichler, Abh. Königl. Akad. Wiss. Berlin 1882: 83. 1883.
Sin.: *Maranta compressa* A. Dietr., *Calathea pilosa* Rusby
Ref.: Foster (1958).
Hierba. Nativa. Zonas Bajas. Bosque Húmedo, 0–500 m.
Dept.: LP.
Muestra: *R.S. Williams 354* (NY, US).
Nota: Conocida en Bolivia solamente por el tipo de *Calathea pilosa*.

Ctenanthe ericae L. Andersson, Fl. Ecuador 32: 182. 1988.
Hierba. Nativa. Zonas Bajas. Bosque Húmedo, 0–500 m.
Dept.: PA.
Muestra: *F.J. Fernández Casas & A. Susanna 8383* (MO).

Hylaeanthe A.M.E. Jonker & Jonker, Acta Bot. Neerl. 4(2): 175. 1955.
1 especie, 0 especies endémicas.

Hylaeanthe unilateralis (Poepp. & Endl.) A.M.E. Jonker & Jonker, Acta Bot. Neerl. 4: 175. 1955.
Sin.: *Myrosma uleana* Loes., *Thalia unilateralis* Poepp. & Endl., *Maranta unilateralis* (Poepp. & Endl.) D. Dietr., *Saranthe unilateralis* (Poepp. & Endl.) Eichler, *Myrosma hoffmannii* K. Schum., *Myrosma unilateralis* (Poepp. & Endl.) Schum., *Myrosma panamensis* Standl.
Ref.: Kennedy et al. (1988), Parker & Bailey (1991), Killeen & Schulenberg (1998), Andersson (2001a), Costa et al. (2011).
Hierba. Nativa. Zonas Bajas. Bosque Húmedo, 0–500 m.
Dept.: BE, CO, LP.
Muestra: *A.H. Gentry & R.B. Foster 70874* (MO).

Ischnosiphon Körn., Nouv. Mém. Soc. Imp. Naturalistes Moscou 11: 346–348. 1859.
5 especies, 0 especies endémicas.

Ischnosiphon arouma (Aubl.) Körn., Nouv. Mém. Soc. Imp. Naturalistes Moscou 11: 348. 1859.
Sin.: *Maranta arouma* Aubl., *Hymenocharis arouma* (Aubl.) Kuntze
Ref.: Andersson (1977).
Hierba. Nativa. Zonas Bajas. Bosque Húmedo, 0–1000 m.
Dept.: BE, PA.
Muestra: *G. Gonzáles 105* (GB, LPB, MO).

[Ischnosiphon gracilis (Rudge) Körn.], Bull. Soc. Imp. Naturalistes Moscou 35(1): 94. 1862.
Sin.: *Maranta gracilis* Rudge
Ref.: Foster (1958).
Nota: El registro se basa en material mal identificado de *I. puberulus*.

Ischnosiphon hirsutus Petersen, Fl. Bras. 3(3): 135. 1890.
Sin.: *Hymenocharis hirsuta* (Petersen) Kuntze, *Ischnosiphon stenophyllus* K. Schum., *Ischnosiphon ornatus* J.F. Macbr.
Ref.: Andersson (1977), Brako (1993h), Costa et al. (2011).
Hierba. Nativa. Zonas Bajas. Bosque Húmedo, 0–500 m.
Dept.: BE, PA.
Muestra: *G. Bourdy 1887* (GB, LPB).

Ischnosiphon lasiocoleus Schum. ex Loes., Notizbl. Königl. Bot. Gart. Berlin 6: 279. 1915.
Sin.: *Ischnosiphon lasiocoleus* var. *sphenophylloides* Loes., *Ischnosiphon bolivianus* Loes., *Ischnosiphon lasiocoleus* var. *bolivianoides* Loes.
Ref.: Foster (1958), Andersson (1977), Suárez & Galeano (1996), Costa et al. (2011).
Arbusto. Nativa. Zonas Bajas. Bosque

Húmedo, Bosque Semideciduo Chiquitano, 0–500 m.
Dept.: PA, SC.
Muestra: *E.H.G. Ule 9249* (B, F, GH, HBG, MG, MO).

Ischnosiphon leucophaeus (Poepp. & Endl.) Körn., Bull. Soc. Imp. Naturalistes Moscou 35(1): 91–93. 1862.
Sin.: *Calathea leucophaea* Poepp. & Endl., *Maranta surinamensis* Miq., *Ischnosiphon leucophaeus* var. *riedelianus* Körn., *Ischnosiphon surinamensis* (Miq.) Körn., *Hymenocharis leucophaea* (Poepp. & Endl.) Kuntze, *Hymenocharis surinamensis* (Miq.) Kuntze, *Ischnosiphon argenteus* Moore, *Ischnosiphon baenitzii* Pax, *Ischnosiphon neotericus* J.F. Macbr.
Ref.: Foster (1958), Andersson (1977), Brako (1993h), Killeen & Schulenberg (1998), Andersson (2001b).
Hierba. Nativa. Zonas Bajas. Bosque Húmedo, 0–1000 m.
Dept.: BE, LP, SC.
Muestra: *L. Cayola et al. 795* (LPB, MO, UBC).
Infra: *Ischnosiphon leucophaeus* subsp. *leucophaeus*

Ischnosiphon puberulus Loes., Notizbl. Königl. Bot. Gart. Berlin 6: 281. 1915.
Sin.: *Ischnosiphon gracilis* var. *scabra* Petersen, *Ischnosiphon verruculosus* J.F. Macbr., *Ischnosiphon puberulus* var. *scaber* (Petersen) L. Andersson, *Ischnosiphon puberulus* var. *verruculosus* (J.F. Macbr.) L. Andersson
Ref.: Andersson (1977), Parker & Bailey (1991), Andersson (2001b), Costa et al. (2011).
Hierba, arbusto. Nativa. Zonas Bajas. Bosque Húmedo, 0–500 m.
Dept.: BE, CO, LP, PA, SC.
Muestra: *J.C. Solomon 17160* (LPB, MO).

Koernickanthe L. Andersson, Nordic J. Bot. 1(2): 240. 1981.
1 especie, 0 especies endémicas.

Koernickanthe orbiculata (Körn.) L. Andersson, Nordic J. Bot. 1(2): 241. 1981.
Sin.: *Maranta cyclophylla* K. Schum., *Maranta orbiculata* Körn., *Ischnosiphon orbiculatus* Körn., *Hymenocharis orbiculata* (Körn.) Kuntze, *Calathea cardenasii* Rusby
Ref.: Killeen & Schulenberg (1998).
Hierba. Nativa. Zonas Bajas, Andes. Bosque Húmedo, Bosque Semideciduo Chiquitano, Bosque Tucumano-Boliviano, 0–500, 1000–1500 m.
Dept.: BE, CH, SC.
Muestra: *J. Guillén et al. 308* (GB, LPB, MO, USZ).

Maranta L., Sp. Pl. 1: 2. 1753.
8 especies, 0 especies endémicas.

[Maranta amazonica L. Andersson], Nordic J. Bot. 6(6): 752–754, f. 1D, 2E, 3B, 16B, 17. 1986.
Ref.: Killeen & Schulenberg (1998).
Nota: El registro se basa en material mal identificado de *M. pohliana*. *M. amazonica* es del SE de Colombia y el NE de Perú.

Maranta amplifolia K. Schum., Pflanzenr. IV. 48(Heft 11): 128. 1902.
Ref.: Foster (1958), Andersson (1986).
Hierba. Nativa. Zonas Bajas. Bosque Húmedo, Bosque Semideciduo Chiquitano, 0–500 m.
Dept.: PA, SC.
Tipo y muestra: *M. Bang 2201* (IT: BM, F, F, GH, K, MO, NY, NY, US), *R. Guillén V. et al. 1114* (MO, USZ).

[Maranta arundinacea L.], Sp. Pl. 1: 2. 1753.
Ref.: Killeen & Schulenberg (1998).
Nota: El registro se basa en material mal identificado de *M. amplifolia*.

Maranta bracteosa Petersen ex Warm., Vidensk. Meddel. Dansk Naturhist. Foren. Kjøbenhavn 1889: 333. 1889.
Nota: Esperada.

Maranta humilis Aubl., Hist. Pl. Guiane 1: 4. 1775.
Sin.: *Saranthe urceolata* Petersen
Ref.: Killeen & Schulenberg (1998).
Hierba. Nativa. Zonas Bajas. Bosque Semideciduo Chiquitano, 0–500 m.
Dept.: SC.
Muestra: *R.B. Foster 13668* (F).

Maranta incrassata L. Andersson, Nordic J. Bot. 6(6): 747–748, f. 13A, 14A. 1986.
Ref.: Killeen & Schulenberg (1998).
Hierba. Nativa. Zonas Bajas, Andes. Bosque Húmedo, Bosque Semideciduo Chiquitano, Yungas, Bosque Tucumano-Boliviano, 0–2000 m.
Dept.: CH, LP, SC.
Tipo y muestra: *M. Bang 2122* (HT: NY; IT: G, K, MO, NY, US), *M. Jiménez 805* (COL, HSB, MO).

Maranta pleiostachys K. Schum., Pflanzenr. IV, 48(Heft 11): 134. 1902.
Sin.: *Calathea stenostachys* Rusby
Hierba. Nativa. Zonas Bajas. Bosque Húmedo, 0–1000 m.
Dept.: BE, LP.
Muestra: *R.N. Ledezma 907* (MO, USZ).

Maranta pluriflora (Petersen) K. Schum., Pflanzenr. IV, 48(Heft 11): 135. 1902.
Sin.: *Saranthe pluriflora* Petersen
Hierba. Nativa. Zonas Bajas. Bosque Húmedo, 0–500 m.
Dept.: SC.
Muestra: *J. Steinbach 7475* (GH, MO).

Maranta pohliana Körn., Bull. Soc. Imp. Naturalistes Moscou 35(1): 44. 1862.
Ref.: Killeen & Schulenberg (1998).
Hierba. Nativa. Zonas Bajas. Bosque Húmedo, Bosque Semideciduo Chiquitano, 0–1000 m.
Dept.: SC.
Muestra: *R. Guillén V. & V. Roca 2860* (AAU, F, GB, K, MICH, MO, NY, SI, USZ).

Maranta pycnostachys K. Schum., Pflanzenr. 4(Fam. 48): 134. 1902.
Hierba. Nativa. Zonas Bajas. Bosque Húmedo, 0–500 m.
Dept.: SC.
Muestra: *A. Krapovickas & A. Schinini 31828* (MO).

Maranta ruiziana Körn., Bull. Soc. Imp. Naturalistes Moscou 35(1): 45. 1862.
Sin.: *Maranta dichotoma* Poepp. ex Körn.
Ref.: Andersson (1986), Killeen & Schulenberg (1998).
Hierba. Nativa. Zonas Bajas. Bosque Húmedo, Bosque Semideciduo Chiquitano, 0–500 m.
Dept.: BE, LP, SC.
Muestra: *R. Guillén V. & R. Choré 3069* (GB, MO, NY, USZ).

Monotagma K. Schum., Pflanzenr. IV. 48(Heft 11): 166. 1902.
4 especies, 0 especies endémicas.

Monotagma laxum (Poepp. & Endl.) Schum., Pflanzenr. 48(Heft 11): 168. 1902.
Sin.: *Tillandsia pavonii* Mez, *Calathea laxa* Poepp. & Endl., *Maranta laxa* (Poepp. & Endl.) D. Dietr., *Ischnosiphon laxus* (Poepp. & Endl.) Körn., *Hymenocharis laxa* (Poepp. & Endl.) Kuntze, *Monotagma exannulatum* K. Schum.
Ref.: Kennedy et al. (1988), Moraes R.

(1990), Hagberg (2001).
Hierba. Nativa. Zonas Bajas. Bosque Húmedo, 0–1000 m.
Dept.: BE, CO, LP, PA.
Muestra: *S.G. Beck 1478* (GB, LPB, M, MO).

Monotagma nutans Hagberg & R. Erikss., Phytotaxa 20: 22–23, f. 4D. 2011.
Hierba. Nativa. Andes. Yungas, 1000–1500 m.
Dept.: LP.
Muestra: *S.G. Beck 18545* (BOLV, GB, LPB, M).

Monotagma plurispicatum (Körn.) K. Schum., Pflanzenr. IV. 48(Heft 11): 169. 1902.
Sin.: *Monotagma guianense* (Körn.) K. Schum., *Ischnosiphon plurispicatus* Körn.
Ref.: Killeen & Schulenberg (1998), Hagberg (2001), Kennedy (2003).
Hierba. Nativa. Zonas Bajas. Bosque Húmedo, Bosque Semideciduo Chiquitano, 0–1000 m.
Dept.: BE, CO, LP, SC.
Muestra: *R. Seidel et al. 8397* (BOLV, LPB, MO, USZ).
Infra: *Monotagma plurispicatum* var. *plurispicatum*

[Monotagma spicatum (Aubl.) J.F. Macbr.], Publ. Field Mus. Nat. Hist., Bot. Ser. 11(1): 14. 1931.
Sin.: *Maranta spicata* Aubl., *Ischnosiphon parkeri* Körn.
Ref.: Foster (1958).
Nota: El registro se basa en material mal identificado.

Monotagma tuberosum Hagberg & R. Erikss., Phytotaxa 20: 23–24, f. 5B. 2011.
Hierba. Nativa. Zonas Bajas. Bosque Húmedo, 0–500 m.
Dept.: PA.
Muestra: *G.T. Prance 8395* (INPA, NY).

Myrosma L. f., Suppl. Pl. 8, 80. 1781 [1782].
3 especies, 0 especies endémicas.

Myrosma boliviana Loes., Notizbl. Bot. Gart. Berlin–Dahlem 6: 270. 1915.
Ref.: Foster (1958).
Hierba. Nativa. Zonas Bajas. Bosque Húmedo, 0–500 m.
Dept.: PA.
Tipo: *E.H.G. Ule 9247* (T: B destr., MO; fotos: F ex B, GH).
Infra: *Myrosma boliviana* var. *acreana* Loes.
Nota: Conocida en Bolivia solamente del tipo.

Myrosma cannifolia L. f., Suppl. Pl. 80. 1781 [1782].
Ref.: Andersson (2001c).
Hierba. Nativa. Zonas Bajas. Bosque Húmedo, 0–500 m.
Dept.: PA.
Muestra: *F.J. Fernández Casas & A. Susanna 8292* (MO).

Myrosma cuyabensis (Körn.) K. Schum., Pflanzenr. IV 48(Heft 11): 42. 1902.
Sin.: *Maranta cuyabensis* Körn.
Ref.: Killeen & Schulenberg (1998).
Hierba. Nativa. Zonas Bajas. Bosque Húmedo, 0–500 m.
Dept.: SC.
Muestra: *A. Soto et al. 416* (LPB, MO, NY, UCR, USZ).

Stromanthe Sond., Neue Allg. Deutsche Garten- Blumenzeitung 5: 225. 1849.
3 especies, 1 especie endémica.

Stromanthe angustifolia Rusby, Mem. Torrey Bot. Club 4(3): 266. 1895.
Ref.: Foster (1958).
Hierba. Endémica. Andes. Yungas, 1500–2000 m.
Dept.: LP.
Tipo: *M. Bang 874* (HT: NY; IT: F, GH, MO, NY, US, US).
Nota: Conocida solamente del tipo.

Stromanthe boliviana K. Schum., Pflanzenr. 4(48): 151. 1902.
Ref.: Foster (1958).
Hierba, arbusto. Nativa. Zonas Bajas, Andes. Bosque Húmedo, Bosque Semideciduo Chiquitano, Yungas, Bosque Tucumano-Boliviano, Valles Secos, 500–2000 m.
Dept.: CH, CO, LP, SC, TA.
Tipo y muestra: *M. Bang 513* (ST: GH, MO, NY, NY, US, US), *A. Carretero et al. 1071* (HSB, MO, UBC).

Stromanthe confusa K. Schum., Pflanzenr. 4(48): 150. 1902.
Ref.: Foster (1958).
Hierba. Nativa. Zonas Bajas. Bosque Húmedo, 0–500 m.
Dept.: SC.
Tipo: *O. Kuntze s.n.* (HT: B destr.?; IT: NY, US; fotos: F ex B).
Nota: Conocida en Bolivia solamente del tipo. Posiblemente un sinónimo de *S. boliviana*.

[Stromanthe porteana Griseb.], Ann. Sci. Nat., Bot., sér. 4, 9: 185. 1858.
Ref.: Foster (1958).
Nota: El registro se basa en material mal identificado. Especie del Brasil (Espírito Santo y Bahia).

[Stromanthe tonckat (Aubl.) Eichler], Abh. Königl. Akad. Wiss. Berlin 1884: 80. 1884.
Sin.: *Maranta tonckat* Aubl.
Ref.: Foster (1958).
Nota: El registro se basa en material mal identificado.

Thalia L., Sp. Pl. 2: 1193. 1753.
1 especie, 0 especies endémicas.

Thalia geniculata L., Sp. Pl. 2: 1193. 1753.
Sin.: *Maranta geniculata* (L.) Lam., *Maranta flexuosa* C. Presl, *Thalia erecta* Vell., *Thalia altissima* Klotzsch, *Thalia divaricata* Chapm., *Thalia geniculata* var. *pubescens* Körn., *Thalia angustifolia* C. Wright ex Griseb., *Thalia coerulea* Ridl., *Thalia welwitschii* Ridl., *Thalia geniculata* var. *villosa* Körn. ex K. Schum., *Thalia dipetala* Gagnep., *Thalia trichocalyx* Gagnep., *Thalia geniculata* fo. *rheumoides* Shuey
Ref.: Andersson (1981), Killeen & Schulenberg (1998), Andersson (2001d), Kennedy (2003).
Hierba, acuática. Nativa. Zonas Bajas. Bosque Húmedo, Bosque Semideciduo Chiquitano, Sabanas Benianas del Sur, 0–500 m.
Dept.: BE, LP, PA, SC.
Muestra: *M.H. Nee et al. 55177* (LPB, MO, NY, USZ).

Marcgraviaceae Bercht. & J. Presl, Prir. Rostlin 218. 1820.

Por S. Dressler (FR); revisado por S.G. Beck (LPB), M. Nee (NY), P.M. Jørgensen (MO).
7 géneros, 18 especies, 0 especies endémicas.

Marcgravia L., Sp. Pl. 1: 503. 1753.
7 especies, 0 especies endémicas.

Marcgravia brownei (Triana & Planch.) Krug & Urb., Symb. Antill. 1: 367. 1899.
Sin.: *Marcgravia rectiflora* var. *brownei* Triana & Planch.
Ref.: Utley (2001).
Liana. Nativa. Andes. Yungas, 1000–2500 m.

Dept.: LP.
Muestra: *H.H. Rusby 2612* (MICH, NY, PH, US).
Nota: Solamente se conoce en Bolivia por la colección citada.

[Marcgravia coriacea Vahl], Eclog. Amer. 2: 39. 1798.
Ref.: Vásquez Martínez (1997), Killeen & Schulenberg (1998).
Nota: El registro se basa en material mal identificado de *M. flagellaris* y *M. weberbaueri*. Nativa de las Guyanas, Venezuela, Brasil y Colombia.

Marcgravia crenata Poepp. ex Wittm., Fl. Bras. 12(1): 223–224, t. 41, f. 3. 1878.
Sin.: *Marcgravia rectiflora* var. *macrophylla* Wittm., *Marcgravia macrophylla* (Wittm.) Gilg, *Marcgravia crenata* var. *roquensis* J.F. Macbr., *Marcgravia strenua* J.F. Macbr.
Ref.: Macbride (1956b), Pool (1993a), Vásquez Martínez (1997).
Liana. Nativa. Zonas Bajas. Bosque Húmedo, 0–1000 m.
Dept.: BE, CO, LP, SC.
Muestra: *O. Buchtien 2204* (HBG, K, NY, US).
Nota: La sinonimia aquí propuesta para *M. crenata* es nueva.

Marcgravia flagellaris (Poepp. ex Wittm.) Gilg & Werderm., Nat. Pflanzenfam. (ed. 2) 21: 105. 1925.
Sin.: *Marcgravia rectiflora* var. *flagellaris* Poepp. ex Wittm., *Marcgravia flagellaris* var. *leticiana* J.F. Macbr., *Marcgravia leticiana* (J.F. Macbr.) de Roon
Ref.: Pool (1993a), Vásquez Martínez (1997), Nee (2008).
Liana. Nativa. Zonas Bajas. Bosque Húmedo, 0–1000 m.
Dept.: BE, CO, LP, PA, SC.
Muestra: *A.H. Gentry & S. Estenssoro C. 70302* (F, LPB, MO, USZ).
Nom. Vern.: Bejuco guazuma.

Marcgravia oblongifolia Ruiz ex Wittm., Fl. Bras. 12(1): 223. 1878.
Sin.: *Marcgravia macrocarpa* Pav. ex Wittm.
Ref.: Pool (1993a), Dressler (1999).
Liana. Nativa. Zonas Bajas, Andes. Bosque Húmedo, Yungas, 500–2000 m.
Dept.: LP, PA.
Muestra: *A.H. Gentry 71017* (LPB, MO).

Marcgravia polyantha Delpino, Atti Soc. Ital. Sci. Nat. 12: 182, 210. 1869.
Liana. Nativa. Andes. Yungas, 2000–2500 m.
Dept.: LP.
Muestra: *S.G. Beck 24698* (LPB).
Infra: *Marcgravia polyantha* subsp. *occidentalis* (Wittm.) S. Dressler
Nota: La subespecie ocurre en las altas elevaciones disyuntas de la forma nominal, que ocurre en las tierras bajas de las costas de Brasil.

Marcgravia purpurea I.W. Bailey, Amer. J. Bot. 9(7): 378–379, f. 4–5, t. 23, f.1, 3, t. 24, f. 7. 1922.
Ref.: Graham (1934), Vásquez Martínez (1997), Dressler (2001).
Liana. Nativa. Zonas Bajas. Bosque Húmedo, 0–500 m.
Dept.: BE.
Muestra: *W.R. Anderson 12030* (INPA, MICH, NY, U).

[Marcgravia rectiflora Triana & Planch.], Ann. Sci. Nat., Bot., sér. 4, 17: 364–365. 1862.
Ref.: Foster (1958), Dressler (1997).
Nota: El registro se basa en material mal identificado. El registro de Foster (1958) se basa en *M. rectiflora* var. *macrophylla* que es aquí considerado un sinónimo de *M. crenata*. El taxón nominal solamente ocurre en algunas de las Antillas Mayores (Dressler 1997).

Marcgravia weberbaueri Gilg, Bot. Jahrb. Syst. 42: 124. 1908.
Ref.: Macbride (1956b), Pool (1993a).
Liana. Nativa. Zonas Bajas, Andes. Bosque Húmedo, Yungas, 500–2000 m.
Dept.: CO, LP, PA.
Muestra: *S.G. Beck & R.B. Foster 18554* (LPB).

Marcgraviastrum (Wittm. ex Szyszył.) de Roon & S. Dressler, Bot. Jahrb. Syst. 119(3): 332. 1997.
1 especie, 0 especies endémicas.

Marcgraviastrum mixtum (Triana & Planch.) Bedell, Bot. Jahrb. Syst. 119(3): 332. 1997.
Sin.: *Norantea mixta* Triana & Planch., *Norantea uleana* Pilg., *Norantea curva* J.F. Macbr.
Ref.: Bedell (1985), Pool (1993a), Vásquez Martínez (1997), Dressler (2001), Giraldo-Cañas (2002 [2003]).
Liana, arbusto. Nativa. Andes. Yungas, 500–2000 m.
Dept.: BE, CO, LP.
Muestra: *D.N. Smith & V. García E. 13860* (GH, LPB, MO, SI).

Norantea Aubl., Hist. Pl. Guiane 1: 554, pl. 220. 1775.
2 especies, 0 especies endémicas.

[Norantea brachystachya (Rusby) de Roon], Acta Bot. Neerl. 15(3): 587. 1967.
Sin.: *Souroubea brachystachya* Rusby
Ref.: Foster (1958).
Nota: Especie dudosa. Conocido solamente del tipo, probablemente una muestra juvenil de *Schwartzia weddelliana*.

Norantea goyasensis Cambess., Fl. Bras. Merid. (folio ed.) 1: 242. 1827.
Sin.: *Norantea guianensis* var. *goyasensis* (Cambess.) G.L. Ferreira
Ref.: Bedell (1985), Wood et al. (2011).
Liana, arbusto, arbolito. Nativa. Zonas Bajas. Bosque Semideciduo Chiquitano, Campos Cerrados, 0–1000 m.
Dept.: BE, SC.
Muestra: *T. Killeen 1456* (F, LPB).
Nota: Wood et al. (2011) usaban el nombre *N. guianensis* para esta especie.

Norantea guianensis Aubl., Hist. Pl. Guiane 1: 554, t. 220. 1775.
Ref.: Macbride (1956b), Bedell (1985), Pool (1993a), Vásquez Martínez (1997), Killeen & Schulenberg (1998), Dressler (2001).
Liana, arbusto. Nativa. Zonas Bajas. Bosque Húmedo, Campos Cerrados, 0–1000 m.
Dept.: SC.
Muestra: *M. Saldias et al. 2945* (CTES, MO, SI, USZ).
Infra: *Norantea guianensis* subsp. *japurensis* (Mart.) Bedell

Ruyschia Jacq., Enum. Syst. Pl. 2, 17. 1760.
2 especies, 0 especies endémicas.

Ruyschia andina de Roon, Novon 15(3): 415. 2005.
Ref.: Homeier & Werner (2007).
Liana. Nativa. Andes. Yungas, 1500–2500 m.
Dept.: LP.
Muestra: *D.N. Smith et al. 13915* (B, CTES, LPB, MO, SI, U).

Ruyschia pilophora Triana & Planch., Ann. Sci. Nat., Bot., sér. 4, 17: 379. 1862.
Ref.: de Roon (1975).
Liana. Nativa. Andes. Yungas, 1500–2500 m.
Dept.: LP.
Muestra: *E. Asplund 1301* (UPS).

Sarcopera Bedell, Bot. Jahrb. Syst. 119(3): 328. 1997.
2 especies, 0 especies endémicas.

Sarcopera anomala (Kunth) Bedell, Bot. Jahrb. Syst. 119(3): 329. 1997.
Sin.: *Norantea anomala* Kunth, *Norantea cacabifera* Ruiz & Pav. ex G. Don, *Norantea microscypha* Gilg, *Norantea zahlbruckneri* V.A. Richt., *Norantea droseriformis* Rusby ex Gilg & Werderm.
Ref.: Macbride (1956b), Foster (1958), Bedell (1985), Pool (1993a).
Liana, arbusto, arbolito. Nativa. Zonas Bajas, Andes. Bosque Húmedo, Yungas, 500–2000 m.
Dept.: BE, CO, LP.
Muestra: *M. Bang 1194* (A, BM, E, F, G, GH, K, LE, M, MICH, MO, NY, PH, US, W).

[Sarcopera aurantiaca (Spruce ex Gilg & Werderm.) de Roon & S. Dressler], Novon 9(2): 248–249. 1999.
Sin.: *Norantea aurantiaca* Spruce ex Gilg & Werderm.
Ref.: Nee (2008).
Nota: El registro se basa en material mal identificado de *S. oxystylis*. *S. aurantiaca* es una especie de las tierras bajas de la Amazonía de Brasil y Colombia (Bedell 1985).

Sarcopera oxystylis (Baill.) Bedell ex Gir.-Cañas, Hickenia 3(32–37): 120. 2002.
Sin.: *Norantea oxystylis* Baill., *Norantea haematoscypha* Gilg, *Pseudosarcopera oxystylis* (Baill.) Gir.-Cañas
Ref.: Foster (1958), Bedell (1985), Pool (1993a), Giraldo-Cañas (2007), Nee (2008).
Liana, arbusto. Nativa. Andes. Yungas, 2000–3000 m.
Dept.: CO, LP, SC.
Muestra: *T. Killeen & I.G. Vargas 4092* (E, LPB, MO, NY).

Schwartzia Vell., Fl. Flumin. 221. 1825 [1829].
1 especie, 0 especies endémicas.

Schwartzia weddelliana (Baill.) Bedell, Monogr. Syst. Bot. Missouri Bot. Gard. 45: 1256. 1993.
Sin.: *Norantea weddelliana* Baill., *Marcgravia peduncularis* Poepp. ex Rusby, *Norantea macrostoma* Gilg, *Norantea sandiensis* Gilg
Ref.: Foster (1958), Bedell (1985), Pool (1993a), Giraldo-Cañas (2006), Nee (2008).
Liana, arbusto. Nativa. Zonas Bajas, Andes. Bosque Húmedo, Yungas, 500–2500 m.
Dept.: LP, SC.
Tipo y muestra: *H.A. Weddell 4318* (HT: P; IT: F, MPU, P; fotos: F, MICH, MO, US), *J.C. Solomon 9370* (CTES, LPB, M, MARY, MO).

Souroubea Aubl., Hist. Pl. Guiane 1: 244, t. 97. 1775.
3 especies, 0 especies endémicas.

Souroubea corallina (Mart.) de Roon, Contr. monogr. Marcgraviaceae 171, f. 3. 1975.
Sin.: *Ruyschia corallina* Mart., *Souroubea guianensis* var. *corallina* (Mart.) Wittm.
Ref.: Pool (1993a), Vásquez Martínez (1997).
Liana, arbusto. Nativa. Zonas Bajas. Bosque Húmedo, 0–1000 m.
Dept.: LP.
Muestra: *A. Araujo M. et al. 1138A* (BOLV, CTES, HSB, LPB, MO, USZ).

[Souroubea crassipes (Triana & Planch.) Wittm.], Fl. Bras. 12(1): 254, t. 51, f. 3. 1878.
Ref.: Foster (1958).
Nota: El registro se basa en material mal identificado.

Souroubea fragilis de Roon, Acta Bot. Neerl. 18(3): 405. 1969.
Ref.: de Roon (1975), Pool (1993a), Killeen & Schulenberg (1998).
Liana, arbusto. Nativa. Zonas Bajas, Andes. Bosque Húmedo, Yungas, 0–2000 m.
Dept.: LP.
Tipo y muestra: *M. Bang 2401* (HT: NY; IT: BM, E, F, GH, K, LE, M, MICH, MO-2090812, PH, U, US, W, WU), *A. Perry 1063* (E, LPB, MO).

[Souroubea guianensis Aubl.], Hist. Pl. Guiane 1: 244, t. 97. 1775.
Ref.: Foster (1958).
Nota: El registro se basa en material mal identificado.

Souroubea stichadenia de Roon, Acta Bot. Neerl. 18(3): 404, t. 2, f. 4–5. 1969.
Ref.: de Roon (1975), Pool (1993a).
Liana. Nativa. Zonas Bajas. Bosque Húmedo, 500–1500 m.
Dept.: LP.
Tipo y muestra: *B.A. Krukoff 11037* (HT: NY; IT: A, F, G, GH, K, MICH, MO-1240480, NY, S, U, UC, US), *S.G. Beck 24272* (BOLV, FR, LPB, MO, USZ).

MARTYNIACEAE Horan., Char. Ess. Fam. 130. 1847.

Por R. Gutierrez (ASU); revisado por M. Nee (NY), S.G. Beck (LPB), P.M. Jørgensen (MO).
2 géneros, 2 especies, 0 especies endémicas.

Craniolaria L., Sp. Pl. 2: 618. 1753.
1 especie, 0 especies endémicas.

Craniolaria integrifolia Cham., Linnaea 7: 725. 1832.
Sin.: *Martynia integrifolia* (Cham.) Steud.
Ref.: Van Eseltine (1929), Foster (1958), Killeen & Schulenberg (1998), Wood et al. (2011).
Hierba. Nativa. Zonas Bajas, Andes. Bosque Seco Chaqueño, Campos Cerrados, Sabanas Benianas del Sur, Valles Secos, 0–2000 m.
Dept.: CH, CO, PO, SC.
Muestra: *A.F. Fuentes C. 1337* (MO, NY, USZ).
Nom. Vern.: Cumba, pico de piraba, uñas del diablo.

Ibicella Van Eselt., Techn. Bull. New York Agric. Exp. Sta., Geneva 149: 31. 1929.
1 especie, 0 especies endémicas.

Ibicella parodii Abbiatti, Notas Mus. La Plata, Bot. 4: 458. 1939.
Hierba. Nativa. Zonas Bajas. Bosque Seco Chaqueño, 500–1000 m.
Dept.: SC, TA.
Muestra: *M. Cárdenas 2721* (F, NY).
Nom. Vern.: Cuernos del diablo, astas del diablo.

MAYACACEAE Kunth, Abh. Königl. Akad. Wiss. Berlin 1840: 93. 1842.

Por S.G. Beck (LPB); revisado por M. Nee (NY), P.M. Jørgensen (MO).
1 género, 3 especies, 0 especies endémicas.

Mayaca Aubl., Hist. Pl. Guiane 1: 42–44, pl. 15. 1775.
3 especies, 0 especies endémicas.

Mayaca fluviatilis Aubl., Hist. Pl. Guiane 1: 42–44, pl. 15. 1775.
Ref.: Lourteig (1952), Killeen & Schulenberg (1998).
Hierba, acuática. Nativa. Zonas Bajas, Andes. Bosque Húmedo, Bosque Semideciduo Chiquitano, Sabanas Benianas del Sur, Campos Amazónicos,

Yungas, 0–500, 1500–2000 m.
Dept.: BE, LP, SC.
Muestra: *E. Villanueva et al. 863* (F, LPB).

Mayaca longipes Mart. ex Seub., Fl. Bras. 3: 229–230, pl. 31, f. 2. 1885.
Ref.: Lourteig (1952), Lourteig (1971).
Hierba, acuática. Nativa. Zonas Bajas. Bosque Semideciduo Chiquitano, Sabanas Benianas del Sur, 0–500 m.
Dept.: BE, SC.
Muestra: *N.P. Ritter & G.E. Crow 2227* (LPB, MO, NHA).

Mayaca sellowiana Kunth, Enum. Pl. 4: 32. 1843.
Sin.: *Mayaca boliviana* Rusby
Ref.: Rusby (1927), Foster (1958), Lourteig (1971), Mereles (1989).
Hierba, acuática. Nativa. Zonas Bajas. Bosque Semideciduo Chiquitano, Sabanas Benianas del Sur, Campos Amazónicos, 0–1000 m.
Dept.: BE, LP, SC.
Muestra: *S.G. Beck 3429* (LPB, M, MO).

MELASTOMATACEAE Juss., Gen. Pl. 328. 1789.

Por S.S. Renner (M); revisado por C. Ulloa Ulloa (MO), M. Nee (NY), S.G. Beck (LPB), P.M. Jørgensen (MO).
30 géneros, 325 especies, 53 especies endémicas.

Aciotis D. Don, Mem. Wern. Nat. Hist. Soc. 4: 283, 300–301. 1823.
5 especies, 0 especies endémicas.

Aciotis acuminifolia (Mart. ex DC.) Triana, Trans. Linn. Soc. London 28(1): 51. 1871 [1872].
Sin.: *Spennera acuminifolia* Mart. ex DC., *Spennera dichotoma* Benth., *Aciotis aequatorialis* Cogn., *Aciotis amazonica* Cogn., *Aciotis dichotoma* (Benth.) Cogn.
Ref.: Moraes R. (1990), Killeen & Schulenberg (1998), Freire Fierro (2002).
Hierba. Nativa. Zonas Bajas. Bosque Húmedo, 0–1000 m.
Dept.: BE, CO, LP, PA, SC.
Muestra: *R.F. Steinbach 451* (F, GH, MICH, MO, NY, US).

Aciotis annua (Mart. ex DC.) Triana, Trans. Linn. Soc. London 28(1): 52. 1871 [1872].
Sin.: *Spennera annua* Mart. ex DC., *Spennera dysophylla* Benth., *Aciotis dysophylla* (Benth.) Triana
Ref.: Wurdack (1973), Brako (1993i), Freire Fierro (2002).
Hierba. Nativa. Zonas Bajas. Bosque Húmedo, 0–500 m.
Dept.: BE, PA.
Muestra: *A. Jardim 2449* (MO, USZ).

Aciotis indecora (Bonpl.) Triana, Trans. Linn. Soc. London 28(1): 52. 1871 [1872].
Sin.: *Rhexia indecora* Bonpl., *Spennera indecora* (Bonpl.) DC., *Spennera laxa* DC., *Spennera rostellata* Naudin, *Spennera viscosa* Bonpl. ex Naudin, *Aciotis rostellata* (Naudin) Triana, *Aciotis viscosa* (Bonpl. ex Naudin) Triana, *Aciotis laxa* (DC.) Cogn.
Ref.: Foster (1958), Renner et al. (1990), Brako (1993i), Killeen & Schulenberg (1998), Renner (1999), Almeda (2001), Freire Fierro (2002).
Hierba, subarbusto. Nativa. Zonas Bajas. Bosque Húmedo, 0–1000 m.
Dept.: BE, SC.
Muestra: *J.C. Solomon 7592* (LPB, MO, NY).

[Aciotis paludosa (Mart. ex DC.) Triana], Trans. Linn. Soc. London 28(1): 51. 1871 [1872].
Ref.: Foster (1958).
Nota: El registro se basa en material mal identificado.

Aciotis purpurascens (Aubl.) Triana, Trans. Linn. Soc. London 28(1): 52. 1871 [1872].
Sin.: *Melastoma purpurascens* Aubl., *Rhexia sileniflora* Bonpl., *Miconia purpurascens* (Aubl.) DC., *Aciotis sileniflora* (Bonpl.) Triana, *Aciotis trinitensis* Cogn.
Ref.: Macbride (1941c), Brako (1993i), Almeda (1997 [1998]), Killeen & Schulenberg (1998), Renner (1999), Freire Fierro (2002).
Hierba, subarbusto. Nativa. Zonas Bajas, Andes. Bosque Húmedo, Yungas, 0–2000 m.
Dept.: CO, PA, SC.
Muestra: *S.G. Beck 17080* (LPB, US).

Aciotis rubricaulis (Mart. ex DC.) Triana, Trans. Linn. Soc. London 28(1): 52. 1871 [1872].
Sin.: *Spennera rubricaulis* Mart. ex DC., *Arthrostemma caulialatum* Ruiz & Pav., *Spennera caulialata* (Ruiz & Pav.) Naudin, *Spennera panicularis* Naudin, *Spennera alata* Beurl., *Aciotis caulialata* (Ruiz & Pav.) Triana, *Aciotis levyana* Cogn., *Aciotis purpurascens* var. *alata* Cogn., *Aciotis aristata* Ule, *Aciotis aristellata* Markgr., *Aciotis purpurascens* var. *martinensis* J.F. Macbr., *Aciotis asplundii* Wurdack, *Aciotis alata* (Beurl.) Almeda
Ref.: Macbride (1941c), Foster (1958), Moraes R. (1990), Brako (1993i), Freire Fierro (2002).
Hierba. Nativa. Zonas Bajas, Andes. Bosque Húmedo, Yungas, 0–1500 m.
Dept.: BE, CO, LP, PA, SC.
Muestra: *M.H. Nee 31659* (LPB, MO, NY, US).

Acisanthera P. Browne, Civ. Nat. Hist. Jamaica 217. 1756.
8 especies, 1 especie endémica.

Acisanthera alsinaefolia (DC.) Triana, Trans. Linn. Soc. London 28(1): 34. 1871 [1872].
Sin.: *Microlicia alsinefolia* DC.
Ref.: Foster (1958).
Hierba, subarbusto. Nativa. Zonas Bajas. Bosque Semideciduo Chiquitano, Campos Cerrados, 0–500 m.
Dept.: SC.
Muestra: *T. Killeen & R. Guillén V. 7334* (USZ).

Acisanthera bivalvis (Aubl.) Cogn., Fl. Bras. 14(3): 216–217. 1885.
Sin.: *Melastoma bivalve* Aubl., *Microlicia bivalvis* (Aubl.) DC.
Hierba. Nativa. Zonas Bajas. Campos Cerrados, 0–500 m.
Dept.: SC.
Muestra: *R. Guillén V. & S. Coria 2163* (MO, USZ).

Acisanthera boliviensis Cogn. ex Kuntze, Revis. Gen. Pl. 3(3): 94. 1898.
Ref.: Foster (1958).
Hierba. Nativa. Zonas Bajas. Bosque Húmedo, 0–500 m.
Dept.: SC.
Tipo y muestra: *O. Kuntze s.n.* (HT: NY), *T. Herzog s.n.* (F, W).

Acisanthera fluitans Cogn., Fl. Bras. 14(3): 214. 1885.
Hierba. Nativa. Zonas Bajas. Bosque Semideciduo Chiquitano, Campos Cerrados, 0–500 m.
Dept.: SC.
Muestra: *T. Killeen 2440* (LPB).
Nota: Identificación tentativa.

Acisanthera leptalea Almeda, Brittonia 51(2): 159, f. 1. 1999.
Hierba. Endémica. Zonas Bajas. Campos Cerrados, 0–500 m.
Dept.: SC.
Tipo: *B. Mostacedo et al. 2127* (HT: MO-4638716; IT: USZ).
Nota: Conocido solamente del tipo.

Acisanthera limnobios (DC.) Triana, Trans. Linn. Soc. London 28(1): 33. 1871 [1872].
Sin.: *Microlicia limnobios* DC., *Acisanthera pellucida* C. Wright ex Griseb.
Ref.: Foster (1958), Standley & Williams (1963), Molina Rosito (1975), Gómez P. (1983), Almeda (2001).
Hierba. Nativa. Zonas Bajas. Bosque Húmedo, Campos Cerrados, 0–500 m.
Dept.: SC.
Muestra: *A. Jardim et al. 1973* (USZ).

Acisanthera quadrata Pers., Syn. Pl. 1: 477. 1805.
Ref.: Macbride (1941c), Wurdack (1973), Almeda (2001).
Hierba. Nativa. Zonas Bajas. Sabanas Benianas del Sur, 0–500 m.
Dept.: BE.
Muestra: *S.G. Beck 3378* (LPB, US).

Acisanthera uniflora (Vahl) Gleason, Phytologia 3(7): 346. 1950.
Sin.: *Rhexia uniflora* Vahl
Ref.: Killeen & Schulenberg (1998).
Hierba. Nativa. Zonas Bajas. Bosque Húmedo, 0–500 m.
Dept.: SC.
Muestra: *E. Gutiérrez C. et al. 736* (USZ).

Adelobotrys DC., Prodr. 3: 127. 1828.
3 especies, 0 especies endémicas.

Adelobotrys adscendens (Sw.) Triana, J. Bot. 5: 210. 1867.
Sin.: *Melastoma adscendens* Sw., *Miconia scandens* Ruiz & Pav., *Davya guianensis* DC., *Davya peruviana* DC., *Davya adscendens* (Sw.) Griseb., *Adelobotrys multiflora* Pilg., *Adelobotrys guianensis* (DC.) Gleason
Ref.: Foster (1958), Standley & Williams (1963), Molina Rosito (1975), Dodson & Gentry (1978), Wurdack (1980), Breedlove (1986), Renner et al. (1990), Brako (1993i), Ibarra Manríquez & Sinaca Colín (1995), Renner (1999), Balick et al. (2000), Almeda (2001).
Liana. Nativa. Zonas Bajas, Andes. Bosque Húmedo, Yungas, 0–1500 m.
Dept.: CO, LP, PA.
Muestra: *A. Jardim 658* (LPB, USZ).

[Adelobotrys boissierianus Cogn.], Fl. Bras. 14(4): 21. 1886.
Ref.: Fuentes Claros et al. (2009).
Nota: El registro se basa en material mal identificado.

Adelobotrys macrophyllus Pilg., Verh. Bot. Vereins Prov. Brandenburg 47: 165. 1905.
Ref.: Macbride (1941c), Brako (1993i).
Trepadora. Nativa. Zonas Bajas. Bosque Húmedo, 0–1000 m.
Dept.: CO.
Muestra: *T. Killeen & M.J. Ledesma 4289* (LPB, MO).

Adelobotrys rotundifolius Triana, Trans. Linn. Soc. London 28(1): 68. 1871 [1872].
Ref.: Macbride (1941c), Brako (1993i).
Trepadora. Nativa. Zonas Bajas. Bosque Húmedo, 0–500 m.
Dept.: BE, LP.
Muestra: *D.N. Smith et al. 13960* (MO).

Arthrostemma Pav. ex D. Don, Mem. Wern. Nat. Hist. Soc. 4: 283, 298–299. 1823.
1 especie, 0 especies endémicas.

Arthrostemma ciliatum Pav. ex D. Don, Mem. Wern. Nat. Hist. Soc. 4: 299. 1823.
Sin.: *Arthrostemma ciliatum* Ruiz & Pav., *Rhexia diversifolia* Bonpl., *Arthrostemma fragile* Lindl., *Heteronoma campanulare* Bonpl. ex Naudin, *Arthrostemma campanulare* (Bonpl. ex Naudin) Triana, *Heteronoma diversifolium* var. *rubiginosum* Ram. Goyena, *Arthrostemma grandiflorum* Markgr., *Arthrostemma macrodesmum* Gleason
Ref.: Macbride (1941c), Foster (1958), Standley & Williams (1963), Molina Rosito (1975), Dodson & Gentry (1978), Wurdack (1980), Cowan (1983), Renner et al. (1990), Brako (1993i), Ibarra Manríquez & Sinaca Colín (1995), Renner (1999).
Hierba, subarbusto. Nativa. Zonas Bajas, Andes. Bosque Húmedo, Yungas, 0–2000 m.
Dept.: BE, CO, LP.
Muestra: *S.G. Beck 12704* (CTES, LPB, M, MO).

Axinaea Ruiz & Pav., Fl. Peruv. Prodr. 68. 1794.
3 especies, 0 especies endémicas.

Axinaea glandulosa Ruiz & Pav. ex D. Don, Mem. Wern. Nat. Hist. Soc. 4: 321. 1823.
Sin.: *Chastenaea glandulosa* (Ruiz & Pav. ex D. Don) Naudin
Ref.: Macbride (1941c), Brako (1993i).
Árbol. Nativa. Andes. Yungas, 2000–2500 m.
Dept.: LP.
Muestra: *J.C. Solomon 18709* (LPB, MO).

Axinaea lanceolata Ruiz & Pav., Fl. Peruv. Prodr. 68. 1794.
Sin.: *Chastenaea lanceolata* (Ruiz & Pav.) Naudin
Ref.: Foster (1958), Moraes R. (1993e).
Árbol. Nativa. Andes. Yungas, 2000–3000 m.
Dept.: CO, LP.
Muestra: *A.H. Gentry & J.C. Solomon 52098* (MO).

Axinaea pennellii Gleason, Bull. Torrey Bot. Club 54: 28. 1927.
Ref.: Balslev (2003).
Árbol. Nativa. Andes. Yungas, 2000–3000 m.
Dept.: CO.
Muestra: *M. Cárdenas 2222* (US).

[Axinaea scutigera Triana], Trans. Linn. Soc. London 28(1): 69. 1871 [1872].
Ref.: Foster (1958).
Nota: El registro se basa en material mal identificado.

Bellucia Neck. ex Raf., Sylva Tellur. 92–93. 1838.
10 especies, 2 especies endémicas.
Nota: Incluye *Loreya* DC.

Bellucia acutata Pilg., Verh. Bot. Vereins Prov. Brandenburg 47: 181. 1905.
Ref.: Moraes R. (1993e), Killeen & Schulenberg (1998).
Arbusto. Nativa. Zonas Bajas. Campos Cerrados, Sabanas Benianas del Norte, Campos Amazónicos, 0–500 m.
Dept.: BE, LP, SC.
Muestra: *R. Guillén V. & R. Choré 2447* (LPB, MO, USZ).

Bellucia aequiloba Pilg., Verh. Bot. Vereins Prov. Brandenburg 47: 182. 1905.
Ref.: Renner (1989), Moraes R. (1993e), Arrázola Rivero et al. (2000).
Arbusto, arbolito. Nativa. Zonas Bajas, Andes. Bosque Húmedo, Yungas, 0–1500 m.
Dept.: BE, CO, LP.
Muestra: *D.N. Smith & V. García E. 13783* (LPB, MO).
Nom. Vern.: Maracón.

Bellucia beckii S.S. Renner, Mem. New York Bot. Gard. 50: 28, f. 11C. 1989.
Ref.: Killeen & Schulenberg (1998).
Arbusto. Endémica. Zonas Bajas. Bosque Húmedo, Campos Cerrados, Sabanas Benianas del Norte, Campos Amazónicos, 0–500 m.
Dept.: LP, SC.

Tipo y muestra: *S.G. Beck et al. 10000* (HT: US; IT: CTES, HBG, LPB, M, USZ), *B. Mostacedo et al. 2506* (LPB, MO, USZ).

[Bellucia dichotoma Cogn.], Fl. Bras. 14(4): 514. 1888.
Ref.: Killeen & Schulenberg (1998).
Nota: El registro se basa en material mal identificado de probablamente *B. grossularioides*.

Bellucia gracilis (S.S. Renner) Penneys, Michelang., Judd & Almeda, Syst. Bot. 35(4): 797. 2010.
Sin.: *Loreya gracilis* S.S. Renner
Ref.: Moraes R. (1993e), Ministerio de Medio Ambiente y Agua (2012 [2013]).
Árbol. Endémica. Andes. Yungas, 1000–1500 m.
Dept.: LP.
Tipo y muestra: *M.H. Nee & J.C. Solomon 30308* (HT: US; IT: F, K, LPB, MO-3465318, NY, P), *N. Chapi et al. 230* (AAU, BOLV, LPB, MA, MO, NY, USZ).

Bellucia grossularioides (L.) Triana, Trans. Linn. Soc. London 28(1): 141–142. 1871 [1872].
Sin.: *Melastoma grossularioides* L., *Blakea quinquenervia* Aubl., *Blakea macrophylla* D. Don, *Apatitia blakeoides* Desv., *Bellucia brasiliensis* Naudin, *Bellucia hostmannii* Naudin, *Bellucia quinquenervia* (Aubl.) H. Karst., *Bellucia macrophylla* (D. Don) Triana, *Bellucia circumscissa* Spruce ex Cogn.
Ref.: Foster (1958), Standley & Williams (1963), Renner (1989), Brako (1993i), Moraes R. (1993e), Killeen & Schulenberg (1998), Arrázola Rivero et al. (2000), Balick et al. (2000), Almeda (2001), Berry et al. (2001).
Árbol. Nativa. Zonas Bajas. Bosque Húmedo, Campos Amazónicos, 0–1000 m.
Dept.: BE, CO, LP, PA, SC.
Muestra: *R.C. Quevedo et al. 866* (MO, USZ).
Nom. Vern.: Huicama.

[Bellucia imperialis Saldanha & Cogn.], Bouquet Mélast. Brés. t. 4. 1887.
Ref.: Foster (1958).
Nota: El registro se basa en material mal identificado.

Bellucia klugii (S.S. Renner) Penneys, Michelang., Judd & Almeda, Syst. Bot. 35(4): 797. 2010.
Sin.: *Loreya klugii* S.S. Renner
Ref.: Renner (1989), Moraes R. (1993e), Renner (1999).
Árbol. Nativa. Zonas Bajas. Bosque Húmedo, 0–500 m.
Dept.: CO, LP.
Muestra: *S.G. Beck 1488* (LPB, US).

Bellucia pentamera Naudin, Ann. Sci. Nat., Bot., sér. 3, 16(2): 105–106. 1851 [1850].
Sin.: *Axinanthera macrophylla* H. Karst., *Bellucia axinanthera* Triana, *Bellucia costaricensis* Cogn., *Bellucia weberbaueri* Cogn., *Bellucia aricuaizensium* Pittier
Ref.: Macbride (1941c), Renner (1989), Renner et al. (1990), Brako (1993i), Moraes R. (1993e), Killeen & Schulenberg (1998), Renner (1999), Arrázola Rivero et al. (2000), Balick et al. (2000), Almeda (2001), Berry et al. (2001).
Árbol. Nativa. Zonas Bajas, Andes. Bosque Húmedo, Yungas, 0–2000 m.
Dept.: BE, CO, LP, PA, SC.
Muestra: *J.C. Solomon 17075* (LPB, MO).
Nom. Vern.: Guayabilla.

Bellucia spruceana (Benth. ex Triana) J.F. Macbr., Publ. Field Mus. Nat. Hist., Bot. Ser. 13(4/1): 499. 1941.
Sin.: *Loreya spruceana* Benth. ex Triana, *Loreya collatata* Wurdack
Ref.: Renner (1989), Renner et al. (1990), Brako (1993i), Moraes R. (1993e), Renner (1999), Berry et al. (2001).
Árbol. Nativa. Zonas Bajas. Bosque Húmedo, 0–500 m.
Dept.: BE, LP, PA.
Muestra: *F.J. Fernández Casas 8255* (MO, NY).

Bellucia strigosa (Gleason) Penneys, Michelang., Judd & Almeda, Syst. Bot. 35(4): 797. 2010.
Sin.: *Loreya strigosa* Gleason
Ref.: Moraes R. (1993e).
Árbol. Nativa. Zonas Bajas. Bosque Húmedo, 0–500 m.
Dept.: PA.
Muestra: *S.G. Beck & J. Inca 19584* (COL, LPB, PORT, Q, US).

Bellucia subandina (Wurdack) Penneys, Michelang., Judd & Almeda, Syst. Bot. 35(4): 797. 2010.
Sin.: *Loreya subandina* Wurdack
Ref.: Wurdack (1980), Renner (1989), Renner et al. (1990), Moraes R. (1993e), Renner (1999).
Árbol. Nativa. Zonas Bajas. Bosque Húmedo, 0–1000 m.
Dept.: LP, SC.
Muestra: *R.S. Williams 662* (US).

Blakea P. Browne, Civ. Nat. Hist. Jamaica 323. 1756.
3 especies, 0 especies endémicas.

[Blakea mexiae Gleason], Bull. Torrey Bot. Club 66(6): 419. 1939.
Ref.: Parker & Bailey (1991).
Nota: El registro se basa en material mal identificado.

Blakea multiflora D. Don, Mem. Wern. Nat. Hist. Soc. 4: 326. 1823.
Sin.: *Topobea longipes* Naudin, *Topobea multiflora* (D. Don) Triana, *Blakea boliviensis* (Cogn. ex Harms) Kuntze, *Topobea boliviensis* Cogn. ex Harms
Ref.: Foster (1958), Wurdack (1980), Brako (1993i), Moraes R. (1993e), Renner (1999).
Árbol. Nativa. Andes. Yungas, 1000–2500 m.
Dept.: CO, LP.
Muestra: *J.C. Solomon et al. 19059* (MO).

Blakea repens (Ruiz & Pav.) D. Don, Mem. Wern. Nat. Hist. Soc. 4(2): 325. 1823.
Sin.: *Valdesia repens* Ruiz & Pav., *Blakea incerta* J.F. Macbr.
Ref.: Rusby (1893b), Macbride (1941c), Foster (1958), Wurdack (1980), Brako (1993i), Moraes R. (1993e), Almeda (2000).
Trepadora, arbusto, epífita. Nativa. Zonas Bajas, Andes. Bosque Húmedo, Yungas, 500–2000 m.
Dept.: CO, LP.
Muestra: *J.C. Solomon 14870* (LPB, MO, NY).

Blakea rosea (Ruiz & Pav.) D. Don, Mem. Wern. Nat. Hist. Soc. 4: 325. 1823.
Sin.: *Valdesia rosea* Ruiz & Pav., *Blakea caudata* Triana, *Blakea calycanthus* Markgr.
Ref.: Macbride (1941c), Wurdack (1980), Renner et al. (1990), Brako (1993i), Renner (1999).
Trepadora. Nativa. Zonas Bajas, Andes. Bosque Húmedo, Yungas, 0–1500 m.
Dept.: BE, LP.
Muestra: *M.A. Lewis 38037* (MO, NY).

Brachyotum (DC.) Triana, Gen. Pl. 1: 729, 743. 1867.
4 especies, 0 especies endémicas.

Brachyotum angustifolium Wurdack, Mem. New York Bot. Gard. 8: 401. 1953.
Ref.: Fuentes Claros et al. (2009).
Subarbusto, arbusto. Nativa. Andes. Yungas, Páramo Yungueño, 3500–4000 m.
Dept.: LP.
Muestra: *S.G. Beck 25142* (LPB, MO, US).

Brachyotum grisebachii Cogn., Monogr. Phan. 7: 153. 1891.
Ref.: Macbride (1941c), Foster (1958), Brako (1993i).
Arbusto. Nativa. Andes. Yungas, 3000–3500 m.
Dept.: LP.
Muestra: *J.C. Solomon 15377* (LPB, MO, NY).
Nom. Vern.: Chunga-chunga.

Brachyotum microdon (Naudin) Triana, Trans. Linn. Soc. London 28(1): 49. 1871 [1872].
Sin.: *Chaetogastra hermannioides* Naudin, *Chaetogastra microdon* Naudin, *Chaetogastra pentlandii* Naudin, *Brachyotum hermannioide* (Naudin) Triana, *Brachyotum pentlandii* (Naudin) Triana, *Brachyotum setosum* Gleason
Ref.: Rusby (1893b), Foster (1958), Adolfo María (1966), Moraes R. (1993e), López Vargas (1995), Saravia Miranda (1996), Zuloaga & Morrone (1997), González et al. (1999), Serrano & Terán (1998 [2000]).
Arbusto. Nativa. Andes. Yungas, Bosque Tucumano-Boliviano, 2000–4000 m.
Dept.: CH, CO, LP, PO, SC, TA.
Muestra: *D.N. Smith et al. 13604* (LPB, MO).
Nom. Vern.: Chilin chilin, chonga-chonga, chonka-chonka, chunga-chunga.

Brachyotum sanguinolentum (Naudin) Triana, Trans. Linn. Soc. London 28(1): 49. 1871 [1872].
Sin.: *Chaetogastra sanguinolenta* Naudin, *Brachyotum floribundum* Triana ex Cogn., *Brachyotum barbiferum* Rusby, *Brachyotum pedicellatum* Markgr.
Ref.: Foster (1958), Brako (1993i).
Arbusto. Nativa. Andes. Yungas, 2000–3500 m.
Dept.: CO, LP, SC.
Muestra: *J.C. Solomon 13859* (LPB, MO).

Clidemia D. Don, Mem. Wern. Nat. Hist. Soc. 4: 284, 306–307. 1823.
21 especies, 0 especies endémicas.

Clidemia acutifolia Cogn., Mem. Torrey Bot. Club 3(3): 32. 1893.
Ref.: Rusby (1893b), Foster (1958).
Arbusto. Nativa. Zonas Bajas, Andes. Bosque Húmedo, Yungas, 0–1500 m.
Dept.: BE, CO, LP.
Tipo y muestra: *M. Bang 851* (HT: K; IT: F, GH, MO-2528301, NY, US), *D.N. Smith et al. 13210* (LPB, MO).

Clidemia allardii Wurdack, Phytologia 7(5): 240–241. 1960.
Árbol. Nativa. Zonas Bajas. Bosque Húmedo, 0–1000 m.
Dept.: LP.
Muestra: *M.R. Orellana & A. Sanjinés 1102* (LPB).

[Clidemia bullosa DC.], Prodr. 3: 158. 1828.
Nota: El registro se basa en material mal identificado de *C. novemnervia* y otras especies.

Clidemia capitellata (Bonpl.) D. Don, Mem. Wern. Nat. Hist. Soc. 4(2): 310. 1823.
Sin.: *Melastoma spicatum* Aubl., *Melastoma capitellatum* Bonpl., *Clidemia dependens* Pav. ex D. Don, *Clidemia neglecta* D. Don, *Melastoma dependens* Pav. ex D. Don, *Clidemia spicata* (Aubl.) C. DC., *Maieta dependens* (Pav. ex D. Don) Baill., *Clidemia capitellata* var. *neglecta* (D. Don) L.O. Williams
Ref.: Rusby (1893b), Macbride (1941c), Foster (1958), Standley & Williams (1963), Molina Rosito (1975), Nelson (1978), Wurdack (1980), Cowan (1983), Breedlove (1986), Berendsohn (1989), Renner et al. (1990), Brako (1993i), Killeen & Schulenberg (1998), Renner (1999), Balick et al. (2000), Almeda (2001).
Arbusto. Nativa. Zonas Bajas, Andes. Bosque Húmedo, Campos Cerrados, Sabanas Benianas del Sur, Campos Amazónicos, Yungas, 0–2000 m.
Dept.: BE, CO, LP, PA, SC.
Muestra: *D.N. Smith et al. 13949* (LPB, MO).
Infra: *Clidemia capitellata* var. *capitellata*, *Clidemia capitellata* var. *dependens* (Pav. ex D. Don) J.F. Macbr.

Clidemia ciliata Pav. ex D. Don, Mem. Wern. Nat. Hist. Soc. 4(2): 309. 1823.
Sin.: *Melastoma ciliatum* Pav. ex D. Don, *Calophysa ciliata* (Pav. ex D. Don) Triana
Ref.: Rusby (1893b), Foster (1958), Brako (1993i).
Arbusto. Nativa. Zonas Bajas, Andes. Bosque Húmedo, Yungas, 500–1500 m.
Dept.: LP.
Muestra: *S.G. Beck 21908* (LPB, M, MO, US).
Infra: *Clidemia ciliata* var. *ciliata*

Clidemia cordata Cogn. ex Britton, Bull. Torrey Bot. Club 17(8): 211. 1890.
Ref.: Macbride (1941c), Foster (1958), Brako (1993i).
Arbusto. Nativa. Zonas Bajas. Bosque Húmedo, 500–1000 m.
Dept.: LP.
Tipo y muestra: *H.H. Rusby 2311* (HT: NY), *M. Bang 2000* (NY).

Clidemia dentata Pav. ex D. Don, Mem. Wern. Nat. Hist. Soc. 4(2): 308. 1823.
Sin.: *Melastoma dentatum* Pav. ex D. Don, *Staphidium brachystephanum* Naudin, *Staphidium pauciflorum* var. *alboroseum* Naudin, *Clidemia brachystephana* (Naudin) Triana, *Clidemia brachystephana* var. *longidentata* Cogn.
Ref.: Macbride (1941c), Foster (1958), Standley & Williams (1963), Molina Rosito (1975), Dodson & Gentry (1978), Wurdack (1980), Cowan (1983), Breedlove (1986), Renner et al. (1990), Brako (1993i), Renner (1999), Balick et al. (2000), Almeda (2001).
Arbusto. Nativa. Zonas Bajas, Andes. Bosque Húmedo, Yungas, 0–1500 m.
Dept.: BE, CO, LP, PA, SC.
Muestra: *J.C. Solomon 13941* (LPB, MO, NY).

Clidemia dimorphica J.F. Macbr., Candollea 8: 23. 1940.
Sin.: *Calophysa dispar* (O. Berg ex Triana) Triana, *Staphidium dispar* O. Berg ex Triana, *Clidemia dispar* (O. Berg ex Triana) Cogn.
Ref.: Macbride (1941c), Wurdack (1980), Renner et al. (1990), Brako (1993i), Renner (1999).
Arbolito. Nativa. Zonas Bajas. Bosque Húmedo, 0–500 m.
Dept.: LP.
Muestra: *A.H. Gentry & R.B. Foster 70832* (LPB, MO).

Clidemia epiphytica (Triana) Cogn., Monogr. Phan. 7: 1025. 1891.
Sin.: *Sagraea epiphytica* Triana, *Prosanerpis trichocalyx* S.F. Blake, *Prosanerpis panamensis* S.F. Blake & Standl., *Clidemia panamensis* (S.F.

Blake & Standl.) Gleason
Ref.: Macbride (1941c), Molina Rosito (1975), Wurdack (1980), Renner et al. (1990), Brako (1993i), Renner (1999), Almeda (2001).
Trepadora. Nativa. Zonas Bajas. Bosque Húmedo, 0–500 m.
Dept.: CO.
Muestra: *D.N. Smith et al. 13013* (LPB, MO).
Infra: *Clidemia epiphytica* var. *epiphytica*

Clidemia fissinervia Gleason, Amer. J. Bot. 19: 748. 1932.
Ref.: Foster (1958).
Arbusto. Nativa. Andes. Yungas, 1000–1500 m.
Dept.: LP.
Tipo y muestra: *O. Buchtien 5496* (IT: GH), *F.T. Grifo & J.C. Solomon 802* (LPB, MO).
Nom. Vern.: Amor seco.

Clidemia heterophylla (Desr.) Gleason, Bull. Torrey Bot. Club 58(2): 85. 1931.
Sin.: *Melastoma heterophyllum* Desr., *Tococa heterophylla* (Desr.) D. Don, *Maieta heterophylla* (Desr.) DC., *Calophysa heterophylla* (Desr.) Triana
Ref.: Macbride (1941c), Davidson et al. (1989), Renner et al. (1990), Parker & Bailey (1991), Brako (1993i), Renner (1999).
Arbusto. Nativa. Zonas Bajas. Bosque Húmedo, 0–500 m.
Dept.: BE, LP.
Muestra: *S.G. Beck 16471* (F, LPB).

Clidemia hirta (L.) D. Don, Mem. Wern. Nat. Hist. Soc. 4: 309. 1823.
Sin.: *Melastoma hirtum* L., *Melastoma elegans* Aubl., *Clidemia elegans* (Aubl.) D. Don, *Clidemia hirta* var. *elegans* (Aubl.) Griseb., *Clidemia hirta* var. *chrysantha* Cogn.
Ref.: Gleason (1939), Macbride (1941c), Perrier de la Bâthie (1951), Standley & Williams (1963), Winkler (1965), Molina Rosito (1975), Wurdack (1980), Breedlove (1986), Berendsohn (1989), Brako (1993i), Killeen & Schulenberg (1998), Renner (1999), Balick et al. (2000), Almeda (2001).
Arbusto. Nativa. Zonas Bajas, Andes. Bosque Húmedo, Yungas, 0–1500 m.
Dept.: BE, CO, LP, PA, SC.
Muestra: *J.C. Solomon 7357* (LPB, MO).

Clidemia juruensis (Pilg.) Gleason, Bull. Torrey Bot. Club 58(2): 84. 1931.
Sin.: *Maieta juruensis* Pilg.
Arbusto. Nativa. Zonas Bajas. Bosque Húmedo, 0–500 m.
Dept.: BE, CO, LP, PA.
Muestra: *D.N. Smith et al. 13038* (LPB, MO).

Clidemia novemnervia (DC.) Triana, Trans. Linn. Soc. London 28(1): 136. 1871 [1872].
Sin.: *Heterotrichum novemnervium* DC., *Clidemia reticulata* Gleason
Ref.: Brako (1993i), Balick et al. (2000), Almeda (2001).
Arbusto. Nativa. Zonas Bajas. Bosque Húmedo, 0–500 m.
Dept.: BE, LP.
Muestra: *J.C. Solomon 16730* (LPB, MO, NY).
Infra: *Clidemia novemnervia* var. *affinis* (Naudin) Wurdack

Clidemia obliqua Cogn., Monogr. Phan. 7: 1017. 1891.
Sin.: *Staphidiastrum obliquum* Griseb. ex Cogn.
Ref.: Macbride (1941c), Foster (1958), Moraes R. (1990), Brako (1993i), Renner (1999).
Hierba. Nativa. Zonas Bajas, Andes. Bosque Húmedo, Yungas, 0–1500 m.
Dept.: BE, CO, LP, PA.
Muestra: *D.N. Smith et al. 13211* (LPB, MO).

Clidemia octona (Bonpl.) L.O. Williams, Fieldiana, Bot. 29(10): 558. 1963.
Sin.: *Melastoma octonum* Bonpl., *Heterotrichum octonum* (Bonpl.) DC., *Clidemia pilosissima* Britton
Arbusto. Nativa. Zonas Bajas. Bosque Húmedo, 500–1000 m.
Dept.: LP.
Muestra: *J.C. Solomon 17704* (LPB, MO).

Clidemia pilosa Pav. ex D. Don, Mem. Wern. Nat. Hist. Soc. 4: 308. 1823.
Sin.: *Staphidiastrum impetiolare* Naudin, *Calophysa pilosa* (Pav. ex D. Don) Triana, *Clidemia impetiolaris* (Naudin) Cogn.
Ref.: Foster (1958).
Arbusto. Nativa. Andes. Bosque Serrano Chaqueño, 500–2000 m.
Dept.: LP.
Muestra: *J.D. Boeke 1489* (NY).

Clidemia rubra (Aubl.) Mart., Nov. Gen. Sp. Pl. 3: 152. 1829.
Sin.: *Melastoma rubrum* Aubl., *Staphidiastrum rubrum* var. *biacutum* Naudin, *Clidemia rubra* var. *biacuta* (Naudin) Cogn.
Ref.: Gleason (1932a), Gleason (1939), Macbride (1941c), Foster (1958), Standley & Williams (1963), Winkler (1965), Molina Rosito (1975), Nelson (1978), Cowan (1983), Brako (1993i), Killeen & Schulenberg (1998).
Hierba, arbusto, árbol. Nativa. Zonas Bajas, Andes. Bosque Húmedo, Campos Cerrados, Campos Amazónicos, Yungas, 0–1500 m.
Dept.: LP, SC.
Muestra: *T. Killeen & J. Wellens 6556* (LPB, MO, USZ).

Clidemia septuplinervia Cogn., Fl. Bras. 14(4): 506–507. 1888.
Ref.: Parker & Bailey (1991).
Arbusto. Nativa. Zonas Bajas. Bosque Húmedo, 0–500 m.
Dept.: BE, CO, LP, SC.
Muestra: *S.G. Beck & R.B. Foster 18261* (LPB, M, US).

Clidemia sericea D. Don, Mem. Wern. Nat. Hist. Soc. 4(2): 310. 1823.
Sin.: *Sagraea columneaefolia* DC.
Ref.: Killeen & Schulenberg (1998).
Arbusto. Nativa. Zonas Bajas. Campos Amazónicos, 0–500 m.
Dept.: CO, LP.
Muestra: *R. Haase 876* (no localizada).
Nota: Esta especie probablemente es un sinónimo de *C. rubra*.

Clidemia sessiliflora (Naudin) Cogn., Fl. Bras. 14(4): 505. 1888.
Sin.: *Staphidium sessiliflorum* Naudin, *Sagraea sessiliflora* (Naudin) Triana, *Clidemia rusbyi* Britton, *Clidemia sessiliflora* var. *angustifolia* Cogn., *Clidemia peruviana* Gleason
Ref.: Rusby (1893b), Macbride (1941c), Foster (1958), Wurdack (1980), Renner et al. (1990), Brako (1993i), Renner (1999).
Arbusto. Nativa. Zonas Bajas, Andes. Bosque Húmedo, Yungas, 500–1000 m.
Dept.: CO, LP.
Muestra: *M. Cornejo et al. 95* (LPB, MA, MO, NY).

Clidemia simpsonii Wurdack, Phytologia 24(3): 205–206. 1972.
Arbusto. Nativa. Zonas Bajas. Bosque Húmedo, 0–500 m.
Dept.: BE, PA, SC.
Muestra: *J.C. Solomon 16859* (LPB, MO).

Desmoscelis Naudin, Ann. Sci. Nat., Bot., sér. 3, 12: 29. 1849.
2 especies, 1 especie endémica.

Desmoscelis calcarata (Naudin) Triana, Trans. Linn. Soc. London 28(1): 34. 1871 [1872].
Sin.: *Lasiandra calcarata* Naudin
Ref.: Foster (1958).
Arbusto. Endémica. Zonas Bajas,

Andes. Bosque Húmedo, Yungas, 0–500, 1000–2500 m.
Dept.: LP.
Tipo y muestra: *J.B. Pentland 195* (HT: P; IT: F), *A.F. Fuentes C. et al. 7215* (BOLV, LPB, MA, MO, USZ).

Desmoscelis villosa (Aubl.) Naudin, Ann. Sci. Nat., Bot., sér. 3, 13(1): 30. 1849 [1850].
Sin.: *Melastoma villosum* Aubl., *Desmoscelis mollis* Pittier
Ref.: Macbride (1941c), Foster (1958), Wurdack (1980), Parker & Bailey (1991), Brako (1993i), Killeen & Schulenberg (1998), Renner (1999).
Arbusto. Nativa. Zonas Bajas. Bosque Húmedo, 0–1000 m.
Dept.: BE, LP, SC.
Muestra: *J.C. Solomon 16792* (MO, NY).

Diolena Naudin, Ann. Sci. Nat., Bot., sér. 3, 15(4): 329, t. 17. 1850.
1 especie, 1 especie endémica.

Diolena boliviensis Cogn., Bull. Torrey Bot. Club 23: 277. 1896.
Ref.: Foster (1958).
Hierba. Endémica. Andes. Yungas, 1500–2000 m.
Dept.: SC.
Tipo: *M. Bang 2574* (HT: BR; IT: NY, NY; fotos: MO ex NY).
Nota: Conocido solamente del tipo.

Graffenrieda DC., Prodr. 3: 105. 1828.
6 especies, 0 especies endémicas.

Graffenrieda conostegioides Triana, Trans. Linn. Soc. London 28(1): 69. 1871 [1872].
Ref.: Moraes R. (1993e).
Árbol. Nativa. Andes. Yungas, 1000–1500 m.
Dept.: LP.
Muestra: *J.C. Solomon 9354* (MO, NY).

Graffenrieda cucullata (Triana) L.O. Williams, Fieldiana, Bot. 29(10): 563. 1963.
Sin.: *Conostegia cucullata* D. Don, *Melastoma cucullatum* Pav. ex D. Don, *Calyptrella cucullata* Triana
Ref.: Foster (1958), Wurdack (1980), Brako (1993i), Moraes R. (1993e), Renner (1999).
Árbol. Nativa. Zonas Bajas, Andes. Bosque Húmedo, Yungas, 500–1500 m.
Dept.: CO, LP, SC.
Muestra: *J.C. Solomon 18414* (LPB, MO, NY).

Graffenrieda emarginata (Ruiz & Pav.) Triana, Trans. Linn. Soc. London 28(1): 71. 1871 [1872].
Sin.: *Miconia emarginata* Ruiz & Pav.
Ref.: Rusby (1893b), Macbride (1941c), Foster (1958), Brako (1993i), Moraes R. (1993e), Jørgensen & Ulloa Ulloa (1994), Renner (1999).
Árbol. Nativa. Andes. Yungas, 1000–2000 m.
Dept.: LP.
Muestra: *J.C. Solomon 12996* (LPB, MO, NY).

Graffenrieda gracilis (Triana) L.O. Williams, Fieldiana, Bot. 29(10): 564. 1963.
Sin.: *Calyptrella gracilis* Triana, *Miconia consimilis* Pilg., *Graffenrieda parviflora* Cogn.
Ref.: Foster (1958), Wurdack (1980), Almeda (1989), Renner et al. (1990), Brako (1993i), Moraes R. (1993e), Renner (1999).
Arbusto, árbol. Nativa. Andes. Yungas, 1000–2000 m.
Dept.: LP.
Muestra: *J.C. Solomon 14812* (LPB, MO, NY, US).

Graffenrieda limbata Triana, Trans. Linn. Soc. London 28(1): 70. 1871 [1872].
Sin.: *Graffenrieda boliviensis* Cogn.
Ref.: Rusby (1893b), Macbride (1941c), Foster (1958), Brako (1993i), Moraes R. (1993e).
Árbol. Nativa. Zonas Bajas, Andes. Sabanas Benianas del Norte, Yungas, 0–500, 1000–1500 m.
Dept.: BE, LP, PA.
Muestra: *J.C. Solomon 16995* (MO, NY).

Graffenrieda weddellii Naudin, Ann. Sci. Nat., Bot., sér. 3, 18(2): 117–118. 1852.
Ref.: Killeen & Schulenberg (1998).
Arbusto. Nativa. Zonas Bajas. Campos Cerrados, Sabanas Benianas del Sur, 0–1000 m.
Dept.: BE, CO, LP, SC.
Muestra: *J.C. Solomon 16996* (MO, NY).

Henriettea DC., Prodr. 3: 178. 1828.
7 especies, 1 especie endémica.

Henriettea aggregata (D. Don) J.F. Macbr., Publ. Field Mus. Nat. Hist., Bot. Ser. 13(4/1): 501. 1941.
Sin.: *Clidemia aggregata* D. Don, *Henriettella aggregata* (D. Don) Triana
Arbusto. Nativa. Zonas Bajas. Bosque Húmedo, 0–500 m.
Dept.: CO, SC.
Muestra: *M.H. Nee 48519* (CAS, G, LPB, MO, NY, SI, SP, US, USZ, WIS).

Henriettea boliviensis (Cogn.) Penneys, Michelang., Judd & Almeda, Syst. Bot. 35(4): 797. 2010.
Sin.: *Henriettella boliviensis* Cogn.
Arbolito. Endémica. Zonas Bajas. Bosque Húmedo, 0–1000 m.
Dept.: LP, PA.
Tipo y muestra: *H.A. Weddell s.n.* (T: P; fotos: F), *A. Jardim 2451* (MO, USZ).

Henriettea lasiostylis Pilg., Verh. Bot. Vereins Prov. Brandenburg 47: 183. 1905.
Ref.: Macbride (1941c), Wurdack (1980), Moraes R. (1993e), Renner (1999).
Árbol. Nativa. Zonas Bajas. Campos Amazónicos, 0–500 m.
Dept.: BE.
Muestra: *B.M. Boom 4340* (LPB).
Nom. Vern.: Bimi.

Henriettea ovata (Cogn.) Penneys, Michelang., Judd & Almeda, Syst. Bot. 35(4): 798. 2010.
Sin.: *Henriettella ovata* Cogn.
Ref.: Killeen & Schulenberg (1998).
Arbolito, árbol. Nativa. Zonas Bajas. Bosque Húmedo, 0–500 m.
Dept.: SC.
Muestra: *R. Guillén V. et al. 2546* (MA, MO, USZ).

Henriettea stellaris O. Berg ex Triana, Trans. Linn. Soc. London 28(1): 145. 1871.
Ref.: Macbride (1941c), Renner et al. (1990), Renner (1999).
Árbol. Nativa. Zonas Bajas. Bosque Húmedo, 0–500 m.
Dept.: PA.
Muestra: *A. Jardim 1059* (MO, USZ).

Henriettea sylvestris (Gleason) J.F. Macbr., Publ. Field Mus. Nat. Hist., Bot. Ser. 13(4/1): 502. 1941.
Sin.: *Henriettella sylvestris* Gleason
Ref.: Foster (1958), Wurdack (1980), Renner et al. (1990), Brako (1993i), Moraes R. (1993e), Renner (1999).
Árbol. Nativa. Zonas Bajas. Bosque Húmedo, 0–1000 m.
Dept.: BE, CO, LP, PA, SC.
Muestra: *D.N. Smith et al. 13634* (MO).

Henriettea verrucosa (Triana) ex J.F. Macbr., Publ. Field Mus. Nat. Hist., Bot. Ser. 13(4/1): 503. 1941.
Sin.: *Henriettella verrucosa* Triana
Arbolito. Nativa. Andes. Yungas, 1500–2000 m.
Dept.: LP.
Muestra: *A.H. Gentry 70969* (MO).

Leandra Raddi, Mem. Mat. Fis. Soc. Ital. Sci. Modena, Pt. Mem. Fis. 18: 385–386, f. 8. 1820.
12 especies, 0 especies endémicas.

Leandra aurea (Cham.) Cogn., Fl. Bras. 14(4): 142. 1886.
Sin.: *Clidemia aurea* Cham.
Ref.: Foster (1958).
Arbusto. Nativa. Zonas Bajas. Campos Cerrados, 500–1000 m.
Dept.: LP.
Muestra: *B.A. Krukoff 11153* (A, MO).

Leandra boissieriana Cogn., Fl. Bras. 14(4): 184. 1886.
Ref.: Macbride (1941c), Renner (1999).
Arbusto. Nativa. Zonas Bajas. Bosque Húmedo, 0–500 m.
Dept.: CO.
Muestra: *D.N. Smith et al. 12950* (MO).

Leandra carassana (DC.) Cogn., Fl. Bras. 14(4): 120. 1886.
Sin.: *Clidemia carassana* DC., *Leandra estrellensis* Raddi
Ref.: Rusby (1893b), Foster (1958).
Arbusto. Nativa. Andes. Yungas, 1500–3000 m.
Dept.: LP, SC.
Muestra: *M. Bang 314* (GH, MO).
Infra: *Leandra carassana* var. *estrellensis* (Raddi) Cogn.
Nota: Probablemente una nombre más antigua para esta especie es *L. crenata*.

Leandra chaetodon (DC.) Cogn., Fl. Bras. 14(4): 178–179. 1886.
Sin.: *Spennera chaetodon* DC.
Arbusto. Nativa. Zonas Bajas. Bosque Húmedo, 0–1000 m.
Dept.: CO.
Muestra: *T. Killeen & M.J. Ledesma 4296* (LPB, MO).

Leandra clidemioides (Naudin) Wurdack, Phytologia 55(3): 145. 1984.
Sin.: *Platycentrum clidemioides* Naudin, *Platycentrum clidemioides* subsp. *boliviense* Wurdack
Arbusto. Nativa. Zonas Bajas. Bosque Húmedo, 500–1000 m.
Dept.: LP.
Muestra: *O. Buchtien 996* (K, US).
Infra: *Leandra clidemioides* subsp. *boliviensis* (Wurdack) Wurdack

Leandra crenata (D. Don) Cogn., Fl. Bras. 14(4): 137. 1886.
Sin.: *Clidemia crenata* Pav. ex D. Don, *Melastoma crenatum* D. Don, *Clidemia lambertiana* DC., *Clidemia lutescens* Naudin
Ref.: Rusby (1893b), Macbride (1941c), Foster (1958), Brako (1993i), Zuloaga & Morrone (1999d).
Arbusto. Nativa. Andes. Yungas, 1500–3000 m.
Dept.: CO, LP, SC, TA.
Muestra: *J.C. Solomon 15674* (MO).

Leandra dichotoma (Pav. ex D. Don) Cogn., Fl. Bras. 14(4): 200–201. 1886.
Sin.: *Clidemia dichotoma* Pav. ex D. Don, *Melastoma dichotomum* Pav. ex D. Don, *Clidemia sulcicaulis* Poepp. ex Naudin, *Oxymeris dichotoma* (Pav. ex D. Don) Triana
Ref.: Rusby (1893b), Macbride (1941c), Foster (1958), Standley & Williams (1963), Molina Rosito (1975), Dodson & Gentry (1978), Wurdack (1980), Brako (1993i), Renner (1999), Almeda (2001).
Arbusto. Nativa. Zonas Bajas, Andes. Bosque Húmedo, Yungas, 0–1500 m.
Dept.: BE, CO, LP, SC.
Muestra: *D.N. Smith et al. 12951* (MO).

Leandra erostrata (DC.) Cogn., Fl. Bras. 14(4): 139. 1886.
Sin.: *Clidemia erostrata* DC., *Clidemia weddellii* Naudin, *Oxymeris erostrata* (DC.) Triana
Ref.: Foster (1958), Zuloaga & Morrone (1999d).
Subarbusto. Nativa. Andes. Bosque Serrano Chaqueño, 1000–1500 m.
Dept.: LP, SC.
Muestra: *A. Jardim & N. Rosas-Hurtado 1581* (MO, USZ).

[Leandra hylophila Gleason], Bull. Torrey Bot. Club 68: 247. 1941.
Ref.: Foster (1958).
Nota: El registro se basa en material mal identificado de *L. clidemioides*.

Leandra regnellii (Triana) Cogn., Fl. Bras. 14(4): 116. 1886.
Sin.: *Oxymeris regnellii* Triana, *Leandra alterninervia* Cogn.
Ref.: González et al. (1999), Zuloaga & Morrone (1999d), Serrano & Terán (1998 [2000]).
Arbusto. Nativa. Andes. Yungas, 1000–1500 m.
Dept.: CH, TA.
Muestra: *J.C. Solomon 11240* (MO).

Leandra reversa (DC.) Cogn., Fl. Bras. 14(4): 198. 1886.
Sin.: *Clidemia reversa* DC., *Melastoma reversum* Ser. ex DC.
Ref.: Macbride (1941c), Foster (1958), Brako (1993i).
Arbusto. Nativa. Zonas Bajas, Andes. Bosque Húmedo, Yungas, 0–1500 m.
Dept.: BE.
Muestra: *D.N. Smith et al. 13201* (MO).

Leandra solenifera Cogn., Fl. Bras. 14(4): 192, pl. 42, f. 1. 1886.
Ref.: Moraes R. (1990).
Arbusto. Nativa. Zonas Bajas. Bosque Húmedo, 0–500 m.
Dept.: BE, PA.
Muestra: *F.J. Fernández Casas & A. Susanna 8564* (MO).

Leandra stellulata Cogn., Bull. Torrey Bot. Club 17: 58. 1890.
Sin.: *Leandra boliviensis* Cogn. ex Rusby
Ref.: Rusby (1893b), Foster (1958).
Arbusto. Nativa. Andes. Yungas, 1000–2000 m.
Dept.: LP.
Tipo y muestra: *H.H. Rusby 2311a* (HT: NY), *M. Bang 2859* (NY).

Macairea DC., Prodr. 3: 109. 1828.
3 especies, 0 especies endémicas.

Macairea pachyphylla Benth., J. Bot. (Hooker) 2: 292. 1840.
Sin.: *Macairea calvescens* Naudin
Ref.: Moraes R. (1993e), Berry et al. (2001).
Arbusto. Nativa. Zonas Bajas, Andes. Bosque Húmedo, Yungas, 500–1500 m.
Dept.: BE, LP.
Muestra: *M.A. Lewis 37959* (MO).

Macairea radula (Bonpl.) DC., Prodr. 3: 109. 1828.
Sin.: *Rhexia radula* Bonpl.
Ref.: Killeen & Schulenberg (1998).
Arbusto. Nativa. Zonas Bajas. Bosque Húmedo, Campos Cerrados, 0–1000 m.
Dept.: SC.
Muestra: *T. Killeen & J. Wellens 6557* (MO, USZ).

Macairea thyrsiflora DC., Prodr. 3: 109, 484. 1828.
Ref.: Renner (1989), Brako (1993i), Moraes R. (1993e), Killeen & Schulenberg (1998), Berry et al. (2001).
Arbusto. Nativa. Zonas Bajas. Sabanas Benianas del Sur, 0–500 m.
Dept.: BE, LP, SC.
Muestra: *J.C. Solomon 17005* (MO, NY).

Maieta Aubl., Hist. Pl. Guiane 1: 443, t. 176. 1775.
1 especie, 0 especies endémicas.

Maieta guianensis Aubl., Hist. Pl. Guiane 1: 443–445, t. 176. 1775.
Sin.: *Myrmidone peruviana* Cogn., *Maieta guianensis* var. *peruviana* (Cogn.) Ule, *Maieta hispida* Rusby
Ref.: Gleason (1932a), Macbride (1941c), Foster (1958), Wurdack

(1980), Davidson et al. (1989), Renner et al. (1990), Brako (1993i), Renner (1999).
Arbusto. Nativa. Zonas Bajas. Bosque Húmedo, 500–1000 m.
Dept.: LP.
Muestra: *O.E. White 1839* (NY).

Meriania Sw., Fl. Ind. Occid. 2: 823. 1798.
7 especies, 4 especies endémicas.

Meriania axinioides Gleason, Amer. J. Bot. 19: 741. 1932.
Ref.: Foster (1958), Moraes R. (1993e).
Arbusto, árbol. Nativa. Andes. Yungas, 1000–2500 m.
Dept.: LP.
Muestra: *J.C. Solomon 9181* (LPB, MO, US).

Meriania boliviensis Cogn., Bull. Torrey Bot. Club 17: 58. 1890.
Ref.: Rusby (1893b), Foster (1958), Moraes R. (1993e).
Árbol. Endémica. Andes. Yungas, 1000–3000 m.
Dept.: LP.
Tipo y muestra: *H.H. Rusby 2246* (HT: NY), *J.C. Solomon & M.H. Nee 12634* (LPB, MO, NY).

Meriania brittoniana Wurdack, Phytologia 13: 71. 1966.
Sin.: *Axinaea speciosa* Britton
Ref.: Foster (1958), Moraes R. (1993e).
Arbusto, árbol. Endémica. Andes. Yungas, 1500–3000 m.
Dept.: LP, SC.
Muestra: *J.C. Solomon 18815* (MO).

Meriania horrida C. Ulloa & Achá, Novon 20(3): 371, f. 1, 2. 2010.
Arbusto. Endémica. Andes. Yungas, 2000–3000 m.
Dept.: LP.
Tipo y muestra: *A. Araujo M. & N. Chapi 3961* (HT: LPB; IT: BOLV, K, MO, NY), *A. Araujo M. & N. Chapi 3957* (AAU, CAS, LPB, M, MO).

[Meriania macrophylla (Benth.) Triana], Trans. Linn. Soc. London 28(1): 66. 1871 [1872].
Sin.: *Davya macrophylla* Benth.
Ref.: Foster (1958), Standley & Williams (1963), Breedlove (1986), Almeda (1993).
Nota: El registro se basa en material mal identificado.

Meriania pulcherrima Herzog, Repert. Spec. Nov. Regni Veg. 7: 63. 1909.
Ref.: Foster (1958), Moraes R. (1993e).
Árbol. Endémica. Andes. Yungas, 2000–2500 m.
Dept.: CO, LP.
Tipo y muestra: *T. Herzog 808* (HT: B; IT: F), *J.C. Solomon 9118* (LPB, MO, NY).

Meriania tomentosa (Cogn.) Wurdack, Phytologia 35(1): 4. 1976.
Sin.: *Rhexia excelsa* Bonpl., *Osbeckia excelsa* (Bonpl.) Sprengler, *Graffenrieda excelsa* (Bonpl.) DC., *Brachycentrum excelsum* (Bonpl.) Meisn., *Centronia excelsa* (Bonpl.) Triana, *Centronia tomentosa* Cogn., *Centronia tunguraguae* S.F. Blake
Ref.: Wurdack (1980), Brako (1993i), Moraes R. (1993e), Jørgensen & Ulloa Ulloa (1994), Renner (1999).
Árbol. Nativa. Andes. Yungas, 2000–2500 m.
Dept.: LP, SC.
Muestra: *A.H. Gentry & J.C. Solomon 44722* (LPB, MO, NY, USZ).

Meriania urceolata Triana, Trans. Linn. Soc. London 28(1): 67. 1871 [1872].
Ref.: Macbride (1941c), Brako (1993i), Killeen & Schulenberg (1998).
Árbol. Nativa. Zonas Bajas. Bosque Húmedo, 0–500 m.
Dept.: SC.
Muestra: *L. Arroyo P. et al. 383* (MO, USZ).

Miconia Ruiz & Pav., Fl. Peruv. Prodr. 60. 1794.
141 especies, 25 especies endémicas.

Miconia abbreviata Markgr., Notizbl. Bot. Gart. Berlin–Dahlem 9: 1145. 1927.
Ref.: Macbride (1941c), Renner et al. (1990), Brako (1993i), Renner (1999).
Árbol. Nativa. Zonas Bajas. Bosque Húmedo, 0–500 m.
Dept.: CO.
Muestra: *D.N. Smith et al. 13026* (MO).

Miconia acuminata (Steud.) Naudin, Ann. Sci. Nat., Bot., sér. 3, 16: 244. 1851 [1850].
Sin.: *Conostegia acuminata* Steud.
Ref.: Arrázola Rivero et al. (2000).
Arbusto. Nativa. Zonas Bajas. Bosque Húmedo, 0–1000 m.
Dept.: BE, CO, LP.
Muestra: *R.B. Foster 12547* (LPB, MO).
Nom. Vern.: Guayabillo.

Miconia aeruginosa Naudin, Ann. Sci. Nat., Bot., sér. 3, 16(2): 135. 1851 [1850].
Arbusto. Nativa. Zonas Bajas. Bosque Húmedo, 0–1000 m.
Dept.: LP.
Muestra: *O. Buchtien 1709* (US).

Miconia affinis DC., Prodr. 3: 187. 1828.
Sin.: *Miconia microcarpa* DC., *Miconia beurlingii* Triana
Ref.: Wurdack (1980), Cowan (1983), Breedlove (1986), Moraes R. (1990), Renner et al. (1990), Parker & Bailey (1991), Brako (1993i), Moraes R. (1993e), Renner (1999), Balick et al. (2000), Almeda (2001).
Árbol. Nativa. Zonas Bajas. Bosque Húmedo, 0–500 m.
Dept.: BE, LP, PA, SC.
Muestra: *J.C. Solomon 6459* (LPB, MO, NY, US).
Nom. Vern.: Barbechero, bimichexe, guayabilla, hocotsemo.

Miconia albicans (Sw.) Steud., Nomencl. Bot. (ed. 2) 2: 139. 1841.
Sin.: *Melastoma albicans* Sw.
Ref.: Rusby (1893b), Macbride (1941c), Foster (1958), Standley & Williams (1963), Winkler (1965), Molina Rosito (1975), Nelson (1978), Wurdack (1980), Cowan (1983), Breedlove (1986), Berendsohn (1989), Parker & Bailey (1991), Brako (1993i), Killeen & Schulenberg (1998), Renner (1999), Balick et al. (2000), Almeda (2001).
Arbusto. Nativa. Zonas Bajas, Andes. Bosque Húmedo, Campos Cerrados, Sabanas Benianas del Norte, Sabanas Benianas del Sur, Campos Amazónicos, Yungas, 0–2000 m.
Dept.: BE, LP, SC.
Muestra: *J.C. Solomon 8881* (MO).
Nom. Vern.: Biscocherillo.

Miconia alborufescens Naudin, Ann. Sci. Nat., Bot., sér. 3, 16(2): 160. 1851 [1850].
Ref.: Killeen & Schulenberg (1998).
Arbusto, arbolito. Nativa. Zonas Bajas. Bosque Húmedo, 500–1000 m.
Dept.: SC.
Muestra: *A. Rodríguez et al. 569* (MO, USZ).
Nota: Similar a *M. albicans*.

Miconia alternans Naudin, Ann. Sci. Nat., Bot., sér. 3, 16: 161. 1851 [1850].
Arbusto. Nativa. Zonas Bajas. Bosque Húmedo, 0–500 m.
Dept.: BE, LP, PA, SC.
Muestra: *J.C. Solomon 7650* (MO, NY).

Miconia amabilis Cogn., Bull. New York Bot. Gard. 4: 359. 1907.
Ref.: Foster (1958), Moraes R. (1993e).

Arbusto, árbol. Nativa. Andes. Yungas, 1000–1500, 2500–3000 m.
Dept.: CO, LP.
Tipo y muestra: *M. Bang 2649* (HT: NY; IT: BR, CORD, GH), *J.C. Solomon et al. 19039* (LPB, MO, US).

Miconia amissa Wurdack, Phytologia 16(3): 177. 1968.
Sin.: *Graffenrieda stellipilis* Gleason
Ref.: Foster (1958).
Arbolito. Endémica. Andes. Yungas, 1000–1500 m.
Dept.: LP.
Muestra: *J.C. Solomon 9554* (MO).

Miconia ampla Triana, Trans. Linn. Soc. London 28(1): 101. 1871 [1872].
Sin.: *Miconia involucrata* Donn. Sm., *Miconia megaphylla* Gleason
Ref.: Foster (1958), Wurdack (1980), Renner et al. (1990), Brako (1993i), Moraes R. (1993e), Renner (1999), Balick et al. (2000), Almeda (2001).
Arbusto, árbol. Nativa. Zonas Bajas. Bosque Húmedo, 0–1000 m.
Dept.: BE, LP.
Muestra: *S.G. Beck et al. 16350* (F, LPB, US).

[Miconia amplexicaulis Naudin], Ann. Sci. Nat., Bot., sér. 3, 16(2): 136–137. 1851 [1850].
Ref.: Foster (1958).
Nota: El registro se basa en material mal identificado.

[Miconia annulata (Naudin) Triana], Trans. Linn. Soc. London 28(1): 121. 1871 [1872].
Ref.: Rusby (1893b), Foster (1958).
Nota: El registro se basa en material mal identificado de *M. bangii*.

Miconia argyrophylla DC., Prodr. 3: 181. 1828.
Sin.: *Melastoma argyrophyllum* Schrank & Mart. ex DC.
Ref.: Macbride (1941c), Foster (1958), Brako (1993i), Killeen & Schulenberg (1998).
Arbusto. Nativa. Zonas Bajas, Andes. Sabanas Benianas del Sur, Yungas, 0–1500 m.
Dept.: LP, PA, SC, TA.
Muestra: *R.B. Foster 13858* (LPB).

[Miconia aulocalyx Mart. ex Triana], Trans. Linn. Soc. London 28(1): 115. 1871.
Ref.: Parker & Bailey (1991).
Nota: El registro se basa en material mal identificado de *M. argyrophylla*.

Miconia aureoides Cogn., Fl. Bras. 14(4): 260, pl. 52. 1887.
Ref.: Macbride (1941c), Wurdack (1980), Renner et al. (1990), Brako (1993i), Renner (1999).
Arbolito. Nativa. Zonas Bajas. Bosque Húmedo, 0–500 m.
Dept.: BE, LP.
Muestra: *D.N. Smith et al. 13962* (MO).

Miconia axinaeoides Gleason, Bull. Torrey Bot. Club 59: 368. 1932.
Ref.: Foster (1958), Moraes R. (1993e).
Arbusto, árbol. Nativa. Andes. Yungas, 1000–2000 m.
Dept.: LP.
Tipo y muestra: *O. Buchtien 1099* (HT: US; IT: NY), *R. Seidel et al. 1186* (LPB, US).

Miconia bangii Cogn., Mem. Torrey Bot. Club 3(3): 30. 1893.
Ref.: Rusby (1893b), Foster (1958).
Árbol. Nativa. Andes. Yungas, 2000–3000 m.
Dept.: LP.
Tipo y muestra: *M. Bang 828* (HT: NY; IT: BR, F, GH, M, NY, PH, US, WIS), *M. Bang 2343* (GH, MO, NY).
Nota: *M. undata* var. *robusta* Cogn. es probablemente un sinónimo de esta especie.

Miconia barbeyana Cogn., Monogr. Phan. 7: 872. 1891.
Ref.: Macbride (1941c), Wurdack (1980), Renner et al. (1990), Brako (1993i), Renner (1999).
Arbusto. Nativa. Andes. Yungas, 1000–1500 m.
Dept.: BE, LP.
Muestra: *D.N. Smith et al. 13180* (LPB, MO).

Miconia barbinervis (Benth.) Triana, Trans. Linn. Soc. London 28(1): 113. 1871 [1872].
Sin.: *Clidemia barbinervis* Benth., *Miconia stellifera* Naudin, *Clidemia chrysopogon* Beurl.
Ref.: Macbride (1941c), Standley & Williams (1963), Dodson & Gentry (1978), Wurdack (1980), Renner et al. (1990), Brako (1993i), Renner (1999), Almeda (2001).
Arbusto. Nativa. Zonas Bajas. Bosque Húmedo, 0–500 m.
Dept.: CO, LP.
Muestra: *M. Cárdenas 703* (NY, US).

Miconia biacuta Cogn., Mem. Torrey Bot. Club 3(3): 31. 1893.
Ref.: Rusby (1893b), Foster (1958), Moraes R. (1993e).
Arbolito. Nativa. Andes. Yungas, 2500–3500 m.
Dept.: LP.
Tipo y muestra: *M. Bang 701* (HT: BR, NY; IT: GH, K, MO, PH, US, WIS), *J.C. Solomon 9214* (LPB, MO, US).

Miconia biformis Cogn., Meded. Rijks-Herb. 19: 80. 1913.
Ref.: Foster (1958).
Arbusto. Nativa. Andes. Yungas, 1500–2500 m.
Dept.: CO, SC.
Tipo y muestra: *T. Herzog 1573* (HT: B; IT: BR, JE, Z; fotos: F), *J.C. Solomon 14411* (LPB, MO).
Infra: *Miconia biformis* var. *brevifolia* Cogn.

Miconia boliviensis Cogn., Monogr. Phan. 7: 901. 1891.
Ref.: Rusby (1893b), Foster (1958), Moraes R. (1993e).
Árbol. Endémica. Andes. Yungas, 1500–3500 m.
Dept.: CO, LP, SC.
Tipo y muestra: *G. Mandon 643* (ST: A, B, GH, MO, P, P, S; fotos: F ex B), *J.C. Solomon 16406* (MO).
Infra: *Miconia boliviensis* var. *glabra* Cogn.

Miconia boomii Wurdack, Brittonia 40(1): 9. 1988.
Ref.: Moraes R. (1993e).
Arbolito. Endémica. Zonas Bajas. Sabanas Benianas del Norte, 0–500 m.
Dept.: BE.
Tipo: *B.M. Boom 4478* (HT: NY; IT: LPB, MO-3506181, US).
Nota: Conocido solamente del tipo. Similar a *M. punctata*.
Nom. Vern.: Bimichéxé.

Miconia brittonii Cogn., Bull. Torrey Bot. Club 17: 92. 1890.
Ref.: Foster (1958).
Árbol. Endémica. Andes. Yungas, 2000–3000 m.
Dept.: LP.
Tipo y muestra: *H.H. Rusby 2309* (ST: NY; IST: MICH, US), *M.A. Lewis 37332* (MO).
Infra: *Miconia brittonii* var. *glabrata* Cogn.

Miconia bubalina (D. Don) Naudin, Ann. Sci. Nat., Bot., sér. 3, 16(2): 244. 1851 [1850].
Sin.: *Chitonia bubalina* D. Don, *Melastoma bubalinum* Pav. ex D. Don, *Miconia belizensis* Standl.
Ref.: Macbride (1941c), Wurdack (1980), Renner et al. (1990), Parker & Bailey (1991), Brako (1993i), Killeen & Schulenberg (1998), Renner (1999), Alverson et al. (2000), Balick et al. (2000).

Arbusto. Nativa. Zonas Bajas. Bosque Húmedo, 0–1000 m.
Dept.: CO, LP, PA, SC.
Muestra: *D.N. Smith et al. 12957* (MO).

Miconia calvescens DC., Prodr. 3: 185. 1828.
Sin.: *Melastoma calvescens* Schrank & Mart. ex DC., *Melastoma mandioccanum* Raddi, *Cyanophyllum magnificum* Groenl., *Miconia arborea* Pav. ex Triana, *Miconia magnifica* (Groenl.) Triana, *Miconia velutina* L. Linden & Rodigas
Ref.: Macbride (1941c), Foster (1958), Standley & Williams (1963), Molina Rosito (1975), Wurdack (1980), Cowan (1983), Dodson et al. (1985), Breedlove (1986), Berendsohn (1989), Moraes R. (1990), Renner et al. (1990), Brako (1993i), Moraes R. (1993e), Schulenberg & Awbrey (1997), Killeen & Schulenberg (1998), Renner (1999), Zuloaga & Morrone (1999d), Balick et al. (2000), Serrano & Terán (1998 [2000]), Almeda (2001).
Arbusto, arbolito, árbol. Nativa. Zonas Bajas, Andes. Bosque Húmedo, Yungas, 0–2500 m.
Dept.: BE, CH, CO, LP, PA, SC, TA.
Muestra: *D.N. Smith & Buddensiek 13526* (MO).

Miconia centrodesma Naudin, Ann. Sci. Nat., Bot., sér. 3, 16(2): 164. 1851 [1850].
Sin.: *Miconia buchtienii* Cogn., *Miconia sylvestris* Gleason
Ref.: Macbride (1941c), Foster (1958), Wurdack (1980), Renner et al. (1990), Moraes R. (1993e), Renner (1999), Balick et al. (2000), Almeda (2001).
Arbusto, árbol. Nativa. Zonas Bajas, Andes. Bosque Húmedo, Yungas, 500–1500 m.
Dept.: LP.
Muestra: *J.C. Solomon et al. 6552* (LPB, MO, NY, US).

Miconia centrodesmoides Wurdack, Phytologia 26(1): 4. 1973.
Ref.: Wurdack (1980), Renner (1999).
Arbusto. Nativa. Andes. Yungas, 1500–2000 m.
Dept.: LP.
Muestra: *J.C. Solomon & M.H. Nee 12623* (LPB, MO).

Miconia chamissois Naudin, Ann. Sci. Nat., Bot., sér. 3, 16(2): 179. 1851 [1850].
Ref.: Macbride (1941c), Foster (1958), Standley & Williams (1963), Winkler (1965), Molina Rosito (1975), Cowan (1983), Breedlove (1986), Berendsohn (1989), Killeen & Schulenberg (1998), Balick et al. (2000), Almeda (2001).
Arbusto. Nativa. Zonas Bajas. Bosque Seco Chaqueño, 0–1000 m.
Dept.: SC.
Muestra: *E. Gutiérrez C. et al. 1000* (MO, USZ).

Miconia chionophila Naudin, Ann. Sci. Nat., Bot., sér. 3, 16(2): 236. 1851 [1850].
Ref.: Macbride (1941c), Foster (1958), Wurdack (1980), Brako (1993i), Jørgensen & Ulloa Ulloa (1994), Renner (1999).
Subarbusto. Nativa. Andes. Yungas, 3000–3500 m.
Dept.: LP.
Muestra: *J.C. Solomon et al. 18947* (MO).

Miconia chrysophylla (Rich.) Urb., Symb. Antill. 4: 459. 1910.
Sin.: *Melastoma chrysophyllum* Rich., *Melastoma fulvum* Rich., *Miconia fulva* (Rich.) DC.
Ref.: Gleason (1932a), Macbride (1941c), Foster (1958), Standley & Williams (1963), Molina Rosito (1975), Breedlove (1986), Renner et al. (1990), Brako (1993i), Moraes R. (1993e), Killeen & Schulenberg (1998), Renner (1999), Balick et al. (2000), Almeda (2001).
Arbusto, árbol. Nativa. Zonas Bajas, Andes. Bosque Húmedo, Yungas, 0–2000 m.
Dept.: BE, LP, PA, SC.
Muestra: *J.C. Solomon 14803* (LPB, MO, NY, US).

Miconia ciliaris Triana, Trans. Linn. Soc. London 28(1): 105. 1871 [1872].
Ref.: Macbride (1941c), Brako (1993i).
Arbusto. Nativa. Zonas Bajas. Bosque Húmedo, 0–1000 m.
Dept.: BE, SC.
Muestra: *D.N. Smith et al. 14005* (MO).

Miconia ciliata (Rich.) DC., Prodr. 3: 179. 1828.
Sin.: *Melastoma ciliatum* Rich.
Ref.: Macbride (1941c), Standley & Williams (1963), Molina Rosito (1975), Breedlove (1986), Killeen & Schulenberg (1998), Balick et al. (2000), Almeda (2001).
Arbusto. Nativa. Zonas Bajas, Andes. Bosque Húmedo, Yungas, 500–1500 m.
Dept.: LP, SC.
Muestra: *T. Killeen 3694* (LPB, MO).

Miconia clathrantha Triana ex Cogn., Monogr. Phan. 7: 918. 1891.
Sin.: *Cremanium clathranthum* Mart. ex Triana
Ref.: Macbride (1941c), Wurdack (1980), Brako (1993i), Moraes R. (1993e), Renner (1999).
Arbusto, arbolito. Nativa. Andes. Yungas, 2000–2500 m.
Dept.: LP.
Muestra: *S.G. Beck 6109* (LPB, MO, US).

Miconia coelestis (Pav. ex D. Don) Naudin, Ann. Sci. Nat., Bot., sér. 3, 16: 245. 1851 [1850].
Sin.: *Cremanium coeleste* Pav. ex D. Don, *Melastoma coelestis* DC., *Miconia chrysopetala* Naudin
Ref.: Macbride (1941c), Foster (1958), Brako (1993i).
Arbusto. Nativa. Andes. Yungas, 2000–2500 m.
Dept.: LP.
Muestra: *K. Bach et al. 1172* (LPB, MO).

Miconia collatata Wurdack, Phytologia 29(2): 145. 1974.
Ref.: Zuloaga & Morrone (1999d).
Árbol. Nativa. Zonas Bajas. Sabanas Benianas del Sur, 0–500 m.
Muestra: *T. Killeen et al. 3327* (MO).

Miconia cookii Gleason, Phytologia 1: 43. 1933.
Árbol. Nativa. Andes. Yungas, 1500–2000 m.
Dept.: LP.
Muestra: *O. Buchtien 983* (NY, US).

Miconia cordata Triana, Trans. Linn. Soc. London 28(1): 114. 1871 [1872].
Ref.: Foster (1958), Moraes R. (1993e).
Arbusto. Nativa. Andes. Yungas, 1500–3000 m.
Dept.: LP.
Muestra: *J.C. Solomon 17618* (MO).

Miconia cremophylla Naudin, Ann. Sci. Nat., Bot., sér. 3, 16(2): 228. 1851 [1850].
Ref.: Macbride (1941c), Foster (1958), Brako (1993i).
Arbusto. Nativa. Andes. Yungas, 1500–2000 m.
Muestra: *H.H. Rusby 2266* (GH, NY, WIS).

Miconia cretacea Gleason, Amer. J. Bot. 19: 744. 1932.
Ref.: Foster (1958).
Arbusto. Nativa. Zonas Bajas. Bosque Húmedo, 500–1000 m.
Dept.: LP.
Tipo y muestra: *O. Buchtien 1025* (HT: US), *R. Seidel 4851* (LPB).

Miconia cuspidata Mart. ex Naudin, Ann. Sci. Nat., Bot., sér. 3, 16(2): 163. 1851 [1850].
Sin.: *Oxymeris cuspidata* Triana
Ref.: Macbride (1941c), Foster (1958), Brako (1993i).
Árbol. Nativa. Zonas Bajas. Bosque Húmedo, 500–1000 m.
Dept.: SC.
Muestra: *C. Guardia et al. 73* (MO, USZ).

Miconia cyanocarpa Naudin, Ann. Sci. Nat., Bot., sér. 3, 16(2): 221. 1851 [1850].
Ref.: Macbride (1941c), Foster (1958), Brako (1993i), Moraes R. (1993e), Schulenberg & Awbrey (1997), González et al. (1999), Serrano & Terán (1998 [2000]).
Arbusto, arbolito. Nativa. Zonas Bajas, Andes. Bosque Húmedo, Yungas, 500–3500 m.
Dept.: BE, CH, CO, LP, SC, TA.
Muestra: *J.C. Solomon 18416* (LPB, MO, NY).
Infra: *Miconia cyanocarpa* var. *hirsuta* Cogn., *Miconia cyanocarpa* var. *parvifolia* Cogn.

[Miconia desmantha Benth.], Pl. Hartw. 181. 1845.
Ref.: Foster (1958).
Nota: El registro se basa en material mal identificado.

[Miconia dichotoma Cogn. ex Standl.], Publ. Field Mus. Nat. Hist., Bot. Ser. 18: 818. 1938.
Ref.: Moraes R. (1993e).
Nota: El registro se basa en material mal identificado. *Nom. nud.*

Miconia dichrophylla J.F. Macbr., Publ. Field Mus. Nat. Hist., Bot. Ser. 4: 189. 1929.
Sin.: *Miconia elaeagnoides* Cogn.
Ref.: Macbride (1941c), Foster (1958), Brako (1993i), Killeen & Schulenberg (1998).
Árbol. Nativa. Zonas Bajas. Bosque Húmedo, 500–1000 m.
Dept.: SC.
Muestra: *L. Arroyo P. et al. 638* (LPB, MO, USZ).
Nota: Similar a *M. chrysophylla* y *M. punctata*.

[Miconia dipsacea Naudin], Ann. Sci. Nat., Bot., sér. 3, 16(2): 138. 1851 [1850].
Ref.: Foster (1958).
Nota: El registro se basa en material mal identificado de *M. serrulata* o *M. sessiflora*.

[Miconia discolor DC.], Prodr. 3: 184. 1828.
Ref.: Foster (1958).
Nota: El registro se basa en material mal identificado.

Miconia dispar Benth., Hooker's J. Bot. Kew Gard. Misc. 2: 241. 1850.
Ref.: Macbride (1941c), Foster (1958), Moraes R. (1990), Brako (1993i), Moraes R. (1993e), Killeen & Schulenberg (1998).
Arbusto, árbol. Nativa. Zonas Bajas. Bosque Húmedo, 0–1000 m.
Dept.: BE, CO, LP, PA, SC.
Muestra: *J.C. Solomon 6314* (LPB, MO, NY, US).
Nom. Vern.: Guayabilla.

Miconia dodecandra Cogn., Fl. Bras. 14(4): 243. 1887.
Sin.: *Melastoma dodecandrum* Desr.
Ref.: Foster (1958), Standley & Williams (1963), Molina Rosito (1975), Wurdack (1980), Breedlove (1986), Renner et al. (1990), Brako (1993i), Moraes R. (1993e), Renner (1999), Almeda (2001).
Árbol. Nativa. Andes. Yungas, 1000–2000 m.
Dept.: BE, LP.
Muestra: *J.C. Solomon 7363* (MO, NY).

Miconia dolichorrhyncha Naudin, Ann. Sci. Nat., Bot., sér. 3, 16(2): 166. 1851 [1850].
Sin.: *Miconia stellipilis* Cogn., *Miconia pilgeriana* Ule
Ref.: Macbride (1941c), Foster (1958), Wurdack (1980), Renner et al. (1990), Brako (1993i), Moraes R. (1993e), Renner (1999).
Arbusto, árbol. Nativa. Zonas Bajas, Andes. Bosque Húmedo, Yungas, 0–2000 m.
Dept.: BE, LP.
Muestra: *D.N. Smith et al. 13975* (MO).

Miconia elongata Cogn., Bull. Torrey Bot. Club 17: 91. 1890.
Ref.: Macbride (1941c), Foster (1958), Brako (1993i), Moraes R. (1993e).
Arbusto, árbol. Nativa. Andes. Yungas, 1500–3000 m.
Dept.: LP.
Tipo y muestra: *H.H. Rusby 2283* (HT: NY; IT: BR, CAS, MICH, NY, PH, US), *J.C. Solomon & L.K. Escobar 12501* (LPB, MO, NY).

Miconia eriocalyx Cogn., Fl. Bras. 14(4): 342, pl. 69. 1887.
Arbusto. Nativa. Zonas Bajas. Bosque Húmedo, 0–500 m.
Dept.: CO.
Muestra: *T.B. Croat 51277* (LPB, MO).

Miconia erioclada Triana, Trans. Linn. Soc. London 28(1): 111. 1871 [1872].
Ref.: Macbride (1941c), Foster (1958), Wurdack (1980), Renner et al. (1990), Brako (1993i), Renner (1999).
Arbusto. Nativa. Zonas Bajas. Bosque Húmedo, 0–1000 m.
Dept.: BE, CO, LP, SC.
Muestra: *D.N. Smith & V. García E. 13807* (LPB, MO).
Nota: Similar a *M. barbinervis*.

[Miconia eriodonta DC.], Prodr. 3: 185. 1828.
Ref.: Rusby (1893b).
Nota: El registro se basa en material mal identificado de *M. amissa*.

Miconia ferruginata DC., Prodr. 3: 181. 1828.
Arbusto. Nativa. Zonas Bajas. Bosque Húmedo, Campos Cerrados, 0–500 m.
Dept.: BE.
Muestra: *S. Leigh-Hunt et al. 247* (E, LPB, USZ).

Miconia flavescens Cogn., Bull. Torrey Bot. Club 17: 93. 1890.
Ref.: Foster (1958), Moraes R. (1993e).
Arbusto. Nativa. Andes. Yungas, 3000–4000 m.
Dept.: CO, LP.
Tipo y muestra: *H.H. Rusby 2288* (HT: NY; IT: BR, F, GH, MICH, NY, US), *J.C. Solomon 14498* (LPB, MO, NY, US).

Miconia foliosa Triana, Trans. Linn. Soc. London 28(1): 106. 1871 [1872].
Ref.: Fuentes Claros et al. (2009).
Arbolito. Nativa. Andes. Yungas, 1000–1500 m.
Dept.: LP.
Muestra: *J.C. Solomon 12961* (LPB, MO, NY).

Miconia fosteri Wurdack, Fl. Ecuador 13: 393. 1980.
Ref.: Wurdack (1980), Renner et al. (1990), Brako (1993i), Renner (1999).
Arbusto. Nativa. Zonas Bajas. Bosque Húmedo, 0–500 m.
Dept.: CO, PA.
Muestra: *D.N. Smith et al. 13671* (LPB, MO).

Miconia galactantha Naudin, Ann. Sci. Nat., Bot., sér. 3, 16: 245. 1851 [1850].
Sin.: *Cremanium serrulatum* Pav. ex D. Don, *Melastoma serrulatum* Pav., *Miconia serrulata* Pav. ex Triana
Ref.: Macbride (1941c), Brako (1993i).

Arbolito. Nativa. Andes. Yungas, 3000–3500 m.
Dept.: LP.
Muestra: *M.A. Lewis 39501* (MO).

Miconia galeiformis Jan. M. Burke & Michelang., Brittonia 65: 172, f. 1, 2. 2013.
Arbusto, arbolito. Endémica. Andes. Yungas, 2500–3000 m.
Dept.: CO.
Tipo y muestra: *M.H. Nee et al. 55340* (HT: NY; IT: LPB, MO, USZ), *M.H. Nee et al. 55321* (LPB, MO, NY, USZ).

Miconia glomerulifera Cogn., Bull. Torrey Bot. Club 23: 15. 1896.
Ref.: Foster (1958).
Árbol. Endémica. Andes. Yungas, 2000–2500 m.
Dept.: LP.
Tipo y muestra: *M. Bang 2856* (HT: BR; IT: CORD, GH, GH, K, M, MIN, MO-2529411, NY, NY, PH, US), *D.N. Smith & J.F. Smith 13084* (MO).

Miconia grandifoliata R. Goldenb. & Michelang., Phytotaxa 52: 29. 2012.
Sin.: *Miconia grandifolia* Ule
Árbol. Nativa. Zonas Bajas. Bosque Húmedo, 0–500 m.
Dept.: LP.
Muestra: *A.H. Gentry & S. Estenssoro C. 70485* (MO).

[Miconia granulosa (Bonpl.) Naudin], Ann. Sci. Nat., Bot., sér. 3, 16: 218. 1851 [1850].
Sin.: *Melastoma granulosum* Bonpl.
Ref.: Rusby (1893b), Foster (1958).
Nota: El registro se basa en material mal identificado.

Miconia gratissima Benth. ex Triana, Trans. Linn. Soc. London 28(1): 101. 1871 [1872].
Ref.: Killeen & Schulenberg (1998), Almeda (2001).
Arbolito. Nativa. Zonas Bajas. Bosque Húmedo, 500–1000 m.
Dept.: SC.
Muestra: *L. Arroyo P. et al. 640* (MO, USZ).

[Miconia guianensis (Aubl.) Cogn.], Jahrb. Königl. Bot. Gart. Berlin 4: 280. 1886.
Sin.: *Tamonea guianensis* Aubl.
Ref.: Foster (1958).
Nota: El registro se basa en material mal identificado.

Miconia heliotropoides Triana, Trans. Linn. Soc. London 28(1): 116. 1871 [1872].
Ref.: Killeen & Schulenberg (1998).
Árbol. Nativa. Zonas Bajas. Bosque Húmedo, 0–500 m.
Dept.: SC.
Muestra: *A. Rodríguez & P.F. Foster 721* (MO, USZ).

[Miconia herrerae Gleason], Amer. J. Bot. 19: 745. 1932.
Ref.: Foster (1958).
Nota: El registro se basa en material mal identificado de *M. ioneura*.

Miconia herzogii Cogn., Meded. Rijks-Herb. 19: 80. 1913.
Ref.: Foster (1958).
Arbusto. Nativa. Andes. Yungas, 2000–2500 m.
Dept.: CO, SC.
Tipo y muestra: *T. Herzog 2285* (HT: BR; IT: B, M, S; fotos: F ex BR), *T. Killeen & I.G. Vargas 4117* (MO).

Miconia hirta Cogn., Mem. Torrey Bot. Club 3(3): 31. 1893.
Ref.: Rusby (1893b), Foster (1958).
Arbusto. Nativa. Andes. Yungas, 2500–3000 m.
Dept.: CO, LP.
Tipo y muestra: *M. Bang 491* (HT: NY; IT: M, MICH, MO), *J.C. Solomon 10669* (MO).

Miconia holosericea (L.) DC., Prodr. 3: 181. 1828.
Sin.: *Melastoma holosericeum* L., *Melastoma mucronatum* Desr., *Miconia mucronata* (Desr.) Naudin
Ref.: Foster (1958), Standley & Williams (1963), Breedlove (1986), Brako (1993i), Moraes R. (1993e), Killeen & Schulenberg (1998), Balick et al. (2000), Almeda (2001).
Arbusto, árbol. Nativa. Zonas Bajas. Bosque Húmedo, Sabanas Benianas del Norte, 0–1000 m.
Dept.: BE, LP, PA, SC.
Muestra: *J.C. Solomon 16909* (MO).
Infra: *Miconia holosericea* var. *bracteata* (DC.) Cogn.
Nom. Vern.: Bimichéxé.

Miconia hygrophila Naudin, Ann. Sci. Nat., Bot., sér. 3, 16(2): 220. 1851 [1850].
Ref.: Rusby (1893b), Macbride (1941c), Foster (1958), Brako (1993i).
Árbol. Nativa. Andes. Yungas, 1000–2000, 3000–3500 m.
Dept.: LP.
Muestra: *J.C. Solomon et al. 19003* (MO).
Nota: Similar a *M. biacuta*.

Miconia ibaguensis (Bonpl.) Triana, Trans. Linn. Soc. London 28(1): 110. 1871 [1872].
Sin.: *Melastoma ibaguense* Bonpl., *Clidemia virgata* Pittier
Ref.: Gleason (1932a), Macbride (1941c), Foster (1958), Standley & Williams (1963), Winkler (1965), Molina Rosito (1975), Nelson (1978), Wurdack (1980), Cowan (1983), Breedlove (1986), Berendsohn (1989), Moraes R. (1990), Brako (1993i), Killeen & Schulenberg (1998), Renner (1999), Balick et al. (2000), Almeda (2001).
Arbusto. Nativa. Zonas Bajas, Andes. Sabanas Benianas del Sur, Yungas, 0–500, 1000–2000 m.
Dept.: BE, PA, SC.
Muestra: *J.C. Solomon 14705* (MO, NY).

Miconia impetiolaris (Sw.) D. Don ex DC., Prodr. 3: 183. 1828.
Sin.: *Melastoma impetiolare* Sw.
Ref.: Macbride (1941c), Foster (1958), Standley & Williams (1963), Molina Rosito (1975), Cowan (1983), Dodson et al. (1985), Breedlove (1986), Brako (1993i), Renner (1999).
Arbolito. Nativa. Zonas Bajas. Bosque Húmedo, 0–500 m.
Dept.: CO, PA.
Muestra: *A.H. Gentry et al. 77728* (MO).

Miconia incachacana Wurdack, Phytologia 23(5): 483. 1972.
Árbol. Endémica. Andes. Yungas, 2000–3000 m.
Dept.: CO.
Tipo y muestra: *J. Steinbach 9459* (HT: US; IT: A, GH, MO-974891), *M. Kessler et al. 6828* (LPB, MO).

Miconia ioneura Griseb., Abh. Königl. Ges. Wiss. Göttingen 24: 129. 1879.
Ref.: Zuloaga & Morrone (1997), González et al. (1999).
Arbusto. Nativa. Andes. Bosque Tucumano-Boliviano, 1000–1500, 2500–3000 m.
Dept.: CH, SC, TA.
Muestra: *J. Steinbach 8337* (A, GH, MO, NY, UC).

Miconia juruensis Pilg., Verh. Bot. Vereins Prov. Brandenburg 47: 172. 1905.
Ref.: Macbride (1941c), Foster (1958), Brako (1993i), Moraes R. (1993e).
Arbusto, arbolito. Nativa. Zonas Bajas. Sabanas Benianas del Norte, Campos Amazónicos, 0–500 m.
Dept.: BE, PA, SC.
Muestra: *J.C. Solomon 6329* (MO, NY).

Miconia klugii Gleason, Bull. Torrey Bot. Club 58: 240. 1931.
Ref.: Macbride (1941c), Brako (1993i), Moraes R. (1993e).
Árbol. Nativa. Zonas Bajas. Campos Amazónicos, 0–500 m.
Dept.: BE.
Muestra: *B.M. Boom 4294* (LPB, MO, NY).
Nota: Similar a *M. elata* y *M. punctata*.

Miconia kuntzei Cogn., Revis. Gen. Pl. 3(2): 93. 1898.
Ref.: Foster (1958).
Arbolito, árbol. Endémica. Andes. Yungas, 1000–1500, 2000–2500 m.
Dept.: CO.
Tipo y muestra: *O. Kuntze s.n.* (HT: B destr.; IT: BR, GH, MO, NY), *M. Kessler et al. 7223* (MO).

Miconia lamprophylla Triana, Trans. Linn. Soc. London 28(1): 108. 1871 [1872].
Ref.: Fuentes Claros et al. (2009).
Arbolito. Nativa. Zonas Bajas, Andes. Bosque Húmedo, Yungas, 500–1500 m.
Dept.: CO, LP, PA.
Muestra: *M.J. Macía et al. 5843* (LPB, MA, MO).

Miconia lanata (DC.) Triana, Trans. Linn. Soc. London 28(1): 113. 1871 [1872].
Sin.: *Clidemia lanata* DC.
Ref.: Foster (1958).
Arbusto. Nativa. Zonas Bajas. Bosque Húmedo, 0–500 m.
Dept.: LP.
Muestra: *R.S. Williams 621* (US).
Nota: Identificación tentativa.

Miconia lasiocalyx Cogn., Bull. Torrey Bot. Club 23: 278. 1896.
Sin.: *Miconia scabriuscula* Cogn.
Ref.: Macbride (1941c), Foster (1958), Wurdack (1980), Brako (1993i), Moraes R. (1993e), Jørgensen & Ulloa Ulloa (1994), Renner (1999).
Arbusto, arbolito. Nativa. Andes. Yungas, 2000–2500 m.
Dept.: CO, LP.
Tipo y muestra: *M. Bang 2344* (HT: BR; IT: CAS, CORD, F, GH, K, M, MICH, MIN, MO-2529429, NY, NY, PH, S, US), *A.H. Gentry & J.C. Solomon 52093* (MO).

Miconia lateriflora Cogn., Bol. Mus. Goeldi Hist. Nat. Ethnogr. 5(2): 255. 1909.
Sin.: *Ossaea ciliata* Cogn., *Miconia tessmannii* Markgr., *Ossaea disparilis* Standl., *Miconia disparilis* (Standl.) R.O. Williams
Ref.: Standley & Williams (1963), Molina Rosito (1975), Brako (1993i), Renner (1999), Balick et al. (2000), Almeda (2001).
Arbusto. Nativa. Zonas Bajas. Bosque Húmedo, 0–500 m.
Dept.: PA.
Muestra: *L. Vargas 605* (F, US).

Miconia latifolia (D. Don) Naudin, Ann. Sci. Nat., Bot., sér. 3, 16: 244. 1851 [1850].
Sin.: *Cremanium latifolium* D. Don, *Chiloporus andinus* Naudin, *Miconia andina* (Naudin) Naudin
Ref.: Wurdack (1971).
Arbusto, arbolito. Nativa. Andes. Valles Secos, 2000–2500 m.
Dept.: LP.
Muestra: *H.H. Rusby 2286* (NY).

Miconia latistigma Cogn., Bull. New York Bot. Gard. 4: 360. 1907.
Ref.: Foster (1958).
Arbusto. Endémica. Zonas Bajas. Bosque Húmedo, 0–500 m.
Dept.: CO.
Tipo y muestra: *M. Bang s.n.* (HT: NY; IT: BR; fotos: GH), *M. Cárdenas 4589* (US).

Miconia lepidota DC., Prodr. 3: 180. 1828.
Sin.: *Melastoma lepidotum* Schrank & Mart. ex DC.
Ref.: Macbride (1941c), Foster (1958), Brako (1993i).
Árbol. Nativa. Zonas Bajas. Bosque Húmedo, 0–500 m.
Dept.: SC.
Muestra: *M. Saldias et al. 3169* (MO, USZ).

Miconia livida Triana, Trans. Linn. Soc. London 28(1): 121. 1871 [1872].
Ref.: Rusby (1893b), Macbride (1941c), Foster (1958), Wurdack (1980), Brako & Zarucchi (1993), Renner (1999).
Arbolito. Nativa. Zonas Bajas, Andes. Bosque Húmedo, Yungas, 500–1000, 1500–2000 m.
Dept.: LP.
Muestra: *M. Bang 552* (GH, MO, NY).

Miconia longicuspidata S.S. Renner & R. Goldenb., PhytoKeys 3: 36. 2011.
Sin.: *Miconia longicuspis* Herzog
Ref.: Foster (1958).
Arbusto. Endémica. Andes. Yungas, 1000–1500 m.
Dept.: SC.
Tipo: *T. Herzog 326* (HT: Z).
Nota: Conocido solamente del tipo.

Miconia longifolia (Aubl.) DC., Prodr. 3: 184. 1828.
Sin.: *Melastoma longifolium* Aubl., *Miconia lambertiana* DC., *Chaenopleura longifolia* (Aubl.) Griseb.
Ref.: Macbride (1941c), Foster (1958), Standley & Williams (1963), Molina Rosito (1975), Wurdack (1980), Breedlove (1986), Renner et al. (1990), Brako (1993i), Renner (1999), Balick et al. (2000), Almeda (2001).
Árbol. Nativa. Zonas Bajas. Bosque Húmedo, 0–500 m.
Dept.: BE, SC.
Muestra: *J.C. Solomon 16784* (MO, NY).

Miconia longispicata Triana, Trans. Linn. Soc. London 28(1): 117. 1871 [1872].
Ref.: Moraes R. (1993e), Killeen & Schulenberg (1998).
Arbolito. Nativa. Zonas Bajas. Campos Cerrados, 0–500 m.
Dept.: BE, PA, SC.
Muestra: *R. Guillén V. et al. 1259* (MO, USZ).

Miconia lourteigiana Wurdack, Phytologia 20: 380. 1970.
Ref.: Wurdack (1980), Moraes R. (1990), Moraes R. (1993e), Killeen & Schulenberg (1998), Renner (1999).
Arbusto. Nativa. Zonas Bajas. Bosque Semideciduo Chiquitano, 0–500 m.
Dept.: PA, SC.
Muestra: *T. Killeen et al. 6934* (MO, USZ).

Miconia macrothyrsa Benth., J. Bot. (Hooker) 2: 312. 1840.
Ref.: Killeen & Schulenberg (1998).
Arbusto. Nativa. Zonas Bajas. Campos Cerrados, 0–1000 m.
Dept.: SC.
Muestra: *E. Gutiérrez C. et al. 500* (MO, USZ).

Miconia mandonii Cogn., Monogr. Phan. 7: 911. 1891.
Ref.: Foster (1958), Moraes R. (1993e), Zárate et al. (1999).
Árbol. Endémica. Andes. Yungas, 2500–4000 m.
Dept.: CO, LP.
Tipo y muestra: *G. Mandon 646* (ST: B, BR, CAS, GH, K, MO-1704753, MPU, NY, P, S; fotos: F), *J.C. Solomon 7391* (LPB, MO, NY, US).

Miconia mapirensis Gleason, Bull. Torrey Bot. Club 68: 249. 1941.
Ref.: Foster (1958).
Arbusto. Nativa. Zonas Bajas. Bosque Húmedo, 500–1000 m.
Dept.: LP.

Tipo y muestra: *B.A. Krukoff 11215* (HT: NY; IT: A, K, LP, MO-1247774, S, U, UC, US, WIS), *B.A. Krukoff 11188* (A, MO).

Miconia matthaei Naudin, Ann. Sci. Nat., Bot., sér. 3, 16(2): 176–177. 1851 [1850].
Ref.: Macbride (1941c), Foster (1958), Standley & Williams (1963), Molina Rosito (1975), Moraes R. (1993e), Killeen & Schulenberg (1998), Renner (1999), Balick et al. (2000), Almeda (2001).
Arbusto, arbolito. Nativa. Zonas Bajas. Bosque Húmedo, 0–500 m.
Dept.: BE, LP, PA, SC.
Muestra: *R.C. Quevedo et al. 1058* (MO, USZ).

Miconia mattogrossensis Hoehne, Anexos Mem. Inst. Butantan, Secc. Bot. 1(5): 147, pl. 16. 1922.
Ref.: Killeen & Schulenberg (1998).
Árbol. Nativa. Zonas Bajas. Bosque Semideciduo Chiquitano, 0–500 m.
Dept.: SC.
Muestra: *R.B. Foster 14002* (USZ).

Miconia micrantha Cogn., Bull. Torrey Bot. Club 23(1): 16. 1896.
Ref.: Foster (1958), Moraes R. (1993e).
Árbol. Nativa. Andes. Yungas, 1000–2000, 2500–3000 m.
Dept.: LP.
Tipo y muestra: *M. Bang 2858* (HT: BR: IT: K, NY, NY; fotos: GH), *J.C. Solomon 7539* (LPB, MO, NY, US).

Miconia micropetala Cogn., Monogr. Phan. 7: 882. 1891.
Sin.: *Miconia resima* Naudin, *Miconia torta* Gleason
Ref.: Foster (1958).
Arbusto. Nativa. Andes. Yungas, 2500–3000 m.
Dept.: CO.
Muestra: *M. Cárdenas 3984* (NY, US).

Miconia minutiflora (Bonpl.) DC., Prodr. 3: 189. 1828.
Sin.: *Melastoma minutiflorum* Bonpl., *Miconia borealis* Gleason
Ref.: Macbride (1941c), Foster (1958), Breedlove (1986), Renner et al. (1990), Brako (1993i), Moraes R. (1993e), Killeen & Schulenberg (1998), Renner (1999), Balick et al. (2000), Almeda (2001).
Árbol. Nativa. Zonas Bajas, Andes. Bosque Húmedo, Yungas, 0–2000, 3000–3500 m.
Dept.: BE, LP, SC.
Muestra: *M.A. Lewis 39727* (MO).
Nom. Vern.: Bimichexe xoco.

Miconia molybdea Naudin, Ann. Sci. Nat., Bot., sér. 3, 16(2): 185. 1851 [1850].
Sin.: *Miconia titanea* Naudin
Ref.: Foster (1958), Moraes R. (1993e).
Árbol. Nativa. Zonas Bajas, Andes. Bosque Húmedo, Bosque Tucumano-Boliviano, 0–2000 m.
Dept.: BE, CH, SC, TA.
Tipo y muestra: *d'Orbigny 519* (ST: P; fotos: F ex P), *D.N. Smith et al. 13985* (MO, NY).
Infra: *Miconia molybdea* var. *titanea* (Naudin) Cogn.
Nom. Vern.: Bizcochero.

Miconia multiflora Cogn. ex Britton, Bull. Torrey Bot. Club 17: 60. 1890.
Ref.: Foster (1958), Moraes R. (1993e), Killeen & Schulenberg (1998).
Árbol. Nativa. Zonas Bajas, Andes. Bosque Húmedo, Yungas, 0–2000 m.
Dept.: LP, SC.
Tipo y muestra: *H.H. Rusby 2254* (HT: NY; IT: BR, CAS, GH, MICH, MIN, PH, US, WIS), *J.C. Solomon 17385* (MO, NY).
Nota: Similar a *M. molybdea*.
Nom. Vern.: Bizcochero.

Miconia multispicata Naudin, Ann. Sci. Nat., Bot., sér. 3, 16(2): 131. 1851 [1850].
Sin.: *Miconia perplexans* Sprague
Ref.: Moraes R. (1993e), Renner (1999), Almeda (2001).
Árbol. Nativa. Andes. Yungas, 1000–2000 m.
Dept.: LP.
Muestra: *J.C. Solomon 14832* (LPB, MO, NY, US).

Miconia muricata (D. Don) Triana, Trans. Linn. Soc. London 28(1): 102. 1871 [1872].
Sin.: *Axinaea muricata* D. Don
Arbusto. Nativa. Zonas Bajas. Bosque Húmedo, 500–1000 m.
Dept.: BE, CO, LP.
Muestra: *T. Killeen 3731* (MO).

Miconia myriantha Benth., J. Bot. (Hooker) 2: 314. 1840.
Ref.: Macbride (1941c), Foster (1958), Moraes R. (1993e), Killeen & Schulenberg (1998), Balick et al. (2000).
Arbolito. Nativa. Zonas Bajas. Bosque Húmedo, Sabanas Benianas del Sur, 0–1000 m.
Dept.: BE, LP, PA, SC.
Muestra: *J.C. Solomon 16839* (MO, NY).
Nota: Similar a *M. minutiflora*, *M. puberula* y *M. cuspidata*.
Nom. Vern.: Jihui joxo.

Miconia neei Jan. M. Burke & Michelang., Brittonia 65: 175, f. 1, 3. 2013.
Arbusto, arbolito. Endémica. Andes. Yungas, 2000–3500 m.
Dept.: CO, LP, SC.
Tipo y muestra: *M.H. Nee et al. 55339* (HT: NY; IT: LPB, MO, USZ), *J.C. Solomon et al. 19039* (LPB, MO, US).

Miconia nervosa (Sm.) Triana, Trans. Linn. Soc. London 28(1): 111. 1871 [1872].
Sin.: *Melastoma nervosum* Sm., *Miconia septuplinervis* Pittier
Ref.: Macbride (1941c), Foster (1958), Wurdack (1980), Moraes R. (1990), Renner et al. (1990), Parker & Bailey (1991), Brako (1993i), Killeen & Schulenberg (1998), Renner (1999), Alverson et al. (2000), Arrázola Rivero et al. (2000), Balick et al. (2000), Almeda (2001), Montambault (2002).
Arbusto. Nativa. Zonas Bajas, Andes. Bosque Húmedo, Yungas, 0–500, 1000–1500 m.
Dept.: BE, CO, LP, PA, SC.
Muestra: *T. Killeen et al. 5649* (MO, USZ).

[Miconia novemnervia Naudin], Ann. Sci. Nat., Bot., sér. 3, 16(2): 216–217. 1851 [1850].
Ref.: Foster (1958).
Nota: El registro se basa en material mal identificado.

Miconia obliqua Gleason, Amer. J. Bot. 19: 743. 1932.
Ref.: Foster (1958).
Arbusto. Endémica. Andes. Yungas, 1000–2000 m.
Dept.: LP.
Tipo y muestra: *O. Buchtien 1083* (HT: US; IT: US), *J.C. Solomon et al. 6541* (LPB, MO, NY).

[Miconia paleacea Cogn.], Monogr. Phan. 7: 757. 1891.
Ref.: Parker & Bailey (1991).
Nota: El registro se basa en material mal identificado.

[Miconia papillosa (Desr.) Naudin], Ann. Sci. Nat., Bot., sér. 3, 16: 216. 1851 [1850].
Sin.: *Melastoma papillosum* Desr.
Ref.: Foster (1958).
Nota: El registro se basa en material mal identificado.

Miconia pentlandii Naudin, Ann. Sci. Nat., Bot., sér. 3, 16(2): 182. 1851 [1850].
Ref.: Foster (1958).
Arbusto. Endémica. Andes. Yungas, 1000–2000 m.
Dept.: LP.
Tipo y muestra: *J.B. Pentland 130* (HT: P; IT: BR, F), *J.C. Solomon 4850* (MO).

Miconia persicariifolia Cogn., Bull. Torrey Bot. Club 17: 59. 1890.
Ref.: Foster (1958).
Subarbusto. Nativa. Zonas Bajas. Bosque Húmedo, 500–1000 m.
Dept.: LP.
Tipo y muestra: *H.H. Rusby 992* (HT: NY; IT: K, US), *M. Bang 1410* (A, GH, NY).

Miconia phlebodes Wurdack, Phytologia 9(7): 419. 1964.
Arbolito. Nativa. Zonas Bajas. Bosque Húmedo, 0–500 m.
Dept.: CO, LP.
Muestra: *D.N. Smith et al. 13681* (MO).

Miconia plumifera Triana, Trans. Linn. Soc. London 28(1): 124. 1871 [1872].
Ref.: Foster (1958).
Arbusto. Nativa. Andes. Yungas, 1500–3000 m.
Dept.: BE, CO, LP.
Muestra: *M.A. Lewis 40622* (MO).
Infra: *Miconia plumifera* var. *bangii* Cogn.

Miconia poeppigii Triana, Trans. Linn. Soc. London 28(1): 107. 1871 [1872].
Sin.: *Miconia congesta* Cogn., *Miconia darienensis* Pittier
Ref.: Macbride (1941c), Foster (1958), Renner et al. (1990), Brako (1993i), Moraes R. (1993e), Killeen & Schulenberg (1998), Renner (1999), Balick et al. (2000), Almeda (2001).
Árbol. Nativa. Zonas Bajas, Andes. Bosque Húmedo, Yungas, 0–2000 m.
Dept.: BE, LP, PA, SC.
Muestra: *K. Izawa 8* (MO).
Nom. Vern.: Catauba, pitón.

Miconia polygama Cogn., Bull. Torrey Bot. Club 17: 92. 1890.
Ref.: Foster (1958).
Arbusto. Endémica. Andes. Yungas, 2500–3500 m.
Dept.: CO, LP, SC.
Tipo y muestra: *H.H. Rusby 2282* (ST: GH, K, MO), *J.C. Solomon 16439* (MO).

Miconia prasina (Sw.) DC., Prodr. 3: 188–189. 1828.
Sin.: *Melastoma prasinum* Sw., *Miconia attenuata* DC., *Miconia pteropoda* Benth.
Ref.: Foster (1958), Standley & Williams (1963), Molina Rosito (1975), Nelson (1978), Cowan (1983), Sousa Sánchez & Cabrera Cano (1983), Breedlove (1986), Berendsohn (1989), Renner et al. (1990), Brako (1993i), Moraes R. (1993e), Killeen & Schulenberg (1998), Renner (1999), Balick et al. (2000), Almeda (2001).
Arbusto, árbol. Nativa. Zonas Bajas, Andes. Bosque Húmedo, Campos Amazónicos, Yungas, 0–2000 m.
Dept.: BE, LP, SC.
Muestra: *J.C. Solomon 17404* (MO, NY).
Infra: *Miconia prasina* var. *attenuata* (DC.) Cogn.

Miconia procumbens (Gleason) Wurdack, Phytologia 35(3): 246. 1977.
Sin.: *Clidemia procumbens* Gleason
Ref.: Wurdack (1980), Renner et al. (1990), Parker & Bailey (1991), Brako (1993i), Renner (1999).
Arbusto. Nativa. Zonas Bajas. Bosque Húmedo, 500–1000 m.
Dept.: LP.
Muestra: *S.G. Beck 24022* (LPB).

Miconia puberula Cogn., Fl. Bras. 14(4): 386, pl. 78. 1887.
Ref.: Killeen & Schulenberg (1998).
Arbusto. Nativa. Zonas Bajas, Andes. Bosque Húmedo, Yungas, 0–1500 m.
Dept.: LP, SC.
Muestra: *T. Killeen 3690* (MO).

Miconia pubicalyx Gleason, Amer. J. Bot. 19: 742. 1932.
Ref.: Foster (1958).
Árbol. Endémica. Zonas Bajas. Bosque Húmedo, 500–1000 m.
Dept.: SC.
Tipo: *O. Buchtien 999A* (HT: NY; IT: GH).
Nota: Conocido solamente del tipo.

Miconia punctata (Desr.) D. Don ex DC., Prodr. 3: 184. 1828.
Sin.: *Melastoma punctatum* Desr., *Miconia habrolepis* Standl.
Ref.: Macbride (1941c), Foster (1958), Standley & Williams (1963), Molina Rosito (1975), Wurdack (1980), Renner et al. (1990), Brako (1993i), Moraes R. (1993e), Killeen & Schulenberg (1998), Renner (1999), Balick et al. (2000), Almeda (2001).
Árbol. Nativa. Zonas Bajas, Andes. Bosque Húmedo, Yungas, 0–1500 m.
Dept.: BE, CO, LP, PA, SC.
Muestra: *D.N. Smith et al. 13656* (MO).

Miconia pyrifolia Naudin, Ann. Sci. Nat., Bot., sér. 3, 16(2): 164. 1851 [1850].
Ref.: Macbride (1941c), Brako & Zarucchi (1993), Killeen & Schulenberg (1998).
Árbol. Nativa. Zonas Bajas. Bosque Húmedo, 0–1000 m.
Dept.: LP, SC.
Muestra: *R.C. Quevedo et al. 2432* (MO, USZ).

Miconia quadrialata S.S. Renner & S. Beck, Novon 13(1): 110, f. 1. 2003.
Ref.: Fuentes Claros et al. (2009).
Arbusto, arbolito. Endémica. Andes. Yungas, 2500–3500 m.
Dept.: LP.
Tipo y muestra: *S.G. Beck 25988* (HT: LPB; IT: AAU), *A.H. Gentry et al. 44195* (LPB, MO, US).

Miconia recondita Wurdack, Phytologia 23(5): 488. 1972.
Árbol. Endémica. Andes. Páramo Yungueño, 3000–3500 m.
Dept.: LP.
Tipo y muestra: *M. Bang 2485* (HT: US; IT: MO), *J.C. Solomon 15419* (MO).

[Miconia rosea Gleason], Bull. Torrey Bot. Club 68: 247. 1941.
Ref.: Foster (1958), Montambault (2002).
Nota: El registro se basa en material mal identificado de *M. muricata*.

Miconia rubiginosa (Bonpl.) DC., Prodr. 3: 183. 1828.
Sin.: *Melastoma rubiginosum* Bonpl.
Ref.: Macbride (1941c), Foster (1958), Brako (1993i), Moraes R. (1993e).
Arbusto, árbol. Nativa. Zonas Bajas, Andes. Campos Amazónicos, Yungas, 0–1500 m.
Dept.: LP, SC.
Muestra: *T. Killeen 3692* (LPB, MO).

Miconia rufescens (Aubl.) DC., Prodr. 3: 180. 1828.
Sin.: *Melastoma rufescens* Aubl.
Ref.: Rusby (1893b), Foster (1958), Parker & Bailey (1991), Brako (1993i), Killeen & Schulenberg (1998).
Arbusto. Nativa. Zonas Bajas, Andes. Campos Cerrados, Yungas, 0–1500 m.
Dept.: BE, LP, SC.
Muestra: *J.C. Solomon 7885* (MO).

Miconia ruficalyx Gleason, Brittonia 1: 181. 1932.
Ref.: Moraes R. (1993e).
Árbol. Nativa. Zonas Bajas. Bosque Húmedo, 0–500 m.
Dept.: PA.
Muestra: *R.T. Pennington et al. 60* (K, LPB).

Miconia ruizii Naudin, Ann. Sci. Nat., Bot., sér. 3, 16(2): 192–193. 1851 [1850].
Ref.: Foster (1958), Moraes R. (1993e).
Arbolito, árbol. Nativa. Andes. Yungas, 1000–2000 m.
Dept.: LP.
Muestra: *J.C. Solomon 9499* (MO).

Miconia rusbyana Cogn., Bull. Torrey Bot. Club 17: 93. 1890.
Ref.: Foster (1958).
Arbusto. Endémica. Andes. Yungas, 2000–2500 m.
Dept.: LP.
Tipo y muestra: *H.H. Rusby 2259* (HT: NY; IT: CAS, F, GH, MICH, PH, US, WIS), *J.C. Solomon 4863* (MO).

Miconia sanguinea (D. Don) Triana, Trans. Linn. Soc. London 28(1): 125. 1871 [1872].
Sin.: *Tococa sanguinea* D. Don
Arbusto. Nativa. Andes. Yungas, 1000–1500 m.
Dept.: LP.
Muestra: *S.G. Beck 13635* (MO).

Miconia serialis DC., Prodr. 3: 182. 1828.
Ref.: Macbride (1941c), Foster (1958).
Arbusto. Nativa. Zonas Bajas. Bosque Húmedo, 500–1000 m.
Dept.: LP.
Muestra: *B.A. Krukoff 10106* (A, MO).

Miconia serrulata (DC.) Naudin, Ann. Sci. Nat., Bot., sér. 3, 16(2): 118. 1851 [1850].
Sin.: *Chitonia macrophylla* Pav. ex D. Don, *Diplochita serrulata* DC., *Miconia macrophylla* (Pav. ex D. Don) Triana, *Miconia macrophylla* (Pav. ex D. Don) Cogn.
Ref.: Foster (1958), Standley & Williams (1963), Molina Rosito (1975), Wurdack (1980), Breedlove (1986), Renner et al. (1990), Brako (1993i), Renner (1999), Balick et al. (2000), Almeda (2001).
Arbusto. Nativa. Zonas Bajas. Bosque Húmedo, 500–1000 m.
Dept.: LP.
Muestra: *J.C. Solomon 17695* (LPB, MO).

Miconia sessilifolia Naudin, Ann. Sci. Nat., Bot., sér. 3, 16(2): 181. 1851 [1850].
Ref.: Rusby (1893b), Foster (1958).
Arbusto. Endémica. Andes. Yungas, 1000–2000 m.
Dept.: LP, SC.
Tipo y muestra: *J.B. Pentland 217* (HT: P; IT: BR, MO; fotos: F), *J.C. Solomon 7353* (MO, NY).

Miconia setulosa Cogn., Monogr. Phan. 7: 898. 1891.
Ref.: Macbride (1941c), Brako (1993i), Fuentes Claros et al. (2009).
Arbusto, árbol. Nativa. Andes. Yungas, 3000–3500 m.
Dept.: LP.
Muestra: *J.C. Solomon et al. 19001* (MO).

Miconia spennerostachya Naudin, Ann. Sci. Nat., Bot., sér. 3, 16(2): 187. 1851 [1850].
Sin.: *Miconia aspiazui* J.F. Macbr., *Miconia nectaria* J.F. Macbr.
Ref.: Macbride (1941c), Foster (1958), Brako (1993i), Renner (1999).
Arbusto. Nativa. Zonas Bajas, Andes. Bosque Húmedo, Yungas, 0–1500 m.
Dept.: BE, LP, SC.
Muestra: *D.N. Smith et al. 13801* (MO).
Infra: *Miconia spennerostachya* var. *angustifolia* Cogn.

Miconia splendens (Sw.) Griseb., Fl. Brit. W. I. 256. 1860.
Sin.: *Melastoma splendens* Sw., *Miconia obovalis* Naudin
Ref.: Foster (1958), Wurdack (1980), Breedlove (1986), Renner et al. (1990), Brako (1993i), Moraes R. (1993e), Killeen & Schulenberg (1998), Renner (1999), Balick et al. (2000), Almeda (2001).
Arbolito, árbol. Nativa. Zonas Bajas, Andes. Bosque Húmedo, Yungas, 0–1000, 1500–2000 m.
Dept.: BE, LP, PA, SC.
Muestra: *T. Killeen 4474* (MO).
Nom. Vern.: Bimichëxë, jahuarara, sangre de vaca, shoxapo.

Miconia staphidioides (Naudin) Triana, Trans. Linn. Soc. London 28(1): 102. 1871 [1872].
Sin.: *Clidemia staphidioides* Naudin
Ref.: Foster (1958).
Arbusto. Endémica. Andes. Yungas, 1000–1500 m.
Dept.: CO, LP.
Tipo y muestra: *H.A. Weddell 4733* (HT: P; IT: BR, P; fotos: F), *J.C. Solomon 14839* (MO, NY).

Miconia steinbachii Markgr., Notizbl. Bot. Gart. Berlin–Dahlem 9(90): 1158. 1927.
Ref.: Foster (1958).
Arbusto. Endémica. Zonas Bajas. Bosque Húmedo, 0–500 m.
Dept.: CO, SC.
Tipo y muestra: *J. Steinbach 7186* (HT: B destr.; IT: F, GOET, K, MO-936437, NY, PH, S; fotos: F ex B, MO ex B), *M.H. Nee 39823* (MO, NY).

Miconia stellulata Gleason, Bull. Torrey Bot. Club 68: 247. 1941.
Ref.: Foster (1958).
Arbusto. Nativa. Zonas Bajas. Bosque Húmedo, 0–1000 m.
Dept.: CO, SC.
Tipo y muestra: *B.A. Krukoff 11376* (HT: NY; IT: A, K, LP, MO, NY, RSA, S, U, UC, US, WIS), *S.G. Beck 21686* (MO).

Miconia stenocardia Cogn., Meded. Rijks-Herb. 19: 79. 1913.
Ref.: Foster (1958).
Arbusto. Endémica. Zonas Bajas, Andes. Bosque Húmedo, Yungas, Bosque Tucumano-Boliviano, 1000–1500 m.
Dept.: SC.
Tipo y muestra: *T. Herzog 1549* (HT: BR; IT: JE, S, Z), *D. Villarroel 92* (MO, NY, USZ).

Miconia stenostachya DC., Prodr. 3: 181. 1828.
Sin.: *Melastoma stenostachyum* Schrank & Mart. ex DC.
Ref.: Macbride (1941c), Foster (1958), Standley & Williams (1963), Molina Rosito (1975), Brako (1993i), Killeen & Schulenberg (1998), Balick et al. (2000), Almeda (2001).
Arbusto. Nativa. Zonas Bajas, Andes. Campos Cerrados, Yungas, 0–500, 1000–1500 m.
Dept.: BE, LP, SC.
Muestra: *J.C. Solomon 8875* (MO).

Miconia stephananthera Ule, Notizbl. Königl. Bot. Gart. Berlin 6: 359. 1915.
Arbusto. Nativa. Zonas Bajas. Bosque Húmedo, Campos Amazónicos, 0–500 m.
Dept.: LP.
Muestra: *N. Helme 723* (LPB).

Miconia subandicola Wurdack, Phytologia 23(5): 474. 1972.
Sin.: *Miconia glandulifera* var. *boliviensis* Cogn.
Ref.: Moraes R. (1993e).
Arbusto, árbol. Nativa. Zonas Bajas. Bosque Húmedo, 0–1000 m.
Dept.: BE, CO, LP.
Muestra: *J.C. Solomon 13938* (MO, NY).

Miconia subnodosa Triana, Trans. Linn. Soc. London 28(1): 106. 1871 [1872].
Ref.: Foster (1958), Renner (1999).
Arbusto. Nativa. Andes. Yungas, 1000–1500 m.
Dept.: BE, LP.
Muestra: *B.A. Krukoff 11213* (A, MO, NY).

Miconia symplectocaulos Pilg., Verh. Bot. Vereins Prov. Brandenburg 47: 175. 1905.
Ref.: Killeen & Schulenberg (1998).
Árbol. Nativa. Zonas Bajas. Bosque Húmedo, 0–500 m.
Dept.: PA, SC.
Muestra: *A. Rodríguez & P.F. Foster 713* (MO, USZ).

Miconia ternatifolia Triana, Trans. Linn. Soc. London 28(1): 118. 1871 [1872].
Ref.: Rusby (1893b), Macbride (1941c), Foster (1958), Wurdack (1980), Renner et al. (1990), Brako (1993i), Renner (1999).
Arbusto. Nativa. Zonas Bajas, Andes. Sabanas Benianas del Sur, Yungas, 0–1000, 1500–2000 m.
Dept.: BE, CO, LP.
Muestra: *J.C. Solomon & M.E. Uehling 12209* (LPB, MO, NY).

Miconia tetrasperma Gleason, Bull. Torrey Bot. Club 58: 237. 1931.
Ref.: Macbride (1941c), Foster (1958), Brako (1993i).
Arbusto. Nativa. Zonas Bajas. Bosque Húmedo, 500–1000 m.
Dept.: LP.
Muestra: *B.A. Krukoff 10450* (A, LPB, MO, NY).

Miconia theaezans (Bonpl.) Cogn., Fl. Bras. 14(4): 419. 1888.
Sin.: *Melastoma theaezans* Bonpl., *Cremanium glaberrimum* DC.
Ref.: Macbride (1941c), Foster (1958), Molina Rosito (1975), Nelson (1976), Wurdack (1980), Brako (1993i), Moraes R. (1993e), Jørgensen & Ulloa Ulloa (1994), Renner (1999).
Arbolito, árbol. Nativa. Andes. Yungas, 1000–3500 m.
Dept.: CO, LP.
Muestra: *A.H. Gentry & J.C. Solomon 44793* (MO).
Infra: *Miconia theaezans* var. *glaberrima* (DC.) Cogn., *Miconia theaezans* var. *subtriplinervia* Cogn.
Nom. Vern.: Yuraj huaycha.

Miconia tiliifolia Naudin, Ann. Sci. Nat., Bot., sér. 3, 16(2): 151. 1851 [1850].
Ref.: Macbride (1941c), Foster (1958), Brako (1993i), Killeen & Schulenberg (1998).
Arbusto. Nativa. Zonas Bajas. Bosque Semideciduo Chiquitano, Campos Cerrados, 0–1000 m.
Dept.: BE, LP, SC.
Muestra: *J.C. Solomon 16969* (MO).

Miconia tomentosa (Rich.) D. Don ex DC., Prodr. 3: 183. 1828.
Sin.: *Melastoma tomentosum* Rich., *Pogonorhynchus amplexans* Crueg., *Miconia amplexans* (Crueg.) Cogn.
Ref.: Foster (1958), Moraes R. (1990), Moraes R. (1993e), Killeen & Schulenberg (1998), Renner (1999), Alverson et al. (2000), Balick et al. (2000), Almeda (2001).
Árbol. Nativa. Zonas Bajas. Bosque Húmedo, Campos Amazónicos, 0–1000 m.
Dept.: BE, CO, LP, PA, SC.
Muestra: *A. Jardim 686* (MO, USZ).
Nom. Vern.: Hocostemo.

Miconia trinervia (Sw.) D. Don ex Loudon, Hort. Brit. 174. 1830.
Sin.: *Melastoma trinervium* Sw., *Melastoma scorpioides* Schltdl. & Cham., *Miconia anceps* Naudin, *Miconia scorpioides* (Schltdl. & Cham.) Naudin
Ref.: Standley & Williams (1963), Molina Rosito (1975), Wurdack (1980), Cowan (1983), Breedlove (1986), Renner (1990), Brako (1993i), Renner (1999), Almeda (2001).
Arbusto. Nativa. Zonas Bajas. Bosque Húmedo, 0–500 m.
Dept.: CO, SC.
Muestra: *M.H. Nee 46445* (MO, NY).

Miconia triplinervis Ruiz & Pav., Syst. Veg. Fl. Peruv. Chil. 1: 105. 1798.
Ref.: Macbride (1941c), Foster (1958), Standley & Williams (1963), Molina Rosito (1975), Cowan (1983), Breedlove (1986), Renner et al. (1990), Parker & Bailey (1991), Brako (1993i), Renner (1999), Balick et al. (2000), Almeda (2001).
Arbusto. Nativa. Zonas Bajas. Bosque Húmedo, 0–1000 m.
Dept.: BE, LP, SC.
Muestra: *D.N. Smith et al. 12881* (MO).

[Miconia tunicata (Bonpl.) Naudin], Ann. Sci. Nat., Bot., sér. 3, 16(2): 243. 1851 [1850].
Sin.: *Melastoma tunicatum* Bonpl.
Ref.: Foster (1958), Wurdack (1971).
Nota: El registro se basa en material mal identificado.

Miconia undata Triana, Trans. Linn. Soc. London 28(1): 107. 1871 [1872].
Ref.: Foster (1958).
Arbolito. Nativa. Zonas Bajas. Bosque Húmedo, 500–1000 m.
Dept.: BE.
Muestra: *J.C. Solomon 13874* (MO, NY).
Infra: *Miconia undata* var. *boliviensis* Cogn.

Miconia uvifera Naudin, Ann. Sci. Nat., Bot., sér. 3, 16(2): 222–223. 1851 [1850].
Ref.: Foster (1958).
Arbusto. Endémica. Andes. Yungas, 1000–2500 m.
Dept.: CO, LP, SC.
Tipo y muestra: *H.A. Weddell 4284* (HT: P; IT: BR, F, MO; fotos: F), *M. Kessler et al. 6954* (GOET, LPB, MO, NY).

Miconia valida Cogn., Bull. Torrey Bot. Club 23: 278. 1896.
Ref.: Foster (1958), Moraes R. (1993e).
Arbusto, árbol. Endémica. Andes. Yungas, 3000–4000 m.
Dept.: LP.
Tipo y muestra: *M. Bang 2630* (HT: BR; IT: NY), *M.A. Lewis 38658* (MO).

[Miconia vilhenensis Wurdack], Phytologia 50(5): 299. 1982.
Ref.: Killeen & Schulenberg (1998).
Nota: El registro se basa en material mal identificado.

Miconia wagneri J.F. Macbr., Publ. Field Mus. Nat. Hist., Bot. Ser. 4: 179. 1929.
Ref.: Macbride (1941c), Foster (1958), Brako (1993i).
Arbusto, arbolito. Nativa. Zonas Bajas, Andes. Bosque Húmedo, Yungas, 500–1500 m.
Dept.: LP.
Muestra: *O. Buchtien 1139* (GH, MO).

[Miconia woytkowskii Wurdack], Phytologia 16: 178. 1968.
Ref.: Killeen & Schulenberg (1998).
Nota: El registro se basa en material mal identificado.

Microlicia D. Don, Mem. Wern. Nat. Hist. Soc. 4: 283, 301. 1823.
2 especies, 0 especies endémicas.

Microlicia arenariaefolia DC., Prodr. 3: 120. 1828.
Ref.: Foster (1958), Killeen & Schulenberg (1998).
Subarbusto. Nativa. Zonas Bajas. Bosque Semideciduo Chiquitano, 0–1000 m.
Dept.: SC.
Muestra: *B. Mostacedo et al. 1874* (MO, USZ).

Microlicia occidentalis Naudin, Ann. Sci. Nat., Bot., sér. 3, 12(10): 235. 1849.
Ref.: Killeen & Schulenberg (1998).
Arbusto. Nativa. Zonas Bajas. Bosque Húmedo, 0–500 m.
Dept.: SC.
Muestra: *E. Gutiérrez C. et al. 602* (MO, USZ).

[Microlicia peruviana Cogn.], Fl. Bras. 14(3): 83. 1883.
Ref.: Foster (1958).
Nota: El registro se basa en material mal identificado.

Mouriri Aubl., Hist. Pl. Guiane 1: 452–453, pl. 180. 1775.
13 especies, 0 especies endémicas.

Mouriri acutiflora Naudin, Ann. Sci. Nat., Bot., sér. 3, 18(5): 284–285. 1852.
Ref.: Morley (1976), Moraes R. (1993e), Killeen & Schulenberg (1998).
Arbusto, árbol. Nativa. Zonas Bajas. Bosque Húmedo, Sabanas Benianas del Sur, 0–500 m.
Dept.: PA, SC.
Muestra: *C.R. Sperling & S.R. King 6562* (LPB, MO, NY).

Mouriri apiranga Spruce ex Triana, Trans. Linn. Soc. London 28(1): 154. 1871.
Ref.: Morley (1976), Moraes R. (1993e), Killeen & Schulenberg (1998).
Arbusto, árbol. Nativa. Zonas Bajas. Bosque Húmedo, Campos Cerrados, 0–1000 m.
Dept.: BE, LP, SC.
Muestra: *D.C. Daly et al. 2003* (LPB, MO, NY).

Mouriri cauliflora Mart. ex DC., Prodr. 3: 7. 1828.
Arbolito, árbol. Nativa. Zonas Bajas. Bosque Húmedo, 0–500 m.
Dept.: CO, LP.
Muestra: *R. Seidel et al. 8932* (LPB, MA, MO, US).

Mouriri glazioviana Cogn., Fl. Bras. 14(4): 580, t. 124, f. 1. 1888.
Ref.: Morley (1976), Killeen & Schulenberg (1998).
Hierba, árbol. Nativa. Zonas Bajas. Campos Cerrados, 500–1000 m.
Dept.: SC.
Muestra: *R. Guillén V. 2520* (MO, USZ).

Mouriri grandiflora DC., Prodr. 3: 8. 1828.
Sin.: *Mouriri macrophylla* Cham., *Mouriri princeps* Naudin
Ref.: Foster (1958), Morley (1976), Moraes R. (1993e).
Árbol. Nativa. Zonas Bajas. Bosque Húmedo, Campos Amazónicos, 0–500 m.
Dept.: BE, LP, PA.
Muestra: *J.C. Solomon 7935* (MO, NY).

Mouriri guianensis Aubl., Hist. Pl. Guiane 1: 453–455, t. 180. 1775.
Ref.: Morley (1976), Moraes R. (1993e), Killeen & Schulenberg (1998).
Árbol. Nativa. Zonas Bajas. Bosque Húmedo, Sabanas Benianas del Sur, 0–500 m.
Dept.: BE, PA, SC.
Muestra: *D.N. Smith et al. 14237* (MO).

Mouriri myrtifolia Spruce ex Triana, Trans. Linn. Soc. London 28(1): 154. 1871 [1872].
Ref.: Morley (1976), Killeen & Schulenberg (1998).
Arbolito, árbol. Nativa. Zonas Bajas. Bosque Húmedo, 0–500 m.
Dept.: CO, PA, SC.
Muestra: *A. Perry 890* (LPB, MO, NY).
Nom. Vern.: Sahuinto.

Mouriri myrtilloides (Sw.) Poir., Dict. Sci. Nat. (ed. 2) 33: 163. 1824.
Sin.: *Petaloma myrtilloides* Sw., *Mouriri parvifolia* Benth.
Ref.: Foster (1958), Morley (1976), Parker & Bailey (1991), Moraes R. (1993e), Alverson et al. (2000), Arrázola Rivero et al. (2000).
Arbusto, árbol. Nativa. Zonas Bajas, Andes. Bosque Húmedo, Campos Cerrados, Yungas, 0–1500 m.
Dept.: BE, CO, LP, PA, SC.
Muestra: *D.A. Neill et al. 9287* (MO).
Infra: *Mouriri myrtilloides* subsp. *parvifolia* (Benth.) Morley
Nom. Vern.: Iguirayie, llave, palo duro, palo llave, sauinto.

Mouriri nigra (DC.) Morley, Phytologia 22: 428. 1972.
Sin.: *Eugenia nigra* DC., *Mouriri plasschaertii* Pulle
Ref.: Morley (1976), Moraes R. (1993e).
Árbol. Nativa. Zonas Bajas. Bosque Húmedo, Campos Amazónicos, 0–1000 m.
Dept.: BE, LP, PA.
Muestra: *G.T. Prance et al. 8426* (A, C, COL, F, G, INPA, K, M, MG, MICH, MIN, MO, NY, P, R, S, US, VEN).

Mouriri pauciflora Spruce ex Cogn., Fl. Bras. 14(4): 581. 1888.
Árbol. Nativa. Zonas Bajas. Bosque Húmedo, 0–500 m.
Dept.: BE.
Muestra: *D.C. Daly 6256* (MO, NY).

Mouriri peruviana Morley, Ann. Missouri Bot. Gard. 72(3): 548, 552. 1985.
Ref.: Parker & Bailey (1991), Fuentes Claros et al. (2009).
Arbusto. Nativa. Zonas Bajas. Bosque Húmedo, 0–500 m.
Dept.: CO, LP.
Muestra: *L. Vargas 241* (MO).

Mouriri pusa Gardner ex Hook., J. Bot. (Hooker) 2: 23, t. 1, f. 1–5. 1840.
Ref.: Morley (1976), Killeen & Schulenberg (1998).
Árbol. Nativa. Zonas Bajas. Bosque Húmedo, 0–500 m.
Dept.: SC.
Muestra: *M.C. Peña 273* (NY).

Mouriri subumbellata Triana, Trans. Linn. Soc. London 28(1): 154. 1871 [1872].
Ref.: Morley (1976), Killeen & Schulenberg (1998).
Árbol. Nativa. Zonas Bajas. Sabanas Benianas del Sur, 0–500 m.
Dept.: SC.
Muestra: *R. Guillén V. & S. Coria 1707* (MO, NY, USZ).

Ossaea DC., Prodr. 3: 168. 1828.
6 especies, 0 especies endémicas.

Ossaea boliviensis (Cogn.) Gleason, Bull. Torrey Bot. Club 58: 259. 1931.
Sin.: *Clidemia boliviensis* Cogn., *Leandra violascens* Pilg.
Ref.: Macbride (1941c), Foster (1958), Wurdack (1980), Renner et al. (1990), Brako (1993i), Renner (1999).
Arbusto. Nativa. Zonas Bajas. Bosque Húmedo, 500–1000 m.
Dept.: CO, LP.
Tipo y muestra: *H.H. Rusby 2238* (HT: NY), *B.A. Krukoff 10960* (A, LPB, MO, NY).

Ossaea bullifera (Pilg.) Gleason, Bull. Torrey Bot. Club 58: 260. 1931.
Sin.: *Leandra bullifera* Pilg., *Ossaea buchtienii* Gleason
Ref.: Foster (1958).
Arbusto. Nativa. Zonas Bajas. Bosque Húmedo, 500–1000 m.
Dept.: LP.
Muestra: *O. Buchtien 986* (NY).

Ossaea capillaris (D. Don) Cogn., Fl. Bras. 14(4): 550, pl. 118. 1888.
Sin.: *Clidemia capillaris* D. Don
Ref.: Moraes R. (1990).
Hierba, subarbusto. Nativa. Zonas Bajas. Bosque Húmedo, 500–1000 m.
Dept.: CO, LP.
Muestra: *T.B. Croat 51296* (LPB, MO).

Ossaea micrantha (Sw.) Macfad. ex Cogn., Monogr. Phan. 7: 1066. 1891.
Sin.: *Melastoma micranthum* Sw., *Octopleura micrantha* (Sw.) Griseb.
Arbusto. Nativa. Andes. Yungas, 1000–1500 m.
Dept.: CO.
Muestra: *A. Acebey 612* (MO).

Ossaea petiolaris (Naudin) Triana, Trans. Linn. Soc. London 28(1): 147. 1871 [1872].
Sin.: *Diclemia petiolaris* Naudin, *Leandra axilliflora* Pilg.
Ref.: Macbride (1941c), Foster (1958), Brako (1993i).
Arbusto. Nativa. Zonas Bajas, Andes. Bosque Húmedo, Yungas, 500–2000 m.
Dept.: LP.
Muestra: *J.C. Solomon 17656* (MO, NY).

Ossaea secundiflora Cogn., Bull. New York Bot. Gard. 4: 361. 1871.
Ref.: Foster (1958).
Arbusto. Nativa. Andes. Yungas, 1000–1500 m.
Dept.: LP.
Tipo y muestra: *M. Bang 1998* (HT: NY), *O. Buchtien 5489* (GH).

Poteranthera Bong., Mém. Acad. Imp. Sci. Saint-Pétersbourg, Sér. 6, Sci. Math., Seconde Pt. Sci. Nat. 137. 1838.
1 especie, 0 especies endémicas.

Poteranthera pusilla Bong., Mém. Acad. Imp. Sci. Saint-Pétersbourg, Sér. 6, Sci. Math., Seconde Pt. Sci. Nat. 3: 138. 1835.
Ref.: Killeen & Schulenberg (1998), Kriebel Haehner (2012).
Hierba. Nativa. Zonas Bajas. Sabanas Benianas del Sur, 0–500 m.
Dept.: SC.
Muestra: *T. Killeen & J. Wellens 6573* (MO, USZ).

Pterogastra Naudin, Ann. Sci. Nat., Bot., sér. 3, 13(1): 32. 1849 [1850].
1 especie, 0 especies endémicas.

Pterogastra divaricata (Bonpl.) Naudin, Ann. Sci. Nat., Bot., sér. 3, 13(1): 33. 1850.
Sin.: *Rhexia divaricata* Bonpl., *Osbeckia divaricata* (Bonpl.) Spreng., *Chaetogastra divaricata* (Bonpl.) DC.
Ref.: Renner (1994b), Fuentes Claros et al. (2009).
Hierba, subarbusto. Nativa. Zonas Bajas. Campos Amazónicos, 0–500 m.
Dept.: LP.
Muestra: *A. Araujo M. et al. 890* (MO, NY).

Pterolepis (DC.) Miq., Comm. Phytogr. 2: 72. 1840.
3 especies, 0 especies endémicas.

Pterolepis glomerata (Rottb.) Miq., Comm. Phytogr. 2: 78. 1840.
Sin.: *Rhexia glomerata* Rottb., *Osbeckia glomerata* (Rottb.) DC., *Arthrostemma glomeratum* (Rottb.) Cham., *Chaetogastra glomerata* (Rottb.) Benth., *Pterolepis glomerata* var. *angustifolia* Cogn., *Pterolepis glomerata* var. *peruviana* Cogn.
Ref.: Foster (1958), Renner (1994a).
Hierba. Nativa. Zonas Bajas. Campos Cerrados, 0–500 m.
Dept.: CO, SC.
Muestra: *S.G. Beck & R. Seidel 12340* (LPB, US).

Pterolepis repanda (DC.) Triana, Trans. Linn. Soc. London 28(1): 39. 1871 [1872].
Sin.: *Osbeckia repanda* DC., *Arthrostemma weddellianum* Naudin, *Pterolepis weddelliana* (Naudin) Triana
Ref.: Foster (1958), Renner (1994a).
Hierba. Nativa. Zonas Bajas. Bosque Húmedo, Sabanas Benianas del Sur, 0–1000 m.
Dept.: SC.
Muestra: *M.H. Nee 33636* (LPB, NY).

Pterolepis trichotoma (Rottb.) Cogn., Fl. Bras. 14(3): 261. 1885.
Sin.: *Rhexia trichotoma* Rottb., *Rhexia pumila* Bonpl., *Osbeckia pumila* (Bonpl.) DC., *Arthrostemma pumilum* (Bonpl.) Naudin, *Pterolepis pumila* (Bonpl.) Cogn.
Ref.: Foster (1958), Renner (1994a), Renner (1999), Almeda (2001).
Hierba. Nativa. Zonas Bajas, Andes. Bosque Húmedo, Campos Cerrados, Yungas, 0–2000 m.
Dept.: BE, LP, SC.
Muestra: *M.H. Nee 41736* (LPB, NY).

Rhynchanthera DC., Prodr. 3: 106–107. 1828.
5 especies, 0 especies endémicas.

Rhynchanthera bracteata Triana, Trans. Linn. Soc. London 28(1): 31. 1871 [1872].
Subarbusto. Nativa. Zonas Bajas. Bosque Húmedo, Campos Amazónicos, 0–500 m.
Dept.: BE, LP.
Muestra: *A.H. Gentry et al. 70797A* (MO).

Rhynchanthera dichotoma (Desr.) DC., Prodr. 3: 107. 1828.
Sin.: *Melastoma dichotomum* Desr., *Rhynchanthera hookeri* Naudin, *Rhynchanthera williamsii* Gleason
Ref.: Foster (1958), Renner (1990), Brako (1993i).
Subarbusto, arbusto. Nativa. Andes. Yungas, 1500–2000 m.
Dept.: LP.
Muestra: *M. Kessler 3721* (LPB).

Rhynchanthera gardneri Naudin, Ann. Sci. Nat., Bot., sér. 3, 12(10): 207. 1849.
Ref.: Renner (1990), Killeen & Schulenberg (1998).
Subarbusto, arbusto. Nativa. Zonas Bajas. Campos Cerrados, 0–500 m.
Dept.: SC.
Muestra: *E. Gutiérrez C. et al. 1115* (MO, USZ).

Rhynchanthera grandiflora (Aubl.) DC., Prodr. 3: 107. 1828.
Sin.: *Melastoma grandiflorum* Aubl., *Rhynchanthera haenkeana* DC., *Rhynchanthera matthaei* Naudin
Ref.: Gleason (1932b), Gleason & Killip (1939), Standley & Williams (1963), Renner (1990), Brako (1993i).
Subarbusto, arbusto. Nativa. Zonas Bajas, Andes. Bosque Húmedo, Yungas, 0–500, 1000–1500 m.
Dept.: BE, LP, SC.
Muestra: *J.C. Solomon et al. 8174* (MO, NY).

Rhynchanthera novemnervia DC., Prodr. 3: 107. 1828.
Sin.: *Rhynchanthera collina* Naudin, *Rhynchanthera parviflora* Naudin, *Rhynchanthera secundiflora* Naudin
Ref.: Foster (1958), Renner et al. (1990), Killeen & Schulenberg (1998).
Subarbusto, arbusto. Nativa. Zonas

Bajas. Campos Cerrados, 0–500 m.
Dept.: SC.
Muestra: *R. Guillén V. & S. Coria 2057* (MO, USZ).

Salpinga Mart. ex DC., Prodr. 3: 112. 1828.
1 especie, 0 especies endémicas.

Salpinga secunda Schrank & Mart. ex DC., Prodr. 3: 113. 1828.
Ref.: Macbride (1941c), Renner et al. (1990), Brako (1993i), Renner (1999).
Hierba. Nativa. Zonas Bajas. Bosque Húmedo, 0–500 m.
Dept.: PA.
Muestra: *J.C. Solomon 17113* (LPB, MO).

Sandemania Gleason, Bull. Misc. Inform. Kew 1939: 480. 1939.
1 especie, 0 especies endémicas.

Sandemania hoehnei (Cogn.) Wurdack, Phytologia 20(6): 370. 1970.
Sin.: *Comolia hoehnei* Cogn.
Ref.: Renner (1987).
Arbusto. Nativa. Zonas Bajas. Sabanas Benianas del Sur, 0–1000 m.
Dept.: BE.
Muestra: *L. Vargas 823* (LPB).

Siphanthera Pohl ex DC., Prodr. 3: 121. 1828.
2 especies, 0 especies endémicas.

Siphanthera foliosa (Naudin) Wurdack, Mem. New York Bot. Gard. 10(1): 97. 1958.
Sin.: *Tulasnea foliosa* Naudin
Hierba. Nativa. Zonas Bajas. Campos Amazónicos, 0–500 m.
Dept.: LP, SC.
Muestra: *N.P. Ritter et al. 3617* (MO, NHA, USZ).

Siphanthera subtilis Pohl ex DC., Prodr. 3: 121. 1828.
Hierba. Nativa. Zonas Bajas. Campos Cerrados, 0–1000 m.
Dept.: SC.
Muestra: *A. Jardim et al. 546* (MO, USZ).

Tibouchina Aubl., Hist. Pl. Guiane 1: 445–446, pl. 177. 1775.
45 especies, 18 especies endémicas.

Tibouchina adenophora Cogn., Bull. New York Bot. Gard. 4: 355. 1907.
Ref.: Foster (1958).
Arbusto. Endémica. Andes. Yungas, 1500–2000 m.
Dept.: LP.
Tipo y muestra: *M. Bang 2645* (HT: NY; IT: GH), *M.A. Lewis 40246* (LPB, MO).

Tibouchina aegopogon Cogn., Fl. Bras. 14(3): 383. 1885.
Subarbusto. Nativa. Zonas Bajas. Campos Cerrados, 0–1000 m.
Dept.: SC.
Muestra: *T. Killeen et al. 6772* (MO, USZ).

Tibouchina albescens Cogn. ex Glaz., Bull. Soc. Bot. France: Mem. 1(3): 265. 1908.
Hierba. Nativa. Zonas Bajas. Campos Cerrados, 0–500 m.
Dept.: SC.
Muestra: *T. Killeen 7615* (MO, USZ).

Tibouchina alpestris Cogn., Meded. Rijks-Herb. 19: 78. 1913.
Sin.: *Tibouchina brachyphylla* Gleason
Ref.: Foster (1958), Schulenberg & Awbrey (1997), Serrano & Terán (1998 [2000]), Peralta (2002).
Subarbusto, arbusto. Nativa. Andes. Bosque Tucumano-Boliviano, 1500–3000 m.
Dept.: CH, CO, LP, SC, TA.
Tipo y muestra: *T. Herzog 2014A* (HT: B), *I.G. Vargas 6* (MO, USZ).

Tibouchina amoena Herzog, Repert. Spec. Nov. Regni Veg. 7: 64. 1909.
Ref.: Foster (1958).
Arbusto. Endémica. Zonas Bajas. Campos Cerrados, 500–1000 m.
Dept.: SC.
Tipo: *T. Herzog 9* (HT: B; fotos: F ex B).
Nota: Conocido solamente del tipo.

Tibouchina aspera Aubl., Hist. Pl. Guiane 1: 446–448, t. 177. 1775.
Sin.: *Rhexia aspera* (Aubl.) Willd., *Tibouchina spruceana* Cogn., *Tibouchina belizensis* Lundell
Ref.: Macbride (1941c), Standley & Williams (1963), Molina Rosito (1975), Nelson (1978), Brako (1993i), Balick et al. (2000), Almeda (2001).
Subarbusto, arbusto. Nativa. Zonas Bajas. Bosque Húmedo, 0–500 m.
Dept.: BE, LP, SC.
Muestra: *J.C. Solomon 16991* (MO, NY).

Tibouchina aurea Cogn., Meded. Rijks-Herb. 19: 77. 1913.
Ref.: Foster (1958).
Arbusto. Endémica. Andes. Páramo Yungueño, 2000–2500 m.
Dept.: CO.
Tipo: *T. Herzog 2157* (HT: B; IT: F).
Nota: Conocido solamente del tipo.

Tibouchina barbigera Baill., Adansonia 12: 75. 1877.
Ref.: Foster (1958), Killeen & Schulenberg (1998).
Arbusto. Nativa. Zonas Bajas. Campos Cerrados, 0–1000 m.
Dept.: SC.
Muestra: *E. Gutiérrez C. et al. 652* (MO, USZ).

Tibouchina bicolor (Naudin) Cogn., Monogr. Phan. 7: 265. 1891.
Sin.: *Chaetogastra bicolor* Naudin, *Pleroma bicolor* (Naudin) Triana
Ref.: Foster (1958), Serrano & Terán (1998 [2000]).
Arbusto. Endémica. Andes. Yungas, 2000–3500 m.
Dept.: CH, CO, LP.
Tipo y muestra: *J.B. Pentland s.n.* (HT: P; fotos: F ex P), *D.N. Smith 13738* (MO).

Tibouchina brittoniana Cogn., Bull. Torrey Bot. Club 17: 55. 1890.
Ref.: Foster (1958).
Arbusto. Endémica. Zonas Bajas, Andes. Bosque Húmedo, Yungas, 500–2500 m.
Dept.: LP, SC.
Tipo y muestra: *H.H. Rusby 2341* (HT: NY), *M.A. Lewis 881167* (MO).

Tibouchina calycina Cogn., Bot. Jahrb. Syst. 42: 135. 1908.
Ref.: Macbride (1941c), Foster (1958).
Arbusto. Nativa. Andes. Yungas, 2500–3500 m.
Dept.: CO, LP.
Muestra: *J.C. Solomon 5153* (MO).
Infra: *Tibouchina calycina* var. *parvifolia* Cogn.

Tibouchina capitata (Naudin) Cogn., Bull. Torrey Bot. Club 17: 54. 1890.
Sin.: *Micranthella capitata* Naudin
Ref.: Foster (1958).
Subarbusto, arbusto. Endémica. Andes. Yungas, 1000–2000, 2500–3000 m.
Dept.: LP.
Tipo y muestra: *H.A. Weddell s.n.* (HT: P), *J.C. Solomon 8772* (MO, NY).

Tibouchina citrina (Naudin) Cogn., Monogr. Phan. 7: 253. 1891.
Sin.: *Micranthella citrina* Naudin, *Pleroma citrinum* (Naudin) Triana
Ref.: Foster (1958).
Arbusto. Nativa. Andes. Yungas, 1500–2500 m.
Dept.: CO, LP.
Tipo y muestra: *H.A. Weddell s.n.* (HT: P; IT: F), *J.C. Solomon et al. 12095* (LPB, MO).

Tibouchina confertiflora (Naudin) Cogn., Monogr. Phan. 7: 253. 1891.
Sin.: *Micranthella confertiflora* Naudin, *Pleroma confertiflorum* (Naudin) Triana
Ref.: Foster (1958).

Arbusto. Endémica. Andes. Yungas, 1000–3000 m.
Dept.: CO, LP.
Tipo y muestra: *d'Orbigny s.n.* (HT: P; fotos: F ex P), *D.N. Smith et al. 13095* (MO).

Tibouchina cornuta Gleason, Bull. Torrey Bot. Club 66(6): 415. 1939.
Ref.: Foster (1958).
Arbusto. Endémica. Andes. Yungas, 1000–2000 m.
Dept.: LP.
Tipo: *Y.E.J. Mexia 4296* (HT: GH).
Nota: Conocido solamente del tipo.

Tibouchina decora Gleason, Bull. Torrey Bot. Club 58: 218. 1931.
Arbusto. Nativa. Andes. Yungas, 1500–2000 m.
Dept.: LP.
Muestra: *S.G. Beck 17656* (LPB, SI, TEX, US, USZ).

Tibouchina excoriata Cogn., Bull. New York Bot. Gard. 4: 356. 1907.
Ref.: Foster (1958).
Arbusto. Endémica. Andes. Yungas, 1500–3000 m.
Tipo y muestra: *M. Bang 1992* (HT: NY; IT: US; fotos: GH), *R.M. King & L.E. Bishop 7689* (MO).

Tibouchina gayana (Naudin) Cogn., Monogr. Phan. 7: 253. 1891.
Sin.: *Micranthella gayana* Naudin
Arbusto. Nativa. Andes. Yungas, 2000–3000 m.
Dept.: CO.
Muestra: *P.L. Ibisch & C. Ibisch 93.0168* (LPB).

Tibouchina gracilis (Bonpl.) Cogn., Fl. Bras. 14(3): 386. 1885.
Sin.: *Rhexia gracilis* Bonpl.
Ref.: Foster (1958), Peralta (2002).
Subarbusto. Nativa. Zonas Bajas, Andes. Campos Cerrados, Sabanas Benianas del Sur, Yungas, 0–1500 m.
Dept.: LP, SC.
Muestra: *S.G. Beck 18503* (LPB).

Tibouchina granulosa (Desr.) Cogn., Fl. Bras. 14(3): 340. 1885.
Sin.: *Melastoma granulosum* Desr.
Ref.: Foster (1958).
Arbusto. Nativa. Zonas Bajas, Andes. Bosque Húmedo, Yungas, 0–2500 m.
Dept.: BE, LP, SC.
Muestra: *M.A. Lewis 88859* (MO, NY).
Infra: *Tibouchina granulosa* var. *angustifolia* Britton

[Tibouchina grossa (L. f.) Cogn.], Fl. Bras. 14(3): 297. 1885.
Sin.: *Melastoma grossa* L. f.
Ref.: Foster (1958).
Nota: El registro se basa en material mal identificado.

Tibouchina herzogii Cogn., Meded. Rijks-Herb. 19: 78. 1913.
Ref.: Foster (1958), Schulenberg & Awbrey (1997), Serrano & Terán (1998 [2000]).
Arbusto. Endémica. Andes. Yungas, 1500–2500 m.
Dept.: CH, SC, TA.
Tipo y muestra: *T. Herzog 1765* (HT: B; IT: GH), *D.N. Smith et al. 13502* (MO).

Tibouchina heteromalla (D. Don) Cogn., Fl. Bras. 14(3): 336–337. 1885.
Sin.: *Melastoma heteromallum* D. Don
Arbusto. Cultivada. Zonas Bajas. Bosque Semideciduo Chiquitano, 0–500 m.
Dept.: SC.
Muestra: *M.H. Nee 44998* (NY).

Tibouchina laevis Cogn., Bot. Jahrb. Syst. 42: 136. 1908.
Ref.: Fuentes Claros et al. (2009).
Arbusto. Nativa. Andes. Yungas, 1000–2500 m.
Dept.: LP.
Muestra: *J.C. Solomon 10797* (LPB, MO).

Tibouchina lanceolata Cogn., Bull. Torrey Bot. Club 17: 51. 1890.
Ref.: Foster (1958).
Arbusto. Nativa. Andes. Yungas, 1000–2500 m.
Dept.: LP.
Tipo y muestra: *H.H. Rusby 2343* (HT: NY; IT: MO), *J.C. Solomon & M.E. Uehling 12154* (MO).

Tibouchina lancifolia Wurdack, Phytologia 5: 54. 1954.
Ref.: Foster (1958).
Arbusto. Endémica. Andes. Yungas, 1500–2000 m.
Dept.: CO.
Tipo: *W.M.A. Brooke 6767* (HT: NY).
Nota: Conocido solamente del tipo.

Tibouchina latifolia (Naudin) Cogn., Bull. Torrey Bot. Club 17: 54. 1890.
Sin.: *Micranthella latifolia* Naudin
Ref.: Foster (1958).
Arbusto. Endémica. Andes. Yungas, 1000–2500 m.
Dept.: LP.
Tipo y muestra: *H.A. Weddell s.n.* (HT: P), *H.H. Rusby 2337* (NY).

Tibouchina llanorum Wurdack, Mem. New York Bot. Gard. 10(5): 142. 1964.
Ref.: Killeen & Schulenberg (1998).
Arbusto. Nativa. Zonas Bajas. Sabanas Benianas del Sur, 0–500 m.
Dept.: BE, SC.
Muestra: *T. Killeen 2840A* (LPB, MO).

Tibouchina longifolia (Vahl) Baill., Adansonia 12: 74. 1877.
Sin.: *Rhexia longifolia* Vahl, *Rhexia flexuosa* Ruiz & Pav., *Chaetogastra ferruginea* Hook. & Arn., *Chaetogastra depauperata* Naudin, *Pleroma longifolium* (Vahl) Triana, *Tibouchina bourgaeana* Cogn., *Chaetogastra dichotoma* Ram. Goyena, *Tibouchina aliena* Brandegee
Ref.: Macbride (1941c), Foster (1958), Standley & Williams (1963), Winkler (1965), Molina Rosito (1975), Wurdack (1980), Cowan (1983), Breedlove (1986), Berendsohn (1989), Moraes R. (1990), Renner et al. (1990), Brako (1993i), Ibarra Manríquez & Sinaca Colín (1995), Renner (1999), Balick et al. (2000), Almeda (2001).
Hierba, arbusto. Nativa. Zonas Bajas, Andes. Bosque Húmedo, Bosque Semideciduo Chiquitano, Yungas, 0–2500 m.
Dept.: BE, LP, PA, SC.
Muestra: *G. Schmitt & D. Schmitt 132* (MO).
Infra: *Tibouchina longifolia* var. *longifolia*, *Tibouchina longifolia* var. *simulans* J.F. Macbr.

Tibouchina membranifolia Cogn., Bull. Torrey Bot. Club 23: 17. 1896.
Ref.: Foster (1958).
Hierba, subarbusto. Nativa. Zonas Bajas, Andes. Bosque Húmedo, Yungas, 500–2000 m.
Dept.: BE, CO, LP, SC.
Tipo y muestra: *M. Bang 2857* (HT: BR; IT: GH, MO-2528937, NY, NY, US), *J.C. Solomon et al. 12003* (MO, NY).

Tibouchina obtusifolia Cogn., Bull. New York Bot. Gard. 4: 355. 1907.
Ref.: Foster (1958).
Arbusto. Endémica. Andes. Yungas, 1000–1500 m.
Dept.: LP, SC.
Tipo y muestra: *M. Bang 2646* (HT: NY; IT: GH), *M.A. Lewis & R. Clark 37724* (MO, NY).

Tibouchina octopetala Cogn., Bull. Torrey Bot. Club 17: 57. 1890.
Ref.: Macbride (1941c), Foster (1958).
Arbusto. Nativa. Andes. Yungas, 1000–1500, 2500–3000 m.

Dept.: LP.
Tipo y muestra: *H.H. Rusby 2332* (HT: NY), *J.C. Solomon 9684* (MO).

Tibouchina oligantha Gleason, Phytologia 1: 134. 1935.
Ref.: Foster (1958).
Arbusto. Nativa. Andes. Yungas, 2000–2500 m.
Dept.: SC.
Tipo y muestra: *J. Steinbach 8262* (HT: NY; IT: A, CAS, GH, MO-976138), *M.H. Nee 49625* (MO, NY).

Tibouchina orbignyana (Naudin) Cogn., Monogr. Phan. 7: 261. 1891.
Sin.: *Micranthella orbignyana* Naudin
Ref.: Rusby (1893b), Foster (1958).
Arbusto. Endémica. Andes. Yungas, 2000–2500 m.
Dept.: LP.
Tipo y muestra: *d'Orbigny 357* (HT: P), *M. Bang 681* (GH, MO, NY).
Nota: Similar a *T. longifolia*.

Tibouchina panicularis (Naudin) Britton ex Cogn., Bull. Torrey Bot. Club 17: 54. 1890.
Sin.: *Chaetogastra panicularis* Naudin, *Chaetogastra weddelliana* Naudin
Ref.: Foster (1958).
Arbusto. Endémica. Andes. Yungas, 1000–1500 m.
Dept.: BE, LP.
Tipo y muestra: *d'Orbigny s.n.* (HT: P), *H.H. Rusby 2327* (NY).

Tibouchina paratropica (Griseb.) Cogn., Monogr. Phan. 7: 257. 1891.
Sin.: *Pleroma paratropicum* Griseb.
Ref.: Foster (1958), Serrano & Terán (1998 [2000]), Peralta (2002).
Hierba, subarbusto. Nativa. Andes. Bosque Tucumano-Boliviano, 1500–2500 m.
Dept.: CH, SC, TA.
Muestra: *J.C. Solomon 10584* (MO).

Tibouchina pentamera (Ule) J.F. Macbr., Publ. Field Mus. Nat. Hist., Bot. Ser. 13(4/1): 290. 1941.
Sin.: *Comolia pentamera* Ule
Arbusto. Nativa. Zonas Bajas. Bosque Húmedo, 500–1000 m.
Dept.: LP.
Muestra: *O. Buchtien 5506* (GH, NY).

Tibouchina pogonanthera (Naudin) Cogn., Fl. Bras. 14(3): 381. 1885.
Sin.: *Lasiandra pogonanthera* Naudin
Arbusto. Nativa. Zonas Bajas. Campos Cerrados, 0–500 m.
Dept.: SC.
Muestra: *A. Jardim et al. 450* (MO, USZ).

Tibouchina purpurascens Cogn., Bull. Torrey Bot. Club 17: 56. 1890.
Sin.: *Pterolepis boliviensis* Cogn.
Ref.: Foster (1958).
Arbusto. Nativa. Zonas Bajas, Andes. Bosque Húmedo, Yungas, 500–1500 m.
Dept.: LP.
Tipo y muestra: *O. Buchtien 1681* (HT: BR), *G.H.H. Tate 1089* (LPB, NY).

Tibouchina rhynchantherifolia Cogn., Bot. Jahrb. Syst. 42: 134. 1908.
Ref.: Macbride (1941c), Brako (1993i).
Subarbusto. Nativa. Andes. Yungas, 1500–2000 m.
Dept.: LP.
Muestra: *M.A. Lewis 40243* (MO).

Tibouchina rusbyi Cogn., Bull. Torrey Bot. Club 17: 54. 1890.
Ref.: Foster (1958).
Arbusto. Endémica. Andes. Yungas, 2000–2500 m.
Dept.: LP.
Tipo y muestra: *H.H. Rusby 2339* (HT: NY), *S.G. Beck 22734* (LPB).

Tibouchina stenocarpa (DC.) Cogn., Fl. Bras. 14(3): 344. 1885.
Sin.: *Tibouchina stenocarpa* var. *boliviensis* Cogn., *Lasiandra stenocarpa* DC.
Ref.: Rusby (1893b), Gleason & Killip (1939), Macbride (1941c), Foster (1958), Brako (1993i), Killeen & Schulenberg (1998).
Arbusto. Nativa. Zonas Bajas, Andes. Bosque Húmedo, Yungas, 0–2000 m.
Dept.: LP, SC.
Muestra: *J.C. Solomon 13231* (MO).

Tibouchina stenopetala Cogn., Monogr. Phan. 7: 262. 1891.
Ref.: Rusby (1893b), Macbride (1941c), Foster (1958), Brako (1993i).
Subarbusto. Nativa. Zonas Bajas. Bosque Húmedo, 500–1000 m.
Dept.: LP, SC.
Muestra: *J.C. Solomon 7355* (MO, NY).

Tibouchina stenophylla Cogn., Bull. Torrey Bot. Club 17: 56. 1890.
Ref.: Macbride (1941c), Foster (1958).
Hierba. Nativa. Zonas Bajas. Campos Cerrados, 500–1000 m.
Dept.: LP.
Tipo: *H.H. Rusby 2323* (HT: NY; IT: MO-2529041).
Nota: Conocida en Bolivia solamente del tipo.

Tibouchina tetrapetala Cogn., Bull. Torrey Bot. Club 23(7): 276. 1896.
Ref.: Foster (1958).
Arbusto. Endémica. Andes. Yungas, 1000–2000 m.
Dept.: LP.
Tipo y muestra: *M. Bang 2425* (HT: NY; IT: GH, MO-2528863, US), *J.C. Solomon 13864* (MO, NY).

Tibouchina venosa Gleason, Phytologia 1: 134. 1935.
Arbusto. Endémica. Andes. Yungas, 1500–2500 m.
Tipo y muestra: *J. Steinbach 8509* (HT: GH; IT: MO, NY), *M. Kessler et al. 7785* (GOET, LPB, MO).

Tococa Aubl., Hist. Pl. Guiane 1: 437–438, pl. 174. 1775.
7 especies, 0 especies endémicas.

Tococa carolensis Gleason, Amer. J. Bot. 19: 746. 1932.
Ref.: Foster (1958), Michelangeli (2005).
Arbusto. Nativa. Zonas Bajas. Bosque Húmedo, 0–1000 m.
Dept.: LP.
Tipo y muestra: *O. Buchtien 976* (HT: NY; IT: K, NY, US), *B.A. Krukoff 10901* (A, F, LPB, MO, NY).

Tococa coronata Benth., J. Bot. (Hooker) 2: 303. 1840.
Sin.: *Tococa truncata* Benth., *Tococa longisepala* Cogn., *Tococa setifera* Pilg., *Tococa glandulosa* Gleason
Ref.: Foster (1958), Renner et al. (1990), Killeen & Schulenberg (1998), Renner (1999), Michelangeli (2005).
Arbusto. Nativa. Zonas Bajas. Bosque Húmedo, 0–500 m.
Dept.: BE, PA, SC.
Muestra: *T. Killeen et al. 7010* (MO, USZ).

Tococa erioneura (Cogn.) Wurdack, Mem. New York Bot. Gard. 10: 176. 1964.
Sin.: *Miconia erioneura* Cogn.
Ref.: Foster (1958), Brako (1993i), Moraes R. (1993e), Michelangeli (2005).
Arbusto. Nativa. Andes. Yungas, 1000–2000 m.
Dept.: LP.
Tipo y muestra: *M. Bang 1683* (HT: BR; IT: A, GH, K, MO-2529405, NY, P, US), *J.C. Solomon 9268* (LPB, MO, US).

Tococa guianensis Aubl., Hist. Pl. Guiane 1: 438, t. 174. 1775.
Sin.: *Tococa formicaria* Mart., *Tococa acuminata* Benth., *Tococa occidentalis* Naudin, *Tococa orcheophora* Naudin, *Tococa coriacea* S. Moore, *Tococa discolor* Pilg., *Tococa peckiana* B.L. Rob., *Tococa loretensis* Ule, *Maieta glandulifera* Standl., *Tococa*

chuivensis Wurdack, *Tococa chuivensis* var. *ecuadorensis* Wurdack
Ref.: Macbride (1941c), Foster (1958), Standley & Williams (1963), Molina Rosito (1975), Nelson (1978), Cowan (1983), Renner et al. (1990), Parker & Bailey (1991), Brako (1993i), Moraes R. (1993e), Killeen & Schulenberg (1998), Renner (1999), Alverson et al. (2000), Balick et al. (2000), Almeda (2001), Michelangeli (2005).
Arbusto. Nativa. Zonas Bajas, Andes. Bosque Húmedo, Yungas, 0–1500 m.
Dept.: BE, LP, PA, SC.
Muestra: *M.A. Lewis 37958* (MO).

Tococa macrosperma Mart., Nov. Gen. Sp. Pl. 3: 148, pl. 279. 1832.
Arbusto. Nativa. Zonas Bajas. Bosque Húmedo, 500–1000 m.
Dept.: LP, PA.
Muestra: *G.H.H. Tate 452* (LPB).

Tococa quadrialata (Naudin) J.F. Macbr., Publ. Field Mus. Nat. Hist., Bot. Ser. 13(4/1): 474. 1941.
Sin.: *Microphysa quadrialata* Naudin
Ref.: Alverson et al. (2000), Michelangeli (2005).
Arbusto. Nativa. Zonas Bajas. Bosque Húmedo, 0–1000 m.
Dept.: PA.
Muestra: *C.R. Sperling 6496* (F, K, LPB, NY).

Tococa subciliata (DC.) Triana, Trans. Linn. Soc. London 28(1): 133. 1871 [1872].
Sin.: *Miconia subciliata* DC., *Tococa subnuda* Benth., *Tococa castrata* Naudin, *Tococa lasiostyla* Cogn.
Ref.: Michelangeli (2005).
Arbusto. Nativa. Zonas Bajas. Bosque Húmedo, 0–500 m.
Dept.: BE, SC.
Muestra: *S.G. Beck 10139* (CTES, GB, LPB, MO, US, USZ).

MELIACEAE Juss., Gen. Pl. 263. 1789.

Por M. Toledo (Instituto Boliviano de Investigación Forestal); revisado por M. Nee (NY), S.G. Beck (LPB), M. Villalobos (LPB), P.M. Jørgensen (MO).
7 géneros, 40 especies, 1 especie endémica.

Cabralea A. Juss., Mém. Mus. Hist. Nat. 19: 229–230, pl. 5, f. 13. 1830.
1 especie, 0 especies endémicas.

Cabralea canjerana (Vell.) Mart., Syst. Mat. Med. Veg. Bras. 38. 1843.
Sin.: *Trichilia canjerana* Vell.
Ref.: Pennington et al. (1981), Parker & Bailey (1991), Quevedo Sopepí (1993c), Alverson et al. (2000), Arrázola Rivero et al. (2000).
Árbol. Nativa. Zonas Bajas, Andes. Bosque Húmedo, Yungas, 0–2500 m.
Dept.: CO, LP, PA, SC.
Muestra: *S.G. Beck 17807* (K, LPB, MO).
Infra: *Cabralea canjerana* subsp. *canjerana*
Nom. Vern.: Trompillo, trompillo macho.

Cedrela P. Browne, Civ. Nat. Hist. Jamaica 158, pl. 10, f. 1. 1756.
5 especies, 0 especies endémicas.

Cedrela angustifolia Sessé & Moc. ex DC., Prodr. 1: 624. 1824.
Sin.: *Cedrela lilloi* C. DC., *Cedrela boliviana* Rusby, *Cedrela steinbachii* Harms
Ref.: Foster (1958), Pennington et al. (1981), Saravia Miranda (1996), De la Barra (1997), Schulenberg & Awbrey (1997), González et al. (1999), Serrano & Terán (1998 [2000]), Vargas Caballero et al. (2000), Pennington & Muellner (2010).
Árbol. Nativa. Zonas Bajas, Andes. Bosque Húmedo, Yungas, Bosque Tucumano-Boliviano, 0–3000 m.
Dept.: CH, CO, LP, SC, TA.
Muestra: *D.N. Smith et al. 13374* (LPB, MO, USZ).
Nom. Vern.: Cedro, cedro de montaña.

Cedrela balansae C. DC., Bull. Soc. Bot. Genève 6: 119–121, f. 3. 1914.
Ref.: Malizia et al. (2006), Pennington & Muellner (2010).
Árbol. Nativa. Zonas Bajas, Andes. Bosque Semideciduo Chiquitano, Yungas, Bosque Tucumano-Boliviano, 500–2500 m.
Dept.: CH, LP, SC, TA.
Muestra: *M.H. Nee 38061* (LPB, NY, USZ).
Nom. Vern.: Cedrillo, cedro.

Cedrela fissilis Vell., Fl. Flumin. 75. 1825 [1829].
Ref.: Foster (1958), Pennington et al. (1981), Quevedo Sopepí (1993c), Killeen & Schulenberg (1998), Alverson et al. (2000), Serrano & Terán (1998 [2000]), Jardim et al. (2003), Pennington & Muellner (2010), Zenteno Ruiz & López (2010).
Árbol. Nativa. Zonas Bajas, Andes. Bosque Húmedo, Bosque Semideciduo Chiquitano, Yungas, Bosque Tucumano-Boliviano, Bosque Serrano Chaqueño, 0–2500 m.
Dept.: BE, CH, CO, LP, PA, SC, TA.
Muestra: *T. Killeen & A. Jardim 7427* (LPB, MO, USZ).
Nota: El tipo de *C. brunellioides* es una colección mixta de *Brunellia oliveri* y *C. fissilis*.
Nom. Vern.: Cedrillo, cedro, cedro blanco.

Cedrela odorata L., Syst. Nat. (ed. 10) 2: 940. 1759.
Ref.: Foster (1958), Pennington et al. (1981), Parker & Bailey (1991), Quevedo Sopepí (1993c), Killeen & Schulenberg (1998), Arrázola Rivero et al. (2000), Mostacedo C. et al. (2001a), Pennington & Muellner (2010).
Árbol. Nativa. Zonas Bajas, Andes. Bosque Húmedo, Yungas, Bosque Tucumano-Boliviano, 0–2000 m.
Dept.: BE, CO, LP, PA, SC, TA.
Muestra: *D.A. Neill & R.C. Quevedo 9369* (LPB, MO, QAME, USZ).
Nom. Vern.: Cedro, cedro colorado, cedro rojo.

Cedrela saltensis M.A. Zapater & del Castillo, Darwiniana 42(1–4): 348–351, f. 1. 2004.
Ref.: Pennington & Muellner (2010).
Árbol. Nativa. Zonas Bajas, Andes. Bosque Húmedo, Yungas, Bosque Tucumano-Boliviano, 500–2500 m.
Dept.: CH, CO, LP, SC, TA.
Muestra: *J. Caballero G. et al. 32* (LPB, MO, USZ).

Guarea F. Allam. ex L., Mant. Pl. 2: 150. 1771.
8 especies, 0 especies endémicas.

Guarea gomma Pulle, Recueil Trav. Bot. Néerl. 6: 271. 1909.
Ref.: Pennington et al. (1981), Quevedo Sopepí (1993c), Alverson et al. (2000).
Árbol. Nativa. Zonas Bajas. Bosque Húmedo, 0–1000 m.
Dept.: BE, CO, LP, PA.
Muestra: *A. Jardim 609* (LPB, MO, USZ).
Nom. Vern.: Trompillo colorado.

Guarea grandifolia DC., Prodr. 1: 624. 1824.
Ref.: Alverson et al. (2000).
Árbol. Nativa. Zonas Bajas. Bosque Húmedo, 0–500 m.
Dept.: BE.
Muestra: *J.C. Solomon 6452* (MO).
Nom. Vern.: Masaranduva blanco.

Guarea guidonia (L.) Sleumer, Taxon 5(8): 194. 1956.
Sin.: *Samyda guidonia* L., *Guarea trichilioides* L., *Sycocarpus rusbyi* Britton

Ref.: Foster (1958), Pennington et al. (1981), Parker & Bailey (1991), Quevedo Sopepí (1993c), Killeen & Schulenberg (1998), Alverson et al. (2000).
Árbol. Nativa. Zonas Bajas. Bosque Húmedo, Bosque Semideciduo Chiquitano, 0–500 m.
Dept.: BE, CO, LP, PA, SC.
Muestra: *J.C. Solomon 6492* (LPB, MO).
Nom. Vern.: Trompillo.

Guarea kunthiana A. Juss., Bull. Sci. Nat. Geol. 23: 240. 1830.
Sin.: *Guarea membranacea* Rusby, *Guarea steinbachii* Harms
Ref.: Foster (1958), Pennington et al. (1981), Parker & Bailey (1991), Quevedo Sopepí (1993c), Alverson et al. (2000), Arrázola Rivero et al. (2000).
Arbusto, árbol. Nativa. Zonas Bajas, Andes. Bosque Húmedo, Yungas, 0–2500 m.
Dept.: BE, CO, LP, PA, SC.
Muestra: *A. Perry 1161* (LPB, MO).
Nom. Vern.: Trompillo, trompillo blanco.

Guarea macrophylla Vahl, Eclog. Amer. 3: 8. 1807.
Sin.: *Guarea pendulispica* C. DC., *Guarea alborosea* Rusby, *Guarea bangii* Rusby, *Guarea macrophylla* subsp. *pendulispica* (C. DC.) T.D. Penn.
Ref.: Foster (1958), Pennington et al. (1981), Quevedo Sopepí (1993c), Killeen & Schulenberg (1998), Arrázola Rivero et al. (2000).
Árbol. Nativa. Zonas Bajas. Bosque Húmedo, 0–1000 m.
Dept.: BE, CO, LP, PA, SC.
Muestra: *D.A. Neill et al. 9255* (LPB, MO, QAME, USZ).
Infra: *Guarea macrophylla* subsp. *pachycarpa* (C. DC.) T.D. Penn., *Guarea macrophylla* subsp. *pendulispica* (C. DC.) T.D. Penn., *Guarea macrophylla* subsp. *tuberculata* (Vell.) T.D. Penn.
Nom. Vern.: Trompillo, trompillo blanco, trompillo de bajura.

Guarea pterorhachis Harms, Notizbl. Bot. Gart. Berlin–Dahlem 9(82): 141. 1924.
Ref.: Pennington et al. (1981), Parker & Bailey (1991), Quevedo Sopepí (1993c), Montambault (2002).
Árbol. Nativa. Zonas Bajas, Andes. Bosque Húmedo, Yungas, 0–1500 m.
Dept.: BE, CO, LP, SC.
Muestra: *D.N. Smith et al. 13173* (LPB, MO, NY, USZ).

Guarea pubescens (Rich.) A. Juss., Mém. Mus. Hist. Nat. 19: 241, 286. 1830.
Sin.: *Trichilia pubescens* Rich.
Ref.: Pennington et al. (1981), Quevedo Sopepí (1993c), Killeen & Schulenberg (1998).
Arbusto, árbol. Nativa. Zonas Bajas. Bosque Húmedo, 0–1000 m.
Dept.: LP, PA, SC.
Muestra: *R.M. Rueda 942* (MO, USZ).
Infra: *Guarea pubescens* subsp. *pubiflora* (A. Juss.) T.D. Penn.

Guarea purusana C. DC., Bull. Herb. Boissier, sér. 2, 6: 984. 1906.
Ref.: Pennington et al. (1981), Quevedo Sopepí (1993c).
Árbol. Nativa. Zonas Bajas. Bosque Húmedo, 0–500 m.
Dept.: BE, PA.
Muestra: *R.T. Pennington et al. 13* (K, LPB, MO, NY).

Melia L., Sp. Pl. 1: 384–385. 1753.
1 especie, 0 especies endémicas.

Melia azedarach L., Sp. Pl. 1: 384–385. 1753.
Ref.: Foster (1958), Pennington et al. (1981), Quevedo Sopepí (1993c).
Árbol. Naturalizada, cultivada. 0–3500 m.
Dept.: CO, LP, SC.
Muestra: *J.C. Solomon 14517* (LPB, MO, NY).
Nom. Vern.: Paraíso.

Ruagea H. Karst., Fl. Columb. 2: 51, t. 126. 1863.
5 especies, 0 especies endémicas.

Ruagea glabra Triana & Planch., Ann. Sci. Nat., Bot., sér. 5, 15: 368. 1872.
Ref.: Pennington et al. (1981), Quevedo Sopepí (1993c), Killeen & Schulenberg (1998).
Árbol. Nativa. Andes. Yungas, Bosque Tucumano-Boliviano, 1500–3500 m.
Dept.: CO, LP, SC.
Muestra: *J.C. Solomon 14366* (LPB, MO, NY).

Ruagea hirsuta (C. DC.) Harms, Notizbl. Bot. Gart. Berlin–Dahlem 9: 428. 1925.
Sin.: *Guarea hirsuta* C. DC., *Guarea yungasana* Briq.
Ref.: Foster (1958), Pennington et al. (1981), Quevedo Sopepí (1993c).
Árbol. Nativa. Andes. Yungas, 1500–2000, 3000–3500 m.
Dept.: LP.
Muestra: *M. Bang 2428* (BM, C, E, F, G, GH, K, M, MO, NY, PH).

Ruagea insignis (C. DC.) T.D. Penn., Fl. Neotrop. 28: 249–251, f. 52, map 49. 1981.
Sin.: *Cabralea insignis* C. DC., *Ruagea surutuensis* Harms
Ref.: Foster (1958), Pennington et al. (1981), Quevedo Sopepí (1993c), Killeen & Schulenberg (1998).
Árbol. Nativa. Zonas Bajas, Andes. Bosque Húmedo, Yungas, 0–1000 m.
Dept.: LP, SC.
Muestra: *J. Steinbach 7283* (A, BM, F, G, GH, GOET, K, MO, PH, U).
Nom. Vern.: Cedro blanco.

Ruagea ovalis (Rusby) Harms, Notizbl. Bot. Gart. Berlin–Dahlem 9: 428. 1925.
Sin.: *Trichilia ovalis* Rusby, *Guarea ovalis* (Rusby) Rusby
Ref.: Quevedo Sopepí (1993c).
Árbol. Nativa. Andes. Yungas, 1500–3000 m.
Dept.: CO, LP.
Tipo y muestra: *M. Bang 848* (HT: NY, NY, NY; IT: BM, E, F, G, GH, K, M, MO, PH, US, W), *A.H. Gentry & J.C. Solomon 44737* (LPB, MO).

Ruagea pubescens H. Karst., Fl. Columb. 2: 51, pl. 126. 1863.
Ref.: Fuentes Claros et al. (2009).
Arbolito, árbol. Nativa. Andes. Yungas, 1500–2000 m.
Dept.: LP.
Muestra: *A. Araujo M. et al. 3480* (BOLV, K, LPB, MA, MO, USZ).

Swietenia Jacq., Enum. Syst. Pl. 4, 20. 1760.
1 especie, 0 especies endémicas.

Swietenia macrophylla King, Hooker's Icon. Pl. 16: t. 1550. 1886.
Ref.: Pennington et al. (1981), Quevedo Sopepí (1993c), Killeen & Schulenberg (1998), Alverson et al. (2000).
Árbol. Nativa. Zonas Bajas. Bosque Húmedo, 0–1000 m.
Dept.: BE, LP, PA, SC.
Muestra: *M. Saldias 322* (LPB, MO, NY, USZ).
Nom. Vern.: Caoba, mahogany, mara.

[Swietenia mahagoni (L.) Jacq.], Enum. Syst. Pl. 20. 1760.
Ref.: Foster (1958).
Nota: El registro se basa en material mal identificado de *S. macrophylla*.

Trichilia P. Browne, Civ. Nat. Hist. Jamaica 278. 1756.
19 especies, 1 especie endémica.

Trichilia catigua A. Juss., Fl. Bras. Merid. (quarto ed.) 2: 77. 1829.
Ref.: Foster (1958), Pennington et al. (1981), Quevedo Sopepí (1993c).
Árbol. Nativa. Andes. Yungas, 500–1000 m.
Dept.: LP.
Muestra: *B.A. Krukoff 10191* (A, F, G, K, LPB, NY, S).

Trichilia claussenii C. DC., Fl. Bras. 11(1): 207. 1878.
Sin.: *Trichilia tartagalensis* C. DC.
Ref.: Foster (1958), Pennington et al. (1981), Quevedo Sopepí (1993c), Schulenberg & Awbrey (1997), González et al. (1999), Serrano & Terán (1998 [2000]), Vargas Caballero et al. (2000), Jardim et al. (2003), Zenteno Ruiz & López (2010).
Árbol. Nativa. Zonas Bajas, Andes. Bosque Semideciduo Chiquitano, Yungas, Bosque Tucumano-Boliviano, Bosque Serrano Chaqueño, Valles Secos, 0–2000 m.
Dept.: CH, LP, SC, TA.
Muestra: *J.C. Solomon 11110* (LPB, MO).
Nom. Vern.: Cabrito, khara, negrillo, pata de anta, porotillo, trompillo.

Trichilia elegans A. Juss., Fl. Bras. Merid. (quarto ed.) 2: 79, pl. 98. 1829.
Sin.: *Trichilia guayaquilensis* C. DC., *Moschoxylum viride* Rusby, *Trichilia guayaquilensis* var. *candollei* Kuntze, *Trichilia subarborescens* C. DC., *Trichilia viridis* var. *puberula* Lingelsh.
Ref.: Foster (1958), Pennington et al. (1981), Parker & Bailey (1991), Quevedo Sopepí (1993c), Killeen & Schulenberg (1998), Jardim et al. (2003).
Arbusto, árbol. Nativa. Zonas Bajas, Andes. Bosque Húmedo, Bosque Semideciduo Chiquitano, Yungas, 0–1500 m.
Dept.: BE, LP, SC.
Muestra: *M.H. Nee 39534* (LPB, MO, NY, USZ).
Infra: *Trichilia elegans* subsp. *elegans*
Nom. Vern.: Mumuresillo, pintillo, pitón, sama, sapaimosi.

Trichilia elsae Harms, Nat. Pflanzenfam. (ed. 2) 19b1: 115, 117. 1940.
Ref.: Fuentes Claros et al. (2009).
Árbol. Nativa. Zonas Bajas. Bosque Húmedo, 0–500 m.
Dept.: LP.
Muestra: *C.B. Maldonado et al. 2047* (BOLV, LPB, MO, USZ).

Trichilia fasciculata T.D. Penn., Fl. Neotrop. 28: 133–136, f. 23, map 25. 1981.
Ref.: Altamirano Azurduy & Ramos de Sousa (2009).
Arbolito. Nativa. Zonas Bajas. Bosque Húmedo, 0–500 m.
Dept.: PA.
Muestra: *S. Altamirano 4255* (BOLV, MO).

Trichilia hirta L., Syst. Nat. (ed. 10) 2: 1020. 1759.
Sin.: *Trichilia longifolia* C. DC., *Trichilia multifoliola* C. DC.
Ref.: Foster (1958), Pennington et al. (1981), Quevedo Sopepí (1993c).
Arbusto, árbol. Nativa. Zonas Bajas, Andes. Bosque Húmedo, Bosque Semideciduo Chiquitano, Yungas, Valles Secos, 0–3000 m.
Dept.: BE, CO, LP, SC.
Muestra: *S.G. Beck 8236* (K, LPB).
Nom. Vern.: Anku-anku, cedro blanco.

Trichilia inaequilatera T.D. Penn., Fl. Neotrop. 28: 209–212, f. 44, map 41. 1981.
Ref.: Quevedo Sopepí (1993c), Killeen & Schulenberg (1998).
Árbol. Nativa. Zonas Bajas. Bosque Húmedo, 0–1000 m.
Dept.: BE, LP, SC.
Muestra: *D.A. Neill et al. 9242* (LPB, MO, QAME, USZ).
Nom. Vern.: Pitón, sama colorada, sapaimosi.

[Trichilia martiana C. DC.], Fl. Bras. 11(1): 205. 1878.
Ref.: Killeen & Schulenberg (1998).
Nota: El registro se basa en material mal identificado.

Trichilia maynasiana C. DC., Monogr. Phan. 1: 700. 1878.
Sin.: *Trichilia sexanthera* C. DC.
Ref.: Foster (1958), Parker & Bailey (1991), Quevedo Sopepí (1993c).
Árbol. Nativa. Zonas Bajas, Andes. Bosque Húmedo, Yungas, 0–1000 m.
Dept.: BE, LP.
Muestra: *D.N. Smith et al. 14111* (LPB, MO, USZ).
Infra: *Trichilia maynasiana* subsp. *maynasiana*
Nom. Vern.: Coquillo.

Trichilia micrantha Benth., Hooker's J. Bot. Kew Gard. Misc. 3: 369. 1851.
Sin.: *Trichilia harmsii* Rusby, *Trichilia buchtienii* Harms
Ref.: Foster (1958), Pennington et al. (1981), Quevedo Sopepí (1993c).
Árbol. Nativa. Zonas Bajas, Andes. Bosque Húmedo, Páramo Yungueño, 0–1000 m.
Dept.: CO, LP, PA, SC.
Muestra: *C.R. Sperling & S.R. King 6513* (LPB, NY).

Trichilia pachypoda (Rusby) C. DC. ex Harms, Nat. Pflanzenfam. (ed. 2) 19B(1): 114, 177. 1940.
Sin.: *Moschoxylum pachypodum* Rusby
Ref.: Foster (1958), Pennington et al. (1981), Quevedo Sopepí (1993c), Killeen & Schulenberg (1998).
Árbol. Nativa. Zonas Bajas. Bosque Húmedo, 0–1000 m.
Dept.: LP, PA, SC.
Tipo y muestra: *M. Bang 1454* (HT: NY; IT: A, BM, C, F, G, GH, K, M, MO-1898201, PH), *R. Guillén V. 1151* (USZ).

Trichilia pallida Sw., Prodr. 67. 1788.
Sin.: *Trichilia pauciflora* Rusby
Ref.: Foster (1958), Pennington et al. (1981), Parker & Bailey (1991), Quevedo Sopepí (1993c), Killeen & Schulenberg (1998), Alverson et al. (2000), Jardim et al. (2003).
Arbusto, árbol. Nativa. Zonas Bajas, Andes. Bosque Húmedo, Bosque Semideciduo Chiquitano, Yungas, 0–1500 m.
Dept.: BE, LP, PA, SC.
Muestra: *D.A. Neill et al. 9271* (LPB, MO, QAME, USZ).
Nom. Vern.: Pitón, sama, sama blanca.

Trichilia pleeana (A. Juss.) C. DC., Fl. Bras. 11(1): 215. 1878.
Sin.: *Moschoxylum pleeanum* A. Juss., *Trichilia cardenasii* Rusby, *Trichilia steinbachii* Harms
Ref.: Foster (1958), Pennington et al. (1981), Parker & Bailey (1991), Quevedo Sopepí (1993c), Killeen & Schulenberg (1998), Alverson et al. (2000).
Árbol. Nativa. Zonas Bajas, Andes. Bosque Húmedo, Yungas, 0–1000 m.
Dept.: BE, LP, PA, SC.
Muestra: *D.A. Neill et al. 9302* (LPB, MO, NY, QAME, USZ).
Nom. Vern.: Coloradillo blanco, colorado de hoja chica, japunaki, sama colorada.

[Trichilia poeppigii C. DC.], Monogr. Phan. 1: 685–686. 1878.
Ref.: Alverson et al. (2000).
Nota: El registro se basa en material mal identificado.

Trichilia quadrijuga Kunth, Nov. Gen. Sp. (quarto ed.) 5: 215. 1821 [1822].
Sin.: *Rourea bakerana* Britton, *Cnestidium*

bakereanum (Britton) G. Schellenb.
Ref.: Pennington et al. (1981), Moraes R. (1990), Parker & Bailey (1991), Quevedo Sopepí (1993c), Alverson et al. (2000).
Árbol. Nativa. Zonas Bajas. Bosque Húmedo, 0–500 m.
Dept.: CO, LP, PA, SC.
Muestra: *J.C. Solomon 10874* (LPB, MO).
Infra: *Trichilia quadrijuga* subsp. *quadrijuga*

Trichilia rubra C. DC., Fl. Bras. 11(1): 203. 1878.
Ref.: Pennington et al. (1981), Quevedo Sopepí (1993c).
Árbol. Nativa. Zonas Bajas, Andes. Bosque Húmedo, Yungas, 0–1500 m.
Dept.: BE, CO, LP, PA.
Muestra: *A.H. Gentry et al. 70776* (LPB, MO).

Trichilia septentrionalis C. DC., Fl. Bras. 11(1): 220. 1878.
Ref.: Parker & Bailey (1991), Quevedo Sopepí (1993c), Alverson et al. (2000), Montambault (2002).
Árbol. Nativa. Zonas Bajas. Bosque Húmedo, 0–500 m.
Dept.: LP, PA.
Muestra: *A.H. Gentry & S. Estenssoro C. 70425* (BOLV, LPB, MO, NY, QCNE, USZ).

Trichilia singularis C. DC., Fl. Bras. 11(1): 217. 1878.
Ref.: Pennington et al. (1981), Quevedo Sopepí (1993c).
Árbol. Nativa. Zonas Bajas. Bosque Húmedo, 0–500 m.
Dept.: BE, PA, SC.
Muestra: *S.G. Beck 5226* (COL, CTES, HBG, K, LPB, M, MO, NY, QCNE, USZ).

[Trichilia solitudinis Harms], Notizbl. Bot. Gart. Berlin–Dahlem 10: 247. 1928.
Ref.: Parker & Bailey (1991), Killeen & Schulenberg (1998).
Nota: El registro se basa en material mal identificado.

Trichilia stellatotomentosa Kuntze, Revis. Gen. Pl. 3(3): 36. 1898.
Sin.: *Trichilia stellipila* C. DC.
Ref.: Foster (1958), Pennington et al. (1981), Quevedo Sopepí (1993c), Jardim et al. (2003).
Árbol. Nativa. Zonas Bajas. Bosque Húmedo, Bosque Semideciduo Chiquitano, Sabanas Benianas del Sur, 0–1000 m.
Dept.: BE, SC.
Muestra: *M.H. Nee 39920* (LPB, MO, NY, USZ).
Nom. Vern.: Sama.

[Trichilia surinamensis (Miq.) C. DC.], Monogr. Phan. 1: 679–680. 1878.
Sin.: *Moschoxylum surinamense* Miq.
Ref.: Killeen & Schulenberg (1998).
Nota: El registro se basa en material mal identificado.

Trichilia tomentosa Kunth, Nov. Gen. Sp. (quarto ed.) 5: 215–216. 1821 [1822].
Ref.: Fuentes Claros et al. (2009).
Arbolito, árbol. Nativa. Andes. Yungas, 1500–2500 m.
Dept.: LP.
Muestra: *A. Araujo M. et al. 260* (LPB, MO).

Trichilia trollii Harms, Notizbl. Bot. Gart. Berlin–Dahlem 11: 385. 1932.
Ref.: Foster (1958).
Arbusto, árbol. Endémica. Andes. Yungas, 3000–3500 m.
Dept.: LP.
Tipo: *W. Troll 2847* (HT: B destr.).
Nota: Conocido solamente del tipo. La identidad de la especie queda incierta.

MELIANTHACEAE Horan., Prim. Lin. Syst. Nat. 100. 1834.

Por S.G. Beck (LPB); revisado por M. Nee (NY), P.M. Jørgensen (MO).
1 género, 1 especie, 0 especies endémicas.

Melianthus L., Sp. Pl. 2: 639. 1753.
1 especie, 0 especies endémicas.

Melianthus major L., Sp. Pl. 2: 939[639]. 1753.
Subarbusto. Naturalizada, cultivada. Andes. Valles Secos, 2500–3500 m.
Dept.: LP.
Muestra: *S.G. Beck 24922* (BOLV, LPB, M).

MENDONCIACEAE Bremek., Proc. Kon. Ned. Akad. Wetensch., C 56: 540. 1954.

Nota: Parte de Acanthaceae (APG III 2009).

MENISPERMACEAE Juss., Gen. Pl. 284–285. 1789.

Por R. del C. Ortiz (MO); revisado por S.G. Beck (LPB), M. Nee (NY), P.M. Jørgensen (MO).
12 géneros, 42 especies, 0 especies endémicas.

Abuta Aubl., Hist. Pl. Guiane 1: 618, pl. 250. 1775.
8 especies, 0 especies endémicas.

Abuta antioquiana Krukoff & Barneby, Mem. New York Bot. Gard. 20: 24–25. 1970.
Liana. Nativa. Andes. Yungas, 1000–1500 m.
Dept.: LP.
Muestra: *A.H. Gentry et al. 44284* (LPB, MO).
Nota: Identificación provisional. Con certeza conocida solamente del tipo de Antioquia, Colombia.

[Abuta candollei Triana & Planch.], Ann. Sci. Nat., Bot., sér. 4, 17: 47. 1862.
Ref.: Krukoff & Moldenke (1938), Foster (1958).
Nota: El registro se basa en material mal identificado de *A. rufescens*.

Abuta grandifolia (Mart.) Sandwith, Bull. Misc. Inform. Kew 1937: 397. 1937.
Sin.: *Cocculus grandifolius* Mart., *Abuta concolor* Poepp. & Endl., *Abuta concolor* Benth.
Ref.: Krukoff & Moldenke (1938), Foster (1958), Moraes R. (1990), Parker & Bailey (1991), Torrico Pardo (1993e), Killeen & Schulenberg (1998), Alverson et al. (2000).
Liana, arbusto, arbolito, árbol. Nativa. Zonas Bajas. Bosque Húmedo, Bosque Semideciduo Chiquitano, 0–1000 m.
Dept.: BE, LP, PA, SC.
Muestra: *I.G. Vargas et al. 2698* (F, MO, USZ).
Nom. Vern.: Fruta de ciento pie, nuririjaja (Tacana), odó odó, pitón.

Abuta imene (Mart.) Eichler, Flora 47: 389. 1864.
Sin.: *Cocculus imene* Mart., *Hyperbaena trinervis* Rusby, *Abuta trinervis* (Rusby) Moldenke
Ref.: Torrico Pardo (1993e).
Liana. Nativa. Zonas Bajas. Sabanas Benianas del Sur, 0–500 m.
Dept.: BE, LP.
Muestra: *J.C. Solomon 7892* (LPB, MO).

Abuta mycetandra Krukoff & Barneby, Mem. New York Bot. Gard. 22(2): 45, f. 2. 1971.
Liana. Nativa. Zonas Bajas. Bosque Húmedo, 0–500 m.
Dept.: BE.
Muestra: *D.C. Daly et al. 6596* (LPB, MO, NY).

Nota: Identificación provisional. Especie conocida con certeza de Perú y Venezuela.

Abuta pahnii (Mart.) Krukoff & Barneby, Mem. New York Bot. Gard. 22(2): 43–45. 1971.
Sin.: *Cocculus pahnii* Mart.
Liana. Nativa. Zonas Bajas. Bosque Húmedo, 0–500 m.
Dept.: BE, CO, LP, PA.
Muestra: *R.C. Ortiz et al. 250* (MO, USZ).

Abuta racemosa (Thunb.) Triana & Planch., Ann. Sci. Nat., Bot., sér. 4, 17: 48–49. 1862.
Sin.: *Batschia racemosa* Thunb.
Ref.: Barneby & Krukoff (1971).
Arbusto. Nativa. Zonas Bajas, Andes. Bosque Húmedo, Yungas, 500–1500 m.
Dept.: LP, SC.
Muestra: *R.W. Pearce s.n.* (BM).
Nota: Material no visto, presencia en Bolivia no confirmada.

Abuta rufescens Aubl., Hist. Pl. Guiane 1: 618–620, t. 250. 1775.
Sin.: *Abuta splendida* Krukoff & Moldenke, *Abuta wilson-brownei* R.S. Cowan
Ref.: Foster (1958).
Liana. Nativa. Zonas Bajas. Bosque Húmedo, 0–1000 m.
Dept.: CO, LP, PA.
Muestra: *R.C. Ortiz & J.A. Carrasco 256* (MO, USZ).

Abuta sandwithiana Krukoff & Barneby, Mem. New York Bot. Gard. 20(2): 18. 1970.
Liana, arbusto, arbolito. Nativa. Zonas Bajas. Bosque Húmedo, 0–500 m.
Dept.: PA.
Muestra: *A.H. Gentry & A. Perry 77979* (LPB, MO, NY).

[Abuta schomburgkii Barneby & Krukoff ex T. Killeen & Schulenberg], RAP Working Papers 10: 270. 1998.
Ref.: Killeen & Schulenberg (1998).
Nota: El nombre fue mal aplicado para referirse a *Orthomene schomburgkii*. *A. schomburgkii* nunca fue válidamente publicada.

Anomospermum Miers, Ann. Mag. Nat. Hist., ser. 2 7: 36, 39. 1851.
5 especies, 0 especies endémicas.

Anomospermum andersonii Krukoff, Phytologia 41(4): 250–251. 1979.
Liana. Nativa. Zonas Bajas. Bosque Húmedo, 0–500 m.
Dept.: SC.
Muestra: *R. Guillén V. & C. Medina 3713* (MO, USZ).

Anomospermum bolivianum Krukoff & Moldenke, Lilloa 5: 234. 1940.
Ref.: Foster (1958).
Liana. Nativa. Zonas Bajas, Andes. Bosque Húmedo, Yungas, 0–1500 m.
Dept.: CO, LP.
Tipo y muestra: *B.A. Krukoff 10773* (HT: MO-1242319), *A.F. Fuentes C. et al. 7854* (BOLV, CTES, HSB, LPB, MA, MO, USZ).

Anomospermum chloranthum Diels, Notizbl. Königl. Bot. Gart. Berlin 6(54): 132–133. 1914.
Liana. Nativa. Zonas Bajas, Andes. Bosque Húmedo, Yungas, 500–1500 m.
Dept.: BE, LP.
Muestra: *D.N. Smith et al. 13190* (LPB, MO).
Infra: *Anomospermum chloranthum* subsp. *confusum* Krukoff & Barneby

Anomospermum grandifolium Eichler, Flora 47: 388. 1864.
Sin.: *Abuta macrocarpa* Moldenke
Ref.: Parker & Bailey (1991).
Liana. Nativa. Zonas Bajas. Bosque Húmedo, 0–500 m.
Dept.: PA.
Muestra: *M. Moraes R. 289* (MO).

Anomospermum reticulatum (Mart.) Eichler, Flora 47(25): 388. 1864.
Sin.: *Cocculus reticulatus* Mart.
Liana. Nativa. Zonas Bajas. Bosque Húmedo, 0–500 m.
Dept.: PA.
Muestra: *N.Y. Paniagua 705* (CTES, F, FCQ, LPB, M, MO, NY, USZ).
Infra: *Anomospermum reticulatum* subsp. *reticulatum*

Borismene Barneby, Mem. New York Bot. Gard. 22(4): 144. 1972.
1 especie, 0 especies endémicas.

Borismene japurensis (Mart.) Barneby, Mem. New York Bot. Gard. 22(4): 145. 1972.
Sin.: *Cocculus japurensis* Mart.
Liana. Nativa. Andes. Yungas, 1500–2000 m.
Dept.: LP.
Muestra: *S.G. Beck 9279* (CTES, K, LPB, M, MO, NY).

Caryomene Barneby & Krukoff, Mem. New York Bot. Gard. 22(2): 52–55. 1971.
1 especie, 0 especies endémicas.

Caryomene prumnoides Barneby & Krukoff, Mem. New York Bot. Gard. 22(2): 55–56, f. 4. 1971.
Ref.: Barneby & Krukoff (1971).
Liana. Nativa. Zonas Bajas. Bosque Húmedo, 0–500 m.
Dept.: PA.
Tipo: *G.T. Prance et al. 8750* (HT: NY; IT: INPA, MG).
Nota: Conocida en Bolivia solamente del tipo.

Chondrodendron Ruiz & Pav., Fl. Peruv. Prodr. 132. 1794.
1 especie, 0 especies endémicas.

Chondrodendron tomentosum Ruiz & Pav., Syst. Veg. Fl. Peruv. Chil. 261. 1798.
Ref.: Krukoff & Moldenke (1938), Foster (1958), Parker & Bailey (1991).
Liana. Nativa. Zonas Bajas. Bosque Húmedo, 0–500 m.
Dept.: BE, LP.
Muestra: *J.C. Solomon 7607* (LPB, MO, NY).
Nom. Vern.: Schinqui schinqui.

Cissampelos L., Sp. Pl. 2: 1031–1032. 1753.
7 especies, 0 especies endémicas.

Cissampelos andromorpha DC., Syst. Nat. 1: 539. 1818 [1817].
Trepadora. Nativa. Zonas Bajas, Andes. Bosque Húmedo, Yungas, 0–1500 m.
Dept.: BE, LP.
Muestra: *J.C. Solomon 12984* (LPB, MO).

Cissampelos glaberrima A. St.-Hil., Fl. Bras. Merid. (quarto ed.) 1: 46. 1825.
Trepadora. Nativa. Zonas Bajas. Bosque Húmedo, 0–500 m.
Dept.: SC.
Muestra: *R. Guillén V. & T. Killeen 4743* (MO, USZ).

Cissampelos grandifolia Triana & Planch., Ann. Sci. Nat., Bot., sér. 4, 17: 44. 1862.
Trepadora. Nativa. Andes. Yungas, 1000–1500 m.
Dept.: LP.
Muestra: *A.H. Gentry et al. 44264* (MO).

Cissampelos ovalifolia DC., Syst. Nat. 1: 537. 1818 [1817].
Ref.: Foster (1958), Killeen & Schulenberg (1998), Wood et al. (2011).
Arbusto. Nativa. Zonas Bajas. Campos Cerrados, Sabanas Benianas del Norte, Campos Amazónicos, 0–500 m.
Dept.: SC.

Muestra: *T. Killeen & Grinwood 7774* (LPB, MO, USZ).

Cissampelos pareira L., Sp. Pl. 2: 1031–1032. 1753.
Sin.: *Cissampelos violifolia* Rusby
Ref.: Foster (1958), Killeen & Schulenberg (1998), González et al. (1999), Nee (2004).
Trepadora. Nativa. Zonas Bajas, Andes. Bosque Húmedo, Bosque Semideciduo Chiquitano, Sabanas Benianas del Sur, Campos Amazónicos, Yungas, Bosque Tucumano-Boliviano, 0–2000 m.
Dept.: BE, CH, LP, PA, SC, TA.
Muestra: *R. Guillén V. & S. Coria 2216* (LPB, MO, USZ).
Nom. Vern.: Tacumbo cumbo mi.

Cissampelos tropaeolifolia DC., Syst. Nat. 1: 532–533. 1818 [1817].
Sin.: *Cissampelos sympodialis* var. *grandifolia* Britton, *Cissampelos ciliata* Rusby
Ref.: Foster (1958), Moraes R. (1990), Killeen & Schulenberg (1998), Nee (2004).
Trepadora. Nativa. Zonas Bajas, Andes. Bosque Húmedo, Yungas, Bosque Tucumano-Boliviano, 0–2000 m.
Dept.: CO, LP, PA, SC.
Muestra: *S.G. Beck 22589* (BOLV, CTES, K, LPB, M, MO, NY, USZ).

Cissampelos verticillata D.G. Rhodes, Phytologia 30(6): 435, 437, f. 7. 1975.
Trepadora. Nativa. Zonas Bajas. Bosque Húmedo, 500–1000 m.
Dept.: LP.
Muestra: *R. Seidel et al. 2554* (CTES, K, LPB, M, MO, NY, USZ).
Nota: Identificación provisional. Con certeza solamente conocida del tipo de Colombia.

Curarea Barneby & Krukoff, Mem. New York Bot. Gard. 22(2): 7–9, f. 1. 1971.
1 especie, 0 especies endémicas.

Curarea toxicofera (Wedd.) Barneby & Krukoff, Mem. New York Bot. Gard. 22(2): 9–12, f. 1. 1971.
Sin.: *Cocculus toxicoferus* Wedd., *Cissampelos tomentocarpa* Rusby, *Abuta boliviana* Rusby, *Chondrodendron tomentocarpum* (Rusby) Moldenke
Ref.: Alverson et al. (2000).
Liana. Nativa. Zonas Bajas, Andes. Bosque Húmedo, Yungas, 0–500, 1500–2000 m.
Dept.: BE, LP, PA.
Muestra: *J.C. Solomon 6317* (LPB, MO, NY).
Nom. Vern.: Bechusajaja (Tacana), chocolatillo, huevo de mono.

Disciphania Eichler, Flora 47: 387. 1864.
3 especies, 0 especies endémicas.

Disciphania cubijensis (R. Knuth) Sandwith, Kew Bull. 1954: 614. 1955.
Sin.: *Dioscorea cubijensis* R. Knuth
Ref.: Foster (1958), Nee (2004).
Trepadora. Nativa. Zonas Bajas. Bosque Húmedo, 0–500 m.
Dept.: PA, SC.
Tipo y muestra: *E.H.G. Ule 9379* (HT: B; IT: K), *M.H. Nee & I. Vargas 43317* (LPB, MO, NY).

Disciphania ernstii Eichler, Jahrb. Königl. Bot. Gart. Berlin 2: 329, t. 12. 1883.
Sin.: *Disciphania hassleri* Chodat ex Hassl., *Disciphania clausa* Diels, *Disciphania glaziovii* Taub. ex Diels
Ref.: Foster (1958), Barneby (1970), Nee (2004).
Trepadora. Nativa. Zonas Bajas. Bosque Húmedo, Bosque Semideciduo Chiquitano, 0–1000 m.
Dept.: SC.
Muestra: *M.H. Nee 39367* (LPB, MO, NY).
Infra: *Disciphania ernstii* var. *clausa* (Diels) Barneby, *Disciphania ernstii* var. *glaziovii* (Taub. ex Diels) Barneby

Disciphania heterophylla Barneby, Brittonia 33(4): 515–516, f. 1. 1981.
Ref.: Fuentes Claros et al. (2009).
Trepadora. Nativa. Zonas Bajas. Bosque Húmedo, 0–500 m.
Dept.: LP.
Muestra: *A.F. Fuentes C. & V. Cardona 4156* (LPB, MO).

Hyperbaena Miers ex Benth., J. Proc. Linn. Soc., Bot. 5(Suppl. 2): 47. 1861.
2 especies, 0 especies endémicas.

Hyperbaena domingensis (DC.) Benth., J. Proc. Linn. Soc., Bot. 5(Suppl. 2): 50. 1861.
Sin.: *Cocculus domingensis* DC.
Ref.: Foster (1958), Nee (2004).
Liana. Nativa. Zonas Bajas, Andes. Bosque Húmedo, Yungas, 0–1500 m.
Dept.: LP, SC.
Muestra: *M.H. Nee 41985* (LPB, MO, NY).

Hyperbaena hassleri Diels, Pflanzenr. IV. 94(Heft 46): 201. 1910.
Ref.: Foster (1958).
Trepadora. Nativa. Zonas Bajas. Bosque Húmedo, Bosque Seco Chaqueño, 0–500 m.
Dept.: SC.
Muestra: *A. Jardim 2147* (MO, USZ).

Odontocarya Miers, Ann. Mag. Nat. Hist., ser. 2 7: 35, 38. 1851.
10 especies, 0 especies endémicas.

Odontocarya acuparata Miers, Contr. Bot. 3: 61, t. 100. 1864.
Ref.: Nee (2004).
Trepadora. Nativa. Zonas Bajas. Bosque Húmedo, 500–1000 m.
Dept.: SC.
Muestra: *M.H. Nee & I.G. Vargas 43359* (LPB, MO, NY).

[Odontocarya arifolia Barneby], Mem. New York Bot. Gard. 20(2): 120–121. 1970.
Ref.: Alverson et al. (2000).
Nota: El registro se basa en material mal identificado.

Odontocarya asarifolia Barneby, Mem. New York Bot. Gard. 20(2): 93–94. 1970.
Trepadora. Nativa. Zonas Bajas. Bosque Húmedo, 0–500 m.
Dept.: SC.
Muestra: *G. Navarro 1608* (MO).

Odontocarya deminuta (Diels) Barneby, Mem. New York Bot. Gard. 20(2): 121. 1970.
Sin.: *Somphoxylon deminutum* Diels
Trepadora. Nativa. Zonas Bajas. Bosque Húmedo, 0–500 m.
Dept.: LP.
Muestra: *S. DeWalt et al. 132* (LPB, MO, NY, USZ).
Nota: Posiblemente conespecífico con *O. rusbyi*. Identificación tentativa.

Odontocarya diplobotrya Diels, Pflanzenr. IV. 94(Heft 46): 172. 1910.
Ref.: Nee (2004).
Trepadora. Nativa. Zonas Bajas. Bosque Húmedo, 0–500 m.
Dept.: BE, LP, SC.
Muestra: *M.H. Nee & I.G. Vargas 43298* (LPB, MO, NY).

Odontocarya echinus Barneby, Mem. New York Bot. Gard. 20(2): 101–102. 1970.
Trepadora. Nativa. Zonas Bajas. Bosque Húmedo, 0–500 m.
Dept.: BE, SC.
Muestra: *M. Saldias 516* (MO, USZ).

Odontocarya mallosperma Barneby, Mem. New York Bot. Gard. 20(2): 102–104. 1970.
Trepadora. Nativa. Zonas Bajas. Bosque Húmedo, 0–500 m.
Dept.: SC.
Muestra: *M. Castro et al. 46* (LPB, MO, USZ).
Nota: Identificación provisional, el conocimiento de la especie es imperfecto.

Odontocarya membranacea (A.C. Sm.) R. Ortiz, Novon 21(3): 357–360, f. 1. 2011.
Sin.: *Synandropus membranaceus* A.C. Sm.
Trepadora, liana. Nativa. Zonas Bajas. Bosque Húmedo, 0–500 m.
Dept.: LP.
Muestra: *A. Araujo M. et al. 1153* (LPB, MO).

Odontocarya rusbyi Barneby, Mem. New York Bot. Gard. 20(2): 119–120. 1970.
Ref.: Nee (2004).
Liana. Nativa. Zonas Bajas. Bosque Húmedo, 0–500 m.
Dept.: BE, LP.
Tipo y muestra: *H.H. Rusby 1289* p.p. (HT: NY), *H.H. Rusby 796* (US).

Odontocarya tamoides (DC.) Miers, Ann. Mag. Nat. Hist., ser. 3 14(80): 100. 1864.
Sin.: *Cocculus tamoides* DC., *Odontocarya hederifolia* var. *canescens* Miers
Trepadora. Nativa. Zonas Bajas, Andes. Bosque Húmedo, Bosque Seco Chaqueño, Sabanas Benianas del Sur, Valles Secos, 0–500, 1500–2000 m.
Dept.: BE, CO, SC.
Muestra: *R. Guillén V. & Y. Roca 4377* (USZ).
Infra: *Odontocarya tamoides* var. *tamoides*, *Odontocarya tamoides* var. *canescens* (Miers) Barneby

Odontocarya tripetala Diels, Notizbl. Bot. Gart. Berlin-Dahlem 13(116): 28. 1936.
Ref.: Nee (2004).
Trepadora. Nativa. Zonas Bajas. Bosque Húmedo, 0–500 m.
Dept.: SC.
Muestra: *M.H. Nee 46457* (MO, NY).

Orthomene Barneby & Krukoff, Mem. New York Bot. Gard. 22(2): 79–80. 1971.
1 especie, 0 especies endémicas.

Orthomene schomburgkii (Miers) Barneby & Krukoff, Mem. New York Bot. Gard. 22(2): 80–81. 1971.
Sin.: *Anomospermum schomburgkii* Miers
Ref.: Foster (1958), Parker & Bailey (1991), Killeen & Schulenberg (1998).
Liana. Nativa. Zonas Bajas, Andes. Bosque Húmedo, Yungas, 0–1500 m.
Dept.: CO, LP, SC.
Muestra: *A.H. Gentry et al. 71030* (LPB, MO).

Sciadotenia Miers, Ann. Mag. Nat. Hist., ser. 2 7: 37, 43. 1851.
2 especies, 0 especies endémicas.

Sciadotenia eichleriana Moldenke, Brittonia 3: 28. 1938.
Liana. Nativa. Zonas Bajas. Bosque Húmedo, 0–500 m.
Dept.: BE, LP.
Muestra: *P.J.M. Maas et al. 8738* (MO, U).

Sciadotenia toxifera Krukoff & A.C. Sm., Bull. Torrey Bot. Club 66: 308. 1939.
Sin.: *Tylopetalum abutiforme* Barneby & Krukoff
Liana. Nativa. Zonas Bajas. Bosque Húmedo, 0–500 m.
Dept.: LP.
Muestra: *A.H. Gentry & S. Estenssoro C. 70300* (LPB, MO).

MENYANTHACEAE Dumort., Anal. Fam. Pl. 20, 25. 1829.

Por P.M. Jørgensen (MO), J.S. Pringle (HAM), N. Ritter (CSU, Stanislaus Endangered Species Recovery Program); revisado por S.G. Beck (LPB), M. Nee (NY).
1 género, 3 especies, 1 especie endémica.

Nymphoides Ség., Pl. Veron. 3: 121. 1754.
3 especies, 1 especie endémica.

Nymphoides herzogii A. Galán & G. Navarro, Opusc. Bot. Pharm. Complut. 5: 82. 1989.
Ref.: Galán de Mera & Navarro Sanchez (1989).
Hierba, acuática. Endémica. Zonas Bajas. Bosque Semideciduo Chiquitano, 0–500 m.
Dept.: SC.
Tipo y muestra: *A. Galán & G. Navarro Sanchez s.n.* (HT: MAF), *J. Steinbach 5614* (G, MO).
Nota: Tal vez un sinónimo de *N. humboldtiana*.

Nymphoides humboldtiana (Kunth) Kuntze, Revis. Gen. Pl. 2: 429. 1891.
Sin.: *Villarsia humboldtiana* Kunth, *Limnanthemum humboldtianum* (Kunth) Griseb.
Ref.: Galán de Mera & Navarro Sanchez (1989).
Hierba, acuática. Nativa. Zonas Bajas, Andes. Bosque Húmedo, Campos Cerrados, Sabanas Benianas del Sur, Yungas, Bosque Tucumano-Boliviano, 0–1500 m.
Dept.: BE, SC.
Muestra: *J.C. Solomon 14780* (LPB, MO).

[Nymphoides indica (L.) Kuntze], Revis. Gen. Pl. 2: 429. 1891.
Ref.: Foster (1958).
Nota: El registro se basa en material mal identificado de *N. humboldtiana*.

Nymphoides verrucosa (R.E. Fr.) A. Galán & G. Navarro, Opusc. Bot. Pharm. Complut. 5: 82. 1989.
Sin.: *Limnanthemum verrucosum* R.E. Fr.
Ref.: Galán de Mera & Navarro Sanchez (1989).
Hierba, acuática. Nativa. Zonas Bajas, Andes. Bosque Semideciduo Chiquitano, Bosque Seco Chaqueño, Bosque Tucumano-Boliviano, 0–500, 1000–1500 m.
Dept.: SC, TA.
Tipo y muestra: *R. E. Fries 1334* (HT: S), *De la Barra 902* (MO).

MIMOSACEAE R. Br., Voy. Terra Austral. 2: 551. 1814.

Nota: Parte de Fabaceae (APG III 2009).

MOLLUGINACEAE Bartl., Beitr. Bot. 2: 158. 1825.

Por M. Nee (NY); revisado por S.G. Beck (LPB), P.M. Jørgensen (MO).
2 géneros, 2 especies, 0 especies endémicas.

Glinus L., Sp. Pl. 1: 463–464. 1753.
1 especie, 0 especies endémicas.

Glinus radiatus (Ruiz & Pav.) Rohrb., Fl. Bras. 14(2): 238. 1872.
Sin.: *Mollugo radiata* Ruiz & Pav.
Ref.: Moraes R. (1990), Eliasson (1996a).
Hierba. Nativa. Zonas Bajas. Bosque Húmedo, Bosque Seco Chaqueño,

Sabanas Benianas del Sur, Campos Amazónicos, 0–500 m.
Dept.: BE, CO, LP, PA, SC.
Muestra: *M.H. Nee 31487* (LPB, MO, NY).

Mollugo L., Sp. Pl. 1: 89. 1753.
1 especie, 0 especies endémicas.

Mollugo verticillata L., Sp. Pl. 1: 89. 1753.
Ref.: Foster (1958), Killeen & Schulenberg (1998), Serrano & Terán (1998 [2000]), Nee (2004).
Hierba. Nativa. Zonas Bajas, Andes. Bosque Semideciduo Chiquitano, Bosque Seco Chaqueño, Sabanas Benianas del Norte, Valles Secos, 0–500, 1000–2000 m.
Dept.: BE, CH, LP, SC, TA.
Muestra: *M.H. Nee 52663* (LPB, MO, NY).

MONIMIACEAE Juss., Ann. Mus. Natl. Hist. Nat. 14: 133. 1809.

Por S.S. Renner (M) y G. Hausner (WIES); revisado por S.G. Beck (LPB), M. Nee (NY), P.M. Jørgensen (MO).
1 género, 6 especies, 0 especies endémicas.

Mollinedia Ruiz & Pav., Fl. Peruv. Prodr. 83. 1794.
6 especies, 0 especies endémicas.

Mollinedia boliviensis A. DC., J. Bot. 3: 220. 1865.
Ref.: Foster (1958), Michel (1993e), Navarro Sánchez & Ferreira (2000).
Arbusto, arbolito, árbol. Nativa. Zonas Bajas, Andes. Bosque Húmedo, Yungas, 0–2500 m.
Dept.: CO, LP, PA.
Tipo y muestra: *H.A. Weddell s.n.* (HT: P; IT: F, MO), *J.C. Solomon et al. 12072* (LPB, MO).
Nota: Posiblemente sinónimo de *M. repanda*

Mollinedia killipii J.F. Macbr., Candollea 5: 351. 1934.
Sin.: *Mollinedia caudata* J.F. Macbr.
Ref.: Michel (1993e), Renner & Hausner (1997b), Alverson et al. (2000).
Arbusto. Nativa. Zonas Bajas, Andes. Bosque Húmedo, Yungas, 0–1500 m.
Dept.: CO.
Muestra: *T. Killeen et al. 3567* (LPB, MO).

Mollinedia lanceolata Ruiz & Pav., Syst. Veg. Fl. Peruv. Chil. 143. 1798.
Sin.: *Citrosma triflora* Spreng., *Tetratome triflora* Poepp. & Endl., *Tetratome racemosa* Schltdl., *Mollinedia triflora* (Spreng.) Tul., *Mollinedia racemosa* (Schltdl.) Tul.
Ref.: Parker & Bailey (1991), Renner & Hausner (1997b), Killeen & Schulenberg (1998).
Arbusto. Nativa. Zonas Bajas, Andes. Bosque Húmedo, Yungas, 500–2500 m.
Dept.: BE, CO, LP, SC.
Muestra: *P.F. Foster et al. 549* (LPB, MO, USZ).

Mollinedia ovata Ruiz & Pav., Syst. Veg. Fl. Peruv. Chil. 1: 143. 1798.
Sin.: *Tetratome latifolia* Poepp. & Endl., *Mollinedia latifolia* (Poepp. & Endl.) Tul., *Mollinedia laurina* Tul., *Mollinedia grosseserrata* Perkins, *Mollinedia rusbyana* Perkins, *Mollinedia grandifolia* Perkins, *Mollinedia tessmannii* Perkins, *Mollinedia casca* J.F. Macbr., *Mollinedia krukovii* A.C. Sm.
Ref.: Foster (1958), Michel (1993e), Renner & Hausner (1997b), Killeen & Schulenberg (1998), Nee (2004).
Hierba, arbusto, árbol. Nativa. Zonas Bajas, Andes. Bosque Húmedo, Yungas, 0–1000, 2500–3000 m.
Dept.: BE, CO, LP, PA, SC.
Muestra: *A. Jardim 900* (MO, USZ).

Mollinedia repanda Ruiz & Pav., Syst. Veg. Fl. Peruv. Chil. 1: 142. 1798.
Sin.: *Mollinedia caloneura* Perkins, *Mollinedia pulcherrima* Sleumer
Ref.: Foster (1958), Michel (1993e), Renner & Hausner (1997b).
Hierba. Nativa. Zonas Bajas, Andes. Bosque Húmedo, Yungas, 0–2500 m.
Dept.: CO, LP.
Muestra: *A.H. Gentry & J.C. Solomon 44585* (LPB, MO).

Mollinedia steinbachiana Perkins, Notizbl. Bot. Gart. Berlin-Dahlem 10(92): 160. 1927.
Ref.: Foster (1958), Michel (1993e).
Arbusto, árbol. Nativa. Zonas Bajas, Andes. Bosque Húmedo, Yungas, 500–2500 m.
Dept.: CO, LP, SC.
Tipo y muestra: *J. Steinbach 3414* (HT: B destr.; IT: NY, MO; fotos: F ex B), *J.C. Solomon & M.H. Nee 12681* (MO).

MONTIACEAE Raf., Ann. Gén. Sci. Phys. 5: 349. 1820.

Por M. Mendoza (USZ) y M. Nee (NY); revisado por S.G. Beck (LPB), P.M. Jørgensen (MO).
4 géneros, 11 especies, 0 especies endémicas.

Calandrinia Kunth, Nov. Gen. Sp. (folio ed.) 6: 62. 1823.
7 especies, 0 especies endémicas.

Calandrinia acaulis Kunth, Nov. Gen. Sp. (folio ed.) 6: 63. 1823.
Ref.: Rusby (1893b), Añón (1953), Foster (1958).
Hierba. Nativa. Altiplano. Puna Húmeda, Puna Seca, 3500–5000 m.
Dept.: CH, CO, LP, OR, PO.
Muestra: *S.G. Beck 17243* (LPB, MO).

Calandrinia carolinii Hershk. & D.I. Ford, Phytologia 74(4): 282. 1993.
Sin.: *Baitaria acaulis* Ruiz & Pav.
Ref.: Hershkovitz & Ford (1993).
Hierba. Nativa. Altiplano. Puna Húmeda, Puna Seca, 3000–4000 m.
Dept.: LP.
Muestra: *G. Mandon 1002* (NY, P).

Calandrinia ciliata (Ruiz & Pav.) DC., Prodr. 3: 359. 1828.
Sin.: *Talinum ciliatum* Ruiz & Pav., *Calandrinia caulescens* Kunth, *Calandrinia bonariensis* Hauman
Ref.: Rusby (1893b), Foster (1958), Añón (1967), Añón (1984), Eliasson (1996c), Peralta (1999).
Hierba. Nativa. Andes, Altiplano. Páramo Yungueño, Puna Húmeda, 2500–4500 m.
Dept.: CO, LP, SC.
Muestra: *M. Liberman 1074* (LPB, MO).

Calandrinia colchaguensis Barnéoud, Fl. Chil. 2(4): 483–484. 1846 [1847].
Ref.: Añón (1953), Añón (1984).
Hierba. Nativa. Altiplano. Puna Seca, 4500–5000 m.
Dept.: LP.
Muestra: *M. Moraes R. 151* (LPB, MERL).

Calandrinia compressa Schrad. ex DC., Prodr. 3: 359. 1828.
Hierba. Nativa. Altiplano. Puna Seca, 3500–4000 m.
Dept.: LP.
Muestra: *J. Krach & T. Feuerer 7726* (LPB).

Calandrinia graminifolia Phil., Linnaea 28: 690. 1856.
Ref.: Añón (1953).
Hierba. Nativa. Altiplano. Puna Húmeda, Puna Seca, 3500–4000 m.
Dept.: LP.
Muestra: *S.G. Beck 2760* (LP, LPB, M).

Calandrinia pachypoda Diels, Bot. Jahrb. Syst. 37: 399. 1906.
Hierba. Nativa. Andes. Valles Secos, 2500–3000 m.

Dept.: CO.
Muestra: *W.J. Eyerdam 24876* (F, K, UC).
Infra: *Calandrinia pachypoda* subsp. *eyerdamii* Kelley & Swanson
Nota: En Bolivia solamente conocida del tipo del nombre infraespecífico.

Montia L., Sp. Pl. 1: 87–88. 1753.

1 especie, 0 especies endémicas.

Montia fontana L., Sp. Pl. 1: 87–88. 1753.
Ref.: Añón (1984), Añón & Peralta (1994).
Hierba. Nativa. Andes, Altiplano. Páramo Yungueño, Puna Seca, 3000–4500 m.
Dept.: LP.
Muestra: *J. Müller & J. Heinrichs 6540* (GOET, LPB).

Montiopsis Kuntze, Revis. Gen. Pl. 3(3): 14. 1898.

2 especies, 0 especies endémicas.

Montiopsis cumingii (Hook. & Arn.) D.I. Ford, Phytologia 74(4): 275. 1993.
Sin.: *Calandrinia cumingii* Hook. & Arn., *Montiopsis boliviana* Kuntze
Ref.: Añón & Peralta (1994).
Hierba. Nativa. Altiplano. Puna Seca, 3500–4000 m.
Dept.: CO, LP, OR, PO, TA.
Muestra: *E. Jordan et al. 50* (LPB).

Montiopsis polycarpoides (Phil.) Peralta, Fl. San Juan 1: 167. 1994.
Sin.: *Calandrinia polycarpoides* Phil.
Ref.: Añón (1984).
Hierba. Nativa. Altiplano. Puna Húmeda, Bosque de *Polylepis*, 3500–4000 m.
Dept.: CO, LP.
Muestra: *I. Hensen 694* (LPB).

Phemeranthus Raf., Specchio Sci. 1: 86. 1814.

1 especie, 0 especies endémicas.

Phemeranthus punae (R.E. Fr.) Eggli & Nyffeler, Taxon 59(1): 240. 2010.
Sin.: *Calandrinia punae* R.E. Fr., *Talinum punae* (R.E. Fr.) Carolin
Ref.: Fries (1905), Añón (1953), Carolin (1985), Nyffeler & Eggli (2010), Mendoza & Wood (2013).
Hierba. Nativa. Altiplano. Puna Seca, 2000–3500 m.
Dept.: PO.
Muestra: *J.R.I. Wood 10791* (K, LPB).

Moraceae Gaudich., Gen. Pl. 13. 1835.

Por C.C. Berg† (L) y X. Villavicencio (LPB); revisado por S.G. Beck (LPB), M. Nee (NY), P.M. Jørgensen (MO).
18 géneros, 111 especies, 2 especies endémicas.

Artocarpus J.R. Forst. & G. Forst., Char. Gen. Pl. 101, t. 51a–f. 1775.

2 especies, 0 especies endémicas.

Artocarpus altilis (Parkinson) Fosberg, J. Wash. Acad. Sci. 31(3): 95. 1941.
Sin.: *Sitodium altile* Parkinson, *Artocarpus communis* J.R. Forst. & G. Forst.
Ref.: Jarrett (1959), Cornejo Guzmán & Rebolledo Garín (1993).
Árbol. Cultivada. 0–500 m.
Dept.: BE.
Muestra: *J.C. Solomon 14668* (LPB, MO).
Nom. Vern.: Árbol de pan.

Artocarpus heterophyllus Lam., Encycl. 3: 209. 1789.
Ref.: Cornejo Guzmán & Rebolledo Garín (1993).
Árbol. Cultivada. Zonas Bajas. 0–500 m.
Dept.: BE.
Muestra: *A. Zonta et al. s.n.* (LPB).
Nom. Vern.: Jaca.

Batocarpus H. Karst., Fl. Columb. 2: 67. 1862–1869 [1863].

2 especies, 0 especies endémicas.

Batocarpus amazonicus (Ducke) Fosberg, Proc. Biol. Soc. Wash. 55: 101. 1942.
Sin.: *Anonocarpus amazonicus* Ducke
Ref.: Foster (1958), de Mello Filho & Emmerich (1968), Parker & Bailey (1991), Cornejo Guzmán & Rebolledo Garín (1993), Mostacedo C. & Uslar (1999), Alverson et al. (2000), Arrázola Rivero et al. (2000), Berg (2001), Nee (2004).
Árbol. Nativa. Zonas Bajas. Bosque Húmedo, Bosque Semideciduo Chiquitano, 0–500 m.
Dept.: BE, CO, LP, PA, SC.
Muestra: *S.G. Beck 20065* (BG, BOLV, CTES, F, LPB, MO).
Nom. Vern.: Chicle mascajo, mururé, mururhuasa, quecho amarillo.

Batocarpus costaricensis Standl. & L.O. Williams, Ceiba 3(1): 25. 1952.
Ref.: Berg (2001).
Árbol. Nativa. Zonas Bajas. Bosque Húmedo, 0–500 m.
Dept.: LP, PA.
Muestra: *S. DeWalt & A. Serato 385* (LPB, MO).
Nom. Vern.: Mururé, suquiri.

Brosimum Sw., Prodr. 12. 1788.

8 especies, 0 especies endémicas.

Brosimum acutifolium Huber, Bol. Mus. Goeldi Hist. Nat. Ethnogr. 6: 66. 1910.
Sin.: *Brosimopsis obovata* Ducke, *Brosimum caniceps* Standl.
Ref.: Berg (1972), Cornejo Guzmán & Rebolledo Garín (1993), Killeen & Schulenberg (1998), Mostacedo C. & Uslar (1999), Berg (2001).
Árbol. Nativa. Zonas Bajas. Bosque Húmedo, 0–500 m.
Dept.: BE, LP, PA, SC.
Muestra: *M.H. Nee 38798* (LPB, MO, NY).
Infra: *Brosimum acutifolium* subsp. *obovatum* (Ducke) C.C. Berg
Nom. Vern.: Mururé, quecho colorado.

Brosimum alicastrum Sw., Prodr. 12. 1788.
Sin.: *Helicostylis bolivarensis* Pittier, *Helicostylis latifolia* Pittier, *Brosimum columbianum* S.F. Blake, *Brosimum uleanum* Mildbr., *Brosimum latifolium* Standl., *Brosimum bernadetteae* Woodson
Ref.: Berg (1972), Parker & Bailey (1991), Cornejo Guzmán & Rebolledo Garín (1993), Killeen & Schulenberg (1998), Alverson et al. (2000), Berg (2001).
Árbol. Nativa. Zonas Bajas. Bosque Húmedo, 0–500 m.
Dept.: BE, LP, PA, SC.
Muestra: *S.G. Beck et al. 20432* (MO).
Infra: *Brosimum alicastrum* subsp. *bolivarense* (Pittier) C.C. Berg
Nom. Vern.: Machinga, nui, quecho verde, quechu dhahua, vivo sicilio.

[Brosimum coriacea H. Karst. ex T. Killeen & Schulenberg], RAP Working Papers 10: 271. 1998.
Ref.: Killeen & Schulenberg (1998).
Árbol. Dept.: SC.
Nota: El registro se basa en material mal identificado. Este nombre nunca fue publicado. Se usó erróneamente en vez de *Maquira coriacea* (H. Karst.) C.C. Berg.

Brosimum gaudichaudii Trécul, Ann. Sci. Nat., Bot. 8: 140. 1847.
Sin.: *Alicastrum gaudichaudii* (Trécul) Kuntze, *Brosimum pusillum* Hassl., *Brosimum gaudichaudii* fo. *macrophyllum* Hassl., *Brosimum glaucifolium* Ducke

Ref.: Foster (1958), Berg (1972), Cornejo Guzmán & Rebolledo Garín (1993), Killeen & Schulenberg (1998), Mostacedo C. & Uslar (1999), Berg (2001).
Arbusto. Nativa. Zonas Bajas. Bosque Semideciduo Chiquitano, Campos Cerrados, Sabanas Benianas del Sur, 0–1000 m.
Dept.: BE, LP, SC.
Muestra: *M. Moraes R. 1617* (BG, LPB).
Nom. Vern.: Huevo de gato, mururé.

Brosimum guianense (Aubl.) Huber, Bol. Mus. Goeldi Hist. Nat. Ethnogr. 5(2): 337. 1909.
Sin.: *Piratinera guianensis* Aubl., *Brosimum discolor* Schott, *Brosimum aubletii* Poepp. & Endl., *Alicastrum guianense* (Aubl.) Kuntze, *Piratinera discolor* (Schott) Pittier, *Piratinera panamensis* Pittier, *Brosimum lecointei* Ducke, *Piratinera scabridula* S.F. Blake, *Piratinera velutina* S.F. Blake, *Brosimum velutinum* (S.F. Blake) Ducke, *Brosimum tessmannii* Mildbr., *Piratinera lemeei* Benoist, *Piratinera mollis* Killip, *Brosimum palmarum* Standl., *Brosimum panamense* (Pittier) Standl. & Steyerm., *Brosimum rotundatum* Standl., *Brosimum lemeei* (Benoist) Lemée
Ref.: Foster (1958), Berg (1972), Parker & Bailey (1991), Cornejo Guzmán & Rebolledo Garín (1993), Killeen & Schulenberg (1998), Alverson et al. (2000), Berg (2001), Nee (2004).
Árbol. Nativa. Zonas Bajas, Andes. Bosque Húmedo, Yungas, 0–1500 m.
Dept.: BE, CO, LP, PA, SC.
Muestra: *B.A. Krukoff 11109* (F, G, K, LIL, LPB, MO, NY, U, UC, US).
Nom. Vern.: Árbol zabala, bachirao, coloradillo, coquillo, isigo blanco, mururé, quecho, quecho amarillo, quecho verde, siptya, urupí, urupí blanco.

Brosimum lactescens (S. Moore) C.C. Berg, Acta Bot. Neerl. 19(3): 326. 1970.
Sin.: *Brosimopsis lactescens* S. Moore, *Brosimopsis diandra* S.F. Blake, *Brosimopsis oblongifolia* Ducke, *Brosimopsis amplifolia* Ducke, *Brosimum ojoche* Woodson, *Brosimum belizense* Lundell
Ref.: Berg (1972), Cornejo Guzmán & Rebolledo Garín (1993), Killeen & Schulenberg (1998), Mostacedo C. & Uslar (1999), Alverson et al. (2000), Berg (2001).
Árbol. Nativa. Zonas Bajas. Bosque Húmedo, Sabanas Benianas del Norte, 0–1000 m.
Dept.: BE, CO, LP, PA, SC.
Muestra: *R. Seidel et al. 5852* (BG, BOLV, CTES, LPB, SI, USZ).
Nom. Vern.: Coquino amarillo, leche dulce, mururé, omiya, pata de michi, pichintiri, quecho, quecho amarillo, quecho colorado, quecho negro, sapito, sujo, urupí blanco, vivila negra, xanatë.

Brosimum parinarioides Ducke, Arch. Jard. Bot. Rio de Janeiro 3: 27. 1922.
Sin.: *Brosimum amplicoma* Ducke
Ref.: Berg (1972), Berg (2001), Altamirano Azurduy & Ramos de Sousa (2009).
Árbol. Nativa. Zonas Bajas. Bosque Húmedo, 0–500 m.
Dept.: PA.
Muestra: *A.H. Gentry & A. Perry 77962* (LPB, MO, USZ).
Infra: *Brosimum parinarioides* subsp. *amplicoma* (Ducke) C.C. Berg

Brosimum rubescens Taub., Bot. Jahrb. Syst. 12(Beibl. 27): 4–5. 1890.
Sin.: *Ferolia guianensis* Aubl., *Alicastrum rubescens* (Taub.) Taub., *Brosimum paraense* Huber, *Piratinera rubescens* (Taub.) Pittier, *Brosimum angustifolium* Ducke, *Brosimum lanciferum* Ducke, *Brosimum caloxylon* Standl., *Piratinera lancifera* (Ducke) Benoist, *Piratinera paraensis* (Huber) Benoist, *Brosimum platyneurum* Ducke, *Brosimum brevipedunculatum* Ducke, *Brosimum longistipulatum* Ducke
Ref.: Berg (1972), Berg (2001).
Árbol. Nativa. Zonas Bajas. Bosque Húmedo, 0–500 m.
Dept.: PA.
Muestra: *A.H. Gentry & A. Perry 77938* (MO, USZ).

Brosimum utile (Kunth) Pittier, Contr. U.S. Natl. Herb. 20(3): 102. 1918.
Sin.: *Galactodendrum utile* Kunth, *Brosimum ovatifolium* Ducke, *Brosimum rigidum* Ducke, *Brosimum krukovii* Standl., *Brosimum pallescens* Ducke
Ref.: Berg (1972), Cornejo Guzmán & Rebolledo Garín (1993), Killeen & Schulenberg (1998), Berg (2001).
Árbol. Nativa. Zonas Bajas. Bosque Húmedo, 0–500 m.
Dept.: BE, PA, SC.
Muestra: *A.H. Gentry et al. 77737* (LPB, MO, USZ).
Infra: *Brosimum utile* subsp. *ovatifolium* (Ducke) C.C. Berg
Nom. Vern.: Bibosi, pio, mururé, surba.

Broussonetia L'Hér. ex Vent., Tabl. Regn. Veg. 3: 547. 1799.
1 especie, 0 especies endémicas.

Broussonetia papyrifera (L.) L'Hér. ex Vent., Tabl. Regn. Veg. 3: 547. 1799.
Sin.: *Morus papyrifera* L.
Árbol. Cultivada. Andes. Yungas, 2000–2500 m.
Dept.: CO.

Castilla Cerv., Gaz. Lit. México Suppl.: 7–10. 1794.
1 especie, 0 especies endémicas.

Castilla ulei Warb., Bot. Jahrb. Syst. 35: 674. 1905.
Ref.: Berg (1972), Parker & Bailey (1991), Cornejo Guzmán & Rebolledo Garín (1993), Alverson et al. (2000), Berg (2001).
Árbol. Nativa. Zonas Bajas. Bosque Húmedo, 0–500 m.
Dept.: LP, PA.
Muestra: *A. Perry et al. 289* (BG, BOLV, CTES, LPB, MO, USZ).
Nom. Vern.: Caucho, caucho amarillo, caucho blanco.

Clarisia Ruiz & Pav., Fl. Peruv. Prodr. 128. 1794.
3 especies, 0 especies endémicas.

Clarisia biflora Ruiz & Pav., Syst. Veg. Fl. Peruv. Chil. 256–257. 1798.
Sin.: *Sahagunia mexicana* Liebm., *Sahagunia colombiana* Rusby, *Clarisia colombiana* (Rusby) Lanj., *Clarisia mattogrossensis* Lanj., *Clarisia mexicana* (Liebm.) Lanj., *Clarisia panamensis* Woodson, *Clarisia biflora* subsp. *mexicana* (Liebm.) W.C. Burger
Ref.: Foster (1958), Parker & Bailey (1991), Cornejo Guzmán & Rebolledo Garín (1993), Alverson et al. (2000), Arrázola Rivero et al. (2000), Berg (2001), Nee (2004).
Árbol. Nativa. Zonas Bajas. Bosque Húmedo, 0–1000 m.
Dept.: BE, CO, LP, PA, SC.
Muestra: *J.C. Solomon 14191* (LPB, MO).
Nom. Vern.: Bibosi, bica, breo, chicle, isirillo, mururé, palo chicle, peloto.

Clarisia ilicifolia (Spreng.) Lanj. & Rossberg, Recueil Trav. Bot. Néerl. 33: 717. 1936.
Sin.: *Excoecaria ilicifolia* Spreng., *Acanthinophyllum strepitans* Allemão, *Pseudosorocea poeppigii* Baill., *Sahagunia strepitans* (Allemão) Benth. & Hook., *Sahagunia racemifera*

Huber, *Aliteria sagotii* Benoist, *Sorocea stenophylla* Standl., *Clarisia ilicifolia* var. *cuyunensis* (Lanj.) Lanj. & Rossberg, *Clarisia ilicifolia* var. *guianensis* (Lanj.) Lanj. & Rossberg, *Clarisia ilicifolia* var. *micranthera* (Lanj.) Lanj. & Rossberg, *Clarisia ilicifolia* var. *paraensis* (Lanj.) Lanj. & Rossberg, *Clarisia spruceana* Lanj., *Clarisia strepitans* (Allemão) Lanj., *Clarisia strepitans* var. *cuyunensis* Lanj., *Clarisia strepitans* var. *guianensis* Lanj., *Clarisia strepitans* var. *micranthera* Lanj., *Clarisia strepitans* var. *paraensis* Lanj., *Acanthinophyllum ilicifolium* (Spreng.) W.C. Burger, *Acanthinophyllum spruceanum* (Lanj.) W.C. Burger

Ref.: Foster (1958), Moraes R. (1990), Parker & Bailey (1991), Cornejo Guzmán & Rebolledo Garín (1993), Berg (2001).

Arbolito. Nativa. Zonas Bajas. Bosque Húmedo, 0–500 m.

Dept.: BE, PA.

Muestra: *M.H. Nee 31397* (BG, LPB, MO, NY).

Clarisia racemosa Ruiz & Pav., Syst. Veg. Fl. Peruv. Chil. 255–256. 1798.

Sin.: *Soaresia nitida* Allemão, *Sorocea nitida* (Allemão) Warb., *Clarisia nitida* (Allemão) J.F. Macbr.

Ref.: Parker & Bailey (1991), Cornejo Guzmán & Rebolledo Garín (1993), Alverson et al. (2000), Arrázola Rivero et al. (2000), Berg (2001), Nee (2004).

Árbol. Nativa. Zonas Bajas. Bosque Húmedo, 0–1000 m.

Dept.: BE, CO, LP, PA, SC.

Muestra: *S.G. Beck 20375* (BG, LPB, MO, SI, US).

Nom. Vern.: Hue-hue, huehué, isiri, mascajo rojo, mururé, urupí.

Dorstenia L., Sp. Pl. 1: 121. 1753.

3 especies, 0 especies endémicas.

Dorstenia brasiliensis Lam., Encycl. 2: 317. 1786.

Sin.: *Dorstenia tubicina* Ruiz & Pav., *Dorstenia pernambucana* Arruda, *Dorstenia infundibuliformis* Lodd., *Dorstenia montevidensis* Miq., *Dorstenia tomentosa* Fisch. & C.A. Mey., *Dorstenia brasiliensis* var. *major* Chodat & Hassl., *Dorstenia montana* Herzog, *Dorstenia brasiliensis* var. *palustris* Hassl., *Dorstenia brasiliensis* var. *tomentosa* (Fisch. & C.A. Mey.) Hassl., *Dorstenia tubicina* fo. *major* (Chodat & Hassl.) Hassl., *Dorstenia tubicina* fo. *subexcentrica* Hassl., *Dorstenia brasiliensis* fo. *balansae* Chodat, *Dorstenia brasiliensis* var. *guaranitica* Chodat & Vischer, *Dorstenia brasiliensis* var. *tubicina* (Ruiz & Pav.) Chodat & Vischer, *Dorstenia sabanensis* Cuatrec., *Dorstenia heringeri* Carauta & C. Valente, *Dorstenia schulzii* Carauta, C. Valente & Dunn de Araujo, *Dorstenia amazonica* Carauta, C. Valente & Barth

Ref.: Saravia Miranda (1996), Berg (2001), Nee (2004).

Hierba. Nativa. Zonas Bajas, Andes. Bosque Semideciduo Chiquitano, Bosque Seco Chaqueño, Campos Cerrados, Sabanas Benianas del Sur, Yungas, 0–500, 2000–3000 m.

Dept.: BE, CO, LP, SC, TA.

Muestra: *F. Mamani & A. Jardim 329* (MO, USZ).

Nom. Vern.: Eré, sapirana, sapirarita.

Dorstenia cayapia Vell., Fl. Flumin. 52. 1825.

Sin.: *Dorstenia asaroides* Hook., *Dorstenia vitifolia* Gardner, *Dorstenia cayapia* var. *asaroides* (Hook.) Bureau, *Dorstenia cayapia* fo. *paraguariensis* Hassl., *Dorstenia paraguariensis* (Hassl.) Carauta

Ref.: Killeen & Schulenberg (1998), Berg (2001), Nee (2004).

Hierba. Nativa. Zonas Bajas. Bosque Semideciduo Chiquitano, Campos Cerrados, Sabanas Benianas del Norte, Sabanas Benianas del Sur, 0–500 m.

Dept.: PA, SC.

Muestra: *S. Ortiz 218* (USZ).

Infra: *Dorstenia cayapia* subsp. *asaroides* (Hook.) C.C. Berg, *Dorstenia cayapia* subsp. *paraguariensis* (Hassl.) C.C. Berg, *Dorstenia cayapia* subsp. *vitifolia* (Gardner) C.C. Berg

Dorstenia peruviana C.C. Berg, Proc. Kon. Ned. Akad. Wetensch., C 85(1): 35–36, f. 3. 1982.

Sin.: *Dorstenia boliviana* C.C. Berg

Ref.: Berg (2001).

Hierba. Nativa. Zonas Bajas. Bosque Húmedo, 0–1000 m.

Dept.: CO, LP.

Muestra: *R. Seidel 7401* (BG, CTES, LPB, NY, USZ).

[Dorstenia umbricola A.C. Sm.], Bull. Torrey Bot. Club 58: 87. 1931.

Ref.: Parker & Bailey (1991).

Nota: El registro se basa en material mal identificado.

Ficus L., Sp. Pl. 2: 1059. 1753.

52 especies, 1 especie endémica.

Ficus adhatodifolia Schott ex Spreng., Syst. Veg. 4(App.): 409. 1827.

Sin.: *Ficus anthelmintica* var. *missionum* Hauman, *Ficus anthelmintica* Mart., *Pharmacosycea adhatodifolia* (Schott ex Spreng.) Miq., *Pharmacosycea anthelmintica* (Mart.) Miq., *Pharmacosycea radula* var. *latifolia* Miq., *Pharmacosycea vermifuga* Miq., *Ficus vermifuga* (Miq.) Miq., *Ficus morongii* Hassl., *Ficus helminthagoga* Dugand, *Ficus nevesiae* Carauta

Ref.: Cornejo Guzmán & Rebolledo Garín (1993), Berg & Villavicencio L. (2003b).

Árbol. Nativa. Zonas Bajas. Bosque Semideciduo Chiquitano, 0–500 m.

Dept.: SC.

Muestra: *M.H. Nee 37847* (MO, NY).

Ficus albert-smithii Standl., Lloydia 2(3): 174. 1939.

Sin.: *Ficus frondosa* Standl., *Ficus hypochrysea* Dugand

Ref.: Berg & Villavicencio L. (2003b).

Árbol. Nativa. Andes. Yungas, 1500–2000 m.

Dept.: LP.

Muestra: *J.C. Solomon & Kuijt 11589* (LPB, MO).

Ficus americana Aubl., Hist. Pl. Guiane 2: 952. 1775.

Sin.: *Ficus guianensis* Desv. ex Ham., *Ficus clusiifolia* (Miq.) Schott ex Spreng., *Urostigma clusiifolium* Miq., *Urostigma mathewsii* Miq., *Pharmacosycea parkeriana* Miq., *Ficus martinii* Miq., *Ficus mathewsii* (Miq.) Miq., *Ficus grenadensis* Warb., *Ficus umbonigera* Warb., *Ficus oblanceolata* Rusby, *Ficus parkeriana* (Miq.) Sandwith, *Ficus gleasonii* Standl., *Ficus myriasycea* Pittier, *Ficus sprucei* Standl., *Ficus niceforoi* Dugand, *Ficus vaupesana* Dugand, *Ficus corpulenta* Pittier, *Ficus metensis* Dugand, *Ficus chiribiquetensis* Dugand, *Ficus maroana* Pittier, *Ficus erratica* Standl., *Ficus mensalis* Standl.

Ref.: Foster (1958), Berg et al. (1984), Parker & Bailey (1991), Cornejo Guzmán & Rebolledo Garín (1993), Killeen & Schulenberg (1998), Berg & Simonis (2000), Berg & Villavicencio L. (2003b), Nee (2004), Berg (2007).

Árbol, hemiepífita. Nativa. Zonas Bajas, Andes. Bosque Húmedo, Yungas, 0–2000 m.

Dept.: BE, CO, LP, SC.

Muestra: *S.G. Beck 22219* (BG, CTES, LPB, MO, USZ).

Infra: *Ficus americana* subsp. *guianensis* (Desv. ex Ham.) C.C. Berg
Nom. Vern.: Leche-leche, matapalo.

Ficus apollinaris Dugand, Caldasia 1(4): 31. 1942.
Sin.: *Ficus petenensis* Lundell
Árbol, hemiparásita. Nativa. Andes. Yungas, 1000–1500 m.
Dept.: BE, CO.
Muestra: *M.J. Macia & Fuertes 7288* (BG, LPB, MA).

Ficus aripuanensis C.C. Berg & Kooy, Acta Amazon. 14(1/2): 177. 1984.
Ref.: Killeen & Schulenberg (1998), Alverson et al. (2000), Berg & Villavicencio L. (2003b).
Árbol. Nativa. Zonas Bajas. Bosque Húmedo, 0–500 m.
Dept.: SC.
Muestra: *R. Guillén V. & V. Choré 3729* (BG, MO, USZ).

Ficus banosensis C.C. Berg, Fl. Ecuador 85: 68–70, f. 10. 2009.
Ref.: Berg & Villavicencio L. (2003b).
Arbolito, epífita. Nativa. Andes. Yungas, 1500–2500 m.
Dept.: LP.
Muestra: *A. Araujo M. et al. 3371* (L, LPB, MO, USZ).

Ficus benjamina L., Mant. Pl. 129. 1767.
Árbol. Cultivada. Zonas Bajas. Tipo de vegetación desconocida, 0–500 m.
Dept.: BE, SC.
Muestra: *M.H. Nee 36930* (LPB, MO, NY).
Nota: Estudios adicionales son necesarios para confirmar la identidad de esta especie.

Ficus boanensis C.C. Berg, Blumea 49: 168. 2004.
Hemiepífita. Nativa. Andes. Yungas, Páramo Yungueño, 1500–2000 m.
Dept.: LP.
Muestra: *A. Araujo M. et al. 3371* (L, LPB, MO, USZ).

Ficus boliviana C.C. Berg, Brittonia 51(4): 395–397, f. 1. 1999.
Ref.: Berg (1999), Berg & Villavicencio L. (2003b).
Árbol, hemiepífita. Nativa. Zonas Bajas. Bosque Húmedo, 0–1000 m.
Dept.: BE, LP, SC.
Tipo y muestra: *R. Seidel 7335* (HT: LPB; IT: BG), *D.N. Smith et al. 13277* (MO).
Nom. Vern.: Mata palo.

[Ficus brevibracteata W.C. Burger], Phytologia 26(6): 423–424. 1973.
Ref.: Alverson et al. (2000).
Nota: El registro se basa en material mal identificado.

Ficus caballina Standl., Publ. Field Mus. Nat. Hist., Bot. Ser. 15: 81. 1936.
Sin.: *Ficus ramiflora* Standl., *Ficus tamatamae* Pittier
Ref.: Foster (1958), Berg et al. (1984), Cornejo Guzmán & Rebolledo Garín (1993), Alverson et al. (2000), Berg & Simonis (2000), Berg & Villavicencio L. (2003b), Nee (2004).
Árbol, hemiepífita. Nativa. Zonas Bajas. Bosque Húmedo, Sabanas Benianas del Sur, 0–1000 m.
Dept.: BE, LP, PA, SC.
Muestra: *M.H. Nee 39711* (LPB, MO, NY).
Nom. Vern.: Bibosi, mato palo.

Ficus calyptroceras (Miq.) Miq., Ann. Mus. Bot. Lugduno-Batavi 3: 297. 1867.
Sin.: *Urostigma calyptroceras* Miq., *Ficus elliotiana* S. Moore, *Ficus rojasii* Hassl., *Ficus calyptroceras* var. *elliotiana* (S. Moore) Chodat
Ref.: Carauta (1989), Cornejo Guzmán & Rebolledo Garín (1993), Killeen & Schulenberg (1998), Berg & Villavicencio L. (2003b).
Árbol, hemiepífita. Nativa. Zonas Bajas. Bosque Semideciduo Chiquitano, Campos Cerrados, Sabanas Benianas del Sur, 0–1000 m.
Dept.: SC.
Muestra: *M.H. Nee 33335* (LPB, MO, NY).
Nom. Vern.: Bibosi, nobiosurr.

Ficus carica L., Sp. Pl. 2: 1059. 1753.
Ref.: Cornejo Guzmán & Rebolledo Garín (1993), Nee (2004).
Árbol. Cultivada. Andes. 2000–2500 m.
Dept.: CO, LP, SC, TA.
Muestra: *I.G. Vargas 1978* (LPB, USZ).
Nom. Vern.: Higo, higuera.

Ficus casapiensis (Miq.) Miq., Ann. Mus. Bot. Lugduno-Batavi 3: 298. 1867.
Sin.: *Urostigma casapiense* Miq.
Ref.: Berg & Villavicencio L. (2003b).
Árbol, hemiepífita. Nativa. Zonas Bajas. Bosque Húmedo, 500–1000 m.
Dept.: LP.
Muestra: *R. Seidel 5354* (BG, LPB).
Nom. Vern.: Mata palo.

Ficus castellviana Dugand, Caldasia 1(4): 33. 1942.
Ref.: Berg et al. (1984), Berg & Villavicencio L. (2003b).
Árbol, hemiepífita. Nativa. Zonas Bajas. Bosque Húmedo, 0–1000 m.
Dept.: LP, PA.
Muestra: *C.R. Sperling & S. King 6603* (LPB, MO).

Ficus cervantesiana Standl. & L.O. Williams, Ceiba 3(3): 194. 1953.
Ref.: Burger (1977b), Cornejo Guzmán & Rebolledo Garín (1993), Berg & Simonis (2000), Berg & Villavicencio L. (2003b).
Árbol, hemiepífita. Nativa. Zonas Bajas. Bosque Húmedo, 1000–1500 m.
Dept.: LP.
Muestra: *J.C. Solomon 9410* (LPB, MO).

Ficus chaparensis C.C. Berg & Villav., Revista Soc. Boliv. Bot. 4(1): 75–77, f. 1. 2003.
Ref.: Berg & Villavicencio L. (2003a), Berg & Villavicencio L. (2003b).
Árbol. Endémica. Andes. Yungas, 1500–2000 m.
Dept.: CO.
Tipo: *G.S. Hartshorn & E. Meneces 2036* (HT: USZ; IT: BG, BOLV, LPB).
Nota: Conocido solamente del tipo.

Ficus citrifolia Mill., Gard. Dict. (ed. 8) no. 10. 1768.
Sin.: *Ficus sancti-crucis* (Liebm.) Miq., *Ficus caribaea* Jacq., *Ficus pedunculata* Dryand. ex Aiton, *Ficus laevigata* Vahl, *Ficus lentiginosa* Vahl, *Ficus populnea* Willd., *Ficus gigantea* Kunth, *Ficus catesbaei* Steud., *Ficus botryapioides* Kunth & C.D. Bouché, *Ficus syringaefolia* Kunth & C.D. Bouché, *Urostigma giganteum* (Kunth) Miq., *Urostigma laevigatum* (Vahl) Miq., *Urostigma pedunculatum* (Dryand. ex Aiton) Miq., *Urostigma populneum* (Willd.) Miq., *Urostigma syringaefolium* (Kunth & C.D. Bouché) Miq., *Ficus pedunculata* var. *acuta* Nutt., *Urostigma sancti-crucis* Liebm., *Ficus brevifolia* Nutt., *Ficus thomaea* Miq., *Ficus portoricensis* Urb., *Ficus populnea* subvar. *floridana* Warb., *Ficus populnea* var. *bahamensis* Warb., *Ficus populnea* var. *brevifolia* (Nutt.) Warb., *Ficus populoides* Warb., *Ficus populoides* var. *maculosa* Warb., *Ficus eximia* fo. *paraguariensis* Hassl., *Ficus guaranitica* Chodat, *Ficus lentiginosa* var. *imrayana* Domin, *Ficus lentiginosa* var. *subcuspidata* Domin, *Ficus dugandii* Standl., *Ficus guanarensis* Pittier, *Ficus ruiziana* Standl., *Ficus*

foveolata Pittier, *Ficus caucana* Dugand, *Ficus subandina* Dugand, *Ficus foveata* Pittier, *Ficus gentlei* Lundell, *Ficus citrifolia* var. *brevifolia* (Nutt.) D'Arcy, *Ficus citrifolia* subsp. *brevifolia* (Nutt.) A.E. Murray
Ref.: Berg et al. (1984), Parker & Bailey (1991), Cornejo Guzmán & Rebolledo Garín (1993), Killeen & Schulenberg (1998), Berg & Simonis (2000), Berg (2003), Berg & Villavicencio L. (2003b), Nee (2004), Berg (2007).
Árbol, hemiepífita. Nativa. Zonas Bajas, Andes. Bosque Húmedo, Bosque Semideciduo Chiquitano, Campos Cerrados, Sabanas Benianas del Sur, Yungas, 0–2000 m.
Dept.: BE, CH, LP, PA, SC.
Muestra: *M.H. Nee 38760* (LPB, MO, NY).
Nota: De acuerdo con Berg (2003) el nombre ha sido sugerido ser conservado.
Nom. Vern.: Bibosi, nobiosurr, palo injerto.

Ficus coerulescens (Rusby) Rossberg, Repert. Spec. Nov. Regni Veg. 42: 61. 1937.
Sin.: *Urostigma coerulescens* Rusby, *Ficus killipii* Standl., *Ficus bunquensis* Dugand, *Ficus ynesina* Dugand
Ref.: Foster (1958), Parker & Bailey (1991), Cornejo Guzmán & Rebolledo Garín (1993), Alverson et al. (2000), Berg & Villavicencio L. (2003b), Nee (2004).
Árbol, hemiepífita. Nativa. Zonas Bajas. Bosque Húmedo, 0–1000 m.
Dept.: BE, CO, LP, SC.
Tipo y muestra: *R.S. Williams 800* (T: NY), *R.B. Foster et al. 12505* (F, LPB).
Nom. Vern.: Bibosi, bibosi bejuco, bibosi colorado, bibosi palomo, bibosillo, mato palo, simah, siriri.

Ficus crassiuscula Warb. ex Standl., Contr. U.S. Natl. Herb. 20(1): 12. 1917.
Sin.: *Ficus boyacensis* Dugand, *Ficus crassa* Klotzsch & H. Karst. ex Dugand, *Ficus crassivenosa* W.C. Burger
Ref.: Berg & Villavicencio L. (2003b).
Árbol. Nativa. Andes. Yungas, 2000–2500 m.
Dept.: LP, SC.
Muestra: *D.N. Smith et al. 13406* (LPB, MO).
Nom. Vern.: Leche-leche.

Ficus crocata (Miq.) Miq., Ann. Mus. Bot. Lugduno-Batavi 3(10): 297. 1867.
Sin.: *Urostigma crocatum* Miq., *Urostigma maximilianum* Miq., *Urostigma tomentellum* Miq., *Urostigma verrucosum* Liebm., *Ficus maximiliana* (Miq.) Mart. ex Miq., *Ficus tomentella* (Miq.) Miq., *Ficus verrucosa* (Liebm.) Hemsl., *Ficus combsii* Warb., *Ficus hartii* Warb., *Ficus mitrophora* Warb., *Ficus goldmanii* Standl., *Ficus hemsleyana* Standl., *Ficus pittieri* Standl., *Ficus williamsii* Standl., *Ficus yucatanensis* Standl., *Ficus havanensis* Rossberg, *Ficus coronata* Pittier, *Ficus ernstiana* Pittier, *Ficus iturbei* Pittier, *Ficus interfector* Pittier, *Ficus squamulosa* Pittier, *Ficus perez-arbelaezii* Dugand, *Ficus sanguinosa* Dugand, *Ficus usiacurina* Dugand, *Ficus standleyana* Dugand, *Ficus campbellii* I.M. Johnst., *Ficus leavensii* I.M. Johnst., *Ficus leavensii* var. *thinophila* I.M. Johnst., *Ficus morazaniana* W.C. Burger, *Ficus albotomentosa* Lundell, *Ficus galeata* Lundell, *Ficus venosissima* Lundell
Ref.: Berg & Simonis (2000), Berg & Villavicencio L. (2003b).
Árbol, hemiepífita. Nativa. Zonas Bajas. Bosque Húmedo, Bosque Semideciduo Chiquitano, 0–1000 m.
Dept.: BE, LP, SC.
Muestra: *T. Killeen et al. 3269* (LPB, MO, NY, USZ).
Nom. Vern.: Bibosi, bibosi palomo.

Ficus cuatrecasana Dugand, Caldasia 1(4): 36, f. 1. 1942.
Sin.: *Ficus garcia-barrigae* Dugand, *Ficus garcia-barrigae* var. *ovoidea* Dugand, *Ficus sibundoya* Dugand, *Ficus aguaraguensis* Vázq. Avila
Ref.: Burger (1977b), Cornejo Guzmán & Rebolledo Garín (1993), Killeen & Schulenberg (1998), Berg & Simonis (2000), Berg & Villavicencio L. (2003b).
Árbol, hemiepífita. Nativa. Zonas Bajas, Andes. Bosque Húmedo, Yungas, Bosque Tucumano-Boliviano, 500–2500 m.
Dept.: CO, LP, SC, TA.
Muestra: *R. Seidel 1466* (BG, BOLV, CTES, F, LPB, MO, NY, SI, USZ).
Nom. Vern.: Bibosi, mato palo.

Ficus donnell-smithii Standl., Contr. U.S. Natl. Herb. 20(1): 21. 1917.
Sin.: *Ficus florenciana* Dugand
Ref.: Berg et al. (1984), Moraes R. (1990), Cornejo Guzmán & Rebolledo Garín (1993), Berg & Simonis (2000), Berg & Villavicencio L. (2003b).
Árbol, hemiepífita. Nativa. Zonas Bajas. Bosque Húmedo, 0–1000 m.
Dept.: BE, LP, PA.
Muestra: *R.T. Pennington et al. 167* (K, LPB).

Ficus elastica Roxb., Hort. Bengal. 65. 1814.
Ref.: Cornejo Guzmán & Rebolledo Garín (1993), Nee (2004).
Árbol. Cultivada. Zonas Bajas, Andes. 0–3500 m.
Dept.: CO, LP, SC.
Muestra: *M.H. Nee 37374* (LPB, MO, NY, USZ).
Nom. Vern.: Gomero.

Ficus eximia Schott, Sys. Veg., ed. 16 (App.): 410. 1827.
Sin.: *Ficus glabra* Vell., *Urostigma glabrum* (Vell.) Miq., *Ficus eximia* var. *glabra* (Vell.) Miq.
Ref.: Schulenberg & Awbrey (1997), Killeen & Schulenberg (1998), Serrano & Terán (1998 [2000]), Berg & Villavicencio L. (2003b).
Árbol, hemiepífita. Nativa. Zonas Bajas. Bosque Húmedo, 0–500 m.
Dept.: BE, CH, LP, SC.
Muestra: *M.H. Nee 40975* (BG, LPB, MO, NY, USZ).

Ficus gomelleira Kunth & C.D. Bouché, Index Sem. (Berlin) 1846: 18. 1847.
Sin.: *Urostigma doliarium* Miq., *Urostigma gomelleira* (Kunth & C.D. Bouché) Miq., *Ficus doliaria* (Miq.) Miq., *Ficus acarouaniensis* Benoist, *Ficus schultesii* Dugand, *Ficus christianii* Carauta
Ref.: Berg et al. (1984), Parker & Bailey (1991), Cornejo Guzmán & Rebolledo Garín (1993), Killeen & Schulenberg (1998), Alverson et al. (2000), Berg & Simonis (2000), Berg & Villavicencio L. (2003b), Jardim et al. (2003).
Árbol, hemiepífita. Nativa. Zonas Bajas. Bosque Húmedo, 0–500 m.
Dept.: BE, CO, LP, PA, SC.
Muestra: *T.D. Pennington et al. 22* (K, LPB).
Nom. Vern.: Apui, bibosi, mata palo.

Ficus hatschbachii C.C. Berg & Carauta, Brittonia 54(4): 243, f. 5. 2002.
Ref.: Berg & Carauta (2002 [2003]), Berg & Villavicencio L. (2003b).
Hemiepífita. Nativa. Zonas Bajas. Bosque Húmedo, 0–500 m.
Dept.: SC.
Muestra: *R. Guillén V. et al. 3256* (BG, USZ).

Ficus insipida Willd., Sp. Pl. 4(2): 1143. 1806.
Sin.: *Ficus glabrata* Kunth, *Pharmacosycea angustifolia* Liebm., *Ficus segoviae* Miq., *Ficus radulina* S. Watson, *Pharmacosycea brittonii* Rusby, *Ficus finlayana* Warb., *Ficus krugiana* Warb., *Ficus whitei* Rusby, *Ficus longistipula* Pittier, *Ficus werckleana* Rossberg, *Ficus glabrata* var. *obtusula* Dugand, *Ficus palmirana* Dugand, *Ficus insipida* subsp. *radulina* (S. Watson) Carvajal, *Ficus insipida* subsp. *segoviae* (Miq.) Carvajal
Ref.: Berg et al. (1984), Parker & Bailey (1991), Cornejo Guzmán & Rebolledo Garín (1993), Killeen & Schulenberg (1998), Alverson et al. (2000), Arrázola Rivero et al. (2000), Berg & Simonis (2000), Berg & Villavicencio L. (2003b), Nee (2004).
Árbol. Nativa. Zonas Bajas. Bosque Húmedo, Sabanas Benianas del Sur, 0–500 m.
Dept.: BE, CO, LP, PA, SC.
Muestra: *M.H. Nee 40920* (LPB, MO, NY).
Infra: *Ficus insipida* subsp. *insipida*
Nom. Vern.: Bibosi, cocoba, gomelero, higuerón, ojé.

Ficus krukovii Standl., Publ. Field Mus. Nat. Hist., Bot. Ser. 17(2): 171. 1937.
Ref.: Berg et al. (1984), Berg & Simonis (2000), Berg & Villavicencio L. (2003b), Jardim et al. (2003).
Árbol, hemiepífita. Nativa. Zonas Bajas. Bosque Húmedo, 0–500 m.
Dept.: PA.
Muestra: *L. Vargas 909* (BG, CTES, F, LPB, USZ).
Nom. Vern.: Bibosi.

Ficus lauretana Vázq. Avila, Acta Amazon. 14(1/2, supl.): 203–205, f. 5. 1984.
Ref.: Killeen & Schulenberg (1998), Berg & Villavicencio L. (2003b).
Árbol, hemiepífita. Nativa. Zonas Bajas. Bosque Húmedo, 0–500 m.
Dept.: PA.
Muestra: *J.C. Solomon 17118* (LPB, MO, USZ).

Ficus macbridei Standl., Publ. Field Mus. Nat. Hist., Bot. Ser. 13(2/2): 305. 1937.
Sin.: *Ficus torresiana* Standl., *Ficus aequatorialis* Dugand, *Ficus ciroana* Dugand
Ref.: Foster (1958), Burger (1977b), Berg & Villavicencio L. (2003b), Nee (2004).
Árbol. Nativa. Zonas Bajas. Bosque Húmedo, 0–1500 m.
Dept.: BE, CO, LP, SC.
Muestra: *M.H. Nee 35999* (LPB, MO, NY, USZ).

Ficus machupicchuensis C.C. Berg, Blumea 55(2): 196, f. 1. 2010.
Árbol. Nativa. Andes. Yungas, 1500–2500 m.
Dept.: SC.
Muestra: *F.L. Balcázar J. et al. 749* (BG, USZ).

Ficus mariae C.C. Berg, de Mello Filho, Luiz Emygdio & Carauta, Bradea 8(20): 112. 1999.
Ref.: Berg & Villavicencio L. (2003b).
Árbol, hemiepífita. Nativa. Zonas Bajas. Bosque Húmedo, 0–500 m.
Dept.: BE, LP.
Muestra: *N. Helme 429* (BG, LPB).

Ficus maroma A. Cast., Lilloa 10: 484, f. 1–3, t. 1944.
Ref.: Vásquez Avila (1981), Cornejo Guzmán & Rebolledo Garín (1993), González et al. (1999), Berg & Villavicencio L. (2003b), Nee (2004).
Árbol, hemiepífita. Nativa. Zonas Bajas, Andes. Bosque Húmedo, Yungas, Bosque Tucumano-Boliviano, 500–2000 m.
Dept.: LP, SC, TA.
Muestra: *S.G. Beck et al. 11592* (BOL, LPB, MO, USZ).

Ficus matiziana Dugand, Caldasia 4(17): 116–117. 1946.
Sin.: *Ficus loretoyacuensis* Dugand
Ref.: Killeen & Schulenberg (1998), Berg & Villavicencio L. (2003b).
Árbol, hemiepífita. Nativa. Zonas Bajas. Bosque Húmedo, 0–500 m.
Dept.: LP, SC.
Muestra: *I. Hinojosa 1158* (BG, LPB).

Ficus maxima Mill., Gard. Dict. (ed. 8) no. 6. 1768.
Sin.: *Ficus citrifolia* Lam., *Ficus radula* Humb. & Bonpl. ex Willd., *Urostigma laurifolium* (Hort. ex Lam.) Miq., *Pharmacosycea grandaeva* Miq., *Pharmacosycea guyanensis* Miq., *Pharmacosycea glaucescens* Liebm., *Pharmacosycea hernandezii* Liebm., *Pharmacosycea rigida* Miq., *Urostigma protensum* Griseb., *Ficus suffocans* Banks ex Griseb., *Pharmacosycea mexicana* Miq., *Pharmacosycea pseudoradula* Miq., *Pharmacosycea radula* (Humb. & Bonpl. ex Willd.) Miq., *Ficus coybana* Miq., *Ficus glaucescens* (Liebm.) Miq., *Ficus hernandezii* (Liebm.) Miq., *Ficus mexicana* (Miq.) Miq., *Ficus parkeri* Miq., *Ficus pseudoradula* (Miq.) Miq., *Ficus protensa* (Griseb.) Hemsl., *Ficus guadalajarana* S. Watson, *Ficus picardae* Warb., *Ficus rubricosta* Warb., *Ficus subscabrida* Warb., *Ficus plumieri* Urb., *Ficus bopiana* Rusby, *Ficus sodiroi* Rossberg, *Ficus ulei* Rossberg, *Ficus murilloi* Dugand, *Ficus vicencionis* Dugand, *Ficus murilloi* var. *cajambrensis* Dugand, *Ficus chaconiana* Standl. & L.O. Williams
Ref.: Berg et al. (1984), Parker & Bailey (1991), Cornejo Guzmán & Rebolledo Garín (1993), Killeen & Schulenberg (1998), Alverson et al. (2000), Arrázola Rivero et al. (2000), Berg (2003), Berg & Villavicencio L. (2003b), Nee (2004).
Árbol. Nativa. Zonas Bajas. Bosque Húmedo, Bosque Semideciduo Chiquitano, 0–1000 m.
Dept.: BE, CO, LP, PA, SC.
Muestra: *M.H. Nee 33358* (LPB, MO, NY).
Nota: De acuerdo con Berg (2003) el nombre ha sido sugerido ser conservado.
Nom. Vern.: Bibosi, bibosi blanco, higuerón, madada, nobiosiirr, ojé, quinsiqui, xoa.

Ficus maximoides C.C. Berg, Blumea 52(3): 579–580, f. 7a–d. 2007.
Árbol. Nativa. Andes. Yungas, 1000–1500 m.
Dept.: SC.
Muestra: *D. Villarroel 1582* (L, MO, USZ).

Ficus microcarpa L. f., Suppl. Pl. 442. 1781.
Árbol. Cultivada. Zonas Bajas. 0–500 m.
Dept.: BE.
Muestra: *M.H. Nee 31325* (LPB, MO, NY).

Ficus mutisii Dugand, Caldasia 1(4): 58. 1942.
Sin.: *Ficus santanderana* Dugand
Ref.: Berg & Villavicencio L. (2003b).
Árbol. Nativa. Andes. Yungas, 1500–2000 m.
Dept.: LP.
Muestra: *T. Krömer & A. Acebey 1576* (LPB, MO).

Ficus nymphaeifolia Mill., Gard. Dict. (ed. 8) no. 9. 1768.
Sin.: *Ficus nymphoides* Thunb., *Urostigma nymphaeifolium* (Mill.) Miq., *Ficus urbaniana* Warb., *Ficus ierensis* Britton, *Ficus anguina* Benoist, *Ficus cabusana* Standl. & Steyerm., *Ficus duquei* Dugand, *Ficus involuta* var. *urbaniana* (Warb.) Dugand, *Ficus duquei* var. *obtusiloba* Dugand
Ref.: Berg et al. (1984), Killeen &

Schulenberg (1998), Alverson et al. (2000), Berg & Simonis (2000), Berg & Villavicencio L. (2003b).
Árbol, hemiepífita. Nativa. Zonas Bajas. Bosque Húmedo, 0–500 m.
Dept.: BE, PA, SC.
Muestra: *L. Vargas 625* (BG, F, LPB).

Ficus obtusifolia Kunth, Nov. Gen. Sp. (quarto ed.) 2: 49. 1817.
Sin.: *Urostigma gardnerianum* Miq., *Urostigma bonplandianum* Liebm., *Urostigma involutum* Liebm., *Ficus bonplandiana* (Liebm.) Miq., *Ficus gardneriana* (Miq.) Miq., *Ficus involuta* (Liebm.) Miq., *Ficus proctor-cooperi* Standl., *Ficus pascuorum* Pittier, *Ficus mattogrossensis* Standl., *Ficus chiapensis* Lundell
Ref.: Berg et al. (1984), Cornejo Guzmán & Rebolledo Garín (1993), Killeen & Schulenberg (1998), Berg & Villavicencio L. (2003b), Nee (2004).
Árbol, hemiepífita. Nativa. Zonas Bajas, Andes. Bosque Húmedo, Bosque Semideciduo Chiquitano, Sabanas Benianas del Sur, Yungas, 0–1500 m.
Dept.: BE, LP, SC.
Muestra: *S.G. Beck 12650* (BOLV, LPB, MO, USZ).
Nom. Vern.: Bibosi, mata, mato palo, moro, yomëno.

Ficus pallida Vahl, Enum. Pl. 2: 194. 1805.
Ref.: Altamirano Azurduy & Ramos de Sousa (2009).
Árbol. Nativa. Zonas Bajas. Bosque Húmedo, 0–500 m.
Dept.: PA.
Muestra: *S. Altamirano 4317* (BOLV, MO).

Ficus paraensis (Miq.) Miq., Ann. Mus. Bot. Lugduno-Batavi 3(10): 298. 1867.
Sin.: *Urostigma paraense* Miq., *Urostigma williamsii* Rusby, *Ficus panamensis* Standl., *Ficus thelephora* Benoist, *Ficus haughtii* Standl., *Ficus uberrima* Standl., *Ficus williamsii* (Rusby) Rossberg, *Ficus putumayonis* Dugand, *Ficus hydrophila* Pittier, *Ficus orinocensis* Pittier, *Ficus peroblonga* Dugand, *Ficus arukensis* Standl.
Ref.: Foster (1958), Berg et al. (1984), Parker & Bailey (1991), Cornejo Guzmán & Rebolledo Garín (1993), Killeen & Schulenberg (1998), Alverson et al. (2000), Berg & Simonis (2000), Berg & Villavicencio L. (2003b).
Árbol, hemiepífita. Nativa. Andes. Bosque Húmedo, Bosque Semideciduo Chiquitano, 0–1000 m.
Dept.: BE, CO, LP, PA, SC.
Muestra: *D.N. Smith et al. 14191* (BOLV, LPB, MO, USZ).
Nom. Vern.: Bibosi, mata palo, mata palo blanco, ojé.

[Ficus perforata L.], Pl. Surin. 17. 1775.
Ref.: Parker & Bailey (1991).
Nota: El registro se basa en material mal identificado.

Ficus pertusa L. f., Suppl. Pl. 442. 1781.
Sin.: *Ficus prinoides* var. *subtriplinervia* (Mart.) Hassl., *Ficus complicata* Kunth, *Ficus padifolia* Kunth, *Ficus myrtifolia* Link, *Ficus lancifolia* Hook. & Arn., *Ficus subtriplinervia* Mart., *Ficus arpazusa* Casar., *Ficus ligustrina* Kunth & C.D. Bouché, *Ficus planicostata* Kunth & C.D. Bouché, *Urostigma cestrifolium* var. *major* Miq., *Urostigma erythrostictum* Miq., *Urostigma geminum* Miq., *Urostigma lancifolium* (Hook. & Arn.) Miq., *Urostigma pertusum* (L. f.) Miq., *Urostigma schiedeanum* Miq., *Urostigma subtriplinervium* (Mart.) Miq., *Pharmacosycea laurifolia* Miq., *Pharmacosycea peruviana* Miq., *Urostigma baccatum* Liebm., *Urostigma complicatum* (Kunth) Liebm., *Urostigma padifolium* (Kunth) Liebm., *Urostigma rolanderi* Liebm., *Urostigma sapidum* Liebm., *Urostigma turbinatum* Liebm., *Urostigma subtriplinervium* fo. *majus* Miq., *Urostigma sulcipes* Miq., *Ficus ochroleuca* Griseb., *Ficus baccata* (Liebm.) Miq., *Ficus daphniphylla* Miq., *Ficus erythrosticta* (Miq.) Miq., *Ficus gemina* (Miq.) Miq., *Ficus rolanderi* (Liebm.) Miq., *Ficus sapida* (Liebm.) Miq., *Ficus sulcipes* (Miq.) Miq., *Ficus turbinata* (Liebm.) Miq., *Ficus fasciculata* S. Watson, *Ficus sonorae* S. Watson, *Ficus prinoides* var. *subtriplinervia* (Mart.) Kuntze, *Ficus grabhamii* Britton, *Ficus halliana* Britton, *Ficus morantensis* Britton, *Urostigma subtriplinervium* fo. *ellipticum* Herzog, *Ficus tapajozensis* Standl., *Ficus palmicida* Pittier, *Ficus peruviana* (Miq.) Rossberg, *Ficus kanukuensis* Standl., *Ficus elliptica* (Herzog) Herter, *Ficus garcesii* Dugand, *Ficus trachelosyce* Dugand
Ref.: Berg et al. (1984), Cornejo Guzmán & Rebolledo Garín (1993), Killeen & Schulenberg (1998), Berg & Simonis (2000), Berg & Villavicencio L. (2003b), Nee (2004).
Árbol, hemiepífita. Nativa. Zonas Bajas. Bosque Húmedo, Bosque Semideciduo Chiquitano, Sabanas Benianas del Sur, 0–1000 m.
Dept.: BE, CO, LP, SC.
Muestra: *M.H. Nee 40092* (LPB, MO, NY).
Nom. Vern.: Bibosi, bibosi palomo, nobiosurr.

Ficus piresiana Vázq. Avila & C.C. Berg, Acta Amazon. 14(1–2 Supl.): 207. 1984.
Ref.: Berg et al. (1984), Cornejo Guzmán & Rebolledo Garín (1993), Alverson et al. (2000), Berg & Simonis (2000), Berg & Villavicencio L. (2003b).
Árbol. Nativa. Zonas Bajas. Bosque Húmedo, 0–500 m.
Dept.: LP, PA.
Muestra: *S.G. Beck & R.B. Foster 18273* (BG, F, LPB).

Ficus popenoei Standl., Publ. Field Mus. Nat. Hist., Bot. Ser. 4(8): 301–302. 1929.
Sin.: *Ficus tolimensis* Standl.
Ref.: Parker & Bailey (1991), Alverson et al. (2000), Berg & Villavicencio L. (2003b), Berg (2007).
Árbol, hemiepífita. Nativa. Zonas Bajas. Bosque Húmedo, 0–500 m.
Dept.: PA, SC.
Muestra: *I.G. Vargas et al. 3749* (F, LPB, MO, USZ).
Infra: *Ficus popenoei* subsp. *popenoei*

Ficus pulchella Schott ex Spreng., Syst. Veg. 4: 410. 1827.
Árbol. Nativa. Zonas Bajas. Bosque Húmedo, 0–500 m.
Dept.: PA.
Muestra: *R.B. Foster et al. 13379* (F, LPB).

Ficus pumila L., Sp. Pl. 2: 1060. 1753.
Ref.: Cornejo Guzmán & Rebolledo Garín (1993).
Trepadora, arbolito. Cultivada. Andes. 1500–2000 m.
Dept.: LP, SC.
Muestra: *S.G. Beck 17885* (BG, LPB, NY, SI, USZ).

Ficus sphenophylla Standl., Publ. Field Mus. Nat. Hist., Bot. Ser. 17(2): 176. 1937.
Ref.: Berg et al. (1984), Parker & Bailey (1991), Berg & Simonis (2000), Berg & Villavicencio L. (2003b), Nee (2004).
Árbol, hemiepífita. Nativa. Zonas Bajas. Bosque Húmedo, 0–500 m.
Dept.: BE, PA, SC.
Muestra: *S.G. Beck 20288* (BG, CTES, LPB, NY, USZ).
Nom. Vern.: Bibosi.

Ficus tonduzii Standl., Contr. U.S. Natl. Herb. 20(1): 8. 1917.
Sin.: *Ficus macrosyce* Pittier
Ref.: Parker & Bailey (1991), Berg & Villavicencio L. (2003b).
Árbol. Nativa. Zonas Bajas. Bosque Húmedo, Bosque Semideciduo Chiquitano, 1000–1500 m.
Dept.: CO, SC.
Muestra: *I. Jiménez et al. 816* (USZ).

Ficus trigona L. f., Suppl. Pl. 441. 1781.
Sin.: *Urostigma fagifolium* Miq., *Urostigma trigonum* (L. f.) Miq., *Urostigma euomphalum* Miq., *Ficus euomphala* (Miq.) Miq., *Ficus fagifolia* (Miq.) Miq., *Urostigma costatum* Rusby, *Ficus vulpina* Benoist, *Ficus llewelynii* Standl., *Ficus regularis* Standl., *Ficus weberbaueri* Standl., *Ficus wuiana* Rossberg, *Ficus alvareziana* Dugand, *Ficus llanensis* Dugand, *Ficus plicato-ostiolata* Pittier, *Ficus ajajuensis* Dugand, *Ficus fanshawei* Standl., *Ficus juruensis* Warb. ex Dugand
Ref.: Berg et al. (1984), Cornejo Guzmán & Rebolledo Garín (1993), Killeen & Schulenberg (1998), Alverson et al. (2000), Arrázola Rivero et al. (2000), Berg & Simonis (2000), Berg & Villavicencio L. (2003b), Nee (2004).
Árbol, hemiepífita. Nativa. Zonas Bajas, Andes. Bosque Húmedo, Yungas, 0–2000 m.
Dept.: BE, CO, LP, PA, SC.
Muestra: *R. Seidel 7236* (BG, BOLV, CTES, LPB, NY, SI, USZ).

[Ficus trigonata L.], Pl. Surin. 17. 1775.
Ref.: Killeen & Schulenberg (1998), Alverson et al. (2000).
Nota: El registro se basa en material mal identificado.

Ficus ursina Standl., Publ. Field Mus. Nat. Hist., Bot. Ser. 17(2): 178. 1937.
Ref.: Berg et al. (1984), Berg & Villavicencio L. (2003b).
Árbol, hemiepífita. Nativa. Zonas Bajas. Bosque Húmedo, 0–500 m.
Dept.: PA.
Muestra: *J. Balcázar S. 1891* (USZ).

Ficus yoponensis Desv., Ann. Sci. Nat., Bot., sér. 2, 18: 310, t. 8, f. 1. 1842.
Sin.: *Ficus tobagensis* Urb.
Ref.: Berg & Villavicencio L. (2003b).
Árbol. Nativa. Zonas Bajas. Bosque Húmedo, 0–1000 m.
Dept.: LP.
Muestra: *R. Seidel et al. 5979* (BG, LPB).
Nom. Vern.: Bibosi.

Ficus ypsilophlebia Dugand, Caldasia 1(4): 73. 1942.
Ref.: Cornejo Guzmán & Rebolledo Garín (1993), Alverson et al. (2000), Berg & Villavicencio L. (2003b).
Árbol, hemiepífita. Nativa. Zonas Bajas. Bosque Húmedo, Sabanas Benianas del Norte, 0–500 m.
Dept.: LP, PA, SC.
Muestra: *I.G. Vargas 4114* (LPB, MO, NY, USZ).

Helicostylis Trécul, Ann. Sci. Nat., Bot., sér. 3, 8: 134. 1847.
2 especies, 0 especies endémicas.

[Helicostylis scabra (J.F. Macbr.) C.C. Berg], Acta Bot. Neerl. 18(3): 464. 1969.
Ref.: Killeen & Schulenberg (1998).
Nota: El registro se basa en material mal identificado.

Helicostylis tomentosa (Poepp. & Endl.) Rusby, Mem. Torrey Bot. Club 6(1): 120. 1896.
Sin.: *Olmedia tomentosa* Poepp. & Endl., *Olmedia poeppigiana* Mart., *Helicostylis poeppigiana* (Mart.) Trécul, *Helicostylis poeppigiana* var. *macrophylla* Trécul, *Helicostylis affinis* Steud. ex Miq., *Greeneina affinis* (Steud. ex Miq.) Kuntze, *Greeneina poeppigiana* (Mart.) Kuntze, *Helicostylis obtusifolia* Standl., *Olmedia polycephala* Pittier, *Helicostylis podogyne* Ducke, *Helicostylis duckei* Hawkes, *Olmedia asperula* Standl., *Trymatococcus guanabarinus* Duarte
Ref.: Foster (1958), Berg (1972), Parker & Bailey (1991), Cornejo Guzmán & Rebolledo Garín (1993), Killeen & Schulenberg (1998), Alverson et al. (2000), Berg (2001).
Árbol. Nativa. Zonas Bajas, Andes. Bosque Húmedo, Yungas, 0–2000 m.
Dept.: BE, CO, LP, PA, SC.
Muestra: *M. Saldias & R. Guillén V. 3336* (LPB, MO, USZ).
Nom. Vern.: Canapa, nui, ojoso, pata de michi, pataimiche.

Helicostylis tovarensis (Klotzsch & H. Karst.) C.C. Berg, Acta Bot. Neerl. 18(3): 464. 1969.
Sin.: *Olmedia tovarensis* Klotzsch & H. Karst., *Helicostylis urophylla* Standl., *Olmedia boyacana* Standl.
Ref.: Berg (1972), Cornejo Guzmán & Rebolledo Garín (1993), Berg & Simonis (2000).
Árbol. Nativa. Zonas Bajas, Andes. Bosque Húmedo, Yungas, 500–2500 m.
Dept.: CO, LP.
Muestra: *S.G. Beck 24761* (LPB, MO).

[Helicostylis turbinata C.C. Berg], Acta Bot. Neerl. 18(3): 464. 1969.
Ref.: Arrázola Rivero et al. (2000).
Nota: El registro se basa en material mal identificado.

Maclura Nutt., Gen. N. Amer. Pl. 2: 233–234. 1818.
2 especies, 0 especies endémicas.

Maclura brasiliensis (Mart.) Endl., Gen. Pl. Suppl. 4(2): 34. 1847.
Sin.: *Broussonetia brasiliensis* Mart., *Ioxylon pomiferum* var. *glaberrimum* Kuntze, *Chlorophora brasiliensis* (Mart.) Standl. ex J.F. Macbr., *Chlorophora scandens* Standl. & L.O. Williams
Ref.: Berg (2001), Nee (2004).
Trepadora. Nativa. Zonas Bajas. Bosque Húmedo, 0–500 m.
Dept.: BE, SC.
Muestra: *D.N. Smith et al. 14248* (LPB, MO, USZ).
Nom. Vern.: Bejuco mora, mora.

Maclura tinctoria (L.) D. Don ex Steud., Nomencl. Bot. (ed. 2) 2: 87. 1841.
Sin.: *Morus tinctoria* L., *Morus zanthoxylon* L., *Broussonetia tinctoria* (L.) Kunth, *Broussonetia plumerii* Spreng., *Chlorophora tinctoria* (L.) Gaudich., *Fusticus tataiba* Raf., *Fusticus tinctorius* (L.) Raf., *Fusticus vera* Raf., *Fusticus zanthoxylon* (L.) Raf., *Broussonetia zanthoxylon* (L.) Mart., *Maclura plumerii* (Spreng.) D. Don ex Steud., *Maclura sempervirens* Ten., *Maclura zanthoxylon* (L.) Endl., *Maclura chlorocarpa* Liebm., *Maclura sieberi* Blume, *Maclura velutina* Blume, *Maclura polyneura* Miq., *Maclura subintegerrima* Miq., *Maclura tinctoria* subvar. *lobata* Bureau, *Maclura tinctoria* subvar. *quercina* Bureau, *Maclura tinctoria* subvar. *sinuata* Bureau, *Maclura tinctoria* var. *affinis* (Miq.) Bureau, *Maclura tinctoria* var. *ovata* Bureau, *Maclura tinctoria* var. *polyneura* (Miq.) Bureau, *Maclura tinctoria* var. *subcuneata* Bureau, *Maclura tinctoria* var. *subintegerrima* (Miq.) Bureau, *Maclura tinctoria* var. *zanthoxylon* (L.) Bureau, *Maclura mora* Griseb., *Chlorophora tinctoria* (L.) Gaudich. ex Benth., *Ioxylon mora* (Griseb.) Kuntze, *Chlorophora tinctoria* var. *ovata* (Bureau) Chodat, *Chlorophora tinctoria* var. *zanthoxylon* (L.) Chodat, *Chlorophora mollis* Fernald,

Chlorophora tinctoria fo. *glabrescens* Huber, *Chlorophora tinctoria* var. *acuminatissima* Huber, *Maclura trilobata* Rojas Acosta, *Chlorophora reticulata* Herzog, *Chlorophora tinctoria* fo. *miqueliana* Hassl., *Chlorophora tinctoria* fo. *polyneura* (Miq.) Hassl., *Chlorophora tinctoria* fo. *tataiiba* Hassl., *Chlorophora tinctoria* subsp. *mora* (Griseb.) Hassl., *Chlorophora tinctoria* subsp. *zanthoxylon* (L.) Hassl., *Chlorophora tinctoria* var. *affinis* (Miq.) Hassl., *Chlorophora tinctoria* var. *zanthoxylon* (L.) Hassl., *Chlorophora tinctoria* var. *mora* (Griseb.) Lillo
Ref.: Parker & Bailey (1991), Cornejo Guzmán & Rebolledo Garín (1993), Schulenberg & Awbrey (1997), Killeen & Schulenberg (1998), González et al. (1999), Mostacedo C. & Uslar (1999), Alverson et al. (2000), Berg (2001), Jardim et al. (2003), Nee (2004).
Árbol. Nativa. Zonas Bajas, Andes. Bosque Húmedo, Bosque Semideciduo Chiquitano, Bosque Seco Chaqueño, Yungas, 0–2000 m.
Dept.: BE, CH, CO, LP, SC, TA.
Muestra: *S.G. Beck 22288* (BG, BOLV, LPB, NY, SI).
Infra: *Maclura tinctoria* subsp. *tinctoria*, *Maclura tinctoria* subsp. *mora* (Griseb.) Vázq. Avila
Nom. Vern.: Mora, mora amarilla, mora chica, mora grande, qüeotoi, tataguiba, tatyieva, too'toy chimane.

Maquira Aubl., Hist. Pl. Guiane 2(Suppl.): 36, t. 389. 1775.
3 especies, 0 especies endémicas.

Maquira calophylla (Poepp. & Endl.) C.C. Berg, Acta Bot. Neerl. 18(3): 464. 1969.
Sin.: *Olmedia calophylla* Poepp. & Endl., *Perebea calophylla* (Poepp. & Endl.) Benth. ex Pittier, *Olmedioperebea calophylla* (Poepp. & Endl.) Ducke
Ref.: Berg (1972), Cornejo Guzmán & Rebolledo Garín (1993), Berg & Simonis (2000).
Árbol. Nativa. Zonas Bajas. Bosque Húmedo, 0–500 m.
Dept.: BE, PA.
Muestra: *R.T. Pennington et al. 117* (BG, K, LPB).

Maquira coriacea (H. Karst.) C.C. Berg, Acta Bot. Neerl. 18(3): 464. 1969.
Sin.: *Pseudolmedia coriacea* H. Karst., *Olmedia laurina* Baill., *Olmediophaena coriacea* (H. Karst.) H. Karst., *Olmedia obliqua* Huber, *Olmedia maxima* Ducke, *Pseudolmedia huberi* J.F. Macbr., *Olmediophaena maxima* (Ducke) Ducke, *Olmediophaena obliqua* (Huber) Ducke
Ref.: Berg (1972), Cornejo Guzmán & Rebolledo Garín (1993), Killeen & Schulenberg (1998), Berg & Simonis (2000).
Árbol. Nativa. Zonas Bajas. Bosque Húmedo, 0–500 m.
Dept.: BE, LP, PA, SC.
Muestra: *S.G. Beck et al. 19564* (BG, COL, LPB, PORT, Q, USZ).
Nom. Vern.: Bibosi.

Maquira guianensis Aubl., Hist. Pl. Guiane 2(Suppl.): 36–37, t. 389. 1775.
Sin.: *Perebea costaricana* Standl.
Ref.: Berg (1972), Alverson et al. (2000), Berg (2001).
Árbol. Nativa. Zonas Bajas. Bosque Húmedo, 0–500 m.
Dept.: LP, PA.
Muestra: *J. Balcázar S. 1884* (USZ).
Infra: *Maquira guianensis* subsp. *costaricana* (Standl.) C.C. Berg

Morus L., Sp. Pl. 2: 986. 1753.
3 especies, 0 especies endémicas.

Morus alba L., Sp. Pl. 2: 986. 1753.
Sin.: *Morus australis* Poir.
Ref.: Foster (1958), Cornejo Guzmán & Rebolledo Garín (1993), Nee (2004).
Árbol. Cultivada. Zonas Bajas, Andes. 0–500, 2500–3000 m.
Dept.: BE, CO, SC.
Muestra: *I. Hensen 232* (LPB).
Infra: *Morus alba* var. *alba*, *Morus alba* var. *indica* Bureau
Nom. Vern.: Mora.

Morus celtidifolia Kunth, Nov. Gen. Sp. (quarto ed.) 2: 33. 1817.
Sin.: *Morus corylifolia* Kunth, *Morus mexicana* Benth., *Morus microphylla* Buckley, *Morus albida* Greene, *Morus arbuscula* Greene, *Morus betulifolia* Greene, *Morus canina* Greene, *Morus confinis* Greene, *Morus crataegifolia* Greene, *Morus goldmanii* Greene, *Morus microphilyra* Greene, *Morus pandurata* Greene, *Morus radulina* Greene, *Morus vernonii* Greene, *Morus vitifolia* Greene, *Morus grisea* Greene, *Morus mollis* Rusby
Árbol. Cultivada. Andes. 2000–2500 m.
Dept.: LP.
Muestra: *O. Buchtien 3147* (F, NA, NY, US).

Morus insignis Bureau, Prodr. 17: 247. 1873.
Sin.: *Morus peruviana* Planchon ex Koidzumi, *Morus trianae* J.-F. Leroy, *Morus marmolii* Legname
Ref.: Cornejo Guzmán & Rebolledo Garín (1993), Mostacedo C. & Uslar (1999), Berg (2001), Nee (2004).
Árbol. Nativa. Zonas Bajas, Andes. Bosque Húmedo, Yungas, Bosque Tucumano-Boliviano, 1000–3000 m.
Dept.: CO, LP, SC, TA.
Muestra: *I.G. Vargas & A. Jardim 2979a* (LPB, USZ).
Nom. Vern.: Lechoso.

Naucleopsis Miq., Fl. Bras. 4(1): 82, 120. 1853.
9 especies, 0 especies endémicas.

Naucleopsis caloneura (Huber) Ducke, Arch. Jard. Bot. Rio de Janeiro 3: 38. 1922.
Sin.: *Olmedia caloneura* Huber, *Ogcodeia caloneura* (Huber) J.F. Macbr., *Naucleopsis insculptula* Ducke
Ref.: Berg (1972), Berg (2001).
Árbol. Nativa. Zonas Bajas. Bosque Húmedo, 0–500 m.
Dept.: SC.
Muestra: *R.L.E. Painter 62* (BG, MO, USZ).

Naucleopsis concinna (Standl.) C.C. Berg, Acta Bot. Neerl. 18(3): 465. 1969.
Sin.: *Perebea concinna* Standl.
Ref.: Berg (1972), Berg (2001).
Árbol. Nativa. Zonas Bajas. Bosque Húmedo, 0–500 m.
Dept.: BE, PA.
Muestra: *A.H. Gentry & A. Perry 77908* (LPB, MO, USZ).

Naucleopsis glabra Spruce ex Baill., Hist. Pl. 6: 206. 1877.
Sin.: *Duguetia glabra* Britton, *Ogcodeia sandwithiana* Mildbr., *Ogcodeia tessmannii* Mildbr., *Ogcodeia tamamuri* J.F. Macbr., *Ogcodeia acreana* Mildbr., *Ogcodeia glabra* Mildbr., *Ogcodeia pallescens* Ducke
Ref.: Foster (1958), Berg (1972), Cornejo Guzmán & Rebolledo Garín (1993), Alverson et al. (2000).
Árbol. Nativa. Zonas Bajas. Bosque Húmedo, 0–500 m.
Dept.: BE, LP, PA.
Muestra: *J.C. Solomon 6444* (LPB, MO).

Naucleopsis imitans (Ducke) C.C. Berg, Acta Bot. Neerl. 18(3): 465. 1969.
Sin.: *Ogcodeia imitans* Ducke

Ref.: Altamirano Azurduy & Ramos de Sousa (2009).
Árbol. Nativa. Zonas Bajas. Bosque Húmedo, 0–500 m.
Dept.: PA.
Muestra: *S. Altamirano & H. Ramos 4082* (BG, BOLV, LPB, MO).

Naucleopsis inaequalis (Ducke) C.C. Berg, Acta Bot. Neerl. 18: 465. 1969.
Sin.: *Ogcodeia inaequalis* Ducke
Ref.: Berg (1972), Berg (2001).
Árbol. Nativa. Zonas Bajas. Bosque Húmedo, 0–500 m.
Dept.: PA.
Muestra: *M. Toledo et al. 1161* (USZ).

Naucleopsis krukovii (Standl.) C.C. Berg, Acta Bot. Neerl. 18(3): 465. 1969.
Sin.: *Pseudolmedia krukovii* Standl.
Ref.: Berg (1972), Parker & Bailey (1991), Cornejo Guzmán & Rebolledo Garín (1993), Arrázola Rivero et al. (2000), Berg (2001).
Árbol. Nativa. Zonas Bajas. Bosque Húmedo, 0–500 m.
Dept.: LP, PA.
Muestra: *C.R. Sperling 6425* (BG, LPB, NY).
Nom. Vern.: Curupesillo, dyawawa, pam espinudo.

Naucleopsis macrophylla Miq., Fl. Bras. 4(1): 120, t. 35. 1853.
Sin.: *Perebea macrophylla* (Miq.) Renner, *Ogcodeia venosa* Ducke ex Mildbr.
Ref.: Berg (1972), Berg (2001).
Árbol. Nativa. Zonas Bajas. Bosque Húmedo, 0–500 m.
Dept.: BE, PA.
Muestra: *G. Meyer 255* (MO, NY, U).

Naucleopsis pseudonaga (Mildbr.) C.C. Berg, Acta Bot. Neerl. 18(3): 465. 1969.
Sin.: *Ogcodeia pseudonaga* Mildbr.
Ref.: Foster (1958), Berg (1972), Berg (2001).
Árbol. Nativa. Zonas Bajas. Bosque Húmedo, 0–500 m.
Dept.: PA.
Muestra: *G.S. Hartshorn 713* (NY).

[Naucleopsis ternstroemiiflora (Mildbr.) C.C. Berg], Acta Bot. Neerl. 18(3): 465. 1969.
Sin.: *Ogcodeia ternstroemiiflora* Mildbr.
Ref.: Foster (1958), Parker & Bailey (1991), Cornejo Guzmán & Rebolledo Garín (1993).
Nota: El registro se basa en material mal identificado de *N. glabra*.

Naucleopsis ulei (Warb.) Ducke, Arch. Jard. Bot. Rio de Janeiro 3: 38. 1922.
Sin.: *Acanthosphaera ulei* Warb., *Ficus katherinae* A.D. Hawkes
Ref.: Foster (1958), Berg (1972), Cornejo Guzmán & Rebolledo Garín (1993), Berg & Franco Rosselli (1996).
Árbol. Nativa. Zonas Bajas. Bosque Húmedo, 0–1000 m.
Dept.: CO, PA.
Muestra: *M. Atahuachi B. 34* (BOLV, LPB, MO, USZ).
Infra: *Naucleopsis ulei* subsp. *ulei*, *Naucleopsis ulei* subsp. *subandina* C.C. Berg

Perebea Aubl., Hist. Pl. Guiane 2: 952. 1775.
7 especies, 0 especies endémicas.

Perebea angustifolia (Poepp. & Endl.) C.C. Berg, Acta Bot. Neerl. 18(3): 463. 1969.
Sin.: *Olmedia angustifolia* Poepp. & Endl.
Ref.: Berg (1972), Cornejo Guzmán & Rebolledo Garín (1993), Berg (2001).
Árbol. Nativa. Zonas Bajas. Bosque Húmedo, 0–500 m.
Dept.: LP, PA.
Muestra: *R.T. Pennington 109* (B, F, LPB).
Nom. Vern.: Pama, teco.

Perebea guianensis Aubl., Hist. Pl. Guiane 2: 953–954, t. 361. 1775.
Sin.: *Olmedia grandifolia* Trécul, *Castilloa australis* Hemsl., *Olmedia habas* Pax, *Perebea australis* (Hemsl.) J.F. Macbr.
Ref.: Foster (1958), Berg (1972), Cornejo Guzmán & Rebolledo Garín (1993), Berg & Simonis (2000).
Árbol. Nativa. Zonas Bajas, Andes. Bosque Húmedo, Yungas, 0–2000 m.
Dept.: CO, LP, PA.
Muestra: *C.R. Sperling & S.R. King 5511A* (no localizada).
Infra: *Perebea guianensis* subsp. *guianensis*
Nom. Vern.: Urupí blanco.

Perebea humilis C.C. Berg, Acta Bot. Neerl. 18(3): 463. 1969.
Ref.: Berg (1972), Parker & Bailey (1991), Cornejo Guzmán & Rebolledo Garín (1993), Berg (2001).
Arbusto, arbolito, árbol. Nativa. Zonas Bajas. Bosque Húmedo, 0–500 m.
Dept.: LP, PA.
Muestra: *S.G. Beck & R.B. Foster 18237* (F, LPB, MO).

Perebea mennegae C.C. Berg, Acta Bot. Neerl. 27(1): 12–15, f. 2. 1978.
Árbol. Nativa. Zonas Bajas. Bosque Húmedo, 0–500 m.
Dept.: PA.
Muestra: *L. Vargas et al. 643A* (F, LPB).

Perebea mollis (Poepp. & Endl.) Huber, Bol. Mus. Goeldi Hist. Nat. Ethnogr. 5: 334. 1909.
Sin.: *Olmedia mollis* Poepp. & Endl., *Perebea lecointei* Huber, *Perebea paraensis* Huber, *Noyera mollis* (Poepp. & Endl.) Ducke
Ref.: Berg (1972), Cornejo Guzmán & Rebolledo Garín (1993), Killeen & Schulenberg (1998), Berg (2001).
Árbol. Nativa. Zonas Bajas. Bosque Húmedo, 0–500 m.
Dept.: BE, PA, SC.
Muestra: *R.B. Wallace 82* (BG, MO, NSS, USZ).
Infra: *Perebea mollis* subsp. *mollis*
Nom. Vern.: Bibosi, coyo moro.

Perebea tessmannii Mildbr., Notizbl. Bot. Gart. Berlin-Dahlem 10: 185. 1927.
Sin.: *Perebea tessmannii* var. *ulei* Mildbr.
Ref.: Berg (1972), Berg (2001).
Árbol. Nativa. Zonas Bajas. Bosque Húmedo, 0–500 m.
Dept.: LP.
Muestra: *S. DeWalt 636* (BG, LPB, USZ).

Perebea xanthochyma H. Karst., Fl. Columb. 2: 23, t. 112. 1862–1869.
Sin.: *Perebea integrifolia* H. Karst., *Castilloa markhamiana* J. Collins, *Maquira granatensis* Baill., *Perebea markhamiana* (J. Collins) Benth. & Hook. f. ex Hemsl., *Perebea glabrata* Standl., *Perebea chimiqua* J.F. Macbr., *Perebea hispidula* Standl.
Ref.: Berg (1972), Alverson et al. (2000), Berg (2001).
Árbol. Nativa. Zonas Bajas. Bosque Húmedo, 0–500 m.
Dept.: LP, PA.
Muestra: *A.H. Gentry & S. Estenssoro C. 70519* (LPB, MO).

Poulsenia Eggers, Bot. Centralbl. 73(3): 49bis–50. 1898.
1 especie, 0 especies endémicas.

Poulsenia armata (Miq.) Standl., Trop. Woods 33: 4–5. 1933.
Sin.: *Olmedia armata* Miq., *Poulsenia aculeata* Eggers, *Inophloeum armatum* (Miq.) Pittier, *Coussapoa rekoi* Standl.
Ref.: Parker & Bailey (1991), Cornejo Guzmán & Rebolledo Garín (1993), Arrázola Rivero et al. (2000), Berg (2001), Montambault (2002), Nee (2004).
Árbol. Nativa. Zonas Bajas, Andes. Bosque Húmedo, Yungas, 0–2000 m.

Dept.: BE, CO, LP, PA, SC.
Muestra: *D.N. Smith & V. García E. 13831* (BOLV, LPB, MO, USZ).
Nom. Vern.: Ashabasón, chamane, corocho, estopa, palo estopa, tachiore, tachore, tachori.

Pseudolmedia **Trécul**, Ann. Sci. Nat., Bot., sér. 3, 8: 129. 1847.

5 especies, 1 especie endémica.

Pseudolmedia boliviana C.C. Berg & Villav., Revista Soc. Boliv. Bot. 4(1): 77–79, f. 2. 2003.
Ref.: Berg & Villavicencio L. (2003a).
Árbol. Endémica. Andes. Yungas, 2000–2500 m.
Dept.: LP.
Tipo: *S.G. Beck 19747* (HT: LPB; IT: BG).
Nota: Conocido solamente del tipo.

Pseudolmedia laevigata Trécul, Ann. Sci. Nat., Bot., sér. 3, 8: 131. 1847.
Sin.: *Pseudolmedia guaranitica* Hassl., *Pseudolmedia mildbraedii* J.F. Macbr., *Pseudolmedia brosimifolia* Ducke
Ref.: Berg (1972), Parker & Bailey (1991), Cornejo Guzmán & Rebolledo Garín (1993), Killeen & Schulenberg (1998), Mostacedo C. & Uslar (1999), Alverson et al. (2000), Berg (2001), Montambault (2002).
Árbol. Nativa. Zonas Bajas. Bosque Húmedo, 0–1000 m.
Dept.: BE, LP, PA, SC.
Muestra: *B.A. Krukoff 10929* (LPB, MO).
Nom. Vern.: Gomaliño, nuí, nuí liso, nuí pequeño.

Pseudolmedia laevis (Ruiz & Pav.) J.F. Macbr., Publ. Field Mus. Nat. Hist., Bot. Ser. 11(1): 16. 1931.
Sin.: *Olmedia laevis* Ruiz & Pav., *Olmedia ferruginea* Poepp. & Endl., *Pseudolmedia ferruginea* (Poepp. & Endl.) Trécul, *Olmediopsis lanceolata* H. Karst., *Olmediopsis obliqua* H. Karst., *Pseudolmedia hirsuta* Baill., *Pseudolmedia obliqua* (H. Karst.) Renner, *Pseudolmedia sagotii* Benoist, *Pseudolmedia alnifolia* Rusby, *Pseudolmedia hirtelliifolia* Rusby, *Pseudolmedia multinervis* Mildbr., *Olmedia caurensis* Pittier
Ref.: Foster (1958), Berg (1972), Parker & Bailey (1991), Cornejo Guzmán & Rebolledo Garín (1993), Killeen & Schulenberg (1998), Mostacedo C. & Uslar (1999), Alverson et al. (2000), Arrázola Rivero et al. (2000), Berg (2001).
Árbol. Nativa. Zonas Bajas, Andes. Bosque Húmedo, Yungas, 0–1500 m.
Dept.: BE, CO, LP, PA, SC.
Muestra: *S.G. Beck et al. 20328* (BG, BOLV, CTES, LPB, MO).
Nom. Vern.: Blanquillo, chocolatillo amarillo, gomaliño, inaubú, nuí, nuí liso, nuí peludo, nuí pequeño, ojoso colorado, ojoso negro, palo nui, palo pichi, pamma.

Pseudolmedia macrophylla Trécul, Ann. Sci. Nat., Bot., sér. 3, 3(8): 132. 1847.
Sin.: *Urostigma cystopodum* Miq., *Ficus cystopoda* (Miq.) Miq., *Pseudolmedia murure* Standl.
Ref.: Berg (1972), Parker & Bailey (1991), Cornejo Guzmán & Rebolledo Garín (1993), Killeen & Schulenberg (1998), Alverson et al. (2000), Arrázola Rivero et al. (2000), Berg (2001), Montambault (2002), Nee (2004).
Árbol. Nativa. Zonas Bajas. Bosque Húmedo, 0–1000 m.
Dept.: BE, CO, LP, PA, SC.
Muestra: *N. Helme 318* (BG, LPB).
Nom. Vern.: Leche-leche, macanui, nui, nuí grande, nuisillo, pama, pata de michi.

Pseudolmedia rigida (Klotzsch & H. Karst.) Cuatrec., Fieldiana, Bot. 28(1): 215–216. 1951.
Sin.: *Olmedia rigida* Klotzsch & H. Karst., *Pseudolmedia eggersii* Standl.
Ref.: Berg (1972), Cornejo Guzmán & Rebolledo Garín (1993), Arrázola Rivero et al. (2000), Berg (2001), Nee (2004).
Árbol. Nativa. Zonas Bajas, Andes. Bosque Húmedo, Yungas, 0–2000 m.
Dept.: BE, CO, LP, PA, SC.
Muestra: *M.H. Nee 41382* (BG, MO, NY, USZ).
Infra: *Pseudolmedia rigida* subsp. *eggersii* (Standl.) C.C. Berg, *Pseudolmedia rigida* subsp. *rigida*
Nom. Vern.: Nuí, quecho.

Sorocea **A. St.-Hil.**, Mém. Mus. Hist. Nat. 7: 473. 1821.

6 especies, 0 especies endémicas.

[Sorocea bonplandii (Baill.) W.C. Burger, Lanj. & Wess. Boer], Acta Bot. Neerl. 11(4): 465–467, t. 12, f. 1. 1962.
Sin.: *Pseudosorocea bonplandii* Baill.
Ref.: Cornejo Guzmán & Rebolledo Garín (1993).
Nota: El registro se basa en material mal identificado de *Oxypetalum heptalobum*.

Sorocea briquetii J.F. Macbr., Candollea 4: 311. 1931.
Sin.: *Sorocea pileata* W.C. Burger
Ref.: Parker & Bailey (1991), Cornejo Guzmán & Rebolledo Garín (1993), Alverson et al. (2000), Berg (2001).
Árbol. Nativa. Zonas Bajas. Bosque Húmedo, 0–1000 m.
Dept.: BE, CO, LP, SC.
Muestra: *M.H. Nee 41935* (LPB, MO, NY).
Nom. Vern.: Babahina.

Sorocea guilleminiana Gaudich., Voy. Bonite, Bot. t. 74. 1844.
Sin.: *Sorocea houlletiana* Gaudich., *Trophis hilariana* Casar., *Sorocea klotzschiana* Baill., *Balanostreblus ilicifolius* Kurz, *Sorocea hilariana* (Casar.) Bureau, *Sorocea grandifolia* S. Moore, *Sorocea castaneifolia* Huber, *Sorocea macrogyne* Lanj. & Wess. Boer, *Sorocea jureiana* Romaniuc
Ref.: Parker & Bailey (1991), Cornejo Guzmán & Rebolledo Garín (1993), Killeen & Schulenberg (1998), Alverson et al. (2000), Berg (2001), Nee (2004).
Árbol. Nativa. Zonas Bajas. Bosque Húmedo, 0–1500 m.
Dept.: BE, LP, PA, SC.
Muestra: *M.H. Nee 41872* (LPB, MO, NY).
Nom. Vern.: Xoquëshëquëre.

[Sorocea ilicifolia Miq.], Fl. Bras. 4(1): 114. 1853.
Ref.: Foster (1958), Cornejo Guzmán & Rebolledo Garín (1993).
Nota: El registro se basa en material mal identificado.

Sorocea muriculata Miq., Fl. Bras. 4(1): 113, pl. 34. 1853.
Sin.: *Sorocea amazonica* Miq., *Pseudosorocea uaupensis* Baill., *Sorocea dentata* Huber, *Sorocea uaupensis* (Baill.) J.F. Macbr., *Sorocea guayanensis* W.C. Burger
Ref.: Foster (1958), Cornejo Guzmán & Rebolledo Garín (1993), Berg (2001).
Arbusto, árbol. Nativa. Zonas Bajas. Bosque Húmedo, 0–500 m.
Dept.: BE, PA.
Muestra: *S.G. Beck et al. 20154* (BG, LPB, MO, NY, SI, USZ).
Infra: *Sorocea muriculata* subsp. *muriculata*
Nom. Vern.: Xanajoni, xanajoxo.

Sorocea pubivena Hemsl., Biol. Cent.-Amer., Bot. 3(15): 150. 1883.
Sin.: *Sorocea hirtella* Mildbr., *Sorocea opima* J.F. Macbr.
Ref.: Cornejo Guzmán & Rebolledo Garín (1993), Killeen & Schulenberg (1998), Berg (2001).

Arbusto, árbol. Nativa. Zonas Bajas. Bosque Húmedo, Yungas, 0–1500 m.
Dept.: PA.
Muestra: *A.H. Gentry & A. Perry 77907* (MO, USZ).
Infra: *Sorocea pubivena* subsp. *hirtella* (Mildbr.) C.C. Berg, *Sorocea pubivena* subsp. *oligotricha* (Akkermans & C.C. Berg) C.C. Berg

Sorocea sprucei (Baill.) J.F. Macbr., Publ. Field Mus. Nat. Hist., Bot. Ser. 11(1): 16. 1931.
Sin.: *Pseudosorocea sprucei* Baill., *Sorocea saxicola* Hassl., *Sorocea saxicola* fo. *subrepanda* Hassl., *Sorocea saxicola* var. *dentata* Hassl., *Trophisomia edulis* Rojas Acosta, *Guatteria cuspidata* Rusby, *Olmedia virgata* Pittier, *Sorocea arnoldoi* Lanj. & Wess. Boer
Ref.: Foster (1958), Cornejo Guzmán & Rebolledo Garín (1993), Killeen & Schulenberg (1998), Berg (2001), Jardim et al. (2003).
Arbusto, árbol. Nativa. Zonas Bajas. Bosque Húmedo, Bosque Seco Chaqueño, Sabanas Benianas del Sur, 0–500 m.
Dept.: BE, SC.
Muestra: *M.H. Nee 35813* (LPB, MO, NY).
Infra: *Sorocea sprucei* subsp. *sprucei*, *Sorocea sprucei* subsp. *saxicola* (Hassl.) C.C. Berg
Nom. Vern.: Bibosicillo, iraisi, sapito.

Sorocea steinbachii C.C. Berg, Proc. Kon. Ned. Akad. Wetensch., C 88(4): 385, 387, f. 5/3. 1985.
Ref.: Cornejo Guzmán & Rebolledo Garín (1993), Alverson et al. (2000), Arrázola Rivero et al. (2000), Berg (2001), Nee (2004).
Arbusto, árbol. Nativa. Zonas Bajas. Bosque Húmedo, 0–1000 m.
Dept.: BE, CO, LP, PA, SC.
Tipo y muestra: *J. Steinbach 7356* (HT: U; IT: B, BM, G, GH, K, MO-941176, NY), *R. Seidel 2181* (BG, LPB, MO, SI).

Trophis P. Browne, Civ. Nat. Hist. Jamaica 357–358, t. 37, f. 1. 1756.
1 especie, 0 especies endémicas.

Trophis caucana (Pittier) C.C. Berg, Proc. Kon. Ned. Akad. Wetensch., C 91(4): 354. 1988.
Sin.: *Olmedia aspera* Ruiz & Pav., *Olmedia aspera* Poepp. & Endl., *Olmedia poeppigiana* Klotzsch, *Trophis aurantiaca* Herzog, *Olmedia caucana* Pittier, *Olmedia falcifolia* Pittier
Ref.: Berg (1972), Parker & Bailey (1991), Cornejo Guzmán & Rebolledo Garín (1993), Berg (2001), Nee (2004).
Arbusto, árbol. Nativa. Zonas Bajas. Bosque Húmedo, 0–1000 m.
Dept.: BE, CO, LP, SC.
Muestra: *B.A. Krukoff 10277* (K, LPB, MO, NY, UC, US).
Nom. Vern.: Oño oño, shaksi, tenemura.

MORINGACEAE Martinov, Tekhno-Bot. Slovar. 404. 1820.

Por M. Nee (NY) y M. Saldias (USZ), revisado por S.G. Beck (LPB) y P.M. Jørgensen (MO).
1 género, 1 especie, 0 especies endémicas.

Moringa Adans., Fam. Pl. 2: 318. 1763.
1 especie, 0 especies endémicas.

Moringa oleifera Lam., Encycl. 1(2): 398. 1785.
Árbol. Cultivada. Zonas Bajas. 0–500 m.
Dept.: SC.
Muestra: *M. Saldias P. et al. 7001* (USZ).

MUNTINGIACEAE C. Bayer, M.W. Chase & M.F. Fay, Taxon 47(1): 38. 1998.

Por S. Arrázola (BOLV); revisado por M. Nee (NY), S.G. Beck (LPB), P.M. Jørgensen (MO).
1 género, 1 especie, 0 especies endémicas.

Muntingia L., Sp. Pl. 1: 509. 1753.
1 especie, 0 especies endémicas.

Muntingia calabura L., Sp. Pl. 1: 509. 1753.
Ref.: Foster (1958), Moraes R. (1990), Parker & Bailey (1991), Antezana Valera (1993b), Schulenberg & Awbrey (1997), Mostacedo C. & Uslar (1999), Alverson et al. (2000), Serrano & Terán (1998 [2000]), Navarro Sánchez & Maldonado (2002), Nee (2008), Arroyo Padilla & Villarroel Segarra (2009).
Arbusto, arbolito, árbol. Nativa. Zonas Bajas, Andes. Bosque Húmedo, Bosque Seco Chaqueño, Yungas, 0–1500 m.
Dept.: BE, CH, LP, PA, SC, TA.
Muestra: *M.H. Nee 39783* (LPB, MO, NY).
Nom. Vern.: Ovillo, uvilla, uvillo.

MUSACEAE Juss., Gen. Pl. 61. 1789.

Por P.M. Jørgensen (MO); revisado por M. Nee (NY) y S.G. Beck (LPB).
1 género, 4 especies, 0 especies endémicas.

Musa L., Sp. Pl. 2: 1043. 1753.
4 especies, 0 especies endémicas.

Musa acuminata Colla, Mem. Reale Accad. Sci. Torino 25: 394–395. 1820.
Ref.: Valenzuela Celis (1993c).
Hierba. Cultivada. Andes. Yungas, 1500–2000 m.
Dept.: Bolivia.
Muestra: *Errboe s.n.* (LPB).
Nom. Vern.: Plátano, banana, guineo.

Musa balbisiana Colla, Mem. Reale Accad. Sci. Torino 25: 384–385. 1820.
Ref.: Valenzuela Celis (1993c).
Hierba. Cultivada. Región, tipo de vegetación y elevación desconocidas.
Dept.: Bolivia.
Nom. Vern.: Plátano de freír, plátano turco, plátano de cocinar, postre.

Musa ×paradisiaca L., Sp. Pl. 2: 1043. 1753.
Hierba. Cultivada. Zonas Bajas, Andes. Bosque Húmedo, Campos Cerrados, Yungas, 0–1500 m.
Dept.: CO, LP, SC.
Muestra: *M.H. Nee 44322* (LPB, MO, NY, USZ).

Musa velutina H. Wendl. & Drude, Gartenflora 24: 65–67, t. 823. 1875.
Hierba. Cultivada. Zonas Bajas. Bosque Húmedo, 0–500 m.
Dept.: CO.
Muestra: *E. Thomas 668* (LPB).

MYRICACEAE Rich. ex Kunth, Nov. Gen. Sp. (quarto ed.) 2: 16. 1817.

Por C. Parra-O. (COL); revisado por S. Lægaard (AAU), S.G. Beck (LPB), M. Nee (NY), P.M. Jørgensen (MO).
2 géneros, 2 especies, 0 especies endémicas.

Morella Lour., Fl. Cochinch. 537, 548. 1790.
2 especies, 0 especies endémicas.

Morella chevalieri Parra-O., Brittonia 52(4): 321–323, f. 1. 2000.
Sin.: *Myrica pubescens* var. *glabra* Chev.
Ref.: López Vargas (1995), Parra-Osorio (2000 [2001]), Beck et al. (2001), Parra-

Osorio (2002 [2003]), Nee (2004).
Arbusto, árbol. Nativa. Andes. Yungas, Bosque Tucumano-Boliviano, Páramo Yungueño, Valles Secos, 1500–3000 m.
Dept.: CH, CO, SC, TA.
Tipo y muestra: *M.H. Nee & I.G. Vargas 43436* (HT: NY; IT: AD, LPB, MO-5736206, SI, USZ), *M.H. Nee 37414* (LPB, MO, NY, USZ).
Nom. Vern.: Sebillo.

Morella pubescens (Humb. & Bonpl. ex Willd.) Wilbur, Rhodora 103(913): 121. 2001.
Sin.: *Myrica pubescens* Humb. & Bonpl. ex Willd., *Myrica arguta* Kunth, *Myrica macrocarpa* Kunth, *Myrica costata* Rusby
Ref.: Chevalier (1901), Foster (1958), García Estigarribia (1993h), Saravia Miranda (1996), Zárate et al. (1999), Wilbur (2001), Parra-Osorio (2002 [2003]), Nee (2004).
Arbusto, árbol. Nativa. Andes, Altiplano. Yungas, Páramo Yungueño, Valles Secos, Puna Húmeda, 1000–3500 m.
Dept.: CO, LP, SC.
Muestra: *J.C. Solomon & M.H. Nee 12665* (LPB, MO, NY).
Nota: Reportes de Schulenberg y Awbrey (1997), Gonzáles et al. (1999) y Serrano y Terán (2000) de esta especie en CH y TA se basan en material mal identificado de *M. chevalieri*.
Nom. Vern.: Cebo, cebillo, laurel, laurel de cera, sittu.

Myrica L., Sp. Pl. 2: 1024–1025. 1753.
0 especies, 0 especies endémicas.

[Myrica pavonis C. DC.], Prodr. 16(2): 151. 1869.
Ref.: García Estigarribia (1993h).
Nota: El registro se basa en material mal identificado de *Schinus* sp. (M. Nee, com. pers.).

[Myrica xalapensis Kunth], Nov. Gen. Sp. (quarto ed.) 2: 16. 1817.
Ref.: Foster (1958), Burger (1977a).
Nota: El registro se basa en material mal identificado de *Morella chevalieri*.

MYRISTICACEAE R. Br., Prodr. 399. 1810.

Por S. Achá (LPB) y R. Liesner (MO); revisado por J.C. Penagos (MO), M. Nee (NY), S.G. Beck (LPB) y P.M. Jørgensen (MO).
5 géneros, 25 especies, 0 especies endémicas.

Compsoneura Warb., Ber. Deutsch. Bot. Ges. 13: 94. 1895.
1 especie, 0 especies endémicas.

Compsoneura ulei Warb., Verh. Bot. Vereins Prov. Brandenburg 47: 136. 1905.
Ref.: Hinojosa Ossio (1993d).
Árbol. Nativa. Zonas Bajas. Bosque Húmedo, 0–500 m.
Dept.: BE, PA.
Muestra: *J.C. Solomon 6369* (LPB, MO).

Iryanthera (A. DC.) Warb., Ber. Deutsch. Bot. Ges. 13: 94. 1896.
8 especies, 0 especies endémicas.

Iryanthera elliptica Ducke, J. Wash. Acad. Sci. 26(6): 219. 1936.
Árbol. Nativa. Zonas Bajas. Bosque Húmedo, 0–500 m.
Dept.: PA.
Muestra: *A.H. Gentry & A. Perry 77855* (LPB, MO).

Iryanthera hostmannii (Benth.) Warb., Ber. Deutsch. Bot. Ges. 13: [84], f. 20. 1895 [1896].
Sin.: *Myristica hostmannii* Benth., *Iryanthera ulei* Warb.
Ref.: Jaramillo et al. (2004).
Árbol. Nativa. Zonas Bajas. Bosque Húmedo, 0–500 m.
Dept.: CO, PA.
Muestra: *T. Killeen et al. 4297* (LPB, MO).
Nom. Vern.: Sangre de toro blanco.

Iryanthera juruensis Warb., Verh. Bot. Vereins Prov. Brandenburg 47: 137–138. 1905.
Ref.: Moraes R. (1990), Parker & Bailey (1991), Hinojosa Ossio (1993d), Killeen & Schulenberg (1998), Alverson et al. (2000), Arrázola Rivero et al. (2000), Jaramillo et al. (2004).
Árbol. Nativa. Zonas Bajas. Bosque Húmedo, 0–1000 m.
Dept.: BE, CO, LP, PA, SC.
Muestra: *T. Killeen 3879* (LPB, MO).
Nom. Vern.: Bita, cafetillo sangre de toro, sangre de toro.

Iryanthera laevis Markgr., Notizbl. Bot. Gart. Berlin–Dahlem 9: 965. 1926.
Ref.: Hinojosa Ossio (1993d), Jaramillo et al. (2004).
Árbol. Nativa. Zonas Bajas. Bosque Húmedo, 0–500 m.
Dept.: BE, LP, PA, SC.
Muestra: *A.H. Gentry et al. 70338* (LPB, MO).
Nom. Vern.: Bita.

Iryanthera lancifolia Ducke, J. Wash. Acad. Sci. 26(6): 217. 1936.
Sin.: *Iryanthera porcata* A.H. Gentry
Ref.: Jaramillo et al. (2004).
Árbol. Nativa. Zonas Bajas. Bosque Húmedo, 0–500 m.
Dept.: PA.
Muestra: *S. Altamirano 4046* (BOLV, LPB, MO).

Iryanthera olacoides (A.C. Sm.) A.C. Sm., Brittonia 2(5): 427–429, f. 4a–d. 1937 [1938].
Sin.: *Dialyanthera olacoides* A.C. Sm.
Árbol. Nativa. Zonas Bajas. Bosque Húmedo, 0–500 m.
Dept.: LP.
Muestra: *A.H. Gentry et al. 70294* (LPB, MO).

Iryanthera sagotiana (Benth.) Warb., Nova Acta Acad. Caes. Leop.–Carol. German. Nat. Cur. 68: 158–160, t. 1, f. 1–5, t. 4, f. 1–2. 1897.
Sin.: *Myristica sagotiana* Benth.
Árbol. Nativa. Zonas Bajas. Bosque Húmedo, 0–500 m.
Dept.: PA.
Muestra: *E. Meneces 789* (MO).
Nota: Determinación dudosa de Flora de la Guyana.
Nom. Vern.: Sangre de toro blanco.

Iryanthera tessmannii Markgr., Notizbl. Bot. Gart. Berlin–Dahlem 10: 236. 1928.
Ref.: Jaramillo et al. (2004).
Árbol. Nativa. Zonas Bajas. Bosque Húmedo, 0–500 m.
Dept.: LP.
Muestra: *C.B. Maldonado et al. 1949* (LPB, MA, MO).

Osteophloeum Warb., Nova Acta Acad. Caes. Leop.–Carol. German. Nat. Cur. 68: 127, 162, t. 1, f. 1–5, t. 4, f. 1–4. 1897.
1 especie, 0 especies endémicas.

Osteophloeum platyspermum (Spruce ex A. DC.) Warb., Nova Acta Acad. Caes. Leop.–Carol. German. Nat. Cur. 68: 162–163. 1897.
Sin.: *Myristica platysperma* Spruce ex A. DC., *Osteophloeum sulcatum* Little
Ref.: Rodrigues et al. (2001).
Árbol. Nativa. Zonas Bajas. Bosque Húmedo, 0–500 m.
Dept.: BE, PA.
Muestra: *A.H. Gentry et al. 77742* (LPB, MO).

Otoba (A. DC.) H. Karst., Deut. Fl. 578. 1882.

2 especies, 0 especies endémicas.

Otoba glycycarpa (Ducke) W. Rodrigues & T.S. Jaramillo, Nordic J. Bot. 20(4): 446. 2000 [2001].
Sin.: *Virola glycycarpa* Ducke
Ref.: Fuentes Claros et al. (2009).
Árbol. Nativa. Zonas Bajas, Andes. Bosque Húmedo, Yungas, 0–1000 m.
Dept.: LP.
Muestra: *N.Y. Paniagua et al. 4839* (BOLV, LPB, MO, USZ).

Otoba parvifolia (Markgr.) A.H. Gentry, Taxon 28(4): 417. 1979.
Sin.: *Dialyanthera parvifolia* Markgr.
Ref.: Foster (1958), Parker & Bailey (1991), Hinojosa Ossio (1993d), Arrázola Rivero et al. (2000), Montambault (2002), Nee (2004).
Árbol. Nativa. Zonas Bajas. Bosque Húmedo, 0–1000 m.
Dept.: BE, CO, LP, SC.
Muestra: *T. Killeen et al. 3482* (MO).
Nom. Vern.: Gabon, gabun, nayqui (Tacana), sangre de toro.

Virola Aubl., Hist. Pl. Guiane 904. 1775.

13 especies, 0 especies endémicas.

Virola calophylla (Spruce) Warb., Nova Acta Acad. Caes. Leop.–Carol. German. Nat. Cur. 68: 231–232. 1897.
Sin.: *Myristica calophylla* Spruce, *Virola incolor* H. Karst. ex Warb.
Ref.: Rodrigues (1980), Parker & Bailey (1991), Hinojosa Ossio (1993d), Killeen & Schulenberg (1998), Alverson et al. (2000), Jaramillo et al. (2004).
Árbol. Nativa. Zonas Bajas. Bosque Húmedo, Campos Cerrados, 0–1000 m.
Dept.: BE, CO, LP, PA, SC.
Muestra: *M. Castro et al. 24* (MO, USZ).
Nom. Vern.: Sangre de toro.

Virola carinata (Benth.) Warb., Nova Acta Acad. Caes. Leop.–Carol. German. Nat. Cur. 68: 222–223. 1897.
Sin.: *Myristica carinata* Benth.
Ref.: Killeen & Schulenberg (1998), Rodrigues (2008).
Árbol. Nativa. Zonas Bajas. Bosque Húmedo, 0–500 m.
Dept.: SC.
Muestra: *L. Arroyo P. et al. 465* (USZ).

Virola decorticans Ducke, J. Wash. Acad. Sci. 26: 262. 1936.
Ref.: Rodrigues (1980).
Árbol. Nativa. Zonas Bajas. Bosque Húmedo, 0–500 m.
Dept.: PA.
Muestra: *L. Vargas et al. 1024* (AAU, LPB).

Virola duckei A.C. Sm., Brittonia 2(5): 487–488, f. 8l–m. 1937 [1938].
Ref.: Rodrigues (1980), Jaramillo et al. (2004).
Árbol. Nativa. Zonas Bajas, Andes. Bosque Húmedo, Yungas, 0–500, 1000–2000 m.
Dept.: BE, CO, LP, PA.
Muestra: *L. Vargas 670* (LPB, MO).

Virola elongata (Benth.) Warb., Ber. Deutsch. Bot. Ges. 13: [89]. 1895 [1896].
Sin.: *Myristica elongata* Benth.
Ref.: Hinojosa Ossio (1993d), Killeen & Schulenberg (1998).
Arbolito, árbol. Nativa. Zonas Bajas. Bosque Húmedo, 0–1000 m.
Dept.: BE, LP, PA, SC.
Muestra: *P.F. Foster et al. 223* (MO, USZ).
Nota: Especie muy variable.

Virola flexuosa A.C. Sm., Brittonia 2(2): 151–152. 1936.
Ref.: Smith & Wodehouse (1937), Foster (1958), Parker & Bailey (1991), Hinojosa Ossio (1993d), Alverson et al. (2000), Nee (2004).
Árbol. Nativa. Zonas Bajas. Bosque Húmedo, 0–1000 m.
Dept.: BE, CO, LP, PA, SC.
Muestra: *D.A. Neill et al. 9230* (LPB, MO, QAME, USZ).
Nom. Vern.: Gabu, gabu negro, sangre de toro.

Virola loretensis A.C. Sm., Bull. Torrey Bot. Club 58: 95. 1931.
Ref.: Rodrigues (1980), Parker & Bailey (1991), Hinojosa Ossio (1993d).
Árbol. Nativa. Zonas Bajas. Bosque Húmedo, 0–500 m.
Dept.: LP.
Muestra: *A.H. Gentry & S. Estensoro 70590* (LPB, MO).

Virola michelii Heckel, Ann. Inst. Bot.-Géol. Colon. Marseille 6: 118, f. 24a–d. 1898.
Sin.: *Virola melinonii* (Benoist) A.C. Sm.
Ref.: Rodrigues (1980), Jaramillo et al. (2004).
Árbol. Nativa. Zonas Bajas. Bosque Húmedo, 0–500 m.
Dept.: PA.
Muestra: *A.H. Gentry et al. 77904* (LPB, MO).

[Virola mollissima (Poepp. ex A. DC.) Warb.], Nov. Actorum Acad. Caes. Leop.-Carol. German. Nat. Cur. 68: 167–168. 1897.
Sin.: *Myristica mollissima* Poepp. ex A. DC.
Ref.: Parker & Bailey (1991), Alverson et al. (2000).
Nota: El registro se basa en material mal identificado. Citada como *V.* cf. *mollissima* en Alverson et al. (2000).

Virola multinervia Ducke, J. Wash. Acad. Sci. 26: 261. 1936.
Ref.: Jaramillo et al. (2004).
Árbol. Nativa. Zonas Bajas. Bosque Húmedo, 0–500 m.
Dept.: LP, PA.
Muestra: *A.H. Gentry et al. 77721* (LPB, MO).

Virola pavonis (A. DC.) A.C. Sm., Brittonia 2(5): 504. 1938.
Sin.: *Myristica pavonis* A. DC., *Virola venosa* var. *pavonis* (A. DC.) Warb., *Virola elliptica* A.C. Sm.
Ref.: Smith (1938), Jaramillo et al. (2004).
Arbolito. Nativa. Zonas Bajas. Bosque Húmedo, 0–500 m.
Dept.: BE, LP, PA.
Muestra: *A.H. Gentry et al. 77643* (LPB, MO).
Nom. Vern.: Cedro masha.

Virola peruviana (A. DC.) Warb., Nova Acta Acad. Caes. Leop.–Carol. German. Nat. Cur. 68: 188. 1897.
Sin.: *Myristica peruviana* A. DC., *Palala peruviana* (A. DC.) Kuntze
Ref.: Moraes R. (1990), Hinojosa Ossio (1993d), Arrázola Rivero et al. (2000), Wallace et al. (2000).
Árbol. Nativa. Zonas Bajas. Bosque Húmedo, 0–1000 m.
Dept.: BE, CO, LP, PA, SC.
Muestra: *D.N. Smith et al. 13559* (MO).
Nom. Vern.: Chocolatillo, gabun, sangre de toro, tarara negro.

Virola sebifera Aubl., Hist. Pl. Guiane 2: 904–905, t. 345, f. 1–5. 1775.
Sin.: *Myristica cordifolia* Mart. ex A. DC., *Virola boliviensis* Warb., *Virola mocoa* (A. DC.) Warb., *Virola panamensis* (Hemsl.) Warb., *Virola peruviana* var. *tomentosa* Warb., *Virola venezuelensis* Warb., *Virola mycetis* Pulle, *Virola warburgii* Pittier
Ref.: Warburg (1897), Smith & Wodehouse (1937), Foster (1958), Parker & Bailey (1991), Hinojosa Ossio (1993d), Killeen &

Schulenberg (1998), Alverson et al. (2000), Nee (2004).
Arbusto, árbol. Nativa. Zonas Bajas, Andes. Bosque Húmedo, Bosque Semideciduo Chiquitano, Campos Cerrados, Sabanas Benianas del Norte, Sabanas Benianas del Sur, Yungas, 0–2000 m.
Dept.: BE, LP, PA, SC.
Muestra: *E. Quevedo et al. 2586* (MO, USZ).
Infra: *Virola sebifera* var. *calophylla* Warb., *Virola sebifera* var. *curvinervia* Warb.
Nota: Especie de altura con hojas acuminadas, bases obtusas e indumento en el envés rojo-amarillento, corresponde más al tipo de *V. boliviensis*.
Nom. Vern.: Chocatillo, sangre de toro, tarara.

Virola surinamensis (Rol. ex Rottb.) Warb., Nova Acta Acad. Caes. Leop.–Carol. German. Nat. Cur. 68: 208–213. 1897.
Sin.: *Myristica surinamensis* Rol. ex Rottb., *Virola glaziovii* Warb.
Ref.: Hinojosa Ossio (1993d), Alverson et al. (2000).
Árbol. Nativa. Zonas Bajas. Bosque Húmedo, 0–500 m.
Dept.: LP, PA.
Muestra: *A.H. Gentry et al. 77720* (LPB, MO).
Nom. Vern.: Palo santo negro.

MYRSINACEAE R. Br., Prodr. 532. 1810.

Nota: Parte de Primulaceae (APG III 2009).

MYRTACEAE Juss., Gen. Pl. 322–323. 1789.

Por B.K. Holst (SEL), M. Serrano (HSB), N.W. Snow (KSP), L.R. Landrum (ASU) y P.M. Jørgensen (MO); revisado por M. Nee (NY), S.G. Beck (LPB).
23 géneros, 145 especies, 12 especies endémicas.

Acca O. Berg, Linnaea 27(2–3): 138. 1854 [1856].
1 especie, 0 especies endémicas.

Acca macrostema (Ruiz & Pav. ex G. Don) McVaugh, Taxon 5: 136. 1956.
Sin.: *Psidium macrostemum* Ruiz & Pav. ex G. Don
Ref.: López Vargas (1995).
Arbusto. Nativa. Andes. Yungas, 2500–3000 m.
Dept.: CO.
Muestra: *J.C. Solomon & M.H. Nee 16052* (LPB, MO, USZ).

Amomyrtella Kausel, Ark. Bot., n.s., 3: 514. 1956.
1 especie, 0 especies endémicas.

Amomyrtella guili (Speg.) Kausel, Ark. Bot., n.s., 3: 515. 1956.
Sin.: *Eugenia guili* Speg.
Ref.: Galarza Mauri (1993), Schulenberg & Awbrey (1997), González et al. (1999), Serrano & Terán (1998 [2000]), Serrano (2011).
Árbol. Nativa. Andes. Bosque Tucumano-Boliviano, 1000–2500 m.
Dept.: CH, SC, TA.
Muestra: *J.C. Solomon 10943* (LPB, MO).
Nom. Vern.: Guili.

Blepharocalyx O. Berg, Linnaea 27: 348. 1854 [1856].
1 especie, 0 especies endémicas.

Blepharocalyx salicifolius (Kunth) O. Berg, Linnaea 27(4): 413–414. 1854 [1856].
Sin.: *Myrtus salicifolia* Kunth, *Blepharocalyx gigantea* Lillo
Ref.: Landrum (1986), Galarza Mauri (1993), Schulenberg & Awbrey (1997), González et al. (1999), Mostacedo C. & Uslar (1999), Serrano & Terán (1998 [2000]), Vargas Caballero et al. (2000), Serrano (2011), Wood et al. (2011).
Arbusto, árbol. Nativa. Zonas Bajas, Andes. Bosque Semideciduo Chiquitano, Yungas, Bosque Tucumano-Boliviano, 500–3000 m.
Dept.: CH, CO, LP, SC, TA.
Muestra: *I.G. Vargas & R.B. Foster 3488* (F, SEL, USZ).
Nom. Vern.: Arrayán, barroso, cascarilla, mojino, suico, suiquillo.

Callistemon R. Br., Voy. Terra Austral. 2(App. 3): 547. 1814.
1 especie, 0 especies endémicas.

Callistemon lanceolatus Sweet, Fl. Australas. pl. 29. 1827.
Arbusto. Cultivada. Andes. Valles Secos, 2000–3500 m.
Dept.: CH, LP, TA.
Muestra: *R. Zeballos 3048* (ASU, LPB).

Calycolpus O. Berg, Linnaea 27(2–3): 348, 378–379. 1854 [1856].
1 especie, 0 especies endémicas.

Calycolpus roraimensis Steyerm., Fieldiana, Bot. 28: 1009. 1957.
Arbusto. Nativa. Zonas Bajas. Bosque Húmedo, Campos Cerrados, Sabanas Benianas del Norte, 0–500 m.
Dept.: BE.
Muestra: *M. Moraes R. et al. 1687* (LPB).

Calyptranthes Sw., Prodr. 5, 79–80. 1788.
11 especies, 0 especies endémicas.

Calyptranthes bipennis O. Berg, Linnaea 31: 248. 1861 [1862].
Ref.: Galarza Mauri (1993), Killeen & Schulenberg (1998).
Árbol. Nativa. Zonas Bajas. Bosque Húmedo, 0–500 m.
Dept.: CO, LP, PA, SC.
Muestra: *S.G. Beck 18264* (F, ICN, LPB, SEL).

Calyptranthes concinna DC., Prodr. 3: 258. 1828.
Ref.: Galarza Mauri (1993).
Árbol. Nativa. Zonas Bajas, Andes. Bosque Húmedo, Yungas, 500–1500 m.
Dept.: BE, LP.
Muestra: *D.N. Smith et al. 13299* (LPB, MO).
Nota: Identificación tentativa.

Calyptranthes crebra McVaugh, Fieldiana, Bot. 29(3): 181. 1956.
Árbol. Nativa. Zonas Bajas. Bosque Húmedo, Sabanas Benianas del Sur, 0–500 m.
Dept.: SC.
Muestra: *P.F. Foster 81* (MO, SEL, USZ).

Calyptranthes densiflora Poepp. ex O. Berg, Linnaea 27(1): 30–31. 1854 [1855].
Sin.: *Chytraculia densiflora* (Poepp. ex O. Berg) Kuntze
Ref.: Parker & Bailey (1991), Alverson et al. (2000).
Arbusto. Nativa. Zonas Bajas. Bosque Húmedo, Campos Amazónicos, 0–500 m.
Dept.: BE, CO, LP, PA.
Muestra: *S.G. Beck 1601* (LPB, M, MO).

Calyptranthes fasciculata O. Berg, Linnaea 27(1): 31–32. 1854 [1855].
Sin.: *Chytraculia fasciculata* (O. Berg) Kuntze
Ref.: Killeen & Schulenberg (1998).
Árbol. Nativa. Zonas Bajas. Bosque Húmedo, 0–500 m.
Dept.: SC.
Muestra: *R. Guillén V. & R. Choré 2912* (MO, SEL, USZ).

[Calyptranthes lanceolata O. Berg], Fl. Bras. 14(1): 51. 1857.
Sin.: *Chytraculia lanceolata* (O. Berg) Kuntze
Ref.: Galarza Mauri (1993), Killeen & Schulenberg (1998).
Nota: El registro se basa en material mal identificado de *C. speciosa* var. *gigantifolia*.

Calyptranthes longifolia O. Berg, Fl. Bras. 14(1): 46. 1857.
Ref.: McVaugh (1958).
Arbusto, arbolito. Nativa. Zonas Bajas. Bosque Húmedo, 500–1000 m.
Dept.: LP.
Muestra: *A.F. Fuentes C. et al. 7815* (LPB, MO, SEL).

Calyptranthes macrophylla O. Berg, Fl. Bras. 14(1): 45. 1857.
Arbusto, árbol. Nativa. Zonas Bajas. Bosque Húmedo, 0–500 m.
Dept.: PA.
Muestra: *M.H. Nee et al. 55265* (MO, NY, USZ).
Nota: Identificación tentativa.

Calyptranthes multiflora Poepp. ex O. Berg, Fl. Bras. 14(1): 42. 1857.
Sin.: *Chytraculia multiflora* (Poepp. ex O. Berg) Kuntze
Ref.: Holst (2002).
Arbusto, arbolito. Nativa. Zonas Bajas. Bosque Húmedo, 0–500 m.
Dept.: PA, SC.
Muestra: *I.G. Vargas et al. 3847* (LPB, MO, USZ).

Calyptranthes plicata McVaugh, Fieldiana, Bot. 29(3): 182. 1956.
Árbol. Nativa. Zonas Bajas. Bosque Húmedo, 0–500 m.
Dept.: PA.
Muestra: *L. Vargas 966* (LPB, MO).

Calyptranthes simulata McVaugh, Fieldiana, Bot. 29(3): 184. 1956.
Árbol. Nativa. Zonas Bajas. Bosque Húmedo, 0–500 m.
Dept.: LP, PA.
Muestra: *L. Vargas 808* (LPB, MO, SEL).

Calyptranthes speciosa Sagot, Ann. Sci. Nat., Bot. 20: 187. 1885.
Sin.: *Calyptranthes gigantifolia* McVaugh
Ref.: McVaugh (1958).
Arbolito, árbol. Nativa. Zonas Bajas. Bosque Húmedo, 0–500 m.
Dept.: BE, CO, LP, PA, SC.
Muestra: *A. Araujo M. et al. 373* (LPB, MO).
Infra: *Calyptranthes speciosa* var. *gigantifolia* (McVaugh) McVaugh

Campomanesia Ruiz & Pav., Fl. Peruv. Prodr. 72. 1794.
4 especies, 0 especies endémicas.

Campomanesia aromatica (Aubl.) Griseb., Fl. Brit. W. I. 242. 1860.
Sin.: *Psidium aromaticum* Aubl.
Ref.: Landrum (1986), Galarza Mauri (1993), Mostacedo C. & Uslar (1999).
Arbolito, árbol. Nativa. Zonas Bajas. Bosque Húmedo, Bosque Semideciduo Chiquitano, 0–500 m.
Dept.: BE, LP, SC.
Muestra: *M. Menacho Viruez & T. Driment 682* (SEL, USZ).
Nota: Las colectas de este taxón en Bolivia difieren de las colectas del norte de América del Sur de donde viene el tipo, por tener frutos amarillos (vs. frutos púrpura-oscuros).
Nom. Vern.: Guabirá.

Campomanesia guaviroba (DC.) Kiaersk., Enum. Myrt. Bras. 8. 1893.
Sin.: *Psidium guaviroba* DC.
Ref.: Killeen & Schulenberg (1998).
Árbol. Nativa. Zonas Bajas. Bosque Húmedo, 500–1000 m.
Dept.: SC.
Muestra: *A. Rodríguez & J. Surubí 558* (LPB, MO, USZ).

Campomanesia sessiliflora (O. Berg) Mattos, Loefgrenia 26: 26. 1967.
Sin.: *Britoa sessiliflora* O. Berg, *Campomanesia rugosa* var. *lanuginosa* Barb. Rodr. ex Chodat & Hassl.
Ref.: Killeen & Schulenberg (1998).
Arbusto. Nativa. Zonas Bajas. Bosque Húmedo, 500–1000 m.
Dept.: SC.
Muestra: *A. Rodríguez & J. Surubí 498* (LPB, MO, SEL, USZ).
Infra: *Campomanesia sessiliflora* var. *lanuginosa* (Barb. Rodr. ex Chodat & Hassl.) Landrum

Campomanesia speciosa (Diels) McVaugh, Fieldiana, Bot. 13(4/2): 813. 1958.
Sin.: *Psidium speciosum* Diels
Arbolito, árbol. Nativa. Zonas Bajas. Bosque Húmedo, 0–1000 m.
Dept.: BE, LP.
Muestra: *R. Seidel et al. 7510* (ASU, LPB, MO).

Eucalyptus L'Hér., Sert. Angl. 18. 1788 [1789].
6 especies, 0 especies endémicas.

Eucalyptus archeri Maiden & Blakely, Crit. Revis. Eucalyptus 8: 58. 1929.
Árbol. Cultivada. Altiplano. Puna Seca, 3500–4000 m.
Dept.: LP.
Muestra: *J.C. Solomon & R. Zeballos 15461* (LPB, MO, USZ).

Eucalyptus camaldulensis Dehnh., Cat. Pl. Hort. Camald. (ed. 2) 20. 1832.
Ref.: Galarza Mauri (1993).
Árbol. Cultivada. Zonas Bajas, Andes. Bosque Semideciduo Chiquitano, Valles Secos, 0–500, 1000–3500 m.
Dept.: CO, LP, SC, TA.
Muestra: *M.H. Nee 30375* (LPB, MO, NY).
Nom. Vern.: Eucalipto.

Eucalyptus deanei Maiden, Proc. Linn. Soc. New South Wales 29: 471. 1904.
Árbol. Cultivada. Zonas Bajas, Andes. Bosque Semideciduo Chiquitano, Bosque Seco Chaqueño, Valles Secos, 0–1000, 1500–2000 m.
Dept.: SC.
Muestra: *M. Saldias et al. 1168* (LPB, MO).

Eucalyptus globulus Labill., Voy. Rech. Pérouse 1: 153, pl. 13. 1799.
Ref.: Galarza Mauri (1993), López (2000).
Árbol. Cultivada. Andes, Altiplano. Valles Secos, Puna Húmeda, Bosque de *Polylepis*, 1000–4000 m.
Dept.: CO, LP, SC.
Muestra: *J.C. Solomon 15712* (LPB, MO).
Nom. Vern.: Eucalipto.

Eucalyptus robusta Sm., Spec. Bot. New Holland (Pt. 4): 39, pl. 13. 1795.
Árbol. Cultivada. Andes. Yungas, 1500–2000 m.
Dept.: LP.
Muestra: *J.C. Solomon & M.H. Nee 14288* (LPB, MO).

Eucalyptus viminalis Labill., Nov. Holl. Pl. 2: 12–13, tab. 151. 1806.
Ref.: Galarza Mauri (1993).
Árbol. Cultivada. Andes. Valles Secos, 3000–4000 m.
Dept.: LP, PO.
Muestra: *J.C. Solomon 15599* (LPB, MO).
Nota: Necesita ser confirmado.
Nom. Vern.: Eucalipto.

Eugenia L., Sp. Pl. 1: 470. 1753.
42 especies, 4 especies endémicas.

Eugenia acrensis McVaugh, Fieldiana, Bot. 29(3): 202. 1956.
Ref.: Fuentes Claros et al. (2009).
Arbolito. Nativa. Zonas Bajas, Andes. Bosque Húmedo, Yungas, Valles Secos, 0–1500 m.
Dept.: BE, CO, LP.

Muestra: *A. Araujo M. et al. 2653* (LPB, MO, SEL, USZ).

Eugenia angustissima O. Berg, Fl. Bras. 14(1): 569. 1859.
Ref.: Villarroel Segarra & Proença (2013).
Subarbusto. Nativa. Zonas Bajas. Bosque Húmedo, 0–500 m.
Dept.: SC.
Muestra: *A. Soto et al. 411* (MO, USZ).

Eugenia aurata O. Berg, Fl. Bras. 14(1): 273. 1857.
Ref.: Galarza Mauri (1993), Wood et al. (2011).
Arbusto. Nativa. Zonas Bajas. Bosque Húmedo, Campos Cerrados, 500–1000 m.
Dept.: SC.
Muestra: *S. Jiménez & E. Gutiérrez C. 1297* (MO, SEL, USZ).

Eugenia biflora (L.) DC., Prodr. 3: 276. 1828.
Sin.: *Myrtus biflora* L., *Eugenia racemosa* DC., *Eugenia xylopifolia* DC., *Eugenia sericiflora* Benth., *Eugenia acuminatissima* O. Berg, *Eugenia freireana* O. Berg, *Eugenia hoffmannseggii* O. Berg, *Myrcia erythroxylon* var. *virescens* O. Berg, *Myrtus biflora* var. *yapacani* Kuntze, *Eugenia loretensis* Diels, *Eugenia leptophlebia* Diels, *Myrcia paivae* var. *gracilis* Lingelsh., *Eugenia amanuensis* Steyerm., *Eugenia caurensis* Steyerm.
Ref.: Foster (1958), Galarza Mauri (1993), Holst (1993), Killeen & Schulenberg (1998), Holst (1999).
Arbusto, árbol. Nativa. Zonas Bajas, Andes. Bosque Húmedo, Bosque Semideciduo Chiquitano, Campos Cerrados, Sabanas Benianas del Sur, Campos Amazónicos, Yungas, 0–2000 m.
Dept.: BE, CO, LP, SC.
Muestra: *I.G. Vargas et al. 3730* (MO, USZ).
Nom. Vern.: Coca.

Eugenia bimarginata DC., Prodr. 3: 271. 1828.
Ref.: Killeen & Schulenberg (1998), Wood et al. (2011).
Arbusto. Nativa. Zonas Bajas. Bosque Húmedo, Campos Cerrados, Sabanas Benianas del Sur, 0–1000 m.
Dept.: SC.
Muestra: *M.H. Nee 41405* (LPB, MO, NY).

Eugenia chiquitensis O. Berg, Linnaea 27(2–3): 278–279. 1854 [1856].
Sin.: *Eugenia orbignyana* O. Berg
Ref.: Galarza Mauri (1993), Killeen & Schulenberg (1998).
Subarbusto. Nativa. Zonas Bajas. Bosque Húmedo, Bosque Semideciduo Chiquitano, Campos Cerrados, 0–500 m.
Dept.: SC.
Tipo y muestra: *d'Orbigny 1037* (T: P; fotos: F, MO), *A. Jardim 147* (ASU, MO, SEL, USZ).

Eugenia coffeifolia DC., Prodr. 3: 272. 1828.
Ref.: Fuentes Claros et al. (2009).
Arbusto. Nativa. Zonas Bajas. Bosque Húmedo, 0–500 m.
Dept.: LP.
Muestra: *A.F. Fuentes C. 4308* (BOLV, CTES, HSB, LPB, MO, USZ).

Eugenia cupulata Amshoff, Recueil Trav. Bot. Néerl. 39: 160. 1942.
Ref.: McVaugh (1969).
Árbol. Nativa. Zonas Bajas. Bosque Húmedo, 0–500 m.
Dept.: PA.
Muestra: *J. Balcázar S. et al. 1784* (LPB).

Eugenia cydoniifolia O. Berg, Fl. Bras. 14(1): 229. 1857.
Ref.: Galarza Mauri (1993).
Árbol. Endémica. Zonas Bajas. Bosque Semideciduo Chiquitano, 0–500 m.
Dept.: SC.
Tipo y muestra: *d'Orbigny 783* (HT: P; IT: G; fotos: F ex G, LPB, MO-1681874), *R. Guillén V. & T. Killeen 4726* (MO, SEL, USZ).

[Eugenia diplocampta Diels], Verh. Bot. Vereins Prov. Brandenburg 48: 191. 1907.
Ref.: Galarza Mauri (1993).
Nota: El registro se basa en material mal identificado de *E. egensis*.

Eugenia dysenterica DC., Prodr. 3: 268. 1828.
Ref.: Killeen & Schulenberg (1998), Wood et al. (2011).
Árbol. Nativa. Zonas Bajas. Campos Cerrados, 0–500 m.
Dept.: SC.
Muestra: *T. Killeen & A. Pérez 6649* (F, GREE, K, MO, SEL, USZ).
Nota: Identificación tentativa. Es posible que este nombre no se aplique bien a este taxón en Bolivia y tal vez represente una especie nueva aún no descrita.

Eugenia egensis DC., Prodr. 3: 281. 1828.
Sin.: *Eugenia sphaerosperma* DC., *Eugenia tenuiramis* Miq., *Eugenia egensis* var. *grandifolia* O. Berg, *Eugenia parodiana* Morong, *Eugenia erythrocarpa* Barb. Rodr., *Eugenia pothaplosantha* Barb. Rodr.
Ref.: Galarza Mauri (1993), Holst (1993), Holst (1999).
Arbusto, árbol. Nativa. Zonas Bajas, Andes. Bosque Húmedo, Bosque Semideciduo Chiquitano, Sabanas Benianas del Sur, Yungas, 0–1500 m.
Dept.: BE, CO, LP, SC.
Muestra: *M.A. Lewis 37999* (LPB, MO).
Nom. Vern.: Coca silvestre.

Eugenia excelsa O. Berg, Fl. Bras. 14(1): 277. 1857.
Arbolito, árbol. Nativa. Zonas Bajas, Andes. Bosque Húmedo, Yungas, 500–1500 m.
Dept.: LP.
Muestra: *A. Araujo M. et al. 2094* (HSB, LPB, MA, MO, SEL).

Eugenia feijoi O. Berg, Fl. Bras. 14(1): 283. 1857.
Sin.: *Eugenia pisonis* O. Berg, *Eugenia costata* O. Berg, *Eugenia pleurosiphonea* Diels
Ref.: Holst (1993), Schulenberg & Awbrey (1997), Serrano & Terán (1998 [2000]).
Arbolito, árbol. Nativa. Zonas Bajas. Bosque Húmedo, 0–500 m.
Dept.: BE, CH, LP, PA.
Muestra: *M. Del Águila et al. 77* (MO).

Eugenia flavescens DC., Prodr. 3: 272. 1828.
Ref.: Killeen & Schulenberg (1998).
Arbusto, arbolito. Nativa. Zonas Bajas. Bosque Semideciduo Chiquitano, 0–1000 m.
Dept.: SC.
Muestra: *F. Mamani et al. 1405* (LPB, MO, USZ).

Eugenia florida DC., Prodr. 3: 283. 1828.
Sin.: *Eugenia atropunctata* Steud., *Eugenia gardneriana* O. Berg, *Eugenia oligoneura* O. Berg
Ref.: Moraes R. (1990), Galarza Mauri (1993), Holst (1993), Killeen & Schulenberg (1998), Holst (1999), Arrázola Rivero et al. (2000).
Arbusto, arbolito, árbol. Nativa. Zonas Bajas, Andes. Bosque Húmedo, Bosque Semideciduo Chiquitano, Campos Cerrados, Sabanas Benianas del Sur, Campos Amazónicos, Yungas, 0–1500 m.

Dept.: BE, CO, LP, PA, SC.
Muestra: *R. Guillén V. & R. Choré 3460* (MO, NY, SEL, USZ).
Nom. Vern.: Arrayán, guapurucillo.

Eugenia gemmiflora O. Berg, Fl. Bras. 14(1): 223. 1859.
Ref.: Villarroel Segarra & Proença (2013).
Arbusto. Nativa. Zonas Bajas. Campos Cerrados, 0–1000 m.
Dept.: SC.
Muestra: *T. Killeen et al. 6779* (MO, USZ).

Eugenia gomesiana O. Berg, Fl. Bras. 14(1): 254. 1857.
Sin.: *Eugenia prosoneura* O. Berg
Ref.: Holst (2002).
Arbolito. Nativa. Zonas Bajas. Bosque Húmedo, 0–500 m.
Dept.: LP, PA.
Muestra: *J.C. Solomon 16883* (LPB, MO, USZ).

Eugenia heterochroma Diels, Verh. Bot. Vereins Prov. Brandenburg 48: 190. 1907.
Árbol. Nativa. Zonas Bajas. Bosque Húmedo, 0–500 m.
Dept.: BE, LP.
Muestra: *S. DeWalt 369* (LPB, MO).
Nota: Identificación tentativa.
Nom. Vern.: Judeno, kaikoma.

Eugenia hyemalis Cambess., Fl. Bras. Merid. (quarto ed.) 2: 360. 1833.
Ref.: González et al. (1999).
Árbol. Nativa. Andes. Yungas, Bosque Tucumano-Boliviano, 1000–1500 m.
Dept.: LP, TA.
Muestra: *V.W. Torrez et al. 135* (LPB, MA, MO).
Nota: Identificación tentativa. Es posible que el nombre correcto para este taxón en Bolivia sea *E. suberosa* Camb.

Eugenia inundata DC., Prodr. 3: 280. 1828.
Árbol. Nativa. Zonas Bajas. Bosque Húmedo, 0–500 m.
Dept.: BE.
Muestra: *A. Ibañez 332* (ASU, LPB).

Eugenia involucrata DC., Prodr. 3: 264. 1828.
Sin.: *Phyllocalyx involucratus* (DC.) O. Berg, *Eugenia aemilii* Barb. Rodr., *Eugenia paraguayensis* Barb. Rodr., *Stenocalyx involucratus* (DC.) Kausel
Ref.: Galarza Mauri (1993), Serrano (2011).
Arbusto, árbol. Nativa. Andes. Yungas, Bosque Tucumano-Boliviano, Valles Secos, 1000–2000 m.
Dept.: CH, LP, SC.
Muestra: *L. Arroyo P. et al. 3069* (CTES, F, GB, MO, SEL, USZ).

Eugenia klotzschiana O. Berg, Fl. Bras. 14(1): 255. 1859.
Ref.: Villarroel Segarra & Proença (2013).
Subarbusto. Nativa. Zonas Bajas. Campos Cerrados, 500–1000 m.
Dept.: SC.
Muestra: *J.R.I. Wood et al. 27031* (K, LPB, USZ).

Eugenia krukoffiana (Kausel) B. Holst, Monogr. Syst. Bot. Missouri Bot. Gard. 127: 1272. 2014.
Sin.: *Siphoneugena krukoffiana* Kausel
Arbusto. Endémica. Andes. Yungas, 1000–1500 m.
Dept.: LP.
Tipo: *B.A. Krukoff 10176* (HT: S; IT: MO, NY; fotos: K ex S).
Nota: Conocida solamente del tipo.

Eugenia lambertiana DC., Prodr. 3: 270. 1828.
Sin.: *Eugenia schomburgkii* Benth., *Eugenia correae* O. Berg
Ref.: Galarza Mauri (1993), Killeen & Schulenberg (1998).
Arbusto, arbolito, árbol. Nativa. Zonas Bajas. Bosque Húmedo, 0–500 m.
Dept.: BE, LP, PA, SC.
Muestra: *M. Garvizu & A.F. Fuentes C. 267* (MO, SEL, USZ).

Eugenia ligustrina (Sw.) Willd., Sp. Pl. 2: 962. 1799.
Sin.: *Myrtus ligustrina* Sw., *Stenocalyx ligustrinus* (Sw.) O. Berg, *Myrtus mapirensis* Rusby
Ref.: Foster (1958), Holst (2002).
Subarbusto, arbusto. Nativa, cultivada. Zonas Bajas, Andes. Bosque Húmedo, Bosque Semideciduo Chiquitano, Sabanas Benianas del Sur, Yungas, 0–2000 m.
Dept.: LP, PA, SC.
Muestra: *M.A. Lewis 40424* (LPB, MO).

[Eugenia macahensis O. Berg], Fl. Bras. 14(1): 589. 1859.
Ref.: Foster (1958), Galarza Mauri (1993).
Nota: Especie dudosa. Esta especie sólo se conoce del sureste del Brasil.

Eugenia macrocalyx (Rusby) McVaugh, Fieldiana, Bot. 29(3): 212. 1956.
Sin.: *Calycorectes macrocalyx* Rusby, *Eugenia wentii* Amshoff, *Phyllocalyx wentii* Amshoff
Ref.: Foster (1958), Galarza Mauri (1993), Holst (2002).
Arbolito. Nativa. Zonas Bajas. Bosque Húmedo, 500–1000 m.
Dept.: LP.
Tipo: *H.H. Rusby 666* (HT: NY; IT: BKL, MICH, US).
Nota: Conocida en Bolivia solamente del tipo.

Eugenia mandonii McVaugh, Fieldiana, Bot. 29(3): 212. 1956.
Arbusto, árbol. Endémica. Andes. Yungas, 2500–3000 m.
Dept.: LP.
Tipo: *G. Mandon 634* (HT: G; IT: GH, K, MICH, NY #694, S; T: K; fotos: F ex MICH).
Nota: Conocida solamente del tipo. Es posible que sea una especie de *Myrcianthes*.

Eugenia marlierioides Rusby, Bull. New York Bot. Gard. 8(28): 108–109. 1912.
Ref.: Foster (1958), Galarza Mauri (1993), Holst (2002).
Arbusto. Nativa. Zonas Bajas. Bosque Húmedo, 0–1000 m.
Dept.: BE, LP.
Tipo y muestra: *R.S. Williams 218* (HT: US; IT: NY), *D.C. Daly et al. 6595* (LPB, MO, SEL).
Nom. Vern.: Pëmsu (Yuracare).

Eugenia moraviana O. Berg, Fl. Bras. 14(1): 304. 1857.
Sin.: *Eugenia paracatuana* O. Berg
Ref.: Galarza Mauri (1993), González et al. (1999), Rotman (1999), Serrano (2011).
Arbusto, árbol. Nativa. Zonas Bajas, Andes. Bosque Húmedo, Bosque Semideciduo Chiquitano, Campos Cerrados, Bosque Tucumano-Boliviano, Valles Secos, 0–1500 m.
Dept.: CH, SC, TA.
Muestra: *M.H. Nee 40064* (LPB, MO, NY).
Nota: Es posible que este nombre no sea aplicado bien a las poblaciones de Bolivia. El nombre correcto puede ser *E. florida* DC.

Eugenia omissa McVaugh, Mem. New York Bot. Gard. 18(2): 197. 1969.
Ref.: Holst (2002).
Árbol. Nativa. Zonas Bajas. Bosque Húmedo, 500–1000 m.
Dept.: LP.
Muestra: *B.A. Krukoff 10922* (A, MO).

Eugenia paranahybensis O. Berg, Fl. Bras. 14(1): 587. 1859.
Ref.: Villarroel Segarra & Proença (2013).
Arbusto. Nativa. Zonas Bajas. Campos Cerrados, 0–1000 m.
Dept.: SC.

Muestra: *J.R.I. Wood et al. 23570* (LPB, USZ).

Eugenia patens Poir., Encycl., Suppl. 3: 124. 1813.
Sin.: *Eugenia rypdocarpa* Ruiz & Pav., *Eugenia muricata* DC., *Eugenia riparia* DC., *Eugenia verruculosa* DC., *Eugenia rutidocarpa* Ruiz & Pav. ex G. Don, *Eugenia rugosa* Ruiz ex O. Berg, *Eugenia racemifera* O. Berg, *Eugenia calothyrsa* Diels
Ref.: McVaugh (1958), McVaugh (1969), Galarza Mauri (1993), Holst (1993).
Árbol. Nativa. Zonas Bajas. Bosque Húmedo, 0–1000 m.
Dept.: BE, LP, PA, SC.
Muestra: *D.N. Smith et al. 14017* (LPB, MO, USZ).

Eugenia patrisii Vahl, Eclog. Amer. 2: 35. 1798.
Sin.: *Eugenia inocarpa* DC., *Eugenia teffensis* O. Berg, *Eugenia vellozii* O. Berg, *Stenocalyx patrisii* (Vahl) O. Berg
Ref.: McVaugh (1958), Holst (1993).
Árbol. Nativa. Zonas Bajas. Bosque Húmedo, 0–500 m.
Dept.: BE.
Muestra: *E. Meneces & W. Terceros 255* (MO).
Nom. Vern.: Arraigan.

Eugenia pluriflora DC., Prodr. 3: 270. 1828.
Ref.: Killeen & Schulenberg (1998).
Arbusto. Nativa. Zonas Bajas. Campos Cerrados, 0–500 m.
Dept.: SC.
Muestra: *J.R. Abbott & B. Mostacedo 16037* (LPB, MO).

Eugenia polystachya Rich., Actes Soc. Hist. Nat. Paris 1: 110. 1792.
Sin.: *Eugenia schlechtendaliana* O. Berg
Ref.: Foster (1958), Galarza Mauri (1993).
Árbol. Nativa. Zonas Bajas. Bosque Húmedo, 0–500 m.
Dept.: BE.
Muestra: *W.R. Anderson 12051* (NY).
Nota: Identificación tentativa.

Eugenia psidiiflora O. Berg, Fl. Bras. 14(1): 223. 1857.
Sin.: *Calycorectes psidiiflorus* (O. Berg) Sobral
Ref.: Schulenberg & Awbrey (1997), Serrano & Terán (1998 [2000]).
Árbol. Nativa. Andes. Bosque Tucumano-Boliviano, Bosque Serrano Chaqueño, Valles Secos, 1000–2000 m.
Dept.: CH, TA.
Muestra: *B. Holst et al. 4909* (HSB, SEL, USZ).
Nom. Vern.: Sahuinto.

Eugenia punicifolia (Kunth) DC., Prodr. 3: 267. 1828.
Sin.: *Myrtus oleifolia* Kunth, *Myrtus punicifolia* Kunth, *Eugenia coarensis* DC., *Eugenia dipoda* DC., *Eugenia kunthiana* DC., *Eugenia oleifolia* DC., *Eugenia ovalifolia* Cambess., *Eugenia subalterna* Benth., *Eugenia benthamii* O. Berg, *Eugenia vaga* O. Berg, *Eugenia boliviensis* O. Berg, *Eugenia suffruticosa* O. Berg, *Eugenia vaga* var. *brasiliensis* O. Berg, *Eugenia vaga* var. *punicifolia* (Kunth) O. Berg, *Eugenia ovalifolia* var. *chacoensis* D. Legrand, *Eugenia chacoensis* (D. Legrand) Kausel
Ref.: Foster (1958), Galarza Mauri (1993), Killeen & Schulenberg (1998), Mostacedo C. & Uslar (1999), Rotman (1999), Wood et al. (2011).
Subarbusto, arbusto. Nativa. Zonas Bajas. Bosque Semideciduo Chiquitano, Campos Cerrados, Sabanas Benianas del Norte, 0–1000 m.
Dept.: BE, LP, SC.
Muestra: *A. Jardim et al. 559* (ASU, LPB, MO, SEL, USZ).

Eugenia pyriformis Cambess., Fl. Bras. Merid. (quarto ed.) 2: 336. 1832.
Sin.: *Eugenia turbinata* O. Berg, *Myrtus pyriformis* (Cambess.) Parodi, *Pseudomyrcianthes pyriformis* (Cambess.) Kausel
Ref.: Rotman (1999).
Arbusto. Nativa. Zonas Bajas. Campos Cerrados, Sabanas Benianas del Sur, 0–500 m.
Dept.: BE, SC.
Muestra: *A. Jardim & F. Mamani 3653* (MO, USZ).
Nota: Especímenes bolivianos indeterminados a las variedades *pyriformis* o *uvalha*.

Eugenia repanda O. Berg, Fl. Bras. 14(1): 304. 1857.
Ref.: González et al. (1999).
Árbol. Nativa. Zonas Bajas. Bosque Seco Chaqueño, 500–1000 m.
Dept.: TA.
Nota: Citada para Bolivia por González et al. (1999). No hay ejemplares de herbario confirmados, pero es de posible ocurrencia en Bolivia.

Eugenia tapacumensis O. Berg, Linnaea 27(2–3): 222. 1854 [1856].
Sin.: *Myrtus subglomerata* Kuntze
Ref.: Foster (1958), Killeen & Schulenberg (1998).
Arbusto, arbolito, árbol. Nativa. Zonas Bajas, Andes. Bosque Semideciduo Chiquitano, Campos Cerrados, Campos Amazónicos, Yungas, 0–2000 m.
Dept.: BE, LP, SC.
Muestra: *A. Jardim & F. Mamani 3587* (LPB, MO, USZ).
Nota: Se cita provisionalmente a *Myrtus subglomerata* en la sinonimia de esta especie. También es posible que *E. tapacumensis* sea un sinónimo de *E. stictopetala* DC.

Eugenia uniflora L., Sp. Pl. 1: 470–471. 1753.
Sin.: *Eugenia michelii* Lam., *Stenocalyx michelii* (Lam.) O. Berg, *Stenocalyx nhampiri* Barb. Rodr., *Eugenia microphylla* Barb. Rodr., *Stenocalyx uniflorus* (L.) Kausel
Ref.: Foster (1958), Galarza Mauri (1993), Schulenberg & Awbrey (1997), González et al. (1999), Rotman (1999), Serrano & Terán (1998 [2000]), Serrano (2011).
Arbusto, árbol. Nativa, cultivada. Zonas Bajas, Andes. Bosque Húmedo, Bosque Semideciduo Chiquitano, Sabanas Benianas del Sur, Yungas, Bosque Tucumano-Boliviano, Bosque Serrano Chaqueño, Valles Secos, 500–2500 m.
Dept.: CH, LP, SC, TA.
Muestra: *M.H. Nee 38244* (LPB, MO, NY).
Nom. Vern.: Arrayán.

Eugenia uninervia Rusby, Mem. Torrey Bot. Club 6: 36. 1896.
Ref.: Foster (1958), Galarza Mauri (1993).
Árbol. Endémica. Andes. Yungas, 1000–1500 m.
Dept.: LP.
Tipo: *M. Bang 1602* (HT: NY; IT: MO-04908296).
Nota: Conocida solamente del tipo.

Gomidesia O. Berg, Linnaea 27: 5 (in clave), 6. 1854.
0 especies, 0 especies endémicas.

[Gomidesia grandifolia (Cambess.) Mattos & D. Legrand], Loefgrenia 67: 17. 1975.
Sin.: *Myrcia grandifolia* Cambess.
Ref.: Legrand & Mattos (1975), Galarza Mauri (1993).
Nota: El registro se basa en material mal identificado de *Myrcia fenzliana*.

Hexachlamys O. Berg, Linnaea 27(2–3): 137, 345. 1854 [1856].
2 especies, 1 especie endémica.

Hexachlamys boliviana D. Legrand, Loefgrenia 55: 1, f. 1972.
Sin.: *Hexachlamys boliviensis* Kausel
Ref.: Galarza Mauri (1993), Mostacedo C. & Uslar (1999).
Arbusto, árbol. Endémica. Zonas Bajas. Bosque Semideciduo Chiquitano, 0–1000 m.
Dept.: SC.
Tipo y muestra: *J. Steinbach 2729* (HT: MVM), *M.H. Nee & G. Coimbra 35867* (LPB, MO, NY).
Nom. Vern.: Ocoró, ocorocillo.

Hexachlamys edulis (O. Berg) Kausel & D. Legrand, Darwiniana 9: 302. 1950.
Sin.: *Myrcianthes edulis* O. Berg
Ref.: Galarza Mauri (1993), Mostacedo C. & Uslar (1999), Serrano & Terán (1998 [2000]).
Arbusto, árbol. Nativa. Zonas Bajas. Bosque Semideciduo Chiquitano, Bosque Seco Chaqueño, 0–1000 m.
Dept.: CH, SC.
Muestra: *M.H. Nee 41587* (MO, NY, USZ).
Nom. Vern.: Ocorocillo, sombra de toro.

Luma A. Gray, Proc. Amer. Acad. Arts 3: 52–53. 1853.
1 especie, 0 especies endémicas.

Luma chequen (Feuillée ex Molina) A. Gray, U.S. Expl. Exped., Phan. 536. 1854.
Sin.: *Eugenia chequen* Feuillée ex Molina
Ref.: Galarza Mauri (1993).
Arbolito. Cultivada. Andes. Valles Secos, 3000–3500 m.
Dept.: CH, LP.
Muestra: *J.C. Solomon 15714* (BOLV, LPB, MO).
Nom. Vern.: Arrayán.

Marlierea Cambess., Fl. Bras. Merid. (quarto ed.) 2: ed. fol. 269. 1833.
2 especies, 0 especies endémicas.

Marlierea subulata McVaugh, Fieldiana, Bot. 29(3): 177. 1956.
Ref.: Galarza Mauri (1993), Holst (2002).
Arbolito. Nativa. Zonas Bajas. Bosque Húmedo, 0–500 m.
Dept.: LP, PA.
Muestra: *A. Jardim 681* (LPB, SEL, USZ).

Marlierea umbraticola (Kunth) O. Berg, Linnaea 27: 17. 1855.
Sin.: *Myrtus umbraticola* Kunth
Ref.: Galarza Mauri (1993).
Arbolito, árbol. Nativa. Zonas Bajas. Bosque Húmedo, 0–500 m.
Dept.: PA.
Muestra: *L. Vargas & R.B. Foster 798* (F, LPB, SEL).
Nota: Identificación tentativa.

Myrcia DC., Dict. Class. Hist. Nat. 11: 406. 1827.
34 especies, 5 especies endémicas.

Myrcia aliena McVaugh, Publ. Field Mus. Nat. Hist., Bot. Ser. 13(4/2): 627. 1958.
Árbol. Nativa. Zonas Bajas, Andes. Bosque Húmedo, Yungas, 0–2000 m.
Dept.: CO, LP.
Muestra: *J.C. Solomon 9615* (CAS, COL, ESA, F, K, LPB, MA, MICH, MO, NY, SEL, Z).

Myrcia amazonica DC., Prodr. 3: 250. 1828.
Sin.: *Aulomyrcia amazonica* (DC.) O. Berg
Ref.: Galarza Mauri (1993), Killeen & Schulenberg (1998).
Arbusto, árbol. Nativa. Zonas Bajas. Bosque Húmedo, Campos Cerrados, 0–1000 m.
Dept.: BE, LP, PA, SC.
Muestra: *E. Meneces 611* (BOLV, LPB, MO, SEL).

Myrcia anomala Cambess., Fl. Bras. Merid. (quarto ed.) 2: 328. 1832.
Ref.: Rotman (1994).
Subarbusto. Nativa. Zonas Bajas. Campos Cerrados, 500–1000 m.
Dept.: SC.
Muestra: *D.C. Daly et al. 6323* (LPB).

Myrcia barituensis (Legname) B. Holst, Monogr. Syst. Bot. Missouri Bot. Gard. 127: 1272. 2014.
Sin.: *Gomidesia barituensis* Legname
Ref.: Legname (1978), Galarza Mauri (1993), González et al. (1999), Lucas et al. (2011), Ministerio de Medio Ambiente y Agua (2012 [2013]).
Árbol. Nativa. Andes. Yungas, Bosque Tucumano-Boliviano, 500–2500 m.
Dept.: CH, CO, SC, TA.
Muestra: *I.G. Vargas & Fernando Soliz 4517* (HSB, NY, SEL, USZ).

Myrcia bella Cambess., Fl. Bras. Merid. (quarto ed.) 2(16): 322. 1832.
Sin.: *Aulomyrcia bella* (Cambess.) O. Berg
Arbusto. Nativa. Zonas Bajas. Campos Cerrados, 0–1000 m.
Dept.: BE, SC.
Muestra: *T. Killeen & Grinwood 7829* (GREE, MO, SEL, USZ).

Myrcia bracteata (Rich.) DC., Prodr. 3: 245. 1828.
Sin.: *Eugenia bracteata* Rich., *Myrcia lanceolata* Cambess.
Ref.: Rusby (1893b), Killeen & Schulenberg (1998).
Arbolito, árbol. Nativa. Zonas Bajas, Andes. Bosque Húmedo, Campos Cerrados, Yungas, 0–1500 m.
Dept.: BE, LP, SC.
Muestra: *S.G. Beck 16429* (F, ICN, LPB, SEL).

Myrcia canescens O. Berg, Fl. Bras. 14(1): 206. 1857.
Sin.: *Myrcia canescens* var. *reticulata* O. Berg
Subarbusto. Nativa. Zonas Bajas. Campos Cerrados, 0–500 m.
Dept.: SC.
Muestra: *I.G. Vargas et al. 3942* (MO, SEL, USZ).

Myrcia connata McVaugh, Fieldiana, Bot. 29(3): 189. 1956.
Arbusto. Endémica. Andes. Yungas, 1000–1500 m.
Dept.: LP.
Tipo y muestra: *B.A. Krukoff 10382* (HT: NY; IT: A, MO-1250763, S, US, USZ, Y), *B.A. Krukoff 10383* (MO).

Myrcia deflexa (Poir.) DC., Prodr. 3: 244. 1828.
Sin.: *Eugenia deflexa* Poir.
Ref.: Killeen & Schulenberg (1998).
Arbusto, árbol. Nativa. Zonas Bajas. Bosque Húmedo, 0–500 m.
Dept.: SC.
Muestra: *R. Guillén V. & S. Coria 1696* (LPB, MO, USZ).

Myrcia fallax (Rich.) DC., Prodr. 3: 244. 1828.
Sin.: *Eugenia fallax* Rich., *Myrcia chilensis* O. Berg, *Myrcia cucullata* O. Berg
Ref.: Foster (1958), Galarza Mauri (1993), Killeen & Schulenberg (1998).
Arbusto, árbol. Nativa. Zonas Bajas, Andes. Bosque Húmedo, Campos Cerrados, Sabanas Benianas del Sur, Yungas, 0–2500 m.
Dept.: BE, CO, LP, PA, SC.
Muestra: *G. Caity 124* (LPB, M, SEL, USZ).
Nota: La sección *Myrcia*, a la cual pertenece *M. fallax* es extensa, mal entendida, y extremadamente variable.

Myrcia fascicularis O. Berg, Linnaea 27(1): 87–88. 1854 [1855].
Sin.: *Myrcia bangii* Rusby
Ref.: Foster (1958), Galarza Mauri (1993).
Árbol. Nativa. Andes. Yungas, 1000–1500 m.

Dept.: LP.
Muestra: *M. Bang 1644* (A, GH, MO, NY).

Myrcia fenestrata DC., Prodr. 3: 251. 1828.
Ref.: Killeen & Schulenberg (1998), Holst (2002).
Arbusto. Nativa. Zonas Bajas. Bosque Húmedo, 0–1000 m.
Dept.: BE, SC.
Muestra: *P.F. Foster et al. 493* (LPB, MO, SEL, USZ).
Nota: Identificación tentativa.

Myrcia fenzliana O. Berg, Fl. Bras. 14(1): 196. 1857.
Sin.: *Gomidesia lindeniana* O. Berg
Árbol. Nativa. Zonas Bajas, Andes. Bosque Semideciduo Chiquitano, Yungas, Valles Secos, 500–2500 m.
Dept.: CO, LP, SC.
Muestra: *S.G. Beck 17187* (ASU, LPB, SEL).

Myrcia gigas McVaugh, Mem. New York Bot. Gard. 18(2): 88. 1969.
Ref.: McVaugh (1969).
Arbolito. Nativa. Zonas Bajas. Bosque Húmedo, 0–500 m.
Dept.: BE.
Muestra: *J.C. Solomon 6438* (LPB, MO, NY).

Myrcia grandis McVaugh, Mem. New York Bot. Gard. 18(2): 114–115. 1969.
Árbol. Nativa. Zonas Bajas. Bosque Húmedo, 0–500 m.
Dept.: BE.
Muestra: *W.R. Anderson 12108* (NY).

Myrcia guianensis (Aubl.) DC., Prodr. 3: 245. 1828.
Sin.: *Eugenia guianensis* Aubl., *Aulomyrcia vacciniifolia* O. Berg, *Myrcia vacciniifolia* (O. Berg) Nied., *Myrcia yungasensis* Rusby
Ref.: Foster (1958), Galarza Mauri (1993), Killeen & Schulenberg (1998), Mostacedo C. & Uslar (1999), Jardim et al. (2003), Wood et al. (2011).
Arbusto, arbolito, árbol. Nativa. Zonas Bajas, Andes. Bosque Húmedo, Bosque Semideciduo Chiquitano, Campos Cerrados, Sabanas Benianas del Sur, Campos Amazónicos, Yungas, 0–2000 m.
Dept.: BE, LP, PA, SC.
Muestra: *J.C. Solomon & B.A. Stein 11738* (CAS, LPB, MO, SEL).
Nota: *M. guianensis* pertenece a la sección *Aulomyrcia*, un grupo muy extenso, mal entendido y extremadamente variable.
Nom. Vern.: Guapurucillo.

Myrcia haenkeana (O. Berg) Mattos, Loefgrenia 125: 4. 2008.
Sin.: *Gomidesia haenkeana* O. Berg
Ref.: Galarza Mauri (1993).
Árbol. Endémica. Zonas Bajas. Bosque Semideciduo Chiquitano, 0–500 m.
Dept.: SC.
Tipo y muestra: *T. Haenke s.n.* (HT: M), *C.B. Maldonado 3207* (MO, SEL).

Myrcia leucadendron DC., Prodr. 3: 251. 1828.
Sin.: *Aulomyrcia leucadendron* (DC.) O. Berg
Ref.: Foster (1958).
Arbolito. Nativa. Zonas Bajas. Bosque Húmedo, 0–500 m.
Dept.: BE, SC.
Muestra: *S.G. Beck 2638* (ICN, LPB, M, MICH, SEL).
Nota: Este taxón es probablemente un sinónimo de *M. guianensis*.

Myrcia lignosa D. Villarroel & Proença, Kew Bull. 68(2): 261–264. 2013.
Subarbusto. Endémica. Zonas Bajas. Campos Cerrados, 500–1000 m.
Dept.: SC.
Tipo y muestra: *J.R.I. Wood et al. 27034* (HT: USZ; IT: K, LPB, UB), *R. Guillén V. & T. Ruiz de Centurión 880* (GREE, MO, SEL, USZ).

Myrcia lucida McVaugh, Mem. New York Bot. Gard. 18(2): 100. 1969.
Ref.: Killeen & Schulenberg (1998).
Arbusto. Nativa. Zonas Bajas. Bosque Húmedo, 0–500 m.
Dept.: SC.
Muestra: *R. Guillén V. & P. Solíz 3817* (MO, SEL, USZ).
Infra: *Myrcia lucida* var. *lucida*

Myrcia magnoliifolia DC., Prodr. 3: 248. 1828.
Ref.: Holst (2002).
Arbusto, arbolito. Nativa. Zonas Bajas, Andes. Bosque Húmedo, Campos Cerrados, Yungas, 0–1500 m.
Dept.: BE, LP, PA, SC.
Muestra: *T. Killeen & J. Krudenky 3597* (F, LPB, MO, NY, SEL, USZ).

Myrcia mathewsiana (O. Berg) McVaugh, Fieldiana, Bot. 13(4/2): 646. 1958.
Sin.: *Aulomyrcia mathewsiana* O. Berg
Ref.: McVaugh (1958).
Arbolito. Nativa. Zonas Bajas. Bosque Húmedo, 500–1000 m.
Dept.: PA.
Muestra: *O. Buchtien 940* (BM, F, HBG, K, LPB, MICH).

Myrcia mollis (Kunth) DC., Prodr. 3: 256. 1828.
Sin.: *Myrtus mollis* Kunth, *Eugenia boliviensis* Rusby
Ref.: Foster (1958), Galarza Mauri (1993).
Arbolito, árbol. Nativa. Zonas Bajas, Andes. Bosque Húmedo, Yungas, 0–2000 m.
Dept.: BE, LP, PA, SC.
Muestra: *S.G. Beck 20040* (CUVC, HSB, ICN, LPB, M, SEL).
Nota: Identificación tentativa.

Myrcia multiflora (Lam.) DC., Prodr. 3: 244. 1828.
Sin.: *Eugenia multiflora* Lam., *Aulomyrcia multiflora* (Lam.) O. Berg
Ref.: Schulenberg & Awbrey (1997).
Arbusto, arbolito, árbol. Nativa. Zonas Bajas, Andes. Bosque Húmedo, Bosque Seco Chaqueño, Sabanas Benianas del Sur, Yungas, Valles Secos, 0–2500 m.
Dept.: BE, CH, LP, PA, SC.
Muestra: *A. Jardim 2489* (MO, SEL, USZ).

Myrcia myrcioides (Mattos & D. Legrand) Mattos, Loefgrenia 125: 4. 2008.
Sin.: *Gomidesia myrcioides* Mattos & D. Legrand
Ref.: Galarza Mauri (1993).
Árbol. Endémica. Zonas Bajas. Sabanas Benianas del Sur, 0–500 m.
Dept.: SC.
Tipo: *J. Steinbach 2182* (HT: MVM).
Nota: Conocida solamente del tipo.
Nom. Vern.: Ocoró, ocorocillo.

Myrcia neesiana DC., Prodr. 3: 249. 1828.
Sin.: *Aulomyrcia neesiana* (DC.) O. Berg
Ref.: Fuentes Claros et al. (2009).
Arbolito, árbol. Nativa. Zonas Bajas. Bosque Húmedo, 0–500 m.
Dept.: LP, PA, SC.
Muestra: *T. Killeen 3928* (K, LPB, MO, SEL).

Myrcia paivae O. Berg, Fl. Bras. 14(1): 179. 1857.
Sin.: *Myrcia frontinensis* Hieron.
Ref.: Foster (1958), Galarza Mauri (1993), Killeen & Schulenberg (1998).
Arbusto, árbol. Nativa. Zonas Bajas, Andes. Bosque Húmedo, Campos Cerrados, Yungas, 0–2500 m.
Dept.: BE, LP, PA, SC.
Muestra: *M. Garvizu & A.M. Carrión 189* (LPB, MO, USZ).

Myrcia phaeoclada O. Berg, Fl. Bras. 14(1): 167. 1857.
Ref.: Rusby (1893b), Foster (1958), Galarza Mauri (1993).

Árbol. Nativa. Andes. Yungas, 1500–2500 m.
Dept.: LP.
Muestra: *M. Bang 830* (GH, MO).
Nota: Identificación tentativa.

Myrcia pinifolia Cambess., Fl. Bras. Merid. (quarto ed.) 2: 333. 1832.
Subarbusto. Nativa. Zonas Bajas. Campos Cerrados, 0–1000 m.
Dept.: SC.
Muestra: *W.W. Thomas 5691* (ASU, LPB, MO).

[Myrcia pubipetala Miq.], Linnaea 19: 441. 1845.
Sin.: *Aulomyrcia grandiflora* O. Berg, *Myrcia grandiflora* (O. Berg) Nied.
Ref.: Galarza Mauri (1993), Killeen & Schulenberg (1998).
Nota: Especie dudosa. No hay ejemplares de herbario confirmados.

[Myrcia regnelliana O. Berg], Fl. Bras. 14(1): 562. 1859.
Ref.: Killeen & Schulenberg (1998), Wood et al. (2011).
Nota: Especie dudosa. No hay ejemplares de herbario confirmados.

[Myrcia selloi (Spreng.) N. Silveira], Loefgrenia 89: 5. 1986.
Sin.: *Myrtus selloi* Spreng., *Aulomyrcia selloi* (Spreng.) Kausel
Ref.: Galarza Mauri (1993).
Nota: Especie dudosa. No hay ejemplares de herbario confirmados.

[Myrcia sellowiana O. Berg], Fl. Bras. 14(1): 197. 1857.
Ref.: Foster (1958), Galarza Mauri (1993).
Nota: Especie dudosa. No hay ejemplares de herbario confirmados.

Myrcia splendens (Sw.) DC., Prodr. 3: 244. 1828.
Sin.: *Myrtus splendens* Sw., *Myrcia pseudomini* DC., *Myrcia coroicensis* Rusby
Ref.: Foster (1958), Galarza Mauri (1993).
Arbusto, árbol. Nativa. Zonas Bajas, Andes. Bosque Húmedo, Yungas, 0–3000 m.
Dept.: CO, LP, PA, SC.
Muestra: *S.G. Beck 22271* (LPB, SEL).

Myrcia subglabra McVaugh, Fieldiana, Bot. 29(3): 194. 1956.
Arbusto. Endémica. Zonas Bajas, Andes. Bosque Húmedo, Yungas, 500–1500 m.
Dept.: LP.
Tipo y muestra: *O. Buchtien 956* (HT: F; IT: GH, NY, US), *J.C. Solomon et al. 6591* (MO, NY).

Myrcia subsessilis O. Berg, Linnaea 31: 251. 1861.
Ref.: Killeen & Schulenberg (1998), Wood et al. (2011).
Arbusto, árbol. Nativa. Zonas Bajas. Bosque Húmedo, Bosque Semideciduo Chiquitano, Campos Cerrados, 0–1000 m.
Dept.: SC.
Muestra: *B. Mostacedo & M. Menacho Viruez 1294* (USZ).
Nota: Identificación tentativa. Las colectas Bolivianas pueden estar relacionadas con *M. subcordifolia* B. Holst & Kawasaki una especie del Ecuador.

Myrcia sylvatica (G. Mey.) DC., Prodr. 3: 244. 1828.
Sin.: *Myrtus sylvatica* G. Mey.
Arbusto, arbolito. Nativa. Zonas Bajas, Andes. Bosque Húmedo, Yungas, 500–1500 m.
Dept.: LP, PA.
Muestra: *M. Kessler 3756* (LPB, SEL).

Myrcia tomentosa (Aubl.) DC., Prodr. 3: 245. 1828.
Sin.: *Eugenia tomentosa* Aubl., *Myrcia prunifolia* DC., *Aulomyrcia tomentosa* (Aubl.) Amshoff
Ref.: Foster (1958), Galarza Mauri (1993), Killeen & Schulenberg (1998).
Arbusto, árbol. Nativa. Zonas Bajas. Campos Cerrados, Campos Amazónicos, 0–1000 m.
Dept.: SC.
Muestra: *T. Killeen et al. 5849* (LPB, MO, SEL, USZ).

Myrcianthes O. Berg, Linnaea 27(3): 315. 1854 [1856].
9 especies, 0 especies endémicas.

Myrcianthes callicoma McVaugh, Fieldiana, Bot. 29(8): 482–483. 1963.
Ref.: López Vargas (1995), Saravia Miranda (1996), González et al. (1999), Mostacedo C. & Uslar (1999), Serrano & Terán (1998 [2000]), Vargas Caballero et al. (2000), Serrano (2011), Ministerio de Medio Ambiente y Agua (2012 [2013]).
Árbol. Nativa. Andes. Yungas, Bosque Tucumano-Boliviano, 2000–3000 m.
Dept.: CH, CO, SC, TA.
Muestra: *I.G. Vargas et al. 1329* (F, LPB, MO, NY, USZ).
Nom. Vern.: Guapurú, guayabochi, sahuinto, saguinto, wapuru.

Myrcianthes discolor (Kunth) McVaugh, Fieldiana, Bot. 13(4/2): 754. 1958.
Sin.: *Myrtus discolor* Kunth
Arbusto, árbol. Nativa. Andes. Valles Secos, 1500–2500 m.
Dept.: LP, TA.
Muestra: *M.A. Lewis 40773* (LPB, MO).

Myrcianthes mato (Griseb.) McVaugh, Fieldiana, Bot. 29(8): 491–492. 1963.
Sin.: *Eugenia mato* Griseb., *Acreugenia mato* (Griseb.) Kausel
Ref.: Galarza Mauri (1993), Serrano & Terán (1998 [2000]), Serrano (2011).
Árbol. Nativa. Andes. Yungas, Bosque Tucumano-Boliviano, 1500–3000 m.
Dept.: CH, CO, LP.
Muestra: *M. Serrano et al. 6925* (F, HSB, MO, SEL).
Nom. Vern.: Coca coca, mato.

Myrcianthes myrsinoides (Kunth) Grifo, Monogr. Syst. Bot. Missouri Bot. Gard. 45: 1256. 1993.
Sin.: *Myrtus myrsinoides* Kunth
Arbusto, árbol. Nativa. Andes. Yungas, 2000–3500 m.
Dept.: CO, SC.
Muestra: *I.G. Vargas et al. 2247* (NY, SEL, USZ).

Myrcianthes oreophila (Diels) McVaugh, Fieldiana, Bot. 13(4/2): 767. 1958.
Sin.: *Eugenia oreophila* Diels
Arbusto. Nativa. Andes. Páramo Yungueño, 3000–3500 m.
Dept.: CO.
Muestra: *R. Navia & M. Mercado 1831* (BOLV).

Myrcianthes osteomeloides (Rusby) McVaugh, Fieldiana, Bot. 13(4/2): 768. 1958.
Sin.: *Myrtus osteomeloides* Rusby, *Myrtus myrciopsis* Kuntze, *Eugenia myrciopsis* (Kuntze) K. Schum., *Eugenia osteomeloides* (Rusby) McVaugh
Ref.: Foster (1958), Galarza Mauri (1993), López Vargas (1995), Saravia Miranda (1996), Serrano & Terán (1998 [2000]), Vargas Caballero et al. (2000), Serrano (2011).
Arbusto, árbol. Nativa. Andes. Yungas, Bosque Tucumano-Boliviano, 1500–3500 m.
Dept.: CH, CO, LP, SC.
Tipo y muestra: *M. Bang 1623* (LT: GH; ILT: A, G, GH, MO-2527393, NY, US), *M.A. Lewis 37453* (LPB, MO, SEL).
Nom. Vern.: Arrayán.

Myrcianthes pseudomato (D. Legrand) McVaugh, Fieldiana, Bot. 29(8): 493–494. 1963.
Sin.: *Eugenia pseudomato* D. Legrand
Ref.: Galarza Mauri (1993), López

Vargas (1995), Saravia Miranda (1996), Schulenberg & Awbrey (1997), González et al. (1999), Mostacedo C. & Uslar (1999), Zárate et al. (1999), Serrano & Terán (1998 [2000]), Serrano (2011).
Árbol. Nativa. Andes. Yungas, Bosque Tucumano-Boliviano, 1000–3000 m.
Dept.: CH, CO, OR, SC, TA.
Muestra: *M. Serrano 1161* (HSB, LPB, MO, SEL).
Nom. Vern.: Boldo, k'ala sach'a, khalillo, mato, sahuintillo, sahuinto.

Myrcianthes pungens (O. Berg) D. Legrand, Bol. Fac. Agron. Univ. Montevideo 101: 52. 1968.
Sin.: *Eugenia pungens* O. Berg, *Luma pungens* (O. Berg) Herter, *Acreugenia pungens* (O. Berg) Kausel
Ref.: Galarza Mauri (1993), Schulenberg & Awbrey (1997), González et al. (1999), Serrano & Terán (1998 [2000]), Serrano (2011).
Arbusto, árbol. Nativa. Zonas Bajas, Andes. Bosque Seco Chaqueño, Yungas, Bosque Tucumano-Boliviano, Bosque Serrano Chaqueño, 500–2500 m.
Dept.: CH, LP, SC, TA.
Muestra: *A. Jardim 1487* (ESA, F, GH, LPB, MO, USZ).
Nom. Vern.: Guayabilla, huahinto, mato, sahuinto.

Myrcianthes rhopaloides (Kunth) McVaugh, Fieldiana, Bot. 13(4/2): 771. 1958.
Sin.: *Myrtus rhopaloides* Kunth, *Eugenia rhopaloides* (Kunth) DC.
Ref.: Galarza Mauri (1993).
Arbusto, árbol. Nativa. Andes. Yungas, 2500–3500 m.
Dept.: CO, LP.
Muestra: *S.G. Beck 13993* (CTES, K, LPB, M, MO, NY, SEL).

Myrciaria O. Berg, Linnaea 27(2–3): 136, 320. 1854 [1856].

6 especies, 0 especies endémicas.

Myrciaria cauliflora (Mart.) O. Berg, Linnaea 27(2–3): 326. 1854 [1856].
Sin.: *Myrtus cauliflora* Mart., *Eugenia edulis* Vell.
Ref.: Galarza Mauri (1993), Mostacedo C. & Uslar (1999), Jardim et al. (2003).
Arbusto, árbol. Nativa, cultivada. Zonas Bajas. Bosque Semideciduo Chiquitano, Bosque Seco Chaqueño, 0–1000 m.
Dept.: SC.
Muestra: *D. Villarroel & M. Vargas 268* (MO, SEL, USZ).
Nota: Un nombre alternativo para este taxón es *Guapurium peruvianum* Poir.
Nom. Vern.: Guapurú.

[Myrciaria ciliolata (Cambess.) O. Berg], Linnaea 27(2–3): 327–328. 1854 [1856].
Sin.: *Eugenia ciliolata* Cambess., *Paramyrciaria ciliolata* (Cambess.) Rotman
Ref.: Galarza Mauri (1993), González et al. (1999).
Nota: El registro se basa en material mal identificado.

Myrciaria cuspidata O. Berg, Linnaea 27(2–3): 328. 1854 [1856].
Arbolito. Nativa. Zonas Bajas. Bosque Semideciduo Chiquitano, 0–500 m.
Dept.: SC.
Muestra: *A.H. Gentry et al. 73891* (F, MO).

Myrciaria delicatula (DC.) O. Berg, Linnaea 27(2–3): 326. 1854 [1856].
Sin.: *Eugenia delicatula* DC., *Paramyrciaria delicatula* (DC.) Kausel
Ref.: Galarza Mauri (1993), Wood et al. (2011).
Árbol. Nativa. Zonas Bajas, Andes. Bosque Semideciduo Chiquitano, Yungas, Bosque Tucumano-Boliviano, Bosque Serrano Chaqueño, Valles Secos, 500–1500 m.
Dept.: CH, LP, TA.
Muestra: *B.A. Krukoff 10177* (A, F, MO, NY).

Myrciaria dubia (Kunth) McVaugh, Fieldiana, Bot. 29(8): 501–502. 1963.
Sin.: *Psidium dubium* Kunth
Ref.: Killeen & Schulenberg (1998).
Árbol. Nativa. Zonas Bajas. Bosque Húmedo, 0–500 m.
Dept.: BE, PA.
Muestra: *L.R.C. de Michel & S.G. Beck 2204* (LPB).

Myrciaria floribunda (H. West ex Willd.) O. Berg, Linnaea 27(2–3): 330. 1854 [1856].
Sin.: *Eugenia floribunda* H. West ex Willd.
Ref.: Galarza Mauri (1993), Killeen & Schulenberg (1998), Mostacedo C. & Uslar (1999), Serrano & Terán (1998 [2000]), Jardim et al. (2003).
Arbusto, árbol. Nativa. Zonas Bajas, Andes. Bosque Húmedo, Bosque Semideciduo Chiquitano, Bosque Tucumano-Boliviano, Bosque Serrano Chaqueño, 0–2000 m.
Dept.: BE, CH, CO, LP, PA, SC.
Muestra: *T. Killeen et al. 8125* (LPB, MO, SEL, USZ).
Nom. Vern.: Guapurú, huahuincho, sahuinto.

Myrciaria tenella (DC.) O. Berg, Linnaea 27(2–3): 328. 1854 [1856].
Sin.: *Eugenia tenella* DC.
Arbusto. Nativa. Zonas Bajas. Bosque Semideciduo Chiquitano, Bosque Seco Chaqueño, 0–1000 m.
Dept.: SC.
Muestra: *A. Jardim & A. Cadden 2132* (SEL, USZ).

[Myrciaria vismeifolia (Benth.) O. Berg], Linnaea 27(2–3): 336–337. 1854 [1856].
Sin.: *Eugenia vismeifolia* Benth.
Ref.: Fuentes Claros et al. (2009).
Nota: El registro se basa en material mal identificado. Probablemente es una especie nueva de *Myrciaria*.

Myrteola O. Berg, Linnaea 27(4): 348. 1854 [1856].

2 especies, 0 especies endémicas.

Myrteola nummularia (Poir.) O. Berg, Linnaea 27(4): 396–397. 1854 [1856].
Sin.: *Myrteola vaccinioides* var. *vaccinioides*, *Myrtus nummularia* Poir., *Myrtus vaccinioides* Kunth, *Myrteola vaccinioides* var. *carabaya* McVaugh
Subarbusto, arbusto. Nativa. Andes. Yungas, Páramo Yungueño, 2500–4000 m.
Dept.: LP.
Muestra: *M.A. Lewis 88308* (LPB, MO).

Myrteola phylicoides (Benth.) Landrum, Brittonia 43(3): 199. 1991.
Sin.: *Myrtus microphylla* Bonpl., *Myrtus phylicoides* Benth., *Myrteola microphylla* (Bonpl.) O. Berg, *Myrteola microphylla* var. *angustifolia* O. Berg, *Myrteola microphylla* var. *glabrata* O. Berg
Ref.: Foster (1958), Galarza Mauri (1993).
Arbusto. Nativa. Andes. Yungas, Páramo Yungueño, 1500–3500 m.
Dept.: CO, LP.
Muestra: *N. Salinas 2617* (CUVC, LPB, M, NY, SEL).
Infra: *Myrteola phylicoides* var. *glabrata* (O. Berg) Landrum

Pimenta Lindl., Coll. Bot. 4: sub t. 19. 1821.

1 especie, 0 especies endémicas.

Pimenta pseudocaryophyllus (Gomes) Landrum, Brittonia 36(3): 242. 1984.
Sin.: *Myrtus pseudocaryophyllus* Gomes, *Eugenia fulvescens* DC., *Eugenia pseudocaryophyllus* (Gomes) DC.,

Eugenia pearcei McVaugh, *Myrcianthes pearcei* (McVaugh) McVaugh
Ref.: Landrum (1986), Galarza Mauri (1993).
Arbusto, árbol. Nativa. Andes. Yungas, 1000–2000 m.
Dept.: LP.
Muestra: *A.F. Fuentes C. et al. 9341* (GREE, LPB, MO, SEL).
Infra: *Pimenta pseudocaryophyllus* var. *fulvescens* (DC.) Landrum

Plinia L., Sp. Pl. 1: 516. 1753.
0 especies, 0 especies endémicas.
Nota: Se conoce el género *Plinia* en Bolivia por dos taxones no identificados a nivel de especie. Los ejemplares correspondientes son *S. Beck 29246* (LPB, SEL) y *M. Garvizu & A. Fuentes 371* (SEL, USZ).

Psidium L., Sp. Pl. 1: 470. 1753.
13 especies, 0 especies endémicas.

Psidium acutangulum DC., Prodr. 3: 233. 1828.
Sin.: *Psidium grandiflorum* Ruiz & Pav.
Ref.: Foster (1958), Galarza Mauri (1993), Killeen & Schulenberg (1998), Mostacedo C. & Uslar (1999).
Arbusto, árbol. Nativa. Zonas Bajas. Bosque Húmedo, 0–500 m.
Dept.: BE, LP, PA, SC.
Muestra: *P.F. Foster et al. 142* (ASU, MO, SEL, USZ).

Psidium australe Cambess., Fl. Bras. Merid. (quarto ed.) 2: 283. 1832.
Sin.: *Psidium emilhasslerianum* Barb. Rodr.
Ref.: Killeen & Schulenberg (1998).
Arbusto. Nativa. Zonas Bajas. Campos Cerrados, 0–500 m.
Dept.: SC.
Muestra: *A. Soto et al. 424* (ASU, MO, USZ).
Infra: *Psidium australe* var. *suffruticosum* (O. Berg) Landrum

[Psidium cuneatum Cambess.], Fl. Bras. Merid. (quarto ed.) 2: 285. 1832.
Ref.: González et al. (1999).
Nota: El registro se basa en material mal identificado.

Psidium densicomum Mart. ex DC., Prodr. 3: 235. 1828.
Sin.: *Psidium densicomum* Mart., *Guajava densicoma* (Mart.) Kuntze
Ref.: Altamirano Azurduy & Ramos de Sousa (2009).
Árbol. Nativa. Zonas Bajas. Bosque Húmedo, 0–500 m.
Dept.: PA.
Muestra: *A.H. Gentry & A. Perry 78002* (ASU, MO).

Psidium grandifolium DC., Prodr. 3: 234. 1828.
Sin.: *Psidium cinereum* var. *incanescens* (Mart. ex DC.) D. Legrand, *Psidium cinereum* var. *paraguariae* D. Legrand
Ref.: Rotman (2008), Wood et al. (2011).
Arbusto. Nativa. Zonas Bajas. Bosque Semideciduo Chiquitano, 500–1000 m.
Dept.: SC.
Muestra: *I.G. Vargas & R.B. Foster 3496* (ASU, F, USZ).

Psidium guajava L., Sp. Pl. 1: 470. 1753.
Sin.: *Psidium pomiferum* L., *Psidium pyriferum* L., *Myrtus guajava* (L.) Kuntze, *Myrtus guajava* var. *pyrifera* (L.) Kuntze
Ref.: Foster (1958), Moraes R. (1990), Parker & Bailey (1991), Galarza Mauri (1993), Schulenberg & Awbrey (1997), Killeen & Schulenberg (1998), González et al. (1999), Mostacedo C. & Uslar (1999), Serrano & Terán (1998 [2000]), Serrano (2011).
Arbusto, árbol. Nativa, cultivada. Zonas Bajas, Andes. Bosque Húmedo, Bosque Semideciduo Chiquitano, Campos Cerrados, Sabanas Benianas del Sur, Yungas, Bosque Serrano Chaqueño, 0–1500 m.
Dept.: BE, CH, CO, LP, PA, SC, TA.
Muestra: *M. Moraes R. 1018* (LPB, SEL).
Nom. Vern.: Chuará-catoco, Guayaba, Guayabo.

Psidium guineense Sw., Prodr. 77. 1788.
Sin.: *Psidium polycarpon* C.L. Anderson ex Lamb., *Psidium araca* Raddi, *Psidium ooideum* var. *longipedunculatum* Rusby, *Myrtus guineensis* (Sw.) Kuntze
Ref.: Foster (1958), Galarza Mauri (1993), Schulenberg & Awbrey (1997), Killeen & Schulenberg (1998), González et al. (1999), Mostacedo C. & Uslar (1999), Serrano & Terán (1998 [2000]), Wood et al. (2011).
Arbusto, árbol. Nativa. Zonas Bajas, Andes. Bosque Húmedo, Bosque Semideciduo Chiquitano, Bosque Seco Chaqueño, Campos Cerrados, Sabanas Benianas del Sur, Campos Amazónicos, Yungas, Bosque Tucumano-Boliviano, Bosque Serrano Chaqueño, Valles Secos, 0–2500 m.
Dept.: BE, CH, LP, SC, TA.
Muestra: *B. Holst et al. 4750* (USZ).
Nom. Vern.: Guayaba, guayabilla.

Psidium kennedyanum Morong, Ann. New York Acad. Sci. 7: 104. 1893.
Arbusto, árbol. Nativa. Zonas Bajas. Bosque Semideciduo Chiquitano, 0–500 m.
Dept.: SC.
Muestra: *J.R. Abbott & B. Mostacedo 15905* (ASU, MO, SEL, USZ).

Psidium laruotteanum Cambess., Fl. Bras. Merid. (quarto ed.) 2: 282. 1832.
Ref.: Killeen & Schulenberg (1998), Wood et al. (2011).
Subarbusto, arbusto. Nativa. Zonas Bajas. Campos Cerrados, 500–1000 m.
Dept.: CH, SC.
Muestra: *M. Serrano et al. 6900* (HSB, K, MO).

Psidium nutans O. Berg, Fl. Bras. 14(1): 394. 1857.
Sin.: *Guajava nutans* (O. Berg) Kuntze
Ref.: Killeen & Schulenberg (1998).
Arbusto. Nativa. Zonas Bajas. Bosque Semideciduo Chiquitano, Campos Cerrados, 0–500 m.
Dept.: SC.
Muestra: *T. Killeen et al. 6974* (ASU, MO, USZ).

Psidium oligospermum DC., Prodr. 3: 236. 1828.
Sin.: *Mitranthes sartoriana* O. Berg, *Psidium sartorianum* (O. Berg) Nied., *Calyptropsidium sartorianum* (O. Berg) Krug & Urb.
Ref.: Killeen & Schulenberg (1998).
Arbusto, árbol. Nativa. Zonas Bajas. Bosque Húmedo, Bosque Semideciduo Chiquitano, Campos Cerrados, 0–1000 m.
Dept.: BE, SC.
Muestra: *M. Castro et al. 16* (ASU, MO, USZ).

Psidium salutare (Kunth) O. Berg, Linnaea 27(2–3): 356. 1854 [1856].
Sin.: *Myrtus salutaris* Kunth
Ref.: Killeen & Schulenberg (1998), Mostacedo C. & Uslar (1999), Landrum (2003), Wood et al. (2011).
Subarbusto. Nativa. Zonas Bajas, Andes. Bosque Húmedo, Bosque Semideciduo Chiquitano, Campos Cerrados, Valles Secos, 0–2000 m.
Dept.: SC.
Muestra: *B. Mostacedo & M. Menacho Viruez 1207* (ASU, MO, USZ).
Infra: *Psidium salutare* var. *salutare*, *Psidium salutare* var. *pohlianum* (O. Berg) Landrum, *Psidium salutare* var. *sericeum* (Cambess.) Landrum

Psidium striatulum DC., Prodr. 3: 233. 1828.
Ref.: Killeen & Schulenberg (1998).
Arbusto. Nativa. Zonas Bajas. Bosque Húmedo, Campos Amazónicos, 0–500 m.
Dept.: BE, SC.
Muestra: *A. Jardim & R.C. Quevedo 189* (ASU, LPB, MO, USZ).

Psidium suffruticosum O. Berg, Fl. Bras. 14(1): 387. 1857.
Arbusto. Nativa. Zonas Bajas. Campos Cerrados, 0–500 m.
Dept.: SC.
Muestra: *J.R.I. Wood & J.D. Soto 25359* (K, LPB, USZ).

Siphoneugena O. Berg, Linnaea 27: 136 (in clave), 344. 1854 [1856].
3 especies, 2 especies endémicas.

Siphoneugena glabrata Loza & P. Jørg., Novon 20(3): 294–296, f. 2. 2010.
Arbusto. Endémica. Andes. Yungas, 2500–3000 m.
Dept.: LP.
Tipo y muestra: *M.A. Lewis 40630* (HT: LPB; IT: MO), *M.A. Lewis 40616* (LPB, MO).

Siphoneugena minima Loza & A. Fuentes, Novon 20(3): 292–294, f. 1. 2010.
Subarbusto, arbusto. Endémica. Andes. Yungas, 2500–3000 m.
Dept.: LP.
Tipo y muestra: *A.F. Fuentes C. et al. 12119* (HT: LPB; IT: F, MO, SEL), *A.F. Fuentes C. et al. 8845A* (LPB, MO, SEL).

Siphoneugena occidentalis D. Legrand, Bol. Soc. Argent. Bot. 10: 5. 1962.
Sin.: *Siphoneugena parviflora* Kausel
Ref.: Proença (1990), Galarza Mauri (1993), Schulenberg & Awbrey (1997), Killeen & Schulenberg (1998), Serrano & Terán (1998 [2000]), Serrano (2011).
Arbusto, árbol. Nativa. Zonas Bajas, Andes. Campos Cerrados, Yungas, Bosque Tucumano-Boliviano, Bosque Serrano Chaqueño, 500–2500 m.
Dept.: BE, CH, CO, LP, SC, TA.
Muestra: *M. Serrano et al. 5179* (HSB, MO).
Nom. Vern.: Arrayán.

Syzygium P. Browne ex Gaertn., Fruct. Sem. Pl. 1: 166–167, pl. 33, f. 1. 1788.
3 especies, 0 especies endémicas.

Syzygium cumini (L.) Skeels, U.S.D.A. Bur. Pl. Industr. Bull. 248: 25. 1912.
Sin.: *Myrtus cumini* L.
Ref.: Killeen & Schulenberg (1998).
Árbol. Naturalizada. Zonas Bajas. Bosque Húmedo, 0–500 m.
Dept.: BE, PA, SC.
Muestra: *R. Guillén V. & V. Choré 1735* (LPB, MO, SEL, USZ).

Syzygium jambos (L.) Alston, Handb. Fl. Ceylon 6: 115. 1931.
Sin.: *Eugenia jambos* L.
Ref.: Galarza Mauri (1993).
Árbol. Naturalizada. Zonas Bajas, Andes. Bosque Húmedo, Yungas, 0–2000 m.
Dept.: LP, SC.
Muestra: *B. Mostacedo & J. L. López 2395* (LPB, MO, NY, USZ).

Syzygium malaccense (L.) Merr. & L.M. Perry, J. Arnold Arbor. 19(3): 215. 1938.
Sin.: *Eugenia malaccensis* L.
Ref.: Galarza Mauri (1993).
Árbol. Cultivada. Zonas Bajas. Bosque Húmedo, 0–500 m.
Dept.: BE, CO.
Muestra: *J.C. Solomon 14667* (LPB, MO).
Nom. Vern.: Manzana del brasil.

Ugni Turcz., Bull. Soc. Imp. Naturalistes Moscou 21(1): 579. 1848.
1 especie, 0 especies endémicas.

Ugni myricoides (Kunth) O. Berg, Linnaea 27(4): 391–392. 1854 [1856].
Sin.: *Myrtus myricoides* Kunth
Ref.: Fuentes Claros et al. (2009).
Arbusto. Nativa. Andes. Yungas, Páramo Yungueño, 2500–3500 m.
Dept.: CO, LP.
Muestra: *C.B. Maldonado 3246* (LPB, MO, USZ).

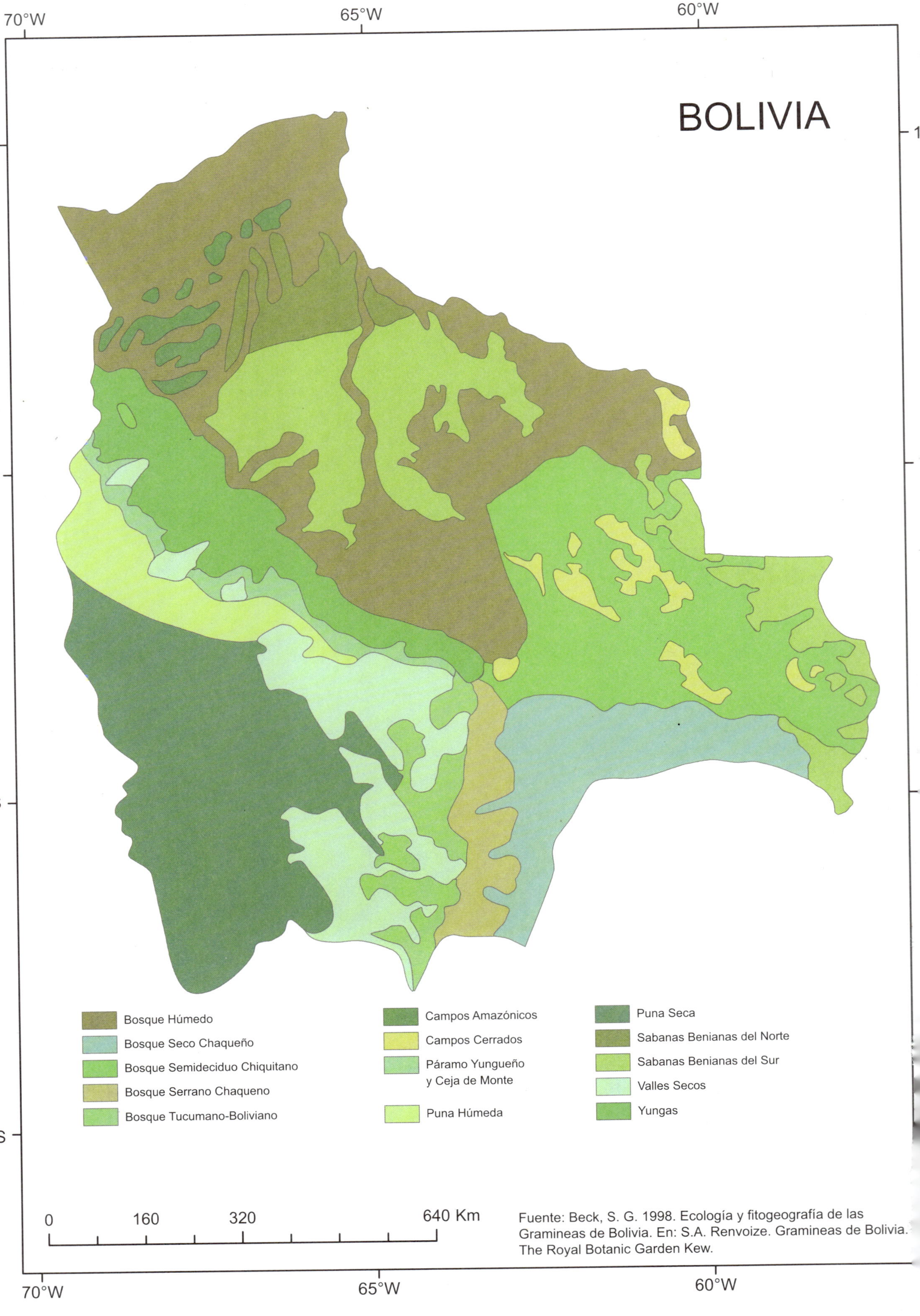

Fuente: Beck, S. G. 1998. Ecología y fitogeografía de las Gramineas de Bolivia. En: S.A. Renvoize. Gramineas de Bolivia. The Royal Botanic Garden Kew.